美国机械工程手册

原书第 29 版

零部件卷

［美］埃里克·奥伯格（ERIK OBERG）
富兰克林·D. 琼斯（FRANKLIN D. JONES）
霍尔布鲁克·L. 霍顿（HOLBROOK L. HORTON）
亨利·H. 里费尔（HENRY H. RYFFEL）等编著
陈　爽　李光明　杨如月　雷经发　李彬彬　任　培　译

机 械 工 业 出 版 社

《美国机械工程手册》面世至今已有106年，被普遍认为是机械设计与制造领域权威、全面和实用的工具书，为用户提供了复杂制造过程中必需的内容，被誉为“金属加工行业的圣经”，本手册为其第29版。

本手册内容丰富，集合了复杂制造过程中最基本、最关键的内容。本书为手册的零部件卷，介绍了紧固件，螺纹和螺纹加工，齿轮、花键和凸轮，以及机械元件。

书中汇集了大量美国机械设计与制造领域的数据，包括机械结构的具体资料和计算方法，机械零部件各项性能的试验数据，ANSI、ASME及英国标准，对我国机械设计与制造行业、企业有很好的借鉴与补充作用，有利于提高我国的机械设计和制造水平。

本手册是机械设计工程师、机械工艺工程师、工具制造商、机械技师等工程技术人员的必备工具书，也可以供高等院校、高职高专机械设计与制造专业的师生参考。

Machinery's Handbook 29th Edition. /by Erik Oberg etc. /ISBN: 978 - 0831129002

图书在版编目（CIP）数据

美国机械工程手册：原书第29版．零部件卷/（美）埃里克·奥伯格（ERIK OBERG）等编著；陈爽等译．—北京：机械工业出版社，2020.4

书名原文：Machinery's Handbook 29

ISBN 978-7-111-64960-1

Ⅰ. ①美… Ⅱ. ①埃… ②陈… Ⅲ. ①机械工程 - 技术手册②机械元件 - 技术手册 Ⅳ. ①TH - 62②TH13 - 62

中国版本图书馆CIP数据核字（2020）第039692号

机械工业出版社（北京市百万庄大街22号 邮政编码100037）
策划编辑：孔 劲 责任编辑：孔 劲 王彦青
责任校对：张晓蓉 封面设计：鞠 杨
责任印制：郜 敏
盛通（廊坊）出版物印刷有限公司印刷
2020年9月第1版第1次印刷
184mm×260mm · 58.25印张 · 2插页 · 1962千字
0 001—2 000册
标准书号：ISBN 978-7-111-64960-1
定价：299.00元

电话服务	网络服务
客服电话：010 - 88361066	机 工 官 网：www.cmpbook.com
010 - 88379833	机 工 官 博：weibo.com/cmp1952
010 - 68326294	金 书 网：www.golden - book.com
封底无防伪标均为盗版	机工教育服务网：www.cmpedu.com

译者序

近年来，我国制造业快速发展，取得了一系列重大突破。在依靠自主创新的同时，学习国外先进的制造技术与工艺对制造业的发展也显得格外重要。随着经济全球化的继续深入，我国的工程技术人员在机械结构与工艺设计、装备制造与应用等领域，经常要面对与美国标准互换性的问题，同时也有了解国外机械设计与制造领域相关资料的迫切需求。

为助力我国制造业的发展，帮助国内制造行业、企业更深入地了解美国标准的产品设计与开发、机械制造的相关内容，并应对中外交流的挑战，机械工业出版社引进翻译了《美国机械工程手册 原书第 29 版》，以期为国内机械设计与制造领域的工程技术人员提供重要的、可靠的信息资源。

《美国机械工程手册》由美国工业出版社于 1914 年首次出版，至今已有 106 年，本版为其第 29 版（以下简称原手册），涵盖了机械制造中最基本和关键的内容，荟萃了多种设计经验和参考数据，是一本全面且实用的工具书。手册中汇集了大量美国在机械设计与制造领域的资料，包括机械结构的相关数据和计算方法，机械零部件各项性能的试验数据，ANSI、ASME 及英国标准等内容，对我国机械设计与制造行业、企业有很好的借鉴与补充作用，有利于提高我国的机械设计和制造水平。

原手册内容包括索引，数学，力学和材料强度，材料的性能、处理与测试，尺寸、量具及测量，刀具及刀具制造，机械加工，制造工艺，紧固件，螺纹和螺纹加工，齿轮、花键和凸轮，机械元件，测量单位，但鉴于国内用户的需求和已有参考资料的情况，中文版手册（以下简称本手册）不包含原手册前两章和最后一章的内容。

为了方便读者使用本手册，我们根据手册的内容，将其拆分成基础卷和零部件卷进行出版。其中基础卷介绍了力学和材料强度，材料的性能、处理与测试，尺寸、量具及测量，刀具及刀具制造，机械加工，制造工艺；零部件卷介绍了紧固件，螺纹和螺纹加工，齿轮、花键和凸轮，以及机械元件。

本手册是机械设计工程师、机械工艺工程师、工具制造商、机械技师等工程技术人员的必备工具书，也可以供高等院校、高职高专机械设计与制造专业的师生参考。

本手册的翻译工作是一项耗时费力的大工程，全部的翻译校核工作持续了近两年的时间。参加本手册翻译工作的有：杨如月（英国驻重庆总领事馆高级商务官员），负责第 3 章、第 4 章及第 8 章的部分内容；陈爽（博士、正高级工程师，重庆工程职业技术学院），负责第 1 章、第 2 章和第 5 章；李光明（博士、讲师，西南科技大学），负责第 10 章及第 9 章的部分内容；雷经发（博士、教授，安徽建筑大学），负责第 8 章及第 7 章、第 9 章的部分内容；李彬彬（博士、副教授，上海电机学院），负责第 6 章；任培（硕士、高级工程师，博汇检测有限公司），负责第 9 章的部分内容，由陈爽完成本手册译文的修订与审核。

由于手册篇幅巨大，涵盖金属加工、机械设计和制造、材料学、工程技术、测试计量等多个领域及应用，限于译者水平和专业限制，难免出现各类错误和不妥之处，敬请读者不吝赐教。

感谢机械工业出版社和相关编辑的支持，感谢家人对我们的支持。最后，将本手册献给我们的家人。

译者

前 言

《美国机械工程手册》作为金属加工、机械设计和制造，以及全世界各高校的主要参考书目，已经连续出版百余年。手册编写的初衷是为了创作一本全面且实用的工具书，其中集合了复杂制造过程中最基本、最关键的内容。与其他一般工具书一样，其目的是希望在尽可能短的时间内，以最低成本制造出高品质的产品。

为使手册能持续在加工制造领域发挥作用，其中必须涵盖能够经受实践和时间验证的最关键的基本点。但是从制造工程领域几无边界的庞大数据库中挑选出最适合的材料内容，并解决不同规模的制造工厂、加工车间的设计与生产部门的具体问题，满足小企业、业余爱好者，以及贸易、技术及工程学校学生的需求，仍非易事。

在各版手册的修订过程中，编者通过与读者的大量沟通，确定了其中应编写、修改、增加、精简或省略的内容。

应读者要求，1997 年第一次出版了手册的案头卷，它与传统便携版内容一致，但其尺寸增加到原手册的 140%，更适宜放在桌面阅读和参考。

1998 年第一次出版了手册的 CD-ROM 版，它为 Adobe PDF 格式，内容与印刷本相同。深受欢迎的 CD-ROM 版可以实现浏览、打印与印刷版一致的内容，能够快速搜索全文，放大页面视图；单击书签、页码交叉索引、索引项等浏览工具便于快速搜索任一页面。为容纳新增内容，手册新编和改版通常需删减一些原有内容，被删减的内容都放入了 CD-ROM 版中，因此 CD-ROM 版较印刷本内容更丰富。其材料和标准索引更广泛，包含三角函数、对数等各种数学表格，水泥和混凝土、粘结剂和密封剂、金属着色和蚀刻配方、锻造车间设备、无声传动链、蜗轮传动及其他齿轮材料、键和键槽等内容介绍，还涉及很多交互式数学问题，直接单击相关问题旁页边空白处的图标即可获取相应的数学解法（需连接互联网使用）。案头卷和 CD-ROM 版从此成为不断成长的《美国机械工程手册》大家族的成员。

经常使用《美国机械工程手册》的读者应该能够发现手册第 29 版（以下简称本版手册）的诸多变化。首先是“力学和材料强度”这一章，它将之前名称类似的独立章节合二为一。其次，“塑料”这一部分原为单独一章，现在已纳入“材料的性能”部分。29 版的全部正文，包括所有表格和公式，都重新设置一新，许多图表也重新绘制。

本版手册包含对已有内容的修订，并增加了不同主题的全新内容。手册中的许多章节都进行了大幅度的修改和全面更新，包括力学和材料强度，材料的性能，尺寸、量具和测量，机械加工，制造工艺，紧固件，螺纹和螺纹加工，机械元件。本版手册增加了“微加工”的章节，扩展了孔坐标计算的内容，介绍了计量学、钣金及冲压件、轴对中、丝锥和攻螺纹、螺纹镶件、螺栓和螺钉、螺纹尺寸计算、键和键槽、微型螺钉、米制螺钉螺纹和流体力学等内容。

本版手册其他新增、修订、扩展或更新的内容还包括润滑、CNC 编程以及 CNC 螺纹切削、米制扳手空位、ANSI 和 ISO 绘图和 ISO 表面结构。其中，有关米制内容在本版手册中有较多扩展，在美国常用单位处还标注了米制单位，许多公式也都提供了相应的米制表达式，并增加了额外的米制示例说明。

机械加工和磨削领域的读者可能会对“微加工”“加工计量经济学”和“磨削进给量和

速度”比较感兴趣，上述内容可阅读“机械加工”这一章。一切制造方法的核心都始于切削刃和金属切削工艺，加强对加工工艺的管控是实现精益化制造链的必备条件。这些章节介绍了如何管控金属切削工艺和合理评估决策。

编者的主要目标是使手册的使用更加方便。本版手册保留了读者强烈要求的拇指标签，大大节省了搜索时间。手册自第25版开始引入的各章目录页也给读者带来了极大便利，因此许多章节目录页数也有所增加，以完整反映正文内容。

编者衷心地感谢读者对本版手册中可能存在的问题和错误给予的提醒，对一些被认为具有普遍价值的内容增补给出的建议，以及针对疑难问题进行的技术问询。这些交流异常珍贵，有助于明确尚需进一步澄清或者给读者带来疑惑的内容。针对手册内容的提问，必然引起深度思考，为了解决或详述相应问题，手册可能还将增添新内容，比如空心圆环质量转动惯量和温度对薄圆环半径的影响。

我们将尽力提高手册的使用价值。欢迎大家就新材料的改编、删减或增加提出意见和建议，针对如何解决制造问题进行提问。

克里斯托夫·J. 麦克利
高级编辑

目 录

译者序
前言
第 7 章 紧固件 …… 7-1059
7.1 紧固件的扭矩和张力 …… 7-1059
7.2 寸制螺纹紧固件 …… 7-1070
7.2.1 螺栓、螺钉、螺母和垫圈 …… 7-1070
7.2.2 用于结构应用的紧固件 …… 7-1100
7.2.3 硬化钢垫圈 …… 7-1106
7.3 米制螺纹紧固件 …… 7-1109
7.3.1 米制螺栓和螺钉 …… 7-1109
7.3.2 米制螺母 …… 7-1125
7.3.3 米制垫圈 …… 7-1131
7.3.4 螺栓、螺钉和螺柱的通孔 …… 7-1133
7.4 螺旋圈螺纹嵌入件 …… 7-1137
7.4.1 简介 …… 7-1137
7.4.2 螺旋线圈嵌入件 …… 7-1140
7.4.3 检验和质量保证 …… 7-1146
7.4.4 嵌入件长度选择 …… 7-1148
7.5 寸制紧固件 …… 7-1149
7.6 机制螺钉和螺母 …… 7-1166
7.6.1 美国国家标准机制螺钉和螺母 …… 7-1166
7.6.2 槽头微型螺钉 …… 7-1176
7.6.3 美国国家标准米制机制螺钉 …… 7-1181
7.6.4 寸制机制螺钉 …… 7-1187
7.7 螺钉和紧定螺钉 …… 7-1198
7.8 自攻螺钉 …… 7-1218
7.9 T 型槽、螺栓和螺母 …… 7-1244
7.10 铆钉和铆接 …… 7-1246
7.10.1 铆接接头的设计 …… 7-1246
7.10.2 美国铆钉的国家标准 …… 7-1249
7.10.3 英国标准铆钉 …… 7-1256
7.11 销和螺柱 …… 7-1261
7.12 挡圈 …… 7-1276
7.13 蝶形螺母、蝶形螺钉和指旋螺钉 …… 7-1306
7.14 圆钉、道钉和木螺钉 …… 7-1315
第 8 章 螺纹和螺纹加工 …… 8-1320
8.1 螺钉螺纹系统 …… 8-1320
8.1.1 螺纹牙型 …… 8-1320
8.1.2 螺纹的定义 …… 8-1322
8.2 统一螺纹 …… 8-1324
8.2.1 美国标准统一螺纹 …… 8-1324
8.2.2 美国标准统一微型螺纹 …… 8-1369
8.2.3 UNJ 统一螺纹的基本牙型 …… 8-1375
8.3 螺纹尺寸计算 …… 8-1377
8.3.1 简介 …… 8-1377
8.3.2 计算和尺寸的舍入 …… 8-1377
8.3.3 示例 …… 8-1379
8.4 米制螺纹 …… 8-1384
8.4.1 美国国家标准 M 牙型米制螺纹 …… 8-1384
8.4.2 米制螺纹—— MJ 牙型 …… 8-1405
8.4.3 梯形米制螺纹 …… 8-1408
8.4.4 ISO 微型螺纹 …… 8-1413
8.4.5 英国标准 ISO 米制螺纹 …… 8-1413
8.5 爱克母螺纹 …… 8-1424
8.6 锯齿形螺纹 …… 8-1443
8.6.1 锯齿形螺纹牙型 …… 8-1443
8.6.2 美国国家标准寸制锯齿形螺纹 …… 8-1444
8.7 惠氏螺纹 …… 8-1449
8.8 管与软管螺纹 …… 8-1452
8.8.1 美国国家标准管螺纹 …… 8-1452
8.8.2 英国标准管螺纹 …… 8-1460
8.8.3 软管接头螺纹 …… 8-1462
8.9 其他螺纹 …… 8-1467
8.9.1 过盈配合螺纹 …… 8-1467
8.9.2 火花塞螺纹 …… 8-1471
8.9.3 灯座和电器设备螺纹 …… 8-1472
8.9.4 仪器和显微镜螺纹 …… 8-1473
8.9.5 其他螺纹 …… 8-1476
8.10 测量螺纹 …… 8-1478
8.11 攻螺纹和螺纹切削 …… 8-1497
8.11.1 攻螺纹 …… 8-1497
8.11.2 车床变换齿轮 …… 8-1519
8.12 螺纹的滚压 …… 8-1522
8.13 螺纹磨削 …… 8-1525
8.14 螺纹铣削 …… 8-1528

8.15 简单、复合、差动和块分度 …… 8-1547

第9章 齿轮、花键和凸轮 ………… 9-1591

9.1 齿轮和齿轮传动装置 …………………… 9-1591

9.1.1 齿轮的一些概念 ………………… 9-1591

9.1.2 侧隙 ………………………………… 9-1617

9.1.3 内啮合齿轮传动 ………………… 9-1621

9.1.4 直齿圆柱齿轮和斜齿轮的英国标准 ……………………………… 9-1622

9.1.5 标准术语 ………………………… 9-1624

9.2 准双曲面和锥齿轮传动 ……………… 9-1625

9.2.1 准双曲面齿轮 …………………… 9-1625

9.2.2 锥齿轮传动装置 ………………… 9-1626

9.3 蜗杆传动装置 ………………………… 9-1634

9.4 斜齿轮传动装置 ……………………… 9-1637

9.5 其他的齿轮类型 ……………………… 9-1646

9.5.1 椭圆齿轮 ………………………… 9-1646

9.5.2 行星齿轮传动装置 ……………… 9-1646

9.5.3 棘轮传动装置 …………………… 9-1649

9.6 检查齿轮尺寸 ………………………… 9-1654

9.7 齿轮材料 ……………………………… 9-1674

9.8 花键和锯齿形花键 …………………… 9-1682

9.9 凸轮和凸轮设计 ……………………… 9-1704

第10章 机械元件 ……………………… 10-1720

10.1 普通轴承 …………………………… 10-1720

10.1.1 简介 ……………………………… 10-1720

10.1.2 滑动轴承或套筒轴承 ………… 10-1729

10.1.3 推力轴承 ………………………… 10-1736

10.1.4 普通轴承材料 ………………… 10-1746

10.2 球轴承、滚子轴承和滚针轴承 ………………………………… 10-1754

10.2.1 滚动接触轴承 ………………… 10-1754

10.2.2 轴承公差 ………………………… 10-1761

10.2.3 轴承装配实践 ………………… 10-1777

10.2.4 设计考虑 ………………………… 10-1784

10.2.5 额定载荷和疲劳寿命 ………… 10-1787

10.3 润滑 ………………………………… 10-1798

10.3.1 润滑理论 ………………………… 10-1798

10.3.2 润滑剂 ………………………… 10-1800

10.3.3 润滑剂的应用 ………………… 10-1807

10.3.4 污染控制 ……………………… 10-1810

10.4 联轴器、离合器、制动器 ………… 10-1813

10.4.1 联轴器和离合器 ……………… 10-1813

10.4.2 摩擦制动器 …………………… 10-1822

10.4.3 动力传输摩擦轮 ……………… 10-1826

10.5 键和键槽 …………………………… 10-1827

10.5.1 米制普通平键及键槽 ………… 10-1827

10.5.2 米制普通平键与键槽：宽度公差和大于基本尺寸的偏差 ……… 10-1832

10.5.3 米制半圆键与键槽 …………… 10-1836

10.6 挠性带和滑轮 ……………………… 10-1851

10.6.1 带和带轮的计算 ……………… 10-1851

10.6.2 平带传动 ……………………… 10-1853

10.6.3 V带 …………………………… 10-1854

10.6.4 同步带 ………………………… 10-1882

10.7 传动链 ……………………………… 10-1890

10.7.1 链条类型 ……………………… 10-1890

10.7.2 标准滚子传动链 ……………… 10-1890

10.7.3 传动滚子链 …………………… 10-1891

10.8 滚珠丝杠和爱克母丝杠 …………… 10-1911

10.9 电动机 ……………………………… 10-1913

10.9.1 电动机标准 …………………… 10-1913

10.9.2 电动机的类型和特性 ………… 10-1916

10.9.3 决定电动机选择的因素 …… 10-1919

10.9.4 电动机的维护保养 …………… 10-1922

10.10 粘合剂和密封剂 ………………… 10-1923

10.10.1 粘合剂 ……………………… 10-1924

10.10.2 双组分非混合型粘合剂 … 10-1924

10.10.3 双组分混合型粘合剂 …… 10-1924

10.10.4 单组分不混合粘合剂 …… 10-1924

10.10.5 固持胶 ……………………… 10-1925

10.10.6 螺纹锁固胶 ………………… 10-1926

10.10.7 密封剂 ……………………… 10-1926

10.10.8 锥形管螺纹密封 …………… 10-1927

10.11 O形环 …………………………… 10-1927

10.12 冷轧型钢、线材、钣金件、钢丝绳 ………………………………… 10-1931

10.12.1 冷轧型钢 …………………… 10-1931

10.12.2 线材和钣金件量规 ………… 10-1943

10.12.3 钢丝绳的强度和性质 ……… 10-1951

10.13 轴系对中 ………………………… 10-1958

10.13.1 简介 ………………………… 10-1958

10.13.2 使用千分表进行轴系对中 …………………………… 10-1958

10.13.3 实际的轴系对中边缘千分表和面千分表布置 ………………… 10-1965

第7章

紧固件

7.1 紧固件的扭矩和张力

1. 紧固螺栓

螺栓常通过在其头部或螺母上施加扭力来紧固，这会导致螺栓拉伸，它产生螺栓张紧力或预载荷，确保接头稳固连接。使用扭力扳手较为容易测量出扭力，因此它是最常用的螺栓张力量具。但是，扭力扳手无法准确测量螺栓张力，主要是因为它未将摩擦力纳入考虑范围。摩擦力取决于螺栓、螺母和垫圈的材质，也取决于表面粗糙程度、机械加工精度、润滑度和螺栓安装次数。紧固件制造商常会提供计算不同螺栓紧固所需扭力的信息，将摩擦和其他因素都考虑在内。若无相关信息，则可以遵循以下方法计算螺栓张力以及获得该张力所需的相应扭力。

较高的预载荷张力有助于保持螺栓紧固，增强接头强度，在部件之间生成摩擦以抵抗剪切，并提升螺栓接头的抗疲劳性能。预载荷推荐值 F_i 可用于静态或疲劳条件，计算公式为：$F_i=0.75A_tS_p$ 用于可重复使用接头，$F_i=0.9A_tS_p$ 用于永久式连接。上述公式中，F_i 为螺栓预载荷，A_t 为螺栓张应力面积，S_p 为螺栓验证强度。根据螺钉螺纹表格或使用本章中的公式计算 A_t。ASTM 和 SAE 钢紧固件常用验证强度 S_p 在本章和该类紧固件米制螺钉和螺栓章节均有列出。针对其他材料，验证强度近似值可通过公式计算：$S_p=0.85S_y$，其中，S_y 为材料的屈服强度。软材料不应用于螺纹紧固件。

计算出所需预载荷后，确保螺栓合理紧固的最好方法之一是直接使用应变计测量其张力。另一个办法则是使用千分尺或量表测量螺栓在紧固过程中的长度变化（延伸率）。以下两个公式均可用于计算使螺栓张力与预载荷推荐值相等所需的螺栓长度变化值。螺栓长度变化值 δ 计算公式为

$$\delta=F_i\frac{A_dl_t+A_tl_d}{A_dA_tE} \qquad (7\text{-}1)$$

$$\delta=\frac{F_il}{AE} \qquad (7\text{-}2)$$

式（7-1）中，F_i 是螺栓预紧力；A_d 是螺栓的大径区；A_t 是螺栓的拉应力面积；E 是螺栓的弹性模量；l_t 是紧固部分中螺纹的长度；l_d 是非螺纹部分的长度。这里，紧固部分被定义为夹紧材料的总厚度。式（7-2）是当使用的紧固件面积是恒定时的简化公式，并给出与式（7-1）大致相同的结果。式（7-2）中，l 是螺栓长度；A 是螺栓区域；δ、F_i、E 与式（7-1）一样。

若不能测量螺栓伸长量时，则必须估计拧紧螺栓所需的扭矩。如果预加载荷是已知的，使用下列一般关系的扭矩：$T=KF_id$，其中 T 为扭矩扳手，K 是一个与螺栓材质和尺寸有关的常数，F_i 是预紧力，d 是公称螺栓直径。当 $K=0.2$ 时可用于对碳素钢螺栓在1/4～1in（6.35～25.4mm）的尺寸范围的方程中。对于其他钢螺栓，使用下面的 K 值：非镀黑色表面为0.3，镀锌为0.2，润滑为0.18，镀镉为0.16。可以使用其他尺寸和材料的螺栓来校核螺栓制造商和供应商的 K 值。

用于拧紧螺栓适当的扭矩约为1/2in（12.7mm），也可由试验确定。通过测量断裂所需的扭矩量来测试螺栓（相当于那些用于实际应用中的螺栓、螺母和垫圈）。然后，使用一个为测试中确定的断裂扭矩的50%～60%的力矩。用这种方法拧紧螺栓的张力为螺栓材料弹性极限的60%～70%（屈服强度）。

通过使用表7-1中的螺栓直径 d、系数 b 和 m，可以得到一个螺栓拧紧时所需的粗略的扭矩。通过求解公式 $T=10^{b+m\log d}$ 得到紧固件的近似拧紧力矩 T，这个方程是近似的，用于由工厂提供的无润滑紧固件。

表7-1　用于钢螺栓、螺柱、螺钉帽的扳手扭矩 $T=10^{b+m\log d}$

紧固件等级	螺栓直径 d/in	m	b
SAE 2，ASTM A307	1/4～3	2.940	2.533
SAE 3	1/4～3	3.060	2.775
ASTM A-449，A-354-BB，SAE 5	1/4～3	2.965	2.759

（续）

紧固件等级	螺栓直径 d/in	m	b
ASTM A-325①	1/2 ~ 1½	2.922	2.893
ASTM A-354-BC	1/4 ~ 5/8	3.046	2.837
SAE 6，SAE 7	1/4 ~ 3	3.095	2.948
SAE 8	1/4 ~ 3	3.095	2.983
ASTM A-354-BD，ASTM A490①	3/8 ~ 1¾	3.092	3.057
套筒头螺钉	1/4 ~ 3	3.096	3.014

注：使用前面的方程计算的值为从制造商那里得到标准非电镀的工业紧固件；对于镀镉螺母，乘以转矩的 0.9；对于镀镉螺栓和螺母，乘以转矩的 0.8；用于特殊润滑剂的紧固件，乘以转矩的 0.9；对于螺柱，使用同等级的螺杆值。

① 表示钢结构永久性连接值。

2. 螺栓连接处的预紧力

以下建议是基于 MIL-HDBK-60、FED-STD-H28 的一部分，为联邦服务螺纹标准。一般情况下，螺栓在接触和压缩的结合处应保持足够高的预紧力。在连接处的压缩损失可能会导致受压流体通过压缩垫片泄漏，紧固件在循环载荷条件下松动，并减少紧固件的疲劳寿命。

紧固件的疲劳寿命和紧固件预紧力之间的关系如图 7-1 所示。轴向加载没有预紧力的螺栓连接处，由线 OAB 可知，螺栓载荷等于节点载荷，螺杆载荷等于连接负荷。当连接载荷在 P_a 和 P_b 之间变化时，螺栓载荷也根据 P_a 和 P_b 变化。然而，如果预载荷 $P_{B1'}$ 施加于螺栓上，螺栓接合处受压且螺栓载荷变化比接头载荷更慢（由线 $P_{B1'}A$ 可知，其斜率小于线 OAB 的斜率），因为一些负载在结合压缩处被吸收减少。因此，施加到连接处的轴向载荷 $P_{Ba'}$ 和 $P_{Bb'}$ 随结合处载荷 P_a 和 P_b 之间的变化而变化。这种情况导致循环螺栓载荷变化的减少，从而增加了紧固件的疲劳寿命。

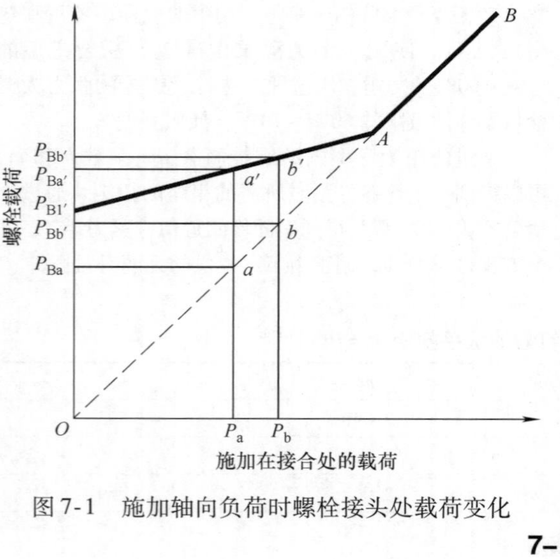

图 7-1 施加轴向负荷时螺栓接头处载荷变化

3. 螺栓剪切预紧力

在剪切载荷作用下，当构件滑动时，连接元件将剪切载荷传递到连接中的紧固件，并且预紧力必须足够大来保持连接件的接触。在结合处不滑动（接头之间没有相对运动），剪切载荷在结合处传递的摩擦力主要由预紧力引起。因此，预紧力必须足够大，由此产生的摩擦力才会大于施加的剪切力。在高剪切载荷作用下，必须考虑在螺栓连接设计中因紧固件的预紧力而产生的剪切应力。对接头处的轴向和剪切载荷必须进行分析，以确保螺栓不会因拉伸或剪切而失效。

4. 预加载荷的一般应用

预压值应基于前述的连接要求。紧固件的应用通常是为了最大限度地利用紧固件材料，也就是说，紧固件的尺寸是实现其功能所需的最小值，且通常适用于它的最大安全预紧力。然而，如果一个低强度紧固件被替换为一个更高的强度，为了方便或标准化，更换的预压不应超过原紧固件所需的预紧力。

为了最大限度地利用螺栓强度，螺栓有时紧固到或超出材料的屈服强度。这种做法通常仅限于韧性材料，它们的屈服强度与极限（断裂）强度有较大差异，因为低延展性的材料更容易因为意外而失效，当预载达到屈服极限时便过载。接头设计为在主要静态负载条件下使用延性螺栓，具有相对远离断裂处应变的屈服应变，通常预载都在螺栓材料的屈服强度上方。拧紧达到甚至超过屈服强度的方法包括无特殊工具的紧固，通过使用电子设备来比较紧固件的转角产生的扭矩和检测紧固件弹性性能时发生的变化。

在循环载荷的作用下，螺栓载荷保持在屈服强度以下，并且在使用高强度材料螺栓的接头处，屈服应变接近断裂处的应变。在这些条件下，最大预紧力一般属于下列范围：最小抗拉极限强度的 50% ~ 80%；最小抗拉屈服强度或额定载荷的 75% ~ 90%；或所观察到的比例极限的 100%。

螺栓头、旋动槽（如在内六角螺钉中）、螺栓头和螺栓杆结合处必须足够坚固，才能够承受预紧力和紧固过程中遇到的任何附加应力。还必须有足够多的螺纹防止剥离（一般情况下，至少有三个完全啮合螺纹）。易受应力腐蚀开裂的材料可能需要进一步的预紧限制。

5. 预紧力的调整

可以通过轴向加载直接施加预紧力，或通过转动螺母或螺栓间接施加。当通过转动螺母或螺栓来施加预紧力时，将扭转载荷部件添加到所需的轴向螺栓载荷，这种加载组合增加了螺栓上的拉应力。通常附加扭转载荷分量在驱动力被移除之后快速消散，因此可以很大程度地忽略。对于接近或超过屈服强度的紧固件，这种假设可能是合理的，但是对于螺栓张力必须保持低于屈服强度的关键应用时，重要的是调整轴向张力要求以包括预载扭转的影响。对于这种调整，可以用式（7-3）计算组合拉应力（等效应力）F_{tc}

$$F_{tc}=\sqrt{F_t^2+3F_s^2} \tag{7-3}$$

式中，F_t 是轴向施加的拉应力 psi（MPa）；F_s 是由扭转载荷施加引起的剪应力 psi（MPa）。

当施加预紧力时在螺栓上会获得部分扭转载荷，扭矩的卸载可以通过回弹来释放。松弛量取决于螺栓头或螺母下方的摩擦力。通过控制螺母的反向转动，可以在不损失轴向载荷的前提下减少或消除扭转载荷，减少螺栓应力并降低蠕变和疲劳的能力。然而，回转角的计算和控制是困难的，所以这种方法的应用是有限的，并且由于涉及的角度小，不能用于短螺栓。

对于相对较软的加工硬化材料，接头稍微超过屈服的紧固螺栓将在一定程度上加固螺栓。螺栓反转到所需的张力将减少嵌入和金属流动，并改善对预载荷损失的抵抗力。

式（7-4）用于单次启动统一寸制螺纹计算组合拉应力 F_{tc}：

$$F_{tc}=F_t\sqrt{1+3\left(\frac{1.96+2.31\mu}{1-0.325P/d_2}-1.96\right)^2} \tag{7-4}$$

符合 MIL-S-8879 的单头 UNJ 螺纹具有等于螺栓中径的螺纹应力直径。对于这些螺纹，F_{tc} 可以用式（7-5）计算：

$$F_{tc}=F_t\sqrt{1+3\left(\frac{0.637P}{d_2}+2.31\mu\right)^2} \tag{7-5}$$

式中，μ 是螺纹之间的摩擦因数；P 是螺距（$P=1/n$，n 是每英寸的螺纹数）；d_2 是螺栓螺纹中径，式（7-2）和式（7-3）都来自式（7-1）；因此，根式中的量表示由预负荷扭转引起的轴向螺栓张力增加的比例。在这些方程中，当螺纹摩擦因数 μ 高时，由于扭转载荷施加引起的拉应力变得最大。

6. 螺栓和螺母的摩擦因数

表 7-2 给出了在确定扭矩要求时经常使用的摩擦因数的示例。在润滑油柱中用“无添加”表示的干螺纹被假定具有一些残余机油的润滑。表 7-2 的值对于已经被清洁以除去所有润滑痕迹的螺纹是无效的，因为这些螺纹的摩擦因数可以非常高，除非电镀或其他的膜用作润滑剂。

表 7-2　螺栓和螺母的摩擦因数

螺栓/螺母材料	润滑剂	摩擦因数 μ②
钢①	凡士林油或机械油石墨二硫化钼润滑脂	0.07 0.11 0.15
钢①，镀镉	无添加	0.12
钢①，镀锌	无添加	0.17
钢/铜	无添加	0.15
耐蚀钢或镍基合金/镀银材料	无添加	0.14
钛/钢①	凡士林	0.08
钛	二硫化钼润滑脂	0.10

注：两种材料用斜线分开时，既可以是螺栓材料，也可以是螺母材料。

① “钢”包括碳和低合金钢，但不包括耐蚀钢。

② 极限偏差为 ±20%。

7. 预紧力松弛

局部屈服，由于螺母和螺栓头承受过多的应力（由局部高点、表面粗糙度以及缺乏对螺栓和螺母承压表面完整的垂直度造成的），可能直接导致首次应用于螺栓预紧力后产生预紧力松弛。螺栓张力也可能不均匀分布在螺纹的结合处，因此，可能使螺纹发生变形，使负载在螺纹长度上更均匀地重新分配。预载施加后的几分钟到几个小时后会产生预紧力松弛，所以预紧后的几分钟几天内都可能需要预紧。一般来说，在设计接头时，可预先设定约10%的余量损失。

提高接头处的弹性性能会使其更耐局部屈服，也就是说由于屈服而导致的预紧力损失较小。当这一方法可行时，建议其接头长度与螺栓直径之比为4或者更大；例如，一个¼in（6.35mm）的螺栓和一个1in（25.4mm）或更大的接头长度。为了提高接头长度与螺栓直径之比，可以将螺栓、远侧螺孔、垫片和垫圈用于接头设计。

在较长的一段时间内，预载可能会由于振动、温度循环，包括环境温度的变化、蠕变、节点载荷等其他因素减少或完全消失。增加初始螺栓预紧力或使用螺纹锁定的方法来防止节点的相对运动，可以减少由于振动和温度循环而产生的预紧松弛的问题。蠕变常常是受高温影响的，尽管在常温下可以预计一些螺栓的张力损失。如果蠕变是接头在高温下易产生的问题，那么应该考虑使用较硬的材料和抗蠕变材料。

紧固件材料的力学性能随温度变化显著，当环境温度超过30~200℉（-1~93℃）必须允许这些变化。可能改变的力学性能包括抗拉强度、屈服强度和弹性模量。螺栓和凸缘的材料通常不一样，如碳素钢和耐蚀钢，或钢和黄铜，另外，必须考虑可能由于热膨胀的差异而导致的预负荷增加或减少。

8. 预紧力的测量和应用方法

根据拧紧方法，预紧力应用的精度变化可能会高达25%或更多。必须注意保持扭矩和负载指示器的校准，应考虑螺栓载荷的不确定性，以防止螺栓载荷过度或未能获得足够的预紧力。预紧力的方法应根据需要的精度和相关的成本来使用。

螺栓张力控制最常用的方法是间接法，因为测量每个紧固件在装配过程中产生的张力通常是困难的或不切实际的。表7-3列出了最常用的螺栓预紧方法和每种方法的近似精度。对于许多应用，在一定的限度内，在紧固件上施加已知扭矩是可以很好地控制紧固件张力的。试验表明，一个满意的扭矩-张力关系可以通过一组给定的条件来建立，即任何变量的变化，如紧固件材料、表面粗糙度，以及是否存在润滑，都可能会严重改变这种关系。由于所施加的扭矩大部分被中间产生的摩擦抵消，在承压表面的表面粗糙度的变化或润滑方式的变化将极大地影响摩擦，从而改变扭矩-张力关系。不管施加预紧力使用的是何种方法或准确性如何，如果螺栓、螺母或垫圈的阀座面在载荷作用下变形，或螺栓在拉伸载荷作用下拉伸或蠕动，或循环载荷引起构件之间的相对运动，张力则会随着时间的推移而减小。

表7-3 螺栓预紧应用方法的精度

方法	精度	方法	精度
按照感觉	±35%	低于屈服的计算机控制扳手（转动螺母）	±15%
扳手扭矩	±25%		
转动螺母	±15%	屈服强度传感	±8%
预紧螺栓	±10%	螺栓伸长量	±（3~5）%
应变计	±1%	超声波传感	±1%

注：使用功率驱动器的拧紧方法与等效手动方法的精度相似。

9. 伸长率的测量

当施加的应力在材料的弹性范围内时，螺栓的伸长与轴向应力成正比。如果螺栓的两端是可测量的，在施加的张力确保所需的轴向应力前后，应用微米测量螺栓长度的方法。伸长量δin（mm）由公式$\delta = F_t L_B / E$可以确定，在轴向应力F_t单位为psi（MPa）时，螺栓弹性模量为E，有效的螺栓长度L_B单位为in（mm）。L_B如图7-2所示，包括对螺栓区域和端部（螺栓头和螺母）的研究，并由式（7-6）计算

$$L_B = \left(\frac{d_{ts}}{d}\right)^2 \left(L_S + \frac{H_B}{2}\right) + L_J - L_S + \frac{H_N}{2} \quad (7\text{-}6)$$

式中，d_{ts}是螺纹应力直径；d是螺栓直径；L_S是螺栓的螺纹长度；L_J是总接头长度；H_B是螺栓头的高度；H_N是螺母的高度。

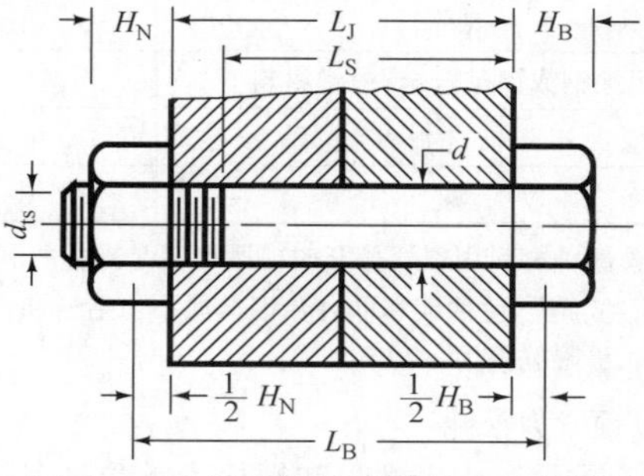

图7-2 适用于拉伸公式的有效长度

注：对无头型螺栓，用1/2啮合螺纹长度来替代。

千分尺测量法可精确地应用于其长度内基本均质的螺栓，即螺纹连接沿着整个长度或在螺栓夹紧区域中只有几圈螺纹。如果螺栓几何形状是复杂的，如锥形螺纹或梯形螺纹，则伸长率等于每个部分的伸长率与螺栓头高度和螺母结合长度中的过渡应力所允许余量的总和。

直接测量螺栓伸长的方法的确有效，但前提是螺栓的两端具有可测性。如果螺栓或螺柱的直径足够大，则可以通过钻出轴向孔的方法，如图 7-3 所示，通过深度千分尺或其他测量手段确定紧固件紧固时孔长度的变化。通过此法制成的特殊指示螺栓，在螺栓上开设不通孔，设置一个销钉固定在不通孔的底部。在螺栓紧固之前，该销通常与作为参考的螺栓头表面齐平，当螺栓紧固时，伸长率使得销钉的端部移动到参考表面以下。销钉的位移可以通过校准的量规直接转换为单位应力。在这种类型的螺栓中，销钉设置在螺栓上一定的距离，当达到所要求的轴向载荷时，销与螺栓头齐平。

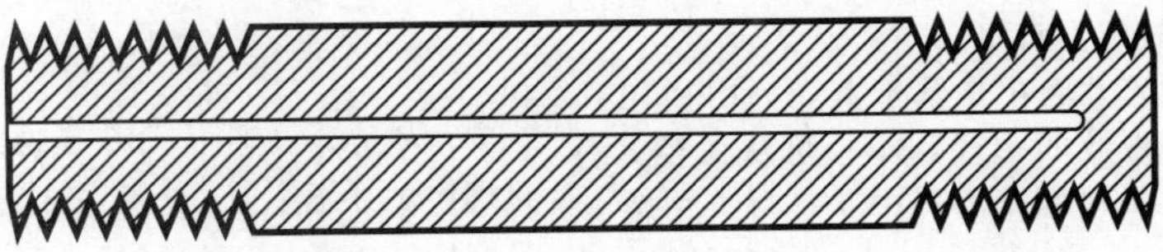

图 7-3　当螺柱或螺栓的一端不可测时，钻孔以测量伸长率

超声波法测量螺栓伸长率的原理是超声波换能器在螺栓一端产生一个声脉冲，这个脉冲径直穿过螺栓的整个长度，脉冲在螺栓另一端被反射回来且被超声波换能器所接收。声脉冲返回所需的时间取决于螺栓的长度和声音在螺栓材料中的传播速度。而螺栓中的声速取决于材料本身的特性、温度和所受的应力状态。超声波测量系统可以通过比较螺栓在有加载应力和无应力条件下的脉冲行程时间，进而计算螺栓的应力、载荷或伸长率。类似的，测量纵向和横向声波脉冲的往返时间可以计算螺栓的拉应力而不必考虑螺栓长度。这种方法能实时检查螺栓张力，并且不需要在无负载下记录每个螺栓的超声波特性。

为了得到准确的结果，超声波法要求螺栓的两端与螺栓轴线垂直。在测量精度方面，使用超声波法比应变计方法更准确。但超声波法也受到一些因素的限制，如同种材料螺栓之间的声速变化的影响，螺栓头和螺纹未受应力部分，在测量时，需要对这些因素的影响进行矫正。

螺母转角法通过将螺母转动到与给定伸长率相对应的角度来施加预载荷。螺栓的伸长率与转角符合公式：

$$\delta_B = \theta l/360$$

式中，δ_B 是伸长量；θ 是螺母的转角；l 是以 in 为单位的螺纹线的引线。

结合公式 $\delta_B = F_t L_B / E$ 得出螺旋预紧达到的预紧力 F_t 与螺母转角的关系：

$$\theta = 360\frac{F_t L_B}{El} \tag{7-7}$$

式中，L_B 在式（7-6）中已给出；E 为弹性模量。

螺母转角法的精度受螺纹弹性变形、承压面的粗糙度以及难以确定测量角度起始点的影响。起始点通常是拧紧螺母使其牢固地固定在接触面上，然后松开以释放螺栓中所有的张力和扭力。由于每个螺栓尺寸、长度、材料和螺纹导程均不同，螺母转角也会不同。螺母转角法适用于螺栓伸长、支撑面材料没有压缩的情况。因此，螺母转角法对于具有可压缩垫圈或其他软质材料的支撑面，或者螺母和接头材料相对于螺栓的显著变形是不适用的。螺母转角的确定必须建立在使用模拟接头和张力测量装置经验的基础上才能使用。

日本工业标准（JIS）手册有关于紧固件及螺纹的资料，论述了适用于弹性和塑性区域螺母拧紧的方法。此类问题更详细的资料请参阅 JIS B 1083。

加热导致螺栓膨胀的速度与膨胀系数成正比。当热螺栓和螺母紧固在接头中并冷却时，螺栓收缩就会产生张力。产生轴向应力所需的温度 F_t（当应力低于弹性极限时）可以通过式（7-8）计算：

$$T = \frac{F_t}{Ee} + T_0 \tag{7-8}$$

式中，T 是轴向拉伸产生的温度应力 F_t(pa) 所需要的华氏温度；E 是螺栓材料的弹性模量（pa）；e 是线性膨胀系数[in/(in・℉)]；T_0 是螺栓将被冷却时的华氏温度。因此，$T - T_0$ 是螺栓的温度变化。在有限元模拟中，经常使用加热和冷却来预紧力或压缩网格元件。式（7-8）可用于确定这些问题中所需的温度变化。

示例：在 70℉下，钢螺栓的接头需要 40000Pa 的拉应力。如果 E 为 30×10^6Pa，e 为 6.2×10^{-6} [in/(in・℉)]，则可以确定螺栓在冷却时产生相应应力所需的温度。

$$T=\frac{40000}{(30\times10^{6})\times(6.2\times10^{-6})}°F+70°F=285°F$$

在实际操作中，将螺栓加热到略高于其所需的温度（允许螺母拧紧时一部分冷却），并且和螺母拧紧，当螺栓冷却时会产生张力。在另一种方法中，加热螺栓时螺母紧固在螺栓上，当螺栓充分伸长时，通过在螺母和接头的支承表面之间插入厚度计显示，可知螺母被拧紧。螺栓在冷却时会产生所需的张力；然而，如果螺栓在被加热的情况下接头温度明显增加，则预紧力可能会消失。

10. 计算螺纹抗拉应力面积

统一螺纹的抗拉应力面积是基于直径为中径和小径的平均值。统一螺纹的中径和小径可从大径 d（公称）和螺距 $P=1/n$ 中得到，其中 n 是每英寸螺纹的数目，有以下公式：中径 $d_p=d-0.649519P$；小径 $d_m=d-1.299038P$。统一螺纹的抗拉应力面积 A_S 可以由式（7-9）计算：

$$A_S=\frac{\pi}{4}\left(\frac{d_m+d_p}{2}\right)^2 \tag{7-9}$$

按照 MIL-S-8879，UNJ 螺纹有一个抗拉螺纹面积，通常认为是在基于螺栓的中径；而统一螺纹的抗拉应力面积小于这个区域，所以 UNJ 螺栓在相同接头处要求的拧紧力矩大于等效应力的统一螺栓。将统一紧固件的紧固力矩转换为 UNJ 紧固件所需的等效力矩，使用式（7-10）计算：

$$\mathrm{UNJ_{torque}}=\left(\frac{dn-0.6495}{dn-0.9743}\right)^2\times\mathrm{Unified_{torque}} \tag{7-10}$$

式中，d 是基本螺纹长径；n 是每英寸的螺纹数；Unified 是统一螺纹；torque 是紧固力矩。

米制螺纹的抗拉应力面积是基于中径的平均值减去外螺纹小径的基本螺纹三角形高度的⅙所得到的直径的。日本工业标准 JIS B 1082（另见 ISO 898/1）定义了米制螺纹的应力面积如下：

$$A_S=\frac{\pi}{4}\left(\frac{d_2+d_3}{2}\right)^2 \tag{7-11}$$

式中，A_S 是米制螺纹的应力面积（mm^2）；d_2 是外螺纹的中径（mm），由 $d_2=d-0.649515P$ 给出；d_3 由 $d_3=d_1-H/6$ 定义。这里，d 是公称螺栓直径；P 是螺距；$d_1=d-1.082532P$ 是外螺纹的小径，单位为 mm；$H=0.866025P$ 为基本螺纹三角形的高度。将 d_2 和 d_3 的公式代入式（7-11）中有 $A_S=0.7854(d-0.9382P)^2$。

JIS B 1082 中给出了以 mm^2 为单位的统一螺纹的应力面积 A_S：

$$A_S=0.7854\left(d-\frac{0.9743}{n}\times25.4\right)^2 \tag{7-12}$$

11. 扭矩和夹紧力的关系

日本工业标准 JIS B 1803 将紧固件拧紧力矩 T_f 定义为承压表面扭矩 T_w 和手柄（螺纹）部分扭矩 T_S 的总和。施加的拧紧力矩和螺栓预紧力 F_{ft}之间的关系如下：$T_f=T_S+T_w=KF_fd$。d 是螺纹的公称直径，K 为扭矩系数：

$$K=\frac{1}{2d}\left(\frac{P}{\pi}+\mu_S d_2\sec\alpha'+\mu_w D_w\right) \tag{7-13}$$

式中，P 是螺纹螺距；μ_S 是螺纹间的摩擦因数；d_2 是螺纹的中径；μ_w 是承压表面间的摩擦因数；D_w 是摩擦转矩承压面的当量直径；α' 为螺纹脊线垂直部分处的侧面角，由 $\tan\alpha'=\tan\alpha\cos\beta$ 定义，其中 α 为牙型半角（如 30°），β 为螺旋角或螺纹导程角。β 可以通过公式 $\tan\beta=l/2\pi r$ 计算，其中 l 是螺纹导程，r 是螺纹半径（公称直径 d 的一半）。当承压表面接触区域为圆形时，D_w 可以通过式（7-14）获得：

$$D_w=\frac{2}{3}\times\frac{D_o^3-D_i^3}{D_o^2-D_i^2} \tag{7-14}$$

式中，D_o 和 D_i 分别是承压表面接触面积的外径和内径。

紧固件螺纹部分应有的扭矩 T_S 和接头承压面处的扭矩 T_w 计算如下：

$$T_S=\frac{F_f}{2}\left(\frac{P}{\pi}+\mu_S d_2\sec\alpha'\right) \tag{7-15}$$

$$T_w=\frac{F_f}{2}\mu_w D_w \tag{7-16}$$

其中，F_f、P、μ_S、d_2、α'、μ_w 和 D_w 如前所述。

表 7-4 和表 7-5 给出了对应于各种 μ_S 和 μ_w 值的粗螺距和细螺距米制螺纹扭矩系数 K 的值。当紧固件材料根据剪切应变能量理论产生时，对应于屈服夹紧力的扭矩（见图 7-4）$T_{fy}=KF_{fy}d$ 也会产生，其中屈服夹紧力 F_{fy} 由式（7-17）给出：

$$F_{fy}=\frac{\sigma_y A_S}{\sqrt{1+3\left[\frac{2}{d_A}\left(\frac{P}{\pi}+\mu_S d_2\sec\alpha'\right)\right]^2}} \tag{7-17}$$

表 7-4 中的值是计算的扭矩系数的平均值：K 和 D_w 由式（7-13）和式（7-14）计算；直径 d 取 4mm、5mm、6mm、8mm、10mm、12mm、16mm、20mm、24mm、30mm 和 36mm；并根据 JIS B 0205

表 7-4　米制六角头螺栓和螺母粗牙螺纹的扭矩系数 *K*

螺纹间/μ_S	摩擦因数									
	承压面间的 μ_w									
	0.08	0.10	0.12	0.15	0.20	0.25	0.30	0.35	0.40	0.45
0.08	0.117	0.130	0.143	0.163	0.195	0.228	0.261	0.293	0.326	0.359
0.10	0.127	0.140	0.153	0.173	0.206	0.239	0.271	0.304	0.337	0.369
0.12	0.138	0.151	0.164	0.184	0.216	0.249	0.282	0.314	0.347	0.380
0.15	0.153	0.167	0.180	0.199	0.232	0.265	0.297	0.330	0.363	0.396
0.20	0.180	0.193	0.206	0.226	0.258	0.291	0.324	0.356	0.389	0.422
0.25	0.206	0.219	0.232	0.252	0.284	0.317	0.350	0.383	0.415	0.448
0.30	0.232	0.245	0.258	0.278	0.311	0.343	0.376	0.409	0.442	0.474
0.35	0.258	0.271	0.284	0.304	0.337	0.370	0.402	0.435	0.468	0.500
0.40	0.285	0.298	0.311	0.330	0.363	0.396	0.428	0.461	0.494	0.527
0.45	0.311	0.324	0.337	0.357	0.389	0.422	0.455	0.487	0.520	0.553

(ISO 724) 螺纹标准选择相应的螺距 P 和中径 d_2。尺寸 D_i 是根据 JIS B 1001 用于螺栓和螺钉通孔和沉孔的直径无倒角二级配合（相当于 ISO 273-1979）。D_O 值是通过参考 JIS B 1002 六角头螺母平面宽度尺寸乘以 0.95 得到的。

表 7-5 中的值是式（7-13）和式（7-14）中使用 K 和 D_w 计算的扭矩系数的平均值；直径 d 取值为 8mm、10mm、12mm、16mm、20mm、24mm、30mm 和 36mm；并根据 JIS B 0207 螺纹标准（ISO 724）选择各个螺距 P 和中径 d_2。尺寸 D_i 是根据 JIS B 1001 用于螺栓和螺钉通孔和沉孔直径的无倒角一级配合（相当于 ISO 273-1979）。

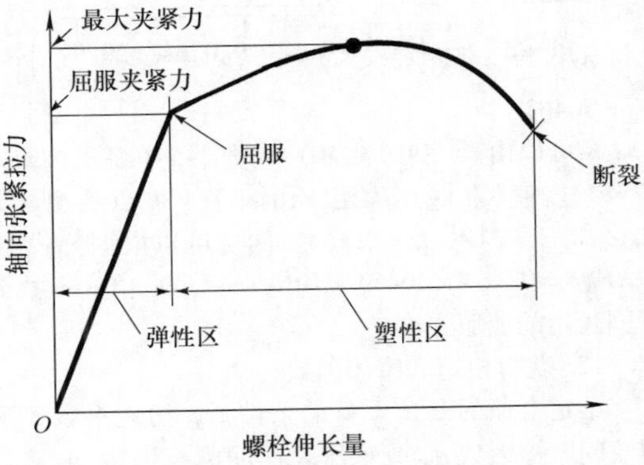

图 7-4　螺栓伸长量与轴向拉紧力的关系

表 7-5　米制六角头螺栓和螺母细螺纹的扭矩系数 *K*

螺纹间/μ_S	摩擦因数									
	承压表面间的 μ_w									
	0.08	0.10	0.12	0.15	0.20	0.25	0.30	0.35	0.40	0.45
0.08	0.106	0.118	0.130	0.148	0.177	0.207	0.237	0.267	0.296	0.326
0.10	0.117	0.129	0.141	0.158	0.188	0.218	0.248	0.278	0.307	0.337
0.12	0.128	0.140	0.151	0.169	0.199	0.229	0.259	0.288	0.318	0.348
0.15	0.144	0.156	0.168	0.186	0.215	0.245	0.275	0.305	0.334	0.364
0.20	0.171	0.183	0.195	0.213	0.242	0.272	0.302	0.332	0.361	0.391
0.25	0.198	0.210	0.222	0.240	0.270	0.299	0.329	0.359	0.389	0.418
0.30	0.225	0.237	0.249	0.267	0.297	0.326	0.356	0.386	0.416	0.445
0.35	0.252	0.264	0.276	0.294	0.324	0.353	0.383	0.413	0.443	0.472
0.40	0.279	0.291	0.303	0.321	0.351	0.381	0.410	0.440	0.470	0.500
0.45	0.306	0.318	0.330	0.348	0.378	0.408	0.437	0.467	0.497	0.527

D_O 是通过参考 JIS B 1002（小型系列）六角头螺母平面宽度尺寸乘以 0.95 得到的。

在式（7-17）中，σ_y 是螺栓的屈服强度或屈服应力，A_S 是螺纹的应力面积，$d_A=(4A_S/\pi)^{1/2}$ 是与螺纹的应力面积相等的圆形的直径，前面已经确定了其他变量。

例：算出拧紧 10 mm 粗牙螺纹（$P = 1.5\text{mm}$）8.8 级螺栓所需的扭矩，假设螺纹和承压面的摩擦因数均为 0.12。

解：根据式（7-17），计算 F_{fy}，然后求解 $T_{fy} = KF_{fy}d$，得到螺栓应力达到屈服强度所需的扭矩。

$\sigma_y = 640\text{N/mm}^2$（MPa）（最少 8.8 级）

$A_S = 0.7854 \times (10 - 0.9382 \times 1.5)^2\text{mm}^2 = 57.99\text{mm}^2$

$$d_A = (4A_S/\pi)^{1/2} = 8.6\text{mm}$$

从公式 $\tan\alpha' = \tan\alpha\cos\beta$ 求 α'，使用：

$\alpha = 30°$；$\tan\beta = l/2\pi r$；$l = P = 1.5$；$r = d/2 = 5\text{mm}$

$\tan\beta = 1.5/10\pi = 0.0477$，因此 $\beta = 2.73°$

$\tan\alpha' = \tan\alpha\cos\beta = \tan30°\cos2.73° = 0.577$，$\alpha' = 29.97°$

求解式（7-17）给出屈服的夹紧力如下：

$$F_{fy} = \frac{640 \times 57.99}{\sqrt{1 + 3\left[\frac{2}{8.6}\left(\frac{1.5}{\pi} + 0.12 \times 9.026\sec 29.97°\right)\right]^2}}\text{N}$$

$= 30463\text{N}$

K 可以由表 7-4（粗牙）和表 7-5（细牙）或式（7-13）和（7-14）确定。由表 7-4 可以看出，μ_S 和 μ_w 等于 0.12，$K = 0.164$。然后可以根据公式 $T_{fy} = KF_{fy}d = 0.164 \times 30463 \times 10\text{N} \cdot \text{m} = 49.9\text{N} \cdot \text{m}$ 找到紧固扭矩的屈服强度。

12. 获得扭矩和摩擦因数

给定合适的测试设备的条件下，扭矩系数 K 和螺纹间摩擦因数 μ_s 或承压表面间摩擦因数 μ_w 可以通过试验确定如下：在任意的位置测量轴向紧固力和相应的紧固扭矩值在螺栓屈服强度或屈服应力的 50%～80% 范围内的任意点（对于钢螺栓，用屈服强度或试验应力的最小值乘以螺栓的应力面积）。重复这个测试数次然后取平均值。紧固扭矩可以看成是螺纹上的扭矩加上螺栓头或螺母接头承压表面上的扭矩之和。扭矩系数可以由公式 $K = T_f/(F_f d)$ 得到，其中 F_f 是测量的轴向张力，T_f 是测量的紧固扭矩。

通过测量螺纹或承压表面间的摩擦因数，可获得总紧固力矩以及由于螺纹或承压表面摩擦而产生的部分扭矩。如果只能测量紧固扭矩和承压表面的扭矩，则可以将这两个测量值之间的差值作为螺纹拧紧扭矩。同样地，如果仅知道紧固扭矩和螺纹部分扭矩，则由于承压面而产生的扭矩可以作为已知转矩之间的差。螺纹和承压表面间的摩擦因数可分别从式（7-18）和式（7-19）获得：

$$\mu_S = \frac{2T_S\cos\alpha'}{d_2 F_f} - \cos\alpha'\tan\beta \qquad (7\text{-}18)$$

$$\mu_w = \frac{2T_w}{D_w F_f} \qquad (7\text{-}19)$$

式中，T_S 是螺杆螺纹部分的扭矩；T_w 是由承压产生的扭矩；D_w 是式（7-14）中承压表面摩擦力矩的当量直径；F_f 是测得的轴向张力。

13. 扭矩和张力的关系

扭矩通常是用于克服螺栓中的轴向载荷而产生的。为了在螺栓中达到所需的轴向载荷，扭矩必须克服螺纹中的摩擦和螺母或螺栓头下方的摩擦。如图 7-5 所示，轴向载荷 P_B 是在螺纹之间产生的法向力的分量。$P_{N\beta}$ 是垂直于螺旋线的力的法向分量，该力的另一个分量是在拧紧紧固件时施加的扭矩载荷 $P_B\tan\beta$。假设在螺纹的螺距上施加转动力，则产生轴向载荷所需的转矩为 $T_1 = P_B\tan\beta \times d_2/2$。将 $\tan\beta = l/\pi d_2$ 代入前面的表达式得出 $T_1 = 2\pi P_B l$。

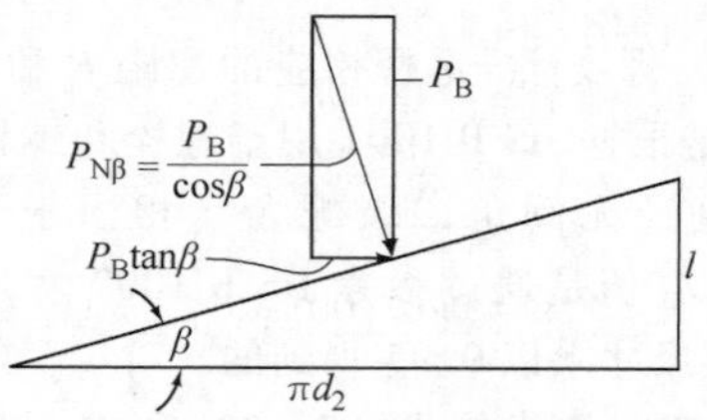

图 7-5　螺纹螺旋力的自由体受力

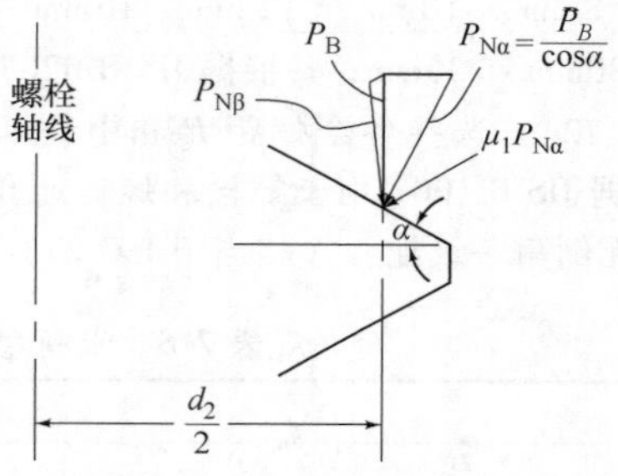

图 7-6　螺纹摩擦力

如图 7-6 所示，垂直于螺纹面的力的法向分量为 $P_{N\alpha}$。螺纹间的摩擦因数为 μ_1，摩擦载荷等于 $\mu_1 P_{N\alpha}$ 或 $\mu_1 P_B/\cos\alpha$。假设力施加在螺纹的中径上，克服螺纹摩擦力的转矩 T_2 为

$$T_2 = \frac{d_2\mu_1 P_B}{2\cos\alpha} \qquad (7\text{-}20)$$

螺母或螺栓头压力面与构件面之间存在摩擦因数 μ_2，如图 7-7 所示。摩擦载荷等于 $\mu_2 P_B$。假设在公称（螺栓）直径 d 和压力面直径 b 的中间施加力，则克服螺母或螺栓底面摩擦力的扭矩 T_3 为

$$T_3 = \frac{d + b}{4}\mu_2 P_B \qquad (7\text{-}21)$$

产生轴向螺栓负载 P_B 所需的总转矩 T 等于转矩 T_1、T_2 和 T_3 的总和，即

$$T = P_B\left[\frac{1}{2\pi}+\frac{d_2\mu_1}{2\cos\alpha}+\frac{(d+b)\mu_2}{4}\right] \quad (7\text{-}22)$$

对于具有 60°螺纹的紧固件系统，$\alpha=30°$，$d_2 \approx 0.92d$。如果旋转的螺母或螺栓头下没有使用松动垫圈，则 $b \approx 1.5d$，式(7-22)简化为

$$T = P_B[0.159l + d(0.531\mu_1 + 0.625\mu_2)] \quad (7\text{-}23)$$

除了式（7-23）的条件之外，如果螺纹和承压摩擦因数 μ_1、μ_2 相等（不一定相等），则 $\mu_1=\mu_2=\mu$，可简化为

$$T = P_B(0.159l + 1.156\mu d) \quad (7\text{-}24)$$

例：计算将 UNC 1/2-13 8 级钢螺栓拧紧到最小拉力螺栓强度的 55% 的预紧力所需的扭矩。假设螺栓没有电镀，螺纹和承压的摩擦因数均为 0.15。

解：SAE 8 级螺栓材料的最小拉伸强度为 150000Pa。使用式（7-24）和式（7-9）找到螺栓的应力面积域，由 $P=1/13$，$d_m = d-1.2990P$，$d_p = d-0.6495P$，然后计算出必要的预载荷 P_B 和施加的扭矩 T。

$$A_S = \frac{\pi}{4}\left(\frac{0.4500+0.4001}{2}\right)^2 \text{in}^2 = 0.1419\text{in}^2$$

$$P_B = 许用应力 \times A_S = 0.55 \times 150000 \times 0.1419\text{lbf} = 11707\text{lbf}$$

$$T = 11707 \times \left(\frac{0.159}{13} + 1.156 \times 0.15 \times 0.500\right) = 1158\text{lbf} \cdot \text{in} = 96.5\text{lbf} \cdot \text{ft}$$

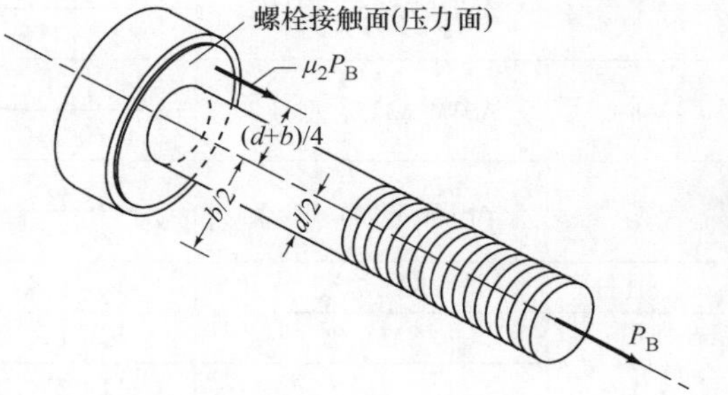

图 7-7 螺母或螺栓头摩擦力

14. 螺栓和螺钉的等级标志和材料特性

螺栓、螺钉和其他紧固件在头部标有识别紧固件等级的符号。等级规格确定了紧固件必须满足的最小力学性能。此外，工业紧固件必须加上标识制造商的注册头标。表 7-6 用来识别等级标志，并给出了一些常用的 ASTM 和 SAE 钢制紧固件的力学性能。米制紧固件由 ISO 和 SAE 标准规定的性能等级标志确定。这些标志可用于米制紧固件。

表 7-6 螺栓和螺钉的等级识别标志和力学性能

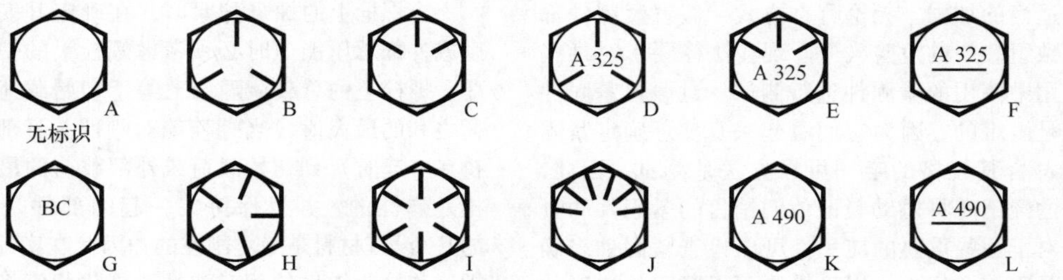

标识符	等级	尺寸/in	最小强度/10^3 psi			材料及处理
			校核	拉伸	屈服	
A	SAE 1 级	¼ ~ 1½	33	60	36	1
	ASTM A307	¼ ~ 1½	33	60	36	3
	SAE 2 级	¼ ~ ¾	55	74	57	1
		⅞ ~ 1½	33	60	36	
	SAE4 级	¼ ~ 1½	65	115	100	2, a
B	SAE5 级, ASTM A449	¼ ~ 1	85	120	92	2, b
	ASTM A449	1⅛ ~ 1½	74	105	81	
	ASTM A449	1¾ ~ 3	55	90	58	
C	SAE 5.2 级	¼ ~ 1	85	120	92	4, b
D	ASTM A325, 型号 1	½ ~ 1	85	120	92	2, b
		1⅛ ~ 1½	74	105	81	

（续）

标识符	等级	尺寸/in	最小强度/10^3 psi			材料及处理
			校核	拉伸	屈服	
E	ASTM A325，型号 2	½～1	85	120	92	4，b
		1⅛～1½	74	105	81	
F	ASTM A325，型号 3	½～1	85	120	92	5，b
		1⅛～1½	74	105	81	
G	ASTM A354，BC 级	¼～2½	105	125	109	5，b
		2⅝～4	95	115	99	
H	SAE 7 级	¼～1½	105	133	115	7，b
I	SAE8 级	¼～1½	120	150	130	7，b
	ASTM A354，BD 级	¼～2½	120	150	130	6，b
		2⅝～4	105	140	115	
J	SAE 8.2 级	¼～1	120	150	130	4，b
K	ASTM A490，型号 1	½～1½	120	150	130	6，b
L	ASTM A490，型号 3					5，b

注：材料中数字 1 为低碳钢或中碳钢；2 为中碳钢；3 为低碳钢；4 为低碳马氏体钢；5 为耐候钢；6 为合金钢；7 为中碳合金钢；热处理代号中 a 为冷拉；b 为淬火和回火。

15. 检测假冒紧固件

紧固件有专门的标记标识其特定等级或属性，如果不符合该类标准，则是假的。假冒紧固件可能会因比预期的更小的负载而意外断裂。通常，这些紧固件由错误的材料制成，或者在制造过程中它们没有被适当的加强。无论哪种方式，假冒紧固件都可能导致组装中的危险失效。现在法律要求对某些关键应用中使用的紧固件进行测试。对假冒紧固件的检测是困难的，因为它们看起来真实。确定紧固件是否符合其规格的唯一可靠方法是测试。因此，有信誉的经销商将协助验证他们销售的紧固件的真实性。对于一些重要的应用，可以检查紧固件来确定它们是否符合标准。用于检测假冒紧固件典型的实验室检测包括测试硬度、伸长率和极限载荷，以及各种化学测试。

16. 螺母的力学性能和等级标记

由 SAE J995 标准规定的直径为¼～1½in 规格的螺母可分为 2 级、5 级和 8 级三种等级的六角和方形螺母。等级为 2 级、5 级和 8 级的螺母大致对应于同级别的 SAE 指定螺栓。有关其他螺母的附加规格，如六角锁紧螺母、六角槽螺母、重六角螺母等，一般来说，使用等于或大于螺栓等级的螺母。2 级螺母不需要标记，但是，所有¼～1½in 范围内的 5 级和 8 级螺母必须以下面方式中的一种来标记：5 级螺母可在螺母的表面上标记一个点，并在点逆时针方向 120°处径向或周向标记；或在螺母顺时针 120°的径向线的一个角点处标记，或在螺母的六个角中的每一个切口处标记。8 级螺母可以通过螺母表面的点识别，其中沿着点逆时针 60°的径向或周向标记；或在螺母拐角处的一个点顺时针以 60°的径向线标记，或者在螺母的六个角的每一个或两个凹口处标记。

17. 螺栓的工作强度

当螺栓上的螺母拧紧时，在确定其安全工作强度或外部承压能力时必须考虑螺栓上的初始拉伸载荷。螺栓上的总载荷理论上等于初始载荷与外部载荷之和的最大值（当螺栓绝对刚性并且部件弹性保持在一起时）到初始载荷或外部载荷的最小值（螺栓是弹性的，并且保持在一起的部件是绝对刚性的）。没有材料是绝对刚性的，因此在实际中，根据螺栓和接头构件的相对弹性，总载荷值将落在这些最大和最小极限值之间。

康奈尔大学做了一些试验，确定由于拧紧螺栓上的螺母而产生的初始应力足以使密封接头蒸气密封，这表明经验丰富的技师能拧紧螺母与螺栓的直径大致成正比。研究也发现，由于螺母拧紧引起的应力通常足以破坏½in（12.7mm）的螺栓，但不会更大了。因此，可以得出结论，小于⅝in（15.9mm）的螺栓不能应用于保持气缸盖或其他需要紧密结合的部件。根据这些测试的结果，建立了用于密封接头或接头螺栓工作强度的经验公式，其中垫圈的弹性大于螺柱或螺栓的弹性。

$$W = S_t(0.55d^2 - 0.25d) \quad (7\text{-}25)$$

式中，W 是螺栓的工作强度或允许负载（lbf），允许由于紧固而形成初始负载；S_t 是张力允许的工作应力（lbf/in^2）；d 是螺柱或螺栓的公称直径（in）。下面给出一个更方便且结果大致相同的公式：

$$W = S_t(A - 0.25d) \tag{7-26}$$

式中，W、S_t 和 d 如上所述，A 是螺纹根部的面积（in^2）。

示例：当允许的工作应力为 10000 psi 时，拧紧在一个堵塞接缝中的 1in 规格的螺栓的工作强度是多少？

$$W = 10000 \times (0.55 \times 1^2 - 0.25 \times 1)\text{lbf} \approx 3000\text{lbf}$$

18. 螺纹应力面积和旋合长度公式

配对螺纹的临界应力面积为：①外螺纹的有效截面面积或拉应力面积；②外螺纹的剪切应力面积，主要取决于螺纹孔的小径；③内螺纹的剪切应力面积，主要取决于外螺纹的大径。无论螺钉（或螺栓）的螺纹部分是否断裂或外螺纹和内螺纹的剥离，这三个应力面积的相互关系都是决定螺纹连接失效的一个重要因素。

如果螺纹组件发生故障，最好是螺钉断裂而不是外螺纹或内螺纹。换句话说，配对螺纹的旋合长度应足以承受破坏螺钉所需的全部载荷，而不需要拆卸螺纹。

如果配对的内螺纹和外螺纹由具有相等抗拉强度的材料制成，则为了防止外螺纹脱落，旋合长度应不小于式（7-27）给出的长度：

$$L_e = \frac{2A_t}{3.1416K_{nmax}\left[\frac{1}{2} + 0.57735n(E_{smin} - K_{nmax})\right]} \tag{7-27}$$

式中，因子 2 为假定螺杆剪切应力面积必须是拉应力面积的两倍以获得螺杆的全部强度（该值略大于所需的值，因此提供小的安全系数）；L_e 是旋合长度（in）；n 是每英寸的螺纹数；K_{nmax} 是内螺纹小径的最大值；E_{smin} 是规定螺纹等级的外螺纹中径的最小值；A_t 是螺纹的拉伸-应力面积。

对于高达 180000psi 极限拉伸强度的钢，有

$$A_t = 3.1416\left(\frac{E}{2} - \frac{3H}{16}\right)^2 \text{ 或 } A_t = 0.7854\left(D - \frac{0.9743}{n}\right)^2 \tag{7-28}$$

对于超过 180000psi 极限抗拉强度的钢，有

$$A_t = 3.1416\left(\frac{E_{smin}}{2} - \frac{0.16238}{n}\right)^2 \tag{7-29}$$

式中，D 是螺纹的基本大径；E 是基本中径，其他符号与之前的含义相同。

内螺纹的剥落：如果内螺纹是由比外螺纹强度低的材料制成的，则内螺纹可能会在螺纹断裂之前发生剥落。为了确定是否存在这种情况，有必要计算式（7-30）给出的外螺纹和内螺纹的相对强度因子 J：

$$J = \frac{A_S \times \text{外螺纹的抗拉强度}}{A_n \times \text{内螺纹的抗拉强度}} \tag{7-30}$$

如果 $J \leqslant 1$，则由式（7-27）确定的旋合长度足以防止内螺纹的脱落；如果 $J > 1$，则为了防止内螺纹脱落需要的旋合长度 Q 由式（7-27）得到的旋合长度 L_e 乘以 J 得到：

$$Q = JL_e \tag{7-31}$$

在式（7-30）中，A_S 和 A_n 分别表示内螺纹和外螺纹的剪切面积，并分别由式（7-32）和式（7-33）给出：

$$A_S = 3.1416nL_eK_{nmax}\left[\frac{1}{2n} + 0.57735(E_{smin} - K_{nmax})\right] \tag{7-32}$$

$$A_n = 3.1416nL_eD_{smin}\left[\frac{1}{2n} + 0.57735(D_{smin} - E_{nmax})\right] \tag{7-33}$$

式中，n 是螺纹牙数；L_e 是旋合长度，由式（7-27）得到；K_{nmax} 是内螺纹小径的最大值；E_{smin} 是规定螺纹等级外螺纹中径的最小值；D_{smin} 是外螺纹大径的最小值；E_{nmax} 是内螺纹中径的最大值。

19. 部分螺钉和螺栓螺纹的断裂载荷

部分螺钉或螺栓螺纹的直接拉伸断裂载荷 P（假设没有剪切和扭转作用）为

$$P = SA_t$$

式中，P 是螺钉断裂负载；S 是每平方英尺的螺钉或螺栓材料极限抗拉强度值；A_t 是每平方英寸的拉应力面积，由式（7-28）和式（7-29）或螺纹表可获得。

20. 锁线流程细节

线扣经常用作螺栓连接的锁紧装置，以防止由于振动和负载或干扰情况而引起的松动。安全线扣的使用情况如图 7-8 和图 7-9 所示，图 7-8 和图 7-9 适用假定右旋螺纹紧固件和以下几点附加规则：

1）不超过三个螺栓可以绑在一起。

2）只有当内螺纹接收器受制时，螺栓头才可以被绑住。

3）预钻螺母可以与以下条件相似的方式连接：①螺母必须经过热处理；②螺母是工厂用钢丝钻的。

4）锁线必须至少填充用于锁线钻孔的 75%。

5）锁线必须是直径为 0.508mm（0.020in）或 0.8128mm（0.032in）、1.067mm（0.042in）的机用不锈钢材料。锁线的直径由要安全紧固的紧固件的螺纹尺寸决定。①6mm（0.25in）和更小的螺纹尺寸使用 0.508 mm（0.020in）的线；②6 ~ 12mm（0.25 ~ 0.5in）的螺纹尺寸使用 0.8128mm（0.032in）的线；③大于 12mm（0.5in）的螺纹尺

寸使用1.067mm（0.042in）的线；④在方便的情况下，较小的螺栓可能使用较大尺寸的线，但是较大的紧固件一定不能使用较小尺寸的线。

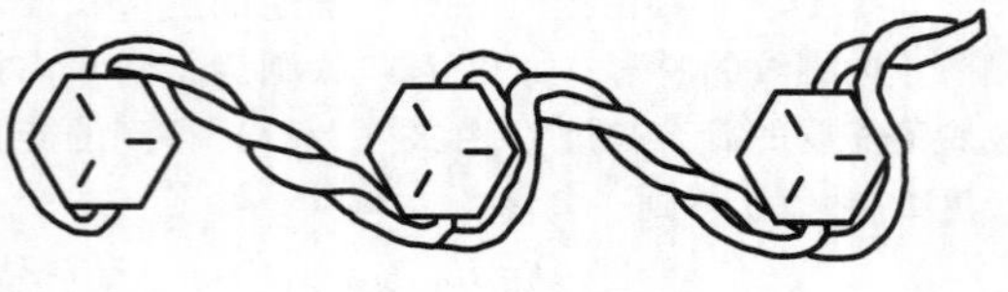

图7-8 三螺栓流程

图7-9 二螺栓流程

7.2 寸制螺纹紧固件

7.2.1 螺栓、螺钉、螺母和垫圈

该部分列出了用于机械结构的螺栓、螺钉、螺母和垫圈的尺寸。

1. 美国方形和六角头螺栓、螺钉及螺母

1941年美国标准ASA B18.2仅涵盖了头部尺寸。1952年和1955年的标准涵盖整个零件。通过与英国和加拿大达成的协议，简化了一些螺栓和螺母分类。1965年将ASA B18.2重新划分为两个标准：B18.2.1涵盖了方形和六角头螺栓与螺钉，包括六角螺钉及拉力螺钉；B18.2.2包括方形和六角螺母。在B18.2.1-1965中，将六角头螺钉和表面处理六角头螺栓合并成单一产品，重型半制成六角头螺栓和重型粗制六角头螺栓合并成单一产品；减去了常规半制成六角头螺栓；建立了所有螺栓和螺钉的新公差模式，以及确定外螺纹产品是否应指定为螺栓或螺钉的主动识别程序。本标准还包括重型六角头螺栓和重型六角头结构螺栓。在B18.2.2-1965中，停止了常规半制成螺母，减去了尺寸为$\frac{1}{4}$~1in的正六角和重型六角螺母，尺寸大于$1\frac{1}{2}$in的制成六角螺母，尺寸为$\frac{5}{8}$in及更小的制成螺母的垫圈式半制成和尺寸大的重型系列$\frac{7}{16}$in螺母。

进一步的修订和改进包括增加了斜头螺栓和六角头木螺钉，并规定了各种六角螺母的沉头直径。新的结构应用标准ASME B18.2.6-1996涉及重型六角结构螺栓和重型六角螺母，用于结构应用的紧固件。此外，B18.2.1已经修订便于更加符合公法101-592。所有这些变化都在ANSI/ASME B18.2.1-1996和ANSI / ASME B18.2.2-1987（R1999）中有提及。

2. 统一方形和六角头螺栓、螺钉及螺母

具有英国标准和加拿大标准的“统一”尺寸的条目，在一些表格中以粗体显示。

同一表格中超出其标准范围尺寸的其他条目是基于英国认可并公布的公式计算的，作为重要的信息见BS 1768：1963（废止）精密（正常系列）统一六角头螺栓、螺钉、螺母（UNC、UNF螺纹），BS 1769和黑色（重型系列）统一六角头螺栓等的修正之中。适用于美国和英国统一螺栓和螺母尺寸的公差可能会因为取整和其他因素而有所不同。

3. 螺栓和螺钉的区别

螺栓是外螺纹紧固件，用于插入组装部件中的孔，并且通常通过扭转螺母来拧紧或松弛。

螺钉是一种外螺纹紧固件，它能够插入到组装部件中的孔中，与预成形的内螺纹配合或形成其自身的螺纹，并且通过扭转螺钉头部而拧紧或放松。

螺栓是为了防止在组装期间被转动并且只能通过扭转螺母而被拧紧或松弛的外螺纹紧固件（如圆头螺栓、轨道螺栓、犁螺栓）。

螺钉是具有螺纹牙型的外螺纹紧固件，该螺纹禁止与具有多个节距长度直螺纹的螺母装配（如木螺钉、自攻螺钉）。

螺栓是一个必须与螺母组装以实现其预期功用的外螺纹紧固件（如重型六角结构螺栓）。

螺钉是一个必须通过扭转其头部进入一个螺孔或其他预留孔以实现其预期作用的外螺纹紧固件（如方头螺钉）。

图7-10~图7-15所示为螺栓、螺钉、螺母。

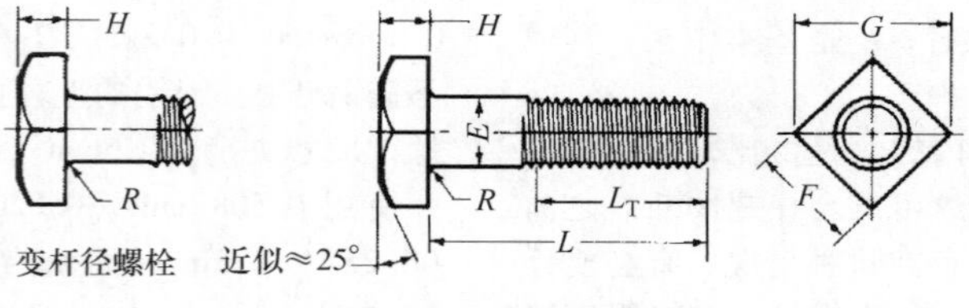

图7-10 方形螺栓（见表7-7）

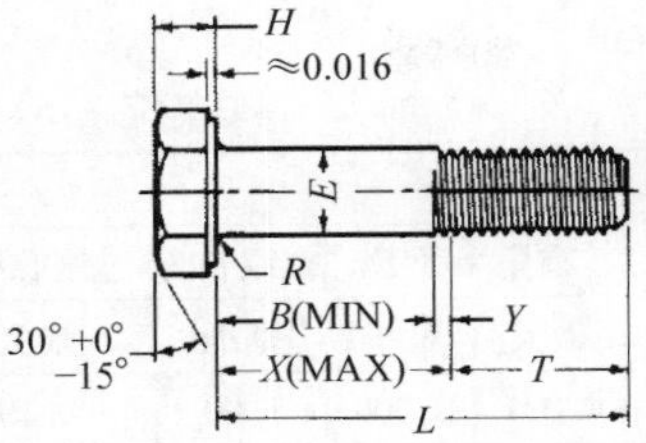

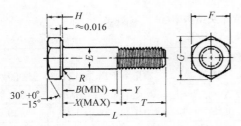

图 7-11　重型六角头结构螺栓（见表 7-8）

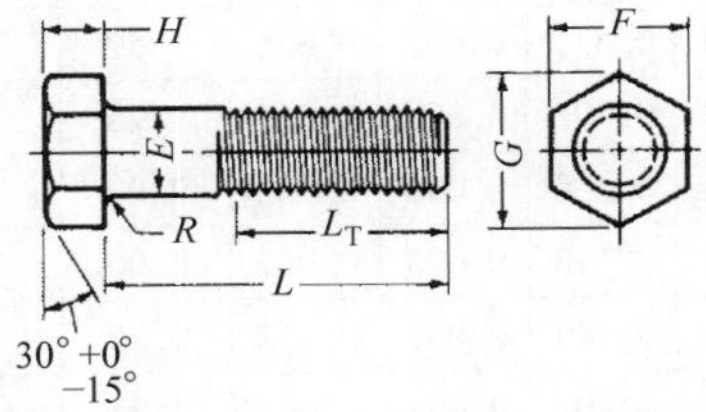

图 7-12　六角头螺栓、重型六角头螺栓（见表 7-9）

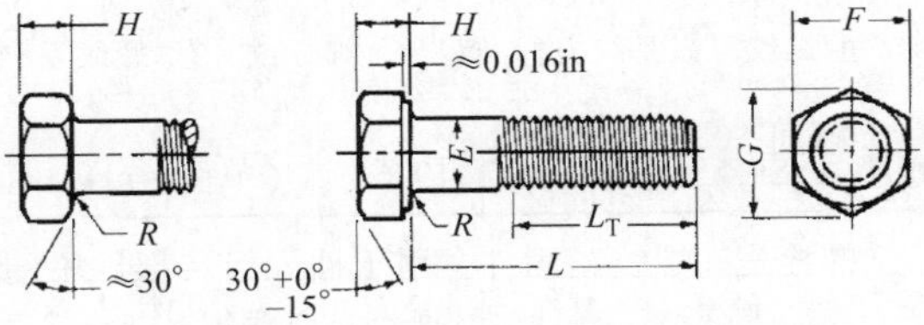

图 7-13　六角头螺栓、重型六角螺钉（见表 7-10）

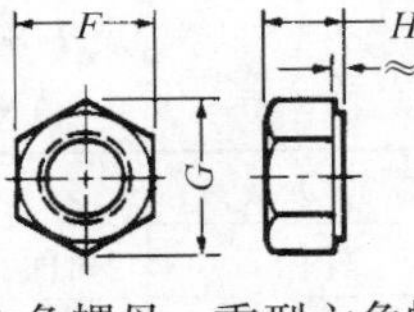

图 7-14　六角螺母、重型六角螺母（见表 7-13）

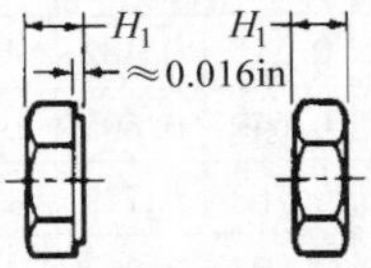

图 7-15　六角锁紧螺母、重型六角锁紧螺母（见表 7-13）

4. 方形和六角头螺栓、螺钉、螺母

表 7-7 ~ 表 7-25 中给出的方形六角头螺栓和螺钉的尺寸均参考美国国家标准 ANSI / ASME B18. 2. 1-1996，美国国家标准 ANSI / ASME B18. 2. 2-1987（R1999）的螺母。

螺栓和螺钉应按以下顺序命名：公称尺寸（分数或等价小数）；每英寸螺纹（省略木螺钉）；螺栓和螺钉的产品长度（小数或两位等价小数）；产品名称；材料，必要时包括规格；防护表面处理（如果需要的话）。示例：①3/8 –16×1½方形镀锌钢螺栓；②½ –13×3 SAE 8 级六角钢螺栓；③0. 75×5. 00 六角钢螺栓；④ 1/2 – 13 方形镀锌钢螺母；⑤3/4 –16 SAE J995 5级重型六角钢螺母；⑥1000 –8 ASTM F594（合金 1 组）六角开槽耐蚀钢厚螺母。

表 7-7　美国标准和统一标准方形螺栓

ANSI/ASME B18. 2. 1-1996　　（单位：in）

方形螺栓（见图 7-10）											
公称尺寸①或基本产品直径		杆径② E	对面宽度 F			对角宽度 G		头高 H			螺纹长③ L_T
		最大	基准	最大	最小	最大	最小	基准	最大	最小	公称
$\frac{1}{4}$	0. 2500	0. 260	$\frac{3}{8}$	0. 375	0. 362	0. 530	0. 498	$\frac{11}{64}$	0. 188	0. 156	0. 750
$\frac{5}{16}$	0. 3125	0. 324	$\frac{1}{2}$	0. 500	0. 484	0. 707	0. 665	$\frac{13}{64}$	0. 220	0. 186	0. 875
$\frac{3}{8}$	0. 3750	0. 388	$\frac{9}{16}$	0. 562	0. 544	0. 795	0. 747	$\frac{1}{4}$	0. 268	0. 232	1. 000
$\frac{7}{16}$	0. 4375	0. 452	$\frac{5}{8}$	0. 625	0. 603	0. 884	0. 828	$\frac{19}{64}$	0. 316	0. 278	1. 125
$\frac{1}{2}$	0. 5000	0. 515	$\frac{3}{4}$	0. 750	0. 725	1. 061	0. 995	$\frac{21}{64}$	0. 348	0. 308	1. 250
$\frac{5}{8}$	0. 6250	0. 642	$\frac{15}{16}$	0. 938	0. 906	1. 326	1. 244	$\frac{27}{64}$	0. 444	0. 400	1. 500
$\frac{3}{4}$	0. 7500	0. 768	$1\frac{1}{8}$	1. 125	1. 088	1. 591	1. 494	$\frac{1}{2}$	0. 524	0. 476	1. 750
$\frac{7}{8}$	0. 8750	0. 895	$1\frac{5}{16}$	1. 312	1. 269	1. 856	1. 742	$\frac{19}{32}$	0. 620	0. 568	2. 000
1	1. 0000	1. 022	$1\frac{1}{2}$	1. 500	1. 450	2. 121	1. 991	$\frac{21}{32}$	0. 684	0. 628	2. 250
$1\frac{1}{8}$	1. 1250	1. 149	$1\frac{11}{16}$	1. 688	1. 631	2. 386	2. 239	$\frac{3}{4}$	0. 780	0. 720	2. 500
$1\frac{1}{4}$	1. 2500	1. 277	$1\frac{7}{8}$	1. 875	1. 812	2. 652	2. 489	$\frac{27}{32}$	0. 876	0. 812	2. 750
$1\frac{3}{8}$	1. 3750	1. 404	$2\frac{1}{16}$	2. 602	1. 994	2. 917	2. 738	$\frac{29}{32}$	0. 940	0. 872	3. 000
$1\frac{1}{2}$	1. 5000	1. 531	$2\frac{1}{4}$	2. 250	2. 175	3. 182	2. 986	1	1. 036	0. 964	3. 250

① 当以小数为单位指定标称大小时，省略小数点前和小数点后第四位上的零。

② 见表 7-9 中的杆径脚注。

③ 所示的螺纹长度 L_T 用于 6in 和更短的螺栓长度。对于较长的螺栓长度，所示螺纹长度增加 0. 250in。

表 7-8 美国国家标准重型六角头结构螺栓

ANSI/ASME B18. 2. 1-1981（R1992） （单位：in）

公称尺寸或基本产品直径		杆径 E		对面宽度 F		对角宽度 G		高度 H		圆角半径 R		螺纹长 L	过渡螺纹 Y
		最大	最小	最大	最小	最大	最小	最大	最小	最大	最小	基准	最大
重型六角头螺栓（见图 7-11）													
1/2	0. 5000	0. 515	0. 482	0. 875	0. 850	1. 010	0. 969	0. 323	0. 302	0. 031	0. 009	1. 00	0. 19
5/8	0. 6250	0. 642	0. 605	1. 062	1. 031	1. 227	1. 175	0. 403	0. 378	0. 062	0. 021	1. 25	0. 22
3/4	0. 7500	0. 768	0. 729	1. 250	1. 212	1. 443	1. 383	0. 483	0. 455	0. 062	0. 021	1. 38	0. 25
7/8	0. 8750	0. 895	0. 852	1. 438	1. 394	1. 660	1. 589	0. 563	0. 531	0. 062	0. 031	1. 50	0. 28
1	1. 0000	1. 022	0. 976	1. 625	1. 575	1. 876	1. 796	0. 627	0. 591	0. 093	0. 062	1. 75	0. 31
1 1/8	1. 1250	1. 149	1. 098	1. 812	1. 756	2. 093	2. 002	0. 718	0. 658	0. 093	0. 062	2. 00	0. 34
1 1/4	1. 2500	1. 277	1. 223	2. 000	1. 938	2. 309	2. 209	0. 813	0. 749	0. 093	0. 062	2. 00	0. 38
1 3/8	1. 3750	1. 404	1. 345	2. 188	2. 119	2. 526	2. 416	0. 878	0. 749	0. 093	0. 062	2. 25	0. 44
1 1/2	1. 5000	1. 531	1. 470	2. 375	2. 300	2. 742	2. 622	0. 974	0. 902	0. 093	0. 062	2. 25	0. 44

注：1. 该表仅供参考包含在表内的。重型六角结构螺栓已从 ANSI / ASME B18. 2. 1 中删除，现已包含在 ASME B18. 2. 6 中。

2. 粗体显示螺栓尺寸符合英国标准和加拿大标准。螺纹转动时，应为统一标准粗牙、细牙或 8 牙-螺纹系列（UNRC、UNRF 或 8 UNR 系列），2A 级。通过其他方法生产的螺纹可以是统一标准粗牙、细牙或 8 牙-螺纹系列（UNC、UNF 或 8 UN 系列），2A 级。

表 7-9 美国国家标准和统一标准六角和重型六角头螺栓 ANSI/ASME B18. 2. 1-1996 （单位：in）

公称尺寸①或基本直径		杆径 E	对面宽度 F			对角宽度 G		头高 H			L_T②
		最大	基准	最大	最小	最大	最小	基准	最大	最小	公称
六角头螺栓（见图 7-12）											
1/4	**0. 2500**	**0. 260**	**7/16**	**0. 375**	**0. 362**	**0. 505**	**0. 484**	**11/64**	**0. 188**	**0. 150**	0. 750
5/16	**0. 3125**	**0. 324**	**1/2**	**0. 500**	**0. 484**	**0. 577**	**0. 552**	**7/32**	**0. 235**	**0. 195**	0. 875
3/8	**0. 3750**	**0. 388**	**9/16**	**0. 562**	**0. 544**	**0. 650**	**0. 620**	**1/4**	**0. 268**	**0. 226**	1. 000
7/16	**0. 4375**	**0. 452**	**5/8**	**0. 625**	**0. 603**	**0. 722**	**0. 687**	**19/64**	**0. 316**	**0. 272**	1. 125
1/2	**0. 5000**	**0. 515**	**3/4**	**0. 750**	**0. 725**	**0. 866**	**0. 826**	**11/37**	**0. 364**	**0. 302**	1. 250
5/8	**0. 6250**	**0. 642**	**15/16**	**0. 938**	**0. 906**	**1. 083**	**1. 033**	**27/64**	**0. 444**	**0. 378**	1. 500
3/4	**0. 7500**	**0. 768**	**1 1/8**	**1. 125**	**1. 088**	**1. 299**	**1. 240**	**1/2**	**0. 524**	**0. 455**	1. 750
7/8	**0. 8750**	**0. 895**	**1 5/16**	**1. 312**	**1. 269**	**1. 516**	**1. 447**	**37/64**	**0. 604**	**0. 531**	2. 000
1	**1. 0000**	**1. 022**	**1 1/2**	**1. 500**	**1. 450**	**1. 732**	**1. 653**	**43/64**	**0. 700**	**0. 591**	2. 250
1 1/8	**1. 1250**	**1. 149**	**1 11/16**	**1. 688**	**1. 631**	**1. 949**	**1. 859**	**3/4**	**0. 780**	**0. 658**	2. 500
1 1/4	**1. 2500**	**1. 277**	**1 7/8**	**1. 875**	**1. 812**	**2. 165**	**2. 066**	**27/32**	**0. 876**	**0. 749**	2. 750
1 3/8	**1. 3750**	**1. 404**	**2 1/16**	**2. 062**	**1. 994**	**2. 382**	**2. 273**	**29/32**	**0. 940**	**0. 810**	3. 000
1 1/2	**1. 5000**	**1. 531**	**2 1/4**	**2. 250**	**2. 175**	**2. 598**	**2. 480**	**1**	**1. 036**	**0. 902**	3. 250
1 3/4	**1. 7500**	**1. 785**	**2 5/8**	**2. 625**	**2. 538**	**3. 031**	**2. 893**	**1 5/32**	**1. 196**	**1. 054**	3. 750
2	**2. 0000**	**2. 039**	**3**	**3. 000**	**2. 900**	**3. 464**	**3. 306**	**1 11/32**	**1. 388**	**1. 175**	4. 250
2 1/4	2. 2500	2. 305	3 3/8	3. 375	3. 262	3. 897	3. 719	1 1/2	1. 548	1. 327	4. 750
2 1/2	2. 5000	2. 559	3 3/4	3. 750	3. 625	4. 330	4. 133	1 21/32	1. 708	1. 479	5. 250
2 3/4	2. 7500	2. 827	4 1/8	4. 125	3. 988	4. 763	4. 546	1 13/16	1. 869	1. 632	5. 750
3	3. 0000	3. 081	4 1/2	4. 500	4. 350	5. 196	4. 959	2	2. 060	1. 815	6. 250
3 1/4	3. 2500	3. 335	4 7/8	4. 875	4. 712	5. 629	5. 372	2 3/16	2. 251	1. 936	6. 750
3 1/2	3. 5000	3. 589	5 1/4	5. 250	5. 075	6. 062	5. 786	2 5/16	2. 380	2. 057	7. 250

（续）

公称尺寸①或基本直径		杆径 E	对面宽度 F			对角宽度 G		头高 H			L_T②
		最大	基准	最大	最小	最大	最小	基准	最大	最小	公称
六角头螺栓（见图 7-12）											
$3\frac{3}{4}$	3.7500	3.858	$5\frac{5}{8}$	5.625	5.437	6.495	6.198	$2\frac{1}{2}$	2.572	2.241	7.750
4	4.0000	4.111	6	6.000	5.800	6.928	6.612	$2\frac{11}{16}$	2.764	2.424	8.250
重型六角头螺栓（见图 7-12）											
$\frac{1}{2}$	**0.5000**	**0.515**	**$\frac{7}{8}$**	**0.875**	**0.850**	**1.010**	**0.969**	$\frac{11}{32}$	0.364	0.302	1.250
$\frac{5}{8}$	**0.6250**	**0.642**	**$1\frac{1}{16}$**	**1.062**	**1.031**	**1.227**	**1.175**	$\frac{27}{64}$	0.444	0.378	1.500
$\frac{3}{4}$	**0.7500**	**0.768**	**$1\frac{1}{4}$**	**1.250**	**1.212**	**1.443**	**1.383**	$\frac{1}{2}$	0.524	0.455	1.750
$\frac{7}{8}$	**0.8750**	**0.895**	**$1\frac{7}{16}$**	**1.438**	**1.394**	**1.660**	**1.589**	$\frac{37}{64}$	0.604	0.531	2.000
1	**1.0000**	**1.022**	**$1\frac{5}{8}$**	**1.625**	**1.575**	**1.876**	**1.796**	$\frac{43}{64}$	0.700	0.591	2.250
$1\frac{1}{8}$	**1.1250**	**1.149**	**$1\frac{13}{16}$**	**1.812**	**1.756**	**2.093**	**2.002**	$\frac{3}{4}$	0.780	0.658	2.500
$1\frac{1}{4}$	**1.2500**	**1.277**	**2**	**2.000**	**1.938**	**2.309**	**2.209**	$\frac{27}{32}$	0.876	0.749	2.750
$1\frac{3}{8}$	**1.3750**	**1.404**	**$2\frac{3}{16}$**	**2.188**	**2.119**	**2.526**	**2.416**	$\frac{29}{32}$	0.940	0.810	3.000
$1\frac{1}{2}$	**1.5000**	**1.531**	**$2\frac{3}{8}$**	**2.375**	**2.300**	**2.742**	**2.622**	1	1.036	0.902	3.250
$1\frac{3}{4}$	**1.7500**	**1.785**	**$2\frac{3}{4}$**	**2.750**	**2.662**	**3.175**	**3.035**	$1\frac{5}{32}$	1.196	1.504	3.750
2	**2.0000**	**2.039**	**$3\frac{1}{8}$**	**3.125**	**3.025**	**3.608**	**3.449**	$1\frac{11}{32}$	1.388	1.175	4.250
$2\frac{1}{4}$	2.2500	2.305	$3\frac{1}{2}$	3.500	3.388	4.041	3.862	$1\frac{1}{2}$	1.548	1.327	4.750
$2\frac{1}{2}$	2.5000	2.559	$3\frac{7}{8}$	3.875	3.750	4.474	4.275	$1\frac{21}{32}$	1.708	1.479	5.250
$2\frac{3}{4}$	2.7500	2.827	$4\frac{1}{4}$	4.250	4.112	4.907	4.688	$1\frac{13}{16}$	1.869	1.632	5.750
3	3.0000	3.081	$4\frac{5}{8}$	4.625	4.475	5.340	5.102	2	2.060	1.815	6.250

注：粗体显示螺栓尺寸符合英国标准和加拿大标准。

① 当以小数为单位指定标称大小时，省略小数点前和小数点后第四位上的零。

② 螺纹长度 L_T 用于 6in 和更短的螺栓长度。对于较长的螺栓长度，所示螺纹长度增加 0.250in。

螺纹：当滚制加工时螺纹是统一标准粗牙、细牙或 8 牙螺纹系列（UNRC、UNRF 或 8 UNR 系列），2A 级。通过其他方法生产的螺纹可以是统一的标准粗牙、细牙或 8 牙螺纹系列（UNC、UNF 或 8 UN 系列），2A 级。

杆径：可以用“变杆径”方式获得螺栓。如果规定了“变杆径”，则杆径可以减小到螺纹的中径。根据制造商的选项可以提供头部之下具有全杆直径的轴肩。

材料：钢螺栓的化学和力学性能符合 ASTM A307，A 级，除非另有规定，其他材料制造商和采购商同意即可。

表 7-10 美国国家标准和统一标准重型六角螺钉与六角帽螺栓

ANSI/ASME B18.2.1-1996

（单位：in）

公称尺寸①或基本产品直径		杆径 E		对面宽度 F			对角宽度 G		高度 H			螺纹长② L_T
		最大	最小	基准	最大	最小	最大	最小	基准	最大	最小	最大
重型六角螺钉（见图 7-13）												
$\frac{1}{2}$	**0.5000**	**0.5000**	**0.482**	**$\frac{7}{8}$**	**0.875**	**0.850**	**1.010**	**0.969**	$\frac{5}{16}$	0.323	0.302	1.250
$\frac{5}{8}$	**0.6250**	**0.6250**	0.605	**$1\frac{1}{16}$**	**1.062**	**1.031**	**1.227**	**1.175**	$\frac{25}{64}$	0.403	0.378	1.500
$\frac{3}{4}$	**0.7500**	**0.7500**	0.729	**$1\frac{1}{4}$**	**1.250**	**1.212**	**1.443**	**1.383**	$\frac{15}{32}$	0.483	0.455	1.750
$\frac{7}{8}$	**0.8750**	**0.8750**	0.852	**$1\frac{7}{16}$**	**1.438**	**1.394**	**1.660**	**1.589**	$\frac{35}{64}$	0.563	0.531	2.000
1	**1.0000**	**1.0000**	0.976	**$1\frac{5}{8}$**	**1.625**	**1.575**	**1.876**	**1.796**	$\frac{39}{64}$	0.627	0.591	2.250
$1\frac{1}{8}$	**1.1250**	**1.1250**	1.098	**$1\frac{13}{16}$**	**1.812**	**1.756**	**2.093**	**2.002**	$\frac{11}{16}$	0.718	0.658	2.500
$1\frac{1}{4}$	**1.2500**	**1.2500**	1.223	**2**	**2.000**	**1.938**	**2.309**	**2.209**	$\frac{25}{32}$	0.813	0.749	2.750
$1\frac{3}{8}$	**1.3750**	**1.3750**	1.345	**$2\frac{3}{16}$**	**2.188**	**2.119**	**2.526**	**2.416**	$\frac{27}{32}$	0.878	0.749	3.000

（续）

公称尺寸①或基本产品直径		杆径 E		对面宽度 F			对角宽度 G		高度 H			螺纹长② L_T
		最大	最小	基准	最大	最小	最大	最小	基准	最大	最小	最大
重型六角螺钉（见图 7-13）												
1 1/2	**1.5000**	**1.5000**	1.470	**2 3/8**	**2.375**	**2.300**	**2.742**	**2.622**	15/16	0.974	0.902	3.250
1 3/4	**1.7500**	**1.7500**	1.716	**2 3/4**	**2.750**	**2.662**	**3.175**	**3.035**	1 3/32	1.134	1.054	3.750
2	**2.0000**	**2.0000**	1.964	**3 1/8**	**3.125**	**3.025**	**3.608**	**3.449**	1 7/32	1.263	1.175	4.250
2 1/4	2.2500	2.2500	2.214	3 1/2	3.500	3.388	4.041	3.862	1 3/8	1.423	1.327	5.000③
2 1/2	2.5000	2.5000	2.461	3 7/8	3.875	3.750	4.474	4.275	1 17/32	1.583	1.479	5.500③
2 3/4	2.7500	2.7500	2.711	4 1/4	4.250	41.11	4.907	4.688	1 11/16	1.744	1.632	6.000③
3	3.0000	3.0000	2.961	4 5/8	4.625	4.475	5.340	5.102	1 7/8	1.935	1.81	6.500③
六角帽螺栓（制成六角头螺栓）（见图 7-13）												
1/4	**0.2500**	**0.2500**	**0.2450**	**7/16**	**0.438**	**0.428**	**0.505**	**0.488**	**5/32**	**0.163**	**0.150**	0.750
5/16	**0.3125**	**0.3125**	**0.3065**	**1/2**	**0.500**	**0.489**	**0.577**	**0.557**	**13/64**	**0.211**	**0.195**	0.875
3/8	**0.3750**	**0.3750**	**0.3690**	**9/16**	**0.562**	**0.551**	**0.650**	**0.628**	**15/64**	**0.243**	**0.226**	1.000
7/16	**0.4375**	**0.4375**	**0.4305**	**5/8**	**0.625**	**0.612**	**0.722**	**0.698**	**9/32**	**0.291**	**0.272**	1.125
1/2	**0.5000**	**0.5000**	**0.4930**	**3/4**	**0.750**	**0.736**	**0.866**	**0.840**	**5/16**	**0.323**	**0.302**	1.250
9/16	**0.5625**	**0.5625**	**0.5545**	**13/16**	**0.812**	**0.798**	**0.938**	**0.910**	**23/64**	**0.371**	**0.348**	1.375
5/8	**0.6250**	**0.6250**	**0.6170**	**15/16**	**0.938**	**0.922**	**1.083**	**1.051**	**25/64**	**0.403**	**0.378**	1.500
3/4	**0.7500**	**0.7500**	**0.7410**	**1 1/8**	**1.125**	**1.100**	**1.299**	**1.254**	**15/32**	**0.483**	**0.455**	1.750
7/8	**0.8750**	**0.8750**	**0.8660**	**1 5/16**	**1.312**	**1.285**	**1.516**	**1.465**	**35/64**	**0.563**	**0.531**	2.000
1	**1.0000**	**1.0000**	**0.9900**	**1 1/2**	**1.500**	**1.469**	**1.732**	**1.675**	**39/64**	**0.627**	**0.591**	2.250
1 1/8	**1.1250**	**1.1250**	**1.1140**	**1 11/16**	**1.688**	**1.631**	**1.949**	**1.859**	**11/16**	**0.718**	**0.658**	2.500
1 1/4	**1.2500**	**1.2500**	**1.2390**	**1 7/8**	**1.875**	**1.812**	**2.165**	**2.066**	**25/32**	**0.813**	**0.749**	2.750
1 3/8	**1.3750**	**1.3750**	**1.3630**	**2 1/16**	**2.062**	**1.994**	**2.382**	**2.273**	**27/32**	**0.878**	**0.810**	3.000
1 1/2	**1.5000**	**1.5000**	**1.4880**	**2 1/4**	**2.250**	**2.175**	**2.598**	**2.480**	**15/16**	**0.974**	**0.902**	3.250
1 3/4	**1.7500**	**1.7500**	**1.7380**	**2 5/8**	**2.625**	**2.538**	**3.031**	**2.893**	**1 3/32**	**1.134**	**1.054**	3.750
2	**2.0000**	**2.0000**	**1.9880**	**3**	**3.000**	**2.900**	**3.464**	**3.306**	**1 7/32**	**1.263**	**1.175**	4.250
2 1/4	2.2500	2.2500	2.2380	3 3/8	3.375	3.262	3.897	3.719	1 3/8	1.423	1.327	4.750③
2 1/2	2.5000	2.5000	2.4880	3 3/4	3.750	3.625	4.330	4.133	1 17/32	1.583	1.479	5.250③
2 3/4	2.7500	2.7500	2.7380	4 1/8	4.125	3.988	4.763	4.546	1 11/16	1.744	1.632	5.750③
3	3.0000	3.0000	2.9880	4 1/2	4.500	4.350	5.196	4.959	1 7/8	1.935	1.815	6.250③

注：粗体显示螺栓尺寸符合英国标准和加拿大标准。细螺纹产品统一限制在 1in 或更小的尺寸。

① 当以小数为单位指定标称大小时，省略小数点前和小数点后第四位上的零。

② 所示的螺纹长度 L_T 用于 6in 和更短的螺栓长度。对于较长的螺栓长度，所示螺纹长度增加 0.250in。

③ 螺纹长度 L_T，显示螺栓长度超过 6in。

承压面：承压表面平整并且有垫圈。承压表面的直径等于公差范围内最大宽度减去10%。

螺纹系列：滚制螺纹为统一标准粗牙、细牙或 8 牙螺纹系列（UNRC、UNRF 或 8 UNR 系列），2A 级。以其他方式制作的螺纹最好是 UNRC、UNRF 或 8 UNR 系列，但按照制造商的选择，可以是统一标准粗牙、细牙或 8 牙螺纹系列（UNC、UNF 或 8 UN Series）2A 级。

材料：钢螺钉的化学和力学性能通常符合 SAE J429、ASTM A449 或 ASTM A354 BD 等级中的 2 级、5 级或 8 级。在特定的情况下，螺钉也可以由黄铜、青铜、耐蚀钢、铝合金或其他材料制成。

表 7-11　美国国家标准方头木螺钉 ANSI/ASME B18. 2. 1-1996　　　　（单位：in）

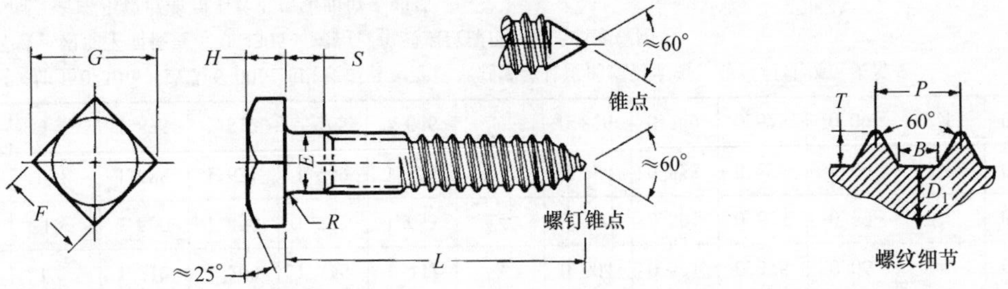

公称尺寸①或基本产品直径		杆径或肩宽 E		对面宽度 F			对角宽度 G		高度 H			肩宽 S	圆角半径 R	螺纹牙数	螺纹尺寸			
		最大	最小	基准	最大	最小	最大	最小	基准	最大	最小	最小	最大	螺距 P		根部平面 B	螺纹深度 T	根部直径 D_1
No. 10	0. 1900	0. 199	0. 178	9/32	0. 281	0. 271	0. 398	0. 372	1/8	0. 140	0. 110	0. 094	0. 03	11	0. 091	0. 039	0. 035	0. 120
1/4	0. 2500	0. 260	0. 237	3/8	0. 375	0. 362	0. 530	0. 498	11/64	0. 188	0. 156	0. 094	0. 03	10	0. 100	0. 043	0. 039	0. 173
5/16	0. 3125	0. 324	0. 298	1/2	0. 500	0. 484	0. 707	0. 665	13/64	0. 220	0. 186	0. 125	0. 03	9	0. 111	0. 048	0. 043	0. 227
3/8	0. 3750	0. 388	0. 360	9/16	0. 562	0. 544	0. 795	0. 747	1/4	0. 268	0. 232	0. 125	0. 03	7	0. 143	0. 062	0. 055	0. 265
7/16	0. 4375	0. 452	0. 421	5/8	0. 625	0. 603	0. 884	0. 828	19/64	0. 316	0. 278	0. 156	0. 03	7	0. 143	0. 062	0. 055	0. 328
1/2	0. 5000	0. 515	0. 482	3/4	0. 750	0. 725	1. 061	0. 995	21/64	0. 348	0. 308	0. 156	0. 03	6	0. 167	0. 072	0. 064	0. 371
5/8	0. 6250	0. 642	0. 605	15/16	0. 938	0. 906	1. 326	1. 244	27/64	0. 444	0. 400	0. 312	0. 06	5	0. 200	0. 086	0. 077	0. 471
3/4	0. 7500	0. 768	0. 729	1 1/8	1. 125	1. 088	1. 591	1. 494	1/2	0. 524	0. 476	0. 375	0. 06	4 1/2	0. 222	0. 096	0. 085	0. 579
7/8	0. 8750	0. 895	0. 852	1 5/16	1. 312	1. 269	1. 856	1. 742	19/42	0. 620	0. 568	0. 375	0. 06	4	0. 250	0. 108	0. 096	0. 683
1	1. 0000	1. 022	0. 976	1 1/2	1. 500	1. 450	2. 121	1. 991	21/32	0. 684	0. 628	0. 625	0. 09	3 1/2	0. 286	0. 123	0. 110	0. 780
1 1/8	1. 1250	1. 149	1. 098	1 11/16	1. 688	1. 631	2. 386	2. 239	3/4	0. 780	0. 720	0. 625	0. 09	3 1/4	0. 308	0. 133	0. 119	0. 887
1 1/4	1. 2500	1. 277	1. 223	1 7/8	1. 875	1. 812	2. 652	2. 489	27/32	0. 876	0. 812	0. 625	0. 09	3 1/4	0. 308	0. 133	0. 119	1. 012

注：1. 最小螺纹长度为螺钉长度的½加上 0. 50in，或为 6. 00in，以较短者为准。米制螺纹长度的螺钉太短，应尽可能接近头部。

2. 螺纹公式：螺距 = 1/螺纹牙数，根部平面长度 = 0. 4305 × 螺距，单线螺纹深度 =0. 385 × 螺距。

① 当以小数为单位指定标称大小时，省略小数点前和小数点后第四位上的零。

表 7-12 美国国家标准六角头木螺钉 ANSI/ASME B18. 2. 1-1996 （单位：in）

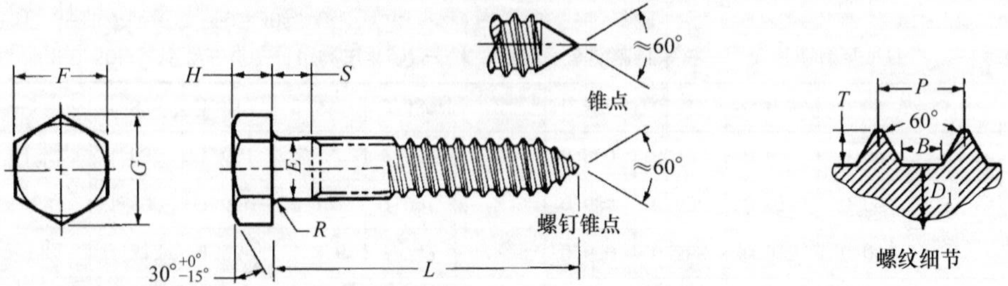

公称尺寸①或基本产品直径		杆径或肩宽 E		对面宽度 F			对角宽度 G		高度 H			肩宽 S	圆角半径 R	螺纹牙数	螺纹尺寸			
		最大	最小	基准	最大	最小	最大	最小	基准	最大	最小	最小	最大		螺距 P	根部平面 B	螺纹深度 T	根部直径 D_1
No. 10	0. 1900	0. 199	0. 178	9/32	0. 281	0. 271	0. 323	0. 309	1/8	0. 140	0. 110	0. 094	0. 03	11	0. 091	0. 039	0. 035	0. 120
1/4	0. 2500	0. 260	0. 237	3/8	0. 438	0. 425	0. 505	0. 484	11/64	0. 188	0. 150	0. 094	0. 03	10	0. 100	0. 043	0. 039	0. 173
5/16	0. 3125	0. 324	0. 298	1/2	0. 500	0. 484	0. 577	0. 552	13/64	0. 235	0. 195	0. 125	0. 03	9	0. 111	0. 048	0. 043	0. 227
3/8	0. 3750	0. 388	0. 360	9/16	0. 562	0. 544	0. 650	0. 620	1/4	0. 268	0. 226	0. 125	0. 03	7	0. 143	0. 062	0. 055	0. 265
7/16	0. 4375	0. 452	0. 421	5/8	0. 625	0. 603	0. 722	0. 687	19/64	0. 316	0. 272	0. 156	0. 03	7	0. 143	0. 062	0. 055	0. 328
1/2	0. 5000	0. 515	0. 482	3/4	0. 750	0. 725	0. 866	0. 826	21/64	0. 364	0. 302	0. 156	0. 03	6	0. 167	0. 072	0. 064	0. 371
5/8	0. 6250	0. 642	0. 605	15/16	0. 938	0. 906	1. 083	1. 033	27/64	0. 444	0. 378	0. 312	0. 06	5	0. 200	0. 086	0. 077	0. 471
3/4	0. 7500	0. 768	0. 729	1 1/8	1. 125	1. 088	1. 299	1. 240	1/2	0. 524	0. 455	0. 375	0. 06	4 1/2	0. 222	0. 096	0. 085	0. 579
7/8	0. 8750	0. 895	0. 852	1 5/16	1. 312	1. 269	1. 516	1. 447	19/42	0. 604	0. 531	0. 375	0. 06	4	0. 250	0. 108	0. 096	0. 683
1	1. 0000	1. 022	0. 976	1 1/2	1. 500	1. 450	1. 732	1. 653	21/32	0. 700	0. 591	0. 625	0. 09	3 1/2	0. 286	0. 123	0. 110	0. 780
1 1/8	1. 1250	1. 149	1. 098	1 11/16	1. 688	1. 631	1. 949	1. 859	3/4	0. 780	0. 658	0. 625	0. 09	3 1/4	0. 308	0. 133	0. 119	0. 887
1 1/4	1. 2500	1. 277	1. 223	1 7/8	1. 875	1. 812	2. 165	2. 066	27/32	0. 876	0. 749	0. 625	0. 09	3 1/4	0. 308	0. 133	0. 119	1. 012

注：1. 最小螺纹长度为螺钉长度的½加上 0. 50in，或为 6. 00in，以较短者为准。米制螺纹长度的螺钉太短，应尽可能接近头部。

2. 螺纹公式：螺距 = 1/螺纹牙数；根部平面长度 = 0. 4305 × 螺距；单线螺纹深度 = 0. 385 × 螺距。

① 当以小数为单位指定标称大小时，省略小数点前和小数点后第四位上的零。

表 7-13　美国国家标准和统一标准六角螺母、锁紧螺母，重型六角螺母以及锁紧螺母

ANSI/ASME B18.2.2-1987（R1999）　　（单位：in）

螺纹的公称尺寸和基本大径		对面宽度 F			对角宽度 G		螺母厚度 H			薄螺母厚度 H_1		
		基准	最大	最小	最大	最小	基准	最大	最小	基准	最大	最小
六角螺母（见图 7-14）和六角锁紧螺母（见图 7-15）												
1/4	0.2500	7/16	0.438	0.428	0.505	0.488	7/32	0.226	0.212	5/32	0.163	0.150
5/16	0.3125	1/2	0.500	0.489	0.577	0.557	17/64	0.273	0.258	3/16	0.195	0.180
3/8	0.3750	9/16	0.562	0.551	0.650	0.628	21/64	0.337	0.320	7/32	0.227	0.210
7/16	0.4375	11/16	0.688	0.675	0.794	0.768	3/8	0.385	0.365	1/4	0.260	0.240
1/2	0.5000	3/4	0.750	0.736	0.866	0.840	7/16	0.448	0.427	5/16	0.323	0.302
9/16	0.5625	7/8	0.875	0.861	1.010	0.982	31/64	0.496	0.473	5/16	0.324	0.301
5/8	0.6250	15/16	0.938	0.922	1.083	1.051	35/64	0.559	0.535	3/8	0.387	0.363
3/4	0.7500	1 1/8	1.125	1.088	1.299	1.240	41/64	0.665	0.617	27/64	0.446	0.398
7/8	0.8750	1 15/16	1.312	1.269	1.516	1.447	3/4	0.776	0.724	31/64	0.510	0.458
1	1.0000	1 1/2	1.500	1.450	1.732	1.653	55/64	0.887	0.831	35/64	0.575	0.519
1 1/8	1.1250	1 11/16	1.688	1.631	1.949	1.859	31/32	0.999	0.939	39/64	0.639	0.579
1 1/4	1.2500	1 7/8	1.875	1.812	2.165	2.066	1 1/16	1.094	1.030	23/32	0.751	0.687
1 3/8	1.3750	2 1/16	2.062	1.994	2.382	2.273	1 11/64	1.206	1.138	25/32	0.815	0.747
1 1/2	1.5000	2 1/4	2.250	2.175	2.598	2.480	1 9/32	1.317	1.245	27/32	0.880	0.808
重型六角螺母（见图 7-14）和重型六角锁紧螺母（见图 7-15）												
1/4	0.2500	1/2	0.500	0.488	0.577	0.556	15/64	0.250	0.218	11/64	0.188	0.156
5/16	0.3125	9/16	0.562	0.546	0.650	0.622	19/64	0.314	0.280	13/64	0.220	0.186
3/8	0.3750	11/16	0.688	0.669	0.794	0.763	23/64	0.377	0.341	15/64	0.252	0.216
7/16	0.4375	3/4	0.750	0.728	0.866	0.830	27/64	0.441	0.403	17/64	0.285	0.247
1/2	0.5000	7/8	0.875	0.850	1.010	0.969	31/64	0.504	0.464	19/64	0.317	0.277
9/16	0.5625	15/16	0.938	0.909	1.083	1.037	35/64	0.568	0.526	21/64	0.349	0.307
5/8	0.6250	1 1/16	1.062	1.031	1.227	1.1175	39/64	0.631	0.587	23/64	0.381	0.337
3/4	0.7500	1 1/4	1.250	1.212	1.443	1.382	47/64	0.758	0.710	27/64	0.446	0.398
7/8	0.8750	1 7/16	1.438	1.394	1660	1.589	55/64	0.885	0.833	31/64	0.510	0.458
1	1.0000	1 5/8	1.625	1.575	1.876	1.796	63/64	1.012	0.956	35/64	0.575	0.519
1 1/8	1.1250	1 13/16	1.812	1.756	2.093	2.002	1 7/64	1.139	1.079	39/64	0.639	0.579
1 1/4	1.2500	2	2.000	1.938	2.309	2.209	1 7/32	1.251	1.187	23/32	0.751	0.687
1 3/8	1.3750	2 3/16	2.188	2.119	2.526	2.416	1 11/32	1.378	1.310	25/32	0.815	0.747
1 1/2	1.5000	2 3/8	2.375	2.300	2.742	2.622	1 15/32	1.505	1.433	27/32	0.880	0.808
1 5/8	1.6250	2 9/16	2.562	2.481	2.959	2.828	1 19/32	1.632	1.556	29/32	0.944	0.868
1 3/4	1.7500	2 3/4	2.750	2.662	3.175	3.035	1 23/32	1.759	1.679	31/32	1.009	0.929
1 7/8	1.8750	2 15/16	2.938	2.844	3.392	3.242	1 27/32	1.886	1.802	1 1/32	1.073	0.989
2	2.0000	3 1/8	3.125	3.025	3.608	3.449	1 31/32	2.013	1.925	1 3/32	1.138	1.050
2 1/4	2.2500	3 1/2	3.500	3.388	4.041	3.862	2 13/64	2.251	2.155	1 13/64	1.251	1.155
2 1/2	2.5000	3 7/8	3.875	3.750	4.474	4.275	2 29/64	2.505	2.401	1 29/64	1.505	1.401
2 3/4	2.7500	4 1/4	4.250	4.112	4.907	4.688	2 45/64	2.759	2.647	1 37/64	1.634	1.522
3	3.0000	4 5/8	4.625	4.475	5.340	5.102	2 61/64	3.013	2.893	1 45/64	1.763	1.643
3 1/4	3.2500	5	5.000	4.838	5.774	5.515	3 3/16	3.252	3.124	1 13/16	1.876	1.748
3 1/2	3.5000	5 3/8	5.375	5.200	6.207	5.928	3 7/16	3.506	3.370	1 15/16	2.006	1.870

（续）

螺纹的公称尺寸和基本大径		对面宽度 F			对角宽度 G		螺母厚度 H			薄螺母厚度 H_1		
		基准	最大	最小	最大	最小	基准	最大	最小	基准	最大	最小
重型六角螺母（见图7-14）和重型六角锁紧螺母（见图7-15）												
3 3/4	3.7500	5 3/4	5.750	5.562	6.640	6.341	3 11/16	3.760	3.616	2 1/16	2.134	1.990
4	4.0000	6 1/8	6.125	5.925	7.073	6.755	3 15/16	4.014	3.862	2 3/16	2.264	2.112

注：1. 粗体显示螺母与英国标准和加拿大标准尺寸统一。

2. 螺纹是统一标准粗牙、细牙或8牙螺纹系列（UNC、UNF或8UN），2B级。细牙螺母的统一限定在尺寸为1in及以下。

表7-14 美国国家标准和统一标准六角平螺母、平锁紧螺母与重型六角平螺母及平锁紧螺母

ANSI/ASME B18.2.2-1987（R1999） （单位：in）

螺纹公称尺寸或基本大径		对面宽度 F			对角宽度 G		扁螺母厚度 H			扁锁紧螺母厚度 H_1		
		基准	最大	最小	最大	最小	基准	最大	最小	基准	最大	最小
六角平螺母和六角平锁紧螺母（见图7-16）												
1 1/8	**1.1250**	**1 11/16**	**1.688**	**1.631**	**1.949**	**1.859**	**1**	**1.030**	**0.970**	**5/8**	**0.655**	**0.595**
1 1/4	**1.2500**	**1 7/8**	**1.875**	**1.812**	**2.165**	**2.066**	**1 3/32**	**1.126**	**1.062**	**3/4**	**0.782**	**0.718**
1 3/8	**1.3750**	**2 1/16**	**2.062**	**1.994**	**2.382**	**2.273**	**1 13/64**	**1.237**	**1.169**	**13/16**	**0.846**	**0.778**
1 1/2	**1.5000**	**2 1/4**	**2.250**	**2.175**	**2.598**	**2.480**	**1 5/16**	**1.348**	**1.276**	**7/8**	**0.911**	**0.839**
重型六角平螺母和重型六角平锁紧螺母（见图7-16）												
1 1/8	**1.1250**	**1 13/16**	**1.812**	**1.756**	**2.093**	**2.002**	**1 1/8**	**1.155**	**1.079**	**5/8**	**0.655**	**0.579**
1 1/4	**1.2500**	**2**	**2.000**	**1.938**	**2.309**	**2.209**	**1 1/4**	**1.282**	**1.187**	**3/4**	**0.782**	**0.687**
1 3/8	**1.3750**	**2 3/16**	**2.188**	**2.119**	**2.526**	**2.416**	**1 3/8**	**1.409**	**1.310**	**13/16**	**0.846**	**0.747**
1 1/2	**1.5000**	**2 3/8**	**2.375**	**2.300**	**2.742**	**2.622**	**1 1/2**	**1.536**	**1.433**	**7/8**	**0.911**	**0.808**
1 3/4	**1.7500**	**2 3/4**	**2.750**	**2.662**	**3.175**	**3.035**	**1 3/4**	**1.790**	**1.679**	**1**	**1.040**	**0.929**
2	**2.0000**	**3 1/8**	**3.125**	**3.025**	**3.608**	**3.449**	**2**	**2.044**	**1.925**	**1 1/8**	**1.169**	**1.050**
2 1/4	2.2500	3 1/2	3.500	3.388	4.041	3.862	2 1/4	2.298	2.155	1 1/4	1.298	1.155
2 1/2	2.5000	3 7/8	3.875	3.750	4.474	4.275	2 1/2	2.552	2.401	1 1/2	1.552	1.401
2 3/4	2.7500	4 1/4	4.250	4.112	4.907	4.688	2 3/4	2.806	2.647	1 5/8	1.681	1.522
3	3.0000	4 5/8	4.625	4.475	5.340	5.102	3	3.060	2.893	1 3/4	1.810	1.643
3 1/4	3.2500	5	5.000	4.838	5.774	5.515	3 1/4	3.314	3.124	1 7/8	1.939	1.748
3 1/2	3.5000	5 3/8	5.375	5.200	6.207	5.928	3 1/2	3.568	3.370	2	2.068	1.870
3 3/4	3.7500	5 3/4	5.750	5.562	6.640	6.341	3 3/4	3.822	3.616	2 1/8	2.197	1.990
4	4.0000	6 1/8	6.125	5.925	7.073	6.755	4	4.076	3.862	2 1/4	2.326	2.112

注：1. 粗体显示螺母与英国标准和加拿大标准尺寸统一。

2. 统一标准粗牙螺纹系列（UNC），2B级。

螺母如图7-16～图7-19所示。

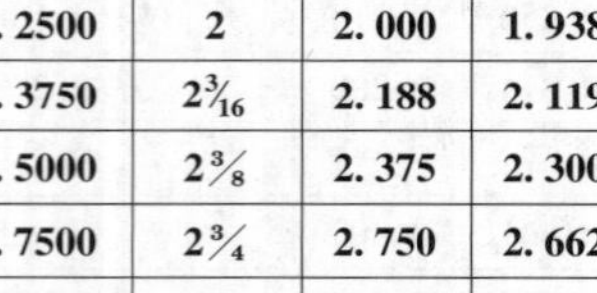

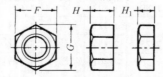

图7-16 六角平螺母、重型六角平螺母、六角平锁紧螺母、重型六角平锁紧螺母（见表7-14）

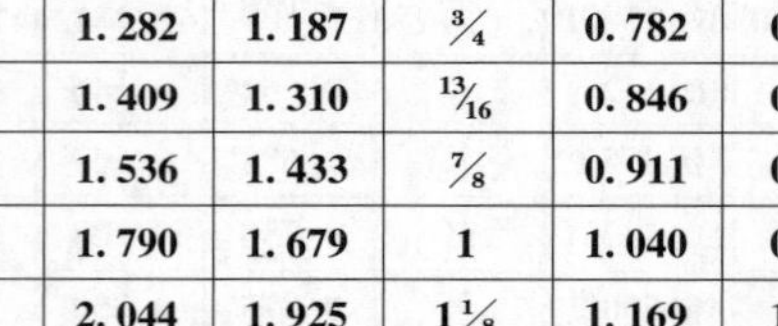

图7-17 六角头开槽螺母、重型六角头开槽螺母、六角开槽厚螺母（见表7-15）

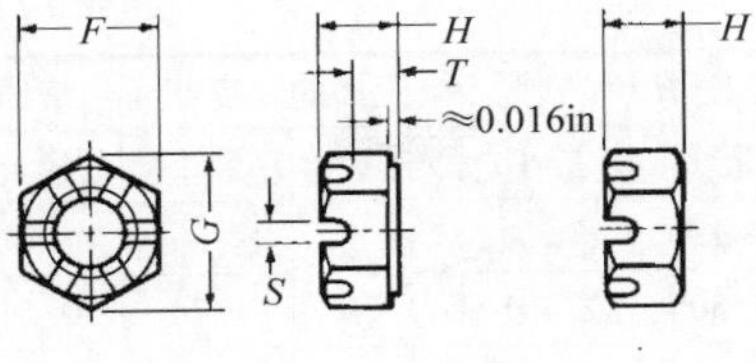

图7-18 六角头厚螺母（见表7-16）

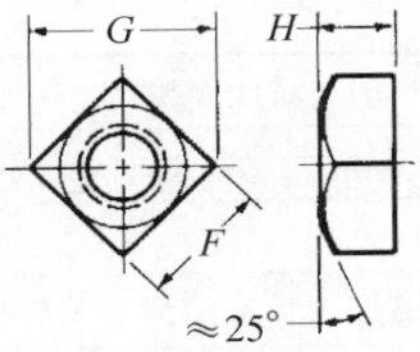

图7-19 方螺母、重型方螺母（见表7-16）

表7-15 美国国家统一标准六角头开槽螺母、重型六角头开槽螺母和六角头开槽厚螺母

ANSI / ASME B18.2.2-1987（R1999）（单位：in）

公称尺寸或螺纹的基本主要尺寸		对面宽度 F			宽度对角 G		厚度 H			无槽的厚度 T		槽的宽度 S	
		基准	最大	最小	最大	最小	基准	最大	最小	最大	最小	最大	最小
六角头开槽螺母（见图7-17）													
1/4	0.2500	7/16	0.438	0.428	0.505	0.488	7/32	0.226	0.212	0.14	0.12	0.10	0.07
5/16	0.3125	1/2	0.500	0.489	0.577	0.577	7/64	0.273	0.258	0.18	0.16	0.12	0.09
3/8	0.3750	9/16	0.562	0.551	0.628	0.628	21/64	0.337	0.320	0.21	0.19	0.15	0.12
7/16	0.4375	11/16	0.688	0.675	0.768	0.768	3/8	0.385	0.365	0.23	0.21	0.15	0.12
1/2	0.5000	3/4	0.750	0.736	0.840	0.840	7/16	0.448	0.427	0.29	0.27	0.18	0.15
9/16	0.5625	7/8	0.875	0.861	0.982	0.982	31/64	0.496	0.473	0.31	0.29	0.18	0.15
5/8	0.6250	15/16	0.938	0.922	1.051	1.051	35/64	0.559	0.535	0.34	0.32	0.24	0.18
3/4	0.7500	1 1/8	1.125	1.088	1.240	1.240	41/64	0.665	0.617	0.40	0.38	0.24	0.18
7/8	0.8750	1 5/16	1.312	1.269	1.447	1.447	3/4	0.776	0.724	0.52	0.49	0.24	0.18
1	1.0000	1 1/2	1.500	1.450	1.653	1.653	55/64	0.887	0.831	0.59	0.56	0.30	0.24
1 1/8	1.1250	1 11/16	1.688	1.631	1.859	1.859	31/32	0.999	0.939	0.64	0.61	0.33	0.24
1 1/4	1.2500	1 7/8	1.875	1.812	2.066	2.066	1 1/16	1.094	1.030	0.70	0.67	0.40	0.31
1 3/8	1.3750	2 1/16	2.062	1.994	2.273	2.273	1 11/16	1.206	1.138	0.82	0.78	0.40	0.31
1 1/2	1.5000	2 1/4	2.250	2.175	2.480	2.480	1 9/32	1.317	1.245	0.86	0.82	0.46	0.37
重型六角头开槽螺母（见图7-17）													
1/4	0.2500	1/2	0.500	0.488	0.557	0.556	13/64	0.250	0.218	0.15	0.13	0.10	0.07
5/16	0.3125	9/16	0.562	0.546	0.650	0.622	19/64	0.314	0.280	0.21	0.19	0.12	0.09
3/8	0.3750	11/16	0.688	0.669	0.794	0.763	23/64	0.377	0.341	0.24	0.22	0.15	0.12
7/16	0.4375	3/4	0.750	0.728	0.866	0.830	27/64	0.441	0.403	0.28	0.26	0.15	0.12
1/2	0.5000	7/8	0.875	0.850	1.010	0.969	31/64	0.504	0.464	0.34	0.32	0.18	0.15
9/16	0.5625	15/16	0.938	0.909	1.083	1.037	35/64	0.568	0.526	0.37	0.35	0.18	0.15
5/8	0.6250	1 1/16	1.062	1.031	1.227	1.175	39/64	0.631	0.587	0.40	0.38	0.24	0.18
3/4	0.7500	1 1/4	1.250	1.212	1.443	1.382	47/64	0.758	0.710	0.49	0.47	0.24	0.18
7/8	0.8750	1 7/16	1.438	1.394	1.660	1.589	55/64	0.885	0.883	0.62	0.59	0.24	0.18
1	1.0000	1 5/8	1.625	1.575	1.876	1.796	63/64	1.012	0.956	0.72	0.69	0.30	0.24
1 1/8	1.1250	1 13/16	1.812	1.756	2.093	2.002	1 7/64	1.139	1.079	0.78	0.75	0.33	0.24
1 1/4	1.2500	2	2.000	1.938	2.309	2.209	1 7/32	1.251	1.187	0.86	0.83	0.40	0.31
1 3/8	1.3750	2 3/16	2.188	2.199	2.526	2.416	1 11/32	1.378	1.310	0.99	0.95	0.40	0.31
1 1/2	1.5000	2 3/8	2.375	2.300	2.742	2.622	1 15/32	1.505	1.433	1.05	1.01	0.46	0.37
1 3/4	1.7500	2 3/4	2.750	2.662	3.175	3.035	1 23/32	1.759	1.679	1.24	1.20	0.52	0.43
2	2.0000	3 1/8	3.125	3.025	3.608	3.449	1 31/32	2.013	1.925	1.43	1.38	0.52	0.43
2 1/4	2.2500	3 1/2	3.500	3.388	4.041	3.862	2 13/64	2.251	2.155	1.67	1.62	0.52	0.43

（续）

公称尺寸或螺纹的基本主要尺寸		对面宽度 F			宽度对角 G		厚度 H			无槽的厚度 T		槽的宽度 S	
		基准	最大	最小	最大	最小	基准	最大	最小	最大	最小	最大	最小
重型六角头开槽螺母（见图 7-17）													
$2\frac{1}{2}$	2.5000	$3\frac{7}{8}$	3.875	3.750	4.474	4.275	$2\frac{29}{64}$	2.505	2.401	1.79	1.74	0.64	0.55
$2\frac{3}{4}$	2.7500	$4\frac{1}{4}$	4.250	4.112	4.907	4.688	$2\frac{45}{64}$	2.759	2.647	2.05	1.99	0.64	0.55
3	3.0000	$4\frac{5}{8}$	4.625	4.475	5.340	5.102	$2\frac{61}{64}$	3.013	2.893	2.23	2.17	0.71	0.62
$3\frac{1}{4}$	3.2500	5	5.000	4.838	5.774	5.515	$3\frac{3}{16}$	3.252	3.124	2.47	2.41	0.71	0.62
$3\frac{1}{2}$	3.5000	$5\frac{3}{8}$	5.375	5.200	6.207	5.928	$3\frac{7}{16}$	3.506	3.370	2.72	2.65	0.71	0.62
$3\frac{3}{4}$	3.7500	$5\frac{3}{4}$	5.750	5.562	6.640	6.341	$3\frac{11}{16}$	3.760	3.616	2.97	2.90	0.71	0.62
4	4.0000	$6\frac{1}{8}$	6.125	5.925	7.073	6.755	$3\frac{15}{16}$	4.014	3.862	3.22	3.15	0.71	0.62
六角头开槽厚螺母（见图 7-17）													
$\frac{1}{4}$	**0.2500**	**$\frac{7}{16}$**	**0.438**	**0.428**	**0.505**	**0.488**	**$\frac{9}{32}$**	**0.288**	**0.274**	0.20	0.18	0.10	0.07
$\frac{5}{16}$	**0.3125**	**$\frac{1}{2}$**	**0.500**	**0.489**	**0.577**	**0.557**	**$\frac{21}{64}$**	**0.336**	**0.320**	0.24	0.22	0.12	0.09
$\frac{3}{8}$	**0.3750**	**$\frac{9}{16}$**	**0.562**	**0.551**	**0.650**	**0.628**	**$\frac{13}{32}$**	**0.415**	**0.398**	0.29	0.27	0.15	0.12
$\frac{7}{16}$	**0.4375**	**$\frac{11}{16}$**	**0.668**	**0.675**	**0.794**	**0.768**	**$\frac{29}{24}$**	**0.463**	**0.444**	0.31	0.29	0.15	0.12
$\frac{1}{2}$	**0.5000**	**$\frac{3}{4}$**	**0.750**	**0.736**	**0.866**	**0.840**	**$\frac{9}{16}$**	**0.573**	**0.552**	0.42	0.40	0.18	0.15
$\frac{9}{16}$	**0.5625**	**$\frac{7}{8}$**	**0.875**	**0.861**	**1.010**	**0.982**	**$\frac{39}{64}$**	**0.621**	**0.598**	0.43	0.41	0.18	0.15
$\frac{5}{8}$	**0.6250**	**$\frac{15}{16}$**	**0.938**	**0.922**	**1.083**	**1.051**	**$\frac{23}{32}$**	**0.731**	**0.706**	0.51	0.49	0.24	0.18
$\frac{3}{4}$	**0.7500**	**$1\frac{1}{8}$**	**1.125**	**1.088**	**1.299**	**1.240**	**$\frac{13}{16}$**	**0.827**	**0.798**	0.57	0.55	0.24	0.18
$\frac{7}{8}$	**0.8750**	**$1\frac{5}{16}$**	**1.312**	**1.269**	**1.516**	**1.447**	**$\frac{29}{32}$**	**0.922**	**0.890**	0.67	0.64	0.24	0.18
1	**1.0000**	**$1\frac{1}{2}$**	**1.500**	**1.450**	**1.732**	**1.653**	**1**	**1.018**	**0.982**	0.73	0.70	0.30	0.24
$1\frac{1}{8}$	**1.1250**	**$1\frac{11}{16}$**	**1.688**	**1.631**	**1.949**	**1.859**	**$1\frac{5}{32}$**	**1.176**	**1.136**	0.83	0.80	0.33	0.24
$1\frac{1}{4}$	**1.2500**	**$1\frac{7}{8}$**	**1.875**	**1.812**	**2.165**	**2.066**	**$1\frac{1}{4}$**	**1.272**	**1.228**	0.89	0.86	0.40	0.31
$1\frac{3}{8}$	**1.3750**	**$2\frac{1}{16}$**	**2.062**	**1.994**	**2.382**	**2.273**	**$1\frac{3}{8}$**	**1.399**	**1.351**	1.02	0.98	0.40	0.31
$1\frac{1}{2}$	**1.5000**	**$2\frac{1}{4}$**	**2.250**	**2.175**	**2.598**	**2.480**	**$1\frac{1}{2}$**	**1.526**	**1.474**	1.08	1.04	0.46	0.37

注：1. 粗体显示螺母在尺寸上与英国标准和加拿大标准统一。

2. 螺纹是统一标准粗牙、细牙或 8 牙螺纹系列（UNC、UNF 或 8UN），2B 类。

3. 细牙螺母的统一限于大小为 1in 及以下。

表 7-16 美国国家统一标准方螺母、重型方螺母和美国国家标准六角厚螺母 ANSI / ASME B18.2.2-1987（R1999）

（单位：in）

公称尺寸或螺纹的基本主要尺寸		对面宽度 F			宽度对角 G		厚度 H		
		基准	最大	最小	最大	最小	基准	最大	最小
方螺母①（见图 7-19）									
$\frac{1}{4}$	**0.2500**	$\frac{7}{16}$	**0.438**	**0.425**	**0.619**	**0.554**	$\frac{7}{32}$	**0.235**	**0.203**
$\frac{5}{16}$	**0.3125**	$\frac{9}{16}$	**0.562**	**0.547**	**0.795**	**0.721**	$\frac{17}{64}$	**0.283**	**0.249**
$\frac{3}{8}$	**0.3750**	$\frac{5}{8}$	**0.625**	**0.606**	**0.884**	**0.802**	$\frac{21}{64}$	**0.346**	**0.310**
$\frac{7}{16}$	**0.4375**	$\frac{3}{4}$	**0.750**	**0.728**	**1.031**	**0.970**	$\frac{3}{64}$	**0.394**	**0.356**
$\frac{1}{2}$	**0.5000**	$\frac{13}{16}$	**0.812**	**0.788**	**1.149**	**1.052**	$\frac{3}{8}$	**0.458**	**0.418**
$\frac{5}{8}$	**0.6250**	**1**	**1.000**	**0.969**	**1.414**	**1.300**	$\frac{7}{16}$	**0.569**	**0.525**
$\frac{3}{4}$	**0.7500**	**$1\frac{1}{8}$**	**1.125**	**1.088**	**1.591**	**1.464**	$\frac{35}{64}$	**0.680**	**0.632**
$\frac{7}{8}$	**0.8750**	**$1\frac{5}{16}$**	**1.312**	**1.269**	**1.856**	**1.712**	$\frac{21}{32}$	**0.792**	**0.740**
1	**1.0000**	**$1\frac{1}{2}$**	**1.500**	**1.450**	**2.121**	**1.961**	$\frac{49}{64}$	**0.903**	**0.847**

（续）

公称尺寸或螺纹的基本主要尺寸		对面宽度 *F*			宽度对角 *G*		厚度 *H*		
		基准	最大	最小	最大	最小	基准	最大	最小
方螺母①（见图 7-19）									
1 1/8	**1.1250**	**1 11/16**	**1.688**	**1.631**	**2.386**	**2.209**	**7/8**	**1.030**	**0.970**
1 1/4	**1.2500**	**1 7/8**	**1.875**	**1.812**	**2.652**	**2.458**	**1**	**1.126**	**1.062**
1 3/8	**1.3750**	**2 1/16**	**2.062**	**1.994**	**2.917**	**2.708**	**1 3/32**	**1.237**	**1.169**
1 1/2	**1.5000**	**2 1/4**	**2.250**	**2.175**	**3.182**	**2.956**	**1 5/16**	**1.348**	**1.276**
重型方螺母①（见图 7-19）									
1/4	0.2500	1/2	0.500	0.488	0.707	0.640	1/4	0.266	0.218
5/16	0.3125	9/16	0.562	0.546	0.795	0.720	5/16	0.330	0.280
3/8	0.3750	11/16	0.688	0.699	0.973	0.889	3/8	0.393	0.341
7/16	0.4375	3/4	0.750	0.728	1.060	0.970	7/16	0.456	0.403
1/2	0.5000	7/8	0.875	0.850	1.237	1.137	1/2	0.520	0.464
5/8	0.6250	1 1/16	1.062	1.031	1.503	1.386	5/8	0.647	0.587
3/4	0.7500	1 1/4	1.250	1.212	1.768	1.635	3/4	0.774	0.710
7/8	0.8750	1 7/16	1.438	1.394	2.033	1.884	7/8	0.901	0.833
1	1.0000	1 5/8	1.625	1.575	2.298	2.132	1	1.028	0.956
1 1/8	1.1250	1 13/16	1.812	1.756	2.563	2.381	1 1/8	1.155	1.079
1 1/4	1.2500	2	2.000	1.938	2.828	2.631	1 1/4	1.282	1.187
1 3/8	1.3750	2 3/16	2.188	2.119	3.094	2.879	1 3/8	1.409	1.310
1 1/2	1.5000	2 3/8	2.375	2.300	3.359	3.128	1 1/2	1.536	1.433
六角头厚螺母②（见图 7-19）									
1/4	0.2500	7/16	0.438	0.428	0.505	0.488	9/32	0.288	0.274
5/16	0.3125	1/2	0.500	0.489	0.577	0.577	21/64	0.336	0.320
3/8	0.3750	9/16	0.562	0.551	0.650	0.628	13/32	0.415	0.398
7/16	0.4375	11/16	0.688	0.675	0.794	0.768	29/64	0.463	0.444
1/2	0.5000	3/4	0.750	0.736	0.866	0.840	9/16	0.573	0.552
9/16	0.5625	7/8	0.875	0.861	1.010	0.982	39/64	0.621	0.598
5/8	0.6250	15/16	0.938	0.922	1.083	1.051	23/32	0.731	0.706
3/4	0.7500	1 1/8	1.125	1.088	1.299	1.240	13/16	0.827	0.798
7/8	0.8750	1 5/16	1.312	1.269	1.516	1.447	29/32	0.922	0.890
1	1.0000	1 1/2	1.500	1.420	1.732	1.653	1	1.018	0.982
1 1/8	1.1250	1 11/16	1.688	1.631	1.949	1.859	1 5/32	1.176	1.136
1 1/4	1.2500	1 7/8	1.875	1.812	2.165	2.066	1 1/4	1.272	1.228
1 3/8	1.3750	2 1/16	2.062	1.994	2.382	2.273	1 3/8	1.399	1.351
1 1/2	1.5000	2 1/4	2.250	2.175	2.598	2.480	1 1/2	1.526	1.474

注：粗体显示螺母在尺寸上与英国标准和加拿大标准统一。

① 粗牙螺纹系列，2B 级。

② 统一的标准粗牙、细牙或 8 螺纹系列（8UN），2B 类。

表 7-17 高低冠螺母（圆顶扁形、凸盖形）SAE 推荐做法 J483a （单位：in）

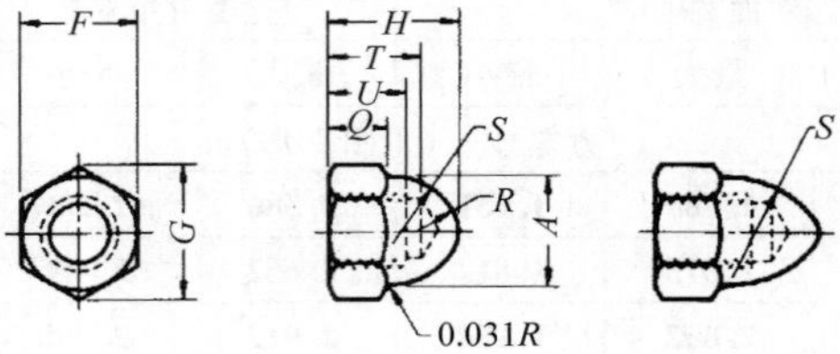

公称尺寸①或螺纹的基本大径		宽度对边 F			对角宽度 G		杆径 A	总高 H	六角高 Q	鼻端弧 R	杆端弧 S	钻深 T	全螺纹 U
		最大	基准	最小	最大	最小						最大	最小
低冠													
6	0.1380	$\frac{5}{16}$	0.302	0.361	0.361	0.344	0.30	0.34	0.16	0.08	0.17	0.25	0.16
8	0.1640	$\frac{5}{16}$	0.302	0.361	0.361	0.344	0.30	0.34	0.16	0.08	0.17	0.25	0.16
10	0.1900	$\frac{3}{8}$	0.362	0.362	0.433	0.413	0.36	0.41	0.19	0.09	0.22	0.28	0.19
12	0.2160	$\frac{3}{8}$	0.362	0.362	0.433	0.413	0.36	0.41	0.19	0.09	0.22	0.31	0.22
$\frac{1}{4}$	0.2500	$\frac{7}{16}$	0.428	0.428	0.505	0.488	0.41	0.47	0.22	0.11	0.25	0.34	0.25
$\frac{5}{16}$	0.3125	$\frac{1}{2}$	0.489	0.489	0.577	0.557	0.47	0.53	0.25	0.12	0.28	0.41	0.31
$\frac{3}{8}$	0.3750	$\frac{9}{16}$	0.551	0.551	0.650	0.628	0.53	0.62	0.28	0.14	0.33	0.45	0.38
$\frac{7}{16}$	0.4375	$\frac{5}{8}$	0.612	0.612	0.722	0.698	0.59	0.69	0.31	0.16	0.35	0.52	0.44
$\frac{1}{2}$	0.5000	$\frac{3}{4}$	0.736	0.736	0.866	0.840	0.72	0.81	0.38	0.19	0.42	0.59	0.50
$\frac{9}{16}$	0.5625	$\frac{7}{8}$	0.861	0.861	1.010	0.982	0.84	0.94	0.44	0.22	0.50	0.69	0.56
$\frac{5}{8}$	0.6250	$\frac{15}{16}$	1.922	0.922	1.083	1.051	0.91	1.00	0.47	0.23	0.53	0.75	0.62
$\frac{3}{4}$	0.7500	$1\frac{1}{16}$	1.045	1.045	1.277	1.191	1.03	1.16	0.53	0.27	0.59	0.88	0.75
$\frac{7}{8}$	0.8750	$1\frac{1}{4}$	1.231	1.231	1.443	1.403	1.22	1.36	0.62	0.31	0.70	1.00	0.88
1	1.0000	$1\frac{7}{16}$	1.417	1.417	1.660	1.615	1.41	1.55	0.72	0.36	0.81	1.12	1.00
$1\frac{1}{8}$	1.1250	$1\frac{5}{8}$	1.602	1.602	1.876	1.826	1.59	1.75	0.81	0.41	0.92	1.31	1.12
$1\frac{1}{4}$	1.2500	$1\frac{13}{16}$	1.788	1.788	2.093	2.038	1.78	1.95	0.91	0.45	1.03	1.44	1.25
高冠													
6	0.1380	$\frac{5}{16}$	0.302	0.361	0.361	0.344	0.30	0.42	0.17	0.05	0.25	0.28	0.19
8	0.1640	$\frac{5}{16}$	0.302	0.361	0.361	0.344	0.30	0.42	0.17	0.05	0.25	0.28	0.19
10	0.1900	$\frac{3}{8}$	0.362	0.362	0.433	0.413	0.36	0.52	0.20	0.06	0.30	0.34	0.25
12	0.2160	$\frac{3}{8}$	0.362	0.362	0.433	0.413	0.36	0.52	0.20	0.03	0.30	0.38	0.28
$\frac{1}{4}$	0.2500	$\frac{7}{16}$	0.428	0.428	0.505	0.488	0.41	0.59	0.23	0.06	0.34	0.41	0.31
$\frac{5}{16}$	0.3125	$\frac{1}{2}$	0.489	0.489	0.577	0.557	0.47	0.69	0.28	0.08	0.41	0.47	0.38
$\frac{3}{8}$	0.3750	$\frac{9}{16}$	0.551	0.551	0.650	0.628	0.53	0.78	0.31	0.09	0.44	0.56	0.47
$\frac{7}{16}$	0.4375	$\frac{5}{8}$	0.612	0.612	0.722	0.698	0.59	0.88	0.34	0.09	0.50	0.62	0.53
$\frac{1}{2}$	0.5000	$\frac{3}{4}$	0.736	0.736	0.866	0.840	0.72	1.03	0.42	0.12	0.59	0.75	0.62
$\frac{9}{16}$	0.5625	$\frac{7}{8}$	0.861	0.861	1.010	0.982	0.84	1.19	0.48	0.16	0.69	0.81	0.69
$\frac{5}{8}$	0.6250	$\frac{15}{16}$	0.922	0.922	1.083	1.051	0.91	1.28	0.53	0.16	0.75	0.91	0.78
$\frac{3}{4}$	0.7500	$1\frac{1}{16}$	1.045	1.045	1.277	1.191	1.03	1.45	0.59	0.17	0.84	1.06	0.94
$\frac{7}{8}$	0.8750	$1\frac{1}{4}$	1.231	1.231	1.443	1.403	1.22	1.72	0.70	0.20	0.98	1.22	1.09
1	1.0000	$1\frac{7}{16}$	1.417	1.417	1.660	1.615	1.41	1.97	0.81	0.23	1.14	1.38	1.25
$1\frac{1}{8}$	1.1250	$1\frac{5}{8}$	1.602	1.602	1.876	1.826	1.59	2.22	0.92	0.27	1.28	1.59	1.41
$1\frac{1}{4}$	1.2500	$1\frac{13}{16}$	1.788	1.788	2.093	2.038	1.78	2.47	1.03	0.28	1.44	1.75	1.56

注：螺纹是统一标准 2B 类，UNC 或 UNF 系列。转载许可：版权所有© 1990，汽车工程师协会，版权所有保留。

① 当以小数为单位指定标称大小时，省略第四位小数上的零。

表 7-18　SAE 标准 J482a 六角高脚螺母和六角开槽高螺母　　　（单位：in）

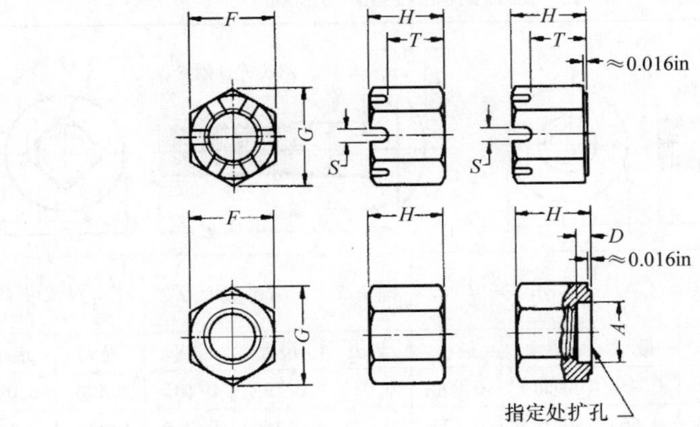

公称尺寸①或螺纹的基本大径		对面宽度 F			对角宽度 G		槽宽 S	
		基准	最大	最小	最大	最小	最大	最小
1/4	0.2500	7/16	0.4375	0.428	0.505	0.488	0.07	0.10
5/16	0.3125	1/2	0.5000	0.489	0.577	0.557	0.09	0.12
3/8	0.3750	9/16	0.5625	0.551	0.650	0.628	0.12	0.15
7/16	0.4375	5/8	0.6875	0.675	0.794	0.768	0.12	0.15
1/2	0.5000	3/4	0.7500	0.736	0.866	0.840	0.15	0.18
9/16	0.5325	7/8	0.8750	0.861	1.010	0.982	0.15	0.18
5/8	0.6250	15/16	0.9375	0.922	1.083	1.051	0.18	0.24
3/4	0.7500	1 1/8	1.1250	1.088	1.299	1.240	0.18	0.24
7/8	0.8750	1 5/16	1.3125	1.269	1.516	1.447	0.18	0.24
1	1.0000	1 1/2	1.5000	1.450	1.732	1.653	0.25	0.30
1 1/8	1.1250	1 11/16	1.6875	1.631	1.949	1.859	0.24	0.33
1 1/4	1.2500	1 7/8	1.8750	1.812	2.165	2.066	0.31	0.40

公称尺寸①或螺纹的基本大径		厚度 H			无槽的厚度 T		沉孔（可选）	
		基准	最大	最小	最大	最小	最大	最小
1/4	0.2500	3/8	0.382	0.368	0.29	0.27	0.266	0.062
5/16	0.3125	29/64	0.461	0.445	0.37	0.35	0.328	0.078
3/8	0.3750	1/2	0.509	0.491	0.38	0.36	0.391	0.094
7/16	0.4375	39/64	0.619	1.599	0.46	0.44	0.453	0.109
1/2	0.5000	21/32	0.667	0.645	0.51	0.49	0.516	0.125
9/16	0.5325	49/64	0.778	0.754	0.59	0.57	0.594	0.141
5/8	0.6250	27/32	0.857	0.831	0.63	0.61	0.656	0.156
3/4	0.7500	1	1.015	0.985	0.76	0.73	0.781	0.188
7/8	0.8750	1 5/32	1.172	1.140	0.92	0.89	0.906	0.219
1	1.0000	1 5/16	1.330	1.292	1.05	1.01	1.031	0.250
1 1/8	1.1250	1 1/2	1.520	1.480	1.18	1.14	1.156	0.281
1 1/4	1.2500	1 11/16	1.710	1.666	1.34	1.29	1.281	0.312

注：螺纹是统一标准 2B 类，UNC 或 UNF 系列。转载许可：版权所有© 1990，汽车工程师协会，版权所有保留。

① 当以小数为单位指定标称大小时，省略小数点后面第四位上的零。

表 7-19 美国国家标准圆头螺栓和圆头方颈螺栓

ANSI/ASME B18.5-1990 (R2003) （单位：in）

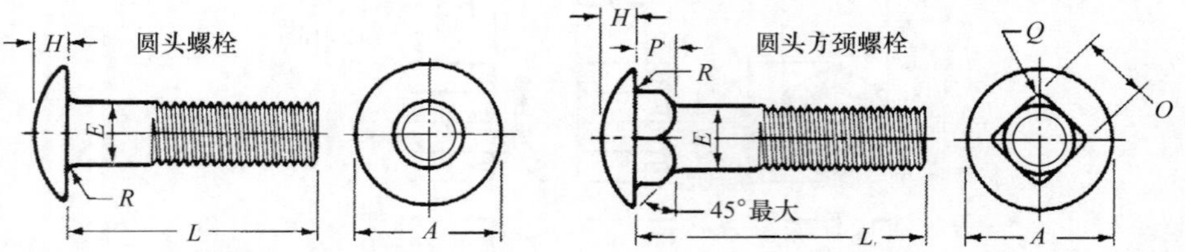

公称尺寸	杆径 E		头径 A		头高 H		圆角 R	方形宽度 O		方形深度 P		方形拐角半径 Q
	最大	最小	最大	最小	最大	最小	最大	最大	最小	最大	最小	最大
No. 10	0.199	0.182	0.469	0.438	0.114	0.094	0.031	0.199	0.185	0.125	0.094	0.031
1/4	0.260	0.237	0.594	0.563	0.145	0.125	0.031	0.260	0.245	0.156	0.125	0.031
5/16	0.324	0.298	0.719	0.688	0.176	0.156	0.031	0.324	0.307	0.187	0.156	0.031
3/8	0.388	0.360	0.844	0.782	0.208	0.188	0.031	0.388	0.368	0.219	0.188	0.047
7/16	0.452	0.421	0.969	0.907	0.239	0.219	0.031	0.452	0.431	0.250	0.219	0.047
1/2	0.515	0.483	1.094	1.032	0.270	0.250	0.031	0.515	0.492	0.281	0.250	0.047
5/8	0.642	0.605	1.344	1.219	0.344	0.313	0.062	0.642	0.616	0.344	0.313	0.078
3/4	0.768	0.729	1.594	1.469	0.406	0.375	0.062	0.768	0.741	0.406	0.375	0.078
7/8	0.895	0.852	1.844	1.719	0.469	0.438	0.062	0.895	0.865	0.469	0.438	0.094
1	1.022	0.976	2.094	1.969	0.531	0.500	0.062	1.022	0.990	0.531	0.500	0.094

注：1. 螺纹是符合 ANSI B1.1 的统一标准，2A 级，UNC 系列。对于具有添加剂涂层的螺纹，在电镀或涂覆之前应使用 2A 级的最大直径，而在镀覆或涂覆之后，基本直径（2A 级最大直径加上余量）应适用于螺栓。

2. 螺栓按照显示的顺序命名：公称尺寸（数字、分数或等价小数）；螺纹牙数；公称长度（分数或等价小数）；产品名称；材料；如果需要，可以使用防护表面处理。例：½ -13×3 圆头方颈螺栓，0.375-16×2.50 钢阶梯螺栓，钢，镀锌。

表 7-20 美国国家标准 T 型头螺栓 ANSI/ASME B18.5-1990 (R2003) （单位：in）

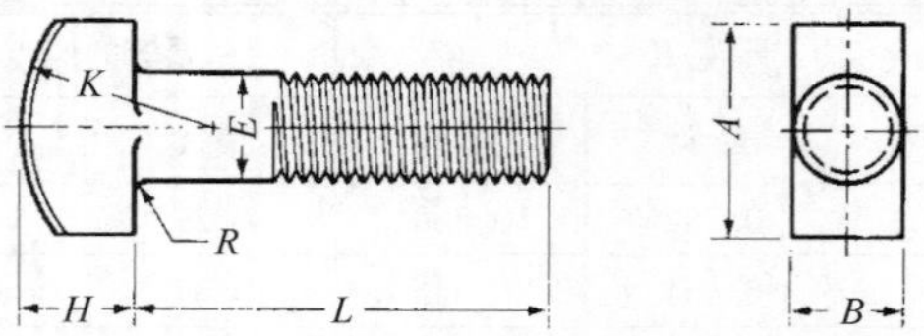

公称尺寸①或螺栓的基本直径		杆径 E		头长 A		头宽 B		头高 H		头径 K	圆角 R
		最大	最小	最大	最小	最大	最小	最大	最小	基准	最大
1/4	0.2500	0.260	0.237	0.500	0.488	0.280	0.245	0.204	0.172	0.438	0.031
5/16	0.3125	0.324	0.298	0.625	0.609	0.342	0.307	0.267	0.233	0.500	0.031
3/8	0.3750	0.388	0.360	0.750	0.731	0.405	0.368	0.331	0.295	0.625	0.031
7/16	0.4375	0.452	0.421	0.875	0.853	0.468	0.431	0.394	0.356	0.875	0.031
1/2	0.5000	0.515	0.483	1.000	0.975	0.530	0.492	0.458	0.418	0.875	0.031
5/8	0.6250	0.642	0.605	1.250	1.218	0.675	0.616	0.585	0.541	1.062	0.062
3/4	0.7500	0.768	0.729	1.500	1.462	0.800	0.741	0.649	0.601	1.250	0.062
7/8	0.8750	0.895	0.852	1.750	1.706	0.938	0.865	0.776	0.724	1.375	0.062
1	1.0000	1.022	0.976	2.000	1.950	1.063	0.990	0.903	0.847	1.500	0.062

① 当以小数为单位指定标称大小时，省略小数点前和小数点后第四位上的零。

表7-21 美国国家标准圆头短方颈螺栓

ANSI/ASME B18.5-1990（R2003） （单位：in）

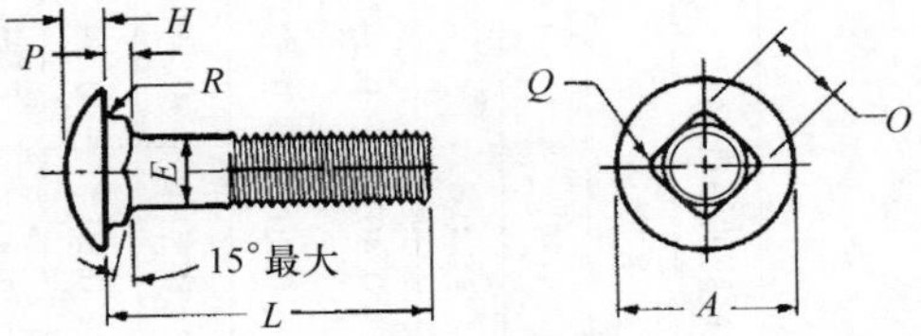

公称尺寸	杆径 E		头径 A		头高 H		方形宽度 O		方形深度 P		方形拐角半径 Q	圆角半径 R
	最大	最小	最大	最小	最大	最小	最大	最小	最大	最小	最大	最大
1/4	0.260	0.213	0.594	0.563	0.145	0.125	0.260	0.245	0.124	0.093	0.031	0.031
5/16	0.324	0.272	0.719	0.688	0.176	0.156	0.324	0.307	0.124	0.093	0.031	0.031
3/8	0.388	0.329	0.844	0.782	0.208	0.188	0.388	0.368	0.156	0.125	0.047	0.031
7/16	0.452	0.385	0.969	0.907	0.239	0.219	0.452	0.431	0.156	0.125	0.047	0.031
1/2	0.515	0.444	1.094	1.032	0.270	0.250	0.515	0.492	0.156	0.125	0.047	0.031
5/8	0.642	0.559	1.344	1.219	0.344	0.313	0.642	0.616	0.218	0.187	0.078	0.062
3/4	0.768	0.678	1.594	1.469	0.406	0.375	0.768	0.741	0.218	0.187	0.078	0.062

注：1. 螺纹是符合 ANSI B1.1 的统一标准，2A 级，UNC 系列。对于具有添加剂涂层的螺纹，在电镀或涂层之前应使用2A 级的最大直径，而在电镀或涂层之后，基本直径（2A 级最大直径加上余量）应适用于螺栓。

2. 螺栓按照显示的顺序命名：公称尺寸（数字、分数或等价小数）；螺纹牙数；公称长度（分数或等价小数）；产品名称；材料；如果需要，可以使用防护表面处理。例：1/2 – 13 × 3 圆头短方颈螺栓，0.375 – 16 × 2.50 圆头短方颈螺栓，钢，镀锌。

表7-22 美国国家标准圆头细颈螺栓

ANSI / ASME B18.5-1990（R2003） （单位：in）

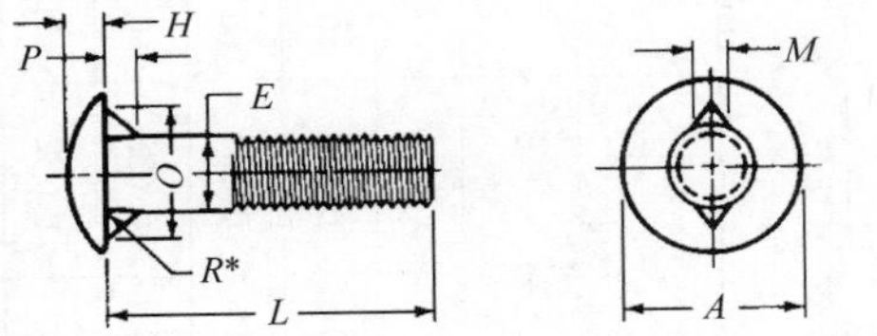

公称尺寸	杆径 E		头径 A		头高 H		鳍厚 M		鳍宽 O		鳍深 P	
	最大	最小	最大	最小	最大	最小	最大	最小	最大	最小	最大	最小
No. 10	0.199	0.182	0.469	0.438	0.114	0.094	0.098	0.078	0.395	0.375	0.088	0.078
1/4	0.260	0.237	0.594	0.563	0.145	0.125	0.114	0.094	0.458	0.438	0.104	0.094
5/16	0.324	0.298	0.719	0.688	0.176	0.156	0.145	0.125	0.551	0.531	0.135	0.125
3/8	0.388	0.360	0.844	0.782	0.208	0.188	0.161	0.141	0.645	0.625	0.151	0.141
7/16	0.452	0.421	0.969	0.907	0.239	0.219	0.192	0.172	0.739	0.719	0.182	0.172
1/2	0.515	0.483	1.094	1.032	0.270	0.250	0.208	0.188	0.833	0.813	0.198	0.188

注：所有尺寸的最大圆角半径 R 为 0.031in。

表 7-23 美国国家标准圆头肋颈螺栓 ANSI/ASME B18.5－1990（R2003） （单位：in）

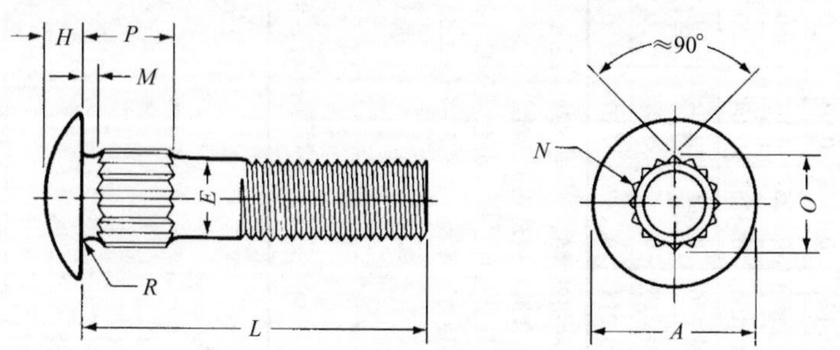

公称尺寸①或螺栓基本直径		杆径 E		头径 A		头高 H		头到肋 M 长度 ≤$\frac{7}{8}$	头到肋 M 长度 ≥1	肋数 N	超过肋的直径 O	超过肋的深度 P 长度 ≤$\frac{7}{8}$	超过肋的深度 P 长度 1 和$\frac{1}{8}$	超过肋的深度 P 长度 ≥1	圆角半径 R
		最大	最小	最大	最小	最大	最小	±0.031②		近似值	最小	±0.031			最大③
No. 10	0.1900	0.199	0.182	0.469	0.438	0.114	0.094	0.031	0.063	9	0.210	0.250	0.407	0.594	0.031
$\frac{1}{4}$	0.2500	0.260	0.237	0.594	0.563	0.145	0.125	0.031	0.063	10	0.274	0.250	0.407	0.594	0.031
$\frac{5}{16}$	0.3125	0.324	0.298	0.719	0.688	0.176	0.156	0.031	0.063	12	0.340	0.250	0.407	0.594	0.031
$\frac{3}{8}$	0.3750	0.388	0.360	0.844	0.782	0.208	0.188	0.031	0.063	12	0.405	0.250	0.407	0.594	0.031
$\frac{7}{16}$	0.4375	0.452	0.421	0.969	0.907	0.239	0.219	0.031	0.063	14	0.470	0.250	0.407	0.594	0.031
$\frac{1}{2}$	0.5000	0.515	0.483	1.094	1.032	0.270	0.250	0.031	0.063	16	0.534	0.250	0.407	0.594	0.031
$\frac{5}{8}$	0.6250	0.642	0.605	1.344	1.219	0.344	0.313	0.094	0.094	19	0.660	0.313	0.438	0.625	0.062
$\frac{3}{4}$	0.7500	0.768	0.729	1.594	1.469	0.406	0.375	0.094	0.094	22	0.785	0.313	0.438	0.625	0.062

注：1. 有关螺纹的信息和指定螺栓的方法，请参见表 7-24。

① 当以小数为单位指定标称大小时，省略小数点前和小数点后第四位上的零。

② 对于标称长度为$\frac{7}{8}$in 及更短的 10 号至$\frac{1}{2}$in 尺寸，极限偏差应为 +0.031in 和 −0.000in。

③ 最小半径是显示值的一半。

表 7-24 美国国家标准 114 度沉头方颈阶梯螺栓

ANSI/ASME B18.5－1990（R2003）

（单位：in）

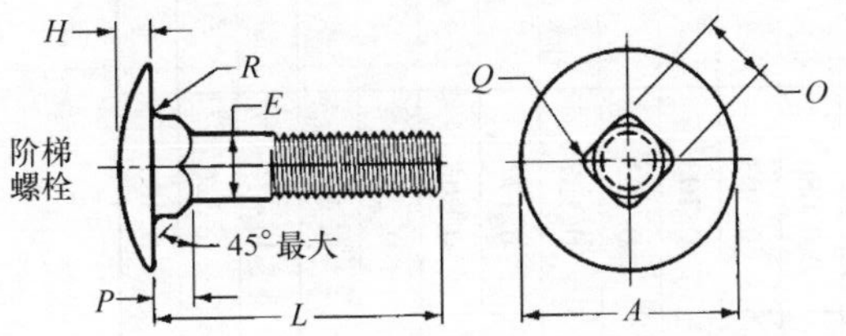

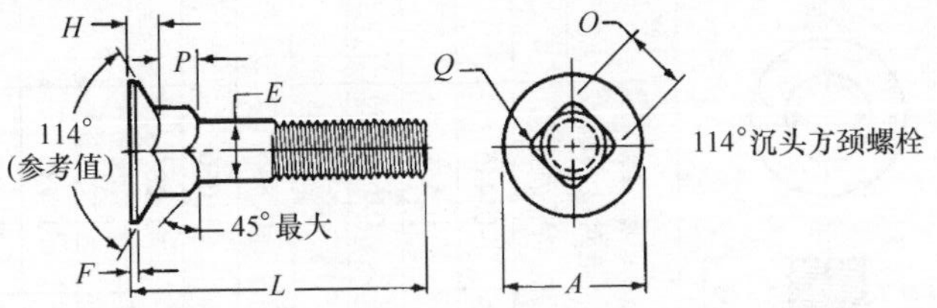

公称尺寸	114°沉头阶梯螺栓					阶梯螺栓							114°沉头方颈螺栓						
	杆径 E		方形拐角半径 Q	方形宽度 O		方形深度 P		头径 A		头高 H		圆角半径 R	方形深度 P		头径 A		平头 F	头高 H	
	最大	最小	最大	最大	最小	最大	最小	最大	最小	最大	最小	最大	最大	最小	最大	最小	最小	最大	最小
No. 10	0.199	0.182	0.031	0.199	0.185	0.125	0.094	0.656	0.625	0.114	0.094	0.031	0.125	0.094	0.548	0.500	0.015	0.131	0.112
¼	0.260	0.237	0.031	0.260	0.245	0.156	0.125	0.844	0.813	0.145	0.125	0.031	0.156	0.125	0.682	0.625	0.018	0.154	0.135
5/16	0.324	0.298	0.031	0.324	0.307	0.187	0.156	1.031	1.000	0.176	0.156	0.031	0.219	0.188	0.821	0.750	0.023	0.184	0.159
3/8	0.388	0.360	0.047	0.388	0.368	0.219	0.188	1.219	1.188	0.208	0.188	0.031	0.250	0.219	0.960	0.875	0.027	0.212	0.183
7/16	0.452	0.421	0.047	0.452	0.431	0.250	0.219	1.406	1.375	0.239	0.219	0.031	0.281	0.250	1.093	1.000	0.030	0.235	0.205
½	0.515	0.483	0.047	0.515	0.492	0.281	0.250	1.594	1.563	0.270	0.250	0.031	0.312	0.281	1.233	1.125	0.035	0.265	0.229
5/8①	0.642	0.605	0.078	0.642	0.616	—	—	—	—	—	—	—	0.406	0.375	1.495	1.375	0.038	0.316	0.272
¾①	0.768	0.729	0.078	0.768	0.741	—	—	—	—	—	—	—	0.500	0.469	10.754	1.625	0.041	0.368	0.314

注：1. 螺纹是符合 ANSI B1.1 的统一标准，2A 级，UNC 系列。对于具有添加剂涂层的螺纹，在电镀或涂覆之前应使用 2A 级的最大直径，而在镀覆或涂覆之后，基本直径（2A 级最大直径加上余量）应适用于螺栓。

2. 螺栓按照显示的顺序命名：公称尺寸（数字、分数或等价小数）；螺纹牙数；公称长度（分数或等价小数）；产品名称；材料；如果需要，可以使用防护表面处理。

例：½－13×3 圆头方颈螺栓，0.375－16×2.50 钢阶梯螺栓，钢，镀锌。

① 这些尺寸仅适用于 114 度沉头方颈螺栓。右侧最后七列中给出的尺寸仅用于这些螺栓。

表 7-25 美国国家标准沉头螺栓和开槽沉头螺栓 ANSI / ASME B18.5-1990（R2003）

（单位：in）

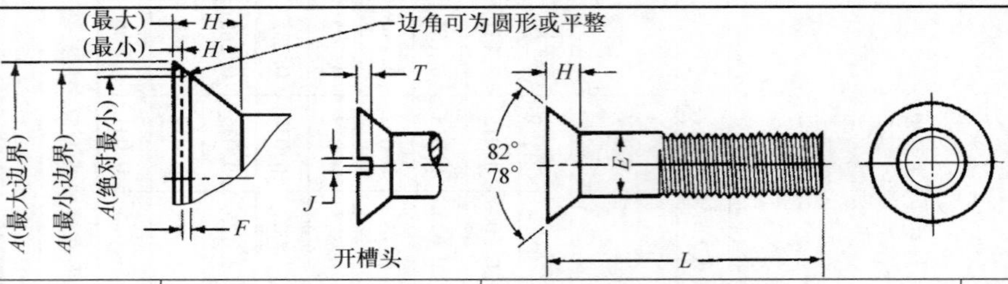

公称尺寸①或螺栓基本直径		杆径 E		头径 A			平头最小直径 F②
		最大	最小	最大边界	最小边界	绝对最小圆或平边界	最大
1/4	0.2500	0.260	0.237	0.493	0.477	0.445	0.018
5/16	0.3125	0.324	0.298	0.618	0.598	0.558	0.023
3/8	0.3750	0.388	0.360	0.740	0.715	0.668	0.027
7/16	0.4375	0.452	0.421	0.803	0.778	0.726	0.030
1/2	0.5000	0.515	0.483	0.935	0.905	0.845	0.035
5/8	0.6250	0.642	0.605	1.169	1.132	1.066	0.038
3/4	0.7500	0.768	0.729	1.402	1.357	1.285	0.041
7/8	0.8750	0.895	0.852	1.637	1.584	1.511	0.042
1	1.0000	1.022	0.976	1.869	1.810	1.735	0.043
1 1/8	1.1250	1.149	1.098	2.104	2.037	1.962	0.043
1 1/4	1.2500	1.277	1.223	2.337	2.262	2.187	0.043
1 3/8	1.3750	1.404	1.345	2.571	2.489	2.414	0.043
1 1/2	1.5000	1.531	1.470	2.804	2.715	2.640	0.043

公称尺寸①或螺栓基本直径		头高 H		槽宽 J		槽深 T	
		最大③	最小④	最大	最小	最大	最小
1/4	0.2500	0.150	0.131	0.075	0.064	0.068	0.045
5/16	0.3125	0.189	0.164	0.084	0.072	0.086	0.057
3/8	0.3750	0.225	0.196	0.094	0.081	0.103	0.068
7/16	0.4375	0.226	0.196	0.094	0.081	0.103	0.068
1/2	0.5000	0.269	0.233	0.106	0.091	0.103	0.068
5/8	0.6250	0.336	0.292	0.133	0.116	0.137	0.091
3/4	0.7500	0.403	0.349	0.149	0.131	0.171	0.115
7/8	0.8750	0.470	0.408	0.167	0.147	0.206	0.138
1	1.0000	0.537	0.466	0.188	0.166	0.240	0.162
1 1/8	1.1250	0.604	0.525	0.196	0.178	0.257	0.173
1 1/4	1.2500	0.671	0.582	0.211	0.193	0.291	0.197
1 3/8	1.3750	0.738	0.641	0.226	0.208	0.326	0.220
1 1/2	1.5000	0.805	0.698	0.258	0.240	0.360	0.244

注：对于螺纹信息和螺栓指定方法，请参见表 7-24。除非另有说明，否则头部无槽。

① 当以小数为单位指定标称大小时，省略小数点前和小数点后第四位上的零。

② 最小直径头平面，根据最小锐度和绝对最小头直径及 82°头角计算。

③ 最大头高度以最大锋利头直径、基本螺栓直径和 78°头角计算。

④ 根据最小锐度头直径、基本螺栓直径和 82°头角计算最小头部高度。

5. 扳手空间尺寸

表 7-26 给出了螺母的扳手开度，表 7-27 给出了呆扳手的空间（见图 7-20），表 7-28（寸制）和表 7-29（米制）分别表示单、双六角扳手的空间（见图 7-21），对于 12 棱梅花扳手空间（寸制和米制），请参见表 7-30。所有尺寸均基于紧固件平面上的尺寸。

表 7-26　螺母扳手开度 ANSI/ASME B18. 2. 2-1987（R1999）　　（单位：in）

螺母最大宽度①	扳手间隙②		螺母最大宽度①	扳手间隙②		螺母最大宽度①	扳手间隙②	
	最小	最大		最小	最大		最小	最大
$\frac{5}{32}$	0. 158	0. 163	$1\frac{1}{4}$	1. 257	1. 267	3	3. 016	3. 035
$\frac{3}{16}$	0. 190	0. 195	$1\frac{5}{16}$	1. 320	1. 331	$3\frac{1}{8}$	3. 142	3. 162
$\frac{7}{32}$	0. 220	0. 225	$1\frac{3}{8}$	1. 383	1. 394	$3\frac{3}{8}$	3. 393	3. 414
$\frac{1}{4}$	0. 252	0. 257	$1\frac{7}{16}$	1. 446	1. 457	$3\frac{1}{2}$	3. 518	3. 540
$\frac{9}{32}$	0. 283	0. 288	$1\frac{1}{2}$	1. 508	1. 520	$3\frac{3}{4}$	3. 770	3. 793
$\frac{5}{16}$	0. 316	0. 322	$1\frac{5}{8}$	1. 634	1. 646	$3\frac{7}{8}$	3. 895	3. 918
$\frac{11}{32}$	0. 347	0. 353	$1\frac{11}{16}$	1. 696	1. 708	$4\frac{1}{8}$	4. 147	4. 172
$\frac{3}{8}$	0. 378	0. 384	$1\frac{13}{16}$	1. 822	1. 835	$4\frac{1}{4}$	4. 272	4. 297
$\frac{7}{16}$	0. 440	0. 446	$1\frac{7}{8}$	1. 885	1. 898	$4\frac{1}{2}$	4. 524	4. 550
$\frac{1}{2}$	0. 504	0. 510	2	2. 011	2. 025	$4\frac{5}{8}$	4. 649	4. 676
$\frac{9}{16}$	0. 566	0. 573	$2\frac{1}{16}$	2. 074	2. 088	$4\frac{7}{8}$	4. 900	4. 928
$\frac{5}{8}$	0. 629	0. 636	$2\frac{3}{16}$	2. 200	2. 215	5	5. 026	5. 055
$\frac{11}{16}$	0. 692	0. 699	$2\frac{1}{4}$	2. 262	2. 277	$5\frac{1}{4}$	5. 277	5. 307
$\frac{3}{4}$	0. 755	0. 763	$2\frac{3}{8}$	2. 388	2. 404	$5\frac{3}{8}$	5. 403	5. 434
$\frac{13}{16}$	0. 818	0. 826	$2\frac{7}{16}$	2. 450	2. 466	$5\frac{5}{8}$	5. 654	5. 686
$\frac{7}{8}$	0. 880	0. 888	$2\frac{9}{16}$	2. 576	2. 593	$5\frac{3}{4}$	5. 780	5. 813
$\frac{15}{16}$	0. 944	0. 953	$2\frac{5}{8}$	2. 639	2. 656	6	6. 031	6. 157
1	1. 006	1. 015	$2\frac{3}{4}$	2. 766	2. 783	$6\frac{1}{8}$	6. 065	6. 192
$1\frac{1}{16}$	1. 068	1. 077	$2\frac{13}{16}$	2. 827	2. 845			
$1\frac{1}{8}$	1. 132	1. 142	$2\frac{15}{16}$	2. 954	2. 973			

① 扳手上标有“扳手的公称尺寸”，等于相应螺母的平面上的基本或最大宽度。最小扳手开度为 $1.005W+0.001$in。扳手开度的公差最小为 $0.005W+0.004$in，其中 W 等于扳手的公称尺寸。

② 开度在 $\frac{5}{32}$ ~ $\frac{3}{8}$ 参考旧的 ANSI B18. 2-1960 标准。

表 7-27　呆扳手的空间（15°）

公称扳手尺寸		*A* 最小/in	*B*① 最大/in	*C* 最小/in	*D* 最小/in	*E* 最小/in	*F*② 最大/in	*G* 参考/in	*H*③ 最大/in	*J* 最小④ /lbf · in
$\frac{5}{32}$	0. 156	0. 220	0. 250	0. 390	0. 160	0. 250	0. 200	0. 030	0. 094	35
$\frac{3}{16}$	0. 188	0. 250	0. 280	0. 430	0. 190	0. 270	0. 230	0. 030	0. 172	45
$\frac{1}{4}$	0. 250	0. 280	0. 340	0. 530	0. 270	0. 310	0. 310	0. 030	0. 172	67
$\frac{5}{16}$	0. 313	0. 380	0. 470	0. 660	0. 280	0. 390	0. 390	0. 050	0. 203	138
$\frac{11}{32}$	0. 344	0. 420	0. 500	0. 750	0. 340	0. 450	0. 450	0. 050	0. 203	193
$\frac{3}{8}$	0. 375	0. 420	0. 500	0. 780	0. 360	0. 450	0. 520	0. 050	0. 219	275
$\frac{7}{16}$	0. 438	0. 470	0. 590	0. 890	0. 420	0. 520	0. 640	0. 050	0. 250	413
$\frac{1}{2}$	0. 500	0. 520	0. 640	1. 000	0. 470	0. 580	0. 660	0. 050	0. 266	550

（续）

公称扳手尺寸		A 最小/in	B① 最大/in	C 最小/in	D 最小/in	E 最小/in	F② 最大/in	G 参考/in	H③ 最大/in	J 最小④ /lbf · in
$\frac{9}{16}$	0.563	0.590	0.770	1.130	0.520	0.660	0.700	0.050	0.297	770
$\frac{5}{8}$	0.625	0.640	0.830	1.230	0.550	0.700	0.700	0.050	0.344	1100
$\frac{11}{16}$	0.688	0.770	0.920	1.470	0.660	0.880	0.800	0.060	0.375	1375
$\frac{3}{4}$	0.750	0.770	0.920	1.510	0.670	0.880	0.800	0.060	0.375	1650
$\frac{13}{16}$	0.813	0.910	1.120	1.660	0.720	0.970	0.860	0.060	0.406	2200
$\frac{7}{8}$	0.875	0.970	1.150	1.810	0.800	1.060	0.910	0.060	0.438	2475
$\frac{15}{16}$	0.938	0.970	1.150	1.850	0.810	1.060	0.950	0.060	0.438	3025
1	1.000	1.050	1.230	2.000	0.880	1.160	1.060	0.060	0.500	3575
$1\frac{1}{16}$	1.063	1.090	1.250	2.100	0.970	1.200	1.200	0.080	0.500	3850
$1\frac{1}{8}$	1.125	1.140	1.370	2.210	1.000	1.270	1.230	0.080	0.500	4400
$1\frac{1}{4}$	1.250	1.270	1.420	2.440	1.080	1.390	1.310	0.080	0.562	5775
$1\frac{5}{16}$	1.313	1.390	1.690	2.630	1.170	1.520	1.340	0.080	0.562	8400
$1\frac{7}{16}$	1.438	1.470	1.720	2.800	1.250	1.590	1.340	0.090	0.641	8250
$1\frac{1}{2}$	1.500	1.470	1.720	2.840	1.270	1.590	1.450	0.090	0.641	8500
$1\frac{5}{8}$	1.625	1.560	1.880	3.100	1.380	1.750	1.560	0.090	0.641	9000

① B 是由扳手的摆动产生的圆弧半径。

② F 是零件的内弧半径。

③ H 是扳手头的厚度（尺寸线未显示）。

④ J 是扳手承受的扭矩，单位为 lbf · in。扳手值的更新参考 ANSI / ASME B107. 100-2002。

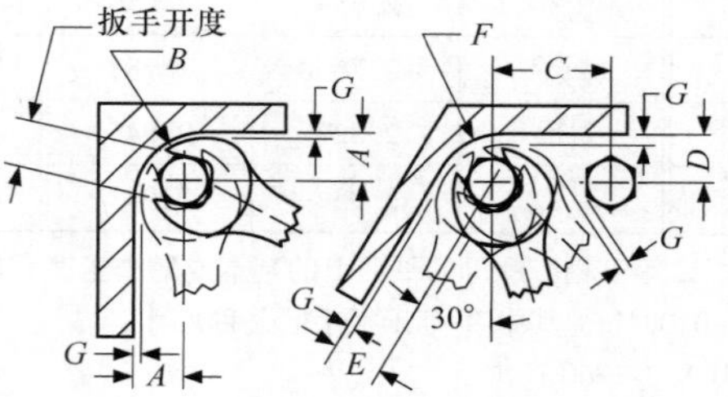

图 7-20　呆扳手的空间

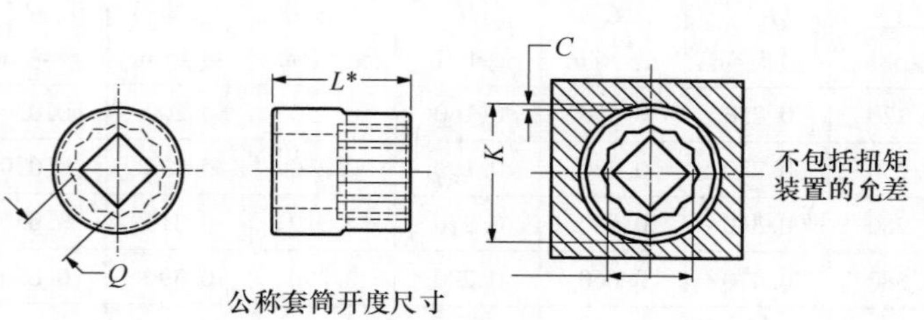

图 7-21　单、双六角套筒扳手的空间尺寸

表7-28 普通长度系列单、双六角套筒扳手空间

（单位：in）

尺寸见图7-21

公称开度	径向间隙 C 参考①	1/4in 方头传动 Q					3/8in 方头传动 Q					1/2in 方头传动 Q					3/4in 方头传动 Q				
		长度 L 最大	螺母端直径最大 D_1	传动端直径最大 D_2	反孔直径最小 K	验证扭矩 P/(lbf·in)最小	长度 L 最大	螺母端直径最大 D_1	传动端直径最大 D_2	反孔直径最小 K	验证扭矩 P/(lbf·in)最小	长度 L 最大	螺母端直径最大 D_1	传动端直径最大 D_2	反孔直径最小 K	验证扭矩 P/(lbf·in)最小	长度 L 最大	螺母端直径最大 D_1	传动端直径最大 D_2	反孔直径最小 K	验证扭矩 P/(lbf·in)最小
1/8(0.125)	0.030	1.010	0.250	0.510	0.540	35	—	—	—	—	—	—	—	—	—	—	—	—	—	—	—
5/32(0.156)	0.030	1.010	0.281	0.510	0.540	60	—	—	—	—	—	—	—	—	—	—	—	—	—	—	—
3/16(0.188)	0.030	1.010	0.338	0.510	0.540	95	—	—	—	—	—	—	—	—	—	—	—	—	—	—	—
7/32(0.219)	0.030	1.010	0.382	0.540	0.540	135	—	—	—	—	—	—	—	—	—	—	—	—	—	—	—
1/4(0.250)	0.030	1.010	0.425	0.510	0.540	190	1.260	0.472	0.690	0.720	270	—	—	—	—	—	—	—	—	—	—
9/32(0.281)	0.030	1.010	0.457	0.540	0.540	250	1.260	0.496	0.690	0.720	350	—	—	—	—	—	—	—	—	—	—
5/16(0.313)	0.030	1.010	0.510	0.510	0.540	320	1.260	0.521	0.690	0.720	440	—	—	—	—	—	—	—	—	—	—
11/32(0.344)	0.030	1.010	0.547	0.547	0.577	400	1.260	0.567	0.690	0.720	550	—	—	—	—	—	—	—	—	—	—
3/8(0.375)	0.030	1.010	0.597	0.597	0.627	500	1.260	0.613	0.690	0.720	660	1.525	0.655	0.940	0.970	1100	—	—	—	—	—
7/16(0.438)	0.030	1.010	0.683	0.683	0.713	500	1.260	0.683	0.690	0.720	930	1.525	0.730	0.940	0.970	1500	—	—	—	—	—
1/2(0.500)	0.030	1.010	0.697	0.697	0.727	500	1.260	0.751	0.880	0.910	1240	1.525	0.775	0.940	0.970	2000	—	—	—	—	—
9/16(0.563)	0.030	1.010	0.778	0.778	0.808	500	1.260	0.814	0.880	0.910	1610	1.572	0.845	0.940	0.970	2600	—	—	—	—	—
5/8(0.625)	0.030	—	—	—	—	—	1.260	0.890	0.890	0.920	200	1.572	0.942	0.970	1.000	3300	—	—	—	—	—
11/16(0.688)	0.030	—	—	—	—	—	1.260	0.968	0.968	0.998	2200	1.572	1.010	1.010	1.040	4100	—	—	—	—	—
3/4(0.750)	0.030	—	—	—	—	—	1.260	1.110	1.110	1.140	2200	1.572	1.080	1.080	1.110	5000	2.000	1.285	1.450	1.480	6000
13/16(0.813)	0.030	—	—	—	—	—	1.406	1.141	1.141	1.171	2200	1.635	1.145	1.145	1.175	5000	2.000	1.300	1.450	1.480	6800
7/8(0.875)	0.030	—	—	—	—	—	1.406	1.250	1.250	1.280	2200	1.760	1.218	1.218	1.248	5000	2.010	1.385	1.575	1.605	7700
15/16(0.938)	0.030	—	—	—	—	—	1.650	1.310	1.310	1.340	2200	1.760	1.300	1.300	1.330	5000	2.010	1.450	1.575	1.605	8700
1(1.000)	0.030	—	—	—	—	—	1.650	1.380	1.380	1.410	2200	1.760	1.375	1.375	1.405	5000	2.072	1.520	1.575	1.605	9700

（续）

公称开度	径向间隙 C 参考①	尺寸见图7-21 1/4in 方头传动 Q					3/8in 方头传动 Q					1/2in 方头传动 Q					3/4in 方头传动 Q				
		长度 L 最大	螺母端直径最大 D_1	传动端直径最大 D_2	反孔直径最小 K	验证扭矩 P/(lbf·in)最小	长度 L 最大	螺母端直径最大 D_1	传动端直径最大 D_2	反孔直径最小 K	验证扭矩 P/(lbf·in)最小	长度 L 最大	螺母端直径最大 D_1	传动端直径最大 D_2	反孔直径最小 K	验证扭矩 P/(lbf·in)最小	长度 L 最大	螺母端直径最大 D_1	传动端直径最大 D_2	反孔直径最小 K	验证扭矩 P/(lbf·in)最小
$1\frac{1}{16}$（1.063）	0.030	—	—	—	—	—	—	—	—	—	—	1.853	1.480	1.480	1.510	5000	2.200	1.595	1.595	1.625	10800
$1\frac{1}{8}$（1.125）	0.030	—	—	—	—	—	—	—	—	—	—	1.947	1.540	1.540	1.570	5000	2.322	1.600	1.680	1.710	11900
$1\frac{3}{16}$（1.188）	0.030	—	—	—	—	—	—	—	—	—	—	1.947	1.675	1.675	1.705	5000	2.322	1.735	1.735	1.765	13000
$1\frac{1}{4}$（1.250）	0.030	—	—	—	—	—	—	—	—	—	—	2.015	1.750	1.750	1.780	5000	2.385	1.870	1.870	1.900	14200
$1\frac{5}{16}$（1.313）	0.030	—	—	—	—	—	—	—	—	—	—	2.015	1.820	1.820	1.850	5000	2.510	1.920	1.920	1.950	15400
$1\frac{3}{8}$（1.375）	0.030	—	—	—	—	—	—	—	—	—	—	2.155	1.885	1.885	1.915	5000	2.635	1.980	1.980	2.010	16700
$1\frac{7}{16}$（1.438）	0.030	—	—	—	—	—	—	—	—	—	—	2.295	1.955	1.955	1.985	5000	2.635	2.075	2.075	2.105	18000
$1\frac{1}{2}$（1.500）	0.030	—	—	—	—	—	—	—	—	—	—	2.295	2.025	2.025	2.055	5000	2.635	2.145	2.145	2.175	18000
$1\frac{5}{8}$（1.625）	0.030	—	—	—	—	—	—	—	—	—	—	—	—	—	—	—	2.760	2.260	2.260	2.290	18000
$1\frac{3}{4}$（1.750）	0.030	—	—	—	—	—	—	—	—	—	—	—	—	—	—	—	2.760	2.325	2.325	2.355	18000
$1\frac{13}{16}$（1.813）	0.030	—	—	—	—	—	—	—	—	—	—	—	—	—	—	—	3.135	2.400	2.400	2.430	18000
$1\frac{7}{8}$（1.875）	0.030	—	—	—	—	—	—	—	—	—	—	—	—	—	—	—	3.135	2.510	2.510	2.540	18000
2（2.000）	0.030	—	—	—	—	—	—	—	—	—	—	—	—	—	—	—	3.260	2.575	2.575	2.605	18000
$2\frac{1}{16}$（2.063）	0.030	—	—	—	—	—	—	—	—	—	—	—	—	—	—	—	3.385	2.695	2.695	2.725	18000
$2\frac{1}{8}$（2.125）	0.030	—	—	—	—	—	—	—	—	—	—	—	—	—	—	—	3.510	2.885	2.885	2.915	18000
$2\frac{3}{16}$（2.188）	0.030	—	—	—	—	—	—	—	—	—	—	—	—	—	—	—	3.697	3.025	3.025	3.055	18000
$2\frac{1}{4}$（2.250）	0.030	—	—	—	—	—	—	—	—	—	—	—	—	—	—	—	3.697	3.075	3.075	3.105	18000

注：对于没有在表中叙述的细节和附加套筒尺寸，参见 ANSI / ASME B107.1－2002，套筒扳手，手动（寸制）。

① 来自 SAE 航空制图手册。

表7-29 普通长度米制系列单、双六角套筒 （单位：mm）

尺寸见图7-21

公称开度	径向间隙 C 参考①	6.3mm方头传动 Q 长度 L 最大	6.3mm 螺母端径最大 D_1	6.3mm 传动端直径最大 D_2	6.3mm 反孔直径最小 K	6.3mm 验证扭矩 P/lbf·in 最小	10mm方头传动 Q 长度 L 最大	10mm 螺母端径最大 D_1	10mm 传动端直径最大 D_2	10mm 反孔直径最小 K	10mm 验证扭矩 P/lbf·in 最小	12.5mm方头传动 Q 长度 L 最大	12.5mm 螺母端径最大 D_1	12.5mm 传动端直径最大 D_2	12.5mm 反孔直径最小 K	12.5mm 验证扭矩 P/lbf·in 最小	20mm方头传动 Q 长度 L 最大	20mm 螺母端径最大 D_1	20mm 传动端直径最大 D_2	20mm 反孔直径最小 K	20mm 验证扭矩 P/lbf·in 最小
3.2	0.762	26	6.10	12.95	14.47	7	—	—	—	—	—	—	—	—	—	—	—	—	—	—	—
4	0.762	26	7.10	12.95	14.47	8	—	—	—	—	—	—	—	—	—	—	—	—	—	—	—
4.5	0.762	26	7.60	12.95	14.47	9	—	—	—	—	—	—	—	—	—	—	—	—	—	—	—
5	0.762	26	8.15	12.95	14.47	10	—	—	—	19.12	—	—	—	—	—	—	—	—	—	—	—
5.5	0.762	26	8.90	12.95	14.47	14	32	10.10	17.60	4	270	—	—	—	—	—	—	—	—	—	—
6	0.762	26	9.90	12.95	14.47	16	32	10.10	17.60	19.124	350	—	—	—	—	—	—	—	—	—	—
6.3	0.762	26	9.90	12.95	14.47	21	32	10.10	17.60	19.124	440	—	—	—	—	—	—	—	—	—	—
7	0.762	26	10.90	12.95	14.47	27	32	11.05	17.60	19.124	550	—	—	—	—	—	—	—	—	—	—
8	0.762	26	12.20	12.95	14.47	38	32	12.20	17.60	19.124	660	39	14.00	23.87	25.39	80	—	—	—	—	—
9	0.762	26	13.45	13.45	14.97	49	32	13.60	17.60	19.124	930	39	15.10	23.87	25.39	110	—	—	—	—	—
10	0.762	26	14.75	14.75	16.27	63	32	15.00	17.60	19.124	1240	39	16.80	23.87	25.39	153	—	—	—	—	—
11	0.762	26	16.00	16.00	17.52	68	32	16.75	17.60	19.124	1610	39	18.20	23.87	25.39	170	—	—	—	—	—
12	0.762	26	17.30	17.30	18.82	68	32	17.80	22.40	23.924	200	39	18.70	23.87	25.39	203	—	—	—	—	—
13	0.762	26	18.55	18.55	20.07	68	32	18.80	22.40	23.924	2200	39	20.25	23.87	25.39	249	—	—	—	—	—
14	0.762	26	19.80	19.80	21.32	68	32	20.00	22.40	23.924	2200	39	21.80	23.87	25.39	282	—	—	—	—	—
15	0.762	26	21.50	21.50	23.02	68	32	22.40	22.40	23.924	2200	40	22.40	23.87	25.39	339	—	—	—	—	—
16	0.762	26	22.00	22.00	23.52	68	32	22.50	22.50	24.024	2200	40	23.87	23.87	25.39	407	—	—	—	—	—
17	0.762	—	—	—	—	—	32	23.80	23.80	25.324	2200	40	24.75	24.75	26.27	475	—	—	—	—	—
18	0.762	—	—	—	—	—	32	24.60	24.60	26.124	2200	40	26.14	26.14	27.66	542	—	—	—	—	—
19	0.762	—	—	—	—	—	32	25.70	25.70	27.224	—	40	27.20	27.20	28.72	575	—	—	—	—	—
20	0.762	—	—	—	—	—	32	27.76	27.76	29.284	—	42	27.95	27.95	29.47	570	51	30.50	33.00	33.76	780
21	0.762	—	—	—	—	—	34	28.80	28.80	30.324	—	42	28.95	28.95	30.47	570	51	33.00	33.00	33.76	930
22	0.762	—	—	—	—	—	34	30.00	30.00	31.524	—	45	30.20	30.20	31.72	570	51	35.05	38.10	38.86	972
23	0.762	—	—	—	—	—	35	31.30	31.30	32.824	—	45	31.25	31.25	32.77	570	51	36.10	39.10	39.86	1015

（续）

尺寸见图7-21																					
		6.3mm 方头传动 Q					10mm 方头传动 Q					12.5mm 方头传动 Q					20mm 方头传动 Q				
公称开度	径向间隙 C 参考①	长度 L 最大	螺母端径最大 D_1	传动端直径最大 D_2	反孔直径最小 K	验证扭矩 P/lbf·in 最小	长度 L 最大	螺母端径最大 D_1	传动端直径最大 D_2	反孔直径最小 K	验证扭矩 P/lbf·in 最小	长度 L 最大	螺母端径最大 D_1	传动端直径最大 D_2	反孔直径最小 K	验证扭矩 P/lbf·in 最小	长度 L 最大	螺母端径最大 D_1	传动端直径最大 D_2	反孔直径最小 K	验证扭矩 P/lbf·in 最小
24	0.762	—	—	—	—	—	36	32.50	32.50	34.024	—	45	32.15	32.15	33.67	570	51	37.00	40.00	40.76	1085
25	0.762	—	—	—	—	—	38	33.00	33.00	34.524	—	45	33.40	33.40	34.92	570	52	37.85	40.00	40.76	1160
26	0.762	—	—	—	—	—	38	35.00	35.00	36.524	—	48	35.05	35.05	36.57	570	53	38.85	40.00	40.76	1240
27	0.762	—	—	—	—	—	—	—	—	—	—	48	36.75	36.75	38.27	570	54	41.00	41.00	41.76	1330
28	0.762	—	—	—	—	—	—	—	—	—	—	50	37.80	37.80	39.32	570	57	41.00	41.00	41.76	1420
29	0.762	—	—	—	—	—	—	—	—	—	—	50	39.50	39.50	41.02	570	59	42.10	42.10	42.86	1520
30	0.762	—	—	—	—	—	—	—	—	—	—	50	42.40	42.40	43.92	570	59	43.00	43.00	43.76	1640
31	0.762	—	—	—	—	—	—	—	—	—	—	50	43.20	43.20	44.72	570	60	45.10	45.10	45.86	1730
32	0.762	—	—	—	—	—	—	—	—	—	—	51	44.05	44.05	45.57	570	60	47.05	47.05	47.81	1820
34	0.762	—	—	—	—	—	—	—	—	—	—	—	—	—	—	—	64	49.00	49.00	49.76	2000
35	0.762	—	—	—	—	—	—	—	—	—	—	—	—	—	—	—	67	50.40	50.40	51.16	2030
36	0.762	—	—	—	—	—	—	—	—	—	—	—	—	—	—	—	67	51.80	51.80	52.56	2030
38	0.762	—	—	—	—	—	—	—	—	—	—	—	—	—	—	—	67	54.10	54.10	54.86	2020
40	0.762	—	—	—	—	—	—	—	—	—	—	—	—	—	—	—	70	57.65	57.65	58.41	2030
41	0.762	—	—	—	—	—	—	—	—	—	—	—	—	—	—	—	70	58.80	58.80	59.56	2030
42	0.762	—	—	—	—	—	—	—	—	—	—	—	—	—	—	—	70	58.80	58.80	59.56	2030
46	0.762	—	—	—	—	—	—	—	—	—	—	—	—	—	—	—	83	65.40	65.40	66.16	2030
50	0.762	—	—	—	—	—	—	—	—	—	—	—	—	—	—	—	89	72.15	72.15	72.91	2030
54	0.762	—	—	—	—	—	—	—	—	—	—	—	—	—	—	—	94	78.10	78.10	78.86	2030
55	0.762	—	—	—	—	—	—	—	—	—	—	—	—	—	—	—	95	79.10	79.10	79.86	2030
58	0.762	—	—	—	—	—	—	—	—	—	—	—	—	—	—	—	97	80.00	80.00	80.76	2030
60	0.762	—	—	—	—	—	—	—	—	—	—	—	—	—	—	—	100	84.45	84.45	85.21	2030

注：对于没有在表中叙述的细节和附加套筒尺寸，参见 ANSI / ASME B107.5M－2002，套筒扳手，手动（米制系列）。

① SAE 航空制图手册给出寸制尺寸的换算。

表 7-30 套筒扳手空间 12 棱寸制和米制系列

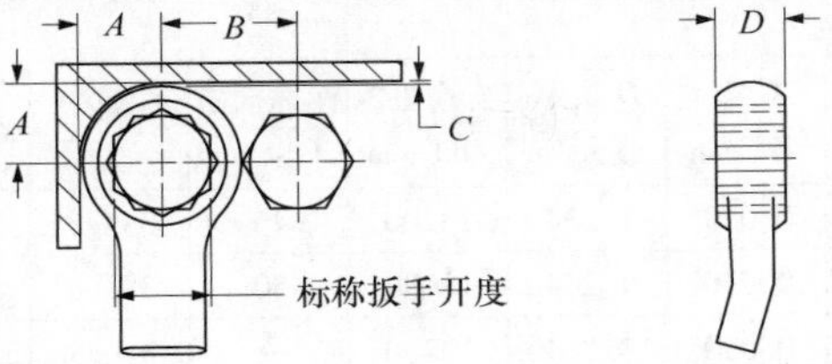

美国惯例							米制					
标称扳手开度/in		A 最小/in	B 最小/in	C 参考①/in	D 头厚最大/in	校验扭矩/lbf · in	标称扳手开度/mm	A 最小/in	B 最小/in	C 参考②/mm	D 头厚最大/mm	校验扭矩/N · m
$\frac{1}{8}$	(0.125)	0.179	0.219	0.030	0.172	60	4	4.56	6.03	0.762	4.0	12
$\frac{5}{32}$	(0.156)	0.187	0.244	0.030	0.172	90	5	5.26	7.29	0.762	4.6	17
$\frac{3}{16}$	(0.188)	0.218	0.301	0.030	0.203	150	5.5	6.66	8.97	0.762	6.0	18
$\frac{7}{32}$	(0.219)	0.233	0.325	0.030	0.234	165	6	7.11	9.69	0.762	7.4	20
$\frac{1}{4}$	(0.250)	0.269	0.378	0.030	0.295	220	7	7.91	11.05	0.762	7.7	27
$\frac{9}{32}$	(0.281)	0.280	0.407	0.030	0.280	248	8	8.26	11.08	0.762	8.2	30
$\frac{5}{16}$	(0.313)	0.316	0.461	0.030	0.330	275	9	9.46	13.76	0.762	9.0	40
$\frac{11}{32}$	(0.344)	0.336	0.499	0.030	0.335	275	10	10.16	15.04	0.762	9.0	71
$\frac{3}{8}$	(0.375)	0.362	0.543	0.030	0.344	605	11	10.71	16.15	0.762	10.0	80
$\frac{7}{16}$	(0.438)	0.395	0.612	0.030	0.391	715	12	11.46	17.47	0.762	10.0	91
$\frac{1}{2}$	(0.500)	0.442	0.694	0.030	0.394	1020	13	12.31	18.89	0.762	10.5	115
$\frac{9}{16}$	(0.563)	0.492	0.779	0.030	0.425	1500	14	12.96	20.10	0.762	11.5	158
$\frac{5}{8}$	(0.625)	0.530	0.853	0.030	0.500	2200	15	13.76	21.46	0.762	11.5	200
$\frac{11}{16}$	(0.688)	0.577	0.935	0.030	0.535	2640	16	14.26	22.53	0.762	12.1	248
$\frac{3}{4}$	(0.750)	0.618	1.012	0.030	0.594	2860	17	15.41	24.25	0.762	12.7	267
$\frac{13}{16}$	(0.813)	0.702	1.132	0.030	0.609	3300	18	15.41	24.83	0.762	12.7	304
$\frac{7}{8}$	(0.875)	0.718	1.183	0.030	0.688	3630	19	16.36	26.35	0.762	14.8	323
$\frac{15}{16}$	(0.938)	0.765	1.266	0.030	0.701	4510	20	17.21	27.77	0.762	14.8	347
1	(1.000)	0.796	1.330	0.030	0.719	5390	21	17.66	28.79	0.762	16.3	372
$1\frac{1}{16}$	(1.063)	0.874	1.445	0.030	0.790	5940	22	18.56	30.27	0.762	16.3	408
$1\frac{1}{8}$	(1.125)	0.892	1.498	0.030	0.860	6430	23	19.41	31.69	0.762	16.5	455
$1\frac{3}{16}$	(1.188)	0.937	1.579	0.030	0.890	7200	24	19.81	32.65	0.762	17.8	509
$1\frac{1}{4}$	(1.250)	0.983	1.661	0.030	0.940	7920	25	20.86	34.24	0.762	17.9	559
$1\frac{5}{16}$	(1.313)	1.062	1.775	0.030	0.940	8400	26	12.86	26.79	0.762	18.0	608
$1\frac{3}{8}$	(1.375)	1.087	1.836	0.030	0.940	8970	27	22.86	37.37	0.762	19.8	671
$1\frac{7}{16}$	(1.438)	1.144	1.929	0.030	0.953	9240	28	23.41	38.49	0.762	19.8	710
$1\frac{1}{2}$	(1.500)	1.228	2.049	0.030	1.008	10365	29	23.41	39.06	0.762	19.8	750
$1\frac{9}{16}$	(1.563)	1.249	2.104	0.030	1.031	11495	30	24.51	40.73	0.762	20.0	795
$1\frac{5}{8}$	(1.625)	1.351	2.241	0.030	1.063	12800	31	25.06	41.85	0.762	20.5	850
$1\frac{11}{16}$	(1.688)	1.425	2.351	0.030	1.063	13570	32	25.66	43.03	0.762	22.0	905
$1\frac{3}{4}$	(1.750)	1.499	2.461	0.030	1.125	14300	33	25.91	43.84	0.762	22.3	950
$1\frac{13}{16}$	(1.813)	1.499	2.496	0.030	1.125	15100	34	26.76	45.26	0.762	23.2	994
$1\frac{7}{8}$	(1.875)	1.593	2.625	0.030	1.125	15900	36	28.81	48.47	0.762	25.1	1165
2	(2.000)	1.593	2.696	0.030	1.125	17400	41	32.21	54.68	0.762	25.3	1579

（续）

美国惯例							米制					
标称扳手开度/in		A 最小/in	B 最小/in	C 参考①/in	D 头厚最大/in	校验扭矩/lbf·in	标称扳手开度/mm	A 最小/in	B 最小/in	C 参考②/mm	D 头厚最大/mm	校验扭矩/N·m
$2\frac{1}{16}$	(2.063)	1.687	2.825	0.030	1.234	18200	46	34.76	60.06	0.762	25.8	2067
$2\frac{1}{8}$	(2.125)	1.687	2.861	0.030	1.234	19000	50	38.76	66.33	0.762	27.6	2512
$2\frac{3}{16}$	(2.188)	1.687	2.896	0.030	1.234	19700	—	—	—	0.762	—	—
$2\frac{1}{4}$	(2.250)	1.687	2.931	0.030	1.234	20500	—	—	—	0.762	—	—

① 来自 SAE 航空起草手册。

② 由 SAE 航空起草手册转换。有关未显示的细节，包括材料，请参见 ANSI / ASME B107.100 扳手内容。

6. ANSI 标准平垫圈

A 型平垫圈最初开发了轻、中、重、超重型系列。这些系列已经停止生产，垫圈现在由其标称尺寸指定。

B 型平垫圈有窄、规则和宽系列，其比例设计用于将负载分布在强度较低材料的较大区。

A 型平垫圈的优选尺寸见表 7-31，额外选择的 A 型平垫圈的尺寸见表 7-32。

表 7-31 美国国家标准 A 型平垫圈优选尺寸 ANSI/ASME B18.22.1-1965（R2008）（一）

（单位：in）

公称垫圈尺寸①		系列	内径			外径			厚度		
			基本	极限偏差 上	极限偏差 下	基本	极限偏差 上	极限偏差 下	基本	最大	最小
—	—	—	0.078	0.000	0.005	0.188	0.000	0.005	0.020	0.025	0.016
—	—	—	0.094	0.000	0.005	0.250	0.000	0.005	0.020	0.025	0.016
—	—	—	0.125	0.008	0.005	0.312	0.008	0.005	0.032	0.040	0.025
No. 6	0.138	—	0.156	0.008	0.005	0.375	0.015	0.005	0.049	0.065	0.036
No. 8	0.164	—	0.188	0.008	0.005	0.438	0.015	0.005	0.049	0.065	0.036
No. 10	0.190	—	0.219	0.008	0.005	0.500	0.015	0.005	0.049	0.065	0.036
$\frac{3}{10}$	0.188	—	0.250	0.015	0.005	0.562	0.015	0.005	0.049	0.065	0.036
No. 12	0.216	—	0.250	0.015	0.005	0.562	0.015	0.005	0.065	0.080	0.051
$\frac{1}{4}$	0.250	N	0.281	0.015	0.005	0.625	0.015	0.005	0.065	0.080	0.051
$\frac{1}{4}$	0.250	W	0.312	0.015	0.005	0.734②	0.015	0.007	0.065	0.080	0.051

注：优选尺寸大部分来自先前指定的“标准平面”和“SAE”。如果两个系列中存在常规尺寸，则 SAE 尺寸指定为“N”（窄），标准平面“W”（宽）。这些尺寸以及所有其他尺寸的 A 型普通垫圈均按照内径、外径和厚度尺寸进行订购。

① 标称垫圈尺寸适用于类似的标称螺钉或螺栓尺寸。

② 0.734in，1.156in 和 1.469in 的外径避免了可用于投币式设备的垫圈。

表 7-32 美国国家标准 A 型平垫圈优选尺寸 ANSI/ASME B18.22.1-1965（R2008）（二）

（单位：in）

内径			外径			厚度		
基本	极限偏差 上	极限偏差 下	基本	极限偏差 上	极限偏差 下	基本	最大	最小
0.094	0.000	0.005	0.219	0.000	0.005	0.020	0.025	0.016
0.125	0.000	0.005	0.250	0.000	0.005	0.022	0.028	0.017
0.156	0.008	0.005	0.312	0.008	0.005	0.035	0.048	0.027
0.172	0.008	0.005	0.406	0.015	0.005	0.049	0.065	0.036
0.188	0.008	0.005	0.375	0.015	0.005	0.049	0.065	0.036
0.203	0.008	0.005	0.469	0.015	0.005	0.049	0.065	0.036

（续）

内径			外径			厚度		
基本	极限偏差		基本	极限偏差		基本	最大	最小
	上	下		上	下			
0.219	0.008	0.005	0.438	0.015	0.005	0.049	0.065	0.036
0.234	0.008	0.005	0.531	0.015	0.005	0.049	0.065	0.036
0.250	0.015	0.005	0.500	0.015	0.005	0.049	0.065	0.036

注：以上尺寸应按内径、外径和厚度尺寸排序。

普通垫圈由黑色金属或有色金属、塑料或其他材料制成。表 7-33 中列出的公差仅适用于金属垫圈。

表 7-33　美国国家标准 B 类平垫圈　（单位：in）

公称垫圈尺寸①		系列②	内径			外径			厚度		
			基本	极限偏差		基本	极限偏差		基本	最大	最小
				上	下		上	下			
No. 0	0.060	N	0.068	0.000	0.005	0.125	0.000	0.005	0.025	0.028	0.022
		R	0.068	0.000	0.005	0.188	0.000	0.005	0.025	0.028	0.022
		W	0.068	0.000	0.005	0.250	0.000	0.005	0.025	0.028	0.022
No. 1	0.073	N	0.084	0.000	0.005	0.156	0.000	0.005	0.025	0.028	0.022
		R	0.084	0.000	0.005	0.219	0.000	0.005	0.025	0.028	0.022
		W	0.084	0.000	0.005	0.281	0.000	0.005	0.032	0.036	0.028
No. 2	0.086	N	0.094	0.000	0.005	0.188	0.000	0.005	0.025	0.028	0.022
		R	0.094	0.000	0.005	0.250	0.000	0.005	0.032	0.036	0.028
		W	0.094	0.000	0.005	0.344	0.000	0.005	0.032	0.036	0.028
¾	0.750	N	0.812	0.030	0.007	1.375	0.030	0.007	0.100	0.112	0.090
		R	0.812	0.030	0.007	2.000	0.030	0.007	0.100	0.112	0.090
		W	0.812	0.030	0.007	2.500	0.030	0.007	0.160	0.174	0.146
⅞	0.875	N	0.938	0.030	0.007	1.469	0.030	0.007	0.100	0.112	0.090
		R	0.938	0.030	0.007	2.250	0.030	0.007	0.160	0.174	0.146
		W	0.938	0.030	0.007	2.750	0.030	0.007	0.160	0.174	0.146
1	1.000	N	1.062	0.030	0.007	1.750	0.030	0.007	0.100	0.112	0.090
		R	1.062	0.030	0.007	2.500	0.030	0.007	0.160	0.174	0.146
		W	1.062	0.030	0.007	3.000	0.030	0.007	0.160	0.174	0.146

注：1. 0.734in 和 1.469in 外径避免其用于投币式设备。

2. 内径和外径至少应在内径公差内同心。

3. 对于基本外径在 0.875in 和 0.010in 之间或者更大的外径，垫圈平面度应为 0.005in 以内。

4. 对于 2¼in、2½in、2¾in 和 3in 尺寸的垫圈，请参见 ANSI / ASME B18.22.1-1965（R2008）。

① 标称垫圈尺寸适用于类似的标称螺钉或螺栓尺寸。

② N 表示窄系列；R 表示常规系列；W 表示宽系列。

7. 美国国家标准螺旋弹簧和齿锁紧垫圈 ANSI / ASME B18.21.1-1999

该标准涵盖碳素钢螺旋弹簧锁紧垫圈；硼钢、耐蚀钢、302 和 305 型、铝锌合金、磷青铜、硅青铜、镍铬合金等各种系列。具有内齿、外齿和内外齿结构的碳素钢的齿锁紧垫圈，称为 A 型和 B 型。同时也涵盖了一般工业应用的垫圈。美国国家标准锁紧垫圈（米制）ANSI / ASME B18.21.2M-1999 涵盖螺旋弹簧和齿锁紧垫圈的米制尺寸。

螺旋弹簧锁紧垫圈用于提供：①对于紧连接组件，施加扭矩的每个单元具有良好的螺栓张力；②硬化承压表面形成均匀的扭矩控制；③通过控制半径截面的截止产生均匀的载荷分布；④防止由振动和腐蚀引起的松动。

标称垫圈尺寸适用于类似的标称螺钉或螺栓尺寸。这些垫圈由以下数据命名：产品名称、公称大小（数字、分数或等价小数）、系列、材料，如果需要，可以使用防护表面处理。如：螺旋弹簧锁紧垫圈，0.375 额外工周钢，磷酸盐涂层。

螺旋弹簧锁紧垫圈有四种系列：表 7-34 和表 7-35给出了常规，重型，附加功能和高密封圈。表 7-35 给出了常规系列中可提供由碳素钢以外的材料制成的螺旋弹簧锁紧垫圈。

表 7-34　美国国家标准高领螺旋弹簧锁紧垫圈 ANSI/ASME B18.21.1-1999（单位：in）

标称垫圈尺寸		内径		外径	垫圈截面	
					宽度	厚度①
		最小	最大	最大	最小	最小
No. 4	0.112	0.114	0.120	0.173	0.022	0.022
No. 5	0.125	0.127	0.133	0.202	0.030	0.030
No. 6	0.138	0.141	0.148	0.216	0.030	0.030
No. 8	0.164	0.167	0.174	0.267	0.042	0.047
No. 10	0.190	0.193	0.200	0.294	0.042	0.047
1/4	0.250	0.252	0.260	0.363	0.047	0.078
5/16	0.3125	0.314	0.322	0.457	0.062	0.093
3/8	0.375	0.377	0.385	0.550	0.076	0.125
7/16	0.4375	0.440	0.450	0.644	0.090	0.140
1/2	0.500	0.502	0.512	0.733	0.103	0.172
5/8	0.625	0.628	0.641	0.917	0.125	0.203
3/4	0.750	0.753	0.766	1.105	0.154	0.218
7/8	0.875	0.878	0.894	1.291	0.182	0.234
1	1.000	1.003	1.024	1.478	0.208	0.250
1 1/8	1.125	1.129	1.153	1.663	0.236	0.313
1 1/4	1.250	1.254	1.280	1.790	0.236	0.313
1 3/8	1.375	1.379	1.408	2.031	0.292	0.375
1 1/2	1.500	1.504	1.534	2.159	0.292	0.375
1 3/4	1.750	1.758	1.789	2.596	0.383	0.469
2	2.000	2.008	2.039	2.846	0.383	0.469
2 1/4	2.250	2.262	2.293	3.345	0.508	0.508
2 1/2	2.500	2.512	2.543	3.595	0.508	0.508
2 3/4	2.750	2.762	2.793	4.095	0.633	0.633
3	3.000	3.012	3.043	4.345	0.633	0.633

① 平均截面厚度 =（内侧厚度 + 外侧厚度）/2。

表 7-35　美国国家标准螺旋弹簧锁紧垫圈 ANSI/ASME B18.21.1-1999（单位：in）

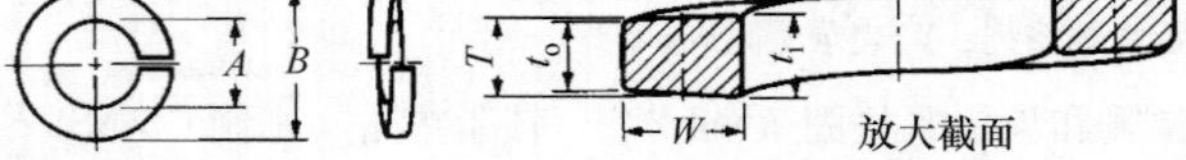

公称垫圈尺寸		内径 A		普通			重型			超负载		
		最大	最小	最大	截面宽度 W	截面厚度 T	最大	截面宽度 W	截面厚度 T	最大	截面宽度 W	截面厚度 T
No. 2	0.086	0.094	0.088	0.172	0.035	0.020	0.182	0.040	0.025	0.208	0.053	0.027
No. 3	0.099	0.107	0.101	0.195	0.040	0.025	0.209	0.047	0.031	0.239	0.062	0.034

（续）

公称垫圈尺寸		内径 A		普通			重型			超负载		
		最大	最小	最大	截面宽度 W	截面厚度 T	最大	截面宽度 W	截面厚度 T	最大	截面宽度 W	截面厚度 T
No. 4	0. 112	0. 120	0. 114	0. 209	0. 040	0. 025	0. 223	0. 047	0. 031	0. 253	0. 062	0. 034
No. 5	0. 125	0. 133	0. 127	0. 236	0. 047	0. 031	0. 252	0. 055	0. 040	0. 300	0. 079	0. 045
No. 6	0. 138	0. 148	0. 141	0. 250	0. 047	0. 031	0. 266	0. 055	0. 040	0. 314	0. 079	0. 045
No. 8	0. 164	0. 174	0. 167	0. 293	0. 055	0. 040	0. 307	0. 062	0. 047	0. 375	0. 096	0. 057
No. 10	0. 190	0. 200	0. 193	0. 334	0. 062	0. 047	0. 350	0. 070	0. 056	0. 434	0. 112	0. 068
No. 12	0. 216	0. 227	0. 220	0. 377	0. 070	0. 056	0. 391	0. 077	0. 063	0. 497	0. 130	0. 080
1/4	0. 250	0. 260	0. 252	0. 487	0. 109	0. 062	0. 489	0. 110	0. 077	0. 533	0. 132	0. 084
5/16	0. 3125	0. 322	0. 314	0. 583	0. 125	0. 078	0. 593	0. 130	0. 097	0. 619	0. 143	0. 108
3/8	0. 375	0. 385	0. 377	0. 680	0. 141	0. 094	0. 688	0. 145	0. 115	0. 738	0. 170	0. 123
7/16	0. 3125	0. 450	0. 440	0. 776	0. 156	0. 109	0. 784	0. 160	0. 133	0. 836	0. 186	0. 143
1/2	0. 500	0. 512	0. 502	0. 869	0. 171	0. 125	0. 879	0. 176	0. 151	0. 935	0. 204	0. 162
9/16	0. 5625	0. 574	0. 564	0. 965	0. 188	0. 141	0. 975	0. 193	0. 170	1. 035	0. 223	0. 182
5/8	0. 625	0. 641	0. 628	1. 073	0. 203	0. 156	1. 087	0. 210	0. 189	1. 151	0. 242	0. 202
11/16	0. 6875	0. 704	0. 691	1. 170	0. 219	0. 172	1. 186	0. 227	0. 207	1. 252	0. 260	0. 221
3/4	0. 750	0. 766	0. 753	1. 265	0. 234	0. 188	1. 285	0. 244	0. 226	1. 355	0. 279	0. 241
13/16	0. 8125	0. 832	0. 816	1. 363	0. 250	0. 203	1. 387	0. 262	0. 246	1. 458	0. 298	0. 261
7/8	0. 875	0. 894	0. 878	1. 459	0. 266	0. 219	1. 489	0. 281	0. 266	1. 571	0. 322	0. 285
5/16	0. 9375	0. 958	0. 941	1. 556	0. 281	0. 234	1. 590	0. 298	0. 284	1. 684	0. 345	0. 308
1	1. 000	1. 024	1. 003	1. 656	0. 297	0. 250	1. 700	0. 319	0. 306	1. 794	0. 366	0. 330
1 1/16	1. 0625	1. 087	1. 066	1. 751	0. 312	0. 266	1. 803	0. 338	0. 326	1. 905	0. 389	0. 352
1 1/8	1. 125	1. 153	1. 129	1. 847	0. 328	0. 281	1. 903	0. 356	0. 345	2. 013	0. 411	0. 375
1 3/16	1. 1875	1. 217	1. 192	1. 943	0. 344	0. 297	2. 001	0. 373	0. 364	2. 107	0. 431	0. 396
1 1/4	1. 250	1. 280	1. 254	2. 036	0. 359	0. 312	2. 104	0. 393	0. 384	2. 222	0. 452	0. 417
1 5/16	1. 3125	1. 344	1. 317	2. 133	0. 375	0. 328	2. 203	0. 410	0. 403	2. 327	0. 472	0. 438
1 3/8	1. 375	1. 408	1. 379	2. 219	0. 391	0. 344	2. 301	0. 427	0. 422	2. 429	0. 491	0. 458
1 7/16	1. 4375	1. 472	1. 442	2. 324	0. 406	0. 359	2. 396	0. 442	0. 440	2. 530	0. 509	0. 478
1 1/2	1. 500	1. 534	1. 504	2. 419	0. 422	0. 375	2. 491	0. 458	0. 458	2. 627	0. 526	0. 496

注：1. T=平均截面厚度$=(t_i+t_o)/2$。

2. 符合 ANSI/ASME B18. 21. 1-1999 标准，尺寸为 1½ ~ 3in，适用于普通和重型螺旋弹簧锁紧垫圈，尺寸为 1½ ~ 2in 用于螺旋弹簧锁紧垫圈。

要将碳素钢螺旋弹簧锁紧垫圈热浸镀锌后用于热浸镀锌螺栓或螺钉，则应将其盘绕至超过表 7-34 和表 7-35 规定的英寸值以上，获得最小值内径和最大值外径。不推荐使用¼in 标称尺寸以下的镀锌垫圈。

齿锁紧垫圈：这些垫圈用于将紧固件（如螺栓和螺母）锁定到其组件上，或增加紧固件与组件之间的摩擦力。它们以类似于螺旋弹簧锁紧垫圈的方式被指定使用，并且可用于碳素钢，尺寸见表 7-36 和表 7-37。

表 7-36　美国国家标准内齿锁紧垫圈 ANSI/ASME B18. 21. 1-1999　　（单位：in）

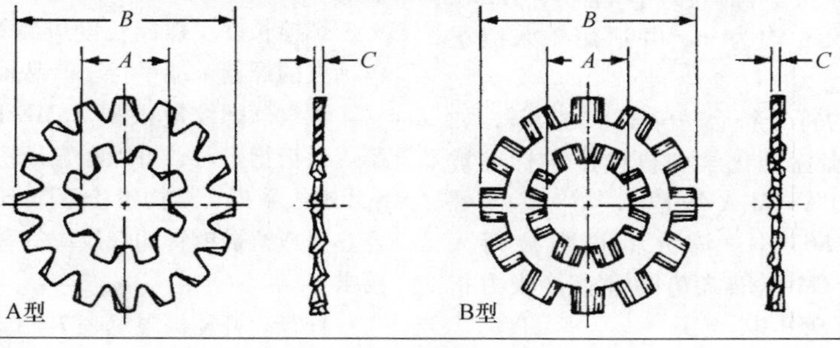

（续）

尺寸	A 内径		B 外径		C 厚度	
	最大	最小	最大	最小	最大	最小
No. 4 (0. 112)	0. 123	0. 115	0. 475	0. 460	0. 021	0. 016
			0. 510	0. 495	0. 021	0. 017
			0. 610	0. 580	0. 021	0. 017
No. 6 (0. 138)	0. 150	0. 141	0. 510	0. 495	0. 028	0. 023
			0. 610	0. 580	0. 028	0. 023
			0. 690	0. 670	0. 028	0. 023
No. 8 (0. 164)	0. 176	0. 168	0. 610	0. 580	0. 034	0. 028
			0. 690	0. 670	0. 034	0. 028
			0. 760	0. 740	0. 034	0. 028
No. 10 (0. 190)	0. 204	0. 195	0. 610	0. 580	0. 034	0. 028
			0. 690	0. 670	0. 040	0. 032
			0. 760	0. 740	0. 040	0. 032
			0. 900	0. 880	0. 040	0. 032
No. 12 (0. 216)	0. 231	0. 221	0. 690	0. 670	0. 040	0. 032
			0. 760	0. 725	0. 040	0. 032
			0. 900	0. 880	0. 040	0. 032
			0. 985	0. 965	0. 045	0. 037
1/4 (0. 250)	0. 267	0. 256	0. 760	0. 725	0. 040	0. 032
			0. 900	0. 880	0. 040	0. 032
			0. 985	0. 965	0. 045	0. 037
			1. 070	1. 045	0. 045	0. 037

尺寸	A 内径		B 外径		C 厚度	
	最大	最小	最大	最小	最大	最小
5/16 (0. 312)	0. 332	0. 320	0. 900	0. 865	0. 040	0. 032
			0. 985	0. 965	0. 045	0. 037
			1. 070	1. 045	0. 050	0. 042
			1. 155	1. 130	0. 050	0. 042
3/8 (0. 375)	0. 398	0. 384	0. 985	0. 965	0. 045	0. 037
			1. 070	1. 045	0. 050	0. 042
			1. 155	1. 130	0. 050	0. 042
			1. 260	1. 220	0. 050	0. 042
7/16 (0. 438)	0. 464	0. 448	1. 070	1. 045	0. 050	0. 042
			1. 155	1. 130	0. 050	0. 042
			1. 260	1. 220	0. 055	0. 047
			1. 315	1. 290	0. 055	0. 047
1/2 (0. 500)	0. 530	0. 512	1. 260	1. 220	0. 055	0. 047
			1. 315	1. 290	0. 055	0. 047
			1. 410	1. 380	0. 060	0. 052
			1. 620	1. 590	0. 067	0. 059
9/16 (0. 562)	0. 596	0. 576	1. 315	1. 290	0. 055	0. 047
			1. 430	1. 380	0. 060	0. 052
			1. 620	1. 590	0. 067	0. 059
			1. 830	1. 797	0. 067	0. 059
5/8 (0. 625)	0. 663	0. 640	1. 410	1. 380	0. 060	0. 052
			1. 620	1. 590	0. 067	0. 059
			1. 830	1. 797	0. 067	0. 059
			1. 975	1. 935	0. 067	0. 059

7. 2. 2 用于结构应用的紧固件

ASME B18. 2. 6 标准涵盖了寸制系列中被认为美国国家标准的四款产品的完整和一般尺寸数据。ASME B18. 2. 2 附录中列出了重型六角螺母厚度公式计算对面宽度、对角宽度。在本标准中包含尺寸数据并不意味着本文所述的所有产品都是一般的产品尺寸。用于结构应用和政府采购的紧固件应符合本标准。除非另有说明，ASME B18. 2. 6 中的所有尺寸均为 in，并适用于未镀层或未涂层的产品。

指定几何特征的符号符合 ASME Y14. 5M，如尺寸和公差。结构螺栓的化学和机械要求标准被列入 ASTM A 325 和 ASTM A 490 中。重型六角螺母被列入 ASTM A 563 中。淬火钢垫圈被列入 ASTM F 436 中，ASTM 压缩式垫圈型直接张力指示器被列入 ASTM F 959 中。

1. 重型六角结构螺栓

头部对面宽度。头部对面宽度应测量垂直于产品轴线间的距离，根据尺寸表中的说明，整体位于头部的两个相对面之间。

头部高度。头部高度应测量头部顶部与承压表面平行于产品轴线间的总距离，并包括垫圈面的厚度。提高等级和产品的身份不包括头部高度。

螺栓长度。螺栓长度应测量从头部承压表面到包括点的螺栓末端平行于产品轴线间的距离。

螺纹。螺纹应根据 ASME B 1.1 进行切制或轧制。当被指定时，可以在直径超过 1in 的螺栓上使用 8 牙螺纹系列。结构螺栓不应小于适应厚的涂层。已经热浸或机械镀锌的螺纹应符合 ASTM A 325 规定的要求。

杆径。杆径极限见表 7-38。

表 7-37 美国国家标准内、外齿锁紧垫圈 ANSI/ASME b18.21.1－1999

（单位：in）

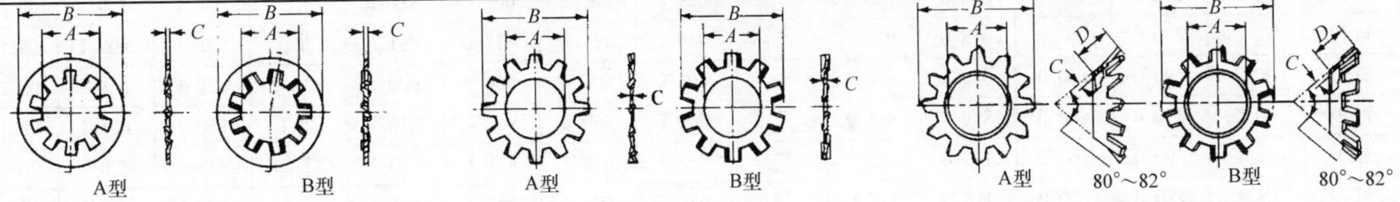

内齿 外齿 沉头外齿

内齿锁紧垫圈

尺寸		#2	#3	#4	#5	#6	#8	#10	#12	1/4	5/16	3/8	7/16	1/2	9/16	5/8	11/16	3/4	13/16	7/8	1	1 1/8	1 1/4
A	最大	0.095	0.109	0.123	0.136	0.150	0.176	0.204	0.231	0.267	0.332	0.398	0.464	0.530	0.596	0.663	0.728	0.795	0.861	0.927	1.060	1.192	1.325
	最大	0.089	0.102	0.115	0.129	0.141	0.168	0.195	0.221	0.256	0.320	0.384	0.448	0.512	0.576	0.640	0.704	0.769	0.832	0.894	1.019	1.144	1.275
B	最大	0.200	0.232	0.270	0.280	0.295	0.340	0.381	0.410	0.478	0.610	0.692	0.789	0.900	0.985	1.071	1.166	1.245	1.315	1.410	1.637	1.830	1.975
	最小	0.175	0.215	0.245	0.255	0.275	0.325	0.365	0.394	0.460	0.594	0.670	0.740	0.867	0.957	1.045	1.130	1.220	1.290	1.364	1.590	1.799	1.921
C	最大	0.016	0.016	0.018	0.020	0.022	0.023	0.024	0.027	0.028	0.034	0.040	0.040	0.045	0.045	0.050	0.050	0.055	0.055	0.060	0.067	0.067	0.067
	最小	0.010	0.010	0.012	0.014	0.016	0.018	0.018	0.020	0.023	0.028	0.032	0.032	0.037	0.037	0.042	0.042	0.047	0.047	0.052	0.059	0.059	0.059

外齿锁紧垫圈

尺寸		#2	#3	#4	#5	#6	#8	#10	#12	1/4	5/16	3/8	7/16	1/2	9/16	5/8	11/16	3/4	13/16	7/8	1	1 1/8	1 1/4
A	最大	—	0.109	0.123	0.136	0.150	0.176	0.204	0.231	0.267	0.332	0.398	0.464	0.530	0.596	0.663	0.728	0.795	0.861	0.927	1.060	—	—
	最小	—	0.102	0.115	0.129	0.141	0.168	0.195	0.221	0.256	0.320	0.384	0.448	0.513	0.576	0.641	0.704	0.768	0.833	0.897	1.025	—	—
B	最大	—	0.235	0.260	0.285	0.320	0.381	0.410	0.475	0.510	0.610	0.694	0.760	0.900	0.985	1.070	1.155	1.260	1.315	1.410	1.620	—	—
	最小	—	0.220	0.245	0.270	0.305	0.365	0.395	0.460	0.494	0.588	0.670	0.740	0.880	0.960	1.045	1.130	1.220	1.290	1.380	1.590	—	—
C	最大	—	0.016	0.018	0.020	0.022	0.023	0.024	0.027	0.028	0.034	0.040	0.040	0.045	0.045	0.050	0.050	0.055	0.055	0.060	0.067	—	—
	最小	—	0.010	0.012	0.014	0.016	0.018	0.018	0.020	0.023	0.028	0.032	0.032	0.037	0.037	0.042	0.042	0.047	0.047	0.052	0.059	—	—

重型内齿锁紧垫圈

尺寸		1/4	5/6	3/8	7/16	1/2	9/16	5/8	3/4	7/8
A	最大	0.267	0.332	0.398	0.464	0.530	0.596	0.663	0.795	0.927
	最小	0.256	0.320	0.384	0.448	0.512	0.576	0.640	0.768	0.894
B	最大	0.536	0.607	0.748	0.858	0.924	1.034	1.135	1.265	1.447
	最小	0.500	0.590	0.700	0.800	0.880	0.990	1.100	1.240	1.400
C	最大	0.045	0.050	0.050	0.067	0.067	0.067	0.067	0.084	0.084
	最小	0.035	0.040	0.042	0.050	0.055	0.055	0.059	0.070	0.075

沉头外齿锁紧垫圈①

尺寸		#4	#6	#8	#10	#12	1/4	#16	5/16	3/8	7/16	1/2
A	最大	0.123	0.150	0.177	0.205	0.231	0.267	0.287	0.333	0.398	0.463	0.529
	最小	0.113	0.140	0.167	0.195	0.220	0.255	0.273	0.318	0.383	0.448	0.512
C	最大	0.019	0.021	0.021	0.025	0.025	0.025	0.028	0.028	0.034	0.045	0.045
	最小	0.015	0.017	0.017	0.020	0.020	0.020	0.023	0.023	0.028	0.037	0.037
D	最大	0.065	0.092	0.099	0.105	0.128	0.128	0.147	0.192	0.255	0.270	0.304
	最小	0.050	0.082	0.083	0.088	0.118	0.113	0.137	0.165	0.242	0.260	0.294

① 从#4 开始，近似外径（in）为 0.213、0.289、0.332、0.354、0.421、0.454、0.505、0.599、0.765、0.867 和 0.976。

表 7-38 重型六角头螺栓尺寸 ASME B18.2.6－1996（R2004）

（单位：in）

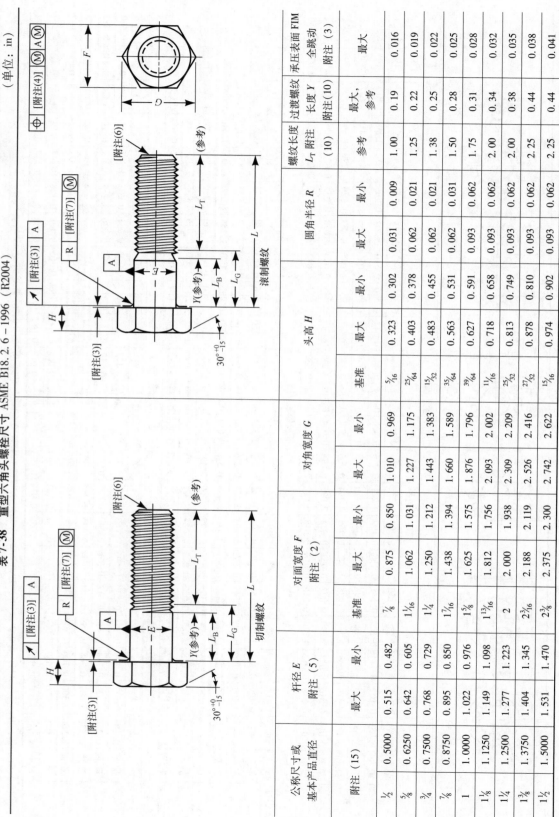

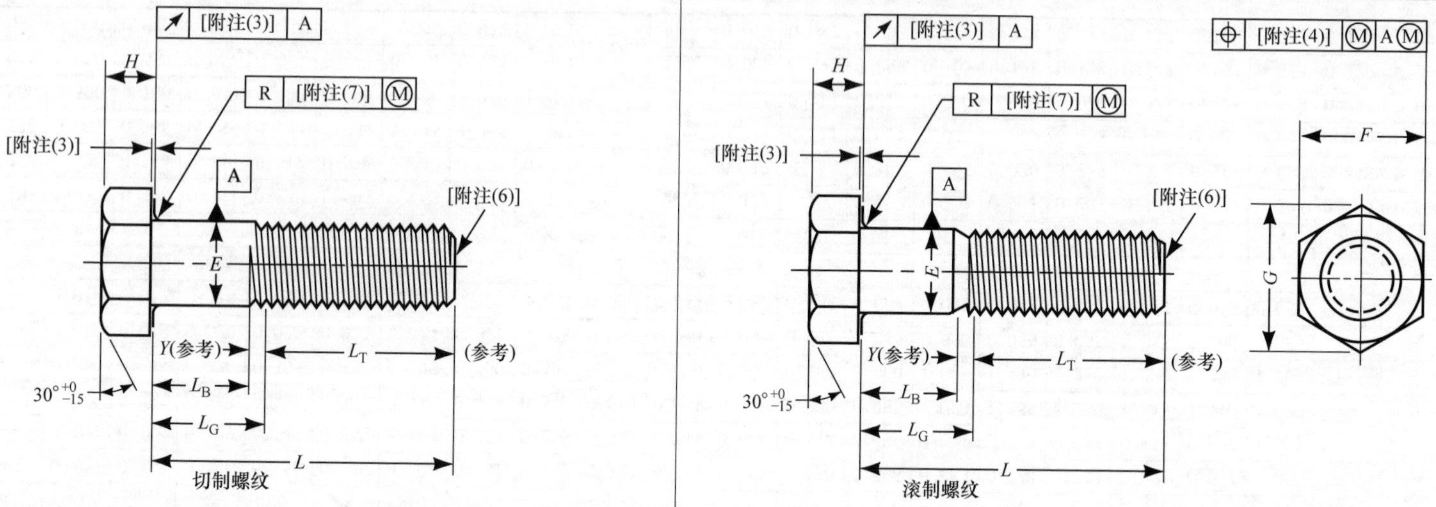

公称尺寸或基本产品直径		杆径 E 附注（5）		对面宽度 F 附注（2）			对角宽度 G		头高 H			圆角半径 R		螺纹长度 L_T 附注（10）	过渡螺纹长度 Y 附注（10）	承压表面 FIM 全跳动 附注（3）
附注（15）		最大	最小	基准	最大	最小	最大	最小	基准	最大	最小	最大	最小	参考	最大，参考	最大
1/2	0.5000	0.515	0.482	7/8	0.875	0.850	1.010	0.969	5/16	0.323	0.302	0.031	0.009	1.00	0.19	0.016
5/8	0.6250	0.642	0.605	1 1/16	1.062	1.031	1.227	1.175	25/64	0.403	0.378	0.062	0.021	1.25	0.22	0.019
3/4	0.7500	0.768	0.729	1 1/4	1.250	1.212	1.443	1.383	15/32	0.483	0.455	0.062	0.021	1.38	0.25	0.022
7/8	0.8750	0.895	0.850	1 7/16	1.438	1.394	1.660	1.589	35/64	0.563	0.531	0.062	0.031	1.50	0.28	0.025
1	1.0000	1.022	0.976	1 5/8	1.625	1.575	1.876	1.796	39/64	0.627	0.591	0.093	0.062	1.75	0.31	0.028
1 1/8	1.1250	1.149	1.098	1 13/16	1.812	1.756	2.093	2.002	11/16	0.718	0.658	0.093	0.062	2.00	0.34	0.032
1 1/4	1.2500	1.277	1.223	2	2.000	1.938	2.309	2.209	25/32	0.813	0.749	0.093	0.062	2.00	0.38	0.035
1 3/8	1.3750	1.404	1.345	2 3/16	2.188	2.119	2.526	2.416	27/32	0.878	0.810	0.093	0.062	2.25	0.44	0.038
1 1/2	1.5000	1.531	1.470	2 3/8	2.375	2.300	2.742	2.622	15/16	0.974	0.902	0.093	0.062	2.25	0.44	0.041

表面处理。除非另有说明，螺栓应提供平面（加工）表面。对 ASTM A 490 的螺栓不应用金属涂层。

材料。钢螺栓的化学性能和力学性能应符合 ASTM A 325 或 ASTM A 490。

工艺。螺栓不应有毛刺、接缝、圈、松散的鳞片、不规则的表面以及任何影响使用性能的缺陷。当需要控制表面不连续性时，买方应指定符合 ASTM F 788/F 788M 标准，寸制和米制系列的螺栓、螺钉和螺柱的表面不连续性。

命名。重型六角结构螺栓应按以下顺序命名：产品名称、公称尺寸（分数或小数）、螺纹牙数、材料（包括必要的规格和类型）和防护表面处理（如果需要）。见下面的例子：

示例。重型六角结构螺栓，3/4 - 10 × 2¼，ASTM A 325，类型1，热浸锌涂层。

识别等级符号：每个螺栓应按照适用规范的要求进行标记，ASTM A 325 或 ASTM A 490 和表7-38。

（1）头顶面　头顶面应为整体倒角或倒圆角，倒角圆的直径或倒圆角等于最大对面宽度在15%以内的公差范围。

（2）头锥度　不得超过最大对面宽度。实际头部高度的25%～75%之间的横截面从承压表面测得，应小于最小对面宽度。

（3）承压表面　承压表面应平整且有垫圈面。垫圈面的直径应等于最大对面宽度在10%以内的公差范围。

对于¾in 或更小的螺栓，垫圈面的厚度应不小于0.015in，不大于0.025in；对于大于¾in 的螺栓，厚度应不小于0.015in，不大于0.035in。

承压表面的平面应在总跳动规定的 FIM 限值内垂直于车身轴线。FIM 的测量应尽可能靠近承压表面的周边延伸，同时将螺栓以一个螺栓直径的距离与头部下侧保持在夹头或其他夹持装置中。

（4）头部的位置度　头部的轴线应具有（在头部下方距离等于一个直径处）直径等于6%最大材料条件下最大对面宽度公差带内相对于杆体轴线的位置度。

（5）杆径　头部下方的任何凸起或翅片以及体上的任何模缝不得超过以下基本螺栓直径：0.030in，尺寸为1/2in；尺寸为5/8in 和3/4in 的是0.050in；尺寸在3/4～1¼in 之间的是0.060in；0.090in，尺寸超过1¼in。

（6）尖端　尖端应依据制造商选项按照比螺纹小径小0.016in 的尺寸倒角或倒圆角。大径的第一个全成型螺纹的距离不大于从螺钉端部测量的螺距的2倍。这个距离通过测量点进入圆柱形非大口径环规的距离来确定。

（7）直线度　螺栓柄在 MMC 的下限范围内应为直线；对于额定长度为12in 的螺栓，最大弯度应为0.006in/in（0.006L）的螺栓长度，对于额定长度为12～24in 的螺栓，最大弯度应为0.008in/in（0.008L）长。

（8）螺栓长度　螺栓通常是所有长度的¼in 长度的增量。

（9）长度公差　螺栓长度公差见表7-39。

表7-39　螺栓长度公差

公称螺栓尺寸	½	⅝	¾～1	1⅛～1½
公称螺栓长度	长度公差			
等于6in	-0.12	-0.12	-0.19	-0.25
超过6in	-0.19	-0.25	-0.25	-0.25

（10）螺纹长度　螺栓的螺纹长度应由夹持长度 L_G 的最大值和杆长 L_B 的最小值进行控制。

夹持测量长度 L_G 的最大值是从螺母承压表面直到螺纹允许的情况下手动组装的非沉头或非沉没标准 GO 螺纹环规的表面平行于螺栓轴线的测量距离，这可作为检验标准。对于任何没有完整螺纹长度的螺栓，计算和舍入为两位小数的最大夹持长度应等于公称螺栓长度减去基本螺纹长度（$L_{Gmax} = L_{nom} - L_T$）。对于有不完整螺纹长度的螺栓，L_G 的最大值定义为头部下方的无螺纹长度不得超过2.5倍螺纹间距的长度，最大为1in，等于不超过1in（L_{Gmax}）的螺纹间距的3.5倍。表示螺栓的最小设计夹持长度，并且可以用于在选择螺栓长度时确定螺纹的可用性，即使可用的螺纹可能延伸超过该点。

基本螺纹长度 L_T 是参考尺寸，仅用于计算，其代表从螺栓的末端到最后一个（完整牙型）螺纹的距离。

杆长 L_B 的最小值是平行于螺栓轴线从底座承压面到最后的划线或挤出角度的顶部测得的距离，可用作检验的标准。计算和舍入小数点后两位的最小杆长应等于最大夹持长度减去最大过渡螺纹长度（$L_{B\,min} = L_{G\,max} - Y_{max}$）。计算的 L_B 最小长度等于或小于尺寸为1in 及更小螺栓的螺距的2.5倍公称长度和尺寸大于1in 螺栓的螺距的3.5倍，为完整螺纹长度。

过渡螺纹长度 Y 是仅用于计算的参考尺寸，代表不完整螺纹的长度夹具测量长度上的公差。

（11）不完整螺纹直径　不完整螺纹的大径不得

超过完整螺纹的实际大径。

（12）螺纹 螺纹轧制时，应采用统一的寸制粗或8牙螺纹系列（UNRC或8 UNR系列）2A级。由其他方法生产的螺纹可以是统一in的粗牙螺纹或8牙螺纹系列（UNC或8 UN系列），2A级。除非另有规定，否则螺纹的可接受性应根据系统21，ASME B1.3M中尺寸可接受性的螺纹测量系统来确定。

（13）识别符号 尺寸为$\frac{5}{8}$in及以下螺栓的头顶上的识别标记符号应在表面上方不小于0.005in，在规定的最大头部高度上不得超过0.015in。尺寸大于$\frac{5}{8}$in的螺栓应不小于在表面上方的基本螺栓直径的0.0075倍，在规定的最大头部高度上不得超过0.030in。

（14）材料 钢螺栓的化学性能和力学性能应符合ASTM A 325或ASTM A 490标准。

（15）公称尺寸 在以小数为单位指定公称大小的情况下，小数点前和第四位小数的零应省略。

（16）尺寸一致性 重型六角结构螺栓应具有以下特性，经ASME B18.18.2M检查，检验级别C：螺纹，对角宽度，头部高度，夹持长度，视觉度。

（17）识别源符号 每个螺栓都应标明其标识，以确定其来源（制造商或私人标签经销商），接受遵守对本规格和其他适用规格的责任。

（18）质量保证 除非另有规定，否则产品应按照ASME B18.18.1M和ASME B18.18.2M规定提供。

（19）尺寸特性 螺栓应符合表7-38的尺寸。表7-38中规定的指定特性应根据ASME B18.18.2M进行检验。对于非指定特性，应适用ASME B18.18.IM的规定。应该确定一个非指定的尺寸方差，基于适合性如果作为安装人员的用户，从形式和功能考虑来接受差异，则应视为符合本标准。如果根据ASME B18.18.3M或ASME B18.18.4M使用过程检验，则应适用相应标准的最终检验级别样本大小。

2. 重型六角螺母

对面宽度：根据表7-40，重型六角螺母的对面宽度应为垂直于螺母轴线的两个相对面之间的总距离。对于铣削杆六角螺母，使用的标称尺寸应该是指定的螺母基本对面宽度最接近的商业尺寸。

表7-40 结构螺栓使用的重型六角螺母尺寸 ASME B18.2.6-1996（R2004）（单位：in）

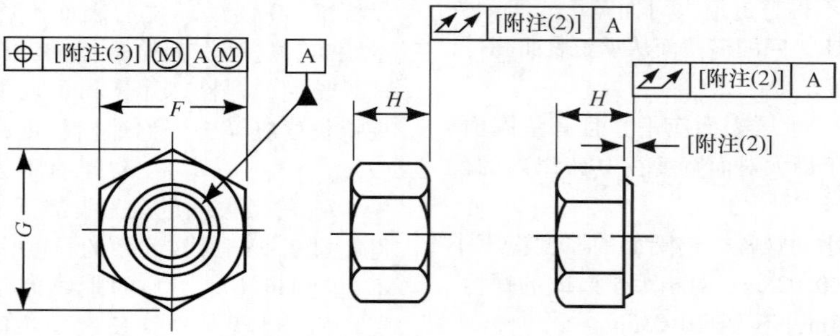

公称尺寸或基本产品直径		F 对面宽度			G 对角宽度		H 厚度			承压面FIM跳动 重型六角螺母 指定负载	
		基准	最大	最小	最大	最小	基准	最大	最小	高达150000psi	150000psi及更大
[附注（1）]		[附注（6）]			[附注（5）]		—	—	—	[附注（2）]	
$\frac{1}{2}$	0.5000	$\frac{5}{8}$	0.875	0.850	1.010	0.969	$\frac{31}{64}$	0.504	0.464	0.023	0.016
$\frac{5}{8}$	0.6250	$\frac{11}{16}$	1.062	1.031	1.227	1.175	$\frac{39}{64}$	0.631	0.587	0.025	0.018
$\frac{3}{4}$	0.7500	$1\frac{1}{4}$	1.250	1.212	1.443	1.382	$\frac{47}{64}$	0.758	0.710	0.027	0.020
$\frac{7}{8}$	0.8750	$1\frac{7}{16}$	1.438	1.394	1.660	1.589	$\frac{55}{64}$	0.885	0.833	0.029	0.022
1	1.0000	$1\frac{5}{8}$	1.625	1.575	1.876	1.796	$\frac{63}{64}$	1.012	0.956	0.031	0.024
$1\frac{1}{8}$	1.1250	$1\frac{13}{16}$	1.812	1.756	2.093	2.002	$1\frac{7}{64}$	1.139	1.079	0.033	0.027
$1\frac{1}{4}$	1.2500	2	2.000	1.938	2.309	2.209	$1\frac{7}{32}$	1.215	1.187	0.035	0.030

（续）

公称尺寸或基本产品直径		F			G		H			承压面FIM跳动	
		对面宽度			对角宽度		厚度			重型六角螺母	
										指定负载	
		基准	最大	最小	最大	最小	基准	最大	最小	高达150000psi	150000psi及更大
［附注（1）］		［附注（6）］			［附注（5）］		—	—	—	［附注（2）］	
$1\frac{3}{8}$	1.3750	$2\frac{3}{16}$	2.188	2.119	2.526	2.416	$1\frac{11}{32}$	1.378	1.310	0.038	0.033
$1\frac{1}{2}$	1.5000	$2\frac{3}{8}$	2.375	2.300	2.742	2.622	$1\frac{15}{32}$	1.505	1.433	0.041	0.036

注：B18.2.2方形六角螺母（寸制系列）中的完整表。

（1）统一　只有$\frac{9}{16}$尺寸不符合英国标准和加拿大的标准尺寸。细螺纹产品的使用限于1in及以下尺寸。

（2）螺母的顶部和承压表面　螺母可以是双倒角的或具有垫圈面的承压表面和倒角顶部。

双倒角螺母的倒角圆直径和垫圈面直径应在最大对面宽度的限制范围内，且为平最小对面宽度的95%。

垫圈面螺母的顶部应平坦，倒角圆的直径应等于公差范围为－15%内的最大对面宽度。六角倒角的长度应为基本螺纹直径的5%～15%。倒角表面可能略微凸起或成圆面。

承压表面应平坦，除非另有规定，否则应在螺母尺寸、类型和强度水平的总跳动范围（FIM）内垂直于螺纹孔的轴线。

（3）螺纹孔的位置度　在最大材料条件下，对于$1\frac{1}{2}$in或更小的螺母，螺母体的轴线应具有直径等于最大对面宽度的4%公差带的关于螺纹孔轴线位置度。

（4）沉头孔　螺纹孔应在承压面或表面上钻孔装埋。最大沉头孔直径应为螺纹基准（标称）大径的1.08倍。螺纹的任何部分都不应超过承压表面。

（5）边角填充　如果对角宽度超过基准螺纹直径处于规定的限度内距离的17.5%，则可以允许在具有倒角的六角结合处舍入或缺少填充。

（6）对面宽度　不得超过最大对面宽度（请参阅对面宽度的异常）。通过螺母的横截面不应在实际螺母厚度的25%～75%之间，从承压表面测量，应小于最小对面宽度。对于从棒式螺母“对面宽度”与要使用的标称杆尺寸有关。

（7）螺纹　根据ASME B1.1标准的统一寸制螺纹，螺纹应为UNC或8 UN 2B级。规定可以在直径超过1in的螺母上使用8牙螺纹系列。

（8）尺寸一致性　重型六角螺母应具有的特性，根据ASME B18.18.2M检验级别检验如下：对角宽度，检验等级C；厚度，检验等级B；视觉度，检验等级C。

螺母厚度：螺母厚度应为平行于螺母轴线的总距离，从螺母顶部到承压表面，应包括垫圈面的厚度。

螺纹：螺纹应符合表7-40附注（7）。

螺纹测量：除非买方另有规定，螺纹尺寸可接受性的测量应符合ASME B1.3M规定的测量系统21（尺寸可接受性和寸制螺纹测量系统）（UN、UNR、UNJ、M和MJ）。

涂覆：当螺母被锌涂层时，应按照ASTM A 563的规定涂层后进行涂覆。

表面处理：除非另有说明，供货的螺母应有普通（经处理）表面，未镀层或未涂层。

材料：重型六角螺母的化学性能和力学性能应符合ASTM A 563标准。

工艺：螺母不应有毛刺、接缝、圈、松散的规模、不规则的表面以及影响其适用性的任何缺陷。当需要控制表面不连续性时，买方应符合ASTM F 812/F 812M规定的英寸螺母和米制系列的表面不连续性。

命名：螺母应由以下数据按顺序命名，产品名称，公称尺寸（分数或小数），螺纹牙数，材料（必要时包括规格），防护涂层（如果需要）。

示例：重型六角螺母，$\frac{1}{2}$－13，ASTM A 563 C级，平整。

标记符号：每个螺母应根据ASTM A 563或ASTM A 194适用规范的要求进行标记。

每个螺母都应标记以识别其来源（制造商或私人标签经销商），承担遵守本规范和其他适用规格的责任。

质量保证：除非另有规定，否则产品应按照尺寸特征中所述的 ASME B18.18.1M 和 ASME B18.18.2M 标准。

尺寸特性：产品应符合表 7-40 中重型六角螺母的尺寸。表 7-40 附注（8）中规定的指定特性应按照 ASME B18.18.2M 进行检验。对于非指定特征，应适用 B18.18.1M 的规定。如果确定非指定尺寸具有差异性，则如果安装人员是基于合适性、形式和功能考虑的方差，应视为符合本标准。根据 ASME B18.18.3M 或 ASME B18.18.4M 使用可验证的过程检验，使用相应标准的最终检验等级样本。

7.2.3 硬化钢垫圈

1. 平垫圈

平垫圈尺寸：硬化钢圆形和圆形剪边圆垫圈应符合表 7-41 的尺寸。

表 7-41 硬化钢圆形和圆形剪边圆垫圈的尺寸 ASME B18.2.6-1996（R2004）

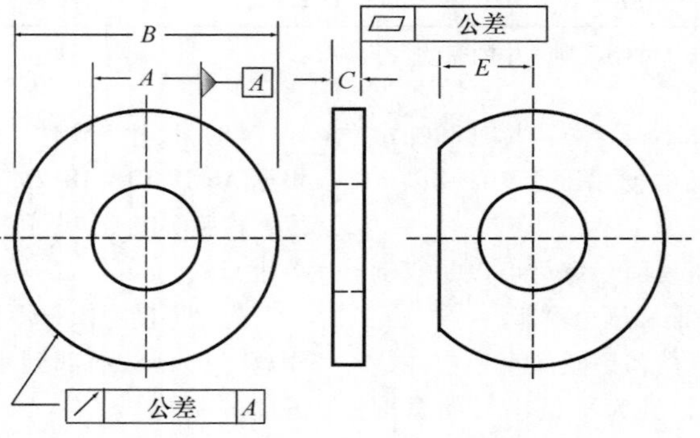

圆　　剪边圆

螺母尺寸和标称垫圈尺寸①/in	内径 A			外径 B			厚度 C		最小边界距离 E
	基准垫圈	公差		基准	公差				
		+	最小		+	最小	最小	最大	
½	0.531	0.0313	0	1.063	0.0313	0.0313	0.097	0.177	0.438
⅝	0.688	0.0313	0	1.313	0.0313	0.0313	0.122	0.177	0.547
¾	0.813	0.0313	0	1.469	0.0313	0.0313	0.122	0.177	0.656
⅞	0.938	0.0313	0	1.750	0.0313	0.0313	0.136	0.177	0.766
1	1.125	0.0313	0	2.000	0.0313	0.0313	0.136	0.177	0.875
1⅛	1.250	0.0313	0	2.250	0.0313	0.0313	0.136	0.177	0.984
1¼	1.375	0.0313	0	2.500	0.0313	0.0313	0.136	0.177	1.094
1⅜	1.500	0.0313	0	2.750	0.0313	0.0313	0.136	0.177	1.203
1½	1.625	0.0313	0	3.000	0.0313	0.0313	0.136	0.177	1.313

① 标称垫圈尺寸适用于类似的标称螺栓直径。

一般注意事项：

1）尺寸一致性：圆形和圆形剪边垫圈应具有以下特性，检验范围为 ASME B18.18.2M，检验水平如下：对角宽度，检验等级 B；视觉度，检验等级 C。

2）标称垫圈尺寸适用于类似的标称螺栓直径。

3）斜边垫圈的附加要求。

平垫圈公差：垫圈内径，外径，厚度和边缘距离应符合表 7-41。当直尺置于切边上产生最大偏差时平面度的偏差不应超过 0.010in；外径相对于孔的圆形跳动不得超过 0.030 FIM；毛刺在紧邻垫圈表面上不得超过 0.010in。

表面处理：除非另有规定，垫圈应提供普通（加工）表面。如果需要锌涂层，它们应符合 ASTM F 436。

材料：材料应符合 ASTM F 436 建立的标准。

工艺：垫圈无毛刺、接缝、圈、松紧度、不规则表面以及影响使用性能的任何缺陷。

命名：垫圈应按以下顺序命名，产品名称，公称尺寸（分数或小数），材料规格，表面防护处理。

示例：硬化钢圆形垫圈，1⅛ASTM F 436，热浸镀锌，符合 ASTM A 153 Class C 标准。

标识符号：等级源标记和符号应符合 ASTM F 436 的要求。源标记旨在标识符合本标准和其他适用规范的（垫圈）来源。

质量保证：除非另有规定，否则产品应按照尺寸特征中所述的 ASME B18.18M 和 ASME B18.18.2M 规定提供。

尺寸特性：垫圈应符合表 7-41 的尺寸。表 7-41 附注（1）中规定的指定特性应按照 ASME B18.18.2M 进行检验。对于非指定特性，适用 ASME B18.18.1M 的规定。如果确定非指定尺寸具有差异性，则如果安装人员是基于合适性、形式和功能考虑的方差，应视为符合本标准。根据 ASME B18.18.3M 或 ASME B18.18.4M 使用可验证的过程检验，使用相应标准的最终检验等级样本。

2. 斜面垫圈

尺寸：所有方形斜面和夹角方形斜面垫圈应符合表 7-42 的尺寸。

公差：斜面垫圈的内径公差应符合表 7-42 的规定。当直尺置于切边上产生最大偏差时平面度不得超过 0.010in。毛刺不得在紧邻垫圈表面之上凸出超过 0.010in。

表面处理：除非另有规定，垫圈应提供平面（经处理）表面处理。如果需要锌涂层，它们应符合 ASTM F 436。

材料和力学性能：材料和性能应符合 ASTM F 436 建立的标准。

工艺：垫圈无毛刺、接缝、圈、松紧度、不规则表面以及影响使用性能的任何缺陷。

命名：垫圈应按照以下顺序命名，产品名称，公称垫圈尺寸（分数或小数），材料规格，表面防护处理。

示例：方锥形垫圈，1⅛ASTM F 436，热浸镀锌，符合 ASTM A 153 Class C 标准。

表 7-42　斜度或锥度厚度为 1∶6 的硬化斜面垫圈尺寸

ASME B18.2.6-1996（R2004）

（单位：in）

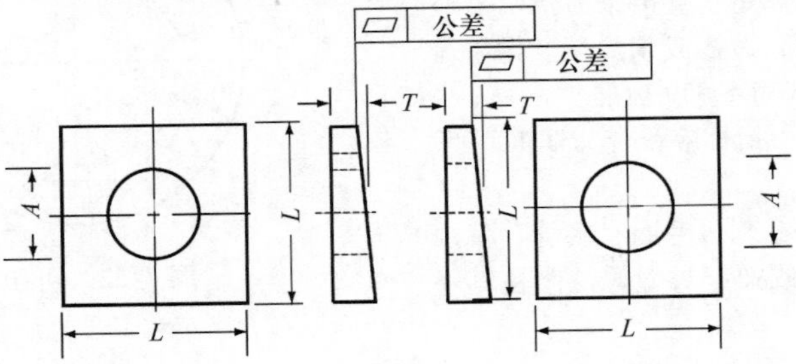

方形斜面　　斜剪方形斜面

公称垫圈尺寸 [附注 3]		内径 A 基准	公差 +	公差 最小	最小边长 L	厚度 T	最小边界距离 E
½	0.500	0.531	0.0313	0	1.750	0.313	0.438
⅝	0.625	0.688	0.0313	0	1.750	0.313	0.547
¾	0.750	0.813	0.0313	0	1.750	0.313	0.656
⅞	0.875	0.938	0.0313	0	1.750	0.313	0.766
1	1.000	1.125	0.0313	0	1.750	0.313	0.875
1⅛	1.125	1.250	0.0313	0	2.250	0.313	0.984
1¼	1.250	1.375	0.0313	0	2.250	0.313	1.094
1⅜	1.375	1.500	0.0313	0	2.250	0.313	1.203
1½	1.500	1.625	0.0313	0	2.250	0.313	1.313

表 7-42 的一般说明：

1）尺寸一致性：斜角垫圈应具有以下特点，检验方式为：ASME B18.18.2M，检验级别如下：对角宽度，检验等级 B；视觉度，检验等级 C。

2）非剪切垫圈可以是矩形，即使侧面尺寸小于 *L*。

3）标称垫圈尺寸适用于类似的标称螺栓直径。

4）斜角垫圈的附加要求。

标识符号：等级和源标记、符号应符合 ASTM F 436 的要求。源标记旨在标识符合本规范和适用其他规范的资源。

尺寸特性：垫圈应符合表 7-42 中规定的尺寸。表 7-42 中规定的指定特性应按照 ASME B18.18.2M 进行检验。对于非指定特性，应适用 ASME B18.18.1M 的规定。如果确定非指定尺寸具有差异性，则如果安装人员是基于合适性、形式和功能考虑的方差，应视为符合本标准。根据 ASME B18.18.3M 或 ASME B18.18.4M 使用可验证的过程检验，使用相应标准的最终检验等级样本。

3. 可压缩式垫圈直接张力指示器

尺寸：两种垫圈类型的直接张力指标 A 325 和 A 490 的尺寸应符合表 7-43。

表面处理：除非另有规定，直接张力指示器应提供平面（经处理）表面，镀锡或未涂层。如果需要锌涂层，它们应符合 ASTM F 959 标准。

材料和性能：直接张力指标应符合 ASTM F 959 的要求。

工艺：工艺流畅，无毛刺、毛圈、接缝、多余的磨痕、异物、承压表面或突起焊缝等缺陷使其不适合预期的应用。

命名：可压缩式垫圈直接张力指示器应按以下顺序命名，产品名称，公称尺寸（分数或小数），型号（325 或 490），预处理（平面，锌或环氧树脂）。

示例：DTI，½型号 235，平整处理。

标识符号：等级和源标识符号应符合 ASTM F 959 的要求。

批号：每个直接张力指示器应按照 ASTM F 959 标有批号。

质量保证：除非另有规定，否则产品应按照尺寸特征中所述的 ASME B18.18.1M 和 ASME B18.18.2M 提供。

尺寸特性：垫圈应符合表 7-43 中规定的尺寸。对于非指定特性，应适用 ASME B18.18.1M 的规定。如果确定非指定尺寸具有差异性，则如果安装人员是基于合适性、形式和功能考虑的方差，应视为符合本标准。根据 ASME B18.18.3M 或 ASME B18.18.4M 使用可验证的过程检验，使用相应标准的最终检验等级样本。

可压缩式垫圈尺寸如图 7-22 所示。

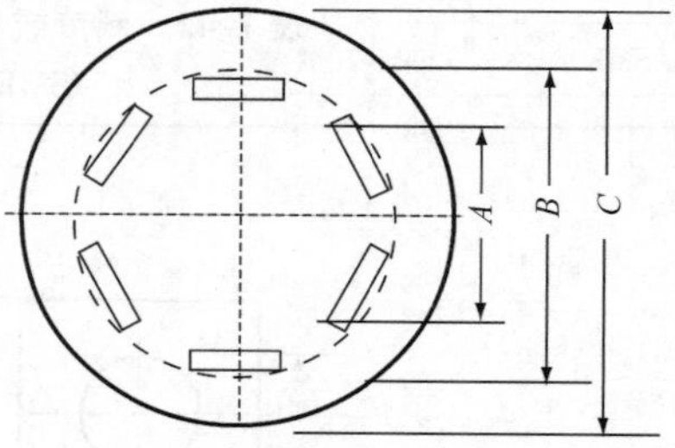

图 7-22 可压缩式垫圈尺寸

表 7-43 可压缩式垫圈直接张力指示器尺寸 ASME B18.2.6-1996（R2004）

螺栓尺寸/in	所有型号			A 325 式					A 490 式				
	内径/in		凸出的切向直径/in	外径/in C		凸出数量（相等）	厚度/in		外径/in		凸出数量（相等）	厚度/in	
	最小	最大	*B*，最大	最小	最大		无凸出，最小	凸出，最大	最小	最大		无凸出，最小	凸出，最大
½	0.523	0.527	0.788	1.167	1.187	4	0.104	0.180	1.355	1.375	5	0.104	0.180
⅝	0.654	0.658	0.956	1.355	1.375	4	0.126	0.220	1.605	1.625	5	0.126	0.220
¾	0.786	0.790	1.125	1.605	1.825	5	0.126	0.230	1.730	1.750	6	0.142	0.240
⅞	0.917	0.921	1.294	1.855	1.875	5	0.142	0.240	1.980	2.000	6	0.158	0.260
1	1.048	1.052	1.463	1.980	2.000	6	0.158	0.270	2.230	2.250	7	0.158	0.270
1⅛	1.179	1.183	1.631	2.230	2.250	6	0.158	0.270	2.480	2.500	7	0.158	0.280
1¼	1.311	1.315	1.800	2.480	2.600	7	0.158	0.270	2.730	2.750	8	0.158	0.280
1⅜	1.442	1.446	1.969	2.730	2.750	7	0.158	0.270	2.980	3.000	8	0.158	0.280
1½	1.573	1.577	2.138	2.980	3.000	8	0.158	0.270	3.230	3.260	9	0.158	0.280

一般注意事项：

（1）尺寸一致性：直接张力指示器应具有以下特性，检查 ASME B18. 18. 2M，检验水平如下：内径和对角宽度，检验等级 B；视觉度，检验等级 C。

（2）非剪切垫圈可以是矩形，即使侧面尺寸小于 *L*。

（3）标称垫圈尺寸适用于类似的标称螺栓直径。

7.3 米制螺纹紧固件

通过与国防部合作建立了一些涵盖米制螺栓、螺钉、螺母和垫圈的美国国家标准，以便政府可以采购。关于这些米制紧固件的信息见下文，但是对于额外的制造和验收规范，应参考由非政府机构从美国国家标准协会（25West 43rd Street，New York，NY 10036）取得的标准。这些标准见表 7-44。

7.3.1 米制螺栓和螺钉

1. 与国际标准的比较

美国国家米制螺栓、螺钉和螺母的标准已经尽可能地与可比较的 ISO 标准或建议的标准进行了协调。ANSI 和可比较的 ISO 标准或建议的标准之间的尺寸差异相对较小，并且不会影响根据其要求制造的螺栓、螺钉和螺母的功能互换性。

表 7-44 标准

ANSI/ASME B18. 2. 3. 1M-1999（R2011）米制六角帽螺钉	见表 7-45
ANSI/ASME B18. 2. 3. 2M-1979（R1995）米制六角螺钉	见表 7-46
ANSI B18. 2. 3. 3M-1979（R2001）米制重型六角螺钉	见表 7-47
ANSI B18. 2. 3. 8M-1981（R2005）米制六角螺钉	见表 7-49
ANSI/ASME B18. 3. 3M-1986（R2002）米制六角圆柱头轴肩螺钉	见表 7-50
ANSI/ASME B18. 2. 3. 9M-1984 米制重型六角凸缘螺钉	见表 7-52
ANSI/ASME B18. 2. 3. 4M-2001 米制六角凸缘螺钉	见表 7-53
ANSI B18. 2. 3. 7M-1979（R2001）米制圆头方颈螺栓	见表 7-55
ANSI B18. 2. 3. 6M-1979（R2001）重型六角头螺栓	见表 7-56
ANSI B18. 2. 3. 7M-1979（R2001）米制重型六角结构螺栓	见表 7-57
ANSI/ASME B18. 2. 3. 5M（R2001）米制六角头螺栓	见表 7-58
ANSI/ASME B18. 3. 1M-1986（R2002）凹头螺钉（米制系列）	见表 7-66
ANSI/ASME B18. 2. 4. 1M-2002（R2007）米制六角螺母，样式 1	见表 7-70
ANSI/ASME B18. 2. 4. 2M-2005 米制六角螺母，样式 2	见表 7-70
ANSI B18. 2. 4. 3M-1979（R2001）米制六角开槽螺母	见表 7-69
ANSI B18. 2. 4. 4M-1982（R1999）米制六角凸缘螺母	见表 7-71
ANSI B18. 16. 3M-1998 普通扭矩米制六角凸缘螺母	见表 7-72
ANSI B18 . 2. 4. 5M-1979（R2003）米制六角锁紧螺母	见表 7-73
ANSI B18. 2. 4. 6M-1979（R2003）米制重型六角螺母	见表 7-73
ANSI/ASME B18. 16. 3M-1998 普通扭矩米制六角螺母	见表 7-74
ANSI B18. 22M-1981（R2000）米制平垫圈	见表 7-75

注：应咨询制造商关于一般产品中的项目和尺寸。

在没有开发可比较的 ISO 标准的情况下，如采用米制重型六角螺钉、米制重型六角头螺栓和米制六角螺钉的 ANSI 标准，公称直径、螺距、杆径、对面宽度、头部高度、螺纹长度、螺纹尺寸和公称长度符合相关六角头螺钉和螺栓的 ISO 标准。在 1982 ANSI 被采用时，没有 ISO 标准的圆头方颈螺栓。

六角头螺钉和螺栓的以下功能特性在相应的 ANSI 标准和可比较的 ISO 标准或建议标准之间是一致的：直径和螺距，杆径，对面宽度（下面的除外），承压表面直径（除米制六角头螺栓），凸缘直径（适用于六角凸缘螺钉），头部高度，螺纹长度，螺纹尺寸和公称长度。

表 7-45 美国国家标准米制六角帽螺钉 ANSI/ASME B18.2.3.1M-1999（R2011）

（单位：mm）

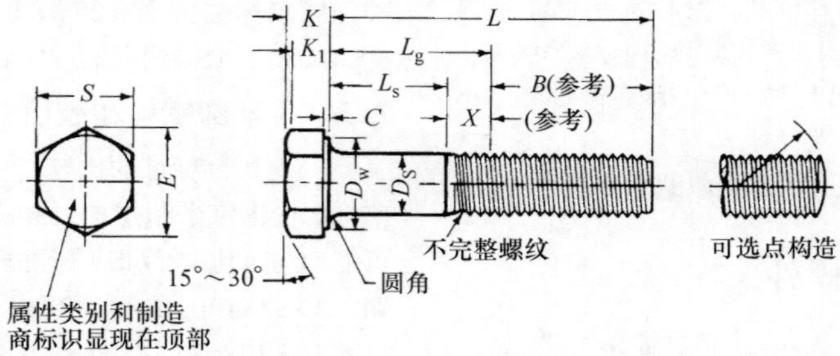

公称螺钉直径 D 和螺距	杆径 D_S		对面宽度 S		对角宽度 E		头高 K		扭转高度 K_1	垫圈面厚度 C		垫圈面直径 D_w
	最大	最小	最大	最小	最大	最小	最大	最小	最小	最大	最小	最小
M5×0.8	5.00	4.82	8.00	7.78	9.24	8.79	3.65	3.35	2.4	0.5	0.2	7.0
M6×1	6.00	5.82	10.00	9.78	11.55	11.05	4.15	3.85	2.8	0.5	0.2	8.9
M8×1.25	8.00	7.78	13.00	12.73	15.01	14.38	5.50	5.10	3.7	0.6	0.3	11.6
M10×1.5①	10.00	9.78	15.00	14.73	17.32	16.64	6.63	6.17	4.5	0.6	0.3	13.6
M10×1.5	10.00	9.78	16.00	15.73	18.48	17.77	6.63	6.17	4.5	0.6	0.3	14.6
M12×1.75	12.00	11.73	18.00	17.73	20.78	20.03	7.76	7.24	5.2	0.6	0.3	16.6
M14×2	14.00	13.73	21.00	20.67	24.25	23.35	9.09	8.51	6.2	0.6	0.3	19.6
M16×2	16.00	15.73	24.00	23.67	27.71	26.75	10.32	9.68	7.0	0.8	0.4	22.49
M20×2.5	20.00	19.67	30.00	29.16	34.64	32.95	12.88	12.12	8.8	0.8	0.4	27.7
M24×3	24.00	23.67	36.00	35.00	41.57	39.55	15.44	14.56	10.5	0.8	0.4	33.2
M30×3.5	30.00	29.67	46.00	45.00	53.12	50.85	19.48	17.92	13.1	0.8	0.4	42.7
M36×4	36.00	35.61	55.00	53.80	63.51	60.79	23.38	21.62	15.8	0.8	0.4	51.1
M42×4.5	42.00	41.38	65.00	62.90	75.06	71.71	26.97	25.03	18.2	1.0	0.5	59.8
M48×5	48.00	47.38	75.00	72.60	86.60	82.76	31.07	28.93	21.0	1.0	0.5	69.0
M56×5.5	56.00	55.26	85.00	82.20	98.15	93.71	36.20	33.80	24.5	1.0	0.5	78.1
M64×6	64.00	63.26	95.00	91.80	109.70	104.65	41.32	38.68	28.0	1.0	0.5	87.2
M72×6	72.00	71.26	105.00	101.40	121.24	115.60	46.45	43.55	31.5	1.2	0.6	96.3
M80×6	80.00	79.26	115.00	111.00	132.72	126.54	51.58	48.42	35.0	1.2	0.6	105.4
M90×6	90.00	89.13	130.00	125.50	150.11	143.07	57.75	54.26	39.2	1.2	0.6	119.2
M100×6	100.00	99.13	145.00	140.00	167.43	159.60	63.90	60.10	43.4	1.2	0.6	133.0

注：1. 基本螺纹长度 B 与表 7-58 中给出的相同。
2. 过渡螺纹长度 X 包括不完整螺纹的长度以及夹持长度和杆长的公差，用于计算。
3. 有关其他制造和验收的规范应参考 ANSI/ASME B18.2.3.1M-1999 标准。

① 对面宽度为 15mm 的尺寸不是标准尺寸。美国和其他国家通常生产对面宽度为 15mm 的 M10 螺钉。应规定所有 M10 的对面宽度。除了以下内容之外的所有尺寸均包含在 ISO 4014 和 ISO 4017：M10×1.5 内，对面宽度为15mm，M72～M100。

表 7-46 美国国家标准米制六角螺钉

ANSI/ASME B18.2.3.2M-1979 (R1995)　　(单位：mm)

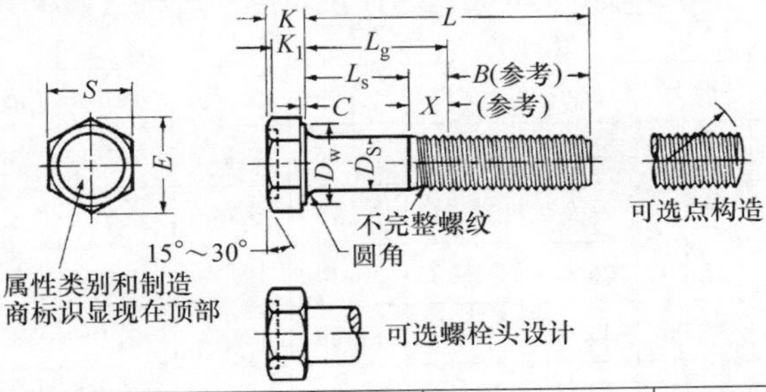

米制螺钉直径 D 和螺距	杆径 D_S		对面宽度 S		对角宽度 E		头高 K		扭转高度 K_1	垫圈面厚度 C		垫圈面直径 D_w
	最大	最小	最大	最小	最大	最小	最大	最小	最小	最大	最小	最大
M5×0.8	5.00	4.82	8.00	7.64	9.24	8.56	3.65	3.35	2.4	0.5	0.2	6.9
M6×1	6.00	5.82	10.00	9.64	11.55	10.80	4.15	3.85	2.0	0.5	0.2	8.9
M8×1.25	8.00	7.78	13.00	12.57	15.01	14.08	5.50	5.10	3.7	0.6	0.3	11.6
M10×1.5①	10.00	9.78	15.00	14.57	17.32	16.32	6.63	6.17	4.5	0.6	0.3	13.6
M10×1.5	10.00	9.78	16.00	15.57	18.48	17.43	6.63	6.17	4.5	0.6	0.3	14.6
M12×1.75	12.00	11.73	18.00	17.57	20.78	19.68	7.76	7.24	5.2	0.6	0.3	16.6
M14×2	14.00	13.73	21.00	20.16	24.25	22.58	9.09	8.51	6.2	0.6	0.3	19.6
M16×2	16.00	15.73	24.00	23.16	27.71	25.94	10.32	9.68	7.0	0.8	0.4	22.5
M20×2.5	20.00	19.67	30.00	29.16	34.64	32.66	12.88	12.12	8.8	0.8	0.4	27.7
M24×3	24.00	23.67	36.00	35.00	41.57	39.20	15.44	14.56	10.5	0.8	0.4	33.2

注：1. 基本螺纹长度 B 与表 7-58 中给出的相同。

2. 过渡螺纹长度 X 包括不完整螺纹长度以及夹持长度和杆长的公差，用于计算。

3. 有关其他制造和验收规范，请参考标准。

① 对面宽度为 15mm 的尺寸不是标准尺寸。除非特别订购，否则将提供 M10 中 16mm 对面宽度的六角螺钉。

内六角圆柱头螺钉 ANSI B18.3.1M-1986 (R2002) 可以与符合 ISO R861-1968 或 ISO 4762-1977 标准内的螺钉进行功能互换。但是，ANSI 标准中规定的螺纹长度等于或大于 ISO 标准要求的螺纹长度。因此，螺钉的夹紧长度也随着北美螺纹长度不同而变化。头部直径、头部高度、关键接头和壁厚的微小变化是由不同的公差操作产生的，能在 ANSI 标准中找到证明文件。

M10 尺寸的米制六角帽螺钉、六角螺钉和六角头螺栓的对面宽度方面有一个例外。这些结构件目前在美国生产，对面宽度为 15mm。然而，这种尺寸不是 ISO 标准。对于 M10 螺钉和 15 mm 对面宽度的螺栓除非有特别订购，否则 M10 尺寸将以 16 mm 的对面宽度布置。

表 7-47 美国国家标准米制重型六角螺钉

ANSI B18.2.3.3M-1979 (R2001)　　(单位：mm)

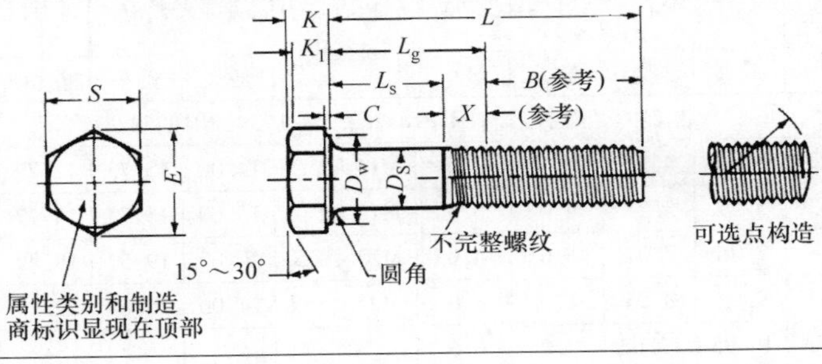

（续）

公称螺钉直径D和螺距	杆径 D_S		对面宽度 S		对角宽度 E		头高 K		扭转高度 K_1	垫圈面厚度 C		垫圈面直径 D_w
	最大	最小	最大	最小	最大	最小	最大	最小	最小	最大	最小	最小
M12×1.75	12.00	11.73	21.00	20.67	24.25	23.35	7.76	7.24	5.2	0.6	0.3	19.6
M14×2	14.00	13.73	24.00	23.67	27.71	26.75	9.09	8.51	6.2	0.6	0.3	22.5
M16×2	16.00	15.73	27.00	26.67	31.18	30.14	10.32	9.68	7.0	0.8	0.4	25.3
M20×2.5	20.00	19.67	34.00	33.00	39.26	37.29	12.88	12.12	8.8	0.8	0.4	31.4
M24×3	24.00	23.67	41.00	40.00	47.34	45.20	15.44	14.56	10.5	0.8	0.4	38.0
M30×3.5	30.00	29.67	50.00	49.00	57.74	55.37	19.48	17.92	13.1	0.8	0.4	46.6
M36×4	36.00	35.61	60.00	58.80	69.28	66.44	23.38	21.72	15.8	0.8	0.4	55.9

注：1. 基本螺纹长度 B 与表 7-58 中给出的相同。

2. 过渡螺纹长度 X 包括不完整螺纹长度以及夹持长度和杆长的公差，用于计算。

3. 有关其他制造和验收规范，请参考标准。

尺寸特征的 ANSI 字母符号与 ISO 标准中使用的字母符号（除了使用处理方便的数字资源）相同，而不是 ISO 标准中使用的小写字母。

2. 米制螺钉和螺栓直径

在相应尺寸表中所示的范围内米制螺钉和螺栓配有全直径杆，或加工螺纹至头部，除非买方指定“变杆径”。如果指定的话，米制六角螺钉（见表7-48）、六角凸缘螺钉（见表7-48）、六角头螺栓（见表7-48）、重型六角头螺栓（见表7-48）、六角螺钉（见表7-49）、重型六角凸缘螺钉（见表7-52）和圆头方颈螺栓（见表7-54）可以获得变直径杆；然而，不推荐使用公称长度小于4D 的六角螺钉、六角凸缘螺钉、重型六角凸缘螺钉、六角头螺栓或重型六角头螺栓，其中 D 是公称直径。对于变杆径的米制六角螺钉、六角凸缘螺钉、重型六角凸缘螺钉和木螺钉将在头部下方设有一个肩部；米制六角头螺栓和重型六角头螺栓对于制造商来说这点是可选的。

对于螺栓和木螺钉，与头部相邻的杆上可能存在合理的膨胀、颈或模缝，不超过公称螺栓直径：M5 为 0.50mm，M6 为 0.65mm，M8 ~ M14 为 0.75mm，M16 为 1.25mm，M20 ~ M30 为 1.50mm，M36 ~ M48 为 2.30mm，M56 ~ M72 为 3.00mm，M80 ~ M100 为 4.80mm。

表 7-48 美国国家标准米制六角螺钉和螺栓——变杆径 （单位：mm）

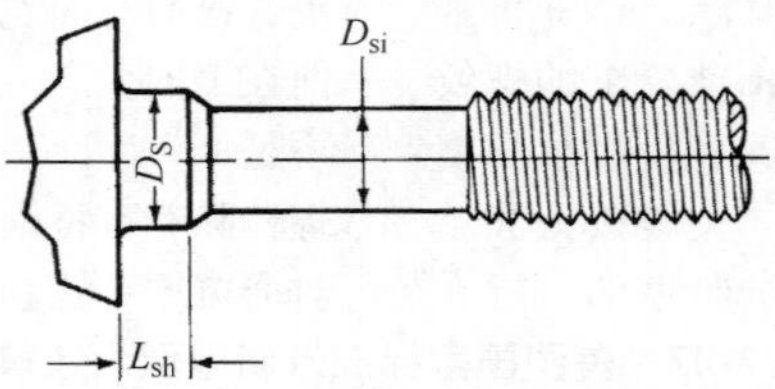

公称直径D和螺距	肩部直径 D_S		杆径 D_{si}		肩部长度 L_{sh}		公称直径D和螺距	肩部直径 D_S		杆径 D_{si}		肩部长度 L_{sh}	
	最大	最小	最大	最小	最大	最小		最大	最小	最大	最小	最大	最小
米制六角螺钉（ANSI B18.2.3.2M-1979，R1995）													
M5×0.8	5.00	4.82	4.46	4.36	3.5	2.5	M14×2	14.00	13.73	12.77	12.50	8.0	7.0
M6×1	6.00	5.82	5.39	5.21	4.0	3.0	M16×2	16.00	15.73	14.77	14.50	9.0	8.0
M8×1.25	8.00	7.78	7.26	7.04	5.0	4.0	M20×2.5	20.00	19.67	18.49	18.16	11.0	10.0
M10×1.5	10.00	9.78	9.08	8.86	6.0	5.0	M24×3	24.00	23.67	22.13	21.80	13.0	12.0
M12×1.75	12.00	11.73	10.95	10.68	7.0	6.0	—	—	—	—	—	—	—

（续）

公称直径 D 和螺距	肩部直径 D_S		杆径 D_{si}		肩部长度 L_{sh}		公称直径 D 和螺距	肩部直径 D_S		杆径 D_{si}		肩部长度 L_{sh}	
	最大	最小	最大	最小	最大	最小		最大	最小	最大	最小	最大	最小
米制六角凸缘螺钉（ANSI B18.2.3.4M-2001）													
M5×0.8	5.00	4.82	4.54	4.36	3.5	2.5	M12×1.75	12.00	11.73	10.95	10.68	7.0	6.0
M6×1	6.00	5.82	5.39	5.21	4.0	3.0	M14×2	14.00	13.73	12.77	12.50	8.0	7.0
M8×1.25	8.00	7.78	7.26	7.04	5.0	4.0	M16×2	16.00	15.73	14.77	14.50	9.0	8.0
M10×1.5	10.00	9.78	9.08	8.86	6.0	5.0	—	—	—	—	—	—	—
米制六角头螺栓（ANSI B18.2.3.5M-1979，R2001）													
M5×0.8	5.48	4.52	4.46	4.36	3.5	2.5	M14×2	14.70	13.30	12.77	12.50	8.0	7.0
M6×1	6.48	5.52	5.39	5.21	4.0	3.0	M16×2	16.70	15.30	14.77	14.50	9.0	8.0
M8×1.25	8.58	7.42	7.26	7.04	5.0	4.0	M20×2.5	20.84	19.16	18.49	18.16	11.0	10.0
M10×1.5	10.58	9.42	9.08	8.86	6.0	5.0	M24×3	24.84	23.16	22.13	21.80	13.0	12.0
M12×1.75	12.70	11.30	10.95	10.68	7.0	6.0	—	—	—	—	—	—	—
米制重型六角头螺栓（ANSI B18.2.3.6M-1979，R2001）													
M12×1.75	12.70	11.30	10.95	10.68	7.0	6.0	M20×2.5	20.84	19.16	18.49	18.16	11.0	10.0
M14×2	14.70	13.30	12.77	12.50	8.0	7.0	M24×3	24.84	23.16	22.13	21.80	13.0	12.0
M16×2	16.70	15.30	14.77	14.50	9.0	8.0	—	—	—	—	—	—	—
米制重型六角凸缘螺栓（ANSI B18.2.3.9M-1984）													
M10×1.5	10.00	9.78	9.08	8.86	6.0	5.0	M16×2	16.00	15.73	14.77	14.50	9.0	8.0
M12×1.75	12.00	11.73	10.95	10.68	7.0	6.0	M20×2.5	20.00	19.67	18.49	18.16	11.0	10.0
M14×2	14.00	13.73	12.77	12.50	8.0	7.0	—	—	—	—	—	—	—

注：六角螺钉、六角凸缘螺钉和重型六角凸缘螺钉必须有一个肩部。对于六角头螺栓和重型六角头螺栓，肩部是可选的。

表7-49　美国国家标准米制六角螺钉 ANSI B18.2.3.8M-1981（R2005）（单位：mm）

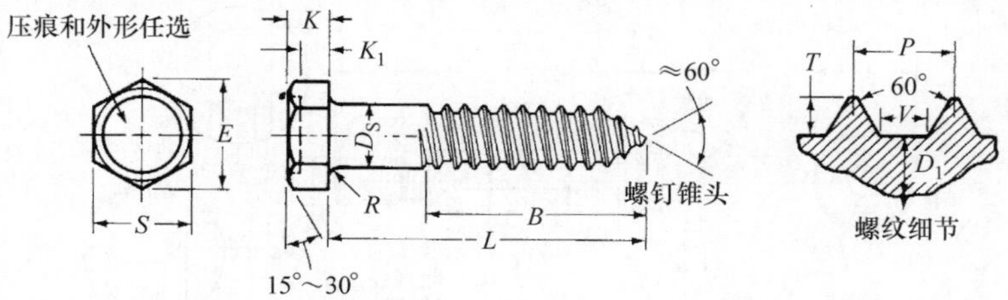

公称螺钉直径 D	杆径 D_S		对面宽度 S		对角宽度 E		头高 K		扳手高度 K_1
	最大	最小	最大	最小	最大	最小	最大	最小	最小
5	5.48	4.52	8.00	7.64	9.24	8.63	3.9	3.1	2.4
6	6.48	5.52	10.00	9.64	11.55	10.89	4.4	3.6	2.8
8	8.58	7.42	13.00	12.57	15.01	14.20	5.7	4.9	3.7
10	10.58	9.42	16.00	15.57	18.48	17.59	6.9	5.9	4.5
12	12.70	11.30	18.00	17.57	20.78	19.85	8.0	7.0	5.2
16	16.70	15.30	24.00	23.16	27.71	26.17	10.8	9.3	7.0

（续）

公称螺钉直径 D	杆径 D_S		对面宽度 S		对角宽度 E		头高 K		扳手高度 K_1
	最大	最小	最大	最小	最大	最小	最大	最小	最小
20	20.84	19.16	30.00	29.16	34.64	32.95	13.4	11.6	8.8
24	24.84	23.16	36.00	35.00	41.57	39.55	15.9	14.1	10.5

公称螺钉直径 D	螺纹尺寸				公称螺钉直径 D	螺纹尺寸			
	螺距 P	平根 V	螺纹深度 T	根部直径 D_1		螺距 P	平根 V	螺纹深度 T	根部直径 D_1
5	2.3	1.0	0.9	3.2	12	4.2	1.8	1.6	8.7
6	2.5	1.1	1.0	4.0	16	5.1	2.2	2.0	12.0
8	2.8	1.2	1.1	5.8	20	5.6	2.4	2.2	15.6
10	3.6	1.6	1.4	7.2	24	7.3	3.1	2.8	18.1

变杆径

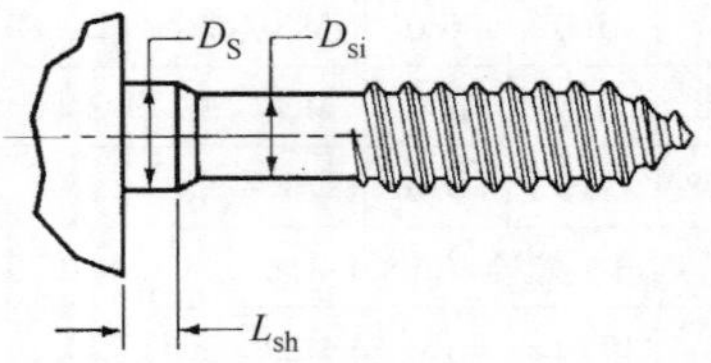

公称螺钉直径 D	肩部直径 D_S		肩部长度 L_{sh}		公称螺钉 D	肩部直径 D_S		肩部长度 L_{sh}	
	最大	最小	最大	最小		最大	最小	最大	最小
5	5.48	4.52	3.5	2.5	12	12.70	11.30	7.0	6.0
6	6.48	5.52	4.0	3.0	16	16.70	15.30	9.0	8.0
8	8.58	7.42	5.0	4.0	20	20.84	19.16	11.0	10.0
10	10.58	9.42	6.0	5.0	24	24.84	23.16	13.0	12.0

注：减小杆径 D_{si}，是扭转前的坯料直径。当杆径减小时，肩部是固定的。

表 7-50 六角圆柱头轴肩螺钉——米制系列 ANSI/ASME B18.3.3M-1986（R2002）

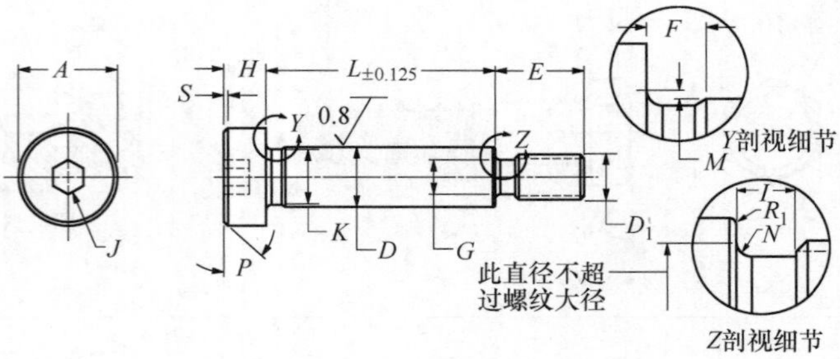

公称肩部直径	肩部直径 D①		头部直径 A		头部高度 H		倒角或半径 S	公称螺纹尺寸 D_1	螺纹长度 E
	最大	最小	最大	最小	最大	最小	最大		最大
6.5	6.487	6.451	10.00	9.78	4.50	4.32	0.6	M5 × 0.8	9.75
8.0	7.987	7.951	13.00	12.73	5.50	5.32	0.8	M6 × 1	11.25
10.0	9.987	9.951	16.00	15.73	7.00	6.78	1.0	M8 × 1.25	13.25

（续）

公称肩部直径	肩部直径 D①		头部直径 A		头部高度 H		倒角或半径 S	公称螺纹尺寸 D_1	螺纹长度 E
	最大	最小	最大	最小	最大	最小	最大		最大
13.0	12.984	12.941	18.00	17.73	9.00	8.78	1.2	M10×1.5	16.40
16.0	15.984	15.941	24.00	23.67	11.00	10.73	1.6	M12×1.75	18.40
20.0	19.980	19.928	30.00	29.67	14.00	13.73	2.0	M16×2	22.40
25.0	24.980	24.928	36.00	35.61	16.00	15.73	2.4	M20×2.5	27.40

公称轴肩直径	螺纹颈部直径 G		螺纹颈部宽度 I	肩颈直径 K	肩颈宽度 F	螺纹颈部圆角 N		头部圆角扩展 D，M	六角圆柱头尺寸 J
	最大	最小	最大	最小	最大	最大	最小	最大	
6.5	3.86	3.68	2.4	5.92	2.5	0.66	0.50	7.5	3
8.0	4.58	4.40	2.6	7.42	2.5	0.69	0.53	9.2	4
10.0	6.25	6.03	2.8	9.42	2.5	0.80	0.64	11.2	5
13.0	7.91	7.69	3.0	12.42	2.5	0.93	0.77	15.2	6
16.0	9.57	9.35	4.0	15.42	2.5	1.03	0.87	18.2	8
20.0	13.23	12.96	4.8	19.42	2.5	1.30	1.14	22.4	10
25.0	16.57	16.30	5.6	14.42	3.0	1.46	1.30	27.4	12

① 轴肩是螺钉扩大的无螺纹的部分。

标准尺寸和套筒尺寸见表 7-51。

表 7-51 标准尺寸和套筒尺寸 ANSI/ASME B18.3.3M-1986 （单位：mm）

政府使用的标准尺寸

公称肩长	公称轴肩直径 6.5	8	10	13	16	20	25
10.0	065010	080010	100010				
12.0				130012			
16.0							
20.0							
25.0							
30.0					160030		
40.0	065040		标准直径和长度组合范围			20040	
50.0		080050	及其部件号（PIN）				250050
60.0							
70.0							
80.0							
90.0							
100.0			100100				
110.0							
120.0				130120	160120	200120	250120

六角圆柱头尺寸-米制

公称套筒尺寸	套筒对面宽度 J		套筒对角宽度 C
	最大	最小	最小
3	3.071	3.020	3.44
4	4.084	4.020	4.58
5	5.084	5.020	5.72
6	6.095	6.020	6.86
8	8.115	8.025	9.15
10	10.127	10.025	11.50
12	12.146	12.032	13.80

注：R_1 圆角或倒角：对于 M5、M6、M10，$R_1 \leqslant 0.15$mm；对于 M12、M16、M20，$R_1 \leqslant 0.20$mm；除非另有说明，否则螺纹符合 ANSI/ASME B1.13M 米制螺纹-M 型材的米制粗牙系列。螺纹公差为 ISO 公差等级 4g6g。政府鼓励使用零件号码系统（PIN）实现最大限度的零件标准化。一些未述的详细信息，包括材料和完整的 PIN 系统，请参见 ANSI/ASME B18.3.3M。

表 7-52 美国国家标准米制重型六角凸缘螺钉 ANSI/ASME B18.2.3.9M-1984

（单位：mm）

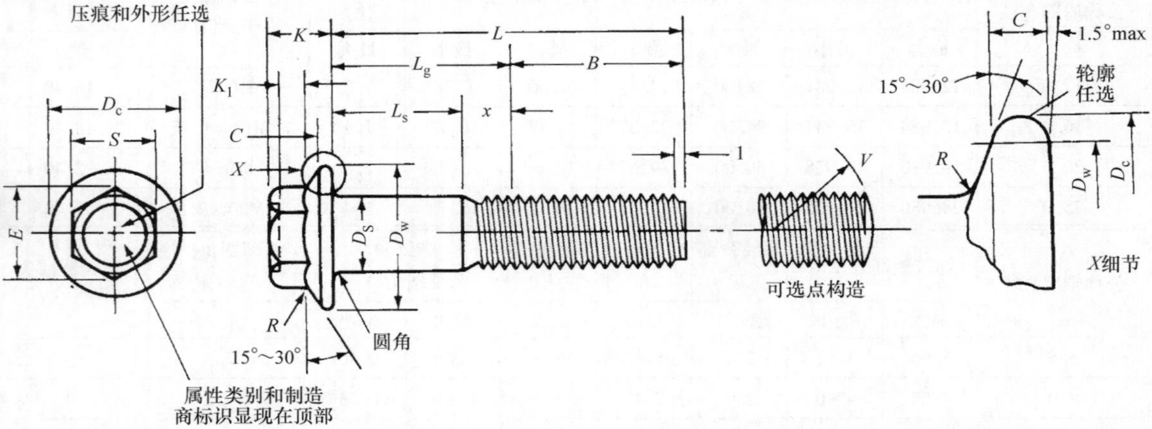

公称直径 D 和螺距	杆径 D_S		对面宽度 S		对角宽度 E		凸缘直径 D_c	承压圆面直径 D_w	凸缘边界厚度 C	头高 K	扳手高度 K_1	圆角半径 R
	最大	最小	最大	最小	最大	最小	最大	最小	最小	最大	最小	最大
M10×1.5	10.00	9.78	15.00	14.57	17.32	16.32	22.3	19.6	1.5	8.6	3.70	0.6
M12×1.75	12.00	11.73	18.00	17.57	20.78	19.68	26.6	23.8	1.8	10.4	4.60	0.7
M14×2	14.00	13.73	21.00	20.48	24.25	22.94	30.5	27.6	2.1	12.4	5.50	0.9
M16×2	16.00	15.73	24.00	23.16	27.71	25.94	35.0	31.9	2.4	14.1	6.20	1.0
M20×2.5	20.00	19.67	30.00	29.16	34.64	32.66	43.0	39.9	3.0	17.7	7.90	1.2

注：基本螺纹长度 B 见表 7-58。过渡螺纹长度 x 包括不完整螺纹长度以及夹持长度和杆长的公差，用于计算。有关其他制造和验收规范，请参考 ANSI/ASME B18.2.3.9M-1984 标准。

表 7-53 美国国家标准米制六角凸缘螺钉 ANSI/ASME B18.2.3.4M-2001（单位：mm）

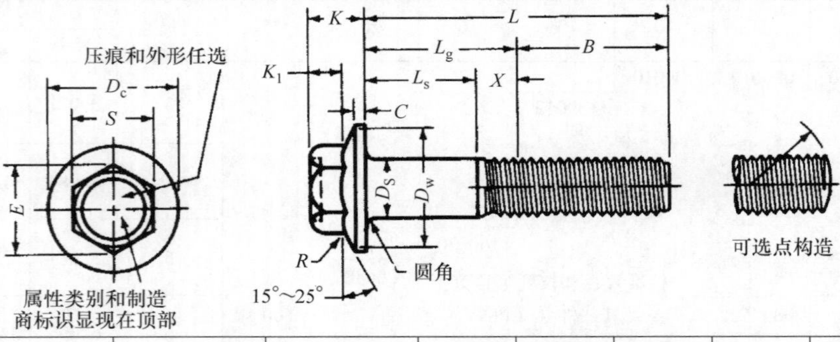

公称直径 D 和螺距	杆径 D_S		对面宽度 S		对角宽度 E		凸缘直径 D_c	承压圆面直径 D_w	凸缘边界厚度 C	头高 K	扳手高度 K_1	圆角半径 R
	最大	最小	最大	最小	最大	最小	最大	最小	最小	最大	最小	最大
M5×0.8	5.00	4.82	7.00	6.64	8.08	7.44	11.4	9.4	1.0	5.6	2.30	0.3
M6×1	6.00	5.82	8.00	7.64	9.24	8.56	13.6	11.6	1.1	6.8	2.90	0.4
M8×1.25	8.00	7.78	10.00	9.64	11.55	10.80	17.0	14.9	1.2	8.5	3.80	0.5
M10×1.5	10.00	9.78	13.00	12.57	15.01	14.08	20.8	18.7	1.5	9.7	4.30	0.6
M12×1.75	12.00	11.73	15.00	14.57	17.32	16.32	24.7	22.0	1.8	11.9	5.40	0.7
M14×2	14.00	13.73	18.00	17.57	20.78	19.68	28.6	25.9	2.1	12.9	5.60	0.8
M16×2	16.00	15.73	21.00	20.48	24.25	22.94	32.8	30.1	2.4	15.1	6.70	1.0

注：基本螺纹长度 B 与表 7-58 中给出的相同。过渡螺纹长度 X 包括不完整螺纹长度以及夹持长度和杆长的公差。此尺寸仅用于计算。有关其他制造和验收规范，请参考 ANSI/ASME B18.2.3.4M-2001 标准。

变杆径圆头方颈螺栓见表 7-54。

表 7-54　美国国家标准米制变杆径圆头方颈螺栓 ANSI/ASME B18. 5. 2. 2M-1982（R2000）

（单位：mm）

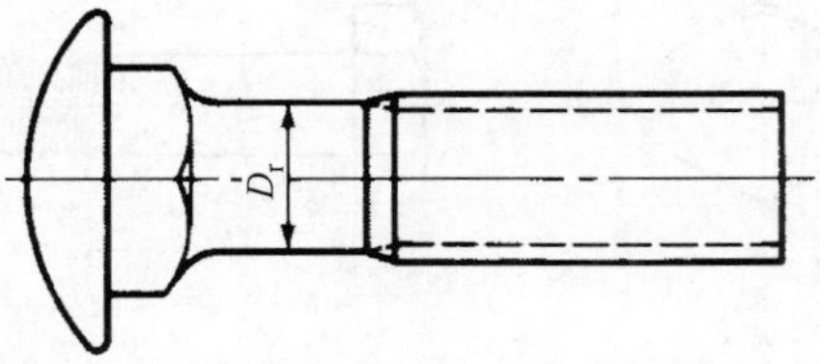

公称直径 D 和螺距	变杆径 D_r		公称直径 D 和螺距	变杆径 D_r	
	最大	最小		最大	最小
M5 ×0. 8	5. 00	4. 36	M14 ×2	14. 00	12. 50
M6 ×1	6. 00	5. 21	M16 ×2	16. 00	14. 50
M8 ×1. 25	8. 00	7. 04	M20 ×2. 5	20. 00	18. 16
M10 ×1. 5	10. 00	8. 86	M24 ×3	24. 00	21. 80
M12 × 1. 75	12. 00	10. 68	—	—	—

表 7-55　美国国家标准米制圆头方颈螺栓 ANSI B18. 2. 3. 7M-1979（R2001）

（单位：mm）

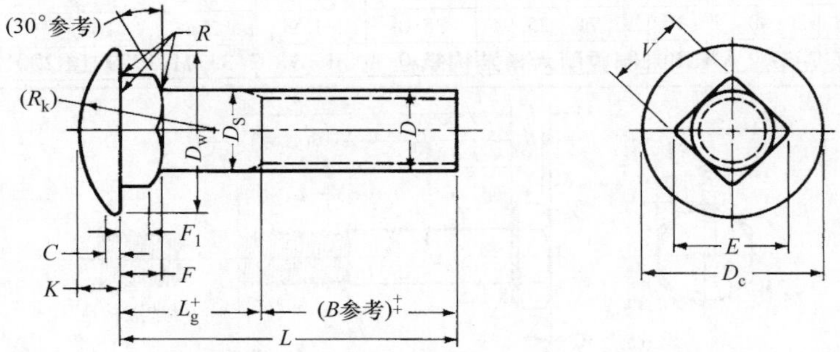

公称直径 D 和螺距	完整杆径 D_S		头径 R_k	头高 K		头部边界厚度 C		头径 D_c	承压面直径 D_w	方形深度 F		方形拐角深度 F_1	方形对面宽度 V		方形对角宽度 E	
	最大	最小	参考	最大	最小	最大	最小	最大	最小	最大	最小	最小	最大	最小	最大	最小
M5 ×0. 8	5. 48	4. 52	8. 8	3. 1	2. 5	1. 8	1. 0	11. 8	9. 8	3. 1	2. 5	1. 6	5. 48	4. 88	7. 75	6. 34
M6 ×1	6. 48	5. 52	10. 7	3. 6	3. 0	1. 9	1. 1	14. 2	12. 2	3. 6	3. 0	1. 9	6. 48	5. 88	9. 16	7. 64
M8 ×1. 25	8. 58	7. 42	12. 5	4. 8	4. 0	2. 2	1. 2	18. 0	15. 8	4. 8	4. 0	2. 5	8. 58	7. 85	12. 13	10. 20
M10 ×1. 5	10. 58	9. 42	15. 5	5. 8	5. 0	2. 5	1. 5	22. 3	19. 6	5. 8	5. 0	3. 2	10. 58	9. 85	14. 96	12. 80
M12 ×1. 75	12. 70	11. 30	19. 0	6. 8	6. 0	2. 8	1. 8	26. 6	23. 8	6. 8	6. 0	3. 8	12. 70	11. 82	17. 96	15. 37
M14 ×2	14. 70	13. 30	21. 9	7. 9	7. 0	3. 3	2. 1	30. 5	27. 6	7. 9	7. 0	4. 4	14. 70	13. 82	20. 79	17. 97
M16 ×2	16. 70	15. 30	25. 5	8. 9	8. 0	3. 6	2. 4	35. 0	31. 9	8. 9	8. 0	5. 0	16. 70	15. 82	23. 62	20. 57
M20 ×2. 5	20. 84	19. 16	31. 9	10. 9	10. 0	4. 2	3. 0	43. 0	39. 9	10. 9	10. 0	6. 3	20. 84	19. 79	29. 47	25. 73
M24 ×3	24. 84	23. 16	37. 9	13. 1	12. 0	5. 1	3. 6	51. 0	47. 6	13. 1	12. 0	7. 6	24. 84	23. 79	35. 13	30. 93

注：1. L_g 是控制螺纹长度 B 的测量夹持长度。

2. B 是基本螺纹长度，是参考尺寸（见表 7-59）。

3. 有关其他制造和验收规范，请参见 ANSI/ASME B18. 5. 2. 2M-1982，R2000。

表 7-56 **ANSI 重型六角头螺栓** ANSI B18.2.3.6M-1979（R2001） （单位：mm）

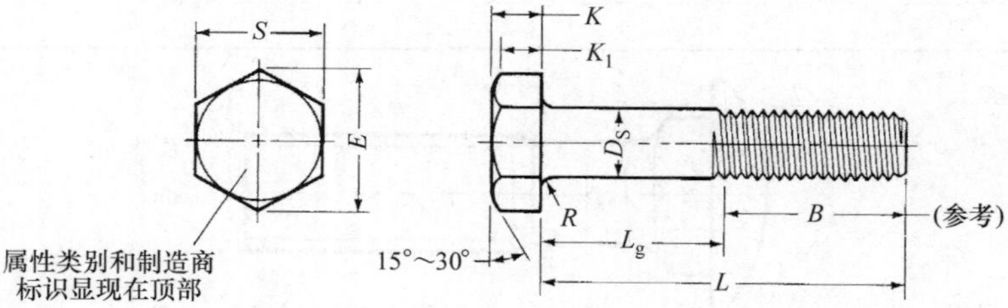

公称直径 D 和螺距	杆径 D_S		对面宽度 S		对角宽度 E		头高 K		扳手高度 K_1
	最大	最小	最大	最小	最大	最小	最大	最小	最小
M12×1.75	12.70	11.30	21.00	20.16	24.25	22.78	7.95	7.24	5.2
M14×2	14.70	13.30	24.00	23.16	27.71	26.17	9.25	8.51	6.2
M16×2	16.70	15.30	27.00	26.16	31.18	29.56	10.75	9.68	7.0
M20×2.5	20.84	19.16	34.00	33.00	39.26	37.29	13.40	12.12	8.8
M24×3	24.84	23.16	41.00	40.00	47.34	45.20	15.90	14.56	10.5
M30×3.5	30.84	29.16	50.00	49.00	57.74	55.37	19.75	17.92	13.1
M36×4	37.00	35.00	60.00	58.80	69.28	66.44	23.55	21.72	15.8

注：基本螺纹长度 B 与表 7-58 中给出的相同。对于其他制造和验收规范，应参考 ANSI B18.2.3.6M-1979，R2001 标准。

表 7-57 **ANSI 米制重型六角结构螺栓** ANSI B18.2.3.7M-1979（R2001）（单位：mm）

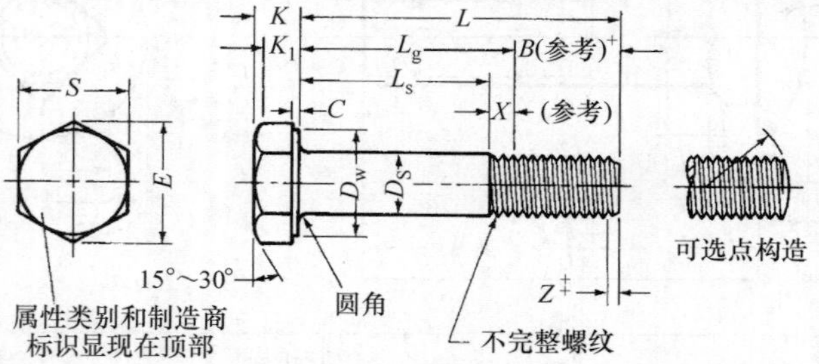

公称直径 D 和螺距	杆径 D_S		对面宽度 S		对角宽度 E		头高 K		扭转高度 K_1	垫圈表面直径 D_w	垫圈表面厚度 C		螺纹长度 B 长度 ≤100	螺纹长度 B 长度 >100	过渡螺纹长度 X
	最大	最小	最大	最小	最大	最小	最大	最小	最小	最小	最大	最小	基准		最大
M16×2	16.70	15.30	27.00	26.16	31.18	29.56	10.75	9.25	6.5	24.9	0.8	0.4	31	38	6.0
M20×2.5	20.84	19.16	34.00	33.00	39.26	37.29	13.40	11.60	8.1	31.4	0.8	0.4	36	43	7.5
M22×2.5	22.84	21.16	36.00	35.00	41.57	39.55	14.90	13.10	9.2	33.3	0.8	0.4	38	45	7.5
M24×3	24.84	23.16	41.00	40.00	47.34	45.20	15.90	14.10	9.9	38.0	0.8	0.4	41	48	9.0
M27×3	27.84	26.16	46.00	45.00	53.12	50.85	17.90	16.10	11.3	42.8	0.8	0.4	44	51	9.0
M30×3.5	30.84	29.16	50.00	49.00	57.74	55.37	19.75	17.65	12.4	46.5	0.8	0.4	49	56	10.5
M36×4	37.00	35.00	60.00	58.80	69.28	66.44	23.55	21.45	15.0	55.9	0.8	0.4	56	63	12.0

注：1. 基本螺纹长度 B 是参考尺寸。

2. 过渡螺纹长度 X 包括不完整螺纹长度以及夹持长度和杆长的公差，用于计算。

3. 有关其他制造和验收规范，请参考 ANSI B18.2.3.7M-1979（R2001）标准。

表 7-58 美国国家标准米制六角头螺栓 ANSI/ASME B18.2.3.5M（R2001）

（单位：mm）

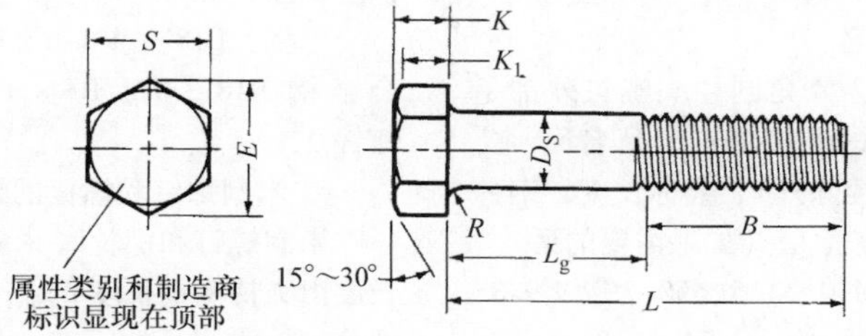

公称直径 D 和螺距	杆径 D_S		对面宽度 S		对角宽度 E		头高 K		扳手高度 K_1	螺纹长度		
										<125mm	125～200mm	>200mm
	最大	最小	最大	最小	最大	最小	最大	最小	最小	基本螺纹长度 B		
M5×0.8	5.48	4.52	8.00	7.64	9.24	8.63	3.58	3.35	2.4	16	22	35
M6×1	6.19	5.52	10.00	9.64	11.55	10.89	4.38	3.55	2.8	18	24	37
M8×1.25	8.58	7.42	13.00	12.57	15.01	14.20	5.68	5.10	3.7	22	28	41
M10×1.5	10.58	9.42	15.00	14.57	17.32	16.46	6.85	6.17	4.5	26	32	45
M10×1.5	10.58	9.42	16.00	15.57	18.48	17.59	6.85	6.17	4.5	26	32	45
M12×1.75	12.70	11.30	18.00	17.57	20.78	19.85	7.95	7.24	5.2	30	36	49
M14×2	14.70	13.30	21.00	20.16	24.25	22.78	9.25	8.51	6.2	34	40	53
M16×2	16.70	15.30	24.00	23.16	27.71	26.17	10.75	9.68	7.0	38	44	57
M20×2.5	20.84	19.16	30.00	29.16	34.64	32.95	13.40	12.12	8.8	46	52	65
M24×3	24.84	23.16	36.00	35.00	41.57	39.55	15.90	14.56	10.5	54	60	73
M30×3.5	30.84	29.16	46.00	45.00	53.12	50.55	19.75	17.92	13.1	66	72	85
M36×4	37.00	35.00	55.00	53.80	63.51	60.79	23.55	21.72	15.8	78	84	97
M42×4.5	43.00	41.00	65.00	62.90	75.06	71.71	27.05	25.03	18.2	90	96	109
M48×5	49.00	47.00	75.00	72.60	86.60	82.76	31.07	28.93	21.0	102	108	121
M56×5.5	57.20	54.80	85.00	82.20	98.15	93.71	36.20	33.80	24.5	—	124	137
M64×6	65.52	62.80	95.00	91.80	109.70	104.65	41.32	38.68	28.0	—	140	153
M72×6	73.84	70.80	105.00	101.40	121.24	115.60	46.45	43.35	31.5	—	156	169
M80×6	82.16	78.80	115.00	111.00	132.79	126.54	51.58	48.42	35.0	—	172	185
M90×6	92.48	88.60	130.00	125.50	150.11	143.07	57.74	54.26	39.2	—	192	205
M100×6	102.80	98.60	145.00	140.00	167.43	159.60	63.90	60.10	43.4	—	212	225

注：1. 基本螺纹长度 B 是参考尺寸。

2. 宽度为 15mm 的宽度尺寸不是标准尺寸。除非特别订购，否则将提供对面宽度为 16mm 的 M10 六角头螺栓。

3. 有关其他制造和验收规范，请参考 ANSI B18.2.3.5M-1979（R2001）标准。

3. 材料和力学性能

除非另有说明，钢制米制螺钉和螺栓，除了重型六角结构螺栓、六角木螺钉和内六角圆柱头螺钉之外，均符合 SAE J1199 或 ASTM F568 中规定的要求。钢制重型六角结构螺栓符合 ASTM A325M 或 ASTM A490M。合金钢内六角圆柱头螺钉符合 ASTM A574M，属性等级为 12.9，数字 12 代表最小抗拉强度的百分之几，单位为 MPa，小数位 9 近似于最小屈服应力与最小拉应力的比值，符合 ISO 指定的做法。其他材料的螺钉和螺栓以及所有六角木螺钉的材料均具有和买方及制造商一致的性质。

除了内六角圆柱头螺钉，米制螺钉和螺栓都具有自然（加工）的表面处理状态，除非另有规定，一般都未镀层或未涂层。

合金钢内六角圆柱头螺钉涂有油黑色氧化物涂层（热或化学），除非买方规定了保护性电镀或涂层。

4. 米制螺钉和螺栓标识符号

螺钉和螺栓通过头顶部的属性等级符号和制造商标识符号进行标识。

5. 米制螺钉和螺栓命名

米制螺钉和螺栓除了内六角圆柱头螺钉外都是按照下列数据命名，优选的顺序为：产品名称，公称直径和螺距（六角头螺栓除外），公称长度，钢种属性等级或材料识别，保护涂层（如果需要的话）。

示例：六角头螺钉，M10×1.5×50，等级9.8，镀锌重型六角结构螺栓。M24 × 3 × 80，ASTM A490M。

六角螺钉，6×35，硅青铜。

内六角圆柱头螺钉（米制）由以下数据按照所示顺序命名：ANSI标准号，公称尺寸，螺距，公称螺钉长度，产品名称（可缩写为SHCS），材料和性能等级（合金钢根据ASTM A574M规定，将螺钉提供到属性等级12.9，耐蚀钢螺钉根据ASTM F837M的属性等级和材料要求进行规定），如果需要，则提供防护涂层。

示例：B18.3.1M-6×1×20六套筒头帽角螺钉，合金钢 B18.3.1M-10 × 1.5 × 40，SHCS，合金钢镀锌。

6. 米制螺钉和螺栓的螺纹长度

米制螺钉和螺栓（米制木螺钉除外）上的螺纹长度由夹持测量长度 $L_{g\,max}$ 控制。这是平行于螺钉或螺栓的轴线测量的距离，从头部承压表面下方直到螺纹允许的由手工组装的直线或非沉头式标准GO螺纹环规的表面。计算和舍入为小数点后一位的最大夹持长度等于公称螺杆长度 L，减去基本螺纹长度 B，或者在内六角头螺钉的情况下减去最小螺纹长度 L_T。B 和 L_T 是仅用于计算目的的参考尺寸，分别见表7-59和表7-60。

表7-59 米制圆头方颈螺栓的基本螺纹长度 ANSI/ASME B18.5.2.2M-1982（R2000）

（单位：mm）

公称螺栓直径 D 和螺纹间距	螺栓长度 L			公称螺栓直径 D 和螺纹间距	螺栓长度 L		
	≤125	>125 且≤200	>200		≤125	>125 且≤200	>200
	基本螺纹长度 B				基本螺纹长度 B		
M5×0.8	16	22	35	M14×2	34	40	53
M6×1	18	24	37	M16×2	38	44	57
M8×1.25	22	28	41	M20×2.5	46	52	65
M10×1.5	26	32	45	M24×3	54	60	73
M12×1.75	30	36	49	—	—	—	—

注：基本螺纹长度 B 是仅用于计算的参考尺寸。

表7-60 内六角圆柱头螺钉（米制系列）——完整螺纹长度 ANSI/ASME B18.3.1M-1986（R2002）

公称尺寸	完整螺纹长度 L_T	公称尺寸	完整螺纹长度 L_T	公称尺寸	完整螺纹长度 L_T
M1.6	15.2	M6	24.0	M20	52.0
M2	16.0	M8	28.0	M24	60.0
M2.5	17.0	M10	32.0	M30	72.0
M3	18.0	M12	36.0	M36	84.0
M4	20.0	M14	40.0	M42	96.0
M5	22.0	M16	44.0	M48	108.0

夹持长度 L_G 等于螺钉长度 L 减去 L_T。螺纹总长 L_{TT} 等于 L_T 加上相应螺钉尺寸粗牙螺纹间距的5倍。杆长 L_B 等于 L 减去 L_{TT}。

六角螺钉的最小螺纹长度等于公称螺钉长度的一半加上12mm，或150mm，以较短者为准。这个公式适用的螺钉太短，应尽可能靠近头部。

7. 米制螺钉和螺栓的直径-长度组合

对于给定的直径，米制螺钉、成型六角螺钉、重型六角螺钉、六角凸缘螺钉和重型六角凸缘螺钉的推荐长度范围可以在表7-62中找到，表7-63中为重型六角结构螺栓，表7-61中为米制六角头螺钉，表7-64中为圆头方颈螺栓，表7-65为内六角圆柱头螺钉。六角头螺栓和重型六角头螺栓的直径-长度组合的建议并未在标准中给出。

尺寸为M5~M24的六角头螺栓和尺寸为M12~M24的重型六角头螺栓，仅在长度大于150mm或10D的情况下是标准尺寸，以较短者为准。当订购其中较短的长度尺寸时，通常会以六角螺钉来代替六角头螺栓，重型六角螺钉代替重型六角头螺栓。尺寸为M30或更大的六角头螺栓，尺寸为M30和M36的重型六角头螺栓均为标准配置；然而，根据制造商的选择，六角头螺钉可替代六角头螺栓和重型六角头螺栓用于任何直径-长度组合的重型六角头螺栓。

表 7-61　米制六角螺钉的推荐直径-长度组合 ANSI B18. 2. 3. 8M-1981（R2005）

（单位：mm）

公称长度 L	公称螺钉直径								公称长度 L	公称螺钉直径				
	5	6	8	10	12	16	20	24		10	12	16	20	24
8	•	—	—	—	—	—	—	—	90	•	•	•	•	•
10	•	•	—	—	—	—	—	—	100	•	•	•	•	•
12	•	•	•	—	—	—	—	—	110	—	•	•	•	•
14	•	•	•	—	—	—	—	—	120	—	•	•	•	•
16	•	•	•	•	—	—	—	—	130	—	—	•	•	•
20	•	•	•	•	•	—	—	—	140	—	—	•	•	•
25	•	•	•	•	•	•	—	—	150	—	—	•	•	•
30	•	•	•	•	•	•	•	—	160	—	—	•	•	•
35	•	•	•	•	•	•	•	•	180	—	—	—	•	•
40	•	•	•	•	•	•	•	•	200	—	—	—	•	•
45	•	•	•	•	•	•	•	•	220	—	—	—	—	•
50	•	•	•	•	•	•	•	•	240	—	—	—	—	•
60	—	•	•	•	•	•	•	•	260	—	—	—	—	•
70	—	—	•	•	•	•	•	•	280	—	—	—	—	•
80	—	—	•	•	•	•	•	•	300	—	—	—	—	•

注：推荐的直径-长度组合由符号 • 表示。

表 7-62　米制六角头螺钉、六角和重型六角螺钉、六角凸缘和重型六角凸缘螺钉的推荐直径-长度组合

（单位：mm）

公称长度①	中径										
	M5 ×0. 8	M6 ×1	M8 ×1. 25	M10 ×1. 5	M12 ×1. 75	M14 ×2	M16 ×2	M20 ×2. 5	M24 ×3	M30 ×3. 5	M36 ×4
8	•	—	—	—	—	—	—	—	—	—	—
10	•	•	—	—	—	—	—	—	—	—	—
12	•	•	•	—	—	—	—	—	—	—	—
14	•	•	•	•②	—	—	—	—	—	—	—
16	•	•	•	•	•②	•②	—	—	—	—	—
20	•	•	•	•	•	•	—	—	—	—	—
25	•	•	•	•	•	•	•	—	—	—	—
30	•	•	•	•	•	•	•	•	—	—	—
35	•	•	•	•	•	•	•	•	•	—	—
40	•	•	•	•	•	•	•	•	•	•	—
45	•	•	•	•	•	•	•	•	•	•	—
50	•	•	•	•	•	•	•	•	•	•	•
(55)	—	•	•	•	•	•	•	•	•	•	•
60	—	•	•	•	•	•	•	•	•	•	•
(65)	—	—	•	•	•	•	•	•	•	•	•
70	—	—	•	•	•	•	•	•	•	•	•
(75)	—	—	•	•	•	•	•	•	•	•	•
80	—	—	•	•	•	•	•	•	•	•	•
(85)	—	—	—	•	•	•	•	•	•	•	•
90	—	—	—	•	•	•	•	•	•	•	•
100	—	—	—	•	•	•	•	•	•	•	•
110	—	—	—	—	•	•	•	•	•	•	•
120	—	—	—	—	•	•	•	•	•	•	•
130	—	—	—	—	—	•	•	•	•	•	•
140	—	—	—	—	—	•	•	•	•	•	•
150	—	—	—	—	—	—	•	•	•	•	•
160	—	—	—	—	—	—	•	•	•	•	•
(170)	—	—	—	—	—	—	—	•	•	•	•
180	—	—	—	—	—	—	—	•	•	•	•
(190)	—	—	—	—	—	—	—	•	•	•	•
200	—	—	—	—	—	—	—	•	•	•	•
220	—	—	—	—	—	—	—	—	•	•	•
240	—	—	—	—	—	—	—	—	•	•	•
260	—	—	—	—	—	—	—	—	—	•	•
280	—	—	—	—	—	—	—	—	—	•	•
300	—	—	—	—	—	—	—	—	—	•	•

注：对于每种类型螺钉的可用直径，请参见相应的尺寸表。

① 不建议使用括号中的长度。六角螺钉、六角凸缘螺钉和重型六角凸缘螺钉的建议长度不能超过 150mm。重型六角螺钉的建议长度不能延伸到 20mm 以下。政府使用的标准尺寸，建议的直径长度组合由符号 • 表示。长度大于重交叉线的螺钉是完全螺纹。

② 不适用于六角凸缘螺钉和重型六角凸缘螺钉。

表 7-63 米制重型六角结构螺栓的推荐直径-长度组合 （单位：mm）

公称长度 L	公称直径和螺距						
	M16×2	M20×2.5	M22×2.5	M24×3	M27×3	M30×3.5	M36×4
45	•	—	—	—	—	—	—
50	•	•	—	—	—	—	—
55	•	•	•	—	—	—	—
60	•	•	•	•	—	—	—
65	•	•	•	•	•	—	—
70	•	•	•	•	•	•	—
75	•	•	•	•	•	•	—
80	•	•	•	•	•	•	•
85	•	•	•	•	•	•	•
90	•	•	•	•	•	•	•
95	•	•	•	•	•	•	•
100	•	•	•	•	•	•	•
110	•	•	•	•	•	•	•
120	•	•	•	•	•	•	•
130	•	•	•	•	•	•	•
140	•	•	•	•	•	•	•
150	•	•	•	•	•	•	•
160	•	•	•	•	•	•	•
170	•	•	•	•	•	•	•
180	•	•	•	•	•	•	•
190	•	•	•	•	•	•	•
200	•	•	•	•	•	•	•
210	•	•	•	•	•	•	•
220	•	•	•	•	•	•	•
230	•	•	•	•	•	•	•
240	•	•	•	•	•	•	•
250	•	•	•	•	•	•	•
260	•	•	•	•	•	•	•
270	•	•	•	•	•	•	•
280	•	•	•	•	•	•	•
290	•	•	•	•	•	•	•
300	•	•	•	•	•	•	•

注：推荐的直径-长度组合由符号•表示。长度值位于粗横线上的螺栓为全长螺纹。

表 7-64 米制圆头方颈螺栓的推荐直径-长度组合 （单位：mm）

公称长度 L	公称直径和螺距								
	M5×0.8	M6×1	M8×1.25	M10×1.5	M12×1.75	M14×2	M16×2	M20×2.5	M24×3
10	•	—	—	—	—	—	—	—	—
12	•	•	—	—	—	—	—	—	—
(14)	•	•	—	—	—	—	—	—	—
16	•	•	•	—	—	—	—	—	—
20	•	•	•	•	—	—	—	—	—
25	•	•	•	•	•	—	—	—	—
30	•	•	•	•	•	•	•	—	—
35	•	•	•	•	•	•	•	—	—
40	•	•	•	•	•	•	•	•	—
45	•	•	•	•	•	•	•	•	•
50	•	•	•	•	•	•	•	•	•
(55)	—	•	•	•	•	•	•	•	•
60	—	•	•	•	•	•	•	•	•
(65)	—	—	•	•	•	•	•	•	•
70	—	—	•	•	•	•	•	•	•
(75)	—	—	•	•	•	•	•	•	•
80	—	—	•	•	•	•	•	•	•
(85)	—	—	—	•	•	•	•	•	•
90	—	—	—	•	•	•	•	•	•
100	—	—	—	•	•	•	•	•	•
110	—	—	—	—	•	•	•	•	•
120	—	—	—	—	•	•	•	•	•
130	—	—	—	—	—	•	•	•	•
140	—	—	—	—	—	•	•	•	•
150	—	—	—	—	—	—	•	•	•
160	—	—	—	—	—	—	•	•	•
(170)	—	—	—	—	—	—	—	•	•
180	—	—	—	—	—	—	—	•	•
(190)	—	—	—	—	—	—	—	•	•
200	—	—	—	—	—	—	—	•	•
220	—	—	—	—	—	—	—	—	•
240	—	—	—	—	—	—	—	—	•

注：1. 长度值位于粗横线上的螺栓为全长螺纹。( ) 中的长度不推荐。

2. 建议的直径-长度组合由符号•表示。政府使用的标准尺寸。

表 7-65 内六角圆柱头螺钉的直径-长度组合（米制系列） （单位：mm）

公称长度 L	公称尺寸													
	M1.6	M2	M2.5	M3	M4	M5	M6	M8	M10	M12	M14	M16	M20	M24
20	•	•												
25	•	•	•	•										
30	•	•	•	•	•									
35	—	•	•	•	•	•	•							
40	—	•	•	•	•	•	•							
45	—	—	•	•	•	•	•	•						
50	—	—	•	•	•	•	•	•	•					
55	—	—	—	•	•	•	•	•	•					
60	—	—	—	•	•	•	•	•	•	•				
65	—	—	—	•	•	•	•	•	•	•	•			
70	—	—	—	—	•	•	•	•	•	•	•	•		
80	—	—	—	—	•	•	•	•	•	•	•	•		
90	—	—	—	—	—	•	•	•	•	•	•	•	•	
100	—	—	—	—	—	•	•	•	•	•	•	•	•	•
110	—	—	—	—	—	—	•	•	•	•	•	•	•	•
120	—	—	—	—	—	—	•	•	•	•	•	•	•	•
130	—	—	—	—	—	—	—	•	•	•	•	•	•	•
140	—	—	—	—	—	—	—	•	•	•	•	•	•	•
150	—	—	—	—	—	—	—	•	•	•	•	•	•	•
160	—	—	—	—	—	—	—	•	•	•	•	•	•	•
180	—	—	—	—	—	—	—	—	•	•	•	•	•	•
200	—	—	—	—	—	—	—	—	•	•	•	•	•	•
220	—	—	—	—	—	—	—	—	—	•	•	•	•	•
240	—	—	—	—	—	—	—	—	—	•	•	•	•	•
260	—	—	—	—	—	—	—	—	—	—	•	•	•	•
300	—	—	—	—	—	—	—	—	—	—	—	•	•	•

注：长度值位于粗横线上的螺钉为全长螺纹。直径-长度组合由符号 • 表示。政府使用的标准尺寸。除了表中所示的长度之外，以下长度是标准的：3mm、4mm、5mm、6mm、8mm、10mm、12mm 和 16mm。在这些长度的标准中没有给出直径-长度的组合。长度等于或小于 L_{TT} 的 M24 螺钉为螺纹全长。

表 7-66 美国国家标准凹头螺钉米制系列 ANSI/ASME B18.3.1M-1986（R2002）

（单位：mm）

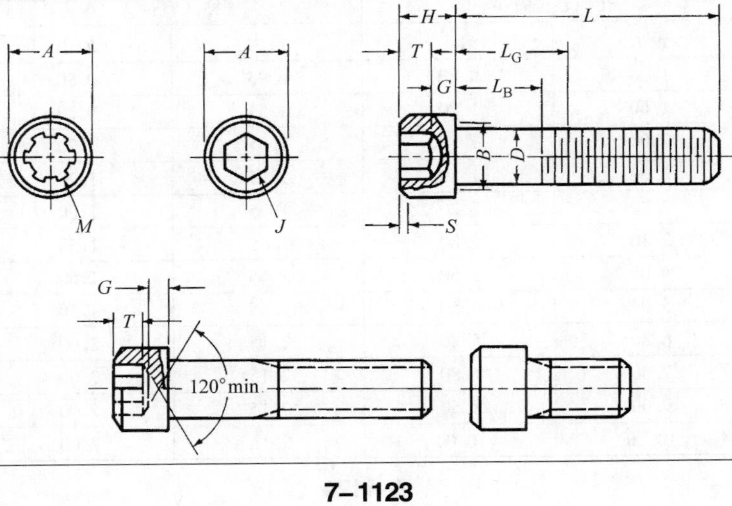

（续）

公称尺寸和螺距	杆径 D		头部高度 A		头部高度 H		倒角或半径 S	六角圆柱头尺寸 J	六角花键头尺寸 M	关键配合 T	过渡直径 B
	最大	最小	最大	最小	最大	最小	最大	公称	公称	最小	最大
M1.6×0.35	1.60	1.46	3.00	2.87	1.60	1.52	0.16	1.5	1.829	0.80	2.0
M2×0.4	2.00	1.86	3.80	3.65	2.00	1.91	0.20	1.5	1.829	1.00	2.6
M2.5×0.45	2.50	2.36	4.50	4.33	2.50	2.40	0.25	2.0	2.438	1.25	3.1
M3×0.5	3.00	2.86	5.50	5.32	3.00	2.89	0.30	2.5	2.819	1.50	3.6
M4×0.7	4.00	3.82	7.00	6.80	4.00	3.88	0.40	3.0	3.378	2.00	4.7
M5×0.8	5.00	4.82	8.50	8.27	5.00	4.86	0.50	4.0	4.648	2.50	5.7
M6×1	6.00	5.82	10.00	9.74	6.00	5.85	0.60	5.0	5.486	3.00	6.8
M8×1.25	8.00	7.78	13.00	12.70	8.00	7.83	0.80	6.0	7.391	4.00	9.2
M10×1.5	10.00	9.78	16.00	15.67	10.00	9.81	1.00	8.0	—	5.00	11.2
M12×1.75	12.00	11.73	18.00	17.63	12.00	11.79	1.20	10.0	—	6.00	14.2
M14×2	14.00	13.73	21.00	20.60	14.00	13.77	1.40	12.0	—	7.00	16.2
M16×2	16.00	15.73	24.00	23.58	16.00	15.76	1.60	14.0	—	8.00	18.2
M20×2.5	20.00	19.67	30.00	29.53	20.00	19.73	2.00	17.0	—	10.00	22.4
M24×3	24.00	23.67	36.00	35.48	24.00	23.70	2.40	19.0	—	12.00	26.4
M30×3.5	30.00	29.67	45.00	44.42	30.00	29.67	3.00	22.0	—	15.00	33.4
M36×4	36.00	35.61	54.00	53.37	36.00	35.64	3.60	27.0	—	18.00	39.4
M42×4.5	42.00	41.61	63.00	62.31	42.00	41.61	4.20	32.0	—	21.00	45.6
M48×5	48.00	47.61	72.00	71.27	48.00	47.58	4.80	36.0	—	24.00	52.6

注：1. M14×2 尺寸不推荐用于新设计。

2. L_G是夹持长度，L_B是杆长。

3. 有关其他制造和验收规范，请参见 ANSI/ASME B18.3.1M。

米制内六角头螺钉的钻孔头尺寸见表 7-67。

表 7-67 米制内六角头螺钉的钻孔头尺寸 （单位：mm）

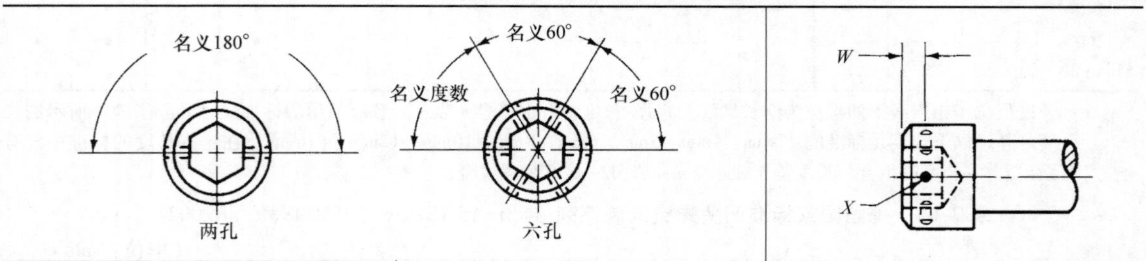

公称尺寸或基本螺钉直径	孔中心位置 W		钻孔直径 X		孔对准检查栓直径
	最大	最小	最大	最小	基准
M3	1.20	0.80	0.95	0.80	0.75
M4	1.60	1.20	1.35	1.20	0.90
M5	2.00	1.50	1.35	1.20	0.90
M6	2.30	1.80	1.35	1.20	0.90
M8	2.70	2.20	1.35	1.20	0.90
M10	3.30	2.80	1.65	1.50	1.40
M12	4.00	3.50	1.65	1.50	1.40
M16	5.00	4.50	1.65	1.50	1.40
M20	6.30	5.80	2.15	2.00	1.80
M24	7.30	6.80	2.15	2.00	1.80
M30	9.00	8.50	2.15	2.00	1.80
M36	10.50	10.00	2.15	2.00	1.80

钻孔头米制内六角圆柱头螺钉通常不能使用小于 M3 或大于 M36 的螺钉尺寸。M3 和 M4 公称螺钉尺寸有 2 个间隔 180°的钻孔。M5 及更大的公称螺钉尺寸有 6 个间隔 60°的钻孔，除非买方指定需要 2 个钻孔。圆柱头相对面的孔定位应该使得孔对中检查塞完全通过头部而没有任何的偏转。当采购方指定时，头部外侧表面上的孔边缘将被倒角 45°，深度为 0.30 ~ 0.50mm。

7.3.2　米制螺母

涵盖米制螺母的美国国家标准通过与国防部合作制订，可以用于政府的采购。关于这些螺母的信息由下文给出，但是对于更完整的制造和验收规范，应参考各自的标准，这些标准可由美国国家标准协会（25 West 43rd Street, New York, N. Y. 10036）获得。请咨询制造商有关库存生产的物品和尺寸。

1. 与国际标准的比较

美国国家标准的米制螺母已经尽可能地与可比较的 ISO 标准或建议标准进行了协调，因此，ANSI B18. 2. 4. 1M 米制六角螺母，样式 1 与 ISO 4032；B18. 2. 4. 2M 米制六角螺母，样式 2 与 ISO 4033；B18. 2. 4. 4M 米制六角凸缘螺母与 ISO 4161；B18. 2. 4. 5M 米制六角螺母与 ISO 4035；B18. 2. 4. 3M 米制开口六角螺母，B18. 2. 4. 6M M12 ~ M36 型米制重六角螺母以及 B18. 16. 3M 现行扭矩型钢米制六角螺母和六角凸缘螺母，具有可比较的 ISO 标准草案。每个 ANSI 标准与可比较的 ISO 标准或标准草案之间的尺寸差异非常小，也不会影响制造符合其要求的螺母的互换性。

美国国家标准凹头螺钉的内六角和内花键-米制系列见表 7-68。

表 7-68　美国国家标准凹头螺钉的内六角和内花键-米制系列 ANSI/ASME B18. 3. 1. M-1986（R2002）

（单位：mm）

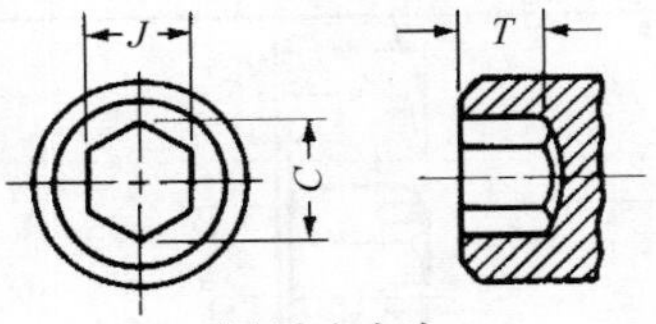

米制内六角头

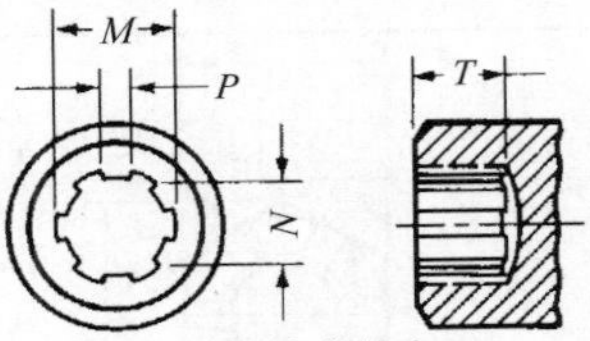

米制内花键头

公称六角沉头尺寸	沉头对面宽度 J		沉头对角宽度 C	公称六角沉头尺寸	沉头对面宽度 J		沉头对角宽度 C
米制内六角头							
1.5	1. 545	1. 520	1. 73	12	12. 146	12. 032	13. 80
2	2. 045	2. 020	2. 30	14	14. 159	14. 032	16. 09
2. 5	2. 560	2. 520	2. 87	17	17. 216	17. 050	19. 56
3	3. 071	3. 020	3. 44	19	19. 243	19. 065	21. 87
4	4. 084	4. 020	4. 58	22	22. 319	22. 065	25. 31
5	5. 084	5. 020	5. 72	24	24. 319	24. 065	27. 60
6	6. 095	6. 020	6. 86	27	27. 319	27. 065	31. 04
8	8. 115	8. 025	9. 15	32	32. 461	32. 080	36. 80
10	10. 127	10. 025	11. 50	36	36. 461	36. 080	41. 38

米制内花键头①

公称花键头尺寸	沉头主直径 M		沉头小直径 N		牙宽 P	
1. 829	1. 8796	1. 8542	1. 6256	1. 6002	0. 4064	0. 3810
2. 438	2. 4892	2. 4638	2. 0828	2. 0320	0. 5588	0. 5334
2. 819	2. 9210	2. 8702	2. 4892	2. 4384	0. 6350	0. 5842
3. 378	3. 4798	3. 4290	2. 9972	2. 9464	0. 7620	0. 7112
4. 648	4. 7752	4. 7244	4. 1402	4. 0894	0. 9906	0. 9398
5. 486	5. 6134	5. 5626	4. 8260	4. 7752	1. 2700	1. 2192
7. 391	7. 5692	7. 5184	6. 4516	6. 4008	1. 7272	2. 6764

① 表中的尺寸是直接从美国国家标准圆柱头内六角，轴肩和紧固螺钉-寸制系列 ANSI B18. 3 中相等的寸制内花键头尺寸转换来的。因此，在其中显示的花键扳手和扳手头适用于扳扭相应尺寸的米制内花键圆柱头。

在1977年5月的瓦尔纳会议中，ISO/TC2工作组研究了数个分析影响六角头螺栓、螺钉和螺母最佳对面宽度系列的设计要素的技术报告。一个首要的技术目标就是达到螺栓头（螺母）下的承压面面积（它决定了作用在螺栓连接原件上压缩应力的幅值）与螺纹拉紧应力面积（它决定了通过紧固固定件就能增加的夹紧力大小）合理的比率。在ANSI标准中的对面宽度系列与被ISO/TC2工作组选定纳入ISO标准的系列一致。

对于米制六角螺母的类型1和2、米制开槽六角螺母（见表7-69）、米制六角锁紧螺母以及米制预置扭矩六角螺母的对面宽度的一个例外是M10的规格。目前在美国生产的具有M10规格的螺母其对面宽度为15mm，然而这个宽度不是ISO标准尺寸，具有15mm对面宽度的M10的螺母除非定制，否则最终供货的M10规格螺母的对面宽度为16mm。

在ANSI标准的米制螺母中，指定尺寸特性的字母符号与ISO标准中使用的符号一致，主要区别在于，ANSI标准为了数据方便，用大写字母替代了ISO标准中的小写字母。

2. 米制螺母顶部和承压面

米制六角螺母、样式1和样式2、尺寸为M16及以下的开槽六角螺母和六角锁紧螺母是双重倒角，尺寸在M20及以上的可以是双面倒角，可以是承压面倒角，也可以是制造商根据需要选择顶部倒角，见表7-70。米制重六角螺母在所有尺寸上是可选的。米制六角凸缘螺母具有凸缘轴承表面和顶部倒角，扭矩型米制六角凸缘螺母具有凸缘轴承表面，见表7-71。所有类型的米制螺母在承载面上都有螺纹孔，米制开槽螺母、六角凸缘螺母、预置扭矩型六角螺母和六角凸缘螺母可能在顶部沉头。

表7-69 美国国家标准米制开槽六角螺母 ANSI B18.2.4.3M-1979（R2001）

（单位：mm）

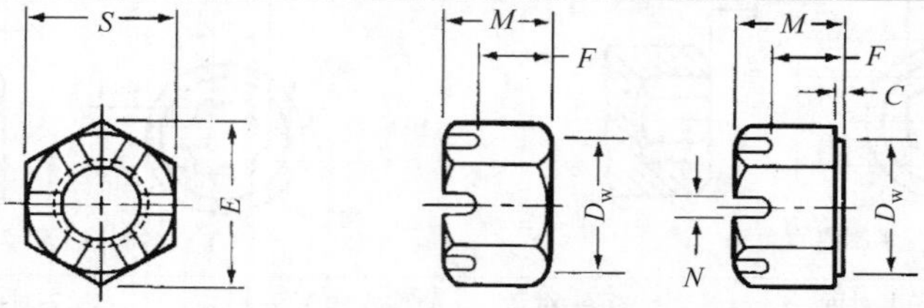

螺纹规格×螺距	对面宽度 S		对角宽度 E		厚度 M		承压面直径 D_w	无槽厚度 F		开槽宽度 N		垫圈面厚度 C	
	最大	最小	最大	最小	最大	最小	最小	最大	最小	最大	最小	最大	最小
M5×0.8	8.00	7.78	9.24	8.79	5.10	4.80	6.9	3.2	2.9	2.0	1.4	—	—
M6×1	10.00	9.78	11.55	11.05	5.70	5.40	8.9	3.5	3.2	2.4	1.8	—	—
M8×1.25	13.00	12.73	15.01	14.38	7.50	7.14	11.6	4.4	4.1	2.9	2.3	—	—
M10×1.5①	15.00	14.73	17.32	16.64	10.0	9.6	13.6	5.7	5.4	3.4	2.8	0.6	0.3
M10×1.5	16.00	15.73	18.48	17.77	9.30	8.94	14.6	5.2	4.9	3.4	2.8	—	—
M12×1.75	18.00	17.73	20.78	20.03	12.00	11.57	16.6	7.3	6.9	4.0	3.2	—	—
M14×2	21.00	20.67	24.25	23.35	14.10	13.40	19.6	8.6	8.0	4.3	3.5	—	—
M16×2	24.00	23.67	27.71	26.75	16.40	15.70	22.5	9.9	9.3	5.3	4.5	—	—
M20×2.5	30.00	29.16	34.64	32.95	20.30	19.00	27.7	13.3	12.2	5.7	4.5	0.8	0.4
M24×3	36.00	35.00	41.57	39.55	23.90	22.60	33.2	15.4	14.3	6.7	5.5	0.8	0.4
M30×3.5	46.00	45.00	53.12	50.85	28.60	27.30	42.7	18.1	16.8	8.5	7.0	0.8	0.4
M36×4	55.00	53.80	63.51	60.79	34.70	33.10	51.1	23.7	22.4	8.5	7.0	0.8	0.4

① 头部对面宽度为15mm并非标准件，除非特别声明应用，否则，将使用宽度为16mm的M10六角开槽螺母代替使用。

3. 材料力学性能

未经热处理的碳素钢标准六角螺母，样式1和开槽六角螺母符合5级螺母规定的材料和属性等级要求；六角螺母，样式2和六角凸缘螺母，属于9级螺母；六角锁紧螺母属于04级螺母，未经热处理的碳素钢和合金钢重六角螺母属于5、9、8S或8S3级螺母；以上全部如ASTM A563M标准所述。碳素钢米制六角螺母，样式1和具有特殊热处理的开槽六角螺母符合10级螺母；六角螺母，样式2属于12级螺母；六角锁紧螺母属于05级螺母；六角凸缘螺母属于等级 10 和 12 螺母；碳素钢或合金钢重六角螺母属性等级为 10S、10S3 或 12 级螺母，以上均符合 ASTM A563M 的要求。碳素钢扭矩型六角螺母和六角凸缘螺母符合 ANSI B18.16.1M 中给出的力学性能等级要求。

表 7-70 美国国家标准米制六角螺母，样式 1 和 2 ANSI/ASME B18.2.4.1M-2002 和 B18.2.4.2M-2005

（单位：mm）

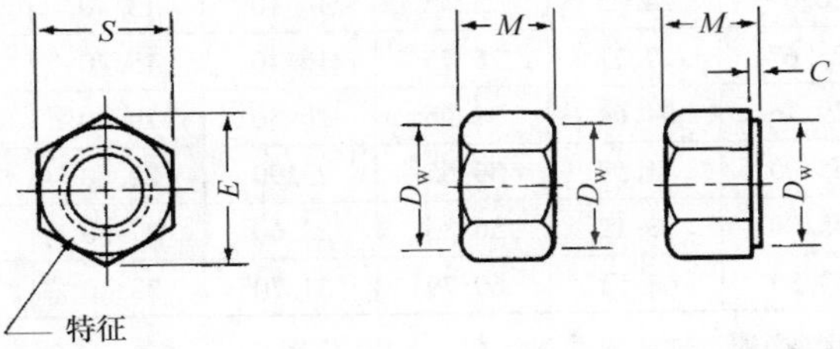

螺纹规格×螺距	对面宽度[①] S		对角宽度[②] E		厚度[③] M		承压面直径[④] D_w	垫圈面直径[④] C	
	最大	最小	最大	最小	最大	最小	最小	最大	最小
标准六角螺母 — 样式 1									
M1.6×0.35	3.20	3.02	3.70	3.41	1.30	1.05	2.3	—	—
M2×0.4	4.00	3.82	4.62	4.32	1.60	1.35	3.1	—	—
M2.5×0.45	5.00	4.82	5.77	5.45	2.00	1.75	4.1	—	—
M3×0.5	5.50	5.32	6.35	6.01	2.40	2.15	4.6	—	—
M3.5×0.6	6.00	5.82	6.93	6.58	2.80	2.55	5.1	—	—
M4×0.7	7.00	6.78	8.08	7.66	3.20	2.90	6.0	—	—
M5×0.8	8.00	7.78	9.24	8.79	4.70	4.40	7.0	—	—
M6×1	10.00	9.78	11.55	11.05	5.20	4.90	8.9	—	—
M8×1.25	13.00	12.73	15.01	14.38	6.80	6.44	11.6	—	—
M10×1.5[⑤]	**15.00**	**14.73**	**17.32**	**16.64**	**9.1**	**8.7**	**13.6**	**—**	**—**
M10×1.5[⑥]	16.00	15.73	18.48	17.77	8.40	8.04	14.6	—	—
M12×1.75	18.00	17.73	20.78	20.03	10.80	10.37	16.6	—	—
M14×2	21.00	20.67	24.25	23.36	12.80	12.10	19.4	—	—
M16×2	24.00	23.67	27.71	26.75	14.80	14.10	22.4	—	—
M20×2.5	30.00	29.16	34.64	32.95	18.00	16.90	27.9	0.8	0.4
M24×3	36.00	35.00	41.57	39.55	21.50	20.20	32.5	0.8	0.4
M30×3.5	46.00	45.00	53.12	50.85	25.60	24.30	42.5	0.8	0.4
M36×4	55.00	53.80	63.51	60.79	31.00	29.40	50.8	0.8	0.4
标准六角螺母 — 样式 2									
M3×0.5	5.50	5.32	6.35	6.01	2.90	2.65	4.6	—	—
M3.5×0.6	6.00	5.82	6.93	6.58	3.30	3.00	5.1	—	—
M4×0.7	7.00	6.78	8.08	7.66	3.80	3.50	5.9	—	—
M5×0.8	8.00	7.78	9.24	8.79	5.10	4.80	6.9	—	—
M6×1	10.00	9.78	11.55	11.05	5.70	5.40	8.9	—	—
M8×1.25	13.00	12.73	15.01	14.38	7.50	7.14	11.6	—	—
M10×1.5[⑤]	**15.00**	**14.73**	**17.32**	**16.64**	**10.0**	**9.6**	**13.6**	**—**	**—**
M10×1.5[⑥]	16.00	15.73	18.48	17.77	9.30	8.94	14.6	—	—
M12×1.75	18.00	17.73	20.78	20.03	12.00	11.57	16.6	—	—

（续）

螺纹规格×螺距	对面宽度① S		对角宽度② E		厚度③ M		承压面直径④ D_w	垫圈面直径④ C	
	最大	最小	最大	最小	最大	最小	最小	最大	最小
标准六角螺母 — 样式2									
M14×2	21.00	20.67	24.25	23.35	14.10	13.40	19.6	—	—
M16×2	24.00	23.67	27.71	26.75	16.40	15.70	22.5	—	—
M20×2.5	30.00	29.16	34.64	32.95	20.30	19.00	27.7	0.8	0.4
M24×3	36.00	35.00	41.57	39.55	23.90	22.60	33.2	0.8	0.4
M30×3.5	46.00	45.00	53.12	50.85	28.60	27.30	42.7	0.8	0.4
M36×4	55.00	53.80	63.51	60.79	34.70	33.10	51.1	0.8	0.4

① 对面宽度是指螺母两个相对面通过轴线的垂直距离。
② 对角宽度可以通过倒角或倒圆角的方式调整。
③ 螺母厚度应为从螺母顶部到承压面平行于螺母轴线的距离，并包括垫圈表面的厚度。
④ M16 和更小的螺母应双面倒角，M20 以及更大的螺母可以在两个面同时倒角，也可以在垫圈处的承压面和顶部做倒角处理。
⑤ 以粗体显示的尺寸是 ISO 4032 标准的补充或不同之处。
⑥ 当需要 M10 六角螺母时，除非特别指定对面宽度为 15mm，否则应使用 16mm 宽度的螺栓代替。

表 7-71 美国标准米制六角凸缘螺母 ANSI B18.2.4.4M-1982（R1999）（单位：mm）

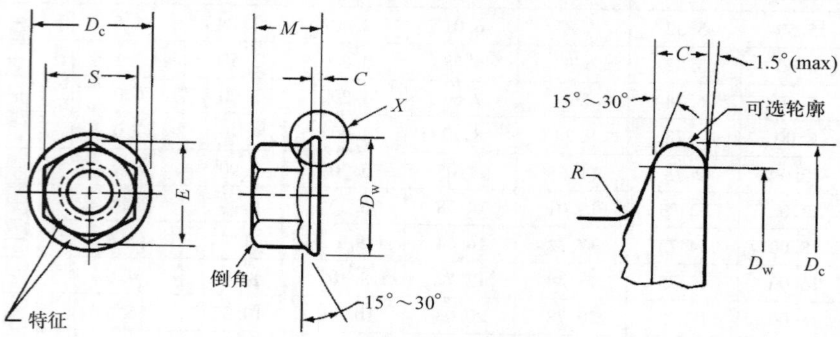

螺纹规格×螺距	对面宽度 S		对角宽度 E		凸缘直径 D_c	承压面直径 D_w	凸缘边缘厚度 C	厚度 M		凸缘顶部圆角半径 R
	最大	最小	最大	最小	最大	最小	最小	最大	最小	最大
M5×0.8	8.00	7.78	9.24	8.79	11.8	9.8	1.0	5.00	4.70	0.3
M6×1	10.00	9.78	11.55	11.05	14.2	12.2	1.1	6.00	5.70	0.4
M8×1.25	13.00	12.73	15.01	14.38	17.9	15.8	1.2	8.00	7.60	0.5
M10×1.5	15.00	14.73	17.32	16.64	21.8	19.6	1.5	10.00	9.60	0.6
M12×1.75	18.00	17.73	20.78	20.03	26.0	23.8	1.8	12.00	11.60	0.7
M14×2	21.00	20.67	24.25	23.35	29.9	27.6	2.1	14.00	13.30	0.9
M16×2	24.00	23.67	27.71	26.75	34.5	31.9	2.4	16.00	15.30	1.0
M20×2.5	30.00	29.16	34.64	32.95	42.8	39.9	3.0	20.00	18.90	1.2

其他材料的标准米制螺母，如不锈钢、黄铜、青铜和铝合金，需要制造商和使用者协调制定。ASTM F467M（美国材料与试验协会制定的普通有色金属螺母标准规格）涵盖了几种等级的有色金属材

料的螺母的性能。

在标准米制螺母中，除非另有说明，如镀层或涂层等要求，否则，螺母表面保持有原本（未处理）金属材料的属性。

4. 米制螺母螺纹系列

米制螺母包括米制粗牙螺纹，符合 ANSI B1.13M 的 6H 公差等级。对于普通扭矩型米制螺母，该条件适用于引入当前扭矩特征之前。用于外螺纹紧固件的螺母，该外螺纹紧固件因镀层或涂层增加了厚度（如热浸镀锌），此时需要回攻螺母螺纹以允许组装，且符合 ASTM A563M 规定要求。

5. 普通米制预置扭矩型螺母的类型

普通预置扭矩型螺母有三种基本设计：

1）全金属单体结构螺母，从螺母螺纹和（或）整体的受控变形中得出其预置扭矩特性。

2）金属螺母，通过非金属嵌入件，插头或贴片在其螺纹中的加入或熔合而获得其预置扭矩特性。

3）顶部嵌入件，两件式结构螺母，其从嵌入件（通常为非金属材料的整个环）获得其预置扭矩特性，其位于并保持在其顶部表面的螺母中。

前两种设计在表 7-74 和表 7-72 中被指定为“全金属”类型，第三种设计被称为“顶部嵌入”型。

表 7-72　美国国家标准普通扭矩米制六角凸缘螺母 ANSI B18.16.3M-1998（单位：mm）

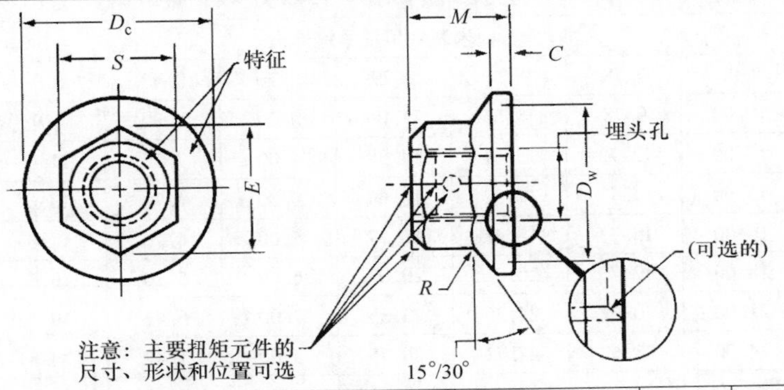

螺纹规格×螺距	对面宽度 S		对角宽度 E		全金属型①		顶部嵌入类型		凸缘直径 D_c	承压面直径 D_w	凸缘边缘厚度 C	凸缘顶部圆半径 R
					厚度 M（适用于所有螺母）							
	最大	最小	最大	最小	最大	最小	最大	最小	最大	最小	最小	最大
M6×1	10.00	9.78	11.55	11.05	7.30	5.70	8.80	8.00	14.2	12.2	1.1	0.4
M8×1.25	13.00	12.73	15.01	14.38	9.40	7.60	10.70	9.70	17.9	15.8	1.2	0.5
M10×1.5	15.00	14.73	17.32	16.64	11.40	9.60	13.50	12.50	21.8	19.6	1.5	0.6
M12×1.75	18.00	17.73	20.78	20.03	13.80	11.60	16.10	15.10	26.0	23.8	1.8	0.7
M14×2	21.00	20.67	24.25	23.35	15.90	13.30	18.20	17.00	29.9	27.6	2.1	0.9
M16×2	24.00	23.67	27.71	26.75	18.30	15.30	20.30	19.10	34.5	31.9	2.4	1.0
M20×2.5	30.00	29.16	34.64	32.95	22.40	18.90	24.80	23.50	42.8	39.9	3.0	1.2

① 包括金属螺母以及在其螺纹中带有非金属嵌件，插头或贴片。

6. 米制螺母的识别符号

碳素钢六角螺母、样式 1 和 2、六角凸缘螺母、碳素钢和高强度合金钢六角螺母，制造厂商的生产和等级标记应符合 ASTM A563M 的规定。如果由别的材料制成的螺母以及开槽螺母、薄型螺母等非常规螺母，此类螺母的制造和等级标记应由采购商和制造商协商制定。碳素钢主流扭矩型六角螺母和六角凸缘螺母的生产和等级标记应符合 ANSI B18.16.1M 的规定，其他材料的预置扭矩螺母由制造商和购买者自主确定。

7. 米制螺母命名

米制螺母由以下数据命名，优选按照所示顺序：产品名称，公称直径和螺距，钢性能等级或材料标识，必要时的保护涂层。注意：当螺母是米制粗牙螺纹系列时，ISO 标准中通常的做法是从产品名称中省略螺距，例如 M10 代表 M10×1.5。

示例：六角螺母，样式 1，M10×1.5，ASTM A563M 等级 10，镀锌重六角螺母。

M20×2.5，硅青铜，ASTM F467，等级 651。

开槽六角螺母，M20，ASTM A563M 等级 10。

表 7-73 美国国家标准米制六角锁紧螺母和重型六角螺母 ANSI B18. 2. 4. 5M-1979（R2003）和 B18. 2. 4. 6M-1979（R2003）

（单位：mm）

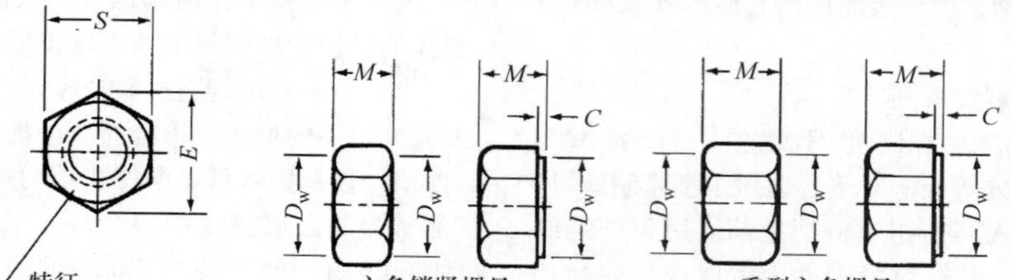

六角锁紧螺母　　重型六角螺母

螺纹规格×螺距	对面宽度 S		对角宽度 E		厚度 M		承压面直径 D_w	垫圈面直径 C	
	最大	最小	最大	最小	最大	最小	最小	最大	最小
米制六角锁紧螺母									
M5 ×0. 8	8. 00	7. 78	9. 24	8. 79	2. 70	2. 45	6. 9	—	—
M6 ×1	10. 00	9. 78	11. 55	11. 05	3. 20	2. 90	8. 9	—	—
M8 ×1. 25	13. 00	12. 73	15. 01	14. 38	4. 00	3. 70	11. 6	—	—
M10 ×1. 5①	15. 00	14. 73	17. 32	16. 64	5. 00	4. 70	13. 6	—	—
M10 ×1. 5	16. 00	15. 73	18. 48	17. 77	5. 00	4. 70	14. 6	—	—
M12 ×1. 75	18. 00	17. 73	20. 78	20. 03	6. 00	5. 70	16. 6	—	—
M14 ×2	21. 00	20. 67	24. 25	23. 35	7. 00	6. 42	19. 6	—	—
M16 ×2	24. 00	23. 67	27. 71	26. 75	8. 00	7. 42	22. 5	—	—
M20 ×2. 5	30. 00	29. 16	34. 64	32. 95	10. 00	9. 10	27. 7	0. 8	0. 4
M24 ×3	36. 00	35. 00	41. 57	39. 55	12. 00	10. 90	33. 2	0. 8	0. 4
M30 ×3. 5	46. 00	45. 00	53. 12	50. 85	15. 00	13. 90	42. 7	0. 8	0. 4
M36 ×4	55. 00	53. 80	63. 51	60. 79	18. 00	16. 90	51. 1	0. 8	0. 4
重型六角螺母									
M12 ×1. 75	21. 00	20. 16	24. 25	22. 78	12. 3	11. 9	19. 2	0. 8	0. 4
M14 ×2	24. 00	23. 16	27. 71	26. 17	14. 3	13. 6	22. 0	0. 8	0. 4
M16 ×2	27. 00	26. 16	31. 18	29. 56	17. 1	16. 4	24. 9	0. 8	0. 4
M20 ×2. 5	34. 00	33. 00	39. 26	37. 29	20. 7	19. 4	31. 4	0. 8	0. 4
M22 ×2. 5	36. 00	35. 00	41. 57	39. 55	23. 6	22. 3	33. 3	0. 8	0. 4
M24 ×3	41. 00	40. 00	47. 34	45. 20	24. 2	22. 9	38. 0	0. 8	0. 4
M27 ×3	46. 00	45. 00	53. 12	50. 85	27. 6	26. 3	42. 8	0. 8	0. 4
M30 ×3. 5	50. 00	49. 00	57. 74	55. 37	30. 7	29. 1	46. 6	0. 8	0. 4
M36 ×4	60. 00	58. 80	69. 28	66. 44	36. 6	35. 0	55. 9	0. 8	0. 4
M42 ×4. 5	70. 00	67. 90	80. 83	77. 41	42. 0	40. 4	64. 5	1. 0	0. 5
M48 ×5	80. 00	77. 60	92. 38	88. 46	48. 0	46. 4	73. 7	1. 0	0. 5
M56 ×5. 5	90. 00	87. 20	103. 92	99. 41	56. 0	54. 1	82. 8	1. 0	0. 5
M64 ×6	100. 00	96. 80	115. 47	110. 35	64. 0	62. 1	92. 0	1. 0	0. 5
M72 ×6	110. 00	106. 40	127. 02	121. 30	72. 0	70. 1	101. 1	1. 2	0. 6
M80 ×6	120. 00	116. 00	138. 56	132. 24	80. 0	78. 1	110. 2	1. 2	0. 6
M90 ×6	135. 00	130. 50	155. 88	148. 77	90. 0	87. 8	124. 0	1. 2	0. 6
M100 ×6	150. 00	145. 00	173. 21	165. 30	100. 0	97. 8	137. 8	1. 2	0. 6

① 宽度为 15mm 并非标准件，除非特别声明应用，否则，将使用宽度为 16mm 的 M10 六角沟槽螺母替代使用。

表 7-74　美国国家标准预置扭矩米制六角螺母-性能等级 5、9 和 10 ANSI/ASME B18.16.3M-1998

（单位：mm）

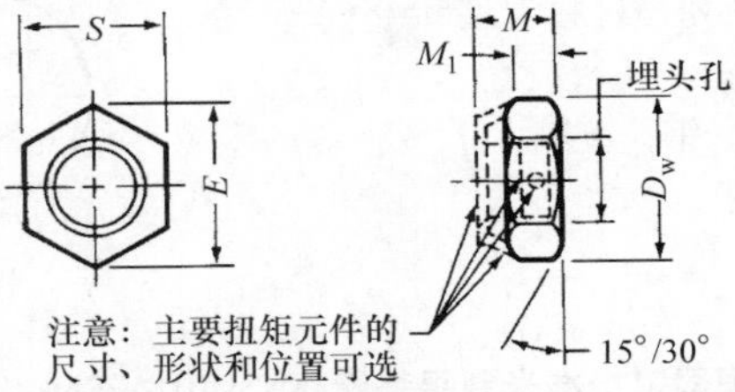

螺纹规格×螺距	对面宽度 S		对角宽度 E		等级 5 和等级 10				等级 9				等级		承压面直径 D_w
					所有材质①		顶部嵌入类型		所有材质		顶部嵌入类型		5、10	9	
					厚度 M								倒角高度 M_1		
	最大	最小	最大	最小	最大	最小	最大	最小	最大	最小	最大	最小	最小	最小	最小
M3×0.5	5.50	5.32	6.35	6.01	3.10	2.65	4.50	3.90	3.10	2.65	4.50	3.90	1.4	1.4	4.6
M3.5×0.6	6.00	5.82	6.93	6.58	3.50	3.00	5.00	4.30	3.50	3.00	5.00	4.30	1.7	1.7	5.1
M4×0.7	7.00	6.78	8.08	7.66	4.00	3.50	6.00	5.30	4.00	3.50	6.00	5.30	1.9	1.9	5.9
M5×0.8	8.00	7.78	9.24	8.79	5.30	4.80	6.80	6.00	5.30	4.80	7.20	6.40	2.7	2.7	6.9
M6×1	10.00	9.78	11.55	11.05	5.90	5.40	8.00	7.20	6.70	5.40	8.50	7.70	3.0	3.0	8.9
M8×1.25	13.00	12.73	15.01	14.38	7.10	6.44	9.50	8.50	8.00	7.14	10.20	9.20	3.7	4.3	11.6
M10×1.5②	15.00	14.73	17.32	16.64	9.70	8.70	12.50	11.50	11.20	9.60	13.50	12.50	5.6	6.2	13.6
M10×1.5	16.00	15.73	18.48	17.77	9.00	8.04	11.90	10.90	10.50	8.94	12.80	11.80	4.8	5.6	14.6
M12×1.75	18.00	17.73	20.78	20.03	11.60	10.37	14.90	13.90	13.30	11.57	16.10	15.10	6.7	7.7	16.6
M14×2	21.00	20.67	24.25	23.35	13.20	12.10	17.00	15.80	15.40	13.40	18.30	17.10	7.8	8.9	19.6
M16×2	24.00	23.67	27.71	26.75	15.20	14.10	19.10	17.90	17.90	15.70	20.70	19.50	9.1	10.5	22.5
M20×2.5	30.00	29.16	34.64	32.95	19.00	16.90	22.80	21.50	21.80	19.00	25.10	23.80	10.9	12.7	27.7
M24×3	36.00	35.00	41.57	39.55	23.00	20.20	27.10	25.60	26.40	22.60	29.50	28.00	13.0	15.1	33.2
M30×3.5	46.00	45.00	53.12	50.85	26.90	24.30	32.60	30.60	31.80	27.30	35.60	33.60	15.7	18.2	42.7
M36×4	55.00	53.80	63.51	60.79	32.50	29.40	38.90	36.90	38.50	33.10	42.60	40.60	19.0	22.1	51.1

① 包括金属螺母以及在其螺纹中带有非金属嵌件，插头或贴片。

② 宽度为 15mm 并非标准件，除非特别声明应用，否则，将使用宽度为 16mm 的 M10 六角沟槽螺母替代使用。

7.3.3　米制垫圈

1. 米制平垫圈

美国国家标准 ANSI B18.22M-1981（R2000）涵盖平面、圆孔垫圈的一般规格和尺寸，包含软（当制造时）和硬化的，能满足多数应用，尺寸见表 7-75。关于更多的最新信息，请咨询制造商。

2. 与 ISO 标准的比较

本标准列举的垫圈与 ISO 文件的垫圈基本相似。在可能的情况下，可从 ISO/TC2/WG6/N47 “米制螺栓、螺钉和螺母的普通垫圈总纲” 中选择外径。ANSI 标准中给出的厚度与 ISO 标准公称厚度类似，但公差不同，内径也不同。

ISO 标准垫圈一般在 ISO 887《米制螺栓、螺钉和螺母的普通垫圈总纲》中可以查到。

3. 米制平垫圈的类型

软（当制造时）垫圈通常在各种材料中的公称尺寸为 1.6～36mm。它们通常用于低强度应用中以分布轴承负载，提供均匀的轴承表面，并防止工件表面的磨损。

淬火钢垫圈通常采用尺寸为 6～36mm 的狭窄和常规系列。它们主要用于高强度接头并最小化嵌入影响，能提供均匀的轴承表面，并连接大的通孔和槽。

4. 米制平垫圈材料和表面处理

非买方另有规定，软（制造时）垫圈由非硬化钢制成。硬化垫圈由淬火钢制成，洛氏硬度达到 38～45HRC。

除非另有规定，垫圈保持原有表面特性，即未电镀或未涂覆有油或防锈剂的薄膜。

5. 米制平垫圈名称

当指定米制平垫圈时，命名应包括以下数据按照所示顺序：描述，公称尺寸，系列，材料类型和防护表面处理（如果需要）。

示例：平垫圈，6mm，窄，软，钢，镀锌。

平垫圈，10mm，常规，硬化钢。

米制垫圈如图 7-23 所示。

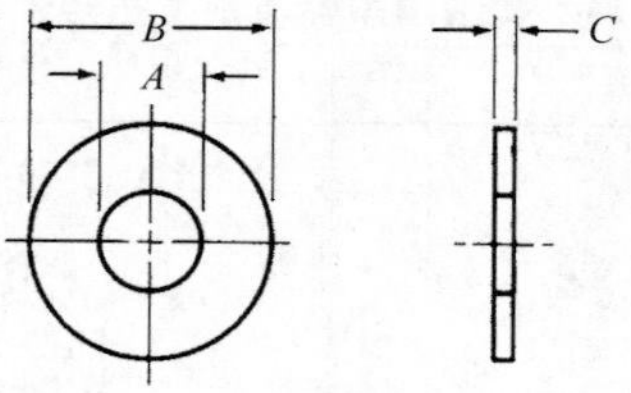

图 7-23 米制垫圈

表 7-75 美国国家标准米制平垫圈 ANSI B18.22M-1981（R2000） （单位：mm）

类型[①]	垫圈系列	内径 A		外径 B		厚度 C	
		最大	最小	最大	最小	最大	最小
1.6	窄	2.09	1.95	4.00	3.70	0.70	0.50
	普通	2.09	1.95	5.00	4.70	0.70	0.50
	宽	2.09	1.95	6.00	5.70	0.90	0.60
2	窄	2.64	2.50	5.00	4.70	0.90	0.60
	普通	2.64	2.50	6.00	5.70	0.90	0.60
	宽	2.64	2.50	8.00	7.64	0.90	0.60
2.5	窄	3.14	3.00	6.00	5.70	0.90	0.60
	普通	3.14	3.00	8.00	7.64	0.90	0.60
	宽	3.14	3.00	10.00	9.64	1.20	0.80
3	窄	3.68	3.50	7.00	6.64	0.90	0.60
	普通	3.68	3.50	10.00	9.64	1.20	0.80
	宽	3.68	3.50	12.00	11.57	1.40	1.00
3.5	窄	4.18	4.00	9.00	8.64	1.20	0.80
	普通	4.18	4.00	10.00	9.64	1.40	1.00
	宽	4.18	4.00	15.00	14.57	1.75	1.20
4	窄	4.88	4.70	10.00	9.64	1.20	0.80
	普通	4.88	4.70	12.00	11.57	1.40	1.00
	宽	4.88	4.70	16.00	15.57	2.30	1.60
5	窄	5.78	5.50	11.00	10.57	1.40	1.00
	普通	5.78	5.50	15.00	14.57	1.75	1.20
	宽	5.78	5.50	20.00	19.48	2.30	1.60
6	窄	6.87	6.65	13.00	12.57	1.75	1.20
	普通	6.87	6.65	18.80	18.37	1.75	1.20
	宽	6.87	6.65	25.40	24.88	2.30	1.60
8	窄	9.12	8.90	18.80[②]	18.37[②]	2.30	1.60
	普通	9.12	8.90	25.40[②]	24.48[②]	2.30	1.60
	宽	9.12	8.90	32.00	31.38	2.80	2.00
10	窄	11.12	10.85	20.00	19.48	2.30	1.60
	普通	11.12	10.85	28.00	27.48	2.80	2.00
	宽	11.12	10.85	39.00	38.38	3.50	2.50
12	窄	13.57	13.30	25.40	24.88	2.80	2.00
	普通	13.57	13.30	34.00	33.38	3.50	2.50
	宽	13.57	13.30	44.00	43.38	3.50	2.50

（续）

类型①	垫圈系列	内径 *A*		外径 *B*		厚度 *C*	
		最大	最小	最大	最小	最大	最小
14	窄	15.52	15.25	28.00	27.48	2.80	2.00
	普通	15.52	15.25	39.00	38.38	3.50	2.50
	宽	15.52	15.25	50.00	49.38	4.00	3.00
16	窄	17.52	17.25	32.00	31.38	3.50	2.50
	普通	17.52	17.25	44.00	43.38	4.00	3.00
	宽	17.52	17.25	56.00	54.80	4.60	3.50
20	窄	22.32	21.80	39.00	38.38	4.00	3.00
	普通	22.32	21.80	50.00	49.38	4.60	3.50
	宽	22.32	21.80	66.00	64.80	5.10	4.00
24	窄	26.12	25.60	44.00	43.38	4.60	3.50
	普通	26.12	25.60	56.00	54.80	5.10	4.00
	宽	26.12	25.60	72.00	70.80	5.60	4.50
30	窄	33.02	32.40	56.00	54.80	5.10	4.00
	普通	33.02	32.40	72.00	70.80	5.60	4.50
	宽	33.02	32.40	90.00	88.60	6.40	5.00
36	窄	38.92	38.30	66.00	64.80	5.60	4.50
	普通	38.92	38.30	90.00	88.60	6.40	5.00
	宽	38.92	38.30	110.00	108.60	8.50	7.00

① 公称的垫圈尺寸适用于类似的螺钉和螺栓尺寸。

② 18.80/18.37mm 和 25.40/24.48mm 的外径避免了可用于配套设备的垫圈。

7.3.4 螺栓、螺钉和螺柱的通孔

ASME B18.2.8-1999，R2005 标准涵盖了#0 ~ 1.5in 以及 M1.6 ~ M100 标准紧固件的推荐通孔尺寸，包括紧配合、标准配合和松配合三种配合方式。

寸制孔和米制孔的通孔公差都是基于 ISO 286 标准——ISO 系统极限和配合，使用公差等级 H12 进行紧密配合，H13 用于标准配合，H14 用于松配合。三种配合提供的间隙是根据寸制表 7-76 和米制表 7-77所列的常规阶梯式间隙。

1. 寸制紧固件

寸制紧固件的孔尺寸参考了美国通用标准，配合间隙参考了米制标准。孔公差符合 ISO 极限与配合系统——ISO 273。

表 7-76 列出了寸制紧固件的推荐通孔。寸制紧固件用孔钻的推荐尺寸由包括字母、数字和分数尺寸的孔钻公称命名组成。选择的钻头尺寸可以提供近乎实际的用于最小推荐孔的阶梯类型间隙尺寸（见表 7-77）。最大推荐孔尺寸基于标准孔公差。

表 7-76　寸制紧固件的通孔 ASME B18.2.8-1999，R2005　（单位：mm）

公称螺纹规格	标准			紧密			松		
	公称钻孔尺寸	孔直径		公称钻孔尺寸	孔直径		公称钻孔尺寸	孔直径	
		最小	最大		最小	最大		最小	最大
#2	#38	0.102	0.108	3/32	0.094	0.098	#32	0.116	0.126
#3	#32	0.116	0.122	#36	0.106	0.110	#30	0.128	0.140
#4	#30	0.128	0.135	#31	0.120	0.124	#27	0.144	0.156
#5	5/32	0.156	0.163	9/64	0.141	0.146	11/64	0.172	0.184
#6	#18	0.170	0.177	#23	0.154	0.159	#13	0.185	0.197
#8	#9	0.196	0.203	#15	0.180	0.185	#3	0.213	0.225
#10	#2	0.221	0.228	#5	0.206	0.211	*B*	0.238	0.250
1/4	9/32	0.281	0.290	17/64	0.266	0.272	19/64	0.297	0.311

（续）

公称螺纹规格	标准			紧密			松		
	公称钻孔尺寸	孔直径		公称钻孔尺寸	孔直径		公称钻孔尺寸	孔直径	
		最小	最大		最小	最大		最小	最大
5/16	11/32	0.344	0.354	21/64	0.328	0.334	23/34	0.359	0.373
3/8	13/32	0.406	0.416	25/32	0.391	0.397	27/64	0.422	0.438
7/16	15/32	0.469	0.479	29/64	0.453	0.460	31/64	0.484	0.500
1/2	9/16	0.562	0.572	17/32	0.531	0.538	39/64	0.609	0.625
5/8	11/16	0.688	0.698	21/32	0.656	0.663	47/64	0.734	0.754
3/4	13/16	0.812	0.824	25/32	0.781	0.789	1 29/32	0.906	0.926
7/8	15/16	0.938	0.950	29/32	0.906	0.914	1 1/32	1.031	1.051
1	1 3/32	1.094	1.106	1 1/32	1.031	1.039	1 5/32	1.156	1.181
1 1/8	1 7/32	1.219	1.235	1 5/32	1.156	1.164	1 5/16	1.312	1.337
1 1/4	1 11/32	1.344	1.360	1 9/32	1.281	1.291	1 7/16	1.438	1.463
1 3/8	1 1/2	1.500	1.516	1 7/16	1.438	1.448	1 39/64	1.609	1.634
1 1/2	1 3/8	1.625	1.641	1 9/16	1.562	1.572	1 47/64	1.734	1.759

表 7-77　寸制通孔允差　（单位：in）

公称螺纹规格	配合类型			公称螺纹规格	配合类型		
	标准	紧配	松配		标准	紧配	松配
#0 ~ #4	1/64	0.008	1/32	1	3/32	1/32	5/32
#5 ~ 7/64	1/32	1/64	3/64	1 1/8，1 1/4	3/32	1/32	3/16
1/2，5/8	1/16	1/32	7/64	1 3/8，1 1/2	1/8	1/16	15/64
3/4，7/8	1/16	1/32	5/32	—	—	—	—

2. 米制紧固件

表 7-78 中列出了米制紧固件的推荐钻头尺寸和孔的公差。最小推荐孔是钻头尺寸，最大推荐孔尺寸基于标准公差。米制紧固件孔尺寸与 ISO 273 “紧固件——螺栓和螺钉通孔” 一致，但 ISO 273 涵盖的是 M1 ~ M150 的尺寸。米制通孔允差见表 7-79。

表 7-78　米制紧固件的通孔 ASME B18. 2. 8-1999，R2005　（单位：mm）

公称螺纹规格	标准			紧密			松孔		
	公称钻孔尺寸	孔直径		公称钻孔尺寸	孔直径		公称钻孔尺寸	孔直径	
		最小	最大		最小	最大		最小	最大
M1.6	1.8	1.8	1.94	1.7	1.7	1.8	2	2	2.25
M2	2.4	2.4	2.54	2.2	2.2	2.3	2.6	2.6	2.85
M2.5	2.9	2.9	3.04	2.7	2.7	2.8	3.1	3.1	3.4
M3	3.4	3.4	3.58	3.2	3.2	3.32	3.6	3.6	3.9
M4	4.5	4.5	4.68	4.3	4.3	4.42	4.8	4.8	5.1
M5	5.5	5.5	5.68	5.3	5.3	5.42	5.8	5.8	6.1
M6	6.6	6.6	6.82	6.4	6.4	6.55	7	7	7.36
M8	9	9	9.22	8.4	8.4	8.55	10	10	10.36
M10	11	11	11.27	10.5	10.5	10.68	12	12	12.43
M12	13.5	13.5	13.77	13	13	13.18	14.5	14.5	14.93
M14	15.5	15.5	15.77	15	15	15.18	16.5	16.5	16.93
M16	17.5	17.5	17.77	17	17	17.18	18.5	18.5	19.02

（续）

公称螺纹规格	标准			紧密			松孔		
	公称钻孔尺寸	孔直径		公称钻孔尺寸	孔直径		公称钻孔尺寸	孔直径	
		最小	最大		最小	最大		最小	最大
M20	22	22	22.33	21	21	21.21	24	24	24.52
M24	26	26	26.33	25	25	25.21	28	28	28.52
M30	33	33	33.39	31	31	31.25	35	35	35.62
M36	39	39	39.39	37	37	37.25	42	42	42.62
M42	45	45	45.39	43	43	43.25	48	48	48.62
M48	52	52	52.46	50	50	50.25	56	56	56.74
M56	62	62	62.46	58	58	58.3	66	66	66.74
M64	70	70	70.46	66	66	66.3	74	74	74.74
M72	78	78	78.46	74	74	74.3	82	82	82.87
M80	86	86	86.54	82	82	82.35	91	91	91.87
M90	96	96	96.54	93	93	93.35	101	101	101.87
M100	107	107	107.54	104	104	104.35	112	112	112.87

表 7-79　米制通孔允差　（单位：mm）

螺纹规格	配合类型			螺纹规格	配合类型		
	标准	紧配	松配		标准	紧配	松配
M1.6	0.2	0.1	0.25	M20，M24	2	1	4
M2	0.4	0.1	0.3	M30	3	1	5
M2.5	0.4	0.1	0.3	M36，M42	3	1	6
M3	0.4	0.2	0.6	M48	4	2	8
M4，M5	0.5	0.3	0.8	M56～M72	6	2	10
M6	0.6	0.4	1	M80	6	2	11
M8	1	0.4	2	M90	6	3	11
M10	1	0.5	2	M100	7	4	12
M12～M16	1.5	1	2.5	—	—	—	—

3. 推荐替代钻头

若通孔的应用条件是寸制紧固件配合米制孔钻尺寸，或米制紧固件配合寸制孔钻尺寸，表 7-80 和表 7-81 列出了与表 7-76 和表 7-78 中孔钻的对应最接近标准孔钻尺寸。米制圆头方颈螺栓的推荐通孔见表 7-82。

表 7-80　寸制紧固件的标准米制钻头尺寸 ASME B18.2.8-1999，R2005

公称螺纹规格/in	公称钻孔尺寸/mm 配合类型			公称螺纹规格/in	公称钻孔尺寸/mm 配合类型		
	标准	紧配	松配		标准	紧配	松配
#0	1.9	1.7	2.4	3/8	10.2	9.9	10.5
#1	2.25	2.05	2.6	7/16	11.8	11.5	12.2
#2	2.6	2.4	2.9	1/2	14.25	13.5	15.5
#3	2.9	2.7	3.3	5/8	17.5	16.75	19
#4	3.3	3	3.7	3/4	20.5	20	23
#5	4	3.6	4.4	7/8	24	23	26
#6	4.3	3.9	4.7	1	27.5	26	29.5
#8	5	4.6	5.4	1 1/8	31	29.5	33.5
#10	5.6	5.2	6	1 1/4	34	32.5	36.5
1/4	7.1	6.7	7.5	1 3/8	38	36.5	41
5/16	8.7	8.3	9.1	1 1/2	41	39.5	44

表 7-81 米制紧固件的标准寸制钻头尺寸 ASME B18.2.8-1999，R2005

公称螺纹规格/mm	公称钻孔尺寸/in			公称螺纹规格/mm	公称钻孔尺寸/in		
	配合类型				配合类型		
	标准	紧配	松配		标准	紧配	松配
M1.6	#50	#51	#47	M16	$\frac{11}{32}$	$\frac{43}{64}$	$\frac{47}{64}$
M2	$\frac{3}{32}$	#44	#38	M20	$\frac{55}{64}$	$\frac{53}{64}$	$\frac{15}{16}$
M2.5	#33	#36	#31	M24	$1\frac{1}{32}$	$\frac{63}{64}$	$\frac{17}{64}$
M3	#29	$\frac{1}{8}$	$\frac{9}{64}$	M30	$1\frac{9}{32}$	$1\frac{7}{32}$	$1\frac{3}{8}$
M4	#16	#19	#12	M36	$1\frac{17}{32}$	$1\frac{15}{32}$	$1\frac{21}{32}$
M5	$\frac{7}{32}$	#4	#1	M42	$1\frac{25}{32}$	$1\frac{11}{16}$	$1\frac{29}{32}$
M6	G	$\frac{1}{4}$	J	M48	$2\frac{1}{32}$	$1\frac{31}{32}$	$2\frac{3}{16}$
M8	T	Q	$\frac{25}{64}$	M56	$2\frac{7}{16}$	$2\frac{5}{16}$	$2\frac{5}{8}$
M10	$\frac{7}{16}$	Z	$\frac{31}{64}$	M64	$2\frac{3}{4}$	$2\frac{5}{8}$	$2\frac{5}{16}$
M12	$\frac{17}{32}$	$\frac{33}{64}$	$\frac{37}{64}$	M72	$3\frac{1}{8}$	$2\frac{15}{16}$	$3\frac{1}{4}$
M14	$\frac{39}{64}$	$\frac{19}{32}$	$\frac{21}{32}$	—	—	—	—

表 7-82 米制圆头方颈螺栓的推荐通孔 （单位：mm）

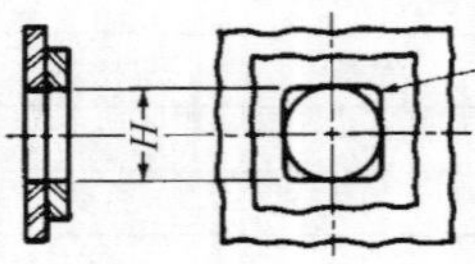

紧通孔：应仅用于非常薄、软的材料或槽的方孔规定紧通孔，或者要求严格对中的组件，壁厚或其他必须使用最小孔的限制等条件下。杆上允许的膨胀或翅片和（或）方颈的边角上的翅片可能会干扰圆形或方形孔的紧通孔

标准通孔：普通通孔尺寸适用于一般用途的应用，除非特殊的设计考虑需要紧或松通孔的，否则应予以说明

螺纹规格×螺距	通孔			角半径 R_h	螺纹规格×螺距	通孔			角半径 R_h
	紧	标准	松			紧	标准	松	
	最小孔直径或方形宽度 H					最小孔直径或方形宽度 H			
M5×0.8	5.5	—	5.8	0.2	M14×2	15.0	15.5	16.5	0.6
M6×1	6.6	—	7.0	0.3	M16×2	17.0	17.5	18.5	0.6
M8×1.25	—	9.0	10.0	0.4	M20×2.5	21.0	22.0	24.0	0.8
M10×1.5	—	11.0	12.0	0.4	M24×3	25.0	26.0	28.0	1.0
M12×1.75	13.0	13.5	14.5	0.6	—	—	—	—	—

注：1. 松通孔规格仅适用于部件组装时需要最大调节范围的应用场合。松方形通孔或槽可能不能防止螺栓在拧紧过程中产生的转动。

2. 资料来源于 ANSI/ASME B18.5.2.2M-1982（R2000）。

米制内六角螺栓的钻头和沉头孔尺寸见表 7-83。

表 7-83 米制内六角头螺栓的钻头和沉头孔尺寸 （单位：mm）

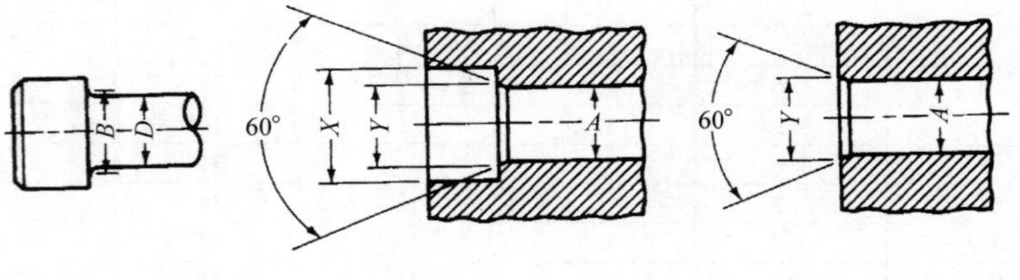

（续）

公称规格或基本螺纹直径	公称钻头尺寸 A		沉头孔直径	沉头孔直径①
	紧配合②	标准配合③	X	Y
M1.6	1.80	1.95	3.50	2.0
M2	2.20	2.40	4.40	2.6
M2.5	2.70	3.00	5.40	3.1
M3	3.40	3.70	6.50	3.6
M4	4.40	4.80	8.25	4.7
M5	5.40	5.80	9.75	5.7
M6	6.40	6.80	11.25	6.8
M8	8.40	8.80	14.25	9.2
M10	10.50	10.80	17.25	11.2
M12	12.50	12.80	19.25	14.2
M14	14.50	14.75	22.25	16.2
M16	16.50	16.75	25.50	18.2
M20	20.50	20.75	31.50	22.4
M24	24.50	24.75	37.50	26.4
M30	30.75	31.75	47.50	33.4
M36	37.00	37.50	56.50	39.4
M42	43.00	44.00	66.00	45.6
M48	49.00	50.00	75.00	52.6

① 沉头孔：在零件硬度接近、等于或超过螺杆硬度时，沉头或去除小于 B(max) 的孔的边缘被认为是最佳做法。如果孔没有沉头，螺钉头则不能正常安装，或者孔上的尖锐边缘可能使螺钉上的圆角变形，从而使它们在涉及动态载荷的应用中容易疲劳。注意，沉头孔或顶角止裂槽不应大于确保螺钉上的圆角间隙所必需的尺寸。通常，沉头孔的直径不得超过 B(max)。超过此直径的沉孔或顶角止裂槽不仅减少了有效的承载面积，而且引入了嵌入的可能性，这其中要紧固的部件比螺钉更软，或者是要固定的部件比螺钉的头部更硬。

② 紧配合限用于装配螺钉螺纹至头部长度的孔，只使用一个螺钉或使用多个螺钉且配合孔在装配时或通过相应工装生成。

③ 标准配合用于较长螺钉或涉及两个及以上螺钉且配合孔通过传统公差方法产生的情况。它支持最长标准螺钉的最大可用同心度和被紧固部件特定变差，包括孔直线度偏差、螺纹孔轴线和柄孔间角度、配合孔的中心距差异等。

7.4 螺旋圈螺纹嵌入件

7.4.1 简介

ASME B18.29.2M 标准描述了米制系列螺旋线圈螺纹嵌入件及其装入的螺纹孔的尺寸、力学性能和性能数据。还有描述如何选择嵌入件、STI（螺纹嵌入件）丝锥、嵌入件安装和拆卸工装的附件。

螺旋圈螺纹嵌入件是由菱形横截面的线圈缠绕的螺纹衬套。将嵌入件拧入螺纹孔中以形成额定尺寸的内螺纹。嵌入件旋入 STI 攻丝成的孔来形成公称尺寸的内螺纹。嵌入件通过扭转直径切线方向的杆安装，安装完成后切除这个横杆。在自由状态下，它们的直径大于安装的螺纹孔。在组装操作中，施加的扭矩减小了前导线圈的直径并使其进入螺纹线，由于旋入到螺纹孔中，剩余的线圈直径减小。当扭矩或旋转停止时，线圈以类似弹簧的动作膨胀，便将嵌入件固定于螺纹孔上。

1. 尺寸

本标准中的尺寸以 mm 为单位，适用于任何涂层。指定几何特征的符号与 ASME Y14.5M 标准一致。

2. 公差等级 4H5H 和 5H

因为螺旋螺纹嵌入件是柔性的，所以最终组件的配合类型与螺纹孔尺寸有关。螺旋圈螺纹嵌入件头可用于公差等级 4H5H（或 4H6H 级）和等级 5H 螺纹孔。公差等级 5H 螺纹孔允许最大的生产公差，但是当使用螺纹锁定嵌入件时会导致较低的锁定扭矩。当在公差等级 4H5H（或 4H6H）螺纹孔中进行组装和测试时，表 7-88 中给出了由螺钉锁定嵌入件提供的更一致和更高的扭矩。

3. 配合度

组装的螺旋圈螺纹嵌入件将与符合 ASME B1.13M 的 M 牙型外螺纹的物体正常配合。此外，由于嵌入件牙顶的半径在小径上，因此装配的嵌入件能与每个符合 ASME B1.21M 标准的控制牙根半径的 MJ 型外螺纹部件配合。

4. 嵌入的类型

自由式嵌入件提供了一个光滑、硬和自由运行的螺纹。锁定螺钉嵌入件提供了一个由一系列在一个或多个螺圈上弦上产生的弹性锁螺纹。

5. STI 螺纹孔

安装嵌入件的螺纹孔应符合 ASME B1.13M 标准，除了直径大于所放置嵌入件线圈横截面，如图 7-24 所示。STI 牙-螺纹孔的尺寸见表 7-84。

表 7-84 螺纹嵌入件的螺纹孔数据 ASME B18.29.2M-2005

（单位：mm）

螺纹规格	每个嵌入长度的最小钻孔深度 G										沉头直径 M（120°±5° 包括夹角）		小径		中径				最小大径	最小的攻丝深度 T				
	中丝锥					底丝锥														嵌入件长度				
	1D	1.5D	2D	2.5D	3D	1D	1.5D	2D	2.5D	3D	最小	最大	最小	最大	最小	4H 最大	5H 最大	6H 最大	组别	1D	1.5D	2D	2.5D	3D
M2×0.4	5.40	6.40	7.40	8.40	9.40	3.60	4.60	5.60	6.60	7.60	2.30	2.70	2.087	2.199	2.260	2.295	2.310	2.329	2.520	2.40	3.40	4.40	5.40	6.40
M2.5×0.45	6.45	7.70	8.95	10.20	11.45	4.30	5.55	6.80	8.05	9.30	2.90	3.40	2.597	2.722	2.792	2.832	2.847	2.867	3.084	2.95	4.20	5.45	6.70	7.95
M3×0.5	7.50	9.00	10.50	12.00	13.50	5.00	5.00	8.00	9.50	11.00	3.40	4.00	3.108	3.248	3.326	3.367	3.384	3.404	3.650	3.50	5.00	6.50	8.00	9.50
M3.5×0.6	8.86	10.60	12.35	14.10	15.85	5.90	7.65	9.40	11.15	12.90	4.10	4.70	3.630	3.790	3.890	3.940	3.959	3.981	4.280	4.10	5.85	7.60	9.35	11.10
M4×0.7	10.20	12.20	14.20	16.20	18.20	6.80	8.80	10.80	12.80	14.80	4.70	5.30	4.162	4.332	4.455	4.508	4.529	4.522	4.910	4.70	6.70	8.70	10.70	12.70
M5×0.8	12.30	14.80	17.30	19.80	22.30	8.20	10.70	13.20	15.70	18.20	5.80	6.40	5.174	5.374	5.520	5.577	5.597	5.622	6.040	5.80	8.30	10.80	13.30	15.80
M6×1	15.00	18.00	21.00	24.00	27.00	10.00	13.00	16.00	19.00	22.00	7.10	7.70	6.217	6.407	6.650	6.719	6.742	6.774	7.300	7.00	10.00	13.00	16.00	19.00
M7×1	16.50	20.00	23.50	27.00	30.50	11.00	14.50	18.00	21.50	25.00	8.10	8.70	7.217	7.407	7.650	7.719	7.742	7.774	8.300	8.00	11.50	15.00	18.50	22.00
M8×1	18.00	22.00	26.00	30.00	34.00	12.00	16.00	28.00	20.00	24.00	0.10	9.70	8.217	8.407	8.650	8.719	8.742	8.774	9.300	9.00	13.00	17.00	21.00	25.00
M8×1.25	19.50	23.60	27.50	31.50	35.50	13.00	17.00	29.00	21.00	25.00	9.50	10.10	8.271	8.483	8.812	8.886	8.911	8.946	9.624	9.26	13.25	17.26	21.25	25.25
M10×1	16.00	21.00	26.00	31.00	36.00	14.00	19.00	34.00	24.00	29.00	11.10	11.70	10.217	10.407	10.650	10.719	10.742	10.774	11.300	11.00	16.00	21.00	26.00	31.00
M30×1.25	17.50	22.60	27.50	32.50	37.50	15.00	20.00	35.00	25.00	30.00	11.50	12.10	10.271	10.483	10.812	10.886	10.911	10.946	11.624	11.26	16.25	21.26	26.25	31.25
M10×1.5	19.00	24.00	29.00	34.00	39.00	16.00	21.00	38.00	26.00	31.00	11.80	12.40	10.324	10.580	10.974	11.061	11.089	11.129	11.948	11.50	16.50	21.50	26.50	31.50
M12×1.25	19.50	25.50	31.50	37.50	43.50	17.00	23.00	29.00	35.00	41.00	13.50	14.10	12.271	12.483	12.812	12.896	12.926	12.966	13.624	13.25	19.25	25.25	31.25	37.25
M12×1.5	21.00	27.00	33.00	39.00	45.00	18.00	24.00	30.00	36.00	42.00	13.00	14.40	12.324	12.560	12.974	13.067	13.099	13.139	13.948	13.50	19.50	25.50	31.50	37.60
M12×1.75	22.50	28.50	34.50	40.50	48.50	19.00	25.00	31.00	37.00	43.00	14.20	14.80	12.379	12.644	13.137	13.236	13.271	13.311	14.274	13.75	19.75	25.75	31.75	37.75
M14×1.5	23.00	30.00	37.00	44.00	51.00	20.00	27.00	34.00	41.00	48.00	15.80	16.40	14.324	14.560	14.974	15.067	15.099	15.139	15.940	15.50	22.50	29.50	38.50	43.50
M14×2	26.00	33.00	40.00	47.00	54.00	22.00	29.00	36.00	43.00	50.00	16.50	17.10	14.433	14.733	15.299	15.406	15.444	15.486	16.958	16.00	23.00	30.00	37.00	44.00
M16×1.5	25.00	33.00	41.00	49.00	57.00	22.00	30.00	38.00	46.00	50.00	17.80	18.40	16.324	16.560	16.974	17.067	17.099	17.139	17.948	17.50	25.50	33.50	41.50	49.50

M16 × 2	28.00	36.00	44.00	52.00	60.00	24.00	32.00	40.00	48.00	56.00	18.50	19.10	16.433	16.733	17.299	17.406	17.444	17.486	18.598	18.00	26.00	34.00	42.00	50.00
M18 × 1.5	27.00	36.00	45.00	54.00	63.00	24.00	33.00	42.00	51.00	60.00	19.80	20.40	18.324	18.560	18.974	19.067	19.099	19.139	19.948	19.50	28.50	37.50	46.50	55.50
M18 × 2	30.00	39.00	48.00	57.00	66.00	26.00	35.00	44.00	53.00	62.00	20.50	21.10	18.433	18.733	19.299	19.406	19.444	19.486	20.598	20.00	29.00	38.00	47.00	56.00
M18 × 2.5	33.00	42.00	51.00	60.00	69.00	28.00	37.00	46.00	55.00	64.00	21.20	21.80	18.541	18.896	19.624	19.738	19.778	19.822	21.248	20.50	29.50	38.50	47.50	56.50
M20 × 1.5	29.00	39.00	49.00	59.00	69.00	26.00	36.00	46.00	56.00	66.00	21.80	22.40	20.324	20.560	20.974	21.067	21.099	21.139	21.940	21.50	31.50	41.50	51.50	61.50
M20 × 2	32.00	42.00	52.00	62.00	72.00	28.00	38.00	48.00	58.00	68.00	22.50	23.10	20.433	20.733	21.299	21.406	21.444	21.486	22.598	22.00	32.00	42.00	52.00	62.00
M20 × 2.5	35.00	45.00	55.00	65.00	75.00	30.00	40.00	50.00	60.00	70.00	23.20	23.80	20.541	20.896	21.624	21.738	21.778	21.822	23.248	22.50	32.50	42.50	52.50	62.50
M22 × 1.5	31.00	42.00	53.00	64.00	75.00	28.00	39.00	50.00	61.00	72.00	23.80	24.40	22.324	22.560	22.974	23.067	23.099	23.139	23.948	23.50	34.50	45.50	56.50	67.50
M22 × 2	34.00	45.00	56.00	67.00	78.00	30.00	41.00	52.00	63.00	74.00	24.50	25.10	22.433	22.733	23.299	23.406	23.444	23.486	24.598	24.00	35.00	46.00	57.00	68.00
M22 × 2.5	37.00	48.00	59.00	70.00	81.00	32.00	43.00	54.00	65.00	76.00	25.20	25.80	22.541	22.896	23.624	23.738	23.778	23.822	25.248	24.50	35.50	46.50	57.50	68.50
M24 × 2	38.00	48.00	60.00	72.00	84.00	32.00	44.00	56.00	68.00	80.00	26.50	27.10	24.433	24.733	25.299	25.414	15.454	25.498	26.598	26.00	38.00	50.00	62.00	74.00
M24 × 3	42.00	54.00	66.00	78.00	90.00	36.00	48.00	60.00	72.00	84.00	27.90	28.50	24.649	25.049	25.948	26.093	26.135	26.188	27.897	27.00	39.00	51.00	63.00	75.00
M27 × 2	39.00	52.50	66.00	79.50	93.00	35.00	48.50	62.00	75.50	89.00	29.50	30.10	27.433	27.733	28.299	28.414	28.454	28.498	29.598	29.00	42.50	58.00	69.50	83.00
M27 × 3 M30 × 2	45.00	68.50	72.00	85.50	99.00	39.00	52.50	66.00	79.50	93.00	30.90	31.50	27.649	28.049	28.948	29.093	29.135	29.188	30.897	30.00	43.50	57.00	70.50	84.00
M30 × 2	42.00	67.00	72.00	87.00	102.00	38.00	53.00	68.00	83.00	98.00	32.50	33.10	30.433	30.733	31.299	31.414	31.454	31.489	32.598	32.00	47.00	62.00	77.00	92.00
M30 × 3	48.00	63.00	78.00	93.00	108.00	42.00	57.00	72.00	87.00	102.00	33.90	34.50	30.649	31.049	31.948	32.093	32.136	32.188	33.897	33.00	48.00	63.00	78.00	93.00
M30 × 3.5	51.00	66.00	81.00	96.00	111.00	44.00	59.00	74.00	89.00	104.00	34.60	35.20	30.767	31.207	32.273	32.428	32.472	32.628	34.546	33.50	48.50	63.50	78.50	93.50
M33 × 2	45.00	61.60	78.00	94.50	111.00	41.00	57.50	74.00	90.50	107.00	35.50	36.10	33.433	33.733	34.299	34.414	34.454	34.498	35.598	35.00	51.50	68.00	84.50	101.00
M33 × 3	51.00	67.60	84.00	104.50	117.00	45.00	61.50	78.00	94.50	111.00	36.90	37.50	33.649	34.049	34.948	35.093	35.135	36.188	36.897	36.00	52.50	69.00	85.50	102.00
M36 × 2	48.00	66.00	84.00	102.00	120.00	44.00	62.00	80.00	98.00	116.00	38.50	39.10	36.433	36.733	37.299	37.414	37.464	37.498	38.598	38.00	58.00	74.00	92.00	110.00
M36 × 3	54.00	72.00	90.00	108.00	126.00	48.00	66.00	84.00	102.00	120.00	39.90	40.50	36.649	37.049	37.948	38.093	38.135	38.188	39.897	39.00	57.00	75.00	93.00	111.00
M36 × 4	60.00	78.00	96.00	114.00	132.00	52.00	70.00	88.00	106.00	124.00	41.30	41.90	36.866	37.341	28.598	38.763	38.809	38.873	41.196	40.00	58.00	76.00	94.00	112.00
M39 × 2	51.00	70.50	90.00	109.50	129.00	47.00	66.50	88.00	105.50	125.00	41.50	42.10	39.433	39.733	40.299	40.414	40.454	40.498	41.598	41.00	60.50	80.00	99.50	119.00
M39 × 3	57.00	76.50	96.00	115.50	135.00	51.00	70.50	90.00	109.50	129.00	42.90	43.50	39.649	40.049	40.948	41.093	41.136	41.188	42.897	42.00	61.50	81.00	100.50	120.00

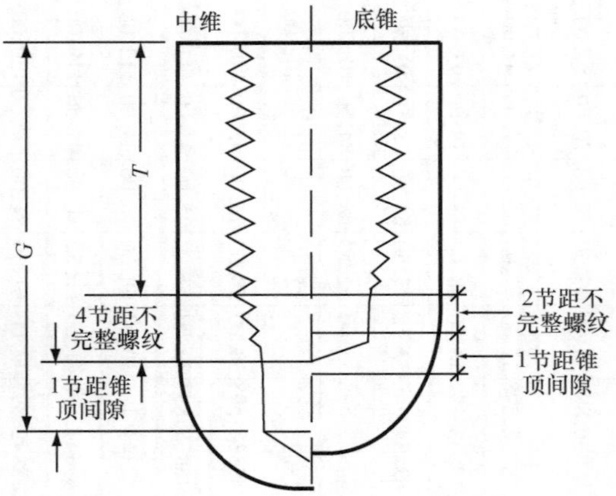

图7-24　攻丝深度

说明：

1）许用最小钻孔深度：

① 使用扩孔钻钻孔，以防止螺纹孔边缘的毛刺。

② 0.75～1.5 螺距的嵌入件安装时要允许最大生产公差。

③ 表中包含中丝锥和底丝锥的尺寸。8mm 或更小的中丝锥具有中心尖，钻孔深度尺寸允许长度（螺栓直径的一半），最小钻孔深度尺寸 G 的计算如下：

8mm 或更小的中丝锥：G = 嵌入件公称长度 + 0.5 × 公称螺栓直径 + 4 个螺距丝锥 + 1 个螺距的锥顶间隙 + 1 个螺距沉头和最大嵌入限位允差。

中丝锥大于8mm：G = 嵌入件公称长度 + 4 个螺距切削锥 + 1 个螺距的锥顶间隙 + 1 个螺距沉头和最大嵌入限位允差。

底丝锥：G = 嵌入件公称长度 + 2 个螺距的切削锥 + 1 个螺距的锥顶间隙 + 1 个螺距沉头和最大嵌入限位允差。

2）最小攻丝深度（T）是具有最大 1.5 倍螺距嵌入限位的最小沉孔尺寸。尺寸 T = 嵌入公称长度 + 1 螺距。

3）螺纹直径计算如下：

最小中径 = 最小公称螺纹中径 + $2H_{max}$

最大中径 = 最大公称螺纹中径 + $2H_{min}$

最小大径 = 最小螺纹中径 + $0.649519P$

最小小径 = 最小螺纹中径 − $0.433013P$

最大小径 = 最小螺纹中径 − $0.433013P$

其中 H_{max} 和 H_{min} 来自表 7-84，公差选自 ASME B1.13M，其基本大径等于 STI 螺纹的最小大径。

螺钉螺纹嵌入件的说明如下：

示例1：MS×1.25-5H STI；23.5 T/ASME B18.29.2M。

螺旋线圈嵌入件的命名：①产品名称；②指定标准；③公称直径和螺距；④公称长度；⑤嵌入方式（自由式或螺纹锁止式）。

示例 2：螺旋线圈嵌入件，ASME B18.29.2M，M8×1.25×12.0 自由式；螺旋线圈嵌入件，ASME B18.29.2M，M5×0.8×7.5 螺纹锁止。

推荐用于螺旋线圈护套的 B18 部件编码（PIN）系统在 ASME B18.24 中有涵盖。该系统可用于需要定义性部件编码的情况。

包括已安装的螺旋线圈的嵌入件的 STI 螺纹孔的命名：根据安装有螺纹圈嵌入件的表 7-84 的用于 STI 螺纹孔的图样注释应符合本例。

示例 3：M8×1.25 STI 23.5 深。

螺旋圈嵌入件，ASME B18.29.2M，M8×1.25×12.0，自由式。

量具和测量：通过用 STI 通规、止规（HI）进行测量并根据 ASME B1.3M 系统 21 和 ASME B1.16M 设计和应用的普通圆柱规来验收螺纹孔。

7.4.2　螺旋线圈嵌入件

1. 材料

嵌入件的化学成分是表 7-85 限制内的奥氏体耐腐蚀（不锈钢）材料。

2. 性能

按 ASTM A370 标准，线材在加工前应具有不低于 1035MPa 的抗拉强度，线材应在室温下经受 180° 弯曲角度，不得有破裂，直径等于弯曲平面中导线横截面尺寸的 2 倍。加工的成品的质量应均匀，表面光滑、干净，没有扭结、波折、破裂、崩裂、圈数、接缝、尺寸、剥离和其他可能损害嵌入件可用性的缺陷。

3. 涂层

根据用户的选择，干膜润滑剂涂层可应用于螺旋线圈嵌入件。干膜润滑嵌入件的颜色为深灰色至黑色。润滑油应符合航空航天标准 SAE AS5272，I 型，润滑剂，固体膜热固化和腐蚀抑制要求。涂层应以最小厚度均匀完全地涂在嵌入件上。而最大厚度应避免线圈之间产生桥接，紧密缠绕的线圈之间有细小的空隙，当线圈手动分开时能立即分离，不应认为是桥接。

4. 配置和尺寸

嵌入件配置应符合图 7-25，尺寸应符合表 7-86 和表 7-87。每个公称嵌入件尺寸可标准化为五个长度，它们是嵌入件公称直径的倍数，包括 1、1.5、2、2.5 和 3。嵌入件能够装入每个公称长度是最小通孔长度（材料厚度）内，无沉孔。公称嵌入长度是参考值，不能测量。嵌入件安装在基本的 STI 螺纹孔中其实际组装长度等于公称长度减去 0.5～0.75 螺距。组合长度不能在嵌入件的自由状态下测量。

表 7-85　螺纹嵌入件化学成分 ASME B18. 29. 2M-2005

组成元素	含量（%）	成品分析	
		低于，最小	高于，最大
碳	0. 15max	—	0. 01
锰	2. 00max	—	0. 04
硅	1. 00max	—	0. 05
磷	0. 045max	—	0. 01
硫	0. 035max	—	0. 005
铬	17. 00 ~ 20. 00	0. 20	0. 20
镍	8. 00 ~ 10. 50	0. 15	0. 15
钼	0. 75max	—	0. 05
铜	0. 75max	—	0. 05
铁	剩余	—	—

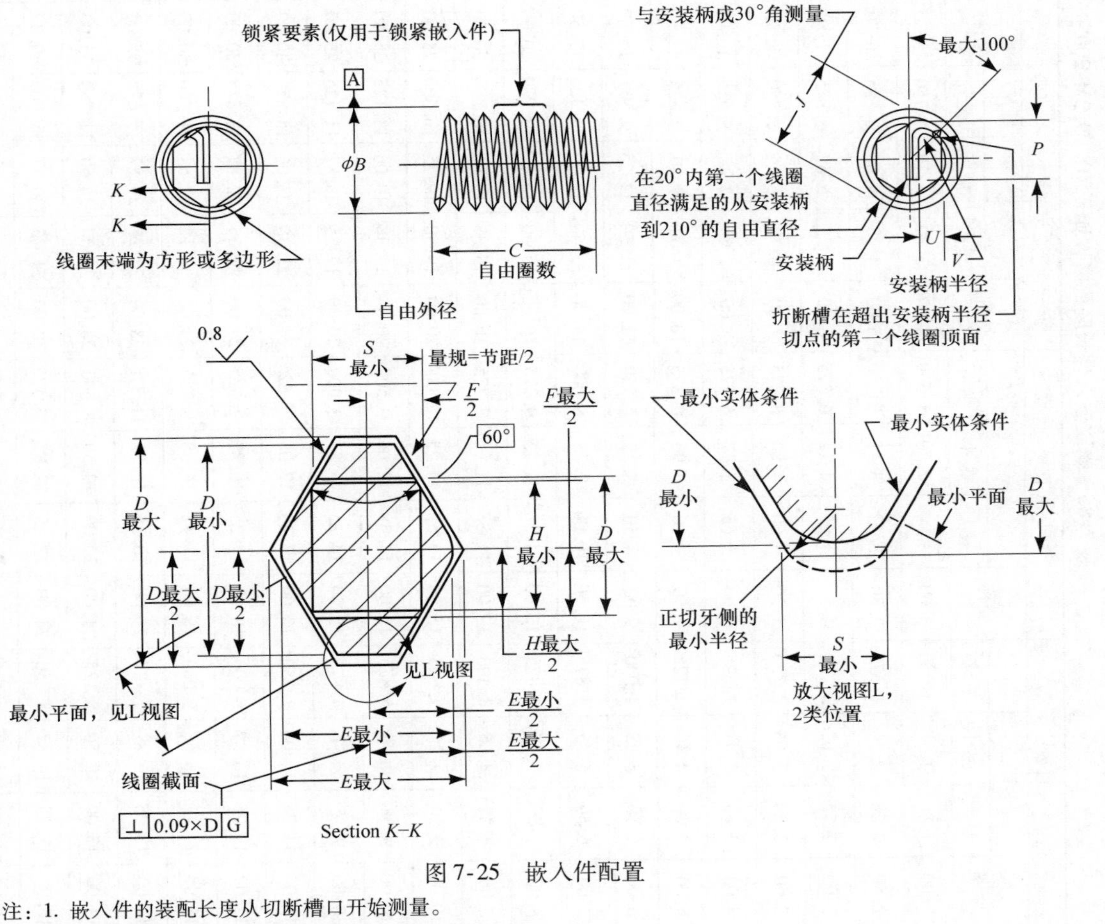

图 7-25　嵌入件配置

注：1. 嵌入件的装配长度从切断槽口开始测量。

2. 尺寸为补充涂层之前应用尺寸（见表 7-86 和表 7-87）。

3. 表面纹理、符号依据 ASME Y14. 35，规范依据 ASME B46. 1。

4. 尺寸和公差 ASME Y14. 5M。

5. 锁紧线圈数量，锁紧线圈间隔，锁紧变形数量，用于 1、1. 5 和 2 倍直径长度嵌入件的形状和方向可选的锁紧性能对称于嵌入件中心布置，用于 2. 5 和 3 倍直径长度嵌入件距离嵌入件安装柄末端 1 倍直径处。

6. 自由线圈数量从切断槽口开始计数。

表 7-86 螺纹嵌入件长度数据 ASME B18.29.2M-2005

（单位：in）

螺纹规格	1×直径				1½×直径				2×直径				1½×直径				3×直径			
	公称	装配		C	公称	装配		C	公称	装配		C	公称	装配		C	公称	装配		C
		最大	最小	参考		最大	最小	参考		最大	最小	参考		最大	最小	参考		最大	最小	参考
M2×0.4	2.00	1.80	1.70	3.250	3.00	2.80	2.70	5.500	4.00	3.80	3.70	7.750	5.00	4.80	4.70	10.125	6.00	5.80	5.70	12.375
M2.5×0.45	2.50	2.28	2.16	3.575	3.80	3.52	3.41	5.750	5.00	4.78	4.66	8.125	6.30	6.02	5.91	10.500	7.50	7.28	7.16	12.750
M3×0.5	3.00	2.75	2.62	3.750	4.50	4.25	4.12	6.375	6.00	5.75	5.62	8.875	7.50	7.25	7.12	11.375	9.00	8.75	8.62	13.875
M3.5×0.6	3.50	3.20	3.05	3.750	5.30	5.00	4.80	6.375	7.00	6.70	6.55	8.750	8.80	8.50	8.30	11.375	10.50	10.20	10.05	13.750
M4×0.7	4.00	3.65	3.47	3.625	6.00	5.65	5.47	6.125	8.00	7.65	7.47	8.625	10.00	9.65	9.47	11.125	12.00	11.65	11.47	13.625
M5×0.8	5.00	4.60	4.40	4.125	7.50	7.10	6.90	6.875	10.00	9.60	9.40	9.625	12.50	12.10	11.90	12.375	15.00	14.60	14.40	15.125
M6×1	6.00	5.50	5.25	4.000	9.00	8.50	8.25	6.750	12.00	11.50	11.25	9.500	15.00	14.50	14.25	12.125	18.00	17.50	17.25	14.875
M7×1	7.00	6.50	6.25	4.875	10.50	10.00	9.75	8.000	14.00	13.50	13.25	11.125	17.50	17.00	16.75	14.125	21.00	20.50	20.25	17.250
M8×1	8.00	7.50	7.25	5.875	12.00	11.50	11.25	9.375	16.00	15.50	15.25	13.000	20.00	19.50	19.25	16.500	24.00	23.50	23.25	20.125
M8×1.25	8.00	7.38	7.06	4.500	12.00	11.38	11.06	7.375	16.00	15.38	15.06	10.250	20.00	19.38	19.06	13.250	24.00	23.38	23.06	16.125
M10×1	10.00	9.50	9.25	7.625	15.00	14.50	14.25	12.000	20.00	19.50	19.25	16.500	25.00	24.50	24.25	21.000	30.00	29.50	29.25	25.500
M10×1.25	10.00	9.38	9.06	5.875	15.00	14.38	14.06	9.500	20.00	19.38	19.06	13.125	25.00	24.38	24.06	16.750	30.00	29.38	29.06	20.375
M10×1.5	10.00	9.25	8.87	4.875	15.00	14.25	13.87	8.000	20.00	19.25	18.87	11.125	25.00	24.25	23.87	14.250	30.00	29.25	28.87	17.375
M12×1.25	12.00	11.38	11.06	7.250	18.00	17.38	17.06	11.625	24.00	23.38	23.06	15.875	30.00	29.38	29.06	20.250	36.00	35.38	35.06	24.500
M12×1.5	12.00	11.25	10.87	6.000	18.00	17.25	16.87	9.625	24.00	23.25	22.87	13.375	30.00	29.25	28.87	17.000	36.00	35.25	34.87	20.750
M12×1.75	12.00	11.12	10.68	5.000	18.00	17.12	16.68	8.250	24.00	23.12	22.68	11.500	30.00	29.12	28.68	14.625	36.00	35.12	34.68	17.875
M14×1.5	14.00	13.25	12.87	7.125	21.00	20.25	19.87	11.375	28.00	27.25	26.87	15.625	35.00	4.25	33.87	20.000	42.00	41.25	40.87	24.250
M14×2	14.00	13.00	12.50	5.125	21.00	20.00	19.50	8.500	28.00	27.00	26.50	11.750	35.00	34.00	33.50	15.000	42.00	41.00	40.50	18.375
M16×1.5	16.00	15.25	14.87	8.250	24.00	23.25	22.87	13.125	32.00	31.25	30.87	18.000	40.00	39.25	38.87	22.750	48.00	47.25	46.87	27.625
M16×2	16.00	15.00	14.50	6.125	24.00	23.00	22.50	9.750	32.00	31.00	30.50	13.500	40.00	39.00	38.50	17.250	48.00	47.00	46.50	21.000

M18 × 1.5	18.00	17.25	16.87	9.500	27.00	26.25	25.87	15.000	36.00	35.25	34.87	20.375	45.00	44.25	43.87	25.875	54.00	53.25	52.87	31.375
M18 × 2	18.00	17.00	16.50	7.000	27.00	26.00	25.50	11.125	36.00	35.00	34.50	15.375	45.00	44.00	43.50	19.500	54.00	53.00	52.50	23.625
M18 × 2.5	18.00	16.75	16.12	5.375	27.00	25.75	25.12	8.875	36.00	34.75	34.12	12.250	45.00	43.75	43.12	15.625	54.00	52.75	52.12	19.000
M20 × 1.5	20.00	19.25	18.87	10.750	30.00	29.25	28.87	16.875	40.00	39.25	38.87	22.875	50.00	49.25	48.87	28.875	60.00	59.25	58.87	35.000
M20 × 2	20.00	19.00	18.50	7.875	30.00	29.00	28.50	12.500	40.00	39.00	38.50	17.250	50.00	49.00	48.50	21.875	60.00	59.00	58.50	26.500
M20 × 2.5	20.00	18.75	18.12	6.125	30.00	28.75	28.12	9.875	40.00	38.75	38.12	13.625	50.00	48.75	48.12	17.375	60.00	58.75	58.12	21.125
M22 × 1.5	22.00	21.25	20.87	11.875	33.00	32.25	31.87	18.500	44.00	43.25	42.87	25.125	55.00	54.25	53.87	31.625	66.00	65.25	64.87	38.250
M22 × 2	22.00	21.00	20.50	8.750	33.00	32.00	31.50	13.750	44.00	43.00	42.50	18.875	55.00	54.00	53.50	23.875	66.00	65.00	64.50	29.000
M22 × 2.5	22.00	20.75	20.12	6.750	33.00	31.75	31.12	10.875	44.00	42.75	42.12	14.875	55.00	53.75	53.12	19.000	66.00	64.75	64.12	23.125
M24 × 2	24.00	23.00	22.50	9.500	36.00	35.00	34.50	15.000	48.00	47.00	16.50	20.375	60.00	59.00	58.50	25.875	72.00	71.00	70.50	31.250
M24 × 3	24.00	22.50	21.75	6.125	36.00	34.50	33.75	10.000	48.00	46.50	45.75	13.750	60.00	58.50	57.75	17.500	72.00	70.50	69.75	21.375
M27 × 2	27.00	26.00	25.50	10.875	40.50	39.50	39.00	17.000	54.00	53.00	52.50	23.250	67.50	66.50	66.00	29.375	81.00	80.00	79.50	35.500
M27 × 3	27.00	25.50	24.75	7.000	40.50	39.00	38.25	11.250	54.00	52.50	51.75	15.500	67.50	66.50	65.25	19.750	81.00	79.50	78.75	24.000
M30 × 2	30.00	29.00	28.50	12.250	45.00	44.00	43.50	19.125	60.00	59.00	58.50	25.875	75.00	74.00	73.50	32.750	90.00	89.00	88.50	39.500
M30 × 3	30.00	28.50	27.75	7.875	45.00	43.50	42.75	12.500	60.00	58.50	57.75	17.125	75.00	73.50	72.75	21.875	90.00	88.50	87.75	26.500
M30 × 3.5	30.00	28.25	27.37	6.750	45.00	43.25	42.37	10.750	60.00	58.25	57.37	14.875	75.00	73.25	72.37	18.875	90.00	88.25	87.37	23.000
M33 × 2	33.00	32.00	31.50	13.625	49.50	48.50	48.00	21.125	66.00	65.00	64.50	28.625	82.50	81.50	81.00	35.000	99.00	98.00	97.50	43.500
M33 × 3	33.00	32.50	30.75	8.750	49.50	48.00	47.25	13.875	66.00	64.50	63.75	19.000	82.50	81.00	80.25	24.125	99.00	97.50	96.75	29.250
M36 × 2	36.00	35.00	34.50	15.000	54.00	53.00	52.50	23.250	72.00	71.00	70.50	31.375	90.00	89.00	88.50	39.500	108.00	107.00	106.50	47.750
M36 × 3	36.00	34.50	33.75	9.750	54.00	52.50	51.75	15.250	72.00	70.50	69.75	20.875	90.00	88.50	87.75	26.500	108.00	106.50	105.75	32.000
M36 × 4	36.00	34.00	33.00	7.125	54.00	52.00	51.00	11.375	72.00	70.00	69.00	15.625	90.00	88.00	87.00	19.875	108.00	106.00	105.00	24.250
M39 × 2	39.00	38.00	37.50	16.375	58.50	57.50	57.00	25.250	78.00	77.00	76.50	34.125	97.50	96.50	96.00	43.000	117.00	116.00	115.50	51.875
M39 × 3	39.00	37.50	36.75	10.750	58.50	57.00	56.25	15.750	78.00	76.50	75.75	22.750	97.50	96.00	95.25	28.875	117.00	115.50	114.75	34.875

表 7-87 螺纹嵌入件尺寸 ASME B18.29.2M-2005

（单位：in）

螺纹规格	A	B		D		E		量规，F	H		J		P		R	S	U		V
	最小	最小	最大	最小	最大	最小	最大		最小	最大	最小	最大	最小	最大	最小	最小	最小	最大	最大
M2×0.4	0.074	2.50	2.70	0.389	0.433	0.274	0.350	0.200	0.2495	0.2600	2.50	2.70	1.30	1.90	0.072	0.125	0.66	0.37	0.22
M2.5×0.45	0.082	3.20	3.70	0.437	0.487	0.318	0.394	0.225	0.2820	0.2920	3.05	3.65	1.60	2.25	0.081	0.141	1.22	0.81	0.30
M3×0.5	0.105	3.80	4.35	0.482	0.541	0.352	0.438	0.250	0.3145	0.3250	3.60	4.30	1.95	2.80	0.090	0.156	1.33	0.56	0.30
M3.5×0.6	1.160	4.40	4.95	0.586	0.650	0.449	0.525	0.300	0.3795	0.3900	4.25	4.90	2.20	3.00	0.108	0.158	1.47	0.92	0.30
M4×0.7	0.163	5.05	5.60	0.683	0.758	0.510	0.612	0.350	0.4445	0.4550	4.90	5.55	2.50	3.55	0.126	0.219	1.67	1.02	0.45
M5×0.8	0.209	6.25	6.80	0.775	0.866	0.598	0.700	0.400	0.5085	0.5200	6.10	6.75	3.15	4.55	0.144	0.250	2.09	1.41	0.60
M6×1	0.267	7.40	7.95	0.975	1.083	0.748	0.875	0.500	0.6370	0.6500	7.25	7.90	3.70	4.85	0.180	0.312	2.55	1.65	0.60
M7×1	0.267	8.65	9.20	0.975	1.083	0.748	0.875	0.500	0.6370	0.6500	8.40	9.15	4.30	5.50	0.180	0.312	3.10	2.09	0.75
M8×1	0.267	9.70	10.25	0.975	1.083	0.748	0.875	0.500	0.6370	0.6500	9.20	9.65	4.75	6.50	0.180	0.312	3.58	2.27	0.75
M8×1.25	0.415	9.80	10.35	1.251	1.353	0.967	1.094	0.625	0.7990	0.8120	9.50	9.90	4.75	6.50	0.226	0.391	3.60	2.02	0.75
M10×1	0.267	11.95	12.50	0.975	1.083	0.748	0.875	0.500	0.6370	0.6500	11.10	11.55	5.50	8.00	0.180	0.312	4.90	2.95	0.75
M10×1.25	0.415	12.10	12.65	1.251	1.353	0.967	1.094	0.625	0.7990	0.8120	11.50	11.95	5.50	8.00	0.226	0.391	4.77	2.56	0.75
M10×1.5	0.511	11.95	12.50	1.522	1.624	1.160	1.312	0.750	0.9615	0.9740	11.80	12.25	5.50	8.00	0.271	0.469	4.54	2.56	0.75
M12×1.25	0.415	14.30	15.00	1.251	1.353	0.967	1.094	0.625	0.7990	0.8120	13.50	14.00	6.70	9.75	0.226	0.391	5.84	3.77	1.00
M12×1.5	0.511	14.25	14.95	1.522	1.624	1.160	1.312	0.750	0.9615	0.9740	13.80	14.30	6.70	9.75	0.271	0.469	5.58	3.50	1.20
M12×1.75	0.654	14.30	15.00	1.792	1.894	1.379	1.531	0.875	1.1240	1.1370	14.10	14.60	6.70	9.75	0.316	0.547	5.36	3.23	1.40
M14×1.5	0.511	16.55	17.25	1.522	1.624	1.160	1.312	0.750	0.9615	0.9740	15.80	16.30	7.20	11.25	0.271	0.469	6.76	4.34	1.15
M14×2	0.799	16.65	17.35	2.063	2.165	1.598	1.750	1.000	1.2865	1.2990	16.40	16.90	7.20	11.25	0.361	0.625	6.26	3.79	1.40
M16×1.5	0.511	18.90	19.60	1.522	1.624	1.160	1.312	0.750	0.9615	0.9740	17.80	18.30	8.30	12.75	0.271	0.469	7.78	5.32	1.45
M16×2	0.799	18.90	19.60	2.063	2.165	1.598	1.750	1.000	1.2865	1.2990	18.40	18.90	8.30	12.75	0.361	0.625	7.30	4.76	2.70

M18×1.5	0.511	21.05	21.75	1.522	1.624	1.160	1.312	0.750	0.9615	0.9740	19.80	20.35	9.30	14.00	0.271	0.469	8.83	6.26	1.75
M18×2	0.799	21.15	21.85	2.063	2.165	1.598	1.750	1.000	1.2865	1.2990	20.40	20.95	9.30	14.00	0.361	0.625	8.30	5.74	2.70
M18×2.5	1.017	21.30	22.00	2.604	2.706	1.998	2.188	1.250	1.6110	1.6240	20.90	21.45	9.30	14.00	0.451	0.781	7.79	5.20	2.85
M20×1.5	0.511	23.15	24.00	1.522	1.624	1.160	1.312	0.750	0.9615	0.9740	21.80	22.50	10.40	14.50	0.271	0.469	9.77	7.19	2.85
M20×2	0.799	23.20	24.05	2.063	2.165	1.598	1.750	1.000	1.2865	1.2990	22.40	23.10	10.40	14.50	0.361	0.625	9.40	6.65	2.85
M20×2.5	1.017	23.55	24.40	2.604	2.706	1.998	2.188	1.250	1.6110	1.6240	22.90	23.60	10.40	14.50	0.451	0.781	8.89	6.11	2.85
M20×1.5	0.511	23.15	24.00	1.522	1.624	1.160	1.312	0.750	0.9615	0.9740	24.10	24.80	11.40	16.00	0.271	0.469	11.10	8.01	2.85
M22×2	0.799	25.60	26.50	2.063	2.165	1.598	1.750	1.000	1.2865	1.2990	24.40	25.10	11.40	16.00	0.361	0.625	10.45	7.61	2.85
M22×2.5	1.017	25.90	26.90	2.604	2.706	1.998	2.188	1.250	1.6110	1.6240	24.90	25.60	11.40	16.00	0.451	0.781	9.94	7.07	2.85
M24×2	0.799	28.10	29.10	2.063	2.165	1.598	1.750	1.000	1.2865	1.2990	26.40	27.10	12.50	16.50	0.361	0.625	11.48	8.60	2.85
M24×3	1.234	28.00	29.00	3.146	3.248	2.396	2.625	1.500	1.9360	1.9485	27.50	28.20	12.50	16.50	0.541	0.938	10.45	7.51	2.85
M27×2	0.799	31.30	32.30	2.063	2.165	1.598	1.750	1.000	1.2865	1.2990	29.40	30.10	14.00	17.50	0.361	0.625	13.14	9.93	2.85
M27×3	1.234	31.40	32.40	3.146	3.248	2.396	2.625	1.500	1.9360	1.9485	30.50	31.20	14.00	17.50	0.541	0.938	12.13	8.85	2.85
M30×2	0.799	34.50	35.70	2.063	2.165	1.598	1.750	1.000	1.2865	1.2990	32.50	33.20	15.00	19.00	0.361	0.625	14.81	11.26	2.85
M30×3	1.234	34.90	36.10	3.146	3.248	2.396	2.625	1.500	1.9360	1.9485	33.50	34.20	15.00	19.00	0.541	0.938	13.65	10.32	2.85
M30×3.5	1.451	34.90	36.10	3.687	3.789	2.833	3.062	1.750	2.2605	2.2750	34.10	34.60	15.00	19.00	0.631	1.094	13.13	9.65	2.85
M33×2	0.799	37.80	39.20	2.063	2.165	1.598	1.750	1.000	1.2865	1.2990	35.80	36.50	17.00	21.00	0.361	0.625	16.35	12.74	2.85
M33×3	1.234	38.10	39.50	3.146	3.248	2.396	2.625	1.500	1.9360	1.9485	36.50	37.20	17.00	21.00	0.541	0.938	15.19	11.78	2.85
M36×2	0.799	41.00	42.40	2.063	2.165	1.598	1.750	1.000	1.2865	1.2990	39.00	39.70	18.50	22.50	0.361	0.625	17.77	14.29	2.85
M36×3	1.234	41.30	42.70	3.146	3.248	2.396	2.625	1.500	1.9360	1.9485	39.50	40.20	18.50	22.50	0.541	0.938	16.73	13.23	2.85
M36×4	1.688	41.50	42.90	4.228	4.330	3.271	3.500	2.000	2.5855	2.5980	40.60	41.10	18.50	22.50	0.722	1.250	15.57	12.12	2.85
M39×2	0.799	44.30	45.70	2.063	2.165	1.598	1.750	1.000	1.2865	1.2990	42.30	43.00	20.00	24.00	0.361	0.625	19.28	15.77	2.85
M39×3	1.234	44.40	45.80	3.146	3.248	2.396	2.625	1.500	1.9360	1.9485	42.50	43.20	20.00	24.00	0.541	0.938	18.28	14.68	2.85

7.4.3 检验和质量保证

嵌入件的检验应符合 ASME B18.18.1M 标准的规定，15 次循环扭矩试验的检验等级达到 3 级。

1. 检查（非破坏性）

根据 ASME B18.18.1M，应对目标检查符合图样和工艺要求。

螺纹：当装入符合表 7-84 的 STI 螺纹孔中时，嵌入件应形成符合 ASME B1.13M 公差等级 4H5H 或 5H 的螺纹，但具有锁定特性的螺纹嵌入件除外。

装配后的嵌入件，不论哪种类型，都应与基于 ASME B1.21M 标准的 MJ 牙型外螺纹部件配合得当并具备所需功能。

嵌入件安装时的精度取决于螺纹孔的加工精度。如果加工完成的螺纹孔满足要求，当嵌入件符合标准要求时，安装的嵌入件正好处于螺纹公差内。因此，没有必要过分关注安装的嵌入件。嵌入件安装后，螺纹通规可能无法自由进入，因为嵌入件可能未完全固定在螺纹孔中。但是，在螺栓或螺钉安装并拧紧后，嵌入件应该安装到位。

安装柄去除折断槽：安装柄去除折断槽口的位置如图 7-24 所示。并且具有一定的深度，使得部件可以在安装柄未失效的情况下安装，并且在组装之后安装柄可以被去除，而不影响所安装的嵌入件的功能。

扭矩试验螺栓：装配的螺钉锁定嵌入件应根据 ASME B1.13M 或 ASME B1.21M 的标准进行螺栓转矩试验，镀镉或具有类似摩擦因数的其他表面处理的材料硬度应该为 36 ~ 44 HRC。为此测试选择的螺栓应具有足够的长度，螺纹尾端不会进入嵌入件，并且当螺栓完全就位时，至少有一根全螺纹穿过嵌入件的尾部。螺栓螺纹的性能应根据 ASME B1.3M 确定。

通过扭矩测试的螺栓更换成电镀镉螺栓，在测试数据完成后，可以使用替代的涂层（润滑剂）进行扭矩测试。

2. 自锁扭矩（破坏性）

螺钉锁定嵌入件组装在符合表 7-84 并按照以下段落进行测试的螺纹孔中时，应具备摩擦自锁的能力，以将螺栓螺纹保持在表 7-88 中规定的扭矩限制内。

扭矩试验块和垫片：待测试的嵌入件应安装在由 2024-T4（SAE AMS4120 或 ASTM B 209M）铝合金制成的试块中，且符合表 7-84 的 4H5H 或 4H6H 公差等级的螺纹孔中。安装完毕后，切断安装柄。嵌入件组装的试块的表面应标记为“TOP”，并应标记为表示组装的嵌入件开始的径向位置。应使用符合表 7-89 要求的钢制垫片来设计螺栓载荷。

扭矩试验方法：扭矩试验应在室温条件下，由 15 个循环的试验组成。每个完整的 15 次循环试验应使用新的螺栓或螺钉和新螺纹孔。对于 15 个循环中的每一个，螺栓在组装和安装应达到指定的扭矩。

在表 7-88 中，每个周期结束时，螺栓应与嵌入件的锁定线圈完全脱离。试验应在低于 40 r/min 的条件下进行，以产生可靠的扭矩测量，避免加热螺栓。

最大锁定扭矩：应为任何安装或拆卸周期的最高扭矩值，不应超过表 7-88 中规定的值。最大锁定扭矩读数应在装配前的第 1 个和第 7 个安装周期进行，施加的扭矩并在第 15 个拆卸周期。

表 7-88 自锁扭矩 ASME B18.29.2M-2005

螺纹规格	安装或移除最大锁定扭矩/N·m	最小分离扭矩/N·m	螺纹规格	安装或移除最大锁定扭矩/N·m	最小分离扭矩/N·m
M2×0.4	0.12	0.03	M10×1.5	10	1.4
M2.5×0.45	0.22	0.06	M12×1.25	15	2.2
M3×0.5	0.44	0.1	M12×1.5	15	2.2
M3.5×0.6	0.68	0.12	M12×1.75	15	2.2
M4×0.7	0.9	0.16	M14×1.5	23	3
M5×0.8	1.6	0.3	M14×2	23	3
M6×1	3	0.4	M16×1.5	32	4.2
M7×1	4.4	0.6	M16×2	32	4.2
M8×1	6	0.8	M18×1.5	42	5.5
M8×1.25	6	0.8	M18×2	42	5.5
M10×1	10	1.4	M18×2.5	42	5.5
M10×1.25	10	1.4	M20×1.5	54	7

（续）

螺纹规格	安装或移除最大锁定扭矩/N·m	最小分离扭矩/N·m	螺纹规格	安装或移除最大锁定扭矩/N·m	最小分离扭矩/N·m
M20×2	54	7	M30×3.5	110	14
M20×2.5	54	7	M33×2	125	16
M22×1.5	70	9	M33×3	125	16
M22×2	70	9	M36×2	140	18
M22×2.5	70	9	M36×3	140	18
M24×2	80	11	M36×4	140	18
M24×3	80	11	M39×2	150	20
M27×2	95	12	M39×3	150	20
M27×3	95	12	—	—	—
M30×2	110	14	—	—	—
M30×3	110	14	—	—	—

最小分离扭矩：当具有锁定性能的部分 100% 的被旋合，且螺栓或螺钉没有就位（无轴向载荷）时，最小分离扭矩应是克服静摩擦所需的扭矩。应在第 15 个拆卸周期开始时记录，任何循环的扭矩值应不小于表 7-88 的可应用值。

检验：如果在任何试验和检验完成后，下列任何一种条件存在，则应视为失败。

验收：如果在任何试验和检验完成后，下列任何一种条件存在，则应视为失败。

1）嵌入件中的任何断裂或裂纹。

2）安装或拆卸扭矩超过表 7-88 的最大锁定扭矩值。

3）分离扭矩小于表 7-88 中的值。

4）在安装或拆卸测试螺栓时，嵌入件相对于顶面的移动超过 90°。

5）嵌入件或测试螺栓存在粘接或磨损。

6）安装柄未断开，妨碍试验螺栓安装。

7）在安装操作时安装柄断裂。

扭矩测试垫片尺寸见表 7-89。

表 7-89 扭矩测试垫片尺寸 ASME B18.29.2M-2005 （单位：in）

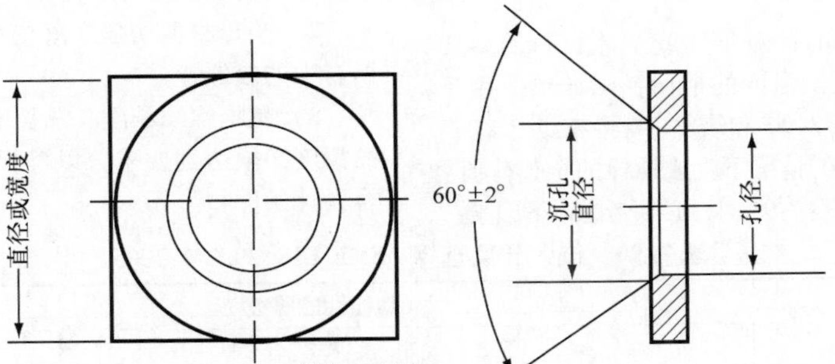

材料：金属
硬度：45～50HRC

嵌入件尺寸	最小直径或宽度	孔直径		沉头直径		最小厚度
		最大	最小	最大	最小	
2	7.0	2.3	2.1	2.7	2.5	1.5
2.5	8.0	2.8	2.6	3.3	3.1	1.5
3	9.0	3.5	3.3	3.8	3.6	2.0
3.5	10.0	4.0	3.8	4.3	4.1	2.0

（续）

嵌入件尺寸	最小直径或宽度	孔直径		沉头直径		最小厚度
		最大	最小	最大	最小	
4	11.0	4.5	4.3	4.9	4.7	3.0
5	12.0	5.5	5.3	5.9	5.7	3.0
6	14.0	6.5	6.3	7.0	6.8	3.5
7	17.0	7.6	7.3	8.4	8.2	3.5
8	19.0	8.6	8.3	9.5	9.2	4.0
10	23.0	10.7	10.4	11.5	11.2	4.0
12	27.0	12.7	12.4	14.5	14.2	4.5
14	31.0	14.8	14.4	16.5	16.2	4.5
16	35.0	16.8	16.4	18.5	18.2	4.5
18	39.0	18.8	18.4	20.7	20.4	4.5
20	43.0	20.8	20.4	22.7	22.4	5.0
22	47.0	22.8	22.4	24.7	24.4	5.0
24	51.0	24.8	24.4	26.7	26.4	5.0
27	56.0	28.3	27.9	29.8	29.4	5.0
30	62.0	31.3	30.9	33.8	33.4	6.0
33	67.0	34.3	33.9	36.8	36.4	6.0
36	72.0	37.3	36.9	39.8	39.4	6.0
39	77.0	40.3	39.9	42.8	42.4	6.0

7.4.4 嵌入件长度选择

1. 螺栓的旋合长度

通常嵌入件中螺栓的旋合长度由强度决定。

2. 材料强度

标准工程实践中的针对母体或主体材料的剪切强度与螺栓材料的抗拉强度的平衡，同样也适用于螺旋线圈嵌入件。表7-90和表7-91将有助于在不剥离母体或攻丝材料的情况下生成螺栓的全载荷值。

在使用表7-90和表7-91时，必须考虑以下因素：

1）母材剪切强度为室温条件下的剪切强度。温度升高剪切值会明显减少，必要时应进行补偿设计。采用剪切值作参考是合理的，因为母体材料在螺纹直径处主要受到剪切应力。

2）当母材剪切强度落在两列表值之间时，使用两者中的较低者。

3）螺栓螺纹长度、总长度、嵌入长度和攻丝螺纹深度必须达到要求，以确保全螺纹啮合装配时符合设计条件。

表7-90 嵌入长度选择 ASME B18.29.2M-2005

母材剪切强度/MPa	螺栓性能等级						
	4.6	4.8	5.8	8.8	9.8	10.9	12.9
	依据直径嵌入长度						
70	3	3	3	—	—	—	—
100	2	2	2	3	—	—	—
150	1.5	1.5	1.5	2	2.5	2.5	3
200	1.5	1.5	1.5	2	2	2	2
250	1	1	1	1.5	1.5	1.5	1.5
300	1	1	1	1.5	1.5	1.5	1.5
350	1	1	1	1	1	1.5	1.5

表7-91 硬度数转换 ASME B18.29.2M-2005

螺栓性能等级	最大洛氏硬度	最大抗拉强度/MPa	螺栓性能等级	最大洛氏硬度	最大抗拉强度/MPa
4.6	95HRB	705	9.8	36HRC	1115
4.8	95HRB	705	10.9	39HRC	1215
5.8	95HRB	705	12.9	44HRC	1435
8.8	34HRC	1055	—	—	—

推荐嵌入长度基于的螺栓强度是根据 ASTM F568M 碳素钢和合金钢外螺纹米制紧固件获得最大硬度和来自 SAE J417 硬度试验和硬度数转换的等效抗拉强度综合而来的。

3. 螺纹嵌入件丝锥

ASME B94.9 涵盖用于生产安装螺旋线圈螺纹嵌入件所需的丝锥，且丝锥符合米制系列 STI 螺纹孔设计和尺寸。螺纹孔标准尺寸见表7-84，螺旋线圈螺纹嵌入件丝锥由 STI 字样标识，提供了各种类型和款式的 STI 丝锥，一般尺寸和公差符合 ASME B94.9 标准。

丝锥螺纹极限：推荐使用磨削螺纹丝锥用于螺纹嵌入件。丝锥极限符合 ASME B94.9 标准。用于确定基本中径值的是表7-84 中的“中径，最小值”。

标记：丝锥标记根据 ASME B94.9。

示例：M6×1 STI HS G H2。

7.5 寸制紧固件

1. 英国标准方形和六角头螺栓、螺钉和螺母（见表7-92）

表7-93 和表7-94 列出了英国标准 1083：1965 所涵盖的精密六角头螺栓、螺钉和螺母（BSW 和 BSF 螺纹）的重要尺寸。此处使用紧固件标准将随着具有统一寸制和 ISO 米制螺纹的紧固件的普及而增加。

BS 1768：1963（已废止）给出了统一标准精密六角头螺栓、螺钉和螺母（UNC 和 UNF 螺纹）的尺寸。BS 1769：1951（已废止）给出了统一标准黑色六角头螺栓、螺钉和螺母（UNC 和 UNF 螺纹）；BS 2708：1956（撤回）给出了统一标准黑色方形和六角头螺栓、螺钉和螺母（UNC 和 UNF 螺纹）。这些英国标准中的规格公称和基本尺寸与美国标准中的尺寸基本相同，但由于四舍五入的做法和其他因素，适用于这些基本尺寸的公差可能会有所不同。对于 ANSI/ASME B18.2.1-1996 和 ANSI/ASME B18.2.2-1987（R2005）中的方形和六角头螺栓、螺母的统一标准尺寸请参见相关标准。

ISO 米制精密六角头螺栓、螺钉和螺母在英国标准 BS 3692：1967（已废止）中有规定。ISO 标准黑色六角头螺栓、螺钉和螺母由英国标准 BS 4190：1967（已废止）给出。

2. 英国标准螺柱

寸制通用双头螺柱已在英国标准 2693：1956 给出。本标准的目的旨在提供一种不会使制造成本高昂的螺柱，并且可以与用于大多数配套的标准螺纹孔相通用。该标准规定了统一细牙螺纹、统一粗牙螺纹、英国标准细牙螺纹和英国惠氏标准螺纹的使用。

命名：螺柱的金属端是指带有螺纹能拧入组装件的那端。螺柱螺母端是未拧入组装件的那端。光杆是无螺纹的长度。

螺柱金属端的推荐配合方式：建议符合 BS1580“统一制螺钉螺纹”，根据 3B 类极限，或根据 BS84“惠氏螺钉螺纹”紧配合类极限攻丝的螺纹孔与该标准规定的螺柱金属端配合使用。但若配合不是关键条件时，可根据 BS1580 以 2B 类极限条，或根据 BS84 正态类极限条件对孔进行攻丝。

建议该标准 BA 螺柱与 BS93 1919 版中螺母螺纹孔极限配合。若这些螺柱的配合不是关键条件时，可根据当前版本的 BS93 中螺母的规定螺纹孔攻丝极限操作。

一般，螺柱的规定尺寸超量可与上述标准攻丝产生满意的配合。即使不发生干涉，在小心控制用于此目的螺纹尾部也会产生锁紧。若必须确保一个真正的干涉配合，则应适用更高等级螺柱。即使在需要进行选择性装配的特殊条件下，也建议使用标准螺柱。

英国标准的紧固件见表7-92～表7-110。

表 7-92 英国标准惠氏（BSW）和精密（BSF）六角头螺栓、螺钉和螺母

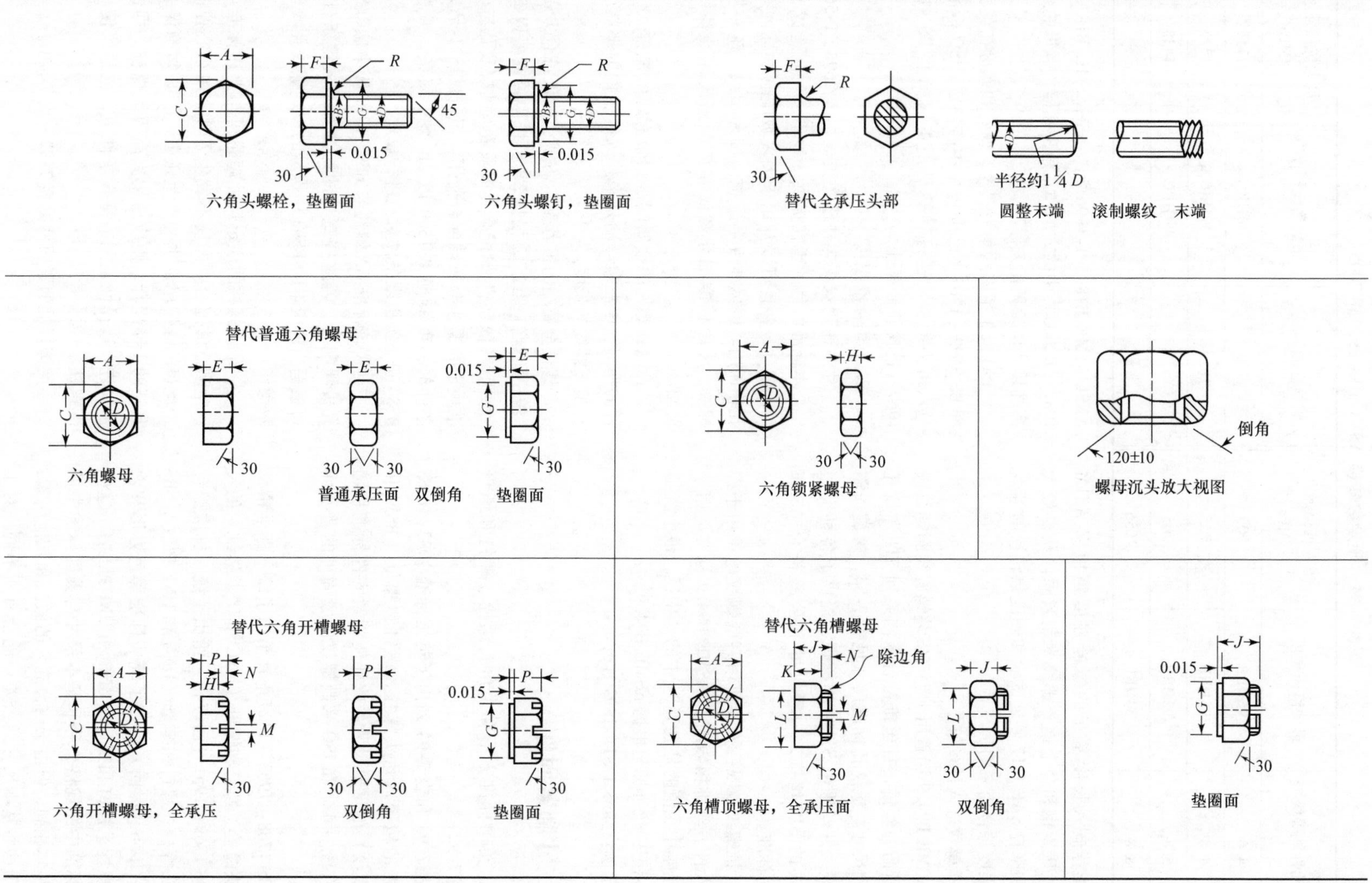

注：尺寸参见表 7-93 和表 7-94。

表 7-93 英国标准惠氏（BSW）和精密（BSF）开槽六角头螺栓 BS 1083：1965（已废止）

（单位：in）

公称尺寸 D	每英寸牙数		螺栓、螺钉、螺母					螺栓和螺钉						螺母			
			宽度			垫圈直径 G		头部下半径 R		光杆半径 B		厚度		厚度			
			对边 A		对角 C							头部 F		普通 E		自锁 H	
	BSW	BSF	最大	最小①	最大	最大	最小	最大	最小	最大	最小	最大	最小	最大	最小	最大	最小
¼	20	26	0.445	0.438	0.51	0.428	0.418	0.025	0.015	0.2500	0.2465	0.176	0.166	0.200	0.190	0.185	0.180
5/16	18	22	0.525	0.518	0.61	0.508	0.498	0.025	0.015	0.3125	0.3090	0.218	0.208	0.250	0.240	0.210	0.200
3/8	16	20	0.600	0.592	0.69	0.582	0.572	0.025	0.015	0.3750	0.3715	0.260	0.250	0.312	0.302	0.260	0.250
7/16	14	18	0.710	0.702	0.82	0.690	0.680	0.025	0.015	0.4375	0.4335	0.302	0.292	0.375	0.365	0.275	0.265
½	12	16	0.820	0.812	0.95	0.800	0.790	0.025	0.015	0.5000	0.4960	0.343	0.333	0.437	0.427	0.300	0.290
9/16	12	16	0.920	0.912	1.06	0.900	0.890	0.045	0.020	0.5625	0.5585	0.375	0.365	0.500	0.490	0.333	0.323
5/8	11	14	1.010	1.000	1.17	0.985	0.975	0.045	0.020	0.6250	0.6190	0.417	0.407	0.562	0.552	0.375	0.365
¾	10	12	1.200	1.190	1.39	1.175	1.165	0.045	0.020	0.7500	0.7440	0.500	0.480	0.687	0.677	0.458	0.448
7/8	9	11	1.300	1.288	1.50	1.273	1.263	0.065	0.040	0.8750	0.8670	0.583	0.563	0.750	0.740	0.500	0.490
1	8	10	1.480	1.468	1.71	1.453	1.443	0.095	0.060	1.0000	0.9920	0.666	0.636	0.875	0.865	0.583	0.573
1⅛	7	9	1.670	1.640	1.93	1.620	1.610	0.095	0.060	1.1250	1.1170	0.750	0.710	1.000	0.990	0.666	0.656
1¼	7	9	1.860	1.815	2.15	1.795	1.785	0.095	0.060	1.2500	1.2420	0.830	0.790	1.125	1.105	0.750	0.730
1⅜	—	8	2.050	2.005	2.37	1.985	1.975	0.095	0.060	1.3750	1.3650	0.920	0.880	1.250	1.230	0.833	0.813
1½	6	8	2.220	2.175	2.56	2.155	2.145	0.095	0.060	1.5000	1.4900	1.000	0.960	1.375	1.355	0.916	0.896
1¾	5	7	2.580	2.520	2.98	2.495	2.485	0.095	0.060	1.7500	1.7400	1.170	1.110	1.625	1.605	1.083	1.063
2	4.5	7	2.760	2.700	3.19	2.675	2.665	0.095	0.060	2.0000	1.9900	1.330	1.270	1.750	1.730	1.166	1.146

① 当¼~1in 的螺栓为热锻时，平面宽度上的公差应为表中公差的 2.5 倍，应单方面减去最大尺寸。

7

表 7-94 英国标准惠氏（BSW）和精密（BSF）六角开槽螺母 BS 1083：1965（已废止） （单位：in）

公称尺寸 D	每英寸牙数		开槽螺母				槽螺母						开槽螺母		
			厚度 P		向下槽底 H		总厚度 J		向下槽底 K		槽型部分 直径 L		槽部 宽度 M		槽部 深度 N
	BSW	BSF	最大	最小	最大	最小	最大	最小	最大	最小	最大	最小	最大	最小	近似值
¼	20	26	0.200	0.190	0.170	0.160	0.290	0.280	0.200	0.190	0.430	0.425	0.100	0.090	0.090
5/16	18	22	0.250	0.240	0.190	0.180	0.340	0.330	0.250	0.240	0.510	0.500	0.100	0.090	0.090
⅜	16	20	0.312	0.302	0.222	0.212	0.402	0.392	0.312	0.302	0.585	0.575	0.100	0.090	0.090
7/16	14	18	0.375	0.365	0.235	0.225	0.515	0.505	0.375	0.365	0.695	0.685	0.135	0.125	0.140
½	12	16	0.437	0.427	0.297	0.287	0.577	0.567	0.437	0.427	0.805	0.795	0.135	0.125	0.140
9/16	12	16	0.500	0.490	0.313	0.303	0.687	0.677	0.500	0.490	0.905	0.895	0.175	0.165	0.187
⅝	11	14	0.562	0.552	0.375	0.365	0.749	0.739	0.562	0.552	0.995	0.985	0.175	0.165	0.187
¾	10	12	0.687	0.677	0.453	0.443	0.921	0.911	0.687	0.677	1.185	1.165	0.218	0.208	0.234
⅞	9	11	0.750	0.740	0.516	0.506	0.984	0.974	0.750	0.740	1.285	1.265	0.218	0.208	0.234
1	8	10	0.875	0.865	0.595	0.585	1.155	1.145	0.875	0.865	1.465	1.445	0.260	0.250	0.280
1⅛	7	9	1.000	0.990	0.720	0.710	1.280	1.270	1.000	0.990	1.655	1.635	0.260	0.250	0.280
1¼	7	9	1.125	1.105	0.797	0.777	1.453	1.433	1.125	1.105	1.845	1.825	0.300	0.290	0.328
1⅜	—	8	1.250	1.230	0.922	0.902	1.578	1.558	1.250	1.230	2.035	2.015	0.300	0.290	0.328
1½	6	8	1.375	1.355	1.047	1.027	1.703	1.683	1.375	1.355	2.200	2.180	0.300	0.290	0.328
1¾	5	7	1.625	1.605	1.250	1.230	2.000	1.980	1.625	1.605	2.555	2.535	0.343	0.333	0.375
2	4.5	7	1.750	1.730	1.282	1.262	2.218	2.198	1.750	1.730	2.735	2.715	0.426	0.416	0.468

表 7-95　英国标准 ISO 米制精密六角头螺栓、螺钉和螺母 BS 3692：1967（已废止）

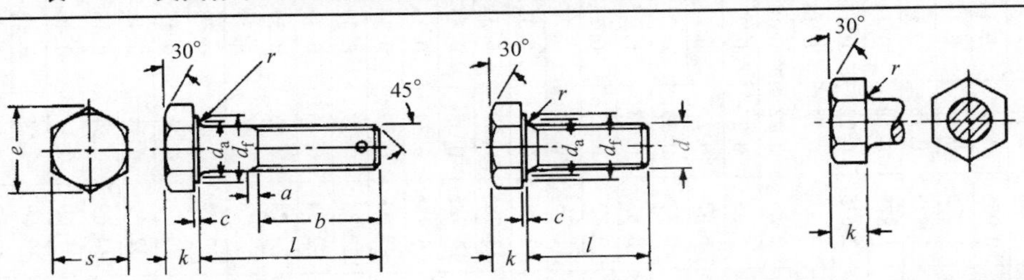

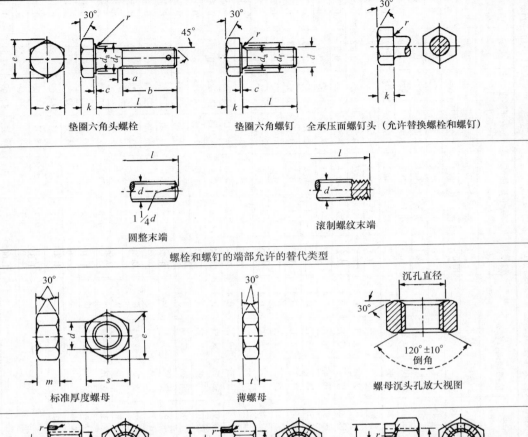

垫圈六角头螺栓　　垫圈六角螺钉　　全承压面螺钉头（允许替换螺栓和螺钉）

圆整末端　　滚制螺纹末端

螺栓和螺钉的端部允许的替代类型

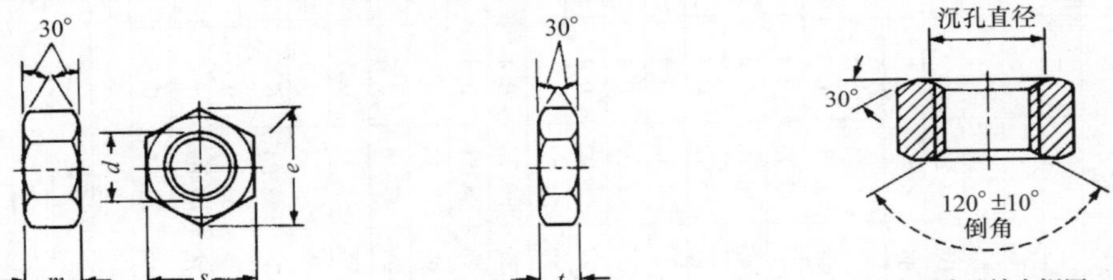

标准厚度螺母　　薄螺母　　螺母沉头孔放大视图

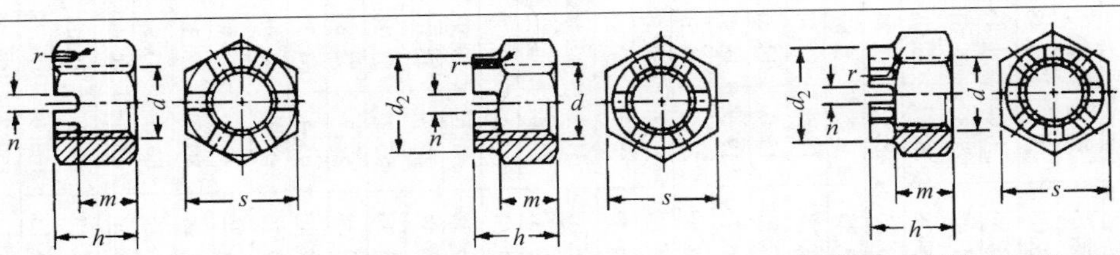

开槽螺母（六槽）仅M4~M39　　槽顶螺母（六槽）仅 M12~M39　　槽顶螺母（八槽）仅 M42~M68

使用 BS 2693：第一部分：1956（已废止）多年后，人们意识到该标准无法满足所有螺柱使用者的需求。其规定的螺纹公差会导致干涉配合的间隙，因为其锁紧是基于螺纹尾梢。因此，一些用户认为真实干涉配合至关重要。由此，英国标准委员会将美国标准 ASA B1.12 中规定的第 5 类干涉配合螺纹囊括到 BS 2693：第二部分：1964“高等级螺柱推荐值”。

3. 寸制 ISO 标准米制精密六角头螺栓、螺钉和螺母

英国标准 BS 3692：1967（已废止）给出了 ISO 米制螺纹、直径为 1.6 ~ 68mm 的精密六角头螺栓、螺钉和螺母的通用尺寸和公差。它是基于以下 ISO 推荐值和建议推荐值：R 272、R 288、DR 911、DR 947、DR 950、DR 952 和 DR 987。它仅提供了碳素钢和合金钢螺栓、螺钉和螺母的力学性能，不适用于那些需要焊接性、耐蚀性或耐 300℃ 以上或 -50℃以下温度的特殊条件。该标准的尺寸要求也适用于有色金属和不锈钢螺栓、螺钉和螺母。

“表面处理”：表面可能是因热处理带来的暗黑色或精制拉拔带来的明亮表面。根据采购方和制造商的协商还可采取其他类型表面粗糙度。建议参照 BS 3382“螺纹元件电镀涂层”相关内容。

一般尺寸：螺栓、螺钉和螺母符合表 7-95 ~ 表 7-98 中给出的一般尺寸。

螺栓和螺钉的公称长度：螺栓或螺钉的公称长度是从头部的下侧到末端的距离，包括任何倒角或倒圆角。其标准公称长度和公差在表 7-99 中给出。

表 7-96 英国标准 ISO 米制精密六角头螺栓和螺钉 BS 3692：1967（已废止）

（单位：mm）

公称规格和螺纹直径① d	螺距（粗牙螺纹系列）	螺纹跳动 a	光杆直径 d		对面宽度 s		对角宽度 e		垫圈端面直径 d_t		垫圈厚度 c	过渡线② d_a	头下半径② r		头部厚度 k		头偏心度	光杆偏心和螺纹销孔
		最大	最大	最小	最大	最小	最大	最小	最大	最小		最大	最大	最小	最大	最小	最大	最大
M1.6	0.35	0.8	1.6	1.46	3.2	3.08	3.7	3.48	—	—	—	2.0	0.2	0.1	1.225	0.975	0.18	0.14
M2	0.4	1.0	2.0	1.86	4.0	3.88	4.6	4.38	—	—	—	2.6	0.3	0.1	1.525	1.275	0.18	0.14
M2.5	0.45	1.0	2.5	2.36	5.0	4.88	5.8	5.51	—	—	—	3.1	0.3	0.1	2.125	1.875	0.18	0.14
M3	0.5	1.2	3.0	2.86	5.5	5.38	6.4	6.08	5.08	4.83	0.1	3.6	0.3	0.1	2.125	1.875	0.18	0.14
M4	0.7	1.6	4.0	3.82	7.0	6.85	8.1	7.74	6.55	6.30	0.1	4.7	0.35	0.2	2.925	2.675	0.22	0.18
M5	0.8	2.0	5.0	4.82	8.0	7.85	9.2	8.87	7.55	7.30	0.2	5.7	0.35	0.2	3.650	3.35	0.22	0.18
M6	1	2.5	6.0	5.82	10.0	9.78	11.5	11.05	9.48	9.23	0.3	6.8	0.4	0.25	4.15	3.85	0.22	0.18
M8	1.25	3.0	8.0	7.78	13.0	12.73	15.0	14.38	12.43	12.18	0.4	9.2	0.6	0.4	5.65	5.35	0.27	0.22
M10	1.5	3.5	10.0	9.78	17.0	16.73	19.6	18.90	16.43	16.18	0.4	11.2	0.6	0.4	7.18	6.82	0.27	0.22
M12	1.75	4.0	12.0	11.73	19.0	18.67	21.9	21.10	18.37	18.12	0.4	14.2	1.1	0.6	8.18	7.82	0.33	0.27
(M14)	2	5.0	14.0	13.73	22.0	21.67	25.4	24.49	21.37	21.12	0.4	16.2	1.1	0.6	9.18	8.82	0.33	0.27
M16	2	5.0	16.0	15.73	24.0	23.67	27.7	26.75	23.27	23.02	0.4	18.2	1.1	0.6	10.18	9.82	0.33	0.27
(M18)	2.5	6.0	18.0	17.73	27.0	26.67	31.2	30.14	26.27	26.02	0.4	20.2	1.1	0.6	12.215	11.785	0.33	0.27
M20	2.5	6.0	20.0	19.67	30.0	29.67	34.6	33.53	29.27	28.80	0.4	22.4	1.2	0.8	13.215	12.785	0.33	0.33
(M22)	2.5	6.0	22.0	21.67	32.0	31.61	36.9	35.72	31.21	30.74	0.4	24.4	1.2	0.8	14.215	13.785	0.39	0.33
M24	3	7.0	24.0	23.67	36.0	35.38	41.6	39.98	34.98	34.51	0.5	26.4	1.2	0.8	15.215	14.785	0.39	0.33
(M27)	3	7.0	27.0	26.67	41.0	40.38	47.3	45.63	39.98	39.36	0.5	30.4	1.7	1.0	17.215	16.785	0.39	0.33
M30	3.5	8.0	30.0	29.67	46.0	45.38	53.1	51.28	44.98	44.36	0.5	33.4	1.7	1.0	19.26	18.74	0.39	0.33
(M33)	3.5	8.0	33.0	32.61	50.0	49.38	57.7	55.80	48.98	48.36	0.5	36.4	1.7	1.0	21.26	20.74	0.39	0.39
M36	4	10.0	36.0	35.61	55.0	54.26	63.5	61.31	53.86	53.24	0.5	39.4	1.7	1.0	23.26	22.74	0.46	0.39
(M39)	4	10.0	39.0	38.61	60.0	59.26	69.3	66.96	58.86	58.24	0.6	42.4	1.7	1.0	25.26	24.74	0.46	0.39
M42	4.5	11.0	42.0	41.61	65.0	64.26	75.1	72.61	63.76	63.04	0.6	45.6	1.8	1.2	26.26	25.74	0.46	0.39
(M45)	4.5	11.0	45.0	44.61	70.0	69.26	80.8	78.26	68.76	68.04	0.6	48.6	1.8	1.2	28.26	27.74	0.46	0.39
M48	5	12.0	48.0	47.61	75.0	74.26	86.6	83.91	73.76	73.04	0.6	52.6	2.3	1.6	30.26	29.74	0.46	0.39
(M52)	5	12.0	52.0	51.54	80.0	79.26	92.4	89.56	—	—	—	56.6	2.3	1.6	33.31	32.69	0.46	0.46
M56	5.5	19.0	56.0	55.54	85.0	84.13	98.1	95.07	—	—	—	63.0	3.5	2.0	35.31	34.69	0.54	0.46
(M60)	5.5	19.0	60.0	59.54	90.0	89.13	103.9	100.72	—	—	—	67.0	3.5	2.0	38.31	37.69	0.54	0.46
M64	6	21.0	64.0	63.54	95.0	94.13	109.7	106.37	—	—	—	71.0	3.5	2.0	40.31	39.69	0.54	0.46
(M68)	6	21.0	68.0	67.54	100.0	99.13	115.5	112.02	—	—	—	75.0	3.5	2.0	43.31	42.69	0.54	0.46

① 括号中显示的大小不是优选。

② 若曲线光滑且完全落在最大半径内，则真实半径不关键，从最大过渡直径和规定最小半径计算得出。

表 7-97 英国标准 ISO 米制精密六角螺母和薄螺母 BS 3692：1967（已废止）

（单位：mm）

公称规格和螺纹直径① d	螺距（粗牙螺纹系列）	对面宽度 s		对角宽度 e		螺母厚度 m		螺旋圈与面的垂直度的公差②	六角偏心距	薄螺母厚度 t	
		最大	最小	最大	最小	最大	最小	最大	最大	最大	最小
M1.6	0.35	3.20	3.08	3.70	3.48	1.30	1.05	0.05	0.14	—	—
M2	0.4	4.00	3.88	4.60	4.38	1.60	1.35	0.06	0.14	—	—
M2.5	0.45	5.00	4.88	5.80	5.51	2.00	1.75	0.08	0.14	—	—
M3	0.5	5.50	5.38	6.40	6.08	2.40	2.15	0.09	0.14	—	—
M4	0.7	7.00	6.85	8.10	7.74	3.20	2.90	0.11	0.18	—	—
M5	0.8	8.00	7.85	9.20	8.87	4.00	3.70	0.13	0.18	—	—
M6	1	10.00	9.78	11.50	11.05	5.00	4.70	0.17	0.18	—	—
M8	1.25	13.00	12.73	15.00	14.38	6.50	6.14	0.22	0.22	5.0	4.70
M10	1.5	17.00	16.73	19.60	18.90	8.00	7.64	0.29	0.22	6.0	5.70
M12	1.75	19.00	18.67	21.90	21.10	10.00	9.64	0.32	0.27	7.0	6.64
（M14）	2	22.00	21.67	25.4	24.49	11.00	10.57	0.37	0.27	8.0	7.64
M16	2	24.00	23.67	27.7	6.75	13.00	12.57	0.41	0.27	8.0	7.64
（M18）	2.5	27.00	26.67	31.20	30.14	15.00	14.57	0.46	0.27	9.0	8.64
M20	2.5	30.00	29.67	34.60	33.53	16.00	15.57	0.51	0.33	9.0	8.64
（M22）	2.5	32.00	31.61	36.90	35.72	18.00	17.57	0.54	0.33	10.0	9.64
M24	3	36.00	35.38	41.60	39.98	19.00	18.48	0.61	0.33	10.0	9.64
（M27）	3	41.00	40.38	47.3	45.63	22.00	21.48	0.70	0.33	12.0	11.57
M30	3.5	46.00	45.38	53.1	51.28	24.00	23.48	0.78	0.33	12.0	11.57
（M33）	3.5	50.00	49.38	57.70	55.80	26.00	25.48	0.85	0.39	14.0	13.57
M36	4	55.00	54.26	63.50	61.31	29.00	28.48	0.94	0.39	14.0	13.57
（M39）	4	60.00	59.26	69.30	66.96	31.00	30.38	1.03	0.39	16.0	15.57
M42	4.5	65.00	64.26	75.10	72.61	34.00	33.38	1.11	0.39	16.0	15.57
（M45）	4.5	70.00	69.26	80.80	78.26	36.00	35.38	1.20	0.39	18.0	17.57
M48	5	75.00	74.26	86.60	83.91	38.00	37.38	1.29	0.39	18.0	17.57
（M52）	5	80.00	79.26	92.40	89.56	42.00	41.38	1.37	0.46	20.0	19.48
M56	5.5	85.00	84.13	98.10	95.07	45.00	44.38	1.46	0.46	—	—
（M60）	5.5	90.00	89.13	103.90	100.72	48.00	47.38	1.55	0.46	—	—
M64	6	95.00	94.13	109.70	106.37	51.00	50.26	1.63	0.46	—	—
（M68）	6	100.00	99.13	115.50	112.02	54.00	53.26	1.72	0.46	—	—

① 括号中显示的大小不是优选。

② 按照文中所述和标准所描述的螺母垂直度量规和一个塞规测量结果。

表 7-98 英国标准 ISO 米制精密六角开槽螺母和槽螺母 BS 3692：1967（已废止）

（单位：mm）

公称规格和螺纹直径① d	对面宽度 s		对角宽度 e		直径 d_2		厚度 h		螺母底面到槽底的距离 m		槽宽 n		半径（0.25n）	螺母偏心距
	最大	最小	最大	最小	最大	最小	最大	最小	最大	最小	最大		最小	最大
M4	7.00	6.85	8.10	7.74	—	—	5	4.70	3.2	2.90	1.45	1.2	0.3	0.18
M5	8.00	7.85	9.20	8.87	—	—	6	5.70	4.0	3.70	1.65	1.4	0.35	0.18
M6	10.00	9.78	11.50	11.05	—	—	7.5	7.14	5	4.70	2.25	2	0.5	0.18
M8	13.00	12.73	15.00	14.38	—	—	9.5	9.14	6.5	6.14	2.75	2.5	0.625	0.22
M10	17.00	16.73	19.60	18.90	—	—	12	11.57	8	7.64	3.05	2.8	0.70	0.22
M12	19.00	18.67	21.90	21.10	17	16.57	15	14.57	10	9.64	3.80	3.5	0.875	0.27
（M14）	22.00	21.67	25.4	24.49	19	18.48	16	15.57	11	10.57	3.80	3.5	0.875	0.27
M16	24.00	23.67	27.7	26.75	22	21.48	19	18.48	13	12.57	4.80	4.5	1.125	0.27
（M18）	27.00	26.67	31.20	30.14	25	24.48	21	20.48	15	14.57	4.80	4.5	1.125	0.27
M20	30.00	29.67	34.60	33.53	28	27.48	22	21.48	16	15.57	4.80	4.5	1.125	0.33
（M22）	32.00	31.61	36.90	35.72	30	29.48	26	25.48	18	17.57	5.80	5.5	1.375	0.33
M24	36.00	35.38	41.60	39.98	34	33.38	27	26.48	19	18.48	5.80	5.5	1.375	0.33
（M27）	41.00	40.38	47.3	45.63	38	37.38	30	29.48	22	21.48	5.80	5.5	1.375	0.33
M30	46.00	45.38	53.1	51.28	42	41.38	33	32.38	24	23.48	7.36	7	1.75	0.33
（M33）	50.00	49.38	57.70	55.80	46	45.38	35	34.38	26	25.48	7.36	7	1.75	0.39
M36	55.00	54.26	63.50	61.31	50	49.38	38	37.38	29	28.48	7.36	7	1.75	0.39
（M39）	60.00	59.26	69.30	66.96	55	54.26	40	39.38	31	30.38	7.36	7	1.75	0.39
M42	65.00	64.26	75.10	72.61	58	57.26	46	45.38	34	33.38	9.36	9	2.25	0.39
（M45）	70.00	69.26	80.80	78.26	62	61.26	48	47.38	36	35.38	9.36	9	2.25	0.39
M48	75.00	74.26	86.60	83.91	65	64.26	50	49.38	38	37.38	9.36	9	2.25	0.39
（M52）	80.00	79.26	92.40	89.56	70	69.26	54	53.26	42	41.38	9.36	9	2.25	0.46
M56	85.00	84.13	98.10	95.07	75	74.26	57	56.26	45	44.38	9.36	9	2.25	0.46
（M60）	90.00	89.13	103.90	100.72	80	79.26	63	62.26	48	47.38	11.43	11	2.75	0.46
M64	95.00	94.13	109.70	106.37	85	84.13	66	65.26	51	50.26	11.43	11	2.75	0.46
（M68）	100.00	99.13	115.50	112.02	90	89.13	69	68.26	54	53.26	11.43	11	2.75	0.46

① 括号中显示的大小不是优选。

表 7-99　英国标准 ISO 米制螺栓和螺杆公称长度 BS 3692：1967（已废止）　（单位：mm）

公称长度①l	公差	公称长度①l	公差	公称长度①l	公差	公称长度①l	公差
5	±0.24	30	±0.42	90	±0.70	200	±0.925
6	±0.24	(32)	±0.50	(95)	±0.70	220	±0.925
(7)	±0.29	35	±0.50	100	±0.70	240	±0.925
8	±0.29	(38)	±0.50	(105)	±0.70	260	±1.05
(9)	±0.29	40	±0.50	110	±0.70	280	±1.05
10	±0.29	45	±0.50	(115)	±0.70	300	±1.05
(11)	±0.35	50	±0.50	120	±0.70	325	±1.15
12	±0.35	55	±0.60	(125)	±0.80	350	±1.15
14	±0.35	60	±0.60	130	±0.80	375	±1.15
16	±0.35	65	±0.60	140	±0.80	400	±1.15
(18)	±0.35	70	±0.60	150	±0.80	425	±1.25
20	±0.42	75	±0.60	160	±0.80	450	±1.25
(22)	±0.42	80	±0.60	170	±0.80	475	±1.25
25	±0.42	85	±0.70	180	±0.80	500	±1.25
(28)	±0.42	—	—	190	±0.925	—	—

① 括号中显示的公称长度不是优选。

螺栓和螺钉尖端：螺栓和螺钉的端部可以 45°倒角加工，深度稍微超过螺纹深度，或半径约等于刀柄公称直径的 1¼。在滚制螺纹中通过螺纹滚制操作在螺栓端部形成的导程可以被认为是向端部提供了必要的倒角，其端部与柄的中心线形成正方形。

螺纹牙型：标准 ISO 米制螺栓、螺钉和螺母的螺纹牙型，直径和相关螺距的形式符合 BS 3643：第一部分：1981（2004）“原理和基本数据”。根据 BS 3643：第二部分：1981（1998）“规格选择的尺寸规格”中的规定，将螺纹制成中等配合类型（6H/6g）的公差。

螺栓上的螺纹长度：螺栓长度是螺栓端部（包括任何倒角或半径）到用手尽可能拧紧到螺栓上的螺纹环规的引导面的距离。螺栓的公称长度≤125mm，标准螺纹长度为 $2d+6$mm；螺栓长度>125mm、≤200mm，标准螺纹长度为 $2d+12$mm；螺栓长度>200mm，标准螺纹长度为 $2d+12$mm 。用最小螺纹长度加工螺纹并称之为螺钉时螺栓会过于短小，因此对所有直径的螺栓，其螺纹长度的公差应加上两个螺距。

螺钉上的螺纹长度：螺钉带螺纹可以将螺钉环规用手拧紧至头部底面一段距离之内，如果直径≤52mm，这段距离是直径的 2.5 倍，如果直径>52mm，这段距离则是直径的 3.5 倍。

螺栓、螺钉和螺母的倾斜度和同心度：螺母螺纹的轴线与螺母面的垂直度符合表 7-97 给出的“垂直度公差”。

在测量中，将螺母手动旋到一个有截头锥螺纹的量规上，直至螺母螺纹紧固到量规螺纹上。一个可在量规平行延伸段上滑动的衬套，其端面直径等于螺母最小对面距离且刚好与量规轴线成 90°，使衬套与螺母引导面接触。衬套位于该位置时，一个厚度等于“垂直度公差”的塞规应无法通过螺母引导面和衬套端面的任何地方。

螺栓、螺钉和螺母的六角平面与承载面垂直，头部的垂直度为 90°±1°。螺母六边形平头相对于螺纹直径的偏心距不应超过表 7-97 中给出的值，并且头部相对于平面宽度的偏心率以及螺栓和螺钉的螺纹和螺纹之间的偏心距不应超过表 7-96 中给出的值。

倒角、垫圈面和沉头：螺栓和螺钉头在其顶面有一个接近 30°的倒角，并根据制造商的选择，在底面带一个垫圈面或全承载面。螺母在螺纹的两端 120°内角正负 10°位置都有沉头。若是螺母直径≤12mm，则沉头直径不应超过螺纹公称大径加 0.13mm；若螺母直径>12mm，则沉头直径不应超过螺纹公称大径加 0.25mm。该算法不适用于开槽、六角开槽螺母或薄螺母。

钢螺栓和螺钉强度等级命名体系：该标准包含一个由两个数字组成的强度等级命名体系。第一个数是单位为 kgf/mm² 的最小抗拉强度的 1/10，第二个数是最小屈服应力（或永久变形极限应力 $R_{0.2}$）和最小抗拉强度比率的 1/10，以百分比表示。比如，强度等级号为 8.8，第一个数字 8 表示最小抗拉强度 80 kgf/mm² 的 1/10，第二个 8 表示从表 7-100 中获得的应力值和强度值比率的 1/10。

$$\frac{\text{永久变形极限应力 } R_{0.2}\%}{\text{最小抗拉强度}}=\frac{1}{10}\times\frac{64}{80}\times\frac{100}{1}$$

应力和强度的数值从表 7-100 中获得。

表 7-100 钢螺栓和螺钉的强度等级命名 （单位：kgf/mm^2）

强度等级名称	4.6	4.8	5.6	5.8	6.6	6.8	8.8	10.9	12.9	14.9
抗拉强度 R_m（最小）	40	40	50	50	60	60	80	100	120	140
屈服应力 R_e（最小）	24	32	30	40	36	48	—	—	—	—
永久变形极限应力 $R_{0.2}$（最小）	—	—	—	—	—	—	64	90	108	126

钢制螺母强度等级命名系统：钢螺母强度等级命名系统是指定额定载荷应力的 1/10，单位为 kgf/mm^2。验证载荷应力对应于可以使用螺母的螺栓或螺钉的最高等级的最小抗拉强度。

表 7-101 钢制螺母的强度等级命名

强度等级名称	4	5	6	8	12	14
校验载荷应力/(kgf/mm^2)	40	50	60	80	120	140

表 7-102 推荐螺栓和螺母组合

螺栓等级	4.6	4.8	5.6	5.8	6.6	6.8	8.8	10.9	12.9	14.9
推荐的螺母等级	4	4	5	5	6	6	8	12	12	14

注：较高强度等级的螺母可取代较低强度等级的螺母。

标记：本标准的标识和识别要求仅对直径≥6mm 的钢螺栓、螺钉和螺母是强制性的，制造强度等级达到 8.8（用于螺栓或螺钉）和 8（用于螺母）或更高。在 ISO 度量标准中，螺栓和螺钉在其顶部通过压花或刻印压痕“ISO M”或“M”的符号进行标识。根据制造方法的不同，可以用其他方法将螺母压花或刻印压痕进行标识。

实例：直径为 10mm，长度为 50mm，由强度等级为 8.8 的钢制成的螺栓可以表示为：螺栓 M10×50 依据 BS 3692 — 8.8 级。

直径为 8mm，长度为 20mm 的黄铜螺钉可以表示为：黄铜螺钉 M8×20 依据 BS 3692。

直径为 12mm，由强度等级 6 的钢制成镀镉螺母可以表示为：

螺母 M12 依据 BS 3692 — 6，镀层依据 BS 3382：第一部分。

其他信息：标准也给出了钢螺栓、螺钉和螺母的力学性能，即抗拉强度、硬度（布氏、洛氏、维氏）、应力（屈服、验证载荷）等；钢螺栓、螺钉和螺母的材料和制造；检验和测试信息。标准的附件给出了量规检验、化学成分、力学性能测试以及螺栓、螺钉和螺母标识举例，螺栓和螺钉的优选标准尺寸。

表 7-103 英国标准通用螺柱 BS 2693：第一部分：1956（已废止） （单位：in）

最终拧入组件的极限（除 BA 外的所有螺纹）															
螺纹规格	大径	每英寸牙数	大径	中径		内径		螺纹规格	大径	每英寸牙数	大径	中径		内径	
	最大		最小	最大	最小	最大	最小		最大		最小	最大	最小	最大	最小
UN 螺纹		UNF 螺纹						UN 螺纹		UNC 螺纹					
0.2500		28	0.2435	0.2294	0.2265	0.2088	0.2037	0.2500		20	0.2419	0.2201	0.2172	0.1913	0.1849
0.3125		24	0.3053	0.2883	0.2852	0.2643	0.2586	0.3125		18	0.3038	0.2793	0.2762	0.2472	0.2402
0.3750		24	0.3678	0.3510	0.3478	0.3270	0.3211	0.3750		16	0.3656	0.3375	0.3343	0.3014	0.2936
0.4375		20	0.4294	0.4084	0.4050	0.3796	0.3729	0.4375		14	0.4272	0.3945	0.3911	0.3533	0.3447
0.5000		20	0.4919	0.4712	0.4675	0.4424	0.4356	0.5000		13	0.4891	0.4537	0.4500	0.4093	0.4000
0.5625		18	0.5538	0.5302	0.5264	0.4981	0.4907	0.5625		12	0.5511	0.5122	0.5084	0.4641	0.4542
0.6250		18	0.6163	0.5929	0.5889	0.5608	0.5533	0.6250		11	0.6129	0.5700	0.5660	0.5175	0.5069
0.7500		16	0.7406	0.7137	0.7094	0.6776	0.6693	0.7500		10	0.7371	0.6893	0.6850	0.6316	0.6200
0.8750		14	0.8647	0.8332	0.8286	0.7920	0.7828	0.8750		9	0.8611	0.8074	0.8028	0.7433	0.7306
1.0000		12	0.9886	0.9510	0.9459	0.9029	0.8925	1.0000		8	0.9850	0.9239	0.9188	0.8517	0.8376
1.1250		12	1.1136	1.0762	1.0709	1.0281	1.0176	1.1250		7	1.1086	1.0375	1.0322	0.9550	0.9393
1.2500		12	1.2386	1.2014	1.1959	1.1533	1.1427	1.2500		7	1.2336	1.1627	1.1572	1.0802	1.0644
1.3750		12	1.3636	1.3265	1.3209	1.2784	1.2677	1.3750		6	1.3568	1.2723	1.2667	1.1761	1.1581
1.5000		12	1.4886	1.4517	1.4459	1.4036	1.3928	1.5000		6	1.4818	1.3975	1.3917	1.3013	1.2832

（续）

螺纹规格	大径	每英寸	大径	中径		内径		螺纹规格	大径	每英寸	大径	中径		内径	
	最大	牙数	最小	最大	最小	最大	最小		最大	牙数	最小	最大	最小	最大	最小
最终拧入组件的极限（除 BA 外的所有螺纹）															
BS 螺纹		BSF 螺纹						BS 螺纹		BSW 螺纹					
0. 2500		26	0. 2455	0. 2280	0. 2251	0. 2034	0. 1984	0. 2500		20	0. 2452	0. 2206	0. 2177	0. 1886	0. 1831
0. 3125		22	0. 3077	0. 2863	0. 2832	0. 2572	0. 2517	0. 3125		18	0. 3073	0. 2798	0. 2767	0. 2442	0. 2383
0. 3750		20	0. 3699	0. 3461	0. 3429	0. 3141	0. 3083	0. 3750		16	0. 3695	0. 3381	0. 3349	0. 0981	0. 2919
0. 4375		18	0. 4320	0. 4053	0. 4019	0. 3697	0. 3635	0. 4375		14	0. 4316	0. 3952	0. 3918	0. 3495	0. 3428
0. 5000		16	0. 4942	0. 4637	0. 4600	0. 4237	0. 4172	0. 5000		12	0. 4937	0. 4503	0. 4466	0. 3969	0. 3897
0. 5625		16	0. 5566	0. 5263	0. 5225	0. 4863	0. 4797	0. 5625		12	0. 5560	0. 5129	0. 5091	0. 4595	0. 4521
0. 6250		14	0. 6187	0. 5833	0. 5793	0. 5376	0. 5305	0. 6250		11	0. 6183	0. 5708	0. 5668	0. 5126	0. 5050
0. 7500		12	0. 7432	0. 7009	0. 6966	0. 6475	0. 6398	0. 7500		10	0. 7428	0. 6903	0. 6860	0. 6263	0. 6182
0. 8750		11	0. 8678	0. 8214	0. 8168	0. 7632	0. 7551	0. 8750		9	0. 8674	0. 8085	0. 8039	0. 7374	0. 7288
1. 0000		10	0. 9924	0. 9411	0. 9360	0. 8771	0. 8686	1. 0000		8	0. 9920	0. 9251	0. 9200	0. 8451	0. 8360
1. 1250		9	1. 1171	1. 0592	1. 0539	0. 9881	0. 9792	1. 1250		7	1. 1164	1. 0388	1. 0335	0. 9473	0. 9376
1. 2500		9	1. 2419	1. 1844	1. 1789	1. 1133	1. 1042	1. 2500		7	1. 2413	1. 1640	1. 1585	1. 0725	1. 0627
1. 3750		8	1. 3665	1. 3006	1. 2950	1. 2206	1. 2110	1. 3750		6	1. 4906	1. 3991	1. 3933	1. 2924	1. 2818
1. 5000		8	1. 4913	1. 4258	1. 4200	1. 3458	1. 3360	1. 5000		—	—	—	—	—	—

最终拧入组件的极限（BA 螺纹）①

名称编号	螺距	大径		中径		内径	
		最大	最小	最大	最小	最大	最小
2	0. 8100mm	4. 700mm	4. 580mm	4. 275mm	4. 200mm	3. 790mm	3. 620mm
	0. 03189 in	0. 1850in	0. 1803in	0. 1683in	0. 1654in	0. 1492in	0. 1425in
4	0. 6600mm	3. 600mm	3. 500mm	3. 260mm	3. 190mm	2. 865mm	2. 720mm
	0. 2598in	0. 1417in	0. 1378in	0. 1283in	0. 1256in	0. 1128in	0. 1071in

① 近似 in 当量在以 mm 为单位的表 7-104 给出。

表 7-104　螺柱的最小公称长度　（单位：in）

螺柱的最小公称长度①

公称螺柱直径	螺纹长度（零件末端）		公称螺柱直径	螺纹长度（零件末端）		公称螺柱直径	螺纹长度（零件末端）	
	$1D$	$1.5D$		$1D$	$1.5D$		$1D$	$1.5D$
$\frac{1}{4}$	$\frac{7}{8}$	1	$\frac{9}{16}$	2	$2\frac{3}{8}$	$1\frac{1}{8}$	4	$4\frac{5}{8}$
$\frac{5}{16}$	$1\frac{1}{8}$	$1\frac{3}{8}$	$\frac{5}{8}$	$2\frac{1}{4}$	$2\frac{5}{8}$	$1\frac{1}{4}$	$4\frac{3}{4}$	$5\frac{1}{2}$
$\frac{3}{8}$	$1\frac{3}{8}$	$1\frac{5}{8}$	$\frac{3}{4}$	$2\frac{5}{8}$	3	$1\frac{3}{8}$	5	$5\frac{3}{4}$
$\frac{7}{16}$	$1\frac{5}{8}$	$1\frac{7}{8}$	$\frac{7}{8}$	$3\frac{1}{8}$	$3\frac{5}{8}$	$1\frac{1}{2}$	$5\frac{1}{4}$	6
$\frac{1}{2}$	$1\frac{3}{4}$	1	1	$3\frac{1}{2}$	4	—	—	—

① 该标准还提供优选的和标准长度的螺柱。优选螺柱长度（单位 in）为$\frac{7}{8}$、1、$1\frac{1}{8}$、$1\frac{1}{4}$、$1\frac{3}{8}$、$1\frac{1}{2}$、$1\frac{3}{4}$、2、$2\frac{1}{4}$、$2\frac{1}{2}$、$2\frac{3}{4}$、3、$3\frac{1}{4}$、$3\frac{1}{2}$，长度高于$3\frac{1}{2}$，优选增量为$\frac{1}{2}$。螺柱标准长度（单位 in）为$\frac{7}{8}$、1、$1\frac{1}{8}$、$1\frac{1}{4}$、$1\frac{3}{8}$、$1\frac{1}{2}$、$1\frac{3}{4}$、$1\frac{7}{8}$、2、$2\frac{1}{8}$、$2\frac{1}{4}$、$2\frac{3}{8}$、$2\frac{1}{2}$、$2\frac{5}{8}$、$2\frac{3}{4}$、$2\frac{7}{8}$、3、$3\frac{1}{8}$、$3\frac{1}{4}$、$3\frac{3}{8}$、$3\frac{1}{2}$，长度高于$3\frac{1}{2}$的标准增量是$\frac{1}{4}$。

表 7-105 英国标准单线圈矩形截面弹簧垫圈米制系列——**B** 型和 **BP** 型 BS 4464：1969（2004）

（单位：mm）

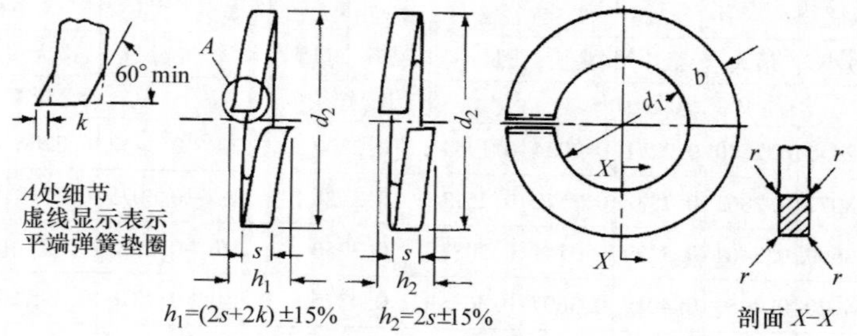

BP型　　B型

公称规格和螺纹直径 d	内径 d_1 最大	内径 d_1 最小	宽度 b	厚度 s	外径 d_2 最大	半径 r 最小	k（仅限BP型）
M1.6	1.9	1.7	0.7±0.1	0.4±0.1	3.5	0.15	—
M2	2.3	2.1	0.9±0.1	0.5±0.1	4.3	0.15	—
(M2.2)	2.5	2.3	1.0±0.1	0.6±0.1	4.7	0.2	—
M2.5	2.8	2.6	1.0±0.1	0.6±0.1	5.0	0.2	—
M3	3.3	3.1	1.3±0.1	0.8±0.1	6.1	0.25	—
(M3.5)	3.8	3.6	1.3±0.1	0.8±0.1	6.6	0.25	0.15
M4	4.35	4.1	1.5±0.1	0.9±0.1	7.55	0.3	0.15
M5	5.35	5.1	1.8±0.1	1.2±0.1	9.15	0.4	0.15
M6	6.4	6.1	2.5±0.15	1.6±0.1	11.7	0.5	0.2
M8	8.55	8.2	3±0.15	2±0.1	14.85	0.65	0.3
M10	10.6	10.2	3.5±0.2	2.2±0.15	18.0	0.7	0.3
M12	12.6	12.2	4±0.2	2.5±0.15	21.0	0.8	0.4
(M14)	14.7	14.2	4.5±0.2	3±0.15	24.1	1.0	0.4
M16	16.9	16.3	5±0.2	3.5±0.2	27.3	1.15	0.4
(M18)	19.0	18.3	5±0.2	3.5±0.2	29.4	1.15	0.4
M20	21.1	20.3	6±0.2	4±0.2	33.5	1.3	0.4
(M22)	23.3	22.4	6±0.2	4±0.2	35.7	1.3	0.4
M24	25.3	24.4	7±0.25	5±0.2	39.8	1.65	0.5
(M27)	28.5	27.5	7±0.25	5±0.2	43.0	1.65	0.5
M30	31.5	30.5	8±0.25	6±0.25	48.0	2.0	0.8
(M33)	34.6	33.5	10±0.25	6±0.25	55.1	2.0	0.8
M36	37.6	36.5	10±0.25	6±0.25	58.1	2.0	0.8
(M39)	40.8	39.6	10±0.25	6±0.25	61.3	2.0	0.8
M42	43.8	42.6	12±0.25	7±0.25	68.3	2.3	0.8
(M45)	46.8	45.6	12±0.25	7±0.25	71.3	2.3	0.8
M48	50.0	48.8	12±0.25	7±0.25	74.5	2.3	0.8
(M52)	54.1	52.8	14±0.25	8±0.25	82.6	2.65	1.0
M56	58.1	56.8	14±0.25	8±0.25	86.6	2.65	1.0
(M60)	62.3	60.9	14±0.25	8±0.25	90.8	2.65	1.0
M64	66.3	64.9	14±0.25	8±0.25	93.8	2.65	1.0
(M68)	70.5	69.0	14±0.25	8±0.25	99.0	2.65	1.0

注：括号中显示的大小通常不作为优选，通常也不是常备的。

表 7-106　英国标准双线圈矩形截面弹簧垫圈米制系列——D 型 BS 4464：1969（2004）

（单位：mm）

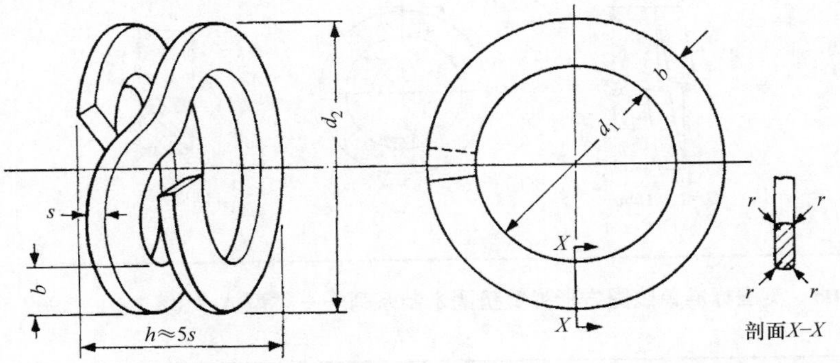

公称规格和螺纹直径 d	内径 d_1		宽度	厚度	外径 d_2	半径 r
	最大	最小	b	s	最大	最大
M2	2.4	2.1	0.9 ±0.1	0.5 ±0.05	4.4	0.15
(M2.2)	2.6	2.3	1.0 ±0.1	0.6 ±0.05	4.8	0.2
M2.5	2.9	2.6	1.2 ±0.1	0.7 ±0.1	5.5	0.23
M3.0	3.6	3.3	1.2 ±0.1	0.8 ±0.1	6.2	0.25
(M3.5)	4.1	3.8	1.6 ±0.1	0.8 ±0.1	7.5	0.25
M4	4.6	4.3	1.6 ±0.1	0.8 ±0.1	8.0	0.25
M5	5.6	5.3	2 ±0.1	0.9 ±0.1	9.8	0.3
M6	6.6	6.3	3 ±0.15	1 ±0.1	12.9	0.33
M8	8.8	8.4	3 ±0.15	1.2 ±0.1	15.1	0.4
M10	10.8	10.4	3.5 ±0.20	1.2 ±0.1	18.2	0.4
M12	12.8	12.4	3.5 ±0.2	1.6 ±0.1	20.2	0.5
(M14)	15.0	14.5	5 ±0.2	1.6 ±0.1	25.4	0.5
M16	17.0	16.5	5 ±0.2	2 ±0.1	27.4	0.65
(M18)	19.0	18.5	5 ±0.2	2 ±0.1	29.4	0.65
M20	21.5	20.8	5 ±0.2	2 ±0.1	31.9	0.65
(M22)	23.5	22.8	6 ±0.2	2.5 ±0.15	35.9	0.8
M24	26.0	25.0	6.5 ±0.2	3.25 ±0.15	39.4	1.1
(M27)	29.5	28.0	7 ±0.25	3.25 ±0.15	44.0	1.1
M30	33.0	31.5	8 ±0.25	3.25 ±0.15	49.5	1.1
(M33)	36.0	34.5	8 ±0.25	3.25 ±0.15	52.5	1.1
M36	40.0	38.0	10 ±0.25	3.25 ±0.15	60.5	1.1
(M39)	43.0	41.0	10 ±0.25	3.25 ±0.15	63.5	1.1
M42	46.0	44.0	10 ±0.25	4.5 ±0.2	66.5	1.5
M48	52.0	50.0	10 ±0.25	4.5 ±0.2	72.5	1.5
M56	60.0	58.0	12 ±0.25	4.5 ±0.2	84.5	1.5
M64	70.0	67.0	12 ±0.25	4.5 ±0.2	94.5	1.5

注：括号中显示的大小通常不作为优选，通常也不是常备的。压缩前的双线圈垫圈自由高度通常大约是厚度的 5 倍，但如果需要，可以通过与制造商协商获得具有其他自由高度的垫圈。

表 7-107 英国标准单线圈方形弹簧垫圈米制系列——类型 A-1 BS 4464：1969（2004）

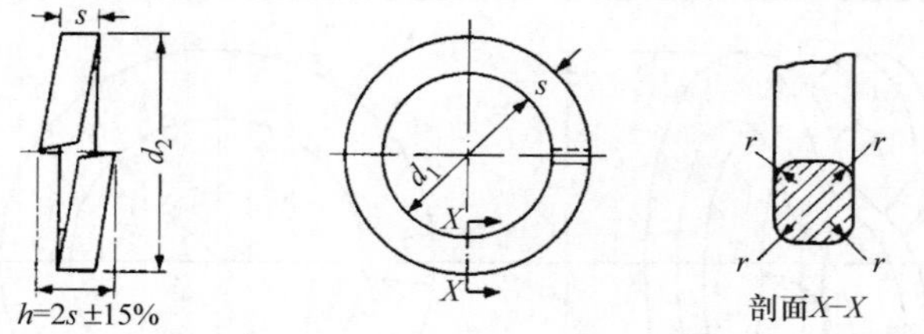

表 7-108 英国标准单线圈方形弹簧垫圈米制系列——类型 A-2 BS 4464：1969（2004）

（单位：mm）

公称规格和螺纹直径 d	内径 d_1		厚度和宽度	外径 d_2	半径 r
	最大	最小	s	最大	最大
M3	3.3	3.1	1 ±0.1	5.5	0.3
（M3.5）	3.8	3.6	1 ±0.1	6.0	0.3
M4	4.35	4.1	1.2 ±0.1	6.95	0.4
M5	5.35	5.1	1.5 ±0.1	8.55	0.5
M6	6.4	6.1	1.5 ±0.1	9.6	0.5
M8	8.55	8.2	2 ±0.1	12.75	0.65
M10	10.6	10.2	2.5 ±0.15	15.9	0.8
M12	12.6	12.2	2.5 ±0.15	17.9	0.8
（M14）	14.7	14.2	3 ±0.2	21.1	1.0
M16	16.9	16.3	3.5 ±0.2	24.3	1.15
（M18）	19.0	18.3	3.5 ±0.2	26.4	1.15
M20	21.1	20.3	4.5 ±0.2	30.5	1.5
（M22）	23.3	22.4	4.5 ±0.2	32.7	1.5
M24	25.3	24.4	5 ±0.2	35.7	1.65
（M27）	28.5	27.5	5 ±0.2	38.9	1.65
M30	31.5	30.5	6 ±0.2	43.9	2.0
（M33）	34.6	33.5	6 ±0.2	47.0	2.0
M36	37.6	36.5	7 ±0.25	52.1	2.3
（M39）	40.8	39.6	7 ±0.25	55.3	2.3
M42	43.8	42.6	8 ±0.25	60.3	2.65
（M45）	46.8	45.6	8 ±0.25	63.3	2.65
M48	50.0	48.8	8 ±0.25	66.5	2.65

注：括号中显示的大小通常不作为优选，通常也不是常备的。

4. 英国标准米制系列金属垫圈

BS 4320：1968（1998）指定用于一般工程目的的精制和黑皮金属垫圈。

精制金属垫圈：这些垫圈采用 BS 1449：3B 部分 CS4 冷压钢条或 BS2870：1980 CZ108 黄铜条，均为淬火状态。但基于采购方和制造商之间的协商，垫圈还可采用其他任何状态的材料，也可使用其他材料，或根据相应的英国标准用保护性或装饰性表面进行涂层。垫圈应平整、无毛边，通常无倒角。但可能在外径的一边有一个 30°的倒角。这些垫圈有两种尺寸类别：标准和大径，两种厚度：标准（A 型或 C 型）和轻薄（B 型和 D 型）。轻薄垫圈厚度为标准垫圈厚度的 1/2 ~ 2/3。

黑皮金属垫圈：这类垫圈采用低碳钢，有三种尺寸类别：标准、大直径和超大直径。标准直径系列用于 M5 ~ M68（E 型垫圈）的螺栓，大直径系列用于 M8 ~ M39（F 型垫圈）的螺栓，超大直径系列用于 M5 ~ M39（G 型垫圈）的螺栓。采购方可根据相应英国标准要求保护性表面。

垫圈命名：标准明确了定购或询价垫圈时需提供的细节。主要是一般描述，包括精制垫圈还是黑皮垫圈；相关螺栓或螺钉公称尺寸，比如 M5；形状名称，比如 A 型或 E 型；精制垫圈上所需任何倒角的尺寸；标准 BS 4320：1968（1998）的号码，以及涂层信息及其英国标准号码和涂层厚度。例如，使用该信息时，用于一个 12mm 直径螺栓的有倒角的标准厚度标准直径系列垫圈应为：精制垫圈 M12（A 型）倒角基于 BS 4320。

表 7-109 英国标准精制金属垫圈——米制系列 BS 4320：1968（1998）（单位：mm）

螺栓或螺钉的公称规格	标准直径											
	内径			外径			厚度					
							A 型（普通范围）			B 型（轻型范围）		
	通用	最大	最小	通用	最大	最小	通用	最大	最小	通用	最大	最小
M1.0	1.1	1.25	1.1	2.5	2.5	2.3	0.3	0.4	0.2	—	—	—
M1.2	1.3	1.45	1.3	3.0	3.0	2.8	0.3	0.4	0.2	—	—	—
（M1.4）	1.5	1.65	1.5	3.0	3.0	2.8	0.3	0.4	0.2	—	—	—
M1.6	1.7	1.85	1.7	4.0	4.0	3.7	0.3	0.4	0.2	—	—	—
M2.0	2.2	2.35	2.2	5.0	5.0	4.7	0.3	0.4	0.2	—	—	—
（M2.2）	2.4	2.55	2.4	5.0	5.0	4.7	0.5	0.6	0.4	—	—	—
M2.5	2.7	2.85	2.7	6.5	6.5	6.2	0.5	0.6	0.4	—	—	—
M3	3.2	3.4	3.2	7	7	6.7	0.5	0.6	0.4	—	—	—
（M3.5）	3.7	3.9	3.7	7	7	6.7	0.5	0.6	0.4	—	—	—
M4	4.3	4.5	4.3	9	9	8.7	0.8	0.9	0.7	—	—	—
（M4.5）	4.8	5.0	4.8	9	9	8.7	0.8	0.9	0.7	—	—	—
M5	5.3	5.5	5.3	10	10	9.7	1.0	1.1	0.9	—	—	—
M6	6.4	6.7	6.4	12.5	12.5	12.1	1.6	1.8	1.4	0.8	0.9	0.7
（M7）	7.4	7.7	7.4	14	14	13.6	1.6	1.8	1.4	0.8	0.9	0.7
M8	8.4	8.7	8.4	17	17	16.6	1.6	1.8	1.4	1.0	1.1	0.9
M10	10.5	10.9	10.5	21	21	20.5	2.0	2.2	1.8	1.25	1.45	1.05
M12	13.0	13.4	13.0	24	24	23.5	2.5	2.7	2.3	1.6	1.80	1.40
（M14）	15.0	15.4	15.0	28	28	27.5	2.5	2.7	2.3	1.6	1.8	1.4
M16	17.0	17.4	17.0	30	30	29.5	3.0	3.3	2.7	2.0	2.2	1.8
（M18）	19.0	19.5	19.0	34	34	33.2	3.0	3.3	2.7	2.0	2.2	1.8
M20	21	21.5	21	37	37	36.2	3.0	3.3	2.7	2.0	2.2	1.8
（M22）	23	23.5	23	39	39	38.2	3.0	3.3	2.7	2.0	2.2	1.8
M24	25	25.5	25	44	44	43.2	4.0	4.3	3.7	2.5	2.7	2.3
（M27）	28	28.5	28	50	50	49.2	4.0	4.3	3.7	2.5	2.7	2.3
M30	31	31.6	31	56	56	55.0	4.0	4.3	3.7	2.5	2.7	2.3
（M33）	34	34.6	34	60	60	59.0	5.0	5.6	4.4	3.0	3.3	2.7
M36	37	37.6	37	66	66	65.0	5.0	5.6	4.4	3.0	3.3	2.7
（M39）	40	40.6	40	72	72	71.0	6.0	6.6	5.4	3.0	3.3	2.7

（续）

螺栓或螺钉的公称规格	大直径规格											
	内径			外径			厚度					
							C 型（普通范围）			D 型（轻型范围）		
	通用	最大	最小	通用	最大	最小	通用	最大	最小	通用	最大	最小
M4	4.3	4.5	4.3	10.0	10.0	9.7	0.8	0.9	0.7	—	—	—
M5	5.3	5.5	5.3	12.5	12.5	12.1	1.0	1.1	0.9	—	—	—
M6	6.4	6.7	6.4	14	14	13.6	1.6	1.8	1.4	0.8	0.9	0.7
M8	8.4	8.7	8.4	21	21	20.5	1.6	1.8	1.4	1.0	1.1	0.9
M10	10.5	10.9	10.5	24	24	23.5	2.0	2.2	1.8	1.25	1.45	1.05
M12	13.0	13.4	13.0	28	28	27.5	2.5	2.7	2.3	1.6	1.8	1.4
（M14）	15.0	15.4	15	30	30	29.5	2.5	2.7	2.3	1.6	1.8	1.4
M16	17.0	17.4	17	34	34	33.2	3.0	3.3	2.7	2.0	2.2	1.8
（M18）	19.0	19.5	19	37	37	36.2	3.0	3.3	2.7	2.0	2.2	1.8
M20	21	21.5	21	39	39	38.2	3.0	3.3	2.7	2.0	2.2	1.8
（M22）	23	23.5	23	44	44	43.2	3.0	3.3	2.7	2.0	2.2	1.8
M24	25	25.5	25	50	50	49.2	4.0	4.3	3.7	2.5	2.7	2.3
（M27）	28	28.5	28	56	56	55	4.0	4.3	3.7	2.5	2.7	2.3
M30	31	31.6	31	60	60	59	4.0	4.3	3.7	2.5	2.7	2.3
（M33）	34	34.6	34	66	66	65	5.0	5.6	4.4	3.0	3.3	2.7
M36	37	37.6	37	72	72	71	5.0	5.6	4.4	3.0	3.3	2.7
（M39）	40	40.6	40	77	77	76	6.0	6.6	5.4	3.0	3.3	2.7

注：表内括号中的公称螺栓或螺钉尺寸不作优先选择。

表 7-110　英国标准黑皮金属垫圈——米制系列 BS 4320：1968（1998）（单位：mm）

螺栓或螺钉的公称规格	内径			外径			厚度		
	通用	最大	最小	通用	最大	最小	通用	最大	最小
标准直径（E 型）									
M5	5.5	5.8	5.5	10.0	10.0	9.2	1.0	1.2	0.8
M6	6.6	7.0	6.6	12.5	12.5	11.7	1.6	1.9	1.3
（M7）	7.6	8.0	7.6	14.0	14.0	13.2	1.6	1.9	1.3
M8	9.0	9.4	9.0	17	17	16.2	1.6	1.9	1.3
M10	11.0	11.5	11.0	21	21	20.2	2.0	2.3	1.7
M12	14	14.5	14	24	24	23.2	2.5	2.8	2.2
（M14）	16	16.5	16	28	28	27.2	2.5	2.8	2.2
M16	18	18.5	18	30	30	29.2	3.0	3.6	2.4
（M18）	20	20.6	20	34	34	32.8	3.0	3.6	2.4
M20	22	22.6	22	37	37	35.8	3.0	3.6	2.4
（M22）	24	24.6	24	39	39	37.8	3.0	3.6	2.4
M24	26	26.6	26	44	44	42.8	4	4.6	3.4
（M27）	30	30.6	30	50	50	48.8	4	4.6	3.4
M30	33	33.8	33	56	56	54.5	4	4.6	3.4
（M33）	36	36.8	36	60	60	58.5	5	6.0	4.0

（续）

螺栓或螺钉的公称规格	内径			外径			厚度		
	通用	最大	最小	通用	最大	最小	通用	最大	最小
标准直径（E 型）									
M36	39	39.8	39	66	66	64.5	5	6.0	4.0
（M39）	42	42.8	42	72	72	70.5	6	7.0	5.0
M42	45	45.8	45	78	78	76.5	7	8.2	5.8
（M45）	48	48.8	48	85	85	83	7	8.2	5.8
M48	52	53	52	92	92	90	8	9.2	6.8
（M52）	56	57	56	98	98	96	8	9.2	6.8
M56	62	63	62	105	105	103	9	10.2	7.8
（M60）	66	67	66	110	110	108	9	10.2	7.8
M64	70	71	70	115	115	113	9	10.2	7.8
（M68）	74	75	74	120	120	118	10	11.2	8.8
大直径（F 型）									
M8	9	9.4	9.0	21	21	20.2	1.6	1.9	1.3
M10	11	11.5	11	24	24	23.2	2	2.3	1.7
M12	14	14.5	14	28	28	27.2	2.5	2.8	2.2
（M14）	16	16.5	16	30	30	29.2	2.5	2.8	2.2
M16	18	18.5	18	34	34	32.8	3	3.6	2.4
（M18）	20	20.6	20	37	37	35.8	3	3.6	2.4
M20	22	22.6	22	39	39	37.8	3	3.6	2.4
（M22）	24	24.6	24	44	44	42.8	3	3.6	2.4
M24	26	26.6	26	50	50	48.8	4	4.6	3.4
（M27）	30	30.6	30	56	56	54.5	4	4.6	3.4
M30	33	33.8	33	60	60	58.5	4	4.6	3.4
（M33）	36	36.8	36	66	66	64.5	5	6.0	4
M36	39	39.8	39	72	72	70.5	5	6.0	4
（M39）	42	42.8	42	77	77	75.5	6	7	5
超大直径（G 型）									
M5	5.5	5.8	5.5	15	15	14.2	1.6	1.9	1.3
M6	6.6	7.0	6.6	18	18	17.2	2	2.3	1.7
（M7）	7.6	8.0	7.6	21	21	20.2	2	2.3	1.7
M8	9	9.4	9.0	24	24	23.2	2	2.3	1.7
M10	11	11.5	11.0	30	30	29.2	2.5	2.8	2.2
M12	14	14.5	14.0	36	36	34.8	3	3.6	2.4
（M14）	16	16.5	16.0	42	42	40.8	3	3.6	2.4
M16	18	18.5	18	48	48	46.8	4	4.6	3.4
（M18）	20	20.6	20	54	54	52.5	4	4.6	3.4
M20	22	22.6	22	60	60	58.5	5	6.0	4
（M22）	24	24.6	24	66	66	64.5	5	6.0	4
M24	26	26.6	26	72	72	70.5	6	7	5
（M27）	30	30.6	30	81	81	79	6	7	5
M30	33	33.8	33	90	90	88	8	9.2	6.8
（M33）	36	36.8	36	99	99	97	8	9.2	6.8
M36	39	39.8	39	108	108	106	10	11.2	8.8
（M39）	42	42.8	42	117	117	115	10	11.2	8.8

注：表内括号中的公称螺栓或螺钉尺寸不作优先选择。

7.6 机制螺钉和螺母

7.6.1 美国国家标准机制螺钉和螺母

标准 ANSI B18.6.3 涵盖了开槽螺钉和沉头机制螺钉。包括各种类型的开槽机制螺钉、机制螺母和头部尺寸，见表 7-111 ~ 表 7-126。该标准还包括平削头、椭圆削头和钻孔圆头机制螺钉，也为所有类型的机器螺钉头提供十字槽尺寸和测量尺寸。

1. 螺纹

除 0000、000 和 00 尺寸外，机制螺纹螺钉可以是统一制粗牙（UNC）和细牙（UNF），2A 级，或 UNRC 和 UNRF 系列，具体根据制造商选择而定。

六角机制螺钉螺母的螺纹可为 UNC 或 UNF，2B 级；方形机制螺钉螺母为 UNC，2B 级。

2. 螺纹长度

小于等于 5 号尺寸、公称长度小于等于 3 倍直径的机制螺钉，其螺纹为完整牙型延伸至距头部承载面的 1 个螺距（螺纹）以内，或可能的情况下更近的位置。公称长度大于 3 倍直径，小于等于 $1\frac{1}{8}$in 的，其螺纹为完整牙型延伸至头部承载面的 2 个螺距（螺纹）以内，或可能的情况下更近的位置。除非另有规定，更长公称长度的螺钉，其最小完整牙型螺纹长度为 1.00in。大于等于 6 号尺寸、公称长度小于等于 3 倍直径的机制螺钉，其螺纹为完整牙型延伸至距头部承载面的 1 个节距（螺纹）以内，或可能的情况下更近的位置。公称长度大于 3 倍直径，小于等于 2in 的，其螺纹为完整牙型延伸至头部承载面的 2 个螺距（螺纹）以内，或可能的情况下更近的位置。除非另有规定，更长公称长度的螺钉，其最小完整牙型螺纹长度为 1.50in。

表 7-111 方形机制螺母和六角机制螺母 ANSI B18.6.3-1972（R1991） （单位：in）

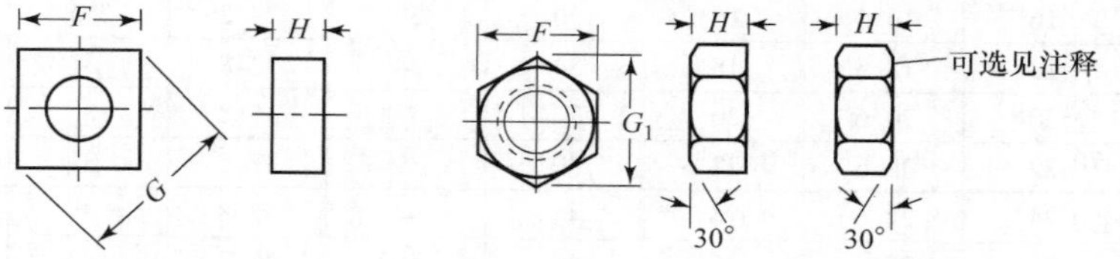

公称尺寸	基本半径	基本 F	最大 F	最小 F	最大 G	最小 G	最大 G_1	最小 G_1	最大 H	最小 H
0	0.0600	5/32	0.156	0.150	0.221	0.206	0.180	0.171	0.050	0.043
1	0.0730	5/32	0.156	0.150	0.221	0.206	0.180	0.171	0.050	0.043
2	0.0860	3/16	0.188	0.180	0.265	0.247	0.217	0.205	0.066	0.057
3	0.0990	3/16	0.188	0.180	0.265	0.247	0.217	0.205	0.066	0.057
4	0.1120	1/4	0.250	0.241	0.354	0.331	0.289	0.275	0.098	0.087
5	0.1250	5/16	0.312	0.302	0.442	0.415	0.361	0.344	0.114	0.102
6	0.1380	5/16	0.312	0.302	0.442	0.415	0.361	0.344	0.114	0.102
8	0.1640	11/32	0.344	0.332	0.486	0.456	0.397	0.378	0.130	0.117
10	0.1900	3/8	0.375	0.362	0.530	0.497	0.433	0.413	0.130	0.117
12	0.2160	7/16	0.438	0.423	0.619	0.581	0.505	0.482	0.161	0.148
1/4	0.2500	7/16	0.438	0.423	0.619	0.581	0.505	0.482	0.193	0.178
5/16	0.3125	9/16	0.562	0.545	0.795	0.748	0.650	0.621	0.225	0.208
3/8	0.3750	5/8	0.625	0.607	0.884	0.833	0.722	0.692	0.257	0.239

注：六角机制螺母具有平顶和倒角。顶部圆圈的直径应为最大对面宽度减 15% 的公差内。底部是平的，但如果规定的话可以倒角。方形机制螺母具有无倒角的顶部和底部平面。

3. 杆径

机制螺钉的杆径不小于 2A 级螺纹的最小中径，也不大于螺纹的大径。没有螺纹至头部的十字槽修边机制螺钉在其头部下方具有 0.062in 最小长度的轴肩，轴肩直径见标准中的尺寸限值要求。

4. 命名

机制螺钉按以下顺序命名：公称尺寸（数字、分数或小数）；每英寸螺纹；公称长度（分数或小数）；产品名称，包括头部类型和旋入方式；若需要也含锻端；材料（包括属性类别，如钢）；如果需要的话进行防护表面处理。例如：¼ –20×1¼开槽盘头机制螺钉，钢，镀锌；6 – 32×¾型号 IA 十字槽圆头机制螺钉，黄铜。

机制螺母包括以下数据按照所示顺序命名：公称尺寸（数字，分数或小数）；每英寸螺纹；产品名称；材料；如果需要的话进行防护表面处理。例如：10 –24 六角机制螺母，钢，镀锌；0.138 –32 方形机制螺母，黄铜。

表 7-112 美国国家标准开槽 100°平顶沉头机制螺钉 ANSI B18.6.3-1972（R1977）

（单位：in）

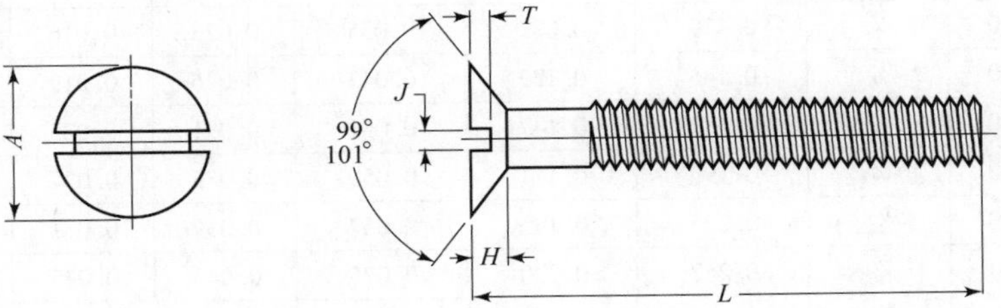

公称规格① 或基本螺钉直径		头部直径 A		头部高度 H	槽宽 J		槽深 T	
		最大，边角锋利	最小，边角圆整或平坦	参考	最大	最小	最大	最小
0000	0.0210	0.043	0.037	0.009	0.008	0.005	0.008	0.004
000	0.0340	0.064	0.058	0.014	0.012	0.008	0.011	0.007
00	0.0470	0.093	0.085	0.020	0.017	0.010	0.013	0.008
0	0.0600	0.119	0.096	0.026	0.023	0.016	0.013	0.008
1	0.0730	0.146	0.120	0.031	0.026	0.019	0.016	0.010
2	0.0860	0.172	0.143	0.037	0.031	0.023	0.019	0.012
3	0.0990	0.199	0.167	0.043	0.035	0.027	0.022	0.014
4	0.1120	0.225	0.191	0.049	0.039	0.031	0.024	0.017
6	0.1380	0.279	0.238	0.060	0.048	0.039	0.030	0.022
8	0.1640	0.332	0.285	0.072	0.054	0.045	0.036	0.027
10	0.1900	0.385	0.333	0.083	0.060	0.050	0.042	0.031
¼	0.2500	0.507	0.442	0.110	0.075	0.064	0.055	0.042
5/16	0.3125	0.635	0.556	0.138	0.084	0.072	0.069	0.053
⅜	0.3750	0.762	0.670	0.165	0.094	0.081	0.083	0.065

① 当以小数为单位指定公称大小时，省略小数点前和小数点后第四位上的零。

表 7-113 美国国家标准开槽平顶沉头机制螺钉 ANSI B18.6.3-1972（R1991）

（单位：in）

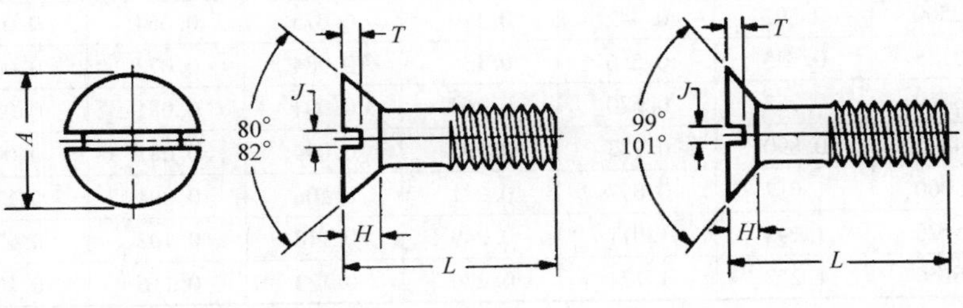

7

（续）

开槽平顶沉头机制螺钉									
公称规格[①]或基本螺钉直径		L[②]最大	头部直径 A		头部高度 H	开槽宽度 J		开槽深度 T	
			最大，锐边	最小，边缘[③]	参考	最大	最小	最大	最小
0000	0.0210	—	0.043	0.037	0.011	0.008	0.004	0.007	0.003
000	0.0340	—	0.064	0.058	0.016	0.011	0.007	0.009	0.005
00	0.0470	—	0.093	0.085	0.028	0.017	0.010	0.014	0.009
0	0.0600	1/8	0.119	0.099	0.035	0.023	0.016	0.015	0.010
1	0.0730	1/8	0.146	0.123	0.043	0.026	0.019	0.019	0.012
2	0.0860	1/8	0.172	0.147	0.051	0.031	0.023	0.023	0.015
3	0.0990	1/8	0.199	0.171	0.059	0.035	0.027	0.027	0.017
4	0.1120	3/16	0.225	0.195	0.067	0.039	0.031	0.030	0.020
5	0.1250	3/16	0.252	0.220	0.075	0.043	0.035	0.034	0.022
6	0.1380	3/16	0.279	0.244	0.083	0.048	0.039	0.038	0.024
8	0.1640	1/4	0.332	0.292	0.100	0.054	0.045	0.045	0.029
10	0.1900	5/16	0.385	0.340	0.116	0.060	0.050	0.053	0.034
12	0.2160	3/8	0.438	0.389	0.132	0.067	0.056	0.060	0.039
1/4	0.2500	7/16	0.507	0.452	0.153	0.075	0.064	0.070	0.046
5/16	0.3125	1/2	0.635	0.568	0.191	0.084	0.072	0.088	0.058
3/8	0.3750	9/16	0.762	0.685	0.230	0.094	0.081	0.106	0.070
7/16	0.4375	5/8	0.812	0.723	0.223	0.094	0.081	0.103	0.066
1/2	0.5000	3/4	0.875	0.775	0.223	0.106	0.091	0.103	0.065
9/16	0.5625	—	1.000	0.889	0.260	0.118	0.102	0.120	0.077
5/8	0.6250	—	1.125	1.002	0.298	0.133	0.116	0.137	0.088
3/4	0.7500	—	1.375	1.230	0.372	0.149	0.131	0.171	0.111

① 当以小数为单位指定公称大小时，省略小数点前和小数点后第四位上的零。

② 这些长度及更短长度为底切型。

③ 可能是圆形或平的。

表 7-114 100 度紧公差平顶沉头机制螺钉 （单位：in）

100 度紧公差平顶沉头机制螺钉								
公称规格[①]或基本螺钉直径		头部直径 A		头部高度 H	开槽宽度 J		开槽深度 T	
		最大，边缘锋利	最小，边缘	参考	最大	最小	最大	最小
4	0.1120	0.225	0.191	0.049	0.039	0.031	0.024	0.017
6	0.1380	0.279	0.238	0.060	0.048	0.039	0.030	0.022
8	0.1640	0.332	0.285	0.072	0.054	0.045	0.036	0.027
10	0.1900	0.385	0.333	0.083	0.060	0.050	0.042	0.031
1/4	0.2500	0.507	0.442	0.110	0.075	0.064	0.055	0.042
5/16	0.3125	0.635	0.556	0.138	0.084	0.072	0.069	0.053
3/8	0.3750	0.762	0.670	0.165	0.094	0.081	0.083	0.065
7/16	0.4375	0.890	0.783	0.193	0.094	0.081	0.097	0.076
1/2	0.5000	1.017	0.897	0.221	0.106	0.091	0.111	0.088
9/16	0.5625	1.145	1.011	0.249	0.118	0.102	0.125	0.099
5/8	0.6250	1.272	1.124	0.276	0.133	0.116	0.139	0.111

表 7-115　美国国家标准开槽平顶底切沉头机制螺钉 ANSI B18.6.3-1972（R1991）

（单位：in）

开槽平顶底切沉头机制螺钉

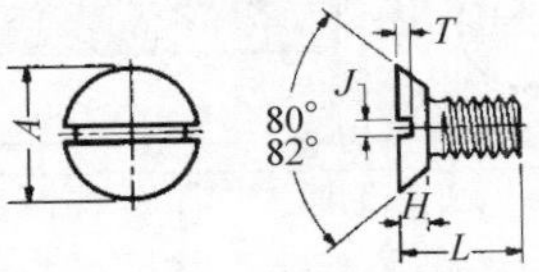

公称规格①或基本螺钉直径		最大 L②	头部直径 A 最大，边缘锋利	头部直径 A 最小，边缘	头部高度 H 最大	头部高度 H 最小	开槽宽度 J 最大	开槽宽度 J 最小	开槽深度 T 最大	开槽深度 T 最小
0	0.0600	1/8	0.119	0.099	0.025	0.018	0.023	0.016	0.011	0.007
1	0.0730	1/8	0.146	0.123	0.031	0.023	0.026	0.019	0.014	0.009
2	0.0860	1/8	0.172	0.147	0.036	0.028	0.031	0.023	0.016	0.011
3	0.0990	1/8	0.199	0.171	0.042	0.033	0.035	0.027	0.019	0.012
4	0.1120	3/16	0.225	0.195	0.047	0.038	0.039	0.031	0.022	0.014
5	0.1250	3/16	0.252	0.220	0.053	0.043	0.043	0.035	0.024	0.016
6	0.1380	3/16	0.279	0.244	0.059	0.048	0.048	0.039	0.027	0.017
8	0.1640	1/4	0.332	0.292	0.070	0.058	0.054	0.045	0.032	0.021
10	0.1900	5/16	0.385	0.340	0.081	0.068	0.060	0.050	0.037	0.024
12	0.2160	3/8	0.438	0.389	0.092	0.078	0.067	0.056	0.043	0.028
1/4	0.2500	7/16	0.507	0.452	0.107	0.092	0.075	0.064	0.050	0.032
5/16	0.3125	1/2	0.635	0.568	0.134	0.116	0.084	0.072	0.062	0.041
3/8	0.3750	9/16	0.762	0.685	0.161	0.140	0.094	0.081	0.075	0.049
7/16	0.4375	5/8	0.812	0.723	0.156	0.133	0.094	0.081	0.072	0.045
1/2	0.5000	3/4	0.875	0.775	0.156	0.130	0.106	0.091	0.072	0.046

① 当以小数为单位指定公称大小时，省略小数点前和小数点后第四位上的零。

② 这些长度及更短长度为底切型。

表 7-116　普通开槽六角垫圈头机制螺钉

（单位：in）

普通开槽六角垫圈头机制螺钉

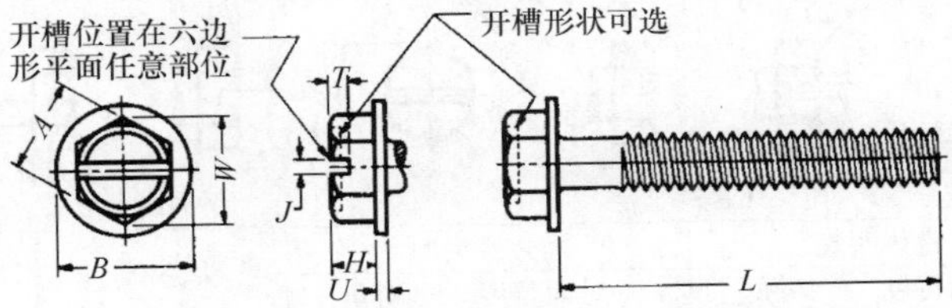

公称规格或基本螺钉直径		对面宽度 A 最大	对面宽度 A 最小	对角宽度 W 最小	高度 H 最大	高度 H 最小	垫圈直径 B 最大	垫圈直径 B 最小	垫圈厚度 U 最大	垫圈厚度 U 最小	槽宽 J 最大	槽宽 J 最小	槽深 T 最大	槽深 T 最小
2	0.0860	0.125	0.120	0.134	0.050	0.040	0.166	0.154	0.016	0.010	—	—	—	—
3	0.0990	0.125	0.120	0.134	0.055	0.044	0.177	0.163	0.016	0.010	—	—	—	—
4	0.1120	0.188	0.181	0.202	0.060	0.049	0.243	0.225	0.019	0.011	0.039	0.031	0.042	0.025
5	0.1250	0.188	0.181	0.202	0.070	0.058	0.260	0.240	0.025	0.015	0.043	0.035	0.049	0.030
6	0.1380	0.250	0.244	0.272	0.093	0.080	0.328	0.302	0.025	0.015	0.048	0.039	0.053	0.033
8	0.1640	0.250	0.244	0.272	0.110	0.096	0.348	0.322	0.031	0.019	0.054	0.045	0.074	0.052
10	0.1900	0.312	0.305	0.340	0.120	0.105	0.414	0.384	0.031	0.019	0.060	0.050	0.080	0.057
12	0.2160	0.312	0.305	0.340	0.155	0.139	0.432	0.398	0.039	0.022	0.067	0.056	0.103	0.077
1/4	0.2500	0.375	0.367	0.409	0.190	0.172	0.520	0.480	0.050	0.030	0.075	0.064	0.111	0.083
5/16	0.3125	0.500	0.489	0.545	0.230	0.208	0.676	0.624	0.055	0.035	0.084	0.072	0.134	0.100
3/8	0.3750	0.562	0.551	0.614	0.295	0.270	0.780	0.720	0.063	0.037	0.094	0.081	0.168	0.131

注：除非另有规定，六角带垫机制螺钉不需要开槽。

表 7-117 美国国家标准开槽扁圆头机制螺钉 ANSI B18. 6. 3-1972（R1991）（单位：in）

开槽扁圆头机制螺钉

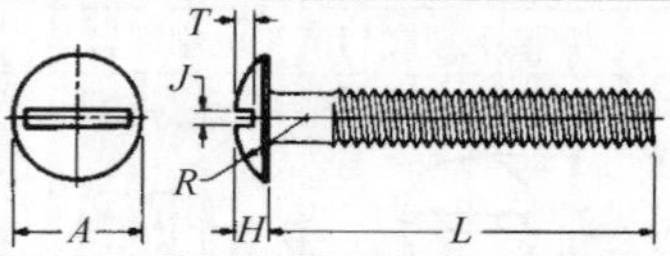

公称尺寸①或基本螺纹直径		圆头直径 A		圆头高度 H		顶端半径 R	槽宽 J		槽深 T	
		最大	最小	最大	最小	最大	最大	最小	最大	最小
0000	0.0210	0.049	0.043	0.014	0.010	0.032	0.009	0.005	0.009	0.005
000	0.0340	0.077	0.071	0.022	0.018	0.051	0.013	0.009	0.013	0.009
00	0.0470	0.106	0.098	0.030	0.024	0.070	0.017	0.010	0.018	0.012
0	0.0600	0.131	0.119	0.037	0.029	0.087	0.023	0.016	0.022	0.014
1	0.0730	0.164	0.149	0.045	0.037	0.107	0.026	0.019	0.027	0.018
2	0.0860	0.194	0.180	0.053	0.044	0.129	0.031	0.023	0.031	0.022
3	0.0990	0.226	0.211	0.061	0.051	0.151	0.035	0.027	0.036	0.026
4	0.1120	0.257	0.241	0.069	0.059	0.169	0.039	0.031	0.040	0.030
5	0.1250	0.289	0.272	0.078	0.066	0.191	0.043	0.035	0.045	0.034
6	0.1380	0.321	0.303	0.086	0.074	0.211	0.048	0.039	0.050	0.037
8	0.1640	0.384	0.364	0.102	0.088	0.254	0.054	0.045	0.058	0.045
10	0.1900	0.448	0.425	0.118	0.103	0.283	0.060	0.050	0.068	0.053
12	0.2160	0.511	0.487	0.134	0.118	0.336	0.067	0.056	0.077	0.061
1/4	0.2500	0.573	0.546	0.150	0.133	0.375	0.075	0.064	0.087	0.070
5/16	0.3125	0.698	0.666	0.183	0.162	0.457	0.084	0.072	0.106	0.085
3/8	0.3750	0.823	0.787	0.215	0.191	0.538	0.094	0.081	0.124	0.100
7/16	0.4375	0.948	0.907	0.248	0.221	0.619	0.094	0.081	0.142	0.116
1/2	0.5000	1.073	1.028	0.280	0.250	0.701	0.106	0.091	0.161	0.131
9/16	0.5625	1.198	1.149	0.312	0.279	0.783	0.118	0.102	0.179	0.146
5/8	0.6250	1.323	1.269	0.345	0.309	0.863	0.133	0.116	0.196	0.162
3/4	0.7500	1.573	1.511	0.410	0.368	1.024	0.149	0.131	0.234	0.182

① 当以小数为单位指定公称大小时，省略小数点前和小数点后第四位上的零。

表 7-118 平六角头与开槽六角头型（单位：in）

平六角头与开槽六角头型

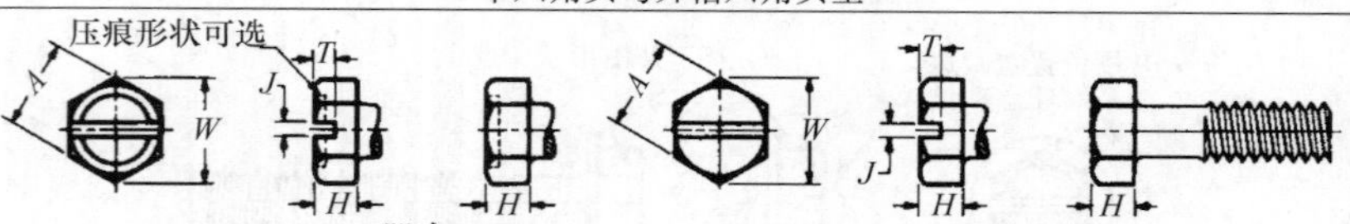

公称尺寸①或基本螺纹直径		常规头型			大号头型			头部高度 H		槽宽 J		槽深 T	
		对面宽度 A		对角宽度 W	对面宽度 A		对角宽度 W						
		最大	最小	最小	最大	最小	最小	最大	最小	最大	最小	最大	最小
1	0.0730	0.125	0.120	0.134	—	—	—	0.044	0.036	—	—	—	—
2	0.0860	0.125	0.120	0.134	—	—	—	0.050	0.040	—	—	—	—
3	0.0990	0.188	0.181	0.202	—	—	—	0.055	0.044	—	—	—	—
4	0.1120	0.188	0.181	0.202	0.219	0.213	0.238	0.060	0.049	0.039	0.031	0.036	0.02
5	0.1250	0.188	0.181	0.202	0.250	0.244	0.272	0.070	0.058	0.043	0.035	0.042	0.03
6	0.1380	0.250	0.244	0.272	—	—	—	0.093	0.080	0.048	0.039	0.046	0.03
8	0.1640	0.250	0.244	0.272	0.312	0.305	0.340	0.110	0.096	0.054	0.045	0.066	0.05
10	0.1900	0.312	0.305	0.340	—	—	—	0.120	0.105	0.060	0.050	0.072	0.057
12	0.2160	0.312	0.305	0.340	0.375	0.367	0.409	0.155	0.139	0.067	0.056	0.093	0.07
1/4	0.2500	0.375	0.367	0.409	0.438	0.428	0.477	0.190	0.172	0.075	0.064	0.101	0.08
5/16	0.3125	0.500	0.489	0.545	—	—	—	0.230	0.208	0.084	0.072	0.122	0.10
3/8	0.3750	0.562	0.551	0.614	—	—	—	0.295	0.270	0.094	0.081	0.156	0.13

① 除非另有规定，六角平头机制螺钉不需要开槽。

表 7-119　美国国家标准开槽盘头机制螺钉 ANSI B18.6.3-1972（R1991）　（单位：in）

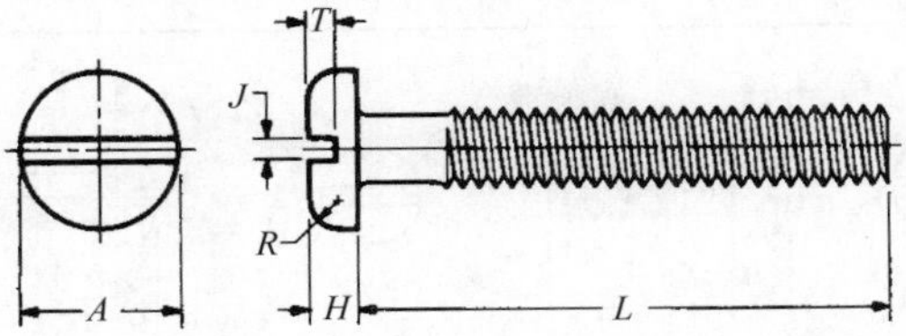

公称尺寸①或基本螺纹直径		头部直径 A		头部高度 H		顶端半径 R	槽宽 J		槽深 T	
		最大	最小	最大	最小	最大	最大	最小	最大	最小
0000	0.0210	0.042	0.036	0.016	0.010	0.007	0.008	0.004	0.008	0.004
000	0.0340	0.066	0.060	0.023	0.017	0.010	0.012	0.008	0.012	0.008
00	0.0470	0.090	0.082	0.032	0.025	0.015	0.017	0.010	0.016	0.010
0	0.0600	0.116	0.104	0.039	0.031	0.020	0.023	0.016	0.022	0.014
1	0.0730	0.142	0.130	0.046	0.038	0.025	0.026	0.019	0.027	0.018
2	0.0860	0.167	0.155	0.053	0.045	0.035	0.031	0.023	0.031	0.022
3	0.0990	0.193	0.180	0.060	0.051	0.037	0.035	0.027	0.036	0.026
4	0.1120	0.219	0.205	0.068	0.058	0.042	0.039	0.031	0.040	0.030
5	0.1250	0.245	0.231	0.075	0.065	0.044	0.043	0.035	0.045	0.034
6	0.1380	0.270	0.256	0.082	0.072	0.046	0.048	0.039	0.050	0.037
8	0.1640	0.322	0.306	0.096	0.085	0.052	0.054	0.045	0.058	0.045
10	0.1900	0.373	0.357	0.110	0.099	0.061	0.060	0.050	0.068	0.053
12	0.2160	0.425	0.407	0.125	0.112	0.078	0.067	0.056	0.077	0.061
1/4	0.2500	0.492	0.473	0.144	0.130	0.087	0.075	0.064	0.087	0.070
5/16	0.3125	0.615	0.594	0.178	0.162	0.099	0.084	0.072	0.106	0.085
3/8	0.3750	0.740	0.716	0.212	0.195	0.143	0.094	0.081	0.124	0.100
7/16	0.4375	0.863	0.837	0.247	0.228	0.153	0.094	0.081	0.142	0.116
1/2	0.5000	0.987	0.958	0.281	0.260	0.175	0.106	0.091	0.161	0.131
9/16	0.5625	1.041	1.000	0.315	0.293	0.197	0.118	0.102	0.179	0.146
5/8	0.6250	1.172	1.125	0.350	0.325	0.219	0.133	0.116	0.197	0.162
3/4	0.7500	1.435	1.375	0.419	0.390	0.263	0.149	0.131	0.234	0.192

① 当以小数为单位指定公称大小时，省略小数点前和小数点后第四位上的零。

表 7-120　编号 0000、000 和 00 螺纹 ANSI B18.6.3-1972（R1991）　（单位：in）

公称尺寸①和螺纹牙数	系列命名	外部②								内部③			
		等级	外径		中径			内径	等级	中径			外径
			最大	最小	最大	最小	公差			最小	最大	公差	最小
0000 - 160 或 0.0210 - 160	NS	2	0.0210	0.0195	0.0169	0.0158	0.0011	0.0128	2	0.0169	0.0181	0.0012	0.0210
000 - 120 或 0.0340 - 120	NS	2	0.0340	0.0325	0.0286	0.272	0.0014	0.0232	2	0.0286	0.0300	0.0014	0.034
00 - 90 或 0.0470 - 90	NS	2	0.0470	0.0450	0.0398	0.0382	0.0016	0.0326	2	0.0398	0.0414	0.0016	0.047
00 - 96 或 0.0470 - 96	NS	2	0.0470	0.0450	0.0402	0.0386	0.0016	0.0334	2	0.0402	0.0418	0.0016	0.047

① 当以小数为单位指定公称大小时，省略小数点前和小数点后第四位上的零。

② 外螺纹上没有任何允差设置。

③ 没有规定内螺纹的小径极限，它们是由满足目标应用中的强度要求和攻丝性能所需的螺纹啮合量确定的。

表 7-121 美国国家标准凹槽头和凹槽割缝头机制螺钉 ANSIB18. 6. 3-1972（R1991）

（单位：in）

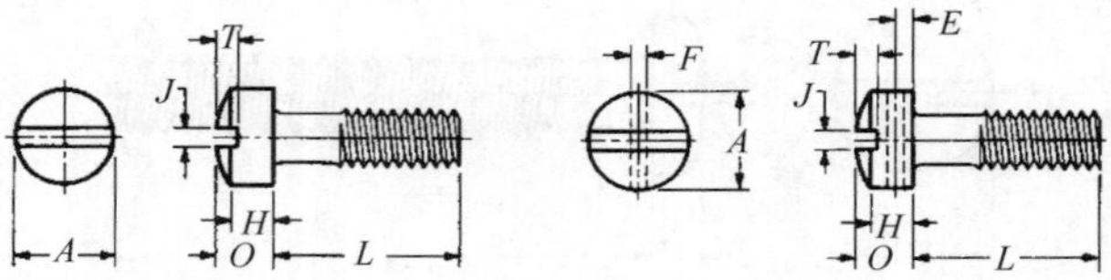

凹槽头类型

公称尺寸或基本螺纹直径		头部直径 A		头部边缘高度 H		头部总高度 O		槽宽 J		槽深 T	
		最大	最小	最大	最小	最大	最小	最大	最小	最大	最小
0000	0. 0210	0. 038	0. 032	0. 019	0. 011	0. 025	0. 15	0. 008	0. 004	0. 012	0. 006
000	0. 0340	0. 059	0. 053	0. 029	0. 021	0. 035	0. 027	0. 012	0. 006	0. 017	0. 011
00	0. 0470	0. 082	0. 072	0. 037	0. 028	0. 047	0. 039	0. 017	0. 010	0. 022	0. 015
0	0. 0600	0. 096	0. 083	0. 043	0. 038	0. 055	0. 047	0. 023	0. 016	0. 025	0. 015
1	0. 0730	0. 118	0. 104	0. 053	0. 045	0. 066	0. 058	0. 026	0. 019	0. 031	0. 020
2	0. 0860	0. 140	0. 124	0. 062	0. 053	0. 083	0. 066	0. 031	0. 023	0. 037	0. 025
3	0. 0990	0. 161	0. 145	0. 070	0. 061	0. 095	0. 077	0. 035	0. 027	0. 043	0. 030
4	0. 1120	0. 183	0. 166	0. 079	0. 069	0. 107	0. 088	0. 039	0. 031	0. 048	0. 035
5	0. 1250	0. 205	0. 187	0. 088	0. 078	0. 120	0. 100	0. 043	0. 035	0. 054	0. 040
6	0. 1380	0. 226	0. 208	0. 096	0. 086	0. 132	0. 111	0. 048	0. 039	0. 060	0. 045
8	0. 1640	0. 270	0. 250	0. 113	0. 102	0. 156	0. 133	0. 054	0. 045	0. 071	0. 054
10	0. 1900	0. 313	0. 292	0. 130	0. 118	0. 180	0. 156	0. 060	0. 050	0. 083	0. 064
12	0. 2160	0. 357	0. 334	0. 148	0. 134	0. 205	0. 178	0. 067	0. 056	0. 094	0. 074
1/4	0. 2500	0. 414	0. 389	0. 170	0. 155	0. 237	0. 207	0. 075	0. 064	0. 109	0. 087
5/16	0. 3125	0. 518	0. 490	0. 211	0. 194	0. 295	0. 262	0. 084	0. 072	0. 137	0. 110
3/8	0. 3750	0. 622	0. 590	0. 253	0. 233	0. 355	0. 315	0. 094	0. 081	0. 164	0. 133
7/16	0. 4375	0. 625	0. 589	0. 265	0. 242	0. 368	0. 321	0. 094	0. 081	0. 170	0. 135
1/2	0. 5000	0. 750	0. 710	0. 297	0. 273	0. 412	0. 362	0. 106	0. 091	0. 190	0. 151
9/16	0. 5625	0. 812	0. 768	0. 336	0. 308	0. 466	0. 410	0. 118	0. 102	0. 214	0. 172
5/8	0. 6250	0. 875	0. 827	0. 375	0. 345	0. 521	0. 461	0. 133	0. 116	0. 240	0. 193
3/4	0. 7500	1. 000	0. 945	0. 441	0. 406	0. 612	0. 542	0. 149	0. 131	0. 281	0. 226

凹槽割缝头类型

公称尺寸或基本螺纹直径		头部直径 A		头部边缘高度 H		头部总高度 O		槽宽 J		槽深 T		钻孔位置 E	钻孔直径 F
		最大	最小	最大	最小	最大	最小	最大	最小	最大	最小	基本	基本
2	0. 0860	0. 140	0. 124	0. 062	0. 055	0. 083	0. 070	0. 031	0. 023	0. 030	0. 022	0. 026	0. 031
3	0. 0990	0. 161	0. 145	0. 070	0. 064	0. 095	0. 082	0. 035	0. 027	0. 034	0. 026	0. 030	0. 037
4	0. 1120	0. 183	0. 166	0. 079	0. 072	0. 107	0. 094	0. 039	0. 031	0. 038	0. 030	0. 035	0. 037
5	0. 1250	0. 205	0. 187	0. 088	0. 081	0. 120	0. 106	0. 043	0. 035	0. 042	0. 033	0. 038	0. 046
6	0. 1380	0. 226	0. 208	0. 096	0. 089	0. 132	0. 118	0. 048	0. 039	0. 045	0. 035	0. 043	0. 046
8	0. 1640	0. 270	0. 250	0. 113	0. 106	0. 156	0. 141	0. 054	0. 045	0. 065	0. 054	0. 043	0. 046
10	0. 1900	0. 313	0. 292	0. 130	0. 123	0. 180	0. 165	0. 060	0. 050	0. 075	0. 064	0. 043	0. 046
12	0. 2160	0. 357	0. 334	0. 148	0. 139	0. 205	0. 188	0. 067	0. 056	0. 087	0. 074	0. 053	0. 046
1/4	0. 2500	0. 414	0. 389	0. 170	0. 161	0. 237	0. 219	0. 075	0. 064	0. 102	0. 087	0. 062	0. 062
5/16	0. 3125	0. 518	0. 490	0. 211	0. 201	0. 295	0. 276	0. 084	0. 072	0. 130	0. 110	0. 078	0. 070
3/8	0. 3750	0. 622	0. 590	0. 253	0. 242	0. 355	0. 333	0. 094	0. 081	0. 154	0. 134	0. 094	0. 070

注：1. 当以小数为单位指定公称大小时，省略小数点前和小数点后第四位上的零。

2. 钻孔应近似地垂直于槽的轴线，并且可能允许穿过槽的底部，孔边缘无毛刺。

3. 只要支承圆的直径不小于规定的最小头部直径的90%，则允许在头部周边处的边缘略微圆整。

表 7-122 美国国家标准开槽半沉头机制螺钉 ANSI B18.6.3-1972（R1991）（单位：in）

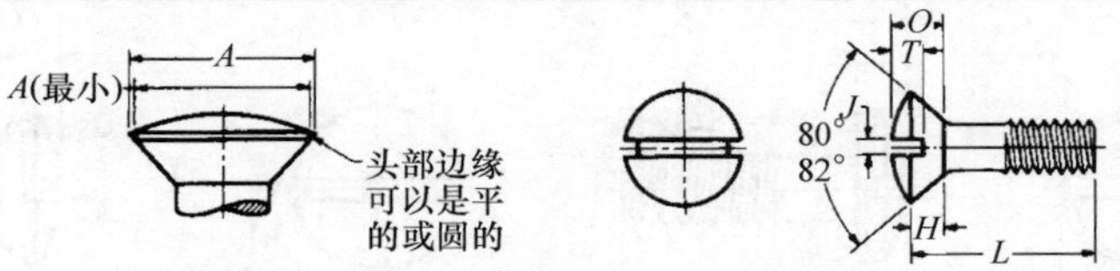

公称尺寸①或基本螺纹直径		L② 最大	头部直径 A 最大边缘锋利	头部直径 A 最小边缘圆形或扁平	头部边缘高度 H 参考	头部总高度 O 最大	头部总高度 O 最小	槽宽 J 最大	槽宽 J 最小	槽深 T 最大	槽深 T 最小
00	0.0470	—	0.093	0.085	0.028	0.042	0.034	0.017	0.010	0.023	0.016
0	0.0600	1/8	0.119	0.099	0.035	0.056	0.041	0.023	0.016	0.030	0.025
1	0.0730	1/8	0.146	0.123	0.043	0.068	0.052	0.026	0.019	0.038	0.031
2	0.0860	1/8	0.172	0.147	0.051	0.080	0.063	0.031	0.023	0.045	0.037
3	0.0990	1/8	0.199	0.171	0.059	0.092	0.073	0.035	0.027	0.052	0.043
4	0.1120	3/16	0.225	0.195	0.067	0.104	0.084	0.039	0.031	0.059	0.049
5	0.1250	3/16	0.252	0.220	0.075	0.116	0.095	0.043	0.035	0.067	0.055
6	0.1380	3/16	0.279	0.244	0.083	0.128	0.105	0.048	0.039	0.074	0.060
8	0.1640	1/4	0.332	0.292	0.100	0.152	0.126	0.054	0.045	0.088	0.072
10	0.1900	5/16	0.385	0.340	0.116	0.176	0.148	0.060	0.050	0.103	0.084
12	0.2160	3/8	0.438	0.389	0.132	0.200	0.169	0.067	0.056	0.117	0.096
1/4	0.2500	7/16	0.507	0.452	0.153	0.232	0.197	0.075	0.064	0.136	0.112
5/16	0.3125	1/2	0.635	0.568	0.191	0.290	0.249	0.084	0.072	0.171	0.141
3/8	0.3750	9/16	0.762	0.685	0.230	0.347	0.300	0.094	0.081	0.206	0.170
7/16	0.4375	5/8	0.812	0.723	0.223	0.345	0.295	0.094	0.081	0.210	0.174
1/2	0.5000	3/4	0.875	0.775	0.223	0.354	0.299	0.106	0.091	0.216	0.176
9/16	0.5625	—	1.000	0.889	0.260	0.410	0.350	0.118	0.102	0.250	0.207
5/8	0.6250	—	1.125	1.002	0.298	0.467	0.399	0.133	0.116	0.285	0.235
3/4	0.7500	—	1.375	1.230	0.372	0.578	0.497	0.149	0.131	0.353	0.293

① 当以小数为单位指定公称大小时，省略小数点前和小数点后第四位上的零。

② 这些长度及更短长度为底切型。

表 7-123 美国国家标准机制螺钉螺纹加工前的钉头尖端 ANSI B18.6.3-1972（R1991）

（单位：in）

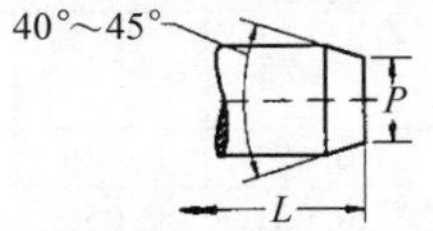

公称尺寸	螺纹牙数	P 最大	P 最小	L 最大	公称尺寸	螺纹牙数	P 最大	P 最小	L 最大
2	56	0.057	0.050	1/2	12	24	0.149	0.134	1 3/8
	64	0.060	0.053			28	0.156	0.141	
4	40	0.074	0.065	1/2	1/4	20	0.170	0.153	1 1/2
	48	0.079	0.070			28	0.187	0.169	
5	40	0.086	0.076	1/2	5/16	18	0.221	0.200	1 1/2
	44	0.088	0.079			24	0.237	0.215	
6	32	0.090	0.080	3/4	3/8	16	0.270	0.244	1 1/2
	40	0.098	0.087			24	0.295	0.267	
8	32	0.114	0.102	1	7/16	14	0.136	0.287	1 1/2
	36	0.118	0.106			20	0.342	0.310	
10	24	0.125	0.112	1 1/4	1/2	13	0.367	0.333	1 1/2
	32	0.138	0.124			20	0.399	0.362	

注：顶端边缘可为圆形，顶端无需为平面或垂直于柄。机制螺钉常为平剪端，但若明确要求时可有墩尾。

表 7-124 美国国家标准开槽扁头机制螺钉 ANSI B18.6.3-1972（R1991） （单位：in）

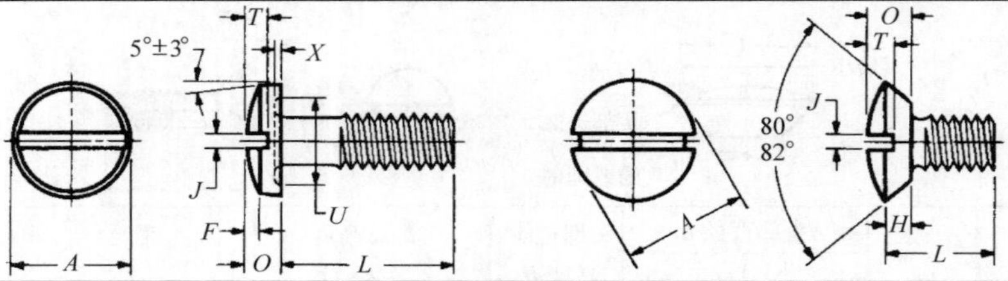

开槽圆顶类型															
公称尺寸[①]或基本螺纹直径		头部直径 A		头部总高度 O		头部椭圆部分高度 F		槽宽 J		槽深 T		根切[②]直径 U		根切[②]深度 X	
		最大	最小	最大	最小	最大	最小	最大	最小	最大	最小	最大	最小	最大	最小
0000	0.0210	0.046	0.040	0.014	0.009	0.006	0.003	0.008	0.004	0.009	0.005	—	—	—	—
000	0.0340	0.073	0.067	0.021	0.015	0.008	0.005	0.012	0.006	0.013	0.009	—	—	—	—
00	0.0470	0.098	0.090	0.028	0.023	0.011	0.007	0.017	0.010	0.018	0.012	—	—	—	—
0	0.0600	0.126	0.119	0.032	0.026	0.012	0.008	0.023	0.016	0.018	0.009	0.098	0.086	0.007	0.002
1	0.0730	0.153	0.145	0.041	0.035	0.015	0.011	0.026	0.019	0.024	0.014	0.120	0.105	0.008	0.003
2	0.0860	0.181	0.171	0.050	0.043	0.018	0.013	0.031	0.023	0.030	0.020	0.141	0.124	0.010	0.005
3	0.0990	0.208	0.197	0.059	0.052	0.022	0.016	0.035	0.027	0.036	0.025	0.162	0.143	0.011	0.006
4	0.1120	0.235	0.223	0.068	0.061	0.025	0.018	0.039	0.031	0.042	0.030	0.184	0.161	0.012	0.007
5	0.1250	0.263	0.249	0.078	0.069	0.029	0.021	0.043	0.035	0.048	0.035	0.205	0.180	0.014	0.009
6	0.1380	0.290	0.275	0.087	0.078	0.032	0.024	0.048	0.039	0.053	0.040	0.226	0.199	0.015	0.010
8	0.1640	0.344	0.326	0.105	0.095	0.039	0.029	0.054	0.045	0.065	0.050	0.269	0.236	0.017	0.012
10	0.1900	0.399	0.378	0.123	0.112	0.045	0.034	0.060	0.050	0.077	0.060	0.312	0.274	0.020	0.015
12	0.2160	0.454	0.430	0.141	0.130	0.052	0.039	0.067	0.056	0.089	0.070	0.354	0.311	0.023	0.018
1/4	0.2500	0.525	0.498	0.165	0.152	0.061	0.046	0.075	0.064	0.105	0.084	0.410	0.360	0.026	0.021
5/16	0.3125	0.656	0.622	0.209	0.194	0.077	0.059	0.084	0.072	0.134	0.108	0.513	0.450	0.032	0.027
3/8	0.3750	0.788	0.746	0.253	0.235	0.094	0.071	0.094	0.081	0.163	0.132	0.615	0.540	0.039	0.034

① 当以小数为单位指定公称大小时，省略小数点前和小数点后第四位的零。

② 除非另有规定，开槽圆头机制螺钉不会底切。

表 7-125 开槽椭圆低沉头机制螺钉 （单位：in）

开槽椭圆低沉头机制螺钉											
公称尺寸[①]或基本螺纹直径		L[①] 最大	头部直径 A		头部边缘高度 H	头部总高度 O		槽宽 J		槽深 T	
			最大边缘锋利	最小边缘圆形或扁平	参考	最大	最小	最大	最小	最大	最小
0	0.0600	1/8	0.119	0.099	0.025	0.046	0.033	0.023	0.016	0.028	0.022
1	0.0730	1/8	0.146	0.123	0.031	0.056	0.042	0.026	0.019	0.034	0.027
2	0.0860	1/8	0.172	0.147	0.036	0.065	0.050	0.031	0.023	0.040	0.033
3	0.0990	1/8	0.199	0.171	0.042	0.075	0.059	0.035	0.027	0.047	0.038
4	0.1120	3/16	0.225	0.195	0.047	0.084	0.067	0.039	0.031	0.053	0.043
5	0.1250	3/16	0.252	0.220	0.053	0.094	0.076	0.043	0.035	0.059	0.048
6	0.1380	3/16	0.279	0.244	0.059	0.104	0.084	0.048	0.039	0.065	0.053
8	0.1640	1/4	0.332	0.292	0.070	0.123	0.101	0.054	0.045	0.078	0.064
10	0.1900	5/16	0.385	0.340	0.081	0.142	0.118	0.060	0.050	0.090	0.074
12	0.2160	3/8	0.438	0.389	0.092	0.161	0.135	0.067	0.056	0.103	0.085
1/4	0.2500	7/16	0.507	0.452	0.107	0.186	0.158	0.075	0.064	0.119	0.098
5/16	0.3125	1/2	0.635	0.568	0.134	0.232	0.198	0.084	0.072	0.149	0.124
3/8	0.3750	9/16	0.762	0.685	0.161	0.278	0.239	0.094	0.081	0.179	0.149
7/16	0.4375	5/8	0.812	0.723	0.156	0.279	0.239	0.094	0.081	0.184	0.154
1/2	0.5000	3/4	0.875	0.775	0.156	0.288	0.244	0.106	0.091	0.204	0.169

① 这种长度或更短的长度是底切型。

表 7-126　开槽圆头机制螺钉 ANSI B18.6.3-1972（R1991）　　（单位：in）

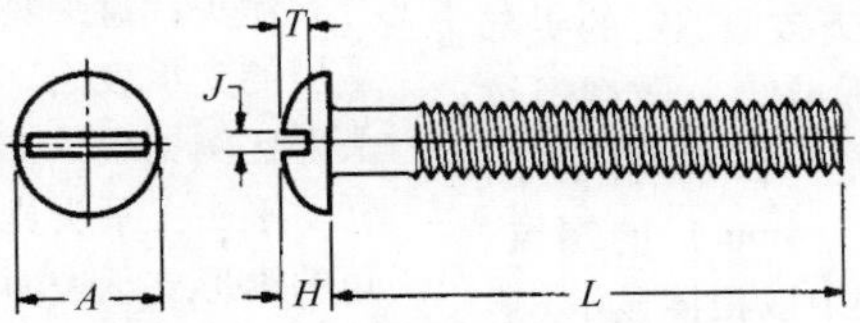

公称尺寸①或基本螺纹直径		头部直径 A		头部高度 H		槽宽 J		槽深 T	
		最大	最小	最大	最小	最大	最小	最大	最小
0000	0.0210	0.041	0.035	0.022	0.016	0.008	0.004	0.017	0.013
000	0.0340	0.062	0.056	0.031	0.025	0.012	0.008	0.018	0.012
00	0.0470	0.089	0.080	0.045	0.036	0.017	0.010	0.026	0.018
0	0.0600	0.113	0.099	0.053	0.043	0.023	0.016	0.039	0.029
1	0.0730	0.138	0.122	0.061	0.051	0.026	0.019	0.044	0.033
2	0.0860	0.162	0.146	0.069	0.059	0.031	0.023	0.048	0.037
3	0.0990	0.187	0.169	0.078	0.067	0.035	0.027	0.053	0.040
4	0.1120	0.211	0.193	0.086	0.075	0.039	0.031	0.058	0.044
5	0.1250	0.236	0.217	0.095	0.083	0.043	0.035	0.063	0.047
6	0.1380	0.260	0.240	0.103	0.091	0.048	0.039	0.068	0.051
8	0.1640	0.309	0.287	0.120	0.107	0.054	0.045	0.077	0.058
10	0.1900	0.359	0.334	0.137	0.123	0.060	0.050	0.087	0.065
12	0.2160	0.408	0.382	0.153	0.139	0.067	0.056	0.096	0.073
1/4	0.2500	0.472	0.443	0.175	0.160	0.075	0.064	0.109	0.082
5/16	0.3125	0.590	0.557	0.216	0.198	0.084	0.072	0.132	0.099
3/8	0.3750	0.708	0.670	0.256	0.237	0.094	0.081	0.155	0.117
7/16	0.4375	0.750	0.707	0.328	0.307	0.094	0.081	0.196	0.148
1/2	0.5000	0.813	0.766	0.355	0.332	0.106	0.091	0.211	0.159
9/16	0.5625	0.938	0.887	0.410	0.385	0.118	0.102	0.242	0.183
5/8	0.6250	1.000	0.944	0.438	0.411	0.133	0.116	0.258	0.195
3/4	0.7500	1.250	1.185	0.547	0.516	0.149	0.131	0.320	0.242

注：不推荐使用盘头机制螺钉。

① 当以小数为单位指定公称大小时，省略小数点前和小数点后第四位的零。

5. 十字槽机制螺钉

可以使用Ⅰ型、ⅠA型、Ⅱ型和Ⅲ型四种类型的十字槽（见图 7-26），代替机制螺钉头中的一字槽。在美国国家标准 ANSI B18.6.3-1972（R1991）中给出了用于机制螺钉的十字槽直径 M、宽度 N 和深度 T 的尺寸以及十字槽深度测量，ANSI/ASME B18.6.7 M-1985 标准用于米制机制螺钉。

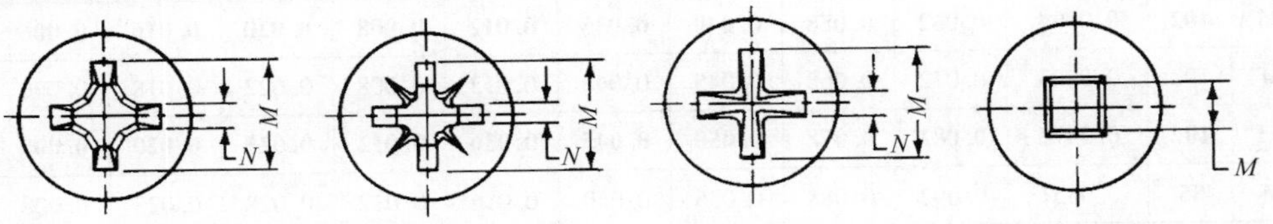

十字槽型Ⅰ　　十字槽型ⅠA　　十字槽型Ⅱ　　方槽型Ⅲ

图 7-26　ANSI 标准十字槽机制螺钉和米制机制螺钉

7.6.2 槽头微型螺钉

标准 ASA B18.11 用来确定槽头微型螺钉的头部类型、尺寸和长度，螺纹与美国标准统一微型螺纹 ASA B1.10 一致。该标准涵盖了公称直径为 0.0118in（0.3mm）至 0.0551in（1.4mm）的螺纹。一般使用的优选直径螺距组合在表中以粗体显示。

1. 头部类型

凹槽头：凹槽头具有平坦的顶面（椭圆形冠可选）、圆柱形侧面和平坦的支承表面。头部比例见表 7-127。

盘头：盘头具有平坦的顶面、圆柱形的侧面和平坦的支承表面。盘头高度小于槽头，但直径略大。头部比例见表 7-128。

平头：平头具有平坦的顶面，具有大约 100° 夹角的锥形支承表面。头部比例见表 7-129。

圆顶扁头：头部高度小于盘头，但头部直径较大，适用于需要垫圈的应用场合。头部比例见表 7-130。

表 7-127 微型螺钉——凹槽头螺钉 ASA B18.11-1961，R2010

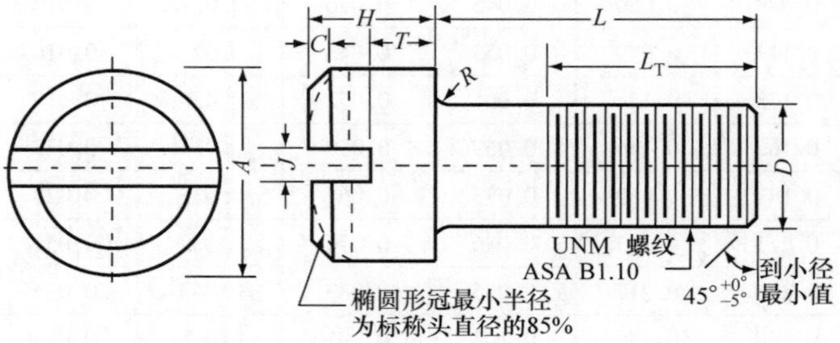

公称尺寸	螺纹牙数	基本外径 D	凹槽头尺寸 头部直径 A		头部高度 H		槽宽 J		槽深① T		倒角 C	半径② R
		最大	最大	最小	最大	最小	最大	最小	最大	最小	最大	最小
30UNM	**318**	**0.0118**	**0.021**	**0.019**	**0.012**	**0.010**	**0.004**	**0.003**	**0.006**	**0.004**	**0.002**	**0.002**
35UNM	282	0.0138	0.023	0.021	0.014	0.012	0.004	0.003	0.007	0.005	0.002	0.002
40UNM	**254**	**0.0157**	**0.025**	**0.023**	**0.016**	**0.013**	**0.005**	**0.003**	**0.008**	**0.006**	**0.002**	**0.002**
45UNM	254	0.0177	0.029	0.027	0.018	0.015	0.005	0.003	0.009	0.007	0.002	0.002
50UNM	**203**	**0.0197**	**0.033**	**0.031**	**0.020**	**0.017**	**0.006**	**0.004**	**0.010**	**0.007**	**0.003**	**0.002**
55UNM	203	0.0217	0.037	0.035	0.022	0.019	0.006	0.004	0.011	0.008	0.003	0.002
60UNM	**169**	**0.0236**	**0.041**	**0.039**	**0.025**	**0.021**	**0.008**	**0.005**	**0.012**	**0.009**	**0.004**	**0.003**
70UNM	145	0.0276	0.045	0.043	0.028	0.024	0.008	0.005	0.014	0.011	0.004	0.003
80UNM	**127**	**0.0315**	**0.051**	**0.049**	**0.032**	**0.028**	**0.010**	**0.007**	**0.016**	**0.012**	**0.005**	**0.004**
90UNM	113	0.0354	0.056	0.054	0.036	0.032	0.010	0.007	0.018	0.014	0.005	0.004
100UNM	**102**	**0.0394**	**0.062**	**0.058**	**0.040**	**0.035**	**0.012**	**0.008**	**0.020**	**0.016**	**0.006**	**0.005**
110UNM	102	0.0433	0.072	0.068	0.045	0.040	0.012	0.008	0.022	0.018	0.006	0.005
120UNM	**102**	**0.0472**	**0.082**	**0.078**	**0.050**	**0.045**	**0.016**	**0.012**	**0.025**	**0.020**	**0.008**	**0.006**
140UNM	85	0.0551	0.092	0.088	0.055	0.050	0.016	0.012	0.028	0.023	0.008	0.006

注：粗体表示优选尺寸。

① 从承压表面测量 T。

② 相对于外径。

表 7-127 ~ 表 7-130 的材料、表面处理、涂料如下。

(1) 材料 耐蚀钢：ASTM 名称 A276。

等级 303，条件 A。

等级 416，条件 A，热处理为 120000 ~ 150000psi（罗克韦尔 C28-34）。

等级 420，条件 A，热处理为 220000 ~ 240000psi（罗克韦尔 C50-53）。

黄铜：回火半硬金属 ASTM 指定 B16。

镍银：回火硬质金属 ASTM 指定 B151，合金 C。

(2) 机制表面处理 头部加工表面粗糙度约为 63μin，通过视觉比较确定算术平均值。

(3) 应用涂料 耐蚀钢：钝化；黄铜：光秃的，黑色氧化物或镍闪光；镍银：无。

说明：

1) 光杆的直径不应大于大径，也不得小于螺纹的最小螺距。

2) 对于长度小于或等于 4 倍的螺杆长度，螺纹长度（L_T）应延伸到头部支承表面的两个螺纹内。长度较大的螺钉应具有至少四个大径的完整螺纹。

3) 螺钉在 3 倍放大倍数下不得出现任何突出的毛刺。

4) 所有尺寸均为 in。

表 7-128 微型螺钉——盘头 ASA B18. 11-1961，R2010

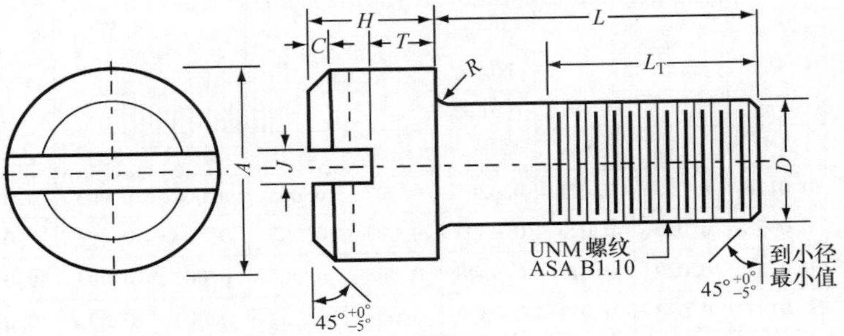

尺寸命名	每英寸牙数	基本外径 D	盘头尺寸									
			头部直径 A		头部高度 H		槽宽 J		槽深① T		倒角 C	半径② R
		最大	最大	最小	最大	最小	最大	最小	最大	最小	最大	最小
30UNM	**318**	**0.0118**	**0.025**	**0.023**	**0.010**	**0.008**	**0.005**	**0.003**	**0.005**	**0.003**	**0.002**	**0.002**
35UNM	282	0.0138	0.029	0.027	0.011	0.009	0.005	0.003	0.006	0.004	0.002	0.002
40UNM	**254**	**0.0157**	**0.033**	**0.031**	**0.012**	**0.010**	**0.006**	**0.004**	**0.006**	**0.004**	**0.002**	**0.002**
45UNM	254	0.0177	0.037	0.035	0.014	0.012	0.006	0.004	0.007	0.005	0.002	0.002
50UNM	**203**	**0.0197**	**0.041**	**0.039**	**0.016**	**0.013**	**0.008**	**0.005**	**0.008**	**0.006**	**0.003**	**0.002**
55UNM	203	0.0217	0.045	0.043	0.018	0.015	0.008	0.005	0.009	0.007	0.003	0.002
60UNM	**169**	**0.0236**	**0.051**	**0.049**	**0.020**	**0.017**	**0.010**	**0.007**	**0.010**	**0.007**	**0.004**	**0.003**
70UNM	145	0.0276	0.056	0.054	0.022	0.019	0.010	0.007	0.011	0.008	0.004	0.003
80UNM	**127**	**0.0315**	**0.062**	**0.058**	**0.025**	**0.021**	**0.012**	**0.008**	**0.012**	**0.009**	**0.005**	**0.004**
90UNM	113	0.0354	0.072	0.068	0.028	0.024	0.012	0.008	0.014	0.011	0.005	0.004
100UNM	**102**	**0.0394**	**0.082**	**0.078**	**0.032**	**0.028**	**0.016**	**0.012**	**0.018**	**0.014**	**0.006**	**0.005**
110UNM	102	0.0433	0.092	0.088	0.036	0.032	0.016	0.012	0.018	0.014	0.006	0.005
120UNM	**102**	**0.0472**	**0.103**	**0.097**	**0.040**	**0.035**	**0.020**	**0.015**	**0.020**	**0.016**	**0.008**	**0.006**
140UNM	85	0.0551	0.113	0.107	0.045	0.040	0.020	0.015	0.022	0.018	0.008	0.006

注：粗体表示优选尺寸。

① 从承压表面测量 T。

② 相对于外径。

表 7-129　微型螺钉——100°平头螺钉 ASA B18. 11-1961，R2010

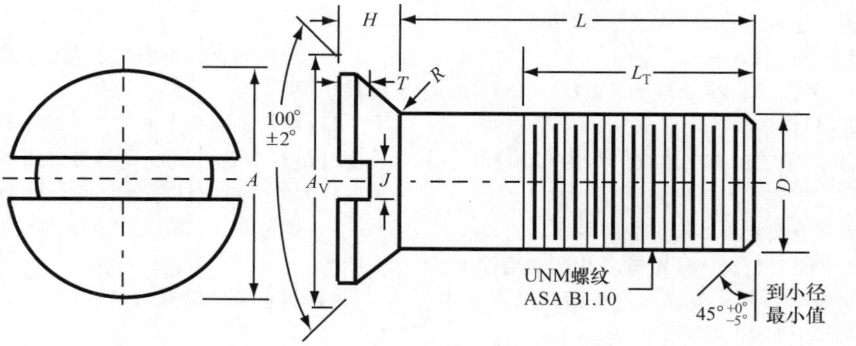

尺寸命名	每英寸牙数	外径 D	头部尺寸									
			头部直径 A		A_v 位于最大 H 处全锥形①	头部高度 H		槽宽 J		槽深 T		半径② R
		最大	最大	最小		最大	最小	最大	最小	最大	最小	最大
30UNM	**318**	**0. 0118**	**0. 023**	**0. 021**	**0. 0285**	**0. 007**	**0. 005**	**0. 004**	**0. 003**	**0. 004**	**0. 002**	**0. 005**
35UNM	282	0. 0138	0. 025	0. 023	0. 0305	0. 007	0. 005	0. 004	0. 003	0. 004	0. 002	0. 005
40UNM	**254**	**0. 0157**	**0. 029**	**0. 027**	**0. 0348**	**0. 008**	**0. 006**	**0. 005**	**0. 003**	**0. 005**	**0. 003**	**0. 006**
45UNM	254	0. 0177	0. 033	0. 031	0. 0392	0. 009	0. 007	0. 005	0. 003	0. 005	0. 003	0. 006
50UNM	**203**	**0. 0197**	**0. 037**	**0. 035**	**0. 0459**	**0. 011**	**0. 008**	**0. 006**	**0. 004**	**0. 006**	**0. 004**	**0. 008**
55UNM	203	0. 0217	0. 041	0. 039	0. 0503	0. 012	0. 009	0. 006	0. 004	0. 006	0. 004	0. 008
60UNM	**169**	**0. 0236**	**0. 045**	**0. 043**	**0. 0546**	**0. 013**	**0. 010**	**0. 008**	**0. 005**	**0. 008**	**0. 005**	**0. 010**
70UNM	145	0. 0276	0. 051	0. 049	0. 0610	0. 014	0. 011	0. 008	0. 005	0. 008	0. 005	0. 010
80UNM	**127**	**0. 0315**	**0. 056**	**0. 054**	**0. 0696**	**0. 016**	**0. 012**	**0. 010**	**0. 007**	**0. 010**	**0. 006**	**0. 012**
90UNM	113	0. 0354	0. 062	0. 058	0. 0759	0. 017	0. 013	0. 010	0. 007	0. 010	0. 006	0. 012
100UNM	**102**	**0. 0394**	**0. 072**	**0. 068**	**0. 0847**	**0. 019**	**0. 015**	**0. 012**	**0. 008**	**0. 012**	**0. 008**	**0. 016**
110UNM	102	0. 0433	0. 082	0. 078	0. 0957	0. 022	0. 018	0. 012	0. 008	0. 012	0. 008	0. 016
120UNM	**102**	**0. 0472**	**0. 092**	**0. 088**	**0. 1068**	**0. 025**	**0. 020**	**0. 016**	**0. 012**	**0. 016**	**0. 010**	**0. 020**
140UNM	85	0. 0551	0. 103	0. 097	0. 1197	0. 027	0. 022	0. 016	0. 012	0. 016	0. 010	0. 020

注：粗体表示优选尺寸。

① A_v 是由 D 的最大值、H 的最大值和平均角度导出。

② 相对于外径。

表 7-130　微型螺钉——扁头 ASA B18. 11-1961，R2010

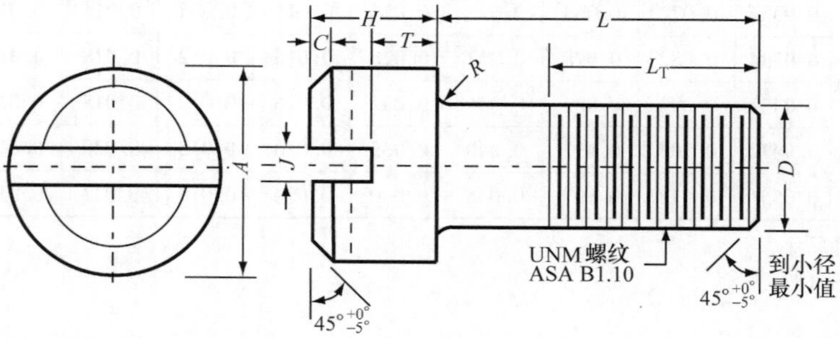

（续）

尺寸命名	每英寸牙数	基本外径 D	扁头尺寸											
			头部直径 A		头部高度 H		槽宽 J		槽深[①] T		倒角 C	半径 R	
		最大	最大	最小	最大	最小	最大	最小	最大	最小	最大	最大	最小
40UNM	**254**	**0.0157**	**0.041**	**0.039**	**0.010**	**0.008**	**0.006**	**0.004**	**0.005**	**0.003**	**0.002**	**0.004**	**0.002**
45UNM	254	0.0177	0.045	0.043	0.011	0.009	0.006	0.004	0.006	0.004	0.002	0.004	0.002
50UNM	**203**	**0.0197**	**0.051**	**0.049**	**0.012**	**0.010**	**0.008**	**0.005**	**0.006**	**0.004**	**0.003**	**0.004**	**0.002**
55UNM	203	0.0217	0.056	0.054	0.014	0.012	0.008	0.005	0.007	0.005	0.003	0.004	0.002
60UNM	**169**	**0.0236**	**0.062**	**0.058**	**0.016**	**0.013**	**0.010**	**0.007**	**0.008**	**0.006**	**0.004**	**0.006**	**0.003**
70UNM	145	0.0276	0.072	0.068	0.018	0.015	0.010	0.007	0.009	0.007	0.004	0.006	0.003
80UNM	**127**	**0.0315**	**0.082**	**0.078**	**0.020**	**0.017**	**0.012**	**0.008**	**0.010**	**0.007**	**0.005**	**0.008**	**0.004**
90UNM	113	0.0354	0.092	0.088	0.022	0.019	0.012	0.008	0.011	0.008	0.005	0.008	0.004
100UNM	**102**	**0.0394**	**0.103**	**0.097**	**0.025**	**0.021**	**0.016**	**10.012**	**0.012**	**0.009**	**0.006**	**0.010**	**0.005**
110UNM	102	0.0433	0.113	0.107	0.028	0.024	0.016	0.012	0.014	0.011	0.006	0.010	0.005
120UNM	**102**	**0.0472**	**0.124**	**0.116**	**0.032**	**0.028**	**0.020**	**0.015**	**0.016**	**0.012**	**0.008**	**0.012**	**0.006**
140UNM	85	0.0551	0.144	0.136	0.036	0.032	0.020	0.015	0.018	0.014	0.008	0.012	0.006

注：粗体表示优选尺寸。

① 从承压表面测量 T。

2. 规格

头部高度：尺寸表中给出的头部高度表示金属测量（开槽后）。

开槽深度：圆头、盘头和扁头螺钉上的槽深，是测量从轴承表面到槽底部与头部直径的交点间的距离。在具有锥形支承表面的头部上，槽深是测量平行于螺钉的轴线从平顶表面到槽的底部与支承表面的交叉点间的距离。槽的最大允许凹度不得超过平头直径的 3%。

承压表面：圆头、盘头和扁头螺钉的支承表面应在 2°内与机身轴线成直角。

偏心率：偏心率定义为总指标读数的一半。

头偏心率：微型紧固螺钉的头部与螺杆体偏心不得超过最大头部直径的 2% 或 0.001in 以上，以较大者为准。

开槽的偏心率：微型紧固螺钉头的开槽与螺杆体的偏心不得超过公称杆径的 5% 以上。

头下圆角：垂直于支承面式头下圆角的半径不得超过螺纹间距的 1/2。锥形支承面式头部圆角的半径不得超过螺纹间距的 2 倍。扁头圆角的半径见表 7-130。

光杆直径：微型紧固螺钉上无螺纹体的直径不得大于螺纹的大径，也不得小于螺纹的最小螺距值。

长度：具有垂直支承表面式头部的微型螺钉的长度应测量从平行于螺钉的轴线的轴承表面到末端之间的距离。具有圆锥支承表面式头部的螺钉长度应测量从平行于螺钉轴线的头部到顶端之间的距离。

长度公差：微型螺钉的长度公差应符合表 7-131 所给出的限值。

螺纹长度：在所有长度小于或等于公称杆径 4 倍的微型螺钉上，螺纹长度应延伸到头部支承表面的两个螺纹内。长度较大的螺钉应具有至少 4 个直径的完整螺纹。

杆末端：微型紧固螺钉应常规地提供有一个具有最小深度的近似 45°的倒角一直延伸到螺纹小径的平头端。

螺纹系列和公差：微型螺钉的螺纹应符合美国标准统一微型螺钉螺纹，ASA B1.10—1958。

材料和表面处理：微型螺钉通常用黑色金属和有色金属材料，涂层和热处理必须由用户指定。当需要时，涂层仅限于电镀或化学氧化的涂层。

命名：符合本标准的螺钉应按照符合美国标准 ASA B1.10 的螺纹尺寸的设计来确定，其次是公称长度单位为 1/1000in（省略小数点）和头型。典型例子如下：

60 UNM ×040 FIL HD

100 UNM ×080 PAN HD

120 UNM ×120 FLAT HD

140 UNM ×250 BIND HD

表 7-131 微型螺钉标准长度——凹槽头、盘头、扁头和100°平头螺钉 ASA B18. 11

长度/in		**30 UNM**① (0.0118)	35 UNM① (0.0138)	**40 UNM** (0.0157)	45 UNM (0.0177)	**50 UNM** (0.0197)	55 UNM (0.0217)	**60 UNM** (0.0236)	70 UNM (0.0276)	**80 UNM** (0.0315)	90 UNM (0.0354)	**100 UNM** (0.0394)	110 UNM (0.0433)	**120 UNM** (0.0472)	140 UNM (0.0551)
最小	最大														
0.016	0.020	**30-020**②													
0.020	0.025	**30-025**	35-025	**40-025**											
0.021	0.025	**30-025**	35-025	**40-025**											
0.027	0.032	**30-032**	35-032	**40-032**	45-032	**50-032**									
0.035	0.040	**30-040**	35-040	**40-040**	45-040	**50-040**	55-040	**60-040**							
0.044	0.050	**30-050**	35-050	**40-050**	45-050	**50-050**	50-050	**60-050**	70-050	**80-050**					
0.054	0.060	**30-060**	35-060	**40-060**	45-060	**50-060**	55-060	**60-060**	70-060	**80-060**	90-060	**100-060**			
0.072	0.080	**30-080**	35-080	**40-080**	45-080	**50-080**	55-080	**60-080**	70-080	**80-080**	90-080	**100-080**	110-080	**120-080**	
0.092	0.100	**30-100**	35-100	**40-100**	45-100	**50-100**	55-100	**60-100**	70-100	**80-100**	90-100	**100-100**	110-100	**120-100**	140-100
0.110	0.120	**30-120**	35-120	**40-120**	45-120	**50-120**	55-120	**60-120**	70-120	**80-120**	90-120	**100-120**	110-120	**120-120**	140-120
0.150	0.160	30-160	35-160	**40-160**	45-160	**50-160**	55-160	**60-160**	70-160	**80-160**	90-160	**100-160**	110-160	**120-160**	140-160
0.188	0.200		35-200	**40-200**	45-200	**50-200**	55-200	**60-200**	70-200	**80-200**	90-200	**100-200**	110-200	**120-200**	140-200
0.238	0.250				45-250	**50-250**	55-250	**60-250**	70-250	**80-250**	90-250	**100-250**	110-250	**120-250**	140-250
0.304	0.320						55-320	60-320	70-320	**80-320**	90-320	**100-320**	110-320	**120-320**	140-320
0.384	0.400								70-400	**80-400**	90-400	**100-400**	110-400	**120-400**	140-400
0.480	0.500										90-500	100-500	110-500	**120-500**	140-500
0.580	0.600												110-600	120-600	140-600

注：粗体表示优选尺寸。粗线表格里面的尺寸仅适用于100°的平头。

① 尺寸 30 UMN 和 35UMN 不指定为圆顶。

② 不适用于100°的平头。

机加工的表面：通过与粗糙度样本的目视比较确定，机加工过的表面粗糙度不得超过63μin的算术平均值（按照ASA B46.1，表面纹理）。

7.6.3　美国国家标准米制机制螺钉

本标准B18.6.7M包括米制平顶沉头、半沉头、槽头和十字槽盘头机制螺钉、米制六角头和六角凸缘头机制螺钉，尺寸见表7-132～表7-136。

螺纹：米制机制螺钉的螺纹是粗糙的M型螺纹，如标准ANSI B1.13M，除非另有规定。

螺纹长度：米制机制螺钉的螺纹长度见表7-132。

杆径：米制机制螺钉的杆径在规定的范围内（见表7-134～表7-136）。

命名：米制机制螺钉按以下顺序命名：公称尺寸和螺距；公称长度；产品名称，包括头型和旋进条件；若需要也含锻端；材料（包括属性类别，如钢）；如果需要的话进行涂层保护。例如：

M8×1.25×30 开槽盘头机制螺钉，4.8级钢，镀锌。

M3.5×0.6×20 IA型十字槽椭圆形沉头机螺钉，锻端，黄铜。

当螺钉的螺纹是米制粗牙螺纹系列时，通常的ISO惯例是将产品尺寸名称中螺距省略，如M10代表M10×1.5。

米制机制螺钉见表7-137～表7-140。

表7-132　美国国家标准米制机制螺钉的螺纹长度 ANSI/ASME B18.6.7M-1985

（单位：mm）

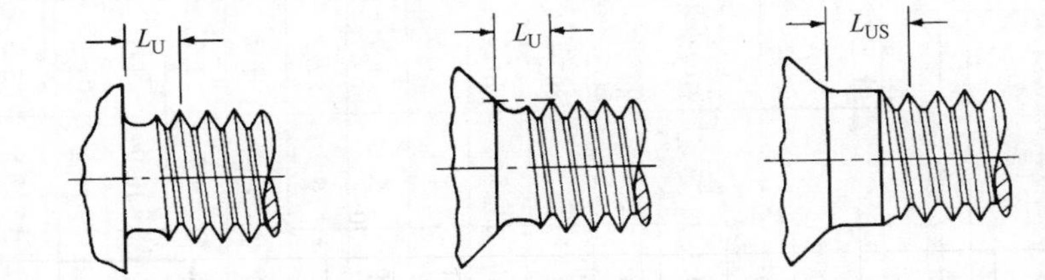

盘头、六角头、六角凸缘螺钉　　平头和半沉头螺钉　　热处理十字槽平顶沉头螺钉

公称螺纹规格与螺距	L 公称螺钉长度①	L_{US} 光杆长度②	L_U	L 公称螺钉长度		L_{US} 光杆长度②	L_{UL}	L 公称螺纹长度	B 全形螺纹长度③
	≤	最大④	最大⑤	>	≤	最大④	最大⑤	>	最小
M2×0.4	6	1.0	0.4	6	30	1.0	0.8	30	25.0
M2.5×0.45	8	1.1	0.5	8	30	1.1	0.9	30	25.0
M3×0.5	9	1.2	0.5	9	30	1.2	1.0	30	25.0
M3.5×0.6	10	1.5	0.6	10	50	1.5	1.2	50	38.0
M4×0.7	12	1.8	0.7	12	50	1.8	1.4	50	38.0
M5×0.8	15	2.0	0.8	15	50	2.0	1.6	50	38.0
M6×1	18	2.5	1.0	18	50	2.5	2.0	50	38.0
M8×1.25	24	3.1	1.2	24	50	3.1	2.5	50	38.0
M10×1.5	30	3.8	1.5	30	50	3.8	3.0	50	38.0
M12×1.75	36	4.4	1.8	36	50	4.4	3.5	50	38.0

① 米制机制螺钉的长度公差为：最大3mm，包括±0.2mm；3～10mm，包括±0.3mm；10～16mm，包括±0.4mm；16～50mm，包括±0.5mm；超过50mm，±1.0mm。

② 无螺纹长度 L_U 和 L_{US} 代表了在手动组装条件下，沿着平行于螺钉的轴线开始测量的从螺纹头的背面到允许旋入的未倒角或非沉头的通螺纹环规表面的距离。

③ 请参阅相应螺钉头样式的图示。

④ L_{US} 值仅适用于经热处理的十字槽平顶沉头螺钉。

⑤ L_U 值适用于除了热处理后的十字槽平顶沉头螺钉以外的所有螺钉。

表 7-133 美国国家标准开槽、十字槽和方槽平顶沉头米制螺钉 ANSI/ASME B18. 6. 7M-1985 （单位：mm）

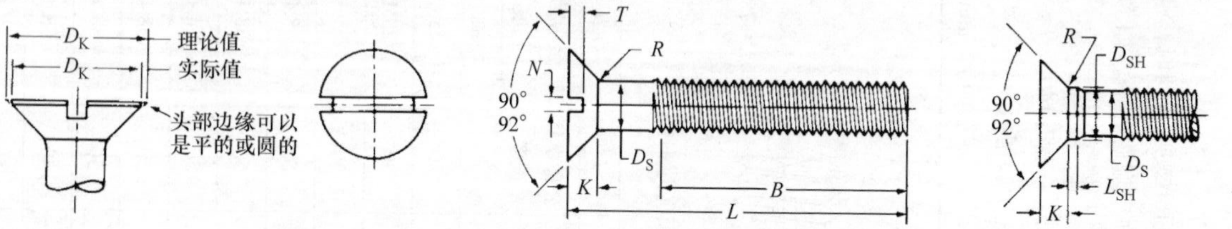

公称螺纹规格与螺距	槽和样式 A D_S 光杆直径		样式 B D_{SH} ① 光杆和轴肩直径	样式 B D_{SH} ① 轴肩直径	样式 B D_S 光杆直径	样式 B L_{SH} ① 轴肩长度		D_K 头部直径 理论边缘值		D_K 头部直径 实际值	K 头部高度	R 头下圆角半径		N 槽宽		T 槽深	
	最大	最小	最大	最小	最小	最大	最小	最大	最小	最小	最大参考值	最大	最小	最大	最小	最大	最小
M2 ×0. 4②	2. 00	1. 65	2. 00	1. 86	1. 65	0. 50	0. 30	4. 4	4. 1	3. 5	1. 2	0. 8	0. 4	0. 7	0. 5	0. 6	0. 4
M2. 5 ×0. 45	2. 50	2. 12	2. 50	2. 36	2. 12	0. 55	0. 35	5. 5	5. 1	4. 4	1. 5	1. 0	0. 5	0. 8	0. 6	0. 7	0. 5
M3 ×0. 5	3. 00	2. 58	3. 00	2. 86	2. 58	0. 60	0. 40	6. 3	5. 9	5. 2	1. 7	1. 2	0. 6	1. 0	0. 8	0. 9	0. 6
M3. 5 ×0. 6	3. 50	3. 00	3. 50	3. 32	3. 00	0. 70	0. 50	8. 2	7. 7	6. 9	2. 3	1. 4	0. 7	1. 2	1. 0	1. 2	0. 9
M4 ×0. 7	4. 00	3. 43	4. 00	3. 82	3. 43	0. 80	0. 60	9. 4	8. 9	8. 0	2. 7	1. 6	0. 8	1. 5	1. 2	1. 3	1. 0
M5 ×0. 8	5. 00	4. 36	5. 00	4. 82	4. 36	0. 90	0. 70	10. 4	9. 8	8. 9	2. 7	2. 0	1. 0	1. 5	1. 2	1. 4	1. 1
M6 ×1	6. 00	5. 21	6. 00	5. 82	5. 21	1. 10	0. 90	12. 6	11. 9	10. 9	3. 3	2. 4	1. 2	1. 9	1. 6	1. 6	1. 2
M8 ×1. 25	8. 00	7. 04	8. 00	7. 78	7. 04	1. 40	1. 10	17. 3	16. 5	15. 4	4. 6	3. 2	1. 6	2. 3	2. 0	2. 3	1. 8
M10 ×1. 5	10. 00	8. 86	10. 00	9. 78	8. 86	1. 70	1. 30	20. 0	19. 2	17. 8	5. 0	4. 0	2. 0	2. 8	2. 5	2. 6	2. 0

注：1. 尺寸 *B* 见表 7-132。

2. 尺寸 *L* 见表 7-138。

① 属于 9. 8 级以上强度的所有热处理槽头钢螺钉都具有 B 型头形。专门指定为 B 型的槽头螺钉具有 A 型头形式。B 型头部形状上的底角圆角是强制性的，所有其他头部尺寸对于 A 型和 B 型头部都是常见的。

② 这种尺寸没有规定用于样式Ⅲ方槽沉头机制螺钉；样式Ⅱ十字槽的尺寸并未指定。

表 7-134 美国国家标准开槽、十字槽和方槽半沉头米制螺钉 ANSI/ASME B18.6.7M-1985

（单位：mm）

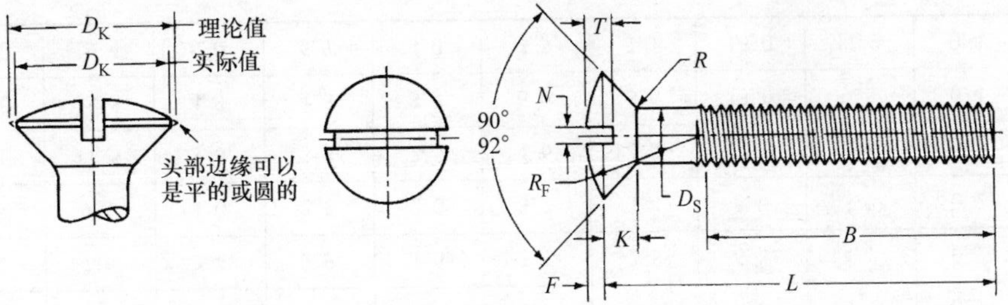

公称螺纹规格与螺距	D_S		D_K			K	F	R_F	R		N		T	
	光杆直径		头部直径			头部边缘高度	半沉头高度	头端半径	头下圆角半径		槽宽		槽深	
			理论边缘值		实际值									
	最大	最小	最大	最小	最小	最大参考值	最大	近似值	最大	最小	最大	最小	最大	最小
M2×0.4①	2.00	1.65	4.4	4.1	3.5	1.2	0.5	5.0	0.8	0.4	0.7	0.5	1.0	0.8
M2.5×0.45	2.50	2.12	5.5	5.1	4.4	1.5	0.6	6.6	1.0	0.5	0.8	0.6	1.2	1.0
M3×0.5	3.00	2.58	6.3	5.9	5.2	1.7	0.7	7.4	1.2	0.6	1.0	0.8	1.5	1.2
M3.5×0.6	3.50	3.00	8.2	7.7	6.9	2.3	0.8	10.9	1.4	0.7	1.2	1.0	1.7	1.4
M4×0.7	4.00	3.43	9.4	8.9	8.0	2.7	1.0	11.6	1.6	0.8	1.5	1.2	1.9	1.6
M5×0.8	5.00	4.36	10.4	9.8	8.9	2.7	1.2	11.9	2.0	1.0	1.5	1.2	2.4	2.0
M6×1	6.00	5.21	12.6	11.9	10.9	3.3	1.4	14.9	2.4	1.2	1.9	1.6	2.8	2.4
M8×1.25	8.00	7.04	17.3	16.5	15.4	4.6	2.0	19.7	3.2	1.6	2.3	2.0	3.7	3.2
M10×1.5	10.00	8.86	20.0	19.2	17.8	5.0	2.3	22.9	4.0	2.0	2.8	2.5	4.4	3.8

注：1. 尺寸 B 见表 7-132。
2. 尺寸 L 见表 7-138。

① 这种尺寸没有规定用于型号Ⅲ方槽沉头机制螺钉；样式Ⅱ十字槽的尺寸并未指定。

表 7-135 美国国家标准开槽、十字槽和方槽盘头米制机制螺钉 ANSI/ASME B18. 6. 7M-1985 （单位：mm）

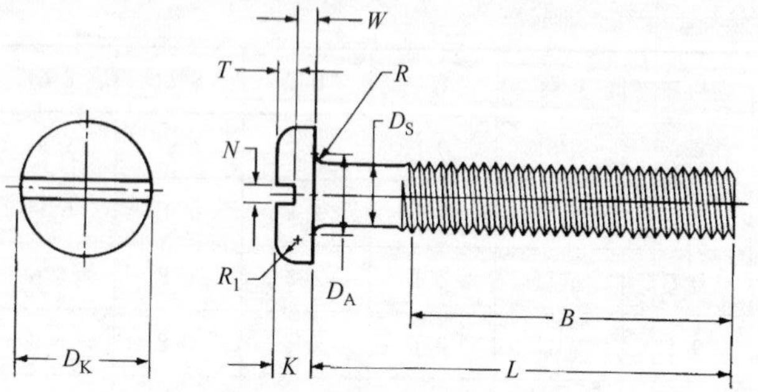

公称螺纹规格和螺距	D_S		D_K		开槽			十字槽和方槽			D_A	R	N		T	W
					K		R_1	K		R_1	头下圆角					
	光杆直径		头部直径		头部高度		头部半径	头部高度		头部半径	过渡直径	半径	槽宽		槽深	槽下头部厚度
	最大	最小	最大	最小	最大	最小	最大	最大	最小	参考值	最大	最小	最大	最小	最小	最小
M2×0.4①	2.00	1.65	4.0	3.7	1.3	1.1	0.8	1.6	1.4	3.2	2.6	0.1	0.7	0.5	0.5	0.4
M2.5×0.45	2.50	2.12	5.0	4.7	1.5	1.3	1.0	2.1	1.9	4.0	3.1	0.1	0.8	0.6	0.6	0.5
M3×0.5	3.00	2.58	5.6	5.3	1.8	1.6	1.2	2.4	2.2	5.0	3.6	0.1	1.0	0.8	0.7	0.7
M3.5×0.6	3.50	3.00	7.0	6.6	2.1	1.9	1.4	2.6	2.3	6.0	4.1	0.1	1.2	1.0	0.8	0.8
M4×0.7	4.00	3.43	8.0	7.6	2.4	2.2	1.6	3.1	2.8	6.5	4.7	0.2	1.5	1.2	1.0	0.9
M5×0.8	5.00	4.36	9.5	9.1	3.0	2.7	2.0	3.7	3.4	8.0	5.7	0.2	1.5	1.2	1.2	1.2
M6×1	6.00	5.21	12.0	11.5	3.6	3.3	2.5	4.6	4.3	10.0	6.8	0.3	1.9	1.6	1.4	1.4
M8×1.25	8.00	7.04	16.0	15.5	4.8	4.5	3.2	6.0	5.6	13.0	9.2	0.4	2.3	2.0	1.9	1.9
M10×1.5	10.00	8.86	20.0	19.4	6.0	5.7	4.0	7.5	7.1	16.0	11.2	0.4	2.8	2.5	2.4	2.4

注：1. 尺寸 B 见表 7-132。
2. 尺寸 L 见表 7-138。

① 这个尺寸不指定为Ⅲ型方槽盘头；Ⅱ型十字槽不为任何规格指定大小。

表 7-136 美国国家标准六角头米制机制螺栓 ANSI/ASME B18.6.7M-1985 （单位：mm）

六角头

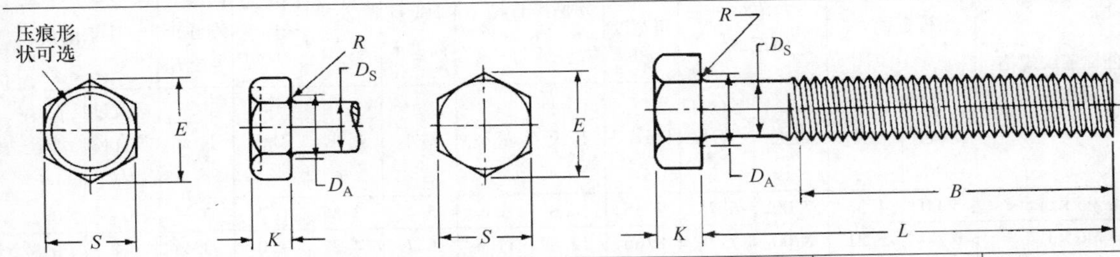

公称螺纹规格和螺距	D_S 光杆直径		S① 六角对面宽度		E① 六角对角宽度	K 头部高度		D_A 头部下圆角 过渡直径		R 头部下圆角 半径	
	最大	最小	最大	最小	最小	最大	最小	最大	最小	最大	最小
M2×0.4	2.00	1.65	3.20	3.02	3.38	1.6	1.3	1.6	1.3	2.6	0.1
M2.5×0.45	2.50	2.12	4.00	3.82	4.28	2.1	1.8	2.1	1.8	3.1	0.1
M3×0.5	3.00	2.58	5.00	4.82	5.40	2.3	2.0	2.3	2.0	3.6	0.1
M3.5×0.6	3.50	3.00	5.50	5.32	5.96	2.6	2.3	2.6	2.3	4.1	0.1
M4×0.7	4.00	3.43	7.00	6.78	7.59	3.0	2.6	3.0	2.6	4.7	0.2
M5×0.8	5.00	4.36	8.00	7.78	8.71	3.8	3.3	3.8	3.3	5.7	0.2
M6×1	6.00	5.21	10.00	9.78	10.95	4.7	4.1	4.7	4.1	6.8	0.3
M8×1.25	8.00	7.04	13.00	12.73	14.26	6.0	5.2	6.0	5.2	9.2	0.4
M10×1.5	10.00	8.86	16.00	15.73	17.62	7.5	6.5	7.5	6.5	11.2	0.4
M12×1.75	12.00	10.68	18.00	17.73	19.86	9.0	7.8	9.0	7.8	13.2	0.4
M10×1.5②	10.00	8.86	15.00	14.73	16.50	7.5	6.5	7.5	6.5	11.2	0.4

① 头部对边和对角的尺寸可在金属最外端点的任意位置测量。头侧锥度（一侧和中心轴的夹角）不得超过 2°或 0.10mm，取更大的值，指定的对面宽度作为大的尺寸。

② M10 规格螺钉的对边头宽为 15mm 不是 ISO 标准。除非特别要求 M10 规格采用 15mm 对角宽度，最终表面处理的 M10 规格螺钉的对角宽度为 16mm。

表 7-137 美国国家标准六角凸缘头米制机制螺栓 ANSI/ASME B18.6.7M-1985

（单位：mm）

六角凸缘头

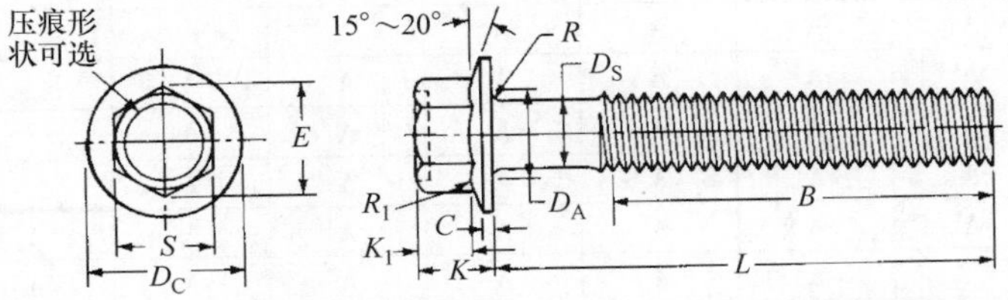

公称螺纹规格和螺距	光杆直径 D_S		六角对面宽度 S①		六角对角宽度 E①	凸缘直径 D_C		全头总高度 K	角头高度 K_1	凸缘边缘厚度 C②	凸缘上端圆角半径 R_1	头下圆角	
	最大	最小	最大	最小	最小	最大	最小	最小	最小	最小	最大	最大过渡直径 D_A	最小半径 R
M2×0.4	2.00	1.65	3.00	2.84	3.16	4.5	4.1	2.2	1.3	0.3	0.1	2.6	0.1
M2.5×0.45	2.50	2.12	3.20	3.04	3.39	5.4	5.0	2.7	1.6	0.3	0.2	3.1	0.1
M3×0.5	3.00	2.58	4.00	3.84	4.27	6.4	5.9	3.2	1.9	0.4	0.2	3.6	0.1
M3.5×0.6	3.50	3.00	5.00	4.82	5.36	7.5	6.9	3.8	2.4	0.5	0.2	4.1	0.1
M4×0.7	4.00	3.43	5.50	5.32	5.92	8.5	7.8	4.3	2.8	0.6	0.2	4.7	0.2

（续）

公称螺纹规格和螺距	光杆直径 D_S		六角对面宽度 S①		六角对角宽度 E①	凸缘直径 D_C		全头总高度 K	角头高度 K_1	凸缘边缘厚度 C②	凸缘上端圆角半径 R_1	头下圆角	
	最大	最小	最大	最小	最小	最大	最小	最小	最小	最小	最大	最大过渡直径 D_A	最小半径 R
M5×0.8	5.00	4.36	7.00	6.78	7.55	10.6	9.8	5.4	3.5	0.7	0.3	5.7	0.2
M6×1	6.00	5.21	8.00	7.78	8.66	12.8	11.8	6.7	4.2	1.0	0.4	6.8	0.3
M8×1.25	8.00	7.04	10.00	9.78	10.89	16.8	15.5	8.6	5.6	1.2	0.5	9.2	0.4
M10×1.5	10.00	8.86	13.00	12.72	14.16	21.0	19.3	10.7	7.0	1.4	0.6	11.2	0.4
M12×1.75	12.00	10.68	15.00	14.72	16.38	24.8	23.3	13.7	8.4	1.8	0.7	13.2	0.4

注：1. 如果承压圆周的直径不小于规定的最小对面宽度的90%，则允许对切割加工六角头的六角表面的边做稍微的圆整。

2. 头部可以用压制、修整或全墩制的方式，取决于制造商的选择。

3. 尺寸 B 见表7-132。

4. 尺寸 L 见表7-138。

① 头部对边和对角的尺寸可在金属最外端点的任意位置测量。头侧锥度（一侧和中心轴的夹角）不得超过2°或0.10mm，取更大的值，指定的对面宽度作为大的尺寸。

② 凸缘边缘是可选的，只要最小凸缘的厚度保持在最小凸缘的直径上。最上面的表面凸缘可以是直的，也可以是轻微的圆（凸）向上的。

表7-138 米制机制螺钉的推荐公称螺纹长度 （单位：mm）

公称螺钉长度	公称螺钉规格									
	M2	M2.5	M3	M3.5	M4	M5	M6	M8	M10	M12
2.5	PH									
3	A	PH								
4	A	A	PH							
5	A	A	A	PH	PH					
6	A	A	A	A	A	PH				
8	A	A	A	A	A	A	A			
10	A	A	A	A	A	A	A			
13	A	A	A	A	A	A	A			
16	A	A	A	A	A	A	A			
20	A	A	A	A	A	A	A			
25		A	A	A	A	A	A	A		
30			A	A	A	A	A	A	A	
35				A	A	A	A	A	A	H
40					A	A	A	A	A	H
45						A	A	A	A	H
50						A	A	A	A	H
55							A	A	A	H
60							A	A	A	H
65								A	A	H
70								A	A	H
80								A	A	H
90									A	H

注：1. 粗线之间的螺钉公称长度为用符号表示的对应螺钉尺寸和螺钉头部型式的推荐长度。

2. A表示规定了覆盖此标准的全部螺钉头型；P表示盘头螺钉；H表示六角形和六角形凸缘头螺钉。

表 7-139　米制机制螺钉通孔 ANSI/ASME B18. 6. 7M-1985 附录　（单位：mm）

公称螺钉规格	基本通孔直径①		
	紧通孔②	标准通孔（优选）②	松通孔②
M2	2. 20	2. 40	2. 60
M2. 5	2. 70	2. 90	3. 10
M3	3. 20	3. 40	3. 60
M3. 5	3. 70	3. 90	4. 20
M4	4. 30	4. 50	4. 80
M5	5. 30	5. 50	5. 80
M6	6. 40	6. 60	7. 00
M8	8. 40	9. 00	10. 00
M10	10. 50	11. 00	12. 00
M12	13. 00	13. 50	14. 50

① 表中数值为最小极限。推荐值正公差如下：通孔大于 1. 70mm、小于等于 5. 80mm 的，紧通孔、标准通孔和松通孔分别加 0. 12mm、0. 20mm 和 0. 30mm；通孔大于 5. 80mm、小于 14. 50mm 的，紧通孔、标准通孔和松通孔分别加 0. 18mm、0. 30mm 和 0. 45mm。

② 标准通孔尺寸为优选。紧通孔用于装配零件的临界对中、壁厚或其他需要使用最小孔的限制情况。紧固件进入端可能需要沉头或沉孔，用于头部正确固定。松通孔尺寸用于被装配部件之间需要最大调整能力的情况。

表 7-140　美国国家标准米制机制螺钉未加工螺纹前的端头末端 ANSI/ASME B18. 6. 7M-1985

（单位：mm）

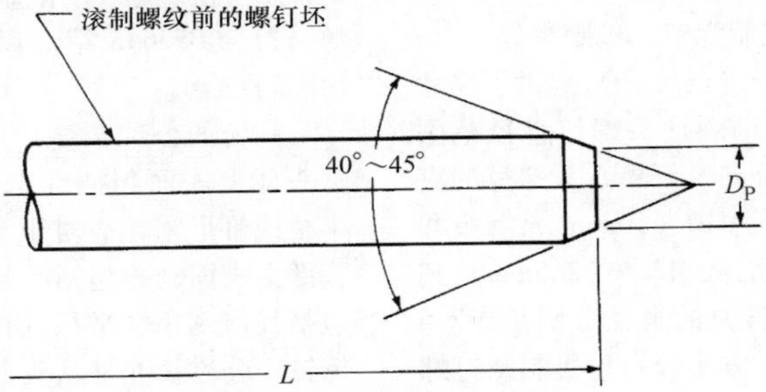

滚螺纹之前的光杆

公称螺纹规格和螺距	D_P 末端直径		L① 公称螺钉长度
	最大	最小	最小
M2 × 0. 4	1. 33	1. 21	13
M2. 5 × 0. 45	1. 73	1. 57	13
M3 × 0. 5	2. 12	1. 93	16
M3. 5 × 0. 6	2. 46	2. 24	20
M4 × 0. 7	2. 80	2. 55	25
M5 × 0. 8	3. 60	3. 28	30
M6 × 1	4. 25	3. 85	40
M8 × 1. 25	5. 82	5. 30	40
M10 × 1. 5	7. 36	6. 71	40
M12 × 1. 75	8. 90	8. 11	45

注：端部边缘应圆整，尾端不是必须为平面或垂直于螺钉柄轴线。

①　头端应用于上述公称长度或更短长度。较长长度的端部可能需要根据规定尺寸进行加工。

7. 6. 4　寸制机制螺钉

这类紧固件大都包括在英国标准 BS 57：1951“BA 螺钉、螺栓和螺母”、BS 450：1958（已废止）“机械螺钉和机械螺钉螺母（BSW 和 BSF 螺纹）”；BS1981：1953“统一制机械螺钉和机械螺钉螺母”；BS 2827：1957（已废止）：1957“压型机械螺钉螺母（BA 和惠氏牙型）”；BS 3155：1960“小于 1/4in 直径的美国机械螺钉和螺母”；BS 4183：1967（已废止）“机械螺钉和机械螺钉螺母米制系列”。1965年英国标准所组织了一次会议，英国工业的主要领域都参加了此次会议，会上通过了一个政策宣言，敦促英国企业将传统螺钉螺纹体系——惠氏、BA和BSF作为已废弃体系，将国际公认的ISO米制螺纹作为未来所有设计中的优选（ISO统一制螺纹作为第二选择）。出于各种原因，一些已经使用ISO寸制（统一制）螺钉螺纹的英国工业领域可能认为很有必要继续再使用一段时间，但惠氏和BA螺纹应被ISO米制螺纹取代，而不是向ISO寸制螺纹暂时过渡。BS57，BS450和BS 2827：1957（已废止）涵盖的紧固件最终会被BS 4183规定的紧固件超越并替代。

1. 英国标准惠氏（BSW）和精密（BSF）机制螺钉

英国标准BS 450：1958（已废止）涵盖英国标准惠氏和英国标准螺纹的机制螺钉和螺母。所有在开槽和十字槽形式中通用的各种头部都已覆盖。该标准最终将被替换为BS 4183，“米制机制螺钉和螺母”。

2. 英国标准米制系列机制螺钉、机制螺母

英国标准BS 4183：1967（已废止）提供了尺寸和公差：沉头、半沉头、开槽圆柱头螺钉直径范围从M1（1mm）到M20（20mm）；开槽盘头螺钉的直径范围从M2.5（2.5mm）到M10（10mm），沉头和半沉头十字槽螺钉的直径范围从M2.5（2.5mm）到M12（12mm）；盘头十字槽螺钉的直径范围从M2.5（2.5mm）到M10（10mm）；方头、六角机制螺钉螺母直径范围从M1.6（1.6mm）到M10（10mm）。本标准还规定了钢、黄铜、铝合金机制螺钉和机制螺母的性能。

用于制造螺钉和螺母材料的抗拉强度不低于以下值：钢铁40kgf/mm^2（392N/mm^2）；黄铜32kgf/mm^2（314N/mm^2）；铝合金32kgf/mm^2（314N/mm^2）。kgf/mm^{2}是按照ISO DR911和该单位在括号中的关系，1kgf = 9.80665N。这些最小的强度适用于最终成品。钢机制螺钉符合强度等级4.8的要求。机制螺钉强度等级命名系统由两个数字组成，第一个是最小抗拉强度的1/10，单位是kgf/mm^2，第二个是屈服应力和最小抗拉强度之间的比例表示成的一个百分数的1/10：40kgf/mm^{2}的最小抗拉强度的1/10给出了符号“4”；而1/10的比率 = 屈服应力/最小抗拉强度% = 1/10 × 32/40 × 100/1 = “8”；强度等级的名称“4.8”。将这两个数据相乘给出了以kgf/mm^{2}为单位的最小屈服应力。

螺钉和螺母的涂层：建议涂层符合BS 3382“螺纹组件上的电镀涂层”。

螺纹：根据BS3643的ISO米制粗牙螺距系列螺纹。“ISO米制螺纹”第1部分“螺纹数据和标准螺纹系列”，用于螺钉的外螺纹符合BS3643中给出的公差等级6g限制（中等配合）。“ISO米制螺纹”第2部分“粗牙螺纹的限制和公差”，用于螺母的内螺纹，符合BS3643第2部分中给出的等级6H限制（中等配合）。

螺钉的公称长度：对于沉头螺钉，公称长度是从头部上表面到柄部末端的距离，包括任何倒角、半径或锥形末端。对于半沉头螺钉，公称长度是从头部上表面（不包括凸起部分）到柄部末端的距离，包括任何倒角、半径或锥形末端。对盘头和圆柱头螺钉，公称长度是从头部的下侧到柄部的末端的距离，包括任何倒角、半径或锥形尖端。

螺钉螺纹长度：螺纹长度是螺钉端部（包括任何倒角、半径或锥形尖端）到螺母前端的距离，无需用手将螺钉拧紧到螺钉上。最小螺纹长度见表7-141。

表7-141 最小螺纹长度

（单位：mm）

公称螺纹直径 d①	M1	M1.2	(M1.4)	M1.6	M2	(M2.2)	M2.5	M3	(M3.5)	M4
螺纹长度 b（最小）	②	②	②	15	16	17	18	19	20	22
公称螺纹直径 d①	(M4.5)	M5	M6	M8	M10	M12	(M14)	M16	(M18)	M20
螺纹长度 b（最小）	24	25	28	34	40	46	52	58	64	70

① 括号中显示的项为非优先考虑的。

② 螺纹连接到头。

对于以上螺纹长度，公称螺纹直径M1、M1.2和M1.4的螺钉以及更大直径的螺钉螺纹的螺纹太短，应尽可能将螺纹加工至头部。

在这些螺钉中，头部下方的无螺纹杆的长度不超过两倍直径的1½节距，并且长度更长的不超过两个螺距，并且被定义为当手尽量将螺母旋进螺钉时螺母的引导面到以下距离：①头部的基本外径与沉头和半沉头部分的顶端头部的连接处；②在其他类型的头部下侧的距离。

螺钉上无螺纹杆的直径：螺钉上无螺纹部分杆的直径不大于螺纹的基本外径，不小于螺纹的最小有效直径。无螺纹光杆部分的直径与制造方法密切相关，一般来说，车削螺钉的螺纹的外径将更接近螺纹的直径，冷镦螺钉的光杆直径越接近有效直径。

在螺钉头下的半径：在盘头和圆柱头螺钉的半径平缓地连入头部和光杆，没有任何的突变或中断。如果它的曲线是平滑的，并且完全位于最大半径内并不需要一个完整准确的半径，任何位于沉头螺钉头部下的半径，应光滑地连入头和光杆间的锥形承压表面，没有任何台阶或不连续。在表 7-142 和表 7-143 中给出的半径值被视为当光杆直径等于螺纹的外径以及光杆直径近似等于螺纹的有效直径时的最大值。

表 7-142　英国标准开槽沉头机制螺钉——米制系列 BS 4183：1967（已废止）

（单位：mm）

公称规格 d①	头部直径		头部高度		半径 r②	螺纹长度 b	螺纹跳动 a	间隙公差③	槽宽 n		槽深 t	
	最大（理论外形）$2d$	最小 $1.75d$	最大 $0.5d$	最小 $0.45d$		最小	最大 $2p$④	最大	最大	最小	最大 $0.3d$	最小 $0.2d$
M1	2.00	1.75	0.50	0.45	0.1	⑤	0.50	—	0.45	0.31	0.30	0.20
M1.2	2.40	2.10	0.60	0.54	0.1	⑤	0.50	—	0.50	0.36	0.36	0.24
(M1.4)	2.80	2.45	0.70	0.63	0.1	⑤	0.60	—	0.50	0.36	0.42	0.28
M1.6	3.20	2.80	0.80	0.72	0.1	15.00	0.70	—	0.60	0.46	0.48	0.32
M2.0	4.00	3.50	1.00	0.90	0.1	16.00	0.80	—	0.70	0.56	0.60	0.40
(M2.2)	4.40	3.85	1.10	0.99	0.1	17.00	0.90	—	0.80	0.66	0.66	0.44
M2.5	5.00	4.38	1.25	1.12	0.1	18.00	0.90	0.10	0.80	0.66	0.75	0.50
M3	6.00	5.25	1.50	1.35	0.1	19.00	1.00	0.12	1.00	0.86	0.90	0.60
(M3.5)	7.00	6.10	1.75	1.57	0.2	20.00	1.20	0.13	1.00	0.86	1.05	0.70
M4	8.00	7.00	2.00	1.80	0.2	22.00	1.40	0.15	1.20	1.06	1.20	0.80
(M4.5)	9.00	7.85	2.25	2.03	0.2	24.00	1.50	0.17	1.20	1.06	1.35	0.90
M5	10.00	8.75	2.50	2.25	0.2	25.00	1.60	0.19	1.51	1.26	1.50	1.00
M6	12.00	10.50	3.00	2.70	0.25	28.00	2.00	0.23	1.91	1.66	1.80	1.20
M8	16.00	14.00	4.00	3.60	0.4	34.00	2.50	0.29	2.31	2.06	2.40	1.60
M10	20.00	17.50	5.00	4.50	0.4	40.00	3.00	0.37	2.81	2.56	3.00	2.00
M12	24.00	21.00	6.00	5.40	0.6	46.00	3.50	0.44	3.31	3.06	3.60	2.40
(M14)	28.00	24.50	7.00	6.30	0.6	52.00	4.00	0.52	3.31	3.06	4.20	2.80
M16	32.00	28.00	8.00	7.20	0.6	58.00	4.00	0.60	4.37	4.07	4.80	3.20
(M18)	36.00	31.50	9.00	8.10	0.6	64.00	5.00	0.67	4.37	4.07	5.40	3.60
M20	40.00	35.00	10.00	9.00	0.8	70.00	5.00	0.75	5.37	5.07	6.00	4.00

① 括号中的项为非优先项。
② 参阅文中关于螺钉头下半径的说明。
③ 参见 90°沉头螺钉的尺寸说明。
④ 文中的螺钉螺纹长度。
⑤ 螺纹加工到头部。

表 7-143　英国标准开槽凸沉头机制螺钉——米制系列 BS 4183：1967（已废止）

（单位：mm）

公称规格 d①	头部直径 D		头部高度 k		头下半径 r②	螺纹长度 b	螺纹尾梢 a	凸起部分高度 f	头部半径 R	槽宽 n		槽深 t	
	最大（理论外形）$2d$	最小 $1.75d$	最大 $0.5d$	最小 $0.45d$		最小	最大 $2p$③	标准 $0.25d$	标准	最大	最小	最大 $0.5d$	最小 $0.4d$
M1	2.00	1.75	0.50	0.45	0.1	④	0.50	0.25	2.0	0.45	0.31	0.50	0.40
M1.2	2.40	2.10	0.60	0.54	0.1	④	0.50	0.30	2.5	0.50	0.36	0.60	0.48
(M1.4)	2.80	2.45	0.70	0.63	0.1	④	0.60	0.35	2.5	0.50	0.36	0.70	0.56
M1.6	3.20	2.80	0.80	0.72	0.1	15.0	0.70	0.40	3.0	0.60	0.46	0.80	0.64
M2.0	4.00	3.50	1.00	0.90	0.1	16.0	0.80	0.50	4.0	0.70	0.56	1.00	0.80
(M2.2)	4.40	3.85	1.10	0.99	0.1	17.0	0.90	0.55	4.0	0.80	0.66	1.10	0.88
M2.5	5.00	4.38	1.25	1.12	0.1	18.0	0.90	0.60	5.0	0.80	0.66	1.25	1.00

（续）

公称规格 d①	头部直径 D		头部高度 k		头下半径 r②	螺纹长度 b	螺纹尾梢 a	凸起部分高度 f	头部半径 R	槽宽 n		槽深 t	
	最大（理论外形）$2d$	最小 $1.75d$	最大 $0.5d$	最小 $0.45d$		最小	最大 $2p$③	标准 $0.25d$	标准	最大	最小	最大 $0.5d$	最小 $0.4d$
M3	6.00	5.25	1.50	1.35	0.1	19.0	1.00	0.75	6.0	1.00	0.86	1.50	1.20
(M3.5)	7.00	6.10	1.75	1.57	0.2	20.0	1.20	0.90	6.0	1.00	0.86	1.75	1.40
M4	8.00	7.00	2.00	1.80	0.2	22.0	1.40	1.00	8.0	1.20	1.06	2.00	1.60
(M4.5)	9.00	7.85	2.25	2.03	0.2	24.0	1.50	1.10	8.0	1.20	1.06	2.25	1.80
M5	10.00	8.75	2.50	2.25	0.2	25.0	1.60	1.25	10.0	1.51	1.26	2.50	2.00
M6	12.00	10.50	3.00	2.70	0.25	28.0	2.00	1.50	12.0	1.91	1.66	3.00	2.40
M8	16.00	14.00	4.00	3.60	0.4	34.0	2.50	2.00	16.0	2.31	2.06	4.00	3.20
M10	20.00	17.50	5.00	4.50	0.4	40.0	3.00	2.50	20.0	2.81	2.56	5.00	4.00
M12	24.00	21.00	6.00	5.40	0.6	46.0	3.50	3.00	25.0	3.31	3.06	6.00	4.80
(M14)	28.00	24.50	7.00	6.30	0.6	52.0	4.00	3.50	25.0	3.31	3.06	7.00	5.60
M16	32.00	28.00	8.00	7.20	0.6	58.0	4.00	4.00	32.0	4.37	4.07	8.00	6.40
(M18)	36.00	31.50	9.00	8.10	0.6	64.0	5.00	4.50	32.0	4.37	4.07	9.00	7.20
M20	40.00	35.00	10.00	9.00	0.8	70.0	5.00	5.00	40.0	5.37	5.07	10.00	8.00

① 括号中显示的公称规格为非优选项。

② 参阅文中关于螺钉头下半径的说明。

③ 参见文中螺钉螺纹长度的描述。

④ 螺纹加工到头部。

螺钉末端：螺纹滚制而成时，通过螺纹滚制操作形成的“导程”通常被认作是提供了必要的倒角，不需要其他加工。具有切削螺纹螺钉的端部通常采用符合图 7-27 ~ 图 7-30 中的尺寸的倒角完成。根据制造商的意见，小于 M6（6mm 直径）的螺钉的末端部可以用大约等于光杆公称直径的 1¼的半径收尾。当需要锥形末端时，它们应具有图 7-27 ~ 图 7-30中给定的尺寸。

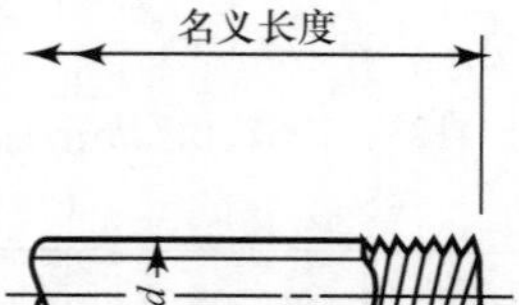

图 7-27 滚制螺纹末端（滚制近似成形）

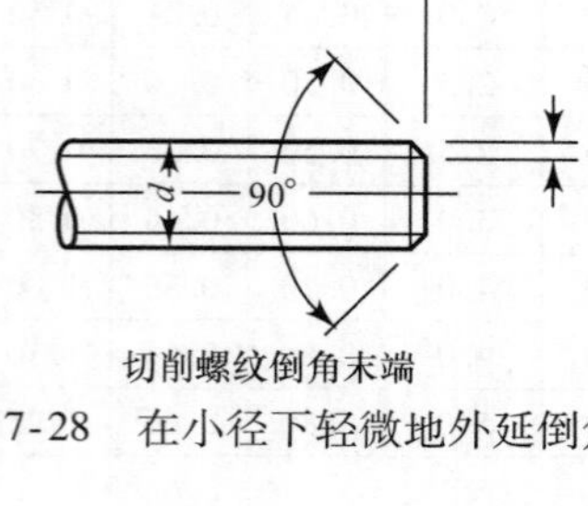

切削螺纹倒角末端

图 7-28 在小径下轻微地外延倒角

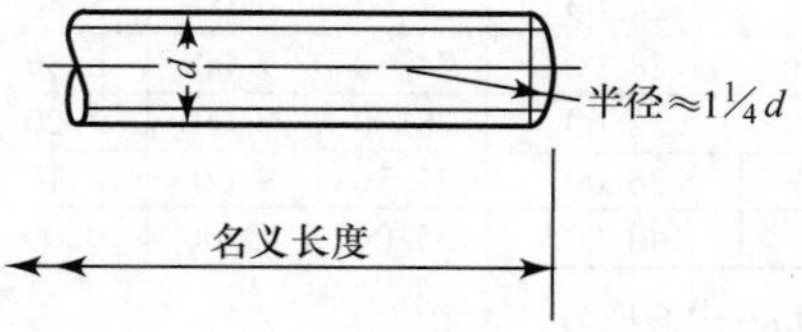

图 7-29 切削螺纹圆形末端（规格低于 M6 以下可用）

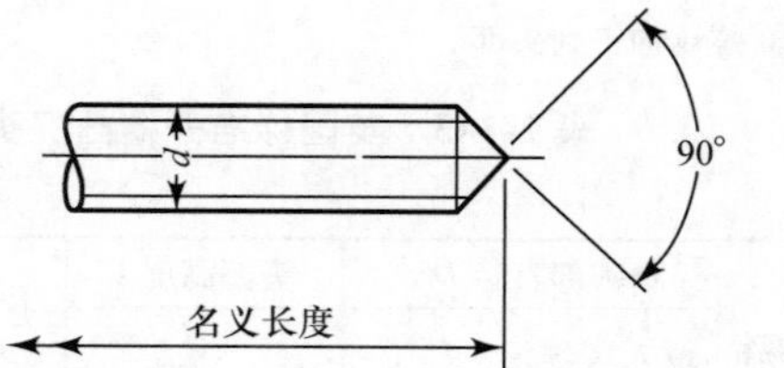

图 7-30 锥形末端（切削或滚制螺纹可用，但被认为是特殊制）

90°沉头螺钉的尺寸：该英式标准的附录之一表明，沉头螺钉应以尽可能的大间隙角度装配入沉头孔。为了满足此条件，必须将螺钉头和沉头孔的尺寸控制在规定的范围内。头部的最大或设计尺寸由直到边缘的理论直径和最小 90°的头部角控制。最小头部尺寸由最小头部直径，最大头部角度 92°和平坦度公差（见图 7-31）控制。头部的边缘可以是平的或圆形的，如图 7-32 所示。英国标准米制系列机制螺钉和机制螺母见表 7-144。

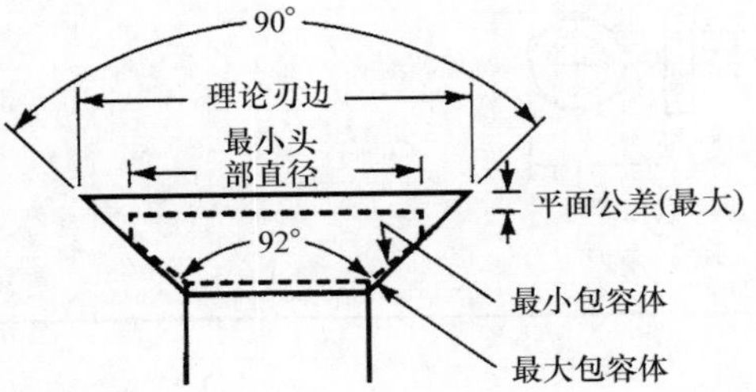

图 7-31　头型设置

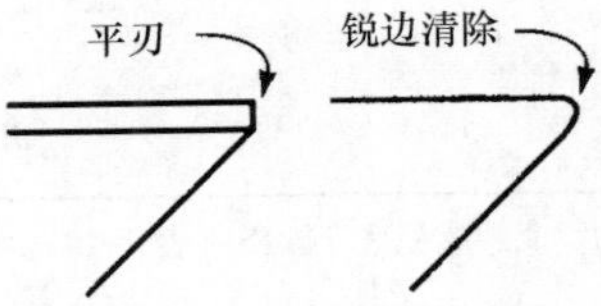

图 7-32　边角设置

表 7-144　英国标准米制系列机制螺钉和机制螺母

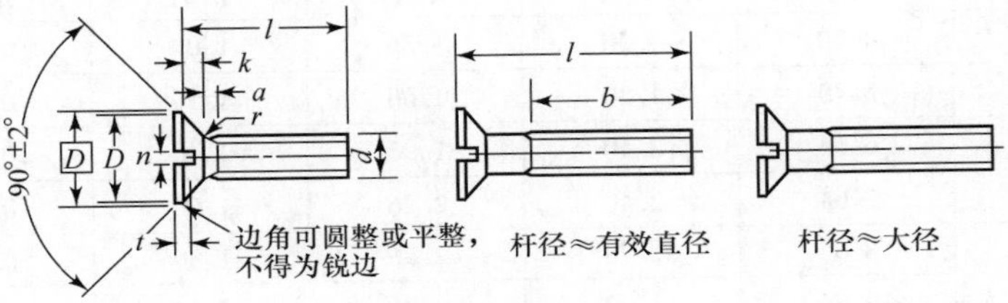

开槽沉头机制螺钉

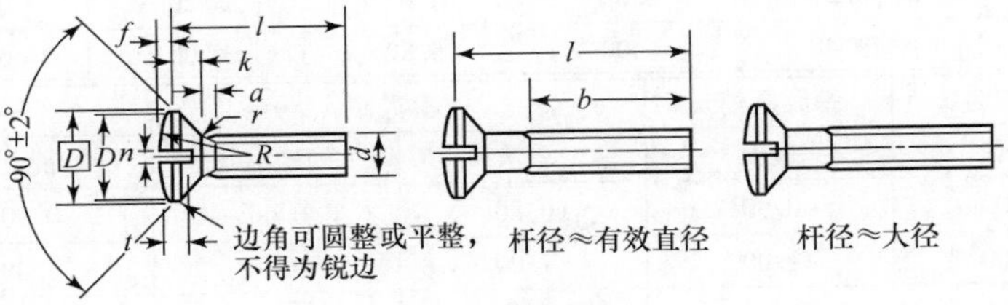

开槽半沉头机制螺钉

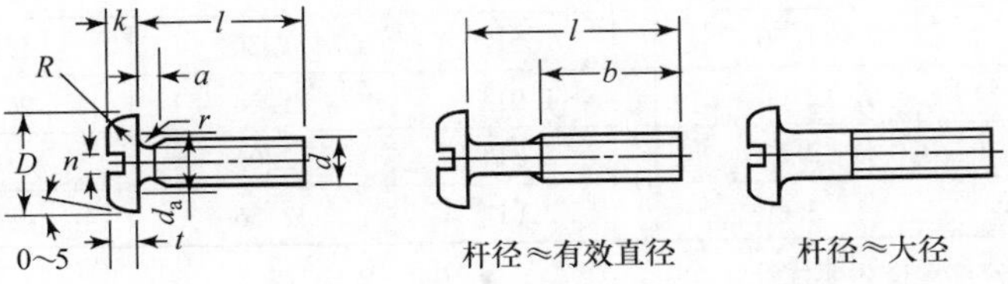

开槽盘头机制螺钉

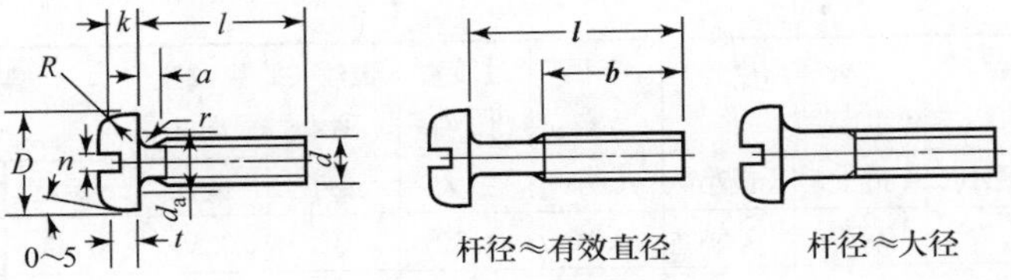

开槽圆柱头机制螺钉

（续）

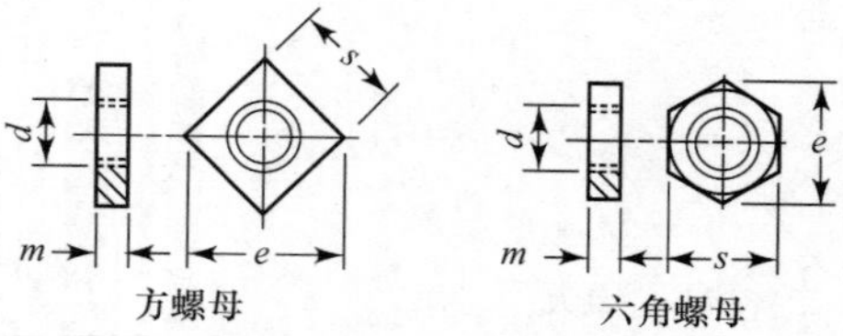

机制螺母，压制类，方形和六角形

注：关于尺寸，参见表7-145～表7-147。

表7-145 英国标准开槽盘头机制螺钉——米制系列 BS 4183：1967（已废止）

（单位：mm）

公称规格 d	头部直径 D		头部高度 k		头半径 R	头下半径 r	过渡直径 d_a
	最大	最小	最大	最小	最大	最小	最大
M2.5	5.00	4.70	1.50	1.36	1.00	0.10	3.10
M3	6.00	5.70	1.80	1.66	1.20	0.10	3.60
(M3.5)	7.00	6.64	2.10	1.96	1.40	0.20	4.30
M4	8.00	7.64	2.40	2.26	1.60	0.20	4.70
(M4.5)	9.00	8.64	2.70	2.56	1.80	0.20	5.20
M5	10.00	9.64	3.00	2.86	2.00	0.20	5.70
M6	12.00	11.57	3.60	3.42	2.50	0.25	6.80
M8	16.00	15.57	4.80	4.62	3.20	0.40	9.20
M10	20.00	19.48	6.00	5.82	4.00	0.40	11.20

公称规格 d	螺纹长度 b	螺纹尾梢 a	槽宽 n		槽深 t	
	最小	最大	最大	最小	最大	最小
M2.5	18.00	0.90	0.80	0.66	0.90	0.60
M3	19.00	1.00	1.00	0.86	1.08	0.72
(M3.5)	20.00	1.20	1.00	0.86	1.26	0.84
M4	22.00	1.40	1.20	1.06	1.44	0.96
(M4.5)	24.00	1.50	1.20	1.06	1.62	1.08
M5	25.00	1.60	1.51	1.26	1.80	1.20
M6	28.00	2.00	1.91	1.66	2.16	1.44
M8	34.00	2.50	2.31	2.06	2.88	1.92
M10	40.00	3.00	2.81	2.56	3.60	2.40

注：1. 括号内显示的公称规格为非优选。

2. 十字槽螺钉也是标准和可用的。对于尺寸参见英国标准。

表7-146 英国标准米制系列开槽高平头机制螺钉 BS 4183：1967（已废止）

（单位：mm）

公称规格 d①	头部直径 D		头部高度 k		半径 r②	过渡直径 d_a	螺纹长度 b	螺纹跳动 a	槽宽 n		槽深 t	
	最大	最小	最大	最小	最小	最大	最小	最大	最大	最小	最大	最小
M1	2.00	1.75	0.70	0.56	0.10	1.30	②	0.50	0.45	0.31	0.44	0.30
M1.2	2.30	2.05	0.80	0.66	0.10	1.50	②	0.50	0.50	0.36	0.49	0.35
(M1.4)	2.60	2.35	0.90	0.76	0.10	1.70	②	0.60	0.50	0.36	0.60	0.40

（续）

公称规格 d①	头部直径 D		头部高度 k		半径 r②	过渡直径 d_a	螺纹长度 b	螺纹跳动 a	槽宽 n		槽深 t	
	最大	最小	最大	最小	最小	最大	最小	最大	最大	最小	最大	最小
M1.6	3.00	2.75	1.00	0.86	0.10	2.00	15.00	0.70	0.60	0.46	0.65	0.45
M2	3.80	3.50	1.30	1.16	0.10	2.60	16.00	0.80	0.70	0.56	0.85	0.60
（M2.2）	4.00	3.70	1.50	1.36	0.10	2.80	17.00	0.90	0.80	0.66	1.00	0.70
M2.5	4.50	4.20	1.60	1.46	0.10	3.10	18.00	0.90	0.80	0.66	1.00	0.70
M3	5.50	5.20	2.00	1.86	0.10	3.60	19.00	1.00	1.00	0.86	1.30	0.90
（M3.5）	6.00	5.70	2.40	2.26	0.10	4.10	20.00	1.20	1.00	0.86	1.40	1.00
M4	7.00	6.64	2.60	2.46	0.20	4.70	22.00	1.40	1.20	1.06	1.60	1.20
（M4.5）	8.00	7.64	3.10	2.92	0.20	5.20	24.00	1.50	1.20	1.06	1.80	1.40
M5	8.50	8.14	3.30	3.12	0.20	5.70	25.00	1.60	1.51	1.26	2.00	1.50
M6	10.00	9.64	3.90	3.72	0.25	6.80	28.00	2.00	1.91	1.66	2.30	1.80
M8	13.00	12.57	5.00	4.82	0.40	9.20	34.00	2.50	2.31	2.06	2.80	2.30
M10	16.00	15.57	6.00	5.82	0.40	11.20	40.00	3.00	2.81	2.56	3.20	2.70
M12	18.00	17.57	7.00	6.78	0.60	14.20	46.00	3.50	3.31	3.06	3.80	3.20
（M14）	21.00	20.48	8.00	7.78	0.60	16.20	52.00	4.00	3.31	3.06	4.20	3.60
M16	24.00	23.48	9.00	8.78	0.60	18.20	58.00	4.00	4.37	4.07	4.60	4.00
（M18）	27.00	26.48	10.00	9.78	0.60	20.20	64.00	5.00	4.37	4.07	5.10	4.50
M20	30.00	29.48	11.00	10.73	0.80	22.40	70.00	5.00	5.27	5.07	5.60	5.00

① 括号内显示的公称规格为非优选。

② 螺纹加工到头部。

一般尺寸：螺钉和螺母的一般尺寸和公差在表 7-147 中给出。尽管只给出了开槽的螺钉尺寸，但是十字槽螺钉也是标准的并且是可用的。十字槽螺钉的尺寸在 BS 4183：1967（已废止）中给出。

表 7-147　英国标准机制螺钉和螺母——米制系列 BS 4183：1967（已废止）　（单位：mm）

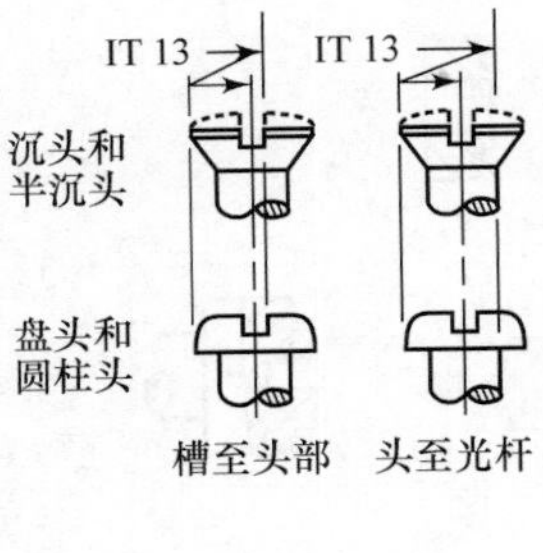

同轴度公差	公称尺寸 d	头至光杆和槽至头部（IT13）		机制螺钉的公称长度和长度公差			
		沉头、半沉头和盘头	圆柱头	公称长度	公差	公称长度	公差
	M1、M1.2、（M1.4）	0.14	0.14	1.5	±0.12	（11）	±0.35
	M1.6	0.18	0.14	2	±0.12	12	±0.35
	M2、（M2.2）、M2.5、M3	0.22	0.18	2.5	±0.20	14	±0.35
				3	±0.20	16	±0.35
	（M3.5）	0.22	0.18	4	±0.24	（18）	±0.35
	M4、（M4.5）、M5	0.27	0.22	5	±0.24	20	±0.42
	M6	0.27	0.22	6	±0.24	（22）	±0.42
	M8	0.33	0.27	（7）	±0.29	25	±0.42
	M10、M12	0.33	0.27	8	±0.29	（28）	±0.42
	（M14）	0.33	0.33	（9）	±0.29	30	±0.42
	M16、（M18）、M20	0.39	0.33	10	±0.29	（38）	±0.50

（续）

机制螺钉的公称长度和长度公差

公称长度	公差	公称长度	公差
40	±0.50	100	±0.70
45	±0.50	(105)	±0.70
50	±0.06	110	±0.70
55	±0.60	(115)	±0.70
60	±0.60	120	±0.70
65	±0.60	(125)	±0.70
70	±0.60	130	±0.80
75	±0.60	140	±0.80
80	±0.60	150	±0.80
85	±0.70	160	±0.80
90	±0.70	190	±0.925
(95)	±0.70	200	±0.925

机制螺母尺寸，压制类，方形和六边形

公称尺寸 d	对面宽度 平面 s 最大	对面宽度 平面 s 最小	对面宽度 边角 e 方形
M1.6	3.2	3.02	4.5
M2	4.0	3.82	5.7
(M2.2)	4.5	4.32	6.4
(M2.5)	5.0	4.82	7.1
M3	5.5	5.32	7.8
(M3.5)	6.0	5.82	8.5
M4	7.0	6.78	9.9
M5	8.0	7.78	11.3
M6	10.0	9.78	14.1
M8	13.0	12.73	18.4
M10	17.0	16.73	24.0

公称尺寸 d	对角宽度 e 六边形	厚度 m 最大	厚度 m 最小
M1.6	3.7	1.0	0.75
M2	4.6	1.2	0.95
(M2.2)	5.2	1.2	0.95
M2.5	5.8	1.6	1.35
M3	6.4	1.6	1.35
(M3.5)	6.9	2.0	1.75
M4	8.1	2.0	1.75
M5	9.2	2.5	2.25
M6	11.5	3.0	2.75
M8	15.0	4.0	3.70
M10	19.6	5.0	4.70
M8	13.0	12.73	18.4
M10	17.0	16.73	24.0

注：括号内显示的公称规格和长度为非优选项。

3. 英国统一机制螺钉和螺母

英国标准 BS 1981：1953 涵盖的某些类型的机制螺钉和螺母达到了和美国与加拿大一般尺寸互换性的一致。这些类型有：开槽和有槽的沉头、凸沉头、盘头和凸高平头螺钉；小六角头螺钉以及精密和压制型螺母，所有这些都具有统一螺纹。

识别：经过 1955 年 2 月第 1 号修正案修订后，本标准要求符合上述螺钉和螺母应具有区别性的统一标识特性来识别。所有的有槽螺钉必须具有由头部表面上的四个圆弧的形状。所有六角头螺钉具有以下特征被认为是一致的：①在头部上表面的圆形的十字槽；②在一个或多个六角型平面上连续的圆形分布平行于螺纹轴线的线；③在头型的上表面至少有两个相邻的圆环印痕。所有压制式的机制螺母应通过在螺母一面上近似在螺纹的主直径和正方形或六边形的平面的中间使用压痕来统一识别。开槽圆头螺钉可用头型上表面的圆形槽或者圆形平台或者凸起部分统一识别。精密类型的机制螺母可用在螺纹的主直径和六边形的平面间的中间使用压痕或者在一个或多个六角型平面上连续的圆形分布的平行于螺母轴线的线来统一识别。

英国标准统一机制螺钉的识别标识如图 7-33 所示，英国标准机制螺钉和螺母见表 7-148 ~ 表 7-151。

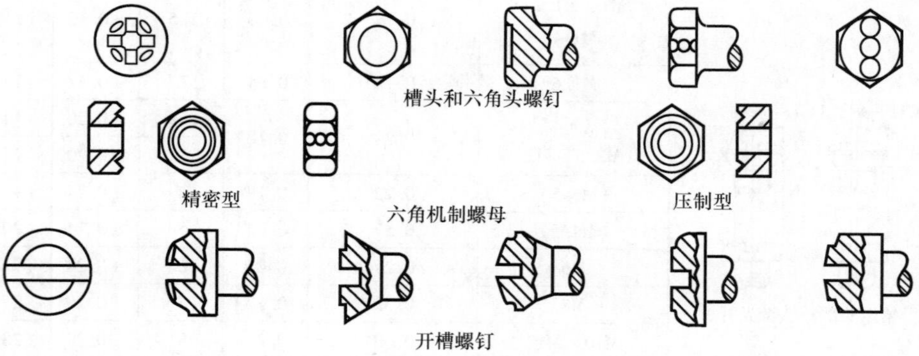

图 7-33　英国标准统一机制螺钉的识别标识

表 7-148　英国标准机制螺钉和螺母

BS 450：1958（已废止）以及 BS 1981：1953

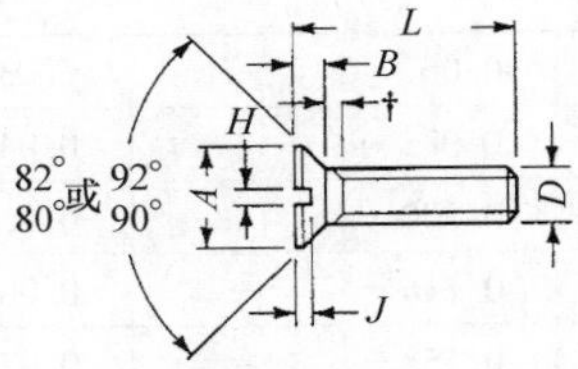

80° 沉头螺钉（统一）、90°
沉头螺钉(BSW和BSF)

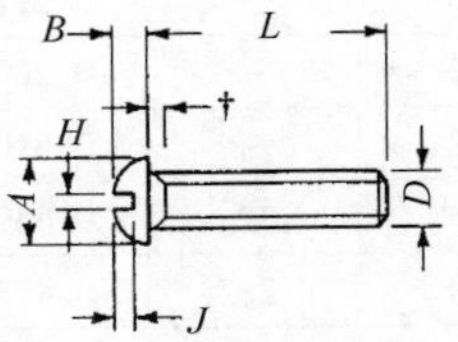

圆头螺钉（BSW和BSF）

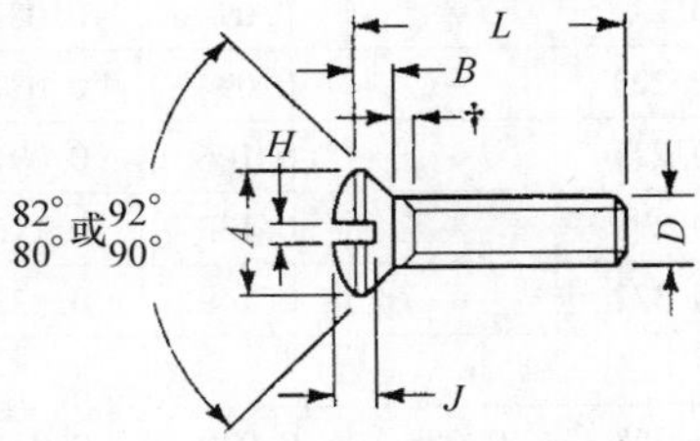

80° 凸头沉头螺钉（统一）
锥形头螺钉（BSW和BSF）

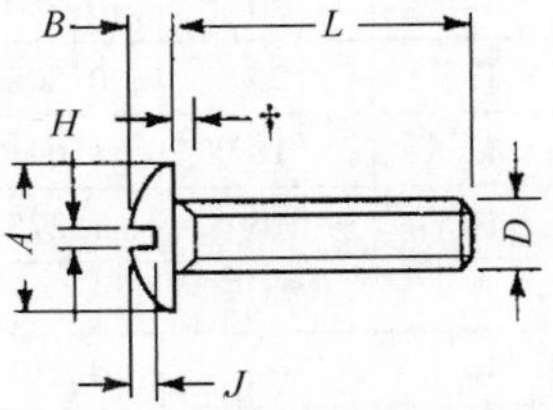

90°凸头沉头螺钉（BSW和BSF）

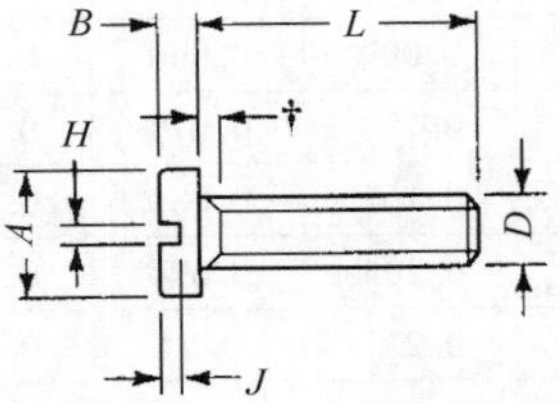

盘头螺钉（统一，BSW和BSF）

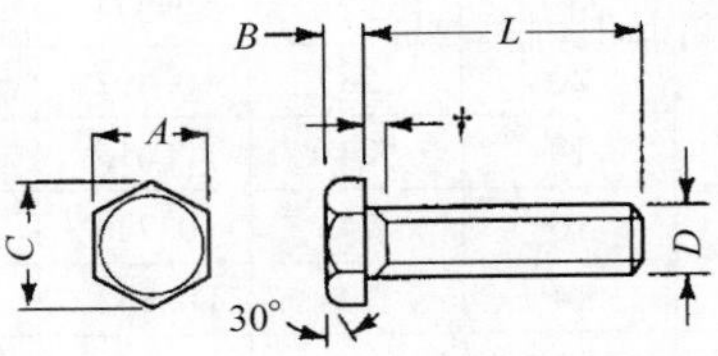

六角头螺钉（统一）

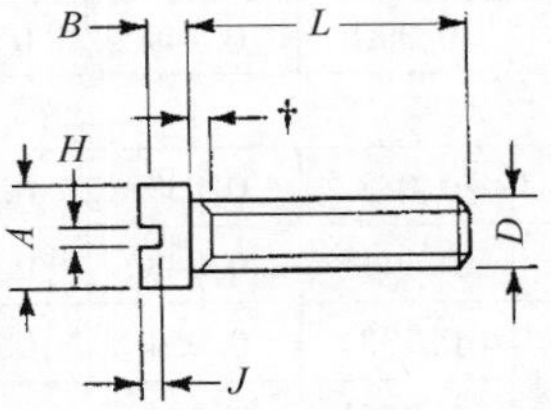

高平头螺钉（BSW和BSF）

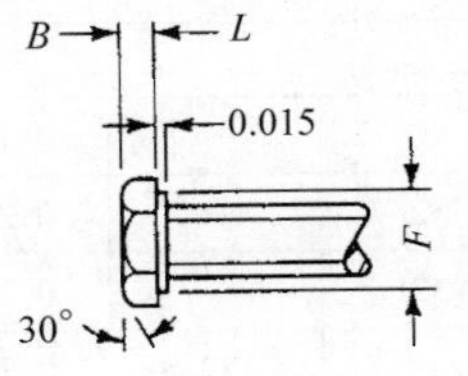

六角螺钉（统一）备用设计

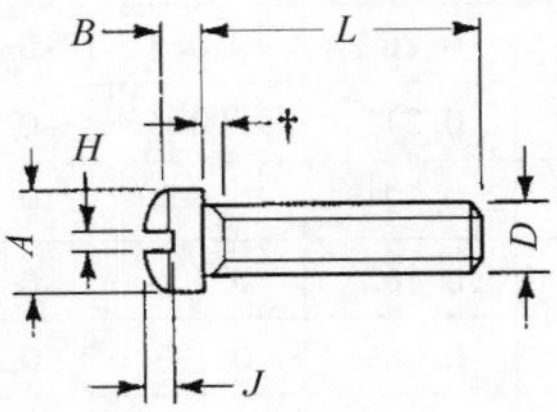

凸高平头螺钉（统一）

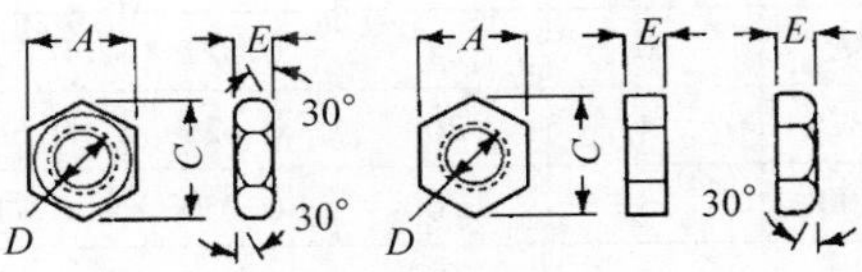

精密型　　螺纹型　　（可选）

六角螺钉螺母（统一）

注：1. 适合螺钉的埋头孔应具有 80°（统一）或 90°（BSF 和 BSW）的最大角度，具有负公差。

2. †′小于等于 2in 长度沉头孔和半沉头螺钉的螺纹统一为直到头部。其他的小于等于 2in 长度的 BSW 和 BSF 机制螺钉的光杆长度统一等于 2 倍螺距。长度超过 2in 的 BSW 和 BSF 机制螺钉全部统一为具有 1¾in 的最小螺纹长度。

表 7-149 英国标准统一机制螺钉和螺母 BS 1981：1953（R2004）

螺钉的公称规格	基本直径 *D*	螺纹牙数		头部直径 *A*		头部深度 *B*		槽宽 *H*		槽深 *J*
		UNC	UNF	最大	最小	最大	最小	最大	最小	
80°沉头螺钉①②										
4	0.112	40	—	0.211	0.194	0.067	—	0.039	0.031	0.025
6	0.138	32	—	0.260	0.242	0.083	—	0.048	0.039	0.031
8	0.164	32	—	0.310	0.291	0.100	—	0.054	0.045	0.037
10	0.190	24③	32	0.359	0.339	0.116	—	0.060	0.050	0.044
¼	0.250	20	28	0.473	0.450	0.153	—	0.075	0.064	0.058
5/16	0.3125	18	24	0.593	0.565	0.191	—	0.084	0.072	0.073
⅜	0.375	16	24	0.712	0.681	0.230	—	0.094	0.081	0.086
7/16	0.4375	14	20	0.753	0.719	0.223	—	0.094	0.081	0.086
½	0.500	13	20	0.808	0.770	0.223	—	0.106	0.091	0.086
⅝	0.625	11	18	1.041	0.996	0.298	—	0.133	0.116	0.113
¾	0.750	10	16	1.275	1.223	0.372	—	0.149	0.131	0.141
盘头螺钉②										
4	0.112	40	—	0.219	0.205	0.068	0.058	0.039	0.031	0.036
6	0.138	32	—	0.270	0.256	0.082	0.072	0.048	0.039	0.044
8	0.164	32	—	0.322	0.306	0.096	0.085	0.054	0.045	0.051
10	0.190	24③	32	0.373	0.357	0.110	0.099	0.060	0.050	0.059
¼	0.250	20	28	0.492	0.473④	0.144	0.130	0.075	0.064	0.079
5/16	0.3125	18	24	0.615	0.594	0.178	0.162	0.084	0.072	0.101
⅜	0.375	16	24	0.740	0.716	0.212	0.195	0.094	0.081	0.122
7/16	0.4375	14	20	0.863	0.838	0.247	0.227	0.94	0.081	0.133
½	0.500	13	20	0.987	0.958	0.281	0.260	0.106	0.091	0.152
⅝	0.625	11	18	1.125	1.090	0.350	0.325	0.133	0.116	0.189
¾	0.750	10	16	1.250	1.209	0.419	0.390	0.149	0.131	0.226
半沉头螺钉②										
4	0.112	40	—	0.183	0.166	0.107	0.088	0.039	0.031	0.042
6	0.138	32	—	0.226	0.208	0.132	0.111	0.048	0.039	0.053
8	0.164	32	—	0.270	0.250	0.156	0.133	0.054	0.045	0.063
10	0.190	24③	32	0.313	0.292	0.180	0.156	0.060	0.050	0.074
¼	0.250	20	28	0.414	0.389	0.237	0.207	0.075	0.064	0.098
5/16	0.3125	18	24	0.518	0.490	0.295	0.262	0.084	0.072	0.124
⅜	0.375	16	24	0.622	0.590	0.355	0.315	0.094	0.081	0.149
7/16	0.4375	14	20	0.625	0.589	0.368	0.321	0.094	0.081	0.153
½	0.500	13	20	0.750	0.710	0.412	0.362	0.106	0.091	0.171
⅝	0.625	11	18	0.875	0.827	0.521	0.461	0.133	0.116	0.217
¾	0.750	10	16	1.000	0.945	0.612	0.542	0.149	0.131	0.254

① 所有尺寸，除了 *J*，给出了编号 4 到 3/8in（含）的规格；也适用于标准中提供的所有的 80°半沉头螺钉。

② 也可用十字槽头。

③ 非优选。

④ 通过调整也可以是 0.468。

表 7-150　六角机制螺母　（单位：in）

公称规格	基础直径 D	螺纹牙数		对角宽度			头部深度 B 螺母厚度 E		垫圈表面直径 F	
				平面 A		边角 C				
		UNC	UNF	最大	最小	最大	最大	最小	最大	最小
六角头螺钉										
4	0.112	40	—	0.1875	0.1835	0.216	0.060	0.055	0.183	0.173
6	0.138	32	—	0.2500	0.2450	0.289	0.080	0.074	0.245	0.235
8	0.164	32	—	0.2500	0.2450	0.289	0.110	0.104	0.245	0.235
10	0.190	24	32	0.3125	0.3075	0.361	0.120	0.113	0.307	0.297
六角机制螺母精密型										
4	0.112	40	—	0.1875	0.1835	0.216	0.098	0.087	—	—
6	0.138	32	—	0.2500	0.2450	0.269	0.114	0.102	—	—
8	0.164	32	—	0.3125	0.3075	0.361	0.130	0.117	—	—
10	0.190	24	—	0.3125	0.3075	0.361	0.130	0.117	—	—
六角机制螺母压制型										
4	0.112	40	—	0.2500	0.2410	0.289	0.087	0.077	—	—
6	0.138	32	—	0.3125	0.3020	0.361	0.114	0.102	—	—
8	0.164	32	—	0.3438	0.3320	0.397	0.130	0.117	—	—
10	0.190	24	32	0.3750	0.3620	0.433	0.130	0.117	—	—
1/4	0.250	20	28	0.4375	0.4230	0.505	0.193	0.178	—	—
5/16	0.3125	18	24	0.5625	0.5450	0.649	0.225	0.208	—	—
3/8	0.375	16	24	0.6250	0.6070	0.722	0.257	0.239	—	—

表 7-151　英国标准惠氏（BSW）和精密（BSF）机制螺钉 BS 450：1958（已废止）

（单位：in）

	螺钉公称规格	基本直径 D	螺纹牙数		头部直径 A		头部深度 B		槽宽 H		槽深 J
			BSW	BSF	最大	最小	最大	最小	最大	最小	
90°沉头螺钉[1][2]	1/8	0.1250	40	—	0.219	0.201	0.056	—	0.039	0.032	0.027
	3/16	0.1875	24	32[3]	0.328	0.307	0.084	—	0.050	0.042	0.041
	7/32	0.2188	—	28[3]	0.383	0.360	0.098	—	0.055	0.046	0.048
	1/4	0.2500	20	26	0.438	0.412	0.113	—	0.061	0.051	0.055
	5/16	0.3125	18	22	0.547	0.518	0.141	—	0.071	0.061	0.069
	3/8	0.3750	16	20	0.656	0.624	0.169	—	0.082	0.072	0.083
	7/16	0.4375	14	18	0.766	0.729	0.197	—	0.093	0.082	0.097
	1/2	0.5000	12	16	0.875	0.835	0.225	—	0.104	0.092	0.111
	9/16	0.5625	12[3]	16[3]	0.984	0.941	0.253	—	0.115	0.103	0.125
	5/8	0.6250	11	14	1.094	1.046	0.281	—	0.126	0.113	0.138
	3/4	0.7500	10	12	1.312	1.257	0.338	—	0.148	0.134	0.166
圆头螺钉[2]	1/8	0.1250	40	—	0.219	0.206	0.087	0.082	0.039	0.032	0.048
	3/16	0.1875	24	32[3]	0.328	0.312[4]	0.131	0.124	0.050	0.042	0.072
	7/36	0.2188	—	28[3]	0.383	0.365	0.153	0.145	0.055	0.046	0.084
	1/4	0.2500	20	26	0.438	0.417	0.175	0.165	0.061	0.051	0.096
	5/16	0.3125	18	22	0.547	0.524	0.219	0.207	0.071	0.061	0.120
	3/8	0.3750	16	20	0.656	0.629	0.262	0.249	0.082	0.072	0.144
	7/16	0.4375	14	18	0.766	0.735	0.306	0.291	0.093	0.082	0.168
	1/2	0.5000	12	16	0.875	0.840	0.50	0.333	0.104	0.092	0.192

（续）

	螺钉公称规格	基本直径 *D*	螺纹牙数		头部直径 *A*		头部深度 *B*		槽宽 *H*		槽深 *J*
			BSW	BSF	最大	最小	最大	最小	最大	最小	
圆头螺钉②	9/16	0.5625	12③	16③	0.984	0.946	0.394	0.375	0.115	0.103	0.217
	5/8	0.6250	11	14	1.094	1.051	0.437	0.417	0.126	0.113	0.240
	3/4	0.7500	10	12	1.312	1.262	0.525	0.500	0.148	0.134	0.288
盘头螺钉②	1/8	0.1250	40	—	0.245	0.231	0.075	0.065	0.039	0.032	0.040
	3/16	0.1875	24	32③	0.373	0.375	0.110	0.099	0.050	0.042	0.061
	7/32	0.2188	—	28③	0.425	0.407	0.125	0.112	0.055	0.046	0.069
	1/4	0.2500	20	26	0.492	0.473⑤	0.144	0.130	0.061	0.051	0.078
	5/16	0.3125	18	22	0.615	0.594	0.178	0.162	0.071	0.061	0.095
	3/8	0.3750	16	20	0.740	0.716	0.212	0.194	0.082	0.072	0.112
	7/16	0.4375	14	18	0.863	0.838	0.247	0.227	0.093	0.082	0.129
	1/2	0.5000	12	16	0.987	0.958	0.281	0.260	0.104	0.092	0.145
	9/16	0.5625	12③	16③	1.031	0.999	0.315	0.293	0.115	0.103	0.162
	5/8	0.6250	11	14	1.125	1.090	0.350	0.325	0.126	0.113	0.179
	3/4	0.7500	10	12	1.250	1.209	0.419	0.390	0.148	0.134	0.213
圆柱头螺钉②	1/8	0.1250	40	—	0.188	0.180	0.087	0.082	0.039	0.032	0.039
	3/16	0.1875	24	32③	0.281	0.270	0.131	0.124	0.050	0.042	0.059
	7/32	0.2188	—	28③	0.328	0.315	0.153	0.145	0.055	0.046	0.069
	1/4	0.2500	20	26	0.375	0.360	0.175	0.165	0.061	0.051	0.079
	5/16	0.3125	18	22	0.469	0.450	0.219	0.207	0.071	0.061	0.098
	3/8	0.3750	16	20	0.562	0.540	0.262	0.249	0.082	0.072	0.118
	7/16	0.4375	14	18	0.656	0.630	0.306	0.291	0.093	0.082	0.138
	1/2	0.5000	12	16	0.750	0.720	0.350	0.333	0.104	0.092	0.157
	9/16	0.5625	12③	16③	0.844	0.810	0.394	0.375	0.115	0.103	0.177
	5/8	0.6250	11	14	0.938	0.900	0.437	0.417	0.126	0.113	0.197
	3/4	0.7500	10	12	1.125	1.080	0.525	0.500	0.148	0.134	0.236
蘑菇头螺钉②	1/8	0.1250	40	—	0.289	0.272	0.078	0.066	0.043	0.035	0.040
	3/16	0.1875	24	32③	0.448	0.425	0.118	0.103	0.060	0.050	0.061
	1/4	0.2500	20	26	0.573	0.546	0.150	0.133	0.075	0.064	0.079
	5/16	0.3125	18	22	0.698	0.666	0.183	0.162	0.084	0.072	0.096
	3/8	0.3750	16	20	0.823	0.787	0.215	0.191	0.094	0.081	0.112

① 除 *J* 外所有尺寸给出的 1/8～3/8in 规格也适用于在标准中给出的所有 90°半沉头螺钉。

② 这些螺钉也可用于槽头；这里没有给出槽的尺寸，但是可以在标准中找到。

③ 尽可能避免使用非优选项。

④ 通过调整也可以是 0.309。

⑤ 通过调整也可以是 0.468。

7.7 螺钉和紧定螺钉

1. 开槽有帽螺钉

美国国家标准 ANSI/ASME B18.6.2-1998 涵盖各种型式的开槽有帽螺钉以及方头和开槽无头固定螺钉的完整和一般尺寸数据。

螺纹长度：螺钉上的完整（全形）螺纹的长度等于基本螺杆直径的 2 倍再加上 0.250in，加上公差为 0.188in 或相当于螺距的 21 倍，以较大者为准。长度太短而不能容纳最小螺纹长度的六角螺钉具有延伸到等于头部的 2½间距（螺纹）的距离内的全螺纹。

开槽螺钉按以下顺序指定：公称尺寸（分数或小数等价）；每英寸螺纹；螺钉长度（分数或小数等价）；产品名称；材料。示例：1/2 – 13 × 3 开槽圆头螺栓，SAE 2 级钢，镀锌。750 – 16 × 2.25 开槽扁平顶沉头螺钉，耐蚀钢。

美国国家标准螺钉见表 7-152 ~ 表 7-166。

表 7-152　美国国家标准开槽平顶沉头螺钉 ANSI/ASME B18.6.2-1998（R2010）

（单位：in）

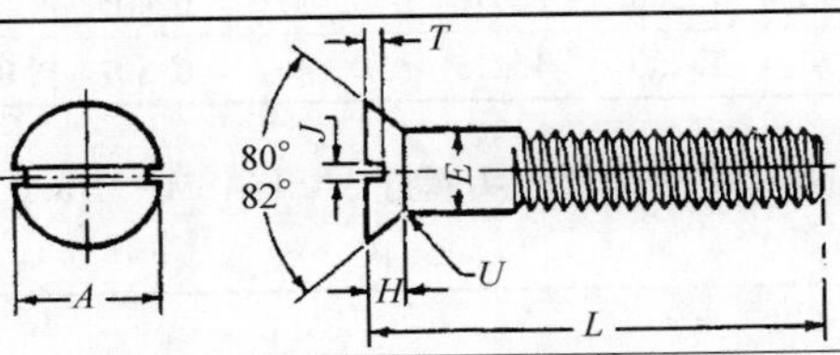

公称尺寸或基本螺钉直径		光杆直径 E		头部直径 A 边缘位置	头部直径 A 边缘圆整或平面	头部宽度 H	槽宽 J		槽深 T		圆角半径 U
		最大	最小	最大	最小	参考值	最大	最小	最大	最小	最大
¼	0.2500	0.2500	0.2450	0.500	0.452	0.140	0.075	0.064	0.068	0.045	0.100
5/16	0.3125	0.3125	0.3070	0.625	0.567	0.177	0.084	0.072	0.086	0.057	0.125
⅜	0.3750	0.3750	0.3690	0.750	0.682	0.210	0.094	0.081	0.103	0.068	0.150
7/16	0.4375	0.4375	0.4310	0.812	0.736	0.210	0.094	0.081	0.103	0.068	0.175
½	0.5000	0.5000	0.4930	0.875	0.791	0.210	0.106	0.091	0.103	0.068	0.200
9/16	0.5625	0.5625	0.5550	1.000	0.906	0.244	0.118	0.102	0.120	0.080	0.225
⅝	0.6250	0.6250	0.6170	1.125	1.020	0.281	0.133	0.116	0.137	0.091	0.250
¾	0.7500	0.7500	0.7420	1.375	1.251	0.352	0.149	0.131	0.171	0.115	0.300
⅞	0.8750	0.8750	0.8660	1.625	1.480	0.423	0.167	0.147	0.206	0.138	0.350
1	1.0000	1.0000	0.9900	1.875	1.711	0.494	0.188	0.166	0.240	0.162	0.400
1⅛	1.1250	1.1250	1.1140	2.062	1.880	0.529	0.196	0.178	0.257	0.173	0.450
1¼	1.2500	1.2500	1.2390	2.312	2.110	0.600	0.211	0.193	0.291	0.197	0.500
1⅜	1.3750	1.3750	1.3630	2.562	2.340	0.665	0.226	0.208	0.326	0.220	0.550
1½	1.5000	1.5000	1.4880	2.812	2.570	0.742	0.258	0.240	0.360	0.244	0.600

螺纹是统一标准类 2A；UNC、UNF 和 8 UN 系列或 UNRC、UNRF 和 8 UNR 系列。

表 7-153　美国国家标准开槽圆头螺钉 ANSI/ASME B18.6.2-1998（R2010）（单位：in）

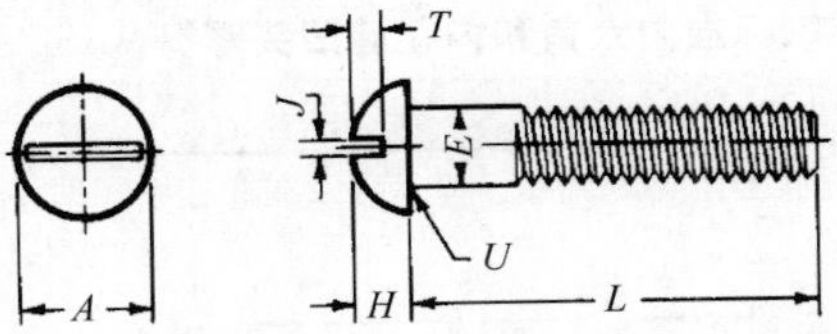

公称规格或基本螺钉直径		光杆直径 E		头部直径 A		头部高度 H		槽宽 J		槽深 T	
		最大	最小	最大	最小	最大	最小	最大	最小	最大	最小
1/	0.2500	0.2500	0.2450	0.437	0.418	0.191	0.175	0.075	0.064	0.117	0.097
5/16	0.3125	0.3125	0.3070	0.562	0.540	0.245	0.226	0.084	0.072	0.151	0.126
⅜	0.3750	0.3750	0.3690	0.625	0.603	0.273	0.252	0.094	0.081	0.168	0.138
7/16	0.4375	0.4375	0.4310	0.750	0.725	0.328	0.302	0.094	0.081	0.202	0.167

（续）

公称规格或基本螺钉直径		光杆直径 E		头部直径 A		头部高度 H		槽宽 J		槽深 T	
		最大	最小	最大	最小	最大	最小	最大	最小	最大	最小
1/2	0.5000	0.5000	0.4930	0.812	0.786	0.354	0.327	0.106	0.091	0.218	0.178
9/16	0.5625	0.5625	0.5550	0.937	0.909	0.409	0.378	0.118	0.102	0.252	0.207
5/8	0.6250	0.6250	0.6170	1.000	0.970	0.437	0.405	0.133	0.116	0.270	0.220
3/4	0.7500	0.7500	0.7420	1.250	1.215	0.546	0.507	0.149	0.131	0.338	0.278

表 7-154　美国国家标准开槽圆柱头螺钉 ANSI/ASME B18.6.2-1998（R2010）

（单位：in）

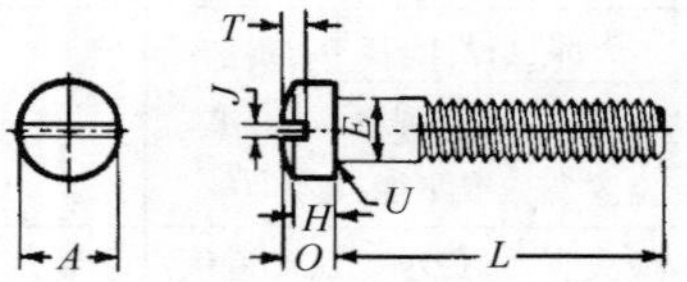

公称规格或基本螺钉直径		光杆直径 E		头部直径 A		头部高度 H		头部总高度 O		槽宽 J		槽深 T	
		最大	最小	最大	最小	最大	最小	最大	最小	最大	最小	最大	最小
1/4	0.2500	0.2500	0.2450	0.375	0.363	0.172	0.157	0.216	0.194	0.075	0.064	0.097	0.077
5/16	0.3125	0.3125	0.3070	0.437	0.424	0.203	0.186	0.253	0.230	0.084	0.072	0.115	0.090
3/8	0.3750	0.3750	0.3690	0.562	0.547	0.250	0.229	0.314	0.284	0.094	0.081	0.142	0.112
7/16	0.4375	0.4375	0.4310	0.625	0.608	0.297	0.274	0.368	0.336	0.094	0.081	0.168	0.133
1/2	0.5000	0.5000	0.4930	0.750	0.731	0.328	0.301	0.413	0.376	0.106	0.091	0.193	0.153
9/16	0.5625	0.5625	0.5550	0.812	0.792	0.375	0.346	0.467	0.427	0.118	0.102	0.213	0.168
5/8	0.6250	0.6250	0.6170	0.875	0.853	0.422	0.391	0.521	0.478	0.133	0.116	0.239	0.189
3/4	0.7500	0.7500	0.7420	1.000	0.976	0.500	0.466	0.612	0.566	0.149	0.131	0.283	0.223
7/8	0.8750	0.8750	0.8660	1.125	1.098	0.594	0.556	0.720	0.668	0.167	0.147	0.334	0.264
1	1.0000	1.0000	0.9900	1.312	1.282	0.656	0.612	0.803	0.743	0.188	0.166	0.371	0.291

圆角半径如下：对于螺钉尺寸为1/4～3/8in，最大为0.031in，最小为0.016in；从7/16～9/16in，最大为0.047in，最小为0.016in；从5/8～1in，最大为0.062in，最小为0.031in。

螺纹是统一标准类2A；UNC、UNF和8 UN系列或UNRC、UNRF和8 UNR系列。

表 7-155　美国国家标准内六角和内花键凹头螺钉 ANSI/ASME B18.3-1998

（单位：in）

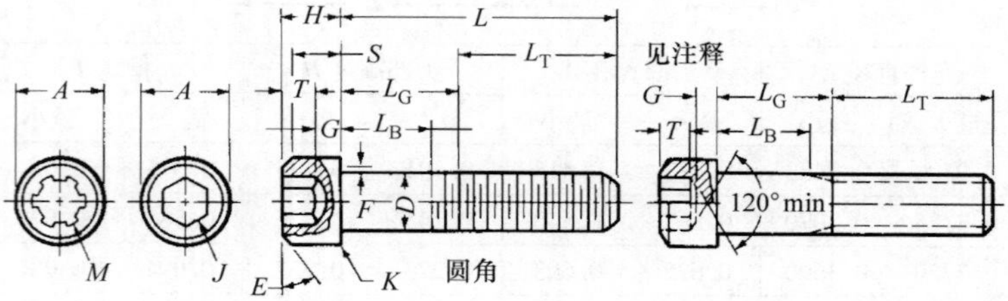

（续）

公称规格	光杆直径 D		头部直径 A		头部高度 H		花键沉头[①]尺寸 M	标准内六角尺寸 J	外圆角 F	键啮合深度[①] T
	最大	最小	最大	最小	最大	最小			最大	
0	0.0600	0.0568	0.096	0.091	0.060	0.057	0.060	0.050	0.007	0.025
1	0.0730	0.0695	0.118	0.112	0.073	0.070	0.072	1/16 0.062	0.007	0.031
2	0.0860	0.0822	0.140	0.134	0.086	0.083	0.096	5/64 0.078	0.008	0.038
3	0.0990	0.0949	0.161	0.154	0.099	0.095	0.096	5/64 0.078	0.008	0.044
4	0.1120	0.1075	0.183	0.176	0.112	0.108	0.111	3/32 0.094	0.009	0.051
5	0.1250	0.1202	0.205	0.198	0.125	0.121	0.111	3/32 0.094	0.010	0.057
6	0.1380	0.1329	0.226	0.218	0.138	0.134	0.133	7/64 0.109	0.010	0.064
8	0.1640	0.1585	0.270	0.262	0.164	0.159	0.168	9/64 0.141	0.012	0.077
10	0.1900	0.1840	0.312	0.303	0.190	0.185	0.183	5/32 0.156	0.014	0.090
1/4	0.2500	0.2435	0.375	0.365	0.250	0.244	0.216	3/16 0.188	0.014	0.120
5/16	0.3125	0.3053	0.469	0.457	0.312	0.306	0.291	1/4 0.250	0.017	0.151
3/8	0.3750	0.3678	0.562	0.550	0.375	0.368	0.372	5/16 0.312	0.020	0.182
7/16	0.4375	0.4294	0.656	0.642	0.438	0.430	0.454	3/8 0.375	0.023	0.213
1/2	0.5000	0.4919	0.750	0.735	0.500	0.492	0.454	3/8 0.375	0.026	0.245
5/8	0.6250	0.6163	0.938	0.921	0.625	0.616	0.595	1/2 0.500	0.032	0.307
3/4	0.7500	0.7406	1.125	1.107	0.750	0.740	0.620	5/8 0.625	0.039	0.370
7/8	0.8750	0.8647	1.312	1.293	0.875	0.864	0.698	3/4 0.750	0.044	0.432
1	1.0000	0.9886	1.500	1.479	1.000	0.988	0.790	3/4 0.750	0.050	0.495
1⅛	1.1250	1.1086	1.688	1.665	1.125	1.111	—	7/8 0.875	0.055	0.557
1¼	1.2500	1.2336	1.875	1.852	1.250	1.236	—	7/8 0.875	0.060	0.620
1⅜	1.3750	1.3568	2.062	2.038	1.375	1.360	—	1 1.000	0.065	0.682
1½	1.5000	1.4818	2.250	2.224	1.500	1.485	—	1 1.000	0.070	0.745
1¾	1.7500	1.7295	2.625	2.597	1.750	1.734	—	1¼ 1.250	0.080	0.870
2	2.0000	1.9780	3.000	2.970	2.000	1.983	—	1½ 1.500	0.090	0.995
2¼	2.2500	2.2280	3.375	3.344	2.250	2.232	—	1¾ 1.750	0.100	1.120
2½	2.5000	2.4762	3.750	3.717	2.500	2.481	—	1¾ 1.750	0.110	1.245
2¾	2.7500	2.7262	4.125	4.090	2.750	2.730	—	2 2.000	0.120	1.370
3	3.0000	2.9762	4.500	4.464	3.000	2.979	—	2¼ 2.250	0.130	1.495
3¼	3.2500	3.2262	4.875	4.837	3.250	3.228	—	2¼ 2.250	0.140	1.620
3½	3.5000	3.4762	5.250	5.211	3.500	3.478	—	2¾ 2.750	0.150	1.745
3¾	3.7500	3.7262	5.625	5.584	3.750	3.727	—	2¾ 2.750	0.160	1.870
4	4.0000	3.9762	6.000	5.958	4.000	3.976	—	3 3.000	0.170	1.995

注：1. 螺钉的杆长 L_B 是光杆的无螺纹圆柱部分的长度。螺纹长度 L_T 是从顶端点到上一个完整（全牙）螺纹的距离。到 1in 的螺钉直径的标准增量为：1/8～1/4in 的增量为 1/16in，1/4～1in 的增量为 1/8in，1～3 ½in 的增量为 1/4in，3 ½～7in 的增量为 1/2in，7～10in 的增量为 1in，超过 1in 直径为 1～7in 的 1/2in，7～10in 为 1in，超过 10in 的增量为 2in。

2. 头部可以是平纹或滚花，并且与平面的表面倒角为 E 成 30°～45°。螺纹与统一标准的牙底半径一致，3A 类 UNRC 和 UNRF 中包括 0～1in 的螺钉尺寸，2A 类 UNRC 和 UNRF 中包括大于 1in 至 1/1in（含 1in），2A 级 UNRC 适用于较大尺寸。

① 键啮合深度为最小值，花键沉头规格是公称尺寸。

表 7-156 内六角凹头螺钉钻孔和沉孔尺寸（1960 系列） （单位：in）

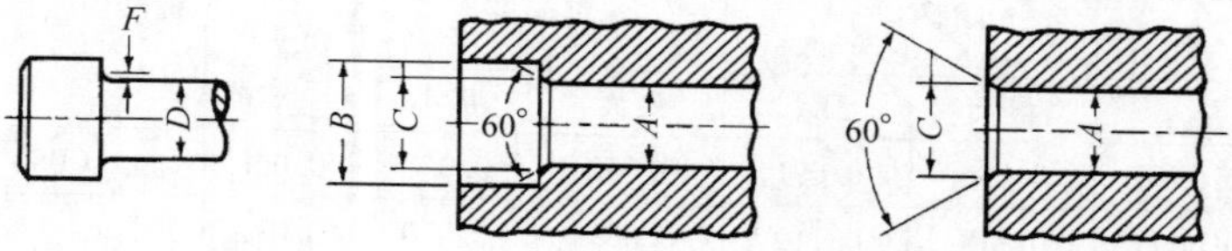

公称规格或基本螺钉直径		公称钻头尺寸				沉孔直径	埋头孔直径①
		紧配合②		标准配合③			
		数字或分数规格	小数规格	数字或分数规格	小数规格		
		A				B	C
0	0.0600	51	0.067	49	0.073	1/8	0.074
1	0.0730	46	0.081	43	0.089	5/32	0.087
2	0.0860	3/32	0.094	36	0.106	3/16	0.102
3	0.0990	36	0.106	31	0.120	7/32	0.115
4	0.1120	1/8	0.125	29	0.136	7/32	0.130
5	0.1250	9/64	0.141	23	0.154	1/4	0.145
6	0.1380	23	0.154	18	0.170	9/32	0.158
8	0.1640	15	0.180	10	0.194	5/16	0.188
10	0.1900	5	0.206	2	0.221	3/8	0.218
1/4	0.2500	17/64	0.266	9/32	0.281	7/16	0.278
5/16	0.3125	21/64	0.328	11/32	0.344	17/32	0.346
3/8	0.3750	25/64	0.391	13/32	0.406	5/8	0.415
7/16	0.4375	29/64	0.453	15/32	0.469	23/32	0.483
1/2	0.5000	33/64	0.516	17/32	0.531	13/16	0.552
5/8	0.6250	41/64	0.641	21/32	0.656	1	0.689
3/4	0.7500	49/64	0.766	25/32	0.781	1 3/16	0.828
7/8	0.8750	57/64	0.891	29/32	0.906	1 3/8	0.963
1	1.0000	1 1/64	1.016	1 1/32	1.031	1 5/8	1.100
1 1/4	1.2500	1 9/32	1.281	1 5/16	1.312	2	1.370
1 1/2	1.5000	1 17/32	1.531	1 9/16	1.562	2 3/8	1.640
1 3/4	1.7500	1 25/32	1.781	1 13/16	1.812	2 3/4	1.910
2	2.0000	1 1/32	2.031	1 1/16	2.062	2 1/8	2.180

注：资料来源于美国国家标准 ANSI/ASME B18.3-1998 附录。

① 埋头孔：在硬度接近等于或超过螺钉硬度的部位，使用小于（$D_{max}+2F_{max}$）的埋头孔或修整孔边是较好的做法。如果这样的孔不是沉头的，螺钉的头部可能不能正确地安置，或者孔上的尖锐边缘可能使螺钉上的圆角变形，从而使得它们在涉及动态载荷的应用中容易疲劳，但是，埋头孔或边角部修整不应大于确保螺钉上的圆角清晰所需。

② 紧配合：紧配合通常用在装配中只使用一个螺钉或者使用两个或更多个螺钉的场合限制螺纹加工到头部的螺纹的长度的孔，并且要么使用坐标配合工具要么在总成中来生成配合的孔。

③ 标准配合：普通配合用于长度相对较长的螺钉，或用于包含两个或多个螺钉的组件，其中通过常规公差方法生产配合孔。它提供了最长标准螺钉的最大允许偏心率，以及要紧固的零件的某些变化，如孔直线度偏差、螺纹轴与攻丝孔间的角度差异、配合孔的中心偏距等。

表 7-157　美国国家标准内六角和内花键平顶沉头螺栓 ANSI/ASME B18. 3-1998

（单位：in）

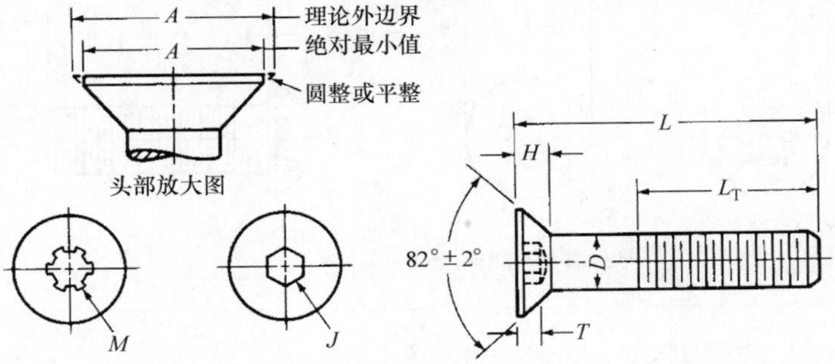

公称规格	光杆直径 最大 D	光杆直径 最小 D	头部直径 理论外形 最大 A	头部直径 最小 A	头部高度 参考 H	内花键尺寸 M	内六角尺寸 公称 J	键啮合深度 最小 T
0	0. 0600	0. 0568	0. 138	0. 117	0. 044	0. 048	0. 035	0. 025
1	0. 0730	0. 0695	0. 168	0. 143	0. 054	0. 060	0. 050	0. 031
2	0. 0860	0. 0822	0. 197	0. 168	0. 064	0. 060	0. 050	0. 038
3	0. 0990	0. 0949	0. 226	0. 193	0. 073	0. 072	1/16	0. 044
4	0. 1120	0. 1075	0. 255	0. 218	0. 083	0. 072	1/16	0. 055
5	0. 1250	0. 1202	0. 281	0. 240	0. 090	0. 096	5/64	0. 061
6	0. 1380	0. 1329	0. 307	0. 263	0. 097	0. 096	5/64	0. 066
8	0. 1640	0. 1585	0. 359	0. 311	0. 112	0. 111	3/32	0. 076
10	0. 1900	0. 1840	0. 411	0. 359	0. 127	0. 145	1/8	0. 087
1/4	0. 2500	0. 2435	0. 531	0. 480	0. 161	0. 183	5/32	0. 111
5/16	0. 3125	0. 3053	0. 656	0. 600	0. 198	0. 216	3/16	0. 135
3/8	0. 3750	0. 3678	0. 781	0. 720	0. 234	0. 251	7/32	0. 159
7/16	0. 4375	0. 4294	0. 844	0. 781	0. 234	0. 291	1/4	0. 159
1/2	0. 5000	0. 4919	0. 938	0. 872	0. 251	0. 372	5/16	0. 172
5/8	0. 6250	0. 6163	1. 188	1. 112	0. 324	0. 454	3/8	0. 220
3/4	0. 7500	0. 7406	1. 438	1. 355	0. 396	0. 454	1/2	0. 220
7/8	0. 8750	0. 8647	1. 688	0. 1604	0. 468	—	9/16	0. 248
1	1. 0000	0. 9886	1. 938	1. 841	0. 540	—	5/8	0. 297
1⅛	1. 1250	1. 1086	2. 188	2. 079	0. 611	—	3/4	0. 325
1¼	1. 2500	1. 2336	2. 438	2. 316	0. 683	—	7/8	0. 358
1⅜	1. 3750	1. 3568	2. 688	2. 553	0. 755	—	7/8	0. 402
1½	1. 5000	1. 4818	2. 938	2. 791	0. 827	—	1	0. 435

注：1. 螺钉杆是螺杆（部分没有加工螺纹至头部）上未加工螺纹圆柱部分，光杆上从圆锥承压面与光杆的接触点到顶面上的点算作螺钉的一部分，螺纹长度 L_B 是测量最外端点到最后一个完整螺纹（全牙）的长度。

2. 螺钉直径的标准增量为：1/8 ~ 1/4in 的增量为 1/16in，1/4 ~ 1in 的增量为 1/8in，1 ~ 3 ½in 的增量为 1/4in，3 ½ ~ 7in 的增量为 1/2in，7 ~ 10in 的增量为 1in，对于尺寸超过 1in 螺钉，长度增量为：名义螺纹长度 1 ~ 7in 的增量为 1/2in，名义长度为 7 ~ 10in 的增量为 1in，名义长度超过 10in 的增量为 2in。

3. 螺纹应为具有牙底半径的统一外螺纹；3A 类 UNRC 和 UNRF 系列，适用于 0 ~ 1in 的尺寸，2A 级 UNRC 和 UNRF 系列，尺寸为 1 ~ 1 ½in。

4. 对于未显示的制造细节，包括材料，请参见美国国家标准 ANSI/ASME B18. 3-1998 内沉头尺寸。

表 7-158 美国国家标准内六角和内花键圆头螺钉 ANSI/ASME B18.3-1998（单位：in）

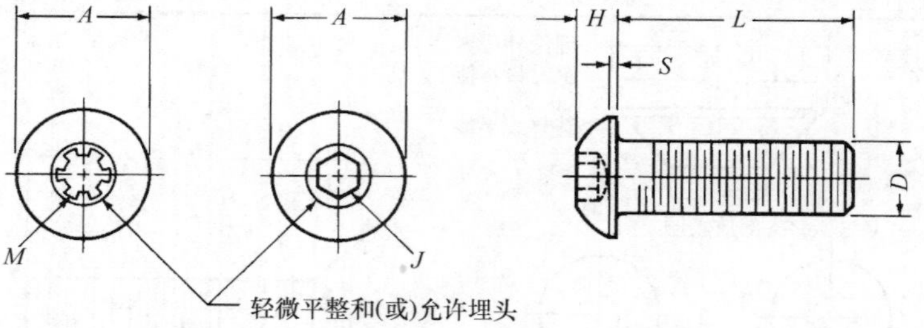

公称规格	螺钉直径	头部直径		头部高度		头部侧边高度	内花键尺寸	内六角尺寸	标准长度
	基础值	最大	最小	最大	最小	参考	名义	名义	最大
	D	A		H		S	M	J	L
0	0.0600	0.114	0.104	0.032	0.026	0.010	0.048	0.035	1/2
1	0.0730	0.139	0.129	0.039	0.033	0.010	0.060	0.050	1/2
2	0.0860	0.164	0.154	0.046	0.038	0.010	0.060	0.050	1/2
3	0.0990	0.188	0.176	0.052	0.044	0.010	0.072	1/16	1/2
4	0.1120	0.213	0.201	0.059	0.051	0.015	0.072	1/16	1/2
5	0.1250	0.238	0.226	0.066	0.058	0.015	0.096	5/64	1/2
6	0.1380	0.262	0.250	0.073	0.063	0.015	0.096	5/64	5/8
8	0.1640	0.312	0.298	0.087	0.077	0.015	0.111	3/32	3/4
10	0.1900	0.361	0.347	0.101	0.091	0.020	0.145	1/8	1
1/4	0.2500	0.437	0.419	0.132	0.122	0.031	0.183	5/32	1
5/16	0.3125	0.547	0.527	0.166	0.152	0.031	0.216	3/16	1
3/8	0.3750	0.656	0.636	0.199	0.185	0.031	0.251	7/32	1¼
1/2	0.5000	0.875	0.851	0.265	0.245	0.046	0.372	5/16	2
5/8	0.6250	1.000	0.970	0.331	0.311	0.062	0.454	3/8	2

注：1. 这些螺母已被设计并推荐用于轻载紧固应用。不建议将其用于通常使用内六角头螺栓的关键高强度应用场合。

2. 内六角螺钉的标准长度增量如下：公称螺钉长度为 1/8～1/4in 的为 1/16in，公称螺钉长度为 1/4～1in 的为 1/8in，公称螺钉长度为 1～2in 的为 1/4in。1in 以下长度的公差为 -0.03in。对于长度为 1～2in 的长度公差为 -0.04in。

3. 螺纹符合统一标准，3A 类，具有根部半径，UNRC 和 UNRF。

4. 为了避免冲突，美国国家标准 ANSI/ASME B18.3.4M-1986 给出了更低的内六角螺钉的度量尺寸和一般要求。由于其设计、可行性和其他设计因素的降低，因此，应仔细审查 B18.3.4M，仅适用于米制尺寸和米制螺纹。

5. 对于制造细节，包括材料，未显示的，请参阅美国国家标准 ANSI/ASME B18.3-1998。

表 7-159 美国国家标准内六角凹头轴肩螺钉 ANSI/ASME B18.3-1998 （单位：in）

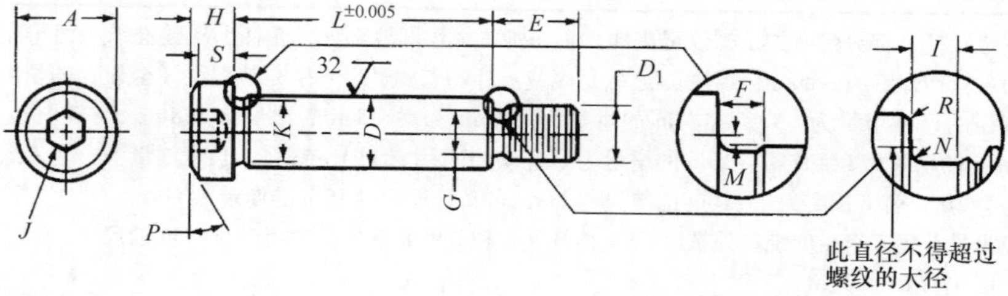

（续）

公称规格	轴肩直径		头部直径		头部高度		头部侧边高度	公称螺纹尺寸	螺纹长度
	最大	最小	最大	最小	最大	最小	最小		
	D		*A*		*H*		*S*	D_1	*E*
1/4	0.2480	0.2460	0.375	0.357	0.188	0.177	0.157	10~24	0.375
5/16	0.3105	0.3085	0.438	0.419	0.219	0.209	0.183	¼~20	0.438
3/8	0.3730	0.3710	0.562	0.543	0.250	0.240	0.209	5/16~18	0.500
1/2	0.4980	0.4960	0.750	0.729	0.312	0.302	0.262	⅜~16	0.625
5/8	0.6230	0.6210	0.875	0.853	0.375	0.365	0.315	½~13	0.750
3/4	0.7480	0.7460	1.000	0.977	0.500	0.490	0.421	⅝~11	0.875
1	0.9980	0.9960	1.312	1.287	0.625	0.610	0.527	¾~10	1.000
1¼	1.2480	1.2460	1.750	1.723	0.750	0.735	0.633	⅞~9	1.125
1½	1.4980	1.4960	2.125	2.095	1.000	0.980	0.842	1⅛~7	1.500
1¾	1.7480	1.7460	2.375	2.345	1.125	1.105	0.948	1¼~7	1.750
2	1.9980	1.9960	2.750	2.720	1.250	1.230	1.054	1½~6	2.000

公称规格	螺纹颈直径		螺纹颈宽度	肩颈直径	肩颈宽度	螺纹颈倒角		头部圆角延伸至 *D* 上	内六角规格
	最大	最小	最大	最小	最大	最大	最小	最大	名义
	G		*I*	*K*	*F*	*N*		*M*	*J*
1/4	0.142	0.133	0.083	0.227	0.093	0.023	0.017	0.014	1/8
5/16	0.193	0.182	0.100	0.289	0.093	0.028	0.022	0.017	5/32
3/8	0.249	0.237	0.111	0.352	0.093	0.031	0.025	0.020	3/16
1/2	0.304	0.291	0.125	0.477	0.093	0.035	0.029	0.026	1/4
5/8	0.414	0.397	0.154	0.602	0.093	0.042	0.036	0.032	5/16
3/4	0.521	0.502	0.182	0.727	0.093	0.051	0.045	0.039	3/8
1	0.638	0.616	0.200	0.977	0.125	0.055	0.049	0.050	1/2
1¼	0.750	0.726	0.222	1.227	0.125	0.062	0.056	0.060	5/8
1½	0.964	0.934	0.286	1.478	0.125	0.072	0.066	0.070	7/8
1¾	1.089	1.059	0.286	1.728	0.125	0.072	0.066	0.080	1
2	1.307	1.277	0.333	1.978	0.125	0.102	0.096	0.090	1¼

注：轴肩是螺钉上扩大的，无螺纹的部分。轴肩螺钉的标准长度增量为：公称螺钉长度 1/4~3/4in 为 1/8in；长度为 3/4~5in 的为 1/4in；长度超过 5in 的为 1/2in。螺纹符合统一标准 3A 类 UNC。用于轴肩螺钉规格的内六角尺寸与相应公称规格的紧定螺钉相同，除了轴肩螺钉规格为 1in，六角头螺钉尺寸为 1/2in，对于规格为 1 ½in 的螺钉，内六角尺寸为 7/8in，规格为 2in 的螺钉，六角头螺钉尺寸为 1 ¼in。对于未显示细节的，包括材料，参见 ASSI/ASMEB18.3-1998。

表 7-160　美国国家标准开槽无头紧定螺钉 ANSI/ASME B18.6.2-1998（R2010）

（单位：in）

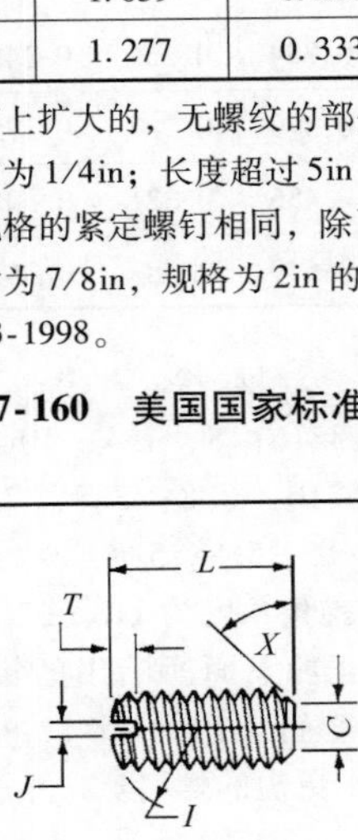

平头

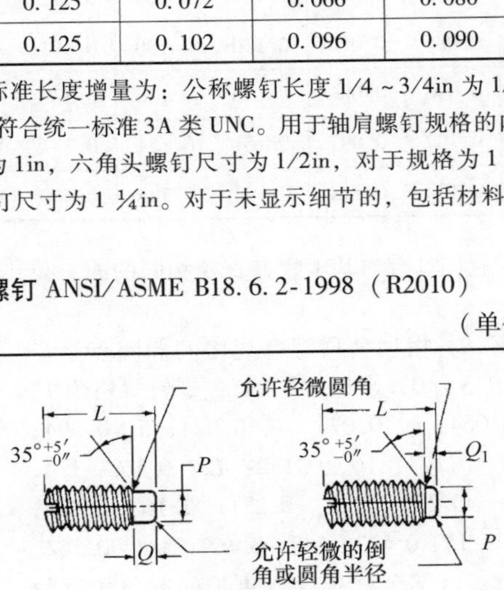

柱头、半柱头

（续）

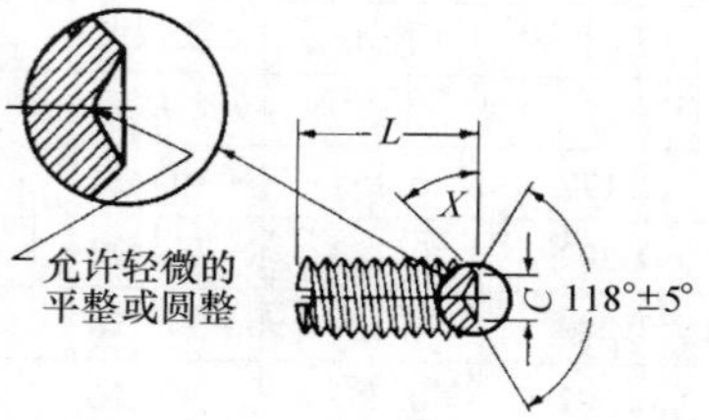

杯头

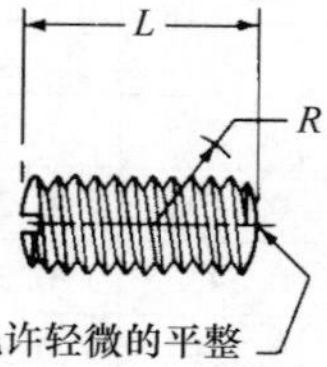

椭圆头

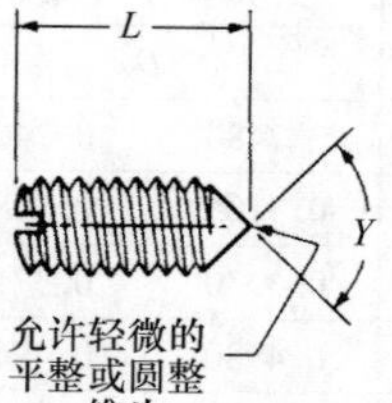

锥头

公称尺寸或基本螺纹直径	槽宽 J		槽深 T		杯头和平头直径 C		柱头直径 P		头长度			
									柱头 Q		半柱头 Q_1	
	最大	最小	最大	最小	最大	最小	最大	最小	最大	最小	最大	最小
0 0.0600	0.014	0.010	0.020	0.016	0.033	0.027	0.040	0.037	0.032	0.028	0.017	0.013
1 0.0730	0.016	0.012	0.020	0.016	0.040	0.033	0.049	0.045	0.040	0.036	0.021	0.017
2 0.0860	0.018	0.014	0.025	0.019	0.047	0.039	0.057	0.053	0.046	0.042	0.024	0.020
3 0.0990	0.020	0.016	0.028	0.022	0.054	0.045	0.066	0.062	0.052	0.048	0.027	0.023
4 0.1120	0.024	0.018	0.031	0.025	0.061	0.051	0.075	0.070	0.058	0.054	0.030	0.026
5 0.1250	0.026	0.020	0.036	0.026	0.067	0.057	0.083	0.078	0.063	0.057	0.033	0.027
6 0.1380	0.028	0.022	0.040	0.030	0.074	0.064	0.092	0.087	0.073	0.067	0.038	0.032
8 0.1640	0.032	0.026	0.046	0.036	0.087	0.076	0.109	0.103	0.083	0.077	0.043	0.037
10 0.1900	0.035	0.029	0.053	0.043	0.102	0.088	0.127	0.120	0.095	0.085	0.050	0.040
12 0.2160	0.042	0.035	0.061	0.051	0.115	0.101	0.144	0.137	0.115	0.105	0.060	0.050
1/4 0.2500	0.049	0.041	0.068	0.058	0.132	0.118	0.156	0.149	0.130	0.120	0.068	0.058
5/16 0.3125	0.055	0.047	0.083	0.073	0.172	0.156	0.203	0.195	0.161	0.151	0.083	0.073
3/8 0.3750	0.068	0.060	0.099	0.089	0.212	0.194	0.250	0.241	0.193	0.183	0.099	0.089
7/16 0.4375	0.076	0.068	0.114	0.104	0.252	0.232	0.297	0.287	0.224	0.214	0.114	0.104
1/2 0.5000	0.086	0.076	0.130	0.120	0.291	0.270	0.344	0.334	0.255	0.245	0.130	0.120
9/16 0.5625	0.096	0.086	0.146	0.136	0.332	0.309	0.391	0.379	0.287	0.275	0.146	0.134
5/8 0.6250	0.107	0.097	0.161	0.151	0.371	0.347	0.469	0.456	0.321	0.305	0.164	0.148
3/4 0.7500	0.134	0.124	0.193	0.183	0.450	0.425	0.562	0.549	0.383	0.367	0.196	0.180

冠径 I：冠径具有与基本螺钉直径相同的前三位小数数值。

椭圆半径 R：根据公称螺钉规格的椭圆点半径的值，螺钉规格为0，半径为0.045；螺钉规格为1，0.055；2，0.064；3，0.074；4，0.084；5，0.094；6，0.104；8，0.123；10，0.142；12，0.162；1/4，0.188；5/16，0.234；3/8，0.281；7/16，0.328；1/2，0.375；9/16，0.422；5/8，0.469；3/4，0.562。

锥顶角 Y：以下公称长度或更长的锥角角度为90°±2°，根据螺钉尺寸显示，对于公称尺寸0，长度为5/64；1，3/32；2，7/64；3，1/8；4，5/32；5，3/16；6，3/16；8，1/4；10，1/4；12，5/16；1/4，5/16；5/16，3/8；3/8，7/16；7/16，1/2；1/2，9/16；9/16，5/8；5/8，3/4；3/4，7/8。对于较短的螺钉，锥角角度为118°±2°。

顶角 X：正如上面所给出的锥顶角角度，公称长度或更长的螺钉顶角为45°，+5°，-0°，最小值为30°，用于更短的螺钉。

螺纹：统一2A级标准；UNC和UNF系列或UNRC和UNRF系列。

表7-161 美国国家标准内六角和内花键螺钉可选杯头 ANSI/ASME B18.3-1998

（单位：in）

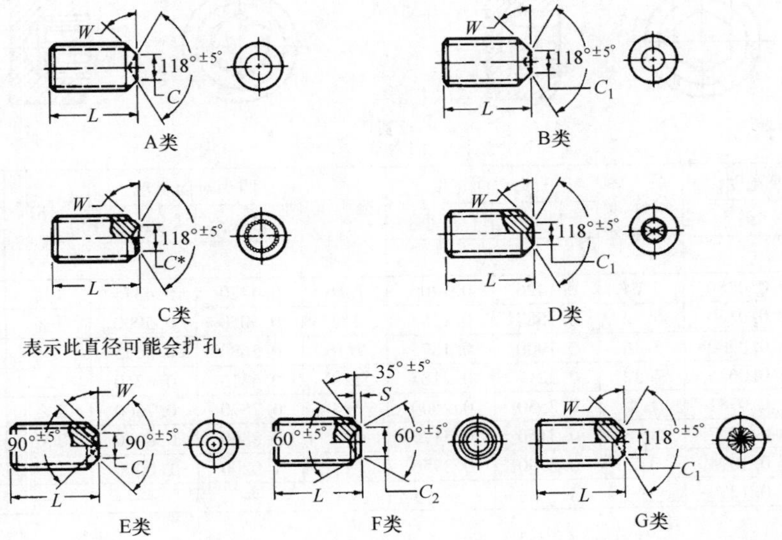

公称规格	头直径 C 最大	头直径 C 最小	头直径 C_1 最大	头直径 C_1 最小	头直径 C_2 最大	头直径 C_2 最小	头长度 S 最大	头长度 S 最小
0	0.033	0.027	0.032	0.027	0.027	0.022	0.007	0.004
1	0.040	0.033	0.038	0.033	0.035	0.030	0.008	0.005
2	0.047	0.039	0.043	0.038	0.043	0.038	0.010	0.007
3	0.054	0.045	0.050	0.045	0.051	0.046	0.011	0.007
4	0.061	0.051	0.056	0.051	0.059	0.054	0.013	0.008
5	0.067	0.057	0.062	0.056	0.068	0.063	0.014	0.009
6	0.074	0.064	0.069	0.062	0.074	0.068	0.017	0.012
8	0.087	0.076	0.082	0.074	0.090	0.084	0.021	0.016
10	0.102	0.088	0.095	0.086	0.101	0.095	0.024	0.019
1/4	0.132	0.118	0.125	0.114	0.156	0.150	0.027	0.022
5/16	0.172	0.156	0.156	0.144	0.190	0.185	0.038	0.033
3/8	0.212	0.194	0.187	0.174	0.241	0.236	0.041	0.036
7/16	0.252	0.232	0.218	0.204	0.286	0.281	0.047	0.042
1/2	0.291	0.270	0.250	0.235	0.333	0.328	0.054	0.049
5/8	0.371	0.347	0.312	0.295	0.425	0.420	0.067	0.062
3/4	0.450	0.425	0.375	0.357	0.523	0.518	0.081	0.076
7/8	0.530	0.502	0.437	0.418	—	—	—	—
1	0.609	0.579	0.500	0.480	—	—	—	—
1⅛	0.689	0.655	0.562	0.542	—	—	—	—
1¼	0.767	0.733	0.625	0.605	—	—	—	—
1⅜	0.848	0.808	0.687	0.667	—	—	—	—
1½	0.926	0.886	0.750	0.730	—	—	—	—
1¾	1.086	1.039	0.875	0.855	—	—	—	—
2	1.244	1.193	1.000	0.980	—	—	—	—

注：显示的杯头类型是可从各种制造商获得的类型。

表 7-162 美国国家标准内六角和内花键 ANSI/ASME B18.3-1998 （单位：in）

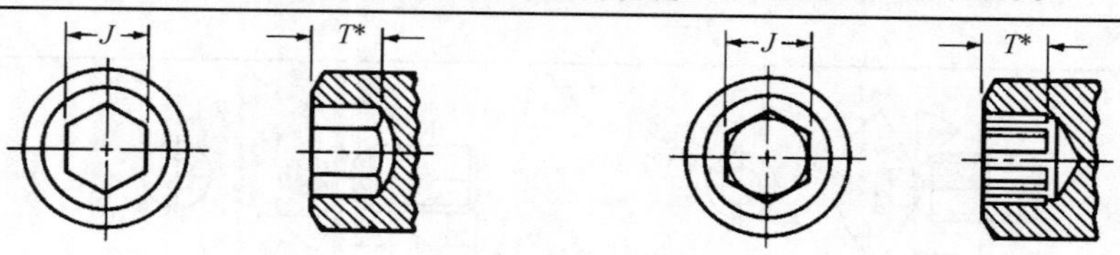

拉制
内六角

公称沉头规格	凹头对面宽度		公称沉头规格	凹头对面宽度		公称沉头规格	凹头对面宽度		公称沉头规格	凹头对面宽度	
	最大	最小		最大	最小		最大	最小		最大	最小
	J			J			J			J	
0.028	0.0285	0.0280	9/64	0.1426	0.1406	7/16	0.4420	0.4375	1¼	1.2750	1.2500
0.035	0.0355	0.0350	5/32	0.1587	0.1562	1/2	0.5050	0.5000	1½	1.5300	1.5000
0.050	0.0510	0.0500	3/16	0.1900	0.1875	9/16	0.5680	0.5625	1¾	1.7850	1.7500
1/16	0.0635	0.0625	7/32	0.2217	0.2187	5/8	0.6310	0.6250	2	2.0400	2.0000
5/64	0.0791	0.0781	1/4	0.2530	0.2500	3/4	0.7570	0.7500	2¼	2.2950	2.2500
3/32	0.0952	0.0937	5/16	0.3160	0.3125	7/8	0.8850	0.8750	2¾	2.8050	2.7500
7/64	0.1111	0.1094	3/8	0.3790	0.3750	1	1.0200	1.0000	3	3.0600	3.0000
1/8	0.1270	0.1250	—	—	—	—	—	—	—	—	—

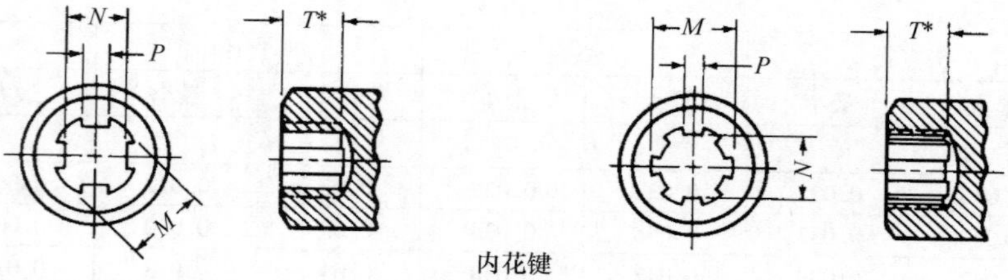

内花键

公称沉头规格	齿数	凹头大径		凹头小径		齿宽	
		最大	最小	最大	最小	最大	最小
		M		N		P	
0.033	4	0.0350	0.0340	0.0260	0.0255	0.0120	0.0115
0.048	6	0.050	0.049	0.041	0.040	0.011	0.010
0.060	6	0.062	0.061	0.051	0.050	0.014	0.013
0.072	6	0.074	0.073	0.064	0.063	0.016	0.015
0.096	6	0.098	0.097	0.082	0.080	0.022	0.021
0.111	6	0.115	0.113	0.098	0.096	0.025	0.023
0.133	6	0.137	0.135	0.118	0.116	0.030	0.028
0.145	6	0.149	0.147	0.128	0.126	0.032	0.030
0.168	6	0.173	0.171	0.150	0.147	0.036	0.033
0.183	6	0.188	0.186	0.163	0.161	0.039	0.037
0.216	6	0.221	0.219	0.190	0.188	0.050	0.048
0.251	6	0.256	0.254	0.221	0.219	0.060	0.058
0.291	6	0.298	0.296	0.254	0.252	0.068	0.066
0.372	6	0.380	0.377	0.319	0.316	0.092	0.089
0.454	6	0.463	0.460	0.386	0.383	0.112	0.109
0.595	6	0.604	0.601	0.509	0.506	0.138	0.134
0.620	6	0.631	0.627	0.535	0.531	0.149	0.145
0.698	6	0.709	0.705	0.604	0.600	0.168	0.164
0.790	6	0.801	0.797	0.685	0.681	0.189	0.185

注：1. * 表示标准中给出了各种螺钉类型的凹头深度 T，但此处未显示。

2. 如果凹头倒角，内六角倒角深度为凹头公称尺寸的 10%，但不超过 1/16in，内花键凹头不超过 0.060in，对于较大尺寸倒角深度为凹头公称尺寸的 7.5%。

表 7-163 美国国家标准方头紧定螺钉 SAS/ASME B18.6.2-1998（R2010）（单位：in）

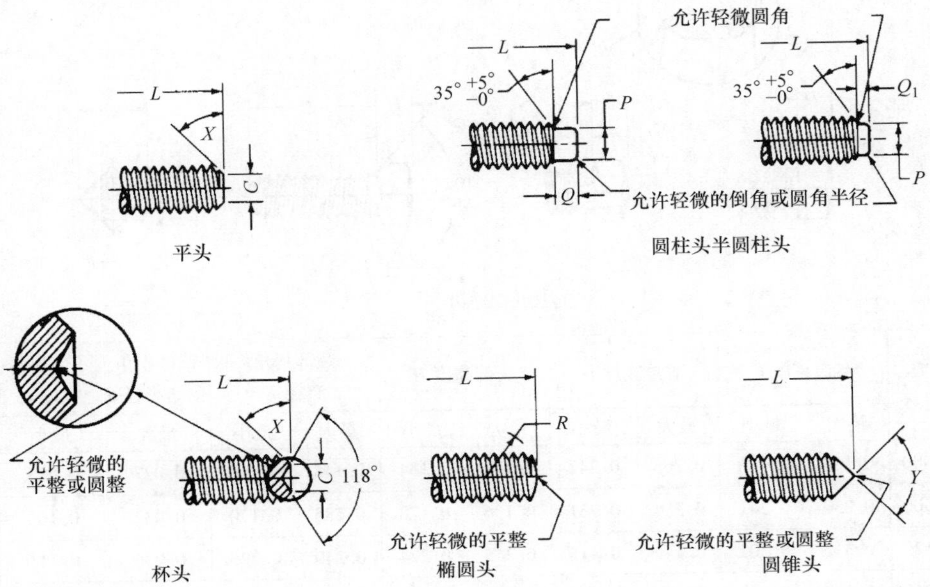

公称规格或基本螺钉直径		杯头和平头直径 C		圆柱和半圆柱头直径 P		头长度				椭圆头半径 R
						Q		Q_1		+0.031 −0.000
		最大	最小	最大	最小	最大	最小	最大	最小	
10	0.1900	0.102	0.088	0.127	0.120	0.095	0.085	0.050	0.040	0.142
¼	0.2500	0.132	0.118	0.156	0.149	0.130	0.120	0.068	0.058	0.188
5/16	0.3125	0.172	0.156	0.203	0.195	0.161	0.151	0.083	0.073	0.234
⅜	0.3750	0.212	0.194	0.250	0.241	0.193	0.183	0.099	0.089	0.281
7/16	0.4375	0.252	0.232	0.297	0.287	0.224	0.214	0.114	0.104	0.328
½	0.500	0.291	0.270	0.344	0.334	0.255	0.245	0.130	0.120	0.375
9/16	0.5625	0.332	0.309	0.391	0.379	0.287	0.275	0.146	0.134	0.422
⅝	0.6250	0.371	0.347	0.469	0.456	0.321	0.305	0.164	0.148	0.469
¾	0.7500	0.450	0.425	0.562	0.549	0.383	0.367	0.196	0.180	0.562
⅞	0.8750	0.530	0.502	0.656	0.642	0.446	0.430	0.227	0.211	0.656
1	1.0000	0.609	0.579	0.750	0.734	0.510	0.490	0.260	0.240	0.750
1⅛	1.1250	0.689	0.655	0.844	0.826	0.572	0.552	0.291	0.271	0.844
1¼	1.2500	0.767	0.733	0.938	0.920	0.635	0.615	0.323	0.303	0.938
1⅜	1.3750	0.848	0.808	1.031	1.011	0.698	0.678	0.354	0.334	1.031
1½	1.5000	0.926	0.886	1.125	1.105	0.760	0.740	0.385	0.365	1.125

螺纹：螺纹是统一标准 2A 类；UNC，UNF 和 8UN 系列或 UNRC，UNRF 和 8 UNR 系列。

螺纹长度：方头紧定螺钉具有在螺钉上延伸完整的（全牙不受头部影响的螺纹长度）。对于相应的结构，螺纹延伸到颈部拐角，到达头部的锥形下侧，或者从头部下平面延伸到一个螺纹内（当用螺纹规测量时）。通过头部的角或冠部螺纹具有部分齿冠的完整的牙型根部。

表 7-164 美国国家标准方头紧定螺钉 ANSI/ASME B18.6.2-1998（R2010）（单位：in）

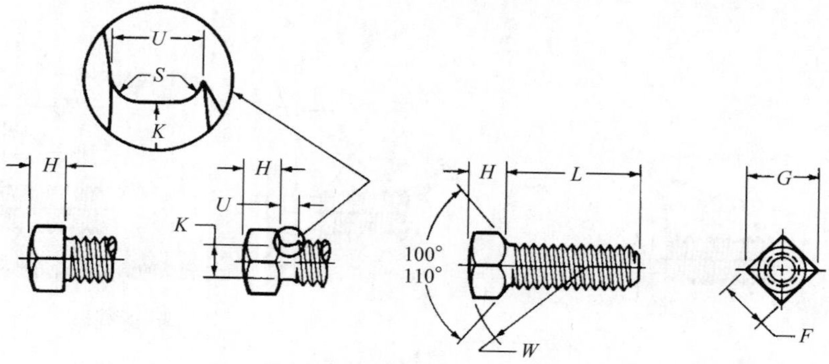

可选头部结构

公称规格或基本螺钉直径		对面宽度 F		对角宽度 G		头部高度 H		颈部拐角直径 K		颈部拐角倒角半径 S	颈部拐角宽度 U	头顶圆形部 W
		最大	最小	最大	最小	最大	最小	最大	最小	最大	最小	最小
10	0.1900	0.188	0.180	0.265	0.247	0.148	0.134	0.145	0.140	0.027	0.083	0.48
1/4	0.2500	0.250	0.241	0.354	0.331	0.196	0.178	0.185	0.170	0.032	0.100	0.62
5/16	0.3125	0.312	0.302	0.442	0.415	0.245	0.224	0.240	0.225	0.036	0.111	0.78
3/8	0.3750	0.375	0.362	0.530	0.497	0.293	0.270	0.294	0.279	0.041	0.125	0.94
7/16	0.4375	0.438	0.423	0.619	0.581	0.341	0.315	0.345	0.330	0.046	0.143	1.09
1/2	0.5000	0.500	0.484	0.707	0.665	0.389	0.361	0.400	0.385	0.050	0.154	1.25
9/16	0.5625	0.562	0.545	0.795	0.748	0.437	0.407	0.454	0.439	0.054	0.167	1.41
5/8	0.6250	0.625	0.606	0.884	0.833	0.485	0.452	0.507	0.492	0.059	0.182	1.56
3/4	0.7500	0.750	0.729	1.060	1.001	0.582	0.544	0.620	0.605	0.065	0.200	1.88
7/8	0.8750	0.875	0.852	1.237	1.170	0.678	0.635	0.731	0.716	0.072	0.222	2.19
1	1.0000	1.000	0.974	1.414	1.337	0.774	0.726	0.838	0.823	0.081	0.250	2.50
1⅛	1.1250	1.125	1.096	1.591	1.505	0.870	0.817	0.939	0.914	0.092	0.283	2.81
1¼	1.2500	1.250	1.219	1.768	1.674	0.966	0.908	1.064	1.039	0.092	0.283	3.12
1⅜	1.3750	1.375	1.342	1.945	1.843	1.063	1.000	1.159	1.134	0.109	0.333	3.44
1½	1.5000	1.500	1.464	2.121	2.010	1.159	1.091	1.284	1.259	0.109	0.333	3.75

命名：方头紧定螺钉按以下顺序命名，公称规格（数字、分数或小数等效值）；每英寸螺纹；螺钉长度（分数或等价小数）；产品名称；头部式样；材料；如果需要则防护表面处理。示例：1/4 - 20 × 3/4 方头紧定螺钉，平头，钢，镀镉。0.500 - 13 × 1.25 方头螺钉，锥型头，耐蚀钢。

锥顶角 Y：根据公称规格，以下公称长度或更长的锥角为 90° ±2°：10，1/4；1/4，5/16；5/16，3/8；3/8，7/16；7/16，1/2；1/2，9/16；9/16，5/8；5/8，3/4；3/4，7/8；7/8，1；1，11/8；11/8，11/4；11/4，1½；1⅜，1⅝；1½，1¾。而对于较短的螺钉，锥顶角为 118° ±2°。

头端类型：除非另有规定，方头螺钉配杯头。某些制造商提供的杯头可以是外部或内部滚花。如果购买者指定的话，螺钉可以有锥形、柱形、半柱形、平头或椭圆头。

顶角 X：正如上面所给出的锥顶角角度，公称长度或更长的螺钉顶角为 45°、+ 5°、- 0°，最小值为 30°，用于更短的螺钉。

表 7-165　内六角、花键扳手和批头的适用性　（单位：in）

公称键或批头大小		螺钉 1960 系列	平顶沉头螺钉	按钮头帽螺钉	轴肩螺钉	紧定螺钉
		公称螺钉规格				
六角扳手和批头						
	0.028	—	—	—	—	0
	0.035	—	0	0	—	1、2
	0.050	0	1、2	1、2	—	3、4
1/16	0.062	1	3、4	3、4	—	5、6
5/64	0.078	2、3	5、6	5、6	—	8
3/32	0.094	4、5	8	8	—	10
7/64	0.109	6	—	—	—	—
1/8	0.125	—	10	10	1/4	1/4
9/64	0.141	8	—	—	—	—
5/32	0.156	10	1/4	1/4	5/16	5/16
3/16	0.188	1/4	5/16	5/16	3/8	3/8
7/32	0.219	—	3/8	3/8	—	7/16
1/4	0.250	5/16	7/16	—	1/2	1/2
5/16	0.312	3/8	1/2	1/2	5/8	5/8
3/8	0.375	7/16、1/2	5/8	5/8	3/4	3/4
7/16	0.438	—	—	—	—	—
1/2	0.500	5/8	3/4	—	1	7/8
9/16	0.562	—	7/8	—	—	1、1⅛
5/8	0.625	—	1	—	1¼	1¼、1⅜
3/4	0.750	3/4	1⅛	—	—	1½
7/8	0.875	7/8、1	1¼、1⅜	—	1½	—
1	1.000	1⅛、1¼	1½	—	1¾	1¾、2
1¼	1.250	1⅜、1½	—	—	2	—
1½	1.500	1¾	—	—	—	—
1¾	1.750	2	—	—	—	—
2	2.000	2¾	—	—	—	—
2¼	2.250	3、3¼	—	—	—	—
2¾	2.750	3½、3¾	—	—	—	—
3	3.000	4	—	—	—	—
花键扳手和批头						
	0.033	—	—	—	—	0、1
	0.048	—	0	0	—	2、3
	0.060	0	1、2	1、2	—	4
	0.072	1	3、4	3、4	—	5、6
	0.096	2、3	5、6	5、6	—	8
	0.111	4、5	8	8	—	10
	0.133	6	—	—	—	—
	0.145	—	10	10	—	1/4
	0.168	8	—	—	—	—
	0.183	10	1/4	1/4	—	5/16

（续）

公称键或批头大小	螺钉1960系列	平顶沉头螺钉	按钮头帽螺钉	轴肩螺钉	紧定螺钉
	公称螺钉规格				
花键扳手和批头					
0.216	1/4	5/16	5/16	—	3/8
0.251	—	3/8	3/8	—	7/16
0.291	5/16	7/16	—	—	1/2
0.372	3/8	1/2	1/2	—	5/8
0.454	7/16、1/2	5/8、3/4	5/8	—	3/4
0.595	5/8	—	—	—	7/8
0.620	3/4	—	—	—	—
0.698	7/8	—	—	—	—
0.790	1	—	—	—	—

注：资料来源于美国国家标准 ANSI/ASME B18.3-1998 附录。

表7-166 内角和内花键凹头紧定螺钉 ANSI/ASME B18.3-1998 （单位：in）

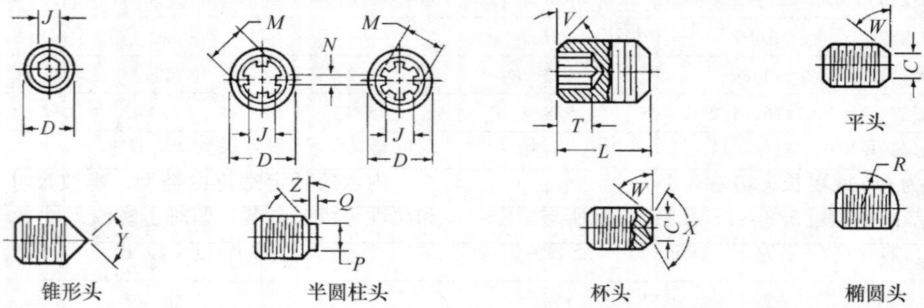

公称规格或基本螺钉直径		凹头尺寸		杯头和平头直径		半圆柱头		椭圆头半径	最小啮合深度		角度的长度限值
		六角	花键			直径	长度				
		公称	公称	最大	最小	最大	最大	基础值	六角	花键	
		J	*M*	*C*		*P*	*Q*	*R*	T_H①	T_S①	Y②
0	0.0600	0.028	0.033	0.033	0.027	0.040	0.017	0.045	0.050	0.026	0.09
1	0.0730	0.035	0.033	0.040	0.033	0.049	0.021	0.055	0.060	0.035	0.09
2	0.0860	0.035	0.048	0.047	0.039	0.057	0.024	0.064	0.060	0.040	0.13
3	0.0990	0.050	0.048	0.054	0.045	0.066	0.027	0.074	0.070	0.040	0.13
4	0.1120	0.050	0.060	0.061	0.051	0.075	0.030	0.084	0.070	0.045	0.19
5	0.1250	1/16	0.072	0.067	0.057	0.083	0.033	0.094	0.080	0.055	0.19
6	0.1380	1/16	0.072	0.074	0.064	0.092	0.038	0.104	0.080	0.055	0.19
8	0.1640	5/64	0.096	0.087	0.076	0.109	0.043	0.123	0.090	0.080	0.25
10	0.1900	3/32	0.111	0.102	0.088	0.127	0.049	0.142	0.100	0.080	0.25
1/4	0.2500	1/8	0.145	0.132	0.118	0.156	0.067	0.188	0.125	0.125	0.31
5/16	0.3125	5/32	0.183	0.172	0.156	0.203	0.082	0.234	0.156	0.156	0.38
3/8	0.3750	3/16	0.216	0.212	0.194	0.250	0.99	0.281	0.188	0.188	0.44
7/16	0.4375	7/32	0.251	0.252	0.232	0.297	0.114	0.328	0.219	0.219	0.50
1/2	0.5000	1/4	0.291	0.291	0.270	0.344	0.130	0.375	0.250	0.250	0.57
5/8	0.6250	5/16	0.372	0.371	0.347	0.469	0.164	0.469	0.312	0.312	0.75
3/4	0.7500	3/8	0.454	0.450	0.425	0.562	0.196	0.562	0.375	0.375	0.88
7/8	0.8750	1/2	0.595	0.530	0.502	0.656	0.227	0.656	0.500	0.500	1.00

（续）

公称规格或基本螺钉直径		凹头尺寸		杯头和平头直径		半圆柱头		椭圆头半径	最小啮合深度		角度的长度限值
		六角	花键			直径	长度				
		公称	公称	最大	最小	最大	最大	基础值	六角	花键	
		J	M	C		P	Q	R	T_H①	T_S①	Y②
1	1.0000	9/16	—	0.609	0.579	0.750	0.260	0.750	0.562	—	1.13
1⅛	1.1250	9/16	—	0.689	0.655	0.844	0.291	0.844	0.562	—	1.25
1¼	1.2500	5/8	—	0.767	0.733	0.938	0.323	0.938	0.625	—	1.50
1⅜	1.3750	5/8	—	0.848	0.808	1.031	0.354	1.031	0.625	—	1.63
1½	1.5000	3/4	—	0.926	0.886	1.125	0.385	1.125	0.750	—	1.75
1¾	1.7500	1	—	1.086	1.039	1.312	0.448	1.321	1.000	—	2.00
2	2.0000	1	—	1.244	1.193	1.500	0.510	1.500	1.000	—	2.25

① 参考值应用于最小最佳公称长度至最小啮合深度 T_H 和 T_S 适用的场合。

② 锥顶角 Y 对于以上公称长度或更长的为 90°±2°，更短的公称长度为 118°±2°。

螺纹符合统一标准，3A 类，UNC 和 UNF 系列。包含在标准中的沉头深度 T 部分显示在此处。所有沉头式紧定螺钉的公称长度 L 为总长或全长。对于公称螺钉长度为 1/16～3/16in 的，公称长度增量为 0.06in；长度为 1/8～1in 时，增量为 1/8in；长度为 1～2in，增量为 1/4in；对于长度为 2～6in，增量为 1/2in；长度为 6in 或更长，增量为 1in。

长度公差：不超过 5/8in 长度沉头类型所有紧定螺钉的长度 L 的允许公差为 ±0.01in；对于 5/8～2in 长的螺钉，为 ±0.02in；对于 2～6in 长的螺钉，为 ±0.03in，6in 长的螺钉为 ±0.06in。

2. 寸制内六角螺钉米制系列

寸制 BS 4168：1981 的前五部分规定了内六角螺钉和内六角紧定螺钉的规格。

内六角螺钉：表 7-167 中的尺寸数据基于 BS 4168的第 1 部分：1981。这些螺钉有不锈钢和合金钢材质可选，后者具有 BS 6104：第 1 部分中规定的 12.9 级特性。当订购这些螺钉，名称为“内六角螺钉 BS 4168 M5×20－12.9”意味着螺纹尺寸为 d＝M5，公称长度 l＝20mm，属性等级为 12.9。合金钢螺钉具有黑色氧化物表面（热或化学）；不锈钢螺钉的螺纹尺寸、公称长度和螺纹长度的组合见表 7-168；这些组合中的螺纹在 BS 3643 中规定的 ISO 米制粗螺距系列中，公差为 5g6g 级别。

紧定螺钉：在 BS 的第 2 部分 4168：1981 中规定了具有 ISO 米制螺纹的平头内六角紧定螺钉的要求，直径为 1.6～24mm。这些固定螺钉的尺寸以及锥头、圆柱头和杯头紧定螺钉的尺寸分别符合标准的第 3、4 和 5 部分，见表 7-169。所有这些紧定螺钉都可用钢加工成具有 45H BS 6104：第 3 部分力学性能等级，或用不锈钢加工成 BS 6105 中描述的力学性能。钢制紧定表面用黑色氧化物（热或化学）处理；不锈钢固定螺钉不进行表面处理。适用于这些定位螺钉螺纹的公差为 ISO 产品等级 A，根据 ISO 4759/1—1978“紧固件公差”第 1 部分：直径大于或等于 1.6mm 且小于或等于 150mm，螺栓、螺钉和螺纹的螺母，产品等级为 A、B 和 C。

内六角紧定螺钉由类型、螺纹尺寸、公称长度和属性等级来命名。如对于螺纹尺寸 d＝M6 的平头紧定螺钉，公称长度 l＝12mm，并且属性等级为 45H。

内六角紧定螺钉 BS 4168 M6×12－45H

英国标准内六角沉头和半圆头螺钉米制系列：英国标准 BS 4168：1967 提供了一类米制系列的内六角沉头和半圆头螺钉，这些螺钉的尺寸见表 7-170，本标准的修订将构成 BS 4168 的第 6 部分和第 8 部分。

英国标准紧固件力学性能：BS 6104 第 1 部分：1981 中规定了由碳或合金钢制成的三角形 ISO 标准螺纹，其公称直径可以达到并包括 39mm 的螺栓、螺钉和螺柱的力学性能。它不适用于紧螺钉和类似的螺纹紧固件。本标准的第 2 部分规定了不受拉应力，范围从 M1.6 到 M39 的由碳或合金钢制成的紧定螺钉和类似的紧固件的力学性能。

该标准的第 2、3、4、5 部分见表 7-171。

BS 6105：1981 提供了由奥氏体、铁素体和马氏体等级的耐蚀钢制成的螺栓、螺钉、螺柱和螺母的规格。本标准仅适用于用过公称直径从 M1.6 直到 M39 制造完成后的紧固件部件。这些标准在这里不再叙述，可以从英国标准协会公园街 2 号，伦敦 W1A 2BS 以及美国国家标准协会美国纽约州第 43 街西 25 街 10036 号获得。

表 7-167 英国标准内六角螺钉米制系列 BS 4168 第 1 部分：1981（已废止）

（单位：mm）

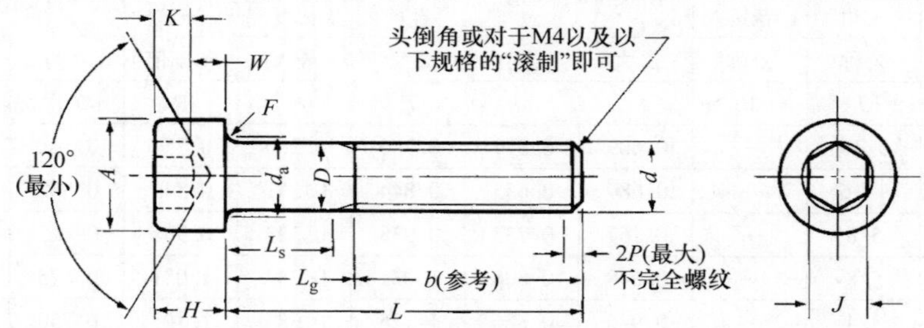

公称规格 d①	光杆直径 D		头部直径 A			头部高度 H		内六角尺寸 J②	啮合深度 K	壁厚度 W	圆角 半径 F	圆角 直径 d_a
	最大	最小	最大③	最大④	最小	最大	最小	标准	最小	最小	最小	最大
M1.6	1.6	1.46	3	3.14	2.86	1.6	1.46	1.5	0.7	0.55	0.1	2
M2	2	1.86	3.8	3.98	3.62	2	1.86	1.5	1	0.55	0.1	2.6
M2.5	2.5	2.36	4.5	4.68	4.32	2.5	2.36	2	1.1	0.85	0.1	3.1
M3	3	2.86	5.5	5.68	5.32	3	2.86	2.5	1.3	1.15	0.1	3.6
M4	4	3.82	7	7.22	6.78	4	3.82	3	2	1.4	0.2	4.7
M5	5	4.82	8.5	8.72	8.28	5	4.82	4	2.5	1.9	0.2	5.7
M6	6	5.82	10	10.22	9.78	6	5.70	5	3	2.3	0.25	6.8
M8	8	7.78	13	13.27	12.73	8	7.64	6	4	3.3	0.4	9.2
M10	10	9.78	16	16.27	15.73	10	9.64	8	5	4	0.4	11.2
M12	12	11.73	18	18.27	17.73	12	11.57	10	6	4.8	0.6	14.2
(M14)	14	13.73	21	21.33	20.67	14	13.57	12	7	5.8	0.6	16.2
M16	16	15.73	24	24.33	23.67	16	15.57	14	8	6.8	0.6	18.2
M20	20	19.67	30	30.33	29.67	20	19.48	17	10	8.6	0.8	22.4
M24	24	23.67	36	36.39	35.61	24	23.48	19	12	10.4	0.8	26.4
M30	30	29.67	45	45.39	44.61	30	29.48	22	15.5	13.1	1	33.4
M36	36	35.61	54	54.46	53.54	36	35.38	27	19	15.3	1	39.4

① ( ) 中显示的大小不是优选项。

② 最小/最大见表 7-168。

③ 用于平头。

④ 用于滚花头。

表 7-168 英国标准内六角螺钉米制系列 BS 4168 第 1 部分：1981（已废止）

（单位：mm）

内六角尺寸

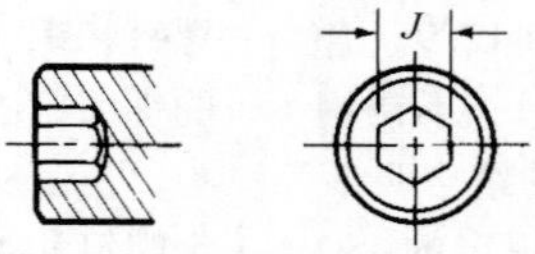

公称内六角规格	对面宽度 J 最大	对面宽度 J 最小	公称内六角规格	对面宽度 J 最大	对面宽度 J 最小
1.5	1.545	1.52	6	6.095	6.02
2.0	2.045	2.02	8	8.115	8.025
2.5	2.56	2.52	10	10.115	10.025
3	3.08	3.02	12	12.142	12.032
4	4.095	4.02	14	14.142	14.032
5	5.095	5.02	17	17.23	17.05
—	—	—	19	19.275	19.065

（续）

与每个螺纹规格关联的公称螺纹长度																	
公称长度 L	公称螺纹规格 D								公称长度 L	公称螺纹规格 D							
	M1.6	M2	M2.5	M3	M4	M5	M6	M8		M10	M12	M14	M16	M20	M24	M30	M36
2.5	—								16	—							
3		—							20		—						
4			—						25			—	—				
5				—					30					—			
6					—				35								
8						—			40						—		
10							—		45							—	
12								—	50								—
16									55								
20									60								
25									65								
30									70								
35									80								
40									90								
45									100								
50									110								
55									120								
60									130								
65									140								
70									150								
80									160								
—	—	—	—	—	—	—	—	—	180								
—	—	—	—	—	—	—	—	—	200								
b（参考）	15	16	17	18	20	22	24	28	b（参考）	32	36	40	44	52	60	72	84

注：常见的长度是阶梯实线之间的长度。阴影区域以上的长度用 3 个以内的牙距（$3P$）的螺纹加工到头部。在阴影区域内和下方的长度具有 L_g 和 L_s（见表 7-167）的值，由下式给出的 L_g（最大）$=L$（名义）$-b$（参考），L_s（最小）$=L_g$（最大）$-5P$。

表 7-169 英国标准内六角紧定螺钉米制系列 BS 4168 第 2、3、4、5 部分：1994

（单位：mm）

公称规格 d	螺距 P	内六角尺寸 s	扳手啮合深度 t①		常用度范围				圆柱头螺钉的圆柱头长度②					末端直径			
					平头	锥头	圆柱头	杯头	短圆柱头 z		长圆柱头 z		②	平头 d_z	锥头 d_t	圆柱头 d_p	杯头 d_z
		标准	最小	最小	l	l	l	l	最小	最大	最小	最大		最大	最大	最大	最大
M1.6	0.35	0.7	0.7	1.5	2～8	2～8	2～8	2～8	0.4	0.65	0.8	1.05	2.5	0.8	0	0.8	0.8
M2	0.4	0.9	0.8	1.7	2～10	2～10	2.5～10	2～10	0.5	0.75	1.0	1.25	3.0	1.0	0	1.0	1.0
M2.5	0.45	1.3	1.2	2.0	2～12	2.5～12	3～12	2～12	0.63	0.88	1.25	1.5	4	1.5	0	1.5	1.2
M3	0.5	1.5	1.2	2.0	2～16	2.5～16	4～16	2.5～16	0.75	1.0	1.5	1.75	5	2.0	0	2.0	1.4
M4	0.7	2.0	1.5	2.5	2.5～20	3～20	5～20	3～20	1.0	1.25	2.0	2.25	6	2.5	0	2.5	2.0

（续）

公称规格 d	螺距 P	内六角尺寸 s	扳手啮合深度 t[①]		常用度范围				圆柱头螺钉的圆柱头长度[②]					末端直径			
					平头	锥头	圆柱头	杯头	短圆柱头 z		长圆柱头 z		②	平头 d_z	锥头 d_t	圆柱头 d_p	杯头 d_z
		标准	最小	最小	l	l	l	l	最小	最大	最小	最大		最大	最大	最大	最大
M5	0.8	2.5	2.0	3.0	3～25	4～25	6～25	4～25	1.25	1.5	2.5	2.75	6	3.5	0	3.5	2.5
M6	1.0	3.0	2.0	3.5	4～30	5～30	8～30	5～30	1.5	1.75	3.0	3.25	8	4.0	1.5	4.0	3.0
M8	1.25	4.0	3.0	5.0	5～40	6～40	8～40	6～40	2.0	2.25	4.0	4.3	10	5.5	2.0	5.5	5.0
M10	1.5	5.0	4.0	6.0	6～50	8～50	10～50	8～50	2.5	2.75	5.0	5.3	12	7.0	2.5	7.0	6.0
M12	1.75	6.0	4.8	8.0	8～60	10～60	12～60	10～60	3.0	3.25	6.0	6.3	16	8.5	3.0	8.5	8.0
M16	2.0	8.0	6.4	10.0	10～60	12～60	16～60	12～60	4.0	4.3	8.0	8.36	20	12.0	4.0	12.0	10.0
M20	2.5	10.0	8.0	12.0	12～60	16～60	20～60	16～60	5.0	5.3	10.0	10.36	25	15.0	5.0	15.0	14.0
M24	3.0	12.0	10.0	15.0	16～60	20～60	25～60	20～60	6.0	6.3	12.0	12.43	30	18.0	6.0	18.0	16.0

① 两个 t 中较小的适用于某些短长度固定螺钉，这些短长度螺钉的长度大约等于螺钉直径，较大的 t_{min} 值适用于长度较长的螺钉。

② 具有等于或小于表中标识列中长度的圆柱头紧定螺钉的长度用值 z 显示在短圆柱头列中，对于长度大于表中标识列中长度的圆柱头紧定螺钉的长度用值 z 显示在长圆柱头列中。

表 7-170　英国标准内六角沉头和半圆头螺钉米制系列 BS 4168：1967

（单位：mm）

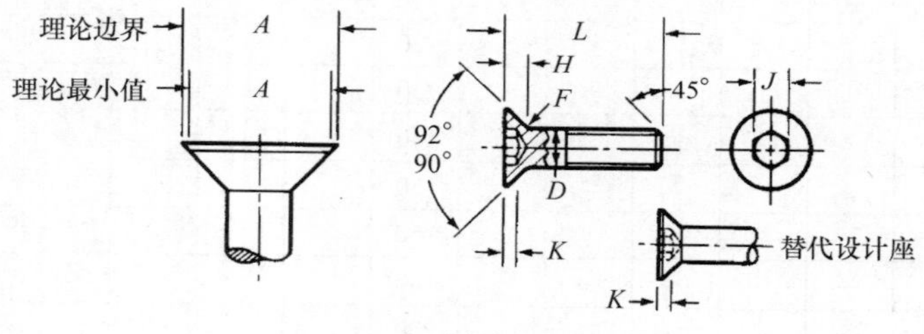

沉头螺钉

公称规格	光杆直径 D		头部直径 A		头部高度 H		内六角尺寸 J	扳手啮合尺寸 K	圆角半径 F
	最大	最小	理论外形最大	绝对最小值	参考	间隙公差	标准	最小	最大
M3	3.00	2.86	6.72	5.82	1.86	0.20	2.00	1.05	0.40
M4	4.00	3.82	8.96	7.78	2.48	0.20	2.50	1.49	0.40
M5	5.00	4.82	11.20	9.78	3.10	0.20	3.00	1.86	0.40
M6	6.00	5.82	13.44	11.73	3.72	0.20	4.00	2.16	0.60
M8	8.00	7.78	17.92	15.73	4.96	0.24	5.00	2.85	0.70
M10	10.00	9.78	22.40	19.67	6.20	0.30	6.00	3.60	0.80
M12	12.00	11.73	26.88	23.67	7.44	0.36	8.00	4.35	1.10
(M14)	14.00	13.73	30.24	26.67	8.12	0.40	10.00	4.65	1.10
M16	16.00	15.73	33.60	29.67	8.80	0.45	10.00	4.89	1.10
(M18)	18.00	17.73	36.96	32.61	9.48	0.50	12.00	5.25	1.10
M20	20.00	19.67	40.32	35.61	10.16	0.54	12.00	5.45	1.10

（续）

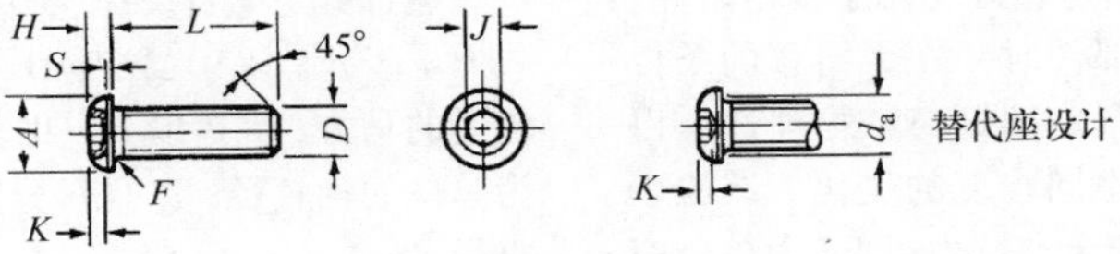

半圆头螺钉

公称规格 D	头部直径 A		头部高度 H		头侧高度 S	内六角尺寸 J	扳手啮合尺寸 K	圆角半径	
								F	d_a
	最大	最小	最大	最小	参考	公称	最小	最小	最大
M3	5.50	5.32	1.60	1.40	0.38	2.00	1.04	0.10	3.60
M4	7.50	7.28	2.10	1.85	0.38	2.50	1.30	0.20	4.70
M5	9.50	9.28	2.70	2.45	0.50	3.00	1.56	0.20	5.70
M6	10.50	10.23	3.20	2.95	0.80	4.00	2.08	0.25	6.80
M8	14.00	13.73	4.30	3.95	0.80	5.00	2.60	0.40	9.20
M10	18.00	17.73	5.30	4.95	0.80	6.00	3.12	0.40	11.20
M12	21.00	20.67	6.40	5.90	0.80	8.00	4.16	0.60	14.20

注：括号中显示的大小不是优选项。

表 7-171　英国标准内六角螺钉米制系列 BS 4168：第 2、3、4、5 部分：1994

（单位：mm）

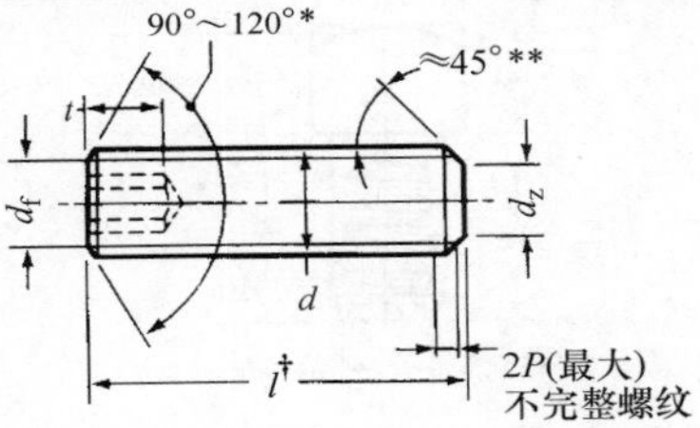

平头

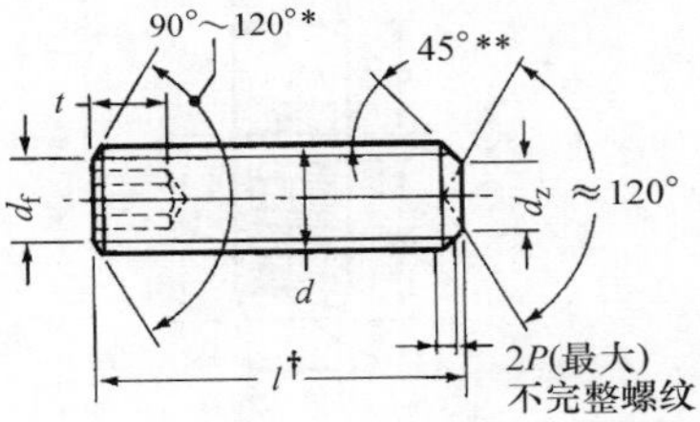

杯头

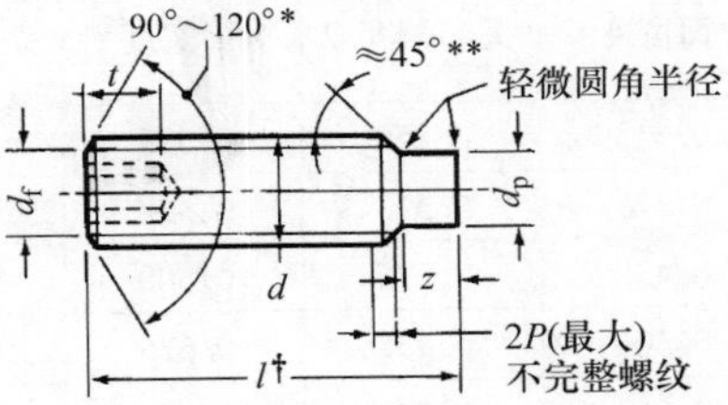

圆柱头

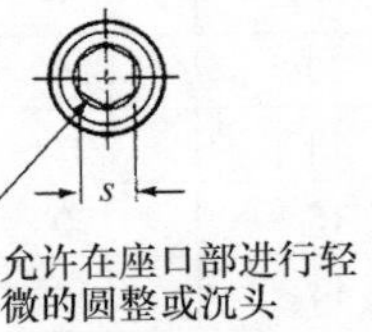

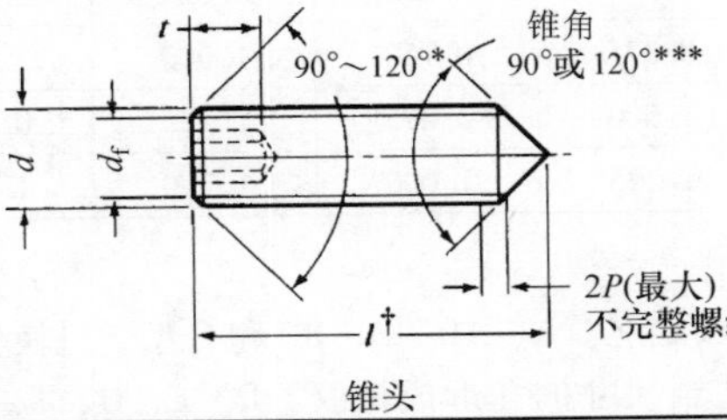

锥头

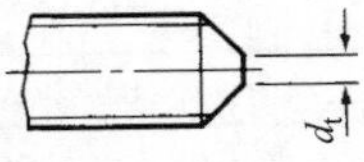

可替代锥头（M6 和更大规格）

注：1. ＊对于标准中所示的短长度螺钉强制使用 120°角。短长度的螺钉长度大约等于螺钉的直径。

2. ＊＊45°角只用于头部位于螺纹牙底直径 d_f 以下的那一部分。

3. ＊＊＊锥顶角只用于头部位于螺纹牙底直径 d_f 以下的部分，对于标准中列出的某些短长度应为 120°。其他长度均具有 90°锥顶角。

4. †这些固定螺钉的常用长度范围列于表 7-169 中。这些长度选自以下公称规格：2mm、2.5mm、3mm、4mm、6mm、8mm、10mm、12mm、16mm、20mm、25mm、30mm、35mm、40mm、45mm、50mm、55mm、60mm。

3. 紧定螺钉的紧固力

一定数量给定规格的紧定螺钉（用于固定滑轮、齿轮或者其他绕轴旋转的部件时）在无滑移的条件下传递动力的能力会根据紧定螺钉与轴物理性质以及其他变化的因素而发生不同程度的变化。试验表明，不同直径紧定螺钉的安全夹持力以 lbf 为单位应大致如下：对于直径为 4in（6.35mm）的紧定螺钉，安全夹持力为 100lbf（445N）；对于直径为 3/8in（9.5mm）的定位螺钉，安全夹持力为 250lbf（1112N）；对于直径为 1/2in（12.7mm）的紧定螺钉，安全夹持力为 500lbf（2224N）；对于直径为 3/4in（19mm）的紧定螺钉，安全夹持力为 1300lbf（5783 N）；对于直径为 1in（25.4mm）的紧定螺钉，安全夹持力为 2500lbf（11121N）。英国标准惠氏（BSW）和英国标准精密（BSF）光制四方头紧定螺钉（带平倒角端）见表 7-172。

通过紧定螺钉安全传递的功率或扭矩可以由公式 $P = DNd^{2.3} \div 50$ 或 $T = 1250Dd^{2.3}$ 确定，其中 P 是传递的马力；T 是以 in - lb 为单位的扭矩；D 是以 in 为单位的轴直径；N 是每分钟转数；d 是固定螺钉的直径（in）。

示例：要传输 3 马力需要多少个 1/2in 直径的紧定螺钉，如果轴直径为 1in，轴转速为 1000r/min，使用上面给出的第一个公式，确定由单个 1/2in 直径的固定螺钉传递的动力：$P = [1 \times 1000 \times (1/2)^{2.3}] \div 50 = 4.1$ 马力。因此，单个 1/2in 直径的定位螺钉就足够了。

示例：在前面的示例中，需要多少个 3/8in 直径的紧定螺钉？$P = [1 \times 1000 \times (3/8)^{2.3}] \div 50 = 2.1$ 马力。因此，需要两个 3/8in 直径的紧定螺钉。

表 7-172 英国标准惠氏（BSW）和英国标准精密（BSF）光制四方头紧定螺钉（带平倒角端）

（单位：in）

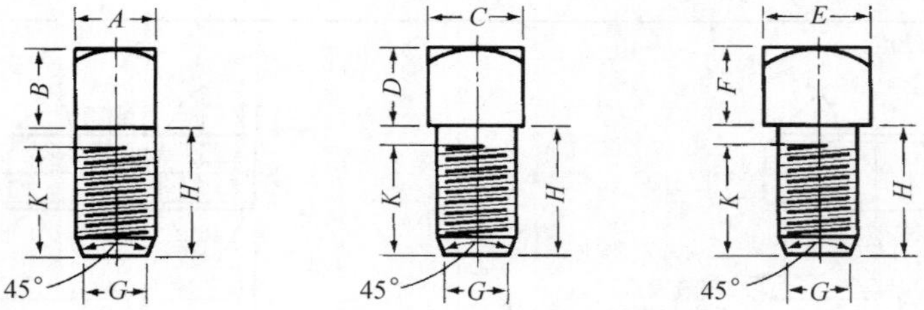

公称规格和最大直径/in	每英寸的螺纹数		1 号标准		2 号标准		3 号标准	
	BSW	BSF	对面宽度 A	头部深度 B	对面宽度 C	头部深度 D	对面宽度 E	头部深度 F
1/4	20	26	0.250	0.250	0.313	0.250	0.375	0.250
5/16	18	22	0.313	0.313	0.375	0.313	0.438	0.313
3/8	16	20	0.375	0.375	0.438	0.375	0.500	0.375
7/16	14	18	0.438	0.438	0.500	0.438	0.625	0.438
1/2	12	16	0.500	0.500	0.563	0.500	0.750	0.500
5/8	11	14	0.625	0.625	0.750	0.625	0.875	0.625
3/4	10	12	0.750	0.750	0.875	0.750	1.000	0.750
7/8	9	11	0.875	0.875	1.000	0.875	1.125	0.875
1	8	10	1.000	1.000	1.125	1.000	1.250	1.000

注：头部 B、D 和 F 的深度与对面宽度值相同，1 号标准。

7.8 自攻螺钉

1. ANSI 标准金属板螺钉、自攻螺钉和金属驱动螺钉

表 7-173 ~ 表 7-180 列出了 ANSI B18.6.4-1981（R1991）标准涵盖的各种类型的自攻螺钉，也列出了 ANSI 命名。A、AB、B、BP 和 C 型通过换位动作钻入适当尺寸的孔形成螺纹。D、F、G、T、BF 和 BT 型通过切割动作钻入适当尺寸的孔形成螺纹。U 型通过换位动作钻入适当尺寸的孔形成一系列的多牙螺纹。这些螺钉的说明如下。

A 型：具有手钻端头的空间螺纹螺钉，主要用于轻金属板、树脂浸渍胶合板和石棉复合物。此类

型不再推荐。在新设计中使用 AB 型，并尽可能在现有设计中替代 A 型。

AB 型：具有与 B 型相同牙型的空间螺纹螺钉，但具有手钻端头，与 A 型的用途类似。

B 型：具有比 A 型更细的牙型，钝端头的空间螺纹螺钉。用于薄金属、有色铸件、塑料、树脂浸渍胶合板和石棉复合物。

BP 型：具有与 B 型相同的空间螺纹螺钉，有延伸但不完全进入螺纹的锥形端头。用于贯穿织物或孔未对中的组装中。

C 型：具有机制螺钉中径和近似一致外型与钝锥端头的螺钉。用于优选使用机制螺纹来成形空间螺纹的场合。对用机制螺纹切削成形螺纹时的减少切屑也很有帮助。鉴于通常需要高驱动扭矩的 C 型螺钉的使用不断下降，为有利于螺纹自攻螺钉的更有效的设计，不推荐用于新设计。

D 型、F 型、G 型和 T 型：螺纹切削型螺钉，螺纹近似于机制螺纹，带钝头，锥形进入螺纹具有一个或多个切削刃和切屑腔。根据制作者意愿 F 型锥形螺纹可能完整或不完整，所有其他类型都有不完整的锥形螺纹。这些螺钉可用在诸如铝、锌和铅压铸件等材料中，以及板材和其他形状的钢，铸铁，黄铜和塑料等材料上。

BF 和 BT 型：螺纹切割型螺钉，带有如 B 型的空间距螺纹，具有钝端头，一个或多个切削槽。用于塑料、石棉和其他类似复合物。

U 型：具有大螺旋角的多牙驱动螺钉，具有导向端头，适用于金属和塑料。这种螺钉被压力压入工件，用于永久固定。

ANSI 标准自攻螺钉和金属驱动螺钉的头型：许多用于自攻螺钉的头型与本节所述的美国国家标准机制螺钉的头型类似。

圆头：具有半椭圆顶面和平坦的承压面。由于盘头螺钉槽驱动特性优于圆头螺钉，以及十字槽盘头与圆头的尺寸重叠，建议在新设计中使用盘头螺钉，并尽可能替换现有设计。

底切平顶和半沉头：对短长度，82°和椭圆形沉头自攻螺钉的头部被切割成正常侧面高度的 70%，以便在螺钉上提供更长的螺纹长度。

平顶沉头：平顶的沉头具有平坦的顶面和圆锥形的承压表面，其头部角度设计为 82°，另外设计大约为 100°。由于其用途有限，为了减少产品品种，100°平底埋头被认为是非优先。

半沉头：椭圆形沉头具有圆顶面和圆锥形承压面，头角约为 82°。

平顶椭圆修边沉头：平头和椭圆修边沉头与 82°的平顶和椭圆形沉头类似，除了一个给定规格的螺钉头部尺寸是一个大修边头或两个小修边头小于普通平顶和半沉头头部尺寸外，椭圆形埋头修剪头具有确定的半径，其中曲线的顶部表面与锥形承压面相交。修边头仅有十字槽类型供货。

盘头：开槽盘头具有一个平的上表面圆整进入侧圆柱形的侧面，并且具有平坦的承压面。十字槽盘头具有圆形顶部和一个平坦的承压面。这种头型现在优于圆头。

圆柱头：具有圆形顶部表面、圆柱形侧面和平面承压面。

六角头：具有平坦或内嵌的顶面，六个平坦的侧面和一个平坦的承压表面。因为开槽的六角头需要在制造中进行二次加工，这通常会导致槽的外侧产生毛刺，从而影响扳手啮合，并且六角扳手能力远远超过槽的扭力，因此不推荐用于新设计。

六角垫圈头：具有内嵌的顶表面和六个平坦的侧面，与平垫圈成为一体，该平垫圈投射出侧面并提供了一个平坦的承压表面。因为开槽的六角垫圈头需要在制造中进行二次加工，这通常会导致槽的外侧产生毛刺，从而影响扳手啮合，并且六角扳手能力远远超过内嵌头部槽的扭力，因此不推荐用于新设计。

扁圆头：扁圆头部具有较小的圆形顶部表面，其具有平坦的承压面，对于一个给定的螺钉规格，其直径大于相应圆头的直径。为了简化产品且认识到扁圆头部本身就是薄弱的设计，不推荐用于新设计。

2. 命名方法

自攻螺钉按照以下数据指定序列命名：公称规格（数字、分数或等值的小数），每英寸螺纹，公称长度（分数或等值的小数），端头类型，产品名称，包括头型和驱动规定，材料，表面处理（如果需要的话）。

例：

1/4-14×11/2 型 AB 开槽盘头自攻螺钉，钢，镀镍，6-32×3/4 型 T 型，1A 型十字槽盘头自攻螺钉，耐蚀钢。

0. 375-16×1. 50 D 型，垫圈头自攻螺钉，钢。

U 型金属驱动螺钉用以下指定数据命名：公称规格（数字、分数或等价小数），公称长度（分数或等价小数），产品名称，包括头型，材料，防护表面处理（如果需要的话）。

例：

10×5/16 圆头金属驱动螺钉，钢。

0. 312×0. 50 圆头金属驱动螺钉，钢，镀锌。

表 7-173　ANSI 标准螺纹成形自攻螺钉的螺纹和尖端 ANSI B18. 6. 4-1981（R1991）

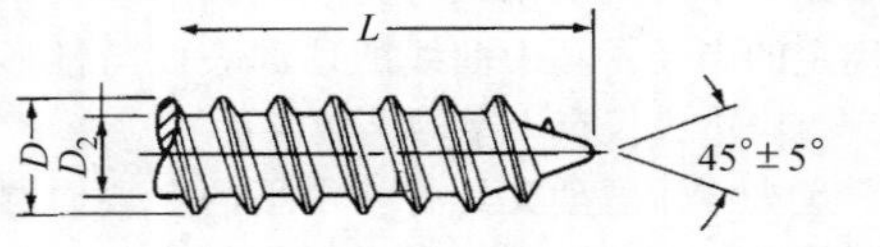

A 类（不推荐）

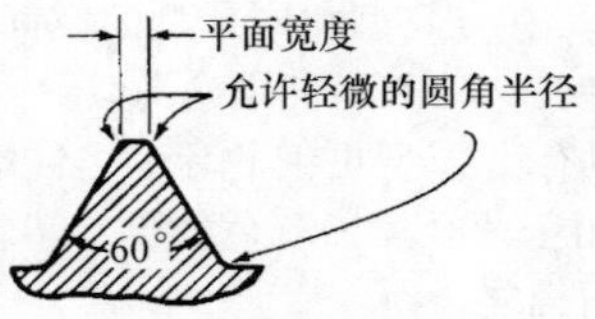

螺纹外形细节

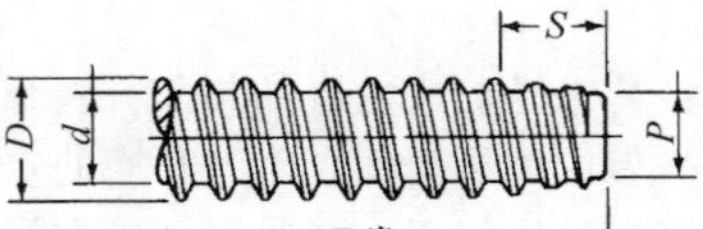

B类

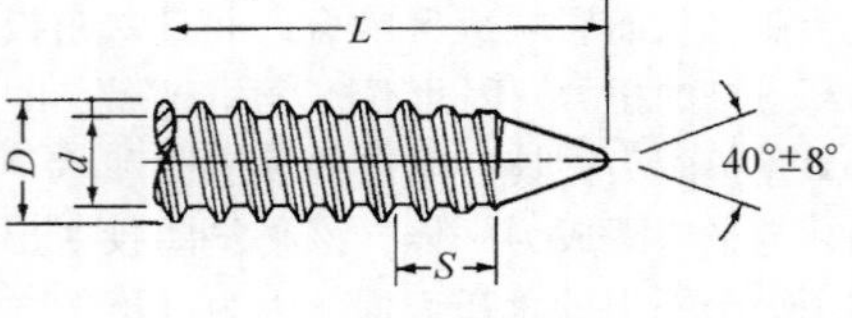

BP 类

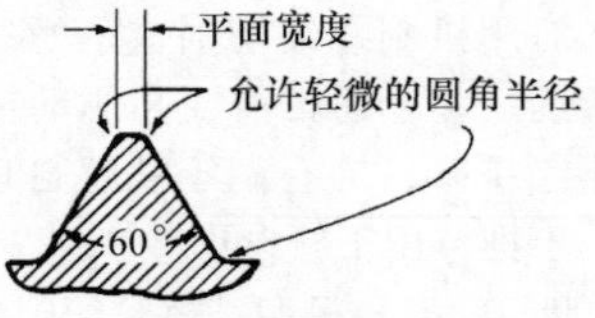

螺纹外形细节

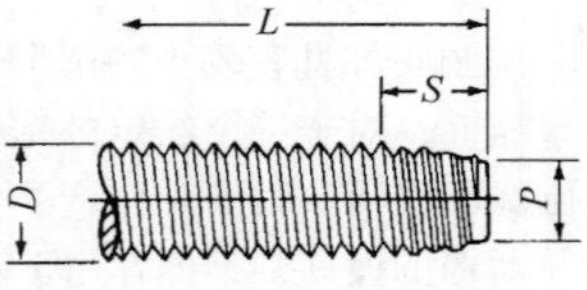

C 类（不推荐）

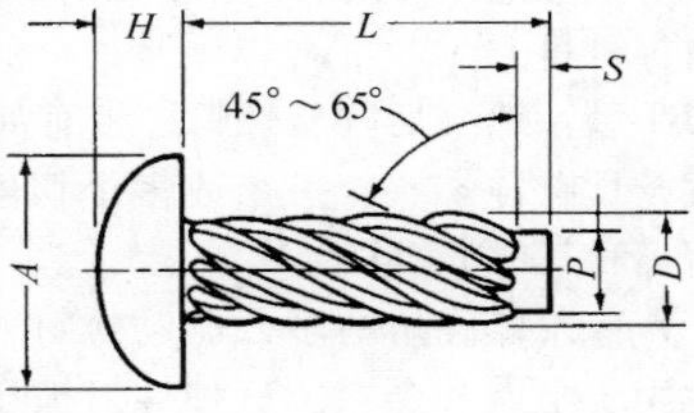

U 类

表 7-174　ANSI 标准切削螺纹式自攻螺钉的螺纹和尖端 ANSI B18. 6. 4-1981（R1991）

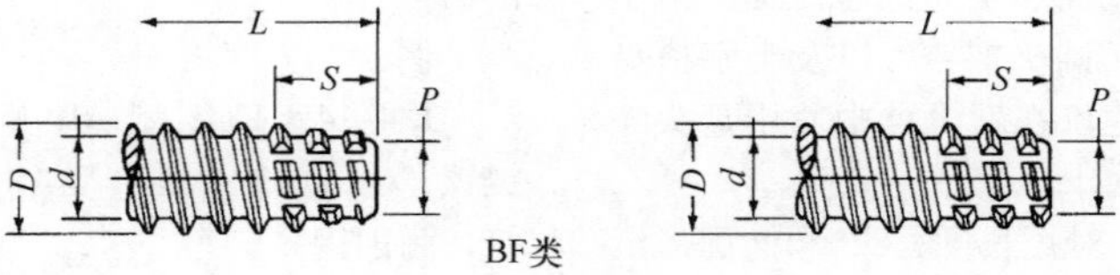

BF类

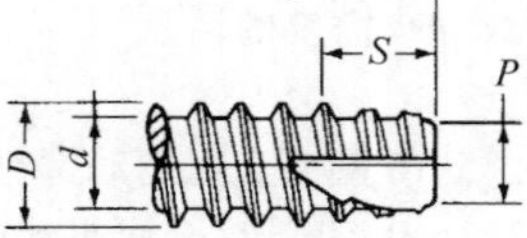

BT类

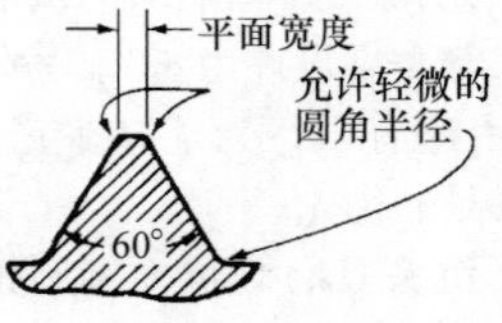

螺纹外形细节

（续）

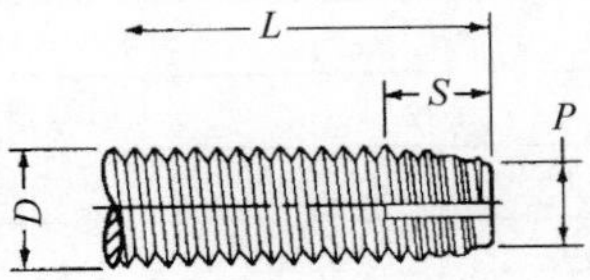

D类

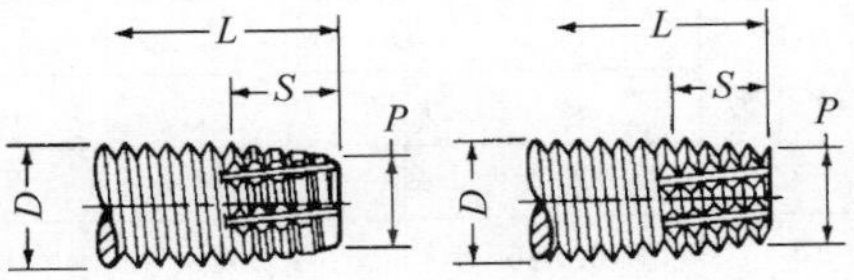

F类

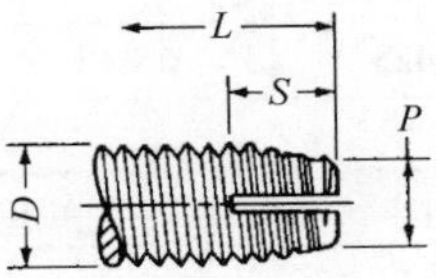

G类

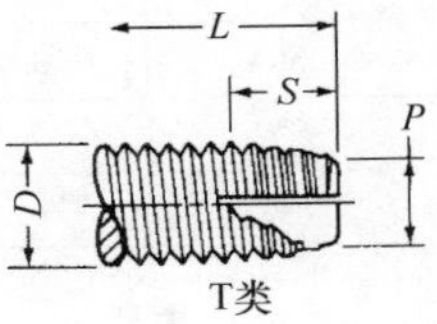

T类

3. 十字槽

I 型十字槽具有一个大的中心开口，锥形的翼和钝的底部，所有的边缘都有后角或圆滑。IA 型横向凹槽具有大的中心开口，宽直的翼形和钝的底部，所有边缘都有后角或圆整。II 型由两个具有平行的侧边在凹槽的底部会聚到一个稍具截锥的顶端的相交的槽组成。III 型具有方形的中心开口，略呈锥形的侧壁和圆锥形底部，顶部边缘都有后角或圆整。

表 7-175　ANSI 标准十字槽自攻螺钉 ANSI B18.6.4-1981（R1991）和米制螺纹成形和螺纹切削螺钉 ANSI/ASME B18.6.5M-1986

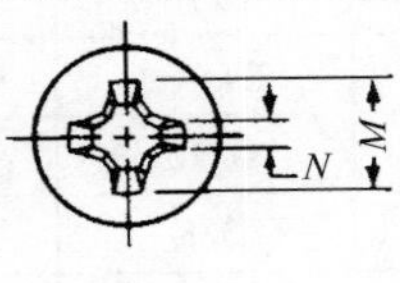

I类

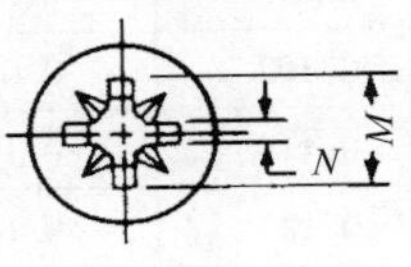

IA类

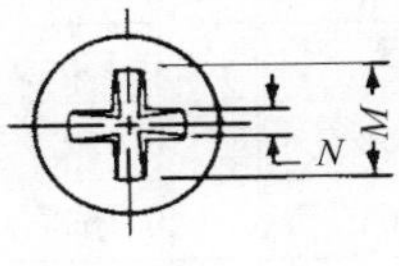

Ⅱ类

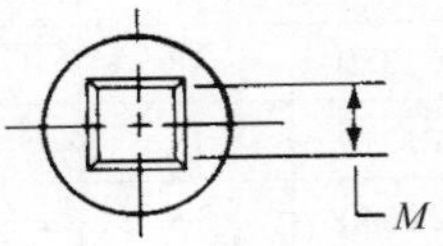

Ⅲ类

表 7-176　ANSI 标准 AB、A 和 U 类螺纹成形自攻螺钉的螺纹和尖端尺寸 ANSI B18.6.4-1981（R1991）

（单位：in）

AB 型（原为 BA）								
公称规格或基本螺钉直径		螺纹牙数	D		d		L	
			大径		小径		最小实用螺钉长度	
			最大	最小	最大	最小	90°头	沉头
0	0.0600	48	0.060	0.054	0.036	0.033	1/8	5/32
1	0.0730	42	0.075	0.069	0.049	0.046	5/32	3/16
2	**0.0860**	**32**	**0.088**	**0.082**	**0.064**	**0.060**	3/16	7/32
3	0.0990	28	0.101	0.095	0.075	0.071	3/16	1/4
4	**0.1120**	**24**	**0.114**	**0.108**	**0.086**	**0.082**	7/32	9/32
5	0.1250	20	0.130	0.123	0.094	0.090	1/4	5/16
6	**0.1380**	**20**	**0.139**	**0.132**	**0.104**	**0.099**	9/32	11/32
7	0.1510	19	0.154	0.147	0.115	0.109	5/16	3/8
8	**0.1640**	**18**	**0.166**	**0.159**	**0.122**	**0.116**	5/16	7/16
10	**0.1900**	**16**	**0.189**	**0.182**	**0.141**	**0.135**	3/8	21/32
12	0.2160	14	0.215	0.208	0.164	0.157	7/16	19/32

（续）

AB 型（原为 BA）								
公称规格或基本螺钉直径		螺纹牙数	*D*		*d*		*L*	
			大径		小径		最小实用螺钉长度	
			最大	最小	最大	最小	90°头	沉头
1/4	**0.2500**	**14**	**0.246**	**0.237**	**0.192**	**0.185**	1/2	3/4
5/16	0.3125	12	0.315	0.306	0.244	0.236	5/8	$1\frac{1}{32}$
3/8	0.3750	12	0.380	0.371	0.309	0.299	3/4	$1\frac{5}{32}$
7/16	0.4375	10	0.440	0.429	0.359	0.349	7/8	
1/2	0.5000	10	0.504	0.493	0.423	0.413	1	

A 类								
公称规格或基本螺钉直径		螺纹牙数	*D*		*d*		*L*	
			大径		小径		此长度或较短—使用类型 AB	
			最大	最小	最大	最小	90°头	沉头
0	0.0600	40	0.060	0.057	0.042	0.039	1/8	3/16
1	0.0730	32	0.075	0.072	0.051	0.048	1/8	3/16
2	0.0860	32	0.088	0.084	0.061	0.056	5/32	3/16
3	0.0990	28	0.101	0.097	0.076	0.071	3/16	7/32
4	0.1120	24	0.114	0.110	0.083	0.078	3/16	1/4
5	0.1250	20	0.130	0.126	0.095	0.090	3/16	1/4
6	0.1380	18	0.141	0.136	0.102	0.096	1/4	5/16
7	0.1510	16	0.158	0.152	0.114	0.108	5/16	3/8
8	0.1640	15	0.168	0.162	0.123	0.116	3/8	7/16
10	0.1900	12	0.194	0.188	0.133	0.126	3/8	1/2
12	0.2160	11	0.221	0.215	0.162	0.155	7/16	9/16
14	0.2420	10	0.254	0.248	0.185	0.178	1/2	5/8
16	0.2680	10	0.280	0.274	0.197	0.189	9/16	3/4
18	0.2940	9	0.306	0.300	0.217	0.209	5/8	13/16
20	0.3200	9	0.333	0.327	0.234	0.226	11/16	13/16
24	0.3720	9	0.390	0.383	0.291	0.282	3/4	1

U 型金属驱动螺钉											
公称规格	头数	外径		引导直径		公称规格	头数	外径		引导直径	
		最大	最小	最大	最小			最大	最小	最大	最小
00	6	0.060	0.057	0.049	0.046	8	8	0.167	0.162	0.136	0.132
0	6	0.075	0.072	0.063	0.060	10	8	0.182	0.177	0.150	0.146
2	8	0.100	0.097	0.083	0.080	12	8	0.212	0.206	0.177	0.173
4	7	0.116	0.112	0.096	0.092	14	9	0.242	0.236	0.202	0.198
6	7	0.140	0.136	0.116	0.112	5/16	11	0.315	0.309	0.272	0.267
7	8	0.154	0.150	0.126	0.122	3/8	12	0.378	0.371	0.334	0.329

注：以粗体显示的大小类型是优选的。不再推荐使用 A 型螺钉。

表 7-177　ANSI 标准 B 和 BP 螺纹成形自攻螺钉的螺纹和尖端尺寸 ANSI B18. 6. 4-1981（R1991）

（单位：in）

螺纹成形类型 B 和 BP														
公称规格或基本螺钉直径		螺纹牙数①	*D*		*d*		*P*		*S*		*L*			
			大径		小径		尖端直径②		头锥长度③		最小实际公称螺钉长度			
											B 型		BP 型	
			最大	最小	最大	最小	最大	最小	最大	最小	90°头	沉头	90°头	沉头
0	0. 0600	48	0. 060	0. 054	0. 036	0. 033	0. 031	0. 027	0. 042	0. 031	1/8	1/8	5/32	3/16
1	0. 0730	42	0. 075	0. 069	0. 049	0. 046	0. 044	0. 040	0. 048	0. 036	1/8	5/32	3/16	7/32
2	0. 0860	32	0. 088	0. 082	0. 064	0. 060	0. 058	0. 054	0. 062	0. 047	5/32	3/16	1/4	9/32
3	0. 0990	28	0. 101	0. 095	0. 075	0. 071	0. 068	0. 063	0. 071	0. 054	3/16	7/32	9/32	5/16
4	0. 1120	24	0. 114	0. 108	0. 086	0. 082	0. 079	0. 074	0. 083	0. 063	3/16	1/4	15/16	11/32
5	0. 1250	20	0. 130	0. 123	0. 094	0. 090	0. 087	0. 082	0. 100	0. 075	7/32	9/32	11/32	13/32
6	0. 1380	20	0. 139	0. 132	0. 104	0. 099	0. 095	0. 089	0. 100	0. 075	1/4	9/32	3/8	7/16
7	0. 1510	19	0. 154	0. 147	0. 115	0. 109	0. 105	0. 099	0. 105	0. 079	1/4	5/16	13/32	15/32
8	0. 1640	18	0. 166	0. 159	0. 122	0. 116	0. 112	0. 106	0. 111	0. 083	9/32	11/32	7/16	1/2
10	0. 1900	16	0. 189	0. 182	0. 141	0. 135	0. 130	0. 123	0. 125	0. 094	5/16	3/8	1/2	19/32
12	0. 2160	14	0. 215	0. 208	0. 164	0. 157	0. 152	0. 145	0. 143	0. 107	11/32	7/16	9/16	21/32
1/4	0. 2500	14	0. 246	0. 237	0. 192	0. 185	0. 179	0. 171	0. 143	0. 107	3/8	1/2	21/32	3/4
5/16	0. 3125	12	0. 315	0. 306	0. 244	0. 236	0. 230	0. 222	0. 167	0. 125	15/32	19/32	27/32	31/32
3/8	0. 3750	12	0. 380	0. 371	0. 309	0. 299	0. 293	0. 285	0. 167	0. 125	17/32	11/16	15/16	1 1/8
7/16	0. 4375	10	0. 440	0. 429	0. 359	0. 349	0. 343	0. 335	0. 200	0. 150	5/8	25/32	1 1/8	1 1/4
1/2	0. 5000	10	0. 504	0. 493	0. 423	0. 413	0. 407	0. 399	0. 200	0. 150	11/16	27/32	1 1/4	1 13/32

① 规格小于 No. 8（含）的螺纹齿冠平面宽度不得超过 0. 004in，较大尺寸为 0. 006in。

② 滚制螺钉的螺纹前指定尖端直径。

③ 螺钉的尖端为锥形，螺旋槽或切槽。

表 7-178　ANSI 标准 BF 和 BT 螺纹切削自攻螺钉的螺纹和尖端尺寸 ANSI B18. 6. 4-1981（R1991）

（单位：in）

螺纹切削类型 BF 和 BT												
公称规格或基本螺钉直径		螺纹牙数	*D*		*d*		*P*		*S*		*L*	
			大径		小径		直径		点锥长度		最小实际公称螺钉长度	
			最大	最小	最大	最小	最大	最小	最大	最小	90°头	沉头
0	0. 0600	48	0. 060	0. 054	0. 036	0. 033	0. 031	0. 027	0. 042	0. 031	1/8	1/8
1	0. 0730	42	0. 075	0. 069	0. 049	0. 046	0. 044	0. 040	0. 048	0. 036	1/8	5/32
2	0. 0860	32	0. 088	0. 082	0. 064	0. 060	0. 058	0. 054	0. 062	0. 047	5/32	3/16
3	0. 0990	28	0. 101	0. 095	0. 075	0. 071	0. 068	0. 063	0. 071	0. 054	3/16	7/32
4	0. 1120	24	0. 114	0. 108	0. 086	0. 082	0. 079	0. 074	0. 083	0. 063	3/16	1/4
5	0. 1250	20	0. 130	0. 123	0. 094	0. 090	0. 087	0. 082	0. 100	0. 075	7/32	9/32
6	0. 1380	20	0. 139	0. 132	0. 104	0. 099	0. 095	0. 089	0. 100	0. 075	1/4	9/32
7	0. 1510	19	0. 154	0. 147	0. 115	0. 109	0. 105	0. 099	0. 105	0. 079	1/4	5/16
8	0. 1640	18	0. 166	0. 159	0. 122	0. 116	0. 112	0. 106	0. 111	0. 083	9/32	11/32
10	0. 1900	16	0. 189	0. 182	0. 141	0. 135	0. 130	0. 123	0. 125	0. 094	5/16	3/8
12	0. 2160	14	0. 215	0. 208	0. 164	0. 157	0. 152	0. 145	0. 143	0. 107	11/32	7/16
1/4	0. 2500	14	0. 246	0. 237	0. 192	0. 185	0. 179	0. 171	0. 143	0. 107	3/8	1/2
5/16	0. 3125	12	0. 315	0. 306	0. 244	0. 236	0. 230	0. 222	0. 167	0. 125	15/32	19/32

（续）

螺纹切削类型 BF 和 BT												
公称规格或基本螺钉直径		螺纹牙数	*D*		*d*		*P*		*S*		*L*	
			大径		小径		直径		点锥长度		最小实际公称螺钉长度	
			最大	最小	最大	最小	最大	最小	最大	最小	90°头	沉头
3/8	0.3750	12	0.380	0.371	0.309	0.299	0.293	0.285	0.167	0.125	17/32	11/16
7/16	0.4375	10	0.440	0.429	0.359	0.349	0.343	0.335	0.200	0.150	5/8	25/32
1/2	0.5000	10	0.504	0.493	0.423	0.413	0.407	0.399	0.200	0.150	11/16	27/32

注：BT 型螺钉上的螺旋槽具有 90°～95°的夹角，螺纹切削刃位于螺钉轴线的上方。螺旋槽和切槽延伸穿过第一个完整的牙型达锥以上，除了 BF 类螺钉，根据制造商选项在其上的锥形螺纹可以是完整的并且螺旋槽可以比第一个全牙型螺纹短一个节距。

表 7-179　C 型螺纹成形自攻螺钉的螺纹和尖端尺寸 ANSI B18.6.4-1981（R1991）

（单位：in）

公称规格基本螺钉直径		螺纹牙数	*D*		*P*		*S*				*L*			
			大径		尖端直径①		头锥长度②				头锥的决定性长度		最小实际公称螺钉长度	
							短螺钉		长螺钉					
			最大	最小	最大	最小	最大	最小	最大	最小	90°头	沉头	90°头	沉头
2	0.0860	56	0.0860	0.0813	0.068	0.061	0.062	0.045	0.080	0.062	5/32	3/16	5/32	3/16
2	0.0860	64	0.0860	0.0816	0.070	0.064	0.055	0.039	0.070	0.055	1/8	3/16	1/8	5/32
3	0.0990	48	0.0990	0.0938	0.078	0.070	0.073	0.052	0.094	0.073	3/16	7/32	5/32	7/32
3	0.0990	56	0.0990	0.0942	0.081	0.074	0.062	0.045	0.080	0.062	5/32	3/16	5/32	3/16
4	0.1120	40	0.1120	0.1061	0.087	0.078	0.088	0.062	0.112	0.088	7/32	1/4	3/16	1/4
4	0.1120	48	0.1120	0.1068	0.091	0.083	0.073	0.052	0.094	0.073	3/16	7/32	5/32	7/32
5	0.1250	40	0.1250	0.1191	0.100	0.091	0.088	0.062	0.112	0.088	7/32	9/32	3/16	1/4
5	0.1250	44	0.1250	0.1195	0.102	0.094	0.080	0.057	0.102	0.080	3/16	1/4	3/16	1/4
6	0.1380	32	0.1380	0.1312	0.107	0.096	0.109	0.078	0.141	0.109	1/4	5/16	1/4	5/16
6	0.1380	40	0.1380	0.1321	0.113	0.104	0.088	0.062	0.112	0.088	7/32	9/32	3/16	1/4
8	0.1640	32	0.1640	0.1571	0.132	0.122	0.109	0.078	0.141	0.109	1/4	11/32	1/4	5/16
8	0.1640	36	0.1640	0.1577	0.136	0.126	0.097	0.069	0.125	0.097	7/32	5/16	7/32	9/32
10	0.1900	24	0.1900	0.1818	0.148	0.135	0.146	0.104	0.188	0.146	11/32	7/16	5/16	13/32
10	0.1900	32	0.1900	0.1831	0.158	0.148	0.109	0.078	0.141	0.109	1/4	11/32	1/4	5/16
12	0.2160	24	0.2160	0.2078	0.174	0.161	0.146	0.104	0.188	0.146	11/32	7/16	5/16	13/32
12	0.2160	28	0.2160	0.2085	0.180	0.168	0.125	0.089	0.161	0.125	5/16	13/32	9/32	3/8
1/4	0.2500	20	0.2500	0.2408	0.200	0.184	0.175	0.125	0.225	0.175	13/32	17/32	3/8	1/2
1/4	0.2500	28	0.2500	0.2425	0.214	0.202	0.125	0.089	0.161	0.125	5/16	13/32	9/32	3/8
5/16	0.3125	18	0.3125	0.3026	0.257	0.239	0.194	0.139	0.250	0.194	15/32	19/32	7/16	9/16
5/16	0.3125	24	0.3125	0.3042	0.271	0.257	0.146	0.104	0.188	0.146	11/32	15/32	5/16	15/32
3/8	0.3750	16	0.3750	0.3643	0.312	0.293	0.219	0.156	0.281	0.219	1/2	11/16	15/32	5/8
3/8	0.3750	24	0.3750	0.3667	0.333	0.319	0.146	0.104	0.188	0.146	11/32	1/2	5/16	1/2
7/16	0.4375	14	0.4375	0.4258	0.366	0.344	0.250	0.179	0.321	0.250	19/32	3/4	9/16	23/32
7/16	0.4375	20	0.4375	0.4281	0.387	0.371	0.175	0.125	0.225	0.175	13/32	9/16	3/8	17/32
1/2	0.5000	13	0.5000	0.4876	0.423	0.399	0.269	0.192	0.346	0.269	5/8	25/32	19/32	3/4
1/2	0.5000	20	0.5000	0.4906	0.450	0.433	0.175	0.125	0.225	0.175	13/32	9/16	3/8	17/32

注：锥形螺纹应具有未进行表面处理的顶部。

① 列表值适用于滚制螺纹之前的螺纹坯件。

② 具有如上公称长度和较短的螺钉应具有以上规定的短螺钉的头锥度长度。较长螺钉度应具有指定的长螺钉的头锥长度。

表 7-180　ANSI 标准 D、F、G 和 T 螺纹切削自攻螺钉的螺纹和尖端尺寸 ANSI B18. 6. 4-1981（R1991）

（单位：in）

公称规格基本螺钉直径	螺纹牙数	*D*		*P*		*S*				*L*			
		大径		尖端直径①		头锥长度②				头锥的决定性长度		最小实际公称螺钉长度	
						短螺钉		长螺钉					
		最大	最小	最大	最小	最大	最小	最大	最小	90°头	沉头	90°头	沉头
2　0. 0860	56	0. 0860	0. 0813	0. 068	0. 061	0. 062	0. 045	0. 080	0. 062	5/32	3/16	5/32	3/16
2　0. 0860	64	0. 0860	0. 0816	0. 070	0. 064	0. 055	0. 039	0. 070	0. 055	1/8	3/16	1/8	5/32
3　0. 0990	48	0. 0990	0. 0938	0. 078	0. 070	0. 073	0. 052	0. 094	0. 073	3/16	7/32	5/32	7/32
3　0. 0990	56	0. 0990	0. 0942	0. 081	0. 074	0. 062	0. 045	0. 080	0. 062	5/32	3/16	5/32	3/16
4　0. 1120	40	0. 1120	0. 1061	0. 087	0. 078	0. 088	0. 062	0. 112	0. 088	7/32	1/4	3/16	1/4
4　0. 1120	48	0. 1120	0. 1068	0. 091	0. 083	0. 073	0. 052	0. 094	0. 073	3/16	7/32	5/32	7/32
5　0. 1250	40	0. 1250	0. 1191	0. 100	0. 091	0. 088	0. 062	0. 112	0. 088	7/32	9/32	3/16	1/4
5　0. 1250	44	0. 1250	0. 1195	0. 102	0. 094	0. 080	0. 057	0. 102	0. 080	3/16	1/4	3/16	1/4
6　0. 1380	32	0. 1380	0. 1312	0. 107	0. 096	0. 109	0. 078	0. 141	0. 109	1/4	5/16	1/4	5/16
6　0. 1380	40	0. 1380	0. 1321	0. 113	0. 104	0. 088	0. 062	0. 112	0. 088	7/32	9/32	3/16	1/4
8　0. 1640	32	0. 1640	0. 1571	0. 132	0. 122	0. 109	0. 078	0. 141	0. 109	1/4	11/32	1/4	5/16
8　0. 1640	36	0. 1640	0. 1577	0. 136	0. 126	0. 097	0. 069	0. 125	0. 097	7/32	5/16	7/32	9/32
10　0. 1900	24	0. 1900	0. 1818	0. 148	0. 135	0. 146	0. 104	0. 188	0. 146	11/32	7/16	5/16	13/32
10　0. 1900	32	0. 1900	0. 1831	0. 158	0. 148	0. 109	0. 078	0. 141	0. 109	1/4	11/32	1/4	5/16
12　0. 2160	24	0. 2160	0. 2078	0. 174	0. 161	0. 146	0. 104	0. 188	0. 146	11/32	7/16	5/16	13/32
12　0. 2160	28	0. 2160	0. 2085	0. 180	0. 168	0. 125	0. 089	0. 161	0. 125	5/16	13/32	9/32	3/8
1/4　0. 2500	20	0. 2500	0. 2408	0. 200	0. 184	0. 175	0. 125	0. 225	0. 175	13/32	17/32	3/8	1/2
1/4　0. 2500	28	0. 2500	0. 2425	0. 214	0. 202	0. 125	0. 089	0. 161	0. 125	5/16	13/32	9/32	3/8
5/16　0. 3125	18	0. 3125	0. 3026	0. 257	0. 239	0. 194	0. 139	0. 250	0. 194	15/32	19/32	7/16	9/16
5/16　0. 3125	24	0. 3125	0. 3042	0. 271	0. 257	0. 146	0. 104	0. 188	0. 146	11/32	15/32	5/16	15/32
3/8　0. 3750	16	0. 3750	0. 3643	0. 312	0. 293	0. 219	0. 156	0. 281	0. 219	1/2	11/16	15/32	5/8
3/8　0. 3750	24	0. 3750	0. 3667	0. 333	0. 319	0. 146	0. 104	0. 188	0. 146	11/32	1/2	5/16	1/2
7/16　0. 4375	14	0. 4375	0. 4258	0. 366	0. 344	0. 250	0. 179	0. 321	0. 250	19/32	3/4	9/16	23/32
7/16　0. 4375	20	0. 4375	0. 4281	0. 387	0. 371	0. 175	0. 125	0. 225	0. 175	13/32	9/16	3/8	17/32
1/2　0. 5000	13	0. 5000	0. 4876	0. 423	0. 399	0. 269	0. 192	0. 346	0. 269	5/8	25/32	19/32	3/4
1/2　0. 5000	20	0. 5000	0. 4906	0. 450	0. 433	0. 175	0. 125	0. 225	0. 175	13/32	9/16	3/8	17/32

① 列表值适用于滚制螺纹之前的螺纹坯件。

② 具有如上公称长度和较短的螺钉应具有以上规定的短螺钉的头锥度长度。较长螺钉度应具有指定的长螺钉的头锥长度。

螺纹成形螺钉见表 7-181 ~ 表 7-186。

表 7-181 A 型钢螺纹成形螺钉的近似孔尺寸 （单位：in）

钢、不锈钢、蒙乃尔金属、黄铜和铝钣金

螺钉规格	金属厚度	孔尺寸		钻头规格
		穿孔或挤压	钻孔或冲孔	
4	0.015	—	0.086	44
	0.018	—	0.086	44
	0.024	0.098	0.094	42
	0.030	0.098	0.094	42
	0.036	0.098	0.098	40
6	0.015	—	0.104	37
	0.018	—	0.104	37
	0.024	0.111	0.104	37
	0.030	0.111	0.104	37
	0.036	0.111	0.106	36
7	0.015	—	0.116	32
	0.018	—	0.116	32
	0.024	0.120	0.116	32
	0.030	0.120	0.116	32
	0.036	0.120	0.116	32
	0.048	0.120	0.120	31
8	0.018	—	0.125	1/8
	0.024	0.136	0.125	1/8
	0.030	0.136	0.125	1/8
	0.036	0.136	0.125	1/8
	0.048	0.136	0.128	30
10	0.018	—	0.136	29
	0.024	0.157	0.136	29
	0.030	0.157	0.136	29
	0.036	0.157	0.136	29
	0.048	0.157	0.149	25
12	0.024	—	0.161	20
	0.030	0.185	0.161	20
	0.036	0.185	0.161	20
	0.048	0.185	0.161	20
14	0.024	—	0.185	13
	0.030	0.209	0.189	12
	0.036	0.209	0.191	11
	0.048	0.209	0.196	9

胶合板（树脂浸渍）中

螺钉规格	孔尺寸	钻规格	最小板厚	贯穿不通孔深度	
				最小	最大
4	0.098	40	0.188	0.250	0.750
6	0.110	35	0.188	0.250	0.750
7	0.128	30	0.250	0.312	0.750
8	0.140	28	0.250	0.312	0.750
10	0.170	18	0.312	0.375	1.000
12	0.189	12	0.312	0.375	1.000
14	0.228	1	0.438	0.500	1.000

石棉复合物中

螺钉规格	孔尺寸	钻规格	最小板厚	贯穿不通孔深度	
				最小	最大
4	0.094	42	0.188	0.250	0.750
6	0.106	36	0.188	0.250	0.750
7	0.125	1/8	0.250	0.312	0.750
8	0.136	29	0.250	0.312	0.750
10	0.161	30	0.312	0.375	1.000
12	0.185	13	0.312	0.375	1.000
14	0.213	3	0.438	0.500	1.000

注：不建议使用 A 型，请使用 AB 型。

表 7-182 C 型钢螺纹成形螺钉的近似孔尺寸 （单位：in）

钢板

螺钉规格	金属厚度	孔尺寸	钻头规格	螺钉规格	金属厚度	孔尺寸	钻头规格	螺钉规格	金属厚度	孔尺寸	钻头规格
4~40	0.037	0.094	42	6~32	0.037	0.113	33	8~32	0.037	0.136	29
	0.048	0.094	42		0.048	0.116	32		0.048	0.144	27
	0.062	0.096	41		0.062	0.116	32		0.062	0.144	27
	0.075	0.100	39		0.075	0.122	3.1mm		0.075	0.147	26
	0.105	0.102	38		0.105	0.125	1/8		0.105	0.150	25
	0.134	0.102	38		0.134	0.125	1/8		0.134	0.150	25

（续）

钢板											
螺钉规格	金属厚度	孔尺寸	钻头规格	螺钉规格	金属厚度	孔尺寸	钻头规格	螺钉规格	金属厚度	孔尺寸	钻头规格
10～24	0.037	0.154	23	12～24	0.037	0.189	12	1/4～28	0.037	0.224	5.7mm
	0.048	0.161	20		0.048	0.194	10		0.048	0.228	1
	0.062	0.166	19		0.062	0.194	10		0.062	0.232	5.9mm
	0.075	0.170	18		0.075	0.199	8		0.075	0.234	A
	0.105	0.173	17		0.105	0.199	8		0.105	0.238	B
	0.134	0.177	16		0.134	0.199	8		0.134	0.238	B
10～32	0.037	0.170	18	1/4～20	0.037	0.221	2	5/16～18	0.037	0.290	L
	0.048	0.170	18		0.048	0.221	2		0.048	0.290	L
	0.062	0.170	18		0.062	0.228	1		0.062	0.290	L
	0.075	0.173	17		0.075	0.234	A		0.075	0.295	M
	0.105	0.177	16		0.105	0.234	A		0.105	0.295	M
	0.134	0.177	16		0.134	0.236	6mm		0.134	0.295	M

注：1. 可能需要改变孔尺寸以适应特定应用。

2. 不推荐使用 C 型新设计。

表 7-183　AB 型、B 型和 BP 型钢螺纹成形螺钉近似贯穿孔或挤压孔尺寸（单位：in）

螺钉规格	金属厚度	穿孔或挤压孔尺寸	螺钉规格	金属厚度	穿孔或挤压孔尺寸	螺钉规格	金属厚度	穿孔或挤压孔尺寸
在钢、不锈钢、蒙氏合金以及铜板中								
4	0.015	0.086	7	0.024	0.120	10	0.030	0.157
	0.018	0.086		0.030	0.120		0.036	0.157
	0.024	0.098		0.036	0.120		0.048	0.157
	0.030	0.098		0.048	0.120	12	0.024	0.185
	0.036	0.098	8	0.018	0.136		0.030	0.185
6	0.015	0.111		0.024	0.136		0.036	0.185
	0.018	0.111		0.030	0.136		0.048	0.185
	0.024	0.111		0.036	0.136	1/4	0.030	0.209
	0.030	0.111		0.048	0.136		0.036	0.209
	0.036	0.111	10	0.018	0.157		0.048	0.209
7	0.018	0.120		0.024	0.157	—	—	—
在铝与铝合金板中								
4	0.024	0.086	6	0.048	0.111	8	0.036	0.136
	0.030	0.086	7	0.024	0.120		0.048	0.136
	0.036	0.086		0.030	0.120	10	0.024	0.157
	0.048	0.086		0.036	0.120		0.030	0.157
6	0.024	0.111		0.048	0.120		0.036	0.157
	0.030	0.111	8	0.024	0.136		0.048	0.157
	0.036	0.111		0.030	0.136	—	—	—

注：1. 所有尺寸均以 in 为单位，不包括螺钉和钻头规格。

2. 由于条件差异很大，可能需要改变孔尺寸以适应特定应用。

表 7-184 AB、B 和 BP 型螺纹成形螺钉的钻孔尺寸

螺钉规格	孔尺寸	钻头规格	最小材料厚度	贯穿不通孔深度		螺钉规格	孔尺寸	钻头规格	最小材料厚度	贯穿不通孔深度	
				最小	最大					最小	最大
胶合板（浸渍型）						在石棉复合物中					
2	0.073	49	0.125	0.188	0.500	2	0.076	48	0.125	0.188	0.500
4	0.100	39	0.188	0.250	0.625	4	0.101	38	0.188	0.250	0.625
6	0.125	1/8	0.188	0.250	0.625	6	0.120	31	0.188	0.250	0.625
7	0.136	29	0.188	0.250	0.750	7	0.136	29	0.250	0.312	0.750
8	0.144	27	0.188	0.250	0.750	8	0.147	26	0.312	0.375	0.750
10	0.173	17	0.250	0.312	1.000	10	0.166	19	0.312	0.375	1.000
12	0.194	10	0.312	0.375	1.000	12	0.196	9	0.312	0.375	1.000
1/4	0.228	1	0.312	0.375	1.000	1/4	0.228	1	0.438	0.500	1.000
在铝、镁、锌、黄铜和青铜铸件中①						在苯酚甲醛塑料中①					
2	0.078	47	—	0.125	—	2	0.078	47	—	0.188	—
4	0.104	37	—	0.188	—	4	0.100	39	—	0.250	—
6	0.128	30	—	0.250	—	6	0.128	30	—	0.250	—
7	0.144	27	—	0.250	—	7	0.136	29	—	0.250	—
8	0.152	24	—	0.250	—	8	0.150	25	—	0.312	—
10	0.177	16	—	0.250	—	10	0.177	16	—	0.312	—
12	0.199	8	—	0.281	—	12	0.199	8	—	0.375	—
1/4	0.234	15/64	—	0.312	—	1/4	0.234	15/64	—	0.375	—
在醋酸纤维素和硝酸盐、丙烯酸和苯乙烯树脂中①											
2	0.078	47	—	0.188	—	8	0.144	27	—	0.312	—
4	0.094	42	—	0.250	—	10	0.170	18	—	0.312	—
6	0.120	31	—	0.250	—	12	0.191	11	—	0.375	—
7	0.128	30	—	0.250	—	1/4	0.221	2	—	0.375	—

注：1. 所有尺寸均以 in 为单位，除了整数的螺钉和钻头规格。

2. 由于条件差异很大，可能需要改变孔尺寸以适应特定应用。

① 以下数据仅用于 B 型和 BP 型。

表 7-185 AB、B 和 BP 型钢螺纹成形螺钉近似钻孔或冲孔尺寸

螺钉规格	金属厚度	孔尺寸	钻头规格	螺钉规格	金属厚度	孔尺寸	钻头规格	螺钉规格	金属厚度	孔尺寸	钻头规格
钢、不锈钢、蒙氏合金和铜板											
2	0.015	0.064	52	4	0.015	0.086	44	6	0.015	0.104	37
	0.018	0.064	52		0.018	0.086	44		0.018	0.104	37
	0.024	0.067	51		0.024	0.089	43		0.024	0.106	36
	0.030	0.070	50		0.030	0.094	42		0.030	0.106	36
	0.036	0.073	49		0.036	0.094	42		0.036	0.110	35
	0.048	0.073	49		0.048	0.096	41		0.048	0.111	34
	0.060	0.076	48		0.060	0.100	39		0.060	0.116	32
					0.075	0.102	38		0.075	0.120	31
									0.105	0.128	30

（续）

螺钉规格	金属厚度	孔尺寸	钻头规格
钢、不锈钢、蒙氏合金和铜板			
7	0.018	0.116	32
	0.024	0.116	32
	0.030	0.116	32
	0.036	0.116	32
	0.048	0.120	31
	0.060	0.128	30
	0.075	0.136	29
	0.105	0.140	28
8	0.024	0.125	1/8
	0.030	0.125	1/8
	0.036	0.125	1/8
	0.048	0.128	30
	0.060	0.136	29
	0.075	0.140	28
	0.105	0.150	25
	0.125	0.150	25
	0.135	0.152	24
10	0.024	0.144	27
	0.030	0.144	27
	0.036	0.147	26
	0.048	0.152①	24①
	0.060	0.152①	24①
	0.075	0.157	22
	0.105	0.161	20
	0.125	0.170	18
	0.135	0.170	18
	0.164	0.173	17
12	0.024	0.166	19
	0.030	0.166	19
	0.036	0.166	19
	0.048	0.170	18
	0.060	0.177	16
	0.075	0.182	14
12	0.105	0.185	13
	0.125	0.196	9
	0.135	0.196	9
	0.164	0.201	7
1/4	0.030	0.194①	10①
	0.036	0.194①	10①
	0.048	0.194①	10①
	0.060	0.199①	8①
	0.075	0.204①	6①
	0.105	0.209	4
	0.125	0.228	1
	0.135	0.228	1
	0.164	0.234	15/64
	0.187	0.234	15/64
	0.194	0.234	15/64
铝与铝合金板			
2	0.024	0.064	52
	0.030	0.064	52
	0.036	0.064	52
	0.048	0.067	51
	0.060	0.070	50
4	0.030	0.086	44
	0.036	0.086	44
	0.048	0.086	44
	0.060	0.089	43
	0.075	0.089	43
	0.105	0.094	42
6	0.030	0.104	37
	0.036	0.104	37
	0.048	0.104	37
	0.060	0.106	36
	0.75	0.110	35
	0.105	0.111	34
	0.128 ~ 250	120	31
7	0.030	0.113	33
	0.036	0.113	33
	0.048	0.116	32
7	0.060	0.120	31
	0.075	0.128	30
	0.105	0.136	29
	0.128 ~ 0.250	0.136	29
8	0.030	0.116	32
	0.036	0.120	31
	0.048	0.128	30
	0.060	0.136	29
	0.075	0.140	28
	0.105	0.147	26
	0.125	0.147	26
	0.135	0.149	52
	0.162 ~ 0.375	0.152	24
10	0.036	0.144	27
	0.048	0.144	27
	0.060	0.144	27
	0.075	0.147	26
	0.105	0.147	26
	0.125	0.154	23
	0.135	0.154	23
10	0.164	0.159	21
	0.200 ~ 0.375	0.166	19
12	0.048	0.161	20
	0.060	0.166	19
	0.075	0.173	17
	0.105	0.180	15
	0.125	0.182	14
	0.135	0.182	14
	0.164	0.189	12
	0.200 ~ 0.375	0.196	9
1/4	0.060	0.199	8
	0.075	0.201	7
	0.105	0.204	6
	0.125	0.209	4
	0.135	0.209	4
	0.164	0.213	3
	0.187	0.213	3
	0.194	0.221	2
	0.200 ~ 0.375	228	1

注：由于条件差异很大，可能需要改变孔尺寸以适应特定应用。金属厚度大于 0.075in 的孔尺寸仅适用于 B 型和 BP 型。

① 仅适用于 B 型和 BP 型。

表 7-186 在钢、不锈钢、蒙氏合金和黄铜板材中的 AB 型螺纹成形螺钉的补充资料

螺钉规格	金属厚度	孔尺寸	钻头规格	螺钉规格	金属厚度	孔尺寸	钻头规格	螺钉规格	金属厚度	孔尺寸	钻头规格
钢、不锈钢、蒙氏合金与铜板											
10	0.018	0.144	27	1/4	0.018	0.196	9	1/4	0.048	0.205	5
10	0.048	0.149	25	1/4	0.024	0.196	9	1/4	0.060	0.228	1
10	0.060	0.154	23	1/4	0.030	0.196	9	1/4	0.075	0.232	5.9mm
—	—	—	—	1/4	0.036	0.196	9	—	—	—	—

注：所有尺寸均为英寸，除了编号螺钉和钻头规格。

螺纹切削螺钉见表 7-187 ~ 表 7-190。

表 7-187 钢板中的 D 型、F 型、G 型和 T 型钢螺纹切削螺钉的近似孔尺寸

螺钉规格	厚度	钢		铝合金	
		孔尺寸	钻头规格	孔尺寸	钻头规格
2 ~ 56	0.050	0.073	49	0.070	50
	0.060	0.073	49	0.073	49
	0.083	0.073	49	0.073	49
	0.109	0.073	49	0.073	49
	0.125	0.076	48	0.073	49
	0.140	0.076	48	0.073	49
3 ~ 48	0.050	0.081	46	0.078	5/64
	0.060	0.081	46	0.081	46
	0.083	0.082	45	0.082	45
	0.109	0.086	44	0.082	45
	0.125	0.086	44	0.082	45
	0.140	0.086	44	0.086	44
	0.187	0.089	43	0.086	44
4 ~ 40	0.050	0.089	43	0.089	43
	0.060	0.089	43	0.089	43
	0.083	0.094	42	0.089	43
	0.109	0.096	41	0.094	42
	0.125	0.098	40	0.094	42
	0.140	0.098	40	0.094	3/32
	0.187	0.102	38	0.098	40
5 ~ 40	0.050	0.106	36	0.102	38
	0.060	0.106	36	0.102	38
	0.083	0.106	36	0.104	37
	0.109	0.106	36	0.104	37
	0.125	0.109	7/64	0.106	36
	0.140	0.110	35	0.106	36
	0.187	0.116	32	0.110	35
	0.250	0.116	32	0.113	33
6 ~ 32	0.050	0.110	35	0.109	7/64
	0.060	0.113	33	0.109	7/64
	0.083	0.116	32	0.111	34
	0.109	0.116	32	0.113	33
	0.125	0.116	32	0.116	32
	0.140	0.120	31	0.116	32
	0.187	0.125	1/8	0.120	31
	0.250	0.125	1/8	0.125	1/8
8 ~ 32	0.050	0.136	29	0.136	29
	0.060	0.140	28	0.136	29
	0.083	0.140	28	0.136	29
8 ~ 32	0.109	0.144	27	0.140	28
	0.125	0.144	27	0.140	28
	0.140	0.147	26	0.144	27
	0.187	0.150	25	0.147	26
	0.250	0.150	25	0.150	25
	0.312	0.150	25	0.150	25
10 ~ 24	0.050	0.152	24	0.150	25
	0.060	0.154	23	0.152	24
	0.083	0.161	20	0.154	23
	0.109	0.161	20	0.157	22
	0.125	0.166	19	0.159	21
	0.140	0.170	18	0.161	20
	0.187	0.173	17	0.166	19
	0.250	0.173	17	0.172	11/64
	0.312	0.173	17	0.173	17
	0.375	0.173	17	0.173	17
10 ~ 32	0.050	0.159	21	0.161	20
	0.060	0.166	19	0.161	20
	0.083	0.166	19	0.161	20
	0.109	0.170	18	0.166	19
	0.125	0.170	18	0.166	19
	0.140	0.170	18	0.166	19
	0.187	0.177	16	0.172	11/64
	0.250	0.177	16	0.177	16
	0.312	0.177	16	0.177	16
	0.375	0.177	16	0.177	16
12 ~ 24	0.060	0.180	15	0.177	16
	0.083	0.182	14	0.180	15
	0.109	0.188	3/16	0.182	14
	0.125	0.191	11	0.185	13
	0.140	0.191	11	0.188	3/16
	0.187	0.199	8	0.191	11
	0.250	0.199	8	0.199	8
	0.312	0.199	8	0.199	8
	0.375	0.199	8	0.199	8
	0.500	0.199	8	0.199	8
1/4 ~ 20	0.083	0.213	3	0.206	5
	0.109	0.219	7/32	0.209	4
	0.125	0.221	2	0.213	3

（续）

螺钉规格	厚度	钢		铝合金	
		孔尺寸	钻头规格	孔尺寸	钻头规格
1/4～20	0.140	0.221	2	0.213	3
	0.187	0.228	1	0.221	2
	0.250	0.228	1	0.228	1
	0.312	0.228	1	0.228	1
	0.375	0.228	1	0.228	1
	0.500	0.228	1	0.228	1
1/4～28	0.083	0.221	2	0.219	7/32
	0.109	0.228	1	0.221	2
	0.125	0.228	1	0.221	2
	0.140	0.234	A	0.221	2
	0.187	0.234	15/64	0.228	1
	0.250	0.234	15/64	0.234	15/64
	0.312	0.234	15/64	0.234	15/64
	0.375	0.234	15/64	0.234	15/64
	0.500	0.234	15/64	0.234	15/64
5/16～18	0.109	0.277	J	0.266	H
	0.125	0.277	J	0.272	I
	0.140	0.281	9/32	0.272	I
	0.187	0.290	L	0.281	K
	0.250	0.290	L	0.290	L
	0.312	0.290	L	0.290	L
	0.375	0.290	L	0.290	L
	0.500	0.290	L	0.290	L
5/16～24	0.109	0.290	L	0.281	K
	0.125	0.290	L	0.281	9/32
	0.140	0.290	L	0.281	9/32
	0.187	0.295	M	0.290	L
	0.250	0.295	M	0.295	M
	0.312	0.295	M	0.295	M
	0.375	0.295	M	0.295	M
	0.500	0.295	M	0.295	M
3/8～16	0.125	0.339	R	0.328	21/64
	0.140	0.339	R	0.332	Q
	0.187	0.348	S	0.339	R
	0.250	0.358	T	0.348	S
	0.312	0.358	T	0.348	S
	0.375	0.358	T	0.348	S
	0.500	0.358	T	0.348	S
3/8～24	0.125	0.348	S	0.344	11/32
	0.140	0.348	S	0.344	11/32
	0.187	0.358	T	0.348	S
	0.250	0.358	T	0.358	T
	0.312	0.358	T	0.358	T
	0.375	0.358	T	0.358	T
	0.500	0.358	T	0.358	T
	—	—	—	—	—

注：所有尺寸均为 in，除了编号的钻头和螺钉规格。可能需要改变孔尺寸以适应特定应用。

表 7-188　铸造金属和塑料中的 D、F、G 和 T 型钢螺纹切削螺钉近似孔尺寸

螺钉规格	厚度	铸铁		锌和铝[①]	
		孔尺寸	钻头规格	孔尺寸	钻头规格
2～56	0.050	0.076	48	0.073	49
	0.060	0.076	48	0.073	49
	0.083	0.076	48	0.076	48
	0.109	0.078	5/64	0.076	48
	0.125	0.078	5/64	0.076	48
	0.140	0.078	5/64	0.076	48
3～48	0.050	0.089	43	0.082	45
	0.060	0.089	43	0.082	45
	0.083	0.089	43	0.082	45
	0.109	0.089	43	0.086	44
	0.125	0.089	43	0.089	43
	0.140	0.094	42	0.089	43
	0.187	0.094	42	0.089	43
4～40	0.050	0.100	39	0.090	41
	0.060	0.100	39	0.096	41
	0.083	0.102	38	0.096	41
	0.109	0.102	38	0.096	41
	0.125	0.102	38	0.100	39
	0.140	0.102	38	0.100	39
	0.187	0.104	37	0.100	39
5～40	0.050	0.111	34	0.106	36
	0.060	0.111	34	0.106	36
	0.083	0.113	33	0.106	36
	0.109	0.113	33	0.110	35
	0.125	0.116	32	0.110	35
	0.140	0.116	32	0.110	35
	0.187	0.116	32	0.111	34
	0.250	0.116	32	0.113	33
6～32	0.050	0.120	31	0.116	32
	0.060	0.120	31	0.120	31
	0.083	0.125	1/8	0.120	31
	0.109	0.125	1/8	0.120	31
	0.125	0.125	1/8	0.120	31
	0.140	0.125	1/8	0.120	31
	0.187	0.128	30	0.120	31
	0.250	0.128	30	0.120	31
8～32	0.050	0.147	26	0.144	27
	0.060	0.150	25	0.144	27
	0.083	0.150	25	0.144	27
	0.109	0.150	25	0.144	27

（续）

螺钉规格	厚度	铸铁		锌和铝[①]	
		孔尺寸	钻头规格	孔尺寸	钻头规格
8 ~32	0. 125	0. 150	25	0. 147	26
	0. 140	0. 150	25	0. 147	26
	0. 187	0. 154	23	0. 147	26
	0. 250	0. 154	23	0. 150	25
	0. 312	0. 154	23	0. 150	25
10 ~24	0. 050	0. 170	18	0. 161	20
	0. 060	0. 170	18	0. 166	19
	0. 083	0. 172	11/64	0. 166	19
	0. 109	0. 173	17	0. 166	19
	0. 125	0. 173	17	0. 166	19
	0. 140	0. 173	17	0. 166	19
	0. 187	0. 177	16	0. 170	18
	0. 250	0. 177	16	0. 170	18
	0. 312	0. 177	16	0. 172	11/64
	0. 375	0. 177	16	0. 172	11/64
10 ~32	0. 050	0. 173	17	0. 170	18
	0. 060	0. 173	17	0. 170	18
	0. 083	0. 177	16	0. 172	11/64
	0. 109	0. 177	16	0. 172	11/64
	0. 125	0. 177	16	0. 172	11/64
	0. 140	0. 177	16	0. 172	11/64
	0. 187	0. 180	15	0. 172	11/64
	0. 250	0. 180	15	0. 173	17
	0. 312	0. 180	15	0. 173	17
	0. 375	0. 180	15	0. 177	16
12 ~24	0. 060	0. 196	9	0. 189	12
	0. 083	0. 199	8	0. 191	11
	0. 109	0. 199	8	0. 191	11
	0. 125	0. 199	8	0. 191	11
	0. 140	0. 199	8	0. 194	10
	0. 187	0. 203	13/64	0. 194	10
	0. 250	0. 204	6	0. 196	9
	0. 312	0. 204	6	0. 196	9
	0. 375	0. 204	6	0. 199	8
	0. 500	0. 204	6	0. 199	8
1/4 ~20	0. 083	0. 228	1	0. 219	7/32
	0. 109	0. 228	1	0. 219	7/32
	0. 125	0. 228	1	0. 221	2
	0. 140	0. 228	1	0. 221	2
	0. 187	0. 234	15/64	0. 221	2
	0. 250	0. 234	15/64	0. 228	1
	0. 312	0. 234	15/64	0. 228	1
	0. 375	0. 234	15/64	0. 228	1
	0. 500	0. 234	15/64	0. 228	1
1/4 ~28	0. 083	0. 234	A	0. 228	1
	0. 109	0. 234	15/64	0. 228	1
	0. 125	0. 234	15/64	0. 228	1
	0. 140	0. 234	15/64	0. 228	1
	0. 187	0. 238	B	0. 228	1
	0. 250	0. 238	B	0. 234	A
	0. 312	0. 238	B	0. 234	A
	0. 375	0. 238	B	0. 234	15/64
	0. 500	0. 238	B	0. 234	15/64
5/16 ~18	0. 109	0. 290	L	0. 277	J
	0. 125	0. 290	L	0. 281	K
	0. 140	0. 290	L	0. 281	K
	0. 187	0. 295	M	0. 281	9/32
	0. 250	0. 295	M	0. 281	9/32
	0. 312	0. 295	M	0. 290	L
	0. 375	0. 295	M	0. 290	L
	0. 500	0. 295	M	0. 290	L
5/16 ~24	0. 109	0. 295	M	0. 290	L
	0. 125	0. 295	M	0. 290	L
	0. 140	0. 295	M	0. 290	L
	0. 187	0. 302	N	0. 290	L
	0. 250	0. 302	N	0. 290	L
	0. 312	0. 302	N	0. 295	M
	0. 375	0. 302	N	0. 295	M
	0. 500	0. 302	N	0. 295	M
3/6 ~16	0. 125	0. 348	S	0. 339	R
	0. 140	0. 348	S	0. 339	R
	0. 187	0. 348	S	0. 339	R
	0. 250	0. 348	S	0. 344	11/32
	0. 312	0. 348	S	0. 344	11/32
	0. 375	0. 348	S	0. 348	S
	0. 500	0. 348	S	0. 348	S
3/8 ~24	0. 125	0. 358	T	0. 348	S
	0. 140	0. 358	T	0. 348	S
	0. 187	0. 358	T	0. 348	S
	0. 250	0. 358	T	0. 358	T
	0. 312	0. 358	T	0. 358	T
	0. 375	0. 358	T	0. 358	T
	0. 500	0. 358	T	0. 358	T

（续）

螺钉规格	苯酚甲醛[2]				螺钉规格	醋酸纤维素、硝酸纤维素、丙烯酸树脂和苯乙烯树脂[2]			
	孔尺寸	钻头规格	穿透深度			孔尺寸	钻头规格	穿透深度	
			最小	最大				最小	最大
2～56	0.078	5/64	0.219	0.375	2～56	0.076	48	0.219	0.375
3～48	0.089	43	0.219	0.375	3～48	0.086	44	0.219	0.375
4～40	0.098	40	0.250	0.312	4～40	0.093	42	0.250	0.312
5～40	0.113	33	0.250	0.438	5～40	0.110	35	0.250	0.438
6～32	0.116	32	0.250	0.312	6～32	0.116	32	0.250	0.312
8～32	0.144	27	0.312	0.500	8～32	0.144	27	0.312	0.500
10～24	0.161	20	0.375	0.500	10～24	0.161	20	0.375	0.500
10～32	0.166	19	0.375	0.500	10～32	0.166	19	0.375	0.500
1/4～20	0.228	1	0.375	0.625	1/4～20	0.228	1	0.375	1.000

① 压铸件。

② 塑料。

表 7-189　在铸造金属中的 BF 和 BT 型螺纹切削螺钉的近似孔尺寸

压铸锌和铝							
螺纹规格	厚度	孔尺寸	钻头规格	螺纹规格	厚度	孔尺寸	钻头规格
2	0.060	0.073	49	10	0.125	0.166	19
	0.083	0.073	49		0.140	0.166	19
	0.109	0.076	48		0.188	0.166	19
	0.125	0.076	48		0.250	0.170	18
	0.140	0.076	48		0.312	0.172	11/64
3	0.060	0.086	44		0.375	0.172	11/64
	0.083	0.086	44	12	0.125	0.191	11
	0.109	0.086	44		0.140	0.191	11
	0.125	0.086	44		0.188	0.191	11
	0.140	0.089	43		0.250	0.196	9
	0.188	0.089	43		0.312	0.196	9
4	0.109	0.098	40		0.375	0.196	9
	0.125	0.100	39	1/4	0.125	0.221	2
	0.140	0.100	39		0.140	0.221	2
	0.188	0.100	39		0.188	0.221	2
	0.250	0.102	38		0.250	0.228	1
5	0.109	0.111	34		0.312	0.228	1
	0.125	0.111	34		0.375	0.228	1
	0.140	0.113	33	5/16	0.125	0.281	K
	0.188	0.113	33		0.140	0.281	K
	0.250	0.116	32		0.188	0.281	K
6	0.125	0.120	31		0.250	0.281	K
	0.140	0.120	31		0.312	0.290	L
	0.188	0.120	31		0.375	0.290	L
	0.250	0.125	1/8	3/8	0.125	0.344	11/32
	0.312	0.125	1/8		0.140	0.344	11/32
8	0.125	0.149	25		0.188	0.344	11/32
	0.140	0.149	25		0.250	0.344	11/32
	0.188	0.149	25		0.312	0.348	S
	0.250	0.152	24		0.375	0.348	S
	0.312	0.152	24		—	—	—

注：所有尺寸均为 in，不包括编号的钻头和螺钉规格。可能需要改变孔尺寸以适应特定应用。

表 7-190 在塑料中的 BF 和 BT 型螺纹切削螺钉的近似钻孔尺寸

螺钉规格	苯酚甲醛				醋酸纤维素、硝酸纤维素、丙烯酸树脂和苯乙烯树脂			
	孔尺寸	钻头规格	穿透深度		孔尺寸	钻头规格	穿透深度	
			最小	最大			最小	最大
2	0.078	5/64	0.094	0.250	0.076	48	0.094	0.250
3	0.089	43	0.125	0.312	0.089	43	0.125	0.312
4	0.104	37	0.125	0.312	0.100	39	0.125	0.312
5	0.116	32	0.188	0.375	0.113	33	0.188	0.375
6	0.125	1/8	0.188	0.375	0.120	31	0.188	0.375
8	0.147	26	0.250	0.500	0.144	27	0.250	0.500
10	0.170	18	0.312	0.625	0.166	19	0.312	0.625
12	0.194	10	0.375	0.625	0.189	12	0.375	0.625
1/4	0.228	1	0.375	0.750	0.221	2	0.375	0.750

金属传动螺钉见表 7-191。

自攻螺钉的标准抗扭强度要求见表 7-192。

表 7-191 U 型淬火钢金属传动螺钉的近似孔尺寸

在黑色和有色金属铸件、薄板金属、塑料、胶合板（树脂浸渍）和纤维								
螺钉规格	孔尺寸	钻头规格	螺钉规格	孔尺寸	钻头规格	螺钉规格	孔尺寸	钻头规格
00	0.052	55	6	0.120	31	12	0.191	11
0	0.067	51	7	0.136	29	14	0.221	2
2	0.086	44	8	0.144	27	5/16	0.295	M
4	0.104	37	10	0.161	20	3/8	0.358	T

注：所有尺寸均以 in 为单位，不包括完全编号螺钉和钻头规格。

表 7-192 自攻螺钉的标准抗扭强度要求 ANSI B18.6.4-1981（R1991）

公称螺钉规格	A 型	AB、B、BF、BP 和 BT 型	C、D、F、G 和 T 型		公称螺钉规格	A 型	AB、B、BF、BP 和 BT 型	C、D、F、G 和 T 型	
			粗牙	细牙				粗牙	细牙
2	4	4	5	6	1/4	—	142	140	179
3	9	9	9	10	16	152	—	—	—
4	12	13	13	15	18	196	—	—	—
5	18	18	18	20	5/16	—	290	306	370
6	24	24	23	27	20	250	—	—	—
7	30	30	—	—	24	492	—	—	—
8	39	39	42	47	3/8	—	590	560	710
10	48	56	56	74	7/16	—	620	700	820
12	83	88	93	108	1/2	—	1020	1075	1285
14	125	—	—	—	—	—	—	—	—

注：扭转强度数据单位为 lb · in。

4. 自攻螺纹嵌入件

自攻螺钉嵌入件本质上是具有内外螺纹的硬质衬套。根据使用嵌入件的类型，内部螺纹符合统一美国标准 2B 和 3B 类。外部螺纹在其末端具有提供自攻性质的切口。这些嵌入件可以用于镁、铝、铸铁、锌、塑料和其他材料中。自攻嵌入件由硬化碳素钢、不锈钢和黄铜制成，黄铜类型专门用于安装在木材中。

5. 螺纹嵌入件

螺纹嵌入件是由不锈钢或青铜丝制成的能旋入螺纹孔以形成与螺钉或螺柱配合内螺纹的菱形螺旋形线圈。这些嵌入件提供了一种方便的修复螺纹的方法，并且还可用于（如铝、锌压铸件、木材、镁等）较软的材料通过直接攻螺纹来获得比直接在其上攻螺纹更坚硬的螺纹。

根据 Heli－Coil 公司的意见，由于装入嵌入件丝锥孔的大直径只稍比提供的螺纹嵌入件的大直径大，所以通常可以采用指定顶径或者边缘距离的常规设计。供货的螺纹嵌入件的螺纹规格为 4－40～11/2－6in 国家和统一粗牙系列，细牙系列为 6－40～1½－12 规格。当与适当的丝锥和量具一起使用时，螺纹插入件将满足 2、2B、3 和 3B 螺纹等级的要求。

6. ANSI 标准米制螺纹成形和螺纹切削自攻螺钉 表 7-193 列出了 ANSI/ASME B18. 6. 5M-1986 标准覆盖的各种类型的米制螺纹成形和螺纹切削螺钉牙型，也列出了美国国家标准学会的命名。

表 7-193 米制螺纹成形和螺纹切削自攻螺钉的 ANSI 标准螺纹和大端 ANSI/ASME B18. 6. 5M-1986

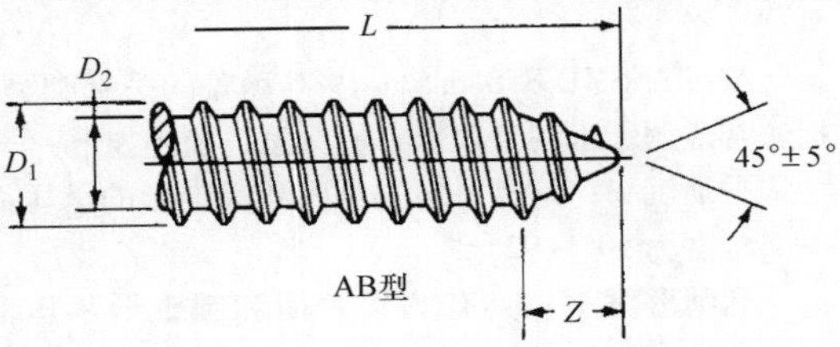

AB型

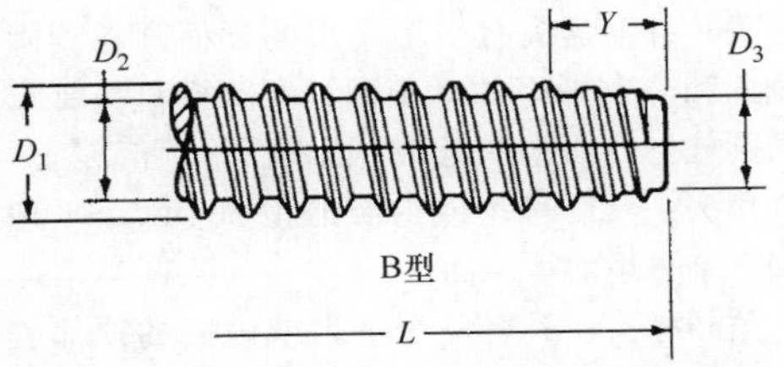

B型

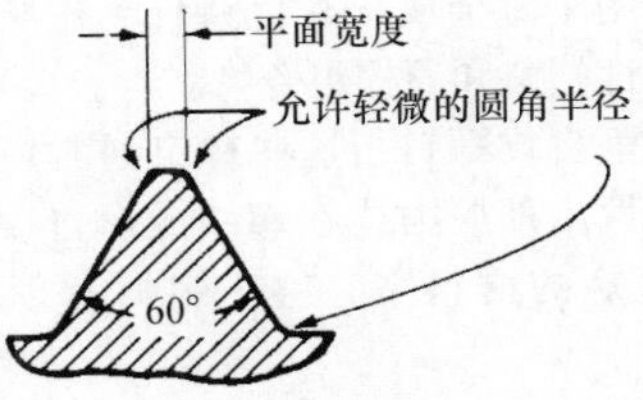

螺纹细节

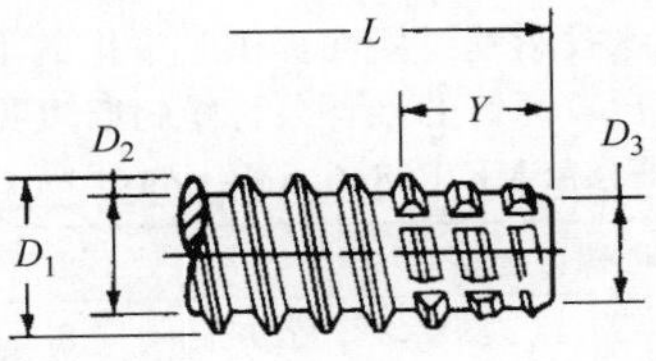

BF型

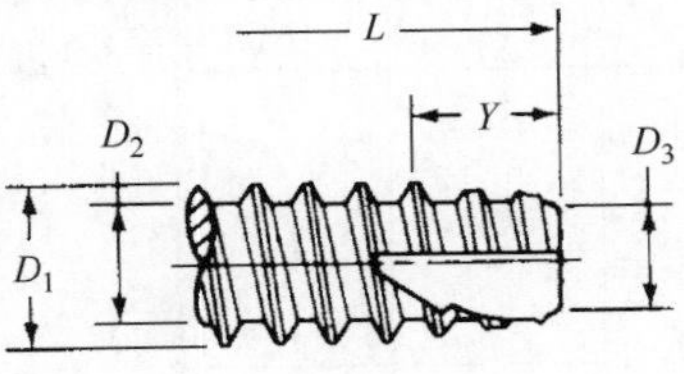

BT型

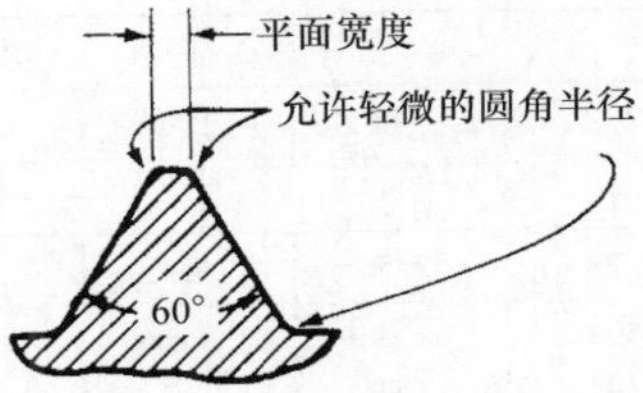

螺纹细节

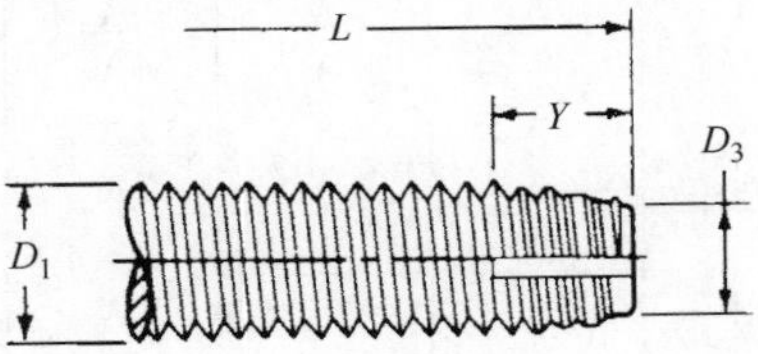

D型

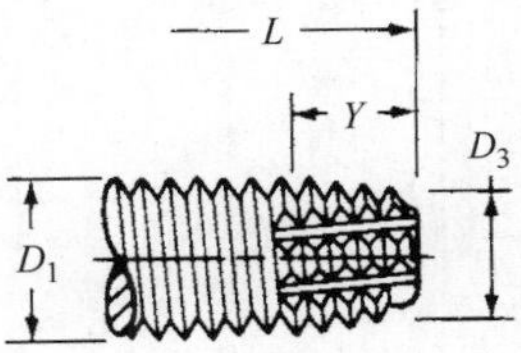

F型

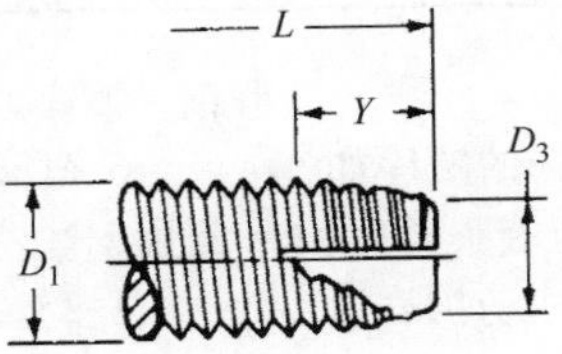

T型

注：有关牙型数据，请参见表 7-195 和表 7-196。

螺纹成形自攻螺钉：这些类型通常适用于允许或需要大内应力的材料，以增加抗松动性。这些螺钉有以下描述和应用：

AB 型：具有手钻端头的空间螺纹的螺钉，主要用于薄金属、树脂浸渍胶合板和石棉复合物。

B 型：锥形进入，具有未表面处理的顶冠的带钝端头的螺纹，并且具有与 AB 类似的螺距的空间螺纹的螺钉。用于薄金属、有色铸件、树脂浸渍胶合板、某些弹性塑料和石棉组合物。

螺纹切削自攻螺钉：这些螺钉通常应用于不希望产生破坏性内部应力或在螺纹成形自攻螺钉遇到过大驱动扭矩的材料中。这些螺钉有以下描述和应用：

BF 和 BT 型：锥形进入，具有未表面处理的顶冠的带钝端头的螺纹的空间螺纹，和 B 类似，具有一个或多个切削刃或切屑腔的空间螺纹的螺钉，用于塑料、石棉复合物和其他类似材料。

D 型、F 型和 T 型：锥形进入，具有未表面处理的顶冠的带钝头的有机制螺纹中径（米制粗牙螺纹系列）并带近似 60°基本牙型角（不需要符合任何螺纹外形标准）的螺纹，具有一个或多个切割刃和切屑腔，用于诸如铝、锌和铅的压铸件的材料中，钢板、铸铁、黄铜和塑料。

7. ANSI 标准米制螺纹成形和切削自攻螺钉的头型

ANSI/ASME B18. 6. 5M-1986 涵盖的头部类型包括通常适用于米制自攻螺钉的头型，描述如下：

平顶沉头：具有平坦的顶面和圆锥形的承压面，头部角度为 90°～92°。

椭圆形沉头：具有圆顶表面和圆锥形承压面，头部角度为 90°～92°。

盘头：开槽盘头有一个平坦的顶面圆整到圆柱形的侧面和一个平坦的承压面。十字槽盘头具有弯曲融入圆柱形侧面和平坦承压面的圆形顶部表面。

六角头：具有平坦或内嵌的顶面、六个平坦的侧面和一个平坦的承压面。

六角凸缘头：具有一个平坦或内嵌的顶部表面和六个平侧面形成了完整的圆锥或稍圆（外凸）的凸缘，凸缘投影越过侧面提供了平坦的承压面。

米制自攻螺钉的推荐公称螺钉长度见表 7-194。

表 7-194 米制自攻螺钉的推荐公称螺钉长度 ANSI/ASME B18. 6. 5M-1986

公称螺钉长度	类型 AB、B、BF 和 BT 的公称螺钉规格									
	2. 2	—	2. 9	3. 5	4. 2	4. 8	5. 5	6. 3	8	9. 5
	类型 D、F 和 T 的公称螺钉规格									
	2	2. 5	3	3. 5	4	5	—	6	8	10
4	PH	PH								
5	PH	PH								
6	A	A	PH							
8	A	A	A	PH	PH					
10	A	A	A	A	A	PH				
13	A	A	A	A	A	A	A	PH		
16		A	A	A	A	A	A	A	PH	
20				A	A	A	A	A	A	PH
25				A	A	A	A	A	A	A
30						A	A	A	A	A
35						A	A	A	A	A
40							A	A	A	A
45									A	A
50									A	A
55										A
60										A

8. 命名方法

米制自攻螺钉用以下数据命名，优选的顺序如下：公称规格、螺距、公称长度、螺纹和端头类型、产品名称（包括头型和驱动规定）、材料、防护表面处理（如果需要时）。

例：

6. 3 × 1. 8 × 30 型 AB 型，开槽盘头自攻螺钉，钢，镀锌。

6 × 1 × 20 型 T 型，1A 型十字槽盘头自攻螺钉，耐蚀钢。

4. 2 × 1. 4 × 13 型 BF 型，1 型十字槽半沉头自攻螺钉，钢，镀铬。

10 × 1. 5 × 40 D 型，六角凸缘头自攻螺钉，钢。

ANSI 标准 AB 和 B 型米制螺纹成形自攻螺钉的

螺纹和尖端尺寸见表 7-195。

ANSI 标准 BF、BT、D、F 和 T 型米制螺纹切削

自攻螺钉的螺纹和尖端尺寸见表 7-196 和表 7-197。

表 7-195　ANSI 标准 AB 和 B 型米制螺纹成形自攻螺钉的螺纹和尖端尺寸 ANSI/ASME B18. 6. 5M-1986

（单位：mm）

公称螺钉规格和螺纹间距①	基本螺钉直径	基本螺纹间距	D_1 螺纹大径		D_2 螺纹小径		D_3 尖端直径②		Y B 型头锥长度③		Z AB 型头锥长度	L 最小实用公称螺钉长度④			
												AB 类		B 类	
	参考⑤	参考⑤	最大	最小	最大	最小	最大	最小	最大	最小	参考⑥	⑦	⑧	⑦	⑧
2. 2 × 0. 8	2. 184	0. 79	2. 24	2. 10	1. 63	1. 52	1. 47	1. 37	1. 6	1. 2	2. 0	4	6	4	5
2. 9 × 1	2. 845	1. 06	2. 90	2. 76	2. 18	2. 08	2. 01	1. 88	2. 1	1. 6	2. 6	6	7	5	7
3. 5 × 1. 3	3. 505	1. 27	3. 53	3. 35	2. 64	2. 51	2. 41	2. 26	2. 5	1. 9	3. 2	7	9	6	8
4. 2 × 1. 4	4. 166	1. 41	4. 22	4. 04	3. 10	2. 95	2. 84	2. 69	2. 8	2. 1	3. 7	8	10	7	10
4. 8 × 1. 6	4. 826	1. 59	4. 80	4. 62	3. 58	3. 43	3. 30	3. 12	3. 2	2. 4	4. 3	9	12	8	11
5. 5 × 1. 8	5. 486	1. 81	5. 46	5. 28	4. 17	3. 99	3. 86	3. 68	3. 6	2. 7	5. 0	11	14	9	12
6. 3 × 1. 8	6. 350	1. 81	6. 25	6. 03	4. 88	4. 70	4. 55	4. 34	3. 6	2. 7	6. 0	12	16	10	13
8 × 2. 1	7. 938	2. 12	8. 00	7. 78	6. 20	5. 99	5. 84	5. 64	4. 2	3. 2	7. 5	16	20	12	17
9. 5 × 2. 1	9. 525	2. 12	9. 65	9. 43	7. 85	7. 59	7. 44	7. 24	4. 2	3. 2	8. 0	19	24	14	19

① 光杆直径（无螺纹部分）不小于最小直径或比螺纹的最大直径大。
② 列表值应适用于滚制螺纹的毛坯件。
③ 列表的最大限值等于螺距的大约 2 倍。
④ 显示的长度是理论最小值，旨在帮助用户进行选择适当的短螺钉长度。
⑤ 基本螺杆直径和基准螺距用于其出现在尺寸公式场合中的计算目的。
⑥ AB 型自攻螺钉的最小有效夹持长度应通过从最小螺钉长度中剪去端头长度因数来确定。
⑦ 平头，六角和六角凸缘头。
⑧ 平顶和椭圆形的沉头。

表 7-196　ANSI 标准 BF、BT 型米制螺纹切削自攻螺钉的螺纹和尖端尺寸 ANSI/ASME B18. 6. 5M-1986

（单位：mm）

BF 和 BT 型												
公称螺钉规格和螺距	基本螺钉直径	基本螺纹间距	D_1 螺纹大径		D_2 螺纹小径		D_3 尖端直径①		Y 头锥长度 B 型②		L 最小实用公称螺钉长度③	
	参考④	参考④	最大	最小	最大	最小	最大	最小	最大	最小	盘头，六角和六角凸缘头	平顶和半沉头
2. 2 × 0. 8	2. 184	0. 79	2. 24	2. 10	1. 63	1. 52	1. 47	1. 37	1. 6	1. 2	4	5
2. 9 × 1	2. 845	1. 06	2. 90	2. 76	2. 18	2. 08	2. 01	1. 88	2. 1	1. 6	5	7
3. 5 × 1. 3	3. 505	1. 27	3. 53	3. 35	2. 64	2. 51	2. 41	2. 26	2. 5	1. 9	6	8
4. 2 × 1. 4	4. 166	1. 41	4. 22	4. 04	3. 10	2. 95	2. 84	2. 69	2. 8	2. 1	7	10
4. 8 × 1. 6	4. 826	1. 59	4. 80	4. 62	3. 58	3. 43	3. 30	3. 12	3. 2	2. 4	8	11
5. 5 × 1. 8	5. 486	1. 81	5. 46	5. 28	4. 17	3. 99	3. 86	3. 68	3. 6	2. 7	9	12
6. 3 × 1. 8	6. 350	1. 81	6. 25	6. 03	4. 88	4. 70	4. 55	4. 34	3. 6	2. 7	10	13
8 × 2. 1	7. 938	2. 12	8. 00	7. 78	6. 20	5. 99	5. 84	5. 64	4. 2	3. 2	12	17
9. 5 × 2. 1	9. 525	2. 12	9. 65	9. 43	7. 85	7. 59	7. 44	7. 24	4. 2	3. 2	14	19

① 列表值适用于滚制螺纹的毛坯件。
② 列表的最大限值等于螺距的大约 2 倍。
③ 显示的长度是理论最小，旨在帮助选择适当的短螺钉长度。推荐的长度 - 直径组合见表 7-194。对于 D 型、F 型和 T 型，可以使用较短的螺钉，尖端长度减小到短螺钉列表中的限值。
④ 基本螺杆直径和基准螺距用于当其出现在尺寸公式中时的计算目的。

表 7-197 ANSI 标准 D、F、T 型米制螺纹切削自攻螺钉的螺纹和尖端尺寸

（单位：mm）

公称螺钉规格和螺纹间距	D、F、T型										
	D_1		D_3		D_S	Y				L	
	螺纹大径		尖端直径①		杆直径	头锥长度				最小实用公称螺钉长度	
						短螺钉		长螺钉②		盘头，六角和六角凸缘头	平顶和半沉头
	最大	最小	最大	最小	最小	最大	最小	最大	最小		
2×0.4	2.00	1.88	1.45	1.39	1.65	1.4	1.0	1.8	1.4	4	5
2.5×0.45	2.50	2.37	1.88	1.82	2.12	1.6	1.1	2.0	1.6	4	6
3×0.5	3.00	2.87	2.32	2.26	2.58	1.8	1.3	2.3	1.8	5	6
3.5×0.6	3.50	3.35	2.68	2.60	3.00	2.1	1.5	2.7	2.1	5	8
4×0.7	4.00	3.83	3.07	2.97	3.43	2.5	1.8	3.2	2.5	6	9
5×0.8	5.00	4.82	3.94	3.84	4.36	2.8	2.0	3.6	2.8	7	10
6×1	6.00	5.79	4.69	4.55	5.21	3.5	2.5	4.5	3.5	9	12
8×1.25	8.00	7.76	6.40	6.24	7.04	4.4	3.1	5.6	4.4	11	16
10×1.5	10.00	9.73	8.08	7.88	8.86	5.3	3.8	6.8	5.3	13	18

① 表中列出了杆径（无螺纹部分）的最小限值以方便参考。对于类型 BF 和 BT，杆径不小于最小直径，也不大于螺纹的最大直径。

② 长螺钉是公称长度等于或长于那些列于 *L* 下值的螺钉。

9. 材料和热处理

自攻螺钉通常由碳素钢制成，并适当加工以满足标准 B18.6.5M 中概述的性能和试验要求。自攻螺钉也可由耐蚀钢、蒙乃尔合金、黄铜和铝合金制成。适用于这种螺钉的材料，性能和性能特征应由制造商和采购方共同商定。

米制自攻螺钉的通孔见表 7-198。

10. 米制自攻螺钉的近似安装孔尺寸

AB 和 B 型钢米制螺纹成形自攻螺钉的近似冲孔和挤压孔尺寸见表 7-199。

表 7-200～表 7-202 中给出的孔尺寸在各种常用材料中安装各种类型的米制螺纹成形和螺纹切削自攻螺钉的选择提供了一般性指导，包括 AB、B、BF 和 BT 型米制自攻螺钉，D 型、F 型和 T 型螺纹切削自攻螺钉仍在开发中。B 型钢米制螺纹成形自攻螺钉见表 7-203，BF 和 BT 型钢螺纹切削自攻螺钉见表 7-204。

表 7-198 米制自攻螺钉的通孔 ANSI/ASME B18.6.5M-1986

（单位：mm）

公称螺钉规格和螺纹间距	基本通孔直径①			公称螺钉规格和螺纹间距	基本通孔直径①		
	紧间隙②	标准间隙（优选）②	松间隙②		紧间隙②	标准间隙（优选）②	松间隙②
AB、B、BF 和 BT 型				D、F 和 T 型			
2.2×0.8	2.40	2.60	2.80	2×0.4	2.20	2.40	2.60
2.9×1	3.10	3.30	3.50	2.5×0.45	2.70	2.90	3.10
3.5×1.3	3.70	3.90	4.20	3×0.5	3.20	3.40	3.60
4.2×1.4	4.50	4.70	5.00	3.5×0.6	3.70	3.90	4.20
4.8×1.6	5.10	5.30	5.60	4×0.7	4.30	4.50	4.80
5.5×1.8	5.90	6.10	6.50	5×0.8	5.30	5.50	5.80
6.3×1.8	6.70	6.90	7.30	6×1	6.40	6.60	7.00
8×2.1	8.40	9.00	10.00	8×1.25	8.40	9.00	10.00
9.5×2.1	10.00	10.50	11.50	10×1.5	10.50	11.00	12.00

① 此表中给出的值是最小限值。推荐的公差如下：对于紧、标准和松间隙，通孔直径为 1.70～5.80mm，分别加上 0.12mm、0.20mm 和 0.30mm；5.80～14.80mm 之间的，分别加 0.18mm、0.30mm 和 0.45mm。

② 标准通孔尺寸为优选项。紧通孔尺寸适用于严格对准的部件组装、有壁厚限制或其他需要使用最小孔限制的情况。紧固件进入口侧的沉头或埋孔或对于头部的正确定位是必需的。松通孔尺寸适用于组装的部件之间需要最大调整能力的应用。

表 7-199 AB 和 B 型钢米制螺纹成形自攻螺钉的近似冲孔和挤压孔尺寸（单位：mm）

公称螺钉规格和螺纹间距	金属厚度	孔的尺寸	公称螺钉规格和螺纹间距	金属厚度	孔的尺寸	公称螺钉规格和螺纹间距	金属厚度	孔的尺寸
在钢、不锈钢、蒙乃尔合金、黄铜板材中								
2.9×1	0.38	2.18	4.2×1.4	0.46	3.45	5.5×1.8	0.61	4.70
	0.46	2.18		0.61	3.45		0.76	4.70
	0.61	2.49		0.76	3.45		0.91	4.70
	0.76	2.49		0.91	3.45		1.22	4.70
	0.91	2.49		1.22	3.45		—	—
3.5×1.3	0.38	2.82	4.8×1.6	0.46	3.99	6.3×1.8	0.76	5.31
	0.46	2.82		0.61	3.99		0.91	5.31
	0.61	2.82		0.76	3.99		1.22	5.31
	0.76	2.82		0.91	3.99		—	—
	0.91	2.82		1.22	3.99		—	—
在铝合金中								
2.9×1	0.61	2.18	3.5×1.3	0.91	2.82	4.8×1.6	0.61	3.99
	0.76	2.18		1.22	2.82		0.76	3.99
	0.91	2.18	4.2×1.4	0.61	3.45		0.91	3.99
	1.22	2.18		0.76	3.45		1.22	3.99
3.5×1.3	0.61	2.82		0.91	3.45		—	—
	0.76	2.82		1.22	3.45		—	—

表 7-200 金属板中的 AB 型钢米制螺纹近似钻孔或通孔尺寸

公称螺钉规格和螺纹间距	金属厚度	孔的尺寸	钻头规格①	公称螺钉规格和螺纹间距	金属厚度	孔的尺寸	钻头规格①	公称螺钉规格和螺纹间距	金属厚度	孔的尺寸	钻头规格①
在钢、不锈钢、蒙氏合金、黄铜板材中											
2.2×0.8	0.38	1.63	52	3.5×1.3	0.61	2.69	36	4.8×16	1.22	3.78	25
	0.46	1.63	52		0.76	2.69	36		1.52	3.91	23
	0.61	1.70	51		0.91	2.79	35		1.90	3.99	22
	0.76	1.78	50		1.22	2.82	34	5.5×1.8	0.46	—	—
	0.91	1.85	49		1.52	2.95	32		0.61	4.22	19
	1.22	1.85	49		1.90	3.05	31		0.76	4.22	19
	1.52	1.93	48	4.2×1.4	0.46	3.18	—		0.91	4.22	19
2.9×1	0.38	2.18	44		0.61	3.18	—		1.22	4.32	18
	0.46	2.18	44		0.76	3.18	—		1.52	4.50	16
	0.61	2.26	43		0.91	3.25	—		1.90	4.62	14
	0.76	2.39	42		1.22	3.45	30	6.3×1.8	0.46	4.98	9
	0.91	2.39	42		1.52	3.56	29		0.61	4.98	9
	1.22	2.44	41		1.90	—	28		0.76	4.98	9
	1.52	2.54	39	4.8×1.6	0.46	3.66	27		0.91	4.98	9
	1.90	2.59	38		0.61	3.66	27		1.22	5.21	W
3.5×1.3	0.38	2.64	37		0.76	3.66	27		1.52	5.79	1
	0.46	2.64	37		0.91	3.73	26		1.90	5.89	—

（续）

公称螺钉规格和螺纹间距	金属厚度	孔的尺寸	钻头规格①	公称螺钉规格和螺纹间距	金属厚度	孔的尺寸	钻头规格①	公称螺钉规格和螺纹间距	金属厚度	孔的尺寸	钻头规格①
在铝合金板材中											
2.2×0.8	0.38	—	—	3.5×1.3	0.61	—	—	4.8×1.6	1.22	3.66	27
	0.46	—	—		0.76	2.64	37		1.52	3.66	27
	0.61	1.63	52		0.91	2.64	37		1.90	3.73	26
	0.76	1.63	52		1.22	2.64	37	5.5×1.8	0.46	—	—
	0.91	1.63	52		1.52	2.69	36		0.61	—	—
	1.22	1.70	51		1.90	2.79	35		0.76	—	—
	1.52	1.78	50	4.2×1.4	0.46	—	—		0.91	—	—
2.9×1	0.38	—	—		0.61	—	—		1.22	4.09	20
	0.46	—	—		0.76	2.95	32		1.52	4.22	19
	0.61	—	—		0.91	3.05	31		1.90	4.39	17
	0.76	2.18	44		1.22	3.25	30	6.3×1.8	0.46	—	—
	0.91	2.18	44		1.52	3.45	29		0.61	—	—
	1.22	2.18	44		1.90	3.56	28		0.76	—	—
	1.52	2.26	43	4.8×1.6	0.46	—	—		0.91	—	—
	1.90	2.26	43		0.61	—	—		1.22	—	—
3.5×1.3	0.38	—	—		0.76	—	—		1.52	5.05	8
	0.46	—	—		0.91	3.66	27		1.90	5.11	7

注：除钻头规格外，所有尺寸均为 mm。

① 在孔直径直接转换为等值寸制小数时，保留了常规钻头尺寸参考。

表 7-201 在胶合板和石棉中的 AB 型钢米制螺纹成形自攻螺钉的近似孔尺寸

公称螺钉规格和螺纹间距	孔的尺寸	钻头规格①	最小材料厚度	贯穿不通孔深度		公称螺钉规格和螺纹间距	孔的尺寸	钻头规格①	最小材料厚度	贯穿不通孔深度	
				最小	最大					最小	最大
在胶合板（树脂浸渍）中						在石棉复合材料中					
2.2×0.8	1.85	49	3.18	4.78	12.70	2.2×0.8	1.93	48	3.18	4.78	12.70
2.9×1	2.54	39	4.78	6.35	15.88	2.9×1	2.57	38	4.78	6.35	15.88
3.5×1.3	3.18	—	4.78	6.35	15.88	3.5×1.3	3.05	31	4.78	6.35	15.88
4.2×1.4	3.66	27	4.78	6.35	19.05	4.2×1.4	3.73	26	7.92	9.52	19.05
4.8×1.6	4.39	17	6.35	7.92	25.40	4.8×1.6	4.22	19	7.92	9.52	25.40
5.5×1.8	4.93	10	7.92	9.52	25.40	5.5×1.8	4.98	9	7.92	9.52	25.40
6.3×1.8	5.79	1	7.92	9.52	25.40	6.3×1.8	5.79	1	11.13	12.70	25.40

注：除钻头规格外，所有尺寸均为 mm。

① 在孔直径直接转换为等值寸制小数时，保留了常规钻头尺寸参考。

表 7-202 胶合板、石棉和塑料中的 B 型钢米制螺纹成形自攻螺钉的近似孔尺寸

公称螺钉尺寸和螺纹间距	孔的尺寸	钻头规格①	最小材料厚度	贯穿不通孔深度		公称螺钉尺寸和螺纹间距	孔的尺寸	钻头规格①	最小材料厚度	贯穿不通孔深度	
				最小	最大					最小	最大
在胶合板（树脂浸渍）中											
2.2×0.8	1.85	49	3.18	4.78	12.70	4.8×1.6	4.39	17	6.35	7.92	25.40
2.9×1	2.54	39	4.78	6.35	15.88	5.5×1.8	4.93	10	7.92	9.52	25.40
3.5×1.3	3.18	—	4.78	6.35	15.88	6.3×1.8	5.79	1	7.92	9.52	25.40
4.2×1.4	3.66	27	4.78	6.35	19.05	—	—	—	—	—	—

（续）

公称螺钉规格和螺纹间距	孔尺寸	钻头规格①	最小材料厚度	贯穿不通孔深度	
				最小	最大
在石棉复合物中					
2.2 ×0.8	1.93	48	3.18	4.78	12.70
2.9×1	2.57	38	4.78	6.35	15.88
3.5×1.3	3.05	31	4.78	6.35	15.88
4.2×1.4	3.73	26	7.92	9.52	19.05
4.8×1.6	4.22	19	7.92	9.52	25.40
5.5×1.8	4.98	9	7.92	9.52	25.40
6.3×1.8	5.79	1	11.13	12.70	25.40

公称螺钉规格和螺纹间距	孔尺寸	钻头规格①	最小材料厚度
在苯酚甲醛中			
2.2 ×0.8	1.98	47	4.78
2.9×1	2.54	39	6.35
3.5×1.3	3.25	30	6.35
4.2×1.4	3.81	25	7.92
4.8×1.6	4.50	16	7.92
5.5×1.8	5.05	8	9.52
6.3×1.8	5.94	—	9.52

公称螺钉规格和螺纹间距	孔尺寸	钻头规格①	最小材料厚度
在醋酸纤维素和硝酸纤维素、丙烯酸和苯乙烯树脂中			
2.2 ×0.8	1.98	47	4.78
2.9×1	2.39	42	6.35
3.5×1.3	3.05	32	6.35
4.2×1.4	3.66	27	7.92
4.8×1.6	4.32	18	7.92
5.5×1.8	4.85	11	9.52
6.3×1.8	5.61	2	9.52

注：除钻头规格外，所有尺寸均为 mm。

① 在孔直径直接转换为等值寸制小数时，保留了常规钻头尺寸参考。

表 7-203　金属板和铸造金属中的 B 型钢米制螺纹成形自攻螺钉的近似钻孔或通孔尺寸

在钢、不锈钢、蒙氏合金和黄铜板材中

公称螺钉规格和螺纹间距	金属厚度	孔尺寸	钻头规格①
2.2×0.8	0.38	1.63	52
	0.46	1.63	52
	0.61	1.70	51
	0.76	1.78	50
	0.91	1.85	49
	1.22	1.85	49
	1.52	1.93	48
2.9×1	0.38	2.18	44
	0.46	2.18	44
	0.61	2.26	43
	0.76	2.39	42
	0.91	2.39	42
	1.22	2.44	41
	1.52	2.54	39
	1.90	2.59	38
3.5×1.3	0.38	2.64	37
	0.46	2.64	37
	0.61	2.69	36
	0.76	2.69	36
	0.91	2.79	35
	1.22	2.82	34
	1.52	2.95	32

公称螺钉规格和螺纹间距	金属厚度	孔尺寸	钻头规格①
3.5×1.3	1.90	3.05	31
	2.67	3.25	30
4.2×1.4	0.61	3.18	—
	0.76	3.18	—
	0.91	3.18	—
	1.22	3.25	30
	1.52	3.45	29
	1.90	3.56	28
	2.67	3.81	25
	3.18	3.81	25
	3.43	3.86	24
4.8×1.6	0.61	3.66	27
	0.76	3.66	27
	0.91	3.73	26
	1.22	3.86	24
	1.52	3.86	24
	1.90	3.99	22
	2.67	4.09	20
	3.18	4.32	18
	3.43	4.32	18
	4.17	4.39	17

公称螺钉规格和螺纹间距	金属厚度	孔尺寸	钻头规格①
5.5×1.8	0.61	4.22	19
	0.76	4.22	19
	0.91	4.22	19
	1.22	4.32	18
	1.52	4.50	16
	1.90	4.62	14
	2.67	4.70	13
	3.18	4.98	9
	3.43	4.98	9
	4.17	5.11	7
6.3×1.8	0.76	4.93	10
	0.91	4.93	10
	1.22	4.93	10
	1.52	5.05	8
	1.90	5.18	6
	2.67	5.31	4
	3.18	5.79	1
	3.43	5.79	1
	4.17	5.94	—
	4.75	5.94	—
	4.93	5.94	—

（续）

公称螺钉规格和螺纹间距	金属厚度	孔尺寸	钻头规格①	公称螺钉规格和螺纹间距	金属厚度	孔尺寸	钻头规格①	公称螺钉规格和螺纹间距	金属厚度	孔尺寸	钻头规格①
在铝合金板材中											
2.2×0.8	0.61	1.63	52	4.2×1.4	0.76	2.95	32	5.5×1.8	1.22	4.09	20
	0.76	1.63	52		0.91	3.05	31		1.52	4.22	19
	0.91	1.63	52		1.22	3.25	30		1.90	4.39	17
	1.22	1.70	51		1.52	3.45	29		2.67	4.57	15
	1.52	1.78	50		1.90	3.56	28		3.18	4.62	14
2.9×1	0.76	2.18	44		2.67	3.73	26		3.43	4.62	14
	0.91	2.18	44		3.18	3.73	26		4.17	4.80	12
	1.22	2.18	44		3.43	3.78	25		5.08 ~ 9.52	4.98	9
	1.52	2.26	43		4.11 ~ 9.52	3.86	24	6.3×1.8	1.52	5.05	8
	1.90	2.26	43	4.8×1.6	0.91	3.66	27		1.90	5.11	7
	2.67	2.39	42		1.22	3.66	27		2.67	5.18	6
3.5×1.3	0.76	2.64	37		1.52	3.66	27		3.18	5.31	4
	0.91	2.64	37		1.90	3.73	26		3.43	5.31	4
	1.22	2.64	37		2.67	3.73	26		4.17	5.41	3
	1.52	2.69	36		3.18	3.91	23		4.75	5.41	3
	1.90	2.79	35		3.43	3.91	23		4.93	5.61	2
	2.67	2.82	34		4.17	4.04	21		5.08 ~ 9.52	5.79	1
	3.25 ~ 6.25	3.05	31		5.08 ~ 9.52	4.22	19				

在铝、镁、锌、黄铜和青铜铸造金属中

公称螺钉规格和螺纹间距	金属厚度	孔尺寸	钻头规格①	公称螺钉规格和螺纹间距	金属厚度	孔尺寸	钻头规格①
2.2×0.8	1.98	47	3.18	4.8×1.6	4.50	16	6.35
2.9×1	2.64	37	4.78	5.5×1.8	5.05	8	7.14
3.5×1.3	3.25	30	6.35	6.3×1.8	5.94	4	7.92
4.2×1.4	3.86	24	6.35	—	—	—	—

注：所有尺寸均为mm，但钻头规格除外。

① 在孔直径直接转换为等值寸制小数时，保留了常规钻头尺寸参考。

米制螺纹成形螺钉上的表面处理（电镀或涂层），以及材料的成分、配合元件的硬度是影响单个应用中安装扭矩的因素，尽管在表7-200～表7-202中给出的推荐安装孔尺寸是基于使用未作表面处理的碳素钢米制锥形螺纹螺钉，经验告诉我们规定的孔也适合大多数商用表面处理类型的螺钉。然而，归因于不同的表面处理提供的不同级别的润滑，一些安装扭矩的调整可能需要去适应不同的单个应用。并且，在涉及特殊的多种表面处理或者螺钉将安装到具有更高硬度材料中的场合，就需要一些规定孔尺寸的偏离来优化安装。这种偏离的必要性和范围由特殊组装环境的试验来确定。

表 7-204 铸造金属和塑料中的 BF 和 BT 型钢螺纹切削自攻螺钉的近似孔尺寸

公称螺钉规格和螺纹间距	材料厚度	孔尺寸	钻头规格[①]	公称螺钉规格和螺纹间距	材料厚度	孔尺寸	钻头规格[①]
在压铸锌和铝中							
2.2×0.8	1.52	1.85	49	3.5×1.3	3.18	3.05	31
	2.11	1.85	49		3.56	3.05	31
	2.77	1.93	48		4.78	3.05	31
	3.18	1.93	48		6.35	3.18	—
	3.56	1.93	48		7.92	3.18	—
2.9×1	2.77	2.49	40	4.2×1.4	3.18	3.78	25
	3.18	2.54	39		3.56	3.78	25
	3.56	2.54	39		4.78	3.78	25
	4.78	2.54	39		6.35	3.86	24
	6.35	2.59	38		7.92	3.86	24
4.8×1.6	3.18	4.22	19	6.3×1.8	6.35	5.79	1
	3.56	4.22	19		7.92	5.79	1
	4.78	4.22	19		9.52	5.79	1
	6.35	4.32	18	8×2.1	3.18	7.14	K
	7.92	4.37	—		3.56	7.14	K
	9.52	4.37	—		4.78	7.14	K
5.5×1.8	3.18	4.85	11		6.35	7.14	K
	3.56	4.85	11		7.92	7.37	L
	4.78	4.85	11		9.52	7.37	L
	6.35	4.98	9	9.5×2.1	3.18	8.74	—
	7.92	4.98	9		3.56	8.74	—
	9.52	4.98	9		4.78	8.74	—
6.3×1.8	3.18	5.61	2		6.35	8.74	—
	3.56	5.61	2		7.92	8.84	S
	4.78	5.61	2		9.52	8.84	S

公称螺钉规格和螺纹间距	孔尺寸	钻头规格[①]	贯穿深度	
			最小	最大
在苯酚甲醛中				
2.2×0.8	1.98	—	2.39	6.35
2.9×1	2.64	37	3.18	7.92
3.5×1.3	3.18	—	4.78	9.52
4.2×1.4	3.73	26	6.35	12.70
4.8×1.6	4.32	18	7.92	15.88
5.5×1.8	4.93	10	9.52	15.55
6.3×1.8	5.79	1	9.52	19.05
在醋酸纤维素和硝酸纤维素、丙烯酸和苯乙烯树脂中				
2.2×0.8	1.93	48	2.39	6.35
2.9×1	2.54	39	3.18	7.92
3.5×1.3	3.05	31	4.78	9.52
4.2×1.4	3.66	27	6.35	12.70
4.8×1.6	4.22	19	7.92	15.88
5.5×1.8	4.80	12	9.52	15.55
6.3×1.8	5.61	2	9.52	19.05

① 在孔直径为直接转换为等值寸制小数时，保留了常规钻头尺寸参考。

7.9 T型槽、螺栓和螺母

美国国家标准T型槽、螺栓和螺母见表7-205～表7-207。

表7-205 美国国家标准T型槽 ANSI/ASME B5.1M－1985（R2009）

T型槽

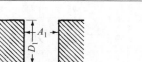

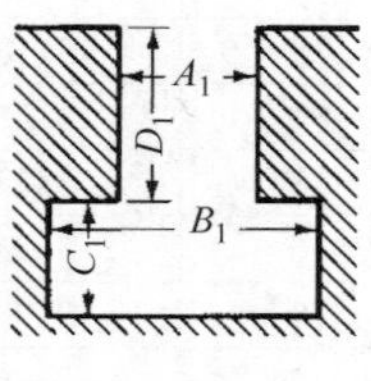

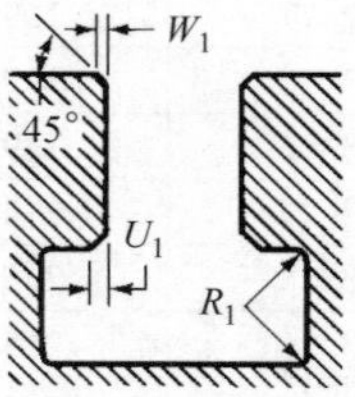

基本尺寸												对圆整或者除尖角的建议近似尺寸									
公称T型槽规格①		颈宽 $A_1$②		头部空间宽度 B_1				头部空间深度 C_1				颈深 D_1				圆角或除尖角③					
				in		mm		in		mm		in		mm		in			mm		
in	mm	in	mm	最小	最大	最小	最大	最小	最大	最小	最大	最小	最大	最小	最大	R_1 最大	W_1 最大	U_1 最大	R_1 最大	W_1 最大	U_1 最大
—	4	—	5	—	—	10	11	—	—	3	3.5	—	—	4.5	7	—	—	—	0.5	0.8	0.8
—	5	—	6	—	—	11	12.5	—	—	5	6	—	—	5	8	—	—	—	0.5	0.8	0.8
0.250	6	0.282	8	0.500	0.562	14.5	16	0.203	0.234	7	8	0.125	0.375	7	11	0.02	0.02	0.03	0.5	0.8	0.8
0.312	8	0.344	10	0.594	0.656	16	18	0.234	0.266	7	8	0.156	0.438	9	14	0.02	0.03	0.03	0.5	0.8	0.8
0.375	10	0.438	12	0.719	0.781	19	21	0.297	0.328	8	9	0.219	0.562	11	17	0.02	0.03	0.03	0.5	0.8	0.8
0.500	12	0.562	14	0.906	0.969	23	25	0.359	0.391	9	11	0.312	0.688	12	19	0.02	0.03	0.03	0.5	0.8	0.8
0.625	16	0.688	18	1.188	1.250	30	32	0.453	0.484	12	14	0.438	0.875	16	24	0.03	0.03	0.05	0.8	0.8	1.3
0.750	20	0.812	22	1.375	1.469	37	40	0.594	0.625	16	18	0.562	1.062	20	29	0.03	0.03	0.05	0.8	0.8	1.3
1.000	24	1.062	28	1.750	1.844	46	50	0.781	0.828	20	22	0.750	1.250	26	36	0.03	0.06	0.05	0.8	1.5	1.3
1.250	30	1.312	36	2.125	2.219	56	60	1.031	1.094	25	28	1.000	1.562	33	46	0.03	0.06	0.05	0.8	1.5	1.3
1.500	36	1.562	42	2.562	2.656	68	72	1.281	1.344	32	35	1.250	1.938	39	53	0.03	0.06	0.05	0.8	1.5	1.3
—	42	—	48	—	—	80	85	—	—	36	40	—	—	44	59	—	—	—	1.5	2.5	2
—	48	—	54	—	—	90	95	—	—	40	44	—	—	50	66	—	—	—	1.5	2.5	2

① 与上述T型槽一起使用的榫舌宽（榫头）可在标准B5.1M中找到。

② 颈部尺寸是基本尺寸。当槽仅用于固持时，公差可以是0.0 ＋0.010in或H12米制（ISO/R286）；如果要定位，公差可以是0.0 ＋0.001in或H8米制。

③ T型槽的边角可以是正方形的，或者可以根据制造商的选择将其圆整或去除尖角到指定的最大尺寸。

表7-206 美国国家标准T型螺栓 ANSI/ASME B5.1M－1985（R2009）

T型螺栓

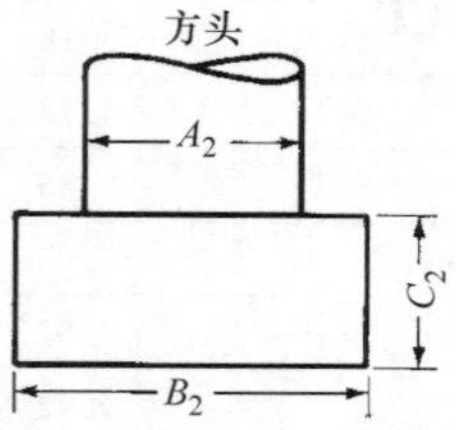

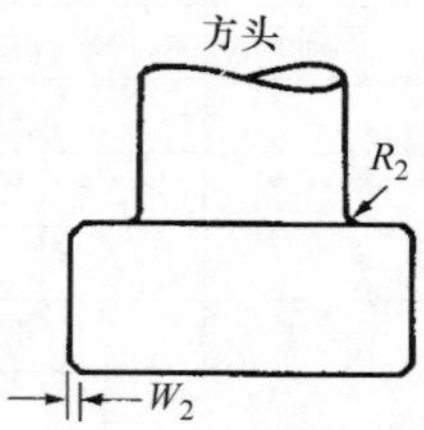

（续）

公称 T 型螺栓规格和螺纹 $A_2$①②		螺栓头尺寸										边角的圆整③			
		对面宽度 B_2				对角宽度		高度 C_2				R_2		W_2	
in	米制	in		mm		in	mm	in		mm		in	mm	in	mm
UNC - 2A	ISO④	最大	最小	最大	最小	最大	最大	最大	最小	最大	最小	最大	最大	最大	最大
—	M4	—	—	9	8.5	—	12.7	—	—	2.5	2.1	—	0.3	—	0.5
—	M5	—	—	10	9.5	—	14.1	—	—	4	3.6	—	0.3	—	0.5
0.250 - 20	M6	0.469	0.438	13	12	0.663	18.4	0.156	0.141	6	5.6	0.02	0.5	0.03	0.8
0.312 - 18	M8	0.562	0.531	15	14	0.796	21.2	0.188	0.172	6	5.6	0.02	0.5	0.03	0.8
0.375 - 16	M10	0.688	0.656	18	17	0.972	25.5	0.250	0.234	7	6.6	0.02	0.5	0.03	0.8
0.500 - 13	M12	0.875	0.844	22	21	1.238	31.1	0.312	0.297	8	7.6	0.02	0.5	0.06	1.5
0.625 - 11	M16	1.125	1.094	28	27	1.591	39.6	0.406	0.391	10	9.6	0.03	0.8	0.06	1.5
0.750 - 10	M20	1.312	1.281	34	33	1.856	48.1	0.531	0.500	14	13.2	0.03	0.8	0.06	1.5
1.000 - 8	M24	1.688	1.656	43	42	2.387	60.8	0.688	0.656	18	17.2	0.03	0.8	0.06	1.5
1.250 - 7	M30	2.062	2.031	53	52	2.917	75	0.938	0.906	23	22.2	0.03	0.8	0.06	1.5
1.500 - 6	M36	2.500	2.469	64	63	3.536	90.5	1.188	1.156	28	27.2	0.03	0.8	0.06	1.5
—	M42	—	—	75	74	—	106.1	—	—	32	30.5	—	1	—	2
—	M48	—	—	85	84	—	120.2	—	—	36	34.5	—	1	—	2

① 有关螺栓或螺柱螺纹的寸制公差。

② 与这些螺栓一起使用的 T 型槽可在表 7-205 中找到。

③ T 型螺栓的边角可能是正方形的，或者可以根据制造商的选择将其圆整或去除尖角到指定的最大尺寸。

④ 米制螺纹等级和位置公差为 5g 6g。

表 7-207　美国国家标准 T 型螺母 ANSI/ASME B5.1M - 1985（R2009）

T 型螺母

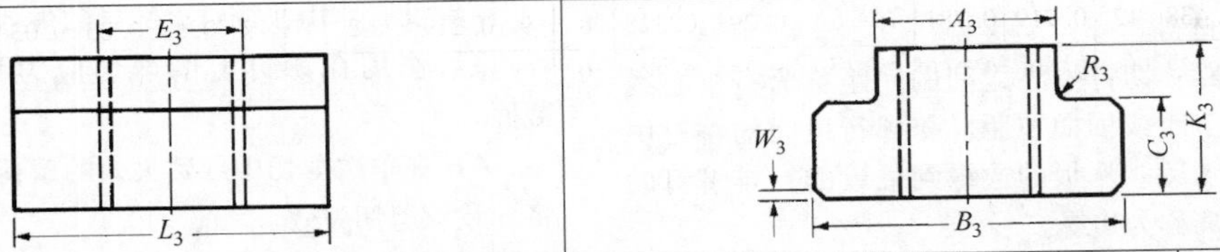

公称 T 型螺栓规格①		榫舌宽 A_3				用于螺柱的丝锥 E_3		对面宽度 B_3				螺母高度 C_3				包括榫舌的总厚度② K_3		螺母长度② L_3		边角的圆整			
																				R_3		W_3	
		in		mm		in	mm	in		mm		in		mm						in	mm	in	mm
in	mm	最大	最小	最大	最小	UNC - 3B	ISO③	最大	最小	最大	最小	最大	最小	最大	最小	in	mm	in	mm	最大	最大	最大	最大
—	4	—	—	—	—	—	—	—	—	—	—	—	—	—	—	—	—	—	—	—	—	—	—
—	5	—	—	—	—	—	—	—	—	—	—	—	—	—	—	—	—	—	—	—	—	—	—
0.250	6	—	—	—	—	—	—	—	—	—	—	—	—	—	—	—	—	—	—	—	—	—	—
0.312	8	0.330	0.320	8.7	8.5	0.250 - 20	M6	0.562	0.531	15	14	0.188	0.172	6	5.6	0.281	9	0.562	18	0.02	0.5	0.03	0.8
0.375	10	0.418	0.408	11	10.75	0.312 - 18	M8	0.688	0.656	18	17	0.250	0.234	7	6.6	0.375	10.5	0.688	20	0.02	0.5	0.03	0.8
0.500	12	0.543	0.533	13.5	13.25	0.375 - 1	6M10	0.875	0.844	22	21	0.312	0.297	8	7.6	0.531	12	0.875	23	0.02	0.5	0.06	1.5
0.625	16	0.668	0.658	17.25	17	0.500 - 13	M12	1.125	1.094	28	27	0.406	0.391	10	9.6	0.625	15	1.125	27	0.03	0.8	0.06	1.5
0.750	20	0.783	0.773	20.5	20.25	0.625 - 11	M16	1.312	1.281	34	33	0.531	0.500	14	13.2	0.781	21	1.312	35	0.03	0.8	0.06	1.5
1.000	24	1.033	1.018	26.5	26	0.750 - 10	M20	1.688	1.656	43	42	0.688	0.656	18	17.2	1.000	27	1.688	46	0.03	0.8	0.06	1.5
1.250	30	1.273	1.258	33	32.5	1.000 - 8	M24	2.062	2.031	53	52	0.938	0.906	23	22.2	1.312	34	2.062	53	0.03	0.8	0.06	1.5
1.500	36	1.523	1.508	39.25	38.75	1.250 - 7	M30	2.500	2.469	64	63	1.188	1.156	28	27.2	1.625	42	2.500	65	0.03	0.8	0.06	1.5
—	42	—	—	46.75	46.25	—	M36	—	—	75	74	—	—	32	30.5	—	48	—	75	—	1	—	2
—	48	—	—	52.5	51.75	—	M42	—	—	85	84	—	—	36	34.5	—	54	—	85	—	1	—	2

① 适合于上述螺母 T 型槽尺寸可在表 7-205 中找到。

② 没有给出“总厚度”或“螺母长度”的公差，因为它们不需要保持在窄的限值。

③ 米制攻螺纹等级和位置公差为 5H。

7.10 铆钉和铆接

7.10.1 铆接接头的设计

1. 铆接的种类和类型

铆接接头可应用在以下几个场合：①压力容器；②结构件；③机器构件。

有关压力容器如锅炉的接头的信息和数据来源，应参考 ASME 锅炉规范等标准。以下内容将只涵盖结构件和机器构件的铆接接头。

铆接接头基本上有两种类型：搭接接头和对接接头。在普通搭接中，是板的相互重叠并由一排或多排铆钉连接在一起。在对接中，被连接的两个板在同一平面内，并通过一个或多个铆钉连接，使其与两个板上的盖板或对接带相连接。术语“单铆钉”是指搭接的一排铆钉或对接一边的一排铆钉；“双铆钉”是指搭接的两排铆钉或对接一边的两排铆钉。接头也有三行和四行铆接。搭接接头也可以用内或外盖板。

2. 铆接接头的一般设计注意事项

在铆接接头的设计规范中要考虑的因素有：接头类型、铆钉间距、铆钉类型和尺寸、孔的类型和尺寸及铆钉材料。

铆钉间距：铆钉中心之间的间距称为行中心线间节距、后节距或横向节距。相邻行之间的铆钉中心距称为对角距。从板的边缘到最近的一排铆钉的中心线的距离称为边缘。

对由几排铆钉组成的铆接的检查表明，在沿接头给定一段距离后，铆钉样式或排列是重复的。对于对接，重复截面的长度通常等于外排铆钉的长距或节距，即距接头边缘最远的一排。对于结构和机械构件的连接，可以通过使板的抗拉强度超过重复段的长度来确定合适的节距，也就是外排铆钉之间的距离等于重复段铆钉的总剪切强度。

在紧固薄板时，保持精确的间距以避免屈曲尤为重要。

铆钉的尺寸和类型：铆钉直径 d 通常下降 $d=1.2\sqrt{t}$和 $d=1.4\sqrt{t}$之间，其中 t 是板的厚度。

孔的尺寸和类型：铆钉孔可能是冲孔的、冲和铰孔结合的或钻孔的。铆钉孔的直径通常比铆钉的公称直径大 1/16in（1.6mm），尽管某些类型的铆钉在低温下工作，但如在自动机器铆接中，孔被扩孔以提供最小的间隙，使铆钉完全填满孔。

当在重型钢板上冲孔时，可能会有相当大的强度损失，除非孔被扩孔以除去其周围的劣质金属。这导致冲孔的直径从 1/16in 增加到 1/8in（1.6 ~ 3.2mm）。退火后的穿孔趋向于恢复孔附近的板的强度。

铆钉材料：用于结构和机械构件目的的铆钉通常由锻铁或软钢制成，但是对于在重量和耐蚀性要求比较高的飞机和其他应用，铜、铝合金、蒙乃尔合金、铬镍铁合金等可用作铆钉材料。

简化设计的假设：在铆接接头的设计中，经常采用简化的处理方法，其中有如下假设。

1）载荷由铆钉均匀地承担。

2）没有作用在铆钉上的导致失效的组合应力。

3）作用在铆钉上的剪切应力均匀地穿过横截面。

4）在单次剪切中导致失效的载荷若增加一倍则将导致双剪切失效。

5）铆钉和板之间的承压应力平均分布在该铆钉的投影面积上。

6）铆钉之间金属部分的拉应力是均匀的。

3. 铆接接头失效

铆钉可能的失效（见图 7-34）：

1）单截面剪切（单剪）。

2）双截面剪切（双剪）。

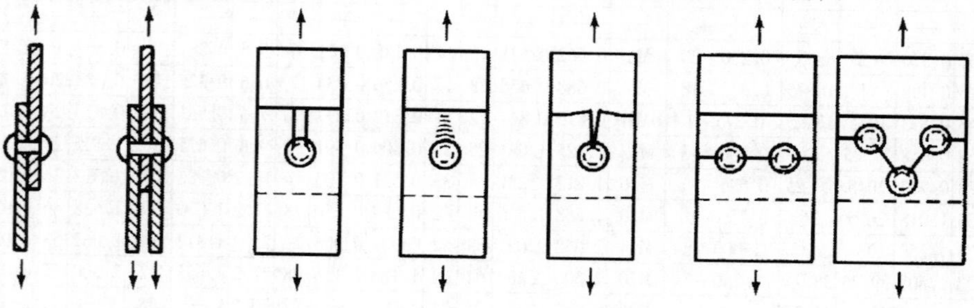

图 7-34 铆钉和板的失效类型

a）单剪切铆钉 b）双剪铆钉 c）剪切板 d）板或铆钉的压溃 e）板缘撕裂 f）铆钉间的撕裂

3）压溃。

板可能的失效（见图7-34）：

1）沿着从铆钉孔的相对侧延伸到板的边缘两条平行线的剪切。

2）从铆钉孔中部到板边缘的单线撕裂。

3）压溃。

4）相邻铆钉（拉伸破坏）在同一排或相邻行之间撕裂。

类型1和2的故障是由铆钉放置得太靠近板的边缘引起的。这些类型的故障是通过将铆钉的中心放置在远离边缘的最小铆钉直径的1.5倍的距离产生的。

当铆钉间距为铆钉直径的4倍或者更少时，由于相邻行铆钉之间的对角线撕裂而导致的失效，通过使横向节距变为铆钉直径的1～3倍来避免。

理论与实际铆接失效：如果假设铆钉被放置在距离板边缘的建议距离，并且是每一行与另一行的建议距离，则接头的失效最有可能由于铆钉的剪切破坏而发生，轴承板或铆钉的破坏（破碎）或板的拉伸破坏，单独或组合，这取决于接头的组成。

实际铆接失效比这更复杂。铆钉不经受纯剪切，特别是在铆钉经受单剪切的搭接接头中。在这种情况下，铆钉将受到拉伸和剪切应力的组合影响，并且由于组合的应力不是单一应力，铆钉将失效。此外，剪切应力通常被认为是在横截面上均匀分布，也不是这样。

通常在冷却时受热铆接的铆钉。铆钉长度的这种收缩将板拉在一起，并在铆钉中产生一个应力，估计其值与铆钉钢的屈服强度相等。铆钉直径的收缩导致铆钉和板之间的孔间有一点间隙。由于铆钉长度的缩小引起的板的紧密度导致在板彼此滑动并使铆钉受到剪切力之前必须克服相当大的摩擦力的情况。设计接头的欧洲惯例是抵抗这种滑倒。然而，已经发现，在美国和英国实践中获得的实力基础设计与欧洲设计并没有太大的不同。

4. 许用应力

铆接接头的设计应力通常由规范、惯例或说明书设定。

美国钢结构研究所发布了建筑结构钢的设计、制造和安装规范，其中结构钢和铆钉的张力许用应力规定为20000lb/ft^2，铆钉的许用承受应力为40000psi双重剪切和单剪切力32000psi，铆钉的许用剪切应力为15000psi。美国机械工程师协会在“锅炉规范”中列出了以下极限应力：拉力为55000psi，剪切为44000psi，压缩或轴承为95000psi。设计应力通常是其中的1/5，即拉伸为11000psi，剪切为8800psi，压缩或轴承为19000psi。在机器设计工作中，通常使用接近这些或稍低的值。

5. 接头强度分析

接头的以下示例和强度分析基于前面概述的6个简化设计假设。

例1：考虑一个12in的单铆钉搭接接头，其厚度为1/4in的板和6个铆钉，直径为5/8in。假设铆钉孔的直径比铆钉大1/16in。在该接头中，通过铆钉将整个载荷从一个板传递到另一个板。每个板和6个铆钉承载整个负载。安全拉伸载荷L和效率η可以通过以下方式确定：剪切力为8500psi，轴承为20000psi，张力为10000psi的设计应力是任意的，假定铆钉通过板到接头的边缘不会撕裂或剪切。

1）铆钉单次剪切的安全拉伸载荷L等于n（铆钉的数量）倍A_r（一个铆钉的横截面积）乘以S_S（许用剪切应力），即

$$L=nA_rS_S=6\times\frac{\pi}{4}\times0.625^2\times8500\text{lb}=15647\text{lb}$$

2）轴承应力的安全拉伸载荷L等于n（铆钉的数量）倍于铆钉A_b（直径乘以板的厚度）乘以S_c（许用承受应力），即

$$L=nA_bS_c=6\times(0.625\times0.25)\times20000\text{lb}=18750\text{lb}$$

3）拉应力的安全载荷L等于A_p（铆钉孔之间的板的净截面积）乘以S_t（许用拉应力），即

$$L=A_pS_t=0.25\times[12-6\times(0.625+0.0625)]\times10000\text{lb}=19688\text{lb}$$

接头的安全拉伸载荷将是刚刚计算的三个载荷或15647lb中的最小值，效率η等于该载荷除以所考虑的板的截面的抗拉强度，或者如果是无孔的，即

$$\eta=\frac{15647}{12\times0.25\times10000}\times100=52.2\%$$

例2：考虑一个12in的双铆钉对接，主板1/2in厚，两个盖板每个5/16in厚。内排有3个铆钉，外侧有2个铆钉，直径为7/8in。假设铆钉孔的直径比铆钉的直径大1/16in。铆钉放置在一个使得主板不会从一个铆钉排向对方撕开，也不会撕裂或不能剪切到它们的边缘。安全拉伸载荷L和效率η可以通过以下方式确定：任意地指定剪切设计应力为8500psi，承载为20000psi，拉伸为10000psi。

1）基于铆钉双重剪切的安全拉伸载荷L等于每铆钉剪切面数乘以n（铆钉数）倍于A_r（一个铆钉的横截面面积）乘以S_S（许用剪切应力），即

$$L=2nA_rS_S=2\times5\times\frac{\pi}{4}\times0.875^2\times8500\text{lb}=51112\text{lb}$$

2）基于承载应力的安全拉伸载荷L等于n（铆钉的数量）倍于铆钉的预计承载面积A_b（直径乘以板的厚度）乘以许用承受应力S_c，即

$$L=nA_bS_c=5\times(0.875\times0.5)\times20000\text{lb}=43750\text{lb}$$

不考虑盖板，因为它们的组合厚度比主板厚度大0.25in。

3）基于拉应力的安全拉伸载荷 L 等于外排中两个铆钉之间的板的净截面面积 A_p 乘以许用拉应力 S_t，即

$$L = A_p S_t = 0.5 \times [12 - 2 \times (0.875 + 0.0625)] \times 10000\text{lb} = 50625\text{lb}$$

在完成分析时，还研究了三孔截面铆钉之间的撕裂负荷与双孔截面中两个铆钉承载的载荷之和。总和是必要的，因为如果连接失效，它必定同时在两个截面失效。双孔截面的两个铆钉可承受的最小安全载荷是基于承载应力（见上述计算）。

1）基于两孔截面的两个铆钉的承载强度的安全拉伸载荷 L。

$$L = nA_b S_c = 2 \times (0.875 \times 0.5) \times 20000\text{lb} = 17500\text{lb}$$

2）基于三孔截面孔间主平板抗拉强度的安全拉伸载荷 L。

$$LA_p S_t = 0.5 \times [12 - 3 \times (0.875 + 0.0625)] \times 10000\text{lb} = 45938\text{lb}$$

基于这种组合的总安全拉伸载荷是：(17500 + 45938) lb = 63438lb，其大于获得的任何其他结果。

接头的安全拉伸载荷将是刚刚计算出的载荷的最小值或者是43750lb，如果是无孔的，效率 η 将等于该载荷除以所考虑的板截面的抗拉强度，即

$$\eta = \frac{43750}{0.5 \times 12 \times 10000} \times 100\% = 72.9\%$$

6. 铆接接头设计公式

通过铆钉（单剪或双剪）剪切破裂，铆钉破碎，撕裂铆钉之间的板，破碎板或通过两种或多种上述原因的组合可能会使铆接失效。放置得靠近板边缘的铆钉可能会将板材撕裂或剪切到边缘，可通过将铆钉的中心距离铆钉直径的1.5倍远离边缘来避免这种类型的故障。

铆接接头的效率等于接头的强度除以未翘曲板的强度，以百分比表示。

在表7-208～表7-213的公式中：d 为孔径，t 为板厚，t_c 为盖板厚度，p 为内排铆钉的间距，P 为外排铆钉的间距，S_S 为铆钉剪应力，S_t 为板材拉应力，S_c 为铆钉或板的压缩或轴承应力。

在接下来的连接实例中，尺寸通常以in为单位，应力以 lb/ft^2 为单位。设计压力通常由规范、惯例或说明书来设定。

表7-208 单铆钉搭接

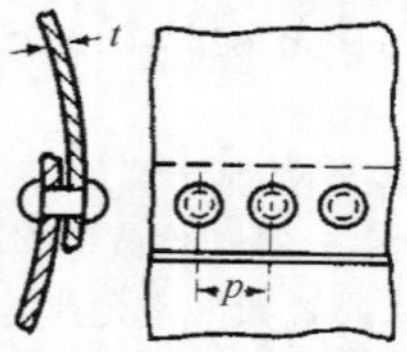	1）铆钉抗剪切力 $= \frac{\pi d^2}{4} S_S$
	2）铆钉间的板抗撕裂力 $= (p - D)tS_t$
	3）铆钉或板材抗破碎力 $= dtS_c$

表7-209 双铆钉搭接

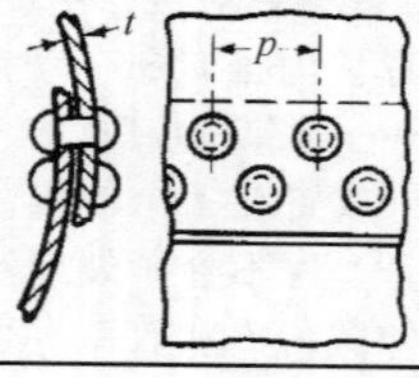	1）铆钉抗剪切力 $= \frac{2\pi d^2}{4} S_S$
	2）铆钉间的板抗撕裂力 $= (p - D)tS_t$
	3）两铆钉前面的抗破碎力 $= 2dtS_c$

表7-210 带内盖的单铆钉搭接

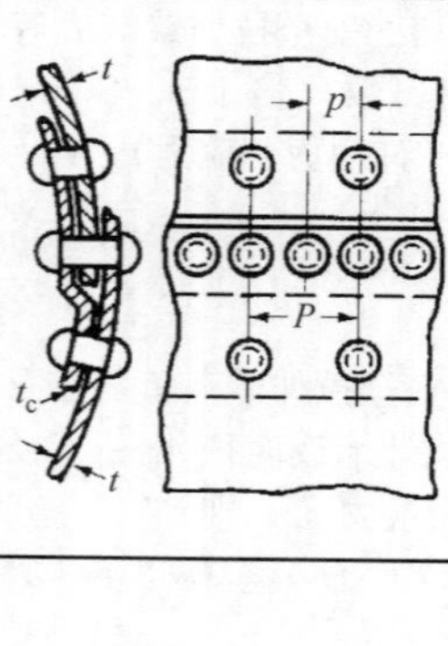	1）外排铆钉间的抗撕裂力 $= (p - D)tS_t$
	2）内排铆钉间的抗撕裂力及外排铆钉间的抗剪切力 $= (P - 2D)tS_t + \frac{\pi d^2}{4} S_S$
	3）三铆钉的抗剪切力 $= \frac{3\pi d^2}{4} S_S$
	4）三铆钉前的抗破碎力 $= 3tdS_c$
	5）内排铆钉的抗撕裂力及外排铆钉前的抗破碎力 $= (P - 2D)tS_t + 3tdS_c$

表 7-211 带内盖的双铆钉搭接

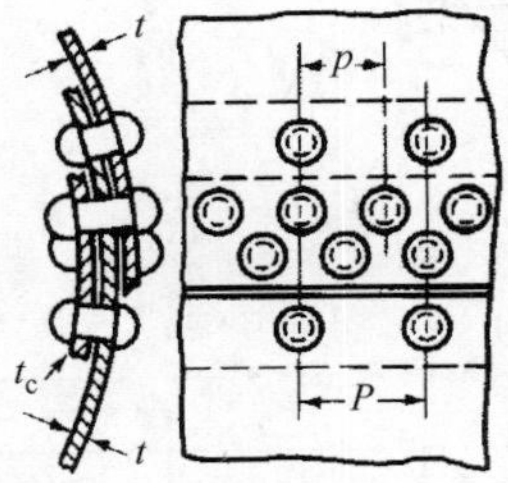	1）外排铆钉的抗撕裂力 $=(P-D)tS_t$
	2）四铆钉的抗剪切力 $=\frac{4\pi d^2}{4}S_S$
	3）内排铆钉的抗剪切力及外排铆钉间的抗撕裂力 $=(P-1\frac{1}{2}D)tS_t+\frac{\pi d^2}{4}S_S$
	4）四铆钉前的抗破碎力 $=4tdS_c$
	5）内铆钉的抗撕裂力及铆钉前的抗破碎力 $=(P-1\frac{1}{2}D)tS_t+tdS_c$

表 7-212 双铆钉对接

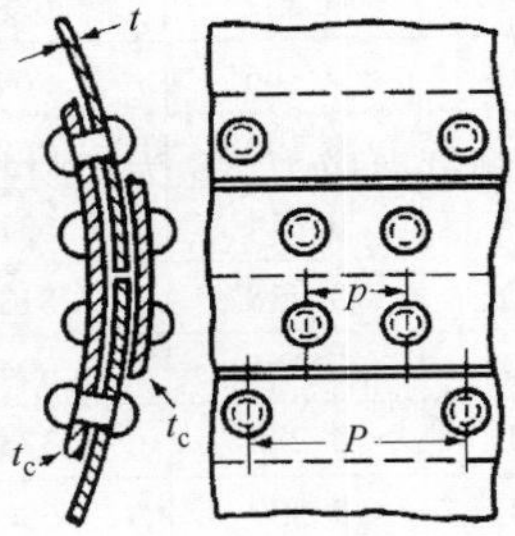	1）外排铆钉的抗撕裂力 $=(P-D)tS_t$
	2）两铆钉的抗单剪切力及双剪切力 $=\frac{5\pi d^2}{4}S_S$
	3）内排铆钉的抗撕裂力、外排铆钉的抗剪切力 $=(P-2D)tS_t+\frac{\pi d^2}{4}S_S$
	4）三铆钉前的抗破碎力 $=3tdS_c$
	5）内排铆钉的抗撕裂力及外排铆钉前的抗破碎力 $=(P-2D)tS_t+tdS_c$

表 7-213 三铆钉对接

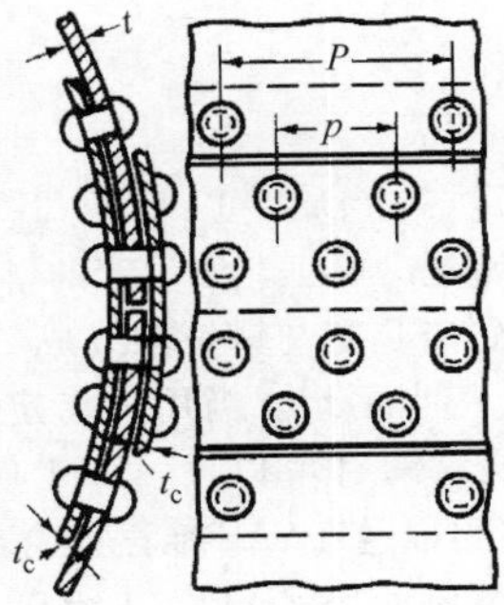	1）外排铆钉的抗撕裂力 $=(P-D)tS_t$
	2）四铆钉的抗单剪切力及双剪切力 $=\frac{9\pi d^2}{4}S_S$
	3）中排铆钉的抗撕裂力及铆钉的抗剪切力 $=(P-2D)tS_t+\frac{\pi d^2}{4}S_S$
	4）四铆钉前的抗破碎力及铆钉的抗剪切力 $=4dtS_c+\frac{\pi d^2}{4}S_S$
	5）五铆钉前的抗破碎力 $=4dtS_c+dt_cS_c$

7.10.2 美国铆钉的国家标准

美国国家标准协会和英国标准机构出版的铆钉标准如下：

1. 美国大型铆钉的国家标准

标准 ANSI B18.1.2-1972（R2006）涵盖了大型铆钉的类型当指定时，可以注意到包括在本标准中的鹅颈铆钉（除了平沉头和椭圆形沉头类型外）可适用于所有标准大型铆钉。还显示了夹持（铆钉头顶具）和铆接工具的外形尺寸。所有标准大铆钉的头部半径均不得超过 0.062in。这些铆钉的长度公差如下：长度为 6in 的，直径为 ½ in 和 ⅝ in（±0.03in）、¾in 和 ⅞in（±0.06in）和 1～1¾in（±0.09in）。对于长度超过 6in 的铆钉，直径为½in 和⅝ in（±0.06in）、¾ in 和⅞ in（±0.12in）和 1～1¾in（±0.19in）。钢铁和锻铁铆钉材料出现在 ASTM 规格 A31、A131、A152 和 A502 中。美国国家标准大型铆钉见表 7-214。

表 7-214 美国国家标准大型铆钉 ANSI B18. 1. 2-1972（R2006）

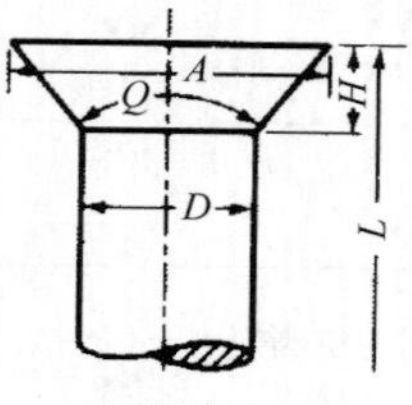

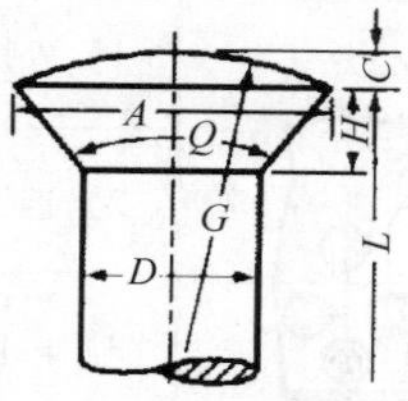

平沉头和椭圆形沉头

体直径①D				头直径②A		头长 H	椭圆冠高	椭圆冠
公称①		最大	最小	最大②	最小③	参考	度①C	半径①G
½	0. 500	0. 520	0. 478	0. 936	0. 872	0. 260	0. 095	1. 125
⅝	0. 625	0. 655	0. 600	1. 194	1. 112	0. 339	0. 119	1. 406
¾	0. 750	0. 780	0. 725	1. 421	1. 322	0. 400	0. 142	1. 688
⅞	0. 875	0. 905	0. 850	1. 647	1. 532	0. 460	0. 166	1. 969
1	1. 000	1. 030	0. 975	1. 873	1. 745	0. 520	0. 190	2. 250
1⅛	1. 125	1. 160	1. 098	2. 114	1. 973	0. 589	0. 214	2. 531
1¼	1. 250	1. 285	1. 233	2. 340	2. 199	0. 650	0. 238	2. 812
1⅜	1. 375	1. 415	1. 345	2. 567	2. 426	0. 710	0. 261	3. 094
1½	1. 500	1. 540	1. 470	2. 793	2. 652	0. 771	0. 285	3. 375
1⅝	1. 625	1. 665	1. 588	3. 019	2. 878	0. 831	0. 309	3. 656
1¾	1. 750	1. 790	1. 713	3. 262	3. 121	0. 901	0. 332	3. 938

① 制造的基本尺寸。以下公式给出了制造形状的基本尺寸：沉头，$A = 1.810D$；$H = 1.192(\max A - D)/2$；头顶夹角 $Q = 78°$。半沉头，$A = 1.810D$；$H = 1.192(\max A - D)/2$；头型夹角度 = 78°。长度 L 的测量应平行于铆钉轴，对沉头类型的铆钉从最外端到与具有头部直径的顶端表面的交点测量。

② 尖头。

③ 对不规则形状的头圆整或平边（头部未加工或修剪）。

2. 美国小型实心铆钉的国家标准

标准 ANSI/ASME B18. 1. 1-1972（R2006）涵盖的铆钉类型为小型实心铆钉。此外，该标准给出了用于安装固定刀片和割草机切割杆护套的60°平顶沉头铆钉的尺寸，但这些没有显示。由于标准铆钉的头部没有加工或修剪，所以圆周可能有些不规则，边缘可能是圆形或平坦的。沉头铆钉的头部下面有一定的圆角，其半径不应超过最大端直径的10%或0. 03in（以较小者为准）。关于头尺寸，表7-215中显示的公差适用于通过常规冷镦工艺所生产的铆钉。除非另有说明，否则铆钉应具有与铆钉轴线成2°以内的平直剪切端，并且相当平坦。当用户指定时，铆钉可能具有标准标头。铆钉可以由 ASTM 规格 A31，A 级钢制成；或者可以遵守 SAE 推荐实践，无螺纹紧固件的机械和化学要求 SAEJ430，等级 0，当规定铆钉可以由其他材料制成。

表 7-215 成形圆头和沉头铆钉的长度①

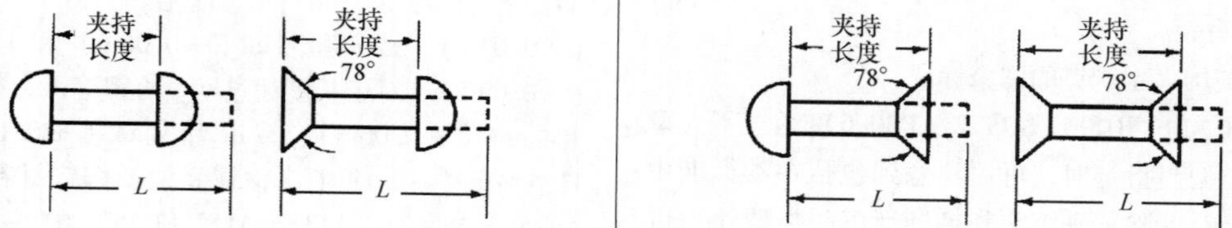

（续）

	成形圆头								成形沉头						
	铆钉直径/in								铆钉直径/in						
	½	⅝	¾	⅞	1	1⅛	1¼		½	⅝	¾	⅞	1	1⅛	1¼
	铆钉长度/in								铆钉长度/in						
½	1⅝	1⅞	1⅞	2	2⅛	—	—	½	1	1	1	1¼	1¼	—	—
⅝	1¾	2	2	2⅛	2¼	—	—	⅝	1⅛	1⅛	1¼	1⅜	1⅜	—	—
¾	1⅞	2⅛	2⅛	2¼	2⅜	—	—	¾	1⅜	1⅜	1⅜	1½	1½	—	—
⅞	2	2¼	2¼	2⅜	2½	—	—	⅞	1½	1½	1½	1⅝	1⅝	—	—
1	2¼	2⅜	2⅜	2½	2⅝	2¾	2⅞	1	1⅝	1⅝	1⅝	1¾	1¾	1⅞	1⅞
1⅛	2⅜	2½	2½	2⅝	2¾	2⅞	3	1⅛	1¾	1¾	1⅞	1⅞	1⅞	2	2
1¼	2½	2⅝	2⅝	2¾	2⅞	3	3⅛	1¼	2	2	2	2	2	2⅛	2⅛
1⅜	2⅝	2¾	2¾	2⅞	3	3⅛	3¼	1⅜	2⅛	2⅛	2⅛	2¼	2¼	2⅜	2⅜
1½	2⅞	3	3	3⅛	3¼	3⅜	3½	1½	2¼	2¼	2¼	2⅜	2⅜	2½	2½
1⅝	3	3⅛	3⅛	3¼	3⅜	3½	3½	1⅝	2⅜	2⅜	2⅜	2½	2½	2⅝	2⅝
1¾	3⅛	3¼	3¼	3½	3⅝	3¾	3¾	1¾	2⅝	2⅝	2⅝	2⅝	2⅝	2¾	2¾
1⅞	3¼	3⅜	3⅜	3⅝	3¾	3⅞	3⅞	1⅞	2¾	2¾	2¾	2¾	2¾	2⅞	2⅞
2	3½	3½	3⅝	3¾	3⅞	4	4	2	2⅞	2⅞	2⅞	2⅞	2⅞	3	3
2⅛	3⅝	3⅝	3¾	3⅞	4	4⅛	4⅛	2⅛	3⅛	3	3	3	3	3⅛	3⅛
2¼	3¾	3⅞	3⅞	4	4⅛	4¼	4¼	2¼	3¼	3⅛	3⅛	3⅛	3¼	3¼	3¼
2⅜	4	4	4	4⅛	4¼	4⅜	4⅜	2⅜	3⅜	3⅜	3⅜	3⅜	3⅜	3⅜	3⅜
2½	4⅛	4⅛	4⅛	4¼	4⅜	4½	4½	2½	3½	3½	3½	3½	3½	3⅝	3⅝
2⅝	4¼	4¼	4¼	4⅜	4½	4⅝	4⅝	2⅝	3¾	3⅝	3⅝	3⅝	3⅝	3¾	3¾
2¾	4⅜	4⅜	4⅜	4½	4⅝	4¾	4¾	2¾	3⅞	3¾	3¾	3¾	3¾	3⅞	3⅞
2⅞	4⅝	4⅝	4⅝	4⅝	4¾	4⅞	5	2⅞	4	3⅞	3⅞	3⅞	3⅞	4	4
3	—	4¾	4¾	4⅞	5	5	5⅛	3	—	4⅛	4⅛	4⅛	4⅛	4⅛	4⅛
3⅛	—	4⅞	4⅞	5	5⅛	5¼	5¼	3⅛	—	4¼	4¼	4¼	4¼	4¼	4¼
3¼	—	5	5	5⅛	5¼	5⅜	5⅜	3¼	—	4⅜	4⅜	4⅜	4⅜	4⅜	4⅜
3⅜	—	5⅛	5⅛	5¼	5⅜	5½	5½	3⅜	—	4½	4½	4½	4½	4½	4½
3½	—	5⅜	5⅜	5⅜	5½	5⅝	5⅝	3½	—	4⅝	4⅝	4⅝	4⅝	4⅝	4⅝
3⅝	—	5½	5½	5½	5⅝	5¾	5¾	3⅝	—	4¾	4¾	4¾	4¾	4⅞	4⅞
3¾	—	5⅝	5⅝	5⅝	5¾	5⅞	5⅞	3¾	—	5	5	5	5	5	5
3⅞	—	5¾	5¾	5¾	5⅞	6	6	3⅞	—	5⅛	5⅛	5⅛	5⅛	5⅛	5⅛
4	—	—	5⅞	6	6	6⅛	6¼	4	—	—	5¼	5¼	5¼	5¼	5¼
4⅛	—	—	6	6⅛	6¼	6⅜	6⅜	4⅛	—	—	5⅜	5⅜	5⅜	5⅜	5⅜
4¼	—	—	6⅛	6¼	6½	6½	6½	4¼	—	—	5½	5½	5½	5½	5½
4⅜	—	—	6⅜	6½	6½	6⅝	6⅝	4⅜	—	—	5⅝	5⅝	5⅝	5⅝	5⅝
4½	—	—	6½	6⅝	6⅝	6¾	6¾	4½	—	—	5¾	5¾	5¾	5¾	5¾
4⅝	—	—	6⅝	6¾	6¾	6¾	6⅞	4⅝	—	—	6	6	6	6	6
4¾	—	—	6¾	6⅞	6⅞	7	7	4¾	—	—	6⅛	6⅛	6⅛	6⅛	6⅛
4⅞	—	—	6⅞	7	7	7⅛	7⅛	4⅞	—	—	6¼	6¼	6¼	6¼	6¼
5	—	—	—	7⅛	7⅛	7¼	7¼	5	—	—	—	6⅜	6⅜	6⅜	6⅜
5⅛	—	—	—	7¼	7¼	7⅜	5⅜	5⅛	—	—	—	6½	6½	6½	6½
5¼	—	—	—	7⅜	7⅜	7½	7½	5¼	—	—	—	6⅝	6⅝	6⅝	6⅝
5⅜	—	—	—	7⅝	7⅝	7¾	7⅝	5⅜	—	—	—	6¾	6¾	6¾	6¾
5½	—	—	—	7¾	7¾	7⅞	7⅞	5½	—	—	—	6⅞	6⅞	6⅞	6⅞
5⅝	—	—	—	7⅞	7⅞	8	8	5⅝	—	—	—	7	7	7	7
5¾	—	—	—	8	8	8⅛	8⅛	5¾	—	—	—	7¼	7¼	7¼	7¼
5⅞	—	—	—	8⅛	8⅛	8¼	8¼	5⅞	—	—	—	7⅜	7⅜	7⅜	7⅜

① 由美国钢结构研究所给出。值可能与各个制造商的标准做法不同，应根据制造商的标准进行检查。

ANSI/ASME B18.1.3M-1983（R2001），米制小型实心铆钉，提供具有米制尺寸的平坦、圆形和平坦沉头的小型实心铆钉的数据。主要的铆钉系列的体积直径，单位为 mm，分别为 1.6、2、2.5、3、4、5、6、8、10 和 12 二级系列（非优选），其尺寸为 1mm、1.2mm、1.4mm、3.5mm、7mm、9mm 和 11mm。

美国国家标准大型铆钉见表 7-216，表 7-217，美国国家标准夹持（铆顶杆）和铆钉工具的尺寸见表 7-218。美国国家标准小型实心铆钉见表 7-219，铜铆钉见表 7-220，美国国家标准小型实心铆钉见表 7-221 ~ 表 7-223。

表 7-216　美国国家标准大型铆钉 ANSI B18.1.2-1972（R2006）

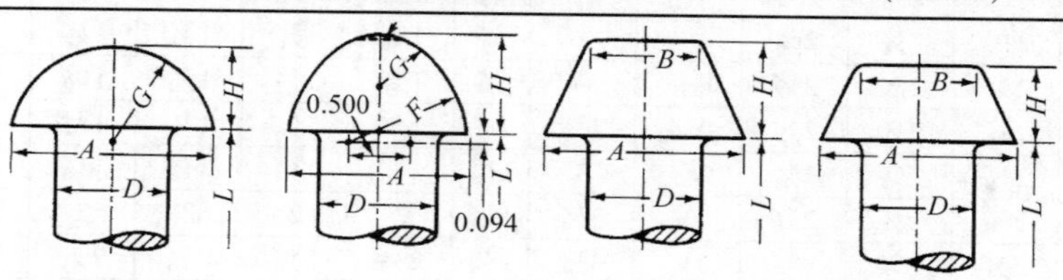

半圆头　　高半圆头　　锥头　　盘头

杆的公称直径 D①	头部直径 A		高 H		头部直径 A		高 H	
	制成式②	锤击式③	制成式②	锤击式③	制成式②	锤击式③	制成式②④	锤击式③④
	半圆头				高半圆头（橡子）			
½	0.875	0.922	0.375	0.344	0.781	0.875	0.500	0.375
⅝	1.094	1.141	0.469	0.438	0.969	1.062	0.594	0.453
¾	1.312	1.375	0.562	0.516	1.156	1.250	0.688	0.531
⅞	1.531	1.594	0.656	0.609	1.344	1.438	0.781	0.609
1	1.750	1.828	0.750	0.688	1.531	1.625	0.875	0.688
1⅛	1.969	2.062	0.844	0.781	1.719	1.812	0.969	0.766
1¼	2.188	2.281	0.938	0.859	1.906	2.000	1.062	0.844
1⅜	2.406	2.516	1.031	0.953	2.094	2.188	1.156	0.938
1½	2.625	2.734	1.125	1.031	2.281	2.375	1.250	1.000
1⅝	2.844	2.969	1.219	1.125	2.469	2.562	1.344	1.094
1¾	3.062	3.203	1.312	1.203	2.656	2.750	1.438	1.172
	锥头				盘头			
½	0.875	0.922	0.438	0.406	0.800	0.844	0.350	0.328
⅝	1.094	1.141	0.547	0.516	1.000	1.407	0.438	0.406
¾	1.312	1.375	0.656	0.625	1.200	1.266	0.525	0.484
⅞	1.531	1.594	0.766	0.719	1.400	1.469	0.612	0.578
1	1.750	1.828	0.875	0.828	1.600	1.687	0.700	0.656
1⅛	1.969	2.062	0.984	0.938	1.800	1.891	0.788	0.734
1¼	2.188	2.281	1.094	1.031	2.000	2.094	0.875	0.812
1⅜	2.406	2.516	1.203	1.141	2.200	2.312	0.962	0.906
1½	2.625	2.734	1.312	1.250	2.400	2.516	1.050	0.984
1⅝	2.844	2.969	1.422	1.344	2.600	2.734	1.138	1.062
1¾	3.062	3.203	1.531	1.453	2.800	2.938	1.225	1.141

① 杆直径的尺寸大小等于 ±½in（公差为 +0.020，−0.022）。尺寸大小等于⅝ ~ 1in（公差为 +0.030，−0.025），包括尺寸大小等于 1⅛in 和 1¼in（公差为 +0.035，−0.027）。尺寸大小等于 1⅜in 和 1½in（公差为 +0.040，−0.030）。尺寸大小等于 1⅝in 和 1¾in（公差为 +0.040，−0.037）。

② 制成头的基本尺寸。所有尺寸均以 in 为单位。以下公式给出了制造形状的基本尺寸：半圆头，$A = 1.750D$，$H = 0.750D$，$G = 0.885D$。高半圆头，$A = 1.500D + 0.031$，$H = 0.750D + 0.125$，$F = 0.750D + 0.281$，$G = 0.750D - 0.281$。锥头，$A = 1.750D$，$B = 0.938D$，$H = 0.875D$。盘头，$A = 1.600D$，$B = 1.000D$，$H = 0.700D$。长度 L 平行于铆钉轴测量，对沉头类型的铆钉从最外端到与具有头部直径的顶端表面的交点测量。

③ 制成式头型锤击后的尺寸以及锤击式头型尺寸。

④ 在指定的头部高度公差范围内允许轻微变动。

表 7-217　美国国家标准大型铆钉 ANSI B18. 1. 2-1972（R2006）

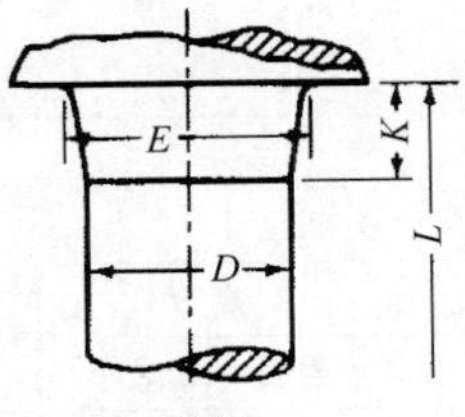

鹅颈

鹅颈①						
杆直径 D				头下直径 E		颈长 K②
公称②		最大	最小	最大（基本）	最小	
½	0. 500	0. 520	0. 478	0. 563	0. 543	0. 250
⅝	0. 625	0. 655	0. 600	0. 688	0. 658	0. 312
¾	0. 750	0. 780	0. 725	0. 813	0. 783	0. 375
⅞	0. 875	0. 905	0. 850	0. 938	0. 908	0. 438
1	1. 000	1. 030	0. 975	1. 063	1. 033	0. 500
1⅛	1. 125	1. 160	1. 098	1. 188	1. 153	0. 562
1¼	1. 250	1. 285	1. 223	1. 313	1. 278	0. 625
1⅜	1. 375	1. 415	1. 345	1. 438	1. 398	0. 688
1½	1. 500	1. 540	1. 470	1. 563	1. 523	0. 750
1⅝	1. 625	1. 665	1. 588	1. 688	1. 648	0. 812
1¾	1. 750	1. 790	1. 713	1. 813	1. 773	0. 875

① 鹅颈适用于所有标准形式的大型铆钉，除了平顶埋头孔和半沉头类型。

② 所有尺寸均以 in 为单位。以下公式给出了制造形状的基本尺寸：鹅颈，$E = D + 0.063$，$K = 0.500D$。长度 L 平行于铆钉轴线测量，对于平面承压头类型的铆钉从铆钉的最终端到承压面平面测量。基本尺寸如制造确定。

表 7-218　美国国家标准夹持（铆顶杆）和铆钉工具的尺寸 ANSI B18. 1. 2-1972（R2006）

（单位：in）

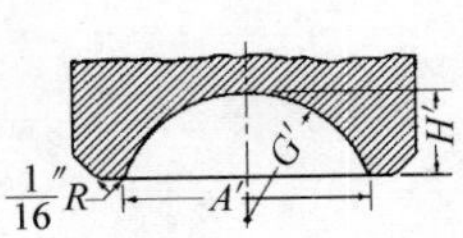

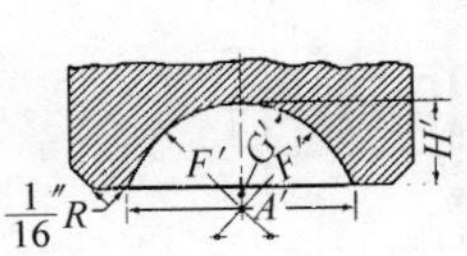

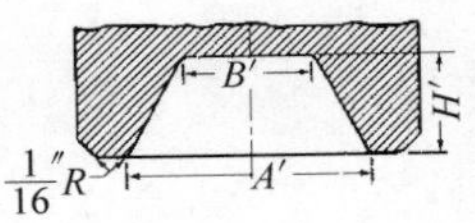

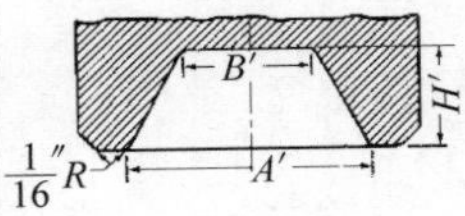

铆杆直径	半圆头			高半圆头				锥头			盘头		
	A'	H'	G'	A'	H'	F'	G'	A'	B'	H'	A'	B'	H'
½	0. 906	0. 312	0. 484	0. 859	0. 344	0. 562	0. 375	0. 891	0. 469	0. 391	0. 812	0. 500	0. 297
⅝	1. 125	0. 406	0. 594	1. 047	0. 422	0. 672	0. 453	1. 109	0. 594	0. 484	1. 031	0. 625	0. 375
¾	1. 344	0. 484	0. 719	1. 234	0. 500	0. 797	0. 531	1. 328	0. 703	0. 578	1. 234	0. 750	0. 453
⅞	1. 578	0. 562	0. 844	1. 422	0. 578	0. 922	0. 609	1. 562	0. 828	0. 688	1. 438	0. 875	0. 531
1	1. 812	0. 641	0. 953	1. 609	0. 656	1. 031	0. 688	1. 781	0. 938	0. 781	1. 641	1. 000	0. 609
1⅛	2. 031	0. 719	1. 078	1. 797	0. 719	1. 156	0. 766	2. 000	1. 063	0. 875	1. 844	1. 125	0. 688
1¼	2. 250	0. 797	1. 188	1. 984	0. 797	1. 266	0. 844	2. 219	1. 172	0. 969	2. 047	1. 250	0. 766
1⅜	2. 469	0. 875	1. 312	2. 172	0. 875	1. 406	0. 938	2. 453	1. 297	1. 078	2. 250	1. 375	0. 844
1½	2. 703	0. 953	1. 438	2. 344	0. 953	1. 500	1. 000	2. 672	1. 406	1. 172	2. 453	1. 500	0. 906
1⅝	2. 922	1. 047	1. 547	2. 531	1. 031	1. 641	1. 094	2. 891	1. 531	1. 266	2. 656	1. 625	0. 984
1¾	3. 156	1. 125	1. 672	2. 719	1. 109	1. 750	1. 172	3. 109	1. 641	1. 375	2. 875	1. 750	1. 063

表 7-219 美国国家标准小型实心铆钉 ANSI/ASME B18.1.1-1972（R2006）（单位：in）

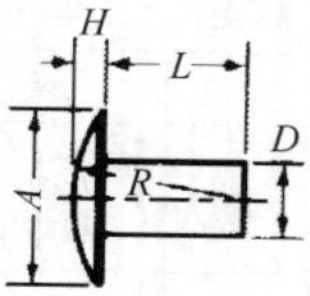

大圆头铆钉

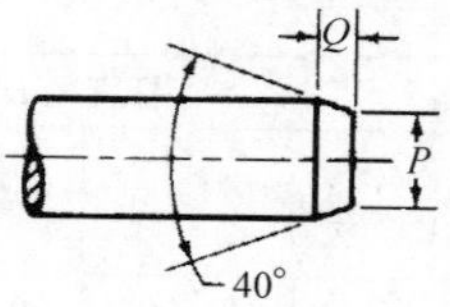

$P=0.818D$

$Q=0.25D$

端头尺寸

大圆头铆钉①

杆的公称直径②D		头部尺寸 直径A 最大	直径A 最小	高H 最大	高H 最小	半径R 近似	柄的公称直径②D		头部尺寸 直径A 最大	直径A 最小	高H 最大	高H 最小	半径R 近似
3/32	0.094	0.226	0.206	0.038	0.026	0.239	9/32	0.281	0.661	0.631	0.103	0.085	0.706
1/8	0.125	0.297	0.277	0.048	0.036	0.314	5/16	0.312	0.732	0.702	0.113	0.095	0.784
5/32	0.156	0.368	0.348	0.059	0.045	0.392	11/32	0.344	0.806	0.776	0.124	0.104	0.862
3/16	0.188	0.442	0.422	0.069	0.055	0.470	3/8	0.375	0.878	0.848	0.135	0.115	0.942
7/32	0.219	0.515	0.495	0.080	0.066	0.555	13/32	0.406	0.949	0.919	0.145	0.123	1.028
1/4	0.250	0.590	0.560	0.091	0.075	0.628	7/16	0.438	1.020	0.990	0.157	0.135	1.098

① 铆钉的长度公差为 ±0.016in。铆钉大致比例：$A=2.300D$，$H=0.330D$，$R=2.512D$。

② 杆的公称直径以 in 为单位给出以下体直径范围：3/32 ~ 5/32（+0.002，－0.004）；3/16 ~ 1/4（+0.003，－0.006）；9/32 ~ 11/32（+0.004，－0.008）；3/8 ~ 7/16（+0.005，－0.010）。

表 7-220 铜铆钉

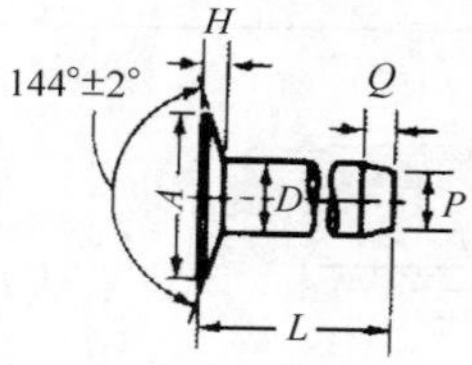

铜铆钉

铜铆钉

规格号①	杆直径D 最大	杆直径D 最小	头部直径A 最大	头部直径A 最小	头部高H 最大	头部高H 最小	端头尺寸② 直径P 标准	端头尺寸② 长度Q 标准	长度L 最大	长度L 最小
1lb	0.111	0.105	0.291	0.271	0.045	0.031	无端头		0.249	0.219
1¼ lb	0.122	0.116	0.324	0.302	0.050	0.036	无端头		0.285	0.255
1½ lb	0.132	0.126	0.324	0.302	0.050	0.036	无端头		0.285	0.255
1¾ lb	0.136	0.130	0.324	0.302	0.052	0.034	无端头		0.318	0.284
2 lb	0.142	0.136	0.355	0.333	0.056	0.038	无端头		0.322	0.288
3 lb	0.158	0.152	0.386	0.364	0.058	0.040	0.123	0.062	0.387	0.353
4 lb	0.168	0.159	0.388	0.362	0.058	0.040	0.130	0.062	0.418	0.388
5 lb	0.183	0.174	0.419	0.393	0.060	0.045	0.144	0.062	0.454	0.420
6 lb	0.206	0.197	0.482	0.056	0.073	0.051	0.160	0.094	0.498	0.457
7 lb	0.223	0.214	0.513	0.487	0.076	0.054	0.175	0.094	0.561	0.523
8 lb	0.241	0.232	0.546	0.516	0.081	0.059	0.182	0.094	0.597	0.559

（续）

规格号①	杆直径 D		头部直径 A		头部高 H		端头尺寸②		长度 L	
							直径 P	长度 Q		
	最大	最小	最大	最小	最大	最小	标准	标准	最大	最小
9 lb	0. 248	0. 239	0. 578	0. 548	0. 085	0. 063	0. 197	0. 094	0. 601	0. 563
10 lb	0. 253	0. 244	0. 578	0. 548	0. 085	0. 063	0. 197	0. 094	0. 632	0. 594
12 lb	0. 263	0. 251	0. 580	0. 546	0. 086	0. 060	0. 214	0. 094	0. 633	0. 575
14 lb	0. 275	0. 263	0. 611	0. 577	0. 091	0. 065	0. 223	0. 094	0. 670	0. 612
16 lb	0. 285	0. 273	0. 611	0. 577	0. 089	0. 063	0. 223	0. 094	0. 699	0. 641
18 lb	0. 285	0. 273	0. 642	0. 608	0. 108	0. 082	0. 230	0. 125	0. 749	0. 691
20 lb	0. 316	0. 304	0. 705	0. 671	0. 128	0. 102	0. 250	0. 125	0. 769	0. 711
3/8 in	0. 380	0. 365	0. 800	0. 762	0. 136	0. 106	0. 312	0. 125	0. 840	0. 778

① 所有尺寸以 in 为单位，除非另有说明。以 lb 为单位的规格号是以 1000 个铆钉的大约重量为参考的。

② 当指定了美国国家标准小实心铆钉就可能得到有端头的铆钉。

表 7-221 美国国家标准小型实心铆钉 ANSI/ASME B18. 1. 1-1972（R2006）

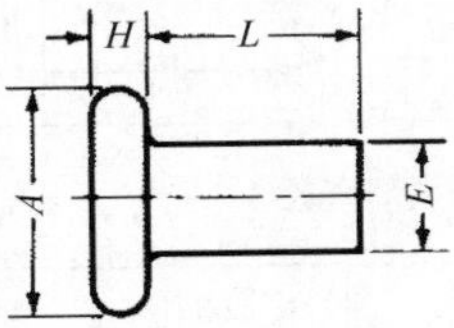

锡铆钉

规格号①	杆直径 E		头部直径 A		头部高 H		长度 L		
	最大	最小	最大	最小	最大	最小	标准	最大	最小
6 oz	0. 081	0. 075	0. 213	0. 193	0. 028	0. 016	1/8	0. 135	0. 115
8 oz	0. 091	0. 085	0. 225	0. 205	0. 036	0. 024	5/32	0. 166	0. 146
10 oz	0. 097	0. 091	0. 250	0. 230	0. 037	0. 025	11/64	0. 182	0. 162
12 oz	0. 107	0. 101	0. 265	0. 245	0. 037	0. 025	3/16	0. 198	0. 178
14 oz	0. 111	0. 105	0. 275	0. 255	0. 038	0. 026	3/16	0. 198	0. 178
1 lb	0. 113	0. 107	0. 285	0. 265	0. 040	0. 028	13/64	0. 213	0. 193
1 1/4 lb	0. 122	0. 116	0. 295	0. 275	0. 045	0. 033	7/32	0. 229	0. 209
1 1/2 lb	0. 132	0. 126	0. 316	0. 294	0. 046	0. 034	15/64	0. 244	0. 224
1 3/4 lb	0. 136	0. 130	0. 331	0. 309	0. 049	0. 035	1/4	0. 260	0. 240
2 lb	0. 146	0. 140	0. 341	0. 319	0. 050	0. 036	17/64	0. 276	0. 256
2 1/2 lb	0. 150	0. 144	0. 311	0. 289	0. 069	0. 055	9/32	0. 291	0. 271
3 lb	0. 163	0. 154	0. 329	0. 303	0. 073	0. 059	5/16	0. 323	0. 303
3 1/2 lb	0. 168	0. 159	0. 348	0. 322	0. 074	0. 060	21/64	0. 338	0. 318
4 lb	0. 179	0. 170	0. 368	0. 342	0. 076	0. 062	11/32	0. 354	0. 334
5 lb	0. 190	0. 181	0. 388	0. 362	0. 084	0. 070	3/8	0. 385	0. 365
6 lb	0. 206	0. 197	0. 419	0. 393	0. 090	0. 076	25/64	0. 401	0. 381
7 lb	0. 223	0. 214	0. 431	0. 405	0. 094	0. 080	13/32	0. 416	0. 396
8 lb	0. 227	0. 218	0. 475	0. 445	0. 101	0. 085	7/16	0. 448	0. 428
9 lb	0. 241	0. 232	0. 490	0. 460	0. 103	0. 087	29/64	0. 463	0. 443
10 lb	0. 241	0. 232	0. 505	0. 475	0. 104	0. 088	15/32	0. 479	0. 459

7

（续）

锡铆钉									
规格号①	杆直径 *E*		头部直径 *A*		头部高 *H*		长度 *L*		
	最大	最小	最大	最小	最大	最小	标准	最大	最小
12 lb	0.263	0.251	0.532	0.498	0.108	0.090	1/2	0.510	0.490
14 lb	0.288	0.276	0.577	0.543	0.113	0.095	33/64	0.525	0.505
16 lb	0.304	0.292	0.597	0.563	0.128	0.110	17/32	0.541	0.521
18 lb	0.347	0.335	0.706	0.668	0.156	0.136	19/32	0.603	0.583

① 所有尺寸以 in 为单位。以 lb 为单位的规格号是以 1000 个铆钉的大约重量为参考的。

表 7-222 皮带铆钉 （单位：in）

皮带铆钉①

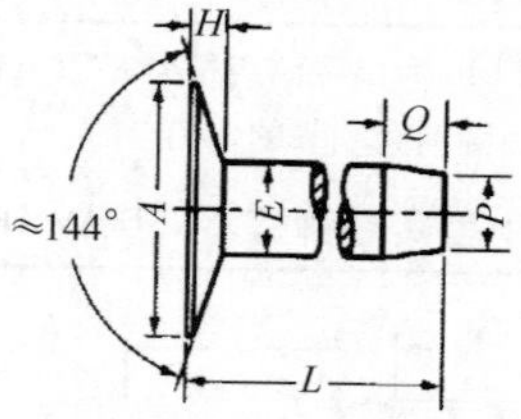

规格号②	杆直径 *E*		头部直径 *A*		头部高 *H*		端头尺寸③	
							直径 *P*	长度 *Q*
	最大	最小	最大	最小	最大	最小	标准	标准
14	0.085	0.079	0.260	0.240	0.042	0.030	0.065	0.078
13	0.097	0.091	0.322	0.032	0.051	0.039	0.073	0.078
12	0.111	0.105	0.353	0.333	0.054	0.040	0.083	0.078
11	0.122	0.116	0.383	0.363	0.059	0.045	0.097	0.078
10	0.136	0.130	0.417	0.395	0.065	0.047	0.109	0.094
9	0.150	0.144	0.448	0.426	0.069	0.051	0.122	0.094
8	0.167	0.161	0.481	0.455	0.072	0.054	0.135	0.094
7	0.183	0.174	0.513	0.487	0.075	0.056	0.151	0.125
6	0.206	0.197	0.606	0.580	0.090	0.068	0.165	0.125
5	0.223	0.214	0.700	0.674	0.105	0.083	0.185	0.125
4	0.241	0.232	0.921	0.893	0.138	0.116	0.204	0.141

① 皮带铆钉的长度公差为（+0.031，0）in。

② 规格号参考用在铆钉杆上的货物的斯塔伯线号规。

③ 美国国家标准小型实心铆钉可能包含有也可能没有端头。

7.10.3 英国标准铆钉

1. 一般工程用英国标准铆钉

在以 ISO 建议的 ISO/R1051 为基础的英国标准 BS 4620：1970 中给出了用于一般工程用途的铆钉尺寸单位。14mm 及以上的铆钉尺寸取自德国 DIN 124 钢结构圆头铆钉标准中。头部的形状只限于在英国普遍使用的形状。表 7-224 为铆钉长度的暂定范围。铆钉由低温钢、铜、黄铜、纯铝、铝合金或其他合适的金属制成。规定要求铆钉头下方部分的半径应满足其能够顺利地进入头部和柄部的表面，并且中间没有阻碍。

在表 7-224 和表 7-225 中，适用以下定义：①公称直径：杆的直径；②除了沉头或者半沉头铆钉以外的铆钉的公称长度：从头部的下侧到杆的末端的长度；③沉头和半沉头铆钉的公称长度：平行于铆钉轴线测量的从头部周边到铆钉末端的距离；④制成式头部：制造商直接出品的铆钉头。

表 7-223 美国国家标准小型实心铆钉 ANSI/ASME B18. 1. 1－1972（R2006） （单位：in）

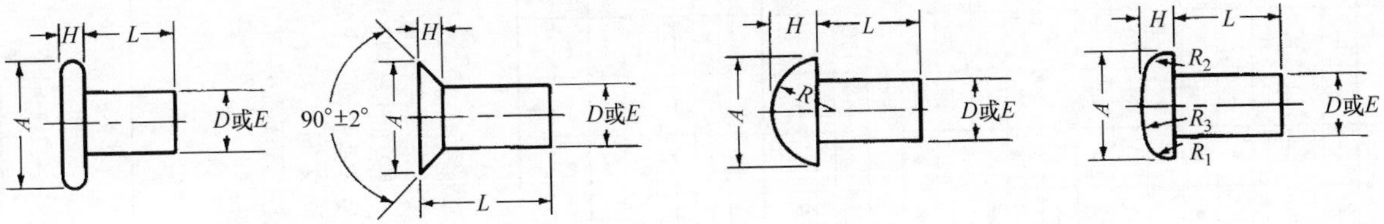

杆直径				平头①				平顶沉头①			半圆头①					盘头①						
				头尺寸																		
D		E		直径 A		高度 H		直径 A 尖锐边		参考高度②	直径 A		高度 H		半径 R	直径 A		高度 H		半径 R_1	半径 R_2	半径 R_3
标准		最大	最小	最大	最小	最大	最小	最大③	最小④	H	最大	最小	最大	最小	近似	最大	最小	最大	最小	近似		
1/16	0. 062	0. 064	0. 059	0. 140	0. 120	0. 027	0. 017	0. 118	0. 110	0. 027	0. 122	0. 102	0. 052	0. 042	0. 055	0. 118	0. 098	0. 040	0. 030	0. 019	0. 052	0. 217
3/32	0. 094	0. 096	0. 090	0. 200	0. 180	0. 038	0. 026	0. 176	0. 163	0. 040	0. 182	0. 162	0. 077	0. 065	0. 084	0. 173	0. 153	0. 060	0. 048	0. 030	0. 080	0. 326
1/8	0. 125	0. 127	0. 121	0. 260	0. 240	0. 048	0. 036	0. 235	0. 217	0. 053	0. 235	0. 215	0. 100	0. 088	0. 111	0. 225	0. 205	0. 078	0. 066	0. 039	0. 106	0. 429
5/32	0. 156	0. 158	0. 152	0. 323	0. 301	0. 059	0. 045	0. 293	0. 272	0. 066	0. 290	0. 268	0. 124	0. 110	0. 138	0. 279	0. 257	0. 096	0. 082	0. 049	0. 133	0. 535
3/16	0. 188	0. 191	0. 182	0. 387	0. 361	0. 069	0. 055	0. 351	0. 326	0. 079	0. 348	0. 322	0. 147	0. 133	0. 166	0. 334	0. 308	0. 114	0. 100	0. 059	0. 159	0. 641
7/32	0. 219	0. 222	0. 213	0. 453	0. 427	0. 080	0. 065	0. 413	0. 384	0. 094	0. 405	0. 379	0. 172	0. 158	0. 195	0. 391	0. 365	0. 133	0. 119	0. 069	0. 186	0. 754
1/4	0. 250	0. 253	0. 244	0. 515	0. 485	0. 091	0. 075	0. 469	0. 437	0. 106	0. 460	0. 430	0. 196	0. 180	0. 221	0. 444	0. 414	0. 151	0. 135	0. 079	0. 213	0. 858
9/32	0. 281	0. 285	0. 273	0. 579	0. 545	0. 103	0. 085	0. 528	0. 491	0. 119	0. 518	0. 484	0. 220	0. 202	0. 249	0. 499	0. 465	0. 170	0. 152	0. 088	0. 239	0. 963
5/16	0. 312	0. 316	0. 304	0. 641	0. 607	0. 113	0. 095	0. 588	0. 547	0. 133	0. 572	0. 538	0. 243	0. 225	0. 276	0. 552	0. 518	0. 187	0. 169	0. 098	0. 266	1. 070
11/32	0. 344	0. 348	0. 336	0. 705	0. 667	0. 124	0. 104	0. 646	0. 602	0. 146	0. 630	0. 592	0. 267	0. 247	0. 304	0. 608	0. 570	0. 206	0. 186	0. 108	0. 292	1. 176
3/8	0. 375	0. 380	0. 365	0. 769	0. 731	0. 135	0. 115	0. 704	0. 656	0. 159	0. 684	0. 646	0. 291	0. 271	0. 332	0. 663	0. 625	0. 225	0. 205	0. 118	0. 319	1. 286
13/32	0. 406	0. 411	0. 396	0. 834	0. 790	0. 146	0. 124	0. 763	0. 710	0. 172	0. 743	0. 699	0. 316	0. 294	0. 358	0. 719	0. 675	0. 243	0. 221	0. 127	0. 345	1. 392
7/16	0. 438	0. 443	0. 428	0. 896	0. 852	0. 157	0. 135	0. 823	0. 765	0. 186	0. 798	0. 754	0. 339	0. 317	0. 387	0. 772	0. 728	0. 261	0. 239	0. 137	0. 372	1. 500

① 所有铆钉的长度公差为 0. 016in。铆钉的近似比例：平头，$A=2.00D$，$H=0.33D$；平顶沉头，$A=1.850D$，$H=0.425D$；半圆头，$A=1.750D$，$H=0.750D$，$R=0.885D$；盘头，$A=1.720D$，$H=0.570D$，$R_1=0.314D$，$R_2=0.850D$，$R_3=3.430D$。可以获得有或没有端头的 ANSI 小实心铆钉。

② 仅供参考。该尺寸的变化由头部和杆的直径以及头部夹角控制。

③ 以铆钉的基本直径计算出的最大值，92°夹角延伸到尖锐的边缘。

④ 最小值圆整或对不规则形状的头平边。铆钉头未加工或修整，圆周可能不规则且边缘圆整或平整。

表 7-224 铆钉长度的暂定范围 BS 4620 附录：1970（1998） （单位：mm）

杆的公称直径	标准长度																				
	3	4	5	6	8	10	12	14	16	(18)	20	(22)	25	(28)	30	(32)	35	(38)	40	45	…
1	•	•	•	•	•	•	•	•	•	—	•	—	—	—	—	—	—	—	—	—	—
1.2	•	•	•	•	•	•	•	•	•	—	•	—	—	—	—	—	—	—	—	—	—
1.6	•	•	•	•	•	•	•	•	•	•	—	•	•	—	—	—	—	—	—	—	—
2	•	•	•	•	•	•	•	•	•	—	•	•	•	—	—	—	—	—	—	—	—
2.5	•	•	•	•	•	•	•	•	•	•	—	•	•	—	—	—	—	—	—	—	—
3	—	•	•	•	•	•	•	•	•	•	•	•	•	—	—	—	—	—	—	—	—
(3.5)	—	—	—	—	—	—	—	—	—	—	—	—	—	—	—	—	—	—	—	—	—
4	—	—	—	•	•	•	•	•	•	•	—	•	•	—	—	—	—	—	—	—	—
5	—	—	—	•	•	•	•	•	•	•	•	•	•	•	•	—	•	•	—	—	—
6	—	—	—	•	•	•	•	•	•	•	•	•	•	•	•	—	•	•	—	•	—

杆的公称直径	标准长度																				
	10	12	14	16	(18)	20	(22)	25	(28)	30	(32)	35	(38)	40	45	50	55	60	65	70	75
(7)	—	—	—	—	—	—	—	—	—	—	—	—	—	—	—	—	—	—	—	—	—
8	•	•	•	•	•	•	•	•	•	•	—	•	•	—	•	•	—	—	—	—	—
10	—	—	•	•	•	•	•	•	•	•	—	•	•	•	•	•	—	—	—	—	—
12	—	—	—	—	—	—	—	•	—	•	—	•	—	•	—	•	•	—	—	—	•
(14)	—	—	—	—	—	—	—	—	—	—	—	—	—	—	—	—	—	—	—	—	—
16	—	—	—	—	—	—	—	—	—	—	—	—	—	•	•	—	•	•	•	—	•

杆的公称直径	标准长度																				
	45	50	55	60	65	70	75	80	85	90	(95)	100	(105)	110	(115)	120	(125)	130	140	150	160
(18)	—	—	—	—	—	—	—	—	—	—	—	—	—	—	—	—	—	—	—	—	—
20	•	—	—	•	—	•	—	•	—	—	—	—	—	—	—	—	—	—	—	—	—
(22)	—	—	—	—	—	—	—	—	—	—	—	—	—	—	—	—	—	—	—	—	—
24	—	—	—	—	•	—	•	—	•	•	—	•	—	—	—	—	—	—	—	—	—
(27)	—	—	—	—	—	—	—	—	—	—	—	—	—	—	—	—	—	—	—	—	—
30	—	—	—	—	—	—	—	—	•	•	—	•	—	•	—	•	—	—	—	—	—
(33)	—	—	—	—	—	—	—	—	—	—	—	—	—	—	—	—	—	—	—	—	—
36	—	—	—	—	—	—	—	—	—	—	—	•	—	•	—	•	—	•	—	—	—
(39)	—	—	—	—	—	—	—	—	—	—	—	—	—	—	—	•	—	•	•	•	•

注：括号中显示的大小和长度是非优先的，如果可能，应该避免。

2. 英国标准通用小型铆钉

通用小型铆钉的尺寸在英国标准 BS 641：1951 中给出，见表 7-226。此外，标准列出了这些铆钉的标准长度，给出了与沉头铆钉一起使用的垫圈的尺寸（140°），指明铆钉可以由低碳钢、铜、黄铜以及 BS 1473 中规定的一系列铝合金和纯铝制成，并在附录中给出了直径 1/2in 的平头铆钉的尺寸。在所有类型的铆钉中，除了具有沉头的铆钉之外，在头部和杆部的结合处都具有小的半径或倒角。

3. 英国标准铆钉尺寸（直径为½ ~ 1¾in）

BS 275：1927（已废止）涵盖的铆钉尺寸见表 7-227，不适用于锅炉铆钉。关于本标准，术语“公称直径”和“标准直径”是同义词。术语“公差”是指与铆钉的公称直径的变化，而不是头部下方的直径与接近点的直径之间的差。

表 7-225 英国标准通用工程铆钉 BS 4620：1970（1998）

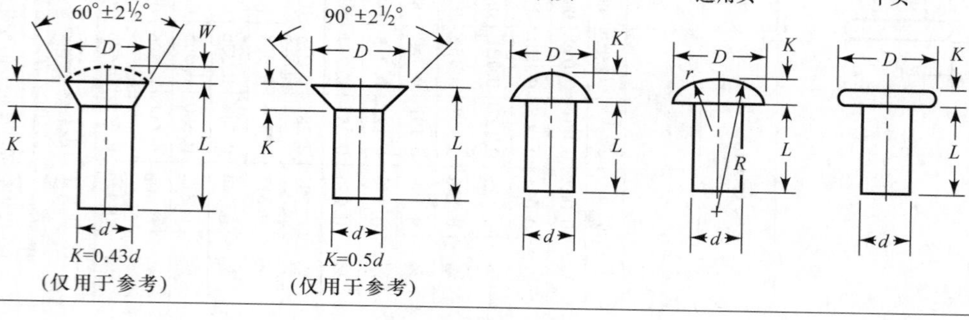

（续）

杆的公称直径 *d*	直径 *d* 的公差	热锻铆钉							
		60° 沉头和半沉头		圆头		通用头			
		头尺寸							
		标准直径 *D*	半沉头高 *W*	标准直径 *D*	标准深度 *K*	标准直径 *D*	标准深度 *K*	半径 *R*	半径 *r*
(14)	±0.43	21	2.8	22	9	28	5.6	42	8.4
16		24	3.2	25	10	32	6.4	48	9.6
(18)		27	3.6	28	11.5	36	7.2	54	11
20	±0.52	30	4.0	32	13	40	8.0	60	12
(22)		33	4.4	36	14	44	8.8	66	13
24		36	4.8	40	16	48	9.6	72	14
(27)	±0.62	40	5.4	43	17	54	10.8	81	16
30		45	6.0	48	19	60	12.0	90	18
(33)		50	6.6	53	21	66	13.2	99	20
36		55	7.2	58	23	72	14.4	108	22
(39)		59	7.8	62	25	78	15.6	117	23

杆的公称直径 *d*	直径 *d* 的公差	冷锻铆钉								
		90° 沉头	圆头		通用头				平头	
		头尺寸								
		标准直径 *D*	标准直径 *D*	标准直径 *K*	标准直径 *D*	标准深度 *K*	半径 *R*	半径 *r*	标准直径 *D*	标准深度 *K*
1	±0.07	2	1.8	0.6	2	0.4	3.0	0.6	2	0.25
1.2		2.4	2.1	0.7	2.4	0.5	3.6	0.7	2.4	0.3
1.6		3.2	2.8	1.0	3.2	0.6	4.8	1.0	3.2	0.4
2		4	3.5	1.2	4	0.8	6.0	1.2	4	0.5
2.5		5	4.4	1.5	5	1.0	7.5	1.5	5	0.6
3		6	5.3	1.8	6	1.2	9.0	1.8	6	0.8
(3.5)	±0.09	7	6.1	2.1	7	1.4	10.5	2.1	7	0.9
4		8	7	2.4	8	1.6	12	2.4	8	1.0
5		10	8.8	3.0	10	2.0	15	3.0	10	1.3
6		12	10.5	3.6	12	2.4	18	3.6	12	1.5
(7)	±0.11	14	12.3	4.2	14	2.8	21	4.2	14	1.8
8		16	14	4.8	16	3.2	24	4.8	16	2
10		20	18	6.0	20	4.0	30	6	20	2.5
12	±0.14	24	21	7.2	24	4.8	36	7.2	—	—
(14)		—	25	8.4	28	5.6	42	8.4	—	—
16		—	28	9.6	32	6.4	48	9.6	—	—

注：括号中显示的大小是非优选项。

表 7-226　英国标准通用小型铆钉 BS 641：1951（已废止）

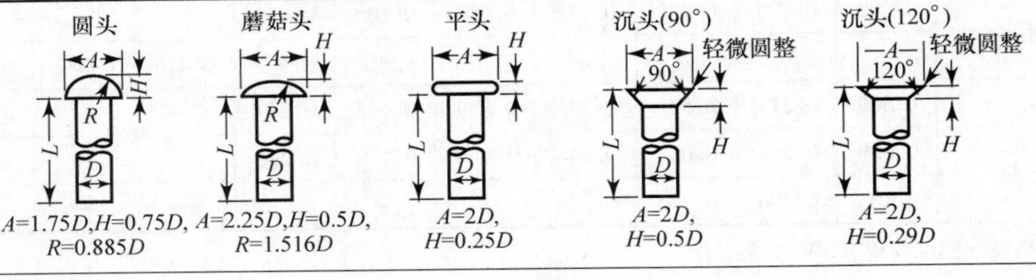

（续）

公称直径 D	圆头			蘑菇头			平头		沉头（90°）		沉头（120°）	
	头尺寸											
	直径 A	高度 H	半径 R	直径 A	高度 H	半径 R	直径 A	高度 H	直径 A	高度 H	直径 A	高度 H
1/16	0.109	0.047	0.055	0.141	0.031	0.095	0.125	0.016	0.125	0.031	—	—
3/32	0.164	0.070	0.083	0.211	0.047	0.142	0.188	0.023	0.188	0.047	—	—
1/8	0.219	0.094	0.111	0.281	0.063	0.189	0.250	0.031	0.250	0.063	0.250	0.036
5/32	0.273	0.117	0.138	0.352	0.078	0.237	0.313	0.039	0.313	0.078	—	—
3/16	0.328	0.141	0.166	0.422	0.094	0.284	0.375	0.047	0.375	0.094	0.375	0.054
1/4	0.438	0.188	0.221	0.563	0.125	0.379	0.500	0.063	0.500	0.125	0.500	0.073
5/16	0.547	0.234	0.277	0.703	0.156	0.474	0.625	0.078	0.625	0.156	0.625	0.091
3/8	0.656	0.281	0.332	0.844	0.188	0.568	0.750	0.094	0.750	0.188	0.750	0.109
7/16	0.766	0.328	0.387	0.984	0.219	0.663	0.875	0.109	0.875	0.219	—	—

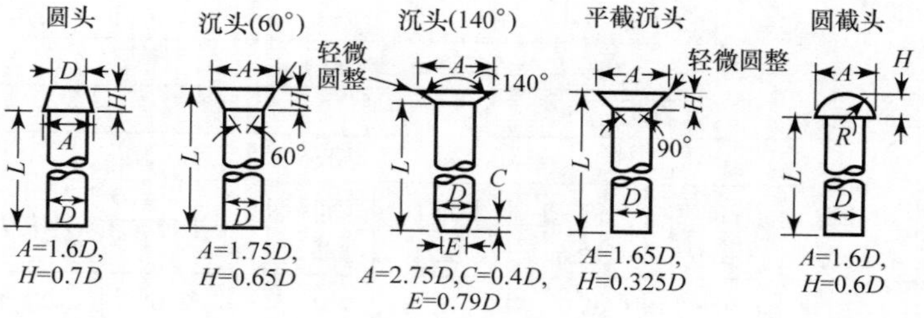

公称直径 D		圆头		沉头（60°）		沉头（140°）			平截沉头		圆截头	
		头部尺寸										
in	量规号	直径 A	高度 H	直径 A	高度 H	直径 A	高度 C	直径 E	直径 A	高度 H	直径 A	高度 H
0.104	12	—	—	—	—	0.286	0.042	0.082	—	—	—	—
0.116	11	—	—	—	—	0.319	0.046	0.092	—	—	—	—
0.128	10	—	—	—	—	0.352	0.051	0.101	—	—	—	—
0.144	9	—	—	—	—	0.396	0.058	0.114	—	—	—	—
0.160	8	—	—	—	—	0.440	0.064	0.126	—	—	—	—
0.176	7	—	—	—	—	0.484	0.070	0.139	—	—	—	—
3/16	—	0.300	0.131	0.328	0.122	—	—	—	—	—	—	—
0.192	6	—	—	—	—	0.528	0.077	0.152	0.317	0.062	0.307	0.115
0.202	—	—	—	—	—	—	—	—	0.333	0.066	0.323	0.121
0.212	5	—	—	—	—	0.583	0.085	0.167	0.350	0.069	0.339	0.121
0.232	4	—	—	—	—	0.638	0.093	0.183	0.383	0.075	0.371	0.139
1/4	—	0.400	0.175	0.438	0.162	0.688	0.100	0.198	—	—	—	—
0.252	3	—	—	—	—	—	—	—	0.416	0.082	0.403	0.151
5/16	—	0.500	0.219	0.547	0.203	0.859	0.125	0.247	—	—	—	—
3/8	—	0.600	0.263	0.656	0.244	10.031	0.150	0.296	—	—	—	—
7/16	—	0.700	0.306	0.766	0.284	—	—	—	—	—	—	—

注：规号是英国标准线规（SWG）号。

表 7-227　英国标准铆钉头部尺寸和直径 BS 275：1927（已废止）　（单位：in）

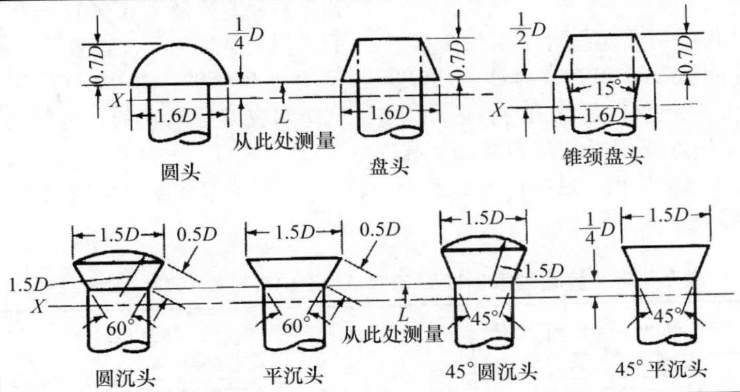

铆钉公称直径①D	杆直径②				
	在 X 的位置③		在 Y 的位置③		在 Z 的位置③
	最小	最大	最小	最大	最小
$\frac{1}{2}$	$\frac{1}{2}$	$\frac{17}{32}$	$\frac{31}{64}$	$\frac{1}{2}$	$\frac{31}{64}$
$\frac{9}{16}$④	$\frac{9}{16}$	$\frac{19}{32}$	$\frac{35}{64}$	$\frac{9}{16}$	$\frac{35}{64}$
$\frac{5}{8}$	$\frac{5}{8}$	$\frac{21}{32}$	$\frac{39}{64}$	$\frac{5}{8}$	$\frac{39}{64}$
$\frac{11}{16}$④	$\frac{11}{16}$	$\frac{23}{32}$	$\frac{43}{64}$	$\frac{11}{16}$	$\frac{43}{64}$
$\frac{3}{4}$	$\frac{3}{4}$	$\frac{25}{32}$	$\frac{47}{64}$	$\frac{3}{4}$	$\frac{47}{64}$
$\frac{13}{16}$④	$\frac{13}{16}$	$\frac{27}{32}$	$\frac{51}{64}$	$\frac{13}{16}$	$\frac{51}{64}$
$\frac{7}{8}$	$\frac{7}{8}$	$\frac{29}{32}$	$\frac{55}{64}$	$\frac{7}{8}$	$\frac{55}{64}$
$\frac{15}{16}$④	$\frac{15}{16}$	$\frac{31}{32}$	$\frac{59}{64}$	$\frac{15}{16}$	$\frac{59}{64}$
1	1	$1\frac{1}{32}$	$\frac{63}{64}$	1	$\frac{63}{64}$
$1\frac{1}{16}$④	$1\frac{1}{16}$	$1\frac{3}{32}$	$1\frac{3}{64}$	$1\frac{1}{16}$	$1\frac{3}{64}$
$1\frac{1}{8}$	$1\frac{1}{8}$	$1\frac{5}{32}$	$1\frac{7}{64}$	$1\frac{1}{8}$	$1\frac{7}{64}$
$1\frac{3}{16}$④	$1\frac{3}{16}$	$1\frac{7}{32}$	$1\frac{11}{64}$	$1\frac{3}{16}$	$1\frac{11}{64}$
$1\frac{1}{4}$	$1\frac{1}{4}$	$1\frac{9}{32}$	$1\frac{15}{64}$	$1\frac{1}{4}$	$1\frac{15}{64}$
$1\frac{5}{16}$④	$1\frac{5}{16}$	$1\frac{11}{32}$	$1\frac{19}{64}$	$1\frac{5}{16}$	$1\frac{19}{64}$
$1\frac{3}{8}$	$1\frac{3}{8}$	$1\frac{13}{32}$	$1\frac{23}{64}$	$1\frac{3}{8}$	$1\frac{23}{64}$
$1\frac{7}{16}$④	$1\frac{7}{16}$	$1\frac{15}{32}$	$1\frac{27}{64}$	$1\frac{7}{16}$	$1\frac{27}{64}$
$1\frac{1}{2}$	$1\frac{1}{2}$	$1\frac{17}{32}$	$1\frac{31}{64}$	$1\frac{1}{2}$	$1\frac{31}{64}$
$1\frac{9}{16}$④	$1\frac{9}{16}$	$1\frac{19}{32}$	$1\frac{35}{64}$	$1\frac{9}{16}$	$1\frac{35}{64}$
$1\frac{5}{8}$	$1\frac{5}{8}$	$1\frac{21}{32}$	$1\frac{39}{64}$	$1\frac{5}{8}$	$1\frac{39}{64}$
$1\frac{11}{16}$④	$1\frac{11}{16}$	$1\frac{23}{32}$	$1\frac{43}{64}$	$1\frac{11}{16}$	$1\frac{43}{64}$
$1\frac{3}{4}$	$1\frac{3}{4}$	$1\frac{25}{32}$	$1\frac{47}{64}$	$1\frac{3}{4}$	$1\frac{47}{64}$

① 本标准不适用于锅炉铆钉。

② 铆钉直径的公差如下：在位置 X，加上$\frac{1}{32}$in；在位置 Y，加上 $-\frac{1}{64}$in；在位置 Z 减去$\frac{1}{64}$in，但在任何情况下，位置 X 和 Y 之间的直径不得超过$\frac{1}{32}$in，位置 X 和 Y 之间的杆的直径也不应小于 Y 位置所规定的最小直径。

③ 位置 Y 和 Z 的位置如下：位置 Y 位于距铆钉长度为 5 个直径的下方的铆钉端部的$\frac{1}{2}D$ 处。对于较长的铆钉，位置 Y 位于距铆钉头 $4\frac{1}{2}D$ 处。位置 Z（仅在长度超过 5D 的铆钉上找到）位于铆钉末端的$\frac{1}{2}D$ 处。

④ 根据英国标准协会的建议，这些尺寸将尽可能地放弃。

7.11　销和螺柱

1. 定位销

定位销用于将零件保持在固定位置或保持对正。在正常情况下，正确安装的定位销仅受到剪切应变的影响，该应变只发生在两个部件表面的结合处，这两个部分的表面被定位销固定。很少有必要使用两个以上的定位销钉将两块夹在一起，经常一个就足够了。对于必须经常拆卸的部件，以及从定位销拔出的部件将倾向于穿孔，并且对于必须分开的非常精确的构造工具和量规，或需要保持绝对的零件对准，锥形定位销是优选的。锥形定位销最常用于普通机械加工，但直线型是优先用于工具和量具，除非需要极高的精度，或者工具或量具要用于粗放式操作。

定位销的尺寸由其应用决定。对于定位装置、量规板等，直径为1/8～3/16in（3.2～4.8mm）的销钉是比较合适的。对于定位模具，定位销的直径不应小于1/4in（6.35mm）。一般规则是使用与紧固工作时使用的螺钉相同尺寸的定位销。定位销的长度应为每个板或待定位零件直径的1～2倍。

当硬化的圆柱形定位销插入软质零件中时，绞孔大约比定位销小0.001in（0.025mm）。如果定位的零件也是硬化的，则磨制（或研磨）孔径比规定尺寸小0.0002～0.0003in（0.005～0.0076mm）。这个洞应该是笔直的，也就是没有锥度或“喇叭口”。

美国国家标准开口销和叉杆销见表7-228和表7-229。

表7-228 美国国家标准开口销 ANSI B18.8.1-1972（R1994） （单位：in）

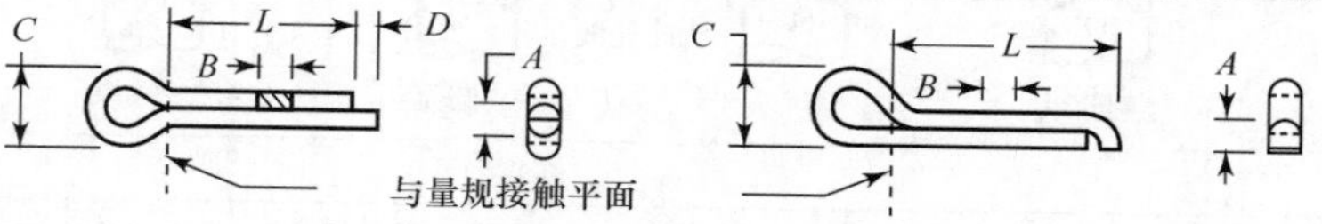

公称规格	直径A①和宽度B最大	线宽B最小	头直径C最小	分叉长D最小	孔尺寸	公称规格	直径A①和宽度B最大	线宽B最小	头直径C最小	分叉长D最小	孔尺寸
1/32	0.032	0.022	0.06	0.01	0.047	3/16	0.176	0.173	0.38	0.09	0.203
3/64	0.048	0.035	0.09	0.02	0.062	7/32	0.207	0.161	0.44	0.10	0.234
1/16	0.060	0.044	0.12	0.03	0.078	1/4	0.225	0.176	0.50	0.11	0.266
5/64	0.076	0.057	0.16	0.04	0.094	5/16	0.280	0.220	0.62	0.14	0.312
3/32	0.090	0.069	0.19	0.04	0.109	3/8	0.335	0.263	0.75	0.16	0.375
7/64	0.104	0.080	0.22	0.05	0.125	7/16	0.406	0.320	0.88	0.20	0.438
1/8	0.120	0.093	0.25	0.06	0.141	1/2	0.473	0.373	1.00	0.23	0.500
9/64	0.134	0.104	0.28	0.06	0.156	5/8	0.598	0.472	1.25	0.30	0.625
5/32	0.150	0.116	0.31	0.07	0.172	3/4	0.723	0.572	1.50	0.36	0.750

① 公差为：对于1/32～3/16in尺寸的为-0.004in，7/32～5/16in尺寸的为-0.005in，3/8～1/2in尺寸的为-0.006in，5/8in和3/4in尺寸的为-0.008in。长度公差为：高达1in，±0.030in，超过1in，±0.060in。

表7-229 美国国家标准叉杆销 ANSI B18.8.1-1972（R1994） （单位：in）

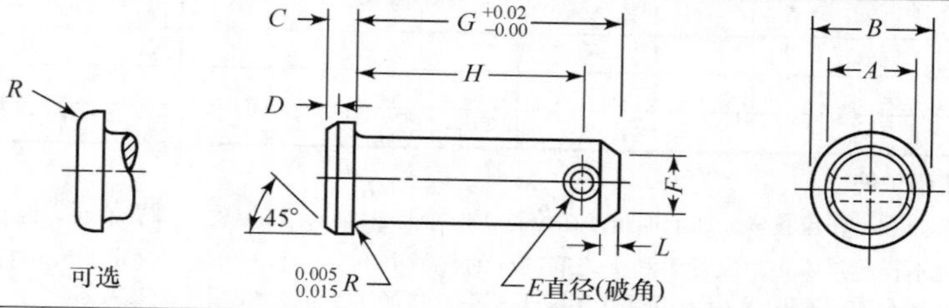

公称规格（销的基本直径）	杆直径A最大	头直径B最大①	头高度C最大②	头倒角D③	孔直径E最大④	端头直径F最大⑤	销基本长度⑥G	头至孔中心H最大⑦	端头长度L		用于孔的开口销规格
									最大	最小	
3/16	0.186	0.32	0.07	0.02	0.088	0.15	0.58	0.504	0.055	0.035	1/16
1/4	0.248	0.38	0.10	0.03	0.088	0.21	0.77	0.692	0.055	0.035	1/16
5/16	0.311	0.44	0.10	0.03	0.119	0.26	0.94	0.832	0.071	0.049	3/32
3/8	0.373	0.51	0.13	0.03	0.119	0.33	1.06	0.958	0.071	0.049	3/32
7/16	0.436	0.57	0.16	0.04	0.119	0.39	1.19	1.082	0.071	0.049	3/32
1/2	0.496	0.63	0.16	0.04	0.151	0.44	1.36	1.223	0.089	0.063	1/8
5/8	0.621	0.82	0.21	0.06	0.151	0.56	1.61	1.473	0.089	0.063	1/8

（续）

公称规格（销的基本直径）	杆直径 A 最大	头直径 B 最大①	头高度 C 最大②	头倒角 D③	孔直径 E 最大④	端头直径 F 最大⑤	销基本长度⑥ G	头至孔中心 H 最大⑦	端头长度 L		用于孔的开口销规格
									最大	最小	
3/4	0.746	0.94	0.26	0.07	0.182	0.68	1.91	1.739	0.110	0.076	5/32
7/8	0.871	1.04	0.32	0.09	0.182	0.80	2.16	1.989	0.110	0.076	5/32
1	0.996	1.19	0.35	0.10	0.182	0.93	2.41	2.239	0.110	0.076	5/32

① 公差为 -0.05in。
② 公差为 -0.02in。
③ 公差为 ±0.01in。
④ 公差为 -0.015in。
⑤ 公差为 -0.01in。
⑥ 列出的长度用于与标准销一起使用，不需要垫片。当需要其他长度时，建议尽可能限制 0.06in 增量的公称长度。
⑦ 公差为 -0.020in。

2. 英国标准米制系列定位销

英国标准 BS 1804：第 2 部分：1968 规定的钢制圆柱定位销分为三个等级，提供不同程度的销精度，见表 7-230。

等级 1 是由 En 32A 或 En 32B 低碳钢（BS 970）或从高碳钢到 BS 1407 或 BS 1423 制成的精密磨制销。直径小于 4mm 的销未硬化。直径 4mm 及以上的那些根据 BS 427 硬化至最低 750HV 30，但是如果它们由钢制成 BS 1407 或 BS 1423，则硬度应在 600～700HV 范围内。可以根据 BS 860 使用其他硬度标尺的值。

等级 2 是由用于等级 1 的任何钢制成的磨制销。除非买方和供应商之间达成一个不同的条件，否则供货的销钉通常不会淬硬。

等级 3 销由 En 1A 自由切割钢（BS 970）制成，并配有机加工，精制轧制或拉丝处理。通常不经过硬化处理，除非买方和供应商之间达成不同的条件。

根据 BS 970，通过买方和制造商之间的相互协议，任何等级的销钉都可以由不同的钢制成。如果使用标准范围以外的钢，销钉的硬度也应由买方和供应商之间的相互协议决定。每个销的一端被倒角以提供引导，另一端可以类似地倒角或圆顶。

表 7-230　英国标准钢制圆柱定位销米制系列 BS 1804：第 2 部分：1968

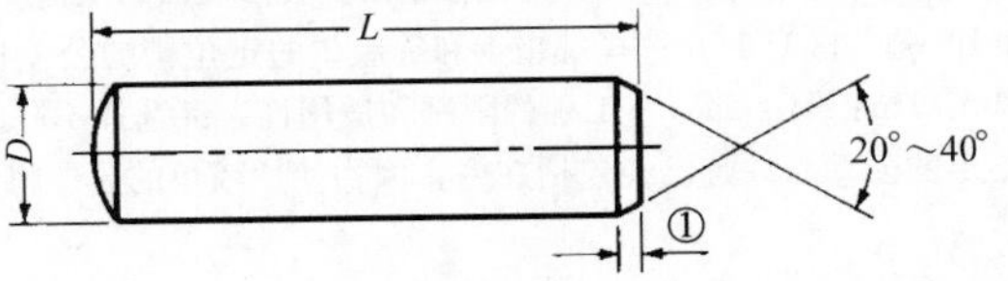

公称长度 L/mm	公称直径 D/mm													
	1	1.5	2	2.5	3	4	5	6	8	10	12	16	20	25
	倒角最大/mm													
	0.3	0.3	0.3	0.4	0.45	0.6	0.75	0.9	1.2	1.5	1.8	2.5	3	4
	标准尺寸													
4	•	•												
6	•	•	•	•										
8	•	•	•	•	•									
10		•	•	•	•	•								
12		•	•	•	•	•	•							
16			•	•	•	•	•	•	•					
20				•	•	•	•	•	•	•				
25					•	•	•	•	•	•	•			
30						•	•	•	•	•	•	•		
35							•	•	•	•	•	•	•	
40							•	•	•	•	•	•	•	

（续）

公称长度 L/mm	公称直径 D/mm													
	1	1.5	2	2.5	3	4	5	6	8	10	12	16	20	25
	倒角最大/mm													
	0.3	0.3	0.3	0.4	0.45	0.6	0.75	0.9	1.2	1.5	1.8	2.5	3	4
	标准尺寸													
45								•	•	•	•	•	•	•
50									•	•	•	•	•	•
60									•	•	•	•	•	•
70										•	•	•	•	•
80										•	•	•	•	•
90											•	•	•	•
100												•	•	•
110												•	•	•
120													•	•

直径公差极限

等级①		1		2		3	
公差带		m5		h7		h11	
公称直径/mm		公差限度/0.001mm					
大于	至并包含						
—	3	+7	+2	0	-12②	0	-60
3	6	+9	+4	0	-12	0	-75
6	10	+12	+6	0	-15	0	-90
10	14	+15	+7	0	-18	0	-110
14	18	+15	+7	0	-18	0	-110
18	24	+17	+8	0	-21	0	-130
24	30	+17	+8	0	-21	0	-130

注：所有等级的销钉总长度的公差限制为+0.5，-0.0mm，对于超过50mm长度的销钉，为+0.8，-0.0mm。该标准规定，当根据BS 1134进行评估时，等级1和等级2的定位销的圆柱形表面的粗糙度不得大于0.4μm CLA（16 CLA）。

① 当使用标准扩孔（H7和H8公差区）时，选择等级1和等级2的定位销的公差极限，以提供令人满意的组合。如果装配不合格，请参考BS 1916：第1部分，工程的限制和适用性，并选择不同的适合类型。

② 该公差大于BS 1916中给出的公差，并且已经包括在内，因为使用较小的公差将涉及制造商的精密磨削，对于等级2的定位销而言是不经济的。

如果定位销被硬推入到不具备释放空气措施的不通孔中时，装配销的工人可能会面对危险，并且可能对相关部件造成损伤，或者会产生应力。本标准的附录描述了一种克服这个问题的方法，通过沿着销的长度提供一个小的平坦表面以允许释放空气。

为了标注的目的，标准规定，每个包装或批号的销钉应配有制造商的名称或商标、BS编号和销的等级。

3. 美国国家标准淬硬磨光机制销钉

淬硬磨光定位销钉采用两个直径系列：标准系列，公称直径为0.0002in，用于初始安装；超大型系列的基本直径为0.001in，用于更换用途。

优选长度和大小：这些销通常可用的优选长度和尺寸在表7-231中给出。其他尺寸和长度根据买方的要求生产。

有效长度：有效长度 L_e 不得小于销总长度的75%。

剪切强度：ANSI/ASME B18.8.2-1995的先前版本列出了双剪切载荷最小值，并规定了最小单剪切强度为130000psi。有关双剪切试验的说明，请参见ANSI/ASME B18.8.2-1995附录B。

命名：这些销钉由以下顺序命名，产品名称（名词首先），包括销钉系列、销钉的公称直径（分数或小数），长度（分数或小数），材料和表面处理方式（如果需要）。

示例：销钉，淬硬磨光机制-标准系列，⅜×1½，钢，磷酸盐涂层。

销钉，淬硬磨光机制-超大型系列，0.625×2.500，钢。

安装注意事项：销钉不应通过打击或锤击安装，使用压机安装时，应使用防护罩和安全眼镜。

表 7-231 美国国家标准淬硬磨光机制定位销 ANSI/ASME B18.8.2-1995 （单位：in）

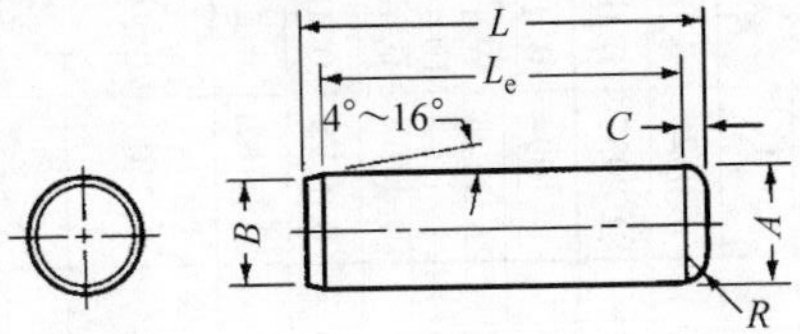

公称规格①或销的公称直径		销的直径 A						端头直径 B		冠高度 C	冠半径 R	优选长度范围② L	碳素钢或合金钢的单剪切计算载荷/lb	建议孔径③	
		标准系列销			超大型系列销										
		基本	最大	最小	基本	最大	最小	最大	最小	最大	最小			最大	最小
1/16	0.0625	0.0627	0.0628	0.0626	0.0635	0.0636	0.0634	0.058	0.048	0.020	0.008	3/16 ~ 3/4	400	0.0625	0.0620
5/64 ④	0.0781	0.0783	0.0784	0.0782	0.0791	0.0792	0.0790	0.074	0.064	0.026	0.010	—	620	0.0781	0.0776
3/32	0.0938	0.0940	0.0941	0.0939	0.0948	0.0949	0.0947	0.089	0.079	0.031	0.012	5/16 ~ 1	900	0.0938	0.0932
1/8	0.1250	0.1252	0.1253	0.1251	0.1260	0.1261	0.1259	0.120	0.110	0.041	0.016	3/8 ~ 2	1600	0.1250	0.1245
5/32 ④	0.1562	0.1564	0.1565	0.1563	0.1572	0.1573	0.1571	0.150	0.140	0.052	0.020	—	2500	0.1562	0.1557
3/16	0.1875	0.1877	0.1878	0.1876	0.1885	0.1886	0.1884	0.180	0.170	0.062	0.023	1/2 ~ 2	3600	0.1875	0.1870
1/4	0.2500	0.2502	0.2503	0.2501	0.2510	0.2511	0.2509	0.240	0.230	0.083	0.031	1/2 ~ 2 1/2	6400	0.2500	0.2495
5/16	0.3125	0.3127	0.3128	0.3126	0.3135	0.3136	0.3134	0.302	0.290	0.104	0.039	1/2 ~ 2 1/2	10000	0.3125	0.3120
3/8	0.3750	0.3752	0.3753	0.3751	0.3760	0.3761	0.3759	0.365	0.350	0.125	0.047	1/2 ~ 3	14350	0.3750	0.3745
7/16	0.4375	0.4377	0.4378	0.4376	0.4385	0.4386	0.4384	0.424	0.409	0.146	0.055	7/8 ~ 3	19500	0.4375	0.4370
1/2	0.5000	0.5002	0.5003	0.5001	0.5010	0.5011	0.5009	0.486	0.471	0.167	0.063	3/4，1 ~ 4	25500	0.5000	0.4995
5/8	0.6250	0.6252	0.6253	0.6251	0.6260	0.6261	0.6259	0.611	0.595	0.208	0.078	1 1/4 ~ 5	39900	0.6250	0.6245
3/4	0.7500	0.7502	0.7503	0.7501	0.7510	0.7511	0.7509	0.735	0.715	0.250	0.094	1 1/2 ~ 6	57000	0.7500	0.7495
7/8	0.8750	0.8752	0.8753	0.8751	0.8760	0.8761	0.8759	0.860	0.840	0.293	0.109	2，2 1/2 ~ 6	78000	0.8750	0.8745
1	1.0000	1.0002	1.0003	1.0001	1.0010	1.0011	1.0009	0.980	0.960	0.333	0.125	2，2 1/2 ~ 5，6	102000	1.0000	0.9995

① 在将公称大小指定为基本直径的情况下，省略小数点前和第四位上的零。

② 长度增加可按1/16in 的增量增加至3/8in，或按1/8in 增量，从3/8 ~ 1in，以1/4in 增量从1 ~ 2 1/2in，以1/2in 增量，直达高于2 1/2in。长度的公差为 ±0.010in。

③ 这些孔尺寸通常用于将标准系列机制定位销压入配合到诸如低碳钢和铸铁的材料中。在软质材料如铝或锌压铸件中，孔尺寸通常减小0.0005in 以增加压配合。

④ 非推荐尺寸，不推荐用于新设计。

4. 美国国家标准淬硬磨光圆柱定位销

淬硬磨光圆柱定位销的基本直径超过销的公称直径 0.0002in。

优选长度和大小：这些销可用的优选长度和尺寸在表 7-232 中给出。其他尺寸和长度根据买方的要求生产。

剪切强度：ANSI/ASME B18.8.2-1995 的现有版本列出了双剪切载荷最小值，并规定了最小单剪切强度为 102000psi。有关双剪切试验的说明请参见 ANSI/ASME B18.8.2-1995 附录 B。

延展性：这些标准销具有足够的延展性，能承受比淬硬钢中销的公称直径小 0.0005in 的孔，不会发生破裂。

命名：这些销钉按照以下顺序和数据命名，产品名称（名词首先），销钉的公称直径（分数或小数），长度（分数或小数），材料和表面处理方式（如果需要）。

示例：销钉，淬硬磨光圆柱销钉，1/8×3/4，钢，磷酸盐涂层。

销钉淬硬磨光生产销钉，0.375×1.500，钢铁。

表 7-232 美国国家标准淬硬磨光圆柱定位销 ANSI/ASME B18.8.2-1995 （单位：in）

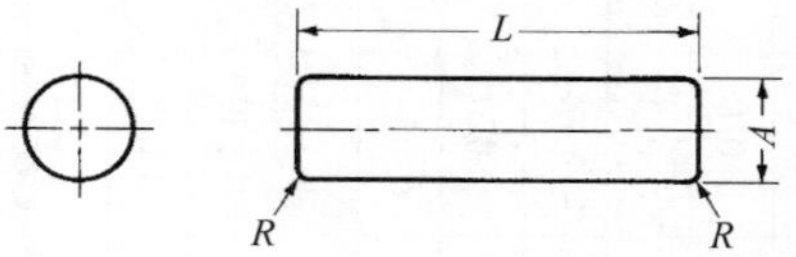

公称规格①或销钉的公称直径		销钉直径 A			圆角半径 R		优选长度范围② L	单剪切计算载荷/lb	建议孔径③	
		基本	最大	最小	最大	最小			最大	最小
1/16	0.0625	0.0627	0.0628	0.06266	0.020	0.010	3/16～1	395	0.0625	0.0620
3/32	0.0938	0.0939	0.0940	0.0938	0.020	0.010	3/16～2	700	0.0937	0.0932
7/64	0.1094	0.1095	0.1096	0.1094	0.020	0.010	3/16～2	950	0.1094	0.1089
1/8	0.1250	0.1252	0.1253	0.1251	0.020	0.010	3/16～2	1300	0.1250	0.1245
5/32	0.1562	0.1564	0.1565	0.1563	0.020	0.010	3/16～2	2050	0.1562	0.1557
3/16	0.1875	0.1877	0.1878	0.1876	0.020	0.010	3/16～2	2950	0.1875	0.1870
7/32	0.2188	0.2189	0.2190	0.2188	0.020	0.010	1/4～2	3800	0.2188	0.2183
1/4	0.2500	0.2502	0.2503	0.2501	0.020	0.010	1/4～1 1/2，1 3/4，2～2 1/2	5000	0.2500	0.2495
5/16	0.3125	0.3127	0.3128	0.3126	0.020	0.010	5/16～1 1/2，1 3/4，2～2 1/2	8000	0.3125	0.3120
3/8	0.3750	0.3752	0.3753	0.3751	0.020	0.010	3/8～1 1/2，1 3/4，2～3	11500	0.3750	0.3745

① 在以小数指定销钉公称规格时，省略小数点前和第四位上的零。

② 长度增加以1/16in 增量可达 1in，以1/8in 增量，从 1～2in，然后是 2 1/4in、2 1/2in 和 3in。

③ 这些孔尺寸通常用于将圆柱销钉压配合到诸如低碳钢和铸铁的材料中。在软质材料如铝或锌压铸件中，孔尺寸通常减小 0.0005in 以增加压配合。

5. 美国国家标准未硬化磨制销钉

未硬化磨制销钉通常通过将工业线或棒材料的外径研磨到相应尺寸来制造。因此，在表 7-233 中，销钉的最大直径低于最小商品库存尺寸，从1/16in 销的公称尺寸上的 0.0005in 到 1in 销的公称尺寸上的 0.0028in。

优选的长度和尺寸：未经硬化的磨制销通常可用的优选长度和尺寸在表 7-233 中给出。其他尺寸和长度根据买方的要求生产。

剪切强度：这些销钉必须对钢丝制成的销钉具有 64000 psi 的单一剪切强度，而对于由黄铜制成的销钉，其最小应为 40000psi，并且必须能够承受表 7-233 中给出的最小双剪切载荷，见 ANSI/ASME B18.8.2-1995 附录 B。

命名：这些销钉按照以下顺序和数据命名，产品名称（名词首先），销钉的公称直径（分数或小数），长度（分数或小数），材料和表面处理（如果需要）。

示例：销钉，未硬化磨制，1/8×3/4，钢。

销钉，未硬化磨制，0.250×2.500，钢，镀锌。

表 7-233 美国国家标准未硬化磨制销钉 ANSI/ASME B18.8.2-1995 （单位：in）

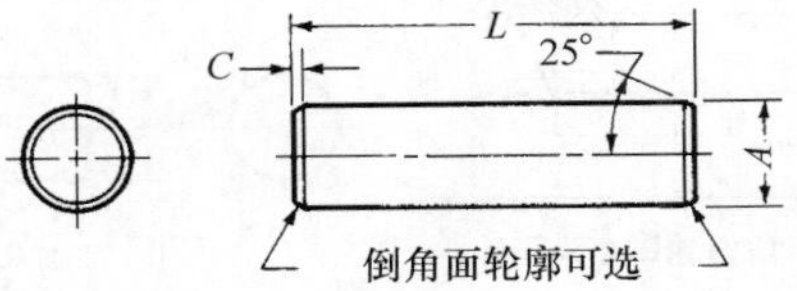

公称规格①或销钉的基本直径		销钉直径 A		倒角长度 C		优选长度范围② L	建议孔径③		双剪切载荷最小/lb	
		最大	最小	最大	最小		最大	最小	碳素钢	黄铜
1/16	0.0625	0.0600	0.0595	0.025	0.005	1/4 ~ 1	0.0595	0.0580	350	220
3/32	0.0938	0.0912	0.0907	0.025	0.005	1/4 ~ 1 1/2	0.0907	0.0892	820	510
7/64 ④	0.1094	0.1068	0.1063	0.025	0.005	—	0.1062	0.1047	1130	710
1/8	0.1250	0.1223	0.1218	0.025	0.005	1/4 ~ 2	0.1217	0.1202	1490	930
5/32	0.1562	0.1353	0.1530	0.025	0.005	1/4 ~ 2	0.1528	0.1513	2350	1470
3/16	0.1875	0.1847	0.1842	0.025	0.005	1/4 ~ 2	0.1840	0.1825	3410	2130
7/32	0.2188	0.2159	0.2154	0.025	0.005	1/4 ~ 2	0.2151	0.2136	4660	2910
1/4	0.2500	0.2470	0.2465	0.025	0.005	1/4 ~ 1 1/2，1 3/4，2 ~ 2 1/2	0.2462	0.2447	6120	3810
5/16	0.3125	0.3094	0.3089	0.040	0.020	5/16 ~ 1 1/2，1 3/4，2 ~ 2 1/2	0.3085	0.3070	9590	5990
3/8	0.3750	0.3717	0.3712	0.040	0.020	5/8 ~ 1 1/2，1 3/4，2 ~ 2 1/2	0.3708	0.3693	13850	8650
7/16	0.4375	0.4341	0.4336	0.040	0.020	7/16 ~ 5/8，3/4，7/8 ~ 1 1/2，1 3/4，2 ~ 2 1/2	0.4331	0.4316	18900	11810
1/2	0.5000	0.4964	0.4959	0.040	0.020	1/2，5/8，3/4，7/8，1 ~ 1 1/2，1 3/4，2 ~ 3	0.4954	0.4939	24720	15450
5/8	0.6250	0.6211	0.6206	0.055	0.035	5/8，3/4，7/8，1 ~ 1 1/2，1 3/4，2，2 1/2 ~ 4	0.6200	0.6185	38710	24190
3/4	0.7500	0.7458	0.7453	0.055	0.035	3/4，7/8，1，1 1/4，1 1/2，1 3/4，2，2 1/2 ~ 4	0.7446	0.7431	55840	34900
7/8	0.8750	0.8705	0.8700	0.070	0.050	7/8，1，1 1/4，1 1/2，1 3/4，2，2 1/2 ~ 4	0.8692	0.8677	76090	47550
1	1.0000	0.9952	0.9947	0.070	0.050	1，1 1/4，1 1/2，1 3/4，2，2 1/2 ~ 4	0.9938	0.9923	99460	62160

① 在以小数指定销钉公称规格时，省略小数点前和第四位小数上的零。

② 长度以 1/16in 的增量从 1/4in 增加到 1in，以 1/8in 的增量从 1in 增加到 2in，以 1/4in 的增量从 2in 增加到 2 1/2in，以 1/2in 的增量从 2 1/2in 增加到 4in。

③ 已经发现这些孔尺寸对于将销压配合到低碳钢和铸造及可锻铸铁中是令人满意的。在诸如铝合金或锌压铸件的软质材料中，孔尺寸限制通常减小 0.0005in 以增加压配合。

④ 非推荐尺寸，不推荐用于新设计。

6. 美国国家标准直销

倒角形直销和方头直销的直径均为制造销的工业用线材或棒料的直径。表 7-234 中的公差适用于碳素钢，并且对于由其他材料制成的销可能需要一些直径限制的偏差。

表 7-234 美国国家标准倒角形和方头直销 ANSI/ASME B18.8.2－1995 （单位：in）

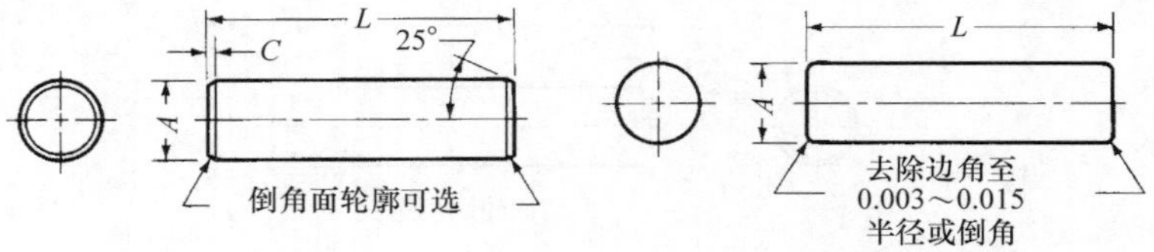

倒角直销　　方头直销

公称规格①或销的基本直径		销的直径 A		倒角长度 C		公称规格①或销的基本直径		销的直径 A		倒角长度 C	
		最大	最小	最大	最小			最大	最小	最大	最小
1/16	0.062	0.0625	0.0605	0.025	0.005	5/16	0.312	0.3125	0.3105	0.040	0.020
3/32	0.094	0.0937	0.0917	0.025	0.005	3/8	0.375	0.3750	0.3730	0.040	0.020
7/64	0.109	0.1094	0.1074	0.025	0.005	7/16	0.438	0.4375	0.4355	0.040	0.020
1/8	0.125	0.1250	0.1230	0.025	0.005	1/2	0.500	0.5000	0.4980	0.040	0.020
5/32	0.156	0.1562	0.1542	0.025	0.005	5/8	0.625	0.6250	0.6230	0.055	0.035
3/16	0.188	0.1875	0.1855	0.025	0.005	3/4	0.750	0.7500	0.7480	0.055	0.035
7/32	0.219	0.2187	0.2167	0.025	0.005	7/8	0.875	0.8750	0.8730	0.055	0.035
1/4	0.250	0.2500	0.2480	0.025	0.005	1	1.000	1.0000	0.9980	0.055	0.035

① 在以小数指定销钉公称规格时，省略小数点前的零。

长度增量：长度由买方指定，但是建议将销钉的公称长度限制在不小于0.062in的增量。

材料：直销通常由最高碳含量为0.28%（质量分数）的冷拔钢线材或棒料制成。如果需要，销也可以由耐蚀钢、黄铜或其他金属制成。

命名：直销由以下数据命名，产品名称（名词首先），公称尺寸（分数或小数），材料和防护等级（如果需要）。

示例：销钉，倒角形直销，1/8×1.500，钢。

销钉，方形直销，0.250×2.250，钢，镀锌。

7. 美国国家标准锥形销

锥形销在销的长度方向具有均匀的锥形，两端加冠。供货的大多数尺寸的销都具有工业级和精密级，后者具有更严格的公差并且在制造中更加严格地控制。

直径：工业级和精密级销的大径是大端的直径，并且是销尺寸的基础。通过将销的公称长度乘以因子0.02083并从销的基本直径中减去结果来计算小端的直径，见表7-235。

锥度：工业级销的锥度为（0.250±0.006）in/ft，精密级销的锥度为（0.250±0.004）in/ft。

材料：除非另有规定，锥销由SAE 1211钢或冷拔SAE 1212或1213钢或等效材料制成，没有力学性能要求。

孔尺寸：在大多数情况下，锥形销的孔需要锥形扩孔。锥形销扩孔钻见表7-236。表7-237给出了可用的标准铰刀的锥形销的尺寸和长度。

命名：锥形销按以下顺序和数据命名，产品名称（名词首先），类别，大小号（分数或小数），长度（分数或三位小数），材料和表面处理（如果需要）。

示例：销钉，锥度（工业级）No. 0×3/4，钢。

销钉，锥度（精度等级）0.219×1.750，钢，镀锌。

表 7-235 标准锥形销的小端公称直径

销钉长度/in	给定长度的销钉规格和小端直径										
	0	1	2	3	4	5	6	7	8	9	10
3/4	0.140	0.156	0.177	0.203	0.235	0.273	0.325	0.393	0.476	0.575	0.690
1	0.135	0.151	0.172	0.198	0.230	0.268	0.320	0.388	0.471	0.570	0.685
1 1/4	0.130	0.146	0.167	0.192	0.224	0.263	0.315	0.382	0.466	0.565	0.680
1 1/2	0.125	0.141	0.162	0.187	0.219	0.258	0.310	0.377	0.460	0.560	0.675

（续）

销钉长度/in	给定长度的销钉规格和小端直径										
	0	1	2	3	4	5	6	7	8	9	10
1¾	0.120	0.136	0.157	0.182	0.214	0.252	0.305	0.372	0.455	0.554	0.669
2	0.114	0.130	0.151	0.177	0.209	0.247	0.299	0.367	0.450	0.549	0.664
2¼	0.109	0.125	0.146	0.172	0.204	0.242	0.294	0.362	0.445	0.544	0.659
2½	0.104	0.120	0.141	0.166	0.198	0.237	0.289	0.356	0.440	0.539	0.654
2¾	0.099	0.115	0.136	0.161	0.193	0.232	0.284	0.351	0.434	0.534	0.649
3	0.094	0.110	0.131	0.156	0.188	0.227	0.279	0.346	0.429	0.528	0.643
3¼	—	—	—	0.151	0.182	0.221	0.273	0.340	0.424	0.523	0.638
3½	—	—	—	0.146	0.177	0.216	0.268	0.335	0.419	0.518	0.633
3¾	—	—	—	0.141	0.172	0.211	0.263	0.330	0.414	0.513	0.628
4	—	—	—	0.136	0.167	0.206	0.258	0.326	0.409	0.508	0.623
4¼	—	—	—	0.131	0.162	0.201	0.253	0.321	0.403	0.502	0.617
4½	—	—	—	0.125	0.156	0.195	0.247	0.315	0.398	0.497	0.612
5	—	—	—	—	0.146	0.285	0.237	0.305	0.389	0.487	0.602
5½	—	—	—	—	—	—	—	0.294	0.377	0.476	0.591
6	—	—	—	—	—	—	—	0.284	0.367	0.466	0.581

8. 锥形销的钻孔规格

当使用螺旋槽锥形销铰刀时，在铰孔之前钻孔的直径等于锥销的小端直径。然而，当使用直槽式锥形扩孔器时，长销钉可能需要在铰孔之前先钻孔，根据钻头的深度选用钻头的数量和尺寸孔（销长）。

确定所需的步进钻头的数量和尺寸：查找表 7-236使用的销钉的长度，并沿着该长度向下与代表锥形销尺寸的粗线的交点（见锥度每个重线右端的销钉号）。如果销的长度落在第一点和第二点之间，从左边算起，只需要一个钻头。其尺寸由沿着重线上的交叉点（销的长度）到左侧的钻头直径值的最接近的水平线表示。如果销的长度介于第二点和第三点之间，则需要两个钻孔。然后较小的钻头的尺寸对应于销的长度和重线的交点，并且较大的钻头直径与该长度的一半的长度与重线的交点相对应。如果销的长度落在第三点和第四点之间，则需要三个钻孔。最小的钻头将具有对应于总销长度与重线的交点的直径，下一个尺寸将具有对应于该长度的 2/3 与重线的交点，并且最大的具有一个直径对应于该长度的 1/3 与重线的交点。交点落在两个钻头尺寸之间时，请使用较小的钻孔尺寸。

示例：对于 6in 长的 10 号锥形销，将使用三个钻头，其尺寸和深度如图 7-35 所示。

对于 3in 长的 10 号锥形销，由于 3in 长度落在第二点和第三点之间，因此将使用两个钻头。第一个通过钻头是 0.6406in，第二个通过钻头是 0.6719in，深度为 1½in。

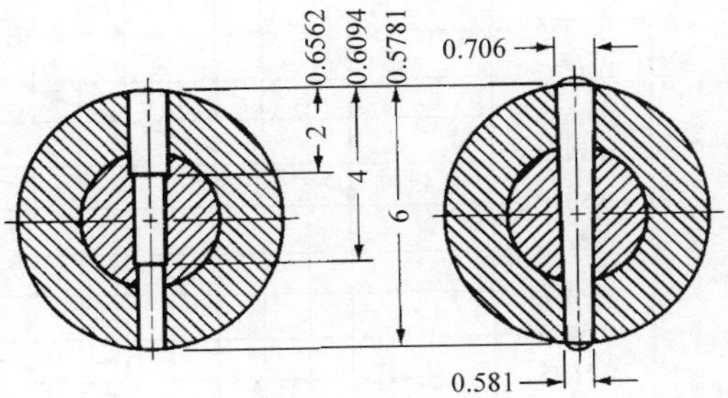

图 7-35　锥形销

9. 美国国家标准带槽销

这些销具有三个等间隔的纵向槽，并且在由制造槽时产生的材料变形在销脊线的顶部形成膨大的直径，槽与销的轴对齐。美国国家标准带槽销的类型如图 7-36 所示。

标准尺寸和长度：通常可用带槽销钉的公称规格和长度在表 7-238 中给出。

表 7-236 锥形销扩孔钻

（帮助选择锥形铰孔前阶梯钻孔钻头编号和尺寸）

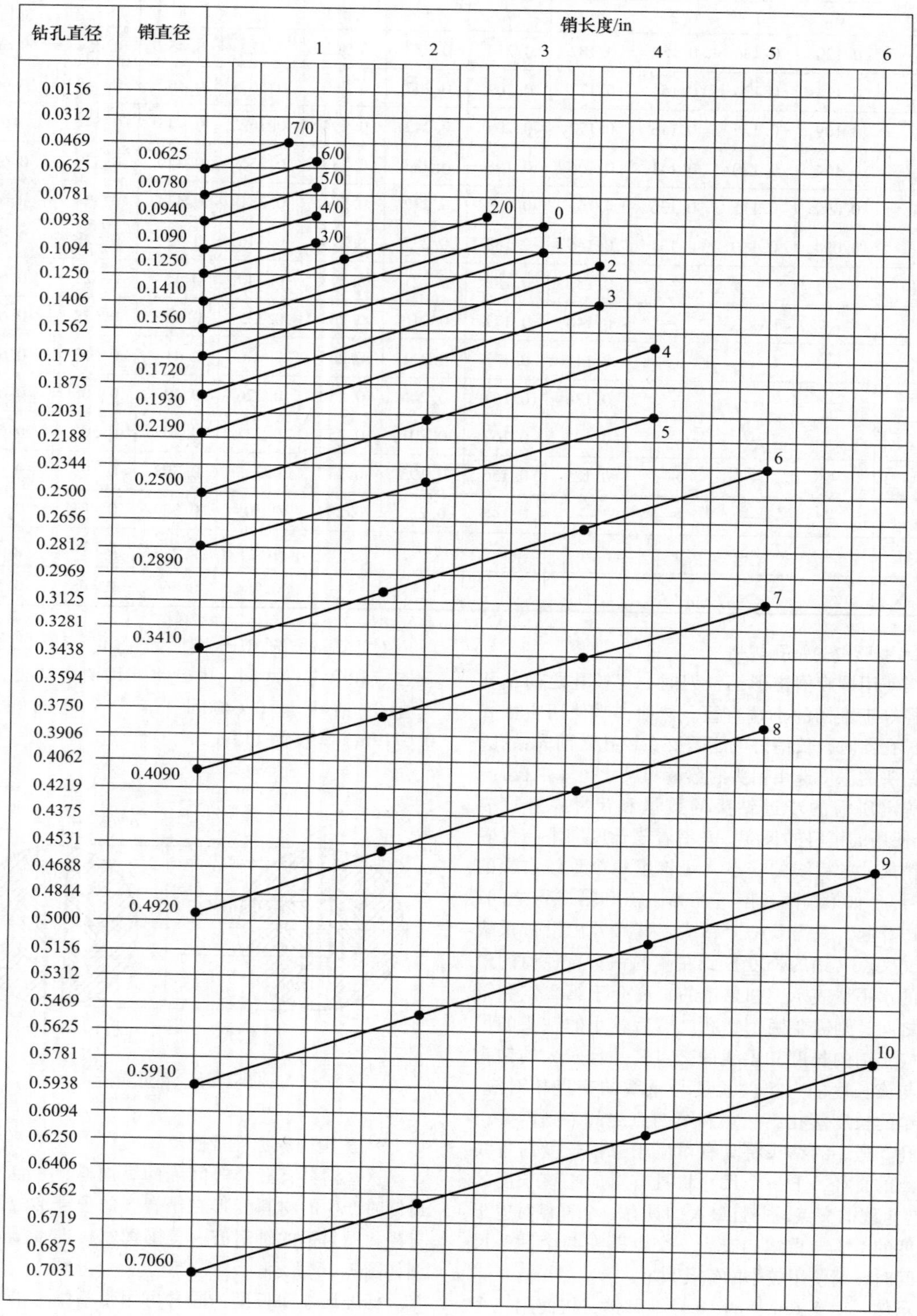

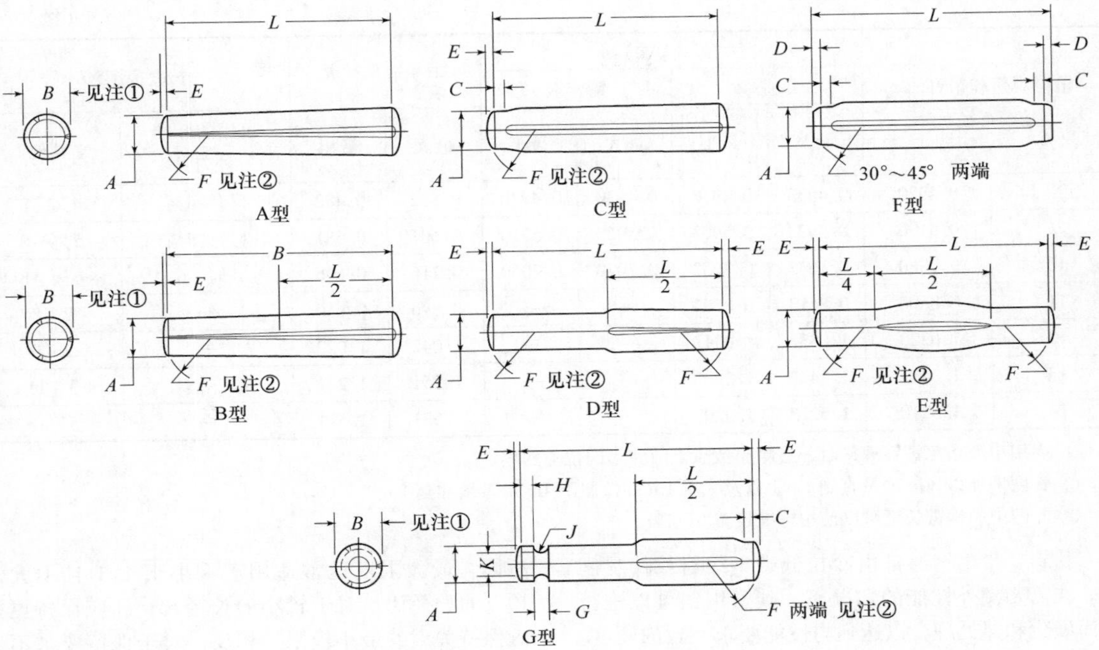

图 7-36　美国国家标准带槽销的类型 ANSI/ASME B18.8.2－1995（见表 7-238）

表 7-237　美国国家标准锥形销钉 ANSI/ASME B18.8.2－1995　（单位：in）

销钉规格和销钉的基本直径①		大径（大端）A				末端冠半径 R		长度范围② L	
		工业级		精密级					
		最大	最小	最大	最小	最大	最小	可用的标准铰刀③	其他
7/0	0.0625	0.0638	0.0618	0.0635	0.0625	0.072	0.052	—	¼～1
6/0	0.0780	0.0793	0.0773	0.0790	0.0780	0.088	0.068	—	¼～½
5/0	0.0940	0.0953	0.0933	0.0950	0.0940	0.104	0.084	¼～1	1¼，1½
4/0	0.1090	0.1103	0.1083	0.1100	0.1090	0.119	0.099	¼～1	1¼～2
3/0	0.1250	0.1263	0.1243	0.1260	0.1250	0.135	0.115	¼～1	1¼～2
2/0	0.1410	0.1423	0.1403	0.1420	0.1410	0.151	0.131	½～1¼	1½～2½
0	0.1560	0.1573	0.1553	0.1570	0.1560	0.166	0.146	½～1¼	1½～3
1	0.1720	0.1733	0.1713	0.1730	0.1720	0.182	0.162	¾～1¼	1½～3
2	0.1930	0.1943	0.1923	0.1940	0.1930	0.203	0.183	¾～1½	1½～3
3	0.2190	0.2203	0.2183	0.2200	0.2190	0.229	0.209	¾～1¾	2～4
4	0.2500	0.2513	0.2493	0.2510	0.2500	0.260	0.240	¾～2	2¼～4
5	0.2890	0.2903	0.2883	0.2900	0.2890	0.299	0.279	1～2½	2¾～6
6	0.3410	0.3423	0.3403	0.3420	0.3410	0.351	0.331	1¼～3	3¼～6
7	0.4090	0.4103	0.4083	0.4100	0.4090	0.419	0.399	1¼～3¾	4～8

（续）

销钉规格和销钉的基本直径①		大径（大端）A				末端冠半径 R		长度范围② L	
		工业级		精密级					
		最大	最小	最大	最小	最大	最小	可用的标准铰刀③	其他
8	0.4920	0.4933	0.4913	0.4930	0.4920	0.502	0.482	1¼～4½	4¾～8
9	0.5190	0.5923	0.5903	0.5920	0.5910	0.601	0.581	1¼～5¼	5½～8
10	0.7060	0.7073	0.7053	0.7070	0.7060	0.716	0.696	1½～6	6¼～8
11	0.8600	0.8613	0.8593	—	—	0.870	0.850	—	2～8
12	1.0320	1.0333	1.0313	—	—	1.042	1.022	—	2～9
13	1.2410	1.2423	1.2403	—	—	1.251	1.231	—	3～11
14	1.5210	1.5223	1.5203	—	—	1.531	1.511	—	3～13

① 当用小数指定销钉规格时，省略小数点之前和第四位上的零。

② 长度增加以⅛in 增量直到 1in，以及大于 1in 的按照 1/4in 增量增加到 1in。

③ 此列中的销钉长度可以使用标准铰刀。

材料：带槽销通常由冷拉低碳钢线材或棒料制成。在需要额外性能的情况下，碳素钢销可以进行表面硬化和热处理，以达到与性能要求一致的硬度。销也可以由合金钢、耐蚀钢、黄铜、蒙乃尔合金等有化学成分的有色金属制成，属性由制造商和买方商定。

性能要求：根据 ANSI/ASME B18.8.2－1995 附录 B 中规定的销钉双重剪切试验进行试验时，需要使用带槽销来承受表 7-238 中给出的各种材料所给出的最小双剪切载荷。

孔尺寸：为了在平均条件下获得最大的产品保留率，建议安装带槽销的孔尽可能靠近表 7-238 的极限。最小限制对应于钻头尺寸，和销的基本直径相同。最大限度通常适用于不小于 4:1 且不大于 10:1的长径比。对于较小的长径比，孔应保持更接近保持关键的最小极限。相反，对于保留要求不太重要的较大比例，可能希望增加孔径超过所示的最大限度。

名称：带槽销由以下数据命名，产品名称，型号，公称尺寸（分数或小数），长度（分数或小数），材料，包括规格或在需要的地方热处理和防护表面处理防护（如果需要）。

示例：销钉，A 型槽，3/32×¾，钢，镀锌。

销钉，F 型槽，0.250×1.500，耐蚀钢。

销钉的公称规格见表 7-239。

表 7-238　美国国家标准带槽销 ANSI/ASME B18.8.2－1995

公称规格或销钉的基本直径		销钉直径① A		引导长度 C	倒角长度② D	冠高② E		冠半径② F		颈宽 G		肩长 H		颈半径 J	颈直径 K		标准长度范围③
		最大	最小	参考值	最小	最大	最小	最大	最小	最大	最小	最大	最小	参考值	最大	最小	
1/32④	0.0312	0.0312	0.0302	0.015	—	—	—	—	—	—	—	—	—	—	—	—	⅛～½
3/64④	0.0469	0.0469	0.0459	0.031	—	—	—	—	—	—	—	—	—	—	—	—	⅛～⅝
1/16	0.0625	0.0625	0.0615	0.031	0.016	0.0115	0.0015	0.088	0.068	—	—	—	—	—	—	—	⅛～1
5/64④	0.0781	0.0781	0.0771	0.031	0.016	0.0137	0.0037	0.104	0.084	—	—	—	—	—	—	—	¼～1
3/32	0.0938	0.0938	0.0928	0.031	0.016	0.0141	0.0041	0.135	0.115	0.038	0.028	0.041	0.031	0.016	0.067	0.057	¼～1¼
7/64	0.1094	0.1094	0.1074	0.031	0.016	0.0160	0.0060	0.150	0.130	0.038	0.028	0.041	0.031	0.016	0.082	0.072	¼～1¼
⅛	0.1250	0.1250	0.1230	0.031	0.016	0.0180	0.0080	0.166	0.146	0.069	0.059	0.041	0.031	0.031	0.088	0.078	¼～1½
5/32	0.1563	0.1563	0.1543	0.062	0.031	0.0220	0.0120	0.198	0.178	0.069	0.059	0.057	0.047	0.031	0.109	0.099	⅜～2
3/16	0.1875	0.1875	0.1855	0.062	0.031	0.0230	0.0130	0.260	0.240	0.069	0.059	0.057	0.047	0.031	0.130	0.120	⅜～2¼
7/32	0.2188	0.2188	0.2168	0.062	0.031	0.0270	0.0170	0.291	0.271	0.101	0.091	0.072	0.062	0.047	0.151	0.141	½～3
¼	0.2500	0.2500	0.2480	0.062	0.031	0.0310	0.0210	0.322	0.302	0.101	0.091	0.072	0.062	0.047	0.172	0.162	½～3¼
5/16	0.3125	0.3125	0.3105	0.094	0.047	0.0390	0.0290	0.385	0.365	0.132	0.122	0.104	0.094	0.062	0.214	0.204	⅝～3½

（续）

公称规格或销钉的基本直径		销钉直径①A		引导长度 C	倒角长度②D	冠高②E		冠半径②F		颈宽 G		肩长 H		颈半径 J	颈直径 K		标准长度范围③
		最大	最小	参考值	最小	最大	最小	最大	最小	最大	最小	最大	最小	参考值	最大	最小	
3/8	0.3750	0.3750	0.3730	0.094	0.047	0.0440	0.0340	0.479	0.459	0.132	0.122	0.135	0.125	0.062	0.255	0.245	3/4 ~ 4 1/4
7/16	0.4375	0.4375	0.4355	0.094	0.047	0.0520	0.0420	0.541	0.521	0.195	0.185	0.135	0.125	0.094	0.298	0.288	7/8 ~ 4 1/2
1/2	0.5000	0.5000	0.4980	0.094	0.047	0.0570	0.0470	0.635	0.615	0.195	0.185	0.135	0.125	0.094	0.317	0.307	1 ~ 4 1/2

① 对于扩径 B 的尺寸见 ANSI/ASME B18.8.2 – 1995。

② 1/32 in 和 3/64 in 尺寸的任何长度和所有尺寸的 1/4 in 公称长度或更短的销钉不加冠或倒角。

③ 标准长度从 1/8 ~ 1in 是以 1/8 in 的步长增加，并且在 1in 以上的是以 1/4 in 的步长增加。1/32 in、3/64 in、1/16 in 和 5/64 in 尺寸的标准长度和 3/32 in、7/64 in 和 1/8 in 的 1/4 in 长度尺寸不适用于 G 型开槽销。

④ 非架上商品，不推荐用于新设计。

表 7-239　销钉的公称规格　（单位：in）

销钉材料	销钉的公称规格														
	1/32	3/64	1/16	5/64	3/32	7/64	1/8	5/32	3/16	7/32	1/4	5/16	3/8	7/16	1/2
钢	双剪切载荷（最小）/lb														
低碳钢	100	220	410	620	890	1220	1600	2300	3310	4510	5880	7660	11000	15000	19600
合金钢（Rc 40 ~ 48 硬度）	180	400	720	1120	1600	2180	2820	4520	6440	8770	11500	17900	26000	35200	46000
耐蚀钢	140	300	540	860	1240	1680	2200	3310	4760	6480	8460	12700	18200	24800	32400
黄铜	60	140	250	390	560	760	990	1540	2220	3020	3950	6170	9050	12100	15800
	推荐用于无镀层销钉的孔尺寸（最小钻头尺寸与销钉尺寸相同）														
最大直径	0.0324	0.0482	0.0640	0.0798	0.0956	0.1113	0.1271	0.1578	0.1903	0.2219	0.2534	0.3166	0.3797	0.4428	0.5060
最小直径	0.0312	0.0469	0.0625	0.0781	0.0938	0.1094	0.1250	0.1563	0.1875	0.2188	0.2500	0.3125	0.3750	0.4375	0.5000

10. 美国国家标准开槽 T 型开口销和圆头开槽击打螺柱

开口销有一个 T 型头，并且螺柱是圆头。两个销钉和螺柱都具有三个等间隔的纵向槽，并且由制造槽时产生的材料变形在销脊线的顶部形成膨大的直径。

标准尺寸和长度：标准尺寸和标准长度的范围在表 7-240 和表 7-241 中给出。

材料：除非另有说明，这些销钉由低碳钢制成。如果采购商指出，它们可以由耐蚀钢、黄铜或其他有色金属合金制成。

孔尺寸：为了在平均条件下获得最佳的产品保留率，建议安装带槽的 T 型开口销和开槽击打螺柱的孔尽可能靠近列表的极限。给定的最小限度对应于钻头尺寸，相当于基本杆直径。所示的最大限度通常适用于不小于 4:1 且不大于 10:1 的长径比。对于较小的长径比，当空间严格的场合孔应保持更接近最小限度。相反，对于较大的长径比或保持要求不是必需的，可能希望增加孔径超过所示的最大限度。

命名：开槽 T 型开口销和圆头开槽击打螺柱由以下数据命名，产品名称，公称尺寸（分数或小数），长度（分数或小数），必要时包括规格或热处理的材料，以及必要时的表面防护处理。

示例：销钉，开槽 T 型头，1/4 × 1 1/4，钢，镀锌。

击打螺柱，圆头开槽，10 × 1/2，耐蚀钢。

表 7-240　美国国家标准开槽 T 型头销钉 ANSI/ASME B18.8.2 – 1995　（单位：in）

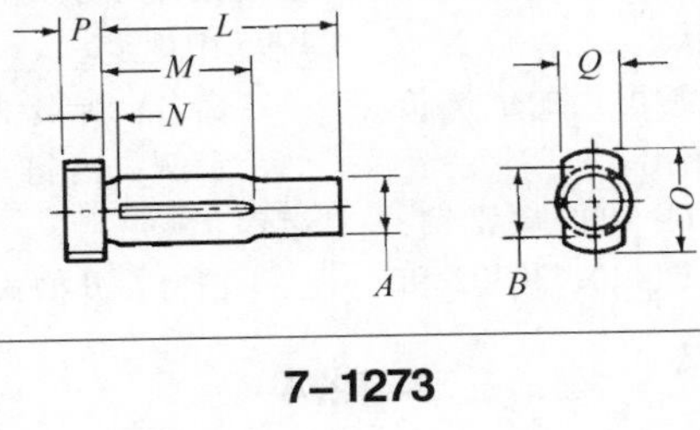

（续）

公称规格①或杆的基本直径		杆的直径 A		长度 N	头部直径 O		头高 P		头宽 Q		标准长度范围② L	推荐孔尺寸	
		最大	最小	最大	最大	最小	最大	最小	最大	最小		最大	最小
5/32	0.156	0.154	0.150	0.08	0.26	0.24	0.11	0.09	0.18	0.15	3/4 ~ 1 1/8	0.161	0.156
3/16	0.187	0.186	0.182	0.09	0.30	0.28	0.13	0.11	0.22	0.18	3/4 ~ 1 1/4	0.193	0.187
1/4	0.250	0.248	0.244	0.12	0.40	0.38	0.17	0.15	0.28	0.24	1 ~ 1 1/2	0.257	0.250
5/16	0.312	0.310	0.305	0.16	0.51	0.48	0.21	0.19	0.34	0.30	1 1/8 ~ 2	0.319	0.312
23/64	0.359	0.358	0.353	0.18	0.57	0.54	0.24	0.22	0.38	0.35	1 1/4 ~ 2	0.366	0.359
1/2	0.500	0.498	0.493	0.25	0.79	0.76	0.32	0.30	0.54	0.49	2 ~ 3	0.508	0.500

注：对于膨胀的直径 B 的尺寸见 ANSI/ASME B18.8.2 – 1995。

① 当以小数指定公称规格时，省略小数点前和小数点后第四位的零。

② 长度从3/4 ~ 1 1/4in 的以1/8in 的步长增加，在1 1/4in 以上的以1/4in 的步长增加。对于槽长度 M 的尺寸见 ANSI/ASME B18.8.2 – 1995。

表 7-241　美国国家标准圆头开槽击打螺柱 ANSI/ASME B18.8.2 – 1995　（单位：in）

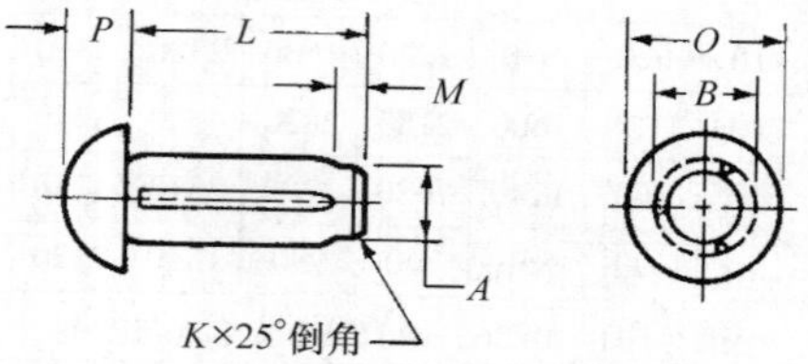

螺柱规格号①和杆基本直径		杆的直径 A		头直径 O		头高 P		标准长度范围② L	孔推荐尺寸		钻头尺寸
		最大	最小	最大	最小	最大	最小		最大	最小	
0	0.067	0.067	0.065	0.130	0.120	0.050	0.040	1/8 ~ 1/4	0.0686	0.0670	51
2	0.086	0.086	0.084	0.162	0.146	0.070	0.059	1/8 ~ 1/4	0.0877	0.0860	44
4	0.104	0.104	0.102	0.211	0.193	0.086	0.075	3/16 ~ 5/16	0.1059	0.1040	37
6	0.120	0.120	0.118	0.260	0.240	0.103	0.091	1/4 ~ 3/8	0.1220	0.1200	31
7	0.136	0.136	0.134	0.309	0.287	0.119	0.107	5/16 ~ 1/2	0.1382	0.1360	29
8	0.144	0.144	0.142	0.309	0.287	0.119	0.107	3/8 ~ 5/8	0.1463	0.1440	27
10	0.161	0.161	0.159	0.359	0.334	0.136	0.124	3/8 ~ 5/8	0.1636	0.1610	20
12	0.196	0.196	0.194	0.408	0.382	0.152	0.140	1/2 ~ 3/4	0.1990	0.1960	9
14	0.221	0.221	0.219	0.457	0.429	0.169	0.156	1/2 ~ 3/4	0.2240	0.2210	2
16	0.025	0.025	0.248	0.472	0.443	0.174	0.161	1/2	0.2534	0.2500	1/4

注：对于引导长度 M 和扩展直径 B 的尺寸见 ANSI/ASME B18.8.2 – 1995。

① 当以小数指定公称规格时，省略小数点前和小数点后第四位的零。

② 长度从1/8 ~ 3/8in 的以1/16in 的步长增加，在3/8in 以上的以1/8in 的步长增加。

11. 美国国家标准弹簧销

这些销有两种类型：一种类型有一个槽在贯穿其整个长度，另一种盘成螺旋线圈状。

优选的长度和尺寸：这些销通常可用的优选长度和尺寸在表 7-242 和表 7-243 中给出。

材料：弹簧销通常由 SAE 1070 – 1095 碳素钢、SAE 6150H 合金钢、SAE 型 51410 ~ 51420、30302 和 30304 耐蚀钢以及铍铜合金进行热处理或冷加工，以获得硬度和性能特征，在 ANSI/ASME B18.8.2 – 1995 中规定。

命名：弹簧销按以下顺序的数据命名。

示例：销钉，卷簧，1/4 × 1 1/4，标准值，钢，镀锌。

销钉，开槽式弹簧，1/2 × 3，钢，磷酸盐涂层。

表 7-242　美国国家标准开槽式弹簧销 ANSI/ASME B18.8.2－1995　　（单位：in）

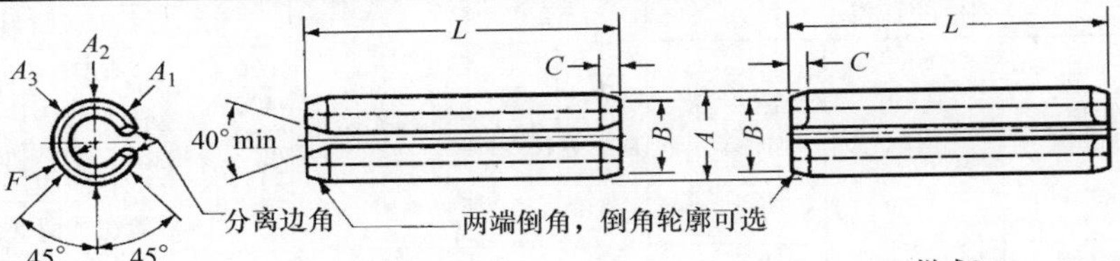

样式1　　样式2

公称规格①或销的基本直径		销的平均直径 A		倒角处直径 B	倒角长度 C		供货厚度 F	推荐孔尺寸		材料：SAE 1070－1095 和 SAE 51420	材料：SAE 30302 和 30304	材料：铍铜	实际长度范围②
		最大	最小	最大	最大	最小	基本	最大	最小	最小双剪切载荷/lb			
1/16	0.062	0.069	0.066	0.059	0.028	0.007	0.012	0.065	0.062	430	250	270	3/16～1
5/64	0.078	0.086	0.083	0.075	0.032	0.008	0.018	0.081	0.078	800	460	500	3/16－1½
3/32	0.094	0.103	0.099	0.091	0.038	0.008	0.022	0.097	0.094	1150	670	710	3/16～1½
1/8	0.125	0.135	0.131	0.122	0.044	0.008	0.028	0.129	0.125	1875	1090	1170	5/16～2
9/64	0.141	0.149	0.145	0.137	0.044	0.008	0.028	0.144	0.140	2175	1260	1350	3/8～2
5/32	0.156	0.167	0.162	0.151	0.048	0.010	0.032	0.160	0.156	2750	1600	1725	7/16～2½
3/16	0.188	0.199	0.194	0.182	0.055	0.011	0.040	0.192	0.187	4150	2425	2600	½～2½
7/32	0.219	0.232	0.226	0.214	0.065	0.011	0.048	0.224	0.219	5850	3400	3650	½～3
1/4	0.250	0.264	0.258	0.245	0.065	0.012	0.048	0.256	0.250	7050	4100	4400	½～3½
5/16	0.312	0.330	0.321	0.306	0.080	0.014	0.062	0.318	0.312	10800	6300	6750	¾～4
3/8	0.375	0.395	0.385	0.368	0.095	0.016	0.077	0.382	0.375	16300	9500	10200	¾、7/8、1、1¼、1½、1¾、2～4
7/16	0.438	0.459	0.448	0.430	0.095	0.017	0.077	0.445	0.437	19800	11500	12300	1、1¼、1½、1¾、2～4
1/2	0.500	0.524	0.513	0.485	0.110	0.025	0.094	0.510	0.500	27100	15800	17000	1¼、1½、1¾、2～4
5/8	0.625	0.653	0.640	0.608	0.125	0.030	0.125	0.636	0.625	46000	18800	—	2～6
3/4	0.750	0.784	0.769	0.730	0.150	0.030	0.150	0.764	0.750	66000	23200	—	2～6

① 当以小数指定公称规格时，省略小数点前的零。

② 长度从1/8～1in 的以1/16in 的增量增长；从 1～2in 的以1/8in 的增量增长；从 2～6in 的以1/4in 的增量增长。

表 7-243　美国国家标准螺旋式弹簧销 ANSI/ASME B18.8.2－1995　　（单位：in）

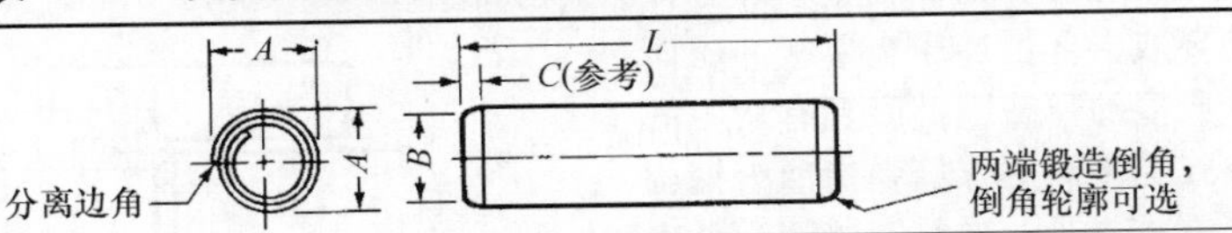

公称尺寸或销钉的基本直径		销钉的直径 A：标准值		销钉的直径 A：重载		销钉的直径 A：轻载		倒角：直径 B	倒角：长度 C	推荐孔尺寸		SAE 材料编号：1070－1095 和 51420	SAE 材料编号：30302 和 30304	SAE 材料编号：1070－1095 和 51420	SAE 材料编号：30302 和 30304	SAE 材料编号：1070－1095 和 51420	SAE 材料编号：30302 和 30304
												双剪切载荷（最小）/lb					
		最大	最小	最大	最小	最大	最小	最大	参考值	最大	最小	标准值		重载		轻载	
1/32	0.031	0.035	0.033	—	—	—	—	0.029	0.024	0.032	0.031	90①	65	—	—	—	—
	0.039	0.044	0.041	—	—	—	—	0.037	0.024	0.040	0.039	135①	100	—	—	—	—

（续）

公称尺寸或销钉的基本直径		销钉的直径 A						倒角		推荐孔尺寸		SAE 材料编号					
		标准值		重载		轻载		直径 B	长度 C			1070－1095 和 51420	30302 和 30304	1070－1095 和 51420	30302 和 30304	1070－1095 和 51420	30302 和 30304
												双剪切载荷（最小）/lb					
		最大	最小	最大	最小	最大	最小	最大	参考值	最大	最小	标准值		重载		轻载	
3/64	0.047	0.052	0.049	—	—	—	—	0.045	0.024	0.048	0.046	190①	145	—	—	—	—
	0.052	0.057	0.054	—	—	—	—	0.050	0.024	0.053	0.051	250①	190	—	—	—	—
1/16	0.062	0.072	0.067	0.070	0.066	0.073	0.067	0.059	0.028	0.065	0.061	330	265	475	360	205	160
5/64	0.078	0.088	0.083	0.086	0.082	0.089	0.083	0.075	0.032	0.081	0.077	550	425	800	575	325	250
3/32	0.094	0.105	0.099	0.103	0.098	0.106	0.099	0.091	0.038	0.097	0.093	775	600	1150	825	475	360
7/64	0.109	0.120	0.114	0.118	0.113	0.121	0.114	0.106	0.038	0.112	0.108	1050	825	1500	1150	650	500
1/8	0.125	0.138	0.131	0.136	0.130	0.139	0.131	0.121	0.044	0.129	0.124	1400	1100	2000	1700	825	650
5/32	0.156	0.171	0.163	0.168	0.161	0.172	0.163	0.152	0.048	0.160	0.155	2200	1700	3100	2400	1300	1000
3/16	0.188	0.205	0.196	0.202	0.194	0.207	0.196	0.182	0.055	0.192	0.185	3150	2400	4500	3500	1900	1450
7/32	0.219	0.238	0.228	0.235	0.226	0.240	0.228	0.214	0.065	0.224	0.217	4200	3300	5900	4600	2600	2000
1/4	0.250	0.271	0.260	0.268	0.258	0.273	0.260	0.243	0.065	0.256	0.247	5500	4300	7800	6200	3300	2600
5/16	0.312	0.337	0.324	0.334	0.322	0.339	0.324	0.304	0.080	0.319	0.308	8700	6700	12000	9300	5200	4000
3/8	0.375	0.403	0.388	0.400	0.386	0.405	0.388	0.366	0.095	0.383	0.370	12600	9600	18000	14000	—	—
7/16	0.438	0.469	0.452	0.466	0.450	0.471	0.452	0.427	0.095	0.446	0.431	17000	13300	23500	18000	—	—
1/2	0.500	0.535	0.516	0.532	0.514	0.537	0.516	0.488	0.110	0.510	0.493	22500	17500	32000	25000	—	—
5/8	0.625	0.661	0.642	0.658	0.640	—	—	0.613	0.125	0.635	0.618	35000②	—	48000②	—	—	—
3/4	0.750	0.787	0.768	0.784	0.766	—	—	0.738	0.150	0.760	0.743	50000②	—	70000②	—	—	—

① 1/32 ~0.052in 的 SAE 1070-1095 碳素钢不可用。

② 5/8in 及以上的尺寸由 SAE 6150H 合金钢而不是 SAE 1070-1095 碳素钢生产。尺寸为1/32 ~0.052in 的实际长度 L 为1/8 ~5/8in，7/64in 尺寸为1/4 ~1 3/4in。其他尺寸的长度见表 7-242。

7.12 挡圈

挡圈的用途是作为人造轴肩将物体保持在座体（内环）中，如图 7-37 所示，或在轴上（外部环）。这两种类型的挡圈都是常见的，如冲压止动环和弹簧圈环。冲压型止动环或卡环由冲压金属板冲压而成，横截面不均匀。典型的弹簧圈挡圈具有均匀的横截面，并且由两圈或更多圈的螺旋弹簧回火钢构成，单圈螺旋缠绕环也较常见。弹簧圈挡圈为外壳或轴提供连续的无间隙的肩部。大多数冲压环只能安装在轴或壳体的末端或附近。弹簧圈的设计通常需要从轴或壳体的端部进行安装。冲压和弹簧圈两种类型通常安装在轴或壳体上的凹槽中。

表 7-244 ~ 表 7-250 给出了 ANSI B27.7-1977，R2010 涵盖的通用锥形和截面米制挡圈（冲压型）的尺寸和数据。表 7-244 和表 7-247 覆盖了 3AM1 型锥形外挡圈，表 7-245 和表 7-248 覆盖了 3BM1 型锥形内挡圈，表 7-246 和表 7-249 覆盖了 3CM1 型变横截面外挡圈。表 7-251 ~ 表 7-254 涵盖对应于 MIL-R-27426 A 型（外挡圈）和 B 型（内挡圈），1 级（中载）和 2 级（重载）的内挡圈和弹簧外挡圈的寸制尺寸。表 7-255 ~ 表 7-261 表示 in 尺寸的冲压型挡圈。

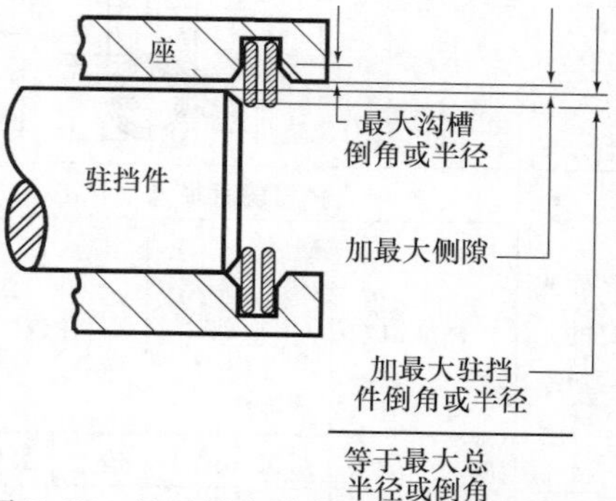

图 7-37　显示最大总半径或倒角的典型的挡圈安装（由 Spirolox 挡圈提供）

表 7-244　美国国家标准米制圆锥挡圈基本外挡圈系列 3AM1 ANSI B27.7-1977，R2010

（单位：mm）

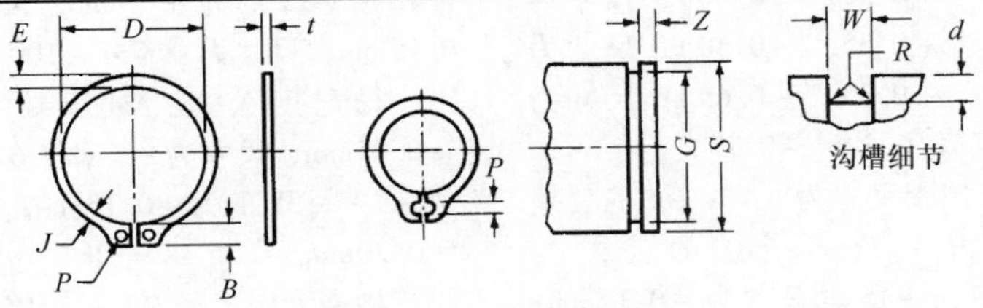

尺寸为 -4、-5、-6 的耳腿结构

轴直径	环		槽				轴直径	环		槽			
	自由直径	厚度	直径	宽度	深度	外挡边宽		自由直径	厚度	直径	宽度	深度	外挡边宽
S	D	t	G	W	d(参考)	Z(最小)	S	D	t	G	W	d(参考)	Z(最小)
4	3.60	0.25	3.80	0.32	0.1	0.3	36	33.25	1.3	33.85	1.4	1.06	3.2
5	4.55	0.4	4.75	0.5	0.13	0.4	38	35.20	1.3	35.8	1.4	1.10	3.3
6	5.45	0.4	5.70	0.5	0.15	0.5	40	36.75	1.6	37.7	1.75	1.15	3.4
7	6.35	0.6	6.60	0.7	0.20	0.6	42	38.80	1.6	39.6	1.75	1.20	3.6
8	7.15	0.6	7.50	0.7	0.25	0.8	43	39.65	1.6	40.5	1.75	1.25	3.8
9	8.15	0.6	8.45	0.7	0.28	0.8	45	41.60	1.6	42.4	1.75	1.30	3.9
10	9.00	0.6	9.40	0.7	0.30	0.9	46	42.55	1.6	43.3	1.75	1.35	4.0
11	10.00	0.6	10.35	0.7	0.33	1.0	48	44.40	1.6	45.2	1.75	1.40	4.2
12	10.85	0.6	11.35	0.7	0.33	1.0	50	46.20	1.6	47.2	1.75	1.40	4.2
13	11.90	0.9	12.30	1.0	0.35	1.0	52	48.40	2.0	49.1	2.15	1.45	4.3
14	12.90	0.9	13.25	1.0	0.38	1.2	54	49.9	2.0	51.0	2.15	1.50	4.5
15	13.80	0.9	14.15	1.0	0.43	1.3	55	50.6	2.0	51.8	2.15	1.60	4.8
16	14.70	0.9	15.10	1.0	0.45	1.4	57	52.9	2.0	53.8	2.15	1.60	4.8
17	15.75	0.9	16.10	1.0	0.45	1.4	58	53.6	2.0	54.7	2.15	1.65	4.9
18	16.65	1.1	17.00	1.2	0.50	1.5	60	55.8	2.0	56.7	2.15	1.65	4.9
19	17.60	1.1	17.95	1.2	0.53	1.6	62	57.3	2.0	58.6	2.15	1.70	5.1
20	18.35	1.1	18.85	1.2	0.58	1.7	65	60.4	2.0	61.6	2.15	1.70	5.1
21	19.40	1.1	19.80	1.2	0.60	1.8	68	63.1	2.0	64.5	2.15	1.75	5.3
22	20.30	1.1	20.70	1.2	0.65	1.9	70	64.6	2.4	66.4	2.55	1.80	5.4
23	21.25	1.1	21.65	1.2	0.67	2.0	72	66.6	2.4	68.3	2.55	1.85	5.5
24	22.20	1.1	22.60	1.2	0.70	2.1	75	69.0	2.4	71.2	2.55	1.90	5.7
25	23.10	1.1	23.50	1.2	0.75	2.3	78	72.0	2.4	74.0	2.55	2.00	6.0
26	24.05	1.1	24.50	1.2	0.75	2.3	80	74.2	2.4	75.9	2.55	2.05	6.1
27	24.95	1.3	25.45	1.4	0.78	2.3	82	76.4	2.4	77.8	2.55	2.10	6.3
28	25.8	1.3	26.40	1.4	0.80	2.4	85	78.6	2.4	80.6	2.55	2.20	6.6
30	27.90	1.3	28.35	1.4	0.83	2.5	88	81.4	2.8	83.5	2.95	2.25	6.7
32	29.60	1.3	30.20	1.4	0.90	2.7	90	83.2	2.8	85.4	2.95	2.30	6.9
34	31.40	1.3	32.00	1.4	1.00	3.0	95	88.1	2.8	90.2	2.95	2.40	7.2
35	32.30	1.3	32.90	1.4	1.05	3.1	100	92.5	2.8	95.0	2.95	2.50	7.5

尺寸 -4，-5 和 -6 仅适用于铍铜。

这些挡圈由系列符号和轴直径指定，因此，4mm 直径的轴对应于 3 AM1-4，20mm 直径的轴对应于 3 AM1-20。

自由状态挡圈的直径公差：对于挡圈尺寸为 -4 ~ -6 的公差为（+0.05，-0.10）；尺寸为

-7～-12 的公差为（+0.05，-0.15）；尺寸为 -13～26 的公差为（+0.15，-0.25）；尺寸为 -27～-38 的公差为（+0.25，-0.40）；尺寸为 -40～-50 的公差为（+0.35，-0.50）；尺寸为 -52～-62的公差为（+0.35，-0.65）；尺寸为 -65～-100 的公差为（+0.50，-0.75）。

槽直径公差：对于挡圈尺寸为 -4～-6 的公差为 -0.08mm；尺寸为 -7～-10 的公差为 -0.10mm；尺寸为 -11～-15 的公差为 -0.12mm；尺寸为 -16～-26 的公差为 -0.15mm；尺寸为 -27～36 的公差为 -0.20mm；尺寸为 -38～-55 的公差为 -0.30mm；尺寸为 -57～-100 的公差为 -0.40mm。

槽直径 FIM（全跳动）或槽和轴之间的同心度的最大允许偏差：对于挡圈尺寸为 -4～-6 的为 0.03mm；挡圈尺寸为 -7～12 的为 0.05mm；尺寸为 -13～-28 的为 0.10mm；尺寸为 -30～-55 的为 0.15mm；尺寸为 -57～-100 的为 0.20mm。

槽宽度公差：对于挡圈尺寸为 -4 的为 +0.05mm；尺寸为 -5 和 -6 的为 +0.10mm；尺寸为 -7～-38 的为 +0.15mm；尺寸为 -40～100 的为 +0.20mm。

槽最大底半径 *R*：对于挡圈尺寸 -4～-6，无；尺寸为 -7～-18 的为 0.1mm；尺寸为 -19～-30 的为 0.2mm；尺寸为 -32～-50 的为 0.3mm；尺寸为 -52～-100 的为 0.4mm。对于未显示的制造细节，包括材料，请参见 ANSI B27.7-1977，R2010。

表 7-245 美国国家标准米制圆锥挡圈的基本内挡圈系列 3BM1 ANSI B27.7-1977，R2010

（单位：mm）

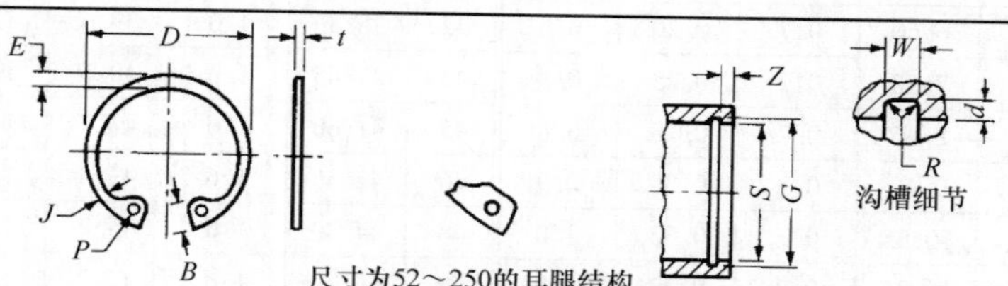

轴直径	挡圈		槽				轴直径	挡圈		槽			
	自由直径	厚度	直径	宽度	深度	外挡边宽		自由直径	厚度	直径	宽度	深度	外挡边宽
S	*D*	*t*	*G*	*W*	*d*	*Z*（最小）	*S*	*D*	*t*	*G*	*W*	*d*	*Z*（最小）
8	8.80	0.4	8.40	0.5	0.2	0.6	28	31.10	1.3	29.8	1.4	0.90	2.7
9	10.00	0.6	9.45	0.7	0.23	0.7	30	33.40	1.3	31.9	1.4	0.95	2.9
10	11.10	0.6	10.50	0.7	0.25	0.8	32	35.35	1.3	33.9	1.4	0.95	2.9
11	12.20	0.6	11.60	0.7	0.3	0.9	34	37.75	1.3	36.1	1.4	1.05	3.2
12	13.30	0.6	12.65	0.7	0.33	1.0	35	38.75	1.3	37.2	1.4	1.10	3.3
13	14.25	0.9	13.70	1.0	0.35	1.1	36	40.00	1.3	38.3	1.4	1.15	3.5
14	15.45	0.9	14.80	1.0	0.40	1.2	37	41.05	1.3	39.3	1.4	1.15	3.5
15	16.60	0.9	15.85	1.0	0.43	1.3	38	42.15	1.3	40.4	1.4	1.20	3.6
16	17.70	0.9	16.90	1.0	0.45	1.4	40	44.25	1.6	42.4	1.75	1.20	3.6
17	18.90	0.9	18.00	1.0	0.50	1.5	42	46.60	1.6	44.5	1.75	1.25	3.7
18	20.05	0.9	19.05	1.0	0.53	1.6	45	49.95	1.6	47.6	1.75	1.30	3.9
19	21.10	0.9	20.10	1.0	0.55	1.7	46	51.05	1.6	48.7	1.75	1.35	4.0
20	22.25	0.9	21.15	1.0	0.57	1.7	47	52.15	1.6	49.8	1.75	1.40	4.2
21	23.30	0.9	22.20	1.0	0.60	1.8	48	53.30	1.6	50.9	1.75	1.45	4.3
22	24.40	1.1	23.30	1.2	0.65	1.9	50	55.35	1.6	53.1	1.75	1.55	4.6
23	25.45	1.1	24.35	1.2	0.67	2.0	52	57.90	2.0	55.3	2.15	1.65	5.0
24	26.55	1.1	25.4	1.2	0.70	2.1	55	61.10	2.0	58.4	2.15	1.70	5.1
25	27.75	1.1	26.6	1.2	0.80	2.4	57	63.25	2.0	60.5	2.15	1.75	5.3
26	28.85	1.1	27.7	1.2	0.85	2.6	58	64.4	2.0	61.6	2.15	1.80	5.4
27	29.95	1.3	28.8	1.4	0.90	2.7	60	66.8	2.0	63.8	2.15	1.90	5.7

（续）

轴直径	挡圈		槽				轴直径	挡圈		槽			
	自由直径	厚度	直径	宽度	深度	外挡边宽		自由直径	厚度	直径	宽度	深度	外挡边宽
S	D	t	G	W	d	Z(最小)	S	D	t	G	W	d	Z(最小)
62	68.6	2.0	65.8	2.15	1.90	5.7	120	132.4	2.8	127	2.95	3.5	10.5
63	69.9	2.0	66.9	2.15	1.95	5.9	125	137.1	2.8	132.1	2.95	3.55	10.7
65	72.2	2.4	69	2.55	2	6	130	142.5	2.8	137.2	2.95	3.6	10.8
68	75.7	2.4	72.2	2.55	2.1	6.3	135	148.5	3.2	142.3	3.4	3.65	11
70	77.5	2.4	74.4	2.55	2.2	6.6	140	154.1	3.2	147.4	3.4	3.7	11.1
72	79.6	2.4	76.5	2.55	2.25	6.7	145	159.5	3.2	152.5	3.4	3.75	11.3
75	83.3	2.4	79.7	2.55	2.35	7.1	150	164.5	3.2	157.6	3.4	3.8	11.4
78	86.8	2.8	82.8	2.95	2.4	7.2	155	168.8	3.2	162.7	3.4	3.85	11.6
80	89.1	2.8	85	2.95	2.5	7.5	160	175.1	4	167.8	4.25	3.9	11.7
82	91.1	2.8	87.2	2.95	2.6	7.8	165	180.3	4	172.9	4.25	3.95	11.9
85	94.4	2.8	90.4	2.95	2.7	8.1	170	185.6	4	178	4.25	4	12
88	97.9	2.8	93.6	2.95	2.8	8.4	175	191.3	4	183.2	4.25	4.1	12.3
90	100	2.8	95.7	2.95	2.85	8.6	180	196.6	4	188.4	4.25	4.2	12.6
92	102.2	2.8	97.8	2.95	2.9	8.7	185	202.7	4.8	193.6	5.1	4.3	12.9
95	105.6	2.8	101	2.95	3	9	190	207.7	4.8	198.8	5.1	4.4	13.2
98	109	2.8	104.2	2.95	3.1	9.3	200	217.8	4.8	209	5.1	4.5	13.5
100	110.7	2.8	106.3	2.95	3.15	9.5	210	230.3	4.8	219.4	5.1	4.7	14.1
102	112.4	2.8	108.4	2.95	3.2	9.6	220	240.5	4.8	230	5.1	5	15
105	115.8	2.8	111.5	2.95	3.25	9.8	230	251.4	4.8	240.6	5.1	5.3	15.9
108	119.2	2.8	114.6	2.95	3.3	9.9	240	262.3	4.8	251	5.1	5.5	16.5
110	120.8	2.8	116.7	2.95	3.35	10.1	250	273.3	4.8	261.4	5.1	5.7	17.1
115	126	2.8	121.9	2.95	3.45	10.4	—	—	—	—	—	—	—

这些挡圈由系列符号和轴直径指定，因此，9mm 直径的轴对应于 3BM1-9，22mm 直径的轴对应于 3BM1-22。

自由状态挡圈的直径公差：对于挡圈尺寸为 -8 ~ -20 的公差为（+0.25，-0.13）；尺寸为 -21 ~ -26 的公差为（+0.40，-0.25）；尺寸为 -27 ~ -38 的公差为（+0.65，-0.50）；尺寸为 -40 ~ -50 的公差为（+0.90，-0.65）；尺寸为 -52 ~ -75 的公差为（+1.00，-0.75）；尺寸为 -78 ~ -92 的公差为（+ 1.40，-1.40）；尺寸为 -95 ~ -155 的公差为（+1.65，-1.65）；尺寸为 -160 ~ -180 的公差为（+2.05，-2.05）；尺寸为 -185 ~ -250 的公差为（+2.30，-2.30）。

槽直径公差：对于挡圈尺寸为 -8 和 -9 的公差为 + 0.06mm；尺寸为 -10 ~ -18mm 的公差为 ±0.10mm；尺寸为 -19 ~ 28 的公差为 + 0.15mm；尺寸为 -30 ~ -50 的公差为 + 0.20mm；尺寸为 -52 ~ -98 的公差为 + 0.30mm；尺寸为 -100 ~ -160的公差为 + 0.40mm；尺寸为 -165 ~ -250 的公差为 + 0.50mm。

槽直径 FIM（全跳动）或槽与轴之间的最大允许偏差：对于挡圈尺寸为 -8 ~ -10 的公差为 0.03mm；尺寸为 -11 ~ -15 的公差为 0.05mm；尺寸为 -16 ~ -25 的公差为 0.10mm；尺寸为 -26 ~ -45的公差为 0.15mm；尺寸为 -46 ~ -80 的公差为 0.20mm；尺寸为 -82 ~ -150 的公差为 0.25mm；尺寸为 -155 ~ -250 的公差为 0.30mm。

槽宽度公差：挡圈尺寸为 -8 的公差为

+0.10mm；尺寸为 -9 ~ -38 的公差为 +0.15mm；尺寸为 -40 ~ -130 的公差为 +0.20mm；尺寸为 -135 ~ -250 的公差为 +0.25mm。

槽最大底部半径：对于挡圈尺寸为 -8 ~ -17 的公差为 0.1mm；尺寸为 -18 ~ -30 的公差为 0.2mm；尺寸为 -32 ~ -55 的公差为 0.3mm；尺寸为 -56 ~ -250 的公差为 0.4mm。对于未显示的制造细节，包括材料，请参见 ANSI B27.7-1977，R2010。

表 7-246 美国国家标准米制变截面挡圈 E 环外挡圈系列 3CM1 ANSI B27.7-1977，R2010

（单位：mm）

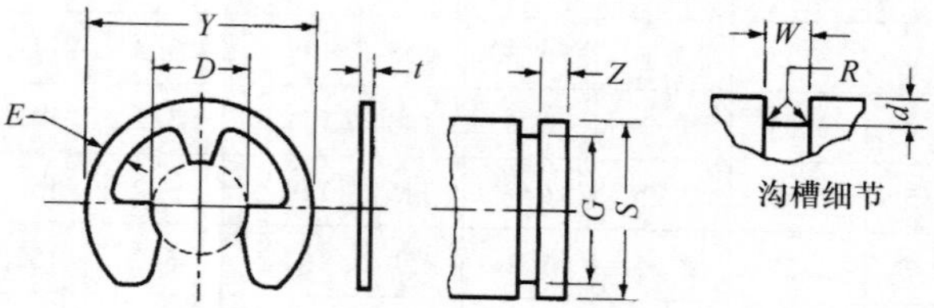

轴直径	环			槽				轴直径	环			槽			
	自由直径	厚度	外径	直径	宽度	深度	外挡边宽		自由直径	厚度	外径	直径	宽度	深度	外挡边宽
S	D	t	Y	G	W	d	Z(min)	S	D	t	Y	G	W	d	Z(min)
1	0.64	0.25	2.0	0.72	0.32	0.14	0.3	11	8.55	0.9	17.4	8.90	1.0	1.05	2.1
2	1.30	0.25	4.0	1.45	0.32	0.28	0.6	12	9.20	1.1	18.6	9.60	1.2	1.20	2.4
3	2.10	0.4	5.6	2.30	0.50	0.35	0.7	13	9.95	1.1	20.3	10.30	1.2	1.35	2.7
4	2.90	0.6	7.2	3.10	0.7	0.45	0.9	15	11.40	1.1	22.8	11.80	1.2	1.60	3.2
5	3.70	0.6	8.5	3.90	0.7	0.55	1.1	16	12.15	1.1	23.8	12.50	1.2	1.75	3.5
6	4.70	0.6	11.1	4.85	0.7	0.58	1.2	18	13.90	1.3	27.2	14.30	1.4	1.85	3.7
7	5.25	0.6	13.4	5.55	0.7	0.73	1.5	20	15.60	1.3	30.0	16.00	1.4	2.00	4.0
8	6.15	0.6	14.6	6.40	0.7	0.80	1.6	22	17.00	1.3	33.0	17.40	1.4	2.30	4.6
9	6.80	0.9	15.8	7.20	1.0	0.90	1.8	25	19.50	1.3	37.1	20.00	1.4	2.50	5.0
10	7.60	0.9	16.8	8.00	1.0	1.00	2.0	—	—	—	—	—	—	—	—

尺寸为 1 仅适用于铍铜。

这些挡圈由系列符号和轴直径指定，因此，直径为 2mm 的轴对应于 3CM1-2，直径为 13mm 的轴对应于 3CM1-13。

自由状态挡圈的直径公差：对于挡圈尺寸为 -1 ~ -7 的公差为（+0.03，-0.08）；尺寸为 -8 ~ -13 的公差为（+0.05，-0.10）；尺寸为 -15 ~ -25 的公差为（+0.10，-0.15）。

槽直径公差：对于挡圈尺寸为 -1 和 -2 的公差为 -0.05mm；尺寸为 -3 ~ -6 的公差为 -0.08mm；尺寸为 -7 ~ -11 的公差为 -0.10mm；尺寸为 -12 ~ -18 的公差为 -0.15mm；尺寸为 20 ~ 25 的公差为 -0.20mm。

槽直径 FIM（全跳动）或槽和轴之间的最大允许偏差：对于挡圈尺寸为 -1 ~ -3 的公差为 0.04mm；对于尺寸为 -4 ~ -6 的公差为 0.05mm；对于尺寸为 -7 ~ -10 的公差为 0.08mm；尺寸为 -11 ~ -25 的公差为 0.10mm。

槽宽度公差：对于挡圈尺寸为 -1 ~ -2 的公差为 +0.05mm；尺寸为 -3mm 的公差为 +0.10mm；尺寸为 -4 ~ 25 的公差为 +0.15mm。

槽最大底半径：对于挡圈尺寸为 -1 ~ -2 的公差为 0.05mm；对于尺寸为 -3 ~ -7 的公差为 0.15mm；对于尺寸为 -8 ~ -13 的公差为 25mm；对于尺寸为 -15 ~ -25 的公差为 0.4mm。

对于未显示的制造细节，包括材料，请参见 ANSI B27.7-1977，R2010。

挡圈如图 7-38 所示。

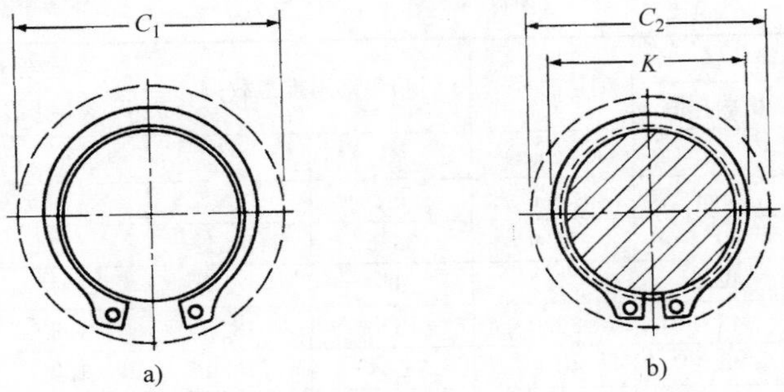

图 7-38 挡圈

a）挡圈扩张到轴外 b）挡圈坐入槽内

表 7-247 美国国家标准米制基本外挡圈系列 3AM1 挡圈的检查和性能数据

ANSI B27.7-1977，R2010

挡圈系列和规格号	净直径		测量直径①	角座许用推力载荷		最大允许圆角半径和倒角		组件的允许速度②
	轴外挡圈	槽内挡圈						
3AM1	C_1	C_2	K（max）	P_r③	P_g④	R	Ch	—
No.	mm	mm	mm	kN	kN	mm	mm	r/min
-4①	7.0	6.8	4.90	0.6	0.2	0.35	0.25	70000
-5①	8.2	7.9	5.85	1.1	0.3	0.35	0.25	70000
-6①	9.1	8.8	6.95	1.4	0.4	0.35	0.25	70000
-7	12.3	11.8	8.05	2.6	0.7	0.45	0.3	60000
-8	13.6	13.0	9.15	3.1	1.0	0.5	0.35	55000
-9	14.5	13.8	10.35	3.5	1.2	0.6	0.35	48000
-10	15.5	14.7	11.50	3.9	1.5	0.7	0.4	42000
-11	16.4	15.6	12.60	4.3	1.8	0.75	0.45	38000
-12	17.4	16.6	13.80	4.7	2.0	0.8	0.45	34000
-13	19.7	18.8	15.05	7.5	2.2	0.8	0.5	31000
-14	20.7	19.7	15.60	8.1	2.6	0.9	0.5	28000
-15	21.7	20.6	17.20	8.7	3.2	1.0	0.6	27000
-16	22.7	21.6	18.35	9.3	3.5	1.1	0.6	25000
-17	23.7	22.6	19.35	9.9	4.0	1.1	0.6	24000
-18	26.2	25.0	20.60	16.0	4.4	1.2	0.7	23000
-19	27.2	25.9	21.70	16.9	4.9	1.2	0.7	21500
-20	28.2	26.8	22.65	17.8	5.7	1.2	0.7	20000
-21	29.2	27.7	23.80	18.6	6.2	1.3	0.7	19000
-22	30.3	28.7	24.90	19.6	7.0	1.3	0.8	18500
-23	31.3	29.6	26.00	20.5	7.6	1.3	0.8	18000
-24	34.1	32.4	27.15	21.4	8.2	1.4	0.8	17500
-25	35.1	33.3	28.10	22.3	9.2	1.4	0.8	17000
-26	36.0	34.2	29.25	23.2	9.6	1.5	0.9	16500
-27	37.8	35.9	30.35	28.4	10.3	1.5	0.9	16300
-28	38.8	36.9	31.45	28.4	11.0	1.6	1.0	15800
-30	40.8	38.8	33.6	31.6	12.3	1.6	1.0	15000

（续）

挡圈系列和规格号	净直径		测量直径①	角座许用推力载荷		最大允许圆角半径和倒角		组件的允许速度②
	轴外挡圈	槽内挡圈						
3AM1	C_1	C_2	K（max）	$P_r^{③}$	$P_g^{④}$	R	Ch	—
No.	mm	mm	mm	kN	kN	mm	mm	r/min
-32	42.8	40.7	35.9	33.6	14.1	1.7	1.0	14800
-34	44.9	42.5	37.9	36	16.7	1.7	1.1	14000
-35	45.9	43.4	39.0	37	18.1	1.8	1.1	13 500
-36	48.6	46.1	40.2	38	18.9	1.9	1.2	13300
-38	50.6	48.0	42.5	40	20.5	2.0	1.2	12700
-40	54.0	51.3	44.5	52	22.6	2.1	1.2	12000
-42	56.0	53.2	46.9	54	24.8	2.2	1.3	11000
-43	57.0	54.0	47.9	55	26.4	2.3	1.4	10800
-45	59.0	55.9	50.0	58	28.8	2.3	1.4	10000
-46	60.0	56.8	50.9	59	30.4	2.4	1.4	9500
-48	62.4	59.1	53.0	62	33	2.4	1.4	8800
-50	64.4	61.1	55.2	64	35	2.4	1.4	8000
-52	67.6	64.1	57.4	84	37	2.5	1.5	7700
-54	69.6	66.1	59.5	87	40	2.5	1.5	7500
-55	70.6	66.9	60.4	89	44	2.5	1.5	7400
-57	72.6	68.9	62.7	91	45	2.6	1.5	7200
-58	73.6	69.8	63.6	93	46	2.6	1.6	7100
-60	75.6	71.8	65.8	97	49	2.6	1.6	7000
-62	77.6	73.6	67.9	100	52	2.7	1.6	6900
-65	80.6	76.6	71.2	105	54	2.8	1.7	6700
-68	83.6	79.5	74.5	110	58	2.9	1.7	6500
-70	88.1	83.9	76.4	136	62	2.9	1.7	6400
-72	90.1	85.8	78.5	140	65	2.9	1.7	6200
-75	93.1	88.7	81.7	147	69	3.0	1.8	5900
-78	95.4	92.1	84.6	151	76	3.0	1.8	5600
-80	97.9	93.1	87.0	155	80	3.1	1.9	5400
-82	100.0	95.1	89.0	159	84	3.2	1.9	5200
-85	103.0	97.9	92.1	165	91	3.2	1.9	5000
-88	107.0	100.8	95.1	199	97	3.2	1.9	4800
-90	109.0	103.6	97.1	204	101	3.2	1.9	4500
-95	114.0	108.6	102.7	215	112	3.4	2.1	4350
-100	119.5	113.7	108.0	227	123	3.5	2.1	4150

注：R 或 Ch 的最大允许装配负载为：对于大小为 -4 的为 0.2kN；尺寸为 -5 和 -6 的为 0.5kN；尺寸为 -7 ~ -12 的为 2.1kN；尺寸为 -13 ~ -17 的为 4.0kN；尺寸为 -18 ~ -26 的为 6.0kN；尺寸为 -27 ~ -38 的为 8.6kN；尺寸为 -40 ~ -50 的为 13.2kN；尺寸为 -52 ~ -68 的为 2.0kN；尺寸为 -70 ~ -85 的为 32kN；尺寸为 -88 ~ -100 的为 47 kN。

① 用于检查挡圈坐入槽中。

② 这些值用于钢挡圈的计算。

③ 这些值适用于由 SAE 1060-1090 钢制成的挡圈和在硬化至 Rc 50 的轴上使用的 PH 15-7 Mo 不锈钢，但尺寸为 -4、-5 和 -6，仅供应铍铜。从铍铜制成的其他尺寸的值可以通过将列出的值乘以 0.75 来计算。列出的值的安全系数为 4。

④ 这些值适用于低碳钢轴上使用的所有标准挡圈。它们的安全系数为 2。

表 7-248　美国国家标准米制基本内挡圈系列 3BM1 挡圈的检查和性能数据

ANSI B27.7-1977，R2010

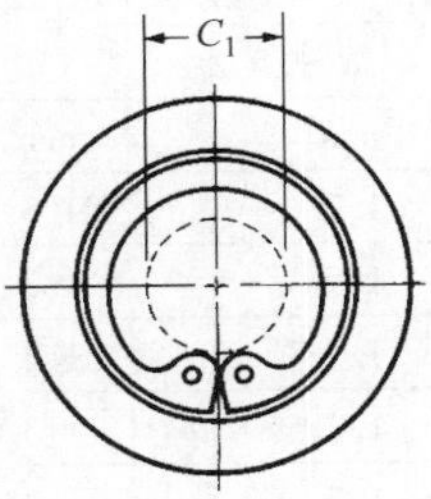

挡圈压入孔内

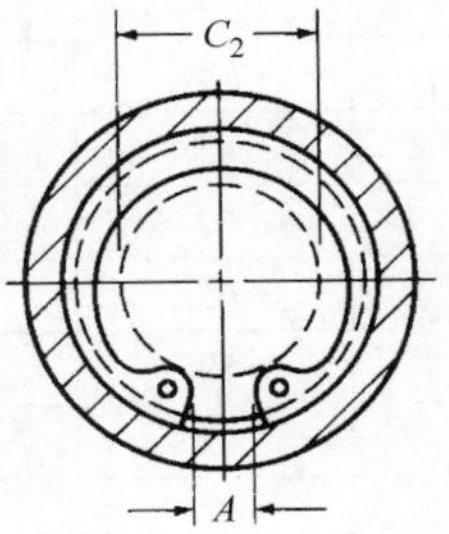

挡圈坐入槽中

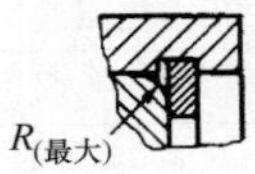

驻挡件最大允许半径

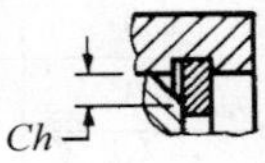

驻挡件最大允许倒角

挡圈系列和规格号	净直径		测量直径[1]	角座许用推力载荷		最大允许圆角半径和倒角	
	孔内挡圈	槽内挡圈					
3BM1	C_1	C_2	A(min)	P_r[2]	P_g[3]	R	Ch
No.	mm	mm	mm	kN	kN	mm	mm
-8	4.4	4.8	1.4	2.4	1	0.4	0.3
-9	4.6	5	1.5	4.4	1.2	0.5	0.35
-10	5.5	6	1.85	4.9	1.5	0.5	0.35
-11	5.7	6.3	1.95	5.4	2	0.6	0.4
-12	6.7	7.3	2.25	5.8	2.4	0.6	0.4
-13	6.8	7.5	2.35	8.9	2.6	0.7	0.5
-14	6.9	7.7	2.65	9.7	3.2	0.7	0.5
-15	7.9	8.7	2.8	10.4	3.7	0.7	0.5
-16	8.8	9.7	2.8	11	4.2	0.7	0.5
-17	9.8	10.8	3.35	11.7	4.9	0.75	0.6
-18	10.3	11.3	3.4	12.3	5.5	0.75	0.6
-19	11.4	12.5	3.4	13.1	6	0.8	0.65
-20	11.6	12.7	3.8	13.7	6.6	0.9	0.7
-21	12.6	13.8	4.2	14.5	7.3	0.9	0.7
-22	13.5	14.8	4.3	22.5	8.3	0.9	0.7
-23	14.5	15.9	4.9	23.5	8.9	1	0.8
-24	15.5	16.9	5.2	24.8	9.7	1	0.8
-25	16.5	18.1	6	25.7	11.6	1	0.8
-26	17.5	19.2	5.7	26.8	12.7	1.2	1
-27	17.4	19.2	5.9	33	14	1.2	1
-28	18.2	20	6	34	14.6	1.2	1
-30	20	21.9	6	37	16.5	1.2	1
-32	22	23.9	7.3	39	17.6	1.2	1
-34	24	26.1	7.6	42	20.6	1.2	1
-35	25	27.2	8	43	22.3	1.2	1
-36	26	28.3	8.3	44	23.9	1.2	1
-37	27	29.3	8.4	45	24.6	1.2	1
-38	28	30.4	8.6	46	26.4	1.2	1

（续）

挡圈系列和规格号	净直径		测量直径①	角座许用推力载荷		最大允许圆角半径和倒角	
	孔内挡圈	槽内挡圈					
3BM1	C_1	C_2	A(min)	P_r②	P_g③	R	Ch
No.	mm	mm	mm	kN	kN	mm	mm
-40	29.2	31.6	9.7	62	27.7	1.7	1.3
-42	29.7	32.2	9	65	30.2	1.7	1.3
-45	32.3	34.9	9.6	69	33.8	1.7	1.3
-46	33.3	36	9.7	71	36	1.7	1.3
-47	34.3	37.1	10	72	38	1.7	1.3
-48	35	37.9	10.5	74	40	1.7	1.3
-50	36.9	40	12.1	77	45	1.7	1.3
-52	38.6	41.9	11.7	99	50	2	1.6
-55	40.8	44.2	11.9	105	54	2	1.6
-57	42.2	45.7	12.5	109	58	2	1.6
-58	43.2	46.8	13	111	60	2	1.6
-60	45.5	49.3	12.7	115	66	2	1.6
-62	47	50.8	14	119	68	2	1.6
-63	47.8	51.7	14.2	120	71	2	1.6
-65	49.4	53.4	14.2	149	75	2	1.6
-68	52	56.2	14.4	156	82	2.3	1.8
-70	53.8	58.2	16.1	161	88	2.3	1.8
-72	55.9	60.4	17.4	166	93	2.3	1.8
-75	58.2	62.9	16.8	172	101	2.3	1.8
-78	61.2	66	17.6	209	108	2.5	2
-80	63	68	17.2	215	115	2.5	2
-82	63.5	68.7	18.8	220	122	2.6	2.1
-85	66.8	72.2	19.1	228	131	2.6	2.1
-88	69.6	75.2	20.4	236	141	2.8	2.2
-90	71.6	77.3	21.4	241	147	2.8	2.2
-92	73.6	79.4	22.2	247	153	2.9	2.4
-95	76.7	82.7	22.6	255	164	3	2.5
-98	78.3	84.5	22.6	263	174	3	2.5
-100	80.3	86.6	24.1	269	181	3.1	2.5
-102	82.2	88.6	25.5	273	187	3.2	2.6
-105	85.1	91.6	26	281	196	3.3	2.6
-108	88.1	94.7	26.4	290	205	3.5	2.7
-110	88.4	95.1	27.5	295	212	3.6	2.8
-115	93.2	100.1	29.4	309	227	3.7	2.9
-120	98.2	105.2	27.2	321	241	3.9	3.1
-125	103.1	110.2	30.3	335	255	4	3.2
-130	108	115.2	31	349	269	4	3.2
-135	110.4	117.7	30.4	415	283	4.3	3.4
-140	115.3	122.7	30.4	429	298	4.3	3.4

（续）

挡圈系列和规格号	净直径		测量直径①	角座许用推力载荷		最大允许圆角半径和倒角	
	孔内挡圈	槽内挡圈					
3BM1	C_1	C_2	A(min)	P_r②	P_g③	R	Ch
No.	mm	mm	mm	kN	kN	mm	mm
-145	120.4	127.9	31.6	444	313	4.3	3.4
-150	125.3	132.9	33.5	460	327	4.3	3.4
-155	130.4	138.1	37	475	343	4.3	3.4
-160	133.8	141.6	35	613	359	4.5	3.6
-165	138.7	146.6	33.1	632	374	4.6	3.7
-170	143.6	151.6	38.2	651	390	4.6	3.7
-175	146	154.2	37.7	670	403	4.8	3.8
-180	151.4	159.8	39	690	434	5	4
-185	154.7	163.3	37.3	851	457	5.1	4.1
-190	159.5	168.3	35	873	480	5.3	4.3
-200	169.2	178.2	43.9	919	517	5.4	4.3
-210	177.5	186.9	40.6	965	566	5.8	4.6
-220	184.1	194.1	38.3	1000	608	6.1	4.9
-230	194	204.6	49	1060	686	6.3	5.1
-240	200.4	211.4	45.4	1090	725	6.6	5.3
-250	210	221.4	53	1150	808	6.7	5.4

注：R 或 Ch 的最大允许装配负载为：对于环尺寸 -8 的为 0.8kN；尺寸为 -9 ~ -12 的为 2.0kN；尺寸 -13 ~ -21 的为 4.0kN；尺寸 -22 ~ -26 的为 7.4kN；尺寸 -27 ~ -38 的为 10.8kN；尺寸 -40 ~ -50 的为 17.4kN；尺寸 -52 ~ -63 的为 27.4kN；尺寸 -65 的为 42.0kN；尺寸 -68 ~ -72 的为 39kN；尺寸 -75 ~ -130 的为 54kN；尺寸 -135 ~ -155 的为 67kN；尺寸 -160 ~ -180 的为 102kN；尺寸 -185 ~ -250 的为 151kN。

① 用于检查挡圈坐入槽中。

② 这些值适用于由 SAE 1060-1090 钢制成的挡圈和在最低硬度为 Rc50 的孔中使用的 PH 15-7 Mo 不锈钢。由铍铜制成的挡圈的尺寸值可以通过将列出的值乘以 0.75 来计算。列出的值的安全系数是 4。

③ 这些值用于低碳钢孔中使用的标准挡圈。它们的安全系数为 2。

表 7-249 美国国家标准米制 E 型外挡圈系列 3CM1 挡圈的检查和性能数据

ANSI B27.7-1977，R2010

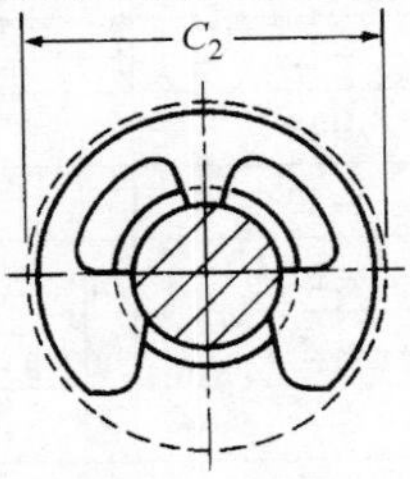

挡圈坐入槽中

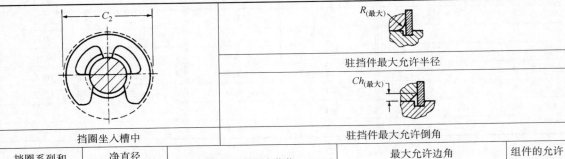

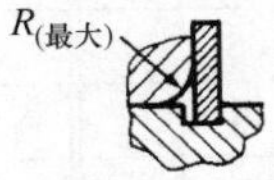

驻挡件最大允许半径

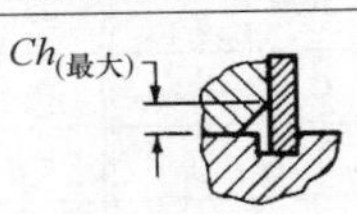

驻挡件最大允许倒角

挡圈系列和规格号	净直径	角座许用推力荷载		最大允许边角半径和倒角		组件的允许速度①
	挡圈在槽中					
3CM1	C_2	P_r②	P_g③	R（最大）	Ch（最大）	…
No.	mm	kN	kN	mm	mm	r/min
-1	2.2	0.06	0.02	0.4	0.25	40000
-2	4.3	0.13	0.09	0.8	0.5	40000
-3	6.0	0.3	0.17	1.1	0.7	34000

（续）

挡圈系列和规格号	净直径 挡圈在槽中	角座许用推力荷载		最大允许边角半径和倒角		组件的允许速度①
3CM1	C_2	P_r②	P_g③	R（最大）	Ch（最大）	…
No.	mm	kN	kN	mm	mm	r/min
−4	7.6	0.7	0.3	1.6	1.2	31000
−5	8.9	0.9	0.4	1.6	1.2	27000
−6	11.5	1.1	0.6	1.6	1.2	25000
−7	14.0	1.2	0.8	1.6	1.2	23000
−8	15.1	1.4	1.0	1.7	1.3	21500
−9	16.5	3.0	1.3	1.7	1.3	19500
−10	17.5	3.4	1.6	1.7	1.3	18000
−11	18.0	3.7	1.9	1.7	1.3	16500
−12	19.3	4.9	2.3	1.9	1.4	15000
−13	21.0	5.4	2.9	2.0	1.5	13000
−15	23.5	6.2	4.0	2.0	1.5	11500
−16	24.5	6.6	4.5	2.0	1.5	10000
−18	27.9	8.7	5.4	2.1	1.6	9000
−20	30.7	9.8	6.5	2.2	1.7	8000
−22	33.7	10.8	8.1	2.2	1.7	7000
−25	37.9	12.2	10.1	2.4	1.9	5000

① 这些值用于钢挡圈的计算。

② 这些值适用于由 SAE 1060-1090 钢制成挡圈和用于硬化至 $Rc50$ 的轴上的 PH 15-7 Mo 不锈钢，但尺寸为 −1，仅供应于铍铜。从铍铜制成的其他尺寸的值可以通过将列出的值乘以 0.75 来计算。列出的值的安全系数为 4。

③ 这些值适用于低碳钢轴上使用的所有标准挡圈。它们的安全系数为 2。

R 或 Ch 的最大允许装配负载见表 7-250。

表 7-250　最大允许装配负载

挡圈规格	最大允许负载/kN	挡圈规格	最大允许负载/kN	挡圈规格	最大允许负载/kN
−1	0.06	−8	1.4	−16	6.6
−2	0.13	−9	3	−18	8.7
−3	0.3	−10	3.4	−20	9.8
−4	0.7	−11	3.7	−22	10.8
−5	0.9	−12	4.9	−25	12.2
−6	1.1	−13	5.4	—	—
−7	1.2	−15	6.2	—	—

中等载荷弹簧内挡圈如图 7-39 所示。

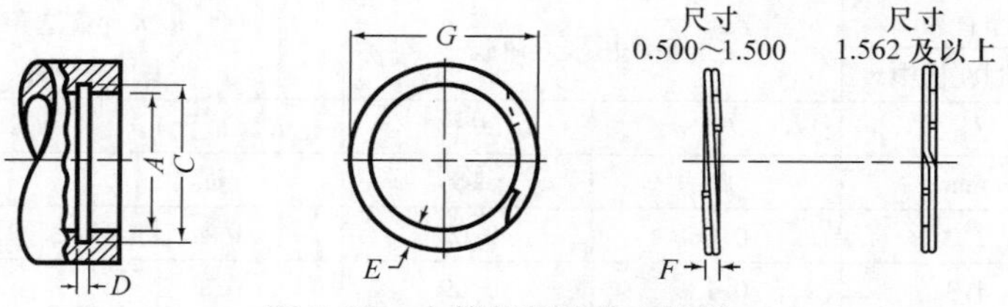

图 7-39　中等载荷弹簧内挡圈

表7-251 中等载荷弹簧内挡圈 MIL-R-27426 （单位：in）

孔径 A	挡圈 直径 G	挡圈 壁厚 E	槽 直径 C	槽 宽度 D	静态推力载荷/lb 挡圈上	静态推力载荷/lb 槽上	孔径 A	挡圈 直径 G	挡圈 壁厚 E	槽 直径 C	槽 宽度 D	静态推力载荷/lb 挡圈上	静态推力载荷/lb 槽上
0.5	0.532	0.045	0.526	0.03	2000	405	1.574	1.649	0.108	1.633	0.056	10180	3640
0.512	0.544	0.045	0.538	0.03	2050	420	1.625	1.701	0.108	1.684	0.056	10510	3875
0.531	0.564	0.045	0.557	0.03	2130	455	1.653	1.73	0.108	1.712	0.056	10690	4020
0.562	0.594	0.045	0.588	0.03	2250	495	1.687	1.768	0.118	1.75	0.056	10910	4510
0.594	0.626	0.045	0.619	0.03	2380	535	1.75	1.834	0.118	1.813	0.056	11310	4895
0.625	0.658	0.045	0.651	0.03	2500	610	1.813	1.894	0.118	1.875	0.056	11720	5080
0.656	0.689	0.045	0.682	0.03	2630	670	1.85	1.937	0.118	1.917	0.056	11960	5735
0.687	0.72	0.045	0.713	0.03	2750	725	1.875	1.96	0.118	1.942	0.056	12120	5825
0.718	0.751	0.045	0.744	0.03	2870	790	1.938	2.025	0.118	2.005	0.056	12530	6250
0.75	0.79	0.065	0.782	0.036	3360	800	2	2.091	0.128	2.071	0.056	12930	7090
0.777	0.817	0.065	0.808	0.036	3480	835	2.047	2.138	0.128	2.118	0.056	13230	7275
0.781	0.821	0.065	0.812	0.036	3500	840	2.062	2.154	0.128	2.132	0.056	13330	7225
0.812	0.853	0.065	0.843	0.036	3640	915	2.125	2.217	0.128	2.195	0.056	13740	7450
0.843	0.889	0.065	0.88	0.036	3780	1155	2.165	2.26	0.138	2.239	0.056	14000	8020
0.866	0.913	0.065	0.903	0.036	3880	1250	2.188	2.284	0.138	2.262	0.056	14150	8105
0.875	0.922	0.065	0.912	0.036	3920	1250	2.25	2.347	0.138	2.324	0.056	14550	8335
0.906	0.949	0.065	0.939	0.036	4060	1335	2.312	2.413	0.138	2.39	0.056	14950	9030
0.938	0.986	0.065	0.975	0.036	4200	1430	2.375	2.476	0.138	2.453	0.056	15350	9275
0.968	1.025	0.075	1.015	0.042	4340	1950	2.437	2.543	0.148	2.519	0.056	15760	10005
0.987	1.041	0.075	1.03	0.042	4420	1865	2.44	2.546	0.148	2.522	0.056	15780	10015
1	1.054	0.075	1.043	0.042	4480	1910	2.5	2.606	0.148	2.582	0.056	16160	10625
1.023	1.078	0.075	1.066	0.042	5470	1660	2.531	2.641	0.148	2.617	0.056	16360	10900
1.031	1.084	0.075	1.074	0.042	5510	1650	2.562	2.673	0.148	2.648	0.056	16560	11030
1.062	1.117	0.075	1.104	0.042	5680	1745	2.625	2.736	0.148	2.711	0.056	16970	11305
1.093	1.147	0.075	1.135	0.042	5840	1820	2.677	2.789	0.158	2.767	0.056	17310	12065
1.125	1.18	0.075	1.167	0.042	6010	1935	2.688	2.803	0.158	2.778	0.056	17380	12115
1.156	1.21	0.075	1.198	0.042	6180	2020	2.75	2.865	0.158	2.841	0.056	17780	12530
1.188	1.249	0.085	1.236	0.048	7380	2115	2.813	2.929	0.158	2.903	0.056	18190	12675
1.218	1.278	0.085	1.266	0.048	7570	2195	2.834	2.954	0.168	2.928	0.056	18320	13340
1.25	1.312	0.085	1.298	0.048	7770	2510	2.875	2.995	0.168	2.969	0.056	18590	13530
1.281	1.342	0.085	1.329	0.048	7960	2425	2.937	3.058	0.168	3.031	0.056	18990	13825
1.312	1.374	0.085	1.36	0.048	8150	2532	2.952	3.073	0.168	3.046	0.056	19090	13890
1.343	1.408	0.085	1.395	0.048	8340	2875	3	3.122	0.168	3.096	0.068	24150	14420
1.375	1.442	0.095	1.427	0.048	8540	3070	3.062	3.186	0.168	3.158	0.068	24640	14720
1.406	1.472	0.095	1.458	0.048	8740	3180	3.125	3.251	0.178	3.223	0.068	25150	15335
1.437	1.504	0.095	1.489	0.048	8930	3330	3.149	3.276	0.178	3.247	0.068	25340	15450
1.456	1.523	0.095	1.508	0.048	9050	3410	3.187	3.311	0.178	3.283	0.068	25650	15640
1.468	1.535	0.095	1.52	0.048	9120	3460	3.25	3.379	0.178	3.35	0.068	26160	16270
1.5	1.567	0.095	1.552	0.048	9320	3605	3.312	3.446	0.188	3.416	0.068	26660	17245
1.562	1.634	0.108	1.617	0.056	10100	3590	3.346	3.479	0.188	3.45	0.068	26930	17425

（续）

孔径 *A*	挡圈		槽		静态推力载荷/lb		孔径 *A*	挡圈		槽		静态推力载荷/lb	
	直径 *G*	壁厚 *E*	直径 *C*	宽度 *D*	挡圈上	槽上		直径 *G*	壁厚 *E*	直径 *C*	宽度 *D*	挡圈上	槽上
3.375	3.509	0.188	3.479	0.068	27160	17575	6.692	6.931	0.312	6.874	0.094	75940	60985
3.437	3.574	0.188	3.543	0.068	27660	18240	6.75	6.987	0.312	6.932	0.094	76590	61515
3.5	3.636	0.188	3.606	0.068	28170	18575	6.875	7.114	0.312	7.057	0.094	78010	62655
3.543	3.684	0.198	3.653	0.068	28520	19515	7	7.239	0.312	7.182	0.094	79430	63790
3.562	3.703	0.198	3.672	0.068	28670	19620	7.086	7.337	0.312	7.278	0.094	80410	68125
3.625	3.769	0.198	3.737	0.068	29180	20330	7.125	7.376	0.312	7.317	0.094	80850	68500
3.687	3.832	0.198	3.799	0.068	29680	20675	7.25	7.501	0.312	7.442	0.094	82270	69700
3.74	3.885	0.198	3.852	0.068	30100	20975	7.375	7.628	0.312	7.567	0.094	83690	70900
3.75	3.894	0.198	3.862	0.068	30180	21030	7.48	7.734	0.312	7.672	0.094	84880	71910
3.812	3.963	0.208	3.93	0.068	30680	22525	7.5	7.754	0.312	7.692	0.094	85110	72105
4.437	4.611	0.238	4.573	0.068	35710	30215	7.625	7.89	0.312	7.827	0.094	86520	77125
4.5	4.674	0.238	4.636	0.068	36220	30645	7.75	8.014	0.312	7.952	0.094	87940	78390
4.527	4.701	0.238	4.663	0.068	36440	30830	7.875	8.131	0.312	8.077	0.094	89360	79655
4.562	4.737	0.238	4.698	0.079	36720	31065	8	8.266	0.312	8.202	0.094	90780	80920
4.625	4.803	0.25	4.765	0.079	43940	32420	8.25	8.528	0.375	8.462	0.094	93620	87575
4.687	4.867	0.25	4.827	0.079	44530	32855	8.267	8.546	0.375	8.479	0.094	93810	87755
4.724	4.903	0.25	4.864	0.079	44880	33115	8.464	8.744	0.375	8.676	0.094	96040	89850
4.75	4.93	0.25	4.89	0.079	45130	33300	8.5	8.78	0.375	8.712	0.094	96450	90230
4.812	4.993	0.25	4.952	0.079	45710	33735	8.75	9.041	0.375	8.972	0.094	99290	97265
4.875	5.055	0.25	5.015	0.079	46310	34175	8.858	9.151	0.375	9.08	0.094	100520	98465
4.921	5.102	0.25	5.061	0.079	46750	34495	9	9.293	0.375	9.222	0.094	102130	100045
4.937	5.122	0.25	5.081	0.079	46900	35595	9.055	9.359	0.375	9.287	0.094	102750	105190
5	5.185	0.25	5.144	0.079	47500	36050	9.25	9.555	0.375	9.482	0.094	104960	107455
5.118	5.304	0.25	5.262	0.079	48620	36905	9.448	9.755	0.375	9.68	0.094	107210	109755
5.125	5.311	0.25	5.269	0.079	48690	36955	9.5	9.806	0.375	9.732	0.094	107800	110360
5.25	5.436	0.25	5.393	0.079	49880	37590	9.75	10.068	0.375	9.992	0.094	110640	118145
5.375	5.566	0.25	5.522	0.079	51050	39565	10	10.32	0.375	10.242	0.094	113470	121175
5.5	5.693	0.25	5.647	0.079	52250	40485	10.25	10.582	0.375	10.502	0.094	116310	129340
5.511	5.703	0.25	5.658	0.079	52350	40565	10.5	10.834	0.375	10.752	0.094	119150	132490
5.625	5.818	0.25	5.772	0.079	53440	41405	10.75	11.095	0.375	11.012	0.094	121980	141030
5.708	5.909	0.25	5.861	0.079	54230	43730	11	11.347	0.375	11.262	0.094	124820	144310
5.75	5.95	0.25	5.903	0.079	54630	44050	3.875	4.025	0.208	3.993	0.068	30680	22525
5.875	6.077	0.25	6.028	0.079	55810	45010	3.938	4.089	0.208	4.056	0.068	31700	23265
5.905	6.106	0.25	6.058	0.079	56100	45240	4	4.157	0.218	5.124	0.068	32190	24835
6	6.202	0.312	6.153	0.079	57000	45965	4.063	4.222	0.218	4.187	0.068	32700	25225
6.125	6.349	0.312	6.297	0.094	69500	52750	4.125	4.284	0.218	4.249	0.068	33200	25610
6.25	6.474	0.312	6.422	0.094	70920	53825	4.188	4.347	0.218	4.311	0.068	33710	25795
6.299	6.524	0.312	6.471	0.094	71480	54250	4.25	4.416	0.228	4.38	0.068	34210	27665
6.375	6.601	0.312	6.547	0.094	72340	54905	4.312	4.479	0.228	4.442	0.068	34710	28065
6.5	6.726	0.312	6.672	0.094	73760	55980	4.33	4.497	0.228	4.46	0.068	34850	28185
6.625	6.863	0.312	6.807	0.094	75180	60375	4.375	4.543	0.228	4.505	0.068	32210	28475

注：来源于 Spirolox 挡圈，RR 系列。凹槽深度 $d=(C-A)/2$。标准材料为碳弹簧钢（SAE 1070-1090）。

挡圈厚度 F：对于轴尺寸 0.500 ~ 0.718 的为 0.025；尺寸为 0.750 ~ 0.938 的为 0.031；尺寸为 0.968 ~ 1.156 的为 0.037；尺寸为 1.188 ~ 1.500 的为 0.043；尺寸为 1.562 ~ 2.952 的为 0.049；尺寸为 3.000 ~ 4.562 的为 0.061；尺寸为 4.625 ~ 6.000 的为 0.072；尺寸为 6.125 ~ 11.000 的为 0.086。

自由状态挡圈的直径公差：外腔尺寸为 0.500 ~ 1.031 的公差为（+0.013，-0.000）；尺寸为 1.062 ~ 1.500 的公差为（+0.015，-0.000）；尺寸为 1.562 ~ 2.047 的公差为（+0.020，-0.000）；尺寸为 2.062 ~ 3.000 的公差为（+0.025，-0.000）；尺寸为 3.062 ~ 4.063 的公差为（+0.030，-0.000）；尺寸 4.125 ~ 5.125 的公差为（+0.035，-0.000）；尺寸为 5.250 ~ 6.125 的公差为（+0.045，-0.000）；尺寸为 6.250 ~ 7.125 的公差为（+0.055，-0.000）；尺寸为 7.250 ~ 11.000 的公差为（+0.065，-0.000）。

挡圈厚度公差：表示的厚度用于未镀层的挡圈；添加 0.002 为有镀层的厚度公差。对于外腔尺寸 0.500 ~ 1.500 的公差为 ±0.002；尺寸为 1.562 ~ 4.562 的公差为 ±0.003；尺寸为 4.625 ~ 11.000 的公差为 ±0.004。

槽直径公差：外腔尺寸为 0.500 ~ 0.750 的公差为 ±0.002；尺寸为 0.777 ~ 1.031 的公差为 ±0.003；尺寸为 1.062 ~ 1.500 的公差为 ±0.004；尺寸为 1.562 ~ 2.047 的公差为 ±0.005；尺寸为 2.062 ~ 5.125 的公差为 ±0.006；尺寸为 5.250 ~ 6.000 的公差为 ±0.007；尺寸为 6.125 ~ 11.000 的公差为 ±0.008。

槽宽度公差：对于外腔尺寸 0.500 ~ 1.156 的公差为（+0.003，-0.000）；尺寸为 1.188 ~ 2.952 的公差为（+0.004，-0.000）；尺寸为 3.000 ~ 6.000 的公差为（+0.005，-0.000）；尺寸为 6.125 ~ 11.000 的公差为（+0.006，-0.000）。

表 7-252　中载外弹簧外挡圈 MIL-R-27426　（单位：in）

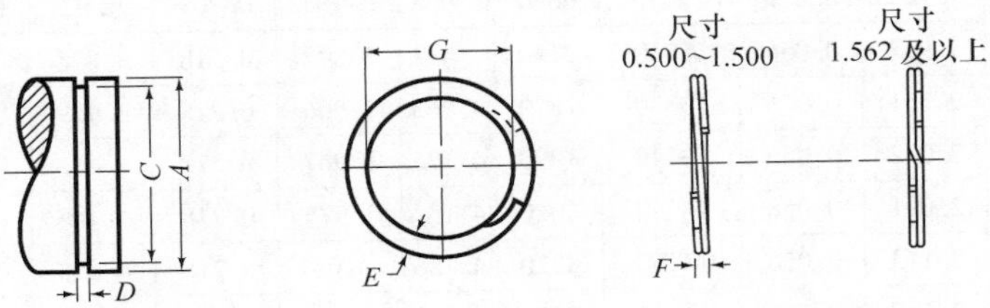

轴直径 A	环		槽		静态推力载荷/lb		轴直径 A	环		槽		静态推力载荷/lb	
	直径 G	壁厚 E	直径 C	宽度 D	挡圈上	槽上		直径 G	壁厚 E	直径 C	宽度 D	挡圈上	槽上
0.5	0.467	0.045	0.474	0.03	2000	550	0.937	0.889	0.065	0.9	0.036	4200	1740
0.531	0.498	0.045	0.505	0.03	2130	640	0.968	0.916	0.075	0.925	0.042	5180	2080
0.551	0.518	0.045	0.525	0.03	2210	700	0.984	0.93	0.075	0.941	0.042	5260	2120
0.562	0.529	0.045	0.536	0.03	2250	730	1	0.946	0.075	0.957	0.042	5350	2150
0.594	0.561	0.045	0.569	0.03	2380	740	1.023	0.968	0.075	0.98	0.042	5470	2200
0.625	0.585	0.055	0.594	0.03	2500	970	1.031	0.978	0.075	0.988	0.042	5510	2220
0.656	0.617	0.055	0.625	0.03	2630	1020	1.062	1.007	0.075	1.02	0.042	5680	2230
0.669	0.629	0.055	0.638	0.03	2680	1040	1.093	1.04	0.075	1.051	0.042	5840	2300
0.687	0.647	0.055	0.656	0.03	2750	1060	1.125	1.07	0.075	1.083	0.042	6010	2370
0.718	0.679	0.055	0.687	0.03	2870	1110	1.156	1.102	0.075	1.114	0.042	6180	2430
0.75	0.71	0.065	0.719	0.036	3360	1100	1.188	1.127	0.085	1.14	0.048	7380	2850
0.781	0.741	0.065	0.75	0.036	3500	1210	1.218	1.159	0.085	1.17	0.048	7570	2930
0.812	0.771	0.065	0.781	0.036	3640	1260	1.25	1.188	0.085	1.202	0.048	7770	3000
0.843	0.803	0.065	0.812	0.036	3780	1310	1.281	1.221	0.085	1.233	0.048	7960	3080
0.875	0.828	0.065	0.838	0.036	3920	1620	1.312	1.251	0.095	1.264	0.048	8150	3150
0.906	0.86	0.065	0.869	0.036	4060	1680	1.343	1.282	0.095	1.295	0.048	8340	3230

（续）

轴直径	环		槽		静态推力载荷/lb		轴直径	环		槽		静态推力载荷/lb	
A	直径 G	壁厚 E	直径 C	宽度 D	挡圈上	槽上	A	直径 G	壁厚 E	直径 C	宽度 D	挡圈上	槽上
1.375	1.308	0.095	1.323	0.048	8540	3580	3.25	3.121	0.178	3.15	0.068	26160	16270
1.406	1.34	0.095	1.354	0.048	8740	3660	3.312	3.18	0.188	3.208	0.068	26660	17250
1.437	1.37	0.095	1.385	0.048	8930	3740	3.343	3.21	0.188	3.239	0.068	26910	17410
1.468	1.402	0.095	1.416	0.048	9120	3820	3.375	3.242	0.188	3.271	0.068	27160	17570
1.5	1.433	0.095	1.448	0.048	9320	3910	3.437	3.301	0.188	3.331	0.068	27660	18240
1.562	1.49	0.108	1.507	0.056	10100	4300	3.5	3.363	0.188	3.394	0.068	28170	18580
1.575	1.503	0.108	1.52	0.056	10190	4340	3.543	3.402	0.198	3.433	0.068	28520	19510
1.625	1.549	0.108	1.566	0.056	10510	4800	3.562	3.422	0.198	3.452	0.068	28670	19620
1.687	1.61	0.118	1.628	0.056	10910	4980	3.625	3.483	0.198	3.515	0.068	29180	19970
1.75	1.673	0.118	1.691	0.056	11310	5170	3.687	3.543	0.198	3.575	0.068	29680	20680
1.771	1.69	0.118	1.708	0.056	11450	5590	3.74	3.597	0.198	3.628	0.068	30100	20970
1.813	1.73	0.118	1.749	0.056	11720	5810	3.75	3.606	0.198	3.638	0.068	30180	21030
1.875	1.789	0.128	1.808	0.056	12120	6290	3.812	3.668	0.198	3.7	0.068	30680	21380
1.938	1.844	0.128	1.861	0.056	12530	7470	3.875	3.724	0.208	3.757	0.068	31190	22890
1.969	1.882	0.128	1.902	0.056	12730	6610	3.938	3.784	0.208	3.82	0.068	31700	23270
2	1.909	0.128	1.992	0.056	12930	7110	4	3.842	0.218	3.876	0.068	32190	24840
2.062	1.971	0.128	2.051	0.056	13330	7870	4.063	3.906	0.218	3.939	0.068	32700	25230
2.125	2.029	0.128	2.082	0.056	13740	7990	4.125	3.967	0.218	4	0.068	33200	25820
2.156	2.06	0.138	2.091	0.056	13940	8020	4.134	3.975	0.218	4.01	0.068	33270	25670
2.188	2.07	0.138	2.113	0.056	14150	8220	4.188	4.03	0.218	4.058	0.068	33710	27260
2.25	2.092	0.138	2.176	0.056	14550	8340	4.25	4.084	0.228	4.12	0.068	34210	27660
2.312	2.153	0.138	2.234	0.056	14950	9030	4.312	4.147	0.218	4.182	0.068	34710	28070
2.362	2.211	0.138	2.284	0.056	15270	9230	4.331	4.164	0.218	4.2	0.068	34860	28410
2.375	2.273	0.138	2.297	0.056	15350	9280	4.375	4.208	0.218	4.245	0.068	35210	28480
2.437	2.331	0.148	2.355	0.056	15760	10000	4.437	4.271	0.218	4.307	0.068	35710	28880
2.5	2.394	0.148	2.418	0.056	16160	10260	4.5	4.326	0.238	4.364	0.068	36220	30640
2.559	2.449	0.148	2.473	0.056	16540	11020	4.562	4.384	0.25	4.422	0.079	43340	31980
2.562	2.452	0.148	2.476	0.056	16560	11030	4.625	4.447	0.25	4.485	0.079	43940	32420
2.625	2.514	0.148	2.539	0.056	16970	11300	4.687	4.508	0.25	4.457	0.079	44530	32860
2.688	2.572	0.158	2.597	0.056	17380	12250	4.724	4.546	0.25	4.584	0.079	44880	33120
2.75	2.635	0.158	2.66	0.056	17780	12390	4.75	4.571	0.25	4.61	0.079	45130	33300
2.813	2.696	0.168	2.722	0.056	18190	12820	4.812	4.633	0.25	4.672	0.079	45710	33730
2.875	2.755	0.168	2.781	0.056	18590	13530	4.875	4.695	0.25	4.735	0.079	46310	34170
2.937	2.817	0.168	2.843	0.056	18990	13820	4.937	4.757	0.25	4.797	0.079	46900	34610
2.952	2.831	0.168	2.858	0.056	19090	13890	5	4.82	0.25	4.856	0.079	47500	36050
3	2.877	0.168	2.904	0.068	24150	14420	5.118	4.934	0.25	4.974	0.079	48620	36900
3.062	2.938	0.168	2.966	0.068	24640	14720	5.125	4.939	0.25	4.981	0.079	48690	36950
3.125	3	0.178	3.027	0.068	25150	15335	5.25	5.064	0.25	5.107	0.079	49880	37590
3.149	3.023	0.178	3.051	0.068	25340	15450	5.375	5.187	0.25	5.228	0.079	51060	39560
3.187	3.061	0.178	3.089	0.068	25650	15640	5.5	5.308	0.25	5.353	0.079	52250	40480

（续）

轴直径 A	环		槽		静态推力载荷/lb		轴直径 A	环		槽		静态推力载荷/lb	
	直径 G	壁厚 E	直径 C	宽度 D	挡圈上	槽上		直径 G	壁厚 E	直径 C	宽度 D	挡圈上	槽上
5.511	5.32	0.25	5.364	0.079	52350	40560	7.5	7.25	0.312	7.308	0.094	85110	72100
5.625	5.433	0.25	5.478	0.079	53440	41400	7.625	7.363	0.312	7.423	0.094	86520	77120
5.75	5.55	0.25	5.597	0.079	54630	44050	7.75	7.486	0.312	7.548	0.094	87940	78390
5.875	5.674	0.25	5.722	0.079	55810	45010	7.875	7.611	0.312	7.673	0.094	89360	79650
5.905	5.705	0.25	5.752	0.079	56100	45240	8	7.734	0.312	7.798	0.094	90780	80920
6	5.798	0.25	5.847	0.079	57000	45970	8.25	7.972	0.375	8.038	0.094	93620	87580
6.125	5.903	0.312	5.953	0.094	69500	52750	8.5	8.22	0.375	8.288	0.094	96450	90230
6.25	6.026	0.312	6.078	0.094	70920	53830	8.75	8.459	0.375	8.528	0.094	99290	97270
6.299	6.076	0.312	6.127	0.094	71480	54250	9	8.707	0.375	8.778	0.094	102130	100050
6.375	6.152	0.312	6.203	0.094	72340	54900	9.25	8.945	0.375	9.018	0.094	104960	107560
6.5	6.274	0.312	6.328	0.094	73760	55980	9.5	9.194	0.375	9.268	0.094	107800	110360
6.625	6.39	0.312	6.443	0.094	75180	60380	9.75	9.432	0.375	9.508	0.094	110640	118150
6.75	6.513	0.312	6.568	0.094	76590	61515	10	9.68	0.375	9.758	0.094	113470	121180
6.875	6.638	0.312	6.693	0.094	78010	62650	10.25	9.918	0.375	9.998	0.094	116310	129340
7	6.761	0.312	6.818	0.094	79430	63790	10.5	10.166	0.375	10.248	0.094	119150	132490
7.125	6.877	0.312	6.933	0.094	80850	68500	10.75	10.405	0.375	10.488	0.094	121980	141030
7.25	6.999	0.312	7.058	0.094	82270	69700	11	10.653	0.375	10.738	0.094	124820	144310
7.375	7.125	0.312	7.183	0.094	83690	70900							

注：资料来源于 Spirolox 挡圈，RS 系列。

槽深度 $d=(A-C)/2$。标准材料：碳弹簧钢（SAE 1070-1090）。

挡圈厚度 F：对于轴尺寸 0.500～0.718 的是 0.025；尺寸为 0.750～0.937 的是 0.031；尺寸为 0.968～1.156 的是 0.037；尺寸为 1.188～1.500 的是 0.043；尺寸为 1.562～2.952 的是 0.049；尺寸为 3.000～4.500 的是 0.061；尺寸为 4.562～6.000 的是 0.072；尺寸为 6.125～11.000 的是 0.086。

自由状态挡圈的直径公差：对于轴尺寸 0.500～1.031 的公差为（+0.000，−0.013）；尺寸为 1.062～1.500 的公差为（+0.000，−0.015）；尺寸为 1.562～2.125 的公差为（+0.000，−0.020）；尺寸为 2.156～2.688 的公差为（+0.000，−0.025）；尺寸为 2.750～3.437 的公差为（+0.000，−0.030）；尺寸为 3.500～5.125 的公差为（+0.000，−0.040）；尺寸为 5.250～6.125 的公差为（+0.000，−0.050）；尺寸为 6.250～7.375 的公差为（+0.000，−0.060）；尺寸为 7.500～11.000 的公差为（+0.000，−0.070）。

环形厚度公差：表示的厚度用于未镀层的环；添加 0.002 为有镀层的上限公差。对于轴尺寸为 0.500～1.500 的是 ±0.002；尺寸为 1.562～4.500 的是 ±0.003；尺寸为 4.562～11.000 的是 ±0.004。

槽直径公差：对于轴尺寸 0.500～0.562 的公差是 ±0.002；尺寸为 0.594～1.031 的公差是 ±0.003；尺寸为 1.062～1.500 的公差是 ±0.004；尺寸为 1.562～2.000 的公差是 ±0.005；尺寸为 2.062～5.125 的公差是 ±0.006；尺寸为 5.250～6.000 的公差是 ±0.007；尺寸为 6.125～11.000 的公差是 ±0.008。

槽宽度公差：对于轴尺寸为 0.500～1.156 的公差为（+0.003，−0.000）；尺寸为 1.188～2.952 的公差为（+0.004，−0.000）；尺寸为 3.000～6.000 的公差为（+0.005，−0.000）；尺寸为 6.125～11.000 的公差为（+0.006，−0.000）。

重载弹簧内挡圈如图 7-40 所示。

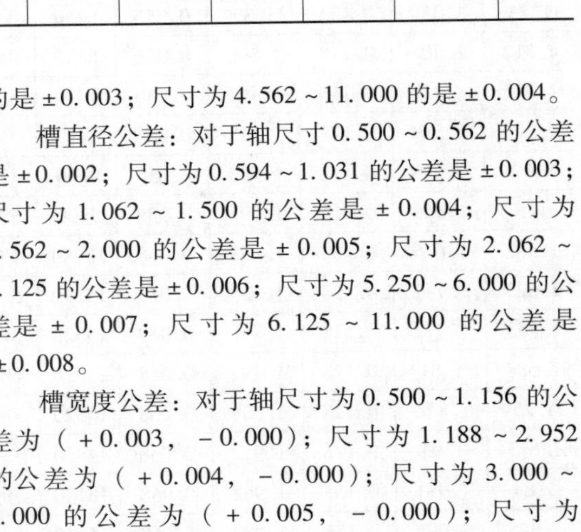

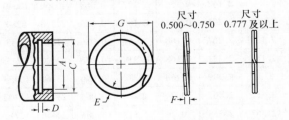

图 7-40　重载弹簧内挡圈

表 7-253 重载弹簧内挡圈 MIL-R-27426 （单位：in）

孔径 *A*	挡圈		槽		静态推力载荷/lb		孔径 *A*	挡圈		槽		静态推力载荷/lb	
	直径 *G*	壁厚 *E*	直径 *C*	宽度 *D*	挡圈上	槽上		直径 *G*	壁厚 *E*	直径 *C*	宽度 *D*	挡圈上	槽上
0.5	0.538	0.045	0.53	0.039	2530	310	2.44	2.602	0.2	2.584	0.086	25110	13550
0.512	0.55	0.045	0.542	0.039	2590	325	2.5	2.667	0.2	2.648	0.086	25730	14640
0.562	0.605	0.055	0.596	0.039	2840	455	2.531	2.7	0.2	2.681	0.086	26050	15185
0.625	0.675	0.055	0.655	0.039	3160	655	2.562	2.733	0.225	2.714	0.103	29940	12775
0.688	0.743	0.065	0.732	0.039	3480	965	2.625	2.801	0.225	2.781	0.103	30680	13780
0.75	0.807	0.065	0.796	0.039	3790	1065	2.688	2.868	0.225	2.848	0.103	31410	14775
0.777	0.836	0.075	0.825	0.046	4720	1026	2.75	2.934	0.225	2.914	0.103	32140	15790
0.812	0.873	0.075	0.862	0.046	4930	1150	2.813	3.001	0.225	2.98	0.103	32870	16845
0.866	0.931	0.075	0.92	0.046	5260	1395	2.834	3.027	0.225	3.006	0.103	33120	17595
0.875	0.943	0.085	0.931	0.046	5310	1520	2.875	3.072	0.225	3.051	0.103	33600	18505
0.901	0.972	0.085	0.959	0.046	5470	1675	3	3.204	0.225	3.182	0.103	35060	20795
0.938	1.013	0.085	1	0.046	5690	1925	3.062	3.271	0.281	3.248	0.12	42710	18735
1	1.08	0.085	1.066	0.046	6070	2310	3.125	3.338	0.281	3.315	0.12	43590	19865
1.023	1.105	0.085	1.091	0.046	6210	2480	3.157	3.371	0.281	3.348	0.12	44020	20345
1.062	1.138	0.103	1.13	0.056	7010	1940	3.25	3.47	0.281	3.446	0.12	45330	22120
1.125	1.205	0.103	1.197	0.056	7420	2280	3.346	3.571	0.281	3.546	0.12	46670	23905
1.188	1.271	0.103	1.262	0.056	7840	2615	3.469	3.701	0.281	3.675	0.12	48390	26405
1.25	1.339	0.103	1.33	0.056	8250	3110	3.5	3.736	0.281	3.71	0.12	48820	27370
1.312	1.406	0.118	1.396	0.056	8650	3650	3.543	3.781	0.281	3.755	0.12	49420	28250
1.375	1.471	0.118	1.461	0.056	9070	4075	3.562	3.802	0.281	3.776	0.12	49680	28815
1.439	1.539	0.118	1.528	0.056	9490	4670	3.625	3.868	0.281	3.841	0.12	50560	30160
1.456	1.559	0.118	1.548	0.056	9600	4890	3.75	4.002	0.312	3.974	0.12	52310	33720
1.5	1.605	0.118	1.594	0.056	9900	5275	3.875	4.136	0.312	4.107	0.12	54050	37250
1.562	1.675	0.128	1.658	0.068	12780	4840	3.938	4.203	0.312	4.174	0.12	54930	39045
1.625	1.742	0.128	1.725	0.068	13290	5415	4	4.27	0.312	4.24	0.12	55790	41025
1.653	1.772	0.128	1.755	0.068	13520	5695	4.125	4.369	0.312	4.339	0.12	57540	38495
1.688	1.81	0.128	1.792	0.068	13810	6070	4.25	4.501	0.312	4.47	0.12	59280	41955
1.75	1.876	0.128	1.858	0.068	14320	7635	4.33	4.588	0.312	4.556	0.12	60400	44815
1.812	1.94	0.128	1.922	0.068	14820	7305	4.5	4.768	0.312	4.735	0.12	62770	50290
1.85	1.981	0.158	1.962	0.068	15130	7960	4.625	4.899	0.312	4.865	0.12	64510	54155
1.875	2.008	0.158	1.989	0.068	15340	8305	4.75	5.03	0.312	4.995	0.12	66260	58270
1.938	2.075	0.158	2.056	0.068	15850	9125	5	5.297	0.312	5.26	0.12	69740	65095
2	2.142	0.158	2.122	0.068	16360	10040	5.25	5.559	0.35	5.52	0.139	83790	68315
2.062	2.201	0.168	2.186	0.086	21220	8280	5.375	5.69	0.35	5.65	0.139	85780	72840
2.125	2.267	0.168	2.251	0.086	21870	8935	5.5	5.81	0.35	5.77	0.139	87780	74355
2.188	2.334	0.168	2.318	0.086	22520	9745	5.75	6.062	0.35	6.02	0.139	91770	77735
2.25	2.399	0.168	2.382	0.086	23160	10455	6	6.314	0.35	6.27	0.139	95760	81120
2.312	2.467	0.2	2.45	0.086	23790	11700	6.25	6.576	0.38	6.53	0.174	122520	80655
2.357	2.535	0.2	2.517	0.086	24440	12715	6.5	6.838	0.38	6.79	0.174	127420	90295

（续）

孔径 *A*	挡圈		槽		静态推力载荷/lb	
	直径 *G*	壁厚 *E*	直径 *C*	宽度 *D*	挡圈上	槽上
6.625	6.974	0.38	6.925	0.174	129870	92060
6.75	7.105	0.38	7.055	0.174	132320	102475
7	7.366	0.38	7.315	0.174	137220	110410
7.25	7.628	0.418	7.575	0.209	170370	103440
7.5	7.895	0.418	7.84	0.209	176240	115780
7.75	8.157	0.418	8.1	0.209	182120	127270
8	8.419	0.418	8.36	0.209	187990	139370
8.25	8.68	0.437	8.62	0.209	193870	152695
8.5	8.942	0.437	8.88	0.209	199740	161735
8.75	9.209	0.437	9.145	0.209	205620	173065
9	9.471	0.437	9.405	0.209	211490	182515
9.25	9.737	0.437	9.669	0.209	217370	194070
9.5	10	0.5	9.93	0.209	223240	204550
9.75	10.26	0.5	10.189	0.209	229120	214325
10	10.523	0.5	10.45	0.209	234990	225330
10.25	10.786	0.5	10.711	0.209	240870	236605
10.5	11.047	0.5	10.97	0.209	246740	247110
10.75	11.313	0.5	11.234	0.209	252620	260530
11	11.575	0.5	11.495	0.209	258490	272645
11.25	11.838	0.5	11.756	0.209	264360	285040
11.5	12.102	0.562	12.018	0.209	270240	298285
11.75	12.365	0.562	12.279	0.209	276120	311240
12	12.628	0.562	12.54	0.209	281990	324475
12.25	12.891	0.562	12.801	0.209	287860	337980
12.5	13.154	0.562	13.063	0.209	293740	352390
12.75	13.417	0.562	13.324	0.209	299610	366460
13	13.68	0.662	13.585	0.209	305490	380805
13.25	13.943	0.662	13.846	0.209	311360	395430
13.5	14.207	0.662	14.108	0.209	317240	411000
13.75	14.47	0.662	14.369	0.209	323110	426185
14	14.732	0.662	14.63	0.209	328990	441645
14.25	14.995	0.662	14.891	0.209	334860	457380
14.5	15.259	0.75	15.153	0.209	340740	474120
14.75	15.522	0.75	15.414	0.209	346610	490415
15	15.785	0.75	15.675	0.209	352490	506990

注：来源于 Spirolox 挡圈，RRN 系列。槽深度 $d=(C-A)/2$。标识的厚度用于为未镀层的挡圈；添加 0.002 为有镀层的厚度公差。标准材料：碳弹簧钢（SAE 1070-1090）。

挡圈厚度 *F*：外腔尺寸为 0.500 ~ 0.750 的是 0.035；尺寸为 0.777 ~ 1.023 的是 0.042；尺寸为 1.062 ~ 1.500 的是 0.050；尺寸为 1.562 ~ 2.000 的是 0.062；尺寸为 2.062 ~ 2.531 的是 0.078；尺寸为 2.562 ~ 3.000 的是 0.093；尺寸为 3.062 ~ 5.000 的是 0.111；尺寸为 5.250 ~ 7.000 的是 0.156；尺寸为 7.250 ~ 15.000 的是 0.187。

自由状态挡圈的直径公差：外腔尺寸为 0.500 ~ 1.500 的公差为（+0.013，−0.000）；尺寸为 1.562 ~ 2.000 的公差为（+0.020，−0.000）；尺寸为 2.062 ~ 2.531 的公差为（+0.025，−0.000）；尺寸为 2.562 ~ 3.000 的公差为（+0.030，−0.000）；尺寸为 3.062 ~ 5.000 的公差为（+0.035，−0.000）；尺寸为 5.250 ~ 6.000 的公差为（+0.050，−0.000）；尺寸为 6.250 ~ 7.000 的公差为（+0.055，−0.000）；尺寸为 7.250 ~ 10.500 的公差为（+0.070，−0.000）；尺寸为 10.750 ~ 12.750 的公差为（+0.120，−0.000）；尺寸为 13.000 ~ 15.000 的公差为（+0.140，−0.000）。

环形厚度公差：对于外腔尺寸 0.500 ~ 1.500 的公差为 ±0.002；尺寸为 1.562 ~ 5.000 的公差为 ±0.003；尺寸为 5.250 ~ 6.000 的公差为 ±0.004；尺寸为 6.250 ~ 15.000 的公差为 ±0.005。

槽直径公差：外腔尺寸为 0.500 ~ 0.750 的公差为 ±0.002；尺寸为 0.777 ~ 1.023 的公差为 ±0.003；尺寸为 1.062 ~ 1.500 的公差为 ±0.004；尺寸为 1.562 ~ 2.000 的公差为 ±0.005；尺寸为 2.062 ~ 5.000 的公差为 ±0.006；尺寸为 5.250 ~ 6.000 的公差为 ±0.007；尺寸为 6.250 ~ 10.500 的公差为 ±0.008；尺寸为 10.750 ~ 12.500 的公差为 ±0.010；尺寸为 12.750 ~ 15.000 的公差为 ±0.012。

槽宽度公差：对于外腔尺寸 0.500 ~ 1.023 的公差为（+0.003，−0.000）；尺寸为 1.062 ~ 2.000 的公差为（+0.004，−0.000）；尺寸为 2.062 ~ 5.000 的公差为（+0.005，−0.000）；尺寸为 5.250 ~ 6.000 的公差为（+0.006，−0.000）；尺寸为 6.250 ~ 7.000 的公差为（+0.008，−0.000）；尺寸为 7.250 ~ 15.000 的公差为（+0.008，−0.000）。

重载弹簧外挡圈如图 7-41 所示。

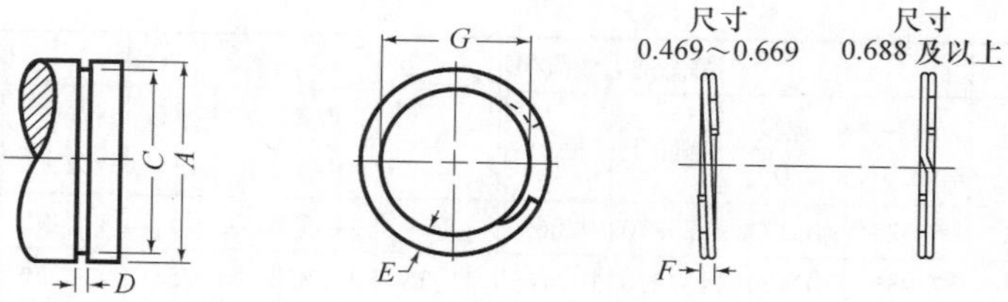

图 7-41　重载弹簧外挡圈

表 7-254　重载弹簧外挡圈 MIL-R-27426

（单位：in）

轴直径	环		槽		静态推力载荷/lb		轴直径	环		槽		静态推力载荷/lb	
A	直径 G	壁厚 E	直径 C	宽度 D	挡圈上	槽上	A	直径 G	壁厚 E	直径 C	宽度 D	挡圈上	槽上
0.469	0.439	0.045	0.443	0.029	1880	510	2	1.867	0.158	1.886	0.068	16360	11420
0.5	0.464	0.05	0.468	0.039	2530	440	2.062	1.932	0.168	1.946	0.086	21220	11820
0.551	0.514	0.05	0.519	0.039	2790	540	2.125	1.989	0.168	2.003	0.086	21870	12980
0.562	0.525	0.05	0.53	0.039	2840	560	2.156	2.018	0.168	2.032	0.086	22190	13390
0.594	0.554	0.05	0.559	0.039	3000	700	2.25	2.105	0.168	2.12	0.086	23160	14650
0.625	0.583	0.055	0.588	0.039	3160	820	2.312	2.163	0.168	2.178	0.086	23790	15510
0.669	0.623	0.055	0.629	0.039	3380	1070	2.375	2.223	0.2	2.239	0.086	24440	16170
0.688	0.641	0.065	0.646	0.046	4170	960	2.437	2.283	0.2	2.299	0.086	25080	16840
0.75	0.698	0.065	0.704	0.046	4550	1250	2.5	2.343	0.2	2.36	0.086	25730	17530
0.781	0.727	0.065	0.733	0.046	4740	1430	2.559	2.402	0.2	2.419	0.086	26340	17940
0.812	0.756	0.065	0.762	0.046	4930	1620	2.625	2.464	0.2	2.481	0.086	27020	18930
0.875	0.814	0.075	0.821	0.046	5310	2000	2.687	2.523	0.2	2.541	0.086	27650	19640
0.938	0.875	0.075	0.882	0.046	5690	2440	2.75	2.584	0.225	2.602	0.103	32140	20380
0.984	0.919	0.085	0.926	0.046	5970	2790	2.875	2.702	0.225	2.721	0.103	33600	22170
1	0.932	0.085	0.94	0.046	6070	2950	2.937	2.76	0.225	2.779	0.103	34320	23240
1.023	0.953	0.085	0.961	0.046	6210	3170	3	2.818	0.225	2.838	0.103	35060	24340
1.062	0.986	0.103	0.998	0.056	7010	2810	3.062	2.878	0.225	2.898	0.103	35780	25140
1.125	1.047	0.103	1.059	0.056	7420	2890	3.125	2.936	0.225	2.957	0.103	36520	26290
1.188	1.105	0.103	1.118	0.056	7840	3450	3.156	2.965	0.225	2.986	0.103	36880	26860
1.25	1.163	0.103	1.176	0.056	8250	4110	3.25	3.054	0.225	3.076	0.103	37980	28320
1.312	1.218	0.118	1.232	0.056	8650	4810	3.344	3.144	0.225	3.166	0.103	39080	29800
1.375	1.277	0.118	1.291	0.056	9070	5650	3.437	3.234	0.225	3.257	0.103	40170	30980
1.438	1.336	0.118	1.35	0.056	9490	6340	3.5	3.293	0.27	3.316	0.12	48820	32250
1.5	1.385	0.118	1.406	0.056	9900	7060	3.543	3.333	0.27	3.357	0.12	49420	33000
1.562	1.453	0.128	1.468	0.068	12780	6600	3.625	3.411	0.27	3.435	0.12	50560	34490
1.625	1.513	0.128	1.529	0.068	13290	7330	3.687	3.469	0.27	3.493	0.12	51430	35820
1.687	1.573	0.128	1.589	0.068	13800	8190	3.75	3.527	0.27	3.552	0.12	52310	37180
1.75	1.633	0.128	1.65	0.068	14320	8760	3.875	3.647	0.27	3.673	0.12	54050	39190
1.771	1.651	0.128	1.669	0.068	14490	9040	3.938	3.708	0.27	3.734	0.12	54930	40230
1.812	1.69	0.128	1.708	0.068	14820	9440	4	3.765	0.27	3.792	0.12	55790	41660
1.875	1.751	0.158	1.769	0.068	15340	9950	4.25	4.037	0.27	4.065	0.12	59280	39370
1.969	1.838	0.158	1.857	0.068	16110	11040	4.375	4.161	0.27	4.19	0.12	61020	40530

（续）

轴直径 A	环		槽		静态推力载荷/lb		轴直径 A	环		槽		静态推力载荷/lb	
	直径 G	壁厚 E	直径 C	宽度 D	挡圈上	槽上		直径 G	壁厚 E	直径 C	宽度 D	挡圈上	槽上
4.5	4.28	0.27	4.31	0.12	62770	42810	10	9.508	0.5	9.575	0.209	234990	212810
4.75	4.518	0.27	4.55	0.12	66260	47570	10.25	9.745	0.5	9.814	0.209	240870	223780
5	4.756	0.27	4.79	0.12	69740	52580	10.5	9.984	0.5	10.054	0.209	246740	234490
5.25	4.995	0.35	5.03	0.139	83790	57830	10.75	10.221	0.5	10.293	0.209	252620	246000
5.5	5.228	0.35	5.265	0.139	87780	64720	11	10.459	0.5	10.533	0.209	258490	257230
5.75	5.466	0.35	5.505	0.139	91770	70540	11.25	10.692	0.5	10.772	0.209	264360	269270
6	5.705	0.35	5.745	0.139	95760	76610	11.5	10.934	0.562	11.011	0.209	270240	281590
6.25	5.938	0.418	5.985	0.174	122520	82930	11.75	11.171	0.562	11.25	0.209	276120	294180
6.5	6.181	0.418	6.225	0.174	127420	89510	12	11.41	0.562	11.49	0.209	281990	306450
6.75	6.41	0.418	6.465	0.174	132320	96330	12.25	11.647	0.562	11.729	0.209	287860	319580
7	6.648	0.418	6.705	0.174	137220	103400	12.5	11.885	0.562	11.969	0.209	293740	332360
7.25	6.891	0.418	6.942	0.174	142130	111810	12.75	12.124	0.562	12.208	0.209	299610	346030
7.5	7.13	0.437	7.18	0.209	176240	120170	13	12.361	0.662	12.448	0.209	305490	359330
7.75	7.368	0.437	7.42	0.209	182120	128060	13.25	12.598	0.662	12.687	0.209	311360	373530
8	7.606	0.437	7.66	0.209	187990	136200	13.5	12.837	0.662	12.927	0.209	317240	387340
8.25	7.845	0.437	7.9	0.209	193870	144590	13.75	13.074	0.662	13.166	0.209	323110	402090
8.5	8.083	0.437	8.14	0.209	199740	153220	14	13.311	0.662	13.405	0.209	328990	417110
8.75	8.324	0.437	8.383	0.209	205620	160800	14.25	13.548	0.662	13.644	0.209	334860	432410
9	8.56	0.5	8.62	0.209	211490	171250	14.5	13.787	0.75	13.884	0.209	340740	447250
9.25	8.798	0.5	8.86	0.209	217370	180640	14.75	14.024	0.75	14.123	0.209	346610	463090
9.5	9.036	0.5	9.1	0.209	223240	190280	15	14.262	0.75	14.363	0.209	352490	478450
9.75	9.275	0.5	9.338	0.209	229120	201140							

注：来源于 Spirolox 挡圈，RSN 系列。槽深度 $d=(A-C)/2$。标识的厚度用于未镀层的挡圈；添加 0.002 则为有镀层的尺寸公差。标准材料：碳弹簧钢（SAE 1070-1090）。

挡圈厚度 F：轴尺寸为 0.469 的是 0.025；尺寸为 0.500 ~ 0.669 的是 0.035；尺寸为 0.688 ~ 1.023 的是 0.042；尺寸为 1.062 ~ 1.500 的是 0.050；尺寸为 1.562 ~ 2.000 的是 0.062；尺寸为 2.062 ~ 2.687 的是 0.078；尺寸为 2.750 ~ 3.437 的是 0.093；尺寸为 3.500 ~ 5.000 的是 0.111；尺寸为 5.250 ~ 6.000 的是 0.127；尺寸为 6.250 ~ 7.250 的是 0.156；尺寸为 7.500 ~ 15.000 的是 0.187。

自由状态挡圈的直径公差：对于轴尺寸为 0.469 ~ 1.500 的公差为（+0.000，-0.013）；尺寸为 1.562 ~ 2.000 的公差为（+0.000，-0.020）；尺寸为 2.062 ~ 2.687 的公差为（+0.000，-0.025）；尺寸为 2.750 ~ 3.437 的公差为（+0.000，-0.030）；尺寸为 3.500 ~ 5.000 的公差为（+0.000，-0.035）；尺寸为 5.250 ~ 6.000 的公差为（+0.000，-0.050）；尺寸为 6.250 ~ 7.000 的公差为（+0.000，-0.060）；尺寸为 7.250 ~ 10.000 的公差为（+0.000，-0.070）；尺寸为 10.250 ~ 12.500 的公差为（+0.000，-0.090）；尺寸为 12.750 ~ 15.000 的公差为（+0.000，-0.110）。

环厚度公差：对于轴尺寸为 0.469 ~ 1.500 的公差为 ±0.002；尺寸为 1.562 ~ 5.000 的公差为 ±0.003；尺寸为 5.250 ~ 6.000 的公差为 ±0.004；尺寸为 6.250 ~ 15.000 的公差为 ±0.005。

槽直径公差：对于轴尺寸为 0.469 ~ 0.562 的公差为 ±0.002；尺寸为 0.594 ~ 1.023 的公差为 ±0.003；尺寸为 1.062 ~ 1.500 的公差为 ±0.004；尺寸为 1.562 ~ 2.000 的公差为 ±0.005；尺寸为 2.062 ~ 5.000 的公差为 ±0.006；尺寸为 5.250 ~ 6.000 的公差为 ±0.007；尺寸为 6.250 ~ 10.000 的公差为 ±0.008；尺寸为 10.250 ~ 12.500 的公差为 ±0.010；尺寸为 12.750 ~ 15.000 的公差为 ±0.012。

槽宽度公差：对于轴尺寸为 0.469 ~ 1.0230 的

公差为（+0.003，-0.000）；尺寸为1.062～2.0000的公差为（+0.004，-0.000）；尺寸为2.062～5.0000的公差为（+0.005，-0.000）；尺寸为5.250～6.0000的公差为（+0.006；-0.000）；尺寸为6.250～7.2500的公差为（+0.008，-0.000）；尺寸为7.500～15.0000的公差为（+0.008，-0.000）。

推力负载能力：确定哪个挡圈最适合的哪个特定应用的最重要标准是推力负载能力。在分析应用的推力负载能力时，必须考虑到挡圈和槽的强度，以确定槽或挡圈是否可能首先失效。当挡圈失效时，故障通常与槽是一起的，除非槽材料具有非常高的强度。

挡圈材料：弹簧挡圈的标准材料是SAE 1070-1090碳弹簧钢和18-8型302不锈钢。1070-1090碳弹簧钢以低成本提供高强度挡圈。02型不锈钢经受普通生锈。其他材料用于专业应用，如食品工业中常用的316型不锈钢。对于高温使用，超高温合金A286环可在高达900℉（482℃）和Inconel X-750（高达1200℉，649℃）下使用。其他材料，如316不锈钢、17-7PH和Inconel不锈钢有时用于专用和定制挡圈。标准挡圈通常是没有涂层的，但是，可以使用特殊表面处理剂，如用于碳弹簧钢环的镉、磷酸盐、锌或黑色氧化物涂层以及不锈钢环的钝化。

表7-255 寸制系列外挡圈的重要尺寸 MS 16624 （单位：in）

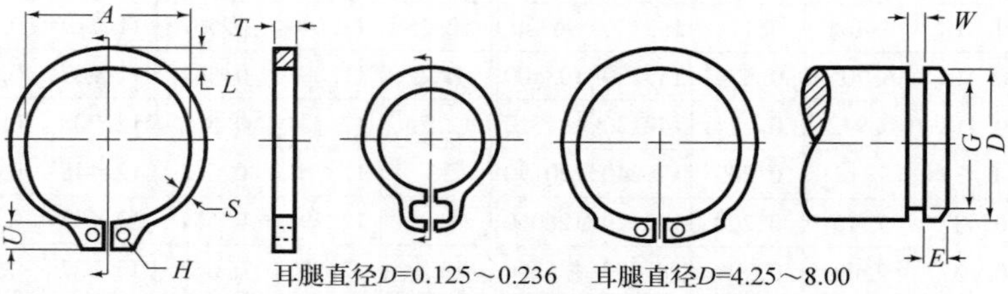

耳腿直径D=0.125～0.236 耳腿直径D=4.25～8.00

轴直径 D	挡圈		槽			轴直径 D	挡圈		槽		
	直径 A	厚 T	直径 G	宽度 W	挡边宽 E		直径 A	厚 T	直径 G	宽度 W	挡边宽 E
0.125	0.112	0.01	0.117	0.012	0.012	0.669	0.621	0.035	0.629	0.039	0.06
0.156	0.142	0.01	0.146	0.012	0.015	0.672	0.621	0.035	0.631	0.039	0.06
0.188	0.168	0.015	0.175	0.018	0.018	0.688	0.635	0.042	0.646	0.046	0.063
0.197	0.179	0.015	0.185	0.018	0.018	0.75	0.693	0.042	0.704	0.046	0.069
0.219	0.196	0.015	0.205	0.018	0.021	0.781	0.722	0.042	0.733	0.046	0.072
0.236	0.215	0.015	0.222	0.018	0.021	0.812	0.751	0.042	0.762	0.046	0.075
0.25	0.225	0.025	0.23	0.029	0.03	0.844	0.78	0.042	0.791	0.046	0.08
0.276	0.25	0.025	0.255	0.029	0.03	0.875	0.81	0.042	0.821	0.046	0.081
0.281	0.256	0.025	0.261	0.029	0.03	0.938	0.867	0.042	0.882	0.046	0.084
0.312	0.281	0.025	0.29	0.029	0.033	0.984	0.91	0.042	0.926	0.046	0.087
0.344	0.309	0.025	0.321	0.029	0.033	1	0.925	0.042	0.94	0.046	0.09
0.354	0.32	0.025	0.33	0.029	0.036	1.023	0.946	0.042	0.961	0.046	0.093
0.375	0.338	0.025	0.352	0.029	0.036	1.062	0.982	0.05	0.998	0.056	0.096
0.394	0.354	0.025	0.369	0.029	0.036	1.125	1.041	0.05	1.059	0.056	0.099
0.406	0.366	0.025	0.382	0.029	0.036	1.188	1.098	0.05	1.118	0.056	0.105
0.438	0.395	0.025	0.412	0.029	0.039	1.25	1.156	0.05	1.176	0.056	0.111
0.469	0.428	0.025	0.443	0.029	0.039	1.312	1.214	0.05	1.232	0.056	0.12
0.5	0.461	0.035	0.468	0.039	0.048	1.375	1.272	0.05	1.291	0.056	0.126
0.551	0.509	0.035	0.519	0.039	0.048	1.438	1.333	0.05	1.35	0.056	0.132
0.562	0.521	0.035	0.53	0.039	0.048	1.5	1.387	0.05	1.406	0.056	0.141
0.594	0.55	0.035	0.559	0.039	0.051	1.562	1.446	0.062	1.468	0.068	0.141
0.625	0.579	0.035	0.588	0.039	0.054	1.625	1.503	0.062	1.529	0.068	0.144

（续）

轴	挡圈		槽			轴	挡圈		槽		
直径 D	直径 A	厚 T	直径 G	宽度 W	挡边宽 E	直径 D	直径 A	厚 T	直径 G	宽度 W	挡边宽 E
1.687	1.56	0.062	1.589	0.068	0.147	3.25	3.006	0.093	3.076	0.103	0.261
1.75	1.618	0.062	1.65	0.068	0.15	3.346	3.092	0.093	3.166	0.103	0.27
1.772	1.637	0.062	1.669	0.068	0.153	3.438	3.179	0.093	3.257	0.103	0.27
1.812	1.675	0.062	1.708	0.068	0.156	3.5	3.237	0.109	3.316	0.12	0.276
1.875	1.735	0.062	1.769	0.068	0.159	3.543	3.277	0.109	3.357	0.12	0.279
1.969	1.819	0.062	1.857	0.068	0.168	3.625	3.352	0.109	3.435	0.12	0.285
2	1.85	0.062	1.886	0.068	0.171	3.688	3.41	0.109	3.493	0.12	0.291
2.062	1.906	0.078	1.946	0.086	0.174	3.75	3.468	0.109	3.552	0.12	0.297
2.125	1.964	0.078	2.003	0.086	0.183	3.875	3.584	0.109	3.673	0.12	0.303
2.156	1.993	0.078	2.032	0.086	0.186	3.938	3.642	0.109	3.734	0.12	0.306
2.25	2.081	0.078	2.12	0.086	0.195	4	3.7	0.109	3.792	0.12	0.312
2.312	2.139	0.078	2.178	0.086	0.201	4.25	3.989	0.109	4.065	0.12	0.276
2.375	2.197	0.078	2.239	0.086	0.204	4.375	4.106	0.109	4.19	0.12	0.276
2.438	2.255	0.078	2.299	0.086	0.207	4.5	4.223	0.109	4.31	0.12	0.285
2.5	2.313	0.078	2.36	0.086	0.21	4.75	4.458	0.109	4.55	0.12	0.3
2.559	2.377	0.078	2.419	0.086	0.21	5	4.692	0.109	4.79	0.12	0.315
2.625	2.428	0.078	2.481	0.086	0.216	5.25	4.927	0.125	5.03	0.139	0.33
2.688	2.485	0.078	2.541	0.086	0.219	5.5	5.162	0.125	5.265	0.139	0.351
2.75	2.543	0.093	2.602	0.103	0.222	5.75	5.396	0.125	5.505	0.139	0.366
2.875	2.659	0.093	2.721	0.103	0.231	6	5.631	0.125	5.745	0.139	0.381
2.938	2.717	0.093	2.779	0.103	0.237	6.25	5.866	0.156	5.985	0.174	0.396
3	2.775	0.093	2.838	0.103	0.243	6.5	6.1	0.156	6.225	0.174	0.411
3.062	2.832	0.093	2.898	0.103	0.246	6.75	6.335	0.156	6.465	0.174	0.426
3.125	2.892	0.093	2.957	0.103	0.252	7	6.57	0.156	6.705	0.174	0.441
3.156	2.92	0.093	2.986	0.103	0.255	7.5	7.009	0.187	7.18	0.209	0.48

注：资料来源于工业挡圈，3100 系列。槽深度 $d=(D-G)/2$。标识的厚度用于未镀层的挡圈；对于大多数电镀挡圈，最大环厚度不会超过最小槽宽（W）减 0.0002in。标准材料：碳弹簧钢（SAE 1060-1090）。

自由状态挡圈的直径公差：对于轴尺寸为 0.125～0.250 的公差为（+0.002，-0.004）；尺寸为 0.276～0.500 的公差为（+0.002，-0.005）；尺寸为 0.551～1.023 的公差为（+0.005，-0.010）；尺寸为 1.062～1.500 的公差为（+0.010，-0.015）；尺寸为 1.562～2.000 的公差为（+0.013，-0.020）；尺寸为 2.062～2.500 的公差为（+0.015，-0.025）；尺寸为 2.559～5.000 的公差为（+0.020，-0.030）；尺寸为 5.250～6.000 的公差为（+0.020，-0.040）；尺寸为 6.250～6.750 的公差为（+0.020，-0.050）；尺寸 7.000 和 7.500 的公差为（+0.050，-0.130）。

环厚度公差：对于轴尺寸为 0.125 和 0.156 的公差为 ±0.001；尺寸为 0.188～1.500 的公差为 ±0.002；尺寸为 1.562～5.000 的公差为 ±0.003；尺寸为 5.250～6.000 的公差为 ±0.004；尺寸为 6.250～7.500 的公差为 ±0.005。

槽直径公差：对于轴尺寸为 0.125～0.250 的公差为 ±0.0015；尺寸为 0.276～0.562，的公差为 ±0.002；尺寸为 0.594～1.023 的公差为 ±0.003；尺寸为 1.062～1.500 的公差为 ±0.004；尺寸为 1.562～2.000 的公差为 ±0.005；尺寸为 2.062～5.000 的公差为 ±0.006；尺寸为 5.250～6.000 的公差为 ±0.007；尺寸为 6.250～7.500 的公差为 ±0.008。

槽宽度公差：对于轴尺寸为 0.125～0.236 的公

差为（+0.002，-0.000）；尺寸为0.250～1.023的公差为（+0.003，-0.000）；尺寸为1.062～2.000的公差为（+0.004，-0.000）；尺寸为2.062～5.000的公差为（+0.005，-0.000）；尺寸为5.250～6.000的公差为（+0.006，-0.000）；尺寸为6.250～7.500的公差为（+0.008，-0.000）。

寸制系列内挡圈如图7-42所示。

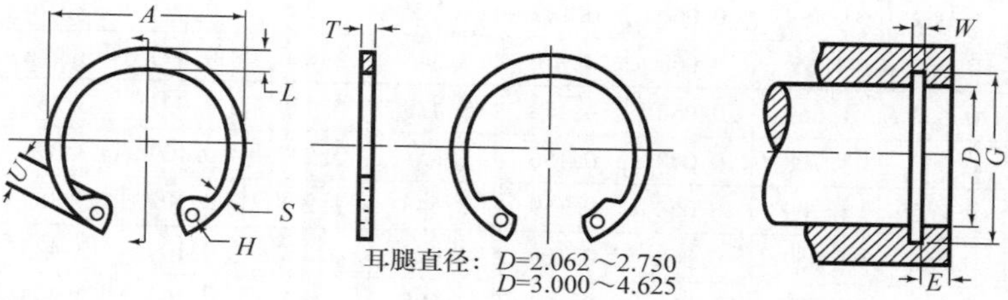

图7-42 寸制系列内挡圈

表7-256 寸制系列内挡圈的重要尺寸

（单位：in）

外壳直径 D	挡圈 直径 A	挡圈 厚 T	槽 直径 G	槽 宽度 W	槽 挡边宽 E	外壳直径 D	挡圈 直径 A	挡圈 厚 T	槽 直径 G	槽 宽度 W	槽 挡边宽 E
0.25	0.28	0.015	0.268	0.018	0.027	1.378	1.526	0.05	1.464	0.056	0.129
0.312	0.346	0.015	0.33	0.018	0.027	1.438	1.596	0.05	1.528	0.056	0.135
0.375	0.415	0.025	0.397	0.029	0.033	1.456	1.616	0.05	1.548	0.056	0.138
0.438	0.482	0.025	0.461	0.029	0.036	1.5	1.66	0.05	1.594	0.056	0.141
0.453	0.498	0.025	0.477	0.029	0.036	1.562	1.734	0.062	1.658	0.068	0.144
0.5	0.548	0.035	0.53	0.039	0.045	1.575	1.734	0.062	1.671	0.068	0.144
0.512	0.56	0.035	0.542	0.039	0.045	1.625	1.804	0.062	1.725	0.068	0.15
0.562	0.62	0.035	0.596	0.039	0.051	1.653	1.835	0.062	1.755	0.068	0.153
0.625	0.694	0.035	0.665	0.039	0.06	1.688	1.874	0.062	1.792	0.068	0.156
0.688	0.763	0.035	0.732	0.039	0.066	1.75	1.942	0.062	1.858	0.068	0.162
0.75	0.831	0.035	0.796	0.039	0.069	1.812	2.012	0.062	1.922	0.068	0.165
0.777	0.859	0.042	0.825	0.046	0.072	1.85	2.054	0.062	1.962	0.068	0.168
0.812	0.901	0.042	0.862	0.046	0.075	1.875	2.054	0.062	1.989	0.068	0.171
0.866	0.961	0.042	0.92	0.046	0.081	1.938	2.141	0.062	2.056	0.068	0.177
0.875	0.971	0.042	0.931	0.046	0.084	2	2.21	0.062	2.122	0.068	0.183
0.901	1	0.042	0.959	0.046	0.087	2.047	2.28	0.078	2.171	0.086	0.186
0.938	1.041	0.042	1	0.046	0.093	2.062	2.28	0.078	2.186	0.086	0.186
1	1.111	0.042	1.066	0.046	0.099	2.125	2.35	0.078	2.251	0.086	0.189
1.023	1.136	0.042	1.091	0.046	0.102	2.165	2.415	0.078	2.295	0.086	0.195
1.062	1.18	0.05	1.13	0.056	0.102	2.188	2.415	0.078	2.318	0.086	0.195
1.125	1.249	0.05	1.197	0.056	0.108	2.25	2.49	0.078	2.382	0.086	0.198
1.181	1.319	0.05	1.255	0.056	0.111	2.312	2.56	0.078	2.45	0.086	0.207
1.188	1.319	0.05	1.262	0.056	0.111	2.375	2.63	0.078	2.517	0.086	0.213
1.25	1.388	0.05	1.33	0.056	0.12	2.44	2.702	0.078	2.584	0.086	0.216
1.259	1.388	0.05	1.339	0.056	0.12	2.5	2.775	0.078	2.648	0.086	0.222
1.312	1.456	0.05	1.396	0.056	0.126	2.531	2.775	0.078	2.681	0.086	0.225
1.375	1.526	0.05	1.461	0.056	0.129	2.562	2.844	0.093	2.714	0.103	0.228

（续）

外壳直径 D	挡圈		槽			外壳直径 D	挡圈		槽		
	直径 A	厚 T	直径 G	宽度 W	挡边宽 E		直径 A	厚 T	直径 G	宽度 W	挡边宽 E
2.625	2.91	0.093	2.781	0.103	0.234	4	4.424	0.109	4.24	0.12	0.36
2.677	2.98	0.093	2.837	0.103	0.24	4.125	4.558	0.109	4.365	0.12	0.36
2.688	2.98	0.093	2.848	0.103	0.24	4.25	4.691	0.109	4.49	0.12	0.36
2.75	3.05	0.093	2.914	0.103	0.246	4.331	4.756	0.109	4.571	0.12	0.36
2.812	3.121	0.093	2.98	0.103	0.252	4.5	4.94	0.109	4.74	0.12	0.36
2.835	3.121	0.093	3.006	0.103	0.255	4.625	5.076	0.109	4.865	0.12	0.36
2.875	3.191	0.093	3.051	0.103	0.264	4.724	5.213	0.109	4.969	0.12	0.366
2.953	3.325	0.093	3.135	0.103	0.273	4.75	5.213	0.109	4.995	0.12	0.366
3	3.325	0.093	3.182	0.103	0.273	5	5.485	0.109	5.26	0.12	0.39
3.062	3.418	0.109	3.248	0.12	0.279	5.25	5.77	0.125	5.52	0.139	0.405
3.125	3.488	0.109	3.315	0.12	0.285	5.375	5.91	0.125	5.65	0.139	0.405
3.149	3.523	0.109	3.341	0.12	0.288	5.5	6.066	0.125	5.77	0.139	0.405
3.156	3.523	0.109	3.348	0.12	0.288	5.75	6.336	0.125	6.02	0.139	0.405
3.25	3.623	0.109	3.446	0.12	0.294	6	6.62	0.125	6.27	0.139	0.405
3.346	3.734	0.109	3.546	0.12	0.3	6.25	6.895	0.156	6.53	0.174	0.42
3.469	3.857	0.109	3.675	0.12	0.309	6.5	7.17	0.156	6.79	0.174	0.435
3.5	3.89	0.109	3.71	0.12	0.315	6.625	7.308	0.156	6.925	0.174	0.45
3.543	3.936	0.109	3.755	0.12	0.318	6.75	7.445	0.156	7.055	0.174	0.456
3.562	3.936	0.109	3.776	0.12	0.321	7	7.72	0.156	7.315	0.174	0.471
3.625	4.024	0.109	3.841	0.12	0.324	7.25	7.995	0.187	7.575	0.209	0.486
3.74	4.157	0.109	3.964	0.12	0.336	7.5	8.27	0.187	7.84	0.209	0.51
3.75	4.157	0.109	3.974	0.12	0.336	7.75	8.545	0.187	8.1	0.209	0.525
3.875	4.291	0.109	4.107	0.12	0.348	8	8.82	0.187	8.36	0.209	0.54
3.938	4.358	0.109	4.174	0.12	0.354	8.25	9.095	0.187	8.62	0.209	0.555

注：资料来源于工业挡圈，3000 系列。槽深度 $d=(G-D)/2$。标识的厚度用于未镀层的挡圈。标准材料：碳弹簧钢（SAE 1060-1090）。

自由状态挡圈的直径公差：外腔尺寸为 0.250 ~ 0.777 的公差为（+0.010，-0.005）；尺寸为 0.812 ~ 1.023 的公差为（+0.015，-0.010）；尺寸为 1.062 ~ 1.500 的公差为（+0.025，-0.020）；尺寸为 1.562 ~ 2.000 的公差为（+0.035，-0.025）；尺寸为 2.047 ~ 3.000 的公差为（+0.040，-0.030）；尺寸为 3.062 ~ 3.625 的公差为 ±0.055；尺寸为 3.740 ~ 6.000 的公差为 ±0.065；尺寸为 6.250 ~ 7.000 的公差为 ±0.080；尺寸为 7.250 ~ 8.250 的公差为 ±0.090。

环形厚度公差：外腔尺寸为 0.250 ~ 1.500 的公差为 ±0.002；尺寸为 1.562 ~ 5.000 的公差为 ±0.003；尺寸为 5.250 ~ 6.000 的公差为 ±0.004；尺寸为 6.250 ~ 8.250 的公差为 ±0.005。

槽直径公差：对于外腔尺寸为 0.250 ~ 0.312 的公差为 ±0.001；尺寸为 0.375 ~ 0.750 的公差为 ±0.002；尺寸为 0.777 ~ 1.023 的公差为 ±0.003；尺寸为 1.062 ~ 1.500 的公差为 ±0.004；尺寸为 1.562 ~ 2.000 的公差为 ±0.005；尺寸为 2.047 ~ 5.000 的公差为 ±0.006；尺寸为 5.250 ~ 6.000 的公差为 ±0.007；尺寸为 6.250 ~ 8.250 的公差为 ±0.008。

槽宽度公差：对于外腔尺寸为 0.250 和 0.312 的公差为（+0.002，-0.000）；尺寸为 0.375 ~ 1.023 的公差为（+0.003，-0.000）；尺寸为 1.062 ~ 2.000 的公差为（+0.004，-0.000）；尺寸为 2.047 ~ 5.000 的公差为（+0.005，-0.000）；尺寸为 5.250 ~ 6.000 的公差为（+0.006，-0.000）；尺

寸为 6.250～8.250 的公差为（+0.008，-0.000）。

表 7-257 寸制系列外挡圈 MS16632 的重要尺寸 （单位：in）

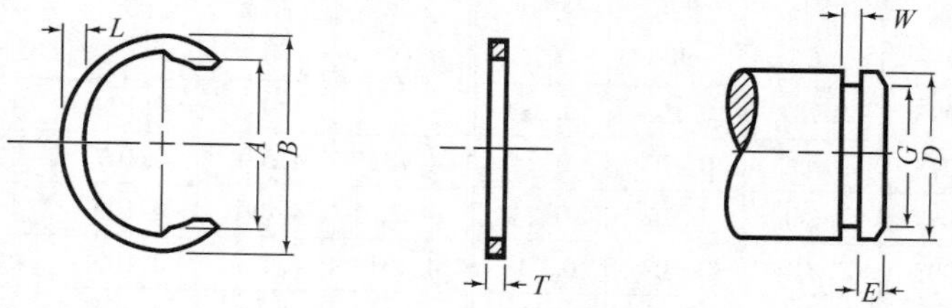

轴径 D	环 自由直径 A	厚度 T	直径 B	槽 直径 G	宽度 W	挡边宽 E	静态推力载荷①/lb 挡圈上	槽上
0.125	0.102	0.015	0.164	0.106	0.018	0.02	85	40
0.156	0.131	0.015	0.205	0.135	0.018	0.02	110	55
0.188	0.161	0.015	0.245	0.165	0.018	0.022	130	70
0.219	0.187	0.025	0.275	0.193	0.029	0.026	260	100
0.236	0.203	0.025	0.295	0.208	0.029	0.028	280	115
0.25	0.211	0.025	0.311	0.22	0.029	0.03	295	130
0.281	0.242	0.025	0.344	0.247	0.029	0.034	330	170
0.312	0.27	0.025	0.376	0.276	0.029	0.036	370	200
0.375	0.328	0.025	0.448	0.335	0.029	0.04	440	265
0.406	0.359	0.025	0.485	0.364	0.029	0.042	480	300
0.437	0.386	0.025	0.516	0.393	0.029	0.044	515	340
0.5	0.441	0.035	0.581	0.45	0.039	0.05	825	440
0.562	0.497	0.035	0.653	0.507	0.039	0.056	930	550
0.625	0.553	0.035	0.715	0.563	0.039	0.062	1030	690
0.687	0.608	0.042	0.78	0.619	0.046	0.068	1700	820
0.75	0.665	0.042	0.845	0.676	0.046	0.074	1850	985
0.812	0.721	0.042	0.915	0.732	0.046	0.08	2010	1150
0.875	0.777	0.042	0.987	0.789	0.046	0.086	2165	1320
0.937	0.83	0.042	1.054	0.843	0.046	0.094	2320	1550
1	0.887	0.042	1.127	0.9	0.046	0.1	2480	1770
1.125	0.997	0.05	1.267	1.013	0.056	0.112	3300	2200
1.188	1.031	0.05	1.321	1.047	0.056	0.14	3500	2900
1.25	1.11	0.05	1.41	1.126	0.056	0.124	3600	2700
1.375	1.22	0.05	1.55	1.237	0.056	0.138	4000	3300
1.5	1.331	0.05	1.691	1.35	0.056	0.15	4400	4000
1.75	1.555	0.062	1.975	1.576	0.068	0.174	6400	5300
2	1.777	0.062	2.257	1.8	0.068	0.2	7300	7000

注：资料来源于工业挡圈，2000 系列。槽深度 $d=(D-G)/2$。标准材料：碳弹簧钢（SAE 1060-1090）。标识的厚度用于未镀层的挡圈；对于轴尺寸小于 1.000in 的大多数电镀挡圈，最大厚度不得超过最小槽宽（W）-0.002in；对于较大的挡圈，挡圈厚度可能增加 0.002in。

① 推力负载安全系数：挡圈是 4，槽是 2；槽壁推力载荷用于冷轧钢加工的槽，抗拉强度为 45000 psi；对于其他轴的材料，推力载荷与屈服强度成正比。

槽最大底部半径：对于轴直径小于0.500in的是0.005in；轴尺寸为0.500～1.000in的是0.010in；所有更大的尺寸是0.015in。

自由状态挡圈的直径公差：对于轴尺寸为0.125～0.188的公差为（+0.002，-0.004）；尺寸为0.219～0.437的公差为（+0.003，-0.005）；尺寸为0.500～0.625的公差为±0.006；尺寸为0.687～1.000的公差为±0.007；尺寸为1.125～1.500的公差为±0.008；尺寸为1.750～2.000的公差为±0.010。

环厚度公差：对于轴尺寸为0.125～1.500的公差为±0.002；尺寸为1.750和2.000的公差为±0.003。

槽直径公差：对于轴尺寸为0.125～0.188的公差为±0.0015；尺寸为0.219～0.437的公差为±0.002；尺寸为0.500～1.000的公差为±0.003；尺寸为1.125～1.500的公差为±0.004；尺寸为1.750和2.000的公差为±0.005。

槽宽度公差：对于轴尺寸为0.125～0.188的公差为（+0.002，-0.000）；尺寸为0.219～1.000的公差为（+0.003，-0.000）；尺寸为1.125～2.000的公差为（+0.004，-0.000）。

表7-258 寸制系列外挡圈MS16633的重要尺寸 （单位：in）

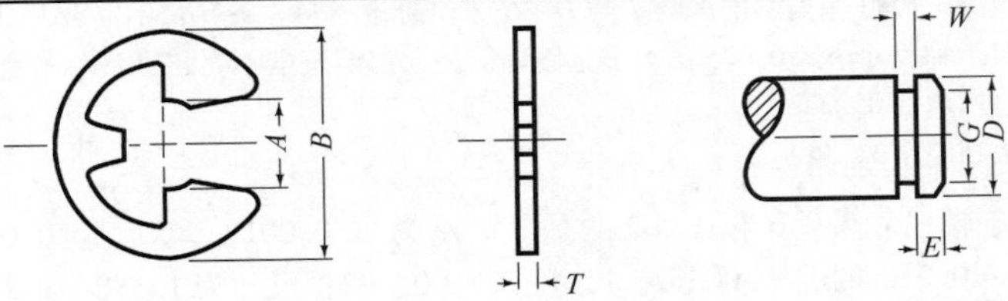

轴径 D	挡圈			槽			静态推力载荷[①]/lb	
	自由直径 A	厚度 T	直径 B	直径 G	宽度 W	挡边宽 E	挡圈上	槽上
0.04	0.025	0.01	0.079	0.026	0.012	0.014	13	7
0.062	0.051	0.01	0.14	0.052	0.012	0.01	20	7
0.062	0.051	0.01	0.156	0.052	0.012	0.01	20	7
0.062	0.051	0.02	0.187	0.052	0.023	0.01	40	7
0.094	0.073	0.015	0.187	0.074	0.018	0.02	45	20
0.094	0.069	0.015	0.23	0.074	0.018	0.02	45	20
0.11	0.076	0.015	0.375	0.079	0.018	0.03	55	40
0.125	0.094	0.015	0.23	0.095	0.018	0.03	65	45
0.14	0.1	0.015	0.203	0.102	0.018	0.038	70	60
0.140	0.108	0.015	0.25	0.11	0.018	0.03	70	45
0.140	0.102	0.025	0.27	0.105	0.029	0.034	150	55
0.156	0.114	0.025	0.282	0.116	0.029	0.04	165	70
0.172	0.125	0.025	0.312	0.127	0.029	0.044	180	90
0.188	0.145	0.025	0.335	0.147	0.029	0.04	195	90
0.188	0.122	0.025	0.375	0.125	0.029	0.062	195	135
0.218	0.185	0.025	0.437	0.188	0.029	0.03	225	75
0.25	0.207	0.025	0.527	0.21	0.029	0.04	260	115
0.312	0.243	0.025	0.5	0.25	0.029	0.062	325	225
0.375	0.3	0.035	0.66	0.303	0.039	0.072	685	315
0.437	0.337	0.035	0.687	0.343	0.039	0.094	800	485
0.437	0.375	0.035	0.6	0.38	0.039	0.058	800	290
0.5	0.392	0.042	0.8	0.396	0.046	0.104	1100	600
0.625	0.48	0.042	0.94	0.485	0.046	0.14	1370	1040

（续）

轴径 D	挡圈			槽			静态推力载荷①/lb	
	自由直径 A	厚度 T	直径 B	直径 G	宽度 W	挡边宽 E	挡圈上	槽上
0.744	0.616	0.05	1	0.625	0.056	0.118	1940	1050
0.75	0.616	0.05	1	0.625	0.056	0.124	1960	1100
0.75	0.574	0.05	1.12	0.58	0.056	0.17	1960	1500
0.875	0.668	0.05	1.3	0.675	0.056	0.2	2200	2050
0.985	0.822	0.05	1.5	0.835	0.056	0.148	2570	1710
1	0.822	0.05	1.5	0.835	0.056	0.164	2620	1900
1.188	1.066	0.062	1.626	1.079	0.068	0.108	3400	1500
1.375	1.213	0.062	1.875	1.23	0.068	0.144	4100	2300

注：资料来源于工业挡圈，1000 系列。槽深度 $d = (D - G)/2$，标准材料：碳弹簧钢（SAE 1060-1090）。标识的厚度为未镀层的挡圈；对于轴尺寸小于 0.625 的大多数镀环，最大挡圈厚度不会超过最小槽宽（W）-0.002in；对于较大的挡圈，厚度可以增加 0.002in。

① 推力负载安全系数挡圈是 3，槽是 2。

槽最大底半径：对于轴尺寸 0.040 和 0.062 的是 0.003in；尺寸为 0.094～0.250 的是 0.005in；尺寸为 0.312～0.437 的是 0.010in；尺寸为 0.500～1.375 的是 0.015in。

自由状态挡圈的直径公差：对于轴尺寸为 0.040～0.250 的公差为（+0.001，-0.003）；尺寸为 0.312～0.500 的公差为（+0.002，-0.004）；尺寸为 0.625～1.000 的公差为（+0.003，-0.005）；尺寸为 1.188～1.375 的公差为（+0.006，-0.010）。

环厚度公差：对于轴尺寸为 0.040～0.062 的公差为 ±0.001；尺寸为 0.062～1.000 的公差为 ±0.002；尺寸为 1.188～1.375 的公差为 ±0.003。

槽直径公差：对于轴尺寸为 0.040～0.218 的公差为（+0.002，-0.000）；尺寸为 0.250～1.000 的公差为（+0.003，-0.000）；尺寸为 1.188 和 1.375 的公差为（+0.005，-0.000）。

槽宽度公差：对于轴尺寸为 0.040～0.140 的公差为（+0.002，-0.000）；尺寸为 0.140～1.000 的公差为（+0.003，-0.000）；尺寸为 1.188 和 1.375 的尺寸为（+0.004，-0.000）。

表 7-259 寸制系列外挡圈 MS3215 的尺寸 （单位：in）

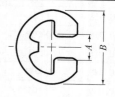

轴径 D	挡圈			槽			静态推力载荷①/lb	
	自由直径 A	厚度 T	直径 B	直径 G	宽度 W	挡边宽 E	挡圈上	槽上
0.094	0.072	0.015	0.206	0.074	0.018	0.02	55	13
0.125	0.093	0.015	0.27	0.095	0.018	0.03	75	25
0.156	0.113	0.025	0.335	0.116	0.029	0.04	150	40
0.188	0.143	0.025	0.375	0.147	0.029	0.04	180	50
0.219	0.182	0.025	0.446	0.188	0.029	0.031	215	50
0.25	0.204	0.025	0.516	0.21	0.029	0.04	250	75
0.312	0.242	0.025	0.588	0.25	0.029	0.062	300	135
0.312	0.242	0.035	0.588	0.25	0.039	0.062	420	135
0.375	0.292	0.035	0.66	0.303	0.039	0.072	520	190

(续)

轴径	挡圈			槽			静态推力载荷①/lb	
D	自由直径 A	厚度 T	直径 B	直径 G	宽度 W	挡边宽 E	挡圈上	槽上
0.438	0.332	0.035	0.746	0.343	0.039	0.096	600	285
0.5	0.385	0.042	0.81	0.396	0.046	0.104	820	360
0.562	0.43	0.042	0.87	0.437	0.046	0.124	930	480

注：资料来源于工业挡圈，1200 系列。槽深度 $d=(D-G)/2$。标准材料：碳弹簧钢（SAE 1060-1090）。标识的厚度为未镀层的挡圈；对于大多数电镀挡圈，最大厚度不会超过最小槽宽（W）减 0.0002in。

① 推力负载安全系数挡圈是 3；槽是 2。

槽最大底部半径：对于轴尺寸 0.250 及更小的是 0.005in；尺寸 0.312 ~ 0.438 的是 0.010in；尺寸为 0.500 ~ 0.562 的是 0.015in。自由状态挡圈的直径公差：对于轴尺寸为 0.094 ~ 0.156 的公差为（+0.001，-0.003）；尺寸为 0.188 ~ 0.312 的公差为 ±0.003；尺寸为 0.375 ~ 0.562 的公差为 ±0.004。环厚度公差：对于所有轴尺寸的公差都是 ±0.002。槽直径公差：对于轴尺寸为 0.094 ~ 0.188 的公差为（+0.002，-0.000）；尺寸为 0.219 ~ 0.250 的公差为 ±0.002；尺寸为 0.312 ~ 0.562 的公差为 ±0.003。槽宽度公差：对于轴尺寸为 0.094 ~ 0.125 的公差为（+0.002，-0.000）；尺寸为 0.156 ~ 0.562 的公差为（+0.003，-0.000）。

推力载荷能力：表中的推力载荷能力包括安全系数。当负载通过既具有尖锐边角同时在轴或孔与驻挡件之间存在最小侧边间隙的驻挡件和槽施加时，通常使用安全系数是 2 的作为槽的推力载荷计算。表中的槽推力载荷值基于这些条件。安全系数是 3 的通常用于计算基于环形剪切力的推力载荷能力。

理想地，与挡圈接触的驻挡件的边角应该是方角，并且使挡圈尽可能接近轴或腔体。列表推力载荷能力假设在驻挡件和轴或壳体之间存在最小的间隙，即槽和驻挡件具有方角，并且驻挡件和挡圈之间的接触靠近轴或腔体产生。如果这些条件适用，表示推力负载也适用。如果应用不符合以前的条件，但侧面的间隙、半径和倒角小于图 7-37 的最大总半径或倒角，那么推力负载能力必须通过将列表值除以 2 的形式来减小。最大总半径和最大总倒角分别由 $0.5(b-d)$ 和 $0.375(b-d)$ 给出，其中 b 是径向壁厚度，d 为凹槽深度。推荐的最大总半径或倒角规格旨在作为设计人员的指导，并确保环形应用能够承受静态推力载荷的公布值和计算值。

在分析挡圈负载条件时，通常假设静态均匀施加的载荷。然而，经常遇到动态和偏心负载。当负载集中在挡圈的一小部分上时，会发生偏心加载，例如可能由于驻挡件的翘起以及部件的轴向未对准使得加工了不正确的表面而造成了这一情况。应避免导致挡圈上偏心负载的情况。除影响静态推力能力的因素外，必须非常仔细地评估发生冲击或冲击载荷的应用，并进行驻挡件撞击挡圈的测试以评估质量和速度的影响。如果系统的谐振频率（挡圈应用）与挡圈的谐振频率一致，则冲击负载引起的振动也可能导致环失效。

表 7-260 寸制系列自锁外挡圈的尺寸

(单位：in)

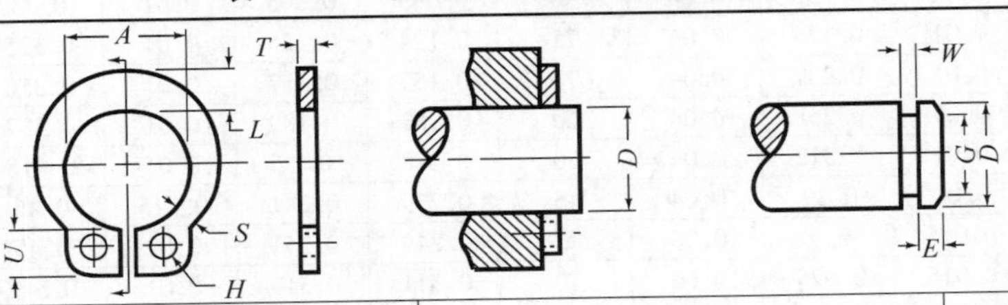

轴径		挡圈		光槽			静态推力负载①/lb	
最小 D	最大 D	自由直径 A	厚度 T	直径 G	宽度 W	挡边宽 E	环	槽
0.078	0.08	0.074	0.025	不建议使用这些轴尺寸的槽			10	0
0.092	0.096	0.089	0.025				10	0
0.123	0.127	0.12	0.025				20	0
0.134	0.138	0.13	0.025				20	0
0.154	0.158	0.15	0.025				22	0
0.185	0.189	0.181	0.035				25	0

（续）

轴径		挡圈		光槽			静态推力负载①/lb	
最小 D	最大 D	自由直径 A	厚度 T	直径 G	宽度 W	挡边宽 E	环	槽
0.248	0.252	0.238	0.035	0.24	0.041	0.03	35	90
0.31	0.316	0.298	0.042	0.303	0.048	0.03	50	110
0.373	0.379	0.354	0.042	0.361	0.048	0.03	55	185
0.434	0.44	0.412	0.05	0.419	0.056	0.03	60	280
0.497	0.503	0.47	0.05	0.478	0.056	0.04	65	390
0.622	0.628	0.593	0.062	0.599	0.069	0.045	85	570
0.745	0.755	0.706	0.062	0.718	0.069	0.05	90	845

注：资料来源于工业挡圈，7100 系列。槽深度 $d=(D-G)/2$。标准材料：碳弹簧钢（SAE 1060-1090）。标识的厚度为未镀层的挡圈；对于电镀、磷酸盐涂层和不锈钢环，最大挡圈厚度可能会超过 0.002in。

① 推力负载安全系数挡圈是 1，槽是 2。

自由状态挡圈的直径公差：对于轴尺寸为 0.078～0.138 的公差为（+0.002，-0.003）；尺寸为 0.154～0.252 的公差为（+0.002，-0.004）；尺寸为 0.310～0.440 的公差为（+0.003，-0.005）；尺寸为 0.497～0.755 的公差为（+0.004，-0.006）。挡圈厚度公差：对于轴尺寸为 0.078～0.158 的公差为 ±0.002；尺寸为 0.185～0.503 的公差为 ±0.003；尺寸为 0.622～0.755 的公差为 ±0.004。槽直径公差：对于小于 0.248 的轴尺寸，不推荐槽；对于其他尺寸，槽是可选的；对于轴尺寸为 0.248～0.316 的公差为（+0.005，-0.0015）；尺寸为 0.373～0.6228 的公差为（+0.001，-0.002）；尺寸为 0.745～0.755 的公差为（+0.002，-0.003）。槽宽度公差：对于轴尺寸 0.248～0.379 的公差为（+0.003，-0.000）；尺寸为 0.434～0.755 的公差为（+0.004，-0.000）。

表 7-261 寸制系列自锁内挡圈和外挡圈

（单位：in）

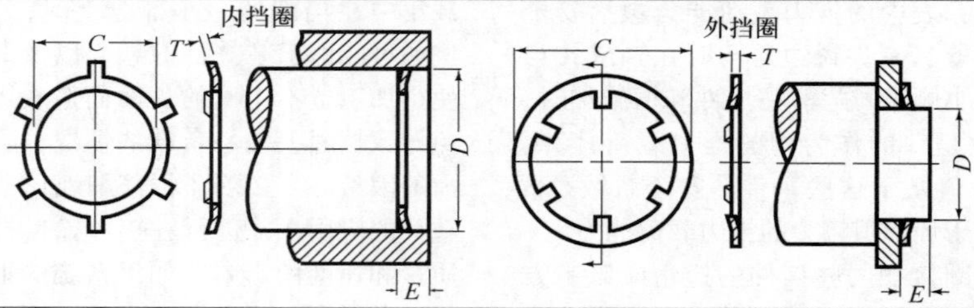

外腔		挡圈尺寸			静态推力负载/lb	轴		挡圈尺寸			静态推力负载/lb
最小 D	最大 D	厚度 T	直径 D	挡边宽 E		最小 D	最大 D	厚度 T	直径 D	挡边宽 E	
0.311	0.313	0.01	0.136	0.04	80	0.093	0.095	0.01	0.25	0.04	15
0.374	0.376	0.01	0.175	0.04	75	0.124	0.126	0.01	0.325	0.04	20
0.437	0.439	0.01	0.237	0.04	70	0.155	0.157	0.01	0.356	0.04	25
0.498	0.502	0.01	0.258	0.04	60	0.187	0.189	0.01	0.387	0.04	35
0.56	0.564	0.01	0.312	0.04	50	0.218	0.22	0.01	0.418	0.04	35
0.623	0.627	0.01	0.39	0.04	45	0.239	0.241	0.015	0.46	0.06	35
0.748	0.752	0.015	0.5	0.06	75	0.249	0.251	0.01	0.45	0.04	40
0.873	0.877	0.015	0.625	0.06	70	0.311	0.313	0.01	0.512	0.04	40
0.936	0.94	0.015	0.687	0.06	70	0.374	0.376	0.01	0.575	0.04	40
0.998	1.002	0.015	0.75	0.06	70	0.437	0.44	0.015	0.638	0.06	50
1.248	1.252	0.015	0.938	0.06	60	0.498	0.502	0.015	0.75	0.06	50
1.436	1.44	0.015	1.117	0.06	60	0.56	0.564	0.015	0.812	0.06	50
1.498	1.502	0.015	1.188	0.06	60	0.623	0.627	0.015	0.875	0.06	50
						0.748	0.752	0.015	1	0.06	50
						0.873	0.877	0.015	1.125	0.06	55
						0.998	1.002	0.015	1.25	0.06	60

注：来源于工业挡圈，6000 系列（内）和 6100 系列（外）。标识的厚度为未镀层的挡圈。标准材料：碳弹簧钢（SAE 1060-1090）。

内挡圈：推力负载用于将标准材料制成的挡圈嵌入冷轧的低碳钢外腔。挡圈厚度公差：外腔尺寸为 0.311 ~ 0.627 的公差为 ±0.001；尺寸为 0.748 ~ 1.502的公差为 ±0.002。环直径公差：对于外壳尺寸 0.311 ~ 0.439 的公差为 ±0.005；尺寸为 0.498 ~ 1.502 的公差为 ±0.010。

外挡圈：推力负载用于将标准材料制成的挡圈，安装在冷轧的低碳钢轴上。挡圈厚度公差：对于轴尺寸 0.093 ~ 0.220 的公差为 ±0.001；尺寸为 0.239 的公差为 ±0.002；尺寸为 0.249 ~ 0.376 的公差为 ±0.001；尺寸为 0.437 ~ 1.002 的公差为 ±0.002。挡圈直径公差：对于轴尺寸为 0.093 ~ 0.502 的公差为 ±0.005；尺寸为 0.560 ~ 1.002 的公差为 ±0.010。

离心能力：挡圈的正常功能取决于挡圈是否能保持坐入槽底部。由于挡圈的直径略小于槽底部的直径，因此外挡圈“紧贴”到槽底部。挡圈速度应保持在允许的挡圈的稳态速度以下，或使用专门设计用于高速应用的自锁挡圈，否则外挡圈可能失去其对槽的紧抓力。当受到驻挡件的突然加速或减速时，在槽中使用的大挡圈具有旋转的趋势，有益于挡圈收得“更紧”（更小的内径），只要安装的应力在允许的极限内。特殊的环也可以锁定在槽的底部孔中，从而防止旋转。可以使用式（7-34）来确定外部弹簧挡圈的允许稳态速度 N。

$$N = \sqrt{\frac{0.466 C_1 E^3 \times 10^{12}}{R_n^3 (1 + C_1)(R_o^3 - R_i^3)}} \tag{7-34}$$

式中，速度 N 以 r/min 为单位，C_1 是挡圈在槽底部的最小收紧圈，E 是挡圈圆周上的壁厚，R_n 是挡圈的自由中心半径，R_o 是挡圈的自由外部半径，R_i 是挡圈的自由内半径，全部以 in 为单位。对于弹簧外挡圈，最小收紧量由下式给出：$C_1 = (C - G)/G$，其中 C 是以 in 为单位的平均槽直径，G 是以 in 为单位的最大自由直径。

图 7-43 所示为载荷下局部槽的屈服。

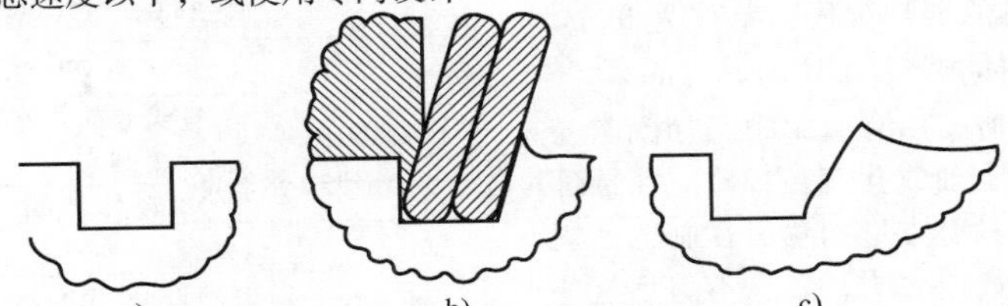

图 7-43　载荷下局部槽的屈服

a）加载前的槽廓　b）载荷下驻挡件和槽的局部屈服　c）加载超过推力的槽型（Spirolox 挡圈）

部件之间的旋转：使用弹性挡圈来固持旋转的部件应限制在仅沿一个方向旋转的应用中。挡圈应该按使得旋转倾向于将弹簧卷入槽中匹配。外挡圈应沿着驻挡件的旋转方向卷曲，但是内挡圈应与旋转部件的旋转方向相反卷曲。不遵守这些预防措施将导致挡圈被卷曲出槽。弹簧挡圈可以用右手（正转）或左手（反转）卷曲构造获得。冲压的挡圈不具有这些限制，并且可以用于需要旋转保持部分的应用，而不管旋转方向如何。

挡圈应用的失效可能是由于挡圈自身的失效、槽的失效或两者皆有导致的。如果挡圈失效，原因很可能来自于挡圈的剪切。当挡圈安装在槽中并由保持部分加载时，发生剪切破坏，其中槽和驻挡件的压缩屈服强度大于 45000psi（310MPa）；或者当通过驻挡件和槽施加负载时，两者都具有尖角和线对线接触；或者当挡圈远小于其直径时。为了检查挡圈剪切的可能性，基于挡圈材料的剪切强度的允许推力 P_S 由式（7-35）给出。

$$P_S = \frac{\pi D t S_S}{K} \tag{7-35}$$

式中，P_S 的单位为 lb_f（N）；D 是轴或腔体直径，单位为 in（mm）；t 是挡圈厚度，单位为 in（mm）；S_S 是挡圈材料的剪切强度，单位为 lb/in^2（N/mm^2）；K 是安全系数。

槽失效：当通过挡圈施加在槽的边角上的推力负载超过槽的压缩屈服强度时，最常见的槽故障类型是槽材料的屈服。槽的这种屈服是由于沟槽材料的低压缩屈服强度，而且允许挡圈从槽中倾斜并脱离出槽来，如图 7-43b 所示。

当由于槽材料的屈服而产生的挡圈凹陷时，穿过挡圈的横截面的弯曲力在挡圈的内径处产生最高的拉应力。如果最大应力大于挡圈材料的屈服强度，则挡圈的直径会增加，挡圈将永久变形。为了确定基于槽变形的挡圈的推力承载能力，必须计算允许的挡圈偏转角，接着就可以确定基于槽变形的挡圈的推力载荷。然而，对于弹簧挡圈，初始导致槽变形的推力负载 P_G 可以由式（7-36）得出。

$$P_G = \frac{\pi D d S_y}{K} \tag{7-36}$$

式中，P_G 的单位为 lb_f（N）；D 是轴或腔体直径，单位为 in（mm）；d 是槽深度，单位为 in（mm）；S_y 是槽材料的屈服强度，单位为 lb/in^2（N/mm^2）；K

是安全系数。对于冲压开环，通过将式（7-36）乘以与环接触的槽周长的分数来估计 P_G。

可以通过改变容纳槽的工件材料来增加特定挡圈应用的推力承载能力。提高槽材料的屈服强度增加了挡圈应用的推力承载能力。然而，增加槽材料的强度可能导致故障机理从槽变形转移到环剪挡圈。因此，使用从式（7-35）和式（7-36）获得的值中较小的值作为允许推力载荷。

槽的设计和加工：在大多数应用中，槽位于轴或腔体孔的端部附近，以便于安装和拆卸挡圈。槽通常位于从轴或孔的端部到槽深度的至少 2～3 倍的距离处。如果槽太靠近轴或孔的端部，则槽可能会剪切或屈服。可以使用式（7-37）来确定从轴或腔体端部的槽的最小安全距离 Y。

$$Y=\frac{KP_t}{\pi DS_c} \qquad (7\text{-}37)$$

式中，K 是安全系数；P_t 是槽中的推力载荷，单位为 lb（N）；S_c 是槽材料的剪切强度，单位为 lb/in^2（N/mm^2）；D 是轴或壳体直径，单位为 in（mm）。

正确设计和加工的槽在挡圈应用中与挡圈本身一样重要。槽壁应垂直于轴或孔直径；槽应在顶部边缘上和底部的半径处具有方形拐角，在制造商规定的公差范围内。测试数据表明，如果不满足这些槽的要求，静载荷和动态载荷条件件的极限推力能力将受到很大的影响。对于弹簧挡圈，最大底槽半径为 0.005in（0.127mm），适用于自由直径不小于 1.000in（25.4mm）的挡圈，对于内挡圈或外径较大的挡圈为 0.010in（0.254mm）。对于冲压卡环，最大底槽半径随环的尺寸和样式而变化。

挡圈标准见表 7-262。

表 7-262 挡圈标准

军用	
MIL-R-21248B	MS-16633 开式等截面外挡圈
	MS-16634 圆柱等截面开式外挡圈
	MS-3215 开式锥形截面外挡圈
	MS-16632 新月形外挡圈
	MS-16625 内挡圈
	MS-16629 圆柱形弓形内挡圈
	MS-16624 封闭式锥形截面外挡圈
MIL-R-21248B	MS-16628 封闭式锥形横截面圆柱形弓形外挡圈
	MS-16627 反置内挡圈
	MS-16626 封闭式锥形截面外挡圈
	MS-90707 自锁锥形截面外挡圈
	MS-3217 重载锥形截面外挡圈
MIL-R-27426	等截面弹簧挡圈类型 1 外挡圈，类型 2 内挡圈
航空标准	
AS 3215	挡圈，弹簧，内，重载，不锈钢
AS 3216	挡圈，弹簧，外，重载，不锈钢
AS 3217	挡圈，弹簧，内，轻载，不锈钢
AS 3218	挡圈，弹簧，外，轻载，不锈钢
AS 3219	挡圈，卷曲，弹簧卷曲挡圈的尺寸和验收标准
ANSI	
B27.6-1972，R2010	通用等截面弹簧挡圈
B27.7-1977，R2010	通用锥形和变截面挡圈（米制）
B27.8M-1977，R1999	通用米制锥形和变横截面挡圈
	类型 3DM1 重型外挡圈
	3EM1 型增强型“E”型挡圈
	3FM1-“C”型挡圈
ANSI/SAE	
MA4016	弹簧卷曲式外挡圈，重型和中型，新月形，米制
MA4017	弹簧外挡圈，重型和中型，新月形，米制
MA4020	锥形外挡圈，类型 1，2 级，AMS 5520，米制
MA4021	锥形内挡圈，类型 1，1 级，AMS 5520，米制
MA4029	斜锥面内挡圈，类型 2，1 级，AMS 5520，米制
MA4030	增强型外挡圈 E 型环，类型 1，3 级，AMS 5520，米制
MA4035	弹簧卷曲式挡圈，等截面，耐腐蚀，米制采购规格
MA4036	宽度方向锥面挡圈，均匀厚度，耐腐蚀，米制采购规格
DIN	
DIN 471，472，6799，984，5417，7993	普通和重型，内、外挡圈和挡圈垫圈标准
LN 471，472，6799	内、外挡圈的航空航天标准

7.13 蝶形螺母、蝶形螺钉和指旋螺钉

1. 蝶形螺母

蝶形螺母是一种设计用于手动转动而不需要改锥或扳手的螺母。根据 ANSI B18.17-1968，R1983 涵盖的蝶形螺母首先根据制造方法分类；其次，以设计特点为依据，它们包括以下几种。

A 型：A 型蝶形螺母是具有中等高度蝶形的冷锻或冷成型坚固螺母。它们的一些尺寸以常规、轻型和重型系列制造，以最适合具体应用的要求，尺寸见表 7-263。

表 7-263 美国国家标准 A 型蝶形螺母 ANSI B18. 17-1968，R1983 （单位：in）

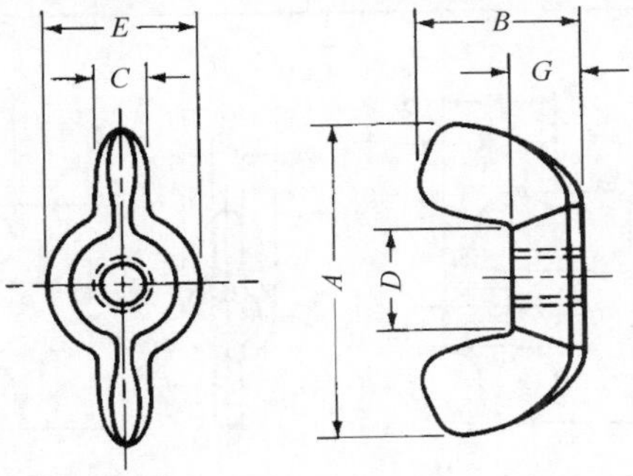

螺纹的公称规格或基本大径①		螺纹牙数	系列②	螺母坯尺寸（参考）	A		B		C		D		E		G	
					蝶展		蝶高		蝶厚		蝶间宽		台直径		台面高	
					最大	最小	最大	最小	最大	最小	最大	最小	最大	最小	最大	最小
3	(0.0990)	48，56	重型	AA	0.72	0.59	0.41	0.28	0.11	0.07	0.21	0.17	0.33	0.29	0.14	0.10
4	(0.1120)	40，38	重型	AA	0.72	0.59	0.41	0.28	0.11	0.07	0.21	0.17	0.33	0.29	0.14	0.10
5	(0.1250)	40，44	**轻型**	**AA**	**0.72**	**0.59**	**0.41**	**0.28**	**0.11**	**0.07**	**0.21**	**0.17**	**0.33**	**0.29**	**0.14**	**0.10**
			重型	A	0.91	0.78	0.47	0.34	0.14	0.10	0.27	0.22	0.43	0.39	0.18	0.14
6	(0.1380)	32，40	轻型	AA	0.72	0.59	0.41	0.28	0.11	0.07	0.21	0.17	0.33	0.29	0.14	0.10
			重型	**A**	**0.91**	**0.78**	**0.47**	**0.34**	**0.14**	**0.10**	**0.27**	**0.22**	**0.43**	**0.39**	**0.18**	**0.14**
8	(0.1640)	32，36	**轻型**	**A**	**0.91**	**0.78**	**0.47**	**0.34**	**0.14**	**0.10**	**0.27**	**0.22**	**0.43**	**0.39**	**0.18**	**0.14**
			重型	B	1.10	0.97	0.57	0.43	0.18	0.14	0.33	0.26	0.50	0.45	0.22	0.17
10	(0.1900)	24，32	**轻型**	**A**	**0.91**	**0.78**	**0.47**	**0.34**	**0.14**	**0.10**	**0.27**	**0.22**	**0.43**	**0.39**	**0.18**	**0.14**
			重型	B	1.10	0.97	0.57	0.43	0.18	0.14	0.33	0.26	0.50	0.45	0.22	0.17
12	(0.2160)	24，28	**轻型**	**B**	**1.10**	**0.97**	**0.57**	**0.43**	**0.18**	**0.14**	**0.33**	**0.26**	**0.50**	**0.45**	**0.22**	**0.17**
			重型	C	1.25	1.12	0.66	0.53	0.21	0.17	0.39	0.32	0.58	0.51	0.25	0.20
¼	(0.2500)	20，28	**轻型**	**B**	**1.10**	**0.97**	**0.57**	**0.43**	**0.18**	**0.14**	**0.39**	**0.26**	**0.50**	**0.45**	**0.22**	**0.17**
			普通	C	1.25	1.12	0.66	0.53	0.21	0.17	0.39	0.32	0.58	0.51	0.25	0.20
			重型	D	1.44	1.31	0.79	0.65	0.24	0.20	0.48	0.42	0.70	0.64	0.30	0.26
5/16	(0.3125)	18，24	**轻型**	**C**	**1.25**	**1.12**	**0.66**	**0.53**	**0.21**	**0.17**	**0.39**	**0.32**	**0.58**	**0.51**	**0.25**	**0.20**
			普通	D	1.44	1.31	0.79	0.65	0.24	0.20	0.48	0.42	0.70	0.64	0.30	0.26
			重型	E	1.94	1.81	1.00	0.87	0.33	0.26	0.65	0.54	0.93	0.86	0.39	0.35
3/8	(0.3750)	16，24	**轻型**	**D**	**1.44**	**1.31**	**0.79**	**0.65**	**0.24**	**0.20**	**0.48**	**0.42**	**0.70**	**0.64**	**0.30**	**0.26**
			普通	E	1.94	1.81	1.00	0.87	0.33	0.26	0.65	0.54	0.93	0.86	0.39	0.35
7/16	(0.4375)	14，20	**轻型**	**E**	**1.94**	**1.81**	**1.00**	**0.87**	**0.33**	**0.26**	**0.65**	**0.54**	**0.93**	**0.86**	**0.39**	**0.35**
			重型	F	2.76	2.62	1.44	1.31	0.40	0.34	0.90	0.80	1.19	1.13	0.55	0.51
½	(0.5000)	13，20	**轻型**	**E**	**1.94**	**1.81**	**1.00**	**0.87**	**0.33**	**0.26**	**0.65**	**0.54**	**0.93**	**0.86**	**0.39**	**0.35**
			重型	F	2.76	2.62	1.44	1.31	0.40	0.34	0.90	0.80	1.19	1.13	0.55	0.51
9/16	(0.5625)	12，18	重型	F	2.76	2.62	1.44	1.31	0.40	0.34	0.90	0.80	1.19	1.13	0.55	0.51
5/8	(0.6250)	11，18	重型	F	2.76	2.62	1.44	1.31	0.40	0.34	0.90	0.80	1.19	1.13	0.55	0.51
¾	(0.7500)	10，16	重型	F	2.76	2.62	1.44	1.31	0.40	0.34	0.90	0.80	1.19	1.13	0.55	0.51

① 在用小数指定公称大小的情况下，省略小数第四位的零。

② 以粗体显示的大小是优选的。

B 型：B 型螺母是具有两种型式蝶形的热锻坚固螺母：样式 1，中等高度翼展；样式 2，高翼展型，尺寸见表 7-264。

表 7-264 美国国家标准 B 型蝶形螺母 ANSI B18. 17-1968，R1983 （单位：in）

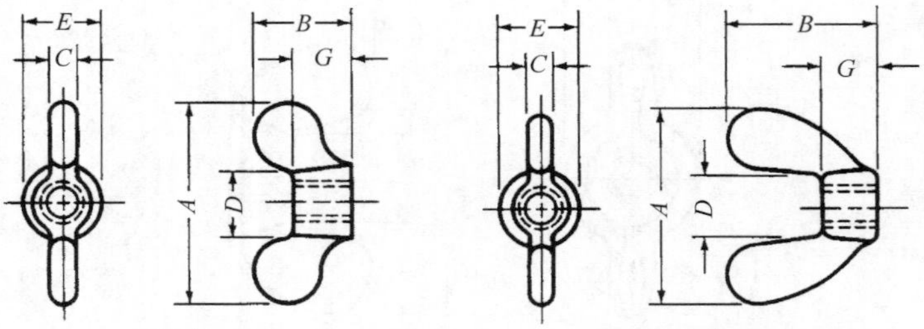

样式1　　样式2

螺纹的公称规格或基本大径①	螺纹牙数	A 蝶展		B 蝶高		C 蝶厚		D 蝶间宽		E 台直径		G 台面高	
		最大	最小	最大	最小	最大	最小	最大	最小	最大	最小	最大	最小
B 型，样式 1													
5（0. 1250）	40	0. 78	0. 72	0. 36	0. 30	0. 13	0. 10	0. 28	0. 22	0. 31	0. 28	0. 22	0. 16
10（0. 1900）	24	0. 97	0. 91	0. 45	0. 39	0. 15	0. 12	0. 34	0. 28	0. 39	0. 36	0. 28	0. 22
¼（0. 2500）	20	1. 16	1. 09	0. 56	0. 5	0. 17	0. 14	0. 41	0. 34	0. 47	0. 44	0. 34	0. 28
5/16（0. 3125）	18	1. 44	1. 38	0. 67	0. 61	0. 18	0. 15	0. 5	0. 44	0. 55	0. 52	0. 41	0. 34
⅜（0. 3750）	16	1. 72	1. 66	0. 80	0. 73	0. 20	0. 17	0. 59	0. 53	0. 63	0. 60	0. 47	0. 41
7/16（0. 4375）	14	2. 00	1. 94	0. 91	0. 84	0. 21	0. 18	0. 69	0. 62	0. 71	0. 68	0. 53	0. 47
½（0. 5000）	13	2. 31	2. 22	1. 06	0. 94	0. 23	0. 20	0. 78	0. 69	0. 79	0. 76	0. 62	0. 50
9/16（0. 5625）	12	2. 59	2. 47	1. 17	1. 05	0. 25	0. 21	0. 88	0. 78	0. 88	0. 84	0. 69	0. 56
⅝（0. 6250）	11	2. 84	2. 72	1. 31	1. 19	0. 27	0. 23	0. 94	0. 84	0. 96	0. 92	0. 75	0. 62
¾（0. 7500）	10	3. 31	3. 19	1. 52	1. 39	0. 29	0. 25	1. 10	1. 00	1. 12	1. 08	0. 88	0. 75
B 型，样式 2													
5（0. 1250）	40	0. 81	0. 75	0. 62	0. 56	0. 12	0. 09	0. 28	0. 22	0. 31	0. 28	0. 22	0. 16
10（0. 1900）	24	1. 01	0. 95	0. 78	0. 72	0. 14	0. 11	0. 35	0. 29	0. 39	0. 36	0. 28	0. 22
¼（0. 2500）	20	1. 22	1. 16	0. 94	0. 88	0. 16	0. 13	0. 41	0. 35	0. 47	0. 44	0. 34	0. 28
5/16（0. 3125）	18	1. 43	1. 37	1. 09	1. 03	0. 17	0. 14	0. 48	0. 42	0. 55	0. 52	0. 41	0. 34
⅜（0. 3750）	16	1. 63	1. 57	1. 25	1. 19	0. 18	0. 15	0. 55	0. 49	0. 63	0. 60	0. 47	0. 41
7/16（0. 4375）	14	1. 90	1. 84	1. 42	1. 36	0. 19	0. 16	0. 62	0. 56	0. 71	0. 68	0. 53	0. 47
½（0. 5000）	13	2. 13	2. 04	1. 58	1. 45	0. 20	0. 17	0. 69	0. 60	0. 79	0. 76	0. 62	0. 50
9/16（0. 5625）	12	2. 40	2. 28	1. 75	1. 62	0. 22	0. 18	0. 76	0. 67	0. 88	0. 84	0. 69	0. 56
⅝（0. 6250）	11	2. 60	2. 48	1. 91	1. 78	0. 23	0. 19	0. 83	0. 74	0. 96	0. 92	0. 75	0. 62
¾（0. 7500）	10	3. 02	2. 90	2. 22	2. 09	0. 24	0. 20	0. 97	0. 88	1. 12	1. 08	0. 88	0. 75

① 在用小数指定公称大小的情况下，省略小数第四位的零。

C 型：C 型螺母是压铸实体螺母，有三种蝶形样式：样式 1，中等高度的翼展型；样式 2，低翼展型；样式 3，高翼展型。样式 1 螺母的一些尺寸以常规、轻型和重型系列制造，以最适合具体应用的要求，尺寸见表 7-265。

表 7-265　美国国家标准 C 型螺母 ANSI B18.17-1968，R1983　（单位：in）

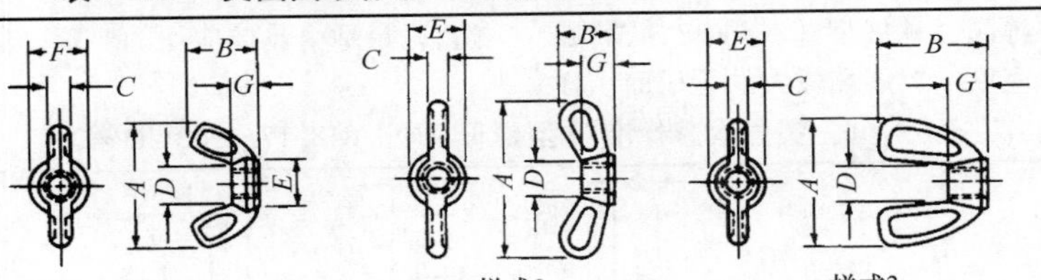

样式1　样式2　样式3

螺纹的公称规格或基本大径①	螺纹牙数	系列	螺母坯尺寸（参考）	A 蝶展 最大	A 蝶展 最小	B 蝶高 最大	B 蝶高 最小	C 蝶厚 最大	C 蝶厚 最小	D 蝶间宽 最大	D 蝶间宽 最小	E 台直径 最大	E 台直径 最小	F 台直径 最大	F 台直径 最小	G 台面高 最大	G 台面高 最小
C 型，样式 1																	
4（0.1120）	40	普通	AA	0.66	0.64	0.36	0.35	0.11	0.09	0.18	0.16	0.27	0.25	0.32	0.30	0.16	0.14
5（0.1250）	40	普通	AA	0.66	0.64	0.36	0.35	0.11	0.09	0.18	0.16	0.27	0.25	0.32	0.30	0.16	0.14
6（0.1380）	32	**普通**	**AA**	**0.66**	**0.64**	**0.36**	**0.35**	**0.11**	**0.09**	**0.18**	**0.16**	**0.27**	**0.25**	**0.32**	**0.30**	**0.16**	**0.14**
		重型	A	0.85	0.83	0.43	0.42	0.14	0.12	0.29	0.27	0.38	0.36	0.41	0.40	0.20	0.18
8（0.1640）	32	普通	A	0.85	0.83	0.43	0.42	0.14	0.12	0.29	0.27	0.38	0.36	0.41	0.40	0.20	0.18
10（0.1900）	24，32	普通	A	0.85	0.83	0.43	0.42	0.14	0.12	0.29	0.27	0.38	0.36	0.41	0.40	0.20	0.18
12（0.2160）	24	**普通**	**A**	**0.85**	**0.83**	**0.43**	**0.42**	**0.14**	**0.12**	**0.29**	**0.27**	**0.38**	**0.36**	**0.41**	**0.40**	**0.20**	**0.18**
		重型	B	1.08	1.05	0.57	0.53	0.16	0.14	0.32	0.30	0.44	0.42	0.48	0.46	0.23	0.21
1/4（0.2500）	20，28	普通	B	1.08	1.05	0.57	0.53	0.16	0.14	0.32	0.30	0.44	0.42	0.48	0.46	0.23	0.21
5/16（0.3125）	18，24	普通	C	1.23	1.20	0.64	0.62	0.20	0.18	0.39	0.35	0.50	0.49	0.57	0.55	0.26	0.24
3/8（0.3750）	16，24	普通	D	1.45	1.42	0.74	0.72	0.23	0.21	0.46	0.42	0.62	0.60	0.69	0.67	0.29	0.27
7/16（0.4375）	14，20	**普通**	**E**	**1.89**	**1.86**	**0.91**	**0.90**	**0.29**	**0.28**	**0.67**	**0.65**	**0.75**	**0.73**	**0.83**	**0.82**	**0.38**	**0.37**
		重型	EH	1.89	1.86	0.93	0.91	0.34	0.33	0.63	0.62	0.81	0.79	0.89	0.87	0.42	0.40
1/2（0.5000）	13，20	**普通**	**E**	**1.89**	**1.86**	**0.91**	**0.90**	**0.29**	**0.28**	**0.67**	**0.65**	**0.75**	**0.73**	**0.83**	**0.82**	**0.38**	**0.37**
		重型	EH	1.89	1.86	0.93	0.91	0.34	0.33	0.63	0.62	0.81	0.79	0.89	0.87	0.42	0.40
C 型，样式 2																	
5（0.1250）	40	—	—	0.82	0.80	0.25	0.23	0.09	0.08	0.21	0.19	0.26	0.24	—	—	0.17	0.15
6（0.1380）	32	—	—	0.82	0.80	0.25	0.23	0.09	0.08	0.21	0.19	0.26	0.24	—	—	0.17	0.15
8（0.1640）	32	—	—	1.01	0.99	0.28	0.27	0.11	0.09	0.29	0.28	0.36	0.34	—	—	0.19	0.18
10（0.1900）	24，32	—	—	1.01	0.99	0.28	0.27	0.11	0.09	0.29	0.28	0.36	0.34	—	—	0.19	0.18
12（0.2160）	24	—	—	1.2	1.18	0.32	0.31	0.12	0.11	0.38	0.37	0.44	0.43	—	—	0.22	0.20
1/4（0.2500）	20	—	—	1.2	1.18	0.32	0.31	0.12	0.11	0.38	0.37	0.44	0.43	—	—	0.22	0.20
5/16（0.3125）	18	—	—	1.51	1.49	0.36	0.35	0.14	0.12	0.44	0.43	0.51	0.49	—	—	0.24	0.23
3/8（0.3750）	16	—	—	1.89	1.86	0.58	0.55	0.20	0.17	0.44	0.43	0.63	0.62	—	—	0.37	0.35
C 型，样式 3																	
5（0.1250）	40	—	—	0.92	0.89	0.70	0.67	0.16	0.15	0.26	0.24	0.38	0.36	—	—	0.25	0.24
6（0.1380）	32	—	—	0.92	0.89	0.70	0.67	0.16	0.15	0.26	0.24	0.38	0.36	—	—	0.25	0.24
8（0.1640）	32	—	—	0.92	0.89	0.70	0.67	0.16	0.15	0.26	0.24	0.38	0.36	—	—	0.25	0.24
10（0.1900）	24，32	—	—	1.14	1.12	0.85	0.83	0.19	0.17	0.32	0.30	0.44	0.42	—	—	0.29	0.27
12（0.2160）	24	—	—	1.14	1.12	0.85	0.83	0.19	0.17	0.32	0.30	0.44	0.42	—	—	0.29	0.27
1/4（0.2500）	20	—	—	1.14	1.12	0.85	0.83	0.19	0.17	0.32	0.30	0.44	0.42	—	—	0.29	0.27
5/16（0.3125）	18	—	—	1.29	1.27	1.04	1.02	0.23	0.22	0.39	0.36	0.50	0.49	—	—	0.35	0.34
3/8（0.3750）	16	—	—	1.51	1.49	1.20	1.18	0.27	0.25	0.45	0.42	0.62	0.60	—	—	0.43	0.42

注：以粗体显示的大小是优选的。

① 在用小数指定公称大小的情况下，省略小数第四位的零。

D 型：D 型蝶形螺母是金属板材冲压的螺母，有三种样式：样式 1，中等高度翼展型式；样式 2，低翼展式；样式 3，具有中等高度的翼展和较大的承压面。样式 2 和样式 3 的一些尺寸以常规、轻型和重型系列制造，以最适合具体应用的要求，尺寸见表 7-266。

表 7-266 美国国家标准 D 型螺母 ANSI B18.17-1968，R1983 （单位：in）

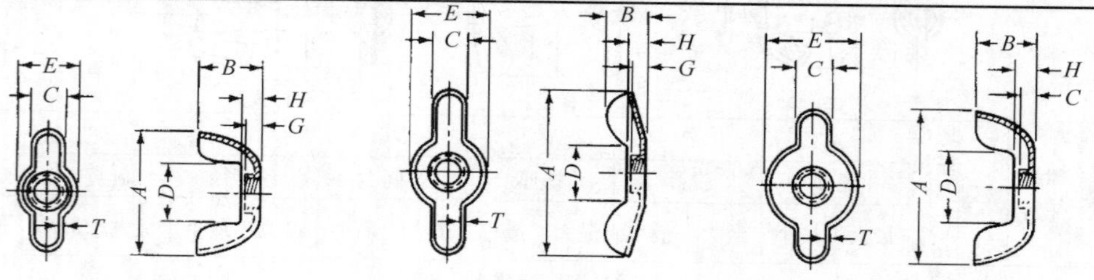

样式1 样式2(低翼展) 样式3(大承压面)

螺纹的公称或基本大径①	螺纹牙数	系列	*A* 蝶展 最大	*A* 蝶展 最小	*B* 蝶高 最大	*B* 蝶高 最小	*C* 蝶厚 最大	*C* 蝶厚 最小	*D* 蝶间宽 最小	*E* 台直径 最大	*E* 台直径 最小	*G* 台面高 最小	*H* 壁高 最小	*T* 板厚 最大	*T* 板厚 最小
D 型，样式 1															
8(0.1640)	32,36	—	0.78	0.72	0.40	0.34	0.18	0.14	0.25	0.41	0.35	0.08	0.12	0.04	0.03
10(0.1900)	24,32	—	0.91	0.85	0.47	0.41	0.21	0.17	0.34	0.53	0.47	0.10	0.12	0.04	0.03
12(0.2160)	24,28	—	1.09	1.03	0.47	0.41	0.21	0.17	0.34	0.53	0.47	0.10	0.12	0.05	0.04
¼(0.2500)	20,28	—	1.11	1.05	0.50	0.44	0.25	0.21	0.34	0.62	0.56	0.11	0.12	0.05	0.04
5/16(0.3125)	18,24	—	1.3	1.24	0.59	0.53	0.30	0.26	0.46	0.73	0.67	0.14	0.18	0.06	0.05
⅜(0.3750)	16,24	—	1.41	1.34	0.67	0.61	0.34	0.30	0.69	0.83	0.77	0.16	0.18	0.06	0.05
D 型，样式 2															
5(0.1250)	40	普通	1.03	0.97	0.25	0.19	0.19	0.13	0.30	0.40	0.34	0.07	0.09	0.04	0.03
6(0.1380)	32	普通	1.03	0.97	0.25	0.19	0.19	0.13	0.30	0.40	0.34	0.08	0.09	0.04	0.03
8(0.1640)	32	普通	1.03	0.97	0.25	0.19	0.19	0.13	0.30	0.40	0.34	0.08	0.09	0.04	0.03
10(0.1900)	24,32	普通	1.40	1.34	0.34	0.28	0.25	0.18	0.32	0.53	0.47	0.09	0.16	0.05	0.04
		重型	1.21	1.16	0.28	0.26	0.31	0.25	0.60	0.61	0.55	0.09	0.13	0.05	0.04
12(0.2160)	24	普通	1.21	1.16	0.28	0.26	0.31	0.25	0.60	0.61	0.55	0.11	0.13	0.05	0.04
¼(0.2500)	20	普通	1.21	1.16	0.28	0.26	0.31	0.25	0.60	0.61	0.55	0.11	0.13	0.05	0.04
D 型，样式 3															
10(0.1900)	24,32	轻型	1.31	1.25	0.48	0.42	0.29	0.23	0.47	0.65	0.59	0.08	0.12	0.04	0.03
		普通	1.40	1.34	0.53	0.47	0.25	0.19	0.50	0.75	0.69	0.08	0.14	0.04	0.03
12(0.2160)	24	普通	1.28	1.22	0.40	0.34	0.23	0.17	0.59	0.73	0.67	0.11	0.12	0.04	0.03
¼(0.2500)	20	轻型	1.28	1.22	0.40	0.34	0.23	0.17	0.59	0.73	0.67	0.11	0.12	0.04	0.03
		普通	1.78	1.72	0.66	0.60	0.31	0.25	0.70	1.03	0.97	0.14	0.17	0.06	0.04
		重型	1.47	1.4	0.50	0.44	0.37	0.31	0.66	1.03	0.97	0.14	0.14	0.08	0.06
5/16(0.3125)	18	普通	1.78	1.72	0.66	0.6	0.31	0.25	0.70	1.03	0.97	0.14	0.17	0.06	0.04
		重型	1.47	1.4	0.50	0.44	0.37	0.31	0.66	1.03	0.97	0.14	0.14	0.08	0.06

① 在用小数指定公称大小的情况下，省略小数第四位的零。

2. 蝶形螺母规格

当指定蝶形螺母时，应在命名中包括以下数据，并按以下顺序显示：公称规格（分数或小数），每英寸螺纹，类型，样式或系列，材料和表面处理。

示例：10-32 A 型蝶形螺母，普通系列，钢，镀锌。

0.250-20 型 C 型螺母，型号 1，锌合金，普通。

螺母螺纹符合 ANSI 标准统一螺纹，2B 类适用于所有类型的蝶形螺母，但具有修改的 2B 类螺纹的类型 D 除外。由于制造方法，D 型螺母中的螺纹的小直径可能稍大于统一螺纹 2B 类的最大值，但在任何情况下均不得超过最小螺距直径。

3. 螺母的材料和表面处理

A、B、D 型蝶形螺母通常由用户按照质量好，适用于制造工艺的碳素钢、黄铜或耐蚀钢提供。C 型螺母由压铸锌合金制成。除非另有规定，蝶形螺母供应有普通（未镀层或未涂层）的表面。

4. 蝶形螺钉

蝶形螺钉是具有蝶形头部的螺钉，其设计用于没有改锥或扳手的手动转动。根据 ANSI B18. 17-1968（R1983）所涵盖的蝶形螺钉首先根据制造方法分类，第二种是根据设计特点的风格。它们包括以下内容：

A 型：A 型蝶形螺钉是两件式结构，具有冷成型或中等高度的冷锻翼展部分。在一些尺寸中，它们以普通、轻型和重型系列生产，以最适合具体应用的要求，尺寸见表 7-267。

B 型：B 型蝶形螺钉采用热锻型一体式结构，有两种翼展型式：类型 1，中等高度的翼展式；类型 2，有高翼展式，尺寸见表 7-267。

C 型：C 型蝶形螺钉有两种类型：类型 1，具有中等高度翼展的单件压铸结构；类型 2，具有中等高度的压铸翼展部分的两件式结构，尺寸见表 7-268。

D 型：D 型蝶形螺钉为两片式焊接结构，具有中等高度的冲压板金属蝶形部分。

蝶形螺钉和指旋螺钉的材料：A 型蝶形螺钉通常以碳素钢供应，杆部分表面硬化。如果指定，它们也可以由制造商和用户同意的耐蚀钢、黄铜或其他材料制成。

B 型蝶形螺钉通常由碳素钢制成，但也可由耐蚀钢、黄铜或其他材料制成。

C 型，类型 1，蝶形螺钉只能用于压铸锌合金。C 型，类型 2，蝶形螺钉具有由压铸锌合金制成的翼展形部分，其杆部通常由碳素钢制成。如果指定，杆部分可以由制造商和用户所同意的耐蚀钢、黄铜或其他材料制成。

D 型蝶形螺钉通常以碳素钢供应，但也可由耐蚀钢、黄铜或其他材料制成。

所有类型的指旋螺钉通常由具有最大极限抗拉强度为 48000psi（331MPa）的良好工业品质的碳素钢制成。如果指定，碳素钢蝶形螺钉可进行表面硬化。它们也可由制造商和用户同意的耐蚀钢、黄铜和其他材料制成。

除非另有规定，否则蝶形螺钉和指旋螺钉均具有普通（未镀层或未涂层）表面。

5. 指旋螺钉

指旋螺钉是具有设计用于手动转动而没有改锥或扳手的扁平头部的螺钉。根据 ANSI B18. 17-1968（R1983）的说明，指旋螺钉根据设计特点按类型分类。它们包括以下内容：

A 型：A 型指旋螺钉是锻造的一体式螺钉，头部有一个肩膀，有两种系列：普通和重型，尺寸见表 7-269。

B 型：B 型指旋螺钉是无肩部锻造的单件螺钉，有两种系列：普通和重型，尺寸见表 7-269。

表 7-267　美国国家标准 A 型和 B 型蝶形螺钉 ANSI B18. 17-1968，R1983　（单位：in）

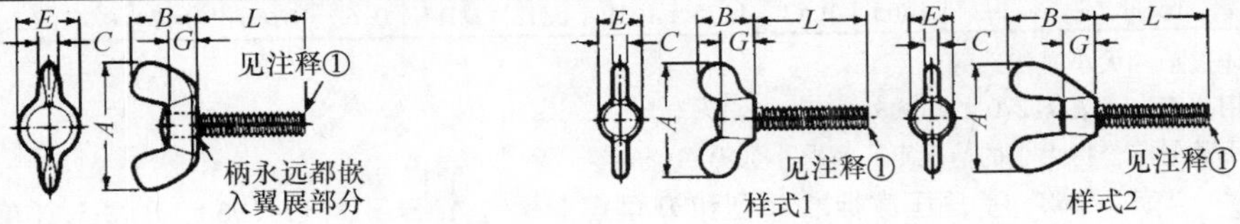

A型　　B型

公称规格或基本大径②	螺纹牙数	系列	头型坯尺寸（参考）	A 蝶展		B 蝶高		C 蝶厚		E 台面直径		G 台高		L 实际螺钉长度	
				最大	最小	最大	最小	最大	最小	最大	最小	最大	最小	最大	最小
A 型															
4（0. 1120）	40	重型	AA	0. 72	0. 59	0. 41	0. 28	0. 11	0. 07	0. 33	0. 29	0. 14	0. 10	0. 75	0. 25
6（0. 1380）	32	轻型	AA	0. 72	0. 59	0. 41	0. 28	0. 11	0. 07	0. 33	0. 29	0. 14	0. 10	0. 75	0. 25
		重型	**A**	**0. 91**	**0. 78**	**0. 47**	**0. 34**	**0. 14**	**0. 10**	**0. 43**	**0. 39**	**0. 18**	**0. 14**		
8（0. 1640）	32	**轻型**	**A**	**0. 91**	**0. 78**	**0. 47**	**0. 34**	**0. 14**	**0. 10**	**0. 43**	**0. 39**	**0. 18**	**0. 14**	0. 75	0. 38
		重型	B	1. 10	0. 97	0. 57	0. 43	0. 18	0. 14	0. 50	0. 45	0. 22	0. 17		
10（0. 1900）	24，32	**轻型**	**A**	**0. 91**	**0. 78**	**0. 47**	**0. 34**	**0. 14**	**0. 10**	**0. 43**	**0. 39**	**0. 18**	**0. 14**	1. 00	0. 38
		重型	B	1. 10	0. 97	0. 57	0. 43	0. 18	0. 14	0. 50	0. 45	0. 22	0. 17		
12（0. 2160）	24	**轻型**	**B**	**1. 1**	**0. 97**	**0. 57**	**0. 43**	**0. 18**	**0. 14**	**0. 50**	**0. 45**	**0. 22**	**0. 17**	1. 00	0. 38
		重型	C	1. 25	1. 12	0. 66	0. 53	0. 21	0. 17	0. 58	0. 51	0. 25	0. 20		

（续）

公称规格或基本大径②	螺纹牙数	系列	头型坯尺寸（参考）	*A* 蝶展		*B* 蝶高		*C* 蝶厚		*E* 台面直径		*G* 台高		*L* 实际螺钉长度	
				最大	最小	最大	最小	最大	最小	最大	最小	最大	最小	最大	最小
A 型															
¼（0.2500）	20	**轻型**	**B**	**1.10**	**0.97**	**0.57**	**0.43**	**0.18**	**0.14**	**0.50**	**0.45**	**0.22**	**0.17**		
		普通	C	1.25	1.12	0.66	0.53	0.21	0.17	0.58	0.51	0.25	0.20	1.50	0.50
		重型	D	1.44	1.31	0.79	0.65	0.24	0.20	0.70	0.64	0.30	0.26		
⁵⁄₁₆（0.3125）	18	**轻型**	**C**	**1.25**	**1.12**	**0.66**	**0.53**	**0.21**	**0.17**	**0.58**	**0.51**	**0.25**	**0.20**		
		普通	D	1.44	1.31	0.79	0.65	0.24	0.20	0.70	0.64	0.30	0.26	1.50	0.5
		重型	E	1.94	1.81	1.00	0.87	0.33	0.26	0.93	0.86	0.39	0.35		
⅜（0.3750）	16	**轻型**	**D**	**1.44**	**1.31**	**0.79**	**0.65**	**0.24**	**0.20**	**0.70**	**0.64**	**0.30**	**0.26**		
		普通	E	1.94	1.81	1.00	0.87	0.33	0.26	0.93	0.86	0.39	0.35	2.00	0.75
		重型	F	2.76	2.62	1.44	1.31	0.40	0.34	1.19	1.13	0.55	0.51		
⁷⁄₁₆（0.4375）	14	**轻型**	**E**	**1.94**	**1.81**	**1.00**	0.87	**0.33**	**0.26**	**0.93**	**0.86**	**0.39**	**0.35**	4.00	1.00
		重型	F	2.76	2.62	1.44	1.31	0.40	0.34	1.19	1.13	0.55	0.51		
½（0.5000）	13	**轻型**	**E**	**1.94**	**1.81**	**1.00**	**0.87**	**0.33**	**0.26**	**0.93**	**0.86**	**0.39**	**0.35**	4.00	1.00
		重型	F	2.76	2.62	1.44	1.31	0.40	0.34	1.19	1.13	0.55	0.51		
⅝（0.6250）	11	重型	F	2.76	2.62	1.44	1.31	0.40	0.34	1.19	1.13	0.55	0.51	4.00	1.25
B 型，样式 1															
10（0.1900）	24	—	—	0.97	0.91	0.45	0.39	0.15	0.12	0.39	0.36	0.28	0.22	2.00	0.50
¼（0.2500）	20	—	—	1.16	1.09	0.56	0.50	0.17	0.14	0.47	0.44	0.34	0.28	3.00	0.50
⁵⁄₁₆（0.3125）	18	—	—	1.44	1.38	0.67	0.61	0.18	0.15	0.55	0.52	0.41	0.34	3.00	0.50
⅜（0.3750）	16	—	—	1.72	1.66	0.80	0.73	0.20	0.17	0.63	0.60	0.47	0.41	4.00	0.50
⁷⁄₁₆（0.4375）	14	—	—	2.00	1.94	0.91	0.84	0.21	0.18	0.71	0.68	0.53	0.47	3.00	1.00
½（0.5000）	13	—	—	2.31	2.22	1.06	0.94	0.23	0.20	0.79	0.76	0.62	0.50	3.00	1.00
⅝（0.6250）	11	—	—	2.84	2.72	1.31	1.19	0.27	0.23	0.96	0.92	0.75	0.62	2.50	1.00
B 型，样式 2															
10（0.1900）	24	—	—	1.01	0.95	0.78	0.72	0.14	0.11	0.39	0.36	0.28	0.22	1.25	0.50
¼（0.2500）	20	—	—	1.22	1.16	0.94	0.88	0.16	0.13	0.47	0.44	0.34	0.28	2.00	0.50
⁵⁄₁₆（0.3125）	18	—	—	1.43	1.37	1.09	1.03	0.17	0.14	0.55	0.52	0.41	0.34	2.00	0.50
⅜（0.3750）	16	—	—	1.63	1.57	1.25	1.19	0.18	0.15	0.63	0.60	0.47	0.41	2.00	0.50

注：以粗体显示的大小是优选的。

① 除了用户指定了表 7-270 的样式外。

② 在用小数指定公称大小的情况下，省略小数第四位的零。

表 7-268 美国国家标准 C 型和 D 型蝶形螺钉 ANSI B18.17-1968，R1983 （单位：in）

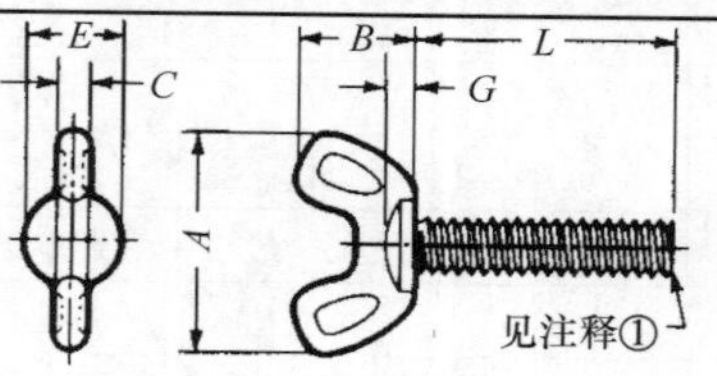

样式1

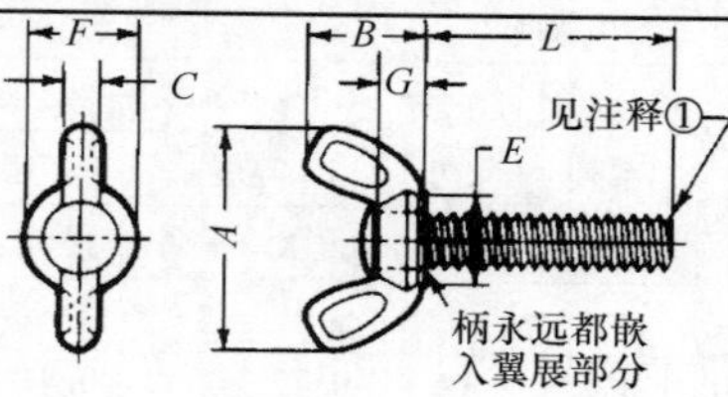

样式2

C型

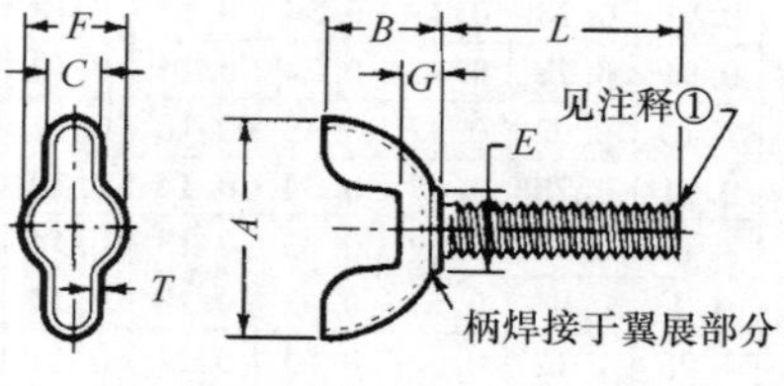

D型

（续）

公称规格或螺钉的基本大径②	螺纹牙数	A 蝶展		B 蝶高		C 蝶厚		E 台面直径		F 台面直径		G 高		L 实际螺钉长度	
		最大	最小	最大	最小	最大	最小	最大	最小	最大	最小	最大	最小	最大	最小
C 型，样式 1															
6（0.1380）	32	0.85	0.83	0.45	0.43	0.15	0.12	—	—	0.41	0.39	0.12	0.07	0.75	0.25
8（0.1640）	32	0.85	0.83	0.45	0.43	0.15	0.12	—	—	0.41	0.39	0.12	0.07	1.00	0.38
10（0.1900）	24，32	0.85	0.83	0.45	0.43	0.15	0.12	—	—	0.41	0.39	0.12	0.07	1.25	0.38
¼（0.2500）	20	1.08	1.05	0.56	0.53	0.17	0.14	—	—	0.46	0.44	0.12	0.07	1.50	0.50
5⁄16（0.3125）	18	1.23	1.20	0.64	0.62	0.22	0.19	—	—	0.51	0.49	0.14	0.10	1.50	0.50
⅜（0.3750）	16	1.45	1.42	0.74	0.72	0.24	0.21	—	—	0.63	0.62	0.15	0.12	1.50	0.50
C 型，样式 2															
6（0.1380）	32	0.85	0.83	0.43	0.42	0.14	0.12	0.38	0.36	0.41	0.40	0.20	0.18	1.00	0.25
8（0.1640）	32	0.85	0.83	0.43	0.42	0.14	0.12	0.38	0.36	0.41	0.40	0.20	0.18	1.00	0.38
10（0.1900）	24，32	0.85	0.83	0.43	0.42	0.14	0.12	0.38	0.36	0.41	0.40	0.20	0.18	2.00	0.38
¼（0.2500）	20	1.08	1.05	0.57	0.53	0.16	0.14	0.44	0.42	0.48	0.46	0.23	0.21	2.50	0.50
5⁄16（0.3125）	18	1.23	1.20	0.64	0.62	0.20	0.18	0.50	0.49	0.57	0.55	0.26	0.24	3.00	0.50
⅜（0.3750）	16	1.45	1.42	0.74	0.72	0.23	0.21	0.62	0.60	0.69	0.67	0.29	0.27	3.00	0.75
7⁄16（0.4375）	14	1.89	1.86	0.91	0.90	0.29	0.28	0.75	0.73	0.83	0.82	0.38	0.37	4.00	1.00
½（0.5000）	13	1.89	1.86	0.91	0.90	0.29	0.28	0.75	0.73	0.83	0.82	0.38	0.37	4.00	1.00
D 型															
6（0.1380）	32	0.78	0.72	0.40	0.34	0.18	0.12	0.35	0.31	0.4	0.34	0.21	0.14	0.75	0.25
8（0.1640）	32	0.78	0.72	0.40	0.34	0.18	0.12	0.35	0.31	0.4	0.34	0.21	0.14	0.75	0.38
10（0.1900）	24	0.90	0.84	0.46	0.40	0.21	0.15	0.35	0.31	0.53	0.47	0.22	0.16	1.00	0.38
12（0.2160）	24	1.09	1.03	0.46	0.40	0.26	0.20	0.44	0.39	0.61	0.55	0.24	0.18	1.00	0.38
¼（0.2500）	20	1.09	1.03	0.46	0.40	0.26	0.20	0.47	0.43	0.61	0.55	0.24	0.18	1.50	0.50
5⁄16（0.3125）	18	1.31	1.25	0.62	0.56	0.29	0.23	0.57	0.53	0.68	0.62	0.29	0.23	1.50	0.50
⅜（0.3750）	16	1.31	1.25	0.62	0.56	0.29	0.23	0.63	0.59	0.68	0.62	0.29	0.23	2.00	0.75

① 除了用户指定了表 7-270 的样式外。

② 在用小数指定公称大小的情况下，省略小数第四位的零。

6. 蝶形螺钉和指旋螺钉的命名

在命名蝶形和指旋螺钉时，应在命名中包括以下数据，并按以下顺序显示：公称尺寸（数字，分数或小数），每英寸螺纹，长度（分数或小数），类型，样式和（或）系列，端头（如果不是平端头），材料和表面处理。

示例：10-32 × 1¼，指旋螺钉，A 型，常规，钢，镀锌。

0.375-16 × 2.00，蝶形螺钉，B 型，类型 2 钢，镀镉。

0.250-20 × 1.50，蝶形螺钉，C 型，类型 2，锌合金蝶形，钢柄，镀铜。

表 7-269　美国国家标准 A 型和 B 型指旋螺钉 ANSI B18.17-1968，R1983　（单位：in）

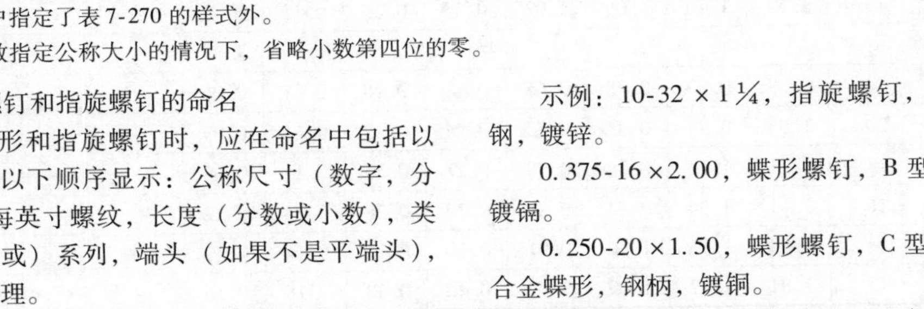

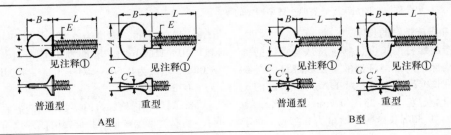

（续）

公称规格或螺钉的基本大径②	螺纹牙数	*A*		*B*		*C*		*C′*		*E*		*L*	
		头宽		头高		头厚		头厚		肩直径		实际螺钉的长度	
		最大	最小	最大	最小	最大	最小	最大	最小	最大	最小	最大	最小
A 型，普通型													
6（0.1380）	32	0.31	0.29	0.33	0.31	0.05	0.04	—	—	0.25	0.23	0.75	0.25
8（0.1640）	32	0.36	0.34	0.38	0.36	0.06	0.05	—	—	0.31	0.29	0.75	0.38
10（0.1900）	24，32	0.42	0.40	0.48	0.46	0.06	0.05	—	—	0.35	0.32	1.00	0.38
12（0.2160）	24	0.48	0.46	0.54	0.52	0.06	0.05	—	—	0.40	0.38	1.00	0.38
1/4（0.2500）	20	0.55	0.52	0.64	0.61	0.07	0.05	—	—	0.47	0.44	1.50	0.50
5/16（0.3125）	18	0.70	0.67	0.78	0.75	0.09	0.07	—	—	0.59	0.56	1.50	0.50
3/8（0.3750）	16	0.83	0.80	0.95	0.92	0.11	0.09	—	—	0.76	0.71	2.00	0.75
A 型，重型													
10（0.1900）	24	0.89	0.83	0.84	0.72	0.18	0.16	0.10	0.08	0.33	0.31	2.00	0.50
1/4（0.2500）	20	1.05	0.99	0.94	0.81	0.24	0.22	0.10	0.08	0.40	0.38	3.00	0.50
5/16（0.3125）	18	1.21	1.15	1.00	0.88	0.27	0.25	0.11	0.09	0.46	0.44	4.00	0.50
3/8（0.3750）	16	1.41	1.34	1.16	1.03	0.30	0.28	0.11	0.09	0.55	0.53	4.00	0.50
7/16（0.4375）	14	1.59	1.53	1.22	1.09	0.36	0.34	0.13	0.11	0.71	0.69	2.50	1.00
1/2（0.5000）	13	1.81	1.72	1.28	1.16	0.40	0.38	0.14	0.12	0.83	0.81	3.00	1.00
B 型，普通型													
6（0.1380）	32	0.45	0.43	0.28	0.26	0.08	0.06	0.03	0.02	—	—	1.00	0.25
8（0.1640）	32	0.51	0.49	0.32	0.30	0.09	0.07	0.04	0.02	—	—	1.00	0.38
10（0.1900）	24，32	0.58	0.54	0.39	0.36	0.10	0.08	0.05	0.03	—	—	2.00	0.38
12（0.2160）	24	0.71	0.67	0.45	0.43	0.11	0.09	0.05	0.03	—	—	2.00	0.38
1/4（0.2500）	20	0.83	0.80	0.52	0.48	0.16	0.14	0.06	0.03	—	—	2.50	0.50
5/16（0.3125）	18	0.96	0.91	0.64	0.60	0.17	0.14	0.09	0.06	—	—	3.00	0.50
3/8（0.3750）	16	1.09	1.03	0.71	0.67	0.22	0.18	0.11	0.08	—	—	3.00	0.75
7/16（0.4375）	14	1.40	1.35	0.96	0.91	0.27	0.24	0.14	0.11	—	—	4.00	1.00
1/2（0.5000）	13	1.54	1.46	1.09	1.03	0.33	0.29	0.15	0.11	—	—	4.00	1.00
B 型，重型													
10（0.1900）	24	0.89	0.83	0.78	0.66	0.18	0.16	0.08	0.06	—	—	2.00	0.50
1/4（0.2500）	20	1.05	0.99	0.81	0.72	0.24	0.22	0.11	0.09	—	—	3.00	0.50
5/16（0.3125）	18	1.21	1.15	0.88	0.78	0.27	0.25	0.11	0.09	—	—	4.00	0.50
3/8（0.3750）	16	1.41	1.34	0.94	0.84	0.30	0.28	0.14	0.12	—	—	4.00	0.50
7/16（0.4375）	14	1.59	1.53	1.00	0.91	0.36	0.34	0.14	0.12	—	—	3.00	1.00
1/2（0.5000）	13	1.81	1.72	1.09	0.97	0.40	0.38	0.18	0.16	—	—	3.00	1.00

① 除此之外，除非用户指定了表 7-270 的样式。

② 在用小数指定公称大小的情况下，省略小数第四位的零。

7. 蝶形和指旋螺钉的长度

蝶形和指旋螺钉的长度，测量是从与螺钉的轴线平行的由头部或肩部与杆部的交点到螺钉的最终点距离。标准长度增量如下：对于 No. 4 ~ 1/4in 的尺寸，以及公称长度为 0.25 ~ 0.75in 的，增量为 0.12in；0.75 ~ 1.50in 长度的，增量为 0.25in；对于 1.50 ~ 3.00in 的，增量为 0.50in。对于 5/16 ~ 1/2in 的和 0.50 ~ 1.50in 的，增量为 0.25in；长度为 1.50 ~ 3.00in，增量为 0.50in；对于 3.00 ~ 4.00in 的，增量为 1.00in。

8. 蝶形和指旋螺钉的螺纹

所有类型的蝶形和指旋螺钉的螺纹符合 ANSI 标

准统一螺纹 2A 级。对于具有附加表面处理的螺纹，2A 级最大直径适用于未镀层螺钉或电镀前的螺钉，而电镀后的基本直径（2A 级最大直径加上余量）适用于螺钉。所有类型的蝶形和指旋螺钉应具有尽可能靠近头部或肩部延伸的完整（全牙型）螺纹。

9. 蝶形和指旋螺钉的端头

蝶形和指旋螺钉通常提供平端头（剪切端头）。如果特殊要求，这些螺钉可以用锥头、杯头、圆柱头、扁平或椭圆形端头获得，见表 7-270。

表 7-270　美国国家标准蝶形和指旋螺钉的替代端头 ANSI B18. 17-1968，R1983

（单位：in）

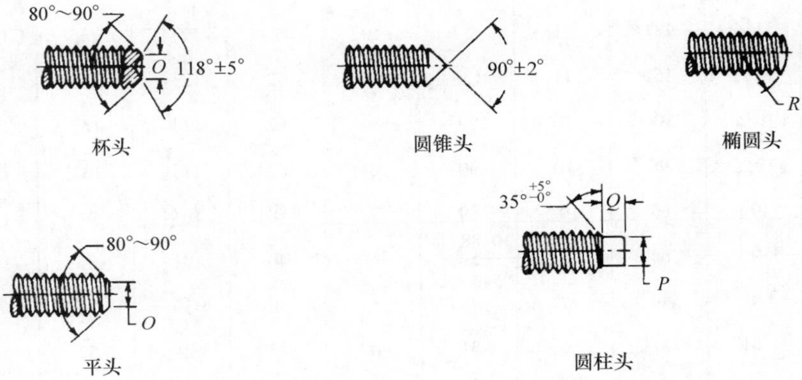

公称规格或螺钉的基本直径①	O		P		Q		R	
	杯头和平头直径		圆柱头②				椭圆头半径	
			直径		长度			
	最大	最小	最大	最小	最大	最小	最大	最小
4（0. 1120）	0. 061	0. 051	0. 075	0. 070	0. 061	0. 051	0. 099	0. 084
6（0. 1380）	0. 074	0. 064	0. 092	0. 087	0. 075	0. 065	0. 140	0. 109
8（0. 1640）	0. 087	0. 076	0. 109	0. 103	0. 085	0. 075	0. 156	0. 125
10（0. 1900）	0. 102	0. 088	0. 127	0. 120	0. 095	0. 085	0. 172	0. 141
12（0. 2160）	0. 115	0. 101	0. 144	0. 137	0. 115	0. 105	0. 188	0. 156
¼（0. 2500）	0. 132	0. 118	0. 156	0. 149	0. 130	0. 120	0. 219	0. 188
5/16（0. 3125）	0. 172	0. 156	0. 203	0. 195	0. 161	0. 151	0. 256	0. 234
3/8（0. 3750）	0. 212	0. 194	0. 250	0. 241	0. 193	0. 183	0. 312	0. 281
7/16（0. 4375）	0. 252	0. 232	0. 297	0. 287	0. 224	0. 214	0. 359	0. 328
½（0. 5000）	0. 291	0. 270	0. 344	0. 334	0. 255	0. 245	0. 406	0. 375
5/8（0. 6250）	0. 371	0. 347	0. 469	0. 456	0. 321	0. 305	0. 500	0. 469

注：规定的外部端头角度可适用于位于螺纹根部直径以下那些部分的角，在螺纹牙型中可被辨认的这个角度或者会因制造工艺而改变。

① 在用小数指定公称大小的情况下，省略小数第四位的零。

② 圆柱头的轴线不得与螺杆轴线偏心超过基本螺杆直径的 3% 或 0. 005in，以较小者为准。

7. 14　圆钉、道钉和木螺钉

圆钉、道钉和木螺钉见表 7-271 ~ 表 7-273。

表 7-271 标准圆钉和道钉

尺寸	长度/in	量规	数量/lb	量规	数量/lb	量规	数量/lb	量规	数量/lb	量规	数量/lb
		普通圆钉和角钉		地板角钉		围栏用角钉		箱用包装钉、光杆钉、刺钉		无头钉	
2d	1	15	876	—	—	—	—	15½	1010	16½	1351
3d	1¼	14	568	—	—	—	—	14½	635	15½	807
4d	1½	12½	316	—	—	—	—	14	473	15	584
5d	1¾	12½	271	—	—	12	142	14	406	15	500
6d	2	11½	181	11	157	10	124	12½	236	13½	309
7d	2¼	11½	161	11	139	9	92	12½	210	13	238
8d	2½	10¼	106	10	99	9	82	11½	145	12½	189
9d	2¾	10¼	96	10	90	8	62	11½	132	12½	172
10d	3	9	69	9	69	7	50	10½	94	11½	121
12d	3¼	9	64	8	54	6	40	10½	87	11½	113
16d	3½	8	49	7	43	5	30	10	71	11	90
20d	4	6	31	6	31	4	23	9	52	10	62
30d	4½	5	24	—	—	—	—	9	46	—	—
40d	5	4	18	—	—	—	—	8	35	—	—
50d	5½	3	16	—	—	—	—	—	—	—	—
60d	6	2	11	—	—	—	—	—	—	—	—
尺寸	长度/in	铰钉，重型		铰钉，轻型		弯尖钉		车用刺钉，重型		车用刺钉，轻型	
2d	1	—	—	—	—	14	710	—	—	—	—
3d	1¼	—	—	—	—	13	429	—	—	—	—
4d	1½	3	50	6	82	12	274	10	165	12	274
5d	1¾	3	38	6	62	12	235	9	118	10	142
6d	2	3	30	6	50	11	157	9	103	10	124
7d	2¼	00	12	3	25	11	139	8	76	9	92
8d	2½	00	11	3	23	10	99	8	69	9	82
9d	2¾	00	10	3	22	10	90	7	54	8	62
10d	3	00	9	3	19	9	69	7	50	8	57
12d	3¼	—	—	—	—	9	62	6	42	7	50
16d	3½	—	—	—	—	8	49	6	35	7	43
20d	4	—	—	—	—	7	37	5	26	6	31
30d	4½	—	—	—	—	—	—	5	24	6	28
40d	5	—	—	—	—	—	—	4	18	5	21
50d	5½	—	—	—	—	—	—	3	15	4	17
60d	6	—	—	—	—	—	—	3	13	4	15

（续）

尺寸	长度/in	量规	数量/lb	量规	数量/lb	量规	数量/lb	道钉			
		船钉，重型		船钉，轻型		屋面钉		尺寸	长度/in	量规	数量/lb
2*d*	1	—	—	—	—	12	411	10*d*	3	6	41
3*d*	1¼	—	—	—	—	10½	225	12*d*	3¼	6	38
4*d*	1½	¼	44	3/16	82	10½	187	16*d*	3½	5	30
5*d*	1¾	—	—	—	—	10	142	20*d*	4	4	23
6*d*	2	¼	32	3/16	62	9	103	30*d*	4½	3	17
7*d*	2¼	—	—	—	—	—	—	40*d*	5	2	13
8*d*	2½	¼	26	3/16	50	—	—	50*d*	5½	1	10
9*d*	2¾	—	—	—	—	—	—	60*d*	6	1	8
10*d*	3	⅜	14	¼	22	—	—	—	7	0	7
12*d*	3¼	⅜	13	¼	20	—	—	—	8	00	6
16*d*	3½	⅜	12	¼	18	—	—	—	9	00	5
20*d*	4	⅜	10	¼	16	—	—	—	10	⅜	4
30*d*	4½	—	—	—	—	—	—	—	12	⅜	3
40*d*	5	—	—	—	—	—	—	—	—	—	—
50*d*	5½	—	—	—	—	—	—	—	—	—	—
60*d*	6	—	—	—	—	—	—	—	—	—	—

表 7-272　ANSI 平头、盘头和椭圆头木螺钉 ANSI B18.6.1-1981（R2008）

公称规格	每英寸螺纹	*D*①	*J*		*A*		*B*		*P*	*H*
		基本螺钉直径	槽宽		头部直径		头部直径		头部半径	头部高
			最大	最小	最大外边缘	最小边缘（平面或圆整）	最大	最小	最大	参考
0	32	0.06	0.023	0.016	0.119	0.099	0.116	0.104	0.020	0.035
1	28	0.073	0.026	0.019	0.146	0.123	0.142	0.130	0.025	0.043
2	26	0.086	0.031	0.023	0.172	0.147	0.167	0.155	0.035	0.051
3	24	0.099	0.035	0.027	0.199	0.171	0.193	0.180	0.037	0.059
4	22	0.112	0.039	0.031	0.225	0.195	0.219	0.205	0.042	0.067
5	20	0.125	0.043	0.035	0.252	0.22	0.245	0.231	0.044	0.075
6	18	0.138	0.048	0.039	0.279	0.244	0.270	0.256	0.046	0.083

（续）

公称规格	每英寸螺纹	D①	J		A		B		P	H
			槽宽		头部直径		头部直径		头部半径	头部高
		基本螺钉直径	最大	最小	最大外边缘	最小边缘（平面或圆整）	最大	最小	最大	参考
7	16	0.151	0.048	0.039	0.305	0.268	0.296	0.281	0.049	0.091
8	15	0.164	0.054	0.045	0.332	0.292	0.322	0.306	0.052	0.100
9	14	0.177	0.054	0.045	0.358	0.316	0.348	0.331	0.056	0.108
10	13	0.190	0.060	0.050	0.385	0.34	0.373	0.357	0.061	0.116
12	11	0.216	0.067	0.056	0.438	0.389	0.425	0.407	0.078	0.132
14	10	0.242	0.075	0.064	0.507	0.452	0.492	0.473	0.087	0.153
16	9	0.268	0.075	0.064	0.544	0.485	0.528	0.508	0.094	0.164
18	8	0.294	0.084	0.072	0.635	0.568	0.615	0.594	0.099	0.191
20	8	0.320	0.084	0.072	0.650	0.582	0.631	0.608	0.121	0.196
24	7	0.372	0.094	0.081	0.762	0.685	0.740	0.716	0.143	0.230

公称规格	每英寸螺纹	O		K		T		U		V	
		头部总高		头部高度		槽深		槽深		槽深	
		最大	最小	最大	最小	最大	最小	最大	最小	最大	最小
0	32	0.056	0.041	0.039	0.031	0.015	0.010	0.022	0.014	0.030	0.025
1	28	0.068	0.052	0.046	0.038	0.019	0.012	0.027	0.018	0.038	0.031
2	26	0.080	0.063	0.053	0.045	0.023	0.015	0.031	0.022	0.045	0.037
3	24	0.092	0.073	0.060	0.051	0.027	0.017	0.035	0.027	0.052	0.043
4	22	0.104	0.084	0.068	0.058	0.030	0.020	0.040	0.030	0.059	0.049
5	20	0.116	0.095	0.075	0.065	0.034	0.022	0.045	0.034	0.067	0.055
6	18	0.128	0.105	0.082	0.072	0.038	0.024	0.050	0.037	0.074	0.060
7	16	0.140	0.116	0.089	0.079	0.041	0.027	0.054	0.041	0.081	0.066
8	15	0.152	0.126	0.096	0.085	0.045	0.029	0.058	0.045	0.088	0.072
9	14	0.164	0.137	0.103	0.092	0.049	0.032	0.063	0.049	0.095	0.078
10	13	0.176	0.148	0.110	0.099	0.053	0.034	0.068	0.053	0.103	0.084
12	11	0.200	0.169	0.125	0.112	0.060	0.039	0.077	0.061	0.117	0.096
14	10	0.232	0.197	0.144	0.130	0.070	0.046	0.087	0.070	0.136	0.112
16	9	0.248	0.212	0.153	0.139	0.075	0.049	0.093	0.074	0.146	0.120
18	8	0.290	0.249	0.178	0.162	0.083	0.054	0.106	0.085	0.171	0.141
20	8	0.296	0.254	0.182	0.166	0.090	0.059	0.108	0.087	0.175	0.144
24	7	0.347	0.300	0.212	0.195	0.106	0.070	0.124	0.100	0.204	0.168

注：平头和椭圆头螺钉的边缘可以是平的或圆整的。木质螺钉也可用于 I 型、IA 型和 II 型十字槽头。请参阅十字槽头尺寸的标准。* 切削螺纹木螺钉的螺纹长度 L_T 应接近螺钉公称长度的 2/3。滚轧螺纹，L_T 应至少为螺钉基本直径的 4 倍或螺钉公称长度的 2/3，取其大者。公称长度过短，无法容纳最小螺纹长度的螺钉，其螺纹应尽可能延伸至头部下方。

① 直径公差：对于切削螺纹为 +0.004in ±0.007in。对于轧制螺纹杆直径公差，请参见 ANSI 18.6.1-1981（R1997）。

表 7-273 木螺钉导孔钻孔尺寸 （单位：in）

加工材料	木螺钉规格						
	2	4	6	8	10	12	14
硬木	3/64	1/16	5/64	3/32	7/64	1/8	9/64
软木	1/32	3/64	1/16	5/64	3/32	7/64	1/8

第8章

螺纹和螺纹加工

8.1 螺钉螺纹系统

8.1.1 螺纹牙型

在已经开发的各种螺纹牙型中，最常用的是具有对称的侧边与通过螺纹顶点的垂直中心线成相等角度的螺纹。目前这些螺纹包括统一、惠氏和梯形。早期牙型之一是V形螺纹（三角形螺纹），现在只是偶尔使用。对称螺纹相对容易制造和检查，因此广泛用于生产各种类型的通用螺纹紧固件。除了应用通用紧固件之外，某些螺纹也用于往复运动或克服重载移动机械零件。对于这些所谓的转换螺纹，需要更坚实的牙型。最广泛使用的转换螺纹是方形、梯形和锯齿形。其中，方形螺纹是最有效的，但由于其平行面也是最难切削的，因此不能调整以补偿磨损状态。梯形螺纹虽然效率不高，但它没有方形螺纹的缺点，并且在某些方面更具优势。锯齿形螺纹为非对称牙型，因其结合了方形螺纹的高效率和高强度以及梯形螺纹的切削和调节的便利性，可用于单一方向的载荷移动。

1. 三角形螺纹、非截顶三角形螺纹

螺纹的两边彼此成60°，这种牙型的螺纹牙顶和底部或牙底在理论上是尖利的，但是在实践中难以形成完全锋利的边缘，并且这种边缘易于磨损。虽然没有普遍公认的标准，但这个平面通常大约相当于螺距的1/25。三角形螺纹如图8-1所示。

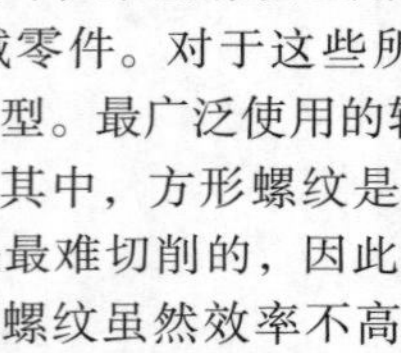

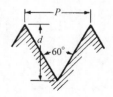

图8-1 三角形螺纹

由于三角形螺纹连接困难，除了订购以外，丝锥制造商在1909年同意停止制造非截顶三角形螺纹丝锥。三角形螺纹的一个优点是可以使用同一切削刀具应用于所有螺距，而在美制标准牙型下，点或平面的宽度是根据螺距而变化的。

三角形螺纹是一个用于蒸汽密封接头的很好的牙型，机车上使用的许多丝锥是具有这种牙型的螺纹。一些改装的三角形螺纹，特别是机车锅炉丝锥，深度为螺距的4/5。

美国标准螺纹广泛优先使用非截顶三角形螺纹，因为它有很多优点，请参阅美国统一螺纹标准。如果P为螺距，d为螺纹深度，则：

$$d = P \times \cos 30° = 0.866 \times P = \frac{0.866}{\text{每英寸螺纹数}}$$

2. 美国标准螺纹

费城的威廉·塞勒斯（William Sellers）1864年在富兰克林研究所发表的一篇论文中提出了螺纹系统，后来称为美国标准螺纹系统。1868年5月向美国海军报告，建议以卖方制度作为海军部的标准，这是美国标准的名称。美国标准螺纹系统是美国标准的进一步发展，称为与美国标准格式相同的美国（国家）牙型螺纹。

3. 美国国家和统一螺纹牙型

美国国家牙型（以前称为美国标准）多年来一直用于美国生产的大多数螺钉、螺栓和螺纹产品。

现在使用的美国统一螺纹国家标准包括对前一标准的某些修改，基本牙型如图8-2所示，该图中，H是非截顶三角形螺纹的高度，P是螺距，D和d是基本大径，D_2和d_2是基本中径，D_1和d_1是基本小径。大写字母用于指定内螺纹尺寸（D、D_2、D_1），小写字母用于指定外螺纹尺寸（d、d_2、d_1）。

在过去，上述一些螺纹尺寸使用的是其他符号。为了符合ANSI / ASME B1.7M中定义的“螺纹的命名、定义和字母符号”标准，这些符号改变了，也同样符合用于ISO米制螺纹系统的螺纹术语和符号。

4. 国际米制螺纹系统

1898年在苏黎世举行的国际大会上采用国际单位制（SI）螺纹，用于螺纹标准化。螺纹牙型与美国标准（以前称为US标准）类似，除了深度更大。牙底和配合牙顶之间有一个间隙，最大固定在基本三角形高度的1/16或0.054倍螺距处，推荐使用圆形牙底牙型。轴的平面中的角度为60°，峰值平坦，比如美国标准等于 0.125 倍螺距。该系统构成了欧洲国家、日本等许多国家的正常度量系列（ISO 螺纹）的基础，包括美国的米制螺纹标准。螺纹如图 8-3 所示。

国际米制细螺纹：国际米制细螺纹牙型的螺纹与国际系统相同，但给定直径的螺距较小。

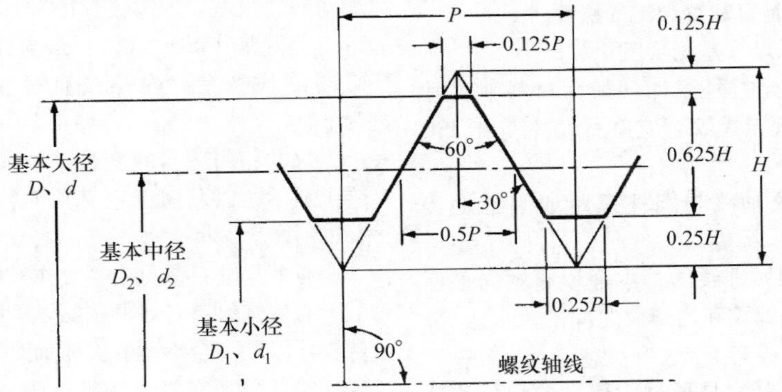

图 8-2　UN 及 UNF 螺纹基本牙型

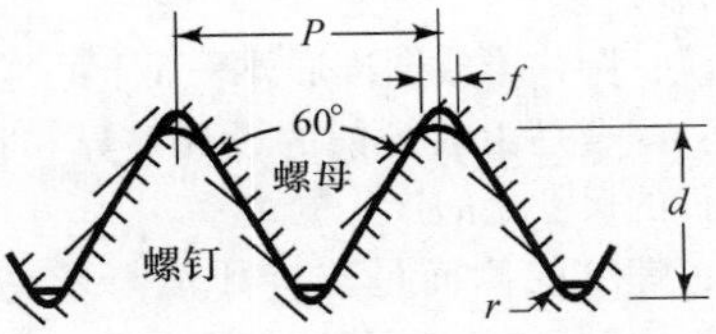

图 8-3　螺纹

深度 $d_{max}=0.7035\ P$，$d_{min}=0.6855P$

平面 $f=0.125\ P$

半径 $r_{max}=0.0633\ P$，$r_{min}=0.054\ P$

钻孔直径 = 大径 − 螺距

德国米制螺纹牙型：德国米制螺纹牙型与国际标准类似，但螺纹深度 = 0.6945P。根半径与国际标准的最大值或 0.0633P 相同。

5. ISO 米制螺纹系统

ISO 是指国际标准化组织，是全球范围内的国家标准机构联合会（如美国国家标准协会是代表美国的 ISO 国家机构），在各种广泛的领域中制定标准。

ISO 68 中规定了 ISO 米制螺纹的基本牙型，如图 8-4 所示。这个螺纹的基本牙型与统一螺纹非常相似，H 是非截顶三角形螺纹的高度，P 是螺距，D 和 d 是基本大径，D_2 和 d_2 是基本中径，D_1 和 d_1 是基本小径。此外，大写字母表示内螺纹尺寸（D、D_2、D_1），小写字母表示外螺纹尺寸（d、d_2、d_1）。

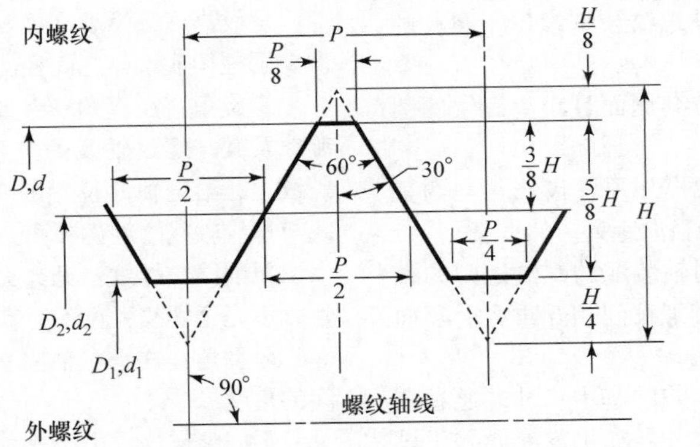

$$H=\frac{\sqrt{3}}{2}P=0.866025404P$$

$0.125H=0.108253175P$，$0.250H=0.216506351P$，$0.375H=0.324759526P$，$0.625H=0.541265877P$

图 8-4　ISO 68 基本牙型

8.1.2 螺纹的定义

以下定义是基于美国国家标准 ANSI / ASME B1.7M-1984（R2001）中“螺纹的术语、定义和字母符号”，并且指的是直螺纹和锥形螺纹。

实际尺寸：实际尺寸是测量尺寸。

（加工）允差：允差是设计（最大材料）尺寸和基本尺寸之间的规定差额。它在数值上等于 ISO 项基本偏差的绝对值。

螺纹轴线：螺纹轴线与圆柱螺距或圆锥轴线重合。

螺纹的基本牙型：螺纹的基本牙型是轴向平面上的循环牙型，即外螺纹和内螺纹之间的永久边界。所有偏差都与这个边界有关。

基本尺寸：基本尺寸是通过应用允差和公差从极限尺寸中得到的尺寸。

双向公差：这是一个允许从指定尺寸在两个方向发生变化的公差。

黑色牙顶螺纹：这是一个牙顶表面未经铸造、轧制或锻造处理的螺纹。

钝头螺纹：“螺钉钝头”指移除螺纹起始端的不完整螺纹。这是通过手动重复装配的螺纹部件的特征，如软管接头和螺纹塞规，防止切割到手和跨越螺纹。它以前被称为斜削接口螺纹。

倒角：这是螺纹起始端的圆锥形表面。

螺纹配合等级：螺纹配合等级是一个用字母和数字名称来表示螺纹规定的公差和允差标准等级。

间隙配合：这是一种具有尺寸限制的配合，规定当配件在最大实体条件下组装时，总是会产生间隙。

完整螺纹：完整螺纹是螺纹牙型线位于螺纹的极限尺寸内。

牙顶：这是螺纹连接着其侧面且距离螺纹的圆柱体或圆锥体最远的表面。

牙顶削平高度：这是尖锐牙顶（齿峰）与约束着牙顶的圆柱或圆锥之间的径向距离。

螺纹旋合深度：两个同轴装配的螺纹之间的螺纹旋合深度（或高度）是其螺纹间相互重叠的径向距离。

设计尺寸：这是应用允差的基本尺寸，通过应用允差可以从中获得极限尺寸。如果没有允差，设计尺寸将与基本尺寸相同。

偏差：偏差是既定的尺寸、位置、标准或值的变化。在 ISO 使用中，它是尺寸（实际、最大或最小）与相应的基本尺寸之间的代数差。术语偏差不一定表示误差。

基本偏差（ISO 术语）：对于标准螺纹，基本偏差是更接近基本尺寸的上下偏差。内螺纹的上偏差为 es，内螺纹的下偏差为 EI。

下偏差（ISO 术语）：最小极限尺寸与基本尺寸之间的代数差。内螺纹直径为 EI，外螺纹直径为 ei。

上偏差（ISO 术语）：最大极限尺寸与基本尺寸之间的代数差。内螺纹直径为 ES，外螺纹直径为 es。

尺寸：用适当的度量单位表示的数值，并在图样上显示，以及用于定义几何特征的线、符号和注释的对象。

有效尺寸：参见中径、作用中径。

有效螺纹：有效的（或有用的）螺纹包括完整螺纹，以及完全形成在牙底而不是在牙顶的不完整螺纹的部分（在锥形管螺纹中，包括所谓的黑色牙顶螺纹），不包括尽头螺纹。

误差：观测值或测量值超出公差极限以及指定值之间的代数差。

外螺纹：圆柱形或圆锥形外表面上的螺纹。

配合：配合是由装配前的设计差异和将要装配的两个部件的尺寸之间产生的关系。

牙侧：螺纹的侧面是连接牙顶与牙底的表面。与轴向平面的侧面交叉部分在理论上是一条直线。

牙侧角：侧角是在轴向平面中测量的单个侧面和垂直于螺纹轴线的角度。对称螺纹的侧角通常称为牙型半角。

牙侧径向位移：在边界牙型确定的系统中，侧面径向位移是最大和最小边界牙型线侧面段之间径向距离的 2 倍。侧面径向位移值等于螺距基准螺纹系统中的中径公差。

螺纹高度：螺纹高度（或深度）分别是主要和次要圆柱体或锥体之间径向测量的距离。

螺旋角：在直角螺纹上，螺旋角是由螺纹的螺旋线及其与螺纹轴线的关系所产生的角度。在锥形螺纹上，给定轴向位置的螺旋角是螺纹的锥形螺旋线与螺纹轴线之间的夹角。螺旋角是导程角的补充。

斜削接口螺纹：见钝头螺纹。

不完全螺纹：见不完整螺纹。

牙型角：这是在轴向平面中测量螺纹的牙侧之间的角度。

不完整螺纹：由于螺纹牙与工件的圆柱形或工件的末端或螺纹锥相交，产生的牙顶或牙底或两者同时皆有不完全牙型，不完整螺纹可能发生在螺纹的任一端。

过盈配合：具有规定尺寸限制的配合始终为干扰配合零件组装时的结果。

内螺纹：圆柱形或圆锥形内表面上的螺纹。

导程：导程是两个连续的螺旋交点通过平行于其位于圆柱体的轴线之间的轴向距离，即螺纹零件在与其配合的螺纹上旋转一圈的轴向移动量。

导程角：在直螺纹上，导程角是螺距在中径线处与垂直于轴线的平面所产生的角度。在锥形螺纹上，导程角在给定的轴向位置处是由螺纹的锥形螺旋线与在中径线处的轴线的垂直线所形成的角度。

导程螺纹：不完全螺纹的部分，完全形成在牙底处，但未完全形成出现在外螺纹或内螺纹进入端的牙顶。

左旋螺纹：螺纹是左旋螺纹，如果从轴向看时，它以逆时针方向和后退方向旋转。左旋螺纹代号为 LH。

完整螺纹的长度：螺纹部分的轴向长度在牙顶和牙底均具有完全牙型，但在螺纹起始处最多可包含两个螺距，其中可能具有倒角或不完整的牙顶。

螺纹旋合长度：两个配合螺纹的螺纹旋合长度是两个螺纹间的轴向距离，两个螺纹设计成接触，且在牙顶和牙底都具有完整的形状（也见完整螺纹的长度）。

尺寸极限：选用的最大和最小尺寸。

大径间隙：内螺纹牙底与同轴组装设计的外螺纹牙顶之间形成配合螺纹的径向距离。

大径圆锥：假想的锥体将会限定外锥螺纹的牙顶或内锥螺纹的牙底。

大径圆柱：假想的柱体将会限定外直螺纹的牙顶或内直螺纹的牙底。

大径：对于直螺纹，大径是主圆柱体的直径。对于锥形螺纹，螺纹轴上的给定位置处的大径是该位置处的主圆锥体的直径。

最大实体条件（MMC）：尺寸特征包含在规定的尺寸限制内的最大材料量的条件。如最小内螺纹尺寸或最大外螺纹尺寸。

最小实体条件（LMC）：尺寸特征包含在规定的尺寸限制内的最少材料量的条件，如最大内螺纹尺寸或最小外螺纹尺寸。

小径间隙：内螺纹牙顶与同轴组装设计的外螺纹牙底之间形成配合螺纹的径向距离。

小径圆锥：假想锥体将可以限定外锥螺纹的牙底或内锥螺纹牙顶。

小径圆柱：假想的柱体将可以限定外直螺纹的牙底或内直螺纹牙顶。

小径：对于直螺纹，小径是小圆柱体的直径。对于锥形螺纹，螺纹轴上的给定位置处的小径是该位置处的小圆锥体的直径。

多线螺纹：该螺纹的导程是除 1 倍以外的螺距的整数倍。

公称尺寸：用于一般识别的名称。

圆柱螺纹：见螺纹。

部分螺纹：见尾扣螺纹。

螺距：具有均匀间距的螺纹的螺距是在相同的轴向平面中和轴的同一侧上在相邻螺纹牙型上的相应点之间测量的平行于其轴线的距离。螺距等于导程除以螺纹线数。

中径圆锥：中径圆锥是一个假想锥体，其顶角和顶点与轴线的位置将能使表面以相等的螺纹脊和螺纹槽的宽度通过锥形螺纹。因此，它等距位于在给定螺纹牙型的主锥体和小锥体之间。在理论上完美的锥形螺纹上，这些宽度等于基本螺距的一半。

中径圆柱：中径圆柱是一个假想圆柱，其直径和轴线的位置将能使表面以相等的螺纹脊和螺纹槽的宽度通过直螺纹。因此，它等距分布在给定螺纹牙型的主圆柱和小圆柱之间。在理论上完美的螺纹上，此宽度等于基本螺距的一半。

中径：在直螺纹上，中径是中径圆柱体的直径。在锥形螺纹上，螺纹轴上给定位置的中径是该位置处的中径圆锥的直径。注意：当螺纹的牙顶被截断超过螺距线时，中径和中径圆柱体或中径圆锥体将基于螺纹侧面的理论延伸。

中径、作用中径：中径是具有完美螺距、导程和侧面角度并具有一定旋合长度的中径。它包括导程（螺距）、侧角、锥度、直线度和圆度变化的累积效应。不包括螺纹牙顶和牙底变化。其他的非优选术语包括虚拟直径、有效尺寸、虚拟有效直径和螺纹装配直径。

中径线：定义在中径圆柱和中径圆锥中产生圆柱体或锥体的线。

右旋螺纹：如果从轴向看时，螺纹是顺时针和后退方向，则螺纹被认为是右旋螺纹，除非另有说明。

牙底：连接相邻螺纹牙侧的螺纹型的表面且紧邻螺纹投影中的圆柱或圆锥体。

牙底削平高度：尖锐的牙底（底锥顶）与限定牙底的圆柱体或锥体之间的径向距离。

圆跳动：除非另有规定，当用于螺纹时指大径和小径圆柱体相对于中径圆柱的圆跳动。根据 ANSI Y14. 5M 规定的径向跳动控制圆度和同轴度的累积变化。跳动包括偏心和圆度误差引起的变化。跳动量通常用全跳动（FIM）表示。

螺纹：螺纹是一种投影在圆柱形或圆锥形表面上通常具有均匀截面的连续螺旋凸起。

尖锐牙顶（牙顶峰）：当延伸时，由螺纹的侧面相交形成的顶点，如有必要，超出牙顶。

尖锐牙底（牙底峰）：当延伸时，由相邻螺纹的相邻侧面相交形成的顶点，如有必要，超出底部。

紧密距：以特定扭矩或其他特定条件组装时，外部和内部锥形螺纹构件或量规上的指定参考点之间的轴向距离。

直螺纹：直螺纹是从圆柱形表面凸出的螺纹。

锥形螺纹：锥形螺纹是从锥形表面凸出的螺纹。

拉应力区：拉应力区是用于计算外螺纹紧固件的抗拉强度的任意选择区域，使得紧固件强度与紧固件的基本材料强度一致。通常将其定义为中径和（或）小径的函数，以计算紧固件的圆形横截面，校正螺纹的切口和螺旋效应。

螺牙：螺牙是一个螺距内包含的螺纹部分，在单线螺纹上螺牙等于一扣。

螺纹跳动：请参见尾扣螺纹。

螺纹系列：螺纹系列是直径-螺距的组合，通过应用于特定直径的每英寸螺纹数来彼此区分。

螺纹剪切区：螺纹剪切区是由指定圆柱体其直径和长度等于配合螺纹旋合而相交的总脊截面积。通常外螺纹剪切圆柱直径是内螺纹的小径，内螺纹剪切圆柱直径是外螺纹的大径。

每英寸螺纹数（牙数）：每英寸螺纹数是轴向螺距（以 in 为单位）的倒数。

公差：允许某一特定尺寸变化的总量。公差是最大和最小极限之间的差值。

公差带代号（米制）：公差带代号（米制）是公差位置与公差等级的组合。它规定了加工允差（基本偏差）、中径公差（侧面的径向位移）和顶径公差。

公差等级（米制）：公差等级（米制）是一个数字符号，表示应用于设计牙型的顶径和中径的公差。

公差极限：允许尺寸大小偏离设计尺寸的变化，正值或负值。

公差位置（米制）：公差位置（米制）是一个字母符号，用于指定公差区域相对于基本尺寸的位置。该位置提供允差（基本偏差）。

全螺纹：包括完整和所有不完整的螺纹，因此包括尾扣螺纹和导程螺纹。

过渡配合：具有尺寸限制的配合，规定在组装配件时产生间隙或干扰。

每英寸转数：每英寸转数是以 in 为单位的导程的倒数。

单边公差：允许从指定尺寸向一个方向变化的公差。

尾扣螺纹：半螺纹、螺尾或退刀槽，不完整螺纹的这些部分是在牙底或牙顶上不完全的牙型。它由螺纹成形工具起始端的倒角产生。

虚拟直径：见中径、作用中径。

螺尾：见尾扣螺纹。

8.2 统一螺纹

8.2.1 美国标准统一螺纹

美国标准 B1.1-1949 是第一个美国标准，涵盖了赞同统一螺纹系列的英国、加拿大和美国这三个国家并获得三个国家之间的螺纹互换性。这些统一螺纹现在是用于紧固螺纹类型的美国基本标准。相对于美国以前的实践，统一螺纹具有基本相同的螺纹牙型，并且与相同直径和螺距的美国国家螺纹机械可互换。

两个标准的主要区别在于：①允差的应用；②公差与尺寸的变化；③外螺纹和内螺纹中径公差的差异；④螺纹名称的差异。

在统一系统中，在 1A 级和 2A 级外螺纹上都提供了一个允差，而在美国国家系统中，只有 I 类外螺纹有允差。此外，在统一系统中，内螺纹的中径公差比外螺纹大 30%，而在美国国家系统中则相等。

1. 标准修订

修订后的标准螺纹 ANSI / ASME B1.1-1989（R2008）与 ANSI B1.1-1982 相差不大。最新的符号按照 ANSI/ASME B1.7M-1984（R2001）命名并使用。ANSI / ASME B1.3M-1992（R2001）描述的标准是可接受的，包括螺纹尺寸测量系统的可接受性，寸制螺纹或米制螺纹（UN、UNR、UNJ、M 和 MJ）。

如果螺纹代号中没有出现字母 U、A 或 B，则说明该螺纹应用了过时的美国国家标准。

2. 统一螺纹的优点

统一标准是为了纠正旧标准产生的某些产品的问题。通常，在旧标准下，产品的公差实际上被组合量具和量具公差所吸收，在制造过程中几乎没有工作公差。现在为螺母螺纹提供了更大的公差。与旧的“配合等级”1、2、3 相反，对于每个外螺纹和内螺纹的中径公差均相等，新标准中的 1B、2B 和 3B（内）螺纹分别具有比 1A、2A 和 3A（外部）螺纹大 30% 的中径公差。相对于相同螺距的粗螺纹，细螺纹会提供更多的公差。早期的公差被缩减，比要求的宽松得多。

3. 螺纹牙型

统一螺纹的设计牙型，定义了无加工允差的外螺纹和内螺纹的最大实体条件，并从基本牙型中得出。

UN 外螺纹：指定了平根牙型，但是需要提供一些螺纹刀具磨损，因此可以选择基准牙型的 0.25P 平面宽度以外的圆形根牙型。

UNR 外螺纹：为了降低刀具的磨损率，提高平根螺纹的疲劳强度，UNR 螺纹的设计牙型具有平滑、连续、不可逆的牙型，在任何点、任何相切的侧面和任何直线段的曲率半径均不小于 0.108P。在最大实体条件下，相切点被规定为在基本大径以下不小于 0.625H 的距离（其中 H 是非截顶三角形螺纹的高度）。

UN 和 UNR 外螺纹：UN 和 UNR 外螺纹的设计牙型均有扁平牙顶。然而，在实践中，螺纹产品产生部分或完全圆形牙顶。

UN 内螺纹：在实践中，有必要提供一些螺纹刀具的牙顶磨损，因此设计牙型的牙底被圆整并且清理超过基本牙型的 0.125P 平面宽度。没有 UNR 内螺纹。

美国国家标准统一内外螺纹设计牙型（最大材质条件）如图 8-5 所示。

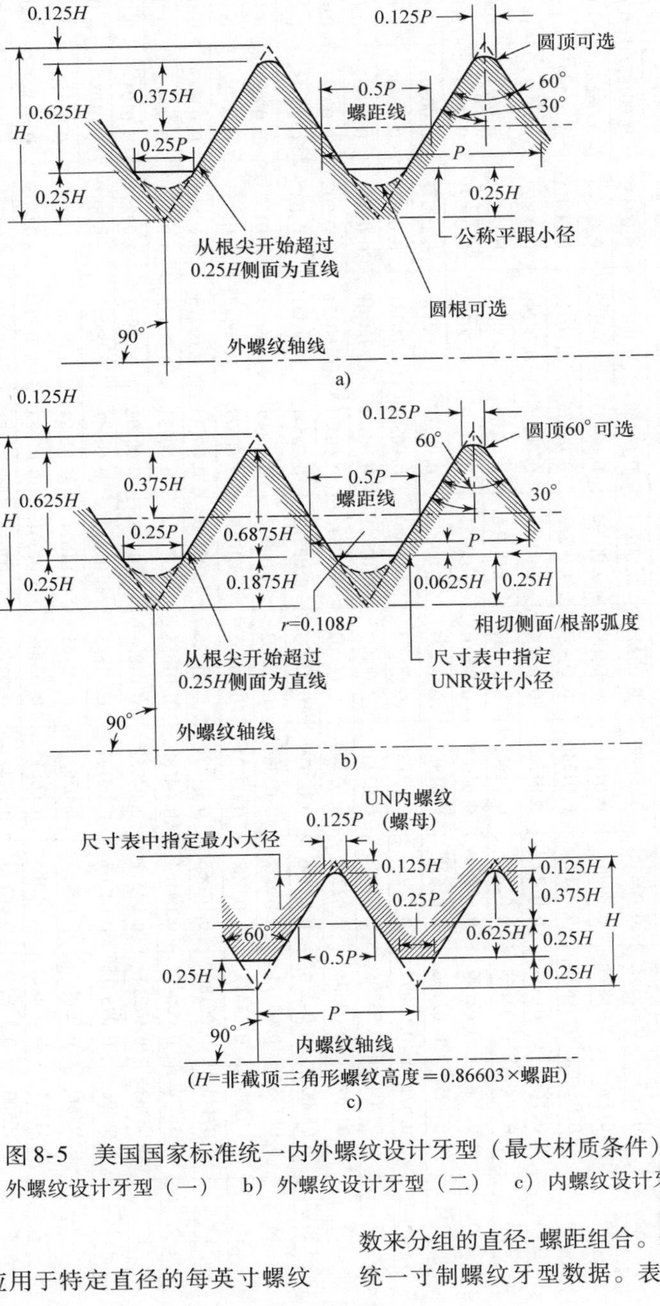

图 8-5　美国国家标准统一内外螺纹设计牙型（最大材质条件）

a）外螺纹设计牙型（一）　b）外螺纹设计牙型（二）　c）内螺纹设计牙型

4. 螺纹系列

螺纹系列是通过应用于特定直径的每英寸螺纹数来分组的直径-螺距组合。表 8-1 列出了美国标准统一寸制螺纹牙型数据。表 8-2 列出了 11 种标准

表 8-1 美国标准统一寸制螺纹牙型数据

（单位：in）

每英寸螺纹数 n	螺距 P	三角形螺纹深 $0.86603P$	内螺纹和统一 UN 外螺纹的深度① $0.54127P$	统一 UNR 外螺纹的深 $0.59539P$	外螺纹牙底削平高度 $0.21651P$	统一寸制外螺纹牙底削平高度② $0.16238P$	外螺纹牙顶削平高度 $0.10825P$	内螺纹牙底削平高度 $0.10825P$	内螺纹牙顶削平高度 $0.2165P$	外螺纹牙顶和内螺纹牙底平面 $0.125P$	内螺纹牙顶基本平面③ $0.25P$	外螺纹牙底半径最大值 $0.14434P$	外螺纹附加值 $0.32476P$
80	0.01250	0.01083	0.00677	0.00744	0.00271	0.00203	0.00135	0.00135	0.00271	0.00156	0.00312	0.00180	0.00406
72	0.01389	0.01203	0.00752	0.00827	0.00301	0.00226	0.00150	0.00150	0.00301	0.00174	0.00347	0.00200	0.00451
64	0.01563	0.01353	0.00846	0.00930	0.00338	0.00254	0.00169	0.00169	0.00338	0.00195	0.00391	0.00226	0.00507
56	0.01786	0.01546	0.00967	0.01063	0.00387	0.00290	0.00193	0.00193	0.00387	0.00223	0.00446	0.00258	0.00580
48	0.02083	0.01804	0.01128	0.01240	0.00451	0.00338	0.00226	0.00226	0.00451	0.00260	0.00521	0.00301	0.00677
44	0.02273	0.01968	0.01230	0.01353	0.00492	0.00369	0.00246	0.00246	0.00492	0.00284	0.00568	0.00328	0.00738
40	0.02500	0.02165	0.01353	0.01488	0.00541	0.00406	0.00271	0.00271	0.00541	0.00312	0.00625	0.00361	0.00812
36	0.02778	0.02406	0.01504	0.01654	0.00601	0.00451	0.00301	0.00301	0.00601	0.00347	0.00694	0.00401	0.00902
32	0.03125	0.02706	0.01691	0.01861	0.00677	0.00507	0.00338	0.00338	0.00677	0.00391	0.00781	0.00451	0.01015
28	0.03571	0.03093	0.01933	0.02126	0.00773	0.00580	0.00387	0.00387	0.00773	0.00446	0.00893	0.00515	0.01160
27	0.03704	0.03208	0.02005	0.02205	0.00802	0.00601	0.00401	0.00401	0.00802	0.00463	0.00926	0.00535	0.01203
24	0.04167	0.03608	0.02255	0.02481	0.00902	0.00677	0.00451	0.00451	0.00902	0.00521	0.01042	0.00601	0.01353
20	0.05000	0.04330	0.02706	0.02977	0.01083	0.00812	0.00541	0.00541	0.01083	0.00625	0.01250	0.00722	0.01624
18	0.05556	0.04811	0.03007	0.03308	0.01203	0.00902	0.00601	0.00601	0.01203	0.00694	0.01389	0.00802	0.01804
16	0.06250	0.05413	0.03383	0.03721	0.01353	0.01015	0.00677	0.00677	0.01353	0.00781	0.01562	0.00902	0.02030
14	0.07143	0.06186	0.03866	0.04253	0.01546	0.01160	0.00773	0.00773	0.01546	0.00893	0.01786	0.01031	0.02320
13	0.07692	0.06662	0.04164	0.04580	0.01655	0.01249	0.00833	0.00833	0.01665	0.00962	0.01923	0.01110	0.02498
12	0.08333	0.07217	0.04511	0.04962	0.01804	0.01353	0.00902	0.00902	0.01804	0.01042	0.02083	0.01203	0.02706
11½	0.08696	0.07531	0.04707	0.05177	0.01883	0.01412	0.00941	0.00941	0.01883	0.01087	0.02174	0.01255	0.02824
10	0.10000	0.08660	0.05413	0.05954	0.02165	0.01624	0.01083	0.01083	0.02165	0.01250	0.02500	0.01443	0.03248
9	0.11111	0.09623	0.06014	0.06615	0.02406	0.01804	0.01203	0.01203	0.02406	0.01389	0.02778	0.01604	0.03608
8	0.12500	0.10825	0.06766	0.07442	0.02706	0.02030	0.01353	0.01353	0.02706	0.01562	0.03125	0.01804	0.04059
7	0.14286	0.12372	0.07732	0.08506	0.03093	0.02320	0.01546	0.01546	0.03093	0.01786	0.03571	0.02062	0.04639
6	0.16667	0.14434	0.09021	0.09923	0.03608	0.02706	0.01804	0.01804	0.03608	0.02083	0.04167	0.02406	0.05413
5	0.20000	0.17321	0.10825	0.11908	0.04330	0.03248	0.02165	0.02165	0.04330	0.02500	0.05000	0.02887	0.06495
4½	0.22222	0.19245	0.12028	0.13231	0.04811	0.03608	0.02406	0.02406	0.04811	0.02778	0.05556	0.03208	0.07217

① 也含螺纹旋合深度。

② 设计牙型。

③ 也含 UN 外螺纹牙底基本平面。

系列的各种直径-螺距组合。表 8-3 给出了 11 种标准系列中的螺纹限制尺寸以及直径和螺距的某些选定组合以及用于指定各种尺寸的螺纹符号。

表 8-2 标准螺纹系列的直径-螺距组合（UN/UNR）

尺寸[1]号或 in	基本大径尺寸/in	每英寸螺纹数										
		分级螺距系列			统一（恒）螺距系列							
		粗牙 UNC	细牙[2] UNF	外螺纹细牙[3] UNEF	4-UN	6-UN	8-UN	12-UN	16-UN	20-UN	28-UN	32-UN
0	0.0600	—	80									
(1)	0.0730	64	72									
2	0.0860	56	64									
(3)	0.0990	48	56									
4	0.1120	40	48									
5	0.1250	40	44	—	—	—	—	—	—	—	—	—
6	0.1380	32	40	—	—	—	—	—	—	—	—	UNC
8	0.1640	32	36	—	—	—	—	—	—	—	—	UNC
10	0.1900	24	32	—	—	—	—	—	—	—	—	UNF
(12)	0.2160	24	28	32	—	—	—	—	—	—	UNF	UNEF
1/4	0.2500	20	28	32	—	—	—	—	—	UNC	UNF	UNEF
5/16	0.3125	18	24	32	—	—	—	—	—	20	28	UNEF
3/8	0.3750	16	24	32	—	—	—	—	UNC	20	28	UNEF
7/16	0.4375	14	20	28	—	—	—	—	16	UNF	UNEF	32
1/2	0.5000	13	20	28	—	—	—	—	16	UNF	UNEF	32
9/16	0.5625	12	18	24	—	—	—	UNC	16	20	28	32
5/8	0.6250	11	18	24	—	—	—	12	16	20	28	32
(11/16)	0.6875	—	—	24	—	—	—	12	16	20	28	32
3/4	0.7500	10	16	20	—	—	—	12	UNF	UNEF	28	32
(13/16)	0.8125	—	—	20	—	—	—	12	16	UNEF	28	32
7/8	0.8750	9	14	20	—	—	—	12	16	UNEF	28	32
(15/16)	0.9375	—	—	20	—	—	—	12	16	UNEF	28	32
1	1.0000	8	12	20	—	—	UNC	UNF	16	UNEF	28	32
(1 1/16)	1.0625	—	—	18	—	—	8	12	16	20	28	—
1 1/8	1.1250	7	12	18	—	—	8	UNF	16	20	28	—
(1 3/16)	1.1875	—	—	18	—	—	8	12	16	20	28	—
1 1/4	1.2500	7	12	18	—	—	8	UNF	16	20	28	—
1 5/16	1.3125	—	—	18	—	—	8	12	16	20	28	—
1 3/8	1.3750	6	12	18	—	UNC	8	UNF	16	20	28	—
(1 7/16)	1.4375	—	—	18	—	6	8	12	16	20	28	—
1 1/2	1.5000	6	12	18	—	UNC	8	UNF	16	20	28	—
(1 9/16)	1.5625	—	—	18	—	6	8	12	16	20	—	—
1 5/8	1.6250	—	—	18	—	6	8	12	16	20	—	—
(1 11/16)	1.6875	—	—	18	—	6	8	12	16	20	—	—
1 3/4	1.7500	5	—	—	—	6	8	12	16	20	—	—
(1 13/16)	1.8125	—	—	—	—	6	8	12	16	20	—	—
1 7/8	1.8750	—	—	—	—	6	8	12	16	20	—	—
(1 15/16)	1.9375	—	—	—	—	6	8	12	16	20	—	—
2	2.0000	4 1/2	—	—	—	6	8	12	16	20	—	—
(2 1/8)	2.1250	—	—	—	—	6	8	12	16	20	—	—
2 1/4	2.2500	4 1/2	—	—	—	6	8	12	16	20	—	—
(2 3/8)	2.3750	—	—	—	—	6	8	12	16	20	—	—
2 1/2	2.5000	4	—	—	UNC	6	8	12	16	20	—	—
(2 5/8)	2.6250	—	—	—	4	6	8	12	16	20	—	—
2 3/4	2.7500	4	—	—	UNC	6	8	12	16	20	—	—
(2 7/8)	2.8750	—	—	—	4	6	8	12	16	20	—	—
3	3.0000	4	—	—	UNC	6	8	12	16	20	—	—
(3 1/8)	3.1250	—	—	—	4	6	8	12	16	—	—	—

所示的系列名称表示 UN 螺纹牙型；但 UNR 螺纹牙型可以用外螺纹的所有名称代替 UNR 和 UN 来指定。

（续）

尺寸①号或 in	基本大径尺寸/in	每英寸螺纹数										
		分级螺距系列			统一（恒）螺距系列							
		粗牙 UNC	细牙② UNF	外螺纹细牙③ UNEF	4-UN	6-UN	8-UN	12-UN	16-UN	20-UN	28-UN	32-UN
$3\frac{1}{4}$	3.2500	4	—	—	UNC	6	8	12	16	—	—	—
($3\frac{3}{8}$)	3.3750	—	—	—	4	6	8	12	16	—	—	—
$3\frac{1}{2}$	3.5000	4	—	—	UNC	6	8	12	16	—	—	—
($3\frac{5}{8}$)	3.6250	—	—	—	4	6	8	12	16	—	—	—
$3\frac{3}{4}$	3.7500	4	—	—	UNC	6	8	12	16	—	—	—
($3\frac{7}{8}$)	3.8750	—	—	—	4	6	8	12	16	—	—	—
4	4.0000	4	—	—	UNC	6	8	12	16	—	—	—

注：对于 UNR 螺纹牙型，UNR 仅适用于 UN 的外螺纹。

① 括号里的尺寸为第二尺寸，主要尺寸为$4\frac{1}{4}$in，$4\frac{1}{2}$in，$4\frac{3}{4}$in，5in，$5\frac{1}{4}$in，$5\frac{1}{2}$in，$5\frac{3}{4}$in 和 6in 也是 4，6，8，12 和 16 螺纹系列；第二尺寸为$4\frac{1}{8}$in，$4\frac{3}{8}$in，$4\frac{5}{8}$in，$4\frac{7}{8}$in，$5\frac{1}{8}$in，$5\frac{3}{8}$in，$5\frac{5}{8}$in 和$5\frac{7}{8}$in 也是 4，6，8，12 和 16 螺纹系列。

② 直径超过$1\frac{1}{2}$in 的，使用 12 螺纹系列。

③ 直径超过$1\frac{11}{16}$in 的，使用 16 螺纹系列。

8

表 8-3 标准系列和选定组合统一螺纹（单位：in）

公称尺寸，每英寸螺纹和系列名称①	外螺纹								内螺纹					
	等级	允差	大径			中径		UNR 小径②最大（参考）	等级	小径		中径		大径
			最大③	最小	最小④	最大③	最小			最小	最大	最小	最大	最小
0-80 UNF	2A	0.0005	0.0595	0.0563	—	0.0514	0.0496	0.0446	2B	0.0465	0.0514	0.0519	0.0542	0.0600
	3A	0.0000	0.0600	0.0568	—	0.0519	0.0506	0.0451	3B	0.0465	0.0514	0.0519	0.0536	0.0600
1-64 UNC	2A	0.0006	0.0724	0.0686	—	0.0623	0.0603	0.0538	2B	0.0561	0.0623	0.0629	0.0655	0.0730
	3A	0.0000	0.0730	0.0692	—	0.0629	0.0614	0.0544	3B	0.0561	0.0623	0.0629	0.0648	0.0730
1-72 UNF	2A	0.0006	0.0724	0.0689	—	0.0634	0.0615	0.0559	2B	0.0580	0.0635	0.0640	0.0665	0.0730
	3A	0.0000	0.0730	0.0695	—	0.0640	0.0626	0.0565	3B	0.0580	0.0635	0.0640	0.0659	0.0730
2-56 UNC	2A	0.0006	0.0854	0.0813	—	0.0738	0.0717	0.0642	2B	0.0667	0.0737	0.0744	0.0772	0.0860
	3A	0.0000	0.0860	0.0819	—	0.0744	0.0728	0.0648	3B	0.0667	0.0737	0.0744	0.0765	0.0860
2-64 UNF	2A	0.0006	0.0854	0.0816	—	0.0753	0.0733	0.0668	2B	0.0691	0.0753	0.0759	0.0786	0.0860
	3A	0.0000	0.0860	0.0822	—	0.0759	0.0744	0.0674	3B	0.0691	0.0753	0.0759	0.0779	0.0860
3-48 UNC	2A	0.0007	0.0983	0.0938	—	0.0848	0.0825	0.0734	2B	0.0764	0.0845	0.0855	0.0885	0.0990
	3A	0.0000	0.0990	0.0945	—	0.0855	0.0838	0.0741	3B	0.0764	0.0845	0.0855	0.0877	0.0990
3-56 UNF	2A	0.0007	0.0983	0.0942	—	0.0867	0.0845	0.0771	2B	0.0797	0.0865	0.0874	0.0902	0.0990
	3A	0.0000	0.0990	0.0949	—	0.0874	0.0858	0.0778	3B	0.0797	0.0865	0.0874	0.0895	0.0990
4-40 UNC	2A	0.0008	0.1112	0.1061	—	0.0950	0.0925	0.0814	2B	0.0849	0.0939	0.0958	0.0991	0.1120
	3A	0.0000	0.1120	0.1069	—	0.0958	0.0939	0.0822	3B	0.0849	0.0939	0.0958	0.0982	0.1120
4-48 UNF	2A	0.0007	0.1113	0.1068	—	0.0978	0.0954	0.0864	2B	0.0894	0.0968	0.0985	0.1016	0.1120
	3A	0.0000	0.1120	0.1075	—	0.0985	0.0967	0.0871	3B	0.0894	0.0968	0.0985	0.1008	0.1120
5-40 UNC	2A	0.0008	0.1242	0.1191	—	0.1080	0.1054	0.0944	2B	0.0979	0.1062	0.1088	0.1121	0.1250
	3A	0.0000	0.1250	0.1199	—	0.1088	0.1069	0.0952	3B	0.0979	0.1062	0.1088	0.1113	0.1250
5-44 UNF	2A	0.0007	0.1243	0.1195	—	0.1095	0.1070	0.0972	2B	0.1004	0.1079	0.1102	0.1134	0.1250
	3A	0.0000	0.1250	0.1202	—	0.1102	0.1083	0.0979	3B	0.1004	0.1079	0.1102	0.1126	0.1250
6-32 UNC	2A	0.0008	0.1372	0.1312	—	0.1169	0.1141	0.1000	2B	0.104	0.114	0.1177	0.1214	0.1380
	3A	0.0000	0.1380	0.1320	—	0.1177	0.1156	0.1008	3B	0.1040	0.1140	0.1177	0.1204	0.1380
6-40 UNF	2A	0.0008	0.1372	0.1321	—	0.1210	0.1184	0.1074	2B	0.111	0.119	0.1218	0.1252	0.1380
	3A	0.0000	0.1380	0.1329	—	0.1218	0.1198	0.1082	3B	0.1110	0.1186	0.1218	0.1243	0.1380
8-32 UNC	2A	0.0009	0.1631	0.1571	—	0.1428	0.1399	0.1259	2B	0.130	0.139	0.1437	0.1475	0.1640
	3A	0.0000	0.1640	0.1580	—	0.1437	0.1415	0.1268	3B	0.1300	0.1389	0.1437	0.1465	0.1640
8-36 UNF	2A	0.0008	0.1632	0.1577	—	0.1452	0.1424	0.1301	2B	0.134	0.142	0.1460	0.1496	0.1640
	3A	0.0000	0.1640	0.1585	—	0.1460	0.1439	0.1309	3B	0.1340	0.1416	0.1460	0.1487	0.1640

（续）

公称尺寸，每英寸螺纹和系列名称①	外螺纹								内螺纹					
	等级	允差	大径			中径		UNR 小径②最大（参考）	等级	小径		中径		大径
			最大③	最小	最小④	最大③	最小			最小	最大	最小	最大	最小
10-24 UNC	2A	0.0010	0.1890	0.1818	—	0.1619	0.1586	0.1394	2B	0.145	0.156	0.1629	0.1672	0.1900
	3A	0.0000	0.1900	0.1828	—	0.1629	0.1604	0.1404	3B	0.1450	0.1555	0.1629	0.1661	0.1900
10-28 UNS	2A	0.0010	0.1890	0.1825	—	0.1658	0.1625	0.1464	2B	0.151	0.160	0.1668	0.1711	0.1900
10-32 UNF	2A	0.0009	0.1891	0.1831	—	0.1688	0.1658	0.1519	2B	0.156	0.164	0.1697	0.1736	0.1900
	3A	0.0000	0.1900	0.1840	—	0.1697	0.1674	0.1528	3B	0.1560	0.1641	0.1697	0.1726	0.1900
10-36 UNS	2A	0.0009	0.1891	0.1836	—	0.1711	0.1681	0.1560	2B	0.160	0.166	0.1720	0.1759	0.1900
10-40 UNS	2A	0.0009	0.1891	0.1840	—	0.1729	0.1700	0.1592	2B	0.163	0.169	0.1738	0.1775	0.1900
10-48 UNS	2A	0.0008	0.1892	0.1847	—	0.1757	0.1731	0.1644	2B	0.167	0.172	0.1765	0.1799	0.1900
10-56 UNS	2A	0.0007	0.1893	0.1852	—	0.1777	0.1752	0.1681	2B	0.171	0.175	0.1784	0.1816	0.1900
12-24 UNC	2A	0.0010	0.2150	0.2078	—	0.1879	0.1845	0.1654	2B	0.171	0.181	0.1889	0.1933	0.2160
	3A	0.0000	0.2160	0.2088	—	0.1889	0.1863	0.1664	3B	0.1710	0.1807	0.1889	0.1922	0.2160
12-28 UNF	2A	0.0010	0.2150	0.2085	—	0.1918	0.1886	0.1724	2B	0.177	0.186	0.1928	0.1970	0.2160
	3A	0.0000	0.2160	0.2095	—	0.1928	0.1904	0.1734	3B	0.1770	0.1857	0.1928	0.1959	0.2160
12-32 UNEF	2A	0.0009	0.2151	0.2091	—	0.1948	0.1917	0.1779	2B	0.182	0.190	0.1957	0.1998	0.2160
	3A	0.0000	0.2160	0.2100	—	0.1957	0.1933	0.1788	3B	0.1820	0.1895	0.1957	0.1988	0.2160
12-36 UNS	2A	0.0009	0.2151	0.2096	—	0.1971	0.1941	0.1821	2B	0.186	0.192	0.1980	0.2019	0.2160
12-40 UNS	2A	0.0009	0.2151	0.2100	—	0.1989	0.1960	0.1835	2B	0.189	0.195	0.1998	0.2035	0.2160
12-48 UNS	2A	0.0008	0.2152	0.2107	—	0.2017	0.1991	0.1904	2B	0.193	0.198	0.2025	0.2059	0.2160
12-56 UNS	2A	0.0007	0.2153	0.2112	—	0.2037	0.2012	0.1941	2B	0.197	0.201	0.2044	0.2076	0.2160
1/4-20 UNC	1A	0.0011	0.2489	0.2367	—	0.2164	0.2108	0.1894	1B	0.196	0.207	0.2175	0.2248	0.2500
	2A	0.0011	0.2489	0.2408	0.2367	0.2164	0.2127	0.1894	2B	0.196	0.207	0.2175	0.2224	0.2500
	3A	0.0000	0.2500	0.2419	—	0.2175	0.2147	0.1905	3B	0.1960	0.2067	0.2175	0.2211	0.2500
1/4-24 UNS	2A	0.0011	0.2489	0.2417	—	0.2218	0.2181	0.1993	2B	0.205	0.215	0.2229	0.2277	0.2500
1/4-27 UNS	2A	0.0010	0.2490	0.2423	—	0.2249	0.2214	0.2049	2B	0.210	0.219	0.2259	0.2304	0.2500
1/4-28 UNF	1A	0.0010	0.2490	0.2392	—	0.2258	0.2208	0.2064	1B	0.211	0.220	0.2268	0.2333	0.2500
	2A	0.0010	0.2490	0.2425	—	0.2258	0.2225	0.2064	2B	0.211	0.220	0.2268	0.2311	0.2500
	3A	0.0000	0.2500	0.2435	—	0.2268	0.2243	0.2074	3B	0.2110	0.2190	0.2268	0.2300	0.2500
1/4-32 UNEF	2A	0.0010	0.2490	0.2430	—	0.2287	0.2255	0.2118	2B	0.216	0.224	0.2297	0.2339	0.2500
	3A	0.0000	0.2500	0.2440	—	0.2297	0.2273	0.2128	3B	0.2160	0.2229	0.2297	0.2328	0.2500

（续）

公称尺寸，每英寸螺纹和系列名称①	外螺纹								内螺纹					
	等级	允差	大径			中径		UNR 小径②最大（参考）	等级	小径		中径		大径
			最大③	最小	最小④	最大③	最小			最小	最大	最小	最大	最小
1/4-36 UNS	2A	0.0009	0.2491	0.2436	—	0.2311	0.2280	0.2161	2B	0.220	0.226	0.2320	0.2360	0.2500
1/4-40 UNS	2A	0.0009	0.2491	0.2440	—	0.2329	0.2300	0.2193	2B	0.223	0.229	0.2338	0.2376	0.2500
1/4-48 UNS	2A	0.0008	0.2492	0.2447	—	0.2357	0.2330	0.2243	2B	0.227	0.232	0.2365	0.2401	0.2500
1/4-56 UNS	2A	0.0008	0.2492	0.2451	—	0.2376	0.2350	0.2280	2B	0.231	0.235	0.2384	0.2417	0.2500
5/16-18 UNC	1A	0.0012	0.3113	0.2982	—	0.2752	0.2691	0.2452	1B	0.252	0.265	0.2764	0.2843	0.3125
	2A	0.0012	0.3113	0.3026	0.2982	0.2752	0.2712	0.2452	2B	0.252	0.265	0.2764	0.2817	0.3125
	3A	0.0000	0.3125	0.3038	—	0.2764	0.2734	0.2464	3B	0.2520	0.2630	0.2764	0.2803	0.3125
5/16-20 UN	2A	0.0012	0.3113	0.3032	—	0.2788	0.2748	0.2518	2B	0.258	0.270	0.2800	0.2852	0.3125
	3A	0.0000	0.3125	0.3044	—	0.2800	0.2770	0.2530	3B	0.2580	0.2680	0.2800	0.2839	0.3125
5/16-24 UNF	1A	0.0011	0.3114	0.3006	—	0.2843	0.2788	0.2618	1B	0.267	0.277	0.2854	0.2925	0.3125
	2A	0.0011	0.3114	0.3042	—	0.2843	0.2806	0.2618	2B	0.267	0.277	0.2854	0.2902	0.3125
	3A	0.0000	0.3125	0.3053	—	0.2854	0.2827	0.2629	3B	0.2670	0.2754	0.2854	0.2890	0.3125
5/16-27 UNS	2A	0.0010	0.3115	0.3048	—	0.2874	0.2839	0.2674	2B	0.272	0.281	0.2884	0.2929	0.3125
5/16-28 UN	2A	0.0010	0.3115	0.3050	—	0.2883	0.2849	0.2689	2B	0.274	0.282	0.2893	0.2937	0.3125
	3A	0.0000	0.3125	0.3060	—	0.2893	0.2867	0.2699	3B	0.2740	0.2807	0.2893	0.2926	0.3125
5/16-32 UNEF	2A	0.0010	0.3115	0.3055	—	0.2912	0.2880	0.2743	2B	0.279	0.286	0.2922	0.2964	0.3125
	3A	0.0000	0.3125	0.3065	—	0.2922	0.2898	0.2753	3B	0.2790	0.2847	0.2922	0.2953	0.3125
5/16-36 UNS	2A	0.0009	0.3116	0.3061	—	0.2936	0.2905	0.2785	2B	0.282	0.289	0.2945	0.2985	0.3125
5/16-40 UNS	2A	0.0009	0.3116	0.3065	—	0.2954	0.2925	0.2818	2B	0.285	0.291	0.2963	0.3001	0.3125
5/16-48 UNS	2A	0.0008	0.3117	0.3072	—	0.2982	0.2955	0.2869	2B	0.290	0.295	0.2990	0.3026	0.3125
3/8-16 UNC	1A	0.0013	0.3737	0.3595	—	0.3331	0.3266	0.2992	1B	0.307	0.321	0.3344	0.3429	0.3750
	2A	0.0013	0.3737	0.3643	0.3595	0.3331	0.3287	0.2992	2B	0.307	0.321	0.3344	0.3401	0.3750
	3A	0.0000	0.3750	0.3656	—	0.3344	0.3311	0.3005	3B	0.3070	0.3182	0.3344	0.3387	0.3750
3/8-18 UNS	2A	0.0013	0.3737	0.3650	—	0.3376	0.3333	0.3076	2B	0.315	0.328	0.3389	0.3445	0.3750
3/8-20 UN	2A	0.0012	0.3738	0.3657	—	0.3413	0.3372	0.3143	2B	0.321	0.332	0.3425	0.3479	0.3750
	3A	0.0000	0.3750	0.3669	—	0.3425	0.3394	0.3155	3B	0.3210	0.3297	0.3425	0.3465	0.3750

（续）

公称尺寸，每英寸螺纹和系列名称①	外螺纹								内螺纹					
	等级	允差	大径			中径		UNR 小径②最大（参考）	等级	小径		中径		大径
			最大③	最小	最小④	最大③	最小			最小	最大	最小	最大	最小
3/8-24 UNF	1A	0.0011	0.3739	0.3631	—	0.3468	0.3411	0.3243	1B	0.330	0.340	0.3479	0.3553	0.3750
	2A	0.0011	0.3739	0.3667	—	0.3468	0.3430	0.3243	2B	0.330	0.340	0.3479	0.3528	0.3750
3/8-24 UNF	3A	0.0000	0.3750	0.3678	—	0.3479	0.3450	0.3254	3B	0.3300	0.3372	0.3479	0.3516	0.3750
3/8-27 UNS	2A	0.0011	0.3739	0.3672	—	0.3498	0.3462	0.3298	2B	0.335	0.344	0.3509	0.3556	0.3750
3/8-28 UN	2A	0.0011	0.3739	0.3674	—	0.3507	0.3471	0.3313	2B	0.336	0.345	0.3518	0.3564	0.3750
	3A	0.0000	0.3750	0.3685	—	0.3518	0.3491	0.3324	3B	0.3360	0.3426	0.3518	0.3553	0.3750
3/8-32 UNEF	2A	0.0010	0.3740	0.3680	—	0.3537	0.3503	0.3368	2B	0.341	0.349	0.3547	0.3591	0.3750
	3A	0.0000	0.3750	0.3690	—	0.3547	0.3522	0.3378	3B	0.3410	0.3469	0.3547	0.3580	0.3750
3/8-36 UNS	2A	0.0010	0.3740	0.3685	—	0.3560	0.3528	0.3409	2B	0.345	0.352	0.3570	0.3612	0.3750
3/8-40 UNS	2A	0.0009	0.3741	0.3690	—	0.3579	0.3548	0.3443	2B	0.348	0.354	0.3588	0.3628	0.3750
0.390-27 UNS	2A	0.0011	0.3889	0.3822	—	0.3648	0.3612	0.3448	2B	0.350	0.359	0.3659	0.3706	0.3900
7/16-14 UNC	1A	0.0014	0.4361	0.4206	—	0.3897	0.3826	0.3511	1B	0.360	0.376	0.3911	0.4003	0.4375
	2A	0.0014	0.4361	0.4258	0.4206	0.3897	0.3850	0.3511	2B	0.360	0.376	0.3911	0.3972	0.4375
	3A	0.0000	0.4375	0.4272	—	0.3911	0.3876	0.3525	3B	0.3600	0.3717	0.3911	0.3957	0.4375
7/16-16 UN	2A	0.0014	0.4361	0.4267	—	0.3955	0.3909	0.3616	2B	0.370	0.384	0.3969	0.4028	0.4375
	3A	0.0000	0.4375	0.4281	—	0.3969	0.3935	0.3630	3B	0.3700	0.3800	0.3969	0.4014	0.4375
7/16-18 UNS	2A	0.0013	0.4362	0.4275	—	0.4001	0.3958	0.3701	2B	0.377	0.390	0.4014	0.4070	0.4375
7/16-20 UNF	1A	0.0013	0.4362	0.4240	—	0.4037	0.3975	0.3767	1B	0.383	0.395	0.4050	0.4131	0.4375
	2A	0.0013	0.4362	0.4281	—	0.4037	0.3995	0.3767	2B	0.383	0.395	0.4050	0.4104	0.4375
	3A	0.0000	0.4375	0.4294	—	0.4050	0.4019	0.3780	3B	0.3830	0.3916	0.4050	0.4091	0.4375
7/16-24 UNS	2A	0.0011	0.4364	0.4292	—	0.4093	0.4055	0.3868	2B	0.392	0.402	0.4104	0.4153	0.4375
7/16-27 UNS	2A	0.0011	0.4364	0.4297	—	0.4123	0.4087	0.3923	2B	0.397	0.406	0.4134	0.4181	0.4375
7/16-28 UNEF	2A	0.0011	0.4364	0.4299	—	0.4132	0.4096	0.3938	2B	0.399	0.407	0.4143	0.4189	0.4375
	3A	0.0000	0.4375	0.4310	—	0.4143	0.4116	0.3949	3B	0.3990	0.4051	0.4143	0.4178	0.4375
7/16-32 UN	2A	0.0010	0.4365	0.4305	—	0.4162	0.4128	0.3993	2B	0.404	0.411	0.4172	0.4216	0.4375
	3A	0.0000	0.4375	0.4315	—	0.4172	0.4147	0.4003	3B	0.4040	0.4094	0.4172	0.4205	0.4375

（续）

公称尺寸，每英寸螺纹和系列名称①	外螺纹								内螺纹					
	等级	允差	大径			中径		UNR小径②最大（参考）	等级	小径		中径		大径
			最大③	最小	最小④	最大③	最小			最小	最大	最小	最大	最小
1/2-12 UNS	2A	0.0016	0.4984	0.4870	—	0.4443	0.4389	0.3992	2B	0.410	0.428	0.4459	0.4529	0.5000
	3A	0.0000	0.5000	0.4886	—	0.4459	0.4419	0.4008	3B	0.4100	0.4223	0.4459	0.4511	0.5000
1/2-13 UNC	1A	0.0015	0.4985	0.4822	—	0.4485	0.4411	0.4069	1B	0.417	0.434	0.4500	0.4597	0.5000
	2A	0.0015	0.4985	0.4876	0.4822	0.4485	0.4435	0.4069	2B	0.417	0.434	0.4500	0.4565	0.5000
	3A	0.0000	0.5000	0.4891	—	0.4500	0.4463	0.4084	3B	0.4170	0.4284	0.4500	0.4548	0.5000
1/2-14 UNS	2A	0.0015	0.4985	0.4882	—	0.4521	0.4471	0.4135	2B	0.423	0.438	0.4536	0.4601	0.5000
1/2-16 UN	2A	0.0014	0.4986	0.4892	—	0.4580	0.4533	0.4241	2B	0.432	0.446	0.4594	0.4655	0.5000
	3A	0.0000	0.5000	0.4906	—	0.4594	0.4559	0.4255	3B	0.4320	0.4419	0.4594	0.4640	0.5000
1/2-18 UNS	2A	0.0013	0.4987	0.4900	—	0.4626	0.4582	0.4326	2B	0.440	0.453	0.4639	0.4697	0.5000
1/2-20 UNF	1A	0.0013	0.4987	0.4865	—	0.4662	0.4598	0.4392	1B	0.446	0.457	0.4675	0.4759	0.5000
	2A	0.0013	0.4987	0.4906	—	0.4662	0.4619	0.4392	2B	0.446	0.457	0.4675	0.4731	0.5000
	3A	0.0000	0.5000	0.4919	—	0.4675	0.4643	0.4405	3B	0.4460	0.4537	0.4675	0.4717	0.5000
1/2-24 UNS	2A	0.0012	0.4988	0.4916	—	0.4717	0.4678	0.4492	2B	0.455	0.465	0.4729	0.4780	0.5000
1/2-27 UNS	2A	0.0011	0.4989	0.4922	—	0.4748	0.4711	0.4548	2B	0.460	0.469	0.4759	0.4807	0.5000
1/2-28 UNEF	2A	0.0011	0.4989	0.4924	—	0.4757	0.4720	0.4563	2B	0.461	0.470	0.4768	0.4816	0.5000
	3A	0.0000	0.5000	0.4935	—	0.4768	0.4740	0.4574	3B	0.4610	0.4676	0.4768	0.4804	0.5000
1/2-32 UN	2A	0.0010	0.4990	0.4930	—	0.4787	0.4752	0.4618	2B	0.466	0.474	0.4797	0.4842	0.5000
	3A	0.0000	0.5000	0.4940	—	0.4797	0.4771	0.4628	3B	0.4660	0.4719	0.4797	0.4831	0.5000
9/16-12 UNC	1A	0.0016	0.5609	0.5437	—	0.5068	0.4990	0.4617	1B	0.472	0.490	0.5084	0.5186	0.5625
	2A	0.0016	0.5609	0.5495	0.5437	0.5068	0.5016	0.4617	2B	0.472	0.490	0.5084	0.5152	0.5625
	3A	0.0000	0.5625	0.5511	—	0.5084	0.5045	0.4633	3B	0.4720	0.4843	0.5084	0.5135	0.5625
9/16-14 UNS	2A	0.0015	0.5610	0.5507	—	0.5146	0.5096	0.4760	2B	0.485	0.501	0.5161	0.5226	0.5625
9/16-16 UN	2A	0.0014	0.5611	0.5517	—	0.5205	0.5158	0.4866	2B	0.495	0.509	0.5219	0.5280	0.5625
	3A	0.0000	0.5625	0.5531	—	0.5219	0.5184	0.4880	3B	0.4950	0.5040	0.5219	0.5265	0.5625
9/16-18 UNF	1A	0.0014	0.5611	0.5480	—	0.5250	0.5182	0.4950	1B	0.502	0.515	0.5264	0.5353	0.5625
	2A	0.0014	0.5611	0.5524	—	0.5250	0.5205	0.4950	2B	0.502	0.515	0.5264	0.5323	0.5625
	3A	0.0000	0.5625	0.5538	—	0.5264	0.5230	0.4964	3B	0.5020	0.5106	0.5264	0.5308	0.5625

（续）

公称尺寸，每英寸螺纹和系列名称①	外螺纹								内螺纹					
	等级	允差	大径			中径		UNR 小径②最大（参考）	等级	小径		中径		大径
			最大③	最小	最小④	最大③	最小			最小	最大	最小	最大	最小
9/16-20 UN	2A	0.0013	0.5612	0.5531	—	0.5287	0.5245	0.5017	2B	0.508	0.520	0.5300	0.5355	0.5625
	3A	0.0000	0.5625	0.5544	—	0.5300	0.5268	0.5030	3B	0.5080	0.5162	0.5300	0.5341	0.5625
9/16-24 UNEF	2A	0.0012	0.5613	0.5541	—	0.5342	0.5303	0.5117	2B	0.517	0.527	0.5354	0.5405	0.5625
	3A	0.0000	0.5625	0.5553	—	0.5354	0.5325	0.5129	3B	0.5170	0.5244	0.5354	0.5392	0.5625
9/16-27 UNS	2A	0.0011	0.5614	0.5547	—	0.5373	0.5336	0.5173	2B	0.522	0.531	0.5384	0.5432	0.5625
9/16-28 UN	2A	0.0011	0.5614	0.5549	—	0.5382	0.5345	0.5188	2B	0.524	0.532	0.5393	0.5441	0.5625
	3A	0.0000	0.5625	0.5560	—	0.5393	0.5365	0.5199	3B	0.5240	0.5301	0.5393	0.5429	0.5625
9/16-32 UN	2A	0.0010	0.5615	0.5555	—	0.5412	0.5377	0.5243	2B	0.529	0.536	0.5422	0.5467	0.5625
	3A	0.0000	0.5625	0.5565	—	0.5422	0.5396	0.5253	3B	0.5290	0.5344	0.5422	0.5456	0.5625
5/8-11 UNC	1A	0.0016	0.6234	0.6052	—	0.5644	0.5561	0.5152	1B	0.527	0.546	0.5660	0.5767	0.6250
	2A	0.0016	0.6234	0.6113	0.6052	0.5644	0.5589	0.5152	2B	0.527	0.546	0.5660	0.5732	0.6250
	3A	0.0000	0.6250	0.6129	—	0.5660	0.5619	0.5168	3B	0.5270	0.5391	0.5660	0.5714	0.6250
5/8-12 UN	2A	0.0016	0.6234	0.6120	—	0.5693	0.5639	0.5242	2B	0.535	0.553	0.5709	0.5780	0.6250
	3A	0.0000	0.6250	0.6136	—	0.5709	0.5668	0.5258	3B	0.5350	0.5463	0.5709	0.5762	0.6250
5/8-14 UNS	2A	0.0015	0.6235	0.6132	—	0.5771	0.5720	0.5385	2B	0.548	0.564	0.5786	0.5852	0.6250
5/8-16 UN	2A	0.0014	0.6236	0.6142	—	0.5830	0.5782	0.5491	2B	0.557	0.571	0.5844	0.5906	0.6250
	3A	0.0000	0.6250	0.6156	—	0.5844	0.5808	0.5505	3B	0.5570	0.5662	0.5844	0.5890	0.6250
5/8-18 UNF	1A	0.0014	0.6236	0.6105	—	0.5875	0.5805	0.5575	1B	0.565	0.578	0.5889	0.5980	0.6250
	2A	0.0014	0.6236	0.6149	—	0.5875	0.5828	0.5575	2B	0.565	0.578	0.5889	0.5949	0.6250
	3A	0.0000	0.6250	0.6163	—	0.5889	0.5854	0.5589	3B	0.5650	0.5730	0.5889	0.5934	0.6250
5/8-20 UN	2A	0.0013	0.6237	0.6156	—	0.5912	0.5869	0.5642	2B	0.571	0.582	0.5925	0.5981	0.6250
	3A	0.0000	0.6250	0.6169	—	0.5925	0.5893	0.5655	3B	0.5710	0.5787	0.5925	0.5967	0.6250
5/8-24 UNEF	2A	0.0012	0.6238	0.6166	—	0.5967	0.5927	0.5742	2B	0.580	0.590	0.5979	0.6031	0.6250
	3A	0.0000	0.6250	0.6178	—	0.5979	0.5949	0.5754	3B	0.5800	0.5869	0.5979	0.6018	0.6250
5/8-27 UNS	2A	0.0011	0.6239	0.6172	—	0.5998	0.5960	0.5798	2B	0.585	0.594	0.6009	0.6059	0.6250
5/8-28 UN	2A	0.0011	0.6239	0.6174	—	0.6007	0.5969	0.5813	2B	0.586	0.595	0.6018	0.6067	0.6250
	3A	0.0000	0.6250	0.6185	—	0.6018	0.5990	0.5824	3B	0.5860	0.5926	0.6018	0.6055	0.6250

（续）

公称尺寸，每英寸螺纹和系列名称[1]	外螺纹								内螺纹					
	等级	允差	大径			中径		UNR小径[2]最大（参考）	等级	小径		中径		大径
			最大[3]	最小	最小[4]	最大[3]	最小			最小	最大	最小	最大	最小
5/8-32 UN	2A	0.0011	0.6239	0.6179	—	0.6036	0.6000	0.5867	2B	0.591	0.599	0.6047	0.6093	0.6250
	3A	0.0000	0.6250	0.6190	—	0.6047	0.6020	0.5878	3B	0.5910	0.5969	0.6047	0.6082	0.6250
11/16-12 UN	2A	0.0016	0.6859	0.6745	—	0.6318	0.6264	0.5867	2B	0.597	0.615	0.6334	0.6405	0.6875
	3A	0.0000	0.6875	0.6761	—	0.6334	0.6293	0.5883	3B	0.5970	0.6085	0.6334	0.6387	0.6875
11/16-16 UN	2A	0.0014	0.6861	0.6767	—	0.6455	0.6407	0.6116	2B	0.620	0.634	0.6469	0.6531	0.6875
	3A	0.0000	0.6875	0.6781	—	0.6469	0.6433	0.6130	3B	0.6200	0.6284	0.6469	0.6515	0.6875
11/16-20 UN	2A	0.0013	0.6862	0.6781	—	0.6537	0.6494	0.6267	2B	0.633	0.645	0.6550	0.6606	0.6875
	3A	0.0000	0.6875	0.6794	—	0.6550	0.6518	0.6280	3B	0.6330	0.6412	0.6550	0.6592	0.6875
11/16-24 UNEF	2A	0.0012	0.6863	0.6791	—	0.6592	0.6552	0.6367	2B	0.642	0.652	0.6604	0.6656	0.6875
	3A	0.0000	0.6875	0.6803	—	0.6604	0.6574	0.6379	3B	0.6420	0.6494	0.6604	0.6643	0.6875
11/16-28 UN	2A	0.0011	0.6864	0.6799	—	0.6632	0.6594	0.6438	2B	0.649	0.657	0.6643	0.6692	0.6875
	3A	0.0000	0.6875	0.6810	—	0.6643	0.6615	0.6449	3B	0.6490	0.6551	0.6643	0.6680	0.6875
11/16-32 UN	2A	0.0011	0.6864	0.6804	—	0.6661	0.6625	0.6492	2B	0.654	0.661	0.6672	0.6718	0.6875
	3A	0.0000	0.6875	0.6815	—	0.6672	0.6645	0.6503	3B	0.6540	0.6594	0.6672	0.6707	0.6875
3/4-10 UNC	1A	0.0018	0.7482	0.7288	—	0.6832	0.6744	0.6291	1B	0.642	0.663	0.6850	0.6965	0.7500
	2A	0.0018	0.7482	0.7353	0.7288	0.6832	0.6773	0.6291	2B	0.642	0.663	0.6850	0.6927	0.7500
	3A	0.0000	0.7500	0.7371	—	0.6850	0.6806	0.6309	3B	0.6420	0.6545	0.6850	0.6907	0.7500
3/4-12 UN	2A	0.0017	0.7483	0.7369	—	0.6942	0.6887	0.6491	2B	0.660	0.678	0.6959	0.7031	0.7500
	3A	0.0000	0.7500	0.7386	—	0.6959	0.6918	0.6508	3B	0.6600	0.6707	0.6959	0.7013	0.7500
3/4-14 UNS	2A	0.0015	0.7485	0.7382	—	0.7021	0.6970	0.6635	2B	0.673	0.688	0.7036	0.7103	0.7500
3/4-16 UNF	1A	0.0015	0.7485	0.7343	—	0.7079	0.7004	0.6740	1B	0.682	0.696	0.7094	0.7192	0.7500
	2A	0.0015	0.7485	0.7391	—	0.7079	0.7029	0.6740	2B	0.682	0.696	0.7094	0.7159	0.7500
	3A	0.0000	0.7500	0.7406	—	0.7094	0.7056	0.6755	3B	0.6820	0.6908	0.7094	0.7143	0.7500
3/4-18 UNS	2A	0.0014	0.7486	0.7399	—	0.7125	0.7079	0.6825	2B	0.690	0.703	0.7139	0.7199	0.7500
3/4-20 UNEF	2A	0.0013	0.7487	0.7406	—	0.7162	0.7118	0.6892	2B	0.696	0.707	0.7175	0.7232	0.7500
	3A	0.0000	0.7500	0.7419	—	0.7175	0.7142	0.6905	3B	0.6960	0.7037	0.7175	0.7218	0.7500
3/4-24 UNS	2A	0.0012	0.7488	0.7416	—	0.7217	0.7176	0.6992	2B	0.705	0.715	0.7229	0.7282	0.7500
3/4-27 UNS	2A	0.0012	0.7488	0.7421	—	0.7247	0.7208	0.7047	2B	0.710	0.719	0.7259	0.7310	0.7500

（续）

公称尺寸，每英寸螺纹和系列名称①	外螺纹								内螺纹					
	等级	允差	大径			中径		UNR 小径②最大（参考）	等级	小径		中径		大径
			最大③	最小	最小④	最大③	最小			最小	最大	最小	最大	最小
$^{3}/_{4}$-28 UN	2A	0.0012	0.7488	0.7423	—	0.7256	0.7218	0.7062	2B	0.711	0.720	0.7268	0.7318	0.7500
	3A	0.0000	0.7500	0.7435	—	0.7268	0.7239	0.7074	3B	0.7110	0.7176	0.7268	0.7305	0.7500
$^{3}/_{4}$-32 UN	2A	0.0011	0.7489	0.7429	—	0.7286	0.7250	0.7117	2B	0.716	0.724	0.7297	0.7344	0.7500
	3A	0.0000	0.7500	0.7440	—	0.7297	0.7270	0.7128	3B	0.7160	0.7219	0.7297	0.7333	0.7500
$^{13}/_{16}$-12 UN	2A	0.0017	0.8108	0.7994	—	0.7567	0.7512	0.7116	2B	0.722	0.740	0.7584	0.7656	0.8125
	3A	0.0000	0.8125	0.8011	—	0.7584	0.7543	0.7133	3B	0.7220	0.7329	0.7584	0.7638	0.8125
$^{13}/_{16}$-16 UN	2A	0.0015	0.8110	0.8016	—	0.7704	0.7655	0.7365	2B	0.745	0.759	0.7719	0.7782	0.8125
	3A	0.0000	0.8125	0.8031	—	0.7719	0.7683	0.7380	3B	0.7450	0.7533	0.7719	0.7766	0.8125
$^{13}/_{16}$-20 UNEF	2A	0.0013	0.8112	0.8031	—	0.7787	0.7743	0.7517	2B	0.758	0.770	0.7800	0.7857	0.8125
	3A	0.0000	0.8125	0.8044	—	0.7800	0.7767	0.7530	3B	0.7580	0.7662	0.7800	0.7843	0.8125
$^{13}/_{16}$-28 UN	2A	0.0012	0.8113	0.8048	—	0.7881	0.7843	0.7687	2B	0.774	0.782	0.7893	0.7943	0.8125
	3A	0.0000	0.8125	0.8060	—	0.7893	0.7864	0.7699	3B	0.7740	0.7801	0.7893	0.7930	0.8125
$^{13}/_{16}$-32 UN	2A	0.0011	0.8114	0.8054	—	0.7911	0.7875	0.7742	2B	0.779	0.786	0.7922	0.7969	0.8125
	3A	0.0000	0.8125	0.8065	—	0.7922	0.7895	0.7753	3B	0.7790	0.7844	0.7922	0.7958	0.8125
$^{7}/_{8}$-9 UNC	1A	0.0019	0.8731	0.8523	—	0.8009	0.7914	0.7408	1B	0.755	0.778	0.8028	0.8151	0.8750
	2A	0.0019	0.8731	0.8592	0.8523	0.8009	0.7946	0.7408	2B	0.755	0.778	0.8028	0.8110	0.8750
	3A	0.0000	0.8750	0.8611	—	0.8028	0.7981	0.7427	3B	0.7550	0.7681	0.8028	0.8089	0.8750
$^{7}/_{8}$-10 UNS	2A	0.0018	0.8732	0.8603	—	0.8082	0.8022	0.7542	2B	0.767	0.788	0.8100	0.8178	0.8750
$^{7}/_{8}$-12 UN	2A	0.0017	0.8733	0.8619	—	0.8192	0.8137	0.7741	2B	0.785	0.803	0.8209	0.8281	0.8750
	3A	0.0000	0.8750	0.8636	—	0.8209	0.8168	0.7758	3B	0.7850	0.7948	0.8209	0.8263	0.8750
$^{7}/_{8}$-14 UNF	1A	0.0016	0.8734	0.8579	—	0.8270	0.8189	0.7884	1B	0.798	0.814	0.8286	0.8392	0.8750
	2A	0.0016	0.8734	0.8631	—	0.8270	0.8216	0.7884	2B	0.798	0.814	0.8286	0.8356	0.8750
	3A	0.0000	0.8750	0.8647	—	0.8286	0.8245	0.7900	3B	0.7980	0.8068	0.8286	0.8339	0.8750
$^{7}/_{8}$-16 UN	2A	0.0015	0.8735	0.8641	—	0.8329	0.8280	0.7900	2B	0.807	0.821	0.8344	0.8407	0.8750
	3A	0.0000	0.8750	0.8656	—	0.8344	0.8308	0.8005	3B	0.8070	0.8158	0.8344	0.8391	0.8750
$^{7}/_{8}$-18 UNS	2A	0.0014	0.8736	0.8649	—	0.8375	0.8329	0.8075	2B	0.815	0.828	0.8389	0.8449	0.8750
$^{7}/_{8}$-20 UNEF	2A	0.0013	0.8737	0.8656	—	0.8412	0.8368	0.8142	2B	0.821	0.832	0.8425	0.8482	0.8750
	3A	0.0000	0.8750	0.8669	—	0.8425	0.8392	0.8155	3B	0.8210	0.8287	0.8425	0.8468	0.8750

（续）

公称尺寸，每英寸螺纹和系列名称①	外螺纹								内螺纹					
	等级	允差	大径			中径		UNR小径②最大（参考）	等级	小径		中径		大径
			最大③	最小	最小④	最大③	最小			最小	最大	最小	最大	最小
7/8-24 UNS	2A	0.0012	0.8738	0.8666	—	0.8467	0.8426	0.8242	2B	0.830	0.840	0.8479	0.8532	0.8750
7/8-27 UNS	2A	0.0012	0.8738	0.8671	—	0.8497	0.8458	0.8297	2B	0.835	0.844	0.8509	0.8560	0.8750
7/8-28 UN	2A	0.0012	0.8738	0.8673	—	0.8506	0.8468	0.8312	2B	0.836	0.845	0.8518	0.8568	0.8750
	3A	0.0000	0.8750	0.8685	—	0.8518	0.8489	0.8324	3B	0.8360	0.8426	0.8518	0.8555	0.8750
7/8-32 UN	2A	0.0011	0.8739	0.8679	—	0.8536	0.8500	0.8367	2B	0.841	0.849	0.8547	0.8594	0.8750
	3A	0.0000	0.8750	0.8690	—	0.8547	0.8520	0.8378	3B	0.8410	0.8469	0.8547	0.8583	0.8750
15/16-12 UN	2A	0.0017	0.9358	0.9244	—	0.8817	0.8760	0.8366	2B	0.847	0.865	0.8834	0.8908	0.9375
	3A	0.0000	0.9375	0.9261	—	0.8834	0.8793	0.8383	3B	0.8470	0.8575	0.8834	0.8889	0.9375
15/16-16 UN	2A	0.0015	0.9360	0.9266	—	0.8954	0.8904	0.8615	2B	0.870	0.884	0.8969	0.9034	0.9375
	3A	0.0000	0.9375	0.9281	—	0.8969	0.8932	0.8630	3B	0.8700	0.8783	0.8969	0.9018	0.9375
15/16-20 UNEF	2A	0.0014	0.9361	0.9280	—	0.9036	0.8991	0.8766	2B	0.883	0.895	0.9050	0.9109	0.9375
	3A	0.0000	0.9375	0.9294	—	0.9050	0.9016	0.8780	3B	0.8830	0.8912	0.9050	0.9094	0.9375
15/16-28 UN	2A	0.0012	0.9363	0.9298	—	0.9131	0.9091	0.8937	2B	0.899	0.907	0.9143	0.9195	0.9375
	3A	0.0000	0.9375	0.9310	—	0.9143	0.9113	0.8949	3B	0.8990	0.9051	0.9143	0.9182	0.9375
15/16-32 UN	2A	0.0011	0.9364	0.9304	—	0.9161	0.9123	0.8992	2B	0.904	0.911	0.9172	0.9221	0.9375
	3A	0.0000	0.9375	0.9315	—	0.9172	0.9144	0.9003	3B	0.9040	0.9094	0.9172	0.9209	0.9375
1-8 UNC	1A	0.0020	0.9980	0.9755	—	0.9168	0.9067	0.8492	1B	0.865	0.890	0.9188	0.9320	1.0000
	2A	0.0020	0.9980	0.9830	0.9755	0.9168	0.9100	0.8492	2B	0.865	0.890	0.9188	0.9276	1.0000
	3A	0.0000	1.0000	0.9850	—	0.9188	0.9137	0.8512	3B	0.8650	0.8797	0.9188	0.9254	1.0000
1-10 UNS	2A	0.0018	0.9982	0.9853	—	0.9332	0.9270	0.8792	2B	0.892	0.913	0.9350	0.9430	1.0000
1-12 UNF	1A	0.0018	0.9982	0.9810	—	0.9441	0.9353	0.8990	1B	0.910	0.928	0.9459	0.9573	1.0000
	2A	0.0018	0.9982	0.9868	—	0.9441	0.9382	0.8990	2B	0.910	0.928	0.9459	0.9535	1.0000
	3A	0.0000	1.0000	0.9886	—	0.9459	0.9415	0.9008	3B	0.9100	0.9198	0.9459	0.9516	1.0000
1-14 UNS[f]	1A	0.0017	0.9983	0.9828	—	0.9519	0.9435	0.9132	1B	0.923	0.938	0.9536	0.9645	1.0000
	2A	0.0017	0.9983	0.9880	—	0.9519	0.9463	0.9132	2B	0.923	0.938	0.9536	0.9609	1.0000
	3A	0.0000	1.0000	0.9897	—	0.9536	0.9494	0.9149	3B	0.9230	0.9315	0.9536	0.9590	1.0000
1-16 UN	2A	0.0015	0.9985	0.9891	—	0.9579	0.9529	0.9240	2B	0.932	0.946	0.9594	0.9659	1.0000
	3A	0.0000	1.0000	0.9906	—	0.9594	0.9557	0.9255	3B	0.9320	0.9408	0.9594	0.9643	1.0000
1-18 UNS	2A	0.0014	0.9986	0.9899	—	0.9625	0.9578	0.9325	2B	0.940	0.953	0.9639	0.9701	1.0000

（续）

公称尺寸，每英寸螺纹和系列名称①	外螺纹								内螺纹					
	等级	允差	大径			中径		UNR 小径②最大（参考）	等级	小径		中径		大径
			最大③	最小	最小④	最大③	最小			最小	最大	最小	最大	最小
1-20 UNEF	2A	0.0014	0.9986	0.9905	—	0.9661	0.9616	0.9391	2B	0.946	0.957	0.9675	0.9734	1.0000
	3A	0.0000	1.0000	0.9919	—	0.9675	0.9641	0.9405	3B	0.9460	0.9537	0.9675	0.9719	1.0000
1-24 UNS	2A	0.0013	0.9987	0.9915	—	0.9716	0.9674	0.9491	2B	0.955	0.965	0.9729	0.9784	1.0000
1-27 UNS	2A	0.0012	0.9988	0.9921	—	0.9747	0.9707	0.9547	2B	0.960	0.969	0.9759	0.9811	1.0000
1-28 UN	2A	0.0012	0.9988	0.9923	—	0.9756	0.9716	0.9562	2B	0.961	0.970	0.9768	0.9820	1.0000
	3A	0.0000	1.0000	0.9935	—	0.9768	0.9738	0.9574	3B	0.9610	0.9676	0.9768	0.9807	1.0000
1-32 UN	2A	0.0011	0.9989	0.9929	—	0.9786	0.9748	0.9617	2B	0.966	0.974	0.9797	0.9846	1.0000
	3A	0.0000	1.0000	0.9940	—	0.9797	0.9769	0.9628	3B	0.9660	0.9719	0.9797	0.9834	1.0000
$1\frac{1}{16}$-8 UN	2A	0.0020	1.0605	1.0455	—	0.9793	0.9725	0.9117	2B	0.927	0.952	0.9813	0.9902	1.0625
	3A	0.0000	1.0625	1.0475	—	0.9813	0.9762	0.9137	3B	0.9270	0.9422	0.9813	0.9880	1.0625
$1\frac{1}{16}$-12 UN	2A	0.0017	1.0608	1.0494	—	1.0067	1.0010	0.9616	2B	0.972	0.990	1.0084	1.0158	1.0625
	3A	0.0000	1.0625	1.0511	—	1.0084	1.0042	0.9633	3B	0.9720	0.9823	1.0084	1.0139	1.0625
$1\frac{1}{16}$-16 UN	2A	0.0015	1.0610	1.0516	—	1.0204	1.0154	0.9865	2B	0.995	1.009	1.0219	1.0284	1.0625
	3A	0.0000	1.0625	1.0531	—	1.0219	1.0182	0.9880	3B	0.9950	1.0033	1.0219	1.0268	1.0625
$1\frac{1}{16}$-18 UNEF	2A	0.0014	1.0611	1.0524	—	1.0250	1.0203	0.9950	2B	1.002	1.015	1.0264	1.0326	1.0625
	3A	0.0000	1.0625	1.0538	—	1.0264	1.0228	0.9964	3B	1.0020	1.0105	1.0264	1.0310	1.0625
$1\frac{1}{16}$-20 UN	2A	0.0014	1.0611	1.0530	—	1.0286	1.0241	1.0016	2B	1.008	1.020	1.0300	1.0359	1.0625
	3A	0.0000	1.0625	1.0544	—	1.0300	1.0266	1.0030	3B	1.0080	1.0162	1.0300	1.0344	1.0625
$1\frac{1}{16}$-28 UN	2A	0.0012	1.0613	1.0548	—	1.0381	1.0341	1.0187	2B	1.024	1.032	1.0393	1.0445	1.0625
	3A	0.0000	1.0625	1.0560	—	1.0393	1.0363	1.0199	3B	1.0240	1.0301	1.0393	1.0432	1.0625
$1\frac{1}{8}$-7 UNC	1A	0.0022	1.1228	1.0982	—	1.0300	1.0191	0.9527	1B	0.970	0.998	1.0322	1.0463	1.1250
	2A	0.0022	1.1228	1.1064	1.0982	1.0300	1.0228	0.9527	2B	0.970	0.998	1.0322	1.0416	1.1250
	3A	0.0000	1.1250	1.1086	—	1.0322	1.0268	0.9549	3B	0.9700	0.9875	1.0322	1.0393	1.1250
$1\frac{1}{8}$-8 UN	2A	0.0021	1.1229	1.1079	1.1004	1.0417	1.0348	0.9741	2B	0.990	1.015	1.0438	1.0528	1.1250
	3A	0.0000	1.1250	1.1100	—	1.0438	1.0386	0.9762	3B	0.9900	1.0047	1.0438	1.0505	1.1250
$1\frac{1}{8}$-10 UNS	2A	0.0018	1.1232	1.1103	—	1.0582	1.0520	1.0042	2B	1.017	1.038	1.0600	1.0680	1.1250
$1\frac{1}{8}$-12 UNF	1A	0.0018	1.1232	1.1060	—	1.0691	1.0601	1.0240	1B	1.035	1.053	1.0709	1.0826	1.1250
	2A	0.0018	1.1232	1.1118	—	1.0691	1.0631	1.0240	2B	1.035	1.053	1.0709	1.0787	1.1250
	3A	0.0000	1.1250	1.1136	—	1.0709	1.0664	1.0258	3B	1.0350	1.0448	1.0709	1.0768	1.1250

（续）

公称尺寸，每英寸螺纹和系列名称①	外螺纹								内螺纹					
	等级	允差	大径			中径		UNR小径②最大（参考）	等级	小径		中径		大径
			最大③	最小	最小④	最大③	最小			最小	最大	最小	最大	最小
1 1/8-14 UNS	2A	0.0016	1.1234	1.1131	—	1.0770	1.0717	1.0384	2B	1.048	1.064	1.0786	1.0855	1.1250
1 1/8-16 UN	2A	0.0015	1.1235	1.1141	—	1.0829	1.0779	1.0490	2B	1.057	1.071	1.0844	1.0909	1.1250
	3A	0.0000	1.1250	1.1156	—	1.0844	1.0807	1.0505	3B	1.0570	1.0658	1.0844	1.0893	1.1250
1 1/8-18 UNEF	2A	0.0014	1.1236	1.1149	—	1.0875	1.0828	1.0575	2B	1.065	1.078	1.0889	1.0951	1.1250
	3A	0.0000	1.1250	1.1163	—	1.0889	1.0853	1.0589	3B	1.0650	1.0730	1.0889	1.0935	1.1250
1 1/8-20 UN	2A	0.0014	1.1236	1.1155	—	1.0911	1.0866	1.0641	2B	1.071	1.082	1.0925	1.0984	1.1250
	3A	0.0000	1.1250	1.1169	—	1.0925	1.0891	1.0655	3B	1.0710	1.0787	1.0925	1.0969	1.1250
1 1/8-24 UNS	2A	0.0013	1.1237	1.1165	—	1.0966	1.0924	1.0742	2B	1.080	1.090	1.0979	1.1034	1.1250
1 1/8-28 UN	2A	0.0012	1.1238	1.1173	—	1.1006	1.0966	1.0812	2B	1.086	1.095	1.1018	1.1070	1.1250
	3A	0.0000	1.1250	1.1185	—	1.1018	1.0988	1.0824	3B	1.0860	1.0926	1.1018	1.1057	1.1250
1 3/16-8 UN	2A	0.0021	1.1854	1.1704	—	1.1042	1.0972	1.0366	2B	1.052	1.077	1.1063	1.1154	1.1875
	3A	0.0000	1.1875	1.1725	—	1.1063	1.1011	1.0387	3B	1.0520	1.0672	1.1063	1.1131	1.1875
1 3/16-12 UN	2A	0.0017	1.1858	1.1744	—	1.1317	1.1259	1.0866	2B	1.097	1.115	1.1334	1.1409	1.1875
	3A	0.0000	1.1875	1.1761	—	1.1334	1.1291	1.0883	3B	1.0970	1.1073	1.1334	1.1390	1.1875
1 3/16-16 UN	2A	0.0015	1.1860	1.1766	—	1.1454	1.1403	1.1115	2B	1.120	1.134	1.1469	1.1535	1.1875
	3A	0.0000	1.1875	1.1781	—	1.1469	1.1431	1.1130	3B	1.1200	1.1283	1.1469	1.1519	1.1875
1 3/16-18 UNEF	2A	0.0015	1.1860	1.1773	—	1.1499	1.1450	1.1199	2B	1.127	1.140	1.1514	1.1577	1.1875
	3A	0.0000	1.1875	1.1788	—	1.1514	1.1478	1.1214	3B	1.1270	1.1355	1.1514	1.1561	1.1875
1 3/16-20 UN	2A	0.0014	1.1861	1.1780	—	1.1536	1.1489	1.1266	2B	1.133	1.145	1.1550	1.1611	1.1875
	3A	0.0000	1.1875	1.1794	—	1.1550	1.1515	1.1280	3B	1.1330	1.1412	1.1550	1.1595	1.1875
1 3/16-28 UN	2A	0.0012	1.1863	1.1798	—	1.1631	1.1590	1.1437	2B	1.149	1.157	1.1643	1.1696	1.1875
	3A	0.0000	1.1875	1.1810	—	1.1643	1.1612	1.1449	3B	1.1490	1.1551	1.1643	1.1683	1.1875
1 1/4-7 UNC	1A	0.0022	1.2478	1.2232	—	1.1550	1.1439	1.0777	1B	1.095	1.123	1.1572	1.1716	1.2500
	2A	0.0022	1.2478	1.2314	1.2232	1.1550	1.1476	1.0777	2B	1.095	1.123	1.1572	1.1668	1.2500
	3A	0.0000	1.2500	1.2336	—	1.1572	1.1517	1.0799	3B	1.0950	1.1125	1.1572	1.1644	1.2500
1 1/4-8 UN	2A	0.0021	1.2479	1.2329	1.2254	1.1667	1.1597	1.0991	2B	1.115	1.140	1.1688	1.1780	1.2500
	3A	0.0000	1.2500	1.2350	—	1.1688	1.1635	1.1012	3B	1.1150	1.1297	1.1688	1.1757	1.2500
1 1/4-10 UNS	2A	0.0019	1.2481	1.2352	—	1.1831	1.1768	1.1291	2B	1.142	1.163	1.1850	1.1932	1.2500

（续）

公称尺寸，每英寸螺纹和系列名称[1]	外螺纹								内螺纹					
	等级	允差	大径			中径		UNR 小径[2]最大（参考）	等级	小径		中径		大径
			最大[3]	最小	最小[4]	最大[3]	最小			最小	最大	最小	最大	最小
$1\frac{1}{4}$-12 UNF	1A	0.0018	1.2482	1.2310	—	1.1941	1.1849	1.1490	1B	1.160	1.178	1.1959	1.2079	1.2500
	2A	0.0018	1.2482	1.2368	—	1.1941	1.1879	1.1490	2B	1.160	1.178	1.1959	1.2039	1.2500
	3A	0.0000	1.2500	1.2386	—	1.1959	1.1913	1.1508	3B	1.1600	1.1698	1.1959	1.2019	1.2500
$1\frac{1}{4}$-14 UNS	2A	0.0016	1.2484	1.2381	—	1.2020	1.1966	1.1634	2B	1.173	1.188	1.2036	1.2106	1.2500
$1\frac{1}{4}$-16 UN	2A	0.0015	1.2485	1.2391	—	1.2079	1.2028	1.1740	2B	1.182	1.196	1.2094	1.2160	1.2500
	3A	0.0000	1.2500	1.2406	—	1.2094	1.2056	1.1755	3B	1.1820	1.1908	1.2094	1.2144	1.2500
$1\frac{1}{4}$-18 UNEF	2A	0.0015	1.2485	1.2398	—	1.2124	1.2075	1.1824	2B	1.190	1.203	1.2139	1.2202	1.2500
	3A	0.0000	1.2500	1.2413	—	1.2139	1.2103	1.1839	3B	1.1900	1.1980	1.2139	1.2186	1.2500
$1\frac{1}{4}$-20 UN	2A	0.0014	1.2486	1.2405	—	1.2161	1.2114	1.1891	2B	1.196	1.207	1.2175	1.2236	1.2500
	3A	0.0000	1.2500	1.2419	—	1.2175	1.2140	1.1905	3B	1.1960	1.2037	1.2175	1.2220	1.2500
$1\frac{1}{4}$-24 UNS	2A	0.0013	1.2487	1.2415	—	1.2216	1.2173	1.1991	2B	1.205	1.215	1.2229	1.2285	1.2500
$1\frac{1}{4}$-28 UN	2A	0.0012	1.2488	1.2423	—	1.2256	1.2215	1.2062	2B	1.211	1.220	1.2268	1.2321	1.2500
	3A	0.0000	1.2500	1.2435	—	1.2268	1.2237	1.2074	3B	1.2110	1.2176	1.2268	1.2308	1.2500
$1\frac{5}{16}$-8 UN	2A	0.0021	1.3104	1.2954	—	1.2292	1.2221	1.1616	2B	1.177	1.202	1.2313	1.2405	1.3125
	3A	0.0000	1.3125	1.2975	—	1.2313	1.2260	1.1637	3B	1.1770	1.1922	1.2313	1.2382	1.3125
$1\frac{5}{16}$-12 UN	2A	0.0017	1.3108	1.2994	—	1.2567	1.2509	1.2116	2B	1.222	1.240	1.2584	1.2659	1.3125
	3A	0.0000	1.3125	1.3011	—	1.2584	1.2541	1.2133	3B	1.2220	1.2323	1.2584	1.2640	1.3125
$1\frac{5}{16}$-16 UN	2A	0.0015	1.3110	1.3016	—	1.2704	1.2653	1.2365	2B	1.245	1.259	1.2719	1.2785	1.3125
	3A	0.0000	1.3125	1.3031	—	1.2719	1.2681	1.2380	3B	1.2450	1.2533	1.2719	1.2769	1.3125
$1\frac{5}{16}$-18 UNEF	2A	0.0015	1.3110	1.3023	—	1.2749	1.2700	1.2449	2B	1.252	1.265	1.2764	1.2827	1.3125
	3A	0.0000	1.3125	1.3038	—	1.2764	1.2728	1.2464	3B	1.2520	1.2605	1.2764	1.2811	1.3125
$1\frac{5}{16}$-20 UN	2A	0.0014	1.3111	1.3030	—	1.2786	1.2739	1.2516	2B	1.258	1.270	1.2800	1.2861	1.3125
	3A	0.0000	1.3125	1.3044	—	1.2800	1.2765	1.2530	3B	1.2580	1.2662	1.2800	1.2845	1.3125
$1\frac{5}{16}$-28 UN	2A	0.0012	1.3113	1.3048	—	1.2881	1.2840	1.2687	2B	1.274	1.282	1.2893	1.2946	1.3125
	3A	0.0000	1.3125	1.3060	—	1.2893	1.2862	1.2699	3B	1.2740	1.2801	1.2893	1.2933	1.3125
$1\frac{3}{8}$-6 UNC	1A	0.0024	1.3726	1.3453	—	1.2643	1.2523	1.1742	1B	1.195	1.225	1.2667	1.2822	1.3750
	2A	0.0024	1.3726	1.3544	1.3453	1.2643	1.2563	1.1742	2B	1.195	1.225	1.2667	1.2771	1.3750
	3A	0.0000	1.3750	1.3568	—	1.2667	1.2607	1.1766	3B	1.1950	1.2146	1.2667	1.2745	1.3750

（续）

公称尺寸，每英寸螺纹和系列名称[1]	外螺纹								内螺纹					
	等级	允差	大径			中径		UNR 小径[2]最大（参考）	等级	小径		中径		大径
			最大[3]	最小	最小[4]	最大[3]	最小			最小	最大	最小	最大	最小
$1\frac{3}{8}$-8 UN	2A	0.0022	1.3728	1.3578	1.3503	1.2916	1.2844	1.2240	2B	1.240	1.265	1.2938	1.3031	1.3750
	3A	0.0000	1.3750	1.3600	—	1.2938	1.2884	1.2262	3B	1.2400	1.2547	1.2938	1.3008	1.3750
$1\frac{3}{8}$-10 UNS	2A	0.0019	1.3731	1.3602	—	1.3081	1.3018	1.2541	2B	1.267	1.288	1.3100	1.3182	1.3750
$1\frac{3}{8}$-12 UNF	1A	0.0019	1.3731	1.3559	—	1.3190	1.3096	1.2739	1B	1.285	1.303	1.3209	1.3332	1.3750
	2A	0.0019	1.3731	1.3617	—	1.3190	1.3127	1.2739	2B	1.285	1.303	1.3209	1.3291	1.3750
	3A	0.0000	1.3750	1.3636	—	1.3209	1.3162	1.2758	3B	1.2850	1.2948	1.3209	1.3270	1.3750
$1\frac{3}{8}$-14 UNS	2A	0.0016	1.3734	1.3631	—	1.3270	1.3216	1.2884	2B	1.298	1.314	1.3286	1.3356	1.3750
$1\frac{3}{8}$-16 UN	2A	0.0015	1.3735	1.3641	—	1.3329	1.3278	1.2990	2B	1.307	1.321	1.3344	1.3410	1.3750
	3A	0.0000	1.3750	1.3656	—	1.3344	1.3306	1.3005	3B	1.3070	1.3158	1.3344	1.3394	1.3750
$1\frac{3}{8}$-18 UNEF	2A	0.0015	1.3735	1.3648	—	1.3374	1.3325	1.3074	2B	1.315	1.328	1.3389	1.3452	1.3750
	3A	0.0000	1.3750	1.3663	—	1.3389	1.3353	1.3089	3B	1.3150	1.3230	1.3389	1.3436	1.3750
$1\frac{3}{8}$-20 UN	2A	0.0014	1.3736	1.3655	—	1.3411	1.3364	1.3141	2B	1.321	1.332	1.3425	1.3486	1.3750
	3A	0.0000	1.3750	1.3669	—	1.3425	1.3390	1.3155	3B	1.3210	1.3287	1.3425	1.3470	1.3750
$1\frac{3}{8}$-24 UNS	2A	0.0013	1.3737	1.3665	—	1.3466	1.3423	1.3241	2B	1.330	1.340	1.3479	1.3535	1.3750
$1\frac{3}{8}$-28 UN	2A	0.0012	1.3738	1.3673	—	1.3506	1.3465	1.3312	2B	1.336	1.345	1.3518	1.3571	1.3750
	3A	0.0000	1.3750	1.3685	—	1.3518	1.3487	1.3324	3B	1.3360	1.3426	1.3518	1.3558	1.3750
$1\frac{7}{16}$-6 UN	2A	0.0024	1.4351	1.4169	—	1.3268	1.3188	1.2367	2B	1.257	1.288	1.3292	1.3396	1.4375
	3A	0.0000	1.4375	1.4193	—	1.3292	1.3232	1.2391	3B	1.2570	1.2771	1.3292	1.3370	1.4375
$1\frac{7}{16}$-8 UN	2A	0.0022	1.4353	1.4203	—	1.3541	1.3469	1.2865	2B	1.302	1.327	1.3563	1.3657	1.4375
	3A	0.0000	1.4375	1.4225	—	1.3563	1.3509	1.2887	3B	1.3020	1.3172	1.3563	1.3634	1.4375
$1\frac{7}{16}$-12 UN	2A	0.0018	1.4357	1.4243	—	1.3816	1.3757	1.3365	2B	1.347	1.365	1.3834	1.3910	1.4375
	3A	0.0000	1.4375	1.4261	—	1.3834	1.3790	1.3383	3B	1.3470	1.3573	1.3834	1.3891	1.4375
$1\frac{7}{16}$-16 UN	2A	0.0016	1.4359	1.4265	—	1.3953	1.3901	1.3614	2B	1.370	1.384	1.3969	1.4037	1.4375
	3A	0.0000	1.4375	1.4281	—	1.3969	1.3930	1.3630	3B	1.3700	1.3783	1.3969	1.4020	1.4375
$1\frac{7}{16}$-18 UNEF	2A	0.0015	1.4360	1.4273	—	1.3999	1.3949	1.3699	2B	1.377	1.390	1.4014	1.4079	1.4375
	3A	0.0000	1.4375	1.4288	—	1.4014	1.3977	1.3714	3B	1.3770	1.3855	1.4014	1.4062	1.4375
$1\frac{7}{16}$-20 UN	2A	0.0014	1.4361	1.4280	—	1.4036	1.3988	1.3766	2B	1.383	1.395	1.4050	1.4112	1.4375
	3A	0.0000	1.4375	1.4294	—	1.4050	1.4014	1.3780	3B	1.3830	1.3912	1.4050	1.4096	1.4375

（续）

公称尺寸，每英寸螺纹和系列名称[1]	外螺纹								内螺纹					
	等级	允差	大径			中径		UNR 小径[2]最大（参考）	等级	小径		中径		大径
			最大[3]	最小	最小[4]	最大[3]	最小			最小	最大	最小	最大	最小
1 7/16-28 UN	2A	0.0013	1.4362	1.4297	—	1.4130	1.4088	1.3936	2B	1.399	1.407	1.4143	1.4198	1.4375
	3A	0.0000	1.4375	1.4310	—	1.4143	1.4112	1.3949	3B	1.3990	1.4051	1.4143	1.4184	1.4375
1 1/2-6 UNC	1A	0.0024	1.4976	1.4703	—	1.3893	1.3772	1.2992	1B	1.320	1.350	1.3917	1.4075	1.5000
	2A	0.0024	1.4976	1.4794	1.4703	1.3893	1.3812	1.2992	2B	1.320	1.350	1.3917	1.4022	1.5000
	3A	0.0000	1.5000	1.4818	—	1.3917	1.3856	1.3016	3B	1.3200	1.3396	1.3917	1.3996	1.5000
1 1/2-8 UN	2A	0.0022	1.4978	1.4828	1.4753	1.4166	1.4093	1.3490	2B	1.365	1.390	1.4188	1.4283	1.5000
	3A	0.0000	1.5000	1.4850	—	1.4188	1.4133	1.3512	3B	1.3650	1.3797	1.4188	1.4259	1.5000
1 1/2-10 UNS	2A	0.0019	1.4981	1.4852	—	1.4331	1.4267	1.3791	2B	1.392	1.413	1.4350	1.4433	1.5000
1 1/2-12 UNF	1A	0.0019	1.4981	1.4809	—	1.4440	1.4344	1.3989	1B	1.410	1.428	1.4459	1.4584	1.5000
	2A	0.0019	1.4981	1.4867	—	1.4440	1.4376	1.3989	2B	1.410	1.428	1.4459	1.4542	1.5000
	3A	0.0000	1.5000	1.4886	—	1.4459	1.4411	1.4008	3B	1.4100	1.4198	1.4459	1.4522	1.5000
1 1/2-14 UNS	2A	0.0017	1.4983	1.4880	—	1.4519	1.4464	1.4133	2B	1.423	1.438	1.4536	1.4608	1.5000
1 1/2-16 UN	2A	0.0016	1.4984	1.4890	—	1.4578	1.4526	1.4239	2B	1.432	1.446	1.4594	1.4662	1.5000
	3A	0.0000	1.5000	1.4906	—	1.4594	1.4555	1.4255	3B	1.4320	1.4408	1.4594	1.4645	1.5000
1 1/2-18 UNEF	2A	0.0015	1.4985	1.4898	—	1.4624	1.4574	1.4324	2B	1.440	1.452	1.4639	1.4704	1.5000
	3A	0.0000	1.5000	1.4913	—	1.4639	1.4602	1.4339	3B	1.4400	1.4480	1.4639	1.4687	1.5000
1 1/2-20 UN	2A	0.0014	1.4986	1.4905	—	1.4661	1.4613	1.4391	2B	1.446	1.457	1.4675	1.4737	1.5000
	3A	0.0000	1.5000	1.4919	—	1.4675	1.4639	1.4405	3B	1.4460	1.4537	1.4675	1.4721	1.5000
1 1/2-24 UNS	2A	0.0013	1.4987	1.4915	—	1.4716	1.4672	1.4491	2B	1.455	1.465	1.4729	1.4787	1.5000
1 1/2-28 UN	2A	0.0013	1.4987	1.4922	—	1.4755	1.4713	1.4561	2B	1.461	1.470	1.4768	1.4823	1.5000
	3A	0.0000	1.5000	1.4935	—	1.4768	1.4737	1.4574	3B	1.4610	1.4676	1.4768	1.4809	1.5000
1 9/16-6 UN	2A	0.0024	1.5601	1.5419	—	1.4518	1.4436	1.3617	2B	1.382	1.413	1.4542	1.4648	1.5625
	3A	0.0000	1.5625	1.5443	—	1.4542	1.4481	1.3641	3B	1.3820	1.4021	1.4542	1.4622	1.5625
1 9/16-8 UN	2A	0.0022	1.5603	1.5453	—	1.4791	1.4717	1.4115	2B	1.427	1.452	1.4813	1.4909	1.5625
	3A	0.0000	1.5625	1.5475	—	1.4813	1.4758	1.4137	3B	1.4270	1.4422	1.4813	1.4885	1.5625
1 9/16-12 UN	2A	0.0018	1.5607	1.5493	—	1.5066	1.5007	1.4615	2B	1.472	1.490	1.5084	1.5160	1.5625
	3A	0.0000	1.5625	1.5511	—	1.5084	1.5040	1.4633	3B	1.4720	1.4823	1.5084	1.5141	1.5625

（续）

公称尺寸，每英寸螺纹和系列名称[①]	外螺纹								内螺纹					
	等级	允差	大径			中径		UNR 小径[②]最大（参考）	等级	小径		中径		大径
			最大[③]	最小	最小[④]	最大[③]	最小			最小	最大	最小	最大	最小
1 9/16-16 UN	2A	0. 0016	1. 5609	1. 5515	—	1. 5203	1. 5151	1. 4864	2B	1. 495	1. 509	1. 5219	1. 5287	1. 5625
	3A	0. 0000	1. 5625	1. 5531	—	1. 5219	1. 5180	1. 4880	3B	1. 4950	1. 5033	1. 5219	1. 5270	1. 5625
1 9/16-18 UNEF	2A	0. 0015	1. 5610	1. 5523	—	1. 5249	1. 5199	1. 4949	2B	1. 502	1. 515	1. 5264	1. 5329	1. 5625
	3A	0. 0000	1. 5625	1. 5538	—	1. 5264	1. 5227	1. 4964	3B	1. 5020	1. 5105	1. 5264	1. 5312	1. 5625
1 9/16-20 UN	2A	0. 0014	1. 5611	1. 5530	—	1. 5286	1. 5238	1. 5016	2B	1. 508	1. 520	1. 5300	1. 5362	1. 5625
	3A	0. 0000	1. 5625	1. 5544	—	1. 5300	1. 5264	1. 5030	3B	1. 5080	1. 5162	1. 5300	1. 5346	1. 5625
1 5/8-6 UN	2A	0. 0025	1. 6225	1. 6043	—	1. 5142	1. 5060	1. 4246	2B	1. 445	1. 475	1. 5167	1. 5274	1. 6250
	3A	0. 0000	1. 6250	1. 6068	—	1. 5167	1. 5105	1. 4271	3B	1. 4450	1. 4646	1. 5167	1. 5247	1. 6250
1 5/8-8 UN	2A	0. 0022	1. 6228	1. 6078	1. 6003	1. 5416	1. 5342	1. 4784	2B	1. 490	1. 515	1. 5438	1. 5535	1. 6250
	3A	0. 0000	1. 6250	1. 6100	—	1. 5438	1. 5382	1. 4806	3B	1. 4900	1. 5047	1. 5438	1. 5510	1. 6250
1 5/8-10 UNS	2A	0. 0019	1. 6231	1. 6102	—	1. 5581	1. 5517	1. 5041	2B	1. 517	1. 538	1. 5600	1. 5683	1. 6250
1 5/8-12 UN	2A	0. 0018	1. 6232	1. 6118	—	1. 5691	1. 5632	1. 5240	2B	1. 535	1. 553	1. 5709	1. 5785	1. 6250
	3A	0. 0000	1. 6250	1. 6136	—	1. 5709	1. 5665	1. 5258	3B	1. 5350	1. 5448	1. 5709	1. 5766	1. 6250
1 5/8-14 UNS	2A	0. 0017	1. 6233	1. 6130	—	1. 5769	1. 5714	1. 5383	2B	1. 548	1. 564	1. 5786	1. 5858	1. 6250
1 5/8-16 UN	2A	0. 0016	1. 6234	1. 6140	—	1. 5828	1. 5776	1. 5489	2B	1. 557	1. 571	1. 5844	1. 5912	1. 6250
	3A	0. 0000	1. 6250	1. 6156	—	1. 5844	1. 5805	1. 5505	3B	1. 5570	1. 5658	1. 5844	1. 5895	1. 6250
1 5/8-18 UNEF	2A	0. 0015	1. 6235	1. 6148	—	1. 5874	1. 5824	1. 5574	2B	1. 565	1. 578	1. 5889	1. 5954	1. 6250
	3A	0. 0000	1. 6250	1. 6163	—	1. 5889	1. 5852	1. 5589	3B	1. 5650	1. 5730	1. 5889	1. 5937	1. 6250
1 5/8-20 UN	2A	0. 0014	1. 6236	1. 6155	—	1. 5911	1. 5863	1. 5641	2B	1. 571	1. 582	1. 5925	1. 5987	1. 6250
	3A	0. 0000	1. 6250	1. 6169	—	1. 5925	1. 5889	1. 5655	3B	1. 5710	1. 5787	1. 5925	1. 5971	1. 6250
1 5/8-24 UNS	2A	0. 0013	1. 6237	1. 6165	—	1. 5966	1. 5922	1. 5741	2B	1. 580	1. 590	1. 5979	1. 6037	1. 6250
1 11/16-6 UN	2A	0. 0025	1. 6850	1. 6668	—	1. 5767	1. 5684	1. 4866	2B	1. 507	1. 538	1. 5792	1. 5900	1. 6875
	3A	0. 0000	1. 6875	1. 6693	—	1. 5792	1. 5730	1. 4891	3B	1. 5070	1. 5271	1. 5792	1. 5873	1. 6875
1 11/16-8 UN	2A	0. 0022	1. 6853	1. 6703	—	1. 6041	1. 5966	1. 5365	2B	1. 552	1. 577	1. 6063	1. 6160	1. 6875
	3A	0. 0000	1. 6875	1. 6725	—	1. 6063	1. 6007	1. 5387	3B	1. 5520	1. 5672	1. 6063	1. 6136	1. 6875
1 11/16-12 UN	2A	0. 0018	1. 6857	1. 6743	—	1. 6316	1. 6256	1. 5865	2B	1. 597	1. 615	1. 6334	1. 6412	1. 6875
	3A	0. 0000	1. 6875	1. 6761	—	1. 6334	1. 6289	1. 5883	3B	1. 5970	1. 6073	1. 6334	1. 6392	1. 6875

（续）

公称尺寸，每英寸螺纹和系列名称①	外螺纹								内螺纹					
	等级	允差	大径			中径		UNR 小径②最大（参考）	等级	小径		中径		大径
			最大③	最小	最小④	最大③	最小			最小	最大	最小	最大	最小
$1\frac{11}{16}$-16 UN	2A	0.0016	1.6859	1.6765	—	1.6453	1.6400	1.6114	2B	1.620	1.634	1.6469	1.6538	1.6875
	3A	0.0000	1.6875	1.6781	—	1.6469	1.6429	1.6130	3B	1.6200	1.6283	1.6469	1.6521	1.6875
$1\frac{11}{16}$-18 UNEF	2A	0.0015	1.6860	1.6773	—	1.6499	1.6448	1.6199	2B	1.627	1.640	1.6514	1.6580	1.6875
	3A	0.0000	1.6875	1.6788	—	1.6514	1.6476	1.6214	3B	1.6270	1.6355	1.6514	1.6563	1.6875
$1\frac{11}{16}$-20 UN	2A	0.0015	1.6860	1.6779	—	1.6535	1.6487	1.6265	2B	1.633	1.645	1.6550	1.6613	1.6875
	3A	0.0000	1.6875	1.6794	—	1.6550	1.6514	1.6280	3B	1.6330	1.6412	1.6550	1.6597	1.6875
$1\frac{3}{4}$-5 UNC	1A	0.0027	1.7473	1.7165	—	1.6174	1.6040	1.5092	1B	1.534	1.568	1.6201	1.6375	1.7500
	2A	0.0027	1.7473	1.7268	1.7165	1.6174	1.6085	1.5092	2B	1.534	1.568	1.6201	1.6317	1.7500
	3A	0.0000	1.7500	1.7295	—	1.6201	1.6134	1.5119	3B	1.5340	1.5575	1.6201	1.6288	1.7500
$1\frac{3}{4}$-6 UN	2A	0.0025	1.7475	1.7293	—	1.6392	1.6309	1.5491	2B	1.570	1.600	1.6417	1.6525	1.7500
	3A	0.0000	1.7500	1.7318	—	1.6417	1.6354	1.5516	3B	1.5700	1.5896	1.6417	1.6498	1.7500
$1\frac{3}{4}$-8 UN	2A	0.0023	1.7477	1.7327	1.7252	1.6665	1.6590	1.5989	2B	1.615	1.640	1.6688	1.6786	1.7500
	3A	0.0000	1.7500	1.7350	—	1.6688	1.6632	1.6012	3B	1.6150	1.6297	1.6688	1.6762	1.7500
$1\frac{3}{4}$-10 UNS	2A	0.0019	1.7481	1.7352	—	1.6831	1.6766	1.6291	2B	1.642	1.663	1.6850	1.6934	1.7500
$1\frac{3}{4}$-12 UN	2A	0.0018	1.7482	1.7368	—	1.6941	1.6881	1.6490	2B	1.660	1.678	1.6959	1.7037	1.7500
	3A	0.0000	1.7500	1.7386	—	1.6959	1.6914	1.6508	3B	1.6600	1.6698	1.6959	1.7017	1.7500
$1\frac{3}{4}$-14 UNS	2A	0.0017	1.7483	1.7380	—	1.7019	1.6963	1.6632	2B	1.673	1.688	1.7036	1.7109	1.7500
$1\frac{3}{4}$-16 UN	2A	0.0016	1.7484	1.7390	—	1.7078	1.7025	1.6739	2B	1.682	1.696	1.7094	1.7163	1.7500
	3A	0.0000	1.7500	1.7406	—	1.7094	1.7054	1.6755	3B	1.6820	1.6908	1.7094	1.7146	1.7500
$1\frac{3}{4}$-18 UNS	2A	0.0015	1.7485	1.7398	—	1.7124	1.7073	1.6824	2B	1.690	1.703	1.7139	1.7205	1.7500
$1\frac{3}{4}$-20 UN	2A	0.0015	1.7485	1.7404	—	1.7160	1.7112	1.6890	2B	1.696	1.707	1.7175	1.7238	1.7500
	3A	0.0000	1.7500	1.7419	—	1.7175	1.7139	1.6905	3B	1.6960	1.7037	1.7175	1.7222	1.7500
$1\frac{13}{16}$-6 UN	2A	0.0025	1.8100	1.7918	—	1.7017	1.6933	1.6116	2B	1.632	1.663	1.7042	1.7151	1.8125
	3A	0.0000	1.8125	1.7943	—	1.7042	1.6979	1.6141	3B	1.6320	1.6521	1.7042	1.7124	1.8125
$1\frac{13}{16}$-8 UN	2A	0.0023	1.8102	1.7952	—	1.7290	1.7214	1.6614	2B	1.677	1.702	1.7313	1.7412	1.8125
	3A	0.0000	1.8125	1.7975	—	1.7313	1.7256	1.6637	3B	1.6770	1.6922	1.7313	1.7387	1.8125
$1\frac{13}{16}$-12 UN	2A	0.0018	1.8107	1.7993	—	1.7566	1.7506	1.7115	2B	1.722	1.740	1.7584	1.7662	1.8125
	3A	0.0000	1.8125	1.8011	—	1.7584	1.7539	1.7133	3B	1.7220	1.7323	1.7584	1.7642	1.8125

（续）

公称尺寸，每英寸螺纹和系列名称①	外螺纹								内螺纹					
	等级	允差	大径			中径		UNR小径②最大（参考）	等级	小径		中径		大径
			最大③	最小	最小④	最大③	最小			最小	最大	最小	最大	最小
1 13/16-16 UN	2A	0.0016	1.8109	1.8015	—	1.7703	1.7650	1.7364	2B	1.745	1.759	1.7719	1.7788	1.8125
	3A	0.0000	1.8125	1.8031	—	1.7719	1.7679	1.7380	3B	1.7450	1.7533	1.7719	1.7771	1.8125
1 13/16-20 UN	2A	0.0015	1.8110	1.8029	—	1.7785	1.7737	1.7515	2B	1.758	1.770	1.7800	1.7863	1.8125
	3A	0.0000	1.8125	1.8044	—	1.7800	1.7764	1.7530	3B	1.7580	1.7662	1.7800	1.7847	1.8125
1 7/8-6 UN	2A	0.0025	1.8725	1.8543	—	1.7642	1.7558	1.6741	2B	1.695	1.725	1.7667	1.7777	1.8750
	3A	0.0000	1.8750	1.8568	—	1.7667	1.7604	1.6766	3B	1.6950	1.7146	1.7667	1.7749	1.8750
1 7/8-8 UN	2A	0.0023	1.8727	1.8577	1.8502	1.7915	1.7838	1.7239	2B	1.740	1.765	1.7938	1.8038	1.8750
	3A	0.0000	1.8750	1.8600	—	1.7938	1.7881	1.7262	3B	1.7400	1.7547	1.7938	1.8013	1.8750
1 7/8-10 UNS	2A	0.0019	1.8731	1.8602	—	1.8081	1.8016	1.7541	2B	1.767	1.788	1.8100	1.8184	1.8750
1 7/8-12 UN	2A	0.0018	1.8732	1.8618	—	1.8191	1.8131	1.7740	2B	1.785	1.803	1.8209	1.8287	1.8750
	3A	0.0000	1.8750	1.8636	—	1.8209	1.8164	1.7758	3B	1.7850	1.7948	1.8209	1.8267	1.8750
1 7/8-14 UNS	2A	0.0017	1.8733	1.8630	—	1.8269	1.8213	1.7883	2B	1.798	1.814	1.8286	1.8359	1.8750
1 7/8-16 UN	2A	0.0016	1.8734	1.8640	—	1.8328	1.8275	1.7989	2B	1.807	1.821	1.8344	1.8413	1.8750
	3A	0.0000	1.8750	1.8656	—	1.8344	1.8304	1.8005	3B	1.8070	1.8158	1.8344	1.8396	1.8750
1 7/8-18 UNS	2A	0.0015	1.8735	1.8648	—	1.8374	1.8323	1.8074	2B	1.815	1.828	1.8389	1.8455	1.8750
1 7/8-20 UN	2A	0.0015	1.8735	1.8654	—	1.8410	1.8362	1.8140	2B	1.821	1.832	1.8425	1.8488	1.8750
	3A	0.0000	1.8750	1.8669	—	1.8425	1.8389	1.8155	3B	1.8210	1.8287	1.8425	1.8472	1.8750
1 15/16-6 UN	2A	0.0026	1.9349	1.9167	—	1.8266	1.8181	1.7365	2B	1.757	1.788	1.8292	1.8403	1.9375
	3A	0.0000	1.9375	1.9193	—	1.8292	1.8228	1.7391	3B	1.7570	1.7771	1.8292	1.8375	1.9375
1 15/16-8 UN	2A	0.0023	1.9352	1.9202	—	1.8540	1.8463	1.7864	2B	1.802	1.827	1.8563	1.8663	1.9375
	3A	0.0000	1.9375	1.9225	—	1.8563	1.8505	1.7887	3B	1.8020	1.8172	1.8563	1.8638	1.9375
1 15/16-12 UN	2A	0.0018	1.9357	1.9243	—	1.8816	1.8755	1.8365	2B	1.847	1.865	1.8834	1.8913	1.9375
	3A	0.0000	1.9375	1.9261	—	1.8834	1.8789	1.8383	3B	1.8470	1.8573	1.8834	1.8893	1.9375
1 15/16-16 UN	2A	0.0016	1.9359	1.9265	—	1.8953	1.8899	1.8614	2B	1.870	1.884	1.8969	1.9039	1.9375
	3A	0.0000	1.9375	1.9281	—	1.8969	1.8929	1.8630	3B	1.8700	1.8783	1.8969	1.9021	1.9375
1 15/16-20 UN	2A	0.0015	1.9360	1.9279	—	1.9035	1.8986	1.8765	2B	1.883	1.895	1.9050	1.9114	1.9375
	3A	0.0000	1.9375	1.9294	—	1.9050	1.9013	1.8780	3B	1.8830	1.8912	1.9050	1.9098	1.9375

（续）

公称尺寸，每英寸螺纹和系列名称①	外螺纹								内螺纹					
	等级	允差	大径			中径		UNR 小径②最大（参考）	等级	小径		中径		大径
			最大③	最小	最小④	最大③	最小			最小	最大	最小	最大	最小
2-4½ UNC	1A	0.0029	1.9971	1.9641	—	1.8528	1.8385	1.7324	1B	1.759	1.795	1.8557	1.8743	2.0000
	2A	0.0029	1.9971	1.9751	1.9641	1.8528	1.8433	1.7324	2B	1.759	1.795	1.8557	1.8681	2.0000
	3A	0.0000	2.0000	1.9780	—	1.8557	1.8486	1.7353	3B	1.7590	1.7861	1.8557	1.8650	2.0000
2-6 UN	2A	0.0026	1.9974	1.9792	—	1.8891	1.8805	1.7990	2B	1.820	1.850	1.8917	1.9028	2.0000
	3A	0.0000	2.0000	1.9818	—	1.8917	1.8853	1.8016	3B	1.8200	1.8396	1.8917	1.9000	2.0000
2-8 UN	2A	0.0023	1.9977	1.9827	1.9752	1.9165	1.9087	1.8489	2B	1.865	1.890	1.9188	1.9289	2.0000
	3A	0.0000	2.0000	1.9850	—	1.9188	1.9130	1.8512	3B	1.8650	1.8797	1.9188	1.9264	2.0000
2-10 UNS	2A	0.0020	1.9980	1.9851	—	1.9330	1.9265	1.8790	2B	1.892	1.913	1.9350	1.9435	2.0000
2-12 UN	2A	0.0018	1.9982	1.9868	—	1.9441	1.9380	1.8990	2B	1.910	1.928	1.9459	1.9538	2.0000
	3A	0.0000	2.0000	1.9886	—	1.9459	1.9414	1.9008	3B	1.9100	1.9198	1.9459	1.9518	2.0000
2-14 UNS	2A	0.0017	1.9983	1.9880	—	1.9519	1.9462	1.9133	2B	1.923	1.938	1.9536	1.9610	2.0000
2-16 UN	2A	0.0016	1.9984	1.9890	—	1.9578	1.9524	1.9239	2B	1.932	1.946	1.9594	1.9664	2.0000
	3A	0.0000	2.0000	1.9906	—	1.9594	1.9554	1.9255	3B	1.9320	1.9408	1.9594	1.9646	2.0000
2-18 UNS	2A	0.0015	1.9985	1.9898	—	1.9624	1.9573	1.9324	2B	1.940	1.953	1.9639	1.9706	2.0000
2-20 UN	2A	0.0015	1.9985	1.9904	—	1.9660	1.9611	1.9390	2B	1.946	1.957	1.9675	1.9739	2.0000
	3A	0.0000	2.0000	1.9919	—	1.9675	1.9638	1.9405	3B	1.9460	1.9537	1.9675	1.9723	2.0000
2 1/16-16 UNS	2A	0.0016	2.0609	2.0515	—	2.0203	2.0149	1.9864	2B	1.995	2.009	2.0219	2.0289	2.0625
	3A	0.0000	2.0625	2.0531	—	2.0219	2.0179	1.9880	3B	1.9950	2.0033	2.0219	2.0271	2.0625
2 1/8-6 UN	2A	0.0026	2.1224	2.1042	—	2.0141	2.0054	1.9240	2B	1.945	1.975	2.0167	2.0280	2.1250
	3A	0.0000	2.1250	2.1068	—	2.0167	2.0102	1.9266	3B	1.9450	1.9646	2.0167	2.0251	2.1250
2 1/8-8 UN	2A	0.0024	2.1226	2.1076	2.1001	2.0414	2.0335	1.9738	2B	1.990	2.015	2.0438	2.0540	2.1250
	3A	0.0000	2.1250	2.1100	—	2.0438	2.0379	1.9762	3B	1.9900	2.0047	2.0438	2.0515	2.1250
2 1/8-12 UN	2A	0.0018	2.1232	2.1118	—	2.0691	2.0630	2.0240	2B	2.035	2.053	2.0709	2.0788	2.1250
	3A	0.0000	2.1250	2.1136	—	2.0709	2.0664	2.0258	3B	2.0350	2.0448	2.0709	2.0768	2.1250
2 1/8-16 UN	2A	0.0016	2.1234	2.1140	—	2.0828	2.0774	2.0489	2B	2.057	2.071	2.0844	2.0914	2.1250
	3A	0.0000	2.1250	2.1156	—	2.0844	2.0803	2.0505	3B	2.0570	2.0658	2.0844	2.0896	2.1250
2 1/8-20 UN	2A	0.0015	2.1235	2.1154	—	2.0910	2.0861	2.0640	2B	2.071	2.082	2.0925	2.0989	2.1250
	3A	0.0000	2.1250	2.1169	—	2.0925	2.0888	2.0655	3B	2.0710	2.0787	2.0925	2.0973	2.1250

（续）

公称尺寸，每英寸螺纹和系列名称[1]	外螺纹								内螺纹					
	等级	允差	大径			中径		UNR 小径[2]最大（参考）	等级	小径		中径		大径
			最大[3]	最小	最小[4]	最大[3]	最小			最小	最大	最小	最大	最小
$2\frac{3}{16}$-16 UNS	2A	0. 0016	2. 1859	2. 1765	—	2. 1453	2. 1399	2. 1114	2B	2. 120	2. 134	2. 1469	2. 1539	2. 1875
	3A	0. 0000	2. 1875	2. 1781	—	2. 1469	2. 1428	2. 1130	3B	2. 1200	2. 1283	2. 1469	2. 1521	2. 1875
$2\frac{1}{4}$-$4\frac{1}{2}$ UNC	1A	0. 0029	2. 2471	2. 2141	—	2. 1028	2. 0882	1. 9824	1B	2. 009	2. 045	2. 1057	2. 1247	2. 2500
	2A	0. 0029	2. 2471	2. 2251	2. 2141	2. 1028	2. 0931	1. 9824	2B	2. 009	2. 045	2. 1057	2. 1183	2. 2500
	3A	0. 0000	2. 2500	2. 2280	—	2. 1057	2. 0984	1. 9853	3B	2. 0090	2. 0361	2. 1057	2. 1152	2. 2500
$2\frac{1}{4}$-6 UN	2A	0. 0026	2. 2474	2. 2292	—	2. 1391	2. 1303	2. 0490	2B	2. 070	2. 100	2. 1417	2. 1531	2. 2500
	3A	0. 0000	2. 2500	2. 2318	—	2. 1417	2. 1351	2. 0516	3B	2. 0700	2. 0896	2. 1417	2. 1502	2. 2500
$2\frac{1}{4}$-8 UN	2A	0. 0024	2. 2476	2. 2326	2. 2251	2. 1664	2. 1584	2. 0988	2B	2. 115	2. 140	2. 1688	2. 1792	2. 2500
	3A	0. 0000	2. 2500	2. 2350	—	2. 1688	2. 1628	2. 1012	3B	2. 1150	2. 1297	2. 1688	2. 1766	2. 2500
$2\frac{1}{4}$-10 UNS	2A	0. 0020	2. 2480	2. 2351	—	2. 1830	2. 1765	2. 1290	2B	2. 142	2. 163	2. 1850	2. 1935	2. 2500
$2\frac{1}{4}$-12 UN	2A	0. 0018	2. 2482	2. 2368	—	2. 1941	2. 1880	2. 1490	2B	2. 160	2. 178	2. 1959	2. 2038	2. 2500
	3A	0. 0000	2. 2500	2. 2386	—	2. 1959	2. 1914	2. 1508	3B	2. 1600	2. 1698	2. 1959	2. 2018	2. 2500
$2\frac{1}{4}$-14 UNS	2A	0. 0017	2. 2483	2. 2380	—	2. 2019	2. 1962	2. 1633	2B	2. 173	2. 188	2. 2036	2. 2110	2. 2500
$2\frac{1}{4}$-16 UN	2A	0. 0016	2. 2484	2. 2390	—	2. 2078	2. 2024	2. 1739	2B	2. 182	2. 196	2. 2094	2. 2164	2. 2500
	3A	0. 0000	2. 2500	2. 2406	—	2. 2094	2. 2053	2. 1755	3B	2. 1820	2. 1908	2. 2094	2. 2146	2. 2500
$2\frac{1}{4}$-18 UNS	2A	0. 0015	2. 2485	2. 2398	—	2. 2124	2. 2073	2. 1824	2B	2. 190	2. 203	2. 2139	2. 2206	2. 2500
$2\frac{1}{4}$-20 UN	2A	0. 0015	2. 2485	2. 2404	—	2. 2160	2. 2111	2. 1890	2B	2. 196	2. 207	2. 2175	2. 2239	2. 2500
	3A	0. 0000	2. 2500	2. 2419	—	2. 2175	2. 2137	2. 1905	3B	2. 1960	2. 2037	2. 2175	2. 2223	2. 2500
$2\frac{5}{16}$-16 UNS	2A	0. 0017	2. 3108	2. 3014	—	2. 2702	2. 2647	2. 2363	2B	2. 245	2. 259	2. 2719	2. 2791	2. 3125
	3A	0. 0000	2. 3125	2. 3031	—	2. 2719	2. 2678	2. 2380	3B	2. 2450	2. 2533	2. 2719	2. 2773	2. 3125
$2\frac{3}{8}$-6 UN	2A	0. 0027	2. 3723	2. 3541	—	2. 2640	2. 2551	2. 1739	2B	2. 195	2. 226	2. 2667	2. 2782	2. 3750
	3A	0. 0000	2. 3750	2. 3568	—	2. 2667	2. 2601	2. 1766	3B	2. 1950	2. 2146	2. 2667	2. 2753	2. 3750
$2\frac{3}{8}$-8 UN	2A	0. 0024	2. 3726	2. 3576	—	2. 2914	2. 2833	2. 2238	2B	2. 240	2. 265	2. 2938	2. 3043	2. 3750
	3A	0. 0000	2. 3750	2. 3600	—	2. 2938	2. 2878	2. 2262	3B	2. 2400	2. 2547	2. 2938	2. 3017	2. 3750
$2\frac{3}{8}$-12 UN	2A	0. 0019	2. 3731	2. 3617	—	2. 3190	2. 3128	2. 2739	2B	2. 285	2. 303	2. 3209	2. 3290	2. 3750
	3A	0. 0000	2. 3750	2. 3636	—	2. 3209	2. 3163	2. 2758	3B	2. 2850	2. 2948	2. 3209	2. 3269	2. 3750
$2\frac{3}{8}$-16 UN	2A	0. 0017	2. 3733	2. 3639	—	2. 3327	2. 3272	2. 2988	2B	2. 307	2. 321	2. 3344	2. 3416	2. 3750
	3A	0. 0000	2. 3750	2. 3656	—	2. 3344	2. 3303	2. 3005	3B	2. 3070	2. 3158	2. 3344	2. 3398	2. 3750

（续）

公称尺寸，每英寸螺纹和系列名称[①]	外螺纹								内螺纹					
	等级	允差	大径			中径		UNR 小径[②]最大（参考）	等级	小径		中径		大径
			最大[③]	最小	最小[④]	最大[③]	最小			最小	最大	最小	最大	最小
2 3/8-20 UN	2A	0.0015	2.3735	2.3654	—	2.3410	2.3359	2.3140	2B	2.321	2.332	2.3425	2.3491	2.3750
	3A	0.0000	2.3750	2.3669	—	2.3425	2.3387	2.3155	3B	2.3210	2.3287	2.3425	2.3475	2.3750
2 7/16-16 UNS	2A	0.0017	2.4358	2.4264	—	2.3952	2.3897	2.3613	2B	2.370	2.384	2.3969	2.4041	2.4375
	3A	0.0000	2.4375	2.4281	—	2.3969	2.3928	2.3630	3B	2.3700	2.3783	2.3969	2.4023	2.4375
2 1/2-4 UNC	1A	0.0031	2.4969	2.4612	—	2.3345	2.3190	2.1992	1B	2.229	2.267	2.3376	2.3578	2.5000
	2A	0.0031	2.4969	2.4731	2.4612	2.3345	2.3241	2.1992	2B	2.229	2.267	2.3376	2.3511	2.5000
	3A	0.0000	2.5000	2.4762	—	2.3376	2.3298	2.2023	3B	2.2290	2.2594	2.3376	2.3477	2.5000
2 1/2-6 UN	2A	0.0027	2.4973	2.4791	—	2.3890	2.3800	2.2989	2B	2.320	2.350	2.3917	2.4033	2.5000
	3A	0.0000	2.5000	2.4818	—	2.3917	2.3850	2.3016	3B	2.3200	2.3396	2.3917	2.4004	2.5000
2 1/2-8 UN	2A	0.0024	2.4976	2.4826	2.4751	2.4164	2.4082	2.3488	2B	2.365	2.390	2.4188	2.4294	2.5000
	3A	0.0000	2.5000	2.4850	—	2.4188	2.4127	2.3512	3B	2.3650	2.3797	2.4188	2.4268	2.5000
2 1/2-10 UNS	2A	0.0020	2.4980	2.4851	—	2.4330	2.4263	2.3790	2B	2.392	2.413	2.4350	2.4437	2.5000
2 1/2-12 UN	2A	0.0019	2.4981	2.4867	—	2.4440	2.4378	2.3989	2B	2.410	2.428	2.4459	2.4540	2.5000
	3A	0.0000	2.5000	2.4886	—	2.4459	2.4413	2.4008	3B	2.4100	2.4198	2.4459	2.4519	2.5000
2 1/2-14 UNS	2A	0.0017	2.4983	2.4880	—	2.4519	2.4461	2.4133	2B	2.423	2.438	2.4536	2.4612	2.5000
2 1/2-16 UN	2A	0.0017	2.4983	2.4889	—	2.4577	2.4522	2.4238	2B	2.432	2.446	2.4594	2.4666	2.5000
	3A	0.0000	2.5000	2.4906	—	2.4594	2.4553	2.4255	3B	2.4320	2.4408	2.4594	2.4648	2.5000
2 1/2-18 UNS	2A	0.0016	2.4984	2.4897	—	2.4623	2.4570	2.4323	2B	2.440	2.453	2.4639	2.4708	2.5000
2 1/2-20 UN	2A	0.0015	2.4985	2.4904	—	2.4660	2.4609	2.4390	2B	2.446	2.457	2.4675	2.4741	2.5000
	3A	0.0000	2.5000	2.4919	—	2.4675	2.4637	2.4405	3B	2.4460	2.4537	2.4675	2.4725	2.5000
2 5/8-6 UN	2A	0.0027	2.6223	2.6041	—	2.5140	2.5050	2.4239	2B	2.445	2.475	2.5167	2.5285	2.6250
	3A	0.0000	2.6250	2.6068	—	2.5167	2.5099	2.4266	3B	2.4450	2.4646	2.5167	2.5255	2.6250
2 5/8-8 UN	2A	0.0025	2.6225	2.6075	—	2.5413	2.5331	2.4737	2B	2.490	2.515	2.5438	2.5545	2.6250
	3A	0.0000	2.6250	2.6100	—	2.5438	2.5376	2.4762	3B	2.4900	2.5047	2.5438	2.5518	2.6250
2 5/8-12 UN	2A	0.0019	2.6231	2.6117	—	2.5690	2.5628	2.5239	2B	2.535	2.553	2.5709	2.5790	2.6250
	3A	0.0000	2.6250	2.6136	—	2.5709	2.5663	2.5258	3B	2.5350	2.5448	2.5709	2.5769	2.6250
2 5/8-16 UN	2A	0.0017	2.6233	2.6139	—	2.5827	2.5772	2.5488	2B	2.557	2.571	2.5844	2.5916	2.6250
	3A	0.0000	2.6250	2.6156	—	2.5844	2.5803	2.5505	3B	2.5570	2.5658	2.5844	2.5898	2.6250

（续）

公称尺寸，每英寸螺纹和系列名称[①]	外螺纹								内螺纹					
	等级	允差	大径			中径		UNR小径[②]最大（参考）	等级	小径		中径		大径
			最大[③]	最小	最小[④]	最大[③]	最小			最小	最大	最小	最大	最小
$2\frac{5}{8}$-20 UN	2A	0.0015	2.6235	2.6154	—	2.5910	2.5859	2.5640	2B	2.571	2.582	2.5925	2.5991	2.6250
	3A	0.0000	2.6250	2.6169	—	2.5925	2.5887	2.5655	3B	2.5710	2.5787	2.5925	2.5975	2.6250
$2\frac{3}{4}$-4 UNC	1A	0.0032	2.7468	2.7111	—	2.5844	2.5686	2.4491	1B	2.479	2.517	2.5876	2.6082	2.7500
	2A	0.0032	2.7468	2.7230	2.7111	2.5844	2.5739	2.4491	2B	2.479	2.517	2.5876	2.6013	2.7500
	3A	0.0000	2.7500	2.7262	—	2.5876	2.5797	2.4523	3B	2.4790	2.5094	2.5876	2.5979	2.7500
$2\frac{3}{4}$-6 UN	2A	0.0027	2.7473	2.7291	—	2.6390	2.6299	2.5489	2B	2.570	2.600	2.6417	2.6536	2.7500
	3A	0.0000	2.7500	2.7318	—	2.6417	2.6349	2.5516	3B	2.5700	2.5896	2.6417	2.6506	2.7500
$2\frac{3}{4}$-8 UN	2A	0.0025	2.7475	2.7325	2.7250	2.6663	2.6580	2.5987	2B	2.615	2.640	2.6688	2.6796	2.7500
	3A	0.0000	2.7500	2.7350	—	2.6688	2.6625	2.6012	3B	2.6150	2.6297	2.6688	2.6769	2.7500
$2\frac{3}{4}$-10 UNS	2A	0.0020	2.7480	2.7351	—	2.6830	2.6763	2.6290	2B	2.642	2.663	2.6850	2.6937	2.7500
$2\frac{3}{4}$-12 UN	2A	0.0019	2.7481	2.7367	—	2.6940	2.6878	2.6489	2B	2.660	2.678	2.6959	2.7040	2.7500
	3A	0.0000	2.7500	2.7386	—	2.6959	2.6913	2.6508	3B	2.6600	2.6698	2.6959	2.7019	2.7500
$2\frac{3}{4}$-14 UNS	2A	0.0017	2.7483	2.7380	—	2.7019	2.6961	2.6633	2B	2.673	2.688	2.7036	2.7112	2.7500
$2\frac{3}{4}$-16 UN	2A	0.0017	2.7483	2.7389	—	2.7077	2.7022	2.6738	2B	2.682	2.696	2.7094	2.7166	2.7500
	3A	0.0000	2.7500	2.7406	—	2.7094	2.7053	2.6755	3B	2.6820	2.6908	2.7094	2.7148	2.7500
$2\frac{3}{4}$-18 UNS	2A	0.0016	2.7484	2.7397	—	2.7123	2.7070	2.6823	2B	2.690	2.703	2.7139	2.7208	2.7500
$2\frac{3}{4}$-20 UN	2A	0.0015	2.7485	2.7404	—	2.7160	2.7109	2.6890	2B	2.696	2.707	2.7175	2.7241	2.7500
	3A	0.0000	2.7500	2.7419	—	2.7175	2.7137	2.6905	3B	2.6960	2.7037	2.7175	2.7225	2.7500
$2\frac{7}{8}$-6 UN	2A	0.0028	2.8722	2.8540	—	2.7639	2.7547	2.6738	2B	2.695	2.725	2.7667	2.7787	2.8750
	3A	0.0000	2.8750	2.8568	—	2.7667	2.7598	2.6766	3B	2.6950	2.7146	2.7667	2.7757	2.8750
$2\frac{7}{8}$-8 UN	2A	0.0025	2.8725	2.8575	—	2.7913	2.7829	2.7237	2B	2.740	2.765	2.7938	2.8048	2.8750
	3A	0.0000	2.8750	2.8600	—	2.7938	2.7875	2.7262	3B	2.7400	2.7547	2.7938	2.8020	2.8750
$2\frac{7}{8}$-12 UN	2A	0.0019	2.8731	2.8617	—	2.8190	2.8127	2.7739	2B	2.785	2.803	2.8209	2.8291	2.8750
	3A	0.0000	2.8750	2.8636	—	2.8209	2.8162	2.7758	3B	2.7850	2.7948	2.8209	2.8271	2.8750
$2\frac{7}{8}$-16 UN	2A	0.0017	2.8733	2.8639	—	2.8327	2.8271	2.7988	2B	2.807	2.821	2.8344	2.8417	2.8750
	3A	0.0000	2.8750	2.8656	—	2.8344	2.8302	2.8005	3B	2.8070	2.8158	2.8344	2.8399	2.8750
$2\frac{7}{8}$-20 UN	2A	0.0016	2.8734	2.8653	—	2.8409	2.8357	2.8139	2B	2.821	2.832	2.8425	2.8493	2.8750
	3A	0.0000	2.8750	2.8669	—	2.8425	2.8386	2.8155	3B	2.8210	2.8287	2.8425	2.8476	2.8750

（续）

公称尺寸，每英寸螺纹和系列名称①	外螺纹								内螺纹					
	等级	允差	大径			中径		UNR 小径②最大（参考）	等级	小径		中径		大径
			最大③	最小	最小④	最大③	最小			最小	最大	最小	最大	最小
3-4 UNC	1A	0.0032	2.9968	2.9611	—	2.8344	2.8183	2.6991	1B	2.729	2.767	2.8376	2.8585	3.0000
	2A	0.0032	2.9968	2.9730	2.9611	2.8344	2.8237	2.6991	2B	2.729	2.767	2.8376	2.8515	3.0000
	3A	0.0000	3.0000	2.9762	—	2.8376	2.8296	2.7023	3B	2.7290	2.7594	2.8376	2.8480	3.0000
3-6 UN	2A	0.0028	2.9972	2.9790	—	2.8889	2.8796	2.7988	2B	2.820	2.850	2.8917	2.9038	3.0000
	3A	0.0000	3.0000	2.9818	—	2.8917	2.8847	2.8016	3B	2.8200	2.8396	2.8917	2.9008	3.0000
3-8 UN	2A	0.0026	2.9974	2.9824	2.9749	2.9162	2.9077	2.8486	2B	2.865	2.890	2.9188	2.9299	3.0000
	3A	0.0000	3.0000	2.9850	—	2.9188	2.9124	2.8512	3B	2.8650	2.8797	2.9188	2.9271	3.0000
3-10 UNS	2A	0.0020	2.9980	2.9851	—	2.9330	2.9262	2.8790	2B	2.892	2.913	2.9350	2.9439	3.0000
3-12 UN	2A	0.0019	2.9981	2.9867	—	2.9440	2.9377	2.8989	2B	2.910	2.928	2.9459	2.9541	3.0000
	3A	0.0000	3.0000	2.9886	—	2.9459	2.9412	2.9008	3B	2.9100	2.9198	2.9459	2.9521	3.0000
3-14 UNS	2A	0.0018	2.9982	2.9879	—	2.9518	2.9459	2.9132	2B	2.923	2.938	2.9536	2.9613	3.0000
3-16 UN	2A	0.0017	2.9983	2.9889	—	2.9577	2.9521	2.9238	2B	2.932	2.946	2.9594	2.9667	3.0000
	3A	0.0000	3.0000	2.9906	—	2.9594	2.9552	2.9255	3B	2.9320	2.9408	2.9594	2.9649	3.0000
3-18 UNS	2A	0.0016	2.9984	2.9897	—	2.9623	2.9569	2.9323	2B	2.940	2.953	2.9639	2.9709	3.0000
3-20 UN	2A	0.0016	2.9984	2.9903	—	2.9659	2.9607	2.9389	2B	2.946	2.957	2.9675	2.9743	3.0000
	3A	0.0000	3.0000	2.9919	—	2.9675	2.9636	2.9405	3B	2.9460	2.9537	2.9675	2.9726	3.0000
3⅛-6 UN	2A	0.0028	3.1222	3.1040	—	3.0139	3.0045	2.9238	2B	2.945	2.975	3.0167	3.0289	3.1250
	3A	0.0000	3.1250	3.1068	—	3.0167	3.0097	2.9266	3B	2.9450	2.9646	3.0167	3.0259	3.1250
3⅛-8 UN	2A	0.0026	3.1224	3.1074	—	3.0412	3.0326	2.9736	2B	2.990	3.015	3.0438	3.0550	3.1250
	3A	0.0000	3.1250	3.1100	—	3.0438	3.0374	2.9762	3B	2.9900	3.0047	3.0438	3.0522	3.1250
3⅛-12 UN	2A	0.0019	3.1231	3.1117	—	3.0690	3.0627	3.0239	2B	3.035	3.053	3.0709	3.0791	3.1250
	3A	0.0000	3.1250	3.1136	—	3.0709	3.0662	3.0258	3B	3.0350	3.0448	3.0709	3.0771	3.1250
3⅛-16 UN	2A	0.0017	3.1233	3.1139	—	3.0827	3.0771	3.0488	2B	3.057	3.071	3.0844	3.0917	3.1250
	3A	0.0000	3.1250	3.1156	—	3.0844	3.0802	3.0505	3B	3.0570	3.0658	3.0844	3.0899	3.1250
3¼-4 UNC	1A	0.0033	3.2467	3.2110	—	3.0843	3.0680	2.9490	1B	2.979	3.017	3.0876	3.1088	3.2500
	2A	0.0033	3.2467	3.2229	3.2110	3.0843	3.0734	2.9490	2B	2.979	3.017	3.0876	3.1017	3.2500
	3A	0.0000	3.2500	3.2262	—	3.0876	3.0794	2.9523	3B	2.9790	3.0094	3.0876	3.0982	3.2500
3¼-6 UN	2A	0.0028	3.2472	3.2290	—	3.1389	3.1294	3.0488	2B	3.070	3.100	3.1417	3.1540	3.2500
	3A	0.0000	3.2500	3.2318	—	3.1417	3.1346	3.0516	3B	3.0700	3.0896	3.1417	3.1509	3.2500

（续）

公称尺寸，每英寸螺纹和系列名称①	外螺纹								内螺纹					
	等级	允差	大径			中径		UNR小径②最大（参考）	等级	小径		中径		大径
			最大③	最小	最小④	最大③	最小			最小	最大	最小	最大	最小
$3\frac{1}{4}$-8 UN	2A	0.0026	3.2474	3.2324	3.2249	3.1662	3.1575	3.0986	2B	3.115	3.140	3.1688	3.1801	3.2500
	3A	0.0000	3.2500	3.2350	—	3.1688	3.1623	3.1012	3B	3.1150	3.1297	3.1688	3.1773	3.2500
$3\frac{1}{4}$-10 UNS	2A	0.0020	3.2480	3.2351	—	3.1830	3.1762	3.1290	2B	3.142	3.163	3.1850	3.1939	3.2500
$3\frac{1}{4}$-12 UN	2A	0.0019	3.2481	3.2367	—	3.1940	3.1877	3.1489	2B	3.160	3.178	3.1959	3.2041	3.2500
	3A	0.0000	3.2500	3.2386	—	3.1959	3.1912	3.1508	3B	3.1600	3.1698	3.1959	3.2041	3.2500
$3\frac{1}{4}$-14 UNS	2A	0.0018	3.2482	3.2379	—	3.2018	3.1959	3.1632	2B	3.173	3.188	3.2036	3.2113	3.2500
$3\frac{1}{4}$-16 UN	2A	0.0017	3.2483	3.2389	—	3.2077	3.2021	3.1738	2B	3.182	3.196	3.2094	3.2167	3.2500
	3A	0.0000	3.2500	3.2406	—	3.2094	3.2052	3.1755	3B	3.1820	3.1908	3.2094	3.2149	3.2500
$3\frac{1}{4}$-18 UNS	2A	0.0016	3.2484	3.2397	—	3.2123	3.2069	3.1823	2B	3.190	3.203	3.2139	3.2209	3.2500
$3\frac{3}{8}$-6 UN	2A	0.0029	3.3721	3.3539	—	3.2638	3.2543	3.1737	2B	3.195	3.225	3.2667	3.2791	3.3750
	3A	0.0000	3.3750	3.3568	—	3.2667	3.2595	3.1766	3B	3.1950	3.2146	3.2667	3.2760	3.3750
$3\frac{3}{8}$-8 UN	2A	0.0026	3.3724	3.3574	—	3.2912	3.2824	3.2236	2B	3.240	3.265	3.2938	3.3052	3.3750
	3A	0.0000	3.3750	3.3600	—	3.2938	3.2872	3.2262	3B	3.2400	3.2547	3.2938	3.3023	3.3750
$3\frac{3}{8}$-12 UN	2A	0.0019	3.3731	3.3617	—	3.3190	3.3126	3.2739	2B	3.285	3.303	3.3209	3.3293	3.3750
	3A	0.0000	3.3750	3.3636	—	3.3209	3.3161	3.2758	3B	3.2850	3.2948	3.3209	3.3272	3.3750
$3\frac{3}{8}$-16 UN	2A	0.0017	3.3733	3.3639	—	3.3327	3.3269	3.2988	2B	3.307	3.321	3.3344	3.3419	3.3750
	3A	0.0000	3.3750	3.3656	—	3.3344	3.3301	3.3005	3B	3.3070	3.3158	3.3344	3.3400	3.3750
$3\frac{1}{2}$-4 UNC	1A	0.0033	3.4967	3.4610	—	3.3343	3.3177	3.1990	1B	3.229	3.267	3.3376	3.3591	3.5000
	2A	0.0033	3.4967	3.4729	3.4610	3.3343	3.3233	3.1990	2B	3.229	3.267	3.3376	3.3519	3.5000
	3A	0.0000	3.5000	3.4762	—	3.3376	3.3293	3.2023	3B	3.2290	3.2594	3.3376	3.3484	3.5000
$3\frac{1}{2}$-6 UN	2A	0.0029	3.4971	3.4789	—	3.3888	3.3792	3.2987	2B	3.320	3.350	3.3917	3.4042	3.5000
	3A	0.0000	3.5000	3.4818	—	3.3917	3.3845	3.3016	3B	3.3200	3.3396	3.3917	3.4011	3.5000
$3\frac{1}{2}$-8 UN	2A	0.0026	3.4974	3.4824	3.4749	3.4162	3.4074	3.3486	2B	3.365	3.390	3.4188	3.4303	3.5000
	3A	0.0000	3.5000	3.4850	—	3.4188	3.4122	3.3512	3B	3.3650	3.3797	3.4188	3.4274	3.5000
$3\frac{1}{2}$-10 UNS	2A	0.0021	3.4979	3.4850	—	3.4329	3.4260	3.3789	2B	3.392	3.413	3.4350	3.4440	3.5000
$3\frac{1}{2}$-12 UN	2A	0.0019	3.4981	3.4867	—	3.4440	3.4376	3.3989	2B	3.410	3.428	3.4459	3.4543	3.5000
	3A	0.0000	3.5000	3.4886	—	3.4459	3.4411	3.4008	3B	3.4100	3.4198	3.4459	3.4522	3.5000

（续）

公称尺寸，每英寸螺纹和系列名称①	外螺纹								内螺纹					
	等级	允差	大径			中径		UNR 小径②最大（参考）	等级	小径		中径		大径
			最大③	最小	最小④	最大③	最小			最小	最大	最小	最大	最小
$3\frac{1}{2}$-14 UNS	2A	0.0018	3.4982	3.4879	—	3.4518	3.4457	3.4132	2B	3.423	3.438	3.4536	3.4615	3.5000
$3\frac{1}{2}$-16 UN	2A	0.0017	3.4983	3.4889	—	3.4577	3.4519	3.4238	2B	3.432	3.446	3.4594	3.4669	3.5000
	3A	0.0000	3.5000	3.4906	—	3.4594	3.4551	3.4255	3B	3.4320	3.4408	3.4594	3.4650	3.5000
$3\frac{1}{2}$-18 UNS	2A	0.0017	3.4983	3.4896	—	3.4622	3.4567	3.4322	2B	3.440	3.453	3.4639	3.4711	3.5000
$3\frac{5}{8}$-6 UN	2A	0.0029	3.6221	3.6039	—	3.5138	3.5041	3.4237	2B	3.445	3.475	3.5167	3.5293	3.6250
	3A	0.0000	3.6250	3.6068	—	3.5167	3.5094	3.4266	3B	3.4450	3.4646	3.5167	3.5262	3.6250
$3\frac{5}{8}$-8 UN	2A	0.0027	3.6223	3.6073	—	3.5411	3.5322	3.4735	2B	3.490	3.515	3.5438	3.5554	3.6250
	3A	0.0000	3.6250	3.6100	—	3.5438	3.5371	3.4762	3B	3.4900	3.5047	3.5438	3.5525	3.6250
$3\frac{5}{8}$-12 UN	2A	0.0019	3.6231	3.6117	—	3.5690	3.5626	3.5239	2B	3.535	3.553	3.5709	3.5793	3.6250
	3A	0.0000	3.6250	3.6136	—	3.5709	3.5661	3.5258	3B	3.5350	3.5448	3.5709	3.5772	3.6250
$3\frac{5}{8}$-16 UN	2A	0.0017	3.6233	3.6139	—	3.5827	3.5769	3.5488	2B	3.557	3.571	3.5844	3.5919	3.6250
	3A	0.0000	3.6250	3.6156	—	3.5844	3.5801	3.5505	3B	3.5570	3.5658	3.5844	3.5900	3.6250
$3\frac{3}{4}$-4 UNC	1A	0.0034	3.7466	3.7109	—	3.5842	3.5674	3.4489	1B	3.479	3.517	3.5876	3.6094	3.7500
	2A	0.0034	3.7466	3.7228	3.7109	3.5842	3.5730	3.4489	2B	3.479	3.517	3.5876	3.6021	3.7500
	3A	0.0000	3.7500	3.7262	—	3.5876	3.5792	3.4523	3B	3.4790	3.5094	3.5876	3.5985	3.7500
$3\frac{3}{4}$-6 UN	2A	0.0029	3.7471	3.7289	—	3.6388	3.6290	3.5487	2B	3.570	3.600	3.6417	3.6544	3.7500
	3A	0.0000	3.7500	3.7318	—	3.6417	3.6344	3.5516	3B	3.5700	3.5896	3.6417	3.6512	3.7500
$3\frac{3}{4}$-8 UN	2A	0.0027	3.7473	3.7323	3.7248	3.6661	3.6571	3.5985	2B	3.615	3.640	3.6688	3.6805	3.7500
	3A	0.0000	3.7500	3.7350	—	3.6688	3.6621	3.6012	3B	3.6150	3.6297	3.6688	3.6776	3.7500
$3\frac{3}{4}$-10 UNS	2A	0.0021	3.7479	3.7350	—	3.6829	3.6760	3.6289	2B	3.642	3.663	3.6850	3.6940	3.7500
$3\frac{3}{4}$-12 UN	2A	0.0019	3.7481	3.7367	—	3.6940	3.6876	3.6489	2B	3.660	3.678	3.6959	3.7043	3.7500
	3A	0.0000	3.7500	3.7386	—	3.6959	3.6911	3.6508	3B	3.6600	3.6698	3.6959	3.7022	3.7500
$3\frac{3}{4}$-14 UNS	2A	0.0018	3.7482	3.7379	—	3.7018	3.6957	3.6632	2B	3.673	3.688	3.7036	3.7115	3.7500
$3\frac{3}{4}$-16 UN	2A	0.0017	3.7483	3.7389	—	3.7077	3.7019	3.6738	2B	3.682	3.696	3.7094	3.7169	3.7500
	3A	0.0000	3.7500	3.7406	—	3.7094	3.7051	3.6755	3B	3.6820	3.6908	3.7094	3.7150	3.7500
$3\frac{3}{4}$-18 UNS	2A	0.0017	3.7483	3.7396	—	3.7122	3.7067	3.6822	2B	3.690	3.703	3.7139	3.7211	3.7500

（续）

公称尺寸，每英寸螺纹和系列名称①	外螺纹								内螺纹					
	等级	允差	大径			中径		UNR 小径②最大（参考）	等级	小径		中径		大径
			最大③	最小	最小④	最大③	最小			最小	最大	最小	最大	最小
3⅞-6 UN	2A	0.0030	3.8720	3.8538	—	3.7637	3.7538	3.6736	2B	3.695	3.725	3.7667	3.7795	3.8750
	3A	0.0000	3.8750	3.8568	—	3.7667	3.7593	3.6766	3B	3.6950	3.7146	3.7667	3.7763	3.8750
3⅞-8 UN	2A	0.0027	3.8723	3.8573	—	3.7911	3.7820	3.7235	2B	3.740	3.765	3.7938	3.8056	3.8750
	3A	0.0000	3.8750	3.8600	—	3.7938	3.7870	3.7262	3B	3.7400	3.7547	3.7938	3.8026	3.8750
3⅞-12 UN	2A	0.0020	3.8730	3.8616	—	3.8189	3.8124	3.7738	2B	3.785	3.803	3.8209	3.8294	3.8750
	3A	0.0000	3.8750	3.8636	—	3.8209	3.8160	3.7758	3B	3.7850	3.7948	3.8209	3.8273	3.8750
3⅞-16 UN	2A	0.0018	3.8732	3.8638	—	3.8326	3.8267	3.7987	2B	3.807	3.821	3.8344	3.8420	3.8750
	3A	0.0000	3.8750	3.8656	—	3.8344	3.8300	3.8005	3B	3.8070	3.8158	3.8344	3.8401	3.8750
4-4 UNC	1A	0.0034	3.9966	3.9609	—	3.8342	3.8172	3.6989	1B	3.729	3.767	3.8376	3.8597	4.0000
	2A	0.0034	3.9966	3.9728	3.9609	3.8342	3.8229	3.6989	2B	3.729	3.767	3.8376	3.8523	4.0000
	3A	0.0000	4.0000	3.9762	—	3.8376	3.8291	3.7023	3B	3.7290	3.7594	3.8376	3.8487	4.0000
4-6 UN	2A	0.0030	3.9970	3.9788	—	3.8887	3.8788	3.7986	2B	3.820	3.850	3.8917	3.9046	4.0000
	3A	0.0000	4.0000	3.9818	—	3.8917	3.8843	3.8016	3B	3.8200	3.8396	3.8917	3.9014	4.0000
4-8 UN	2A	0.0027	3.9973	3.9823	3.9748	3.9161	3.9070	3.8485	2B	3.865	3.890	3.9188	3.9307	4.0000
	3A	0.0000	4.0000	3.9850	—	3.9188	3.9120	3.8512	3B	3.8650	3.8797	3.9188	3.9277	4.0000
4-10 UNS	2A	0.0021	3.9979	3.9850	—	3.9329	3.9259	3.8768	2B	3.892	3.913	3.9350	3.9441	4.0000
4-12 UN	2A	0.0020	3.9980	3.9866	—	3.9439	3.9374	3.8988	2B	3.910	3.928	3.9459	3.9544	4.0000
	3A	0.0000	4.0000	3.9886	—	3.9459	3.9410	3.9008	3B	3.9100	3.9198	3.9459	3.9523	4.0000
4-14 UNS	2A	0.0018	3.9982	3.9879	—	3.9518	3.9456	3.9132	2B	3.923	3.938	3.9536	3.9616	4.0000
4-16 UN	2A	0.0018	3.9982	3.9888	—	3.9576	3.9517	3.9237	2B	3.932	3.946	3.9594	3.9670	4.0000
	3A	0.0000	4.0000	3.9906	—	3.9594	3.9550	3.9255	3B	3.9320	3.9408	3.9594	3.9651	4.0000
4¼-10 UNS	2A	0.0021	4.2479	4.2350	—	4.1829	4.1759	4.1289	2B	4.142	4.163	4.1850	4.1941	4.2500
4¼-12 UN	2A	0.0020	4.2480	4.2366	—	4.1939	4.1874	4.1488	2B	4.160	4.178	4.1959	4.2044	4.2500
	3A	0.0000	4.2500	4.2386	—	4.1959	4.1910	4.1508	3B	4.1600	4.1698	4.1959	4.2023	4.2500
4¼-14 UNS	2A	0.0018	4.2482	4.2379	—	4.2018	4.1956	4.1632	2B	4.173	4.188	4.2036	4.2116	4.2500
4¼-16 UN	2A	0.0018	4.2482	4.2388	—	4.2076	4.2017	4.1737	2B	4.182	4.196	4.2094	4.2170	4.2500
	3A	0.0000	4.2500	4.2406	—	4.2094	4.2050	4.1755	3B	4.1820	4.1900	4.2094	4.2151	4.2500
4½-10 UNS	2A	0.0021	4.4979	4.4850	—	4.4329	4.4259	4.3789	2B	4.392	4.413	4.4350	4.4441	4.5000

（续）

公称尺寸，每英寸螺纹和系列名称①	外螺纹		外螺纹 大径			外螺纹 中径		外螺纹	内螺纹	内螺纹 小径		内螺纹 中径		内螺纹 大径
	等级	允差	最大③	最小	最小④	最大③	最小	UNR 小径②最大（参考）	等级	最小	最大	最小	最大	最小
4½-12 UN	**2A**	**0.0020**	**4.4980**	**4.4866**	**—**	**4.4439**	**4.4374**	**4.3988**	**2B**	**4.410**	**4.428**	**4.4459**	**4.4544**	**4.5000**
	3A	**0.0000**	**4.5000**	**4.4886**	**—**	**4.4459**	**4.4410**	**4.4008**	**3B**	**4.4100**	**4.4198**	**4.4459**	**4.4523**	**4.5000**
4½-14 UNS	**2A**	**0.0018**	**4.4982**	**4.4879**	**—**	**4.4518**	**4.4456**	**4.4132**	**2B**	**4.423**	**4.438**	**4.4536**	**4.4616**	**4.5000**
4½-16 UN	**2A**	**0.0018**	**4.4982**	**4.4888**	**—**	**4.4576**	**4.4517**	**4.4237**	**2B**	**4.432**	**4.446**	**4.4594**	**4.4670**	**4.5000**
	3A	**0.0000**	**4.5000**	**4.4906**	**—**	**4.4594**	**4.4550**	**4.4255**	**3B**	**4.4320**	**4.4408**	**4.4594**	**4.4651**	**4.5000**
4¾-10 UNS	**2A**	**0.0022**	**4.7478**	**4.7349**	**—**	**4.6828**	**4.6756**	**4.6288**	**2B**	**4.642**	**4.663**	**4.6850**	**4.6944**	**4.7500**
4¾-12 UN	**2A**	**0.0020**	**4.7480**	**4.7366**	**—**	**4.6939**	**4.6872**	**4.6488**	**2B**	**4.660**	**4.678**	**4.6959**	**4.7046**	**4.7500**
	3A	**0.0000**	**4.7500**	**4.7386**	**—**	**4.6959**	**4.6909**	**4.6508**	**3B**	**4.6600**	**4.6698**	**4.6959**	**4.7025**	**4.7500**
4¾-14 UNS	**2A**	**0.0019**	**4.7481**	**4.7378**	**—**	**4.7017**	**4.6953**	**4.6631**	**2B**	**4.673**	**4.688**	**4.7036**	**4.7119**	**4.7500**
4¾-16 UN	**2A**	**0.0018**	**4.7482**	**4.7388**	**—**	**4.7076**	**4.7015**	**4.6737**	**2B**	**4.682**	**4.696**	**4.7094**	**4.7173**	**4.7500**
	3A	**0.0000**	**4.7500**	**4.7406**	**—**	**4.7094**	**4.7049**	**4.6755**	**3B**	**4.6820**	**4.6908**	**4.7094**	**4.7153**	**4.7500**
5.00-10 UNS	**2A**	**0.0022**	**4.9978**	**4.9849**	**—**	**4.9328**	**4.9256**	**4.8788**	**2B**	**4.892**	**4.913**	**4.9350**	**4.9444**	**5.0000**
5.00-12 UN	**2A**	**0.0020**	**4.9980**	**4.9866**	**—**	**4.9439**	**4.9372**	**4.8988**	**2B**	**4.910**	**4.928**	**4.9459**	**4.9546**	**5.0000**
	3A	**0.0000**	**5.0000**	**4.9886**	**—**	**4.9459**	**4.9409**	**4.9008**	**3B**	**4.9100**	**4.9198**	**4.9459**	**4.9525**	**5.0000**
5.00-14 UNS	**2A**	**0.0019**	**4.9981**	**4.9878**	**—**	**4.9517**	**4.9453**	**4.9131**	**2B**	**4.923**	**4.938**	**4.9536**	**4.9619**	**5.0000**
5.00-16 UN	**2A**	**0.0018**	**4.9982**	**4.9888**	**—**	**4.9576**	**4.9515**	**4.9237**	**2B**	**4.932**	**4.946**	**4.9594**	**4.9673**	**5.0000**
	3A	**0.0000**	**5.0000**	**4.9906**	**—**	**4.9594**	**4.9549**	**4.9255**	**3B**	**4.9320**	**4.9408**	**4.9594**	**4.9653**	**5.0000**
5¼-10 UNS	**2A**	**0.0022**	**5.2478**	**5.2349**	**—**	**5.1829**	**5.1756**	**5.1288**	**2B**	**5.142**	**5.163**	**5.1850**	**5.1944**	**5.2500**
5¼-12 UN	**2A**	**0.0020**	**5.2480**	**5.2366**	**—**	**5.1939**	**5.1872**	**5.1488**	**2B**	**5.160**	**5.178**	**5.1959**	**5.2046**	**5.2500**
	3A	**0.0000**	**5.2500**	**5.2386**	**—**	**5.1959**	**5.1909**	**5.1508**	**3B**	**5.1600**	**5.1698**	**5.1959**	**5.2025**	**5.2500**
5¼-14 UNS	**2A**	**0.0019**	**5.2481**	**5.2378**	**—**	**5.2017**	**5.1953**	**5.1631**	**2B**	**5.173**	**5.188**	**5.2036**	**5.2119**	**5.2500**
5¼-16 UN	**2A**	**0.0018**	**5.2482**	**5.2388**	**—**	**5.2076**	**5.2015**	**5.1737**	**2B**	**5.182**	**5.196**	**5.2094**	**5.2173**	**5.2500**
	3A	**0.0000**	**5.2500**	**5.2406**	**—**	**5.2094**	**5.2049**	**5.1755**	**3B**	**5.1820**	**5.1908**	**5.2094**	**5.2153**	**5.2500**
5½-10 UNS	**2A**	**0.0022**	**5.4978**	**5.4849**	**—**	**5.4328**	**5.4256**	**5.3788**	**2B**	**5.392**	**5.413**	**5.4350**	**5.4444**	**5.5000**
5½-12 UN	**2A**	**0.0020**	**5.4980**	**5.4866**	**—**	**5.4439**	**5.4372**	**5.3988**	**2B**	**5.410**	**5.428**	**5.4459**	**5.4546**	**5.5000**
	3A	**0.0000**	**5.5000**	**5.4886**	**—**	**5.4459**	**5.4409**	**5.4008**	**3B**	**5.4100**	**5.4198**	**5.4459**	**5.4525**	**5.5000**
5½-14 UNS	**2A**	**0.0019**	**5.4981**	**5.4878**	**—**	**5.4517**	**5.4453**	**5.4131**	**2B**	**5.423**	**5.438**	**5.4536**	**5.4619**	**5.5000**

（续）

公称尺寸，每英寸螺纹和系列名称①	外螺纹								内螺纹					
	等级	允差	大径			中径		UNR小径②最大（参考）	等级	小径		中径		大径
			最大③	最小	最小④	最大③	最小			最小	最大	最小	最大	最小
5½-16 UN	**2A**	**0.0018**	**5.4982**	**5.4888**	—	**5.4576**	**5.4515**	**5.4237**	**2B**	**5.432**	**5.446**	**5.4594**	**5.4673**	**5.5000**
	3A	**0.0000**	**5.5000**	**5.4906**	—	**5.4594**	**5.4549**	**5.4255**	**3B**	**5.4320**	**5.4408**	**5.4594**	**5.4653**	**5.5000**
5¾-10 UNS	**2A**	**0.0022**	**5.7478**	**5.7349**	—	**5.6828**	**5.6754**	**5.6288**	**2B**	**5.642**	**5.663**	**5.6850**	**5.6946**	**5.7500**
5¾-12 UN	**2A**	**0.0021**	**5.7479**	**5.7365**	—	**5.6938**	**5.6869**	**5.6487**	**2B**	**5.660**	**5.678**	**5.6959**	**5.7049**	**5.7500**
	3A	**0.0000**	**5.7500**	**5.7386**	—	**5.6959**	**5.6907**	**5.6508**	**3B**	**5.6600**	**5.6698**	**5.6959**	**5.7026**	**5.7500**
5¾-14 UNS	**2A**	**0.0020**	**5.7480**	**5.7377**	—	**5.7016**	**5.6951**	**5.6630**	**2B**	**5.673**	**5.688**	**5.7036**	**5.7121**	**5.7500**
5¾-16 UNS	**2A**	**0.0019**	**5.7481**	**5.7387**	—	**5.7075**	**5.7013**	**5.6736**	**2B**	**5.682**	**5.696**	**5.7094**	**5.7175**	**5.7500**
	3A	**0.0000**	**5.7500**	**5.7406**	—	**5.7094**	**5.7047**	**5.6755**	**3B**	**5.6820**	**5.6908**	**5.7094**	**5.7155**	**5.7500**
6-10 UNS	**2A**	**0.0022**	**5.9978**	**5.9849**	—	**5.9328**	**5.9254**	**5.8788**	**2B**	**5.892**	**5.913**	**5.9350**	**5.9446**	**6.0000**
6-14 UNS	**2A**	**0.0020**	**5.9980**	**5.9877**	—	**5.9516**	**5.9451**	**5.9130**	**2B**	**5.923**	**5.938**	**5.9536**	**5.9621**	**6.0000**
6-12 UN	**2A**	**0.0021**	**5.9979**	**5.9865**	—	**5.9438**	**5.9369**	**5.8987**	**2B**	**5.910**	**5.928**	**5.9459**	**5.9549**	**6.0000**

注：仅当标准系列不符合要求时才使用 UNS 螺纹。对于 4in 以上的其他尺寸，请参见 ASME / ANSI B1.1-1989 (R2008)。

① 无论 UNR 螺纹牙型是否供外螺纹使用，使用 UNR 名称而不是 UN。

② UN 系列外螺纹最大小径是 3A 级的基础，是 1A 级和 2A 级的基本负允差。

③ 对于具有附加的表面处理的 2A 级螺纹，最大值增加到基本尺寸，该值与 3A 级相同。

④ 对于未处理的热轧材料，不包括带滚压螺纹的标准紧固件。

粗牙螺纹系列：UNC 和 UNRC 系列是大量生产螺栓、螺钉、螺母和其他一般工程应用中最常用的系列，见表 8-4。它还可用于旋入低强度材料，如铸铁、软钢和较软的材料（青铜、黄铜、铝、镁和塑料），以获得最佳的剥离内螺纹的阻力。它适用于快速装配或拆卸，或者用于可能会发生腐蚀或轻微损坏的零部件。

表 8-4 粗牙系列 UNC 和 UNRC 基本尺寸

尺寸编号或 in	基本大径 D	每英寸螺纹数 n	基本中径① D_2	小径		位于基本中径 PD 的导程角 λ		在 $D-2h_b$ 的小径区	拉应力区
				外螺纹② d_3（参考）	内螺纹③ D_1				
	in		in	in	in	(°)	最小	in²	in²
1(0.073)④	**0.0730**	**64**	**0.0629**	**0.0544**	**0.0561**	**4**	**31**	0.00218	0.00263
2(0.086)	**0.0860**	**56**	**0.0744**	**0.0648**	**0.0667**	**4**	**22**	0.00310	0.00370
3(0.099)④	**0.0990**	**48**	**0.0855**	**0.0741**	**0.0764**	**4**	**26**	0.00406	0.00487
4(0.112)	**0.1120**	**40**	**0.0958**	**0.0822**	**0.0849**	**4**	**45**	0.00496	0.00604
5(0.125)	**0.1250**	**40**	**0.1088**	**0.0952**	**0.0979**	**4**	**11**	0.00672	0.00796
6(0.138)	**0.1380**	**32**	**0.1177**	**0.1008**	**0.1042**	**4**	**50**	0.00745	0.00909
8(0.164)	**0.1640**	**32**	**0.1437**	**0.1268**	**0.1302**	**3**	**58**	0.01196	0.0140
10(0.190)	**0.1900**	**24**	**0.1629**	**0.1404**	**0.1449**	**4**	**39**	0.01450	0.0175
12(0.216)④	**0.2160**	**24**	**0.1889**	**0.1664**	**0.1709**	**4**	**1**	0.0206	0.0242

（续）

尺寸编号或 in	基本大径 D	每英寸螺纹数 n	基本中径①D_2	小径 外螺纹② d_3（参考）	小径 内螺纹③ D_1	位于基本中径 PD 的导程角 λ		在 $D-2h_b$ 的小径区	拉应力区
	in		in	in	in	（°）	最小	in^2	in^2
¼	0.2500	20	0.2175	0.1905	0.1959	4	11	0.0269	0.0318
5/16	0.3125	18	0.2764	0.2464	0.2524	3	40	0.0454	0.0524
⅜	0.3750	16	0.3344	0.3005	0.3073	3	24	0.0678	0.0775
7/16	0.4375	14	0.3911	0.3525	0.3602	3	20	0.0933	0.1063
½	0.5000	13	0.4500	0.4084	0.4167	3	7	0.1257	0.1419
9/16	0.5625	12	0.5084	0.4633	0.4723	2	59	0.162	0.182
⅝	0.6250	11	0.5660	0.5168	0.5266	2	56	0.202	0.226
¾	0.7500	10	0.6850	0.6309	0.6417	2	40	0.302	0.334
⅞	0.8750	9	0.8028	0.7427	0.7547	2	31	0.419	0.462
1	1.0000	8	0.9188	0.8512	0.8647	2	29	0.551	0.606
1⅛	1.1250	7	1.0322	0.9549	0.9704	2	31	0.693	0.763
1¼	1.2500	7	1.1572	1.0799	1.0954	2	15	0.890	0.969
1⅜	1.3750	6	1.2667	1.1766	1.1946	2	24	1.054	1.155
1½	1.5000	6	1.3917	1.3016	1.3196	2	11	1.294	1.405
1¾	1.7500	5	1.6201	1.5119	1.5335	2	15	1.74	1.90
2	2.0000	4½	1.8557	1.7353	1.7594	2	11	2.30	2.50
2¼	2.2500	4½	2.1057	1.9853	2.0094	1	55	3.02	3.25
2¼	2.5000	4	2.3376	2.2023	2.2294	1	57	3.72	4.00
2¾	2.7500	4	2.5876	2.4523	2.4794	1	46	4.62	4.93
3	3.0000	4	2.8376	2.7023	2.7294	1	36	5.62	5.97
3¼	3.2500	4	3.0876	2.9523	2.9794	1	29	6.72	7.10
3¼	3.500	4	3.3376	3.2023	3.2294	1	22	7.92	8.33
3¾	3.7500	4	3.5876	3.4523	3.4794	1	16	9.21	9.66
4	4.0000	4	3.8376	3.7023	3.7294	1	11	10.61	11.08

① 寸制：有效（作用）直径。

② 用于 UNR 螺纹的设计牙型。

③ 基本小径。

④ 第二尺寸。

细牙螺纹系列：UNF 和 UNRF 系列适用于螺栓、螺钉和螺母的生产，但不适用于粗牙系列的其他应用，见表 8-5。该系列的外螺纹具有比粗牙系列的相比尺寸更大的拉应力区。当外部和配对内螺纹的剥离阻力等于或超过外螺纹部件的拉伸载荷能力时，细牙系列是适用的。它还用于旋合长度短的地方，需要更小的导程角，以及壁厚要求细牙，或者需要更细微调整的场合。

表 8-5　细牙系列 UNF 和 UNRF 基本尺寸

尺寸编号或 in	基本大径 D	每英寸螺纹数 n	基本中径①D_2	小径 外螺纹② d_3（参考）	小径 内螺纹③ D_1	位于基本中径 PD 的导程角 λ		在 $D-2h_b$ 的小径区	拉应力
	in		in	in	in	（°）	最小	in^2	in^2
0（0.060）	0.0600	80	0.0519	0.0451	0.0465	4	23	0.00151	0.00180
1（0.073）④	0.0730	72	0.0640	0.0565	0.0580	3	57	0.00237	0.00278

（续）

尺寸编号或 in	基本大径 D	每英寸螺纹数 n	基本中径①D_2	小径 外螺纹② d_3（参考）	小径 内螺纹③ D_1	位于基本中径 PD 的导程角 λ		在 $D-2h_b$ 的小径区	拉应力
	in		in	in	in	(°)	最小	in²	in²
2（0.086）	**0.0860**	**64**	**0.0759**	**0.0674**	**0.0691**	**3**	**45**	0.00339	0.00394
3（0.099）④	**0.0990**	**56**	**0.0874**	**0.0778**	**0.0797**	**3**	**43**	0.00451	0.00523
4（0.112）	**0.1120**	**48**	**0.0985**	**0.0871**	**0.0894**	**3**	**51**	0.00566	0.00661
5（0.125）	**0.1250**	**44**	**0.1102**	**0.0979**	**0.1004**	**3**	**45**	0.00716	0.00830
6（0.138）	**0.1380**	**40**	**0.1218**	**0.1082**	**0.1109**	**3**	**44**	0.00874	0.01015
8（0.164）	**0.1640**	**36**	**0.1460**	**0.1309**	**0.1339**	**3**	**28**	0.01285	0.01474
10（0.190）	**0.1900**	**32**	**0.1697**	**0.1528**	**0.1562**	**3**	**21**	0.0175	0.0200
12(0.216)④	**0.2160**	**28**	**0.1928**	**0.1734**	**0.1773**	**3**	**22**	0.0226	0.0258
1/4	**0.2500**	**28**	**0.2268**	**0.2074**	**0.2113**	**2**	**52**	0.0326	0.0364
5/16	**0.3125**	**24**	**0.2854**	**0.2629**	**0.2674**	**2**	**40**	0.0524	0.0580
3/8	**0.3750**	**24**	**0.3479**	**0.3254**	**0.3299**	**2**	**11**	0.0809	0.0878
7/16	**0.4375**	**20**	**0.4050**	**0.3780**	**0.3834**	**2**	**15**	0.1090	0.1187
1/2	**0.5000**	**20**	**0.4675**	**0.4405**	**0.4459**	**1**	**57**	0.1486	0.1599
9/16	**0.5625**	**18**	**0.5264**	**0.4964**	**0.5024**	**1**	**55**	0.189	0.203
5/8	**0.6250**	**18**	**0.5889**	**0.5589**	**0.5649**	**1**	**43**	0.240	0.256
3/4	**0.7500**	**16**	**0.7094**	**0.6763**	**0.6823**	**1**	**36**	0.351	0.373
7/8	**0.8750**	**14**	**0.8286**	**0.7900**	**0.7977**	**1**	**34**	0.480	0.509
1	**1.0000**	**12**	**0.9459**	**0.9001**	**0.9098**	**1**	**36**	0.625	0.663
1 1/8	**1.1250**	**12**	**1.0709**	**1.0258**	**1.0348**	**1**	**25**	0.812	0.856
1 1/4	**1.2500**	**12**	**1.1959**	**1.1508**	**1.1598**	**1**	**16**	1.024	1.073
1 3/8	**1.3750**	**12**	**1.3209**	**1.2758**	**1.2848**	**1**	**9**	1.260	1.315
1 1/2	**1.5000**	**12**	**1.4459**	**1.4008**	**1.4098**	**1**	**3**	1.521	1.581

① 寸制：有效直径。

② 用于 UNR 螺纹的设计牙型。

③ 基本小径。

④ 第二尺寸。

超细牙系列：UNEF 和 UNREF 系列适用于需要更精细的螺距，旋合长度更短和薄的壁管、螺母、套圈或联轴器，见表 8-6。在上述细螺纹条件下也普遍适用。

薄壁管细牙系列：表 8-3 中同样也包括 27- 螺纹系列从公称尺寸的 1/4～1in 的尺寸。这些螺纹一般用于薄壁管道上。完整螺纹的最小长度是基本大径的 1/3 加上 5 个螺纹（+0.185in）。

选定的组合：表 8-3 中列出了某些附加选定的直径和螺距特殊组合的螺纹数据，中径公差是基于约 9 倍的螺纹旋合长度。中径极限适用于 5～15 倍螺距的旋合长度。该规定不应与配合部件上的螺纹长度混淆，因为它们可能会超过相当数量的旋合长度。螺纹符号为 UNS 和 UNRS。

表 8-6 超细牙系列 UNEF 和 UNREF 基本尺寸

尺寸编号或 in	基本大径 D	每英寸螺纹数 n	基本中径①D_2	小径 外螺纹② d_3（参考）	小径 内螺纹③ D_1	位于基本中径 PD 的导程角 λ		在 $D-2h_b$ 的小径区	拉应力区
	in		in	in	in	(°)	最小	in²	in²
12(0.216)④	**0.2160**	**32**	**0.1957**	**0.1788**	**0.1822**	**2**	**55**	0.0242	0.0270
1/4	**0.2500**	**32**	**0.2297**	**0.2128**	**0.2162**	**2**	**29**	**0.0344**	**0.0379**

（续）

尺寸编号或 in	基本大径 D	每英寸螺纹数 n	基本中径① D_2	小径		位于基本中径 PD 的导程角 λ		在 $D-2h_b$ 的小径区	拉应力区
				外螺纹② d_3（参考）	内螺纹③ D_1				
	in		in	in	in	(°)	最小	in²	in²
5/16	**0.3125**	**32**	**0.2922**	**0.2753**	**0.2787**	**1**	**57**	0.0581	0.0625
3/8	**0.3750**	**32**	**0.3547**	**0.3378**	**0.3412**	**1**	**36**	0.0878	0.0932
7/16	**0.4375**	**28**	**0.4143**	**0.3949**	**0.3988**	**1**	**34**	0.1201	0.1274
1/2	**0.5000**	**28**	**0.4768**	**0.4574**	**0.4613**	**1**	**22**	0.162	0.170
9/16	**0.5625**	**24**	**0.5354**	**0.5129**	**0.5174**	**1**	**25**	0.203	0.214
5/8	**0.6250**	**24**	**0.5979**	**0.5754**	**0.5799**	**1**	**16**	0.256	0.268
11/16	**0.6875**	**24**	**0.6604**	**0.6379**	**0.6424**	**1**	**9**	0.315	0.329
3/4	**0.7500**	**20**	**0.7175**	**0.6905**	**0.6959**	**1**	**16**	0.369	0.386
13/16	**0.8125**	**20**	**0.7800**	**0.7530**	**0.7584**	**1**	**10**	0.439	0.458
7/8	**0.8750**	**20**	**0.8425**	**0.8155**	**0.8209**	**1**	**5**	0.515	0.536
15/16	**0.9375**	**20**	**0.9050**	**0.8780**	**0.8834**	**1**	**0**	0.598	0.620
1	**1.0000**	**20**	**0.9675**	**0.9405**	**0.9459**	**0**	**57**	0.687	0.711
1 1/16④	**1.0625**	**18**	**1.0264**	**0.9964**	**1.0024**	**0**	**59**	0.770	0.799
1 1/8	**1.1250**	**18**	**1.0889**	**1.0589**	**1.0649**	**0**	**56**	0.871	0.901
1 3/16④	**1.1875**	**18**	**1.1514**	**1.1214**	**1.1274**	**0**	**53**	0.977	1.009
1 1/4	**1.2500**	**18**	**1.2139**	**1.1839**	**1.1899**	**0**	**50**	1.090	1.123
1 5/16④	**1.3125**	**18**	**1.2764**	**1.2464**	**1.2524**	**0**	**48**	1.208	1.244
1 3/8	**1.3750**	**18**	**1.3389**	**1.3089**	**1.3149**	**0**	**45**	1.333	1.370
1 7/16④	**1.4375**	**18**	**1.4014**	**1.3714**	**1.3774**	**0**	**43**	1.464	1.503
1 1/2	**1.5000**	**18**	**1.4639**	**1.4339**	**1.4399**	**0**	**42**	1.60	1.64
1 9/16④	**1.5625**	**18**	**1.5264**	**1.4964**	**1.5024**	**0**	**40**	1.74	1.79
1 5/8	**1.6250**	**18**	**1.5889**	**1.5589**	**1.5649**	**0**	**38**	1.89	1.94
1 11/16④	**1.6875**	**18**	**1.6514**	**1.6214**	**1.6274**	**0**	**37**	2.05	2.10

① 寸制：有效（作用）直径。

② 用于 UNR 螺纹的设计牙型。

③ 基本小径。

④ 第二尺寸。

特殊直径、螺距和旋合长度的其他螺纹：标准中还包括未包含在选定组合中的直径、螺距和旋合长度的特殊组合的螺纹数据，但此处未给出。此外，当设计考虑因素需要非标准螺距或表中未涵盖的极端旋合条件时，允差和公差应从标准中的公式中得出。这种特殊螺纹的螺纹符号是 UNS。

5. 等螺距系列

表 8-3 给出了各种恒定螺距系列 UN，每英寸有 4 牙、6 牙、8 牙、12 牙、16 牙、20 牙、28 牙和 32 牙，为这些粗、细和超精细系列中不满足设计特殊要求目的的螺纹提供了全面的直径-螺距组合范围，其螺纹系列见表 8-7 ~ 表 8-14。

当从这些恒定螺距系列中选择螺纹时，应尽可能优先选择在 8 牙、12 牙或 16 牙螺纹系列中列出的螺纹。

8 牙螺纹系列：8 牙螺纹系列（8-UN）是一款用于大直径的均匀螺距系列。虽然原来是用于高压接头螺栓和螺母，但现在它被广泛用作直径大于 1in 的粗牙系列的替代品。

12 牙螺纹系列：12 牙螺纹系列（12-UN）是一款用于需要中细牙螺纹的大的直径且有均匀螺距的系列。虽然原本是用于锅炉的，但它现在被用作直径大于 1½in 的细牙系列的延续。

16 牙螺纹系列：16 牙螺纹系列（16-UN）是一款用于需要细牙螺纹的大的直径且有均匀螺距的系列。适用于调整套环和固定螺母，也可作为直径大

于 $1\frac{11}{16}$in 的超细螺纹系列的延续。

4 牙、6 牙、20 牙、28 牙和 32 牙螺纹系列：这些螺纹系列已或多或少地被广泛应用于各种工业中标准粗、细或超细系列不适用的应用。它们现在被认可为每个螺距指定的直径选择统一标准的螺纹系列。

当在 UNC、UNF 或 UNEF 系列中也出现恒定螺距系列的螺纹，UNC、UNF 或 UNEF 系列的尺寸极限的符号和公差都适用。

表 8-7　4 牙螺纹系列，4-UN 和 4-UNR 基本尺寸

尺寸		基本大径 D	基本中径① D_2	小径		在基本 PD 的导程角 λ		小径区 $D-2h_b$	拉应力区
主要	次要			外螺纹② d_3s（参考）	内螺纹③ D_1				
in	in	in	in	in	in	（°）	最小	in^2	in^2
$2\frac{1}{2}$④		2.5000	2.3376	2.2023	2.2294	1	57	3.72	4.00
	$2\frac{5}{8}$	2.6250	2.4626	2.3273	2.3544	1	51	4.16	4.45
$2\frac{3}{4}$④		2.7500	2.5876	2.4523	2.4794	1	46	4.62	4.93
	$2\frac{7}{8}$	2.8750	2.7126	2.5773	2.6044	1	41	5.11	5.44
3④		3.0000	2.8376	2.7023	2.7294	1	36	5.62	5.97
	$3\frac{1}{8}$	3.1250	2.9626	2.8273	2.8544	1	32	6.16	6.52
$3\frac{1}{4}$④		3.2500	3.0876	2.9523	2.9794	1	29	6.72	7.10
	$3\frac{3}{8}$	3.3750	3.2126	3.0773	3.1044	1	25	7.31	7.70
$3\frac{1}{2}$④		3.5000	3.3376	3.2023	3.2294	1	22	7.92	8.33
	$3\frac{5}{8}$	3.6250	3.4626	3.3273	3.3544	1	19	8.55	9.00
$3\frac{1}{4}$④		3.7500	3.5876	3.4523	3.4794	1	16	9.21	9.66
	$3\frac{7}{8}$	3.8750	3.7126	3.5773	3.6044	1	14	9.90	10.36
4④		4.0000	3.8376	3.7023	3.7294	1	11	10.61	11.08
	$4\frac{1}{8}$	4.1250	3.9626	3.8273	3.8544	1	9	11.34	11.83
$4\frac{1}{4}$		4.2500	4.0876	3.9523	3.9794	1	7	12.10	12.61
	$4\frac{3}{8}$	4.3750	4.2126	4.0773	4.1044	1	5	12.88	13.41
$4\frac{1}{2}$		4.5000	4.3376	4.2023	4.2294	1	3	13.69	14.23
	$4\frac{5}{8}$	4.6250	4.4626	4.3273	4.3544	1	1	14.52	15.1
$4\frac{3}{4}$		4.7500	4.5876	4.4523	4.4794	1	0	15.4	15.9
	$4\frac{7}{8}$	4.8750	4.7126	4.5773	4.6044	0	58	16.3	16.8
5		5.0000	4.8376	4.7023	4.7294	0	57	17.2	17.8
	$5\frac{1}{8}$	5.1250	4.9626	4.8273	4.8544	0	55	18.1	18.7
$5\frac{1}{4}$		5.2500	5.0876	4.9523	4.9794	0	54	19.1	19.7
	$5\frac{3}{8}$	5.3750	5.2126	5.0773	5.1044	0	52	20.0	20.7
$5\frac{1}{2}$		5.5000	5.3376	5.2023	5.2294	0	51	21.0	21.7
	$5\frac{5}{8}$	5.6250	5.4626	5.3273	5.3544	0	50	22.1	22.7
$5\frac{3}{4}$		5.7500	5.5876	5.4523	5.4794	0	49	23.1	23.8
	$5\frac{7}{8}$	5.8750	5.7126	5.5773	5.6044	0	48	24.2	24.9
6		6.0000	5.8376	5.7023	5.7294	0	47	25.3	26.0

① 寸制：有效直径。

② 用于 UNR 螺纹的设计牙型。

③ 基本小径。

④ 这些是 UNC 系列的标准尺寸。

表 8-8　6 牙螺纹系列，6-UN 和 6-UNR 基本尺寸

尺寸		基本大径 D	基本中径① D_2	小径		在基本 PD 的导程角 λ		小径区 $D-2h_b$	拉应力区
主要	次要			外螺纹② d_3s（参考）	内螺纹③ D_1				
in	in	in	in	in	in	(°)	最小	in^2	in^2
1 3/8④		1.3750	1.2667	1.1766	1.1946	2	24	1.054	1.155
	1 7/16	1.4375	1.3292	1.2391	1.2571	2	17	1.171	1.277
1 1/2④		1.5000	1.3917	1.3016	1.3196	2	11	1.294	1.405
	1 9/16	1.5625	1.4542	1.3641	1.3821	2	5	1.423	1.54
1 5/8		1.6250	1.5167	1.4271	1.4446	2	0	1.56	1.68
	1 11/16	1.6875	1.5792	1.4891	1.5071	1	55	1.70	1.83
1 3/4		1.7500	1.6417	1.5516	1.5696	1	51	1.85	1.98
	1 13/16	1.8125	1.7042	1.6141	1.6321	1	47	2.00	2.14
1 7/8		1.8750	1.7667	1.6766	1.6946	1	43	2.16	2.30
	1 15/16	1.9375	1.8292	1.7391	1.7571	1	40	2.33	2.47
2		2.0000	1.8917	1.8016	1.8196	1	36	2.50	2.65
	2 1/8	2.1250	2.0167	1.9266	1.9446	1	30	2.86	3.03
2 1/4		2.2500	2.1417	2.0516	2.0696	1	25	3.25	3.42
	2 3/8	2.3750	2.2667	2.1766	2.1946	1	20	3.66	3.85
2 1/2		2.5000	2.3917	2.3016	2.3196	1	16	4.10	4.29
	2 5/8	2.6250	2.5167	2.4266	2.4446	1	12	4.56	4.76
2 3/4		2.7500	2.6417	2.5516	2.5696	1	9	5.04	5.26
	2 7/8	2.8750	2.7667	2.6766	2.6946	1	6	5.55	5.78
3		3.0000	2.8917	2.8016	2.8196	1	3	6.09	6.33
	3 1/8	3.1250	3.0167	2.9266	2.9446	1	0	6.64	6.89
3 1/4		3.2500	3.1417	3.0516	3.0696	0	58	7.23	7.49
	3 3/8	3.3750	3.2667	3.1766	3.1946	0	56	7.84	8.11
3 1/2		3.5000	3.3917	3.3016	3.3196	0	54	8.47	8.75
	3 5/8	3.6250	3.5167	3.4266	3.4446	0	52	9.12	9.42
3 3/4		3.7500	3.6417	3.5516	3.5696	0	50	9.81	10.11
	3 7/8	3.8750	3.7667	3.6766	3.6946	0	48	10.51	10.83
4		4.0000	3.8917	3.8016	3.8196	0	47	11.24	11.57
	4 1/8	4.1250	4.0167	3.9266	3.9446	0	45	12.00	12.33
4 1/4		4.2500	4.1417	4.0516	4.0696	0	44	12.78	13.12
	4 3/8	4.3750	4.2667	4.1766	4.1946	0	43	13.58	13.94
4 1/2		4.5000	4.3917	4.3016	4.3196	0	42	14.41	14.78
	4 5/8	4.6250	4.5167	4.4266	4.4446	0	40	15.3	15.6
4 3/4		4.7500	4.6417	4.5516	4.5696	0	39	16.1	16.5
	4 7/8	4.8750	4.7667	4.6766	4.6946	0	38	17.0	17.5
5		5.0000	4.8917	4.8016	4.8196	0	37	18.0	18.4
	5 1/8	5.1250	5.0167	4.9266	4.9446	0	36	18.9	19.3
5 1/4		5.2500	5.1417	5.0516	5.0696	0	35	19.9	20.3
	5 3/8	5.3750	5.2667	5.1766	5.1946	0	35	20.9	21.3
5 1/2		5.5000	5.3917	5.3016	5.3196	0	34	21.9	22.4

（续）

尺寸		基本大径 D	基本中径① D_2	小径		在基本 PD 的导程角 λ		小径区 $D-2h_b$	拉应力区
主要	次要			外螺纹② d_3s（参考）	内螺纹③ D_1				
in	in	in	in	in	in	(°)	最小	in^2	in^2
	5 5/8	5.6250	5.5167	5.4266	5.4446	0	33	23.0	23.4
5 3/4		5.7500	5.6417	5.5516	5.5696	0	32	24.0	24.5
	5 7/8	5.8750	5.7667	5.6766	5.6946	0	32	25.1	25.6
6		6.0000	5.8917	5.8016	5.8196	0	31	26.3	26.8

① 寸制：有效直径。

② 用于 UNR 螺纹的设计牙型。

③ 基本小径。

④ 这些是 UNC 系列的标准尺寸。

表 8-9 8 牙螺纹系列，8-UN 和 8-UNR 基本尺寸

尺寸		基本大径 D	基本中径① D_2	小径		在基本 PD 的导程角 λ		小径区 $D-2h_b$	拉应力区
主要	次要			外螺纹② d_3s（参考）	内螺纹③ D_1				
in	in	in	in	in	in	(°)	最小	in^2	in^2
1④		1.0000	0.9188	0.8512	0.8647	2	29	0.551	0.606
	1 1/16	1.0625	0.9813	0.9137	0.9272	2	19	0.636	0.695
1 1/8		1.1250	1.0438	0.9792	0.9897	2	11	0.728	0.790
	1 3/16	1.1875	1.1063	1.0387	1.0522	2	4	0.825	0.892
1 1/4		1.2500	1.1688	1.1012	1.1147	1	57	0.929	1.000
	1 5/16	1.3125	1.2313	1.1637	1.1772	1	51	1.039	1.114
1 3/8		1.3750	1.2938	1.2262	1.2397	1	46	1.155	1.233
	1 7/16	1.4375	1.3563	1.2887	1.3022	1	41	1.277	1.360
1 1/2		1.5000	1.4188	1.3512	1.3647	1	36	1.405	1.492
	1 9/16	1.5625	1.4813	1.4137	1.4272	1	32	1.54	1.63
1 5/8		1.6250	1.5438	1.4806	1.4897	1	29	1.68	1.78
	1 11/16	1.6875	1.6063	1.5387	1.5522	1	25	1.83	1.93
1 3/4		1.7500	1.6688	1.6012	1.6147	1	22	1.98	2.08
	1 13/16	1.8125	1.7313	1.6637	1.6772	1	19	2.14	2.25
1 7/8		1.8750	1.7938	1.7262	1.7397	1	16	2.30	2.41
	1 15/16	1.9375	1.8563	1.7887	1.8022	1	14	2.47	2.59
2		2.0000	1.9188	1.8512	1.8647	1	11	2.65	2.77
	2 1/8	2.1250	2.0438	1.9762	1.9897	1	7	3.03	3.15
2 1/4		2.2500	2.1688	2.1012	2.1147	1	3	3.42	3.56
	2 3/8	2.3750	2.2938	2.2262	2.2397	1	0	3.85	3.99
2 1/2		2.5000	2.4188	2.3512	2.3647	0	57	4.29	4.44
	2 5/8	2.6250	2.5438	2.4762	2.4897	0	54	4.76	4.92
2 3/4		2.7500	2.6688	2.6012	2.6147	0	51	5.26	5.43
	2 7/8	2.8750	2.7938	2.7262	2.7397	0	49	5.78	5.95
3		3.0000	2.9188	2.8512	2.8647	0	47	6.32	6.51
	3 1/8	3.1250	3.0438	2.9762	2.9897	0	45	6.89	7.08

（续）

尺寸		基本大径 D	基本中径① D_2	小径		在基本 PD 的导程角 λ	小径区 $D-2h_b$	拉应力区	
主要	次要			外螺纹② d_3s（参考）	内螺纹③ D_1				
in	in	in	in	in	in	(°)	最小	in^2	in^2
$3\frac{1}{4}$		3.2500	3.1688	3.1012	3.1147	0	43	7.49	7.69
	$3\frac{3}{8}$	3.3750	3.2938	3.2262	3.2397	0	42	8.11	8.31
$3\frac{1}{2}$		3.5000	3.4188	3.3512	3.3647	0	40	8.75	8.96
	$3\frac{5}{8}$	3.6250	3.5438	3.4762	3.4897	0	39	9.42	9.64
$3\frac{3}{4}$		3.7500	3.6688	3.6012	3.6147	0	37	10.11	10.34
	$3\frac{7}{8}$	3.8750	3.7938	3.7262	3.7397	0	36	10.83	11.06
4		4.0000	3.9188	3.8512	3.8647	0	35	11.57	11.81
	$4\frac{1}{8}$	4.1250	4.0438	3.9762	3.9897	0	34	12.34	12.59
$4\frac{1}{4}$		4.2500	4.1688	4.1012	4.1147	0	33	13.12	13.38
	$4\frac{3}{8}$	4.3750	4.2938	4.2262	4.2397	0	32	13.94	14.21
$4\frac{1}{2}$		4.5000	4.4188	4.3512	4.3647	0	31	14.78	15.1
	$4\frac{5}{8}$	4.6250	4.5438	4.4762	4.4897	0	30	15.6	15.9
$4\frac{3}{4}$		4.7500	4.6688	4.6012	4.6147	0	29	16.5	16.8
	$4\frac{7}{8}$	4.8750	4.7938	4.7262	4.7397	0	29	17.4	17.7
5		5.0000	4.9188	4.8512	4.8647	0	28	18.4	18.7
	$5\frac{1}{8}$	5.1250	5.0438	4.9762	4.9897	0	27	19.3	19.7
$5\frac{1}{4}$		5.2500	5.1688	5.1012	5.1147	0	26	20.3	20.7
	$5\frac{3}{8}$	5.3750	5.2938	5.2262	5.2397	0	26	21.3	21.7
$5\frac{1}{2}$		5.5000	5.4188	5.3512	5.3647	0	25	22.4	22.7
	$5\frac{5}{8}$	5.6250	5.5438	5.4762	5.4897	0	25	23.4	23.8
$5\frac{3}{4}$		5.7500	5.6688	5.6012	5.6147	0	24	24.5	24.9
	$5\frac{7}{8}$	5.8750	5.7938	5.7262	5.7397	0	24	25.6	26.0
6		6.0000	5.9188	5.8512	5.8647	0	23	26.8	27.1

① 寸制：有效直径。
② 用于 UNR 螺纹的设计牙型。
③ 基本小径。
④ 这些是 UNC 系列的标准尺寸。

表 8-10　12 牙螺纹系列，12-UN 和 12-UNR 基本尺寸

尺寸		基本大径 D	基本中径① D_2	小径		在基本 PD 的导程角 λ		小径区 $D-2h_b$	拉应力区
主要	次要			外螺纹② d_3s（参考）	内螺纹③ D_1				
in	in	in	in	in	in	(°)	最小	in^2	in^2
$\frac{9}{16}$④		0.5625	0.5084	0.4633	0.4723	2	59	0.162	0.182
$\frac{5}{8}$		0.6250	0.5709	0.5258	0.5348	2	40	0.210	0.232
	$\frac{11}{16}$	0.6875	0.6334	0.5883	0.5973	2	24	0.264	0.289
$\frac{3}{4}$		0.7500	0.6959	0.6508	0.6598	2	11	0.323	0.351
	$\frac{13}{16}$	0.8125	0.7584	0.7133	0.7223	2	0	0.390	0.420
$\frac{7}{8}$		0.8750	0.8209	0.7758	0.7848	1	51	0.462	0.495

（续）

尺寸		基本大径 D	基本中径① D_2	小径		在基本 PD 的导程角 λ		小径区 $D-2h_b$	拉应力区
主要	次要			外螺纹② d_3s（参考）	内螺纹③ D_1				
in	in	in	in	in	in	(°)	最小	in^2	in^2
	15/16	0.9375	0.8834	0.8383	0.8473	1	43	0.540	0.576
1④		1.0000	0.9459	0.9008	0.9098	1	36	0.625	0.663
	1 1/16	1.0625	1.0084	0.9633	0.9723	1	30	0.715	0.756
1 1/8④		1.1250	1.0709	1.0258	1.0348	1	25	0.812	0.856
	1 3/16	1.1875	1.1334	1.0883	1.0973	1	20	0.915	0.961
1 1/4		1.2500	1.1959	1.1508	1.1598	1	16	1.024	1.073
	1 5/16	1.3125	1.2584	1.2133	1.2223	1	12	1.139	1.191
1 3/8		1.3750	1.3209	1.2758	1.2848	1	9	1.260	1.315
	1 7/16	1.4375	1.3834	1.3383	1.3473	1	6	1.388	1.445
1 1/2④		1.5000	1.4459	1.4008	1.4098	1	3	1.52	1.58
	1 9/16	1.5625	1.5084	1.4633	1.4723	1	0	1.66	1.72
1 5/8		1.6250	1.5709	1.5258	1.5348	0	58	1.81	1.87
	1 11/16	1.6875	1.6334	1.5883	1.5973	0	56	1.96	2.03
1 3/4		1.7500	1.6959	1.6508	1.6598	0	54	2.12	2.19
	1 13/16	1.8125	1.7584	1.7133	1.7223	0	52	2.28	2.35
1 7/8		1.8750	1.8209	1.7758	1.7848	0	50	2.45	2.53
	1 15/16	1.9375	1.8834	1.8383	1.8473	0	48	2.63	2.71
2		2.0000	1.9459	1.9008	1.9098	0	47	2.81	2.89
	2 1/8	2.1250	2.0709	2.0258	2.0348	0	44	3.19	3.28
2 1/4		2.2500	2.1959	2.1508	2.1598	0	42	3.60	3.69
	2 3/8	2.3750	2.3209	2.2758	2.2848	0	39	4.04	4.13
2 1/2		2.5000	2.4459	2.4008	2.4098	0	37	4.49	4.60
	2 5/8	2.6250	2.5709	2.5258	2.5348	0	35	4.97	5.08
2 3/4		2.7500	2.6959	2.6508	2.6598	0	34	5.48	5.59
	2 7/8	2.8750	2.8209	2.7758	2.7848	0	32	6.01	6.13
3		3.0000	2.9459	2.9008	2.9098	0	31	6.57	6.69
	3 1/8	3.1250	3.0709	3.0258	3.0348	0	30	7.15	7.28
3 1/4		3.2500	3.1959	3.1508	3.1598	0	29	7.75	7.89
	3 3/8	3.3750	3.3209	3.2758	3.2848	0	27	8.38	8.52
3 1/2		3.5000	3.4459	3.4008	3.4098	0	26	9.03	9.18
	3 5/8	3.6250	3.5709	3.5258	3.5348	0	26	9.71	9.86
3 3/4		3.7500	3.6959	3.6508	3.6598	0	25	10.42	10.57
	3 7/8	3.8750	3.8209	3.7758	3.7848	0	24	11.14	11.30
4		4.0000	3.9459	3.9008	3.9098	0	23	11.90	12.06
	4 1/8	4.1250	4.0709	4.0258	4.0348	0	22	12.67	12.84
4 1/4		4.2500	4.1959	4.1508	4.1598	0	22	13.47	13.65
	4 3/8	4.3750	4.3209	4.2758	4.2848	0	21	14.30	14.48
4 1/2		4.5000	4.4459	4.4008	4.4098	0	21	15.1	15.3
	4 5/8	4.6250	4.5709	4.5258	4.5348	0	20	16.0	16.2

（续）

尺寸		基本大径 D	基本中径①D_2	小径		在基本 PD 的导程角 λ		小径区 $D-2h_b$	拉应力区
主要	次要			外螺纹② d_3s（参考）	内螺纹③ D_1				
in	in	in	in	in	in	(°)	最小	in^2	in^2
4¾		**4.7500**	**4.6959**	**4.6508**	**4.6598**	**0**	**19**	16.9	17.1
	4⅞	**4.8750**	**4.8209**	**4.7758**	**4.7848**	**0**	**19**	17.8	18.0
5		**5.0000**	**4.9459**	**4.9008**	**4.9098**	**0**	**18**	18.8	19.0
	5⅛	**5.1250**	**5.0709**	**5.0258**	**5.0348**	**0**	**18**	19.8	20.0
5¼		**5.2500**	**5.1959**	**5.1508**	**5.1598**	**0**	**18**	20.8	21.0
	5⅜	**5.3750**	**5.3209**	**5.2758**	**5.2848**	**0**	**17**	21.8	22.0
5½		**5.5000**	**5.4459**	**5.4008**	**5.4098**	**0**	**17**	22.8	23.1
	5⅝	**5.6250**	**5.5709**	**5.5258**	**5.5348**	**0**	**16**	23.9	24.1
5¾		**5.7500**	**5.6959**	**5.6508**	**5.6598**	**0**	**16**	25.0	25.2
	5⅞	**5.8750**	**5.8209**	**5.7758**	**5.7848**	**0**	**16**	26.1	26.4
6		**6.0000**	**5.9459**	**5.9008**	**5.9098**	**0**	**15**	27.3	27.5

① 寸制：有效直径。
② 用于 UNR 螺纹的设计牙型。
③ 基本小径。
④ 这些是 UNC 或 UNF 系列的标准尺寸。

表 8-11　16 牙螺纹系列，16-UN 和 16-UNR 基本尺寸

尺寸		基本大径 D	基本中径① D_2	小径		在基本 PD 的导程角 λ		小径区 $D-2h_b$	拉应力区
主要	次要			外螺纹② d_3s（参考）	内螺纹③ D_1				
in	in	in	in	in	in	(°)	最小	in^2	in^2
⅜④		**0.3750**	**0.3344**	**0.3005**	**0.3073**	**3**	**24**	0.0678	0.0775
7/16		**0.4375**	**0.3969**	**0.3630**	**0.3698**	**2**	**52**	0.0997	0.1114
½		**0.5000**	**0.4594**	**0.4255**	**0.4323**	**2**	**29**	0.1378	0.151
9/16		**0.5625**	**0.5219**	**0.4880**	**0.4948**	**2**	**11**	0.182	0.198
⅝		**0.6250**	**0.5844**	**0.5505**	**0.5573**	**1**	**57**	0.232	0.250
	11/16	**0.6875**	**0.6469**	**0.6130**	**0.6198**	**1**	**46**	0.289	0.308
¾④		**0.7500**	**0.7094**	**0.6755**	**0.6823**	**1**	**36**	0.351	0.373
	13/16	**0.8125**	**0.7719**	**0.7380**	**0.7448**	**1**	**29**	0.420	0.444
⅞		**0.8750**	**0.8344**	**0.8005**	**0.8073**	**1**	**22**	0.495	0.521
	15/16	**0.9375**	**0.8969**	**0.8630**	**0.8698**	**1**	**16**	0.576	0.604
1		**1.0000**	**0.9594**	**0.9255**	**0.9323**	**1**	**11**	0.663	0.693
	1 1/16	**1.0625**	**1.0219**	**0.9880**	**0.9948**	**1**	**7**	0.756	0.788
1⅛		**1.1250**	**1.0844**	**1.0505**	**1.0573**	**1**	**3**	0.856	0.889
	1 3/16	**1.1875**	**1.1469**	**1.1130**	**1.1198**	**1**	**0**	0.961	0.997
1¼		**1.2500**	**1.2094**	**1.1755**	**1.1823**	**0**	**57**	1.073	1.111
	1 5/16	**1.3125**	**1.2719**	**1.2380**	**1.2448**	**0**	**54**	1.191	1.230
1⅜		**1.3750**	**1.3344**	**1.3005**	**1.3073**	**0**	**51**	1.315	1.356
	1 7/16	**1.4375**	**1.3969**	**1.3630**	**1.3698**	**0**	**49**	1.445	1.488
1½		**1.5000**	**1.4594**	**1.4255**	**1.4323**	**0**	**47**	1.58	1.63

（续）

尺寸		基本大径 D	基本中径[①] D_2	小径		在基本 PD 的导程角 λ		小径区 $D-2h_b$	拉应力区
主要	次要			外螺纹[②] d_3s（参考）	内螺纹[③] D_1				
in	in	in	in	in	in	(°)	最小	in^2	in^2
	1 9/16	**1.5625**	**1.5219**	**1.4880**	**1.4948**	**0**	**45**	1.72	1.77
1 5/8		**1.6250**	**1.5844**	**1.5505**	**1.5573**	**0**	**43**	1.87	1.92
	1 11/16	**1.6875**	**1.6469**	**1.6130**	**1.6198**	**0**	**42**	2.03	2.08
1 3/4		**1.7500**	**1.7094**	**1.6755**	**1.6823**	**0**	**40**	2.19	2.24
	1 13/16	**1.8125**	**1.7719**	**1.7380**	**1.7448**	**0**	**39**	2.35	2.41
1 7/8		**1.8750**	**1.8344**	**1.8005**	**1.8073**	**0**	**37**	2.53	2.58
	1 15/16	**1.9375**	**1.8969**	**1.8630**	**1.8698**	**0**	**36**	2.71	2.77
2		**2.0000**	**1.9594**	**1.9255**	**1.9323**	**0**	**35**	2.89	2.95
	2 1/8	**2.1250**	**2.0844**	**2.0505**	**2.0573**	**0**	**33**	3.28	3.35
2 1/4		**2.2500**	**2.2094**	**2.1755**	**2.1823**	**0**	**31**	3.69	3.76
	2 3/8	**2.3750**	**2.3344**	**2.3005**	**2.3073**	**0**	**29**	4.13	4.21
2 1/2		**2.5000**	**2.4594**	**2.4255**	**2.4323**	**0**	**28**	4.60	4.67
	2 5/8	**2.6250**	**2.5844**	**2.5505**	**2.5573**	**0**	**26**	5.08	5.16
2 3/4		**2.7500**	**2.7094**	**2.6755**	**2.6823**	**0**	**25**	5.59	5.68
	2 7/8	**2.8750**	**2.8344**	**2.8005**	**2.8073**	**0**	**24**	6.13	6.22
3		**3.0000**	**2.9594**	**2.9255**	**2.9323**	**0**	**23**	6.69	6.78
	3 1/8	**3.1250**	**3.0844**	**3.0505**	**3.0573**	**0**	**22**	7.28	7.37
3 1/4		**3.2500**	**3.2094**	**3.1755**	**3.1823**	**0**	**21**	7.89	7.99
	3 3/8	**3.3750**	**3.3344**	**3.3005**	**3.3073**	**0**	**21**	8.52	8.63
3 1/2		**3.5000**	**3.4594**	**3.4255**	**3.4323**	**0**	**20**	9.18	9.29
	3 5/8	**3.6250**	**3.5844**	**3.5505**	**3.5573**	**0**	**19**	9.86	9.98
3 3/4		**3.7500**	**3.7094**	**3.6755**	**3.6823**	**0**	**18**	10.57	10.69
	3 7/8	**3.8750**	**3.8344**	**3.8005**	**3.8073**	**0**	**18**	11.30	11.43
4		**4.0000**	**3.9594**	**3.9255**	**3.9323**	**0**	**17**	12.06	12.19
	4 1/8	**4.1250**	**4.0844**	**4.0505**	**4.0573**	**0**	**17**	12.84	12.97
4 1/4		**4.2500**	**4.2094**	**4.1755**	**4.1823**	**0**	**16**	13.65	13.78
	4 3/8	**4.3750**	**4.3344**	**4.3005**	**4.3073**	**0**	**16**	14.48	14.62
4 1/2		**4.5000**	**4.4594**	**4.4255**	**4.4323**	**0**	**15**	15.34	15.5
	4 5/8	**4.6250**	**4.5844**	**4.5505**	**4.5573**	**0**	**15**	16.2	16.4
4 3/4		**4.7500**	**4.7094**	**4.6755**	**4.6823**	**0**	**15**	17.1	17.3
	4 7/8	**4.8750**	**4.8344**	**4.8005**	**4.8073**	**0**	**14**	18.0	18.2
5		**5.0000**	**4.9594**	**4.9255**	**4.9323**	**0**	**14**	19.0	19.2
	5 1/8	**5.1250**	**5.0844**	**5.0505**	**5.0573**	**0**	**13**	20.0	20.1
5 1/4		**5.2500**	**5.2094**	**5.1755**	**5.1823**	**0**	**13**	21.0	21.1
	5 3/8	**5.3750**	**5.3344**	**5.3005**	**5.3073**	**0**	**13**	22.0	22.2
5 1/2		**5.5000**	**5.4594**	**5.4255**	**5.4323**	**0**	**13**	23.1	23.2
	5 5/8	**5.6250**	**5.5844**	**5.5505**	**5.5573**	**0**	**12**	24.1	24.3
5 3/4		**5.7500**	**5.7094**	**5.6755**	**5.6823**	**0**	**12**	25.2	25.4
	5 7/8	**5.8750**	**5.8344**	**5.8005**	**5.8073**	**0**	**12**	26.4	26.5
6		**6.0000**	**5.9594**	**5.9255**	**5.9323**	**0**	**11**	27.5	27.7

① 寸制：有效直径。

② 用于 UNR 螺纹的设计牙型。

③ 基本小径。

④ 这些是 UNC 或 UNF 系列的标准尺寸。

表 8-12 20 牙螺纹系列，20-UN 和 20-UNR 基本尺寸

尺寸		基本大径 D	基本中径① D_2	小径		在基本 PD 的导程角 λ		小径区 $D-2h_b$	拉应力区
主要	次要			外螺纹② d_3s（参考）	内螺纹③ D_1				
in	in	in	in	in	in	(°)	最小	in^2	in^2
1/4④		0.2500	0.2175	0.1905	0.1959	4	11	0.0269	0.0318
5/16		0.3125	0.2800	0.2530	0.2584	3	15	0.0481	0.0547
3/8		0.3750	0.3425	0.3155	0.3209	2	40	0.0755	0.0836
7/16④		0.4375	0.4050	0.3780	0.3834	2	15	0.1090	0.1187
1/2④		0.5000	0.4675	0.4405	0.4459	1	57	0.1486	0.160
9/16		0.5625	0.5300	0.5030	0.5084	1	43	0.194	0.207
5/8		0.6250	0.5925	0.5655	0.5709	1	32	0.246	0.261
	11/16	0.6875	0.6550	0.6280	0.6334	1	24	0.304	0.320
3/4④		0.7500	0.7175	0.6905	0.6959	1	16	0.369	0.386
	13/16	0.8125	0.7800	0.7530	0.7584	1	10	0.439	0.458
7/8		0.8750	0.8425	0.8155	0.8209	1	5	0.515	0.536
	15/16	0.9375	0.9050	0.8780	0.8834	1	0	0.0.598	0.620
1④		1.0000	0.9675	0.9405	0.9459	0	57	0.687	0.711
	1 1/16	1.0625	1.0300	1.0030	1.0084	0	53	0.782	0.807
1 1/8		1.1250	1.0925	1.0655	1.0709	0	50	0.882	0.910
	1 3/16	1.1875	1.1550	1.1280	1.1334	0	47	0.990	1.018
1 1/14		1.2500	1.2175	1.1905	1.1959	0	45	1.103	1.133
	1 5/16	1.3125	1.2800	1.2530	1.2584	0	43	1.222	1.254
1 3/8		1.3750	1.3425	1.3155	1.3209	0	41	1.348	1.382
	1 7/16	1.4375	1.4050	1.3780	1.3834	0	39	1.479	1.51
1 1/2		1.5000	1.4675	1.4405	1.4459	0	37	1.62	1.65
	1 9/16	1.5625	1.5300	1.5030	1.5084	0	36	1.76	1.80
1 5/8		1.6250	1.5925	1.5655	1.5709	0	34	1.91	1.95
	1 11/16	1.6875	1.6550	1.6280	1.6334	0	33	2.07	2.11
1 3/4		1.7500	1.7175	1.6905	1.6959	0	32	2.23	2.27
	1 13/16	1.8125	1.7800	1.7530	1.7584	0	31	2.40	2.44
1 7/8		1.8750	1.8425	1.8155	1.8209	0	30	2.57	2.62
	1 15/16	1.9375	1.9050	1.8780	1.8834	0	29	2.75	2.80
2		2.0000	1.9675	1.9405	1.9459	0	28	2.94	2.99
	2 1/8	2.1250	2.0925	2.0655	2.0709	0	26	3.33	3.39
2 1/4		2.2500	2.2175	2.1905	2.1959	0	25	3.75	3.81
	2 3/8	2.3750	2.3425	2.3155	2.3209	0	23	4.19	4.25
2 1/2		2.5000	2.4675	2.4405	2.4459	0	22	4.66	4.72
	2 5/8	2.6250	2.5925	2.5655	2.5709	0	21	5.15	5.21
2 3/4		2.7500	2.7175	2.6905	2.6959	0	20	5.66	5.73
	2 7/8	2.8750	2.8425	2.8155	2.8209	0	19	6.20	6.27
3		3.0000	2.9675	2.9405	2.9459	0	18	6.77	6.84

① 寸制：有效直径。

② 用于 UNR 螺纹的设计牙型。

③ 基本小径。

④ 这些是 UNC、UNF 或 UNEF 系列的标准尺寸。

表 8-13 28 牙螺纹系列，28-UN 和 28-UNR 基本尺寸

尺寸		基本大径 D	基本中径① D_2	小径		在基本 PD 的导程角 λ		小径区 $D-2h_b$	拉应力区
主要	次要			外螺纹② d_3s（参考）	内螺纹③ D_1				
in	in	in	in	in	in	(°)	最小	in²	in²
	12(0.216)④	0.2160	0.1928	0.1734	0.1773	3	22	0.0226	0.0258
1/4④		0.2500	0.2268	0.2074	0.2113	2	52	0.0326	0.0364
5/16		0.3125	0.2893	0.2699	0.2738	2	15	0.0556	0.0606
3/8		0.3750	0.3518	0.3324	0.3363	1	51	0.0848	0.0909
7/16④		0.4375	0.4143	0.3949	0.3988	1	34	0.1201	0.1274
1/2④		0.5000	0.4768	0.4574	0.4613	1	22	0.162	0.170
9/16		0.5625	0.5393	0.5199	0.5238	1	12	0.209	0.219
5/8		0.6250	0.6018	0.5824	0.5863	1	5	0.263	0.274
	11/16	0.6875	0.6643	0.6449	0.6488	0	59	0.323	0.335
3/4		0.7500	0.7268	0.7074	0.7113	0	54	0.389	0.402
	13/16	0.8125	0.7893	0.7699	0.7738	0	50	0.461	0.475
7/8		0.8750	0.8518	0.8324	0.8363	0	46	0.539	0.554
	15/16	0.9375	0.9143	0.8949	0.8988	0	43	0.624	0.640
1		1.0000	0.9768	0.9574	0.9613	0	40	0.714	0.732
	1 1/16	1.0625	1.0393	1.0199	1.0238	0	38	0.811	0.830
1 1/8		1.1250	1.1018	1.0824	1.0863	0	35	0.914	0.933
	1 3/16	1.1875	1.1643	1.1449	1.1488	0	34	1.023	1.044
1 1/4		1.2500	1.2268	1.2074	1.2113	0	32	1.138	1.160
	1 5/16	1.3125	1.2893	1.2699	1.2738	0	30	1.259	1.282
1 3/8		1.3750	1.3518	1.3324	1.3363	0	29	1.386	1.411
	1 7/16	1.4375	1.4143	1.3949	1.3988	0	28	1.52	1.55
1 1/2		1.5000	1.4768	1.4574	1.4613	0	26	1.66	1.69

① 寸制：有效直径。
② 用于 UNR 螺纹的设计牙型。
③ 基本小径。
④ 这些是 UNF 或 UNEF 系列的标准尺寸。

表 8-14 32 牙螺纹系列，32-UN 和 32-UNR 基本尺寸

尺寸		基本大径 D	基本中径① D_2	小径		在基本 PD 的导程角 λ		小径区 $D-2h_b$	拉应力区
主要	次要			外螺纹② d_3（参考）	内螺纹③ D_1				
in	in	in	in	in	in	(°)	最小	in²	in²
6(0.138)④		0.1380	0.1177	0.1008	0.1042	4	50	0.00745	0.00909
8(0.164)④		0.1640	0.1437	0.1268	0.1302	3	58	0.01196	0.0140
10(0.190)④		0.1900	0.1697	0.1528	0.1562	3	21	0.01750	0.0200
	12(0.216)④	0.2160	0.1957	0.1788	0.1822	2	55	0.0242	0.0270
1/4④		0.2500	0.2297	0.2128	0.2162	2	29	0.0344	0.0379
5/16④		0.3125	0.2922	0.2753	0.2787	1	57	0.0581	0.0625
3/8		0.3750	0.3547	0.3378	0.3412	1	36	0.0878	0.0932
7/16		0.4375	0.4172	0.4003	0.4037	1	22	0.1237	0.1301

（续）

尺寸		基本大径 D	基本中径① D_2	小径		在基本 PD 的导程角 λ		小径区 $D-2h_b$	拉应力区
主要	次要			外螺纹② d_3（参考）	内螺纹③ D_1				
in	in	in	in	in	in	（°）	最小	in^2	in^2
1/2		**0.5000**	**0.4797**	**0.4628**	**0.4662**	**1**	**11**	0.166	0.173
9/16		**0.5625**	**0.5422**	**0.5253**	**0.5287**	**1**	**3**	0.214	0.222
5/8		**0.6250**	**0.6047**	**0.5878**	**0.5912**	**0**	**57**	0.268	0.278
	11/16	**0.6875**	**0.6672**	**0.6503**	**0.6537**	**0**	**51**	0.329	0.339
3/4		**0.7500**	**0.7297**	**0.7128**	**0.7162**	**0**	**47**	0.395	0.407
	13/16	**0.8125**	**0.7922**	**0.7753**	**0.7787**	**0**	**43**	0.468	0.480
7/8		**0.8750**	**0.8547**	**0.8378**	**0.8412**	**0**	**40**	0.547	0.560
	15/16	**0.9375**	**0.9172**	**0.9003**	**0.9037**	**0**	**37**	0.632	0.646
1		**1.0000**	**0.9797**	**0.9628**	**0.9662**	**0**	**35**	0.723	0.738

① 寸制：有效直径。

② 用于 UNR 螺纹的设计牙型。

③ 基本小径。

④ 这些是 UNC、UNF 或 UNEF 系列的标准尺寸。

6. 螺纹配合等级

螺纹配合等级通过公差和允差的数量区分开来。配合等级主要根据数字后面跟着的来自某些统一公式的字母 A 和 B 识别，其中中径公差是基于基本大径（公称）、螺距和旋合长度的增量。这些公式和等级标识或符号适用于所有的统一螺纹。

等级 1A、2A 和 3A 仅适用于外螺纹，等级 1B、2B 和 3B 仅适用于内螺纹。

等级 2A 和 2B：等级 2A 和 2B 是一般应用中最常用的，包括螺栓、螺钉、螺母和类似的紧固件产品。

2A 级（外部）未涂层螺纹的最大直径小于基准量的允差。该配合可以最大程度地减少对高循环扭矩组件的磨损和利用，或者可用于电镀表面处理或其他涂层。然而，对于表面具有添加剂的螺纹，可以超过 2A 级允差的最大直径，例如，2A 级最大直径适用于未镀层的部件或镀层之前的部件，而基本直径（2A 级最大直径加上允差）适用于电镀后的零件。2B 级（内）螺纹的最小直径，无论是电镀还是涂层都是基本的，不会对最大金属部件的组装造成任何允差或间隙。

2AG 级：某些应用需要快速装配的允差，以允许适当润滑剂的应用或允许由于高温膨胀而导致的残余生长。在这些应用中，当螺纹拥有涂层并且 2A 允差不允许被这种涂层损耗时，螺纹配合等级符号由等级符号后面的字母 G 限定。

3A 和 3B 级：如果需要比 2A 和 2B 级提供更严格的公差，则可以使用 3A 和 3B 级。3A 级（外）螺纹的最大直径和 3B 级（内）螺纹的最小直径，无论是电镀还是涂层都是基本的，不会对最大金属部件的组装造成任何允差或间隙。

1A 和 1B 级：1A 和 1B 级螺纹取代了美国国家等级 1 级。这些等级用于军械和其他特殊领域。它们用于需要快速和容易组装的螺纹部件，并且即使有轻微的磨损或被破坏的螺纹，也需要足够的允差来保证装配。

1A 级（外）螺纹的最大直径小于应用于 2A 级相同允差的基准。对于美国惯例的预期应用，不允许电镀或涂层。如果电镀或涂层，则需要特殊的配置。1B 级（内）螺纹的最小直径，无论是电镀还是涂层都是基本的，不会对有最大基本直径的最大金属部件的组装造成任何允差或间隙。

7. 60°涂层螺纹

虽然标准没有为涂层的厚度或规定极限提出建议，但是它规定了某些原则，如果条件允许的话，这将有助于机械互换性。

为了保持螺纹表面处理在标准规定的尺寸范围内，电镀后外螺纹不应超过基本尺寸，电镀后内螺纹不应低于基本尺寸。该建议不适用于某些常用工艺（如热浸镀锌可能不需要按照这些规定）涂层的螺纹。

2A 级同时提供公差和允差。许多螺纹必须要求涂层，如通过电镀工艺沉积的镀层，一般而言，2A 允差为这种涂层提供足够的边界尺寸。由商业工艺引起的涂层的厚度和对称性可能会有变化，但镀层之后，螺纹应能通过基本的 3A 级尺寸通端量规以及一个 2A 级的作为止端量规的量规。1A 级提供了对涂层和未涂层产品都适用的允差，即不可用于涂层。

图 8-6 所示为尺寸极限显示公差、允差（中性空间）以及牙顶间隙用于统一类型 1A、2A、1B 和 2B。图 8-7 所示为尺寸极限显示公差以及牙顶间隙用于统一螺纹 3A 和 3B 级以及美国国家标准的螺纹 2 级与 3 级。

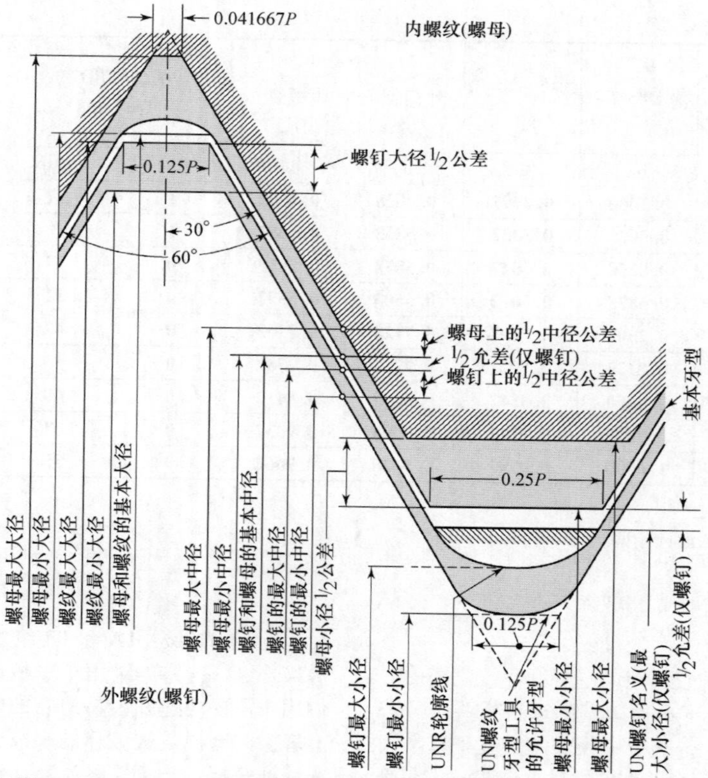

图 8-6 尺寸极限显示公差、允差（中性空间）以及牙顶间隙用于统一类型 1A、2A、1B 和 2B

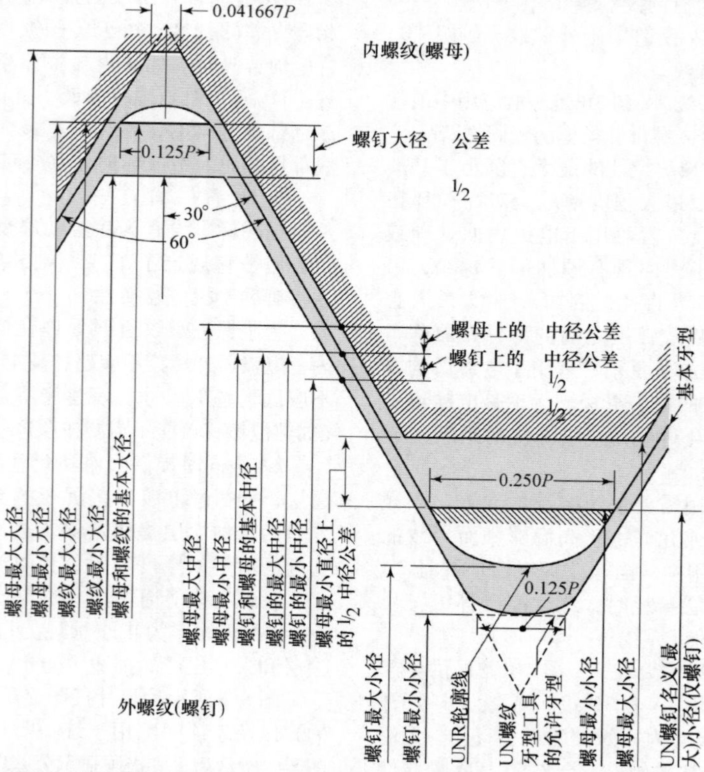

图 8-7 尺寸极限显示公差以及牙顶间隙用于统一螺纹 3A 和 3B 级以及美国国家标准的螺纹 2 级与 3 级

3A 级不包括允差，因此建议在该允差足够的情况下，电镀前的尺寸限制应少于 2A 允差。

没有规定说明过度切割的内螺纹，因为这种螺纹上的涂层通常是不需要的。此外，在内螺纹的侧面上沉积一层相当厚度的涂层是非常困难的。在内螺纹上需要特定涂层厚度的情况下，建议将螺纹过度切割，使涂层的螺纹能通过基本尺寸的通端量规。

标准 ASME/ANSI B1.1-1989（R2008）规定了涂层或未涂层的螺纹尺寸限制。只有 2A 级螺纹有可用于允许涂层的允差。因此，在所有等级的内螺纹中和 1A、2AG 和 3A 级外螺纹中，必须调整尺寸限制，以便为所需涂层提供适当的配置。

有关 60°螺纹的涂层或电镀尺寸调整的更多信息，请参见 ASME/ANSI B1.1-1989（R2008）第 7 节。

8. 螺纹选择-配合等级组合

只要有可能，就选择表 8-2 中标准系列统一螺纹，优先选用粗牙螺纹和细牙螺纹系列。如果标准系列中的螺纹不符合设计要求，则应参考表 8-3 中选定的组合。第三种方法是根据标准中给出的公差表或公差增量表计算尺寸限制。第四个也是最后的方法是按照标准给出的公式进行计算的。

针对具体应用的螺纹要求需取决于最终的用途，可以通过指定组件的螺纹配合等级的适当组合来满足。例如，2A 级外螺纹可与 1B、2B 或 3B 级内螺纹一起使用。

9. 所有配合等级的中径公差

表 8-3 的中径公差是针对 UNC、UNF、4-UN、6-UN 和 8-UN 系列的基于旋合长度等于（公差）基本大径的情况，且适用于旋合长度为直径的 1½。

表 8-3 中使用的中径公差是针对 UNEF、12-UN、16-UN、20-UN、28-UN 和 32-UN 系列以及 UNS 系列的所有等级是基于 9 倍螺距的旋合长度，适用于 5 ~ 15 个螺距的旋合长度。

10. 螺纹命名

使用螺纹命名的基本方法是在标准公差或极限尺寸的基础上使用的标准旋合长度。该名称按顺序指定每英寸的螺纹数、螺纹系列符号、螺纹配合等级符号和每个 ASME/ANSI B1.3M 的测量系统编号。公称尺寸是基本大径并被指定为分数直径、螺钉数或等价小数。如果等价小数用于尺寸标注，则它们应仅作为指定公称大小，并且在指定分数大小或数字之外不具有任何尺寸的意义。符号 LH 位于螺纹配合等级符号之后，表示左旋螺纹。

例：

¼-20 UNC-2A（21）或 0.250-20 UNC-2A（21）

10-32 UNF-2A（22）或 0.190-32 UNF-2A（22）

7/16 20 UNRF-2A（23）或 0.4375-20 UNRF-2A（23）

2-12 UN-2A（21）或 2.000-12 UN-2A（21）

¼-20 UNC-3A-LH（21）或 0.250-20 UNC-3A-LH（21）

对于未涂层的标准系列螺纹，可以通过添加尺寸的中径限制来补充这些名称。

例如：

¼-20 UNC-2A（21）

中径 0.2164 ~ 0.2127（未涂层螺纹可选）

11. 涂层螺纹命名

对于涂层（或电镀）2A 级外螺纹，基本（最大）主径和基本（最大）中径后加“涂层后”字样。涂层之前的主要中径尺寸限制后加“涂层前”字样。

例：

¾-10UNC-2A（21）
大径 0.7500max
中径 0.6850max
} 涂层后

大径和中径的值等于基本值对应于表 8-3 中的 3A 级的值
大径 0.7353 ~ 0.7482
中径 0.6773 ~ 0.6832
大径和中径的极限是表 8-3 中用于 2A 级的值
} 涂层前

某些应用需要允差，以便可以快速装配、添加适当润滑剂或允许由于高温膨胀而导致的残余增长。在这种应用中，螺纹需要涂层并且 2A 允差不允许这种涂层的损耗，螺纹配合等级符号通过位于配合等级符号之后的附加字母 G（允差符号）来限定，最大大径和最大中径减少到 2A 允差以下的基本尺寸后加“涂层后”字样。涂层前的大径和中径尺寸也后加“SPL 和涂层前”字样。有关指定这种及其他特殊涂层条件的信息，请参考美国国家标准 ASME/ANSI B1.1-1989（R2008）。

12. UNS 螺纹命名

具有直径和螺距特殊组合的 UNS 螺纹是具有统一表述的公差及指定的基本牙型名称和尺寸限制的螺纹。

13. 多线螺纹命名

如果是多线螺纹，则通过依次指定公称尺寸、螺距（每英寸螺纹数或小数）和导程（小数或分数）。

14. 其他特殊名称

对于其他特殊名称，包括修改的尺寸限制或特殊旋合长度的螺纹，应参考美国国家标准 ASME/ANSI B1.1-1989（R2008）。

15. 螺纹孔尺寸

可参考各种旋合长度的 1B、2B 和 3B 级螺纹的螺纹孔尺寸极限。

16. 内螺纹小径公差

表 8-3 中的内螺纹小径公差是基于旋合长度等于公称直径。对于一般应用，这些公差适合 1½ 直径的旋合长度。然而，一些螺纹应用时具有大于 1½ 直径的旋合长度。对于这样的应用，可以分别增加或减小公差。

8.2.2　美国标准统一微型螺纹

美国标准（B1.10-1958，R1988）引入了一种名为统一微型螺纹的新系列，用于通用紧固螺钉以及手表、仪器和微型机构中的类似应用。这一系列被作为新产品推荐用于替代许多现存的未获得标准机构广泛接受和认可的临时或特殊尺寸。该系列的直径范围为0.30～1.40mm（0.0118～0.0551in），从而补充了从0.060in开始的统一美国螺纹系列（机螺钉系列的0号）。它共有14种尺寸，连同各自的螺距，在1955年4月的美国-英国-加拿大会议上被认可的，作为寸制使用国家统一标准的基础，符合相应的ISO（国际标准化组织）范围指定的第68号尺寸。此外，它采用了在重要方面与统一ISO基本螺纹牙型兼容的螺纹牙型。因此，该系列中的螺纹可以与美国-英国-加拿大和ISO标准化程序中的相应尺寸互换。

1. 螺纹的基本牙型

本标准涵盖的螺纹设计牙型的基本牙型见表8-15。牙型角为60°，除基本高度和旋合深度为0.52P而不是0.54127P外，该螺纹标准的基本牙型与美国统一基本螺纹牙型相同。选择0.52作为这种基本牙型高度系数的真实值是基于对实际制造因素的考虑和对一个演变计划的简化计算及在米制和寸制尺寸表之间达成更精确的一致性。

根据本标准生产的产品可与其他标准的产品进行互换，允许最大旋合深度（或组合牙顶高度）为0.54127P。产生的差异是可以忽略的（对于最粗牙螺纹而言只有0.00025in），由于在这些（统一微型）小螺纹尺寸中避免超过0.52P的内螺纹高度以便减少过度的断裂，所以在攻螺纹中完全被实际考虑所抵消。

2. 螺纹的设计牙型

外螺纹和内螺纹的设计牙型（最大材料）见表8-16。这些牙型来源于表8-15中的基本牙型，通过将牙顶间隙应用于配对齿根牙型齿根处的齿顶获得。基本设计牙型的尺寸见表8-17和表8-18。

公称尺寸：表8-19中前两列显示了该系列的螺纹尺寸及其各自的螺距。表8-19中的14种尺寸已经系统地分布，便于在整个范围内提供均匀的比例选择。它们被分为两类：粗体显示的尺寸是为了简化而进行的选择，并且是建议在设计许可的情况下使用的限制。如果这些尺寸不符合要求，则可以使用一般显示的中等尺寸。

表8-15 统一微型螺纹基本螺纹牙型

（单位：mm）

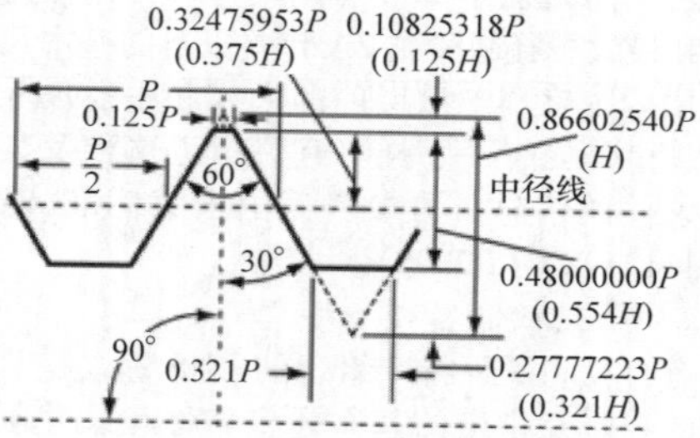

基本螺纹牙型公式		
螺纹元件	符号	公式
牙型角	2α	60°
半角螺纹	α	30°
螺纹螺距	P	—
每英寸的螺纹数	n	$25.4/P$
三角形螺纹高度	H	0.86603P
基本螺纹牙顶高	h_{ab}	0.32476P
基本螺纹高度	h_b	0.52P

表8-16 统一微型螺纹设计螺纹牙型

（单位：mm）

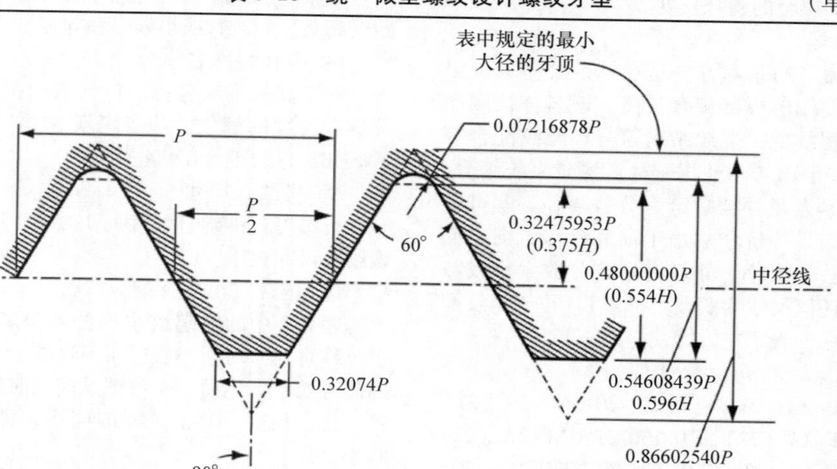

（续）

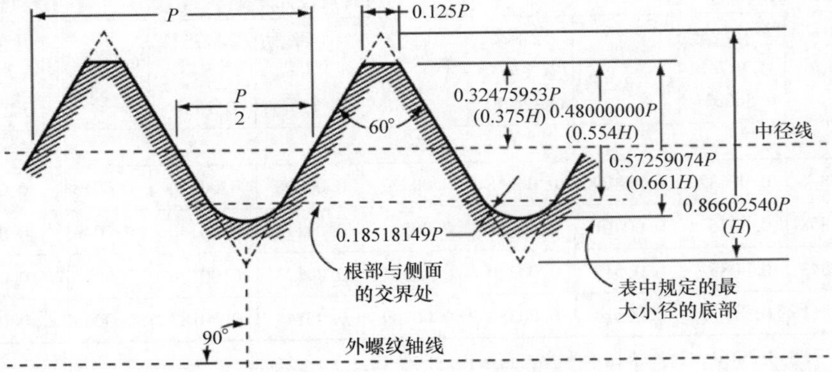

设计螺纹牙型公式（最大材料）

螺纹元件	符号	公式	螺纹元件	符号	公式
	外螺纹			内螺纹	
牙顶高	h_{as}	0.32476P	接触高度	h_e	0.52P
高度	h_s	0.60P	螺纹高度	h_n	0.556P
牙顶平面	F_{cs}	0.125P	牙顶平面	F_{cn}	0.27456P
牙底半径	r_{rs}	0.158P	牙底半径	r_{rn}	0.072P

表 8-17　统一微型螺纹设计牙型尺寸和基础

每英寸螺纹数 n①	基本螺纹牙型				外螺纹设计牙型			内螺纹设计牙型		
	螺距 P	三角形螺纹高度 $H=0.86603P$	高度 $h_b=0.52P$	牙顶高 $h_{ab}=h_{as}=0.32476P$	高度 $h_s=0.60P$	牙顶平面 $F_{cs}=0.125P$	牙底半径 $r_{rs}=0.158P$	高度 $h_n=0.556P$	牙顶平面 $F_{cn}=0.27456P$	牙底半径 $r_{rn}=0.072P$
mm										
—	0.080	0.0693	0.0416	0.0260	0.048	0.0100	0.0126	0.0445	0.0220	0.0058
—	0.090	0.0779	0.0468	0.0292	0.054	0.0112	0.0142	0.0500	0.0247	0.0065
—	0.100	0.0866	0.0520	0.0325	0.060	0.0125	0.0158	0.0556	0.0275	0.0072
—	0.125	0.1083	0.0650	0.0406	0.075	0.0156	0.0198	0.0695	0.0343	0.0090
—	0.150	0.1299	0.0780	0.0487	0.090	0.0188	0.0237	0.0834	0.0412	0.0108
—	0.175	0.1516	0.0910	0.0568	0.105	0.0219	0.0277	0.0973	0.0480	0.0126
—	0.200	0.1732	0.1040	0.0650	0.120	0.0250	0.0316	0.1112	0.0549	0.0144
—	0.225	0.1949	0.1170	0.0731	0.135	0.0281	0.0356	0.1251	0.0618	0.0162
—	0.250	0.2165	0.1300	0.0812	0.150	0.0312	0.0395	0.1390	0.0686	0.0180
—	0.300	0.2598	0.1560	0.0974	0.180	0.0375	0.0474	0.1668	0.0824	0.0216
in										
317½	0.003150	0.00273	0.00164	0.00102	0.00189	0.00039	0.00050	0.00175	0.00086	0.00023
282⅜	0.003543	0.00307	0.00184	0.00115	0.00213	0.00044	0.00056	0.00197	0.00097	0.00026
254	0.003937	0.00341	0.00205	0.00128	0.00236	0.00049	0.00062	0.00219	0.00108	0.00028
203⅕	0.004921	0.00426	0.00256	0.00160	0.00295	0.00062	0.00078	0.00274	0.00135	0.00035
169⅓	0.005906	0.00511	0.00307	0.00192	0.00354	0.00074	0.00093	0.00328	0.00162	0.00043
145⅐	0.006890	0.00597	0.00358	0.00224	0.00413	0.00086	0.00109	0.00383	0.00189	0.00050

（续）

基本螺纹牙型					外螺纹设计牙型			内螺纹设计牙型		
每英寸螺纹数 n①	螺距 P	三角形螺纹高度 $H=0.86603P$	高度 $h_b=0.52P$	牙顶高 $h_{ab}=h_{as}=0.32476P$	高度 $h_s=0.60P$	牙顶平面 $F_{cs}=0.125P$	牙底半径 $r_{rs}=0.158P$	高度 $h_n=0.556P$	牙顶平面 $F_{cn}=0.27456P$	牙底半径 $r_{rn}=0.072P$
in										
127	0.007874	0.00682	0.00409	0.00256	0.00472	0.00098	0.00124	0.00438	0.00216	0.00057
112⁸⁄₉	0.008858	0.00767	0.00461	0.00288	0.00531	0.00111	0.00140	0.00493	0.00243	0.00064
101³⁄₅	0.009843	0.00852	0.00512	0.00320	0.00591	0.00123	0.00156	0.00547	0.00270	0.00071
84⅔	0.011811	0.01023	0.00614	0.00384	0.00709	0.00148	0.00187	0.00657	0.00324	0.00085

① 在表8-19和表8-20中，这些值显示为舍入到最接近的整数。

表8-18 统一微型螺纹设计尺寸、公差和基础的公式

基本尺寸公式	
D＝基本大径和名义（尺寸为mm）；P＝螺距（尺寸为mm）；E＝基本中径（尺寸为mm）$=D-0.64952P$； K＝基本小径（尺寸为mm）$=D-1.04P$	
设计尺寸公式（最大材料）	
外螺纹	内螺纹
D_S＝大径$=D$ E_S＝中径$=E$ K_S＝小径$=D-1.20P$	D_n＝大径$=D+0.072P$ E_n＝中径$=E$ K_n＝小径$=K$
设计尺寸的公差公式①	
外螺纹（－）	内螺纹（＋）
大径公差，$0.12P+0.006$ 中径公差，$0.08P+0.008$ 小径公差③，$0.16P+0.008$	大径公差②，$0.168P+0.008$ 中径公差，$0.08P+0.008$ 小径公差，$0.32P+0.012$

注：米制单位（mm）适用于所有公式。寸制公差不是通过米制值的直接转换得到的，它们和寸制单位圆整极限存在差异。

① 这些公差是基于旋合长度⅔D～1½D。

② 该公差确定了内螺纹大径的最大极限值。实际上，此极限值适用于螺纹刀具，不适用于产品。因此，该公差的值在表8-19中未给出。

③ 该公差确定了外螺纹小径的最小极限值。实际上，此极限值适用于螺纹刀具，只用在产品检验上确认新刀具。因此，该公差的值在表8-19中未给出。

尺寸极限：表8-18给出了用于确定尺寸极限的公式，表8-19给出了尺寸极限。图8-8所示为尺寸极限，表8-20给出了图中所示的外螺纹牙底的最小平面值。

螺纹配合等级：标准规定了所有直径允差均为零的螺纹。当需要可测量厚度的涂层时，它们应包含在螺纹的最大实体极限内，因为这些极限值适用于涂层和未涂层的螺纹。

螺纹孔尺寸：攻螺纹章节给出了建议的孔尺寸。

表 8-19　统一微型螺纹尺寸和公差的极限

尺寸名称①	螺距	外螺纹						内螺纹						基本中径的螺纹升角		小径在 D－1.28P 的截面面积
		大径		中径		小径		小径		中径		大径				
		最大②	最小	最大②	最小	最大③	最小④	最小②	最大	最小②	最大	最小⑤	最大④			
	mm	mm	mm	mm	mm	mm	mm	mm	mm	mm	mm	mm	mm	(°)	min	mm^2
0.30 UNM	**0.080**	**0.300**	**0.284**	**0.248**	**0.234**	**0.204**	**0.183**	**0.217**	**0.254**	**0.248**	**0.262**	**0.306**	**0.327**	**5**	**52**	**0.0307**
0.35 UNM	0.090	0.350	0.333	0.292	0.277	0.242	0.220	0.256	0.297	0.292	0.307	0.356	0.380	5	37	0.0433
0.40 UNM	**0.100**	**0.400**	**0.382**	**0.335**	**0.319**	**0.280**	**0.256**	**0.296**	**0.340**	**0.335**	**0.351**	**0.407**	**0.432**	**5**	**26**	**0.0581**
0.45 UNM	0.100	0.450	0.432	0.385	0.369	0.330	0.306	0.346	0.390	0.385	0.401	0.457	0.482	4	44	0.814
0.50 UNM	**0.125**	**0.500**	**0.479**	**0.419**	**0.401**	**0.350**	**0.322**	**0.370**	**0.422**	**0.419**	**0.437**	**0.509**	**0.538**	**5**	**26**	**0.0908**
0.55 UNM	0.125	0.550	0.529	0.469	0.451	0.400	0.372	0.420	0.472	0.469	0.487	0.559	0.588	4	51	0.1195
0.60 UNM	**0.150**	**0.600**	**0.576**	**0.503**	**0.483**	**0.420**	**0.388**	**0.444**	**0.504**	**0.503**	**0.523**	**0.611**	**0.644**	**5**	**26**	**0.1307**
0.70 UNM	0.175	0.700	0.673	0.586	0.564	0.490	0.454	0.518	0.586	0.586	0.608	0.413	0.750	5	26	0.1780
0.80 UNM	**0.200**	**0.800**	**0.770**	**0.670**	**0.646**	**0.560**	**0.520**	**0.592**	**0.668**	**0.670**	**0.694**	**0.814**	**0.856**	**5**	**26**	**0.232**
0.90 UNM	0.225	0.900	0.837	0.754	0.728	0.630	0.586	0.666	0.750	0.754	0.780	0.916	0.962	5	26	0.294
1.00 UNM	**0.250**	**1.000**	**0.964**	**0.838**	**0.810**	**0.700**	**0.652**	**0.740**	**0.832**	**0.838**	**0.866**	**1.018**	**1.068**	**5**	**26**	**0.363**
1.10 UNM	0.250	1.100	1.064	0.938	0.910	0.800	0.752	0.840	0.932	0.938	0.966	1.118	1.168	4	51	0.478
1.20 UNM	**0.250**	**1.200**	**1.164**	**1.038**	**1.010**	**0.900**	**0.852**	**0.940**	**1.032**	**1.038**	**1.066**	**1.218**	**1.268**	**4**	**23**	**0.608**
1.40 UNM	0.300	1.400	1.358	1.205	1.173	1.040	0.984	1.088	1.196	1.205	1.237	1.422	1.480	4	32	0.811

（续）

尺寸 名称①	螺距	外螺纹						内螺纹						基本中径的螺纹升角		小径在 $D-1.28P$ 的截面面积
		大径		中径		小径		小径		中径		大径				
		最大②	最小	最大②	最小	最大③	最小④	最小②	最大	最小②	最大	最小⑤	最大④			
	in	in	in	in	in	in	in	in	in	in	in	in	in	(°)	min	in^2
0.30 UNM	**318**	**0.0118**	**0.0112**	**0.0098**	**0.0092**	**0.0080**	**0.0072**	**0.0085**	**0.0100**	**0.0098**	**0.0104**	**0.0120**	**0.0129**	**5**	**52**	**0.0000475**
0.35 UNM	282	0.0138	0.0131	0.0115	0.0109	0.0095	0.0086	0.0101	0.0117	0.0115	0.0121	0.0140	0.0149	5	37	0.0000671
0.40 UNM	**254**	**0.0157**	**0.0150**	**0.0132**	**0.0126**	**0.0110**	**0.0101**	**0.0117**	**0.0134**	**0.0132**	**0.0138**	**0.0160**	**0.0170**	**5**	**26**	**0.0000901**
0.45 UNM	254	0.0177	0.0170	0.0152	0.0145	0.0130	0.0120	0.0136	0.0154	0.0152	0.0158	0.0180	0.0190	4	44	0.0001262
0.50 UNM	**203**	**0.0197**	**0.0189**	**0.0165**	**0.0158**	**0.0138**	**0.0127**	**0.0146**	**0.0166**	**0.0165**	**0.0172**	**0.0200**	**0.0212**	**5**	**26**	**0.0001407**
0.55 UNM	203	0.0217	0.0208	0.0185	0.0177	0.0157	0.0146	0.0165	0.0186	0.0185	0.0192	0.0220	0.0231	4	51	0.0001852
0.60 UNM	**169**	**0.0236**	**0.0227**	**0.0198**	**0.0190**	**0.0165**	**0.0153**	**0.0175**	**0.0198**	**0.0198**	**0.0206**	**0.0240**	**0.0254**	**5**	**26**	**0.000203**
0.70 UNM	145	0.0276	0.0265	0.0231	0.0222	0.0193	0.0179	0.0204	0.0231	0.0231	0.240	0.0281	0.0295	5	26	0.000276
0.80 UNM	**127**	**0.0315**	**0.0303**	**0.0264**	**0.0254**	**0.0220**	**0.0205**	**0.0233**	**0.0263**	**0.0264**	**0.0273**	**0.0321**	**0.0337**	**5**	**26**	**0.000360**
0.90 UNM	113	0.0354	0.0341	0.0297	0.0287	0.0248	0.0231	0.0262	0.0295	0.0297	0.0307	0.0361	0.0379	5	26	0.000456
1.00 UNM	**102**	**0.0394**	**0.0380**	**0.0330**	**0.0319**	**0.0276**	**0.0257**	**0.0291**	**0.0327**	**0.0330**	**0.0341**	**0.0401**	**0.0420**	**5**	**26**	**0.000563**
1.10 UNM	102	0.0433	0.0419	0.0369	0.0358	0.0315	0.0296	0.0331	0.0367	0.0369	0.0380	0.0440	0.0460	4	51	0.000741
1.20 UNM	**102**	**0.0472**	**0.0458**	**0.0409**	**0.0397**	**0.0354**	**0.0335**	**0.0370**	**0.0406**	**0.0409**	**0.0420**	**0.0480**	**0.0499**	**4**	**23**	**0.000943**
1.40 UNM	85	0.0551	0.0535	0.0474	0.0462	0.0409	0.0387	0.0428	0.0471	0.0474	0.0487	0.0560	0.0583	4	32	0.001257

① 以粗体显示的尺寸是优选的。

② 也是基本尺寸。

③ 当采用光学投影测量方法时，这一限制应与表 8-16 的牙底牙型结合使用。对于机械测量，应用内螺纹的最小小径。

④ 此极限仅供参考。实际上，螺纹刀具的牙型依赖于此极限。

⑤ 此极限仅供参考，不会用于实际测量。对于测量，应用外螺纹的最大大径。

表 8-20　统一微型螺纹外螺纹的最小牙底平面

螺距 mm	每英寸螺纹数	最小牙底平面的螺纹高度 0.64P		最小牙底平面 $F_{rs}=0.136P$	
		mm	in	mm	in
0.080	318	0.0512	0.00202	0.0109	0.00043
0.090	282	0.0576	0.00227	0.0122	0.00048
0.100	254	0.0640	0.00252	0.0136	0.00054
0.125	203	0.0800	0.00315	0.0170	0.00067
0.150	169	0.0960	0.00378	0.0204	0.00080
0.175	145	0.1120	0.00441	0.0238	0.00094
0.200	127	0.1280	0.00504	0.0272	0.00107
0.225	113	0.1440	0.00567	0.0306	0.00120
0.250	102	0.1600	0.00630	0.0340	0.00134
0.300	85	0.1920	0.00756	0.0408	0.00161

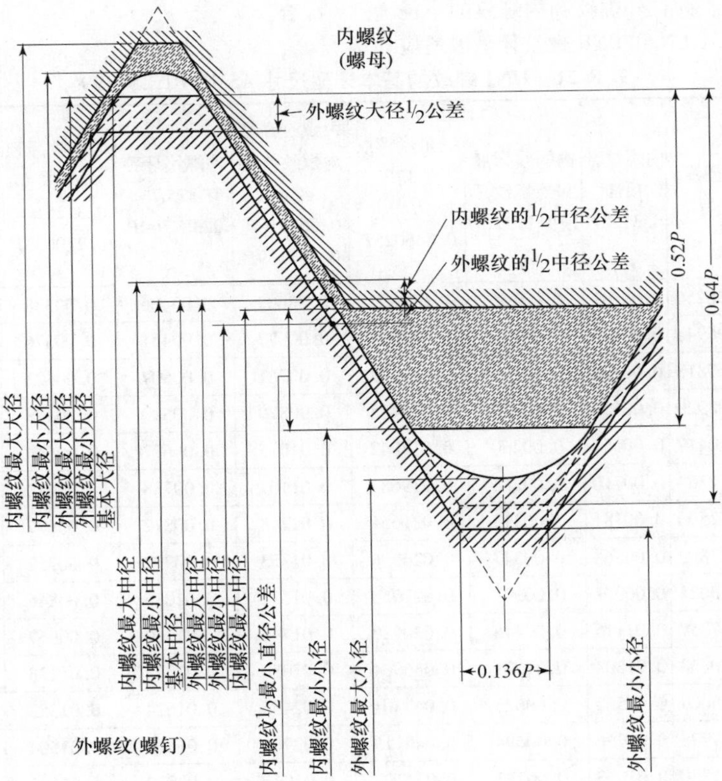

图 8-8　UNM 螺纹的显示公差和牙顶间隙的尺寸极限

8.2.3　UNJ 统一螺纹的基本牙型

1. 寸制标准 UNJ 螺纹

这种寸制标准 BS 4084：1978 源于英国飞机工业的要求，并基于统一螺纹和美国军用标准 MIL-S-8879 的规定。

这些 UNJ 螺纹具有扩大的根半径，被用于要求工作应力水平高且疲劳强度高的应用中，以便使尺寸和重量最小化，如在飞机发动机、机身、导弹、太空飞行器和类似设计中，其尺寸和重量是至关重要的。为了满足这些要求，外部统一螺纹的牙底半径被控制在明显扩大的极限之间，适当地增加配合内螺纹的小径以确保必要的间隙。通过将 UNJ 螺纹的公差限制为统一螺纹的最高等级 3A 和 3B 级来进一步满足高强度要求。

这个标准包含了粗牙和细牙的螺纹系列，也没有进一步的描述。BS 4084：1978 在技术上与 ISO 3161-1977 相同，但附录 A 除外。

2. ASME 统一寸制螺纹，UNJ 牙型

标准 ASME B1. 15-1995 类似于军用规格 MIL-S-8879，相当于标准 ISO 3161-1977 中的 3A 和 3B 级螺纹。基本牙型尺寸见表 8-21。

标准 ASME B1. 15-1995 确定了 UNJ 螺纹牙型的基本牙型，规定了一个命名的系统，列出了直径为 0. 060 ~ 6. 00in 的直径-螺距组合的标准系列，并规定了极限尺寸和公差。它规定了 UNJ 寸制系列螺纹的特性，其外螺纹为牙底处具有 0. 15011P ~ 0. 18042P 指定半径，并且外螺纹和内螺纹的小径增加到高于 ASME B1. 1 UN 和 UNR 螺纹牙型以适应外螺纹最大牙底半径。

UNJ 螺纹类似于 UN 螺纹，除了外螺纹牙底的大径或小径，半径消除了螺栓小径的尖角，以提高其剥离强度。尖角处的圆角或半径可以在因温度、重载或振动的变化而发生开裂或破裂的应力点处增加强度。其他尺寸与 UN 螺纹相同。

因为外螺纹的半径增加了螺栓、内螺纹或螺母的小径，因此被相应地修改以允许组装。内螺纹的小径被扩大来减小其半径，这是内螺纹唯一的变化。所有其他尺寸与标准统一螺纹相同。需要不同类型的钻头尺寸来生产 UNJ 螺纹。所有用于外螺纹的刀具，螺纹滚丝和梳刀在小径都必须加工出半径。所有跳动或不完整的螺纹也应该有一个半径。

符合 ASME B1. 1 UN 的螺纹和 UNJ 螺纹不可互换，因为 UNJ 外螺纹小径和 UN 内螺纹小径之间可能存在干涉。然而，UNJ 内螺纹可与 UN 外螺纹配合。

表 8-21 UNJ 螺纹的基本牙型尺寸 ASME B1. 15-1995

每英寸螺纹数 n	螺距 $P=1/n$	中径线 $0.5P$	内螺纹牙顶面 $0.3125P$	内螺纹牙底和外螺纹牙顶面 $0.125P$	三角形螺纹的高度 $H=0.866025P$	内螺纹高度与螺纹接触深度 $0.5625H=0.487139P$	外螺纹牙顶 $0.375H=0.324760P$	内螺纹牙顶削平高度 $0.3125H=0.270633P$	内螺纹牙底和外螺纹牙顶削平高度 $0.125H=0.108253P$	外螺纹半牙顶（仅供参考）$0.1875H=0.16238P$
80	0. 012500	0. 006250	0. 00391	0. 00156	0. 010825	0. 00609	0. 00406	0. 00338	0. 00135	0. 00203
72	0. 013889	0. 006944	0. 00434	0. 00174	0. 012028	0. 00677	0. 00451	0. 00376	0. 00150	0. 00226
64	0. 015625	0. 007813	0. 00488	0. 00195	0. 013532	0. 00761	0. 00507	0. 00423	0. 00169	0. 00254
56	0. 017857	0. 008929	0. 00558	0. 00223	0. 015465	0. 00870	0. 00580	0. 00483	0. 00193	0. 00290
48	0. 020833	0. 010417	0. 00651	0. 00260	0. 018042	0. 01015	0. 00677	0. 00564	0. 00226	0. 00338
44	0. 022727	0. 011364	0. 00710	0. 00284	0. 019682	0. 01107	0. 00738	0. 00615	0. 00246	0. 00369
40	0. 025000	0. 012500	0. 00781	0. 00313	0. 021651	0. 01218	0. 00812	0. 00677	0. 00271	0. 00406
36	0. 027778	0. 013889	0. 00868	0. 00347	0. 024056	0. 01353	0. 00902	0. 00752	0. 00301	0. 00451
32	0. 031250	0. 015625	0. 00977	0. 00391	0. 027063	0. 01522	0. 01015	0. 00846	0. 00338	0. 00507
28	0. 035714	0. 017857	0. 01116	0. 00446	0. 030929	0. 01740	0. 01160	0. 00967	0. 00387	0. 00580
24	0. 041667	0. 020833	0. 01302	0. 00521	0. 036084	0. 02030	0. 01353	0. 01128	0. 00451	0. 00677
20	0. 050000	0. 025000	0. 01563	0. 00625	0. 043301	0. 02436	0. 01624	0. 01353	0. 00541	0. 00812
18	0. 055556	0. 027778	0. 01736	0. 00694	0. 048113	0. 02706	0. 01804	0. 01504	0. 00601	0. 00902
16	0. 062500	0. 031250	0. 01953	0. 00781	0. 054127	0. 03045	0. 02030	0. 01691	0. 00677	0. 01015
14	0. 071429	0. 035714	0. 02232	0. 00893	0. 061859	0. 03480	0. 02320	0. 01933	0. 00773	0. 01160
12	0. 083333	0. 041667	0. 02604	0. 01042	0. 072169	0. 04059	0. 02706	0. 02255	0. 00902	0. 01353
11	0. 090909	0. 045455	0. 02841	0. 01136	0. 078730	0. 04429	0. 02952	0. 02460	0. 00984	0. 01476
10	0. 100000	0. 050000	0. 03125	0. 01250	0. 086603	0. 04871	0. 03248	0. 02706	0. 01083	0. 01624
9	0. 111111	0. 055556	0. 03472	0. 01389	0. 096225	0. 05413	0. 03608	0. 03007	0. 01203	0. 01804
8	0. 125000	0. 062500	0. 03906	0. 01563	0. 108253	0. 06089	0. 04060	0. 03383	0. 01353	0. 02030

（续）

每英寸螺纹数 n	螺距 $P=1/n$	中径线 $0.5P$	内螺纹牙顶面 $0.3125P$	内螺纹牙底和外螺纹牙顶面 $0.125P$	三角形螺纹的高度 $H=0.866025P$	内螺纹高度与螺纹接触深度 $0.5625H=0.487139P$	外螺纹牙顶 $0.375H=0.324760P$	内螺纹牙顶削平高度 $0.3125H=0.270633P$	内螺纹牙底和外螺纹牙顶削平高度 $0.125H=0.108253P$	外螺纹半牙顶（仅供参考）$0.1875H=0.16238P$
7	0.142857	0.071429	0.04464	0.01786	0.123718	0.06959	0.04639	0.03866	0.01546	0.02320
6	0.166667	0.083333	0.05208	0.02083	0.144338	0.08119	0.05413	0.04511	0.01804	0.02706
5	0.200000	0.100000	0.06250	0.02500	0.173205	0.09743	0.06495	0.05413	0.02165	0.03248
4.5	0.222222	0.111111	0.06944	0.02778	0.192450	0.10825	0.07217	0.06014	0.02406	0.03608
4	0.250000	0.125000	0.07813	0.03125	0.216506	0.12178	0.08119	0.06766	0.02706	0.04060

8.3　螺纹尺寸计算

8.3.1　简介

ASME B1.30 标准的目的是建立统一且具体的实践，用于计算和舍入寸制和米制螺纹设计数据尺寸的数值。螺纹量规的制造商或使用者并没有企图制定实际螺纹特性测量的舍入规则。标准舍入规则㊀用于在螺纹尺寸设计时的数据计算，涵盖末位数值和保留的小数数字及位数。根据 ASME B1.30 寸制和米制螺纹设计数据尺寸的标准计算值可能与 ASME B1 现行颁布螺纹标准中显示的值略有不同。除非下文声明，在 ASME B1 标准所有新的或将来修订版本中均适用。

1. 米制应用

米制 M 和 MJ 螺纹的允差（基本偏差）和公差是根据适用标准中出现的公式计算的。标准公差等级和标准公差值的允差值在这些标准中被列出，以供选择。在 ASME B1.30 中指定的舍入规则没有被应用到这些值上，但是遵循了国际标准化组织（ISO）的做法。对于不包含在表中的数值，标准公式和这里指定的舍入规则是适用的。

ISO 取整实例，根据 ISO 3，对于螺纹公差和允差中使用舍入规则，可以按照 R40 系列中的数字取整到最接近的数值。在某些情况下，可以调整舍入值以获取平滑的过渡。由于国际上 ISO 标准的国际标准已被标准化，对于米制螺纹，如果再利用美国使用的 B1.30 规则重新计算公差和允差，则会导致混淆。因此，B1.30 舍入规则仅适用于 ISO 标准中不存在数值的特殊螺纹。使用 ISO R40 系列值计算的值可能与使用 B1.30 计算出的值不同。在这种情况下，使用 B1.30 计算的特殊螺纹值优先。

2. 用途

从公布的公式计算出的螺纹尺寸可能经常不会产生标准中公布的确切值。大多数情况下的差异是基于舍入规则造成的。

ASME B1.30 标准规定，螺距 P 值应精确到 8 位小数。每英寸 28 个螺纹的螺距，0.03571429 是正确的；而使用 1/28、0.0357 或 0.0357142856（而不是 0.03571429）将不会产生符合根据本标准计算的值。

标准规定的原则并不是统一的而是根据性质变化的，螺距保持 8 位小数，最大大径 4 位小数，公差为 6 位小数，为了保持相同的螺纹尺寸，每个人应该遵循相同的圆整操作。

UN 和 UNF 螺纹的基本型式如图 8-9 所示。此处展示了 UNEF 和 UNS 外螺纹以及内螺纹的详细计算的两个示例以便更好地理解，示例中包含了所有寸制的舍入规则、公式和详细描述等所有内容，并且每项可以找出准确的尺寸。

8.3.2　计算和尺寸的舍入

1. 小数的舍入

以下舍入的做法代表了 ASME B1 螺纹标准的新版本或将来版本中使用的方法。

舍入规则：当超过最后一个数字或保留位置的数字小于 5 时，最后保留的数字保持不变。

例如：

1.012342	1.01234
1.012342	1.0123
1.012342	1.012

㊀ 认识到 ASME B1.30 与其他公开文件并不一致。例如 ASME SI-9，准则和标准 SI（米制）单位的度量指南与 IEEE/ASTM SI 10，度量标准实践。在前文中使用的舍入规则旨在产生均匀的数值分布。本文档的目的是定义螺纹最实用和最常用的舍入数字形式值的方法。这种方法的应用在螺纹值的舍入方面更加实用。

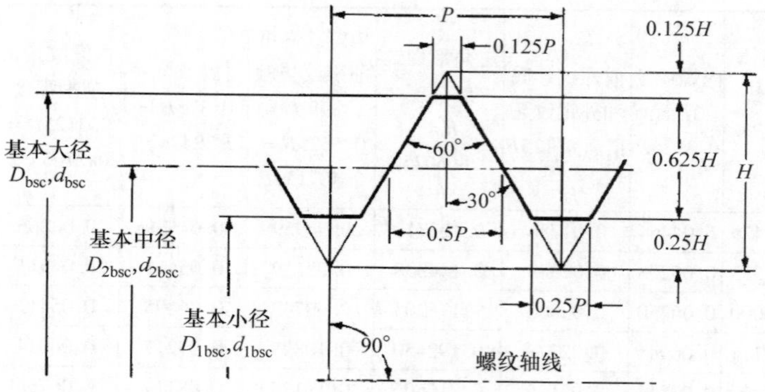

图 8-9 UN 和 UNF 螺纹的基本型式

当超过最后一个数字或保留位置的数字大于 5 时，最后保留的数字增加 1。

例如：

1.56789	1.5679
1.56789	1.568
1.56789	1.57

当超过最后一个数字或保留的地方的数字是 5 时，有以下两种情况：

1）没有数字，或只有零，超过 5，最后一个数字应该增加 1。

例如：

1.01235	1.0124
1.0123500	1.0124
1.012345	1.01235
1.01234500	1.01235

2）如果超过最后一个要保留的数字后面的 5，后面是除零以外的任何数字，最后保留的数字应增加 1。

例如：

1.0123501	1.0124
1.0123599	1.0124
1.01234501	1.01235
1.01234599	1.01235

最终的舍入值是从可用的最精确值获得的，而不是来自一系列连续舍入。例如，0.5499 应舍入为 0.550、0.55 和 0.5（不是 0.6），因为可用的最精确值小于 0.55。类似地，0.5501 应该舍入为 0.550、0.55 和 0.6，因为可用的最精确值大于 0.55。0.5500 应该舍入为 0.550、0.55 和 0.6，因为前期最准确的可用的值是 0.5500。

2. 公式计算，一般规则

1）从螺距函数导出的螺距和常数的值用于寸制系列的 8 位小数。8 位值通过舍入 10 位小数来获得。

度量系列常数的 7 位小数位值通过保留 9 位小数进行舍入来得到。

在中间计算中使用的值可以圆整，保留两位小数，参见表 8-22 和表 8-28。

2）舍入到最终值是计算的最后一步。

示例，圆整系列：

$n = 28$（每英寸螺纹数） $P = \frac{1}{n} = \frac{1}{28}$

$P = 0.0357142857$ （计算，保留 10 位小数）

$P = 0.03571429$ （舍入得到 8 位小数）

表 8-22 计算中使用的小数位数

单位	螺纹数	常数	中间值	最终
寸制	8	8	6	4
米制	依据设计	7	5	3

3）对于寸制螺纹尺寸，除中径、大径和小径的最终值之外，还需要 4 位小数，但 1B8 和 2B 型内螺纹小直径的螺纹尺寸为 0.138 或更大。

应用于螺纹元件的允差和公差的最终值表示为除了外螺纹螺距直径公差 Td_2 之外的 4 个小数位，Td_2 表示为 6 位小数。

内螺纹的小径特例：

最小小径：计算所有类别，然后舍入到最近的 0.001in，并以 0.138in 及以上尺寸的 3 位小数表示。对于 3B 级，在末位补零以产生 4 位小数。

最大小径：所有类别在舍入前计算，然后对于 1B8 和 2B 级，对于 0.138in 及以上的尺寸，最接近 0.001in。3B 级的值圆整到小数点后 4 位。

4）米制螺纹的尺寸为 mm。中径、大径、小径、允差和螺纹元件公差的最终值表示为 3 位小数。

5）末尾包含多个零到所需小数位数的值可以通过仅显示超过最后一个有效数字的两个来表示。

示例：每英寸 20 个螺纹的螺距等于 0.05000000，可以表示为 0.0500。

8.3.3　示例

1. 寸制螺纹

寸制螺纹实例中的公式基于 ASME B1.1，统一寸制螺纹中列出的公式。表 8-24 和表 8-25 基于从小数转换为小数时，结果只保留 4 位小数的尺寸。表 8-26 和表 8-27 则是基于当转换后会导致小数点后无数个数字的尺寸，可参考图 8-9。

2. 米制螺纹

米制螺纹公式基于 ASME B1.13M，米制螺纹中列出的公式。在 ISO 261 和 ASME B1.13M 中列出的标准直径/螺距组合的尺寸限制的计算使用允差和公差的表格值（符合 ISO 965-1）。根据本标准的舍入规则，常数值与寸制螺纹用的值不同，因为尺寸限制仅表示 3 位小数，而不是 4 位数。

3. 螺纹常量

螺纹数据见表 8-23。小数位数和列出方式应一致。印刷于旧标准的螺纹标准螺纹参数是基于螺纹高度（H）或螺距（P）的函数，也列出了相应的等效函数。有一些常量会将这些值要求到 8 位或 7 位小数，然后再保留到等值。对于标准化，已经建立了基于螺距函数的螺纹值的列表，其中螺纹高度仅作为参考。所有螺纹计算都将使用螺距（P）函数执行，寸制系列和米制系列设计的螺纹均舍入为 8 位小数位。螺纹高度（H）的函数不再使用，螺纹高度仅供参考，见表 8-28。

表 8-23　螺纹牙型数据

寸制系列常数	参考值		米制系列常数
$0.04811252P$	$\frac{1}{18}H$	$0.0556H$	$0.0481125P$
$0.05412659P$	$\frac{1}{16}H$	$0.0625H$	$0.0541266P$
$0.08660254P$	$\frac{1}{10}H$	$0.1000H$	$0.0866025P$
$0.09622504P$	$\frac{1}{9}H$	$0.1111H$	$0.0962250P$
$0.10825318P$	$\frac{1}{8}H$	$0.1250H$	$0.1082532P$
$0.12990381P$	$\frac{3}{20}H$	$0.1500H$	$0.1299038P$
$0.14433757P$	$\frac{1}{6}H$	$0.1667H$	$0.1443376P$
$0.16237976P$	$\frac{3}{16}H$	$0.1875H$	$0.1623798P$
$0.21650635P$	$\frac{1}{4}H$	$0.2500H$	$0.2165064P$
$0.28867513P$	$\frac{1}{3}H$	$0.3333H$	$0.2886751P$
$0.32475953P$	$\frac{3}{8}H$	$0.3750H$	$0.3247595P$
$0.36084392P$	$\frac{5}{12}H$	$0.4167H$	$0.3608439P$
$0.39692831P$	$\frac{11}{24}H$	$0.4583H$	$0.3969283P$
$0.43301270P$	$\frac{1}{2}H$	$0.5000H$	$0.4330127P$
$0.48713929P$	$\frac{9}{16}H$	$0.5625H$	$0.4871393P$
$0.54126588P$	$\frac{5}{8}H$	$0.6250H$	$0.5412659P$
$0.57735027P$	$\frac{2}{3}H$	$0.6667H$	$0.5773503P$
$0.59539246P$	$\frac{11}{16}H$	$0.6875H$	$0.5953925P$
$0.61343466P$	$\frac{17}{24}H$	$0.7083H$	$0.6134347P$
$0.61602540P$	—	$0.7113H$	$0.6160254P$
$0.64951905P$	$\frac{3}{4}H$	$0.7500H$	$0.6495191P$
$0.72168783P$	$\frac{5}{6}H$	$0.8333H$	$0.7216878P$
$0.79385662P$	$\frac{11}{12}H$	$0.9167H$	$0.7938566P$
$0.86602540P$	H	$1.0000H$	$0.8660254P$
$1.08253175P$	$\frac{5}{4}H$	$1.2500H$	$1.0825318P$
$1.19078493P$	$\frac{11}{8}H$	$1.3750H$	$1.1907849P$
$1.22686932P$	$\frac{17}{12}H$	$1.4167H$	$1.2268693P$

表 8-24　寸制½-28UNEF-2A 外螺纹计算

特征描述	计　算	备　注
基本大径 d_{bsc}	$d_{bsc}=\frac{1}{2}=0.5=0.5000$	d_{bsc} 圆整到小数点后 4 位
螺距 P	$P=\frac{1}{28}=0.03571428571=0.03571429$	P 圆整到小数点后 8 位
外螺纹最大大径（d_{max}）= 基本大径（d_{bsc}）－允差（es）	$d_{max}=d_{bsc}-es$	es 是基本允差
螺纹基本大径 d_{bsc}	$d_{bsc}=0.5000$	d_{bsc} 圆整到小数点后 4 位
允差（es）	$es=0.300\times Td_2$	Td_2 是 2A 级的中径公差
外螺纹中径公差 Td_2	$Td_2=0.0015D^{\frac{1}{3}}+\sqrt{LE}+0.015P^{\frac{2}{3}}$ $=0.0015\times0.5^{\frac{1}{3}}+\sqrt{9\times0.03571429}+0.015\ (0.03571429)^{\frac{2}{3}}$ $=0.001191+0.000850+0.001627=0.003668$	旋合长度 $LE=9P$ Td_2 圆整为 6 位小数
允差（es）	$es=0.300\times0.003668=0.0011004=0.0011$	es 圆整到小数点后 4 位

（续）

特征描述	计算	备注
外螺纹最大大径（d_{max}）	$d_{max}=d_{base}-es=0.5000-0.0011=0.4989$	d_{max}圆整到小数点后4位
外螺纹最小大径（d_{min}）=外螺纹最大大径（d_{max}）-大径公差（Td）	$d_{min}=d_{max}-Td$	
大径公差（Td）	$Td=0.060\sqrt[3]{P^2}=0.060\times\sqrt[3]{0.03571429^2}$ $=0.060\times\sqrt[3]{0.001276}=0.060\times0.108463$ $=0.00650778=0.0065$	Td圆整到小数点后4位
外螺纹最小大径（d_{min}）	$d_{min}=d_{max}-Td=0.4989-0.006508=0.492392=0.4924$	d_{min}=圆整到小数点后4位
外螺纹最大中径（d_{2max}）=最大外螺纹大径（d_{max}）-2倍外螺纹牙顶高（h_{as}）	$d_{2max}=d_{max}-2h_{as}$	h_{as}=外螺纹牙顶高
外螺纹牙顶高	$h_{as}=\dfrac{0.64951905P}{2}\quad 2h_{as}=0.64951905P$ $2h_{as}=0.64951905\times0.03571429=0.02319711=0.023197$	$2h_{as}$圆整为6位小数
外螺纹最大中径（d_{2max}）	$d_{2max}=d_{max}-2h_{as}=0.4989-0.023197=0.475703=0.4757$	d_{2max}圆整到小数点后4位
外螺纹最小中径（d_{2min}）=外螺纹最大中径（d_{2max}）-外螺纹中径公差（Td_2）	$d_{2min}=d_{2max}-Td_2$	Td_2=外螺纹中径公差（见本表前面的Td_2计算）
外螺纹最小中径（d_{2min}）	$d_{2min}=d_{2max}-Td_2=0.4757-0.003668=0.472032=0.4720$	d_{2min}圆整到小数点后4位
UNR外螺纹最大小径（d_{3max}）=外螺纹最大大径（d_{max}）-2倍UNR外螺纹高度$2h_s$	$d_{3max}=d_{max}-2h_s$	h_s外部UNR螺纹高度
外UNR螺纹高度（$2h_s$）	$2h_s=1.19078493P=1.19078493\times0.03571429=0.042528$	$2h_s$圆整为6位小数
UNR外螺纹最大小径（d_{3max}）	$d_{3max}=d_{max}-2h_s=0.4989-0.042528=0.456372=0.4564$	d_{3max}圆整到小数点后4位
UN外螺纹最大小径（d_{1max}）=外螺纹最大大径（d_{max}）-2倍UN外螺纹高度$2h_s$	$d_{1max}=d_{max}-2h_s$	对于UN螺纹$2h_s=2h_n$
2倍UN外螺纹高度$2h_s$	$2h_s=1.08253175P$ $=1.08253175\times0.03571429$ $=0.03866185=0.038662$	$2h_s$圆整为6位小数
UN外螺纹最大小径（d_{1max}）	$d_{1max}=d_{max}-2h_s=0.4989-0.038662=0.460238=0.4602$	d_{1max}圆整到小数点后4位

表 8-25　寸制½-28UNEF-2B 内螺纹计算

特征描述	计　算	备　注
基本大径 d_{bsc}	$d_{bsc}=\frac{1}{2}=0.5=0.5000$	d_{bsc} 圆整到小数点后 4 位
螺距 P	$P=\frac{1}{28}=0.035714285714=0.03571429$	P 圆整到小数点后 8 位
内螺纹最小小径（D_{1min}）＝基本大径（D_{bsc}）－2 倍 UN 外螺纹高度 $2h_n$	$D_{1min}=D_{bsc}-2h_n$	$2h_n$ 是 2 倍 UN 外螺纹高度
2 倍 UN 外螺纹高度 $2h_n$	$2h_n=1.08253175P=1.08253175\times0.03571429$ $=0.03866185=0.038662$	$2h_n$ 圆整到小数点后 6 位
内螺纹最小小径（D_{1min}）	$D_{1min}=D_{bsc}-2h_n=0.5000-0.038662=0.461338$ $=0.461$	对于 2B 级，该值圆整为 3 位小数，以获得最终值
内螺纹最大小径（D_{1max}）＝内螺纹最小小径（D_{1min}）＋内螺纹小径公差（TD_1）	$D_{1max}=D_{1min}+TD_1$	D_{1min} 圆整到小数点后 6 位
内螺纹小径公差 TD_1	$TD_1=0.25P-0.40P^2=0.25\times0.03571429-0.40$ $\times0.03571429^2=0.008929-0.000510$ $=0.008419=0.003127$	TD_1 圆整到小数点后 4 位
内螺纹最大小径（D_{1max}）	$D_{1max}=D_{1min}+TD_1=0.461338+0.008419=0.469757$ $=0.470$	对于 2B 级螺纹，D_{1max} 舍入为 3 位小数，以获得最终值。其他大小和类别以 4 位小数表示
内螺纹最小中径（D_{2min}）＝螺纹基本大径（D_{bsc}）－2 倍外螺纹牙顶高 h_b	$D_{2min}=D_{bsc}-h_b$	h_b＝外螺纹牙顶高
外螺纹牙顶高（h_b）	$h_b=0.64951905P=0.64951905\times0.03571429$ $=0.02319711=0.023197$	h_b 圆整到小数点后 6 位
内螺纹最小中径（D_{2min}）	$D_{2min}=D_{bsc}-h_b=0.5000-0.023197=0.476803$ $=0.4768$	D_{2min} 圆整到小数点后 4 位
内螺纹最大中径（D_{2max}）＝内螺纹最小中径（D_{2min}）＋内螺纹中径公差（TD_2）	$D_{2max}=D_{2min}+TD_2$	TD_2＝外螺纹中径公差
TD_2＝外螺纹中径公差	$TD_2=1.30\times Td_2=1.30\times0.003668=0.0047684$ $=0.0048$	常数 1.30 是 2B 级的例子，对于 1B 级和 3B 级是不同的。Td_2 为 2A 级舍入到小数点后 6 位。此处 Td_2 舍入到小数点后 4 位
内螺纹最大中径（D_{2max}）	$D_{2max}=D_{2min}+TD_2=0.4768+0.0048=0.4816$	D_{2max} 圆整到小数点后 4 位
内螺纹最小大径（D_{min}）＝螺纹基本大径（D_{bsc}）	$D_{min}=D_{bsc}=0.5000$	D_{min} 圆整到小数点后 4 位

表 8-26　寸制外螺纹$^{19}/_{64}$-36 UNS-2A 的计算

特征描述	计　算	备　注
基本大径 d_{bsc}	$d_{bsc}=\frac{19}{64}=0.296875=0.2969$	d_{bsc} 圆整到小数点后 4 位

（续）

特征描述	计 算	备 注
螺距 P	$P=\frac{1}{36}=0.0277777777778=0.02777778$	P 圆整到小数点后 8 位
外螺纹最大大径（d_{max}）= 基本大径（d_{bsc}）- 允差（es）	$d_{max}=d_{bsc}-es$	es 是基本允差
允差（es）	$es=0.300\times Td_2$	Td_2 是 2A 级的直径公差
外螺纹中径公差 Td_2	$Td_2=0.0015D^{\frac{1}{3}}+0.0015\sqrt{LE}+0.015P^{\frac{2}{3}}$ $=0.0015\times0.2969^{\frac{1}{3}}+0.0015\sqrt{9\times0.02777778}$ $+0.015\times0.02777778^{\frac{2}{3}}$ $=0.001000679+0.00075+0.001375803$ $=0.003126482$ $=0.003127$	旋合长度 $LE=9P$ Td_2 圆整为 6 位小数
允差（es）	$es=0.300\times0.003127=0.0009381=0.0009$	es 圆整到小数点后 4 位
外螺纹最大大径（d_{max}）	$d_{max}=d_{base}-es=0.2969-0.0009=0.2960$	d_{max} 圆整到小数点后 4 位
外螺纹最小大径（d_{min}）= 外螺纹最大大径（d_{max}）- 大径公差（Td）	$d_{min}=d_{max}-Td$	
大径公差（Td）	$Td=0.060\sqrt[3]{P^2}=0.060\times\sqrt[3]{0.02777778^2}$ $=0.060\times\sqrt[3]{0.000772}=0.060\times0.091736$ $=0.00550416=0.0055$	Td 圆整到小数点后 4 位
外螺纹最小大径（d_{min}）	$d_{min}=d_{max}-Td=0.2960-0.0055=0.2905$	d_{min} = 圆整到小数点后 4 位
外螺纹最大中径（d_{2max}）= 外螺纹最大大径（d_{max}）- 2 倍外螺纹牙顶高（h_{as}）	$d_{2max}=d_{max}-2h_{as}$	h_{as} = 外螺纹牙顶高
外螺纹牙顶高	$h_{as}=\frac{0.64951905P}{2}2h_{as}=0.64951905P$ $2h_{as}=0.64951905\times0.02777778=0.0180421972$ $=0.018042$	h_{as} 圆整为 6 位小数
外螺纹最大中径（d_{2max}）	$d_{2max}=d_{max}-2h_{as}=0.2960-0.018042=0.277958$ $=0.2780$	d_{2max} 圆整到小数点后 4 位
外螺纹最小中径（d_{2min}）= 外螺纹最大中径（d_{2max}）- 中径公差（Td_2）	$d_{2min}=d_{2max}-Td_2$	Td_2 为外螺纹直径公差（见本表前面的 Td_2 计算）
外螺纹最小中径（d_{2min}）	$d_{2min}=d_{2max}-Td_2=0.2780-0.003127=0.274873$ $=0.2749$	d_{2min} 圆整到小数点后 4 位
UNR 外螺纹最大小径（d_{3max}）= 外螺纹最大大径（d_{max}）- 2 倍 UNR 外螺纹高度 $2h_s$	$d_{3max}=d_{max}-2h_s$	h_s 为外部 UNR 螺纹高度
UNR 外螺纹高度（$2h_s$）	$2h_s=1.19078493P=1.19078493\times0.02777778$ $=0.033077362=0.033077$	$2h_s$ 圆整为 6 位小数
UNR 外螺纹最大小径（d_{3max}）	$d_{3max}=d_{max}-2h_s=0.2960-0.033077$ $=0.262923=0.2629$	d_{3max} 圆整到小数点后 4 位

（续）

特征描述	计 算	备 注
UN 外螺纹最大小径（d_{1max}）= 外螺纹最大大径（d_{max}）－2 倍 UN 外螺纹高度 $2h_s$	$d_{1max}=d_{max}-2h_s$	对于 UN 螺纹 $2h_s=2h_n$
2 倍 UN 外螺纹高度 $2h_s$	$2h_s=1.08253175P$ $=1.08253175\times0.02777778$ $=0.030070329=0.030070$	对于 UN 螺纹 $2h_s=2h_n$ $2h_s$ 圆整为 6 位小数
UN 外螺纹最大小径（d_{1max}）	$d_{1max}=d_{max}-2h_s=0.2960-0.030070$ $=0.265930=0.2659$	d_{1max} 圆整到小数点后 4 位

表 8-27 寸制内螺纹 $^{19}/_{64}$-28 UNS-2B 的计算

特征描述	计 算	备 注
基本大径 D_{bsc}	$D_{bsc}=\frac{19}{64}=0.296875=0.2969$	D_{bsc} 为基本大径的最终值，圆整到小数点后 4 位
内螺纹最小小径（D_{1min}）= 基本大径（D_{bsc}）－2 倍 UN 外螺纹高度 $2h_n$	$D_{1min}=D_{bsc}-2h_n$	$2h_n$ 是 2 倍 UN 外螺纹高度
2 倍 UN 外螺纹高度 $2h_n$	$2h_n=1.08253175P=1.08253175\times0.02777778$ $=0.030070329=0.030070$	P 圆整到小数点后 8 位 $2h_n$ 圆整到小数点后 6 位
内螺纹最小大径（D_{1min}）	$D_{1min}=D_{bsc}-2h_n=0.2969-0.030070=0.266830$ $=0.267$	对于 2B 级，该值圆整为 3 位小数，以获得最终值。其他级别圆整为 4 位小数
内螺纹最大小径（D_{1max}）= 内螺纹最小小径（D_{1min}）+ 内螺纹小径公差（TD_1）	$D_{1max}=D_{1min}+TD_1$	D_{1min} 圆整到小数点后 6 位
内螺纹小径公差 TD_1	$TD_1=0.25P-0.40P^2=0.25\times0.02777778-0.40$ $\times0.027777782$ $=0.006944-0.000309=0.006635=0.0066$	TD_1 圆整到小数点后 4 位
内螺纹最大小径（D_{1max}）	$D_{1max}=D_{1min}+TD_1=0.266830+0.006635=0.273465$ $=0.273$	对于 2B 级螺纹，D_{1max} 舍入为 3 位小数，以获得最终值。其他级别以 4 位小数表示
内螺纹最小中径（D_{2min}）= 螺纹基本大径（D_{bsc}）－2 倍外螺纹牙顶高 h_b	$D_{2min}=D_{bsc}-h_b$	h_b 为外螺纹牙顶高
外螺纹牙顶高（h_b）	$h_b=0.64951905P=0.64951905\times0.02777778$ $=0.018042197=0.018042$	h_b 圆整到小数点后 6 位
内螺纹最小中径（D_{2min}）	$D_{2min}=D_{bsc}-h_b=0.2969-0.018042=0.278858$ $=0.2789$	D_{2min} 圆整到小数点后 4 位
内螺纹最大中径（D_{2max}）= 内螺纹最小中径（D_{2min}）+ 内螺纹中径公差（TD_2）	$D_{2max}=D_{2min}+TD_2$	TD_2 为外螺纹中径公差

8

（续）

特征描述	计算	备注
TD_2 为外螺纹中径公差	$TD_2=1.30\times Td_2=1.30\times0.003127$ $=0.0040651=0.0041$	常数1.30是2B级的例子，对于1B级和3B级是不同的。Td_2 为2A级舍入到小数点后6位。此处 Td_2 舍入到小数点后4位
内螺纹最大中径（D_{2max}）	$D_{2max}=D_{2min}+TD_2=0.2789+0.0041=0.2830$	D_{2max} 圆整到小数点后4位
内螺纹最小大径（D_{min}）＝基本大径（D_{bsc}）	$D_{min}=D_{bsc}=0.2969$	D_{min} 圆整到小数点后4位

表8-28 螺纹特性的中间值和最终计算的小数位数

符号	尺寸	中间值		最终值		符号	尺寸	中间值		最终值	
		寸制	米制	寸制	米制			寸制	米制	寸制	米制
d	大径，外螺纹	—	—	4	3	LE	螺纹旋合长度	6	N/A	—	—
D	大径，内螺纹	—	—	4	3	P	螺距	—	—	8	①
d_2	中径，外螺纹	—	—	4	3	Td	大径公差	—	—	4	3
D_2	中径，内螺纹	—	—	4	3	Td_2	中径公差，外螺纹	—	—	6	3
d_1	小径，外螺纹	—	—	4	3	TD_2	中径公差，内螺纹	—	—	4	3
d_3	小径，圆根外螺纹	—	—	4	3	TD_1	小径公差，内螺纹	—	—	4	3
D_1	小径，仅适用于1B、2B级比0.138大的内螺纹	—	—	3	N/A	$h_b=2h_{as}$	2倍外螺纹牙顶高	6	N/A	—	—
D_1	小径，适用于1B、2B级比0.138小的内螺纹和3B级的所有尺寸	—	—	4	N/A	$2h_s$	2倍UNR外螺纹牙顶高	6	N/A	—	—
D_1	小径，米制内螺纹	—	—	N/A	3	$2h_n$	2倍内螺纹和UN外螺纹的牙顶高	6	N/A	—	—
es	外螺纹的大径、中径和小径的允差	—	—	N/A	3	$2h_n$	2倍外螺纹牙顶高	6	N/A	—	—

注：基于螺距 P 的函数的常数被舍入为寸制螺纹的8位小数、米制螺纹的7位小数。

① 米制螺距不计算，它们以螺纹名称表示，并且将被使用为所述的小数位数。

8.4 米制螺纹

8.4.1 美国国家标准M牙型米制螺纹

美国国家标准ANSI /ASME B1.13M-2005介绍了一套米制螺纹系统，用于一般机械和结构的紧固。

截至发布之日，该标准与ISO螺钉标准和规则基本一致，并提供针对优选标准尺寸选择的直径-螺距组合的详细信息。本标准包含一个ISO 68命名60°对称螺纹的米制标准。

1. 与寸制螺纹的应用比较

公差带代号为6H/6g的M牙型螺纹仅仅适用于寸制2A/2B级米制应用。在最小材料限制下，6H/6g比2A/2B松动。提供了比4g6g级更为严格的外螺纹公差配合，其大致相当于寸制3A级，但具有应用允差。可以注意到，4H5H/4h6h适合大约相当于寸制系统中的3A/3B级。

2. 与其他系统螺纹的互换性

根据ISO 68基本牙型和ISO 965/1公差实践，符合ANSI/ASME B1.13M的螺纹可与其他国家标准的螺纹完全互换。

使用本标准生产的螺纹应与ANSI B1.18M-1982（R1987）“商业机械紧固件的米制螺纹——边界牙廓定义”生产的螺纹具有相同尺寸和公差带代号，则可以通用互换使用。然而，有些部件可能被用于ANSI/ASME B1.13M螺纹的常规量规通过但不能被用于ANSI B1.18M螺纹的双止通量规通过。

依据ANSI/ASME B1.21M设计数据生产的M牙

型螺纹和 MJ 牙型螺纹可以互相装配。然而，当两种螺纹处于最大材料状态时，MJ 外螺纹的牙顶将与 M 内螺纹的牙底半径产生干涉。

3. 定义

以下定义适用于米制螺纹 M 牙型螺纹。

允差：规定尺寸与其基本尺寸之间的最小公称间隙。允差不是 ISO 米制螺纹项，但数值等于 ISO 术语基本偏差的绝对值。

基本螺纹牙型：外螺纹和内螺纹之间永久建立确定边界，在边界上建立轴向平面的周期性牙型。所有偏差都是相对于这个边界（见图 8-10 和图 8-14）。

螺栓螺纹（外螺纹）：ISO 米制螺纹标准中用于描述所有外螺纹的术语。所有与外螺纹相关的符号都用小写字母表示，本标准外螺纹术语源于美国惯例。

间隙：当内螺纹尺寸较小时，内螺纹尺寸与外螺纹尺寸之间的差值。

顶径：外螺纹的大径和内螺纹的小径。

设计牙型：指定公差带代号的外螺纹和内螺纹允许的最大材料剖面牙型（见图 8-11 和图 8-12）。牙型的上限和下限如图 8-13 所示。

偏差：ISO 基本术语，指给定尺寸（实际、测量、最大、最小等）与相应基本尺寸之间的代数差，术语偏差不一定表示错误。

配合：两个配套的外螺纹和内螺纹在组装时存在的间隙或干扰量关系。

基本偏差：对于标准螺纹，偏离（上或下）更接近基本尺寸。外螺纹的上偏差为 es，内螺纹的下偏差为 EI（见图 8-14）。

牙型极限：M 内螺纹的牙型极限如图 8-15 所示，M 外螺纹的限制牙型如图 8-16 所示。

下偏差：最小极限与相应基本尺寸之间的代数差。

螺母螺纹（内螺纹）：ISO 米制螺纹标准中用于描述所有内螺纹的术语，本标准使用的内螺纹术语源于美国惯例，与内螺纹相关联的所有符号都以大写字母表示。

公差：装配时配合尺寸允许的总变化量，它是尺寸的最大极限和尺寸的最小极限之间的差（上偏差和下偏差之间的代数差）。公差是没有符号的绝对值，螺纹公差在最小材料的方向应用于设计尺寸。在外螺纹上公差是负的，在内螺纹上公差是正的。

公差带代号：公差带位置与公差等级的组合，它规定了外螺纹的螺距和大径以及内螺纹的螺距和小径的允差（基本偏差）和公差。

公差等级：一个数字符号，表示应用于设计牙型的牙顶直径和中径的公差。

公差带位置：公差区域相对于基本尺寸的位置的字母符号，位置提供了允差（基本偏差）。

上偏差：最大尺寸限制与相应基本尺寸之间的代数差。

4. 基本 M 牙型

基本的米制 M 螺纹也称为如图 8-10 所示的 ISO 68 米制螺纹的基本牙型，相关尺寸见表 8-31。

5. M 牙型内螺纹设计

最大实体条件下设计的 M 牙型内螺纹是 ISO 68 米制螺纹的基本牙型，如图 8-11 所示，表 8-31 列出了相关螺纹数据。

6. M 牙型外螺纹设计

在无允差的最大实体条件下设计的牙型外螺纹是 ISO 68 米制螺纹的基本牙型，除了需要圆整牙底外，对于 $0.125P$ 最小半径的标准螺纹，ISO 68 牙型在牙底被 $0.17783H$ 削平高度成两个弧，其半径与牙侧相切 $0.125P$，如图 8-12 所示，表 8-31 列出了相关螺纹数据。

7. M 牙顶和牙底的牙型

外螺纹大径处的牙顶形状是平坦的，允许拐角圆整。外螺纹尖锐牙顶 $0.125H$ 处削平。内螺纹小径处牙顶的形状是平的，尖锐牙顶 $0.25H$ 处削平。

外螺纹和内螺纹大径与小径的牙顶和牙底公差带将允许都有圆形的牙顶和牙底形状。

外螺纹的牙底牙型必须位于图 8-13 所示的“剖面线”公差区域内。对于圆整牙底的螺纹，牙底牙型必须位于图 8-13 所示的“剖面线”圆形牙底公差区域内。牙型必须连续，与非回旋曲线光滑地结合在一起，在其中每一部分的半径不得小于 $0.125P$，且与牙侧相切。牙型应包含在牙底处由切向平面连接的牙侧弧切线。

内螺纹的牙底牙型不能小于基本牙型，最大大径不能是尖锐的。

8. 通用符号

用于描述米制螺纹形状的通用符号见表 8-29。

表 8-29　美国国家标准米制螺纹符号

ANSI/ASME B1.13M-2005

符号	说　明
D	内螺纹大径
D_1	内螺纹小径
D_2	内螺纹中径
d	外螺纹大径
d_1	外螺纹小径
d_2	外螺纹中径
d_3	外螺纹圆形小径

（续）

符号	说明	符号	说明
P	螺距	G、H	内螺纹下偏差公差带位置的字母名称
r	外螺纹牙底半径	g、h	外螺纹上偏差公差带位置的字母名称
T	公差	es	上偏差，外螺纹允差（基本偏差），见图 8-14。在 ISO 系统中，该值总是为负值或为零
TD_1、TD_2	D_1、D_2 的公差	ei	下偏差，外螺纹［等于允差（基本偏差）加上公差］，见图 8-14。在 ISO 系统中，该值总是为负
Td_1、Td_2	d、d_2 的公差	H	基本三角形高度
ES	上偏差，内螺纹［等于允差（基本偏差）加上公差］，见图 8-14	LE	旋合长度
EI	下偏差，内螺纹允差（基本偏差），见图 8-14	LH	左旋螺纹

8

9. 标准 M 牙型螺纹系列

美国国家标准通用粗螺距机械紧固件米制螺纹 M 系列见表 8-30，米制螺纹 M 牙型螺纹数据见表 8-31。

通用设备螺纹部件设计和机械紧固件的标准公制螺纹系列是粗牙螺纹系列，它们的直径-螺距组合见表 8-32。这些直径-螺距组合是优选尺寸，应作为应用的首选，其余的细直径-螺距组合见表 8-33。

表 8-30　美国国家标准通用粗螺距机械紧固件米制螺纹 M 系列 ANSI/ASME B1.13M-2005

（单位：mm）

公称规格	螺距	公称规格	螺距	公称规格	螺距	公称规格	螺距
1.6	0.35	6	1	22	2.5①	56	5.5
2	0.4	8	1.25	24	3	64	6
2.5	0.45	10	1.5	27	3①	72	6②
3	0.5	12	1.75	30	3.5	80	6②
3.5	0.6	14	2	36	4	90	6②
4	0.7	16	2	42	4.5	100	6②
5	0.8	20	2.5	48	5	—	—

① 仅适用于高强度结构钢紧固件。

② 指定为 ISO 261 中 6 mm 细牙系列的一部分。

表 8-31　美国国家标准米制螺纹 M 牙型螺纹数据 ANSI/ASME B1.13M-2005　（单位：mm）

螺距	内螺纹牙底和外螺纹牙顶削平高度	内螺纹牙顶高和内螺纹削平高度	内螺纹牙顶高和外螺纹牙底高	差值①	内螺纹高度和螺纹旋合高度	差值②	2 倍外螺纹牙顶高	差值③	三角形螺纹高度	2 倍内螺纹高度
	$\frac{H}{8}$	$\frac{H}{4}$	$\frac{3}{8}H$	$\frac{H}{2}$	$\frac{5}{8}H$	$0.711325H$	$\frac{3}{4}H$	$\frac{11}{12}H$	H	$\frac{5}{4}H$
P	$0.1082532P$	$0.2165064P$	$0.3247595P$	$0.4330127P$	$0.5412659P$	$0.6160254P$	$0.6495191P$	$0.7938566P$	$0.8660254P$	$1.0825318P$
0.2	0.02165	0.04330	0.06495	0.08660	0.10825	0.12321	0.12990	0.15877	0.17321	0.21651
0.25	0.02706	0.05413	0.08119	0.10825	0.13532	0.15401	0.16238	0.19846	0.21651	0.27063
0.3	0.03248	0.06495	0.09743	0.12990	0.16238	0.18481	0.19486	0.23816	0.25981	0.32476
0.35	0.03789	0.07578	0.11367	0.15155	0.18944	0.21561	0.22733	0.27785	0.30311	0.37889
0.4	0.04330	0.08660	0.12990	0.17321	0.21651	0.24541	0.25981	0.31754	0.34641	0.43301
0.45	0.04871	0.09743	0.14614	0.19486	0.24357	0.27721	0.29228	0.35724	0.38971	0.48714
0.5	0.05413	0.10825	0.16238	0.21651	0.27063	0.30801	0.32476	0.39693	0.43301	0.54127

（续）

螺距	内螺纹牙底和外螺纹牙顶削平高度	内螺纹牙顶高和内螺纹削平高度	内螺纹牙顶高和外螺纹牙底高	差值①	内螺纹高度和螺纹旋合高度	差值②	2 倍外螺纹牙顶高	差值③	三角形螺纹高度	2 倍内螺纹高度
	$\frac{H}{8}$	$\frac{H}{4}$	$\frac{3}{8}H$	$\frac{H}{2}$	$\frac{5}{8}H$	$0.711325H$	$\frac{3}{4}H$	$\frac{11}{12}H$	H	$\frac{5}{4}H$
P	$0.1082532P$	$0.2165064P$	$0.3247595P$	$0.4330127P$	$0.5412659P$	$0.6160254P$	$0.6495191P$	$0.7938566P$	$0.8660254P$	$1.0825318P$
0.6	0.06495	0.12990	0.19486	0.25981	0.32476	0.36962	0.38971	0.47631	0.51962	0.64952
0.7	0.07578	0.15155	0.22733	0.30311	0.37889	0.43122	0.45466	0.55570	0.60622	0.75777
0.75	0.08119	0.16238	0.24357	0.32476	0.40595	0.46202	0.48714	0.59539	0.64952	0.81190
0.8	0.08660	0.17321	0.25981	0.34641	0.43301	0.49282	0.51962	0.63509	0.69282	0.86603
1	0.10825	0.21651	0.32476	0.43301	0.54127	0.61603	0.64952	0.79386	0.86603	1.08253
1.25	0.13532	0.27063	0.40595	0.54127	0.67658	0.77003	0.81190	0.99232	1.08253	1.35316
1.5	0.16238	0.32476	0.48714	0.64952	0.81190	0.92404	0.97428	1.19078	1.29904	1.62380
1.75	0.18944	0.37889	0.56833	0.75777	0.94722	1.07804	1.13666	1.38925	1.51554	1.89443
2	0.21651	0.43301	0.64952	0.86603	1.08253	1.23205	1.29904	1.58771	1.73205	2.16506
2.5	0.27063	0.54127	0.81190	1.08253	1.35316	1.54006	1.62380	1.98464	2.16506	2.70633
3	0.32476	0.64652	0.97428	1.29904	1.62380	1.84808	1.94856	2.38157	2.59808	3.24760
3.5	0.37889	0.75777	1.13666	1.51554	1.89443	2.15609	2.27332	2.77850	3.03109	3.78886
4	0.43301	0.86603	1.29904	1.73205	2.16506	2.46410	2.59808	3.17543	3.46410	4.33013
4.5	0.48714	0.97428	1.46142	1.94856	2.43570	2.77211	2.92284	3.57235	3.89711	4.87139
5	0.54127	1.08253	1.62380	2.16506	2.70633	3.08013	3.24760	3.96928	4.33013	5.41266
5.5	0.59539	1.19079	1.78618	2.38157	2.97696	3.38814	3.57236	4.36621	4.76314	5.95392
6	0.64952	1.29904	1.94856	2.59808	3.24760	3.69615	3.89711	4.76314	5.19615	6.49519
8	0.86603	1.73205	2.59808	3.46410	4.33013	4.92820	5.19615	6.35085	6.92820	8.66025

① 外螺纹的最大理论中径和最大小径之间的差值，内螺纹最小理论中径和最小小径之间的差值。

② 在外螺纹 $0.125P$ 牙底半径，最小理论中径和最小设计大径之间的差值。

③ 内螺纹的最大大径与最大理论中径的差值。

表 8-32 美国国家标准最小圆整牙底半径 M 牙型系列 ANSI/ASME B1.13M-2005

（单位：mm）

螺距 P	最小牙底半径 $0.125P$	螺距 P	最小牙底半径 $0.125P$	螺距 P	最小牙底半径 $0.125P$	螺距 P	最小牙底半径 $0.125P$
0.2	0.025	0.6	0.075	1.5	0.188	4	0.500
0.25	0.031	0.7	0.088	1.75	0.219	4.5	0.563
0.3	0.038	0.75	0.094	2	0.250	5	0.625
0.35	0.044	0.8	0.100	2.5	0.313	5.5	0.688
0.4	0.050	1	0.125	3	0.375	6	0.750
0.45	0.056	1.25	0.156	3.5	0.438	8	1.000
0.5	0.063	—	—	—	—	—	—

表 8-33 美国国家标准米制细牙螺纹 M 牙型 ANSI/ASME B1.13M-2005 （单位：mm）

公称规格	螺距			公称规格	螺距			公称规格	螺距			公称规格	螺距		
8	1		—	12	1	1.5	1.25	15	1		—	17	1		—
10	0.75	1.0	1.25	14	—		1.5	16	—		1.5	18	—		1.5

（续）

公称规格	螺距		公称规格	螺距		公称规格	螺距		公称规格	螺距
20	1	1.5	40	1.5	—	70	1.5	—	120	2
22	—	1.5	42	1.5	2	72	—	2	130	2
24	—	2	45	—	—	75	1.5	—	140	2
25	1.5	—	48	—	2	80	1.5	2	150	2
27	—	2	50	—	—	85	—	2	160	3
30	1.5	2	55	—	—	90	—	2	170	3
33	—	2	56	—	2	95	—	2	180	3
35	1.5	—	60	1.5	—	100	—	2	190	3
36	1.5	2	64	—	2	105	2		200	3
39	—	2	65	1.5	—	110	2			

10. 米制螺纹的极限和配合 M 牙型

国际米制公差体系是建立在一个极限和配合的基础上的。带有允差的装配体在组装时的公差极限决定了装配的配合度。为了简单方便，系统描述了圆柱形零件的装配，但在本标准中，它适用于螺纹。孔相当于内螺纹，而轴相当于外螺纹。M 牙型螺纹如图 8-10 ~ 图 8-13 所示。

基本尺寸：两个零件在组装时作为参考基准的公共线或面。

“基本”，用于区别本标准中的特定量，如基本大径是指 h/H 公差带位置（零基础偏差）值。

上偏差：最大极限与基本尺寸之间的代数差。它源于法语术语“écartsupérieur”（*ES* 为内螺纹，*es* 为外螺纹）。

下偏差：最小极限与基本尺寸之间的代数差。它源于法语术语“écartinférieur”（*EI* 为内螺纹，*ei* 为外螺纹）。

基本偏差（允差）：偏离基本尺寸的量。用 *EI* 和 *es* 表示。

公差：由一系列数值表示的等级组成。每个公差等级提供了与该等级相对应的标准公差数值。在示意图中，外部螺纹的公差为负。因此，公差加上配合构成了下偏差（*ei*）。内螺纹配合的公差显示为正。公差加上配合构成了上偏差（*ES*），内螺纹配合的公差显示为正。

配合：由组成的配对部件的基本偏差确定的，可能为正也可能为负。所选择的配合可以是间隙配合、过渡配合或过盈配合。为了示意性地说明配合，图 8-14绘制了一条基线以表示基本尺寸。按照惯例，外螺纹位于基线之下，内螺纹位于基线之上（除了过盈配合）。这使得外螺纹的基本偏差为负，且等于其上偏差（*es*）。内螺纹的基本偏差为正，且等于其下偏差（*EI*）。

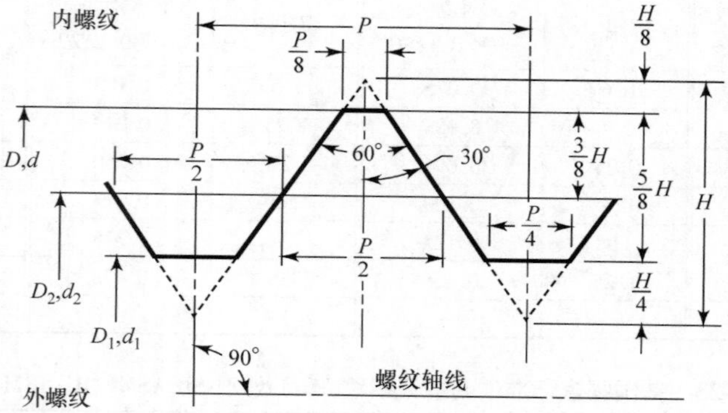

$$H=\frac{\sqrt{3}}{2}\times P=0.866025P$$

$$\mathbf{0.125H = 0.108253P,\ 0.250H = 0.216506P,\ 0.375H = 0.324760P,\ 0.625H = 0.541266P}$$

图 8-10　基本 M 牙型螺纹（ISO 68 基本牙型）

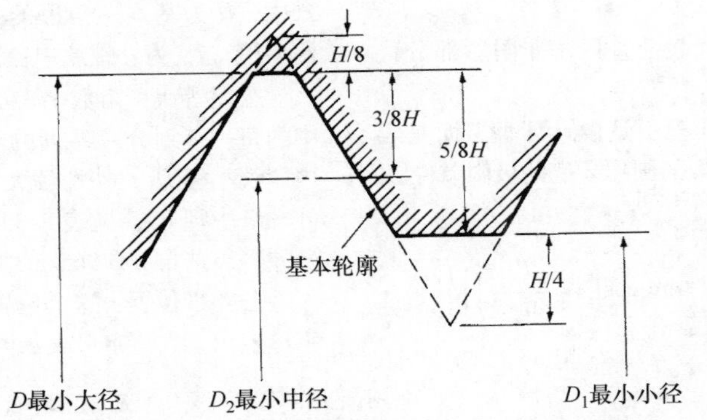

图 8-11 无允差（基本偏差）的 M 牙型内螺纹设计（最大实体条件），尺寸见表 8-31

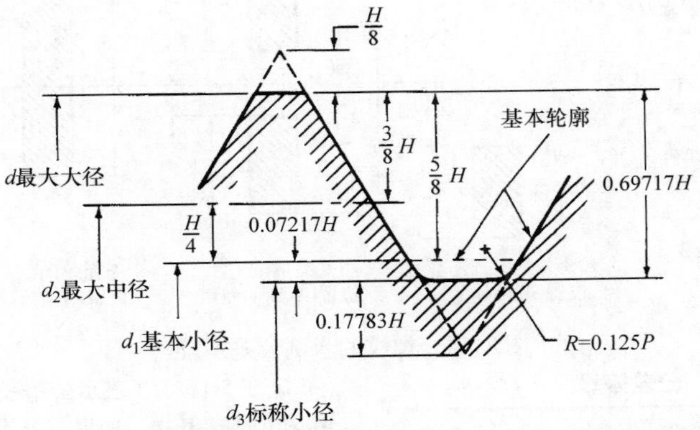

图 8-12 无允差（基本偏差）的 M 牙型外螺纹设计（最大实体条件），尺寸见表 8-31

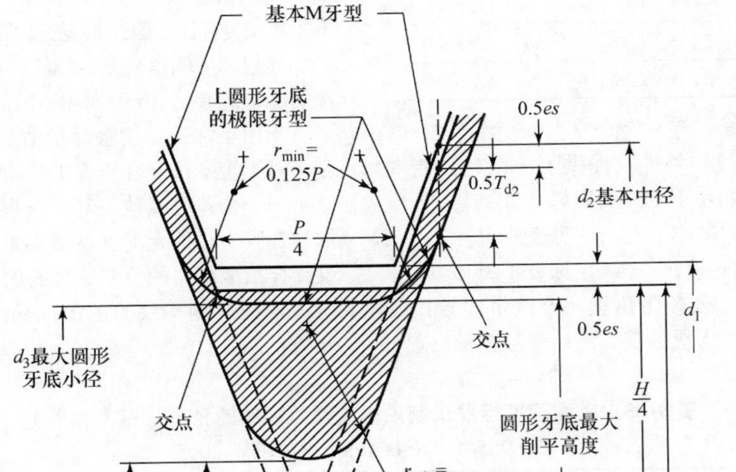

图 8-13 当 $r_{\min}=0.125P$ 和平牙底（显示为 g 公差带）条件下的 M 牙型螺纹，外螺纹牙底，牙型的上限和下限

说明：

1）“剖面线”部分代表公差区，非阴影部分代表允差（基本偏差）。

2）圆形牙底的上限牙型不是设计牙型，而是表示可接受的能通过螺纹通规的圆形牙底的极限条件。

3）最大削平高度 =

$$\frac{H}{4}-r_{\min}\left\{1-\cos\left[60°-\arc\cos\left(1-\frac{T_{d_2}}{4r_{\min}}\right)\right]\right\}$$

式中，H 为基本三角形的高度；$r_{\min}$ 为最小外螺纹牙底半径；T_{d_2} 为外螺纹中径公差。

公差等级：由数字表示。该系统为四个螺纹参数中的每一个划分一系列的等级，这些螺纹参数包括：内螺纹小径 D_1，外螺纹大径 d，内螺纹中径 D_2 以及外螺纹中径 d_2，见表 8-34。本标准 ANSI B1. 13M 的公差等级选自 ISO 965/1 中给出的公差等级。

公差带位置：这个位置是允差（基本偏差），用字母表示。大写字母表示内螺纹，小写字母表示外螺纹。该系统为内螺纹和外螺纹提供了一系列公差带位置。本标准中使用带下划线的字母：

内螺纹	G，<u>H</u>	见表 8-35
外螺纹	e，f，<u>g</u>，h	见表 8-35

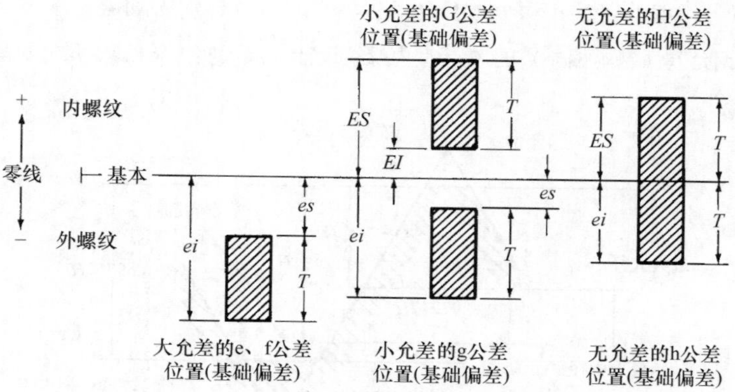

图 8-14 螺纹的米制公差系统

表 8-34 公差等级

符号	公差等级	表
D_1	4，5，<u>6</u>，7，8	表 8-38
d	4，<u>6</u>，8	表 8-39
D_2	4，5，<u>6</u>，7，8	表 8-40
d_2	3，<u>4</u>，5，<u>6</u>，7，8，9	表 8-40

注：划线部分的公差等级与螺纹名义旋合长度相同。

公差等级命名、公差带位置、公差带代号：公差等级首先给出公差等级数字，然后是公差带位置，如 4g 或 5H。为了表示公差带代号，首先给出中径的等级和位置，其次，如果是外螺纹，给出外螺纹的大径，如果是内螺纹，则给出内螺纹的小径。如外螺纹为 4g6g，内螺纹为 5H6H。如果两个等级和位置相同，则不需要重复标注，因此 4g 表示 4g4g；5H 代表 5H5H。

导程和牙侧角公差：螺纹产品导程和牙侧角的可接受度，请参见 ANSI/ASME B1. 13M-2005 第 10 节。

当用正常长度接触计量时的短和长螺纹旋合长度：对于短螺纹旋合长度 LE，将外螺纹的中径公差减小一个公差等级数。对于长螺纹旋合长度 LE，增加外螺纹中径的允差（基础偏差）。正常、短和长螺纹旋合长度所需的公差等级的例子见表 8-36。

表 8-37 对螺纹的正常、短、长旋合长度进行了分类。

表 8-35 美国国家标准米制内螺纹和外螺纹的允差（基本偏差）

ISO 965/1 ANSI/ASME B1. 13M-2005 （单位：mm）

螺距 P	允差（基本偏差）①					
	内螺纹 D_2，D_1		外螺纹 d，d_2			
	G	<u>H</u>②	e	f	<u>g</u>③	h
	EI	EI	es	es	es	es
0. 2	+0. 017	0	—	—	−0. 017	0
0. 25	+0. 018	0	—	—	−0. 018	0

（续）

螺距 P	允差（基本偏差）①					
	内螺纹 D_2，D_1		外螺纹 d，d_2			
	G	H②	e	f	g③	h
	EI	*EI*	*es*	*es*	*es*	*es*
0.3	+0.018	0	—	—	−0.018	0
0.35	+0.019	0	—	−0.034	−0.019	0
0.4	+0.019	0	—	−0.034	−0.019	0
0.45	+0.020	0	—	−0.035	−0.020	0
0.5	+0.020	0	−0.050	−0.036	−0.020	0
0.6	+0.021	0	−0.053	−0.036	−0.021	0
0.7	+0.022	0	−0.056	−0.038	−0.022	0
0.75	+0.022	0	−0.056	−0.038	−0.022	0
0.8	+0.024	0	−0.060	−0.038	−0.024	0
1	+0.026	0	−0.060	−0.040	−0.026	0
1.25	+0.028	0	−0.063	−0.042	−0.028	0
1.5	+0.032	0	−0.067	−0.045	−0.032	0
1.75	+0.034	0	−0.071	−0.048	−0.034	0
2	+0.038	0	−0.071	−0.052	−0.038	0
2.5	+0.042	0	−0.080	−0.058	−0.042	0
3	+0.048	0	−0.085	−0.063	−0.048	0
3.5	+0.053	0	−0.090	−0.070	−0.053	0
4	+0.060	0	−0.095	−0.075	−0.060	0
4.5	+0.063	0	−0.100	−0.080	−0.063	0
5	+0.071	0	−0.106	−0.085	−0.071	0
5.5	+0.075	0	−0.112	−0.090	−0.075	0
6	+0.080	0	−0.118	−0.095	−0.080	0
8	+0.100	0	−0.140	−0.118	−0.100	0

① 允差是基本偏差的绝对值。
② 在本标准中列出了 M 内螺纹。
③ 在本标准中列出了 M 外螺纹。

表 8-36 LE

正常 LE	短 LE	长 LE
6g	5g6g	6e6g
4g6g	3g6g	4e6g
6h①	5h6h	6g6h
4h6h①	3h6h	4g6h
6H	5H	6G
4H6H	3H6H	4G6G

① 分别适用于最大材料功能尺寸（螺纹通规）镀层 6g 和 4g6G 级的螺纹。

11. 涂层螺纹的材料极限

除非另有规定，标准螺纹涂层前尺寸极限应适用于公差等级 6g 和 4g6g。外螺纹允差可包含涂层部件上的涂层厚度，前提是最大涂层厚度不超过允差的 1/4。因此一个 6g 螺纹涂层后使用基本尺寸 6h 通规和 4g6g 螺纹，4h6h 或 6h 通规是可以通过的。最小材料，通规或止规分别为 6g 和 4g6g。外螺纹没有允差，或涂层后必须保留允差，并且对于标准内螺纹，在涂层之前必须提供足够的允差，以确保成品螺纹不超过规定的最大材料极限。对于具有公差带位置 H 或 h 的螺纹配合等级，只要可能，其涂层允差应尽可能地依据表 8-35使用 G 或 g 位置。

表 8-37 美国国家标准米制螺纹旋合长度

ISO 965/1 和 ANSI/ASME B1. 13M-2005

（单位：mm）

基本大径 d_{bsc}		螺距 P	螺纹旋合长度			
			短 LE	正常 LE		长 LE
>	≤		≤	>	≤	>
1.5	2.8	0.2	0.5	0.5	1.5	1.5
		0.25	0.6	0.6	1.9	1.9
		0.35	0.8	0.8	2.6	2.6
		0.4	1	1	3	3
		0.45	1.3	1.3	3.8	3.8
2.8	5.6	0.35	1	1	3	3
		0.5	1.5	1.5	4.5	4.5
		0.6	1.7	1.7	5	5
		0.7	2	2	6	6
		0.75	2.2	2.2	6.7	6.7
		0.8	2.5	2.5	7.5	7.5
5.6	11.2	0.75	2.4	2.4	7.1	7.1
		1	3	3	9	9
		1.25	4	4	12	12
		1.5	5	5	15	15
11.2	22.4	1	3.8	3.8	11	11
		1.25	4.5	4.5	13	13
		1.5	5.6	5.6	16	16
		1.75	6	6	18	18
		2	8	8	24	24
		2.5	10	10	30	30
22.4	45	1	4	4	12	12
		1.5	6.3	6.3	19	19
		2	8.5	8.5	25	25
		3	12	12	36	36
		3.5	15	15	45	45
		4	18	18	53	53
		4.5	21	21	63	63
45	90	1.5	7.5	7.5	22	22
		2	9.5	9.5	28	28
		3	15	15	45	45
		4	19	19	56	56
		5	24	24	71	71
		5.5	28	28	85	85
		6	32	32	95	95
90	180	2	12	12	36	36
		3	18	18	53	53
		4	24	24	71	71

（续）

基本大径 d_{bsc}		螺距 P	螺纹旋合长度			
			短 LE	正常 LE		长 LE
>	≤		≤	>	≤	>
90	180	6	36	36	106	106
		8	45	45	132	132
180	355	3	20	20	60	60
		4	26	26	80	80
		6	40	40	118	118
		8	50	50	150	150

12. 涂层对尺寸的影响

在圆柱形表面上，涂层的影响是通过 2 倍的涂层厚度改变了原有直径。然而，在 60°螺纹上，由于在垂直于螺纹表面测量涂层厚度，垂直于螺纹轴线测量中径，牙侧的均匀涂覆对中径的影响是将牙侧涂层厚度增加了 4 倍。

无允差的外螺纹涂层：

为了确定均匀涂层螺纹涂覆前的测量极限，请将：

1）最大中径减小 4 倍最大涂层厚度。

2）最小中径减小 4 倍最小涂层厚度。

3）最大大径减小 2 倍最大涂层厚度。

4）最小大径减小 2 倍最小涂层厚度。

仅具有正常或最小厚度涂层的外螺纹：如果没有给出涂层厚度公差，建议假定公差为正常值或最小厚度的 50%。然后，为了确定在涂覆均匀涂层之前的计量极限，将：

1）最大中径减小 6 倍涂层厚度。

2）最小中径减小 4 倍涂层厚度。

3）最大大径减小 3 倍涂层厚度。

4）最小大径减小 2 倍涂层厚度。

调整尺寸极限：应当注意的是，在涂覆前，涂层的极限公差应小于涂层后的公差。这是因为涂层公差抵消了产品的一些公差。在之前的涂层条件下，可能存在不足的中径公差的情况，因此，需要额外的调整和控制。

强度：对于小螺纹（5mm 或更小），涂层厚度调整可能会导致基本材料的最小实体条件改变，这可能会显著影响外螺纹部件的强度。此时，可能需要限制涂层厚度或部分重新设计。

内螺纹：标准内螺纹涂层厚度不提供任何补偿。

在涂覆之前确定螺纹均匀涂层极限，将：

1）最小中径增加 4 倍最大涂层厚度（如果指

明），当没有规定公差时，增加 6 倍最小涂层或标准涂层厚度。

2）最大中径增加 4 倍最小或公称涂层厚度。

3）最小小径增加 2 倍最大涂层厚度（如果指明），增加 3 倍最小或标准涂层厚度。

4）最大小径增加 2 倍最小或标准涂层厚度。

其他注意事项：在最终决定涂层工艺和容纳涂层所需的允差之前，必须充分审核所有可能性，并考虑螺纹和涂层生产过程中的极限。涂覆后的螺纹允差不得超过基本螺纹，因此，应使用基本（公差带位置 H/h）尺寸的螺纹通规进行检验。

13. M 牙型螺纹尺寸极限公式

M 螺纹的极限尺寸计算如下。

内螺纹：

最小大径 = 基本大径 + EI（见表 8-35）

最小中径 = 基本大径 − 0.6495191P（见表 8-31）+ D_2 的 EI（见表 8-35）

最大中径 = 最小中径 + TD_2（见表 8-40）

最大大径 = 最大大径 + 0.7938566P（见表 8-31）

最小小径 = 最小大径 − 1.0825318P（见表 8-31）

最大小径 = 最小小径 + TD_1（见表 8-38）

外螺纹：

最大大径 = 基本大径 − es（见表 8-35）（注意 es 为绝对值）

最小大径 = 最大大径 − Td（见表 8-39）

最大中径 = 基本大径 − 0.6495191P（见表 8-31）− d_2 的 es（见表 8-35）

最小中径 = 最大中径 − Td_2（见表 8-41）

最大平面形小径 = 最大中径 − 0.433013P（见表 8-31）

最大圆形牙底小径 = 最大中径 − 2 × 最大削平高度（见图 8-13）

最小圆形牙底小径 = 最小中径 − 0.616025P（见表 8-31）

最小牙底半径 = 0.125P

14. 公差等级比较

表 8-38、表 8-39、表 8-40 和表 8-41 中 6 级公差等级的近似比值如下。

内螺纹的小径公差：6 级为 TD_1（见表 8-38）；4 级为 0.63TD_1（6）；5 级为 0.8TD_1（6）；7 级为 1.25 TD_1（6）；8 级为 1.6 TD_1（6）。

内螺纹的中径公差 Td_2（见表 8-40）：4 级为 0.85 Td_2（6）；5 级为 1.06 Td_2（6）；6 级为 1.32 Td_2(6)；7 级为 1.7 Td_2(6)；8 级为 2.12 Td_2(6)。应该注意，这些比是依据外螺纹的 6 级中径公差而来。

外螺纹的大径公差 Td（6）（见表 8-39）：4 级为 0.63 Td（6）；8 级为 1.6 Td（6）。

外螺纹的中径公差 Td_2（见表 8-41）：3 级为 0.5 Td_2(6)；4 级为 0.63 Td_2(6)；5 级为 0.8 Td_2(6)；7 级为 1.25 Td_2(6)；8 级为 1.6 Td_2(6)；9 级为 2 Td_2(6)。

表 8-38　ANSI 标准米制内螺纹的小径公差 TD_1

ISO 965/1 ANSI/ASME B1.13M-2005

（单位：mm）

螺距	公差等级				
P	4	5	6①	7	8
0.2	0.038	—	—	—	—
0.25	0.045	0.056	—	—	—
0.3	0.053	0.067	0.085	—	—
0.35	0.063	0.080	0.100	—	—
0.4	0.071	0.090	0.112	—	—
0.45	0.080	0.100	0.125	—	—
0.5	0.090	0.112	0.140	0.180	—
0.6	0.100	0.125	0.160	0.200	—
0.7	0.112	0.140	0.180	0.224	—
0.75	0.118	0.150	0.190	0.236	—
0.8	0.125	0.160	0.200	0.250	0.315
1	0.150	0.190	0.236	0.300	0.375
1.25	0.170	0.212	0.265	0.335	0.425
1.5	0.190	0.236	0.300	0.375	0.475
1.75	0.212	0.265	0.335	0.425	0.530
2	0.236	0.300	0.375	0.475	0.600
2.5	0.280	0.355	0.450	0.560	0.710
3	0.315	0.400	0.500	0.630	0.800
3.5	0.355	0.450	0.560	0.710	0.900
4	0.375	0.475	0.600	0.750	0.950
4.5	0.425	0.530	0.670	0.850	1.060
5	0.450	0.560	0.710	0.900	1.120
5.5	0.475	0.600	0.750	0.950	1.180
6	0.500	0.630	0.800	1.000	1.250
8	0.630	0.800	1.000	1.250	1.600

① 本标准中数据用于 M 内螺纹。

表 8-39 ANSI 标准米制外螺纹大径公差 *Td*

ISO 965/1 ANSI/ASME B1.13M-2005

（单位：mm）

螺距	公差等级			螺距	公差等级		
P	4	6①	8	P	4	6①	8
0.2	0.036	0.056	—	1.5	0.150	0.236	0.375
0.25	0.042	0.067	—	1.75	0.170	0.265	0.425
0.3	0.048	0.075	—	2	0.180	0.280	0.450
0.35	0.053	0.085	—	2.5	0.212	0.335	0.530
0.4	0.060	0.095	—	3	0.236	0.375	0.600
0.45	0.063	0.100	—	3.5	0.265	0.425	0.670
0.5	0.067	0.106	—	4	0.300	0.475	0.750
0.6	0.080	0.125	—	4.5	0.315	0.500	0.800
0.7	0.090	0.140	—	5	0.335	0.530	0.850
0.75	0.090	0.140	—	5.5	0.355	0.560	0.900
0.8	0.095	0.150	0.236	6	0.375	0.600	0.950
1	0.112	0.180	0.280	8	0.450	0.710	1.180
1.25	0.132	0.212	0.335	—	—	—	—

① 本标准中数据用于 M 内螺纹。

表 8-40 ANSI 标准米制内螺纹中径公差 TD_2

ISO 965/1 ANSI/ASME B1.13M-2005

（单位：mm）

基本大径 D		螺距	公差等级				
>	≤	P	4	5	6①	7	8
1.5	2.8	0.2	0.042	—	—	—	—
		0.25	0.048	0.060	—	—	—
		0.35	0.053	0.067	0.085	—	—
		0.4	0.056	0.071	0.090	—	—
		0.45	0.060	0.075	0.095	—	—
2.8	5.6	0.35	0.056	0.071	0.090	—	—
		0.5	0.063	0.080	0.100	0.125	—
		0.6	0.071	0.090	0.112	0.140	—
		0.7	0.075	0.095	0.118	0.150	—
		0.75	0.075	0.095	0.118	0.150	—
		0.8	0.080	0.100	0.125	0.160	0.200
5.6	11.2	0.75	0.085	0.106	0.132	0.170	—
		1	0.095	0.118	0.150	0.190	0.236
		1.25	0.100	0.125	0.160	0.200	0.250
		1.5	0.112	0.140	0.180	0.224	0.280
11.2	22.4	1	0.100	0.125	0.160	0.200	0.250
		1.25	0.112	0.140	0.180	0.224	0.280
		1.5	0.118	0.150	0.190	0.236	0.300
		1.75	0.125	0.160	0.200	0.250	0.315
		2	0.132	0.170	0.212	0.265	0.335
		2.5	0.140	0.180	0.224	0.280	0.355

（续）

基本大径 D		螺距	公差等级				
>	≤	P	4	5	6①	7	8
22.4	45	1	0.106	0.132	0.170	0.212	—
		1.5	0.125	0.160	0.200	0.250	0.315
		2	0.140	0.180	0.224	0.280	0.355
		3	0.170	0.212	0.265	0.335	0.425
		3.5	0.180	0.224	0.280	0.355	0.450
		4	0.190	0.236	0.300	0.375	0.475
		4.5	0.200	0.250	0.315	0.400	0.500
45	90	1.5	0.132	0.170	0.212	0.265	0.335
		2	0.150	0.190	0.236	0.300	0.375
		3	0.180	0.224	0.280	0.355	0.450
		4	0.200	0.250	0.315	0.400	0.500
		5	0.212	0.265	0.335	0.425	0.530
		5.5	0.224	0.280	0.355	0.450	0.560
		6	0.236	0.300	0.375	0.475	0.600
90	180	2	0.160	0.200	0.250	0.315	0.400
		3	0.190	0.236	0.300	0.375	0.475
		4	0.212	0.265	0.335	0.425	0.530
		6	0.250	0.315	0.400	0.500	0.630
		8	0.280	0.355	0.450	0.560	0.710
180	355	3	0.212	0.265	0.335	0.425	0.530
		4	0.236	0.300	0.375	0.475	0.600
		6	0.265	0.335	0.425	0.530	0.670
		8	0.300	0.375	0.475	0.600	0.750

① 本标准中数据用于 M 螺纹。

表 8-41 ANSI 标准米制外螺纹中径公差 Td_2

ISO 965/1 ANSI/ASME B1.13M-2005

（单位：mm）

基本大径 d		螺距	公差等级						
>	≤	P	3	4①	5	6①	7	8	9
1.5	2.8	0.2	0.025	0.032	0.040	0.050	—	—	—
		0.25	0.028	0.036	0.045	0.056	—	—	—
		0.35	0.032	0.040	0.050	0.063	0.080	—	—
		0.4	0.034	0.042	0.053	0.067	0.085	—	—
		0.45	0.036	0.045	0.056	0.071	0.090	—	—
2.8	5.6	0.35	0.034	0.042	0.053	0.067	0.085	—	—
		0.5	0.038	0.048	0.060	0.075	0.095	—	—
		0.6	0.042	0.053	0.067	0.085	0.106	—	—
		0.7	0.045	0.056	0.071	0.090	0.112	—	—
		0.75	0.045	0.056	0.071	0.090	0.112	—	—
		0.8	0.048	0.060	0.075	0.095	0.118	0.150	0.190
5.6	11.2	0.75	0.050	0.063	0.080	0.100	0.125	—	—
		1	0.056	0.071	0.090	0.112	0.140	0.180	0.224

（续）

基本大径 d >	基本大径 d ≤	螺距 P	3	4①	5	6①	7	8	9
5.6	11.2	1.25	0.060	0.075	0.095	0.118	0.150	0.190	0.236
		1.5	0.067	0.085	0.106	0.132	0.170	0.212	0.265
11.2	22.4	1	0.060	0.075	0.095	0.118	0.150	0.190	0.236
		1.25	0.067	0.085	0.106	0.132	0.170	0.212	0.265
		1.5	0.071	0.090	0.112	0.140	0.180	0.224	0.280
		1.75	0.075	0.095	0.118	0.150	0.190	0.236	0.300
		2	0.080	0.100	0.125	0.160	0.200	0.250	0.315
		2.5	0.085	0.106	0.132	0.170	0.212	0.265	0.335
22.4	45	1	0.063	0.080	0.100	0.125	0.160	0.200	0.250
		1.5	0.075	0.095	0.118	0.150	0.190	0.236	0.300
		2	0.085	0.106	0.132	0.170	0.212	0.265	0.335
		3	0.100	0.125	0.160	0.200	0.250	0.315	0.400
		3.5	0.106	0.132	0.170	0.212	0.265	0.335	0.425
		4	0.112	0.140	0.180	0.224	0.280	0.355	0.450
		4.5	0.118	0.150	0.190	0.236	0.300	0.375	0.475
45	90	1.5	0.080	0.100	0.125	0.160	0.200	0.250	0.315
		2	0.090	0.112	0.140	0.180	0.224	0.280	0.355
		3	0.106	0.132	0.170	0.212	0.265	0.335	0.425
		4	0.118	0.150	0.190	0.236	0.300	0.375	0.475
		5	0.125	0.160	0.200	0.250	0.315	0.400	0.500
		5.5	0.132	0.170	0.212	0.265	0.335	0.425	0.530
		6	0.140	0.180	0.224	0.280	0.355	0.450	0.560
90	180	2	0.095	0.118	0.150	0.190	0.236	0.300	0.375
		3	0.112	0.140	0.180	0.224	0.280	0.355	0.450
		4	0.125	0.160	0.200	0.250	0.315	0.400	0.500
		6	0.150	0.190	0.236	0.300	0.375	0.475	0.600
		8	0.170	0.212	0.265	0.335	0.425	0.530	0.670
180	355	3	0.125	0.160	0.200	0.250	0.315	0.400	0.500
		4	0.140	0.180	0.224	0.280	0.355	0.450	0.560
		6	0.160	0.200	0.250	0.315	0.400	0.500	0.630
		8	0.180	0.224	0.280	0.355	0.450	0.560	0.710

① 本标准中数据用于 M 螺纹。

15. 标准 M 牙型螺纹，尺寸极限

M 牙型内螺纹的极限尺寸如图 8-15 所示，相关的标准尺寸见表 8-42。M 牙型外螺纹的极限尺寸如图 8-16 所示，相关的标准尺寸见表 8-43。

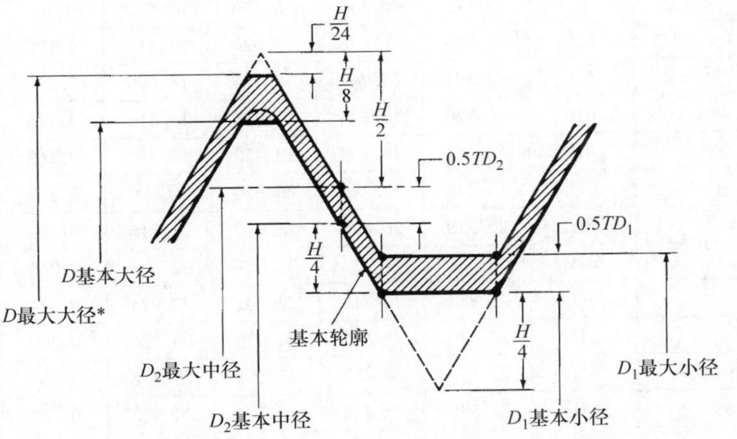

图 8-15　内螺纹 M 牙型螺纹极限（公差带位置 H）

表 8-42　米制内螺纹 M 牙型螺纹极限尺寸

ANSI/ASME B1.13M-2005

（单位：mm）

基本螺纹规格	公差等级	小径 D_1 最小	小径 D_1 最大	中径 D_2 最小	中径 D_2 最大	中径 D_2 公差	大径 D 最小	大径 D 最大①
M1.6×0.35	6H	1.221	1.321	1.373	1.458	0.085	1.600	1.736
M2×0.4	6H	1.567	1.679	1.740	1.830	0.090	2.000	2.148
M2.5×0.45	6H	2.013	2.138	2.208	2.303	0.095	2.500	2.660
M3×0.5	6H	2.459	2.599	2.675	2.775	0.100	3.000	3.172

（续）

基本螺纹规格	公差等级	小径 D_1		中径 D_2			大径 D	
		最小	最大	最小	最大	公差	最小	最大①
M3.5×0.6	6H	2.850	3.010	3.110	3.222	0.112	3.500	3.698
M4×0.7	6H	3.242	3.422	3.545	3.663	0.118	4.000	4.219
M5×0.8	6H	4.134	4.334	4.480	4.605	0.125	5.000	5.240
M6×1	6H	4.917	5.153	5.350	5.500	0.150	6.000	6.294
M8×1.25	6H	6.647	6.912	7.188	7.348	0.160	8.000	8.340
M8×1	6H	6.917	7.153	7.350	7.500	0.150	8.000	8.294
M10×0.75	6H	9.188	9.378	9.513	9.645	0.132	10.000	10.240
M10×1	6H	8.917	9.153	9.350	9.500	0.150	10.000	10.294
M10×1.5	6H	8.376	8.676	9.026	9.206	0.180	10.000	10.397
M10×1.25	6H	8.647	8.912	9.188	9.348	0.160	10.000	10.340
M12×1.75	6H	10.106	10.441	10.863	11.063	0.200	12.000	12.452
M12×1.5	6H	10.376	10.676	11.026	11.216	0.190	12.000	12.407
M12×1.25	6H	10.647	10.912	11.188	11.368	0.180	12.000	12.360
M12×1	6H	10.917	11.153	11.350	11.510	0.160	12.000	12.304
M14×2	6H	11.835	12.210	12.701	12.913	0.212	14.000	14.501
M14×1.5	6H	12.376	12.676	13.026	13.216	0.190	14.000	14.407
M15×1	6H	13.917	14.153	14.350	14.510	0.160	15.000	15.304
M16×2	6H	13.835	14.210	14.701	14.913	0.212	16.000	16.501
M16×1.5	6H	14.376	14.676	15.026	15.216	0.190	16.000	16.407
M17×1	6H	15.917	16.153	16.350	16.510	0.160	17.000	17.304
M18×1.5	6H	16.376	16.676	17.026	17.216	0.190	18.000	18.407
M20×2.5	6H	17.294	17.744	18.376	18.600	0.224	20.000	20.585
M20×1.5	6H	18.376	18.676	19.026	19.216	0.190	20.000	20.407
M20×1	6H	18.917	19.153	19.350	19.510	0.160	20.000	20.304
M22×2.5	6H	19.294	19.744	20.376	20.600	0.224	22.000	22.585
M22×1.5	6H	20.376	20.676	21.026	21.216	0.190	22.000	22.407
M24×3	6H	20.752	21.252	22.051	22.316	0.265	24.000	24.698
M24×2	6H	21.835	22.210	22.701	22.925	0.224	24.000	24.513
M25×1.5	6H	23.376	23.676	24.026	24.226	0.200	25.000	25.417
M27×3	6H	23.752	24.252	25.051	25.316	0.265	27.000	27.698
M27×2	6H	24.835	25.210	25.701	25.925	0.224	27.000	27.513
M30×3.5	6H	26.211	26.771	27.727	28.007	0.280	30.000	30.786
M30×2	6H	27.835	28.210	28.701	28.925	0.224	30.000	30.513
M30×1.5	6H	28.376	28.676	29.026	29.226	0.200	30.000	30.417
M33×2	6H	30.835	31.210	31.701	31.925	0.224	33.000	33.513
M35×1.5	6H	33.376	33.676	34.026	34.226	0.200	35.000	35.417
M36×4	6H	31.670	32.270	33.402	33.702	0.300	36.000	36.877
M36×2	6H	33.835	34.210	34.701	34.925	0.224	36.000	36.513
M39×2	6H	36.835	37.210	37.701	37.925	0.224	39.000	39.513
M40×1.5	6H	38.376	38.676	39.026	39.226	0.200	40.000	40.417
M42×4.5	6H	37.129	37.799	39.077	39.392	0.315	42.000	42.964

（续）

基本螺纹规格	公差等级	小径 D_1		中径 D_2			大径 D	
		最小	最大	最小	最大	公差	最小	最大①
M42×2	6H	39.835	40.210	40.701	40.925	0.224	42.000	42.513
M45×1.5	6H	43.376	43.676	44.026	44.226	0.200	45.000	45.417
M48×5	6H	42.587	43.297	44.752	45.087	0.335	48.000	49.056
M48×2	6H	45.835	46.210	46.701	46.937	0.236	48.000	48.525
M50×1.5	6H	48.376	48.676	49.026	49.238	0.212	50.000	50.429
M55×1.5	6H	53.376	53.676	54.026	54.238	0.212	55.000	55.429
M56×5.5	6H	50.046	50.796	52.428	52.783	0.355	56.000	57.149
M56×2	6H	53.835	54.210	54.701	54.937	0.236	56.000	56.525
M60×1.5	6H	58.376	58.676	59.026	59.238	0.212	60.000	60.429
M64×6	6H	57.505	58.305	60.103	60.478	0.375	64.000	65.241
M64×2	6H	61.835	62.210	62.701	62.937	0.236	64.000	64.525
M65×1.5	6H	63.376	63.676	64.026	64.238	0.212	65.000	65.429
M70×1.5	6H	68.376	68.676	69.026	69.238	0.212	70.000	70.429
M72×6	6H	65.505	66.305	68.103	68.478	0.375	72.000	73.241
M72×2	6H	69.835	70.210	70.701	70.937	0.236	72.000	72.525
M75×1.5	6H	73.376	73.676	74.026	74.238	0.212	75.000	75.429
M80×6	6H	73.505	74.305	76.103	76.478	0.375	80.000	81.241
M80×2	6H	77.835	78.210	78.701	78.937	0.236	80.000	80.525
M80×1.5	6H	78.376	78.676	79.026	79.238	0.212	80.000	80.429
M85×2	6H	82.835	83.210	83.701	83.937	0.236	85.000	85.525
M90×6	6H	83.505	84.305	86.103	86.478	0.375	90.000	91.241
M90×2	6H	87.835	88.210	88.701	88.937	0.236	90.000	90.525
M95×2	6H	92.835	93.210	93.701	93.951	0.250	95.000	95.539
M100×6	6H	93.505	94.305	96.103	96.503	0.400	100.000	101.266
M100×2	6H	97.835	98.210	98.701	98.951	0.250	100.000	100.539
M105×2	6H	102.835	103.210	103.701	103.951	0.250	105.000	105.539
M110×2	6H	107.835	108.210	108.701	108.951	0.250	110.000	110.539
M120×2	6H	117.835	118.210	118.701	118.951	0.250	120.000	120.539
M130×2	6H	127.835	128.210	128.701	128.951	0.250	130.000	130.539
M140×2	6H	137.835	138.210	138.701	138.951	0.250	140.000	140.539
M150×2	6H	147.835	148.210	148.701	148.951	0.250	150.000	150.539
M160×3	6H	156.752	157.252	158.051	158.351	0.300	160.000	160.733
M170×3	6H	166.752	167.252	168.051	168.351	0.300	170.000	170.733
M180×3	6H	176.752	177.252	178.051	178.351	0.300	180.000	180.733
M190×3	6H	186.752	187.252	188.051	188.386	0.335	190.000	190.768
M200×3	6H	196.752	197.252	198.051	198.386	0.335	200.000	200.768

① 此参考尺寸用于设计工具等，通常不被指定。一般来说，大径是基于最大实体条件测量的。

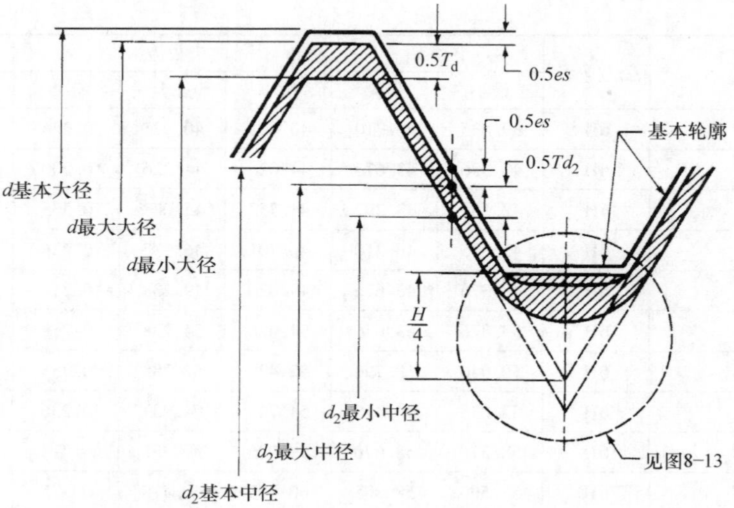

图 8-16 外螺纹 M 螺纹剖面图极限（公差带位置 g）

表 8-43 米制外螺纹 M 牙型螺纹极限尺寸 ANSI/ASME B1. 13M-2005 （单位：mm）

基本螺纹规格	公差等级	允差①	大径②		中径②③			小径②	小径④
		es	最大	最小	最大	最小	公差	最大	最小
M1. 6 ×0. 35	6g	0. 019	1. 581	1. 496	1. 354	1. 291	0. 063	1. 202	1. 075
M1. 6 ×0. 35	6h	0. 000	1. 600	1. 515	1. 373	1. 310	0. 063	1. 221	1. 094
M1. 6 ×0. 35	4g6g	0. 019	1. 581	1. 496	1. 354	1. 314	0. 040	1. 202	1. 098
M2 ×0. 4	6g	0. 019	1. 981	1. 886	1. 721	1. 654	0. 067	1. 548	1. 408
M2 ×0. 4	6h	0. 000	2. 000	1. 905	1. 740	1. 673	0. 067	1. 567	1. 427
M2 ×0. 4	4g6g	0. 019	1. 981	1. 886	1. 721	1. 679	0. 042	1. 548	1. 433
M2. 5 ×0. 45	6g	0. 020	2. 480	2. 380	2. 188	2. 117	0. 071	1. 993	1. 840
M2. 5 ×0. 45	6h	0. 000	2. 500	2. 400	2. 208	2. 137	0. 071	2. 013	1. 860
M2. 5 ×0. 45	4g6g	0. 020	2. 480	2. 380	2. 188	2. 143	0. 045	1. 993	1. 866
M3 ×0. 5	6g	0. 020	2. 980	2. 874	2. 655	2. 580	0. 075	2. 438	2. 272
M3 ×0. 5	6h	0. 000	3. 000	2. 894	2. 675	2. 600	0. 075	2. 458	2. 292
M3 ×0. 5	4g6g	0. 020	2. 980	2. 874	2. 655	2. 607	0. 048	2. 438	2. 299
M3. 5 ×0. 6	6g	0. 021	3. 479	3. 354	3. 089	3. 004	0. 085	2. 829	2. 634
M3. 5 ×0. 6	6h	0. 000	3. 500	3. 375	3. 110	3. 025	0. 085	2. 850	2. 655
M3. 5 ×0. 6	4g6g	0. 021	3. 479	3. 354	3. 089	3. 036	0. 053	2. 829	2. 666
M4 ×0. 7	6g	0. 022	3. 978	3. 838	3. 523	3. 433	0. 090	3. 220	3. 002
M4 ×0. 7	6h	0. 000	4. 000	3. 860	3. 545	3. 455	0. 090	3. 242	3. 024
M4 ×0. 7	4g6g	0. 022	3. 978	3. 838	3. 523	3. 467	0. 056	3. 220	3. 036
M5 ×0. 8	6g	0. 024	4. 976	4. 826	4. 456	4. 361	0. 095	4. 110	3. 868
M5 ×0. 8	6h	0. 000	5. 000	4. 850	4. 480	4. 385	0. 095	4. 134	3. 892
M5 ×0. 8	4g6g	0. 024	4. 976	4. 826	4. 456	4. 396	0. 060	4. 110	3. 903
M6 ×1	6g	0. 026	5. 974	5. 794	5. 324	5. 212	0. 112	4. 891	4. 596
M6 ×1	6h	0. 000	6. 000	5. 820	5. 350	5. 238	0. 112	4. 917	4. 622
M6 ×1	4g6g	0. 026	5. 974	5. 794	5. 324	5. 253	0. 071	4. 891	4. 637

（续）

基本螺纹规格	公差等级	允差①	大径②		中径②③			小径②	小径④
		es	最大	最小	最大	最小	公差	最大	最小
M8×1.25	6g	0.028	7.972	7.760	7.160	7.042	0.118	6.619	6.272
M8×1.25	6h	0.000	8.000	7.788	7.188	7.070	0.118	6.647	6.300
M8×1.25	4g6g	0.028	7.972	7.760	7.160	7.085	0.075	6.619	6.315
M8×1	6g	0.026	7.974	7.794	7.324	7.212	0.112	6.891	6.596
M8×1	6h	0.000	8.000	7.820	7.350	7.238	0.112	6.917	6.622
M8×1	4g6g	0.026	7.974	7.794	7.324	7.253	0.071	6.891	6.637
M10×1.5	6g	0.032	9.968	9.732	8.994	8.862	0.132	8.344	7.938
M10×1.5	6h	0.000	10.000	9.764	9.026	8.894	0.132	8.376	7.970
M10×1.5	4g6g	0.032	9.968	9.732	8.994	8.909	0.085	8.344	7.985
M10×1.25	6g	0.028	9.972	9.760	9.160	9.042	0.118	8.619	8.272
M10×1.25	6h	0.000	10.000	9.788	9.188	9.070	0.118	8.647	8.300
M10×1.25	4g6g	0.028	9.972	9.760	9.160	9.085	0.075	8.619	8.315
M10×1	6g	0.026	9.974	9.794	9.324	9.212	0.112	8.891	8.596
M10×1	6h	0.000	10.000	9.820	9.350	9.238	0.112	8.917	8.622
M10×1	4g6g	0.026	9.974	9.794	9.324	9.253	0.071	8.891	8.637
M10×0.75	6g	0.022	9.978	9.838	9.491	9.391	0.100	9.166	8.929
M10×0.75	6h	0.000	10.000	9.860	9.513	9.413	0.100	9.188	8.951
M10×0.75	4g6g	0.022	9.978	9.838	9.491	9.428	0.063	9.166	8.966
M12×1.75	6g	0.034	11.966	11.701	10.829	10.679	0.150	10.071	9.601
M12×1.75	6h	0.000	12.000	11.735	10.863	10.713	0.150	10.105	9.635
M12×1.75	4g6g	0.034	11.966	11.701	10.829	10.734	0.095	10.071	9.656
M12×1.5	6g	0.032	11.968	11.732	10.994	10.854	0.140	10.344	9.930
M12×1.5	6h	0.000	12.000	11.764	11.026	10.886	0.140	10.376	9.962
M12×1.5	4g6g	0.032	11.968	11.732	10.994	10.904	0.090	10.344	9.980
M12×1.25	6g	0.028	11.972	11.760	11.160	11.028	0.132	10.619	10.258
M12×1.25	6h	0.000	12.000	11.788	11.188	11.056	0.132	10.647	10.286
M12×1.25	4g6g	0.028	11.972	11.760	11.160	11.075	0.085	10.619	10.305
M12×1	6g	0.026	11.974	11.794	11.324	11.206	0.118	10.891	10.590
M12×1	6h	0.000	12.000	11.820	11.350	11.232	0.118	10.917	10.616
M12×1	4g6g	0.026	11.974	11.794	11.324	11.249	0.075	10.891	10.633
M14×2	6g	0.038	13.962	13.682	12.663	12.503	0.160	11.797	11.271
M14×2	6h	0.000	14.000	13.720	12.701	12.541	0.160	11.835	11.309
M14×2	4g6g	0.038	13.962	13.682	12.663	12.563	0.100	11.797	11.331
M14×1.5	6g	0.032	13.968	13.732	12.994	12.854	0.140	12.344	11.930
M14×1.5	6h	0.000	14.000	13.764	13.026	12.886	0.140	12.376	11.962
M14×1.5	4g6g	0.032	13.968	13.732	12.994	12.904	0.090	12.344	11.980
M15×1	6g	0.026	14.974	14.794	14.324	14.206	0.118	13.891	13.590
M15×1	6h	0.000	15.000	14.820	14.350	14.232	0.118	13.917	13.616
M15×1	4g6g	0.026	14.974	14.794	14.324	14.249	0.075	13.891	13.633
M16×2	6g	0.038	15.962	15.682	14.663	14.503	0.160	13.797	13.271
M16×2	6h	0.000	16.000	15.720	14.701	14.541	0.160	13.835	13.309

（续）

基本螺纹规格	公差等级	允差①	大径②		中径②③			小径②	小径④
		es	最大	最小	最大	最小	公差	最大	最小
M16×2	4g6g	0.038	15.962	15.682	14.663	14.563	0.100	13.797	13.331
M16×1.5	6g	0.032	15.968	15.732	14.994	14.854	0.140	14.344	13.930
M16×1.5	6h	0.000	16.000	15.764	15.026	14.886	0.140	14.376	13.962
M16×1.5	4g6g	0.032	15.968	15.732	14.994	14.904	0.090	14.344	13.980
M17×1	6g	0.026	16.974	16.794	16.324	16.206	0.118	15.891	15.590
M17×1	6h	0.000	17.000	16.820	16.350	16.232	0.118	15.917	15.616
M17×1	4g6g	0.026	16.974	16.794	16.324	16.249	0.075	15.891	15.633
M18×1.5	6g	0.032	17.968	17.732	16.994	16.854	0.140	16.344	15.930
M18×1.5	6h	0.000	18.000	17.764	17.026	16.886	0.140	16.376	15.962
M18×1.5	4g6g	0.032	17.968	17.732	16.994	16.904	0.090	16.344	15.980
M20×2.5	6g	0.042	19.958	19.623	18.334	18.164	0.170	17.251	16.624
M20×2.5	6h	0.000	20.000	19.665	18.376	18.206	0.170	17.293	16.666
M20×2.5	4g6g	0.042	19.958	19.623	18.334	18.228	0.106	17.251	16.688
M20×1.5	6g	0.032	19.968	19.732	18.994	18.854	0.140	18.344	17.930
M20×1.5	6h	0.000	20.000	19.764	19.026	18.886	0.140	18.376	17.962
M20×1.5	4g6g	0.032	19.968	19.732	18.994	18.904	0.090	18.344	17.980
M20×1	6g	0.026	19.974	19.794	19.324	19.206	0.118	18.891	18.590
M20×1	6h	0.000	20.000	19.820	19.350	19.232	0.118	18.917	18.616
M20×1	4g6g	0.026	19.974	19.794	19.324	19.249	0.075	18.891	18.633
M22×2.5	6g	0.042	21.958	21.623	20.334	20.164	0.170	19.251	18.624
M22×2.5	6h	0.000	22.000	21.665	20.376	20.206	0.170	19.293	18.666
M22×1.5	6g	0.032	21.968	21.732	20.994	20.854	0.140	20.344	19.930
M22×1.5	6h	0.000	22.000	21.764	21.026	20.886	0.140	20.376	19.962
M22×1.5	4g6g	0.032	21.968	21.732	20.994	20.904	0.090	20.344	19.980
M24×3	6g	0.048	23.952	23.577	22.003	21.803	0.200	20.704	19.955
M24×3	6h	0.000	24.000	23.625	22.051	21.851	0.200	20.752	20.003
M24×3	4g6g	0.048	23.952	23.577	22.003	21.878	0.125	20.704	20.030
M24×2	6g	0.038	23.962	23.682	22.663	22.493	0.170	21.797	21.261
M24×2	6h	0.000	24.000	23.720	22.701	22.531	0.170	21.835	21.299
M24×2	4g6g	0.038	23.962	23.682	22.663	22.557	0.106	21.797	21.325
M25×1.5	6g	0.032	24.968	24.732	23.994	23.844	0.150	23.344	22.920
M25×1.5	6h	0.000	25.000	24.764	24.026	23.876	0.150	23.376	22.952
M25×1.5	4g6g	0.032	24.968	24.732	23.994	23.899	0.095	23.344	22.975
M27×3	6g	0.048	26.952	26.577	25.003	24.803	0.200	23.704	22.955
M27×3	6h	0.000	27.000	26.625	25.051	24.851	0.200	23.752	23.003
M27×2	6g	0.038	26.962	26.682	25.663	25.493	0.170	24.797	24.261
M27×2	6h	0.000	27.000	26.720	25.701	25.531	0.170	24.835	24.299
M27×2	4g6g	0.038	26.962	26.682	25.663	25.557	0.106	24.797	24.325
M30×3.5	6g	0.053	29.947	29.522	27.674	27.462	0.212	26.158	25.306
M30×3.5	6h	0.000	30.000	29.575	27.727	27.515	0.212	26.211	25.359
M30×3.5	4g6g	0.053	29.947	29.522	27.674	27.542	0.132	26.158	25.386

（续）

基本螺纹规格	公差等级	允差① es	大径② 最大	大径② 最小	中径②③ 最大	中径②③ 最小	中径②③ 公差	小径② 最大	小径④ 最小
M30×2	6g	0.038	29.962	29.682	28.663	28.493	0.170	27.797	27.261
M30×2	6h	0.000	30.000	29.720	28.701	28.531	0.170	27.835	27.299
M30×2	4g6g	0.038	29.962	29.682	28.663	28.557	0.106	27.797	27.325
M30×1.5	6g	0.032	29.968	29.732	28.994	28.844	0.150	28.344	27.920
M30×1.5	6h	0.000	30.000	29.764	29.026	28.876	0.150	28.376	27.952
M30×1.5	4g6g	0.032	29.968	29.732	28.994	28.899	0.095	28.344	27.975
M33×2	6g	0.038	32.962	32.682	31.663	31.493	0.170	30.797	30.261
M33×2	6h	0.000	33.000	32.720	31.701	31.531	0.170	30.835	30.299
M33×2	4g6g	0.038	32.962	32.682	31.663	31.557	0.106	30.797	30.325
M35×1.5	6g	0.032	34.968	34.732	33.994	33.844	0.150	33.344	32.920
M35×1.5	6h	0.000	35.000	34.764	34.026	33.876	0.150	33.376	32.952
M36×4	6g	0.060	35.940	35.465	33.342	33.118	0.224	31.610	30.654
M36×4	6h	0.000	36.000	35.525	33.402	33.178	0.224	31.670	30.714
M36×4	4g6g	0.060	35.940	35.465	33.342	33.202	0.140	31.610	30.738
M36×2	6g	0.038	35.962	35.682	34.663	34.493	0.170	33.797	33.261
M36×2	6h	0.000	36.000	35.720	34.701	34.531	0.170	33.835	33.299
M36×2	4g6g	0.038	35.962	35.682	34.663	34.557	0.106	33.797	33.325
M39×2	6g	0.038	38.962	38.682	37.663	37.493	0.170	36.797	36.261
M39×2	6h	0.000	39.000	38.720	37.701	37.531	0.170	36.835	36.299
M39×2	4g6g	0.038	38.962	38.682	37.663	37.557	0.106	36.797	36.325
M40×1.5	6g	0.032	39.968	39.732	38.994	38.844	0.150	38.344	37.920
M40×1.5	6h	0.000	40.000	39.764	39.026	38.876	0.150	38.376	37.952
M40×1.5	4g6g	0.032	39.968	39.732	38.994	38.899	0.095	38.344	37.975
M42×4.5	6g	0.063	41.937	41.437	39.014	38.778	0.236	37.065	36.006
M42×4.5	6h	0.000	42.000	41.500	39.077	38.841	0.236	37.128	36.069
M42×4.5	4g6g	0.063	41.937	41.437	39.014	38.864	0.150	37.065	36.092
M42×2	6g	0.038	41.962	41.682	40.663	40.493	0.170	39.797	39.261
M42×2	6h	0.000	42.000	41.720	40.701	40.531	0.170	39.835	39.299
M42×2	4g6g	0.038	41.962	41.682	40.663	40.557	0.106	39.797	39.325
M45×1.5	6g	0.032	44.968	44.732	43.994	43.844	0.150	43.344	42.920
M45×1.5	6h	0.000	45.000	44.764	44.026	43.876	0.150	43.376	42.952
M45×1.5	4g6g	0.032	44.968	44.732	43.994	43.899	0.095	43.344	42.975
M48×5	6g	0.071	47.929	47.399	44.681	44.431	0.250	42.516	41.351
M48×5	6h	0.000	48.000	47.470	44.752	44.502	0.250	42.587	41.422
M48×5	4g6g	0.071	47.929	47.399	44.681	44.521	0.160	42.516	41.441
M48×2	6g	0.038	47.962	47.682	46.663	46.483	0.180	45.797	45.251
M48×2	6h	0.000	48.000	47.720	46.701	46.521	0.180	45.835	45.289
M48×2	4g6g	0.038	47.962	47.682	46.663	46.551	0.112	45.797	45.319
M50×1.5	6g	0.032	49.968	49.732	48.994	48.834	0.160	48.344	47.910
M50×1.5	6h	0.000	50.000	49.764	49.026	48.866	0.160	48.376	47.942
M50×1.5	4g6g	0.032	49.968	49.732	48.994	48.894	0.100	48.344	47.970

（续）

基本螺纹规格	公差等级	允差① *es*	大径② 最大	大径② 最小	中径②③ 最大	中径②③ 最小	中径②③ 公差	小径② 最大	小径④ 最小
M55×1.5	6g	0.032	54.968	54.732	53.994	53.834	0.160	53.344	52.910
M55×1.5	6h	0.000	55.000	54.764	54.026	53.866	0.160	53.376	52.942
M55×1.5	4g6g	0.032	54.968	54.732	53.994	53.894	0.100	53.344	52.970
M56×5.5	6g	0.075	55.925	55.365	52.353	52.088	0.265	49.971	48.700
M56×5.5	6h	0.000	56.000	55.440	52.428	52.163	0.265	50.046	48.775
M56×5.5	4g6g	0.075	55.925	55.365	52.353	52.183	0.170	49.971	48.795
M56×2	6g	0.038	55.962	55.682	54.663	54.483	0.180	53.797	53.251
M56×2	6h	0.000	56.000	55.720	54.701	54.521	0.180	53.835	53.289
M56×2	4g6g	0.038	55.962	55.682	54.663	54.551	0.112	53.797	53.319
M60×1.5	6g	0.032	59.968	59.732	58.994	58.834	0.160	58.344	57.910
M60×1.5	6h	0.000	60.000	59.764	59.026	58.866	0.160	58.376	57.942
M60×1.5	4g6g	0.032	59.968	59.732	58.994	58.894	0.100	58.344	57.970
M64×6	6g	0.080	63.920	63.320	60.023	59.743	0.280	57.425	56.047
M64×6	6h	0.000	64.000	63.400	60.103	59.823	0.280	57.505	56.127
M64×6	4g6g	0.080	63.920	63.320	60.023	59.843	0.180	57.425	56.147
M64×2	6g	0.038	63.962	63.682	62.663	62.483	0.180	61.797	61.251
M64×2	6h	0.000	64.000	63.720	62.701	62.521	0.180	61.835	61.289
M64×2	4g6g	0.038	63.962	63.682	62.663	62.551	0.112	61.797	61.319
M65×1.5	6g	0.032	64.968	64.732	63.994	63.834	0.160	63.344	62.910
M65×1.5	6h	0.000	65.000	64.764	64.026	63.866	0.160	63.376	62.942
M65×1.5	4g6g	0.032	64.968	64.732	63.994	63.894	0.100	63.344	62.970
M70×1.5	6g	0.032	69.968	69.732	68.994	68.834	0.160	68.344	67.910
M70×1.5	6h	0.000	70.000	69.764	69.026	68.866	0.160	68.376	67.942
M70×1.5	4g6g	0.032	69.968	69.732	68.994	68.894	0.100	68.344	67.970
M72×6	6g	0.080	71.920	71.320	68.023	67.743	0.280	65.425	64.047
M72×6	6h	0.000	72.000	71.400	68.103	67.823	0.280	65.505	64.127
M72×6	4g6g	0.080	71.920	71.320	68.023	67.843	0.180	65.425	64.147
M72×2	6g	0.038	71.962	71.682	70.663	70.483	0.180	69.797	69.251
M72×2	6h	0.000	72.000	71.720	70.701	70.521	0.180	69.835	69.289
M72×2	4g6g	0.038	71.962	71.682	70.663	70.551	0.112	69.797	69.319
M75×1.5	6g	0.032	74.968	74.732	73.994	73.834	0.160	73.344	72.910
M75×1.5	6h	0.000	75.000	74.764	74.026	73.866	0.160	73.376	72.942
M75×1.5	4g6g	0.032	74.968	74.732	73.994	73.894	0.100	73.344	72.970
M80×6	6g	0.080	79.920	79.320	76.023	75.743	0.280	73.425	72.047
M80×6	6h	0.000	80.000	79.400	76.103	75.823	0.280	73.505	72.127
M80×6	4g6g	0.080	79.920	79.320	76.023	75.843	0.180	73.425	72.147
M80×2	6g	0.038	79.962	79.682	78.663	78.483	0.180	77.797	77.251
M80×2	6h	0.000	80.000	79.720	78.701	78.521	0.180	77.835	77.289
M80×2	4g6g	0.038	79.962	79.682	78.663	78.551	0.112	77.797	77.319
M80×1.5	6g	0.032	79.968	79.732	78.994	78.834	0.160	78.344	77.910
M80×1.5	6h	0.000	80.000	79.764	79.026	78.866	0.160	78.376	77.942

（续）

基本螺纹规格	公差等级	允差① es	大径②		中径②③			小径②	小径④
			最大	最小	最大	最小	公差	最大	最小
M80×1.5	4g6g	0.032	79.968	79.732	78.994	78.894	0.100	78.344	77.970
M85×2	6g	0.038	84.962	84.682	83.663	83.483	0.180	82.797	82.251
M85×2	6h	0.000	85.000	84.720	83.701	83.521	0.180	82.835	82.289
M85×2	4g6g	0.038	84.962	84.682	83.663	83.551	0.112	82.797	82.319
M90×6	6g	0.080	89.920	89.320	86.023	85.743	0.280	83.425	82.047
M90×6	6h	0.000	90.000	89.400	86.103	85.823	0.280	83.505	82.127
M90×6	4g6g	0.080	89.920	89.320	86.023	85.843	0.180	83.425	82.147
M90×2	6g	0.038	89.962	89.682	88.663	88.483	0.180	87.797	87.251
M90×2	6h	0.000	90.000	89.720	88.701	88.521	0.180	87.835	87.289
M90×2	4g6g	0.038	89.962	89.682	88.663	88.551	0.112	87.797	87.319
M95×2	6g	0.038	94.962	94.682	93.663	93.473	0.190	92.797	92.241
M95×2	6h	0.000	95.000	94.720	93.701	93.511	0.190	92.835	92.279
M95×2	4g6g	0.038	94.962	94.682	93.663	93.545	0.118	92.797	92.313
M100×6	6g	0.080	99.920	99.320	96.023	95.723	0.300	93.425	92.027
M100×6	6h	0.000	100.000	99.400	96.103	95.803	0.300	93.505	92.107
M100×6	4g6g	0.080	99.920	99.320	96.023	95.833	0.190	93.425	92.137
M100×2	6g	0.038	99.962	99.682	98.663	98.473	0.190	97.797	97.241
M100×2	6h	0.000	100.000	99.720	98.701	98.511	0.190	97.835	97.279
M100×2	4g6g	0.038	99.962	99.682	98.663	98.545	0.118	97.797	97.313
M105×2	6g	0.038	104.962	104.682	103.663	103.473	0.190	102.797	102.241
M105×2	6h	0.000	105.000	104.720	103.701	103.511	0.190	102.835	102.279
M105×2	4g6g	0.038	104.962	104.682	103.663	103.545	0.118	102.797	102.313
M110×2	6g	0.038	109.962	109.682	108.663	108.473	0.190	107.797	107.241
M110×2	6h	0.000	110.000	109.720	108.701	108.511	0.190	107.835	107.279
M110×2	4g6g	0.038	109.962	109.682	108.663	108.545	0.118	107.797	107.313
M120×2	6g	0.038	119.962	119.682	118.663	118.473	0.190	117.797	117.241
M120×2	6h	0.000	120.000	119.720	118.701	118.511	0.190	117.835	117.279
M120×2	4g6g	0.038	119.962	119.682	118.663	118.545	0.118	117.797	117.313
M130×2	6g	0.038	129.962	129.682	128.663	128.473	0.190	127.797	127.241
M130×2	6h	0.000	130.000	129.720	128.701	128.511	0.190	127.835	127.279
M130×2	4g6g	0.038	129.962	129.682	128.663	128.545	0.118	127.797	127.313
M140×2	6g	0.038	139.962	139.682	138.663	138.473	0.190	137.797	137.241
M140×2	6h	0.000	140.000	139.720	138.701	138.511	0.190	137.835	137.279
M140×2	4g6g	0.038	139.962	139.682	138.663	138.545	0.118	137.797	137.313
M150×2	6g	0.038	149.962	149.682	148.663	148.473	0.190	147.797	147.241
M150×2	6h	0.000	150.000	149.720	148.701	148.511	0.190	147.835	147.279
M150×2	4g6g	0.038	149.962	149.682	148.663	148.545	0.118	147.797	147.313
M160×3	6g	0.048	159.952	159.577	158.003	157.779	0.224	156.704	155.931
M160×3	6h	0.000	160.000	159.625	158.051	157.827	0.224	156.752	155.979
M160×3	4g6g	0.048	159.952	159.577	158.003	157.863	0.140	156.704	156.015
M170×3	6g	0.048	169.952	169.577	168.003	167.779	0.224	166.704	165.931

（续）

基本螺纹规格	公差等级	允差① es	大径②		中径②③			小径②	小径④
			最大	最小	最大	最小	公差	最大	最小
M170×3	6h	0.000	170.000	169.625	168.051	167.827	0.224	166.752	165.979
M170×3	4g6g	0.048	169.952	169.577	168.003	167.863	0.140	166.704	166.015
M180×3	6g	0.048	179.952	179.577	178.003	177.779	0.224	176.704	175.931
M180×3	6h	0.000	180.000	179.625	178.051	177.827	0.224	176.752	175.979
M180×3	4g6g	0.048	179.952	179.577	178.003	177.863	0.140	176.704	176.015
M190×3	6g	0.048	189.952	189.577	188.003	187.753	0.250	186.704	185.905
M190×3	6h	0.000	190.000	189.625	188.051	187.801	0.250	186.752	185.953
M190×3	4g6g	0.048	189.952	189.577	188.003	187.843	0.160	186.704	185.995
M200×3	6g	0.048	199.952	199.577	198.003	197.753	0.250	196.704	195.905
M200×3	6h	0.000	200.000	199.625	198.051	197.801	0.250	196.752	195.953
M200×3	4g6g	0.048	199.952	199.577	198.003	197.843	0.160	196.704	195.995

① *es* 是绝对值

② 公差带代号为6g或4g6g的涂层螺纹，请参阅涂层螺纹的材料极限。

③ 作用直径尺寸包括中径、螺纹形状和牙型的所有变化影响。各螺纹特性的变化（如给定螺纹上的牙侧角、导程、锥度和圆度）导致大多数螺纹上测量的中径和作用直径彼此不同。只有当螺纹形状完美时，给定螺纹的中径和作用直径才相等。当螺纹验收需要检查螺纹中径、作用直径或两者都检查时，对于适当的螺纹尺寸和等级使用相同的尺寸极限。

④ 用于工具设计等方面的尺寸等，在确定外螺纹的尺寸时通常不指定。一般来说，小径的检测是基于最大实体条件测量的。

如果以上这些表中未列出所需值，则可以使用表8-31、表8-35、表8-37、表8-38、表8-39、表8-40和表8-41中的数据以及前述公式进行计算。如果所需数据不在上述所列出的任何表中，应参考ANSI/ASME B1.13M的设计公式。

注意："剖面线"部分表示公差带。

*图8-15中的尺寸*D*用于设计工具等，对于内螺纹，通常不会指定。一般来说，大径是基于最大实体条件测量。

注意："剖面线"部分表示公差区域，无剖面线部分表示允差（基本偏差）。

16. 米制螺纹命名

米制螺纹用螺纹牙型的字母"M"标识，其次是公称直径尺寸和以mm表示的螺距，以符号"×"分隔，最后是公差带代号，用"-"连接。

按照简化的国际惯例，M牙型粗牙螺纹是省略螺距的。因此，M14×2螺纹仅指M14。但是，防止误解，所有名称必须指明螺距值。

ANSI B1.3M的螺纹可接受性测量系统要求可以添加到示例（括号中的数字）中，或根据相关文档（如图样或采购文档）指定螺纹尺寸。

除非另有说明，螺纹指右旋螺纹。

示例：M牙型外螺纹，右旋：M6×1-4g6g（22）

M牙型内螺纹，右旋：M6×1-5H6H（21）

左旋螺纹命名：当表示左旋螺纹时，公差带代号名称后跟"-"和LH。

示例：M6×1-5H6H-LH（23）

相同公差带代号命名：如果螺纹的两个公差带代号相同，则不必重复标注。

示例：M6×1-6H（21）

使用大写字母命名：当计算机和打字机使用大写字母的螺纹命名时，外螺纹和内螺纹可能需要进一步的识别。因此，公差带代号之后用大写字母缩写EXT或INT以示区分。

示例：M6×1-4G6G EXT，M6×1-6H INT

螺纹配合的命名：螺纹配合由内螺纹公差带代号表示，然后是外螺纹公差带代号，并用斜线分隔。

示例：M6×1-6H/6g；M6×1-6H/4g6g

圆整牙底外螺纹的命名：M牙型外螺纹上最小牙底半径为0.125*P*对于所有螺纹都是理想的，但对于ISO 898/I特性等级8.8（最小抗拉强度为800MPa）的机械螺纹紧固件是强制性的，并且更强。这些螺纹不需要特殊的名称，需要0.125*P*牙底半径的其他零件有指定半径。

当需要特殊的圆整牙底时，其外螺纹是以mm为单位最小牙底半径值和字母R为后缀。

示例：M42×4.5-6g-0.63R

具有修正螺纹牙顶的命名：如果外螺纹的大径或内螺纹的小径尺寸极限做了修正，则螺纹名称后面的尺寸极限加上字母 MOD。

示例：

M 牙型外螺纹，大径减小 0.075mm。 M6 × 1 -4h6h MOD 大径 = 5.745 ~ 5.925 MOD	M 牙型内螺纹，小径增加 0.075mm。 M6 × 1-4H5H MOD 小径 = 5.101 ~ 5.291 MOD

特殊螺纹的命名：根据 ANSI/ASME B1.13M 标准开发出的特殊直径—螺距螺纹用公差带代号之后的字母 SPL 标识。大径、中径和小径的尺寸极限在此名称之后。

示例：

外螺纹 M6.5 × 1-4h6h-SPL（22） 大径 = 6.320 ~ 6.500 中径 = 5.779 ~ 5.850 小径 = 5.163 ~ 5.386	内螺纹 M6.5 × 1-4H5H-SPL（23） 大径 = 6.500 中径 = 5.850 ~ 5.945 小径 = 5.417 ~ 5.607

多线螺纹命名：当需要表示多导程螺纹时，按顺序表示：M 表示公称的米制螺纹，表示导程的 ×L 和导程数值，-，表示螺距的 P，螺距值，-，公差带代号，左括号，螺线数量字符，字符 START，右括号。

示例：M16 × L4 – P2 – 4h6h（2 STARTS）

M14 × L6 – P2 – 6H（3 STARTS）

涂层或镀层螺纹的命名：在有涂层或镀层的 M 牙型螺纹中，公差带代号应在涂层后或镀层后给出。如果涂层后或镀层后没有指定，公差带代号在按照 ISO 惯例在涂层或镀层前面给出。镀层后，螺纹不得超过公差带位置 H/h 的最大材料极限。

示例：M6 × 1 – 6h 涂层后或镀层后

M6 × 1 – 6g 涂层后或镀层后

如果公差带位置 G/g 不在螺纹产品所承受的极限范围内，则涂层或镀层允差可以被看作为内螺纹小径的最大尺寸极限和中径的最小尺寸极限，或者是涂层或镀层之前外螺纹的大径和中径。

示例：0.010mm 最小涂层厚度的 M 牙型外螺纹量公差

M6 × 1 – 4h6h 涂层后或涂层前

大径 = 5.780 ~ 5.940

中径 = 5.239 ~ 5.290

8

8.4.2　米制螺纹—— MJ 牙型

MJ 牙型螺纹使用场合包括：航空航天米制螺纹紧固件，高温或高疲劳强度的高应力场合，或“无允差”等特殊应用中。MJ 牙型螺纹是与寸制标准 UNJ，ANSI/ASME B1.15 和 MIL – S – 8879 类似的米制版本。MJ 牙型螺纹在外螺纹中具有 $0.15011P \sim 0.18042P$ 的牙底半径，并且内螺纹小径削平以容纳外螺纹最大牙底半径，如图 8-17 所示。

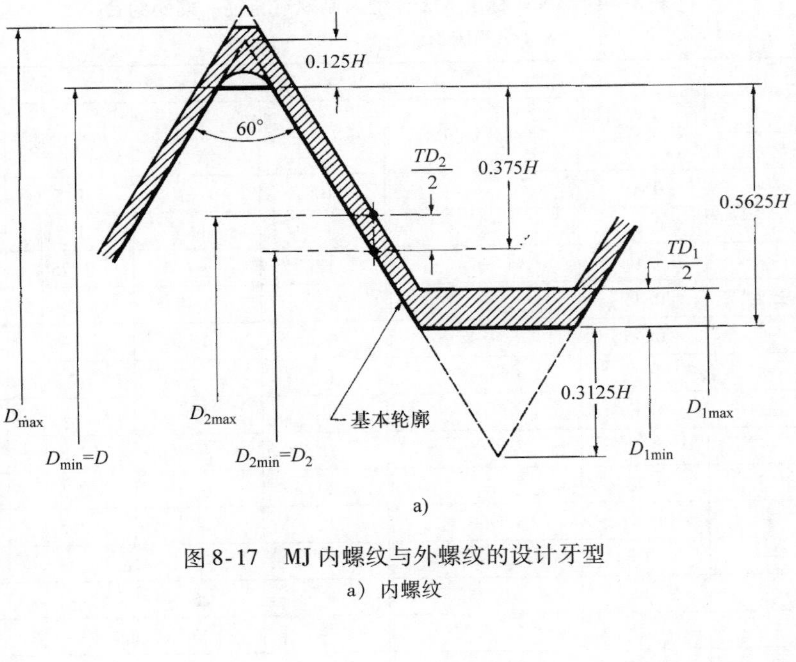

a)

图 8-17　MJ 内螺纹与外螺纹的设计牙型

a）内螺纹

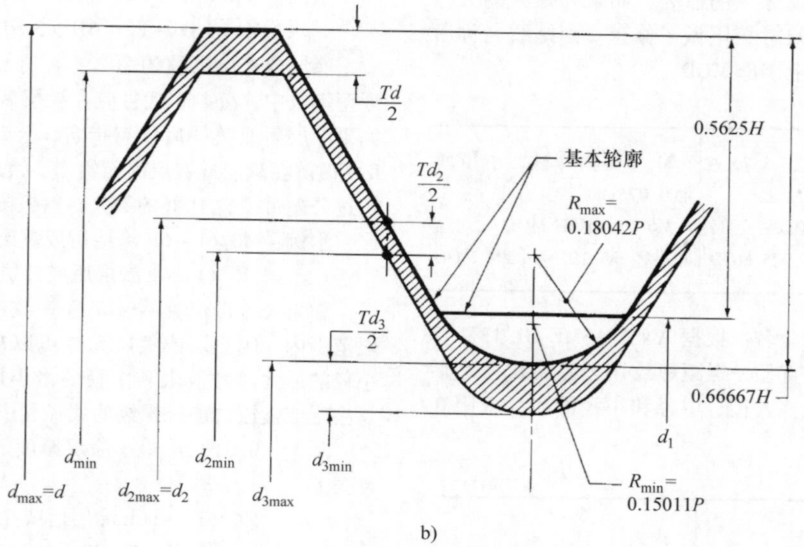

图 8-17 MJ 内螺纹与外螺纹的设计牙型（续）
b）外螺纹

美国国家标准 ANSI/ASME B1.21M 于 1978 年首次发布，建立了 MJ 牙型螺纹的基本三角形牙型，标准给出一个确切系统，列出了直径为 1.6～200mm 的直径－螺距组合的一系列标准，并规定了尺寸极限和公差。1997 年该标准进行了修订，增加了与 ANSI/ASME B1.15（UNJ 螺纹）相当的公差带代号 4G6G 和 4G5G/4g6g，与 ANSI/ASME B1.13M 相当的公差带代号 6H/6g，以及 ANSI/ASME B1.30M 中规定的舍入规则。

直径－螺距组合，本标准包括从国际标准 ISO 261 中选择的一系列螺纹直径－螺距组合中增加了额定尺寸的恒定螺距系列，这些信息在表 8-44 中给出。表 8-45 包括用于航空航天螺钉、螺栓、螺母和管道系统配件的标准系列直径－螺距组合。

表 8-44 ANSI 标准 MJ 牙型米制螺纹直径－螺距组合

ANSI/ASME B1.21M-1997（R2003）

公称直径		螺距		公称直径		螺距	
可选				可选			
第一	第二	粗牙螺纹	细牙螺纹	第一	第二	粗牙螺纹	细牙螺纹
1.6	—	0.35	—	10	—	1.5	1.25，1，0.75
—	1.8	0.35	—	—	11	1.5	1.25②，1，0.75
2.0	—	0.4	—	12	—	1.75	1.5，1.25，1
—	2.2	0.45	—	14	—	2	1.5，1.25③，1
2.5	—	0.45	—	—	15	—	1.5，1
3	—	0.5	—	16	—	2	1.5，1
3.5	—	0.6	—	—	17	—	1.5，1
4	—	0.7	—	18	—	2.5	2，1.5，1
—	4.5	0.75	—	20	—	2.5	2，1.5，1
5	—	0.8	—	22	—	2.5	2，1.5，1
6	—	1	0.75	24	—	3	2，1.5，1
7	—	1	0.75	—	25	—	2，1.5，1
8	—	1.25	1，0.75	—	26	—	1.5
—	9	1.25	1，0.75	27	—	3	2，1.5，1

（续）

公称直径 可选 第一	公称直径 可选 第二	螺距 粗牙螺纹	螺距 细牙螺纹	公称直径 可选 第一	公称直径 可选 第二	螺距 粗牙螺纹	螺距 细牙螺纹
—	28	—	2，1.5，1	80	—	6	3，2，1.5
30	—	3.5	3，2，1.5，1	—	82	—	3[①]，2，1.5[①]
—	32	—	2，1.5	85	—	—	3，2，1.5[①]
33	—	—	3，2，1.5	90	—	6	3，2，1.5[①]
—	35	—	1.5	95	—	—	3，2，1.5[①]
36	—	4	3，2，1.5	100	—	6	3，2，1.5[①]
—	38	—	1.5	105	—	—	3，2，1.5[①]
39	—	—	3，2，1.5	110	—	—	3，2，1.5[①]
—	40	—	3，2，1.5	—	115	—	3，2，1.5[①]
—	42	4.5	3，2，1.5	120	—	—	3，2，1.5[①]
45	—	—	3，2，1.5	—	125	—	3，2，1.5[①]
—	48	5	3，2，1.5	130	—	—	3，2，1.5[①]
50	—	—	3，2，1.5	—	135	—	3，2，1.5[①]
—	52	—	3，2，1.5	140	—	—	3，2，1.5[①]
55	—	—	3，2，1.5	—	145	—	3，2，1.5[①]
—	56	5.5	3，2，1.5	150	—	—	3，2，1.5[①]
—	58	—	3，2，1.5	—	155	—	3
60	—	—	3，2，1.5	160	—	—	3
—	62	—	3，2，1.5	—	165	—	3
—	64	6	3，2，1.5	170	—	—	3
65	—	—	3，2，1.5	—	175	—	3
—	68	—	3，2，1.5	180	—	—	3
70	—	—	3，2，1.5	—	185	—	3
—	72	6	3，2，1.5	190	—	—	3
75	—	—	3，2，1.5	—	195	—	3
—	76	—	3，2，1.5	200	—	—	3
—	78	—	3[①]，2，1.5[①]	—	—	—	—

① 不包括在 ISO 261 中。
② 仅适用于飞机控制电缆配件。
③ 仅用于发动机的火花塞。

表 8-45　ANSI 标准 MJ 牙型米制螺纹，航空航天用直径 - 螺距组合
ANSI/ASME B1.21M-1997（R2003）

航空航天螺钉、螺栓和螺母								航空航天管牙系统配件					
公称 尺寸[①]	螺距	公称 尺寸	螺距	公称 尺寸	螺距	公称 尺寸	螺距	公称 尺寸	螺距	公称 尺寸	螺距	公称 尺寸	螺距
1.6	0.35	5	0.8	14	1.5	27	2	8	1	20	1.5	36	1.5
2	0.4	6	1	16	1.5	30	2	10	1	22	1.5	39	1.5
2.5	0.45	7	1	18	1.5	33	2	12	1.25	24	1.5	42	2
3	0.5	8	1	20	1.5	36	2	14	1.5	27	1.5	48	2
3.5	0.6	10	1.25	22	1.5	39	2	16	1.5	30	1.5	50	2
4	0.7	12	1.25	24	2	—	—	18	1.5	33	1.5	—	—

① 对于小于 1.6mm 公称尺寸的螺纹，请使用微型螺纹（ANSI B1.10M）。

公差：螺纹公差系统基于 ISO 965/1，米制螺纹公差带位置和等级系统。内螺纹的公差为正，外螺纹的公差为负，也就是最小材料的方向。

对于航空航天应用，除流体配件外，应使用的公差带代号为4H5H 或4G6G 和4g6g。这些公差带代号近似于寸制系统中的 3B/3A 公差带代号。航空航天流体配件使用的公差带代号为 4H5H 或 4H6H 和4g6g。

在有螺纹允差的应用场合，使用公差带代号 4G5G 或4G6G 和 4g6g。这些公差带代号在最小实体条件下提供比寸制 2B/2A 公差带代号稍微更紧密的配合。

这个标准中还包含了6H/6g 增加的公差带代号，目的是提供基于一般应用的适当产品选择。这些公差带代号和标准直径/螺距组合的选择与 ANSI/ASME B1. 13M 中的 M 牙型米制螺纹相同。在最小实体条件下，6H/6g 公差带代号比寸制 2B/2A 公差带代号更加宽松。

8

图 8-17 中出现的标准符号为：D 是内螺纹的基本大径；D_2 是内螺纹的基本中径；D_1 是内螺纹的基本小径；d 是外螺纹的基本大径；d_2 是外螺纹的基本中径；d_1 是外螺纹的基本小径；d_3 是至外螺纹牙底半径底部的直径；H 是基本三角形的高度；P 是螺距。

基本命名：航空航天米制螺纹通过字母“MJ”中的“J”命名其螺纹形式，其次为公称直径和螺距（以符号“×”分隔），紧接着跟公差带代号（使用破折号隔开）。除非另有说明，螺纹均指右旋螺纹。

示例：MJ6 ×1 –4h6h

有关尺寸极限，涂层和镀层极限，修正以及特殊螺纹等更加详细的信息，应参考相应的标准。

8. 4. 3 梯形米制螺纹

ISO 和 DIN 标准的比较，ISO 米制梯形螺纹标准 ISO 2904-1977 描述了用于机械和结构的通用米制螺纹系统，该标准与梯形米制螺纹 DIN 103 标准基本一致。米制梯形螺纹如图 8-18 所示。DIN 103 标准对于特定直径的螺纹使用特定的螺距，但 ISO 标准对于特定直径的螺纹可以存在多种螺距。在 ISO 2904-1977 中，大径和小径有同样的间隙，但是在 DIN 103 中，小径的间隙比大径的间隙大 2 ~3 倍。与 DIN 103 的对比见表 8-46。

术语“螺栓螺纹”用于外螺纹，术语“螺母螺纹”用于内螺纹。

国际标准中给出的值使用以下公式计算：

$H_1 = 0.5P \quad H_4 = H_1 + a_c = 0.5P + a_c \quad H_3 = H_1 + a_c = 0.5P + a_c$

$D_4 = d + 2a_c \quad Z = 0.25P = H_1/2 \quad D_1 = d - 2H_1 = d - P$

$D_3 = D - 2h_3 \quad d_2 = D_2 = d - 2Z = d - 0.5P \quad R_{1\max} = 0.5a_c \quad R_{2\max} = a_c$

其中，a_c是螺纹牙顶的间隙；D 是螺母螺纹的大径；D_2 是螺母螺纹的中径；D_1 是螺母螺纹的小径；d 是螺栓螺纹的大径 = 公称直径；d_2 是螺栓螺纹的中径；d_3 是螺栓螺纹的小径；H_1 是重叠高度；H_4 是螺母螺纹高度；h_3 是螺栓螺纹高度；P 是螺距。

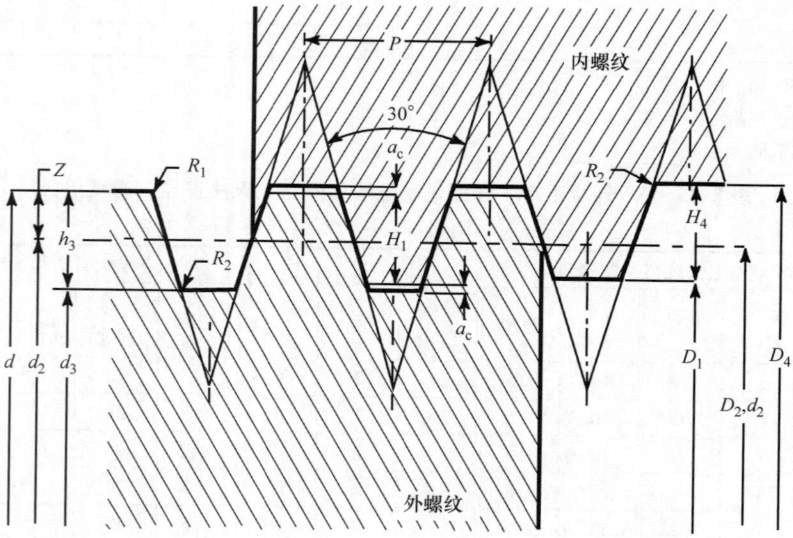

图 8-18 米制梯形螺纹（ISO 2904）

表 8-46　ISO 米制梯形螺纹 ISO 2904-1977 和梯形米制螺纹 DIN 103 的比较

	ISO 2904	DIN 103	注释
公称直径	D	D_s	
螺距	p	p	相同
间隙（螺栓圆周）	a_c	b	相同
间隙（螺母圆周）	a_c	a	不同
重合高度	h_1	h_e	相同
	螺栓圆周		
	$h_3=0.50P+a_c$	$h_s=0.50P+a$	相同
	$h_{as}=0.25P$	$z=0.25P$	相同
外螺纹小径	$D_3=d-2h_3$	$k_s=d-2h_s$	相同
外螺纹中径	$D_2=d-2h_{as}$	$d_2=d-2z$	相同
	螺母圆周		
螺母基本大径	$D_4=d+2a_c$	$d_n=d+a+b$	不同
内螺纹高度	$h_4=h_3$	$h_n=h_3+a$	不同
内螺纹小径	$D_1=D-2h_1$	$K_n=D_n-2h_n$	不同

ISO 米制梯形螺纹见表 8-47，梯形米制螺纹优选基本尺寸见表 8-48。

表 8-47　ISO 米制梯形螺纹 ISO 2904-1977　（单位：mm）

公称直径 d	螺距 P	中径 $d_2=D_2$	大径 D_4	小径 d_3	小径 D_1
8	1.5	7.250	8.300	6.200	6.500
9	1.5	8.250	9.300	7.200	7.500
	2	8.000	9.500	6.500	7.000
10	1.5	9.250	10.300	8.200	8.500
	2	9.000	10.500	7.500	8.000
11	2	10.000	11.500	8.500	9.000
	3	9.500	11.500	7.500	8.000
12	2	11.000	12.500	9.500	10.000
	3	10.500	12.500	8.500	9.000
14	2	13.000	14.500	11.500	12.000
	3	12.500	14.500	10.500	11.000
16	2	15.000	16.500	13.500	14.000
	3	14.500	16.500	12.500	13.000
18	2	17.000	18.500	15.500	16.000
	4	16.000	18.500	13.500	14.000
20	2	19.000	20.500	17.500	18.000
	4	18.000	20.500	15.500	16.000
22	3	20.500	22.500	18.500	19.000
	5	19.500	22.500	16.500	17.000
	8	18.000	23.000	13.000	14.000
24	3	22.500	24.500	20.500	21.000
	5	21.500	24.500	18.500	19.000
	8	20.000	25.000	15.000	16.000
26	3	24.500	26.500	22.500	23.000
	5	23.500	26.500	20.500	21.000
	8	22.000	27.000	17.000	18.000
28	3	26.500	28.500	24.500	25.000
	5	25.500	28.500	22.500	23.000
	8	24.000	29.000	19.000	20.000
30	3	28.500	30.500	26.500	27.000
	6	27.000	31.000	23.000	24.000
	10	25.000	31.000	19.000	20.000
32	3	30.500	32.500	28.500	29.000
	6	29.000	33.000	25.000	26.000
	10	27.000	33.000	21.000	22.000
34	3	32.500	34.500	30.500	31.000
	6	31.000	35.000	27.000	28.000
	10	29.000	35.000	23.000	24.000
36	3	34.500	36.500	32.500	33.000
	6	33.000	37.000	29.000	30.000
	10	31.000	37.000	25.000	26.000
38	3	36.500	38.500	34.500	35.000
	7	34.500	39.000	30.000	31.000
	10	33.000	39.000	27.000	28.000

（续）

公称直径 d			螺距 P	中径 $d_2=D_2$	大径 D_4	小径 d_3	小径 D_1
40			3	38.500	40.500	36.500	37.000
			7	36.500	41.000	32.000	33.000
			10	35.000	41.000	29.000	30.000
	42		3	40.500	42.500	38.500	39.000
			7	38.500	43.000	34.000	35.000
			10	37.000	43.000	31.000	32.000
44			3	42.500	44.500	40.500	41.000
			7	40.500	45.000	36.000	37.000
			12	38.000	45.000	31.000	32.000
	46		3	44.500	46.500	42.500	43.000
			8	42.000	47.000	37.000	38.000
			12	40.000	47.000	33.000	34.000
48			3	46.500	48.500	44.500	45.000
			8	44.000	49.000	39.000	40.000
			12	42.000	49.000	35.000	36.000
	50		3	48.500	50.500	46.500	47.000
			8	46.000	51.000	41.000	42.000
			12	44.000	51.000	37.000	38.000
52			3	50.500	52.500	48.500	49.000
			8	48.000	53.000	43.000	44.000
			12	46.000	53.000	39.000	40.000
	55		3	53.500	55.500	51.500	52.000
			9	50.500	56.000	45.000	46.000
			14	48.000	57.000	39.000	41.000
60			3	58.500	60.500	56.500	57.000
			9	55.500	61.000	50.000	51.000
			14	53.000	62.000	44.000	46.000
	65		4	63.000	65.500	60.500	61.000
			10	60.000	66.000	54.000	55.000
			16	57.000	67.000	47.000	49.000
70			4	68.000	70.500	65.500	66.000
			10	65.000	71.000	59.000	60.000
			16	62.000	72.000	52.000	54.000
	75		4	73.000	75.500	70.500	71.000
			10	70.000	76.000	64.000	65.000
			16	67.000	77.000	57.000	59.000
80			4	78.000	80.500	75.500	76.000
			10	75.000	81.000	69.000	70.000
			16	72.000	82.000	62.000	64.000
	85		4	83.000	85.500	80.500	81.000
			12	79.000	86.000	72.000	73.000
			18	76.000	87.000	65.000	67.000

公称直径 d			螺距 P	中径 $d_2=D_2$	大径 D_4	小径 d_3	小径 D_1
90			4	88.000	90.500	85.500	86.000
			12	84.000	91.000	77.000	78.000
			18	81.000	92.000	70.000	72.000
	95		4	93.000	95.500	90.500	91.000
			12	89.000	96.000	82.000	83.000
			18	86.000	97.000	75.000	77.000
100			4	98.000	100.500	95.500	96.000
			12	94.000	101.000	87.000	88.000
			20	90.000	102.000	78.000	80.000
		105	4	103.000	105.500	100.500	101.000
			12	103.000	106.000	92.000	93.000
			20	95.000	107.000	83.000	85.000
	110		4	108.000	110.500	105.500	106.000
			12	104.000	111.000	97.000	98.000
			20	100.000	112.000	88.000	90.000
		115	6	112.000	116.000	108.000	109.000
			14	112.000	117.000	99.000	101.000
			22	104.000	117.000	91.000	93.000
120			6	117.000	121.000	113.000	114.000
			14	113.000	122.000	104.000	106.000
			22	109.000	122.000	96.000	98.000
		125	6	122.000	126.000	118.000	119.000
			14	122.000	127.000	109.000	111.000
			22	114.000	127.000	101.000	103.000
	130		6	127.000	131.000	123.000	124.000
			14	123.000	132.000	114.000	116.000
			22	119.000	132.000	106.000	108.000
		135	6	132.000	136.000	128.000	129.000
			14	132.000	137.000	119.000	121.000
			24	123.000	137.000	109.000	111.000
140			6	137.000	141.000	133.000	134.000
			14	133.000	142.000	124.000	126.000
			24	128.000	142.000	114.000	116.000
		145	6	142.000	146.000	138.000	139.000
			14	142.000	147.000	129.000	131.000
			24	133.000	147.000	119.000	121.000
	150		6	147.000	151.000	143.000	144.000
			16	142.000	152.000	132.000	134.000
			24	138.000	152.000	124.000	126.000
		155	6	152.000	156.000	148.000	149.000
			16	152.000	157.000	137.000	139.000
			24	143.000	157.000	129.000	131.000

（续）

公称直径 *d*			螺距 *P*	中径 $d_2=D_2$	大径 D_4	小径 d_3	小径 D_1
160			6	157.000	161.000	153.000	154.000
			16	152.000	162.000	142.000	144.000
			28	146.000	162.000	130.000	132.000
		165	6	162.000	166.000	158.000	159.000
			16	162.000	167.000	147.000	149.000
			28	151.000	167.000	135.000	137.000
	170		6	167.000	171.000	163.000	164.000
			16	162.000	172.000	152.000	154.000
			28	156.000	172.000	140.000	142.000
		175	8	171.000	176.000	166.000	167.000
			16	171.000	177.000	157.000	159.000
			28	161.000	177.000	145.000	147.000
180			8	176.000	181.000	171.000	172.000
			18	171.000	182.000	160.000	162.000
			28	166.000	182.000	150.000	152.000
		185	8	181.000	186.000	176.000	177.000
			18	181.000	187.000	165.000	167.000
			32	169.000	187.000	151.000	153.000
	190		8	186.000	191.000	181.000	182.000
			18	181.000	192.000	170.000	172.000
			32	174.000	192.000	156.000	158.000
		195	8	191.000	196.000	186.000	187.000
			18	191.000	197.000	175.000	177.000
			32	179.000	197.000	161.000	163.000
200			8	196.000	201.000	191.000	192.000
			18	191.000	202.000	180.000	182.000
			32	184.000	202.000	166.000	168.000
	210		8	206.000	211.000	201.000	202.000
			20	200.000	212.000	188.000	190.000
			36	192.000	212.000	172.000	174.000
220			8	216.000	221.000	211.000	212.000
			20	210.000	222.000	198.000	200.000
			36	202.000	222.000	182.000	184.000
	230		8	226.000	231.000	221.000	222.000
			20	220.000	232.000	208.000	210.000
			36	212.000	232.000	192.000	194.000
240			8	236.000	241.000	231.000	232.000
			22	229.000	242.000	216.000	218.000
			36	222.000	242.000	202.000	204.000
	250		12	244.000	251.000	237.000	238.000
			22	239.000	252.000	226.000	228.000
			40	230.000	252.000	208.000	210.000
260			12	254.000	261.000	247.000	248.000
			22	249.000	262.000	236.000	238.000
			40	240.000	262.000	218.000	220.000
	270		12	264.000	271.000	257.000	258.000
			24	258.000	272.000	244.000	246.000
			40	250.000	272.000	228.000	230.000
280			12	274.000	281.000	267.000	268.000
			24	268.000	282.000	254.000	256.000
			40	260.000	282.000	238.000	240.000
	290		12	284.000	291.000	277.000	278.000
			24	278.000	292.000	264.000	266.000
			44	268.000	292.000	244.000	246.000
300			12	294.000	301.000	287.000	288.000
			24	288.000	302.000	274.000	276.000
			44	278.000	302.000	254.000	256.000

表 8-48　梯形米制螺纹优选基本尺寸 DIN 103

$H = 1.866P$

$h_S = 0.5P + a$

$h_e = 0.5P + a - b$

$h_n = 0.5P + 2a - b$

$h_{as} = 0.25P$

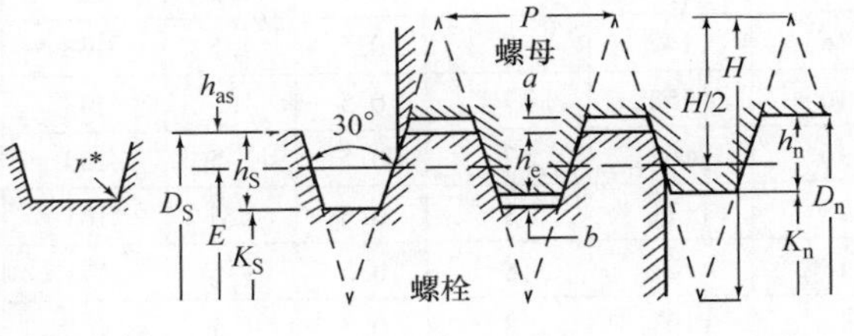

（续）

螺栓的公称直径 & 大径 D_S	螺距 P	中径 E	接触深度 h_e	间隙		螺栓		螺母		
				a	b	小径	螺纹高度	大径	小径	螺纹高度 h_n
10	3	8.5	1.25	0.25	0.5	6.5	1.75	10.5	7.5	1.50
12	3	10.5	1.25	0.25	0.5	8.5	1.75	12.5	9.5	1.50
14	4	12	1.75	0.25	0.5	9.5	2.25	14.5	10.5	2.00
16	4	14	1.75	0.25	0.5	11.5	2.25	16.5	12.5	2.00
18	4	16	1.75	0.25	0.5	13.5	2.25	18.5	14.5	2.00
20	4	18	1.75	0.25	0.5	15.5	2.25	20.5	16.5	2.00
22	5	19.5	2	0.25	0.75	16.5	2.75	22.5	18	2.00
24	5	21.5	2	0.25	0.75	18.5	2.75	24.5	20	2.25
26	5	23.5	2	0.25	0.75	20.5	2.75	26.5	22	2.25
28	5	25.5	2	0.25	0.75	22.5	2.75	28.5	24	2.25
30	6	27	2.5	0.25	0.75	23.5	3.25	30.5	25	2.75
32	6	29	2.5	0.25	0.75	25.5	3.25	32.5	27	2.75
36	6	33	2.5	0.25	0.75	29.5	3.25	36.5	31	2.75
40	7	36.5	3	0.25	0.75	32.5	3.75	40.5	34	3.25
44	7	40.5	3	0.25	0.75	36.5	3.75	44.5	38	3.25
48	8	44	3.5	0.25	0.75	39.5	4.25	48.5	41	3.75
50	8	46	3.5	0.25	0.75	41.5	4.25	50.5	43	3.75
52	8	48	3.5	0.25	0.75	43.5	4.25	52.5	45	3.75
55	9	50.5	4	0.25	0.75	45.5	4.75	55.5	47	4.25
60	9	55.5	4	0.25	0.75	50.5	4.75	60.5	52	4.25
65	10	60	4.5	0.25	0.75	54.5	5.25	65.5	56	4.75
70	10	65	4.5	0.25	0.75	59.5	5.25	70.5	61	4.75
75	10	70	4.5	0.25	0.75	64.5	5.25	75.5	66	4.75
80	10	75	4.5	0.25	0.75	69.5	5.25	80.5	71	4.75
85	12	79	5.5	0.25	0.75	72.5	6.25	85.5	74	5.75
90	12	84	5.5	0.25	0.75	77.5	6.25	90.5	79	5.75
95	12	89	5.5	0.25	0.75	82.5	6.25	95.5	84	5.75
100	12	94	5.5	0.25	0.75	87.5	6.25	100.5	89	5.75
110	12	104	5.5	0.25	0.75	97.5	6.25	110.5	99	5.75
120	14	113	6	0.5	1.5	105	7.5	121	108	6.5
130	14	123	6	0.5	1.5	115	7.5	131	118	6.5
140	14	133	6	0.5	1.5	125	7.5	141	128	6.5
150	16	142	7	0.5	1.5	133	8.5	151	136	7.5
160	16	152	7	0.5	1.5	143	8.5	161	146	7.5
170	16	162	7	0.5	1.5	153	8.5	171	156	7.5
180	18	171	8	0.5	1.5	161	9.5	181	164	8.5
190	18	181	8	0.5	1.5	171	9.5	191	174	8.5
200	18	191	8	0.5	1.5	181	9.5	201	184	8.5
210	20	200	9	0.5	1.5	189	10.5	211	192	9.5
220	20	210	9	0.5	1.5	199	10.5	221	202	9.5

（续）

螺栓的公称直径 & 大径 D_S	螺距 P	中径 E	接触深度 h_e	间隙		螺栓		螺母		
				a	b	小径	螺纹高度	大径	小径	螺纹高度 h_n
230	20	220	9	0.5	1.5	209	10.5	231	212	9.5
240	22	229	10	0.5	1.5	217	11.5	241	220	10.5
250	22	239	10	0.5	1.5	227	11.5	251	230	10.5
260	22	249	10	0.5	1.5	237	11.5	261	240	10.5
270	24	258	11	0.5	1.5	245	12.5	271	248	11.5
280	24	268	11	0.5	1.5	255	12.5	281	258	11.5
290	24	278	11	0.5	1.5	265	12.5	291	268	11.5
300	26	287	12	0.5	1.5	273	13.5	301	276	12.5

注：* 牙底圆整到半径 r，对于大于 3mm 小于等于 12mm 的螺距，r 等于 0.25mm，用于功率传输时，对于大于 14mm 小于等于 26mm 的螺距，牙底半径为 0.5mm。

8.4.4 ISO 微型螺纹

ISO 微型螺纹基本牙型和基本尺寸分别见表 8-49 和表 8-50。

表 8-49 ISO 微型螺纹基本牙型

ISO/R 1501：1970

螺距 P	$H=0.866025P$	$0.554256H=0.48P$	$0.375H=0.324760P$	$0.320744H=0.320744P$	$0.125H=0.108253P$
0.08	0.069282	0.038400	0.025981	0.022222	0.008660
0.09	0.077942	0.043200	0.029228	0.024999	0.009743
0.1	0.086603	0.048000	0.032476	0.027777	0.010825
0.125	0.108253	0.060000	0.040595	0.034722	0.013532
0.15	0.129904	0.072000	0.048714	0.041666	0.016238
0.175	0.151554	0.084000	0.056833	0.048610	0.018944
0.2	0.173205	0.096000	0.064952	0.055554	0.021651
0.225	0.194856	0.108000	0.073071	0.062499	0.024357
0.25	0.216506	0.120000	0.081190	0.069443	0.027063
0.3	0.259808	0.144000	0.097428	0.083332	0.032476

表 8-50 ISO 微型螺纹基本尺寸

ISO/R 1501：1970

公称直径	螺距 P	大径 D，d	中径 D_2，d_2	小径 D_1，d_1
0.30	0.080	0.300000	0.248039	0.223200
0.35	0.090	0.350000	0.291543	0.263600
0.40	0.100	0.400000	0.335048	0.304000
0.45	0.100	0.450000	0.385048	0.354000
0.50	0.125	0.500000	0.418810	0.380000
0.55	0.125	0.550000	0.468810	0.430000
0.60	0.150	0.600000	0.502572	0.456000

（续）

公称直径	螺距 P	大径 D，d	中径 D_2，d_2	小径 D_1，d_1
0.70	0.175	0.700000	0.586334	0.532000
0.80	0.200	0.800000	0.670096	0.608000
0.90	0.225	0.900000	0.753858	0.684000
1.00	0.250	1.000000	0.837620	0.760000
1.10	0.250	1.100000	0.937620	0.860000
1.20	0.250	1.200000	1.037620	0.960000
1.40	0.300	1.400000	1.205144	1.112000

注：D 和 d 分别表示螺母（内螺纹）和螺栓（外螺纹）的相关尺寸。

8.4.5 英国标准 ISO 米制螺纹

BS 3643：1981（R2004）第 1 部分提供了 ISO 米制螺纹的原则和基本数据，涵盖直径从 1～300mm 的单线螺纹、圆柱形螺纹。该标准的第 2 部分给出了所选尺寸极限的规格。

1. 基本牙型

ISO 三角形螺纹型的基本牙型尺寸见表 8-51。

表 8-51 英国标准 ISO 三角形螺纹基本牙型尺寸 BS 3643：1981（R2004）

（单位：mm）

螺距 P	$H=0.86603P$	$\frac{5}{8}H=0.54127P$	$\frac{3}{8}H=0.32476P$	$H/4=0.21651P$	$H/8=0.10825P$
0.2	0.173205	0.108253	0.064952	0.043301	0.021651
0.25	0.216506	0.135316	0.081190	0.054127	0.027063
0.3	0.259808	0.162380	0.097428	0.064952	0.032476
0.35	0.303109	0.189443	0.113666	0.075777	0.037889
0.4	0.346410	0.216506	0.129904	0.086603	0.043301

（续）

螺距 P	H = 0.86603P	⅝H = 0.54127P	⅜H = 0.32476P	H/4 = 0.21651P	H/8 = 0.10825P
0.45	0.389711	0.243570	0.146142	0.097428	0.048714
0.5	0.433013	0.270633	0.162380	0.108253	0.054127
0.6	0.519615	0.324760	0.194856	0.129904	0.064952
0.7	0.606218	0.378886	0.227322	0.151554	0.075777
0.75	0.649519	0.405949	0.243570	0.162380	0.081190
0.8	0.692820	0.433013	0.259808	0.173205	0.086603
1	0.866025	0.541266	0.324760	0.216506	0.108253
1.25	1.082532	0.676582	0.405949	0.270633	0.135316
1.5	1.299038	0.811899	0.487139	0.324760	0.162380
1.75	1.515544	0.947215	0.568329	0.378886	0.189443
2	1.732051	1.082532	0.649519	0.433013	0.216506
2.5	2.165063	1.353165	0.811899	0.541266	0.270633
3	2.598076	1.623798	0.974279	0.649519	0.324760
3.5	3.031089	1.894431	1.136658	0.757772	0.378886

（续）

螺距 P	H = 0.86603P	⅝H = 0.54127P	⅜H = 0.32476P	H/4 = 0.21651P	H/8 = 0.10825P
4	3.464102	2.165063	1.299038	0.866025	0.433013
4.5	3.897114	2.435696	1.461418	0.974279	0.487139
5	4.330127	2.706329	1.623798	1.082532	0.541266
5.5	4.763140	2.976962	1.786177	1.190785	0.595392
6	5.196152	3.247595	1.948557	1.299038	0.649519
8①	6.928203	4.330127	2.598076	1.732051	0.866025

① 任何 ISO 米制标准系列都不使用此螺距。

2. 公差系统

公差系统根据公差等级（图）和公差带位置（字母）的组合来定义公差带代号。公差带位置由公差带的基本尺寸和最近端之间的距离，对于内螺纹，该距离称为基本偏差 EI，外螺纹时则称为 es。螺母螺纹和螺栓螺纹的基本偏差见表 8-52，表中符号的含义如图 8-19 和图 8-20 所示。

表 8-52 螺母螺纹和螺栓螺纹的基本偏差

螺距 P/mm	螺母螺纹		螺栓螺纹			
	公差带位置					
	G	H	e	f	g	h
	基本偏差					
	EI	EI	es	es	es	es
	μm	μm	μm	μm	μm	μm
0.2	+17	0	—	—	−17	0
0.25	+18	0	—	—	−18	0
0.3	+18	0	—	—	−18	0
0.35	+19	0	—	−34	−19	0
0.4	+19	0	—	−34	−19	0
0.45	+20	0	—	−35	−20	0
0.5	+20	0	−50	−36	−20	0
0.6	+21	0	−53	−36	−21	0
0.7	+22	0	−56	−38	−22	0
0.75	+22	0	−56	−38	−22	0
0.8	+24	0	−60	−38	−24	0
1	+26	0	−60	−40	−26	0
1.25	+28	0	−63	−42	−28	0
1.5	+32	0	−67	−45	−32	0
1.75	+34	0	−71	−48	−34	0
2	+38	0	−71	−52	−38	0
2.5	+42	0	−80	−58	−42	0
3	+48	0	−85	−63	−48	0
3.5	+53	0	−90	−70	−53	0
4	+60	0	−95	−75	−60	0
4.5	+63	0	−100	−80	−63	0
5	+71	0	−106	−85	−71	0
5.5	+75	0	−112	−90	−75	0
6	+80	0	−118	−95	−80	0

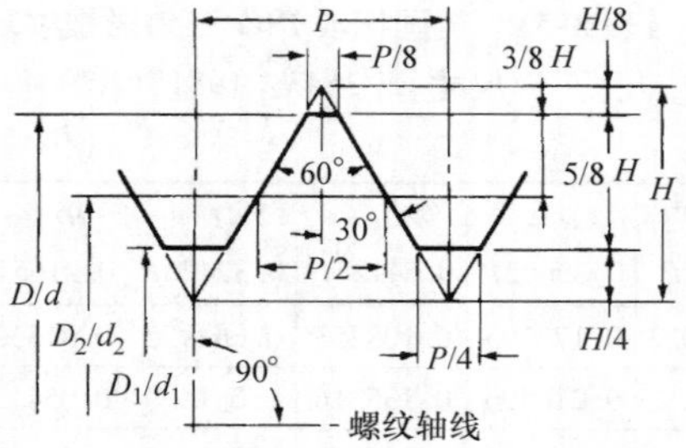

图 8-19 ISO 米制螺纹的基本牙型

D—内螺纹大径 d—外螺纹大径 D_2—内螺纹中径 d_2—外螺纹中径 D_1—内螺纹小径 d_1—外螺纹小径 P—螺距 H—基本角高度

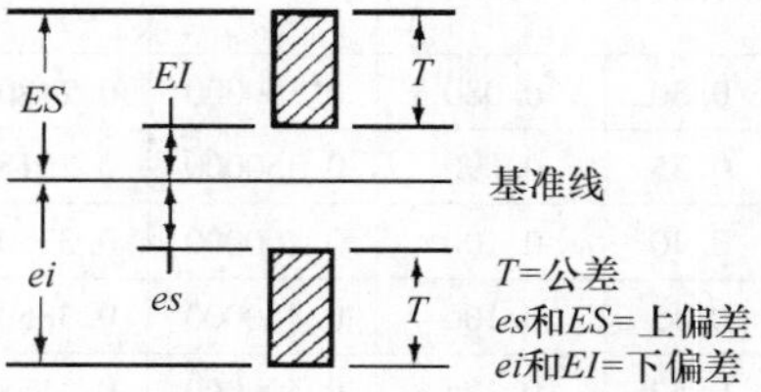

图 8-20 相对于基线的公差带位置（基本尺寸）

3. 公差等级

标准中规定的四个主要螺纹直径公差等级如下：

螺母螺纹小径（D_1）：公差等级为 4、5、6、7、8。

螺栓大径（d）：公差等级为 4、6、8。

螺母螺纹中径（D_2）：公差等级为 4、5、6、7、8。

螺栓螺纹中径（d_2）：公差等级为 3、4、5、6、7、8、9。

4. 公差带位置

螺母螺纹的公差带位置为 G 和 H，螺栓螺纹的公差带位置为 e、f、g 和 h。这些公差带位置的标识字母与基本偏差总量的关系见表 8-52。

公差带代号——为了减少量具和工具的数量，表 8-53 列出了标准规定的短、正常和长的螺纹旋合中公差带位置和公差带代号的选择。以下规则适用于对公差质量的选择：①精密，几乎不需要公差特性变化的精密螺纹；②中等，一般用途；③粗糙，用于诸如在热轧棒和长不通孔进行攻螺纹时可能产生加工困难的情况。如果螺纹接触的实际长度是未知的，那么在制造标准螺栓时，建议使用标准长度。

表 8-53　螺母和螺栓的公差带代号

螺母的公差带代号

公差质量	公差带位置 G			公差带位置 H		
	短	正常	长	短	正常	长
精密	—	—	—	4H②	5H②	6H②
中等	5G①	6G③	7G③	5H①	6H①,④	7H①
粗糙	—	7G③	8G③	—	7H②	8H②

螺栓的公差带代号

公差质量	公差带位置 e			公差带位置 f			公差带位置 g			公差带位置 h		
	短	正常	长	短	正常	长	短	正常	长	短	正常	长
精密	—	—	—	—	—	—	—	—	—	3h4h③	4h①	5h4h③
中等	—	6e①	7e6e③	—	6f①	—	5g6g③	6g①,④	7g6g③	5h6h③	6h②	7h6h③
粗糙	—	—	—	—	—	—	—	8g②	9g8g③	—	—	—

① 第一选择。

② 第二选择。

③ 第三选择，这些选择尽量避免。

④ 用于商用螺母和螺栓的螺纹。

短、标准、长类别的螺纹旋合长度见表 8-54。任何推荐的螺母公差带代号可以与相应的螺栓公差带代号相结合，但 M1.4 和更小的尺寸除外，它们应该使用 5H/6h 或更精密的公差带代号。然而，为了保证有足够的重叠，成品组件最好能成为 H/g、H/h 或 G/h 的配合方式。

表 8-54　短、标准、长类别的螺纹旋合长度

基本大径		螺距 P	短	标准		长
			螺纹旋合长度			
>	≤		≤	>	≤	>
0.99	1.4	0.2	0.5	0.5	1.4	1.4
		0.25	0.6	0.6	1.7	1.7
		0.3	0.7	0.7	2	2
1.4	2.8	0.2	0.5	0.5	1.5	1.5
		0.25	0.6	0.6	1.9	1.9
		0.35	0.8	0.8	2.6	2.6
		0.4	1	1	3	3
		0.45	1.3	1.3	3.8	3.8

基本大径		螺距 P	短	标准		长
			螺纹旋合长度			
>	≤		≤	>	≤	>
2.8	5.6	0.35	1	1	3	3
		0.5	1.5	1.5	4.5	4.5
		0.6	1.7	1.7	5	5
		0.7	2	2	6	6
		0.75	2.2	2.2	6.7	6.7
		0.8	2.5	2.5	7.5	7.5

（续）

基本大径 >	基本大径 ≤	螺距 P	短 ≤	标准 >	标准 ≤	长 >
5.6	11.2	0.75	2.4	2.4	7.1	7.1
		1	3	3	9	9
		1.25	4	4	12	12
		1.5	5	5	15	15
11.2	22.4	1	3.8	3.8	11	11
		1.25	4.5	4.5	13	13
		1.5	5.6	5.6	16	16
		1.75	6	6	18	18
		2	8	8	24	24
		2.5	10	10	30	30
22.4	45	1	4	4	12	12
		1.5	6.3	6.3	19	19
		2	8.5	8.5	25	25
		3	12	12	36	36
		3.5	15	15	45	45
		4	18	18	53	53
		4.5	21	21	63	63
45	90	1.5	7.5	7.5	22	22
		2	9.5	9.5	28	28
		3	15	15	45	45
		4	19	19	56	56
		5	24	24	71	71
		5.5	28	28	85	85
		6	32	32	95	95
90	180	2	12	12	36	36
		3	18	18	53	53
		4	24	24	71	71
		6	36	36	106	106
180	300	3	20	20	60	60
		4	26	26	80	80
		6	40	40	118	118

5. 牙型设计

ISO 米制内螺纹和外螺纹的牙型设计如图 8-21 所示，图中表示螺纹在其最大金属实体条件下的牙型。可以注意到，每个螺纹的牙底被加深以便为另一个螺纹的平面牙顶留出间隙，因此，螺纹之间的接触被限制在它们的倾斜侧面。所以，对于螺母螺纹和螺栓螺纹，实际的牙底轮廓线不得在任何时候违反基本牙型。

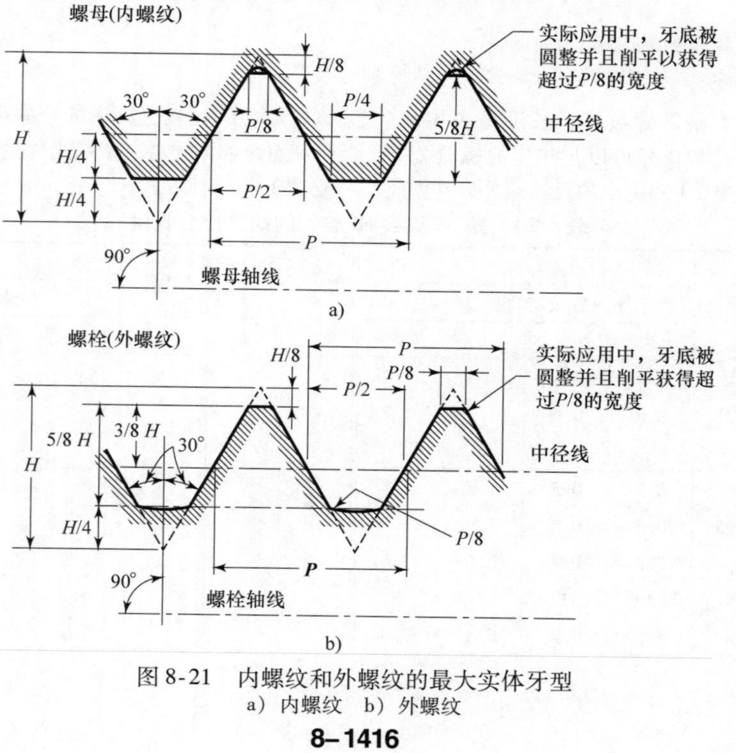

图 8-21 内螺纹和外螺纹的最大实体牙型

a）内螺纹 b）外螺纹

6. 命名

符合标准要求的螺纹应由字母 M 命名，其后是公称直径和螺距值（以 mm 表示），并用符号 × 分隔。示例：M6 × 0.75。没有标明螺距值的均指粗螺纹。

螺纹的完整命名由螺纹系统、尺寸以及牙顶直径公差带代号组成。每个组名称包括：用数字表示的公差带代号和一个用字母表示的公差带位置，其中，大写字母表示螺母，小写字母表示螺栓。如果螺纹的两个等级名称相同（一个用于中直径，一个用于牙顶直径），则不需要重复符号。比如，M10 - 6g 表示螺栓粗螺纹系列，公称直径为 10mm，对于螺距和大径，公差带代号为 6g。M10 × 1 - 5g6g 表示螺距为 1mm，公称直径为 10mm 的螺栓，中径的公差带代号为 5g，大径的公差带代号为 6g。M10 - 6H 表示粗螺纹系列，螺母公称直径为 10mm，其螺距和小径的公差带代号为 6H。

配对部件之间的配合由螺母螺纹公差带代号和螺栓螺纹公差带代号表示，中间由斜线分隔。比如 M6 - 6H/6g 和 M20 × 2 - 6H/5g6g。对于有涂层的螺纹，除非另有说明，公差适用于涂层前的部件。涂层后，实际螺纹型材不得超过公差带位置 H 或 h 的最大材料极限。

7. 基本偏差公式

用于计算表 8-52 中基本偏差的公式为：

$EI_G = +(15 + 11P)$

$EI_H = 0$

$es_e = -(50 + 11P)$，$P \leqslant 0.45$mm 螺纹除外

$es_f = -(30 + 11P)$

$es_g = -(15 + 11P)$

$es_h = 0$

在这些公式中，EI 和 es 用 μm 表示，P 用 mm 表示。

8. 牙顶直径公差公式

表 8-55 中螺栓螺纹大径的（T_d）等级为 6 的公差用以下公式计算：

$$T_d(6) = 180\sqrt[3]{P^2} - \frac{3.15}{\sqrt{P}}$$

式中，$T_d(6)$ 为 μm，P 为 mm。对于公差等级 4 和 8：$T_d(4) = 0.63T_d(6)$，$T_d(8) = 1.6T_d(6)$。

公差等级为 6 的螺母螺纹小径（T_{D1}）在表 8-55 中的公差计算如下：

螺距为 0.2 ~ 0.8mm：$T_{D1}(6) = 433P - 190P^{1.22}$。

螺距为 1mm 或更粗，$T_{D1}(6) = 230P^{0.7}$。

式中，$T_{D1}(6)$ 为 μm，P 为 mm。

对于公差等级 4、5、7 和 8：

$T_{D1}(4) = 0.63\ T_{D1}(6)$；$T_{D1}(5) = 0.8\ T_{D1}(6)$；$T_{D1}(7) = 1.25\ T_{D1}(6)$；$T_{D1}(8) = 1.6\ T_{D1}(6)$。

表 8-55　英国标准 ISO 米制螺纹：正常旋合长度无涂层成品螺纹的极限和公差 BS 3643：1981

（单位：mm）

公称直径①	螺距		外螺纹（螺栓）							内螺纹（螺母）②					
	粗牙螺纹	细牙螺纹	公差带代号	基本偏差	大径		中径		小径	公差带代号	大径	中径		小径	
					最大	允差（-）	最大	允差（-）	最小		最小	最大	允差（-）	最大	允差（-）
1		0.2	4h	0	1.000	0.036	0.870	0.030	0.717	4H	1.000	0.910	0.040	0.821	0.038
			6g	0.017	0.983	0.056	0.853	0.048	0.682						
	0.25		4h	0	1.000	0.042	0.838	0.034	0.649	4H	1.000	0.883	0.045	0.774	0.045
			6g	0.018	0.982	0.067	0.820	0.053	0.613	5H	1.000	0.894	0.056	0.785	0.056
1.1		0.2	4h	0	1.100	0.036	0.970	0.03	0.817	4H	1.100	1.010	0.040	0.921	0.038
			6g	0.017	1.083	0.056	0.953	0.048	0.782						
	0.25		4h	0	1.100	0.042	0.938	0.034	0.750	4H	1.100	0.983	0.045	0.874	0.045
			6g	0.018	1.082	0.067	0.920	0.053	0.713	5H	1.100	0.994	0.056	0.885	0.056
1.2		0.2	4h	0	1.200	0.036	1.070	0.03	0.917	4H	1.200	1.110	0.040	1.021	0.038
			6g	0.017	1.183	0.056	1.053	0.048	0.882						
	0.25		4h	0	1.200	0.042	1.038	0.034	0.850	4H	1.200	1.083	0.045	0.974	0.045
			6g	0.018	1.182	0.067	1.020	0.053	0.813	5H	1.200	1.094	0.056	0.985	0.056
1.4		0.2	4h	0	1.400	0.036	1.270	0.03	1.117	4H	1.400	1.310	0.040	1.221	0.038
			6g	0.017	1.383	0.056	1.253	0.048	1.082						
	0.3		4h	0	1.400	0.048	1.205	0.036	0.984	4H	1.400	1.253	0.048	1.128	0.053
			6g	0.018	1.382	0.075	1.187	0.056	0.946	5H	1.400	1.265	0.060	1.142	0.067
										6H	1.400	1.280	0.075	1.160	0.085

（续）

公称直径①	螺距		外螺纹（螺栓）							内螺纹（螺母）②					
	粗牙螺纹	细牙螺纹	公差带代号	基本偏差	大径		中径		小径	公差带代号	大径	中径		小径	
					最大	允差（－）	最大	允差（－）	最小		最小	最大	允差（－）	最大	允差（－）
1.6		0.2	4h	0	1.600	0.036	1.470	0.032	1.315	4H	1.600	1.512	0.042	1.421	0.038
			6g	0.017	1.583	0.056	1.453	0.050	1.280						
	0.35		4h	0	1.600	0.053	1.373	0.040	1.117	4H	1.600	1.426	0.053	1.284	0.063
			6g	0.019	1.581	0.085	1.354	0.063	1.075	5H	1.600	1.440	0.067	1.301	0.080
										6H	1.600	1.458	0.085	1.321	0.100
1.8		0.2	4h	0	1.800	0.036	1.670	0.032	1.515	4H	1.800	1.712	0.042	1.621	0.038
			6g	0.017	1.783	0.056	1.653	0.050	1.480						
	0.35		4h	0	1.800	0.053	1.573	0.040	1.317	4H	1.800	1.626	0.053	1.484	0.063
			6g	0.019	1.781	0.085	1.554	0.063	1.275	5H	1.800	1.640	0.067	1.501	0.080
										6H	1.800	1.658	0.085	1.521	0.100
2		0.25	4h	0	2.000	0.042	1.838	0.036	1.648	4H	2.000	1.886	0.048	1.774	0.045
			6g	0.018	1.982	0.067	1.820	0.056	1.610	5H	2.000	1.898	0.060	1.785	0.056
	0.4		4h	0	2.000	0.060	1.740	0.042	1.452	4H	2.000	1.796	0.056	1.638	0.071
			6g	0.019	1.981	0.095	1.721	0.067	1.408	5H	2.000	1.811	0.071	1.657	0.090
										6H	2.000	1.830	0.090	1.679	0.112
2.2		0.25	4h	0	2.200	0.042	2.038	0.036	1.848	4H	2.200	2.086	0.048	1.974	0.045
			6g	0.018	2.182	0.067	2.020	0.056	1.810	5H	2.200	2.098	0.060	1.985	0.056
	0.45		4h	0	2.200	0.063	1.908	0.045	1.585	4H	2.200	1.968	0.060	1.793	0.080
			6g	0.020	2.180	0.100	1.888	0.071	1.539	5H	2.200	1.983	0.075	1.813	0.100
										6H	2.000	2.003	0.095	1.838	0.125
2.5		0.35	4h	0	2.500	0.053	2.273	0.040	2.017	4H	2.500	2.326	0.053	2.184	0.063
			6g	0.019	2.481	0.085	2.254	0.063	1.975	5H	2.500	2.340	0.067	2.201	0.080
										6H	2.500	2.358	0.085	2.221	0.100
	0.45		4h	0	2.500	0.063	2.208	0.045	1.885	4H	2.500	2.268	0.060	2.093	0.080
			6g	0.020	2.480	0.100	2.188	0.071	1.839	5H	2.500	2.283	0.075	2.113	0.100
										6H	2.500	2.303	0.095	2.138	0.125
3		0.35	4h	0	3.000	0.053	2.773	0.042	2.515	4H	3.000	2.829	0.056	2.684	0.063
			6g	0.019	2.981	0.085	2.754	0.067	2.471	5H	3.000	2.844	0.071	2.701	0.080
										6H	3.000	2.863	0.090	2.721	0.100
	0.5		4h	0	3.000	0.067	2.675	0.048	2.319	5H	3.000	2.755	0.080	2.571	0.112
			6g	0.020	2.980	0.106	2.655	0.075	2.272	6H	3.000	2.775	0.100	2.599	0.140
										7H	3.000	2.800	0.125	2.639	0.180

（续）

公称直径①	螺距		外螺纹（螺栓）							内螺纹（螺母）②					
	粗牙螺纹	细牙螺纹	公差带代号	基本偏差	大径 最大	大径 允差（-）	中径 最大	中径 允差（-）	小径 最小	公差带代号	大径 最小	中径 最大	中径 允差（-）	小径 最大	小径 允差（-）
3.5		0.35	4h	0	3.500	0.053	3.273	0.042	3.015	4H	3.500	3.329	0.056	3.184	0.063
			6g	0.019	3.481	0.085	3.254	0.067	2.971	5H	3.500	3.344	0.071	3.201	0.080
										6H	3.500	3.363	0.090	3.221	0.100
	0.6		4h	0	3.500	0.080	3.110	0.053	2.688	5H	3.500	3.200	0.090	2.975	0.125
			6g	0.021	3.479	0.125	3.089	0.085	2.635	6H	3.500	3.222	0.112	3.01	0.160
										7H	3.500	3.25	0.140	3.05	0.200
4		0.5	4h	0	4.000	0.067	3.675	0.048	3.319	5H	4.000	3.755	0.080	3.571	0.112
			6g	0.020	3.980	0.106	3.655	0.075	3.272	6H	4.000	3.775	0.100	3.599	0.140
										7H	4.000	3.800	0.125	3.639	0.180
	0.7		4h	0	4.000	0.090	3.545	0.056	3.058	5H	4.000	3.640	0.095	3.382	0.140
			6g	0.022	3.978	0.140	3.523	0.090	3.002	6H	4.000	3.663	0.118	3.422	0.180
										7H	4.000	3.695	0.150	3.466	0.224
4.5		0.5	4h	0	4.500	0.067	4.175	0.048	3.819	5H	4.500	4.255	0.080	4.071	0.112
			6g	0.020	4.480	0.106	4.155	0.075	3.772	6H	4.500	4.275	0.100	4.099	0.140
										7H	4.500	4.300	0.125	4.139	0.180
	0.75		4h	0	4.500	0.090	4.013	0.056	3.495	5H	4.500	4.108	0.095	3.838	0.150
			6g	0.022	4.478	0.140	3.991	0.09	3.439	6H	4.500	4.131	0.118	3.878	0.190
										7H	4.500	4.163	0.150	3.924	0.236
5		0.5	4h	0	5.000	0.067	4.675	0.048	4.319	5H	5.000	4.755	0.080	4.571	0.112
			6g	0.020	4.980	0.106	4.655	0.075	4.272	6H	5.000	4.775	0.100	4.599	0.140
										7H	5.000	4.800	0.125	4.639	0.180
	0.8		4h	0	5.000	0.095	4.480	0.060	3.927	5H	5.000	4.580	0.100	4.294	0.160
			6g	0.024	4.976	0.150	4.456	0.095	3.868	6H	5.000	4.605	0.125	4.334	0.200
										7H	5.000	4.64	0.160	4.384	0.250
5.5		0.5	4h	0	5.500	0.067	5.175	0.048	4.819	5H	5.500	5.255	0.080	5.071	0.112
			6g	0.020	5.480	0.106	5.155	0.075	4.772	6H	5.500	5.275	0.100	5.099	0.140
										7H	5.500	5.300	0.125	5.139	0.180
6		0.75	4h	0	6.000	0.090	5.513	0.063	4.988	5H	6.000	5.619	0.106	5.338	0.150
			6g	0.022	5.978	0.140	5.491	0.100	4.929	6H	6.000	5.645	0.132	5.378	0.190
										7H	6.000	5.683	0.170	5.424	0.236
	1		4h	0	6.000	0.112	5.350	0.071	4.663	5H	6.000	5.468	0.118	5.107	0.190
			6g	0.026	5.974	0.180	5.324	0.112	4.597	6H	6.000	5.500	0.150	5.153	0.236
			8g	0.026	5.974	0.280	5.324	0.180	4.528	7H	6.000	5.540	0.190	5.217	0.300

（续）

公称直径①	螺距		外螺纹（螺栓）							内螺纹（螺母）②					
	粗牙螺纹	细牙螺纹	公差带代号	基本偏差	大径		中径		小径	公差带代号	大径	中径		小径	
					最大	允差（－）	最大	允差（－）	最小		最小	最大	允差（－）	最大	允差（－）
7		0.75	4h	0	7.000	0.090	6.513	0.063	5.988	5H	7.000	6.619	0.106	6.338	0.150
			6g	0.022	6.978	0.140	6.491	0.100	5.929	6H	7.000	6.645	0.132	6.378	0.190
										7H	7.000	6.683	0.170	6.424	0.236
	1		4h	0	7.000	0.112	6.350	0.071	5.663	5H	7.000	6.468	0.118	6.107	0.190
			6g	0.026	6.974	0.180	6.324	0.112	5.596	6H	7.000	6.500	0.150	6.153	0.236
			8g	0.026	6.974	0.280	6.324	0.180	5.528	7H	7.000	6.540	0.190	6.217	0.300
8		1	4h	0	8.000	0.112	7.350	0.071	6.663	5H	8.000	7.468	0.118	7.107	0.190
			6g	0.026	7.974	0.180	7.324	0.112	6.596	6H	8.000	7.500	0.150	7.153	0.236
			8g	0.026	7.974	0.280	7.324	0.180	6.528	7H	8.000	7.540	0.190	7.217	0.300
	1.25		4h	0	8.000	0.132	7.188	0.075	6.343	5H	8.000	7.313	0.125	6.859	0.212
			6g	0.028	7.972	0.212	7.160	0.118	6.272	6H	8.000	7.348	0.160	6.912	0.265
			8g	0.028	7.972	0.335	7.160	0.190	6.200	7H	8.000	7.388	0.200	6.982	0.335
9	1.25		4h	0	9.000	0.132	8.188	0.075	7.343	5H	9.000	8.313	0.125	7.859	0.212
			6g	0.028	8.972	0.212	8.16	0.008	7.272	6H	9.000	8.348	0.160	7.912	0.265
			8g	0.028	8.972	0.335	8.16	0.190	7.200	7H	9.000	8.388	0.200	7.982	0.335
10		1.25	4h	0	10.000	0.132	9.188	0.075	8.343	5H	10.000	9.313	0.125	8.859	0.212
			6g	0.028	9.972	0.212	9.16	0.118	8.272	6H	10.000	9.348	0.160	8.912	0.265
			8g	0.028	9.972	0.335	9.16	0.190	8.200	7H	10.000	9.388	0.200	8.982	0.335
	1.5		4h	0	10.000	0.150	9.026	0.085	8.018	5H	10.000	9.166	0.140	8.612	0.236
			6g	0.032	9.968	0.236	8.994	0.132	7.938	6H	10.000	9.206	0.180	8.676	0.300
			8g	0.032	9.968	0.375	8.994	0.212	7.858	7H	10.000	9.250	0.224	8.751	0.375
11	1.5		4h	0	11.000	0.150	10.026	0.085	9.018	5H	11.000	10.166	0.140	9.612	0.236
			6g	0.032	10.968	0.236	9.994	0.132	8.938	6H	11.000	10.206	0.180	9.676	0.300
			8g	0.032	10.968	0.375	9.994	0.212	8.858	7H	11.000	10.250	0.224	9.751	0.375
12		1.25	4h	0	12.000	0.132	11.188	0.085	10.333	5H	12.000	11.328	0.140	10.859	0.212
			6g	0.028	11.972	0.212	11.160	0.132	10.257	6H	12.000	11.398	0.180	10.912	0.265
			8g	0.028	11.972	0.335	11.160	0.212	10.177	7H	12.000	11.412	0.224	10.985	0.335
	1.75		4h	0	12.000	0.170	10.863	0.095	9.692	5H	12.000	11.023	0.160	10.371	0.265
			6g	0.034	11.966	0.265	10.829	0.150	9.602	6H	12.000	11.063	0.200	10.441	0.335
			8g	0.034	11.966	0.425	10.829	0.236	9.516	7H	12.000	11.113	0.250	10.531	0.425
14		1.5	4h	0	14.000	0.150	13.026	0.090	12.012	5H	14.000	13.176	0.150	12.612	0.236
			6g	0.032	13.968	0.236	12.994	0.140	11.930	6H	14.000	13.216	0.190	12.676	0.300
			8g	0.032	13.968	0.375	12.994	0.224	11.846	7H	14.000	13.262	0.236	12.751	0.375
	2		4h	0	14.000	0.180	12.701	0.100	11.369	5H	14.000	12.871	0.170	12.135	0.300
			6g	0.038	13.962	0.280	12.663	0.160	11.271	6H	14.000	12.913	0.212	12.210	0.375
			8g	0.038	13.962	0.450	12.663	0.250	11.181	7H	14.000	12.966	0.265	12.310	0.475

（续）

公称直径[①]	螺距		外螺纹（螺栓）							内螺纹（螺母）[②]					
	粗牙螺纹	细牙螺纹	公差带代号	基本偏差	大径		中径		小径	公差带代号	大径	中径		小径	
					最大	允差（-）	最大	允差（-）	最小		最小	最大	允差（-）	最大	允差（-）
16		1.5	4h	0	16.000	0.150	15.026	0.090	14.012	5H	16.000	15.176	0.150	14.612	0.236
			6g	0.032	15.968	0.236	14.994	0.140	13.930	6H	16.000	15.216	0.190	14.676	0.300
			8g	0.032	15.968	0.375	14.994	0.224	13.846	7H	16.000	15.262	0.236	14.751	0.375
	2		4h	0	16.000	0.180	14.701	0.100	13.369	5H	16.000	14.871	0.170	14.135	0.300
			6g	0.038	15.962	0.280	14.663	0.160	13.271	6H	16.000	14.913	0.212	14.210	0.375
			8g	0.038	15.962	0.450	14.663	0.250	13.181	7H	16.000	14.966	0.265	14.310	0.475
18		1.5	4h	0	18.000	0.150	17.026	0.09	16.012	5H	18.000	17.176	0.150	16.612	0.236
			6g	0.032	17.968	0.236	16.994	0.140	15.930	6H	18.000	17.216	0.190	16.676	0.300
			8g	0.032	17.968	0.375	16.994	0.224	15.846	7H	18.000	17.262	0.236	16.751	0.375
	2.5		4h	0	18.000	0.212	16.376	0.106	14.730	5H	18.000	16.556	0.180	15.649	0.355
			6g	0.042	17.958	0.335	16.334	0.170	14.624	6H	18.000	16.600	0.224	15.774	0.450
			8g	0.042	17.958	0.530	16.334	0.265	14.529	7H	18.000	16.656	0.280	15.854	0.560
20		1.5	4h	0	20.000	0.150	19.026	0.09	18.012	5H	20.000	19.176	0.150	18.612	0.236
			6g	0.032	19.968	0.236	18.994	0.140	17.93	6H	20.000	19.216	0.190	18.676	0.300
			8g	0.032	19.968	0.375	18.994	0.224	17.846	7H	20.000	19.262	0.236	18.751	0.375
	2.5		4h	0	20.000	0.212	18.376	0.106	16.730	5H	20.000	18.556	0.180	17.649	0.355
			6g	0.042	19.958	0.335	18.334	0.170	16.624	6H	20.000	18.600	0.224	17.744	0.450
			8g	0.042	19.958	0.530	18.334	0.265	16.529	7H	20.000	18.650	0.280	17.854	0.560
22		1.5	4h	0	22.000	0.150	21.026	0.090	20.012	5H	22.000	21.176	0.150	20.612	0.236
			6g	0.032	21.968	0.236	20.994	0.140	19.930	6H	22.000	21.216	0.190	20.676	0.300
			8g	0.032	21.968	0.375	20.994	0.224	19.846	7H	22.000	21.262	0.236	20.751	0.375
	2.5		4h	0	22.000	0.212	20.376	0.106	18.730	5H	22.000	20.556	0.180	19.649	0.335
			6g	0.042	21.958	0.335	20.334	0.170	18.624	6H	22.000	20.600	0.224	19.744	0.450
			8g	0.042	21.958	0.530	20.334	0.265	18.529	7H	22.000	20.656	0.280	19.854	0.560
24		2	4h	0	24.000	0.180	22.701	0.106	21.363	5H	24.000	22.881	0.18	22.135	0.300
			6g	0.038	23.962	0.280	22.663	0.170	21.261	6H	24.000	22.925	0.224	22.210	0.375
			8g	0.038	23.962	0.450	22.663	0.265	21.166	7H	24.000	22.981	0.280	22.310	0.475
	3		4h	0	24.000	0.236	22.051	0.125	20.078	5H	24.000	22.263	0.212	21.152	0.400
			6g	0.048	23.952	0.375	22.003	0.200	19.955	6H	24.000	22.316	0.265	21.252	0.500
			8g	0.048	23.952	0.600	22.003	0.315	19.840	7H	24.000	22.386	0.335	21.382	0.630
27		2	4h	0	27.000	0.180	25.701	0.106	24.363	5H	27.000	25.881	0.180	25.135	0.300
			6g	0.038	26.962	0.280	25.663	0.170	24.261	6H	27.000	25.925	0.224	25.210	0.375
			8g	0.038	26.962	0.450	25.663	0.265	24.166	7H	27.000	25.981	0.280	25.310	0.475
	3		4h	0	27.000	0.236	25.051	0.125	23.078	5H	27.000	25.263	0.212	24.152	0.400
			6g	0.048	26.952	0.375	25.003	0.200	22.955	6H	27.000	25.316	0.265	24.252	0.500
			8g	0.048	26.952	0.600	25.003	0.315	22.840	7H	27.000	25.386	0.335	24.382	0.630

（续）

公称直径①	螺距		外螺纹（螺栓）							内螺纹（螺母）②					
	粗牙螺纹	细牙螺纹	公差带代号	基本偏差	大径		中径		小径	公差带代号	大径	中径		小径	
					最大	允差（-）	最大	允差（-）	最小		最小	最大	允差（-）	最大	允差（-）
30		2	4h	0	30.000	0.180	28.701	0.106	27.363	5H	30.000	28.881	0.180	28.135	0.300
			6g	0.038	29.962	0.280	28.663	0.170	27.261	6H	30.000	27.925	0.224	28.210	0.375
			8g	0.038	29.962	0.450	28.663	0.265	27.166	7H	30.000	28.981	0.280	28.310	0.475
	3.5		4h	0	30.000	0.265	27.727	0.132	25.439	5H	30.000	27.951	0.224	26.661	0.450
			6g	0.053	29.947	0.425	27.674	0.212	25.305	6H	30.000	28.007	0.280	26.771	0.560
			8g	0.053	29.947	0.670	27.674	0.335	25.183	7H	30.000	28.082	0.355	26.921	0.710
33		2	4h	0	33.000	0.180	31.701	0.106	30.363	5H	33.000	31.881	0.180	31.135	0.300
			6g	0.038	32.962	0.280	31.663	0.170	30.261	6H	33.000	31.925	0.224	31.210	0.375
			8g	0.038	32.962	0.450	30.663	0.265	30.166	7H	33.000	31.981	0.280	31.310	0.475
	3.5		4h	0	33.000	0.265	30.727	0.132	28.438	5H	33.000	30.951	0.224	29.661	0.450
			6g	0.053	32.947	0.425	30.674	0.212	28.305	6H	33.000	31.007	0.280	29.771	0.560
			8g	0.053	32.947	0.670	30.674	0.335	28.182	7H	33.000	31.082	0.355	29.921	0.710
36	4		4h	0	36.000	0.300	33.402	0.140	30.798	5H	36.000	33.638	0.236	32.145	0.475
			6g	0.060	35.940	0.475	33.342	0.224	30.654	6H	36.000	33.702	0.300	32.270	0.600
			8g	0.060	35.940	0.750	33.342	0.355	30.523	7H	36.000	33.777	0.375	32.420	0.750
39	4		4h	0	39.000	0.300	36.402	0.140	33.798	5H	39.000	36.638	0.236	35.145	0.475
			6g	0.060	38.940	0.475	36.342	0.224	33.654	6H	39.000	36.702	0.300	35.270	0.600
			8g	0.060	38.940	0.750	36.342	0.355	33.523	7H	39.000	36.777	0.375	35.420	0.750

① 此表提供了列于表8-56中的螺纹的粗牙和细牙系列数据的第一、第二和第三选择。对于等螺距系列和较大尺寸系列的螺纹，请参考此标准。

② 本表中内螺纹（螺母）的基本偏差为零。

9. 直径/螺距组合

BS 3643第一部分：1981提供了表8-56中所列的直径/螺距组合选择。第一选择项是优选的，但也不是绝对，如果需要，可以使用第二选择甚至第三选择组合。如果使用比表8-56中给出的螺距更窄的螺纹，则应仅使用以下螺距：3mm、2mm、1.5mm、1mm、0.75mm、0.5mm、0.35mm、0.25mm和0.2mm。当选择这种螺距时，应特别注意，随着给定螺距的增加，对应的直径满足公差要求的难度越来越大。建议直径大于以下的直径不应与所示的螺距一起使用：

螺距/mm	0.5	0.75	1	1.5	2	3
最大直径/mm	22	33	80	150	200	300

在需要使用螺距大于6mm的螺纹的情况下，在150～300mm的直径范围内，应使用8mm螺距。

10. 无涂层成品螺纹的极限和公差

BS 3643第二部分规定了公差带代号为4H、5H、6H和7H的内螺纹（螺母）的基本偏差、公差和尺寸极限。同时规定了1～68mm的公差带代号为4h、6g和8g粗牙螺纹系列外螺纹（螺栓）；以及在1～33mm直径范围内细牙螺纹系列和8～300mm直径范围内的等螺距系列的基本偏差、公差和尺寸极限。

表8-55中的数据提供了表8-56中的第一、第二和第三选择组合，表中省略了等螺距系列螺纹。对于直径大于表8-55给出的直径，且等螺距系列的螺纹数据，请参考此标准。

米制螺纹系统比较见表8-57。

表 8-56　英国标准 ISO 米制螺纹—直径/螺距组合 BS 3643：第一部分：1981（R2004）

（单位：mm）

公称直径			粗牙	细牙	等螺距	公称直径			等螺距
选择						选择			
第一	第二	第三				第一	第二	第三	
1	—	—	0.25	0.2	—	—	—	70	6, 4, 3, 2, 1.5
—	1.1	—	0.25	0.2	—	72	—	—	6, 4, 3, 2, 1.5
1.2	—	—	0.25	0.2	—	—	—	75	4, 3, 2, 1.5
—	1.4	—	0.3	0.2	—	—	76	—	6, 4, 3, 2, 1.5
1.6	—	—	0.35	0.2	—	—	—	78	2
—	1.8	—	0.35	0.2	—	80	—	—	6, 4, 3, 2, 1.5
2.0	—	—	0.4	0.25	—	—	—	82	2
—	2.2	—	0.45	0.25	—	—	85	—	6, 4, 3, 2
2.5	—	—	0.45	0.35	—	90	—	—	6, 4, 3, 2
3	—	—	0.5	0.35	—	—	95	—	6, 4, 3, 2
—	3.5	—	0.6	0.35	—	100	—	—	6, 4, 3, 2
4	—	—	0.7	0.5	—	—	105	—	6, 4, 3, 2
—	4.5	—	0.75	0.5	—	110	—	—	6, 4, 3, 2
5	—	—	0.8	0.5	—	—	115	—	6, 4, 3, 2
—	—	5.5	—	(0.5)	—	—	120	—	6, 4, 3, 2
6	—	—	1	0.75	—	125	—	—	6, 4, 3, 2
—	7	—	1	0.75	—	—	130	—	6, 4, 3, 2
8	—	—	1.25	1	0.75	—	—	135	6, 4, 3, 2
—	—	9	1.25	—	1, 0.75	140	—	—	6, 4, 3, 2
10	—	—	1.5	1.25	1, 0.75	—	—	145	6, 4, 3, 2
—	—	11	1.5	—	1, 0.75	—	150	—	6, 4, 3, 2
12	—	—	1.75	1.25	1.5, 1	—	—	155	6, 4, 3
—	14	—	2	1.5	1.25[1], 1	160	—	—	6, 4, 3
—	—	15	—	—	1.5, 1	—	—	165	6, 4, 3
16	—	—	2	1.5	1	—	170	—	6, 4, 3
—	—	17	—	—	1.5, 1	—	—	175	6, 4, 3
—	18	—	2.5	1.5	2, 1	180	—	—	6, 4, 3
20	—	—	2.5	1.5	2, 1	—	—	185	6, 4, 3
—	22	—	2.5	1.5	2, 1	—	190	—	6, 4, 3
24	—	—	3	2	1.5, 1	—	—	195	6, 4, 3
—	—	25	—	—	2, 1.5, 1	200	—	—	6, 4, 3
—	—	26	—	—	1.5	—	—	205	6, 4, 3
—	27	—	3	2	1.5, 1	—	210	—	6, 4, 3
—	—	28	—	—	2, 1.5, 1	—	—	215	6, 4, 3
30	—	—	3.5	2	(3), 1.5, 1	220	—	—	6, 4, 3
—	—	32	—	—	2, 1.5	—	—	225	6, 4, 3
—	33	—	3.5	2	(3), 1.5	—	—	230	6, 4, 3
—	—	35[2]	—	—	1.5	—	—	235	6, 4, 3
36	—	—	4	—	3, 2, 1.5	—	240	—	6, 4, 3
—	—	38	—	—	1.5	—	—	245	6, 4, 3
—	39	—	4	—	3, 2, 1.5	250	—	—	6, 4, 3
—	—	40	—	—	3, 2, 1.5	—	—	255	6, 4
42	45	—	4.5	—	4, 3, 2, 1.5	—	260	—	6, 4
48	—	—	5	—	4, 3, 2, 1.5	—	—	265	6, 4
—	—	50	—	—	3, 2, 1.5	—	—	270	6, 4
—	52	—	5	—	4, 3, 2, 1.5	—	—	275	6, 4
—	—	55	—	—	4, 3, 2, 1.5	280	—	—	6, 4
56	—	—	5.5	—	4, 3, 2, 1.5	—	—	285	6, 4
—	—	58	—	—	4, 3, 2, 1.5	—	—	290	6, 4
—	60	—	5.5	—	4, 3, 2, 1.5	—	—	295	6, 4
—	—	62	—	—	4, 3, 2, 1.5	—	300	—	6, 4
64	—	—	6	—	4, 3, 2, 1.5	—	—	—	—
—	—	65	—	—	4, 3, 2, 1.5	—	—	—	—
—	68	—	6	—	4, 3, 2, 1.5	—	—	—	—

注：括号中的数据尽可能避免使用。

① 仅用于发动机的火花塞。

② 仅用于轴承的锁紧螺母。

表 8-57 米制螺纹系统比较

米制系列螺纹——英国（BS 1095）、法国（NF E03-104）、德国（DIN 13）和瑞士（VSM 12003）系统的最大金属实体尺寸比较 （单位：mm）

公称尺寸和螺栓大径	螺距	中径	螺栓				螺母				
			小径				大径			小径	
			英国	法国	德国	瑞士	英国、德国	法国	瑞士	法国、德国、瑞士	英国
6	1	5.350	4.863	4.59	4.700	4.60	6.000	6.108	6.100	4.700	4.863
7	1	6.350	5.863	5.59	5.700	5.60	7.000	7.108	7.100	5.700	5.863
8	1.25	7.188	6.579	6.24	6.376	6.25	8.000	8.135	8.124	6.376	6.579
9	1.25	8.188	7.579	7.24	7.376	7.25	9.000	9.135	9.124	7.376	7.579
10	1.5	9.026	8.295	7.89	8.052	7.90	10.000	10.162	10.150	8.052	8.295
11	1.5	10.026	9.295	8.89	9.052	8.90	11.000	11.162	11.150	9.052	9.295
12	1.75	10.863	10.011	9.54	9.726	9.55	12.000	12.189	12.174	9.726	10.011
14	2	12.701	11.727	11.19	11.402	11.20	14.000	14.216	14.200	11.402	11.727
16	2	14.701	13.727	13.19	13.402	13.20	16.000	16.216	16.200	13.402	13.727
18	2.5	16.376	15.158	14.48	14.752	14.50	18.000	18.270	18.250	14.752	15.158
20	2.5	18.376	17.158	16.48	16.752	16.50	20.000	20.270	20.250	16.752	17.158
22	2.5	20.376	19.158	18.48	18.752	18.50	22.000	22.270	22.250	18.752	19.158
24	3	22.051	20.590	19.78	20.102	19.80	24.000	24.324	24.300	20.102①	20.590
27	3	25.051	23.590	22.78	23.102	22.80	27.000	27.324	27.300	23.102②	23.590
30	3.5	27.727	26.022	25.08	25.454	25.10	30.000	30.378	30.350	25.454	26.022
33	3.5	30.727	29.022	28.08	28.454	28.10	33.000	33.378	33.350	28.454	29.022
36	4	33.402	31.453	30.37	30.804	30.40	36.000	36.432	36.400	30.804	31.453
39	4	36.402	34.453	33.37	33.804	33.40	39.000	39.432	39.400	33.804	34.453
42	4.5	39.077	36.885	35.67	36.154	35.70	42.000	42.486	42.450	36.154	36.885
45	4.5	42.077	39.885	38.67	39.154	38.70	45.000	45.486	45.450	39.154	39.885
48	5	41.752	42.316	40.96	41.504	41.00	48.000	48.540	48.500	41.504	42.316
52	5	48.752	46.316	44.96	45.504	45.00	52.000	52.540	52.500	45.504	46.316
56	5.5	52.428	49.748	48.26	48.856	48.30	56.000	56.594	56.550	48.856	49.748
60	5.5	56.428	53.748	52.26	52.856	52.30	60.000	60.594	60.550	52.856	53.748

① 显示的值为德国标准值，该值在法国标准中为20.002，在瑞士标准中为20.104。

② 显示的值为德国标准值，该值在法国标准中为23.002，在瑞士标准中为23.104。

8.5 爱克母螺纹

美国国家标准 ASME/ANSI B1.5-1997 是美国标准 ANSI B1.5-1988 的修订版，规定了爱克母螺纹的两个一般性应用，也就是一般用途和用于对中。

本标准中与单线爱克母螺纹相关的极限和公差，如果认为合适可以用于多线爱克母螺纹，必要时可提供快速的相对回转运动。

1. 通用爱克母螺纹

标准中提供了三级配合的通用螺纹 2G、3G 和 4G，每级均具有可自由运动的所有直径的间隙，并可用于内螺纹刚性固定的装配，并且在垂直于外螺纹轴线的方向运动上被其承载面限制或者承载。建议同一级的外螺纹和内螺纹用于通用装配，第 2G 级为优选。如果需要较小的游隙或轴端余隙，则提供 3G 和 4G 级。不推荐 5G 级用于新设计。

螺纹牙型：图 8-22 所示为这些通用螺纹的螺纹牙型，表 8-58 中的公式决定了它们的基本尺寸。表 8-59 给出了最常用螺距的基本尺寸。

牙型角：在轴向平面测量的螺纹两侧之间的角度为29°。该29°角平分线应垂直于螺纹的轴线。

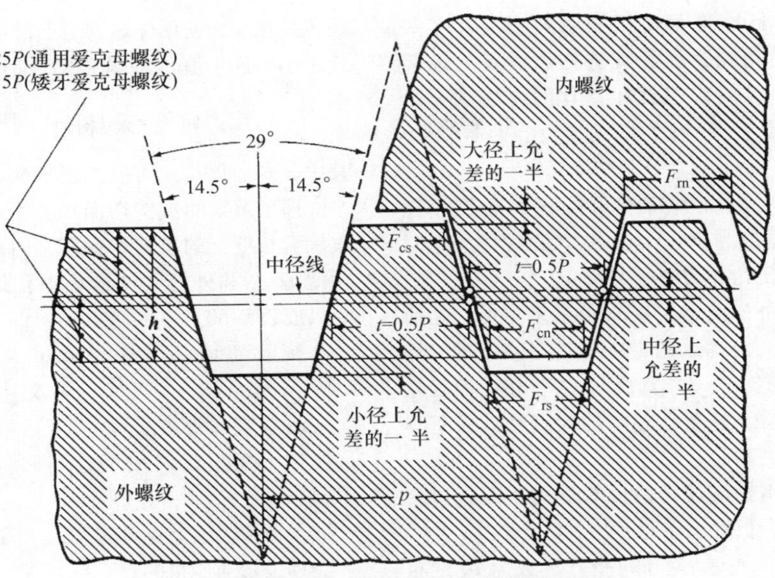

图 8-22　通用爱克母螺纹和矮牙爱克母螺纹

表 8-58　用于通用爱克母螺纹和矮牙爱克母螺纹基本尺寸的计算公式

通用爱克母螺纹	矮牙爱克母螺纹
螺距 $=P=1/$每英寸牙数 n	螺距 $=P=1/$每英寸牙数 n
基本螺纹高度 $h=0.5P$	基本螺纹高度 $h=0.3P$
基本螺纹厚度 $t=0.5P$	基本螺纹厚度 $t=0.5P$
牙顶平面 $F_{cn}=0.3707P$（内螺纹）	牙顶平面 $F_{cn}=0.4224P$（内螺纹）
牙顶平面 $F_{cs}=0.3707P-0.259$ 外螺纹中径允差	牙顶平面 $F_{cs}=0.4224P-0.259$ 外螺纹中径允差
$F_{rn}=0.3707P-0.259$ 内螺纹的大径允差	$F_{rn}=0.4224P-0.259$ 内螺纹的大径允差
$F_{rs}=0.3707P-0.259$（外螺纹小径允差－外螺纹中径允差）	$F_{rs}=0.4224P-0.259$（外螺纹小径允差－外螺纹中径允差）

表 8-59　美国国家标准通用爱克母螺纹牙型—基本尺寸 ASME/ANSI B1. 5-1997（R2009）

（单位：in）

每英寸螺纹数 n	螺距 $P=1/n$	螺纹高度（基本）$h=P/2$	螺纹总高度 $h_S=P/2+½$允差	螺纹厚度（基本）$t=P/2$	平面宽度：内螺纹牙顶（基本）$F_{cn}=0.3707P$	平面宽度：内螺纹牙底 $F_{rn}=0.3707P-0.259\times$允差①
16	0. 06250	0. 03125	0. 0362	0. 03125	0. 0232	0. 0206
14	0. 07143	0. 03571	0. 0407	0. 03571	0. 0265	0. 0239
12	0. 08333	0. 04167	0. 0467	0. 04167	0. 0309	0. 0283
10	0. 10000	0. 05000	0. 0600	0. 05000	0. 0371	0. 0319
8	0. 12500	0. 06250	0. 0725	0. 06250	0. 0463	0. 0411
6	0. 16667	0. 08333	0. 0933	0. 08333	0. 0618	0. 0566
5	0. 20000	0. 10000	0. 1100	0. 10000	0. 0741	0. 0689
4	0. 25000	0. 12500	0. 1350	0. 12500	0. 0927	0. 0875
3	0. 33333	0. 16667	0. 1767	0. 16667	0. 1236	0. 1184
2½	0. 40000	0. 20000	0. 2100	0. 20000	0. 1483	0. 1431
2	0. 50000	0. 25000	0. 2600	0. 25000	0. 1853	0. 1802
1½	0. 66667	0. 33333	0. 3433	0. 33333	0. 2471	0. 2419
1⅓	0. 75000	0. 37500	0. 3850	0. 37500	0. 2780	0. 2728
1	1. 00000	0. 50000	0. 5100	0. 50000	0. 3707	0. 3655

① 每英寸 10 个牙的粗牙螺纹的允差为 0. 020in，细牙螺纹为 0. 010in。

螺纹系列：标准推荐使用一系列直径和相关螺距。这些直径和螺距已经被选择以满足目前需求最少的项目，以便将工具和量具的使用减至最少。这一系列直径和相关的螺距在表 8-62 中给出。

倒角和圆角：通用外螺纹可能将顶角倒角至45°，轴的最大宽度为 $P/15$，其中 P 为螺距。这对应于 $0.0945P$ 的倒角平面的最大深度。

基本直径：外螺纹的最大直径是基本的，是所有类的公称直径。内螺纹的最小中径是基本的，等于基本直径减去螺纹的基本高度 h。基本的小直径是内螺纹的最小直径。它等于基本的大直径减去基本螺纹高度的 2 倍（$2h$）。

旋合长度：本标准规定的公差适用于不超过公称直径 2 倍的旋合长度。

8

大径和小径的允差：对于每英寸牙数为 10 的粗牙和细牙的外螺纹，其小径上的最小径向允差是通过将螺母的最大小径向基本小径之下分别减少 0.020in 和 0.010in 来获得的。而对于每英寸牙数为 10 的粗牙和细牙的内螺纹，其大径上的最小径向允差是通过将螺母的最小大径向基本大径之上分别增加 0.020in 和 0.010in 来获得的。

大径和小径公差：外螺纹大径公差为 $0.05P$，其中 P 为螺距，最小为 0.005in。对于每英寸牙数为 10 的粗牙螺纹，内螺纹大径的公差为 0.020in，而对于细牙螺纹内螺纹大径的公差为 0.010in，外螺纹小径的公差为 1.5 × 中径公差。内螺纹小径的公差为 $0.05P$，最小为 0.005in。

中径允差和公差：通用爱克母螺纹的中径允差见表 8-63，中径公差见表 8-64。通用螺纹的 2G、3G 和 4G 等级的中径公差比分别为 3.0、1.4 和 1。

对于每个英寸和分数的规格，其旋合长度超过两个直径，推荐允差增加 10%。

公差的应用：规定的公差旨在确保互换性并保持高等级的产品。内螺纹的直径公差为正，从最小尺寸施加到最小尺寸以上。外螺纹的直径公差为负，从最大尺寸施加到最大尺寸以下。给定类的外螺纹或内螺纹的中经（或螺纹厚度）公差相同。螺纹厚度公差为 0.259 倍螺距公差。

极限尺寸：推荐系列中通用螺纹的极限尺寸见表 8-61，这些限制基于表 8-60 中的公式。

对于除推荐系列以外的螺距和直径的组合，表 8-60 中的公式和表 8-63、表 8-64 中的数据使得可以容易地确定所需的极限尺寸。

通用爱克母螺纹应力面积：为了计算螺纹截面的抗拉强度，使用外螺纹基于最小中径最小值 d_2 和最小小径最小值 d_1 平均值的最小应力面积。

$$应力面积 = 3.1416\left(\frac{d_{2\min} + d_{1\min}}{4}\right)^2$$

其中，$d_{2\min}$ 和 $d_{1\min}$ 可以由表 8-60 或表 8-61 获得。

通用螺纹的抗剪切面积：为了计算每英寸外螺纹旋合长度上的抗剪切面积，内螺纹的最大小径最大值 $D_{1\max}$ 和外螺纹的最小中径最小值 $d_{2\min}$，见表 8-61或表 8-60。

$$抗剪切面积 = 3.1416D_{1\max}\left[0.5 + n\tan 14.5°(d_{2\min} - D_{1\max})\right]$$

2. 爱克母螺纹缩写

以下缩写建议用于绘图和说明，以及工具和量具：

ACME 表示爱克母螺纹；

G 表示通用目的；

C 表示对中；

P 表示螺距；

L 表示导程；

LH 表示左旋。

3. 通用爱克母螺纹的命名

下面给出的示例将显示在图纸和工具上通用爱克母螺纹是如何命名的：

1.750 - 4 ACME - 2G 表示通用级 2G 爱克母螺纹，长度为 1.750in，每英寸 4 牙，单线，右旋。同样的螺纹，但左旋被指定为 1.750 - 4 ACME - 2G - LH。

2.875 - 0.4P - 0.8L - ACME - 3G 表示通用级 3G 爱克母螺纹，长度为 2.875in，螺距为 0.4in，导程为 0.8in，双线，右旋。

4. 多线爱克母螺纹

具有允差和公差的直径螺距数据涉及单线螺纹，这些数据，可以并且经常用于双线的 2G 级螺纹，但是这种用法通常需要全部有效公差的减少，以便在配合螺纹之间获得更大的允差或者间隙区域，以确保满意的装配。

当螺纹类型要求比 2G 级更小的工作公差或当要求 3、4 线或更多线螺纹时，可能需要一些额外的附加允差或增加的公差或二者皆有以确保足够的有效的公差来完成零件装配。

建议表 8-63 中的允差用于所有外部螺纹，同时用于内螺纹的允差按照以下比例：对于双线螺纹，对显示在表 8-63 中的 2G、3G 和 4G 等级增加 50% 允差，对于三线螺纹，增加 75% 的允差，对于四线螺纹，增加 100% 的允差。

表 8-60　美国国家标准通用爱克母单线螺纹——用于确定直径的公式 ASME/ANSI B1. 5-1997（R2009）

D = 基本大径和公称尺寸，in

P = 节距 = 1/每英寸牙数

E = 基本中径 = $D - 0.5P$

K = 基本小径 = $D - P$

	外螺纹（螺钉）
1	大径 = D
2	最小大径 = D 减去 0.05Pa 但不小于 0.005
3	最大中径 = E 减去表 8-63 的允差
4	最小中径 = 最大中径减去表 8-64 的公差
5	最大小径 = K 分别减去 0.020 和 0.010，对于每英寸 10 个牙的粗牙螺纹和细牙螺距
6	最小小径 = 最大小径减去 1.5 × 表 8-64 中的中径公差
	内螺纹（螺母）
7	最小大径 = $D + 0.020$，对于每英寸 10 牙的粗牙螺纹，对于细牙螺纹为 $D + 0.010$
8	最大大径 = 最小大径加上 0.020，对于每英寸 10 牙的粗牙螺纹，对于细牙螺纹为 0.010
9	最小中径 = E
10	最大中径 = 最小中径加上表 8-64 的公差
11	最小小径 = K
12	最大小径 = 最小小径加上 $0.05P$①，但不小于 0.005

① 如果 P 在表 8-62 中列出的两个推荐的螺距之间，则在此公式中使用这两个螺距粗牙的，而不是 P 的实际值。

表 8-61　ANSI 通用爱克母单线螺纹的极限尺寸 ASME/ANSI B1. 5-1988

公称直径 D		1/4	5/16	3/8	7/16	1/2	5/8	3/4	7/8	1	1 1/8	1 1/4	1 3/8
每英寸牙数①		16	14	12	12	10	8	6	6	5	5	5	4
极限直径		外螺纹											
2G、3G 和 4G 级大径	最大（D）	0.2500	0.3125	0.3750	0.4375	0.5000	0.6250	0.7500	0.8750	1.0000	1.1250	1.2500	1.3750
	最小	0.2450	0.3075	0.3700	0.4325	0.4950	0.6188	0.7417	0.8667	0.9900	1.1150	1.2400	1.3625
2G、3G 和 4G 级小径	最大	0.1775	0.2311	0.2817	0.3442	0.3800	0.4800	0.5633	0.6883	0.7800	0.9050	1.0300	1.1050
2G 级，小径	最小	0.1618	0.2140	0.2632	0.3253	0.3594	0.4570	0.5372	0.6615	0.7509	0.8753	0.9998	1.0720
3G 级，小径	最小	0.1702	0.2231	0.2730	0.3354	0.3704	0.4693	0.5511	0.6758	0.7664	0.8912	1.0159	1.0896
4G 级，小径	最小	0.1722	0.2254	0.2755	0.3379	0.3731	0.4723	0.5546	0.6794	0.7703	0.8951	1.0199	1.0940
2G 级，中径	最大	0.2148	0.2728	0.3284	0.3909	0.4443	0.5562	0.6598	0.7842	0.8920	1.0165	1.1411	1.2406
	最小	0.2043	0.2614	0.3161	0.3783	0.4306	0.5408	0.6424	0.7663	0.8726	0.9967	1.1210	1.2188
3G 级，中径	最大	0.2158	0.2738	0.3296	0.3921	0.4458	0.5578	0.6615	0.7861	0.8940	1.0186	1.1433	1.2430
	最小	0.2109	0.2685	0.3238	0.3862	0.4394	0.5506	0.6534	0.7778	0.8849	1.0094	1.1339	1.2327
4G 级，中径	最大	0.2168	0.2748	0.3309	0.3934	0.4472	0.5593	0.6632	0.7880	0.8960	1.0208	1.1455	1.2453
	最小	0.2133	0.2710	0.3268	0.3892	0.4426	0.5542	0.6574	0.7820	0.8895	1.0142	1.1388	1.2380

（续）

公称直径 *D*		1/4	5/16	3/8	7/16	1/2	5/8	3/4	7/8	1	1 1/8	1 1/4	1 3/8
每英寸牙数①		16	14	12	12	10	8	6	6	5	5	5	4
极限直径		内螺纹											
2G、3G和4G级 大径	最小	0.2600	0.3225	0.3850	0.4475	0.5200	0.6450	0.7700	0.8950	1.0200	1.1450	1.2700	1.3950
	最大	0.2700	0.3325	0.3950	0.4575	0.5400	0.6650	0.7900	0.9150	1.0400	1.6550	1.2900	1.4150
2G、3G和4G级 小径	最小	0.1875	0.2411	0.2917	0.3542	0.4000	0.5000	0.5833	0.7083	0.8000	0.9250	1.0500	1.1250
	最大	0.1925	0.2461	0.2967	0.3592	0.4050	0.5062	0.5916	0.7166	0.8100	0.9350	1.0600	1.1375
2G级，中径	最小	0.2188	0.2768	0.3333	0.3958	0.4500	0.5625	0.6667	0.7917	0.9000	1.0250	1.1500	1.2500
	最大	0.2293	0.2882	0.3456	0.4084	0.4637	0.5779	0.6841	0.8096	0.9194	1.0448	1.1701	1.2720
3G级，中径	最小	0.2188	0.2768	0.3333	0.3958	0.4500	0.5625	0.6667	0.7917	0.9000	1.0250	1.1500	1.2500
	最大	0.2237	0.2821	0.3391	0.4017	0.4564	0.5697	0.6748	0.8000	0.9091	1.0342	1.1594	1.2603
4G级，中径	最小	0.2188	0.2768	0.3333	0.3958	0.4500	0.5625	0.6667	0.7917	0.9000	1.0250	1.1500	1.2500
	最大	0.2223	0.2806	0.3374	0.4000	0.4546	0.5676	0.6725	0.7977	0.9065	1.0316	1.1567	1.2573

公称直径 *D*		1 1/2	1 3/4	2	2 1/4	2 1/2	2 3/4	3	3 1/2	4	4 1/2	5
每英寸牙数①		4	4	4	3	3	3	2	2	2	2	2
极限直径		外螺纹										
2G、3G和4G级 大径	最大（*D*）	1.5000	1.7500	2.0000	2.2500	2.5000	2.7500	3.0000	3.5000	4.0000	4.5000	5.0000
	最小	1.4875	1.7375	1.9875	2.2333	2.4833	2.7333	2.9750	3.4750	3.9750	4.4750	4.9750
2G、3G和4G级 小径	最大	1.2300	1.4800	1.7300	1.8967	2.1467	2.3967	2.4800	2.9800	3.4800	3.9800	4.4800
2G级，小径	最小	1.1965	1.4456	1.6948	1.8572	2.1065	2.3558	2.4326	2.9314	3.4302	3.9291	4.4281
3G级，小径	最小	1.2144	1.4640	1.7136	1.8783	2.1279	2.3776	2.4579	2.9574	3.4568	3.9563	4.4558
4G级，小径	最小	1.2189	1.4686	1.7183	1.8835	2.1333	2.3831	2.4642	2.9638	3.4634	3.9631	4.4627
2G级，中径	最大	1.3652	1.6145	1.8637	2.0713	2.3207	2.5700	2.7360	3.2350	3.7340	4.2330	4.7319
	最小	1.3429	1.5916	1.8402	2.0450	2.2939	2.5427	2.7044	3.2026	3.7008	4.1991	4.6973
3G级，中径	最大	1.3677	1.6171	1.8665	2.0743	2.3238	2.5734	2.7395	3.2388	3.7380	4.2373	4.7364
	最小	1.3573	1.6064	1.8555	2.0620	2.3113	2.5607	2.7248	3.2237	3.7225	4.2215	4.7202
4G级，中径	最大	1.3701	1.6198	1.8693	2.0773	2.3270	2.5767	2.7430	3.2425	3.7420	4.2415	4.7409
	最小	1.3627	1.6122	1.8615	2.0685	2.3181	2.5675	2.7325	3.2317	3.7309	4.2302	4.7294
		内螺纹										
2G、3G和4G级 大径	最小	1.5200	1.7700	2.0200	2.2700	2.5200	2.7700	3.0200	3.5200	4.0200	4.5200	5.0200
	最大	1.5400	1.7900	2.0400	2.2900	2.5400	2.7900	3.0400	3.5400	4.0400	4.5400	5.0400
2G、3G和4G级 小径	最小	1.2500	1.5000	1.7500	1.9167	2.1667	2.4167	2.5000	3.0000	3.5000	4.0000	4.5000
	最大	1.2625	1.5125	1.7625	1.9334	2.1834	2.4334	2.5250	3.0250	3.5250	4.0250	4.5250
2G级，中径	最小	1.3750	1.6250	1.8750	2.0833	2.3333	2.5833	2.7500	3.2500	3.7500	4.2500	4.7500
	最大	1.3973	1.6479	1.8985	2.1096	2.3601	2.6106	2.7816	3.2824	3.7832	4.2839	3.7846
3G级，中径	最小	1.3750	1.6250	1.8750	2.0833	2.3333	2.5833	2.7500	3.2500	3.7500	4.2500	4.7500
	最大	1.3854	1.6357	1.8860	2.0956	2.3458	2.5960	2.7647	3.2651	3.7655	4.2658	4.7662
4G级，中径	最小	1.3750	1.6250	1.8750	2.0833	2.3333	2.5833	2.7500	3.2500	3.7500	4.2500	4.7500
	最大	1.3824	1.6326	1.8828	2.0921	2.3422	2.5924	2.7605	3.2608	3.7611	4.2613	4.7615

① 所有其他尺寸均以in为单位。每英寸的牙数选择是任意的，并且用于建立标准的目的。

表 8-62 通用爱克母单线螺纹数据 ASME/ANSI B1.5-1988

名称		基本直径			螺纹数据							
名义规格（所有类）	每英寸牙数[①] n	2G、3G 和 4G 级			螺距 P	中径线厚度 $t=P/2$	螺纹基本高度 $h=P/2$	基本宽度 $F=0.3707P$	在基本中径[①]的导程角 λ 2G、3G 和 4G 级		抗剪切面积[②] 3G 级	抗拉面积[③] 3G 级
		大径 D	中径 $D_2=D-h$	小径 $D_1=D-2h$					（°）	最小		
1/4	16	0.2500	0.2188	0.1875	0.06250	0.03125	0.03125	0.0232	5	12	0.350	0.0285
5/16	14	0.3125	0.2768	0.2411	0.07143	0.03571	0.03571	0.0265	4	42	0.451	0.0474
3/8	12	0.3750	0.3333	0.2917	0.08333	0.04167	0.04167	0.0309	4	33	0.545	0.0699
7/16	12	0.4375	0.3958	0.3542	0.08333	0.04167	0.04167	0.0309	3	50	0.660	0.1022
1/2	10	0.5000	0.4500	0.4000	0.10000	0.05000	0.05000	0.0371	4	3	0.749	0.1287
5/8	8	0.6250	0.5625	0.5000	0.12500	0.06250	0.06250	0.0463	4	3	0.941	0.2043
3/4	6	0.7500	0.6667	0.5833	0.16667	0.08333	0.08333	0.0618	4	33	1.108	0.2848
7/8	6	0.8750	0.7917	0.7083	0.16667	0.08333	0.08333	0.0618	3	50	1.339	0.4150
1	5	1.0000	0.9000	0.8000	0.20000	0.10000	0.10000	0.0741	4	3	1.519	0.5354
1⅛	5	1.1250	1.0250	0.9250	0.20000	0.10000	0.10000	0.0741	3	33	1.751	0.709
1¼	5	1.2500	1.1500	1.0500	0.20000	0.10000	0.10000	0.0741	3	10	1.983	0.907
1⅜	4	1.3750	1.2500	1.1250	0.25000	0.12500	0.12500	0.0927	3	39	2.139	1.059
1½	4	1.5000	1.3750	1.2500	0.25000	0.12500	0.12500	0.0927	3	19	2.372	1.298
1¾	4	1.7500	1.6250	1.5000	0.25000	0.12500	0.12500	0.0927	2	48	2.837	1.851
2	4	2.0000	1.8750	1.7500	0.25000	0.12500	0.12500	0.0927	2	26	3.301	2.501
2¼	3	2.2500	2.0833	1.9167	0.33333	0.16667	0.16667	0.1236	2	55	3.643	3.049
2½	3	2.5000	2.3333	2.1667	0.33333	0.16667	0.16667	0.1236	2	36	4.110	3.870
2¾	3	2.7500	2.5833	2.4167	0.33333	0.16667	0.16667	0.1236	2	21	4.577	4.788
3	2	3.0000	2.7500	2.5000	0.50000	0.25000	0.25000	0.1853	3	19	4.786	5.270
3½	2	3.5000	3.2500	3.0000	0.50000	0.25000	0.25000	0.1853	2	48	5.73	7.500
4	2	4.0000	3.7500	3.5000	0.50000	0.25000	0.25000	0.1853	2	26	6.67	10.12
4½	2	4.5000	4.2500	4.0000	0.50000	0.25000	0.25000	0.1853	2	9	7.60	13.13
5	2	5.0000	4.7500	4.5000	0.50000	0.25000	0.25000	0.1853	1	55	8.54	16.53

① 所有其他尺寸以 in 为单位。

② 外螺纹的每英寸旋合长度与内螺纹的小径峰值一致。数值给出的是基于最大 D_1 和最小 d_2 的最小抗剪切面积。

③ 给出的是基于外螺纹的小径和中径的平均值的最小应力面积。

表 8-63 美国国家标准通用单线螺纹中径允差 ASME/ANSI B1.5-1988 （单位：in）

剪切区域[①]		外部螺纹允差[②]			剪切区域[①]		外部螺纹允差[②]		
>	≤	2G 级[③] $0.008\sqrt{D}$	3G 级 $0.006\sqrt{D}$	4G 级 $0.004\sqrt{D}$	>	≤	2G 级[③] $0.008\sqrt{D}$	3G 级 $0.006\sqrt{D}$	4G 级 $0.004\sqrt{D}$
0	3/16	0.0024	0.0018	0.0012	1 7/16	1 9/16	0.0098	0.0073	0.0049
3/16	5/16	0.0040	0.0030	0.0020	1 9/16	1⅞	0.0105	0.0079	0.0052
5/16	7/16	0.0049	0.0037	0.0024	1⅞	2⅛	0.0113	0.0085	0.0057
7/16	9/16	0.0057	0.0042	0.0028	2⅛	2⅜	0.0120	0.0090	0.0060
9/16	11/16	0.0063	0.0047	0.0032	2⅜	2⅝	0.0126	0.0095	0.0063
11/16	13/16	0.0069	0.0052	0.0035	2⅝	2⅞	0.0133	0.0099	0.0066
13/16	15/16	0.0075	0.0056	0.0037	2⅞	3¼	0.0140	0.0105	0.0070
15/16	1 1/16	0.0080	0.0060	0.0040	3¼	3¾	0.0150	0.0112	0.0075
1 1/16	1 3/16	0.0085	0.0064	0.0042	3¾	4¼	0.0160	0.0120	0.0080
1 3/16	1 5/16	0.0089	0.0067	0.0045	4¼	4¾	0.0170	0.0127	0.0085
1 5/16	1 7/16	0.0094	0.0070	0.0047	4¾	5½	0.0181	0.0136	0.0091

① 2G、3G 和 4G 级的值可用于所示公称尺寸范围内的任何尺寸。这些值可根据范围的平均值计算。

② 对于每个英寸和分数的规格，其旋合长度超过两个直径，推荐增加 10% 的允差。

③ 该表中 2G 级螺纹的允差也适用于美国国家标准爱克母螺纹 ASME/ANSI B 1.8-1988。

表 8-64 美国国家标准通用单线爱克母螺纹中径公差 ASME/ANSI B1.5-1988

公称直径 D①	螺纹配合等级		
	2G②	3G	4G
	直径增量		
	$0.006\sqrt{D}$	$0.0028\sqrt{D}$	$0.002\sqrt{D}$
1/4	0.00300	0.00140	0.00100
5/16	0.00335	0.00157	0.00112
3/8	0.00367	0.00171	0.00122
7/16	0.00397	0.00185	0.00132
1/2	0.00424	0.00198	0.00141
5/8	0.00474	0.00221	0.00158
3/4	0.00520	0.00242	0.00173
7/8	0.00561	0.00262	0.00187
1	0.00600	0.00280	0.00200
1⅛	0.00636	0.00297	0.00212
1¼	0.00671	0.00313	0.00224
1⅜	0.00704	0.00328	0.00235
1½	0.00735	0.00343	0.00245
1¾	0.00794	0.00370	0.00265
2	0.00849	0.00396	0.00283
2¼	0.00900	0.00420	0.00300
2½	0.00949	0.00443	0.00316
2¾	0.00995	0.00464	0.00332
3	0.01039	0.00484	0.00346
3½	0.01122	0.00524	0.00374
4	0.01200	0.00560	0.00400
4½	0.01273	0.00594	0.00424
5	0.01342	0.00626	0.00447

每英寸牙数③ n	螺纹配合等级		
	2G②	3G	4G
	螺距增量		
	$0.030\sqrt{1/n}$	$0.014\sqrt{1/n}$	$0.010\sqrt{1/n}$
16	0.00750	0.00350	0.00250
14	0.00802	0.00374	0.00267
12	0.00866	0.00404	0.00289
10	0.00949	0.00443	0.00316
8	0.01061	0.00495	0.00354
6	0.01225	0.00572	0.00408
5	0.01342	0.00626	0.00447
4	0.01500	0.00700	0.00500
3	0.01732	0.00808	0.00577
2½	0.01897	0.00885	0.00632
2	0.02121	0.00990	0.00707
1½	0.02449	0.01143	0.00816
1⅓	0.02598	0.01212	0.00866
1	0.0300	0.01400	0.01000

注：1. 对于任何特定尺寸的螺纹，通过从表格上半部分直径增量加上下半部分的螺距增量来获得中径公差。示例：1/16爱克母 -2G 螺纹具有中径公差为 0.00300in + 0.00750in = 0.0105in。

2. 螺纹厚度的等效公差为中径公差的 0.259 倍。

① 对于表列的任何两个表列公称直径之间的公称直径，使用两者中较大直径的直径增量。

② 此表中 2G 级螺纹的列也适用于美国国家标准矮牙爱克母螺纹，ASME/ANSI B1.8-1988（R2006）。

③ 所有其他尺寸均以 in 为单位。

这些值将会用于 0.25 -16 ACME -2G 螺纹规格，分别为 2 -、3 - 和 4 - 线的螺纹提供 0.002in、0.003in 和 0.004in 附加允差。对于 5 -2 ACME -3G 螺纹规格，附加的间隙分别为 0.0091in、0.0136in 和 0.0181in。通螺纹塞规和丝锥也可以用这些尺寸进行增加。为了保持多线螺纹具有相同的有效公差，止螺纹塞规的中径也将按照这些相同的值增加。

对于超过四线的多线螺纹，相信由上述步骤提供的 100% 的允差将足够满足，由于变位空间的变化通常不会超过四线螺纹上的允差变化。

一般来说，对于 2G、3G 和 4G 级的多线螺纹，这些百分比通常分别用于相同类别的允差。然而，对于那些导程、角度和空间变量极好控制的会产生接近理论值的产品，则可以想到这些可以应用于 3G 级或 4 类螺纹上的百分比用在了只有 2G 级的内螺纹产品上。而且，这些可以用在 4G 级螺纹产品的百分比用在了 3G 级内螺纹的产品上。不主张外螺纹产品有任何改变。

用于内螺纹量规或工具包含允差要求的命名如下：

对于 2.875 -0.4P -0.8L - ACME -2G 的通规和止规螺纹塞规，具有 4G 内螺纹允差的 50%。

5. 对中爱克母螺纹

美国国家标准 ASME/ANSI B1.5 - 1988 中指定了三个级别配合的对中爱克母螺纹，命名为 2C、3C 和 4C。具有内螺纹和外螺纹大径极限间隙，所以，在大径处的承压面保持了近似与轴线的对中，以阻止牙侧的楔入。对于标准中包含的任何结合了这三类螺纹会产生一些端面余隙或游隙。5C 和 6C 级不推荐用于新设计。

应用：这三个配合等级以及伴随其的规格用于确保对中的爱克母螺纹部件加工的互换性。每个用户都可以自由选择最适合特定需求的等级。建议同一类的外螺纹和内螺纹一起用于对中装配，2C 级可提供最大的轴端余隙或齿隙。如果需要较少的轴端余隙和游隙，则可使用 3C 级和 4C 级。中心配合的要求是，内螺纹的大径公差加上大径允差，以及外螺纹的大直径公差之和等于或小于外螺纹上的中径允许值。具有比 3C 或 4C 级别更大的中径允差的 2C 级外螺纹可以与 2C，3C 或 4C 级内螺纹互换使用，并满足要求。类似的一个 3C 级外部螺纹可以与 3C 或 4C 级内部螺纹互换使用，但只有 4C 级内部螺纹可以与 4C 级外部螺纹一起使用。

图 8-23 所示为通用单线爱克母螺纹（所有类）的余量、公差和峰值。

螺纹牙型：螺纹牙型与通用螺纹相同，如图 8-24 所示，表 8-65 给出了最常用的螺距。

牙型角：在轴向平面中测量的螺纹两侧之间的角度为 29°。该 29°角平分线应垂直于轴线。

倒角和圆角：外螺纹的斜角倒角 45°，轴线最小深度为 $P/20$，最大深度为 $P/15$。这些修改对应于 $0.0707P$ 的倒角平面的最小宽度和 $0.0945P$ 的最大宽度。

2C、3C 和 4C 级的外螺纹可能会有不大于 $0.1P$ 的小径的圆角。

螺纹系列：在标准中推荐优选一系列直径和螺距。这些选来满足当前需求的直径和螺距具有最小数量的项目，以减少工具和量具库存数量。

8

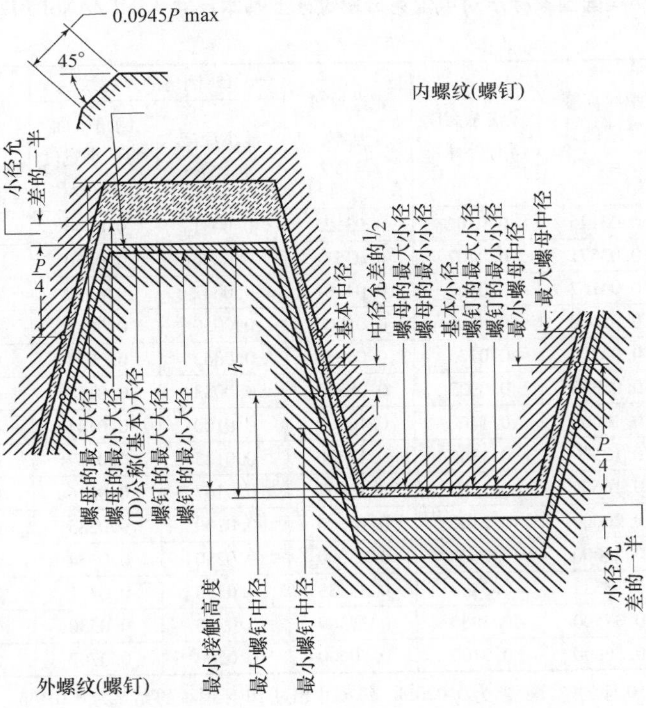

图 8-23　通用单线爱克母螺纹（所有类）的余量、公差和峰值

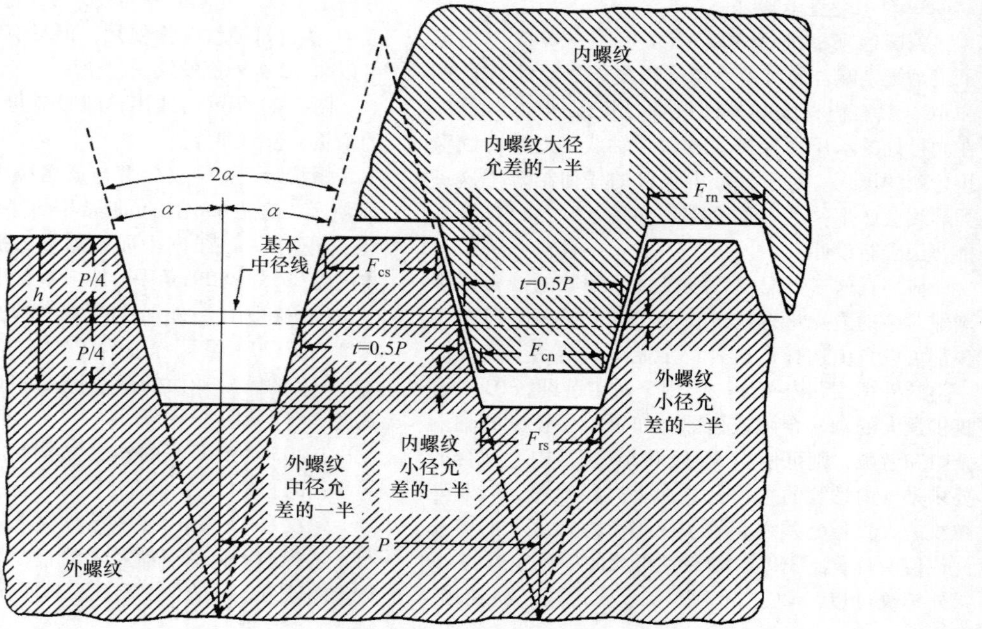

图 8-24 对中爱克母螺纹牙型

表 8-65 美国国家标准对中爱克母螺纹牙型基本尺寸 ASME/ANSI B1.5-1988

（单位：in）

每英寸螺纹数 n	螺距 P	螺纹高度（基础）$h=P/2$	螺纹总高度（所有外螺纹）	螺纹厚度（基本）$t=P/2$	45°倒角的外螺纹		最大圆角半径 $0.06P$	圆角半径或螺纹直径最大（全）$0.10P$
					最小深度 $0.05P$	倒角平面的最小宽度 $0.0707P$		
16	0.06250	0.03125	0.0362	0.03125	0.0031	0.0044	0.0038	0.0062
14	0.07143	0.03571	0.0407	0.03571	0.0036	0.0050	0.0038	0.0071
12	0.08333	0.04167	0.0467	0.04167	0.0042	0.0059	0.0050	0.0083
10	0.10000	0.05000	0.0600	0.05000	0.0050	0.0071	0.0060	0.0100
8	0.12500	0.06250	0.0725	0.06250	0.0062	0.0088	0.0075	0.0125
6	0.16667	0.08333	0.0933	0.08333	0.0083	0.0119	0.0100	0.0167
5	0.20000	0.10000	0.1100	0.10000	0.0100	0.0141	0.0120	0.0200
4	0.25000	0.12500	0.1350	0.12500	0.0125	0.0177	0.0150	0.0250
3	0.33333	0.16667	0.1767	0.16667	0.0167	0.0236	0.0200	0.0333
2½	0.40000	0.20000	0.2100	0.20000	0.0200	0.0283	0.0240	0.0400
2	0.50000	0.25000	0.2600	0.25000	0.0250	0.0354	0.0300	0.0500
1½	0.66667	0.33333	0.3433	0.33333	0.0330	0.0471	0.0400	0.0667
1⅓	0.75000	0.37500	0.3850	0.37500	0.0380	0.0530	0.0450	0.0750
1	1.00000	0.50000	0.5100	0.50000	0.0500	0.0707	0.0600	0.1000

注：对每英寸小于等于 10 牙的螺纹允差为 0.020in，每英寸超过 10 牙螺纹的允差为 0.010in。

基本直径：外螺纹的最大外径是基本直径并且是所有类的公称直径。

求取对中爱克母螺纹的基本尺寸的公式：

螺距 $=P=1\div$ 每英寸牙数 n；基本螺纹高度 $h=0.5P$

基本螺纹厚度 $t=0.5P$

牙顶基本平面 $F_{cn}=0.3707P+0.259\times$（内螺纹上小径的余量）（内螺纹）

牙顶基本平面 $F_{cs}=0.3707P-0.259\times$（外螺纹中径余量）（外螺纹）

$F_{rn}=0.3707P-0.259\times$（内螺纹的大径余量）

$F_{rs}=0.3707P-0.259\times$（外螺纹上的小径余量－外螺纹上的中径余量）

图 8-25 所示为单线爱克母螺纹的允差、公差和牙顶间隙的分布类别 2C、3C 和 4C。

美国国家标准化的单线螺纹用于确定直径见表 8-66，美国国家标准单线爱克母螺纹的极限尺寸见表 8-67 和表 8-68。美国国家标准对中单线爱克母螺纹数据见表 8-69，中径允差见表 8-70，中径公差见表 8-71，大径和小径的公差与允差见表 8-72。

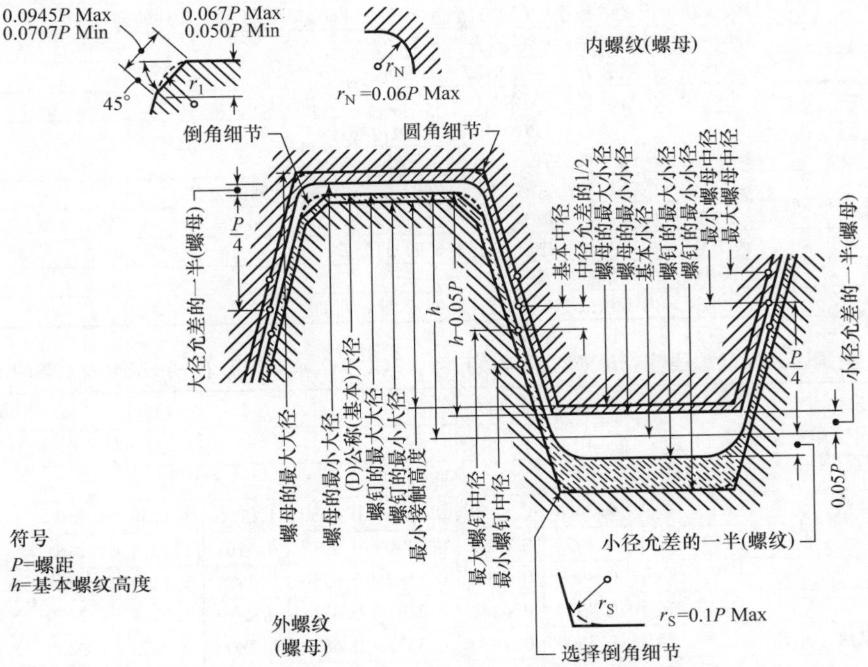

图 8-25　单线爱克母螺纹的允差、公差和牙顶间隙的分布类别 2C、3C 和 4C

内螺纹的最小中径是所有等级的基础，并且等于基本大径 D 减去螺纹的基本高度 h。对所有类别来说，内螺纹的最小小径比基本直径大 $0.1P$。

旋合长度：本标准规定的公差用于不超过公称大径 2 倍的旋合长度。

中径允差：表 8-70 给出了适用于所有类别外螺纹中径的允差。

大径和小径的允差：对于每英寸牙数为 10 的粗牙和细牙的外螺纹，其小径上的最小径向允差是通过将螺母的最大小径向基本小径之下分别减少 0.020in 和 0.010in 来获得的。而对于内螺纹，将其最小小径比基本小径增加 $0.1P$。

通过将内螺纹的最小大径在基本大径上增加 $0.001\sqrt{D}$获得大径最小径向间隙，这些允差见表 8-72。

大径和小径的公差：内螺纹和外螺纹大径和小径上的公差见表 8-72。

对于每个英寸或分数规格其旋合长度超过两个直径，推荐的允差增加 10%。

有关单线爱克母螺纹的量具的信息，应参考标准 ASME/ANSI B1.5。

中径公差：2C、3C 和 4C 级型的直径和螺距可变组合的中径公差见表 8-71。2C、3C 和 4C 级的中径公差的比为 3.0、1.4 和 1。

公差的应用：规定的公差旨在确保互换性并保持高等级的产品。内螺纹的直径公差为正，从最小尺寸施加到最小尺寸以上。外螺纹的直径公差为负，从最大尺寸施加到最大尺寸以下。相同类的外螺纹或内螺纹的中径公差相同。

极限尺寸：对中爱克母螺纹的直径和螺距优选系列极限尺寸见表 8-67 和表 8-68，这些极限基于表 8-66 中的公式。

对于除了优选系列中的螺距和直径的组合之外，表 8-67 和表 8-68 中的公式以及其中提及的表中的数据可以容易地确定所需的极限尺寸。

6. 单线爱克母螺纹的命名

以下示例给出了如何在图样、规格以及工具上对这些爱克母螺纹命名：

1.750－6－ACME－4C：表示单线 4C 级爱克母螺纹，1.750in 直径，0.1667in 螺距，单线螺纹，右旋。

表 8-66 美国国家标准化的单线螺纹用于确定直径 ASME/ANSI B1.5-1988

D = 公称尺寸或直径（in）	
P = 螺距 = 1/每英寸的牙数	
序号	2C、3C 和 4C 级外螺纹
1	最大大径 = D（基本）
2	最小大径 = D 减去表 8-72 第 7、8 或 10 列的公差
3	最大中径 = 内螺纹最小中径减去表 8-70 中适当的 2C、3C 或 4C 列的允差
4	最小中径 = 外螺纹最大中径减去表 8-71 的公差
5	最大小径 = D 减去 P 减去表 8-72 第 3 列的允差
6	最小小径 = 外螺纹最大小径减 1.5×中径。公差来自表 8-71
	2C、3C 和 4C 级内螺纹
7	最小大径 = D 加上表 8-72，第 4 列的允差
8	最大大径 = 内螺纹最小大径加上表 8-72 第 7、9 或 11 列的公差
9	最小中径 = D 减 $P/2$（基本）
10	最大中径 = 内螺纹最小中径加上表 8-71 的公差
11	最小小径 = D 减 0.9P
12	最大小径 = 内螺纹最小小径加上表 8-72 第 6 列的公差

8

表 8-67 美国国家标准单线爱克母螺纹的极限尺寸，2C、3C 和 4C 级（一）ASME/ANSI B1.5-1988

公称直径 D		½	⅝	¾	⅞	1	1⅛	1¼	1⅜	1½
每英寸牙数极限直径		10	8	6	6	5	5	5	4	4
外螺纹										
2C、3C 和 4C 级，大径	最大	0.5000	0.6250	0.7500	0.8750	1.0000	1.1250	1.2500	1.3750	1.5000
2C 级，大径	最小	0.4975	0.6222	0.7470	0.8717	0.9965	1.1213	1.2461	1.3709	1.4957
3C 级，大径	最小	0.4989	0.6238	0.7487	0.8736	0.9985	1.1234	1.2483	1.3732	1.4982
4C 级，大径	最小	0.4993	0.6242	0.7491	0.8741	0.9990	1.1239	1.2489	1.3738	1.4988
2C、3C 和 4C 级，小径	最大	0.3800	0.4800	0.5633	0.6883	0.7800	0.9050	1.0300	1.1050	1.2300
2C 级，小径	最小	0.3594	0.4570	0.5371	0.6615	0.7509	0.8753	0.9998	1.0719	1.1965
3C 级，小径	最小	0.3704	0.4693	0.5511	0.6758	0.7664	0.8912	1.0159	1.0896	1.2144
4C 级，小径	最小	0.3731	0.4723	0.5546	0.6794	0.7703	0.8951	1.0199	1.0940	1.2188
2C 级，中径	最大	0.4443	0.5562	0.6598	0.7842	0.8920	1.0165	1.1411	1.2406	1.3652
	最小	0.4306	0.5408	0.6424	0.7663	0.8726	0.9967	1.1210	1.2186	1.3429
3C 级，中径	最大	0.4458	0.5578	0.6615	0.7861	0.8940	1.0186	1.1433	1.2430	1.3677
	最小	0.4394	0.5506	0.6534	0.7778	0.8849	1.0094	1.1339	1.2327	1.3573
4C 级，中径	最大	0.4472	0.5593	0.6632	0.7880	0.8960	1.0208	1.1455	1.2453	1.3701
	最小	0.4426	0.5542	0.6574	0.7820	0.8895	1.0142	1.1388	1.2380	1.3627
内螺纹										
2C、3C 和 4C 级，大径	最小	0.5007	0.6258	0.7509	0.8759	1.0010	1.1261	1.2511	1.3762	1.5012
2C 和 3C 级，大径	最大	0.5032	0.6286	0.7539	0.8792	1.0045	1.1298	1.2550	1.3803	1.5055
4C 级，大径	最大	0.5021	0.6274	0.7526	0.8778	1.0030	0.1282	1.2533	1.3785	1.5036
2C、3C 和 4C 级小径	最小	0.4100	0.5125	0.6000	0.7250	0.8200	0.9450	0.0700	1.1500	1.2750
	最大	0.04150	0.5187	0.6083	0.7333	0.8300	0.9550	1.0800	1.1625	1.2875
2C 级，中径	最小	0.4500	0.5625	0.6667	0.7917	0.9000	1.0250	1.1500	1.2500	1.3750
	最大	0.4637	0.5779	0.6841	0.8096	0.9194	1.0448	1.1701	2.2720	1.3973
3C 级，中径	最小	0.4500	0.5625	0.6667	0.7917	0.9000	1.0250	1.1500	1.2500	1.3750
	最大	0.4564	0.5697	0.6748	0.8000	0.9091	1.0342	1.1594	1.2603	1.3854
4C 级，中径	最小	0.4500	0.5625	0.6667	0.7917	0.9000	1.0250	1.1500	1.2500	1.3750
	最大	0.4546	0.5676	0.6725	0.7977	0.9065	1.0316	1.1567	1.2573	1.3824

表 8-68　美国国家标准单线爱克母螺纹的极限尺寸，2C、3C 和 4C 级（二）ASME/ANSI B1.5-1988

公称直径 D		$1\frac{3}{4}$	2	$2\frac{1}{4}$	$2\frac{1}{2}$	$2\frac{3}{4}$	3	$3\frac{1}{2}$	4	$4\frac{1}{2}$	5
每英寸牙数①极限直径		4	4	3	3	3	2	2	2	2	2
外螺纹											
2C、3C 和 4C 级，大径	最大	1.7500	2.0000	2.2500	2.5000	2.7500	3.0000	3.5000	4.0000	4.5000	5.0000
2C 级，大径	最小	1.7454	1.9951	2.2448	2.4945	2.7442	2.9939	3.4935	3.9930	4.4926	4.9922
3C 级，大径	最小	1.7480	1.9979	2.2478	2.4976	2.7475	2.9974	3.4972	3.9970	4.4968	4.9966
4C 级，大径	最小	1.7487	1.9986	2.2485	2.4984	2.7483	2.9983	3.4981	3.9980	4.4979	4.9978
2C、3C 和 4C 级，小径	最大	1.4800	1.7300	1.8967	2.1467	2.3967	2.4800	2.9800	3.4800	3.9800	4.4800
2C 级，小径	最小	1.4456	1.6948	1.8572	2.1065	2.3558	2.4326	2.9314	3.4302	3.9291	4.4281
3C 级，小径	最小	1.4640	1.7136	1.8783	2.1279	2.3776	2.4579	2.9574	3.4568	3.9563	4.4558
4C 级，小径	最小	1.4685	1.7183	1.8835	2.1333	2.3831	2.4642	2.9638	3.4634	3.9631	4.4627
2C 级，中径	最大	1.6145	1.8637	2.0713	2.3207	2.5700	2.7360	3.2350	3.7340	4.2330	4.7319
	最小	1.5916	1.8402	2.0450	2.2939	2.5427	2.7044	3.2026	3.7008	4.1991	4.6973
3C 级，中径	最大	1.6171	1.8665	2.0743	2.3238	2.5734	2.7395	3.2388	3.7380	4.2373	4.7364
	最小	1.6064	1.8555	2.0620	2.3113	2.5607	2.7248	3.2237	3.7225	4.2215	4.7202
4C 级，中径	最大	1.6198	1.8693	2.0773	2.3270	2.5767	2.7430	3.2425	3.7420	4.2415	4.7409
	最小	1.6112	1.8615	2.0685	2.3181	2.5676	2.7325	3.2317	3.7309	4.2302	4.7294
内螺纹											
2C、3C 和 4C 级，大径	最小	1.7513	2.0014	2.2515	2.5016	2.7517	3.0017	3.5019	4.0020	4.5021	5.0022
2C 和 3C 级，大径	最大	1.7559	2.0063	2.2567	2.5071	2.7575	3.0078	3.5084	4.0090	4.5095	5.0100
4C 级，大径	最大	1.7539	2.0042	2.2545	2.5048	2.7550	3.0052	3.5056	4.0060	4.5063	5.0067
2C、3C 和 4C 级小径	最小	1.5250	1.7750	1.9500	2.2000	2.4500	2.5500	3.0500	3.5500	4.0500	4.5500
	最大	1.5375	1.7875	1.9667	2.2167	2.4667	2.5750	3.0750	3.5750	4.0750	4.5750
2C 级，中径	最小	1.6250	1.8750	2.0833	2.3333	2.5833	2.7500	3.2500	3.7500	4.2500	4.7500
	最大	1.6479	1.8985	2.1096	2.3601	2.6106	2.7816	3.2824	3.7832	4.2839	4.7846
3C 级，中径	最小	1.6250	1.8750	2.0833	2.3333	2.5833	2.7500	3.2500	3.7500	4.2500	4.7500
	最大	1.6357	1.8860	2.0956	2.3458	2.5960	2.7647	3.2651	3.7655	4.2658	4.7662
4C 级，中径	最小	1.6250	1.8750	2.0833	2.3333	2.5833	2.7500	3.2500	3.7500	4.2500	4.7500
	最大	1.6326	1.8828	2.0921	2.3422	2.5924	2.7605	3.2608	3.7611	4.2613	4.7615

① 所有其他尺寸均以 in 为单位，为便于建立标准，每英寸牙数为任意取值。

表 8-69　美国国家标准对中单线爱克母螺纹数据 ASME/ANSI B1.5-1988

名称		直径			螺纹数据					
公称尺寸（所有类）	每英寸牙数①	对中，2C、3C 和 4C 级			螺距 P	中径线厚度 $t=P/2$	螺纹基本高度 $h=P/2$	平面基本宽度 $F=0.3707P$	在基本中径①的导程角 λ 对中类 2C、3C、4C	
	n	基本大径 D	中径 $D_2=D-h$	小径 $D_1=D-2h$					（°）	最小
1/4	16	0.2500	0.2188	0.1875	0.06250	0.03125	0.03125	0.0232	5	12
5/16	14	0.3125	0.2768	0.2411	0.07143	0.03571	0.03571	0.0265	4	42
3/8	12	0.3750	0.3333	0.2917	0.08333	0.04167	0.04167	0.0309	4	33
7/16	12	0.4375	0.3958	0.3542	0.08333	0.04167	0.04167	0.0309	3	50
1/2	10	0.5000	0.4500	0.4000	0.10000	0.05000	0.05000	0.0371	4	3
5/8	8	0.6250	0.5625	0.5000	0.12500	0.06250	0.06250	0.0463	4	3

（续）

名称		直径			螺纹数据					
公称尺寸（所有类）	每英寸牙数① n	对中，2C、3C和4C级 基本大径 D	中径 $D_2=D-h$	小径 $D_1=D-2h$	螺距 P	中径线厚度 $t=P/2$	螺纹基本高度 $h=P/2$	平面基本宽度 $F=0.3707P$	在基本中径①的导程角 λ 对中类2C、3C、4C （°）	最小
3/4	6	0.7500	0.6667	0.5833	0.16667	0.08333	0.08333	0.0618	4	33
7/8	6	0.8750	0.7917	0.7083	0.16667	0.08333	0.08333	0.0618	3	50
1	5	1.0000	0.9000	0.8000	0.20000	0.10000	0.10000	0.0741	4	3
$1\frac{1}{8}$	5	1.1250	1.0250	0.9250	0.20000	0.10000	0.10000	0.0741	3	33
$1\frac{1}{4}$	5	1.2500	1.1500	1.0500	0.20000	0.10000	0.10000	0.0741	3	10
$1\frac{3}{8}$	4	1.3750	1.2500	1.1250	0.25000	0.12500	0.12500	0.0927	3	39
$1\frac{1}{2}$	4	1.5000	1.3750	1.2500	0.25000	0.12500	0.12500	0.0927	3	19
$1\frac{3}{4}$	4	1.7500	1.6250	1.5000	0.25000	0.12500	0.12500	0.0927	2	48
2	4	2.0000	1.8750	1.7500	0.25000	0.12500	0.12500	0.0927	2	26
$2\frac{1}{4}$	3	2.2500	2.0833	1.9167	0.33333	0.16667	0.16667	0.1236	2	55
$2\frac{1}{2}$	3	2.5000	2.3333	2.1667	0.33333	0.16667	0.16667	0.1236	2	36
$2\frac{3}{4}$	3	2.7500	2.5833	2.4167	0.33333	0.16667	0.16667	0.1236	2	21
3	2	3.0000	2.7500	2.5000	0.50000	0.25000	0.25000	0.1853	3	19
$3\frac{1}{2}$	2	3.5000	3.2500	3.0000	0.50000	0.25000	0.25000	0.1853	2	48
4	2	4.0000	3.7500	3.5000	0.50000	0.25000	0.25000	0.1853	2	26
$4\frac{1}{2}$	2	4.5000	4.2500	4.0000	0.50000	0.25000	0.25000	0.1853	2	9
5	2	5.0000	4.7500	4.5000	0.50000	0.25000	0.25000	0.1853	1	55

① 所有其他尺寸均以 in 为单位。

表 8-70 美国国家标准单线爱克母螺纹中径允差 ASME/ANSI B1.5-1988 （单位：in）

公称尺寸范围①		外螺纹允差② 集中化			公称尺寸范围①		外螺纹允差② 对中式		
大于	至并含	2C 级，$0.008\sqrt{D}$	3C 级，$0.006\sqrt{D}$	4C 级，$0.004\sqrt{D}$	大于	至并含	2C 级，$0.008\sqrt{D}$	3C 级，$0.006\sqrt{D}$	4C 级，$0.004\sqrt{D}$
0	3/16	0.0024	0.0018	0.0012	$1\frac{7}{16}$	$1\frac{9}{16}$	0.0098	0.0073	0.0049
3/16	5/16	0.0040	0.0030	0.0020	$1\frac{9}{16}$	$1\frac{7}{8}$	0.0105	0.0079	0.0052
5/16	7/16	0.0049	0.0037	0.0024	$1\frac{7}{8}$	$2\frac{1}{8}$	0.0113	0.0085	0.0057
7/16	9/16	0.0057	0.0042	0.0028	$2\frac{1}{8}$	$2\frac{3}{8}$	0.0120	0.0090	0.0060
9/16	11/16	0.0063	0.0047	0.0032	$2\frac{3}{8}$	$2\frac{5}{8}$	0.0126	0.0095	0.0063
11/16	13/16	0.0069	0.0052	0.0035	$2\frac{5}{8}$	$2\frac{7}{8}$	0.0133	0.0099	0.0066
13/16	15/16	0.0075	0.0056	0.0037	$2\frac{7}{8}$	$3\frac{1}{4}$	0.0140	0.0105	0.0070
15/16	$1\frac{1}{16}$	0.0080	0.0060	0.0040	$3\frac{1}{4}$	$3\frac{3}{4}$	0.0150	0.0112	0.0075
$1\frac{1}{16}$	$1\frac{3}{16}$	0.0085	0.0064	0.0042	$3\frac{3}{4}$	$4\frac{1}{4}$	0.0160	0.0120	0.0080
$1\frac{3}{16}$	$1\frac{5}{16}$	0.0089	0.0067	0.0045	$4\frac{1}{4}$	$4\frac{3}{4}$	0.0170	0.0127	0.0085
$1\frac{5}{16}$	$1\frac{7}{16}$	0.0094	0.0070	0.0047	$4\frac{3}{4}$	$5\frac{1}{2}$	0.0181	0.0136	0.0091

注：建议尽可能使用表 8-69 中给出的尺寸。

① 用于2C、3C和4C级的值将用于公称尺寸范围中的任意尺寸。这些值根据范围的平均值计算。

② 对于每个英寸和分数的规格，其旋合长度超过两个直径，推荐允差增加10%。

表 8-71 美国国家标准单线爱克母螺纹中径公差 ASME/ANSI B1.5-1988 (单位：in)

公称直径[①] D	螺纹和直径增量的类 2C $0.006\sqrt{D}$	3C $0.0028\sqrt{D}$	4C $0.002\sqrt{D}$
1/4	0.00300	0.00140	0.00100
5/16	0.00335	0.00157	0.00112
3/8	0.00367	0.00171	0.00122
7/16	0.00397	0.00185	0.00132
1/2	0.00424	0.00198	0.00141
5/8	0.00474	0.00221	0.00158
3/4	0.00520	0.00242	0.00173
7/8	0.00561	0.00262	0.00187
1	0.00600	0.00280	0.00200
1⅛	0.00636	0.00297	0.00212
1¼	0.00671	0.00313	0.00224
1⅜	0.00704	0.00328	0.00235
1½	0.00735	0.00343	0.00245
1¾	0.00794	0.00370	0.00265
2	0.00849	0.00396	0.00283
2¼	0.00900	0.00420	0.00300
2½	0.00949	0.00443	0.00316
2¾	0.00995	0.00464	0.00332
3	0.01039	0.00485	0.00346
3½	0.01122	0.00524	0.00374
4	0.01200	0.00560	0.00400
4½	0.01273	0.00594	0.00424
5	0.01342	0.00626	0.00447

每英寸牙数 n	螺纹和直径增量的类 2C $0.030\sqrt{1/n}$	3C $0.014\sqrt{1/n}$	4C $0.010\sqrt{1/n}$
16	0.00750	0.00350	0.00250
14	0.00802	0.00374	0.00267
12	0.00866	0.00404	0.00289
10	0.00949	0.00443	0.00316
8	0.01061	0.00495	0.00354
6	0.01225	0.00572	0.00408
5	0.01342	0.00626	0.00447
4	0.01500	0.00700	0.00500
3	0.01732	0.00808	0.00577
2½	0.01897	0.00885	0.00632
2	0.02121	0.00990	0.00707
1½	0.02449	0.01143	0.00816
1⅓	0.02598	0.01212	0.00866
1	0.03000	0.01400	0.01000

注：1. 对于任何特定尺寸的螺纹，中径公差通过将表的上半部分的直径增量与从表的下半部分的螺距增量相加来获得。

示例：0.250－16－ACME－2C 螺纹的中径公差为 0.00300in＋0.00750in＝0.0105in。

2. 螺纹厚度的等效公差为螺距公差的 0.259 倍。

① 对于表列的任何两个表列公称直径之间的公称直径，使用两者中较大的直径的直径增量。

表 8-72 美国国家标准单线爱克母螺纹大径和小径的公差和允差 ASME/ANSI B1.5-1988

公称（规格）	每英寸牙数[①]	基本大径和小径的允差（所有类）：小径[④] 所有外螺纹（负）	内螺纹：大径[⑤]（加 $0.0010\sqrt{D}$）	内螺纹：小径[④]（加 $0.1P$）	小径公差[②③] 所有内螺纹（加 $0.05P$）	内螺纹大径公差加增量，外螺纹大径公差减去增量：2C 级 外螺纹和内螺纹 $0.0035\sqrt{D}$	3C 级 外螺纹 $0.0015\sqrt{D}$	3C 级 内螺纹 $0.0035\sqrt{D}$	4C 级 外螺纹 $0.0010\sqrt{D}$	4C 级 内螺纹 $0.0020\sqrt{D}$
¼	16	0.010	0.0005	0.0062	0.0050	0.0017	0.0007	0.0017	0.0005	0.0010
5/16	14	0.010	0.0006	0.0071	0.0050	0.0020	0.0008	0.0020	0.0006	0.0011
⅜	12	0.010	0.0006	0.0083	0.0050	0.0021	0.0009	0.0021	0.0006	0.0012
7/16	12	0.010	0.0007	0.0083	0.0050	0.0023	0.0010	0.0023	0.0007	0.0013
½	10	0.020	0.0007	0.0100	0.0050	0.0025	0.0011	0.0025	0.0007	0.0014
⅝	8	0.020	0.0008	0.0125	0.0062	0.0028	0.0012	0.0028	0.0008	0.0016
¾	6	0.020	0.0009	0.0167	0.0083	0.0030	0.0013	0.0030	0.0009	0.0017

（续）

公称（规格）	每英寸牙数①	基本大径和小径的允差（所有类）			小径公差②③所有内螺纹（加0.05P）	内螺纹大径公差加增量，外螺纹大径公差减去增量				
		小径④所有外螺纹（负）	内螺纹			2C级	3C级		4C级	
			大径⑤（加0.0010$\sqrt{D}$）	小径④（加0.1P）		外螺纹和内螺纹 0.0035$\sqrt{D}$	外螺纹 0.0015$\sqrt{D}$	内螺纹 0.0035$\sqrt{D}$	外螺纹 0.0010$\sqrt{D}$	内螺纹 0.0020$\sqrt{D}$
7/8	6	0.020	0.0009	0.0167	0.0083	0.0033	0.0014	0.0033	0.0009	0.0019
1	5	0.020	0.0010	0.0200	0.0100	0.0035	0.0015	0.0035	0.0010	0.0020
1⅛	5	0.020	0.0011	0.0200	0.0100	0.0037	0.0016	0.0037	0.0011	0.0021
1¼	5	0.020	0.0011	0.0200	0.0100	0.0039	0.0017	0.0039	0.0011	0.0022
1⅜	4	0.020	0.0012	0.0250	0.0125	0.0041	0.0018	0.0041	0.0012	0.0023
1½	4	0.020	0.0012	0.0250	0.0125	0.0043	0.0018	0.0043	0.0012	0.0024
1¾	4	0.020	0.0013	0.0250	0.0125	0.0046	0.0020	0.0046	0.0013	0.0026
2	4	0.020	0.0014	0.0250	0.0125	0.0049	0.0021	0.0049	0.0014	0.0028
2¼	3	0.020	0.0015	0.0333	0.0167	0.0052	0.0022	0.0052	0.0015	0.0030
2½	3	0.020	0.0016	0.0333	0.0167	0.0055	0.0024	0.0055	0.0016	0.0032
2¾	3	0.020	0.0017	0.0333	0.0167	0.0058	0.0025	0.0058	0.0017	0.0033
3	2	0.020	0.0017	0.0500	0.0250	0.0061	0.0026	0.0061	0.0017	0.0035
3½	2	0.020	0.0019	0.0500	0.0250	0.0065	0.0028	0.0065	0.0019	0.0037
4	2	0.020	0.0020	0.0500	0.0250	0.0070	0.0030	0.0070	0.0020	0.0040
4½	2	0.020	0.0021	0.0500	0.0250	0.0074	0.0032	0.0074	0.0020	0.0040
5	2	0.020	0.0022	0.0500	0.0250	0.0078	0.0034	0.0078	0.0022	0.0045

① 所有其他尺寸以in为单位。中间螺距取紧挨着粗牙螺距。中径值应由标题栏列中的公式计算，但通常可以进行插值。

② 为了避免复杂的公式并且仍然提供足够的公差，以螺距因素为基础以及定值为0.005in的最小公差。

③ 所有外螺纹的小直径公差为1.5×中径公差。

④ 内螺纹和外螺纹之间的小直径的最小间隙是第3列和第5列中值相加。

⑤ 内螺纹和外螺纹之间的大径上的最小间隙等于第4列中的值。

1.750－6－ACME－4C－LH：表示左旋相同的螺纹。

2.875－0.4P－0.8L－ACME－3C（双线）：表示3C类对中爱克母螺纹，具有2.875in大径，0.4in螺距，0.8in导程，双线，右旋。

2.500－0.3333P－0.6667L－ACME－4C（双线）：表示4C级对中爱克母螺纹，具有2.500in公称大径（基本大径2.500in），0.3333in螺距，0.6667in导程，双头，右旋。同一螺纹左旋将在命名中使用LH。

7. 对中爱克母螺纹具有小直径对中控制的替代系列

当对中爱克母螺纹以单个单元或非常小的量（主要是尺寸大于商用的丝锥和模具的范围）生产时，制造过程采用切削工具（如车床切割），它具有经济优势，因此希望位于小径的配合螺纹具有对中控制。

特别是在上述制造类型下，小径对中控制用在配合螺纹大径的对中控制上的两个优点是：①更容易并且更快地检查加工螺纹尺寸。测量外螺纹的小径（牙底）和匹配内螺纹的小径（牙顶或孔）比确定内螺纹的大径（牙底）和外螺纹大径（牙顶和扣）容易得多。②由于更容易检查，能更好地生产控制加工尺寸。

在必须小径对中的情况下，需要重新计算所有螺纹尺寸、反转大径和小径允差、公差、半径和倒角。

8. 美国国家标准矮牙爱克母螺纹

美国国家标准ASME/ANSI B1.8-1988（R2006）为那些不寻常的应用提供了一种矮牙爱克母螺纹，由于机械或冶金方面的考虑，需要浅高度的粗牙。美国国家标准矮牙爱克母螺纹的配合符合美国国家标准ANSI B1.5-1988中的2G级通用爱克母螺纹。对于具有较小游隙的配合，可以使用3G或4G级通用爱克母螺纹的公差和余量。

螺纹牙型：基本尺寸见表 8-73。

允差和公差：美国国家标准矮牙爱克母螺纹的大径和小径允差与通用爱克母螺纹相同。

美国国家标准矮牙爱克母螺纹的中径允差与 2G 级通用爱克母螺纹相同，美国国家标准爱克母螺纹的中径公差与 2G 级通用爱克母螺纹相同。

极限尺寸：美国国家标准矮牙爱克母螺纹的极限尺寸可以通过使用表 8-74 中给出的公式，或直接从表 8-75 确定。图 8-26 展示了美国国家标准矮牙爱克母螺纹极限尺寸。

螺纹系列：推荐通用爱克母螺纹的优选直径和螺距系列（见表 8-76）用于矮牙爱克母螺纹。

9. 美国国家标准爱克母螺纹的命名

以下示例中显示了美国国家标准爱克母螺纹的命名方法：0.500 – 20 矮牙爱克母标识了一个 1/2in 大径，每英寸 20 个螺纹，右旋，单线螺纹，标准的矮牙爱克母螺纹。命名为 0.500 – 20 矮牙爱克母 – LH 表示除左旋外其余参数与上述螺纹相同的螺纹。

表 8-73　美国国家标准矮牙爱克母螺纹牙型基本尺寸 ASME/ANSI B1. 8-1988（R2006）

每英寸牙数 n[①]	螺距 $P=1/n$	螺纹高度（基本）$0.3P$	螺纹总高 $0.3P+1/2$ 允差[②]	螺纹厚度（基本）$P/2$	平面宽度	
					内螺纹牙顶（基本）$0.4224P$	内螺纹牙底 $0.4224P-0.259\times$ 允差[②]
16	0.06250	0.01875	0.0238	0.03125	0.0264	0.0238
14	0.07143	0.02143	0.0264	0.03571	0.0302	0.0276
12	0.08333	0.02500	0.0300	0.04167	0.0352	0.0326
10	0.10000	0.03000	0.0400	0.05000	0.0422	0.0370
9	0.11111	0.03333	0.0433	0.05556	0.0469	0.0417
8	0.12500	0.03750	0.0475	0.06250	0.0528	0.0476
7	0.14286	0.04285	0.0529	0.07143	0.0603	0.0551
6	0.16667	0.05000	0.0600	0.08333	0.0704	0.0652
5	0.20000	0.06000	0.0700	0.10000	0.0845	0.0793
4	0.25000	0.07500	0.0850	0.12500	0.1056	0.1004
3½	0.28571	0.08571	0.0957	0.14286	0.1207	0.1155
3	0.33333	0.10000	0.1100	0.16667	0.1408	0.1356
2½	0.40000	0.12000	0.1300	0.20000	0.1690	0.1638
2	0.50000	0.15000	0.1600	0.25000	0.2112	0.2060
1½	0.66667	0.20000	0.2100	0.33333	0.2816	0.2764
1⅓	0.75000	0.22500	0.2350	0.37500	0.3168	0.3116
1	1.00000	0.30000	0.3100	0.50000	0.4224	0.4172

① 所有其他尺寸均为 in。

② 每英寸少于等于 10 牙的螺纹允差为 0.020in，每英寸超过 10 牙螺纹的允差为 0.010in。

表 8-74　美国国家标准矮牙爱克母单线螺纹确定直径的公式 ASME/ANSI B1. 8-1988（R2006）

D = 基本大径和公称尺寸，in

D_2 = 基本中径 = $D-0.3P$

D_1 = 基本小径 = $D-0.6P$

序号	外螺纹（螺钉）
1	最大大径 = D
2	最小大径 = $D-0.05P$
3	最大中径 = D_2 减去表 8-63 中合适的 2G 级列的允差
4	最小中径 = 最大中径减去表 8-64 中的 2G 级公差
5	最大小径 = D_1 减去 0.020，每英寸牙数为 10 的粗牙，对于细牙减去 0.010
6	最小小径 = 最大小径减去表 8-64 中的 2G 级中径公差

（续）

序号	内螺纹（螺母）
7	最小大径 = D 加 0.020，每英寸牙数为 10 的粗牙，对于细牙加 0.010
8	最大大径 = 最小大径加表 8-64 中的 2G 级中径公差
9	最小中径 = $D_2 = D - 0.3P$
10	最大中径 = 最小中径加表 8-64 中的 2G 级中径公差
11	最小小径 = $D_1 = D - 0.6P$
12	最大小径 = 最小小径加 0.05P

表 8-75 美国国家标准矮牙单线爱克母螺纹的极限尺寸 ASME/ANSI B1.8-1988（R2006）

公称直径 D		1/4	5/16	3/8	7/16	1/2	5/8	3/4	7/8	1	1 1/8	1 1/4	1 3/8
每英寸牙数①极限直径		16	14	12	12	10	8	6	6	5	5	5	4
外螺纹													
大径	最大（D）	0.2500	0.3125	0.3750	0.4375	0.5000	0.6250	0.7500	0.8750	1.0000	1.1250	1.2500	1.3750
	最小	0.2469	0.3089	0.3708	0.4333	0.4950	0.6188	0.7417	0.8667	0.9900	1.1150	1.2400	1.3625
中径	最大	0.2272	0.2871	0.3451	0.4076	0.4643	0.5812	0.6931	0.8175	0.9320	1.0565	1.1811	1.2906
	最小	0.2167	0.2757	0.3328	0.3950	0.4506	0.5658	0.6757	0.7996	0.9126	1.0367	1.1610	2.2686
小径	最大	0.2044	0.2597	0.3150	0.3775	0.4200	0.5300	0.6300	0.7550	0.8600	0.9850	1.1100	1.2050
	最小	0.1919	0.2483	0.3027	0.3649	0.4063	0.5146	0.6126	0.7371	0.8406	0.9652	1.0899	1.1830
内螺纹													
大径	最小	0.2600	0.3225	0.3850	0.4475	0.5200	0.6450	0.7700	0.8950	1.0200	1.1450	1.2700	1.3950
	最大	0.2705	0.3339	0.3973	0.4601	0.5337	0.6604	0.7874	0.9129	1.0394	1.1648	1.2901	1.4170
中径	最小	0.2312	0.2911	0.3500	0.4125	0.4700	0.5875	0.7000	0.8250	0.9400	1.0650	1.1900	1.3000
	最大	0.2417	0.3025	0.3623	0.4251	0.4837	0.6029	0.7174	0.8429	0.9594	1.0848	1.2101	1.3220
小径	最小	0.2125	0.2696	0.3250	0.3875	0.4400	0.5500	0.6500	0.7750	0.8800	1.0050	1.1300	1.2250
	最大	0.2156	0.2732	0.3292	0.3917	0.4450	0.5562	0.6583	0.7833	0.8900	1.0150	1.1400	1.2375

公称直径 D		1 1/2	1 3/4	2	2 1/4	2 1/2	2 3/4	3	3 1/2	4	4 1/2	5
每英寸牙数①极限直径		4	4	4	3	3	3	2	2	2	2	2
外螺纹												
大径	最大（D）	1.5000	1.7500	2.0000	2.2500	2.5000	2.7500	3.0000	3.5000	4.0000	4.5000	5.0000
	最小	1.4875	1.7375	1.9875	2.2333	2.4833	2.7333	2.9750	3.4750	3.9750	4.4750	4.9750
中径	最大	1.4152	1.6645	1.9137	2.1380	2.3874	2.6367	2.8360	3.3350	3.8340	4.3330	4.8319
	最小	1.3929	1.6416	1.8902	2.1117	2.3606	2.6094	2.8044	3.3026	3.8008	4.2991	4.7973
小径	最大	1.3300	1.5800	1.8300	2.0300	2.2800	2.5300	2.6800	3.1800	3.6800	4.1800	4.6800
	最小	1.3077	1.5571	1.8065	2.0037	2.2532	2.5027	2.6484	3.1476	3.6468	4.1461	4.6454
内螺纹												
大径	最小	1.5200	1.7700	2.0200	2.2700	2.5200	2.7700	3.0200	3.5200	4.0200	4.5200	5.0200
	最大	1.5423	1.7929	2.0435	2.2963	2.5468	2.7973	3.0516	3.5524	4.0532	4.5539	5.0546
中径	最小	1.4250	1.6750	1.9250	2.1500	2.4000	2.6500	2.8500	3.3500	3.8500	4.3500	4.8500
	最大	1.4473	1.6979	1.9485	2.1763	2.4268	2.6773	2.8816	3.3824	3.8832	4.3839	4.8846
小径	最小	1.3500	1.6000	1.8500	2.0500	2.3000	2.5500	2.7000	3.2000	3.7000	4.2000	4.7000
	最大	1.3625	1.6125	1.8625	2.0667	2.3167	2.5667	2.7250	3.2250	3.7250	4.2250	4.7250

① 所有其他尺寸均以 in 为单位。

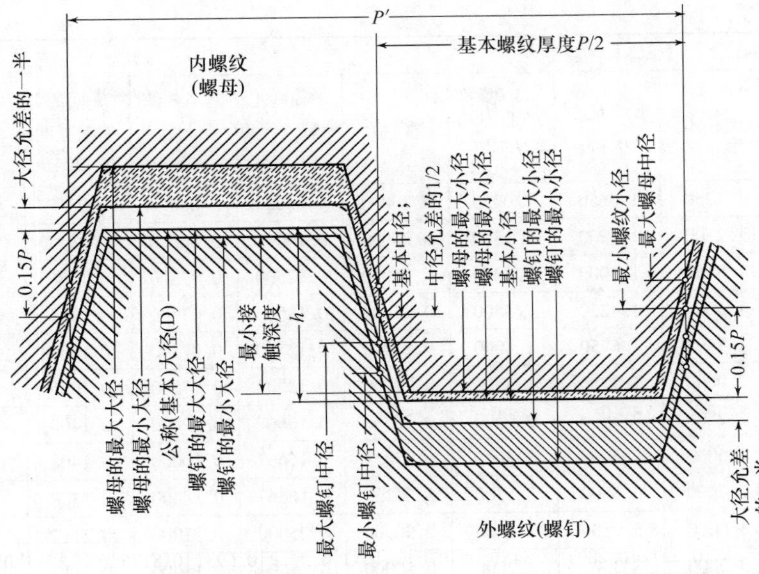

图 8-26 美国国家标准矮牙爱克母螺纹的极限尺寸、允差、公差和牙顶间隙

10. 可替换矮牙爱克母螺纹

由于一种矮牙爱克母螺纹牙型可能不满足所有应用的要求，其他常用两个基本牙型的数据都包含在美国标准矮牙爱克母螺纹附录中。这些被称为修改牙型 1 和修改牙型 2 的螺纹使用与矮牙爱克母螺纹相同的公差和允差，并且在中径线（0.5P）处具有相同的大径和基本螺纹厚度。牙型 1 螺纹的基本高度 h 为 0.375P；对于牙型 2，它是 0.250P。内螺纹牙顶平面的基本宽度，牙型 1 为 0.4030P，牙型 2 为 0.4353P。

由于基本螺纹高度 h 的差别，牙型 1 螺纹的中径和小直径将小于类似爱克母螺纹牙型而对于牙型 2 的其值比类似爱克母螺纹牙型更大。因此，在使用表 8-74 中公式计算牙型 1 和牙型 2 螺纹的尺寸时，只需要在应用公式时代替以下值：对于牙型 1，$D_2 = D - 0.375P$，$D_1 = D - 0.75P$；对于牙型 2，$D_2 = D - 0.25P$，$D_1 = D - 0.5P$。

螺纹命名：这些螺纹与标准的矮牙爱克母螺纹用相同的方式命名除了在“爱克母”之后插入 M1 或 M2 之外。因此，0.500－20 矮牙爱克母 M1 用于牙型 1 螺纹；0.500－20 矮牙爱克母 M2 用于牙型 2 螺纹。

11. 早期的 60°矮牙螺纹

早期的美国标准 B1.3-1941 包括一个用于与爱克母螺纹相比能更好地满足设计或使用条件的 60°矮牙螺纹。图 8-27 所示为 60°矮牙螺纹牙型。

表 8-76 矮牙爱克母螺纹数据 ASME/ANSI B1.8-1988（R2006）

名称		基本直径			螺纹					
公称尺寸	每英寸的牙数[①]	大径 D	中径 $D_2 = D - h$	小径 $D_1 = D - 2h$	螺距 P	中径线上的螺纹厚度 $t = P/2$	基本螺纹高度 $h = 0.3P$	平面的基本宽度 0.4224P	在基本中径的导程角 (°)	最小
1/4	16	0.2500	0.2312	0.2125	0.06250	0.03125	0.01875	0.0264	4	54
5/16	14	0.3125	0.2911	0.2696	0.07143	0.03572	0.02143	0.0302	4	28
3/8	12	0.3750	0.3500	0.3250	0.08333	0.04167	0.02500	0.0352	4	20
7/16	12	0.4375	0.4125	0.3875	0.08333	0.04167	0.02500	0.0352	3	41
1/2	10	0.5000	0.4700	0.4400	0.10000	0.05000	0.03000	0.0422	3	52
5/8	8	0.6250	0.5875	0.5500	0.12500	0.06250	0.03750	0.0528	3	52
3/4	6	0.7500	0.7000	0.6500	0.16667	0.08333	0.05000	0.0704	4	20
7/8	6	0.8750	0.8250	0.7750	0.16667	0.08333	0.05000	0.0704	3	41
1	5	1.0000	0.9400	0.8800	0.20000	0.10000	0.06000	0.0845	3	52

（续）

名称		基本直径			螺纹					
公称尺寸	每英寸的牙数①	大径 D	中径 $D_2=D-h$	小径 $D_1=D-2h$	螺距 P	中径线上的螺纹厚度 $t=P/2$	基本螺纹高度 $h=0.3P$	平面的基本宽度 $0.4224P$	在基本中径的导程角 (°)	最小
1⅛	5	1.1250	1.0650	1.0050	0.20000	0.10000	0.06000	0.0845	3	25
1¼	5	1.2500	1.1900	1.1300	0.20000	0.10000	0.06000	0.0845	3	4
1⅜	4	1.3750	1.3000	1.2250	0.25000	0.12500	0.07500	0.1056	3	30
1½	4	1.5000	1.4250	1.3500	0.25000	0.12500	0.07500	0.1056	3	12
1¾	4	1.7500	1.6750	1.6000	0.25000	0.12500	0.07500	0.1056	2	43
2	4	2.0000	1.9250	1.8500	0.25000	0.12500	0.07500	0.1056	2	22
2¼	3	2.2500	2.1500	2.0500	0.33333	0.16667	0.10000	0.1408	2	50
2½	3	2.5000	2.4000	2.3000	0.33333	0.16667	0.10000	0.1408	2	32
2¾	3	2.7500	2.6500	2.5500	0.33333	0.16667	0.10000	0.1408	2	18
3	2	3.0000	2.8500	2.7000	0.50000	0.25000	0.15000	0.2112	3	12
3½	2	3.5000	3.3500	3.2000	0.50000	0.25000	0.15000	0.2112	2	43
4	2	4.0000	3.8500	3.7000	0.50000	0.25000	0.15000	0.2112	2	22
4½	2	4.5000	4.3500	4.2000	0.50000	0.25000	0.15000	0.2112	2	6
5	2	5.0000	4.8500	4.7000	0.50000	0.25000	0.15000	0.2112	1	53

① 所有其他尺寸均以 in 为单位。

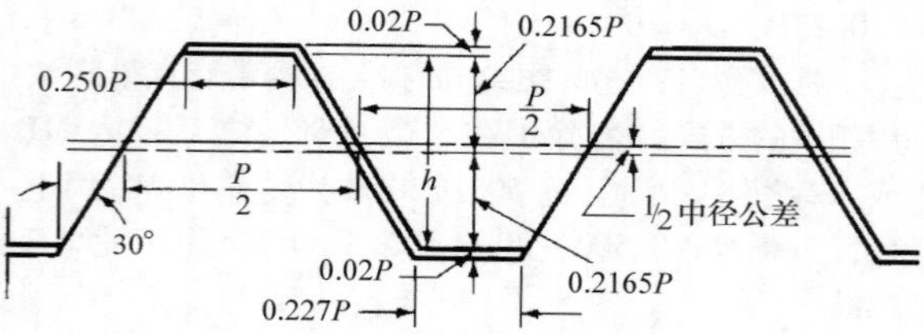

图 8-27　60°矮牙螺纹

向深度 h 增加至少 $0.02P$ 的间隙以产生更大的深度，从而避免配合部件在小径或大径处的干涉。

中径线的基本螺纹厚度 $=0.5P$；基本深度 $h=0.433P$；牙顶平面基本宽度 $=0.25P$；螺纹牙底平面宽度 $=0.227P$；基本中径 = 基本大径 $-0.433P$；基本小径 = 基本大径 $-0.866P$。

12. 方形螺纹

因为截面是正方形的，所以命名为方形螺纹。在螺钉的情况下，深度等于螺距的宽度或一半。方形螺纹螺母中的螺纹牙槽深度略大于螺距的一半，以便为螺纹提供一个小的间隙；因此，用于方形螺纹攻螺纹工具的宽度稍小于螺距的一半。方形螺纹的螺距通常是相应直径的美国国家标准螺纹螺距的 2 倍。方形螺纹已经被具有几个优点的爱克母螺纹所取代。

10°修正正方形螺纹：螺纹两侧的夹角为 10°（见图 8-28）。10°的角度导致螺纹是实际上相当于“方形螺纹”的螺纹，并且也能够经济地生产。在不需要咨询切削刀具制造商的情况下，不用指定多刃螺纹铣刀和磨削螺纹丝锥用于修正大导程角方形螺纹。

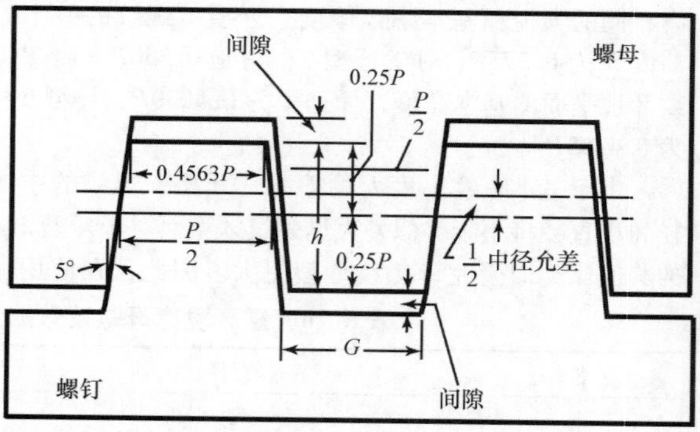

图 8-28　10°修正正方形螺纹

在下列公式中，D 是基本大径；E 是基本中径；K 是基本小径；P 是螺距；h 是当螺纹牙底螺母螺纹牙顶之间没有间隙时，螺纹深度上的基本深度；t 是中径线上螺纹的基本厚度；F 是螺纹牙顶平面的基本宽度；G 是螺纹牙底平面的基本宽度；C 是螺纹牙底与螺纹牙顶之间的间隙：$E=D-0.5P$；$K=D-P$；$h=0.5P$；$t=0.5P$；$F=0.4563P$；$G=0.4563P-(0.17\times C)$。

注意：应在深度 h 上加上间隙，以避免在配合部件的小径或大径上的螺纹相干扰。

8.6　锯齿形螺纹

8.6.1　锯齿形螺纹牙型

锯齿形螺纹在应用中具有一定的优点，这些应用涉及沿着螺纹轴线单个方向的异常高应力。承受推力的螺纹的牙侧面被称为压力牙侧，并且几乎垂直于螺纹轴线，使得推力的径向分量减小到最小。由于小的径向推力，锯齿形螺纹特别适用于将管状构件螺纹连接在一起的情况，如大型枪支的后膛机构和飞机螺旋桨轮毂。

图 8-29a 所示为锯齿形螺纹牙型的一种常见形式。前面或承载面垂直于螺纹的轴线，牙型角为 45°。根据规则，螺距 $P=2\times$螺纹直径$\div 15$，螺纹深度 d $3P/4$，使平面宽度 $f=P/8$。有时 d 减小到 $2P/3$，使 $f=P/6$。

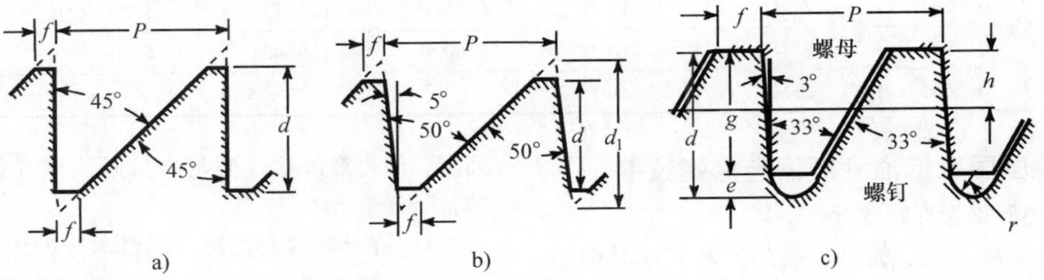

图 8-29　锯齿形螺纹牙型

a）45°牙型角　b）50°牙型角　c）33°牙型角

承载侧面或牙侧可以倾斜一定的量，如图 8-29b 所示，通常范围为 1°～5°，以避免螺纹铣削时的干涉。角度为 5°并且牙型角为 50°的锯齿形螺纹，如果牙顶和牙底的平面宽度 $f=P/8$，则 $d=0.69P$ 或 $3/4d_1$。

图 8-29c 所示的锯齿形螺纹牙型在德国被称为“Sägengewinde”，在意大利被称为“Filiteatura a dente diSega”。在德国和意大利规格中，螺距从 2～48mm 标准化。前面从垂直方向倾斜 3°，牙型角为 33°。

螺纹的螺纹深度 $d=0.86777P$；螺母的螺纹深度 $g=0.75P$；尺寸 $h=0.341P$；螺纹牙顶平面的宽度 $f=0.26384P$；半径 $r=0.12427P$；间隙空间 $e=0.11777P$。

1. 英国标准锯齿形螺纹 BS 1657：1950.

本标准中锯齿形螺纹的规格与美国国家标准类似，以下情况除外：①使用 0.4P 的基本螺纹深度代替 0.6P。②不包括 1in 以下的尺寸。③大径和小径的公差与中径公差相同，而在美制标准中，提供了单独的公差。但当将螺钉或螺母的牙顶用作基准面时，或者由此导致的旋合深度的减小必须受到限制时，提供了较小的大径和小径公差的规定，提供了在美国国家标准中不鼓励使用的具有细牙－大径的某些组合。

2. 罗氏螺纹

罗氏螺纹是基于米制系统，专门用于仪器的精密螺纹，见表 8-77。罗氏螺纹在牙顶和牙底具有与美国国家标准锯齿牙型相同的平面，牙型角为 53°8′。$d=0.75P$，牙顶和牙底的平面宽度 $f=0.125P$。该螺纹用于测量仪器、光学仪器等，特别是在德国。

表 8-77　罗氏螺纹

直径		螺距/mm	每英寸的近似螺纹牙数	直径		螺距/mm	每英寸的近似螺纹牙数
mm	in			mm	in		
1.0	0.0394	0.25	101.6	3.5	0.1378	0.60	42.3
1.2	0.0472	0.25	101.6	4.0	0.1575	0.70	36.3
1.4	0.0551	0.30	84.7	4.5	0.1772	0.75	33.9
1.7	0.0669	0.35	72.6	5.0	0.1968	0.80	31.7
2.0	0.0787	0.40	63.5	5.5	0.2165	0.90	28.2
2.3	0.0905	0.40	63.5	6.0	0.2362	1.00	25.4
2.6	0.1024	0.45	56.4	7.0	0.2756	1.10	23.1
3.0	0.1181	0.50	50.8	8.0	0.3150	1.20	21.1

（续）

直径		螺距/mm	每英寸的近似螺纹牙数	直径		螺距/mm	每英寸的近似螺纹牙数
mm	in			mm	in		
9.0	0.3543	1.30	19.5	24.0	0.9450	2.80	9.1
10.0	0.3937	1.40	18.1	26.0	1.0236	3.20	7.9
12.0	0.4724	1.60	15.9	28.0	1.1024	3.20	7.9
14.0	0.5512	1.80	14.1	30.0	1.1811	3.60	7.1
16.0	0.6299	2.00	12.7	32.0	1.2599	3.60	7.1
18.0	0.7087	2.20	11.5	36.0	1.4173	4.00	6.4
20.0	0.7874	2.40	10.6	40.0	1.5748	4.40	5.7
22.0	0.8661	2.80	9.1	—	—	—	—

8.6.2 美国国家标准寸制锯齿形螺纹

1. 7°/45°锯齿形螺纹牙型

在选择螺纹牙型、铣削、磨削、轧制或其他适用加工方式时，ANSI B1.9-1973（R2007）作为推荐标准必须考虑到，所有尺寸均为 in。

锯齿形螺纹的牙型具有以下特点：

1）承载侧角在轴线平面上测量，法线到轴线的角度为7°。

2）牙侧角间隙在轴向平面上测量，从法线到轴线的角度为45°。

3）在外螺纹和内螺纹的牙顶处具有相等的削平高度，使得螺纹接合的基本接触高度（假定没有允差）等于0.6P。

4）在外螺纹和内螺纹的基本牙型牙底处，相等的半径与承载牙侧和间隙牙侧相切。在实践中，作为真实的半径，螺纹牙型几乎没可能严格按照基本规定的方式实现。当指定时，可以提供等牙底的外螺纹和内螺纹。

美国国家标准7°/45°锯齿形螺纹的直径-螺距组合见表8-78，寸制锯齿形螺纹基本尺寸见表8-79，美国国家标准寸制锯齿形螺纹符号和形式见表8-80。

表8-78 美国国家标准7°/45°锯齿形螺纹的直径-螺距组合 ANSI B1.9-1973（R2007）

优选公称大径/in	每英寸牙数①	优选公称大径/in	每英寸牙数①
0.5, 0.625, 0.75	(20, 16, 12)	7, 8, 9, 10	10, 8, 6, (5, 4, 3), 2.5, 2
0.875, 1.0	(16, 12, 10)	11, 12, 14, 16	10, 8, 6, 5, (4, 3, 2.5), 2, 1.5, 1.25
1.25, 1.375, 1.5	16, (12, 10, 8), 6		
1.75, 2, 2.25, 2.5	16, 12, (10, 8, 6), 5, 4	18, 20, 22, 24	8, 6, 5, 4, (3, 2.5, 2), 1.5, 1.25, 1
2.75, 3, 3.5, 4	16, 12, 10, (8, 6, 5), 4		
4.5, 5, 5.5, 6	12, 10, 8, (6, 5, 4), 3	—	

① 括号中为每英寸优选牙数。

表8-79 美国国家标准寸制锯齿形螺纹基本尺寸 ANSI B1.9-1973（R2007）

每英寸牙数①	螺距 P	螺纹的基本高度 $h=0.6P$	三角形螺纹的高度 $H=0.89064P$	牙顶削平高度 $f=0.14532P$	螺纹高度 h_S 或 $h_n=0.66271P$	最大牙底削平高度② $s=0.0826P$	最大牙底半径③ $r=0.0714P$	牙顶平面宽度 $F=0.16316P$
20	0.0500	0.0300	0.0445	0.0073	0.0331	0.0041	0.0036	0.0082
16	0.0625	0.0375	0.0557	0.0091	0.0414	0.0052	0.0045	0.0102
12	0.0833	0.0500	0.0742	0.0121	0.0552	0.0069	0.0059	0.0136
10	0.1000	0.0600	0.0891	0.0145	0.0663	0.0083	0.0071	0.0163
8	0.1250	0.0750	0.1113	0.0182	0.0828	0.0103	0.0089	0.0204
6	0.1667	0.1000	0.1484	0.0242	0.1105	0.0138	0.0119	0.0271
5	0.2000	0.1200	0.1781	0.0291	0.1325	0.0165	0.0143	0.0326
4	0.2500	0.1500	0.2227	0.0363	0.1657	0.0207	0.0179	0.0408

（续）

每英寸牙数①	螺距 P	螺纹的基本高度 $h=0.6P$	三角形螺纹的高度 $H=0.89064P$	牙顶削平高度 $f=0.14532P$	螺纹高度 h_S 或 $h_n=0.66271P$	最大牙底削平高度② $s=0.0826P$	最大牙底半径③ $r=0.0714P$	牙顶平面宽度 $F=0.16316P$
3	0.3333	0.2000	0.2969	0.0484	0.2209	0.0275	0.0238	0.0543
2½	0.4000	0.2400	0.3563	0.0581	0.2651	0.0330	0.0286	0.0653
2	0.5000	0.3000	0.4453	0.0727	0.3314	0.0413	0.0357	0.0816
1½	0.6667	0.4000	0.5938	0.0969	0.4418	0.0551	0.0476	0.1088
1¼	0.8000	0.4800	0.7125	0.1163	0.5302	0.0661	0.0572	0.1305
1	1.0000	0.6000	0.8906	0.1453	0.6627	0.0826	0.0714	0.1632

① 所有其他尺寸以 in 为单位。

② 最小牙底削平高度是最大值的一半。

③ 最小牙底半径是最大值的一半。

表 8-80　美国国家标准寸制锯齿形螺纹符号和形式

螺纹要素	最大实体（基本）	最小实体
螺距	P	
三角形螺纹高度	$H=0.89064P$	
螺纹旋合基本高度	$h=0.6P$	
牙底（理论）半径①	$r=0.07141P$	最小 $r=0.0357P$
牙底削平高度	$s=0.0826P$	最小 $s=0.5$；最大 $s=0.0413P$
平根从根部截断	$s=0.0826P$	最小 $s=0.5$；最大 $s=0.0413P$
牙底削平成平牙底牙型	$S=0.0928P$	最小 $S=0.0464P$
允差	G	
螺纹接触高度	$h_e=h-0.5G$	最小 h_e = 最大 h_e -［0.5×外螺纹大径公差 +0.5×内螺纹小径公差］
牙顶削平高度	$f=0.14532P$	
牙顶宽度	$F=0.16316P$	
大径	D	
内螺纹大径	$D_n=D+0.12542P$	最大 D_n = 内螺纹最大中径 +0.80803P
外螺纹大径	$D_S=D-G$	最小 $D_S=D-G-D$ 公差
中径	E	
内螺纹中径②	$E_n=D-h$	最大 $E_n=D-h+PD$ 公差
外螺纹中径③	$E_S=D-h-G$	最小 $E_S=D-h-G-PD$ 公差
小径	K	
外螺纹小径	$K_S=D-1.32542P-G$	最小 K_S = 外螺纹最小中径 -0.80803P
内螺纹小径	$K_n=D-2h$	最小 $K_n=D-2h+K$ 公差
内螺纹螺纹高度	$h_n=0.66271P$	
外螺纹螺纹高度	$h_S=0.66271P$	
导程中径增量	ΔEl	
45°牙侧间隙角的中径增量	$\Delta E\alpha_1$	
7°牙侧载荷角的中径增量	$\Delta E\alpha_2$	
旋合长短	L_e	

① 除非指定了平牙底牙型，否则外螺纹和内螺纹的圆形牙底牙型在 0.07141P 最大值到 0.0357P 最小半径确定的区域内应该是连续的、平滑的弯曲曲线。所得到的曲线应不具有反转或突然的角度变化，并且应与螺纹的牙侧相切。也就是说，作为一个真实的半径，在实践中圆整的牙型几乎没有机会严格地达到基本的规定。

② 通螺纹塞规和止螺纹塞规的中径 X 公差适用于 E_n 和最大 E_n 的内螺纹产品极限。

③ 通螺纹塞规和止规螺纹塞规的中径 W 公差适用于 E_S 和最小 E_S 的外螺纹产品极限。

2. 锯齿形螺纹公差

外螺纹基本尺寸的公差以负方向施加，内螺纹以正方向施加。

中径公差：以下公式用于确定 2 级（标准等级）外螺纹或内螺纹的中径产生的公差：

$$PD\text{公差}=0.002\sqrt[3]{D}+0.00278\sqrt{L_e}+0.00854\sqrt{P}$$

式中，D 是外螺纹的基本大径（假定无允差）；L_e 是旋合长度；P 是螺距。

当旋合长度取 10P 时，公式减少到

$$0.002\sqrt[3]{D}+0.0173\sqrt{P}$$

应该注意的是，该公式具体涉及的是 2 级（标准等级）中径公差，3 级（精度级）中径公差是 2 级中径公差的 2/3。表 8-81 列出了基于该公式的中径公差的不同直径与螺距组合。

表 8-81 美国国家标准寸制锯齿形螺纹公差等级 2 级（标准等级）和 3 级（精密级）ANSI B1.9-1973（R2007）

每英寸牙数	螺距 P/in	基本大径/in 0.5~0.7	0.7~1.0	1.0~1.5	1.5~2.5	2.5~4	4~6	6~10	10~16	16~24	螺距增量 $0.0173\sqrt{P}$in
		外螺纹大径公差、内外螺纹中径、内螺纹小径/in									
2 级，标准等级											
20	0.0500	0.0056	—	—	—	—	—	—	—	—	0.00387
16	0.0625	0.0060	0.0062	0.0065	0.0068	0.0073	—	—	—	—	0.00432
12	0.0833	0.0067	0.0069	0.0071	0.0075	0.0080	0.0084	—	—	—	0.00499
10	0.1000	—	0.0074	0.0076	0.0080	0.0084	0.0089	0.0095	0.0102	—	0.00547
8	0.1250	—	—	0.0083	0.0086	0.0091	0.0095	0.0101	0.0108	0.0115	0.00612
6	0.1667	—	—	0.0092	0.0096	0.0100	0.0105	0.0111	0.0118	0.0125	0.00706
5	0.2000	—	—	—	0.0103	0.0107	0.0112	0.0117	0.0124	0.0132	0.00774
4	0.2500	—	—	—	0.0112	0.0116	0.0121	0.0127	0.0134	0.0141	0.00865
3	0.3333	—	—	—	—	—	0.0134	0.0140	0.0147	0.0154	0.00999
2.5	0.4000	—	—	—	—	—	—	0.0149	0.0156	0.0164	0.01094
2.0	0.5000	—	—	—	—	—	—	0.0162	0.0169	0.0177	0.01223
1.5	0.6667	—	—	—	—	—	—	—	0.0188	0.0196	0.01413
1.25	0.8000	—	—	—	—	—	—	—	0.0202	0.0209	0.01547
1.0	1.0000	—	—	—	—	—	—	—	—	0.0227	0.01730
直径增量 $0.002\sqrt[3]{D}$		0.00169	0.00189	0.00215	0.00252	0.00296	0.00342	0.00400	0.00470	0.00543	
3 级，精密级											
20	0.0500	0.0037	—	—	—	—	—	—	—	—	
16	0.0625	0.0040	0.0042	0.0043	0.0046	0.0049	—	—	—	—	
12	0.0833	0.0044	0.0046	0.0048	0.0050	0.0053	0.0056	—	—	—	
10	0.1000	—	0.0049	0.0051	0.0053	0.0056	0.0059	0.0063	0.0068	—	
8	0.1250	—	—	0.0055	0.0058	0.0061	0.0064	0.0067	0.0072	0.0077	
6	0.1667	—	—	0.0061	0.0064	0.0067	0.0070	0.0074	0.0078	0.0083	
5	0.2000	—	—	—	0.0068	0.0071	0.0074	0.0078	0.0083	0.0088	
4	0.2500	—	—	—	0.0074	0.0077	0.0080	0.0084	0.0089	0.0094	
3	0.3333	—	—	—	—	—	0.0089	0.0093	0.0098	0.0103	
2.5	0.4000	—	—	—	—	—	—	0.0100	0.0104	0.0109	
2.0	0.5000	—	—	—	—	—	—	0.0108	0.0113	0.0118	
1.5	0.6667	—	—	—	—	—	—	—	0.0126	0.0130	
1.25	0.8000	—	—	—	—	—	—	—	0.0135	0.0139	
1.0	1.0000	—	—	—	—	—	—	—	—	0.0152	

功能尺寸：制成螺纹的导程角和牙侧角的偏差会增加外螺纹的功能尺寸，并通过这些偏差的等效直径的累积效应来减小内螺纹的功能尺寸。所有制成锯齿形螺纹的功能尺寸不得超过最大材料极限。

外螺纹大径和内螺纹小径的公差：除非另有规定，否则这些公差应与所用类型的中径公差相同。

外螺纹小径和内螺纹大径的公差：在大多数情况下，仅表明外螺纹的最大小径和内螺纹的最小大径无公差就足够了。然而，三角形螺纹的牙底削平高度不应大于 0.0826P 且不小于 0.0413P。

用于 2 级的导程角和牙侧角的偏差：导程角和牙侧角的偏差可能影响表 8-81 中给出的最大和最小材料产品极限之间的整个公差带。

用于 3 级的导程角和牙侧角度变化的直径当量：用于 3 级的导程角（包括螺旋偏差）和牙侧角的组合直径当量的变化不得超过表 8-81 中用于 2 级中径公差的 50%。

锥度和圆度的公差：没有用于 2 级锯齿形螺纹锥度和圆度的要求。

3 级锯齿形螺纹的大径和小径不得在超过规定的大径和小径锥度与圆度的极限。3 级锯齿形螺纹中径的锥度和圆度不得超过中径公差的 50%。

圆牙底外螺纹如图 8-30 所示，平牙底外螺纹如图 8-31 所示。

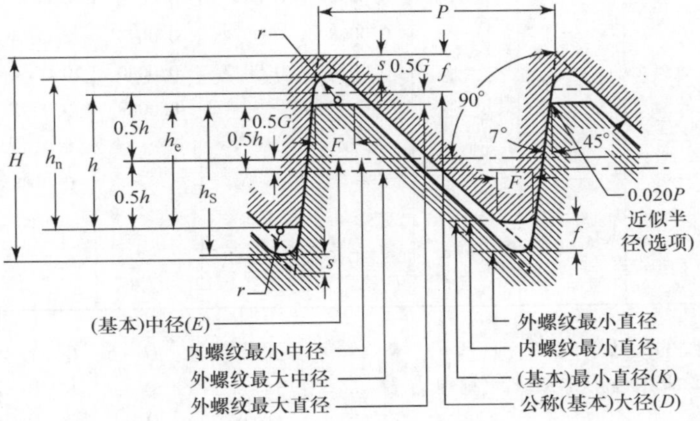

图 8-30　圆牙底外螺纹

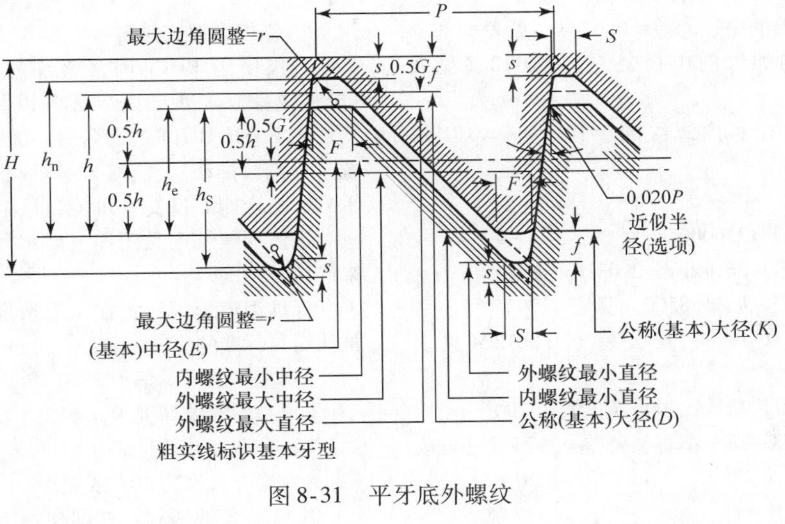

图 8-31　平牙底外螺纹

美国国家标准寸制锯齿形螺纹公差等级 2 级（标准等级）和 3 级（精密级）见表 8-81。

3. 便利性装配的允差

所有外螺纹上应提供允差（间隙）以确保部件便于装配。当确定外螺纹的最大实体状态时，允差的总量可从外螺纹的公称大径、中径和小径中导出。

最小内螺纹是基础。

当用前面给出的公式计算时两个类别的允差量相同，并且等于3级中径公差。表8-82给出了不同直径与螺距组合的允差。

表8-82 美国国家标准寸制外螺纹2级和3级锯齿形螺纹的允差 ANSI B1.9-1973（R2007）

每英寸牙数	螺距 P/in	基本大径/in								
		0.5~0.7	0.7~1.0	1.0~1.5	1.5~2.5	2.5~4	4~6	6~10	10~16	16~24
		外螺纹的大径、小径和中径的允差/in								
20	0.0500	0.0037	—	—	—	—	—	—	—	—
16	0.0625	0.0040	0.0042	0.0043	0.0046	0.0049	—	—	—	—
12	0.0833	0.0044	0.0046	0.0048	0.0050	0.0053	0.0056	—	—	—
10	0.1000	—	0.0049	0.0051	0.0053	0.0056	0.0059	0.0063	0.0068	—
8	0.1250	—	—	0.0055	0.0058	0.0061	0.0064	0.0067	0.0072	0.0077
6	0.1667	—	—	0.0061	0.0064	0.0067	0.0070	0.0074	0.0078	0.0083
5	0.2000	—	—	—	0.0068	0.0071	0.0074	0.0078	0.0083	0.0088
4	0.2500	—	—	—	0.0074	0.0077	0.0080	0.0084	0.0089	0.0094
3	0.3333	—	—	—	—	—	0.0089	0.0093	0.0098	0.0103
2.5	0.4000	—	—	—	—	—	—	0.0100	0.0104	0.0109
2.0	0.5000	—	—	—	—	—	—	0.0108	0.0113	0.0118
1.5	0.6667	—	—	—	—	—	—	—	0.0126	0.0130
1.25	0.8000	—	—	—	—	—	—	—	0.0135	0.0139
1.0	1.0000	—	—	—	—	—	—	—	—	0.0152

4. 典型锯齿形螺纹的尺寸示例

2in直径，4牙，2级锯齿形螺纹，牙侧角为7°和45°的尺寸为：

h = 基本螺纹高度 = 0.1500（见表8-79）

$h_S = h_n$ = 外螺纹和内螺纹的螺纹高度 = 0.1657（见表8-79）

G = 外螺纹上的中径允差 = 0.0074（见表8-82）

外螺纹和内螺纹的中径公差 = 0.0112（见表8-81）

外螺纹的大径和内螺纹的小径公差 = 0.0112（见表8-81）

内螺纹：

基本大径：$D = 2.0000$

最小大径：$D - 2h + 2h_n = 2.0314$（见表8-79）

最小中径：$D - h = 1.8500$（见表8-79）

最大中径：$D - h + PD$ 公差 = 1.8612（见表8-81）

最小小径：$D - 2h = 1.7000$（见表8-79）

最大小径：$D - 2h$ + 小直径公差 = 1.7112（见表8-81）

外螺纹：

最大大径：$D - G = 1.9926$（见表8-82）

最小大径：$D - G$ - 大径公差 = 1.9814（见表8-81和表8-82）

最大中径：$D - h - G = 1.8426$（见表8-79和表8-82）

最小中径：$D - h - G - PD$ 公差 = 1.8314（见表8-81）

最大小径：$D - G - 2h_S = 1.6612$（见表8-79和表8-82）

5. 锯齿形螺纹命名

当仅使用BUTT时，螺纹为拉式锯齿形螺纹（外螺纹拉）非承载引导牙侧以及7°的压力牙侧。当使用PUSH-BUTT的命名时，螺纹是推式锯齿形螺纹（外螺纹推动），前端为7°承载引导牙侧和45°非承载跟随牙侧。只要有可能，这个描述应该能通过具有锯齿形螺纹产品图样上展示牙型角的简化视图来确认。

标准锯齿形螺纹：在以下情况下，锯齿形螺纹被认为是标准的。

1）相对的牙侧角为7°和45°。

2）基本螺纹高度为0.6P。

3）公差和允差见表8-81和表8-82。

4）旋合长度为10P或更小。

螺纹命名的缩写：在图样、工具、量规和规格中的螺纹名称中，使用以下缩写和字母。

BUTT，锯齿形螺纹，拉式；

PUSH-BUTT，锯齿形螺纹，推式；

左旋螺纹 LH（缺少 LH，表示螺纹是右旋螺纹）；

P，螺距；

L，导程；

A，外螺纹；

B，内螺纹；

注意：当螺纹类别后缺少 A 或 B 表示该命名包含外螺纹和内螺纹。

Le，螺纹旋合长度；

SPL，特殊的；

FL，用于平牙底螺纹；

E，中径；

TPI，每英寸螺纹数；

TPD，螺纹。

寸制锯齿形螺纹的命名顺序：当命名一个标准单线锯齿形螺纹时，首先给定公称尺寸，接下来确定每英寸牙数，然后如果内部单元为外推的用 PUSH（如果是要内拉则不规定），接着确定螺纹配合的类（2 或 3），然后确定外螺纹（A）还是内螺纹（B），接下来如果是左旋则为 LH（如果右旋则没有规定），最后如果是平牙底螺纹则为 FL（如果是圆牙底螺纹则没有）。因此，2. 5-8 BUTT-2A 表示 2. 5in，每英寸 8 牙的锯齿形螺纹，2 级外螺纹，右旋，内部单元为内拉式，具有圆形牙底螺纹。命名为 2. 5-8 PUSH-BUTT-2A-LH-FL 的螺纹表示 2. 5in 规格，每英寸 8 牙的锯齿形螺纹，内部单元为外推式，配合等级 2 外螺纹，左旋和平牙底。

多线标准锯齿形螺纹的命名与以上类似，但是给出的是螺距而不是每英寸的螺纹数，接着是导程，并且在螺纹类别之后的括号中标识螺纹线数。因此，10-0. 25P-0. 5L-BUTT-3B（2start）表示 10in 的螺纹，每英寸 4 个螺纹，0. 5in 导程，内部单元为外推式，配合等级为 3，内螺纹，2 个螺线，带圆牙底的螺纹。

8.7 惠氏螺纹

1. 英国标准惠氏（BSW）和英国标准精密（BSF）螺纹

BSW 是粗牙螺纹系列，BSF 是英国标准 84：1956 惠特沃斯牙型的细牙螺纹系列。以下给出的用于大径、当量直径和小径尺寸分别是这些直径在螺栓上的最大极限和在螺母上的最小极限。

2. 惠氏标准螺纹牙型

该螺纹牙型用于英国标准惠氏和寸制细牙螺纹。最近两种螺纹都被称为具有惠氏牙型的圆柱形螺纹。通过螺纹的标准化，惠氏螺纹牙型仅用于更换或备件。如果 P 是螺距，d 是螺纹深度，r 是牙顶和牙底半径，n 是每英寸牙数，则

$$d = P\cot 27°30'/3 = 0.640327P = 0.640327/n$$

$$r = 0.137329P = 0.137329/n$$

惠氏螺纹牙型如图 8-32 所示，BSW 和 BSF 螺纹的公差公式见表 8-83，惠氏螺纹牙型基本尺寸见表 8-84，英国标准惠氏（BSW）和英国标准细牙（BSF）螺纹系列基本尺寸见表 8-85。

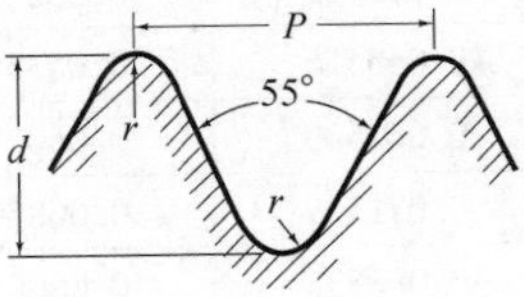

图 8-32 惠氏螺纹牙型

表 8-83 BSW 和 BSF 螺纹的公差公式

配合类别		公差①（+用于螺母，-用于螺栓）/in		
		大径	等效直径	小径
螺栓	紧密	$2T/3 + 0.01\sqrt{P}$	$2T/3$	$2T/3 + 0.013\sqrt{P}$
	中等	$T + 0.01\sqrt{P}$	T	$T + 0.02\sqrt{P}$
	松配合	$3T/2 + 0.01\sqrt{P}$	$3T/2$	$3T/2 + 0.01\sqrt{P}$
螺母	紧密	—	$2T/3$	$0.2P + 0.004$②
	中等	—	T	$0.2P + 0.005$③
	标准	—	$3T/2$	$0.2P + 0.007$④

① 符号 $T = 0.002\sqrt[3]{D} + 0.003\sqrt{L} + 0.005\sqrt{P}$，其中 D 是螺纹大径（in）；L 是旋合长度（in）；P 是螺距（in）。

② 每英寸 26 个螺纹及以上。

③ 每英寸 24 个和 22 个螺纹。

④ 每英寸 20 个螺纹及以下。

表 8-84 惠氏螺纹牙型基本尺寸 （单位：in）

$P = 1 \div n$

$H = 0.960491P$

$H/6 = 0.160082P$

$h = 0.640327P$

$e = 0.0739176P$

$r = 0.137329P$

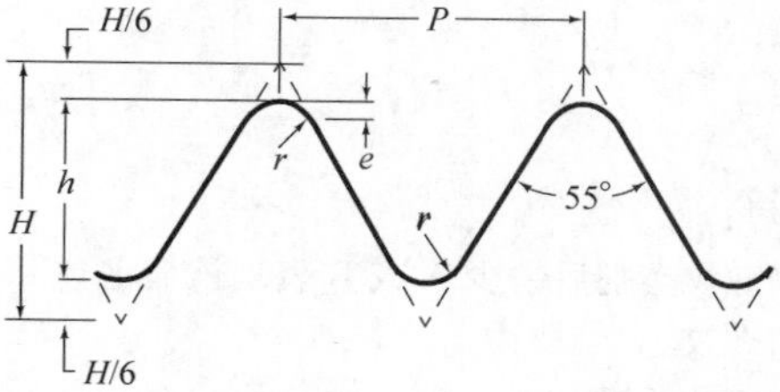

每英寸牙数 n	螺距 P	三角形高度 H	缩短量 $H/6$	螺纹深度 h	圆整深度 e	半径 r
72	0.013889	0.013340	0.002223	0.008894	0.001027	0.001907
60	0.016667	0.016009	0.002668	0.010672	0.001232	0.002289
56	0.017857	0.017151	0.002859	0.011434	0.001320	0.002452
48	0.020833	0.020010	0.003335	0.013340	0.001540	0.002861
40	0.025000	0.024012	0.004002	0.016008	0.0011848	0.003433
36	0.027778	0.026680	0.004447	0.017787	0.002053	0.003815
32	0.031250	0.030015	0.005003	0.020010	0.002310	0.004292
28	0.035714	0.034303	0.005717	0.022869	0.002640	0.004905
26	0.038462	0.036942	0.006157	0.024628	0.002843	0.005282
24	0.041667	0.040020	0.006670	0.026680	0.003080	0.005722
22	0.045455	0.043659	0.007276	0.029106	0.003366	0.006242
20	0.050000	0.048025	0.008004	0.032016	0.003696	0.006866
19	0.052632	0.050553	0.008425	0.033702	0.003890	0.007228
18	0.055556	0.053361	0.008893	0.035574	0.004107	0.007629
16	0.062500	0.060031	0.010005	0.040020	0.004620	0.008583
14	0.071429	0.068607	0.011434	0.045738	0.005280	0.009809
12	0.083333	0.080041	0.013340	0.053361	0.006160	0.011444
11	0.090909	0.087317	0.014553	0.058212	0.006720	0.012484
10	0.100000	0.096049	0.016008	0.064033	0.007392	0.013733
9	0.111111	0.106721	0.017787	0.071147	0.008213	0.015259
8	0.125000	0.120061	0.020010	0.080041	0.009240	0.017166
7	0.142857	0.137213	0.022869	0.091475	0.010560	0.019618
6	0.166667	0.160082	0.026680	0.106721	0.012320	0.022888
5	0.20000	0.192098	0.032016	0.128065	0.014784	0.027466
4.5	0.222222	0.213442	0.035574	0.142295	0.016426	0.030518
4	0.250000	0.240123	0.040020	0.160082	0.018479	0.034332
3.5	0.285714	0.274426	0.045738	0.182951	0.021119	0.039237
3.25	0.307692	0.295536	0.049256	0.197024	0.022744	0.042255
3	0.333333	0.320164	0.053361	0.213442	0.024639	0.045776
2.875	0.347826	0.334084	0.055681	0.222722	0.025710	0.047767
2.75	0.363636	0.349269	0.058212	0.232846	0.026879	0.049938
2.625	0.380952	0.365901	0.060984	0.243934	0.028159	0.052316
2.5	0.400000	0.384196	0.064033	0.256131	0.029567	0.054932

表 8-85 英国标准惠氏（BSW）和英国标准细牙（BSF）螺纹系列基本尺寸 BS 84：1956（已废止）

公称尺寸 /in	每英寸牙数	螺距 /in	螺纹深度 /in	大径 /in	等效直径 /in	小径 /in	螺纹底面积 /in²	螺纹孔直径
粗牙螺纹系列（BSW）								
1/8①	40	0. 02500	0. 0160	0. 1250	0. 1090	0. 9030	0. 0068	2. 55mm
3/16	24	0. 04167	0. 0267	0. 1875	0. 1608	0. 1341	0. 0141	3. 70mm
1/4	20	0. 05000	0. 0320	0. 2500	0. 2180	0. 1860	0. 0272	5. 10mm
5/16	18	0. 05556	0. 0356	0. 3125	0. 2769	0. 2413	0. 0457	6. 50mm
3/8	16	0. 06250	0. 0400	0. 3750	0. 3350	0. 2950	0. 0683	7. 90mm
7/16	14	0. 07143	0. 0457	0. 4375	0. 3918	0. 3461	0. 0941	9. 30mm
1/2	12	0. 08333	0. 0534	0. 5000	0. 4466	0. 3932	0. 1214	10. 50mm
9/16①	12	0. 08333	0. 0534	0. 5625	0. 5091	0. 4557	0. 1631	12. 10mm
5/8	11	0. 09091	0. 0582	0. 6250	0. 5668	0. 5086	0. 2032	13. 50mm
11/16①	11	0. 09091	0. 0582	0. 6875	0. 6293	0. 5711	0. 2562	15. 00mm
3/4	10	0. 10000	0. 0640	0. 7500	0. 6860	0. 6220	0. 3039	16. 25mm
7/8	9	0. 11111	0. 0711	0. 8750	0. 8039	0. 7328	0. 4218	19. 25mm
1	8	0. 12500	0. 0800	1. 0000	0. 9200	0. 8400	0. 5542	22. 00mm
1⅛	7	0. 14286	0. 0915	1. 1250	1. 0335	0. 9420	0. 6969	24. 75mm
1¼	7	0. 14286	0. 0915	1. 2500	1. 1585	1. 0670	0. 8942	28. 00mm
1½	6	0. 16667	0. 1067	1. 5000	1. 3933	1. 2866	1. 3000	33. 50mm
1¾	5	0. 20000	0. 1281	1. 7500	1. 6219	1. 4938	1. 7530	39. 00mm
2	4. 5	0. 22222	0. 1423	2. 0000	1. 8577	1. 7154	2. 3110	44. 50mm
2¼	4	0. 25000	0. 1601	2. 2500	2. 0899	1. 9298	2. 9250	此列中所示螺纹孔直径为 BS 1157：1975 的推荐规格，并且提供全螺纹的 77% ~87% 的规定
2½	4	0. 25000	0. 1601	2. 5000	2. 3399	2. 1798	3. 7320	
2¾	3. 5	0. 28571	0. 1830	2. 7500	2. 5670	2. 3840	4. 4640	
3	3. 5	0. 28571	0. 1830	3. 0000	2. 8170	2. 6340	5. 4490	
3¼①	3. 25	0. 30769	0. 1970	3. 2500	3. 0530	2. 8560	6. 4060	
3½	3. 25	0. 30769	0. 1970	3. 5000	3. 3030	3. 1060	7. 5770	
3¾①	3	0. 33333	0. 2134	3. 7500	3. 5366	3. 3232	8. 6740	
4	3	0. 33333	0. 2134	4. 0000	3. 7866	3. 5732	10. 0300	
4½	2. 875	0. 34783	0. 2227	4. 5000	4. 2773	4. 0546	12. 9100	
5	2. 75	0. 36364	0. 2328	5. 0000	4. 7672	4. 5344	16. 1500	
5½	2. 625	0. 38095	0. 2439	5. 5000	5. 2561	5. 0122	19. 7300	
6	2. 5	0. 40000	0. 2561	6. 0000	5. 7439	5. 4878	23. 6500	
细牙螺纹系列（BSF）								
3/16①②	32	0. 03125	0. 0200	0. 1875	0. 1675	0. 1475	0. 0171	4. 00mm
7/32①	28	0. 03571	0. 0229	0. 2188	0. 1959	0. 1730	0. 0235	4. 60mm
1/4	26	0. 03846	0. 0246	0. 2500	0. 2254	0. 2008	0. 0317	5. 30mm
9/32①	26	0. 03846	0. 0246	0. 2812	0. 2566	0. 2320	0. 0423	6. 10mm
5/16	22	0. 04545	0. 0291	0. 3125	0. 2834	0. 2543	0. 0508	6. 80mm
3/8	20	0. 05000	0. 0320	0. 3750	0. 3430	0. 3110	0. 0760	8. 30mm
7/16	18	0. 05556	0. 0356	0. 4375	0. 4019	0. 3363	0. 1054	9. 70mm
1/2	16	0. 06250	0. 0400	0. 5000	0. 4600	0. 4200	0. 1385	11. 10mm
9/16	16	0. 06250	0. 4000	0. 5625	0. 5225	0. 4825	0. 1828	12. 70mm
5/8	14	0. 07143	0. 0457	0. 6250	0. 5793	0. 5336	0. 2236	14. 00mm
11/16①	14	0. 07143	0. 0457	0. 6875	0. 6418	0. 5961	0. 2791	15. 50mm
3/4	12	0. 08333	0. 0534	0. 7500	0. 6966	0. 6432	0. 3249	16. 75mm

（续）

公称尺寸 /in	每英寸牙数	螺距 /in	螺纹深度 /in	大径 /in	等效直径 /in	小径 /in	螺纹底面积 /in²	螺纹孔直径
细牙螺纹系列（BSF）								
7/8	11	0.09091	0.0582	0.8750	0.8168	0.7586	0.4520	19.75mm
1	10	0.10000	0.0640	1.0000	0.9360	0.8720	0.5972	22.75mm
1⅛	9	0.11111	0.0711	1.1250	1.0539	0.9828	0.7586	
1¼	9	0.11111	0.0711	1.2500	1.1789	1.1078	0.9639	25.50mm
1⅜	8	0.12500	0.0800	1.3750	1.2950	1.2150	1.1590	28.50mm
1½	8	0.12500	0.0800	1.5000	1.4200	1.3400	1.4100	31.50mm
1⅝①	8	0.12500	0.0800	1.6250	1.5450	1.4650	1.6860	34.50mm
1¾	7	0.14286	0.0915	1.7500	1.6585	1.5670	1.9280	此列中所示螺纹孔直径为 BS 1157：1975 的推荐规格，并且提供全螺纹的77%～87%的规格
2	7	0.14286	0.0915	2.0000	1.9085	1.8170	2.5930	
2¼	6	0.16667	0.1067	2.2500	2.1433	2.0366	3.2580	
2½	6	0.16667	0.1067	2.5000	2.3933	2.2866	4.1060	
2¾	6	0.16667	0.1067	2.7500	2.6433	2.5366	5.0540	
3	5	0.20000	0.1281	3.0000	2.8719	2.7438	5.9130	
3¼	5	0.20000	0.1281	3.2500	3.1219	2.9938	7.0390	
3½	4.5	0.22222	0.1423	3.5000	3.3577	3.2154	8.1200	
3¾	4.5	0.22222	0.1423	3.7500	3.6077	3.4654	9.4320	
4	4.5	0.22222	0.1423	4.0000	3.8577	3.7154	10.8400	
4¼	4	0.25000	0.1601	4.2500	4.0799	3.9298	12.1300	

① 尽可能地省去。

② 建议使用 2 BA 螺纹代替 3/16in BSF 螺纹。

建议公称尺寸 3/4in 及以下的不锈钢螺栓不要用紧密等级极限，而要用中等或松配合极限。公称尺寸高于 3/4in 的应具有比从表 8-83 中获得的值小 0.001in 的最大和最小极限。

公差带代号：紧密配合的螺栓，用于要求精密紧配合的螺纹，并且只能用于专门要求精确螺距和螺纹牙型的特殊工况；中等配合的螺栓和螺母适用于普通互换性中较好类别的螺纹；松配合螺栓适用于大多数具有普通商业品质的螺栓；普通类螺母适用于普通商用品质螺母，专用于中等或松配合的螺栓。

允差：只有松配合和中等配合的螺栓具有允差。对于 3/4～1/4in 标准尺寸的，允差为其中等配合螺栓当量直径公差的 30%（$0.03T$）。对于标准尺寸小于 1/4in 的，使用 1/4in 规格的允差，用在螺栓尺寸上的允差为负，则公差用在减少的尺寸上。

8.8 管与软管螺纹

用于管道和管道配件上的螺纹类型可根据其用途进行分类：①当使用密封剂装配时会产生压力密封接头的螺纹；②当没有密封剂装配时产生压力密封接头的螺纹；③在没有压力密封的情况下，提供自由和松配合接头的螺纹；④在没有压力密封的情况下产生刚性机械接头的螺纹。

8.8.1 美国国家标准管螺纹

下文描述的美国国家标准管螺纹提供锥形和直管螺纹，用于各种装配，并具有某些修正以满足这些特定需求。

1. 螺纹的命名和符号

美国国家标准管螺纹通过公称尺寸、每英寸螺纹数和螺纹系列及形式的符号等的特殊顺序来命名，如 3/ －18 NPT。符号命名如下：NPT 表示美国国家标准锥形管螺纹；NPTR 表示美国国家标准锥形管螺纹用于护栏连接；NPSC 表示美国国家标准联轴器直管螺纹；NPSM 表示美国国家标准直管螺纹用于自由配合机械接头；NPSL 表示美国国家标准带螺纹松配合机械接头的直管螺纹；NPSH 表示美国国家标准用于软管接头的直管螺纹。

2. 美国国家标准锥形管螺纹

ANSI 标准锥形管螺纹的基本尺寸见表 8-86 和表 8-87。

螺纹牙型：在轴向平面测量时，螺纹两侧之间的角度为 60°，平分该角度的线垂直于轴线。螺纹的削平深度基于进入制造的切削刀具和生成紧密接头等因素，由表 8-86 中的公式或由这些公式得到的表 8-88 中的数据给出。虽然该标准显示螺纹的牙顶和牙底部为平坦表面，但在实际实践中可能会产生一些圆角，并且当刀具或梳齿刀的牙顶和牙底处于表 8-88 中的限度范围内时，管螺纹产品是可接受的。

中径公式：在以下适用于 ANSI 标准锥形管螺纹的公式中，E_0是管端部的中径；E_1 是内螺纹大端和量规刻度处的中径；D 是管道外径；L_1 是外螺纹和内螺纹之间的手旋或正常旋合长度；L_2 是有效外锥螺纹的基本长度；P 是 1 ÷ 每英寸的螺纹数。

$$E_0 = D - (0.05D + 1.1)P$$

$$E_1 = E_0 + 0.0625L_1$$

螺纹长度：L_2 的公式确定有效螺纹的长度，并包括大约两个在顶部略有不完全的可用螺纹的长度。外部和内部锥形螺纹之间的标准旋合长度 L_1，当用手旋合时，通过使用量具来控制。

$$L_2 = (0.80D + 6.8)/P$$

锥度：螺纹的锥度为 1/16 或 0.75in/ft，在沿轴线的直径上测量。与中心线对应的锥角或半锥角为 1°47′。

表 8-86　美国国家标准锥形管螺纹基本尺寸 NPT ANSI/ASME B1.20.1-1983（R2006）

（单位：in）

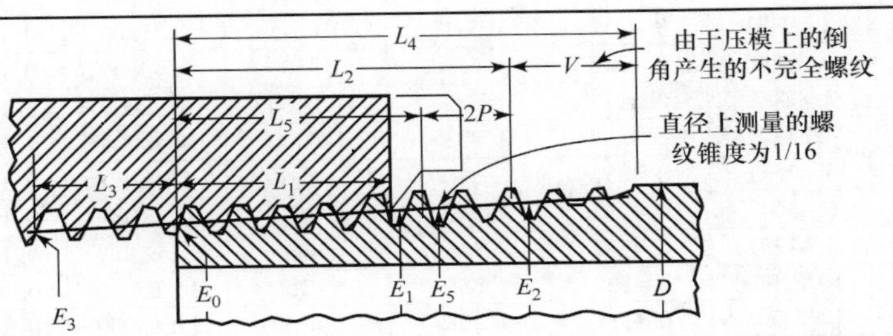

对于所有尺寸，请参见表中相应的规格。

螺纹两侧的角度为 60°。直径上的螺纹锥度为 3/4in/ft。相对中心线的锥角为 1°47′。

截头螺纹的基本最大螺纹高度 h 为 $0.8P$。对于所有螺距，牙顶和牙底平面最小为 $0.033P$。最大削平高度参见表 8-88。

公称管尺寸	管外径 D	每英寸的螺纹数 n	螺纹螺距 P	外螺纹始端中径 E_0	手旋合 长度①L_1	手旋合 直径②E_2	有效外螺纹 长度③L_2	有效外螺纹 直径 E_2
					in		in	
1/16	0.3125	27	0.03704	0.27118	0.160	0.28118	0.2611	0.28750
1/8	0.405	27	0.03704	0.36351	0.1615	0.37360	0.2639	0.38000
1/4	0.540	18	0.05556	0.47739	0.2278	0.49163	0.4018	0.50250
3/8	0.675	18	0.05556	0.61201	0.240	0.62701	0.4078	0.63750
1/2	0.840	14	0.07143	0.75843	0.320	0.77843	0.5337	0.79179
3/4	1.050	14	0.07143	0.96768	0.339	0.98887	0.5457	1.00179
1	1.315	11½	0.08696	1.21363	0.400	1.23863	0.6828	1.25630
1¼	1.660	11½	0.08696	1.55713	0.420	1.58338	0.7068	1.60130
1½	1.900	11½	0.08696	1.79609	0.420	1.82234	0.7235	1.84130
2	2.375	11½	0.08696	2.26902	0.436	2.29627	0.7565	2.31630
2½	2.875	8	0.12500	2.71953	0.682	2.76216	1.1375	2.79062
3	3.500	8	0.12500	3.34062	0.766	3.38850	1.2000	3.41562
3½	4.000	8	0.12500	3.83750	0.821	3.88881	1.2500	3.91562
4	4.500	8	0.12500	4.33438	0.844	4.38712	1.3000	4.41562
5	5.563	8	0.12500	5.39073	0.937	5.44929	1.4063	5.47862
6	6.625	8	0.12500	6.44609	0.958	6.50597	1.5125	6.54062
8	8.625	8	0.12500	8.43359	1.063	8.50003	1.7125	8.54062
10	10.750	8	0.12500	10.54531	1.210	10.62094	1.9250	10.66562
12	12.750	8	0.12500	12.53281	1.360	12.61781	2.1250	12.66562
14OD	14.000	8	0.12500	13.77500	1.562	13.87262	2.2500	13.91562
16OD	16.000	8	0.12500	15.76250	1.812	15.87575	2.4500	15.91562
18OD	18.000	8	0.12500	17.75000	2.000	17.87500	2.6500	17.91562
20OD	20.000	8	0.12500	19.73750	2.125	19.87031	2.8500	19.91562
24OD	24.000	8	0.12500	23.71250	2.375	23.86094	3.2500	23.91562

① 含细环规的长度和量规刻度至塞规小端。

② 含在量规刻度（手旋紧的平面）上的中径。

③ 含量规长度。

表 8-87 美国国家标准锥形管螺纹基本尺寸NPT ANSI/ASME B1.20.1-1983（R2006）

（单位：in）

公称管尺寸	内螺纹扳手拧紧长度		尾扣螺纹	外螺纹总长	公称理想外螺纹①		螺纹高度	在管小端②的
	长度③ L_3	直径 E_3	（3.47 牙）V	L_4	长度 L_5	直径 E_5	h	基本小径 K_0
1/16	0.1111	0.26424	0.1285	0.3896	0.1870	0.28287	0.02963	0.2416
1/8	0.1111	0.35656	0.1285	0.3924	0.1898	0.37537	0.02963	0.3339
1/4	0.1667	0.46697	0.1928	0.5946	0.2907	0.49556	0.04444	0.4329
3/8	0.1667	0.60160	0.1928	0.6006	0.2967	0.63056	0.04444	0.5676
1/2	0.2143	0.74504	0.2478	0.7815	0.3909	0.78286	0.05714	0.7013
3/4	0.2143	0.95429	0.2478	0.7935	0.4029	0.99286	0.05714	0.9105
1	0.2609	1.19733	0.3017	0.9845	0.5089	1.24543	0.06957	1.1441
1¼	0.2609	1.54083	0.3017	1.0085	0.5329	1.59043	0.06957	1.4876
1½	0.2609	1.77978	0.3017	1.0252	0.5496	1.83043	0.06957	1.7265
2	0.2609	2.25272	0.3017	1.0582	0.5826	2.30543	0.06957	2.1995
2½	0.2500④	2.70391	0.4337	1.5712	0.8875	2.77500	0.100000	2.6195
3	0.2500④	3.32500	0.4337	1.6337	0.9500	3.40000	0.100000	3.2406
3½	0.2500	3.82188	0.4337	1.6837	1.0000	3.90000	0.100000	3.7375
4	0.2500	4.31875	0.4337	1.7337	1.0500	4.40000	0.100000	4.2344
5	0.2500	5.37511	0.4337	1.8400	1.1563	5.46300	0.100000	5.2907
6	0.2500	6.43047	0.4337	1.9462	1.2625	6.52500	0.100000	6.3461
8	0.2500	8.41797	0.4337	2.1462	1.4625	8.52500	0.100000	8.3336
10	0.2500	10.52969	0.4337	2.3587	1.6750	10.65000	0.100000	10.4453
12	0.2500	12.51719	0.4337	2.5587	1.8750	12.65000	0.100000	12.4328
14OD	0.2500	13.75938	0.4337	2.6837	2.0000	13.90000	0.100000	13.6750
16OD	0.2500	15.74688	0.4337	2.8837	2.2000	15.90000	0.100000	15.6625
18OD	0.2500	17.73438	0.4337	3.0837	2.4000	17.90000	0.100000	17.6500
20OD	0.2500	19.72188	0.4337	3.2837	2.6000	19.90000	0.100000	19.6375
24OD	0.2500	23.69688	0.4337	3.6837	3.0000	23.90000	0.100000	23.6125

注：1. 每牙螺纹直径的增加量等于 $0.0625/n$。

2. ANSI 标准锥形管螺纹的基本尺寸以 in 为单位，有四位或五位小数位。虽然这意味着比通常获得的精度更高，这些尺寸是量具尺寸的基础，并且主要是为了消除计算中的错误。

① 管末端的长度 L_5 确定了在其上螺纹牙顶的牙型不完整的平面，其下的两个螺纹在牙底是完整的。在该平面处，由螺纹的牙顶形成的锥形与形成管外表面的圆柱相交。$L_5 = L_2 - 2P$。

② 给出的信息用于选择螺纹孔。

③ 3 线螺纹用于 2in 和更小规格；两线螺纹用于较大的规格。

④ 军用规格 MIL-P-7105 给出了用于 3in 和更小规格的 3 线螺纹扳手旋紧长度。则 E_3 的尺寸如下：规格为 2½in，2.69609 以及规格 3in，3.31719。

3. 内外锥形螺纹之间的旋合

外部和内部锥形螺纹之间的正常旋合长度用手拧紧在一起时，该长度由管螺纹量规的构造和使用控制。应当认识到，在诸如用于高压工况的法兰等特殊应用中，要使用较长的螺纹旋合长度，在这种情况下，保持中径 E_1（见表 8-86）不变，并且管端部的中径 E_0 按比例地减小。

4. 螺纹单元的公差

最大允差的变化在商用成品（制造公差）是比基本尺寸大一扣或小一扣。

表 8-89 列出了钢制品和所有由钢管、锻铸铁或黄铜制成的钢管螺纹单元的允许变化，为确定丝锥、压模和螺纹梳齿刀等螺纹元件的极限提供了一个指南，制造螺纹时可能需要这些极限。

对蒸汽压力为 300lbf 以下的管配件和阀门（而不是钢管），按照 ANSI/ASME B1.20.1 标准设置的塞规和环规将会为产品提供令人满意的锥度、导程和角度累积变化检查。因此，对于此类别螺纹单元没有建立公差。

对于需要更准确的检查的使用条件，工业界已经制定了程序来作为常用塞规和环规的补充。

管接头中的内螺纹，NPSC 用于带有润滑剂或密封剂的压力接头见表 8-90。

表 8-88 美国国家标准内外锥形管螺纹的牙顶和牙底的极限，NPT ANSI/ASME B1.20.1-1983（R2006）

（单位：in）

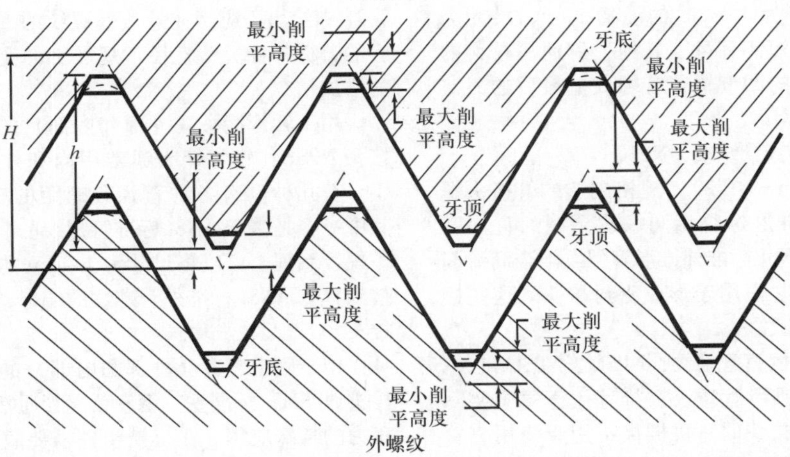

每英寸螺纹数	三角形高度 H	管螺纹高度 h		削平高度 f		平面宽度 f 等同于削平高度	
		最大	最小	最小	最大	最小	最大
27	0.03208	0.02963	0.02496	0.0012	0.0036	0.0014	0.0041
18	0.04811	0.04444	0.03833	0.0018	0.0049	0.0021	0.0057
14	0.06186	0.05714	0.05071	0.0024	0.0056	0.0027	0.0064
11½	0.07531	0.06957	0.06261	0.0029	0.0063	0.0033	0.0073
8	0.10825	0.10000	0.09275	0.0041	0.0078	0.0048	0.0090

注：提供四位或五位小数位仅为避免计算错误，而不是指示所需的精度。

表 8-89 钢制以及所有钢管、锻铸铁管或黄铜管的管螺纹锥度、导程和角度公差

ANSI/ASME B1.20.1-1983（R2006）（不包括对焊管）

公称管尺寸	每英寸螺纹数	中径线锥度（3/4in/ft）		有效螺纹长度上的导程	螺纹的 60°角度
		最大	最小		
1/16，1/8	27	+1/8	−1/16	±0.003	±2½
1/4，3/8	18	+1/8	−1/16	±0.003	±2
1/2，3/4	14	+1/8	−1/16	±0.003①	±2
1，1¼，1½，2	11½	+1/8	−1/16	±0.003①	±1½
2½和更大的	8	+1/8	−1/16	±0.003①	±1½

注：螺纹高度公差见表 8-88。

① 对于有效螺纹长度大于 1in 的螺纹，任何尺寸螺纹的导程公差应为 ±0.003in。

表 8-90 管接头中的内螺纹，NPSC 用于带有润滑剂或密封剂的压力接头

ANSI/ASME B1.20.1-1983（R2006）

（单位：in）

管道尺寸	每英寸螺纹数	小径①	螺距②		管道尺寸	每英寸螺纹数	小径①	螺距②	
		最小	最小	最大			最小	最小	最大
1/8	27	0.340	0.3701	0.3771	1½	11½	1.745	1.8142	1.8305
1/4	18	0.442	0.4864	0.4968	2	11½	2.219	2.2881	2.3044
3/8	18	0.577	0.6218	0.6322	2½	8	2.650	2.7504	2.7739
1/2	14	0.715	0.7717	0.7851	3	8	3.277	3.3768	3.4002
3/4	14	0.925	0.9822	0.9956	3½	8	3.777	3.8771	3.9005
1	11½	1.161	1.2305	1.2468	4	8	4.275	4.3754	4.3988
1¼	11½	1.506	1.5752	1.5915	—	—	—	—	—

① 当 ANSI 标准管螺纹牙型维持不变时，内螺纹的大径和小径随中径而变化。

② 直螺纹孔的实际中径稍微小于按照 ANSI/ASME B1.20.1 的锥形塞规测量的值。

5. 护栏连接锥形管螺纹，NPTR

栏杆接头需要一个具有内外锥形螺纹的刚性的机械螺纹接头。外螺纹基本上与 ANSI 标准锥形管螺纹相同，除了规格为 1 ~ 2in 的缩短 3 牙，尺寸为 2½ ~4in 的规格缩短 4 牙外，其他允许使用较大的管螺纹端。配件中的凹槽覆盖管螺纹上最后的刀痕或不完整螺纹。

6. 管接头中的直管螺纹，NPSC

根据 ANSI/ASME B1. 20. 1 规格制造的管接头螺纹是与 ANSI 标准锥形螺纹相同螺纹牙型的直（圆柱）螺纹。当与 ANSI 标准外锥形管螺纹配合润滑剂或密封剂装配时，它们用于形成密封接头。这些接头仅推荐用于较低压力。

7. 机械接头中的直管螺纹，NPSM、NPSL 和 NPSH

当外部和内部锥形管螺纹被推荐用于每个实际的运行工况下的管接头时，机械接头用于使用直管螺纹的具有优势的场合。ANSI/ASME B1. 20. 1 涵盖的三种类型有：

具有螺母的松配合机械接头（外螺纹和内螺纹）NPSL：这种螺纹设计用于生产具有最大直径的管螺纹，可以在标准管道上切制。这些螺纹的尺寸在表 8-91 中给出。应当注意，外螺纹的最大大径略大于管的公称外径。管直径常规加工的变化提供了上述的增加量。

用于软管接头（外部和内部）的松配合的机械接头 NPSH：软管接头通常用内和外松配合螺纹产生。有几种具有各种直径和螺距的软管螺纹标准。其中一个是基于 ANSI 标准管螺纹的，并且通过使用该螺纹系列，可以将尺寸为 1 ~4in 的小软管接头连接到具有 ANSI 标准外管螺纹的端部，使用垫圈密封接头。

用于固定装置（外部和内部）的自由配合机械接头 NPSM：标准铁、钢和黄铜管通常用于没有内部压力的特殊应用。在机械组件需要直螺纹接头的地方，经常会发现直管螺纹更合适或更方便。这些螺纹的尺寸见表 8-91。

表 8-91 美国国家标准用于机械接头的直管螺纹，NPSM 和 NPSL ANSI/ASME B1. 20. 1-1983 （R2006）

（单位：in）

公称管尺寸	每英寸螺纹数	外螺纹					内螺纹			
		允差	大径		中径		大径		中径	
			最大①	最小	最大	最小	最小①	最大	最小②	最大
用于固定装置的自由配合机械接头 NPSM										
1/8	27	0. 0011	0. 397	0. 390	0. 3725	0. 3689	0. 358	0. 364	0. 3736	0. 3783
1/4	18	0. 0013	0. 526	0. 517	0. 4903	0. 4859	0. 468	0. 481	0. 4916	0. 4974
3/8	18	0. 0014	0. 662	0. 653	0. 6256	0. 6211	0. 603	0. 612	0. 6270	0. 6329
1/2	14	0. 0015	0. 823	0. 813	0. 7769	0. 7718	0. 747	0. 759	0. 7784	0. 7851
3/4	14	0. 0016	1. 034	1. 024	0. 9873	0. 9820	0. 958	0. 970	0. 9889	0. 9958
1	11½	0. 0017	1. 293	1. 281	1. 2369	1. 2311	1. 201	1. 211	1. 2386	1. 2462
1¼	11½	0. 0018	1. 638	1. 626	1. 5816	1. 5756	1. 546	1. 555	1. 5834	1. 5912
1½	11½	0. 0018	1. 877	1. 865	1. 8205	1. 8144	1. 785	1. 794	1. 8223	1. 8302
2	11½	0. 0019	2. 351	2. 339	2. 2944	2. 2882	2. 259	2. 268	2. 2963	2. 3044
2½	8	0. 0022	2. 841	2. 826	2. 7600	2. 7526	2. 708	2. 727	2. 7622	2. 7720
3	8	0. 0023	3. 467	3. 452	3. 3862	3. 3786	3. 334	3. 353	3. 3885	3. 3984
3½	8	0. 0023	3. 968	3. 953	3. 8865	3. 8788	3. 835	3. 848	3. 8888	3. 8988
4	8	0. 0023	4. 466	4. 451	4. 3848	4. 3771	4. 333	4. 346	4. 3871	4. 3971
5	8	0. 0024	5. 528	5. 513	5. 4469	5. 4390	5. 395	5. 408	5. 4493	5. 4598
6	8	0. 0024	6. 585	6. 570	6. 5036	6. 4955	6. 452	6. 464	6. 5060	6. 5165
用于锁紧螺母连接的松配合机械接头 NPSL										
1/8	27	—	0. 409	—	0. 3840	0. 3805	0. 362	—	0. 3863	0. 3898
1/4	18	—	0. 541	—	0. 5038	0. 4986	0. 470	—	0. 5073	0. 5125
3/8	18	—	0. 678	—	0. 6409	0. 6357	0. 607	—	0. 6444	0. 6496
1/2	14	—	0. 844	—	0. 7963	0. 7896	0. 753	—	0. 8008	0. 8075
3/4	14	—	1. 054	—	1. 0067	1. 0000	0. 964	—	1. 0112	1. 0179

（续）

公称管尺寸	每英寸螺纹数	外螺纹					内螺纹			
		允差	大径		中径		大径		中径	
			最大①	最小	最大	最小	最小①	最大	最小②	最大
用于锁紧螺母连接的松配合机械接头 NPSL										
1	11½	—	1.318	—	1.2604	1.2523	1.208	—	1.2658	1.2739
1¼	11½	—	1.663	—	1.6051	1.5970	1.553	—	1.6106	1.6187
1½	11½	—	1.902	—	1.8441	1.8360	1.792	—	1.8495	1.8576
2	11½	—	2.376	—	2.3180	2.3099	2.265	—	2.3234	2.3315
2½	8	—	2.877	—	2.7934	2.7817	2.718	—	2.8012	2.8129
3	8	—	3.503	—	3.4198	3.4081	3.344	—	3.4276	3.4393
3½	8	—	4.003	—	3.9201	3.9084	3.845	—	3.9279	3.9396
4	8	—	4.502	—	4.4184	4.4067	4.343	—	4.4262	4.4379
5	8	—	5.564	—	5.4805	5.4688	5.405	—	5.4884	5.5001
6	8	—	6.620	—	6.5372	6.5255	6.462	—	6.5450	6.5567
8	8	—	8.615	—	8.5313	8.5196	8.456	—	8.5391	8.5508
10	8	—	10.735	—	10.6522	10.6405	10.577	—	10.6600	10.6717
12	8	—	12.732	—	12.6491	12.6374	12.574	—	12.6569	12.6686

① 根据 ANSI 标准直管螺纹的螺纹牙型、内螺纹的大径和小径以及外螺纹的小径随中径变化。外螺纹的大径通常由管的直径决定。这些理论直径是通过将截头螺纹的深度（0.666025P）添加到最大中径而得到的，并且实际的管并不总是具有这些最大直径。

② 与内螺纹 E_1 端头的中径相同。

自由配合螺纹注意事项：外螺纹的小径和内螺纹的大径是由商用直管模具和商用磨削直管丝锥制成的。

外螺纹的大径是基于 0.10825P 削平高度计算的，内螺纹的小径是根据 0.21651P 削平高度计算的，当产品使用按照标准制成的量规进行检测时可提供无干涉的牙顶和牙底。

松配合螺纹锁紧螺母的注意事项：锁紧螺母螺纹是在基于保持螺纹底部和管内部尽可能多的金属厚度的基础上确定的。为了使锁紧螺母以松配合的方式安装在外螺纹零件上，为外螺纹和内螺纹提供了与“每扣中径的增加”相等具有 1½扣公差的允差。

8. 美国国家标准用于密封连接的干封管螺纹

干封管螺纹基于美国管螺纹，然而，它们的不同之处在于它们被设计成在不需要使用密封化合物的情况下来密封密闭接头。为了实现这一点，需要对螺纹形状进行一些修改并且制造得更精确。外螺纹和内螺纹的牙底比牙顶削平得略多一些，即牙底具有比牙顶更宽的平面，使得发生在牙顶牙底的金属的接触与牙侧的接触同时或早于牙侧接触。因此，当用扳手拧紧螺纹时，螺纹的牙底挤压配合螺纹中更尖锐的牙顶。这种在大径和小径上的密封作用都有可能防止密封泄漏，并使接头压紧，而不需要使用密封剂，只要螺纹符合标准规格和公差，就不会被装配中的磨损所损坏。可通过使用适当设计的螺纹工具来简化牙顶和牙底的控制。此外，也期望外螺纹和内螺纹在旋合长度具有全螺纹高度。在没有功能不良的情况下，允许使用兼容的润滑剂或密封剂，以尽可能减少磨损的可能性。将干封管螺纹装配用于制冷和其他系统可获得令人满意的密封的封闭连接。干涉管螺纹的牙顶和牙底可做稍微的圆整，只要它们位于表 8-92 给出的削平高度极限内就可以接受。

9. 干封管螺纹类型

美国国家标准 ANSI B1.20.3-1976（R2008）涵盖了四种类型的标准干封管螺纹：

1）NPTF，美国干封标准锥形管螺纹。

2）PTF-SAE SHORT，干封 SAE 短锥形管螺纹。

3）NPSF，干封美国标准燃油内直管螺纹。

4）NPSI，干封美国标准中间内直管螺纹。

表 8-92 美国国家标准干涉管螺纹牙顶和牙底削平高度的极限 ANSI B1.20.3-1976（R2008）

（单位：in）

每英寸牙数	三角形螺纹高度 *H*	削平高度							
		最小				最大			
		在牙顶		在牙底		在牙顶		在牙底	
		公式	in	公式	in	公式	in	公式	in
27	0.03208	0.047*P*	0.0017	0.094*P*	0.0035	0.094*P*	0.0035	0.140*P*	0.0052
18	0.04811	0.047*P*	0.0026	0.078*P*	0.0043	0.078*P*	0.0043	0.109*P*	0.0061
14	0.06180	0.036*P*	0.0026	0.060*P*	0.0043	0.060*P*	0.0043	0.085*P*	0.0061
11½	0.07531	0.040*P*	0.0035	0.060*P*	0.0052	0.060*P*	0.0052	0.090*P*	0.0078
8	0.10825	0.042*P*	0.0052	0.055*P*	0.0069	0.055*P*	0.0069	0.076*P*	0.0095

不同类型的干封螺纹之间装配的推荐极限见表8-93。

8

表 8-93 不同类型的干封螺纹之间装配的推荐极限

干封外螺纹		用干封内螺纹的装配	
类型	描述	类型	描述
1	NPTF（锥形），外螺纹	1	NPTF（锥形），内螺纹
		2①②	PTF-SAE 短（锥形），内螺纹
		3①③	NPSF（直），内螺纹
		4①③④	NPSI（直），内螺纹
2①⑤	PTF-SAE 短（锥形），外螺纹	4	NPSI（直），内螺纹
		1	NPTF（锥形），内螺纹

① 不使用密封剂的密封接头可确保都采用 NPTF（全长螺纹）螺纹的两个部件的密封连接，因为理论上在所有螺纹处都会出现干涉（密封），但比 NPTF 装配的旋合螺纹少两牙。使用直管内螺纹时，根据材料的延展性，干涉仅出现在一侧螺纹处。

② PTF-SAE SHORT 内螺纹主要用于装配 1-NPTF 型外螺纹。它们不是针对 2-PTF-SAE SHORT 外部螺纹设计，且在最大极限公差范围内不能与之装配。

③ 没有外直管干封螺纹。

④ NPSI 内螺纹主要用于与类型 2-PTF-SAE SHORT 外螺纹装配，但也可以与全长 1 型 NPTF 外螺纹装配。

⑤ PTF-SAE SHORT 外螺纹主要用于装配 4-NPSI 型内螺纹，但也可用于 1-NPTF 型内螺纹的装配。它们在最大极限公差范围内不能与 2-PTF-SAE SHORT 内螺纹或 3 型 NPSF 内螺纹装配。

具有直内管螺纹和锥形外管螺纹的装配通常比全锥形螺纹装配更有优势，特别是在考虑经济和快速生产的汽车和其他相关行业中。干封螺纹不用于两个零件都是直管螺纹的装配。

NPTF 螺纹：这种类型适用于外螺纹和内螺纹，适用于几乎所有服务类型管件中的管接头。在所有干封管螺纹中，由于具有最长的螺纹长度，NPTF 外螺纹和内螺纹的装配通常被认为具有优越的强度和密封性能，并且理论上在每个旋合的螺纹的牙顶和牙底都发生干涉（密封）。使用由硬脆材料制成具有薄截面的诸如 NPTF 或 PTF-SAE SHORT 等锥形内螺纹将使破裂的可能性最小化。

有两类 NTPF 螺纹。在配合时，1 类螺纹将会在牙顶和牙底产生干涉（密封），但不需要检查牙顶和牙底的削平高度。因此，1 类螺纹适用于需要对加工工具进行密切控制以满足削平高度或通过施加密封剂到螺纹上来实现密封的应用。

从理论上来说，2 级螺纹与 1 类螺纹本质相同，但是需要检查牙顶和牙底的削平高度。因此，对于不使用密封胶的场合，2 级螺纹的密封比 1 类螺纹更有保证。

PTF-SAE SHORT 螺纹：这种类型的外螺纹在所有方面符合 NPTF 螺纹，除了通过从小（入口）端减少一个螺纹来缩短螺纹长度。这些螺纹设计用于 NPTF 全长螺纹间隙不足或不需要全螺纹长度材料的经济性应用中。

这种类型的内螺纹在所有方面都符合 NPTF 螺纹，除了通过从大端（入口）减少一个螺纹来缩短螺纹长度。这些螺纹主要适用于厚度不足以满足 NPTF 全长度螺纹的薄型材料或者因考虑经济性不需要全螺纹长度的情况。

均使用 NPTF 螺纹的零件可最好确保不使用润滑剂或密封剂配合时的接头密封性，在指定使用 PTF-SAE SHORT 外部或内部螺纹之前，应考虑这一点。

NPSF 螺纹：这种螺纹是圆柱形而不是锥形，仅为内螺纹。它比锥形内螺纹具有更经济的加工型，但是当装配时不能提供更强的密封保证。因为牙顶和牙底的干涉不会发生在所有的螺纹上。NPSF 螺纹通常与柔软的或延性材料一起使用，这些材料在和锥形外螺纹装配时倾向于调整，但当截面较薄时可以使用硬或脆性材料。

NPSI 螺纹：这种螺纹是圆柱形而不是锥形，仅为内螺纹，直径比 NPSF 螺纹略大，具有相同的公差和螺纹长度。它比锥形内螺纹生产更经济，当截面后或几乎没有膨胀时，在与锥形外螺纹装配时可以使用硬或脆性材料。与 NPSF 螺纹一样，装配时的 NPSI 螺纹不能提供像锥形内螺纹那样强的密封保证。

有关干封管螺纹生产和检验的更完整规格，请参见 ANSI B1. 20. 3（寸制）和 ANSI B1. 20. 4（米制转换），对于测量和检验，见 ANSI B1. 20. 5（寸制）和 ANSI B1. 20. 6 M（米制转换）。

干封管螺纹的命名：标准干封管螺纹是按照公称尺寸、螺纹系列符号和类别进行命名的。

示例：1/8-27 NPTF-1，1/8-27 PTF-SAE SHORT，3/8-18 NPTF-1。

用于干封内管螺纹的螺孔钻尺寸见表 8-94。

表 8-94　用于干封内管螺纹的螺孔钻尺寸　（单位：in）

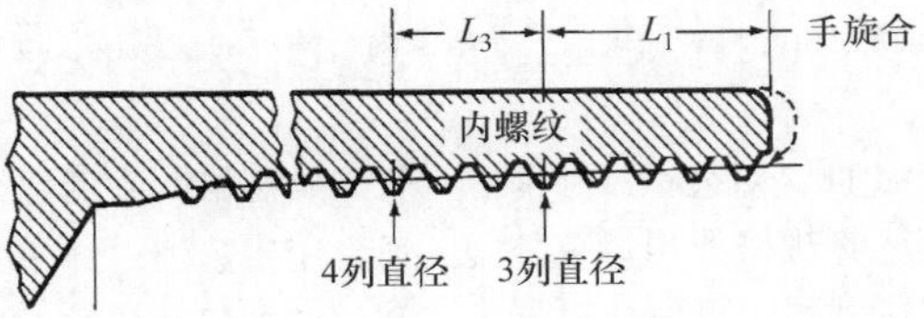

尺寸	手钻大尺寸切割（平均）	锥形管螺纹				直管螺纹		
		距离较小的直径		钻头尺寸①		小径		钻头尺寸①
		L_1 从大端	L_1+L_3 从大端	没有铰刀	带铰刀	NPSF	NPSI	
1/16-27	0.0038	0.2443	0.2374	“C”（0.242）	“A”（0.234）	0.2482	0.2505	“D”（0.246）
1/8-27	0.0044	0.3367	0.3298	“Q”（0.332）	21/64（0.328）	0.3406	0.3429	“R”（0.339）
1/4-18	0.0047	0.4362	0.4258	7/16（0.438）	27/64（0.422）	0.4422	0.4457	7/16（0.438）
3/8-18	0.0049	0.5708	0.5604	9/16（0.562）	9/16（0.563）	0.5776	0.5811	37/64（0.578）
1/2-14	0.0051	0.7034	0.6901	45/64（0.703）	11/16（0.688）	0.7133	0.7180	45/64（0.703）
3/4-14	0.0060	0.9127	0.8993	29/32（0.906）	57/64（0.891）	0.9238	0.9283	59/64（0.922）
1-11½	0.0080	1.1470	1.1307	1 9/64（1.141）	1 1/8（1.125）	1.1600	1.1655	1 5/32（1.156）
1¼-11½	0.0100	1.4905	1.4742	1 31/64（1.484）	1 15/32（1.469）	—	—	—
1½-11½	0.0120	1.7295	1.7132	1 23/32（1.719）	1 45/64（1.703）	—	—	—
2-11½	0.0160	2.2024	2.1861	2 3/16（2.188）	2 11/64（2.172）	—	—	—
2½-8	0.0180	2.6234	2.6000	2 39/64（2.609）	2 37/64（2.578）	—	—	—
3-8	0.0200	3.2445	3.2211	3 15/64（3.234）	3 13/64（3.203）	—	—	—

① 列出的某些钻头尺寸可能不是标准钻头。

10. 特殊干封锥形管螺纹

在设计极限、材料经济性、永久性安装或其他限制条件主导的场合，可以考虑使用特殊的干封管螺纹系列。

特短干封锥形管螺纹，PTF-SPL SHORT：除了消减内管螺纹小端的一个螺纹或在外螺纹大端的一个螺纹对全螺纹长度进一步缩短之外，该系列螺纹在所有方面都结合在 PTF-SAE 短螺纹上。

超短干封锥形管螺纹，PTF-SPL EXTRA SHORT：该系列螺纹在所有方面都与 PTF-SAE SHORT 螺纹一致，除了通过消减内螺纹小端的两个螺纹或外螺纹大端的两个螺纹进一步缩短全螺纹长度以外。

装配极限：表 8-95 适用于干封特短或超短锥形

管螺纹作为组装特殊组合装配的场合。

表 8-95 特殊组合干封管螺纹的装配极限

螺纹	可装配①	可装配②
特短干封锥形管外螺纹 超短干封锥形管外螺纹	特短干封 SAE 锥形管内螺纹 内螺纹 特短干封锥形管内螺纹 超短干封锥形管内螺纹	NPTF 或 NPSI 内螺纹
特短干封锥形管内螺纹 超短干封锥形管内螺纹	特短干封 SAE 锥形管外螺纹	NPTF 外螺纹

① 只有当外螺纹或内螺纹或两者都保持在比标准公差更近的位置时，外螺纹朝向最小中径和内螺纹朝向最大中径才能提供最小的一扣的手动旋合。在极限公差范围内，缩短的全螺纹长度可减少手动旋合长度，螺纹可能无法装配。

② 只有当内螺纹或外螺纹或两者都保持在比标准公差更近的位置时，内螺纹朝向最小中径和外螺纹朝向最大中径，可以提供最小两扣的扳手旋合固定和密封。在极限公差范围内，缩短的全螺纹长度减少了扳手旋合长度，螺纹可能无法密封。

8

干封细牙锥形螺纹系列，F-PTF：对公称尺寸需要细牙螺距带来了 1/4in 和 3/8in 管规格使用每英寸 27 个牙的应用。对于较大的管道规格，可能还需要更细的螺距。对于细牙螺纹，建议将每英寸现有牙数应用于下一个更大的管道规格，因此有 1/4-27 牙、3/8-27 牙、1/2-18 牙、3/4-18 牙、1-14 牙、1¼ -14 牙、1½ -14 牙和 2-14 牙。本系列适用于外螺纹和内螺纹全长，也适用于需要比 NPTF 要求更细的螺纹应用。

干封式特殊直径-螺距组合系列，SPL-PTF：直径-螺距组合的其他应用已经在锥形管螺纹用于标准尺寸薄壁管的应用中。这些组合是 1/2-7 牙、5/8-27 牙、3/4-27 牙、7/8-27 牙和 1-27 牙。该系列适用于全长的外螺纹和内螺纹，以及薄壁标准直径外管。

特殊干封管螺纹的命名：

1/27 PTF-SPL SHORT。

1/22 PTF-SPL EXTRA SHORT。

1/2 SPLP ，外径 0.500。

请注意，在最后的命名中给出了管道的等效直径（OD）。

8.8.2 英国标准管螺纹

1. 用于非压力密封连接的英国标准管螺纹

BS 2779：1973“螺纹上未形成压力密封连接的管螺纹规格”中的螺纹是惠氏牙型的圆柱紧固螺纹，通常用于紧固，例如配合零件的机械式装配、旋塞和阀门的机械组装。它们不适合在螺纹上形成密封连接。

基本惠氏螺纹牙型的牙顶可能会被削平到标准中给定尺寸的某些极限，除了内螺纹。当它们可能被与外螺纹装配时应符合 BS 21“寸制标准管螺纹用于压力密封接头”的要求。

对于外螺纹，提供了两个公差带代号，内螺纹提供了一个公差带代号。外螺纹的两个公差带代号是 A 级和 B 级。对于经济型制造，应尽可能选择 B 级。A 级留给那些需要紧密配合的应用。A 级公差一个完全负值等于内螺纹公差。B 级公差完全负值是 A 级公差的 2 倍。

本标准规定的螺纹系列应以字母“G”命名。图样上的典型参考可能是“G ½”，用于内螺纹；“G ½ A”，外螺纹，A 级；“G ½B”，用于外螺纹，B 级。对于没有声明参考公差带代号类别的外螺纹将被假定为 B 级。截头螺纹的命名应在名称上加上字母“T”，即 G ½ T 和 G ½ BT。

英国标准管螺纹（非压力密封连接）米制和寸制基本尺寸见表 8-96。

表 8-96 英国标准管螺纹（非压力密封连接）米制和寸制基本尺寸BS 2779：1973

公称尺寸/in	每英寸牙数①	螺纹深度	大径	中径	小径	公称尺寸/in	每英寸牙数①	螺纹深度	大径	中径	小径
1/16	28 {	0.581 *0.0229*	7.723 *0.3041*	7.142 *0.2812*	6.561 *0.2583*	1/4	19 {	0.856 *0.0337*	13.157 *0.5180*	12.301 *0.4843*	11.445 *0.4506*
1/8	28 {	0.581 *0.0229*	9.728 *0.3830*	9.147 *0.3601*	8.566 *0.3372*	3/8	19 {	0.856 *0.0337*	16.662 *0.6560*	15.806 *0.6223*	14.950 *0.5886*

（续）

公称尺寸/in	每英寸牙数①	螺纹深度	大径	中径	小径	公称尺寸/in	每英寸牙数①	螺纹深度	大径	中径	小径
1/2	14	1.162 *0.0457*	20.955 *0.8250*	19.793 *0.7793*	18.631 *0.7336*	2¼	11	1.479 *0.0582*	65.710 *2.5870*	64.231 *2.5288*	62.752 *2.4706*
5/8	14	1.162 *0.0457*	22.911 *0.9020*	21.749 *0.8563*	20.587 *0.8106*	2½	11	1.479 *0.0582*	75.184 *2.9600*	73.705 *2.9018*	72.226 *2.8436*
3/4	14	1.162 *0.0457*	26.441 *1.0410*	25.279 *0.9953*	24.117 *0.9496*	2¾	11	1.479 *0.0582*	81.534 *3.2100*	80.055 *3.1518*	78.576 *3.0936*
7/8	14	1.162 *0.0457*	30.201 *1.1890*	29.039 *1.1433*	27.877 *1.0976*	3	11	1.479 *0.0582*	87.884 *3.4600*	86.405 *3.4018*	84.926 *3.3436*
1	11	1.479 *0.0582*	33.249 *1.3090*	31.770 *1.2508*	30.291 *1.1926*	3½	11	1.479 *0.0582*	100.330 *3.9500*	98.851 *3.8918*	97.372 *3.8336*
1⅛	11	1.479 *0.0582*	37.897 *1.4920*	36.418 *1.4338*	34.939 *1.3756*	4	11	1.479 *0.0582*	113.030 *4.4500*	111.551 *4.3918*	110.072 *4.3336*
1¼	11	1.479 *0.0582*	41.910 *1.6500*	40.431 *1.5918*	38.952 *1.5336*	4½	11	1.479 *0.0582*	125.730 *4.9500*	124.251 *4.8918*	122.772 *4.8336*
1½	11	1.479 *0.0582*	47.803 *1.8820*	46.324 *1.8238*	44.845 *1.7656*	5	11	1.479 *0.0582*	138.430 *5.4500*	136.951 *5.3918*	135.472 *5.3336*
1¾	11	1.479 *0.0582*	53.746 *2.1160*	52.267 *2.0578*	50.788 *1.9996*	5½	11	1.479 *0.0582*	151.130 *5.9500*	149.651 *5.8918*	148.172 *5.8336*
2	11	1.479 *0.0582*	59.614 *2.3470*	58.135 *2.2888*	56.656 *2.2306*	6	11	1.479 *0.0582*	163.830 *6.4500*	162.351 *6.3918*	160.872 *6.3336*

注：每个基本米制尺寸都以罗马数字（除了公称尺寸）给出，每个基本寸制尺寸以其正下方的斜体显示。

① 以 mm 为单位的螺距如下：每英寸 28 牙的螺距为 0.907，每英寸 19 牙的为 1.337，每英寸 14 牙的为 1.814，每英寸 11 牙的为 2.309。

2. 用于压力密封连接的标准管螺纹

BS 21：1973“螺纹上形成密封连接的管螺纹规格”中的螺纹基于惠氏螺纹牙型，并规定如下：

1）接头螺纹：这些用于接头的管螺纹通过螺纹的配合形成压力密封接头；它们包括用于与锥形或圆柱内螺纹组装的锥形外螺纹（圆柱外管螺纹不适合作为接头螺纹）。

2）套管螺纹：这些与圆柱外螺纹相关的用作套管螺纹（连接器）在 BS 1387 中规定，其中通过向牙槽拧紧支撑螺母将软质材料压缩到外螺纹的表面上来实现压力密封接头。

寸制标准外管和内管螺纹（压力密封接头）米制和寸制的尺寸极限见表 8-97。

表 8-97　寸制标准外管和内管螺纹（压力密封接头）米制和寸制的尺寸极限 BS 21：1973

公称尺寸	每英寸的牙数①	基准平面上的基本直径			量具长度		用于基本量具长度的管道上有用螺纹数②	公差 +和 −	
		大径	中径	小径	基础	公差 +和 −		基准平面至内锥形螺纹表面	在内直螺纹的直径上
1/16	28	7.723 *0.304*	7.142 *0.2812*	6.561 *0.2583*	(4⅜) 4.0	(1) 0.9	(7⅛) 6.5	(1¼) 1.1	0.071 *0.0028*
1/8	28	9.728 *0.383*	9.147 *0.3601*	8.566 *0.3372*	(4⅜) 4.0	(1) 0.9	(7⅛) 6.5	(1¼) 1.1	0.071 *0.0028*
1/4	19	13.157 *0.518*	12.301 *0.4843*	11.445 *0.4506*	(4½) 6.0	(1) 1.3	(7¼) 9.7	(1¼) 1.7	0.104 *0.0041*

（续）

公称尺寸	每英寸的牙数①	基准平面上的基本直径			量具长度		用于基本量具长度的管道上有用螺纹数②	公差 + 和 −	
		大径	中径	小径	基础	公差 + 和 −		基准平面至内锥形螺纹表面	在内直螺纹的直径上
3/8	19	16.662 0.656	15.806 0.6223	14.950 0.5886	(4¾) 6.4	(1) 1.3	(7⅛) 10.1	(1¼) 1.7	0.104 0.0041
1/2	14	20.955 *0.825*	19.793 *0.7793*	18.631 *0.7336*	(4½) 8.2	(1) 1.8	(7¼) 13.2	(1¼) 2.3	0.142 *0.0056*
3/4	14	26.441 *1.041*	25.279 *0.9953*	24.117 *0.9496*	(5¼) 9.5	(1) 1.8	(8) 14.5	(1¼) 2.3	0.142 *0.0056*
1	11	33.249 *1.309*	31.770 *1.2508*	30.291 *1.1926*	(4½) 10.4	(1) 2.3	(7¼) 16.8	(1¼) 2.9	0.180 *0.0071*
1¼	11	41.910 *1.650*	40.431 *1.5918*	38.952 *1.5336*	(5½) 12.7	(1) 2.3	(8¼) 19.1	(1¼) 2.9	0.180 *0.0071*
1½	11	47.803 *1.882*	46.324 *1.8238*	44.845 *1.7656*	(5½) 12.7	(1) 2.3	(8⅛) 19.1	(1¼) 2.9	0.180 *0.0071*
2	11	59.614 *2.347*	58.135 *2.2888*	56.656 *2.2306*	(6⅞) 15.9	(1) 2.3	(10⅛) 23.4	(1¼) 2.9	0.180 *0.0071*
2½	11	75.184 *2.960*	73.705 *2.9018*	72.226 *2.8436*	(7 9/16) 17.5	(1½) 3.5	(11 9/16) 26.7	(1½) 3.5	0.216 *0.0085*
3	11	87.884 *3.460*	86.405 *3.4018*	84.926 *3.3436*	(8 15/16) 20.6	(1½) 3.5	(12 15/16) 29.8	(1½) 3.5	0.216 *0.0085*
4	11	113.030 *4.450*	111.551 *4.3918*	110.072 *4.3336*	(11) 25.4	(1½) 3.5	(15⅛) 35.8	(1½) 3.5	0.216 *0.0085*
5	11	138.430 *5.450*	136.951 *5.3918*	135.472 *5.3336*	(12⅜) 28.6	(1½) 3.5	(17⅜) 40.1	(1½) 3.5	0.216 *0.0085*
6	11	163.830 *6.450*	162.351 *6.3918*	160.872 *6.3336*	(12⅜) 28.6	(1½) 3.5	(17⅜) 40.1	(1½) 3.5	0.216 *0.0085*

注：每个基本米制尺寸都以罗马数字（除了公称尺寸）给出，每个基本寸制尺寸以其正下方的斜体显示。( ) 中的数字是下面给出米制线性等效螺纹的扣数。锥形螺纹锥度为直径的1/16。

① 在标准 BS 21：1973 中，以 mm 计的螺距如下：每英寸 28 牙的为 0.907，每英寸 19 牙的为 1.337，每英寸 14 牙的为 1.814，每英寸 11 牙的为 2.309。

② 这是在管道上用于基本量规长度螺纹的最小数量；对于最大和最小量规长度，可用的螺纹的最小数量分别大于和小于左侧列的公差。内螺纹零件的设计应使接受管端的允差达到最大数量的可用螺纹对应的最大量规长度；内螺纹的最小数量应不少于用于最小量规长度的外螺纹最小数量的 80%。

8.8.3 软管接头螺纹

1. NSI 标准软管接头螺纹

NSI 标准软管接头螺纹用于软管接头、阀门以及其他与家用、工业和一般服务应用软管配合，尺寸为 1/2in、5/8in、3/4in、1in、1¼in、1½in、2in、2½in、3in、3½in和 4in 的螺纹，均由美国国家标准 ANSI/ASME B1.20.7-1991 来进行规定。此类螺纹的命名如下：

NH 通过切割或轧制生产的全形式的标准软管接头螺纹。

NHR 用在花园软管中的标准软管接头螺纹，其设计利用薄壁材料形成所需的螺纹。

NPSH 规格为 1～4in 的标准直管连接螺纹系列，用于使用垫圈密封接头与美国国家标准锥形管螺纹连接。

ANSI 标准软管接头螺纹 NPSH、NH 和 NHR 的螺纹牙型如图 8-33 所示，螺纹尺寸见表 8-98，螺纹长度见表 8-99。

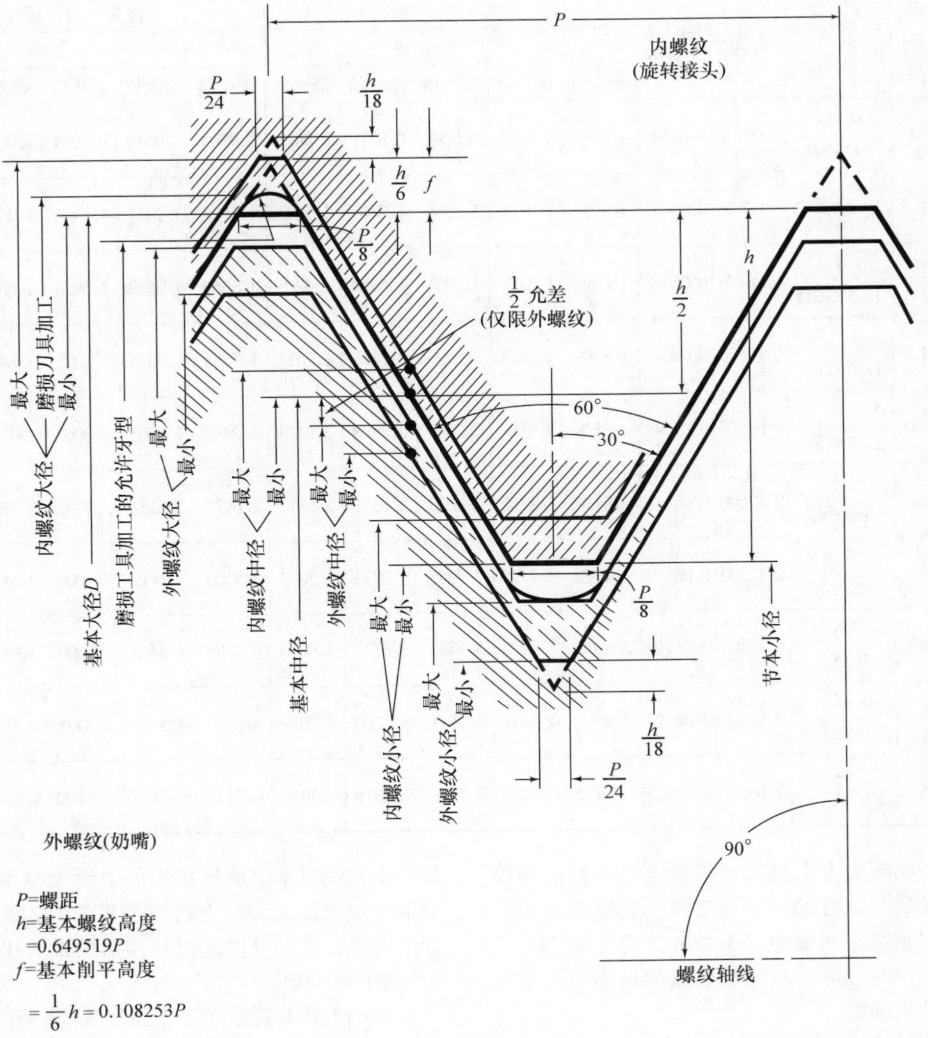

图 8-33 ANSI 标准软管接头螺纹 NPSH、NH 和 NHR 的螺纹牙型（粗实线表示基本尺寸）

表 8-98 ANSI 标准软管接头螺纹用于 NPSH、NH、NHR 奶嘴和旋转接头

ANSI/ASME B1. 20. 7-1991 （R2008）

（单位：in）

软管公称尺寸	每英寸牙数	螺纹命名	螺距	螺纹基本高度	奶嘴（外）螺纹					接头（内）螺纹				
					大径		中径		小径	大径		中径		小径
					最大值	最小值	最大值	最小值	最大值	最小值	最大值	最小值	最大值	最小值
1/2，5/8，3/4	11. 5	0. 75-11. 5NH	0. 08696	0. 05648	1. 0625	1. 0455	1. 0060	0. 9975	0. 9495	0. 9595	0. 9765	1. 0160	1. 0245	1. 0725
1/2，5/8，3/4	11. 5	0. 75-11. 5NHR	0. 08696	0. 05648	1. 0520	1. 0350	1. 0100	0. 9930	0. 9495	0. 9720	0. 9930	1. 0160	1. 0280	1. 0680
1/2	14	0. 5-14NPSH	0. 07143	0. 04639	0. 8248	0. 8108	0. 7784	0. 7714	0. 7320	0. 7395	0. 7535	0. 7859	0. 7929	0. 8323

（续）

软管公称尺寸	每英寸牙数	螺纹命名	螺距	螺纹基本高度	奶嘴（外）螺纹					接头（内）螺纹				
					大径		中径		小径	大径		中径		小径
					最大值	最小值	最大值	最小值	最大值	最小值	最大值	最小值	最大值	最小值
3/4	14	0.75-14NPSH	0.07143	0.04639	1.0353	1.0213	0.9889	0.9819	0.9425	0.9500	0.9640	0.9964	1.0034	1.0428
1	11.5	1-11.5NPSH	0.08696	0.05648	1.2951	1.2781	1.2396	1.2301	1.1821	1.1921	1.2091	1.2486	1.2571	1.3051
1¼	11.5	1.25-11.5NPSH	0.08696	0.05648	1.6399	1.6229	1.5834	1.5749	1.5269	1.5369	1.5539	1.5934	1.6019	1.6499
1½	11.5	1.5-11.5NPSH	0.08696	0.05648	1.8788	1.8618	1.8223	1.8138	1.7658	1.7758	1.7928	1.8323	1.8408	1.8888
2	11.5	2-11.5NPSH	0.08696	0.05648	2.3528	2.3358	2.2963	2.2878	2.2398	2.2498	2.2668	2.3063	2.3148	2.3628
2½	8	2.5-8NPSH	0.12500	0.08119	2.8434	2.8212	2.7622	2.7511	2.6810	2.6930	2.7152	2.7742	2.7853	2.8554
3	8	3-8NPSH	0.12500	0.08119	3.4697	3.4475	3.3885	3.3774	3.3073	3.3193	3.3415	3.4005	3.4116	3.4817
3½	8	3.5-8NPSH	0.12500	0.08119	3.9700	3.9478	3.8888	3.8777	3.8076	3.8196	3.8418	3.9008	3.9119	3.9820
4	8	4-8NPSH	0.12500	0.08119	4.4683	4.4461	4.3871	4.3760	4.3059	4.3179	4.3401	4.3991	4.4102	4.4803
4	6	4-6NH（SPL）	0.16667	0.10825	4.9082	4.8722	4.7999	4.7819	4.6916	4.7117	4.7477	4.8200	4.8380	4.9283

给出的奶嘴最大小径尺寸想象成是刀具磨损圆弧和穿过牙底与牙底的中心线交点。奶嘴最小小径应该是对应于最小奶嘴小径上的一个等于 1/24P 的平面的直径，并且可以通过从奶嘴的最小中径中减去 0.7939P 来确定。

给出的旋转接头最小大径尺寸等于 1/8P 的基本平面，以及由磨损的工具加工的在大径上的牙型必须位于基线以下。旋转接头的最大大径主直径必须对应于最大接头大径上的一个等于 1/24P 基本平面处的直径，并且可以通过从接头的最大中径中加上 0.7939P 来确定。

NH 和 NHR 螺纹用于花园软管的应用。NPSH 螺纹用于蒸汽、空气和所有其他由标准管螺纹组成的软管连接。NH（SPL）螺纹用于船用。

表 8-99　ANSI 标准软管接头螺纹长度 ANSI/ASME B1.20.7-1991（R2008）（单位：in）

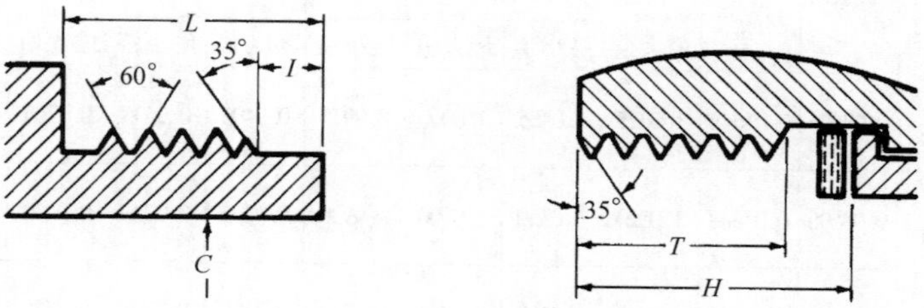

（续）

软管公称尺寸	每英寸牙数	奶嘴接头的 ID	外螺纹的近似 OD	奶嘴长度 *L*	导头长度 *I*	接头深度 *H*	接头螺纹长度 *T*	在长度 *T* 上的近似牙数
1/2，5/8，3/4	11.5	25/32	$1\frac{1}{16}$	9/16	1/8	17/32	3/8	$4\frac{1}{4}$
1/2，5/8，3/4	11.5	25/32	$1\frac{1}{16}$	9/16	1/8	17/32	3/8	$4\frac{1}{4}$
1/2	14	17/32	13/16	1/2	1/8	$\frac{15}{32}$	$\frac{5}{16}$	$4\frac{1}{4}$
3/4	14	25/32	$1\frac{1}{32}$	9/16	1/8	17/32	3/8	$5\frac{1}{4}$
1	11.5	$1\frac{1}{32}$	$1\frac{9}{32}$	9/16	5/32	19/32	3/8	$4\frac{1}{4}$
$1\frac{1}{4}$	11.5	$1\frac{9}{32}$	$1\frac{5}{8}$	5/8	5/32	19/32	15/32	$5\frac{1}{2}$
$1\frac{1}{2}$	11.5	$1\frac{17}{32}$	$1\frac{7}{8}$	5/8	5/32	23/32	15/32	$5\frac{1}{2}$
2	11.5	$2\frac{1}{32}$	$2\frac{11}{32}$	3/4	3/16	15/16	19/32	$6\frac{3}{4}$
$2\frac{1}{2}$	8	$2\frac{17}{32}$	$2\frac{27}{32}$	1	1/4	$1\frac{1}{16}$	11/16	$5\frac{1}{2}$
3	8	$3\frac{1}{32}$	$3\frac{15}{32}$	$1\frac{1}{8}$	1/4	$1\frac{1}{16}$	13/16	$6\frac{1}{2}$
$3\frac{1}{2}$	8	$3\frac{17}{32}$	$3\frac{31}{32}$	$1\frac{1}{8}$	1/4	$1\frac{1}{16}$	13/16	$6\frac{1}{2}$
4	8	$4\frac{1}{32}$	$4\frac{15}{32}$	$1\frac{1}{8}$	1/4	$1\frac{1}{16}$	13/16	$6\frac{1}{2}$
4	6	4	$4\frac{29}{32}$	$1\frac{1}{8}$	5/16	$1\frac{1}{16}$	13/16	$4\frac{1}{2}$

2. 美国国家消防软管连接螺纹

该螺纹规定在国家消防协会标准 NFPA No. 194-1974 中。它涵盖消防软管接头、抽吸软管接头、接力供水软管接头、消防泵吸头、排水阀、消防栓、接管、转接头、变径器、帽、塞、Y 形连接、水泵接合器和洒水车连接。

螺纹的牙型：螺纹的基本牙型如图 8-33 所示。它的牙型角为60°，牙顶和牙底被截断。基本牙型的牙顶和牙底的平面为⅛（0.125）*P*。螺纹的高度等于 0.649519*P*。外螺纹和内螺纹的外端头通过在全螺纹上加工钝头或斜切接口螺纹结束，以避免螺纹交叉和残缺。

螺纹命名：螺纹通过依次指定连接的公称尺寸，每英寸的螺纹数，随后是螺纹符号 NH 来命名。因此，0.75-8NH 表示 0.75in 直径的公称尺寸连接，每英寸 8 个牙。

基本尺寸：螺纹的基本尺寸见表 8-100。

表 8-100 NH 螺纹的基本尺寸 NFPA 1963-1993 版 （单位：in）

公称尺寸	每英寸牙数	螺纹命名	螺距 *P*	基本螺纹高度 *h*	最小内螺纹尺寸		
					最小小径	基本中径	基本大径
3/4	8	0.75-8 NH	0.12500	0.08119	1.2246	1.3058	1.3870
1	8	1-8 NH	0.12500	0.08119	1.2246	1.3058	1.3870
$1\frac{1}{2}$	9	1.5-9 NH	0.11111	0.07217	1.8577	1.9298	2.0020
$2\frac{1}{2}$	7.5	2.5-7.5 NH	0.13333	0.08660	2.9104	2.9970	3.0836
3	6	3-6 NH	0.16667	0.10825	3.4223	3.5306	3.6389
$3\frac{1}{2}$	6	3.5-6 NH	0.16667	0.10825	4.0473	4.1556	4.2639
4	4	4-4 NH	0.25000	0.16238	4.7111	4.8735	5.0359
$4\frac{1}{2}$	4	4.5-4 NH	0.25000	0.16238	5.4611	5.6235	5.7859
5	4	5-4 NH	0.25000	0.16238	5.9602	6.1226	6.2850
6	4	6-4 NH	0.25000	0.16238	6.7252	6.8876	7.0500

公称尺寸	每英寸牙数	螺纹命名	螺距 *P*	外螺纹尺寸（奶嘴）			
				允差	最大大径	最大中径	最大小径
3/4	8	0.75-8 NH	0.12500	0.0120	1.3750	1.2938	1.2126
1	8	1-8 NH	0.12500	0.0120	1.3750	1.2938	1.2126
$1\frac{1}{2}$	9	1.5-9 NH	0.11111	0.0120	1.9900	1.9178	1.8457
$2\frac{1}{2}$	7.5	2.5-7.5 NH	0.13333	0.0150	3.0686	2.9820	2.8954
3	6	3-6 NH	0.16667	0.0150	3.6239	3.5156	3.4073
$3\frac{1}{2}$	6	3.5-6 NH	0.16667	0.0200	4.2439	4.1356	4.0273
4	4	4-4 NH	0.25000	0.0250	5.0109	4.8485	4.6861
$4\frac{1}{2}$	4	4.5-4 NH	0.25000	0.0250	5.7609	5.5985	5.4361
5	4	5-4 NH	0.25000	0.0250	6.2600	6.0976	5.9352
6	4	6-4 NH	0.25000	0.0250	7.0250	6.8626	6.7002

螺纹的极限尺寸：NH 外螺纹的极限尺寸见表 8-101；NH 内螺纹的极限尺寸见表 8-102。

公差：外螺纹和内螺纹配合的中径公差是相同的。中径公差包括导程和半角偏差。消耗了一半中径公差的导程偏差对于 3/4in、1in 和 1½in 尺寸的为 0.0032in；对于 2½in 尺寸的为 0.0046in；3in 和 3½in尺寸为0.0052in；对于4in、4½in、5in、6in 尺寸，为0.0072in。消耗了另一半中径公差的半角偏差对于 3/4in 和 1in 的为 1°42′；1½in 的为 1°54′，2½in的为 2°17′；对于 3in 和 3½in 的为 2°4′；对于 4in、4½in、5in 和 6in 的为 1°55′。

外螺纹公差为：

大径公差 = 2 × 中径公差

小径公差 = 中径公差 + $2h/9$。

当外螺纹的中径处于其最小值时，外螺纹小径最小值为在牙底产生一个等于 $P/8$ 基本平面 1/3，即 $P/24$ 的平面处的直径。最大小径是基本直径，但可能因使用磨损或修圆的螺纹工具而影响其结果。最大小径如图 8-33 所示，是前述的小径公差公式所基于的直径。

内螺纹公差为：

小径公差 = 2 × 中径公差

当螺纹的中径处于其最小值时，内螺纹的最小小径是在牙顶产生一个等于 $P/8$ 基本平面处的直径。大径公差 = 中径公差 − $2h/9$。

表 8-101 NFPA 1963-1993 版 NH 外螺纹（短接头）的极限尺寸和公差 （单位：in）

公称尺寸	每英寸牙数	外螺纹						
		大径			中径			小径①
		最大	最小	公差	最大	最小	公差	最大
3/4	8	1.3750	1.3528	0.0222	1.2938	1.2827	0.0111	1.2126
1	8	1.3750	1.3528	0.0222	1.2938	1.2827	0.0111	1.2126
1½	9	1.9900	1.9678	0.0222	1.9178	1.9067	0.0111	1.8457
2½	7.5	3.0686	3.0366	0.0320	2.9820	2.9660	0.0160	2.8954
3	6	3.6239	3.5879	0.0360	3.5156	3.4976	0.0180	3.4073
3½	6	4.2439	4.2079	0.0360	4.1356	4.1176	0.0180	4.0273
4	4	5.0109	4.9609	0.0500	4.8485	4.8235	0.0250	4.6861
4½	4	5.7609	5.7109	0.0500	5.5985	5.5735	0.0250	5.4361
5	4	6.2600	6.2100	0.0500	6.0976	6.0726	0.0250	5.9352
6	4	7.0250	6.9750	0.0500	6.8626	6.8376	0.0250	6.7002

① 给出的最大小径尺寸被认为是磨损刀具弧与穿过牙顶和牙底中线的交点。最小小径应该是对应于最小小径上等于 $P/24$的平面的直径，并且可以通过从最小中径上减去 $11h/9$（或 $0.7939P$）来确定。

表 8-102 NFPA 1963-1993 版 NH 内螺纹（管箍接头）的极限尺寸和公差 （单位：in）

公称尺寸	每英寸牙数	外螺纹						
		大径			中径			小径①
		最小	最大	公差	最小	最大	公差	最小
3/4	8	1.2246	1.2468	0.0222	1.3058	1.3169	0.0111	1.3870
1	8	1.2246	1.2468	0.0222	1.3058	1.3169	0.0111	1.3870
1½	9	1.8577	1.8799	0.0222	1.9298	1.9409	0.0111	2.0020
2½	7.5	2.9104	2.9424	0.0320	2.9970	3.0130	0.0160	3.0836
3	6	3.4223	3.4583	0.0360	3.5306	3.5486	0.0180	3.6389
3½	6	4.0473	4.0833	0.0360	4.1556	4.1736	0.0180	4.2639
4	4	4.7111	4.7611	0.0500	4.8735	4.8985	0.0250	5.0359
4½	4	5.4611	5.5111	0.0500	5.6235	5.6485	0.0250	5.7859
5	4	5.9602	6.0102	0.0500	6.1226	6.1476	0.0250	6.2850
6	4	6.7252	6.7752	0.0500	6.8876	6.9126	0.0250	7.0500

① 对应于基本平面（$P/8$）接头的最小大径的尺寸以及由磨损刀具加工出的在大径上的牙型不能在基准线之下。接头的最大大径必须对应于在最大接头大径上等于 $P/24$ 的平面的直径，并且可以通过在接头的最大中径上增加 $11h/9$（或 $0.7939P$）来确定。

8.9　其他螺纹

8.9.1　过盈配合螺纹

1. 过盈配合螺纹介绍

过盈配合螺纹是当其中的两个元件处于自由状态时，外螺纹元件大于内螺纹元件的螺纹，并且装配时通过弹性压缩或者材料的塑性运动或两者皆有，得到相同的尺寸并产生保持力矩。根据惯例，这些螺纹被命名为 5 级。

图 8-34 所示为美国国家标准 5 级过盈配合螺纹的基本牙型，图 8-35 所示为最大干涉，图 8-36 所示为最小干涉。

表 8-103 ~ 表 8-105 中的数据是基于多年的研究、测试和现场研究，代表了过盈配合螺纹的美国标准，它克服了如联邦螺钉手册 H28 中早期建议的过盈配合在实践中所遇到的困难。这些数据被采用为美国国家标准 ASA B1. 12-1963。随后，该标准被修订并发布为美国国家标准 ANSI B1. 12-1972。朴茨茅斯海军造船厂最近进行的一项研究已带来对 ASME/ANSI B1. 12-1987（R2008）的修订。

表 8-103 ~ 表 8-105 中的数据提供了粗牙系列中修正的美国国家牙型规格为 1/4 ~ 1½in 的外部和内部过盈（5 级）配合螺纹的尺寸。意图是只要符合本标准的过盈配合螺纹将能提供表 8-105 的极限值以下足够的扭矩条件。最小扭矩应足以确保外螺纹部件不会松动；最大扭矩建立一个上限值，在其之下，诸如外部螺纹部件的卡住、磨损或扭矩失效都被减少了。

表 8-103 和表 8-104 给出了外部和内部螺纹尺寸，并且是根据表 8-105 中规定的旋合长度、外螺纹长度和螺纹孔深度，并符合下文中给出的设计和应用数据。表 8-106 给出了允差，表 8-107 给出了粗牙螺纹系列的螺距以及大径和小径的公差。

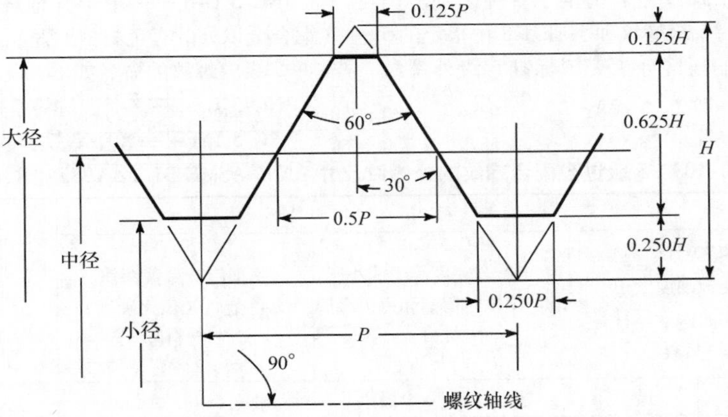

图 8-34　美国国家标准 5 级过盈配合螺纹的基本牙型

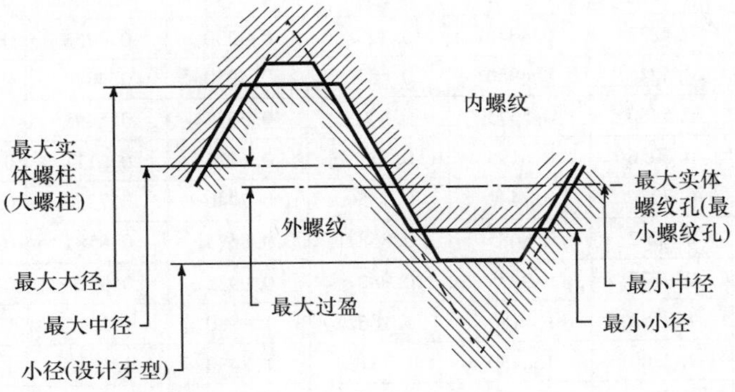

图 8-35　最大干涉

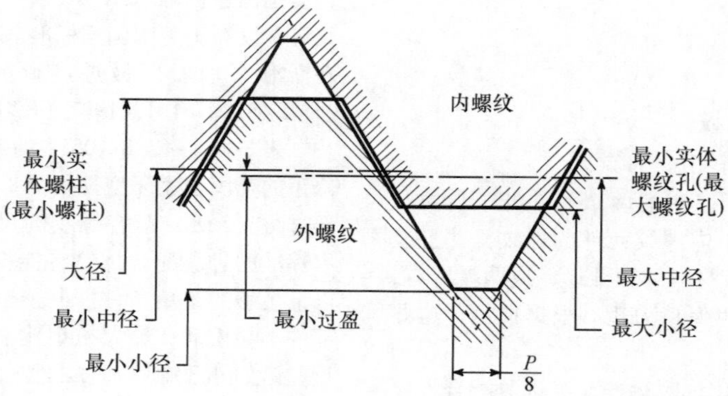

图 8-36 最小干涉

2. 5 级过盈配合螺纹的设计和应用数据

以下是使用和检查的条件，按照表 8-103 ~ 表 8-105 中尺寸加工产品的满意应用是以其为基础的。

螺纹命名：以下螺纹命名提供了一种区别美国标准 5 级螺纹与临时 5 级螺纹和手册 H28 中指定的 5 级螺纹的方法。它们还区分了美国标准 5 级外螺纹和内螺纹。

5 级外螺纹的命名如下：

NC-5 HF——用于硬度在 160 BHN 以上硬铁材料上的旋合。

NC-5 CSF——用于铜合金和硬度在 160 BHN 以下软铁材料上的旋合。

NC-5 ONF——用于其他任何硬度的有色金属（铜合金以外的有色材料）材料上的旋合。

5 级内螺纹的命名如下：

NC-5 IF——整个铁材料系列。

NC-5 INF——整个非铁材料系列。

表 8-103 5 级过盈配合螺纹的外螺纹尺寸 ANSI/ASME B1. 12-1987 (R2008)

公称尺寸	大径/in						中径/in		小径/in
	NC-5 HF 用于旋合硬度大于 160 BHN 的铁素体材料 $L_e = 1\frac{1}{4}$直径		NC-5 CSF 用于旋合硬度等于或小于 160 BHN 的黄铜和黑色金属材料 $L_e = 1\frac{1}{4}$直径		NC-5 ONF 用于旋合除黄铜外有色金属（任何硬度）材料 $L_e = 2\frac{1}{2}$直径				
	最大	最小	最大	最小	最大	最小	最大	最小	最大
0. 2500-20	0. 2470	0. 2418	0. 2470	0. 2418	0. 2470	0. 2418	0. 2230	0. 2204	0. 1932
0. 3125-18	0. 3080	0. 3020	0. 3090	0. 3030	0. 3090	0. 3030	0. 2829	0. 2799	0. 2508
0. 3750-16	0. 3690	0. 3626	0. 3710	0. 3646	0. 3710	0. 3646	0. 3414	0. 3382	0. 3053
0. 4375-14	0. 4305	0. 4233	0. 4330	0. 4258	0. 4330	0. 4258	0. 3991	0. 3955	0. 3579
0. 5000-13	0. 4920	0. 4846	0. 4950	0. 4876	0. 4950	0. 4876	0. 4584	0. 4547	0. 4140
0. 5625-12	0. 5540	0. 5460	0. 5575	0. 5495	0. 5575	0. 5495	0. 5176	0. 5136	0. 4695
0. 6250-11	0. 6140	0. 6056	0. 6195	0. 6111	0. 6195	0. 6111	0. 5758	0. 5716	0. 5233
0. 7500-10	0. 7360	0. 7270	0. 7440	0. 7350	0. 7440	0. 7350	0. 6955	0. 6910	0. 6378
0. 8750-9	0. 8600	0. 8502	0. 8685	0. 8587	0. 8685	0. 8587	0. 8144	0. 8095	0. 7503
1. 0000-8	0. 9835	0. 9727	0. 9935	0. 9827	0. 9935	0. 9827	0. 9316	0. 9262	0. 8594
1. 1250-7	1. 1070	1. 0952	1. 1180	1. 1062	1. 1180	1. 1062	1. 0465	1. 0406	0. 9640
1. 2500-7	1. 2320	1. 2200	1. 2430	1. 2312	1. 2430	1. 2312	1. 1715	1. 1656	1. 0890
1. 3750-6	1. 3560	1. 3410	1. 3680	1. 3538	1. 3680	1. 3538	1. 2839	1. 2768	1. 1877
1. 5000-6	1. 4810	1. 4670	1. 4930	1. 4788	1. 4930	1. 4788	1. 4089	1. 4018	1. 3127

注：基于使用 ASTM A-325（SAE 5 级）或以上钢材的外螺纹元件。L_e = 旋合长度。

表 8-104　5 级过盈配合螺纹的内螺纹尺寸 ANSI/ASME B1. 12-1987（R2008）

（单位：in）

公称尺寸	NC-5 IF 铁材料			NC-5 INF 有色金属材料			中径		大径
	小径①		螺孔钻	小径①		螺孔钻			
	最小	最大		最小	最大		最小	最大	最小
0. 2500-20	0. 196	0. 206	0. 2031	0. 196	0. 206	0. 2031	0. 2175	0. 2201	0. 2532
0. 3125-18	0. 252	0. 263	0. 2610	0. 252	0. 263	0. 2610	0. 2764	0. 2794	0. 3161
0. 3750-16	0. 307	0. 318	0. 3160	0. 307	0. 318	0. 3160	0. 3344	0. 3376	0. 3790
0. 4375-14	0. 374	0. 381	0. 3750	0. 360	0. 372	0. 3680	0. 3911	0. 3947	0. 4421
0. 5000-13	0. 431	0. 440	0. 4331	0. 417	0. 429	0. 4219	0. 4500	0. 4537	0. 5050
0. 5625-12	0. 488	0. 497	0. 4921	0. 472	0. 485	0. 4844	0. 5084	0. 5124	0. 5679
0. 6250-11	0. 544	0. 554	0. 5469	0. 527	0. 540	0. 5313	0. 5660	0. 5702	0. 6309
0. 7500-10	0. 667	0. 678	0. 6719	0. 642	0. 655	0. 6496	0. 6850	0. 6895	0. 7565
0. 8750-9	0. 777	0. 789	0. 7812	0. 755	0. 769	0. 7656	0. 8028	0. 8077	0. 8822
1. 0000-8	0. 890	0. 904	0. 8906	0. 865	0. 880	0. 8750	0. 9188	0. 9242	1. 0081
1. 1250-7	1. 000	1. 015	1. 0000	0. 970	0. 986	0. 9844	1. 0322	1. 0381	1. 1343
1. 2500-7	1. 125	1. 140	1. 1250	1. 095	1. 111	1. 1094	1. 1572	1. 1631	1. 2593
1. 3750-6	1. 229	1. 247	1. 2344	1. 195	1. 213	1. 2031	1. 2667	1. 2738	1. 3858
1. 5000-6	1. 354	1. 372	1. 3594	1. 320	1. 338	1. 3281	1. 3917	1. 3988	1. 5108

① 所有尺寸的第四个小数位为 0。

外螺纹产品：外螺纹元件的点应倒角或以其他方式将直径减小小于螺纹的最小小径以下。这些极限适用于裸露或金属涂层部件。螺纹在旋合前应不会有过度的裂痕、毛刺、碎屑、砂砾或其他外来材料。

表 8-105　5 级过盈配合螺纹的扭矩、过盈量和旋合长度 ANSI/ASME B1. 12-1987（R2008）

（单位：in）

公称尺寸	中径上的过盈量		旋合长度、外螺纹长度和螺纹孔深度①						在铁素体材料中旋合 1-1/4D 的扭矩	
			黄铜和铁			除黄铜外的有色金属				
	最大	最小	L_e	T_S	T_h 最小	L_e	T_S	T_h 最小	最大 lb-ft	最小 lb-ft
0. 2500-20	0. 0055	0. 0003	0. 312	0. 375 +0. 125 −0	0. 375	0. 625	0. 688 +0. 125 −0	0. 688	12	3
0. 3125-18	0. 0065	0. 0005	0. 391	0. 469 +0. 139 −0	0. 469	0. 781	0. 859 +0. 139 −0	0. 859	19	6
0. 3750-16	0. 0070	0. 0006	0. 469	0. 562 +0. 156 −0	0. 562	0. 938	1. 031 +0. 156 −0	1. 031	35	10
0. 4375-14	0. 0080	0. 0008	0. 547	0. 656 +0. 179 −0	0. 656	1. 094	1. 203 +0. 179 −0	1. 203	45	15
0. 5000-13	0. 0084	0. 0010	0. 625	0. 750 +0. 192 −0	0. 750	1. 250	1. 375 +0. 192 −0	1. 375	75	20
0. 5625-12	0. 0092	0. 0012	0. 703	0. 844 +0. 208 −0	0. 844	1. 406	1. 547 +0. 208 −0	1. 547	90	30
0. 6250-11	0. 0098	0. 0014	0. 781	0. 938 +0. 227 −0	0. 938	1. 562	1. 719 +0. 227 −0	1. 719	120	37
0. 7500-10	0. 0105	0. 0015	0. 938	1. 125 +0. 250 −0	1. 125	1. 875	2. 062 +0. 250 −0	2. 062	190	60
0. 8750-9	0. 0016	0. 0018	1. 094	1. 312 +0. 278 −0	1. 312	2. 188	2. 406 +0. 278 −0	2. 406	250	90
1. 0000-8	0. 0128	0. 0020	1. 250	1. 500 +0. 312 −0	1. 500	2. 500	2. 750 +0. 312 −0	2. 750	400	125
1. 1250-7	0. 0143	0. 0025	1. 406	1. 688 +0. 357 −0	1. 688	2. 812	3. 094 +0. 357 −0	3. 095	470	155
1. 2500-7	0. 0143	0. 0025	1. 562	1. 875 +0. 357 −0	1. 875	3. 125	3. 438 +0. 357 −0	3. 438	580	210
1. 3750-6	0. 0172	0. 0030	1. 719	2. 062 +0. 419 −0	2. 062	3. 438	3. 781 +0. 419 −0	3. 781	705	250
1. 5000-6	0. 0172	0. 0030	1. 875	2. 250 +0. 419 −0	2. 250	3. 750	4. 125 +0. 419 −0	4. 125	840	325

① L_e = 旋合长度，T_S = 全牙型的外螺纹长度，T_h = 孔中全牙型螺纹的最小深度。

外螺纹产品的材料：当使用按照 ASTM A-325（SAE 5 级）或更好热处理的中碳钢产品时按照表 8-103 ~ 表 8-105 中的旋合长度、接触深度和中径进行设计可以产生合适的扭矩。在许多应用中具有 SAE 4 级的壳体渗碳和不加热处理的中碳钢产品是令人满意的。SAE 1 类和 2 级可在特定条件下使用。本标准不适用于不锈钢、硅青铜、黄铜或类似材料制成的产品的使用。当使用这种材料时，表中的规格可能需要根据涉及材料的试验进行调整。

润滑：用在铁素体材料上的旋合时，应使用良好的润滑密封剂，特别是在孔中。建议使用非碳化型润滑剂（如水包油分散体）。必须将润滑剂施加到孔中，并且可以将其施加到元件上。在将其施加到孔时，必须注意，过量的润滑剂不会导致元件在不通孔中受到液压的阻碍。在涉及密封的情况下，选择的润滑剂应不溶于要密封的介质中。

对于在有色金属材料上的旋合，可能不需要润滑。推荐使用中等齿轮油在铝中旋合。美国研究表明，有色金属材料中润滑螺纹孔的小径具有闭合的倾向，也就是说旋合时会减少，而未使用润滑的孔的小直径可能会扩大。

旋合速度：本标准对驱动速度不做推荐。已经提出了一些意见，希望通过仔细选择、控制表面硬度和粗糙度的各种组合来获得最佳结果的旋合速度。按照该标准制造螺纹的经验可以说明对旋合速度的极限是多少。

表 8-106 粗牙螺纹系列的允差 ANSI/ASME B1.12-1987（R2008）（单位：in）

每英寸牙数	NC-5 HF①的公称尺寸和最大大径的差别	NC-5 CSF 或 NC-5 ONF①的公称尺寸和最大大径的差别	NC-5 IF①的基本小径和最小小径的差别	NC-5 INF①的基本小径和最小小径的差别	最大中径过盈量或外螺纹的负允差②	外螺纹的最大小径和基本小径的差别
20	0.0030	0.0030	0.000	0.000	0.0055	0.0072
18	0.0045	0.0035	0.000	0.000	0.0065	0.0080
16	0.0060	0.0040	0.000	0.000	0.0070	0.0090
14	0.0070	0.0045	0.014	0.000	0.0080	0.0103
13	0.0080	0.0050	0.014	0.000	0.0084	0.0111
12	0.0085	0.0050	0.016	0.000	0.0092	0.0120
11	0.0110	0.0055	0.017	0.000	0.0098	0.0131
10	0.0140	0.0060	0.019	0.000	0.0105	0.0144
9	0.0150	0.0065	0.022	0.000	0.0116	0.0160
8	0.0165	0.0065	0.025	0.000	0.0128	0.0180
7	0.0180	0.0070	0.030	0.000	0.0143	0.0206
6	0.0190	0.0070	0.034	0.000	0.0172	0.0241

① 这些列中的允差是从工业研究数据中获得的。

② 负允差是最大实体条件下基本中径和中径值之间的差值。

基本大径和内螺纹最小大径之差为 $0.075H$，见表 8-107。

表 8-107 粗牙螺纹系列的中径、大径和小径公差 ANSI/ASME B1.12-1987（R2008）

（单位：in）

每英寸牙数	内螺纹和外螺纹①的中径公差	外螺纹②大径公差	NC-5 IF 内螺纹小径公差	NC-5 INF③内螺纹小径公差	用于锥形大径的公差 $0.075H$ 或 $0.065P$
20	0.0026	0.0052	0.010	0.010	0.0032
18	0.0030	0.0060	0.011	0.011	0.0036
16	0.0032	0.0064	0.011	0.011	0.0041
14	0.0036	0.0072	0.008	0.012	0.0046
13	0.0037	0.0074	0.008	0.012	0.0050
12	0.0040	0.0080	0.009	0.013	0.0054
11	0.0042	0.0084	0.010	0.013	0.0059

（续）

每英寸牙数	内螺纹和外螺纹①的中径公差	外螺纹②大径公差	NC-5 IF 内螺纹小径公差	NC-5 INF③内螺纹小径公差	用于锥形大径的公差 0.075*H* 或 0.065*P*
10	0.0045	0.0090	0.011	0.014	0.0065
9	0.0049	0.0098	0.012	0.014	0.0072
8	0.0054	0.0108	0.014	0.015	0.0093
7	0.0059	0.0118	0.015	0.015	0.0093
6	0.0071	0.0142	0.018	0.018	0.0108

① 国家 3 级中径公差来自 ASA B1.1-1960。

② 2 倍 NC-3 中径公差。

③ 国家 3 级小径公差来自 ASA B1.1-1960。

旋合扭矩与旋合长度的关系：扭矩直接随着旋合长度的增加而增加，随着尺寸的增加，扭矩成比例地剧增。该标准不建立推荐的旋松力矩。

表面粗糙度：表面粗糙度不是必需的测量量。推荐的表面粗糙度 *Ra* 为 63 ~ 125μin。表面粗糙度 *Ra* 大于 125μin 的可能会引起磨损和螺纹撕裂。表面粗糙度 *Ra* 小于 63μin 的可能会保持不足的润滑状态并且导致拧死或焊在一起。

导程和角度变化：列于表 8-108 中的导程变化值是来自不超过标准通规长度的任何两点之间规定导程的最大变化值。列于表 8-109 的牙侧角变化值是从螺纹牙侧和垂直于螺纹轴线间基本 30°角度的最大变化值。根据 ANSI/ASME B1.3M 的这些数据的应用，尺寸可接受性的螺纹测量系统在标准中给出。导程变化不会改变移位金属的体积，但是它会在螺纹牙侧的压力侧产生累积的单侧应力。将中径尺寸与功能直径尺寸之间的差异控制在中径公差的一半之内将使导程和角度变量保持在令人满意的范围内。这两种变化都可能产生不可接受的扭矩和装配失效。

8.9.2 火花塞螺纹

1. 英国标准火花塞 BS 45：1972（撤销）

这一修订后的英国标准仅指汽车和工业火花点火式内燃机中使用的火花塞。基本螺纹牙型是 ISO 米制。在给火花塞和螺纹孔的螺纹分配公差时，必须充分考虑英国火花塞和发动机之间互换性的最可

表 8-108 导程上的最大允差变化和功能直径上的最大等量变化 ANSI/ASME B1.12-1987（R2008）

（单位：in）

公称直径	内外螺纹 轴向导程的允差变化（加或减）	功能直径的最大等量变化（外螺纹加，内螺纹减）
0.2500-20	0.0008	0.0013
0.3125-18	0.0009	0.0015
0.3750-16	0.0009	0.0016
0.4375-14	0.0010	0.0018
0.5000-13	0.0011	0.0018
0.5625-12	0.0012	0.0020
0.6250-11	0.0012	0.0021
0.7500-10	0.0013	0.0022
0.8750-9	0.0014	0.0024
1.0000-8	0.0016	0.0027
1.1250-7	0.0017	0.0030
1.2500-7	0.0017	0.0030
1.3750-6	0.0020	0.0036
1.5000-6	0.0020	0.0036

注：1. 功能直径的等量变化施加于牙型误差的总影响。

2. 只有当所有牙型的变化为零时才允许导程的最大允差变化。

3. 对于未列出的尺寸，导程的最大允许变化等于中径公差的 0.57735 倍。

表 8-109 30°基本半角外螺纹和内外螺纹的最大允差变化 ANSI/ASME B1.12-1987（R2008）

每英寸螺纹数	牙型半角的允差变化（加或减）	每英寸螺纹数	牙型半角的允差变化（加或减）	每英寸螺纹数	牙型半角的允差变化（加或减）
32	1° 30′	14	0° 55′	8	0° 45′
28	1° 20′	13	0° 55′	7	0° 45′
27	1° 20′	12	0° 50′	6	0° 40′
24	1° 15′	11½	0° 50′	5	0° 40′
20	1° 10′	11	0° 50′	4½	0° 40′
18	1° 05′	10	0° 50′	4	0° 40′
16	1° 00′	9	0° 50′	—	—

能方式，以及那些符合 ISO 其他成员机构标准的要求。

气缸盖的火花塞和螺纹孔的基本螺纹尺寸见表8-110。

表 8-110 气缸盖的火花塞和螺纹孔的基本螺纹尺寸 （单位：mm）

公称尺寸	螺距	螺纹	大径		中径		小径	
			最大	最小	最大	最小	最大	最小
14	1.25	塞规	13.937①	13.725	13.125	12.993	12.402	12.181
14	1.25	孔	—	14.00	13.368	13.188	12.912	12.647
18	1.5	塞规	17.933①	17.697	16.959	16.819	16.092	15.845
18	1.5	孔	—	18.00	17.216	17.026	16.676	16.376

① 未指定。

气缸盖中成品火花塞和相应螺纹孔的公差等级为：对于 14 mm 规格，6e 为火花塞，6H 为螺纹孔，最小间隙为 0.063 mm；对于 18mm 规格，6e 为火花塞，6H 为螺纹孔，最小间隙为 0.067mm。

这些最小间隙旨在当移除火花塞以及都应用在黑色和有色金属材料时，防止由于在裸露螺纹上的燃烧沉积物而导致卡死的可能性。这些间隙还旨在使符合本标准的螺纹的火花塞可以装配到现有的孔中。

2. SAE 火花塞螺纹

SAE 标准包括以下尺寸：每英寸 18 个牙，公称直径为$\frac{7}{8}$in；公称直径为 18mm，螺距为 1.5mm；公称直径为 14mm，螺距为 1.25mm；公称直径为 10mm，螺距为 1.0mm；公称直径为 3/8in，每英寸 24 个牙；公称直径为 1/4in，每英寸 32 个牙。在制造过程中，为了将螺纹工具上的磨损保持在允许的极限内，火花塞通（环）规中的螺纹应被削平到火花塞的最大小径，并且在螺纹孔通（塞）规削平到螺纹孔的最小大径。

火花塞标准螺纹见表 8-111。

为了将螺纹工具上的磨损保持在允许的极限内，火花塞通（环）规中的螺纹应削平到火花塞的最大小径，并且在螺纹孔的通（塞）规中削平到螺纹孔的最小大径。用于检查螺纹孔的小径的普通塞规应为规定的最小值。

表 8-111 SAE 火花塞标准螺纹

尺寸① 公称×螺距	大径		中径		小径	
	最大	最小	最大	最小	最大	最小
火花塞螺纹/mm (in)						
M18×1.5	17.933	17.803	16.959	16.853	16.053	—
	(0.07060)	(0.7009)	(0.6677)	(0.6635)	(0.6320)	—
M14×1.25	13.868	13.741	13.104	12.997	12.339	—
	(0.5460)	(0.5410)	(0.5159)	(0.5117)	(0.4858)	—
M12×1.25	11.862	11.735	11.100	10.998	10.211	—
	(0.4670)	(0.4620)	(0.4370)	(0.4330)	(0.4020)	—
M10×1.0	9.974	9.794	9.324	9.212	8.747	—
	(0.3927)	(0.3856)	(0.3671)	(0.3627)	(0.3444)	—
M18×1.5	—	18.039	17.153	17.026	16.426	16.266
	—	(0.7102)	(0.6753)	(0.6703)	(0.6467)	(0.6404)
M14×1.25	—	14.034	13.297	13.188	12.692	12.499
	—	(0.5525)	(0.5235)	(0.5192)	(0.4997)	(0.4921)
M12×1.25	—	12.000	11.242	11.188	10.559	10.366
	—	(0.4724)	(0.4426)	(0.4405)	(0.4157)	(0.4081)
M10×1.0	—	10.000	9.500	9.350	9.153	8.917
	—	(0.3937)	(0.3740)	(0.3681)	(0.3604)	(0.3511)

① M14 和 M18 是新应用的优选。

8.9.3 灯座和电器设备螺纹

1. 灯座和插座外壳螺纹

灯座和插座壳的美国标准螺纹由美国机械工程师协会、美国国家电气制造商协会和大多数大型制造商生产，其中需要在诸如灯座、熔丝插头、附件插头等金属板或零件（如灯）上滚制螺纹。有五种规格，分别为微型、小型、中小型、大中型和较大型。

用于电插座和灯座螺钉壳的滚制螺纹（美国标准）见表 8-112。

表 8-112　用于电插座和灯座螺钉壳的滚制螺纹（美国标准）　　（单位：in）

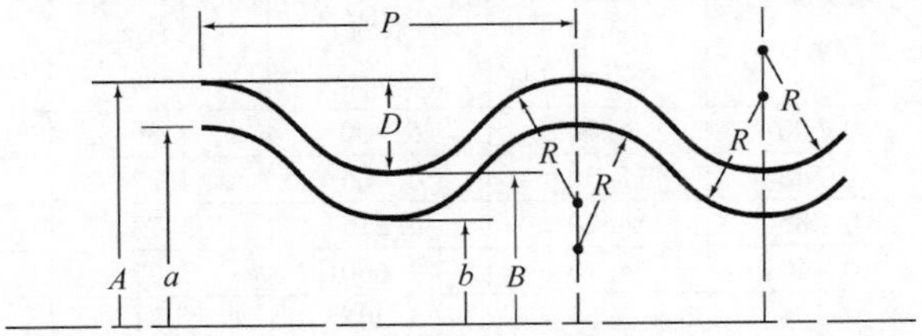

规格	每英寸螺纹	螺距 P	螺纹深度 D	牙顶压根半径 R	大径		小径	
					最大	最小	最大	最小
装配前的公螺纹或基座螺旋套管								
微型	14	0.07143	0.020	0.0210	0.375	0.370	0.335	0.330
小型	10	0.10000	0.025	0.0312	0.465	0.460	0.415	0.410
中小型	9	0.11111	0.027	0.0353	0.651	0.645	0.597	0.591
大中型	7	0.14286	0.033	0.0470	1.037	1.031	0.971	0.965
较大型	4	0.25000	0.050	0.0906	1.555	1.545	1.455	1.445
装配前的插座螺旋套管								
微型	14	0.07143	0.020	0.0210	0.3835	0.3775	0.3435	0.3375
小型	10	0.10000	0.025	0.0312	0.476	0.470	0.426	0.420
中小型	9	0.11111	0.027	0.0353	0.664	0.657	0.610	0.603
大中型	7	0.14286	0.033	0.0470	1.053	1.045	0.987	0.979
较大型	4	0.25000	0.050	0.0906	1.577	1.565	1.477	1.465

基座螺旋套管公差：螺纹环规-“通规”，最大螺纹尺寸减去 0.0003in；“止规”，最小螺纹尺寸加上 0.0003in。普通环规-“通规”，最大螺纹外径减去 0.0002in；“止规”，最小螺纹外径加上 0.0002in。

插座螺旋套管的检验：螺纹塞规-“通规”，最小螺纹尺寸加上 0.0003in；“止规”，最大螺纹尺寸减去 0.0003in。普通塞规-“通规”，最小小径加上 0.0002in；“止规”，最大小径减去 0.0002in。

用于检验基座螺旋套管的校对量规：用于检查螺纹环的螺纹塞规-“通规”，最大螺纹尺寸减去 0.0003in；“止规”，最小螺纹尺寸加上 0.0003in。

2. 电器设备螺纹

特殊的直电器设备螺纹由与美国标准管螺纹相同螺距的直螺纹构成，具有美国普通或标准牙型，用于螺母等。公螺纹较小，母螺纹大于专用直管螺纹。公螺纹与标准锥形母螺纹装配而母螺纹与标准锥形公螺纹装配。当希望将接头组成肩部时使用该螺纹。所使用的量规是直螺纹限位规。

8.9.4　仪器和显微镜螺纹

1. 英国协会标准螺纹（BA）

这种牙型的螺纹类似于牙底和牙顶圆整的惠氏螺纹（见图 8-37）。但角度仅为 47°30′，牙顶和牙底的半径相应地更大。该螺纹在英国使用，在某种程度上其他欧洲国家使用非常小的螺钉。它在美国的使用实际上仅限于制造出口工具。该螺纹系统起源于瑞士，作为钟表螺钉的标准，有时被称为瑞士小螺纹标准。

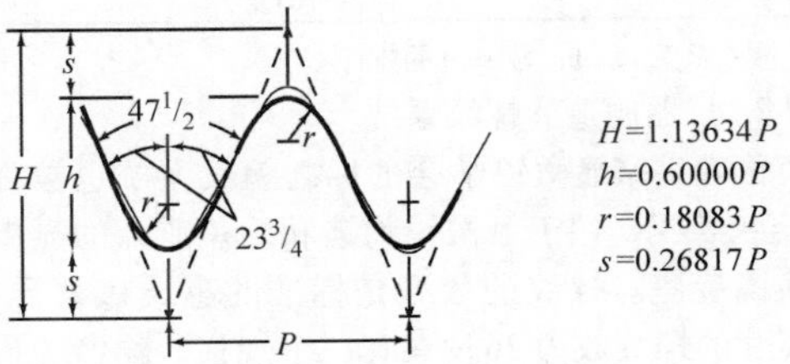

图 8-37　英国协会螺纹

除 1/4in BSF 规格优于“0”BA 螺纹外，其他所有尺寸小于 1/4in 的螺钉，英国标准协会推荐优先使用此类螺纹系统而非 BSW 和 BSF 系统。此外，建议在选择尺寸时，优先选择偶数 BA 尺寸。

它是一个对称的 V 形螺纹，牙型角为 47½°，其牙顶和牙底用相同的半径圆整，使得螺纹的基本深度为 0.6000 倍的螺距。P 是螺纹螺距；H 是 V 形螺纹的深度；h 是 BA 螺纹的深度；r 是螺纹牙底和牙顶的半径；s 是牙底和牙顶的削平高度。

英国协会（BA）标准螺纹基本尺寸见表 8-113。

公差和允差：提供两类用于螺栓和一类用于螺母的螺栓，紧配合类螺栓适用于受应力的精密零件，没有允差被用于最大螺栓和最小螺母的规格。正常配合类螺栓用于一般商业生产和一般工程用途，编号 0 ~ 10 采用 0.025mm 的允差。

表 8-113 英国协会（BA）标准螺纹基本尺寸 BS 93：1951（已废止）

命名编号	螺距 /mm	螺纹深度 /mm	螺栓和螺母 大径 /mm	有效直径 /mm	小径 /mm	半径 /mm	每英寸牙数（近似）
0	1.0000	0.600	6.00	5.400	4.80	0.1808	25.4
1	0.9000	0.540	5.30	4.760	4.22	0.1627	28.2
2	0.8100	0.485	4.70	4.215	3.73	0.1465	31.4
3	0.7300	0.440	4.10	3.660	3.22	0.1320	34.8
4	0.6600	0.395	3.60	3.205	2.81	0.1193	38.5
5	0.5900	0.355	3.20	2.845	2.49	0.1067	43.0
6	0.5300	0.320	2.80	2.480	2.16	0.0958	47.9
7	0.4800	0.290	2.50	2.210	1.92	0.0868	52.9
8	0.4300	0.260	2.20	1.940	1.68	0.0778	59.1
9	0.3900	0.235	1.90	1.665	1.43	0.0705	65.1
10	0.3500	0.210	1.70	1.490	1.28	0.0633	72.6
11	0.3100	0.185	1.50	1.315	1.13	0.0561	82.0
12	0.2800	0.170	1.30	1.130	0.96	0.0506	90.7
13	0.2500	0.150	1.20	1.050	0.90	0.0452	102
14	0.2300	0.140	1.00	0.860	0.72	0.0416	110
15	0.2100	0.125	0.90	0.775	0.65	0.0380	121
16	0.1900	0.115	0.79	0.675	0.56	0.0344	134

英国协会（BA）螺纹公差公式见表 8-114。

表 8-114 英国协会（BA）螺纹公差公式

螺栓和螺母	类或配合	公差（螺母 +，螺栓 -） 大径/mm	有效直径/mm	小径/mm
螺栓	紧配合类 BA 编号 0 ~ 10（含 10 号）	$0.15P$	$0.08P+0.02$	$0.16P+0.04$
	标准配合类 BA 编号 0 ~ 10（含 10 号）	$0.20P$	$0.10P+0.025$	$0.20P+0.05$
	标准配合类 BA 编号 11 ~ 16（含 16 号）	$0.25P$	$0.10P+0.025$	$0.20P+0.05$
螺母	所有类	—	$0.12P+0.03$	$0.375P$

注：P 为以 mm 为单位的螺距。

2. 仪器制造商螺纹系统

伦敦皇家显微镜学会的标准螺纹系统也被称为“学会螺纹”，用于显微镜物镜和物镜旋入的显微镜的换镜旋座。螺纹的牙型是标准的惠氏螺纹牙型。每英寸的螺纹数为 36，只有一个规格。物镜的最大中径为 0.7804in，换镜旋座的最小中径为 0.7822in，尺寸见表 8-115。

表 8-115 螺纹尺寸

公螺纹	外径/in	最大 0.7982	最小 0.7952
	牙底直径/in	最大 0.7626	最小 0.7596
母螺纹	螺纹牙底/in	最大 0.7674	最小 0.7644
	螺纹牙顶/in	最大 0.8030	最小 0.8000

英国皇家摄影学会标准螺纹范围为 1in 直径及以上。对于小于 1in 的螺钉，使用显微镜学会标准。英国学会螺纹是用于国外仪器上的另一种螺纹系统。

3. 美国显微镜物镜螺纹（AMO）

标准 ANSI B1.11-1958（R2011）描述了美国显微镜物镜螺纹，这种螺纹牙型用于将显微镜物镜组件安装在镜体或显微镜的镜头转盘上。该螺纹也推荐用于其他显微镜光学组件以及诸如显微照相设备等相关应用。它与多年前由英国皇家显微镜学会生产和采用的螺纹具有互换性，通常被称为 RMS 螺纹。虽然该标准几乎被普遍接受为显微镜目标安装的基本标准，但对其正式的认可还是非常的有限。

基本的螺纹具有所有英国惠氏标准牙型。然而，实际设计螺纹牙型的实现是基于二战时期的 ASA B1.6-1944 截头惠氏牙型在其中牙顶和牙底的圆整被取消了。ASA B1.6-1944 在 1951 年被撤销，但是 ANSI B1.11-1958（R2011）在新设计中仍然是有效的。

显微镜物镜螺纹的设计要求：由于光学设备固

有的寿命和目标螺纹的重复使用，在设计显微镜物镜螺纹时应考虑以下因素。

合适的间隙以防止由于外来颗粒或轻微牙顶损坏而产生的约束。

足够的螺纹接触深度，以保证在经常遇到的短距离旋合中的安全。

有限的偏心允差使得目标的对中和垂直度不受制造误差的影响。

与截头惠氏螺纹牙型的偏差：虽然 ANSI B1.11-1958（R2011）是基于撤销的 ASA B1.6-1944 截头惠氏标准，前者描述了设计要求需要一个对截断的惠氏螺纹牙型的偏离。一些更重要的修改是：

外螺纹的中径具有更大的允差。

外螺纹的大径和内螺纹的较小径的允差更小。

对外螺纹的大、小径允差的规定。

螺纹概述：螺纹是单线螺纹类型。只有一类螺纹配合基于基本大径为 0.800in，螺距为 0.027778in（每英寸 36 牙）。AMO 螺纹应在图样、工具和规格上命名为“0.800-36 AMO”。螺纹命名法、定义和术语是基于 ANSI B1.7-1965（R1972）《螺纹的命名法，螺纹和字母符号》。

还应注意的是，ISO 8038-1：1997《物镜和相关旋转座螺纹》也基于 0.800in、36 tpi RMS 螺纹牙型。

公差和允差：表 8-94 给出了公差，对于中径 E、大径 D 和小径 K 提供 0.0018in 的正允差（最小间隙）。

如果不需要全牙型惠氏螺纹的互换性，则大、小径的允差不是必需的，因为牙底和牙顶的牙型被截断。在这些情况下，大、小径的二者极限或其中之一的最大极限可以通过允差增加 0.0018in 。

旋合长度：表 8-94 中规定的公差适用于 1/8 ~ 3/8in 的旋合长度，约为基本直径的 15% ~50%。显微镜物镜组件通常的旋合长度为 1/8in。超过这些极限的长度很少使用，本标准未涵盖。

量规测试：用于 0.800-36 AMO 螺纹尺寸的推荐的环规和塞规尺寸可以在 ANSI B1.11-1958（R2011）的附录中找到。

尺寸术语：有效标准 ANSI B1.11-1958（R2011）基于撤销的 ASA 截断惠氏标准。

显微镜物镜螺纹（AMO）的公差、允差和牙顶间隙如图 8-38 所示，螺纹的定义、公式和设计尺寸见表 8-116。

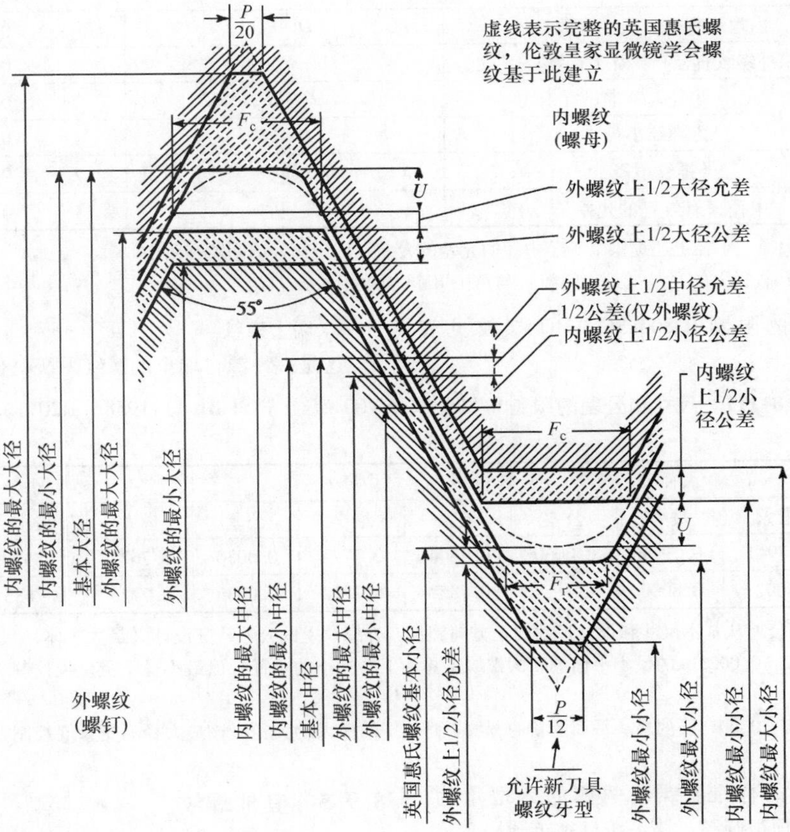

图 8-38　显微镜物镜螺纹（AMO）的公差、允差和牙顶间隙 ANSI B1.11-1958（R2011）

表 8-116 螺纹的定义、公式和设计尺寸 ANSI B1.11-1958（R2011） （单位：in）

符号	属性	公式	尺寸
基本螺纹牙型			
α	半角螺纹	—	27°30′
2α	牙型角	—	55°00′
n	每英寸的牙数	—	36
P	螺距	$1/n$	0.027778
H	基本三角形的高度	$0.960491P$	0.026680
h_b	基本螺纹高度	$0.640327P$	0.0178
r	英国标准惠氏基本螺纹的牙顶和牙底的半径（未使用）	$0.137329P$	0.0038
k	惠氏螺纹的削平高度	$h_b - U = 0.566410P$	0.0157
F_c	牙顶平面宽度	$0.243624P$	0.0068
F_r	牙底平面宽度	$0.166667P$	0.0046
U	基本惠氏牙型的牙顶基本削平高度	$0.073917P$	0.00205
基础和设计尺寸			
D	大径，公称和基本	—	0.800
D_n	内螺纹大径	D	0.800
D_s	外螺纹大径①	$D-2U-G$	0.7941
E	中径（有效），基本	$D-h_b$	0.7822
E_n	内螺纹直径中径（有效）	$D-h_b$	0.7822
E_s	外螺纹直径②中径（有效）	$D-h_b-G$	0.7804
K	小径，基本	$D-2h_b$	0.7644
K_n	内螺纹小径	$D-2k$	0.7685
K_s	外螺纹小径①	$D-2h_b-G$	0.7626
G	中径（有效）的允差①②	—	0.0018

① 在外螺纹的大径、小径上还提供了等于中径的允差的允差，用于额外的间隙和对中。
② 中径（有效）直径上的允差（最小间隙）与英国 RMS 螺纹相同。

尺寸和公差的限制 0.800-36 AMO 螺纹见表 8-117。

表 8-117 尺寸和公差的限制 0.800-36 AMO 螺纹 ANSI B1.11-1958（R2011）

（单位：in）

元件	大径 D			中径 E			小径 K		
	最大	最小	公差	最大	最小	公差	最大	最小	公差
外螺纹	0.7941	0.7911	0.0030	0.7804	0.7774	0.0030	0.7626	0.7552①	—
内螺纹	0.8092②	0.8000	—	0.7852	0.7822	0.0030	0.7715	0.7685	0.0030

注：内螺纹上的公差从基本尺寸和设计尺寸的正方向施加，外螺纹上的公差从其设计（最大实体）尺寸的负方向施加。
① 由具有 $P/12 = 0.0023$in 的最小平面的新的螺纹工具加工的极小的小径。该最小径不受量规控制，而是由螺纹工具的牙型控制。
② 由具有 $P/20 = 0.0014$in 的最小平面的新的螺纹工具加工的极大的大径。该最大径不受量规控制，而是由螺纹工具的牙型控制。

4. 瑞士螺纹

这是一种源自瑞士的螺纹系统，作为手表和钟表制造中使用螺钉的标准。螺纹两侧的牙型角为 47°30′，螺纹的牙顶被圆整。该系统已被英国协会采用为小螺钉的标准，并被称为英国协会螺纹。

8.9.5 其他螺纹

1. 航空螺纹

名称“航空螺纹”已被应用于螺纹系统专利，

该系统特别适用于诸如铝合金或镁合金之类的软材料制成的螺母内螺纹零件获得轻量化，如在飞机制造中，螺杆由高强度结构钢制成，以提供高强度和良好的耐磨性。螺母或包含内螺纹的部件具有螺纹60°的截头牙型，如图 8-39 所示。螺钉或螺柱具有半圆形螺纹牙型。在螺钉和螺母之间有一个称为螺纹衬里或嵌入件的中间部件，其牙型为螺旋弹簧的形式，使得其可以拧入螺母。然后将螺柱拧入由螺纹嵌入件的半圆形部分形成的螺纹中。当螺钉具有诸如美国标准的 V 形螺纹时，螺柱的频繁松动和紧固将导致螺母较软的金属快速磨损。此外，所有螺纹在配合螺纹上可能没有均匀的承载。可通过使用相对硬的材料（如磷青铜）制成螺纹嵌入件永久地旋入螺母来获得良好的耐磨性。此外，载荷或负载应均匀分布在螺母的所有螺纹上，因为弹簧的牙型，嵌入件可以自我调节以承受所有加载在螺纹表面的负载。

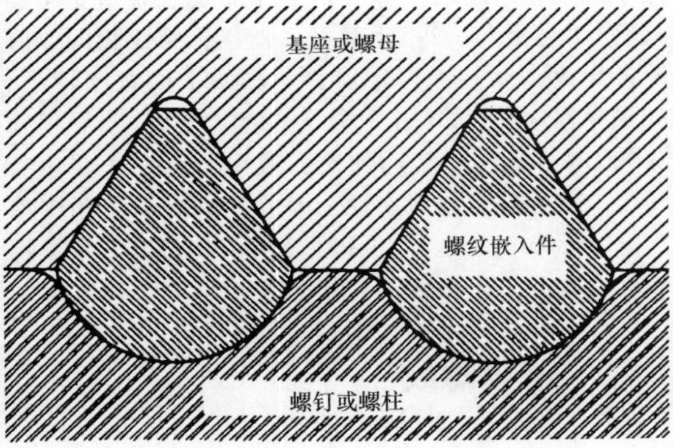

图 8-39　用于航空螺纹系统中的基本螺纹牙型

2. 布氏（Briggs）管螺纹

布氏（Briggs）管螺纹（现在作为美国标准被熟知）用于螺纹管接头，在美国是用于此用途的标准。它的名字来自于罗伯特·布里格斯（Robert Briggs）。

3. 套管螺纹

美国石油学会的标准套管螺纹具有 60°的牙型角和每英尺 3/4in 的锥度。

1942 年版本中列出了外径范围为 4½ ~ 20in 的 14 种规格。所有尺寸都具有每英寸 8 个牙。

圆整螺纹牙型：尺寸至 13⅜in（包含）的套管螺纹具有圆整的牙顶和牙底，在垂直于管道轴线测量的深度 $=0.626P-0.007\text{in}=0.07125\text{in}$。

截断牙型：16in 和 20in 外径尺寸的螺纹具有平坦的牙顶和根部。深度 $=0.760P=0.0950\text{in}$。该截断牙型在美国石油学会标准中命名标准为"三角形螺纹"。

4. 科尔多（Cordeaux）螺纹

Cordeaux 螺纹的名称来自一个英国电报检查员约翰·亨利·科尔多（John Henry Cordeaux），他在 1877 年获得了该螺纹的专利。该螺纹通过内杆上的螺纹和对应陶瓷绝缘体上的螺纹连接内杆和陶瓷绝缘体。螺纹近似为惠氏螺纹，每英寸 6 个牙，最常用的直径是 5/8in 或 3/4in 外径的螺纹；5/8in 普遍用于电报机，而有限数量的 3/4in 尺寸用于大型绝缘子。

5. 达德莱式（Dardelet）螺纹

Dardelet 专利的自锁螺纹设计用于在没有辅助锁定装置的情况下抵抗振动并保持紧固。锁定表面是螺栓螺纹的锥形牙底和螺母螺纹的锥形牙顶。螺母可以自由转动，直到靠到支撑表面而牢固地定位，从而使其从自由位置移动到锁定位置。锁定是由螺母螺纹的锥形牙顶与螺栓螺纹的锥形牙顶或连接表面之间的楔入动作实现的。此自锁螺纹也适用于固定螺钉和螺栓。当然，这些孔必须用 Dardelet 螺纹丝锥加工。Dardelet 螺纹的邻接面承载了拉伸载荷的大部分。螺母可简单地通过扳手将其向后转动而解锁。Dardelet 螺纹可以使用具备适应 Dardelet 螺纹牙型的刀具、丝锥、压模或滚模的标准设备切制或滚制。牙型角为 29°；深度 E 为 $0.3P$；最大轴向移动等于 $0.28P$。内螺纹大径（标准系列）等于外螺纹大径加 0.003in，除 1/4in 规格需加上 0.002in 以外。在中径线上的外螺纹和内螺纹的宽度等于 $0.36P$。

6. 不规则（Drunken）螺纹

根据机械师等广泛使用的经验，"Drunken"螺纹是一种不符合真实螺旋线或前进一致的螺纹。锥形螺纹的这种不规则可能是由于在安置了尾座的锥形车削时，切削工具以均匀的线速度沿工件纵向前进，但工件不会以均匀的角速度转动的事实产生的。如果锥度很小，螺距的变化和螺纹的不规则性很小以至于眼睛不可察觉，但随着锥度增加到每英尺¾ in 或更多，则误差会显著地增大。为了避免这种缺陷，应采用锥形附件进行锥螺纹切割。

7. 埃氏（Echols）螺纹

当切削速度很高并且保持同一方向时，在机用丝锥和手用丝锥中的切屑空间具有重要的意义。如果在切削刃的边缘没有足够的空间让切屑通过，那么丝锥以及要切削的螺母容易伤到。在每隔一个切齿被移除的"埃氏螺纹"中体现了减少切削刃数量以及增加切屑腔数量的方法。如果丝锥具有偶数刀槽，则移除刃带中每隔一个齿将等同于去除连续螺纹的刀齿。因此，具有这种螺纹的丝锥必须由具有奇数的刃带制成，交替地从刃带上移除刀齿的结果是在每个单独的刃带上移除每隔一个的刀齿。机用丝锥通常与埃氏螺纹一起提供。

8. 法国螺纹（S. F.）

法国螺纹与美国标准具有相同的牙型和比例。这个法国螺纹正在逐渐被国际米制螺纹系统所取代。

9. 哈维夹紧（Harvey Grip）螺纹

Harvey Grip 螺纹的特征在于：一侧从轴的垂直线倾斜出 44°，而另一侧倾斜度数仅为 1°。在轴向上存在相当大的阻力或压力时，并且希望尽可能地减小螺母上的径向或破裂压力时，有时使用这种形式的螺纹。

10. 劳埃德（Lloyd & Lloyd）螺纹

Lloyd & Lloyd 螺纹与普通惠氏螺纹相同，螺纹的两侧彼此形成55°的角度。螺纹的牙顶和牙底是圆形的。

11. 锁紧螺母管螺纹

锁紧螺母管螺纹是具有最大径可以在管道上切割的直螺纹。其牙型与美国或布氏（Briggs）标准锥形管螺纹的牙型相同。一般来说仅需要通规。它们由代表最小母锁紧螺母螺纹的直螺纹塞规和表示最大公锁紧螺母螺纹的直螺纹环规组成。该螺纹仅用于将部件固持在一起，或者将管颈保持在管道上。不用于需要紧密接头的场合。

12. 费城马车（Philadelphia Carriage）螺栓螺纹

Philadelphia Carriage 螺栓螺纹是用于马车螺栓的螺纹，它有点类似于方形螺纹，但在牙顶和牙底被圆整了。螺纹的侧面倾斜到 3½°的牙型角。螺纹的牙顶宽度为螺距的 0.53 倍。

13. 汽车工程师协会（SAE）标准螺纹

SAE 的螺纹标准用于美国汽车工业。SAE 标准包括粗牙系列、细牙系列、8 牙螺纹系列、12 牙螺纹系列、16 牙螺纹系列、超细牙系列和特殊螺距系列。粗牙、精细牙系列以及 8 牙、12 牙和 16 牙螺纹系列与美国标准中的对应系列完全相同。超细牙和特殊螺距系列仅限于 SAE 标准。

美国标准螺纹牙型适用于所有 SAE 标准螺纹。超细牙系列共有 6 个螺距，从 32 牙每英寸到 16 牙每英寸。超细牙系列中每英寸的 16 牙应用于 1¾ ~ 6in 的所有直径。该超细牙系列用在冲击和振动为重要因素的场合，当管道中螺纹截面的厚度相对较小并且在不使用扳手的情况下进行较小截面的装配和需要精细调整的零件上。

SAE 特殊螺距包括一些比超细牙系列中的任何一个更细的螺距。特殊螺距适用于 0.1900 ~ 6in 的直径范围。每个直径的螺距范围为 5 ~ 8 不等。例如，¼in 直径具有 6 个螺距范围从每英寸 24 ~ 56 牙，而直径为 6in 的具有 8 个螺距范围，为每英寸 4 ~ 16 牙。这些不同的 SAE 标准系列为汽车行业的所有用途提供充足的螺纹规格。

14. 塞勒斯（Sellers）螺纹

Sellers 螺纹后来称为美国标准螺纹，现在是美国标准，是美国最常用的螺纹。它源自费城的威廉·塞勒斯（William Sellers），并由其首先在 1864 年 4 月在富兰克林研究所宣读的论文中提出。1868 年，它被美国海军采用，从此在美国成为普遍接受的标准螺纹。

15. 蜗杆螺纹

蜗杆的牙型角范围为 29° ~ 60°，对于单蜗杆螺纹 29°是常见的；多螺纹类型必须具有较大的螺旋角和牙型角，以避免在滚铣蜗轮齿时过度的根切。美国齿轮制造业协会（AGMA）标准建议对 40°牙型角用于三线和四线蜗杆螺纹，但许多减速器和变速器具有 60°牙型角。29°牙型角与爱克母螺纹相同，但蜗杆螺纹深度较大，牙顶和牙底的平面宽度较小。如果导程角大于 20°，则螺纹夹角应增大。当导程角为 45°时，蜗杆传动达到最大效率，所以牙型角为 60°。29°蜗杆螺纹部分为：P 是螺距；d 是螺纹深度 $=0.6866P$；t 是螺纹牙顶宽度 $=0.335P$；b 是螺纹牙底宽度 $=0.310P$。

8.10 测量螺纹

1. 螺纹的螺距和导程

螺纹的螺距是从一个螺纹的中心到下一个螺纹的中心的距离。无论螺纹是单线、双线、三线或四线都适用。螺纹的导程是螺纹转动一圈螺母向前移动的距离。在单线螺纹螺钉中，螺距和导程相等，因为如果转动一圈，螺母将从一个螺纹移向下一个螺纹。在双线螺纹螺母中，螺母将向前移动两个螺纹或两倍螺距，所以在这种情况下导程等于两倍螺距。在三线螺纹螺钉中，导程等于三个螺距，依此类推。

常常不正确地使用“pitch”这个词来表示每英寸的牙数（螺纹数）。螺钉被称为有 12 牙螺纹，实际上每英寸 12 牙才是其真正的含义。每英寸螺纹数为

$$每英寸螺纹数=1/螺距$$

螺钉的螺距为

$$螺距=1/每英寸螺纹数$$

如果每英寸的牙数等于 16，则螺距 = 1⁄16。如果

螺距等于 0.05，螺纹数等于 1 ÷ 0.05 = 20。如果螺距为⅖in，则每英寸的螺纹数等于 1 ÷ ⅖ = 2½。

混乱常常是由多线螺纹螺钉（双线、三线、四线等）的模糊的命名造成的。例如，不建议使用“每英寸四牙，三线”的表达形式。这意味着如果通过在螺钉上放置一个刻度来计数螺纹，则螺钉是用四个三线螺纹或每英寸 12 个螺纹切削的。为了切削该螺钉，车床将被配置成每英寸切割四个螺纹的传动比，但是它们将仅需切削到每英寸 12 个螺纹所需的深度。在多线螺纹被切削时，最好的表现就是说，在这种情况下，“¼in 的导程，1⁄12in 的螺距，三线螺纹”。对于单线螺纹螺钉，只规定每英寸螺纹数和螺纹的牙型。对“单线”一词不作硬性要求。

2. 通过螺纹千分尺测量螺纹螺距

由于丝锥或螺钉的螺距和角度、直径是最重要的尺寸，所以除了外径以外还需要测量螺纹的螺距。图 8-40 所示为螺纹千分尺。

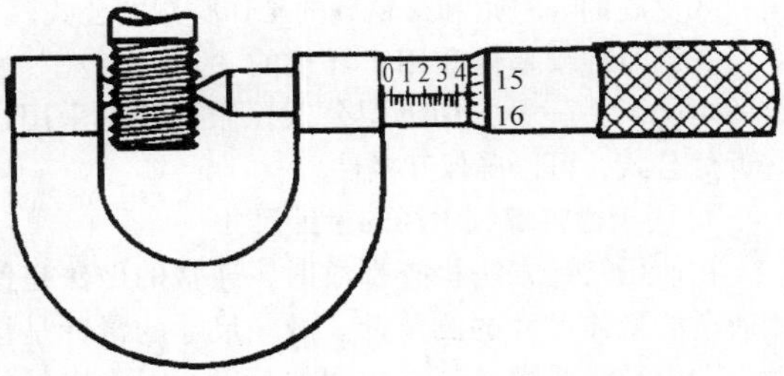

图 8-40　螺纹千分尺

螺纹角度测量的一种方法是通过特殊的螺纹千分尺进行测量。固定的 W 形测头可以与螺纹的两个牙侧旋合，可移动的尖端为锥形，以使其能够进入两个螺纹之间的空间，同时可自由旋转。接触点位于螺纹的侧面，这点是必须的，因为是要确定中径。测量螺钉的锥形尖端应稍微圆整，使其不会对螺纹的牙底施压。在 V 形测头的牙底还有足够的间隙，以防止其对螺纹的牙顶施压。可移动的尖点适用于测量所有螺距，但固定测头受到测量能力的限制。为了覆盖从最细到最粗的整个范围，需要多个固定测头。

为了找出通过千分尺测量的理论中径，从标准外径减去螺纹牙顶的 2 倍。

3. 量球千分尺

如果标准塞规可用，则不需要实际测量中径，而只是将其与标准量规进行比较。在这种情况下，可以使用如图 8-41 所示的量球千分尺。通常使用两种类型的量球千分尺。一个只是常规的普通千分尺，量球在两个测量点上滑动（见图 8-41A）。图 8-41B 是平面和量球千分尺的一种组合，量球容易拆卸。虽然它们是分离式的，然而，这些量球不能牢固地固定在它们的座上，并且易于产生测量误差。从长远来看，最好的、最经济的方法是使用图 8-41A 所示的常规千分尺。在测量螺钉或测杆以及小砧座的末端钻孔并铰孔，装配量球如图 8-41 所示。应注意使量球在主轴上无跳动的运转。千分尺测杆和小砧上的孔以及量球柄用锥形配合装配。采用孔 H 级，测杆为 G 级的配合，当需要更换更大或更小尺寸量球时，可以容易地将量球取出。

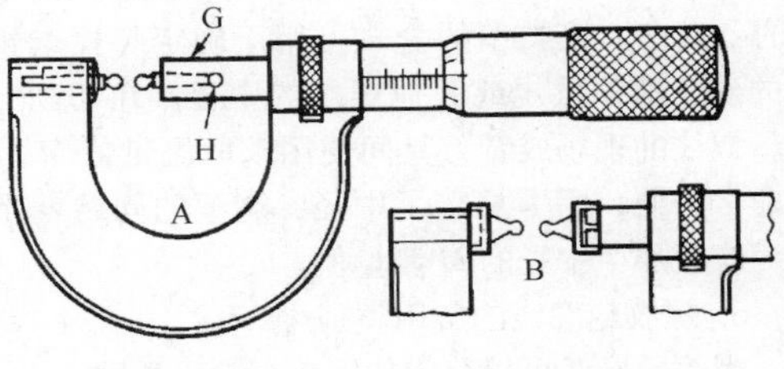

图 8-41　量球千分尺

可以使用量球来比较螺纹的角度与量具的角度。这可以通过使用不同尺寸的量球，比较螺纹牙根附近的尺寸，然后（在较大的量球）在中径的点处，最后接近螺纹的牙顶（使用在后一种情况下，牙型是一个更大的量球）。如果量规和螺纹测量在所提及的三个点中的每个点相同，则表示牙型角是正确的。

4. 通过三针量法测量螺纹

可以通过某种形式的千分尺和相等直径的三根量针来非常精确地测量螺纹的有效直径或中径。该方法广泛用于检查螺纹塞规和其他精密螺纹的精度。两根量针与螺纹在同一侧接触而第三根量针处于直径对侧位置，跨过量针上的尺寸用千分尺来确定。通常使用普通千分表，但是优选浮动千分尺，尤其是用于测量螺纹规和其他精密工件时。浮动千分尺安装在复合滑块上，使其能够与可调节的中心之间保持在水平位置的螺钉的轴线平行或垂直的方向上自由移动。利用这种布置，千分尺恒定地保持与螺纹的轴线成直角，这样每侧只用一个量针，而不是使用普通千分尺时所必须的一侧两个另一侧一个量针。如果对于给定量针尺寸的正确千分尺读数已知，则可以准确地确定中径。

5. 三针测量法公式的分类

已经建立了通过测量已知尺寸的量针来检验螺纹的螺距的各种公式。关于这些公式的简便性、复杂性以及所得精度是不同的。它们还有一些不同之处在于，一些显示了由量针的测量值 M 是如何获得给定的中径 E 的，而另一些显示了对于测量值 M 的

中径 E 的值。

求取测量值 M 的公式：在使用公式求出测量值 M 时，需将所需的中径 E 插入公式中。这样在切削或磨削螺纹时，使实际测量 M 符合计算的 M 值。用于求出测量 M 的公式可以被修正，使得基本的大径或外径被插入公式而不是中径；然而，由于中径是比大径更重要的尺寸，所以中径类型的公式是优选的。

求取中径 E 的公式：在测量 M 已知时，一些公式被安排用来展示中径 E 的值。因此，首先通过测量确定 M 的值，然后将其插入到用于求取相应中径 E 的公式中。该类型的公式可用于确定与检查相关联的现有螺纹量规或其他螺纹的中径。在切削、磨削新螺纹的现场或者刀具间使用求取测量值 M 的公式非常方便，因为规定了中径，剩下的问题就是求取对应于那个中径的 M 测量值。

6. 螺纹轮廓线的常用类别

螺纹轮廓线可以分为如下三个常用类别。

阿基米德螺旋面：代表为在轴向平面上具有直线轮廓的螺纹。如果上表面位于轴向平面中，则可以通过车床使用直边单刃工具切成这种螺纹。

渐开线螺旋面：由在垂直于轴线的平面中具有渐开线轮廓的螺纹或斜齿轮齿代表。理论上来说，轧制螺纹是一种精确的渐开线螺旋面。

中间轮廓线：用对正螺纹沟槽的直边砂轮铣削或研磨螺纹将会形成一个位于阿基米德螺旋面和渐开线螺旋面之间的中间轮廓。所得到的牙型将接近渐开线螺旋面形式。在铣削或磨削螺纹时，刀具的导刃角度或砂轮角度可以等于法向牙型角（其总是在轴向平面中测量），或者在法向平面内将刀具或砂轮的角度减小到至少接近牙型角。实践中所有这些变化都会影响三针测量。

7. 通过三针量法检查中径公式的精度

对给定中径的精确测量 M 值取决于导程角、牙型角以及螺纹的牙型或截面形状。如前所述，轮廓线取决于螺纹切削或成形的方法。在铣削或磨削螺纹中，轮廓线不仅受刀具或砂轮角度影响，而且还受刀具或砂轮的直径影响；因此，由于这些变化无法确定绝对精确且合理简单的测量 M 值通用公式；但是，如果导程角低，同时为标准单线螺纹，特别是如果牙型角有60°高的螺纹，不配置补偿导程角的常用公式就能满足最实际的要求，尤其是在测量60°螺纹时。如果导程角大到对结果有很大的影响，并且具有多线螺纹（特别是爱克母或29°蜗杆螺纹），应该使用有足够补偿导程角的公式来获得必要的精度。

公式包括：①非常简单的类型，其中导程角对测量 M 的影响被完全忽略。这种简单的公式通常适用于60°单线螺纹的测量，除了需要量具精度外；②尽管包括导程角度的影响但仍然是近似值的公式，并且在需要极高精度时并不总是适用于较高的引导角；③更高的导程角和最精确的工作类别的公式。

在测量螺纹塞规和用于环规的“定位塞规”螺纹的情况下，一般应用近似公式，假设普遍采用这些近似公式，可以确保互换性。

8. 用于检查螺纹中径的量针尺寸

在使用三针方法检查螺纹时，通常的做法是使用所谓的最佳尺寸的测量针。最佳尺寸的量针是接触点在中径线或螺纹斜坡中间的量针，因为中径的测量不太受牙型角误差的影响。在以下用于确定近似最大尺寸的量针或用于中径线接触的直径公式中，A 是轴向平面中的牙型半角。

$$最佳尺寸量针 = 0.5P/\cos A = 0.5P\sec A$$

对于60°螺纹，该公式减少到

$$最佳尺寸量针 = 0.57735P$$

表8-118为用于测量美国标准和英国标准惠氏螺纹的量针直径。

表8-118 用于测量美国标准和英国标准惠氏螺纹的量针直径

每英寸螺纹数	螺距/in	美国标准螺纹的量针直径			惠氏标准螺纹的量针直径		
		最大	最小	接触中径线	最大	最小	接触中径线
4	0.2500	0.2250	0.1400	0.1443	0.1900	0.1350	0.1409
4½	0.2222	0.2000	0.1244	0.1283	0.1689	0.1200	0.1253
5	0.2000	0.1800	0.1120	0.1155	0.1520	0.1080	0.1127
5½	0.1818	0.1636	0.1018	0.1050	0.1382	0.0982	0.1025
6	0.1667	0.1500	0.0933	0.0962	0.1267	0.0900	0.0939
7	0.1428	0.1283	0.0800	0.0825	0.1086	0.0771	0.0805
8	0.1250	0.1125	0.0700	0.0722	0.0950	0.0675	0.0705
9	0.1111	0.1000	0.0622	0.0641	0.0844	0.0600	0.0626
10	0.1000	0.0900	0.0560	0.0577	0.0760	0.0540	0.0564
11	0.0909	0.0818	0.0509	0.0525	0.0691	0.0491	0.0512

（续）

每英寸螺纹数	螺距/in	美国标准螺纹的量针直径			惠氏标准螺纹的量针直径		
		最大	最小	接触中径线	最大	最小	接触中径线
12	0.0833	0.0750	0.0467	0.0481	0.0633	0.0450	0.0470
13	0.0769	0.0692	0.0431	0.0444	0.0585	0.0415	0.0434
14	0.0714	0.0643	0.0400	0.0412	0.0543	0.0386	0.0403
16	0.0625	0.0562	0.0350	0.0361	0.0475	0.0337	0.0352
18	0.0555	0.0500	0.0311	0.0321	0.0422	0.0300	0.0313
20	0.0500	0.0450	0.0280	0.0289	0.0380	0.0270	0.0282
22	0.0454	0.0409	0.0254	0.0262	0.0345	0.0245	0.0256
24	0.0417	0.0375	0.0233	0.0240	0.0317	0.0225	0.0235
28	0.0357	0.0321	0.0200	0.0206	0.0271	0.0193	0.0201
32	0.0312	0.0281	0.0175	0.0180	0.0237	0.0169	0.0176
36	0.0278	0.0250	0.0156	0.0160	0.0211	0.0150	0.0156
40	0.0250	0.0225	0.0140	0.0144	0.0190	0.0135	0.0141

前述公式基于零导程角的螺纹槽，因为导程角的普通变化对量针直径的影响很小，并且希望对于给定的螺距使用一个量针尺寸，而与导程角无关。用于找到与中径线接触的量针的确切尺寸的理论上正确的解决方案涉及使用经过连续试验繁琐的不确定方程。表 8-119 列出了美国标准和惠氏标准螺纹的量针直径计算公式。以下用于确定量针直径的公式不给出极限的理论极限，而是最小和最大可用的规格。表 8-119 中的直径基于这些近似公式。

表 8-119　美国标准和惠氏标准量针直径计算公式

美国标准	最小量针直径 $=0.56P$
	最大量针直径 $=0.90P$
	接触中径线直径 $=0.57735P$
惠氏标准	最小量针直径 $=0.54P$
	最大的线径 $=0.76P$
	接触中径线直径 $=0.56369P$

9. 测量量针精度

一套三根的量针应具有 0.0002in（5.08μm）内的相同直径。为了通过量针测量精度达 0.0001in（2.54μm）的中径螺纹规，已知量针直径必须为 0.00002in（0.51μm）。若量针的直径只有已知的 0.0001in（2.54μm）的精度，则精度优于 0.0003in（7.62μm）的中径的测量无法预期。量针应尽可能使用不会变脆最大可能硬度的淬硬钢管精确地完成加工。硬度不应小于对应于 Knoop 压痕数 630 的硬度。该硬度的量针单用锉刀无法切削。表面粗糙度与真实圆柱管表面的偏差不超过 3μin（0.0762μm）。

10. 测量或接触压力

在通过三针法测量螺纹或螺纹量规时，接触压力的变化会导致不同的读数。在测量细牙螺纹中的不同接触压力变化的影响通过检验每英寸 24 牙的螺纹塞规获得的 2lb 和 5lb（0.91kg 和 2.27kg）压力的读数差异标识。5lb（2.27kg）压力的量针读数比 2lb（0.91kg）压力小 0.00013in（3.302μm）。对于比 20 牙每英寸（0.05in 或 1.27mm 螺距）更细的螺距，国家标准局（NIST）推荐采用 16oz（0.45kg）的压力。对于每英寸 20 牙螺距的粗牙，推荐压力为 2½lb（1.13kg）。

对于爱克母螺纹，作用于螺纹侧面的量针压力大约是测量仪器的 2 倍。为了限制量针楔入爱克母螺纹两侧之间的倾向，建议在对中径的测量时，在每英寸 8 牙和更细螺距的螺纹用 1lb 压力，对于比 8 牙每英寸更粗（0.125in 或 3.75mm 节距）的螺距为 2½lb 压力。

11. 不补偿导程角的近似三针量法公式

忽略导程角影响的一般公式如下：

$$M = E - T\cot A + W(1 + \csc A) \qquad (8\text{-}1)$$

对于任何给定的牙型角和螺距可以简化该公式。为了说明，因为 $T = 0.5P$，$M = E - 0.5P\cot 30° + W(1+2)$，对于 60°螺纹，例如美国标准：

$$M = E - 0.866025P + 3W \qquad (8\text{-}2)$$

表 8-120 包含用于不同标准螺纹的简化公式。每个给出了两个公式。当已知在量针上的测量值 M 并且需要相应的中径 E 时，使用式（8-1）和式（8-2）；而已知中径值，需要计算测量值 M 时，使用式（8-3）。这些公式足够准确，用于检查几乎所有标准的 60°单线螺纹，因为在美制标准粗牙螺纹系列中，导程角低于 4°31′。

12. 标准局（现为 NIST）通用公式

式（8-3）对于导程角的影响进行了相当大的补偿。来自标准局手册 H 28（1944），现为 FED-STD-H28。然而，此处给出的式（8-3）已被安排用于求取 M（而不是 E）的值。

$$M = E - T\cot A + W(1 + \csc A + 0.5\tan^2 B\cos A\cot A) \tag{8-3}$$

式（8-3）也可以在 ANSI/ASME B1.2-1983（R2007）中找到。当导程角较大且 $0.5W\tan^2 B\cos A\cot A$ 的值超过 0.00015 时，标准局使用式（8-3）优于式（8-1）。如果该检测应用于美国标准 60°螺纹，则结果通常显示式（8-1）适用；但是对于 29°爱克母或蜗杆螺纹，应采用式（8-3）（或其他包含导程角的影响的公式）。

13. 通过三针量法检查中径的公式中使用的符号

A = 轴向平面上的牙型半角；

A_n = 在法向平面或垂直于螺纹两侧的平面中的牙型半角 = 螺纹铣削时刀具的半角（$\tan A_n = \tan A\cos B$）（注：铣刀或砂轮的切削刃角可以等于螺纹的法向牙型角，或者可以减小到使得在轴线上标准的任意所需的公称角，在任一情况下，A_n = 切削刃角的半角）；

B = 中径的导程角 = 从垂直于轴线的平面测得的螺纹螺旋角，$\tan B = L \div 3.1416E$；

D = 基本大径或外径；

E = 需要 M 的中径（基本、最大或最小），或对应于测量 M 的中径；

F = 式（8-7）、式（8-9）和式（8-10）中所需的角度；

G = 式（8-5）中所需的角度；

H = 在中径的螺旋角并且从轴线测量 = 90° − B 或 $\tan H = \cot B$；

H_b = 从轴线测量的在 R_b 处的螺旋角；

L = 螺纹导程 = PS；

M = 跨量针测量的尺寸；

P = 螺距 = 1 ÷ 每英寸的螺纹数；

R_b = 式（8-5）和式（8-10）中所需的半径；

S = 线数或多螺纹蜗杆或螺钉上的螺纹数；

$T = 0.5P$ = 在直径 E 处的轴向平面上的宽度；

T_a = 垂直于轴线的分度圆柱面圆弧厚度；

W = 量针或量棒的直径。

表 8-120 为检查螺纹中径的公式。

表 8-120 检查螺纹中径的公式

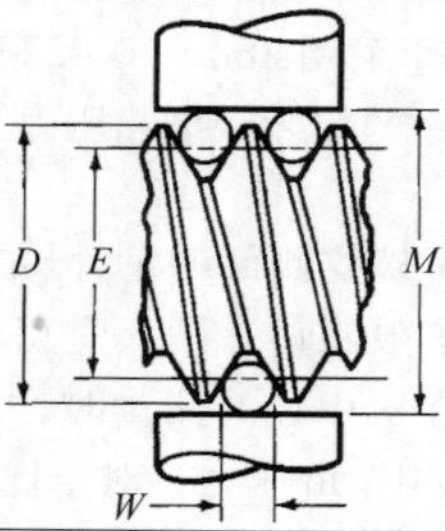

下面的公式不能补偿导程角对测量 M 值的影响，但是对于检查标准单线螺纹来说，它们足够精确，除非需要非常精确的

用于中径线接触的大致最佳线尺寸可以通过以下公式获得

$W = 0.5P\sec½$牙型角

对于 60°螺纹，$W = 0.57735P$

螺纹牙型	用于确定对应于正确中径的测量 M 的公式和对应于量针的给定测量值的中径 E①
美国统一国家标准	当测量 M 已知时，$E = M + 0.86603P - 3W$ 当公式中使用节径 E 时，$M = E - 0.86603P + 3W$ 现在的美国标准（American Standard）以前称为美利坚合众国标准（U. S. Standards）
英国惠氏标准	当测量 M 已知时，$E = M + 0.9605P - 3.1657W$ 当公式中使用节径 E 时，$M = E - 0.9605P + 3.1657W$
英国协会标准	当测量 M 已知时，$E = M + 1.1363P - 3.4829W$ 当公式中使用节径 E 时，$M = E - 1.1363P + 3.4829W$
Lowenherz 螺纹	当测量 M 已知时，$E = M + P - 3.2359W$ 当公式中使用节径 E 时，$M = E - P + 3.2359W$
三角形螺纹	当测量 M 已知时，$E = M + 0.86603P - 3W$ 当公式中使用节径 E 时，$M = E - 0.86603P + 3W$
国际标准	对美国国家统一标准螺纹使用上面的公式
管螺纹	参见后文“应用于螺纹的精确渐开线螺旋面白金汉公式”
爱克母螺纹和蜗杆	参见白金汉公式及爱克母和矮牙爱克母螺纹螺距的三针量法
锯齿形螺纹	使用不同牙型的锯齿形螺纹。参见“应用于锯齿形螺纹的三针量法”

① 量针必须研磨成均匀的直径，并且应在规则或公式中插入通过精确测量方法确定的量针直径。任何错误都会相乘。

14. 为什么小牙型角影响三针量法的精度

在测量、检查爱克母螺纹或具有较小牙型角 *A* 的任何其他螺纹的情况下，特别重要的是使用一个对于导程角的影响，特别是在所有量规和精密工件中均可大幅补偿（如果不是完全）的公式。导程角对量针位置的影响以及所得到的测量 *M* 值在 29°的螺纹上比在较高的牙型角（如 60°螺纹）要大得多。这种效果是由于随着该角度变小，牙型角的余切增加。由于导程角导致的法向平面中螺纹槽的宽度的减小使得给定规格量针在具有小牙型角（如 29°）*A* 的螺纹沟槽停靠位置高于在具有更大牙型角的螺纹沟槽中的位置（如美国 60°标准）。

爱克母螺纹：高精度的三线测量需要使用式（8-5）。然而对于大多数测量，式（8-3）或式（8-4）给出令人满意的结果。

表 8-121 为用三针量法测量螺纹中径公式中使用的常数值。

表 8-122 为用三针量法测量米制螺纹中径的常数。

表 8-123 为用于检验美国国家牙型（美国标准）和 V 形螺纹的给定直径量针的尺寸。

表 8-121　用三针量法测量螺纹中径公式中使用的常数值

每英寸的牙数	美国标准统一和三角形螺纹 0.866025*P*	惠氏螺纹 0.9605*P*	每英寸的牙数	美国标准统一和三角形螺纹 0.866025*P*	惠氏螺纹 0.9605*P*
2¼	0.38490	0.42689	18	0.04811	0.05336
2⅜	0.36464	0.40442	20	0.04330	0.04803
2½	0.34641	0.38420	22	0.03936	0.04366
2⅝	0.32992	0.36590	24	0.03608	0.04002
2¾	0.31492	0.34927	26	0.03331	0.03694
2⅞	0.30123	0.33409	28	0.03093	0.03430
3	0.28868	0.32017	30	0.02887	0.03202
3¼	0.26647	0.29554	32	0.02706	0.03002
3½	0.24744	0.27443	34	0.02547	0.02825
4	0.21651	0.24013	36	0.02406	0.02668
4½	0.19245	0.21344	38	0.02279	0.02528
5	0.17321	0.19210	40	0.02165	0.02401
5½	0.15746	0.17464	42	0.02062	0.02287
6	0.14434	0.16008	44	0.01968	0.02183
7	0.12372	0.13721	46	0.01883	0.02088
8	0.10825	0.12006	48	0.01804	0.02001
9	0.09623	0.10672	50	0.01732	0.01921
10	0.08660	0.09605	52	0.01665	0.01847
11	0.07873	0.08732	56	0.01546	0.01715
12	0.07217	0.08004	60	0.01443	0.01601
13	0.06662	0.07388	64	0.01353	0.01501
14	0.06186	0.06861	68	0.01274	0.01412
15	0.05774	0.06403	72	0.01203	0.01334
16	0.05413	0.06003	80	0.01083	0.01201

表 8-122　用三针量法测量米制螺纹中径的常数

螺距/mm	0.866025*P*/in	*W*/in	螺距/mm	0.866025*P*/in	*W*/in	螺距/mm	0.866025*P*/in	*W*/in
0.2	0.00682	0.00455	0.75	0.02557	0.01705	3.5	0.11933	0.07956
0.25	0.00852	0.00568	0.8	0.02728	0.01818	4	0.13638	0.09092
0.3	0.01023	0.00682	1	0.03410	0.02273	4.5	0.15343	0.10229
0.35	0.01193	0.00796	1.25	0.04262	0.02841	5	0.17048	0.11365
0.4	0.01364	0.00909	1.5	0.05114	0.03410	5.5	0.18753	0.12502
0.45	0.01534	0.01023	1.75	0.05967	0.03978	6	0.20457	0.13638
0.5	0.01705	0.01137	2	0.06819	0.04546	8	0.30686	0.18184
0.6	0.02046	0.01364	2.5	0.08524	0.05683	—	—	—
0.7	0.02387	0.01591	3	0.10229	0.06819	—	—	—

注：该表可用于美国国家标准米制螺纹。

表 8-123 用于检验美国国家牙型（美国标准）和 V 形螺纹的给定直径量针的尺寸

螺纹直径	每英寸的牙数	使用的量针直径	跨针尺寸		螺纹直径	每英寸的牙数	使用的量针直径	跨针尺寸	
			V 形螺纹	美国螺纹				V 形螺纹	美国螺纹
¼	18	0. 035	0. 2588	0. 2708	⅞	8	0. 090	0. 9285	0. 9556
¼	20	0. 035	0. 2684	0. 2792	⅞	9	0. 090	0. 9525	0. 9766
¼	22	0. 035	0. 2763	0. 2861	⅞	10	0. 090	0. 9718	0. 9935
¼	24	0. 035	0. 2828	0. 2919	15/16	8	0. 090	0. 9910	1. 0181
5/16	18	0. 035	0. 3213	0. 3333	15/16	9	0. 090	1. 0150	1. 0391
5/16	20	0. 035	0. 3309	0. 3417	1	8	0. 090	1. 0535	1. 0806
5/16	22	0. 035	0. 3388	0. 3486	1	9	0. 090	1. 0775	1. 1016
5/16	24	0. 035	0. 3453	0. 3544	1⅛	7	0. 090	1. 1476	1. 1785
⅜	16	0. 040	0. 3867	0. 4003	1¼	7	0. 090	1. 2726	1. 3035
⅜	18	0. 040	0. 3988	0. 4108	1⅜	6	0. 150	1. 5363	1. 5724
⅜	20	0. 040	0. 4084	0. 4192	1½	6	0. 150	1. 6613	1. 6974
7/16	14	0. 050	0. 4638	0. 4793	1⅝	5½	0. 150	1. 7601	1. 7995
7/16	16	0. 050	0. 4792	0. 4928	1¾	5	0. 150	1. 8536	1. 8969
½	12	0. 050	0. 5057	0. 5237	1⅞	5	0. 150	1. 9786	2. 0219
½	13	0. 050	0. 5168	0. 5334	2	4½	0. 150	2. 0651	2. 1132
½	14	0. 050	0. 5263	0. 5418	2¼	4½	0. 150	2. 3151	2. 3632
9/16	12	0. 050	0. 5682	0. 5862	2½	4	0. 150	2. 5170	2. 5711
9/16	14	0. 050	0. 5888	0. 6043	2¾	4	0. 150	2. 7670	2. 28211
⅝	10	0. 070	0. 6618	0. 6835	3	3½	0. 200	3. 1051	3. 1670
⅝	11	0. 070	0. 6775	0. 6972	3¼	3½	0. 200	3. 3551	3. 4170
⅝	12	0. 070	0. 6907	0. 7087	3½	3¼	0. 250	3. 7171	3. 7837
11/16	10	0. 070	0. 7243	0. 7460	3¾	3	0. 250	3. 9226	3. 9948
11/16	11	0. 070	0. 7400	0. 7597	4	3	0. 250	4. 1726	4. 2448
¾	10	0. 070	0. 7868	0. 8085	4¼	2⅞	0. 250	4. 3975	4. 4729
¾	11	0. 070	0. 8025	0. 8222	4½	2¾	0. 250	4. 6202	4. 6989
¾	12	0. 070	0. 8157	0. 8337	4¾	2⅝	0. 250	4. 8402	4. 9227
13/16	9	0. 070	0. 8300	0. 8541	5	2½	0. 250	5. 0572	5. 1438
13/16	10	0. 070	0. 8493	0. 8710	—	—	—	—	—

15. 包括导程角影响的白金汉（Buckingham）简化公式

下面的式（8-4）给出了确定较低导程角测量 M 值非常准确的结果。然而，如果必须极端的精度，则建议使用后述的渐开线螺旋面公式。

$$M = E + W(1 + \sin A_n) \qquad (8\text{-}4)$$

式中

$$W = \frac{T\cos B}{\cos A_n}$$

用于确定测量 M 值的理论正确的方程式是复杂且麻烦的。式（8-4）结合了简单性与精度，达到了最严格的要求，特别是低于 8°或 10°导程角以及更高的牙型角。然而，式（8-4）中使用的量针直径必须与获得的量针直径一致，以允许直接解或不涉及不确定方程和连续试验的解。

Buckingham 公式的应用：在式（8-4）应用于螺钉或蜗杆螺纹时，应考虑两种一般情况。

情况 1：螺纹或蜗杆用刀刃角等于假设轴线平面内的公称或法向牙型角的铣刀进行铣削。例如，使用 60°刀刃角铣刀来铣削螺纹。在这种情况下，轴线的平面中的牙型角随着导程角度的增加将超过 60°。标准角度的变化可能没有什么实际重要性，如果导程角较小或匹配螺母（或蜗杆传动装置中的齿）在铣削时形成来适合上述螺纹。

表 8-124 为用三针量法测量惠氏标准螺纹。

表 8-124 用三针量法测量惠氏标准螺纹

螺纹直径	每英寸的螺纹数	使用量针的直径	跨针直径	螺纹直径	每英寸的螺纹数	使用量针的直径	跨针直径
1/8	40	0. 018	0. 1420	2 1/4	4	0. 150	2. 3247
3/16	24	0. 030	0. 2158	2 3/8	4	0. 150	2. 4497
1/4	20	0. 035	0. 2808	2 1/2	4	0. 150	2. 5747
5/16	18	0. 040	0. 3502	2 5/8	4	0. 150	2. 6997
3/8	16	0. 040	0. 4015	2 3/4	3 1/2	0. 200	2. 9257
7/16	14	0. 050	0. 4815	2 7/8	3 1/2	0. 200	3. 0507
1/2	12	0. 050	0. 5249	3	3 1/2	0. 200	3. 1757
9/16	12	0. 050	0. 5874	3 1/8	3 1/2	0. 200	3. 3007
5/8	11	0. 070	0. 7011	3 1/4	3 1/4	0. 200	3. 3905
11/16	11	0. 070	0. 7636	3 3/8	3 1/4	0. 200	3. 5155
3/4	10	0. 070	0. 8115	3 1/2	3 1/4	0. 200	3. 6405
13/16	10	0. 070	0. 8740	3 5/8	3 1/4	0. 200	3. 7655
7/8	9	0. 070	0. 9187	3 3/4	3	0. 200	3. 8495
15/16	9	0. 070	0. 9812	3 7/8	3	0. 200	3. 9745
1	8	0. 090	1. 0848	4	3	0. 200	4. 0995
1 1/16	8	0. 090	1. 1473	4 1/8	3	0. 200	4. 2245
1 1/8	7	0. 090	1. 1812	4 1/4	2 7/8	0. 250	4. 4846
1 3/16	7	0. 090	1. 2437	4 3/8	2 7/8	0. 250	4. 6096
1 1/4	7	0. 090	1. 3062	4 1/2	2 7/8	0. 250	4. 7346
1 5/16	7	0. 090	1. 3687	4 5/8	2 7/8	0. 250	4. 8596
1 3/8	6	0. 120	1. 4881	4 3/4	2 3/4	0. 250	4. 9593
1 7/16	6	0. 120	1. 5506	4 7/8	2 3/4	0. 250	5. 0843
1 1/2	6	0. 120	1. 6131	5	2 3/4	0. 250	5. 2093
1 9/16	6	0. 120	1. 6756	5 1/8	2 3/4	0. 250	5. 3343
1 5/8	5	0. 120	1. 6847	5 1/4	2 5/8	0. 250	5. 4316
1 11/16	5	0. 120	1. 7472	5 3/8	2 5/8	0. 250	5. 5566
1 3/4	5	0. 120	1. 8097	5 1/2	2 5/8	0. 250	5. 6816
1 13/16	5	0. 120	1. 8722	5 5/8	2 5/8	0. 250	5. 8066
1 7/8	4 1/2	0. 150	1. 9942	5 3/4	2 1/2	0. 250	5. 9011
1 15/16	4 1/2	0. 150	2. 0567	5 7/8	2 1/2	0. 250	6. 0261
2	4 1/2	0. 150	2. 1192	6	2 1/2	0. 250	6. 1511
2 1/8	4 1/2	0. 150	2. 2442	—	—	—	—

情况 2：螺纹或蜗杆用减少到任何等于轴向平面中的法向牙型角的公称角度的铣刀铣削。例如，使用小于29°刀刃角的铣刀（此减小导致了导程角的增加）来铣削29°爱克母螺纹，使得在轴线平面中的牙型角标准化。理论上，铣刀角度应始终按照公称角度进行校正，但如果导程角过小，则可能不需要这样的校正。

如果在车床上螺纹被切削成在轴线向平面上测量的标准角度，则情况 2 适用于确定量针尺寸 W 和跨针测量 M 值。

在解决情况 1 中的所有问题时，使用的角度 A_n 等于铣刀刃角。

在应用情况 2 时，铣削螺纹的角度 A 也等于刀具刃角的一半，但刀具刃角减小由下式确定：

$$\tan A_n = \tan A \cos B$$

铣刀的刃角或螺纹槽的法线夹角 $=2A_n$。

下面的示例 1 和示例 2 说明了情况 1 和情况 2。

示例 1（情况 1）：使用具有 29°刃角的铣刀铣削

的爱克母螺纹，结果在轴向截面中，牙型角超过了29°。

外径或大径为3in，螺距为½in，导程为1in，螺纹数或线数为2。求取量针尺寸 W 和测量 M 值。

中径 $E=2.75\text{in}$，$T=0.25\text{in}$，$L=1.0\text{in}$，$A_n=14.50°$，$\tan A_n=0.258618$，$\sin A_n=0.25038$，$\cos A_n=0.968148$。

$$\tan B=\frac{1.0}{3.1416\times2.75}=0.115749$$

$$B=6.6025°$$

$$W=\frac{0.25\times0.993368}{0.968148}=0.25651\text{in}$$

$$M=2.75\text{in}+0.25651\times(1+0.25038)\text{in}=3.0707\text{in}$$

注意：M 的这个值只比下面讨论的使用非常精确的渐开线螺旋面式（8-5）获得的值大0.0001in。

8

示例2（情况2）：三线螺纹蜗杆的中径为2.481in，螺距为1.5in，导程为4.5in，导程角为30°，在轴向平面法向牙型角为60°，铣刀角度将会减小。$T=0.75\text{in}$，$\cos B=0.866025$，$\tan A=0.57735$。再次使用式（8-4）求取是否适用。

$\tan A_n=\tan A\cos B=0.57735\times0.866025=0.5000$，因此 $A_n=26.565°$，铣刀刃角为53.13°，因此 $\cos A_n=0.89443$，$\sin A_n=0.44721$。

$$W=\frac{0.75\times0.866025}{0.89443}\text{in}=0.72618\text{in}$$

$$M=2.481\text{in}+0.72618\times(1+0.44721)\text{in}=3.532\text{in}$$

注意：如果通过使用式（8-5）确定测量 M 值，则会发现 $M=3.515\text{in}$；因此误差大约等于3.532in－3.515in＝0.017in，这表明式（8-4）在这里不够准确。这种更简单的式（8-4）的应用取决于导程角、牙型角和工作类别。

16. 应用于螺纹的精确渐开线螺旋面白金汉公式

当为了获得给定的中径而求取测量 M 值需要极高的精度时，下面的等式虽然有些麻烦，但是具有提供直接且非常准确的解决方案的优点；因此，当需要极高精度时，它们优于迄今为止使用的不确定方程和连续试验方案。这些方程对于渐开线斜齿轮是精确的，因此，当应用于渐开线螺旋面的螺纹时，给出理论上正确的结果；它们对于具有中间轮廓的螺纹也给出非常接近的近似解。

应用于螺纹测量的斜齿轮方程：将斜齿轮方程应用于螺纹时，请使用螺旋的轴向或法线和螺旋角。为了保持解决方案的实践性，假设牙型角 A 或 A_n（视情况而定）等于铣削螺纹的铣刀刃角。实际上，铣削螺纹的轮廓在轴向和法向截面都会有一些曲率；因此角 A 和 A_n 代表的角度是这些略微弯曲的轮廓的近似。下面的等式给出了解斜齿轮问题所需的值。

$$M=\frac{2R_b}{\cos G}+W \tag{8-5}$$

$$\tan F=\frac{\tan A}{\tan B}=\frac{\tan A_n}{\sin B} \tag{8-6}$$

$$R_b=\frac{E}{2}\cos F \tag{8-7}$$

$$T_a=\frac{T}{\tan B} \tag{8-8}$$

$$\tan H_b=\cos F\tan H \tag{8-9}$$

$$\text{inv }G=\frac{T_a}{E}+\text{inv }F+\frac{W}{2R_b\cos H_b}-\frac{\pi}{S} \tag{8-10}$$

示例3：为了说明式（8-5）～式（8-10）的应用，假设螺纹线数 $S=6$，节径 $E=0.6250\text{in}$，法向牙型角 $A_n=20°$，螺纹导程 $L=0.864\text{in}$，$T=0.072$，$W=0.07013\text{in}$。

$$\tan B=\frac{L}{\pi E}=\frac{0.864}{1.9635}=0.44003\quad B=23.751°$$

$$\text{螺旋角 }H=90°-23.751°=66.249°$$

$$\tan F=\frac{\tan A_n}{\sin B}=\frac{0.36397}{0.40276}=0.90369\quad F=42.104°$$

$$R_b=\frac{E}{2}\cos F=\frac{0.6250}{2}\times0.74193\text{in}=0.23185\text{in}$$

$$T_a=\frac{T}{\tan B}=\frac{0.072}{0.44003}=0.16362$$

$$\tan H_b=\cos F\tan H=0.74193\times2.27257=1.68609\quad H_b=59.328°$$

G 的渐开线函数为

$$\text{inv}G=\frac{0.16362}{0.625}+0.16884+\frac{0.07013}{2\times0.23185\times0.51012}-\frac{3.1416}{6}=0.20351$$

44°21′或44.350°的角度当量为0.20351，因此，$G=44.350°$。

$$M=\frac{2R_b}{\cos G}+W=\frac{2\times0.23185}{0.71508}\text{in}+0.07013\text{in}=0.71859\text{in}$$

17. 式（8-4）和式（8-5）的精度比较

渐开线螺旋面公式（8-5）可以用于与牙侧接触的任何量针尺寸；然而，为了将式（8-5）与式（8-4）进行比较，获得量针直径 W。如果示例3由式（8-4）求解，则 $M=0.71912$；因此用式（8-4）和式（8-5）得到的 M 值之差等于0.71912in－0.71859in＝0.00053in。在这种情况的牙型角为40°。如果式（8-4）和式（8-5）用于29°螺纹，则测量 M 值或使用式（8-4）导致的误差将会更大。例如，使用具有大约34°导程角的爱克母螺纹，由两个公式获得的 M 值的差值等于0.0008in。

18. 爱克母和矮牙爱克母中径的三针量法

对于具有小于5°的导程角的单线和多线爱克母、

矮牙爱克母螺纹，可以使用近似三针公式和获取的最佳量针尺寸。

多线爱克母和矮牙爱克母螺纹通常具有大于5°的导程角。对于这些，通过使用公式：$E = M - (C + c)$，结合实际中径可以直接确定。要测量的螺纹导程角 B 必须已知，由公式得出：$\tan B = L \div 3.1416E_1$，其中 L 是螺纹的导程，E_1 是公称中径。现在可以通过使用导程角 B 得出 w_1 的值，并用插补法将其除以每英寸的牙数来找到最佳的量针尺寸。$(C + c)_1$ 的值也被除以每英寸的牙数 $(C + c)$。使用最佳尺寸的量针获得实际跨线测量 M 值，并通过使用公式 $E = M - (C + c)$ 求取实际中径 E。

示例：对于具有13.952°导程角，每英寸5个螺纹，4头爱克母螺纹，使用三根0.10024in的量针，$M = 1.1498\text{in}$，因此 $E = 1.1498\text{in} - 0.1248\text{in} = 1.0250\text{in}$。

在某些条件下，量针可能与一个牙侧在两点接触，所以建议用与量针相同直径的量球代替检验。

19. 检验爱克母螺纹的厚度

在一些情况下，可能优先检查螺纹厚度而不是中径，特别是如果存在螺纹厚度公差。

适用于较大螺距的直接方法是使用齿轮卡尺来测量螺纹法向平面中的厚度。对于美国标准通用爱克母螺纹，该测量应在基本外径下等于 $P/4$ 的距离进行。该基本中径线厚度和轴向平面中的厚度应为中径公差的 $P/2 - 0.259$ 乘以中径允差并具有0.259乘以与中径公差的最小公差。测量平面或法向平面中的厚度等于轴平面上的厚度乘以螺旋角的余弦值。螺旋角可以由公式确定：

螺旋角正切 = 螺纹导程 ÷ (3.1416 × 中径)

20. 三针量法检查爱克母螺纹厚度

应用三针量法检查爱克母螺纹的厚度包括在国家螺纹委员会的报告中。在应用三针量法检查螺纹厚度时，其程序与检查中径相同，但需要不同的公式。假设 D 为螺纹的基本大径；M 为跨量针测量值；W 为量针直径；S 为中径线上螺旋角的正切；P 为螺距；T 为深度等于 $0.25P$ 的螺纹厚度。

$$T = 1.12931P + 0.25862(M - D) - W(1.29152 + 0.48407S^2)$$

转置为显示与给定所需螺纹厚度相当的正确的测量值 M 的公式如下：

$$M = D + \frac{W(1.29152 + 0.48407S^2) + T - 1.12931P}{0.25862}$$

表8-125为导程角小于5°的爱克母螺纹三针量法量针规格。

表 8-125 导程角小于 5°的爱克母螺纹三针量法量针规格

每英寸牙数	最佳尺寸	最大	最小	每英寸牙数	最佳尺寸	最大	最小
1	0.51645	0.65001	0.48726	5	0.10329	0.13000	0.09745
1⅓	0.38734	0.48751	0.36545	6	0.08608	0.10834	0.08121
1½	0.34430	0.43334	0.32484	8	0.06456	0.08125	0.06091
2	0.25822	0.32501	0.24363	10	0.05164	0.06500	0.04873
2½	0.20658	0.26001	0.19491	12	0.04304	0.05417	0.04061
3	0.17215	0.21667	0.16242	14	0.03689	0.04643	0.03480
4	0.12911	0.16250	0.12182	16	0.03228	0.04063	0.03045

注：量针尺寸基于零度螺旋角，最佳尺寸 = 0.51645 × 螺距，最大尺寸 = $0.650013P$，最小尺寸 = $0.487263P$。

示例：通用爱克母螺纹，2G级，具有5in基本大径、0.5in螺距和1in导程（双线）。假设量针尺寸为0.258in。在0.2454in的基本中径线上确定螺纹厚度 T 的测量 M 值。

$$M = 5\text{in} + \frac{0.258 \times (1.29152 + 0.48407 \times 0.06701^2) + 0.2454 - 1.12931 \times 0.5}{0.25862}\text{in}$$

$$= 5.056\text{in}$$

21. 通过三针量法测试牙型角

牙型角的误差可以通过使用两组直径的量针来确定，两组量针测量之后，通过计算来确定误差量，假设角度不能通过与已知是正确的标准塞规比较检测。美国标准螺纹的小量针的直径通常大约是 $0.6P$，大量针的直径约为 $0.9P$。首先确定大、小组量针的测量值之间的总差异。如果螺纹是美国标准或具有60°牙型角的任何其他牙型，则两个测量之间的差值应等于所用量针的直径。因此，如果量针的直径分别为0.116in和0.076in，则差值等于0.116in − 0.076in = 0.040in。因此，对于该示例，60°的标准角度的千分尺读数之间的差值等于3 × 0.040in = 0.120in。如果角度不正确，则误差量可以通过以下公式确定，该公式适用于任何螺纹，不管角度如何：

$$\sin a = \frac{A}{B - A}$$

式中 A——所用大、小量针的直径差异；

B——跨大量针和小量针测量值之间的总差异；

a——牙型角的一半。

示例：用于测试牙型角的大量针的直径为0.116in，小量针的直径为0.076in。在对于60°的标准角度使用所提及的量针尺寸时，跨两组量针的测量值显示出有0.122in的总差异，而不是正确的差异值，即0.120in，误差的量确定如下：

$$\sin a = \frac{0.040}{0.122 - 0.040} = \frac{0.040}{0.082} = 0.4878$$

正弦表显示这个值（0.4878）是大约29°12′的正弦。因此，牙型角58°24′或比标准角度小1°36′。

表8-126为具有大导程角、1in轴向螺距的爱克母和矮牙爱克母螺纹的三针量法的最佳线直径和常数。

表8-126 具有大导程角、1in轴向螺距的爱克母和矮牙爱克母螺纹的三针量法的最佳线直径和常数

（单位：in）

导程角	单线螺纹		2线螺纹		导程角	单线螺纹		2线螺纹	
$B/(°)$	w_1	$(C+c)_1$	w_1	$(C+c)_1$	$B/(°)$	w_1	$(C+c)_1$	w_1	$(C+c)_1$
5.0	0.51450	0.64311	0.51443	0.64290	8.1	0.51153	0.63944	0.51125	0.63859
5.1	0.51442	0.64301	0.51435	0.64279	8.2	0.51142	0.63930	0.51113	0.63843
5.2	0.51435	0.64291	0.51427	0.64268	8.3	0.51130	0.63916	0.51101	0.63827
5.3	0.51427	0.64282	0.51418	0.64256	8.4	0.51118	0.63902	0.51088	0.63810
5.4	0.51419	0.64272	0.51410	0.64245	8.5	0.51105	0.63887	0.51075	0.63793
5.5	0.51411	0.64261	0.51401	0.64233	8.6	0.51093	0.63873	0.51062	0.63775
5.6	0.51403	0.64251	0.51393	0.64221	8.7	0.51081	0.63859	0.51049	0.63758
5.7	0.51395	0.64240	0.51384	0.64209	8.8	0.51069	0.63845	0.51035	0.63740
5.8	0.51386	0.64229	0.51375	0.64196	8.9	0.51057	0.63831	0.51022	0.63722
5.9	0.51377	0.64218	0.51366	0.64184	9.0	0.51044	0.63817	0.51008	0.63704
6.0	0.51368	0.64207	0.51356	0.64171	9.1	0.51032	0.63802	0.50993	0.63685
6.1	0.51359	0.64195	0.51346	0.64157	9.2	0.51019	0.63788	0.50979	0.63667
6.2	0.51350	0.64184	0.51336	0.64144	9.3	0.51006	0.63774	0.50965	0.63649
6.3	0.51340	0.64172	0.41327	0.64131	9.4	0.50993	0.63759	0.50951	0.63630
6.4	0.51330	0.64160	0.51317	0.64117	9.5	0.50981	0.63744	0.50937	0.63612
6.5	0.51320	0.64147	0.51306	0.64103	9.6	0.50968	0.63730	0.50922	0.63593
6.6	0.51310	0.64134	0.51296	0.64089	9.7	0.50955	0.63715	0.50908	0.63574
6.7	0.51300	0.64122	0.51285	0.64075	9.8	0.50941	0.63700	0.50893	0.63555
6.8	0.51290	0.64110	0.51275	0.64061	9.9	0.50927	0.63685	0.50879	0.63537
6.9	0.51280	0.64097	0.51264	0.64046	10.0	0.50913	0.63670	0.50864	0.63518
7.0	0.51270	0.64085	0.51254	0.64032	10.0	0.50864	0.63518	0.50847	0.63463
7.1	0.51259	0.64072	0.51243	0.64017	10.1	0.50849	0.63498	0.50381	0.63442
7.2	0.51249	0.64060	0.51232	0.64002	10.2	0.50834	0.63478	0.50815	0.63420
7.3	0.51238	0.64047	0.51221	0.63987	10.3	0.50818	0.63457	0.50800	0.63399
7.4	0.51227	0.64034	0.51209	0.63972	10.4	0.50802	0.63436	0.50784	0.63378
7.5	0.51217	0.64021	0.51198	0.63957	10.5	0.40786	0.63416	0.50768	0.63356
7.6	0.51206	0.64008	0.51186	0.63941	10.6	0.50771	0.63395	0.50751	0.63333
7.7	0.51196	0.63996	0.51174	0.63925	10.7	0.50755	0.63375	0.50735	0.63311
7.8	0.51186	0.63983	0.51162	0.63909	10.8	0.50739	0.53354	0.50718	0.63288
7.9	0.51175	0.63970	0.51150	0.63892	10.9	0.50723	0.63333	0.50701	0.63265
8.0	0.51164	0.63957	0.51138	0.63876	11.0	0.50707	0.63313	0.50684	0.63242

（续）

导程角 B/(°)	单线螺纹		2 线螺纹		导程角 B/(°)	3 线螺纹		4 线螺纹	
	w_1	$(C+c)_1$	w_1	$(C+c)_1$		w_1	$(C+c)_1$	w_1	$(C+c)_1$
11.1	0.50691	0.63292	0.50667	0.63219	13.0	0.50316	0.62752	0.50297	0.62694
11.2	0.50674	0.63271	0.50649	0.63195	13.1	0.50295	0.62725	0.50277	0.62667
11.3	0.50658	0.63250	0.50632	0.63172	13.2	0.50275	0.62699	0.50256	0.62639
11.4	0.50641	0.63228	0.50615	0.63149	13.3	0.50255	0.62672	0.50235	0.62611
11.5	0.50623	0.63206	0.50597	0.63126	13.4	0.50235	0.62646	0.50215	0.62583
11.6	0.50606	0.63184	0.50579	0.63102	13.5	0.50214	0.62619	0.50194	0.62555
11.7	0.50589	0.63162	0.50561	0.63078	13.6	0.50194	0.62592	0.50173	0.62526
11.8	0.50571	0.63140	0.50544	0.63055	13.7	0.50173	0.62564	0.50152	0.62498
11.9	0.50553	0.63117	0.50526	0.63031	13.8	0.50152	0.62537	0.50131	0.62469
12.0	0.50535	0.63095	0.50507	0.63006	13.9	0.50131	0.62509	0.50109	0.62440
12.1	0.50517	0.63072	0.50488	0.62981	14.0	0.50110	0.62481	0.50087	0.62411
12.2	0.50500	0.63050	0.50470	0.62956	14.1	0.50089	0.62453	0.50065	0.62381
12.3	0.50482	0.63027	0.50451	0.62931	14.2	0.50068	0.62425	0.50043	0.62351
12.4	0.50464	0.63004	0.50432	0.62906	14.3	0.50046	0.62397	0.50021	0.62321
12.5	0.50445	0.62981	0.50413	0.62881	14.4	0.50024	0.62368	0.49999	0.62291
12.6	0.50427	0.62958	0.50394	0.62856	14.5	0.50003	0.62340	0.49977	0.62262
12.7	0.50408	0.62934	0.50375	0.62830	14.6	0.49981	0.62312	0.49955	0.62232
12.8	0.50389	0.62911	0.50356	0.62805	14.7	0.49959	0.62883	0.49932	0.62202
12.9	0.50371	0.62888	0.50336	0.62779	14.8	0.49936	0.62253	0.49910	0.62172
13.0	0.50352	0.62865			14.9	0.49914	0.62224	0.49887	0.62141
13.1	0.50333	0.62841			15.0	0.49891	0.62195	0.49864	0.62110
13.2	0.50313	0.62817			15.1	0.49869	0.62166	0.49842	0.62080
13.3	0.50293	0.62792			15.2	0.49846	0.62137	0.49819	0.62049
13.4	0.50274	0.62778			15.3	0.49824	0.62108	0.49795	0.62017
13.5	0.50254	0.62743			15.4	0.42801	0.62078	0.49771	0.61985
13.6	0.50234	0.62718			15.5	0.49778	0.62048	0.49747	0.61953
13.7	0.50215	0.62694			15.6	0.49754	0.62017	0.49723	0.61921
13.8	0.50195	0.62670			15.7	0.49731	0.61987	0.49699	0.61889
13.9	0.50175	0.62645			15.8	0.49707	0.61956	0.49675	0.61857
14.0	0.50155	0.62621	—		15.9	0.49683	0.61926	0.49651	0.61825
14.1	0.50135	0.62596			16.0	0.49659	0.61895	0.49627	0.61793
14.2	0.50115	0.62571			16.1	0.49635	0.61864	0.49602	0.61760
14.3	0.50094	0.62546			16.2	0.49611	0.61833	0.49577	0.61727
14.4	0.50073	0.62520			16.3	0.49586	0.61801	0.49552	0.61694
14.5	0.50051	0.62494			16.4	0.49562	0.61770	0.49527	0.61661
14.6	0.50030	0.62468			16.5	0.49537	0.61738	0.49502	0.61628
14.7	0.50009	0.62442			16.6	0.49512	0.61706	0.49476	0.61594
14.8	0.49988	0.62417			16.7	0.49488	0.61675	0.49451	0.61560
14.9	0.49966	0.62391			16.8	0.40463	0.61643	0.49425	0.61526
15.0	0.49945	0.62365			16.9	0.49438	0.61611	0.49400	0.61492

（续）

导程角	3 线螺纹		4 线螺纹		导程角	3 线螺纹		4 线螺纹	
$B/(°)$	w_1	$(C+c)_1$	w_1	$(C+c)_1$	$B/(°)$	w_1	$(C+c)_1$	w_1	$(C+c)_1$
17.0	0.49414	0.61580	0.49375	0.61458	20.1	—	—	0.48506	0.60320
17.1	0.49389	0.61548	0.49349	0.61424	20.2	—	—	0.48476	0.60281
17.2	0.49363	0.61515	0.49322	0.61389	20.3	—	—	0.48445	0.60241
17.3	0.49337	0.61482	0.49296	0.61354	20.4	—	—	0.48415	0.60202
17.4	0.49311	0.61449	0.49269	0.61319	20.5	—	—	0.48384	0.60162
17.5	0.49285	0.61416	0.49243	0.61284	20.6	—	—	0.48354	0.60123
17.6	0.49259	0.61383	0.49217	0.61250	20.7	—	—	0.48323	0.60083
17.7	0.49233	0.61350	0.49191	0.61215	20.8	—	—	0.48292	0.60042
17.8	0.49206	0.61316	0.49164	0.61180	20.9	—	—	0.48261	0.60002
17.9	0.49180	0.61283	0.49137	0.61144	21.0	—	—	0.48230	0.59961
18.0	0.49154	0.61250	0.49109	0.61109	21.1	—	—	0.48198	0.49920
18.1	0.49127	0.61216	0.49082	0.61073	21.2	—	—	0.481166	0.59879
18.2	0.49101	0.61182	0.49054	0.61037	21.3	—	—	0.48134	0.59838
18.3	0.49074	0.61148	0.49027	0.61001	21.4	—	—	0.48103	0.59797
18.4	0.49047	0.61114	0.48999	0.60964	21.5	—	—	0.48701	0.59756
18.5	0.49020	0.61080	0.48971	0.69928	21.6	—	—	0.48040	0.59715
18.6	0.48992	0.61045	0.48943	0.60981	21.7	—	—	0.48008	0.59674
18.7	0.48965	0.61011	0.48915	0.60854	21.8	—	—	0.47975	0.59632
18.8	0.48938	0.60976	0.48887	0.60817	21.9	—	—	0.47943	0.59590
18.9	0.48910	0.60941	0.48859	0.60780	22.0	—	—	0.47910	0.59548
19.0	0.48882	0.60906	0.48830	0.60742	22.1	—	—	0.47878	0.59507
19.1	0.48854	0.60871	0.48800	0.60704	22.2	—	—	0.47845	0.59465
19.2	0.48825	0.60835	0.48771	0.60666	22.3	—	—	0.47812	0.59422
19.3	0.48797	0.60799	0.48742	0.60628	22.4	—	—	0.47778	0.59379
19.4	0.48769	0.60764	0.48713	0.60590	22.5	—	—	0.47745	0.59336
19.5	0.48741	0.60729	0.48684	0.60552	22.6	—	—	0.47711	0.52993
19.6	0.48712	0.60693	0.48655	0.60514	22.7	—	—	0.47677	0.59250
19.7	0.48638	0.60657	0.48625	0.60475	22.8	—	—	0.47643	0.59207
19.8	0.48655	0.60621	0.48596	0.60437	22.9	—	—	0.47610	0.59164
19.9	0.48626	0.60585	0.48566	0.60398	23.0	—	—	0.47577	0.59121
20.0	0.48597	0.60549	0.48536	0.60359					

22. 通过三针量法测量锥形螺纹

当使用三针量法测量锥形螺纹时，沿着不垂直于螺纹轴线的线测量，垂直方向的倾斜度等于锥形牙型角的一半。下面的公式补偿了一侧两根量针另一侧一根量针的测量仪表面接触导致的倾斜度。锥形螺纹以常规的方式跨量针测量，除了单线螺纹的点必须位于螺纹中有效直径被检查的点处。该公式显示了在该给定点处等于正确中径的尺寸。锥形牙型的通用公式如下：

$$M = \frac{E - \cot a/2N + W(1 + \csc a)}{\sec b}$$

式中 M——跨三针测量值；

E——中径；

a——牙型半角；

N——每英寸牙数；

W——量针直径；

b——锥度角的一半。

该公式在理论上是不正确的，但对于具有¾in/ft或更小的锥度的螺纹来说是准确的。对于给定的牙型角和锥度，可以简化该通用公式。以下简化公式适用于美国国家标准管螺纹：

$$M = \frac{E - 0.866025P + 3W}{1.00049}$$

在使用该公式求取跨针尺寸 M 的公式时，单针被放置在螺纹槽的任何部分，将其定位在要检查中径的点处。量针必须准确定位在这一点上。然后将其他量针放置在与单根量针直径上相对的螺纹的那一侧上。如果管螺纹是直的或没有锥度，则

$$M = E - 0.866025P + 3W$$

锥形管螺纹公式的应用：为了说明锥形螺纹公式的使用，假设尺寸 M 是美制标准 3in 管螺纹量需要的值。3in 规格的螺纹每英寸 8 牙或 0.125in 的螺距，以及在测量刻度处 3.3885in 的中径。假设量针直径为 0.07217in，当中径正确时

$$M = \frac{3.3885 - (0.866025 \times 0.125) + 3 \times 0.07217}{1.00049}\text{in}$$

$$= 3.495\text{in}$$

中径等于给定跨针测量值：以下公式可以用于在给定直径跨针测量 M 值已知的条件下沿着锥形螺纹的任何点检查中径。在该公式中，E 为单个量针所占位置处的有效中径。该公式在理论上是不正确的，但是当应用于每英尺 ¾in 或更小的锥度时，可以给出非常准确的结果。

$$E = 1.00049M + 0.866025P - 3W$$

示例：3in 管螺纹量规刻度，测量 M 值 = 3.495in，并且量针直径 = 0.07217in。则

$$E = [1.00049 \times 3.495 + (0.866025 \times 0.125) - 3 \times 0.07217]\text{in}$$

$$= 3.3885\text{in}$$

锥形螺纹任何点处的中径：当已知锥形螺纹任何位置的中径时，任何其他位置处的中径可以按如下方法确定：

将已知中径的位置与（沿轴线测量）所需中径的位置距离乘以每英寸的锥度或对于美国国家标准管螺纹乘以 0.0625。如果所需直径在锥度的大端将该乘积加入已知直径，若在小端就减去。

示例：中径为 3in 的美国国家标准管螺纹在量规刻度处为 3.3885。确定小端的中径。刻度标识与 3in 管道的小端之间的距离为 0.77in。因此，小端中径 = 3.3885in − (0.77 × 0.0625) in = 3.3404in。

23. 三针量法应用于锯齿形螺纹

锯齿形螺纹的角度有所不同，特别是在前侧或者承载侧。式（8-11）可以应用于所需的任何角度。在这个公式中，M 为当直径 E 正确时跨针测量值；A 为牙型角和螺纹槽的夹角；a 为前齿面或承载侧的角度，从垂直于螺纹轴线的线上测量；P 为螺纹螺距；W 为量针直径。

$$M = E - \left[\frac{P}{\tan a + \tan(A - a)}\right] + W\left[1 + \cos\left(\frac{A}{2} - a\right)\csc\frac{A}{2}\right] \tag{8-11}$$

图 8-42 所示为三针量法。

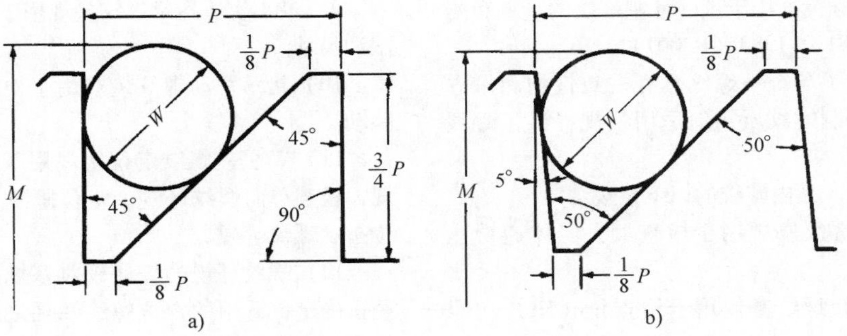

图 8-42　三针量法

对于给定的角度 A 和 a，该公式可以被简化，如式（8-13）和式（8-14）。这些简化公式包含常数，其值取决于角度 A 和 a。

量针直径：用于获得在锯齿螺纹背面的中径线接触的量针直径，可以由以下通用式（8-12）计算：

$$W = P\left(\frac{\cos a}{1 + \cos A}\right) \tag{8-12}$$

45°锯齿形螺纹：图 8-42a 所示的锯齿形螺纹具有垂直于螺纹轴线的前侧或负载侧。等效于正确中径 E 的测量 M 值可以由式（8-13）确定：

$$M = E - P + 3.4142W \tag{8-13}$$

在螺纹背面与中径线接触的量针直径 $W = 0.586P$。

50°带有 5°前倾角的锯齿形螺纹：该锯齿形螺纹

形式由图8-42b所示。与正确的直径E相当的测量M值可以由式（8-14）确定：

$$M = E - 0.91955P + 3.2235W \quad (8\text{-}14)$$

螺纹背面与中径线接触的量针直径$W=0.606P$。如果牙顶平面宽度为⅛P，则深度$=0.69P$。

美国国家标准锯齿形螺纹ANSI B1.9-1973：该锯齿形螺纹的牙型角为52°，正面倾角为7°。等效于中径E的测量值M可以由式（8-15）确定：

$$M = E - 0.89064P + 3.15689W + c \quad (8\text{-}15)$$

对于螺纹直径和螺距的推荐组合，量针角度校正系数c小于0.0004in，可以忽略。推荐使用的量针直径$W=0.54147P$。

24. 螺纹中径环规的测量

环规确定螺纹中径的直接测量方法在应用中存在困难，特别是当高精确度时需要确保适当的接触压力。通常做法是将环规装配到主定位塞规上。当螺纹环规具有正确的导程、角度和螺纹牙型时，在很窄的范围内，这种方法是令人满意的，代表了美国的标准实践。它是唯一可用于小尺寸螺纹的方法。对于较大的尺寸，已经设计了多种或多或少令人满意的方法，但是没有一种被广泛应用。

25. 螺纹量规的分类

螺纹量规按其精确程度即量规制造商提供的公差量和磨损允差（如果有的话）进行分类。根据用途，还有三个分类：①控制生产的工作规；②成品拒收或验收的检验规；③用于确定工作和校对规准确性的参考规。

26. 美国国家标准用于统一寸制螺纹的量具和测量ANSI/ASME B1.2-1983（R2007）

本标准涵盖了与统一螺纹具有一致性的测量方法，并为统一寸制螺纹所需的适用量规提供了必须的规格。

该标准包括产品内螺纹的以下量规：

1）通工作螺纹塞规用于检查最大实体通功能极限。

2）止（HI）螺纹塞规用于检查止（HI）功能直径极限。

3）螺纹卡规通环段或辊部分用于检查最大实体通功能极限。

4）螺纹卡规止（HI）环段或辊部分用于检查止（HI）功能直径极限。

5）螺纹卡规最小实体：中径圆锥管形、V形和螺纹槽直径形用于检查中径的最小实体极限。

6）螺纹定位实体环规用于定位内螺纹指示规和卡规。

7）普通规、卡规和指示规用于检查内螺纹的小径。

8）卡规和指示规用于检查内螺纹的大径。

9）功能指示螺纹量规用于检查最大实体通功能极限和尺寸以及止（HI）功能直径极限和尺寸。

10）最小实体指示螺纹量规用于检查最小材料极限和尺寸。

11）指示跳动螺纹量规用于检查小径到中径的跳动。

除了产品内螺纹的这些量规之外，该标准还包括差分规和诸如螺距千分表、螺纹量球、光学比较器和工具制造商显微镜、牙型跟踪仪、表面粗糙度测量仪和圆度测量设备等仪器。

该标准包括以下产品外螺纹的量规：

1）通工作螺纹环规用于检查最大实体通功能极限。

2）止（HI）螺纹环规用于检查止（LO）功能直径极限。

3）螺纹卡规通环段或辊筒部分用于检查最大实体通功能极限。

4）螺纹卡规止（LO）环段或辊筒部分用于检查止（LO）功能直径极限。

5）螺纹卡规：圆锥管形、V形和最小实体螺纹槽直径形用于检查中径的最小实体极限。

6）普通规、卡规用于检查大径。

7）卡规用于检查小径。

8）功能指示螺纹量规用于检查最大实体通功能极限和尺寸以及止（LO）功能直径极限和尺寸。

9）最小实体指示螺纹量规用于检查最小材料极限和尺寸。

10）指示跳动螺纹量规用于检查大径到中径的跳动。

11）W公差螺纹定位塞规用于定位调整螺纹环规，检查单向螺纹环规，定位螺纹卡规极限规和定位指示螺纹量规。

12）螺纹环规的普通校对塞规用于在螺纹环已经正确定位适用的定位螺纹塞规之后检验螺纹环规的小径极限。

13）指示普通直径量规径用于检查大径。

14）指示量具检查小径。

除了用于产品外螺纹的这些量规外，该标准还包括差分规和诸如螺纹千分表、螺纹量针、光学比较器和工具制造商显微镜、牙型跟踪仪、机电导程测试仪与通类型螺纹指示规一起使用的螺线附件、螺线分析仪、表面粗糙度测量设备和圆度测量设备。

该标准列出的验证产品内部螺纹的螺纹规和普通量规使用的内容如下：

1）公差：除非另有规定，否则直接检查产品螺纹的螺纹规对于所有类别应为 X 公差。

2）通螺纹塞规：通螺纹塞规必须自由进入并穿过产品的全螺纹长度。通螺纹塞规是对除小径以外的所有螺纹元件的累积检查。

3）止（HI）螺纹塞规：止（HI）螺纹塞规适用于产品内螺纹时，只能旋合末端部螺纹（可能不代表完整螺纹）。在产品进入端的螺纹是不完整螺纹，允许量规进入。止（HI）塞规上的起始螺纹会比其余螺纹承受更大的磨损。这种磨损与不完整的产品螺纹结合允许量具的进一步旋入。当止（HI）螺纹塞规用于产品内螺纹时旋合进入不能超过 3 圈。不应该对量规强制施力。诸如特别薄或延性材料，螺纹数量少等的特殊要求可能需要修正这种做法。

用于监控产品内螺纹小径的通和止普通塞规：推荐 Z 类公差。通普通塞规必须完全进入并穿过产品的长度而不受力。止圆柱塞规不能进入。

该标准列出的验证产品外螺纹的螺纹塞规的使用见以下内容：

1）通螺纹环规：可调节的通螺纹环规必须设定为适用的 W 公差定位塞，以确保它们在规定的极限内。在螺纹部分的整个长度上产品螺纹必须自由进入通螺纹环规。除了大径外对所有螺纹元件，通螺纹环规是种累积检查。

2）止（LO）螺纹环规：止（LO）螺纹环规必须设定为适用的 W 公差定位塞，以确保它们在规定的极限内。当用于产品外螺纹时，止（LO）螺纹环规可能仅与末端螺纹（不能代表完整产品螺纹的螺纹）旋合。

3）止（LO）环上的起始螺纹比其余的螺纹承受更大的磨损。这种磨损与产品螺纹末端的不完整螺纹结合允许螺纹进一步进入量规中。在不施加外力的条件下，用于产品外螺纹的止（LO）螺纹环规不超过三个完整的丝扣以上时，止（LO）功能直径是可以接受的。诸如特别薄或延性材料，螺纹数量少的特殊要求可能需要修正这种做法。

4）用于检查产品外螺纹的大径的通和止普通环规和卡规：通规必须完全接受或超过产品外螺纹的大径，以确保大径不超过最大实体极限。止量规不得超过产品外螺纹的大径，以确保大径不小于最小实体极限。

在标准中给出的有关量规使用的极限如下：

由一种类型的量规接受的产品螺纹可能会被其他类型的检验通过是可能的，然而，接近拒绝极限的零件也可能被一种类型接受而并被另一种拒绝。相同类型的两个单独的极限规可能处于允许的量规公差的相反极限，而一个量规所接受的边界产品螺纹可能被另一个量规拒绝。由于这些原因，当产品螺纹通过了 ANSI B1.3 规定的在公差范围内的量规系统所允许的任何量规的检测时，均被认为是可以接受的。

在使用普通规、螺纹塞规和环规对等于大于 6.25in 公称规格的巨大产品外螺纹和内螺纹进行检测时，会由于技术和经济原因而出现问题。在这些情况下，验证可以基于使用修改的卡规或指示规或对螺纹单元的测量完成。除了本标准中定义的那些之外，还有各种类型的量规或测量装置可用，并且可以接受。生产者和用户应就所使用的方法和设备达成一致。

27. 螺纹牙型规

产品内外螺纹的螺纹牙型见图 8-43，还给出了截断螺纹定位塞规的螺纹牙型，具有全牙型的螺纹定位塞规、整体螺纹牙型定位环规，以及显示导屑槽和去除局部螺纹的描绘。

28. 破损塞规的构建

对磨损到低于规定尺寸的塞规可以通过镀铬，然后研磨到规定的尺寸来构建。任何金属量达到 0.004in 或 0.005in 就可以归入磨损量规。氧化铬用于研磨镀铬量规或其他零件，达到所需尺寸和抛光。当塞规的铬镀尺寸已经磨损到低于规定尺寸时，可以通过盐酸的作用将其除去。然后通过镀铬研磨再次重建尺寸满足要求的塞规。在去除磨损镀层的过程中应该仔细观察量具，一旦镀层去除就立即停止与酸的作用，以避免酸对钢的粗糙化作用。

29. 螺纹规公差

螺纹塞规和环规，统一螺纹的螺纹定位塞规和环规的标准公差，用 W 和 X 命名公差。W 公差表示最高的商业级别的精度和工艺，并将其用于螺纹定位规的规定，X 公差大于 W 公差，用于产品检验量规。表 8-127 为美国国家标准普通圆柱规的公差，表 8-128 为计算螺纹量规尺寸的常数，表 8-129 为用于统一寸制螺纹的通、HI 和 LO 螺纹量规的美国国家标准公差。

确定量规的尺寸：对美国国家标准 B1.2 涵盖的量规，推荐使用测定塞规中径的三针量法，此方法在该标准 1983 版附录 B 中有描述。

螺纹环规和外螺纹卡规的尺寸极限的调整通过它们与各自校准定位环规的配合确定。用于产品外螺纹的指示量规和其他可调的螺纹量规通过参考适当的校准定位环规或者直接测量的方式进行控制。

内螺纹卡规尺寸极限的调整由它们与各自校准定位环规的配合确定。产品内螺纹的指示量规和其他可调的螺纹量规通过参考适当的校准定位环规或者直接测量的方式进行控制。

公差的解释：导程、半角和中径的公差是可以相互独立变化的元素，并且在列表尺寸极限以内的任何程度均可接受。列表内的任意一个元素也不能超过其公差，即使其他两个元素的变化都小于相应的列表公差。

量规公差的方向：在最大实体极限（通）上，用于最终一致性测量的所有量规的尺寸应在产品螺纹尺寸的极限以内。在功能直径极限，使用止（HI和LO）螺纹量规，标准实践做法是将量规公差设置在产品螺纹尺寸的限度内。

量规极限的公式：统一螺纹的美国国家标准量规极限的公式见表8-130。

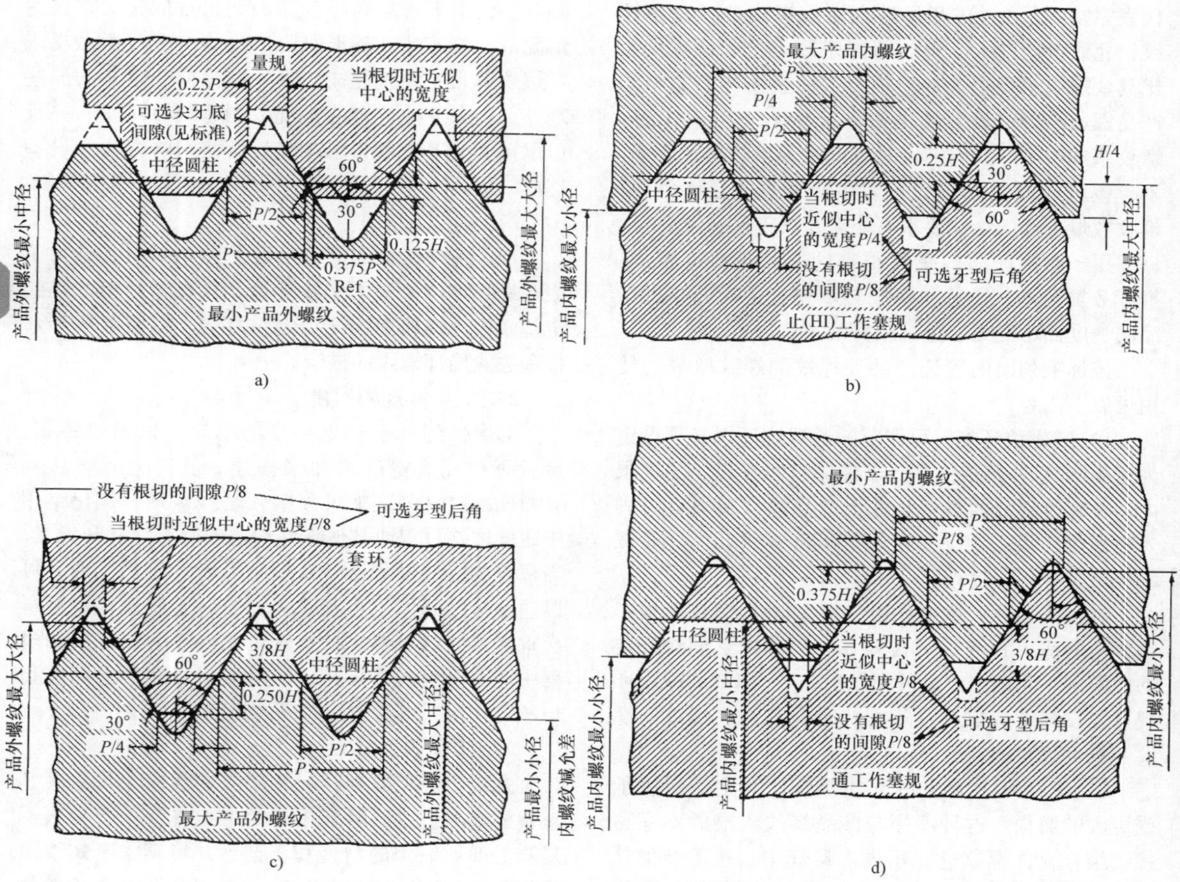

图8-43 产品内螺纹和外螺纹的螺纹牙型

表8-127 美国国家标准普通圆柱规的公差 ANSI/ASME B1.2-1983（R2007）

（单位：in）

尺寸范围		公差等级①				
>	≤	XX	X	Y	Z	ZZ
		公差				
0.020	0.825	0.00002	0.00004	0.00007	0.00010	0.00020
0.825	1.510	0.00003	0.00006	0.00009	0.00012	0.00024
1.510	2.510	0.00004	0.00008	0.00012	0.00016	0.00032
2.510	4.510	0.00005	0.00010	0.00015	0.00020	0.00040
4.510	6.510	0.000065	0.00013	0.00019	0.00025	0.00050
6.510	9.010	0.00008	0.00016	0.00024	0.00032	0.00064
9.010	12.010	0.00010	0.00020	0.00030	0.00040	0.00080

① 公差用于塞规或环规的实际直径。应用标准中规定的公差。XX、X、Y、Z和ZZ是标准量规的公差等级。

表 8-128 计算螺纹量规尺寸的常数 ANSI/ASME B1.2-1983（R2007） （单位：in）

每英寸牙数	螺距 P	$0.060\sqrt[3]{P^2}+0.017P$	$0.05P$	$0.087P$	三角形螺纹的高度 $H=0.866025P$	$H/2=0.43301P$	$H/4=0.216506P$
80	0.012500	0.0034	0.00063	0.00109	0.010825	0.00541	0.00271
72	0.013889	0.0037	0.00069	0.00122	0.012028	0.00601	0.00301
64	0.015625	0.0040	0.00078	0.00136	0.013532	0.00677	0.00338
56	0.017857	0.0044	0.00089	0.00155	0.015465	0.00773	0.00387
48	0.020833	0.0049	0.00104	0.00181	0.018042	0.00902	0.00451
44	0.022727	0.0052	0.00114	0.00198	0.019682	0.00984	0.00492
40	0.025000	0.0056	0.00125	0.00218	0.021651	0.01083	0.00541
36	0.027778	0.0060	0.00139	0.00242	0.024056	0.01203	0.00601
32	0.031250	0.0065	0.00156	0.00272	0.027063	0.01353	0.00677
28	0.035714	0.0071	0.00179	0.00311	0.030929	0.01546	0.00773
27	0.037037	0.0073	0.00185	0.00322	0.032075	0.01604	0.00802
24	0.041667	0.0079	0.00208	0.00361	0.036084	0.01804	0.00902
20	0.050000	0.0090	0.00250	0.00435	0.043301	0.02165	0.01083
18	0.055556	0.0097	0.00278	0.00483	0.048113	0.02406	0.01203
16	0.062500	0.0105	0.00313	0.00544	0.54127	0.02706	0.01353
14	0.071429	0.0115	0.00357	0.00621	0.061859	0.03093	0.01546
13	0.076923	0.0122	0.00385	0.00669	0.066617	0.03331	0.01665
12	0.083333	0.0129	0.00417	0.00725	0.072169	0.03608	0.01804
11½	0.086957	0.0133	0.00435	0.00757	0.075307	0.03765	0.01883
11	0.090909	0.0137	0.00451	0.00791	0.078730	0.03936	0.01968
10	0.100000	0.0146	0.00500	0.00870	0.086603	0.04330	0.02165
9	0.111111	0.0158	0.00556	0.00967	0.096225	0.04811	0.02406
8	0.125000	0.0171	0.00625	0.01088	0.108253	0.05413	0.02706
7	0.142857	0.0188	0.00714	0.01243	0.123718	0.06186	0.03093
6	0.166667	0.0210	0.00833	0.01450	0.144338	0.07217	0.03608
5	0.200000	0.0239	0.01000	0.01740	0.173205	0.08660	0.04330
4½	0.222222	0.0258	0.01111	0.01933	0.192450	0.09623	0.04811
4	0.250000	0.0281	0.01250	0.02175	0.216506	0.10825	0.05413

表 8-129 用于统一寸制螺纹的通、HI 和 LO 螺纹量规的美国国家标准公差（单位：in）

每英寸牙数	导程公差①		牙型半角公差	大径和小径的公差②			中径公差②				
	小于等于½in 直径	大于½in 直径		小于等于½in 直径	½~4in 直径	大于 4in 直径	小于等于½直径	½~1½in 直径	1½~4in 直径	4~8in 直径	8~12in③ 直径
W 量规											
80，72	0.0001	0.00015	20	0.0003	0.0003	—	0.0001	0.00015	—	—	—
64	0.0001	0.00015	20	0.0003	0.0004	—	0.0001	0.00015	—	—	—
56	0.0001	0.00015	20	0.0003	0.0004	—	0.0001	0.00015	0.0002	—	—
48	0.0001	0.00015	18	0.0003	0.0004	—	0.0001	0.00015	0.0002	—	—
44，40	0.0001	0.00015	15	0.0003	0.0004	—	0.0001	0.00015	0.0002	—	—
36	0.0001	0.00015	12	0.0003	0.0004	—	0.0001	0.00015	0.0002	—	—
32	0.0001	0.00015	12	0.0003	0.0005	0.0007	0.0001	0.00015	0.0002	0.00025	0.0003

（续）

每英寸牙数	导程公差①		牙型半角公差	大径和小径的公差②			中径公差②				
	小于等于½in 直径	大于½in 直径		小于等于½in 直径	½~4in 直径	大于4in 直径	小于等于½直径	½~1½in 直径	1½~4in 直径	4~8in 直径	8~12in③ 直径
W 量规											
28，27	0.00015	0.00015	8	0.0005	0.0005	0.0007	0.0001	0.00015	0.0002	0.00025	0.0003
24，20	0.00015	0.00015	8	0.0005	0.0005	0.0007	0.0001	0.00015	0.0002	0.00025	0.0003
18	0.00015	0.00015	8	0.0005	0.0005	0.0007	0.0001	0.00015	0.0002	0.00025	0.0003
16	0.00015	0.00015	8	0.0006	0.0006	0.0009	0.0001	0.0002	0.00025	0.0003	0.0004
14，13	0.0002	0.0002	6	0.0006	0.0006	0.0009	0.00015	0.0002	0.00025	0.0003	0.0004
12	0.0002	0.0002	6	0.0006	0.0006	0.0009	0.00015	0.0002	0.00025	0.0003	0.0004
11½	0.0002	0.0002	6	0.0006	0.0006	0.0009	0.00015	0.0002	0.00025	0.0003	0.0004
11	0.0002	0.0002	6	0.0006	0.0006	0.0009	0.00015	0.0002	0.00025	0.0003	0.0004
10	—	0.00025	6	—	0.0006	0.0009	—	0.0002	0.0025	0.0003	0.0004
9	—	0.00025	6	—	0.0007	0.0011	—	0.0002	0.00025	0.0003	0.0004
8	—	0.00025	5	—	0.0007	0.0011	—	0.0002	0.00025	0.0003	0.0004
7	—	0.0003	5	—	0.0007	0.0011	—	0.0002	0.00025	0.0003	0.0004
6	—	0.0003	5	—	0.0008	0.0013	—	0.0002	0.00025	0.0003	0.0004
5	—	0.0003	4	—	0.0008	0.0013	—	—	0.00025	0.0003	0.0004
4½	—	0.0003	4	—	0.0008	0.0013	—	—	0.00025	0.0003	0.0004
4	—	0.0003	4	—	0.0009	0.0015	—	—	0.00025	0.0003	0.0004
X 量规											
80，72	0.0002	0.0002	30	0.0003	0.0003	—	0.0002	0.0002	—	—	—
64	0.0002	0.0002	30	0.0004	0.0004	—	0.0002	0.0002	—	—	—
56，48	0.0002	0.0002	30	0.0004	0.0004	—	0.0002	0.0002	0.0003	—	—
44，40	0.0002	0.0002	20	0.0004	0.0004	—	0.0002	0.0002	0.0003	—	—
36	0.0002	0.0002	20	0.0004	0.0004	—	0.0002	0.0002	0.0003	—	—
32，28	0.0003	0.0003	15	0.0005	0.0005	0.0007	0.0003	0.0003	0.0004	0.0005	0.0006
27，24	0.0003	0.0003	15	0.0005	0.0005	0.0007	0.0003	0.0003	0.0004	0.0005	0.0006
20	0.0003	0.0003	15	0.0005	0.0005	0.0007	0.0003	0.0003	0.0004	0.0005	0.0006
18	0.0003	0.0003	10	0.0005	0.0005	0.0007	0.0003	0.0003	0.0004	0.0005	0.0006
16，14	0.0003	0.0003	10	0.0006	0.0006	0.0009	0.0003	0.0003	0.0004	0.0006	0.0008
13，12	0.0003	0.0003	10	0.0006	0.0006	0.0009	0.0003	0.0003	0.0004	0.0006	0.0008
11½	0.0003	0.0003	10	0.0006	0.0006	0.0009	0.0003	0.0003	0.0004	0.0006	0.0008
11，10	0.0003	0.0003	10	0.0006	0.0006	0.0009	0.0003	0.0003	0.0004	0.0006	0.0008
9	0.0003	0.0003	10	0.0007	0.0007	0.0011	0.0003	0.0003	0.0004	0.0006	0.0008
8，7	0.0004	0.0004	5	0.0007	0.0007	0.0011	0.0004	0.0004	0.0005	0.0006	0.0008
6	0.0004	0.0004	5	0.0008	0.0008	0.0013	0.0004	0.0004	0.0005	0.0006	0.0008
5，4½	0.0004	0.0004	5	0.0008	0.0008	0.0013	—	—	0.0005	0.0006	0.0008
4	0.0004	0.0004	5	0.0009	0.0009	0.0015	—	—	0.0005	0.0006	0.0008

① 任何两个螺纹之间的导程允许偏差不超过 ANSI B47.1 所示的标准规格的长度。导程的公差确定了平行于螺纹轴线的区域的宽度，对于规定的螺纹长度，实际的螺旋线必须位于上述区域。测量取自位于第一个完整螺纹开始处的固定参考点到沿着整个螺旋线的足够数量的位置，以检测所有类型导程的变化。这些位置的量与其基本（理论）位置用对应的符号记录。选择每个方向（±）的最大偏差，不考虑符号其值的总和不得超过为 W 量规规定的公差极限。

② 公差适用于指定尺寸的螺纹。公差的应用在标准中规定。

③ 在 12in 以上，公差直接与此列下方给出的公差成正比，比率为直径与 12in 的比值。

表 8-130 用于统一寸制螺纹的美国国家标准量规极限公式 ANSI/ASME B1.2-1983（R2007）

序号	外螺纹的螺纹量规
1	通中径 = 外螺纹的最大中径。量规公差为负
2	通小径 = 外螺纹的最大中径 − $H/2$。量规公差为负
3	止（LO）中径（用于正公差量规）= 外螺纹的最小中径。量规公差为正
4	止（LO）小径 = 外螺纹的最小中径 − $H/4$。量规公差为正
	外螺纹大径的普通量规
5	通 = 外螺纹的最大大径。量规公差为负
6	止 = 外螺纹的最小大径。量规公差为正
	内螺纹的螺纹量规
7	通大直径 = 内螺纹的最小大径。量规公差为正
8	通中径 = 内螺纹的最小中径。量规公差为正
9	止（HI）大径 = 内螺纹最大中径 + $H/2$。量规公差为负
10	止（HI）中径 = 内螺纹的最大中径。量规公差为负
	内螺纹小径的普通量规
11	通 = 内螺纹的最小小径。量规公差为正
12	止 = 内螺纹的最大小径。量规公差为负
	全牙型和截断牙型的定位塞规
13	通大径（截断部分）= 外螺纹的最大大径（= 通定位塞规完整部分的最小大径）−（$0.060\sqrt[3]{P^2}$ + $0.017P$）。量规公差为负
14	通大径（完整部分）= 外螺纹的最大大径。量规公差为正
15	通中径 = 外螺纹的最大中径。量规公差为负
16	止（LO）大径①（截断部分）= 外螺纹的最小中径 + $H/2$。量规公差为负
17	止（LO）大径（完整部分）= 外螺纹的最大大径，假定大径牙顶宽不小于 0.001in（对截断 0.0009in）。使用 W 公差加最大尺寸，除了 0.001in 牙顶宽度用减。对于 0.001in 牙顶宽度，大径 = 外螺纹的最大大径 + $0.216506P$ −（外螺纹中径公差 + 0.0017in）
18	止（LO）中径 = 外螺纹的最小中径。量规公差为正
	用于卡规和指示规的单极限螺纹定位环规
19	通中径② = 内螺纹的最小中径。W 量规公差为正
20	通小径 = 内螺纹的最小小径。W 量规公差为负
21	止（HI）中径② = 内螺纹的最大中径。W 量规公差为负
22	止（HI）小径 = 内螺纹的最小小径。W 量规公差为负

① 当使用可选的尖牙底牙型时，截断部分是必须的。
② 当内部指示规或卡规可以容纳更大的公差，并且在供应商和用户同意的情况下，比 W 公差大的中径公差是可以接受的。

8.11 攻螺纹和螺纹切削

8.11.1 攻螺纹

1. 丝锥的选择

对于大多数的应用来说，可以使用制造商所提供的标准丝锥，但有些工作可能需要使用特殊的丝锥。可以获得各种各样的标准丝锥。除了指定丝锥的尺寸大小以外，还必须能够选择手头最合适的。

标准丝锥变动的元素有：槽的数量，槽的类型，无论是直的、螺旋尖的，还是螺旋槽的，倒角长度，刃带后角（如果有的话），用来制造丝锥的工具钢以及丝锥的表面处理方式。

选择丝锥所需考虑的因素：攻螺纹的方式是用手，还是用机器；攻螺纹的材料及其热处理；螺纹的长度或螺纹孔的深度；所需的公差或配合等级以及所需使用的机器的生产要求和类型。

虽然这通常只涉及螺孔钻大小的设计和规格问题，但是孔的直径也必须考虑。

攻螺纹方法：术语“手用丝锥”可用于手用和机用丝锥，而且几乎所有的丝锥都可以通过手动或机器的方式应用。尽管任何丝锥都可用于手动攻螺纹，但是那些没有后角的同心刃带丝锥是优先选择的。在手动攻螺纹的过程中，工具周期性地旋转分离切屑，而具有同心刃带（没有后角）根部将干净地切除碎屑或者附着在工件上的任何部分，然而具有偏心或者同心后角的丝锥可能留下小的毛刺，楔入在刃带后角的部分与工件之间。这个楔形在丝锥切削面产生的压力可能传给切屑；它具有使孔中的螺纹变得粗糙的倾向，并且增加了转动工具所需的总扭矩。然而，当用机器攻螺纹时，丝锥通常只朝一个方向转动，直到操作完成为止，偏心或同心无后角通常是一个优点。

倒角长度：有三种类型的手用丝锥，既可用于手动攻螺纹，也可用于机器攻螺纹，通过不同的倒角长度彼此区分。锥形手用丝锥具有在高度上减少 8～10 个牙的倒角；二攻丝锥，具有在高度上减少 8～10 个牙的倒角；平底丝锥具有在高度上减少 1½ 个牙的倒角。由于在高度上减少的牙型几乎是被全部切除的，切屑负荷或者每个齿的切屑厚度对于锥形丝锥来说是最小的，对于二攻丝锥来说较大，对于平底丝锥来说是最大的。

在大多数通孔攻螺纹的应用上，必须只使用塞状丝锥，它也很适合用于螺纹孔比所需的螺纹深的不通孔。如果丝锥必须加工至不通孔底部，则孔通常先用二攻丝锥攻螺纹，然后用平底丝锥完成孔底的最后一个螺纹。锥形丝锥用于将每个齿的切屑负荷保持在最低限度的材料上。然而，锥形丝锥不应用于具有强烈加工硬化倾向的材料，如奥氏体型不锈钢。

螺旋刃尖丝锥：螺旋刃尖丝锥在攻制韧性材料时

8

提供了一个特别的优势，因为它是设计用来处理所形成的长连续切屑的，否则将会造成处理的问题。在刃尖或沿着丝锥倒角螺纹的齿面或引导齿的末端研磨角槽。这种槽在与引导齿相邻的凹槽中形成左旋螺旋，能够使得碎屑在攻螺纹之前流过孔。沟槽通常在切割面上产生朝向刀具末端逐渐增加的前角。由于凹槽主要用于为切削液提供通道，所以它们通常会变得越来越窄来强化刀具。对于薄的工件，建议使用短槽螺旋刃尖丝锥。它们沿着切割齿有螺旋刃尖槽，攻螺纹的其余部分没有刀槽。大多数螺旋刃尖是锥形类型的，然而，也制作了螺旋刃尖平底丝锥。

螺旋槽丝锥：螺旋槽丝锥有螺旋槽，沟槽的螺旋角可能在15°~52°之间，而螺旋旋向和丝锥上的螺纹一样。螺旋槽和它在丝锥的切削面上形成的前角相结合，使切屑沿着螺旋向后流出孔。因此，它们非常适合对不通孔攻螺纹，而且它们可用作锥形和平底类型。对于高韧性材料，应指定更高的螺旋角。当攻制较硬的材料的螺纹时，在切削刃可能会产生切屑，螺旋角必须减小。

带有凹槽或键槽的明显中断的孔可用螺旋槽丝锥攻螺纹。刃带连接起了中断，从而使得丝锥能够相对平稳地进行切削。

成套丝锥和紧公差螺纹：为了使螺纹孔接近公差，使用了一系列的成套丝锥。

它们通常有三套：1号丝锥的尺寸不够大并且是最粗糙的；2号丝锥是中等尺寸的且是第二粗糙的；3号丝锥用于收尾。

在邻近方形的刀柄中，通过一个、两个和三个环形槽来识别不同的丝锥。对于一些涉及更精细螺距的应用，只需要两套丝锥。此外，这还可用于具有高抗拉强度的硬或韧性材料、普通材料的深不通孔以及粗螺距的粗牙螺纹中。生产粗牙螺纹有时需要一组超过三个的丝锥。螺纹有一些商业公差，如美国标准统一的2B，或ISO米制6H，都可以用一个磨牙丝锥在一次切削中生产；有时用一个丝锥也可以产生更符合公差的螺纹。对于所有有精密公差要求的攻螺纹操作来说，建议使用磨牙丝锥。对于许多常规工作，切削丝锥比磨牙丝锥更令人满意、更经济。

丝锥钢材：除了在少数特殊情况下，大多数的丝锥都是用高速结构钢制成的。所使用的工具钢的类型通常是由丝锥制造商来确定的，并且只要应用正确，结果通常是令人满意的。用于制作丝锥的高速结构钢的典型等级为M-1、M-2、M-3、M-42等。碳素工具钢丝锥在攻螺纹时的操作温度较低，且在某些不需要高耐磨性的手攻螺纹的情况下是令人满意的。

表面处理：有时通过处理丝锥表面可以显著提高高速结构钢丝锥的使用寿命。一种非常常见的处理方法是氧化处理，它主要是在丝锥表面形成一层具有润滑性，并靠一定的多孔性来吸收和保持油的薄金属氧化物涂层。这种涂层减少了丝锥和工件之间的摩擦力，使得表面几乎不会生锈。它不会增加表面的硬度，但却能显著减少或防止完全磨损，改善工作材料焊接或黏附在刀刃上以及与它相接触的丝锥上的其他区域的倾向。因此，建议使用氧化处理后的丝锥来处理像低碳钢和软铜这样不易切削且易腐蚀的金属。这钟处理对于具有较高强度特性的其他钢也是有用的。

渗氮法为高速结构钢的表面提供了一个非常坚硬耐磨的外壳。氮化丝锥被特别推荐用于对塑料的攻螺纹，它们也成功地用于各种其他的具有高强度高合金的材料。然而，由于氮化物外壳非常脆，并且可能有崩碎的倾向，因此对于渗氮的丝锥必须规定一些注意事项。

镀铬是提高丝锥耐磨性的一种方法，但由于成本高以及易造成工具裂纹等缺陷的氢脆现象，限制住了其应用。将约0.0001in或更小厚度的闪熔镀层应用到丝锥上。镀铬丝锥已成功应用于包括塑料、硬橡胶、低碳钢和工具钢等的各种黑色或有色的金属材料中。其他在一定范围内成功应用的表面处理方式有蒸气喷砂和液体珩磨。

前角：对于大多数黑色或有色金属材料的应用来说，制造商在丝锥上加工的前角是令人满意的。该前角的度数为5°~7°。在某些情况下，可能需要改变丝锥的前角以获得有利的结果，表8-131提供了一些可用到的指导。在从该表中选择前角时，必须考虑丝锥的尺寸和刃带的强度。大多数的标准丝锥做成用螺纹的牙顶和牙底之间的弦长来测量前角的曲面。产生的形状称为钩角。

2. 切削速度

在选择切削速度时必须考虑许多变量，而且任何列表都可能需要进行很大的修正。在下一节中提及切削速度的目的仅仅是为了提供一个指导来显示可能使用到的速度范围。

3. 具体材料攻螺纹

工件材料对能够攻螺纹孔的容易程度有很大的影响。对于许多情况下的工件生产，推荐使用修正的丝锥，然而对于工具间或小批量工件，标准的手用丝锥可以用于大多数工作，假定在攻螺纹时能合理的关注。

低碳钢（含碳质量分数小于0.15%）：这些钢材非常柔软并且具有延展性，而且具有导致工件材料撕裂和焊接到丝锥上的倾向。它们在生产中会产生一种很难断裂的连续切屑，建议用螺旋刃尖丝锥进行通孔的攻螺纹；对于不通孔来说，则建议使用螺旋槽丝锥。为了防止裂纹和焊接，应用自由状态的硫基或者其他合适的切削液是必须的并且选择使用氧化涂层的丝锥是有益的。

低碳钢（含碳质量分数为0.15%~0.30%）：这些钢中所多余的碳是有益的，因为它们能改善撕裂和焊接的倾向。它们的切削性可通过冷拔来进一步提高。这些钢在攻螺纹时只要使用合适的切削液就不会出现严重的问题。氧化涂层丝锥特别建议用于低碳范围内。

表 8-131　攻制不同材料的丝锥前角

材料	前角（°）	材料	前角（°）
铸铁	0~3	铝	8~20
可锻铁	5~8	黄铜	2~7
钢	5~8	海军黄铜	5~8
AISI 1100 系列	5~12	磷青铜	5~12
低碳钢（高达 0.25%）	5~12	托宾（Tobin）青铜	5~8
经退火的中碳钢（0.30%~0.60%）	5~10	锰青铜	5~12
热处理，225~283 布氏硬度（0.30%~0.60%）	0~8	镁	10~20
高碳钢和高速钢	0~5	蒙乃尔铜~镍合金	9~12
不锈钢	8~15	铜	10~18
钛	5~10	锌压模铸件	10~15
		热塑性塑料	5~8
		热固性塑料	0~3
		硬橡胶	0~3

中碳钢（含碳质量分数为 0.30%~0.60%）：这些钢可以在不太困难的情况下攻螺纹，但在机械攻螺纹中必须使用较低的切削速度。切削速度取决于碳含量和热处理。含碳量较高的钢攻螺纹时必须更慢些，特别是在热处理产生了珠光体微结构的情况下，通过热处理形成的球状组织显著提高切削速度和攻螺纹的容易度，这个过程中必须使用合适的切削液。

高碳钢（含碳质量分数超过 0.6%）：通常这些材料是在退火或正火状态下使用的，但有时也在淬火和回火后硬度低于 55Rc 的情况下进行攻螺纹。建议在高强度钢完成淬火和回火后再进行攻螺纹。在退火和正火的条件下，这些钢的强度更高，而且比含碳量低的钢更耐磨，因此，它们更难被攻螺纹。热处理产生的微结构对攻螺纹的可用性和丝锥的寿命有着重要影响，在这方面，球状组织比珠光体结构更好。丝锥的前角不应超过 5°且对于较硬的材料来说，建议使用同心丝锥。这些钢的切削速度较低，建议使用活性氯化硫的切削液。

合金钢：这种类型包括各种各样的可以被热处理处理成为具有广泛性能的钢。当退火和正火时，它们与中碳钢相似，通常可以毫不费力地攻螺纹，但对于某些合金钢来说，可能会需要较低的攻螺纹速度。可以使用标准丝锥，同心后角可能对机器攻螺纹有所帮助，这个过程中必须使用合适的切削液。

高抗拉强度钢：包含在此种类型中，硬度在 40~55HRC 范围内的任何钢都必须在热处理后攻螺纹。这些材料攻螺纹的特点是丝锥的低寿命和过度折断；对于铬含量高的材料来说特别麻烦。同心丝锥获得的最好结果是前角等于或接近零度，在末端 6~8 个倒角螺纹能够减少每齿的切削载荷，倒角应保持在最低限度。使用各种可能的方法将丝锥上的载荷保持在最小，如使用最大可能的螺纹孔尺寸；将孔深度保持在最小；避免打底孔；并且在较大的尺寸中，使用细牙而不是粗牙。建议使用氧化涂层丝锥，但氮化丝锥有时也可以用来减少丝锥磨损。这个过程建议使用活性氯化硫切削液，攻螺纹速度不应超过 10ft/min（3m/min）。

不锈钢：铁素体型不锈钢和马氏体型不锈钢有点像具有高铬含量的合金钢，虽然切削速度可能稍慢一些，但是它们可以用相似的方式来进行攻螺纹。建议使用标准前角的氧化物涂层丝锥，而且含有二硫化钼的切削液也有助于减少丝锥的磨损。奥氏体型不锈钢由于切削阻力大，加工硬化的倾向大，所以很难攻螺纹。加工硬化层是由丝锥的刃口形成的，它的深度取决于切削的剧烈程度和刀具的锋利程度。如果能够切削的话，下一个刃口必须穿透到加工硬化层以下。因此，丝锥必须保持锋利，并且工具上的每个后续切削刃必须穿过到由前一切削刃所形成的加工硬化层的下方。由于这个原因，不应该使用锥形丝锥，而是使用具有 3°~5°倒角的塞状丝锥。为了减少刃带间的摩擦，建议使用偏心或无偏心的后角刃带，并推荐使用 10°~15°的前角。形成的切屑坚韧连续很难断裂，为了控制该切屑，建议通孔采用螺旋刃尖丝锥，不通孔采用低螺旋角螺旋槽丝锥。虽然重载可溶性油的使用很成功，但还是建议使用非常有用的氧化物涂层丝锥和氯化硫切削液。

易切削钢：有大量的易切削钢，其中包括易切削不锈钢，它们也被称为易加工钢。在这些钢中加入硫、铅或磷来改善它们的可加工性。易切钢总是比没有加工添加剂的钢更容易攻螺纹。刀具寿命通常是增加的，切削速度也可以稍高一些。建议使用的丝锥类型取决于易切削钢的类型和攻螺纹操作的性质；通常也可以使用标准丝锥。

高温合金：这些是钴基或镍基有色合金，能像奥氏体型不锈钢那样切割，但通常更难加工。对于奥氏体型不锈钢的建议也适用这些合金的丝锥，但前角应为 0°~10°，以提高切削刃的强度。对于大多数操作来说，建议使用氮化丝锥或由 M41、M42、M43 以及 M44 钢制成的丝锥。攻螺纹速度通常在 5~10ft/min（1.5~3.0m/min）的范围内。

钛及钛合金：钛及钛合金有较低的比热，并且明显有一种焊接到工具材料上的倾向，因此，建议使用氧化物涂层丝锥来减轻磨损和焊接。丝锥的前角应该是 6°~10°。为了尽量减少工件和丝锥之间的接触，应该使用一个偏心或同心后角刃带。有中断螺纹的丝锥有时是有帮助的。纯钛比较容易切削，而合金切削却非常困难。切削速度取决于合金的组成成分，可能会在 10 ~ 40ft/min（3 ~ 12.2m/min）这个范围内有所不同。钛的螺纹攻制建议使用特殊的切削液。

灰铸铁：灰铸铁的微结构即使在单个铸件中也可以改变，使用的组分变化可以获得抗压强度为 20000 ~ 60000psi（138 ~ 414MPa）和 160 ~ 250HBW（勃氏硬度）的材料。因此，一般来说铸铁容易攻螺纹，但是铸铁并不是一种单一的材料。切削速度可从较软等级的 90ft/min（27.4m/min）变为较硬等级的 30ft/min（9.1m/min）。切屑是不连续的且直槽丝锥应该用于所有的应用中。虽然有时使用水溶性油液和化学乳剂，但是氧化物涂层丝锥也是有用的而且灰铸铁通常也可以用于干切削。

8

可锻铸铁：尽管在单一铸件中，工业可锻铸铁往往是相当均匀的，但它们仍具有相当广泛的应用性能。它们比较容易攻螺纹，而且可以使用标准丝锥来攻螺纹。铁素体铸铁的切削速度为 60 ~ 90ft/min（18.3 ~ 27.4m/min），珠光体可锻铁的切削速度为 40 ~ 50ft/min（12.2 ~ 15m/min），马氏体可锻铸铁的切削速度为 30 ~ 35ft/min（9.1 ~ 10.7m/min）。除马氏体可锻铸铁在含硫基油的情况下可能更好地工作外，推荐使用一种可溶性油的切削液。

球墨铸铁：使用几种拉伸强度从 60000 ~ 120000psi（414 ~ 827MPa）变化的球墨铸铁。此外，在不同时间铸造的单个铸件的微结构也会有很大的差异。这些切屑易于控制，但有一种焊接到切削工具的表面和侧面的趋势。因此建议使用氧化涂层丝锥。切削速度范围可能由较硬的马氏体球墨铸铁的 15ft/min（4.6m/min）变化为较软的铁素体不锈钢 60 个 ft/min（183m/min）。应该使用合适的切削液。

铝：铝和铝合金是相对柔软的材料，对切削几乎没有阻力。在这些合金中攻螺纹的危险就是丝锥会铰削这些孔而不是切削螺纹，或者在孔中切出偏心的螺纹。由于这些原因，在对中丝锥并开始攻螺纹必须格外小心。对于生产丝锥推荐使用螺旋刃尖丝锥来用于通孔并且螺旋槽丝锥用于不通孔，应该优先选用那些具有 10° ~ 15°的前角的丝锥。引导螺杆攻螺纹机有助于切削准确的螺纹。应使用重载可溶性油或轻质矿物油作为切削液。

铜合金：除了铍铜和其他一些硬质合金外，大多数的铜合金并不难攻螺纹。纯铜之所以攻螺纹困难是因为很难控制它的延展性以及柔软连续的切屑的形成。但合理地使用中重型矿物油，可成功的攻螺纹。锌质量分数不超过 35% 的红铜、黄铜以及类似的合金都能够产生连续的切屑。直槽丝锥可用于这些合金的手工攻螺纹，机器攻螺纹应采用螺旋刃尖或螺旋槽丝锥来分别攻螺纹通孔和不通孔。海军铜、含铅铜以及铸造黄铜中会产生不连续切屑且直槽丝锥可用于机器攻螺纹。这些合金表现出对丝锥的闭合趋势，有时使用中断螺纹的丝锥会减少这种阻滞效应。铍铜和硅青铜是铜合金中最坚固的，它们的强度加上它们具有的加工硬化的能力会造成攻螺纹的困难。对于这些合金，应该使用塞状丝锥，且丝锥应尽可能的保持锋利。建议使用中或重载水溶性油作为切削液。

4. 其他攻螺纹润滑剂

在不同的润滑剂中，攻螺纹所需的功率差别很大。以下润滑剂在螺纹锻造螺母和六边形拉伸材料的螺纹加工中可降低切削阻力：硬脂油、猪油、鲸油、菜籽油、10% 石墨以及 90% 油脂。将乳状液（可溶油）与水混合，可以减少对螺纹加工的阻力。一些乳液几乎和动植物油一样好并且使用的乳液有着很重要的作用，但是大多数乳液却不能起到很好的效果。特别是在油较少的情况下，大量的润滑剂比少量润滑剂产生更好的效果。煤油、松节油和石墨被证明并不适用于钢的攻螺纹。不掺动植物油的矿物油、普通润滑剂以及机用油也完全不适合。

对于铝来说，建议使用煤油。攻螺纹铸铁应使用强力乳化液；油有一种使铸铁切屑堵塞沟槽阻止润滑到达丝锥切削齿的趋势。对于铜的攻螺纹来说，牛奶是一种很好的润滑剂。

5. 螺孔钻直径

攻螺纹困难有时是由于螺孔钻直径太小造成的。螺孔钻不应该小于当给定螺纹所需的强度后很小的钻头直径的减少也会增加所需扭矩和丝锥折断的可能性的直径。试验表明，对于所有超过 60% 的全螺纹的螺纹，就算是增加百分比也不会使得螺纹的强度显著增加。一般来说，尽管 55% ~60% 螺纹是能够让人满意的，但通常使用 75% 的全螺纹来提供额外的安全措施。目前的螺纹规范不总是允许使用较小的螺纹深度。然而必须遵守零件图样上所给出的规格，并且可以要求比建议更小的小径。

螺纹孔中螺纹的深度取决于螺纹旋合长度以及材料的长度。一般来说，当旋合长度超过公称直径的 1.5 倍时，使用 50% 或 55% 的螺纹是能够令人满意的。软韧性材料允许比像灰铸铁这样的脆性材料稍微大一点的螺纹孔。

必须记住麻花钻是一种粗加工工具，它可能会把螺纹孔钻得稍微大一些，且其大小的一些变化几乎是无法避免的。当需要更仔细地控制孔尺寸时，必须进行扩孔。铰孔建议用于较大径螺纹和一些细牙的螺纹。

推荐的统一螺纹丝锥前孔尺寸极限见表8-132，美国国家牙型螺纹的螺孔钻尺寸基于 75% 的全螺纹深度见表 8-133 和表 8-134。对于较小尺寸的螺纹来说，如果允许的话，使用稍微大一些的钻头可以减少丝锥的折断。这些螺纹孔的选择也可以依据用于统一螺纹的考虑了旋合长度的表 8-132 给出的孔尺寸极限。

表 8-132 推荐的统一螺纹攻螺纹前孔尺寸极限

螺纹尺寸	1B 级和 2B 级								3B 级							
	旋合长度（D = 螺纹的公称尺寸）															
	$\leqslant \frac{1}{3}D$		$\frac{1}{3}D \sim \frac{2}{3}D$		$\frac{2}{3}D \sim 1\frac{1}{2}D$		$1\frac{1}{2}D \sim 3D$		$\leqslant \frac{1}{3}D$		$\frac{1}{3}D \sim \frac{2}{3}D$		$\frac{2}{3}D \sim 1\frac{1}{2}D$		$1\frac{1}{2}D \sim 3D$	
	推荐的孔尺寸极限															
	最小	最大	最小	最大	最小	最大	最小	最大	最小	最大	最小	最大	最小	最大	最小	最大
0-80	0.0465	0.0500	0.0479	0.0514	0.0479	0.0514	0.0479	0.0514	0.0465	0.0500	0.0479	0.0514	0.0479	0.0514	0.0479	0.0514
1-64	0.0561	0.0599	0.0585	0.0623	0.0585	0.0623	0.0585	0.0623	0.0561	0.0599	0.0585	0.0623	0.0585	0.0623	0.0585	0.0623
1-72	0.0580	0.0613	0.0596	0.0629	0.0602	0.0635	0.0602	0.0635	0.0580	0.0613	0.0596	0.0629	0.0602	0.0635	0.0602	0.0635
2-56	0.0667	0.0705	0.0686	0.0724	0.0699	0.0737	0.0699	0.0737	0.0667	0.0705	0.0686	0.0724	0.0699	0.0737	0.0699	0.0737
2-64	0.0691	0.0724	0.0707	0.0740	0.0720	0.0753	0.0720	0.0753	0.0691	0.0724	0.0707	0.0740	0.0720	0.0753	0.0720	0.0753
3-48	0.0764	0.0804	0.0785	0.0825	0.0805	0.0845	0.0806	0.0846	0.0764	0.0804	0.0785	0.0825	0.0805	0.0845	0.0806	0.0846
3-56	0.0797	0.0831	0.0814	0.0848	0.0831	0.0865	0.0833	0.0867	0.0797	0.0831	0.0814	0.0848	0.0831	0.0865	0.0833	0.0867
4-40	0.0849	0.0894	0.0871	0.0916	0.0894	0.0939	0.0902	0.0947	0.0849	0.0894	0.0871	0.0916	0.0894	0.0939	0.0902	0.0947
4-48	0.0894	0.0931	0.0912	0.0949	0.0931	0.0968	0.0939	0.0976	0.0894	0.0931	0.0912	0.0949	0.0931	0.0968	0.0939	0.0976
4-48	0.0979	0.1020	0.1000	0.1041	0.1021	0.1062	0.1036	0.1077	0.0979	0.1020	0.1000	0.1041	0.1021	0.1062	0.1036	0.1077
5-44	0.1004	0.1042	0.1023	0.1060	0.1042	0.1079	0.1060	0.1097	0.1004	0.1042	0.1023	0.1060	0.1042	0.1079	0.1060	0.1097
6-32	0.104	0.109	0.106	0.112	0.109	0.114	0.112	0.117	0.1040	0.1091	0.1066	0.1115	0.1091	0.1140	0.1115	0.1164
6-40	0.111	0.115	0.113	0.117	0.115	0.119	0.117	0.121	0.1110	0.1148	0.1128	0.1167	0.1147	0.1186	0.1166	0.1205
8-32	0.130	0.134	0.132	0.137	0.134	0.139	0.137	0.141	0.1300	0.1345	0.1324	0.1367	0.1346	0.1389	0.1367	0.1410
8-36	0.134	0.138	0.136	0.140	0.138	0.142	0.140	0.144	0.1340	0.1377	0.1359	0.1397	0.1378	0.1416	0.1397	0.1435
10-24	0.145	0.150	0.148	0.154	0.150	0.156	0.152	0.159	0.1450	0.1502	0.1475	0.1528	0.1502	0.1555	0.1528	0.1581
10-32	0.156	0.160	0.158	0.162	0.160	0.164	0.162	0.166	0.1560	0.1601	0.1581	0.1621	0.1601	0.1641	0.1621	0.1661
12-24	0.171	0.176	0.174	0.179	0.176	0.181	0.178	0.184	0.1710	0.1758	0.1733	0.1782	0.1758	0.1807	0.1782	0.1831
12-28	0.177	0.182	0.179	0.184	0.182	0.186	0.184	0.188	0.1770	0.1815	0.1794	0.1836	0.1815	0.1857	0.1836	0.1878
12-32	0.182	0.186	0.184	0.188	0.186	0.190	0.188	0.192	0.1820	0.1858	0.1837	0.1877	0.1855	0.1895	0.1873	0.1913
$\frac{1}{4}$-20	0.196	0.202	0.199	0.204	0.202	0.207	0.204	0.210	0.1960	0.2013	0.1986	0.2040	0.2013	0.2067	0.2040	0.2094
$\frac{1}{4}$-28	0.211	0.216	0.213	0.218	0.216	0.220	0.218	0.222	0.2110	0.2152	0.2131	0.2171	0.2150	0.2190	0.2169	0.2209
$\frac{1}{4}$-32	0.216	0.220	0.218	0.222	0.220	0.224	0.222	0.226	0.2160	0.2196	0.2172	0.2212	0.2189	0.2229	0.2206	0.2246
$\frac{1}{4}$-36	0.220	0.224	0.221	0.225	0.224	0.226	0.225	0.228	0.2200	0.2243	0.2199	0.2243	0.2214	0.2258	0.2229	0.2273
$\frac{5}{16}$-18	0.252	0.259	0.255	0.262	0.259	0.265	0.262	0.268	0.2520	0.2577	0.2551	0.2604	0.2577	0.2630	0.2604	0.2657
$\frac{5}{16}$-24	0.267	0.272	0.270	0.275	0.272	0.277	0.275	0.280	0.2670	0.2714	0.2694	0.2734	0.2714	0.2754	0.2734	0.2774
$\frac{5}{16}$-32	0.279	0.283	0.281	0.285	0.283	0.286	0.285	0.289	0.2790	0.2817	0.2792	0.2832	0.2807	0.2847	0.2822	0.2862
$\frac{5}{16}$-36	0.282	0.286	0.284	0.288	0.285	0.289	0.287	0.291	0.2820	0.2863	0.2824	0.2863	0.2837	0.2877	0.2850	0.2890
$\frac{3}{8}$-16	0.307	0.314	0.311	0.318	0.314	0.321	0.318	0.325	0.3070	0.3127	0.3101	0.3155	0.3128	0.3182	0.3155	0.3209

（续）

螺纹尺寸	1B级和2B级								3B级							
	旋合长度（D = 螺纹的公称尺寸）															
	≤ $\frac{1}{3}D$		$\frac{1}{3}D \sim \frac{2}{3}D$		$\frac{2}{3}D \sim 1\frac{1}{2}D$		$1\frac{1}{2}D \sim 3D$		≤ $\frac{1}{3}D$		$\frac{1}{3}D \sim \frac{2}{3}D$		$\frac{2}{3}D \sim 1\frac{1}{2}D$		$1\frac{1}{2}D \sim 3D$	
	推荐的孔尺寸极限															
	最小	最大	最小	最大	最小	最大	最小	最大	最小	最大	最小	最大	最小	最大	最小	最大
$\frac{3}{8}$-24	0.330	0.335	0.333	0.338	0.335	0.340	0.338	0.343	0.3300	0.3336	0.3314	0.3354	0.3332	0.3372	0.3351	0.3391
$\frac{3}{8}$-32	0.341	0.345	0.343	0.347	0.345	0.349	0.347	0.351	0.3410	0.3441	0.3415	0.3455	0.3429	0.3469	0.3444	0.3484
$\frac{3}{8}$-36	0.345	0.349	0.346	0.350	0.347	0.352	0.349	0.353	0.3450	0.3488	0.3449	0.3488	0.3461	0.3501	0.3474	0.3514
$\frac{7}{16}$-14	0.360	0.368	0.364	0.372	0.368	0.376	0.372	0.380	0.3600	0.3660	0.3630	0.3688	0.3659	0.3717	0.3688	0.3746
$\frac{7}{16}$-20	0.383	0.389	0.386	0.391	0.389	0.395	0.391	0.397	0.3830	0.3875	0.3855	0.3896	0.3875	0.3916	0.3896	0.3937
$\frac{7}{16}$-28	0.399	0.403	0.401	0.406	0.403	0.407	0.406	0.410	0.3990	0.4020	0.3995	0.4035	0.4011	0.4051	0.4017	0.4067
$\frac{1}{2}$-13	0.417	0.426	0.421	0.430	0.426	0.434	0.430	0.438	0.4170	0.4225	0.4196	0.4254	0.4226	0.4284	0.4255	0.4313
$\frac{1}{2}$-12	0.410	0.414	0.414	0.424	0.414	0.428	0.424	0.433	0.4100	0.4161	0.4129	0.4192	0.4160	0.4223	0.4192	0.4255
$\frac{1}{2}$-20	0.446	0.452	0.449	0.454	0.452	0.457	0.454	0.460	0.4460	0.4498	0.4477	0.4517	0.4497	0.4537	0.4516	0.4556
$\frac{1}{2}$-28	0.461	0.467	0.463	0.468	0.466	0.470	0.468	0.472	0.4610	0.4645	0.4620	0.4660	0.4636	0.4676	0.4652	0.4692
$\frac{9}{16}$-12	0.472	0.476	0.476	0.486	0.476	0.490	0.486	0.495	0.4720	0.4783	0.4753	0.4813	0.4783	0.4843	0.4813	0.4873
$\frac{9}{16}$-18	0.502	0.509	0.505	0.512	0.509	0.515	0.512	0.518	0.5020	0.5065	0.5045	0.5086	0.5065	0.5106	0.5086	0.5127
$\frac{9}{16}$-24	0.517	0.522	0.520	0.525	0.522	0.527	0.525	0.530	0.5170	0.5209	0.5186	0.5226	0.5204	0.5244	0.5221	0.5261
$\frac{9}{16}$-28	0.524	0.528	0.526	0.531	0.528	0.532	0.531	0.535	0.5240	0.5270	0.5245	0.5285	0.5261	0.5301	0.5277	0.5317
$\frac{5}{8}$-11	0.527	0.536	0.532	0.541	0.536	0.546	0.541	0.551	0.5270	0.5328	0.5298	0.5360	0.5329	0.5391	0.5360	0.5422
$\frac{5}{8}$-12	0.535	0.544	0.540	0.549	0.544	0.553	0.549	0.558	0.5350	0.5406	0.5377	0.5435	0.5405	0.5463	0.5434	0.5492
$\frac{5}{8}$-18	0.565	0.572	0.568	0.575	0.572	0.578	0.575	0.581	0.5650	0.5690	0.5670	0.5711	0.5690	0.5730	0.5711	0.5752
$\frac{5}{8}$-24	0.580	0.585	0.583	0.588	0.585	0.590	0.588	0.593	0.5800	0.5834	0.5811	0.5851	0.5829	0.5869	0.5846	0.5886
$\frac{5}{8}$-28	0.586	0.591	0.588	0.593	0.591	0.595	0.593	0.597	0.5860	0.5895	0.5870	0.5910	0.5886	0.5926	0.5902	0.5942
$\frac{11}{16}$-12	0.597	0.606	0.602	0.611	0.606	0.615	0.611	0.620	0.5970	0.6029	0.6001	0.6057	0.6029	0.6085	0.6057	0.6113
$\frac{11}{16}$-24	0.642	0.647	0.645	0.650	0.647	0.652	0.650	0.655	0.6420	0.6459	0.6436	0.6476	0.6454	0.6494	0.6471	0.6511
$\frac{3}{4}$-10	0.642	0.653	0.647	0.658	0.653	0.663	0.658	0.668	0.6420	0.6481	0.6449	0.6513	0.6481	0.6545	0.6513	0.6577
$\frac{3}{4}$-12	0.660	0.669	0.665	0.674	0.669	0.678	0.674	0.683	0.6600	0.6652	0.6626	0.6680	0.6653	0.6707	0.6680	0.6734
$\frac{3}{4}$-16	0.682	0.689	0.686	0.693	0.689	0.696	0.693	0.700	0.6820	0.6866	0.6844	0.6887	0.6865	0.6908	0.6886	0.6929
$\frac{3}{4}$-20	0.696	0.702	0.699	0.704	0.702	0.707	0.704	0.710	0.6960	0.6998	0.6977	0.7017	0.6997	0.7037	0.7016	0.7056
$\frac{3}{4}$-28	0.711	0.716	0.713	0.718	0.716	0.720	0.718	0.722	0.7110	0.7145	0.7120	0.7160	0.7136	0.7176	0.7152	0.7192
$\frac{13}{16}$-12	0.722	0.731	0.727	0.736	0.731	0.740	0.736	0.745	0.7220	0.7276	0.7250	0.7303	0.7276	0.7329	0.7303	0.7356

13/16-16	0.745	0.752	0.749	0.756	0.752	0.759	0.756	0.763	0.7450	0.7491	0.7469	0.7512	0.7490	0.7533	0.7511	0.7554
13/16-20	0.758	0.764	0.761	0.766	0.764	0.770	0.766	0.772	0.7580	0.7623	0.7602	0.7642	0.7622	0.7662	0.7641	0.7681
7/8-9	0.755	0.767	0.761	0.773	0.767	0.778	0.773	0.785	0.7550	0.7614	0.7580	0.7647	0.7614	0.7681	0.7647	0.7714
7/8-12	0.785	0.794	0.790	0.799	0.794	0.803	0.799	0.808	0.7850	0.7900	0.7874	0.7926	0.7900	0.7952	0.7926	0.7978
7/8-14	0.798	0.806	0.802	0.810	0.806	0.814	0.810	0.818	0.7980	0.8022	0.8000	0.8045	0.8023	0.8068	0.8045	0.8090
7/8-16	0.807	0.814	0.811	0.818	0.814	0.821	0.818	0.825	0.8070	0.8116	0.8094	0.8137	0.8115	0.8158	0.8136	0.8179
7/8-20	0.821	0.827	0.824	0.829	0.827	0.832	0.829	0.835	0.8210	0.8248	0.8227	0.8267	0.8247	0.8287	0.8266	0.8306
7/8-28	0.836	0.840	0.838	0.843	0.840	0.845	0.843	0.847	0.8360	0.8395	0.8370	0.8410	0.8386	0.8426	0.8402	0.8442
15/16-12	0.847	0.856	0.852	0.861	0.856	0.865	0.861	0.870	0.8470	0.8524	0.8499	0.8550	0.8524	0.8575	0.8550	0.8601
15/16-16	0.870	0.877	0.874	0.881	0.877	0.884	0.881	0.888	0.8700	0.8741	0.8719	0.8762	0.8740	0.8783	0.8761	0.8804
15/16-20	0.883	0.889	0.886	0.891	0.889	0.895	0.891	0.897	0.8830	0.8873	0.8852	0.8892	0.8872	0.8912	0.8891	0.8931
1-8	0.865	0.878	0.871	0.884	0.878	0.890	0.884	0.896	0.8650	0.8722	0.8684	0.8759	0.8722	0.8797	0.8760	0.8835
1-12	0.910	0.919	0.915	0.924	0.919	0.928	0.924	0.933	0.9100	0.9148	0.9123	0.9173	0.9148	0.9198	0.9173	0.9223
1-14	0.923	0.931	0.927	0.934	0.931	0.938	0.934	0.942	0.9230	0.9271	0.9249	0.9293	0.9271	0.9315	0.9293	0.9337
1-16	0.932	0.939	0.936	0.943	0.939	0.946	0.943	0.950	0.9320	0.9366	0.9344	0.9387	0.9365	0.9408	0.9386	0.9429
1-20	0.946	0.952	0.949	0.954	0.952	0.957	0.954	0.960	0.9460	0.9498	0.9477	0.9517	0.9497	0.9537	0.9516	0.9556
1-28	0.961	0.966	0.963	0.968	0.966	0.970	0.968	0.972	0.9610	0.9645	0.9620	0.9660	0.9636	0.9676	0.9652	0.9692
1 1/16-12	0.972	0.981	0.977	0.986	0.981	0.990	0.986	0.995	0.9720	0.9773	0.9748	0.9798	0.9773	0.9823	0.9798	0.9848
1 1/16-16	0.995	1.002	0.999	1.055	1.002	1.009	1.055	1.013	0.9950	0.9991	0.9969	1.0012	0.9990	1.0033	1.0011	1.0054
1 1/16-18	1.002	1.009	1.005	1.012	1.009	1.015	1.012	1.018	1.0020	1.0065	1.0044	1.0085	1.0064	1.0105	1.0085	1.0126
1 1/8-7	0.970	0.984	0.977	0.991	0.984	0.998	0.991	1.005	0.9700	0.9790	0.9747	0.9833	0.9789	0.9875	0.9832	0.9918
1 1/8-8	0.990	1.003	0.996	1.009	1.003	1.015	1.009	1.021	0.9900	0.9972	0.9934	1.0009	0.9972	1.0047	1.0010	1.0085
1 1/8-12	1.035	1.044	1.040	1.049	1.044	1.053	1.049	1.058	1.0350	1.0398	1.0373	1.0423	1.0398	1.0448	1.0423	1.0473
1 1/8-16	1.057	1.064	1.061	1.068	1.064	1.071	1.068	1.075	1.0570	1.0616	1.0594	1.0637	1.0615	1.0658	1.0636	1.0679
1 1/8-18	1.065	1.072	1.068	1.075	1.072	1.078	1.075	1.081	1.0650	1.0690	1.0669	1.0710	1.0689	1.0730	1.0710	1.0751
1 1/8-20	1.071	1.077	1.074	1.079	1.077	1.082	1.079	1.085	1.0710	1.0748	1.0727	1.0767	1.0747	1.0787	1.0766	1.0806
1 1/8-28	1.086	1.091	1.088	1.093	1.091	1.095	1.093	1.097	1.0860	1.0895	1.0870	1.0910	1.0886	1.0926	1.0902	1.0942
1 1/16-28	1.097	1.106	1.102	1.111	1.106	1.115	1.111	1.120	1.0970	1.1023	1.0998	1.1048	1.1023	1.1073	1.1048	1.1098

（续）

螺纹尺寸	1B级和2B级								3B级							
	旋合长度（D=螺纹的公称尺寸）															
	≤$\frac{1}{3}D$		$\frac{1}{3}D$~$\frac{2}{3}D$		$\frac{2}{3}D$~$1\frac{1}{2}D$		$1\frac{1}{2}D$~$3D$		≤$\frac{1}{3}D$		$\frac{1}{3}D$~$\frac{2}{3}D$		$\frac{2}{3}D$~$1\frac{1}{2}D$		$1\frac{1}{2}D$~$3D$	
	推荐的孔尺寸极限															
	最小	最大	最小	最大	最小	最大	最小	最大	最小	最大	最小	最大	最小	最大	最小	最大
$1\frac{3}{16}$-16	1.120	1.127	1.124	1.131	1.127	1.134	1.131	1.138	1.1200	1.1241	1.1219	1.1262	1.1240	1.1283	1.1261	1.1304
$1\frac{3}{16}$-18	1.127	1.134	1.130	1.137	1.134	1.140	1.137	1.143	1.1270	1.1315	1.1294	1.1335	1.1314	1.1355	1.1335	1.1376
$1\frac{1}{4}$-7	1.095	1.109	1.102	1.116	1.109	1.123	1.116	1.130	1.0950	1.1040	1.0997	1.1083	1.1039	1.1125	1.1082	1.1168
$1\frac{1}{4}$-8	1.115	1.128	1.121	1.134	1.128	1.140	1.134	1.146	1.1150	1.1222	1.1184	1.1259	1.1222	1.1297	1.1260	1.1335
$1\frac{1}{4}$-12	1.160	1.169	1.165	1.174	1.169	1.178	1.174	1.183	1.1600	1.1648	1.1623	1.1673	1.1648	1.1698	1.1673	1.1723
$1\frac{1}{4}$-16	1.182	1.189	1.186	1.193	1.189	1.196	1.193	1.200	1.1820	1.1866	1.1844	1.1887	1.1865	1.1908	1.1886	1.1929
$1\frac{1}{4}$-18	1.190	1.197	1.193	1.200	1.197	1.203	1.200	1.206	1.1900	1.1940	1.1919	1.1960	1.1939	1.1980	1.1960	1.2001
$1\frac{1}{4}$-20	1.196	1.202	1.199	1.204	1.202	1.207	1.204	1.210	1.1960	1.1998	1.1977	1.2017	1.1997	1.2037	1.2016	1.2056
$1\frac{5}{16}$-12	1.222	1.231	1.227	1.236	1.231	1.240	1.236	1.245	1.2220	1.2273	1.2248	1.2298	1.2273	1.2323	1.2298	1.2348
$1\frac{5}{16}$-16	1.245	1.252	1.249	1.256	1.252	1.259	1.256	1.263	1.2450	1.2491	1.2469	1.2512	1.2490	1.2533	1.2511	1.2554
$1\frac{5}{15}$-18	1.252	1.259	1.256	1.262	1.259	1.265	1.262	1.268	1.2520	1.2565	1.2544	1.2585	1.2564	1.2605	1.2585	1.2626
$1\frac{3}{8}$-6	1.195	1.210	1.203	1.221	1.210	1.225	1.221	1.239	1.1950	1.2046	1.1996	1.2096	1.2046	1.2146	1.2096	1.2196
$1\frac{3}{8}$-8	1.240	1.253	1.246	1.259	1.253	1.265	1.259	1.271	1.2400	1.2472	1.2434	1.2509	1.2472	1.2547	1.2510	1.2585
$1\frac{3}{8}$-12	1.285	1.294	1.290	1.299	1.294	1.303	1.299	1.308	1.2850	1.2898	1.2873	1.2923	1.2898	1.2948	1.2923	1.2973
$1\frac{3}{8}$-16	1.307	1.314	1.311	1.318	1.314	1.321	1.318	1.325	1.3070	1.3116	1.3094	1.3137	1.3115	1.3158	1.3136	1.3179
$1\frac{3}{8}$-18	1.315	1.322	1.318	1.325	1.322	1.328	1.325	1.331	1.3150	1.3190	1.3169	1.3210	1.3189	1.3230	1.3210	1.3251
$1\frac{7}{10}$-12	1.347	1.354	1.350	1.361	1.354	1.365	1.361	1.370	1.3470	1.3523	1.3498	1.3548	1.3523	1.3573	1.3548	1.3598
$1\frac{7}{10}$-16	1.370	1.377	1.374	1.381	1.377	1.384	1.381	1.388	1.3700	1.3741	1.3719	1.3762	1.3740	1.3783	1.3761	1.3804
$1\frac{7}{10}$-18	1.377	1.384	1.380	1.387	1.384	1.390	1.387	1.393	1.3770	1.3815	1.3794	1.3835	1.3814	1.3855	1.3835	1.3876
$1\frac{1}{2}$-6	1.320	1.335	1.328	1.346	1.335	1.350	1.346	1.364	1.3200	1.3296	1.3246	1.3346	1.3296	1.3396	1.3346	1.3446
$1\frac{1}{2}$-8	1.365	1.378	1.371	1.384	1.378	1.390	1.384	1.396	1.3650	1.3722	1.3684	1.3759	1.3722	1.3797	1.3760	1.3835
$1\frac{1}{2}$-12	1.410	1.419	1.4155	1.424	1.419	1.428	1.424	1.433	1.4100	1.4148	1.4123	1.4173	1.4148	1.4198	1.4173	1.4223
$1\frac{1}{2}$-16	1.432	1.439	1.436	1.443	1.439	1.446	1.443	1.450	1.4320	1.4366	1.4344	1.4387	1.4365	1.4408	1.4386	1.4429
$1\frac{1}{2}$-18	1.440	1.446	1.443	1.450	1.446	1.452	1.450	1.456	1.4400	1.4440	1.4419	1.4460	1.4439	1.4480	1.4460	1.4501
$1\frac{1}{2}$-20	1.446	1.452	1.449	1.454	1.452	1.457	1.454	1.460	1.4460	1.4498	1.4477	1.4517	1.4497	1.4537	1.4516	1.4556
$1\frac{9}{10}$-16	1.495	1.502	1.499	1.506	1.502	1.509	1.506	1.513	1.4950	1.4991	1.4969	1.5012	1.4990	1.5033	1.5011	1.5054
$1\frac{9}{10}$-18	1.502	1.509	1.505	1.512	1.509	1.515	1.512	1.518	1.5020	1.5065	1.5044	1.5085	1.5064	1.5105	1.5085	1.5126

$1\frac{5}{8}$-8	1.490	1.498	1.494	1.509	1.498	1.515	1.509	1.521	1.4900	1.4972	1.4934	1.5009	1.4972	1.5047	1.5010	1.5085
$1\frac{5}{8}$-12	1.535	1.544	1.540	1.549	1.544	1.553	1.549	1.558	1.5350	1.5398	1.5373	1.5423	1.5398	1.5448	1.5423	1.5473
$1\frac{5}{8}$-16	1.557	1.564	1.561	1.568	1.564	1.571	1.568	1.575	1.5570	1.5616	1.5594	1.5637	1.5615	1.5658	1.5636	1.5679
$1\frac{5}{8}$-18	1.565	1.572	1.568	1.575	1.572	1.578	1.575	1.581	1.5650	1.5690	1.5669	1.5710	1.5689	1.5730	1.5710	1.5751
$1\frac{11}{10}$-16	1.620	1.627	1.624	1.631	1.627	1.634	1.631	1.638	1.6200	1.6241	1.6219	1.6262	1.6240	1.6283	1.6261	1.6304
$1\frac{11}{10}$-18	1.627	1.634	1.630	1.637	1.634	1.640	1.637	1.643	1.6270	1.6315	1.6294	1.6335	1.6314	1.6355	1.6335	1.6376
$1\frac{3}{4}$-5	1.534	1.551	1.543	1.560	1.551	1.568	1.560	1.577	1.5340	1.5455	1.5395	1.5515	1.5455	1.5575	1.5515	1.5635
$1\frac{3}{4}$-8	1.615	1.628	1.621	1.634	1.628	1.640	1.634	1.646	1.6150	1.6222	1.6184	1.6259	1.6222	1.6297	1.6260	1.6335
$1\frac{3}{4}$-12	1.660	1.669	1.665	1.674	1.669	1.678	1.674	1.683	1.6600	1.6648	1.6623	1.6673	1.6648	1.6698	1.6673	1.6723
$1\frac{3}{4}$-16	1.682	1.689	1.686	1.693	1.689	1.696	1.693	1.700	1.6820	1.6866	1.6844	1.6887	1.6865	1.6908	1.6886	1.6929
$1\frac{3}{4}$-20	1.696	1.702	1.699	1.704	1.702	1.707	1.704	1.710	1.6960	1.6998	1.6977	1.7017	1.6997	1.7037	1.7016	1.7056
$1\frac{13}{16}$-16	1.745	1.752	1.749	1.756	1.752	1.759	1.756	1.763	1.7450	1.7491	1.7469	1.7512	1.7490	1.7533	1.7511	1.7554
$1\frac{7}{8}$-8	1.740	1.752	1.746	1.759	1.752	1.765	1.759	1.771	1.7400	1.7472	1.7434	1.7509	1.7472	1.7547	1.7510	1.7585
$1\frac{7}{8}$-12	1.785	1.794	1.790	1.799	1.794	1.803	1.799	1.808	1.7850	1.7898	1.7873	1.7923	1.7898	1.7948	1.7923	1.7973
$1\frac{7}{8}$-16	1.807	1.814	1.810	1.818	1.814	1.821	1.818	1.825	1.8070	1.8116	1.8094	1.8137	1.8115	1.8158	1.8136	1.1879
$1\frac{15}{16}$-16	1.870	1.877	1.874	1.881	1.877	1.884	1.881	1.888	1.8700	1.8741	1.8719	1.8762	1.8740	1.8783	1.8761	1.8804
2-$4\frac{1}{2}$	1.759	1.777	1.768	1.786	1.777	1.795	1.786	1.804	1.7590	1.7727	1.7661	1.7794	1.7728	1.7861	1.7794	1.7927
2-8	1.865	1.878	1.871	1.884	1.878	1.890	1.884	1.896	1.8650	1.8722	1.8684	1.8759	1.8722	1.8797	1.8760	1.8835
2-12	1.910	1.919	1.915	1.924	1.919	1.928	1.924	1.933	1.9100	1.9148	1.9123	1.9173	1.9148	1.9198	1.9173	1.9223
2-16	1.932	1.939	1.936	1.943	1.939	1.946	1.943	1.950	1.9320	1.9366	1.9344	1.9387	1.9365	1.9408	1.9386	1.9429
2-20	1.946	1.952	1.949	1.954	1.952	1.957	1.954	1.960	1.9460	1.9498	1.9477	1.9517	1.9497	1.9537	1.9516	1.9556
$2\frac{1}{16}$-16	1.995	2.002	2.000	2.006	2.002	2.009	2.006	2.012	1.9950	1.9991	1.9969	2.0012	1.9990	2.0033	2.0011	2.0054
$2\frac{1}{8}$-8	1.990	2.003	1.996	2.009	2.003	2.015	2.009	2.021	1.9900	1.9972	1.9934	2.0009	1.9972	2.0047	2.0010	2.0085
$2\frac{1}{8}$-12	2.035	2.044	2.040	2.049	2.044	2.053	2.049	2.058	2.0350	2.0398	2.0373	2.0423	2.0398	2.0448	2.0423	2.0473
$2\frac{1}{8}$-16	2.057	2.064	2.061	2.068	2.064	2.071	2.068	2.075	2.0570	2.0616	2.0594	2.0637	2.0615	2.0658	2.0636	2.0679
$2\frac{3}{16}$-16	2.120	2.127	2.124	2.131	2.127	2.134	2.131	2.138	2.1200	2.1241	2.1219	2.1262	2.1240	2.1283	2.1261	2.1304
$2\frac{1}{4}$-$4\frac{1}{2}$	2.009	2.027	2.018	2.036	2.027	2.045	2.036	2.054	2.0090	2.0227	2.0161	2.0294	2.0228	2.0361	2.0294	2.0427

（续）

螺纹尺寸	1B级和2B级								3B级							
	旋合长度（D＝螺纹的公称尺寸）															
	$\leqslant\frac{1}{3}D$		$\frac{1}{3}D\sim\frac{2}{3}D$		$\frac{2}{3}D\sim1\frac{1}{2}D$		$1\frac{1}{2}D\sim3D$		$\leqslant\frac{1}{3}D$		$\frac{1}{3}D\sim\frac{2}{3}D$		$\frac{2}{3}D\sim1\frac{1}{2}D$		$1\frac{1}{2}D\sim3D$	
	推荐的孔尺寸极限															
	最小	最大	最小	最大	最小	最大	最小	最大	最小	最大	最小	最大	最小	最大	最小	最大
$2\frac{1}{4}$-8	2.115	2.128	2.121	2.134	2.128	2.140	2.134	2.146	2.1150	2.1222	2.1184	2.1259	2.1222	2.1297	2.1260	2.1335
$2\frac{1}{4}$-12	2.160	2.169	2.165	2.174	2.169	2.178	2.174	2.182	2.1600	2.1648	2.1623	2.1673	2.1648	2.1698	2.1673	2.1723
$2\frac{1}{4}$-16	2.182	2.189	2.186	2.193	2.189	2.196	2.193	2.200	2.1820	2.1866	2.1844	2.1887	2.1865	2.1908	2.1886	2.1929
$2\frac{1}{4}$-20	2.196	2.202	2.199	2.204	2.202	2.207	2.204	2.210	2.1960	2.1998	2.1977	2.2017	2.1997	2.2037	2.2016	2.2056
$2\frac{5}{16}$-16	2.245	2.252	2.249	2.256	2.252	2.259	2.256	2.263	2.2450	2.2491	2.2469	2.2512	2.2490	2.2533	2.2511	2.2554
$2\frac{3}{8}$-12	2.285	2.294	2.290	2.299	2.294	2.303	2.299	2.308	2.2850	2.2898	2.2873	2.2923	2.2898	2.2948	2.2923	2.2973
$2\frac{3}{8}$-16	2.307	2.314	2.311	2.318	2.314	2.321	2.318	2.325	2.3070	2.3116	2.3094	2.3137	2.3115	2.3158	2.3136	2.3179
$2\frac{7}{16}$-16	2.370	2.377	2.374	2.381	2.377	2.384	2.381	2.388	2.3700	2.3741	2.3719	2.3762	2.3740	2.3783	2.3761	2.3804
$2\frac{1}{2}$-4	2.229	2.248	2.238	2.258	2.248	2.267	2.258	2.277	2.2290	2.2444	2.2369	2.2519	2.2444	2.2594	2.2519	2.2669
$2\frac{1}{2}$-8	2.365	2.378	2.371	2.384	2.378	2.390	2.384	2.396	2.3650	2.3722	2.3684	2.3759	2.3722	2.3797	2.3760	2.3835
$2\frac{1}{2}$-12	2.410	2.419	2.415	2.424	2.419	2.428	2.424	2.433	2.4100	2.4148	2.4123	2.4173	2.4148	2.4198	2.4173	2.4223
$2\frac{1}{2}$-16	2.432	2.439	2.436	2.443	2.439	2.446	2.443	2.450	2.4320	2.4366	2.4344	2.4387	2.4365	2.4408	2.4386	2.4429
$2\frac{1}{2}$-20	2.446	2.452	2.449	2.454	2.452	2.457	2.454	2.460	2.4460	2.4498	2.4478	2.4517	2.4497	2.4537	2.4516	2.4556
$2\frac{5}{8}$-12	2.535	2.544	2.540	2.549	2.544	2.553	2.549	2.558	2.5350	2.5398	2.5373	2.5423	2.5398	2.5448	2.5423	2.5473
$2\frac{5}{8}$-16	2.557	2.564	2.561	2.568	2.564	2.571	2.568	2.575	2.5570	2.5616	2.5594	2.5637	2.5615	2.5658	2.5636	2.5679
$2\frac{3}{4}$-4	2.479	2.498	2.489	2.508	2.498	2.517	2.508	2.527	2.4790	2.4944	2.4869	2.5019	2.4944	2.5094	2.5019	2.5169
$2\frac{3}{4}$-8	2.615	2.628	2.621	2.634	2.628	2.640	2.634	2.644	2.6150	2.6222	2.6184	2.6259	2.6222	2.6297	2.6260	2.6335
$2\frac{3}{4}$-12	2.660	2.669	2.665	2.674	2.669	2.678	2.674	2.683	2.6600	2.6648	2.6623	2.6673	2.6648	2.6698	2.6673	2.6723
$2\frac{3}{4}$-16	2.682	2.689	2.686	2.693	2.689	2.696	2.693	2.700	2.6820	2.6866	2.6844	2.6887	2.6865	2.6908	2.6886	2.6929
$2\frac{7}{8}$-12	2.785	2.794	2.790	2.809	2.794	2.803	2.809	2.808	2.7850	2.7898	2.7873	2.7923	2.7898	2.7948	2.7923	2.7973
$2\frac{7}{8}$-16	2.807	2.814	2.811	2.818	2.814	2.821	2.818	2.825	2.8070	2.8116	2.8094	2.8137	2.8115	2.8158	2.8136	2.8179
3-4	2.729	2.748	2.739	2.758	2.748	2.767	2.758	2.777	2.7290	2.7444	2.7369	2.7519	2.7444	2.7594	2.7519	2.7669
3-8	2.865	2.878	2.871	2.884	2.878	2.890	2.884	2.896	2.8650	2.8722	2.8684	2.8759	2.8722	2.8797	2.8760	2.8835
3-12	2.910	2.919	2.915	2.924	2.919	2.928	2.924	2.933	2.9100	2.9148	2.9123	2.9173	2.9148	2.9198	2.9173	2.9223
3-16	2.932	2.939	2.936	2.943	2.939	2.946	2.943	2.950	2.9320	2.9366	2.9344	2.9387	2.9365	2.9408	2.9386	2.9429
$3\frac{1}{8}$-12	3.035	3.044	3.040	3.049	3.044	3.053	3.049	3.058	3.0350	3.0398	3.0373	3.0423	3.0398	3.0448	3.0423	3.0473
$3\frac{1}{8}$-16	3.057	3.064	3.061	3.068	3.064	3.071	3.068	3.075	3.0570	3.0616	3.0594	3.0637	3.0615	3.0658	3.0636	3.0679

2¼-8	2.115	2.128	2.121	2.134	2.128	2.140	2.134	2.146	2.1150	2.1222	2.1184	2.1259	2.1222	2.1297	2.1260	2.1335
2¼-12	2.160	2.169	2.165	2.174	2.169	2.178	2.174	2.182	2.1600	2.1648	2.1623	2.1673	2.1648	2.1698	2.1673	2.1723
2¼-16	2.182	2.189	2.186	2.193	2.189	2.196	2.193	2.200	2.1820	2.1866	2.1844	2.1887	2.1865	2.1908	2.1886	2.1929
2¼-20	2.196	2.202	2.199	2.204	2.202	2.207	2.204	2.210	2.1960	2.1998	2.1977	2.2017	2.1997	2.2037	2.2016	2.2056
2 5/16-16	2.245	2.252	2.249	2.256	2.252	2.259	2.256	2.263	2.2450	2.2491	2.2469	2.2512	2.2490	2.2533	2.2511	2.2554
2⅜-12	2.285	2.294	2.290	2.299	2.294	2.303	2.299	2.308	2.2850	2.2898	2.2873	2.2923	2.2898	2.2948	2.2923	2.2973
2⅜-16	2.307	2.314	2.311	2.318	2.314	2.321	2.318	2.325	2.3070	2.3116	2.3094	2.3137	2.3115	2.3158	2.3136	2.3179
2 7/16-16	2.370	2.377	2.374	2.381	2.377	2.384	2.381	2.388	2.3700	2.3741	2.3719	2.3762	2.3740	2.3783	2.3761	2.3804
2½-4	2.229	2.248	2.238	2.258	2.248	2.267	2.258	2.277	2.2290	2.2444	2.2369	2.2519	2.2444	2.2594	2.2519	2.2669
2½-8	2.365	2.378	2.371	2.384	2.378	2.390	2.384	2.396	2.3650	2.3722	2.3684	2.3759	2.3722	2.3797	2.3760	2.3835
2½-12	2.410	2.419	2.415	2.424	2.419	2.428	2.424	2.433	2.4100	2.4148	2.4123	2.4173	2.4148	2.4198	2.4173	2.4223
2½-16	2.432	2.439	2.436	2.443	2.439	2.446	2.443	2.450	2.4320	2.4366	2.4344	2.4387	2.4365	2.4408	2.4386	2.4429
2½-20	2.446	2.452	2.449	2.454	2.452	2.457	2.454	2.460	2.4460	2.4498	2.4478	2.4517	2.4497	2.4537	2.4516	2.4556
2⅝-12	2.535	2.544	2.540	2.549	2.544	2.553	2.549	2.558	2.5350	2.5398	2.5373	2.5423	2.5398	2.5448	2.5423	2.5473
2⅝-16	2.557	2.564	2.561	2.568	2.564	2.571	2.568	2.575	2.5570	2.5616	2.5594	2.5637	2.5615	2.5658	2.5636	2.5679
2¾-4	2.479	2.498	2.489	2.508	2.498	2.517	2.508	2.527	2.4790	2.4944	2.4869	2.5019	2.4944	2.5094	2.5019	2.5169
2¾-8	2.615	2.628	2.621	2.634	2.628	2.640	2.634	2.644	2.6150	2.6222	2.6184	2.6259	2.6222	2.6297	2.6260	2.6335
2¾-12	2.660	2.669	2.665	2.674	2.669	2.678	2.674	2.683	2.6600	2.6648	2.6623	2.6673	2.6648	2.6698	2.6673	2.6723
2¾-16	2.682	2.689	2.686	2.693	2.689	2.696	2.693	2.700	2.6820	2.6866	2.6844	2.6887	2.6865	2.6908	2.6886	2.6929
2⅞-12	2.785	2.794	2.790	2.809	2.794	2.803	2.809	2.808	2.7850	2.7898	2.7873	2.7923	2.7898	2.7948	2.7923	2.7973
2⅞-16	2.807	2.814	2.811	2.818	2.814	2.821	2.818	2.825	2.8070	2.8116	2.8094	2.8137	2.8115	2.8158	2.8136	2.8179
3-4	2.729	2.748	2.739	2.758	2.748	2.767	2.758	2.777	2.7290	2.7444	2.7369	2.7519	2.7444	2.7594	2.7519	2.7669
3-8	2.865	2.878	2.871	2.884	2.878	2.890	2.884	2.896	2.8650	2.8722	2.8684	2.8759	2.8722	2.8797	2.8760	2.8835
3-12	2.910	2.919	2.915	2.924	2.919	2.928	2.924	2.933	2.9100	2.9148	2.9123	2.9173	2.9148	2.9198	2.9173	2.9223
3-16	2.932	2.939	2.936	2.943	2.939	2.946	2.943	2.950	2.9320	2.9366	2.9344	2.9387	2.9365	2.9408	2.9386	2.9429
3⅛-12	3.035	3.044	3.040	3.049	3.044	3.053	3.049	3.058	3.0350	3.0398	3.0373	3.0423	3.0398	3.0448	3.0423	3.0473
3⅛-16	3.057	3.064	3.061	3.068	3.064	3.071	3.068	3.075	3.0570	3.0616	3.0594	3.0637	3.0615	3.0658	3.0636	3.0679

（续）

螺纹尺寸	1B级和2B级								3B级							
	旋合长度（D=螺纹的公称尺寸）															
	≤$\frac{1}{3}D$		$\frac{1}{3}D$~$\frac{2}{3}D$		$\frac{2}{3}D$~$1\frac{1}{2}D$		$1\frac{1}{2}D$~$3D$		≤$\frac{1}{3}D$		$\frac{1}{3}D$~$\frac{2}{3}D$		$\frac{2}{3}D$~$1\frac{1}{2}D$		$1\frac{1}{2}D$~$3D$	
	推荐的孔尺寸极限															
	最小	最大	最小	最大	最小	最大	最小	最大	最小	最大	最小	最大	最小	最大	最小	最大
$2\frac{1}{4}$-8	2.115	2.128	2.121	2.134	2.128	2.140	2.134	2.146	2.1150	2.1222	2.1184	2.1259	2.1222	2.1297	2.1260	2.1335
$2\frac{1}{4}$-12	2.160	2.169	2.165	2.174	2.169	2.178	2.174	2.182	2.1600	2.1648	2.1623	2.1673	2.1648	2.1698	2.1673	2.1723
$2\frac{1}{4}$-16	2.182	2.189	2.186	2.193	2.189	2.196	2.193	2.200	2.1820	2.1866	2.1844	2.1887	2.1865	2.1908	2.1886	2.1929
$2\frac{1}{4}$-20	2.196	2.202	2.199	2.204	2.202	2.207	2.204	2.210	2.1960	2.1998	2.1977	2.2017	2.1997	2.2037	2.2016	2.2056
$2\frac{5}{16}$-16	2.245	2.252	2.249	2.256	2.252	2.259	2.256	2.263	2.2450	2.2491	2.2469	2.2512	2.2490	2.2533	2.2511	2.2554
$2\frac{3}{8}$-12	2.285	2.294	2.290	2.299	2.294	2.303	2.299	2.308	2.2850	2.2898	2.2873	2.2923	2.2898	2.2948	2.2923	2.2973
$2\frac{3}{8}$-16	2.307	2.314	2.311	2.318	2.314	2.321	2.318	2.325	2.3070	2.3116	2.3094	2.3137	2.3115	2.3158	2.3136	2.3179
$2\frac{7}{16}$-16	2.370	2.377	2.374	2.381	2.377	2.384	2.381	2.388	2.3700	2.3741	2.3719	2.3762	2.3740	2.3783	2.3761	2.3804
$2\frac{1}{2}$-4	2.229	2.248	2.238	2.258	2.248	2.267	2.258	2.277	2.2290	2.2444	2.2369	2.2519	2.2444	2.2594	2.2519	2.2669
$2\frac{1}{2}$-8	2.365	2.378	2.371	2.384	2.378	2.390	2.384	2.396	2.3650	2.3722	2.3684	2.3759	2.3722	2.3797	2.3760	2.3835
$2\frac{1}{2}$-12	2.410	2.419	2.415	2.424	2.419	2.428	2.424	2.433	2.4100	2.4148	2.4123	2.4173	2.4148	2.4198	2.4173	2.4223
$2\frac{1}{2}$-16	2.432	2.439	2.436	2.443	2.439	2.446	2.443	2.450	2.4320	2.4366	2.4344	2.4387	2.4365	2.4408	2.4386	2.4429
$2\frac{1}{2}$-20	2.446	2.452	2.449	2.454	2.452	2.457	2.454	2.460	2.4460	2.4498	2.4478	2.4517	2.4497	2.4537	2.4516	2.4556
$2\frac{5}{8}$-12	2.535	2.544	2.540	2.549	2.544	2.553	2.549	2.558	2.5350	2.5398	2.5373	2.5423	2.5398	2.5448	2.5423	2.5473
$2\frac{5}{8}$-16	2.557	2.564	2.561	2.568	2.564	2.571	2.568	2.575	2.5570	2.5616	2.5594	2.5637	2.5615	2.5658	2.5636	2.5679
$2\frac{3}{4}$-4	2.479	2.498	2.489	2.508	2.498	2.517	2.508	2.527	2.4790	2.4944	2.4869	2.5019	2.4944	2.5094	2.5019	2.5169
$2\frac{3}{4}$-8	2.615	2.628	2.621	2.634	2.628	2.640	2.634	2.644	2.6150	2.6222	2.6184	2.6259	2.6222	2.6297	2.6260	2.6335
$2\frac{3}{4}$-12	2.660	2.669	2.665	2.674	2.669	2.678	2.674	2.683	2.6600	2.6648	2.6623	2.6673	2.6648	2.6698	2.6673	2.6723
$2\frac{3}{4}$-16	2.682	2.689	2.686	2.693	2.689	2.696	2.693	2.700	2.6820	2.6866	2.6844	2.6887	2.6865	2.6908	2.6886	2.6929
$2\frac{7}{8}$-12	2.785	2.794	2.790	2.809	2.794	2.803	2.809	2.808	2.7850	2.7898	2.7873	2.7923	2.7898	2.7948	2.7923	2.7973
$2\frac{7}{8}$-16	2.807	2.814	2.811	2.818	2.814	2.821	2.818	2.825	2.8070	2.8116	2.8094	2.8137	2.8115	2.8158	2.8136	2.8179
3-4	2.729	2.748	2.739	2.758	2.748	2.767	2.758	2.777	2.7290	2.7444	2.7369	2.7519	2.7444	2.7594	2.7519	2.7669
3-8	2.865	2.878	2.871	2.884	2.878	2.890	2.884	2.896	2.8650	2.8722	2.8684	2.8759	2.8722	2.8797	2.8760	2.8835
3-12	2.910	2.919	2.915	2.924	2.919	2.928	2.924	2.933	2.9100	2.9148	2.9123	2.9173	2.9148	2.9198	2.9173	2.9223
3-16	2.932	2.939	2.936	2.943	2.939	2.946	2.943	2.950	2.9320	2.9366	2.9344	2.9387	2.9365	2.9408	2.9386	2.9429
$3\frac{1}{8}$-12	3.035	3.044	3.040	3.049	3.044	3.053	3.049	3.058	3.0350	3.0398	3.0373	3.0423	3.0398	3.0448	3.0423	3.0473
$3\frac{1}{8}$-16	3.057	3.064	3.061	3.068	3.064	3.071	3.068	3.075	3.0570	3.0616	3.0594	3.0637	3.0615	3.0658	3.0636	3.0679

表 8-133　美国国家牙型的螺孔钻规格

螺纹		商用螺孔钻①		螺纹		商用螺孔钻①	
外直径－螺距	牙底直径	规格或编号	等效小数	外直径－螺距	牙底直径	规格或编号	等效小数
1/16-64	0.0422	3/64	0.0469	27	0.4519	15/32	0.4687
72	0.0445	3/64	0.0469	9/16-12	0.4542	31/64	0.4844
5/64-60	0.0563	1/16	0.0625	18	0.4903	33/64	0.5156
72	0.0601	52	0.0635	27	0.5144	17/32	0.5312
3/32-48	0.0667	49	0.0730	5/8-11	0.5069	17/32	0.5312
50	0.0678	49	0.0730	12	0.5168	35/64	0.5469
7/64-48	0.0823	43	0.0890	18	0.5528	37/64	0.5781
1/8-32	0.0844	3/32	0.0937	27	0.5769	19/32	0.5937
40	0.0925	38	0.1015	11/16-11	0.5694	19/32	0.5937
9/64-40	0.1081	32	0.1160	16	0.6063	5/8	0.6250
5/32-32	0.1157	1/8	0.1250	3/4-10	0.6201	21/32	0.6562
36	0.1202	30	0.1285	12	0.6418	43/64	0.6719
11/64-32	0.1313	9/64	0.1406	16	0.6688	11/16	0.6875
3/16-24	0.1334	26	0.1470	27	0.7019	23/32	0.7187
32	0.1469	22	0.1570	13/16-10	0.6826	23/32	0.7187
13/64-24	0.1490	20	0.1610	7/8-9	0.7307	49/64	0.7656
7/32-24	0.1646	16	0.1770	12	0.7668	51/64	0.7969
32	0.1782	12	0.1890	14	0.7822	13/16	0.8125
15/64-24	0.1806	10	0.1935	18	0.8028	53/64	0.8281
1/4-20	0.1850	7	0.2010	27	0.8269	27/32	0.8437
24	0.1959	4	0.2090	15/16-9	0.7932	53/64	0.8281
27	0.2019	3	0.2130	1-8	0.8376	7/8	0.8750
28	0.2036	3	0.2130	12	0.8918	59/64	0.9219
32	0.2094	7/32	0.2187	14	0.9072	15/16	0.9375
5/16-18	0.2403	F	0.2570	27	0.9519	31/32	0.9687
20	0.2476	17/64	0.2656	1 1/8-7	0.9394	63/64	0.9844
24	0.2584	I	0.2720	12	1.0168	1 3/64	1.0469
27	0.2644	J	0.2770	1 1/4-7	1.0644	1 7/64	1.1094
32	0.2719	9/32	0.2812	12	1.1418	1 11/64	1.1719
3/8-16	0.2938	5/16	0.3125	1 3/8-6	1.1585	1 7/32	1.2187
20	0.3100	21/64	0.3281	12	1.2668	1 19/64	1.2969
24	0.3209	Q	0.3320	1 1/2-6	1.2835	1 11/32	1.3437
27	0.3269	R	0.3390	12	1.3918	1 27/64	1.4219
7/16-14	0.3447	U	0.3680	1 5/8-5 1/2	1.3888	1 29/64	1.4531
20	0.3726	25/64	0.3906	1 3/4-5	1.4902	1 9/16	1.5625
24	0.3834	X	0.3970	1 7/8-5	1.6152	1 11/16	1.6875
27	0.3894	Y	0.4040	2-4 1/2	1.7113	1 25/32	1.7812
1/2-12	0.3918	27/64	0.4219	2 1/8-4 1/2	1.8363	1 29/32	1.9062
13	0.4001	27/64	0.4219	2 1/4-4 1/2	1.9613	2 1/32	2.0312
20	0.4351	29/64	0.4531	2 3/8-4	2.0502	2 1/8	2.1250
24	0.4459	29/64	0.4531	2 1/2-4	2.1752	2 1/4	2.2500

① 这些螺孔钻的直径允许加工大约 75% 的全螺纹。对于第一列中的小螺纹尺寸，使用钻头来生产表 8-132 的较大孔尺寸，可以减少锥度问题和断裂造成的缺陷。

表 8-134 具有美国国家螺纹牙型机制螺纹的螺孔钻和通孔钻

螺纹尺寸		每英寸牙数	螺孔钻		间隙孔钻			
					紧密配合		自由配合	
编号或直径	等效小数		钻头尺寸	等效小数	钻头尺寸	等效小数	钻头尺寸	等效小数
0	0.060	80	3/64	0.0469	52	0.0635	50	0.0700
1	0.073	64	53	0.0595	48	0.0760	46	0.0810
		72	53	0.0595				
2	0.086	56	50	0.0700	43	0.0890	41	0.0960
		64	50	0.0700				
3	0.099	48	47	0.0785	37	0.1040	35	0.1100
		56	45	0.0820				
4	0.112	36①	44	0.0860	32	0.1160	30	0.1285
		40	43	0.0890				
		48	42	0.0935				
5	0.125	40	38	0.1015	30	0.1285	29	0.1360
		44	37	0.1040				
6	0.138	32	36	0.1065	27	0.1440	25	0.1495
		40	33	0.1130				
8	0.164	32	29	0.1360	18	0.1695	16	0.1770
		36	29	0.1360				
10	0.190	24	25	0.1495	9	0.1960	7	0.2010
		32	21	0.1590				
12	0.216	24	16	0.1770	2	0.2210	1	0.2280
		28	14	0.1820				
14	0.242	20①	10	0.1935	D	0.2460	F	0.2570
		24①	7	0.2010				
1/4	0.250	20	7	0.2010	F	0.2570	H	0.2660
		28	3	0.2130				
5/16	0.3125	18	F	0.2570	P	0.3230	Q	0.3320
		24	I	0.2720				
3/8	0.375	16	5/16	0.3125	W	0.3860	X	0.3970
		24	Q	0.3320				
7/16	0.4375	14	U	0.3680	29/64	0.4531	15/32	0.4687
		20	25/64	0.3906				
1/2	0.500	13	27/64	0.4219	33/64	0.5156	17/32	0.5312
		20	29/64	0.4531				

① 这些螺纹不是来自美国标准，而是来自早前的 ASME 标准。

根据下面的公式计算，可以计算出任意百分比全螺纹深度的螺孔钻孔的大小。在这些公式中，全螺纹的百分比表示为小数。例如，75% 表示为 0.75。螺孔钻头尺寸是与计算孔尺寸最接近的尺寸。

美国统一的螺纹牙型：

$$孔的尺寸 = 基本大径 - \frac{1.08253 \times 全螺纹百分比}{每英寸牙数}$$

对于 ISO 米制螺纹（所有尺寸的单位为 mm）：

$$孔的尺寸 = 基本大径 - (1.08253P \times 全螺纹百分比)$$

上述公式中的常数 1.08253 表示 $5H/8$，其中 H 是三角形螺纹的高度（螺距取 1）。

6. 影响螺纹孔小径公差的因素

正如统一螺纹标准所述，制约内螺纹小径公差的实践因素是攻螺纹困难，尤其是小尺寸中丝锥的折断，中型和大型尺寸的标准钻头的可用性以及旋合（径向）深度。旋合深度与螺纹组件的剥离强度有关，也与旋合长度有关。当组装偏心时，它也是对一侧螺纹脱离趋势的影响。可能的偏心量是两个配合螺纹中径允差和公差之和的一半。对于给定的螺距或螺纹高度，这个和随着直径的增加而增加。相应的这个因素也会随着小径的减小而要求小径公差的减小。然而，这种公差的减小往往需要使用特殊的钻头尺寸，因此，为了方便标准钻头尺寸的使用，由美国统一螺纹标准中所给出的公式可知：对于任何给定螺距的直径 1/4in 或更大的统一螺纹配合等级为 1B 和 2B 级螺纹的小径公差是恒定的。

小径公差对旋合长度的影响：可能存在配合螺纹的旋合长度相对较短或在标准中给出最小小径公

差（基于旋合长度等于公称直径）的配合螺纹的组成材料不能够提供所需的紧固强度的应用。经验表明，对于小于$\frac{2}{3}D$（标准螺母的最小厚度）的旋合长度来说，可以减小小径公差而不会造成攻螺纹困难。在其他应用中，出于对配合螺纹的设计考虑或材料组成的关系，配合螺纹的旋合长度有可能很长。随着螺纹旋合数量的增加，可能会允许较浅的旋合深度，并且仍会可能产生比外螺纹断裂强度大的剥离强度。在这种情况下，为了减少攻螺纹困难发生的可能性，应增加标准中的最大公差。以下各段说明了在确定表 8-132 所示的各种小径长度极限时应如何考虑上述因素。

7. 攻螺纹前的建议孔径

在加工螺纹到紧固件最佳强度之前以及所需攻螺纹条件的推荐孔径极限在表 8-132 中列出用于 1B，2B 和 3B 级。加工螺纹之前的孔径极限以及它们之间的公差源自于螺纹章节中的统一螺纹尺寸表所给出的内螺纹的最小径和最大径，使用以下规则：

1）对于小于或等于$\frac{1}{3}D$范围内的旋合长度，最小孔径将等于内螺纹的最小径，最大孔径将大于$\frac{1}{2}$的小径公差，其中 D 等于公称直径。

2）对于$\frac{1}{3}D$至$\frac{2}{3}D$范围内，最小孔径和最大孔径尺寸分别为公差大于或等于旋合长度小于等于$\frac{1}{3}D$的对应极限的小径公差的$\frac{1}{4}$。

3）对于$\frac{2}{3}D$到$1\frac{1}{2}D$范围内，最小孔径将比内螺纹的最小小径大出小径公差的一半，最大孔尺寸将等于最大小径值。

4）对于从$1\frac{1}{2}D$到$3D$范围，最小和最大孔径分别是公差大于旋合长度大于$\frac{2}{3}D$到$1\frac{1}{2}D$范围内螺纹极限的小径公差的$\frac{1}{4}$。

可以看出，每个范围中极限间的差异是相同的，并且等于统一螺纹尺寸表中所给出的小径公差的一半。这是一般规则，除了低于$\frac{1}{4}$in 的最小差别等于基于小于等于$\frac{1}{3}D$旋合长度所计算的小径公差。此外，对于$\frac{1}{4}$in 及以上的尺寸以及大于$\frac{1}{3}D$的旋合长度的，这些值被调整到使得极限间的差异不小于 0.004in。

对于不同于表 8-132 中给出的直径-螺距组合，上述规则也应适用于螺纹章节的尺寸表中给出的公差或由标准中确定孔径尺寸极限公式推导出的公差。

螺孔钻的选择：在选择标准钻来加工表 8-132 给出极限的孔时，应意识到钻头有过尺寸切削的倾向。

8. 统一微型螺纹的攻螺纹孔的尺寸

表 8-135 为攻螺纹时所推荐的孔尺寸极限。这些极限源自美国统一微型螺纹 ASA B1.10-1958 标准中所规定的内螺纹小径极限，并被设置为攻螺纹的最佳条件。最大极限是基于一个用于最常用应用的功能合适的紧固件，当外螺纹构件的材料强度基本上等于或大于其配合零件的强度的假定。在应用中，还需考虑紧固以外的因素，如螺钉是由明显较脆弱的材料制成的，通常将螺纹的旋合延伸外螺纹上更大的深度时需要使用较小的孔尺寸。建议的最小孔径尺寸大于小径的最小极限，以便在攻螺纹时产生旋转加速。

在选择钻孔以在表 8-135 给出的范围内产生孔洞时，应该认识到钻头具有减小尺寸的倾向。

表 8-135 统一的微型螺纹-攻螺纹之前的推荐孔尺寸极限

螺纹规格		内螺纹		旋合长度					
				$\leq\frac{2}{3}D$		$>\frac{2}{3}D\sim1\frac{1}{2}D$		$>1\frac{1}{2}D\sim3D$	
命名	螺距	小径极限		推荐的孔尺寸极限					
		最小	最大	最小	最大	最小	最大	最小	最大
	mm	mm	mm	mm	mm	mm	mm	mm	mm
0.30 UNM	**0.080**	**0.217**	**0.254**	**0.226**	**0.240**	**0.236**	**0.254**	**0.245**	**0.264**
0.35 UNM	0.090	0.256	0.297	0.267	0.282	0.277	0.297	0.287	0.307
0.40 UNM	**0.100**	**0.296**	**0.340**	**0.307**	**0.324**	**0.318**	**0.340**	**0.329**	**0.351**
0.45 UNM	0.100	0.346	0.390	0.357	0.374	0.368	0.390	0.379	0.401
0.50 UNM	**0.125**	**0.370**	**0.422**	**0.383**	**0.402**	**0.396**	**0.422**	**0.409**	**0.435**
0.55 UNM	0.125	0.420	0.472	0.433	0.452	0.446	0.472	0.459	0.485
0.60 UNM	**0.150**	**0.444**	**0.504**	**0.459**	**0.482**	**0.474**	**0.504**	**0.489**	**0.519**
0.70 UNM	0.175	0.518	0.586	0.535	0.560	0.552	0.586	0.569	0.603
0.80 UNM	**0.200**	**0.592**	**0.668**	**0.611**	**0.640**	**0.630**	**0.668**	**0.649**	**0.687**
0.90 UNM	0.225	0.666	0.750	0.687	0.718	0.708	0.750	0.729	0.771

（续）

螺纹规格		内螺纹		旋合长度					
命名	螺距	小径极限		≤⅔D		>⅔D～1½D		>1½D～3D	
				推荐的孔尺寸极限					
		最小	最大	最小	最大	最小	最大	最小	最大
	mm	mm	mm	mm	mm	mm	mm	mm	mm
1.00 UNM	**0.250**	**0.740**	**0.832**	**0.763**	**0.798**	**0.786**	**0.832**	**0.809**	**0.855**
1.10 UNM	0.250	0.840	0.932	0.863	0.898	0.886	0.932	0.909	0.955
1.20 UNM	**0.250**	**0.940**	**1.032**	**0.963**	**0.998**	**0.986**	**1.032**	**1.009**	**1.055**
1.40 UNM	0.300	1.088	1.196	1.115	1.156	1.142	1.196	1.169	1.223
命名	每英寸牙数	in	in	in	in	in	in	in	in
0.30 UNM	**318**	**0.0085**	**0.0100**	**0.0089**	**0.0095**	**0.0093**	**0.0100**	**0.0096**	**0.0104**
0.35 UNM	282	0.0101	0.0117	0.0105	0.0111	0.0109	0.0117	0.0113	0.0121
0.40 UNM	**254**	**0.0117**	**0.0134**	**0.0121**	**0.0127**	**0.0125**	**0.0134**	**0.0130**	**0.0138**
0.45 UNM	254	0.0136	0.0154	0.0141	0.0147	0.0145	0.0154	0.0149	0.0158
0.50 UNM	**203**	**0.0146**	**0.0166**	**0.0150**	**0.0158**	**0.0156**	**0.0166**	**0.0161**	**0.0171**
0.55 UNM	203	0.0165	0.0186	0.0170	0.0178	0.0176	0.0186	0.0181	0.0191
0.60 UNM	**169**	**0.0175**	**0.0198**	**0.0181**	**0.0190**	**0.0187**	**0.0198**	**0.0193**	**0.0204**
0.70 UNM	145	0.0204	0.0231	0.0211	0.0221	0.0217	0.0231	0.0224	0.0237
0.80 UNM	**127**	**0.0233**	**0.0263**	**0.0241**	**0.0252**	**0.0248**	**0.0263**	**0.0256**	**0.0270**
0.90 UNM	113	0.0262	0.0295	0.0270	0.0283	0.0279	0.0295	0.0287	0.0304
1.00 UNM	**102**	**0.0291**	**0.0327**	**0.0300**	**0.0314**	**0.0309**	**0.0327**	**0.0319**	**0.0337**
1.10 UNM	102	0.0331	0.0367	0.0340	0.0354	0.0349	0.0367	0.0358	0.0376
1.20 UNM	**102**	**0.0370**	**0.0406**	**0.0379**	**0.0393**	**0.0388**	**0.0406**	**0.0397**	**0.0415**
1.40 UNM	85	0.0428	0.0471	0.0439	0.0455	0.0450	0.0471	0.0460	0.0481

注：作为选择合适钻头的辅助，请参阅麻花钻章节中美国标准钻头尺寸的列表。重型螺纹尺寸是优选尺寸。

9. 用于螺钉和管螺纹的英国标准螺孔钻

英国标准 BS 1157：1975（2004）为各类 ISO 米制，统一，英国标准细牙，英国协会和英国标准惠氏螺纹以及英国圆柱标准和锥形管螺纹提供了推荐的带槽丝锥用螺纹孔尺寸。

在表 8-136 中，给出了建议和替代的用于生产 ISO 米制粗牙螺纹的钻头尺寸。这些粗牙螺纹适合大多数一般用途的应用。应该注意的是，表 8-136 只适用于有槽的丝锥，因为无槽丝锥与有槽丝锥相比是相同螺纹需要不同尺寸大小的麻花钻。当攻螺纹时，在大多数情况下，使用推荐尺寸的钻头产生的孔与外螺纹的理论径向旋合深度约为 81%。用其他替代尺寸的钻头生产的孔与外螺纹的理论径向旋合深度为 70%～75%。在某些情况下，替代的钻头尺寸仅适用于中间配合（6H）和自由配合（7H）的螺纹公差等级。

表 8-136 用于 ISO 米制粗牙系列螺纹的英国标准螺孔钻尺寸 BS 1157：1975（2004）

公称尺寸和螺纹直径	标准钻头尺寸[①]				公称尺寸和螺纹直径	标准钻头尺寸[①]			
	推荐		替代			推荐		替代	
	尺寸	与外螺纹的理论径向旋合深度（%）	尺寸	与外螺纹的理论径向旋合深度（%）		尺寸	与外螺纹的理论径向旋合深度（%）	尺寸	与外螺纹的理论径向旋合深度（%）
M 1	0.75	81.5	0.78	71.7	M 1.6	1.25	81.5	1.30	69.9
M 1.1	0.85	81.5	0.88	71.7	M 1.8	1.45	81.5	1.50	69.9
M 1.2	0.95	81.5	0.98	71.7	M 2	1.60	81.5	1.65	71.3
M 1.4	1.10	81.5	1.15	67.9	M 2.2	1.75	81.5	1.80	72.5

（续）

公称尺寸和螺纹直径	标准钻头尺寸①				公称尺寸和螺纹直径	标准钻头尺寸①			
	推荐		替代			推荐		替代	
	尺寸	与外螺纹的理论径向旋合深度（%）	尺寸	与外螺纹的理论径向旋合深度（%）		尺寸	与外螺纹的理论径向旋合深度（%）	尺寸	与外螺纹的理论径向旋合深度（%）
M 2.5	2.05	81.5	2.10	72.5	M 20	17.50	81.5	17.75	73.4③
M 3	2.50	81.5	2.55	73.4	M 22	19.50	81.5	19.75	73.4③
M 3.5	2.90	81.5	2.95	74.7	M 24	21.00	81.5	21.25	74.7②
M 4	3.30	81.5	3.40	69.9②	M 27	24.00	81.5	24.25	74.7②
M 4.5	3.70	86.8	3.80	76.1	M 30	26.50	81.5	26.75	75.7②
M 5	4.20	81.5	4.30	71.3②	M 33	29.50	81.5	29.75	75.7②
M 6	5.00	81.5	5.10	73.4	M 36	32.00	81.5	—	—
M 7	6.00	81.5	6.10	73.4	M 39	35.00	81.5	—	—
M 8	6.80	78.5	6.90	71.7②	M 42	37.50	81.5	—	—
M 9	7.80	78.5	7.90	71.7②	M 45	40.50	81.5	—	—
M 10	8.50	81.5	8.60	76.1	M 48	43.00	81.5	—	—
M 11	9.50	81.5	9.60	76.1	M 52	47.00	81.5	—	—
M 12	10.20	83.7	10.40	74.5②	M 56	50.50	81.5	—	—
M 14	12.00	81.5	12.20	73.4②	M 60	54.50	81.5	—	—
M 16	14.00	81.5	14.25	71.3③	M 64	58.00	81.5	—	—
M 18	15.50	81.5	15.75	73.4③	M 68	62.00	81.5	—	—

① 这些螺孔钻的尺寸仅适用于带槽丝锥。

② 仅针对 6H 和 7H 的螺纹公差等级。

③ 仅针对 7H 螺纹公差等级。

当对较软的材料攻螺纹时，金属有沿着丝锥的根部向下挤压的倾向，并且在这种情况下，螺纹孔的小径可能会小于所采用钻头的直径。用户可能会希望以选择不同尺寸的螺纹孔钻来克服这个问题或为了达到特殊的目的，可以参考上述页面来获得内部螺距系列螺纹的小径极限。

对于其他类型的英国标准螺纹和管螺纹推荐的螺纹孔尺寸应参照标准 BS 1157：1975（2004）。

10. 英国标准螺栓和螺钉的通孔

在这个英国标准 BS 4186：1967 中所指定通孔尺寸应选择以使用最小数量的钻头的方式来要求。这些建议包括三个系列的通孔，即紧配合（H12）、中间配合（H13）和自由配合（H14），也适用于以下的英国标准所规定的螺栓和螺钉：BS 3692，ISO 米制精密六角头螺栓、螺钉和螺母；BS 4168，内六角螺钉和套筒扳手；BS 4183，机制螺钉和机制螺母；BS 4190，ISO 米制黑色六角头螺栓、螺钉和螺母。尺寸大小是根据 ISO 推荐标准 R273 中给出的那些值，并且根据附录的推荐，尺寸范围已经扩展到了 150mm 的直径。当然，选择适合于特定设计要求的通孔尺寸取决于许多可变因素。不管怎样都认为中间配合系列应适合用于大多数的一般用途。在这个标准中，极限尺寸是会在一个包含表中给出的，表 8-137 仅用于参考目的，用在能够指定合适的公差的场合。

表 8-137　寸制标准米制螺栓和螺钉的通孔 BS 4186：1967　（单位：mm）

公称螺纹直径	通孔尺寸			公称螺纹直径	通孔尺寸		
	紧配合系列	中间配合系列	自由配合系列		紧配合系列	中间配合系列	自由配合系列
1.6	1.7	1.8	2.0	4.0	4.3	4.5	4.8
2.0	2.2	2.4	2.6	5.0	5.3	5.5	5.8
2.5	2.7	2.9	3.1	6.0	6.4	6.6	7.0
3.0	3.2	3.4	3.6	7.0	7.4	7.6	8.0

（续）

公称螺纹直径	通孔尺寸			公称螺纹直径	通孔尺寸		
	紧配合系列	中间配合系列	自由配合系列		紧配合系列	中间配合系列	自由配合系列
8.0	8.4	9.0	10.0	60.0	62.0	66.0	70.0
10.0	10.5	11.0	12.0	64.0	66.0	70.0	74.0
12.0	13.0	14.0	15.0	68.0	70.0	74.0	78.0
14.0	15.0	16.0	17.0	72.0	74.0	78.0	82.0
16.0	17.0	18.0	19.0	76.0	78.0	82.0	86.0
18.0	19.0	20.0	21.0	80.0	82.0	86.0	91.0
20.0	21.0	22.0	24.0	85.0	87.0	91.0	96.0
22.0	23.0	24.0	26.0	90.0	93.0	96.0	101.0
24.0	25.0	26.0	28.0	95.0	98.0	101.0	107.0
27.0	28.0	30.0	32.0	100.0	104.0	107.0	112.0
30.0	31.0	33.0	35.0	105.0	109.0	112.0	117.0
33.0	34.0	36.0	38.0	110.0	114.0	117.0	122.0
36.0	37.0	39.0	42.0	115.0	119.0	122.0	127.0
39.0	40.0	42.0	45.0	120.0	124.0	127.0	132.0
42.0	43.0	45.0	48.0	125.0	129.0	132.0	137.0
45.0	46.0	48.0	52.0	130.0	134.0	137.0	144.0
48.0	50.0	52.0	56.0	140.0	144.0	147.0	155.0
52.0	54.0	56.0	62.0	150.0	155.0	158.0	165.0
56.0	58.0	62.0	66.0	—	—	—	—

为了避免螺栓和螺钉的头部半径以下有任何干扰的风险，有必要对所有紧配合系列和中间配合系列中的推荐通孔进行沉头。

11. 冷成形攻螺纹

冷成形丝锥没有切削刃或切屑槽；丝锥上的螺纹通过在移动金属中挤出或挤锻来形成孔中的螺纹。由此产生的螺纹比传统方式切削的螺纹更牢固，因为金属中的晶粒是没有破损的且被取代的是加工硬化后的金属。在螺纹表面抛光可以获得优异的表面质量。虽然可以消除切屑问题，但在攻螺纹前，建议先进行扩孔或倒角，这样冷成形攻螺纹就确实是对周边金属的移位了。如果孔壁的厚度小于螺纹公称直径的2/3，是不建议使用冷成形攻螺纹的。如果可能的话，为了允许冷成形丝锥有四个螺纹导程可用，应将不通孔钻的尽可能的深，因为这样会减少扭矩，在孔周围产生更少的毛刺，从而使刀具寿命更长。

该操作会比常规攻螺纹高出0~50%的扭矩，且冷成形丝锥在进入孔后会拾得自己的导程，因此可以使用传统的攻丝机和攻丝头。另一个优点是获得了更好的刀具寿命。使用优良的润滑油代替传统的切削液，能够取得最佳效果。

该方法只适用于具有相对延展性的金属，如低碳钢、含导程钢、奥氏体型不锈钢、锻铝、低硅铝压铸合金、锌压铸合金、镁、铜和延性铜合金。可以使用高于平时的攻螺纹速度，有时可高出100%。

常规螺孔钻的尺寸不宜用于冷成形攻螺纹，因为是金属的移位形成的螺纹。冷成形螺纹比传统攻螺纹的螺纹强度高，因为就算螺纹高度减少到60%，也不会有太大的强度损失；然而还是强烈建议使用65%的螺纹。用下面的公式计算冷成形攻丝的理论孔尺寸：

$$理论孔尺寸 = 基本丝锥外径 - \frac{0.0068\ 全螺纹的百分比}{每英寸的牙数}$$

表8-138列出了美国统一螺纹的理论孔径和螺孔钻孔尺寸，表8-139列出了ISO米制螺纹的钻头。特别是那些容易加工硬化的金属，应使用锋利的钻头来防止对孔壁的冷作硬化。像停机或丝锥折断可能会导致扭矩的增加。对于可以压铸的材料，如果使用正确的中心钉尺寸，就可以在芯孔中进行冷成形攻螺纹。销钉稍成锥形，所以理论孔的大小应该在相当于孔内螺纹所需旋合长度一半的销钉的位置上。为了能够承纳垂直的挤压，在设计上中心销应在孔上形成倒角。

表 8-138　统一螺纹冷成形攻螺纹的理论和螺孔钻或芯孔的尺寸

丝锥尺寸	每英寸牙数	全螺纹的百分比 75			65			55		
		理论孔的尺寸	最接近的钻头尺寸	等效小数	理论孔的尺寸	最接近的钻头尺寸	等效小数	理论孔的尺寸	最接近的钻头尺寸	等效小数
0	80	0.0536	1.35mm	0.0531	0.0545	—	—	0.0554	54	0.055
1	64	0.0650	1.65mm	0.0650	0.0661	—	—	0.0672	51	0.0670
	72	0.0659	1.65mm	0.0650	0.0669	1.7mm	0.0669	0.0679	51	0.0670
2	56	0.0769	1.95mm	0.0768	0.0781	5/64	0.0781	0.0794	2.0mm	0.0787
	64	0.0780	5/64	0.0781	0.0791	2.0mm	0.0787	0.0802	—	—
3	48	0.0884	2.25mm	0.0886	0.0898	43	0.089	0.0913	2.3mm	0.0906
	56	0.0889	43	0.089	0.0911	2.3mm	0.0906	0.0924	2.35mm	0.0925
4	40	0.0993	2.5mm	0.0984	0.1010	39	0.0995	0.1028	2.6mm	0.1024
	48	0.0104	38	0.1015	0.1028	2.6mm	0.1024	0.1043	37	0.1040
5	40	0.1123	34	0.1110	0.1140	33	0.113	0.1158	32	0.1160
	44	0.1134	33	0.113	0.1150	2.9mm	0.1142	0.1166	32	—
6	32	0.1221	3.1mm	0.1220	0.1243	—	—	0.1264	3.2mm	0.1260
	40	0.1253	1/8	0.1250	0.1270	3.2mm	0.1260	0.1288	30	0.1285
8	32	0.1481	3.75mm	0.1476	0.1503	25	0.1495	0.1524	24	0.1520
	36	0.1498	25	0.1495	0.1518	24	0.1520	0.1537	3.9mm	0.1535
10	24	0.1688	—	—	0.1717	11/64	0.1719	0.1746	17	0.1730
	32	0.1741	17	0.1730	0.1763	—	—	0.1784	4.5mm	0.1772
12	24	0.1948	10	0.1935	0.1977	5.0mm	0.1968	0.2006	5.1mm	0.2008
	28	0.1978	5.0mm	0.1968	0.2003	8	0.1990	0.2028	—	—
1/4	20	0.2245	5.7mm	0.2244	0.2280	1	0.2280	0.2315	—	—
	28	0.2318	—	—	0.2343	A	0.2340	0.2368	6.0mm	0.2362
5/16	18	0.2842	7.2mm	0.2835	0.2879	7.3mm	0.2874	0.2917	7.4mm	0.2913
	24	0.2912	7.4mm	0.2913	0.2941	M	0.2950	0.2969	19/64	0.2969
3/8	16	0.3431	11/32	0.3437	0.3474	S	0.3480	0.3516	—	—
	24	0.3537	9.0mm	0.3543	0.3566	—	—	0.3594	23/64	0.3594
7/16	14	0.4011	—	—	0.4059	13/32	0.4062	0.4108	—	—
	20	0.4120	Z	0.413	0.4154	—	—	0.4188	—	—
1/2	13	0.4608	—	—	0.4660	—	—	0.4712	12mm	0.4724
	20	0.4745	—	—	0.4779	—	—	0.4813	—	—
9/16	12	0.5200	—	—	0.5257	—	—	0.5313	17/32	0.5312
	18	0.5342	13.5mm	0.5315	0.5380	—	—	0.5417	—	—
5/8	11	0.5787	37/64	0.5781	0.5848	—	—	0.5910	15mm	0.5906
	18	0.5976	19/32	0.5937	0.6004	—	—	0.6042	—	—
3/4	10	0.6990	—	—	0.7058	45/64	0.7031	0.7126	—	—
	16	0.7181	23/32	0.7187	0.7224	—	—	0.7266	—	—

表 8-139 ISO 米制螺纹冷成形攻制螺纹螺孔钻或芯孔尺寸 （单位：mm）

丝锥公称尺寸	树脂	推荐的螺孔钻的大小
1.6	0.35	1.45
1.8	0.35	1.65
2.0	0.40	1.8
2.2	0.45	2.0
2.5	0.45	2.3
3.0	0.50	2.8①
3.5	0.60	3.2
4.0	0.70	3.7
4.5	0.75	4.2①
5.0	0.80	4.6
6.0	1.00	5.6①
7.0	1.00	6.5
8.0	1.25	7.4

注：用于计算的尺寸提供60%～75%的全螺纹。

① 这些直径是最接近成品钻的尺寸，而不是理论孔径，可能不会产生60%～75%的全螺纹。

12. 移除断裂的丝锥

当可用电火花加工机床时，推荐使用电加工（EDM）方法来移除折断丝锥。当没有电火花加工机床时，可用用具有可进入丝锥刀槽探针的丝锥拔出器去除折断丝锥；通过扳手来转动拨出器，从而让丝锥从孔中退出。有时将少量的专用溶剂注入到孔中去是会有所帮助的。可以用五份的水稀释约一份的硝酸来制备溶剂。专用溶剂或稀释的硝酸与钢丝间的相互作用能够使丝锥松动，从而方便地用钳子或丝锥拔出器去除折断的丝锥。此孔随后应该冲洗以免酸继续对金属起作用。另一种方法是在孔的表面之上，用电弧焊接在断掉的丝锥柄上部增加金属。必须防止金属在螺纹孔中的螺纹上堆积。在柄搭建起来后，螺栓或螺母的头部就与其焊接到一起，则丝锥可以倒退出来。管用丝锥的螺孔钻见表 8-140。

8

表 8-140 管用丝锥的螺孔钻 （单位：in）

丝锥尺寸	布氏管用丝锥钻头	惠氏管用丝锥钻头	丝锥尺寸	布氏管用丝锥钻头	惠氏管用丝锥钻头	丝锥尺寸	布氏管用丝锥钻头	惠氏管用丝锥钻头
1/8	11/32	5/16	1¼	1½	1 15/32	3¼	—	3½
¼	7/16	27/64	1½	1 23/32	1 25/32	3½	3¾	3¾
3/8	19/32	9/16	1¾	—	1 15/16	3¾	—	4
½	23/32	11/16	2	2 3/16	2 5/32	4	4¼	4¼
5/8	—	25/32	2¼	—	2 13/32	4½	4¾	4¾
¾	15/16	29/32	2½	2 5/8	2 25/32	5	5 5/16	5¼
7/8	—	1 1/16	2¾	—	3 1/32	5½	—	5¾
1	1 5/32	1 1/8	3	3¼	3 9/32	6	6 3/8	6¼

注：为获得最好的结果，在使用具有¾ft 每英寸锥度铰刀攻螺纹之前孔应该绞削。

13. 管用丝锥的功率

驱动管用丝锥所需的功率见表 8-141，其中也包括 2～8in 的公称管用丝锥。

在攻螺纹之前，要使用标准的管丝锥绞刀绞削将要攻螺纹的孔。在丝锥反转之前，读出记录的功率。表 8-141 给出了在扣除没有负载机器运行所需功率后的净功率。除了铸钢攻螺纹的两种情况外，其他被攻螺纹的材料都是铸铁。可以看出，攻螺纹铸钢所需功率几乎是铸铁的 2 倍。当然功率随情况变化。如果铸铁更硬或者如果丝锥没有正确的后角则需要比在表 8-141 中所列更高的功率。用于这些试验中的丝锥是嵌入刀刃形的，刀刃为高速钢制成。

表 8-141 管用丝锥所需的功率

名义丝锥大小 in	名义丝锥大小 mm	r/min	净功率 H. P.	净功率 kW	金属厚度 in	金属厚度 mm	名义丝锥大小 in	名义丝锥大小 mm	r/min	净功率 H. P.	净功率 kW	金属厚度 in	金属厚度 mm
2	50.80	40	4.24	3.16	1 1/8	28.58	3½	88.90	25.6	7.20	5.37	1¾	44.45
2½	63.50	40	5.15	3.84	1 1/8	28.58	4	101.60	18	6.60	4.92	2	50.80
2½①	63.50	38.5	9.14	6.81	1 1/8	28.58	5	127.00	18	7.70	5.74	2	50.80
3	76.20	40	5.75	4.29	1 1/8	28.58	6	152.40	17.8	8.80	6.56	2	50.80
3①	76.20	38.5	9.70	7.23	1 1/8	28.58	8	203.20	14	7.96	5.93	2½	63.50

① 铸钢攻螺纹；其他是在铸铁上的测试。

14. 高速数控攻螺纹

攻螺纹速度取决于切削材料的类型、刀具的类型、机床的速度和刚度、零件的刚度、冷却剂和切削液的适当使用。攻螺纹时，刀具的每一次旋转都能使丝锥进给等于螺距的距离。主轴转速和进给速度都必须精确控制，从而使主轴转速的变化能够导致进给速度产生相应的变化。如果进给或转速不正确，则会使得螺纹剥离或者丝锥折断。配有同步攻螺纹功能的数控机床可以通过控制主轴进给量来作为主轴转速的函数。这些使用刚性丝锥头或自动攻螺纹附件的机床能够非常精确地控制深度。老式的数控机床不能可靠地调整主轴转速和进给量，必须使用拉力补偿类型丝锥头，当仍然保持要求的进给速率时它能允许主轴转速有一些变化。

不管主轴转速如何，数控机床都能够实现同步攻螺纹，准确地协调进给速度和转速，让其能够以正确的速度前进。一个封装攻螺纹循环的右旋螺纹（G84）和左旋螺纹（G74）通常控制这种操作，并且机床操作员可以设置进给量和速度。对于螺纹孔来说，同步攻螺纹每次需要更换两次轴，一旦切削结束后会进行再一次循环。因为旋转的质量相当大（马达、主轴、卡盘或丝锥夹头、丝锥），这种丝锥的加速和减速相当慢，且在这个过程中会浪费大量的时间。切削速度的频繁变化也会加速丝锥的磨损并减少丝锥的使用寿命。

自动反向攻螺纹装置有一种沿着机床主轴旋转方向向前驱动的趋势，一个反向驱动器则沿相反的方向旋转，且在二者之间有个中间位置。当对一个孔攻螺纹时，主轴以略低于丝锥的进给速度一直向前驱动，直到到达孔底部。通过进给所需的深度然后回撤主轴对通孔攻螺纹，主轴让丝锥头反向驱动，反向让丝锥从孔中取出，主轴不需要进行回转。对于不通孔的攻螺纹来说，主轴的进给深度应等于螺纹深度减去攻螺纹装置的自动进给量。当主轴缩回（不换向）时，且在反向驱动器啮合以及反向驱动器将丝锥从孔中取出之前，丝锥仍会继续向前移动一个短的距离（攻螺纹自动进给距离）。深度大约可以控制在丝锥的 1/4 转处。通常用于自动反向攻螺纹装置的攻螺纹周期是一个标准的有进给且无停顿的单调周期。典型的编程周期用 G85 部分进行了说明。向内进给量设置为正常攻螺纹进给量的 95% 左右（每转的 95% 的螺距）。因为丝锥质量较轻，丝锥反转几乎是瞬间的且攻螺纹速度与同步攻螺纹相比非常快。通常以每分钟（sfm）或每分钟（fpm 或 ft/min）来表示攻螺纹速度，因此，为了获得每分钟的主轴转速，必须要进行转换。攻螺纹速度（rpm）取决于丝锥的直径，由下列公式给出：

$$\text{rpm}=\frac{\text{sfm}\times 12}{d\times 3.14169}=\frac{\text{sfm}\times 3.82}{d}$$

式中，直径 d 的单位为 in。如前所述，进给速度等于螺距，与切削速度无关。每英寸的进给率是用每分钟的攻螺纹速度除以每英寸螺纹数，或者用每转的进给量乘以每分钟的进给速度来获得的。

$$\begin{aligned}\text{进给率(in/min)}&=\frac{\text{rpm}}{\text{每英寸牙数}}\\&=\text{rpm}\times\text{螺纹螺距}\\&=\text{rpm}\times\text{进给速度/rev}\end{aligned}$$

例子：如果 1020 钢的建议攻螺纹速度为 45 ~ 60sfm，求出在 1020 钢中攻螺纹 1/4-20 UNF 螺纹时主轴转速和进给率。

假设所使用的机床有好的刚度和工作条件，且丝锥是锋利的，使用高于 60sfm 的速度，计算所需的主轴转速和进给率如下。

$$\text{速度}=\frac{60\times 3.82}{0.25}\text{rpm}=916.8\text{rpm}\approx 920\text{rpm};$$

$$\text{进给率}=\frac{920}{20}\text{in/min}=46\text{in/min}$$

15. 攻螺纹用冷却液

正确使用高压冷却剂或润滑剂，可增加丝锥的寿命、提高进给速度以及使生产的螺纹更精确。在大多数切削过程中，切削液的主要作用是冷却，而润滑却是非常重要的次要作用。然而，攻螺纹需要将润滑作为切削液主要功能而冷却作为其次要功能。因此，对于获得最佳结果来说，典型的含有质量分数为 5% 的冷却液和 95% 水的混合液的浓度太低。在混合液中提高浓缩百分比能够帮助流体黏附在丝锥上，从而在切削面上提供更好的润滑效果。一个不改变主要流体混合液浓度的增加丝锥润滑效果的方法是使用一个由不同于控制高压冷却液的 M 代码（如使用除 M07 外的 M08 代码）控制切削液分配器。第二套冷却系统将少量的边刃切削液直接附着在丝锥切削表面上提供了切削所需的润滑。以这种方式应用的边刃流体附着在丝锥上，增加了润滑效果且能确保切削液直接参与剪切区的行动。

在许多大容量的攻螺纹应用中，让高压冷却剂通过丝锥是很重要的。冷却液直接通过主轴或工具支架进入切削区，大大改善了排屑过程且提高了螺纹质量。在丝锥进入之前，高压冷却剂会冲洗不通孔；在攻螺纹结束后，去除不通孔中的切屑。冲洗动作可以通过去除沟槽或孔中的切屑的方式来防止对切屑再切削的发生，提高螺纹表面的质量和增加丝锥的使用寿命。通过改进润滑以及减少热量和摩擦力的方式，高压冷却剂的使用可能会使丝锥寿命增加为常规丝锥寿命的 5 倍，从而允许速度和进给量的增加，以减少整个周期的时间。

16. 钻孔和攻螺纹的组合

一种在一次操作中完成钻孔攻螺纹的特殊工具可以节省很多安装时间并且在一些应用中减去二次

操作。如果槽式钻头的截面的长度大于材料厚度，组合钻头和丝锥可以用于通孔，但不能用于钻、攻不通孔，因为在丝锥部分开始切削螺纹前，尖端（钻尖）必须完全切削通过材料。钻孔和攻螺纹深度达到刀具直径的两倍以上是典型的。在丝锥尺寸和材料建议的速度下启动刀具从而获得合适的速度，并根据应用来调整速度的快与慢。通过按照丝锥尺寸和材料的推荐速度启动工具并确定适当的速度，并根据应用调整速度的快与慢。攻螺纹进给量取决于螺距。NC/CNC程序可以将较快的钻孔速度和较慢的攻螺纹速度组合到一个而且切削时间最短的操作中。

17. 单刃螺纹切削刀具的后角

用单刃螺纹切削刀具切削的螺纹其表面光滑度会受到刀具安装角度的影响。前后切削刃形成螺纹的牙侧，刀尖处所有的切削刃必须有足够的后角。此外，虽然在实践中一些工厂的做法是使用稍微减少后刃后角的刀具，但仍建议将所有切削刃的有效的后角 a_e 设为相等。当后角过大时可能会削弱切削刃，导致其剥落，而后角角度不足将导致螺纹粗糙并且减少刀具寿命。其他影响螺纹表面粗糙度的因素包括：工件材料、切削速度、所使用的切削液、切削螺纹的方法、切削刃的状态。图8-44所示为两个显示不同螺纹切削刀具后角关系的近似图。

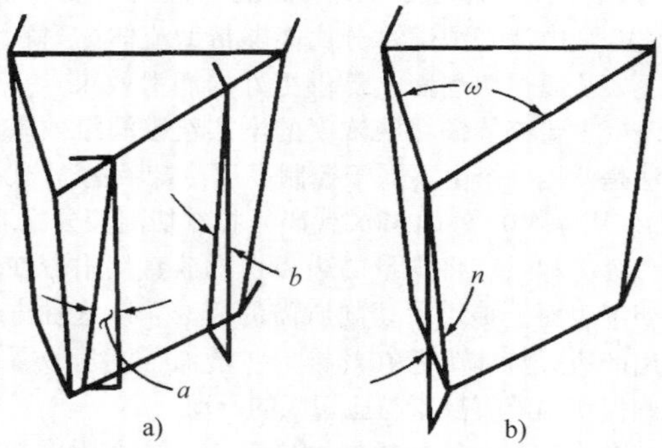

图8-44 两个显示不同螺纹切削刀具后角关系的近似图

单刃螺纹刀具后角通常是在经验的基础上规定的。虽然这种方法在许多情况下，都能获得满意的结果，但是使用提供的公式计算的话，结果会更好。当要切削特殊的高螺旋角螺纹时，总要计算出后角的大小。这些计算都是基于有效的后角 α_e 的，这是刀具牙侧和螺纹斜侧面之间的夹角，测量时应平行于螺纹的轴线方向。高速结构钢刀具这一角度的推荐值是8°~14°，硬质合金刀具的推荐值为5°~10°的。较大数值被推荐用在软质、黏性材料上切削螺纹，而较小数值则适用于较硬的材料，因其内在的特性可获得更好的表面质量。在切削刃的下方，硬质的材料需要更小的后角提供支撑。推荐用于刀尖切削刃下方后角的值不需要做任何的修正。在前后侧切削刃下的角度根据所提供的公式进行了修正。角 b 和 b' 分别是磨削于刀具前后侧切削刃下的实际后角，它们都垂直于侧面切削刃。在设计或磨削螺纹切削工具时，有时知道公式提供角度 n 幅值的大小是有帮助的。这个角度只有在工具被磨成刃尖时才会产生。它是由刃侧表面相交所形成的边角。

$$\tan\phi = \frac{\text{螺纹导程}}{\pi K} \qquad \tan\phi' = \frac{\text{螺纹导程}}{\pi D}$$

$$a = a_e + \phi$$

$$a' = a_e - \phi'$$

$$\tan b = \tan a \cos \tfrac{1}{2}\omega$$

$$\tan b' = \tan a' \cos \frac{1}{2}\omega$$

$$\tan n = \frac{\tan a - \tan a'}{2\tan \frac{1}{2}\omega}$$

式中 ϕ——小径上的螺纹螺旋角；

ϕ'——大径上的螺纹螺旋角；

K——螺纹小径；

D——螺纹大径；

a——刀具前刃平行于螺纹轴的倾后角；

a'——刀具后刃平行于螺纹轴的倾后角；

a_e——有效后角；

b——与刀具前刃垂直的后角；

b'——与刀具后刃垂直的后角；

ω——螺纹刀具的刃角；

n——刃侧相交时产生的刀尖角。

例：计算一个用于切割1in直径，5螺纹每英寸，双梯形螺纹的单刃螺纹切削工具的后角和刀尖角 n。这个螺纹导程为 $2\times0.200=0.400$in。这种螺纹的刃角为 ω 是29°，小径 K 是0.780in，且所有切削刃下的有效倾刃角 a_e 是10°。

$$\tan\phi = \frac{\text{螺纹导程}}{\pi K} = \frac{0.400}{\pi\times0.780}$$

$$\phi = 9.27°(9°16')$$

$$\tan\phi' = \frac{\text{螺纹导程}}{\pi D} = \frac{0.400}{\pi\times1.000}$$

$$\phi' = 7.26°(7°15')$$

$$a = a_e + \phi = 10° + 9.27° = 19.27°$$

$$a' = a_e - \phi' = 10° - 7.26° = 2.74°$$

$$\tan b = \tan a\cos\tfrac{1}{2}\omega = \tan19.27\cos14.5$$

$$b = 18.70°(18°42')$$

$$\tan b' = \tan a'\cos\tfrac{1}{2}\omega = \tan2.74\cos14.5$$

$$b' = 2.65°(2°39')$$

$$\tan n = \frac{\tan a - \tan a'}{2\tan\frac{1}{2}\omega} = \frac{\tan19.27 - \tan2.74}{2\tan14.5}$$

$$n = 30.26°(30°16')$$

8.11.2　车床变换齿轮

1. 螺纹切削的变换齿轮

当导螺杆和主轴螺杆上放置相同大小的齿轮时，要确定用于切削给定螺纹螺距的变换齿轮，首先应通过试验或参考分度盘来确定需要切削的每英寸牙数，然后将被称为“车床螺纹常数”的数乘以某些试验数以获得主轴螺栓上的齿轮齿数，接着将要切削的每英寸螺纹牙数乘以相同试验数来获得导螺杆上齿轮的齿数。用以下公式来表述此规则：

$$\frac{试验数字\times车床螺纹常数}{试验数字\times每英寸被削减的螺纹数}=\frac{主轴螺栓上的齿数}{导螺杆上的齿数}$$

例如，假设可供机床使用的变换齿轮有 24、28、32、36 个轮齿等，这个数目按每个增加 4 个直到 100。在车床螺纹常数为 6 的车床上切削每英寸 10 牙的螺纹，如果将螺纹常数写作分子，每英寸被削减的牙数作为分母，分子和分母都乘以试验数 4，就会发现可以使用有 24 齿和 40 齿的齿轮。因此

$$\frac{6}{10}=\frac{6\times4}{10\times4}=\frac{24}{40}$$

24 齿的齿轮在主轴螺杆上，40 齿的齿轮在导螺杆上。

当然，假设主轴螺杆和主轴的传动比为 1∶1，然而并不总是这样，那么车床螺纹常数当然就等于导螺杆上的每英寸牙数。

2. 复合传动装置

为了找出用于复合传动装置中的变换齿轮，将螺纹常数作为分子的位置上并将每英寸会被切削的螺纹数作为分母；将分子和分母分解为两个因数，分别乘上相同的数，直到找到合适的变换齿轮数（用分子中的一个因数和分母中的一个因数进行配对）。

例子：在螺纹常数为 8 的车床中切削每英寸 $1\frac{3}{4}$ 牙的螺纹；可用齿轮的齿数有 24、28、32、36、40 等，每次增加 4 直到 100。遵循以下规则：

$$\frac{8}{1\frac{3}{4}}=\frac{2\times4}{1\times1\frac{3}{4}}=\frac{(2\times36)\times(4\times16)}{(1\times36)\times(1\frac{3}{4}\times16)}=\frac{72\times64}{36\times28}$$

有 72 个和 64 个齿的齿轮是主动齿轮，有 36 个和 28 个齿的齿轮是从动齿轮。

3. 分数螺纹

有时螺纹的导程不是以每英寸的牙数而以一个分数每英寸给出。例如，一个螺纹可能需要切削具有 $\frac{3}{8}$ in 的导程。表达式“$\frac{3}{8}$ in 导程”首先转换成“每英寸的牙数”。每英寸的螺纹数（螺纹是单线）等于：

$$\frac{1}{\frac{3}{8}}=1\div\frac{3}{8}=\frac{8}{3}=2\frac{2}{3}$$

要在车床中找到螺纹常数为 8 的能切削每英寸 $2\frac{2}{3}$ 螺纹的变换齿轮，且以增量为 4 的方式递增，齿数范围是 24～100 的齿轮的过程如下：

$$\frac{8}{2\frac{2}{3}}=\frac{2\times4}{1\times2\frac{2}{3}}=\frac{(2\times36)\times(4\times24)}{(1\times36)\times(2\frac{2}{3}\times24)}=\frac{72\times96}{36\times64}$$

4. 米制螺距的变换齿轮

当螺钉按照米制系统切削时，常用的做法是以 mm 为单位来给出螺纹的导程，而不是每测量单位的牙数。在使用带有寸制导螺杆的车床时，为了找到米制螺纹的变换齿轮，首先应确定每英寸对应于 mm 的牙数。假设在一个有导螺杆且螺纹常数为 6 的机床切削一个导程为 3mm 的螺纹。由于每英寸有 25.4mm，所以每英寸切削牙数等于 25.4 ÷ 3。将螺纹常数作为分子，每英寸切削螺纹数作为分母：

$$\frac{6}{\frac{25.4}{3}}=6\div\frac{25.4}{3}=\frac{6\times3}{25.4}$$

通过让变换齿轮的传动比的分数表达式的分子和分母同乘以一个试验数来确定齿轮的大小。第一个与 25.4 相乘得到的整数结果的数字是 5。即 25.4 ×5 = 127。因此，当用寸制导螺杆切削米制螺纹时总会使用一个有 127 个齿的齿轮。其他要求的齿轮有 90 个齿。所以：

$$\frac{6\times3\times5}{25.4\times5}=\frac{90}{127}$$

因此，可以使用以下规则来找到使用寸制导螺杆切削米制螺纹的变换齿轮。

规则：让车床螺纹常数所需 mm 为单位的螺纹数再乘以 5，令其作为分数的分子，分母为 127。分子上数字的乘积等于主轴螺杆齿轮的齿数，127 是导螺杆齿轮的齿数。

如果车床有米制导螺杆且也给出了每英寸要切削的螺纹数目，则应首先找出车床的“米制螺纹常数”或以 mm 为单位的螺纹导程，这样就能够使用在导螺杆和主轴螺杆上相同的尺寸变换齿轮切削；然后确定更换齿轮的方法就仅是将一个已经解释过的用寸制的导螺杆来切削一个米制螺纹的方法的逆过程。

规则：要找到用米制导螺杆切削寸制螺纹的变换齿轮，需将 127 放在分子中，分母的每英寸切削牙数乘以米制螺纹常数后，再乘以 5；127 是主轴螺杆齿轮上的齿数，分母中数的乘积等于导螺杆齿轮中的齿数。

5. 用给定的复合传动装置获得的每英寸牙数

确定用给定的复合传动装置获得的每英寸牙数，让车床螺纹常数乘以从动齿轮的齿数（或乘以复合传动装置中两个从动轮的齿数的乘积），并且除以通过主动轮的齿数（或复合传动装置两个主动齿轮的乘积）获得的乘积。所得商为每英寸牙数。

6. 小数比例的变换齿轮

当齿轮传动比不能精确的用在普通传动范围的

8

整数表示时，用“消除法”就可以很容易地确定齿轮传动组合的比例系数。为了说明这个方法，假设两个齿轮的速度比是 3.423∶1。首先将 3.423 变为 3423/1000，以消除小数。然后，为了确保小数可以减小，将 3423 改为 3420：

$$\frac{3420}{1000}=\frac{342}{100}=\frac{3\times2\times57}{2\times50}=\frac{3\times57}{1\times50}$$

然后，将3/1乘以某个试验数，比如 24，得到以下齿轮组合：

$$\frac{72}{24}\times\frac{57}{50}=\frac{4104}{1200}=\frac{3.42}{1}$$

由于所需比例为 3.423 比 1，误差为 0.003。当比例比较简单时，消除法不难且经常使用，但是使用将要描述的对数方法，通常可以得到更准确的结果。

7. 修正快速变换齿轮箱的输出

在大多数现代车床上，将主轴箱与导螺杆相连接的齿轮头包含一个快速变换齿轮箱。对于螺纹切削准备来说，不是使用不同的变换齿轮，而只需要调整传动箱手柄的位置就可以改变主轴与导螺杆的速度比率。然而，有时必须在没有安装快速变换齿轮箱设置的条件下切削螺纹。则经常必须通过在主轴与变速箱间安装一个修正变换齿轮来代替常用的齿轮来修改正常或标准的齿轮传动比。米制和其他奇数螺距可以在有寸制导螺杆的车床上切削，而通过使用齿轮链中的修正齿轮快速变换齿轮箱只能设定寸制螺纹。同样，寸制螺纹和其他奇数螺距可以在有只能对米制螺纹进行设定的具有齿轮箱的米制导螺杆机床上进行切削。修改传动箱也可以用于在有寸制和米制螺纹设定的快速变速箱的机床上切削奇数螺纹。

修正变换齿轮的大小可以用稍后给出的公式计算，它们取决于被切削的螺纹以及快速变换齿轮箱的设定。每个被切削的螺纹都可以找到许多不同的齿轮组合。为了在车床上找到最适合安装的齿轮组，建议多进行几次计算。无论导螺杆是寸制还是米制，修正变换齿轮的计算公式都取决于导螺杆的类型。

寸制导螺杆车床上的米制螺纹：在修正传动齿轮链中必须使用 127 齿的变换齿轮，以便能够在寸制螺纹车床上切削米制螺纹。修正传动齿轮的计算公式为

$$\frac{5\times\text{每英寸牙数的变速箱设置}\times\text{将切削以 mm 为单位的螺距}}{127}=\frac{\text{主动齿轮}}{\text{从动齿轮}}$$

该公式的分子和分母乘以被称为试验数字的相等的数字以找到齿轮数。如果一组试验数字不能找到合适的齿轮，则使用另一组相同的试验数字。因为这些数字是相等的，如 15/15 或 24/24，当作为分数时，它们等于数字 1；它们都具有将公式乘以 1 且不改变其值的效果。在使用公式计算的齿轮时，必须选择用于切削米制螺纹的每英寸牙数的齿轮箱的设置。一种方法是选择一个实际数值接近 1in 长度内米制螺纹数的快速变换齿轮箱设置，称为每英寸等效螺纹，可以通过以下公式计算：等效牙数/in = 25.4 ÷ 以 mm 为单位的要切削的螺距。

例 1：选择快速变换齿轮箱设置，并计算有寸制导螺杆的车床所需的修正变换齿轮，以切削 M12 × 1.75 的米制螺纹。

$$\text{等效牙数/in}=\frac{25.4}{\text{要切削的螺距(mm)}}=\frac{25.4}{1.75}=1.45\text{(使用 14 牙/in)}$$

$$\frac{5\times\text{牙数/in}\times\text{要切削的螺距(mm)的齿轮箱设置}}{127}$$

$$=\frac{5\times14\times1.75}{127}$$

$$=\frac{(25)\times5\times14\times1.75}{(24)\times127}=\frac{(5\times14)\times(24\times1.75)}{24\times127}$$

$$\frac{70\times42}{24\times127}=\frac{\text{主动齿轮}}{\text{从动齿轮}}$$

奇数英寸螺距螺纹：用于切削由以 in 表示螺距的奇数螺距螺纹的修正变速齿轮的计算涉及标准齿轮的尺寸，可以通过计算其齿数来求出。标准齿轮是那些使齿轮箱能够按照设定好的齿轮设置来切削螺纹的齿轮。它们是常用的齿轮。用于涡轮传动的蜗轮上的螺纹就属于能用这种方法切削的奇数螺距螺纹。和以前一样，计算奇数螺距螺纹的实际每英寸的牙数并且选择接近这个值的齿轮箱的设定是合适的做法。用下列公式计算切削奇数英寸螺距所需的修正变换齿轮：

$$\frac{\text{标准的主动齿轮}\times\text{以 in 为单位的 螺距}\times\text{每英寸牙数的变速箱设置}}{\text{标准的从动齿轮}}=\frac{\text{主动齿轮}}{\text{从动齿轮}}$$

例 2：选择快速传动箱设置，并计算使螺纹的螺距等于 0.195in 时所需的修正变换齿轮。标准的主动齿轮和从动齿轮都有 48 个齿。查找每英寸的等效牙数：

$$\frac{\text{牙数}}{\text{in}}=\frac{1}{\text{螺距}}=\frac{1}{0.195}=5.13\text{(使用 5 牙/in)}$$

$$\frac{\text{标准的主动齿轮}\times\text{要切削的以 in 为单位的螺距}\times\text{牙数/in 的变速箱设置}}{\text{标准的从动齿轮}}$$

$$=\frac{48\times0.195\times5}{48}=\frac{(1000)\times0.195\times5}{(1000)}$$

$$=\frac{195\times5}{500\times2}=\frac{39\times5}{100\times2}=\frac{39\times5\times(8)}{50\times2\times2\times(8)}$$

$$=\frac{39\times40}{50\times32}=\frac{\text{主动齿轮}}{\text{从动齿轮}}$$

在上述第二步中值得注意的是，1000/1000 已被替代为 48/48。这种替代不会改变比例。这种替代的原因是 1000 ×0. 195 = 195 所得的结果是一个整数。实际上，200/200 也可能被替代，因为 200 ×0. 195 = 39 所得的结果也是一个整数。

使用以下公式计算修正变换齿轮的步骤与前述两个例子相同。

寸制导螺杆车床上的每英寸奇数螺纹：

$$\frac{\text{标准主动齿轮}\times\text{牙数/in 的变速箱设置}}{\text{标准的从动齿轮将被切削的牙数/in}}=\frac{\text{主动齿轮}}{\text{从动齿轮}}$$

米制导螺杆车床上的寸制螺纹：

$$\frac{127}{5\times\text{将被切削的以 mm 为单位的螺距}\times\text{牙数/in 的变速箱的设置}}=\frac{\text{主动齿轮}}{\text{从动齿轮}}$$

米制导螺杆车床上的奇数米制螺距螺纹：

$$\frac{\text{标准的传动齿轮}\times\text{被切削的以 mm 为单位的螺距}}{\text{标准的从动齿轮}\times\text{以 mm 为单位螺距的变速箱设置}}=\frac{\text{主动齿轮}}{\text{从动齿轮}}$$

8. 求精确的齿轮传动比

包含在本手册的第 23 版和早期版本中的表提供了一系列的齿轮对数比，作为寻找所有 15 ~ 120 个齿的齿轮组合比率的快捷方法。这样确定的比率可分解成 2、4、6 或任何其他偶数个齿轮的集合以提供期望的总比率。

虽然使用齿轮对数比的方法为许多齿轮比问题提供合适且精确的结果，但它却没有提供一种系统的用来评估是否有其他更精确的比率可用的方法。在重要的应用中，特别是在使用减速轮系的机构设计中，可能需要找到许多或所有可能的比率来满足指定的精度要求。最适合这种问题的方法是使用连续分数和共轭分数，并且在计算例中说明了一组四个变速齿轮。

作为一个示例，如果需要总体减少 0. 31416，则必须找到一个分子和分母中的因子可以用来表示齿数不超过 120 的四个齿轮的减速链的分数。使用共轭分数方法，可以发现它们的系数成功的接近所需的总传动比。

比率和误差见表 8-142。

表 8-142 比率和误差因素

比率	分子的因子	分母	误差
11/35	11	5 ×7	+0. 00013
16/51	2 ×2 ×2 ×2	3 ×17	−0. 00043
27/86	3 ×3 ×3	2 ×43	−0. 00021
38/121	2 ×19	11 ×11	−0. 00011
49/156	7 ×7	2 ×2 ×3 ×13	−0. 00006
82/261	2 ×41	3 ×3 ×29	+0. 00002
224/713	2 ×2 ×2 ×2 ×2 ×7	23 ×31	+0. 000005
437/1391	19 ×23	13 ×107	+0. 000002
721/2295	7 ×103	3 ×3 ×3 ×5 ×17	+0. 000001
1360/4329	2 ×2 ×2 ×2 ×17	3 ×3 ×13 ×53	+0. 0000003
1715/5459	5 ×7 ×7 ×7	53 ×103	+0. 0000001
3927/12500	3 ×7 ×11 ×17	2 ×2 ×5 ×5 ×5 ×5 ×5	0

9. 车床变换齿轮

为了计算车床上切削任何螺距的变换齿轮，必须知道机器的“常数”。对于任何车床，比率 $C{:}\,L$ = 主动齿轮: 从动齿轮，其中 C 是机床常数，L 是每英寸螺纹数。

例如，求能在常数为 4 的车床上切削每英寸 1. 7345 个螺纹的变换齿轮，可以使用公式：

$$\frac{C}{L}=\frac{4}{1.7345}=2.306140$$

按照共轭分数的方法将会求出比例，113 /49 = 2. 306122，这比其他任何有具有适当因子的方法都要精确。这个比例的误差只有 2. 306140 − 2. 306122 =0. 000018。因此，主动齿轮应该有 113 个齿，从动齿轮应该有 49 个齿。

10. 铲齿螺旋槽滚刀

具有垂直于螺纹刀槽的铲齿滚刀是另外一个约等于所需变换齿轮比率的例子。通常的方法是通过改变螺旋槽的角度使得与先前计算过的变换齿轮一致。用公式表示的滚刀和铲齿装置之间的比率为

$$\frac{N}{C\cos^2\alpha}=\frac{\text{主动齿轮}}{\text{从动齿轮}}$$

$$\tan\alpha=\frac{P}{H_C}$$

式中，N = 滚刀中沟槽数量；α = 垂直于轴线平面的

螺纹螺旋角；C = 铲齿装置的常数；P = 滚刀的轴向导程；H_C = 滚刀分度圆周长 = 3.1416 倍的中径。

铲齿装置的常数可以在其分度盘上找到，取决于变换齿轮杆上所需的相同齿轮的槽数。这些值会随着车床制造的不同而不同。

例如，假设使用一个常数为 4 的铲齿装置，可以使什么样的四个变速齿轮来对有 24 个径节，6 线，13°41′的螺旋角以及 11 个螺旋槽的螺旋蜗杆进行铲齿加工？

$$\frac{N}{C\cos^2\alpha}=\frac{11}{4\cos^2 13°41'}=\frac{11}{4\times 0.944045}=2.913136$$

使用共轭分数法，下面的比率提供了比所需的变换齿轮比 2.913136 更接近的近似值。

比率和误差见表 8-143。

表 8-143　比率和误差

分子/分母	比率	误差
67×78/(39×46)	2.913043	−0.000093
30×47/(22×22)	2.913223	+0.000087
80×26/(21×34)	2.913165	+0.000029
27×82/(20×38)	2.913158	+0.000021
55×75/(24×59)	2.913136	+0.0000004
74×92/(57×41)	2.913136	+0.00000005

8.12　螺纹的滚压

螺纹可以通过使用某种类型的螺纹滚压机床或通过配备有合适的螺纹辊的自动螺钉机床或转塔车床来形成。如果使用的是一种螺纹滚压机，将无螺纹的螺钉、螺栓或其他“坯件”放置在其中（通过自动或手动的方式），放置于具有螺纹形状牙体的模具之间，模具侵入毛坯中，通过移位金属的方式，形成了所需形状和螺距的螺纹。滚压螺纹加工适用于大量的螺栓、螺钉、螺柱、螺杆等。滚压范围内的螺纹用这种方法生产比任何其他方法都快得多。由于模具的冷作硬化作用，滚压螺纹比切削或磨削螺纹的强度要高出 10% ~20%，且抗疲劳强度的增加可能要更多。滚压螺纹过程的其他优点是，在形成螺纹的过程中不浪费材料，滚压螺纹的表面比切削螺纹的表面更硬，提高了耐磨性。

1. 平模型滚压机

一种广泛用于滚压螺纹的且配有一对平或直的模具的机床，在使用的机床中，一个模具是固定的，另一个进行往复运动。模具上形成螺纹的牙体以与螺纹螺旋角相等的角度倾斜。在精密滚压螺纹加工模具的制作中，热处理后的螺纹可以由铣削和磨削加工而成，也可以在热处理后使用陶瓷砂轮进行全磨削加工。

在滚压机中，通过手动或自动的方式将工件插入模具的一端，然后它在模具面之间滚动，直到从相反的端排出为止，在工件的一次通过中形成了螺纹。模具的位置与被滚压的螺纹之间的关系为：在与螺纹相接触的点，一个模具的螺纹外形顶端的牙体在接触点的另一模具的螺纹底部的牙槽反面直接相对。某种类型的机制能与确保在合适的时间启动毛坯并且与模具一致。

2. 圆柱模类型螺纹滚压机

在这种类型的机床中，坯料是在两个或三个圆柱形模具（取决于机床的类型）之间滚动的，按材料的硬度或管和空心零件螺纹加工中的壁厚来调整模具压入毛坯中的穿透速度。模具经过磨削，或者磨削并研磨，螺纹和中径是待轧制螺纹的中径的数倍。由于模具的直径比工件大得多，所以需要多个螺纹来获得与工件相同的导程角。螺纹可以在模具旋转一周或更少的情况下形成，也可能需要模具旋转几周（如在轧制硬材料中）以获得一个相当于延伸到大概 15ft 或 20ft（4.6m 或 6m）的长度上的平直模具所能得到的渐进速度的穿透，用于精确调整或匹配螺纹辊子使它们之间能够正确的同心的规则是这些机床的重要性质。

双辊式机床：使用双辊式机床，工件在两个用水平驱动的螺纹辊之间旋转，并在其下侧用硬化支撑杆支撑。通过液压将其中的一个辊向内压到自动控制的深度。

三辊式机床：在这台机床上，在通过转换臂以事先定好的速度向内移动的三个圆柱形的模具之间滚动，可以让待加工的坯料保持在一个“浮动位置”，直到获得所需的中径为止。模具的移动是通过选择变换齿轮来驱动凸轮控制以给出所需的挤压，停止和释放循环。

3. 生产率

滚压机的生产率取决于机床的类型，机床和工件的规格，以及是需要手动还是自动地插入螺纹部件。一种往复式平模型机床当用于普通钢时，加工直径范围从⅝ ~1⅛in（15.875 ~28.575mm）的螺纹，每分钟可以加工 30 个或 40 个零件，每分钟 150 ~175 个零件，当螺纹规格从 10 号（0.190in）至 6 号（0.138in）时。在合金钢经过热处理后的情况下，硬度范围通常为 26 ~32 罗克韦尔 C，每分钟可以加工 30 或 40 或更少。采用一种首要设计用于精密加工和硬质金属的圆柱形模具，根据工件的硬度和工件的允许速度，一般的生产速度为每分钟 10 ~

30 个零件。加工的数量根据材料的硬度和每转允许的模具穿透率。这些生产率也仅作为一般性的指导。滚压螺纹的直径通常可以从最小的机床螺纹尺寸达到 1in 或 1½in（25.4mm 或 38.1mm），这取决于机床的类型和尺寸。

4. 精密螺纹滚压

平面和圆柱形模具均用于航空和其他工件的精密加工。使用精密的模具并将坯料直径保持在接近极限的范围内，可以生产美国标准的 3 级和 4 级配合的合金滚压螺纹。获得规定坯料的尺寸可以由无心磨削与冷墩操作结合模具来进行。坯料应为圆形，通常直径公差不应超过中径公差的½和⅔。坯料直径范围应该从正确尺寸（它接近中径，但应通过实际试验确定）到最小允差，要减去公差以确保正确的中径，大径可能会略有不同。精密螺纹滚压已成为加工合金钢螺栓及其他螺纹零件的重要方法，特别是在需要高精度和高抗疲劳强度的航空工作中。千分丝杆也是精密螺纹滚压的杰出例子。此过程已经应用于丝锥制造，尽管其一般做法是在要求 3 级和 4 级配合时用磨削完成丝锥的精加工。

5. 滚压螺纹用钢

钢的范围从能用于普通螺钉和螺柱的软低碳钢，到用于航空螺柱、螺栓等的镍、镍铬和钼钢，或者任何需要特殊强度和抗疲劳能力工件的钢。典型的 SAE 合金钢的型号有 2330、3135、3140、4027、4042、4640 和 6160。热处理后的这些钢的硬度通常为洛氏 C26 ~ C32，抗拉强度为 130000 ~ 150000 psi（896 ~ 1034 MPa）。当要滚压的材料硬度超过洛氏 C40时，多采用磨削的加工方式。螺纹滚压不仅适用于大范围内的钢，也适用于有色金属材料，特别是由于“撕裂”螺纹而导致的切削困难的场合。

6. 螺纹滚压毛坯直径

需要滚压螺纹的螺钉毛坯或圆柱零件的直径应该小于用于补偿通过滚压在原始表面被移位的和升起的金属总量的外螺纹的直径，增加的直径约等于一个螺纹的深度。虽然有确定毛坯直径的规则和公式，但是为了确保较好牙型的螺纹，可能需要对计算的尺寸进行轻微的改变。毛坯直径应经过试验验证，特别是在滚压精密螺纹时。由于金属的硬度和韧性较大，一些材料比有其他材料更大抵抗位移的能力。下列数字可能有助于确定试验尺寸。1/4 ~ 1/2in的螺纹的毛坯直径比中径大 0.002 ~ 0.0025in（50.8 ~ 63.5μm），螺钉尺寸为 1/2 ~ 1in（12.7 ~ 25.4 mm）或更大，坯料直径比中径大 0.0025 ~ 0.003in（63.5 ~ 76.2μm）。略小于中径的坯料适用于具有相当的自由配合的螺栓、螺钉等。对于 1/4 ~ 1/2in（6.35 ~ 12.7mm）的螺纹，此类工件坯件的直径可比螺纹中径尺寸小 0.002 ~ 0.003in（50.08 ~ 76.2μm），而对于 1/2in 以上，坯件直径比螺纹中径小 0.003 ~ 0.005in（76.2 ~ 127μm）。如果螺纹比 1/4in小，毛坯通常比普通等级配合工件的中径小 0.001 ~ 0.0015in（25.4 ~ 38.1μm）。

7. 自动螺纹机床中的螺纹滚压

螺纹有时会滚入自动螺纹机和转塔车床中，当螺纹位于轴肩之后于是就不能用模具来切削螺纹。在这种情况下，滚压螺纹的优点就是能够避免二次操作。在螺纹机床上用圆形辊滚压螺纹。该辊不管是在切向还是在径向上进行滚压，都可以得到一个令人满意的螺纹。在前一种情况下，辊慢慢地与工件的圆周接触，并且在穿过将要加工螺纹的表面时完成螺纹加工。当辊保持在径向位置时，通过简单地在一侧施力，直到形成完整的螺纹为止。辊的应用方法取决于螺纹操作和其他加工操作之间的关系。由于在钢中滚压螺纹有难度，自动螺纹机的螺纹滚压通常只适用于黄铜和其他相对较软的金属。由含有质量分数为 0.15% ~ 0.20% 的碳的铬镍钢制成的螺纹辊在钢中应用的效果相当不错。用约含有质量分数为 0.12% 碳的 3% 镍钢滚压黄铜螺纹也被证明是令人满意的。

8. 控制螺纹滚压直径的因素

螺钉机床中使用的螺纹辊可能与螺纹的直径相同，但对于直径小于 3/4in（19.05mm）的尺寸，辊直径是多倍的螺纹直径减去一个很小的量以获得更好的滚压行为。当螺纹和辊的直径实际上相同时，用单线螺纹的辊子用于形成螺钉上的单线螺纹。如果辊子的直径被制成为螺钉直径的 2 倍，为了避免使用小辊，则所用的辊必须有双线螺纹。如果辊的尺寸是螺纹的 3 倍，则采用三线螺纹。当辊直径为工件的倍数时，为了在轧辊和工件上获得相应的螺旋角，这些多线螺纹是必需的。

9. 螺纹辊直径

具有单线螺纹的螺纹辊的中径要略小于被滚压螺纹的中径，在多线螺纹辊的情况下，中径不但不是螺纹中径的准确倍数而且还有所减少。螺纹机制造商所推荐的减少量由下面的公式给出。

$$D = N\left(d - \frac{T}{2}\right) - T$$

式中，D = 螺纹滚子的中径；d = 螺纹的中径；N = 单螺纹数或滚子上的“线”（此数是参考所需的辊子直径来选择的）；T = 单个螺纹的深度。

例：通过使用上式，求用于滚压 1/2in 的美国标准螺纹的双螺纹辊子的中径。中径 $d = 0.4500$in，螺纹深度 $T = 0.0499$in。

$$D = 2 \times \left(0.4500 - \frac{0.0499}{2}\right)\text{in} - 0.0499\text{in} = 0.8001\text{in}$$

10. 辊上的螺纹类型及其形状

为了滚压右旋螺纹，在辊上的螺纹应该是左旋，反之亦然。辊应该足够宽以覆盖待形成螺纹的零件，假设端部有间隙空间的话应该尽可能地加工出螺纹。在滚压美国标准螺纹的时候辊上的螺纹应该是锋利的，这样在滚压螺纹时，就需要更小的力来对金属移位。在辊上螺纹沟槽的牙底既可能保持尖形，也可以是平面的。如果牙底锋利的话，那么只需将辊子侵入毛坯足够的位置就可形成具有平面牙顶的螺纹，假设螺纹具有美国牙型。作为一个原则，选择辊上的螺纹线数应使螺纹辊子的直径为1¼~2¼in（31.75~57.15mm）。在制作螺纹辊时，端部倾斜成45°，以防止辊的端部的螺纹破裂。在硬化时必须采取防范措施，因为锋利的刀刃如果被毁坏，辊将无法使用。在硬化后通常将螺纹辊固定在车床的心轴上，使用金刚砂和加油的一块硬木进行研磨。为了获得良好的效果，螺纹辊应与支持架紧配合，如果是松配合的话，将会损坏螺纹。

11. 螺纹辊的应用

工件的形状以及生产它所需的操作的特点在很大程度上决定了在使用螺纹辊时所采用的方法。需要考虑的一些要点如下：

1）将要加工螺纹零件的直径。

2）零件上的螺纹位置。

3）零件上加工螺纹的长度。

4）滚压螺纹操作与其他操作之间的关系。

5）将要加工螺纹零件的形状到底是直的、锥形的，还是其他的。

6）应用的支撑方法。

当滚压的直径比其前部轴肩的直径小得多的时候，应该使用一个横向拖板滚花刀架。如果要滚压的螺纹不在轴肩后，则应使用摆动原理的刀架。当工件较长（长度大于其直径的2倍半）时，应采用摆动圆辊刀架来实施支撑。当螺纹滚压完成被切断后，可以使用横向拖板滚花刀架。应用在工件上的支撑方法在一定程度上决定着螺纹辊的使用方法。在滚压螺纹的同时没有其他工具工作，而且没有碎屑时，辊保持在工件全长的下方比上方具有更大的刚度。因为将辊子在上方穿过工件全长时，横刀架会有种被升起的趋势。当要加工螺纹的零件有锥度时，将辊子夹持在横向拖板圆辊刀架上可以获得最好的表现。

12. 用于螺纹滚压线材的公差

线材轧机可以接受直径上正或负0.002in（50.8μm）的公差规格。在小径的长螺纹的原料上保持这种公差是特别重要的。短螺纹上材料会有流动，如果线材的尺寸过小几乎不会遇到麻烦，但在有一个长度大于10倍直径的螺纹的情况下，若误差大于规定值，材料会受到限制，且会发生“燃烧”现象。如果线材的尺寸稍微小于规格，滚压的螺纹会产生粗糙的表面，原因是牙顶未完全成形。在10~24尺寸之下的螺纹上，应遵守正负0.001in的公差规范，以确保有良好的效果。

13. 螺纹滚压速度和进给量

当使用高碳钢螺纹辊用于黄铜时，可使用高达200ft/min的表面速度。然而，使用较低的速度能获得更好的结果。当辊子被固定在一个附着在横向拖板的支架上时，相对于旋转工具而言，它要么是切向的，要么是径向的，它可以使用比固定在摆动工具上高得多的速度。这是由摆动式支架的刚度不足造成的。当使用横向拖板圆辊刀架时，在表8-144的上半部分给出了进给量，下半部分给出了用摆动工具滚压螺纹的进给量。当坯料的齿根直径不小于两侧螺纹深度的5倍时，这些进给量适用于无支撑的滚压螺纹。当牙底直径小于此时，应使用支架。当辊的宽度超过被滚压件的最小直径的2倍半时，不管螺纹的螺距如何，也应使用支架。当待滚压件的最小直径远小于螺纹的牙底直径时，应将最小直径作为所使用进给量的决定因素。

表8-144　螺纹滚压进给量

毛坯牙底直径	每英寸牙数													
	72	64	56	48	44	40	36	32	28	24	22	20	18	14
	横向拖板刀架-每转进给量/in													
⅛	0.0045	0.0040	0.0035	0.0030	0.0025	0.0020	0.0015	0.0010	—	—	—	—	—	—
3/16	0.0050	0.0045	0.0040	0.0035	0.0030	0.0025	0.0020	0.0015	0.0005	—	—	—	—	—
¼	0.0055	0.0050	0.0045	0.0040	0.0035	0.0030	0.0025	0.0020	0.0010	0.0005	0.0005	—	—	—
5/16	0.0060	0.0055	0.0050	0.0045	0.0040	0.0035	0.0030	0.0025	0.0015	0.0010	0.0010	0.0005	0.0005	—
⅜	0.0065	0.0060	0.0055	0.0050	0.0045	0.0040	0.0035	0.0030	0.0020	0.0015	0.0015	0.0010	0.0010	0.0005

（续）

毛坯牙底直径	每英寸牙数													
	72	64	56	48	44	40	36	32	28	24	22	20	18	14
	横向拖板刀架-每转进给量/in													
7/16	0.0070	0.0065	0.0060	0.0055	0.0050	0.0045	0.0040	0.0035	0.0025	0.0020	0.0020	0.0015	0.0015	0.0010
1/2	0.0075	0.0070	0.0065	0.0060	0.0055	0.0050	0.0045	0.0040	0.0030	0.0025	0.0025	0.0020	0.0020	0.0015
5/8	0.0080	0.0075	0.0070	0.0065	0.0060	0.0055	0.0050	0.0045	0.0035	0.0030	0.0030	0.0025	0.0025	0.0020
3/4	0.0085	0.0080	0.0075	0.0070	0.0065	0.0060	0.0055	0.0050	0.0040	0.0035	0.0035	0.0030	0.0030	0.0025
7/8	0.0090	0.0085	0.0080	0.0075	0.0070	0.0065	0.0060	0.0055	0.0045	0.0040	0.0040	0.0035	0.0035	0.0030
1	0.0095	0.0090	0.0085	0.0080	0.0075	0.0070	0.0065	0.0060	0.0050	0.0045	0.0045	0.0040	0.0040	0.0035
	摆动刀架-每转进给量/in													
1/8	0.0025	0.0020	0.0015	0.0010	0.0005	—	—	—	—	—	—	—	—	—
3/16	0.0028	0.0025	0.0020	0.0015	0.0008	0.0005	—	—	—	—	—	—	—	—
1/4	0.0030	0.0030	0.0025	0.0020	0.0010	0.0010	0.0005	0.0005	0.0005	—	—	—	—	—
5/16	0.0035	0.0035	0.0030	0.0025	0.0015	0.0015	0.0010	0.0010	0.0010	0.0005	—	—	—	—
3/8	0.0040	0.0040	0.0035	0.0030	0.0020	0.0020	0.0015	0.0015	0.0015	0.0010	0.0005	0.0005	0.0005	—
7/16	0.0045	0.0045	0.0040	0.0035	0.0030	0.0025	0.0020	0.0020	0.0020	0.0015	0.0010	0.0010	0.0010	—
1/2	0.0048	0.0048	0.0045	0.0040	0.0035	0.0030	0.0025	0.0025	0.0025	0.0020	0.0015	0.0015	0.0015	0.0005
5/8	0.0050	0.0050	0.0048	0.0043	0.0040	0.0035	0.0030	0.0030	0.0028	0.0025	0.0020	0.0020	0.0018	0.0010
3/4	0.0055	0.0052	0.0050	0.0045	0.0043	0.0040	0.0035	0.0035	0.0030	0.0028	0.0025	0.0022	0.0020	0.0013
7/8	0.0058	0.0055	0.0052	0.0048	0.0045	0.0043	0.0040	0.0038	0.0032	0.0030	0.0028	0.0025	0.0022	0.0015
1	0.0060	0.0058	0.0054	0.0050	0.0048	0.0047	0.0043	0.0040	0.0035	0.0032	0.0030	0.0028	0.0025	0.0018

8.13 螺纹磨削

螺纹磨削既用于精密刀具和量具，也用于生产某些螺纹部件。

可以使用螺纹磨削：①因为需要的精度和表面质量；②需要加工螺纹材料的硬度；③考虑使用现代机床，砂轮和螺纹磨削油磨削某类螺纹的经济性。

在某些情况下，预切螺纹通过磨削完成最终的加工，但是通常，从坯件开始磨削的螺纹完全是由磨削工艺形成的。示例工件包括螺纹量规和硬质合金与钢制丝锥、滚刀、蜗杆、导螺杆、调节或方向螺钉、合金钢螺柱等。磨削适用于外部、内部、直、锥形螺纹以及各种螺纹牙型。

1. 螺纹磨削可获得的精度

使用单刃或单肋砂轮在量规上研磨螺纹，可以达到一定的精度要求，但需要小量的研磨量才能产生所谓的“主”螺纹量规。就导程而言，一些螺纹磨床制造商能保证将螺纹导程控制在每英寸 0.0001in（或 mm/mm）的范围内，由于不能获得更高精确度的导程，已知的是被磨削的螺纹的公差大于导程的公差。根据所使用的磨削方法，可获得 3 级或 4 级配合的中径精度，使用单刃砂轮的话，可以在 2～3min 内将牙型角研磨到半角的精度。

2. 用于螺纹磨削的砂轮

用于钢的砂轮具有铝土磨料，且通常是树脂胶粘接或陶瓷粘接。当磨削螺纹机械零件时，诸如螺柱、未检定的调整螺钉以及某些类型的丝锥时，一般的规则是在不要求极限公差的情况下使用树脂砂轮，并且最好是在最少的走刀次数中形成螺纹。通常，树脂砂轮的细刃比陶瓷轮要长，但是它们更灵活，可却不太适合精密工件，特别是在有横向磨削压力导致砂轮偏转的情况下。陶瓷砂轮用于在螺纹牙型或导程中获得更高的精度，因为它们非常坚硬且在磨削过程中不易受侧向的压力偏转。这种刚度在磨削诸如量规、丝锥和导螺杆上的预切螺纹时尤其重要。例如，长导螺杆逐渐增加的前导误差可能会导致横向压力增加，从而使得树脂砂轮偏转。陶瓷砂轮也被建议用于内磨。

金刚石砂轮：置于橡胶或塑料粘合剂中的金刚

石砂轮也用于螺纹磨削，尤其适用于硬质合金材料和其他硬化合金中的磨削螺纹。螺纹磨削能够成功地用于硬质合金材料制成的丝锥和量规的商用基准。在由硬质合金材料制成的齿轮滚刀测试也获得了很好的结果。金刚石砂轮是通过碳化硅砂轮来修整的，该砂轮沿着待磨削螺纹牙侧所需的角度，磨遍金刚石砂轮牙型。修整砂轮的作用也许可以描述为对固持金刚石磨粒粘结剂的擦洗。显然，碳化硅砂轮不能磨削钻石，但它们破坏粘结剂直到不想要的钻石掉落为止。

3. 使用单刃砂轮的螺纹磨削

使用这种类型的砂轮，刀刃被修剪为真实螺纹槽的横截面形状。当砂轮为新的时候可能有18in或20in（45.7cm或50.8cm）的直径，当磨削螺纹时，让轮子倾斜以令其与螺纹沟槽对齐。某些机床通过将运动从工件驱动主轴传递到导螺杆之间的变换齿轮来获得导程的变化。其他的机床被设计为选择的导螺杆适合被磨削螺纹的导程，并且运动直接传递到工件驱动主轴上。

4. 用于粗加工和精加工的刃磨砂轮

“三肋”类型砂轮有粗糙的切削刃或者移除2/3的金属的肋。在其后跟着中间肋，它与第三肋或最后一个肋之间的距离约为0.005in（127μm）。用这种三肋型获得的精度与单刃砂轮的精度相比，意味着它可以在螺纹磨削中获得最大精度。

当要求的精度有必要时，该轮可以倾斜与单刃砂轮相同的螺纹螺旋角。

三肋轮不仅能用于精密加工，还可用于对后面提及的多肋轮来说太长的螺纹的磨削。它也很适合于丝锥磨削，如图8-45所示，可以修整与最后肋相邻的砂轮的一部分来磨削螺纹的外径。此外，砂轮可以修整为可同时磨削或刮去牙顶和牙侧。

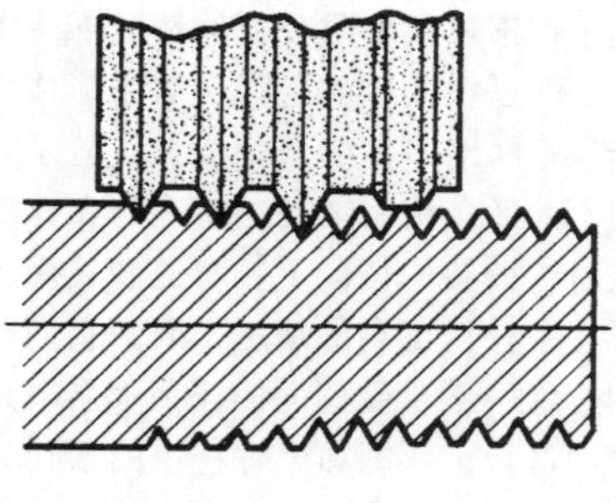

图8-45 用于粗加工和精加工的刃磨砂轮

5. 多肋砂轮

当快速生产比极端精度更重要时，采用这种类型的砂轮，意味着它首先是用于磨削制造过程中重复零件。在一个1¼~2in（3.175~5.08cm）宽的砂轮表面上形成了一系列环状螺纹牙体（见图8-46），因此，如果螺纹的长度不超过砂轮的宽度，螺纹可以在一次工作转动加上用于进给和退出砂轮所用一半的转动中被磨削出来。操作原理与不同类型铣刀的螺纹铣削相同。这种类型的砂轮不会倾斜于导程角。要获得3级的配合，导程角不应超过4°。

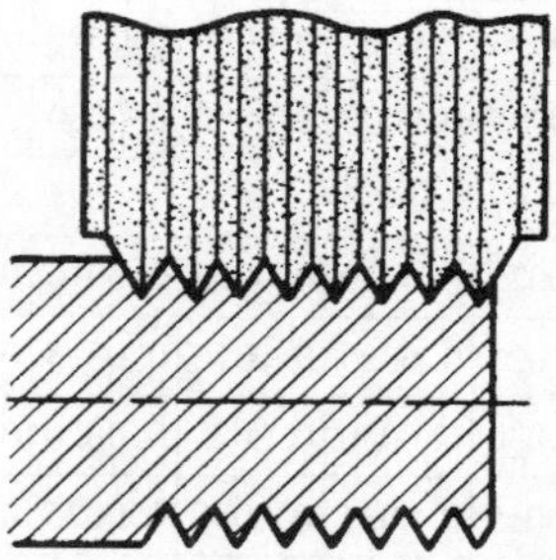

图8-46 多肋式螺纹磨削砂轮

在牙底小于0.007in（177.8μm）宽的螺距上使用这种形式的轮子是不切实际的，因为轮子的修整困难。当这种方法可以应用时，它是已知的在硬化材料中生产螺纹最快的手段。然而不推荐用于螺纹量规、丝锥以及具有需要用多肋轮研磨特点的工件。单肋轮适用于精确、小批量生产的领域。

在多肋磨削中，必须使用比单肋轮磨削时更多的马力，尤其是粗牙螺纹需要比单肋轮研磨所需的马力大2或3倍的砂轮电动机。

6. 用于细牙的交错肋轮

这种类型的砂轮上的肋的间距（见图8-47）等于螺距的2倍，从而使得在第一转期间，每隔一个螺纹沟槽的部分被磨削，因此，需要大约两个半的工作旋转来研磨一个完整的螺纹，但是由于冷却液的更好分布，导致的工作速度的提高使得这种砂轮非常高效。这种交错型砂轮适用于精牙螺纹的磨削。

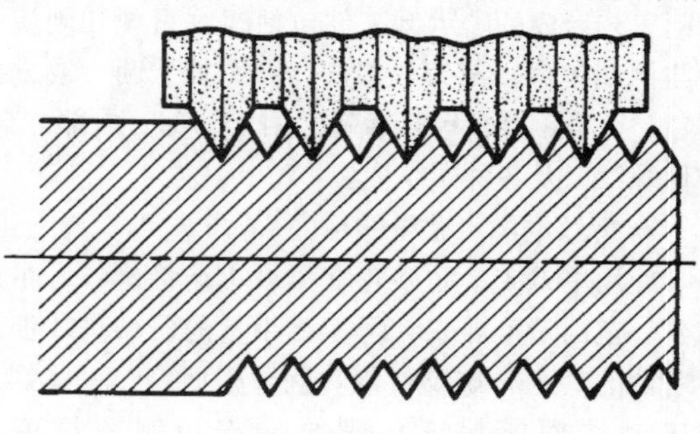

图8-47 磨削细牙的交错砂轮

因为这些轮子不能倾斜到螺纹的螺旋角度，所以不推荐用于比 3 级更紧密的配合。对于细牙螺纹，前面提及的“三肋”砂轮也是用交替型制成。

7. 全磨削螺纹

完全通过磨削或不进行预切削来完成螺纹成形的过程既可用于某些类别的螺纹零件的制造，也可用于精密工具（如丝锥和螺纹量规）的生产。例如，在航空发动机的制造中，某些零件被热处理，然后用砂轮对螺纹进行全磨削，从而消除变形。有时会在切削然后硬化过的或用全磨削螺纹的根部发现小的裂纹。将要表面硬化的粗牙钢螺纹可以先通过切削进行螺纹粗加工，然后硬化，最后通过磨削进行校正。许多磨削螺纹丝锥是对热处理后的零件进行全磨削生产的。在螺纹形成之前，硬化高速钢丝锥将确保没有变窄或脆弱的牙顶来干扰高温应用要求的均匀硬度和最佳钢结构。

8. 磨削走刀次数

全磨削的砂轮切削或通过次数取决于砂轮的类型和所需的精度。通常，每英寸 12 牙或 14 牙和更细的螺纹可以在单刃轮砂轮的一次通过中磨削，除非“展开”螺纹长度远大于正常的螺纹长度。展开长度 = 分度圆周长 × 螺纹扣的总数。例如，每英寸 24 个牙且长度为 1¼in 的螺纹量规将具有 30 × 分度圆周长的展开长度（如果方便的话，可以使用外圆代替分度圆周长）。假设在每英寸上有 12 个牙的螺纹上有 6ft 或 7ft 的展开长度。在这种情况下，对于 3 级，砂轮的一次通过可能已经足够适合了，而对于 4 级，使用两次通过就比较适合了。当需要两次通过时，粗切削太深可能会破坏砂轮狭窄的边缘。为了防止这种情况的发生，尽量让粗切深度等于总螺纹深度的 2/3，从而为精加工留下 1/3 的深度。

9. 砂轮和工件旋转

当被磨削螺纹的一侧向上或相对于砂轮旋转移动时，产生较少的热量，并且磨削操作比在磨削侧沿相同方向运动的情况下效率更高，然而，为了避免在其返回期间的机器怠速运行，在前进行程的最后将工件旋转反向使得前进和返回横移运动期间许多螺纹都被磨削了。由于这个原因，一般螺纹磨床都配置成前进和返程工作速度都可以改变，它们也可以被设计为当仅磨削一个方向时能加速返回。

10. 砂轮速度

砂轮速度应始终限制在制造商对砂轮规定的最大值。根据美国国家标准的安全法规，树脂和陶瓷砂轮的速度应限制在每分钟 12000ft（3657m/min），然而，根据诺顿公司的统计，对于树脂轮，最有效的速度为 9000 ~ 10000ft（2743 ~ 3048 m/min），陶瓷砂轮的最高速度为 7500 ~ 9500ft（2286 ~ 2896 m/min）。只能使用砂轮制造商所推荐的测试过的砂轮。在已经获得适当的表面速度之后，应该通过增加轮子的转速来维持速度，因为后者的直径通过磨损会减小。

由于螺纹砂轮的工作能力接近于其原料去除能力的极限，因此需要对砂轮或工作速度进行一些调整以获得最佳效果。如果砂轮速度对于给定的工作来说太慢，就会产生过多的热量，假设在安全范围之内，试着增加速度。如果砂轮太软，边缘过度磨损，同样增加砂轮的速度将会使砂轮具有硬化的效果，从而保持更好的质量。

11. 工作速度

工作速度的范围通常为 3 ~ 10ft/min（0.9 ~ 3m/min）。在一个有较大进给量且通过数量很少的磨削中，速度不得超过 2½ ~ 3ft/min（0.76 ~ 0.9m/min）。如果进给量很少，如在磨削硬化的高速钢中，加工速度可能远高于 3ft/min（0.9m/min），并且应通过试验确定。如果过快地除去多余材料会产生过多的热量，降低工作速度是一种补救措施。如果一个砂轮低于其正常工作的能力，则应提高工作速度以防止颗粒变钝，减少过热或“过烧”工件的趋势。在磨削硬化钢时，可以用提高工作速度和减少进给量的方式来防止过烧。

12. 磨削砂轮的整形

螺纹磨轮的整形既可以保持所需的螺纹牙型，也可以保持磨削表面的高效。螺纹磨床通常配备有自动的精密修整装置。一种自动地修整轮子并且补偿在修整中所除去的较少的量，从而自动保持对工件尺寸的控制。在修整轮子时，应使用少量研磨油来减少金刚石的磨损。激光切割是可取的，特别是在修整可能会被过度的调整压力导致偏转的树脂砂轮时。一个用于控制路径的带有修整钻石的仿形模可能需要修正轮廓以防止螺纹牙型的变形，特别是当导程角相对较大时。当给定直径螺距是标准的时，对于 60°螺纹来说通常不需要进行这种修改，因为所得的导程角小于 4½°。在磨削引导角大于 4°或 5°的爱克母螺纹或 29°蜗杆螺纹时，可能需要修正的仿形模以防止螺纹轮廓中的凸起。这个凸起的最高点大约在中径线上。一个约 0.001in（25.4μm）的凸起可能在一些商用涡轮的允许限度内，但用于齿轮滚刀等中的精密蜗轮要求在轴向平面中为笔直的牙侧。

破碎方法：与某些类型的螺纹磨床配套使用的螺纹磨削砂轮也采用破碎法进行修整或成形。当使用这种方法时，砂轮上的环形牙体或砂轮上的牙体通过硬化钢的圆柱形修整器或破碎机形成。破碎机具有一系列平滑的环形牙体，其形状和螺距与待磨削的螺纹相同。在砂轮修整过程中，主动驱动是破碎机而不是砂轮，砂轮表面的牙体是通过向内旋转破碎机形成的。

13. 砂轮硬度或等级

轮子硬度或等级的选择是基于磨削刃切削和磨削的有效性与耐久性之间的折中。等级的选择取决于工作的性质和特征。以下的推荐基于诺顿等级。

陶瓷砂轮的范围通常从J到M，树脂砂轮的范围通常从R到U。对于经热处理的螺钉或螺柱以及统一标准的螺纹，请尝试以下操作。8～12牙/in的螺纹，S级树脂砂轮；14～20牙/in的螺纹，T级树脂砂轮；24牙/in和细牙螺纹，T或U级树脂轮。4～12牙/in螺纹的高速钢丝锥，J级陶瓷砂轮或S级树脂砂轮；14～20牙/in的螺纹，K级陶瓷砂轮或T级树脂砂轮；24～36牙/in的螺纹，M级陶瓷砂轮或T级树脂砂轮。

14. 磨粒尺寸

螺纹磨削砂轮通常在接近其最大的排屑能力的情况下使用，最弱的部分在形成螺纹牙底的窄刃处。在选择磨粒的时候，总的原则是在磨削相当数量的工件时粗粒砂轮磨削能保持其外形。螺纹的螺距和完成后的质量是两个主要因素。因此，为了获得非常精细的表面质量，磨粒尺寸可能小于保持刃型所需的尺寸。通常的磨粒尺寸范围为120号～150号。经热处理后的螺钉和统一螺纹标准的螺柱，正常范围为100号～180号。对于螺距非常细的精密螺纹，晶粒尺寸从220号～320号不等。对于高速钢丝锥，统一螺纹标准的范围通常是150号～180号，预切的爱克母螺纹的范围是80号～150号。

15. 无心磨磨削螺纹的方法

螺纹可以用无心磨的方法从整体中磨削。无心磨床在其工作原理上类似于专用于一般工作的无心磨床，它有一个研磨砂轮、一个调节或进给轮（有速度调整）和工件托架。它能够调整以容纳不同大小的工作和不同的进给率。砂轮是一种多肋型，在表面有一系列的环形刃体。这些刃体与螺纹的螺距和牙型一致。砂轮斜倾匹配螺纹的螺旋角或导程角。在对内六角紧定螺钉等工件进行磨削时，毛坯能在连续工作的磨轮和调节轮之间自动进给。为了说明生产的可能性，尺寸为1/4～20in的硬化内六角紧定螺钉可以从原料状态以60～70个/min的速度磨削，并且轮子能连续运行8h，且无需修整。降低生产速度可能使无心磨削的螺纹导程误差限制到0.0005in/in（或mm/mm）或更少。中径公差在0.0002～0.0003in（5.08～7.62μm）的基本尺寸之间。砂轮磨粒选择参考螺纹的螺距，建议使用以下尺寸：对于每英寸11～13牙的螺纹为150号；每英寸16牙的螺纹为180号；每英寸18～20牙的螺纹为220号；每英寸24～28牙的螺纹为320号；每英寸40牙的螺纹为400号。

16. 无心磨削原理

无心磨削是没有按通常的方式对中心支撑的圆柱形工件进行的磨削。两个研磨轮安装得使它们的轮缘彼此面对，其中一个砂轮具有自己的轴，可以使得其根据需要的不同量与另一个砂轮的轴线平行摆动。在这两个研磨轮之间配有合适导轨的工件支撑件。磨削砂轮驱使工件向下压在工件支撑座上，同时也对调节轮施加压力。后者给予工件一个均匀的旋转，工件具有与调节轮相同的圆周速度，且其速度可调。无心磨削的工艺原理如图8-48所示。

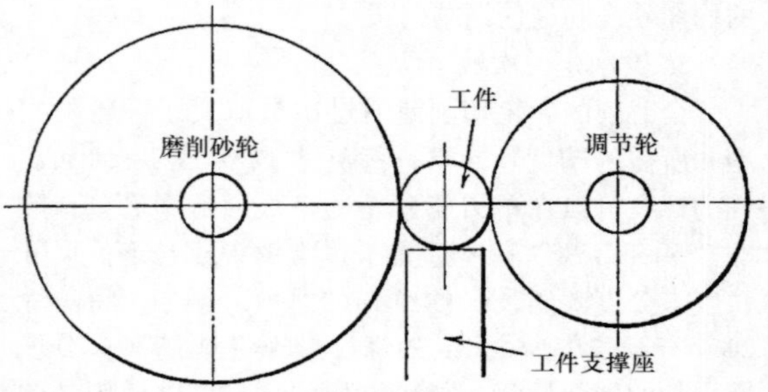

图8-48 无心磨削的工艺原理

8.14 螺纹铣削

1. 单刀法

通常，当使用单刃铣刀时，铣刀的轴线倾斜等于螺纹的导程角的量，以便在切削动作发生时使铣刀位置与螺纹槽对齐。导程角的正切＝螺纹导程÷分度圆周长。

通过在围绕工件直径上以等于被切削螺纹长度上的螺距数的匝数产生螺旋螺纹的牙槽。例如，长度为1in的16牙螺纹将需要铣刀在工件周围转16圈。单切削工艺特别适用于铣削粗牙的大螺纹，以及单线螺纹或多线螺纹。

铣刀应尽可能快地旋转，而不会使切削边缘过度钝化，以便铣削光滑的螺纹，并且防止由于齿间隙的影响，缓动铣刀导致的不均匀。当铣刀旋转时，待铣削螺纹的零件也旋转，但是以非常慢的速率（几英寸每分钟）旋转，因为工作的这种旋转实际上是进给运动。铣刀通常设置为螺纹槽的整个深度，并在一次通过中完成单个螺纹，尽管粗牙的深螺纹可能需要两次甚至三次切削。对于细牙和短螺纹，多刀法通常是更好的，因为它更快。锥形螺纹的铣削可以在单刃机床上进行，与在车床上使用丝锥附件相同。即当其沿着纵向进给时，横向地走遍铣刀。

2. 多刀法

用于螺纹铣削的多个铣刀实际上是一系列的单个铣刀，尽管是由一片实心的钢片形成，至少就铣刀而言是合适的。齿排不像滚刀或丝锥的齿那样位于螺旋状路径中，但它们是环形的或没有导程。如果铣刀具有与齿轮滚刀相同的螺旋齿，则必须匹配以一个与铣削螺纹固定的比率旋转，但是具有环形齿的铣刀可以以任何所需的切削速度旋转，同时螺钉坯料需要慢慢地旋转以提供合适的进料速率（所使用的多螺纹铣刀通常被称为“滚刀”，但术语滚刀仅应用于类似齿轮滚刀的具有螺旋齿排的铣刀）。

使用多铣刀而不是单铣刀的目的是在大约一圈的工作中完成螺纹切削，允许轻微的过度行程以确保将螺纹铣削到切削结束点与起始点结合的全深。具有至少有一个半或两个螺纹或螺距比被铣削螺纹宽的铣刀，被进给到全螺纹深度，然后刀具或螺钉坯料沿纵向移动一个等于在工件一转中螺纹导程的距离。

多铣刀用于铣削相对较短的螺纹以及粗牙、中等或细牙的螺纹。图 8-49 所示的多刀类型螺纹和铣削外螺纹和内螺纹工件证明非常高效，但是它的有用性并不局限于带肩的工件和不通孔。

在使用多个铣刀进行内螺纹铣削或外螺纹铣削时，刀具的轴线与工件的轴线平行，而不是像使用单个铣刀那样倾斜刀具以适应螺纹的导程角。理论上，这不是刀具的正确位置，因为每个切削刃在与螺杆轴线成直角的平面中旋转，同时铣削螺旋形的螺纹牙槽。然而，照例铣刀和螺纹之间的干涉不会导致标准螺纹牙型的决定性变化。通常偏差非常小，可以忽略，除非相对于轴线相当倾斜的铣削螺纹像多铣刀螺纹成形和大导程角一样。多铣刀适用于导程角在 3½°以下的外螺纹和导程角在 2½°以下的内螺纹。具有比美国标准或惠氏牙型更陡的侧面或更小牙型角的螺纹具有更大对最大螺旋角的限制，并且必须用倾斜至螺旋角的单刃铣刀铣削，假设铣削加工优于其他方法。例如，在铣削具有 29°的牙型角的爱克母螺纹时，如果使用多铣刀则有相当大的干涉，除非与螺距成比例螺纹直径足够大以防止这种干扰。如果尝试用多铣刀铣削方形螺纹，由于干涉，结果不能令人满意。

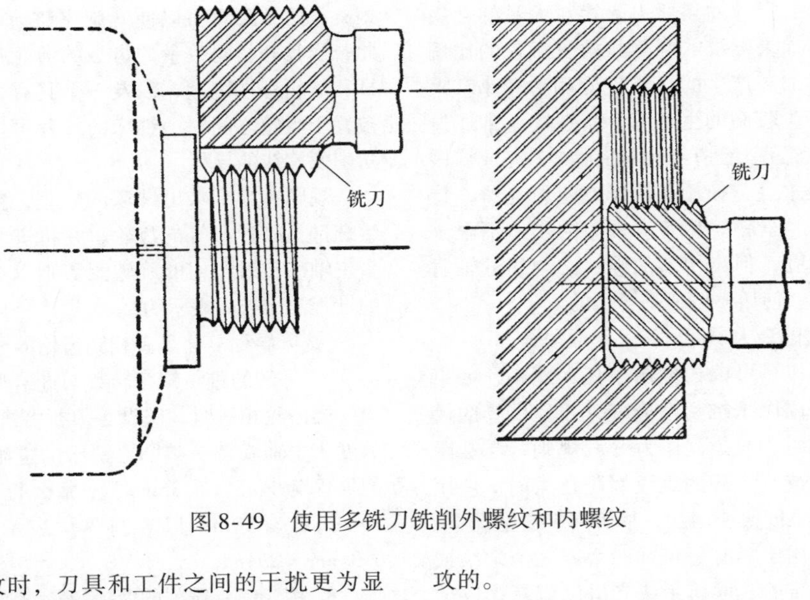

图 8-49　使用多铣刀铣削外螺纹和内螺纹

铣削内螺纹时，刀具和工件之间的干扰更为显著，因为刀具不能很好地清理自己。在实践中对于内、外螺纹的工件，优选使用尽可能小的铣刀，不仅可以避免干扰，而且减少驱动机构的应力。一些被称为“顶面铣刀”的螺纹铣刀被制造用于铣削螺纹的外径以及角边和牙底，但大多数都制成无螺纹攻的。

3. 行星法

螺纹铣削的行星法在原理上与行星铣削类似。将需要铣削螺纹的零件保持固定，当螺纹铣刀绕其自身的轴线旋转时，环绕工件被赋予行星运动，以便在一个行星旋转中铣削螺纹。机床主轴和由其固定的铣刀纵向移动来铣削螺纹，在一次行星旋转期间的移动量等于螺纹导程。此操作适用于内部螺纹和外部螺纹。其他优点：螺纹铣削通常伴随着在其他相邻表面上的铣削操作，并且可以用常规法和行星法进行。例如，可以使用机床来同时铣削螺纹和同心圆柱表面。当铣削操作开始时，刀具主轴将铣刀进给到正确的深度，然后行星运动开始，从而铣削螺纹和圆柱表面。通过该方法磨削的螺纹上消除了尖锐的起始边缘，螺纹以平滑渐进的方式开始。一种机床的设计可以同时铣削内螺纹和外螺纹，这些螺纹可以是相同的旋向，或者可以一个是右旋，而另一个是左旋。螺纹也可以是相同的螺距或不同的螺距，也可以是直的或锥形的。

4. 用于螺纹铣床的工件类别

对于某些螺纹的加工，螺纹铣床优于车床或丝锥和模压。

螺纹铣床成为优选有四个一般性原因：①由于螺纹的螺距太粗而不能用模压切削；②因为铣削加工比在车床中使用单刃具有效率；③ 比使用丝锥或模压获得更平滑和更准确的螺纹；④ 如果不是唯一可行的方式，但因为螺纹相对于肩部或其他表面位置确定了铣削方法较优。

具有单铣刀的螺纹铣床特别适用于粗牙、多线螺纹或任何形式、尺寸的需要去除相对大量的金属的螺纹，尤其是如果螺纹的螺距与螺纹直径的比例较大，由于铣削加工产生的扭转应变相对较小。螺纹铣削通常会产生较高的生产率，而螺纹通常通过多螺纹铣刀绕螺纹直径进行单圈切削加工完成。多刀式螺纹铣床经常会与模压和攻螺纹进行竞争，特别是自开模和压溃丝锥。尽管多铣刀的用途不限于肩部工作和不通孔，但当切削的螺纹必须靠近轴肩或者浅凹的底部，使用多铣刀是合适的。

5. 模压螺纹的最大螺距

特殊设计的模具可以构建用于任何螺距，如果螺钉毛坯足够坚固以抵抗切削应变，并且模具的尺寸和成本不重要时。但是，作为一般规则，当螺距比每英寸四个牙或五个牙的螺纹螺距还大时，使用模压切削螺纹的难度快速增加，尽管在少数情况下，一些模具成功地用于具有每英寸两个或三个螺纹或更少的螺纹。所需的表面质量或光滑度以及螺纹的螺距与螺杆直径之间的关系在很大程度上取决于模具的设计。当螺杆直径与螺距所成比例相对较小时，在切削螺纹时设定的扭转应变可能会产生相当大的变形。如果对于给定的直径，每英寸的螺纹数仅比标准数目少一个或两个，则螺钉毛坯通常将足够坚固以允许使用模具。

6. 小幅改变螺纹螺距

例如当丝锥的螺距增加少量以补偿硬化时的收缩时，可能需要对螺纹螺距进行非常细微的改变。获得细微改变螺距的一种方法是使用一个锥形附件。该附件被设置成一定的角度，并且通过调节尾座中心将工件定位在相同的角度。结果就是该刀具跟随着相对于刀架运动成一个角度的路径，因此导致螺纹的螺距细微地增加，该量取决于工件和锥形附接件的设置角度。为了获得给定的螺距增加，该角度的余弦等于标准螺距（以常规方式使用的车床获得的螺距）除以补偿收缩所需的增加的螺距。

示例：如果将¾in 美制标准螺钉的螺距从 0.100 增加到 0.1005，则锥形附件和工件应设置角度的余弦值如下：

所需角度的余弦 = 0.100/0.1005 = 0.9950

这大约是 5°45′的余弦。

7. 铣床的导程

如果齿轮齿数相等的齿轮放置在工作台进给螺杆和蜗轮螺柱上，则铣床的导程是分度主轴旋转一周时工作台移动的距离。该距离是个常数，用于计算变换齿轮。

螺旋或“螺线”的导程是沿着工件轴线测量的距离，这个距离可以使螺旋完整地绕工件一圈。因此，当具有相同数量的齿数的齿轮被放置在进给螺杆和蜗轮螺柱之间，以及一个具有合适尺寸的惰轮被置于齿轮之间时，铣床的导程可以表示为将要被切削螺旋线的导程。

规则：为了求出铣床的导程，在蜗轮螺柱和进给螺杆上放置相等的齿轮，并将进给螺杆产生分度头主轴一转时产生的旋转圈数乘以进给螺杆上螺纹的导程。用公式表示为

铣床导程 = 让具有相同齿轮的分度主轴的一转的进给螺杆转数 × 进给螺杆导程

当齿轮相等时，假设必须要将进给螺杆转 40 转分度头主轴旋转一整圈，铣床的进给螺杆上的螺纹的导程为¼in（6.35mm），那么机床的导程等于 40 × ¼in = 10in。以米制单位表示，导程为 40 × 6.35mm = 254mm。

8. 用于螺旋铣削的变换齿轮

要找到用于螺旋铣削的复合齿轮链中的变速齿轮，将要切削螺旋线的导程和铣床的导程分别放在分数的分子和分母中；将分子和分母分别分成两个因子，并且将每“对”因子乘以相同的数字，直到获得用于变换齿轮的适当齿数（在该计算中，分子

中的一个因子和分母中的一个因子被认为是一个“对”）。

示例：假设机床的导程为 10in，并且要切削具有 48in 导程的螺旋。以下方法的说明：

$$\frac{48}{10}=\frac{6\times8}{2\times5}=\frac{(6\times12)\times(8\times8)}{(2\times12)\times(5\times8)}=\frac{72\times64}{24\times40}$$

具有 72 齿的齿轮放置在蜗轮螺柱上，并与中间轴上的 24 齿齿轮啮合。然后在相同的中间轴上放置具有 64 个齿的齿轮，该齿轮由具有放置在进给螺杆上的 40 个齿的齿轮驱动。这使得齿轮具有 72 齿和 64 齿从动齿轮，同时齿轮具有 24 齿和 40 齿的主齿轮轮。通常，对于复合齿轮传动，可以使用以下公式：

$$\frac{\text{被切削的螺旋线导程}}{\text{机床导程}}=\frac{\text{从动轮乘积}}{\text{主动轮乘积}}$$

短导程铣削——如果要铣削的导程非常短，则驱动可能会直接从工作台进给螺杆传递到分度头主轴，以避免过量的载荷作用在进给螺杆和变换齿轮上。如果工作台进给螺杆具有每英寸 4 牙的螺纹（通常的标准），那么

$$\text{变换齿数比}=\frac{\text{要铣削的导程}}{0.25}=\frac{\text{从动齿轮}}{\text{主动齿轮}}$$

为了分度，主轴变换齿轮上的齿数应为所需分度数的一定倍数，以允许分离和转动齿轮进行分度。

9. 螺旋线

螺旋线是由在圆柱体的轴线方向以恒定速率围绕圆柱形表面（实部或虚部）移动的点产生的曲线。螺纹的曲率是螺旋曲线的一个常见例子。

螺旋线的导程：螺旋的导程是其在围绕圆柱形表面的一整圈中在轴向方向上前进的距离。说明螺纹的导程等于螺纹转一圈前进的距离，也等于螺母在一个扣中前进的距离。

螺旋线的展开：如果螺旋线的一个曲线展开到一个平面上（见图 8-50），则螺旋线将成为形成直角三角形斜边的直线。该三角形的一侧的长度等于螺旋线重合圆柱体的圆周长度，三角形的另一侧的长度等于螺旋线的导程。

8

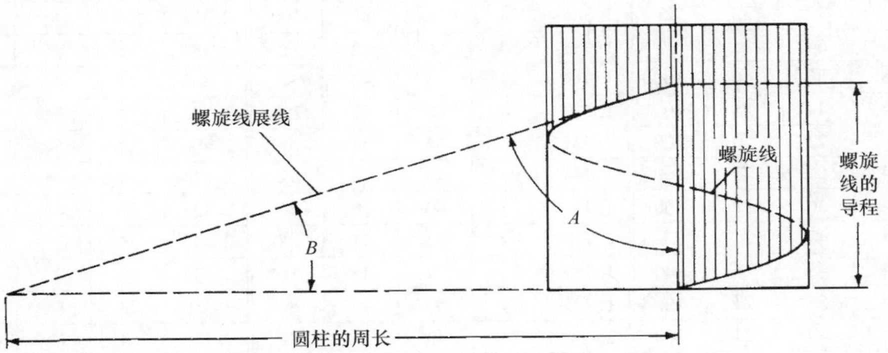

图 8-50　螺旋线的展开

10. 螺旋角

螺旋线的三角形展开具有一个由圆柱体的圆周对着的角度 *A*，以及由螺旋线导程对着的另一个角度 *B*。术语“螺旋角”适用于角度 *A*。例如，根据术语的一般用法，斜齿轮的螺旋角总是角度 *A*，因为这是用于斜齿轮设计公式的角度。螺旋角 *A* 也适用于铣削铣刀、铰刀等的螺旋齿。齿轮或切削齿的角度 *A* 是其相对于齿轮或铣刀轴线的倾斜度的量度。

导程角：角度 *B* 适用于螺纹和蜗杆螺纹，称为螺纹或蜗杆的导程角。该角度 *B* 是螺纹与垂直于螺纹轴线的平面的倾斜度的度量。角度 *B* 称为“导程角”，因为它与螺纹的导程相对，并将其与应用于螺旋齿轮的术语“螺旋角”区分开。

求螺旋齿轮的螺旋角：一个螺旋齿轮齿具有无数的螺旋角，但是在齿轮设计和齿轮切削中，中径或中间加工深度的角度是必需的。该角度 *A* 相对于齿轮的轴线，求取如下：

$$\tan\text{螺旋角}=\frac{3.1416\times\text{齿轮中径}}{\text{齿轮齿导程}}$$

求螺纹的导程角：螺纹中径的导程角或螺旋角通常是必须的，例如，螺纹铣刀必须与螺纹对齐时，此角度从垂直于螺纹轴线的平面测量，求取如下：

$$\tan\text{导程角}=\frac{\text{螺纹导程}}{3.1416\times\text{螺纹中径}}$$

不同尺寸下不同导程的变换齿轮见表 8-145～表 8-154。

表 8-145 用于 0. 670 ~ 2. 658in 不同导程的变换齿轮

导程/in	从动轮	主动轮	从动轮	主动轮	导程/in	从动轮	主动轮	从动轮	主动轮	导程/in	从动轮	主动轮	从动轮	主动轮
	蜗杆齿轮	中间轴一套齿轮	中间轴二套齿轮	螺杆齿轮		蜗杆齿轮	中间轴一套齿轮	中间轴二套齿轮	螺杆齿轮		蜗杆齿轮	中间轴一套齿轮	中间轴二套齿轮	螺杆齿轮
0. 670	24	86	24	100	1. 711	28	72	44	100	2. 182	24	44	40	100
0. 781	24	86	28	100	1. 714	24	56	40	100	2. 188	24	48	28	64
0. 800	24	72	24	100	1. 744	24	64	40	86	2. 193	24	56	44	86
0. 893	24	86	32	100	1. 745	24	44	32	100	2. 200	24	48	44	100
0. 930	24	72	24	86	1. 750	28	64	40	100	2. 222	24	48	32	72
1. 029	24	56	24	100	1. 776	24	44	28	86	2. 233	40	86	48	100
1. 042	28	86	32	100	1. 778	32	72	40	100	2. 238	28	64	44	86
1. 047	24	64	24	86	1. 786	24	86	64	100	2. 240	28	40	32	100
1. 050	24	64	28	100	1. 800	24	64	48	100	2. 250	24	40	24	64
1. 067	24	72	32	100	1. 809	28	72	40	86	2. 274	32	72	44	86
1. 085	24	72	28	86	1. 818	24	44	24	72	2. 286	32	56	40	100
1. 116	24	86	40	100	1. 823	28	86	56	100	2. 292	24	64	44	72
1. 196	24	56	24	86	1. 860	28	56	32	86	2. 326	32	64	40	86
1. 200	24	48	24	100	1. 861	24	72	48	86	2. 333	28	48	40	100
1. 221	24	64	28	86	1. 867	28	48	32	100	2. 338	24	44	24	56
1. 228	24	86	44	100	1. 875	24	48	24	64	2. 344	28	86	72	100
1. 240	24	72	32	86	1. 886	24	56	44	100	2. 368	28	44	32	86
1. 250	24	64	24	72	1. 905	24	56	32	72	2. 381	32	86	64	100
1. 302	28	86	40	100	1. 919	24	64	44	86	2. 386	24	44	28	64
1. 309	24	44	24	100	1. 920	24	40	32	100	2. 392	24	56	48	86
1. 333	24	72	40	100	1. 925	28	64	44	100	2. 400	28	56	48	100
1. 340	24	86	48	100	1. 944	24	48	28	72	2. 424	24	44	32	72
1. 371	24	56	32	100	1. 954	24	40	28	86	2. 431	28	64	40	72
1. 395	24	48	24	86	1. 956	32	72	44	100	2. 442	24	32	28	86
1. 400	24	48	28	100	1. 990	28	72	44	86	2. 445	40	72	44	100
1. 429	24	56	24	72	1. 993	24	56	40	86	2. 450	28	64	56	100
1. 440	24	40	24	100	2. 000	24	40	24	72	2. 456	44	86	48	100
1. 458	24	64	28	72	2. 009	24	86	72	100	2. 481	32	72	48	86
1. 467	24	72	44	100	2. 030	24	44	32	86	2. 489	32	72	56	100
1. 488	32	86	40	100	2. 035	28	64	40	86	2. 500	24	48	28	56
1. 500	24	64	40	100	2. 036	28	44	32	100	2. 514	32	56	44	100
1. 522	24	44	24	86	2. 045	24	44	24	64	2. 532	28	72	56	86
1. 550	24	72	40	86	2. 047	40	86	44	100	2. 537	24	44	40	86
1. 563	24	86	56	100	2. 057	24	28	24	100	2. 546	28	44	40	100
1. 595	24	56	32	86	2. 067	32	72	40	86	2. 558	32	64	44	86
1. 600	24	48	32	100	2. 083	24	64	40	72	2. 567	28	48	44	100
1. 607	24	56	24	64	2. 084	28	86	64	100	2. 571	24	40	24	56
1. 628	24	48	28	86	2. 093	24	64	48	86	2. 593	28	48	32	72
1. 637	32	86	44	100	2. 100	24	64	56	100	2. 605	28	40	32	86
1. 650	24	64	44	100	2. 121	24	44	28	72	2. 618	24	44	48	100
1. 667	24	56	28	72	2. 133	24	72	64	100	2. 619	24	56	44	72
1. 674	24	40	24	86	2. 143	24	56	32	64	2. 625	24	40	28	64
1. 680	24	40	28	100	2. 171	24	72	56	86	2. 640	24	40	44	100
1. 706	24	72	44	86	2. 178	28	72	56	100	2. 658	32	56	40	86

表 8-146　用于 2.667～4.040in 不同导程的变换齿轮

导程/in	从动轮	主动轮	从动轮	主动轮	导程/in	从动轮	主动轮	从动轮	主动轮	导程/in	从动轮	主动轮	从动轮	主动轮
	蜗杆齿轮	中间轴一套齿轮	中间轴二套齿轮	螺杆齿轮		蜗杆齿轮	中间轴一套齿轮	中间轴二套齿轮	螺杆齿轮		蜗杆齿轮	中间轴一套齿轮	中间轴二套齿轮	螺杆齿轮
2.667	40	72	48	100	3.140	24	86	72	64	3.588	72	56	24	86
2.674	28	64	44	72	3.143	40	56	44	100	3.600	72	48	24	100
2.678	24	56	40	64	3.150	28	100	72	64	3.618	56	72	40	86
2.679	32	86	72	100	3.175	32	56	40	72	3.636	24	44	32	48
2.700	24	64	72	100	3.182	28	44	32	64	3.637	48	44	24	72
2.713	28	48	40	86	3.189	32	56	48	86	3.646	40	48	28	64
2.727	24	44	32	64	3.190	24	86	64	56	3.655	40	56	44	86
2.743	24	56	64	100	3.198	40	64	44	86	3.657	64	56	32	100
2.750	40	64	44	100	3.200	28	100	64	56	3.663	72	64	28	86
2.778	32	64	40	72	3.214	24	56	48	64	3.667	40	48	44	100
2.791	28	56	48	86	3.225	24	100	86	64	3.673	24	28	24	56
2.800	24	24	28	100	3.241	28	48	40	72	3.684	44	86	72	100
2.812	24	32	24	64	3.256	24	24	28	86	3.686	86	56	24	100
2.828	28	44	32	72	3.267	28	48	56	100	3.704	32	48	40	72
2.843	40	72	44	86	3.273	24	40	24	44	3.721	24	24	32	86
2.845	32	72	64	100	3.275	44	86	64	100	3.733	48	72	56	100
2.849	28	64	56	86	3.281	24	32	28	64	3.750	24	32	24	48
2.857	24	48	32	56	3.300	44	64	48	100	3.763	86	64	28	100
2.865	44	86	56	100	3.308	32	72	64	86	3.771	44	56	48	100
2.867	86	72	24	100	3.333	32	64	48	72	3.772	24	28	44	100
2.880	24	40	48	100	3.345	28	100	86	72	3.799	56	48	28	86
2.894	28	72	64	86	3.349	40	86	72	100	3.809	24	28	32	72
2.909	32	44	40	100	3.360	56	40	24	100	3.810	64	56	24	72
2.917	24	64	56	72	3.383	32	44	40	86	3.818	24	40	28	44
2.924	32	56	44	86	3.403	28	64	56	72	3.819	40	64	44	72
2.933	44	72	48	100	3.409	24	44	40	64	3.822	86	72	32	100
2.934	32	48	44	100	3.411	32	48	44	86	3.837	24	32	44	86
2.946	24	56	44	64	3.422	44	72	56	100	3.840	64	40	24	100
2.960	28	44	40	86	3.428	24	40	32	56	3.850	44	64	56	100
2.977	40	86	64	100	3.429	40	28	24	100	3.876	24	72	100	86
2.984	28	48	44	86	3.438	24	48	44	64	3.889	32	64	56	72
3.000	24	40	28	56	3.488	40	64	48	86	3.896	24	44	40	56
3.030	24	44	40	72	3.491	64	44	24	100	3.907	56	40	24	86
3.044	24	44	48	86	3.492	32	56	44	72	3.911	44	72	64	100
3.055	28	44	48	100	3.500	40	64	56	100	3.920	28	40	56	100
3.056	32	64	44	72	3.520	32	40	44	100	3.927	72	44	24	100
3.070	24	40	44	86	3.535	28	44	40	72	3.929	32	56	44	64
3.080	28	40	44	100	3.552	56	44	24	86	3.977	28	44	40	64
3.086	24	56	72	100	3.556	40	72	64	100	3.979	44	72	56	86
3.101	40	72	48	86	3.564	56	44	28	100	3.987	24	28	40	86
3.111	28	40	32	72	3.565	28	48	44	72	4.000	24	40	32	48
3.117	24	44	32	56	3.571	24	48	40	56	4.011	28	48	44	64
3.125	28	56	40	64	3.572	48	86	64	100	4.019	72	86	48	100
3.126	48	86	56	100	3.582	44	40	28	86	4.040	32	44	40	72

表 8-147 用于 4.059 ~ 5.568in 不同导程的变换齿轮

导程/in	从动轮 蜗杆齿轮	主动轮 中间轴一套齿轮	从动轮 中间轴二套齿轮	主动轮 螺杆齿轮	导程/in	从动轮 蜗杆齿轮	主动轮 中间轴一套齿轮	从动轮 中间轴二套齿轮	主动轮 螺杆齿轮	导程/in	从动轮 蜗杆齿轮	主动轮 中间轴一套齿轮	从动轮 中间轴二套齿轮	主动轮 螺杆齿轮
4.059	32	44	48	86	4.567	72	44	24	100	5.105	44	24	56	64
4.060	64	44	24	86	4.572	40	56	64	100	5.116	86	56	24	86
4.070	28	32	40	86	4.582	72	44	28	72	5.119	64	40	24	72
4.073	64	44	28	100	4.583	44	64	48	64	5.120	56	48	32	100
4.074	32	48	44	72	4.584	32	48	44	86	5.133	44	24	44	100
4.091	24	44	48	64	4.651	40	24	24	100	5.134	72	56	28	100
4.093	32	40	44	86	4.655	64	44	32	44	5.142	44	32	40	100
4.114	48	28	24	100	4.667	28	40	32	64	5.143	86	40	24	40
4.125	24	40	44	64	4.675	24	28	24	100	5.156	100	72	24	64
4.135	40	72	64	86	4.687	40	32	24	100	5.160	28	24	24	100
4.144	56	44	28	86	4.688	56	86	72	56	5.168	64	48	32	86
4.167	28	48	40	56	4.691	86	44	24	86	5.185	32	44	32	72
4.186	72	64	32	86	4.714	44	40	24	72	5.186	100	64	28	72
4.200	48	64	56	100	4.736	64	44	28	44	5.195	64	40	40	56
4.242	28	44	32	48	4.762	40	28	24	100	5.209	86	64	24	72
4.253	64	56	32	86	4.773	24	32	28	86	5.210	72	64	28	86
4.264	40	48	44	86	4.778	86	72	40	86	5.226	72	44	28	72
4.267	64	48	32	100	4.784	72	56	32	100	5.233	44	28	40	86
4.278	28	40	44	72	4.785	48	28	24	64	5.236	24	32	32	100
4.286	24	28	24	48	4.800	48	24	24	64	5.238	86	72	24	72
4.300	86	56	28	100	4.813	44	40	28	72	5.250	48	40	28	40
4.320	72	40	24	100	4.821	72	56	24	72	5.256	28	44	44	100
4.341	48	72	56	86	4.849	32	44	48	86	5.280	40	28	44	100
4.342	64	48	28	86	4.861	40	32	28	72	5.303	72	44	40	48
4.361	100	64	24	86	4.884	48	64	56	56	5.316	40	24	32	86
4.363	24	40	32	44	4.889	32	40	44	100	5.328	44	64	28	86
4.364	40	44	48	100	4.898	24	28	32	64	5.333	44	32	32	100
4.365	40	56	44	72	4.900	56	32	28	100	5.347	40	28	56	72
4.375	24	24	28	64	4.911	40	56	44	72	5.348	64	86	28	72
4.386	24	28	44	86	4.914	86	56	32	86	5.357	86	64	24	64
4.400	24	24	44	100	4.950	56	44	28	100	5.358	72	32	72	100
4.444	64	56	28	72	4.961	64	48	32	86	5.375	64	44	40	100
4.465	64	40	24	86	4.978	56	72	64	56	5.400	40	24	24	100
4.466	48	40	32	86	4.984	100	56	24	100	5.413	40	48	32	86
4.477	44	32	28	86	5.000	24	24	28	86	5.426	56	40	28	86
4.479	86	64	24	72	5.017	86	48	28	100	5.427	48	44	56	86
4.480	56	40	32	100	5.023	72	40	24	100	5.444	40	32	28	72
4.500	72	64	40	100	5.029	44	28	32	86	5.455	86	44	28	56
4.522	100	72	28	86	5.040	72	40	28	72	5.469	64	28	28	64
4.537	56	48	28	72	5.074	40	44	48	86	5.473	44	40	28	100
4.545	24	44	40	48	5.080	64	56	32	100	5.486	40	24	24	100
4.546	28	44	40	56	5.088	100	64	28	72	5.500	56	44	24	48
4.548	44	72	64	86	5.091	56	44	40	100	5.556	44	24	24	72
4.558	56	40	28	86	5.093	40	48	44	100	5.568	86	56	28	64

表 8-148　用于 5.581～7.500in 不同导程的变换齿轮

导程/in	从动轮	主动轮	从动轮	主动轮	导程/in	从动轮	主动轮	从动轮	主动轮	导程/in	从动轮	主动轮	从动轮	主动轮
	蜗杆齿轮	中间轴一套齿轮	中间轴二套齿轮	螺杆齿轮		蜗杆齿轮	中间轴一套齿轮	中间轴二套齿轮	螺杆齿轮		蜗杆齿轮	中间轴一套齿轮	中间轴二套齿轮	螺杆齿轮
5.581	64	32	24	86	6.172	72	28	24	100	6.825	86	56	32	72
5.582	48	24	24	86	6.202	40	24	32	86	6.857	32	28	24	40
5.600	56	24	24	100	6.222	64	40	28	72	6.875	44	24	24	64
5.625	48	32	24	64	6.234	32	28	24	44	6.880	86	40	32	100
5.657	56	44	32	72	6.250	24	24	40	64	6.944	100	48	24	72
5.698	56	32	28	86	6.255	86	44	32	100	6.945	100	56	28	72
5.714	48	28	24	72	6.279	72	64	48	86	6.968	86	48	28	72
5.730	40	48	44	64	6.286	44	40	32	56	6.977	48	32	40	86
5.733	86	48	32	100	6.300	72	32	28	100	6.982	64	44	48	100
5.756	72	64	44	86	6.343	100	44	24	86	6.984	44	28	32	72
5.759	86	56	24	64	6.350	40	28	32	72	7.000	28	24	24	40
5.760	72	40	32	100	6.364	56	44	24	48	7.013	72	44	24	56
5.788	64	72	56	86	6.379	64	28	24	86	7.040	64	40	44	100
5.814	100	64	32	86	6.396	44	32	40	86	7.071	56	44	40	72
5.818	64	44	40	100	6.400	64	24	24	100	7.104	56	44	48	86
5.833	28	24	24	48	6.417	44	40	28	48	7.106	100	72	44	86
5.847	64	56	44	86	6.429	24	28	24	32	7.111	64	40	32	72
5.848	44	28	32	86	6.450	86	64	48	100	7.130	44	24	28	72
5.861	72	40	28	86	6.460	100	72	40	86	7.143	40	28	32	64
5.867	44	24	32	100	6.465	64	44	32	72	7.159	72	44	28	64
5.893	44	32	24	56	6.482	56	48	40	72	7.163	56	40	44	86
5.912	86	64	44	100	6.512	56	24	24	86	7.167	86	40	24	72
5.920	56	44	40	86	6.515	86	44	24	72	7.176	72	28	24	86
5.926	64	48	32	72	6.534	56	24	28	100	7.200	72	24	24	100
5.952	100	56	24	72	6.545	48	40	24	44	7.268	100	64	40	86
5.954	64	40	32	86	6.548	44	48	40	56	7.272	64	44	28	56
5.969	44	24	28	86	6.563	56	32	24	64	7.273	32	24	24	44
5.972	86	48	24	72	6.578	72	56	44	86	7.292	56	48	40	64
5.980	72	56	40	86	6.600	48	32	44	100	7.310	44	28	40	86
6.000	48	40	28	56	6.645	100	56	32	86	7.314	64	28	32	100
6.016	44	32	28	64	6.667	64	48	28	56	7.326	72	32	28	86
6.020	86	40	28	100	6.689	86	72	56	100	7.330	86	44	24	64
6.061	40	44	32	48	6.697	100	56	24	64	7.333	44	24	40	100
6.077	100	64	28	72	6.698	72	40	32	86	7.334	44	40	32	48
6.089	72	44	32	86	6.719	86	48	24	64	7.347	48	28	24	56
6.109	56	44	48	100	6.720	56	40	48	100	7.371	86	56	48	100
6.112	24	24	44	72	6.735	44	28	24	56	7.372	86	28	24	100
6.122	40	28	24	56	6.750	72	40	24	64	7.400	100	44	28	86
6.125	56	40	28	64	6.757	86	56	44	100	7.408	40	24	32	72
6.137	72	44	24	64	6.766	64	44	40	86	7.424	56	44	28	48
6.140	48	40	44	86	6.784	100	48	28	86	7.442	64	24	24	86
6.143	86	56	40	100	6.806	56	32	28	72	7.465	86	64	40	72
6.160	56	40	44	100	6.818	40	32	24	44	7.467	64	24	28	100
6.171	72	56	48	100	6.822	44	24	32	86	7.500	48	24	24	64

表 8-149 用于 7.525～9.598in 不同导程的变换齿轮

导程/in	从动轮	主动轮	从动轮	主动轮	导程/in	从动轮	主动轮	从动轮	主动轮	导程/in	从动轮	主动轮	从动轮	主动轮
	蜗杆齿轮	中间轴一套齿轮	中间轴二套齿轮	螺杆齿轮		蜗杆齿轮	中间轴一套齿轮	中间轴二套齿轮	螺杆齿轮		蜗杆齿轮	中间轴一套齿轮	中间轴二套齿轮	螺杆齿轮
7.525	86	32	28	100	8.140	56	32	40	86	8.800	48	24	44	100
7.543	48	28	44	100	8.145	64	44	56	100	8.838	100	44	28	72
7.576	100	44	24	72	8.148	64	48	44	72	8.839	72	56	44	64
7.597	56	24	28	86	8.149	44	24	32	72	8.909	56	40	28	44
7.601	86	44	28	72	8.163	40	28	32	56	8.929	100	48	24	56
7.611	72	44	40	86	8.167	56	40	28	48	8.930	64	40	48	86
7.619	64	48	32	56	8.182	48	32	24	44	8.953	56	32	44	86
7.620	64	28	24	72	8.186	64	40	44	86	8.959	86	48	28	56
7.636	56	40	24	44	8.212	86	64	44	72	8.960	64	40	56	100
7.639	44	32	40	72	8.229	72	28	32	100	8.980	44	28	32	56
7.644	86	72	64	100	8.250	44	32	24	40	9.000	48	32	24	40
7.657	56	32	28	64	8.306	100	56	40	86	9.044	100	72	56	86
7.674	72	48	44	86	8.312	64	44	32	56	9.074	56	24	28	72
7.675	48	32	44	86	8.333	40	24	24	48	9.091	40	24	24	44
7.679	86	48	24	56	8.334	40	24	28	56	9.115	100	48	28	64
7.680	64	40	48	100	8.361	86	40	28	72	9.134	72	44	48	86
7.700	56	32	44	100	8.372	72	24	24	86	9.137	100	56	44	86
7.714	72	40	24	56	8.377	86	44	24	56	9.143	64	40	32	56
7.752	100	48	32	86	8.400	72	24	28	100	9.164	72	44	56	100
7.778	32	24	28	48	8.437	72	32	24	64	9.167	44	24	24	48
7.792	40	28	24	44	8.457	100	44	32	86	9.210	72	40	44	86
7.813	100	48	24	64	8.484	32	24	28	44	9.214	86	40	24	56
7.815	56	40	48	86	8.485	64	44	28	48	9.260	100	48	32	72
7.818	86	44	40	100	8.485	56	44	32	48	9.302	48	24	40	86
7.838	86	48	28	64	8.506	64	28	32	86	9.303	56	28	40	86
7.855	72	44	48	100	8.523	100	44	24	64	9.333	64	40	28	48
7.857	44	24	24	56	8.527	44	24	40	86	9.334	32	24	28	40
7.872	44	28	32	64	8.532	86	56	40	72	9.351	48	28	24	44
7.875	72	40	28	64	8.534	64	24	32	100	9.375	48	32	40	64
7.883	86	48	44	100	8.552	86	44	28	64	9.382	86	44	48	100
7.920	72	40	44	100	8.556	56	40	44	72	9.385	86	56	44	72
7.936	100	56	32	72	8.572	64	32	24	56	9.406	86	40	28	64
7.954	40	32	28	44	8.572	48	24	24	56	9.428	44	28	24	40
7.955	56	44	40	64	8.594	44	32	40	64	9.429	48	40	44	56
7.963	86	48	32	72	8.600	86	24	24	100	9.460	86	40	44	100
7.974	48	28	40	86	8.640	72	40	48	100	9.472	64	44	56	86
7.994	100	64	44	86	8.681	100	64	40	72	9.524	40	28	32	48
8.000	64	32	40	100	8.682	64	24	28	86	9.545	72	44	28	48
8.021	44	32	28	48	8.687	86	44	32	72	9.546	56	32	24	44
8.035	72	56	40	64	8.721	100	32	24	86	9.547	56	44	48	64
8.063	86	40	24	64	8.727	48	40	32	44	9.549	100	64	44	72
8.081	64	44	40	72	8.730	44	28	40	72	9.556	86	40	32	72
8.102	100	48	28	72	8.750	28	24	24	32	9.569	72	28	32	86
8.119	64	44	48	86	8.772	48	28	44	86	9.598	86	56	40	64

表 8-150　用于 9.600～12.375in 不同导程的变换齿轮

导程/in	从动轮	主动轮	从动轮	主动轮	导程/in	从动轮	主动轮	从动轮	主动轮	导程/in	从动轮	主动轮	从动轮	主动轮
	蜗杆齿轮	中间轴一套齿轮	中间轴二套齿轮	螺杆齿轮		蜗杆齿轮	中间轴一套齿轮	中间轴二套齿轮	螺杆齿轮		蜗杆齿轮	中间轴一套齿轮	中间轴二套齿轮	螺杆齿轮
9.600	72	24	32	100	10.370	64	24	28	72	11.314	72	28	44	100
9.625	44	32	28	40	10.371	64	48	56	72	11.363	100	44	24	48
9.643	72	32	24	56	10.390	40	28	32	44	11.401	86	44	28	48
9.675	86	64	72	100	10.417	100	32	24	72	11.429	32	24	24	28
9.690	100	48	40	86	10.419	64	40	56	86	11.454	72	40	28	44
9.697	64	48	32	44	10.451	86	32	28	72	11.459	44	24	40	64
9.723	40	24	28	48	10.467	72	32	40	86	11.467	86	24	32	100
9.741	100	44	24	56	10.473	72	44	64	100	11.512	72	32	44	86
9.768	72	48	56	86	10.476	44	24	32	56	11.518	86	28	24	64
9.773	86	44	24	48	10.477	48	28	44	72	11.520	72	40	64	100
9.778	64	40	44	72	10.500	56	32	24	40	11.574	100	48	40	72
9.796	64	28	24	56	10.558	86	56	44	64	11.629	100	24	24	86
9.818	72	40	24	44	10.571	100	44	40	86	11.638	64	40	32	44
9.822	44	32	40	56	10.606	56	44	40	48	11.667	56	24	24	48
9.828	86	28	32	100	10.631	64	28	40	86	11.688	72	44	40	56
9.844	72	32	28	64	10.655	72	44	56	86	11.695	64	28	44	86
9.900	72	32	44	100	10.659	100	48	44	86	11.719	100	32	24	64
9.921	100	56	40	72	10.667	64	40	48	72	11.721	72	40	56	86
9.923	64	24	32	86	10.694	44	24	28	48	11.728	86	40	24	44
9.943	100	44	28	64	10.713	40	28	24	32	11.733	64	24	44	100
9.954	86	48	40	72	10.714	48	32	40	56	11.757	86	32	28	64
9.967	100	56	48	86	10.750	86	40	24	48	11.785	72	48	44	56
9.968	100	28	24	86	10.800	72	32	48	100	11.786	44	28	24	32
10.000	56	28	24	48	10.853	56	24	40	86	11.825	86	32	44	100
10.033	86	24	28	100	10.859	86	44	40	72	11.905	100	28	24	72
10.046	72	40	48	86	10.909	72	44	32	48	11.938	56	24	44	86
10.057	64	28	44	100	10.913	100	56	44	72	11.944	86	24	24	72
10.078	86	32	24	64	10.937	56	32	40	64	11.960	72	28	40	86
10.080	72	40	56	100	10.945	86	44	56	100	12.000	48	24	24	40
10.101	100	44	32	72	10.949	86	48	44	72	12.031	56	32	44	64
10.159	64	28	32	72	10.972	64	28	48	100	12.040	86	40	56	100
10.175	100	32	28	86	11.000	44	24	24	40	12.121	40	24	32	44
10.182	64	40	28	44	11.021	72	28	24	56	12.153	100	32	28	72
10.186	44	24	40	72	11.057	86	56	72	100	12.178	72	44	64	86
10.209	56	24	28	64	11.111	40	24	32	48	12.216	86	44	40	64
10.228	72	44	40	64	11.137	56	32	28	44	12.222	44	24	32	48
10.233	48	24	44	86	11.160	100	56	40	64	12.245	48	28	40	56
10.238	86	28	24	72	11.163	72	24	32	86	12.250	56	32	28	40
10.267	56	24	44	100	11.169	86	44	32	56	12.272	72	32	24	44
10.286	48	28	24	40	11.198	86	48	40	64	12.277	100	56	44	64
10.312	48	32	44	64	11.200	56	24	48	100	12.286	86	28	40	100
10.313	72	48	44	64	11.225	44	28	40	56	12.318	86	48	44	64
10.320	86	40	48	100	11.250	72	24	24	64	12.343	72	28	48	100
10.336	100	72	64	86	11.313	64	44	56	72	12.375	72	40	44	64

表 8-151 用于 12.403 ~ 16.000in 不同导程的变换齿轮

	从动轮	主动轮	从动轮	主动轮		从动轮	主动轮	从动轮	主动轮		从动轮	主动轮	从动轮	主动轮
导程/in	蜗杆齿轮	中间轴一套齿轮	中间轴二套齿轮	螺杆齿轮	导程/in	蜗杆齿轮	中间轴一套齿轮	中间轴二套齿轮	螺杆齿轮	导程/in	蜗杆齿轮	中间轴一套齿轮	中间轴二套齿轮	螺杆齿轮
12.403	64	24	40	86	13.438	86	24	24	64	14.668	44	24	32	40
12.444	64	40	56	72	13.469	48	28	44	56	14.694	72	28	32	56
12.468	64	28	24	44	13.500	72	32	24	40	14.743	86	28	48	100
12.500	40	24	24	32	13.514	86	28	44	100	14.780	86	40	44	64
12.542	86	40	28	48	13.566	100	24	28	86	14.800	100	44	56	86
12.508	86	44	64	100	13.611	56	24	28	48	14.815	64	24	40	72
12.558	72	32	48	86	13.636	48	32	40	44	14.849	56	24	28	44
12.571	64	40	44	56	13.643	64	24	44	86	14.880	100	48	40	56
12.572	44	28	32	40	13.650	86	28	32	72	14.884	64	28	56	86
12.600	72	32	56	100	13.672	100	32	28	64	14.931	86	32	40	72
12.627	100	44	40	72	13.682	86	40	28	44	14.933	64	24	56	100
12.686	100	44	48	86	13.713	64	40	48	56	14.950	100	56	72	86
12.698	64	28	40	72	13.715	64	28	24	40	15.000	48	24	24	32
12.727	64	32	28	44	13.750	44	24	24	32	15.050	86	32	56	100
12.728	56	24	24	44	13.760	86	40	64	100	15.150	100	44	32	48
12.732	100	48	44	72	13.889	100	24	24	72	15.151	100	44	48	72
12.758	64	28	48	86	13.933	86	48	56	72	15.202	86	44	56	72
12.791	100	40	44	86	13.935	86	24	28	72	15.238	64	28	48	72
12.798	86	48	40	56	13.953	72	24	40	86	15.239	64	28	32	48
12.800	64	28	56	100	13.960	86	44	40	56	15.272	56	40	48	44
12.834	56	40	44	48	13.968	64	28	44	72	15.278	44	24	40	48
12.857	72	28	32	64	14.000	56	24	24	40	15.279	100	40	44	72
12.858	48	28	24	32	14.025	72	44	48	56	15.306	100	28	24	56
12.900	86	32	48	100	14.026	72	28	24	44	15.349	72	24	44	86
12.963	56	24	40	72	14.063	72	32	40	64	15.357	86	28	24	48
12.987	100	44	32	56	14.071	86	44	72	100	15.429	72	40	48	56
13.020	100	48	40	64	14.078	86	48	44	56	15.469	72	32	44	64
13.024	56	24	48	86	14.142	72	40	44	56	15.480	86	40	72	100
13.030	86	44	32	48	14.204	100	44	40	64	15.504	100	48	64	86
13.062	64	28	32	56	14.260	56	24	44	72	15.556	64	32	56	72
13.082	100	64	72	86	14.286	40	24	24	28	15.584	48	28	40	44
13.090	72	40	32	44	14.318	72	32	28	44	15.625	100	24	24	64
13.096	44	28	40	48	14.319	72	44	56	64	15.636	86	40	32	44
13.125	72	32	28	48	14.322	100	48	44	64	15.677	86	32	28	48
13.139	86	40	44	72	14.333	86	40	32	48	15.714	44	24	24	28
13.157	72	28	44	86	14.352	72	28	48	86	15.750	72	32	28	40
13.163	86	28	24	56	14.400	72	24	48	100	15.767	86	24	44	100
13.200	72	24	44	100	14.536	100	32	40	86	15.873	100	56	64	72
13.258	100	44	28	48	14.545	64	24	24	44	15.874	100	28	32	72
13.289	100	28	32	86	14.583	56	32	40	48	15.909	100	40	28	44
13.333	64	24	24	48	14.584	40	24	28	32	15.925	86	48	64	72
13.393	100	56	48	64	14.651	72	32	56	86	15.926	86	24	32	72
13.396	72	40	64	86	14.659	86	44	48	64	15.989	100	32	44	86
13.437	86	32	28	56	14.667	64	40	44	48	16.000	64	24	24	40

表 8-152 用于 16.042 ~ 21.39in 不同导程的变换齿轮

导程/in	从动轮	主动轮	从动轮	主动轮	导程/in	从动轮	主动轮	从动轮	主动轮	导程/in	从动轮	主动轮	从动轮	主动轮
	蜗杆齿轮	中间轴一套齿轮	中间轴二套齿轮	螺杆齿轮		蜗杆齿轮	中间轴一套齿轮	中间轴二套齿轮	螺杆齿轮		蜗杆齿轮	中间轴一套齿轮	中间轴二套齿轮	螺杆齿轮
16.042	56	24	44	64	17.442	100	32	48	86	19.350	86	32	72	100
16.043	44	24	28	32	17.454	64	40	48	44	19.380	100	24	40	86
16.071	72	32	40	56	17.500	56	24	24	32	19.394	64	24	32	44
16.125	86	32	24	40	17.550	86	28	32	56	19.444	40	24	28	24
16.204	100	24	28	72	17.677	100	44	56	72	19.480	100	28	24	44
16.233	100	44	40	56	17.679	72	32	44	56	19.531	100	32	40	64
16.280	100	40	56	86	17.778	64	24	32	48	19.535	72	24	56	86
16.288	86	44	40	48	17.858	100	24	24	56	19.545	86	24	24	44
16.296	64	24	44	72	17.917	86	24	32	64	19.590	64	28	48	56
16.327	64	28	40	56	17.918	86	24	24	48	19.635	72	40	48	44
16.333	56	24	28	40	17.959	64	28	44	56	19.642	100	40	44	56
16.364	72	24	24	44	18.000	72	24	24	40	19.643	44	28	40	32
16.370	100	48	44	56	18.181	56	28	40	44	19.656	86	28	64	100
16.423	86	32	44	72	18.182	48	24	40	44	19.687	72	32	56	64
16.456	72	28	64	100	18.229	100	32	28	48	19.710	86	40	44	48
16.500	72	40	44	48	18.273	100	28	44	86	19.840	100	28	40	72
16.612	100	28	40	86	18.285	64	28	32	40	19.886	100	44	56	64
16.623	64	28	32	44	18.333	56	28	44	48	19.887	100	32	28	44
16.667	56	28	40	48	18.367	72	28	40	56	19.908	86	24	40	72
16.722	86	40	56	72	18.428	86	28	24	40	19.934	100	28	48	86
16.744	72	24	48	86	18.476	86	32	44	64	20.00	72	24	32	48
16.752	86	44	48	56	18.519	100	24	32	72	20.07	86	24	56	100
16.753	86	28	24	44	18.605	100	40	64	86	20.09	100	56	72	64
16.797	86	32	40	64	18.663	100	64	86	72	20.16	86	48	72	64
16.800	72	24	56	100	18.667	64	24	28	40	20.20	100	44	64	72
16.875	72	32	48	64	18.700	72	44	64	56	20.35	100	32	56	86
16.892	86	40	44	56	18.750	100	32	24	40	20.36	64	40	56	44
16.914	100	44	64	86	18.750	72	32	40	48	20.41	100	28	32	56
16.969	64	44	56	48	18.770	86	28	44	72	20.42	56	24	28	32
16.970	64	24	28	44	18.812	86	32	28	40	20.45	72	32	40	44
17.045	100	32	24	44	18.858	48	28	44	40	20.48	86	48	64	56
17.046	100	44	48	64	18.939	100	44	40	48	20.57	72	40	64	56
17.062	86	28	40	72	19.029	100	44	72	86	20.63	72	32	44	48
17.101	86	44	56	64	19.048	40	24	32	28	20.74	64	24	56	72
17.102	86	32	28	44	19.090	56	32	48	44	20.78	64	28	40	44
17.141	64	32	48	56	19.091	72	24	28	44	20.83	100	32	48	72
17.143	64	28	24	32	19.096	100	32	44	72	20.90	86	32	56	72
17.144	48	24	24	28	19.111	86	40	64	72	20.93	100	40	72	86
17.188	100	40	44	64	19.136	72	28	64	86	20.95	64	28	44	48
17.200	86	32	64	100	19.197	86	32	40	56	21.00	56	32	48	40
17.275	86	56	72	64	19.200	72	24	64	100	21.12	86	32	44	56
17.361	100	32	40	72	19.250	56	32	44	40	21.32	100	24	44	86
17.364	64	24	56	86	19.285	72	32	48	56	21.33	100	56	86	72
17.373	86	44	64	72	19.286	72	28	24	32	21.39	44	24	28	24

8

表 8-153 用于 21.43 ~ 32.09in 不同导程的变换齿轮

导程/in	从动轮	主动轮	从动轮	主动轮	导程/in	从动轮	主动轮	从动轮	主动轮	导程/in	从动轮	主动轮	从动轮	主动轮
	蜗杆齿轮	中间轴一套齿轮	中间轴二套齿轮	螺杆齿轮		蜗杆齿轮	中间轴一套齿轮	中间轴二套齿轮	螺杆齿轮		蜗杆齿轮	中间轴一套齿轮	中间轴二套齿轮	螺杆齿轮
21.43	100	40	48	56	24.88	100	72	86	48	28.05	72	28	48	44
21.48	100	32	44	64	24.93	64	28	48	44	28.06	100	28	44	56
21.50	86	24	24	40	25.00	72	24	40	48	28.13	100	40	72	64
21.82	72	44	64	48	25.08	86	24	28	40	28.15	86	28	44	48
21.88	100	40	56	64	25.09	86	40	56	48	28.29	72	28	44	40
21.90	86	24	44	72	25.13	86	44	72	56	28.41	100	32	40	44
21.94	86	28	40	56	25.14	64	28	44	40	28.57	100	56	64	40
21.99	86	44	72	64	25.45	64	44	56	32	28.64	72	44	56	32
22.00	64	32	44	40	25.46	100	24	44	72	28.65	100	32	44	48
22.04	72	28	48	56	25.51	100	28	40	56	28.67	86	40	64	48
22.11	86	28	72	100	25.57	100	64	72	44	29.09	64	24	48	44
22.22	100	40	64	72	25.60	86	28	40	48	29.17	100	40	56	48
22.34	86	44	64	56	25.67	56	24	44	40	29.22	100	56	72	44
22.40	86	32	40	48	25.71	72	24	48	56	29.32	86	48	72	44
22.50	72	24	48	64	25.72	72	24	24	28	29.34	64	24	44	40
22.73	100	24	24	44	25.80	86	24	72	100	29.39	72	28	64	56
22.80	86	48	56	44	25.97	100	44	64	56	29.56	86	32	44	40
22.86	64	24	24	28	26.04	100	32	40	48	29.76	100	28	40	48
22.91	72	44	56	40	26.06	86	44	64	48	29.86	100	40	86	72
22.92	100	40	44	48	26.16	100	32	72	86	29.90	100	28	72	86
22.93	86	24	64	100	26.18	72	40	64	44	30.00	56	28	48	32
23.04	86	56	72	48	26.19	44	24	40	28	30.23	86	32	72	64
23.14	100	24	40	72	26.25	72	32	56	48	30.30	100	48	64	44
23.26	100	32	64	86	26.33	86	28	48	56	30.48	64	24	32	28
23.33	64	32	56	48	26.52	100	44	56	48	30.54	100	44	86	64
23.38	72	28	40	44	26.58	100	28	64	86	30.56	44	24	40	24
23.44	100	48	72	64	26.67	64	28	56	48	30.61	100	28	48	56
23.45	86	40	48	44	26.79	100	48	72	56	30.71	86	24	48	56
23.52	86	32	56	64	26.88	86	28	56	64	30.72	86	24	24	28
23.57	72	28	44	48	27.00	72	32	48	40	30.86	72	28	48	40
23.81	100	48	64	56	27.13	100	24	56	86	31.01	100	24	64	86
23.89	86	32	64	72	27.15	100	44	86	72	31.11	64	24	56	48
24.00	64	40	72	48	27.22	56	24	28	24	31.25	100	28	56	64
24.13	86	28	44	56	27.27	100	40	48	44	31.27	86	40	64	44
24.19	86	40	72	64	27.30	86	28	64	72	31.35	86	32	56	48
24.24	64	24	40	44	27.34	100	32	56	64	31.36	86	24	28	32
24.31	100	32	56	72	27.36	86	40	56	44	31.43	64	28	44	32
24.43	86	32	40	44	27.43	64	28	48	40	31.50	72	32	56	40
24.44	44	24	32	24	27.50	56	32	44	28	31.75	100	72	64	28
24.54	72	32	48	44	27.64	86	40	72	56	31.82	100	44	56	40
24.55	100	32	44	56	27.78	100	32	64	72	31.85	86	24	64	72
24.57	86	40	64	56	27.87	86	24	56	72	31.99	100	56	86	48
24.46	86	24	44	64	27.92	86	28	40	44	32.00	64	28	56	40
24.75	72	32	44	40	28.00	100	64	86	48	32.09	56	24	44	32

表 8-154 用于 32.14～60.00in 不同导程的变换齿轮

导程/in	从动轮	主动轮	从动轮	主动轮	导程/in	从动轮	主动轮	从动轮	主动轮	导程/in	从动轮	主动轮	从动轮	主动轮
	蜗杆齿轮	中间轴一套齿轮	中间轴二套齿轮	螺杆齿轮		蜗杆齿轮	中间轴一套齿轮	中间轴二套齿轮	螺杆齿轮		蜗杆齿轮	中间轴一套齿轮	中间轴二套齿轮	螺杆齿轮
32.14	100	56	72	40	38.20	100	24	44	48	46.07	86	28	72	48
32.25	86	48	72	40	38.39	100	40	86	56	46.67	64	24	56	32
32.41	100	24	56	72	38.57	72	28	48	32	46.88	100	32	72	48
32.47	100	28	40	44	38.89	56	24	40	24	47.15	72	24	44	28
32.58	86	24	40	44	38.96	100	28	48	44	47.62	100	28	64	48
32.73	72	32	64	44	39.09	86	32	64	44	47.78	86	24	64	48
32.74	100	28	44	48	39.29	100	28	44	40	47.99	100	32	86	56
32.85	86	24	44	48	39.42	86	24	44	40	48.00	72	24	64	40
33.00	72	24	44	40	39.49	86	28	72	56	48.38	86	32	72	40
33.33	100	24	32	40	39.77	100	32	56	44	48.61	100	24	56	48
33.51	86	28	48	44	40.00	72	24	64	48	48.86	100	40	86	44
33.59	100	64	86	40	40.18	100	32	72	56	48.89	64	24	44	24
33.79	86	28	44	40	40.31	86	32	72	48	49.11	100	28	44	32
33.94	64	24	56	44	40.72	100	44	86	48	49.14	86	28	64	40
34.09	100	48	72	44	40.82	100	28	64	56	49.27	86	24	44	32
34.20	86	44	56	32	40.91	100	40	72	44	49.77	100	24	86	72
34.29	72	48	64	28	40.95	86	28	64	48	50.00	100	28	56	40
34.38	100	32	44	40	40.96	86	24	32	28	50.17	86	24	56	40
34.55	86	32	72	56	41.14	72	28	64	40	50.26	86	28	72	44
34.72	100	24	40	48	41.25	72	24	44	32	51.14	100	32	72	44
34.88	100	24	72	86	41.67	100	32	64	48	51.19	86	24	40	28
34.90	100	56	86	44	41.81	86	24	56	48	51.43	72	28	64	32
35.00	72	24	56	48	41.91	64	24	44	28	51.95	100	28	64	44
35.10	86	28	64	56	41.99	100	32	86	64	52.12	86	24	64	44
35.16	100	32	72	64	42.00	72	24	56	40	52.50	72	24	56	32
35.18	86	44	72	40	42.23	86	28	44	32	53.03	100	24	56	44
35.36	72	32	44	28	42.66	100	28	86	72	53.33	64	24	56	28
35.56	64	24	32	24	42.78	56	24	44	24	53.57	100	28	72	48
35.71	100	32	64	56	42.86	100	28	48	40	53.75	86	24	48	32
35.72	100	24	24	28	43.00	86	32	64	40	54.85	100	28	86	56
35.83	86	32	64	48	43.64	72	24	64	44	55.00	72	24	44	24
36.00	72	32	64	40	43.75	100	32	56	40	55.28	86	28	72	40
36.36	100	44	64	40	43.98	86	32	72	44	55.56	100	24	32	24
36.46	100	48	56	32	44.44	64	24	40	24	55.99	100	24	86	64
36.67	48	24	44	24	44.64	100	28	40	32	56.25	100	32	72	40
36.86	86	28	48	40	44.68	86	28	64	44	56.31	86	24	44	28
37.04	100	24	64	72	44.79	100	40	86	48	57.14	100	28	64	40
37.33	100	32	86	72	45.00	72	28	56	32	57.30	100	24	44	32
37.40	72	28	64	44	45.45	100	32	64	44	57.33	86	24	64	40
37.50	100	48	72	40	45.46	100	28	56	44	58.33	100	24	56	40
37.63	86	32	56	40	45.61	86	24	56	44	58.44	100	28	72	44
37.88	100	24	40	44	45.72	64	24	48	28	58.64	86	24	72	44
38.10	64	24	40	28	45.84	100	24	44	40	59.53	100	24	40	28
38.18	72	24	56	44	45.92	100	28	72	56	60.00	72	24	64	32

当直径 = 1in 时，相对轴线给定螺旋角螺旋的导程见表 8-155。

表 8-155 当直径 = 1in 时，相对轴线给定螺旋角螺旋的导程

(°)	0′	6′	12′	18′	24′	30′	36′	42′	48′	54′	60′
0	无穷大	1800.001	899.997	599.994	449.993	359.992	299.990	257.130	224.986	199.983	179.982
1	179.982	163.616	149.978	138.438	128.545	119.973	112.471	105.851	99.967	94.702	89.964
2	89.964	85.676	81.778	78.219	74.956	71.954	69.183	66.617	64.235	62.016	59.945
3	59.945	58.008	56.191	54.485	52.879	51.365	49.934	48.581	47.299	46.082	44.927
4	44.927	43.827	42.780	41.782	40.829	39.918	39.046	38.212	37.412	36.645	35.909
5	35.909	35.201	34.520	33.866	33.235	32.627	32.040	31.475	30.928	30.400	29.890
6	29.890	29.397	28.919	28.456	28.008	27.573	27.152	26.743	26.346	25.961	25.586
7	25.586	25.222	24.868	24.524	24.189	23.863	23.545	23.236	22.934	22.640	22.354
8	22.354	22.074	21.801	21.535	21.275	21.021	20.773	20.530	20.293	20.062	19.835
9	19.835	19.614	19.397	19.185	18.977	18.773	18.574	18.379	18.188	18.000	17.817
10	17.817	17.637	17.460	17.287	17.117	16.950	16.787	16.626	16.469	16.314	16.162
11	16.162	16.013	15.866	15.722	15.581	15.441	15.305	15.170	15.038	14.908	14.780
12	14.780	14.654	14.530	14.409	14.289	14.171	14.055	13.940	13.828	13.717	13.608
13	13.608	13.500	13.394	13.290	13.187	13.086	12.986	12.887	12.790	12.695	12.600
14	12.600	12.507	12.415	12.325	12.237	12.148	12.061	11.975	11.890	11.807	11.725
15	11.725	11.643	11.563	11.484	11.405	11.328	11.252	11.177	11.102	11.029	10.956
16	10.956	10.884	10.813	10.743	10.674	10.606	10.538	10.471	10.405	10.340	10.276
17	10.276	10.212	10.149	10.086	10.025	9.964	9.904	9.844	9.785	9.727	9.669
18	9.669	9.612	9.555	9.499	9.444	9.389	9.335	9.281	9.228	9.176	9.124
19	9.124	9.072	9.021	8.971	8.921	8.872	8.823	8.774	8.726	8.679	8.631
20	8.631	8.585	8.539	8.493	8.447	8.403	8.358	8.314	8.270	8.227	8.184
21	8.184	8.142	8.099	8.058	8.016	7.975	7.935	7.894	7.855	7.815	7.776
22	7.776	7.737	7.698	7.660	7.622	7.584	7.547	7.510	7.474	7.437	7.401
23	7.401	7.365	7.330	7.295	7.260	7.225	7.191	7.157	7.123	7.089	7.056
24	7.056	7.023	6.990	6.958	6.926	6.894	6.862	6.830	6.799	6.768	6.737
25	6.737	6.707	6.676	6.646	6.617	6.586	6.557	6.528	6.499	6.470	6.441
26	6.441	6.413	6.385	6.357	6.329	6.300	6.274	6.246	6.219	6.192	6.166
27	6.166	6.139	6.113	6.087	6.061	6.035	6.009	5.984	5.959	5.933	5.908
28	5.908	5.884	5.859	5.835	5.810	5.786	5.762	5.738	5.715	5.691	5.668
29	5.668	5.644	5.621	5.598	5.575	5.553	5.530	5.508	5.486	5.463	5.441
30	5.441	5.420	5.398	5.376	5.355	5.333	5.312	5.291	5.270	5.249	5.228
31	5.228	5.208	5.187	5.167	5.147	5.127	5.107	5.087	5.067	5.047	5.028
32	5.028	5.008	4.989	4.969	4.950	4.931	4.912	4.894	4.875	4.856	4.838
33	4.838	4.819	4.801	4.783	4.764	4.746	4.728	4.711	4.693	4.675	4.658
34	4.658	4.640	4.623	4.605	4.588	4.571	4.554	4.537	4.520	4.503	4.487
35	4.487	4.470	4.453	4.437	4.421	4.404	4.388	4.372	4.356	4.340	4.324
36	4.324	4.308	4.292	4.277	4.261	4.246	4.230	4.215	4.199	4.184	4.169
37	4.169	4.154	4.139	4.124	4.109	4.094	4.079	4.065	4.050	4.036	4.021
38	4.021	4.007	3.992	3.978	3.964	3.950	3.935	3.921	3.907	3.893	3.880
39	3.880	3.866	3.852	3.838	3.825	3.811	3.798	3.784	3.771	3.757	3.744
40	3.744	3.731	3.718	3.704	3.691	3.678	3.665	3.652	3.640	3.627	3.614
41	3.614	3.601	3.589	3.576	3.563	3.551	3.538	3.526	3.514	3.501	3.489
42	3.489	3.477	3.465	3.453	3.440	3.428	3.416	3.405	3.393	3.381	3.369
43	3.369	3.358	3.346	3.334	3.322	3.311	3.299	3.287	3.276	3.265	3.253

（续）

(°)	0′	6′	12′	18′	24′	30′	36′	42′	48′	54′	60′
44	3.253	3.242	3.231	3.219	3.208	3.197	3.186	3.175	3.164	3.153	3.142
45	3.142	3.131	3.120	3.109	3.098	3.087	3.076	3.066	3.055	3.044	3.034
46	3.034	3.023	3.013	3.002	2.992	2.981	2.971	2.960	2.950	2.940	2.930
47	2.930	2.919	2.909	2.899	2.889	2.879	2.869	2.859	2.849	2.839	2.829
48	2.829	2.819	2.809	2.799	2.789	2.779	2.770	2.760	2.750	2.741	2.731
49	2.731	2.721	2.712	2.702	2.693	2.683	2.674	2.664	2.655	2.645	2.636
50	2.636	2.627	2.617	2.608	2.599	2.590	2.581	2.571	2.562	2.553	2.544
51	2.544	2.535	2.526	2.517	2.508	2.499	2.490	2.481	2.472	2.463	2.454
52	2.454	2.446	2.437	2.428	2.419	2.411	2.402	2.393	2.385	2.376	2.367
53	2.367	2.359	2.350	2.342	2.333	2.325	2.316	2.308	2.299	2.291	2.282
54	2.282	2.274	2.266	2.257	2.249	2.241	2.233	2.224	2.216	2.208	2.200
55	2.200	2.192	2.183	2.175	2.167	2.159	2.151	2.143	2.135	2.127	2.119
56	2.119	2.111	2.103	2.095	2.087	2.079	2.072	2.064	2.056	2.048	2.040
57	2.040	2.032	2.025	2.017	2.009	2.001	1.994	1.986	1.978	1.971	1.963
58	1.963	1.955	1.948	1.940	1.933	1.925	1.918	1.910	1.903	1.895	1.888
59	1.888	1.880	1.873	1.865	1.858	1.851	1.843	1.836	1.828	1.821	1.814
60	1.814	1.806	1.799	1.792	1.785	1.777	1.770	1.763	1.756	1.749	1.741
61	1.741	1.734	1.727	1.720	1.713	1.706	1.699	1.692	1.685	1.677	1.670
62	1.670	1.663	1.656	1.649	1.642	1.635	1.628	1.621	1.615	1.608	1.601
63	1.601	1.594	1.587	1.580	1.573	1.566	1.559	1.553	1.546	1.539	1.532
64	1.532	1.525	1.519	1.512	1.505	1.498	1.492	1.485	1.478	1.472	1.465
65	1.465	1.458	1.452	1.445	1.438	1.432	1.425	1.418	1.412	1.405	1.399
66	1.399	1.392	1.386	1.379	1.372	1.366	1.359	1.353	1.346	1.340	1.334
67	1.334	1.327	1.321	1.314	1.308	1.301	1.295	1.288	1.282	1.276	1.269
68	1.269	1.263	1.257	1.250	1.244	1.237	1.231	1.225	1.219	1.212	1.206
69	1.206	1.200	1.193	1.187	1.181	1.175	1.168	1.162	1.156	1.150	1.143
70	1.143	1.137	1.131	1.125	1.119	1.112	1.106	1.100	1.094	1.088	1.082
71	1.082	1.076	1.069	1.063	1.057	1.051	1.045	1.039	1.033	1.027	1.021
72	1.021	1.015	1.009	1.003	0.997	0.991	0.985	0.978	0.972	0.966	0.960
73	0.960	0.954	0.948	0.943	0.937	0.931	0.925	0.919	0.913	0.907	0.901
74	0.901	0.895	0.889	0.883	0.877	0.871	0.865	0.859	0.854	0.848	0.842
75	0.842	0.836	0.830	0.824	0.818	0.812	0.807	0.801	0.795	0.789	0.783
76	0.783	0.777	0.772	0.766	0.760	0.754	0.748	0.743	0.737	0.731	0.725
77	0.725	0.720	0.714	0.708	0.702	0.696	0.691	0.685	0.679	0.673	0.668
78	0.668	0.662	0.656	0.651	0.645	0.639	0.633	0.628	0.622	0.616	0.611
79	0.611	0.605	0.599	0.594	0.588	0.582	0.577	0.571	0.565	0.560	0.554
80	0.554	0.548	0.543	0.537	0.531	0.526	0.520	0.514	0.509	0.503	0.498
81	0.498	0.492	0.486	0.481	0.475	0.469	0.464	0.458	0.453	0.447	0.441
82	0.441	0.436	0.430	0.425	0.419	0.414	0.408	0.402	0.397	0.391	0.386
83	0.386	0.380	0.375	0.369	0.363	0.358	0.352	0.347	0.341	0.336	0.330
84	0.330	0.325	0.319	0.314	0.308	0.302	0.297	0.291	0.286	0.280	0.275
85	0.275	0.269	0.264	0.258	0.253	0.247	0.242	0.236	0.231	0.225	0.220
86	0.220	0.214	0.209	0.203	0.198	0.192	0.187	0.181	0.176	0.170	0.165
87	0.165	0.159	0.154	0.148	0.143	0.137	0.132	0.126	0.121	0.115	0.110
88	0.110	0.104	0.099	0.093	0.088	0.082	0.077	0.071	0.066	0.060	0.055
89	0.055	0.049	0.044	0.038	0.033	0.027	0.022	0.016	0.011	0.005	0.000

11. 给定导程和直径的螺旋角

表8-156给出了相对于一系列的导程和直径的螺旋角（相对于轴线）。表中“工件直径”可指中径或外径，这取决于工件类别。例如，假设一个有

表8-156 螺旋铣削的导程、变换齿轮和角度

螺旋导程/in	变换齿轮				工件直径/in									
	蜗杆齿轮	中间轴一套齿轮	中间轴二套齿轮	螺杆齿轮	⅛	¼	⅜	½	⅝	¾	⅞	1	1¼	1½
					铣床工作台的近似角度									
0.67	24	86	24	100	30¼	—	—	—	—	—	—	—	—	—
0.78	24	86	28	100	26	44½	—	—	—	—	—	—	—	—
0.89	24	86	32	100	23½	41	—	—	—	—	—	—	—	—
1.12	24	86	40	100	19	34½	—	—	—	—	—	—	—	—
1.34	24	86	48	100	16	30¼	41½	—	—	—	—	—	—	—
1.46	24	64	28	72	14¾	28	38½	—	—	—	—	—	—	—
1.56	24	86	56	100	13¾	26½	37	—	—	—	—	—	—	—
1.67	24	64	32	72	12¾	25	34¾	43¼	—	—	—	—	—	—
1.94	32	64	28	72	11¼	21¾	31	39	45	—	—	—	—	—
2.08	24	64	40	72	10¼	20½	29½	37	43¼	—	—	—	—	—
2.22	32	56	28	72	9¾	19¼	27½	35	41¼	—	—	—	—	—
2.50	24	64	48	72	8¾	17	25	32	38	43¼	—	—	—	—
2.78	40	56	28	72	8	15½	23	29½	35¼	40½	44¾	—	—	—
2.92	24	64	56	72	7½	15	21¾	28¼	34	39	43¼	—	—	—
3.24	40	48	28	72	6¾	13¼	19¾	25¾	31¼	36	40½	44¼	—	—
3.70	40	48	32	72	6	11¾	17½	23	28	32½	36½	40½	—	—
3.89	56	48	24	72	5½	11¼	16¾	22	26¾	31¼	35¼	39	—	—
4.17	40	72	48	64	5¼	10½	15¾	20½	25¼	29½	33½	37	43¼	—
4.46	48	40	32	86	4¾	9¾	14¾	19¼	23¾	27¾	31½	35	41½	—
4.86	40	64	56	72	4½	9	13½	17¾	22	25¾	29½	33	39	44¼
5.33	48	40	32	72	4	8¼	12¼	16½	20¼	23¾	27¼	30½	36½	41½
5.44	56	40	28	72	4	8	12	16	20	23½	26¾	30	36	41
6.12	56	40	28	64	3½	7¼	11	14½	17¾	21	24¼	27	33	37¾
6.22	56	40	32	72	3½	7	10¾	14¼	17½	20¾	23¾	26¾	32½	37¼
6.48	56	48	40	72	3¼	6¾	10¼	13½	16¾	20	23	25¾	31½	36¼
6.67	64	48	28	56	3¼	6½	10	13¼	16½	19½	22½	25¼	30¾	35¼
7.29	56	48	40	64	3	6¼	9¼	12¼	15	18	20½	23½	28½	33
7.41	64	48	40	72	3	6	9	12	14¾	17¾	20¼	22¾	28¼	32½
7.62	64	48	32	56	2¾	5¾	8¾	11½	14½	17¼	19¾	22¼	27½	32
8.33	48	32	40	72	2½	5¼	8	10½	13¼	15¾	18¼	20½	25½	29½
8.95	86	48	28	56	2½	5	7½	10	12½	14¾	17	19¼	24	28
9.33	56	40	48	72	2¼	4¾	7¼	9½	11¾	14	16¼	18½	23	27
9.52	64	48	40	56	2¼	4½	7	9¼	11½	13¾	16	18¼	22½	26½
10.29	72	40	32	56	2	4¼	6½	8¾	10¾	12¾	15	17¼	21	24¾
10.37	64	48	56	72	2	4¼	6½	8½	10½	12¾	14¾	17	20¾	24½
10.50	48	40	56	64	2	4¼	6¼	8½	10½	12½	14½	16¾	20½	24¼

（续）

螺旋导程/in	变换齿轮				工件直径/in									
	蜗杆齿轮	中间轴一套齿轮	中间轴二套齿轮	螺杆齿轮	⅛	¼	⅜	½	⅝	¾	⅞	1	1¼	1½
					铣床工作台的近似角度									
10.67	64	40	48	72	2	4	6¼	8¼	10¼	12¼	14¼	16½	20¼	24
10.94	56	32	40	64	2	4	6	8¼	10¼	12	14	16¼	20	23½
11.11	64	32	40	72	2	4	6	8	10	11¾	13¾	16	19¾	23
11.66	56	32	48	72	1¾	3¾	5¾	7½	9½	11¼	13¼	15¼	18¾	22
12.00	72	40	32	48	1¾	3¾	5½	7¼	9¼	11	12¾	15	18¼	21½
13.12	56	32	48	64	1½	3½	5¼	6¾	8½	10¼	11¾	13½	16¾	20
13.33	56	28	48	72	1½	3¼	5	6½	8¼	10	11½	13¼	16½	19½
13.71	64	40	48	56	1½	3¼	4¾	6½	8	9¾	11¼	13	16	19
15.24	64	28	48	72	1½	3	4½	5¾	7¼	8¾	10¼	11¾	14½	17¼
15.56	64	32	56	72	1¼	2¾	4¼	5¾	7¼	8¾	10	11½	14¼	17
15.75	56	64	72	40	1¼	2¾	4¼	5½	7	8½	9¾	11¼	14	16¾
16.87	72	32	48	64	1¼	2½	4	5¼	6¾	7¾	9¼	10½	13¼	15¾
17.14	64	32	48	56	1¼	2½	4	5¼	6½	7¾	9	10¼	13	15½
18.75	72	32	40	48	1	2¼	3½	4¾	6	7¼	8¼	9½	12	14¼
19.29	72	32	48	56	1	2¼	3½	4 1/42	5¾	7	8	9¼	11½	13¾
19.59	64	28	48	56	1	2¼	3¼	4½	5¾	6¾	8	9¼	11½	13½
19.69	72	32	56	64	1	2¼	3¼	4½	5¾	6¾	8	9	11½	13½
21.43	72	24	40	56	1	2	3¼	4¼	5¼	6¼	7½	8½	10½	12½
22.50	72	28	56	64	1	2	3	4	5	6	7	8	10	12
23.33	64	32	56	48	1	2	3	4	5	5¾	6¾	7¾	9¾	11½
26.25	72	24	56	64	1	1¾	2¾	3½	4¼	5	6	7	8½	10¼
26.67	64	28	56	48	¾	1¾	2¾	3½	4¼	5	6	6¾	8½	10
28.00	64	32	56	40	¾	1¾	2½	3¼	4	4¾	5¾	6½	8	9½
30.86	72	28	48	40	¾	1½	2¼	3	3¾	4½	5	5¾	7¼	8¾
6.12	56	40	28	64	42	—	—	—	—	—	—	—	—	—
6.22	56	40	32	72	41½	—	—	—	—	—	—	—	—	—
6.48	56	48	40	72	40¼	44¼	—	—	—	—	—	—	—	—
6.67	64	48	28	56	39½	43½	—	—	—	—	—	—	—	—
7.29	56	48	40	64	37	41	44¼	—	—	—	—	—	—	—
7.41	64	48	40	72	36½	40¼	43¾	—	—	—	—	—	—	—
7.62	64	48	32	56	36	39½	43	—	—	—	—	—	—	—
8.33	48	32	40	72	33½	37	40½	43½	—	—	—	—	—	—
8.95	86	48	28	56	31¾	35¼	38½	41¼	44	—	—	—	—	—
9.33	56	40	48	72	30½	34	37¼	40¼	43	—	—	—	—	—
9.52	64	48	40	56	30	33½	36½	39½	42¼	45	—	—	—	—
10.29	72	40	32	56	28¼	31½	34½	37½	40	42½	45	—	—	—
10.37	64	48	56	72	28	31¼	34¼	37¼	39¾	42¼	44¾	—	—	—
10.50	48	40	56	64	27¾	31	34	36¾	39½	42	44¼	—	—	—
10.67	64	40	48	72	27¼	30½	33½	36½	39	41½	43¾	—	—	—
10.94	56	32	40	64	26¾	30	33	35¾	38¼	40¾	43	—	—	—

（续）

螺旋导程/in	变换齿轮				工件直径/in									
	蜗杆齿轮	中间轴一套齿轮	中间轴二套齿轮	螺杆齿轮	⅛	¼	⅜	½	⅝	¾	⅞	1	1¼	1½
					铣床工作台的近似角度									
11.11	64	32	40	72	26½	29½	32½	35¼	38	40¼	42½	44¾	—	—
11.66	56	32	48	72	25¼	28½	31¼	34	36½	39	41¼	43½	—	—
12.00	72	40	32	48	24¾	27¾	30½	33¼	35¾	38	40¼	42½	44¾	—
13.12	56	32	48	64	22¾	25¾	28¼	31	33¼	35¾	37¾	40	42	43¾
13.33	56	28	48	72	22½	25½	28	30½	33	35¼	37½	39½	41½	43¼
13.71	64	40	48	56	22	24¾	27¼	30	32¼	34½	36½	38¾	40¾	42½
15.24	64	28	48	72	20	22½	25	27¼	29½	31¾	34	35¾	37¾	39½
15.56	64	32	56	72	19½	22	24½	27	29	31¼	33¼	35¼	37	39
15.75	56	64	72	40	19¼	21¾	24¼	26½	28¾	31	33	35	36¾	38½
16.87	72	32	48	64	18¼	20½	22¾	25	27	29¼	31¼	33¼	35	36½
17.14	64	32	48	56	17¾	20¼	22¼	24¾	26¾	29	30¾	32¾	34½	36
18.75	72	32	40	48	16¼	18½	20¾	22¾	25	26¾	28½	30¼	32	33¾
19.29	72	32	48	56	16	18¼	20¼	22¼	24	26	28	29¾	31½	33
19.59	64	28	48	56	15¾	18	20	22	23¾	25¾	27½	29¼	31	32¾
19.69	72	32	56	64	15¾	17¾	20	21¾	23¾	25½	27½	29¼	31	32½
21.43	72	24	40	56	14½	16½	18½	20¼	22	23¾	25½	27¼	29	30¼
22.50	72	28	56	64	13¾	15¾	17½	19¼	21	22¾	24½	26	27¾	29¼
23.33	64	32	56	48	13¼	15¼	17	18¾	20¼	22	23½	25¼	27	28¼
26.25	72	24	56	64	12	13½	15	16¾	18¼	19¾	21¼	22¾	24¼	25½
26.67	64	28	56	48	11¾	13¼	14¾	16½	18	19½	21	22¼	23¾	25¼
28.00	64	32	56	40	11¼	12¾	14¼	15¾	17¼	18¾	20	21½	22¾	24
30.86	72	28	48	40	10	11½	13	14¼	15½	17	18½	19½	21	22
31.50	72	32	56	40	10	11¼	12¾	14	15¼	16½	18	19¼	20½	21¾
36.00	72	32	64	40	8¾	10	11	12¼	13½	14¾	16	17	18¼	19¼
41.14	72	28	64	40	7¾	8¾	9¾	10¾	11¾	13	14	15	16	17
45.00	72	28	56	32	7	8	9	10	11	11¾	12¾	13¾	14¾	15½
48.00	72	24	64	40	6½	7½	8½	9¼	10¼	11¼	12	13	13¾	14½
51.43	72	28	64	32	6	7	7¾	8¾	9½	10½	11¼	12	12¾	13¾
60.00	72	24	64	32	5¼	6	6¾	7½	8¼	9	9½	10¼	11	11¾
68.57	72	24	64	28	4¼	5¼	5¾	6½	7¼	8	8½	9	9¾	10¼

螺旋齿直径为4in的普通铣刀想达到约为25°的螺旋角。表8-156显示，这个角度可以通过使用变换齿轮产生26.67in的导程来近似获得。因为刀具的外径是4in，牙顶的螺旋角为25¼°。对不同直径列出的角度用于设定一个铣床的工作台。在铣削右旋螺旋线（或者从刀具的末端看去铣刀的齿向右边转动）时，旋转机器工作台的右端朝向后面，反之，对于铣削左旋螺旋线，旋转工作台的左端朝向后面。表8-156中的角度是基于以下公式：

$$\cot 相对轴线螺旋角 = \frac{螺旋线导程}{3.1416 \times 直径}$$

12. 给定角度的螺旋线导程

对于直径为1in时，用工件轴线轴测量给定角度的螺旋或“螺线”的导程在后面的表中给出。对于其他直径，导程等于在表中出现的值乘以给定的直径。假设这个角是55°，直径是5in，导程是多少？

对于直径为 1in，角度为 55°的导程等于 2.200。将这个值乘以 5；5 ×2.2 = 11in，这就是所需的导程。如果给出了导程和直径，想要求出角度，将给定的导程除以给定的直径，从而得到直径等于 1 的导程，然后在表中找到与这个导程相对应的角度。如果给出了导程和角度，并且想求出直径，将导程除以表中的角度值。

13. 给定导程和分度圆半径的螺旋角

要确定斜齿轮的螺旋角，需知道分度圆半径和导程，使用公式：

$$\tan\Psi = 2\pi R/L$$

式中，Ψ 是螺旋角；R 是齿轮的分度圆半径；L 是轮齿的导程。

例：

$$R = 3.000,\ L = 21.000,$$

$$\tan\Psi = (2 \times 3.1416 \times 3.000)/21.000 = 0.89760$$

故 $\Psi = 41.911°$

14. 给定法向径节（DP）和齿数的螺旋角和导程

N_1 是小齿轮齿数；N_2 是大齿轮齿数；P_n 是法向径节；C 是中心距；Ψ 是螺旋角；L_1 是小齿轮导程；L_2 是大齿轮导程，则

$$\cos\Psi = \frac{N_1 + N_2}{2P_nC},\ L_1 = \frac{\pi N_1}{P_n\sin\Psi},\ L_2 = \frac{\pi N_2}{P_n\sin\Psi}$$

$$P_n = 6, N_1 = 18,\ N_2 = 30,\ C = 4.500$$

$$\cos\Psi = \frac{18 + 30}{2 \times 6 \times 4.5} = 0.88889$$

故 $\Psi = 27.266°,\ \sin\Psi = 0.45812$

$$L_1 = \frac{3.1416 \times 18}{6 \times 0.45812} = 20.5728,\ L_2 = \frac{3.1416 \times 30}{6 \times 0.45812} = 34.2880$$

15. 给定分度圆半径和螺旋角的轮齿导程

为了确定斜齿轮的轮齿导程，给出螺旋角和分度圆半径，公式变为：

$$L = 2\pi R/\tan\Psi,\ \Psi = 22.5°$$

故 $\tan\Psi = 0.41421,\ R = 2.500$

$$L = \frac{2 \times 3.1416 \times 2.500}{0.41421} = 37.9228$$

8.15 简单、复合、差动和块分度

1. 铣床分度

在加工操作中将工件定位在一个精确的角度或旋转的区间称为分度。分度头是一种铣床附件，它通过曲柄操作的蜗杆和蜗轮的组合以及一个或多个带有几圈能测量蜗杆曲柄部分的转动的均匀分布的圆孔的分度盘来提供对旋转定位的精细控制。分度曲柄带有一个可移动的分度销，它可以从给定圆的任何一个孔中插入和拔出，并为改变分度销轨迹圆提供了调整方法。

2. 孔圈

布朗和夏普分度头有 3 个标准分度盘，每一个都有 6 个孔圈，见表 8-157。

表 8-157　布朗和夏普标准分度盘上的孔数

盘编号	各圈孔数					
1	15	16	17	18	19	20
2	21	23	27	29	31	33
3	37	39	41	43	47	49

辛辛那提铣床设计的分度头有双面标准和高号盘，表 8-158 列出了其孔数。

表 8-158　辛辛那提铣床标准分度盘上的孔数

面	标准盘各圈孔数										
1	24	25	28	30	34	37	38	39	41	42	43
2	46	47	49	51	53	54	57	58	59	62	66
	高号盘各圈孔数										
A	30	48	69	91	99	117	129	147	171	177	189
B	36	67	81	97	111	127	141	157	169	183	199
C	34	46	79	93	109	123	139	153	167	181	197
D	32	44	77	89	107	121	137	151	163	179	193
E	26	42	73	87	103	119	133	149	161	175	191
F	28	38	71	83	101	113	131	143	159	173	187

一些分度头通过将一个特殊的分度盘附件连接到一个单独的分度销插入分度盘上孔位的主轴上来提供直接分度。在这种快速的分度方法中，蜗杆与蜗轮脱开，主要用于普通的、小的划分。

3. 简单分度

简单分度也称为普通分度或间接分度，简单分度是基于蜗杆和蜗轮之间的比率的，通常是但不总是40:1。本节中的所有表都是基于40:1的齿轮比。

每个分度运动需要通过分度曲柄运动的圈数产生指定数量的均匀分布的分区，它等于曲柄运动的圈数通过除以工件所需分区的规定数量使主轴产生一个准确的整转。本节中的表提供了分度运动的数据，以满足大多数分区的需求，并包括简单的分度动作以及通过简单分度无法获得的更复杂的分区。列入表格中的部分条目是故意不减少到最简项的，因此，分子代表的孔数将会是分母指定的圆孔上移动的孔数。

建立分度的工作包括将扇区臂设置为每个分度运动所需的旋转部分的小数部分，以避免每次都需要计算孔数。当计算需要移动孔的数量时，分度销在要使用孔的圆中的当前位置总是零孔。携带分度盘的蜗杆轴毂也可以携带一组或两组扇形臂，每一个都可以用来定义两个圆弧的孔。这些扇形臂可以组成一个内弧和一个外弧。内弧是最常用的，但一些分度运动需要使用外弧。

例如：使用蜗轮/蜗杆传动比为40:1来完成35分度，要求每个分度运动是40/35 = $1\frac{1}{7}$转，分度曲柄的一次整转，再加上一次整转的1/7。使用任何一个孔圈都可以很容易地实现一个整转，但是为了继续这个分度运动来完成这个例子需要一个孔圈，在这个孔圈中，孔数是均匀的且可以被7整除。布朗和夏普的分度头在盘2上有一个21孔的孔圈，在盘3上有一个49孔的孔圈。两个孔圈都可以用，因为3/21和7/49都等于1/7。辛辛那提分度头标准盘在第一面有28个孔的孔圈，在第二面也有49个孔的孔圈，情况同上，4/28或7/49都可用于35分度需要的转数的小数部分。在选择等效的分度解决方案时，在一转中的小数部分中孔数最小的数通常是首选的（除非有一个替代方案的分度盘已经安装在了分度头上，否则就应该使用备用方案来避免切换分度盘）。

4. 复合分度

复合分度是用来获得通过简单分度无法得到的分度的。两种简单的分度运动在一个分度盘上的不同孔圈上使用，而不是螺栓固定到分度头框架上，这样就可以在蜗杆上自由旋转。另一种，固定的分度销装置是夹紧的，否则是固定在分度头的框架上，以保持分度盘的位置，但在复合分度运动的第二部分除外。如果可行的话，双组低型面扇形臂将提高这种方法的简易性和可靠性。分度运动的最内层孔圈的扇形臂不应达到运动的最外圈，最外层孔圈的扇形臂应是标准长度。定位最外层孔圈的扇形臂可能要等到最内层孔圈的分度销被拔出，有时可能与销的位置重合。曲柄上的分度销被设置为跟踪复合运动中两个孔圈的最内侧，固定的分度销被设置为跟踪最外圈。有些分区只能使用相邻的孔圈，因此孔圈间距可能成为固定销装置设计或评价的限制因素。

分度运动的第一部分在简单的分度中执行，通过从分度盘上的孔中取出曲柄臂上的分度销，将曲柄旋转到下一个位置，然后在新的孔中重新插入分度销。第二部分的分度运动，固定的分度销从其在分度盘上的孔中拔出，曲柄分度销固定在它的孔中，曲柄用来转动曲柄臂和分度盘一起到下一个位置，将固定销重新插入到其新孔中。

复合分度的独立运动有两种可能性：它们可能都在相同的旋转方向上，称为正复合，两个分度运动中用加号（+）表示。或者它们可能都在相反的旋转方向上，称为负复合，两个分度运动中用负号（-）表示。正复合中，旋转不论是顺时针还是逆时针都没有问题，只要在整个工作过程中都是一样的。在负复合中，每一个单位都有一个顺时针和一个逆时针的运动。数学上的区别在于两个分数的转换是相加的还是一个从另一个中减去的。操作上，这种区别是很重要的，因为在分度头的蜗杆和蜗轮之间有游隙或间隙。在正复合中，因为蜗杆连续地朝同一方向旋转这个间隙总是被占据。然而，在负复合中，每一个转动的方向总是与上一转的方向相反，要求每个分区的每一个部分都是从退后的几个孔开始的，以便在下一个位置开始运动之前占满这个间隙。

表8-159和表8-160用布朗和夏普盘进行简单和复合分度，为所有分区提供分度运动，包括250个布朗和夏普设计的普通分度头。所有简单的分度运动和许多复合分度运动，对应其分区是精确的。而余下相当一部分分区数对应的分度运动只是近似值。对于这些分区，所显示的分度运动非常接近目标值，但是接近的代价是增加了分度的长度和复杂性。表8-159和表8-160显示了可以通过简单的分度获得的所有分区，以及可以使用精确的复合分度运动得到的所有分区。近似的运动只有在需要获得一个分区时使用，否则不可用。近似的分度运动通常涉及工件的多次回转，连续转动填充了前面回转中留下的空间。

表 8-159　用布朗和夏普盘进行简单和复合分度（一）

分区数	整转	一转的分数	分区数	整转	一转的分数	分区数	整转	一转的分数
2	20	—	15	2	26/39	33	1	7/33
3	13	5/15	16	2	8/16	34	1	3/17
3	13	7/21	17	2	6/17	35	1	3/21
3	13	13/39	18	2	4/18	35	1	7/49
4	10	—	18	2	6/27	36	1	2/18
5	8	—	19	2	2/19	36	1	3/27
6	6	10/15	20	2	—	37	1	3/37
6	6	14/21	21	1	19/21	38	1	1/19
6	6	26/39	22	1	27/33	39	1	1/39
7	5	15/21	23	1	17/23	40	1	—
8	5	—	24	1	10/15	41	—	40/41
9	4	8/18	24	1	14/21	42	—	20/21
9	4	12/27	24	1	26/39	43	—	40/43
10	4	—	25	1	9/15	44	—	30/33
11	3	21/33	26	1	21/39	45	—	16/18
12	3	5/15	27	1	13/27	45	—	24/27
12	3	7/21	28	1	9/21	46	—	20/23
12	3	13/39	29	1	11/29	47	—	40/47
13	3	3/39	30	1	5/15	48	—	15/18
14	2	18/21	30	1	7/21	49	—	40/49
14	2	42/49	30	1	13/39	50	—	12/15
15	2	10/15	31	1	9/31			
15	2	14/21	32	1	4/16			

表 8-160　用布朗和夏普盘进行简单和复合分度（二）

目标分区	分度移动量	工件转动量	精确分区数	误差 =0.001 时的直径	目标分区	分度移动量	工件转动量	精确分区数	误差 =0.001 时的直径
51	10/15 +2/17	1	51.00000	精确值	59	$4\frac{2}{43}$ +1/47	6	59.00012	154.39
51①	$7\frac{41}{47}$ +37/49	11	51.00005	322.55	59①	$7\frac{10}{47}$ +12/49	11	58.99971	64.51
52	30/39	1	52.00000	精确值	59	$5\frac{15}{37}$ + $3\frac{20}{49}$	13	58.99994	300.09
53	26/29 +19/31	2	52.99926	22.89	60	10/15	1	60.00000	精确值
53	14/43 + $4\frac{45}{47}$	7	52.99991	180.13	60	14/21	1	60.00000	精确值
53①	$5\frac{43}{47}$ +43/49	9	53.00006	263.90	60	26/39	1	60.00000	精确值
54	20/27	1	54.00000	精确值	61	$2\frac{3}{43}$ +26/47	4	60.99981	102.93
55	24/33	1	55.00000	精确值	61①	$3\frac{42}{47}$ +2/49	6	60.99989	175.94
56	15/21	1	56.00000	精确值	61	$4\frac{31}{41}$ +2/49	8	61.00009	204.64
56	35/49	1	56.00000	精确值	62	20/31	1	62.00000	精确值
57	5/15 +7/19	1	57.00000	精确值	63	11/21 +3/27	1	63.00000	精确值
57①	$4\frac{40}{47}$ +3/49	7	56.99991	205.26	63①	$4\frac{19}{29}$ +14/33	8	62.99938	32.49
58	20/29	1	58.00000	精确值	64	10/16	1	64.00000	精确值
59	18/37 +9/47	1	58.99915	22.14	65	24/39	1	65.00000	精确值

（续）

目标分区	分度移动量	工件转动量	精确分区数	误差=0.001时的直径	目标分区	分度移动量	工件转动量	精确分区数	误差=0.001时的直径
66	20/33	1	66.00000	精确值	87	17/29 + 11/33	2	87.00000	精确值
67	29/37 + 16/39	2	66.99942	36.75	88	15/33	1	88.00000	精确值
67	$2\frac{27}{41}$ + 16/49	5	67.00017	127.90	89	$1\frac{29}{37}$ + 19/41	5	88.99971	96.58
67	$4\frac{20}{43}$ + $2\frac{5}{49}$	11	67.00007	295.10	89	$2\frac{22}{37}$ + 5/49	6	88.99980	138.50
68	10/17	1	68.00000	精确值	89①	$2\frac{28}{39}$ + 43/49	8	89.00015	194.65
69	14/21 − 2/23	1	69.00000	精确值	90	8/18	1	90.00000	精确值
69①	19/23 + 11/33	2	69.00000	精确值	90	12/27	1	90.00000	精确值
70	12/21	1	70.00000	精确值	91①	6/39 + 14/49	1	91.00000	精确值
70	28/49	1	70.00000	精确值	92	10/23	1	92.00000	精确值
71	35/37 + 32/43	3	71.00037	60.77	93	7/21 + 3/31	1	93.00000	精确值
71①	$2\frac{34}{41}$ + 27/49	6	70.99985	153.48	93①	3/31 + 11/33	1	93.00000	精确值
71	$4\frac{25}{39}$ + $2\frac{28}{41}$	13	70.99991	264.67	94	20/47	1	94.00000	精确值
72	10/18	1	72.00000	精确值	95	8/19	1	95.00000	精确值
72	15/27	1	72.00000	精确值	96①	3/18 + 5/20	1	96.00000	精确值
73	5/43 + 48/49	2	73.00130	17.88	97	15/41 + 2/43	1	97.00138	22.45
73	$2\frac{19}{43}$ + 14/47	5	72.99982	128.66	97	$1\frac{42}{43}$ + 4/47	5	97.00024	128.66
73	$2\frac{28}{47}$ + $3\frac{48}{49}$	12	73.00007	351.87	97①	$3\frac{27}{41}$ + 43/49	11	96.99989	281.37
73①	$5\frac{28}{47}$ + 48/49	12	73.00007	351.87	98	20/49	1	98.00000	精确值
74	20/37	1	74.00000	精确值	99①	6/27 + 6/33	1	99.00000	精确值
75	8/15	1	75.00000	精确值	100	6/15	1	100.00000	精确值
76	10/19	1	76.00000	精确值	101	$1\frac{33}{43}$ + 10/47	5	100.99950	64.33
77①	9/21 + 3/33	1	77.00000	精确值	101	$2\frac{27}{37}$ 2/47	7	100.99979	154.99
78	20/39	1	78.00000	精确值	101①	$3\frac{32}{43}$ + 30/49	11	101.00011	295.10
79	17/37 + 26/47	2	79.00057	44.28	102	5/15 + 1/17	1	102.00000	精确值
79①	$2\frac{42}{43}$ + 3/49	6	79.00016	160.96	102①	$3\frac{17}{43}$ + 45/49	11	102.00022	147.55
79	$4\frac{34}{39}$ + 9/47	10	79.00011	233.38	103①	$1\frac{8}{43}$ + 18/49	4	103.00031	107.31
80	8/16	1	80.00000	精确值	103	$2\frac{22}{37}$ + 21/41	8	103.00021	154.52
81	10/43 + 37/49	2	80.99952	53.65	103	$4\frac{32}{37}$ + 9/49	13	103.00011	300.09
81	$3\frac{9}{47}$ + 13/49	7	80.99987	205.26	104	15/39	1	104.00000	精确值
81①	$4\frac{5}{41}$ + 40/49	10	80.99990	255.79	105	8/21	1	105.00000	精确值
81	$5\frac{11}{37}$ + $1\frac{6}{49}$	13	81.00009	300.09	106	$1\frac{7}{39}$ + 29/41	5	105.99934	50.90
82	20/41	1	82.00000	精确值	106	$2\frac{12}{41}$ + 15/43	7	105.99957	78.57
83	$1\frac{11}{29}$ + 17/31	4	83.00058	45.79	106①	$2\frac{38}{41}$ + 23/49	9	106.00029	115.11
83①	$2\frac{45}{47}$ + 44/49	8	83.00034	78.19	107	23/43 + 10/47	2	107.00199	17.15
83	$3\frac{17}{27}$ + 7/31	8	82.99969	85.26	107①	$1\frac{21}{31}$ + 31/33	7	107.00037	91.18
83	$5\frac{1}{37}$ + 31/41	12	83.00011	231.78	107	$2\frac{38}{41}$ + 3/47	8	106.99983	196.28
84	10/21	1	84.00000	精确值	107	$3\frac{38}{39}$ + 22/43	12	106.99987	256.23
85	8/17	1	85.00000	精确值	108	10/27	1	108.00000	精确值
86	20/43	1	86.00000	精确值	109	$1\frac{8}{21}$ + 2/23	4	108.99859	24.60
87	14/21 − 6/29	1	87.00000	精确值	109	$1\frac{24}{37}$ + 26/47	6	108.99974	132.85

（续）

目标分区	分度移动量	工件转动量	精确分区数	误差=0.001时的直径	目标分区	分度移动量	工件转动量	精确分区数	误差=0.001时的直径
109①	$2\frac{19}{39}$+4/49	7	108.99980	170.32	126	2/21+6/27	1	126.00000	精确值
110	12/33	1	110.00000	精确值	126	$2\frac{16}{19}$+13/20	11	125.99849	26.61
111	1/37+13/39	1	111.00000	精确值	127	2/39+42/47	3	126.99769	17.50
111①	$3\frac{29}{47}$+17/49	11	111.00011	322.55	127	$2\frac{6}{37}$+2/47	7	127.00052	77.50
112①	$3\frac{10}{31}$+20/33	11	111.99801	17.91	127①	$2\frac{23}{39}$+12/49	9	127.00018	218.98
112	33/43+$2\frac{21}{47}$	9	112.00123	28.95	128	5/16	1	128.00000	精确值
112	14/37+$4\frac{46}{47}$	15	112.00086	41.52	129	13/39−1/43	1	129.00000	精确值
112	$9\frac{14}{37}$+46/47	29	112.00044	80.26	129①	$5\frac{24}{41}$+15/49	19	128.99966	121.50
113	14/37−1/41	1	112.99814	19.32	130	12/39	1	130.00000	精确值
113	$2\frac{28}{41}$+7/47	8	112.99982	196.28	131	5/37+8/47	1	130.99812	22.14
113①	$2\frac{26}{47}$+31/49	9	112.99986	263.90	131①	$2\frac{40}{43}$+21/49	11	130.99901	42.16
113	$4\frac{20}{37}$+3/49	13	113.00012	300.09	131	4/37+$1\frac{18}{43}$	5	131.00041	101.29
114①	10/15−6/19	1	114.00000	精确值	131	$2\frac{27}{43}$+20/47	10	130.99984	257.32
114	$1\frac{35}{37}$+25/49	7	113.99955	80.79	132	10/33	1	132.00000	精确值
115	8/23	1	115.00000	精确值	133	1/37+27/47	2	133.00191	22.14
116	10/29	1	116.00000	精确值	133	12/31+17/33	3	133.00108	39.08
117	$1\frac{16}{41}$+15/47	5	117.00061	61.34	133①	$2\frac{23}{29}$+17/33	11	133.00063	67.02
117	$7\frac{1}{47}$−9/49	20	117.00006	586.45	133	$1\frac{23}{29}$+19/31	8	133.00046	91.57
117①	$6\frac{1}{47}$+40/49	20	117.00006	586.45	134	4/29+25/33	3	134.00233	18.28
118①	$1\frac{8}{39}$+24/49	5	117.99938	60.83	134	$1\frac{13}{43}$+37/47	7	133.99953	90.06
118	30/41+$2\frac{15}{47}$	9	117.99966	110.41	134①	$3\frac{27}{47}$+15/49	13	134.00022	190.60
119	15/43+31/47	3	118.99902	38.60	135	8/27	1	135.00000	精确值
119①	$2\frac{4}{23}$+17/33	8	119.00049	77.31	136	5/17	1	136.00000	精确值
119	$3\frac{31}{37}$+25/47	13	118.99987	287.84	137	9/37+31/49	3	137.00252	17.31
120	5/15	1	120.00000	精确值	137	11/41+$1\frac{38}{49}$	7	136.99951	89.53
120	7/21	1	120.00000	精确值	137	17/43+$2\frac{40}{49}$	11	137.00015	295.10
120	13/39	1	120.00000	精确值	137①	$2\frac{17}{43}$+40/49	11	137.00015	295.10
121	8/37+38/49	3	121.00111	34.63	138	7/21−1/23	1	138.00000	精确值
121①	14/47+34/49	3	120.99825	21.99	138①	18/23+22/33	5	138.00000	精确值
121	$1\frac{4}{43}$+$2\frac{10}{47}$	10	120.99985	257.32	139	23/41+13/43	3	139.00131	33.67
122	$1\frac{14}{41}$+14/47	5	122.00063	61.34	139	$1\frac{31}{39}$+9/41	7	139.00031	142.51
122	41/43+$2\frac{32}{49}$	11	122.00026	147.55	139	$3\frac{14}{43}$+6/47	12	138.99986	308.79
122①	$2\frac{41}{43}$+32/49	11	122.00026	147.55	139①	$2\frac{25}{37}$+24/49	11	138.99983	253.92
123	26/39−14/41	1	123.00000	精确值	140	6/21	1	140.00000	精确值
123①	$1\frac{12}{43}$+17/49	5	123.00058	67.07	141	29/47−13/39	1	141.00000	精确值
124	10/31	1	124.00000	精确值	141①	$1\frac{32}{39}$+22/49	8	141.00069	64.88
125	41/43+16/49	4	124.99815	21.46	142	23/39+12/47	3	142.00129	35.01
125	$1\frac{33}{41}$+37/49	8	125.00097	40.93	142	18/41+$2\frac{31}{47}$	11	141.99967	134.94
125	$2\frac{3}{43}$+8/47	7	125.00110	36.03	142①	$4\frac{1}{47}$+10/49	15	141.99979	219.92
125	3/41+$3\frac{21}{47}$	11	125.00074	53.98	143①	36/47+31/49	5	142.99907	48.87

（续）

目标分区	分度移动量	工件转动量	精确分区数	误差=0.001时的直径	目标分区	分度移动量	工件转动量	精确分区数	误差=0.001时的直径
143	13/37 + 20/41	3	143.00079	57.95	162	$1\frac{30}{39}-2/49$	7	161.99818	28.39
143	$1\frac{16}{27}+20/31$	8	143.00053	85.26	162①	$\frac{30}{39}+47/49$	7	161.99818	28.39
144	5/18	1	144.00000	精确值	162	$2\frac{8}{23}+25/29$	13	161.99907	55.20
145	8/29	1	145.00000	精确值	163	18/49 − 5/41	1	163.00203	25.58
146	16/41 − 5/43	1	146.00414	11.22	163	19/37 + 22/47	4	162.99941	88.57
146	$3/37+1\frac{41}{49}$	7	145.99942	80.79	163①	$2\frac{7}{37}+25/49$	11	162.99959	126.96
146①	$1\frac{3}{37}+41/49$	7	145.99942	80.79	163	$2\frac{31}{47}+26/49$	13	162.99986	381.20
146	$28/37+2\frac{33}{41}$	13	146.00037	125.55	164	10/41	1	164.00000	精确值
147	13/39 − 3/49	1	147.00000	精确值	165	8/33	1	165.00000	精确值
147①	13/39 + 37/49	4	147.00000	精确值	166	20/29 + 17/33	5	166.00173	30.46
148	10/37	1	148.00000	精确值	166①	$1\frac{19}{43}+12/49$	7	165.99887	46.95
149	28/41 + 6/49	3	148.99876	38.37	166	$2\frac{20}{41}+7/43$	11	166.00043	123.46
149	$1\frac{7}{39}+7/43$	5	149.00044	106.76	167①	$2\frac{1}{29}+4/33$	9	166.99952	109.66
149①	$2\frac{5}{43}+41/49$	11	149.00032	147.55	167	23/43 + 9/49	3	167.00132	40.24
149	$26/37+2\frac{37}{47}$	13	148.99984	287.84	167	6/37 + 39/49	4	167.00058	92.34
150	4/15	1	150.00000	精确值	167	$2\frac{24}{37}+20/43$	13	167.00040	131.67
151	5/37 + 31/47	3	150.99855	33.21	168	5/21	1	168.00000	精确值
151①	42/43 + 43/49	7	151.00077	62.60	169	1/41 + 22/49	2	169.00105	51.16
151	6/37 + 35/39	4	151.00065	73.49	169①	$1\frac{32}{37}+13/49$	9	169.00052	103.88
151	$2\frac{21}{43}+20/47$	11	151.00017	283.05	170	4/17	1	170.00000	精确值
152	5/19	1	152.00000	精确值	171	8/18 − 4/19	1	171.00000	精确值
153	10/18 − 5/17	1	153.00000	精确值	171①	$1\frac{29}{47}+1/49$	7	170.99973	205.26
153①	$1\frac{45}{47}+45/49$	11	153.00015	322.55	172	10/43	1	172.00000	精确值
154①	1/21 + 7/33	1	154.00000	精确值	173	27/37 + 8/41	4	173.00071	77.26
155	8/31	1	155.00000	精确值	173①	$1\frac{7}{43}+11/49$	6	173.00034	160.96
156	10/39	1	156.00000	精确值	174	7/21 − 3/29	1	174.00000	精确值
157	18/47 − 5/39	1	157.00214	23.34	174①	14/29 + 22/33	5	174.00000	精确值
157	22/47 + 27/49	4	157.00043	117.29	175	3/37 + 26/43	3	174.99542	12.15
157①	$2\frac{23}{31}+2/33$	11	157.00035	143.28	175①	$1\frac{4}{31}+8/33$	6	174.99644	15.63
157	$22/41+2\frac{38}{49}$	13	157.00030	166.27	175	$1\frac{9}{37}+5/39$	6	174.99747	22.05
158①	$4\frac{5}{43}+34/49$	19	157.99901	50.97	175	$2\frac{8}{41}+15/47$	11	175.00103	53.98
158	$1\frac{4}{39}+8/49$	5	157.99917	60.83	176①	$1\frac{14}{43}+13/49$	7	176.00239	23.47
158	$1\frac{29}{39}+23/43$	9	158.00052	96.09	176	$2\frac{18}{37}+22/47$	13	175.99844	35.98
159	14/37 + 27/43	4	159.00062	81.03	177	6/37 + 3/47	1	176.99746	22.14
159	$1\frac{19}{43}+15/47$	7	158.99972	180.13	177	$1\frac{17}{37}+6/49$	7	177.00139	40.40
159①	$2\frac{7}{37}+16/49$	10	159.00022	230.84	177①	$2\frac{19}{47}+4/49$	11	176.99913	64.51
160	4/16	1	160.00000	精确值	178	$1\frac{16}{39}+7/43$	7	177.99848	37.37
161	9/23 − 3/21	1	161.00000	精确值	178①	$3\frac{28}{47}+11/49$	17	177.99955	124.62
161①	$1\frac{10}{39}+48/49$	9	161.00164	31.28	178	$2\frac{11}{41}+32/49$	13	177.99966	166.27
162	28/47 − 15/43	1	162.00401	12.87	179	20/37 − 13/41	1	178.99705	19.31

（续）

目标分区	分度移动量	工件转动量	精确分区数	误差=0.001时的直径	目标分区	分度移动量	工件转动量	精确分区数	误差=0.001时的直径
179	14/39+23/43	4	178.99933	85.41	197①	$1\frac{39}{43}$+16/49	11	196.99958	147.55
179①	$1\frac{34}{47}$+36/49	11	179.00018	322.55	198①	3/27+3/33	1	198.00000	精确值
180	4/18	1	180.00000	精确值	199	16/41+10/47	3	199.00172	36.80
180	6/27	1	180.00000	精确值	199	26/37+13/43	5	198.99937	101.29
181	20/37+6/49	3	180.99834	34.63	199①	$1\frac{12}{41}$+45/49	11	199.00045	140.69
181①	$2\frac{8}{43}$+12/49	11	180.99961	147.55	199	$1\frac{41}{43}$+31/47	13	199.00019	334.52
181	39/41+28/47	7	180.99966	171.75	200	3/15	1	200.00000	精确值
181	$2\frac{8}{39}$+21/47	12	180.99979	280.06	201	27/37+13/49	5	200.99778	28.85
182①	3/39+7/49	1	182.00000	精确值	201	$1\frac{18}{41}$+27/49	10	201.00050	127.90
183	8/29+5/31	2	183.00254	22.89	201①	$2\frac{18}{47}$+10/49	13	201.00034	190.60
183	1/43+40/47	4	182.99943	102.93	201	$2\frac{5}{41}$+20/43	13	200.99978	291.81
183①	$1\frac{24}{41}$+8/49	8	183.00028	204.64	202	24/37+14/41	5	201.99734	24.14
184	5/23	1	184.00000	精确值	202①	$3\frac{10}{41}$+6/49	17	201.99911	72.47
185	8/37	1	185.00000	精确值	202	1/43+$2\frac{27}{49}$	13	201.99853	43.59
186	17/31−7/21	1	186.00000	精确值	203	14/29−6/21	1	203.00000	精确值
186①	3/31+11/33	2	186.00000	精确值	203①	$1\frac{23}{39}$+9/49	9	202.99793	31.28
187	19/37+5/39	3	186.99784	27.56	204	9/17−5/15	1	204.00000	精确值
187①	$1\frac{20}{47}$+14/49	8	186.99822	33.51	204①	$2\frac{20}{41}$+3/49	13	203.99922	83.13
187	21/23+10/27	6	187.00125	47.44	205	8/41	1	205.00000	精确值
187	$1\frac{38}{43}$+12/47	10	186.99977	257.32	206	1/41+24/43	3	205.99805	33.67
188	10/47	1	188.00000	精确值	206	$2\frac{8}{39}$+15/47	13	205.99957	151.70
189	7/27−1/21	1	189.00000	精确值	206①	$2\frac{34}{39}$+2/49	15	206.00072	91.24
189①	$1\frac{26}{41}$+34/49	11	189.00150	40.20	207	5/23+15/27	4	207.00000	精确值
190	4/19	1	190.00000	精确值	207①	$2\frac{8}{41}$+25/49	14	206.99908	71.62
191	1/21+18/31	3	191.00244	24.87	208	8/43+38/49	5	207.99605	16.77
191①	$1\frac{38}{47}$+14/49	10	191.00145	41.89	208①	$1\frac{19}{47}$+16/49	9	207.99799	32.99
191	34/37+5/39	5	190.99934	91.86	208	$3\frac{35}{43}$+11/49	21	208.00094	70.42
191	28/39+45/47	8	190.99967	186.71	209①	9/41+8/49	2	208.99870	51.16
192	5/15−2/16	1	192.00000	精确值	209	$1\frac{36}{41}$+18/43	12	208.99975	269.37
192①	$1\frac{22}{41}$+37/49	11	191.99826	35.17	210	4/21	1	210.00000	精确值
193①	5/37+34/49	4	193.00067	92.34	211①	$1\frac{28}{39}$+18/49	11	211.00125	53.53
193	29/39+12/41	5	192.99940	101.80	211	35/37+9/47	6	211.00101	66.42
194	41/43+24/49	7	194.00197	31.30	211	$1\frac{10}{37}$+17/39	9	210.99919	82.68
194①	$1\frac{22}{37}$+33/49	11	193.99805	31.74	211	$1\frac{33}{41}$+31/47	13	211.00021	318.96
194	$1\frac{23}{37}$+11/47	9	194.00062	99.64	212	34/39+22/49	7	211.99683	21.29
194	$2\frac{8}{47}$+25/49	13	193.99968	190.60	212	$1\frac{5}{43}$+47/49	11	212.00091	73.77
195	8/39	1	195.00000	精确值	212①	$3\frac{4}{47}$+6/49	17	211.99946	124.62
196	10/49	1	196.00000	精确值	213①	$1\frac{18}{39}$+2/49	8	212.99896	64.88
197	17/37−10/39	1	196.99659	18.37	213	14/37+44/47	7	213.00087	77.50
197	19/39+5/41	3	197.00205	30.54	213	$2\frac{36}{37}$+9/41	17	213.00021	328.36

（续）

目标分区	分度移动量	工件转动量	精确分区数	误差=0.001时的直径	目标分区	分度移动量	工件转动量	精确分区数	误差=0.001时的直径
214	7/39 +37/49	5	213.99776	30.41	232	5/29	1	232.00000	精确值
214①	$2\frac{9}{47}$ +30/49	15	214.00031	219.92	233	2/37 +31/49	4	232.99598	18.47
215	8/43	1	215.00000	精确值	233①	$1\frac{36}{47}$ +6/49	11	233.00069	107.52
216	5/27	1	216.00000	精确值	233	21/37 +26/41	7	233.00055	135.21
217	12/21 −12/31	1	217.00000	精确值	233	$1\frac{23}{37}$ +41/43	15	232.99976	303.86
217①	$2\frac{3}{43}$ +16/49	13	217.00139	49.82	234①	$2\frac{21}{29}$ +6/33	17	234.00216	34.52
218	14/39 +9/47	3	217.99802	35.01	234	8/41 +31/47	5	234.00121	61.34
218①	22/47 +40/49	7	217.99865	51.31	234	$2\frac{17}{43}$ +24/47	17	233.99966	218.72
218	19/37 +$1\frac{34}{39}$	13	218.00116	59.71	235	8/47	1	235.00000	精确值
219	24/39 +14/47	5	218.99642	19.45	236	22/37 +29/49	7	236.00186	40.40
219①	$2\frac{29}{43}$ +39/49	19	218.99891	63.71	236①	$2\frac{30}{43}$ +9/49	17	236.00066	114.02
219	$1\frac{2}{37}$ + 11/49	7	218.99914	80.79	237	$1\frac{7}{39}$ +7/41	8	236.99861	54.29
219	$2\frac{11}{41}$ + 41/49	17	218.99968	217.42	237	$1\frac{26}{37}$ +6/39	11	236.99888	67.37
220	6/33	1	220.00000	精确值	237	12/47 +$1\frac{46}{49}$	13	236.99980	381.20
221	26/37 +1/47	4	221.00079	88.57	237①	$1\frac{12}{47}$ +46/49	13	236.99980	381.20
221①	5/47 +48/49	6	220.99960	175.94	238	7/37 +28/43	5	237.99551	16.88
221	$3\frac{9}{41}$ + 25/43	21	220.99985	471.39	238	1/43 +$1\frac{23}{47}$	9	237.99804	38.60
222	19/37 −13/39	1	222.00000	精确值	238①	$2\frac{3}{31}$ +14/33	15	237.99922	97.69
222①	$1\frac{8}{43}$ +39/49	11	222.00192	36.89	238	$2\frac{17}{39}$ +4/47	15	238.00043	175.04
223	6/37 +36/49	25	223.00123	57.71	239	1/37 +12/39	2	239.00621	12.25
223	$1\frac{26}{37}$ +38/47	14	222.99977	309.98	239	32/39 +9/49	6	238.99948	145.99
223①	$2\frac{26}{43}$ +13/49	16	222.99983	429.23	239①	$1\frac{23}{43}$ +15/49	11	238.99974	295.10
223	$3\frac{11}{41}$ +15/47	20	223.00014	490.71	239	$2\frac{3}{41}$ + 26/43	16	239.00021	359.16
224	$1\frac{13}{37}$ +11/43	9	223.99687	22.79	240	3/18	1	240.00000	精确值
224	$2\frac{16}{39}$ +11/41	15	224.00187	38.17	241	4/39 +17/43	3	241.00599	12.81
224①	$2\frac{6}{23}$ +2/33	13	223.99546	15.70	241	26/41 +17/47	6	241.00052	147.21
224	$3\frac{5}{43}$ +13/47	19	223.99883	61.11	241①	$1\frac{1}{41}$ +23/49	9	240.99967	230.21
225	1/15 +2/18	1	225.00000	精确值	241	$1\frac{25}{37}$ + 35/43	15	240.99975	303.86
225①	1/18 +6/20	2	225.00000	精确值	242	4/37 +19/49	3	242.00222	34.63
226	28/37 +5/39	5	225.99843	45.93	242	$1\frac{37}{39}$ + 26/49	15	242.00084	91.24
226①	$1\frac{38}{39}$ +16/49	13	225.99955	158.16	242①	$1\frac{23}{41}$ +45/49	15	241.99960	191.85
227	9/39 +14/47	3	226.99690	23.34	242	$2\frac{22}{39}$ + 39/43	21	241.99966	224.20
227	$1\frac{11}{37}$ +25/39	11	227.00036	202.10	243	22/37 +3/47	4	243.00437	17.71
227①	$3\frac{3}{43}$ +5/49	18	226.99985	482.89	243	32/41 +2/47	5	243.00126	61.34
228	5/15 −3/19	1	228.00000	精确值	243①	29/41 +46/49	10	242.99970	255.79
229	7/39 +34/49	5	228.99940	121.66	244	36/39 +11/49	7	243.99453	14.19
229①	$1\frac{19}{41}$ +31/49	12	229.00024	306.95	244	$1\frac{10}{37}$ +8/39	9	244.00188	41.34
229	$2\frac{35}{41}$ +20/43	19	229.00017	426.50	244	$2\frac{15}{31}$ + 10/33	17	243.99860	55.36
230	4/23	1	230.00000	精确值	244①	$1\frac{28}{37}$ +2/43	11	244.00139	55.71
231①	3/21 +1/33	1	231.00000	精确值	245	8/49	1	245.00000	精确值

（续）

目标分区	分度移动量	工件转动量	精确分区数	误差 =0.001 时的直径	目标分区	分度移动量	工件转动量	精确分区数	误差 =0.001 时的直径
246	13/39 − 7/41	1	246.00000	精确值	249	$10/37 + 1\frac{46}{47}$	14	249.00026	309.98
246①	6/43 + 33/49	5	246.00117	67.07	249	$4/43 + 2\frac{47}{49}$	19	249.00016	509.72
247	17/37 + 21/41	6	247.00136	57.59	249①	$2\frac{4}{43} + 47/49$	19	249.00016	509.72
247	$15/43 + 1\frac{45}{49}$	14	247.00021	375.58	250	$1\frac{8}{41} + 12/49$	9	249.99654	23.02
247①	$1\frac{15}{43} + 45/49$	14	247.00021	375.58	250①	$1\frac{9}{37} + 41/49$	13	250.00265	30.01
248	5/31	1	248.00000	精确值	250	$2\frac{2}{43} + 33/49$	17	250.00174	45.61
249	20/37 + 5/49	4	248.99571	18.47	250	$3\frac{16}{47} + 48/49$	27	249.99899	79.17

① 只需要分度盘上最外圈的孔。

连续加工操作的时间间隔大有利于分散和减少工件上产生热的影响。一个近似要求的工件转数显示在表 8-160 分度运动右侧一列。对于需要近似移动的每个分区，该表给出了两个或三个选择。

提供了两种每个近似接近度的测度，以帮助在复杂性和精确性之间进行权衡。第一种测度是一组分度运动产生的精确分度数，给出了近似程度的直接比较。然而，在本质上精确分度数和目标分度数之间的差别是角度，所以近似所引入的误差取决于被分割圆的大小。第二种近似度的测量方法通过如直径误差等于 0.001 表示近似程度来反映这一特性。第二种度量是无单位的，因此误差为 0.001in 意味着一列被称为直径的元素单位是 in，但这种测度也可以有 0.001cm 和以 cm 为单位的直径。该方法也可用于计算给定直径下的近似误差。将给定的直径除以测量值，并将结果乘以 0.001 来确定使用近似法将引入的误差量。

例如：使用布朗和夏普普通分度头把一个齿轮在 16 径节切成 127 齿。分度表给出了 127 个分区的三个近似值。127 齿 16DP 齿轮中径大约是 7.9in，因此，三种近似计算误差选择将是（7.9 ÷ 17.5） × 0.001in = 0.00045in，（7.9 ÷ 77.5） × 0.001in = 0.00010in，（7.9 ÷ 218.98） × 0.001in = 0.000036in。考虑到随着较长的分度运动和其他合理的因素而潜在增加的操作工失误的可能性，假设选择三个近似值中的第一个。盘 3 安装在分度头的蜗杆轴上，但不固定在框架上。如果可行，则安装双扇形臂组；否则，安装单对扇形臂。曲柄臂上的分度销设置为追踪 39 孔的圆。已安装的固定的分度销设置为追踪 47 孔的圆。如果只使用一对扇形臂，则它被用于 42/47 运动，并使用外弧来设置 0 ~ 42 孔。在 47 个孔的圆（零孔、42 孔、额外四个孔）的内弧上应显示六个孔。第二组的扇形臂是在 39 孔的圆的内弧（显示三个孔）上设置 0 ~ 2 个孔。如果没有第二对扇形臂，这是一个可以徒手来做而不增加错误的风险的足够短的运动。

5. 角分度

具有 40:1 齿轮传动比的普通分度头为在每个分度曲柄的完整一转中将主轴和工件旋转 9°。因此，1°为 2/18 或 3/27 布朗和夏普分度头和 6/54 辛辛那提设计的分度头的运动。为了找到一个角度的分度运动，将这个角度除以 9 得到整转的圈数和余数（如果存在余数的话）。如果以分表示的余数能均匀整除 36、33.75、30、27 或 20 的话，那么商数就是分别在 15、16、18、20 或 27 个孔的圆上获得所需转动小数圈数而要移动的孔数（或均匀整除 22.5、21.6、18、16.875、15、11.25 或 10，为在 24、25、30、32、36、48 或 54 个孔的圆分别代表辛辛那提分度头的标准和高号盘移动的孔数）。如果这些分区没有一个是均匀的，就不可能用这种方法来分度角度（精确）。

例如：需要 61°48′的角度，以度（°）为单位，这个角度是 61.8°，除以 9 等于 6 并有 7.8°或 468′的余数。将 468 除以 20、27、30、33.75 和 36，显示能被 36 整除，得到 13。61°48′的分度运动是在 15 孔的孔圈上转 6 圈加 13 孔。

6. 角分度表

表 8-161 为单孔移动角度值，它提供在标准布朗和夏普与辛辛那提盘上的每个可用的分度圆上一个孔移动得到的角度值，这是一种可以用简单的分度来近似的角度。

表 8-162 为精确角分度，它提供简单的和复合的分度运动，用布朗和夏普与辛辛那提分度头标准分度盘以获得全范围的小数圈数。复合分度运动依赖于在同一分度盘上存在的特别的分度圆，所以某些运动可能无法使用不同构型的盘。要使用表 8-162

来分度一个角度，首先将角度转换为秒（″），然后将角度的秒数除以32400（9°的秒数，这是分度曲柄的一个整转）。商的整数部分给出分度曲柄的整转数，商的小数部分给出所需的小数圈数。

表8-161 用于布朗和夏普与辛辛那提分度盘的单孔移动角度值

孔圈	分角	孔圈	分角	孔圈	分角
15	36.000	53	10.189	129	4.186
16	33.750	54	10.000	131	4.122
17	31.765	57	9.474	133	4.060
18	30.000	58	9.310	137	3.942
19	28.421	59	9.153	139	3.885
20	27.000	62	8.710	141	3.830
21	25.714	66	8.182	143	3.776
23	23.478	67	8.060	147	3.673
24	22.500	69	7.826	149	3.624
25	21.600	71	7.606	151	3.576
26	20.769	73	7.397	153	3.529
27	20.000	77	7.013	157	3.439
28	19.286	79	6.835	159	3.396
29	18.621	81	6.667	161	3.354
30	18.000	83	6.506	163	3.313
31	17.419	87	6.207	167	3.234
32	16.875	89	6.067	169	3.195
33	16.364	91	5.934	171	3.158
34	15.882	93	5.806	173	3.121
36	15.000	97	5.567	175	3.086
37	14.595	99	5.455	177	3.051
38	14.211	101	5.347	179	3.017
39	13.846	103	5.243	181	2.983
41	13.171	107	5.047	183	2.951
42	12.857	109	4.954	187	2.888
43	12.558	111	4.865	189	2.857
44	12.273	113	4.779	191	2.827
46	11.739	117	4.615	193	2.798
47	11.489	119	4.538	197	2.741
48	11.250	121	4.463	199	2.714
49	11.020	123	4.390	—	—
51	10.588	127	4.252	—	—

使用表8-162来查找接近商的小数部分的小数的分度运动，在这一栏中有一个用于分度头的条目来用于此目的。如果商数的小数部分接近于表8-162中两个条目的中点，则计算两个分度运动的数字值到更多的小数位，以使其接近确定值。

例如：要求一个穿过31°27′50″的角度的运动。以秒（″）为单位，这个角度是113270″，除以32400，等于3.495987″。分度运动是曲柄的三个整转加上0.495987的小数圈数。表8-162中最接近的条目是0.4960，需要在23孔的孔圈上的8个孔加上同一方向上27孔的孔圈上4个孔的复合分度运动。检查这些运动的值，从小数圈数可以看到：8/23 + 4/27 = 0.347826″ + 0.148148″ = 0.495974″，这一数值乘以32400结果为16069.56″或4°27′49.56″。从三个整转中增加了27°得到总共31°27′49.56″的运动。

表 8-162 精确角分度

1圈的分量	B 和 S，贝克尔，亨迪，K 和 T，罗克福德	辛辛那提和莱布隆德	1圈的分量	B 和 S，贝克尔，亨迪，K 和 T，罗克福德	辛辛那提和莱布隆德
0.0010	12/49 − 10/41	15/51 − 17/58	0.0370	13/43 − 13/49	6/51 − 5/62
0.0020	24/49 − 20/41	23/51 − 22/49	0.0370	1/27	2/54
0.0030	8/23 − 10/29	7/39 − 6/34	0.0377	—	2/53
0.0040	1/41 − 1/49	4/66 − 3/53	0.0380	13/41 − 12/43	12/49 − 12/58
0.0050	4/39 − 4/41	3/24 − 3/25	0.0390	15/29 − 11/23	9/54 − 6/47
0.0060	9/29 − 7/23	18/51 − 17/49	0.0392	—	2/51
0.0070	11/31 − 8/23	5/46 − 6/59	0.0400	9/41 − 7/39	1/25
0.0080	2/41 − 2/49	10/49 − 10/51	0.0408	2/49	2/49
0.0090	1/23 − 1/29	8/24 − 12/37	0.0410	20/41 − 21/47	21/43 − 17/38
0.0100	8/39 − 8/41	6/24 − 6/25	0.0417	—	1/24
0.0110	6/39 − 7/49	11/59 − 10/57	0.0420	8/47 − 5/39	23/59 − 16/46
0.0120	9/47 − 7/39	15/49 − 15/51	0.0426	2/47	2/47
0.0130	2/33 − 1/21	3/54 − 2/47	0.0430	7/21 − 9/31	8/59 − 5/54
0.0140	19/47 − 16/41	10/46 − 12/59	0.0435	1/23	2/46
0.0150	8/29 − 6/23	9/24 − 9/25	0.0440	17/43 − 13/37	17/57 − 15/59
0.0152	—	1/66	0.0450	11/49 − 7/39	3/24 − 2/25
0.0160	18/49 − 13/37	20/49 − 20/51	0.0455	—	3/66
0.0161	—	1/62	0.0460	8/37 − 8/47	19/39 − 15/34
0.0169	—	1/59	0.0465	2/43	2/43
0.0170	15/41 − 15/43	9/49 − 11/66	0.0470	8/49 − 5/43	26/66 − 17/49
0.0172	—	1/58	0.0476	1/21	2/42
0.0175	—	1/57	0.0480	11/47 − 8/43	13/51 − 12/58
0.0180	9/39 − 10/47	11/42 − 10/41	0.0484	—	3/62
0.0185	—	1/54	0.0488	2/41	2/41
0.0189	—	1/53	0.0490	14/43 − 13/47	8/47 − 8/66
0.0190	7/37 − 8/47	6/49 − 6/58	0.0500	1/20	2/24 − 1/30
0.0196	—	1/51	0.0508	—	3/59
0.0200	16/39 − 16/41	3/30 − 2/25	0.0510	2/17 − 1/15	16/54 − 13/53
0.0204	1/49	1/49	0.0513	2/39	2/39
0.0210	3/43 − 2/41	15/46 − 18/59	0.0517	—	3/58
0.0213	1/47	1/47	0.0520	19/37 − 18/39	6/46 − 4/51
0.0217	—	1/46	0.0526	1/19	2/38
0.0220	12/37 − 13/43	22/59 − 20/57	0.0526	—	3/57
0.0230	4/37 − 4/47	3/47 − 2/49	0.0530	14/47 − 12/49	1/54 + 2/58
0.0233	1/43	1/43	0.0540	17/47 − 12/39	12/53 − 10/58
0.0238	—	1/42	0.0541	2/37	2/37
0.0240	18/47 − 14/39	23/58 − 19/51	0.0550	4/41 − 2/47	9/24 − 8/25
0.0244	1/41	1/41	0.0556	1/18	3/54
0.0250	2/16 − 2/20	2/30 − 1/24	0.0560	13/49 − 9/43	7/38 − 5/39
0.0256	1/39	1/39	0.0566	—	3/53
0.0260	4/33 − 2/21	3/46 − 2/51	0.0570	13/29 − 9/23	18/49 − 18/58
0.0263	—	1/38	0.0580	19/41 − 15/37	7/53 − 4/54
0.0270	3/23 − 3/29	6/53 − 5/58	0.0588	1/17	2/34
0.0270	1/37	1/37	0.0588	—	3/51
0.0280	17/43 − 18/49	20/46 − 24/59	0.0590	11/41 − 9/43	21/49 − 17/46
0.0290	11/37 − 11/41	4/49 − 3/57	0.0600	4/39 − 2/47	3/30 − 1/25
0.0294	—	1/34	0.0606	2/33	4/66
0.0300	2/39 − 1/47	7/25 − 6/24	0.0610	7/37 − 5/39	5/51 − 2/54
0.0303	1/33	2/66	0.0612	3/49	3/49
0.0310	13/39 − 13/43	13/34 − 13/37	0.0620	17/43 − 13/39	11/37 − 8/34
0.0320	11/37 − 13/49	8/37 − 7/38	0.0625	1/16	—
0.0323	1/31	2/62	0.0630	2/21 − 1/31	5/59 − 1/46
0.0330	11/49 − 9/47	11/49 − 9/47	0.0638	3/47	3/47
0.0333	—	1/30	0.0640	23/49 − 15/37	10/51 − 7/53
0.0339	—	2/59	0.0645	2/31	4/62
0.0340	18/49 − 13/39	18/49 − 17/51	0.0650	5/43 − 2/39	11/25 − 9/24
0.0345	1/29	2/58	0.0652	—	3/46
0.0350	13/41 − 11/39	4/25 − 3/24	0.0660	22/49 − 18/47	22/49 − 18/47
0.0351	—	2/57	0.0667	1/15	2/30
0.0357	—	1/28	0.0670	5/39 − 3/49	19/49 − 17/53
0.0360	18/39 − 20/47	21/41 − 20/42	0.0678	—	4/59

（续）

1 圈的分量	B 和 S，贝克尔，亨迪，K 和 T，罗克福德	辛辛那提和莱布隆德
0.0680	9/39 - 7/43	23/51 - 18/47
0.0690	2/29	4/58
0.0690	12/37 - 12/47	7/66 - 2/54
0.0698	3/43	3/43
0.0700	8/33 - 5/29	8/25 - 6/24
0.0702	—	4/57
0.0710	17/43 - 12/37	11/58 - 7/59
0.0714	—	2/28
0.0714	—	3/42
0.0720	7/47 - 3/39	10/49 - 7/53
0.0730	9/37 - 8/47	1/47 + 3/58
0.0732	3/41	3/41
0.0740	23/49 - 17/43	19/42 - 14/37
0.0741	2/27	4/54
0.0750	2/16 - 1/20	1/24 + 1/30
0.0755	—	4/53
0.0758	—	5/66
0.0760	17/47 - 14/49	24/49 - 24/58
0.0769	3/39	3/39
0.0770	—	9/46 - 7/59
0.0771	6/37 - 4/47	—
0.0780	13/39 - 12/47	9/46 - 6/51
0.0784	—	4/51
0.0789	—	3/38
0.0790	20/37 - 18/39	21/39 - 17/37
0.0800	9/37 - 8/49	2/25
0.0806	—	5/62
0.0810	9/23 - 9/29	17/47 - 16/57
0.0811	3/37	3/37
0.0816	4/49	4/49
0.0820	5/47 - 1/41	4/38 - 1/43
0.0830	4/23 - 3/33	8/46 - 6/66
0.0833	—	2/24
0.0840	8/43 - 5/49	8/47 - 5/58
0.0847	—	5/59
0.0850	9/17 - 8/18	3/24 - 1/25
0.0851	4/47	4/47
0.0860	13/31 - 7/21	16/59 - 10/54
0.0862	—	5/58
0.0870	2/23	4/46
0.0870	5/33 - 2/31	21/54 - 16/53
0.0877	—	5/57
0.0880	8/37 - 5/39	28/57 - 25/62
0.0882	—	3/34
0.0890	6/37 - 3/41	22/53 - 15/46
0.0900	22/49 - 14/39	6/24 - 4/25
0.0909	3/33	6/66
0.0910	23/49 - 14/37	21/51 - 17/53
0.0920	4/31 - 1/27	4/34 - 1/39
0.0926	—	5/54
0.0930	15/29 - 14/33	5/34 - 2/37
0.0930	4/43	4/43
0.0940	23/47 - 17/43	15/49 - 14/66
0.0943	—	5/53
0.0950	5/43 - 1/47	9/24 - 7/25
0.0952	2/21	4/42
0.0960	11/39 - 8/43	11/39 - 8/43
0.0968	3/31	6/62
0.0970	22/43 - 17/41	12/59 - 5/47
0.0976	4/41	4/41
0.0980	7/27 - 5/31	16/47 - 16/66
0.0980	—	5/51
0.0990	1/29 + 2/31	20/47 - 16/49
0.1000	2/20	3/30
0.1010	6/27 - 4/33	18/59 - 10/49
0.1017	—	6/59
0.1020	6/47 - 1/39	11/54 - 6/59
0.1020	5/49	5/49
0.1026	4/39	4/39
0.1030	21/49 - 14/43	18/57 - 10/47
0.1034	—	6/58
0.1035	3/29	—
0.1040	21/41 - 20/49	15/62 - 8/58
0.1050	11/41 - 8/49	12/25 - 9/24
0.1053	2/19	4/38
0.1053	—	6/57
0.1060	1/27 + 2/29	2/54 + 4/58
0.1061	—	7/66
0.1064	5/47	5/47
0.1070	10/37 - 8/49	2/51 + 4/59
0.1071	—	3/28
0.1080	1/23 + 2/31	24/53 - 20/58
0.1081	4/37	4/37
0.1087	—	5/46
0.1090	8/47 - 3/49	25/58 - 19/59
0.1100	2/41 + 3/49	9/25 - 6/24
0.1110	15/49 - 8/41	32/59 - 22/51
0.1111	3/27	6/54
0.1111	2/18	—
0.1120	23/41 - 22/49	23/47 - 20/53
0.1129	—	7/62
0.1130	13/41 - 10/49	1/49 + 5/54
0.1132	—	6/53
0.1140	7/43 - 2/41	22/58 - 13/49
0.1150	13/31 - 7/23	6/25 - 3/24
0.1160	6/29 - 3/33	14/53 - 8/54
0.1163	5/43	5/43
0.1170	5/33 - 1/29	5/59 + 2/62
0.1176	2/17	4/34
0.1176	—	6/51
0.1180	6/23 - 3/21	27/59 - 18/53
0.1186	—	7/59
0.1190	10/29 - 7/31	4/47 + 2/59
0.1190	—	5/42
0.1200	8/39 - 4/47	3/25
0.1207	—	7/58
0.1210	21/43 - 18/49	26/53 - 17/46
0.1212	4/33	8/66
0.1220	5/41	5/41
0.1220	23/47 - 18/49	10/51 - 4/54
0.1224	6/49	6/49
0.1228	—	7/57
0.1230	10/49 - 3/37	1/59 + 7/66
0.1240	2/23 + 1/27	18/34 - 15/37
0.1250	2/16	3/24
0.1260	24/47 - 15/39	10/59 - 2/46
0.1270	22/43 - 15/39	1/46 + 6/57
0.1277	6/47	6/47
0.1280	7/37 - 3/49	33/62 - 19/47
0.1282	5/39	5/39
0.1290	10/27 - 7/29	24/59 - 15/54
0.1290	4/31	8/62

（续）

1 圈的分量	B 和 S，贝克尔，亨迪，K 和 T，罗克福德	辛辛那提和莱布隆德
0. 1296	—	7/54
0. 1300	10/43 – 4/39	6/24 – 3/25
0. 1304	3/23	6/46
0. 1310	3/43 + 3/49	8/49 – 2/62
0. 1316	—	5/38
0. 1320	11/47 – 5/49	11/47 – 5/49
0. 1321	—	7/53
0. 1330	8/29 – 3/21	2/37 + 3/38
0. 1333	2/15	4/30
0. 1340	7/17 – 5/18	19/53 – 11/49
0. 1350	10/43 – 4/41	9/24 – 6/25
0. 1351	5/37	5/37
0. 1356	—	8/59
0. 1360	5/16 – 3/17	11/47 – 5/51
0. 1364	—	9/66
0. 1370	3/41 + 3/47	10/47 – 5/66
0. 1373	—	7/51
0. 1379	4/29	8/58
0. 1380	23/47 – 13/37	18/39 – 11/34
0. 1390	28/49 – 16/37	16/38 – 11/39
0. 1395	6/43	6/43
0. 1400	8/49 – 1/43	1/25 + 3/30
0. 1404	—	8/57
0. 1410	11/47 – 4/43	12/66 – 2/49
0. 1420	8/49 – 1/47	21/57 – 12/53
0. 1429	—	4/28
0. 1429	3/21	6/42
0. 1429	7/49	7/49
0. 1430	10/47 – 3/43	24/51 – 19/58
0. 1440	19/43 – 14/47	20/49 – 14/53
0. 1450	9/47 – 2/43	15/24 – 12/25
0. 1452	—	9/62
0. 1460	26/49 – 15/39	2/47 + 6/58
0. 1463	6/41	6/41
0. 1470	4/21 – 1/23	16/41 – 9/37
0. 1471	—	5/34
0. 1480	4/19 – 1/16	9/37 – 4/42
0. 1481	4/27	8/54
0. 1489	7/47	7/47
0. 1490	12/31 – 5/21	11/49 – 4/53
0. 1500	3/20	7/30 – 2/24
0. 1509	—	8/53
0. 1510	22/47 – 13/41	25/59 – 18/66
0. 1515	5/33	10/66
0. 1520	11/41 – 5/43	16/62
0. 1522	—	7/46
0. 1525	—	9/59
0. 1530	10/27 – 5/23	13/54 – 5/57
0. 1538	6/39	6/39
0. 1540	10/37 – 5/43	5/58 + 4/59
0. 1550	8/37 – 3/49	7/25 – 3/24
0. 1552	—	9/58
0. 1560	4/21 – 1/29	1/49 + 8/59
0. 1569	—	8/51
0. 1570	15/47 – 6/37	31/59 – 21/57
0. 1579	3/19	6/38
0. 1579	—	9/57
0. 1580	3/37 + 3/39	3/34 + 3/43
0. 1590	20/43 – 15/49	3/54 + 6/58
0. 1600	18/37 – 16/49	4/25
0. 1610	9/39 – 3/43	9/39 – 3/43
0. 1613	5/31	10/62
0. 1620	3/39 + 4/47	25/57 – 13/47
0. 1622	6/37	6/37
0. 1628	7/43	7/43
0. 1630	10/29 – 6/33	22/47 – 18/59
0. 1633	8/49	8/49
0. 1640	10/47 – 2/41	8/38 – 2/43
0. 1650	2/47 + 6/49	3/24 + 1/25
0. 1660	8/23 – 6/33	16/46 – 12/66
0. 1667	3/18	4/24
0. 1667	—	5/30
0. 1667	—	7/42
0. 1667	—	9/54
0. 1667	—	11/66
0. 1670	16/39 – 9/37	19/53 – 9/47
0. 1680	16/43 – 10/49	26/57 – 17/59
0. 1690	5/39 + 2/49	10/46 – 3/62
0. 1695	—	10/59
0. 1698	—	9/53
0. 1700	6/23 – 3/33	6/24 – 2/25
0. 1702	8/47	8/47
0. 1707	7/41	7/41
0. 1710	15/49 – 5/37	15/47 – 8/54
0. 1720	1/39 + 6/41	32/59 – 20/54
0. 1724	5/29	10/58
0. 1730	9/41 – 2/31	9/41 – 2/43
0. 1739	4/23	8/46
0. 1740	10/33 – 4/31	21/53 – 12/54
0. 1750	2/16 + 1/20	1/24 + 4/30
0. 1754	—	10/57
0. 1760	2/37 + 5/41	2/37 + 5/41
0. 1765	3/17	6/34
0. 1765	—	9/51
0. 1770	5/39 + 2/41	14/49 – 5/46
0. 1774	—	11/62
0. 1780	23/41 – 18/47	6/49 + 3/54
0. 1786	—	5/28
0. 1790	11/21 – 10/29	19/51 – 12/62
0. 1795	7/39	7/39
0. 1800	11/47 – 2/37	2/25 + 3/30
0. 1810	11/37 – 5/43	18/38 – 12/41
0. 1818	6/33	12/66
0. 1820	9/39 – 2/41	21/46 – 14/51
0. 1830	5/17 – 2/18	33/58 – 22/57
0. 1837	9/49	9/49
0. 1840	8/31 – 2/27	19/62 – 6/49
0. 1842	—	7/38
0. 1850	4/37 + 3/39	14/25 – 9/24
0. 1852	5/27	10/54
0. 1860	1/29 + 5/33	18/47 – 13/66
0. 1860	8/43	8/43
0. 1864	—	11/59
0. 1870	16/49 – 6/43	24/57 – 11/47
0. 1875	3/16	—
0. 1880	12/29 – 7/31	30/49 – 28/66
0. 1887	—	10/53
0. 1890	13/29 – 7/27	23/58 – 11/53
0. 1892	7/37	7/37
0. 1897	—	11/58
0. 1900	10/43 – 2/47	11/25 – 6/24
0. 1905	4/21	8/42

8

（续）

1 圈的分量	B 和 S，贝克尔，亨迪，K 和 T，罗克福德	辛辛那提和莱布隆德
0.1910	17/39 - 12/49	21/57 - 11/62
0.1915	9/47	9/47
0.1920	7/41 + 1/47	12/57 - 1/54
0.1930	—	11/57
0.1930	10/19 - 5/15	19/59 - 8/62
0.1935	6/31	12/62
0.1940	7/41 + 1/43	14/43 - 5/38
0.1950	1/23 + 5/33	8/25 - 3/24
0.1951	8/41	8/41
0.1957	—	9/46
0.1960	21/49 - 10/43	34/66 - 15/47
0.1961	—	10/51
0.1970	—	13/66
0.1970	21/39 - 14/41	11/47 - 2/54
0.1980	2/29 + 4/31	17/49 - 7/47
0.1990	5/37 + 3/47	27/59 - 15/58
0.2000	3/15	5/25
0.2000	4/20	6/30
0.2010	11/39 - 3/37	8/49 + 2/53
0.2020	23/41 - 14/39	23/41 - 14/39
0.2030	2/37 + 7/47	19/62 - 6/58
0.2034	—	12/59
0.2037	—	11/54
0.2040	12/47 - 2/39	18/51 - 7/47
0.2041	10/49	10/49
0.2050	13/37 - 6/41	3/24 + 2/25
0.2051	8/39	8/39
0.2059	—	7/34
0.2060	15/43 - 7/49	12/53 - 1/49
0.2069	6/29	12/58
0.2070	19/41 - 10/39	19/41 - 10/39
0.2075	—	11/53
0.2080	15/31 - 8/29	13/58 - 1/62
0.2083	—	5/24
0.2090	16/33 - 8/29	8/46 + 2/57
0.2093	9/43	9/43
0.2097	—	13/62
0.2100	22/37 - 15/39	6/24 - 1/25
0.2105	4/19	8/38
0.2105	—	12/57
0.2110	22/41 - 14/43	22/41 - 14/43
0.2120	2/27 - 4/29	4/54 + 8/58
0.2121	7/33	14/66
0.2128	10/47	10/47
0.2130	23/49 - 10/39	2/30 + 6/41
0.2140	20/37 - 16/49	12/51 - 1/47
0.2143	—	6/28
0.2143	—	9/42
0.2150	11/43 - 2/49	9/24 - 4/25
0.2157	—	11/51
0.2160	2/23 + 4/31	25/51 - 17/62
0.2162	8/37	8/37
0.2170	11/41 - 2/39	28/59 - 17/66
0.2174	5/23	10/46
0.2180	3/31 + 4/33	21/59 - 8/58
0.2190	11/23 - 7/27	3/47 + 9/58
0.2195	9/41	9/41
0.2200	4/41 + 6/49	3/25 + 3/30
0.2203	—	13/59
0.2210	18/49 - 6/41	21/47 - 14/62
0.2220	25/41 - 19/49	7/51 + 5/59
0.2222	4/18	—
0.2222	6/27	12/54
0.2230	15/31 - 6/23	11/46 - 1/62
0.2240	5/41 + 5/49	15/38 - 7/41
0.2241	—	13/58
0.2245	11/49	11/49
0.2250	2/16 + 2/20	3/24 + 3/30
0.2258	7/31	14/62
0.2260	7/39 + 2/43	2/49 + 10/54
0.2264	—	12/53
0.2270	7/27 - 1/31	14/54 - 2/62
0.2273	—	15/66
0.2280	11/39 - 2/37	23/49 - 14/58
0.2281	—	13/57
0.2290	18/39 - 10/43	29/51 - 18/53
0.2300	7/37 + 2/49	12/25 - 6/24
0.2308	9/39	9/39
0.2310	28/49 - 16/47	26/59 - 13/62
0.2320	20/41 - 11/43	26/57 - 13/58
0.2326	10/43	10/43
0.2330	27/47 - 14/41	25/62 - 8/47
0.2333	—	7/30
0.2340	24/41 - 13/37	2/54 + 13/66
0.2340	11/47	11/47
0.2350	11/27 - 5/29	9/25 - 3/24
0.2353	4/17	8/34
0.2353	—	12/51
0.2360	10/39 - 1/49	29/66 - 12/59
0.2368	—	9/38
0.2370	23/37 - 15/39	23/37 - 15/39
0.2373	—	14/59
0.2380	2/43 + 9/47	34/57 - 19/53
0.2381	5/21	10/42
0.2390	24/43 - 15/47	12/62 + 3/66
0.2391	—	11/46
0.2400	3/43 + 8/47	6/25
0.2407	—	13/54
0.2410	19/47 - 8/49	17/47 - 7/58
0.2414	7/29	14/58
0.2419	—	15/62
0.2420	21/37 - 14/43	12/46 - 1/53
0.2424	8/33	16/66
0.2430	29/49 - 15/43	4/47 + 9/57
0.2432	9/37	9/37
0.2439	10/41	10/41
0.2440	13/49 - 1/47	30/53 - 19/59
0.2449	12/49	12/49
0.2450	13/37 - 5/47	3/24 + 3/25
0.2453	—	13/53
0.2456	—	14/57
0.2460	20/49 - 6/37	11/37 - 2/39
0.2470	10/37 - 1/43	29/49 - 20/58
0.2480	4/23 + 2/27	26/49 - 13/46
0.2490	10/37 - 1/47	17/43 - 6/41
0.2500	4/16	6/24
0.2500	5/20	7/28
0.2510	2/15 + 2/17	34/66 - 14/53
0.2520	24/43 - 15/49	22/49 - 13/66
0.2530	7/37 + 3/47	11/53 + 3/66
0.2540	26/49 - 13/47	2/46 + 12/57
0.2542	—	15/59

（续）

1 圈的分量	B 和 S，贝克尔，亨迪，K 和 T，罗克福德	辛辛那提和莱布隆德
0.2549	—	13/51
0.2550	4/21 + 2/31	9/24 − 3/25
0.2553	12/47	12/47
0.2558	11/43	11/43
0.2560	13/33 − 4/29	9/47 + 4/62
0.2564	10/39	10/39
0.2570	20/39 − 11/43	8/53 + 7/66
0.2576	—	17/66
0.2580	15/29 − 7/27	24/54 − 11/59
0.2581	8/31	16/62
0.2586	—	15/58
0.2590	24/49 − 9/39	16/42 − 5/41
0.2593	7/27	14/54
0.2600	20/43 − 8/39	4/25 + 3/30
0.2609	6/23	12/46
0.2610	15/33 − 6/31	5/53 + 9/54
0.2619	—	11/42
0.2620	18/37 − 11/49	16/51 − 3/58
0.2630	13/41 − 2/37	13/46 − 1/51
0.2632	5/19	10/38
0.2632	—	15/57
0.2640	22/47 − 10/49	22/47 − 10/49
0.2642	—	14/53
0.2647	—	9/34
0.2650	8/37 + 2/41	15/24 − 9/25
0.2653	13/49	13/49
0.2660	8/27 − 1/33	28/51 − 15/53
0.2667	—	8/30
0.2670	18/37 − 9/41	19/47 − 7/51
0.2680	8/18 − 3/17	27/49 − 15/53
0.2683	11/41	11/41
0.2690	2/18 + 3/19	6/54 + 9/57
0.2700	16/27 − 10/31	13/25 − 6/24
0.2703	10/37	10/37
0.2710	2/43 + 11/49	1/28 + 8/34
0.2712	—	16/59
0.2720	14/37 − 5/47	17/59 − 1/62
0.2727	9/33	18/66
0.2730	1/16 + 4/19	18/34 − 10/39
0.2740	6/41 + 6/47	26/59 − 9/54
0.2742	—	17/62
0.2745	—	14/51
0.2750	2/16 + 3/20	5/24 + 2/30
0.2759	8/29	16/58
0.2760	12/31 − 3/27	13/43 − 1/38
0.2766	13/47	13/47
0.2770	11/27 − 3/23	18/28 − 15/41
0.2778	5/18	15/54
0.2780	5/23 + 2/33	17/39 − 6/38
0.2790	16/29 − 9/33	14/47 − 1/53
0.2791	12/43	12/43
0.2800	16/49 − 2/43	7/25
0.2807	—	16/57
0.2810	3/39 + 10/49	17/57 − 1/58
0.2820	5/27 + 3/31	24/66 − 4/49
0.2821	11/39	11/39
0.2826	—	13/46
0.2830	14/43 − 2/47	15/53
0.2840	21/47 − 7/43	37/66 − 13/47
0.2850	15/43 − 3/47	3/24 + 4/25
0.2857	14/49	14/49
0.2857	—	12/42
0.2857	—	8/28
0.2860	20/47 − 6/43	20/58 − 3/51
0.2870	7/41 + 5/43	20/42 − 7/37
0.2879	—	19/66
0.2880	19/43 − 6/39	19/43 − 6/39
0.2881	—	17/59
0.2890	1/21 + 7/29	16/46 − 3/51
0.2895	—	11/38
0.2900	23/43 − 12/49	6/24 + 1/25
0.2903	9/31	18/62
0.2910	5/39 + 7/43	7/49 + 8/54
0.2917	—	7/24
0.2920	9/39 + 3/49	35/57 − 19/59
0.2927	12/41	12/41
0.2930	17/39 − 7/49	28/53 − 12/51
0.2931	—	17/58
0.2940	8/21 − 2/23	14/57 + 3/62
0.2941	5/17	10/34
0.2941	—	15/51
0.2950	18/37 − 9/47	9/24 − 2/25
0.2960	21/41 − 8/37	29/57 − 10/47
0.2963	8/27	16/54
0.2970	3/29 + 6/31	13/47 + 1/49
0.2973	11/37	11/37
0.2979	14/47	14/47
0.2980	11/21 − 7/31	12/37 − 1/38
0.2982	—	17/57
0.2990	19/43 − 7/49	19/43 − 4/28
0.3000	6/20	9/30
0.3010	1/41 + 13/47	19/54 − 3/59
0.3019	—	16/53
0.3020	7/29 + 2/33	23/62 − 4/58
0.3023	13/43	13/43
0.3030	15/39 − 4/49	25/57 − 8/59
0.3030	10/33	20/66
0.3040	16/31 − 7/33	33/59 − 12/47
0.3043	7/23	14/46
0.3050	1/31 + 9/33	15/24 − 8/25
0.3051	—	18/59
0.3060	17/31 − 8/33	33/54 − 18/59
0.3061	15/49	15/49
0.3065	—	19/62
0.3070	18/37 − 7/39	1/53 + 17/59
0.3077	12/39	12/39
0.3080	5/41 + 8/43	16/49 − 1/54
0.3090	1/43 + 14/49	19/30 − 12/37
0.3095	—	13/42
0.3100	16/37 − 6/49	14/25 − 6/24
0.3103	9/29	18/58
0.3110	3/39 + 11/47	19/46 − 5/49
0.3120	8/21 − 2/29	2/49 + 16/59
0.3125	5/16	—
0.3130	9/37 + 3/43	4/24 + 6/41
0.3137	—	16/51
0.3140	12/27 − 3/23	14/47 + 1/62
0.3148	—	17/54
0.3150	26/41 − 15/47	21/24 − 14/25
0.3158	—	12/38
0.3158	—	18/57
0.3160	6/37 + 6/39	6/34 + 6/43

（续）

1 圈的分量	B 和 S，贝克尔，亨迪，K 和 T，罗克福德	辛辛那提和莱布隆德	1 圈的分量	B 和 S，贝克尔，亨迪，K 和 T，罗克福德	辛辛那提和莱布隆德
0. 3170	11/18 - 5/17	34/59 - 14/54	0. 3485	—	23/66
0. 3171	13/41	13/41	0. 3488	15/43	15/43
0. 3180	22/37 - 13/47	6/54 + 12/58	0. 3490	11/29 - 1/33	2/47 + 19/62
0. 3182	—	21/66	0. 3500	7/20	6/24 + 3/30
0. 3190	6/27 + 3/31	3/34 + 9/39	0. 3509	—	20/57
0. 3191	15/47	15/47	0. 3510	13/27 - 3/23	25/53 - 7/58
0. 3200	16/47 - 1/49	8/25	0. 3514	13/37	13/37
0. 3208	—	17/53	0. 3519	—	19/54
0. 3210	25/49 - 7/37	10/59 + 10/66	0. 3520	4/37 + 10/41	24/62 - 2/57
0. 3214	—	9/28	0. 3529	6/17	12/34
0. 3220	18/39 - 6/43	18/39 - 6/43	0. 3529	—	18/51
0. 3220	—	19/59	0. 3530	4/37 + 12/49	31/59 - 10/58
0. 3226	10/31	20/62	0. 3540	14/37 - 1/41	22/59 - 1/53
0. 3230	21/41 - 7/37	21/41 - 7/37	0. 3548	11/31	22/62
0. 3235	—	11/34	0. 3550	10/43 + 6/49	12/25 - 3/24
0. 3240	3/23 + 6/31	21/47 - 7/57	0. 3559	—	21/59
0. 3243	12/37	12/37	0. 3560	5/41 + 11/47	12/49 + 6/54
0. 3250	2/16 + 4/20	3/24 + 5/25	0. 3570	20/43 - 4/37	20/43 - 4/37
0. 3256	14/43	14/43	0. 3571	—	10/28
0. 3260	21/49 - 4/39	23/59 - 3/47	0. 3571	—	15/42
0. 3261	—	15/46	0. 3580	14/37 - 1/49	38/62 - 13/51
0. 3265	16/49	16/49	0. 3585	—	19/53
0. 3270	24/49 - 7/43	17/58 + 2/59	0. 3590	14/39	14/39
0. 3276	—	19/58	0. 3600	22/47 - 4/37	9/25
0. 3280	26/41 - 15/49	15/51 + 2/59	0. 3610	9/23 - 1/33	18/46 - 2/66
0. 3290	5/21 + 3/33	23/43 - 7/34	0. 3617	17/47	17/47
0. 3300	4/47 + 12/49	6/24 + 2/25	0. 3620	15/27 - 6/31	17/41 - 2/38
0. 3310	17/31 - 5/23	23/59 - 3/51	0. 3621	—	21/58
0. 3320	28/43 - 15/47	30/59 - 9/51	0. 3630	23/49 - 5/47	25/53 - 5/46
0. 3330	7/43 + 8/47	36/51 - 22/59	0. 3636	12/33	24/66
0. 3333	5/15	8/24	0. 3640	26/47 - 7/37	25/62 - 2/51
0. 3333	6/18	10/30	0. 3650	28/47 - 9/39	3/24 + 6/25
0. 3333	7/21	13/39	0. 3659	—	15/41
0. 3333	9/27	14/42	0. 3660	10/17 - 4/18	13/57 + 8/58
0. 3333	11/33	17/51	0. 3667	—	11/30
0. 3333	13/39	18/54	0. 3670	5/27 + 6/33	13/49 + 6/59
0. 3333	—	19/57	0. 3673	18/49	18/49
0. 3333	—	22/66	0. 3680	16/31 - 4/27	31/66 - 6/59
0. 3340	7/41 + 8/49	29/47 - 15/53	0. 3684	7/19	14/38
0. 3350	21/37 - 10/43	9/24 - 1/25	0. 3684	—	21/57
0. 3360	28/41 - 17/49	9/46 + 8/57	0. 3690	30/49 - 9/37	21/62 + 2/66
0. 3370	2/39 + 14/49	33/57 - 15/62	0. 3696	—	17/46
0. 3380	10/23 - 3/31	25/62 - 3/46	0. 3700	30/47 - 11/41	6/24 + 3/25
0. 3387	—	21/62	0. 3704	10/27	20/54
0. 3390	19/49 - 2/41	20/59	0. 3710	32/49 - 11/39	23/62
0. 3396	—	18/53	0. 3720	2/29 + 10/33	34/57 - 11/49
0. 3400	25/49 - 8/47	6/25 + 3/30	0. 3721	16/43	16/43
0. 3404	16/47	16/47	0. 3725	—	19/51
0. 3410	12/27 - 3/29	22/46 - 7/51	0. 3729	—	22/59
0. 3415	14/41	14/41	0. 3730	30/47 - 13/49	21/49 - 3/54
0. 3420	4/21 + 5/33	25/62 - 3/49	0. 3740	32/49 - 12/43	5/46 + 13/49
0. 3421	—	13/38	0. 3750	6/16	9/24
0. 3430	13/23 - 6/27	37/57 - 15/49	0. 3760	5/21 + 4/29	11/49 + 10/66
0. 3440	2/39 + 12/41	14/54 + 5/59	0. 3770	13/37 + 1/39	20/51 - 1/66
0. 3448	—	20/58	0. 3774	—	20/53
0. 3450	2/23 + 8/31	15/24 - 7/25	0. 3780	13/27 - 3/29	31/53 - 12/58
0. 3460	18/41 - 4/43	18/41 - 4/43	0. 3784	14/37	14/37
0. 3469	17/49	17/49	0. 3788	—	25/66
0. 3470	7/31 + 4/33	7/38 + 7/43	0. 3790	8/37 + 7/43	8/37 + 7/43
0. 3478	8/23	16/46	0. 3793	11/29	22/58
0. 3480	20/33 - 8/31	31/59 - 11/62	0. 3800	20/43 - 4/47	7/25 + 3/30

（续）

1 圈的分量	B 和 S，贝克尔，亨迪，K 和 T，罗克福德	辛辛那提和莱布隆德
0. 3810	8/21	16/42
0. 3810	19/47 - 1/43	8/51 + 13/58
0. 3820	25/49 - 5/39	40/62 - 15/57
0. 3824	—	13/34
0. 3830	18/47	18/47
0. 3830	27/43 - 12/49	37/58 - 13/51
0. 3840	27/43 - 10/41	27/43 - 10/41
0. 3846	15/39	15/39
0. 3850	15/37 - 1/49	15/24 - 6/25
0. 3860	1/37 + 14/39	22/57
0. 3870	3/17 + 4/19	16/39 - 1/43
0. 3871	12/31	24/62
0. 3878	19/49	19/49
0. 3880	14/41 + 2/43	18/53 + 3/62
0. 3889	7/18	21/54
0. 3890	17/41 - 1/39	24/53 - 3/47
0. 3898	—	23/59
0. 3900	2/23 + 10/33	16/25 - 6/24
0. 3902	16/41	16/41
0. 3910	14/31 - 2/33	29/66 - 3/62
0. 3913	9/23	18/46
0. 3920	14/33 - 1/31	17/47 + 2/66
0. 3922	—	20/51
0. 3929	—	11/28
0. 3930	1/39 + 18/49	28/46 - 11/51
0. 3939	13/33	26/66
0. 3940	3/39 + 13/41	24/53 - 3/51
0. 3947	—	15/38
0. 3950	26/37 - 12/39	13/25 - 3/24
0. 3953	17/43	17/43
0. 3960	4/29 + 8/31	33/47 - 15/49
0. 3962	—	21/53
0. 3966	—	23/58
0. 3970	25/41 - 10/47	7/57 + 17/62
0. 3980	3/16 + 4/19	28/58 - 5/59
0. 3990	7/39 + 9/41	6/37 + 9/38
0. 4000	6/15	10/25
0. 4000	8/20	12/30
0. 4010	2/37 + 17/49	27/62 - 2/58
0. 4020	5/43 + 14/49	16/49 + 4/53
0. 4030	26/49 - 6/47	30/47 - 12/51
0. 4032	—	25/62
0. 4035	—	23/57
0. 4040	11/39 + 5/41	11/39 + 5/41
0. 4043	19/47	19/47
0. 4048	—	17/42
0. 4050	29/41 - 13/43	3/24 + 7/25
0. 4054	15/37	15/37
0. 4060	21/47 - 2/49	17/58 + 7/62
0. 4068	—	24/59
0. 4070	9/19 - 1/15	7/47 + 16/62
0. 4074	11/27	22/54
0. 4080	16/37 - 1/41	2/54 + 23/62
0. 4082	20/49	20/49
0. 4090	15/39 + 1/41	15/39 + 1/41
0. 4091	—	27/66
0. 4100	1/37 + 18/47	6/24 + 4/25
0. 4103	16/39	16/39
0. 4110	9/41 + 9/47	7/34 + 8/39
0. 4118	7/17	14/34
0. 4118	—	21/51

1 圈的分量	B 和 S，贝克尔，亨迪，K 和 T，罗克福德	辛辛那提和莱布隆德
0. 4120	18/41 - 1/37	24/53 - 2/49
0. 4130	2/39 + 17/47	19/46
0. 4138	12/29	24/58
0. 4140	19/39 - 3/41	19/39 - 3/41
0. 4146	17/41	17/41
0. 4150	18/33 - 3/23	9/24 + 1/25
0. 4151	—	22/53
0. 4160	21/39 - 6/49	41/62 - 13/53
0. 4167	—	10/24
0. 4170	26/37 - 14/49	10/38 + 6/39
0. 4180	8/21 + 1/27	16/46 + 4/57
0. 4186	18/43	18/43
0. 4190	18/39 - 2/47	31/46 - 13/51
0. 4194	13/31	26/62
0. 4200	24/49 - 3/43	8/25 + 3/30
0. 4210	1/39 + 17/43	23/49 - 3/62
0. 4211	8/19	16/38
0. 4211	—	24/57
0. 4220	15/29 - 2/21	3/41 + 15/43
0. 4230	24/43 - 5/37	20/54 + 3/57
0. 4237	—	25/59
0. 4240	4/27 + 8/29	41/62 - 14/59
0. 4242	14/33	28/66
0. 4250	6/16 + 1/20	7/24 + 4/30
0. 4255	20/47	20/47
0. 4259	—	23/54
0. 4260	27/41 - 10/43	28/57 - 3/46
0. 4270	27/39 - 13/49	29/59 - 4/62
0. 4280	12/43 + 7/47	33/57 - 8/53
0. 4286	9/21	12/28
0. 4286	21/49	18/42
0. 4286	—	21/49
0. 4290	30/47 - 9/43	21/51 + 1/58
0. 4300	22/43 - 4/49	17/25 - 6/24
0. 4310	11/39 + 7/47	25/58
0. 4314	—	22/51
0. 4320	4/23 + 8/31	28/62 - 1/51
0. 4324	16/37	16/37
0. 4330	5/37 + 14/47	26/42 - 8/43
0. 4333	—	13/30
0. 4340	5/31 + 9/33	23/53
0. 4348	10/23	20/46
0. 4350	21/31 - 8/33	14/25 - 3/24
0. 4355	—	27/62
0. 4359	—	17/39
0. 4360	6/31 + 8/33	42/59 - 16/58
0. 4370	27/39 - 12/47	31/49 - 9/46
0. 4375	7/16	—
0. 4380	13/27 - 1/23	24/57 + 1/59
0. 4386	—	25/57
0. 4390	18/43 + 1/49	34/59 - 7/51
0. 4390	18/41	18/41
0. 4394	—	29/66
0. 4400	8/41 + 12/49	11/25
0. 4407	—	26/59
0. 4410	10/37 + 7/41	10/37 + 7/41
0. 4412	—	15/34
0. 4419	19/43	19/43
0. 4420	18/33 - 3/29	34/62 - 5/47
0. 4430	4/39 + 16/47	20/51 + 3/59
0. 4440	9/41 + 11/49	14/51 + 10/59

（续）

1圈的分量	B和S，贝克尔，亨迪，K和T，罗克福德	辛辛那提和莱布隆德
0.4444	12/27	24/54
0.4444	8/18	—
0.4450	7/37 + 11/43	3/24 + 8/25
0.4460	11/23 − 1/31	22/46 − 2/62
0.4468	21/47	21/47
0.4470	6/21 + 5/31	14/49 + 10/62
0.4474	—	17/38
0.4480	10/41 + 10/49	27/41 − 8/38
0.4483	13/29	26/58
0.4490	22/49	22/49
0.4490	20/39 − 3/47	14/57 + 12/59
0.4500	9/20	6/24 + 6/30
0.4510	—	23/51
0.4510	5/15 + 2/17	42/62 − 12/53
0.4516	14/31	28/62
0.4520	14/39 + 4/43	4/49 + 20/54
0.4524	—	19/42
0.4528	—	24/53
0.4530	3/23 + 10/31	16/59 + 12/66
0.4540	14/27 − 2/31	1/54 + 27/62
0.4545	15/33	30/66
0.4550	25/47 − 3/39	9/24 + 2/25
0.4560	9/37 + 10/47	17/62 + 12/66
0.4561	—	26/57
0.4565	—	21/46
0.4570	4/37 + 15/43	27/39 − 8/34
0.4576	—	27/59
0.4580	27/49 − 4/43	20/53 + 5/62
0.4583	—	11/24
0.4590	35/49 − 12/47	18/51 + 7/66
0.4595	17/37	17/37
0.4600	16/41 + 3/43	9/25 + 3/30
0.4610	13/39 + 6/47	22/34 − 8/43
0.4615	18/39	18/39
0.4620	15/47 + 7/49	36/62 − 7/59
0.4630	—	25/54
0.4630	—	10/46 + 14/57
0.4631	9/21 + 1/29	—
0.4634	19/41	19/41
0.4640	21/43 − 1/41	32/58 − 5/57
0.4643	—	13/28
0.4650	21/37 − 4/39	15/24 − 4/25
0.4651	20/43	20/43
0.4655	—	27/58
0.4660	13/41 + 7/47	31/47 − 12/62
0.4667	7/15	14/30
0.4670	19/37 − 2/43	25/34 − 11/41
0.4677	—	29/62
0.4680	11/27 + 2/33	3/49 + 24/59
0.4681	22/47	22/47
0.4690	8/23 + 4/33	35/49 − 13/53
0.4694	23/49	23/49
0.4697	—	31/66
0.4700	19/29 − 5/27	18/25 − 6/24
0.4706	8/17	16/34
0.4706	—	24/51
0.4710	12/39 + 8/49	12/47 + 11/51
0.4717	—	25/53
0.4720	20/39 − 2/49	31/53 − 7/62
0.4730	6/39 + 15/47	29/59 − 1/54
0.4737	9/19	18/38
0.4737	—	27/57
0.4740	9/37 + 9/39	9/34 + 9/43
0.4746	—	28/59
0.4750	6/16 + 2/20	9/24 + 3/30
0.4760	4/43 + 18/47	15/53 + 11/57
0.4762	10/21	20/42
0.4770	26/43 − 6/47	30/47 − 10/62
0.4780	12/31 + 3/33	24/62 + 6/66
0.4783	11/23	22/46
0.4790	22/39 − 4/47	10/53 + 18/62
0.4800	16/39 + 3/43	12/25
0.4810	14/41 + 6/43	22/58 + 6/59
0.4815	13/27	26/54
0.4820	33/49 − 9/47	19/46 + 4/58
0.4828	14/29	28/58
0.4830	27/39 − 9/43	27/39 − 9/43
0.4839	15/31	30/62
0.4840	5/37 + 15/43	24/46 − 2/53
0.4848	16/33	32/66
0.4850	24/47 − 1/39	3/24 + 9/25
0.4860	13/43 + 9/49	43/62 − 11/53
0.4865	18/37	18/37
0.4870	15/37 + 4/49	26/43 − 4/34
0.4872	19/39	19/39
0.4878	20/41	20/41
0.4880	8/29 + 7/33	5/46 + 22/58
0.4884	21/43	21/43
0.4890	28/43 − 6/37	19/47 + 5/59
0.4894	23/47	23/47
0.4898	24/49	24/49
0.4900	13/21 − 4/31	6/24 + 6/25
0.4902	—	25/51
0.4906	—	26/53
0.4910	15/39 + 5/47	21/46 + 2/58
0.4912	—	28/57
0.4915	—	29/59
0.4920	25/37 − 9/49	17/46 + 6/49
0.4930	8/41 + 14/47	21/53 + 6/62
0.4940	33/49 − 7/39	14/46 + 11/58
0.4950	5/29 + 10/31	9/24 + 3/25
0.4960	8/23 + 4/27	20/53 + 7/59
0.4970	33/47 − 8/39	7/46 + 20/58
0.4980	20/37 − 2/47	29/41 − 9/43
0.4990	26/41 − 5/37	26/41 − 5/37
0.5000	8/16	12/24
0.5000	9/18	14/28
0.5000	10/20	15/30
0.5000	—	17/34
0.5000	—	19/38
0.5000	—	21/42
0.5000	—	23/46
0.5000	—	27/54
0.5000	—	29/58
0.5000	—	31/62
0.5000	—	33/66
0.5010	5/37 + 15/41	37/51 − 11/49
0.5020	17/37 + 2/47	25/53 + 2/66
0.5030	8/39 + 14/47	16/49 + 9/51
0.5040	5/43 + 19/49	37/66 − 3/53
0.5050	21/31 − 5/29	15/24 − 3/25
0.5060	7/39 + 16/49	22/53 + 6/66

（续）

1 圈的分量	B 和 S，贝克尔，亨迪，K 和 T，罗克福德	辛辛那提和莱布隆德	1 圈的分量	B 和 S，贝克尔，亨迪，K 和 T，罗克福德	辛辛那提和莱布隆德
0. 5070	33/47 - 8/41	28/46 - 6/59	0. 5370	—	29/54
0. 5080	12/37 + 9/49	41/66 - 6/53	0. 5370	—	6/51 + 26/62
0. 5085	—	30/59	0. 5371	17/41 + 6/49	—
0. 5088	—	29/57	0. 5380	4/18 + 6/19	12/49 + 17/58
0. 5090	24/39 - 5/47	27/51 - 1/49	0. 5385	21/39	21/39
0. 5094	—	27/53	0. 5390	26/39 - 6/47	34/51 - 6/47
0. 5098	—	26/51	0. 5400	25/41 - 3/43	6/25 + 9/30
0. 5100	8/21 + 4/31	18/24 - 6/25	0. 5405	20/37	20/37
0. 5102	25/49	25/49	0. 5410	12/47 + 14/49	2/38 + 21/43
0. 5106	24/47	24/47	0. 5417	—	13/24
0. 5110	6/37 + 15/43	26/49 - 1/51	0. 5420	4/43 + 22/49	7/46 + 23/59
0. 5116	22/43	22/43	0. 5424	—	32/59
0. 5120	21/29 - 7/33	45/66 - 9/53	0. 5430	33/43 - 11/49	22/54 + 8/59
0. 5122	21/41	21/41	0. 5435	—	25/46
0. 5128	20/39	20/39	0. 5439	—	31/57
0. 5130	22/37 - 4/49	30/54 - 2/47	0. 5440	4/37 + 17/39	4/37 + 17/39
0. 5135	19/37	19/37	0. 5450	3/39 + 22/47	15/24 - 2/25
0. 5140	30/43 - 9/49	33/46 - 12/59	0. 5455	18/33	36/66
0. 5150	1/39 + 23/47	16/25 - 3/24	0. 5460	13/27 + 2/31	2/34 + 19/39
0. 5152	17/33	34/66	0. 5470	21/31 - 3/23	32/49 - 7/66
0. 5160	28/43 - 5/37	37/59 - 6/54	0. 5472	—	29/53
0. 5161	16/31	32/62	0. 5476	—	23/42
0. 5170	13/39 + 9/49	9/49 + 17/51	0. 5480	12/41 + 12/47	25/39 - 4/43
0. 5172	15/29	30/58	0. 5484	17/31	34/62
0. 5180	9/47 + 16/49	31/41 - 10/42	0. 5490	10/15 - 2/17	8/47 + 25/66
0. 5185	14/27	28/54	0. 5490	—	28/51
0. 5190	27/41 - 6/43	6/49 + 23/58	0. 5500	11/20	6/24 + 9/30
0. 5200	3/41 + 21/47	13/25	0. 5510	19/39 + 3/47	31/53 - 2/59
0. 5210	17/39 + 4/47	41/59 - 8/46	0. 5510	—	27/49
0. 5217	12/23	24/46	0. 5517	16/29	32/58
0. 5220	19/31 - 3/33	14/47 + 13/58	0. 5520	31/41 - 10/49	29/46 - 4/51
0. 5230	17/43 + 6/47	14/49 + 14/59	0. 5526	—	21/38
0. 5238	11/21	22/42	0. 5530	15/21 - 5/31	28/54 + 2/58
0. 5240	29/47 - 4/43	32/51 - 6/58	0. 5532	26/47	26/47
0. 5250	6/16 + 3/20	7/24 + 7/30	0. 5540	12/23 + 1/31	12/53 + 19/58
0. 5254	—	31/59	0. 5550	1/41 + 26/49	17/25 - 3/24
0. 5260	28/37 - 9/39	26/46 - 2/51	0. 5556	10/18	30/54
0. 5263	10/19	20/38	0. 5556	15/27	—
0. 5263	—	30/57	0. 5560	32/41 - 11/49	35/47 - 10/53
0. 5270	32/47 - 6/39	6/53 + 24/58	0. 5570	22/41 + 1/49	18/49 + 11/58
0. 5280	19/39 + 2/49	35/59 - 3/46	0. 5580	3/29 + 15/33	7/53 + 23/54
0. 5283	—	28/53	0. 5581	24/43	24/43
0. 5290	18/37 + 2/47	30/53 - 2/54	0. 5588	—	19/34
0. 5294	9/17	18/34	0. 5590	27/37 - 7/41	43/59 - 9/53
0. 5294	—	27/51	0. 5593	—	33/59
0. 5300	5/27 + 10/29	6/24 + 7/25	0. 5600	37/49 - 8/41	14/25
0. 5303	—	35/66	0. 5606	—	37/66
0. 5306	26/49	26/49	0. 5610	23/41	23/41
0. 5310	15/23 - 4/33	24/37 - 4/34	0. 5610	4/23 + 12/31	5/51 + 25/54
0. 5319	25/47	25/47	0. 5614	—	32/57
0. 5320	7/27 + 9/33	5/51 + 23/53	0. 5620	1/23 + 14/27	9/34 + 11/37
0. 5323	—	33/62	0. 5625	9/16	—
0. 5330	18/37 + 2/43	16/46 + 10/54	0. 5630	12/39 + 12/47	22/46 + 5/59
0. 5333	8/15	16/30	0. 5640	25/33 - 6/31	41/49 - 18/66
0. 5340	28/41 - 7/47	37/51 - 9/47	0. 5641	22/39	22/39
0. 5345	—	31/58	0. 5645	—	35/62
0. 5349	23/43	23/43	0. 5650	10/31 + 8/33	3/24 + 11/25
0. 5350	16/37 + 4/39	9/24 + 4/25	0. 5652	13/23	26/46
0. 5357	—	15/28	0. 5660	4/39 + 19/41	9/46 + 20/54
0. 5360	1/41 + 22/43	5/49 + 23/53	0. 5660	—	30/53
0. 5366	22/41	22/41	0. 5667	—	17/30

8

（续）

1圈的分量	B和S，贝克尔，亨迪，K和T，罗克福德	辛辛那提和莱布隆德	1圈的分量	B和S，贝克尔，亨迪，K和T，罗克福德	辛辛那提和莱布隆德
0.5670	33/47 − 5/37	25/47 + 2/57	0.5970	6/47 + 23/49	13/58 + 22/59
0.5676	21/37	21/37	0.5980	35/49 − 5/43	16/47 + 17/66
0.5680	23/31 − 4/23	21/47 + 8/66	0.5990	17/37 + 6/43	23/49 + 7/54
0.5686	—	29/51	0.6000	9/15	15/25
0.5690	—	33/58	0.6000	12/20	18/30
0.5690	28/39 − 7/47	42/59 − 7/49	0.6010	32/41 − 7/39	32/41 − 7/39
0.5700	21/43 + 4/49	6/24 + 8/25	0.6020	13/16 − 4/19	20/47 + 9/51
0.5710	9/43 + 17/47	39/57 − 6/53	0.6030	16/41 + 10/47	24/49 + 6/53
0.5714	12/21	16/28	0.6034	—	35/58
0.5714	28/49	24/42	0.6038	—	32/53
0.5714	—	28/49	0.6040	23/31 − 4/29	21/58 + 15/62
0.5720	31/43 − 7/47	40/58 − 6/51	0.6047	—	26/43
0.5730	12/39 + 13/49	23/57 + 10/59	0.6050	11/37 + 12/39	3/24 + 12/25
0.5740	14/41 + 10/43	23/37 − 2/42	0.6053	—	23/38
0.5741	—	31/54	0.6060	28/41 − 3/39	29/54 + 4/58
0.5745	27/47	27/47	0.6061	20/33	40/66
0.5750	3/15 + 6/16	9/24 + 6/30	0.6070	31/49 − 1/39	23/47 + 6/51
0.5758	19/33	38/66	0.6071	—	17/28
0.5760	21/29 − 4/27	24/49 + 5/58	0.6078	—	31/51
0.5763	—	34/59	0.6080	1/31 + 19/33	24/53 + 9/58
0.5770	5/37 + 19/43	32/46 − 7/59	0.6087	14/23	28/46
0.5780	2/21 + 14/29	25/49 + 4/59	0.6090	17/31 + 2/33	40/59 − 4/58
0.5789	11/19	22/38	0.6098	25/41	25/41
0.5789	—	33/57	0.6100	23/33 − 2/23	6/24 + 9/25
0.5790	26/43 − 1/39	38/62 − 2/59	0.6102	—	36/59
0.5800	3/43 + 25/49	12/25 + 3/30	0.6110	1/39 + 24/41	5/28 + 16/37
0.5806	18/31	36/62	0.6111	—	33/54
0.5810	21/39 + 2/47	18/53 + 14/58	0.6120	27/41 − 2/43	29/39 − 5/38
0.5814	25/43	25/43	0.6122	30/49	30/49
0.5820	6/21 + 8/27	23/38 − 1/43	0.6129	19/31	38/62
0.5830	11/37 + 14/49	8/46 + 27/66	0.6130	15/19 − 3/17	1/49 + 32/54
0.5833	—	14/24	0.6140	25/39 − 1/37	36/49 − 7/58
0.5840	18/39 + 6/49	13/57 + 21/59	0.6140	—	35/57
0.5849	—	31/53	0.6150	22/37 + 1/49	9/24 + 6/25
0.5850	3/23 + 15/33	15/24 − 1/25	0.6154	24/39	24/39
0.5854	24/41	24/41	0.6160	10/41 + 16/43	14/53 + 19/54
0.5860	20/39 + 3/41	17/54 + 16/59	0.6170	12/37 + 12/41	5/59 + 33/62
0.5862	17/29	34/58	0.6170	29/47	29/47
0.5870	—	27/46	0.6176	—	21/34
0.5870	30/47 − 2/39	37/53 − 6/54	0.6180	5/39 + 24/49	3/53 + 32/57
0.5880	1/37 + 23/41	28/57 + 6/62	0.6190	1/43 + 28/47	17/53 + 17/57
0.5882	10/17	20/34	0.6190	13/21	26/42
0.5882	—	30/51	0.6200	23/43 + 4/47	8/25 + 9/30
0.5890	32/41 − 9/47	8/46 + 22/53	0.6207	—	36/58
0.5897	23/39	23/39	0.6210	29/37 − 7/43	6/46 + 26/53
0.5900	29/47 − 1/37	18/24 − 4/25	0.6212	—	41/66
0.5909	—	39/66	0.6216	23/37	23/37
0.5910	24/39 − 1/41	40/59 − 4/46	0.6220	14/27 + 3/29	15/53 + 20/59
0.5918	29/49	29/49	0.6226	—	33/53
0.5920	21/37 + 1/41	21/34 − 1/39	0.6230	24/37 − 1/39	24/37 − 1/39
0.5926	16/27	32/54	0.6240	5/29 + 14/31	4/49 + 32/59
0.5930	1/15 + 10/19	22/34 − 2/37	0.6250	10/16	15/24
0.5932	—	35/59	0.6260	12/43 + 17/49	21/46 + 10/59
0.5940	6/29 + 12/31	15/49 + 19/66	0.6270	17/47 + 13/49	24/46 + 6/57
0.5946	22/37	22/37	0.6271	—	37/59
0.5950	12/41 + 13/43	18/25 − 3/24	0.6275	—	32/51
0.5952	—	25/42	0.6279	27/43	27/43
0.5957	28/47	28/47	0.6280	23/33 − 2/29	28/47 + 2/62
0.5960	28/39 − 5/41	15/51 + 16/53	0.6290	11/39 + 17/49	12/54 + 24/59
0.5965	—	34/57	0.6290	—	39/62
0.5968	—	37/62	0.6296	17/27	34/54

（续）

1 圈的分量	B 和 S，贝克尔，亨迪，K 和 T，罗克福德	辛辛那提和莱布隆德	1 圈的分量	B 和 S，贝克尔，亨迪，K 和 T，罗克福德	辛辛那提和莱布隆德
0.6300	11/41 +17/47	18/24 −3/25	0.6610	—	39/59
0.6304	—	29/46	0.6613	—	41/62
0.6310	9/37 +19/49	8/49 +29/62	0.6620	13/23 +3/31	36/53 −1/58
0.6316	12/19	24/38	0.6630	35/49 −2/39	11/39 +16/42
0.6316	—	36/57	0.6640	13/41 +17/49	33/51 +1/59
0.6320	12/37 +12/39	12/34 +12/43	0.6650	16/37 +10/43	15/24 +1/25
0.6327	31/49	31/49	0.6660	34/41 −8/49	21/51 +15/59
0.6330	13/27 +5/33	14/51 +19/53	0.6667	10/15	16/24
0.6333	—	19/30	0.6667	12/18	20/30
0.6340	7/17 +4/18	25/37 −1/24	0.6667	14/21	26/39
0.6341	26/41	26/41	0.6667	18/27	28/42
0.6350	9/39 +19/47	19/25 −3/24	0.6667	22/33	34/51
0.6360	7/37 +21/47	12/54 +24/58	0.6667	26/39	36/54
0.6364	21/33	42/66	0.6667	—	38/57
0.6370	5/47 +26/49	10/47 +28/66	0.6667	—	44/66
0.6379	—	37/58	0.6670	24/41 +4/49	5/51 +33/58
0.6380	12/27 +6/31	6/34 +18/39	0.6680	14/41 +16/49	11/47 +23/53
0.6383	30/47	30/47	0.6690	5/23 +14/31	10/46 +28/62
0.6390	14/23 +1/33	28/39 −3/38	0.6700	37/49 −4/47	18/24 −2/25
0.6400	4/37 +25/47	16/25	0.6710	9/21 +8/33	15/47 +19/54
0.6410	—	45/66 −2/49	0.6720	15/41 +15//49	7/54 +32//59
0.6410	25/39	25/39	0.6724	—	39/58
0.6415	—	34/53	0.6730	7/43 +25//49	42/57 −3//47
0.6420	23/37 +1/49	20/59 +20/66	0.6735	33/49	33/49
0.6429	—	18/28	0.6739	—	31/46
0.6429	—	27/42	0.6740	4/39 +28/49	21/53 +15/54
0.6430	41/37 −20/43	24/51 +10/58	0.6744	29/43	29/43
0.6440	31/43 −3/39	31/43 −3/39	0.6750	10/16 +1/20	9/24 +9/30
0.6441	—	38/59	0.6757	25/37	25/37
0.6450	33/43 −6/49	3/24 +13/25	0.6760	20/23 −6/31	43/62 −1/57
0.6452	20/31	40/62	0.6765	—	23/34
0.6460	23/37 +1/41	2/47 +35/58	0.6770	7/37 +20/41	26/53 +11/59
0.6470	8/39 +19/43	24/47 +9/66	0.6774	21/31	42/62
0.6471	11/17	22/34	0.6780	—	40/59
0.6471	—	33/51	0.6780	21/39 +6/43	6/49 +30/54
0.6480	31/41 −4/37	43/57 −5/47	0.6786	—	19/28
0.6481	—	35/54	0.6790	7/37 +24/49	19/51 +19/62
0.6486	24/37	24/37	0.6792	—	36/53
0.6490	3/23 +14/27	8/30 +13/34	0.6800	31/47 +1/49	17/25
0.6491	—	37/57	0.6809	32/47	32/47
0.6500	13/20	6/24 +12/30	0.6810	21/27 −3/31	29/41 −1/38
0.6510	18/29 +1/33	25/59 +15/66	0.6818	—	45/66
0.6512	—	28/43	0.6820	15/37 +13/47	37/51 −2/46
0.6515	—	43/66	0.6829	28/41	28/41
0.6520	8/31 +13/33	46/59 −6/47	0.6830	5/17 +7/18	35/57 +4/58
0.6522	15/23	30/46	0.6840	31/37 −6/39	13/47 +22/54
0.6530	24/31 −4/33	22/54 +14/57	0.6842	13/19	26/38
0.6531	32/49	32/49	0.6842	—	39/57
0.6540	23/41 +4/43	34/58 +4/59	0.6850	15/41 +15/47	3/24 +14/25
0.6550	23/31 −2/23	9/24 +7/25	0.6852	—	37/54
0.6552	19/29	38/58	0.6860	3/23 +15/27	19/49 +17/57
0.6560	29/41 −2/39	23/24 −13/43	0.6863	—	35/51
0.6570	10/23 +6/27	20/46 +12/54	0.6870	28/37 −3/43	36/51 −1/53
0.6579	—	25/38	0.6875	11/16	—
0.6580	10/21 +6/33	20/34 +3/43	0.6880	13/21 +2/29	30/49 +5/66
0.6585	27/41	27/41	0.6890	36/47 −3/39	42/53 −6/58
0.6590	15/27 +3/29	3/54 +35/58	0.6897	20/29	40/58
0.6596	31/47	31/47	0.6900	21/37 +6/49	6/24 +11/25
0.6600	8/47 +24/49	9/25 +9/30	0.6905	—	29/42
0.6604	—	35/53	0.6910	35/49 −1/43	21/57 +20/62
0.6610	2/41 +30/49	34/57 +4/62	0.6920	35/43 −5/41	35/43 −5/41

（续）

1圈的分量	B和S，贝克尔，亨迪，K和T，罗克福德	辛辛那提和莱布隆德
0.6923	27/39	27/39
0.6930	19/37+7/39	19/37+7/39
0.6935	—	43/62
0.6939	34/49	34/49
0.6940	10/23+7/27	14/38+14/43
0.6949	—	41/59
0.6950	24/33-1/31	9/24+8/25
0.6957	16/23	32/46
0.6960	15/31+7/33	32/47+1/66
0.6970	—	46/66
0.6970	24/39+4/49	24/51+12/53
0.6977	30/43	30/43
0.6980	22/29-2/33	4/47+38/62
0.6981	—	37/53
0.6990	34/47-1/41	14/58+27/59
0.7000	14/20	21/30
0.7010	24/43+7/49	28/47+6/57
0.7018	—	40/57
0.7020	10/21+7/31	7/37+20/39
0.7021	33/47	33/47
0.7027	26/37	26/37
0.7030	25/31-3/29	23/58+19/62
0.7037	19/27	38/54
0.7040	8/37+20/41	47/59-5/54
0.7050	19/37+9/47	15/24+2/25
0.7059	12/17	24/34
0.7059	—	36/51
0.7060	18/37+9/41	38/58+3/59
0.7069	—	41/58
0.7070	6/39+26/47	7/30+18/38
0.7073	29/41	29/41
0.7080	30/39-3/49	13/58+30/62
0.7083	—	17/24
0.7090	34/39-7/43	31/46+2/57
0.7097	22/31	44/62
0.7100	20/43+12/49	18/24-1/25
0.7105	—	27/38
0.7110	22/29-1/21	33/39-5/37
0.7119	—	42/59
0.7120	6/39+24/43	31/54+8/58
0.7121	—	47/66
0.7130	27/43+4/47	17/30+6/41
0.7140	6/43+27/47	45/57-4/53
0.7143	15/21	20/28
0.7143	35/49	30/42
0.7143	—	35/49
0.7150	28/43+3/47	21/25-3/24
0.7160	2/47+33/49	25/51+14/62
0.7170	—	38/53
0.7170	29/43+2/47	28/59+16/66
0.7174	—	33/46
0.7179	28/39	28/39
0.7180	22/27-3/31	21/58+21/59
0.7190	39/49-3/39	12/57+30/59
0.7193	—	41/57
0.7200	2/43+33/49	18/25
0.7209	31/43	31/43
0.7210	13/29+9/33	21/47+17/62
0.7220	18/23-2/33	13/46+29/66
0.7222	13/18	39/54
0.7230	6/29+16/31	11/46+30/62
0.7234	—	34/47
0.7240	3/27+19/31	34/41-4/38
0.7241	21/29	42/58
0.7250	2/16+12/20	7/24+13/30
0.7255	—	37/51
0.7258	—	45/62
0.7260	34/41-6/47	2/49+37/54
0.7270	15/19-1/16	14/54+29/62
0.7273	24/33	48/66
0.7280	23/37+5/47	23/49+15/58
0.7288	—	43/59
0.7290	38/49-2/43	12/47+27/57
0.7297	27/37	27/37
0.7300	11/27+10/31	6/24+12/25
0.7310	15/37+14/43	26/59+18/62
0.7317	30/41	30/41
0.7320	20/37+9/47	26/57+16/58
0.7330	19/37+9/41	39/47-6/62
0.7333	11/15	22/30
0.7340	6/21+13/29	26/49+12/59
0.7347	36/49	36/49
0.7350	29/37-2/41	9/24+9/25
0.7353	—	25/34
0.7358	—	39/53
0.7360	25/47+10/49	47/59-4/66
0.7368	14/19	28/38
0.7368	—	42/57
0.7370	2/37+28/41	13/49+25/53
0.7380	19/37+11/49	31/47+4/51
0.7381	—	31/42
0.7390	6/31+18/33	12/62+36/66
0.7391	17/23	34/46
0.7400	8/39+23/43	6/25+15/30
0.7407	20/27	40/54
0.7410	9/39+25/49	49/57-7/59
0.7414	—	43/58
0.7419	23/31	46/62
0.7420	17/39+15/49	28/51+11/57
0.7424	—	49/66
0.7430	19/39+11/43	1/53+42/58
0.7436	—	29/39
0.7440	4/29+20/33	27/49+11/57
0.7442	32/43	32/43
0.7447	35/47	35/47
0.7450	17/21-2/31	15/24+3/25
0.7451	—	38/51
0.7458	—	44/59
0.7460	13/47+23/49	2/59+47/66
0.7470	23/41+8/43	29/49+9/58
0.7480	19/43+15/49	10/53+33/59
0.7490	13/15-2/17	36/47-1/59
0.7500	12/16	18/24
0.7500	15/20	21/28
0.7510	11/23+9/33	39/53+1/66
0.7520	19/23-2/27	39/57+4/59
0.7530	23/39+8/49	11/53+36/66
0.7540	6/37+29/49	25/46+12/57
0.7544	—	43/57
0.7547	—	40/53
0.7550	24/37+5/47	21/24-3/25
0.7551	37/49	37/49

（续）

1 圈的分量	B 和 S，贝克尔，亨迪，K 和 T，罗克福德	辛辛那提和莱布隆德	1 圈的分量	B 和 S，贝克尔，亨迪，K 和 T，罗克福德	辛辛那提和莱布隆德
0. 7560	1/47 + 36/49	9/47 + 35/62	0. 7860	17/37 + 16/49	49/58 − 3/51
0. 7561	31/41	31/41	0. 7870	10/39 + 26/49	30/37 − 1/42
0. 7568	28/37	28/37	0. 7872	37/47	37/47
0. 7570	15/43 + 20/49	8/53 + 40/66	0. 7879	26/33	52/66
0. 7576	25/33	50/66	0. 7880	6/39 + 26/41	45/51 − 5/53
0. 7580	16/37 + 14/43	48/59 − 3/54	0. 7890	19/41 + 14/43	37/49 + 2/59
0. 7581	—	47/62	0. 7895	—	30/38
0. 7586	22/29	44/58	0. 7895	—	45/57
0. 7590	28/47 + 8/49	36/41 − 5/42	0. 7900	15/37 + 15/39	18/24 + 1/25
0. 7593	—	41/54	0. 7903	—	49/62
0. 7600	39/47 − 3/43	19/25	0. 7907	34/43	34/43
0. 7609	—	35/46	0. 7910	8/29 + 17/33	7/49 + 35/54
0. 7610	19/43 + 15/47	34/51 + 5/53	0. 7917	—	19/24
0. 7619	16/21	32/42	0. 7920	8/29 + 16/31	4/47 + 41/58
0. 7620	38/47 − 2/43	16/51 + 26/58	0. 7925	—	42/53
0. 7627	—	45/59	0. 7930	10/39 + 22/41	7/47 + 38/59
0. 7630	14/37 + 15/39	36/46 − 1/51	0. 7931	23/29	46/58
0. 7632	—	29/38	0. 7940	28/43 + 7/49	14/57 + 34/62
0. 7640	29/39 + 1/49	27/57 + 18/62	0. 7941	—	27/34
0. 7647	13/17	26/34	0. 7949	31/39	31/39
0. 7647	—	39/51	0. 7950	24/37 + 6/41	21/24 − 2/25
0. 7650	16/27 + 5/29	3/24 + 16/25	0. 7959	39/49	39/49
0. 7660	36/47	36/47	0. 7960	2/39 + 35/47	18/37 + 13/42
0. 7660	13/37 + 17/41	4/37 + 25/38	0. 7963	—	43/54
0. 7667	—	23/30	0. 7966	—	47/59
0. 7670	14/41 + 20/47	31/38 − 2/41	0. 7970	40/47 − 2/37	13/53 + 32/58
0. 7674	33/43	33/43	0. 7980	14/39 + 18/41	33/51 + 8/53
0. 7680	21/41 + 11/43	21/41 + 11/43	0. 7990	3/37 + 28/39	10/28 + 19/43
0. 7690	16/47 + 21/49	15/54 + 28/57	0. 8000	12/15	20/25
0. 7692	30/39	30/39	0. 8000	16/20	24/30
0. 7700	14/23 + 5/31	6/24 + 13/25	0. 8010	32/37 − 3/47	10/47 + 30/51
0. 7710	21/39 + 10/43	48/59 − 2/47	0. 8020	27/31 − 2/29	54/62 − 4/58
0. 7719	—	44/57	0. 8030	18/39 + 14/41	18/39 + 14/41
0. 7720	2/37 + 28/39	2/37 + 28/39	0. 8030	—	53/66
0. 7727	—	51/66	0. 8039	—	41/51
0. 7730	20/27 + 1/31	1/34 + 29/39	0. 8040	10/43 + 28/49	32/49 + 8/53
0. 7736	—	41/53	0. 8043	—	37/46
0. 7740	32/39 − 2/43	32/39 − 2/43	0. 8049	33/41	33/41
0. 7742	24/31	48/62	0. 8050	22/23 − 5/33	3/24 + 17/25
0. 7750	6/16 + 8/20	9/24 + 12/30	0. 8060	34/41 − 1/43	13/47 + 27/51
0. 7755	38/49	38/49	0. 8065	25/31	50/62
0. 7759	—	45/58	0. 8070	5/15 + 9/19	15/58 + 34/62
0. 7760	36/41 − 5/49	5/51 + 40/59	0. 8070	—	46/57
0. 7770	6/23 + 16/31	47/59 − 1/51	0. 8080	19/21 − 3/31	22/39 + 10/41
0. 7778	14/18	42/54	0. 8085	38/47	38/47
0. 7778	21/27	—	0. 8090	22/39 + 12/49	28/53 + 16/57
0. 7780	16/41 + 19/49	41/47 − 5/53	0. 8095	—	34/42
0. 7790	6/41 + 31/49	49/57 − 5/62	0. 8100	33/43 + 2/47	6/24 + 14/25
0. 7797	—	46/59	0. 8103	—	47/58
0. 7800	28/37 + 1/43	17/25 + 3/30	0. 8108	30/37	30/37
0. 7805	32/41	32/41	0. 8110	7/27 + 16/29	34/53 + 10/59
0. 7810	12/23 + 7/27	17/57 + 28/58	0. 8113	—	43/53
0. 7820	28/31 − 4/33	45/49 − 9/66	0. 8120	17/29 + 7/31	34/58 + 14/62
0. 7826	18/23	36/46	0. 8125	13/16	—
0. 7830	13/31 + 12/33	23/46 + 15/53	0. 8130	6/43 + 33/49	16/24 + 6/41
0. 7838	29/37	29/37	0. 8136	—	48/59
0. 7840	21/23 − 4/31	34/47 + 4/66	0. 8140	35/43	35/43
0. 7843	—	40/51	0. 8140	28/33 − 1/29	14/47 + 32/62
0. 7850	32/43 + 2/49	15/24 + 4/25	0. 8148	22/27	44/54
0. 7857	—	22/28	0. 8150	22/47 + 17/49	9/24 + 11/25
0. 7857	—	33/42	0. 8158	—	31/38

8

（续）

1 圈的分量	B 和 S，贝克尔，亨迪，K 和 T，罗克福德	辛辛那提和莱布隆德
0. 8160	5/37 + 32/47	23/34 + 6/43
0. 8163	40/49	40/49
0. 8170	12/17 + 2/18	13/54 + 34/59
0. 8180	30/39 + 2/41	33/54 + 12/58
0. 8182	27/33	54/66
0. 8190	26/37 + 5/43	20/34 + 9/39
0. 8200	28/39 + 5/49	8/25 + 15/30
0. 8205	32/39	32/39
0. 8210	10/21 + 10/29	10/59 + 43/66
0. 8214	—	23/28
0. 8220	18/41 + 18/47	11/57 + 39/62
0. 8226	—	51/62
0. 8230	34/39 − 2/41	4/49 + 43/58
0. 8235	14/17	28/34
0. 8235	—	42/51
0. 8240	15/37 + 18/43	19/53 + 27/58
0. 8246	—	47/57
0. 8250	6/16 + 9/20	7/24 + 16/30
0. 8260	4/31 + 23/33	39/62 + 13/66
0. 8261	19/23	38/46
0. 8270	32/41 + 2/43	46/58 + 2/59
0. 8276	24/29	48/58
0. 8280	35/41 − 1/39	35/41 − 1/39
0. 8290	5/37 + 34/49	10/34 + 23/43
0. 8293	34/41	34/41
0. 8298	39/47	39/47
0. 8300	17/23 + 3/33	18/24 + 2/25
0. 8302	—	44/53
0. 8305	—	49/59
0. 8310	34/39 − 2/49	39/49 + 2/57
0. 8320	27/43 + 10/49	27/53 + 20/62
0. 8330	9/37 + 23/39	42/47 − 4/66
0. 8333	15/18	20/24
0. 8333	—	25/30
0. 8333	—	35/42
0. 8333	—	45/54
0. 8333	—	55/66
0. 8340	15/23 + 6/33	20/38 + 12/39
0. 8350	43/49 − 2/47	21/24 − 1/25
0. 8360	2/41 + 37/47	32/46 + 8/57
0. 8367	41/49	41/49
0. 8370	19/29 + 6/33	33/57 + 16/62
0. 8372	—	36/43
0. 8378	—	31/37
0. 8380	7/39 + 27/41	20/46 + 25/62
0. 8387	26/31	52/62
0. 8390	30/39 + 3/43	3/49 + 42/54
0. 8400	19/37 + 16/49	21/25
0. 8410	23/43 + 15/49	44/51 − 1/46
0. 8420	34/37 − 3/39	46/49 − 6/62
0. 8421	16/19	32/38
0. 8421	—	48/57
0. 8430	6/37 + 32/47	9/47 + 43/66
0. 8431	—	43/51
0. 8440	17/21 + 1/29	41/54 + 5/59
0. 8448	—	49/58
0. 8450	29/37 + 3/49	3/24 + 18/25
0. 8460	27/37 + 5/43	22/54 + 25/57
0. 8462	33/39	33/39
0. 8470	5/23 + 17/27	26/38 + 7/43
0. 8475	—	50/59
0. 8478	—	39/46
0. 8480	30/41 + 5/43	31/59 + 20/62
0. 8485	28/33	56/66
0. 8490	13/41 + 25/47	2/47 + 50/62
0. 8491	—	45/53
0. 8500	17/20	18/24 + 3/30
0. 8510	5/21 + 19/31	22/37 + 10/39
0. 8511	40/47	40/47
0. 8519	23/27	46/54
0. 8520	1/16 + 15/19	55/62 − 2/57
0. 8529	—	29/34
0. 8530	17/21 + 1/23	19/58 + 31/59
0. 8537	35/41	35/41
0. 8540	15/39 + 23/49	54/62 − 1/59
0. 8548	—	53/62
0. 8550	19/37 + 14/41	9/24 + 12/25
0. 8560	24/43 + 14/47	37/53 + 9/57
0. 8570	3/43 + 37/47	51/57 − 2/53
0. 8571	18/21	24/28
0. 8571	42/49	36/42
0. 8571	—	42/49
0. 8580	25/43 + 13/47	38/51 + 7/62
0. 8590	11/27 + 14/31	22/54 + 28/62
0. 8596	—	49/57
0. 8600	1/43 + 41/49	9/25 + 15/30
0. 8605	37/43	37/43
0. 8610	16/37 + 21/49	18/46 + 31/66
0. 8620	13/37 + 24/47	17/38 + 17/41
0. 8621	25/29	50/58
0. 8627	—	44/51
0. 8630	38/41 − 3/47	18/46 + 25/53
0. 8636	—	57/66
0. 8640	11/16 + 3/17	56/62 − 2/51
0. 8644	—	51/59
0. 8649	32/37	32/37
0. 8650	4/41 + 33/43	15/24 + 6/25
0. 8660	10/17 + 5/18	13/57 + 37/58
0. 8667	13/15	26/30
0. 8670	3/21 + 21/29	28/54 + 23/66
0. 8679	—	46/53
0. 8680	36/47 + 5/49	53/59 − 2/66
0. 8684	—	33/38
0. 8690	40/43 − 3/49	39/47 + 2/51
0. 8696	20/23	40/46
0. 8700	4/39 + 33/43	18/24 + 3/25
0. 8704	—	47/54
0. 8710	27/31	54/62
0. 8710	17/27 + 7/29	31/51 + 15/57
0. 8718	34/39	34/39
0. 8720	30/37 + 3/49	26/58 + 25/59
0. 8723	41/47	41/47
0. 8730	15/39 + 21/43	21/49 + 24/54
0. 8740	15/39 + 23/47	5/53 + 46/59
0. 8750	14/16	21/24
0. 8760	21/23 − 1/27	48/57 + 2/59
0. 8770	3/37 + 39/49	37/51 + 10/66
0. 8772	—	50/57
0. 8776	43/49	43/49
0. 8780	24/47 + 18/49	31/53 + 17/58
0. 8780	36/41	36/41
0. 8788	—	58/66

（续）

1 圈的分量	B 和 S，贝克尔，亨迪，K 和 T，罗克福德	辛辛那提和莱布隆德	1 圈的分量	B 和 S，贝克尔，亨迪，K 和 T，罗克福德	辛辛那提和莱布隆德
0. 8790	22/43 +18/49	52/58 −1/57	0. 9110	31/37 +3/41	31/37 +3/41
0. 8793	—	51/58	0. 9118	—	31/34
0. 8800	31/39 +4/47	22/25	0. 9120	26/37 +9/43	52/43 −11/37
0. 8810	—	37/42	0. 9123	—	52/57
0. 8810	19/29 +7/31	8/51 +42/58	0. 9130	2/31 +28/33	35/62 +23/66
0. 8814	—	52/59	0. 9130	21/23	42/46
0. 8820	20/37 +14/41	42/57 +9/62	0. 9138	—	53/58
0. 8824	15/17	30/34	0. 9140	7/21 +18/31	42/47 +1/49
0. 8824	—	45/51	0. 9149	43/47	43/47
0. 8830	27/41 +11/49	7/51 +44/59	0. 9150	8/17 +8/18	21/24 +1/25
0. 8837	38/43	38/43	0. 9153	—	54/59
0. 8840	23/29 +3/33	37/47 +6/62	0. 9160	35/43 +5/49	40/53 +10/62
0. 8850	7/23 +18/31	3/24 +19/25	0. 9167	—	22/24
0. 8860	38/41 −2/49	38/59 +15/62	0. 9170	19/23 +3/33	29/38 +6/39
0. 8868	—	47/53	0. 9180	1/41 +42/47	39/46 +4/57
0. 8870	28/41 +10/49	34/51 +13/59	0. 9184	45/49	45/49
0. 8871	—	55/62	0. 9189	34/37	34/37
0. 8880	18/41 +22/49	28/51 +20/59	0. 9190	14/23 +9/29	8/46 +38/51
0. 8889	16/18	48/54	0. 9194	—	57/62
0. 8889	24/27	—	0. 9200	28/37 +8/49	23/25
0. 8890	8/41 +34/49	53/57 −2/49	0. 9210	17/37 +18/39	23/49 +28/62
0. 8900	39/41 −3/49	6/24 +16/25	0. 9211	—	35/38
0. 8910	29/41 +9/49	52/57 −1/47	0. 9216	—	47/51
0. 8913	—	41/46	0. 9220	26/39 +12/47	10/34 +27/43
0. 8919	33/37	33/37	0. 9229	31/37 +4/47	—
0. 8920	19/41 +21/49	17/47 +35/66	0. 9230	—	29/54 +22/57
0. 8929	—	25/28	0. 9231	36/39	36/39
0. 8930	27/37 +8/49	5/46 +40/51	0. 9240	15/41 +24/43	45/59 +10/62
0. 8936	42/47	42/47	0. 9242	—	61/66
0. 8939	—	59/66	0. 9245	—	49/53
0. 8940	27/29 −1/27	28/49 +20/62	0. 9250	14/16 +1/20	7/24 +19/30
0. 8947	17/19	34/38	0. 9259	25/27	50/54
0. 8947	—	51/57	0. 9260	17/43 +26/49	2/51 +47/53
0. 8950	30/41 +8/49	9/24 +13/25	0. 9268	38/41	38/41
0. 8960	20/41 +20/49	8/47 +45/62	0. 9270	28/37 +8/47	29/59 +27/62
0. 8966	26/29	52/58	0. 9280	3/39 +40/47	47/57 +6/58
0. 8970	14/43 +28/49	7/57 +48/62	0. 9286	—	26/28
0. 8974	35/39	35/39	0. 9286	—	39/42
0. 8980	44/49	44/49	0. 9290	12/37 +26/43	16/53 +37/59
0. 8980	1/39 +41/47	28/57 +24/59	0. 9298	—	53/57
0. 8983	—	53/59	0. 9300	5/29 +25/33	6/24 +17/25
0. 8990	8/39 +34/49	42/51 +4/53	0. 9302	40/43	40/43
0. 9000	18/20	27/30	0. 9310	25/37 +12/47	7/30 +30/43
0. 9010	28/29 −2/31	27/58 +27/62	0. 9310	27/29	54/58
0. 9020	20/27 +5/31	46/51	0. 9320	30/39 +7/43	59/62 +1/51
0. 9020	—	29/53 +22/62	0. 9322	—	55/59
0. 9024	37/41	37/41	0. 9330	34/39 +3/49	5/42 +35/43
0. 9030	17/41 +21/43	17/41 +21/43	0. 9333	14/15	28/30
0. 9032	28/31	56/62	0. 9340	1/37 +39/43	56/59 −1/66
0. 9040	17/41 +23/47	7/53 +44/57	0. 9348	—	43/46
0. 9048	19/21	38/42	0. 9350	2/39 +38/43	9/24 +14/25
0. 9050	38/43 +1/47	15/24 +7/25	0. 9355	29/31	58/62
0. 9057	—	48/53	0. 9360	15/37 +26/49	13/58 +42/59
0. 9060	17/43 +24/47	17/58 +38/62	0. 9362	44/47	44/47
0. 9070	39/43	39/43	0. 9370	19/21 +1/31	29/53 +23/59
0. 9070	14/29 +14/33	7/47 +47/62	0. 9375	15/16	—
0. 9074	—	49/54	0. 9380	13/39 +26/43	21/46 +26/54
0. 9080	1/27 +27/31	29/54 +23/62	0. 9388	46/49	46/49
0. 9090	14/37 +26/49	8/53 +47/62	0. 9390	30/37 +5/39	30/37 +5/39
0. 9091	30/33	60/66	0. 9394	31/33	62/66
0. 9100	14/39 +27/49	18/24 +4/25	0. 9400	35/39 +2/47	16/25 +9/30

8

（续）

1圈的分量	B和S，贝克尔，亨迪，K和T，罗克福德	辛辛那提和莱布隆德	1圈的分量	B和S，贝克尔，亨迪，K和T，罗克福德	辛辛那提和莱布隆德
0.9410	30/41 +9/43	25/47 +27/66	0.9670	9/47 +38/49	8/34 +30/41
0.9412	16/17	32/34	0.9677	30/31	60/62
0.9412	—	48/51	0.9680	26/37 +13/49	2/46 +49/53
0.9420	15/37 +22/41	42/47 +3/62	0.9690	26/39 +13/43	5/51 +54/62
0.9430	9/23 +16/29	12/49 +37/53	0.9697	32/33	64/66
0.9434	—	50/53	0.9700	12/23 +13/29	6/24 +18/25
0.9440	9/43 +36/49	26/46 +25/66	0.9706	—	33/34
0.9444	17/18	51/54	0.9710	26/37 +11/41	14/46 +34/51
0.9450	37/41 +2/47	15/24 +8/25	0.9720	26/43 +18/49	31/53 +24/62
0.9459	35/37	35/37	0.9730	36/37	36/37
0.9460	12/39 +30/47	22/46 +29/62	0.9730	20/23 +3/29	26/54 +29/59
0.9470	33/47 +12/49	14/49 +41/62	0.9737	—	37/38
0.9474	18/19	36/38	0.9740	16/21 +7/33	26/34 +9/43
0.9474	—	54/57	0.9744	38/39	38/39
0.9480	18/37 +18/39	11/38 +27/41	0.9750	10/16 +7/20	13/24 +13/30
0.9483	—	55/58	0.9756	40/41	40/41
0.9487	37/39	37/39	0.9760	14/39 +29/47	10/49 +44/57
0.9490	1/15 +15/17	13/47 +39/58	0.9762	—	41/42
0.9492	—	56/59	0.9767	42/43	42/43
0.9500	19/20	6/24 +21/30	0.9770	33/37 +4/47	30/47 +21/62
0.9510	29/43 +13/47	41/53 +11/62	0.9780	25/37 +13/43	25/37 +13/43
0.9512	39/41	39/41	0.9783	—	45/46
0.9516	—	59/62	0.9787	46/47	46/47
0.9520	8/43 +36/47	30/53 +22/57	0.9790	13/23 +12/29	10/53 +49/62
0.9524	20/21	40/42	0.9796	48/49	48/49
0.9530	5/43 +41/49	16/59 +45/66	0.9800	23/39 +16/41	17/25 +9/30
0.9535	41/43	41/43	0.9804	—	50/51
0.9540	29/37 +8/47	28/54 +27/62	0.9810	22/43 +23/49	51/58 +6/59
0.9545	—	63/66	0.9811	—	52/53
0.9550	7/39 +38/49	21/24 +2/25	0.9815	—	53/54
0.9560	13/37 +26/43	13/37 +26/43	0.9820	30/39 +10/47	19/46 +33/58
0.9565	22/23	44/46	0.9825	—	56/57
0.9570	14/21 +9/31	21/47 +25/49	0.9828	—	57/58
0.9574	45/47	45/47	0.9830	26/41 +15/43	45/57 +12/62
0.9580	5/39 +39/47	20/53 +36/62	0.9831	—	58/59
0.9583	—	23/24	0.9839	—	61/62
0.9590	21/41 +21/47	18/51 +40/66	0.9840	13/37 +31/49	1/46 +51/53
0.9592	47/49	47/49	0.9848	—	65/66
0.9600	7/39 +32/41	24/25	0.9850	6/23 +21/29	15/24 +9/25
0.9608	—	49/51	0.9860	16/23 +9/31	42/53 +12/62
0.9610	11/23 +14/29	5/34 +35/43	0.9870	15/21 +9/33	13/34 +26/43
0.9620	28/41 +12/43	52/59 +5/62	0.9880	7/39 +38/47	5/46 +51/58
0.9623	—	51/53	0.9890	33/39 +7/49	20/39 +20/42
0.9630	26/27	52/54	0.9900	10/29 +20/31	18/24 +6/25
0.9630	30/43 +13/49	1/51 +50/53	0.9910	22/23 +1/29	21/46 +31/58
0.9640	21/39 +20/47	52/57 +3/58	0.9920	39/41 +2/49	40/53 +14/59
0.9643	—	27/28	0.9930	8/23 +20/31	21/53 +37/62
0.9649	—	55/57	0.9940	7/23 +20/29	14/46 +40/58
0.9650	11/39 +28/41	3/24 +21/25	0.9950	35/39 +4/41	21/24 +3/25
0.9655	28/29	56/58	0.9960	40/41 +1/49	43/46 +3/49
0.9660	13/39 +31/49	15/39 +25/43	0.9970	15/23 +10/29	30/46 +20/58
0.9661	—	57/59	0.9980	20/41 +25/49	12/51 +45/59
0.9667	—	29/30	0.9990	10/41 +37/49	6/51 +52/59

7. 小角度的近似分度

为小角度寻找近似的分度运动，诸如角分度中讨论的在一个传动比为 40∶1 的蜗杆传动的分度头上，用以分（′）为单位的角度除以 540，然后用这个商除以每个可用分度圆中的孔数的方法得到的小数。最接近整数值的结果是一个简单的分度运动的角度的最佳近似，是在相应的圆孔中移动的孔数。如果角度大于 9°，整个数值将大于圆上的孔数，这表明需要曲柄的一个或多个整转。用所示圆孔的孔数除以圆孔数目，将使所需的分度运动减少到整转圈数，其余的部分是分级转动所要移动的孔数。如果角度小于 11′，就不能用有标准的 B 和 S 盘简单分度来进行分度。辛辛那提头的标准盘对应的角度大约是 8′，辛辛那提的高号盘对应的是 2.7′。

例如：对一个 7°25′的角度进行分度。用分（′）表示，它是445′，540 除以 445 等于 1.213483。标准 B 和 S 盘上可用的分度孔圈上的孔数有是 15、16、17、18、19、20、21、23、27、29、31、33、37、39、41、43、47 和 49。这些数除以 1.213483，发现最接近整数的数是 17 ÷ 1.213483 = 14.00926。获得 7°25′简单分度运动的最佳近似为在 17 孔的孔圈上的第 14 孔。

8. 差动分度法

在大体上这个方法和复合分度是一样的，但与后者不同的是，分度盘是通过连接到螺旋头主轴上适当的传动装置旋转的。当曲柄转动时，分度盘的旋转或差动运动就会发生，可能需要该盘移动的方向与曲柄相同或方向相反。结果是在每一个分度中，分度盘与曲柄的实际运动相比，要么大于它的运动，要么小于它的运动。这种差动法使得通过仅使用单圆孔分割并且单向转动分度曲柄就能获得任意分度，就像普通的分度一样。

用于转动分度盘所需的齿轮数量（当需要齿轮时）在表 8-163 和表 8-164 用布朗和夏普分度盘进行简单和差动分度显示，表中显示出普通分度可以获得哪些分区，以及何时需要使用齿轮和差动系统。例如，如果需要 50 分度，则使用 20 个孔的分度孔圈，同时曲柄移动了 16 个孔，但不需要齿轮。对于 51 分度，一个 24 齿的齿轮被放置在蜗杆轴上，主轴上有一个 48 齿的齿轮。这两个齿轮分别由中间轴上的 24 齿和 44 齿的两个惰轮连接。

为了说明差动分度的原理，假设一个分度头将被用于 271 分度。表 8-164 需要在蜗杆轴上的齿轮具有 56 个齿，一个 72 齿的主轴齿轮和一个 24 齿的惰轮来将分度盘旋转到与曲柄方向相同的方向。扇形臂设置应该使曲柄在 21 孔的孔圈上获得 3 个孔的运动。如果主轴和分度盘没有通过传动装置连接，通过在 21 孔的孔圈上连续将曲柄移动 3 个孔可以获得 280 分度，除此之外齿轮使分度盘以与曲柄相同的速度按相同的方向旋转。当 271 分度被完成时，工作转动了一个完整的整转。因此，我们得到的是 271 分度而不是 280 分度，这个数值减少了是因为每个分度中曲柄的总运动等于相对分度盘的运动，加上盘本身的运动，就像曲柄和盘在同一方向上旋转一样。

如果它们朝相反的方向旋转，曲柄的总运动量等于它相对盘的转动量，减去盘的运动。有时，必须使用复合齿轮传动来将分度盘移动到每个曲柄转动所需的量。差分方法不能用在螺旋或螺旋铣削连接中，因为螺旋头当时是连接在机床的导螺杆上的。

9. 求取差动分度齿轮传动比

要找到差动分度的齿轮传动比，首先要选择一些近似的分度数 A，大于或小于所需的数 N。例如，如果所需的数 N 是 67，那么近似的数 A 可能是 70。然后，如果主轴的 1 次整转中需要分度曲柄 40 转，传动比 $R=(A-N)\times 40/A$。如果近似数 A 小于 N，那么这个公式和上面的一样，只是 $A-N$ 被换成了 $N-A$。例如：为 67 分度寻找齿轮传动比和分度运动。

$$\text{如果 } A=70\text{，齿轮传动比}=(70-67)\times\frac{40}{70}=\frac{12}{7}$$

$$=\frac{\text{主动齿轮(主动轮)}}{\text{蜗杆齿轮(从动轮)}}$$

提高小数来获得一个分子和分母去匹配可用的齿轮。例如 12/7 = 48/28。

对于给定的分度数量，齿轮和分度圆的各种组合都是可能的。在表 8-163 和表 8-164 中的分度数和齿轮组合适用于给定的一系列分度圆和齿轮齿数。任何组合所依据的近似数 A 可以通过将表示分度运动的分数除以 40 来确定。例如，用 109 分度的近似数等于 40 ÷ 6/16，或 40 × 16/6 = $106\frac{2}{3}$。如果这个近似数代入前面的公式，将会发现齿轮比是 7/8。

第二种确定齿轮传动比的方法：在说明获得齿轮传动比的不同方法时，将再次使用 67 分度。如果 70 被选为近似数，则需要分度曲柄的 40/70 = 4/7 或 12/21 转动。如果这个曲柄被分度了一整转的 4/7，67 倍，它将转 4/7 × 67 = $38\frac{2}{7}$转。这个数是 $1\frac{5}{7}$小于工件一整转所要求的 40（表示传动装置应该设置为与分度曲柄同一方向上旋转分度盘以增加分度运动）。因此齿轮传动比为 $1\frac{5}{7}$ = 12/7。

10. 求分度运动

分度运动用分数 40/A 表示，例如，如果 70 是用于计算 67 分度齿轮传动比的近似数 A，然后，为了找出分度曲柄所需的运动，将 40/70 减少到任何一个等值的分数，并将作为分母等于的一个分度圆上可用的孔数。

$$\frac{40}{70}=\frac{4}{7}=\frac{12}{21}=\frac{\text{分度的孔数}}{\text{分度孔圈上的孔数}}$$

11. 惰轮的使用

在差动分度中，惰轮用于在与分度曲柄同一方向上旋转分度盘，因此，增加了由此产生的分度运动，或者在相反的方向旋转分度盘，从而减少了由此产生的分度运动。

例 1：如果近似数 A 大于所需分度的数 N，则简单的传动装置需要一个惰轮，而复合传动齿轮不需要惰轮。分度盘与曲柄沿同一方向旋转。

例 2：如果近似数 A 小于所需分度的数 N，则简单的传动装置需要两个惰轮，复合传动装置需要一个惰轮。分度盘与曲柄沿相反方向旋转。

8

12. 当需要复合传动装置时

有时必须使用四列齿轮来获得可用的齿轮齿数所需的比率。

例如：为了找到 99 分度的齿轮组合和分度运动，假设使用一个 100 的近似数 A。

$$\text{比率}=(100-99)\times\frac{40}{100}=\frac{4}{10}=\frac{4\times1}{5\times2}=\frac{32}{40}\times\frac{28}{56}$$

这里最后的数值表示可用的齿轮尺寸。有 32 齿和 28 齿的齿轮是主动轮（轴上的齿轮和中间轴一套齿轮），有 40 齿和 56 齿的齿轮是从动轮（中间轴二套齿轮和蜗杆轴上齿轮）。代表分度运动的分数 40/100，减少到 8/20，即使用 20 孔的分度圆。

例如：确定用于分度 53 分区的齿轮组合。如果 56 被作为一个近似数来使用（可能是在一个或多个试解方案后，找到一个近似数，由此产生的齿轮比与可用的齿轮相吻合）：

$$\text{传动比}=(56-53)\times\frac{40}{56}=\frac{15}{7}=\frac{3\times5}{1\times7}=\frac{72\times40}{24\times56}$$

分数线上面的齿数代表了轴上的齿轮和中间轴一套齿轮；分数线下面的齿数代表了中间轴二套齿轮和蜗杆轴上齿轮。

$$\text{分度运动}=\frac{40}{56}=\frac{5}{7}=\frac{5\times7}{7\times7}=\frac{35\text{个孔}}{49\text{孔圆周}}$$

13. 检验给定传动比和分度运动所获得的分度的数量

倒置表示分度运动的分数部分，设 C = 倒置后的分数，R = 传动比。

例 1：如果使用具有一个惰轮的简单传动装置或没有惰轮的复合传动装置，分度数 $N=40C-RC$。

如传动比为 12/7，这里是简单传动装置加一个惰轮，分度运动为 12/21，则倒置分数 C 为 21/12，分度数 N 为

$$N=\left(40\times\frac{21}{12}\right)-\left(\frac{12}{7}\times\frac{21}{12}\right)=70-\frac{21}{7}=67$$

例 2：如果使用有两个惰轮的简单传动装置或一个惰轮的复合传动装置，分度数 $N=40C+RC$。

如传动比为 7/8，使用简单传动装置加两个惰轮，分度运动是在 16 孔圆的 6 孔，则分度数为

$$N=\left(40\times\frac{16}{6}\right)+\left(\frac{7}{8}\times\frac{16}{6}\right)=109$$

图 8-51 所示为扇形刻度。

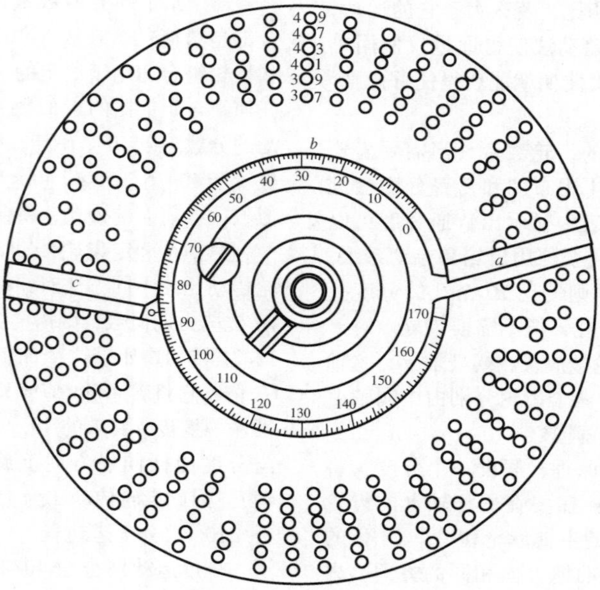

图 8-51 扇形刻度

表 8-163　布朗和夏普分度盘的简单和差动分度

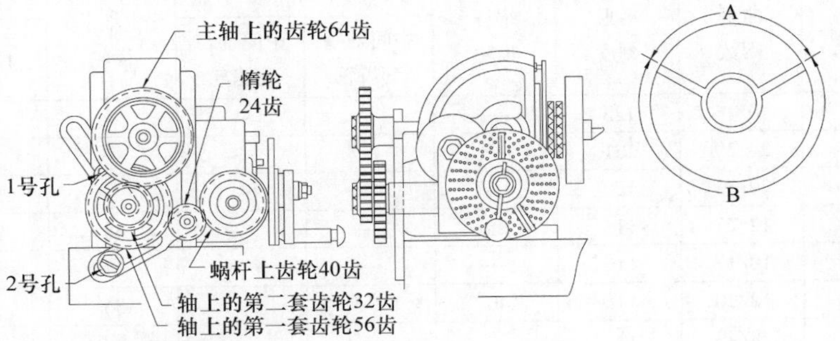

107份分度的配齿

分度序号	分度圆	曲柄圈数	任意值	分度序号	分度圆	曲柄圈数	扇形刻度	蜗杆上的齿轮	1 号孔		主轴上的齿轮	惰轮	
									中间轴一套齿轮	中间轴二套齿轮		1 号孔	2 号孔
2	任意值	20	—	33	33	$1\frac{7}{33}$	41						
3	39	$13\frac{13}{39}$	65	34	17	$1\frac{3}{17}$	33						
4	任意值	10	—	35	49	$1\frac{7}{49}$	26						
5	任意值	8	—	36	27	$1\frac{3}{27}$	21						
6	39	$6\frac{26}{39}$	132	37	37	$1\frac{3}{37}$	15						
7	49	$5\frac{35}{49}$	140	38	19	$1\frac{1}{19}$	9						
8	任意值	5	—	39	39	$1\frac{1}{39}$	3						
9	27	$4\frac{12}{27}$	88	40	任意值	1	—						
10	任意值	4	—	41	41	40/41	3 *						
11	33	$3\frac{21}{33}$	126	42	21	20/21	9 *						
12	39	$3\frac{13}{39}$	65	43	43	40/43	12 *						
13	39	$3\frac{3}{39}$	14	44	33	30/33	17 *						
14	49	$2\frac{42}{49}$	169	45	27	24/27	21 *						
15	39	$2\frac{20}{39}$	132	46	23	20/23	172						
16	20	$2\frac{10}{20}$	98	47	47	40/47	168						
17	17	$2\frac{6}{17}$	69	48	18	15/18	165						
18	27	$2\frac{6}{27}$	43	49	49	40/49	161						
19	19	$2\frac{2}{19}$	19	50	20	16/20	158	差动齿轮					
20	任意值	2	—	51	17	14/17	33 *	24	—	—	48	24	44
21	21	$1\frac{19}{21}$	18 *	52	39	30/39	152	—	—	—	—	—	—
22	33	$1\frac{27}{33}$	161	53	49	35/49	140	56	40	24	72	—	—
23	23	$1\frac{17}{23}$	147	54	27	20/27	147	—	—	—	—	—	—
24	39	$1\frac{26}{39}$	132	55	33	24/33	144	—	—	—	—	—	—
25	20	$1\frac{12}{20}$	118	54	49	35/49	140	—	—	—	—	—	—
26	39	$1\frac{21}{39}$	106	57	21	15/21	142	56	—	—	40	24	44
27	27	$1\frac{13}{27}$	95	58	29	20/29	136	—	—	—	—	—	—
28	49	$1\frac{21}{49}$	83	59	39	26/39	132	48	—	—	32	44	—
29	29	$1\frac{11}{29}$	75	60	39	26/39	132	—	—	—	—	—	—
30	39	$1\frac{13}{39}$	65	61	39	26/39	132	48	—	—	32	24	44
31	31	$1\frac{9}{31}$	56	62	31	20/31	127	—	—	—	—	—	—
32	20	$1\frac{5}{20}$	48	63	39	26/39	132	24	—	—	48	24	44

在列中标有扇区刻度的数据是指在某些分度头上伴随着扇形臂的刻度标度盘。刻度圈取消子计数孔的要求，从而减少子出错的可能性。当曲轴通过圆弧 B 时，除了标 * 的数字外，当分度臂通过圆弧 A 时刻度表显示扇形臂的设置。

差动分度法

某些分度如 51、53、57 等，需要使用不同的差动分度法。在差动分度法中，变换齿轮被用来将运动从分度头的主轴转到分度盘上，它会转动（无论是与分度盘同一方向或是相反方向）获得正确的分度动作所需的数量。

下面列的数字代表子对应给定分度所需的必要的变化齿轮的齿数。因为不需要变换齿轮，所以没有用于简单分度的数字。

表 8-164 布朗和夏普分度盘的简单和差动分度法

分度序号	分度圆	曲柄圈数	扇形刻度	蜗杆齿轮	1号孔		主轴上齿轮	惰轮	
					中间轴一套齿轮	中间轴二套齿轮		1号孔	2号孔①
64	16	10/16	123	—	—	—	—	—	—
65	39	24/39	121	—	—	—	—	—	—
66	33	20/33	120	—	—	—	—	—	—
67	21	12/21	113	28	—	—	48	44	—
68	17	10/17	116	—	—	—	—	—	—
69	20	12/20	118	40	—	—	56	24	44
70	49	28/49	112	—	—	—	—	—	—
71	18	10/18	109	72	—	—	40	24	—
72	27	15/27	110	—	—	—	—	—	—
73	21	12/21	113	28	—	—	48	24	44
74	37	20/37	107	—	—	—	—	—	—
75	15	8/15	105	—	—	—	—	—	—
76	19	10/19	103	—	—	—	—	—	—
77	20	10/20	98	32	—	—	48	44	—
78	39	20/39	101	—	—	—	—	—	—
79	20	10/20	98	48	—	—	24	44	—
80	20	10/20	98	—	—	—	—	—	—
81	20	10/20	98	48	—	—	24	24	44
82	41	20/41	96	—	—	—	—	—	—
83	20	10/20	98	32	—	—	48	24	44
84	21	10/21	94	—	—	—	—	—	—
85	17	8/17	92	—	—	—	—	—	—
86	43	20/48	91	—	—	—	—	—	—
87	15	7/15	92	40	—	—	24	24	44
88	33	15/33	89	—	—	—	—	—	—
89	18	8/18	87	72	—	—	32	44	—
90	27	12/27	88	—	—	—	—	—	—
91	39	18/39	91	24	—	—	48	24	44
92	23	10/23	86	—	—	—	—	—	—
93	18	8/18	87	24	—	—	32	24	44
94	47	20/47	83	—	—	—	—	—	—
95	19	8/19	82	—	—	—	—	—	—
96	21	9/21	85	28	—	—	32	24	44
97	20	8/20	78	40	—	—	48	44	—
98	49	20/49	79	—	—	—	—	—	—
99	20	8/20	78	56	28	40	32	—	—
100	20	8/20	78	—	—	—	—	—	—
101	20	8/20	78	72	24	40	48	—	24
102	20	8/20	78	40	—	—	32	24	44
103	20	8/20	78	40	—	—	48	24	44
104	39	15/39	75	—	—	—	—	—	—
105	21	8/21	75	—	—	—	—	—	—
106	43	16/43	73	86	24	24	48	—	—

（续）

分度序号	分度圆	曲柄圈数	扇形刻度	蜗杆齿轮	1 号孔		主轴上齿轮	惰轮	
					中间轴一套齿轮	中间轴二套齿轮		1 号孔	2 号孔①
107	20	8/20	78	40	56	32	64	—	24
108	27	10/27	73	—	—	—	—	—	—
109	16	6/16	73	32	—	—	28	24	44
110	33	12/33	71	—	—	—	—	—	—
111	39	13/39	65	24	—	—	72	32	—
112	39	13/3	965	24	—	—	64	44	—
113	39	13/39	65	24	—	—	56	44	—
114	39	13/39	65	24	—	—	48	44	—
115	23	8/23	68	—	—	—	—	—	—
116	29	10/29	68	—	—	—	—	—	—
117	39	13/39	65	24	—	—	24	56	—
118	39	13/39	65	48	—	—	32	44	—
119	39	13/39	65	72	—	—	24	44	—
120	39	13/39	65	—	—	—	—	—	—
121	39	13/39	65	72	—	—	24	24	44
122	39	13/39	65	48	—	—	32	24	44
123	39	13/39	65	24	—	—	24	24	44
124	31	10/31	63	—	—	—	—	—	—
125	39	13/39	65	24	—	—	40	24	44
126	39	13/39	65	24	—	—	48	24	44
127	39	13/39	65	24	—	—	56	24	44
128	16	5/16	61	—	—	—	—	—	—
129	39	13/39	65	24	—	—	72	24	44
130	39	12/39	60	—	—	—	—	—	—
131	20	6/20	58	40	—	—	28	44	—
132	33	10/33	59	—	—	—	—	—	—
133	21	6/21	56	24	—	—	48	44	—
134	21	6/21	56	28	—	—	48	44	—
135	27	8/27	58	—	—	—	—	—	—
136	17	5/17	57	—	—	—	—	—	—
137	21	6/21	56	28	—	—	24	56	—
138	21	6/21	56	56	—	—	32	44	—
139	21	6/21	56	56	32	48	24	—	—
140	49	14/49	55	—	—	—	—	—	—
141	18	5/18	54	48	—	—	40	44	—
142	21	6/21	56	56	—	—	32	24	44
143	21	6/21	56	28	—	—	24	24	44
144	18	5/18	54	—	—	—	—	—	—
145	29	8/29	54	—	—	—	—	—	—
146	21	6/21	56	28	—	—	48	24	44
147	21	6/21	56	24	—	—	48	24	44
148	37	10/37	53	—	—	—	—	—	—
149	21	6/21	56	28	—	—	72	24	44

（续）

分度序号	分度圆	曲柄圈数	扇形刻度	蜗杆齿轮	1号孔		主轴上齿轮	惰轮	
					中间轴一套齿轮	中间轴二套齿轮		1号孔	2号孔①
150	15	4/15	52	—	—	—	—	—	—
151	20	5/20	48	32	—	—	72	44	—
152	19	5/19	51	—	—	—	—	—	—
153	20	5/20	48	32	—	—	56	44	—
154	20	5/20	48	32	—	—	48	44	—
155	31	8/31	50	—	—	—	—	—	—
156	39	10/39	50	—	—	—	—	—	—
157	20	5/20	48	32	—	—	24	56	—
158	20	5/20	48	48	—	—	24	44	—
159	20	5/20	48	64	32	56	28	—	—
160	20	5/20	48	—	—	—	—	—	—
161	20	5/20	48	64	32	56	28	—	24
162	20	5/20	48	48	—	—	24	24	44
163	20	5/20	48	32	—	—	24	24	44
164	41	10/41	47	—	—	—	—	—	—
165	33	8/33	47	—	—	—	—	—	—
166	20	5/20	48	32	—	—	48	24	44
167	20	5/20	48	32	—	—	56	24	44
168	21	5/21	47	—	—	—	—	—	—
169	20	5/20	48	32	—	—	72	24	44
170	17	4/17	45	—	—	—	—	—	—
171	21	5/21	47	56	—	—	40	24	44
172	43	10/43	44	—	—	—	—	—	—
173	18	4/18	43	72	56	32	64	—	—
174	18	4/18	43	24	—	—	32	56	—
175	18	4/18	43	72	40	32	64	—	—
176	18	4/18	43	72	24	24	64	—	—
177	18	4/18	43	72	—	—	48	24	—
178	18	4/18	43	72	—	—	32	44	—
179	18	4/18	43	72	24	48	32	—	—
180	18	4/18	43	—	—	—	—	—	—
181	18	4/18	43	72	24	48	32	—	24
182	18	4/18	43	72	—	—	32	24	44
183	18	4/18	43	48	—	—	32	24	44
184	23	5/23	42	—	—	—	—	—	—
185	37	8/37	42	—	—	—	—	—	—
186	18	4/18	43	48	—	—	64	24	44
187	18	4/18	43	72	48	24	56	—	24
188	47	10/47	40	—	—	—	—	—	—
189	18	4/18	43	32	—	—	64	24	44
190	19	4/19	40	—	—	—	—	—	—
191	20	4/20	38	40	—	—	72	24	—

（续）

分度序号	分度圆	曲柄圈数	扇形刻度	蜗杆齿轮	1 号孔		主轴上齿轮	惰轮	
					中间轴一套齿轮	中间轴二套齿轮		1 号孔	2 号孔①
192	20	4/20	38	40	—	—	64	44	—
193	20	4/20	38	40	—	—	56	44	—
194	20	4/20	38	40	—	—	48	44	—
195	39	8/39	39	—	—	—	—	—	—
196	49	10/49	38	—	—	—	—	—	—
197	20	4/20	38	40	—	—	24	56	—
198	20	4/20	38	56	28	40	32	—	—
199	20	4/20	38	100	40	64	32	—	—
200	20	4/20	38	—	—	—	—	—	—
201	20	4/20	38	72	24	40	24	—	24
202	20	4/20	38	72	24	40	48	—	24
203	20	4/20	38	40	—	—	24	24	44
204	20	4/20	38	40	—	—	32	24	44
205	41	8/41	37	—	—	—	—	—	—
206	20	4/20	38	40	—	—	48	24	44
207	20	4/20	38	40	—	—	56	24	44
208	20	4/20	38	40	—	—	64	24	44
209	20	4/20	38	40	—	—	72	24	44
210	21	4/21	37	—	—	—	—	—	—
211	16	3/16	36	64	—	—	28	44	—
212	43	8/43	35	86	24	24	48	—	—
213	27	5/27	36	72	—	—	40	44	—
214	20	4/20	38	40	56	32	64	—	24
215	43	8/43	35	—	—	—	—	—	—
216	27	5/27	36	—	—	—	—	—	—
217	21	4/21	37	48	—	—	64	24	44
218	16	3/16	36	64	—	—	56	24	44
219	21	4/21	37	28	—	—	48	24	44
220	33	6/33	35	—	—	—	—	—	—
221	17	3/17	33	24	—	—	24	56	—
222	18	3/18	32	24	—	—	72	44	—
223	43	8/43	35	86	8	24	64	—	24
224	18	3/18	32	24	—	—	64	44	—
225	27	5/27	36	24	—	—	40	24	44
226	18	3/18	32	24	—	—	56	44	—
227	49	8/49	30	56	64	28	72	—	—
228	18	3/18	32	24	—	—	48	44	—
229	18	3/18	32	24	—	—	44	48	—
230	23	4/23	34	—	—	—	—	—	—
231	18	3/18	32	32	—	—	48	44	—

（续）

分度序号	分度圆	曲柄圈数	扇形刻度	蜗杆齿轮	1号孔		主轴上齿轮	惰轮	
					中间轴一套齿轮	中间轴二套齿轮		1号孔	2号孔①
232	29	5/29	33	—	—	—	—	—	—
233	18	3/18	32	48	—	—	56	44	—
234	18	3/18	32	24	—	—	24	56	—
235	47	8/47	32	—	—	—	—	—	—
236	18	3/18	32	48	—	—	32	44	—
237	18	3/18	32	48	—	—	24	44	—
238	18	3/18	32	72	—	—	24	44	—
239	18	3/18	32	72	24	64	32	—	—
240	18	3/18	32	—	—	—	—	—	—
241	18	3/18	32	72	24	64	32	—	24
242	18	3/18	32	72	—	—	24	24	44
243	18	3/18	32	64	—	—	32	24	44
244	18	3/18	32	48	—	—	32	24	44
245	49	8/49	30	—	—	—	—	—	—
246	18	3/18	32	24	—	—	24	24	44
247	18	3/18	32	48	—	—	56	24	44
248	31	5/31	31	—	—	—	—	—	—
249	18	3/18	32	32	—	—	48	24	44
250	18	3/18	32	24	—	—	40	24	44
251	18	3/18	32	48	44	32	64	—	24
252	18	3/18	32	24	—	—	48	24	44
253	33	5/33	29	24	—	—	40	56	—
254	18	3/18	32	24	—	—	56	24	44
255	18	3/18	32	48	40	24	72	—	24
256	18	3/18	32	24	—	—	64	24	44
257	49	8/49	30	56	48	28	64	—	24
258	43	7/43	31	32	—	—	64	24	44
259	21	3/21	28	24	—	—	72	44	—
260	39	6/39	29	—	—	—	—	—	—
261	29	4/29	26	48	64	24	72	—	—
262	20	3/20	28	40	—	—	28	44	—
263	49	8/49	30	56	64	28	72	—	24
264	33	5/33	29	—	—	—	—	—	—
265	21	3/21	28	56	40	24	72	—	—
266	21	3/21	28	32	—	—	64	44	—
267	27	4/27	28	72	—	—	32	44	—
268	21	3/21	28	28	—	—	48	44	—
269	20	3/20	28	64	32	40	28	—	24
270	27	4/27	28	—	—	—	—	—	—
271	21	3/21	28	56	24	24	72	—	—
272	21	3/21	28	56	—	—	64	24	—
273	21	3/21	28	24	—	—	24	56	—
274	21	3/21	28	56	—	—	48	44	—
275	21	3/21	28	56	—	—	40	44	—

8

（续）

分度序号	分度圆	曲柄圈数	扇形刻度	蜗杆齿轮	1 号孔		主轴上齿轮	惰轮	
					中间轴一套齿轮	中间轴二套齿轮		1 号孔	2 号孔①
276	21	3/21	28	56	—	—	32	44	—
277	21	3/21	28	56	—	—	24	44	—
278	21	3/21	28	56	32	48	24	—	—
279	27	4/27	28	24	—	—	32	24	44
280	49	7/49	26	—	—	—	—	—	—
281	21	3/21	28	72	24	56	24	—	24
282	43	6/43	26	86	24	24	56	—	—
283	21	3/21	28	56	—	—	24	24	44
284	21	3/21	28	56	—	—	32	24	44
285	21	3/21	28	56	—	—	40	24	44
286	21	3/21	28	56	—	—	48	24	44
287	21	3/21	28	24	—	—	24	24	44
288	21	3/21	28	28	—	—	32	24	44
289	21	3/21	28	56	24	24	72	—	24
290	29	4/29	26	—	—	—	—	—	—
291	15	2/15	25	40	—	—	48	44	—
292	21	3/21	28	28	—	—	48	24	44
293	15	2/15	25	48	32	40	56	—	—
294	21	3/21	28	24	—	—	48	24	44
295	15	2/15	25	48	—	—	32	44	—
296	37	5/37	26	—	—	—	—	—	—
297	33	4/33	23	28	48	24	56	—	—
298	21	3/21	28	28	—	—	72	24	44
299	23	3/23	25	24	—	—	24	56	—
300	15	2/15	25	—	—	—	—	—	—
301	43	6/43	26	24	—	—	48	24	44
302	16	2/16	24	32	—	—	72	24	—
303	15	2/15	25	72	24	40	48	—	24
304	16	2/16	24	24	—	—	48	44	—
305	15	2/15	25	48	—	—	32	24	44
306	15	2/15	25	40	—	—	32	24	44
307	15	2/15	25	72	48	40	56	—	24
308	16	2/16	24	32	—	—	48	44	—
309	15	2/15	25	40	—	—	48	24	44
310	31	4/31	24	—	—	—	—	—	—
311	16	2/16	24	64	24	24	72	—	—
312	39	5/39	24	—	—	—	—	—	—
313	16	2/16	24	32	—	—	28	56	—
314	16	2/16	24	32	—	—	24	56	—
315	16	2/16	24	64	—	—	40	24	—
316	16	2/16	24	64	—	—	32	44	—
317	16	2/16	24	64	—	—	24	44	—
318	16	2/16	24	56	28	48	24	—	—
319	29	4/29	26	48	64	24	72	—	24

（续）

分度序号	分度圆	曲柄圈数	扇形刻度	蜗杆齿轮	1号孔		主轴上齿轮	惰轮	
					中间轴一套齿轮	中间轴二套齿轮		1号孔	2号孔①
320	16	2/16	24	—	—	—	—	—	—
321	16	2/16	24	72	24	64	24	—	24
322	23	3/23	25	32	—	—	64	24	44
323	16	2/16	24	64	—	—	24	24	44
324	16	2/16	24	64	—	—	32	24	44
325	16	2/16	24	64	—	—	40	24	44
326	16	2/16	24	32	—	—	24	24	44
327	16	2/16	24	32	—	—	28	24	44
328	41	5/41	23	—	—	—	—	—	—
329	16	2/16	24	64	24	24	72	—	24
330	33	4/33	23	—	—	—	—	—	—
331	16	2/16	24	64	44	24	48	—	24
332	16	2/16	24	32	—	—	48	24	44
333	18	2/18	21	24	—	—	72	44	—
334	16	2/16	24	32	—	—	56	24	44
335	33	4/33	23	72	48	44	40	—	24
336	16	2/16	24	32	—	—	64	24	44
337	43	5/43	21	86	40	32	56	—	—
338	16	2/16	24	32	—	—	72	24	44
339	18	2/18	21	24	—	—	56	44	—
340	17	2/17	22	—	—	—	—	—	—
341	43	5/43	21	86	24	32	40	—	—
342	18	2/18	21	32	—	—	64	44	—
343	15	2/15	25	40	64	24	86	—	24
344	43	5/43	21	—	—	—	—	—	—
345	18	2/18	21	24	—	—	40	56	—
346	18	2/18	21	72	56	32	64	—	—
347	43	5/43	21	86	24	32	40	—	24
348	18	2/18	21	24	—	—	32	56	—
349	18	2/18	21	72	44	24	48	—	—
350	18	2/18	21	72	40	32	64	—	—
351	18	2/18	21	24	—	—	24	56	—
352	18	2/18	21	72	24	24	64	—	—
353	18	2/18	21	72	24	24	56	—	—
354	18	2/18	21	72	—	—	48	24	—
355	18	2/18	21	72	—	—	40	24	—
356	18	2/18	21	72	—	—	32	24	—
357	18	2/18	21	72	—	—	24	44	—
358	18	2/18	21	72	32	48	24	—	—
359	43	5/43	21	86	48	32	100	—	24
360	18	2/18	21	—	—	—	—	—	—
361	19	2/19	19	32	—	—	64	44	—
362	18	2/18	21	72	28	56	32	—	24
363	18	2/18	21	72	—	—	24	24	44
364	18	2/18	21	72	—	—	32	24	44

① 在 B 和 S 的 1 号、1½号和 2 号机床上，2 号孔在机器工作台中。在 3 号和 4 号机床上，2 号孔在机器头部。

表 8-165 所列为辛辛那提铣床标准分度盘的分度运动，表 8-166 所列为辛辛那提铣床高号盘的分度运动（一），表 8-167 所列为辛辛那提铣床高号盘的分度运动（二）。

表 8-165　辛辛那提铣床标准分度盘的分度运动

标准分度盘分度了不大于 60 的所有数字；所有偶数和那些不大于 120 的数中所有能被 5 整除的数；下面列出的直到 400 的所有分度数。此盘两侧都钻了孔，并且有孔数如下：

第一面：24，25，28，30，34，37，38，39，41，42，43

第二面：46，47，49，51，53，54，57，58，59，62，66

分度序号	分度圆	转动圈数	孔数量	分度序号	分度圆	孔数量	分度序号	分度圆	孔数量	分度序号	分度圆	孔数量
2	任意值	20	—	44	66	60	104	39	15	205	41	8
3	24	13	8	45	54	48	105	42	16	210	42	8
4	任意值	10	—	46	46	40	106	53	20	212	53	10
5	任意值	8	—	47	47	40	108	54	20	215	43	8
6	24	6	16	48	24	20	110	66	24	216	53	10
7	28	5	20	49	49	40	112	28	10	220	66	12
8	任意值	5	—	50	25	20	114	57	20	224	28	5
9	54	4	24	51	51	40	115	46	16	228	57	10
10	任意值	4	—	52	39	30	116	58	20	230	46	8
11	66	3	42	53	53	40	118	59	20	232	58	10
12	24	3	8	54	54	40	120	66	22	235	47	8
13	39	3	3	55	66	48	124	62	20	236	59	10
14	49	2	42	56	28	20	125	25	8	240	66	11
15	24	2	16	57	57	40	130	39	12	245	49	8
16	24	2	12	58	58	40	132	66	20	248	62	10
17	34	2	12	59	59	40	135	54	16	250	25	4
18	54	2	12	60	42	28	136	34	10	255	51	8
19	38	2	4	62	62	40	140	28	8	260	39	6
20	任意值	2	—	64	24	15	144	54	15	264	66	10
21	42	1	38	65	39	24	145	58	16	270	54	8
22	66	1	54	66	66	40	148	37	10	272	34	5
23	46	1	34	68	34	20	150	30	8	2380	28	4
24	24	1	16	70	28	16	152	38	10	290	58	8
25	25	1	15	72	54	30	155	62	16	296	37	5
26	39	1	21	74	37	20	156	39	10	300	30	4
27	54	1	26	75	30	16	160	28	7	304	38	5
28	42	1	18	76	38	20	164	41	10	310	62	8
29	58	1	22	78	39	20	165	66	16	312	39	5
30	24	1	8	80	34	17	168	42	10	320	24	3
31	62	1	18	82	41	20	170	34	8	328	41	5
32	28	1	7	84	42	20	172	43	10	330	66	8
33	66	1	14	85	34	16	176	66	15	336	42	5
34	34	1	6	86	43	20	180	54	12	340	34	4
35	28	1	4	88	66	30	184	46	10	344	43	5
36	54	1	6	90	54	24	185	37	8	360	54	6
37	37	1	3	92	46	20	188	47	10	368	46	5
38	38	1	2	94	47	20	190	38	8	370	37	4
39	39	1	1	95	38	16	192	24	5	376	47	5
40	任意值	1	—	96	24	10	195	39	8	380	38	4
41	41	—	40	98	49	20	196	49	10	390	39	4
42	42	—	40	100	25	10	200	30	6	392	49	5
43	43	—	40	102	51	20	204	51	10	400	30	3

表 8-166 辛辛那提铣床高号盘的分度运动（一）

这 3 套分度盘分度了所有不大于 200 的数值；所有偶数和那些不大于 400 的能被 5 整除的数。这个盘每一侧都钻了孔，六个面分别是 *A*、*B*、*C*、*D*、*E* 和 *F*

例如：要求分度 35 个分度。首选的面是 *F*，因为这需要的孔数最少；但如果盘 *D*、*A* 或 *E* 在合适的位置，也可以使用，这样就避免了盘的变化

分度序号	面	圆	转	孔	分度序号	面	圆	转	孔	分度序号	面	圆	转	孔
2	任意值	任意值	20	—	15	*C*	93	2	62	28	*D*	77	1	33
3	*A*	30	13	10	15	*F*	159	2	106	28	*A*	91	1	39
3	*B*	36	13	12	16	*E*	26	2	13	29	*E*	87	1	33
3	*E*	42	13	14	16	*F*	28	2	14	30	*A*	30	1	10
3	*C*	93	13	31	16	*A*	30	2	15	30	*B*	36	1	12
3	*F*	159	13	53	16	*D*	32	2	16	30	*E*	42	1	14
4	任意值	任意值	10	—	16	*C*	34	2	17	30	*C*	93	1	31
5	任意值	任意值	8	—	16	*B*	36	2	18	30	*F*	159	1	53
6	*A*	30	6	20	17	*C*	34	2	12	31	*C*	93	1	27
6	*B*	36	6	24	17	*E*	119	2	42	32	*F*	28	1	7
6	*E*	42	6	28	17	*C*	153	2	54	32	*D*	32	1	8
6	*C*	93	6	62	17	*F*	187	2	66	32	*B*	36	1	9
6	*F*	159	6	106	18	*B*	36	2	8	32	*A*	48	1	12
7	*F*	28	5	20	18	*A*	99	2	22	33	*A*	99	1	21
7	*E*	42	5	30	18	*C*	153	2	34	34	*C*	34	1	6
7	*D*	77	5	55	19	*F*	38	2	4	34	*E*	119	1	21
7	*A*	91	5	65	19	*E*	133	2	14	34	*F*	187	1	33
8	任意值	任意值	5	—	19	*A*	171	2	18	35	*F*	28	1	4
9	*B*	36	4	16	20	任意值	任意值	2	—	35	*D*	77	1	11
9	*A*	99	4	44	21	*E*	42	1	38	35	*A*	91	1	13
9	*C*	153	4	68	21	*A*	147	1	133	35	*E*	119	1	17
10	任意值	任意值	4	—	22	*D*	44	1	36	36	*B*	36	1	4
11	*D*	44	3	28	22	*A*	99	1	81	36	*A*	99	1	11
11	*A*	99	3	63	22	*F*	143	1	117	36	*C*	153	1	17
11	*F*	143	3	91	23	*C*	46	1	34	37	*B*	111	1	9
12	*A*	30	3	10	23	*A*	69	1	51	38	*F*	38	1	2
12	*B*	36	3	12	23	*E*	161	1	119	38	*E*	133	1	7
12	*E*	42	3	14	24	*A*	30	1	20	38	*A*	171	1	9
12	*C*	93	3	31	24	*B*	36	1	24	39	*A*	117	1	3
12	*F*	159	3	53	24	*E*	42	1	28	40	任意值	任意值	1	—
13	*E*	26	3	2	24	*C*	93	1	62	41	*C*	123	—	120
13	*A*	91	3	7	24	*F*	159	1	106	42	*E*	42	—	40
13	*F*	143	3	11	25	*A*	30	1	18	42	*A*	147	—	140
13	*B*	169	3	13	25	*E*	175	1	105	43	*A*	129	—	120
14	*F*	28	2	24	26	*F*	26	1	14	44	*D*	44	—	40
14	*E*	42	2	36	26	*A*	91	1	49	44	*A*	99	—	90
14	*D*	77	2	66	26	*B*	169	1	91	44	*F*	143	—	130
14	*A*	91	2	78	27	*B*	81	1	39	45	*B*	36	—	32
15	*A*	30	2	20	27	*A*	189	1	91	45	*A*	99	—	88
15	*B*	36	2	24	28	*F*	28	1	12	45	*C*	153	—	136
15	*E*	42	2	28	28	*E*	42	1	18	46	*C*	46	—	40

表 8-167　辛辛那提铣床高号盘的分度运动（二）

分度序号	面	圆	孔	分度序号	面	圆	孔	分度序号	面	圆	孔
46	*A*	69	60	80	*A*	30	15	116	*E*	87	30
46	*E*	161	140	80	*D*	32	16	117	*A*	117	40
47	*B*	141	120	80	*C*	34	17	118	*A*	177	60
48	*A*	30	25	80	*B*	36	18	119	*E*	119	40
48	*B*	36	30	80	*E*	42	21	120	*A*	30	10
49	*A*	147	120	81	*B*	81	40	120	*B*	36	12
50	*A*	30	24	82	*C*	123	60	120	*E*	42	14
50	*E*	175	140	83	*F*	83	40	120	*C*	93	31
51	*C*	153	120	84	*E*	42	20	120	*F*	159	53
52	*E*	26	20	84	*A*	147	70	121	*D*	121	40
52	*A*	91	70	85	*C*	34	16	122	*B*	183	60
52	*F*	143	110	85	*E*	119	56	123	*C*	123	40
52	*B*	169	130	85	*F*	187	88	124	*C*	93	30
53	*F*	159	120	86	*A*	129	60	125	*E*	175	56
54	*B*	81	60	87	*E*	87	40	126	*A*	189	60
54	*A*	189	140	88	*D*	44	20	127	*B*	127	40
55	*D*	44	32	88	*A*	99	45	128	*D*	32	10
55	*F*	143	104	88	*F*	143	65	128	*A*	48	15
56	*F*	28	20	89	*D*	89	40	129	*A*	129	40
56	*E*	42	30	90	*B*	36	16	130	*E*	26	8
56	*D*	77	55	90	*A*	99	44	130	*A*	91	28
56	*A*	91	65	90	*C*	153	68	130	*F*	143	44
57	*A*	171	120	91	*A*	91	40	130	*B*	169	52
58	*E*	87	60	92	*C*	46	20	131	*F*	131	40
59	*A*	177	120	92	*A*	69	30	132	*A*	99	30
60	*A*	30	20	92	*E*	161	70	133	*E*	133	40
60	*B*	36	24	93	*C*	93	40	134	*B*	67	20
60	*E*	42	28	94	*B*	141	60	135	*B*	81	24
60	*F*	159	106	95	*F*	38	16	135	*A*	189	56
61	*B*	183	120	95	*E*	133	56	136	*C*	34	10
62	*C*	93	60	95	*A*	171	72	136	*E*	119	35
63	*A*	189	120	96	*B*	36	15	137	*D*	137	40
64	*D*	32	20	96	*A*	48	20	138	*A*	69	20
64	*A*	48	30	97	*B*	97	40	139	*C*	139	40
65	*E*	26	16	98	*A*	147	60	140	*F*	28	8
65	*A*	91	56	99	*A*	99	40	140	*E*	42	12
65	*F*	143	88	100	*A*	30	12	140	*D*	77	22
65	*B*	169	104	100	*E*	175	70	140	*A*	91	26
66	*A*	99	60	101	*F*	101	40	141	*B*	141	40
67	*B*	67	40	102	*C*	153	60	142	*F*	71	20
68	*C*	34	20	103	*E*	103	40	143	*F*	143	40
68	*E*	119	70	104	*E*	26	10	144	*B*	36	10
68	*F*	187	110	104	*A*	91	35	145	*E*	87	24
69	*A*	69	40	104	*F*	143	55	146	*E*	73	20
70	*F*	28	16	104	*B*	169	65	147	*A*	147	40
70	*D*	42	24	105	*E*	42	16	148	*B*	111	30
70	*A*	91	52	105	*A*	147	56	149	*E*	149	40
70	*E*	119	68	106	*F*	159	60	150	*A*	30	8
71	*F*	71	40	107	*D*	107	40	151	*D*	151	40
72	*B*	36	20	108	*B*	81	30	152	*F*	38	10
72	*A*	117	65	108	*A*	189	70	152	*E*	133	35
72	*C*	153	85	109	*C*	109	40	152	*A*	171	45
73	*E*	73	40	110	*D*	44	16	153	*C*	153	40
74	*B*	111	60	110	*A*	99	36	154	*D*	77	20
75	*A*	30	16	110	*F*	143	52	155	*C*	93	24
76	*F*	38	20	111	*B*	111	40	156	*A*	117	30
76	*E*	133	70	112	*F*	28	10	157	*B*	157	40
76	*A*	171	90	112	*E*	42	15	158	*C*	79	20
77	*D*	77	40	113	*F*	113	40	159	*F*	159	40
78	*A*	117	60	114	*A*	171	60	160	*F*	28	7
79	*C*	79	40	115	*C*	46	16	160	*D*	32	8
80	*E*	26	13	115	*A*	69	24	160	*B*	36	9
80	*F*	28	14	115	*E*	161	56	160	*A*	48	12

8

（续）

分度序号	面	圆	孔	分度序号	面	圆	孔	分度序号	面	圆	孔
161	*E*	161	40	220	*D*	44	8	305	*B*	183	24
162	*B*	81	20	220	*A*	99	18	306	*C*	153	20
163	*D*	163	40	220	*F*	143	26	308	*D*	77	10
164	*C*	123	30	222	*B*	111	20	310	*C*	93	12
165	*A*	99	24	224	*F*	28	5	312	*A*	117	15
166	*F*	83	20	226	*F*	113	20	314	*B*	157	20
167	*C*	167	40	228	*A*	171	30	315	*A*	189	24
168	*E*	42	10	230	*C*	46	8	316	*C*	79	10
168	*A*	147	35	230	*A*	69	12	318	*F*	159	20
169	*B*	169	40	230	*E*	161	28	320	*D*	32	4
170	*C*	34	8	232	*E*	87	15	320	*A*	48	6
170	*E*	119	28	234	*A*	117	20	322	*E*	161	20
170	*F*	187	44	235	*B*	141	24	324	*B*	81	10
171	*A*	171	40	236	*A*	177	30	326	*D*	163	20
172	*A*	129	30	238	*E*	119	20	328	*C*	123	15
173	*F*	173	40	240	*A*	30	5	330	*A*	99	12
174	*E*	87	20	240	*B*	36	6	332	*F*	83	10
175	*E*	175	40	240	*E*	42	7	334	*C*	167	20
176	*D*	44	10	240	*A*	48	8	335	*B*	67	8
177	*A*	177	40	242	*D*	121	20	336	*E*	42	5
178	*D*	89	20	244	*B*	183	30	338	*B*	169	20
179	*D*	179	40	245	*A*	147	24	340	*C*	34	4
180	*B*	36	8	246	*C*	123	20	340	*E*	119	14
180	*A*	99	22	248	*C*	93	15	340	*F*	187	22
180	*C*	153	34	250	*E*	175	28	342	*A*	171	20
181	*C*	181	40	252	*A*	189	30	344	*A*	129	15
182	*A*	91	20	254	*B*	127	20	345	*A*	69	8
183	*B*	183	40	255	*C*	153	24	346	*F*	173	20
184	*C*	46	10	256	*D*	32	5	348	*E*	87	10
184	*A*	69	15	258	*A*	129	20	350	*E*	175	20
184	*E*	161	35	260	*E*	26	4	352	*D*	44	5
185	*B*	111	24	260	*A*	91	14	354	*A*	177	20
186	*C*	93	20	260	*F*	143	22	355	*F*	71	8
187	*F*	187	40	260	*B*	169	26	356	*D*	89	10
188	*B*	141	30	262	*F*	131	20	358	*D*	179	20
189	*A*	189	40	264	*A*	99	15	360	*B*	36	4
190	*F*	38	8	265	*F*	159	24	360	*A*	99	11
190	*E*	133	28	266	*E*	133	20	360	*C*	153	17
190	*A*	171	36	268	*B*	67	10	362	*C*	181	20
191	*E*	191	40	270	*B*	81	12	364	*A*	91	10
192	*A*	48	10	270	*A*	189	28	365	*E*	73	8
193	*D*	193	40	272	*C*	34	5	366	*B*	183	20
194	*B*	97	20	274	*D*	137	20	368	*C*	46	5
195	*A*	117	24	276	*A*	69	10	370	*B*	111	12
196	*A*	147	30	278	*C*	139	20	372	*C*	93	10
197	*C*	197	40	280	*F*	28	4	374	*F*	187	20
198	*A*	99	20	280	*E*	42	6	376	*B*	141	15
199	*B*	199	40	280	*D*	77	11	378	*A*	189	20
200	*A*	30	6	280	*A*	91	13	380	*F*	38	4
200	*E*	175	35	282	*B*	141	20	380	*E*	133	14
202	*F*	101	20	284	*F*	71	10	380	*A*	171	18
204	*C*	153	30	285	*A*	171	24	382	*E*	191	20
205	*C*	123	24	286	*F*	143	20	384	*A*	48	5
206	*E*	103	20	288	*B*	36	5	385	*D*	77	8
208	*E*	26	5	290	*E*	87	12	386	*D*	193	20
210	*E*	42	8	292	*E*	73	10	388	*B*	97	10
210	*A*	147	28	294	*A*	147	20	390	*A*	117	12
212	*F*	159	30	295	*A*	177	24	392	*A*	147	15
214	*D*	107	20	296	*B*	111	15	394	*C*	197	20
215	*A*	129	24	298	*E*	149	20	395	*C*	79	8
216	*B*	81	15	300	*A*	30	4	396	*A*	99	10
216	*A*	189	35	302	*D*	151	20	398	*B*	199	20
218	*C*	109	20	304	*F*	38	5	400	*A*	30	3

14. 分度表

分度表通常是圆形的，有一个扁平的 *T* 形槽的台面，直径为 12 ~ 24*in*（30.5 ~ 61*cm*），工件可以在其上夹紧。扁平的台子表面可以是水平的、万向的或角度可调的。这个台子可以在垂直表面轴的附近连续旋转 360°。旋转是通过带有刻度尺的蜗杆驱动的，并提供了一种角度读数的方法。用机械方法可得到 0.25°、精度为 ±0.1″的分度位置，或从自准直仪或底座内置的正弦角附件或在数控下获得更高的精度。在进行加工操作时，可以将台子锁定在任何角度位置。

在加工过程中可以像一个分度头一样给台面传递旋转力，例如，用于切削连续的螺旋形的轴。分度台子刚度非常高，可以用于比分度头更大的工件。

15. 齿轮切削的块或多分度

使用分度的块系统，齿数被一次分度，而不是连续切削齿轮的齿，在所有齿加工完成之前齿轮旋转好几次。例如，当切削一个有 25 个齿的齿轮时，分度机构在第 1 圈转动中就可以同时分度 4 个齿（见表 8-168），6 个相距很远的齿间隙被切削。第 2 圈，铣刀铣削的是在第一次切削的空间后面的一个齿。在第 3 次分度时，刀具退后一个齿，因此齿轮通过 4 个分度周期就可完成。

在表 8-168 中给出了用于块或多分度的各种变换齿轮的组合。块分度的优点是铣刀产生的热量（特别是在切削粗螺距的铸铁齿轮时）在轮辋上均匀分布并在更大程度上耗散掉了。从而避免了由于局部加热而产生的变形，并允许使用更高的速度和进给量。

表 8-168 给出了布朗和夏普自动齿轮切削机床的使用值，但是，任何其他装备有类似分度机构机床的齿轮都可以很容易地计算出来。例如，假设齿轮铣刀需要下列变换齿轮来分度一定数量的齿：主动齿轮分别有 20 个和 30 个齿，以及具有 50 个和 60 个齿的从动齿轮。

那么如果想要切削它，例如，对于每第 5 个齿，将 20/60 和 30/50 乘以 5，则 20/60 × 30/50 × 5/1 = 1/1。在这种情况下，可以用相等大小的齿轮对毛坯处进行划分，以便每第 5 个空间被切削。每一块上的齿轮齿数和分度齿数不能有公因数。

表 8-169 为 60 齿蜗轮分度头分度运动。

16. 齿条切削线性分度

在铣床上切削齿条时，通常使用两种常用的线性分度的方法：一种是通过使用进给螺杆上的标度盘；另一种是通过使用分度附件。表 8-170 所列为使用第一种方法时的分度运动。表 8-170 适用于具有 1/4*in*（6.35*mm*）的一般导程和每个刻度相当于铣台运动的 0.001*in*（25.4μm）的 250 刻度盘的进给螺杆的铣床。

$$\text{进给螺杆实际转动量} = \frac{\text{齿条线性螺距}}{\text{进给螺杆导程}}$$

把转动的小数部分乘以（由以上公式获得）250，来获得到分度运动的小数部分的表盘读数，假设表盘有 250 个刻度。

注意：齿条的线性齿距等于齿轮或小齿轮与齿条啮合的圆周齿距。表 8-170 给出了标准的径节和它们等效的线性或圆形间距。

例如：求切削与齿条啮合一个 10*in* 径节小齿轮的分度运动。

分度运动等于进给螺杆的 1 个整转 +64.2/1000 或进给螺杆表盘上的分度。对每次分度可将刻度盘拨回零位来获得进给螺杆转动的分数值（不包括进给螺杆后向移动），或者如果优选的话，64.2（在本例中）可以加到每个连续表盘的位置。

第 2 位置表盘读数 = 64.2 × 2 = 128.4（完整运动 = 1 转 + 64.2 通过转动进给螺杆直到读数为 128.4 的分度的附加分度）。

第 3 位置表盘读数 = 64.2 × 3 = 192.6（完整运动 = 1 转 + 64.2 通过转动直到刻度盘读数是 192.6 的附加分度）。

第 4 位置表盘读数 = 64.2 × 4 − 250 = 6.8（1 转 + 64.2 通过转动进给螺杆直到刻度盘读数是超过零标志的 6.8 分度的附加分度），或者，为了简化操作，对第 4 个分度将表盘后移回零（不移动进给螺杆），然后重复设置之前的 3 个分度，或者在完成一个完整的表盘转动之前可以设置任何数字。

17. 逆铣

在改变切削角度之前通过一个特定的角度改变线性铣削操作的方向需要的一个线性偏移量。这种用于铣刀半径的补偿，如图 8-62 和图 8-63 所示。

表 8-168　齿轮切削的块或多分度

要切削的齿数	一次分度的数	第一主动轮	第一从动轮	第二主动轮	第二从动轮	锁定盘的圈数	要切削的齿数	一次分度的数	第一主动轮	第一从动轮	第二主动轮	第二从动轮	锁定盘的圈数
25	4	100	50	72	30	4	36	5	100	48	80	40	4
26	3	100	50	90	52	4	37	5	100	30	90	74	4
27	2	100	50	60	54	4	38	5	100	30	90	76	4
28	3	100	50	90	56	4	39	5	100	30	90	78	4
29	3	100	50	90	58	4	40	3	100	50	90	80	4
30	7	100	30	84	40	4	41	5	100	30	90	82	4
31	3	100	50	90	62	4	42	5	100	30	90	84	4
32	3	100	50	90	64	4	43	5	100	30	90	86	4
33	4	100	50	80	44	4	44	5	100	30	90	88	4
34	3	100	50	90	68	4	45	7	100	50	70	30	4
35	4	100	50	96	56	4	46	5	100	30	90	92	4

8

（续）

要切削的齿数	一次分度的数	第一主动轮	第一从动轮	第二主动轮	第二从动轮	锁定盘的圈数	要切削的齿数	一次分度的数	第一主动轮	第一从动轮	第二主动轮	第二从动轮	锁定盘的圈数
47	5	100	30	90	94	4	119	3	100	70	72	68	2
48	5	100	30	90	96	4	120	7	100	50	70	40	2
49	5	100	30	90	98	4	121	4	60	66	96	44	2
50	7	100	50	84	40	4	123	7	100	30	84	82	2
51	4	100	30	96	68	2	124	5	100	60	90	62	2
52	5	100	30	90	52	2	125	7	100	50	84	50	2
54	5	100	30	90	54	2	126	5	100	50	50	42	2
55	4	100	50	96	44	2	128	5	100	60	90	64	2
56	5	100	30	90	56	2	129	7	100	30	84	86	2
57	4	100	30	96	76	2	130	7	100	50	84	52	2
58	5	100	30	90	58	2	132	5	100	88	80	40	2
60	7	100	30	84	40	2	133	4	100	70	96	76	2
62	5	100	30	90	62	2	134	5	100	60	90	67	2
63	5	100	30	80	56	2	135	7	100	50	84	54	2
64	5	100	30	90	64	2	136	5	100	60	90	68	2
65	4	100	50	96	52	2	138	5	100	92	80	40	2
66	5	100	44	80	40	2	140	3	50	50	90	70	2
67	5	100	30	90	67	2	141	5	100	94	80	40	2
68	5	100	30	90	68	2	143	6	90	66	96	52	2
69	5	100	46	80	40	2	144	5	100	60	90	72	2
70	3	100	50	90	70	2	145	6	100	50	72	58	2
72	5	100	30	90	72	2	147	5	100	98	80	40	2
74	5	100	30	90	74	2	148	5	100	60	90	74	2
75	7	100	30	84	50	2	150	7	100	60	84	50	2
76	5	100	30	90	76	2	152	5	100	60	90	76	2
77	4	100	70	96	44	2	153	5	100	68	80	60	2
78	5	100	30	90	78	2	154	5	100	56	72	66	2
80	3	100	50	90	80	2	155	6	100	50	72	62	2
81	7	100	30	84	52	2	156	5	100	60	90	78	2
82	5	100	30	90	82	2	160	7	100	50	84	64	2
84	5	100	30	90	84	2	161	5	100	70	60	46	2
85	4	100	50	96	68	2	162	7	100	60	84	52	2
86	5	100	30	90	86	2	164	5	100	60	90	82	2
87	7	100	30	84	58	2	165	7	100	50	84	66	2
88	5	100	30	90	88	2	168	5	100	60	90	84	2
90	7	100	30	70	50	2	169	6	96	52	90	78	2
91	3	100	70	72	52	2	170	7	100	50	84	68	2
92	5	100	30	90	92	2	171	5	70	42	80	76	2
93	7	100	30	84	62	2	172	5	100	60	90	86	2
94	5	100	30	90	94	2	174	7	100	60	84	58	2
95	4	100	50	96	76	2	175	8	100	50	96	70	2
96	5	100	30	90	96	2	176	5	100	60	90	88	2
98	5	100	30	90	98	2	180	7	100	60	70	50	2
99	10	100	30	80	44	2	182	9	90	56	96	52	2
100	7	100	50	84	40	2	184	5	100	60	90	92	2
102	5	100	30	60	68	2	185	6	100	50	72	74	2
104	5	100	60	90	52	2	186	7	100	60	84	62	2
105	4	100	70	96	60	2	187	5	100	44	48	68	2
108	7	100	30	70	60	2	188	5	100	60	90	94	2
110	7	100	50	84	44	2	189	5	100	60	80	84	2
111	5	100	74	80	40	2	190	7	100	50	84	76	2
112	5	100	60	90	56	2	192	5	100	60	90	96	2
114	7	100	30	84	76	2	195	7	100	50	84	78	2
115	8	100	50	96	46	2	196	5	100	60	90	98	2
116	5	100	60	90	58	2	198	7	100	50	70	66	2
117	8	100	30	96	78	2	200	7	60	60	84	40	2

表 8-169　60 齿蜗轮分度头分度运动

分度数	分度圆	转数	孔数	分度数	分度圆	转数	孔数	分度数	分度圆	孔数	分度数	分度圆	孔数
2	任意值	30	—	50	60	1	12	98	49	30	146	73	30
3	任意值	20	—	51	17	1	3	99	33	20	147	49	20
4	任意值	15	—	52	26	1	4	100	60	36	148	37	15
5	任意值	12	—	53	53	1	7	101	101	60	149	149	60
6	任意值	10	—	54	27	1	3	102	17	10	150	60	24
7	21	8	12	55	33	1	3	103	103	60	151	151	60
8	26	7	13	56	28	1	2	104	26	15	152	76	30
9	21	6	14	57	19	1	1	105	21	12	153	51	20
10	任意值	6	—	58	29	1	1	106	53	30	154	77	30
11	33	5	15	59	59	1	1	107	107	60	155	31	12
12	任意值	5	—	60	任意值	1	—	108	27	15	156	26	10
13	26	4	16	61	61	—	60	109	109	60	157	157	60
14	21	4	6	62	31	—	30	110	33	18	158	79	30
15	任意值	4	—	63	21	—	20	111	37	20	159	53	20
16	28	3	21	64	32	—	30	112	28	15	160	32	12
17	17	3	9	65	26	—	24	113	113	60	161	161	60
18	21	3	7	66	33	—	30	114	19	10	162	27	10
19	19	3	3	67	67	—	60	115	23	12	163	163	60
20	任意值	3	—	68	17	—	15	116	29	15	164	41	15
21	21	2	18	69	23	—	20	117	39	20	165	33	12
22	33	2	24	70	21	—	18	118	59	30	166	83	30
23	23	2	14	71	71	—	60	119	119	60	167	167	60
24	26	2	13	72	60	—	50	120	26	13	168	28	10
25	60	2	24	73	73	—	60	121	121	60	169	169	60
26	26	2	8	74	37	—	30	122	61	30	170	17	6
27	27	2	6	75	60	—	48	123	41	20	171	57	20
28	21	2	3	76	19	—	15	124	31	15	172	43	15
29	29	2	2	77	77	—	60	125	100	48	173	173	60
30	任意值	2	—	78	26	—	20	126	21	10	174	29	10
31	31	1	29	79	79	—	60	127	127	60	175	35	12
32	32	1	28	80	28	—	21	128	32	15	176	44	15
33	33	1	27	81	27	—	20	129	43	20	177	59	20
34	17	1	13	82	41	—	30	130	26	12	178	89	30
35	21	1	15	83	83	—	60	131	131	60	179	179	60
36	21	1	14	84	21	—	15	132	33	15	180	21	7
37	37	1	23	85	17	—	12	133	133	60	181	181	60
38	19	1	11	86	43	—	30	134	67	30	182	91	30
39	26	1	14	87	29	—	20	135	27	12	183	61	20
40	26	1	13	88	44	—	30	136	68	30	184	46	15
41	41	1	19	89	89	—	60	137	137	60	185	37	12
42	21	1	9	90	21	—	14	138	23	10	186	31	10
43	43	1	17	91	91	—	60	139	139	60	187	187	60
44	33	1	12	92	23	—	15	140	21	9	188	47	15
45	21	1	7	93	31	—	20	141	47	20	189	63	20
46	23	1	7	94	47	—	30	142	71	30	190	19	6
47	47	1	13	95	19	—	12	143	143	60	191	191	60
48	28	1	7	96	32	—	20	144	60	25	192	32	10
49	49	1	11	97	97	—	60	145	29	12	193	193	60

表 8-170 铣床上切削齿条齿线性分度运动

齿条齿距/in		分度运动		齿条齿距/in		分度运动	
直径径节	线性或圆形	整转数量	0.001in 分度序号	直径径节	线性或圆形	整转数量	0.001in 分度序号
2	1.5708	6	70.8	12	0.2618	1	11.8
2¼	1.3963	5	146.3	13	0.2417	0	241.7
2½	1.2566	5	6.6	14	0.2244	0	224.4
2¾	1.1424	4	142.4	15	0.2094	0	208.4
3	1.0472	4	47.2	16	0.1963	0	196.3
3½	0.8976	3	147.6	17	0.1848	0	184.8
4	0.7854	3	35.4	18	0.1745	0	174.8
5	0.6283	2	128.3	19	0.1653	0	165.3
6	0.5263	2	23.6	20	0.1571	0	157.1
7	0.4488	1	198.8	22	0.1428	0	142.8
8	0.3927	1	142.7	24	0.1309	0	130.9
9	0.3491	1	99.1	26	0.1208	0	120.8
10	0.3142	1	64.2	28	0.1122	0	112.2
11	0.2856	1	35.6	30	0.1047	0	104.7

注：这些运动是用于具有 1/4in 常用导程的工作台进给螺杆。

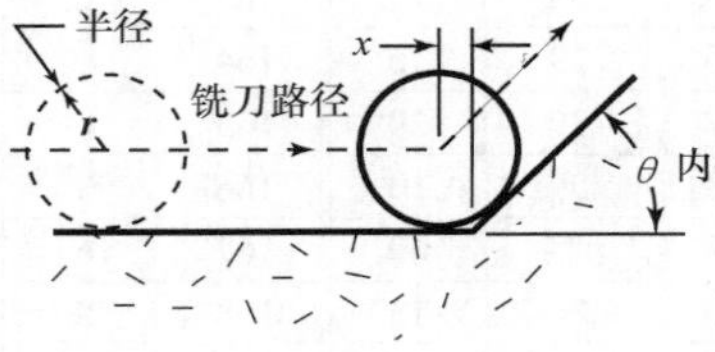

图 8-52 内铣

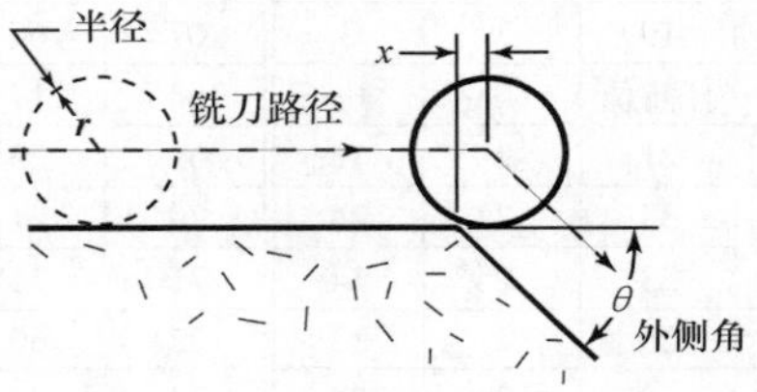

图 8-53 外铣

对于内部切削，从切削方向改变的点减去偏移量（见图 8-52）；对于外部切削，偏移量加到切削方向改变的点中（见图 8-53）。偏移量公式为

$$x = rM$$

式中，x 为偏移距离；r 为铣刀半径；M 为倍增因子（$\tan\theta/2$）。某些角度 M 的值可以在表 8-171 中找到。

表 8-171 偏移增值因子

角度/(°)	M	角度/(°)	M	角度/(°)	M	角度/(°)	M	角度/(°)	M
1	0.00873	19	0.16734	37	0.33460	55	0.52057	73	0.73996
2	0.01746	20	0.17633	38	0.34433	56	0.53171	74	0.75355
3	0.02619	21	0.18534	39	0.35412	57	0.54296	75	0.76733
4	0.03492	22	0.19438	40	0.36397	58	0.55431	76	0.78129
5	0.04366	23	0.20345	41	0.37388	59	0.56577	77	0.79544
6	0.05241	24	0.21256	42	0.38386	60	0.57735	78	0.80978
7	0.06116	25	0.22169	43	0.39391	61	0.58905	79	0.82434
8	0.06993	26	0.23087	44	0.40403	62	0.60086	80	0.83910
9	0.07870	27	0.24008	45	0.41421	63	0.61280	81	0.85408
10	0.08749	28	0.24933	46	0.42447	64	0.62487	82	0.86929
11	0.09629	29	0.25862	47	0.43481	65	0.63707	83	0.88473
12	0.10510	30	0.26795	48	0.44523	66	0.64941	84	0.90040
13	0.11394	31	0.27732	49	0.45573	67	0.66189	85	0.91633
14	0.12278	32	0.28675	50	0.46631	68	0.67451	86	0.93252
15	0.13165	33	0.29621	51	0.47698	69	0.68728	87	0.94896
16	0.14054	34	0.30573	52	0.48773	70	0.70021	88	0.96569
17	0.14945	35	0.31530	53	0.49858	71	0.71329	89	0.98270
18	0.15838	36	0.32492	54	0.50953	72	0.72654	90	1.00000

注：将因子 M 乘以刀具半径 r 来确定偏移尺寸。

第9章

齿轮、花键和凸轮

9.1 齿轮和齿轮传动装置

9.1.1 齿轮的一些概念

外啮合的正齿轮是轮齿平行于轴切制的圆柱齿轮。齿轮通过平行轴间传递运动和动力。轮齿载荷不产生轴向推力。中速表现优异，而高速则伴随有噪声。轴的旋转方向相反。

内啮合齿轮提供了紧凑的驱动结构，用于在同一方向旋转的平行轴之间传递运动。

斜齿圆柱齿轮是轮齿与轴成一定角度进行切制的。在相反方向旋转的轴间提供驱动，与直齿轮相比，有传动平稳较好和噪声小的优势。轮齿载荷会产生轴向推力。

交错轴斜齿轮是在非平行轴上啮合的斜齿轮。

直齿锥齿轮有朝向顶点径向排列和锥形形状的轮齿。设计用于相交轴上工作，锥齿轮用于连接相交轴上的两个轴。轴之间的夹角等于啮合齿两个轴间的角度。在负载下产生的轴端推力倾向于分离齿轮。

弧齿锥齿轮具有弯曲的斜齿，它们彼此平滑接触，从齿的一端逐渐到另一端。啮合过程与直齿锥齿轮相类似，但在使用中更平稳、更安静。从轮齿或齿面小端观察，左手螺旋齿沿逆时针方向远离轴线倾斜，右手齿沿顺时针方向远离轴线倾斜。齿轮的螺旋方向总是和齿轮相反，用于识别齿轮副的方向。用于连接像直齿锥齿轮相交轴线上的两个轴。螺旋角不会影响运行的平稳性或效率，但会影响产生推力载荷的方向。当从小齿轮的大端看去，左旋齿轮是顺时针方向转动的，由此产生的轴向推力倾向于将小齿轮从啮合中推离。

零度弧齿锥齿轮的弯曲轮齿与直锥齿在大的相同方向上一致，但应将其认为是零螺旋角的螺旋锥齿轮。

准双曲面齿轮是螺旋锥齿轮和蜗轮间的空间交叉。准双曲面齿轮的轴线不相交也不平行。轴之间的距离称为偏移量。与其他锥齿轮可行性相比，偏移量允许更高的减速比。准双曲面齿轮的弯曲斜齿，从齿面接触逐渐开始，从齿的一端向另一端平滑啮合。

蜗轮用于成直角传动轴间的传递运动，并不位于公共平面，有时也以其他角度与轴连接。蜗轮具有线性齿面接触并用于动力传递，但是接触率越高效率越低。

1. 齿轮术语的定义

下列术语常用于各种类型的齿轮。

工作齿面宽度是指配对齿轮接触的轮齿齿面宽度尺寸。

齿顶高是节距圆和齿顶之间的径向距离或垂直距离。

啮合弧是指配对齿轮的一个齿从啮合开始第一点到啮合终止点所转过的分度圆上的弧。

啮入弧是指配对齿轮的一个轮齿从啮合开始第一个点到节点所转过的分度圆上的弧。

啮出弧是指配对齿轮的一个齿面从啮合节点到啮合终止点所转过的分度圆上的弧。

轴向齿距是两个相邻同侧齿廓平行轴向的距离。

轴平面是包含一对齿轮两个轴的平面。单个齿轮的轴平面是包含轴和任意给定点的任何平面。

轴向厚度是相同轮齿两个分度线母线之间平行于轴线的距离。

侧隙是指当工作侧面啮合接触时，相邻齿的非驱动表面间的最短距离。

基圆是生成或展开渐开线轮齿曲线的圆。

基圆螺旋角是指渐开线齿轮基圆柱上轮齿与齿轮轴之间的夹角。

基圆齿距是在基圆周长上的周节，或沿着两个连续和相对渐开线齿廓间啮合线的距离。

齿根厚度是指在旋转平面内位于相同齿距渐开线间的基圆上的距离。

齿槽底面是相邻齿下齿面间齿轮的表面。

中心距是配对齿轮的非相交轴，或直齿圆柱齿轮和平行轴斜齿轮的平行轴，或交错轴斜齿轮或蜗轮的交错轴间的最小距离。

中心面是蜗轮中与齿轮轴线垂直的平面，包含了齿轮和蜗杆的共垂线。在轴间成直角的常用设置中它包含蜗轮轴。

弦齿高是从圆弧齿厚弦到齿顶的径向距离，或齿顶到圆弧齿厚度弧线所对向弦的高度。

弦齿厚是弧齿厚度弧线对应的弦长，采用轮齿卡规测量分度圆齿厚得到的尺寸。

周节是分度圆圆周上旋转平面内相邻两齿对应点之间的距离，相邻齿的中心或对应点之间分度圆弧的长度。

圆弧齿厚是旋转平面内分度圆上齿的厚度，或是测量的分度圆上齿轮齿两侧间的弧长。

顶隙是齿顶与配对齿槽根部之间的径向距离，或给定的齿轮齿根超过其配对齿轮的齿顶高的量。

接触直径是配对齿轮上轮齿接触的最小直径。

重合度是在旋转平面中啮合弧与圆周齿距的比率，有时被认为是接触中的平均齿数。这个系数最直接的获得方式是由啮合长度与基圆齿距之比得到。

齿长重合度（轴向重合度）是斜齿轮中扭转弧长与周节的比率。

总重合度是啮合弧长与扭转弧长和与周节的比率的和。

接触应力是配对齿轮齿廓接触面积内的最大压应力，也称为赫兹应力。

摆线是沿着直线滚动的圆上的一点的轨迹形成的曲线。当圆的滚动沿着另一个圆的外侧进行时，得到的圆上一点的轨迹称为外摆线。而当圆沿着另一个圆的内侧进行时，得到的圆上一点的轨迹称为内摆线。这些曲线用于定义早先的美国标准复合齿形。

9

齿根高是齿槽底部和分度圆之间的径向距离或垂直距离。

径节是旋转面上轮齿的数量和节径英寸数的比，或者轮齿的数量和每英寸节径的比。法向径节是在法向平面计算的径节，或者将径节除以螺旋角的余弦。

效率是齿轮组的扭矩比除以其齿数比。

当量分度圆半径是在与分度线母线垂直的平面上节点处节曲面的曲率半径。

扭转弧长是分度圆上节点从轮齿的一端啮入直到从轮齿的另一端啮出的时间内移动的距离。

圆角半径是与齿槽底部相连接的齿廓凹部的半径。

齿根圆角应力是轮齿根圆角处最大的拉应力。

下齿面是分度圆和槽底之间的曲面，包括轮齿圆角。

齿数比是配对齿轮中的齿数之比。

螺旋重合是斜齿轮的有效齿宽除以齿轮的轴线齿距。

螺旋角是斜齿轮轮齿与分度圆上的齿轮轴线形成的夹角，除非另有特定说明。

单齿啮合的最高点是直齿圆柱齿轮的单齿与配对齿轮接触的最大直径。

干涉是配对轮齿在除了沿着啮合线以外的某一点接触。

内径是与内齿轮齿顶重合的圆直径。

内齿轮是轮齿位于内圆柱表面的齿轮。

渐开线通常作为齿轮齿廓的曲线。这条曲线是直线上的一点当其沿着一条凸的基线（通常是一个圆）滚动的轨迹。

齿顶面是齿轮轮齿的上表面，齿槽底面是相邻齿根圆角间轮齿的表面。

导程是螺旋轴线前进完整的一圈，如果齿轮可以自由地沿轴向移动，则在一圈转动中其沿自身轴前进的距离。

啮合长度是齿廓啮合过程中在渐开线啮合线上啮合点移动的距离。

啮合线是基圆柱公切线部分，沿其配对渐开线齿间产生啮合。

单齿啮合的最低点是直齿圆柱齿轮上单个轮齿与其配对齿轮啮合的最小直径。齿轮组接触应力是由作用在小齿轮上某点的载荷所确定。

模数是节径与轮齿数量之比，通常是用单位为mm的节径与齿数之比。在寸制中模数是以in为单位的节径与齿数之比。

法平面是在啮合点垂直于齿面并垂直于节面的平面。

轮齿数量是一个齿轮中轮齿的总数。

外径是包含外齿轮齿顶圆的直径。

节距（齿距）是在沿给定的曲线或直线上给定的方向，相似、相等齿距的轮齿表面之间的距离。

节圆是指中心位于齿轮轴线通过节点的圆。

工作节径是齿轮工作的节径。

节面是任何齿轮副中平行于轴平面，并与两齿轮的节曲面相切的平面。在单个齿轮中，节面是任意与节曲面相切的平面。

节点是中心线轴线和啮合线之间的交点。

旋转平面是垂直于齿轮轴线的任意平面。

压力角是齿廓与径向线在节点间的夹角。在渐开线齿中，压力角为啮合线与节圆切线间的夹角。标准压力角的确定与标准齿轮比例相关。当中心距发生改变时，给定的一对渐开线齿廓会以同样的速度传递平滑运动。齿轮设计和齿轮制造加工过程中轴间距的变化可以导致同一齿轮在不同条件下节径、节距和压力角的变化。除非另有说明，压力角都指分度圆直径处的标准压力角。工作压力角是由一对工作齿轮副的中心距决定的。在诸如螺旋形和螺旋斜齿轮设计中，压力角指定在横向、法向和轴向平面内。

主基准面是节面、轴面和端面，它们均相交于一点且相互垂直。

齿条是一种齿轮，它的轮齿沿直线间隔排列，适于直线运动。标准齿条是作为可互换齿轮系统的基础而采用的齿条。标准轮齿的尺寸经常用在标准齿条的轮廓上显示。

滚动角是对向基圆中心的角度，从渐开线的原点到同一渐开线上任一点的直线上点的切线。这个角度的弧度是渐开线上点压力角的正切。

齿根圆直径是包含齿根或齿槽底圆的直径。

切平面是与齿面上一点或啮合线相切的平面。

齿形修缘是对齿形的任意修改，在轮齿尖附近从齿面的渐开线面上去除少量的材料。

齿面是分度线母线与齿尖之间的表面。

轮齿表面是包括下齿面和齿面在内的总轮齿面积。

全齿宽是齿轮齿坯的齿轮宽度，可能超过了有效齿宽，就像双螺旋齿轮，全齿宽包括了分开右旋和左旋螺旋齿的任一距离。

端面是垂直于轴面和节面的平面。在平行轴齿轮机构中，端面和旋转面重合。

次摆线是由沿着曲线或直线滚动的圆的延伸半径上的一点的路径形成的曲线。当一条直线沿基线凸面滚动时，次摆线可由垂直于其上点的轨迹形成。根据第一个定义，次摆线来自于摆线，根据第二个定义，它来自于渐开线。

标准渐开线成形直径是渐开线齿廓的切点存在的轮齿上的最小直径。通常这个位置是渐开线齿形齿根圆角曲线的切点。

根切是范成法齿轮轮齿的一种状况，即当齿根圆角曲线的任一部分位于其最低点与工作轮廓相切的线内。正如在剃齿前有意识地引入根切从而有利于剃齿加工。

齿高是齿槽的总深度，等于齿顶高加上齿根高，等于工作深度加上顶隙。

工作齿高是两个齿轮的啮合深度，或其齿顶高之和。当啮合齿轮的中心距是标准的时，标准工作距离是指轮齿延伸到配对齿轮齿槽的深度。

齿轮术语的定义是由 AGMA 标准提供。

轮齿的对比尺寸和形状如图 9-1 所示，轮齿的命名法如图 9-2 所示。

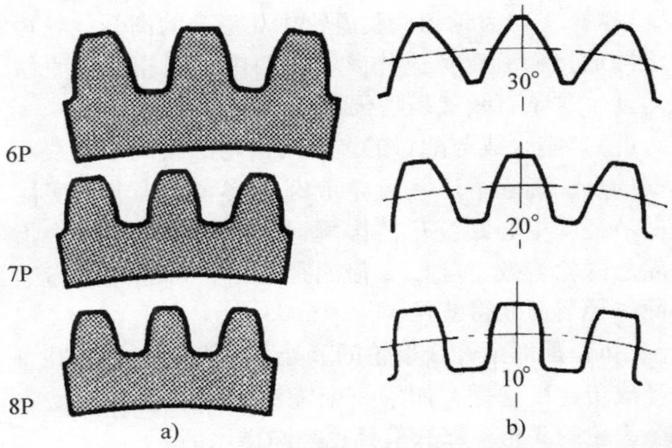

图 9-1　轮齿的对比尺寸和形状

a）不同径节的轮齿　b）不同压力角的轮齿

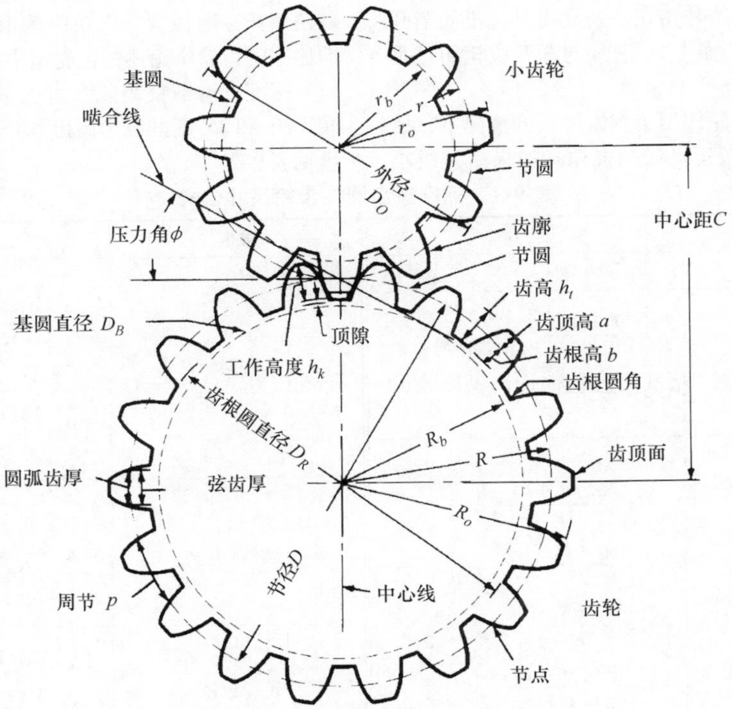

图 9-2　轮齿的命名法

2. 渐开线曲线的性质

渐开线曲线几乎完全用于齿轮齿廓，因为它具有以下重要特性：

1）渐开线的形成和形状取决于它所衍生得到的基圆直径。如果一根拉紧的线依从圆的周长展开——渐开线的基圆，这根线的端部或展开部分的任意点可以描述渐开线曲线。

2）如果渐开线曲率的轮齿以一致的速度旋转作用在配对齿轮的渐开线齿上，即使中心距是变化的，从动齿轮的角运动也是均匀的。

3）具有渐开线齿形曲线的主动齿轮和从动齿轮之间的相对运动速度是由其基圆的直径确定的。

4）主动齿轮和从动齿轮相互啮合的渐开线轮齿之间的接触沿着与这些齿轮的两个基圆相切的直线运动，这条直线就是啮合线。

5）啮合线与配对的渐开线齿轮的共同中心线相交的点，确立了这些齿轮节圆的半径；因此，实际的节径受中心距变化的影响。当中心距等于两个齿轮总的轮齿数量除以2倍的径节时，可通过将齿数除以径节而获得节径。

6）配对渐开线齿轮的节径与它们相应的基圆直径成正比；这样，如果一个配对齿轮的基圆是另一个齿轮的3倍，那么节径也是同样比例。

7）啮合线与配对齿轮共同中心线垂线的夹角是压力角。因此，中心距的任何变化都会影响压力角。

8）当渐开线曲线作用在一条直线上（正如渐开线齿轮作用在直齿齿条上），直线与渐开线相切且垂直于啮合线。

9）在渐开线齿轮作用于直齿齿条的情况下，压力角是啮合线和齿条运动线的夹角。如果渐开线小齿轮匀速转动，齿条的运动也是匀速的。

相关术语符号介绍如下：

ϕ 是压力角；a 是齿顶高；a_G 是齿轮的齿顶高；a_P 是小齿轮的齿顶高；b 是齿根高；c 是顶隙；C 是中心距；D 是节径；D_G 是齿轮节径；D_P 是小齿轮的节径；D_B 是基圆直径；D_O 是外径；D_R 是齿根圆直径；F 是齿宽；h_k 是轮齿的工作齿高；h_t 是轮齿的齿全高；m_G 是齿数比；N 是轮齿数量；N_G 是齿轮轮齿数量；N_P 是小齿轮轮齿数量；p 是周节；P 是径节。

3. 径节和周节系统

轮齿系统标准是通过标准齿条的齿形比例来确定的。径节系统适用于美国生产的绝大多数齿轮传动装置。如果轮齿大于大约一个径节，常见的做法是使用周节系统。圆周齿距系统也应用于铸造齿轮传动，常用于蜗杆传动装置的相关设计与制造。

4. 径节系统获得的节径

径节系统可提供一系列标准轮齿的尺寸，原理类似于螺纹螺距的标准化。由于每个齿轮上都有整数个轮齿，每个齿的节径的增加会随着齿距的变化而变化。例如，假设一个具有4个径节20个轮齿齿轮的节径为5in；21齿为5¼in，对于4径节的齿轮，每增加一个齿，直径将增加¼in。同样，对于2径节连续齿数的变化等于½in，对于10径节的齿数变化等于1/10 in等。其中必须保持一个给定的中心距，可以使用非标准径节，齿轮应该根据给定中心距和传动比率的齿轮中论述的齿轮组中心距程序进行设计。

标准直齿圆柱齿轮尺寸公式见表9-1。齿部公式，20°和25°渐开线齿高齿ANSI大节距直齿圆柱齿形见表9-2。

表9-1 标准直齿圆柱齿轮尺寸公式

求取	公式	求取	公式
基圆直径	$D_B = D\cos\phi$	径节	$P = \frac{3.1416}{p}$ $P = \frac{N}{D}$ $P = \frac{N_P(m_G+1)}{2C}$
周节	$p = \frac{3.1416D}{N}$ $p = \frac{3.1416}{P}$	齿数比	$m_G = \frac{N_G}{N_P}$
中心距	$C = \frac{N_P(m_G+1)}{2P}$ $C = \frac{D_P+D_G}{2}$ $C = \frac{N_G+N_P}{2P}$ $C = \frac{(N_G+N_P)p}{6.2832}$	轮齿数量	$N = PD$ $N = \frac{3.1416D}{p}$

（续）

求取	公式	求取	公式
外径（齿高齿）	$D_O=\frac{N+2}{P}$ $D_O=\frac{(N+2)p}{3.1416}$	外径	$D_O=D+2a$
		节径	$D=\frac{N}{P}$ $D=\frac{Np}{3.1416}$
外径（美国标准短齿）	$D_O=\frac{N+1.6}{P}$ $D_O=\frac{(N+1.6)p}{3.1416}$	齿根圆直径	$D_R=D-2b$
		齿高	$a+b$
		工作齿高	a_G+a_P

表 9-2　齿部公式，20°和 25°渐开线齿高齿 ANSI 大节距直齿圆柱齿形 ANSI B6.1-1968（R1974）

求取	已知径节 P	已知周节 p
齿顶高	$a=1.000/P$	$a=0.3183p$
齿根高（优选）	$b=1.250/P$	$b=0.3979p$
切削或磨削齿①	$b=1.350/P$	$b=0.4297p$
工作齿高	$h_k=2.000/P$	$h_k=0.6366p$
齿高（优选）	$h_t=2.250/P$	$h_t=0.7162p$
切削或磨削齿	$h_t=2.350/P$	$h_t=0.7480p$
顶隙（优选）②	$c=0.250/P$	$c=0.0796p$
切削或磨削齿	$c=0.350/P$	$c=0.1114p$
齿根圆角半径（齿条）③	$r_f=0.300/P$	$r_f=0.0955p$
节径	$D=N/P$	$D=0.3183Np$
外径	$D_O=(N+2)/P$	$D_O=0.3183(N+2)p$
齿根圆直径（优选）	$D_R=(N-2.5)/P$	$D_R=0.3183(N-2.5)p$
切削或磨削齿	$D_R=(N-2.7)/P$	$D_R=0.3183(N-2.7)p$
圆弧基本齿厚	$t=1.5708/P$	$t=p/2$

① 当在插齿机上预剃齿时，通常需要将齿根增加到 $1.40/P$，以允许插齿刀加工更高的圆角轨迹线。这对于齿数很少的齿轮特别重要，或者如果齿轮坯结构外形需要使用小直径的插齿刀，在这样的情况下，齿根可能需要增加到 $1.45/P$。在高负载的齿轮上应该避免这种情况，因为降低的 J 因子会过度地增加轮齿的应力。

② 对于具有浅齿根截面和使用现有滚刀或铣刀的标准 20°和 25°压力角的齿条，可以使用 $0.157/P$ 的最小顶隙。但是，无论何时使用了小于标准的顶隙，TIF 直径应该由实际的渐开线形成直径所示的方法来确定。

③ 标准齿条的齿根圆角半径，对 20°压力角不应超过 $0.235/P$，或者对于 25°压力角顶隙 $0.157/P$，不应超过 $0.270/P$。当顶隙超过 $0.250/P$ 时，对于 25°压力角的标准齿条的齿根圆角半径必须减小。

5. 美国国家标准大节距直齿圆柱齿轮齿形

美国国家标准（ANSI B6.1-1968，R1974）提供了两种渐开线直齿圆柱齿轮的齿形比例信息。这两种结构形式是完全相同的，其中一个有 20°的压力角和 18 个最小允许的齿数，另一个有 25°的压力角和 12 个最小允许的齿数。轮齿的标准是通过指定标准齿条的齿形比例来建立的。根据此标准制造的齿轮将与指定的齿条相结合。下面显示了 20°和 25°标准的标准齿条齿形；表 9-2 中为以这些比例的基本公式作为齿轮径节和圆周节距的函数。表 9-3 为轮齿部分的数据。

近年来，确立的几乎通用的标准是 ANSI 20°标准直齿圆柱齿轮齿形。它提供了一个具有良好强度，在小齿轮中没有齿根圆角根切，最小齿数可低至 18 个齿的齿轮。一些最新的应用要求轮齿的强度更高并少于 18 个齿数，这一要求促进了 ANSI 25°标准的建立。25°的齿形比 20°的标准具有更强的轮齿强度，可以提供少至 12 齿的小齿轮而不会产生圆角根切，并对于更大齿轮组的表面耐久性提供了一个较低的接触压应力。

美国国家标准齿轮齿形如图 9-3 ~ 图 9-6 所示，可参考 ANSI B6.1-1968，（R1974）和 ASA B6.1-1932。

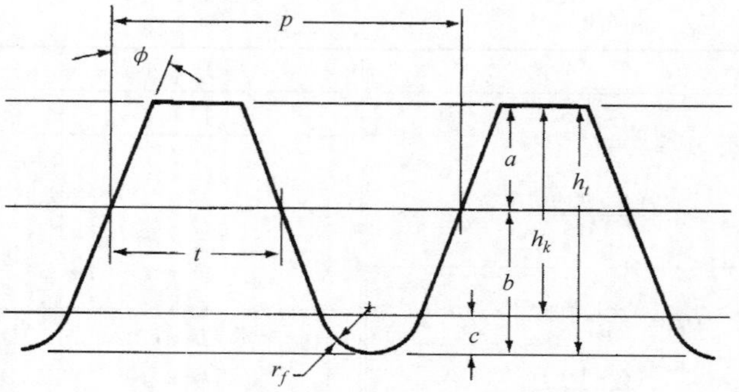

图 9-3　20°和 25°齿高齿渐开线系统的标准齿条

a—齿顶高　h_k—工作齿高　r_f—标准齿条的齿根圆角半径　b—齿根高　h_t—齿高

t—圆弧齿厚　c—顶隙　p—周节　ϕ—压力角

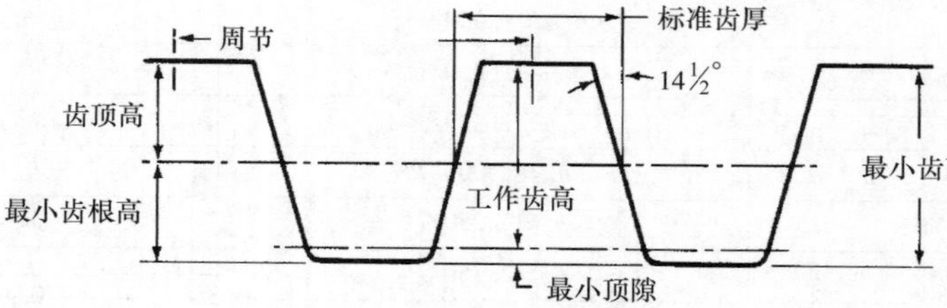

图 9-4　14½°齿高齿渐开线系统的标准齿条

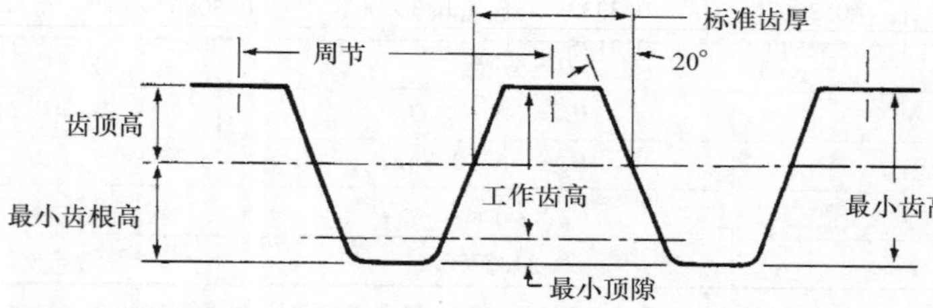

图 9-5　20°短齿渐开线系统的标准齿条

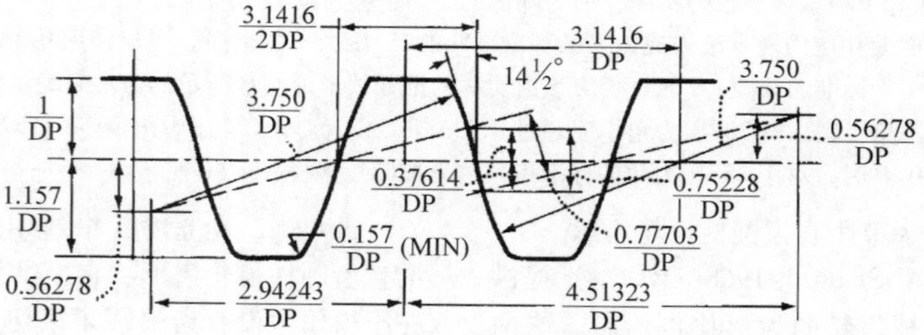

图 9-6　14½°综合系统标准齿条的近似

表 9-3　美国国家标准粗齿距 20°和 25°压力角齿轮的轮齿部分数据

径节	圆周节距	标准齿顶高①	标准齿根高	特殊齿根高②	最小齿根高	标准圆角半径	最小圆角半径
P	p	a	b	b	b	r_f	r_f
0. 3142	10	3. 1831	3. 9789	4. 2972	3. 6828	0. 9549	0. 4997
0. 3307	9. 5	3. 0239	3. 7799	4. 0823	3. 4987	0. 9072	0. 4748
0. 3491	9	2. 8648	3. 5810	3. 8675	3. 3146	0. 8594	0. 4498

（续）

径节	圆周节距	标准齿顶高①	标准齿根高	特殊齿根高②	最小齿根高	标准圆角半径	最小圆角半径
P	p	a	b	b	b	r_f	r_f
0.3696	8.5	2.7056	3.3820	3.6526	3.1304	0.8117	0.4248
0.3927	8	2.5465	3.1831	3.4377	2.9463	0.7639	0.3998
0.4189	7.5	2.3873	2.9842	3.2229	2.7621	0.7162	0.3748
0.4488	7	2.2282	2.7852	3.0080	2.5780	0.6685	0.3498
0.4833	6.5	2.0690	2.5863	2.7932	2.3938	0.6207	0.3248
0.5236	6	1.9099	2.3873	2.5783	2.2097	0.5730	0.2998
0.5712	5.5	1.7507	2.1884	2.3635	2.0256	0.5252	0.2749
0.6283	5	1.5915	1.9894	2.1486	1.8414	0.4775	0.2499
0.6981	4.5	1.4324	1.7905	1.9337	1.6573	0.4297	0.2249
0.7854	4	1.2732	1.5915	1.7189	1.4731	0.3820	0.1999
0.8976	3.5	1.1141	1.3926	1.5040	1.2890	0.3342	0.1749
1	3.1416	1.0000	1.2500	1.3500	1.1570	0.3000	0.1570
1.25	2.5133	0.8000	1.0000	1.0800	0.9256	0.2400	0.1256
1.5	2.0944	0.6667	0.8333	0.9000	0.7713	0.2000	0.1047
1.75	1.7952	0.5714	0.7143	0.7714	0.6611	0.1714	0.0897
2	1.5708	0.5000	0.6250	0.6750	0.5785	0.1500	0.0785
2.25	1.3963	0.4444	0.5556	0.6000	0.5142	0.1333	0.0698
2.5	1.2566	0.4000	0.5000	0.5400	0.4628	0.1200	0.0628
2.75	1.1424	0.3636	0.4545	0.4909	0.4207	0.1091	0.0571
3	1.0472	0.3333	0.4167	0.4500	0.3857	0.1000	0.0523
3.25	0.9666	0.3077	0.3846	0.4154	0.3560	0.0923	0.0483
3.5	0.8976	0.2857	0.3571	0.3857	0.3306	0.0857	0.0449
3.75	0.8378	0.2667	0.3333	0.3600	0.3085	0.0800	0.0419
4	0.7854	0.2500	0.3125	0.3375	0.2893	0.0750	0.0392
4.5	0.6981	0.2222	0.2778	0.3000	0.2571	0.0667	0.0349
5	0.6283	0.2000	0.2500	0.2700	0.2314	0.0600	0.0314
5.5	0.5712	0.1818	0.2273	0.2455	0.2104	0.0545	0.0285
6	0.5236	0.1667	0.2083	0.2250	0.1928	0.0500	0.0262
6.5	0.4833	0.1538	0.1923	0.2077	0.1780	0.0462	0.0242
7	0.4488	0.1429	0.1786	0.1929	0.1653	0.0429	0.0224
7.5	0.4189	0.1333	0.1667	0.1800	0.1543	0.0400	0.0209
8	0.3927	0.1250	0.1563	0.1687	0.1446	0.0375	0.0196
8.5	0.3696	0.1176	0.1471	0.1588	0.1361	0.0353	0.0185
9	0.3491	0.1111	0.1389	0.1500	0.1286	0.0333	0.0174
9.5	0.3307	0.1053	0.1316	0.1421	0.1218	0.0316	0.0165
10	0.3142	0.1000	0.1250	0.1350	0.1157	0.0300	0.0157
11	0.2856	0.0909	0.1136	0.1227	0.1052	0.0273	0.0143
12	0.2618	0.0833	0.1042	0.1125	0.0964	0.0250	0.0131
13	0.2417	0.0769	0.0962	0.1038	0.0890	0.0231	0.0121
14	0.2244	0.0714	0.0893	0.0964	0.0826	0.0214	0.0112
15	0.2094	0.0667	0.0833	0.0900	0.0771	0.0200	0.0105
16	0.1963	0.0625	0.0781	0.0844	0.0723	0.0188	0.0098
17	0.1848	0.0588	0.0735	0.0794	0.0681	0.0176	0.0092
18	0.1745	0.0556	0.0694	0.0750	0.0643	0.0167	0.0087
19	0.1653	0.0526	0.0658	0.0711	0.0609	0.0158	0.0083
20	0.1571	0.0500	0.0625	0.0675	0.0579	0.0150	0.0079

注：1. 工作齿高等于齿顶高的 2 倍。

2. 齿高等于齿顶高加上齿根高。

① 当在小齿轮和齿轮上使用相等的齿顶高时，小齿轮的最小齿数为18，并且啮合20°齿高渐开线齿形的最小总齿数是36，对于25°齿高齿形的齿数分别为12 和24。

② 当轮齿为剃齿加工时，使用此列中的齿根高数据。它允许通过凸出的滚刀切割更高的齿根圆角。

6. 细径节渐开线直齿圆柱和斜齿轮的美国国家标准齿比例

此标准中直齿圆柱齿轮的齿比例（ANSI B6.7-1977）遵循 ANSI B6.1-1968，R1974，“大节距渐开线直齿圆柱齿轮的齿比例”细径节和大节距齿轮的主要区别是细径节的齿轮规定的顶隙更大。增大的顶隙提供了异物在轮齿根部的堆积的趋势和相对较大的圆角半径，这是由于细径节切削工具相对较大的尖端磨损造成的。

压力角：细径节齿轮的标准压力角是20°，推荐用于大多数应用。对于斜齿轮，这个压力角适用于法平面。在某种情况下，特别是烧结或模压齿轮，或需要大强度和耐磨性的齿轮传动中，可能需要25°的压力角。

然而，大于20°的压力角常常需要使用具有窄刃宽的范成刀具，当齿侧间隙要求很严格时，更高的压力角需要对中心距进行严密的控制。

在这些情况下，角位置和侧隙的考虑是至关重要的，小齿轮和齿轮包含比较多的轮齿数，14½°的压力角可能是比较理想的。一般来说，小于20°的压力角需要更多的轮齿修形以避免根切问题，并当齿轮副运行于标准中心距时，受限于更大的齿数。在这个标准中有14½°和25°压力角细齿齿轮的齿比例。表9-4为具有14½°、20°和25°压力角细径节直齿轮和斜齿轮的齿比例，表9-5为齿形各部。

径节：优选的径节是20，24，32，40，48，64，72，80，96和120。

表9-4 对于14½°、20°和25°压力角的细径节渐开线直齿轮和斜齿轮的齿比例 ANSI B6.7-1977

（单位：in）

项目	直齿	斜齿
齿顶高 a	$\frac{1.000}{P}$	$\frac{1.000}{P_n}$
齿根高 b	$\frac{1.200}{P}+0.002$ (min)	$\frac{1.200}{P_n}+0.002$ (min)
工作齿高 h_k	$\frac{2.000}{P}$	$\frac{2.000}{P_n}$
齿高 h_t	$\frac{2.200}{P}+0.002$ (min)	$\frac{2.200}{P_n}+0.002$ (min)
顶隙 c（标准）	$\frac{0.200}{P}+0.002$ (min)	$\frac{0.200}{P_n}+0.002$ (min)
切齿和磨齿	$\frac{0.350}{P}+0.002$ (min)	$\frac{0.350}{P_n}+0.002$ (min)
节径齿厚 t	$t=\frac{1.5708}{P}$	$t_n=\frac{1.5708}{P_n}$
圆周齿距 p	$p=\frac{\pi D}{N}$或$\frac{\pi d}{n}$或$\frac{\pi}{P}$	$p_n=\frac{\pi}{P_n}$
小齿轮节径 d	$\frac{n}{P}$	$\frac{n}{P_n\cos\psi}$
齿轮 D	$\frac{N}{P}$	$\frac{N}{P_n\cos\psi}$
小齿轮外径 d_o	$\frac{n+2}{P}$	$\frac{1}{P_n}\left(\frac{n}{\cos\psi}+2\right)$
齿轮 D_O	$\frac{N+2}{P}$	$\frac{1}{P_n}\left(\frac{N}{\cos\psi}+2\right)$
轴间距 C	$\frac{N+n}{2P}$	$\frac{N+n}{2P_n\cos\psi}$

注：P 是端面径节；P_n 是法向径节；t_n 是节径位置的法向齿厚；p_n 是法向周节；ψ 是螺旋角；n 是小齿轮轮齿数量；N 是齿轮轮齿数量。

表 9-5　美国国家标准细径节标准齿轮轮齿各部——14½°、20°和 25°压力角

径节	周节	圆弧齿厚	标准齿顶高	标准齿根高	特殊齿根高①
P	p	t	a	b	b
20	0.1571	0.0785	0.0500	0.0620	0.0695
24	0.1309	0.0654	0.0417	0.0520	0.0582
32	0.0982	0.0491	0.0313	0.0395	0.0442
40	0.0785	0.0393	0.0250	0.0320	0.0358
48	0.0654	0.0327	0.0208	0.0270	0.0301
64	0.0491	0.0245	0.0156	0.0208	0.0231
72	0.0436	0.0218	0.0139	0.0187	0.0208
80	0.0393	0.0196	0.0125	0.0170	0.0189
96	0.0327	0.0164	0.0104	0.0145	0.0161
120	0.0262	0.0131	0.0083	0.0120	0.0132

① 基于剃齿或磨齿的顶隙。

7. 其他美国直齿轮标准

美国国家标准 ANSI B6.1-1968，R1974 的附加信息表中提供了三个直齿轮的齿比例信息，并注意到它们是“不推荐用于新设计”。因此，这些齿形是过时的，但是由于它们在过去使用广泛，所以给出了它们的齿比例信息。这些齿形是美国标准（ASA B6.1-1932）中所涵盖的 14½°高齿齿形，20°短渐开线齿形和 14½°综合齿形。表 9-6 为这些比例的基本公式。

表 9-6　齿形各部的公式——美国标准直齿圆柱齿轮 ASA B6.1-1932

求取	已知径节 P	已知周节 p
	14½°渐开线齿高齿	
齿顶高	$a=1.000/P$	$a=0.3183p$
最小齿根高	$b=1.157/P$	$b=0.3683p$
工作齿高	$h_k=2.000/P$	$h_k=0.6366p$
最小齿高	$h_t=2.157/P$	$h_t=0.6866p$
分度线上的基本齿厚	$t=1.5708/P$	$t=0.500p$
最小顶隙	$c=0.157/P$	$c=0.050p$
	20°渐开线短齿	
齿顶高	$a=0.800/P$	$a=0.2546p$
最小齿根高	$b=1.000/P$	$b=0.3183p$
工作齿高	$h_k=1.600/P$	$h_k=0.5092p$
最小齿高	$h_t=1.800/P$	$h_t=0.5729p$
分度线上的基本齿厚	$t=1.5708/P$	$t=0.500p$
最小顶隙	$c=0.200/P$	$c=0.0637p$

注：1. 圆角半径等于 14½°齿高齿的 1⅓×顶隙以及 20°全高齿的 1½×顶隙。

2. 在所有建设性的建议中，应考虑适当的工作公差。

8. 费洛斯（Fellows）短齿

由费洛斯插齿机公司引入的短齿系统是基于使用两个径节。一个径节，例如8，用于作为获得齿顶和齿根尺寸的基础，而另一个径节，例如6，用于获得齿厚、齿数和分度圆直径。根据这个系统加工的轮齿命名为6/8节距，12/14节距等。分数的分子表示节距确定齿厚和齿数，分母确定轮齿的高度。加工的顶隙大于普通齿轮系统的顶隙，并等于0.25÷径节的分母。压力角是20°。

这种类型的短齿结构现在很少使用了。有关齿形各部分尺寸的信息，请参见机械手册第18版和更早的版本。

9. 基本齿轮尺寸

所有渐开线直齿轮的基本尺寸可以使用表9-1的公式获得。表9-1与表9-3一起配合使用来得到大节距的齿轮，表9-5用以得到细径节标准直齿圆柱齿轮。为了获得以标准周节规定的齿轮尺寸，通过使用表9-1的公式首先计算等效径节。如果小齿轮中所需的齿数小于表9-3或表9-5中规定的最小值，取决于适用情况，齿轮必须根据长短齿顶法进行配比。用于精滚、插齿或预剃齿的直齿圆柱齿轮的外径和齿根圆直径的公式见表9-7。

表9-7 用于精滚、插齿或预剃齿的直齿圆柱齿轮的外径和齿根圆直径的公式

符号		符号	
D=节径 D_O=外径 D_R=齿根直径 P=径节	a=标准齿顶高 b=标准最小齿根高 b_s=标准齿根高 b_{ps}=预剃齿的齿根高	20°渐开线细径节齿高齿（20P和更细径节）	
		$D_O=D+2a=\frac{N}{P}+\left(2\times\frac{1}{P}\right)$	
		$D_R=D-2b=\frac{N}{P}-2\left(\frac{1.2}{P}+0.002\right)$	（滚齿或插齿）⑥
		$D_R=D-2b_{ps}=\frac{N}{P}-2\left(\frac{1.35}{P}+0.002\right)$	（预剃齿）⑦
14½°、20°和25°渐开线全齿高齿（19P和更大节距）①		20°渐开线短齿	
$D_O=D+2a=\frac{N}{P}+\left(2\times\frac{1}{P}\right)$		$D_O=D+2a=\frac{N}{P}+\left(2\times\frac{0.8}{P}\right)$	
$D_R=D-2b=\frac{N}{P}-\left(2\times\frac{1.157}{P}\right)$	（滚齿）②	$D_R=D-2b=\frac{N}{P}-\left(2\times\frac{1}{P}\right)$	（滚齿）
$D_R=D-2b_s=\frac{N}{P}-\left(2\times\frac{1.25}{P}\right)$	（插齿）③	$D_R=D-2b_{ps}=\frac{N}{P}-\left(2\times\frac{1.35}{P}\right)$	（预剃齿）
$D_R=D-2b_{ps}=\frac{N}{P}-\left(2\times\frac{1.35}{P}\right)$	（预剃齿）④		
$D_R=D-2b_{ps}=\frac{N}{P}-\left(2\times\frac{1.40}{P}\right)$	（预剃齿）⑤		

① 不建议在新设计中使用14½°齿高齿和20°短齿。

② 根据ANSI B6.1-1968，对于标准的20°和25°压力角齿条，在浅齿根截面和现有滚刀和刀具使用的情况下可以使用0.157/P的最小顶隙。

③ 根据ANSI B6.1-1968，优选的顶隙是0.250/P。

④ 根据ANSI B6.1-1968，剃齿或磨齿的顶隙是0.350/P。

⑤ 当在插齿机上预剃齿时，通常需要将齿根增加到1.40/P，以允许插齿刀加工更高的齿根圆角轨迹线；这对于齿数很少的齿轮特别重要，或者如果齿轮毛坯结构需要使用小直径的插齿刀的情况下，齿根可能需要增加到1.45/P。应当避免齿轮高负载的情况，其中降低J系数会过度地增加轮齿的应力。

⑥ 根据ANSI B6.7-1967，标准顶隙是0.200/P+0.002（最小）。

⑦ 根据ANSI B6.7-1967，插齿或磨齿的顶隙是0.350/P+0.002（最小）。

10. 给定中心距和齿数比的齿轮

当有必要在指定中心距C_1下使用已知比率的一对齿轮副时，会发现没有标准径节齿轮能满足中心距的要求。标准径节P的齿轮可能需要重新设计以便运转在不同于标准节径D和标准压力角ϕ下。而此时，这些齿轮副的工作径节P_1为

$$P_1=\frac{N_P+N_G}{2C_1} \tag{9-1}$$

式中，N_P是小齿轮的轮齿数量；N_G是齿轮的轮齿数量。

它们工作的压力角ϕ_1为

$$\phi_1=\arccos\left(\frac{P_1}{P}\cos\phi\right) \tag{9-2}$$

这样，尽管这对齿轮副切制成径节 P 和压力角 ϕ，但它们却以径节 P_1 和压力角 ϕ 的标准齿轮在工作。径节 P 和压力角 ϕ 应选择使 ϕ_1 介于 18°和 25°之间。

小齿轮 D_{P1} 和啮合齿轮 D_{G1} 的工作节径是

$$D_{P1}=\frac{N_P}{P_1},\quad D_{G1}=\frac{N_G}{P_1}\tag{9-3}$$

小齿轮 D_{PB1} 和啮合齿轮 D_{GB1} 的基圆直径是

$$D_{PB1}=D_{P1}\cos\phi_1,\ D_{GB1}=D_{G1}\cos\phi_1\tag{9-4}$$

小齿轮和大齿轮在工作节径处的基本齿厚 t_1 是

$$t_1=\frac{1.5708}{P_1}\tag{9-5}$$

小齿轮 D_{PR1} 和大齿轮 D_{GR1} 齿根直径以及相对应的外径 D_{PO1} 和 D_{GO1} 不是标准的，因为对于工作节径 D_{P1} 和 D_{G1}，用于切制每个齿轮的刀具并不标准。

齿根直径是

$$D_{PR1}=\frac{N_P}{P}-2b_{P1},\ D_{GR1}=\frac{N_G}{P}-2b_{G1}\tag{9-6}$$

其中，$b_{P1}=b_c-\dfrac{t_{P2}-1.5708/P}{2\tan\phi}$，　(9-7)

$$b_{G1}=b_c-\frac{t_{G2}-1.5708/P}{2\tan\phi}\tag{9-8}$$

式中，b_c 是滚制或铣制的小齿轮和大齿轮的齿顶高。

小齿轮 t_{P2} 和大齿轮 t_{G2} 的齿厚是

$$t_{P2}=\frac{N_P}{P}\left(\frac{1.5708}{N_P}+\mathrm{inv}\phi_1-\mathrm{inv}\phi\right)\tag{9-9}$$

$$t_{G2}=\frac{N_G}{P}\left(\frac{1.5708}{N_G}+\mathrm{inv}\phi_1-\mathrm{inv}\phi\right)\tag{9-10}$$

小齿轮 D_{PO} 和啮合齿轮 D_{GO} 的外径是

$$D_{PO}=2C_1-D_{GR1}-2(b_c-1/P)\tag{9-11}$$

$$D_{GO}=2C_1-D_{PR1}-2(b_c-1/P)\tag{9-12}$$

例：设计 8 径节，20°压力角，28 个、88 个齿的齿轮，两个齿轮啮合工作的中心距为 7.50in。齿轮要用 0.169in 齿顶高的滚刀进行切削。

$$P_1=\frac{28+88}{2\times7.50}\text{in}=7.7333\text{in}$$

$$\phi_1=\arccos\left(\frac{7.7333}{8}\times0.93969\right)=24.719°$$

$$D_{P1}=\frac{28}{7.7333}\text{in}=3.6207\text{in}$$

$$D_{G1}=\frac{88}{7.7333}\text{in}=11.3794\text{in}$$

$$D_{PB1}=3.6207\times0.90837\text{in}=3.2889\text{in}$$

$$D_{GB1}=11.3794\times0.90837\text{in}=10.3367\text{in}$$

$$t_1=\frac{1.5708}{7.7333}\text{in}=0.20312\text{in}$$

$$D_{PR1}=\left(\frac{28}{8}-2\times0.1016\right)\text{in}=3.2968\text{in}$$

$$D_{GR1}=\left[\frac{88}{8}-2\times(-0.0428)\right]\text{in}=11.0856\text{in}$$

$$b_{P1}=\left[0.169-\left(\frac{0.2454-1.5708/8}{2\times0.36397}\right)\right]\text{in}=0.1016\text{in}$$

$$b_{G1}=\left[0.169-\left(\frac{0.3505-1.5708/8}{2\times0.36397}\right)\right]\text{in}=-0.0428\text{in}$$

$$t_{P2}=\frac{28}{8}\left(\frac{1.5708}{28}+0.028922-0.014904\right)\text{in}=0.2454\text{in}$$

$$t_{G2}=\frac{88}{8}\left(\frac{1.5708}{88}+0.028922-0.014904\right)\text{in}=0.3505\text{in}$$

$$D_{PO1}=[2\times7.50-11.0856-2(0.169-1/8)]\text{in}=3.8264\text{in}$$

$$D_{GO1}=[2\times7.50-3.2968-2(0.169-1/8)]\text{in}=11.6152\text{in}$$

11. 剃齿齿厚的允差

适当的毛坯加工余量对于剃齿加工获得好的质量是非常重要的。如果剩下太多毛坯余量需要切削，那么刀具的寿命会减少，此外，切削的时间会增加。下面的数字表示了在平均条件下通过剃齿去除轮齿上剩下的余量：对于 2～4 的径节，厚度为 0.003～0.004in（0.0762～0.1016mm）——轮齿每一侧的一半；对于 5～6 的径节，厚度为 0.0025～0.0035in（0.0635～0.0889mm）；对于 7～10 的径节，厚度为 0.002～0.003in（0.0508～0.0762mm）；对于 11～14 的径节，厚度为 0.0015～0.002in（0.0381～0.0508mm）；对于 16～18 的径节，厚度为 0.001～0.002in（0.0254～0.0508mm）；对于 20～48 的径节，厚度为 0.0005～0.0015in（0.0127～0.0381mm）；对于52～72 的径节，厚度为 0.0003～0.0007in（0.00762～

0.01778mm)。

可以用几种方式测量轮齿的厚度以确定通过剃齿去除齿侧面剩下的毛坯余量。如果齿轮正在插齿机或滚齿机床上时预插齿操作时，如果有必要测量齿厚，可以使用轮齿卡规或量棒。

当预剃齿齿轮能从机床上卸下进行检查时，可以采用中心距法。在这种方法中，预剃齿的齿轮与标准齿厚的齿轮相啮合而没有齿隙，并记录超过标准的中心距的增量。然后可以通过公式确定预剃齿齿轮上超过标准的总齿厚度：$t_2=2\tan\phi d$，其中 t_2 是齿总厚度超过标准厚度的量，ϕ 是压力角，d 是两个齿轮间的中心距超过标准中心距的量。

12. 给定中心距和齿数比的周节

当需要在指定中心距离上使用一对给定齿数比的齿轮副时，会发现没有标准径节的齿轮能满足中心距的要求。因此，可以选择周节齿轮。当已知两齿轮的中心距 C 和总齿数 N 时，为求出所需的周节 p 使用公式为

$$p=\frac{C\times 6.2832}{N} \tag{9-13}$$

例：比例为3的一对齿轮副在10.230in的中心距上使用。如果一个齿轮是60个齿，另一个是20个齿，那么它们的周节是多少？

$$p=\frac{10.230\times 6.2832}{60+20}\text{in}=0.8035\text{in}$$

13. 外径标准时轮齿的圆弧齿厚

对于标准外径的全齿高或短齿齿轮，分度圆上的齿厚为

$$t=\frac{1.5708}{P} \tag{9-14}$$

式中，t 是圆弧齿厚；P 是径节。在费洛斯短齿齿轮中，使用的径节是节距分数的分子（如节距为6/8，则为6）。

例1：求取一个14½°，12径节的齿高齿分度圆上的齿厚。

$$t=1.5708\text{in}/12=0.1309\text{in}$$

例2：求取一个20°，径节为5的齿高渐开线齿圆上的齿厚。

$$t=\frac{1.5708}{5}\text{in}=0.31416\text{in}$$

即 0.3142in

通过跨针测量可以非常精确地确定分度圆上的齿厚，它们位于径向相对的齿槽中或尽可能正好相对的位置。当跨针测量不可行的情况下，圆弧或弧长齿厚可以用于确定弦齿厚，其尺寸采用轮齿卡规来测量。

14. 外径增大时轮齿的圆弧齿厚

当小齿轮的外径不是标准的而是通过增大（正变位）来避免根切和改善轮齿啮合时，轮齿相对于标准节径轮齿位于径向上更远的位置，因此在分度圆直径处的圆弧齿厚增加了。为了求出增加了的弧长厚度，使用以下公式：

$$t=\frac{p}{2}+e\tan\phi \tag{9-15}$$

式中，t 是齿厚；e 是超出标准的外径增加量；ϕ 是压力角；p 是分度圆直径处的周节。

例：5径节10个轮齿14½°的压力角的小齿轮外径增加0.2746in，等价5径节的周节为0.6283in。求取分度圆直径处的圆弧齿厚。

$$t=\frac{0.6283}{2}\text{in}+(0.2746\times\tan 14\tfrac{1}{2}°)$$

$$t=0.3142\text{in}+(0.2746\times 0.25862)\text{in}=0.3852\text{in}$$

15. 外径减小时轮齿的圆弧齿厚

如果一个齿轮的外径减小了（负变位），正如当配对小齿轮的外径增大为了保持标准中心距的常用做法，分度圆直径处轮齿的圆弧齿厚将会减小。减小的圆弧齿厚可以通过下面的公式求出：

$$t=\frac{p}{2}-e\tan\phi \tag{9-16}$$

式中，t 是分度圆直径处的圆弧齿厚；e 是小于标准的外径减小量；ϕ 是压力角；p 是周节。

例：压力角为14½°的齿轮外径将减小0.2746in或减少的量等于其配对小齿轮直径的增加量。周节是0.6283in。确定在分度圆直径处的圆弧齿厚。

$$t=\frac{0.6283}{2}\text{in}-(0.2746\text{in}\times\tan 14\tfrac{1}{2}°)$$

$$t=0.3142\text{in}-(0.2746\times 0.25862)\text{in}=0.2432\text{in}$$

16. 外径标准时弦齿厚

求出齿轮轮齿的弦齿或直齿厚度，可以使用下面的公式：

$$t_c=D\sin\left(\frac{90°}{N}\right) \tag{9-17}$$

式中，t_c 是弦齿厚；D 是节径；N 是齿数。

例：具有3径节15齿小齿轮；节径等于15in÷3或5in。求出分度圆直径处弦齿厚。

$$t_c=5\sin\left(\frac{90°}{15}\right)\text{in}=5\sin 6°\text{in}=5\times 0.10453\text{in}=0.5226\text{in}$$

铣削的全齿高轮齿和齿轮铣刀的弦齿厚与弦齿高见表9-8。

表 9-8　铣削的全齿高轮齿和齿轮铣刀的弦齿厚与弦齿高

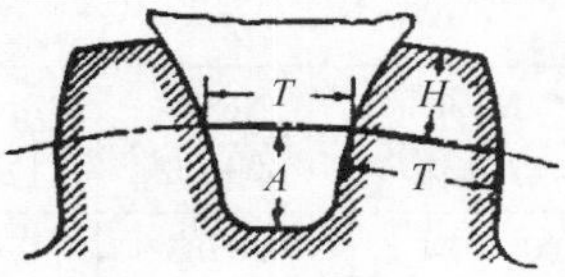

T = 在分度线处轮齿和刀齿的弦齿厚

H = 全齿高轮齿的弦齿高

A = 铣刀的弦齿高 = (2.157 ÷ 径节) − H = (0.6866 × 周节) − H

径节	尺寸	齿轮铣刀编号和相应的轮齿齿数							
		No. 1 135 轮齿	No. 2 55 轮齿	No. 3 35 轮齿	No. 4 26 轮齿	No. 5 21 轮齿	No. 6 17 轮齿	No. 7 14 轮齿	No. 8 12 轮齿
1	T	1.5707	1.5706	1.5702	1.5698	1.5694	1.5686	1.5675	1.5663
	H	1.0047	1.0112	1.0176	1.0237	1.0294	1.0362	1.0440	1.0514
1½	T	1.0471	1.0470	1.0468	1.0465	1.0462	1.0457	1.0450	1.0442
	H	0.6698	0.6741	0.6784	0.6824	0.6862	0.6908	0.6960	0.7009
2	T	0.7853	0.7853	0.7851	0.7849	0.7847	0.7843	0.7837	0.7831
	H	0.5023	0.5056	0.5088	0.5118	0.5147	0.5181	0.5220	0.5257
2½	T	0.6283	0.6282	0.6281	0.6279	0.6277	0.6274	0.6270	0.6265
	H	0.4018	0.4044	0.4070	0.4094	0.4117	0.4144	0.4176	0.4205
3	T	0.5235	0.5235	0.5234	0.5232	0.5231	0.5228	0.5225	0.5221
	H	0.3349	0.3370	0.3392	0.3412	0.3431	0.3454	0.3480	0.3504
3½	T	0.4487	0.4487	0.4486	0.4485	0.4484	0.4481	0.4478	0.4475
	H	0.2870	0.2889	0.2907	0.2919	0.2935	0.2954	0.2977	0.3004
4	T	0.3926	0.3926	0.3926	0.3924	0.3923	0.3921	0.3919	0.3915
	H	0.2511	0.2528	0.2544	0.2559	0.2573	0.2590	0.2610	0.2628
5	T	0.3141	0.3141	0.3140	0.3139	0.3138	0.3137	0.3135	0.3132
	H	0.2009	0.2022	0.2035	0.2047	0.2058	0.2072	0.2088	0.2102
6	T	0.2618	0.2617	0.2617	0.2616	0.2615	0.2614	0.2612	0.2610
	H	0.1674	0.1685	0.1696	0.1706	0.1715	0.1727	0.1740	0.1752
7	T	0.2244	0.2243	0.2243	0.2242	0.2242	0.2240	0.2239	0.2237
	H	0.1435	0.1444	0.1453	0.1462	0.1470	0.1480	0.1491	0.1502
8	T	0.1963	0.1963	0.1962	0.1962	0.1961	0.1960	0.1959	0.1958
	H	0.1255	0.1264	0.1272	0.1279	0.1286	0.1295	0.1305	0.1314
9	T	0.1745	0.1745	0.1744	0.1744	0.1743	0.1743	0.1741	0.1740
	H	0.1116	0.1123	0.1130	0.1137	0.1143	0.1151	0.1160	0.1168
10	T	0.1570	0.1570	0.1570	0.1569	0.1569	0.1568	0.1567	0.1566
	H	0.1004	0.1011	0.1017	0.1023	0.1029	0.1036	0.1044	0.1051
11	T	0.1428	0.1428	0.1427	0.1427	0.1426	0.1426	0.1425	0.1424
	H	0.0913	0.0919	0.0925	0.0930	0.0935	0.0942	0.0949	0.0955
12	T	0.1309	0.1309	0.1308	0.1308	0.1308	0.1307	0.1306	0.1305
	H	0.0837	0.0842	0.0848	0.0853	0.0857	0.0863	0.0870	0.0876
14	T	0.1122	0.1122	0.1121	0.1121	0.1121	0.1120	0.1119	0.1118
	H	0.0717	0.0722	0.0726	0.0731	0.0735	0.0740	0.0745	0.0751
16	T	0.0981	0.0981	0.0981	0.0981	0.0980	0.0980	0.0979	0.0979
	H	0.0628	0.0632	0.0636	0.0639	0.0643	0.0647	0.0652	0.0657
18	T	0.0872	0.0872	0.0872	0.0872	0.0872	0.0871	0.0870	0.0870
	H	0.0558	0.0561	0.0565	0.0568	0.0571	0.0575	0.0580	0.0584

（续）

径节	尺寸	齿轮铣刀编号和相应的轮齿齿数							
		No. 1 135 轮齿	No. 2 55 轮齿	No. 3 35 轮齿	No. 4 26 轮齿	No. 5 21 轮齿	No. 6 17 轮齿	No. 7 14 轮齿	No. 8 12 轮齿
20	T	0.0785	0.0785	0.0785	0.0785	0.0784	0.0784	0.0783	0.0783
	H	0.0502	0.0505	0.0508	0.0511	0.0514	0.0518	0.0522	0.0525
¼	T	0.1250	0.1250	0.1249	0.1249	0.1249	0.1248	0.1247	0.1246
	H	0.0799	0.0804	0.0809	0.0814	0.0819	0.0824	0.0830	0.0836
5/16	T	0.1562	0.1562	0.1562	0.1561	0.1561	0.1560	0.1559	0.1558
	H	0.0999	0.1006	0.1012	0.1018	0.1023	0.1030	0.1038	0.1045
⅜	T	0.1875	0.1875	0.1874	0.1873	0.1873	0.1872	0.1871	0.1870
	H	0.1199	0.1207	0.1214	0.1221	0.1228	0.1236	0.1245	0.1254
7/16	T	0.2187	0.2187	0.2186	0.2186	0.2185	0.2184	0.2183	0.2181
	H	0.1399	0.1408	0.1416	0.1425	0.1433	0.1443	0.1453	0.1464
½	T	0.2500	0.2500	0.2499	0.2498	0.2498	0.2496	0.2495	0.2493
	H	0.1599	0.1609	0.1619	0.1629	0.1638	0.1649	0.1661	0.1673
9/16	T	0.2812	0.2812	0.2811	0.2810	0.2810	0.2808	0.2806	0.2804
	H	0.1799	0.1810	0.1821	0.1832	0.1842	0.1855	0.1868	0.1882
⅝	T	0.3125	0.3125	0.3123	0.3123	0.3122	0.3120	0.3118	0.3116
	H	0.1998	0.2012	0.2023	0.2036	0.2047	0.2061	0.2076	0.2091
11/16	T	0.3437	0.3437	0.3436	0.3435	0.3434	0.3432	0.3430	0.3427
	H	0.2198	0.2213	0.2226	0.2239	0.2252	0.2267	0.2283	0.2300
¾	T	0.3750	0.3750	0.3748	0.3747	0.3747	0.3744	0.3742	0.3740
	H	0.2398	0.2414	0.2428	0.2443	0.2457	0.2473	0.2491	0.2509
13/16	T	0.4062	0.4062	0.4060	0.4059	0.4059	0.4056	0.4054	0.4050
	H	0.2598	0.2615	0.2631	0.2647	0.2661	0.2679	0.2699	0.2718
⅞	T	0.4375	0.4375	0.4373	0.4372	0.4371	0.4368	0.4366	04362
	H	0.2798	0.2816	0.2833	0.2850	0.2866	0.2885	0.2906	0.2927
15/16	T	0.4687	0.4687	0.4685	0.4684	0.4683	0.4680	0.4678	0.4674
	H	0.2998	0.3018	0.3035	0.3054	0.3071	0.3092	0.3114	0.3137
1	T	0.5000	0.5000	0.4998	0.4997	0.4996	0.4993	0.4990	0.4986
	H	0.3198	0.3219	0.3238	0.3258	0.3276	0.3298	0.3322	0.3346
1⅛	T	0.5625	0.5625	0.5623	0.5621	0.5620	0.5617	0.5613	0.5610
	H	0.3597	0.3621	0.3642	0.3665	0.3685	0.3710	0.3737	0.3764
1¼	T	0.6250	0.6250	0.6247	0.6246	0.6245	0.6241	0.6237	0.6232
	H	0.3997	0.4023	0.4047	0.4072	0.4095	0.4122	0.4152	0.4182
1⅜	T	0.6875	0.6875	0.6872	0.6870	0.6869	0.6865	0.6861	0.6856
	H	0.4397	0.4426	0.4452	0.4479	0.4504	0.4537	0.4567	0.4600
1½	T	0.7500	0.7500	0.7497	0.7495	0.7494	0.7489	0.7485	0.7480
	H	0.4797	0.4828	0.4857	0.4887	0.4914	0.4947	0.4983	0.5019
1¾	T	0.8750	0.8750	0.8746	0.8744	0.8743	0.8737	0.8732	0.8726
	H	0.5596	0.5633	0.5666	0.5701	0.5733	0.5771	0.5813	0.5855
2	T	1.0000	1.0000	0.9996	0.9994	0.9992	0.9986	0.9980	0.9972
	H	0.6396	0.6438	0.6476	0.6516	0.6552	0.6596	0.6644	0.6692

（续）

径节	尺寸	齿轮铣刀编号和相应的轮齿齿数							
		No. 1 135 轮齿	No. 2 55 轮齿	No. 3 35 轮齿	No. 4 26 轮齿	No. 5 21 轮齿	No. 6 17 轮齿	No. 7 14 轮齿	No. 8 12 轮齿
2¼	T	1.1250	1.1250	1.1246	1.1242	1.1240	1.1234	1.1226	1.1220
	H	0.7195	0.7242	0.7285	0.7330	0.7371	0.7420	0.7474	0.7528
2½	T	1.2500	1.2500	1.2494	1.2492	1.2490	1.2482	1.2474	1.2464
	H	0.7995	0.8047	0.8095	0.8145	0.8190	0.8245	0.8305	0.8365
3	T	1.5000	1.5000	1.4994	1.4990	1.4990	1.4978	1.4970	1.4960
	H	0.9594	0.9657	0.9714	0.9774	0.9828	0.9894	0.9966	1.0038

17. 外径特殊时轮齿的弦齿厚

当外径大于或小于标准外径时，分度圆直径处的弦齿厚可通过下式求出：

$$t_c = t - \frac{t^3}{6 \times D^2} \quad (9\text{-}18)$$

式中，t_c 是标准节径 D 处的弦齿厚；t 是被测的正变位的小齿轮或负变位齿轮分度圆直径处的圆弧齿厚。

例 1：具有 5 径节 10 个齿的小齿轮外径增大了 0.2746in。增大量使分度圆直径处的圆弧齿厚增加到 0.3852in。求出等效的弦齿厚。

$$t_c = 0.3852\text{in} - \frac{0.385^3}{6 \times 2^2}\text{in} = (0.3852 - 0.0024)\text{in}$$
$$= 0.3828\text{in}$$

在立方运算前，将圆弧齿厚圆整到三位有效数字所引入的误差仅影响结果中的第五位小数。

例 2：在例 1 中，有 30 个齿的齿轮与小齿轮啮合，负变位该齿轮使得分度圆直径处的弧齿厚度为 0.2432in。求出等效的弦齿厚。

$$t_c = 0.2432\text{in} - \frac{0.243^3}{6 \times 6^2}\text{in} = 0.2432\text{in} - 0.00007\text{in}$$
$$= 0.2431\text{in}$$

18. 弦齿高

在测量弦齿厚时，将轮齿卡规的垂直刻度设定为弦或“校正”齿顶高来将卡规爪定位在分度线处。下面的简化公式可以用来确定弦齿高，或者当齿顶高对于齿高或短齿是标准的，或者当齿顶高比标准更长或更短，正如正变位的小齿轮或一个与另一个正变位的小齿轮啮合的齿轮以及减小齿顶高以保持标准的中心距的情况。

$$a_c = a + \frac{t^2}{4D} \quad (9\text{-}19)$$

式中，a_c 是弦齿高；a 是齿顶高；t 是在节径 D 处的圆弧齿厚。

例 1：一个 8 径节、20°齿高、14 个轮齿的小齿轮的外径可以通过将齿顶高增加 1.234in ÷ 8 = 0.1542in（见表 9-9）。正变位的小齿轮的基本齿厚是 1.741in ÷ 8 = 0.2176in。弦齿高是多少？

$$\text{弦齿高} = 0.1542\text{in} + \frac{0.2176^2}{4 \times (14 \div 8)}\text{in} = 0.1610\text{in}$$

例 2：一个具有 2 径节、12 个轮齿、14½°小齿轮的外径将扩大到 0.624in 以避免根切（见表 9-10），于是齿顶高从 0.5000in 增加到 0.8120in，分度线上的弧线厚度从 0.7854in 增加到 0.9467in，则

$$\text{小齿轮的弦齿高} = 0.8120\text{in} + \frac{0.9467^2}{4 \times (12 \div 2)}\text{in}$$
$$= 0.8493\text{in}$$

表 9-9 大节距长齿高小齿轮和配对的短齿高大齿轮的齿顶高和齿厚——20°和 25°压力角 ANSI B6.1-1968（R1974）

小齿轮的轮齿数量	齿顶高		基本齿厚		大齿轮轮齿数量
	小齿轮	齿轮	小齿轮	齿轮	
N_P	a_P	a_G	t_P	t_G	N_G（min）
20°渐开线齿高齿形（小于 20 径节）					
10	1.468	0.532	1.912	1.230	25
11	1.409	0.591	1.868	1.273	24
12	1.351	0.649	1.826	1.315	23
13	1.292	0.708	1.783	1.358	22
14	1.234	0.766	1.741	1.400	21
15	1.175	0.825	1.698	1.443	20
16	1.117	0.883	1.656	1.486	19
17	1.058	0.942	1.613	1.529	18
25°渐开线齿高齿形（小于 20 径节）					
10	1.184	0.816	1.742	1.399	15
11	1.095	0.905	1.659	1.482	14

注：所有值用于 P 径节，对于其他任何尺寸的轮齿，所有线性尺寸应当除以径节，基本齿厚不包括侧隙的允差。

表 9-10 避免大节距 14½° 渐开线齿高轮齿干涉的正变位小齿轮和负变位齿轮的尺寸

小齿轮齿数	小齿轮和齿轮直径变化	圆弧齿厚		配对齿轮的最小齿数	
		小齿轮	配对齿轮	避免根切	完全渐开线啮合
10	1.3731	1.9259	1.2157	54	27
11	1.3104	1.9097	1.2319	53	27
12	1.2477	1.8935	1.2481	52	28
13	1.1850	1.8773	1.2643	51	28
14	1.1223	1.8611	1.2805	50	28
15	1.0597	1.8449	1.2967	49	28
16	0.9970	1.8286	1.3130	48	28
17	0.9343	1.8124	1.3292	47	28
18	0.8716	1.7962	1.3454	46	28
19	0.8089	1.7800	1.3616	45	28
20	0.7462	1.7638	1.3778	44	28
21	0.6835	1.7476	1.3940	43	28
22	0.6208	1.7314	1.4102	42	27
23	0.5581	1.7151	1.4265	41	27
24	0.4954	1.6989	1.4427	40	27
25	0.4328	1.6827	1.4589	39	26
26	0.3701	1.6665	1.4751	38	26
27	0.3074	1.6503	1.4913	37	26
28	0.2447	1.6341	1.5075	36	25
29	0.1820	1.6179	1.5237	35	25
30	0.1193	1.6017	1.5399	34	24
31	0.0566	1.5854	1.5562	33	24

注：1. 所有尺寸是以 in 为单位，适用于 1 径节。对于其他齿节，根据所需的径节除以表内的数值。

2. 将小齿轮的标准外径加上表中第二列中给出的量除以所需的径节，（保持标准中心距）从配对齿轮的外径减去相同的量。长齿顶高小齿轮与标准齿轮啮合，但中心距会大于标准中心距。

例 3：与小齿轮配对的大齿轮外径要减小 0.624in。大齿轮有 60 个齿，齿顶高从 0.5000in 减小到 0.1881in（为了保持标准中心距），从而将弧齿厚度减小到 0.6240in，则

$$\text{齿轮的弦齿高} = 0.1881\text{in} + \frac{0.6240^2}{4\times(60\div 2)}\text{in}$$

$$= 0.1913\text{in}$$

当一个大齿轮的齿顶高减小量等同于配对小齿轮的增大量时，防止根切所需的最小轮齿数目取决于配对小齿轮的增大量。如果一个有 13 齿、14½° 小齿轮直径增加了 1.185in，那么负变位的配对大齿轮应当至少有 51 个齿来避免根切。

19. 用于铣削全齿高轮齿的弦齿厚和弦齿高的表格

表 9-8 为用于检查铣削加工的全齿高轮齿的齿轮。表 9-8 显示了用 1～8 编号的齿轮铣刀铣削最低齿数以及常用径节的弦齿厚和弦齿高，也给出了常用周节的类似数据。在所有情况下，所显示的数据对于标识的轮齿数量是精确的，但对于出现在表中铣刀范围内的其他齿数是近似的。对于更高的径节和更低的周节，使用出现在刀具范围内任何齿数的数据所引入的误差相对较小。

20. 轮齿的卡尺测量

在切削轮齿时，通常的方式是调整铣刀或滚刀直到其切到坯料的外径，然后将刀具沉入到齿槽的全齿深加上任何可能需要在轮齿之间提供必要的侧隙或顶隙的少量的附加量。如果齿轮坯的外径是正确的，那么当铣刀已经沉入所需的齿节和间隙的深度以后，齿厚也应该是正确的。但是，建议通过测量齿厚来检查它，游标齿轮卡尺（见图 9-7）通常用于测量厚度。

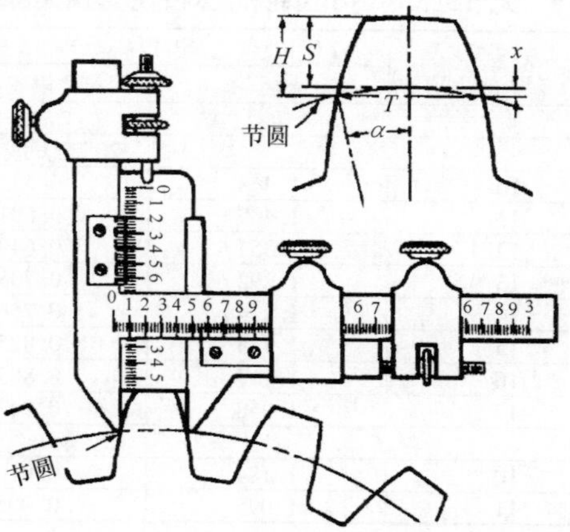

图 9-7 设置游标齿轮卡尺的方法

卡钳的垂直刻度是这样设定的，当它如图 9-7 所示放置在轮齿的顶部时，卡钳钳口的下端将位于分度圆的高度。此时水平刻度显示了此点的轮齿弦齿厚度。如果齿轮在铣床上或在用成形铣刀加工的齿轮切削机床上进行切削，则首先在毛坯的一侧进行短距离的试切来检查齿厚。然后齿轮毛坯转位到下一个齿槽，施加另一次距离足够长的切削以铣削出轮齿的完整轮廓，从而测量齿厚。

在轮齿卡规使用之前，有必要确定正确的弦齿厚和弦齿高（有时称为“经校正的齿顶”）。垂直刻度设置为弦齿高，这样钳口端部定位在分度圆的高度。用于确定弦齿厚和弦齿高的规则或公式将取决于齿轮的外径。如果小齿轮的外径增大以避免根切并改善轮齿的啮合，则根据随后规则所示的弦齿厚和弦齿高的计算必须加以考虑。齿轮齿卡规所包含的齿轮齿的细节代表了弦齿厚 T、齿顶 S 和弦齿高 H。

21. 给定径节和轮齿数量的渐开线齿轮铣刀的选择

当使用成形铣刀切削齿轮轮齿时，铣刀必须选择合适的齿节和齿数，因为齿槽的形状随齿数的变化而变化。例如，小齿轮的齿槽与同等齿节大齿轮的齿槽形状并不相同。理论上，每个齿数都应该有不同的成形刀铣刀，但在实际中这样的细化是不必要的。对于每一径节，通常使用的渐开线成形铣刀是由 8 个铣刀系列制成的（请参阅用于渐开线每个齿节的精加工齿轮铣刀系列）。这个系列中每个刀具的形状仅对于一定的齿数是正确的，但是在给定的限制范围内可以用于其他齿数。例如，编号 6 的铣刀可以用于具有 17 ~ 20 个齿的齿轮，但是齿轮外形仅对于 17 个齿或该范围内的最低齿数是正确的，这对于所列的其他铣刀也是同样适用的。当这种铣刀用于如 19 个齿的齿轮时，尽管齿轮仍满足普通要求，但需要从轮齿的上表面去除过多的材料。当需要更高的齿形精度以确保更平稳或更安静的工作时，倘若齿轮齿数介于常规刀具所列数目之间，可以使用具有半数的中间系列铣刀（请参阅用于渐开线每个齿节的精加工齿轮铣刀系列）。

渐开线齿轮铣刀设计用于切削复合齿形，中心部分是真正的渐开线，而顶部和底部部分是摆线。当铣削的啮合齿轮彼此啮合时，这种复合齿形对于防止齿干涉是必要的。由于它们的复合齿形，铣削的齿轮并不能和那些范成的、完全渐开线齿形的齿轮配对得足够令人满意来从事高质量的工作。有复合齿形的滚刀可供使用，不过，它会产生范成法的齿轮和通过齿轮铣刀切削的齿轮啮合的情况。

米制模数齿轮铣刀：可以选择用于切削给定齿数的刀具编号，也可以选择米制模数齿轮铣刀，除了以反序命名编号外。例如，米制模数系统中编号 1 的铣刀用于 12 ~ 13 个齿的齿轮，编号 2 的铣刀用于 14 ~ 16 个齿等。

22. 增加小齿轮直径避免根切或干涉

对于轮齿数量较小的大节距小齿轮（20°、10 ~ 17 个齿，25°压力角渐开线齿形 10 和 11 个齿），通过对表 9-3 中规定的标准齿形比例做的某些改变，可以避免轮齿的根切或者齿根圆角与配对齿轮尖的干涉。这些改变包括实质上的齿顶高和由此导致的小齿轮外径的增加以及齿顶高和由此导致的配合大齿轮外径的缩小。这些在小齿轮和大齿轮外径上的改变不会改变速度比或者改变在滚齿机上，或在插齿机或刨床上用范成法切削轮齿的程序。

齿轮的周节——节径、外径和齿根圆直径见表 9-11。

表 9-11　齿轮的周节——节径、外径和齿根圆直径

对于任何特定的周节和轮齿数量，使用示例中所示的表格来求出节径、外径和齿根圆直径。例如：6in 周节、57 个齿的节径 = 10 × 5 轮齿数量因子下给定的节径 + 7 轮齿数量因子下给定的节径。即 10 × 9.5493in + 13.3690in = 108.862in

齿轮的外径等于节径加上表中倒数第二列的外径因子 = 108.862in + 3.8197in = 112.682in

齿轮的齿根圆直径等于节径减去表中最后一列的齿根直径因子 = 108.862in − 4.4194in = 104.443in

周节/in	轮齿数量的因子									外径因子	齿根圆直径因子
	1	2	3	4	5	6	7	8	9		
	与轮齿数量因子相对应的节径										
6	1.9099	3.8197	5.7296	7.6394	9.5493	11.4591	13.3690	15.2788	17.1887	3.8197	4.4194
5½	1.7507	3.5014	5.2521	7.0028	8.7535	10.5042	12.2549	14.0056	15.7563	3.5014	4.0511
5	1.5915	3.1831	4.7746	6.3662	7.9577	9.5493	11.1408	12.7324	14.3239	3.1831	3.6828
4½	1.4324	2.8648	4.2972	5.7296	7.1620	8.5943	10.0267	11.4591	12.8915	2.8648	3.3146
4	1.2732	2.5465	3.8197	5.0929	6.3662	7.6394	8.9127	10.1859	11.4591	2.5465	2.9463
3½	1.1141	2.2282	3.3422	4.4563	5.5704	6.6845	7.7986	8.9127	10.0267	2.2282	2.5780
3	0.9549	1.9099	2.8648	3.8197	4.7746	5.7296	6.6845	7.6394	8.5943	1.9099	2.2097

（续）

周节/in	轮齿数量的因子									外径因子	齿根圆直径因子
	1	2	3	4	5	6	7	8	9		
	与轮齿数量因子相对应的节径										
2½	0.7958	1.5915	2.3873	3.1831	3.9789	4.7746	5.5704	6.3662	7.1620	1.5915	1.8414
2	0.6366	1.2732	1.9099	2.5465	3.1831	3.8197	4.4563	5.0929	5.7296	1.2732	1.4731
1⅞	0.5968	1.1937	1.7905	2.3873	2.9841	3.5810	4.1778	4.7746	5.3715	1.1937	1.3811
1¾	0.5570	1.1141	1.6711	2.2282	2.7852	3.3422	3.8993	4.4563	5.0134	1.1141	1.2890
1⅝	0.5173	1.0345	1.5518	2.0690	2.5863	3.1035	3.6208	4.1380	4.6553	1.0345	1.1969
1½	0.4775	0.9549	1.4324	1.9099	2.3874	2.8648	3.3422	3.8197	4.2972	0.9549	1.1049
1 7/16	0.4576	0.9151	1.3727	1.8303	2.2878	2.7454	3.2030	3.6606	4.1181	0.9151	1.0588
1⅜	0.4377	0.8754	1.3130	1.7507	2.1884	2.6261	3.0637	3.5014	3.9391	0.8754	1.0128
1 5/16	0.4178	0.8356	1.2533	1.6711	2.0889	2.5067	2.9245	3.3422	3.7600	0.8356	0.9667
1¼	0.3979	0.7958	1.1937	1.5915	1.9894	2.3873	2.7852	3.1831	3.5810	0.7958	0.9207
1 3/16	0.3780	0.7560	1.1340	1.5120	1.8900	2.2680	2.6459	3.0239	3.4019	0.7560	0.8747
1⅛	0.3581	0.7162	1.0743	1.4324	1.7905	2.1486	2.5067	2.8648	3.2229	0.7162	0.8286
1 1/16	0.3382	0.6764	1.0146	1.3528	1.6910	2.0292	2.3674	2.7056	3.0438	0.6764	0.7826
1	0.3183	0.6366	0.9549	1.2732	1.5915	1.9099	2.2282	2.5465	2.8648	0.6366	0.7366
15/16	0.2984	0.5968	0.8952	1.1937	1.4921	1.7905	2.0889	2.3873	2.6857	0.5968	0.6905
⅞	0.2785	0.5570	0.8356	1.1141	1.3926	1.6711	1.9496	2.2282	2.5067	0.5570	0.6445
13/16	0.2586	0.5173	0.7759	1.0345	1.2931	1.5518	1.8104	2.0690	2.3276	0.5173	0.5985
¾	0.2387	0.4475	0.7162	0.9549	1.1937	1.4324	1.6711	1.9099	2.1486	0.4775	0.5524
11/16	0.2188	0.4377	0.6565	0.8754	1.0942	1.3130	1.5319	1.7507	1.9695	0.4377	0.5064
⅔	0.2122	0.4244	0.6366	0.8488	1.0610	1.2732	1.4854	1.6977	1.9099	0.4244	0.4910
⅝	0.1989	0.3979	0.5968	0.7958	0.9947	1.1937	1.3926	1.5915	1.7905	0.3979	0.4604
9/16	0.1790	0.3581	0.5371	0.7162	0.8952	1.0743	1.2533	1.4324	1.6114	0.3581	0.4143
½	0.1592	0.3183	0.4775	0.6366	0.7958	0.9549	1.1141	1.2732	1.4324	0.3183	0.3683
7/16	0.1393	0.2785	0.4178	0.5570	0.6963	0.8356	0.9748	1.1141	1.2533	0.2785	0.3222
⅜	0.1194	0.2387	0.3581	0.4775	0.5968	0.7162	0.8356	0.9549	1.0743	0.2387	0.2762
⅓	0.1061	0.2122	0.3183	0.4244	0.5305	0.6366	0.7427	0.8488	0.9549	0.2122	0.2455
5/16	0.0995	0.1989	0.2984	0.3979	0.4974	0.5968	0.6963	0.7958	0.8952	0.1989	0.2302
¼	0.0796	0.1592	0.2387	0.3183	0.3979	0.4775	0.5570	0.6366	0.7162	0.1592	0.1841
3/16	0.0597	0.1194	0.1790	0.2387	0.2984	0.3581	0.4178	0.4775	0.5371	0.1194	0.1381
⅛	0.0398	0.0796	0.1194	0.1592	0.1989	0.2387	0.2785	0.3183	0.3581	0.0796	0.0921
1/16	0.0199	0.0398	0.0597	0.0796	0.0995	0.1194	0.1393	0.1592	0.1790	0.0398	0.0460

表9-9中的数据取自1974年重新确认的ANSI标准B6.1-1968，当小齿轮的齿数给定时，分别显示了20°和25°的齿高标准齿形，相应的当小齿轮轮齿数量给出时，长齿顶高小齿轮以及其配对短齿顶高大齿轮的齿顶高和齿厚也一并给出。表9-10中给出了早期标准14½°齿高齿（20径节或更大）的类似数据。

例：一个6径节、14齿20°压力角的小齿轮被正变位。小齿轮和具有60个齿的配对齿轮的外径是多少？如果配对齿轮有最少齿数来避免根切，它的外径是多少？

$$D_O(\text{小齿轮}) = \frac{N_P}{P} + 2a = \frac{14}{6}\text{in} + 2\left(\frac{1.234}{6}\right)\text{in} = 2.745\text{in}$$

$$D_O(\text{齿轮}) = \frac{N_G}{P} + 2a = \frac{60}{6}\text{in} + 2\left(\frac{0.766}{6}\right)\text{in} = 10.255\text{in}$$

避免根切的具有最少齿数的配对齿轮：

$$D_O(\text{齿轮}) = \frac{N_G}{P} + 2a = \frac{21}{6}\text{in} + 2\left(\frac{0.766}{6}\right)\text{in} = 3.755\text{in}$$

用于每个节距精加工的渐开线系列齿轮铣刀见表9-12。

表 9-12　用于每个节距精加工的渐开线系列齿轮铣刀

铣刀编号	将切削齿轮范围	铣刀编号	将切削齿轮范围
1	135 齿到齿条	5	21 ~ 25 齿
2	55 ~ 134 齿	6	17 ~ 20 齿
3	35 ~ 54 齿	7	14 ~ 16 齿
4	26 ~ 34 齿	8	12 ~ 13 齿

上面所列为通常使用的常规铣刀

当要求更高的齿形精度时，其中齿数介于意欲使用的常规铣刀编号之间，可以使用下面列出的刀具（具有半数的中间系列）

铣刀编号	将切削齿轮范围	铣刀编号	将切削齿轮范围
1½	80 ~ 134 齿	5½	19 ~ 20 齿
2½	42 ~ 54 齿	6½	15 ~ 16 齿
3½	30 ~ 34 齿	7½	13 齿
4½	23 ~ 25 齿	—	—

注：粗加工刀具仅有编号 1 的结构形式。

正变位的细径节齿轮：美国标准 ANSI B6. 7-1977，20°压力角的正变位小齿轮提供了一个不同于大节距齿轮的系统。具有 11 ~ 23 个轮齿数量的小齿轮（25°压力角为 9 ~ 14 个齿）被正变位，使齿顶高为 1. 05/P 的标准齿厚齿条在基圆半径以上以 5°滚动角开始接触。使用 1. 05/P 的齿顶高允许配对齿轮中心距的变化和外径偏心。5°滚动角避免了在基圆附近的麻烦区域加工渐开线。

小于 11 个齿的小齿轮（25°压力角 9 个齿）被正变位到根切的最高点与前面描述的标准齿条的啮合的起始点一致的程度。考虑根切的高度是由锐角的 120 齿节滚刀加工而成。少于 13 个齿的小齿轮（25°压力角 11 个齿）被截平以提供 0. 275/P 的齿顶面。表 9-13 ~ 表 9-16 可以查找正变位小齿轮的数据。

表 9-13　20°和 25°压力角细径节正变位小齿轮和负变位大齿轮的齿根增量 Δ ANSI B6. 7-1977

径节 P	Δ	径节 P	Δ	径节 P	Δ	径节 P	Δ	径节 P	Δ
20	0. 0000	32	0. 0007	48	0. 0012	72	0. 0015	96	0. 0016
24	0. 0004	40	0. 0010	64	0. 0015	80	0. 0015	120	0. 0017

注：Δ 为用以提供增大顶隙的标准齿根的增量。

表 9-14　当使用正变位，小齿数 14½°压力角小齿轮时所需的尺寸 ANSI B6. 7-1977

（单位：in）

正变位的小齿轮			标准中心距系统（长和短齿顶高）				增大的中心距系统		
			负变位的配对大齿轮				正变位的小齿轮和标准齿轮配对	两个相等的正变位的配对小齿轮①	两个相等的正变位小齿轮配对的重合率
							超过标准中心距的增加量		
轮齿数量 n	外径	分度圆上的圆弧齿厚	分度圆直径的减少② b	分度圆直径上圆弧齿厚	推荐最小轮齿数量 N	重合度 n，匹配 N			
10	13. 3731	1. 9259	1. 3731	1. 2157	54	1. 831	0. 6866	1. 3732	1. 053
11	14. 3104	1. 9097	1. 3104	1. 2319	53	1. 847	0. 6552	1. 3104	1. 088
12	15. 2477	1. 8935	1. 2477	1. 2481	52	1. 860	0. 6239	1. 2477	1. 121
13	16. 1850	1. 8773	1. 1850	1. 2643	51	1. 873	0. 5925	1. 1850	1. 154
14	17. 1223	1. 8611	1. 1223	1. 2805	50	1. 885	0. 5612	1. 2223	1. 186
15	18. 0597	1. 8448	1. 0597	1. 2967	49	1. 896	0. 5299	1. 0597	1. 217
16	18. 9970	1. 8286	0. 9970	1. 3130	48	1. 906	0. 4985	0. 9970	1. 248
17	19. 9343	1. 8124	0. 9343	1. 3292	47	1. 914	0. 4672	0. 9343	1. 278
18	20. 8716	1. 7962	0. 8716	1. 3454	46	1. 922	0. 4358	0. 8716	1. 307
19	21. 8089	1. 7800	0. 8089	1. 3616	45	1. 929	0. 4045	0. 8089	1. 336
20	22. 7462	1. 7638	0. 7462	1. 3778	44	1. 936	0. 3731	0. 7462	1. 364
21	23. 6835	1. 7476	0. 6835	1. 3940	43	1. 942	0. 3418	0. 6835	1. 392
22	24. 6208	1. 7314	0. 6208	1. 4102	42	1. 948	0. 3104	0. 6208	1. 419

（续）

正变位的小齿轮			标准中心距系统（长和短齿顶高）					增大的中心距系统		
			负变位的配对大齿轮			重合度 n，匹配 N	正变位的小齿轮和标准齿轮配对	两个相等的正变位的配对小齿轮①	两个相等的正变位小齿轮配对的重合率
轮齿数量 n	外径	分度圆上的圆弧齿厚	分度圆直径的减少② b	分度圆直径上圆弧齿厚	推荐最小轮齿数量 N		超过标准中心距的增加量		
23	25.5581	1.7151	0.5581	1.4265	41	1.952	0.2791	0.5581	1.446
24	26.4954	1.6989	0.4954	1.4427	40	1.956	0.2477	0.4954	1.472
25	27.4328	1.6827	0.4328	1.4589	39	1.960	0.2164	0.4328	1.498
26	28.3701	1.6665	0.3701	1.4751	38	1.963	0.1851	0.3701	1.524
27	29.3074	1.6503	0.3074	1.4913	37	1.965	0.1537	0.3074	1.549
28	30.2447	1.6341	0.2448	1.5075	36	1.967	0.1224	0.2448	1.573
29	31.1820	1.6179	0.1820	1.5237	35	1.969	0.0910	0.1820	1.598
30	32.1193	1.6017	0.1193	1.5399	34	1.970	0.0597	0.1193	1.622
31	33.0566	1.5854	0.0566	1.5562	33	1.971	0.0283	0.0566	1.646

注：适用于1径节。对于其他齿节，表格尺寸除以径节。

① 如果正变位的配对小齿轮具有不同的尺寸，则中心距增量等于它们相对于标准外径增量总和的一半。标准中没有给出这一列的数据。

② 为了保持标准中心距，当使用扩大的小齿轮时配对齿轮的直径必须减小到小齿轮的增量。

表9-15 推荐用于20°压力角，20径节及更小径节的细径节正变位小齿轮的齿形比例 ANSI B6.7-1977

（单位：in）

正变位小齿轮尺寸					正变位的C.D系统小齿轮与标准齿轮配对		标准中心距（长、短齿冠）负变位大齿轮尺寸				
轮齿数量① n	外径 D_{OP}	齿顶高 a_P	基本齿厚 t_P	基于20齿节的齿根高② b_P	两个相等小齿轮的重合度	24齿齿轮的重合度	齿顶高 a_G	基本齿厚 t_G	基于20齿节的齿根高② b_G	推荐的最小齿数 N	重合度 n，匹配 N
7	10.0102	1.5051	2.14114	0.4565	0.697	1.003	0.2165	1.00045	2.0235	42	1.079
8	11.0250	1.5125	2.09854	0.5150	0.792	1.075	0.2750	1.04305	1.9650	40	1.162
9	12.0305	1.5152	2.05594	0.5735	0.893	1.152	0.3335	1.08565	1.9065	39	1.251
10	13.0279	1.5140	2.01355	0.6321	0.982	1.211	0.3921	1.12824	1.8479	38	1.312
11	14.0304	1.5152	1.97937	0.6787	1.068	1.268	0.4387	1.16222	1.8013	37	1.371
12	15.0296	1.5148	1.94703	0.7232	1.151	1.322	0.4832	1.19456	1.7568	36	1.427
13	15.9448	1.4724	1.91469	0.7676	1.193	1.353	0.5276	1.22690	1.7124	35	1.457
14	16.8560	1.4280	1.88235	0.8120	1.232	1.381	0.5720	1.25924	1.6680	34	1.483
15	17.7671	1.3836	1.85001	0.8564	1.270	1.408	0.6164	1.29158	1.6236	33	1.507
16	18.6782	1.3391	1.81766	0.9009	1.323	1.434	0.6609	1.32393	1.5791	32	1.528
17	19.5894	1.2947	1.78532	0.9453	1.347	1.458	0.7053	1.35627	1.5347	31	1.546
18	20.5006	1.2503	1.75298	0.9897	1.385	1.482	0.7497	1.38861	1.4903	30	1.561
19	21.4116	1.2058	1.72064	1.0342	1.423	1.505	0.7942	1.42095	1.4458	29	1.574
20	22.3228	1.1614	1.68839	1.0786	1.461	1.527	0.8386	1.45320	1.4014	28	1.584
21	23.2340	1.1170	1.65595	1.1230	1.498	1.548	0.8830	1.48564	1.3570	27	1.592
22	24.1450	1.0725	1.62361	1.1675	1.536	1.568	0.9275	1.51798	1.3125	26	1.598
23	25.0561	1.0281	1.59127	1.2119	1.574	1.588	0.9719	1.55032	1.2681	25	1.601
24	26.0000	1.0000	1.57080	1.2400	1.602	1.602	1.0000	1.57080	1.2400	24	1.602

① 谨慎采用水平线以上的小齿轮。它们应检查其适用性，特别是重合度方面（不推荐小于1.2）、中心距、顶隙和齿廓强度。

② 实际齿根高的计算是将该列的数值除以所需的径节，然后将表9-13中的增量Δ加到结果中。例如，一个与42个轮齿的齿轮啮合的20°压力角、7个齿的小齿轮对于24径节将具有一个0.4565÷24in+0.0004in=0.0194in的齿根高。42齿齿轮的齿根高为2.0235÷24in+0.004in=0.0847in。

表 9-16　推荐用于 25°压力角，20 径节及更小径节的细径节正变位小齿轮的齿形比例 ANSI B6.7-1977

（单位：in）

正变位小齿轮尺寸					正变位的 C.D 系统小齿轮与标准齿轮配对		标准中心距（长、短齿冠）负变位大齿轮尺寸				
轮齿数量① n	外径 D_{OP}	齿顶高 a_P	基本齿厚 t_P	基于 20 齿节的齿根高② b_P	两个相等小齿轮的重合度	15 齿齿轮的重合度	齿顶高 a_G	基本齿厚 t_G	基于 20 齿节的齿根高② b_G	推荐的最小齿数 N	重合度 n，匹配 N
6	8.7645	1.3822	2.18362	0.5829	0.696	0.954	0.3429	0.95797	1.8971	24	1.030
7	9.7253	1.3626	2.10029	0.6722	0.800	1.026	0.4322	1.04130	1.8078	23	1.108
8	10.6735	1.3368	2.01701	0.7616	0.904	1.094	0.5216	1.12459	1.7184	22	1.177
9	11.6203	1.3102	1.94110	0.8427	1.003	1.156	0.6029	1.20048	1.6371	20	1.234
10	12.5691	1.2846	1.87345	0.9155	1.095	1.211	0.6755	1.26814	1.5645	19	1.282
11	13.5039	1.2520	1.80579	0.9880	1.183	1.261	0.7480	1.33581	1.4920	18	1.322
12	14.3588	1.1794	1.73813	1.0606	1.231	1.290	0.8206	1.40346	1.4194	17	1.337
13	15.2138	1.1069	1.67047	1.1331	1.279	1.317	0.8931	1.47112	1.3469	16	1.347
14	16.0686	1.0343	1.60281	1.2057	1.328	1.343	0.9657	1.53878	1.2743	15	1.352
15	17.0000	1.0000	1.57030	1.2400	1.358	1.358	1.0000	1.57080	1.2400	15	1.358

注：1. ANSI B6.7-1977 标准中的表格还指定“成形直径”“对于成形直径的滚动角”和“齿顶面”。这里没有显示。齿顶面在任何情况下都不小于 $0.275/P$。当按表中所示用范成法加工齿厚时，标准中所示的成形直径和成形直径滚动角度是与标准滚刀匹配的值。对于任何比齿条还小的啮合齿轮，这些成形直径提供了足够长的渐开线轮廓。然而，由于这些成形直径基于的轮齿是标准滚刀仿形的，除了最关键的质量水平要求以外，它们应该对制造加工影响很小。在这种情况下，成形直径规格和标准齿轮设计应基于实际的配对条件。

2. 所有的值都用于 1 径节。对于其他任何尺寸的轮齿，所有的线性尺寸应当除以径节。

① 谨慎采用水平线以上的小齿轮。它们应检查其适用性，特别是重合度方面（不推荐小于 1.2）、中心距、顶隙和齿廓强度。

② 实际齿根高的计算是将该列的数值除以所需的径节，然后将表 9-13 中的增量 Δ 加到结果中。例如，一个与 42 个轮齿的齿轮配对的 20°压力角、7 个齿的小齿轮对于 24 径节将具有一个 0.4565 ÷ 24in + 0.0004in = 0.0194in 的齿根高。42 齿齿轮的齿根高为 2.0235 ÷ 24in + 0.004in = 0.0847in。

23. 滚刀避免根切的最小齿数

小齿数的齿比例，以避免齿轮齿尖和小齿轮下齿面间的干涉。还必须考虑到用于切削小齿轮的滚刀对小齿轮下齿面根切的可能。无根切的切削标准比例的最小轮齿数量 N_{min} 是：

$$N_{min}=2P\csc^2\phi[a_H-r_t(1-\sin\phi)] \quad (9\text{-}20)$$

式中，a_H 是铣刀齿顶高；r_t 是铣刀尖和刀角半径；ϕ 是刀具压力角；P 是径节。

24. 齿轮与正变位小齿轮的啮合

表 9-10 中第 5 列的数据显示了为保持标准中心距，当配对齿轮外径的减小量等于小齿轮的增量时啮合齿轮的最小齿数，该齿轮可以采用滚刀或齿条铣刀切削而没有根切。为了计算齿轮的 N，在公式 $N=2a\csc^2\phi$ 中插入正变位的配对小齿轮的齿顶高 a。

例：一个齿轮与外径扩大到 0.4954in 的 1 径节，24 齿的小齿轮啮合。压力角是 14½°。求出负变位齿轮的最小齿数 N。

小齿轮齿顶高 = 1 + (0.4954 ÷ 2) = 1.2477

因此，$N=2\times1.2477\times15.95=39.8$（使用 40）

对于外径缩小的细径节齿轮，表 9-14 ~ 表 9-16 给出了推荐的最小齿数略高于防止根切所需的最小齿数，并且是以美国齿轮制造商协会所做的研究为基础。

25. 用于正变位小齿轮的标准中心距系统

在这个系统中，有时被称为“长、短齿顶高”，对于小齿轮和大齿轮的轮齿数量，中心距做成标准的。啮合齿轮外径的减小量与小齿轮外径的增量相同。

这个系统的优势是：①不需要改变中心距或齿数比；②工作压力角保持标准；③与中心距增加相

比，可以得到稍大的重合度。

这个系统的劣势是：①大齿轮和小齿轮必须从标准尺寸进行修改；②齿数少于避免根切的最小齿数的小齿轮不能很好地啮合；③在大多数情况下，齿轮传动包括了惰轮而不能使用标准中心距系统。

26. 用于正变位的小齿轮增大的中心距系统

如果一个正变位的小齿轮与另一个正变位小齿轮或标准外径的齿轮啮合，则必须增加中心距。对于细径节齿轮，通常将中心距增加到等于增量的一半就可以了。理论上这是一个近似值，顶隙上有轻微的增加。

这个系统的优势是：①只有小齿轮需要从标准尺寸改变；②少于18个齿的小齿轮可以在此范围内与其他小齿轮啮合；③小齿轮齿是较弱的部件，通过正变位使其强度更高；④控制齿轮耐久性的齿面接触应力由于远离小齿轮基圆而降低。

这个系统的劣势是：①中心距必须增大超过标准值；②工作压力角会随着小齿轮和齿轮的不同组合有所增加，不过这往往并不重要；③重合度略小于标准中心距系统得到的重合度。

这种考虑并不重要，因为在最差的情况下，损失大约只有6%。

9

无侧隙的正变位小齿轮的啮合：当两个正变位的小齿轮无侧隙啮合时，它们的中心距将大于标准尺寸，且小于增大的中心距系统的尺寸。中心距可以通过下面章节中给出的公式进行计算。

27. 修正无侧隙啮合配对圆柱直齿轮的中心距

当一对配对的圆柱直齿轮副中一个或两个齿厚相对于标准值（π ÷ 2P）增大或减小时，它们紧密啮合（无侧隙）的中心距可由以下公式计算：

$$\text{inv}\phi_1 = \text{inv}\phi + \frac{P(t+T)-\pi}{n+N},\ C=\frac{n+N}{2P},\ C_1=\frac{\cos\phi}{\cos\phi_1}\times C \tag{9-21}$$

式中，P是径节；n是小齿轮的齿数；N是齿轮的轮齿数量；t和T分别是小齿轮和大齿轮在分度圆上的实际齿厚；invϕ是齿轮标准压力角的渐开线函数；C是齿轮的标准中心距；C_1是齿轮无侧隙啮合的中心距；inv ϕ_1是齿轮在中心距C_1处紧密啮合时工作压力角的渐开线函数。

例：当一个正变位的10个齿，100径节和20°压力角的小齿轮与标准的30个齿的齿轮啮合时，计算它们的无侧隙中心距，小齿轮和齿轮的圆弧齿厚分别为0.01873in和0.015708in。根据渐开线函数表，inv 20° = 0.014904。因此，

$$\text{inv}\phi_1 = \text{inv}20° + \frac{100(0.01873+0.015708)-\pi}{10+30}$$

$$=0.014904+\frac{0.34438-0.31416}{4}$$

invϕ_1 = 0.022459 那么，从渐开线表中可得 $\phi_1 = 22°49'$

$$C=\frac{n+N}{2P}=\frac{10+30}{2\times100}\text{in}=0.2000\text{in}$$

$$C_1=\frac{\cos20°}{\cos22°49'}\times0.2000\text{in}=\frac{0.93969}{0.92175}\times0.2000\text{in}$$

$$=0.2039\text{in}$$

28. 接触直径

对于两个啮合的齿轮，了解每个齿轮的接触直径是很重要的。具有齿数n和外径d_o的第一个齿轮在标准中心距处与具有齿数N、外径D_o的第二个齿轮啮合；两个齿轮都有径节P和压力角ϕ，a、A、b和B都是仅在计算中使用的未命名角度。接触直径d_C通过三步计算得出，可以用三角函数表和对数表或台式计算器手工完成。不推荐使用计算尺计算，因为它不够准确，因而无法给出好的结果。求出第一个齿轮的接触直径d_c的公式是

$$\cos A=\frac{N\cos\phi}{D_oP} \tag{9-22}$$

$$\tan b=\tan\phi-\frac{N}{n}(\tan A-\tan\phi) \tag{9-23}$$

$$d_c=\frac{n\cos\phi}{P\cos b} \tag{9-24}$$

类似地，求出第二个齿轮的接触直径D_c的三步公式是

$$\cos a=\frac{n\cos\phi}{d_oP} \tag{9-25}$$

$$\tan B=\tan\phi-\frac{n}{N}(\tan a-\tan\phi) \tag{9-26}$$

$$D_c=\frac{N\cos\phi}{P\cos B} \tag{9-27}$$

29. 重合度

对配对的直齿圆柱齿轮副的重合度必须大于1.0，以确保当两个齿轮在负载下转动时，负载从一对齿平稳地传递到下一对齿。由于诸如齿挠曲、齿槽间距误差、齿尖断裂、外径和中心距公差等因素造成重合度的降低，一般情况下用于动力传动的齿轮重合度不应低于1.4。如果在计算中考虑了上述的容差效应，则在极端情况下可以使用低至1.15的重合度。确定重合度m_f的公式为

$$m_f=\frac{N}{6.28318}(\tan A-\tan B) \tag{9-28}$$

$$m_f=\frac{N}{6.28318}(\tan a-\tan b) \tag{9-29}$$

$$m_f=\frac{\sqrt{R_0^2-R_B^2}+\sqrt{r_0^2-r_B^2}-C\sin\theta}{P\cos\theta} \tag{9-30}$$

式中，R_0是第一个齿轮的外半径；R_B是第一个齿轮的

基圆半径；r_0是第二个齿轮的外半径；r_B是第二个齿轮的基圆半径；C 是中心距；θ 是压力角；P 是周节。

式（9-28）和式（9-29）都应给出相同的答案。使用这两个公式可作为对以前计算的检查。

30. 单齿啮合的最低点

小齿轮上的这个直径（有时称为 LPSTC）用于求出一对配对直齿圆柱齿轮副的最大接触压应力（有时称为赫兹应力）。用于确定这个使用了与前面章节相同的命名法的小齿轮直径 d_L，其中 c 和 C 是仅在计算中使用的未命名角度的两步公式是

$$\tan c = \tan a - \frac{6.28318}{n} \tag{9-31}$$

$$d_L = \frac{n\cos\phi}{P\cos c} \tag{9-32}$$

在某些情况下，有必要在整个接触周期内绘制压缩应力图。在这种情况下，还需要齿轮的 LPSTC。用于这个齿轮直径的两步公式是

$$\tan C = \tan A - \frac{6.28318}{N} \tag{9-33}$$

$$D_L = \frac{N\cos\phi}{P\cos C} \tag{9-34}$$

31. 最大滚刀刃尖半径

表 9-2 给出了标准的齿轮齿形比例，为齿条圆角半径以一般的形式（常数）×（齿节）提供指定尺寸。对于任何给定的标准，这个常数可以变化到几何上不可能超越的最大值；这个最大常数 r_c(max) 可以通过公式求出：

$$r_c(\max) = \frac{0.785398\cos\phi - b\sin\phi}{1-\sin\phi} \tag{9-35}$$

式中，b 是齿轮齿根特定公式中的相似常数；任何标准滚刀完成对任何标准齿轮的切削，其刃尖半径可以从 0 变化到极限值。

32. 滚制渐开线齿轮的根切限制

滚制渐开线齿轮的根切限制可以很好地避免设计和指定具有根切渐开线齿廓的齿轮的滚制摆线的圆角。应避免这种情况，因为它可能会造成渐开线轮廓与配对齿轮所需接触直径之上的点被切除，以至于失去渐开线啮合，且重合度降低到相对于共轭作用过低的水平。根切圆角也会削弱轮齿的弯曲应力，因此升高了轮齿的圆角拉应力。为了确保滚制轮齿没有根切圆角，必须满足下列公式：

$$\frac{b-r_c}{\sin\phi} + r_c \leqslant 0.5n\sin\phi \tag{9-36}$$

式中，b 是齿根高常数；r_c是滚刀或齿条齿尖半径常数；n 是齿轮的轮齿数量；ϕ 是齿轮和滚刀压力角。如果齿轮不标准或者滚刀不以齿轮节径滚动，则不能使用式（9-36），确定预期根切的存在变成相当复杂的过程。

33. 单齿啮合的最高点

该直径用于放置最大工作载荷，用来确定轮齿的齿根应力。用于确定使用与前面章节同样的术语命名的小齿轮的直径 d_H，其中 d 和 D 是仅在计算中使用的未命名角度的两步公式为

$$\tan d = \tan b + \frac{6.28318}{n} \tag{9-37}$$

$$d_H = \frac{n\cos\phi}{P\cos d} \tag{9-38}$$

同样对于大齿轮：

$$\tan D = \tan B + \frac{6.28318}{N} \tag{9-39}$$

$$D_H = \frac{N\cos\phi}{P\cos D} \tag{9-40}$$

34. 真实的渐开线成形直径

轮齿上齿根圆角和渐开线轮廓彼此相切的点应被确定以确保它位于的直径比配对齿轮所需的接触直径小。如果 TIF 直径大于接触直径，则会发生齿根圆角干涉，严重损坏轮齿齿廓和齿轮组的粗啮合。e 和 E 仅作为计算中未命名的角度使用，两步计算使用以下两个公式：

$$\tan e = \tan\phi - \frac{4}{n}\left(\frac{b-r_c}{\sin 2\phi} + \frac{r_c}{2\cos\phi}\right) \tag{9-41}$$

$$d_{\mathrm{TIF}} = \frac{n\cos\phi}{P\cos e} \tag{9-42}$$

式中，ϕ 是齿轮的压力角；n 是小齿轮的齿数；b 是齿根高常数；r_c是齿条或滚刀齿尖半径常数；P 是齿轮径节；d_{TIF}是真正的渐开线齿形直径。

相似地，对于配对的大齿轮：

$$\tan E = \tan\phi - \frac{4}{N}\left(\frac{b-r_c}{\sin 2\phi} + \frac{r_c}{2\cos\phi}\right) \tag{9-43}$$

$$D_{\mathrm{TIF}} = \frac{N\cos\phi}{P\cos E} \tag{9-44}$$

式中，N 是配对齿轮的齿数；D_{TIF}是真正的渐开线齿形直径。

35. 齿廓检查仪的设置

实际的齿形公差需要在高的单位载荷或高的分度线速度下工作的高性能的齿轮上进行确定。这是在渐开线检查仪上完成的，该设备需要两个设置，齿轮基圆半径和渐开线上的重要点的以（°）为单位的滚动角。从最小直径向外，这些重要的点是：TIF，接触直径，LPSTC，节径，HPSTC 和外径。

基圆半径是

$$R_b = \frac{N\cos\phi}{2P} \tag{9-45}$$

任何点的滚动角等于该点压力角的正切乘以 57.2958。表 9-17 显示了每个重要直径处的正切。

表 9-17 每个重要直径处的正切

齿廓上重要的点	小齿轮	大齿轮	用于计算
TIF	tan$e$	tan$E$	见式（9-41）和式（9-43）
接触直径	tan$b$	tan$B$	见式（9-23）和式（9-26）
LPSTC	tan$c$	tan$C$	见式（9-31）和式（9-33）
径节	tanϕ	tanϕ	ϕ=压力角
HPSTC	tan$d$	tan$D$	见式（9-37）和式（9-39）
外径	tan$a$	tan$A$	见式（9-25）和式（9-22）

例：如果与一个外径为3.3in的31个齿的齿轮相啮合，求出外径为2.5in、10径节、23齿、20°压力角小齿轮的重要直径、重合度和滚刀齿尖半径。

由于 $n=23$，$d_O=2.5\text{in}$，$P=10$，$N=31$，$D_O=3.3\text{in}$，$\phi=20°$。

1）小齿轮接触直径 d_c 为

$$\cos A=\frac{31\times0.93969}{3.3\times10}=0.88274\qquad A=28°1'30''$$

$$\tan b=0.36397-\frac{31}{23}(0.53227-0.36397)=0.13713\qquad b=7°48'26''$$

$$d_c=\frac{23\times0.93969}{10\times0.99073}\text{in}=2.1815\text{in}$$

2）齿轮接触直径 D_c 为

$$\cos a=\frac{23\times0.93963}{2.5\times10}=0.86452\qquad a=30°10'20''$$

$$\tan B=0.36397-\frac{23}{31}(0.58136-0.36937)=0.20267\qquad B=11°27'26''$$

$$D_c=\frac{31\times0.93969}{10\times0.98000}\text{in}=2.9725\text{in}$$

3）重合度 m_f 为

$$m_f=\frac{31}{6.28318}(0.53227-0.20267)=1.626$$

$$m_f=\frac{23}{6.28318}(0.58136-0.13713)=1.626$$

4）小齿轮的LPSTC，d_L 为

$$\tan c=0.58136-\frac{6.28318}{23}=0.30818\qquad c=17°7'41''$$

$$d_L=\frac{23\times0.93969}{10\times0.95565}\text{in}=2.2616\text{in}$$

5）大齿轮的LPSTC，D_L 为

$$\tan C=0.53227-\frac{6.28318}{31}=0.32959\qquad C=18°14'30''$$

$$D_L=\frac{31\times0.93969}{10\times0.94974}\text{in}=3.0672\text{in}$$

6）最大允许的滚刀齿尖半径 r_c（max）。齿根高因子是1.25。

$$r_c(\max)=\frac{0.785398\times0.93969-1.25\times0.34202}{1-0.34202}\text{in}=0.4719\text{in}$$

7）如果滚刀齿尖半径 r_c 是0.30in，确定小齿轮渐开线是否根切。

$$\frac{1.25-0.30}{0.34202}+0.30\leqslant0.5\times23\times0.34202$$

$$3.0776<3.9332$$

8）因此，没有渐开线根切。

9）小齿轮的HPSTC，d_H 为

$$\tan d=0.13713+\frac{6.28318}{23}=0.41031\qquad d=22°18'32''$$

$$d_H=\frac{23\times0.93969}{10\times0.92515}\text{in}=2.3362\text{in}$$

10）大齿轮的HPSTC，D_H 为

$$\tan D=0.20267+\frac{6.28318}{31}=0.40535\qquad D=22°3'55''$$

$$D_H=\frac{31\times0.93969}{10\times0.92676}\text{in}=3.1433\text{in}$$

11）小齿轮TIF直径，d_{TIF} 为

$$\tan e=0.36397-\frac{4}{23}\left(\frac{1.25-0.30}{0.64279}+\frac{0.30}{2\times0.93969}\right)=0.07917\qquad e=4°31'36''$$

$$d_{TIF}=\frac{23\times0.93969}{10\times0.99688}\text{in}=2.1681\text{in}$$

12）大齿轮 TIF 直径，D_{TIF}为

$$\tan E = 0.36397 - \frac{4}{31}\left(\frac{1.25-0.30}{0.64279} + \frac{0.30}{2\times 0.93969}\right)$$

$$= 0.15267 \qquad E = 8°40'50''$$

$$D_{TIF} = \frac{31\times 0.93969}{10\times 0.98855}\text{in} = 2.9468\text{in}$$

36. 细径节齿轮的齿轮毛坯

齿轮坯的设计以及加工的各种毛坯表面的精度对齿轮加工的精度有很大的影响。以下建议不应视为硬性规定，而是作为齿轮坯质量与成品预期质量等级相符的最低平均要求。

齿轮毛坯的设计：齿轮的制造精度受毛坯设计的影响，所以应注意以下设计要点：①设计带孔齿轮应该有足够大的孔，以便于在齿的加工过程中可以充分支撑毛坯，但不能过大造成变形；②齿宽应足够宽，与外径成比例，以避免弹性拱起并允许在重要的表面获得平面度；③尽可能避免短钻孔长度，但如果表面是平坦且相互平行的，则将相对较薄的坯料堆叠进行加工是可行的；④设计带有轮毂的齿轮毛坯时，应注意到轮毂的壁截面，在加工过程中不能对毛坯太薄的截面进行适度的夹紧，也可能会影响齿轮的正确安装；⑤小齿轮或齿轮与轴整体设计的情况下，当轴的长度和直径与齿轮直径比例适当时，可以使轴的变形量最小。当应用于较大齿节的齿轮毛坯时，上述一般原则可能是有用的。

37. 在工程图上定义直齿圆柱齿轮和斜齿轮数据

可显示在直齿圆柱齿轮和斜齿轮图样上的数据分为三组：第一组由齿轮设计的基本数据组成；第二组由用于制造和检验的数据组成；第三组是由工程参考数据组成；附表可以用作放置齿轮工程图上各种数据的核对清单，以及它们应该出现的顺序。

1）用于齿轮规格术语的解释：①轮齿数量是齿轮圆周 360°的轮齿数量；②在扇形齿轮中，应给出扇形中的实际齿数和 360°的理论齿数。

2）径节是齿轮中的轮齿数量与分度圆直径的英寸数之比。它在标准中用作轮齿尺寸的公称规格。

① 法向径节是法向平面上的径节。

② 端面径节是端面上的径节。

③ 模数是齿轮中的轮齿数量与分度圆直径的毫米数之比。

④ 法向模数是在法向平面上测量的模数。

⑤ 端面模数是端平面上测量的模数。

3）压力角是节点处齿轮齿廓与径向线间的角度。在这个标准中用于定义齿轮齿廓的基本齿条的压力角。

① 法向压力角是法向平面内的压力角。

② 端面压力角是端平面内的压力角。

4）除非另有说明，螺旋角是分度圆螺旋线和分度圆柱母线之间的夹角。

螺旋方向是当远离观察者沿轴线回退时轮齿扭转的方向。右旋螺旋线顺时针旋转，左旋螺旋线逆时针旋转。

5）标准节径是节圆的直径，它等于轮齿数量除以端面节径。

6）齿形可以用标准齿顶高、长齿顶高、短齿顶高、修正的渐开线或特殊的渐开线来指定。如果需要修正的渐开线或特殊齿形，则应在图纸上显示详细的视图。如果指定了特殊的齿形，则必须提供滚动角。

7）齿顶高是分度圆与齿顶圆之间的径向距离。实际值取决于外径的规格。

8）齿高是齿槽空间的总的径向深度。实际值取决于外径和齿根直径的规格。

9）分度圆上计算的最大圆弧厚度是齿厚，当齿轮在其最小中心距上与配对齿轮啮合组装时，它将提供所需的最小侧隙。最好通过与标准齿轮紧密啮合的测试来实施控制，标准齿轮通过啮合弧将几个齿轮的误差集成在啮合中。该值不受径向跳动的影响。

计算的最大法向弧齿厚是法平面内的弧齿厚，且满足 9）中所述的要求。

10）在推荐的压力作用下与变中心距定程挡块紧密接触时，齿轮的测试半径是从其旋转轴到标准齿轮的标准分度线的距离。当进行检查时，应计算最大测试半径以提供 9）中规定的最大弧齿厚。该值受到齿轮径向圆跳动的影响。测试半径上的公差必须等于或大于 11）中规定的质量等级所允许的总合成误差。

11）质量等级是为了方便谈及或记录齿轮精度而指定的。

12）最大的总综合误差和最大的齿间综合误差的质量等级允许的实际公差值规定以 in 为单位，提供给加工和检验人员用以检查齿轮所需的公差。

13）不正确的测试压力将导致测试半径的测量不正确。

14）当齿厚与标准偏差过大时，可能需要按照工具或编码列出的主规范来要求特殊标准齿轮的使用。

15）可以指定跨两个直径为 0. ×××× 的量针进行测量，仅用于帮助制造部门确定在机床上的安装尺寸。

16）通常在齿轮的图样上显示外径以及其他毛坯尺寸，以便加工人员不必搜索尺寸的齿轮齿数据。由于外径经常用于轮齿的加工和检测，如果愿意，也可以包含在其他轮齿规格的数据块中。在允许使

用顶切滚刀切削从标准修正齿厚的齿轮上，外径应与指定的齿轮测试半径相关。

17）规定了最大的齿根圆直径，以确保啮合齿轮的外径有足够的顶隙。如果齿轮与工作齿轮进行检验并且符合规格 10）~12），则通常认为该尺寸是可接受的。

18）齿轮的有效轮廓直径是配对齿轮齿廓接触处的最小直径。由于检查时的困难，规范不推荐使用齿节小于48 的齿轮。

19）有效轮廓表面上的表面粗糙度可以用 μin 来表示，通过高达约 32 节距的仪器来检测，或者在更细的节距范围上进行视觉比较。精确确定细节距齿轮的表面粗糙度是比较困难的。对于许多商业应用，表面粗糙度对于满足最大齿间误差规格的齿轮是可接受的。

20）配对齿轮零件编号可能会显示以便参考。如果齿轮用于多个应用，所有的配对齿轮都可以列出，但通常的做法是将这些信息记录在参考文件中。

21）配对齿轮的轮齿数量和 23）最小工作中心距，通常指定这些的信息用以消除获得配对齿轮和附件的副本的必要性，这些副本是用于检查设计规范、干涉、侧隙、确定标准齿轮的规格以及接受或拒绝加工超差的齿轮。

直齿和斜齿齿轮工程图样的数据见表 9-18。

表 9-18 直齿和斜齿齿轮工程图样的数据

数据类型	最小直齿轮数据	最小斜齿轮数据	附加可选数据	项目编号	数据
基本规格	•	•		1	齿数
	•			2	径节或模数
		•		2a	法向径节或模数
			•	2b	端面径节或模数
	•			3	压力角
		•		3a	法向压力角
			•	3b	端面压力角
		•		4	螺旋角
		•		4a	螺旋方向
	•	•		5	标准节径
	•	•		6	齿形
			•	7	齿顶高
			•	8	齿高
	•			9	标准分度圆上最大计算的弧齿厚
		•		9a	标准分度圆上最大计算的法向弧齿厚
加工和检验			•	10	滚动倾斜角
	•	•		11	A. G. M. A. 质量等级
	•	•		12	最大的总综合误差
	•	•		13	最大的齿间误差
			•	14	测试压力（盎司）
	•	•		15	主要规格
			•	16	跨两个直径为0. ×××× 的量针的测量（仅用于安装）
	•	•		17	外径（更好地显示在齿轮工程图样上）
			•	18	最大的齿根直径
			•	19	有效齿廓直径
			•	20	有效齿廓的表面粗糙度
工程参考			•	21	啮合齿轮的零件编号
			•	22	啮合齿轮的齿数
			•	23	最小实际中心距

9.1.2　侧隙

一般来说，齿轮中侧隙是配对齿轮的间隙。为了测量和计算，侧隙定义为齿槽超过啮合轮齿厚度的量。它不包括轴承变化和安装中心距变化的影响。当没有另外规定时，侧隙的数值可以理解为在节圆上给出的。侧隙的一般目的是防止齿轮卡在一起并确保齿的两侧同时接触。没有侧隙可能会引起噪声、过载、齿轮和轴承的过热，甚至发生卡死和故障。

过度的齿隙是令人不能接受的，特别是如果在频繁换向的驱动中，或者如果在凸轮驱动中存在超负荷的负载。另外，不必要的小侧隙允差的规定会增加齿轮的成本，因为在径向跳动、齿节、轮廓和安装中的误差都必须保持较小的值。侧隙不影响渐开线的啮合，通常不会影响正常的齿轮。

1. 确定适当的侧隙量

在为一对齿轮副指定适当的侧隙和公差时，最重要的因素可能是齿轮和小齿轮（或蜗杆）最大允许的径向跳动的量。其次是齿廓、齿距、齿厚和螺旋角的允许误差。一对啮合齿轮副之间的侧隙将随着依次的齿啮合而变化，这是因为综合齿形误差的影响，特别是径向跳动，以及齿轮中心距和轴承的误差。

其他重要的考虑因素是润滑膜的速度和空间。一般情况下，低速齿轮要求小的侧隙。高速的细径节齿轮通常采用相对轻质的润滑油进行润滑，但是如果没有充足的间隙容纳油膜，特别是如果润滑油封闭在齿根不能逸出的情况下，会造成发热和轮齿过度负载的现象。

热量是一个因素，因为齿轮运转会使温度更高，因此会使设备外壳膨胀得更多。热量可能来自油的搅拌或齿间的、轴承或油封的摩擦损失，或外部原因。此外，对于相同温度的升高，齿轮的材料（如青铜和铝）可能比通常是钢或铸铁材料的座体膨胀得更多。

螺旋角越高，对于给定的法向侧隙要求更多的横向齿隙。横向侧隙等于法向齿隙除以螺旋角的余弦。

在使用大于20°的法向压力角的设计中，必须特别考虑侧隙，因为在分度圆上需要更多的间隙以便在垂直于齿廓方向上获得一定量的间隙。

齿轮座体钻孔的误差，无论是中心距还是对中，在确定余量获得所需的齿隙是非常重要的。齿轮的安装也是如此，这受到轴承的类型和调整以及类似因素的影响。侧隙规格中的其他影响是轮齿切削之后进行热处理操作、研磨操作，需要重新切削，以及正常磨损后轮齿的减薄。

对于定时，分度，射击瞄准器具和某些仪器齿轮系，最小侧隙是必要的。如果运行速度非常低，并且在加工这种齿轮系时采用了必要的预防措施，侧隙可能会保持极小的限制。然而，一般规定“零齿隙”规格这种性质的齿轮，通常涉及特殊和难得的技术。

用于粗齿距直齿、斜齿和人字齿轮传动 AGMA 推荐的侧隙范围见表 9-19。

表 9-19　用于粗齿距直齿、斜齿和人字齿轮传动 AGMA 推荐的侧隙范围

中心距/in	法向径节				
	0.5 ~ 1.99	2 ~ 3.49	3.5 ~ 5.99	6 ~ 9.99	10 ~ 19.99
	侧隙法平面/in①				
≤5	—	—	—	—	0.005 ~ 0.015
>5 ~ 10	—	—	—	0.010 ~ 0.020	0.010 ~ 0.020
>10 ~ 20	—	—	0.020 ~ 0.030	0.015 ~ 0.025	0.010 ~ 0.020
>20 ~ 30	—	0.030 ~ 0.040	0.025 ~ 0.030	0.020 ~ 0.030	—
>30 ~ 40	0.040 ~ 0.060	0.035 ~ 0.045	0.030 ~ 0.040	0.025 ~ 0.035	—
>40 ~ 50	0.050 ~ 0.070	0.040 ~ 0.055	0.035 ~ 0.050	0.030 ~ 0.040	—
>50 ~ 80	0.060 ~ 0.080	0.045 ~ 0.065	0.040 ~ 0.060	—	—
>80 ~ 100	0.070 ~ 0.095	0.050 ~ 0.080	—	—	—
>100 ~ 120	0.080 ~ 0.110	—	—	—	—

注：1. 由于齿轮传动及其支撑结构的工作温度差异，上述侧隙公差包含了齿轮膨胀的允差。这些值可以用于工作温度高达 70℉且高于环境温度的场合。

2. 对于大多数齿轮传动应用，推荐的侧隙范围将在配对齿轮的啮合齿之间提供合适的运行齿隙。低于所示的最小值或高于最大值的偏差，不影响齿轮传动的操作使用，不应当成为拒绝的原因。

3. 只有在书面同意的情况下，大节距齿轮传动的确切侧隙公差应考虑为对齿轮制造商的约束。

4. 一些应用要求的侧隙可能比表中所示值更小。在这样的情况下，侧隙大小和公差应由制造商和购买者协商一致。

① 建议的侧隙，在名义中心，旋转到最接近的啮合点后测量。对于斜齿和人字齿轮，上述值除以螺旋角的余弦得到横向侧隙。

推荐的侧隙：下文中会给出美国齿轮制造商协会对于各种齿轮侧隙范围的建议。为了测量和计算，侧隙定义为齿槽超过啮合齿厚度的量。当没有另行规定且齿轮安装在特定位置时，侧隙可理解为垂直于齿面方向节圆上啮合最紧密点测量的数值。

大节距齿轮：表9-19给出的是大节距直齿、斜齿和人字齿轮的推荐侧隙范围。因为在法平面内测量斜齿、人字齿轮的齿隙更为方便，表9-19显示了在法向平面内大节距斜齿和人字齿轮传动以及在端平面中直齿齿轮的侧隙。为了得到端平面内斜齿和人字齿轮的齿隙，将表9-19中法向平面内的侧隙除以螺旋角的余弦。用于锥齿轮和准双曲面齿轮的AGMA推荐侧隙范围见表9-20。

表9-20 用于锥齿轮和准双曲面齿轮的AGMA推荐侧隙范围

径节	法向侧隙/in		径节	法向侧隙/in	
	品质指数7~13	品质指数3~6		品质指数7~13	品质指数3~6
1.00~1.25	0.020~0.030	0.045~0.065	>5.00~6.00	0.005~0.007	0.006~0.013
>1.25~1.50	0.018~0.026	0.035~0.055	>6.00~8.00	0.004~0.006	0.005~0.010
>1.50~1.75	0.016~0.022	0.025~0.045	>8.00~10.00	0.003~0.005	0.004~0.008
>1.75~2.00	0.014~0.018	0.020~0.040	>10.00~16.00	0.002~0.004	0.003~0.005
>2.00~2.50	0.012~0.016	0.020~0.030	>16.00~20.00	0.001~0.003	0.002~0.004
>2.50~3.00	0.010~0.013	0.015~0.025	>20.00~50.00	0.000~0.002	0.000~0.002
>3.00~3.50	0.008~0.011	0.012~0.022	>50.00~80.00	0.000~0.001	0.000~0.001
>3.50~4.00	0.007~0.009	0.010~0.020	>80和更精细	0.000~0.0007	0.000~0.0007
>4.00~5.00	0.006~0.008	0.008~0.016	—	—	—

注：在啮合的最紧密点测量。

表9-20中给出的侧隙公差包含了由于齿轮传动及其支撑结构的工作温度差异引起的齿轮膨胀允差。该值可用于工作温度高达70℉（高于39℃）且高于环境温度的情况。这些侧隙将为绝大多数齿轮应用提供适当的运行侧隙。

在确定齿隙公差时必须考虑以下重要因素：①中心距公差；②齿轮轴的平行度；③侧向跳动或摆动；④齿厚公差；⑤节线径向跳动公差；⑥齿廓公差；⑦齿节公差；⑧导程公差；⑨轴承类型和后期磨损；⑩载荷下的变形；⑪轮齿磨损；⑫节线速度；⑬润滑要求；⑭齿轮和座体的热膨胀。

一个无隙啮合可能会导致令人反感的齿轮噪声、增大功率损失、过热、润滑油膜的破裂、轴承过载和齿轮的过早失效。然而，人们认识到一些齿轮传动的应用可能需要无隙啮合（零齿隙）。

规定不必要的紧密齿隙公差会增加齿轮传动的成本。从上述总结可以明显看出，所需的齿隙量是很难评估的。因此，建议设计者、使用者或购买者在齿轮传动规格和图样中包括齿隙，应安排与制造者进行协商。

锥齿轮和准双曲面齿轮：表9-20给出了锥齿轮和准双曲面齿轮的相似侧隙的范围值。这些都是基于通用齿轮传动的平均条件值，但是可以根据要求进行修改满足特定需要。

锥齿轮和准双曲面齿轮上的侧隙可以在装配过程中通过齿轮的轴向调整在一定程度上得到控制。然而，基于锥齿轮或准双曲面齿轮在其安装中的实际调整会改变侧隙量的事实，所以在制造过程中切入齿轮中的侧隙量不能过大是必要的。当调整为零侧隙时，锥齿轮和准双曲面齿轮必须始终能够无干扰地工作。这个要求是由于轴向推力轴承的故障可能允许齿轮在这种情况下运行的事实造成的。因此，锥齿轮和准双曲面齿轮不应该设计成法向侧隙超过$0.080/P$的情况下工作，其中P是径节。

细径节齿轮：表9-22给出了细径节直齿、斜齿和人字齿轮传动的类似齿隙范围值。

2. 提供侧隙

为了获得所需的侧隙量，有必要减小齿厚。然而，由于齿轮或者其他零件加工和装配的不准确，齿厚上的允差几乎总是必须超过所需的侧隙量。由于这些允差取决于所有加工操作执行控制的精密性，所以不能给它们提供一般性建议。

尽管存在例外的情况，习惯上一对齿轮副的每一个齿轮齿厚上留有侧隙允差的一半。例如，在具有非常少齿数的小齿轮上，理想是在其配对的齿轮上提供所有的允差，以免削弱小齿轮轮齿。在蜗杆传动装置中，通常的做法是蜗杆提供所有的允差，使其由比蜗轮更坚固的材料制成。

在某些情况下，在铣刀中提供齿隙允差，然后铣刀在标准齿槽深度进行切削。此外仍然有一些情况，通过设定用于切削轮齿两侧的两个刀具的距离，如在直齿锥齿轮中来获得侧隙，或者采用侧切，或者改变齿轮之间安装的中心距离来获得侧隙。在直齿和斜齿轮传动中，通常将刀具切入到比标准深度更深的坯料中获得侧隙允差。表 9-21 给出了用于各种压力角的额外切削深度。

表 9-21　额外的切削深度 E 以提供侧隙允差

侧隙的分布	压力角 ϕ/(°)				
	14½	17½	20	25	30
额外的切削深度 E 以获得圆形齿隙 B①					
所有都在一个齿轮上	1.93B	1.59B	1.37B	1.07B	0.87B
每个齿轮上一半	0.97B	0.79B	0.69B	0.54B	0.43B
额外的切削深度 E 以获得垂直于齿廓的齿隙 B_b②					
所有都在一个齿轮上	2.00B_b	1.66B_b	1.46B_b	1.18B_b	1.99B_b
每个齿轮上一半	1.00B_b	0.83B_b	0.73B_b	0.59B_b	0.50B_b

① 圆形侧隙是齿槽宽度大于节圆上啮合齿厚的量。

② 通过在啮合齿之间插入塞尺测量垂直于齿廓的齿隙，$B = B_b \div \cos\phi$ 可转换为圆形侧隙。

3. 生产过程中侧隙允差的控制

对齿轮齿厚的测量可能是在生产中控制侧隙允差最简单的方法。

有几种方法可以完成上述操作，包括：①对弦齿厚度的测量；②用卡尺测量两个或更多的轮齿；③跨针测量。

在最后一种方法中，首先当侧隙允差为零时，跨针的理论测量由前文的方法确定；那么测量的总值必须减少以获得所需的侧隙允差。

应该理解的是，仅测量齿厚的允差并不能保证两个或多个齿轮准备运行组件中的侧隙量。加工的局限性将引入诸如径向跳动、齿节误差、齿廓误差和导程误差这样的齿轮误差，以及在中心距和对中产生的齿轮箱体误差。所有这些使装配好的齿轮侧隙不同于单个齿轮齿厚测量所得的侧隙。

4. 侧隙的测量

通常通过保持一对齿轮副中一个齿轮的固定，并来回转动另一个齿轮来测量齿隙。用千分表记录此运动，千分表的指针在位于或接近节径的旋转平面内，并且平行于移动齿轮分度圆的切线方向。如果测量方向垂直于轮齿，或者不同于上面所指定的方向，为了标准化和比较，建议将读数转换成旋转平面和位于或接近节径的切线方向。

在直齿圆柱齿轮、平行斜齿轮和锥齿轮中，小齿轮或齿轮在测试中是否保持固定并不重要。在交错轴斜齿轮和准双曲面齿轮中，读数是根据具体的固定部件发生变化，因此，习惯上将小齿轮保持固定而测量大齿轮。

在某些情况下，侧隙可以用厚度规和塞尺来测量。类似的方法是当轮齿越过啮合时，使用一根软铅丝插入轮齿之间。在两种方法中，同样建议将读数转换为旋转平面以及位于或接近节径处的切线方向，同时考虑轮齿的法向压力角和螺旋角。

有时，平行斜齿轮或人字齿轮是通过保持大齿轮固定，并轴向往复移动小齿轮来检测的，从小齿轮的齿面或轴上读取数据，并通过计算转换到旋转平面。另一种方法是将一对齿轮紧密地啮合在中心上，并观察其与指定中心距离的变化。由于前述原因，这些读数也应转换成旋转平面以及位于或接近节径处的切线方向。

对于同一副齿轮，侧隙的测量可能会有变化，这取决于制造和装配的精度。在轮齿啮合的不同阶段，不正确的齿廓将引起侧隙的变化。偏心可能会在齿轮周围不同的位置最大和最小侧隙之间引起本质性的差异。在侧隙量的说明中，应该一直记住仅仅考虑齿厚的公差并不能保证齿轮装配中存在的最小侧隙量。

细径节齿轮：在装配时细径节齿轮侧隙的测量不能采用与大节距齿轮相同的方式和相同的技术。对于很小的径节，使用千分表装置测量间隙几乎是不可能的。有时在很小的机构中使用工具显微镜具有明显的优势。

另一种在细径节齿轮中测量侧隙的方法是将一根横梁连接到一根轴上，当其中一个构件固定时，以 in 为单位测量另一构件的角位移。梁的长度与梁所连接的齿轮或小齿轮的名义节圆半径之比给出了千分表读数与圆形齿隙的近似比率。由于测量一对细径节齿轮副之间侧隙的方法较为有限，所以在切削时齿轮中心和齿厚必须保持在非常紧密的极限内。细径节的直齿圆柱齿轮和斜齿轮的齿厚最好使用标准齿轮的可变中心距的机构检查。当用这种方式检查时，近似地齿厚变化 = 2 × 中心距变化 × 端面压力角的正切。

9

5. 装配中的侧隙控制

经常制定齿轮相对于另一个齿轮调整的规定，从而在初始装配和齿轮的整个使用寿命周期内对侧隙提供完全的控制。这种做法在锥齿轮传动中是最常见的。当应用允许在轴心之间的轻微变化时，这在直齿圆柱齿轮和斜齿轮传动中是相当常见的（见表 9-22）。仅适用于低导程角的单头蜗轮的蜗杆传动，否则将获得错误的啮合结果。

另一种在锥齿轮很普遍，但在直齿圆柱齿轮和斜齿轮上不常见控制齿隙的方法是按照 1:1 比率配对跳动齿轮的高点和低点，在一个齿轮的跳动消除了配合齿轮跳动的位置点标记啮合轮齿。

表 9-22 用于细径节直齿、斜齿和人字齿轮的 AGMA 侧隙允差和公差

侧隙命名	法向径节范围	轮齿变薄获得齿隙①		产生的近似侧隙（每一啮合）法向平面②/in
		每一齿轮的允差/in	每一齿轮的公差/in	
A	20 ~ 45	0.002	0 ~ 0.002	0.004 ~ 0.008
	46 ~ 70	0.0015	0 ~ 0.002	0.003 ~ 0.007
	71 ~ 90	0.001	0 ~ 0.00175	0.002 ~ 0.0055
	91 ~ 200	0.00075	0 ~ 0.00075	0.0015 ~ 0.003
B	20 ~ 60	0.001	0 ~ 0.001	0.002 ~ 0.004
	61 ~ 120	0.00075	0 ~ 0.00075	0.0015 ~ 0.003
	121 ~ 200	0.0005	0 ~ 0.0005	0.001 ~ 0.002
C	20 ~ 60	0.0005	0.0005	0.001 ~ 0.002
	61 ~ 120	0.00035	0.0004	0.0007 ~ 0.0015
	121 ~ 200	0.0002	0.0003	0.0004 ~ 0.001
D	20 ~ 60	0.00025	0 ~ 0.00025	0.0005 ~ 0.001
	61 ~ 120	0.0002	0 ~ 0.0002	0.0004 ~ 0.0008
	121 ~ 200	0.0001	0 ~ 0.0001	0.0002 ~ 0.0004
E	20 ~ 60	0③	0 ~ 0.00025	0 ~ 0.0005
	61 ~ 120		0 ~ 0.0002	0 ~ 0.0004
	121 ~ 200		0 ~ 0.0001	0 ~ 0.0002

注：1. 齿轮中的侧隙是配对齿面间的间隙。为了测量和计算，侧隙定义为齿槽超过啮合齿厚度的量。若未另行规定，当齿轮安装在规定的位置，侧隙的数值可理解为在节圆上以垂直齿面方向测量的最接近啮合点的值。

2. 允差是从基本计算的圆弧齿厚中减薄轮齿以获得所需侧隙等级的基本量。

3. 公差是轮齿圆弧齿厚总的允许变化。

① 这些显示的尺寸主要是为了齿轮制造商的利益，并且表示小齿轮和齿轮的齿厚应当缩减到标准计算值以下，以提供啮合中的侧隙。在某些情况下，特别是涉及齿数少的小齿轮，可能需要将大齿轮单元上齿厚减薄第 3 列中所示允差值 2 倍来提供总的齿隙。在这种情况下两个齿轮都有第 4 列中显示的公差。在某些情况下，特别是在齿数较少的啮合中，可以通过增加基本中心距来实现侧隙。在这种情况下，这两个齿轮都没有用第 3 列中所示的允差进行缩减。

② 这些尺寸指明了将在啮合中出现近似侧隙，在啮合中的每个配对齿轮的齿都根据注 1①中所述的量进行减薄，并在理论中心处啮合。

③ 齿轮组中的侧隙也可以将中心距增加到名义中心距之上以及使用标准齿厚的齿来实现。E 级侧隙命名意味着齿轮组在这些条件下运行。

6. 齿轮中的角侧隙

当啮合的一对齿轮副节圆上的侧隙已知时，对应于侧隙的角侧隙或角间隙可由下面的公式计算得出。

$$\theta_D = \frac{6875B}{D}(') \qquad \theta_d = \frac{6875B}{d}(') \tag{9-46}$$

式中，B 是齿轮之间的侧隙（in）；D 是较大齿轮的节径（in）；d 是较小齿轮的节径（in）；θ_D是当较小齿轮保持固定而较大的齿轮来回转动时，较大齿轮的角侧隙或角运动（′）；θ_d是当较大齿轮保持固定而较小齿轮来回转动时，较小齿轮的角间隙或角运动（′）。

7. 齿轮的检验

或许确定一个齿轮相对精度最常用的方法是将与已知精度的标准齿轮紧密接触的齿轮旋转至少完整一周。待测齿轮和标准齿轮安装在可变中心距机构上，在齿轮旋转过程中产生的径向位移或中心距的变化可以通过合适的仪器测量。除了侧隙的影响以外，这种所谓的“综合检查”接近于工作条件下齿轮啮合并给出了以下误差的综合效应：径向跳动、节距误差、齿厚变化、齿廓误差和横向跳动（有时称为摆动）。

齿间综合误差，是指当与标准齿轮紧密啮合的被测齿轮开始齿对齿的旋转时，在变中心距机构的千分表中以颤变显出的误差。这种颤变显示了圆节距误差、齿厚变化和轮廓误差的综合或复合效应。

总的复合误差，如图 9-8 所示，是由圆跳动、摆动和齿对齿综合误差组成；它是测试机构的千分表上读取的总的中心距位移。

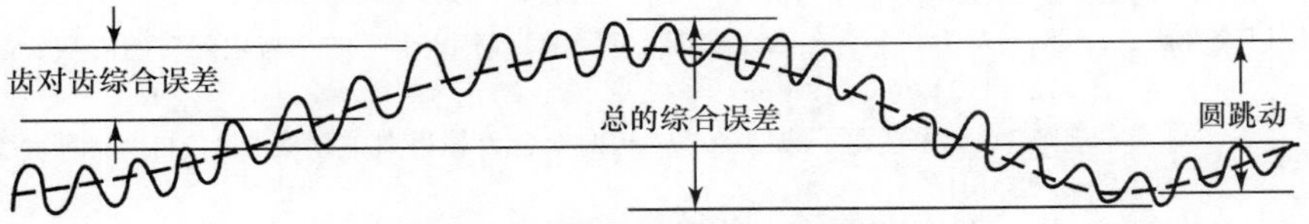

图 9-8　显示复合误差性质的图

8. 用于细径节齿轮的综合检验的压力

在使用可变中心距机构的情况下，由于轮齿的变形作用在窄齿面宽度的细径节齿轮上的过大压力而导致不正确的读数。基于测试，对于 0.100in 齿宽的齿轮推荐使用以下的检测压力：20 ~ 29 径节，28oz；30 ~ 39 径节，24oz；40 ~ 49 径节，20oz；50 ~ 59 径节，16oz；60 ~ 79 径节，12oz；80 ~ 99 径节，8oz；100 ~ 149 径节，4oz；150 和更细径节，最低 2oz。这些推荐的检查压力是基于用于可移动头部检验机构减磨配件的使用，并且包括了千分表装置的压力。对于小于 0.100in 的齿宽，推荐的压力应按比例地减小；对于更宽的齿面，没有必要增加，尽管载荷可以采用合适的比例安全地提高。

9.1.3　内啮合齿轮传动

1. 内啮合直齿圆柱齿轮

内啮合直齿圆柱齿轮像一个标准直齿圆柱齿轮一样对应地“从外侧翻向内侧”的翻转或具有相反位置的齿顶高和齿根高；然而，为了避免干涉和改善齿形及性能，齿轮的内径应该增大，并且配对小齿轮的外径也应大于基于标准或普通齿比例的尺寸。这些扩大的程度将通过表 9-23 给出的例子来说明用于 20°齿高齿内啮合齿轮的规则。推荐的 20°渐开线齿高齿用于内啮合齿轮；也使用 20°短齿和 14½°齿高齿。

2. 切削内啮合齿轮的方法

采用与切削外啮合直齿圆柱齿轮的类似的方法切削内啮合直齿圆柱齿轮。

可以通过以下方法之一进行切削：①通过范成法，如使用费洛四插齿机；②使用成形铣刀和铣削轮齿；③通过刨削，使用靠模或仿形设备（特别是应用于大径节齿轮）；④通过使用成形刀具来复制形状，并在插削或刨削设备上进行刨削加工。

内啮合齿轮通常在一侧有腹板，这限制了在轮齿端处的间隙空间量。这样的齿轮可以容易地在插齿机上切削。切削非常大的内啮合齿轮最实用的方法是在仿形的刨床上。普通的直齿圆柱齿轮刨床配有专用刀架，用于将刀具定位在内啮合轮齿所需的位置。

3. 用于内啮合齿轮的成形刀具

当使用成形铣刀时，通常需要使用特殊的刀具，因为内啮合齿轮的齿槽形状不同于具有相同径节和齿数的外啮合齿轮传动。这种差异是因为内啮合齿轮是一个“从外向里旋转”的直齿圆柱齿轮。根据规则，用于标准外啮合齿轮的编号 1 的铣刀在有 60 或更多轮齿数量时，可以用于 4 径节和更细径节的内啮合齿轮。这个编号 1 的铣刀，正如其适用于外啮合齿轮一样，可以用于从 135 齿到齿条的所有齿轮。更小的径节以及更多的齿数，使用 1 号铣刀就能得到更好的结果。尽管当小齿轮齿数较多与啮合齿轮齿数在比例上并不相称时使用 1 号刀具是不可行的，但对于单件小批量生产，通常当需要切削的齿轮数量不足以保证获得专用铣刀时，使用 1 号刀具是令人满意的。

4. 内啮合齿轮轮齿的弧厚度

规则：如果内啮合齿轮内径的扩大是由内径的规则 1 和 2 来确定（见表 9-23），则节圆处的弧齿厚度等于 1.3888 除以径节，假设压力角为 20°。

5. 小齿轮轮齿的弧厚度

规则：如果内啮合齿轮的小齿轮大于常规尺寸（见表 9-23），那么假设压力角为 20°，节圆上弧齿厚度等于 1.7528 除以径节。

对于弦齿厚和弦齿高，参见直齿圆柱齿轮的规则和公式。

6. 内啮合齿轮和小齿轮的相关尺寸

如果小齿轮太大或非常接近其配对的内啮合齿轮尺寸，可能会引起严重的干扰或齿形改变。

规则：对于具有 20°压力角和齿高齿的内啮合齿轮，齿轮和小齿轮齿数之差不应小于 12。对于短齿，最小的差异应该是 7 齿或 8 齿。对于 14½°的压力角，齿数之差不应小于 15。

表 9-23 用于 20°全齿高齿的内啮合齿轮的规则

求取	规则
节径	规则：为求取内啮合齿轮的节径，将内啮合齿轮的齿数除以径节。啮合小齿轮的节径等于小齿轮齿数除以径节，与外接直齿圆柱齿轮一致
内径（正变位以避免根切）	规则 1：对于与具有 16 个或更多轮齿的小齿轮啮合的内齿轮，从齿数中减去 1.2 并且将剩下的数除以径节 示例：对于一个具有 72 个轮齿、6 径节且与 18 个齿的小齿轮配对的内啮合齿轮，则：内径 = (72 - 1.2)/6in = 11.8in 规则 2：如果使用了圆周径节，从内啮合齿轮齿数中减去 1.2，再将剩下的数字乘以周节，并除以 3.1416
内径（基于相反的直齿圆柱齿轮）	规则：如果内啮合齿轮将被设计成符合翻转的直齿圆柱齿轮，从齿数中减去 2 并且将剩余的数字除以径节来求取内径 示例：（与上例相同） 内径 = (72 - 2)/6in = 11.666in
用于内啮合齿轮的小齿轮的外径	规则：如果内啮合齿轮将要与标准直齿圆柱齿轮，使用此规则或前面用于直齿圆柱齿轮确定外径的公式。随后应用于准备与正变位的内啮合齿轮啮合的正变位的小齿轮的规则和公式，由前面的规则 1 和 2 来确定 规则：对于具有 16 个或更多轮齿的小齿轮，将其齿数加 2.5 并且除以径节 示例：一个用于驱动内啮合齿轮的小齿轮具有 6 径节的 18 个轮齿（全高齿），则外径 = (18 + 2.5)/6in = 3.416in 通过使用外啮合直齿圆柱齿轮的规则，外径 = 3.333in
中心距	规则：从内啮合齿轮轮齿数量中减去小齿轮轮齿数量并且将剩下的数除以 2 倍的径节
齿厚	见内啮合齿轮轮齿的弧齿厚度以及切削直径对蜗杆齿廓和压力角的影响

9.1.4 直齿圆柱齿轮和斜齿轮的英国标准

1. 直齿圆柱齿轮和斜齿轮的英国标准

BS 436：第 1 部分：1967：直齿圆柱齿轮和斜齿轮，基本齿条齿形，齿距系列和径节系列的精度，一些关于一般齿形、标准齿距、精度和精度检测程序等基本要求的内容，且在工程图样上显示这些信息以确保齿轮制造商获得所需的数据。最新的标准符合 ISO 协议，标准齿距与 ISO R54 一致，且基本齿条齿形和它的变位与 ISO R53“用于一般工程和重型工程的标准圆柱齿轮的基本齿条”一致。

在以前的版本中 5 个等级的齿轮精度由 ISO 标准中的 3～12 等级所取代。等级 1 和 2 的标准齿轮在这里没有处理。BS 436：第 1 部分：1967 和以下的英国标准有关：

BS 235“牵引齿轮”；

BS 545“锥齿轮（机器切削）”；

BS 721“蜗杆传动装置”；

BS 821“齿轮和齿轮毛坯的铸铁件（普通级、中级、高级）”；

BS 978“细径节齿轮”第 1 部分“渐开线，直齿圆柱齿轮和斜齿轮”，第 2 部分“摆线齿轮，第 3 部分“锥齿轮”；

BS 1807“涡轮机和类似传动装置的齿轮”第 1 部分，“精度”第 2 部分，“齿形和齿距”；

BS 2519“齿轮传动装置的术语表”；

BS 3027“蜗轮装置尺寸”；

BS 3696“标准齿轮”。

BS 436 的第 1 部分适用于平行轴的内啮合、外啮合渐开线直齿圆柱齿轮以及斜齿轮，并具有 20 或更大的法向径节。基本齿条和齿形以及确定齿轮精度等级的第一和第二优选标准和基本公差是指定的，并且指定了术语和符号的要求。

这些要求包括：中心距为 a；分度圆直径为 d，小齿轮直径为 d_1，大齿轮直径为 d_2；小齿轮 d_{a1} 和大齿轮 d_{a2} 的齿尖直径为 d_a；中心距修正系数为 γ；小齿轮 b_1 和大齿轮 b_2 的齿宽为 b；小齿轮 x_1 和大齿轮 x_2 的齿顶高修正系数为 x；圆弧长度为 l；径节为 P_t；法向径节为 p_n；端面齿距为 p_t；轮齿数量为 z，小齿轮为 z_1，大轮为 z_2；分度圆柱面螺旋角为 β；分度圆柱面的压力角为 α；分度圆柱面的法向压力角为 α_n；分度圆柱面的端面压力角为 α_t；工作的端面压力角，工作角为 α_{tw}。

基本齿条齿形具有 20°的压力角。该标准允许总齿高在 2.25 ~ 2.40 之间变化，这样可以在 0.25 ~ 0.40 的范围内增加齿根间隙，以允许制造工艺的变化；齿根半径可以在 0.25 ~ 0.39 的范围内变化。齿形修缘可以在插图右边的限制范围内变化。

标准法向径节 P_n，BS 436 第 1 部分：1967，符合 ISO R54。应尽可能使用优选系列，而不是第二选择。优先使用的直齿圆柱齿轮和斜齿轮径节（括号中的是第二选择）：20（18），16（14），12（11），10（9），8（7），6（5.5），5（4.5），4（3.5），3（2.75），2.5（2.25），2（1.75），1.5，1.25 和 1。

图样上的信息：英国标准 BS 308“工程制图实践”，要包含在直齿圆柱齿轮和斜齿轮上的指定数据。对于所有齿轮来说，数据应包括：齿数、法向径节、基本齿条齿形、轴向齿距、齿廓修正、毛坯直径、分度圆直径和分度圆柱面的螺旋角（直齿圆柱齿轮为 0）、分度圆柱面的齿厚、齿轮等级、配对齿轮的图样编号、工作中心距和侧隙。

对于单斜齿轮，上述数据应该辅之以旋向和螺旋齿导程；对于双斜齿轮，辅之以相对于特定齿宽部分的旋向以及斜齿导程。

检查说明应包括在内，注意避免对单个元素精度要求以及单、双齿面测试的冲突。补充数据覆盖特定设计、可能需要的制造和检验要求或限制与其他尺寸和公差，材料，热处理，硬度，外壳深度，表面纹理，防护整理和绘图比例等。

2. 渐开线直齿圆柱齿轮和斜齿轮的径向变位

英国标准协会指南 PD 6457：1970 包含了一些设计建议，旨在对于一些尺寸的齿轮可以使用标准的切削刀具加工。基本上该指南涵盖了齿顶高修正并包括了寸制和米制单位的公式。

齿顶高修正是由产形齿条的基准面偏离其标准位置而带来的齿轮轮齿尺寸的放大或缩小。这种偏离由系数 X、X_1 或 X_2 表示，其中 X 是单位模数或径节齿轮的等效尺寸。齿形修正在齿轮的分度圆上确定了基准齿厚，但不一定确定参考齿顶或工作齿顶的高度。在任何一对齿轮副中，在啮合中心距基准齿厚总是能保证零侧隙的齿厚。正常的做法要求所有未经修正的齿轮都有侧隙允差。

充分利用渐开线系统的适应性，可以获得各种齿形的设计特征。齿顶高修正有以下应用：避免齿廓的根切；实现最佳齿形比例及对后退比例的控制以达到啮合；使齿轮适应预定的中心距离而不依赖于非标准齿距；允许使用采用标准几何刀具的一系列的工作压力角。

3. BS 436 第 3 部分：1986“直齿圆柱齿轮和斜齿轮”

这部分提供了计算金属渐开线齿轮的接触应力和齿根弯曲应力的方法，有点类似于用于计算成对渐开线直齿圆柱齿轮或斜齿轮的应力的 ANSI/AGMA 标准。英国标准涵盖的应力因子包括：

切向力是接触和弯曲应力的名义力。

区域因子考虑了节点处齿面曲率对赫兹应力的影响。

重合度因子考虑了规定载荷下横向重合度和重合比对荷载分担的影响。

弹性因子考虑了材料的弹性模量和泊松比对赫兹应力的影响。

接触的基本耐久度极限考虑了表面硬度。

材料质量涵盖了所用材料的质量。

润滑油、粗糙度和速度的影响：润滑油黏度、表面粗糙度和分度线速度影响润滑油膜厚度，反过来，影响赫兹应力。

加工硬化因子是由于啮合作用而导致表面耐久性增加的原因。

尺寸因子包括了尺寸对材料质量可能的影响，以及对制造工艺的响应。

寿命因子，当应力循环次数小于耐久性寿命时考虑了许用应力的增加。

工况因子考虑了由传动装置以外来源引起的负载直方图中的平均负载或负载的波动。

动态因素考虑了在齿轮啮合接触条件下产生负载波动。

载荷分布考虑了由于变形、对中公差和螺旋修正导致的齿轮轮齿面上载荷分布不均而增加的局部载荷。

最低要求和实际安全系数：安全因素的最小要求在供应商和客户之间达成一致。计算了实际安全系数。

几何因子考虑齿形的影响，圆角和螺旋角对单齿接触最大载荷作用下名义弯曲应力的影响。

灵敏度因子考虑了齿轮材料对诸如根部焊缝等缺口存在的灵敏度。

表面条件因子考虑到由于材料缺陷和齿根表面粗糙度产生的耐久极限的降低。

4. ISO TC/600

ISO TC/600 标准类似于 BS 436 第 3 部分：1986，但是要全面得多。一般齿轮设计，ISO 标准提供了一种复杂的方法来得到与不那么复杂的英国标准所得出的类似结论。除了上述因子外包含在 ISO 标准中的因素还包括：

工况因子考虑了来自齿轮传动装置以外来源的

动态过载。

动态因子考虑了由小齿轮和大齿轮间的振动引起内部产生的动态载荷。

荷载分布考虑到轮齿齿宽上荷载非均匀分布的影响，取决于承载齿轮副啮合的对中误差和啮合刚度。

横向载荷分布因子考虑到载荷分布对齿轮的轮齿接触应力的影响。

齿轮轮齿刚度常数被定义为要将一个或几个具有 1mm 齿宽的啮合齿轮轮齿变形 1μm（0.00004in）所需的载荷。

许用接触应力是在齿轮轮齿面上所允许的赫兹力。

最低要求和计算的安全系数：供应商和客户之间达成最低要求的安全系数。计算出的安全系数是齿轮副的实际安全系数。

区域因子考虑了节点处齿面曲率赫兹力的影响。

弹性因子考虑了材料特性如弹性模量和泊松比的影响。

重合度因子考虑了横向重合度和重叠比对齿轮比、对齿轮规定表面载荷的影响。

螺旋角因子考虑了螺旋角对表面耐久性的影响。

耐久极限是材料可以永久耐受的重复的赫兹应力的极限。

寿命因子考虑到更高的许用赫兹压力如果仅需要有限的耐用性。

润滑膜因子齿面之间的润滑油膜会影响润滑油膜表面的承载能力。因子包括油黏度、分度线速度和齿面的粗糙度。

加工硬化因子考虑到由于具有光滑齿面的硬化小齿轮与钢轮啮合而带来的表面耐久性的增加。

摩擦因数：局部摩擦因数的平均值取决于润滑、表面粗糙度、表面起伏的位置、齿面的材料属性，以及切向速度的力和大小。

体积温度的热突变因子依赖于小齿轮和大齿轮的材料的弹性模量和热接触系数，以及啮合线的几何形状。

焊接因子考虑了不同的轮齿材料和热处理。

几何因子被定义为齿数比的函数和啮合线上的无量纲参数。

平均温度标准齿轮的平均温度取决于润滑油的黏度以及齿轮材料的起皱和刮擦的趋势。

通过对上述因素的检视，表明了英国和 ISO 标准方法与 ANSI/AGMA 标准的方法类似。计算这些因子方法的微小变化将导致不同的许用应力值。试验工作使用一些压力公式已经显示出了很大的变化，设计者必须继续依靠经验来达到满意的结果。

9.1.5 标准术语

所有标准都由一个命名管理标准的开发工作组织的字母数字前缀，以及一个标准编号来引用和标识。

所有标准由有关委员会定期审查，按照监督标准组织的规定，决定标准是否应该确认（除了修正排版错误外，没有其他改动），更新，或从运行体系中删除。

下面仅供用于示例。ANSI B18.8.2-1984，R1994 是锥度、销钉、直线、沟槽和弹簧销的一个标准。ANSI 是指美国国家标准协会，其负责监督标准的制定或批准，B18.8.2 是标准编号。第一个日期 1984 表示该标准发布的年份，随后的 R1994 表明该标准在 1994 年得到了审查和重新确认。当前的标准是 ANSI /ASME B18.8.2 -1995，表明 1995 年修订了该标准，它是 ANSI 批准的，ASME（美国机械工程师学会）是负责标准制定的标准机构。本标准有时也命名为 ASME B18.8.2-1995。

ISO（国际标准化组织）标准使用了稍微不同的格式，如 ISO 5127-1：1983。完整的 ISO 参考编号包括前缀 ISO、序列号和出版年份。

除了内容以外，ISO 标准不同于美国国家标准在于它们的主要文件较小，而反过来引用其他标准或同一标准的其他部分。与 ANSI 使用的编号方案不同，与特定主题相关的 ISO 标准通常不进行序列编号，也不连续编号。

英国标准协会的标准使用的格式如 BS 1361：1971（1986）。第一部分是组织前缀 BS，其次是引用号和发布日期。括号中的数字是标准最近被重新确认的日期。英国标准也可以被指定为撤回（不再使用）和废止（不使用，但可以用于维修旧设备）。标准组织和网址见表 9-24。

表 9-24 标准组织和网址

组织	网址	组织	网址
ISO（国际标准化组织）	www.iso.ch	JIS（日本工业标准）	www.jisc.org
IEC（国际电工协会）	www.iec.ch	ASME（美国机械工程师学会）	www.asme.org
ANSI（美国国家标准协会）	www.ansi.org	SAE（汽车工程师学会）	www.sae.org
BSI（英国标准协会）	www.bsi-inc.org	SME（制造工程师协会）	www.sme.org

9.2　准双曲面和锥齿轮传动

9.2.1　准双曲面齿轮

准双曲面齿轮是偏置的，并且实际上是轴线不相交但根据应用决定的量交错的弧齿轮。由于偏置，两个齿轮的齿间的接触不会沿着锥体的表面线出现，因为它是有交叉轴的螺旋斜面，所以啮合是沿着一条向表面线倾斜的空间曲线。准双曲面齿轮零件的基本实体不是像弧锥齿轮一样为圆锥体，而是旋转的双曲线，且不能投影到普通平面齿轮的公共平面上，所以名称为准双曲面。准双曲面齿轮的可视化是基于一个虚拟的平面齿轮，它是理论上正确的螺旋面的替代品。如果在计算过程中观察到某些规则来确定齿轮尺寸，那么使用虚拟平齿轮作为近似值所导致的误差可以忽略不计。

交错的轴线带来的啮合条件有利于齿轮轮齿的强度和运行性能。产生在轮齿间的，不仅在齿廓的方向上而且在纵向上均匀的滑动啮合为润滑油的运动提供了理想的条件。在弧齿轮中产生于不同齿表面的滑动运动具有很大差异，产生振动和噪声。准双曲面齿轮几乎不存在这些滑动运动差异的问题，并且轮齿在齿廓方向上也具有较大的曲率半径。因此表面压力降低，磨损更小，运行更安静。

准双曲面齿轮的比为用同一种材料制成的同一尺寸的螺旋锥齿轮的强度高 1.5 ~ 2 倍。必须对准双曲面齿轮的尺寸加以一定的限制，使其比例可以按照与弧齿锥齿轮相同的方式进行计算。偏移量不得大于齿圈外径的 1/7，齿数比不能小于 4∶1。在这些限制内，齿的比例可以用与螺旋锥齿轮相同的方式计算，并且纵向的曲率半径可以这样假定，即在齿面宽度的中心法向模量最大以产生稳定的齿形接触面。

如果偏移量比上面指定的更大或者齿数比更小，必须选择更好地适应于修改的啮合条件的齿形。特别地，齿长曲线的曲率必须与其他考虑的点一起来确定。这些限制仅仅是指导方针，因为不可能考虑到包括齿轮的节线速度、润滑、载荷、轴和轴承的设计以及一般的操作条件在内的所有涉及的其他因素。

现有三种不同的准双曲面齿轮设计。最广泛使用的，特别是在汽车工业中，是格里森系统。Oerlikon（瑞士）和 Klingelnberg（德国）引入了另外两个双曲面齿轮系统。这三种方法都使用渐开线齿轮齿形，但是它们有由切削方法产生的具有不同曲率的齿。格里森系统中的齿呈弧形，其深度逐渐变细。这两种欧洲系统的设计都是将滚动与齿的侧向运动结合起来，且使用恒齿深度。Oerlikon 使用一种外摆线齿形，Klingelnberg 使用了真正的渐开线齿形。

利用它们的圆形精确齿面曲线，格里森双曲面齿轮是由多刃端面铣刀加工而成的。齿轮毛坯相对于旋转的铣刀滚动切削一个齿间槽，然后刀具撤回，并返回到起始位置，同时毛坯被分度到切削下一个齿的位置。粗加工和精加工铣刀保持平行于和齿轮节线成一定角度的齿根线。根据这个角度，加上螺旋角，必须计算用于轮齿前导面和后面的修正因子。

在运行中，一个齿轮上的轮齿的凸面总是作用在配对齿轮轮齿的凹面上。为了小齿轮与大齿轮之间正确啮合，螺旋角不应在整个齿宽上变化。生成的齿形是对数螺线并且作为一种妥协，使得刀盘的半径等于对应对数螺线的平均半径。

Klingelnberg 系统齿轮的渐开线齿面曲线具有由（通常）单头锥形滚刀切削的恒定齿距的轮齿。机床被设置为在适当的相对速度下一同旋转刀具和齿轮毛坯。滚刀的表面设置为与齿轮的基圆半径相切，所有的平行渐开线曲线都从其中发出。为了保持合理的滚刀尺寸，锥体必须位于轮齿内的最小距离，且这个要求决定了模数的大小。

模数和齿深度在整个齿面宽上是常数且螺旋角是变化的。在滚刀的圆锥表面上切削速度的变化，尤其是对于冠状齿轮，使得难以在轮齿的表面产生均匀的表面粗糙度，因此，精加工切削通常是用截头滚刀进行的，该截头滚刀倾斜以自动产生所需的拱高，用于修正走刀痕迹和精加工。模数、螺旋角等对基圆半径的依赖的性能，以及需要适当的滚刀比例限制了齿轮的尺寸，并且系统不能用于低的或零度的齿轮。然而，齿轮可以用大的齿根半径来切削，以提供高强度的齿。齿形的良好几何形状提供了更安静的运行环境和装配误差。

由 Oerlikon 系统制造的齿轮轮齿有细长的外摆线齿形，使用面式旋转铣刀加工。刀具和齿轮毛坯无分度的连续转动。刀盘具有独立的用于粗切削、外切削和内切削的铣刀使得齿根和齿侧被同时切削，但是进给被分成两个阶段。切削期间释放应力，但有毛坯有一些变形，这种变形对于空心冠状齿轮通常会比一个实心小齿轮更糟糕。

在 Oerlikon 系统机床中所有的深切削都发生在第一阶段的加工过程中，第二阶段是用来对齿形进行准确的精加工的，因此变形效应最小。如同 Klingelnberg 工艺一样，Oerlikon 系统在齿宽上产生了螺旋角和模数的变化，但与 Klingelnberg 方法不同，齿长曲线是摆线。据称在载荷作用下，在一个 Oerlikon 齿轮组中的倾翻力作用在距离齿轮小直径端距离的 2/5 处，而不像其他齿轮系统的中间轮齿位置，所以半径明显变小并且倾斜力矩减小，带来了更低的承载。

与其他系统切削的齿轮相比由 Oerlikon 系统切削的齿轮有不同的走刀痕迹，显示出 Oerlikon 轮齿的更多的齿面宽度处于承载模式下。因此，表面的载荷分布在更大的区域，在啮合点上变得更小。

9.2.2 锥齿轮传动装置

1. 锥齿轮的类型

锥齿轮是锥形齿轮，也就是圆锥形状的齿轮，用来连接具有相交轴的轴。双曲面齿轮的一般形式与锥齿轮相似，但运行在偏移的轴上。除少数例外，大多数的锥齿轮可分为直齿形和弧齿形。后者包括弧齿锥齿轮、零度锥齿轮和准双曲面齿轮。下面简要介绍不同类型锥齿轮的特征。

直齿锥齿轮：这种最常用的锥齿轮的齿是直的，但它们的侧边是锥形的，以便它们将一个轴相交于一个称为节圆锥顶的共同点，如果向里面延伸的话。然而，大多数直齿锥齿轮的齿顶圆锥面母线现在都是与啮合齿轮的齿根圆锥面母线平行的，以便沿齿长方向获得均匀的间隙。因此，这种齿轮的齿顶圆锥面母线将会与轴在节圆锥面内的一个点相交。直齿锥齿轮是最容易计算并且加工经济。

直齿锥齿轮可以产生全长啮合或局部啮合。后者在纵向上略微凸起，因此在装配时对齿轮进行一些调整是可能的，且由载荷变形会产生的小位移而没有在令人不悦的在齿的端部的载荷集中。这种齿侧边稍微纵向的圆整不需要在设计中计算，而是在新型锥齿刨齿机的切削操作中自动实现的。

零度锥齿轮：零度锥齿轮的齿是弯曲的，但位于同直齿锥齿轮轮齿相同的大方向。它们可以被认为是零度螺旋角的弧齿锥齿轮且与弧齿锥齿轮在同一台机床上加工。零度锥齿轮的齿顶圆锥母线不穿过接圆锥顶而是近似的平行于配对齿轮的齿根圆锥母线以提供均匀的齿顶隙。由于这些齿轮的切削方式，齿根圆锥母线也不穿过节圆锥顶。当范成设备是弧齿类而不是直齿类时，零度锥齿轮用于替代直齿锥齿轮，并可用于当要求高精度的硬化锥齿轮（磨削加工）时。

弧齿锥齿轮：弧齿锥齿轮有弯曲的斜轮齿，啮合逐渐开始并且从始至终平稳连续。它们的啮合是一种与直齿锥齿轮类似的滚动接触。然而，由于它们的重叠齿的啮合，弧齿锥齿轮将会比直锥齿轮或零度锥齿轮传动更平稳，降低噪声和振动，特别是在高速下尤为明显。

与螺旋锥齿轮相关联的优点之一是对局部齿啮合的完全控制。通过使配对齿面曲率半径微小变化，可以根据每项工作的具体要求改变齿啮合表面的数量。局部齿的啮合可促进弧齿锥齿轮的平稳、安静运行，并且允许在一些轮齿近两端处的安装变形而没有载荷集中的危险。

因为它们的齿表面可以磨削，弧齿锥齿轮在要求高精度硬齿面齿轮的应用中有一定的优势。齿槽底部和齿廓可以同时磨削，在齿廓、齿根圆角和齿槽底部产生了光滑的过渡。这一特性从强度的观点来看是很重要的，因为它消除了经常导致应力集中的走刀痕迹和其他表面中断。

准双曲面齿轮：在一般情况下，准双曲面齿轮类似于弧齿锥齿轮，除了小齿轮的轴相对于齿轮轴偏移。如果有足够的偏移量，这些轴可以互相通过，从而允许在齿轮和小齿轮上使用紧凑的跨座安装。然而，螺旋锥齿轮在齿的两侧具有相等的压力角和对称的轮廓曲率，一个与轮齿两侧具有相等压力角的齿轮配对的正确共轭的准双曲面齿轮必须有不对称的齿廓曲线，以获得正确的啮合。此外，为了使轮齿的两侧获得相同的弧运动，在准双曲面小齿轮上有必要使用不相等的压力角。准双曲面齿轮的设计通常是为了使小齿轮的螺旋角比齿轮的大。这种设计的优点是，小齿轮直径增大，比对应的弧齿锥齿轮更强。这个直径增量允许使用相对较高的齿数比而不用小齿轮变得过小不能使用足够尺寸的孔或柄。在准双曲面齿轮轮齿上沿其纵向的滑动啮合是齿轮和小齿轮的螺旋角差值的函数。这种滑动效应使得这种齿轮比弧齿锥齿轮运转更平稳。准双曲面齿轮铣削可用于磨削弧齿锥齿轮和零度锥齿轮的相同机床来完成。

2. 锥齿轮和准双曲面齿轮的应用

锥齿轮和准双曲面齿轮可以用来在轴与轴之间以任何角度和速度传递功率。然而，最适合某一特定工作特定类型的传动装置，取决于安装和工作条件。

直齿锥齿轮和零度锥齿轮：圆周速度可达1000ft/min（305m/min），当最大的稳定性和安静不是首要考虑因素，推荐使用直齿锥齿轮和零度锥齿轮。对于这种应用场合，尽管使用减摩轴承始终是优先考虑的，但滑动轴承也可用于承载径向和轴向载荷。滑动轴承允许更紧凑、更便宜的设计，这就是为什么直齿和零度锥齿轮在减速器中应用最多的原因之一。这种类型的锥齿轮传动装置计算最简单并且切削的设置也最简单，用于必须保持最低限度的固定费用的小批量生产中是较理想的。

零度锥齿轮被推荐用来替代有高精度硬化齿轮要求的直锥齿轮，因为零度齿轮可能被磨削，当只有螺旋式设备可用于切削锥齿轮时。

弧齿锥齿轮和准双曲面齿轮：当圆周速度超过

1000ft/min（305m/min）或 1000r/min 时，建议使用弧齿锥齿轮和准双曲面齿轮。在许多情况下，它们可以在较低的速度下使用，特别是在需要极端光滑和安静的情况下。对于超过 8000ft/min（2438m/min）的圆周速度，应该使用磨削齿轮。

对于大的减速比，使用弧齿锥齿轮和准双曲面齿轮会减小整个装置的尺寸，因为这些齿轮的连续节线啮合使得在实践中可以用比直齿锥齿轮和零度锥齿轮小齿轮更少的轮齿数获得可能的平稳的性能。

准双曲面齿轮推荐用于工业应用中：当需要工作的最大的平滑度时，以及对于设计紧凑的高减速比，工作的平稳度，最大的小齿轮强度是重要的以及不相交的轴等。

锥齿轮和准双曲面齿轮可用于减速和增速驱动。然而，在增速驱动中，该比率应尽可能保持低，且小齿轮安装在减摩轴承上，否则，轴承的摩擦将导致驱动锁死。

3. 关于锥齿轮齿坯设计的注意事项

任何成品齿轮的质量在很大程度上取决于齿轮毛坯的设计和精度，必须考虑一些影响制造业经济性和性能的因素。

齿轮毛坯的设计应避免局部应力和自身的严重变形。齿轮根部应提供足够的金属厚度，以提供适当的支撑。应在齿轮轮齿根下提供足够的金属量厚度给予轮齿合适的支撑。一般的原则是齿根下金属的量应该等于轮齿的整个深度，保持在轮齿小端与中间之下的金属深度应该一样。在无辐板式环形齿轮上，齿根线与螺钻孔的底部之间的最小坯料高度应该为齿深度的 1/3。对于重载荷齿轮，对力的方向和大小的初步分析有助于设计齿轮及其安装。在切削齿轮时，刚度也是正确夹紧的必要条件。基于此原因，孔、毂和其他定位表面必须与齿轮的直径和齿距成适当比例。应避免小孔、薄辐板，或在切削中任何需要过度悬伸的条件都要避免。

其他需要考虑的因素是易于加工以及在硬齿面齿轮上进行适当的设计以确保最佳硬化状态。在齿轮的背侧提供一个大尺寸的定位表面是令人满意的。该表面应与孔一起进行机加工或与孔成直角磨削，用于装配中定位齿轮轴心以及在切齿时固定齿轮。当然，前夹紧面必须是平的并且平行于后表面。与切削弧齿锥齿轮和准双曲面齿轮的轮齿关联的是，必须为端面铣刀提供间隙；前轮毂和后轮毂不应该与齿轮的根部延长线相交，否则会干扰铣刀的路径。另外，当切削轮齿时，齿轮前端必须有足够的空间用于将齿轮固定在心轴上或卡盘上的夹紧螺母。对于用圆形铣刀范成法而不是复式刀具产生的直齿锥齿轮也必须考虑同样的因素。

4. 锥齿轮的安装配件

锥齿轮应配备刚性支架以保持齿轮在工作载荷作用下的位移在推荐范围内。为了正确地调整齿轮，应该保证精确地加工配件，正确的配合键，以及联轴器的无跳动运转且垂直。

作为齿轮及其安装件变形测试的结果，并且在运行中观察到这些相同的单位，格里森公司建议在直径为 6 ~ 15in（15.24 ~ 38.10cm）的齿轮上使用以下的许用变形量：无论是小齿轮还是大齿轮在齿宽的中心都不能升起或压低超过 0.003in（0.076mm）的高度；在两个中的任一方向上小齿轮的轴向屈服不应超过 0.003in（0.076mm），以及在 1∶1 的齿数比（等径锥齿轮）或者近似的等径锥齿轮中，在两个中的任一方向上大齿轮的轴向屈服不应超过 0.003in（0.076mm），或者比超过更高齿数比的小齿轮 0.010in（0.25mm）。

当偏差超过这些极限时，要获得令人满意的齿轮将涉及其他问题。必须缩小和缩短轮齿啮合以适应更灵活的安装。这些改变减小了承载面积，增大了单位齿压，并减少了啮合的齿数，导致噪声和表面失效以及齿损危险的增大。

一般情况下，弧齿锥齿轮和准双曲面齿轮应安装在油封箱体中的减摩轴承上。对于给定条件的设计可以使用径向和推力载荷的滑动轴承，用滚珠或滚子轴承通常更容易保持齿轮在合适的位置。

轴承间距和轴刚度：如果要尽量减少齿轮变形的话，轴承间距和轴承刚度是非常重要的。在跨立式和悬挂式安装的齿轮上，轴承的间距不应小于齿轮分度圆直径的 70%。对悬臂式安装的齿轮展开应该至少是悬臂的 2½倍，另外，轴的直径应等于或大于悬臂的长度以提供足够的轴承刚度。当两个弧齿锥齿轮或准双曲面齿轮安装在同一轴上时，轴向推力只应作用在较大轴向推力产生的靠近较大推力齿轮的一个地方。在装配过程中必须有措施对齿轮和小齿轮进行轴向调整。关于如何完成这一点的细节在格里森公司手册“装配锥齿轮”中给出。

5. 切削锥齿轮轮齿

正确成形的锥齿轮齿在其长度上具有相同的截面形状，但却有从大端到小端一直递减的比例。获得这种正确齿形的唯一方法是使用范成类型的锥齿轮铣床。这种考虑部分是为了在锥齿轮生产中广泛使用范成法类齿轮切削设备。

锥齿轮太大而无法通过范成设备切制，直径 100in（254cm）或以上的可由仿形齿轮刨床生产。一个模板或模型用来在正确轨迹上机械的引导单切削工具切削轮齿的轮廓。由于该方法产生的齿廓取决于所用模板的轮廓，可以生产适合各种要求的齿形。

尽管范成法是优选的，但是有些情况下仍然通过铣削生产直齿锥齿轮。铣削齿轮不能产生与范成法加工齿轮相同的精度，一般不适合使用在高速以及必须以高度准确传输的角运动的应用中。在某些应用中，铣削齿轮主要用作替换齿轮，并且随后在范成法设备上完成精加工的齿轮有时会通过铣削加工粗制出来。后文给出了切削锥齿轮的公式和方法。

通过范成法生产齿轮时，轮齿曲率是由具有相当于所需压力角的直边铣刀或工具产生的。这个工具代表冠齿轮齿的侧面。然而，真正的渐开线齿形齿轮的齿面却有些轻微弯曲。如果刀具的曲率与渐开线冠齿轮的曲率一致，则可得到锥齿轮齿的渐开线齿形。直边工具的使用更加实用，只会产生轻微的“八字形”的齿形改变。八字形和渐开线齿形的锥齿轮齿都具有理论上的正确啮合。

锥齿轮齿，如直齿圆柱齿轮，有不同的压力角和齿比。轮齿大端的整体深度和齿顶高度可以与等齿距直齿圆柱齿轮相同。然而，大多数锥齿轮都是直齿和弧齿类型，正如一些直齿圆柱齿轮的情况，具有加长的小齿轮齿顶高和缩短的大齿轮齿顶高。相同齿顶高的偏离随齿数比变化。小齿轮上的长齿顶高主要用于避免根切并增加齿的强度。另外，在使用长、短齿顶高的情况下，大齿轮的齿厚减小，小齿轮的齿厚增加，从而可提供更好的强度平衡。可参考格里森公司系统的直齿与弧齿锥齿轮和英国标准。

6. 锥齿轮的命名法

锥齿轮命名法说明了描述锥齿轮所涉及的各种角度和尺寸。图9-9所示为锥齿轮术语，图中所示的面角，需要注意的是，齿顶锥面与配对齿轮的齿根圆锥面平行以提供沿轮齿长度的均匀间隙。

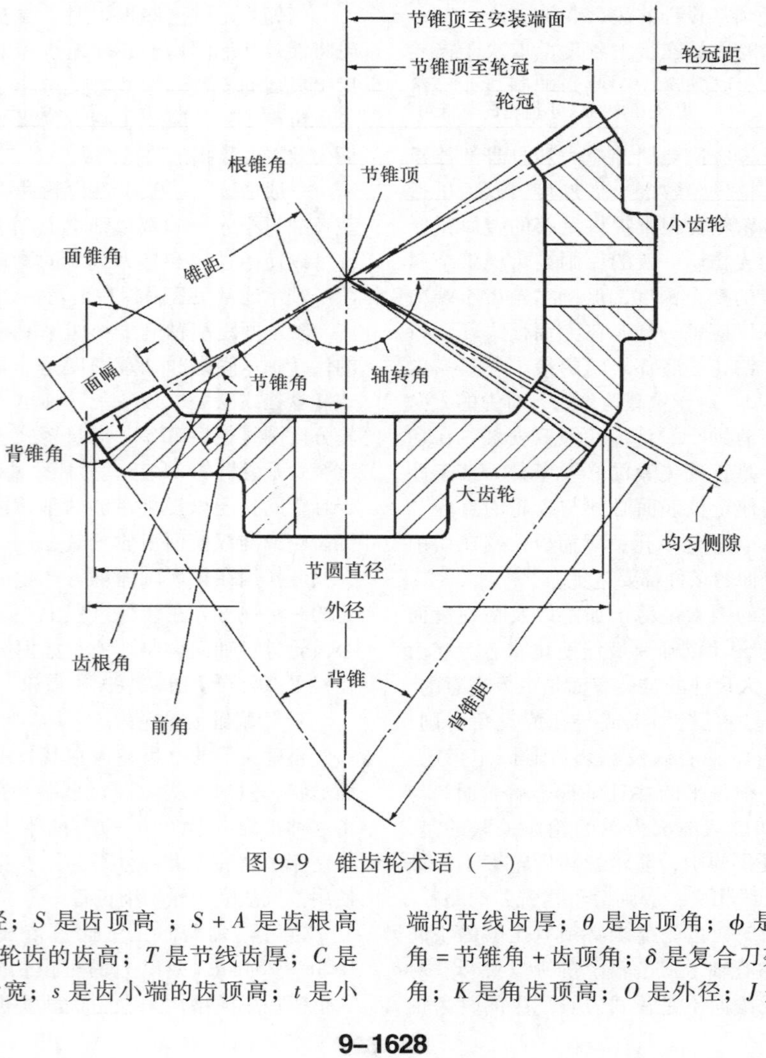

图9-9 锥齿轮术语（一）

D是节圆直径；S是齿顶高；$S+A$是齿根高（A=间隙）；W是轮齿的齿高；T是节线齿厚；C是节锥半径；F是齿宽；s是齿小端的齿顶高；t是小端的节线齿厚；θ是齿顶角；ϕ是齿根角；γ是面角=节锥角+齿顶角；δ是复合刀架角度；ζ是切削角；K是角齿顶高；O是外径；J是顶点距离；j是

小端顶点距离；N'是用于选择铣刀的齿数。

7. 美国锥齿轮标准

美国 AGMA 标准的 ANSI/2005-B88 的锥齿轮设计手册替代 AGMA 标准的 202.03、208.03、209.04 和 330.01 为直齿、零度齿、弧齿锥齿轮和准双曲面齿轮的设计提供了制造、检查和安装的信息标准。这些内容包括初步设计、图样格式、材料、等级、强度、检查、润滑、紧固和装配。包括了用于标准锥度、均匀深度、双锥度和倾斜齿根设计的坯料，以便该材料适用于格里森、克林恩伯格和欧瑞康齿轮切削机床的用户。

8. 铣削锥齿轮尺寸计算公式

正如前面解释的，大多数锥齿轮是由范成法加工的。即便如此，也可能需要有一些使用旋转成形铣刀切削配对啮合锥齿轮的应用程序。这种应用的例子包括用于某些类型设备的替换齿轮和用于试验开发的齿轮。

铣削锥齿轮的齿比例在某些方面与范成法加工齿轮的齿比例不同，主要的区别是，对于铣削锥齿轮，小齿轮和大齿轮的齿厚相等，小齿轮的齿顶高和齿根高分别与齿轮的齿顶高和齿根高相同。表 9-25中的规则和公式可用于计算带有直角、锐角和钝角轴的铣削锥齿轮的尺寸。

表 9-25　用于计算铣削锥齿轮尺寸的规则和公式

求取		规则	公式
小齿轮节锥角		将轴角的正弦除以轴角的余弦与大齿轮中的齿数除以小齿轮中的齿数的商之和；这给出的是正切的值；对于大于 90° 的轴角，余弦是负的	$\tan\alpha_P = \dfrac{\sin\Sigma}{\dfrac{N_G}{N_P} + \cos\Sigma}$ 对于 90° 轴角 $\tan\alpha_P = \dfrac{N_P}{N_G}$
大齿轮节锥角		从轴角中减去小齿轮的节锥角	$\alpha_G = \Sigma - \alpha_P$
节圆直径		将轮齿的数量除以直径径节	$D = N/P$
对齿轮和小齿轮这些尺寸都是一样的	齿顶	1 除以径节	$S = 1/P$
	齿根	1.157 除以径节	$S + A = 1.157/P$
	轮齿齿高	2.157 除以径节	$W = 2.157/P$
	节线处的齿厚	1.571 除以径节	$T = 1.571/P$
	节锥半径	节圆直径除以 2 倍节锥角的正弦	$C = \dfrac{D}{2 \times \sin\alpha}$
	轮齿小端的齿顶高	从节锥半径中减去齿面宽，将余下的值除以节锥半径再乘以齿顶高	$s = S \times \dfrac{C - F}{C}$
	小端节线处齿厚	从节锥半径中减去齿面宽，将余下的值除以节锥半径，再乘以节线处齿厚	$t = T \times \dfrac{C - F}{C}$
	齿顶角	齿顶高除以节圆锥半径，得到正切	$\tan\theta = \dfrac{S}{C}$
	齿根角	齿根高除以节圆锥半径，得到正切	$\tan\phi = \dfrac{S + A}{C}$
	齿面宽（最大）	将节锥半径除以 3 或将 8 除以径节，以较小的值为准	$F = \dfrac{C}{3}$ 或 $F = \dfrac{8}{P}$
	周节	3.1416 除以径节	$\rho = 3.1416/P$
面锥角		将齿顶角与节锥角相加	$\gamma = \alpha + \theta$
车削坯料的复合刀架角度		90°减去节锥角和齿顶角	$\delta = 90° - \alpha - \theta$
切齿角		从节锥角中减去齿根角	$\zeta = \alpha - \varphi$
角齿顶高		齿顶高乘以节锥角的余弦	$K = S\cos\alpha$
外径		节圆直径加 2 倍的角齿顶高	$O = D + 2K$
锥顶距		用外径的一半乘以面锥角的余切	$J = \dfrac{O}{2}\cot\gamma$
在轮齿小端的锥顶距		从节锥半径中减去齿面宽，余下的值除以节锥半径，再乘以锥顶距	$j = J \times \dfrac{C - F}{C}$
用于选择刀具的轮齿数量		轮齿数量除以节锥角的余弦	$N' = \dfrac{N}{\cos\alpha}$

在图 9-9 和图 9-10 以及表 9-25 中，应用于铣削锥齿轮的各种术语和符号如下：N 是轮齿数量；P 是径节；p 是周节；α 是节锥角和棱角；Σ 是轴与轴之间的角度。

应该修正铣削锥齿轮的公式，以使轮齿底部的间隙均匀，而不是朝顶点逐渐减少。如果遵循这个建议，那么切齿角度（齿根角度）应该通过从节锥角中减去齿顶角来确定，而不是按照给出的公式减去齿根角。

用于铣削垂直啮合锥齿轮和小齿轮齿的成形铣刀编号见表 9-26。

9. 选择铣削锥齿轮的成形铣刀

铣削 14½° 压力角的锥齿轮，一般采用成形铣刀制造商提供的标准铣刀系列。在这个系列中有 8 种铣刀对应于覆盖从 12 齿的小齿轮到冠齿轮的全部范围每一个径节。铣削直齿圆柱齿轮的成形铣刀和用于锥齿轮铣刀之间的区别是锥齿轮刀具更薄，因为它们必须通过锥齿轮小端的狭窄齿槽，要不然铣刀的形状和铣刀编号都是一样的。

在要铣削加工锥齿轮时为了选择合适的铣刀编号必须首先计算出用于选择铣刀编号的轮齿数量 N'。接着可以使用这个齿数从直齿圆柱齿轮铣刀表中选择合适的用于锥齿轮铣刀编号。

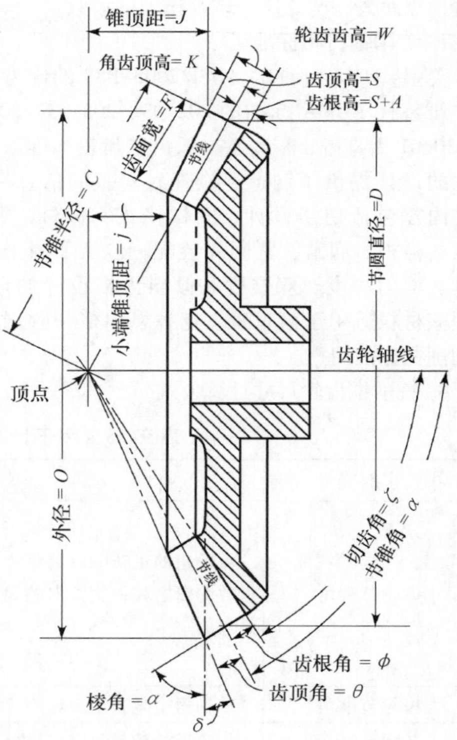

图 9-10　锥齿轮术语（二）

表 9-26　用于铣削垂直啮合锥齿轮和小齿轮齿的成形铣刀编号

		小齿轮的轮齿数量																
		12	13	14	15	16	17	18	19	20	21	22	23	24	25	26	27	28
大齿轮的轮齿数量	12	7-7	—	—	—	—	—	—	—	—	—	—	—	—	—	—	—	—
	13	6-7	6-6	—	—	—	—	—	—	—	—	—	—	—	—	—	—	—
	14	5-7	6-6	6-6	—	—	—	—	—	—	—	—	—	—	—	—	—	—
	15	5-7	5-6	5-6	5-5	—	—	—	—	—	—	—	—	—	—	—	—	—
	16	4-7	5-7	5-6	5-6	5-5	—	—	—	—	—	—	—	—	—	—	—	—
	17	4-7	4-7	4-6	5-6	5-5	5-5	—	—	—	—	—	—	—	—	—	—	—
	18	4-7	4-7	4-6	4-6	4-5	4-5	5-5	—	—	—	—	—	—	—	—	—	—
	19	3-7	4-7	4-6	4-6	4-6	4-5	4-5	4-4	—	—	—	—	—	—	—	—	—
	20	3-7	3-7	4-6	4-6	4-6	4-5	4-5	4-4	4-4	—	—	—	—	—	—	—	—
	21	3-8	3-7	3-7	3-6	4-6	4-5	4-5	4-5	4-4	4-4	—	—	—	—	—	—	—
	22	3-8	3-7	3-7	3-6	3-6	3-5	4-5	4-5	4-4	4-4	4-4	—	—	—	—	—	—
	23	3-8	3-7	3-7	3-6	3-6	3-5	3-5	3-5	3-4	4-4	4-4	4-4	—	—	—	—	—
	24	3-8	3-7	3-7	3-6	3-6	3-6	3-5	3-5	3-4	3-4	3-4	4-4	4-4	—	—	—	—
	25	2-8	2-7	3-7	3-6	3-6	3-6	3-5	3-5	3-5	3-4	3-4	3-4	4-4	3-3	—	—	—
	26	2-8	2-7	3-7	3-6	3-6	3-6	3-5	3-5	3-5	3-4	3-4	3-4	3-4	3-3	3-3	—	—
	27	2-8	2-7	2-7	2-6	3-6	3-6	3-5	3-5	3-5	3-4	3-4	3-4	3-4	3-4	3-3	3-3	—
	28	2-8	2-7	2-7	2-6	2-6	3-6	3-5	3-5	3-5	3-4	3-4	3-4	3-4	3-4	3-3	3-3	3-3
	29	2-8	2-7	2-7	2-7	2-6	2-6	3-5	3-5	3-5	3-4	3-4	3-4	3-4	3-4	3-3	3-3	3-3
	30	2-8	2-7	2-7	2-7	2-6	2-6	2-5	2-5	3-5	3-5	3-4	3-4	3-4	3-4	3-4	3-3	3-3
	31	2-8	2-7	2-7	2-7	2-6	2-6	2-6	2-5	2-5	2-5	3-4	3-4	3-4	3-4	3-4	3-3	3-3
	32	2-8	2-7	2-7	2-7	2-6	2-6	2-6	2-5	2-5	2-5	2-4	2-4	3-4	3-4	3-4	3-3	3-3

（续）

大齿轮的轮齿数量	小齿轮的轮齿数量																
	12	13	14	15	16	17	18	19	20	21	22	23	24	25	26	27	28
33	2-8	2-8	2-7	2-7	2-6	2-6	2-6	2-5	2-5	2-5	2-4	2-4	2-4	3-4	3-4	3-4	3-3
34	2-8	2-8	2-7	2-7	2-6	2-6	2-6	2-5	2-5	2-5	2-4	2-4	2-4	2-4	2-4	3-4	3-3
35	2-8	2-8	2-7	2-7	2-6	2-6	2-6	2-5	2-5	2-5	2-4	2-4	2-4	2-4	2-4	2-4	2-3
36	2-8	2-8	2-7	2-7	2-6	2-6	2-6	2-5	2-5	2-5	2-5	2-4	2-4	2-4	2-4	2-4	2-3
37	2-8	2-8	2-7	2-7	2-6	2-6	2-6	2-5	2-5	2-5	2-5	2-4	2-4	2-4	2-4	2-4	2-3
38	2-8	2-8	2-7	2-7	2-6	2-6	2-6	2-5	2-5	2-5	2-5	2-4	2-4	2-4	2-4	2-4	2-4
39	2-8	2-8	2-7	2-7	2-6	2-6	2-6	2-5	2-5	2-5	2-5	2-4	2-4	2-4	2-4	2-4	2-4
40	1-8	2-8	2-7	2-7	2-6	2-6	2-6	2-5	2-5	2-5	2-5	2-4	2-4	2-4	2-4	2-4	2-4
41	1-8	1-8	2-7	2-7	2-6	2-6	2-6	2-6	2-5	2-5	2-5	2-4	2-4	2-4	2-4	2-4	2-4
42	1-8	1-8	2-7	2-7	2-6	2-6	2-6	2-6	2-5	2-5	2-5	2-5	2-4	2-4	2-4	2-4	2-4
43	1-8	1-8	1-7	2-7	2-6	2-6	2-6	2-6	2-5	2-5	2-5	2-5	2-4	2-4	2-4	2-4	2-4
44	1-8	1-8	1-7	1-7	2-6	2-6	2-6	2-6	2-5	2-5	2-5	2-5	2-4	2-4	2-4	2-4	2-4
45	1-8	1-8	1-7	1-7	1-6	2-6	2-6	2-6	2-5	2-5	2-5	2-5	2-4	2-4	2-4	2-4	2-4
46	1-8	1-8	1-7	1-7	1-7	2-6	2-6	2-6	2-5	2-5	2-5	2-5	2-4	2-4	2-4	2-4	2-4
47	1-8	1-8	1-7	1-7	1-7	1-6	2-6	2-6	2-5	2-5	2-5	2-5	2-4	2-4	2-4	2-4	2-4
48	1-8	1-8	1-7	1-7	1-7	1-6	1-6	2-6	2-5	2-5	2-5	2-5	2-4	2-4	2-4	2-4	2-4
49	1-8	1-8	1-7	1-7	1-7	1-6	1-6	1-6	2-5	2-5	2-5	2-5	2-4	2-4	2-4	2-4	2-4
50	1-8	1-8	1-7	1-7	1-7	1-6	1-6	1-6	2-5	2-5	2-5	2-5	2-4	2-4	2-4	2-4	2-4
51	1-8	1-8	1-7	1-7	1-7	1-6	1-6	1-6	1-5	2-5	2-5	2-5	2-4	2-4	2-4	2-4	2-4
52	1-8	1-8	1-7	1-7	1-7	1-6	1-6	1-6	1-5	1-5	2-5	2-5	2-4	2-4	2-4	2-4	2-4
53	1-8	1-8	1-7	1-7	1-7	1-6	1-6	1-6	1-5	1-5	1-5	2-5	2-4	2-4	2-4	2-4	2-4
54	1-8	1-8	1-7	1-7	1-7	1-6	1-6	1-6	1-5	1-5	1-5	1-5	2-4	2-4	2-4	2-4	2-4
55	1-8	1-8	1-7	1-7	1-7	1-6	1-6	1-6	1-5	1-5	1-5	1-5	1-4	2-4	2-4	2-4	2-4
56	1-8	1-8	1-7	1-7	1-6	1-6	1-6	1-6	1-5	1-5	1-5	1-5	1-4	1-4	2-4	2-4	2-4
57	1-8	1-8	1-7	1-7	1-6	1-6	1-6	1-6	1-5	1-5	1-5	1-5	1-4	1-4	1-4	2-4	2-4
58	1-8	1-8	1-7	1-7	1-6	1-6	1-6	1-6	1-5	1-5	1-5	1-5	1-4	1-4	1-4	1-4	2-4
59	1-8	1-8	1-7	1-7	1-6	1-6	1-6	1-6	1-5	1-5	1-5	1-5	1-5	1-4	1-4	1-4	1-4
60	1-8	1-8	1-7	1-7	1-6	1-6	1-6	1-6	1-5	1-5	1-5	1-5	1-5	1-4	1-4	1-4	1-4
61	1-8	1-8	1-7	1-7	1-6	1-6	1-6	1-6	1-5	1-5	1-5	1-5	1-5	1-4	1-4	1-4	1-4
62	1-8	1-8	1-7	1-7	1-6	1-6	1-6	1-6	1-5	1-5	1-5	1-5	1-5	1-4	1-4	1-4	1-4
63	1-8	1-8	1-7	1-7	1-6	1-6	1-6	1-6	1-5	1-5	1-5	1-5	1-5	1-4	1-4	1-4	1-4
64	1-8	1-8	1-7	1-7	1-6	1-6	1-6	1-6	1-5	1-5	1-5	1-5	1-5	1-4	1-4	1-4	1-4
65	1-8	1-8	1-7	1-7	1-7	1-6	1-6	1-6	1-6	1-5	1-5	1-5	1-5	1-4	1-4	1-4	1-4
66	1-8	1-8	1-7	1-7	1-7	1-6	1-6	1-6	1-6	1-5	1-5	1-5	1-5	1-4	1-4	1-4	1-4
67	1-8	1-8	1-7	1-7	1-7	1-6	1-6	1-6	1-6	1-5	1-5	1-5	1-5	1-4	1-4	1-4	1-4
68	1-8	1-8	1-7	1-7	1-7	1-6	1-6	1-6	1-6	1-5	1-5	1-5	1-5	1-4	1-4	1-4	1-4
69	1-8	1-8	1-7	1-7	1-7	1-6	1-6	1-6	1-6	1-5	1-5	1-5	1-5	1-4	1-4	1-4	1-4
70	1-8	1-8	1-7	1-7	1-7	1-6	1-6	1-6	1-6	1-5	1-5	1-5	1-5	1-4	1-4	1-4	1-4
71	1-8	1-8	1-7	1-7	1-7	1-6	1-6	1-6	1-6	1-5	1-5	1-5	1-5	1-4	1-4	1-4	1-4
72	1-8	1-8	1-7	1-7	1-7	1-6	1-6	1-6	1-6	1-5	1-5	1-5	1-5	1-4	1-4	1-4	1-4
73	1-8	1-8	1-7	1-7	1-7	1-6	1-6	1-6	1-6	1-5	1-5	1-5	1-5	1-4	1-4	1-4	1-4
74	1-8	1-8	1-7	1-7	1-7	1-6	1-6	1-6	1-6	1-5	1-5	1-5	1-5	1-4	1-4	1-4	1-4
75	1-8	1-8	1-7	1-7	1-7	1-6	1-6	1-6	1-6	1-5	1-5	1-5	1-5	1-4	1-4	1-4	1-4
76	1-8	1-8	1-7	1-7	1-7	1-6	1-6	1-6	1-6	1-5	1-5	1-5	1-5	1-4	1-4	1-4	1-4
77	1-8	1-8	1-7	1-7	1-7	1-6	1-6	1-6	1-6	1-5	1-5	1-5	1-5	1-4	1-4	1-4	1-4
78	1-8	1-8	1-7	1-7	1-7	1-6	1-6	1-6	1-6	1-5	1-5	1-5	1-5	1-4	1-4	1-4	1-4
79	1-8	1-8	1-7	1-7	1-7	1-6	1-6	1-6	1-6	1-5	1-5	1-5	1-5	1-4	1-4	1-4	1-4
80	1-8	1-8	1-7	1-7	1-7	1-6	1-6	1-6	1-6	1-5	1-5	1-5	1-5	1-4	1-4	1-4	1-4
81	1-8	1-8	1-7	1-7	1-7	1-6	1-6	1-6	1-6	1-5	1-5	1-5	1-5	1-4	1-4	1-4	1-4
82	1-8	1-8	1-7	1-7	1-7	1-6	1-6	1-6	1-6	1-5	1-5	1-5	1-5	1-4	1-4	1-4	1-4
83	1-8	1-8	1-7	1-7	1-7	1-6	1-6	1-6	1-6	1-5	1-5	1-5	1-5	1-4	1-4	1-4	1-4
84	1-8	1-8	1-7	1-7	1-7	1-6	1-6	1-6	1-6	1-5	1-5	1-5	1-5	1-4	1-4	1-4	1-4
85	1-8	1-8	1-7	1-7	1-7	1-6	1-6	1-6	1-6	1-5	1-5	1-5	1-5	1-4	1-4	1-4	1-4
86	1-8	1-8	1-7	1-7	1-7	1-6	1-6	1-6	1-6	1-5	1-5	1-5	1-5	1-4	1-4	1-4	1-4
87	1-8	1-8	1-7	1-7	1-7	1-6	1-6	1-6	1-6	1-5	1-5	1-5	1-5	1-4	1-4	1-4	1-4
88	1-8	1-8	1-7	1-7	1-7	1-6	1-6	1-6	1-6	1-5	1-5	1-5	1-5	1-4	1-4	1-4	1-4
89	1-8	1-8	1-7	1-7	1-7	1-6	1-6	1-6	1-6	1-5	1-5	1-5	1-5	1-4	1-4	1-4	1-4
90	1-8	1-8	1-7	1-7	1-7	1-6	1-6	1-6	1-6	1-5	1-5	1-5	1-5	1-4	1-4	1-4	1-4
91	1-8	1-8	1-7	1-7	1-7	1-6	1-6	1-6	1-6	1-5	1-5	1-5	1-5	1-4	1-4	1-4	1-4
92	1-8	1-8	1-7	1-7	1-7	1-6	1-6	1-6	1-6	1-5	1-5	1-5	1-5	1-4	1-4	1-4	1-4
93	1-8	1-8	1-7	1-7	1-7	1-6	1-6	1-6	1-6	1-5	1-5	1-5	1-5	1-4	1-4	1-4	1-4
94	1-8	1-8	1-7	1-7	1-7	1-6	1-6	1-6	1-6	1-5	1-5	1-5	1-5	1-4	1-4	1-4	1-4
95	1-8	1-8	1-7	1-7	1-7	1-6	1-6	1-6	1-6	1-5	1-5	1-5	1-5	1-4	1-4	1-4	1-4
96	1-8	1-8	1-7	1-7	1-7	1-6	1-6	1-6	1-6	1-5	1-5	1-5	1-5	1-4	1-4	1-4	1-4
97	1-8	1-8	1-7	1-7	1-7	1-6	1-6	1-6	1-6	1-5	1-5	1-5	1-5	1-4	1-4	1-4	1-4
98	1-8	1-8	1-7	1-7	1-7	1-6	1-6	1-6	1-6	1-5	1-5	1-5	1-5	1-4	1-4	1-4	1-4
99	1-8	1-8	1-7	1-7	1-7	1-6	1-6	1-6	1-6	1-5	1-5	1-5	1-5	1-4	1-4	1-4	1-4
100	1-8	1-8	1-7	1-7	1-7	1-6	1-6	1-6	1-6	1-5	1-5	1-5	1-5	1-4	1-4	1-4	1-4

注：先给出的是大齿轮的铣刀数量，然后是小齿轮的数量。

例1：如果大齿轮有50个轮齿，而小齿轮有20个轮齿，则以70°轴角啮合的一对4个径节的锥齿轮副需要什么编号的铣刀？

小齿轮的节锥角：

$$\tan\alpha_P = \frac{\sin\Sigma}{\frac{N_G}{N_P} + \cos\Sigma} = \frac{\sin 70°}{\frac{50}{20} + \cos 70°} = 0.33064;$$

$$\alpha_P = 18°18'$$

大齿轮的节锥角：

$$\alpha_G = \Sigma - \alpha_P = 70° - 18°18' = 51°42'$$

用于选择大齿轮和小齿轮铣刀的轮齿数量 N' 的确定：

$$小齿轮\ N' = \frac{N_P}{\cos\alpha_P} = \frac{20}{\cos 18°18'}齿$$
$$= 21.1齿 \approx 21齿$$

$$大齿轮\ N' = \frac{N_G}{\cos\alpha_G} = \frac{50}{\cos 51°42'}齿$$
$$= 80.7齿 \approx 81齿$$

小齿轮和大齿轮的刀具编号分别为5和2。

例2：需要铣刀用于一对大齿轮有24个轮齿和小齿轮有12个轮齿，轴角是90°的锥齿轮副。

$\tan\alpha_P = N_P/N_G = 12/24 = 0.5000$，且 $\alpha_P = 26°34'$

$\alpha_G = \Sigma - \alpha_P = 90° - 26°34' = 63°26'$

小齿轮 $N' = 12/\cos 26°34'$齿 = 13.4齿≈13齿

大齿轮 $N' = 24/\cos 63°26'$齿 = 53.6齿≈54齿

小齿轮和大齿轮的铣刀编号分别是8和3。

10. 铣削锥齿轮成形铣刀选择表的使用

表9-26给出了用于铣削不同齿数大齿轮和小齿轮的铣刀编号，该表只适用于呈垂直轴的锥齿轮。因此，在上面给出的例2中，通过在表中查询大齿轮实际齿数24和小齿轮的齿数12就可以直接获得铣刀的编号。

11. 铣削锥齿轮铣刀的偏移量

用旋转成形铣刀铣削锥齿轮时，有必要在每个齿槽上进行两次切削，使齿轮毛坯略微偏离中心位置，首先在一侧，然后在另一侧，以获得大致正确的齿形。齿轮毛坯也按比例旋转，以在大小两端获得正确的齿厚。齿轮毛坯或刀具应在中心位置偏移的量，可以通过使用用于获得铣削锥齿轮偏移量的因子并相结合以下的规则来精确地确定：在表9-27中找出使用铣刀编号以及节圆锥半径与齿面宽度的比值对应的因子，然后将这个因子除以径节，结果再减去在节线处的该铣刀厚度的一半。

表9-27 用于获得铣削锥齿轮偏移量的因子

铣刀编号	节圆锥半径与齿面宽的比值 $\left(\frac{C}{F}\right)$												
	$\frac{3}{1}$	$\frac{3\frac{1}{4}}{1}$	$\frac{3\frac{1}{2}}{1}$	$\frac{3\frac{3}{4}}{1}$	$\frac{4}{1}$	$\frac{4\frac{1}{4}}{1}$	$\frac{4\frac{1}{2}}{1}$	$\frac{4\frac{3}{4}}{1}$	$\frac{5}{1}$	$\frac{5\frac{1}{2}}{1}$	$\frac{6}{1}$	$\frac{7}{1}$	$\frac{8}{1}$
1	0.254	0.254	0.255	0.256	0.257	0.257	0.257	0.258	0.258	0.259	0.260	0.262	0.264
2	0.266	0.268	0.271	0.272	0.273	0.274	0.274	0.275	0.277	0.279	0.280	0.283	0.284
3	0.266	0.268	0.271	0.273	0.275	0.278	0.280	0.282	0.283	0.286	0.287	0.290	0.292
4	0.275	0.280	0.285	0.287	0.291	0.293	0.296	0.298	0.298	0.302	0.305	0.308	0.311
5	0.280	0.285	0.290	0.293	0.295	0.296	0.298	0.300	0.302	0.307	0.309	0.313	0.315
6	0.311	0.318	0.323	0.328	0.330	0.334	0.337	0.340	0.343	0.348	0.352	0.356	0.362
7	0.289	0.298	0.308	0.316	0.324	0.329	0.334	0.338	0.343	0.350	0.360	0.370	0.376
8	0.275	0.286	0.296	0.309	0.319	0.331	0.338	0.344	0.352	0.361	0.368	0.380	0.386

注：为了使用表中获得偏置量，使用公式：

$$偏移量 = \frac{T}{2} - \frac{表中的因子}{P}$$

式中，P 是被切削齿轮的齿距；T 是在节线测量的铣刀厚度。

例如，具有24个轮齿、6个径节、30°节锥角和1¼in齿面或齿长的锥齿轮的偏移量是多少？为了获得一个因子，必须确定节圆锥半径与工作面宽度之比。节圆锥半径等于节圆直径除以节圆锥角正弦的2倍 = 4÷(2×0.5) = 4in。由于齿面宽为1.25，比值为4÷1.25或3¼:1。表9-24中这个比例的因子为0.280，对应的是用于这个具体齿轮铣刀编号的4号铣刀。通过使用游标齿轮卡尺来测量铣刀在节线的厚度。在节线处测量的深度 $S+A$（见图9-11，S = 齿顶，A = 间隙）等于1.157除以径节，因此，1.157÷6 = 0.1928in。在这个深度的铣刀的厚度会因不同的刀具而异，即使是相同的铣刀实质上也被磨掉了，因为成形锥齿轮铣刀通常都有副后角。假设厚度为0.1745in，代入给定的公式中为

$$偏移量 = \frac{0.1745}{2} = \frac{0.280}{6} = 0.0406\text{in}$$

12. 调整铣削的齿坯

在确定了偏移量之后，将毛坯横向调整该量，并且沿毛坯周围铣出齿槽。在每颗齿的一边研磨到适当的尺寸之后，将毛坯移至与刀具中心位置相同的相反方向，并且旋转到铣刀与小端上的齿槽对齐。接着进行一次试切，如果铣刀薄到可以穿过完工齿轮的齿槽小端，正如它应该的那样则轮齿会被铣削得过厚。这种试切齿是通过将毛坯向刀具旋转来获得适当的厚度。为了测试偏移量，在大端和小端测量齿的厚度（用一个游标卡尺）。卡尺的设置应使小端的齿顶高与大端的齿顶成适当的比例，该比例为 $(C-F)/C$（见图9-11）。

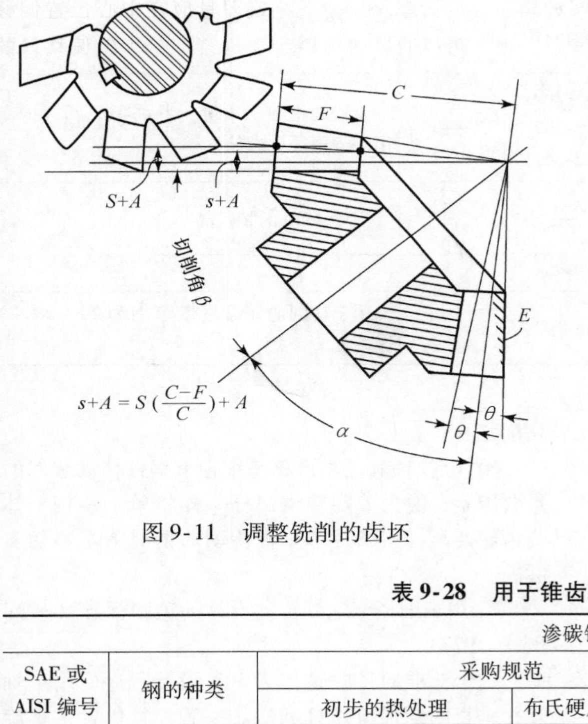

图9-11 调整铣削的齿坯

在进行这些测量时，如果在两端的厚度（应该是相同比例）太大了，将轮齿朝向铣刀旋转并进行试切，直到在大端或小端都获得适当厚度为止。如果轮齿大端的厚度合适，而小端太厚，则毛坯偏移量过大；反之，如果小端是恰当的，而大端太厚，那么毛坯偏离中心的量不足。不论哪种情况，其位置也应该相应地改变。前面提到的公式和表将使一个正确转动的毛坯精确地设定用于常规的加工。分度头应设定为切削角 β，该切削角是通过从节锥角 α 中减去齿顶角 θ 而得到的。当一个锥齿轮通过上述方法铣削后，在小端的齿侧面应按 E 处标识的阴影线锉削，即锉掉从轮齿大端啮合点到小端啮合点直至节线并斜着返回大端啮合点的三角形区域。

13. 铣削锥齿轮齿的圆弧齿厚、弦齿厚和弦齿高

在下面的公式中，T 是轮齿大端节圆的圆弧齿厚；t 是小端的圆弧齿厚；T_C 和 t_C 分别为大、小端的弦齿厚；S_C 和 s_C 分别为大、小端的弦齿高；D 是大端的节圆直径。C、F、P、S、s 和 α 如前文中的定义。

$$T = \frac{1.5708}{P}$$

$$T_C = T - \frac{T^3}{6D^2}$$

$$S_C = S + \frac{T^2\cos\alpha}{4D}$$

$$t = \frac{T(C-F)}{C}$$

$$t_C = t - \frac{t^3}{6(D-2F\sin\alpha)^2}$$

$$s_C = s + \frac{t^2\cos\alpha}{4(D-2F\sin\alpha)}$$

用于锥齿轮应用的典型钢见表9-28。

表9-28 用于锥齿轮应用的典型钢

渗碳钢					
SAE或AISI编号	钢的种类	采购规范			备注
		初步的热处理	布氏硬度值	ASTM粒度	
1024	锰	正火	—	—	低合金，油淬火局限于薄截面
2512	镍合金	正火，退火	163-228	5-8	航空品质
3310 3312X	镍-铬	正火，然后加热至1450℉，炉内冷却。再加热至1170℉，空冷	163-228	5-8	用于最大限度地抵抗磨损和疲劳
4028	钼	正火	163-217		低合金
4615 4620	镍-钼	正火，1700～1750℉	163-217	5-8	良好的机加工质量。适合于直接淬火，产生最小失真的坚韧的芯体
4815 4820	镍-钼	正火	163-241	5-8	用于航空和重载工况

（续）

SAE 或 AISI 编号	钢的种类	采购规范			备注
		初步的热处理	布氏硬度值	ASTM 粒度	
渗碳钢					
5120	铬	正火	163-217	5-8	
8615 8620 8715 8720	铬-镍-钼	正火，在敲击冷却	163-217	5-8	用作4620的替代品
油淬火和火焰硬化钢					
1141	硫化易切碳素钢	正火 热处理	179-228 255-269	5 或更粗的	易切削钢用于非硬化齿轮、油处理齿轮以及应力较低的将要进行表面淬火的齿轮
4140 4640	铬-钼镍-钼	适于油淬火，正火，退火 适于表面硬化，正火，再加热，淬火和热拔	179-212 235-269 269-302 302-341	—	用于热处理、油淬火和表面硬化的齿轮。4640的机加质量优于4140，而且它是火焰硬化钢的首选
6145	铬-钒	正火，再加热，淬火和热拉	235-269 269-302 302-341	—	一般的机加工质量。当4640不可用时，用于表面硬化齿轮
8640 8739	铬-镍-钼	和4640一样	—	—	用作4640的替代品
氮化钢					
氮化 H 和 G	特殊合金	退火	163-192	—	用于切削的正常硬度范围为 20 ~ 28 洛氏硬度 C

注：其他具有与表列同等质量的钢材也可以使用。

9.3 蜗杆传动装置

1. 蜗杆传动装置的类别

蜗杆传动装置可分为两大类：细径节蜗杆传动装置和大节距蜗杆传动装置。细径节蜗杆传动装置从大节距蜗杆传动装置中分离出来的原因如下：

1）细径节蜗杆主要用于传递运动而不是动力。除了在细径节范围内较粗大的一端以外，轮齿的强度很少作为一个重要的因素；由于耐久性和准确度影响均匀角运动的传递所以都更为重要。

2）一般而言，用于细径节蜗杆传动装置的机座结构和润滑方法是完全不同的。

3）由于细径节蜗杆很小，对齿廓偏差和轮齿接触面的测量精度不会像大节距一样精确。

4）通常用于切削细径节蜗杆的设备具有直径、导程范围，可获得的精确度以及轮齿接触面极限的限制。

5）必须特别考虑细径节硬化蜗杆的齿顶和蜗轮切削工具。

6）互换性和高生产率是细径节蜗杆传动装置的重要因素，像大节距精密蜗杆一样将单个蜗杆个体与齿轮匹配，在细径节蜗杆传动的情况下是不切实际的。

2. 用于细径节蜗杆传动设计的美国标准（ANSI B6.9-1977）

这个标准的目的是作为一种设计程序，用于轴互相垂直的细径节蜗杆和蜗轮装置。它包含了螺旋螺纹的圆柱蜗杆以及用于完全共轭齿面的滚制蜗轮。它不包括用作蜗轮的斜齿轮。

滚刀：用于生产齿轮的滚刀是配对蜗杆的齿形，螺纹头数量和导程的复制品。滚刀与蜗杆的不同之处主要在于滚刀的外径较大，以允许在蜗杆齿轮中进行刃磨并为蜗轮提供底部间隙。

齿距：已经设立了通常需要的 8 个标准的轴向间距，以提供通常需要的足够的覆盖范围：0.030in，0.040in，0.050in，0.065in，0.080in，0.100in，0.130in 和 0.160in。

轴向齿距是本设计标准的基础，因为：①轴向齿距确立用于作为加工和检验蜗杆的基本尺寸的导程；②蜗杆的轴向齿距与齿轮中央平面周节相等；③在常用的蜗杆生产设备上，对于给定的导程不论其导程角如何，只需要一套变速齿轮或一套主凸轮。

导程角：已经设立了 15 个导程角，以提供足够的覆盖范围：0.5°，1°，1.5°，2°，3°，4°，5°，7°，9°，11°，14°，17°，21°，25°和 30°。

这一系列的导程角已经标准化：①减少刀具；②通过保持相同的导程角，获得不同轴向齿距蜗杆间的几何相似度；③考虑细径节蜗杆传动应用中的生产布局基础。

例如，大多数细径节蜗杆都有一或两头螺纹。在导程角系列的低端点要求更小的增量。对于使用频率较低的螺纹头数，在导程角系列的高端点上更大的增量是足够的。

蜗杆压力角：在此标准的范围内，选择了 20°的压力角作为加工蜗杆铣刀和磨轮的标准，因为它避免了不良的根切，而不考虑导程角。

用于美国标准细径节蜗杆和蜗轮比例的公式见表 9-29。

表 9-29　用于美国标准细径节蜗杆和蜗轮比例的公式 ANSI B6.9-1977

字母符号

P 是蜗轮周节；

P 是蜗杆的轴向节距，$P_{x'}$ 位于中心平面

P_x 是蜗杆的轴向节距

P_n 是蜗杆和蜗轮的法向周节 $= P_x\cos\lambda = P\cos\psi$

λ 是蜗杆导程角

ψ 是蜗轮螺旋角

n 是蜗杆螺纹头数

N 是蜗轮轮齿数量，$N = nm_G$

m_G 是齿数比 $= N \div n$

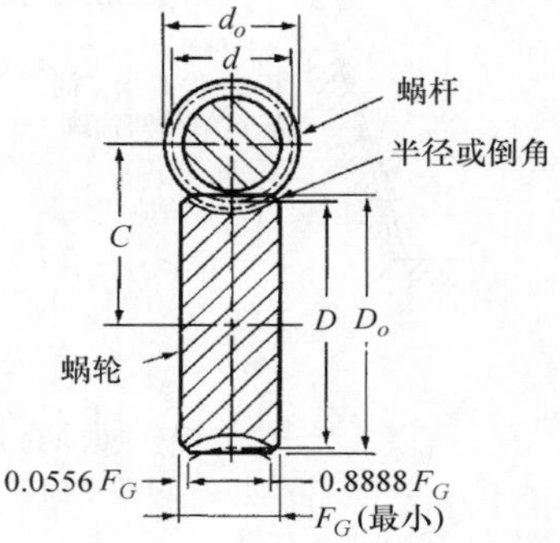

项目	公式	项目	公式
蜗杆尺寸		蜗轮尺寸①	
导程	$l = nP_x$	分度圆直径	$D = NP/\pi = NP_x/\pi$
分度圆直径	$d = l/(\pi\tan\lambda)$	外径	$D_o = 2C - d + 2a$
外径	$d_o = d + 2a$	齿面宽	$F_{G\min} = 1.125\sqrt{(d_o+2c)^2-(d_o-4a)^2}$
蜗杆螺纹部分的最小安全长度②	$F_W = \sqrt{D_o^2 - D^2}$		
蜗杆和蜗轮二者的尺寸			
齿顶高	$a = 0.3183P_n$	齿厚	$t_n = 0.5P_n$
齿高	$h_t = 0.7003P_n + 0.002$	近似法向压力角③	$\phi_n = 20°$
工作高度	$h_k = 0.6366P_n$	中心距	$C = 0.5(d + D)$
侧隙	$c = h_t - h_k$		

注：所有尺寸为 in，除非另有说明。

① 目前对细螺距蜗杆传动装置的做法不需要使用带喉毛坯。这个将导致更简单的毛坯显示在类似用于直齿圆柱齿轮或斜齿轮的图表中。由于使用不带喉坯料而引起的轻微啮合损失对细径节蜗杆传动装置的承载能力几乎没有影响。在生产蜗轮时，有时想要使用顶切滚刀来加工外径和分度圆直径之间的大小关系必须受到严格控制的蜗轮。在这种情况下，根据齿距的不同，毛坯的尺寸要比 D_o 大（通常为 0.010～0.020）。由于滚刀的操作，顶切的蜗轮会显示有一个小的喉。无论出于何种目的，喉部是可以忽略的，这样制作的毛坯不能认为是带喉毛坯。

② 这个公式允许足够长度的细径节蜗杆。

③ 由于加工工艺，实际压力角会稍微大一些。

虽然用于加工蜗杆的刀具或砂轮的压力角是 20°，蜗杆中产生的法向压力角实际上会稍微大一些，并随着蜗杆直径、导程角、刀具直径或砂轮直径的不同而发生变化。在生产方法对蜗杆外形和压力角的影响下提出了一种计算压力角变化的方法。

蜗杆的分度圆直径范围：推荐的最小蜗杆直径

为0.250in，最大值为2.000in。

蜗杆和蜗轮的齿形：在法向平面内，蜗杆螺纹的形状定义为由对称双圆锥铣刀或有直母线和40°夹角的磨削轮加工而成。

因为蜗杆和蜗轮与它们的制造方法密切相关，在没有提到蜗杆的情况下，是不可能明确指定蜗轮的齿形的。基于这个原因，蜗杆的规格应该包括制造方法和刀具或砂磨轮的直径。同样，如果刀具能正确设计的话，如果为了确定范成工具的形状则必须向制造商提供正确加工蜗杆齿轮方法的信息。

蜗杆轮廓是一条曲线，根据蜗杆直径、导程角以及刀具或砂轮直径，该曲线偏离直线的量会有所不同。标准中给出了一种计算这种偏差的方法。蜗轮齿形被理解为要与配对的蜗杆螺纹进行完全共轭。

切削直径对蜗杆齿形和压力角的影响如图9-12所示。

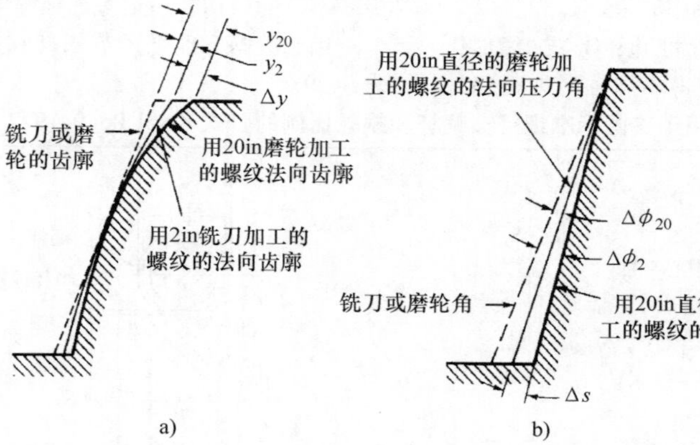

图9-12 切削直径对蜗杆齿形和压力角的影响

a）曲率影响 b）压力角影响

3. 生产方法对蜗杆轮形和压力角的影响

在蜗杆传动装置中，因为对细径节蜗杆或蜗轮进行直接齿形测量是不实际的，所以通常用轮齿接触面作为判断齿形精度的方法。根据AGMA 370.01，细径节齿轮传动装置设计手册，最低50%的初始接触面积适合于大多数细径节蜗杆传动装置，虽然在某些情况下，例如当负载波动大时，可能需要一个更严格限制的初始接触面积。

除单点车刀、平铣刀或者具有特殊形状的铣刀用于蜗杆的制造中，铣刀产生的压力角和齿廓与刀具本身不同。这些差异多少取决于几个因素，即蜗杆的直径和导程角、蜗杆螺纹的厚度和深度、铣刀或磨轮的直径等。图9-12可以看出铣刀和磨轮在蜗杆上产生的曲率和压力角影响，以及蜗杆齿廓和压力角的变化量是如何受到所用切削刀具直径影响的。

4. 蜗杆传动装置的材料

蜗杆传动装置，特别是动力传输装置，应该使用钢蜗杆和磷青铜蜗轮，这种组合广泛使用。蜗杆应硬化和研磨，以获得精度和光滑的表面质量。

磷青铜蜗轮应包含质量分数为10%~12%的锡。S.A.E.的磷青铜齿轮（编号65）包含质量分数为88%~90%的铜，10%~12%锡，0.50%铅，0.50%的锌（但铅、锌和镍的最大含量为1%），0.10%~0.30%磷，0.005%铝。S.A.E.的镍磷齿轮青铜（编号65+Ni）含有质量分数为87%的铜，11%的锡，2%的镍和0.2%的磷。

5. 单头蜗杆

蜗杆转速与蜗轮速比从1.5~100以上不等。具有高速比的蜗杆传动装置作为动力传输并不是很有效；不过高和低的比率通常还是必需的。由于速比等于蜗轮的齿数除以蜗杆上的螺纹或“头”的数，单螺纹蜗杆用来获得高速比。作为一般规则，尽管速比能达到100或者更高，但对于单头蜗轮和蜗轮组合来说，推荐的最大速比为50。当需要高速比时，优选组合方式，为了获得相同的总减速和更高的组合效率，两套多头类型的蜗杆传动装置优于单头类型。

由于低导程角的影响，单头蜗杆效率相对较低，因此，当主要目的是尽可能有效地传输动力时，不使用单头蜗杆，但当必须一套齿轮来进行大减速时，或者可能作为调整方式时，可以使用单头蜗杆，特别是当“机械优势”或自锁是重要考虑因素的情况下。

6. 多头蜗杆

当蜗杆传动装置设计主要用于有效地传输功率时，蜗杆的导程角应该和其他要求一样高，优选的在25°或30°和45°之间，这意味着蜗杆必须是多头螺纹的。为了获得一个给定的比例，蜗轮齿数除以蜗杆螺纹的数量必须等于此比率。因此，如果比率为6，则可以使用以下组合：

$$\frac{24}{4}, \frac{30}{5}, \frac{36}{6}, \frac{42}{7}$$

分子代表了涡轮轮齿的数量，分母为蜗杆螺纹数量或头数。为了获得“追逐齿”的啮合，蜗轮轮齿的数量可能不是一个多螺纹蜗杆头数的精确倍数。

蜗杆的螺纹数或“头数”：蜗杆螺纹头数通常从1~6或8，取决于传动比。作为一般的规则，随着比率的增加，蜗杆螺纹数量减少。然而，在某些情况下，两个比率中更高的比率也可能有更多的螺纹头数。例如，比为6⅕的比率将有5个螺纹头数而比率为6⅚的将有6个螺纹头数。当比值为分数时，蜗杆上的螺纹头数等于该分数比率的分母。

7. 蜗轮切削

用于切削涡轮的机床包括适用于切削直齿轮、弧齿轮和涡轮传动装置的普通铣床、齿轮滚齿机以及专门为切削蜗杆而设计的专用机器。采用的一般方法：①采用直滚刀以及滚刀与齿轮毛坯之间的径向进给运动进行切削；②通过用与蜗轮齿坯相切地飞刀切削；③用切向进给的锥形滚刀切削。与滚刀相比飞刀法比较慢，但有两个决定性的优势：首先，用一个非常简单便宜的铣刀代替昂贵的滚刀。当要加工的蜗杆副的数量不足以制造新的滚刀时，这一点非常重要。其次，用飞刀法，可以制造出比直滚刀更精确的齿。锥形滚刀特别适用于切削与大螺旋角蜗杆啮合的蜗轮；对于具有与蜗杆直径成比例的大齿面宽的蜗轮，它们也是优选的。比起提供径向进给运动的直滚刀，锥滚刀加工的涡轮具有更高的精度。

9.4　斜齿轮传动装置

1. 斜齿轮计算的基本规则和公式

表9-30和其他地方的规则和公式都是斜齿轮计算的基础。公式中使用的符号是：P_n = 铣刀法向径节；D = 分度圆直径；N = 轮齿齿数；α = 螺旋角；γ = 中心角轴夹角；C = 中心距；N' = 用来为铣削轮齿选择成形铣刀的轮齿数量；L = 轮齿螺旋线导程；S = 齿顶高；W = 齿高；T_n = 分度线处的法向齿厚；O = 外径。

表 9-30　斜齿轮计算的基本规则和公式

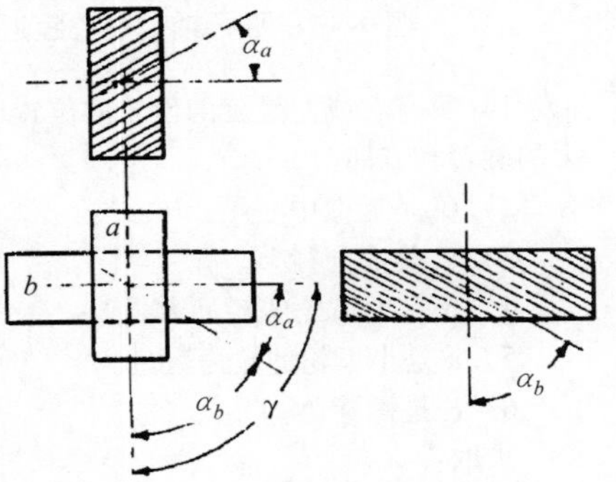

在公式中，符号 D、N、L 和 α 适用于大齿轮和小齿轮，下标 a 和 b 分别代表在一对齿轮副中的 a 和 b 中的大齿轮和小齿轮

编号	求取	规则	公式
1	分度圆直径	轮齿的数量除以法向径节和螺旋角余弦的乘积	$D=\frac{N}{P_n\cos\alpha}$
2	中心距	把两个分度圆直径加起来，再除以2	$C=\frac{D_a+D_b}{2}$
3	斜齿导程	螺旋角的余切乘以分度圆直径再乘3.1416	$L=\pi D\cot\alpha$
4	齿顶高	1除以法向径节	$S=\frac{1}{P_n}$
5	轮齿的齿高	2.157除以法向径节	$W=\frac{2.157}{P_n}$
6	分度线处的法向齿厚	1.5708除以法向径节	$T_n=\frac{1.5708}{P_n}$
7	外径	把2倍的齿顶高加到分度圆直径上	$O=D+2S$

2. 确定推力方向

斜齿轮设计的第一步是确定推力的期望方向。当确定了推力的方向时，主动齿轮和从动齿轮的相对位置就已经知道了，这样螺旋线的方向（右或左）可以从所附的平行轴和90°轴角的斜齿轮的旋转方向和产生的推力的推力图中找到，图9-13所示为平行轴和90°轴角斜齿轮的旋转方向和产生的推力。推力轴承这样的定位是为了承受由齿载荷所引起的推力。推力的方向取决于螺旋的方向、主动齿轮和从动齿轮的相对位置以及旋转的方向。通过改变三个条件中的任何一个，即通过改变旋转的方向，或者通过改变主动齿轮和从动齿轮的位置，可以将推力改变到相反的方向。

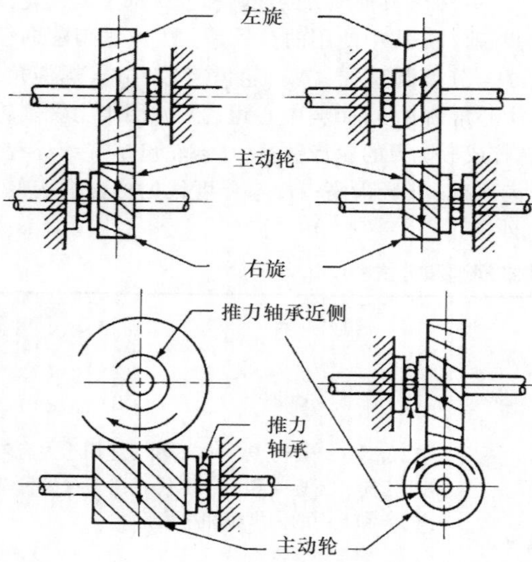

图9-13 平行轴和90°轴角斜齿轮的旋转方向和产生的推力

3. 确定螺旋角

对于任何给定角度轴角的斜齿轮都应遵守以下规则：如果每个螺旋角都小于轴角，那么两个齿轮的螺旋角之和等于轴之间的夹角，两个齿轮的螺旋角是一样的；如果一个齿轮的螺旋角大于轴角，那么两个齿轮的螺旋角之间的差值将等于轴角，齿轮的方向是相反的。

4. 使用刀具的节距

用于切削斜齿轮的铣刀在分度线处的厚度应该等于法向周节的一半。法向节距随螺旋角变化，因此在选择铣刀时必须考虑螺旋角。铣刀节距应与齿轮的法向径节相同。这个法向节距是将齿轮的端面径节除以螺旋角的余弦来确定的。举例来说，如果斜齿轮的分度圆直径是6.718，并且有38个螺旋角为45°的轮齿，端面径节等于38/6.718 = 5.656，则法向径节等于5.656/0.707 = 8。于是这个8径节铣刀就是专门用于特殊的齿轮的。

斜齿轮最好在一种范成式的齿轮加工机床诸如滚齿机或插齿机上切削。当滚刀或插齿刀无法获得，或者当加工单件、替换齿轮时，在一些工厂中使用铣床。在这种情况下，用于铣削斜齿轮的成形铣刀除了节距要遵从齿轮的法向齿轮径节，还必须确定铣刀的编号。

（1）平行轴，中心距近似　给定或假设（见图9-14）。

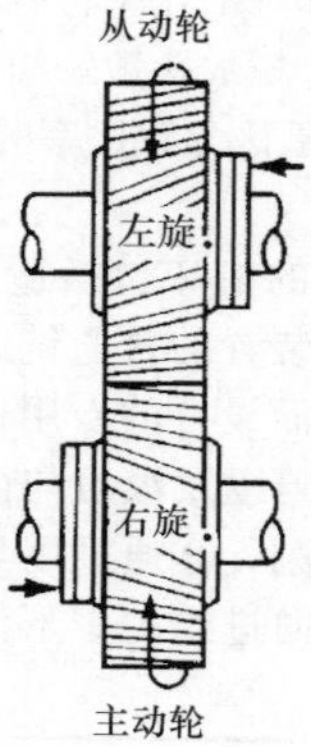

图9-14 平行轴，中心距近似

1）具有右或左螺旋的齿轮的位置取决于接受推力的旋转和方向。

2）C_a是近似中心距。

3）P_n是法向径节。

4）N是大齿轮的轮齿数量。

5）n是小齿轮的轮齿数量。

6）α是螺旋角。

求取：

1）D是大齿轮节圆直径 $=\dfrac{N}{P_n\cos\alpha}$。

2）d是小齿轮节圆直径 $=\dfrac{n}{P_n\cos\alpha}$。

3）O是大齿轮外径 $=D+\dfrac{2}{P_n}$。

4）O是小齿轮外径 $=d+\dfrac{2}{P_n}$。

5）T是成形铣刀上标识的轮齿数量（大齿轮）$=\dfrac{N}{\cos^3\alpha}$。

6）t是成形铣刀上标识的轮齿数量（小齿轮）$=\dfrac{n}{\cos^3\alpha}$。

7）L是大齿轮的螺旋导程 $=\pi D\cot\alpha$。

8）l 是小齿轮的螺旋导程 $=\pi d\cot\alpha$。

9）C 是中心距（如果不正确，改变 α）$=1/2(D+d)$。

示例：给定或假设，①见图 9-14；②$C_a=17\text{in}$；③$P_n=2$；④$N=48$；⑤$n=20$；⑥$\alpha=20$。

求取：

1）$D=\dfrac{N}{P_n\cos\alpha}=\dfrac{48}{2\times0.9397}\text{in}=25.541\text{in}$。

2）$d=\dfrac{n}{p_n\cos\alpha}=\dfrac{20}{2\times0.9397}\text{in}=10.642\text{in}$。

3）$O=\dfrac{2}{P_n}=\left(25.541+\dfrac{2}{2}\right)\text{in}=26.541\text{in}$。

4）$o=d+\dfrac{2}{p_n}=\left(10.642+\dfrac{2}{2}\right)\text{in}=11.642\text{in}$。

5）$T=\dfrac{N}{\cos^3\alpha}=\dfrac{48}{0.9397^3}=57.8$，近似为 58 齿。

6）$t=\dfrac{n}{\cos^3\alpha}=\dfrac{20}{0.9397^3}=24.1$，近似为 24 齿。

7）$L=\pi D\cot\alpha=3.1416\times25.541\times2.747\text{in}=220.42\text{in}$。

8）$l=\pi d\cot\alpha=3.1416\times10.642\times2.747\text{in}=91.84\text{in}$。

9）$C=1/2(D+d)=1/2(25.541+10.642)\text{in}=18.091\text{in}$。

（2）平行轴，中心距准确　给定或假设（见图 9-15）。

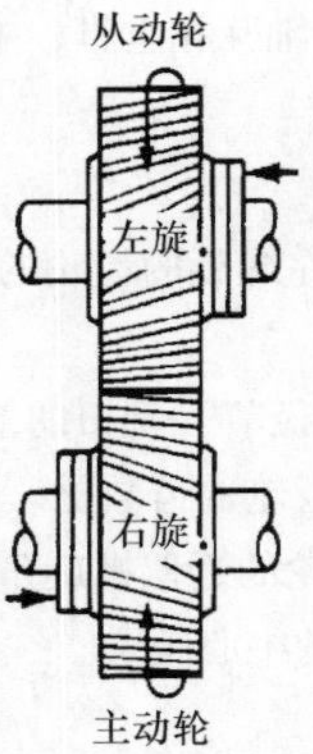

图 9-15　平行轴，中心距准确

1）具有右或左螺旋的齿轮的位置取决于接受推力的旋转和方向。

2）C 是准确的中心距。

3）P_n 是法向径节（铣刀的节距）。

4）N 是大齿轮的轮齿数量。

5）n 是小齿轮的轮齿数量。

求取：

1）$\cos\alpha=\dfrac{N+n}{2P_nC}$。

2）D 是大齿轮节圆直径 $=\dfrac{N}{P_n\cos\alpha}$。

3）d 是小齿轮节圆直径 $=\dfrac{n}{P_n\cos\alpha}$。

4）O 是大齿轮外径 $=D+\dfrac{2}{P_n}$。

5）O 是小齿轮外径 $=d+\dfrac{2}{P_n}$。

6）T 是成形铣刀上标识的轮齿数量（大齿轮）$=\dfrac{N}{\cos^3\alpha}$。

7）t 是成形铣刀上标识的轮齿数量（小齿轮）$=\dfrac{n}{\cos^3\alpha}$。

8）L 是大齿轮的螺旋导程 $=\pi D\cot\alpha$。

9）l 是小齿轮的螺旋导程 $=\pi d\cot\alpha$。

示例：给定或假设，①见图 9-15；②$C=18.75\text{in}$；③$P_n=4$；④$N=96$；⑤$n=48$。

1）$\cos\alpha=\dfrac{N+n}{2P_nC}=\dfrac{96+48}{2\times4\times18.75}=0.96$，或 $\alpha=16°16'$。

2）$D=\dfrac{N}{P_n\cos\alpha}=\dfrac{96}{4\times0.96}\text{in}=25\text{in}$。

3）$d=\dfrac{n}{P_n\cos\alpha}=\dfrac{48}{4\times0.96}\text{in}=12.5\text{in}$。

4）$O=D+\dfrac{2}{P_n}=\left(25+\dfrac{2}{4}\right)\text{in}=25.5\text{in}$。

5）$o=d+\dfrac{2}{P_n}=\left(12.5+\dfrac{2}{4}\right)\text{in}=13\text{in}$。

6）$T=\dfrac{N}{\cos^3\alpha}=\dfrac{96}{0.96^3}=108$ 齿。

7）$t=\dfrac{n}{\cos^3\alpha}=\dfrac{48}{0.96^3}=54$ 齿。

8）$L=\pi D\cot\alpha=3.1416\times25\times3.427\text{in}=269.15\text{in}$。

9）$l=\pi d\cot\alpha=3.1416\times12.5\times3.427\text{in}=134.57\text{in}$。

（3）轴互相垂直，中心距近似　齿轮和小齿轮的螺旋角的和必须等于 90°（见图 9-16）。

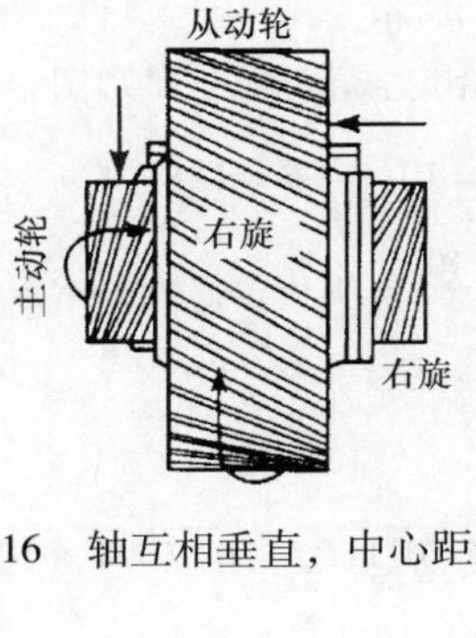

图 9-16　轴互相垂直，中心距近似

给定或假设：

1）具有右或左螺旋的齿轮的位置取决于接受推力的旋转和方向。

2）C_a 是近似中心距。

3）P_n 是法向径节（铣刀的节距）。

4）R 是齿轮与小齿轮尺寸之比。

5）n 是小齿轮轮齿数量，对于45°角为 $\frac{1.41C_aP_n}{R+1}$；任意角度为 $\frac{2C_aP_n\cos\alpha\cos\beta}{R\cos\beta+\cos\alpha}$。

6）N 是大齿轮的轮齿数量 $=nR$。

7）α 是大齿轮螺旋角。

8）β 是小齿轮螺旋角。

求取：

当螺旋角为45°时。

1）D 是大齿轮节圆直径 $=\frac{N}{0.70711P_n}$。

2）d 是小齿轮节圆直径 $=\frac{n}{0.70711P_n}$。

3）O 是大齿轮外径 $=D+\frac{2}{P_n}$。

4）o 是小齿轮外径 $=d+\frac{2}{P_n}$。

5）T 是大齿轮成形铣刀编号 $=\frac{N}{0.353}$。

6）t 是小齿轮成形铣刀编号 $=\frac{n}{0.353}$。

7）L 是大齿轮的螺旋导程 $=\pi D$。

8）l 是小齿轮的螺旋导程 $=\pi d$。

9）C 是中心距（准确）$=(D+d)/2$。

当螺旋角不是45°时。

1）$D=\frac{N}{P_n\cos\alpha}$。

2）$d=\frac{n}{P_n\cos\beta}$。

3）$T=\frac{N}{\cos^3\alpha}$。

4）$t=\frac{n}{\cos^3\beta}$。

5）$L=\pi D\cot\alpha$。

6）$l=\pi d\cot\beta$。

示例：给定或假设，①见图9-16；②$C_a=3.2\text{in}$；③$P_n=10$；④$R=1.5$；⑤$n=\frac{1.41C_aP_n}{R+1}=\frac{1.41\times3.2\times10}{1.5+1}=18$ 齿；⑥$N=nR=18\times1.5=27$ 齿；⑦$\alpha=45°$；⑧$\beta=45°$。

求取：

1）$D=\frac{N}{0.70711P_n}=\frac{27}{0.70711\times10}\text{in}=3.818\text{in}$。

2）$d=\frac{n}{0.70711P_n}=\frac{18}{0.70711\times10}\text{in}=2.545\text{in}$。

3）$O=D+\frac{2}{P_n}=\left(3.818+\frac{2}{10}\right)\text{in}=4.018\text{in}$。

4）$o=d+\frac{2}{P_n}=\left(2.545+\frac{2}{10}\right)\text{in}=2.745\text{in}$。

5）$T=\frac{N}{0.353}=\frac{27}{0.353}=76.5$，近似为76齿。

6）$t=\frac{n}{0.353}=\frac{18}{0.353}=51$ 齿。

7）$L=\pi D=3.1416\times3.818\text{in}=12\text{in}$。

8）$l=\pi d=3.1416\times2.545\text{in}=8\text{in}$。

9）$C=\frac{D+d}{2}=\frac{3.818+2.545}{2}\text{in}=3.182\text{in}$。

（4）轴互相垂直，中心距准确　齿轮具有相同方向的螺旋，螺旋角的和等于90°（见图9-17）。

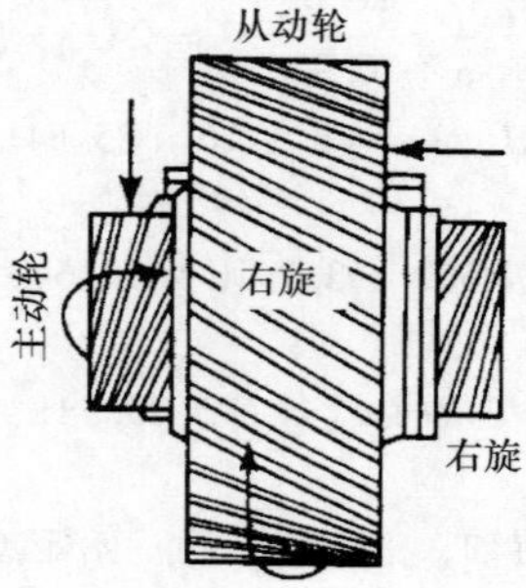

图9-17　轴互相垂直，中心距准确

给定或假设：

1）具有右或左螺旋的齿轮的位置取决于接受推力的旋转和方向。

2）P_n 是法向径节（铣刀的节距）。

3）R 是大小齿轮的齿数比。

4）α_a 是大齿轮的近似螺旋角。

5）C 是准确的中心距。

求取：

1）n 是小齿轮的最接近轮齿数量 $=2CP_n\sin\alpha_a\div1+R\tan\alpha_a$。

2）N 是大齿轮的轮齿数量 $=Rn$。

3）α 是大齿轮的准确螺旋角，由公式 $R\sec\alpha+\operatorname{cosec}\alpha=2CP_n\div n$。尝试得出

4）β 是小齿轮的准确螺旋角 $=90°-\alpha$。

5）D 是大齿轮节圆直径 $=\frac{N}{P_n\cos\alpha}$。

6）d 是小齿轮节圆直径 $=\frac{n}{P_n\cos\beta}$。

7） O 是大齿轮外径 $=D+\dfrac{2}{P_n}$。

8） o 是小齿轮外径 $=d+\dfrac{2}{P_n}$。

9） N'和 n'是标识在成形铣刀上的大齿轮和小齿轮的轮齿数量。

10） L 是大齿轮的螺旋导程 $=\pi D\cot\alpha$。

11） l 是小齿轮的螺旋导程 $=\pi d\cot\beta$。

示例：给定或假设，①见图 9-17；② $P_n=8$；③ $R=3$；④ $\alpha_a=45°$；⑤ $C=10\text{in}$。

求取：

1） $n=\dfrac{2CP_n\sin\alpha_a}{1+R\tan\alpha_a}=\dfrac{2\times10\times8\times0.70711}{1+3}=28.25$，近似为28齿。

2） $N=Rn=3\times28=84$ 齿。

3） $R\sec\alpha+\operatorname{cosec}\alpha=\dfrac{2CP_n}{n}=\dfrac{2\times10\times8}{28}=5.714$，或 $\alpha=46°6'$。

4） $\beta=90°-\alpha=90°-46°6'=43°54'$。

5） $D=\dfrac{N}{P_n\cos\alpha}=\dfrac{84}{8\times0.6934}\text{in}=15.143\text{in}$

6） $d=\dfrac{n}{P_n\cos\beta}=\dfrac{28}{8\times0.72055}\text{in}=4.857\text{in}$

7） $O=D+\dfrac{2}{P_n}=(15.143+0.25)\text{in}=15.393\text{in}$

8） $o=d+\dfrac{2}{P_n}=(4.857+0.25)\text{in}=5.107\text{in}$。

9） $N'=275$，$n'=94$。

10） $L=\pi D\cot\alpha=3.1416\times15.143\times0.96232\text{in}=45.78\text{in}$。

11） $l=\pi d\cot\beta=3.1416\times4.857\times1.0392\text{in}=15.857\text{in}$。

（5）轴互相垂直　任意比例，螺旋角用于最小中心距。

图相似于图9-17。齿轮有相同的螺旋方向，螺旋角之和等于90°。

对于任何给定的传动比例 R 都有一个用于较大齿轮的螺旋角 α 和一个用于较小齿轮的螺旋角 $\beta=90°-\alpha$，使得中心距 C 最小。从公式 $\cot\alpha=R^{1/3}$ 中求出螺旋角 α。作为示例使用（4）中求出的数据，最小中心距对应的螺旋角 α 和 β 为：$\cot\alpha=R^{1/3}=1.4422$，$\alpha=34°44'$，$\beta=90°-34°44'=55°16'$。使用这些螺旋角，以及（4）情况下的 D 和 d 的公式可得到：$D=12.777$，$d=6.143$，$C=9.460$。

（6）轴间成任意角度，中心距近似　如果每个角度都小于轴角，则两个齿轮的螺旋角之和等于轴角且齿轮具有相同的旋向。如果任一个角度大于轴角，则螺旋角之差等于轴角且齿轮具有相反的旋向（见图9-18）。

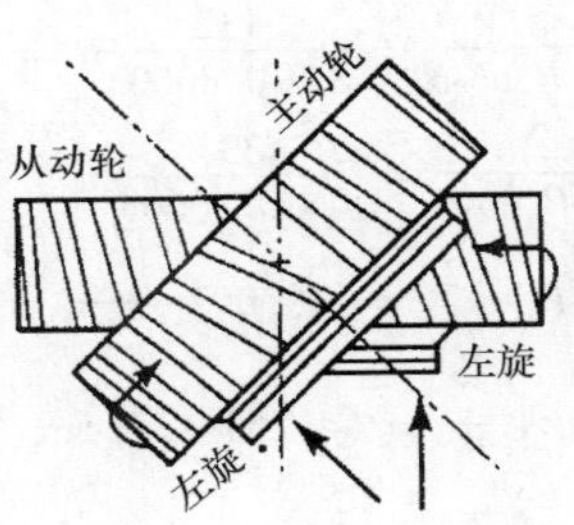

图9-18　轴间成任意角度，中心距近似

给定或假设：

1） 螺旋方向取决于接受推力的旋转和方向。

2） C_a是中心距。

3） P_n 是法向径节（铣刀的节距）。

4） R 是大小齿轮的齿数比 $=N/n$。

5） α 是大齿轮螺旋角。

6） β 是小齿轮螺旋角。

7） n 是小齿轮的最接近轮齿数量，对于任意角度为 $\dfrac{2C_aP_n\cos\alpha\cos\beta}{R\cos\beta+\cos\alpha}$；当两个角度相等时为 $\dfrac{2C_aP_n\cos\alpha}{R+1}$。

8） N 是大齿轮轮齿数量 $=Rn$。

求取：

1） D 是大齿轮节圆直径 $=\dfrac{N}{P_n\cos\alpha}$。

2） d 是小齿轮节圆直径 $=\dfrac{n}{P_n\cos\beta}$。

3） O 是大齿轮外径 $=D+\dfrac{2}{P_n}$。

4） o 是小齿轮外径 $=d+\dfrac{2}{P_n}$。

5） T 是大齿轮成形铣刀上标识的轮齿数量 $=\dfrac{N}{\cos^3\alpha}$。

6） t 是小齿轮成形铣刀上标识的轮齿数量 $=\dfrac{n}{\cos^3\beta}$。

7） L 是大齿轮的螺旋导程 $=\pi D\cot\alpha$。

8） l 是小齿轮的螺旋导程 $=\pi d\cot\beta$。

9） $C=$ 中心距 $=(D+d)/2$。

示例：给定或假设（轴角，60°），①见图9-18；② $C_a=12\text{in}$；③ $P_n=8$；④ $R=4$；⑤ $\alpha=30°$；⑥ $\beta=30°$；⑦ $n=\dfrac{2C_aP_n\cos\alpha}{R+1}=\dfrac{2\times12\times8\times0.86603}{4+1}=33$ 齿；⑧ $N=4\times33=132$ 齿。

求取：

1）$D=\dfrac{N}{P_n\cos\alpha}=\dfrac{132}{8\times0.86603}\text{in}=19.052\text{in}$。

2）$d=\dfrac{n}{P_n\cos\beta}=\dfrac{33}{8\times0.86603}\text{in}=4.763\text{in}$。

3）$O=D+\dfrac{2}{P_n}=(19.052+\dfrac{2}{8})\text{in}=19.302\text{in}$。

4）$o=d+\dfrac{2}{P_n}=(4.763+\dfrac{2}{8})\text{in}=5.013\text{in}$。

5）$T=\dfrac{N}{\cos^3\alpha}=\dfrac{132}{0.65}=203$ 齿。

6）$t=\dfrac{n}{\cos^3\beta}=\dfrac{33}{0.65}=51$ 齿。

7）$L=\pi D\cot\alpha=\pi\times19.052\times1.732\text{in}=103.66\text{in}$。

8）$l=\pi d\cot\beta=\pi\times4.763\times1.732\text{in}=25.92\text{in}$。

9）$C=\dfrac{D+d}{2}=\dfrac{19.052+4.763}{2}\text{in}=11.9075\text{in}$。

（7）轴间成任意角度，中心距准确　如果每个角小于轴角，两个齿轮的螺旋角之和等于轴角，齿轮具有相同旋向。如果任意一个角度大于轴角，则螺旋角之差等于轴角且齿轮具有相反的旋向（见图9-19）。

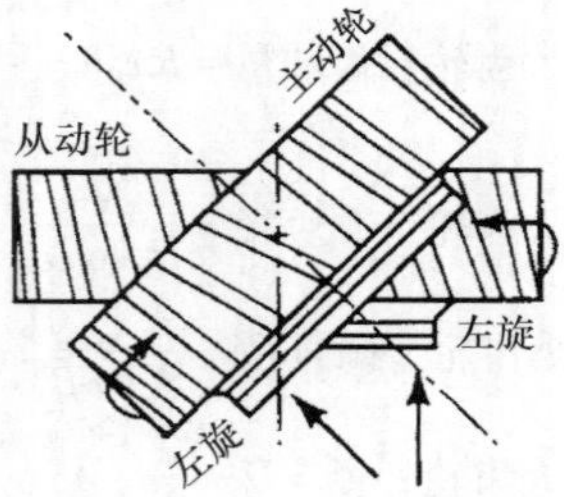

图9-19　轴间成任意角度，中心距准确

给定或假设：

1）螺旋方向取决于接受推力的旋转和方向。

2）C 是中心距。

3）P_n 是法向径节（铣刀的节距）。

4）α_a是大齿轮的近似螺旋角。

5）β_a是小齿轮的近似螺旋角。

6）R 是大小齿轮的尺寸比 $=N/n$。

7）n 是小齿轮的最接近轮齿数量 $\dfrac{2CP_n\cos\alpha_a\cos\beta_a}{R\cos\beta_a+\cos\alpha_a}$。

8）N 是大齿轮轮齿数量 $=Rn$。

求取：

1）准确的螺旋角 α 和 β，通过 $R\sec\alpha+\sec\beta=\dfrac{2CP_n}{n}$尝试的方法得到。

2）D 是大齿轮节圆直径 $=\dfrac{N}{P_n\cos\alpha}$。

3）d 是小齿轮节圆直径 $=\dfrac{n}{P_n\cos\beta}$。

4）O 是大齿轮外径 $=D+\dfrac{2}{P_n}$。

5）o 是小齿轮外径 $=d+\dfrac{2}{P_n}$。

6）N'是大齿轮成形铣刀上标识的轮齿数量。

7）n'是小齿轮成形铣刀上标识的轮齿数量。

8）L 是大齿轮的螺旋导程 $=\pi D\cot\alpha$。

9）l 是小齿轮的螺旋导程 $=\pi d\cot\beta$。

5. 铣削斜齿轮刀具的选择

正如在前文所阐明的用于直齿圆柱齿轮的合适的铣刀取决于节距和轮齿数量，但铣削斜齿轮的铣刀的选择没有像直齿圆柱齿轮一样根据齿轮的实际齿数进行，而是参考了考虑到导角、法向径节和刀具直径对齿廓影响的计算数字 N'。

在前文的斜齿轮的例子中，作为确定铣刀的选择基础的轮齿数量 N'使用近似公式 $N'=N\div\cos^3\alpha$ 或 $N'=N\sec^3\alpha$，其中 $N=$斜齿轮的实际齿数，$\alpha=$螺旋角。然而使用此公式可能会涉及高螺旋角和低齿数的组合，导致选择的铣刀的编号比实际用于最大精度的铣刀的编号高得多。当上述公式用于计算具有高螺旋角和低齿数的齿轮的 N'时，最有可能出现这种情况。

为了避免在选择刀具编号时出错的可能性，下面的公式对螺旋角和齿数的所有组合给出了理论上正确的结果，作为优选：

$$N'=N\sec^3\alpha+P_nD_C\tan^2\alpha \qquad (9\text{-}47)$$

式中，$N'=$用于选择铣刀编号的齿数；$N=$斜齿轮的实际齿数；$\alpha=$螺旋角；$P_n=$齿轮和铣刀的法向径节；$D_C=$铣刀的节圆直径。

为了简化计算，式（9-47）可以写成如下形式：

$$N'=NK+QK' \qquad (9\text{-}48)$$

式中，K、K'和 Q 都是从前文中得到的常数。

示例：螺旋角为30°；斜齿轮的轮齿数量 $=15$；法向径节 $=20$。K、K'和 Q 分别是1.540、0.333和37.80。

$$N=(15\times1.540)+(37.80\times0.333)$$
$$=23.10+12.60=35.70，近似为36$$

因此，选择编号3的铣刀。如果使用近似公式，就可以基于 $N'=23$ 选择5号刀具。

铣削斜齿轮刀具选择的因素见表9-31，标准渐开线成形铣刀的外径和节圆直径见表9-32。

表 9-31 铣削斜齿轮刀具选择的因素

螺旋角 α	K	K′	螺旋角 α	K	K′	螺旋角 α	K	K′	螺旋角 α	K	K′
0	1.000	0	16	1.127	0.082	32	1.640	0.390	48	3.336	1.233
1	1.001	0	17	1.145	0.093	33	1.695	0.422	49	3.540	1.323
2	1.002	0.001	18	1.163	0.106	34	1.755	0.455	50	3.767	1.420
3	1.004	0.003	19	1.182	0.119	35	1.819	0.490	51	4.012	1.525
4	1.007	0.005	20	1.204	0.132	36	1.889	0.528	52	4.284	1.638
5	1.011	0.008	21	1.228	0.147	37	1.963	0.568	53	4.586	1.761
6	1.016	0.011	22	1.254	0.163	38	2.044	0.610	54	4.925	1.894
7	1.022	0.015	23	1.282	0.180	39	2.130	0.656	55	5.295	2.039
8	1.030	0.020	24	1.312	0.198	40	2.225	0.704	56	5.710	2.198
9	1.038	0.025	25	1.344	0.217	41	2.326	0.756	57	6.190	2.371
10	1.047	0.031	26	1.377	0.238	42	2.436	0.811	58	6.720	2.561
11	1.057	0.038	27	1.414	0.260	43	2.557	0.870	59	7.321	2.770
12	1.068	0.045	28	1.454	0.283	44	2.687	0.933	60	8.000	3.000
13	1.080	0.053	29	1.495	0.307	45	2.828	1	61	8.780	3.254
14	1.094	0.062	30	1.540	0.333	46	2.983	1.072	62	9.658	3.537
15	1.110	0.072	31	1.588	0.361	47	3.152	1.150	63	10.687	3.852

注：$K = 1 \div \cos^3\alpha = \sec^3\alpha$，$K' = \tan^2\alpha$。

表 9-32 标准渐开线成形铣刀的外径和节圆直径

法向径节 P_n	外径 D_o	节圆直径 D_c	$Q = P_nD_c$	法向径节 P_n	外径 D_o	节圆直径 D_c	$Q = P_nD_c$	法向径节 P_n	外径 D_o	节圆直径 D_c	$Q = P_nD_c$
1	8.500	6.18	6.18	6	3.125	2.76	16.56	20	2.000	1.89	37.80
1¼	7.750	5.70	7.12	7	2.875	2.54	17.78	24	1.750	1.65	39.60
1½	7.000	5.46	8.19	8	2.875	2.61	20.88	28	1.750	1.67	46.76
1¾	6.500	5.04	8.82	9	2.750	2.50	22.50	32	1.750	1.68	53.76
2	5.750	4.60	9.20	10	2.375	2.14	21.40	36	1.750	1.69	60.84
2½	5.750	4.83	12.08	12	2.250	2.06	24.72	40	1.750	1.70	68.00
3	4.750	3.98	11.94	14	2.125	1.96	27.44	48	1.750	1.70	81.60
4	4.250	3.67	14.68	16	2.125	1.98	31.68	—	—	—	—
5	3.750	3.29	16.45	18	2.000	1.87	33.66	—	—	—	—

注：节圆直径是由公式 $D_c = D_o - 2(1.57 \div P_n)$ 计算出来的。当法向径节 P_n 和外径 D_o 已知时，相同的公式用于计算非标准外径铣刀的法向径节。

6. 铣削斜齿

斜齿轮的齿距同法向径节而不是周节成比例是正常的。齿高可以用 2.157 除以相当于铣刀的节距的齿轮法向径节得到。在分度线处的齿厚等于 1.571 除以法向径节。当一个齿槽被铣削出来后，方铣刀返回进行下一次切削时，要防止铣刀从加工好的齿槽间拖划穿过。这可以通过稍微降低毛坯，或者通过停止机床并将铣刀旋转到轮齿不会接触工件的位置上。如果齿轮具有比 10 或 12 径节更大的径节，就可以很好地进行粗加工和精加工。当在心轴上压紧斜齿轮毛坯时，应该记住它比铣削直齿圆柱齿轮更容易滑动，由于切削的压力与心轴成一定的角度使毛坯具有在心轴旋转的趋势。

工作台的角度位置：当在铣床上切削斜齿轮时，工作台被设置为齿轮的螺旋角。如果斜齿轮的导程已知，但是螺旋角不知道，螺旋角可由齿轮的分度圆直径乘以 3.1416 再将乘积除以导程来决定；得到的结果是导程角的正切值，可用计算器或者三角函数表得到。

7. 用于斜齿轮的美国国家标准细径节轮齿

标准 ANSI B6.7-1977 为 20 和更细径节的直齿圆柱齿轮和斜齿轮提供了 20°的齿形。

增大的螺旋小齿轮，20°法向压力角：式 (9-52) 和图 9-20 是基于使用齿顶面有尖角滚刀的情况。插齿刀切削的小齿轮可能并不需要做如式（9-52）或图9-20那样多的修正。出现在式（9-52）中的数字2.1，是使用了一个具有1.05/P_n的齿顶高在基圆半径上5°滚动角开始啮合的标准齿厚齿条的结果。5°的滚动角也反映在式（9-52）中。

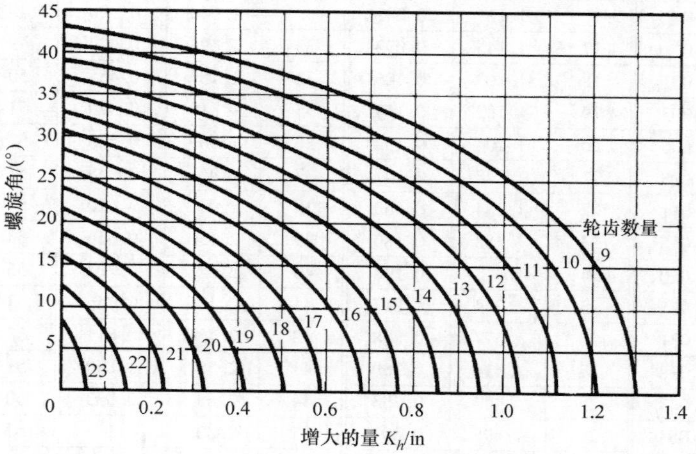

图9-20　1径节20°压力角小齿轮的螺旋角变化

为了避免轮齿的根切并在轮齿基圆附近提供更好的啮合条件，推荐用少于24个轮齿的螺旋型小齿轮进行增大。正如增大的小直齿圆柱齿轮，如果使用增大的斜齿轮时必须缩减配对大齿轮的直径或增加中心距。ϕ_n是法向压力角；ϕ_t是端面压力角；ψ是小齿轮螺旋角；P_n是法向径节；P_t是端面径节；d是小齿轮节圆直径；d_o是增大的小齿轮外径；K_h是1个法向径节的齿高小齿轮的增大量；n是小齿轮轮齿数量。

为了消除式（9-51）和式（9-52）中所需要的计算，可以直接获得20°法向压力角齿高齿轮的K_h值。

$$P_t = P_n\cos\psi \quad (9\text{-}49)$$

$$d = n \div P_t \quad (9\text{-}50)$$

$$\tan\psi_t = \tan\phi_n \div \cos\psi \quad (9\text{-}51)$$

$$K_h = 2.1 - \frac{n}{\cos\psi}(\sin\phi_t - \cos\phi_t\tan5^\circ)\sin\phi_t \quad (9\text{-}52)$$

$$d_o = d + \frac{2 + K_h}{P_n} \quad (9\text{-}53)$$

示例：求一个有12个齿，32法向径节，20°压力角和18°螺旋角的斜齿轮的外径。

$$P_t = P_n\cos\psi = 32\cos18^\circ = 32\times0.95106 = 30.4339$$

$$d = n/P_t = 12/30.4339\text{in} = 0.3943\text{in}$$

$$K_h = 0.851$$

$$d_o = 0.3943 + \frac{2+0.851}{32} = 0.4834$$

8. 修正后的无侧隙啮合斜齿轮中心距

如果在前一个例子中的斜齿轮小齿轮已经制成标准尺寸，也就是说不增大，且与标准的24齿配对齿轮严密啮合，紧密啮合的中心距可根据公式计算：

$$C = \frac{n+N}{2P_n\cos\psi} = \frac{12+24}{2\times32\times\cos18^\circ}\text{in} = 0.5914\text{in}$$

但是，如果这个小齿轮正如这个例子中那样被增大，并且与标准的24齿的齿轮啮合，那么紧啮合的中心距就增加了。为了计算新的中心距，需要计算如下。

首先，计算端面压力角ϕ_t：

$$\tan\phi_t = \tan\phi_n \div \cos\psi = \tan20^\circ \div \cos18^\circ = 0.38270$$

从而得到角度ϕ_t为20° 56′ 30″。invϕ_t是0.017196，得到的余弦值为0.93394。

计算紧啮合齿轮的压力角ϕ：

$$\text{inv}\phi = \text{inv}\phi_t + \frac{(t_{nP}+t_{nG})-\pi}{n+N}$$

对于一个12齿的齿轮，1径节t_{nP}值是1.94703。对于标准齿轮1径节的t_{nG}的值是1.5708。

$$\text{inv}\phi = 0.017196 + \frac{(1.94703+1.5708)-\pi}{12+24} = 0.027647$$

渐开线函数值0.027647对应24°22′7″，相应这个角度的余弦值为0.91091。

最后，得到紧啮合的中心距C'：

$$C' = \frac{C\cos\phi_t}{\cos\phi} = \frac{0.5914\times0.93394}{0.91091}\text{in} = 0.606\text{in}$$

9. 斜齿轮滚齿加工的变换齿轮

如果齿轮滚齿机没有配备差速器，该分度与进给齿轮之间存在着固定的关系，需要对分度齿数比中出现的微小误差进行补偿，以避免过大的导程误差。可以容易地通过对进给齿轮齿数比进行些许修正，从而抵消分度齿轮的误差，以获得精确的导程。

无差速器的机床：下面的公式可以用于计算分度齿数比。

R 是分度齿数比；L 是齿轮导程（in）；F 是齿轮旋转一圈的进给量（in）；K 是机床常数；T 是滚刀上的螺纹数；N 是齿轮上的轮齿数量；P_n 是法向径节；P_{nC} 是法向周径；A 是与轴相关的螺旋角；M 是进给齿轮常数。

$$R=\frac{L\div F}{(L\div F)\pm 1}\times\frac{KT}{N}=\frac{L}{L\pm F}\times\frac{KT}{N}$$

$$=\frac{\text{主动齿轮尺寸}}{\text{从动齿轮尺寸}} \tag{9-54}$$

当齿轮和滚刀是相同的旋向时，在式（9-54）和式（9-55）中使用减号（-）；当它们是相反的旋向时，使用加号（+）；当使用同向滚削时，与上述规则反置。

$$R=\frac{KT}{N\pm\frac{P_n\sin A\times F}{\pi}}=\frac{KT}{N\pm\frac{\sin A\times F}{P_{nC}}} \tag{9-55}$$

$$\text{进给齿数比}=F/M \qquad F=\frac{L(NR-KT)}{NR} \tag{9-56}$$

$$L=FNR/(NR-KT)$$

$$=\text{可用分度和进给齿轮获得的导程} \tag{9-57}$$

如果齿轮和滚刀是相对的旋向，则在式（9-56）和式（9-57）中将（$NR-KT$）更改为（$KT-NR$）。如果齿轮和滚刀是同一旋向，但是使用同向滚削，也要做这种改变。

示例：有 10 个法向径节 48 个齿的右旋斜齿轮有 44.0894in 的导程。进给量为 0.035in，为了补偿可用的分度齿轮中的误差，必要时可能需要微小的调整。$K=30$，$M=0.075$。将使用一个单头螺纹的右旋滚刀。

$$R=\frac{44.0894}{44.0894-0.035}\times\frac{30\times 1}{48}=0.62549654$$

使用从共轭分数的方法，找到几个合适的接近 0.62549654 的比率值。其中之一是$(34\times 53)/(43\times 67)=0.625477264839$，将其用作分度比例。其他可用比率及其小数值如下：

$$\frac{32\times 38}{27\times 72}=0.6255144 \qquad \frac{27\times 42}{42\times 37}=0.62548263$$

$$\frac{44\times 29}{34\times 60}=0.6254902 \qquad \frac{26\times 97}{96\times 42}=0.62549603$$

$$\frac{20\times 41}{23\times 57}=0.62547674$$

$$\text{分度比误差}=0.62549654-0.62547726$$

$$=0.00001928\text{。}$$

现在使用式（9-56）来求取进给率中所需的微小改变。这个改变能充分补偿可用分度齿轮的误差。

进给率的改变：插入式（9-56）可获得分度比。

$$F=\frac{44.0894\times(48\times 0.62547726-30)}{48\times 0.62547726}=0.0336417$$

$$\text{修正的进给齿数比}=F/M=0.0336417/0.075$$

$$=0.448556$$

$$\log 0.448556=1.651817 \quad \log\text{的倒数}=0.348183$$

为了找到近似的修正进给齿数比，继续寻找合适的齿轮分度比，从而获得$\frac{106}{71}\times\frac{112}{75}$。倒转过来，修正的齿数比$=\frac{71}{106}\times\frac{75}{112}=0.448534$。

修正的进给量 F = 可获得的修正进给比率 $\times M=0.448534\times 0.075=0.03364\text{in}$。如果进给率没有修改，那么即使是分度齿轮比中的任一个小误差都可能导致过大的导程误差。

检查导程的准确性：式（9-57）中插入修正的进给量和可获得分度比。所需的导程 = 44.0894in，获得的导程 = 44.087196in；因此计算出的误差 = 44.0894 - 44.087196 = 0.002204in 或者每英寸导程的误差大约为 0.00005in。

具有差速的机床：如果一台机器配备了一个差速器，则需要计算导向齿轮以获得所需的螺旋角和导程。在计算导向齿轮时应遵循滚齿机制造商的使用说明，因为比率公式受差速器齿轮位置的影响。如果这些齿轮在分度齿轮之前，导向齿数比不受切齿数量变化的影响，见式（9-58），因此，例如，当在同一机床上切削大齿轮和小齿轮时使用相同的导向齿轮。在下面的公式中，符号与前述相同，除了以下例外：R_d = 用于具有差速机床的导向齿数比；P_a = 斜齿轮的轴向或直线节距 = 平行于齿轮轴测量的一个齿的中心到下一个齿中心的距离 = 总导程 $L\div$ 轮齿数量 N。

$$R_d=\frac{P_aT}{K}=\frac{LT}{NK}=\frac{\pi\csc A\times T}{P_nK}=\frac{\text{从动齿轮尺寸}}{\text{主动齿轮尺寸}} \tag{9-58}$$

滚刀螺纹的数量 T 包括在公式中，因为有时会使用双头螺纹滚刀，尤其为了减少滚齿时间而用于粗加工。具有足够接近要求比率的引导齿轮可由通过使用如前所描述的与非差速形机床的齿数比对数表确定 。当使用装备有差速器的机床时，与使用无差速形的机床时的分度齿数比相比较，作用于齿轮导程的引导齿数比误差的影响较小。用给定的或可获得的导向齿数比获得或给定的导程可由下列公式确定：$L=R_dNK/T$。在这个公式中，R_d 代表了可用齿轮的齿数比。如果给定的导程是 44.0894in，如前例，$K=1$。那么使用式（9-58）得到的预期比率为

0.9185292。假设通过使用对数比来选择的导程齿轮的比率为0.9184704，这个0.0000588的比率误差带来的计算误差为每英寸导程0.000065in。

如上所述式（9-58）适用于差速器位于分度齿轮之前的机床。如果差速器位于分度齿轮之后，每当改变分度齿轮用于滚制不同数量的轮齿时就必须改变引导齿轮。如下面给出了引导齿数比的式（9-59），在这个公式中，D=节圆直径。

$$R_d = \frac{LT}{K} = \frac{D\pi T}{K\tan A} = \frac{\text{从动齿轮尺寸}}{\text{主动齿轮尺寸}} \quad (9\text{-}59)$$

10. 斜齿轮滚齿的一般注意事项

在切削有大角度的齿时，希望滚刀的螺旋线方向与齿轮的螺旋线方向相同，或者换句话说，齿轮和滚刀具有相同的旋向。这样切削的方向与毛坯的运动方向相对。然而，在普通的角度下，一个滚刀将同时切削左右旋的齿轮。在斜齿轮滚齿机的设置中应注意的是，直到机器停止运转或滚刀已从加工过的齿轮退出，垂直进给都不能间断。

11. 人字形齿轮

双螺旋或人字形齿轮通常用于平行轴传动，特别是当平滑、连续的啮合（由于轮齿的逐渐重叠啮合）是必需的，当分度线速度为1000～3000ft/min（305～914m/min）范围的商用传动装置的高速驱动中，以及可达12000ft/min（3658m/min）或更高的更专业的装置中。这种相对较高的速度会在船用减速器齿轮装置中遇到，在某种减速和增速装置，以及不同的其他变速器中遇到，特别是针对蒸汽轮机和电动机的传动装置中。

（1）一般类型的斜齿轮问题　有两个一般类的问题。其中一个问题是设计能够以给定的速度传输给定功率的齿轮，安全且没有过度磨损，因此，必须确定所需的比例；第二，比例和速度是已知的，需要求功率传输的能力。第一类问题是更加困难和普遍的问题。

（2）导致人字形齿轮失效的原因　当人字形齿轮传动装置发生故障时，很少是因为轮齿破损，而通常是过度磨损或表面下的失效，诸如麻点和剥落，因此，通常的实用的做法是将这种齿轮的设计建立在耐久性的基础上，或者在齿轮压力处于允许的磨损极限内。在这一点上，通过对直齿圆柱齿轮和人字形齿轮的测试似乎已经很好地确定了对于给定物理性质和摩擦因数的轮齿，存在临界表面压力值。根据这些测试可知，高于临界值的压力将导致快速磨损和不足的齿轮寿命，而当压力低于临界值时，磨损是可以忽略不计的。材料的屈服强度或耐久性极限是临界的加载点，在实际设计中，当然会应用合理的安全系数。

9.5 其他的齿轮类型

9.5.1 椭圆齿轮

这种类型的齿轮提供了获得快速返回运动的简单方法，但是它们表现出相当麻烦的制造问题，作为一般规则，最好是通过一些其他类型的机制来获得快速返回运动。当使用椭圆齿轮时，彼此啮合的两个齿轮必须具有相同的尺寸，如图9-21所示，每个齿轮必须围绕椭圆的一个焦点形成节线。通过这样安装椭圆齿轮可以获得从动轴的可变运动，因为主动轴上的齿轮回转半圈的时候，只与从动齿轮的小部分圆周相啮合，而在其另一半的旋转将会慢速运动，而返回将会是快速运动。椭圆有两个点，每个点被称为焦点，位于A处和B处。焦点和椭圆曲线上所有的点上之间距离之和都是常数，等于椭圆的长轴或主轴。由于椭圆的这种特殊性，如果两个相等的椭圆一个将其轴固定在焦点A上，另一个的轴安装在焦点B上，当它们绕其轴线进行公转期间可以实现两个椭圆的相互啮合。

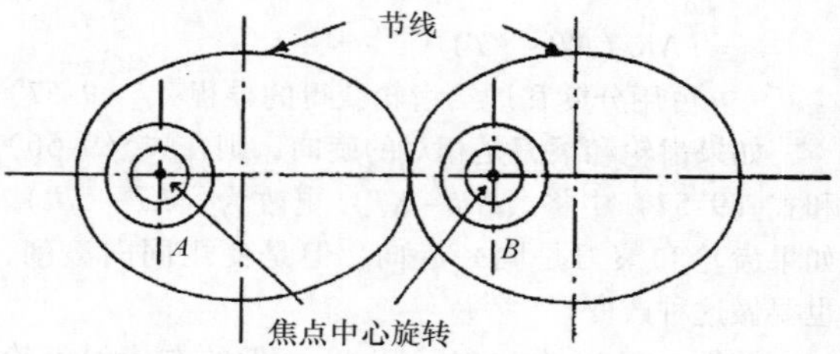

图9-21　椭圆齿轮的一般布置

9.5.2 行星齿轮传动装置

行星齿轮传动装置提供了一种获得紧凑的主动和从动轴成直线，并在需要时可大幅减速的传动设计的方法。图9-22所示为行星齿轮传动装置的典型配置，并附有速比公式。当行星齿轮按图9-22e、f、i、l所示排列时，从动轮相对于主动轮速度增加，而图9-22g、h、j、k所示为减速机构。

1. 旋转的方向

在使用图9-22中公式时，如果最终结果有负号（－），则表明主动轮和从动轮将朝相反的方向旋转；否则，两者都将朝相同的方向旋转。

2. 复合驱动

当两个主动元件以不同的速度旋转时，可通过图9-22s～v的公式是为了获得速度比。例如，在图9-22s中，带有连接杆的中心轴是一个驱动器。内啮合齿轮z也是旋转的而不是固定的。在图9-22v中，

如果 $z=24$，$B=60$，$S=3\frac{1}{2}$，且两个主动轮在相同方向上旋转，如果 $F=0$，就说明在这个例子中，S 较大值的点将倒转从动轮的旋转。

3. 行星锥齿轮

圆锥形行星齿轮的两种形式如图 9-22w、x 所示。在图 9-22w 中，行星齿轮绕着一个固定于驱动轴的锥齿轮旋转。图 9-22x 描述了汉佩奇减速齿轮，由于它在某些类型机床的锥轮中使用，有时也被称为锥轮背轮。

在图 9-22 中，各字母表示的意思如下。

D 是从动轮或从动件每旋转一周主动轮的旋转。

F 是主动轮每旋转一周从动轮或从动件的旋转（在图 9-22a ~ d 中，F = 行星式从动轮绕其轴线的旋转）。

A 是主动齿轮的尺寸（使用轮齿数量或节圆直径）。当从动轮的运动来自 A 和次级主动轮共同作用，A 是初始主动齿轮的大小，公式给出 A 与从动轮之间的速度关系。

B 是从动齿轮或从动件的尺寸（使用轮齿数量或节圆直径）。

C 是固定齿轮的尺寸（使用轮齿数量或节圆直径）。

x 是行星齿轮的尺寸（使用轮齿数量或节圆直径）。

y 是行星齿轮的尺寸（使用轮齿数量或节圆直径）。

z 是二级或辅助主动齿轮的尺寸，当从动件的运动来自两个驱动部件。

S 是初始主动轮每转对应的次级主动轮的转数。当次级主动轮和初始主动轮朝相反方向旋转时，S 为负（使用了 S 的公式给出了从动轮与初始主动轮之间的速度关系）。

注意：在所有情况下，如果 D 已知的话，则 $F=1\div D$，如果 F 已知的话，则 $D=1\div F$。

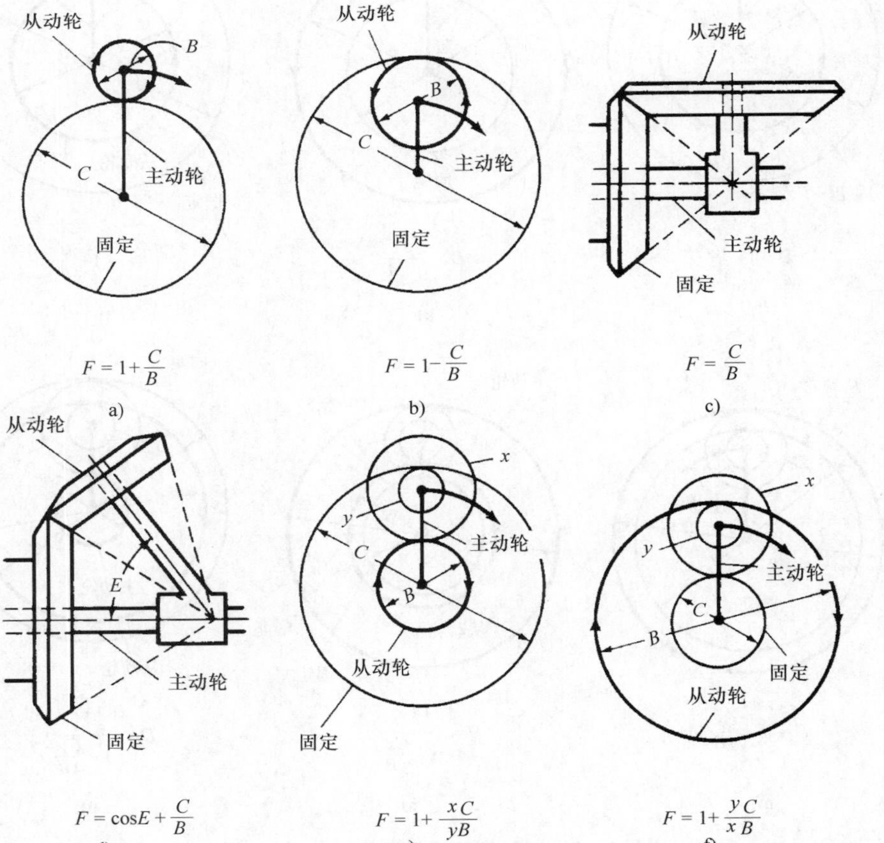

$F=1+\frac{C}{B}$ a)　$F=1-\frac{C}{B}$ b)　$F=\frac{C}{B}$ c)

$F=\cos E+\frac{C}{B}$ d)　$F=1+\frac{xC}{yB}$ e)　$F=1+\frac{yC}{xB}$ f)

图 9-22　行星齿轮或椭圆齿轮传动比

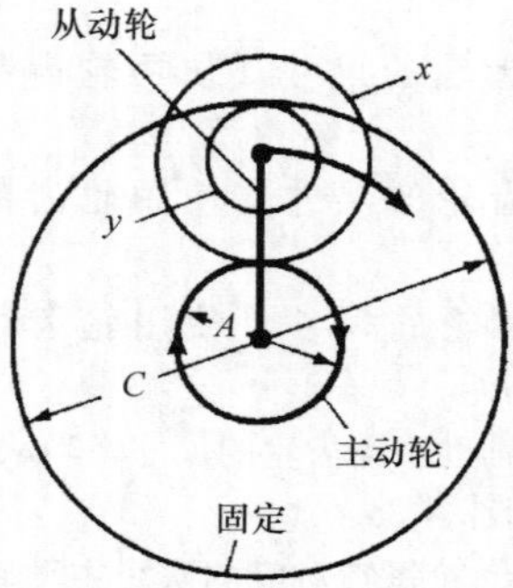

$$D=1+\frac{xC}{yA}$$

g)

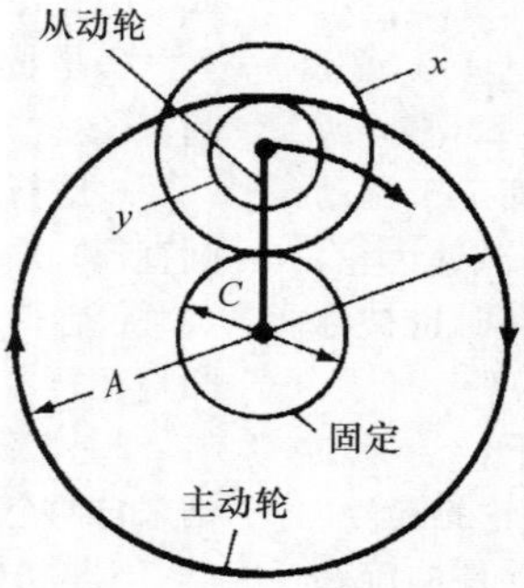

$$D=1+\frac{yC}{xA}$$

h)

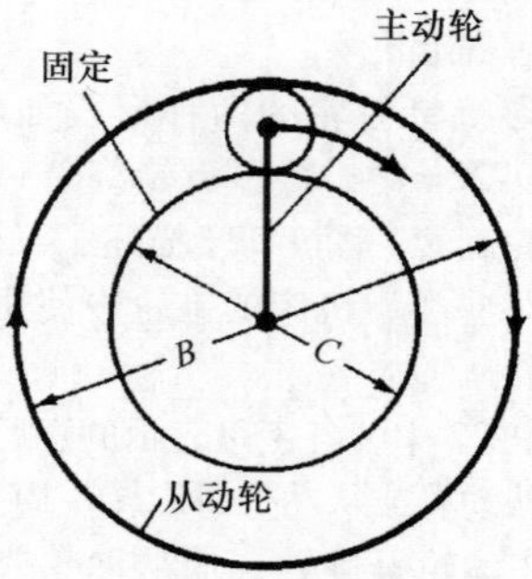

$$F=1+\frac{C}{B}$$

i)

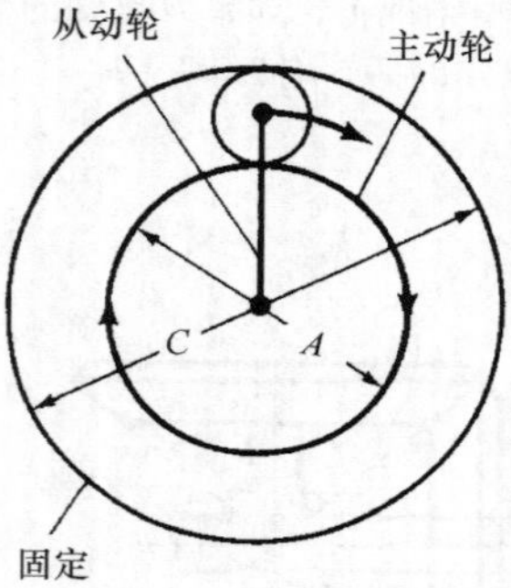

$$D=1+\frac{C}{A}$$

j)

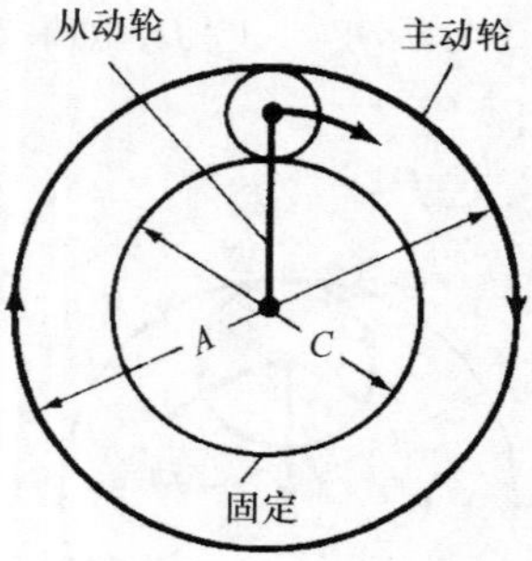

$$D=1+\frac{C}{A}$$

k)

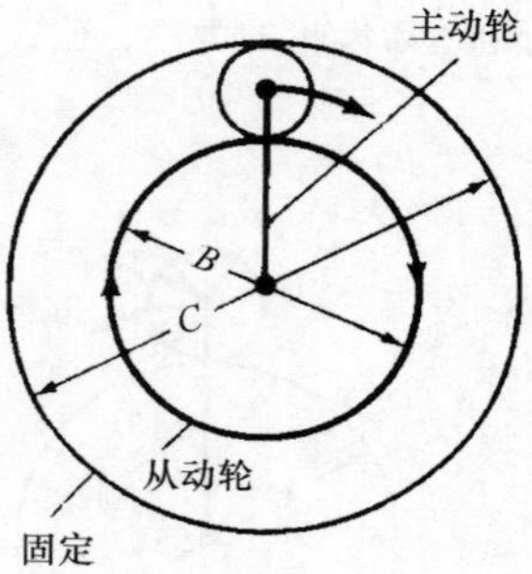

$$F=1+\frac{C}{B}$$

l)

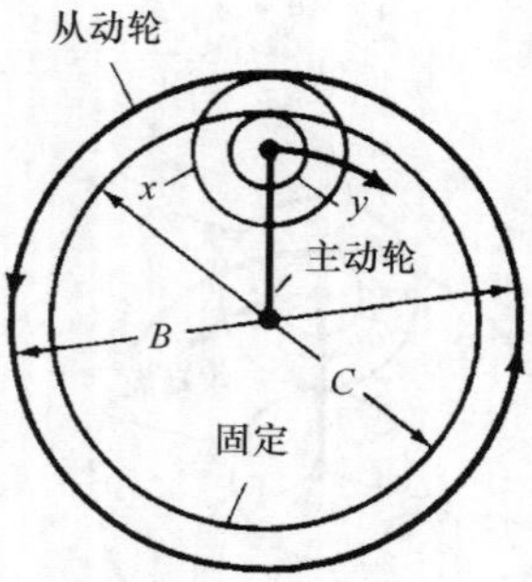

$$F=1-\left(\frac{Cx}{yB}\right)$$

m)

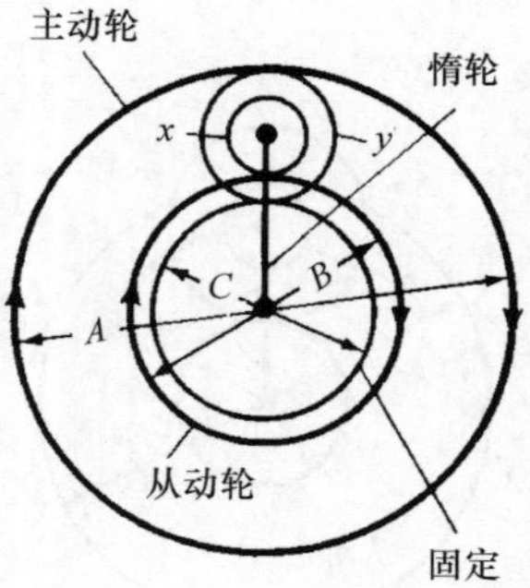

$$D=\frac{1+\dfrac{C}{A}}{1-\dfrac{Cx}{yB}}$$

n)

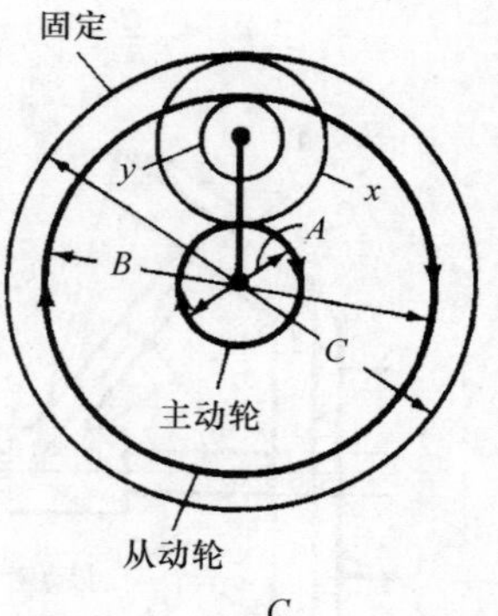

$$D=\frac{1+\dfrac{C}{A}}{1-\dfrac{Cy}{xB}}$$

o)

图 9-22　行星齿轮或椭圆齿轮传动比（续）

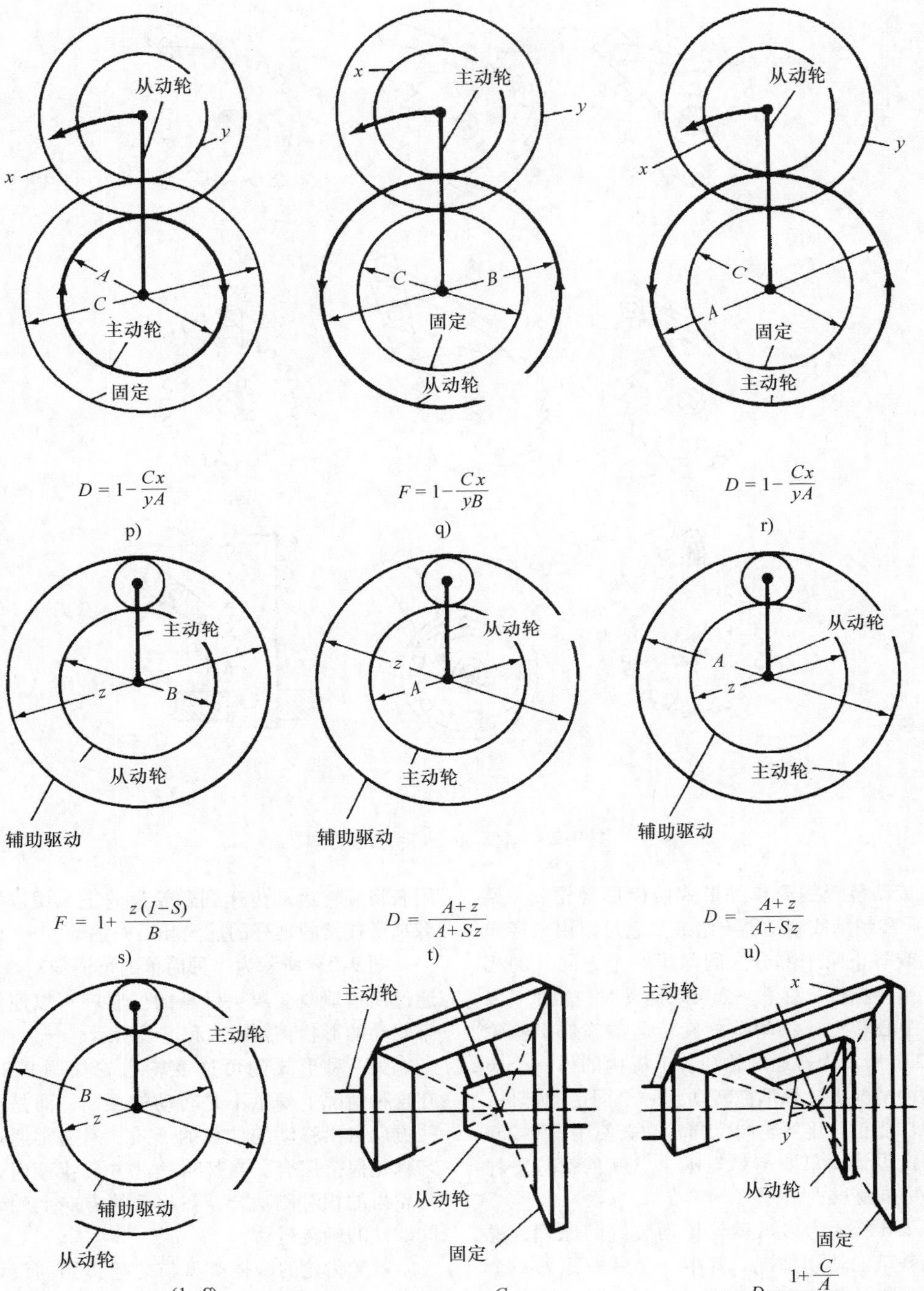

p) $D=1-\frac{Cx}{yA}$

q) $F=1-\frac{Cx}{yB}$

r) $D=1-\frac{Cx}{yA}$

s) $F=1+\frac{z(1-S)}{B}$

t) $D=\frac{A+z}{A+Sz}$

u) $D=\frac{A+z}{A+Sz}$

v) $F=1+\frac{z(1-S)}{B}$

w) $D=1+\frac{C}{A}$

x) $D=\frac{1+\frac{C}{A}}{1-\frac{Cy}{xB}}$

图 9-22 行星齿轮或椭圆齿轮传动比（续）

9.5.3 棘轮传动装置

棘轮传动装置可以用于传递间歇运动，或者其唯一的功能可能是防止棘轮向后旋转。后一种形式的棘轮传动装置通常用于各种提升机构，防止起重卷筒或轴在负载的作用下反向转动，如图 9-23 所示。

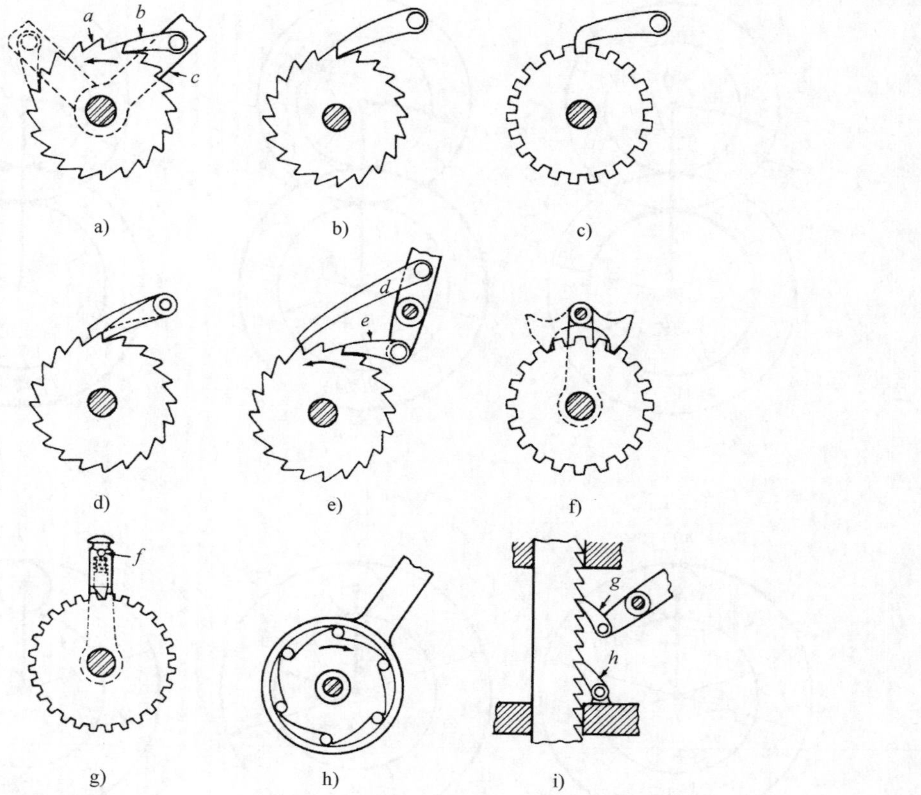

图 9-23 棘轮传动装置的类型

棘轮传动装置最简单的形式由齿形棘轮 a（见图 9-23a）和棘爪或制动器 b 组成。它可以用来传递间歇运动或防止两个部分之间除了一个方向外的相对运动。当向杠杆 c 给予一个摆动运动时，棘爪 b 以杠杆 c 为中心转动，将间歇的旋转运动施加于棘轮 a。图 9-23b 所示为普通棘轮和棘爪机构的另一个应用。在这种情况下，棘爪被转动到一个固定的部件，其唯一的功能是防止棘轮向反向转动。使用图 9-23c 描绘的固定设计，只要与棘轮啮合，棘爪就防止棘轮沿另一方向旋转。

图 9-23d 所示为多爪棘轮传动装置的原理，说明了两个棘爪的使用情况。其中一个棘轮比另一个长的量等于棘轮齿齿距的一半，所以实际的就是把齿距减少了一半的效果。通过并排放置多个驱动爪，并根据轮齿的齿距按比例设置长度，用较大径节的棘轮可以获得极细的进给量。

这种从相对较大节径的棘轮中获得精细进给量的方法与采用细径节单棘轮相比也能获得所需的进给量，但轮齿较弱的方法更可取。

在图 9-23e 中所示的棘轮齿轮的类型，有时被用来将旋转运动传递到棘轮齿轮上，用以实现两个棘爪所连接的杠杆的前向和后向运动。

图 9-23f 所示为一种简单的可逆棘轮。轮齿做成通过简单地改变双头棘爪的位置就可以使用任一侧来驱动的形状，如实线和虚线所示。

另一种形式的可逆棘轮齿轮如图 9-23g 所示。在这种情况下棘爪不是转动的锁闩，而是可沿其轴线方向自由移动的柱塞的形式，但通常通过小弹簧与棘轮保持接合。当棘爪抬起并转半圈时，驱动面与轮齿的相对侧啮合，在相反的方向上棘轮被给予间歇性的旋转运动。

棘轮齿轮的摩擦类型与之前提到的设计不同之处在于棘轮机构的驱动件和从动件之间没有主动的啮合，运动是通过摩擦阻力来传递。一种摩擦棘轮传动装置如图 9-23h 所示。当被置于棘轮和外环之间的滚子或滚珠沿一个方向转动时，由于它们将轮齿的倾斜面向上移动，导致滚子或球楔入棘轮和外环之间。

图 9-23i 描绘了一种利用棘轮传动装置使被驱动构件以直线运动的方法，类似使用起重千斤顶的情

况。棘爪 g 转至千斤顶的操作杆进行提升，反之，当提升棘爪 g 被退回为下次举升运动做准备时，棘爪 h 支撑住载荷。

1. 棘轮轮齿齿形

在设计棘轮传动装置时，重要的是如何确定齿的形状，以便在施加载荷时棘爪能保持啮合。与棘爪端部啮合的齿面应与棘爪枢轴的中心线有如下的关系，即一条垂直于啮合齿面的线将穿过棘轮中心和棘爪摆动的旋转中心之间的某个位置。如果棘爪推动棘轮，或者棘轮推动棘爪，则为真实的。然而，如果棘爪拉动棘轮或棘轮拉动棘爪，则棘轮齿面的垂直线应落在棘爪旋转中心之外。棘轮的轮齿能够由具有正确角度的铣刀切割，或者通过使用特殊的滚刀在滚齿机中滚削。

2. 棘轮轮齿齿距

用于保持悬挂载荷棘轮的齿距可由下列公式计算，其中 P 是周节，以 in（mm）为单位，在外圆周上测量；M 是作用在棘轮轴上的转矩，单位为 in/lb（N/mm）；L 是齿面宽（棘轮齿轮的厚度），单位为 in（mm）；S 是安全应力（对于钢，当承受冲击时 2500lb/in^2 或 17MPa/in^2，当不受冲击时为4000lb/in^2 或 28MPa/in^2）；N 是棘轮中的齿数；F 是一个因子，对于 12 齿或更小的棘轮齿轮的值为 50，对于12 ~ 20 齿的齿轮为 35，对于 20 齿以上的齿轮为 20。

$$P = \sqrt{\frac{FM}{LSN}} \qquad (9\text{-}60)$$

式（9-60）已应用于起重机设计的棘轮齿轮的计算。

3. 基于模数系统的齿轮设计

齿轮的模数等于分度圆直径除以轮齿数量，反之径节等于齿数除以分度圆直径。模数系统（见表 9-33）在采用米制系统的国家中普遍使用，因此，术语模数通常可以理解为以 mm 为单位的分度圆直径除以齿数。但是，模数系统也可以基于寸制测量，然后称为寸制模数以避免与米制模数混淆。模数是一个实际的尺寸，而径节只是一个比例。因此，如果齿轮的分度圆直径为 50mm，齿数为 25，则模数为 2，这意味着每个轮齿的分度圆直径为 2mm。

表 9-34 基于模数系统的轮齿尺寸显示了模数、径节和周节的关系。

表 9-33　德国标准直齿圆柱齿轮和锥齿轮齿形 DIN 867

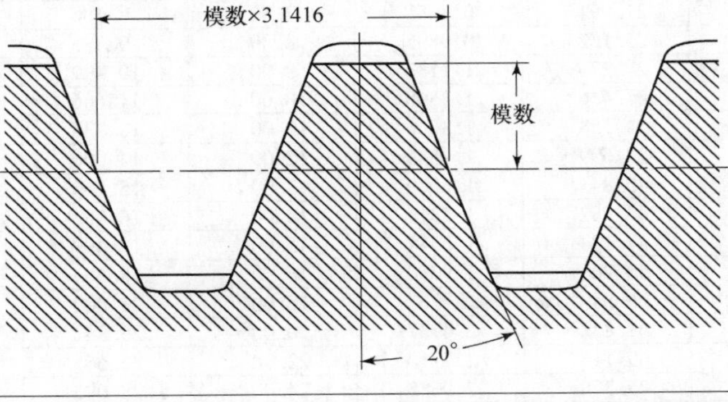

齿侧或侧面为直的（渐开线系统）且压力角为 20°。齿根顶隙空间和总的顶隙量根据切削方法和具体的要求，顶隙总量由 0.1 × 模数 ~0.3 × 模数之间变化

求取	已知模数	已知周节
齿顶高	等于模数	0.31823 周节
齿根高	1.157 模数 *	0.3683 周节 *
	1.167 模数 * *	0.3714 周节 * *
工作齿高	2 模数	0.6366 周节
总齿高	2.157 模数 *	0.6866 周节 *
	2.167 模数 * *	0.6898 周节 * *
分度线齿厚	1.5708 模数	0.5 周节

注：当顶隙等于 0.157 模数时，使用标有 * 的齿根高和总齿高公式。当顶隙等于 1/6 个模数时，使用标记为 * * 的公式。在美国铣刀制造商中使用顶隙为 0.157 模数的米制铣刀或模数铣刀。

表 9-34 基于模数系统的轮齿尺寸

模数 DIN 标准系列	等效径节	周节		齿顶高 /mm	齿根高① /mm	齿高① /mm	齿高② /mm
		mm	in				
0.3	84.667	0.943	0.0371	0.30	0.35	0.650	0.647
0.4	63.500	1.257	0.0495	0.40	0.467	0.867	0.863
0.5	50.800	1.571	0.0618	0.50	0.583	1.083	1.079
0.6	42.333	1.885	0.0742	0.60	0.700	1.300	1.294
0.7	36.286	2.199	0.0865	0.70	0.817	1.517	1.510
0.8	31.750	2.513	0.0989	0.80	0.933	1.733	1.726
0.9	28.222	2.827	0.1113	0.90	1.050	1.950	1.941
1	25.400	3.142	0.1237	1.00	1.167	2.167	2.157
1.25	20.320	3.927	0.1546	1.25	1.458	2.708	2.697
1.5	16.933	4.712	0.1855	1.50	1.750	3.250	3.236
1.75	14.514	5.498	0.2164	1.75	2.042	3.792	3.774
2	12.700	6.283	0.2474	2.00	2.333	4.333	4.314
2.25	11.289	7.069	0.2783	2.25	2.625	4.875	4.853
2.5	10.160	7.854	0.3092	2.50	2.917	5.417	5.392
2.75	9.236	8.639	0.3401	2.75	3.208	5.958	5.932
3	8.466	9.425	0.3711	3.00	3.500	6.500	6.471
3.25	7.815	10.210	0.4020	3.25	3.791	7.041	7.010
3.5	7.257	10.996	0.4329	3.50	4.083	7.583	7.550
3.75	6.773	11.781	0.4638	3.75	4.375	8.125	8.089
4	6.350	12.566	0.4947	4.00	4.666	8.666	8.628
4.5	5.644	14.137	0.5566	4.50	5.25	9.750	9.707
5	5.080	15.708	0.6184	5.00	5.833	10.833	10.785
5.5	4.618	17.279	0.6803	5.50	6.416	11.916	11.864
6	4.233	18.850	0.7421	6.00	7.000	13.000	12.942
6.5	3.908	20.420	0.8035	6.50	7.583	14.083	14.021
7	3.628	21.991	0.8658	7.00	8.166	15.166	15.099
8	3.175	25.132	0.9895	8.00	9.333	17.333	17.256
9	2.822	28.274	1.1132	9.00	10.499	19.499	19.413
10	2.540	31.416	1.2368	10.00	11.666	21.666	21.571
11	2.309	34.558	1.3606	11.00	12.833	23.833	23.728
12	2.117	37.699	1.4843	12.00	14.000	26.000	25.884
13	1.954	40.841	1.6079	13.00	15.166	28.166	28.041
14	1.814	43.982	1.7317	14.00	16.332	30.332	30.198
15	1.693	47.124	1.8541	15.00	17.499	32.499	32.355
16	1.587	50.266	1.9790	16.00	18.666	34.666	34.512
18	1.411	56.549	2.2263	18.00	21.000	39.000	38.826
20	1.270	62.832	2.4737	20.00	23.332	43.332	43.142
22	1.155	69.115	2.7210	22.00	25.665	47.665	47.454
24	1.058	75.398	2.9685	24.00	28.000	52.000	51.768
27	0.941	84.823	3.339	27.00	31.498	58.498	58.239
30	0.847	94.248	3.711	30.00	35.000	65.000	64.713
33	0.770	103.673	4.082	33.00	38.498	71.498	71.181
36	0.706	113.097	4.453	36.00	41.998	77.998	77.652
39	0.651	122.522	4.824	39.00	45.497	84.497	84.123
42	0.605	131.947	5.195	42.00	48.997	90.997	90.594
45	0.564	141.372	5.566	45.00	52.497	97.497	97.065
50	0.508	157.080	6.184	50.00	58.330	108.330	107.855
55	0.462	172.788	6.803	55.00	64.163	119.163	118.635
60	0.423	188.496	7.421	60.00	69.996	129.996	129.426
65	0.391	204.204	8.040	65.00	75.829	140.829	140.205
70	0.363	219.911	8.658	70.00	81.662	151.662	150.997
75	0.339	235.619	9.276	75.00	87.495	162.495	161.775

① 顶隙 =0.1666 模数或 1/6 模数时的齿根高和总齿高。

② 总齿高相当于美国标准的全齿高轮齿（顶隙 =0.157 模数）。

齿轮传动装置模数系统规则见表 9-35。

表 9-35　齿轮传动装置模数系统规则

求取	规　则
米制模数	规则 1：求取米制模数，以 mm 为单位的分度圆直径除以轮齿齿数 示例 1：一齿轮的分度圆直径为 200mm 且轮齿数量为 40，则 模数 = 200/40 = 5 规则 2：将以 mm 为单位的周节乘以 0.3183 示例 2：（与示例 1 相同，齿轮的周节等于 15.708mm） 模数 = 15.708 × 0.3183 = 5 规则 3：将以 mm 为单位的外径除以齿轮数量乘以 2
寸制模数	模数系统经常用于当齿轮尺寸用 mm 表示的时候，但模数也可以基于寸制测量 规则：求取寸制模数，以 in 为单位的分度圆直径除以轮齿数量 示例：一个齿轮有 48 个轮齿且分度圆直径为 12in 模数 = 12/48 = 1/4 模数或 4 径节
米制模数等值于径节	规则：求取等值于给定径节的米制模数，将 25.4 除以径节 示例：确定等值于 10 径节的米制模数 等值模数 = 25.4/10 = 2.54 最接近的标准模数为 2.5
径节等值于米制模数	规则：求取等值于给定模数的径节，将 25.4 除以模数（25.4 = 每英寸的毫米数） 示例：模数为 12，确定等值径节 等值径节 = 25.4/12 = 2.117 最接近的标准模数为 2
分度圆直径	规则：轮齿数量乘以模数 示例：米制模数为 8 且轮齿数量为 40，则 $D = 40 \times 8 = 320\text{mm} = 12.598\text{in}$
外径	规则：轮齿数量加 2 将和乘以模数 示例：一个 40 个轮齿的齿轮且模数为 6，求外径或齿坯直径 外径 = (40 + 2) × 6 = 252mm

注：对于轮齿的尺寸，请参阅表 9-34，也可以参阅德国标准直齿圆柱齿轮和锥齿轮齿形 DIN 867。

等效径节、周节以及米制模数见表 9-36。

表 9-36　等效径节、周节以及米制模数

径节	周节 /in	模数 /mm	径节	周节 /in	模数 /mm	径节	周节 /in	模数 /mm
1/2	6.2832	50.8000	0.8467	3.7105	**30**	**1½**	2.0944	16.9333
0.5080	6.1842	**50**	0.8976	**3½**	28.2977	1.5708	**2**	16.1701
0.5236	**6**	48.5104	0.9666	**3¼**	26.2765	1.5875	1.9790	**16**
0.5644	5.5658	**45**	**1**	3.1416	25.4000	1.6755	**1⅞**	15.1595
0.5712	**5½**	44.4679	1.0160	3.0921	**25**	1.6933	1.8553	**15**
0.6283	**5**	40.4253	1.0472	**3**	24.2552	**1¾**	1.7952	14.5143
0.6350	4.9474	**40**	1.1424	**2¾**	22.2339	1.7952	**1¾**	14.1489
0.6981	**4½**	36.3828	**1¼**	2.5133	20.3200	1.8143	1.7316	**14**
0.7257	4.3290	**35**	1.2566	**2½**	20.2127	1.9333	**1⅝**	13.1382
3/4	4.1888	33.8667	1.2700	2.4737	**20**	1.9538	1.6079	**13**
0.7854	**4**	32.3403	1.3963	**2¼**	18.1914	**2**	1.5708	12.7000
0.8378	**3¾**	30.3190	1.4111	2.2263	**18**	2.0944	**1½**	12.1276

（续）

径节	周节 /in	模数 /mm	径节	周节 /in	模数 /mm	径节	周节 /in	模数 /mm
2.1167	1.4842	**12**	5.0800	0.6184	**5**	**17**	0.1848	1.4941
2¼	1.3963	11.2889	5.5851	9/16	4.5478	**18**	0.1745	1.4111
2.2848	**1⅜**	11.1170	5.6443	0.5566	**4½**	**19**	0.1653	1.3368
2.3091	1.3605	**11**	**6**	0.5236	4.2333	**20**	0.1571	1.2700
2½	1.2566	10.1600	6.2832	1/2	4.0425	**22**	0.1428	1.1545
2.5133	**1¼**	10.1063	6.3500	0.4947	**4**	**24**	0.1309	1.0583
2.5400	1.2368	**10**	**7**	0.4488	3.6286	**25**	0.1257	1.0160
2¾	1.1424	9.2364	7.1808	**7/16**	3.5372	25.1328	**1/8**	1.0106
2.7925	**1⅛**	9.0957	7.2571	0.4329	**3½**	25.4000	0.1237	**1**
2.8222	1.1132	**9**	**8**	0.3927	3.1750	**26**	0.1208	0.9769
3	1.0472	8.4667	8.3776	**3/8**	3.0319	**28**	0.1122	0.9071
3.1416	**1**	8.0851	8.4667	0.3711	**3**	**30**	0.1047	0.8467
3.1750	0.9895	**8**	**9**	0.3491	2.8222	**32**	0.0982	0.7937
3.3510	15/16	7.5797	**10**	0.3142	2.5400	**34**	0.0924	0.7470
3½	0.8976	7.2571	10.0531	**5/16**	2.5266	**36**	0.0873	0.7056
3.5904	7/8	7.0744	10.1600	0.3092	**2½**	**38**	0.0827	0.6684
3.6286	0.8658	**7**	**11**	0.2856	2.3091	**40**	0.0785	0.6350
3.8666	**13/16**	6.5691	**12**	0.2618	2.1167	**42**	0.0748	0.6048
3.9078	0.8040	**6½**	12.5664	**1/4**	2.0213	**44**	0.0714	0.5773
4	0.7854	6.3500	12.7000	0.2474	**2**	**46**	0.0683	0.5522
4.1888	**3/4**	6.0638	**13**	0.2417	1.9538	**48**	0.0654	0.5292
4.2333	0.7421	**6**	**14**	0.2244	1.8143	**50**	0.0628	0.5080
4.5696	**11/16**	5.5585	**15**	0.2094	1.6933	50.2656	**1/16**	0.5053
4.6182	0.6803	**5½**	**16**	0.1963	1.5875	50.8000	0.0618	1/2
5	0.6283	5.0800	16.7552	**3/16**	1.5160	**56**	0.0561	0.4536
5.0265	**5/8**	5.0532	16.9333	0.1855	**1½**	**60**	0.0524	0.4233

注：1. 常用的节距和模数用粗体标识。

2. 齿轮的模数是分度圆直径除以轮齿数量。模数可以用任何单位表示，但是当规定单位时，最好是 mm。因此，米制模数等于分度圆直径除以齿数。为了找到与给定的径节等值的米制模数，将径节除以 25.4。要求取相当于给定模数的径节，用25.4 除以模数（25.4 = 每英寸的毫米数）。

9.6 检查齿轮尺寸

1. 通过跨针或跨棒测量的方法来检查齿轮尺寸

检查齿轮尺寸的量针或量棒方法准确、容易使用，特别适用于检验设备有限的车间。给定直径的两个圆柱形量针或量棒放置在直径相对的齿槽中（见图 9-24）。如果齿轮是奇数齿，量针尽可能地接近相对位置。通过使用任何足够准确的测量方法来检查总的测量值 M。当分度圆直径正确时通过计算值可以容易且快速地确定测量值 M。

2. 当量针直径等于 1.728 除以径节时，检查外啮合直齿轮的测量

表 9-37 和表 9-38 给出了以 in 为单位的测量值 M，用于检查具有一个径节的外啮合直齿轮的分度圆直径。对于任何其他径节，将表中给出的测量值除以所需的径节。结果显示了当节径正确且不存在侧隙允差时的测量值 M。稍后将说明获得给定侧隙量的过程。表 9-37 ~ 表 9-40 基本符合 Van Keuren 标准的量针尺寸。对于外齿直齿轮，量针尺寸等于 1.728 除以径节。各种径节的量针直径可以在表9-41 的左侧部分找到。

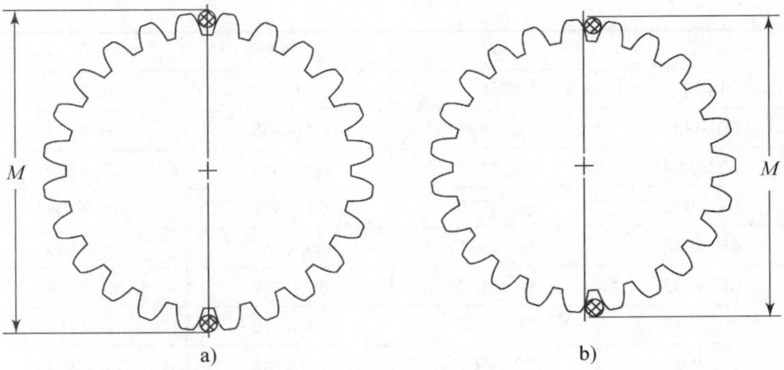

图 9-24　给定直径的两个圆柱形量针或量棒放置在直径相对的齿槽中

表 9-37　通过跨针测量法来检查外啮合直齿轮的尺寸（一）

偶数齿

表中的尺寸为 1 个径节和 Van Keuren 标准量针尺寸。对于任何其他径节，将表中的尺寸除以给定的节距。

量针或量棒直径 = 1.728/径节

轮齿数量	压力角				
	14½°	17½°	20°	25°	30°
6	8.2846	8.2927	8.3032	8.3340	8.3759
8	10.3160	10.3196	10.3271	10.3533	10.3919
10	12.3399	12.3396	12.3445	12.3667	12.4028
12	14.3590	14.3552	14.3578	14.3768	14.4108
14	16.3746	16.3677	16.3683	16.3846	16.4169
16	18.3877	18.3780	18.3768	18.3908	18.4217
18	20.3989	20.3866	20.3840	20.3959	20.4256
20	22.4087	22.3940	22.3900	22.4002	22.4288
22	24.4172	24.4004	24.3952	24.4038	24.4315
24	26.4247	26.4060	26.3997	26.4069	26.4339
26	28.4314	28.4110	28.4036	28.4096	28.4358
28	30.4374	30.4154	30.4071	30.4120	30.4376
30	32.4429	32.4193	32.4102	32.4141	32.4391
32	34.4478	34.4228	34.4130	34.4159	34.4405
34	36.4523	36.4260	36.4155	36.4176	36.4417
36	38.4565	38.4290	38.4178	38.4191	38.4428
38	40.4603	40.4317	40.4198	40.4205	40.4438
40	42.4638	42.4341	42.4217	42.4217	42.4447
42	44.4671	44.4364	44.4234	44.4228	44.4455
44	46.4701	46.4385	46.4250	46.4239	46.4463
46	48.4729	48.4404	48.4265	48.4248	48.4470
48	50.4756	50.4422	50.4279	50.4257	50.4476
50	52.4781	52.4439	52.4292	52.4265	52.4482
52	54.4804	54.4454	54.4304	54.4273	54.4487
54	56.4826	56.4469	56.4315	56.4280	56.4492
56	58.4847	58.4483	58.4325	58.4287	58.4497

（续）

轮齿数量	压力角				
	14½°	17½°	20°	25°	30°
58	60.4866	60.4496	60.4335	60.4293	60.4501
60	62.4884	62.4509	62.4344	62.4299	62.4506
62	64.4902	64.4520	64.4352	64.4304	64.4510
64	66.4918	66.4531	66.4361	66.4309	66.4513
66	68.4933	68.4542	68.4369	68.4314	68.4517
68	70.4948	70.4552	70.4376	70.4319	70.4520
70	72.4963	72.4561	72.4383	72.4323	72.4523
72	74.4977	74.4570	74.4390	74.4327	74.4526
74	76.4990	76.4578	76.4396	76.4331	76.4529
76	78.5002	78.4586	78.4402	78.4335	78.4532
78	80.5014	80.4594	80.4408	80.4339	80.4534
80	82.5026	82.4601	82.4413	82.4342	82.4536
82	84.5037	84.4608	84.4418	84.4345	84.4538
84	86.5047	86.4615	86.4423	86.4348	86.4540
86	88.5057	88.4621	88.4428	88.4351	88.4542
88	90.5067	90.4627	90.4433	90.4354	90.4544
90	92.5076	92.4633	92.4437	92.4357	92.4546
92	94.5085	94.4639	94.4441	94.4359	94.4548
94	96.5094	96.4644	96.4445	96.4362	96.4550
96	98.5102	98.4649	98.4449	98.4364	98.4552
98	100.5110	100.4655	100.4453	100.4367	100.4554
100	102.5118	102.4660	102.4456	102.4369	102.4555
102	104.5125	104.4665	104.4460	104.4370	104.4557
104	106.5132	106.4669	106.4463	106.4372	106.4558
106	108.5139	108.4673	108.4466	108.4374	108.4560
108	110.5146	110.4678	110.4469	110.4376	110.4561
110	112.5152	112.4682	112.4472	112.4378	112.4562
112	114.5159	114.4686	114.4475	114.4380	114.4563
114	116.5165	116.4690	116.4478	116.4382	116.4564
116	118.5171	118.4693	118.4481	118.4384	118.4565
118	120.5177	120.4697	120.4484	120.4385	120.4566
120	122.5182	122.4701	122.4486	122.4387	122.4567
122	124.5188	124.4704	124.4489	124.4388	124.4568
124	126.5193	126.4708	126.4491	126.4390	126.4569
126	128.5198	128.4711	128.4493	128.4391	128.4570
128	130.5203	130.4714	130.4496	130.4393	130.4571
130	132.5208	132.4717	132.4498	132.4394	132.4572
132	134.5213	134.4720	134.4500	134.4395	134.4573
134	136.5217	136.4723	136.4502	136.4397	136.4574
136	138.5221	138.4725	138.4504	138.4398	138.4575
138	140.5226	140.4728	140.4506	140.4399	140.4576

（续）

轮齿数量	压力角				
	14½°	17½°	20°	25°	30°
140	142.5230	142.4730	142.4508	142.4400	142.4577
142	144.5234	144.4733	144.4510	144.4401	144.4578
144	146.5238	146.4736	146.4512	146.4402	146.4578
146	148.5242	148.4738	148.4513	148.4403	148.4579
148	150.5246	150.4740	150.4515	150.4404	150.4580
150	152.5250	152.4742	152.4516	152.4405	152.4580
152	154.5254	154.4745	154.4518	154.4406	154.4581
154	156.5257	156.4747	156.4520	156.4407	156.4581
156	158.5261	158.4749	158.4521	158.4408	158.4582
158	160.5264	160.4751	160.4523	160.4409	160.4582
160	162.5267	162.4753	162.4524	162.4410	162.4583
162	164.5270	164.4755	164.4526	164.4411	164.4584
164	166.5273	166.4757	166.4527	166.4411	166.4584
166	168.5276	168.4759	168.4528	168.4412	168.4585
168	170.5279	170.4760	170.4529	170.4413	170.4585
170	172.5282	172.4761	172.4531	172.4414	172.4586
180	182.5297	182.4771	182.4537	182.4418	182.4589
190	192.5310	192.4780	192.4542	192.4421	192.4591
200	202.5321	202.4786	202.4548	202.4424	202.4593
300	302.5395	302.4831	302.4579	30.4443	302.4606
400	402.5434	402.4854	402.4596	402.4453	402.4613
500	502.5458	502.4868	502.4606	502.4458	502.4619

表 9-38　通过跨针测量法来检查外啮合直齿轮的尺寸（二）

奇数齿

表中的尺寸为 1 个径节和 Van Keuren 标准量针尺寸。对于任何其他径节，将表中的尺寸除以给定的节距。

量针或量棒直径 = 1.728/径节

轮齿数量	压力角				
	14½°	17½°	20°	25°	30°
7	9.1116	9.1172	9.1260	9.1536	9.1928
9	11.1829	11.1844	11.1905	11.2142	11.2509
11	13.2317	13.2296	13.2332	13.2536	13.2882
13	15.2677	15.2617	15.2639	15.2814	15.3142
15	17.2957	17.2873	17.2871	17.3021	17.3329
17	19.3182	19.3072	19.3053	19.3181	19.3482
19	21.3368	21.3233	21.3200	21.3310	21.3600
21	23.3524	23.3368	23.3321	23.3415	23.3696
23	25.3658	25.3481	25.3423	25.3502	25.3775
25	27.3774	27.3579	27.3511	27.3576	27.3842
27	29.3876	29.3664	29.3586	29.3640	29.3899
29	31.3966	31.3738	31.3652	31.3695	31.3948

（续）

轮齿数量	压力角				
	14½°	17½°	20°	25°	30°
31	33.4047	33.3804	33.3710	33.3743	33.3991
33	35.4119	35.3863	35.3761	35.3786	35.4029
35	37.4185	37.3916	37.3807	37.3824	37.4063
37	39.4245	39.3964	39.3849	39.3858	39.4094
39	41.4299	41.4007	41.3886	41.3889	41.4120
41	43.4348	43.4047	43.3920	43.3917	43.4145
43	45.4394	45.4083	45.3951	45.3942	45.4168
45	47.4437	47.4116	47.3980	47.3965	47.4188
47	49.4477	49.4147	49.4007	49.3986	49.4206
49	51.4514	51.4175	51.4031	51.4006	51.4223
51	53.4547	53.4202	53.4053	53.4024	53.4239
53	55.4579	55.4227	55.4074	55.4041	55.4254
55	57.4609	57.4249	57.4093	57.4056	57.4267
57	59.4637	59.4271	59.4111	59.4071	59.4280
59	61.4664	61.4291	61.4128	61.4084	61.4292
61	63.4689	63.4310	63.4144	63.4097	63.4303
63	65.4712	65.4328	65.4159	65.4109	65.4313
65	67.4734	67.4344	67.4173	67.4120	67.4323
67	69.4755	69.4360	69.4186	69.4130	69.4332
69	71.4775	71.4375	71.4198	71.4140	71.4341
71	73.4795	73.4389	73.4210	73.4150	73.4349
73	75.4813	75.4403	75.4221	75.4159	75.4357
75	77.4830	77.4416	77.4232	77.4167	77.4364
77	79.4847	79.4428	79.4242	79.4175	79.4371
79	81.4863	81.4440	81.4252	81.4183	81.4378
81	83.4877	83.4451	83.4262	83.4190	83.4384
83	85.4892	85.4462	85.4271	85.4196	85.4390
85	87.4906	87.4472	87.4279	87.4203	87.4395
87	89.4919	89.4481	89.4287	89.4209	89.4400
89	91.4932	91.4490	91.4295	91.4215	91.4405
91	93.4944	93.4499	93.4303	93.4221	93.4410
93	95.4956	95.4508	95.4310	95.4227	95.4415
95	97.4967	97.4516	97.4317	97.4232	97.4420
97	99.4978	99.4524	99.4323	99.4237	99.4424
99	101.4988	101.4532	101.4329	101.4242	101.4428
101	103.4998	103.4540	103.4335	103.4247	103.4432
103	105.5008	105.4546	105.4341	105.4252	105.4436
105	107.5017	107.4553	107.4346	107.4256	107.4440
107	109.5026	109.4559	109.4352	109.4260	109.4443
109	111.5035	111.4566	111.4357	111.4264	111.4447
111	113.5044	113.4572	113.4362	113.4268	113.4450

（续）

轮齿数量	压力角				
	14½°	17½°	20°	25°	30°
113	115.5052	115.4578	115.4367	115.4272	115.4453
115	117.5060	117.4584	117.4372	117.4275	117.4456
117	119.5068	119.4589	119.4376	119.4279	119.4459
119	121.5075	121.4594	121.4380	121.4282	121.4462
121	123.5082	123.4599	123.4384	123.4285	123.4465
123	125.5089	125.4604	125.4388	125.4288	125.4468
125	127.5096	127.4609	127.4392	127.4291	127.4471
127	129.5103	129.4614	129.4396	129.4294	129.4473
129	131.5109	131.4619	131.4400	131.4297	131.4476
131	133.5115	133.4623	133.4404	133.4300	133.4478
133	135.5121	135.4628	135.4408	135.4302	135.4480
135	137.5127	137.4632	137.4411	137.4305	137.4483
137	139.5133	139.4636	139.4414	139.4307	139.4485
139	141.5139	141.4640	141.4418	141.4310	141.4487
141	143.5144	143.4644	143.4421	143.4312	143.4489
143	145.5149	145.4648	145.4424	145.4315	145.4491
145	147.5154	147.4651	147.4427	147.4317	147.4493
147	149.5159	149.4655	149.4430	149.4319	149.4495
149	151.5164	151.4658	151.4433	151.4321	151.4497
151	153.5169	153.4661	153.4435	153.4323	153.4498
153	155.5174	155.4665	155.4438	155.4325	155.4500
155	157.5179	157.4668	157.4440	157.4327	157.4502
157	159.5183	159.4671	159.4443	159.4329	159.4504
159	161.5188	161.4674	161.4445	161.4331	161.4505
161	163.5192	163.4677	163.4448	163.4333	163.4507
163	165.5196	165.4680	165.4450	165.4335	165.4508
165	167.5200	167.4683	167.4453	167.4337	167.4510
167	169.5204	169.4686	169.4455	169.4338	169.4511
169	171.5208	171.4688	171.4457	171.4340	171.4513
171	173.5212	173.4691	173.4459	173.4342	173.4514
181	183.5230	183.4704	183.4469	183.4350	183.4520
191	193.5246	193.4715	193.4478	193.4357	193.4526
201	203.5260	203.4725	203.4487	203.4363	203.4532
301	303.5355	303.4790	303.4538	303.4402	303.4565
401	403.5404	403.4823	403.4565	403.4422	403.4582
501	503.5433	503.4843	503.4581	503.4434	503.4592

表 9-39 通过跨针测量法检查内啮合直齿轮的尺寸（一）

偶数齿

表中的尺寸为 1 个径节和 Van Keuren 标准量针尺寸。对于任何其他径节，将表中的尺寸除以给定的节距。

量针或量棒直径 = 1.44/径节

轮齿数量	压力角				
	14½°	17½°	20°	25°	30°
10	8.8337	8.7383	8.6617	8.5209	8.3966
12	10.8394	10.7404	10.6623	10.5210	10.3973

（续）

轮齿数量	压力角				
	14½°	17½°	20°	25°	30°
14	12.8438	12.7419	12.6627	12.5210	12.3978
16	14.8474	14.7431	14.6630	14.5210	14.3982
18	16.8504	16.7441	16.6633	16.5210	16.3985
20	18.8529	18.7449	18.6635	18.5211	18.3987
22	20.8550	20.7456	20.6636	20.5211	20.3989
24	22.8569	22.7462	22.6638	22.5211	22.3991
26	24.8585	24.7467	24.6639	24.5211	24.3992
28	26.8599	26.7471	26.6640	26.5211	26.3993
30	28.8612	28.7475	28.6641	28.5211	28.3994
32	30.8623	30.7478	30.6642	30.5211	30.3995
34	32.8633	32.7481	32.6642	32.5211	32.3995
36	34.8642	34.7483	34.6643	34.5212	34.3996
38	36.8650	36.7486	36.6642	36.5212	36.3996
40	38.8658	38.7488	38.6644	38.5212	38.3997
42	40.8665	40.7490	40.6644	40.5212	40.3997
44	42.8672	42.7492	42.6645	42.5212	42.3998
46	44.8678	44.7493	44.6645	44.5212	44.3998
48	46.8683	46.7495	46.6646	46.5212	46.3999
50	48.8688	48.7496	48.6646	48.5212	48.3999
52	50.8692	50.7497	50.6646	50.5212	50.3999
54	52.8697	52.7499	52.6647	52.5212	52.4000
56	54.8701	54.7500	54.6647	54.5212	54.4000
58	56.8705	56.7501	56.6648	56.5212	56.4001
60	58.8709	58.7502	58.6648	58.5212	58.4001
62	60.8712	60.7503	60.6648	60.5212	60.4001
64	62.8715	62.7504	62.6648	62.5212	62.4001
66	64.8718	64.7505	64.6649	64.5212	64.4001
68	66.8721	66.7505	66.6649	66.5212	66.4001
70	68.8724	68.7506	68.6649	68.5212	68.4001
72	70.8727	70.7507	70.6649	70.5212	70.4002
74	72.8729	72.7507	72.6649	72.5212	72.4002
76	74.8731	74.7508	74.6649	74.5212	74.4002
78	76.8734	76.7509	76.6649	76.5212	76.4002
80	78.8736	78.7509	78.6649	78.5212	78.4002
82	80.8738	80.7510	80.6649	80.5212	80.4002
84	82.8740	82.7510	82.6649	82.5212	82.4002
86	84.8742	84.7511	84.6650	84.5212	84.4002
88	86.8743	86.7511	86.6650	86.5212	86.4003
90	88.8745	88.7512	88.6650	88.5212	88.4003
92	90.8747	90.7512	90.6650	90.5212	90.4003
94	92.8749	92.7513	92.6650	92.5212	92.4003

（续）

轮齿数量	压力角				
	14½°	17½°	20°	25°	30°
96	94.8750	94.7513	94.6650	94.5212	94.4003
98	96.8752	96.7513	96.6650	96.5212	96.4003
100	98.8753	98.7514	98.6650	98.5212	98.4003
102	100.8754	100.7514	100.6650	100.5212	100.4003
104	102.8756	102.7514	102.6650	102.5212	102.4003
106	104.8757	104.7515	104.6650	104.5212	104.4003
108	106.8758	106.7515	106.6650	106.5212	106.4003
110	108.8759	108.7515	108.6651	108.5212	108.4004
112	110.8760	110.7516	110.6651	110.5212	110.4004
114	112.8761	112.7516	112.6651	112.5212	112.4004
116	114.8762	114.7516	114.6651	114.5212	114.4004
118	116.8763	116.7516	116.6651	116.5212	116.4004
120	118.8764	118.7517	118.6651	118.5212	118.4004
122	120.8765	120.7517	120.6651	120.5212	120.4004
124	122.8766	122.7517	122.6651	122.5212	122.4004
126	124.8767	124.7517	124.6651	124.5212	124.4004
128	126.8768	126.7518	126.6651	126.5212	126.4004
130	128.8769	128.7518	128.6652	128.5212	128.4004
132	130.8769	130.7518	130.6652	130.5212	130.4004
134	132.8770	132.7518	132.6652	132.5212	132.4004
136	134.8771	134.7519	134.6652	134.5212	134.4004
138	136.8772	136.7519	136.6652	136.5212	136.4004
140	138.8773	138.7519	138.6652	138.5212	138.4004
142	140.8773	140.7519	140.6652	140.5212	140.4004
144	142.8774	142.7519	142.6652	142.5212	142.4004
146	144.8774	144.7520	144.6652	144.5212	144.4004
148	146.8775	146.7520	146.6652	146.5212	146.4004
150	148.8775	148.7520	148.6652	148.5212	148.4005
152	150.8776	150.7520	150.6652	150.5212	150.4005
154	152.8776	152.7520	152.6652	152.5212	152.4005
156	154.8777	154.7520	154.6652	154.5212	154.4005
158	156.8778	156.7520	156.6652	156.5212	156.4005
160	158.8778	158.7520	158.6652	158.5212	158.4005
162	160.8779	160.7520	160.6652	160.5212	160.4005
164	162.8779	162.7521	162.6652	162.5212	162.4005
166	164.8780	164.7521	164.6652	164.5212	164.4005
168	166.8780	166.7521	166.6652	166.5212	166.4005
170	168.8781	168.7521	168.6652	168.5212	168.4005
180	178.8783	178.7522	178.6652	178.5212	178.4005
190	188.8785	188.7522	188.6652	188.5212	188.4005
200	198.8788	198.7523	198.6652	198.5212	198.4005
300	298.8795	298.7525	298.6654	298.5212	298.4005
400	398.8803	398.7527	398.6654	398.5212	398.4006
500	498.8810	498.7528	498.6654	498.5212	498.4006

表 9-40 通过跨针测量法检查内啮合直齿轮的尺寸（二）

奇数齿

表中的尺寸为 1 个径节和 Van Keuren 标准量针尺寸。对于任何其他径节，将表中的尺寸除以给定的节距。

量针或量棒直径 = 1.44/径节

轮齿数量	压力角				
	14½°	17½°	20°	25°	30°
7	5.6393	5.5537	5.4823	5.3462	5.2232
9	7.6894	7.5976	7.5230	7.3847	7.2618
11	9.7219	9.6256	9.5490	9.4094	9.2867
13	11.7449	11.6451	11.5669	11.4265	11.3040
15	13.7620	13.6594	13.5801	13.4391	13.3167
17	15.7752	15.6703	15.5902	15.4487	15.3265
19	17.7858	17.6790	17.5981	17.4563	17.3343
21	19.7945	19.6860	19.6045	19.4625	19.3405
23	21.8017	21.6918	21.6099	21.4676	21.3457
25	23.8078	23.6967	23.6143	23.4719	23.3501
27	25.8130	25.7009	25.6181	25.4755	25.3538
29	27.8176	27.7045	27.6214	27.4787	27.3571
31	29.8216	29.7076	29.6242	29.4814	29.3599
33	31.8251	31.7104	31.6267	31.4838	31.3623
35	33.8282	33.7128	33.6289	33.4860	33.3645
37	35.8311	35.7150	35.6310	35.4879	35.3665
39	37.8336	37.7169	37.6327	37.4896	37.3682
41	39.8359	39.7187	39.6343	39.4911	39.3698
43	41.8380	41.7203	41.6357	41.4925	41.3712
45	43.8399	43.7217	43.6371	43.4938	43.3725
47	45.8416	45.7231	45.6383	45.4950	45.3737
49	47.8432	47.7243	47.6394	47.4960	47.3748
51	49.8447	49.7254	49.6404	49.4970	49.3758
53	51.8461	51.7265	51.6414	51.4979	51.3768
55	53.8474	53.7274	53.6422	53.4988	53.3776
57	55.8486	55.7283	55.6431	55.4996	55.3784
59	57.8497	57.7292	57.6438	57.5003	57.3792
61	59.8508	59.7300	59.6445	59.5010	59.3799
63	61.8517	61.7307	61.6452	61.5016	61.3806
65	63.8526	63.7314	63.6458	63.5022	63.3812
67	65.8535	65.7320	65.6464	65.5028	65.3818
69	67.8543	67.7327	67.6469	67.5033	67.3823
71	69.8551	69.7332	69.6475	69.5038	69.3828
73	71.8558	71.7338	71.6480	71.5043	71.3833
75	73.8565	73.7343	73.6484	73.5048	73.3838
77	75.8572	75.7348	75.6489	75.5052	75.3842
79	77.8573	77.7352	77.6493	77.5056	77.3846
81	79.8584	79.7357	79.6497	79.5060	79.3850

（续）

轮齿数量	压力角				
	14½°	17½°	20°	25°	30°
83	81.8590	81.7361	81.6501	81.5064	81.3854
85	83.8595	83.7365	83.6505	83.5067	83.3858
87	85.8600	85.7369	85.6508	85.5071	85.3861
89	87.8605	87.7373	87.6511	87.5074	87.3864
91	89.8610	89.7376	89.6514	89.5077	89.3867
93	91.8614	91.7379	91.6517	91.5080	91.3870
95	93.8619	93.7383	93.6520	93.5082	93.3873
97	95.8623	95.7386	95.6523	95.5085	95.3876
99	97.8627	97.7389	97.6526	97.5088	97.3879
101	99.8631	99.7391	99.6528	99.5090	99.3881
103	101.8635	101.7394	101.6531	101.5093	101.3883
105	103.8638	103.7397	103.6533	103.5095	103.3886
107	105.8642	105.7399	105.6535	105.5097	105.3888
109	107.8645	107.7402	107.6537	107.5099	107.3890
111	109.8648	109.7404	109.6539	109.5101	109.3893
113	111.8651	111.7406	111.6541	111.5103	111.3895
115	113.8654	113.7409	113.6543	113.5105	113.3897
117	115.8657	115.7411	115.6545	115.5107	115.3899
119	117.8660	117.7413	117.6547	117.5109	117.3900
121	119.8662	119.7415	119.6548	119.5110	119.3902
123	121.8663	121.7417	121.6550	121.5112	121.3904
125	123.8668	123.7418	123.6552	123.5114	123.3905
127	125.8670	125.7420	125.6554	125.5115	125.3907
129	127.8672	127.7422	127.6556	127.5117	127.3908
131	129.8675	129.7424	129.6557	129.5118	129.3910
133	131.8677	131.7425	131.6559	131.5120	131.3911
135	133.8679	133.7427	133.6560	133.5121	133.3913
137	135.8681	135.7428	135.6561	135.5123	135.3914
139	137.8683	137.7430	137.6563	137.5124	137.3916
141	139.8685	139.7431	139.6564	139.5125	139.3917
143	141.8687	141.7433	141.6565	141.5126	141.3918
145	143.8689	143.7434	143.6566	143.5127	143.3919
147	145.8691	145.7436	145.6568	145.5128	145.3920
149	147.8693	147.7437	147.6569	147.5130	147.3922
151	149.8694	149.7438	149.6570	149.5131	149.3923
153	151.8696	151.7439	151.6571	151.5132	151.3924
155	153.8698	153.7441	153.6572	153.5133	153.3925
157	155.8699	155.7442	155.6573	155.5134	155.3926
159	157.8701	157.7443	157.6574	157.5135	157.3927
161	159.8702	159.7444	159.6575	159.5136	159.3928
163	161.8704	161.7445	161.6576	161.5137	161.3929

（续）

轮齿数量	压力角				
	14½°	17½°	20°	25°	30°
165	163.8705	163.7446	163.6577	163.5138	163.3930
167	165.8707	165.7447	165.6578	165.5139	165.3931
169	167.8708	167.7448	167.6579	167.5139	167.3932
171	169.8710	169.7449	168.6580	169.5140	169.3933
181	179.8717	179.7453	179.6584	179.5144	179.3937
191	189.8721	189.7458	189.6588	189.5148	189.3940
201	199.8727	199.7461	199.6591	199.5151	199.3944
301	299.8759	299.7485	299.6612	299.5171	299.3965
401	399.8776	399.7496	399.6623	399.5182	399.3975
501	499.8786	499.7504	499.6629	499.5188	499.3981

表 9-41　用于齿轮的 Van Keuren 量针直径

外啮合齿轮量针直径 = 1.728 ÷ 径节				内啮合齿轮量针直径 = 1.44 ÷ 径节			
径节	直径	径节	直径	径节	直径	径节	直径
2	0.86400	16	0.10800	2	0.7200	16	0.09000
2½	0.69120	18	0.09600	2½	0.57600	18	0.08000
3	0.57600	20	0.08640	3	0.48000	20	0.07200
4	0.43200	22	0.07855	4	0.36000	22	0.06545
5	0.34560	24	0.07200	5	0.28800	24	0.06000
6	0.28800	28	0.06171	6	0.24000	28	0.05143
7	0.24686	32	0.05400	7	0.20571	32	0.04500
8	0.21600	36	0.04800	8	0.18000	36	0.04000
9	0.19200	40	0.04320	9	0.16000	40	0.03600
10	0.17280	48	0.03600	10	0.14400	48	0.03000
11	0.15709	64	0.02700	11	0.13091	64	0.02250
12	0.14400	72	0.02400	12	0.12000	72	0.02000
14	0.12343	80	0.02160	14	0.10286	80	0.01800

偶数齿：表9-37用于偶数齿。为了说明表的使用，假设直齿轮有4个径节的32个齿，压力角为20°。表9-37显示了1个径节的测量值是34.4130，因此，对于4个径节来说，测量值等于34.4130/4in =8.6032in。如果没有侧隙的话，这个尺寸是当径节正确时量针上的测量值。这里的量针直径等于1.728/4in =0.432in（见表9-41）。

偶数齿的测量值在170以上且不在表9-37中，可以由下面的例子来确定：假设齿数 =240 且压力角 =14½°；那么对于1个径节，小数点左边的位数 =给定的齿数 +2 =240 +2 =242。小数点右边的数字位于针对200齿和300齿表格中给出的小数之间且通过插值法获得。因此，240 - 200 =40（变为0.40）；0.5395 - 0.5321 =0.0074 =300齿和200齿的十进制值之间的差值，因此，需要的小数 = 0.5321 +（0.40 × 0.0074）= 0.53506。总尺寸 = 242.53506除以所需的径节。

奇数齿：表9-38用于奇数齿 。奇数齿的测量值在171以上且不在表9-38中，可以由下面的例子来确定：假设齿数 =335 且压力角 =20°；因此，对于1径节，小数点左边的数字 = 给定齿数 +2 =335 + 2 =337。小数点右边的数介于针对301和401齿给出表中的小数之间。因此，335 - 301 = 34（变为0.34），0.4565 - 0.4538 =0.0027，因此，要求的小数 = 0.4538 +（0.34 × 0.0027）= 0.4547。总尺寸 =337.4547。

3. 当量针直径等于1.44除以径节时，检查内啮合齿轮的测量

表9-39和表9-40给出了用于检查1个径节的内啮合齿轮的跨量针的测量值。对于任何其他径节，将表中给出的测量值除以所需的径节。这些测量值基于Van Keuren标准量针尺寸，对于内啮合直齿轮，其尺寸等于1.44除以径节（见表9-41）。

偶数齿：对于170以上且不是表9-39中的偶数齿，按照以下示例所示进行：假设齿数=380且压力角为14½°，那么，对于1径节，小数点左边的数字=给定齿数-2=380-2=378。小数点右边的位数介于针对300和400齿给出表中小数之间且通过插值得到。因此，380-300=80（变为0.80），0.8803-0.8795=0.0008，因此，要求的小数=0.8795+（0.80×0.0008）=0.88014。总尺寸=378.88014。

奇数齿：表9-40是齿数为奇数的内啮合齿轮。对于超过171且不在表中的齿数，按照以下示例所示进行：假设齿数=337且压力角为14½°，然后，对于1径节，小数点左边的数字=给定齿数-2=337-2=335。小数点右边的位数介于针对301和401齿给出表格中的小数且通过插值得到。因此，337-301=36（变为0.36），0.8776-0.8759=0.0017，因此，要求的小数=0.8759+（0.36×0.0017）=0.8765。总尺寸=335.8765。

4. 当量针直径等于1.68除以径节时，检查外啮合齿轮的测量

表9-43和表9-44给出了以in为单位的测量值*M*，用于检查1个径节的外啮合直齿轮的节径。对于任何其他径节，将表中给出的测量值除以所需的径节。结果显示了当节径正确且不存在侧隙允差时测量值*M*的大小。当测量的量针直径等于1.68除以径节的时候，在后文中给出了检查给定量侧隙的过程。表9-43和表9-44是根据量针的尺寸等于1.68除以直径而得到的。不同齿距对应的量针直径在表9-42中给出。

表9-42 基于常数1.68的直齿圆柱齿轮和斜齿轮的直径

直径或法向径节	量针直径	直径或法向径节	量针直径	直径或法向径节	量针直径	直径或法向径节	量针直径
2	0.840	8	0.210	18	0.09333	40	0.042
2½	0.672	9	0.18666	20	0.084	48	0.035
3	0.560	10	0.168	22	0.07636	64	0.02625
4	0.420	11	0.15273	24	0.070	72	0.02333
5	0.336	12	0.140	28	0.060	80	0.021
6	0.280	14	0.120	32	0.0525	—	—
7	0.240	16	0.105	36	0.04667	—	—

注：量棒的直径=1.68÷直齿轮径节和1.68÷斜齿轮法向径节。

为了使用直径等于1.68in除以径节的量针来得到外啮合直齿轮的测量值*M*，表9-43和表9-44使用与表9-37和表9-38相同的方法。

侧隙允差：表9-37、表9-38、表9-43和表9-44

表9-43 通过跨针测量法检查外啮合直齿轮的尺寸（一）

偶数齿

表中的尺寸为1个径节和1.68in系列量针直径（Van Keuren标准）。对于任何其他径节，将表中的尺寸除以给定的节距。

量针或量棒直径=1.68/径节

轮齿数量	压力角				
	14½°	17½°	20°	25°	30°
6	8.1298	8.1442	8.1600	8.2003	8.2504
8	10.1535	10.1647	10.1738	10.2155	10.2633
10	12.1712	12.1796	12.1914	12.2260	12.2722
12	14.1851	14.1910	14.2013	14.2338	14.2785
14	16.1964	16.2001	16.2091	16.2397	16.2833
16	18.2058	18.2076	18.2154	18.2445	18.2871
18	20.2137	20.2138	20.2205	20.2483	20.2902
20	22.2205	22.2190	22.2249	22.2515	22.2927
22	24.2265	24.2235	24.2286	24.2542	24.2949

（续）

轮齿数量	压力角				
	14½°	17½°	20°	25°	30°
24	26.2317	26.2275	26.2318	26.2566	26.2967
26	28.2363	28.2309	28.2346	28.2586	28.2982
28	30.2404	30.2339	30.2371	30.2603	30.2996
30	32.2441	32.2367	32.2392	32.2619	32.3008
32	34.2475	34.2391	34.2412	34.2632	34.3017
34	36.2505	36.2413	36.2430	36.2644	36.3026
36	38.2533	38.2433	38.2445	38.2655	38.3035
38	40.2558	40.2451	40.2460	40.2666	40.3044
40	42.2582	42.2468	42.2473	42.2675	42.3051
42	44.2604	44.2483	44.2485	44.2683	44.3057
44	46.2624	46.2497	46.2496	46.2690	46.3063
46	48.2642	48.2510	48.2506	48.2697	48.3068
48	50.2660	50.2522	50.2516	50.2704	50.3073
50	52.2676	52.2534	52.2525	52.2710	52.3078
52	54.2691	54.2545	54.2533	54.2716	54.3082
54	56.2705	56.2555	56.2541	56.2721	56.3086
56	58.2719	58.2564	58.2548	58.2726	58.3089
58	60.2731	60.2572	60.2555	60.2730	60.3093
60	62.2743	62.2580	62.2561	62.2735	62.3096
62	64.2755	64.2587	64.2567	64.2739	64.3099
64	66.2765	66.2594	66.2572	66.2742	66.3102
66	68.2775	68.2601	68.2577	68.2746	68.3104
68	70.2785	70.2608	70.2582	70.2749	70.3107
70	72.2794	72.2615	72.2587	72.2752	72.3109
72	74.2803	74.2620	74.2591	74.2755	74.3111
74	76.2811	76.2625	76.2596	76.2758	76.3113
76	78.2819	78.2631	78.2600	78.2761	78.3115
78	80.2827	80.2636	80.2604	80.2763	80.3117
80	82.2834	82.2641	82.2607	82.2766	82.3119
82	84.2841	84.2646	84.2611	84.2768	84.3121
84	86.2847	86.2650	86.2614	86.2771	86.3123
86	88.2854	88.2655	88.2617	88.2773	88.3124
88	90.2860	90.2659	90.2620	90.2775	90.3126
90	92.2866	92.2662	92.2624	92.2777	92.3127
92	94.2872	94.2666	94.2626	94.2779	94.3129
94	96.2877	96.2670	96.2629	96.2780	96.3130
96	98.2882	98.2673	98.2632	98.2782	98.3131
98	100.2887	100.2677	100.2635	100.2784	100.3132
100	102.2892	102.2680	102.2638	102.2785	102.3134
102	104.2897	104.2683	104.2640	104.2787	104.3135
104	106.2901	106.2685	106.2642	106.2788	106.3136

（续）

轮齿数量	压力角				
	14½°	17½°	20°	25°	30°
106	108.2905	108.2688	108.2644	108.2789	108.3137
108	110.2910	110.2691	110.2645	110.2791	110.3138
110	112.2914	112.2694	112.2647	112.2792	112.3139
112	114.2918	114.2696	114.2649	114.2793	114.3140
114	116.2921	116.2699	116.2651	116.2794	116.3141
116	118.2925	118.2701	118.2653	118.2795	118.3142
118	120.2929	120.2703	120.2655	120.2797	120.3142
120	122.2932	122.2706	122.2656	122.2798	122.3143
122	124.2936	124.2708	124.2658	124.2799	124.3144
124	126.2939	126.2710	126.2600	126.2800	126.3145
126	128.2941	128.2712	128.2661	128.2801	128.3146
128	130.2945	130.2714	130.2663	130.2802	130.3146
130	132.2948	132.2716	132.2664	132.2803	132.3147
132	134.2951	134.2718	134.2666	134.2804	134.3147
134	136.2954	136.2720	136.2667	136.2805	136.3148
136	138.2957	138.2722	138.2669	138.2806	138.3149
138	140.2960	140.2724	140.2670	140.2807	140.3149
140	142.2962	142.2725	142.2671	142.2808	142.3150
142	144.2965	144.2727	144.2672	144.2808	144.3151
144	146.2967	146.2729	146.2674	146.2809	146.3151
146	148.2970	148.2730	148.2675	148.2810	148.3152
148	150.2972	150.2732	150.2676	150.2811	150.3152
150	152.2974	152.2733	152.2677	152.2812	152.3153
152	154.2977	154.2735	154.2678	154.2812	154.3153
154	156.2979	156.2736	156.2679	156.2813	156.3154
156	158.2981	158.2737	158.2680	158.2813	158.3155
158	160.2983	160.2739	160.2681	160.2814	160.3155
160	162.2985	162.2740	162.2682	162.2815	162.3155
162	164.2987	164.2741	164.2683	164.2815	164.3156
164	166.2989	166.2742	166.2684	166.2816	166.3156
166	168.2990	168.2744	168.2685	168.2816	168.3157
168	170.2992	170.2745	170.2686	170.2817	170.3157
170	172.2994	172.2746	172.2687	172.2818	172.3158
180	182.3003	182.2752	182.2691	182.2820	182.3160
190	192.3011	192.2757	192.2694	192.2823	192.3161
200	202.3018	202.2761	202.2698	202.2825	202.3163
300	302.3063	302.2790	302.2719	302.2839	302.3173
400	402.3087	402.2804	402.2730	402.2845	402.3178
500	502.3101	502.2813	502.2736	502.2850	502.3181

给出了当径节正确且啮合齿轮之间没有侧隙或游隙允差时的跨针测量值。侧隙是通过切削比标准深度稍深的齿得到的，从而减小了厚度。通常，两个配对齿轮的齿厚都减少了相当于总侧隙一半的厚度。但是，如果小齿轮较小，通常的做法是在大齿轮上减去全部的侧隙厚度而小齿轮制成标准的。表 9-45 列出了用于在外啮合直齿轮上获得侧隙的跨针测量值 M 的变化。

表 9-44 通过跨针测量法检查外啮合直齿轮的尺寸（二）

奇数齿

表中的尺寸为 1 个径节和 1.68in 系列量针直径（Van Keuren 标准）。对于任何其他径节，将表中的尺寸除以给定的节距。

量针或量棒直径 = 1.68/径节

轮齿数量	压力角				
	14½°	17½°	20°	25°	30°
5	6.8485	6.8639	6.8800	6.9202	6.9691
7	8.9555	8.9679	8.9822	9.0199	9.0675
9	11.0189	11.0285	11.0410	11.0762	11.1224
11	13.0615	13.0686	13.0795	13.1126	13.1575
13	15.0925	15.0973	15.1068	15.1381	15.1819
15	17.1163	17.1190	17.1273	17.1570	17.1998
17	19.1351	19.1360	19.1432	19.1716	19.2136
19	21.1505	21.1498	21.1561	21.1832	21.2245
21	23.1634	23.1611	23.1665	23.1926	23.2334
23	25.1743	25.1707	25.1754	25.2005	25.2408
25	27.1836	27.1788	27.1828	27.2071	27.2469
27	29.1918	29.1859	29.1892	29.2128	29.2522
29	31.1990	31.1920	31.1948	31.2177	31.2568
31	33.2053	33.1974	33.1997	33.2220	33.2607
33	35.2110	35.2021	35.2041	35.2258	35.2642
35	37.2161	37.2065	37.2079	37.2292	37.2674
37	39.2208	39.2104	39.2115	39.2323	39.2702
39	41.2249	41.2138	41.2147	41.2349	41.2726
41	43.2287	43.2170	43.2174	43.2374	43.2749
43	45.2323	45.2199	45.2200	45.2396	45.2769
45	47.2355	47.2226	47.2224	47.2417	47.2788
47	49.2385	49.2251	49.2246	49.2435	49.2805
49	51.2413	51.2273	51.2266	51.2452	51.2820
51	53.2439	53.2294	53.2284	53.2468	53.2835
53	55.2463	55.2313	55.2302	55.2483	55.2848
55	57.2485	57.2331	57.2318	57.2497	57.2861
57	59.2506	59.2348	59.2333	59.2509	59.2872
59	61.2526	61.2363	61.2347	61.2521	61.2883
61	63.2545	63.2378	63.2360	63.2532	63.2893
63	65.2562	65.2392	65.2372	65.2543	65.2902
65	67.2579	67.2406	67.2383	67.2553	67.2911
67	69.2594	69.2419	69.2394	69.2562	69.2920
69	71.2609	71.2431	71.2405	71.2571	71.2928
71	73.2623	73.2442	73.2414	73.2579	73.2935

（续）

轮齿数量	压力角				
	14½°	17½°	20°	25°	30°
73	75.2636	75.2452	75.2423	75.2586	75.2942
75	77.2649	77.2462	77.2432	77.2594	77.2949
77	79.2661	79.2472	79.2440	79.2601	79.2955
79	81.2673	81.2481	81.2448	81.2607	81.2961
81	83.2684	83.2490	83.2456	83.2614	83.2967
83	85.2694	85.2498	85.2463	85.2620	85.2972
85	87.2704	87.2506	87.2470	87.2625	87.2977
87	89.2714	89.2514	89.2476	89.2631	89.2982
89	91.2723	91.2521	91.2482	91.2636	91.2987
91	93.2732	93.2528	93.2489	93.2641	93.2991
93	95.2741	95.2534	95.2494	95.2646	95.2996
95	97.2749	97.2541	97.2500	97.2650	97.3000
97	99.2757	99.2547	99.2506	99.2655	99.3004
99	101.2764	101.2553	101.2511	101.2659	101.3008
101	103.2771	103.2558	103.2516	103.2663	103.3011
103	105.2778	105.2563	105.2520	105.2667	105.3015
105	107.2785	107.2568	107.2525	107.2671	107.3018
107	109.2791	109.2573	109.2529	109.2674	109.3021
109	111.2798	111.2578	111.2533	111.2678	111.3024
111	113.2804	113.2583	113.2537	113.2681	113.3027
113	115.2809	115.2588	115.2541	115.2684	115.3030
115	117.2815	117.2592	117.2544	117.2687	117.3033
117	119.2821	119.2596	119.2548	119.2690	119.3036
119	121.2826	121.2601	121.2552	121.2693	121.3038
121	123.2831	123.2605	123.2555	123.2696	123.3041
123	125.2836	125.2608	125.2558	125.2699	125.3043
125	127.2841	127.2612	127.2562	127.2702	127.3046
127	129.2846	129.2615	129.2565	129.2704	129.3048
129	131.2851	131.2619	131.2568	131.2707	131.3050
131	133.2855	133.2622	133.2571	133.2709	133.3053
133	135.2859	135.2626	135.2574	135.2712	135.3055
135	137.2863	137.2629	137.2577	137.2714	137.3057
137	139.2867	139.3632	139.2579	139.2716	139.3059
139	141.2871	141.2635	141.2582	141.2718	141.3060
141	143.2875	143.2638	143.2584	143.2720	143.3062
143	145.2879	145.2641	145.2587	145.2722	145.3064
145	147.2883	147.2644	147.2589	147.2724	147.3066
147	149.2887	149.2647	149.2591	149.2726	149.3068
149	151.2890	151.2649	151.2594	151.2728	151.3069
151	153.2893	153.2652	153.2596	153.2730	153.3071
153	155.2897	155.2654	155.2598	155.2732	155.3073

（续）

轮齿数量	压力角				
	14½°	17½°	20°	25°	30°
155	157.2900	157.2657	157.2600	157.2733	157.3074
157	159.2903	159.2659	159.2602	159.2735	159.3076
159	161.2906	161.2661	161.2604	161.2736	161.3077
161	163.2909	163.2663	163.2606	163.2738	163.3078
163	165.2912	165.2665	165.2608	165.2740	165.3080
165	167.2915	167.2668	167.2610	167.2741	167.3081
167	169.2917	169.2670	169.2611	169.2743	169.3083
169	171.2920	171.2672	171.2613	171.2744	171.3084
171	173.2922	173.2674	173.2615	173.2746	173.3085
181	183.2936	183.2684	183.2623	183.2752	183.3091
191	193.2947	193.2692	193.2630	193.2758	193.3097
201	203.2957	203.2700	203.2636	203.2764	203.3101
301	303.3022	303.2749	303.2678	393.2798	303.3132
401	403.3056	403.2774	403.2699	403.2815	403.3147
501	503.3076	503.2789	503.2711	503.2825	503.3156

表 9-45　外啮合直齿轮和内啮合直齿轮的侧隙允差

轮齿数量	14½°		17½°		20°		25°		30°	
	外	内	外	内	外	内	外	内	外	内
5	0.0019	0.0024	0.0018	0.0024	0.0017	0.0023	0.0015	0.0021	0.0013	0.0019
10	0.0024	0.0029	0.0022	0.0027	0.0020	0.0026	0.0017	0.0022	0.0015	0.0018
20	0.0028	0.0032	0.0025	0.0029	0.0023	0.0027	0.0019	0.0022	0.0016	0.0018
30	0.0030	0.0034	0.0026	0.0030	0.0024	0.0027	0.0020	0.0022	0.0016	0.0018
40	0.0031	0.0035	0.0027	0.0030	0.0025	0.0027	0.0020	0.0022	0.0017	0.0018
50	0.0032	0.0036	0.0028	0.0031	0.0025	0.0027	0.0020	0.0022	0.0017	0.0018
100	0.0035	0.0037	0.0030	0.0031	0.0026	0.0027	0.0021	0.0022	0.0017	0.0017
200	0.0036	0.0038	0.0031	0.0031	0.0027	0.0027	0.0021	0.0022	0.0017	0.0017

注：1. 外啮合齿轮：对于节线上每0.001in的齿厚度减少，从表9-37、表9-38、表9-43或表9-44中获得减少的跨针测量值总量。

2. 内啮合齿轮：对于节线上每0.001in的齿厚度增加，从表9-39或表9-40中获得增加的量针间测量值总量。

3. 当两个啮合齿轮的齿厚都减少时，节线侧隙等于双齿厚减少量。如果仅有一个齿轮的齿厚减小，则减少节线上的侧隙总量。

4. 示例：对于30齿，10径节，20°压力角，外啮合齿轮，从表9-37得到的跨针测量值为32.4102/10，对于0.002的侧隙，此测量值必须减少2×0.0024～3.2362或（3.2410－0.0048）。

5. 用量针或量球检查斜齿轮的测量

斜齿轮可以通过使用一根量针或量球、两个量针或量球，以及三根量针来检查尺寸，这取决于具体情况。假设齿轮的齿面宽度以及螺旋角允许在一侧毗邻的齿槽间放下两根量针同时在对面位置放置第三根量针，那么就可以用三针量法测量偶数和奇数的齿轮。这些量针应该放在平行的平板之间。对于偶数和奇数的齿来说，在这些平板以及在垂直于齿轮轴线上的测量都是一样的，因为奇数齿上量针的轴向位移不会影响板之间的垂直测量值。三针量法的计算值与在偶数齿的两根量针上的测量值相同。

偶数或奇数齿上用跨一根量针或一个量球的测量：这种测量方法是通过对偶数齿的跨两根量针的测量并将结果除以2的方法来获得跨一根量针或量球到安装在心轴上齿轮中心的测量值。

偶数齿上用跨两根量针或两个量球的测量，通过将两根量针（或两个量球放在相同的平面上，使得它们与齿面平行的平面靠紧）进行测量，计算如下：首先，从公式 D 中计算斜齿轮的节径 = 齿数除以法向径节和螺旋角余弦的乘积，$D=N/(P_n\cos\psi)$。下一步，计算出齿数 N_e，在直齿圆柱齿轮中，与普通平面上的斜齿轮具有相同的齿形曲率，$N_e=N/\cos^3\psi$。接下来，参见表 9-43 中具有偶数齿数的直齿轮，并通过插值法找到给定法向压力角下该齿数常数对应的小数值。最后，该小数值加上 2，将总和除以法向径节 P_n。并将这个计算结果加到节径 D 上，即为跨两根量针或量球得到的测量值。

示例：斜齿轮有 6 个法向径节，32 个齿，20°压力角和 23°螺旋角。确定跨两根量针的测量值，没有侧隙允差。

$D=32\div6\times\cos23°=5.7939$，$N_e=32\div\cos^3 23°=41.027$，在表 9-43 第 4 列，40 个齿的小数部分的测量值是 2473，对于 42 个齿为 2485。41.027 个齿的小数部分通过插值法计算为 $\dfrac{41.027-40}{42-40}\times(0.2485-0.2473)+0.2473=0.2479$，$(0.2479+2)\div6=0.3747$，$M=0.3747+5.7939=6.1686$。

跨量针或量球上的这种测量是基于使用 $1.68/P_n$ 的量针或量球的。如果跨 $1.728/P_n$ 的量针或量球的测量是优选的话，那么使用表 9-37 来查找上面所描述的小数部分，而不是表 9-43。

奇数齿上跨两根量针或两个量球的测量：这个过程类似于偶数齿上用两根量针或两个量球的测量，除了考虑到量针或量球没有在一半齿间隔直径上相对而最后对 M 值进行的校正以外。此外，必须注意确保量球或量针保持在如前所述的齿轮转动的平面上。

示例：8 个法向径节的斜齿轮有 13 个齿，14½°的压力角，以及 45°的螺旋角。在使用 $1.728/P_n$ 的量球或量针的情况下，确定测量值 M，无侧隙允差。

如前所述，$D=13/8\cos45°=2.2981$，$N_e=13/\cos^3 45°=36.770$，在表 9-37 的第 2 列中，36 个齿的测量值的小数部分为 0.4565，38 个齿的小数部分为 0.4603。36.770 个齿的小数部分用插值法计算为：$\dfrac{36.770-36}{38-36}\times(0.4603-0.4565)+0.4565=0.4580$，$(0.4580+2)/8=0.3073$，$M=0.3073+2.2981=2.6054$。该测量对于三针量法是正确的，但是对于保持在齿轮旋转平面中的两个量球或量针，M 必须进行如下校正：

$$\begin{aligned}修正\ M&=(M-量球直径)\cos(90°/N)+量球直径\\&=(2.6054-1.728/8)\cos(90°/13)+1.728/8\\&=2.5880\end{aligned}$$

6. 通过跨两个或更多轮齿的弦长测量来检查直齿轮尺寸

通常可用的检查齿轮尺寸的另一种方法见表 9-46。游标卡尺用于测量跨两个或多个齿上的距离 M。表 9-46 显示了跨两个齿（或一个中间的齿槽）的测量结果，但可能也包括三个或更多的齿，这取决于节距。卡尺的钳口只保持与齿的侧面或轮廓接触且垂直于齿轮的轴线。尺寸正确的渐开线齿的测量值 M 确定如下。

表 9-46　跨弦测量 1 径节轮齿的直齿轮

在压力角和对应的齿数中求取 M 值，将 M 除以要测量的齿轮的径节，然后减去总共一半的侧隙，以获得等于给定节距和侧隙的测量值 M。检测或测量要跨的齿数见表 9-47

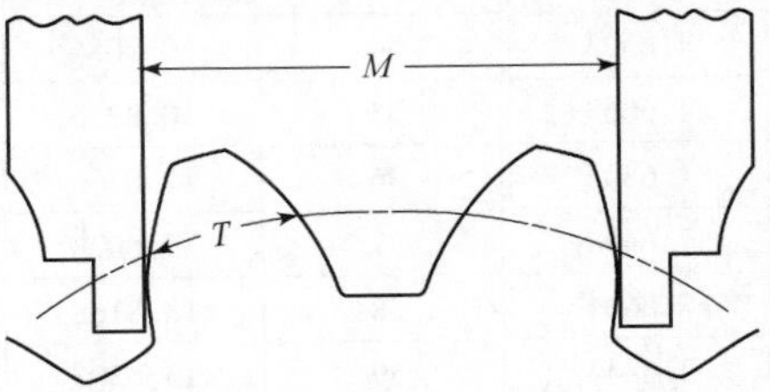

齿轮齿数	1 径节以 in 为单位的 M	齿轮齿数	1 径节以 in 为单位的 M	齿轮齿数	1 径节以 in 为单位的 M	齿轮齿数	1 径节以 in 为单位的 M
压力角 14½°							
12	4.6267	18	4.6589	24	7.7326	30	7.7649
13	4.6321	19	7.7058	25	7.7380	31	7.7702
14	4.6374	20	7.7112	26	7.7434	32	7.7756
15	4.6428	21	7.7166	27	7.7488	33	7.7810
16	4.6482	22	7.7219	28	7.7541	34	7.7683
17	4.6536	23	7.7273	29	7.7595	35	7.7917

（续）

齿轮齿数	1 径节以 in 为单位的 *M*	齿轮齿数	1 径节以 in 为单位的 *M*	齿轮齿数	1 径节以 in 为单位的 *M*	齿轮齿数	1 径节以 in 为单位的 *M*
压力角 14½°							
36	7.7971	55	13.9821	74	17.1256	93	23.3107
37	7.8024	56	13.9875	75	17.1310	94	23.3160
38	10.8493	57	13.9929	76	20.1779	95	23.3214
39	10.8547	58	13.9982	77	20.1833	96	23.3268
40	10.8601	59	14.0036	78	20.1886	97	23.3322
41	10.8654	60	14.0090	79	20.1940	98	23.3375
42	10.8708	61	14.0143	80	20.1994	99	23.3429
43	10.8762	62	14.0197	81	20.2047	100	23.3483
44	10.8815	63	17.0666	82	20.2101	101	26.3952
45	10.8869	64	17.0720	83	20.2155	102	26.4005
46	10.8923	65	17.0773	84	20.2208	103	26.4059
47	10.8976	66	17.0827	85	20.2262	104	26.4113
48	10.9030	67	17.0881	86	20.2316	105	26.4166
49	10.9084	68	17.0934	87	20.2370	106	26.4220
50	10.9137	69	17.0988	88	23.2838	107	26.4274
51	13.9606	70	17.1042	89	23.2892	108	26.4327
52	13.9660	71	17.1095	90	23.2946	109	26.4381
53	13.9714	72	17.1149	91	23.2999	110	26.4435
54	13.9767	73	17.1203	92	23.3053	—	—
压力角 20°							
12	4.5963	30	10.7526	48	16.9090	66	23.0653
13	4.6103	31	10.7666	49	16.9230	67	23.0793
14	4.6243	32	10.7806	50	16.9370	68	23.0933
15	4.6383	33	10.7946	51	16.9510	69	23.1073
16	4.6523	34	10.8086	52	16.9650	70	23.1214
17	4.6663	35	10.8226	53	16.9790	71	23.1354
18	4.6803	36	10.8366	54	16.9930	72	23.1494
19	7.6464	37	13.8028	55	19.9591	73	26.1155
20	7.6604	38	13.8168	56	19.9731	74	26.1295
21	7.6744	39	13.8307	57	19.9872	75	26.1435
22	7.6884	40	13.8447	58	20.0012	76	26.1575
23	7.7024	41	13.8587	59	20.0152	77	26.1715
24	7.7165	42	13.8727	60	20.0292	78	26.1855
25	7.7305	43	13.8867	61	20.0432	79	26.1995
26	7.7445	44	13.9007	62	20.0572	80	26.2135
27	7.7585	45	13.9147	63	20.0712	81	26.2275
28	10.7246	46	16.8810	64	23.0373	—	—
29	10.7386	47	16.8950	65	23.0513	—	—

通过跨针测量法来检查外啮合和内啮合直齿轮的一般公式，下列公式可用于没有被涵盖的压力角或量针直径。在这些公式中，M = 外啮合齿轮的跨针测量值或内啮合齿轮的量针间测量值；D 是节径；T 是在节圆上的弧齿厚度；W 是量针直径；N 是轮齿数量；A 是齿轮的压力角；α 是角。

首先确定角度 α（inv α）的渐开线函数，然后通过渐开线函数来找到相应的角度 α。

$$\text{inv}\ \alpha = \text{inv}\ A \pm \frac{T}{D} \pm \frac{W}{D\cos A} \mp \frac{\pi}{N} \qquad (9\text{-}61)$$

$$\text{对于偶数齿：} M = \frac{D\cos A}{\cos\alpha} \pm W \qquad (9\text{-}62)$$

$$\text{对于奇数齿：} M = \left(\frac{D\cos A}{\cos\alpha}\right)\left(\cos\frac{90°}{N}\right) \pm W \qquad (9\text{-}63)$$

式（9-61）~式（9-63）中，在公式的任何一个 ± 或 ∓ 出现的地方，对外啮合齿轮使用上符号，对内啮合齿轮使用下符号。

确定弦尺寸：表 9-46 给出了在测量表 9-47 所示齿数时的一个径节的弦的尺寸。为了获得任意弦尺寸，只需要将弦 M（相对于给定齿数）除以被测量齿轮的径节，然后从商中减去啮合齿数总侧隙的一半即可。在小齿轮和大齿轮同时使用的情况下，通过在大齿轮齿弦尺寸上减去总的侧隙，而小齿轮的弦尺寸不变的方式获得齿轮的全部侧隙。

表 9-47　弦测量中包括的齿数

14½°压力角的齿数范围	20°压力角的齿数范围	需要计入的轮齿数量范围	14½°压力角的齿数范围	20°压力角的齿数范围	需要计入的轮齿数量范围
12 ~ 18	12 ~ 18	2	63 ~ 75	46 ~ 54	6
19 ~ 37	19 ~ 27	3	76 ~ 87	55 ~ 63	7
38 ~ 50	28 ~ 36	4	88 ~ 100	64 ~ 72	8
51 ~ 62	37 ~ 45	5	101 ~ 110	73 ~ 81	9

注：该表显示了根据表 9-46 解释的测量尺寸 M 时在游标卡尺刀卡钳中所包含的轮齿数。

示例：确定用于检查 5 个径节，30 个齿和 20°压力角的齿轮的弦尺寸。通过等量的减少啮合齿轮的齿，可以获得 0.008in 的侧隙。

表 9-46 显示了一个径节和 20°压力角的 30 齿的弦距为 10.7526in，侧隙的一半等于 0.004in，因此

$$\text{弦尺寸} = \left(\frac{10.7526}{5} - 0.004\right)\text{in} = 2.1465\text{in}$$

表 9-47 显示，当游标卡尺跨度为四个齿时，这是弦的尺寸，这也是检查从 28 到 36（包含）之间的任意齿数的 20°压力角的齿轮所应该具有的齿数。

如果认为有必要在齿轮轮齿上留下足够的切削厚度以进行修整或精加工切削，这个允差被简便地添加到制成轮齿的弦尺寸上，以获得用于粗加工操作所需的跨齿测量值。建议在细节图样上放置这种粗加工的弦尺寸。

7. 弦尺寸 M 的公式

所需的跨直齿轮齿的测量值 M 通过下列公式获得：R = 齿轮半径；A = 压力角；T = 沿着节圆的齿厚；N = 齿轮齿数；S = 卡尺卡钳之间齿槽数目；F = 与压力角相关的因素，对于 14½°压力角取 0.01109；对于 17½°压力角取 0.01973；对于 20°压力角取 0.0298；对于 22½°压力角取 0.04303；对于 25°压力角取 0.05995。此因子 F 等于压力角的渐开线函数的 2 倍。

$$M = R \times \cos A \times \left(\frac{T}{R} + \frac{6.2832 \times S}{N} + F\right) \qquad (9\text{-}64)$$

示例：6 个径节，30 个齿的直齿轮的压力角为 14½°。确定跨三齿且有两个齿槽的测量值 M。

分度圆半径 = 2½in，相当于 6 个径节的弧齿厚度为 0.2618in（如果侧隙没有允差），14½°的因子 F = 0.01109in。

$$M = 2.5 \times 0.96815 \times \left(\frac{0.2618}{2.5} + \frac{6.2832 \times 2}{30} + 0.01109\right)\text{in}$$

$$= 1.2941\text{in}$$

8. 通过跨量棒或量针测量来检查正变位小齿轮

使用未修正的直边齿条铣刀或滚刀进行加工小直齿轮的范成法加工小直齿轮和小齿轮的轮齿会发生根切，通常的做法是使外径大于标准值。外径的增加量随压力角和齿数的变化而变化。齿总是在范成法类型的机床（如齿滚齿机或插齿机）上被切削成标准深度，由于齿和节距的数量没有改变，所以节径也没有改变。但是节圆上的齿厚增加了，且适合于标准齿轮的量针尺寸不足以延展到这些增大的齿轮或小齿轮的顶部。因此，推荐用于这些增大的小齿轮的 Van Keuren 量针尺寸等于 1.92 ÷ 径节。表 9-48给出了这种用于检查 1 径节的齿高渐开线齿轮尺寸的跨针测量值。对于任何其他节距，只需将表中给出的测量值除以径节。表 9-48 适用于表 9-43 和表 9-44 所给出的相同量进行增大的小齿轮。这些增大的小直齿轮将与标准齿轮啮合，但是如果要保持标准的中心距离，那么按照小齿轮直径的增加量将齿轮直径减少到标准尺寸之下。

表 9-48 通过跨针测量法检查增大的直齿小齿轮

1 个径节的跨针测量值在表中给出，对于其他的任意径节，将表中的测量值除以给定的节距。量针尺寸为 1.92/径节

轮齿数量	外径或大径①	弧齿厚②	跨针的测量	轮齿数量	外径或大径①	弧齿厚②	跨针的测量
14½°齿高渐开线轮齿							
10	13.3731	1.9259	13.6186	21	23.6835	1.7476	24.4611
11	14.3104	1.9097	14.4966	22	24.6208	1.7314	25.5018
12	15.2477	1.8935	15.6290	23	25.5581	1.7151	26.4201
13	16.1850	1.8773	16.5211	24	26.4954	1.6989	27.4515
14	17.1223	1.8611	17.6244	25	27.4328	1.6827	28.3718
15	18.0597	1.8449	18.5260	26	28.3701	1.6665	29.3952
16	18.9970	1.8286	19.6075	27	29.3074	1.6503	30.3168
17	19.9343	1.8124	20.5156	28	30.2447	1.6341	31.3333
18	20.8716	1.7962	21.5806	29	31.1820	1.6179	32.2558
19	21.8089	1.7800	22.4934	30	32.1193	1.6017	33.2661
20	22.7462	1.7638	23.5451	31	33.0566	1.5854	34.1889
20°齿高渐开线轮齿							
10	12.936	1.912	13.5039	14	16.468	1.741	17.2933
11	13.818	1.868	14.3299	15	17.350	1.698	18.1383
12	14.702	1.826	15.4086	16	18.234	1.656	19.1596
13	15.584	1.783	16.2473	17	19.116	1.613	20.0080

① 这些用于改善齿形并避免根切的增大的齿轮与表 9-43 和表 9-44 中给出的数据一致，可在配对齿轮中的最小齿数上找到。

② 圆或弧齿的厚度是在分度圆直径处的尺寸。相应的弦厚度可以按照如下方法找到：将圆弧厚度乘以 90，然后积除以 3.1416×节距半径，求出获得角的正弦值，并将其乘以节径

9.7 齿轮材料

1. 齿轮钢的分类

齿轮钢一般可以分为两类：普通碳素钢和合金钢。合金钢在一定程度上用于工业领域，但是热处理的普通碳素钢更常见。未经处理的合金钢用于齿轮的很少，如果有且合理的话，只有在热处理设备不足时才会使用。在决定是否使用热处理的普通碳素钢或热处理的合金钢时要考虑的要点是：运行条件或设计是否需要合金钢的优良特性，或者如果不需要合金钢，是否有优势抵消额外成本。对于大多数应用，热处理普通碳素钢以达到其运行的最佳性能，是令人满意的且相当经济的。使用热处理的合金钢代替热处理的普通碳素钢的优点如下：

1）提高相同碳含量和淬火时的表面硬度和硬度渗透深度。

2）能够以较不剧烈的淬火获得相同的表面硬度，在某些合金的情况下，淬火温度较低，因而变形较小。

3）增强韧性，如屈服强度、断后伸长率和减少面积等。

4）晶粒细小，具有较高的冲击韧度和耐磨性。

5）在某些合金的情况下，有更好的加工质量或更高硬度的机械加工的可能性。

2. 表面硬化钢的使用

齿轮钢的两种类别中的每种都可以进一步细分为：①表面硬化钢；②全硬化钢；③经过热处理并能允许加工的钢。表面硬化钢和全硬化钢对于某些服务来说，是可以互换的，而选择往往是个人主观的问题。表面硬化钢的硬度极高，当需要耐磨性时，通常使用细晶粒（经适当处理）的外壳和相对柔软的延性芯。硬质合金钢具有相当坚硬的芯材，但不如全硬化钢那样坚固。为了从芯材特性中获得最大的利益，需要使用双淬硬化钢。这在合金钢中尤为明显，因为从它们使用中得到的好处很少能证明额

外的代价是合理的，除非它的芯材是经过二次淬火而变得精炼和坚韧。这种改进的额外代价是增加了变形，如果形状或设计不适合于表面硬化工艺，则这种变形可能会过大。

3. 淬透钢的使用

硬化钢用于需要极高的强度、高疲劳极限、要求韧性和抗冲击强度的场合。这些品质受到所使用的钢种和处理方式的约束。在该组中可获得相当高的表面硬度，尽管不如表壳硬化钢那样高。由于这个原因，抗磨损强度并没有达到可能的程度，但是当耐磨强度和韧性相结合的时候，这种类型的钢比其他的钢要优越。硬化钢在一定程度上变硬，硬度取决于使用的钢和淬火介质。因此，硬化钢不适合用于噪声为考虑因素的高速传动装置，或者在精度至关重要的情况下的齿轮传动，但除了磨削齿轮切实可行的情况。中碳钢和高碳钢需要油淬，为了获得更高的物理性能和硬度，低碳钢可能需要水淬，但是水淬的变形会更大。

4. 机械加工用热处理

当齿轮的磨削不可行而又需要高精度时，硬化钢可以被轧制或经过回火到可以切削轮齿的硬度。这种处理方法具有高度精细的结构，韧性强，尽管硬度低，但耐磨性优良。较低的强度有一定的补偿作用，由于不准确而产生的影响消除了增量载荷。当从表面穿到芯材的硬度较低时，采用这种方式处理，其设计不能基于与表面硬度相对应的物理性能。由于物理特性是由硬度决定的，所以从表面到芯材的硬度下降将在应力最大的根部提供较低的物理性能。淬火介质可以是油、水或盐水，这取决于所使用的钢和所需的硬度。变形量当然是不重要的，因为加工是在热处理后进行的。

5. 使小齿轮比大齿轮更硬来补偿磨损

通过使小齿轮比大齿轮更硬，从磨损的角度获得了有益的结果。具有比大齿轮的齿数少的小齿轮自然会让每齿工作更多，并且小齿轮和大齿轮之间的硬度差（该量取决于比率）能用于使磨损率相等。通过较硬的小齿轮齿的初始磨损在一定程度上校正了齿轮齿中的误差，然后看起来像是给大齿轮的齿抛光，并且由于表面冷作硬化增加了其承受较大硬度的磨损的能力。在齿轮传动比高且没有严重冲击载荷的应用中，一个表面硬化的小齿轮与经过油淬处理，轮齿到达可切削布氏硬度的大齿轮一起运行是极好的组合。由于小齿轮较小，所以变形少，并且大齿轮通过在处理后切削轮齿绕开了齿轮的变形。

6. 齿轮用锻造和轧制碳素钢

根据热处理方式，这些组分涵盖了用于齿轮的三组钢：

① 表面渗碳硬化齿轮。

② 未淬硬齿轮，机械加工后不经热处理。

③ 调质齿轮。

根据表 9-49 中规定的化学成分要求购买齿轮用锻造和轧制的碳素钢。通常在不超过极限范围内的 10 个点的碳范围内订购 N 等级的钢。关于物理性质的要求已经被省略了，但是当它们被要求时，碳的要求将被省略。钢可以由平炉或电炉的一种或两种工艺来生产。

表 9-49　齿轮用锻造和轧制碳素钢的组分

热处理	类别	化学成分（质量分数,%）			
		C	Mn	P	S
表面硬化	C	0.15～0.25	0.40～0.70	≤0.045 max	≤0.055 max
不经处理	N	0.25～0.50	0.50～0.80	≤0.045 max	≤0.055 max
硬化（或不经处理）	H	0.40～0.50	0.40～0.70	≤0.045 max	≤0.055 max

7. 齿轮用锻造和轧制合金钢

根据热处理方式，这些组分涵盖了用于齿轮的两类合金钢：

① 表面硬化齿轮。

② 调质齿轮。

根据表 9-50 所规定的化学成分要求，购买齿轮用锻造和轧制合金钢。对物理性能的要求被省略了。钢应用平炉或电炉的一种或两种工艺来生产。

表 9-50　齿轮用锻造和轧制的合金钢的组分

钢规范	化学成分（质量分数,%）①					
	C	Mn	Si	Ni	Cr	Mo
AISI 4130	0.28～0.30	0.40～0.60	0.20～0.35	—	0.80～1.1	0.15～0.25
AISI 4140	0.38～0.43	0.75～1.0	0.20～0.35	—	0.80～1.1	0.15～0.25
AISI 4340	0.38～0.43	0.60～0.80	0.20～0.35	1.65～2.0	0.70～0.90	0.20～0.30
AISI 4615	0.13～0.18	0.45～0.65	0.20～0.35	1.65～2.0	—	0.20～0.30

（续）

钢规范		化学成分（质量分数,%）①					
		C	Mn	Si	Ni	Cr	Mo
AISI 4620		0.17 ~ 0.22	0.45 ~ 0.65	0.20 ~ 0.35	1.65 ~ 2.0	—	0.20 ~ 0.30
AISI 8615		0.13 ~ 0.18	0.70 ~ 0.90	0.20 ~ 0.35	0.40 ~ 0.70	0.40 ~ 0.60	0.15 ~ 0.25
AISI 8620		0.18 ~ 0.23	0.70 ~ 0.90	0.20 ~ 0.35	0.40 ~ 0.70	0.40 ~ 0.60	0.15 ~ 0.25
AISI 9310		0.08 ~ 0.13	0.45 ~ 0.65	0.20 ~ 0.35	3.0 ~ 3.5	1.0 ~ 1.4	0.08 ~ 0.15
渗氮钢	Type N	0.20 ~ 0.27	0.40 ~ 0.70	0.20 ~ 0.40	3.2 ~ 3.8	1.0 ~ 1.3	0.20 ~ 0.30
	135Mod①	0.38 ~ 0.45	0.40 ~ 0.70	0.20 ~ 0.40	—	1.4 ~ 1.8	0.30 ~ 0.45

① 氮铝合金的铝质量分数为0.85% ~1.2%。

8. 齿轮用铸钢

建议在化学分析的基础上购买用于切削齿轮的铸钢，并且仅使用两种类型的分析，一种用于表面硬化齿轮，另一种用于未处理的齿轮和要进行硬化和回火的齿轮。钢是由平炉、坩埚或电炉炼钢工艺制造的，转炉工艺不能使用。必须提供足够的冒口以确保安全和不受过度离析的影响。通过外力不能从未退火的铸件上折断冒口。在用割炬切割冒口时，切割应该在铸件表面上方至少0.5in处，剩余的金属通过碎屑、磨削或其他非有害方法去除。

用于齿轮的铸钢应符合表9-51中所列的化学成分的要求。所有用于齿轮的铸钢必须使用能完全消除未退火铸件的结构特点的温度和时间来进行彻底的正火或退火。

表9-51　齿轮用铸钢的组分

钢规范	化学成分（质量分数,%）			
	C	Mn	Si	说明
SAE-0022	0.12 ~ 0.22	0.50 ~ 0.90	≤0.60	可渗碳硬化
SAE-0050	0.40 ~ 0.50	0.50 ~ 0.90	≤0.80	210 ~ 250

9. 合金元素对齿轮钢的影响

总结了各种合金元素对钢的影响，以帮助确定特定种类的合金钢用于特定用途。所列出的特性仅适用于热处理钢。当添加合金元素的效果被说明时，可以理解为某一给定碳含量的合金钢与相同碳含量的普通碳素钢相比有参考价值。

Ni：Ni的加入有助于提高硬度和强度，但会牺牲延展性。硬度比普通碳素钢的硬度要高一些。使用Ni作为合金元素降低了临界点，并且由于淬火温度较低而产生较少的变形。镍钢的渗碳硬化组比较慢，但晶粒增加的少。

Cr：Cr的硬度和强度比使用镍获得的要高，但延展性的损失更大。Cr能使晶粒更坚固，使其硬度更大。铬钢具有很高的耐磨性，即使晶粒细小，也很容易加工。

Mn：在足够数量的情况下保证使用的合金中，Mn的加入是非常有效的。锰钢具有比镍钢更强的强度和比铬钢更高的韧性。由于它对冷加工的敏感性，它在苛刻的单位压力下可能流动。到目前为止，它从未被广泛用于热处理齿轮，但现在正受到越来越多的关注。

V：V具有与Mn相似的效果，增加了硬度、强度和韧性。延展性的损失稍大于由于Mn引起的延展性损失，但硬度的渗透率大于任何其他合金元素。由于钒钢结构极其精细，冲击强度高，往往会使加工变得困难。

Mo：Mo具有增加强度而不影响延展性的性质。同样的硬度，含钼的钢比任何其他合金钢都更有韧性，而且具有几乎相同的强度，更大的硬度，尽管增加了韧性，但钼的存在并不会使加工过程更加困难。事实上，这种钢的硬度比任何其他合金钢都要高。其冲击强度几乎与钒钢的强度一样大。

铬镍钢：两种合金元素铬和镍的组合增加了两者的有益品质。镍钢中表现的高延展性、高强度、细粒度、深度硬化和耐磨性是通过添加铬所补充的。增加的韧性使这些钢比普通的碳素钢更难加工，而且热处理也更加困难。变形量随铬和镍的增加而增加。

铬钒钢：铬钒钢具有与铬镍钢几乎相同的延展性，但是通过更细的晶粒尺寸来增加硬化强度、冲击强度和耐磨性。与其他合金钢相比，它们难以加工且更容易变形。

铬钼钢：该组具有与钼钢相同的特性，但是通过添加铬来增加硬化深度和耐磨性。这种钢材很容易进行热处理和加工。

镍钼钢：镍钼钢具有类似于铬钼钢的特性。韧性更大，但是钢的加工更难。

10. 烧结材料

对于高产量的低和中等载重齿轮，可以通过使用烧结金属粉末来显著降低生产成本。使用该材料，齿轮在高压模具中形成，然后在炉中烧结。主要的成本节省来自减少齿轮齿和其他齿轮坯料表面的人工成本。生产量必须足够高以分摊模具的成本，并且齿轮坯料必须具有使得其可以形成并容易从模具中排出的构造。

11. 青铜和黄铜齿轮铸件

这些规格包括用于直齿轮、锥齿轮和蜗轮、组合齿轮的衬套和轮缘的非铁材料。这种材料应以化学成分为基础购买。合金可以用任何认可的方法制造。

1）直齿轮和锥齿轮。用于直齿轮和锥齿轮的硬铸造青铜建议（ASTM B-10-18，SAE 62 号，广为人知的 88-10-2 混合物）以下组分（质量分数）：铜为 86% ~89%；锡为 9% ~11%；锌为 1% ~3%；铅（最大）为 0.20%；铁（最大）为 0.06%。由这种青铜制成的优良铸件应具有以下最低的力学性能：极限强度为 30000lbf/in²；屈服强度为 15000lbf/in²；2in 为伸长率 14%。

工业齿轮用钢见表 9-52。

表 9-52　工业齿轮用钢

材料规格	硬度		典型的热处理、特性和用途
	外壳 HRC	芯材 HBW	
表面硬化钢			
AISI 1020、AISI 1116	55 ~60	160 ~230	渗碳，淬火，在 350°F 下回火 用于耐磨的齿轮，正火材料容易加工。芯材具有延展性，但强度很小
AISI 4130、AISI 4140	50 ~55	270 ~370	淬火，在 900°F 回火，渗氮 用于那些比淬硬钢更耐磨的零件，不能忍受渗碳变形。硬化表层浅薄，芯材坚固
AISI 4615、AISI 4620	55 ~60	170 ~260	渗碳，淬火，在 350°F 下回火 用于需要高抗疲劳特性和强度的齿轮
AISI 8615、AISI 8620	55 ~60	200 ~300	86 × ×系列有更好的机加工性能 20 点的钢用于较粗的齿
AISI 9310	58 ~63	250 ~350	渗碳，淬火，在 300°F 下回火 主要用于高载并运行于高节径线速度的航空齿轮以及在其他需要高可靠性的极端运行条件下的齿轮。这种材料在高温下不使用
渗氮和 135 模型（15-N）	90 ~94	300 ~370	淬火，在 1200℉下回火，渗氮 用于需要高强度和耐磨损的齿轮，不能承受渗碳过程的变形或在高温下运行 齿轮齿通常在渗氮之前完成精加工。必须注意将渗氮齿轮一起运转，以避免表面硬化表面的龟裂
全硬化钢			
AISI 1045、AISI 1140	24 ~40	—	淬火和回火到所需的硬度。油淬用于低硬度，水淬用于高硬度。对于中、大尺寸的齿轮，需要中等强度和耐磨性。齿轮中均匀的、坚固的部分来承受淬火 淬火（油淬），回火至所需硬度
AISI 4140、AISI 4340	24 ~40	—	用于需要高强度和耐磨性以及高耐冲击载荷性的齿轮。使用 41 × ×系列中等截面，43 × ×系列用于重型截面。齿轮中均匀的、坚固的部分来承受淬火

2）蜗轮。用于蜗轮的青铜，推荐两种可选择的磷青铜 SAE 65 号和 SAE 63 号。

SAE 65 号（称为磷青铜齿轮）具有以下组分（质量分数）：铜为 88% ~90%；锡为 10% ~12%；磷为 0.1% ~0.3%；铅、锌和杂质（最高）为 0.50%。

由该合金制成的良好铸件至少应具有以下力学性能：极限强度为 3.5 万 lbf/in²；屈服强度为 2 万 lbf/in²；2in 断后伸长率为 10%。

SAE 63 号（含铅炮铜）的组分（质量分数）如下：铜为 86% ~89%；锡为 9% ~11%；铅为 1% ~2.5%；磷（最大）为 0.25%；锌和杂质（最大）为 0.50%。

由该合金制成的良好铸件应具有以下的最小力学性能：极限强度为 3 万 lbf/in²；屈服强度为 1.2

万 lbf/in^2；2in 断后伸长率为 10%。

这些合金中，特别是 SAE 65 号，适合于冷铸获得硬度和晶粒细化。SAE 65 号是首选，适用于硬度高、精度高的蜗杆。SAE 63 号优选用于未硬化的蜗轮。

3）齿轮衬套。用于齿轮的青铜衬套，推荐的 SAE 64 号组分（质量分数）如下，铜为 78.5% ~ 81.5%；锡为 9% ~ 11%；铅为 9% ~ 11%；磷为 0.05% ~0.25%；锌（最大）为 0.75%；其他杂质（最大）为 0.25%。这种合金的良好铸件应该具有以下的最小物理特性：极限强度为 2.5 万 lbf/in^2；屈服强度为 1.2 万 lbf/in^2；2in 断后伸长率为 8%。

4）组合齿轮的法兰。组合齿轮的黄铜法兰推荐 ASTM B-30-32T 和 SAE 40 号。当设计为法兰与配对齿轮啮合时，这是一种具有足够强度和硬度可以承担负载和磨损优良铸造红铜。组分（质量分数）如下：铜为 83% ~ 86%；锡为 4.5% ~ 5.5%；铅为 4.5% ~5.5%；锌为 4.5% ~5.5%；铁（最大）为 0.35%；锑（最高）为 0.25%。由该合金制成的良好铸件应具有以下最小力学性能：极限强度为 2.7 万 lbf/in^2；屈服强度为 1.2 万 lbf/in^2；2in 断后伸长率为 16%。

12. 蜗轮材料

汉密尔顿齿轮和机床公司对各种可能用于蜗轮的材料进行了广泛的测试，以确定哪些材料是最合适的。根据这些试验，冷铸的镍磷青铜在耐磨损和变形方面排名第一。这种青铜（组分质量分数）：为铜为 87.5%、锡为 11%、镍为 1.5% 和磷为 0.1% ~ 0.2%。在这些测试中使用的蜗轮是由 SAE-2315、3½% 的镍钢、表面硬化、研磨和抛光制成的。蜗杆的硬度在 80 ~90HS。这种镍合金钢是经过多种钢的测试后采用的，因为钢提供了必要的强度以及所需的硬度。

在这些测试中表现最好的材料是 SAE 65 号青铜。海军青铜（88-10-2）含 2%（质量分数）的锌，无磷，不可冷铸，以 600r/min 的速度旋转令人满意，但在较低的速度不够牢固。红黄铜（85-5-5）在 1500 ~ 1800r/min 的转速下稍微好一点，但是在它显示实际磨损之前，它会在更低的速度下弯曲。

13. 非金属齿轮

非金属齿轮或复合传动装置主要用于高速运转的环境中。非金属材料也广泛应用于定时齿轮和许多其他的齿轮传动装置。生皮最初用于非金属齿轮，但其他具有重要优点的材料被引入。这些后来的材料是由不同的公司使用不同的商标出售的，例如 Micarta、Textolite、Formica、Dilecto、Spauldite、Phenolite、Fibroc、Fabroil、Synthane、Celoron 等。这些齿轮材料大部分是由帆布或其他材料制成的。它们由树脂浸渍，并在液压作用下被挤在一起，在热的共同作用下成为致密的刚性块体。

虽然酚醛树脂齿轮通常是弹性的，它们是自支撑的，除非经受重的起动转矩，否则不需要侧板或护罩。苯酚树脂元素保护这些齿轮免受害虫和啮齿动物的攻击。

一般认为非金属齿轮材料具有铸铁的传动功率。虽然抗拉强度可能大大低于铸铁，这些材料的弹性使它们能够承受达到一定程度的可能会导致铸铁齿过度磨损的冲击和磨损。因此，浸渍帆布的组合传动装置比铸铁装置更耐用。

14. 非金属齿轮的应用

这些非金属齿轮最有效的应用领域是高速运转场合。在低速时，当起动转矩可能很高，或者当负载可能大幅度波动，或者遇到高冲击负荷时，这些非金属材料的表现却并不总是令人满意的。一般来说，非金属材料不应用于分度线速度低于 600ft/min（3.05m/s）的情况。

1）齿形。非金属材料最好的齿形是 20°的短齿系统。当仅涉及一对齿轮并且可以改变中心距离时，最好的结果是，采用全齿顶高齿型的非金属驱动小齿轮，以及标准齿型的驱动金属齿轮。这种驱动将承载比标准齿轮比高 50% ~75% 的载荷。

2）配对齿轮材料。为了保证负载下的耐久性，使用硬化钢（硬度 >400HBW）的配对金属齿轮似乎能得到最好的结果。配对元件材料的第二种选择是铸铁。用黄铜、青铜或软钢（硬度 ≤400HBW）作为酚醛层压齿轮配对元件的材料，能导致磨粒磨损过多。

15. 非金属齿轮的功率传输能力

由酚醛层压材料制成齿轮的特性与金属齿轮的特性是非常不同的，因此它们应该在其自身类别中考虑。由于弹性模量低，齿形和齿距的小误差的大部分作用是在齿面上通过弹性变形吸收的，几乎对齿轮的强度没有影响。

如果 S 是对于给定速度的安全工作应力（lb/in^2）（MPa）；S_S 是允许静态应力（lb/in^2）（MPa）；V 是分度线速度（ft/min）（m/s）。

美国齿轮制造商协会的推荐公式为

$$S = S_S\left(\frac{150}{200 + V} + 0.25\right) \text{（美制单位）}$$

$$S = S_S\left(\frac{0.76}{1.016 + V} + 0.25\right) \text{（国际制单位）}$$

酚醛层压材料的 S_S 值为 6000lbf/in^2（41.36MPa）。

表 9-53 给出了不同分度线速度下的安全工作应力 S。当 S 值已知时，在关于塑料齿轮功率传递能力的章节合适的等式中，用 S 代替 S_S 的值来确定传递的功率。

表 9-53　非金属齿轮的安全工作应力

分度线速度 v		安全工作应力 S		分度线速度 v		安全工作应力 S		分度线速度 v		安全工作应力 S	
ft/min	m/s	lbf/in²	MPa	ft/min	m/s	lbf/in²	MPa	ft/min	m/s	lbf/in²	MPa
600	3.05	2625	18.10	1800	9.14	1950	13.44	4000	20.32	1714	11.82
700	3.56	2500	17.24	2000	10.16	1909	13.16	4500	22.86	1691	11.66
800	4.06	2400	16.54	2200	11.18	1875	12.93	5000	25.40	1673	11.53
900	4.57	2318	15.98	2400	12.19	1846	12.73	5500	27.94	1653	11.40
1000	5.08	2250	15.51	2600	13.20	1821	12.56	6000	30.48	1645	11.34
1200	6.10	2143	14.78	2800	14.22	1800	12.41	6500	33.02	1634	11.27
1400	7.11	2063	14.22	3000	15.24	1781	12.28	7000	35.56	1622	11.18
1600	8.13	2000	13.79	3500	17.78	1743	12.02	7500	38.10	1617	11.15

齿轮用的酚醛层压材料的抗拉强度略低于铸铁。这些材料比任何金属都要软得多，弹性模量大约是钢的 1/30。换句话说，如果在一种导致钢齿轮齿上 0.001in（0.025mm）的变形被应用到类似的由酚醛层压材料制成的齿轮上，非金属齿轮的齿将大约会变形为 1/32in（0.794mm）。在这种情况下，几件事会发生。对于所有齿轮，不管接触的理论持续时间如何，都只有一个齿承受载荷，直到载荷足以使齿变形为止。在金属齿轮上，当轮齿变形时，材料的应力可能接近或超过材料的弹性极限。因此，对于标准齿型和由标准齿条产生的标准齿型，将其强度计算得比单齿所能安全承载的范围大是非常危险的。另一方面，在酚醛层压材料制成的齿轮上，齿在正常变形的情况下不会在材料中产生任何明显的增加应力，因此实际上是由几个齿支撑的。

所有材料都有其独特和鲜明的特点，以至于在这种特定的条件下，每种材料都有优于任何其他领域的自己的领域。这样的领域在某种程度上可能会有重叠，而且只有在这些重叠的领域中，不同的材料才会有直接的竞争。例如，钢或多或少具有韧性，具有高的抗拉强度和高的弹性模量。一方面，铸铁不具有延展性，具有较低的抗拉强度，但具有较高的抗压强度和较低的弹性模量。因此，当高硬度和高抗拉强度是必需的时，钢比铸铁要优越得多。另一方面，当这两个特性不重要时，高抗压强度和适度的弹性是必不可少的，铸铁优于钢。

16. 非金属齿轮的优选节距

齿轮或小齿轮的节距应该与功率、速度或施加的转矩有合理的关系，见表 9-54。表 9-54 的上半部分是根据给定的分度线速度及传递的功率确定的径节，下半部分是给定径节。任何给定功率 P 和转速 n 的转矩 T 可以由以下公式获得：

$$T=\frac{5252P}{n}\ （寸制）\quad T=\frac{9550P}{n}\ （米制）\ \mathrm{N\cdot m}$$

表 9-54　非金属齿轮的优选节距适用于生皮和酚醛层压类型的材料

给定功率和分度线速度的径节/(1/ft)			
功率/hp	分度线速度 ≤1000ft/min	分度线速度 >1000～2000ft/min	分度线速度 >2000ft/min
¼～1	8～10	10～12	12～16
1～2	7～8	8～10	10～12
2～3	6～7	7～8	8～10
3～7½	5～6	6～7	7～8
7½～10	4～5	5～6	6～7
10～15	3～4	4～5	5～6
15～25	2½～3	3～4	4～5
25～60	2～2½	2½～3	3～4
60～100	1¾～2	2～2½	2½～3
100～150	1½～1¾	1¾～2	2～2½

给定径节转矩/lbf·ft					
径节/(1/ft)	转矩/(lbf·ft) 最小	转矩/(lbf·ft) 最大	径节/(1/ft)	转矩/(lbf·ft) 最小	转矩/(lbf·ft) 最大
16	1	2	4	50	100
12	2	4	3	100	200
10	4	8	2½	200	450
8	8	15	2	450	900
6	15	30	1½	900	1800
5	30	50	1	1800	3500

17. 非金属齿轮的孔径

对于普通的酚醛层压片，也就是没有金属端板的小齿轮，应该使用 0.001in/in 的传动公差。对于直径大于 2.5in（63.5mm）的轴，配合公差应为 0.0025～0.003in（0.064～0.076mm）的恒量。当使用金属加强端板时，传动配合公差应符合与金属相同的标准。

酚醛层压型小齿轮的齿根直径应该是这样的，从键槽的边缘到齿根直径的最小距离至少等于齿的深度。

18. 非金属齿轮的键槽应力

普通酚醛层压型齿轮或小齿轮上的键槽应力不应超过3000psi（20.68MPa）。键槽应力由下式计算：

$$S=\frac{33000P}{VA}\text{（寸制）}\quad S=\frac{1000P}{VA}\text{（米制）}$$

式中 S——单位应力（lbf/in^2 或 MPa）；

P——传输的功率（hp 或 kW）；

V——轴圆周速度（ft/min 或 m/s）；

A——小齿轮上键槽的面积（in^2 或 m^2）。

如果键槽应力公式以轴半径 r（in 或 m）和转速 n 来表示，它将表示为

$$S=\frac{63000P}{nrA}\text{（寸制）}\quad S=\frac{9550P}{nrA}\text{（米制）}$$

当设计的键槽应力超过 3000psi（20.68MPa）时，可以使用金属加强端板。这样的端板不应当延伸超过齿根直径。从固定螺栓的外缘到齿根的距离不得小于齿的全齿深度。传动键的使用应该避免，但如果需要，应该在小齿轮上使用金属端板，以利用键的楔入动作。

对于酚醛层压小齿轮，配合齿轮的面应该和小齿轮面相同或略大。

19. 齿轮齿的发明

齿轮齿的发明代表了原始齿型齿轮传动的渐进进化。我们关于齿轮传动装置的匀速运动的问题，以及这一问题的成功解决最早的证据是从 Olaf Roemer 时代开始的。Olaf Roemer 是丹麦的著名天文学家，他在 1674 年，获得了匀速运动的摆线齿型。很明显，剑桥大学教授 Robert Willis 是第一个提出了实用的摆线应用以及提供一系列可互换的齿轮的人。Willis 赞扬 Camus 提出了可互换齿轮的设想，但声称自己是第一个应用的人。渐开线齿是早期科学家和数学家提出的理论，但威利斯以实际的齿型提出了它。或许，将这一种齿轮应用到齿轮的最早的概念是由法国人菲利普德 Lahire 提出的，他认为在理论上，相同的摆线适用于轮齿的轮廓线；这是在 1695 年且 Roemer 首次展示了外摆线齿型没多久以后。关于渐开线的适用性，被瑞士数学家 Leonard Euler 进一步阐明，他生于 1707 年的巴塞尔，他被 Willis 誉为第一个提出这一建议的人。Willis 发明了 Willis 画齿规用于渐开线齿划线。

选择 14.5°的压力角有三个不同的原因：第一，因为 14.5°的正弦几乎是 1/4，使得计算方便；第二，因为这个角度与通常构造的外圆齿轮齿的压力角正好吻合；第三，因为直线渐开线架的角度与 29°的蜗杆螺纹相同。

20. 根据简单测量计算替换齿轮尺寸

只有当要替换齿轮的齿数、外径和齿高已知时，表 9-55 ~ 表 9-57 提供的公式才能计算出替换的直齿轮、锥齿轮和斜齿轮所需的尺寸。

对于斜齿轮，可以通过以下步骤来获得精确的螺旋角。

1）用一个普通量角器，在近似分度线上测量近似螺旋角 A。

2）将试样或其配对齿轮放在滚齿机的心轴上。

3）通过测量得到的角度分别计算出分度和引导齿轮，把机床设置为就好像要切削一个齿轮一样。

4）将可调臂上的千分表连接到垂直旋转头上，将千分表的落针垂直于齿轮轴的平面，并与齿面接触。接触处可以在齿顶和齿根之间的任何位置。

5）在关闭电源的情况下，将起动杆啮合并通过手轮将落针轴向地通过测试面。

6）如果 A 角是正确的，千分表落针在穿过齿面宽度时不会移动。如果它从 0 开始移动，注意数量。将运动的幅度除以齿轮的宽度，以获得角度的正切，根据千分表移动的方向，加或减调整角度 A。

表 9-55 计算直齿圆柱齿轮尺寸的公式

齿形和压力角	径节 P	节径 D	周节 P_c	外径 O	齿顶高 J	齿根高 K	全齿深 W	顶隙 $K-J$	分度圆上的齿厚
美国标准 14.5°和20°齿高	$\frac{N+2}{O}$	$\frac{N}{P}$	$\frac{3.1416}{P}$	$\frac{N+2}{P}$	$\frac{1}{P}$	$\frac{1.157}{P}$	$\frac{2.157}{P}$	$\frac{0.157}{P}$	$\frac{1.5708}{P}$
美国标准 20°短齿	$\frac{N+1.6}{O}$	$\frac{N}{P}$	$\frac{3.1416}{P}$	$\frac{N+1.6}{P}$	$\frac{0.8}{P}$	$\frac{1}{P}$	$\frac{1.8}{P}$	$\frac{0.2}{P}$	$\frac{1.5708}{P}$
从动 20°短齿	①	$\frac{N}{P_N}$	$\frac{3.1416}{P_N}$	$\frac{N}{P_N}+\frac{2}{P_D}$	$\frac{1}{P_D}$	$\frac{1.25}{P_D}$	$\frac{2.25}{P_D}$	$\frac{0.25}{P_D}$	$\frac{1.5708}{P_N}$

注：N 是轮齿数量。

① 在从动短齿系统中，P_N是在短齿命名中作为分子的径节用于确定周节与齿数；P_D是在短齿命名中作为分母的径节并用于确定齿高。

表 9-56 铣削锥齿轮的计算公式（轴间角度 90°①）

齿形和压力角	大齿轮节锥角正切 tan A	小齿轮节锥角正切 tan a	大齿轮和小齿轮的径节② P	大齿轮外径 O，小齿轮外径 o	节锥面半径②或锥距 E	齿顶角正切②	齿根角正切②	齿轮节锥角③余弦 cos A
美国标准 14½°和 20°齿高	$\frac{N_G}{N_P}$	$\frac{N_P}{N_G}$	$\frac{N_G+2\cos A}{O}$ 或 $\frac{N_P+2\cos A}{o}$	$\frac{N_G+2\cos A}{P}$ 或 $\frac{N_P+2\cos A}{P}$	$\frac{D}{2\sin A}$ 或 $\frac{d}{2\sin A}$	$\frac{2\sin A}{N_a}$ 或 $\frac{2\sin A}{N_P}$	$\frac{2.314\sin A}{N_G}$ 或 $\frac{2.314\sin A}{N_P}$	$\frac{(P\times O)-N_G}{2}$
美国标准 20°短齿	$\frac{N_G}{N_P}$	$\frac{N_P}{N_G}$	$\frac{N_G+1.6\cos A}{O}$ 或 $\frac{N_P+1.6\cos A}{o}$	$\frac{N_G+1.6\cos A}{P}$ 或 $\frac{N_P+1.6\cos A}{P}$	$\frac{D}{2\sin A}$ 或 $\frac{d}{2\sin A}$	$\frac{1.6\sin A}{N_G}$ 或 $\frac{1.6\sin A}{N_P}$	$\frac{2\sin A}{N_G}$ 或 $\frac{2\sin A}{N_P}$	$\frac{(P\times O)-N_G}{1.6}$
从动 20°短齿	$\frac{N_G}{N_P}$	$\frac{N_P}{N_G}$	—	$\frac{N_G}{P_N}+\frac{2\cos A}{P_D}$ 或 $\frac{N_P}{P_N}+\frac{2\cos A}{P_D}$	$\frac{D}{2\sin A}$ 或 $\frac{d}{2\sin A}$	$\frac{2P_N\sin A}{N_G\times P_D}$ 或 $\frac{2P_N\sin A}{N_P\times P_D}$	$\frac{2.5P_N\sin A}{N_G\times P_D}$ 或 $\frac{2.5P_N\sin A}{N_P\times P_D}$	$\frac{P_D[(O\times P_N)-N_G]}{2P_N}$

注：N_G = 齿轮齿数；N_P = 小齿轮齿数；O = 齿轮外径；o = 小齿轮外径；D = 齿轮节径 = N_G/P；d = 小齿轮节径 = N_P/P。

① 这些公式不适用于格里森系统的传动装置。

② 这些值对于大齿轮和小齿轮来说都是一样的。

③ 同样的公式适用于小齿轮，用 N_P 代替 N_G，用 o 代替 O。

表 9-57 斜齿轮尺寸计算公式

齿形和压力角	法向径节 P_N	径节 P	齿轮毛坯外径 O	节径 D	螺旋角 A 的余弦值	齿顶高	齿根高	全齿高
美国标准 14.5°和 20°全齿高	$\frac{N+2\cos A}{O\times\cos A}$ 或 $\frac{P}{\cos A}$	$P_N\cos A$ 或 $\frac{N+2\cos A}{O}$	$\frac{N+2\cos A}{P_N\cos A}$ 或 $\frac{N+2\cos A}{P}$	$\frac{N}{P_N\cos A}$ 或 $\frac{N}{P}$	$\frac{P}{P_N}$ 或 $\frac{N}{OP_N-2}$	$\frac{1}{P_N}$ 或 $\frac{\cos A}{P}$	$\frac{1.157}{P_N}$ 或 $\frac{1.157\cos A}{P}$	$\frac{2.157}{P_N}$ 或 $\frac{2.157\cos A}{P}$
美国标准 20°短齿	$\frac{N+1.6\cos A}{O\times\cos A}$ 或 $\frac{P}{\cos A}$	$P_n\cos A$ 或 $\frac{N+1.6\cos A}{O}$	$\frac{N+1.6\cos A}{P_N\cos A}$ 或 $\frac{N+1.6\cos A}{P}$	$\frac{N}{P_N\cos A}$ 或 $\frac{N}{P}$	$\frac{P}{P_N}$ 或 $\frac{N}{OP_N-1.6}$	$\frac{0.8}{P_N}$ 或 $\frac{0.8\cos A}{P}$	$\frac{1}{P_N}$ 或 $\frac{\cos A}{P}$	$\frac{1.8}{P_N}$ 或 $\frac{1.8\cos A}{P}$
从动 20°短齿	—	—	$\frac{N}{(P_N)_N\cos A}+\frac{2}{(P_N)_D}$	$\frac{N}{(P_N)_N\cos A}$	$\frac{N}{(P_N)_N\left(O-\frac{2}{(P_N)_D}\right)}$	$\frac{1}{(P_N)_D}$	$\frac{1.25}{(P_N)_D}$	$\frac{2.25}{(P_N)_D}$

注：P_N 是法向径节 = 用于切削轮齿的铣刀或滚刀的法向径节；P 是径节；O 是齿轮毛坯外径；D 是节径；A 是螺旋角；N 是轮齿数量；$(P_N)_N$ 是短齿命名中作为分子的法向径节，决定了齿厚和轮齿数量；$(P_N)_D$ 是短齿命名中作为分母的法向径节，指定了齿顶高、齿根高以及齿高。

9.8 花键和锯齿形花键

花键轴是一种具有与轴整体成形的一系列互相平行键的轴，它与轮毂上或者装配元件上所开的键槽配合。这种布置与具有一系列键或者楔键与轴上切制的槽配合形成对比，由于在轴上开槽，后者的结构大大地降低了轴的强度，并因此降低了其传递转矩的能力。

花键轴大多数用于以下三种情况：①在没有滑动的联轴器上传递大的转矩；②用于将动力传递到可滑动安装或永久固定的齿轮、带轮和其他旋转部件上；③用于因分度或改变角度而需要移除的部件上。

有直边齿形的花键已用于多种场合（查看 SAE 用于软拉削加工孔配合的直边式花键）；然而，渐开线齿形花键的使用已稳步增加，原因如下：①渐开线花键传递转矩的能力超过了其他的类型；②能够用加工齿轮的技术或设备来加工；③甚至在配合元件具有侧隙的情况下，也具有在载荷下有自定心的功能。

1. 美国渐开线花键的标准

这种花键的成形方法与齿轮的内外花键相类似。一般的成形加工方法是外花键用滚齿机滚切、轧制或插齿机插削，内花键用拉削和插齿机插削成形。内花键的基本尺寸是固定的，外花键根据配合的不同而采用不同的尺寸。渐开线花键在基底处的强度最大，能精确分布和自定心，从而使承载和应力相等，同时能准确地测量和配合。

在美国标准 ANSI B92.1-1970（R 1993）中，保留了 1960 版的许多特征；增加了 3 种公差等级，现总共有 4 种公差等级。前版中用于 45°压力角的术语"involute serration"，本版本已经删除。标准现在包含了 30°、37.5°和 40°压力角的渐开线花键。相对应的表格也做了更新。术语"serration"不再适用本标准涵盖的花键。

该标准中只有一种适合所有的齿侧配合花键情况：早先的 2 类配合。1 类配合由于不经常使用已经删除。平齿根齿侧配合中的大径已有所变化，且应用的公差包含了 1950 和 1960 标准的范围。

大径配合部分的公差和配合情况并没有改变。

该标准认识到，配合花键之间的合理装配仅取决于在从齿顶到形状直径的那段有效范围内的花键。因此在齿侧配合情况下，内花键大径以最大尺寸值的形式出现，外花键小径以最小尺寸值的形式出现。最小内大径和最大外小径必须能通过规定类型的直径。这样也就没必要指定额外的控制条件了。

花键的规格表中提供了多种公差水平的选择。为了满足最终产品的需要，添加了这些公差类。当应用于齿槽宽和齿厚时，仅是所选的公差不同。

在 ASA B5.15-1960 中使用的基本公差已被命名为 5 级。新的公差关系基于以下公式：

公差等级 4 的公差值 = 公差等级 5 的公差值 × 0.71

公差等级 6 的公差值 = 公差等级 5 的公差值 × 1.40

公差等级 7 的公差值 = 公差等级 5 的公差值 × 2.00

该标准列的所有尺寸为成品尺寸。因此，必须对加工过程中的诸如热处理等操作进行公差修正。

该标准中，所有公差等级的内花键最小作用齿槽宽和外花键最大作用齿厚的值是相同的，且有两类配合。对于齿侧配合类，内花键最小作用齿槽宽和外花键最大作用齿厚的值相等。这一基本概念使得不管单个元件的公差等级如何，只要依据本标准所制造的花键就能够互相配合。因此允许存在一个混合公差等级的配合，优点在于一个配合零件的制造难度要小于与它相配的另一个零件。并且应用与两个配合元件的"平均"的公差也满足设计的需要。例如，将一个 5 级公差的零件和 7 级公差的零件配合，可以得到一个范围近似为 6 级公差的配合。用于大径配合的外花键最大作用齿厚比内花键最小作用齿槽宽要小于偏心的变化。

如果本标准所规定的配合不能满足特殊作用的侧隙或压力配合的设计需要，设计更改应只改变外花键的作用齿厚或实际齿厚。本标准的理念就是内花键最小作用齿槽宽的值是基本不变的。

2. 渐开线花键术语

美国标准中所规定的渐开线花键术语如下：

1）有效花键长度（L_a）是花键配合部分的长度。在滑动情况下，这个长度比配合的部分长。

2）实际齿槽宽（s）是在内花键分度圆上，各齿槽间的长度。

3）实际齿厚（t）在外花键分度圆上，各齿上的弧长度。

4）同心度偏差是实际花键轴心和参考轴心之间的偏差。

5）基圆是渐开线齿形开始形成处的假圆。

6）基圆直径（D_b）是基圆所在处的直径。

7）基本齿槽宽在压力角为 30°时，等于周节的一半。压力角为 37.5°和 45°时，大于周节的一半。这样，在基圆处的外花键齿厚和在内花键渐开线终止起始圆的齿厚是相等的。这个比例引起了压力角 37.5°和 45°时的小径大于压力角为 30°时的小径。

8）周节（p）是分度圆上相邻的同侧齿形间的

弧长。

9）啮合深度是从内花键小径到外花键大径之间的，且减去边角间隙和（或）倒角深度的径向距离。

10）径节（P）是分度圆上的每英寸的花键齿数。它决定了周节和基本齿槽宽或齿厚。它和齿数共同确定了节径（见节距）。

11）有效侧隙（c_v）是内花键有效齿槽宽减去配合的外花键有效齿厚。

12）有效齿槽宽（S_v），内花键的有效齿槽宽等于在花键轴全长上啮合的条件下，能与内花键无松度或干涉配合的虚构的理想外花键分度线上的圆弧齿厚。内花键最小有效齿槽宽通常为基本值。通过改变外花键的齿厚来获得各种不同的配合。

三类渐开线花键偏差如图 9-25 所示。

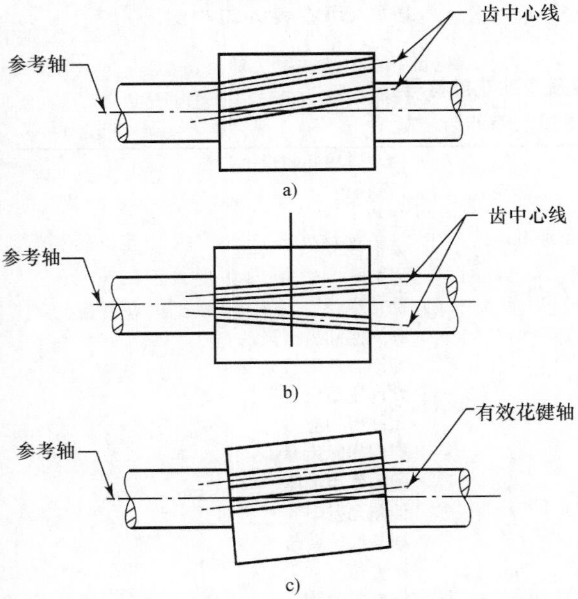

图 9-25　三类渐开线花键偏差

a）导程偏差　b）平行度偏差　c）同轴度偏差

13）有效齿厚（t_v），外花键的有效齿厚等于在花键轴全长上啮合的条件下，能与外花键无松度或干涉配合的虚构的理想内花键分度线上的圆弧齿槽宽。

14）有效偏差是在花键与配对零件配合中偏差的累计效果。

15）外花键是在圆柱外表面形成的花键。

16）齿根圆弧是连接齿形侧面与底部内凹的部分。

17）圆角齿根花键是那些简单一般圆弧外形的圆角连接相邻齿的花键。

18）平齿根花键是那些用圆角将大或小圆弧和齿侧连接的花键。

19）渐开线终止起始圆是用于控制齿廓上的渐开线的极限距离的圆。渐开线终止起始圆与齿顶圆（或者倒角的起点所在的圆）共同构成所要求的渐开线齿廓的范围。渐开线终止起始圆的位置靠近内花键的大圆或者外花键的小圆。

20）齿形间隙（c_F）是相互配合的内、外花键的渐开线齿廓超过其结合部分的径向距离。它允许相互配合的内、外花键之间存在一定间隙，且小圆（内花键）、大圆（外花键）以及内、外花键各自的分度圆之间存在一定的偏心距。

21）渐开线终止起始圆直径（D_{Fe}，D_{Fi}）是渐开线终止起始圆所在圆的直径。

22）内花键：在圆柱体的孔的内表面形成的花键。

23）渐开线花键是齿形为渐开线轮廓的花键。

24）齿向偏差是花键键齿的实际齿线与参考轴线之间平行度偏差的最大绝对值。它包括平行度偏差和同轴度偏差。注意：直齿花键（非螺旋花键）的齿向偏差为无限长。

25）啮合长度（L_q）是配对花键轴向接触的长度。

26）加工公差（m）是花键的实际齿槽宽和实际齿厚的允许的变动量。

27）大圆是花键的最大齿形面所形成的圆。它是外花键的外圆和内花键的齿根圆。

28）大径（D_o，D_{ri}）是大圆所在圆的直径。

29）小圆是花键的最小齿形面所形成的圆。它是外花键的齿根圆和内花键的内圆。

30）小径（D_{re}，D_i）是小圆所在圆的直径。

31）公称侧隙是内花键的实际齿槽宽减去与之相互配合的外花键的实际齿厚所得的值。由于（内、外花键）的各种实际偏差，公称侧隙不能用于确定花键的配合情况。

32）圆度误差是花键与理论圆轮廓之间的偏差。

33）平行度偏差是单根键齿相对于其他的单根键齿之间的平行偏差。

34）径节（P/P_S）是一个 1∶2 的用于表示花键的比组合分数。分数中第一个数表示的是花键的分度圆径节，第二个数表示的是齿根径节，其中的分数单位为 in，分度圆径节表示的是在分度圆上方的键齿在半径方向上的配合长度，齿根径节表示的是在分度圆下方的键齿在半径方向上的配合长度。

35）分度圆是一个参考圆，花键的所有横向尺寸都是以分度圆为基础来开始计算的。

36）节径（D）是分度圆所在圆的直径。

37）节点是键齿的齿廓与分度圆的交点。

38）压力角（ϕ）是花键的渐开线齿廓的切线与通过切点的半径所组成的夹角。除非有特殊说明，压力角通常是指标准压力角。

39）齿形偏差是垂直于侧面的、指定的齿廓的所有公差。

40）花键是一种由凸出的齿（花键齿）或凹下的沟（槽）组成的机械零件，键齿和键槽等分一个完整的圆或圆上部分。

41）标准（主）压力角（Φ_D）是指特定在分度圆上的压力角。

42）齿根径节（P_S）是一个用来表示分度圆与外花键的大圆或内花键的小圆之间的半径差数。在本标准中，花键的齿根径节是径节的2倍。

43）总分度偏差是任意两个齿（相邻齿或其他情况）的实际齿廓与理论值之差的最大值。

44）总公差（$m+\lambda$）是加工公差与综合公差之和。

45）偏差允差（λ）是允许的作用偏差。

3. 齿比例

共有17种节距：2.5/5、3/6、4/8、5/10、6/12、8/16、10/20、12/24、16/32、20/40、24/48、32/64、40/80、48/96、64/128、80/160和128/256。在这一系列的分数命名中的分子是径节，它决定了分度圆的直径；分数中的分母一般是分子的2倍，分母是齿根径节，齿根径节决定了齿高。为了方便计算，在公式中都使用分子作为计算参数，指定节径，并且与齿轮的表示方式一样定义为径节 P 尺寸，也就是在分度圆上，每英寸长度上的齿数。

表9-58所列为美国标准渐变性花键符号，表9-59列出的是各种不同径节渐开线花键的基本齿形尺寸公式，基本尺寸在表9-60中给出。

表9-58 美国标准渐变性花键符号

ANSI B92.1-1970，R1993

c_v	有效侧隙	M_i	内花键棒间测量值
c_F	齿形间隙	N	齿数
D	节径	P	径节
D_b	基圆直径	P_s	齿根径节
D_{ci}	内花键棒触直径	p	周节
D_{ce}	外花键棒触直径	r_f	圆角半径
D_{Fe}	外花键渐开线终止起始直径	s	圆周实际齿槽宽
D_{Fi}	内花键渐开线终止起始直径	s_v	圆周有效齿槽宽
D_i	内花键小径	s_c	允许压缩应力
D_o	外花键大径	s_s	允许剪切应力
D_{re}	外花键小径	t	圆周实际齿厚
D_{ri}	内花键大径	t_v	圆周作用齿厚
d_e	外花键用量棒直径	λ	偏差允差
d_i	内花键用量棒直径	ϵ	渐开线旋转角
K_e	外花键变化因子	ϕ	压力角
K_i	内花键变化因子	ϕ_D	标准压力角
L	花键长度	ϕ_{ci}	内花键棒触直径压力角
L_a	有效花键长度	ϕ_{ce}	外花键棒触直径压力角
L_g	啮合长度	ϕ_i	内花键量棒中心压力角
m	加工公差	ϕ_e	外花键量棒中心压力角
M_e	外花键跨棒测量值	ϕ_F	渐开线终止起始圆压力角

表9-59 渐开线花键基本尺寸公式 ANSI B92.1-1970，R1993

术语	符号	30°ϕ_D			37.5°ϕ_D	45°ϕ_D
		平齿根齿侧配合	平齿根大径配合	圆齿根齿侧配合	圆齿根齿侧配合	圆齿根齿侧配合
		2.5/5～32/64节距	3/6～16/32节距	2.5/5～48/96节距	2.5/5～48/96节距	10/20～128/256节距
齿根径节	P_s	$2P$	$2P$	$2P$	$2P$	$2P$
节径	D	N/P	N/P	N/P	N/P	N/P
基圆直径	D_b	$D\cos\phi_D$	$D\cos\phi_D$	$D\cos\phi_D$	$D\cos\phi_D$	$D\cos\phi_D$
周节	p	π/P	π/P	π/P	π/P	π/P

（续）

<table>
<tr><th rowspan="3" colspan="2">术语</th><th rowspan="3">符号</th><th colspan="3">30°ϕ_D</th><th>37.5°ϕ_D</th><th>45°ϕ_D</th></tr>
<tr><th>平齿根齿侧配合</th><th>平齿根大径配合</th><th>圆齿根齿侧配合</th><th>圆齿根齿侧配合</th><th>圆齿根齿侧配合</th></tr>
<tr><th>2.5/5～32/64
节距</th><th>3/6～16/32
节距</th><th>2.5/5～48/96
节距</th><th>2.5/5～48/96
节距</th><th>10/20～128/256
节距</th></tr>
<tr><td colspan="2">最小有效齿槽宽</td><td>s_v</td><td>$\pi/(2P)$</td><td>$\pi/(2P)$</td><td>$\pi/(2P)$</td><td>$(0.5\pi+0.1)/P$</td><td>$(0.5\pi+0.2)/P$</td></tr>
<tr><td colspan="2">内花键大径</td><td>D_{ri}</td><td>$(N+1.35)/P$</td><td>$(N+1)/P$</td><td>$(N+1.8)/P$</td><td>$(N+1.6)/P$</td><td>$(N+1.4)/P$</td></tr>
<tr><td colspan="2">外花键大径</td><td>D_o</td><td>$(N+1)/P$</td><td>$(N+1)/P$</td><td>$(N+1)/P$</td><td>$(N+1)/P$</td><td>$(N+1)/P$</td></tr>
<tr><td colspan="2">内花键小径</td><td>D_i</td><td>$(N-1)/P$</td><td>$(N-1)/P$</td><td>$(N-1)/P$</td><td>$(N-0.8)/P$</td><td>$(N-0.6)/P$</td></tr>
<tr><td rowspan="3">外花键小径</td><td>2.5/5～12/24节距</td><td rowspan="3">D_{re}</td><td rowspan="3" colspan="2">$(N-1.35)/P$</td><td>$(N-1.8)/P$</td><td rowspan="3">$(N-1.3)/P$</td><td rowspan="2">—</td></tr>
<tr><td>16/32节距和更细</td><td>$(N-2)/P$</td></tr>
<tr><td>10/20节距和更细</td><td>—</td><td>$(N-1)/P$</td></tr>
<tr><td colspan="2">内花键终止起始圆直径</td><td>D_{Fi}</td><td>$(N+1)/P+2c_F$</td><td>$(N+0.8)/P-0.004+2c_F$</td><td>$(N+1)/P+2c_F$</td><td>$(N+1)/P+2c_F$</td><td>$(N+1)/P+2c_F$</td></tr>
<tr><td colspan="2">外花键终止起始圆直径</td><td>D_{Fe}</td><td>$(N-1)/P-2c_F$</td><td>$(N-1)/P-2c_F$</td><td>$(N-1)/P-2c_F$</td><td>$(N-0.8)/P-2c_F$</td><td>$(N-0.6)/P-2c_F$</td></tr>
<tr><td colspan="2">齿形间隙（径向）</td><td>c_F</td><td colspan="5">0.001D，最大0.010，最小0.002</td></tr>
</table>

注：$\pi=3.1415927$。

表9-60 渐开线花键基本尺寸

ANSI B92.1-1970，R1993

节距 P/P_s	周节 p	最小有效齿槽宽（基本值）S_v $\varphi=30°$	$\varphi=37.5°$	$\varphi=45°$	节距 P/P_s	周节 p	最小有效齿槽宽（基本值）S_v $\varphi=30°$	$\varphi=37.5°$	$\varphi=45°$
2.5/5	1.2566	0.6283	0.6683	—	20/40	0.1571	0.0785	0.0835	0.0885
3/6	1.0472	0.5236	0.5569	—	24/48	0.1309	0.0654	0.0696	0.0738
4/8	0.7854	0.3927	0.4177	—	32/64	0.0982	0.0491	0.0522	0.0553
5/10	0.6283	0.3142	0.3342	—	40/80	0.0785	0.0393	0.0418	0.0443
6/12	0.5236	0.2618	0.2785	—	48/96	0.0654	0.0327	0.0348	0.0369
8/16	0.3927	0.1963	0.2088	—	64/128	0.0491	—	—	0.0277
10/20	0.3142	0.1571	0.1671	0.1771	80/160	0.0393	—	—	0.0221
12/24	0.2618	0.1309	0.1392	0.1476	128/256	0.0246	—	—	0.0138
16/32	0.1963	0.0982	0.1044	0.1107	—	—	—	—	—

4. 齿数

美国标准规定的30°或37.5°压力角的渐开线花键的齿数范围是6～60齿，45°压力角的齿数范围是6～100齿。在选择花键齿数应用上，要记住：由于奇数齿两测量量棒的中心连线距离不是直径值，所以选择奇数齿比选择偶数齿更不利，特别是内花键。

5. 渐开线花键的配合种类和公差等级

渐开线花键的美国标准涵盖了两种配合：齿侧配合和大径配合。30°压力角的情况有平齿根齿侧配合、平齿根大径配合、圆齿根齿侧配合；37.5°和45°压力角只有圆齿根齿侧配合。

1）齿侧配合。在齿侧配合中配对元件只通过齿的侧面配合，大小径为间隙尺寸。齿侧配合具有驱动和定心配对花键的功能。

2）大径配合。此种配合的配对零件在大径接触用于定心，齿侧面用于驱动。小径为间隙尺寸。

大径配合提供了一个最小有效间隙，它允许接触和定位于具有受牙侧影响的最小定位或对中量的大径。大径配合只有一个齿槽宽和齿厚公差，等同于齿侧配合中的公差等级为5的公差值。

圆角齿根一般规定用于外花键，即使如此，也有设计为平齿根的齿侧配合或大径配合的标准。具有圆角齿根的内花键只适用于齿侧配合。

6. 公差带代号

该标准规定了齿槽宽和齿厚的四种公差带代号。这样做就满足了选择不同范围公差设计的需要。这些公差代号是早前的单一公差现在为5级公差的变体，并且基于表9-61的公式。所有的公差带代号具有相同的最小有效齿宽和最大有效齿厚极限，这样才能允许配对零件之间使用混合公差带代号成为可能。

表 9-61　5级公差花键的齿槽宽和齿厚的最大公差 ANSI B92.1－1970，R1993

齿数 N	节距 P/P_s							
	2.5/5 和3/6	4/8 和5/10	6/12 和8/16	10/20 和12/24	16/32 和20/40	24/48 和48/96	64/128 和80/160	128/256
	加工公差 m/0.001in							
10	15.8	14.5	12.5	12.0	11.7	11.7	9.6	9.5
20	17.6	16.0	14.0	13.0	12.4	12.4	10.2	10.0
30	18.4	17.5	15.5	14.0	13.1	13.1	10.8	10.5
40	21.8	19.0	17.0	15.0	13.8	13.8	11.4	—
50	23.0	20.5	18.5	16.0	14.5	14.5	—	—
60	24.8	22.0	20.0	17.0	15.2	15.2	—	—
70	—	—	—	18.0	15.9	15.9	—	—
80	—	—	—	19.0	16.6	16.6	—	—
90	—	—	—	20.0	17.3	17.3	—	—
100	—	—	—	21.0	18.0	18.0	—	—
	偏差允差 λ/0.001in							
10	23.5	20.3	17.0	15.7	14.2	12.2	11.0	9.8
20	27.0	22.6	19.0	17.4	15.4	13.4	12.0	10.6
30	30.5	24.9	21.0	19.1	16.6	14.6	13.0	11.4
40	34.0	27.2	23.0	21.6	17.8	15.8	14.0	—
50	37.5	29.5	25.0	22.5	19.0	17.0	—	—
60	41.0	31.8	27.0	24.2	20.2	18.2	—	—
70	—	—	—	25.9	21.4	19.4	—	—
80	—	—	—	27.6	22.6	20.6	—	—
90	—	—	—	29.3	23.8	21.8	—	—
100	—	—	—	31.0	25.0	23.0	—	—
	总分度偏差/0.001in							
10	20	17	15	15	14	12	11	10
20	24	20	18	17	15	13	12	11
30	28	22	20	19	16	15	14	13
40	32	25	22	20	18	16	15	—
50	36	27	25	22	19	17	—	—
60	40	30	27	24	20	18	—	—
70	—	—	—	26	21	20	—	—
80	—	—	—	28	22	21	—	—
90	—	—	—	29	24	23	—	—
100	—	—	—	31	25	24	—	—
	齿形偏差/0.001in							
所有	+7 −10	+6 −8	+5 −7	+4 −6	+3 −5	+2 −4	+2 −4	+2 −4

齿向偏差												
L_g/in	0.3	0.5	1	2	3	4	5	6	7	8	9	10
偏差值	2	3	4	5	6	7	8	9	10	11	12	13

注：对于其他公差带代号，4级公差值＝0.71×表中值；5级公差值＝表中值；6级公差值＝1.40×表中值；7级公差值＝2.00×表中值。

7. 圆角和倒角

花键齿可以采用圆角齿根或者平齿根。

平齿根花键适用于大多数场合。如果被生成的话，它具有变化的曲率半径，通过圆角将齿侧面连接齿槽的底部。通常不需要圆角的规范。它是由渐开线的终止起始圆直径控制的，它是理想渐开线形状中最深点的直径。

若某些平齿根花键用在重载耦合不适合用圆角齿根花键，通过指定圆角的近似半径，可以减少平齿根的应力集中。

由于内花键的基体大、大径处的压力角高，因而内花键的强度要大于外花键的强度，在拉削平齿根内花键时，通常将渐开线花键轮廓延伸到大径。

圆角齿根花键推荐用于重载情况下。更大的圆角确保了更小的应力集中。沿着生成圆角的曲率是变化的，不能用给定值的半径来规定。

外花键可以用展成法的小齿轮类型插齿机加工，或者使用滚齿机加工，或者用与外花键齿槽一致的非范成运动铣刀来加工。冷成形加工的外花键通常采用圆角齿根设计。内花键通常用拉削、成形铣削或者通过展成法的插齿机来加工。即使使用全齿顶圆角半径的工具加工，每种加工方法也会产生出不同的圆角线特性。生成的花键圆角是与外花键圆的长幅外摆线以及内花键的长幅内摆线相关的曲线。这些圆角的曲率半径在圆角与外花键小径圆（或内花键大圆）相切点处或者内花键大径圆相切点处最小，并且沿着圆弧迅速增加，直至圆角正切与渐开线轮廓线点处最大。

8. 圆角和边角间隙

在大径配合情况下，在花键耦合的大径处总是有必要指定一个边角间隙。这个间隙通常是通过在外啮合元件的顶角处提供的倒角来起作用的。然而若有以下的几个方面，这种方法就不可能或者不可行了。

1）如果外花键是通过塑性变形成形的，此工艺不能产生倒角。

2）半修顶铣刀也可能无法加工倒角。

3）当切削具有小齿数的外花键时，半修顶铣刀会减少顶面的宽度至一个禁止的点。

若有以上情况，拐角间隙可以提供在内花键上，如图 9-26 所示。

如选用这个方法，终止起始圆的直径线就落入突出区域。

9. 花键偏差

1）齿形偏差。用偏差产生的参考齿廓穿过用于确定实际齿槽宽或实际齿厚的点。这个点可以是节距点，也可以是标准量棒的接触点。

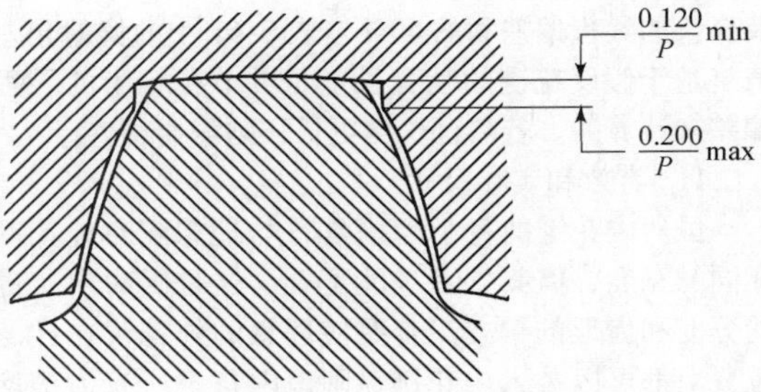

图 9-26　拐角间隙

齿形偏差沿齿槽的方向为正，沿齿的方向为负。在建立有效配合的任意点处，齿廓都有可能发生偏差。

2）导程偏差。除非另有规定，花键全长的导程偏差适用于任意部分。

3）圆度偏差。这种状况仅由表 9-61 规定的分度偏差和齿形偏差引起并要求没有更大的允差。然而，热处理和薄壁零件的变形会产生圆度偏差，从而增大分度和齿形偏差。这种状态下的公差大小涉及多种因素，无法一一列出。额外的齿槽宽和齿厚公差必须考虑到这种变化量。

4）偏心距。相对于齿侧配合的有效直径，大径和小径配合所引起的偏心距离，不得产生超过配对花键的终止起始圆的直径的接触，即使是在最大有效侧隙的条件下。该标准没有规定偏心距的公差值。

关于大径配合花键的有效直径的偏心距，应该在大径公差和有效齿槽宽或有效齿厚形成的最大实体极限范围内。

如果配对花键的对中受到彼此花键定位表面产生的偏心距的影响，就有必要减少外花键有效和实际齿厚，以保持预期的配合状态。本标准没有规定偏心位置允差。

10. 花键偏差的影响

花键偏差可分为分度偏差、齿形偏差和导程偏差。

1）分度偏差。这种偏差导致了每套配合齿侧的间隙都是不同的，因为最小间隙的面积决定了配合的状况，而分度偏差减少了有效侧隙的范围。

2）齿形偏差。正向的齿形偏差通过减少有效侧隙影响配合，反向的齿形偏差只减少接触面积但不影响配合。

3）导程偏差。导程偏差会导致侧隙改变，从而减少有效的侧隙。

4）偏差的允差。单个花键偏差对配合（有效偏差）的影响小于它们的总和。因为在不改变配合的情况下，这些大于最小间隙的区域也会发生改变。偏差的允差等于 2 倍的正齿形偏差、总分度偏差以及全长的导程偏差和的60%。表9-61中的偏差允差值是基于假设花键的啮合长度是其节径一半的导程偏差来计算的。若啮合长度更长，则需要调整。

11. 有效和实际尺寸

虽然内花键的每个齿槽具有与理想配对外花键相同的宽度，但其二者也能配合，这是因为内花键的分度和齿形的偏差。若要使理想的外花键在任意位置上都可以装入内花键，则该内花键所有齿槽均需要按照最大干涉量来加宽。这些加宽后的齿槽宽即是内花键的各实际齿槽宽。与之相配合的理想外花键的齿厚即是内花键的有效齿槽宽。相同的推论也适用于与理想内花键配对的具有分度和齿形偏差的外花键上。这就引出了有效齿厚的概念。有效齿厚是超过了实际齿厚的有效偏差的总量。

内花键的有效齿槽宽减去外花键的有效齿厚即为有效侧隙，它决定了配对零件的配合形式（这一定义只有在配合部件最高点接触的情况下才能够严格成立）。正的有效侧隙代表松配或间隙配合；负的有效侧隙代表紧配或过盈配合。

12. 齿槽宽和齿厚的极限

加工公差内的实际齿槽宽和实际齿厚的偏差导致了相应的有效尺寸的偏差。对每个部件单元，共有四种极限尺寸。

这些偏差见表9-62。

表9-62 齿槽和齿厚的指导规范 ANSI B92.1-1970，R1993

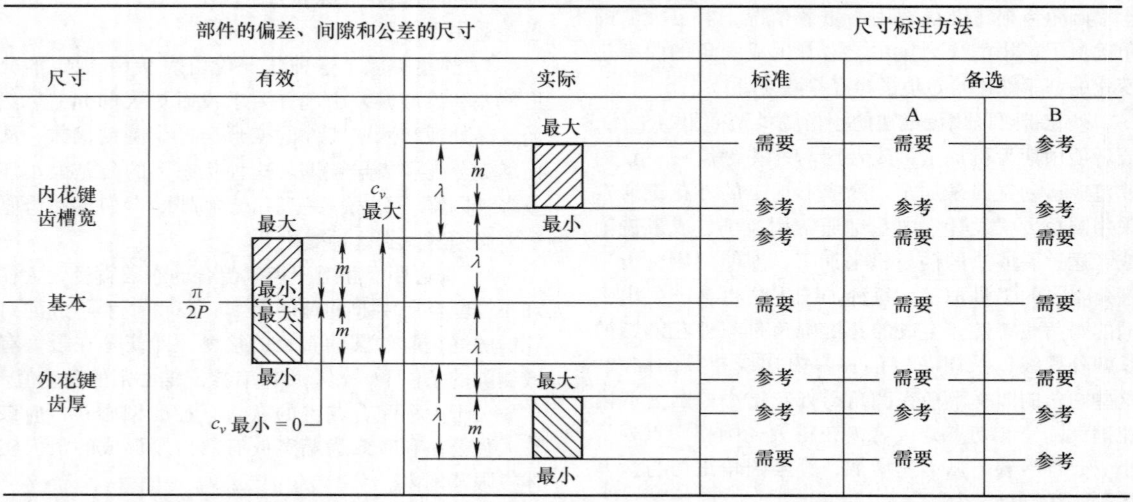

最小有效齿槽宽总是基本值。除了大径配合以外，最大有效齿厚和最小有效齿槽宽的值相等。大径配合的最大有效齿厚要小于考虑到有效花键和大径之间偏心的最小有效齿槽宽的量。许用的有效侧隙的偏差在内花键和外花键之间分配以达到最大有效齿槽宽和最小有效齿厚。实际齿槽宽和实际齿厚的极限值来源于合适的偏差允差。

13. 有效尺寸和实际尺寸的使用

在表9-62中显示的齿槽宽和齿厚的四个尺寸的每一个都有确定的作用。

1）最小有效齿槽宽和最大有效齿厚。这些尺寸控制最小有效侧隙，总是需要规定的。

2）最小实际齿槽宽和最大实际齿厚。这些尺寸不能够作为验收或拒收零件的指标。若实际齿槽宽比最小值要小，但没有导致有效齿槽宽过小，或者如果实际齿厚大于最大值，但没有导致有效齿厚过大，那么有效偏差小于预期，这些零件是可以使用的，不应该被判定为不合格品。这些尺寸作为工艺参考尺寸是可选的。它们也可以用于分析有效齿槽宽或过大有效齿厚的情况，以判定这些情况是否是由于超差的有效误差造成的。

3）最大实际齿槽宽和最小实际齿厚。这些尺寸控制加工公差和有效误差的极限。内花键和外花键的有效偏差减少的这些尺寸的范围是最大的有效侧隙。当在加工中获得的有效偏差明显地小于偏差允差，这些尺寸必须进行适当调整以保证预期的配合。

4）最大有效齿槽宽和最小有效齿厚。这些尺寸定义了最大有效侧隙，但是它们不能限定有效偏差。它们可以与最大实际齿槽宽和最小实际齿厚一起使用，以防止由于有效偏差的减少而引起最大有效侧隙的增加。在装配要求最大有效侧隙，但不需要完全控制的场合，或者可以给这些尺寸加上“非强制的检测”的标签。它的意思是，如果加工方法产生的偏差小于许用偏差，那么不必要增加这些检验和设备，内花键实际齿槽宽也一定保持在最大以内，或者外花键实际齿厚一定保持在最小值以上。在有效偏差不需要控制或者通过实验室检测来控制的场合，这些极限可以代替最大实际齿槽宽和最小作用齿厚。

14. 渐开线花键类型的组合

在需要大圆角半径来控制外花键应力集中的场合，平齿根齿侧配合的内花键可以和圆齿根外花键一起使用。通过规定外花键的最小齿根圆直径，圆角齿根外花键的最小齿根圆直径的值并记录为可选齿根，这种组合的配合业内允许作为一个设计选项。

还有一种允许使用的可选设计。它通过规定最大大径、圆齿根内花键的最大大径的值来并记录为可选齿根来提供对平齿根内花键或圆角齿根内花键二者之一的设计。

15. 互换性

按该标准制造的花键与按旧标准制造的花键具有互换性，例外情况如下：

1）对于外花键，这些外花键与旧标准内花键配合情况见表 9-63。

表 9-63 外花键与旧标准内花键配合情况

标准版本	大径配合	平齿根齿侧配合	圆角齿根齿侧配合
1946	可以	不可以（A）①	不可以（A）
1950②	可以（B）	可以（B）	可以（C）
1950③	可以（B）	不可以（A）	可以（C）
1957 SAE	可以	不可以（A）	可以（C）
1960	可以	不可以（A）	可以（C）

① 对于 A、B、C 的例外情况，见后面关于例外的解释。

② 全齿根高。

③ 短齿根高。

2）对于内花键，这些内花键与旧标准外花键配合情况见表 9-64。

表 9-64 内花键与旧标准外花键配合情况

标准版本	大径配合	平齿根齿侧配合	圆齿根齿侧配合
1946	不可以（D）①	不可以（E）	不可以（D）
1950	可以（F）	可以	可以（C）
1957 SAE	可以（G）	可以	可以
1960	可以（G）	可以	可以

① 对于例外 C、D、E、F、G，见后面关于例外的解释。

花键术语、符号与绘图数据，30°压力角，平齿根齿侧配合见表 9-65。

一些例外如下：

1）平根齿侧配合花键的外大径可能会与内花键的渐开线终止起始圆产生干涉，除非倒角或减小尺寸。按照 1957 和 1960 标准制造的内花键具有与本标准所示大径配合花键相同的尺寸。

2）小于或等于 15 齿的内花键小径，除非倒角，否则将会与外花键的渐开线终止起始圆产生干涉。

3）小于或等于 9 齿的内花键小径，除非倒角，否则可能和外花键的渐开线终止起始圆产生干涉。

4）除非有倒角，内花键的小径与外花键的渐开线终止起始圆产生干涉。

5）除非有倒角，内花键的小径与外花键的渐开线终止起始圆产生干涉。

6）小于或等于 10 齿的外花键的大径上的最小倒角尺寸应保证不可以超过内花键渐开线终止起始圆。

表 9-65 花键术语、符号与绘图数据，30°压力角，平齿根齿侧配合

ANSI B92. 1-1970，R1993

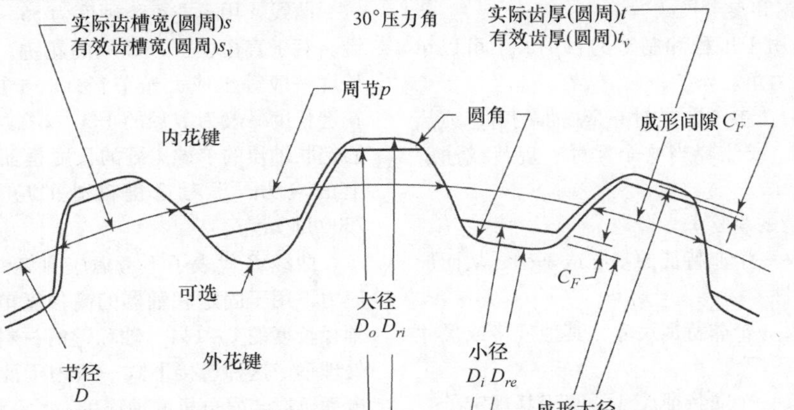

（续）

图中显示的配合只适用于限定的范围（比如壁厚太薄不允许圆角的管状零件，或者滚铣接近轴肩等），以及经济性要求（当滚齿、插齿等时以及使用更短的绞刀用于内花键元件）

压力配合未列出，因为它们的设计要根据紧配的程度以及考虑诸如毛坯形状、壁厚、材料硬度、热膨胀等因素。需要紧公差或者选择的尺寸组来限制配合偏差

图样参数			
内渐开线花键数据		外渐开线花键数据	
平齿根齿侧配合		平齿根齿侧配合	
齿数	xx	齿数	xx
节距	xx/xx	节距	xx/xx
压力角	30°	压力角	30°
基圆直径	x. xxxxxx 参考	基圆直径	x. xxxxxx 参考
节径	x. xxxxxx 参考	节径	x. xxxxxx 参考
大径	x. xxx max	大径	x. xxx/x. xxx
成形大径	x. xxx	成形大径	x. xxx
小径	x. xxx/x. xxx	小径	x. xxx min
圆周齿根宽		圆周齿厚	
最大（实际）	x. xxxx	最大（实际）	x. xxxx
最小（有效）	x. xxxx	最小（有效）	x. xxxx
可以根据需要添加以下信息：		可以根据需要添加以下信息：	
最大棒间测量值	x. xxx 参考	最小跨棒测量值	x. xxxx 参考
量棒直径	x. xxxx	量棒直径	x. xxxx

注：绘图参数是花键规范要求的，显示的为标准系统，替代系统见表9-62，表中 x 表示常用的小数位数。

7）取决于花键的节距，大径的最小倒角不可以超过内花键的渐开线终止起始圆。

16. 图样数据

在花键图样上使用统一规范来显示完成的信息是很重要的。按表9-65中给出推荐的尺寸和数据的布置可以避免很多误解。利用表中所列出的花键的规范，一般不需要再用图形展示一个花键齿。

17. 花键数据和参考尺寸

花键数据是用于工程和制造的目的，不可以单独检测径节和压力角。

在该标准中，“参考”是对一个增加的符号或尺寸、规范的修正，或注释当这个尺寸、规范或注解为如下含义时：

1）图样澄清的重复。

2）需要定义一个非特征的基准或基础，从而形成一个表单或特性。

3）需要定义一个非特征尺寸，其他规格或尺寸从其中得到发展。

4）需要定义一个非特征尺寸，基于其规定了一个特征的公差尺寸。

5）需要定义一个非特征尺寸，控制公差或尺寸从该非特征尺寸发展，或者增加作为有用信息。

任何标明为“参考”的尺寸、规范或注解都不应该将其当作零件接收或拒收的标准。

18. 键和花键尺寸与长度的估算

图9-27可以用于估计传输给定转矩所需的美国标准渐开线花键的尺寸，它也可以用于求取有单键的轴外径。

曲线 A 用于花键齿硬度为55～65HRC的挠性花键。对于直径小于1.25in的花键，这些花键的键的长度一般等于或大于节径；对于更大直径的花键，花键长度一般为节径的1/3～2/3。曲线 A 也可用于固定联轴器的单键。键的长度是轴径的1～1¼。轴上的应力，不考虑键槽处的应力集中，大约为7500lbf/in²。

曲线 B 代表了不考虑应力集中，在9500lbf/in²应力下用于固定联轴器的高强度单键。键的长度为轴径长度的1～1¼。轴和键的材料都是中等硬度热处理钢。这种连接形式一般用于商用挠性联轴器与电动机或与发电机的轴连接。

曲线 C 代表了长度为节径的3/4～1¼，轴硬度为200～300HBW的多键固定花键。

曲线 D 代表了长度为 1/2 ~ 1 节径的高强度花键。硬度一般不小于 58HRC，在航空应用中，轴一般为中空的以减少自重。

曲线 E 为剪切应力为 65000lbf/in^2 的实心轴。对于内径为外径 3/4 的空心轴，剪切应力为 95000lbf/in^2。

对花键长度来说，假定花键齿受载均匀，长度为节径 1/3 的固定式花键将具有与轴相等的剪切应力；然而，花键齿齿槽的误差会导致只有一半的花键齿能全部受载。因此，为了平衡花键齿和轴的受力，花键的长度应当等于节径的 2/3。不过，如果重量不重要的话，那么就可以增加至等于节径的长度。对于挠性花键来说，当在不同心的情况下，增加长度并不能带来更多承载能力。挠性花键的最大有效长度根据图 9-28 来近似。

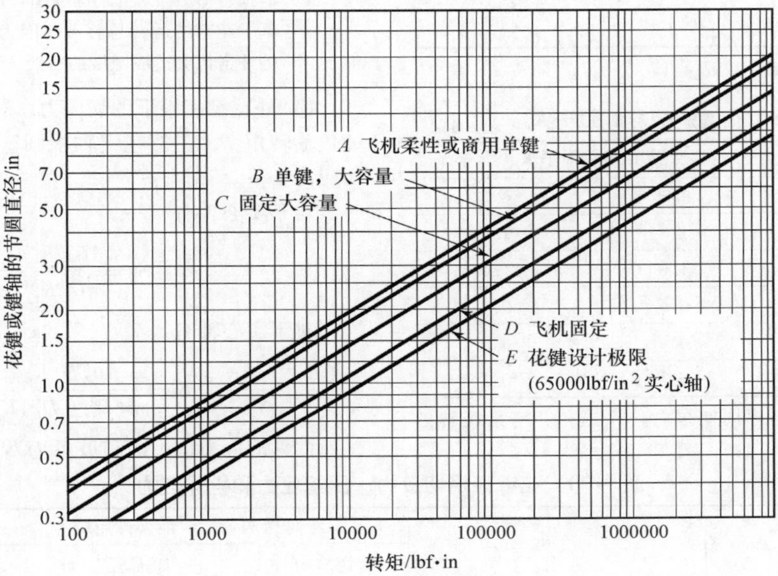

图 9-27　基于直径-转矩关系的渐开线花键尺寸估算

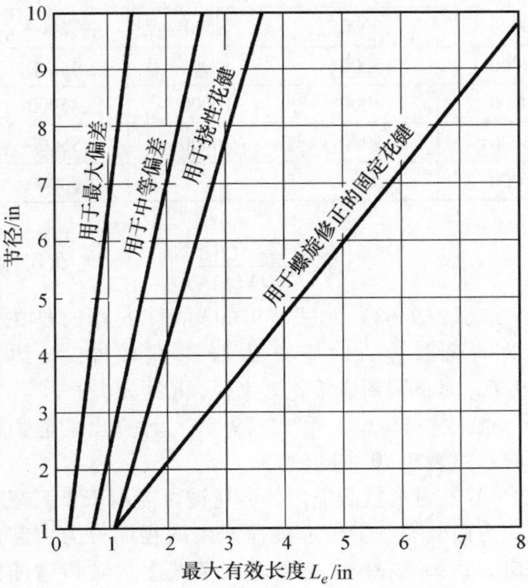

图 9-28　固定和挠性花键最大有效长度

19. 渐开线花键最大转矩公式

下文中所给出的 30°渐开线花键最大转矩公式大部分来源于文章“花键何时需要应力控制”（作者 D. W. Dudley，制造工程，1957-12-23）。

在以下公式中使用的符号定义为：D_h 是空心轴的内孔直径（in）；K_a 是应用因子，取自表 9-66；K_m 是载荷分布因子，取自表 9-67；K_f 是疲劳寿命因子，取自表 9-68；K_w 是磨损寿命因子，取自表 9-69；L_e 是最大有效长度，取自图 9-28 用于应力公式，尽管实际长度可能更长一些；T 是传递转矩（lbf · in）。对于无螺旋修正的固定式花键，有效长度 L_e 应不超过 $5000D^{3.5}/T$。

表 9-66　花键应用因子 K_a

动力源	载荷种类			
	均匀（发电机风扇）	轻度冲击（振动泵等）	间歇冲击（加速泵等）	重度冲击（压力机、剪切机等）
	应用因子 K_a			
均匀（涡轮机、电机）	1.0	1.2	1.5	1.8
轻度冲击（液压马达）	1.2	1.3	1.8	2.1
中度冲击（内燃机、发动机）	2.0	2.2	2.4	2.8

表 9-67 载荷分布因子 K_m，用于不对中的挠性花键

不对中度 in/in	载荷分布因子 K_m①			
	1/2in 齿面宽	1in 齿面宽	2in 齿面宽	4in 齿面宽
0.001	1	1	1	1.5
0.002	1	1	1.5	2
0.004	1	1.5	2	2.5
0.008	1.5	2	2.5	3

① 对于固定的花键，$K_m=1$。

表 9-68 花键疲劳寿命因子 K_f

扭矩循环数量①	疲劳寿命因子 K_f	
	单向	双向
1000	1.8	1.8
10000	1.0	1.0
100000	0.5	0.4
1000000	0.4	0.3
10000000	0.3	0.2

① 一个扭矩循环周期包含一个起停，不是旋转的数量。

表 9-69 挠性花键的磨损寿命因子 K_w

花键转数	寿命因子 K_w	花键转数	寿命因子 K_w
10000	4.0	100000000	1.0
100000	2.8	1000000000	0.7
1000000	2.0	10000000000	0.5
10000000	1.4	—	—

注：磨损寿命因子，不像表 9-68 中的疲劳系数，它是基于花键的运转总转数。因为挠性花键的每一转的冲击都会造成花键的磨损。

1）外花键齿根下的切应力。对于一个轴中产生的传输转矩 T，在外花键轴根圆直径下产生的扭转切应力如下。

对于实心轴有

$$S_S=\frac{16TK_a}{\pi D_{re}^3K_f} \tag{9-65}$$

对于实心轴有

$$S_S=\frac{16TD_{re}K_a}{\pi(D_{re}^4-D_h^4)K_f} \tag{9-66}$$

计算的应力值不能超过表 9-70 中的值。

表 9-70 花键许用切应力、压缩应力和拉伸应力

材料	硬度		最大许用应力			
			剪切应力/psi	压缩应力/psi		拉应力/psi
	HBW	HRC		直形	鼓形	
钢	160～200	—	20000	1500	6000	22000
	230～260	—	30000	2000	8000	32000
	302～351	33～38	40000	3000	12000	45000
表面淬硬钢	—	48～53	40000	4000	16000	45000
表面渗碳硬化钢	—	58～63	50000	5000	20000	55000
整体淬硬钢（航空品质）	—	42～46	45000	—	—	50000

2）齿节径处的剪切应力。用于传递转矩 T 的轮齿分度线处的切应力为

$$S_s=\frac{4TK_aK_m}{DNL_etK_f} \tag{9-67}$$

式（9-67）中的因子 4 是假设由于齿间误差只有一半花键齿来承载。对于制造精度更低等级的，应将因子改为 6。

计算的应力值不能超过表 9-70 中的值。

3）花键齿侧压缩应力。由于载荷分布不均匀和偏心造成的载荷不均和齿端受载，花键的许用压缩应力值比齿轮轮齿要小得多。

对于挠性花键，有

$$S_C=\frac{2TK_aK_m}{DNL_ehK_w} \tag{9-68}$$

对于固定花键，有

$$S_C=\frac{2TK_aK_m}{9DNL_ehK_f} \tag{9-69}$$

在式（9-68）和式（9-69）中，h 指的是花键齿的啮合长度，对于平齿根花键来说，h 约为 $0.9/P$，对于圆角齿根花键来说，h 约为 $1/P$。

根据式（9-68）和式（9-69）计算出的应力值不能超过表 9-70 中的值。

4）花键的抗裂应力。内花键可能由于下列三种拉应力而破裂：①传递载荷产生的径向分力引起的拉应力；②离心拉应力；③在节线上导致齿弯曲的切向力产生的拉应力。

径向载荷拉应力

$$S_1=\frac{T\tan\Phi}{\pi Dt_WL} \tag{9-70}$$

式中，t_W是内花键壁厚 =（内花键轴套外径 - 花键

大径）/2；L 是花键总长度。

离心拉应力为

$$S_2 = \frac{1.656n^2(D_{oi}^2 + 0.212D_{ri}^2)}{1000000} \qquad (9\text{-}71)$$

式中，D_{oi} 是花键轴套的外径。

梁载荷的拉应力为

$$S_3 = \frac{4T}{D^2 L_e Y} \qquad (9\text{-}72)$$

在式（9-72）中，Y 是从轮齿布局得到的一个路易斯（Lewis）齿形因子。对于 30°压力角的内花键，$Y=1.5$ 是一个很令人满意的估计值。式（9-72）中的因子 4 是假定只有一半花键齿承受载荷。

造成外花键的轮缘破坏的总的拉应力是：$S_t = [K_a K_m (S_1 + S_3) + S_2]/K_f$，且该值应小于表 9-70 中的值。

20. 大偏心鼓形齿花键

鼓形齿花键能够允许最大 5°的偏心。如果进行精确对中的话，鼓形齿花键比相同尺寸的直齿花键的传动性能差，但当存在较大偏心时，鼓形齿花键性能就好。

美国标准花键齿形可以用于鼓形齿的外花键，这样它们就可以与美国标准齿形的直齿内花键相配合。

鼓形齿花键如图 9-29 所示，鼓形半径为 r_1；鼓齿的曲率半径为 r_2；花键分度圆直径为 D；齿面宽为 F；在齿端的鼓形高度或起伏高为 A。鼓形高 A 制造时应总是大于“齿面宽的一半乘以偏心角的正切”。曲率半径 r_2 的近似值为 $F^2/8A$，并且 $r_1 = r_2 \tan\varphi$，φ 表示压力角。

对于扭矩 T，花键齿的压缩应力为

$$S_C = 2290\sqrt{2T/DNhr_2}$$

并且，该值不能超过表 9-70 中的值。

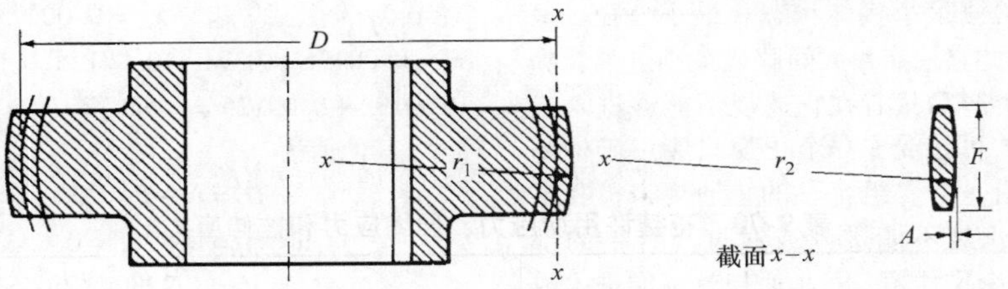

图 9-29 鼓形齿花键

21. 花键和其他机械单元的侵蚀损伤

侵蚀是承受周期载荷时产生的磨损，诸如振动，导致两个紧密接触面承受了小幅振动。在摩擦中，配合表面的最高点或微凸起相互黏附，微小颗粒被拉出，保持一段时间后，就会出现小的坑或粉状碎片。对暴露在空气中的金属部件，金属碎片氧化物就会很快形成一个个红色的、铁锈色的粉末或泥状物。因此才有“侵蚀磨损”的名称。

侵蚀是机械中固有的，大多数材料都会发生，包括那些不会被氧化的物质，如金、铂和非金属；所以伴随金属件中的侵蚀发生的腐蚀是第二因素。

侵蚀可发生在机械设备的移动或振动，或者两者皆有的状况下。它会破坏紧配合，碎片会阻碍运动的零件；由于发生侵蚀的零件比没有损坏零件的初始应力水平要低很多，所以侵蚀会加速疲劳失效。发生侵蚀损坏的场合包括过盈配合，花键、螺栓、键、销和铆钉连接，钢缆中的钢丝之间，挠性轴和管道，片簧中的触片，摩擦止动装置，小幅值的摆动轴承和电气接触零件。

振动或周期载荷是侵蚀产生的主要原因。如果这些因素不能消除，使用更大的夹紧力可以减小位移，但如果它不起作用，反而会导致更糟糕的损坏。润滑可以减缓损坏的开始；硬镀或表面硬化方法能够起作用，但不是减小侵蚀，而是增加材料的疲劳强度。具有作用在接触面上的自润滑功能的镀层软材料能在镀层磨穿前起到抑制侵蚀的作用。

22. 渐开线花键检测方法

花键量规可以用于零件的常规检测。

在测量单个尺寸和偏差时需要分析检验：

1）对量规检验进行补充，例如，使用组合止通规代替单个止通规，并且必须控制偏差。

2）用量规评价拒收的零件。

3）对于试样或短期内不能使用量规的情况。

4）当每个偏差被限定在假设的最小实体尺寸和最大作用尺寸之间区域的较大范围之外时，作为量规检验的补充。

23. 用量规检测

不同样式的量规可用于检测渐开线花键。

量规的种类：复合花键量规具有全齿。一个扇形花键量规由两个直径相对的齿形成。单个扇形只有两个齿的扇形塞规称作“叶片规”，单个扇形只有两齿的环规叫作“环卡规”。一个递进规是一种包含两个或多个相邻截面，用来检测不同功能的量规。递进通规是一个先检测一个或一组特征，再检测与它们相关特征的组合实体。通规和止规可以合并在一起组成一个递进规。

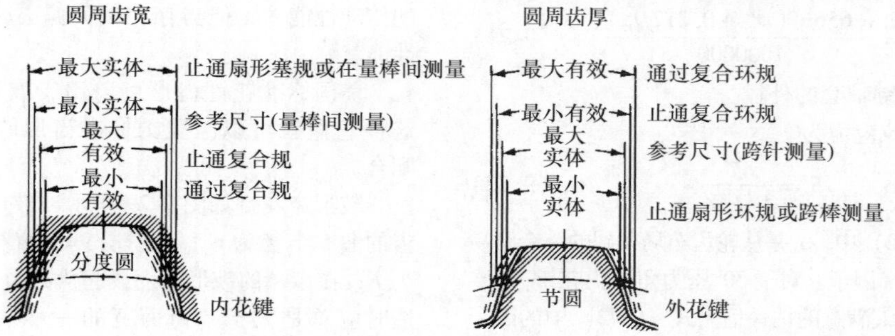

图 9-30 齿宽和齿厚的检验

齿宽和齿厚的检验如图 9-30 所示。

通过规和止通规：通过规用于检验最大实体状态（最大外径、最小内部尺寸）。它们可以用于检验单个尺寸、两个或两个以上功能性尺寸。它们控制最小间隙或最大过盈。

止通规用于检测最小实体状态（最小外径、最大内部尺寸），因此它控制最大间隙或最小过盈。除非提前同意，一个产品只有在止通规不能够进入或不能通过零件时才可接受。一个止规只能用于检测一个尺寸。试图用一个“组合”的止通规来检验多个尺寸，会导致止规不能进入或通过（合格的部分），因为仅仅一个尺寸超差，止通规就不能进入或通过产品；而在所有的尺寸都超过极限的条件下，这样的组合直通规之间的关系也能允许它们合格。

有效尺寸和实际尺寸：有效齿宽和齿厚是通过一个以复合量规的形式精确配合的元件来检验的。实际齿宽和齿厚是通过扇形的塞规或环规，或者测量量棒来检验。

24. 量棒测量

内花键的实际齿宽和外花键的实际齿厚可用量棒测量。这些测量不确定配合件之间的配合，但可以用于花键的分析检测以近似地评估作用齿宽和作用齿厚。

用于两个量棒检测的棒间距公式：

1）求取量棒中心的压力角：

$$\text{inv}\phi_i = \frac{s}{D} + \text{inv}\phi_d - \frac{d_i}{D_b}$$

2）在渐开线函数表中查出 ϕ_i 的角度值。在三角函数表上找出 $\sec\phi_i = 1/\text{cosine}\phi_i$ 的值，用插值法可得到更高的精度。

3）计算棒间距 M_i。

对于偶数齿：$M_i = D_b \sec \phi_i - d_i$；

对于奇数齿：$M_i = (D_b \cos 90°/N) \sec \phi_i - d_i$。

其中对于 30°和 37.5°标准压力角（ϕ_D）花键 $d_i = 1.7280/P$，对于 45°压力角花键 $d_i = 1.9200/P$。

示例：用 30°压力角，公差等级为 4，3/6 径节，20 齿的内花键的棒间距测量值来求取最大实际齿宽。

最大实际齿宽 = 最小作用齿宽与 $\lambda + m$ 的和，最小作用齿宽 $s_v = \pi/2P = \pi/(2 \times 3)$。对于等级 4，径节为 3/6，20 齿，$\lambda = 0.0027 \times 0.71 = 0.00192$，$m = 0.00176 \times 0.71 = 0.00125$，于是 $s = 0.52360 + 0.00192 + 0.00125 = 0.52677$。

其他值为：

$$D = N \div P = 20 \div 3 = 6.66666$$

$$\text{inv } \phi_D = \text{inv } 30° = 0.053751$$

$$d_i = 1.7280/3 = 0.57600$$

$$D_b = D \cos \phi_D = 6.66666 \times 0.86603 = 5.77353$$

计算值如下：

1）$\text{inv}\phi_i = 0.52677/6.66666 + 0.053751 - 0.57600/5.77353 = 0.03300$。

2）$\phi_i = 25°46.18'$，$\sec \phi_i = 1.11044$。

3）$M_i = 5.77353 \times 1.11044 - 0.57600 = 5.8352\text{in}$。

用于跨两个量棒检测的跨棒距公式：针对测量外花键的跨棒距。

1）计算量棒中心的渐开线压力角：

$$\text{inv}\phi_e = \frac{t}{D} + \text{inv}\phi_D + \frac{d_e}{D_b} - \frac{\pi}{N}$$

2）从渐开线函数表中找出 ϕ_e 和 $\sec\phi_e$ 的值。

3）计算跨棒距 M_e。

对于偶数齿：$M_e = D_b \sec \phi_e + d_e$；

对于奇数齿：$M_e = (D_b \cos 90°/N) \sec \phi_e + d_e$。

式中，对于所有外花键 $d_e = 1.9200/P$。

25. 美国标准米制模数花键

ANSI B92.2M-1980（R1989）是国际标准组织渐开线花键标准的美国国家标准局版本。它不是任意一个先前的基于寸制标准的软转换，用这种硬米制转换制造的花键是不能与按照 B92.1 或者其他的先前的标准制造的零件一起使用的。此标准源自的 ISO 4156 标准是 ANSI B92 委员会和渐开线花键委员会 ISO/TC 14-2 其他成员之间合作的结果。

“软”转换是这样一种转换，其中的尺寸为 in，当其乘以 25.4，并近似圆整之后，可以获得一个等效的以 mm 为单位的尺寸。在硬转换体系中，加工的刀具，诸如滚刀，对于别的系统不具有可用的相关关系，例如，一个 10 径节的滚刀在米制模数系统中计算应等于 2.54 模数滚刀，但此规格的滚刀在米制标准中不存在。

早期标准 ANSI B92.1-1970（R1993）的很多性质保留了下来，诸如：30°、37.5°和 45°的压力角；平齿根和圆齿根齿侧面配合；4、5、6、7 四个公差等级；单一配合的等级表，以及有效配合的概念。

主要的区别：用 0.25 ~ 10mm 的模数替代了径节，尺寸为 mm 而不是 in，“标准齿条”除去了大径配合，使用 ISO 符号替代了早先使用的符号，并且，确定了计算三类定义间隙配合的规定。

此标准认识到花键之间的正确的组装仅依靠花键本身从齿顶到齿形直径的有效参数。因此，内花键大径作为最大尺寸，外花键小径作为最小尺寸。内花键最小大径以及外花键最大内径必须通过规定的齿形直径并且不需要额外的控制条件。所有的尺寸都是成品零件的尺寸。当选择了用于加工的公差水平时必须考虑发生在诸如热处理等加工过程必须施行的任意补偿。

此标准为所有的公差带代号提供了相同的内花键最小有效齿宽和外花键最大有效齿厚。不管单个元件的公差带代号是什么，这些基础概念使得配合花键之间的互换装配成为可能，并且允许配合单元之间存在混合的公差等级。当其中一个元件被比起其配合元件制造难度低得多时，这种安排常常具有优势；并且将平均公差应用于两个单元这样的做法能够满足设计的需求。例如，通过对其中一个元件规定 5 类公差，而其配合件规定为 7 类公差，可以获得 6 类的安装公差。

如果标准中的一个配合不满足特定的设计要求，并且期望一个特定的间隙或者压配合，则必须仅对外花键通过减少或者增加有效齿厚做出改变，以及对实际齿厚做出一个同样的改变。当特定的设计来源于此标准的概念时，最小有效齿宽常常是基础并且其基础宽度应该保持不变。

花键术语和定义：在前面章节描述的美国标准 ANSI B92.1-1970（R1993）的花键术语和定义可以与 ANSI B92.2M-1980（R1989）关联使用。1980 年的标准利用 ISO 符号代替了那些 1970 年标准使用的符号，这些差异见表 9-71。

尺寸和公差：列于 1980 年标准中花键的尺寸和公差可以用表 9-72 给出的公式计算，这些用于米制模数花键的公式具有 0.25 ~ 10mm 范围模数的齿侧面配合设计，具有 30°、37.5°和 45°的压力角。系统中的标准模数为 0.25，0.5，0.75，1，1.25，1.5，1.75，2，2.5，3，4，5，6，8 和 10，范围在 0.5 ~ 10 的模数适用于除了 45°圆齿根花键外的所有花键。对于 45°圆齿根花键适用于 0.25 ~ 2.5 的模数。

配合类别：提供了四类齿侧面配合花键的配合，花键配合 H/h 具有 $c_v = es = 0$ 的最小有效间隙，H/f、H/e 和 H/d 类分别具有 f、e 和 d 的齿厚修正 es，以提供渐进增大的有效间隙 c_v，在表 9-73 中的齿厚修正 h、f、e 是从 ISO R286“ISO 极限和配合系统”中选择的基本偏移，它们将齿厚总公差偏移齿厚总修正量至基本齿厚以下而提供一个有效间隙的下限 c_v 的方式运用于外花键。

9

表 9-71　ANSI B92.2M-1980（R1989）和 ANSI B92.1-1970，R1993 中的符号比较

符号 B92.2M	符号 B92.1	符号含义	符号 B92.2M	符号 B92.1	符号含义
c	—	理论间隙	DFI	D_{Fi}	内花键齿形直径
c_v	c_v	有效间隙	DIE	D_{re}	外花键小径
c_F	c_F	齿形间隙	DII	D_i	内花键小径
D	D	分度圆直径	DRE	d_e	外花键，量棒直径
DB	D_b	基圆直径	DRI	d_i	内花键，量棒直径
d_{ce}	D_{ce}	外花键，量棒接触直径	h_s	—	见图 9-31 ~ 图 9-34
d_{ci}	D_{ci}	内花键，量棒接触直径	λ	λ	有效变量
DEE	D_o	外花键大径	INVα	—	渐开线 $\alpha = \tan\alpha - \mathrm{arc}\alpha$
DEI	D_{ri}	内花键大径	KE	K_e	外花键，变化因数
DFE	D_{Fe}	外花键齿形直径	KI	K_i	内花键，变化因数

（续）

符号		符号含义
B92.2M	B92.1	
g	L	花键长度
g_w	—	有效花键长度
$g\gamma$	—	啮合长度
T	m	加工公差
MRE	M_e	外花键，跨2个棒距均值
MRI	M_i	外花键，2个棒距件间均值
Z	N	齿数
m	—	模数
—	P	径节
—	P_S	齿根径节 $=2P$
P_b	—	基圆节距
p	p	周节
π	π	3.141592654
rfe	rf	外花键圆角半径
rfi	rf	内花键圆角半径
E_{bsc}	s_v min	基圆齿宽
E_{max}	s	最大实际基圆齿宽
E_{min}	s	最小实际基圆齿宽
EV	s_v	有效圆齿宽

符号		符号含义
B92.2M	B92.1	
S_{bsc}	t_v max	基圆齿厚
S_{max}	t	最大实际基圆齿厚
S_{min}	t	最小实际基圆齿厚
SV	t_v	有效基圆齿厚
α	ϕ	压力角
α_D	ϕ_D	标准压力角
α_{ci}	ϕ_{ci}	内花键量棒接触圆周压力角
α_{ce}	ϕ_{ce}	外花键量棒接触圆周压力角
α_i	ϕ_i	内花键量棒中心压力角
α_e	ϕ_e	外花键量棒中心压力角
α_{Fe}	ϕ_F	外花键齿形直径压力角
α_{Fi}	ϕ_F	内花键齿形直径压力角
es	—	对要求的配合等级 $=c_v$ 最小（见表9-73）外花键圆周齿厚修正
h，f，e或d	—	齿厚尺寸修正（调用ISO R286的基本偏差）
H	—	齿宽尺寸修正（调用ISO R286的基本偏差）

表9-72 米制模数渐开线花键所有配合类型的尺寸和公差

术语	符号	公式			
		30°平齿根 0.5~10模数	30°圆角齿根 0.5~10模数	37.5°圆角齿根 0.5~10模数	45°圆角齿根 0.25~2.5模数
分度圆直径	D	mZ			
基圆直径	DB	$mZ\cos\alpha_D$			
节距	p	πm			
基圆节距	p_b	$\pi m\cos\alpha_D$			
齿厚修正	es	H/h，H/f，H/e或H/d（见表9-73）			
内花键最小大径	DEI min	$m(Z+1.5)$	$m(Z+1.8)$	$m(Z+1.4)$	$m(Z+1.2)$
内花键最大大径	DEI max	$DEI\ \min+(T+\lambda)/\tan\alpha_D$ ①			
内花键齿形直径	DFI	$m(Z+1)+2c_F$	$m(Z+1)+2c_F$	$m(Z+0.9)+2c_F$	$m(Z+0.8)+2c_F$
最小内花键小径	DII min	$DFE+2c_F$ ②			
最大内花键小径	DII max	$DII\ \min+(0.2m^{0.667}-0.01m^{-0.5})$ ③			
圆周齿宽					
基本	E_{bsc}	$0.5\pi m$			
最小有效	EV min	$0.5\pi m$			
最大实际	E max	$EV\ \min+(T+\lambda)$ 等级4,5,6和7（见表9-74中 $T+\lambda$）			
最小实际	E min	$EV\ \min+\lambda$			
最大有效	EV max	$E\ \max-\lambda$			
外花键最大大径④	DEE max	$m(Z+1)-es/\tan\alpha_D$	$m(Z+1)-es/\tan\alpha_D$	$m(Z+0.9)-es/\tan\alpha_D$	$m(Z+0.8)-es/\tan\alpha_D$

（续）

术语	符号	公式			
		30°平齿根 0.5～10 模数	30°圆角齿根 0.5～10 模数	37.5°圆角齿根 0.5～10 模数	45°圆角齿根 0.25～2.5 模数
外花键最小大径	*DEE* min	$DEE\ \max-(0.2m^{0.667}-0.01m^{-0.5})$③			
外花键齿形直径	*DFE*	$2\times\sqrt{(0.5DB)^2+\left[0.5D\sin\alpha_D-\dfrac{h_s+((0.5es)/\tan\alpha_D)}{\sin\alpha_D}\right]^2}$			
最大外花键小径④	*DIE* max	$m(Z-1.5)-es/\tan\alpha_D$	$m(Z-1.8)-es/\tan\alpha_D$	$m(Z-1.4)-es/\tan\alpha_D$	$m(Z-1.2)-es/\tan\alpha_D$
最小外花键小径	*DIE* min	$DIE\ \max-(T+\lambda)/\tan\alpha_D$①			
圆周齿厚					
基本	S_{bsc}	$0.5\pi m$			
最大有效	*SV* max	$S_{bsc}-es$			
最小实际	*S* min	$SV\ \max-(T+\lambda)$等级 4,5,6 和 7(见表 9-74 中 $T+\lambda$)			
最大实际	*S* max	$SV\ \max-\lambda$			
最小有效	*SV* min	$S\ \min+\lambda$			
圆周齿宽或齿厚的总公差	$(T+\lambda)$	见表 9-74 中公式			
圆周齿宽或齿厚的加工公差	T	$T=(T+\lambda)$			
圆周齿宽或齿厚的允许有效偏差	λ				
齿形间隙	c_F	$0.1m$			
直齿条尺寸	h_s	$0.6m$(见图 9-31)	$0.6m$(见图 9-32)	$0.55m$(见图 9-33)	$0.5m$(见图 9-34)

① 对于等级 7 使用表 9-74 中的 $(T+\lambda)$。
② 对于所有的配合，常使用 *DFE* 值对应于 H/h 的配合等级。
③ $(0.2m^{0.667}-0.01m^{-0.5})$ 的值如下：对于模数 10，值为 0.93；对于模数 8，值为 0.80；对于模数 6，值为 0.66；对于模数 5，值为 0.58；对于模数 4，值为 0.50；对于模数 3，值为 0.41；对于模数 2.5，值为 0.36；对于模数 2，值为 0.31；对于模数 1.75，值为 0.28；对于模数 1.5，值为 0.25；对于模数 1.25，值为 0.22；对于模数 1，值为 0.19；对于模数 0.75，值为 0.15；对于模数 0.5，值为 0.11；对于模数 0.25，值为 0.06。
④ 关于 $es/\tan\alpha_D$ 的值见表 9-76。

表 9-73　选定花键配合等级的齿厚修正 *es*

分度圆直径 *D*/mm	外花键①				分度圆直径 *D*/mm	外花键①			
	选定配合类型					选定配合类型			
	d	e	f	h		d	e	f	h
	在分度圆直径上相对于基本齿厚的齿厚修正（变齿厚）*es* 单位为 mm					在分度圆直径上相对于基本齿厚的齿厚修正（变齿厚）*es* 单位为 mm			
≤3	0.020	0.014	0.006	0	>120～180	0.145	0.085	0.043	0
>3～6	0.030	0.020	0.010	0	>180～250	0.170	0.100	0.050	0
>6～10	**0.040**	0.025	0.013	0	>250～315	0.190	0.110	0.056	0
>10～18	0.050	0.032	0.016	0	>315～400	0.210	**0.125**	**0.062**	0
>18～30	0.065	0.040	0.020	0	>400～500	0.230	0.135	**0.068**	0
>30～50	0.080	0.050	0.025	0	>500～630	0.260	0.145	**0.076**	0
>50～80	0.100	0.060	0.030	0	>630～800	0.290	0.160	**0.080**	0
>80～120	0.120	**0.072**	0.036	0	>800～1000	0.320	0.170	**0.086**	0

注：表中列出的值摘自 ISO R286，并且在所列尺寸范围几何均值的基础上进行了计算。粗体的数字没有遵循任何文件记录的圆整规则，而仅是在 ISO R286 中使用，它们使用在表中只是为了满足公认的国际惯例。
① 内花键为 H 类配合并且具有相对于基本齿宽为 0 的齿宽修正，因此，一个 H/h 的配合 有效间隙 $c_v=0$。

基本直齿条齿形：标准压力角花键的基本直齿条齿形见图 9-31～图 9-34。显示的尺寸是最大实体条件和 H/h 配合类型的尺寸。

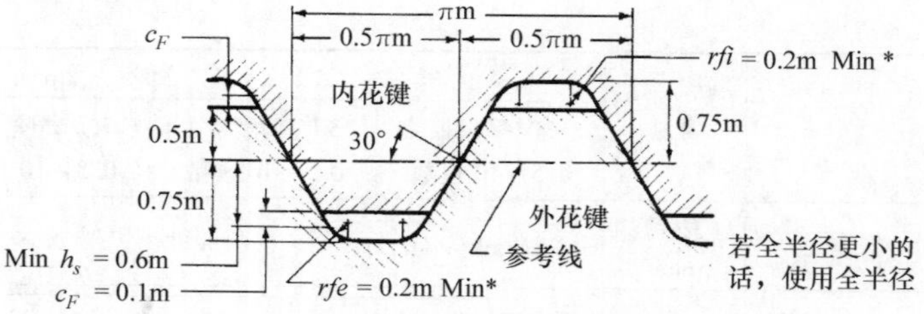

图 9-31 30°平面齿根花键的基本直齿条牙型

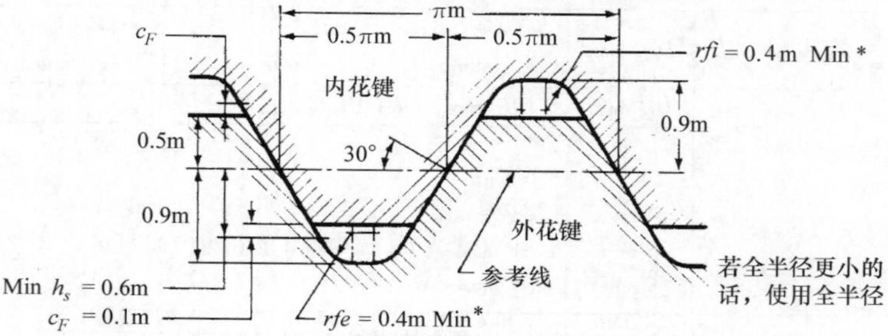

图 9-32 30°圆齿根花键的基本直齿条牙型

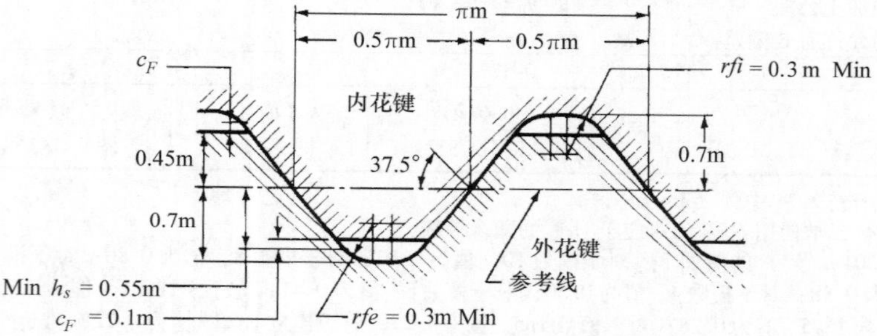

图 9-33 37.5°圆齿根花键的基本直齿条牙型

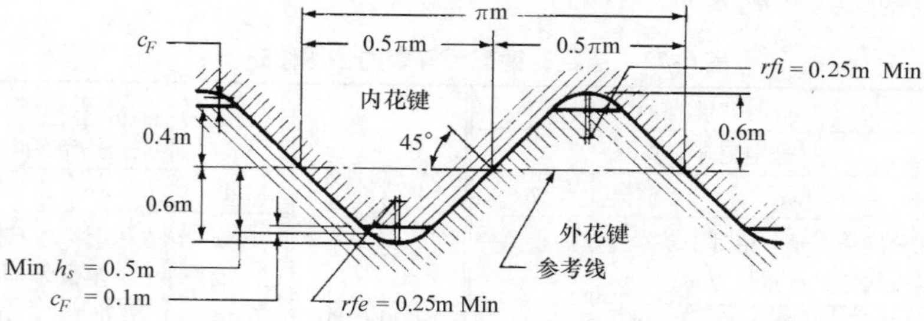

图 9-34 45°圆齿根花键的基本直齿条牙型

26. 花键加工公差和变化

总的公差，见表 9-74，($T+\lambda$) 为有效偏差 λ 和加工公差 T 的和。

有效偏差：有效偏差 λ 是总的分度偏差，正齿形偏差以及轮齿对中偏差作用于渐开线花键配合实际公差的联合影响。单个偏差的影响小于允许偏差

表 9-74 齿间距和齿厚的总公差 ($T+\lambda$) (单位：mm)

花键公差带代号	总公差公式 ($T+\lambda$)	花键公差带代号	总公差公式 ($T+\lambda$)	在这些公式中，i^* 和 i^{**} 分别为基于分度圆直径和齿厚的公差单位
4	$10i^* + 40i^{**}$	6	$25i^* + 100i^{**}$	$i^* = 0.001\,(0.45\sqrt[3]{D} + 0.001D)$，$D \leqslant 500$mm $= 0.001\,(0.004D + 2.1)$，$D > 500$mm
5	$16i^* + 64i^{**}$	7	$40i^* + 160i^{**}$	$i^{**} = 0.001\,(0.45\sqrt[3]{S_{bsc}} + 0.001S_{bsc})$

的总和，因为超过最小间隙的区域可具有齿形、轮齿对中或者分度偏差而不会改变配合。它也不像那些将会在相同的花键上同时产生最大总和的偏差。基于这个原因，总的变位偏差、总的齿形偏差和轮齿对中偏差通过使用以下公式来计算综合影响。

$$\lambda = 0.6\sqrt{F_p^2 + f_f^2 + F_\beta^2}$$

上述偏差基于啮合长度等于 1.5 倍花键的节径长度。λ 的调整可能要求更长的啮合长度。用于上面公式中 F_p，f_f和 F_β 值的公式在表 9-75 中给出。

对于选定配合等级的外花键大径和小径的变齿厚见表 9-76。

表 9-75　用于计算 λ 的 F_p，f_f和 F_β公式　（单位：mm）

花键公差级别	总系数变化 F_p	总轮廓变化 f_f	总线变化 F_β
4	$0.001(2.5\sqrt{mZ\pi/2}+6.3)$	$0.001[1.6m(1+0.0125Z)+10]$	$0.001(0.8\sqrt{g}+4)$
5	$0.001(3.55\sqrt{mZ\pi/2}+9)$	$0.001[2.5m(1+0.0125Z)+16]$	$0.001(1.0\sqrt{g}+5)$
6	$0.001(5\sqrt{mZ\pi/2}+12.5)$	$0.001[4m(1+0.0125Z)+25]$	$0.001(1.25\sqrt{g}+6.3)$
7	$0.001(7.1\sqrt{mZ\pi/2}+18)$	$0.001[6.3m(1+0.0125Z)+40]$	$0.001(2\sqrt{g}+10)$

注：g = 以 mm 为单位的花键长度。

表 9-76　对于选定配合等级的外花键大径和小径的变齿厚 $es/\tan\alpha_D$

分度圆直径 D/mm	标准压力角/（°）									
	30	37.5	45	30	37.5	45	30	37.5	45	所有
	配合级别									
	d			e			f			h
	$(es/\tan\alpha_D)$/mm									
≤3	0.035	0.026	0.020	0.024	0.018	0.014	0.010	0.008	0.006	0
>3～6	0.052	0.039	0.030	0.035	0.026	0.020	0.017	0.013	0.010	0
>6～10	0.069	0.052	0.040	0.043	0.033	0.025	0.023	0.017	0.013	0
>10～18	0.087	0.065	0.050	0.055	0.042	0.032	0.028	0.021	0.016	0
>18～30	0.113	0.085	0.065	0.069	0.052	0.040	0.035	0.026	0.020	0
>30～50	0.139	0.104	0.080	0.087	0.065	0.050	0.043	0.033	0.025	0
>50～80	0.173	0.130	0.100	0.104	0.078	0.060	0.052	0.039	0.030	0
>80～120	0.208	0.156	0.120	0.125	0.094	0.072	0.062	0.047	0.036	0
>120～180	0.251	0.189	0.145	0.147	0.111	0.085	0.074	0.056	0.043	0
>180～250	0.294	0.222	0.170	0.173	0.130	0.100	0.087	0.065	0.050	0
>250～315	0.329	0.248	0.190	0.191	0.143	0.110	0.097	0.073	0.056	0
>315～400	0.364	0.274	0.210	0.217	0.163	0.125	0.107	0.081	0.062	0
>400～500	0.398	0.300	0.230	0.234	0.176	0.135	0.118	0.089	0.068	0
>500～630	0.450	0.339	0.260	0.251	0.189	0.145	0.132	0.099	0.076	0
>630～800	0.502	0.378	0.290	0.277	0.209	0.160	0.139	0.104	0.080	0
>800～1000	0.554	0.417	0.320	0.294	0.222	0.170	0.149	0.112	0.086	0

注：这些值与表 9-72 的公式配合使用。

加工公差：加工公差值可以通过从总公差（$T+\lambda$）中减去有效偏差 λ 得到。花键加工的设计要求或者特定工艺可根据总的公差大小来要求不同的加工公差总量。

27. 英国标准直齿花键

由于花键的广泛发展和使用以及渐开线花键使用的增多，必须提供一种单独的直边花键的标准，因此在这里介绍英国标准 BS 2059：1953“直边花键和锯边花键”。BS 2059 用于基孔制，孔作为恒定的元件，通过改变花键轴或者锯齿轴的尺寸获得不同的配合。标准的第一部分仅涉及不考虑轴的直径，具有两种称为浅和深的深度的 6 瓣花键，这种花键与顶端间隙形成底部配合。

标准包括基于花键根部轴的直径偏差并结合花键自身宽度的偏差的原则的三个不同等级的配合。配合 1 代表了最紧配合的状况设计用于最小游隙，配合2具有正的允差并设计用作容易的装配，配合3具有较大的正允差，用在可以接受这些间隙的应用中。所有的花键都考虑了花键侧面（宽度方向）间隙，但在配合1中，孔和轴的小径可能是同量的尺寸。

花键轴和孔的装配要求考虑每个元件的设计齿形，并且这些注意点应该集中在与孔的小径和内花键座宽度有关系的轴的大径和外花键的宽度上。换句话说，内外花键都处于最大金属实体条件。花键齿宽的精度会影响合成配合的质量。如果角位置错误，或者花键与轴不平行，则在孔和轴之间将产生干涉。

标准的第二部分涉及名义直径从0.25～6.0in的直边90°锯齿花键。依旧规定了三个等级的配合，基本恒定量为锯齿花键的孔尺寸。通过改变轴上锯齿的尺寸获得锯齿花键配合的变化，并且这些配合与侧面支撑相关，对于每个尺寸来说啮合长度为常量并且允许齿根和齿顶具有正间隙。

配合1是过盈配合用于固定或者半固定式的装配。装配时需要对具有内部齿的元件进行加热以使其膨胀。配合2是一种过渡配合用于要求有齿元件精确定位但可拆卸的装配。在最大金属实体条件下，可能会需要对外侧的元件进行加热处理。配合3是一种间隙配合或者滑动配合，用于一般性的应用场合。

不同配合类别的不同性质的最大和最小尺寸在标准中展示。最大金属实体条件假定诸如齿宽、对中或者孔和轴的圆度没有误差。对于这些误差需要的任何补偿可能都需要减少轴的直径或者增大锯齿孔的直径，但测量的有效尺寸必须落入规定的极限以内。

英国标准“渐开线花键”是对BS 2059的补充，对于大径配合和侧面配合来说，所有尺寸花键的基本尺寸与那些在ANSI/ASME B5.15-1960中的相同。英国标准使用相同的术语和符号并且用极限尺寸的表格提供了数据和30°压力角渐开线花键的设计指南。此标准也涉及了制造误差和它们对配对的花键单元配合的影响，花键覆盖的范围包括：

侧面配合，平齿根2.5/5.0～32/64节距，6～60个花键。

大径配合，平齿根3.0/6.0～16/32节距，6～60个花键。

侧面配合，圆齿根2.5/5.0～48/96节距，6～60个花键。

英国标准BS 6186，第一部分：1981“渐开线花键，米制模数，侧面配合”与ISO 4156的第一部分和第二部分以及ANSI B92.2M-1980（R1989）“圆柱直齿渐开线花键，米制模数，侧面配合的概述、尺寸和检验”一致。

28. 标准花键配合

SAE花键配合（见表9-77～表9-80）开始成为农业、汽车工业、机加工业和其他工业应用的行为规范，以in给出的尺寸仅用于软拉制孔，尺寸绘制于图9-35中。通过常用拉削方法可稳定地保持给出的公差。依据最终完成时组装元件间的配合是在大的还是在小的直径上来为大直径和小直径选择公差。其他为获得间隙设计的直径，可以具有最大制造公差。如果零件之间的最终配合仅是花键侧面的配合，对大直径和小直径允许使用更大的公差。花键和轴之间的平行度偏差不能超过0.006in/ft。圆角没有允差来获得间隙，花键边角的半径不能超过0.015in。

用于确定SAE标准花键尺寸的公式见表9-81。

表9-77 SAE标准4-花键配合

名义直径	所有配合				4A-永久配合					4B-无载荷滑动				
	D		W		d		h		T	d		h		T
	最小	最大	最小	最大	最小	最大	最小	最大		最小	最大	最小	最大	
3/4	0.749	0.750	0.179	0.181	0.636	0.637	0.055	0.056	78	0.561	0.562	0.093	0.094	123
7/8	0.874	0.875	0.209	0.211	0.743	0.744	0.065	0.066	107	0.655	0.656	0.108	0.109	167
1	0.999	1.000	0.239	0.241	0.849	0.850	0.074	0.075	139	0.749	0.750	0.124	0.125	219
1⅛	1.124	1.125	0.269	0.271	0.955	0.956	0.083	0.084	175	0.843	0.844	0.140	0.141	277
1¼	1.249	1.250	0.299	0.301	1.061	1.062	0.093	0.094	217	0.936	0.937	0.155	0.156	341
1⅜	1.374	1.375	0.329	0.331	1.168	1.169	0.102	0.103	262	1.030	1.031	0.171	0.172	414
1½	1.499	1.500	0.359	0.361	1.274	1.275	0.111	0.112	311	1.124	1.125	0.186	0.187	491
1⅝	1.624	1.625	0.389	0.391	1.380	1.381	0.121	0.122	367	1.218	1.219	0.202	0.203	577
1¾	1.749	1.750	0.420	0.422	1.486	1.487	0.130	0.131	424	1.311	1.312	0.218	0.219	670
2	1.998	2.000	0.479	0.482	1.698	1.700	0.148	0.150	555	1.498	1.500	0.248	0.250	875
2¼	2.248	2.250	0.539	0.542	1.910	1.912	0.167	0.169	703	1.685	1.687	0.279	0.281	1106
2½	2.498	2.500	0.599	0.602	2.123	2.125	0.185	0.187	865	1.873	1.875	0.310	0.312	1365
3	2.998	3.000	0.720	0.723	2.548	2.550	0.223	0.225	1249	2.248	2.250	0.373	0.375	1969

表 9-78　SAE 标准 6- 花键配合

名义直径	所有配合				6A- 永久配合			6B- 无载荷滑动			6C- 有载荷滑动		
	D		*W*		*d*		*T*	*d*		*T*	*d*		*T*
	最小	最大	最小	最大	最小	最大		最小	最大		最小	最大	
¾	0.749	0.750	0.186	0.188	0.674	0.675	80	0.637	0.638	117	0.599	0.600	152
⅞	0.874	0.875	0.217	0.219	0.787	0.788	109	0.743	0.744	159	0.699	0.700	207
1	0.999	1.000	0.248	0.250	0.899	0.900	143	0.849	0.850	208	0.799	0.800	270
1⅛	1.124	1.125	0.279	0.281	1.012	1.013	180	0.955	0.956	263	0.899	0.900	342
1¼	1.249	1.250	0.311	0.313	1.124	1.125	223	1.062	1.063	325	0.999	1.000	421
1⅜	1.374	1.375	0.342	0.344	1.237	1.238	269	1.168	1.169	393	1.099	1.100	510
1½	1.499	1.500	0.373	0.375	1.349	1.350	321	1.274	1.275	468	1.199	1.200	608
1⅝	1.624	1.625	0.404	0.406	1.462	1.463	376	1.380	1.381	550	1.299	1.300	713
1¾	1.749	1.750	0.436	0.438	1.574	1.575	436	1.487	1.488	637	1.399	1.400	827
2	1.998	2.000	0.497	0.500	1.798	1.800	570	1.698	1.700	833	1.598	1.600	1080
2¼	2.248	2.250	0.560	0.563	2.023	2.025	721	1.911	1.913	1052	1.798	1.800	1367
2½	2.498	2.500	0.622	0.625	2.248	2.250	891	2.123	2.125	1300	1.998	2.000	1688
3	2.998	3.000	0.747	0.750	2.698	2.700	1283	2.548	2.550	1873	2.398	2.400	2430

表 9-79　SAE 标准 10- 花键配合

名义直径	所有配合				10A- 永久配合			10B- 无载荷滑动			10C- 有载荷滑动		
	D		*W*		*d*		*T*	*d*		*T*	*d*		*T*
	最小	最大	最小	最大	最小	最大		最小	最大		最小	最大	
¾	0.749	0.750	0.115	0.117	0.682	0.683	120	0.644	0.645	183	0.607	0.608	241
⅞	0.874	0.875	0.135	0.137	0.795	0.796	165	0.752	0.753	248	0.708	0.709	329
1	0.999	1.000	0.154	0.156	0.909	0.910	215	0.859	0.860	326	0.809	0.810	430
1⅛	1.124	1.125	0.174	0.176	1.023	1.024	271	0.967	0.968	412	0.910	0.911	545
1¼	1.249	1.250	0.193	0.195	1.137	1.138	336	1.074	1.075	508	1.012	1.013	672
1⅜	1.374	1.375	0.213	0.215	1.250	1.251	406	1.182	1.183	614	1.113	1.114	813
1½	1.499	1.500	0.232	0.234	1.364	1.365	483	1.289	1.290	732	1.214	1.215	967
1⅝	1.624	1.625	0.252	0.254	1.478	1.479	566	1.397	1.398	860	1.315	1.316	1135
1¾	1.749	1.750	0.271	0.273	1.592	1.593	658	1.504	1.505	997	1.417	1.418	1316
2	1.998	2.000	0.309	0.312	1.818	1.820	860	1.718	1.720	1302	1.618	1.620	1720
2¼	2.248	2.250	0.348	0.351	2.046	2.048	1088	1.933	1.935	1647	1.821	1.823	2176
2½	2.498	2.500	0.387	0.390	2.273	2.275	1343	2.148	2.150	2034	2.023	2.025	2688
3	2.998	3.000	0.465	0.468	2.728	2.730	1934	2.578	2.580	2929	2.428	2.430	3869
3½	3.497	3.500	0.543	0.546	3.182	3.185	2632	3.007	3.010	3987	2.832	2.835	5266
4	3.997	4.000	0.621	0.624	3.637	3.640	3438	3.437	3.440	5208	3.237	3.240	6878
4½	4.497	4.500	0.699	0.702	4.092	4.095	4351	3.867	3.870	6591	3.642	3.645	8705
5	4.997	5.000	0.777	0.780	4.547	4.550	5371	4.297	4.300	8137	4.047	4.050	10746
5½	5.497	5.500	0.855	0.858	5.002	5.005	6500	4.727	4.730	9846	4.452	4.455	13003
6	5.997	6.000	0.933	0.936	5.457	5.460	7735	5.157	5.160	11718	4.857	4.860	15475

表 9-80　SAE 标准 16-花键配合

名义直径	所有配合				6A-永久配合			6B-无载荷滑动			6C-有载荷滑动		
	D		*W*		*d*		*T*	*d*		*T*	*d*		*T*
	最小	最大	最小	最大	最小	最大		最小	最大		最小	最大	
2	1.997	2.000	0.193	0.196	1.817	1.820	1375	1.717	1.720	2083	1.617	1.620	2751
2½	2.497	2.500	0.242	0.245	2.273	2.275	2149	2.147	2.150	3255	2.022	2.025	4299
3	2.997	3.000	0.291	0.294	2.727	2.730	3094	2.577	2.580	4687	2.427	2.430	6190
3½	3.497	3.500	0.340	0.343	3.182	3.185	4212	3.007	3.010	6378	2.832	2.835	8426
4	3.997	4.000	0.389	0.392	3.637	3.640	5501	3.437	3.440	8333	3.237	3.240	11005
4½	4.497	4.500	0.438	0.441	4.092	4.095	6962	3.867	3.870	10546	3.642	3.645	13928
5	4.997	5.000	0.487	0.490	4.547	4.550	8595	4.297	4.300	13020	4.047	4.050	17195
5½	5.497	5.500	0.536	0.539	5.002	5.005	10395	4.727	4.730	15754	4.452	4.455	20806
6	5.997	6.000	0.585	0.588	5.457	5.460	12377	5.157	5.160	18749	4.857	4.860	24760

注：花键配合的最大转矩：不同花键配合的最大转矩在“*T*”字头的列中给出，当 1000lb/in^2 的压力作用在花键侧面时，每英寸承载长度的最大转矩可以用下式确定：$T=1000NRh$，式中 T = 最大转矩；N = 花键数量；R = 平均半径或者孔至花键中心的径向距离；h = 花键高度。

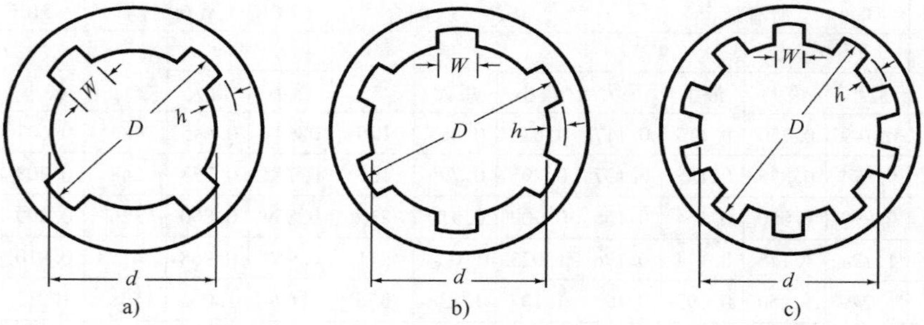

图 9-35　花键配合

a）4－花键配合　b）6－花键配合　c）10－花键配合

表 9-81　用于确定 SAE 标准花键尺寸的公式

花键数量	*W* 对于所有配合	A 固定式配合		B 无载荷滑动		C 有载荷滑动	
		h	*d*	*h*	*d*	*h*	*d*
4	0.241*D*	0.075*D*	0.850*D*	0.125*D*	0.750*D*	—	—
6	0.250*D*	0.050*D*	0.900*D*	0.075*D*	0.850*D*	0.100*D*	0.800*D*
10	0.156*D*	0.045*D*	0.910*D*	0.070*D*	0.860*D*	0.095*D*	0.810*D*
16	0.098*D*	0.045*D*	0.910*D*	0.070*D*	0.860*D*	0.095*D*	0.810*D*

29. 多边形类型轴连接

渐开线齿形和直边式花键都用于诸如轴和齿轮等机械元件间的固定和滑动连接。称其为多边形连接是因为它们与正多边形相像但是具有曲线的侧面，可以近似地使用。德国 DIN 的标准 32711 和 32712 包括了三边和四边米制多边形连接的数据。这些标准中展示了到 11 边尺寸的数据，但通过 Stoffel 多边形系统转换成英寸制的尺寸在表 9-82 中给出。

表 9-82 三边式和四边式多边形轴连接的尺寸

三边式设计图

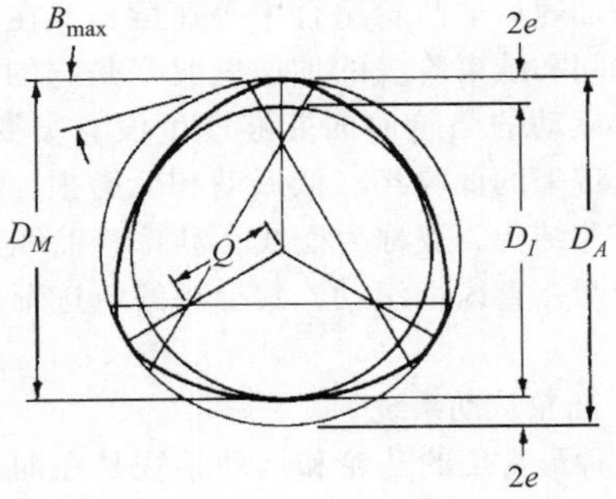

四边式设计图

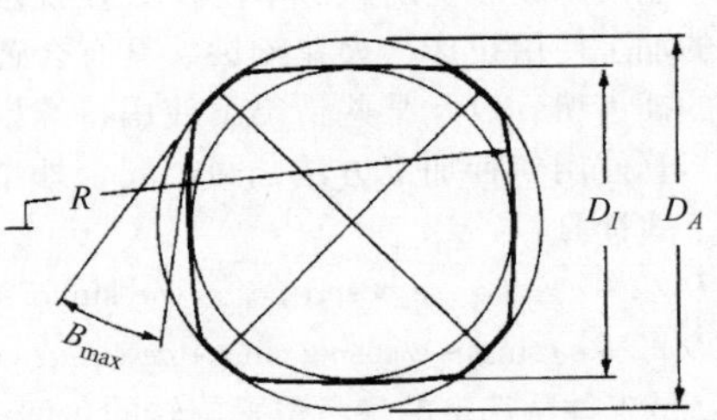

三边式设计					四边式设计				
名义尺寸			设计数据		名义尺寸			设计数据	
D_A/in	D_I/in	e/in	面积/in^2	Z_P/in^3	D_A/in	D_I/in	e/in	面积/in^2	Z_P/in^3
0.530	0.470	0.015	0.194	0.020	0.500	0.415	0.075	0.155	0.014
0.665	0.585	0.020	0.302	0.039	0.625	0.525	0.075	0.250	0.028
0.800	0.700	0.025	0.434	0.067	0.750	0.625	0.125	0.350	0.048
0.930	0.820	0.027	0.594	0.108	0.875	0.725	0.150	0.470	0.075
1.080	0.920	0.040	0.765	0.153	1.000	0.850	0.150	0.650	0.12
1.205	1.045	0.040	0.977	0.224	1.125	0.950	0.200	0.810	0.17
1.330	1.170	0.040	1.208	0.314	1.250	1.040	0.200	0.980	0.22
1.485	1.265	0.055	1.450	0.397	1.375	1.135	0.225	1.17	0.29
1.610	1.390	0.055	1.732	0.527	1.500	1.260	0.225	1.43	0.39
1.870	1.630	0.060	2.378	0.850	1.750	1.480	0.250	1.94	0.64
2.140	1.860	0.070	3.090	1.260	2.000	1.700	0.250	2.60	0.92

注：1. 图中的尺寸 Q 和 R 为近似值并且仅用作绘图：$Q \approx 7.5e$；$R \approx D_I/2 + 16e$。

2. 对于三边式，压力角 $B_{max} \approx 344e/D_M°$；对于四边式，压力角 $B_{max} \approx 299e/D_M°$，其中，$D_M = D_I + 2e$。

3. 公差：H7 的公差带用于孔尺寸，对于轴 g6 用于滑动配合，k7 用于紧密配合。

三边式和四边式设计的选择：三边式设计对于当传递转矩时配合元件之间没有相对运动的应用是最好的选择。如果承受转矩时，轮毂在轴上滑动，则具有比三边设计较大压力角 B_{max} 的四边的设计更适合于滑动配合，甚至移动滑动元件所需要的轴向力近似相较于渐开线花键连接大 50%。

多边形连接的强度，在以下公式中：

H_w 是轮毂宽度（in）；H_t = 轮毂壁厚（in）；

M_b 是弯矩（lb · in）；

M_t 是转矩（lb · in）；

Z 是截面模量，弯曲（in^3），对于三边式 = $0.098{D_M}^4/D_A$，对于四边式 = $0.15{D_I}^3$；

Z_P 是极截面模量，对于三边式 = $0.196D_M^4/D_A$，对于四边式 = $0.196{D_I}^3$；

S_b 是允许弯曲应力（lb/in^2）；

S_s 是允许剪切应力（lb/in^2）；

S_t 是允许拉应力（lb/in^2）；

对于轴：M_t(最大) $= S_s Z_P$；M_b(最大) $= S_b Z$

对于孔：

$$H_t\text{（最小）} = K\sqrt{\frac{M_t}{S_t H_w}}$$

式中，三边式的 $K = 1.44$，除了 D_M 大于 1.375in 的情况外，此时 $K = 1.2$；对于四边式，$K = 0.7$。

如果在轮毂上的环向应力超过了使用材料的允许拉应力，则失效发生在多边形连接的轮毂上。径向力具有使边缘扩大的趋势，产生用下式计算的拉应力：

$$\text{径向力(lb)} = \frac{2M_t}{D_I n \tan(B_{max} + 11.3)}$$

作用在 n 个点上的径向力使用材料强度的公式可以用于计算轮毂壁上的拉应力。

加工：多边形的轴形可使用传统的加工工艺诸如滚铣、刨削、成形铣削、仿车以及数控铣削和磨削。孔的加工使用拉床、火花刻蚀、具有合适外形滚切刀的插齿机，以及某些情况下使用特殊设计的内磨。不管使用何种加工方法，两个配合外型上的点可用下式计算：

$$X=(D_I/2+e)\cos\alpha-e\cos n\alpha\cos\alpha-ne\sin n\alpha\sin\alpha$$

$$Y=(D_I/2+e)\sin\alpha-e\cos n\alpha\sin\alpha+ne\sin n\alpha\cos\alpha$$

式中，α 是工件从选定的参考位置旋转的角度；n 是多边形的边数，是 3 或是 4；D_I 是表 9-82 中图形上内切圆的直径；e 是表 9-82 中图形上的尺寸用于特殊多边磨床的设置，e 的值确定了轮廓形状的尺寸。例如 0 会产生一个直径为 D_I 的圆轴，表 9-82 中的 e 值任意选定以便为显示的尺寸提供合适的比例。

9.9 凸轮和凸轮设计

1. 凸轮的类别

凸轮通常分为两类：匀速运动凸轮和加速形凸轮。匀速运动凸轮在行程的起始阶段均以相同的速率移动从动件，但当此运动从静止到设定的均匀速度以及停止阶段，也是采用相同的突变方式，如果运动非常迅速的话，在行程的开始和结束阶段存在明显的冲击。因此，对于高速运转的机械零件，凸轮的构造应避免运动开始或者从动件的运动换向阶段的突然冲击是很重要的。

匀加速运动凸轮适合中等速度，但在行程的启动、中间和结束阶段的加速度突变是它的缺点。一个摆线运动的凸轮曲面能够产生没有突变加速度，由于其带来的低噪声、低振动和低磨损，所以经常用于高速结构。被称为摆线运动位移曲线是因为它由一个圆在直线上滚动，其上点的轨迹形成的摆线产生。

2. 凸轮从动系统

三种最常用的凸轮和从动系统是径向和偏置直动滚子从动系统，以及摆动滚子从动件。当凸轮旋转时，它将直线运动给予图 9-36a 和图 9-36b 所示的滚子从动件，以及摆动运动给予图 9-36c 所示的滚子从动件。当从动件的运动由凸轮的形状确定，在位移图上以下部分解释了如何获得一个需要的运动以便凸轮可以高速无冲击的旋转。

图 9-36 的布置展示了开放轨道凸轮，图 9-37 中滚子被限定在封闭的轨道内移动。通常开式轨道比闭式轨道凸轮构造小，弹簧是确保滚子与凸轮时刻接触的必须部件。闭式凸轮不需要弹簧并且在整个升降阶段都具有正传动的优点。当损坏的弹簧会导致机械严重损害时有时需要正传动。

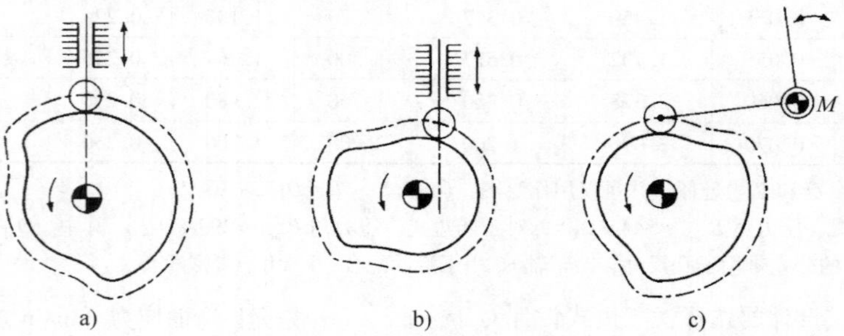

图 9-36 滚子从动件

a）对心直动滚子从动件 b）偏置直动滚子从动件 c）摆动滚子从动件

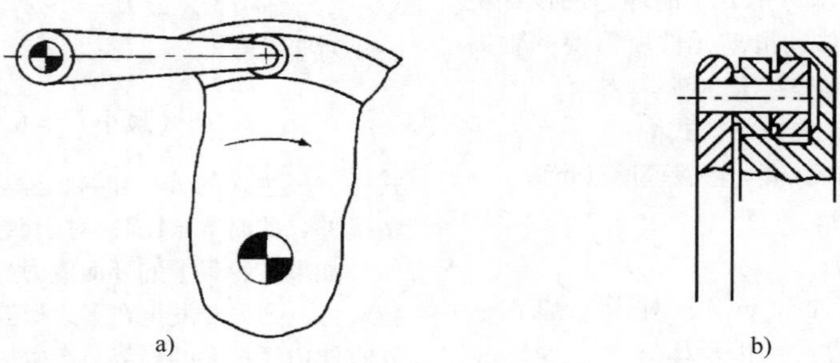

图 9-37 封闭式针道

a）封闭式三角针道 b）双滚子封闭式针道

3. 位移曲线

位移曲线是凸轮设计的开始，简化位移曲线如图 9-38 所示。一个工周的含义是凸轮完整的一转，一个工周代表 360°。水平距离 T_1、T_2、T_3、T_4 以时间为单位（s），或者弧度或者度。垂直距离 h 代表最大升程或者从动件的行程。

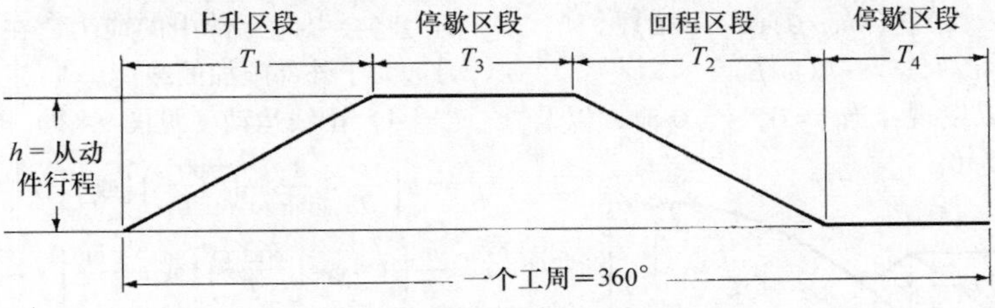

图 9-38 简化位移曲线

图 9-38 所示的位移曲线不是令人满意的曲线，因为从停止（水平线）到匀速的运动瞬间发生，这就意味着在转换点的加速度无限大。

凸轮位移曲线的类型：移动从动件可获得各种不同的位移曲线。后文中仅研究整个时间位移曲线中的升程部分，回程部分可用相同的方法分析。复合凸轮涉及一系列的升－停－降区间，很少使用，在其中升程和回程相当的不同。为了分析凸轮的作用必须研究其时间位移以及对应的速度与加速度曲线。

后者是基于描述时间位移曲线等式的第一阶和第二阶时间导数。

$$y = 位移 = f(t) 或 y = f(\phi)$$

$$v = \frac{dy}{dt} = 速度 = \omega \frac{dy}{d\phi}$$

$$a = \frac{d^2y}{dt^2} = 加速度 = \omega^2 \frac{d^2y}{d\phi^2}$$

符号的含义如下：

y 是从动件位移（in 或 m）；

h 是从动件最大位移（in 或 m）；

t 是凸轮旋转角度 ϕ 的时间（s）$=\phi/\omega$；

T 是凸轮旋转角度 β 的时间（s）$=\beta/\omega$，或 $\beta/6N$；

ϕ 是让从动件产生位移 y 的凸轮旋转角度（°）；

β 是获得总上升高度 h 凸轮旋转的角度（°）；

v 是从动件速度（in/s 或 m/s）；

a 是从动件加速度（in/s² 或 m/s²）；

$t/T = \phi/\beta$；

N 是凸轮速度（r/min）；

ω 是凸轮角速度（°/s）$= \beta/T = \varphi/t = d\phi/dt = 6N$；

ω_R 是凸轮角速度（rad/s）$= \pi\omega/180$；

W 是有效质量（lb 或 kg）；

g 是万有引力常数 $=386in/s^2$（$9.81m/s^2$）；

$f(t)$是时间 t 的函数；

$f(\phi)$是角度 ϕ 的函数；

R_{min}是凸轮廓线的最小半径（in 或 m）；

R_{max}是凸轮廓线的最大半径（in 或 m）；

r_f 是凸轮从动滚子半径（in 或 m）；

ρ 是凸轮廓线的曲率半径（滚子从动件中心的轨迹）（in 或 m）；

R_c 是实际凸轮表面的曲率半径（in 或 m）对于凹面 $=\rho - r_f$，对于凸面 $=\rho + r_f$。

在凸轮设计中最常使用四种位移曲线：

1）匀速运动（见图 9-39）。

$$y = h\frac{t}{T} 或 y = \frac{h\phi}{\beta}$$

$$v = \frac{dy}{dt} = \frac{h}{T} 或 v = \frac{h\omega}{\beta} \quad 0 < t < T$$

$$a = \frac{d^2y}{dt^2} = 0$$

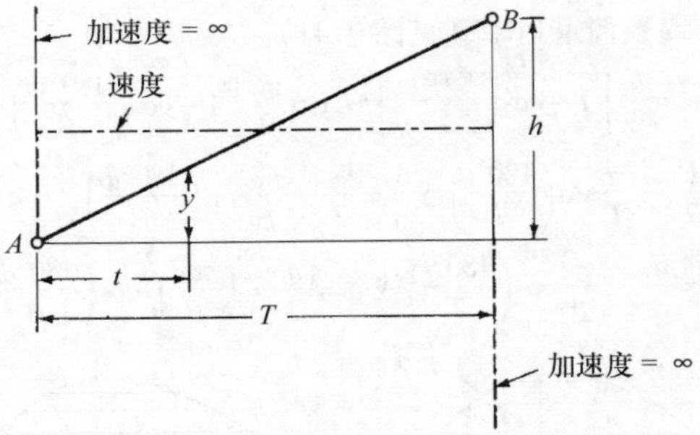

图 9-39 匀速运动凸轮的位移、速度和加速度曲线

这种运动及其优点前面已经提及，除了一些非常粗笨的设备外未修正的外形很少使用。尽管如此，匀速的优点是一种很重要的特点，通过修正这种凸轮从动件行程的开始和结束段就能使用了。

2）抛物线运动（见图 9-40）。

$$0 \leqslant t \leqslant T/2 \quad 且 \quad 0 \leqslant \phi \leqslant \beta/2$$

$$y = 2h(t/T)^2 = 2h(\phi/\beta)^2$$

$$v = 4ht/T^2 = 4h\omega\phi/\beta^2$$

$$a=4h/T^2=4h(\omega/\beta)^2$$

$$T/2\leqslant t\leqslant T \quad 且 \quad \beta/2\leqslant\phi\leqslant\beta$$

$$y=h[1-2(1-t/T)^2]=h[1-2(1-\phi/\beta)^2]$$

$$v=4h/T(1-t/T)=(4h\omega/\beta)(1-\phi/\beta)$$

$$a=-4h/T^2=-4h(\omega/\beta)^2$$

由上述公式可以发现：当 $t=0$，$y=0$ 时，以及 $t=T$，$y=h$ 时速度为0。

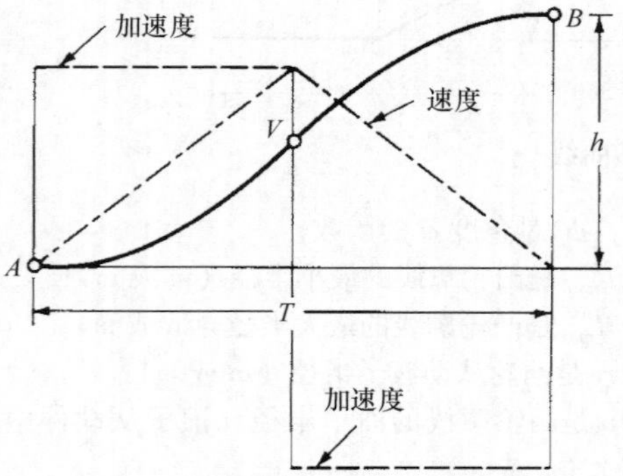

图 9-40　抛物线运动凸轮的位移、速度和加速度曲线

此曲线最重要的优点就是对于一个给定的旋转和上升的角度只产生最小的可能加速度。然而，因为在行程起动、中间和结束阶段加速度的突然变化，仍然会产生冲击。如果从动件体统为完美的无游隙、无弹性刚性系统，则上述影响就基本无意义了，但这种系统在机械上是无法实现的，且在每个这样的转换点都会产生一定的冲撞。

3）简谐运动（见图 9-41）。

$$y=\frac{h}{2}\left[1-\cos\left(\frac{180°t}{T}\right)\right]或y=\frac{h}{2}\left[1-\cos\left(\frac{180°\phi}{\beta}\right)\right]$$

$$v=\frac{h}{2}\cdot\frac{\pi}{T}\sin\left(\frac{180°t}{T}\right)或v=\frac{h}{2}\cdot\frac{\pi\omega}{\beta}\sin\left(\frac{180°\phi}{\beta}\right)\quad 0<t<T$$

$$a=\frac{h}{2}\cdot\frac{\pi^2}{T^2}\cos\left(\frac{180°t}{T}\right)或a=\frac{h}{2}\cdot\left(\frac{\pi\omega}{\beta}\right)^2\cos\left(\frac{180°\phi}{\beta}\right)$$

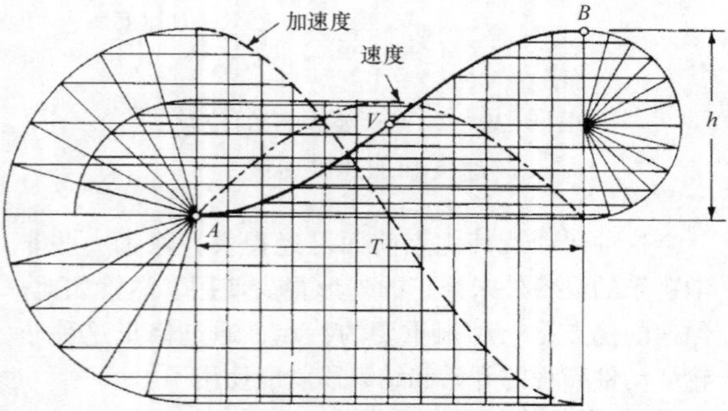

图 9-41　简谐运动凸轮的位移、速度和加速度曲线

在整个行程中具有平稳的速度和加速度是这种曲线的内在特质。但是，在行程开始和结束区段加速度的瞬间变化会导致振动、噪声和磨损。从图 9-41 中可见，最大加速度的值发生在行程结束的点。因此，如果从动件要克服惯性载荷，由此产生的力将会引起元件中的应力。在很多情况下，这个力远大于外部施加的载荷。

4）摆线运动（见图 9-42）。

$$y=h\left[\frac{t}{T}-\frac{1}{2\pi}\sin\left(\frac{360°t}{T}\right)\right]或y=h\left[\frac{\phi}{\beta}-\frac{1}{2\pi}\sin\left(\frac{360°\phi}{\beta}\right)\right]$$

$$v=\frac{h}{T}\left[1-\cos\left(\frac{360°t}{T}\right)\right]或v=\frac{h\omega}{\beta}\left[1-\cos\left(\frac{360°\phi}{\beta}\right)\right]\quad 0\leqslant t\leqslant T$$

$$a=\frac{2\pi h}{T^2}\sin\left(\frac{360°t}{T}\right)或a=\frac{2\pi h\omega^2}{\beta^2}\sin\left(\frac{360°\phi}{\beta}\right)$$

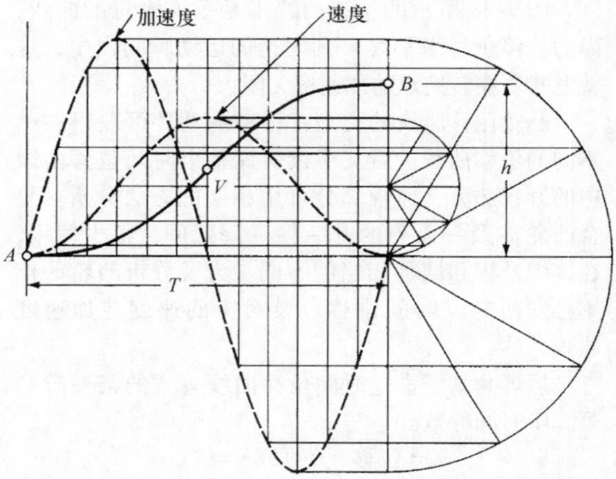

图 9-42　摆线运动凸轮的位移、速度和加速度曲线

时间位移曲线具有优良的加速特性，与其相关的加速度曲线中没有突然的变化。对给定升程和时间的从动件其加速度的最大值比简谐运动的加速度值要大一些。尽管如此，由于其带来的低噪声、低振动和低磨损，摆线经常用作高速机械中凸轮设计的基础。

4. 位移曲线的合成

图 9-38 中所示的直线图具有匀速运动的重要优势，非常适合用于许多基于此图的凸轮。为了避免行程开始与结束区段的冲撞，在这些点引进了修正。有许多可行的不同类型的修正，范围从简单的一个曲线圆弧到更复杂的曲线。用于此目的的一种更好的曲线就是抛物线曲线。由导出的时间曲线可以看出，此曲线导致从动件以速度 0 开始一个行程，但具有一个恒加速度。不得不接受加速度存在的必然，但必须采取措施保证其最小。

匹配匀速和抛物线运动曲线：将抛物线曲线匹配到直线凸轮位移曲线的开始和结束区段能够将加速度由无限大减少到有限的恒定值以避免冲击载荷，如图 9-43 所示，对于任意抛物线，其顶点在 O 点，

曲线在 P 点的正切与线 OQ 的中点相交，这就意味着在 P 点的正切代表了从动件在如图 9-43 所示时间 x_0 的速度。由于正切也表示从动件的速度超过行程中的恒速部分，所以从静止到最大速度就伴随着平稳的转变。

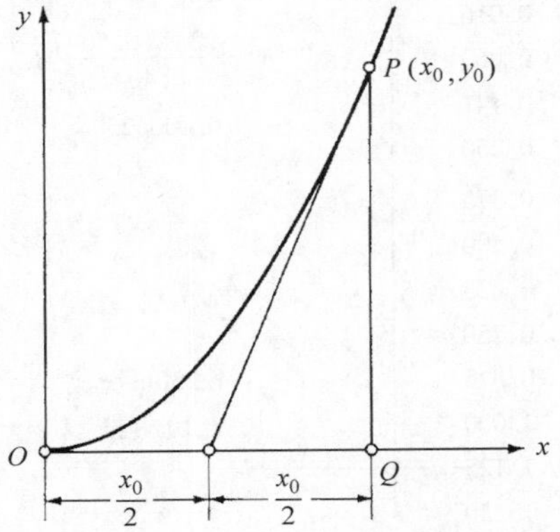

图 9-43　当曲线为抛物线时，在 P 点平分 OQ 的切线

示例：一个凸轮从动件以恒定加速度升高 1/4in，恒定速度升高 1¼in，转过 50°角，然后恒定减速 1/2in。

在图 9-44 中展示了三个上升的距离，$y_1 = 1/4$in，$y_2 = 1\frac{1}{4}$in，$y_3 = \frac{1}{2}$in，并且垂直绘制。接着，量出与 50°角成比例的任意水平距离 ϕ_2，并确定 A、B 两点位置。直线 AB 延伸到 M_1 和 M_2。通过图 9-43 中绘制在点（$x_0/2$，0）与横轴相交抛物线的切线，其中 X_0 是正切点的横坐标，可以用分析的方法求出 $\phi_1 = 20°$和 $\phi_3 = 40°$两个值。

$$\frac{M_1E}{\phi_2} = \frac{y_1}{y_2} \quad \frac{\frac{1}{2}\phi_1}{50°} = \frac{0.25}{1.25} \quad 则\ \phi_1 = 20°$$

$$\frac{FM_2}{\phi_2} = \frac{y_3}{y_2} \quad \frac{\frac{1}{2}\phi_3}{50°} = \frac{0.50}{1.25} \quad 则\ \phi_3 = 40°$$

在图 9-44 中，抛物线的各部分被压缩，具体的操作细节如下：

假设要求接近 1‰in 的精度，并且确定在凸轮旋转的每 5°绘制一个值。

抛物线上加速部分的公式为

$$y = \frac{2h}{T^2}t^2 = 2h\left(\frac{\phi}{\beta}\right)^2 \qquad (9\text{-}73)$$

此例中涉及两个不同的抛物线：一个是当凸轮旋转 20°时从动件的加速阶段；另一个是凸轮旋转到 40°时减速阶段，这两个抛物线正切的端点与直线 AB 呈相对方向。

在图 9-44 中，仅有一个完整的加速-减速抛物线曲线第一个一半用来将直线 AB 的左侧进行弯曲，因此，在使用式（9-73）时，用 $2y_1$ 代替 h，用 $2\phi_1$ 代替 β，于是

$$y = \frac{2h\phi^2}{\beta^2} = \frac{(2)(2y_1)}{(2\phi_1)^2}\phi^2$$

对于直线 AB 的右侧，计算过程类似，但是，使用式（9-73）时，计算 y 的值需要从凸轮总的上升量（$y_1 + y_2 + y_3$）减去以获得从动件的位移。

表 9-83 展示了凸轮位移曲线描述的计算过程和结果，计算结果以细节展示，这样如果等式在计算机中进行编程处理，就很容易验证结果。显然，绘制直线不需要中间的点，但当凸轮轮廓线将在随后绘制或者切割，由于需要在径线上测量就需要中间点的值。

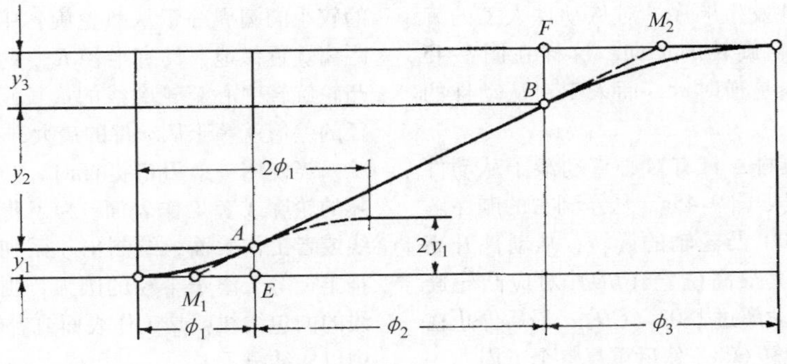

图 9-44　在直线位移曲线 AB 的每个端点用抛物线拟合来提供更合意的加速度和减速度

当使用摆线运动的匹配流程与抛物线运动的完全一致，因为对于相同的升程（或回程）和提升角（返程角）来说，抛物线和摆线运动具有相同的最大速度。

5. 凸轮轮廓的确定

在凸轮的构造中伴随着使用了一个称为逆向的人工策略，它代表了一种在实现图形化的工作中非常有帮助的思想概念。凸轮轮廓的构造要求绘制凸

轮和从动件在每个情况下相对位置关系的很多位置。然而，不是通过转动凸轮，而是假设从动件绕着固定的凸轮旋转，它要求绘制很多从动件的位置，但由于或多或少通过图像化来实现，所以相当的简单。

表 9-83 用抛物线匹配法修正匀速凸轮的展开

升角	ϕ（°）	计算	从动件位移 y	解释
	0	0	0	
	5	0.000625×5^2	0.016	$\beta=40°$，$h=0.500$
$\phi_1=20°$	10	0.000625×10^2	0.063	$y=\dfrac{(2)\ (0.500)}{(40)^2}\phi^2$
	15	0.000625×15^2	0.141	
	20	0.000625×20^2	0.250	$=0.000625\phi^2$
	25		0.375	
	30		0.500	
	35		0.625	
	40		0.750	
$\phi_2=50°$	45		0.875	1.250in 分成
	50		1.000	10 等份
	55		1.125	
	60		1.250	
	65		1.375	
	70		1.500	
	75	$2.000-(0.0003125\times35^2)$	1.617	
	80	$2.000-(0.0003125\times30^2)$	1.719	
	85	$2.000-(0.0003125\times25^2)$	1.805	$\beta=80°$，$h=1.000$
$\phi_3=40°$	90	$2.000-(0.0003125\times20^2)$	1.875	$y=2-\dfrac{(2)\ (1.000)}{(80°)^2}(110°-\phi)^2$
	95	$2.000-(0.0003125\times15^2)$	1.930	
	100	$2.000-(0.0003125\times10^2)$	1.969	$=2-0.0003125\ (110°-\phi)^2$
	105	$2.000-(0.0003125\times5^2)$	1.992	①
	110	$2.000-(0.0003125\times0^2)$	2.000	

① 由于抛物线凸轮的减速部分和加速部分具有相同的外形，只是反向了。对于 β 角，用式（9-73）通过从 h 中减去 $2y_3$ 计算 y。将结果从总升程中减去以获得从动件的位移。

作为逆向过程的一部分，旋转方向非常重要，为了保持正确的事件发生顺序，对从动件人工的旋转必须是规定的凸轮旋转的反向。这样在图 9-45 中，凸轮的旋转方向是逆时针，而人工对从动件的旋转是顺时针。

对心直动滚子挺杆：具有对心直动滚子从动件凸轮的时间位移曲线如图 9-45a。从左到右的顺序解析图形如下：对应 100°凸轮轴的旋转，从动件升高 h in（AB），停留在其最高位置（BC）对应凸轮旋转 20°，回程凸轮转动超过 180°（CD），最后停止在其最低位置，凸轮旋转 60°。然后重复整个工周。

图 9-45b 中用点画线绘制的凸轮轮廓线展示了凸轮构造的设计。为了确定曲线上点的位置，在位移曲线上取一个点，比如在 60°位置对应的 6′，然后将其水平投射到凸轮构造图中的 0°位置得到 6″点。利用凸轮旋转的中心到 6″点为半径绘制圆弧，在 60°位置的径向线上截出一点，就获得了凸轮轮廓线的 6‴点。可以看出，凸轮结构布局图上具有 R_{min} 半径的较小的圆周等于从凸轮旋转中心至轮廓线的最短距离。近似地，具有半径 R_{max} 的较大的圆周等于从凸轮旋转中心至轮廓线的最长距离。这两个圆周半径的差值就等于从动件的最大升程高度 h。

当使用一个刃口挺杆时，凸轮的轮廓线也是实际的轮廓或者工作表面。为了得到滚子挺杆的轮廓线或者工作表面，绘制出一系列的中心在轮廓线上且半径等于滚子半径的圆弧，则与这些圆弧相切切线的内包络线就是工作表面或者轮廓线，在图 9-45b 中以实线显示。

凸轮磨削：用于汽油和柴油机进气和排气阀的凸轮是通过磨削获得正确外形的。磨削可以在常规的外圆磨床上通过合适的凸轮磨削附件完成。磨削凸轮的常用方法是将旋转的凸轮或者凸轮轴安装好，它通过一个主凸轮向磨轮移动，这种移动导致凸轮被磨削到需要的外形或形状。主凸轮与传递运动到工件夹持机构的滚子啮合。很明显，凸轮磨削首先涉及主凸轮的生成，由于这些必须做出不同形状的凸轮来适合每种不同的磨削。在现代的 CNC 凸轮磨削机床上，下载的主凸轮数据替代了过去手工加工所需的“硬”凸轮。

偏心直动滚子挺杆：图 9-46a 给出了时间位移曲线和偏心挺杆。此情况下凸轮的构造与前述的状况非常类似，如图 9-46b 所示。在此构造中需要注意的是角度位置线不是从凸轮轴心处径向绘制而是正切于半径等于凸轮挺杆中心线偏离凸轮轴心的距离的圆。

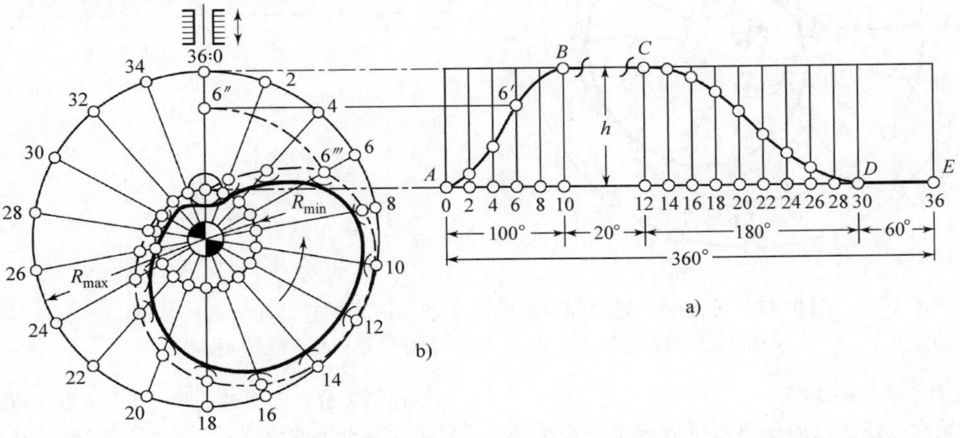

图 9-45　设计的凸轮时间位移曲线和对心直动滚子挺杆凸轮轮廓的构造

a）设计的凸轮时间位移曲线　b）对心直动滚子挺杆凸轮轮廓的构造

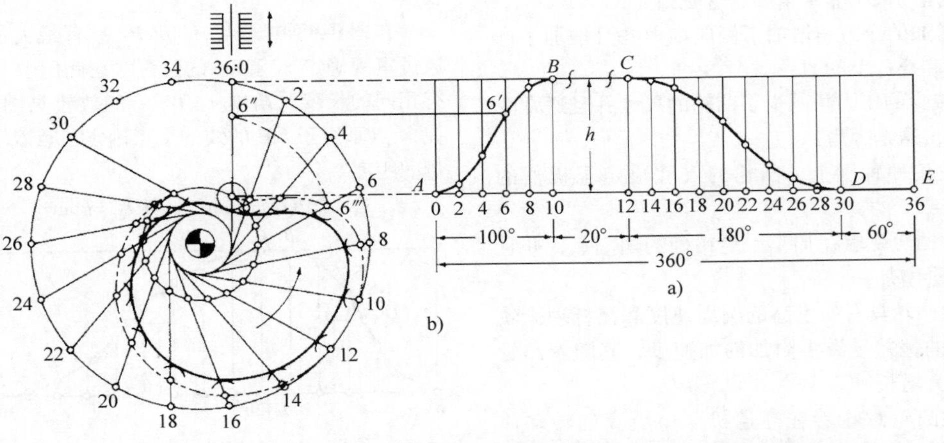

图 9-46　设计的时间位移曲线和偏心直动滚子挺杆凸轮轮廓的构造

a）设计的时间位移曲线　b）偏心直动滚子挺杆凸轮轮廓的构造

摆动滚子摇杆：图 9-47a 给出了时间位移曲线以及摆动摇杆臂的长度 L_f，要求摇杆中心的位移沿着等于时间位移曲线中的对应位移的圆弧。如果 ϕ_0 已知，图 9-47a 中的位移 h 可用公式 $h=\pi\phi_0 L_f/180°$ 求出，否则摇杆的最大升程 h 通过以 R_{min} 半径圆上的一点为起点且以 M 为中心绘制的圆弧步测出来。点 M 是摇杆相对于凸轮轴中心旋转中心的实际位置。凸轮的旋转也要求是逆时针，这样 M 就被认为具有了顺时针绕凸轮中心的旋转。通过以上方式得到如图 9-47b 所示的 2、4、6 等点。绕着 2、4、6 等每一个旋转点，在 R_{min} 和 R_{max} 半径圆之间绘制半径等于 L_f 的圆弧得到 2′、4′、6′等点。中心位于凸轮轴中心经过滚子摆杆中心最低位置绘制的 R_{min} 半径圆以及经过最高位置绘制的 R_{max} 半径圆如图 9-47 所示。现在，在啮合曲线上的不同点的位置都被确定了。例如点 6‴通过将位移曲线上的 y_6 坐标在 R_{min} 半径圆开始的 6′圆弧上步测出来。

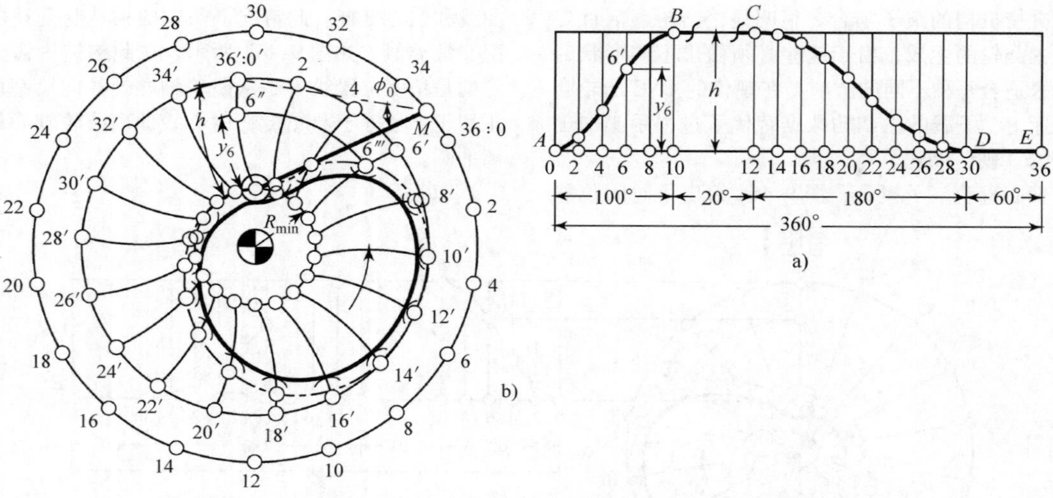

图 9-47 设计的凸轮时间位移曲线和摆动滚子摇杆凸轮轮廓的构造

a）设计的凸轮时间位移曲线 b）摆动滚子摇杆凸轮轮廓的构造

6. 压力角和曲率半径

凸轮轮廓上任一点的压力角可以定义为在某一点上摇杆试图靠近而凸轮试图推出方向之间的角度。它是在凸轮和滚子接触点上摇杆运动轨迹的切线和垂直于凸轮轮廓切线的直线间的角度。

压力角的大小非常重要，这是因为：

1）增加的压力角增加了侧向推力并且增加了产生在凸轮和摇杆上的力。

2）减少的压力角减少了凸轮的尺寸并且通常令人不满意，这是因为：

① 在某种程度上，凸轮的尺寸决定了机器的尺寸。

② 大凸轮要求在加工中更精确的切削点，并且因此成本会增加。

③ 大凸轮具有的更高的圆周速度和摇杆理论轨迹之间小的偏差导致了附加的加速度，其随着凸轮尺寸的平方增长。

④ 大凸轮意味着在高速机床中更高的转动质量，这会导致机床中振动的增加。

⑤ 大凸轮的惯量可能会干扰快速的启停。

一般地，对于直动式挺杆最大压力角应保持在30°之下，摆动式摇杆保持在45°以下。这些值都较保守，在很多情况下可能大幅增加，但超过这些极限可能会产生麻烦，因此必须进行针对性的分析。

在下文中，通过一个在升程和返程具有规定的最大压力角可以设计成直动滚子挺杆或摆动滚子摇杆的凸轮机构描述了图解法。

7. 对心或偏心直动挺杆凸轮尺寸和确定

图 9-48 所示为时间位移曲线，最大位移做了合适的比例缩放，而横轴的长度 L，可以任意确定，测量了 0°～360°的距离 L，令其等于 $2\pi k$，其中

$$k=\frac{L}{2\pi}$$

计算出 k 的值并展开为图 9-49 中 E 到 M 的长度。

在图 9-48 中，点 P_1 和 P_2 具有最大的坡度角，通过审视确定 τ_1 和 τ_2 的位置，在此例中 y_1 和 y_2 具有相同的长度。角度 τ_1 和 τ_2 的放置见图 9-49，与在 M 点垂直于 EM 的线的交点确定了点 Q_1 和 Q_2，测量的距离

$$MQ_1=k\tan\tau_1,\quad MQ_2=k\tan\tau_2$$

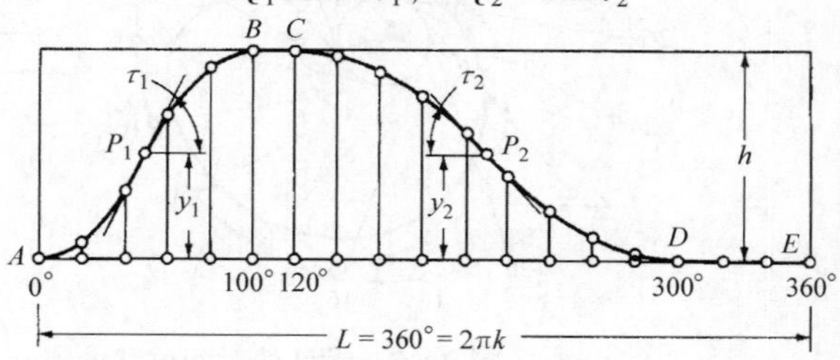

图 9-48 位移曲线

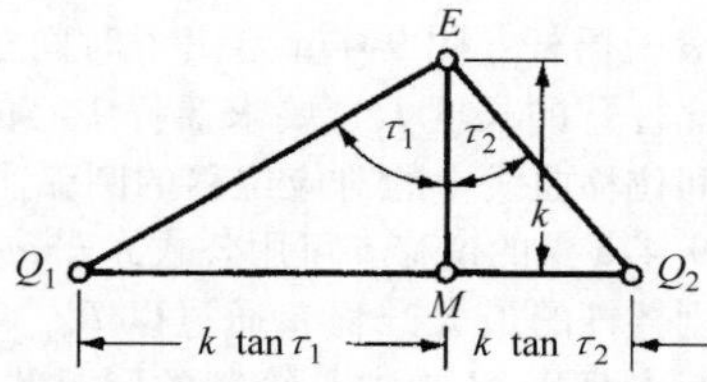

图 9-49 求取 $k\tan\tau_1$ 和 $k\tan\tau_2$ 的构造

被布置在如图 9-50 所示位置，它是按照如下方

法构造的：

绘制一条垂直的长度 h 等于滚子从动件的行程的直线 R_uR_o，R_u 是滚子从动件中心的最低位置，R_o 是最高位置。从 R_u 构造线 $R_uR_{y_1}=y_1$ 和 $R_uR_{y_2}=y_2$，本例中它们的长度相等。接着，如果凸轮的旋转方向为逆时针，则分别将 $k\tan\tau_1$ 布置在点 R_{y_1} 和 R_{y_2} 的左侧，$k\tan\tau_2$ 放置在点的右侧。在此情况下，点 R_{y_1} 和 R_{y_2} 为相同的点。

规定的最大压力角 α_1 放置在如图 9-50 所示的 E_1 处，就确定了一个射线（线段）E_1F_1。在此射线上任意选作凸轮轴的中心点将与凸轮成比例，于是对应于位移曲线上点 P_1 在凸轮轮廓线上某一点的压力角就是 α_1。

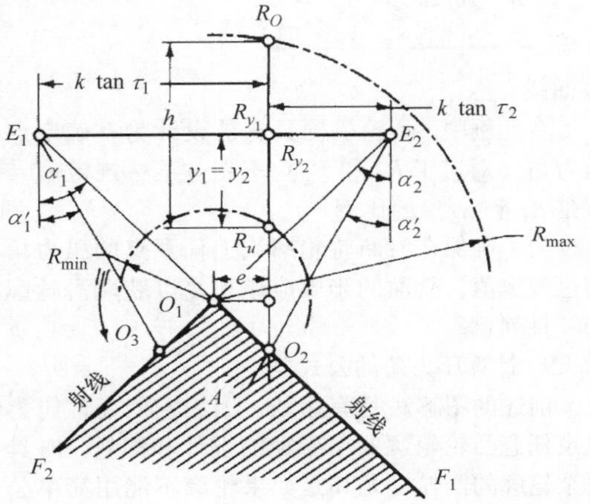

图 9-50　求取凸轮比例，偏心直动挺杆

压力角 α_2 放置在如图 9-50 所示的 E_2 处，确定了另外一条射线，相同的在此射线上选择任意的点作为凸轮轴的中心将会与凸轮成比例，这样对应于位移曲线上点 P_2 的在凸轮轮廓线上某一点的压力角就是 α_2。

在剖面线内选择的任意点 A 作为凸轮中心将会产生一个在对应 P_1 和 P_2 的点的压力角不会分别超过规定压力角 α_1 和 α_2 的凸轮。如果选择 O_1 作为凸轮轴中心，凸轮轮廓线上对应点 P_1 和 P_2 的压力角分别为确定的 α_1 和 α_2。针对给定要求和要求偏心从动件的偏心距为 e，对点 O_1 的选择也会产生最小可能的凸轮。

如果选择 O_2 作为凸轮轴中心，就得到一个对心直动挺杆（无偏心）。在此情况下，对于升程来说压力角 α_1 不会改变，而返程的压力角由 α_2 变为 α_2'，也就是说，在点 P_2 回程压力角减少了。如果选择点 O_3，则压力角 α_2 保持不变，但 α_1 将会减少并且偏心距 e 会增加。

图 9-51 显示了当根据图 9-50 选定点 O_1 作为凸轮轴心凸轮的形状，并且可见对应点 P_1 的凸轮轮廓线上一点的压力角是 α_1，以及对应点 P_1 的压力角是 α_2。

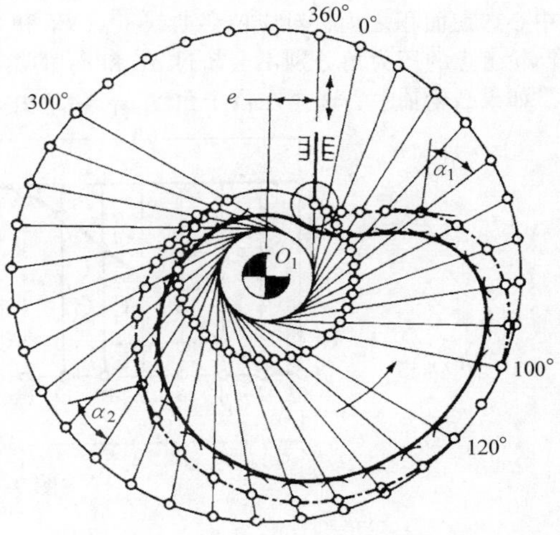

图 9-51　凸轮外形的构造，偏心直动挺杆

如前所述，凸轮机构具有凸轮上点的压力角 α_1 和 α_2 由对应点 P_1 和 P_2 获得的比例，甚至 P_1 和 P_2 是位移曲线上具有最大坡度的点，产生在实际凸轮其他点上的压力角也仅稍微变大。

然而，如果在任一点的压力角都不会超过 α_1 和 α_2，也就是说，它们是最大压力角，那么选择的点 P_1 和 P_2 必须位于最大压力角产生的位置。如果这些位置不知道，那么必须重复所述的图解步骤，令 P_1 取升程曲线上（AB）的不同位置，以及 P_2 取返程曲线上（CD）的不同位置，接着设定 R_{min} 等于经由不同位置确定的最大值。

8. 摆动滚子摇杆凸轮尺寸的确定

具有摆动滚子摇杆凸轮的比例在按照与直动挺杆相同步骤选定点具有特殊的压力角。

例：给出滚子沿其圆弧的位移曲线如图 9-52 所示，图中 $h=1.95$in，上升和下降的周期分别为 $\beta_1=160°$ 和 $\beta_2=120°$，摆动摇杆臂长 $L_f=3.52$in，旋转凸轮离开转动点 M。压力角 $\alpha_1=\alpha_2=45°$（对应于位移曲线上的点 P_1 和 P_2），求取凸轮比例。

解：如前例的图 9-49，确定距离 $k\tan\tau_1$ 和 $k\tan\tau_2$，在图 9-53 中，通过使沿着圆弧 R_uR_o 的距离 $R_uR_{y_1}=y_1$ 确定 R_{y_1}，且通过使沿着圆弧 R_uR_o 的距离 $R_uR_{y_2}=y_2$ 确定 R_{y_2}。圆弧 $R_uR_o=h$，并且 R_u 指出了摆动摇杆中心的最低位置，R_o 指出了摆动摇杆中心的最高位置。

由于凸轮（如凸轮的表面当其通过滚子从动件下方时）旋转外离转动点 M 时，$k\tan\tau_1$ 放置在远离 M 的地方，也就从 R_{y_1} 到 E_1，并且 $k\tan\tau_2$ 放置在朝

向 M 点的位置，从 R_{y_2} 到 E_2。在 E_1 点的角度 α_1 确定了一根射线，在点 E_2 点的角度 α_2 确定了另一根射线。二者包含的面积 A 具有以下性质，即如果凸轮中心选在面积之内，对应位移曲线上点 P_1 和 P_2 的凸轮上点的压力角分别不会超过 α_1 和 α_2 的给定值。如果凸轮轴中心选择在位于角度 $\alpha_1=45°$ 由 E_1 引出的射线上，对应点 P_1 的轮廓线上的压力角 α_1 就正好为45°，如果选择的中心在由 E_2 引出的射线上，对应点 P_2 的轮廓线上的压力角 α_2 也正好为45°。如果其他的点，例如 O_2 被选作凸轮轴的中心，对应于点 P_1 的压力角将变为 α_1'，并且对应于点 P_2 的压力角为 α_2。

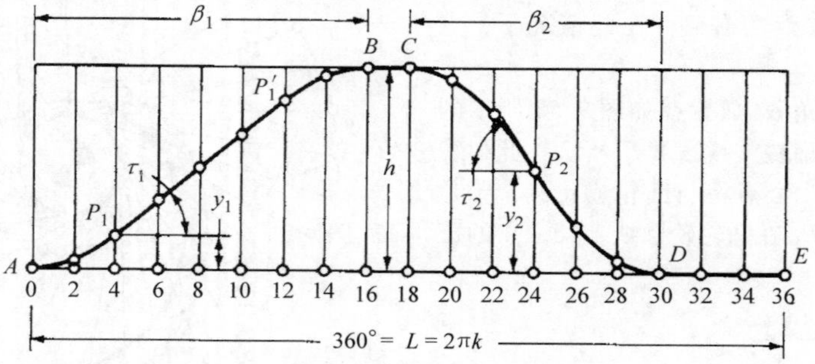

图 9-52 位移曲线

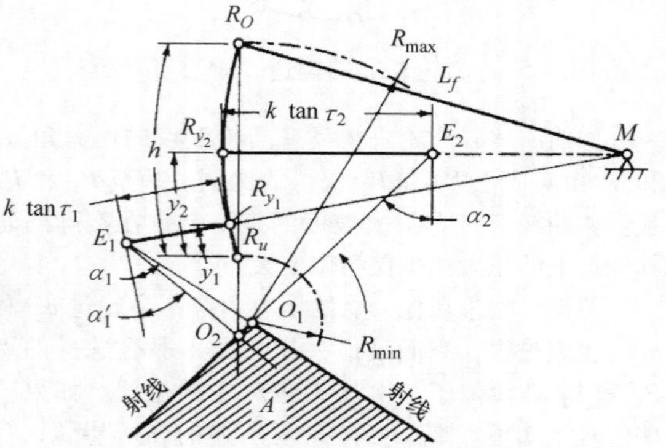

图 9-53 求凸轮比例，摆动滚子摇杆
（逆时针旋转）

图 9-54 显示了转向转动点 M（在此情况下凸轮顺时针旋转）的构造。凸轮曲线的设计用一种类似图 9-47 所示的方式。

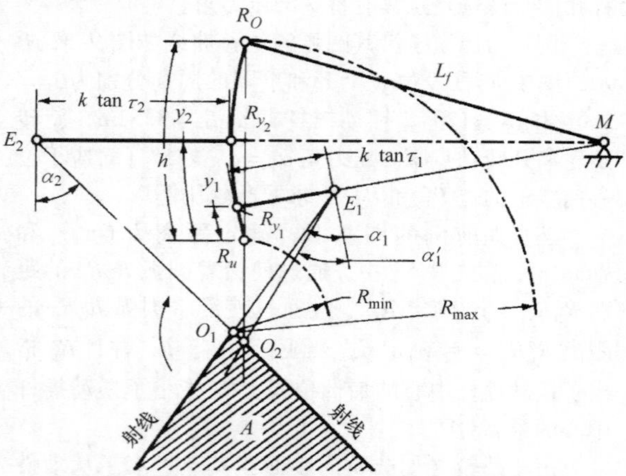

图 9-54 求凸轮的比例，摆动滚子摇杆
（顺时针旋转）

在此例中，凸轮机构具有被设计为在确定点的压力角（对应于 P_1 和 P_2）不超过某一规定值（也就是 α_1 和 α_2）的比例。

为了确保在沿凸轮轮廓线上任意点的压力角不超过规定值，前面的步骤应该重复以获取沿轮廓线的一系列点。

9. 计算压力角的公式

前述的图解法是有用的，因为它们允许压力角以及任意凸轮轮廓曲率半径的设计和测量。对具有复杂轮廓的凸轮，尤其是如果轮廓不能用简单公式表示的，图解法就是唯一可用的解决方法。然而，对于那些使用对心直动滚子挺杆的标准凸轮轮廓，在设计凸轮之前下述公式可以用于确定关键凸轮尺寸。这些公式让设计者能规定最大压力角（通常是30°或更小），并且可以利用规定的值来计算满足要求的最小凸轮尺寸。

α_{max}——规定的最大压力角（°）；

$R_{\alpha_{max}}$——在 α_{max} 处由凸轮中至啮合曲线上的半径（in 或 m）；

ϕ_p——对应于 α_{max} 和 $R_{\alpha_{max}}$ 的上升角（°）；

α——任意选择点的压力角（°）；

R_α——在 α 处由凸轮中至啮合曲线上的半径（in 或 m）；

ϕ——对应于 α 和 R_α 的上升角（°）。

对于匀速运动：

$$\alpha=\arctan\frac{180°h}{\pi\beta R_\alpha}\quad 在半径 R_\alpha 至轮廓线处 \tag{9-74}$$

$$\alpha_{max}=\arctan\frac{180°h}{\pi\beta R_{min}}\quad 在轮廓线的 R_{min} 半径处(\phi=0°) \tag{9-75}$$

如果规定了 α_{max}，到啮合曲线上最低点的最小半径 R_{min} 为

$$R_{min}=\frac{180°h}{\pi\beta\tan\alpha_{max}} \quad 对应\ \phi=0° \tag{9-76}$$

对于抛物线运动：

$$\alpha=\arctan\frac{720°h\phi}{\pi\beta^2R_\alpha} \quad 在角度\ \phi\ 位于至轮廓线的\ R_\alpha\ 半径处, 0\leqslant\phi\leqslant\beta/2 \tag{9-77}$$

$$\alpha=\arctan\frac{720°h(1-\phi/\beta)}{\pi\beta R_\alpha} \quad 在角度\ \phi\ 位于至轮廓线\ R_\alpha\ 半径处, \beta/2\leqslant\phi\leqslant\beta \tag{9-78}$$

$$\alpha_{max}=\arctan\frac{360°h}{\pi\beta R_\alpha} \quad 产生在\ \phi=\beta/2\ 和\ R_\alpha=R_{min}+h/2\ 处 \tag{9-79}$$

如果规定了 α_{max}，到啮合曲线上最低点的最小半径为

$$R_{min}=\frac{360°h}{\pi\beta\tan\alpha_{max}}-\frac{h}{2} \quad 对应\ \phi=0° \tag{9-80}$$

对于简谐运动：

$$\alpha=\arctan\left[\frac{90°h}{\beta R_\alpha}\sin\left(\frac{180°\phi}{\beta}\right)\right] \quad 在角度\ \phi\ 位于至轮廓线\ R_\alpha\ 半径处 \tag{9-81}$$

$$\phi_P=\left(\frac{\beta}{180°}\right)\left[\operatorname{arccot}\left(\frac{\beta}{180°}\tan\alpha_{max}\right)\right] \quad 此处产生\ \alpha_{max}\ 压力角 \tag{9-82}$$

$$R_{\alpha_{max}}=\frac{h[\sin(180°\phi_p/\beta)]^2}{2\cos(180°\phi_p/\beta)} \quad 在\ \alpha=\alpha_{max}\ 和\ \phi=\phi_{max}\ 的点处 \tag{9-83}$$

$$R_{min}=R_{\alpha_{max}}-\frac{h}{2}\left(1-\cos\frac{180°\phi_p}{\beta}\right) \tag{9-84}$$

对于摆线运动：

$$\alpha=\arctan\left[\frac{180°}{\pi\beta R_\alpha}\left(1-\cos\frac{360°\phi}{\beta}\right)\right] \quad 在角度\ \phi\ 位于至轮廓线\ R_\alpha\ 半径处 \tag{9-85}$$

$$\phi_p=\frac{\beta}{180°}\left(\operatorname{arccot}\frac{\beta\tan\alpha_{max}}{360°}\right)=最大压力角\ \alpha_{max}\ 发生处的\ \phi\ 值 \tag{9-86}$$

$$R_{\alpha_{max}}=\frac{h}{2\pi}\frac{[1-\cos(360°\phi_p/\beta)]^2}{\sin(360°\phi_p/\beta)} \quad 在\ \alpha=\alpha_{max}\ 和\ \phi=\phi_p\ 的点处 \tag{9-87}$$

$$R_{min}=R_{\alpha_{max}}-h\left(\frac{\phi_p}{\beta}-\frac{1}{2\pi}\sin\frac{360°\phi_p}{\beta}\right) \tag{9-88}$$

10. 曲率半径

凸轮的最小曲率半径应保持尽可能的大：①防止凸轮凸起部分发生根切；②防止过高的表面应力。图 9-55 所示为根切是如何发生的。

在图 9-55a 中，从动件路径的曲率半径为 ρ_{min}，并且在那一点凸轮具有 $R_c=\rho_{min}-r_f$ 曲率半径。

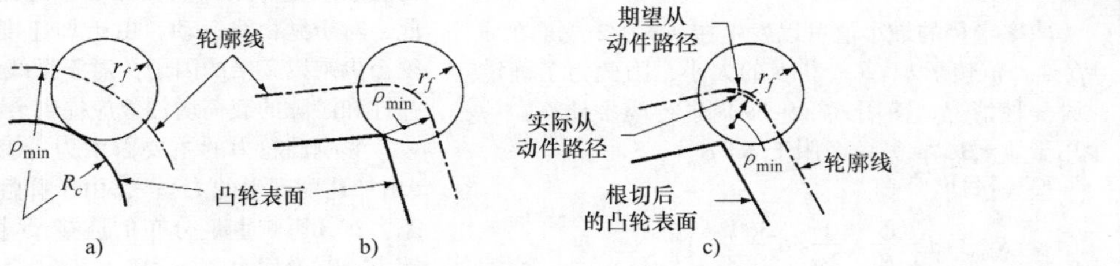

图 9-55 根切和凸轮上的尖锐边角

a）无根切 b）凸轮上的尖锐边角 c）有根切

在图 9-55b 中，$\rho_{min}=r_f$，$R_c=0$，因此实际凸轮具有尖锐的边角，在大多数的情况下将导致过高的表面应力。

在图 9-55c 中显示了 $\rho_{min}<r_f$ 的情况，这种情况是不可能的，因为会发生根切并且滚子从动件的实际运动会偏离如图所示预期的状态。

根切不会发生在凸轮轮廓线（工作面）的凹弯部分，但要注意不要让曲率半径等于滚子从动件的半径。如果在位移曲线上有个尖端的话这种情况就会发生，当然，这总是应该避免的情况。为了铣削和磨削凸轮轮廓线的凹弯部分，凸轮凹弯处的曲率半径 $R_c=\rho_{min}+r_f$ 必须比使用铣刀的半径大。

曲率半径用于计算表面应力，并且可以通过在凸轮布局图上测量或者在对心直动挺杆类型中可用如下的公式计算。尽管这些是精确地用于对心挺杆的公式，它们也可以近似地用于偏心和摆动从动件的计算。

极坐标下的曲率半径为

$$\rho=\frac{\left[r^2+\left(\frac{dr}{d\phi}\right)^2\right]^{3/2}}{r^2+2\left(\frac{dr}{d\phi}\right)^2-r\left(\frac{d^2r}{d\phi^2}\right)} \tag{9-89}$$

正号（+）表示外凸曲线，负号（-）表示凹曲线。

在式（9-89）中 $r=(R_{min}+y)$，式中 R_{min} 为至啮合线的最小半径（见图 9-47），y 是从动件从其最低位置的对应 ϕ 的位移，ϕ 为凸轮旋转角度。下面

关于 r，$dr/d\phi$ 和 $d^2r/d\phi^2$ 的公式可以带入式（9-89）来计算凸轮啮合线上任意点的曲率半径。然而为了确定凸轮外凸部分根切发生的可能性，需要外凸部分的最小曲率半径 $\rho_{\min}$。最小曲率半径一般产生在最大减速度的点。

抛物线运动：

$$\left.\begin{aligned} r &= R_{\min} + h - 2h\left(1 - \frac{\phi}{\beta}\right)^2 \\ \frac{dr}{d\phi} &= \frac{720°h}{\pi\beta}\left(1 - \frac{\phi}{\beta}\right) \\ \frac{d^2r}{d\phi^2} &= \frac{-4(180°)^2h}{\pi^2\beta^2} \end{aligned}\right\} \frac{\beta}{2} \leqslant \phi \leqslant \beta \tag{9-90}$$

曲率半径的最小值可以发生在 $\phi=\beta/2$ 或是在 $\phi=\beta$ 处，依赖于 h，$R_{\min}$ 和 β 的大小。因此，为了确定是哪一种情况，使用式（9-89）进行两次计算，一个用于 $\phi=\beta/2$，另一个用于 $\phi=\beta$。

简谐运动：

$$\left.\begin{aligned} r &= R_{\min} + \frac{h}{2}\left[1 - \cos\left(\frac{180°\phi}{\beta}\right)\right] \\ \frac{dr}{d\phi} &= \frac{180°h}{2\beta}\sin\left(\frac{180°\phi}{\beta}\right) \\ \frac{d^2r}{d\phi^2} &= \frac{(180°)^2h}{2\beta^2}\cos\left(\frac{180°\phi}{\beta}\right) \end{aligned}\right\} 0 \leqslant \phi \leqslant \beta \tag{9-91}$$

曲率半径的最小值可以发生在 $\phi=\beta/2$ 或是在 $\phi=\beta$ 处，依赖于 h，$R_{\min}$ 和 β 的大小，因此为了确定是哪一种情况，使用式（9-89）进行两次计算，一个用于 $\phi=\beta/2$，另一个用于 $\phi=\beta$。

摆线运动：

$$\left.\begin{aligned} r &= R_{\min} + h\left(\frac{\phi}{\beta} - \frac{1}{2\pi}\sin\frac{360°\phi}{\beta}\right) \\ \frac{dr}{d\phi} &= \frac{180°h}{\pi\beta}\left(1 - \cos\frac{360°\phi}{\beta}\right) \end{aligned}\right\} 0 \leqslant \phi \leqslant \beta \tag{9-92}$$

$$\frac{d^2r}{d\phi^2} = \frac{2(180°)^2h}{\pi\beta^2}\sin\frac{360°\phi}{\beta} \tag{9-93}$$

$$\rho_{\min} = \frac{[(R_{\min}+0.91h)^2 + (180°h/\pi\beta)^2]^{3/2}}{(R_{\min}+0.91h)^2 + 2(180°h/\pi\beta)^2 + (R_{\min}+0.91h)[2(180°)^2h/\pi\beta^2]} \tag{9-94}$$

例：假设 $h=1$in（m），$R_{\min}=2.9$in（m），$\beta=60°$，求抛物线运动、简谐运动和摆线运动的最小曲率半径。

解：$\rho_{\min}=2.02$in（m），抛物线运动，根据式（9-89）。

$\rho_{\min}=1.8$in（m），简谐运动，根据式（9-89）。

$\rho_{\min}=1.6$in（m），摆线运动，根据式（9-94）。

最小曲率半径的值也可以使用圆规通过凸轮设计布局图的测量获得。

11. 凸轮上的力、接触应力和材料

当确定了凸轮和从动件的配置，就可以计算或者确定作用在凸轮上的力了。然后，凸轮表面的应力计算出来并且承受这个应力的合适的材料可以选择出来。如果计算的最大应力过大，必须改变凸轮的设计。

这些改变包括：①增加凸轮的尺寸以降低压力角并增加曲率半径；②改变为偏心或者摆动从动件的设计以减小压力角；③降低凸轮旋转的速度以减小惯性力；④增加凸轮在上升 h 发生期间的上升角的大小；⑤增加凸轮的厚度，条件是从动件的变形量足够小，可以保持载荷沿凸轮宽度均匀分布；⑥使用更合适的凸轮曲线或者修正临界点的凸轮曲线。

尽管抛物线运动看起来最适合对计算的最大加速度进行极小化，并且因此也对最大加速度力起作用。然而，在高速凸轮的情况下，摆线运动产生较低的最大加速度力，因此，可以看出在抛物线运动中，由于加速度突然改变（称颠簸为跳动）的原因，作用在凸轮上的力成倍增加了，并且有时在高速时甚至可达 3 倍。然而对于摆动运动，由于其加速度为逐渐改变的原因，实际动态力比理论值稍大。因此，对于抛物线运动，由于加速度原因计算的力必须至少乘以 2 倍的因子，对于摆线运动乘以 1.05 为弹性和游隙的载荷增加效应提供余量。

影响凸轮力的主要因素为：①位移和凸轮速度（由加速度产生的力）；②由于弹性和游隙产生的动态力；③影响重量分布的连接尺寸；④压力角和摩擦力；⑤弹性力。

影响凸轮应力的主要因素为：①凸轮曲率半径和滚子半径；②材料。

加速力：用于计算作用在平移物体上力的公式给出的加速度 a 为

$$R = \frac{Wa}{g} = \frac{Wa}{386} \tag{9-95}$$

式中，$g=386\text{in/s}^2$；a 是 W 的加速度（in/s^2）；R 是作用在 W 上的所有外力的合力（除摩擦力外）；用于凸轮分析用途的话，W 的单位为 lb，包括从动件的重量，一部分复位弹簧的重量（1/3），以及外部机构元件作用于推动从动件的重量，如活塞的重量。

$$W = W_f + 1/3W_s + W_e \tag{9-96}$$

式中，W 是等效单一重量（lb）；W_f 是从动件重量（lb）；W_s 是弹簧重量（lb）；W_e 是外部重量（lb）。

弹簧力：图 9-56 所示的复位弹簧必须足够坚固以保持在任何时刻从动件都能紧靠凸轮。在凸轮高速运转时，试图将从动件与凸轮表面分离的主要的力是在最大负加速度点的加速力 R。因此，在此点弹簧必须能够产生一个 F_s 的力：

$$F_s = R - W_f - F_e - F_f \quad (9\text{-}97)$$

式中，F_e 是阻碍从动件运动的外部力；F_f 是来自从动件导套和其他来源的摩擦力。

重复使用后考虑到发生于弹簧中的预压，当从动件在其最低位置时（见图9-56a中的 $R_{\min}$），通常的实践是使弹簧提供某种可估计的预载荷，并且可以防止滚子在运动开始时的滑动。

以lb/in为单位的弹簧变形要求的弹簧常数 K_s 为

$$K_s = \frac{F_s - \text{预载荷}}{y_a} \quad (9\text{-}98)$$

式中，y_a 是凸轮从最小直径 $R_{\min}$ 到最大负加速度发生的高度的升程。

产生于超过 $R_{\min}$ 的任一高度 y 的弹簧力 F_y 为

$$F_y = yK_s + \text{预载荷} \quad (9\text{-}99)$$

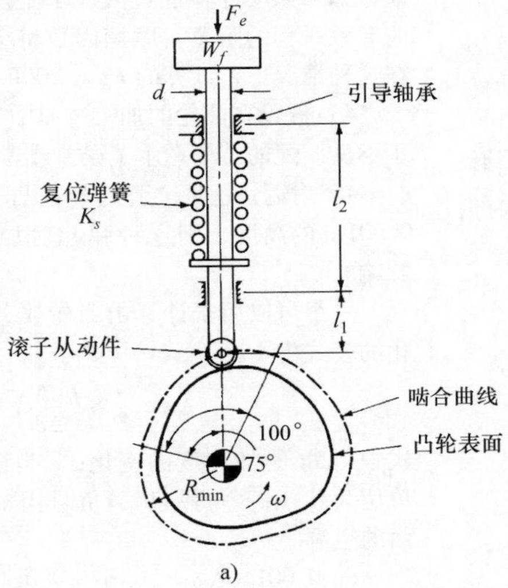

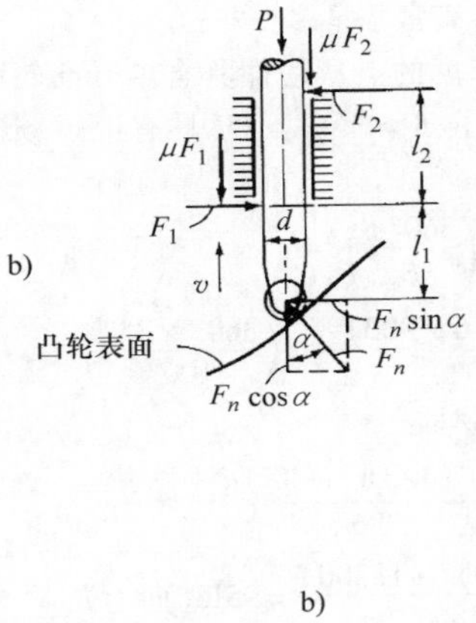

图9-56 直动从动件
a）对心直动从动件和凸轮系统 b）力作用在直动从动件上

压力角和摩擦力：如图9-56b所示，凸轮的压力角导致了一个侧向分力 $F_n \sin\alpha$，它在导套中产生了 μF_1 和 μF_2。如果从动杆过于弹性，从动件的弯曲将增加摩擦力，摩擦力和压力角的影响可考虑进以下的公式中。

$$F_n = \frac{P}{\cos\alpha - \frac{\mu\sin\alpha}{l_2}(2l_1 + l_2 - \mu d)} \quad (9\text{-}100)$$

式中，μ 是衬套中的摩擦因数；l_1，l_2 和 d 如图9-56所示；P 是作用在从动件上阻止其向上运动力的和（加速力＋弹簧力＋从动件重量＋外部力）

$$P = \frac{W \times a}{386} + (yK_s + \text{预压力}) + W_f + F_e \quad (9\text{-}101)$$

凸轮扭矩：在升程阶段，从动件压在凸轮上产生阻碍的转矩，并且在返程阶段产生辅助驱动扭矩。阻碍扭矩的最大值确定了对凸轮的驱动要求，瞬间的扭矩值可用下式计算：

$$T_O = \frac{30vF_n\cos\alpha}{\pi N} = (R_{\min} + y)F_n\sin\alpha \quad (9\text{-}102)$$

式中，T_O 是瞬间扭矩（lb·in）。

力分析的示例：一个对心直动挺杆系统如图9-56a所示。挺杆依据摆线运动1in的距离，角度上升 $\beta = 100°$，凸轮速度为900r/min，凸轮质量为2lb，忽略弹簧重量 W_s 和外部重量 W_e。挺杆的杆直径为0.75in，$l_1 = 1.5\text{in}$，$l_2 = 4\text{in}$，摩擦因数 $\mu = 0.05$，外部力 $F_e = 10\text{lb}$，压力角不超过30°。

1）什么是至啮合曲线的最小半径 $R_{\min}$？

根据式（9-86），至最大压力角 $\alpha_{\max}$ 所在位置的上升角 ϕ_p 为

$$\phi_p = \frac{\beta}{180°}\left[\operatorname{arccot}\left(\frac{\beta\tan\alpha_{\max}}{360°}\right)\right]$$

$$= \frac{100°}{180°}\left[\operatorname{arccot}\left(\frac{100° \times \tan30°}{360°}\right)\right]$$

$$= 44.94° = 45°$$

根据式（9-87），上升压力角 ϕ_p 的半径 $R_{\alpha\max}$ 为

$$R_{\alpha\max} = \frac{h}{2\pi}\frac{[1 - \cos(360°\phi_p/\beta)]^2}{\sin(360°\phi_p/\beta)}$$

$$= \frac{1}{2\pi}\frac{\{1 - \cos[(360° \times 45°)/100°]\}^2}{\sin[(360° \times 45°)/100°]}$$

$$=1.96\text{in}$$

根据式（9-88），$R_{\min}$ 为

$$R_{\min}=R_{\alpha\max}-h\left[\frac{\phi_p}{\beta}-\frac{1}{2\pi}\sin\left(\frac{360°\phi_p}{\beta}\right)\right]$$

$$=1.96-1\times\left[\frac{45°}{100°}-\frac{1}{2\pi}\sin\left(\frac{360°\times45°}{100°}\right)\right]$$

$$=1.560\text{in}$$

图解法可以获得相同的结果，如果 $R_{\min}$ 过小的话，即如果凸轮孔和毂要求大凸轮，那么可以增加 $R_{\min}$，在此情况下，最大压力角将小于30°。

2）如果从动件位于 $R_{\min}$ 时，规定复位弹簧 K_s 提供预载荷为36lb，那么在整个工周内保持从动件在凸轮上所需的弹簧常数是多少？

在最大负加速度的点从动件具有离开凸轮的倾向，图9-42显示了 $\phi=3/4\beta=75°$ 具有上述倾向的情形。

$$a=\frac{2\pi h\omega^2}{\beta^2}\sin\left(\frac{360°\phi}{\beta}\right)$$

$$=\frac{2\pi\times1\times(6\times900)^2}{(100°)^2}\sin\left(\frac{360°\times75°}{100°}\right)$$

$$=-18300\text{in/sec}^2$$

$$R=\frac{Wa}{386}=\frac{(W_f+1/3W_s+W_e)a}{386}$$

$$=\frac{(2+0+0)(-18300)}{386}=95\text{lb}(\text{向上})$$

利用式（9-97）来确定保持凸轮上从动件的弹簧力。

$$F_s=R-W_f-F_e-F_f$$

为了给动态跳动提供一个安全因数，对于摆线运动，在上述公式中 R 的值要乘以1.05，于是

$$F_s=1.05R-W_f-F_e-F_f$$

$$=1.05\times95-2-10-0=88\text{lb}(\text{向下})$$

由式（9-98）算出的弹簧常数为

$$K_s=\frac{F_s-\text{预压力}}{y_a}=\frac{88-36}{y_a}$$

y_a 为

$$y_a=h\left[\frac{\phi}{\beta}-\frac{1}{2\pi}\sin\left(\frac{360°\phi}{\beta}\right)\right]$$

$$=1\times\left[\frac{75°}{100°}-\frac{1}{2\pi}\sin\left(\frac{360°\times75°}{100°}\right)\right]\text{in}$$

$$=0.909\text{in}$$

于是 $K_s=(88-36)/0.909=57\text{lb/in}$。

3）在最大压力角30°（$\phi=45°$）的点，从动件的上升为1.96－1.56＝0.40in，则凸轮上的公称力 F_n 为多少？由式（9-100）和式（9-101）得

$$F_n=\frac{Wa/386+yK_s+\text{预压力}+W_f+F_e}{\cos\alpha-\dfrac{\mu\sin\alpha}{l_2}(2l_1+l_2-\mu d)}$$

$\phi=45°$，$h=1\text{in}$，$\beta=100°$，$\omega=6\times900$，$a=5660\text{in/s}^2$，于是，$W=2\text{lb}$，$y=0.4$，$K_s=57$，预压力＝36lb，$W_f=2\text{lb}$，$F_e=10\text{lb}$，$\alpha=30°$，$\mu=0.05$，$l_1=1.5$，$l_2=4$，$d=0.75$。

$$F_n=\frac{(2\times5660)/386+0.4\times57+36+2}{\cos30°-\dfrac{0.05\times\sin30°}{4}(2\times1.5+4-0.05\times0.75)}\text{lb}$$

$$=110\text{lb}$$

如果假设摩擦因数为0，则 $F_n=104$，另一方面，如果从动件弹性过大，于是产生偏向一边的弯曲导致衬套的阻塞，摩擦因数将会增加，比如0.5，在这种情况下，计算的 $F_n=200\text{lb}$。

4）假设在凸轮的加工过程中一个由振纹或者由于不良调配的结果产生了误差或者“弹起”。并且在 $\phi=45°$ 附近，这种“弹起”在凸轮1°的升角中达到0.001in的高度，则这种弹起对加速度力 R 有什么影响？

一个可以用于计算由凸轮误差导致的加速度变化的公式为

$$\Delta a=\pm2e\left(\frac{6N}{\Delta\phi}\right)^2 \tag{9-103}$$

式中，Δa 是加速度的变化；e 是误差（in）；$\Delta\phi$ 的单位为°，用于“弹起”，负号用于“下陷”或者表面的空洞。

$e=0.001$，$\Delta\phi=1°$，$N=900\text{r/min}$，则

$$\Delta a=2\times0.001\left(\frac{6\times900}{1°}\right)^2=58320\text{in/sec}^2$$

在高速凸轮中力 F_n 会损伤凸轮的表面，因此，精度是相当重要的。

5）$\phi=45°$时扭矩是多少？

由式（9-102）：

$$T_O=(R_{\min}+y)F_n\sin\alpha$$

$$=(1.56+0.4)\times110\times\sin30°\text{in}\cdot\text{lb}$$

$$=108\text{in}\cdot\text{lb}$$

6）$\phi=45°$时曲率半径是多少？

由式（9-89）：

$$\rho=\frac{\left[r^2+\left(\dfrac{dr}{d\phi}\right)^2\right]^{3/2}}{r^2+2\left(\dfrac{dr}{d\phi}\right)^2-r\left(\dfrac{d^2r}{d\phi^2}\right)}$$

$$r=R_{\min}+y=1.56+0.4=1.96$$

由式（9-92）：

$$\frac{dr}{d\phi}=\frac{180°h}{\pi\beta}\left(1-\cos\frac{360°\phi}{\beta}\right)$$

$$=\frac{180°\times1}{\pi\times100°}\left(1-\cos\frac{360°\times45°}{100°}\right)=1.12$$

由式（9-93）：

$$\frac{d^2r}{d\phi^2}=\frac{2(180°)^2h}{\pi\beta^2}\sin\frac{360°\phi}{\beta}$$

$$=\frac{2\times(180°)^2\times1}{\pi\times(100°)^2}\sin\frac{360°\times45°}{100°}=0.64$$

$$\rho=\frac{(1.96^2+1.12^2)^{3/2}}{1.96^2+2\times1.12^2-1.96\times0.64}\text{in}=2.26\text{in}$$

12. 接触应力的计算

当一个滚子从动件加载于凸轮上，在接触表面发展的压缩应力可以用下式计算：

$$S_C=2290\sqrt{\frac{F_n}{b}\left(\frac{1}{r_f}\pm\frac{1}{R_C}\right)} \quad (9\text{-}104)$$

对于钢滚子加载与钢凸轮，对于钢滚子加载与铸铁凸轮，在式（9-104）中使用 1850 替代 2290。

式中　S_C——最大计算压缩应力（psi）；

F_n——标称载荷（lb）；

b——凸轮宽度（in）；

R_C——凸轮表面的曲率半径（in）；

r_f——滚子从动件的半径（in）。

式（9-103）中的正号用于计算当滚子与凸轮轮廓线的凸弯部分接触时的最大压缩应力，负号用于计算当滚子与凹弯部分接触时的最大应力。当滚子与凸轮轮廓线的直线（平坦）部分接触时，$R_C=\infty$ 且 $1/R_C=0$。在实际中，最大压缩应力最可能发生在滚子与凸轮轮廓线上具有最小曲率半径凸弯部分接触的时候。

示例：凸轮如前例，滚子半径 $r_f=0.25$in，凸轮的凸弯半径为 $R_C=(2.26-0.25)$in，接触宽度 $b=0.3$in，标称载荷 $F_n=110$lb，求最大表面压缩应力，由式（9-103）得

$$S_C=2290\sqrt{\frac{110}{0.3}\left(\frac{1}{0.25}+\frac{1}{2.01}\right)}\text{psi}=93000\text{psi}$$

计算应力必须小于根据表 9-84 选择材料的允许应力。

表 9-84　凸轮材料

用于硬化钢从动件的凸轮材料	最大允许压缩应力/psi
灰铸铁，ASTM A 48-48，类别 20，160 ~ 190 布氏硬度，磷酸盐涂层	58000
灰铸铁，ASTM A 339-51T，等级 20，140 ~ 160 布氏硬度	51000
球墨铸铁，ASTM A 339-51T，等级 80-60-03，207 ~ 241 布氏硬度	72000
灰铸铁，ASTM A 48-48，类别 30，200 ~ 220 布氏硬度	65000
灰铸铁，ASTM A 48-48，类别 35，225 布氏硬度	78000
灰铸铁，ASTM A 48-48，类别 30，热处理（等温淬火），225 ~ 300 布氏硬度	90000
SAE 1020 钢，130 ~ 150 布氏硬度	82000
SAE 4150 钢，热处理至 270 ~ 300 布氏硬度，磷酸盐涂层	20000
SAE 4150 钢，热处理至 270 ~ 300 布氏硬度	188000
SAE 1020 钢，表面渗碳深度为 0.045in，洛氏硬度为 50 ~ 58	226000
SAE 1340 钢，感应淬火至洛氏硬度 45 ~ 55	198000
SAE 4340 钢，感应淬火至洛氏硬度 50 ~ 55	226000

注：基于联合制鞋机公司，数据整理 Guy J. Talbourdet。

凸轮材料：在考虑用于凸轮的材料时，很难选择任何一种最佳的单一的材料来适应每一种应用。通常的选择是基于习惯或材料的加工性而不是根据强度。然而，凸轮或者滚子的失效通常都是由于疲劳导致的，于是必须考虑的一个重要因素就是依赖使用材料的表面耐久极限和配合表面的相对硬度的磨损载荷的极限。

在表 9-84 中给出了与淬火钢滚子接触的各种凸轮材料的最大允许压缩应力（表面耐受极限）。显示的应力值基于纯滚动的 100000000 个工周或重复应力，此处的重复应力比 100000000 工周大得多。对于那种具有合适的对中性或者有滑动的场景，要使用更保守的应力数据。

13. 圆柱凸轮的设计

图 9-57 所示为一个在圆柱凸轮表面展开的均匀加速运动凸轮曲线设计。为了求出在圆柱表面的投影，这种展开是必需的，显示为 KL。为了构造展开曲线，首先将圆柱基圆分为 12 等份。将这些等份沿着曲线 ag 逐步分散布置，图中只显示了一半的布局，由于另一半采用相同的方式构造，除了曲线在此处为下降而不是上升。将线段 aH 分成与半圆相同数量的份数，各等份的比例按照 1∶3∶5∶5∶3∶1 划分。从这些分段点绘制水平线，并从 a、b、c 等点绘制垂直线，两类线之间的交点就是展开凸轮曲线上的点。通过常用的投影方式将这些点转移到圆柱表面的左侧上。

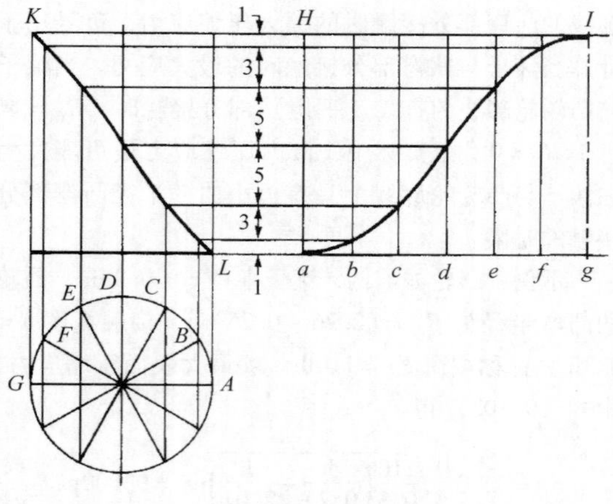

图 9-57 圆柱凸轮的展开

14. 圆柱凸轮滚子的形状

为了能够自由的旋转并且没有过大的摩擦，工作在凸轮沟槽中用于圆柱凸轮滚子在形状上应该是圆锥形而不是圆柱形。图 9-58a 所示为一个直辊和沟槽，它们的运动关系是错误的，因为在沟槽上下位置不同的表面速度。图 9-58b 所示为一个具有曲面的滚子，然而对于重载工况，小的承载面积很快被磨损并且滚子同样在凸轮那一侧压出了一个沟槽，破坏了运动的精度生成了间隙。图 9-58c 所示为在沟槽内允许真正滚动的圆锥形。锥度的量依赖于凸轮沟槽的螺旋角度。作为这个角度，对于整个运动过程不是常量，作为原则滚子和沟槽必须设计的满足最重载荷施加的凸轮截面的要求。经常地凸轮沟槽具有在相当长的长度内具有几乎平坦螺旋角，确定在圆周转动的重要部分期间正确工作的滚子和沟槽角度的方法如下：

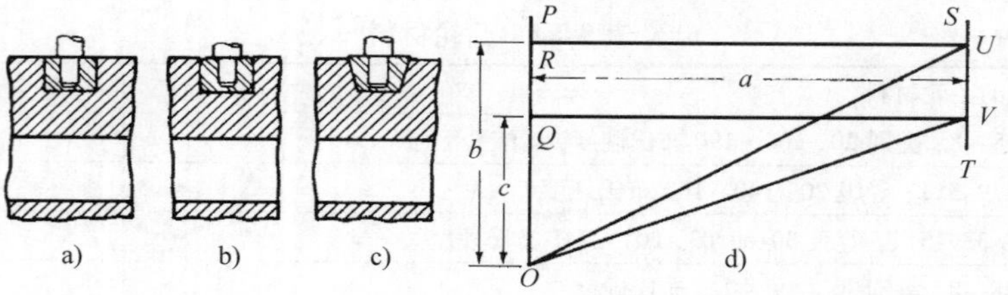

图 9-58 圆柱凸轮滚动件的形状

在图 9-58d 中，b 为凸轮表面包含了正确滚动所需的沟槽截面的圆周距离。凸轮圆周运动的曲柄半径为 a，线 OU 为圆周给定部分期间的凸轮滚子运动的展开，c 为相应与 b 的运动，但在一个直径等于凸轮沟槽底部直径的圆上，使用和之前相同的前冲加速度，线 OV 就是凸轮在沟槽底部的展开，OU 是滚子上端螺旋移动的长度，同时 OV 是在沟槽底部移动的长度。那么，如果沟槽上端宽度和底端的宽度按照 OU 与 OV 的比例制成，就能正确地按比例构造沟槽了。

15. 凸轮铣削

用于自动螺钉机床的平板凸轮具有常数升程，可以用具有 α 角度螺旋头的通用铣床加工，如图 9-59所示。

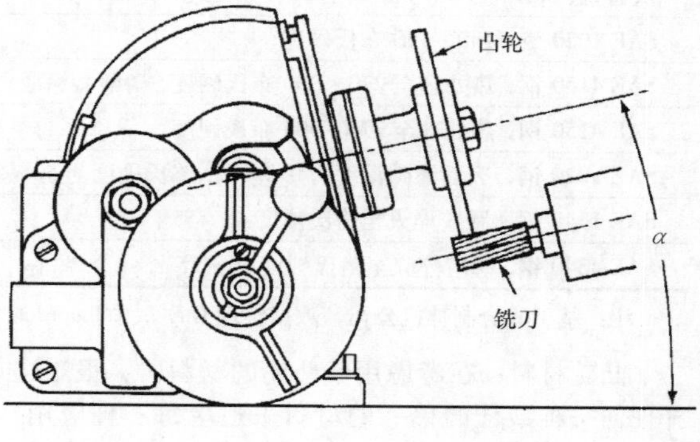

图 9-59

当螺旋头设置为垂直时，凸轮的导程（或者它完整转一圈的上升量）与机床齿轮副相同，但是当螺旋头和铣刀倾斜时，可以得到任意导程或者凸轮的上升量，假若它们小于机床齿轮副的导程，也就是小于螺旋头主轴转一圈向前进给的量，于是通过简单地改变螺旋头和铣刀之间的倾斜角，凸轮的导程可在某一极限内变化。下面的公式用于确定倾斜角，对于一个给定升程并且具有机床齿轮副导程 L 的凸轮：

$$\sin\alpha = \frac{360°r}{\phi L} \qquad (9\text{-}105)$$

式中 α——分度头和铣床附件水平设置的角度；

r——在给定圆周部分的凸轮升程；

L——铣床齿轮副确定的螺旋导程；

ϕ——升要求的角（°）。

例如：假设一个凸轮将被铣削具有一个在 300°范围内 0. 125in 的升程并且铣床齿轮副具有可能的最小导程，或者 0. 670in，则

$$\sin\alpha = \frac{360° \times 0.125}{300° \times 0.670} = 0.2239$$

即为角度 12° 56′的正弦值，因此为了确保齿轮副导程为 0.670in 的机床具有 0.125in 升程，螺旋头要升高 12° 56′的角度并且垂直铣削附件也要旋转以便让铣刀获得与旋转头主轴同轴的位置，于是完成加工的凸轮边角将会与它的旋转轴线平行。在给出的示例中，导程为 0.670，可选择一个大的导程，假设 0.930，在这种状况下，角度 $\alpha = 9° 17′$。

如果一个凸轮上具有不同导程的几个瓣，则机床齿轮副可以设置为稍微超过凸轮的最大导程，那么则可以通过简单改变螺旋头和铣刀角度来适应不同的凸轮导程的方式，在不改变螺旋头齿轮副的条件下对所有的凸轮瓣铣削。只要有可能，建议从凸轮的下侧进行铣削，由于此处有很少切屑的干涉，此外，更容易看到布设在凸轮表面上的任意线条。当设置凸轮进行下一个新的切削时，首先通过操作工作台进给丝杆把手令其后撤，在这之后分度盘曲柄从平板上释放开来并且旋转所需的角度。

16. 铣削匀速运动凸轮的简便方法

一些凸轮用圆规来放样、加工并且锉成所需的线；但对于一个主轴每转一圈就必须前进千分之几的凸轮，这个方法就不精确了。凸轮可以使用以下的方式进行简单而精确地切削。

加工图 9-60 所示的心形凸轮，曲柄半径为 1.1in，现在通过设置铣床的分度为切削 200 齿，并且将 1.1 除以 100，可以得到沿着凸轮每一次切削相对于凸轮中心 0.011in 的后退量或者前进量。将凸轮牢固地放置在心轴上，并且后者在铣床铣刀之间，使用与心轴距离设定正确的凸形铣刀，沿凸轮进行第一次切削。接着，通过降低铣床高 0.011in，并且在分度盘上将分度盘销钉转动到正确的编号的孔内，进行下一次的切削并重复。

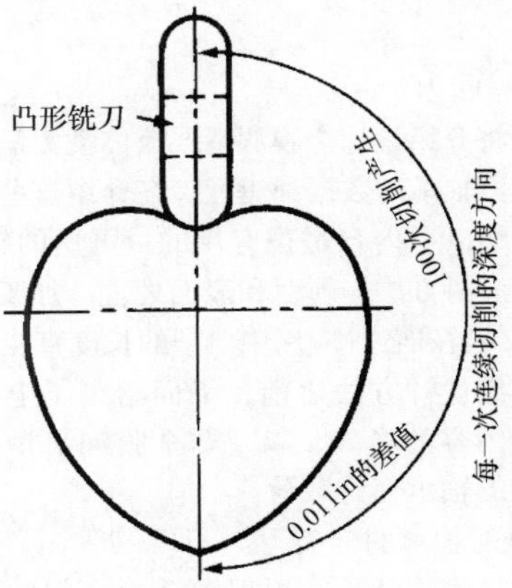

图 9-60　心形凸轮

第10章

机械元件

10.1 普通轴承

10.1.1 简介

以下将介绍设计全膜润滑或流体动力润滑的滑动轴承和推力轴承的数据和流程。在介绍这些设计方法之前，回顾以下内容是很有用的：可用的轴承种类，润滑剂和润滑方法，硬度和表面处理，加工方法，密封，制动装置和各种应用中典型的长度直径比。

在介绍设计方法之前，下面给出了上面提到的各个方面内容的指导，以及非全膜润滑情况出现时建议调整的轴承容许载荷。

1. 普通轴承的分类

滑动接触的轴承，根据配合面之间的滑动接触可以大致分为三类：径向轴承，支撑旋转轴或者轴颈；推力轴承，支撑旋转元件上的轴向载荷；导向轴承，将移动部件引导在一条直线上。径向滑动轴承，通常称为套筒轴承，可能具有好几种以上分类的性质，最常见的是全围式滑动轴承，与配合轴颈360°全接触；还有半围轴承，与配合轴径接触角度小于180°。当载荷作用方向不变时，使用半围轴承具有简单、便于润滑和减少摩擦损失的优点。

10

普通轴承零件间的相对运动可能发生的情况有：①活动面之间没有液体或气体润滑媒介带来的单纯滑动，如与尼龙或聚四氟乙烯的干运转；②使用流体动力润滑，润滑媒介形成楔形或成膜，将轴承表面部分或完全分离；③使用流体静力润滑，压力下在配合面之间引入润滑媒介，配合面之前产生一个与外加载荷相反的力，并且提升或分离这些接触面；④使用混合或化合的流体动力润滑和流体静力润滑。

下面列出了滑动接触（滑动）轴承与滚动接触（耐磨）轴承相比的优点和缺点。

优点：①空间需求更小；②运转更安静；③成本更低，在大量生产中尤甚；④硬度更高；⑤一般来说不会因为疲劳限制使用寿命。

缺点：①摩擦性能更高，造成更高的能源消耗；②更易受到润滑系统中外界材料的损害；③对润滑要求更严格；④更易受到润滑中断的损害。

2. 滑动轴承的分类

现在已经开发出了多种滑动轴承结构，如图10-1所示。

周向油槽轴承，如图10-1a所示，有一个油槽，周向延伸包围轴承。在压力下油保持在油槽中。油槽将轴承分为两个短一点的轴承，运转时的偏心率会稍高一些。这种设计在稳定性上的优势不大，但是由于这种轴承的油分布很均匀，常用在往复载荷摇杆和连杆轴承中。

短圆柱轴承相较周向槽轴承更适用于高速、低载荷的工作。通常可以缩短轴承长度，以将单位载荷增加到一个极大的值，使得轴运行在轴承中一个偏心率很大的位置。经验显示，当轴的偏心率大于0.6，轴承极少出现不稳定问题。超短轴不经常应用于这种情况，因为工作中如果转子产生不平衡，这种轴承不能提供很高的暂态转动载荷容量。

圆柱上冲式轴承，如图10-1b所示，这种轴承运用在表面速度达到10000ft/min或更高时，需要引入额外的油流量将轴承控制在合理的温度。这种轴承有一个宽的周向槽，从轴承上半部分由一个轴向油槽延伸到另一个轴向油槽。油一般从油槽后缘注入。通过进料口来控制油的流量。通过消除轴承上半部分的大面积剪切作用来降低运行温度，在很大程度上依赖于从轴承顶部注入额外流量的冷却油来实现。

压力轴承，如图10-1c所示，在轴承上半部分开有一个沟槽。沟槽末端与轴的转动垂直方向呈锐角斜坡，大约为45°。油是通过轴转动的剪切运动灌入的，在沟槽斜坡终止。在高速运转中，这种情况使得轴承上半部分油压较高。油槽中产生并环绕在轴承上半部分的压力增加了轴承下半部分的载荷。这种自我产生的载荷增加了轴的偏心率。如果偏心率增加到0.6或以上，就可以创造一个高速、低载荷条件下的稳定运行环境。中心的油槽可以延伸至轴承下半段，进一步增加有效载荷。这个设计有一个主要的缺点：落入油中的灰尘会磨损油槽斜坡锐利的边缘，破坏制造高压环境的能力。

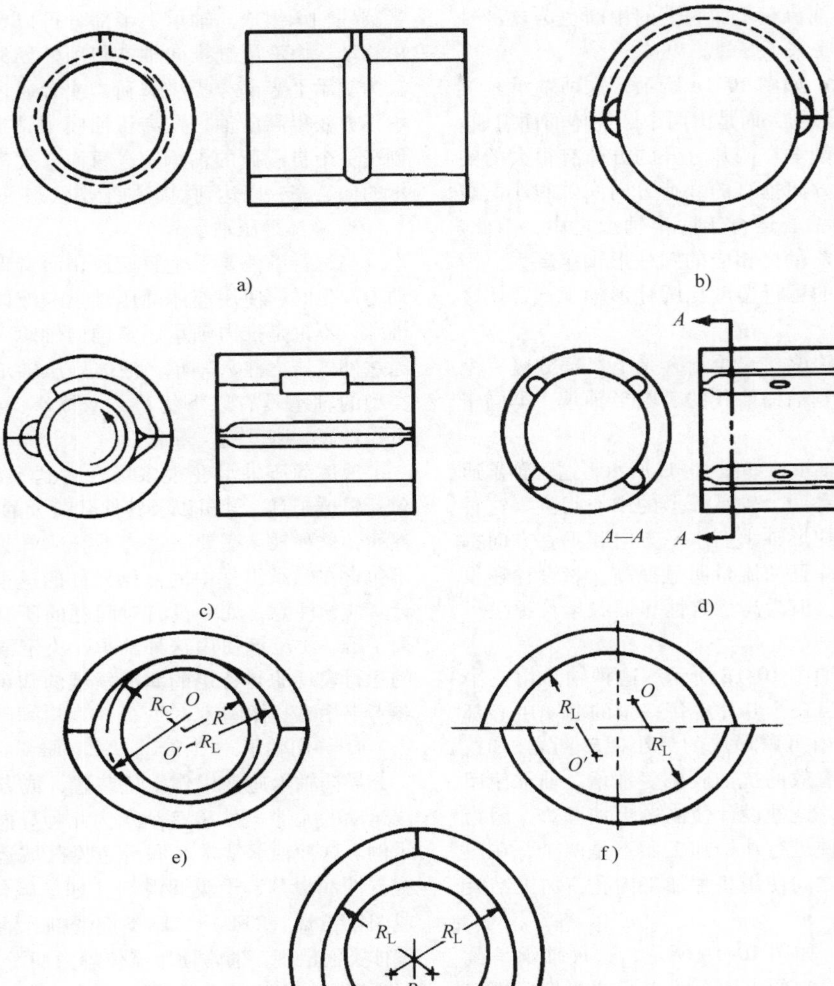

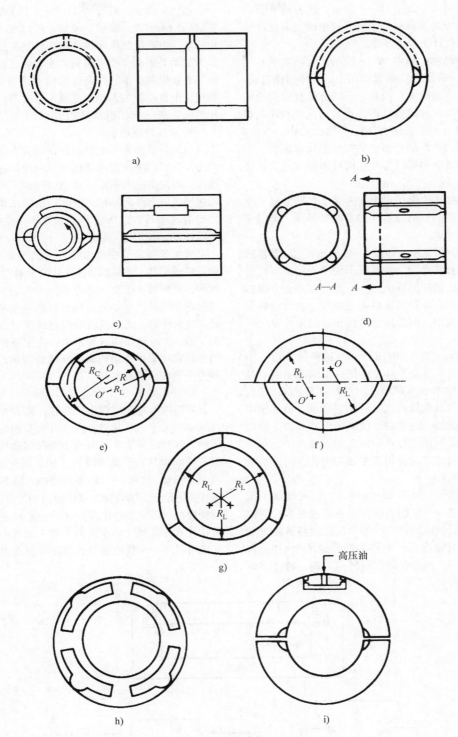

图10-1 滑动轴承的典型形状

a）周向油槽轴承 b）圆柱上冲式轴承 c）压力轴承 d）多油槽轴承 e）椭圆形轴承 f）错位椭圆形轴承 g）三叶轴承 h）可倾瓦轴承 i）胡桃夹轴承

多油槽轴承，如图 10-1d 所示，这种轴承有时用于提供增加的油流量。油膜上的中断也为这种轴承的稳定性设计带来了好处。

椭圆形轴承，如图 10-1e 所示，这种轴承其实并不真正是椭圆形的，而是由两个圆柱体的面组成。这种两片组成的轴承在两片分开的方向有很大的间隙，但在与裂口方向垂直的载荷方向间隙很小。载荷小的时候，轴偏心运行于两半轴承之中，因此，椭圆形轴承的油流量比相应的圆柱形轴承要大。因此，椭圆形轴承的运行温度比圆柱形轴承低，比之更稳定。

椭圆上冲式轴承（未绘制）是上半部分被一个连接轴向油槽的宽油槽取代的椭圆形轴承，类同于圆柱上冲式轴承。

错位椭圆形轴承，如图 10-1f 所示，这种轴承通过水平和垂直移动两个轴承弧形的中心得到。这种设计的轴承比圆柱形轴承在水平方向和垂直方向都有更高的刚度，并且油流量明显提高。该设计还没有得到广泛应用，但为高稳定性和低温运行提供了前景。

三叶轴承，如图 10-1g 所示，这种轴承由三个圆弧截面组成。当三个叶片中每一个的曲率中心都远在轴中心轴承内可以形成的最小回转圈之外时，这种轴承成为最有效的抗油膜振荡轴承。轴承使用三个轴向输油槽，这种设计使制造更加困难，因为是必须对三个零件进行油槽加工而不是两个，在三个零件的每两个之间使用垫片加工内孔，加工结束后，要取出垫片。

可倾瓦轴承，如图 10-1h 所示，这种轴承是最稳定的轴承之一。它的表面分为三段或更多段，每段都绕中心旋转。运行中，每个瓦片倾斜形成楔形油膜，这样就创造了一个将轴推向轴承中心的力。对于单向旋转，瓦片有时会旋转向一端，通过弹簧推向轴的方向。

胡桃夹轴承，如图 10-1i 所示，这种轴承由两个半圆柱轴承组成。轴承上半部分可以在垂直方向自由移动，由液压缸推向轴。利用外界油压通过液压缸为轴承上半部分提供载荷。或者通过液压缸从轴承下方获得高压油，在高压油膜中钻出一个洞，以创造一个自载荷的轴承。这两种方式都可以增大轴承的偏心率，以达到稳定的工作状态。

3. 液体静压轴承

当运行条件要求全膜润滑，而又无法通过流体动力产生时，使用液体静压轴承。液体静压润滑的轴承，不论是推力轴承还是轴向轴承，润滑剂都是通过外界压力注入轴承。液体静压轴承相较于其他类型的轴承具有以下优势：摩擦小，载荷能力大，可靠性高，刚度高，寿命长。

液体静压轴承在很多场合得到了成功的应用，包括机械工具、轧机以及其他载荷大的慢速机械中。然而，这种轴承需要一些专业技术知识，包括对于不包含在轴承组件中的液压元件的透彻的了解。设计者应该注意，如果没有对问题的所有方面进行全面了解，不应该使用这种轴承。决定液体静压轴承的运行表现的是特定的润滑领域的知识，在专业的参考书中有具体阐述。

4. 导向轴承

导向轴承通常用作定位装置，或者作为引导直线运动的元件。图 10-2 所示为几种导向轴承设计的示例。这种轴承常常在润滑边界区域运转，润滑剂有干性润滑剂、干膜润滑剂［如二硫化钼（MoS_2）或四氟乙烯（TFE）］、脂类润滑剂、油类润滑剂或气体类润滑剂。通常使用流体静力润滑来提升性能，减少磨损，以增加稳定性。这种轴承的设计利用泵将空气或者其他气体在压力下输入油盘中，油盘设计成可以产生承载油膜并且保持与滑动表面之间完全的分离。

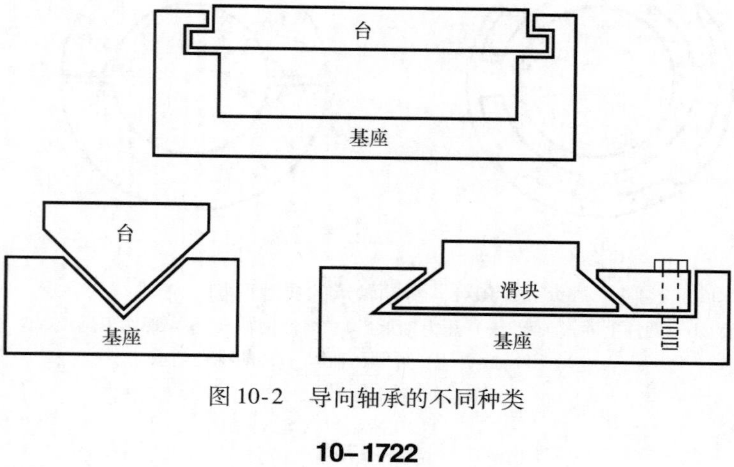

图 10-2 导向轴承的不同种类

5. 设计

滑动轴承设计通常由下面两种方式之一实现：

1）借用运行在类似条件下的轴承作为设计范本，设计出一个新的轴承。

2）如果缺乏类似轴承在类似运行环境的经验参考，则对运行环境和要求做出一定假设，在通用的设计参数和经验上准备一个假设性的设计，然后进行具体的润滑分析来确定设计和运行细节及要求。

6. 轴承运行模式

滑动轴承的载荷能力是由运动表面之间形成的流体膜决定的。膜的形成取决于轴承的设计，也取决于转动速度。这种轴承有三种运行模式或区域，可以分为全膜、混合膜和边界润滑，都对轴承摩擦有影响，如图 10-3 所示。

在轴承物理运行方面，这三种模式可以更进一步做如下描述：

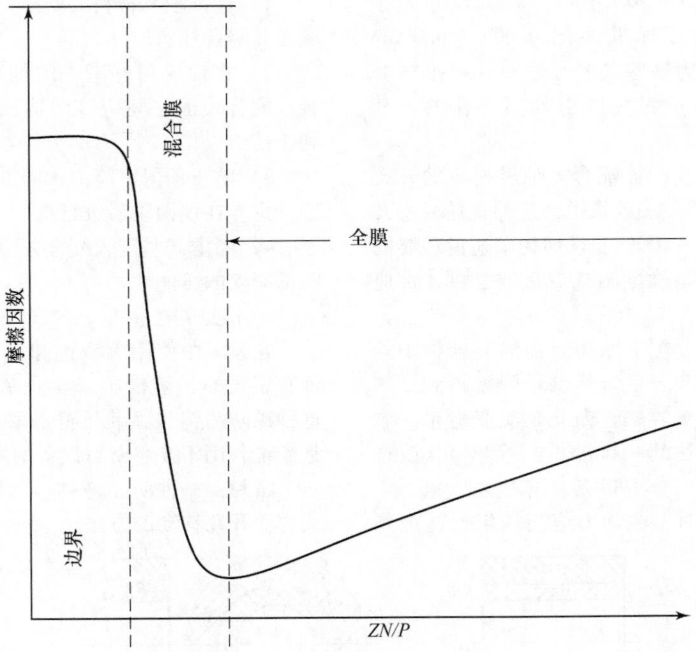

图 10-3 轴承运行模式

1）全膜润滑，或者流体动力润滑，润滑使得滑动面之间完全物理分离，使得摩擦变小，获得长时间无磨损的寿命。

为了在流体动力运作中创立全膜润滑，需要满足以下参数：①选择的润滑剂黏度适用于设定的运行环境；②需要维持合适的润滑剂流动速率；③运用正确的设计方法并作恰当考虑；④保持表面流速超过 25ft/min（7.62m/min）。

达到全膜润滑时，摩擦因数预计可以达到 0.001～0.005。

2）混合膜润滑是在全膜润滑和边界润滑模式之间的一个状态。在这种状态，滑动面之间通过润滑膜部分分离，然而，在边界润滑时，会产生表面速度限制和磨损。这种润滑出现时，要求表面流速超过 10ft/min（3.05m/min），相应的摩擦因数为 0.02～0.08。

3）边界摩擦会在滑动表面之间只隔着一层非常薄的润滑膜而互相摩擦时出现。这种运转只允许在振动和缓慢旋转运动时出现。在完全的边界润滑中，振动或转动速度通常低于 10ft/min，相应产生的摩擦因数为 0.08～0.14。这些轴承通常采用润滑脂润滑或周期性油类润滑。

在启动和加速到其运转点时，一个滑动轴承会经历所有这三种运行模式。静止时，轴颈和轴承之间接触，所以当开始运转时，运行在边界润滑的区域。当轴开始更高速的旋转，流体动力润滑膜开始形成，轴承运转进入到混合膜润滑区。当达到设计速度和载荷时，设计合理的轴承中的流体动力作用会最终提升到全膜润滑。

7. 轴承固定的方法

有很多方法可以确保轴承固定在外座内固定位置。具体使用哪种方法则根据应用不同而不同，但首先要求组件本身易于组装和拆分，另外，轴承壁厚度应该统一，以避免在结构中引入弱点，带来弹性畸变和热变形的风险。

压入配合或冷缩配合：有一种固定轴承的技术常见且符合要求，就是在外座中用过盈配合压紧或者收缩轴承。这种方法可以在整个轴承长度中轴承壁厚度统一时使用。

加工过内径和外径的标准衬套尺寸最大可以达到内径接近 5in（127mm）。尺寸小于或等于 3in（76.2mm）的衬套库存通常外径会比标准值高出 0.002～0.003in（50.8～76.2μm）。对于尺寸大于 3in 的，外径尺寸会比标准多出 0.003～0.005in（76.2～127μm）。因为这些公差已经算在标准衬套内了，压入配合需要的量可以由外座开孔的尺寸控制。

因为有压入配合或冷缩配合，轴承材料的开孔一定程度上"更紧缩"。一般来说，这种直径减小几乎是过盈配合的 70%～100%。任何为了避免最终的间隙加工而做出想要精确预测减少量的尝试，都应该避免。

冷缩配合可以通过在干冰和酒精的混合物中给轴承降温，或者通过液态空气给轴承降温得到。这些方法都比加热外座更容易，因此也更受青睐。酒精中的干冰温度可以达到 -110℉（-79℃），液态空气的沸点是 -310℉（-190℃）。

把轴承压入外座时，驱动力应当均匀地施加到轴承末端，以避免轴承外翻或压挤。同样重要的是，配合表面必须保持清洁，有光滑处理，没有加工缺陷。

楔固方法：通过将二者楔固的方式有很多种方法可以将轴承与其外座的位置固定。图 10-4 所示为很多可用的楔固方法，包括：定位螺钉；半圆键；螺栓连接轴承凸缘；螺纹轴承；定位销；外座盖。

选择上面这些方法时需要考虑的因素有：

1）保证轴承材料的壁厚一致，在轴承载荷的区域尤其需要注意。

2）在轴承和外座之间创造尽可能大的接触区域。配合表面之间应该清洁、光滑，没有缺陷，以利于传热。

3）防止任何可能由楔固方法造成的轴承局部变形。推荐在楔固以后进行机加工。

4）考虑某些键入配合方法带来的温度变化导致轴承畸变的可能性。

8. 密封方法

在运转中使用润滑剂和工艺介质的应用中，必须有正式的预防措施来防止流体泄漏到其他区域。这种预防措施包括使用静态和动态的密封装置。通常来说，用于描述密封设备的术语有以下三个。

密封：一种防止液体、气体或者颗粒在接合处或容器开孔移动的方法。

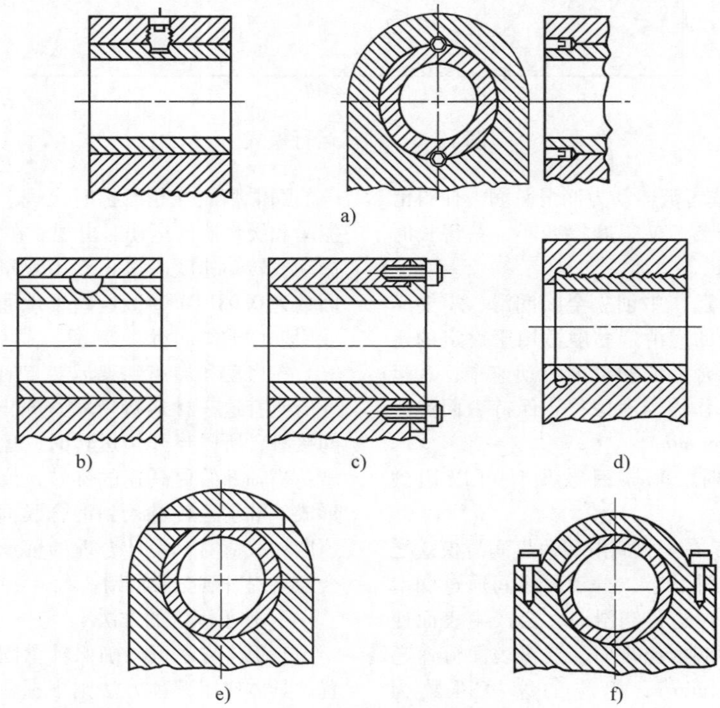

a)　b)　c)　d)　e)　f)

图 10-4　轴承固定的方法

a）定位螺钉　b）半圆键　c）螺栓连接轴承凸缘　d）螺纹轴承　e）定位销　f）外座盖

填料：一种动态密封，当一个总成中的刚性零件之间出现某些形式的相对摩擦运动时加以应用。

密封垫：一种静态密封，接合零件之间没有相对运动时使用。

所有密封应用都必须要有两个重要功能：防止液体溢出和防止外界物体迁入。

选择合适密封方法的第一个决定性因素，就是使用的场合是静态的还是动态的。要满足静态应用的要求，接合零件之间或者密封件和配合零件之间不能存在任何相对运动。一旦存在任何相对运动，这种应用都应视作动态的，密封件的选择也因此不同。

动态密封要求是在零件之间有相对运动的时候控制液体泄漏。为了达到这一目标，主要使用两种方法：主动接触或摩擦密封，以及可控间隙的非接触密封。

主动接触或摩擦密封：这种密封方法用在需要主动控制液体或气体时，或密封区域长期处在液体中时。如果妥善选择和应用，接触式密封件可以对大多数液体提供零泄漏的密封效果。然而，因为对温度、压力和速度敏感，如果应用不恰当，会造成早期失效。这些密封常用在转轴和往复轴上。在很多总成件中，主动接触密封件都是使用现成的产品。其他情况下，也可以根据特别的要求和应用进行定制。很多密封件生产商都提供客户定制服务，极端情况下，还可能提供密封问题的最佳解决之道。

可控间隙的非接触式密封：可控间隙密封，包含所有不涉及旋转和固定部件的摩擦接触的密封件，其代表是节流轴套和曲径密封。两者皆依靠液体在狭窄环形或径向通道时的节流作用。

间隙密封没有摩擦，对温度和速度都非常不敏感。这种密封是限制泄漏而非完全阻止泄漏的最佳装置。在很多应用中主要作为主要密封件使用，另外间隙密封件在接触密封应用中还可以作为辅助保护。这种密封件通常由设计者直接设计到设备当中，其形式多种多样。

这种密封件的优势就在于摩擦控制在最小范围，在设备生命周期中不存在磨损和畸变。但也存在两个明显的缺陷：当泄漏率非常关键时，这种密封件的使用受到限制；结构复杂时，这种密封件的成本较高。

静态密封：静态密封件，如密封垫圈、O 形密封圈和模压密封件，从设计到材料涉及范围都很广。

一些典型的分类如下：①模压密封圈：唇形和挤压成形；②单压缩密封；③膜片密封；④非金属垫圈；⑤O 形密封圈；⑥金属垫圈和 O 形密封圈。

具体产品的详细设计信息可直接从制造商处获取。

9. 硬度和表面处理

即使是润滑充分的全膜润滑套筒轴承中，轴承和轴颈之间在如启动、停止或者过载的情况下也可能会有瞬时接触。在混合膜润滑和边界膜润滑的套筒轴承中，会有持续的金属间的接触。因此，考虑到必要的磨合，轴颈的硬度通常大于轴承材料的硬度。这样一来磨合造成的划痕和磨损会发生在轴承本身，而轴承相较于价格更高的轴，更易于更换。作为一个通用原则，建议轴颈的布氏（Bhn）硬度至少要比轴承材料高 100 个点。

用在轴承上软一些的铸造青铜含铅量高而含锡量很低。在边界和混合膜润滑的应用中，受益于极出色的“承载”特性，这种青铜可以起到足够的作用。

高含锡量、低含铅量的铸造青铜硬度更高，并且有很高的稳定极限承载力，对于使用这种青铜的轴承，轴颈强度要求更高。如铝青铜轴承需要轴颈强度为 550～600HBW。

一般来说，轴承硬度越高，要求对中越好，润滑更可靠，以将可能的轴颈与轴之间接触时产生的局部生热降低到最小。还有，进入轴承中的磨料对于硬度更高的轴承也是一个问题，需要注意消除。

表面处理：不论轴承是运行在完全的边界、混合膜，还是液膜状态，都必须谨慎关注轴承和轴颈的表面处理。在流体动力或者全膜润滑的应用中，表面变化的峰值应小于预期的最小膜厚度；否则，轴颈表面最高处会与轴承表面最高处接触，造成高摩擦和温度上升。通过不同的表面处理方法得到的表面粗糙度范围是：钻孔、拉孔和铰孔，32～64μin（0.813～1.626μm），rms（均方根粗糙度）；研磨，16～64μin（0.406～1.626μm），rms；细磨，4～16μin（0.102～0.406μm），rms。

一般来说，全膜轴承在高偏心率比例下运转需要更细致的表面处理，因为全膜润滑的保持要求间隙小，并且金属之间的接触必须避免。另外，材料硬度越高，越要求细致的表面处理。对于边界和混合膜润滑的场合，表面处理要求相对放松，因为轴承在磨合中也会使表面变得更光滑。

图 10-5 所示为轴承和轴颈表面处理要求范围的通用指南。特定表面在每个范围选择表面处理可以通过观察通用规则来简化，材料硬度越大，载荷越大，速度越快，需要的表面处理更光滑。

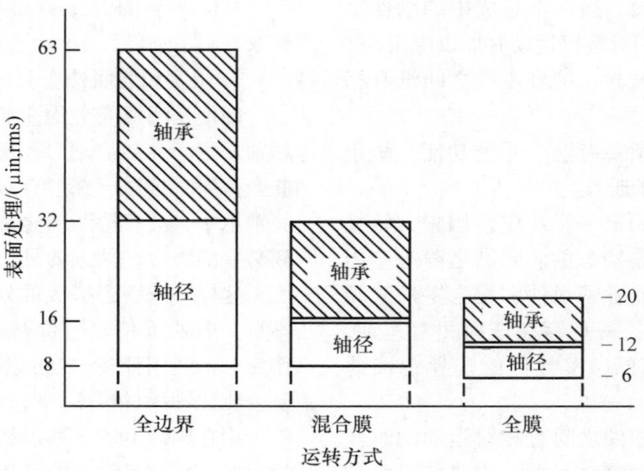

图 10-5 用于三种滑动轴承运行的推荐表面处理范围

10. 内孔加工

滑动轴承内孔最常用的加工方法是钻孔、拉孔、铰孔和抛光。

在具有充分导引可行的条件下，拉孔是一种提供良好尺寸和对中控制的快速表面处理的方法。软巴氏材料与拉孔尤其相配。第三种表面处理方法铰孔在使用导引的条件下有助于获得良好的尺寸和对中控制。铰孔可以通过人工或机械完成，更偏向使用机械方法。抛光是一种快速整形的操作，可得到很好的对中控制，但是对于尺寸的控制没有其他切割方法好。对于软材料，如巴氏材料，不推荐使用这种方法，因为铰孔会产生引缩作用，增加座体内孔中的衬套外径；结果铰孔就常用于这种目的，尤其是在 1/32in（0.794mm）的衬套壁上，但随后还需要做更多的整形处理。

滑动轴承钻孔拥有最好的同心度、对中和尺寸控制，是当需要紧公差和间隙时选择的表面处理方法。

11. 润滑方法

为轴承提供润滑剂的方法不胜枚举，下面介绍一些常用的方法。

1）压力润滑，从中心油槽、单孔与多孔或轴向油槽向轴承注入大量的油，有用并且高效。流动的油还有助于将轴承中的灰尘冲走，保持轴承冷却。事实上，流动的油可以比其他润滑方法更快地带走热量，因此可以承受更薄的油膜和不受削减的载荷。轴套需要承载的基本载荷的供油压力跟轴速成比例，但是对于大多数设备来说，50psi（345kPa）就够了。

2）油浴润滑，轴承淹没在润滑油中，是所有润滑方式中除了压力润滑外最可靠的润滑。这种润滑适用于外座不漏油，并且轴速不高，不会造成润滑油很多搅动的情况。

3）飞溅式润滑，适用于各种各样间隙润滑的轴套。包含从往轴承上溅油到其他轴承上的运动元件规律地沾油等各种方式。与油浴润滑一样，飞溅式润滑适用于外座不漏油和运动元件不搅动润滑油的情况。由于使用飞溅式润滑的产品拥有载荷变化和间歇式供油的特性，设计者若决定使用这种润滑方式的轴承的载荷能力时，需要经验来决断。

4）油环润滑，润滑油通过一个与轴接触的环往轴承供油，可以在合理范围内为轴承提供足够的油来维持流体动力润滑。如果轴速过低，只能有很少的油通过环进入轴承；如果轴速过高，环的速度又跟不上轴速。而且，轴速太高的环还会因为离心力而丢失一部分油。为了达到最理想的效果，轴的圆周速度应该为 200 ~ 2000ft/min（61 ~ 610m/min）。为了达到流体动力润滑的安全载荷，轴速应该是同样压力润滑轴承的1/2。除非载荷较小，否则流体动力润滑存疑。因此，为了达到流体动力润滑的安全载荷，轴速应该是同样压力润滑轴承的1/4。

5）油绳润滑或废料垛润滑，它们通过油绳或废料垛的毛细作用向外座输油；输油量与油绳和废料垛的大小成比例。

润滑剂：润滑剂的价值主要由其成膜能力决定，成膜能力是指润滑剂在轴承表面之间保持油膜的能力。成膜能力在很大程度上由润滑油的黏度决定，但是不能简单理解为黏度最大的润滑油就总是最合适的润滑剂。出于实用的考虑，能保持轴承表面之间油膜不破的黏度最小的一种润滑油，才是对于润滑最适合的选择。如果选择比保持油膜要求黏度更高的润滑剂，会产生能量浪费，因为要克服油自身的内部摩擦会产生不可避免的能量浪费。

图 10-6 所示为不同 SAE 矿物油的黏度，单位为 cP。

在轴套周围的腔中储存的脂类相较于油类系统就没那么令人满意，但是脂类或多或少来说可以永久使用，这是一个优势。尽管在一些非常合适的情况下也可能达成流体动力润滑，最常出现的还是边界润滑状态。

12. 润滑剂选择

为滑动轴承选择润滑剂时，必须考虑几个因素：①预计运行模式（全膜、混合膜或者边界膜）；②表面速度；③轴承载荷。

图 10-7 结合了以上几种因素，有助于大致选择合适的润滑剂黏度范围。

使用这些曲线时，假设一个轻载荷的轴承以 2000r/min 运转。在图 10-7 的底部，找到2000r/min 然后垂直向上划线，找到与轻载荷全膜润滑这条曲线的交点，就会看到指示的是 SAE 5 号润滑油。

有一个通用的经验法则，润滑油越重，越是适用于高载荷的情况，而轻一些的润滑油适用于高速环境。

另外，除了运用传动润滑油，滑动轴承还可以使用脂类润滑剂和固体润滑剂。下面列举了一些使用这些润滑剂的原因：

1）加长润滑寿命。

2）避免泄漏的润滑油接触到周围的设备或材料。

3）在极限温度环境内提供有效的润滑。

4）在有污染的环境中提供有效的润滑。

5）在单位表面压力大，可能破坏边界润滑膜的时候防止金属之间的直接接触。

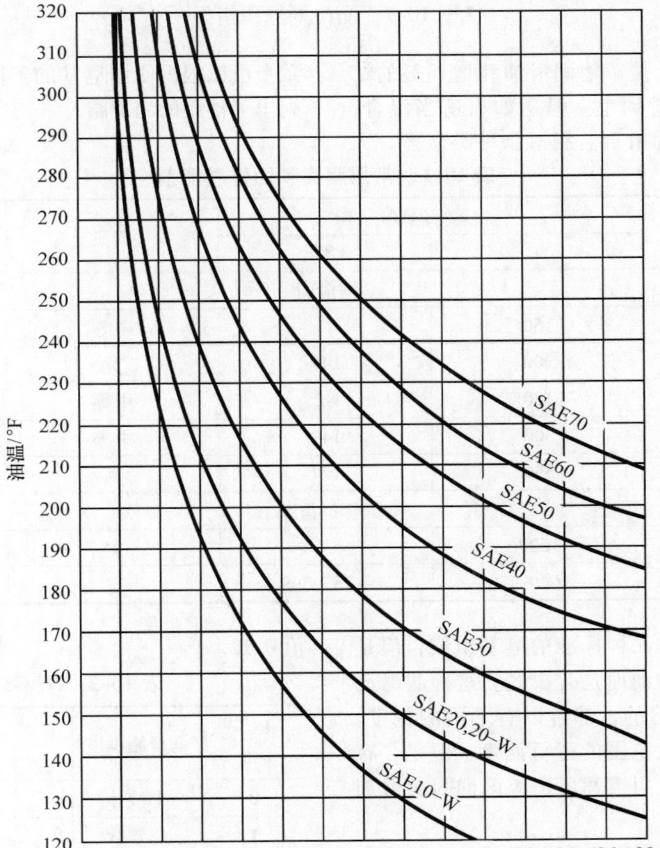

图 10-6 黏度和温度——SAE 油类

润滑脂：当不可能达到全膜润滑或者在较高载荷且低速的应用中不合适的情况下，脂类广泛用作润滑剂。尽管使用脂类润滑也有可能达到全膜润滑，但是一般不做考虑，因为必须要有一个精密的泵送系统为轴承持续提供精确用量的脂类。使用脂类润滑的轴承一般来说是周期性润滑的。因此，使用脂类润滑剂通常意味着轴承运行条件是完全边界润滑，轴承也会做相应设计。

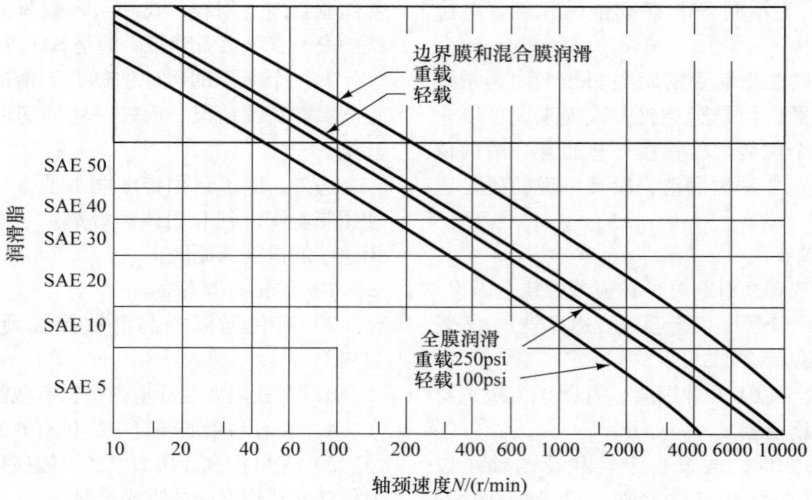

图 10-7 润滑剂选用指导

脂类润滑剂本质上是矿物润滑油和增稠剂的结合，最常见的结合是金属皂。但是如果适当混合，可以得到极好的轴承润滑剂。润滑脂种类众多，大致上可以根据使用皂基的不同分为不同类。表 10-1 列出了常用的润滑脂。

表 10-1 常用脂类和固体润滑剂

类型	运行温度		载荷	备注
	℉	℃		
润滑脂				
钙皂或石灰皂	160	71	中等	—
脂肪酸钠皂	300	149	宽	适用于速度范围广的场合
铝皂	180	82	中等	—
锂皂	300	149	中等	适用于低温场合
钡皂	350	177	宽	—
固体润滑剂				
石墨	1000	538	宽	—
二硫化钼	-100 ~ 750	-73 ~ 399	宽	—

合成润滑脂通常由几种标准的皂基组成，但是使用的不是标准的矿物油而是合成烃。这种润滑剂不论是水溶的还是不溶的，都可以有不同的稠度。合成润滑脂可以适应大范围的运行温度，但是，有特殊用途的润滑脂的使用推荐还是应该询问润滑剂制造商。

润滑脂的应用根据润滑脂的稠度在几个技术中选取。表 10-2 列出不同稠度的润滑脂和典型的应用方式。润滑脂槽通常比油槽宽，可以宽至油槽宽度的 1.5 倍。

润滑脂润滑轴承的摩擦因数为 0.08 ~ 0.16，根据润滑脂的稠度，润滑的频率因润滑脂种类的不同而不同。为了设计需要，可以取摩擦因数的平均值 0.12。

表 10-2 NLGI 稠度代码

NLGI① 稠度	润滑脂稠度	典型应用
0	半液体	刷子或润滑枪
1	非常软	插销式圈子或润滑枪
2	软	压注式润滑枪或集中压力系统
3	轻润滑脂	压注式润滑枪或集中压力系统
4	中润滑脂	压注式润滑枪或集中压力系统
5	重润滑脂	压注式润滑枪或手动
6	块状润滑脂	手工切割成形

① NLGI 指美国润滑脂协会。

固体润滑剂：对于高效高温润滑剂的需求催生了多种固体润滑剂的开发。本质上，固体润滑剂可以描述为低剪切力的固体材料。在青铜轴承中，固体润滑剂是作为滑动表面之间的媒材起作用的。因为这些固体的剪切力很小，比轴承材料更易剪切，因此可以出现相对运动。所以只要在运动表面之间有固体润滑剂，就可以保持有效的润滑，并且将摩擦和磨损降低到可以接受的范围。

固体润滑剂在减小摩擦、减小磨损和减小从滑动组件到滑动组件的金属迁移方面提供最有效的边界膜。然而，随着运转温度的升高，边界膜温度接近固体膜的熔点，这些优良的特质会有明显的退化。在这样的温度下，摩擦因素可能要以 5 ~ 10 的系数增加，而金属迁移更可能以高达 1000 的系数增加。如此一来，润滑剂分子在润滑剂保持固态时向表面的定位将不复存在。随着温度继续升高，摩擦增加量较小，但是金属迁移的系数将又增加 20 或者更多，情况越发恶化。最终在过高温度条件下，固体润滑的效果和金属与金属无润滑直接接触无异。这些由于润滑剂物理状态改变所带来的变化将在温度重新降低以后反转。

前面描述的这种效果也是脂肪酸润滑剂优于石蜡基润滑剂的部分原因。脂肪酸润滑剂与金属表面发生化学反应，生成的金属皂熔点高于润滑剂本身的熔点，带来的结果就是金属皂形式下膜的击穿温度升高，作用时更像是固体膜润滑剂而不是液体膜润滑剂。

10.1.2　滑动轴承或套筒轴承

尽管滑动轴承或套筒轴承的轴承形状和形式多种多样，但所包含的三个主要组件总是相同的：轴颈或轴，轴套或轴承，润滑剂。图 10-8 所示为以上组件和经常用来描述径向滑动轴承的术语：W 是外加载荷；N 是每分钟转速；e 是轴颈中心到轴承中心的偏心率；θ 是姿态角，是外加载荷和膜厚最低点之间的角度；d 是轴的直径；c_d 是轴承间隙；$d+c_d$ 是轴承直径；h_0 是膜最小厚度。

1. 油槽和给油

在径向滑动轴承上开油槽有两个目的：

1）在轴承运动表面之间生成并保持一个有效的润滑剂膜。

2）为轴承提供足够的冷却。

在轴承上能够引入润滑剂最明显和实际的地方就是低压区域。图 10-9 所示为轴承上典型的压力数据图。W 箭头指示了外加载荷方向。径向滑动轴承典型的油槽结构如图 10-10 所示。

2. 散热能力

在径向滑动轴承独立的润滑系统中，必须消除由轴承摩擦产生的热量以防止温度上升到不可接受的范围。轴承散热能力 H_R，可以通过公式 $H_R = LdCt_R$ 计算，C 是由 O. Lasche 定义的常量，t_R 是上升的华氏温度；L 是轴承总长度（in）；d 是轴承直径（in）。

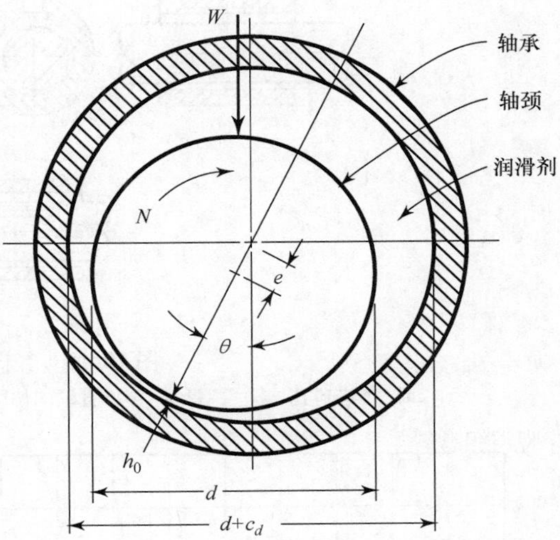

图 10-8　径向滑动轴承基本组件

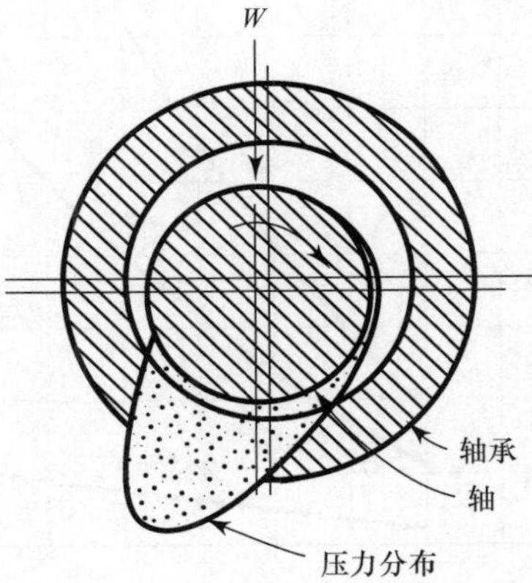

图 10-9　径向滑动轴承典型压力数据图

对应不同轴承升高温度 t_R 的 Ct_R 乘积之值可以在图 10-11 的曲线中找到，不同曲线代表不同的运行条件。

3. 滑动轴承设计符号

简单径向滑动轴承或套筒轴承的润滑剂逐步分析和设计时使用到的符号如下：

c 是润滑剂比热［Btu/(lb·℉)］；

c_d 是径向间隙（in）；

C_n 是轴承承载力数；

d 是轴颈直径（in）；

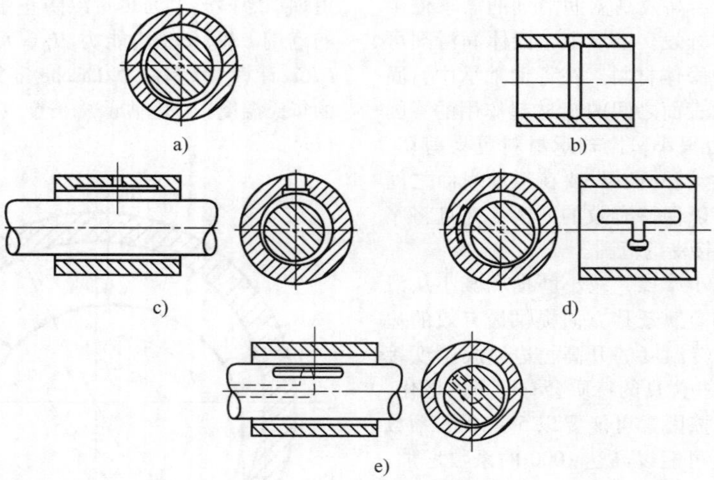

图 10-10 径向滑动轴承油槽分类

a）单进口孔 b）圆形槽 c）直轴向槽 d）带供油槽的直轴向槽 e）轴中的直轴向槽

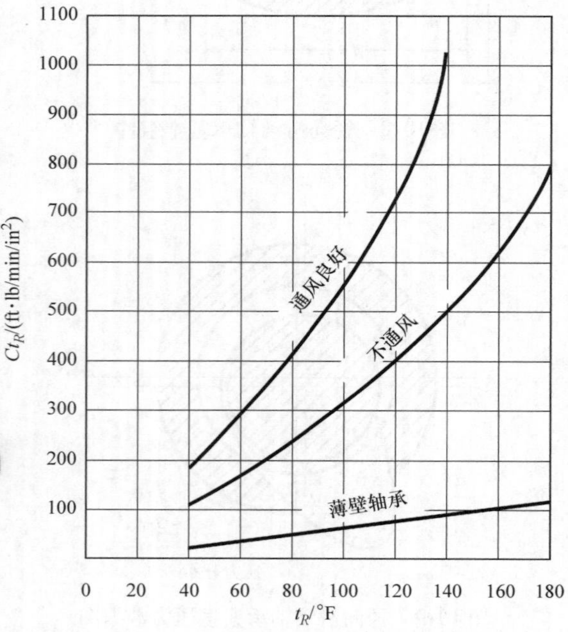

图 10-11 径向滑动轴承的散热能力系数 Ct_R 与轴承升高温度 t_R

e 是偏心率（in）；

h_0 是最小膜厚（in）；

K 是常量；

l 是图 10-12 中定义的轴承长度（in）；

L 是轴承实际长度（in）；

m 是间隙模量；

N 是速度（r/min）；

p_b 是单位载荷（lb/in^2）；

p_s 是注油压力（lb/in^2）；

P_f 是摩擦马力；

P' 是轴承压力参数；

q 是流量因数；

Q_1 是流体动力流（USgal/min）；

Q_2 是压力流（USgal/min）；

Q 是总流量（USgal/min）；

Q_{new} 是新的总流量（USgal/min）；

Q_R 是所需总流量（USgal/min）；

r 是轴颈半径（in）；

Δt 是实际轴承中油温升高（℉）；

Δt_a 是假设轴承中油温升高（℉）；

Δt_{new} 是新轴承中油温升高（℉）；

t_b 是轴承运行温度（℉）；

t_{in} 是进口油温（℉）；

T_f 是摩擦转矩（in · lb/in）；

T' 是转矩系数；

W 是载荷（lb）；

X 是系数；

Z 是黏度（cP）；

ε 是偏心比，偏心率与径向间隙之比；

α 是油密度（lb/in^3）。

4. 径向滑动轴承润滑分析

通过下面的步骤可以得到一个全面的润滑分析。

1）轴承直径 d：通常使用材料强度原则，由强度和轴的挠度要求决定。

2）轴承长度 L：由 l/d 决定，l 与总长度 L 可能相同也可能不同。轴承压力和可能的轴挠曲、未对中造成的边缘载荷都应该是要考虑的因素。通常来说，位置公差造成的轴未对中或轴挠曲需要控制在每英寸总长度 0.0003in 以下。

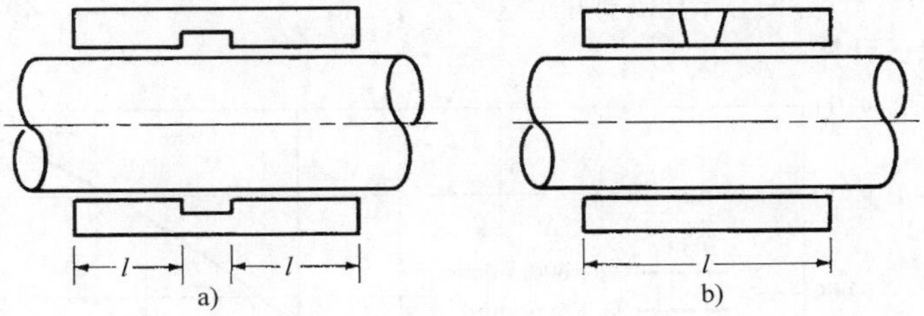

图 10-12 圆形槽和单进口孔槽的长度

a）圆形槽 b）单进口孔槽

3）轴承压力 P_b，每平方英寸的单位载荷由下面的公式计算：

$$P_b = \frac{W}{Kld}$$

式中，$K=1$ 单油孔；$K=2$ 中心槽；W 是载荷（lb）；l 是图 10-12 中定义的轴承长度（in）；d 是轴颈直径（in）。

表 10-3 列出了典型的工作中的单位载荷。在选用时这些压力可以作为安全的参考。然而，如果空间限制造成了载荷更高的限制，完整的润滑分析和材料特性评估将决定可接受性。

表 10-3 不同类型轴承的滑动轴承可接受压力

轴承种类或应用场合	压力①/(lb/in²) (/MPa)	轴承种类或应用场合	压力①/(lb/in²) (/MPa)
电动机和发电机轴承（普通）	100～200 (0.69～1.38)	柴油机连杆	1000～2000 (6.89～13.79)
涡轮和减速齿轮	100～250 (0.69～1.72)	活塞销	1800～2000 (12.41～13.79)
重型传动轴	100～150 (0.69～1.03)	汽车主轴承	500～700 (3.45～4.83)
机车轴	300～350 (2.07～2.41)	汽车连杆轴承	1500～2500 (10.34～17.24)
轻型传动轴	15～35 (0.103～0.241)	离心泵	80～100 (0.55～0.689)
柴油发动机主体	800～1500 (5.52～10.34)	航空器连杆轴承	700～3000 (4.83～20.68)

① 这些以 lb/in²（MPa）为单位的压力区域等同于长度乘以直径，仅作为一般参考。容许单位压力由运转条件，尤其是润滑，轴承设计，工艺，速度和载荷所决定。

4）径向间隙 c_d：从图 10-13 试验性的基础上选择，图中显示了对于不同大小的轴在两种速度范围内的建议径向间隙范围。这些都是热态间隙或操作间隙，所以在设计机械加工尺寸时，轴颈和轴承在运转温度下的热膨胀必须考虑进来。最佳操作间隙应该在完整润滑分析的基础上决定（参考第 23 步）。

5）间隙模量 m：由公式 $m=\frac{c_d}{d}$ 计算得到。

6）长度直径比 l/d：这个值通常为 1～2；然而，随着现代趋向于更高速和更紧凑单元的趋势，低至 0.3 的更低的比例得到应用。轴承更短，相应的载荷能力也降低，因为末端和边缘润滑剂泄漏会增加。轴承越长，有出现边缘载荷的倾向。单注油孔的长度 l 被视作轴承的总长度，如图 10-5 所示。对于中心油槽的长度，l 被视作轴承总长度的一半。

不同应用中使用的典型 l/d 在表 10-4 中列出。

7）假设运行温度 t_b：随着润滑剂通过轴承，下面的公式计算了假设的温度升高以及相应的运行温度，单位为℉：

$$t_b = t_{in} + \Delta t_a$$

式中，t_{in}是进口油温（℉）；Δt_a 是假设轴承中油温升高（℉），通常使用初始假设 20℉。

8）润滑剂黏度 Z：润滑剂黏度的单位 cP 是根据假设的运转温度由在展示了油与温度的 SAE 黏度

等级的图 10-13 中的曲线确定。

9）轴承压力系数 P'：计算偏心率比需要知道这个系数，可由下面的公式计算：

$$P' = \frac{6.9(1000m)^2 p_b}{ZN}$$

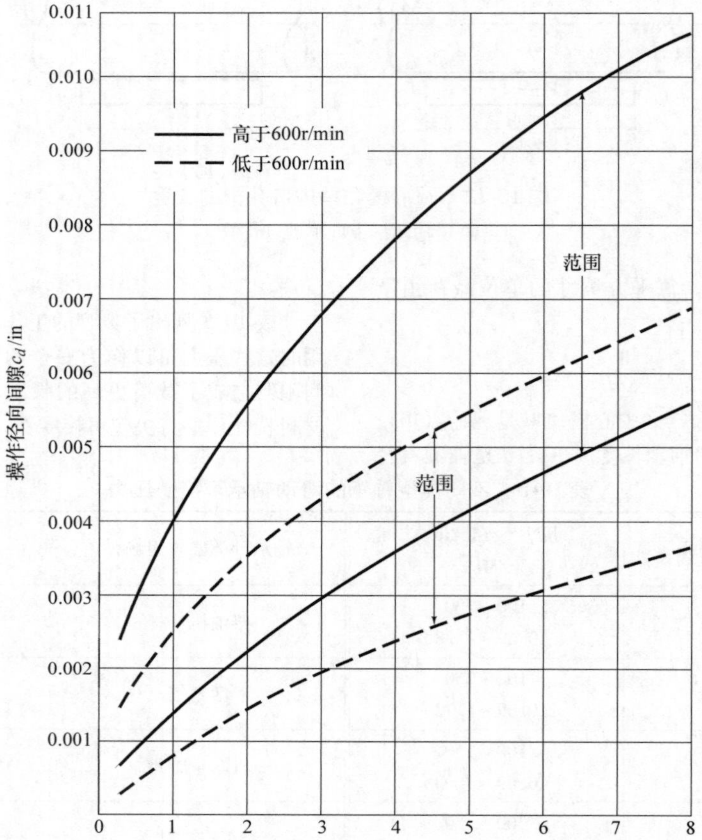

图 10-13 操作径向间隙 c_d 与轴颈直径 d

表 10-4 典型的 l/d

运用场合	l/d	运用场合	l/d
汽油机和柴油机	—	轻型轴	2.5～3.5
主轴承和曲柄销	0.3～1.0	重型轴	2.0～3.0
发电机和发动机	1.2～2.5	蒸汽机	—
汽轮发电机	0.8～1.5	主轴承	1.5～2.5
机械工具	2.0～3.0	曲轴和活塞销	1.0～1.3

10）偏心率比 ε：利用 P' 和 l/d，$1/(1-\varepsilon)$ 从图 10-14中查到，由此可以计算出 ε 的值。

11）转矩系数 T'：利用 $1/(1-\varepsilon)$ 和 l/d 从图 10-15和图 10-16 中查得。

12）摩擦转矩 T，该值可由下面的公式计算得到：

$$T = \frac{T'r^2 ZN}{6900(1000m)}$$

式中，r 是轴颈半径（in）。

13）摩擦马力 P_f，该值可由下面的公式计算得到：

$$P_f = \frac{KTNl}{63000}$$

式中，对于单油孔轴承，$K=1$；对于中心油槽轴承，$K=2$。

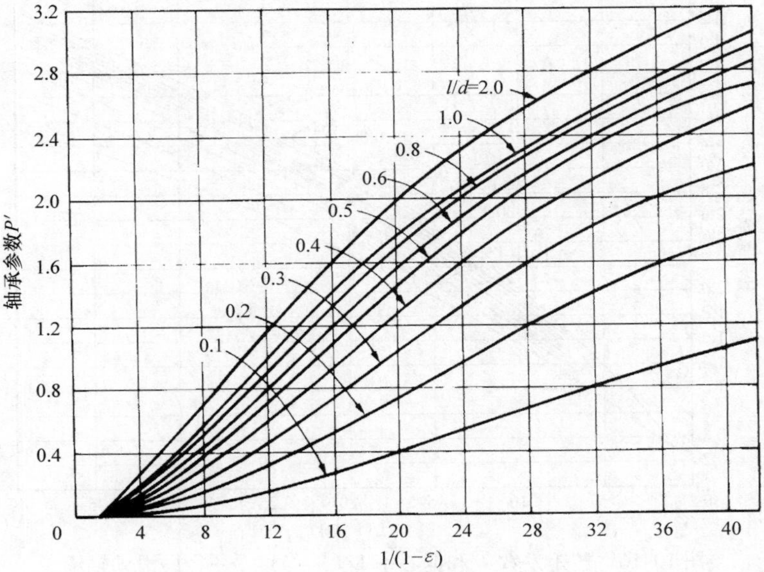

图 10-14　轴承参数 P'和偏心率比 $1/(1-\varepsilon)$ ——径向滑动轴承

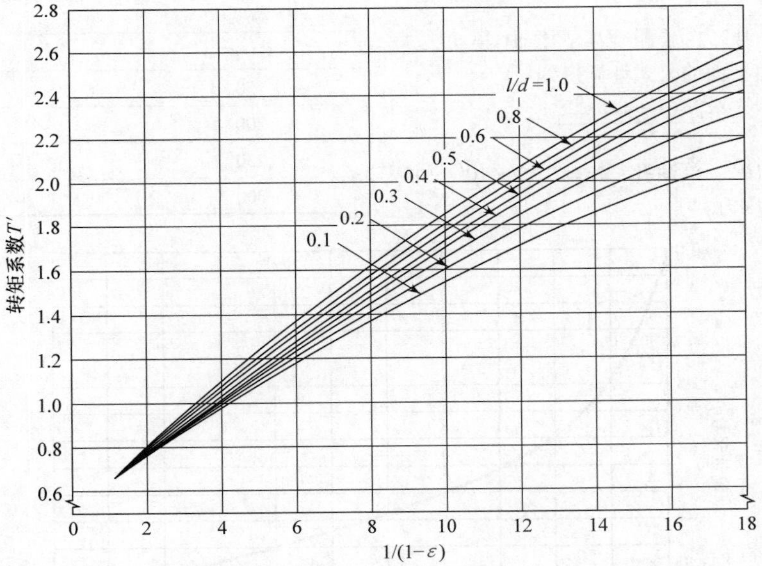

图 10-15　转矩系数 T'和偏心率 $1(1-\varepsilon)$ ——径向滑动轴承

14）系数 X，该系数是用来计算润滑剂流量的，可以从表 10-5 中查到，也可以由下面的公式计算：

$$X = 0.1837/\alpha c$$

式中，α 是油密度（lb/in^3）；c 是润滑剂比热［Btu/(lb·℉)］。

15）所需润滑剂总流量 Q_R，该值由下面的公式计算得到：

$$Q_R = \frac{X(P_f)}{\Delta t_a}$$

16）承载力数 C_n，计算该值需要知道流量系数，公式如下：

$$C_n = \left(\frac{l}{d}\right)^2 / 60P'$$

17）流量系数 q：该值可以从图 10-17 的曲线中查到。

18）润滑剂流体动力流量 Q_1，该值单位为 USgal/min，可以由下面的公式计算得到：

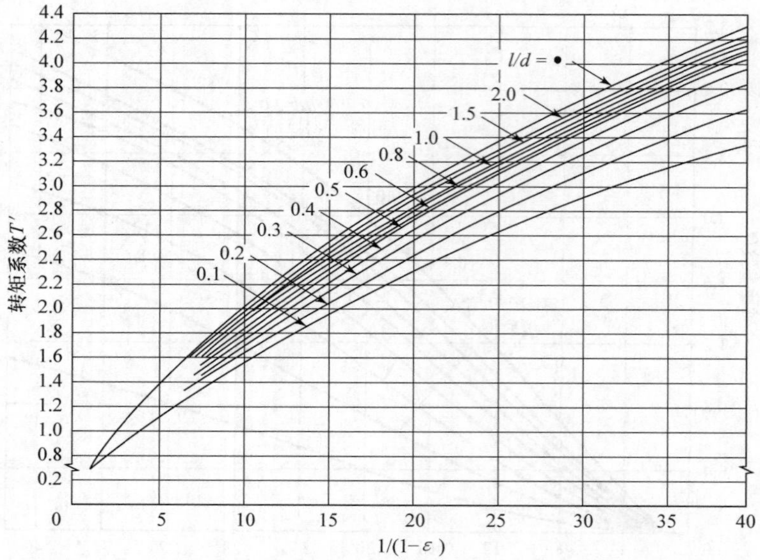

图 10-16 转矩系数 T' 和偏心率 $1/(1-\varepsilon)$ ——径向滑动轴承

$$Q_1=\frac{Nlc_d qd}{294}$$

19）润滑剂压力流量 Q_2，该值单位为 USgal/min，可以由下面的公式计算得到：

$$Q_2=\frac{Kp_s c_d^3 d(1+1.5\varepsilon^2)}{Zl}$$

式中，$K=1.64\times10^5$，单油孔；$K=2.35\times10^5$，中心油槽；p_s = 供油压力。

表 10-5 X 系数和矿物油温度

温度	X 系数
100	12.9
150	12.4
200	12.1
250	11.8
300	11.5

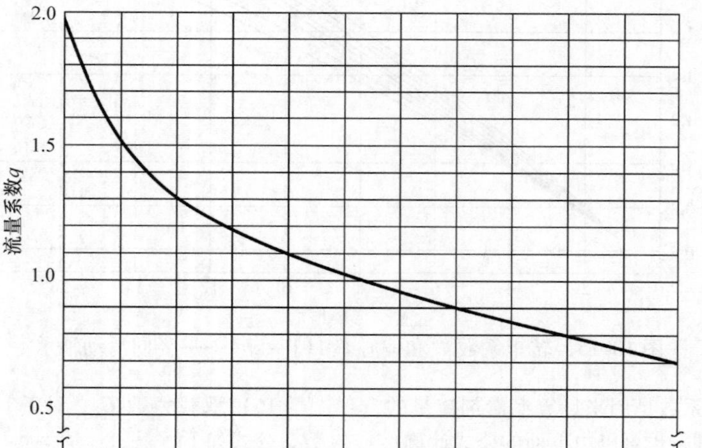

图 10-17 流量系数 q 和承载力数 C_n——滑动轴承

20）润滑剂总流量 Q：该值通过将流体动力流和压力流相加得到。

$$Q=Q_1+Q_2$$

21）轴承温度升高 Δt，该温度升高单位为℉，由下面的公式计算得到：

$$\Delta t=\frac{X(P_f)}{Q}$$

22）实际和假设温度升高的对比：这时，如果

Δt_a 和 Δt 之间相差大于 5℉，需要重复第 7 ~ 22 步，使用 Δt_{new}，取前面使用的 Δt_a 和 Δt 的中间值。

23）最小膜厚 h_0，如果第 22 步对比结果满足要求，最小膜厚（单位 in）可以由下面的公式计算：

$$h_0 = 1/2C_d(1-\varepsilon)$$

现在，假设得到一个新的径向间隙，重复第 5 ~ 23 步。当重复足够多次，得到足够多个 c_d 值，就可以如图 10-18 所示标绘出一个完整的润滑剂分析图。从图 10-18 中可以决定径向间隙的工作范围，用其最优化膜厚度、温度差、摩擦马力和润滑油流量。

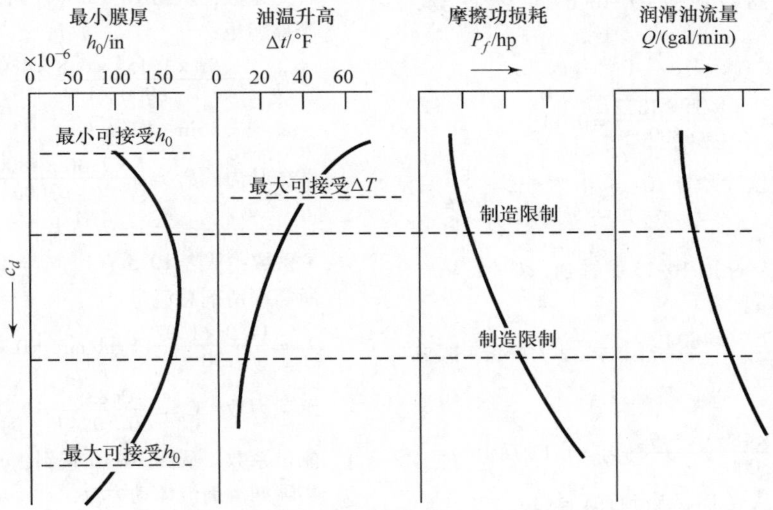

图 10-18　径向滑动轴承润滑剂分析曲线示例

5. 润滑剂分析的运用

完成润滑剂分析，如图 10-18 所示，下面的步骤就可以用作优化轴承设计，同时将基本运转要求和不同应用的特殊要求考虑在内。

1）观察最小膜厚曲线（见图 10-18）并决定可接受的径向间隙范围 c_d，可基于以下几点：

① 对于直径 1in 以下的小轴承，最小值为 200×10^{-6}in。

② 对于直径在 1 ~ 4in 之间的轴承，最小值为 500×10^{-6}in。

③ 对于更大的轴承，最小值为 750×10^{-6}in。

如果设计更保守，以上要求还会提高。

2）油温升高曲线 40℉下最大的 Δt 决定最小的可接受 c_d（见图 10-18）。

3）如果对保持小摩擦马力和油流量没有要求，径向间隙的可能限制已经定义完成。

4）现在可以将要求的制造公差放在该区域带中优化 h_0，如图 10-18 所示。

5）如果需要考虑油流量和功损耗，制造公差可能在对 h_0 和 Δt 要求的范围内有变化。

示例：图 10-19 所示为一个全围式滑动轴承，直径为 2.3in，长度为 1.9in，转速为 4800r/min，载荷为 6000lb，使用 SAE 30 号油，在 200℉通过单油孔以 30lb/in² 供油。根据径向间隙决定这个轴承的运转特性。

1）轴颈直径，已知为 2.3in。

2）轴承长度，已知为 1.9in。

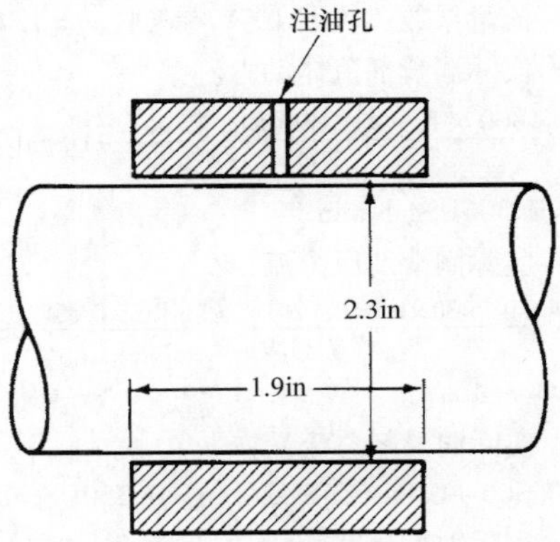

图 10-19　全围式滑动轴承设计示例

3）轴承压力：

$$P_b = \frac{6000}{1 \times 1.9 \times 2.3}\text{lb/in}^2 = 1372\text{lb/in}^2$$

4）径向间隙：第一次计算中，假设 c_d 和图 10-13的值相同，为 0.003in。

5）间隙模量：$m = \dfrac{0.003}{2.3} = 0.0013$in。

6）长度直径比：

$$l/d=\frac{1.9}{2.3}=0.83$$

7）假设运行温度：如果假设温度升高 Δt_a 为 20℉，则

$$t_b=200+20=220℉$$

8）润滑剂黏度：由图 10-6 可以查到，$Z=7.7\text{cP}$。

9）轴承压力系数：

$$P'=\frac{6.9\times1.3^2\times1372}{7.7\times4800}=0.43$$

10）偏心率比：从图 10-14 中看出，$\frac{1}{1-\epsilon}=6.8$，所以 $\epsilon=0.85$。

11）转矩系数：从图 10-15 中查到，$T'=1.46$。

12）摩擦转矩：

$$T_f=\frac{1.46\times1.15^2\times7.7\times4800}{6900\times1.3}\text{in}\cdot\text{lb/in}=7.96\text{in}\cdot\text{lb/in}$$

13）摩擦马力：

$$P_f=\frac{1\times7.96\times4800\times1.9}{63000}\text{马力}=1.15\text{ 马力}$$

14）X 系数：从表 10-5 查到，$X=12$。

15）所需润滑剂总流量：

$$Q_R=\frac{12\times1.15}{20}\text{USgal/min}=0.69\text{USgal/min}$$

16）承载力数：$C_n=\frac{0.83^2}{60\times0.43}=0.027$。

17）流量系数：从图 10-17 查到，$q=1.43$。

18）实际润滑剂流体动力流：

$$Q_1=\frac{4800\times1.9\times0.003\times1.43\times2.3}{294}\text{USgal/min}=0.306\text{USgal/min}$$

19）实际润滑剂压力流：

$$Q_2=\frac{1.64\times10^5\times30\times0.003^3\times2.3\times(1+1.5\times0.85^2)}{7.7\times1.9}\text{USgal/min}=0.044\text{USgal/min}。$$

20）实际润滑剂总流量：

$$Q=(0.306+0.044)\text{USgal/min}=0.350\text{USgal/min}$$

21）实际轴承温度升高：

$$\Delta t=\frac{12\times1.15}{0.350}℉=39.4℉$$

22）实际和假设温度升高的对比：因为 Δt_a 和 Δt 之间差值大于 5℉，假设两个值的中间值为新的 Δt_a，30℉，重复第 7～22 步。

假设运行温度：如果假设温度升高 Δt_a 为 20℉，则

$$t_b=200+30=230℉$$

润滑剂黏度：图 10-6 可以查到 $Z=6.8\text{cP}$。

轴承压力系数：

$$P'=\frac{6.9\times1.3^2\times1372}{6.8\times4800}=0.49$$

偏心率比：从图 10-13 可以看出，$\frac{1}{1-\varepsilon}=7.4$，所以 $\varepsilon=0.86$。

转矩系数：从图 10-15 中查到，$T'=1.53$。

摩擦转矩：

$$T_f=\frac{1.53\times1.15^2\times6.8\times4800}{6900\times1.3}\text{in}\cdot\text{lb/in}=7.36\text{in}\cdot\text{lb/in}$$

摩擦马力：$P_f=\frac{1\times7.36\times4800\times1.9}{63000}\text{马力}=1.07\text{ 马力}$

X 系数：从表 10-5 查到，$X=11.9$。

所需润滑剂总流量：

$$Q_R=\frac{11.9\times1.07}{30}\text{USgal/min}=0.42\text{USgal/min}。$$

承载力数：$C_n=\frac{0.83^2}{60\times0.49}=0.023$。

流量系数：从图 10-10 查到，$q=1.48$。

实际润滑剂流体动力流：

$$Q_1=\frac{4800\times1.9\times0.003\times1.48\times2.3}{294}\text{USgal/min}=0.317\text{USgal/min}。$$

实际润滑剂压力流：

$$Q_2=\frac{1.64\times10^5\times30\times0.003^3\times2.3\times(1+1.5\times0.86^2)}{6.8\times1.9}\text{USgal/min}=0.050\text{USgal/min}。$$

实际润滑剂总流量：$Q_{\text{new}}=0.317\text{USgal/min}+0.050\text{USgal/min}=0.367\text{USgal/min}$。

实际轴承温度升高：

$$\Delta t=\frac{11.9\times1.06}{0.367}℉=34.4℉$$

实际和假设温度升高的对比：因为 Δt_a 和 Δt 之间差值小于 5℉。

23）最小膜厚：

$$h_0=\frac{0.003}{2}(1-0.86)\text{in}=0.00021\text{in}$$

现在，可以从图 10-13 中选取其他 c_d 值来重复这样的分析，然后就可以如图 10-18 所示标绘出一个完整的润滑剂分析图。之后，就可以选出合适的 c_d 运转范围，来优化最小间隙、摩擦马力、润滑剂流量和温度升高。

10.1.3 推力轴承

推力轴承，如其名字一样，用于承受轴向载荷或将轴轴向安置。这些轴承的每个标准设计简述都配有相应的设计方法。这种轴承通常可接受的载荷范围罗列在表 10-6 中，结构图解在图 10-20 中。

平行板推力轴承和平板推力轴承可能是这类轴承中最常用的类型。这种轴承结构最简单，成本也最低，然而，却也是最不能承受载荷的轴承，从表10-6 中也可以看出，这种轴承最常在轻载荷或偶有载荷的应用中被用作定位装置。

立式推力轴承和平行板推力轴承一样，相对来说是比较简单的设计。这种轴承可以承受正常范围内的轴向载荷，并且生产中成本低，产量大。然而，这种轴承随着尺寸增大，对于对中变得敏感。

锥面推力轴承，见表 10-6，有很高的载荷能力。立式推力轴承常用的是小尺寸，锥面推力轴承常用的是较大的尺寸。然而，这种轴承生产成本更高，而且在尺寸增大时同样要求对中准确。

可倾瓦推力轴承或者单圈推力轴承同样有很高的轴向载荷能力。其结构成本高，但有可以承受大量对中偏差的天然优势。

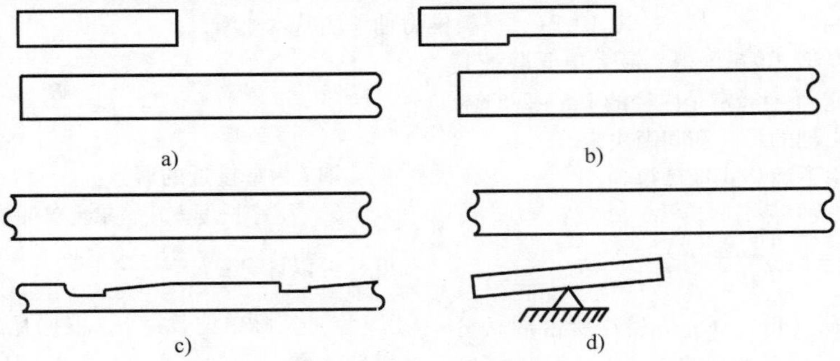

图 10-20　推力轴承分类

a）平行板式　b）立式　c）锥面式　d）可倾瓦式

表 10-6　推力轴承载荷

类型	正常单位载荷/(lb/in^2)	最大单位载荷/(lb/in^2)
平行面式	<75	<150
立式	200	500
锥面式	200	500
可倾瓦式	200	500

1. 推力轴承设计符号

平行板式、立式、锥面式和可倾瓦式推力轴承的设计步骤中所使用到的符号如下：

a 是瓦片径向宽度（in）；

b 是瓦片分度线处弧周长（in）；

b_2 是瓦片步长；

B 是分度线周长（in）；

c 是油比热[Btu/(USgal・°F)]；

D 是直径（in）；

e 是轴瓦深度（in）；

f 是摩擦因数；

g 是 45°齿宽倒角深（in）；

h 是膜厚（in）；

i 是瓦片数目；

J 是功损耗系数；

K 是膜厚系数；

K_g 是瓦片所占周长分数，通常是 0.8；

l 是倒角长度（in）；

M 是每平方英寸马力；

N 是每分钟转速；

O 是运转数；

p 是轴承单位载荷（lb/in^2）；

p_s 是供油压力（lb/in^2）；

P_f 是摩擦马力；

Q 是总流量（USgal/min）；

Q_c 是每个倒角需要的流量（USgal/min）；

Q_c^0 是未修正的每个倒角需要的流量（USgal/min）；

Q_F 是膜态流动流量（USgal/min）；

S 是固体槽宽度；

Δt 是上升温度（°F）；

U 是速度（ft/min）；

V 是每个瓦片有效宽长比；

W 是外加载荷（lb）；

Y_G 是油流量系数；

Y_L 是泄漏系数；

Y_S 是形状系数；

Z 是黏度（cP）；

α 是无量纲膜厚系数；

δ 是锥角；

ξ 是动能修正系数。

下文中，下标 1 表示内径，下标 2 表示外径，下标 i 表示入口，下标 o 表示出口。

2. 平板推力轴承设计

下面这些步骤决定了平板推力轴承的性能，如图 10-21 所示。尽管每个轴承截面都打磨成楔形，为了设计计算，截面可视作一个长度为 b、宽度为 a 的矩形，b 等于计算的瓦片分度线处弧周长，a 等于外半径和内半径之差。

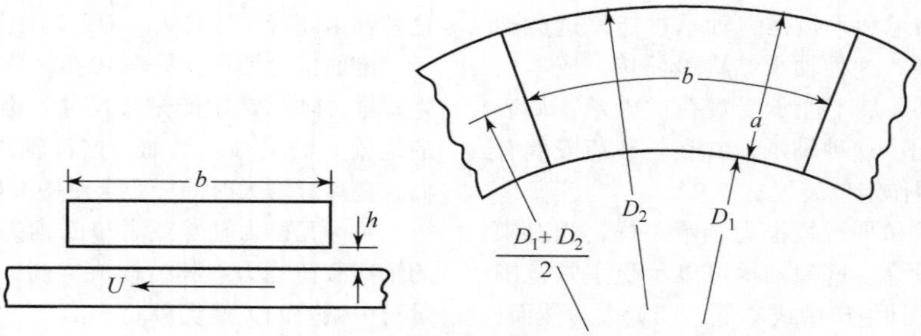

图 10-21　平板推力轴承的基本要素

通用参数：①从表 10-6 可得，最大单元载荷是每英寸 75～100lb；②外径通常是内径的 1.5～2.5 倍。

1）内径 D_1，由轴的尺寸和间隙决定。

2）外径 D_2，由下面公式计算得到：

$$D_2 = \left(\frac{4W}{\pi K_g p} + D_1^2\right)^{\frac{1}{2}}$$

式中，W 是外加载荷（lb）；K_g 是瓦片所占周长分数，通常是 0.8；p 是轴承单位载荷（$\mathrm{lb/in^2}$）。

3）径向瓦片宽度 a，等于内外直径之差的一半。

$$a = \frac{D_2 - D_1}{2}$$

4）分度线周长 B，由分度线直径决定。

$$B = \pi(D_2 - a)$$

5）瓦片数目 i，假设一个油槽宽度为 s。如果假设瓦片长度最优，如等于其宽度。则

$$i_{\text{app}} = \frac{B}{a+s}$$

取 i 为最接近的偶数。

6）瓦片长度 b，如果已知瓦片的数目和油槽宽度，可以计算：$b = \dfrac{B - is}{i}$

7）实际单位载荷 p，根据瓦片尺寸以 $\mathrm{lb/in^2}$ 为单位计算。

$$p = \frac{W}{iab}$$

8）分度线速度 U，单位为 ft/min：$U = \dfrac{BN}{12}$

9）摩擦功损耗 P_f。这种轴承的摩擦功损耗难以计算，因为没有决定运转膜厚的理论方法。但是，可以通过图 10-22 得出可靠的近似值。从这个曲线

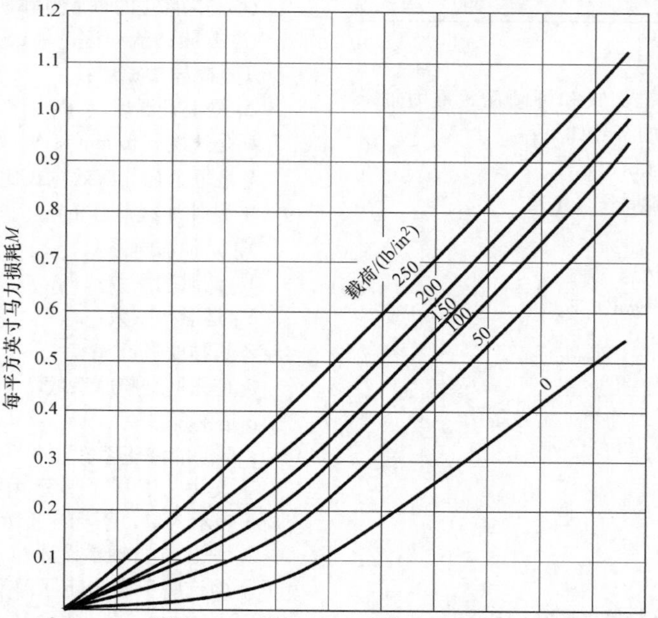

图 10-22　摩擦功损耗 M 和圆周速 U——推力轴承

中可以得到 M 的值，即轴承表面每平方英寸的马力损耗。总的功损耗 P_f 可以这样计算：

$$P_f = iabM$$

10）需要的油流量 Q，该值根据已知的温度增加可以计算，单位为 USgal/min：

$$Q = \frac{42.4P_f}{c\Delta t}$$

式中，c 是油的比热［Btu/(USgal · ℉)］；Δt 是油温升高的温度（℉）。

注意：最高可接受 Δt 为 50℉。

因为这种轴承没有预测最小膜厚的理论方法，只能靠膜态流动流量的经验选取一个近似值。因此，根据实践经验，至少一般的需求油流量流过倒角是理想的情况。

11）膜态流动流量 Q_F，单位为 USgal/min：

$$Q_F = \frac{1.5 \times 10^5 iVh^3 p_s}{Z_2}$$

式中，V 是每个瓦片的有效宽长比，a/b；Z_2 是出口温度油黏度；h 是膜厚。

注意：由于无法计算 h，取 $h = 0.002$in。

12）每个倒角需要的流量 Q_c。由下式得到：

$$Q_c = \frac{Q}{i}$$

13）动能修正系数 ξ。假设一个倒角长度为 l，在图 10-23 中通过 $Z_2 l$ 和 Q_c 的值找到。

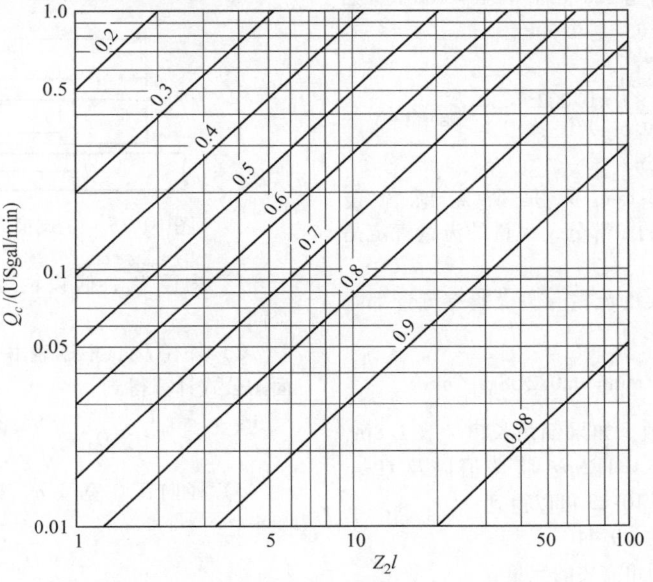

图 10-23　动能修正系数 ξ——推力轴承

14）未修正每个倒角需要的流量 Q_c^0。由下式计算：

$$Q_c^0 = \frac{Q_c}{\xi}$$

15）齿宽倒角深 g。由下式计算：

$$g = \sqrt[4]{\frac{Q_c^0 l Z_2}{4.74 \times 10^4 p_s}}$$

示例：设计一个平板推力轴承，在转速为 4000r/min时载荷为 900lb，使用 SAE 10 号油，在 120℉和 30lb/in² 进口条件下，比热为 3.5 Btu/(USgal · ℉)。轴径为 2¾in，温度升高没有超过 40℉。图 10-24 所示为这个轴承最终的设计结果。

1）内径，假设为 3in。

2）外径，从表 10-6 中假设单位载荷为 75lb/in²。

$$D_2 = \sqrt{\frac{4 \times 900}{\pi \times 0.8 \times 75} + 3^2}\text{in} = 5.30\text{in}$$

取 $D_2 = 5\frac{1}{2}$in。

3）径向瓦片宽度：

$$a = \frac{5.5 - 3}{2}\text{in} = 1.25\text{in}$$

4）分度线周长：

$$B = \pi \times 4.25\text{in} = 13.35\text{in}$$

5）瓦片数目，假设油槽宽度为 3/16in。如果假设瓦片长度与宽度相同，则

$$i_{\text{app}} = \frac{13.3}{1.25 + 0.1875} = 9.25$$

取瓦片数目 i 为 10。

6）瓦片长度：

$$b = \frac{13.35 - (10 \times 0.1875)}{10}\text{in} = 1.14\text{in}。$$

7）实际单位载荷：

$$p=\frac{900}{10\times1.25\times1.14}\text{lb/in}^2=63\text{lb/in}^2$$

8）分度线速度：

$$U=\frac{13.35\times4000}{12}\text{ft/min}=4430\text{ft/min}$$

9）摩擦功损耗，从图 10-22 得到，$M=0.19$，则

$$P_f=10\times1.25\times1.14\times0.19\text{ 马力}=2.7\text{ 马力}$$

10）需要的油流量：

$$Q=\frac{42.4\times2.7}{3.5\times40}\text{USgal/min}=0.82\text{USgal/min}$$

假设温度上升为已知条件允许的最大值 40℉，则可以假设运行温度将是 120℉ + 40℉ = 160℉，油黏度从图 10-6 可以查到，是 9.6cP。

11）膜态流动流量：

$$Q_F=\frac{1.5\times10^5\times10\times1\times0.002^3\times30}{9.6}\text{USgal/min}=0.038\text{USgal/min}$$

因为 0.038USgal/min 只是所需要流量 0.82USgal/min 中很小的一部分，大量的流量肯定是通过倒角承载。

12）每个倒角需要的流量。假设所有流量都是由倒角承载的，则

$$Q_c=\frac{0.82}{10}\text{USgal/min}=0.082\text{USgal/min}$$

13）动能修正系数。如果倒角长度 l 取 1/8in，那么 $Z_2l=9.6\times1.8\text{in}=1.2\text{in}$。将该值以及 $Q_c=0.082\text{USgal/min}$ 带入图 10-23 可以得到：

$$\xi=0.44$$

14）未修正每个倒角需要的流量：

$$Q_c^0=\frac{0.082}{0.44}\text{USgal/min}=0.186\text{USgal/min}$$

15）齿宽倒角深：

$$g=\sqrt[4]{\frac{0.186\times0.125\times9.6}{4.74\times10^4\times30}}\text{in}$$

$$g=0.02\text{in}$$

图 10-24 所示的即为该轴承的示意图。

3. 立式推力轴承设计

下面的步骤决定了立式推力轴承的性能，部分步骤在图 10-25 中有所展示。

每个轴承表面都是楔形，如图 10-25 右边所示，为设计计算起见，截面被视作一个长度为 b、宽度为 a 的矩形，b 等于计算的瓦片分度线处弧周长，a 等于外半径和内半径之差。

基本参数：最优比例，$a=b$，$b_2=1.2b_1$，$e=0.7h$。

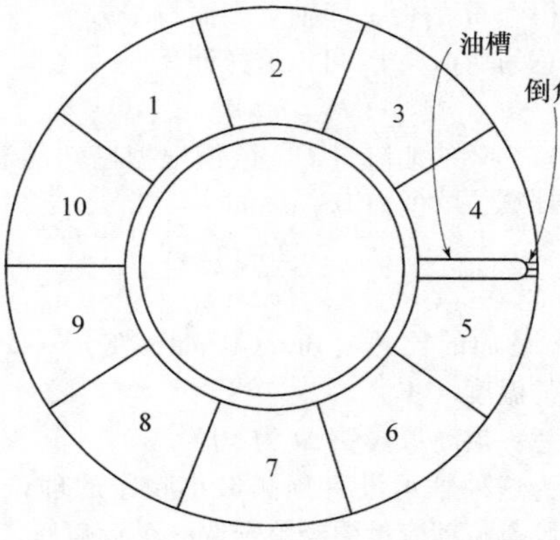

图 10-24 平板推力轴承设计示例

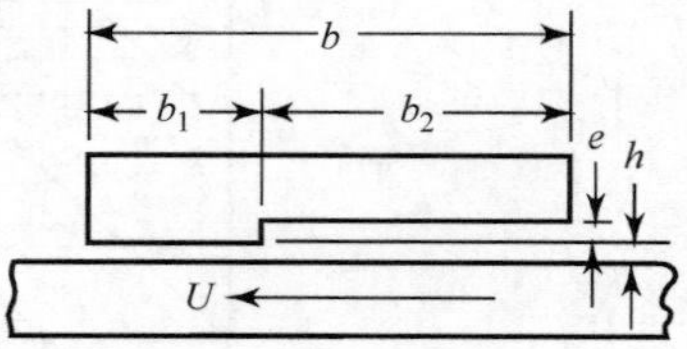

图 10-25 立式推力轴承基本要素

1）内径 D_1，假设内径为轴提供足够的间隙空间。

2）外径 D_2，根据表 10-6 假设外径，然后由下面的公式计算得到。

$$D_2=\sqrt{\frac{4W}{\pi K_g p}+D_1^2}$$

3）径向瓦片宽度 a，等于外径和内径之差的一半。

$$a=\frac{D_2-D_1}{2}$$

4）分度线周长 B，由下式计算：

$$B=\frac{\pi(D_1+D_2)}{2}$$

5）瓦片数目 i。假设一个油槽宽度为 s（最小值取 0.062in），然后找到瓦片数目的近似值。如果假设瓦片长度为 a。注意，如果发现倒角对于增加油流量是必须的（参考第 13 步），油槽宽度应该比倒角宽度大。

$$i_{\text{app}}=\frac{B}{a+s}$$

取 i 为最接近的偶数。

6）瓦片长度 b。如果已知瓦片的数目和油槽宽度，可以简单计算：

$$b=\frac{B}{i}-s$$

7）分度线速度 U，单位为 ft/min，公式为$U=\frac{BN}{12}$。

8）膜厚 h，单位为 in，通过下式计算：

$$h=\sqrt{\frac{2.09\times10^{-9}ia^3UZ}{W}}$$

9）踏板深度 e。根据通用参数：

$$e=0.7h$$

10）摩擦功损耗 P_f。由下式计算：

$$P_f=\frac{7.35\times10^{-13}ia^2U^2Z}{h}$$

11）瓦片踏板长度 b_2，在分度线上，这个距离从瓦片前沿到踏板，单位为 in，由通用参数决定。

$$b_2=\frac{1.2b}{2.2}$$

12）流体动力油流量 Q，单位为 USgal/min，计算公式为

$$Q=6.65\times10^{-4}iahU$$

13）温度升高 Δt，单位为℉，计算公式为

$$\Delta t=\frac{42.4P_f}{cQ}$$

如果温度上升很高，显示流量不够，可以像平板推力轴承设计的第 12～15 步一样增加倒角，来提供足够的油流量。

示例：设计一个足够直径为 7/8in 的轴运行的踏板推力轴承，速度为 5000r/min，轴向载荷为 25lb。润滑油在 160℉时的黏度为 25cP，比热为 3.4Btu/(USgal·℉)。

1）内径，假设内径为 1in，为轴提供足够的间隙空间。

2）外径，鉴于示例中的这个定位轴承总载荷较小，单位载荷可以忽略，所以此处使用的公式不再是上面第二步中给出的，而是取一个方便得到理想整体轴承比例的值。

$$D_2=3\text{in}$$

3）径向瓦片宽度：

$$a=\frac{3-1}{2}\text{in}=1\text{in}$$

4）分度线周长：

$$B=\frac{\pi(3+1)}{2}\text{in}=6.28\text{in}$$

5）瓦片数目，假设油槽宽度为 0.062in，则

$$i_{\text{app}}=\frac{6.28}{1+0.062}=5.9$$

取 $i=6$。

6）瓦片长度：

$$b=\left(\frac{6.28}{6}-0.062\right)\text{in}=0.985\text{in}$$

7）分度线速度：

$$U=\frac{6.28\times5000}{12}\text{ft/min}=2620\text{ft/min}$$

8）膜厚：

$$h=\sqrt{\frac{2.09\times10^{-9}\times6\times1^3\times2620\times25}{25}}\text{in}=0.0057\text{in}$$

9）踏板深度：

$$e=0.7\times0.0057\text{in}=0.004\text{in}$$

10）功损耗：

$$P_f=\frac{7.35\times10^{-13}\times6\times1^2\times2620^2\times25}{0.0057}\text{hp}=0.133\text{hp}$$

11）瓦片踏板长度：

$$b_2=\frac{1.2\times0.985}{2.2}\text{in}=0.537\text{in}$$

12）流体动力油总流量：

$$Q=6.65\times10^{-4}\times6\times1\times0.0057\times2620\text{USgal/min}=0.060\text{USgal/min}$$

13）温度升高：

$$\Delta t=\frac{42.4\times0.133}{3.4\times0.060}℉=28℉$$

4. 斜面推力轴承设计

下面的步骤决定了斜面推力轴承的性能，部分元素展示在图 10-26 中。每个轴承表面都是楔形，如图 10-26 右边所示，为设计计算起见，截面被视作一个长度为 b、宽度为 a 的矩形，b 等于计算的瓦片分度线处弧周长，a 等于外半径和内半径之差。

通用参数：通常来说，锥形通常只延伸到瓦片长度的 80%，其他部分依然是平面，所以有 $b_2=0.8b$，$b_1=0.2b$。

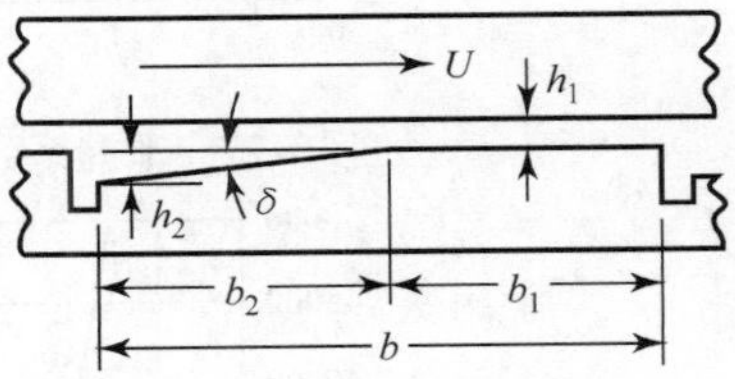

图 10-26 斜面推力轴承的基本元素

1）内径 D_1，由轴的尺寸和间隙决定。

2）外径 D_2，由下式计算得到：

$$D_2=\left(\frac{4W}{\pi K_gP_a}+D_1^2\right)^{1/2}$$

式中，$K_g=0.8$ 或 0.9；W 是外加载荷（lb）；P_a 是假设单位载荷，从表 10-6 得到。

3）径向瓦片宽度 a，等于外径和内径之差的一半。

$$a=\frac{D_2-D_1}{2}$$

4）分度线周长 B，根据直径的平均值计算：

$$B=\frac{\pi(D_1+D_2)}{2}$$

5）瓦片数目 i，假设一个油槽宽度为 s，然后找到瓦片数目的近似值。假设瓦片长度为 a，则

$$i_{\text{app}}=\frac{B}{a+s}$$

取 i 为最接近的偶数。

6）瓦片长度 b，因为瓦片数目已知，油槽宽度也已知，可以简单进行计算。

$$b=\frac{B-is}{i}$$

7）尖削度 δ_1 和 δ_2 可以从表 10-7 中查到。

表 10-7　斜面推力轴承锥度值

瓦片尺寸/in	锥形/in	
$a\times b$	$\delta_1=h_2-h_1$(ID)	$\delta_2=h_2-h_1$(OD)
1/2×1/2	0.0025	0.0015
1×1	0.005	0.003
3×3	0.007	0.004
7×7	0.009	0.006

8）实际单位载荷 p，单位为 lb/in^2，计算公式如下：

$$p=\frac{W}{iab}$$

9）分度线速度 U，单位为 ft/min，在节距圆上根据公式计算：

$$U=\frac{BN}{12}$$

10）油泄漏系数 Y_L，可以从图 10-27 中的 Y_L 关于瓦片宽度 a 和斜面长度 b 的函数曲线中得到，也可以由下面的公式计算：

$$Y_L=\frac{b}{1+(\pi^2b^2/12a^2)}$$

11）膜厚系数 K，用下面的公式计算：

$$K=\frac{5.75\times10^6P}{UY_LZ}$$

12）最小膜厚 h，根据刚刚计算得到的 K 值，以及选好的锥度值 δ_1 和 δ_2，可以从图 10-28 查到 h。

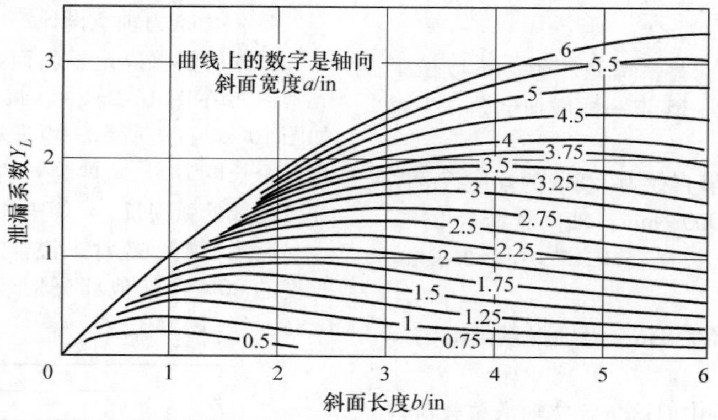

图 10-27　泄漏系数 Y_L 和瓦片尺寸 a 和 b——斜面推力轴承

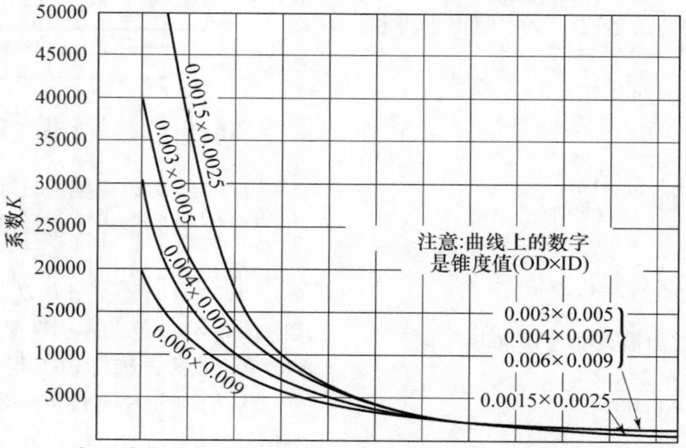

图 10-28　厚度 h 和系数 K——斜面推力轴承

通常来说，对于小轴承 h 为 0.001in，大一点和更高速的轴承 h 为 0.002in。

13）摩擦功损耗 P_f。根据膜厚 h，从图 10-29 可以查到系数 J。然后可以据此计算摩擦功损耗，单位为马力，公式如下：

$$P_f = 8.79 \times 10^{-13} iabJU^2 Z$$

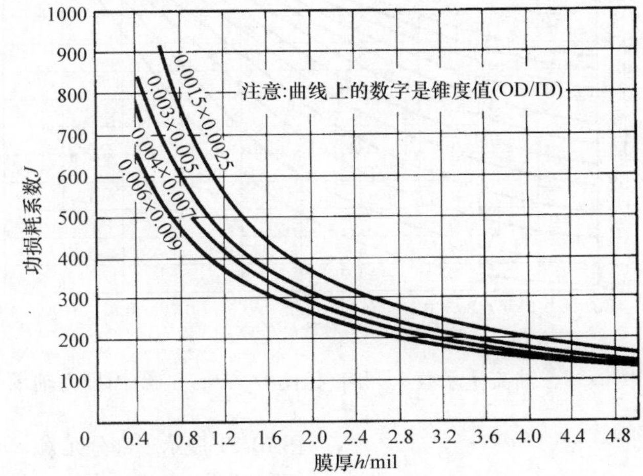

图 10-29 功损耗系数 J 和膜厚 h——斜面推力轴承

14）需要的油流量 Q，根据已知的温度升高 Δt，可由下式进行估算：

$$Q = \frac{42.4 P_f}{c \Delta t}$$

式中，c 是油的比热，单位为 Btu/(USgal·℉)。

注意：可接受的 Δt 最大为 50℉。

15）形状系数 Y_S，该值用来计算实际的油流量，可由下式计算：

$$Y_S = \frac{8ab}{D_2^2 - D_1^2}$$

16）油流量系数 Y_G，通过 Y_S 和 D_1/D_2 在图 10-30中可查。

17）实际油流量 Q_F，轴承膜上每分钟能流过的油量（单位为 USgal），可由下式进行计算：

$$Q_F = \frac{8.9 \times 10^{-4} i \delta_2 D_2^3 N Y_G Y_S^2}{D_2 - D_1}$$

18）如果流量不够，可以增加斜度或者倒角来提供足够的流量，具体步骤参考平面推力轴承设计步骤中第 12～15 步。

示例：设计一个斜面推力轴承，转速为 3600r/min时载荷为 70000lb。轴的直径为 6.5in。润滑油进口温度为 110℉，压力为 20lb/in²。

假设温度升高最高限为 50℉，黏度为 18cP。取 $K_g = 0.9$，$c = 3.5$Btu/(gal·℉)。

1）内径，假设 $D_1 = 7$in。

2）外径，假设从表 10-6 查到单位载荷 P_a 为 400lb/in²，则有

$$D_2 = \sqrt{\frac{4 \times 70000}{3.14 \times 0.9 \times 400} + 7^2}\text{in} = 17.2\text{in}$$

四舍五入为 17in。

3）径向瓦片宽度：

$$a = \frac{17-7}{2} = 5\text{in}$$

4）分度线周长：

$$B = \frac{3.14(17+7)}{2}\text{in} = 37.7\text{in}$$

5）瓦片数目 i，假设油槽宽度为 0.5in，则有

$$i_{\text{app}} = \frac{37.7}{5+0.5} = 6.85$$

取 i 为 6。

6）瓦片长度：

$$b = \frac{37.7 - 6 \times 0.5}{6}\text{in} = 5.78\text{in}$$

7）锥度值 δ_1 和 δ_2 可以从表 10-7 中查到。

$$\delta_1 = 0.008\text{in}, \quad \delta_2 = 0.005\text{in}$$

8）实际单位载荷：

$$p = \frac{70000}{6 \times 5 \times 5.78}\text{lb/in}^2 = 404\text{lb/in}^2$$

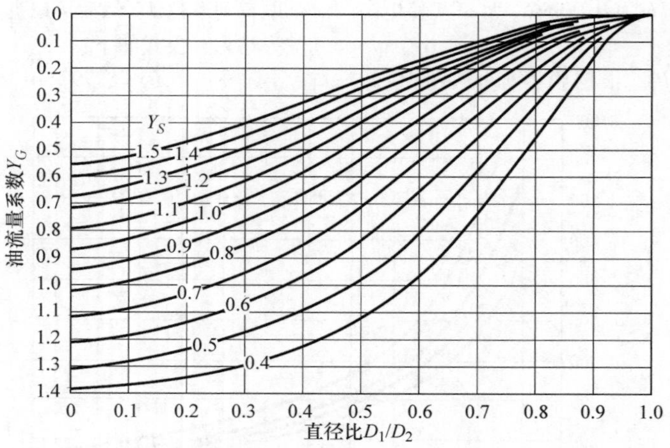

图 10-30　油流量系数 Y_G 和直径比 D_1/D_2——斜面推力轴承

9）分度线速度：

$$U=\frac{37.7\times3600}{12}\text{ft/min}=11300\text{ft/min}$$

10）油泄漏系数：从图 10-27 中查到，$Y_L=2.75$。

11）膜厚系数：

$$K=\frac{5.75\times10^6\times404}{11300\times2.75\times18}=4150$$

12）最小膜厚：由图 10-28 查到，$h=2.2\text{mil}$。

13）摩擦功损耗，从图 10-29 可以查到，系数 $J=260$，那么

$$P_f=8.79\times10^{-13}\times6\times5\times5.78\times260\times11300^2\times18\text{hp}$$
$$=91\text{hp}$$

14）需要的油流量：

$$Q=\frac{42.4\times91}{3.5\times50}\text{USgal/min}=22.0\text{USgal/min}$$

15）形状系数：

$$Y_S=\frac{8\times5\times5.78}{17^2-7^2}=0.963$$

16）油流量系数：从图 10-30 查到，$Y_G=0.61$，其中 $D_1/D_2=0.41$。

17）实际油流量：

$$Q_F=\frac{8.9\times10^{-4}\times6\times0.005\times17^3\times3600\times0.61\times0.963^2}{17-7}\text{USgal/min}$$
$$=26.7\text{USgal/min}$$

因为计算得到的油流量已经超过了所需要的油流量，所以无须再设计倒角。但是，如果油流量低于需求油流量，需要增加合适的倒角。

5. 可倾瓦式推力轴承

下面的步骤决定了可倾瓦式推力轴承的性能。图 10-31 展示了部分元素。每个轴承表面都是楔形，如图 10-31 右边所示，为设计计算起见，截面被视作一个长度为 b、宽度为 a 的矩形，b 等于计算的瓦片分度线处弧周长，a 等于外半径和内半径之差，如图 10-31 左边所示。图 10-31 中画出的支点是最理想的。如果要求轴在两个方向都能转动，则支点必须在中心，这样才不会对性能造成任何影响。

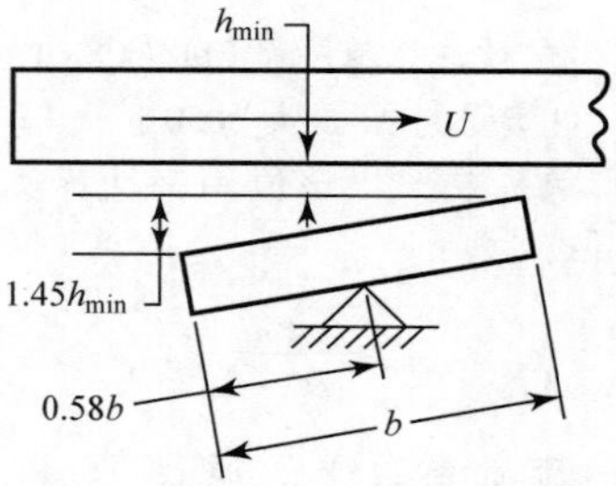

图 10-31　可倾瓦式推力轴承的基本元素

1）内径 D_1，由轴的尺寸和间隙决定。

2）外径 D_2，由下面的公式计算得到：

$$D_2=\left(\frac{4W}{\pi K_g p}+D_1^2\right)^{1/2}$$

式中，W 是外加载荷（lb）；$K_g=0.8$；p 是单位载荷，从表 10-6 得到。

3）径向瓦片宽度 a，等于外径和内径之差的一半。

$$a=\frac{D_2-D_1}{2}$$

4）分度线周长 B，根据直径的平均值计算：

$$B=\pi\left(\frac{D_1+D_2}{2}\right)$$

5）瓦片数目 i，瓦片数目可由下面的公式估算：

$$i=\frac{BK_g}{a}$$

取 i 为最接近的偶数。

6）瓦片长度 b，由下式计算：

$$b\approx\frac{BK_g}{i}$$

7）分度线速度 U，单位为 ft/min 根据下式计算：

$$U=\frac{BN}{12}$$

8）轴承单位载荷 p，由下式计算得到：

$$p=\frac{W}{iab}$$

9）运行系数 O，由下式计算得到：

$$O=\frac{1.45\times10^{-7}Z_2U}{5pb}$$

10）Z_2 是出口温度时油的黏度（通过进口温度和假设的轴承中温度上升相加得到）。

11）最小膜厚 $h_{\min}$，根据运行系数，在图 10-32 中找到无量纲膜厚 α，然后可以根据下式计算实际膜厚：

$$h_{\min}=\alpha b$$

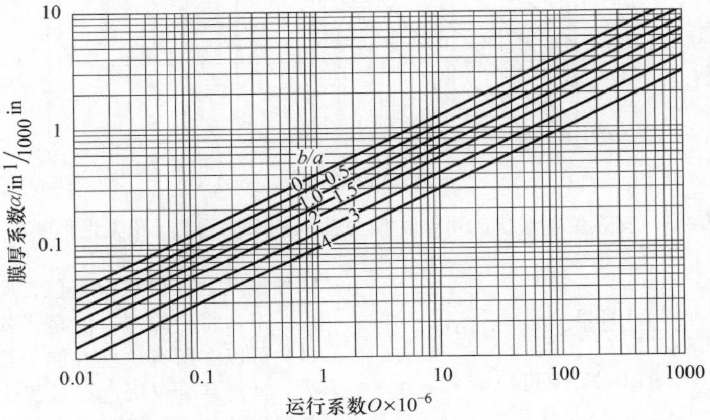

图 10-32　无量纲最小膜厚 α 和运行系数 O——可倾瓦推力轴承

通常来说，对于小轴承该值为 0.001in，大一点和更高速的轴承该值为 0.002in。

12）摩擦因数 f，可以从图 10-33 中查到。

13）摩擦功损耗 P_f，单位为马力，可以据此公式计算摩擦功损耗：

$$P_f=\frac{fWU}{33000}$$

14）实际油流量 Q，瓦片上每分钟能流过的油量（单位为 USgal），可以由下式进行计算：

$$Q=0.0591\alpha iabU$$

15）温度升高 Δt，由下式计算得到：

$$\Delta t=0.0217\frac{fp}{\alpha c}$$

式中，c 是油的比热，单位为 Btu/(USgal · ℉)。

如果温度升得过高，则意味着流量不够，可以增加倒角来提供足够的流量，具体步骤参考平面推力轴承设计步骤中第 12 ~ 15 步。

示例：设计一个可倾瓦推力轴承，转速 3600r/min 时的载荷为 70000lb。轴的直径是 6.5in，最大可用 OD 为 15in。最大可接受温度升高为 50℉，得到黏度为 18cP。取油的比热 c 为 3.5Btu/(USgal · ℉)。

1）内径，假设 $D_1=7\text{in}$，为轴提供间隙空间。

2）外径，最大外径 $D_2=15\text{in}$。

3）径向瓦片宽度：

$$a=\frac{15-7}{2}\text{in}=4\text{in}$$

4）分度线周长：

$$B=\pi\left(\frac{7+15}{2}\right)\text{in}=34.6\text{in}$$

5）瓦片数目：

$$i=\frac{34.6\times0.8}{4}=6.9$$

取 $i=6$。

6）瓦片长度：

$$b=\frac{34.6\times0.8}{6}\text{in}=4.61\text{in}$$

取 $b=4.75\text{in}$。

7）分度线速度：

$$U=\frac{34.6\times3600}{12}\text{ft/min}=10400\text{ft/min}$$

8）轴承单位载荷：

$$p=\frac{70000}{6\times4\times4.75}\text{lb/in}^2=614\text{lb/in}^2$$

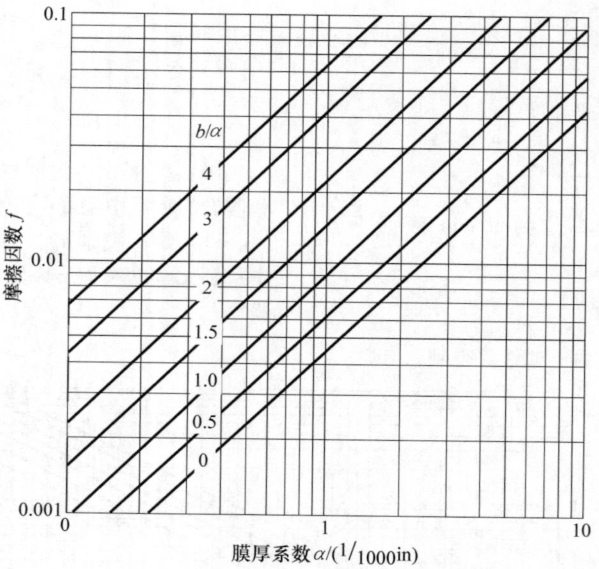

图 10-33 支点位置最优的可倾瓦推力轴承的摩擦因数 f 和无量纲膜厚系数 α

9）运行系数：

$$O=\frac{1.45\times10^{-7}\times18\times10400}{5\times614\times4.75}=1.86\times10^{-6}$$

10）最小膜厚，从图 10-32 中可以查到，$\alpha=0.30\times10^{-3}$。

$$h_{\min}=0.00030\times4.75\text{in}=0.0014\text{in}$$

11）摩擦因数，可以从图 10-33 中查到，$f=0.0036$。

12）摩擦功损耗：

$$P_f=\frac{0.0036\times70000\times10400}{33000}\text{hp}=79.4\text{hp}$$

13）油流量：

$$Q=0.0591\times6\times0.30\times10^{-3}\times4\times4.75\times10400\text{USgal/min}=21.02\text{USgal/min}$$

14）温度升高：

$$\Delta t=\frac{0.0217\times0.0036\times614}{0.30\times10^{-3}\times3.5}\text{°F}=45.7\text{°F}$$

因为温度升高低于 50°F，在可接受范围内，认为设计可以接受。

10.1.4 普通轴承材料

滑动轴承的材料包含了很大范围的金属和非金属，要做出最优的材料选择，需要对具体的应用做出完整的分析。材料分类范畴中比较重要的是：巴氏金属，碱性硬化铅，镉合金，铜铅，铝青铜，银，烧结金属，塑料，木头，橡胶和碳石墨。

1. 轴承材料的性能

对于要用在滑动轴承上的材料来说，必须具备一些物理和化学上的性能以保证其运转正常。如果某种程度上有材料没有包含所有这些性能，轴承的运行寿命将会缩短。但是需要注意的是，几乎没有材料可以在所有这些性能上都表现得非常出色。因此，针对某个应用选择最优化轴承材料至多是针对某限定的使用，将所要求的性能做出最理想的组合所得到的一个妥协之选。

通常认为材料最重要的性能是：①抗疲劳强度；②嵌入性；③兼容性；④一致性；⑤导热性；⑥抗腐蚀性；⑦载荷能力。

下面将分别描述上述性能：

1）抗疲劳强度是指轴承衬材料承受压力和拉紧力重复使用而不破裂，破损或者被其他方法破坏的能力。

2）嵌入性是指轴承衬材料将润滑系统中微小灰尘颗粒中较大的颗粒吸收或者嵌入自身的能力。如果材料嵌入性差，这些大颗粒就可以在轴承周围循环，会对轴承和轴颈或轴造成擦痕。嵌入性好的材料会拦截这些颗粒并迫使其嵌入轴承表面，离开润滑循环，不能再造成危害。

3）兼容性，或称作抗划痕倾向，使得轴承与轴之间可以“和谐共处”。这种能力可以在如启动等金属与金属之间互相接触的条件下抵抗磨损或划伤。这个性能实在是最地道的轴承性能，因为涉及良好的轴承中轴承与轴之间的接触只会出现在启动时。

4）一致性被定义为展性、可锻性，或者说是轴承材料在载荷下轻微蠕变或形变的能力。如此在运转初期，使得轴和轴承可以与彼此的轮廓互相吻合，弥补因为未对中带来的载荷不均匀。

5）高导热特性用来吸收和带走轴承产生的热

量。这种传导在防止因为局部粗暴通过或外界颗粒产生的热点造成颤顿方面最为重要，而不是在将油膜摩擦产生的热量带走方面。

6）抗腐蚀性能需要用来抵抗在运行条件下润滑油中形成的有机酸的侵袭。

7）载荷能力或强度是指材料承受运行过程中施加于其的流体动力压力的能力。

2. 巴氏合金或白金属合金

很多不同的轴承金属复合物都被称作巴氏金属。最原始的巴氏金属的具体成分现在已经不可查；但是，组成成分可能是锡、铜以及锑，合成比例大致为：89.3，3.6 和 7.1。所有轴承材料中最有名的恐怕要数锡和铅基的巴氏金属。由于这些金属在边界润滑条件下嵌入性和兼容性极佳，巴氏金属轴承使用范围很广，包括房屋设备，汽车和柴油机，有轨电车，电动机，发电机，蒸汽轮机和燃气轮机，工业和船用装备元件。

美国汽车工程师协会和美国试验材料协会都对白金属轴承合金进行了分类。表 10-8 和表 10-9 给出了这两种分类的合金组成和性能。

表 10-8　轴承和轴套合金——合成物，组成，特性和应用（SAE 通用信息）

SAE 号和合金种类		合金成分（质量分数,%）	① 使用方法 ② 特性 ③ 应用
锡合金	11 12	Sn，87.5；Sb；6.75；Cu，5.75 Sn，89；Sb，7.5；Cu，3.5	①浇铸在钢、青铜或者黄铜背面，或者直接用于外座。②软，抗腐蚀，中等抗疲劳强度。③主轴承盒连杆轴承；发动机轴套。与软轴或硬轴都可以配合工作
铅合金	13 14 15 16	Pb，84；Sb，10；Sn，6 Pb，75；Sb，15；Sn，10 Pb，83；Sb，15；Sn，14；As，1 Pb，92；Sb，3.5；Sn，4.5	①SAE 的 13 号和 14 号浇铸在钢、青铜或者黄铜上，或者用在外座里；SAE 15 号浇铸在钢上；SAE 16 号铸成后浇铸在多孔烧结基质上，通常浇铸在钢上面的铜镍合金。②软，抗腐蚀，中等抗疲劳强度。③主轴承盒连杆轴承。与软轴或硬轴都可以配合工作
铅锡镀层	19 190	Pb，90；Sn，10 Pb，93；Sn，7	①在铜铅或者银轴承表面电解沉积一层很薄的镀层。②软，抗腐蚀。有镀层的轴承在镀层生命周期以内都可以和软轴配合使用良好。③载荷大，转速高的主轴承和连杆轴承
铜铅合金	49 48 480 481	Cu，76；Pb，24 Cu，70；Pb，30 Cu，65；Pb，35 Cu，60；Pb，40	①除了 SAE 481 号以外，浇铸或者烧结在钢背面，481 号仅浇铸在钢背面。②中等硬度，受一定程度油腐蚀。有些油种类可以将腐蚀降到最小；理想情况是表面镀层保护。抗疲劳性能良到优。表中根据硬度和抗疲劳性由高到低排列。③主轴承和连杆轴承。铅含量更高的合金可以不镀保护层直接与软轴配合，但是如有镀层效果更好。铅含量更低的合金可以与软轴配合，或者加镀层与软轴配合
铜铅锡合金	482 484 485	Cu，67；Pb，28；Sn，5 Cu，55；Pb，42；Sn，3 Cu，46；Pb，51；Sn，3	①在钢背部沿着烧结铜合金基质结合抗腐蚀铅合金的结构排列。②中等硬度，抗腐蚀性比相同含铅量但是不含锡的铜铅合金好。抗疲劳性优。表中根据硬度和抗疲劳性由高到低排列。③主轴承和连杆轴承。通常不用镀层。SAE 484 号和 485 号可以与硬轴或软轴一起使用，SAE 482 号建议与硬轴或者铸造轴配合

（续）

SAE 号和合金种类		合金成分（质量分数,%）	① 使用方法 ② 特性 ③ 应用
铝合金	770 780 781 782	Al，91.75；Sn，6.25；Cu，1；Ni，1 Al，91；Sn，6；Si，1.5；Cu，1；Ni，0.5 Al，95；Si，4；Cd，1 Al，95；Cu，1；Ni，1；Cd，3	①SAE 770 号永久金属铸模；硬化加工以得到更好的物理性能。SAE 780 号和 782 号通常与钢背结合，没有钢背衬时也可以得到带状产品。SAE 781 号通常与钢背结合，但是没有钢时也可铸造或锻造成带状。②硬，抗疲劳性极好，不受油腐蚀。③主轴承和连杆轴承。通常配合合适的镀层使用。SAE 781 号和 782 号也可以带镀层或不带镀层用在轴套和推力轴承上
其他铜合金	795	Cu，90；Zn，9.5；Sn，0.5	①锻造固体青铜。②硬，强度高，抗疲劳性良。③振动的间歇载荷，如拉杆和制动轴
	791 793 798	Cu，88；Zn，4；Sn，4；Pb，4 Cu，84；Pb，8；Sn，4；Zn，4 Cu，84；Pb，8；Sn，4；Zn，4	①SAE 791 号，锻造固体青铜；SAE 793 号，浇铸在钢背；SAE 798 号，烧结在钢背。②通用轴承材料，冲击和载荷能力良好。能抵抗高温。更适合使用硬轴配合。与铅含量高的合金比起来抗刮痕性能稍弱。③中等到高度载荷。变速器轴套和推力垫圈。SAE 791 号也可用在活塞销上，SAE 793 号和 198 号可以用在底盘轴套上
其他铜合金	792 797	Cu，80；Sn，10；Pb，10 Cu，80；Sn，10；Pb，10	①SAE 792 号，浇铸在钢背；SAE 797 号，烧结在钢背。②在传统铸造轴承合金中拥有最高的冲击和载荷能力；硬，抗疲劳且抗腐蚀，偏向使用硬轴。③振动或旋转运动高载荷情况。用在活塞销，转向节，半轴，推力垫圈和耐磨护板
	794 799	Cu，73.5；Pb，23；Sn，3.5 Cu，73.5；Pb，23；Sn，3.5	①SAE 794 号，浇铸在钢背；SAE 799 号，烧结在钢背。②铅含量增高，高转速的表面活动性能更好，但是一定程度上抗腐蚀性降低。③振动和旋转轴间歇载荷情况，摇臂轴套，变速器和农业用具

表 10-9 白金属轴承合金——成分和特性

ASTM B23-83，1988 年再审核

ASTM 合金号①	合金成分（质量分数,%）				抗压屈服强度② /（lb/in^2）		极限抗压强度③ /（lb/in^2）		布氏硬度④		熔点/℉	适宜浇铸温度/℉
	Sn	Sb	Pb	Cu	68℉	212℉	68℉	212℉	68℉	212℉		
1	91.0	4.5	—	4.5	4400	2650	12850	6950	17.0	8.0	433	825
2	89.0	7.5	—	3.5	6100	3000	14900	8700	24.5	12.0	466	795
3	83.33	8.33	—	8.33	6600	3150	17600	9900	27.0	14.5	464	915
4	75.0	12.0	10.0	3.0	5550	2150	16150	6900	24.5	12.0	363	710
5	65.0	15.0	18.0	2.0	5050	2150	15050	6750	22.5	10.0	358	690
6	20.0	15.0	63.5	1.5	3800	2050	14550	8050	21.0	10.5	358	655
7⑤	10.0	15.0	bal.	—	3550	1600	15650	6150	22.5	10.5	464	640
8⑤	5.0	15.0	bal.	—	3400	1750	15600	6150	20.0	9.5	459	645
10	2.0	15.0	83.0	—	3350	1850	15450	5750	17.5	9.0	468	630

（续）

ASTM 合金号①	合金成分（质量分数,%）				抗压屈服强度② /(lb/in²)		极限抗压强度③ /(lb/in²)		布氏硬度④		熔点/℉	适宜浇铸温度/℉
	Sn	Sb	Pb	Cu	68℉	212℉	68℉	212℉	68℉	212℉		
11	—	15.0	85.0	—	3050	1400	12800	5100	15.0	7.0	471	630
12	—	10.0	90.0	—	2800	1250	12900	5100	14.5	6.5	473	625
15⑥	1.0	16.0	bal.	0.5	—	—	—	—	21.0	13.0	479	662
16	10.0	12.5	77.0	0.5	—	—	—	—	27.5	13.6	471	620
19	5.0	9.0	86.0	—	—	—	15600	6100	17.7	8.0	462	620

注：压力测试样本是长度 1.5in，直径 0.5in 的圆柱体，由长度 2in，直径 0.75in 的冷硬铸造件加工完成。布氏测试在相同方法室温下直径为 0.625in 的钢模加工的直径 2in 铸造件的底部表面完成。

① ASTM 合金 1，2，3，7，8 和 15 的数据在 ASTM B23-83 中可以查到；ASTM 合金 4，5，6，10，11，12，16 和 19 的数据在 ASTM B23-49 中可以查到，所有数值仅作为参考。

② 屈服强度的数据取自应力应变曲线上量具测量值减少 0.125% 的变形对应的值。

③ 极限抗压强度值取使样品产生长度 25% 的变形时必须的单位载荷。

④ 这些值是将每种合金三次承受 30s10mm 球和 500kg 载荷得到的布氏平均值。

⑤ 也是标准砷，0.45%。

⑥ 也是标准砷，1%。

小功率电动机的小轴套和汽车发动机的轴承中，巴氏金属通常用作平钢条外面的一层薄涂层。润滑油分配槽建好，需要的孔都打好以后，将钢条按尺寸切割，卷好，造型成完整的轴承。这种轴承对于轴直径为 0.5～5in（12.7～127mm）都适用。在高度自动化的工厂中，这种条状轴承每年都可以生产上百万个，提供了轴承性能好，造价低的产品。

对于重载荷设备中较大的轴承，在刚性钢背或者铸铁背面浇铸一层较厚的巴氏金属。为了将巴氏金属和轴瓦紧密结合，理想的是先通过冲洗，镀锡来化学和电解清洗轴瓦，然后再离心铸造巴氏合金。加工后，巴氏合金层的厚度通常为 1/4～1/2in（6.25～12.7mm）之间。

对比其他轴承材料，巴氏金属通常载荷能力和抗疲劳强度更低，成本稍高，要求的设计也更复杂。并且，金属强度随着温度升高急剧降低。通过使用高强度、高抗疲劳强度材料的媒介层，可以克服这些缺点。这种复合轴承通常就排除了使用轴承特性差的替代材料的需要。

锡巴氏合金的合成包括质量分数为 80%～90% 的锡，加上质量分数为 3%～8% 的铜和 4%～14% 的锑。铜或者锑的任何比例增加都可以加大硬度和抗张强度，降低延展性。然而，如果以上两种金属百分比增加到表 10-9 中的百分比之上，合金的抗疲劳强度将会降低。这种合金对它们的轴颈造成磨损的可能性很小，因为其对灰尘的嵌入性好。这种合金还可以抵抗酸类的腐蚀作用，不易导致油膜破裂，铸造和结合都很容易。这种合金在使用中会遇到两个缺陷，在低温时，合金的抗疲劳强度低，而硬度和强度会大幅降低。

铅巴氏合金的组成通常是质量分数为 10%～15% 的锑和最多 10% 的锡与铅结合。和锡巴氏合金一样，这种合金对它们的轴颈造成磨损的可能性很小，对灰尘的嵌入性很好，可以抵抗酸类腐蚀，不易导致油膜破裂，铸造和结合都很容易。这种合金比之锡合金最主要的缺点就是强度较低，以及对腐蚀比较敏感。

3. 镉基

镉基合金比巴氏合金轴承的抗疲劳强度高，但是由于抗腐蚀性能差，使用范围受到很大的局限。这种合金通常包含质量分数为 1%～15% 的镍，或者 0.4%～0.75% 的铜，以及 0.5%～2% 的银。这种合金最主要的属性是耐高温性能好。载荷能力和其他相对基本的轴承属性在表 10-10 中列出。

4. 铜铅

铜铅轴承是铜和铅的二元混合物，铅质量分数为 20%～40%。铅基本不溶于铜，所以利用带有铅的微型结构将铅镶铸进铜中。这种材料常常用到钢背，通过连续浇铸或粉末冶金法可以得到大量的成品。这种金属经常与表面层配合使用，比如铅锡曾和铅锡铜层来提高轴承基本性能。表 10-10 列出了材料性能的对比。

结合了抗疲劳强度、高载荷能力和耐高温性能良好的性质，这种材料在重型主轴承和连杆轴承中得到了广泛应用。在涡轮和电动机的中型和中速应用中也很广泛。

5. 铅青铜和锡青铜

铅青铜和锡青铜分别包含质量分数最高达 25% 的铅和接近 10% 的锡。铸造铅青铜轴承兼容性好，拥有极佳的铸造和易加工特性，低成本，结构特性和高载荷能力好，可以不用另外的图层或者钢背直接使用。标准条料，沙模或金属铸模，熔模铸造，离心铸造或者连续浇铸都可以得到青铜。铅青铜合金的兼容性比锡青铜合金好，因为在润滑不够的情况下球状的铅会刮擦轴承表面。表 10-10 提供了这些材料轴承基本特性的对比。

表 10-10　轴承合金特性和轴承特征评级

材料	推荐轴布氏硬度	载荷能力 /(lb/in^2)①	最高运行温度℉②	兼容性③	一致性与嵌入性③	抗腐蚀性③	疲劳强度③
锡基巴氏金属	150 或更少	800 ~ 1500	300	1	1	1	5
铅基巴氏金属	150 或更少	800 ~ 1200	300	1	1	3	5
锑基	200 ~ 250	1200 ~ 2000	500	1	2	5	4
铜铅	300	1500 ~ 2500	350	2	2	5	3
锡青铜	300 ~ 400	4000 +	500 +	3	5	2	1
铅青铜	300	3000 ~ 4500	450 ~ 500	3	4	4	2
铝	300	4000 +	225 ~ 300	5	3	1	2
银加层	300	4000 +	500	2	3	1	1
三金属加层	230 或更少	2000 ~ 4000 +	225 ~ 300	1	2	2	3

① $1lb/in^2 = 6.8947kPa$。

② 摄氏温度换算 1℃ = (℉ − 32)/1.8。

③ 1 最好，5 最差。

6. 铝

铝轴承的铝可能是铸造固体铝，带钢背的铝，或者有合适涂层的铝。铝合金中通常要有少量的锡、硅、锑、镍或铜合金，表 10-8 中已经列出。含有质量分数为 20% ~30% 的锡合金以及最多可达 3% 铜的铝轴承合金在某些工业应用中已经展现出作为黄铜替代品的前景。

这种轴承最适合与硬轴颈配合。因为金属热膨胀高（所以在作为轴承被限制在严密的外座中时会产生径向收缩），需要的间隙大，可能造成轴承噪声大，尤其是在启动的时候。铝轴承上可能会使用铅锡，铅或者铅锡铜层来协助与软轴的配合使用。

铝合金有很多特别为轴承应用设计的特性，比如高载荷能力，抗疲劳强度和导热性能，还有极佳的抗腐蚀性和低成本。

7. 银

银轴承设计出来后在重型应用中表现极佳，如飞行器主连杆轴承和柴油机主轴承。银比其他材料的抗疲劳特性评级都要高，和这种材料同时使用的钢背可能比银本身还要更早出现疲劳现象。覆盖物，或者更常被称为覆盖层的出现使得银可以被用作轴承的材料。银本身除了高抗疲劳性和高导热性之外并不具有任何理想的轴承特性。如铅、铅锡或者铅铟覆盖层提高了银的嵌入性和抗划痕性能。使用覆盖层的银的相对基本的特性在表 10-10 中有说明。

8. 铸铁

铸铁材料可以在轻载和低速运转中使用，即速度低于 130ft/min（40m/min），载荷低于 $150lb/in^2$（1.03MPa），而且价格并不高昂。这种轴承必须充分润滑，为了避免从铸铁中掉落的粒子在轴承与轴颈中产生划痕，间隙也要相对较大。使用铸铁时，轴承硬度最好为布氏硬度 150 ~ 250。

9. 多孔金属

多孔金属自润滑轴承通常由烧结金属构成，比如青铜或铅青铜、铁以及不锈钢。烧结过程产生了一个类似海绵的结构，可以吸收较大量的润滑油，通常是总量的 10% ~35%。这种轴承用在润滑供给困难，不足或者频率不够的情况下。多孔金属还有一种用处是在滴油润滑系统等系统中，为轴承计量少量的润滑油。这种金属常用的设计运转特质都在表 10-11 中。

表 10-12 ~ 表 10-14 给出了青铜基和铁基金属粉末烧结轴承的化学组成、允许载荷、过盈配合和运行间隙。以上特性均以 ASTM 的油浸金属粉末烧结轴承技术参数为准（B438-83a 和 B439-83）。

表 10-11　应用局限——烧结金属和非金属轴承

轴承材料	载荷能力		最高温度		表面速度 V_{max} /(ft/min)	PV 限制 P 是载荷(lb/in²) V 表面 (ft/min)
	lb/in²	kPa	℉	℃		
乙缩醛	1000	6895	180	82	1000	3000
石墨（干）	600	4137	750	399	2500	15000
石墨（润滑）	600	4137	750	399	2500	150000
尼龙，聚碳酸酯	1000	6895	200	93	1000	3000
尼龙复合材料	—	—	400	204	—	16000
酚醛塑料	6000	41369	200	93	2500	15000
多孔青铜	4500	31026	160	71	1500	50000
多孔铁	8000	55158	160	71	800	50000
多孔金属	4000～8000	27579～55158	150	66	1500	50000
纯聚四氟乙烯（TFE）	500	3447	500	260	50	1000
加强聚四氟乙烯	2500	17237	500	260	1000	10000～15000
四氟乙烯树脂织物	60000	413685	500	260	150	25000
橡胶	50	345	150	66	4000	15000
枫树和愈疮树	2000	13790	150	66	2000	15000

注：1ft/min = 0.3048m/min；1lb/in² = 6.8947kPa。

10. 塑料轴承

塑料在轴承材料中得到了越发广泛的运用，因为塑料抗腐蚀，运行安静，可以被模塑成多种结构，并且还有极佳的兼容性，可以将润滑的使用降到最小，甚至可以不用润滑。很多塑料都可以做成轴承，尤其是酚醛树脂、四氟乙烯和聚酰胺（尼龙）树脂。表 10-11 列出了这种材料大致的应用限制。

层压酚醛：这种复合材料包括棉织物、石棉或者其他和酚醛树脂结合的填充物。这种材料与各种液体兼容性极佳，强度和抗振性极佳。但是，为了保证轴承有足够的冷却必须采取预防措施，因为这种材料的导热性较低。

尼龙：这种材料在轻小型应用中运用最为广泛。尼龙摩擦特性低，不需要润滑。

聚四氟乙烯：这种材料的摩擦因数极小，拥有自润滑特质，几乎抗所有化学品的侵蚀，耐温范围广，是轴承使用塑料中最引人关注的一种。由于造价高、载荷能力低，多在其他材料无法达到设计要求的改良型轴承上使用聚四氟乙烯。

由层压酚醛、尼龙或者聚四氟乙烯制作的轴承都不受酸和碱的影响，除非是高浓度的酸和碱。所以，可以使用含有稀释的酸和碱的润滑剂。大多数层压酚醛使用水作为润滑剂，但是也使用油类、脂类以及脂类和水的乳浊液。尼龙和聚四氟乙烯轴承使用水和油作为润滑剂。几乎所有的塑料轴承都会吸收一定的水和油。在有的轴承中，这种对水和油的吸收可以高达每个方向 3%。这就意味着轴承使用前必须进行预先处理，才能保持合适的间隙。对于使用水作为润滑剂的轴承，可以通过在沸水中煮达成。在水中煮沸使得轴承在最大范围内膨胀。处理过的酚醛轴承的间隙保持在直径 0.001in/in（或者 mm/mm）。部分润滑或者干的尼龙轴承，直径为 1in（25.4mm），间隙可以在 0.004～0.006in（101.6～152.4mm）之间。

橡胶：橡胶轴承在传动轴和船舵、水轮机、泵、洗砂机和洗砾机、挖泥船和其他处理水和泥浆的工业设备上表现出色。橡胶的弹性有助于隔绝振动，提供安静的运行环境，保持相对较大的运行间隙并且有助于补偿未对中的情况。这种轴承中，一个金属壳支撑着橡胶螺旋槽。橡胶中的螺旋槽或凹槽形成一系列槽，润滑剂，比如常用的水和外界材料如沙通过这些槽来穿过轴承。

11. 木头

由诸如愈疮树、枫木或者橡树木制作的轴承有自润滑特性，同时成本低，运行清洁。但是，近年来这些轴承常被各种塑料、橡胶和烧结金属轴承取代了。表 10-11 中有木制轴承的基本应用。

12. 碳石墨

模塑的和加工的碳石墨轴承用于无法定期维护和润滑的场合。尺寸上在很广的温度范围内碳石墨轴承表现稳定，有需要可以使用润滑，不受化学剂影响。在空气中这种轴承使用温度可以高达700～750℉（371～399℃），在没有氧气的环境使用温度可以高达1200℉（649℃），通常来说最大每平方英寸载荷为20lb。有些情况下，碳石墨组分总会加入金属或者金属合金来提高某些特性，比如耐压强度和密度。此时限制温度就由使用的金属或合金的熔点决定。没有润滑时最大载荷一般可以为350lb/in^2（2.4MPa），有润滑的情况最大载荷可以达到600lb/in^2（4.2MPa）。

以上两种碳石墨轴承与钢轴配合，运行温度为200℉（93℃）以下时的运行间隙如下：轴承内径0.187～0.500in（4.75～12.7mm），0.001in（0.0254mm），轴承内径0.501～1.000in（12.73～25.4mm），0.002in（0.0508mm），轴承内径1.001～1.250in（25.43～31.75 mm），0.003in（0.0762mm），轴承内径1.251～1.500in（31.77～38.1mm），0.004in（0.1016mm），轴承内径1.501～2.000in（38.13～50.8mm），0.005in（0.127mm）。运行速度取决于很多变量，所以这里只能说高载荷要求低转速，低载荷可以容许高转速。这些轴承必须要光滑轴颈配合，因为粗糙的轴颈会快速磨损这种轴承。推荐使用布氏硬度400以上的铸铁和硬镀铬层刚轴以及布氏硬度135以上的磷青铜轴。

表10-12 铜基和铁基烧结轴承（浸油）（一）

ASTM B438-83a（R1989），B439-83（R1989）

化学要求								
合金成分①	组分质量百分比							
	铜基轴承				铁基轴承			
	1级		2级		分级			
	A类	B类	A类	B类	1	2	3	4
Cu	87.5～99.5	87.5～90.5	87.5～90.5	87.5～90.5	—	—	7.0～11.0	18.0～22.0
Sn	9.5～10.5	9.5～10.5	9.5～10.5	9.5～10.5	—	—	—	—
石墨	0.1max	1.75max	0.1max	1.75max	—	—	—	—
Pb	—	—	2.0～4.0	2.0～4.0	—	—	—	—
Fe	1.0max	1.0max	1.0max	1.0max	96.25min	95.9min	平衡②	平衡②
结合碳③	—	—	—	—	0.25max	0.25～0.60	—	—
Si，max	—	—	—	—	0.3	0.3	—	—
Al，max	—	—	—	—	0.2	0.2	—	—
其他	0.5max	0.5max	1.0max	1.0max	3.0max	3.0max	3.0max	3.0max

允许载荷						
铜基轴承				铁基轴承		
轴速/（ft/min）	分级1和2			轴速/（ft/min）	分级1和2	分级3和4
	1类	2类	3和4类			
	最大载荷/（lb/in^2）				最大载荷/（lb/in^2）	
缓慢而间歇的	3200	4000	4000	缓慢而间歇的	3600	8000
25	2000	2000	2000	25	1800	3000
50～100	500	500	550	50～100	450	700
100～150	365	325	365	100～150	300	400
150～200	280	250	280	150～200	225	300
200以上		④	④	④	200以上	④

（续）

间隙						
压力配合间隙			运行间隙⑤			
铜基和铁基			铜基		铁基	
轴承外径	Min	Max	轴尺寸	最小间隙	轴尺寸	最小间隙
≤0.760	0.001	0.003	≤0.250	0.0003	≤0.760	0.0005
>0.760～1.510	0.0015	0.004	>0.250～0.760	0.0005	>0.760～1.510	0.001
>1.510～2.510	0.002	0.005	>0.760～1.510	0.0010	>1.510～2.510	0.0015
>2.510～3.010	0.002	0.006	>1.510～2.510	0.0015	>2.510 以上	0.002
>3.010	0.002	0.007	>2.510	0.0020		

① 合金组分如下：Cu 铜、Fe 铁、Sn 锡、Pb 铅、Zn 锌、Ni 镍、Sb 锑、Si 硅、Al 铝、C 碳。

② 总的铁和铜相加应该最少占 97%。

③ 结合碳（仅以铁为基础）是碳在铁中的金相学估计。

④ 轴速超过 200ft/min，允许载荷可以如下计算：$P=50000/V$，P 是安全载荷，单位 lb/in^2；V 是轴速，单位 ft/min。轴速低于 50ft/min，而载荷高于 1000lb/in^2，需要使用极限压力润滑；借助散热和排热技术，可以得到更高的 PV 等级。

⑤ 表中只列出建议的最小间隙。假设使用钢渣轴系，并且所有轴承都是油浸的。

表 10-13 铜基和铁基烧结轴承（浸油）（二）

ASTM B438-83a（R1989），B439-83（R1989）

商业尺寸公差①②							
直径公差		长度公差		直径公差		长度公差	
铜基				铁基			
内径或外径	总直径公差	长度	总长度公差	内径或外径	总直径公差	长度	总长度公差
≤1	0.001	≤1.5	0.01	≤0.760	−0.001	≤1.495	0.01
>1～1.5	0.0015	1.5～3	0.01	>0.760～1.510	−0.0015	>1.495～1.990	0.02
>1.5～2	0.002	3～4.5	0.02	>1.510～2.510	−0.002	>1.990～2.990	0.02
>2～2.5	0.0025	—	—	>2.510～3.010	−0.003	>2.990～4.985	0.03
>2.5～3	0.003	—	—	>3.010～4.010	−0.005	—	—
—	—	—	—	>4.010～5.010	−0.005	—	—
—	—	—	—	>5.010～6.010	−0.006	—	—

同心度公差①②③					
铁基			铜基		
外径	最大壁厚	同心度公差	外径	长度	同心度公差
			≤1	0～1	0.00
				>1～2	0.004
≤1.510	≤0.355	0.003		>2～3	0.005
>1.510～2.010	≤0.505	0.004	>1～2	0～1	0.004
>2.010～4.010	≤1.010	0.005		>1～2	0.005
>4.010～5.010	≤1.510	0.006		>2～3	0.006
>5.010～6.010	≤2.010	0.007	>2～3	0～1	0.005
				>1～2	0.006
				>2～3	0.007

① 最大长度直径比为 4∶1 和最大长度壁厚比为 24∶1 的铜基轴承。这两个比例更大的轴承不在此表考虑范围。

② 最大长度直径比为 3∶1 和最大长度壁厚比为 20∶1 的铁基轴承。这两个比例更大的轴承不在此表考虑范围。

③ 总读数。

表 10-14 铜基和铁基烧结轴承（浸油）（三）
ASTM B438-83a（R1989），B439-83（R1989）

直径范围	凸缘和推力轴承直径和厚度公差①				最大面平行度①			
	凸缘直径公差		凸缘厚度公差		铜基		铁基	
	标准	特殊	标准	特殊	标准	特殊	标准	特殊
0~1½	±0.005	±0.0025	±0.005	±0.0025	0.003	0.002	0.005	0.003
1½~3	±0.010	±0.005	±0.010	±0.007	0.004	0.003	0.007	0.005
3~6	±0.025	±0.010	±0.015	±0.010	0.005	0.004	±0.010	0.007

注：除非特别指出，所有尺寸单位为 in。

① 标准和特殊公差分为直径、厚度和平行度。除非特别要求，不应使用特殊公差，因为需要附加的或者二次加工，因此成本更高。推力轴承（最大厚度 1/4in）不论直径如何，标准厚度公差为 ±0.005in，特殊厚度公差为 ±0.0025in。

10.2 球轴承、滚子轴承和滚针轴承

10.2.1 滚动接触轴承

滚动接触轴承用滚动元件、球或者滚子来代替液体动力流体膜或者液体静力流体膜来承载外加载荷，同时避免磨损并且降低摩擦。因为与传统径向滑动轴承相比，启动时摩擦大幅减小，滚动接触轴承赢得了“抗摩擦”轴承的称号。尽管通常由硬化的滚动元件和座圈制作，同时常使用分离器来分隔滚动元件和减少摩擦，各种各样的滚动轴承还是在机械和电子工业中得到了广泛应用。最常见的使用耐磨轴承的应用是使用带状分离器和密封润滑脂润滑的深沟球轴承，用来支撑旋转设备中径向和轴向均载荷的轴。这种带防尘盖或者密封的轴承已经成为可以直接从供应商产品目录订购的标准而常见的产品，很有些像螺母和螺钉的模式。因为设计简单，且不需要另外的润滑系统或设备，这种轴承的应用和虹吸油绳滑动轴承以及油浸多孔滑动轴承的应用一样广泛。

现在，很多生产商制造规格齐全的球和滚动轴承，并且可以与耐磨轴承制造协会（AFBMA）标准规定的一系列公称尺寸、公差配合互换。只有深沟球轴承，性能标准没有很完善的定义，造型和选择都需要严格根据生产商产品目录的要求来。通常来说，需要与供应商代表仔细商讨产品的理想特性。

滚动接触轴承精密度要求高，冶炼控制严。球和滚子一个轴承的直径公差通常控制在 0.0001in（2.54μm）或者更小，而且在常规工具间工作中常将其用作“检具”。精密度对于性能和滚动接触轴承的耐久性，限制径向跳动，提供合适的径向和轴向间隙，以及保证平滑运行都至关重要。

因为摩擦在启动和运转期间都很小，滚动接触轴承常用来降低通常使用径向滑动轴承的很多系统的复杂程度。除了拥有这个优势，并且旋转元件的轴向径向位置精确以外，还因为对润滑要求降低，正常润滑被短暂打断时也可以正常运行，这是一种非常理想的轴承。

使用滚动接触轴承时，需要知道这种轴承的寿命由其制作材料的抗疲劳寿命和使用的不同润滑剂决定。对于滚动接触疲劳，无法精确预测寿命与载荷和设计参数的关系，但是可以使用一个叫作“可靠概率”的统计函数来将它们联系起来。这个统计函数里面的公式来自 AFBMA 的推荐。当在速度、挠曲、温度、润滑和内部几何极限条件时，必须处理这些公式结果的背离。

1. 耐磨轴承的种类

大致上根据使用不同滚动元件的形状分类，但现在也有很多将传统元件做独特使用的种类。因此，知道特殊轴承可以通过换用适应特定场合的座圈来得到是很好的，尽管除了高容量结构和不能通过普通方式达到要求的场合外，这种应用并不实际。“特殊”外座圈价格高出很多。通常在这种情况下，座圈要能够合并其他机械功能，或者“淹没”在周围的结构中，使用硬化的轴或者外座，配合恰当的表面处理，来支持滚动元件。表 10-15 ~ 表 10-21 展示了典型的耐磨轴承种类。

表 10-15 滚动轴承的分类与命名（一）

球轴承，单列，径向接触			
命名	描述	命名	描述
BC	无装填槽组装 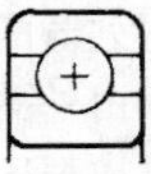	BH	不可拆卸沉孔组装 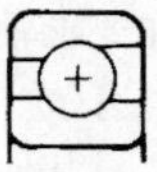
BL	装填槽组装 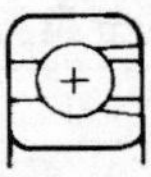	BM	可拆分组装 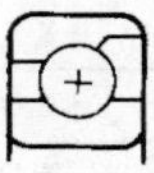
球轴承，单列，角接触①			
命名	描述	命名	描述
BN	不可拆卸标准接触角：10°～22° 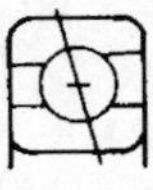	BAS	可拆卸内圈标准接触角：22°～32° 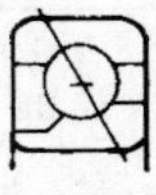
BNS	可拆卸外圈标准接触角：10°～22° 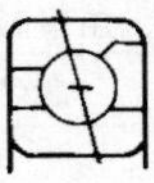	BT	不可拆卸标准接触角：32°～45° 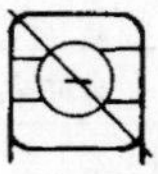
BNT	可拆卸内圈标准接触角：10°～22° 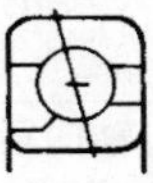	BY	两件式外圈 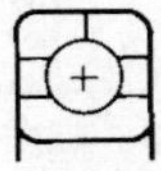
BA	不可拆卸标准接触角：22°～32° 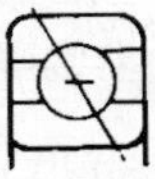	BZ	两件式内圈 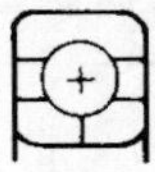
球轴承，单列，径向接触，外球面			
命名	描述	命名	描述
BCA	无装填槽组装 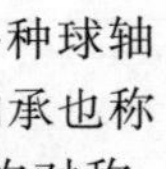	BLA	装填槽组装 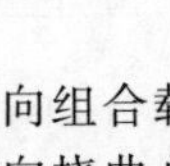

① 球接触点连接成线与轴承轴向垂直方向形成一个锐角。

2. 球轴承的分类

很多种球轴承都是从三种基本设计演化而来：单列轴向、单列角接触和双列角接触。

单列轴向，无装填槽：这是最常用的一种球轴承，其各种变形也应用广泛。这种类型的轴承也称作“康纳德”型或者“深槽”型。轴承结构对称，可以承受轴向和径向综合载荷，且轴向载荷较大，但又不足以需求单纯的推力轴承。但是，由于这种类型不能自行对中，轴和座体内孔之间精确的对中是必须的。

单列轴向，有装填槽：这种类型的轴承设计主要用于承受径向载荷。组装时和无装填槽的轴承一样，在轴承圈偏心位移内加入尽可能多的球，然后利用环之间的微微分开以及外圈的热膨胀，将更多的球通过装填槽塞入轴承。如果必须，这种轴承可以在承受径向载荷的同时承受一定程度的轴向载荷，但是当轴向符合超过径向符合的60%，就不推荐了。

单列角接触：这种轴承用于径向和轴向组合载荷的情况，其中轴向载荷可能比较大，轴向挠曲必须被控制在很小的范围。外圈一边有一个较高的凸肩来承受轴向压力，同时外圈另一边的凸肩高度只够保持轴承不分离。除了单纯承受单方向轴向轴承的情况，这种轴承要么成对使用，要么在轴的两端相对出现。

双列轴承：这种轴承实际上是由两个单列角接触轴承，通过球和滚道在轴承组装时固定的内部配合组合成一个件。因此这种配合不取决于内部刚性的安装方法。这种轴承通常有一个已知的内部预加载荷，预加载荷在不同方向推力施加的结合的载荷下对挠曲有最大的抵抗力。因此，由于预加载荷的作用，在外部载荷之前，球和座圈已经承受压力，在要求轴承挠曲最小化时，这种轴承对径向载荷非常有效。

其他种类：对上面三种基本种类进行改进，就可以得到自密封，卡环定位，带防尘盖等分类，但是安装的基本要素不变。比较特殊的一种是自对中球轴承，使用中可以弥补由轴挠曲、安装不精确或者其他常见原因造成的轴和外座之间的不对中。单列球的对中由外圈的外表面圆完成，双列球的对中由外圈的球面滚道完成。大部分的轴承轴向载荷能力都比较大。

表 10-16　滚动轴承的分类与命名（二）

球轴承，双列，径向接触			
命名	描述	命名	描述
BF	装填槽组装 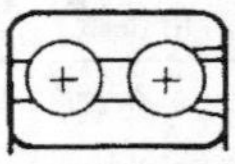	BHA	不可拆卸两件式外圈 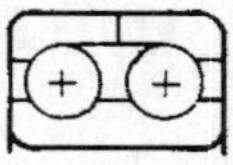
BK	无装填槽组装 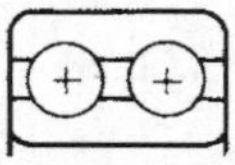		
球轴承，双列，角接触①			
命名	描述	命名	描述
BD	装填槽组装，接触角顶点在轴承内 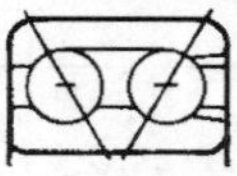	BG	无装填槽组装，接触角顶点在轴承外 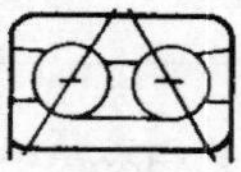
BE	装填槽组装，接触角顶点在轴承外 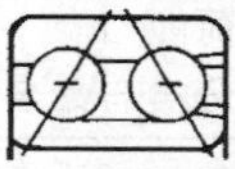	BAA	不可拆卸，接触角顶点在轴承内，两件式外圈 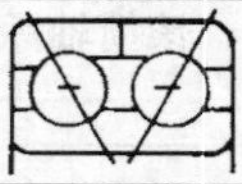
BJ	无装填槽组装，接触角顶点在轴承内 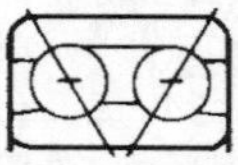	BVV	可拆卸，接触角顶点在轴承外，两件式内圈 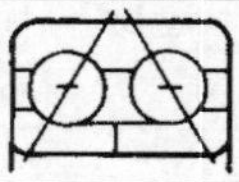
球轴承，双列，自对中			
命名	描述		
BS	外圈球面滚道 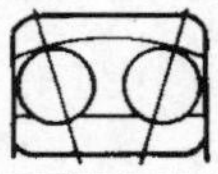		

① 球接触点连接成线与轴承轴向垂直方向形成一个锐角。

表 10-17　滚动轴承的分类与命名（三）

圆柱滚子轴承，单列，不定位			
命名	描述	命名	描述
RU	无挡边内圈，外挡边外圈，可拆卸内圈 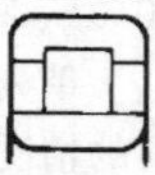	RNS	双挡边内圈，无挡边外圈，可拆卸外圈，球状外表面 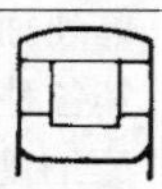
RUP	无挡边内圈，双挡边外圈，松挡边，内外圈均可拆卸 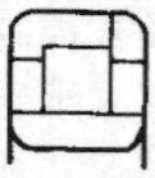	RAB	无挡边内圈，单挡边外圈，内外圈均可拆卸 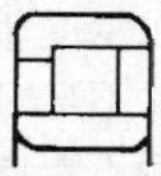
RUA	无挡边内圈，双挡边外圈，内圈可拆卸，球状外表面 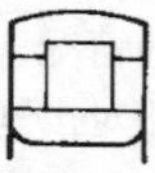	RM	无挡边内圈，保持架定位滚子，端环或卡环凹入外圈，内圈可拆卸 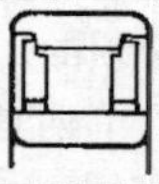
RN	双挡边内圈，无挡边外圈，可拆卸外圈 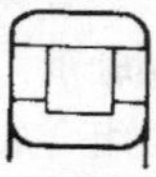	RNU	无挡边内圈，无挡边外圈，内外圈均可拆卸 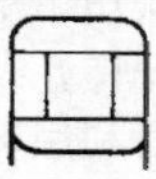

（续）

圆柱滚子轴承，单列，单向定位			
命名	描述	命名	描述
RR	单挡边内圈，双内卡环外圈，内圈可拆卸 	RF	双挡边内圈，单挡边外圈，可拆卸外圈 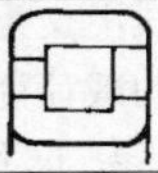
RJ	单挡边内圈，双挡边外圈，可拆卸内圈 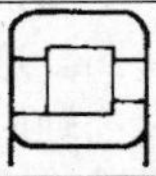	RS	单挡边内圈，单挡边外圈，单内卡环外圈，可拆卸内圈 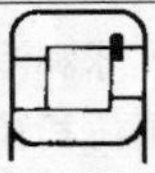
RJP	单挡边内圈，双挡边外圈，松挡边，内外圈可拆卸 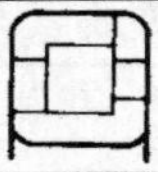	RAA	单挡边内圈，单挡边外圈，内外圈均可拆卸 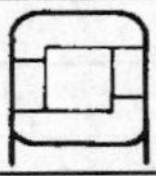

3. 滚子轴承的种类

滚子轴承是根据滚子和滚道处理径向、轴向和径向合成以及轴向载荷的设计来分类的。

圆柱体滚子轴承：这种轴承的滚子可能是实心的，也可能是螺纹中空的。活动套圈可能会有一个约束凸缘，来抑制一个方向的轴向移动，或者没有凸缘，轴承套圈之间轴向独立位移。不论是滚子还是座圈有凸度，来防止轴轻微未对中时产生边缘载荷。因为摩擦小，这款轴承可以用于相对较高速度。

滚筒轴承：这种轴承滚子像桶一样，并且是对称的。它们可以装备在单列和双列安装中。和圆柱滚子轴承一样，单列安装的轴承轴向载荷力低，但是双列倾斜安装使得轴承可以负担径向和轴向载荷。

球面滚子轴承：这种轴承通常使用双列，自对中装配。每列转子都有共同的球形外表面滚道。滚子形状像桶一样，一端比另一端稍小，提供一个小的推力，使得滚子与中心的导向凸缘保持接触。这种滚子轴承轴向和径向的载荷能力都很好，当轴和外座未对中时，还可以在一定程度内保持同样的载荷能力。

表 10-18　滚动轴承的分类与命名（四）

圆柱滚子轴承，单列，双向定位			
命名	描述	命名	描述
RK	双挡边内圈，双内卡环外圈，不可拆卸 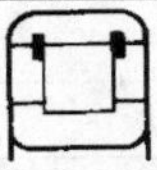	RY	双挡边内圈，单挡边外圈，不可拆卸 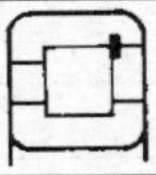
RC	双挡边内圈，双挡边外圈，不可拆卸 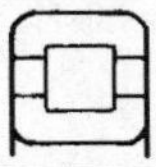	RCS	双挡边内圈，双挡边外圈，不可拆卸，球状外表面 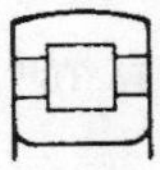
RG	单挡边单卡环内圈，双挡边外圈，不可拆卸 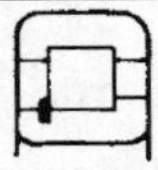		
RP	双挡边内圈，双挡边外圈，松挡边，可拆卸外圈 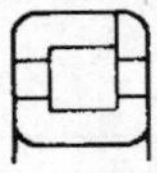	RT	双挡边内圈，松挡边，双挡边外圈，可拆卸内圈 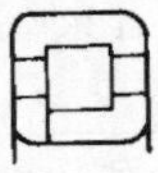

圆柱滚子轴承

双列无定位型	
命名	描述
RA	内圈无挡边，外圈三个整体式挡边，内圈可分拆卸 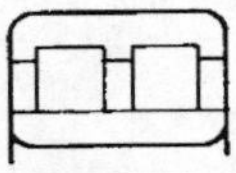
RD	内圈上三个整体式挡边，外圈无挡边，外圈可拆卸 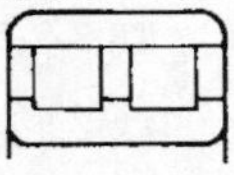
RE	内圈无挡边，外圈无挡边，有两个整体式卡环，内圈可拆卸 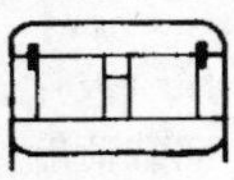

双列双向定位型	
命名	描述
RB	内圈三个整体式挡边，外圈无挡边，两个内卡环不可拆卸 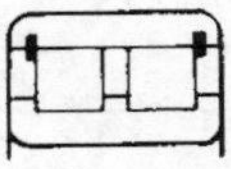
多列无定位型	
命名	描述
RV	内圈无挡边，外圈双挡边（松散挡边），挡边均可拆卸 

圆锥滚子轴承：这种轴承，直圆锥滚子通过内圈的导向凸缘保持精确地对中。这种轴承的基本特质是滚子和座圈的锥形工作面顶点延长会在轴承的轴线上交汇。这些轴承都是可以拆卸的，径向和轴向的载荷能力也很好。

4. 球和滚子推力轴承

球和滚子推力轴承用来承担轴向载荷，或者轴向载荷和径向载荷的结合。

单向球推力轴承：这些轴承包含一个轴套圈和一个或平面或球面的外座圈，中间夹着一列球。这种轴承可以承载单向的纯轴向载荷，不能承担任何径向载荷。

双向球推力轴承：这些轴承包含一个轴套圈和一个球槽，球槽可以在任意一边，两套球，两个外座圈。这样的结构可以支持两个方向中任何一个方向的轴向载荷。不能承担径向载荷。

表 10-19 滚动轴承的分类与命名

自对中滚子轴承，双列

命名	描述	
SD	内圈三完整挡边，外圈球面滚道	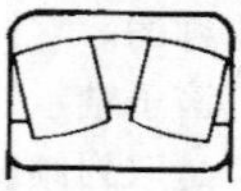
SE	外圈球面滚道，外圈独立中心导向圈定位滚子	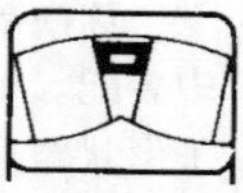
SW	内圈球面滚道	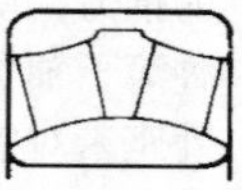
SC	外圈球面轨道，独立轴向浮动导向圈或内圈定位滚子	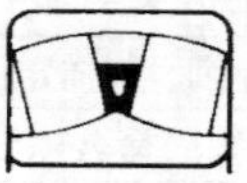
SL	外圈球面滚道，保持架定位滚子，内圈双完整挡边	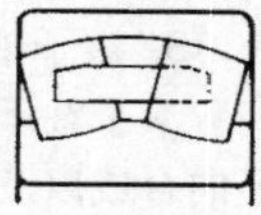

自对中滚子轴承，单列

命名	描述	
SR	带挡边内圈，外圈球面轨道，径向接触	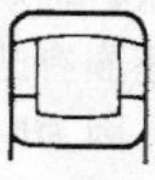
SA	外圈球面轨道，角接触	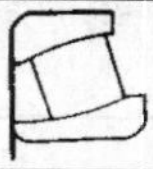
SB	内圈球面滚道，角接触	

推力球轴承

命名	描述	
TA TB①	单向，槽状滚道，平外座	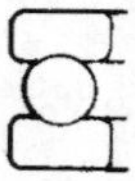
TBF①	单向，平垫圈，平外座	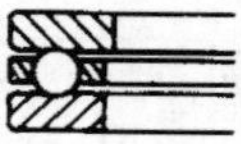
TDA	双向，垫圈有槽状滚道，平外座	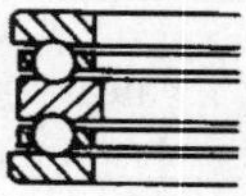

推力滚子轴承

命名	描述	
TS	单向，对中，平外座，球面滚子	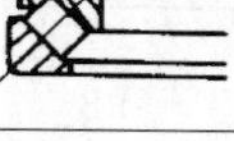
TP	单向，平外座，圆柱滚子	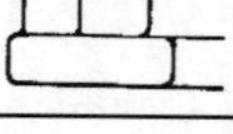
TPC①	单向，平外座，平滚道，外带，圆柱滚子	
TR①	单向，平滚道，对中垫圈对中外座，圆柱滚子	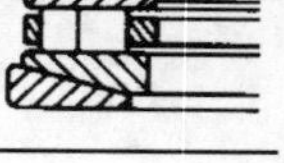

① 以 in 为单位。

球面滚子推力轴承：除了球面滚子推力轴承的接触角更大，这种轴承和径向与球面滚子轴承类似。滚子被打造成桶形，一端比另一端小。这种轴承轴向载荷能力好，同时也能承担径向载荷。

锥形滚子推力轴承：这种轴承滚子锥形，有很多种外座和轴可以选用。

滚子推力轴承：这种轴承中滚子直立，有很多种外座和轴可以选用。

5. 滚针轴承的分类

滚针轴承因其相对较小的滚子而独具特性。通常滚子直径不超过 1/4in（6.35mm），长度直径比相对较高，通常为 3∶1～10∶1。另外一个很多种滚针轴承都有的特质是保持滚子独立不需要用到保持架或者分隔器。滚针轴承可以分为三个大类：无约束滚针、外圈和保持架滚针、不可拆卸单元。

表 10-20　滚动轴承的分类与命名（五）

圆锥滚子轴承——米制

命名	描述	命名	描述
TS	单列 	TDI	双列，双圆锥内圈单圆锥外圈 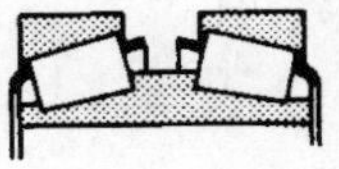
TDO	双列，可调节双圈单圆锥内圈 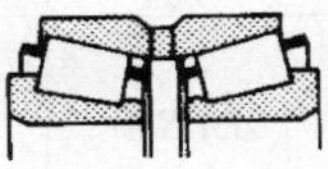	TNA	双列，不可调节双圈单圆锥内圈 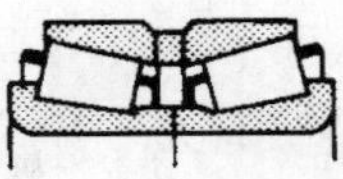
TQD，TQI	四列，可调节圈 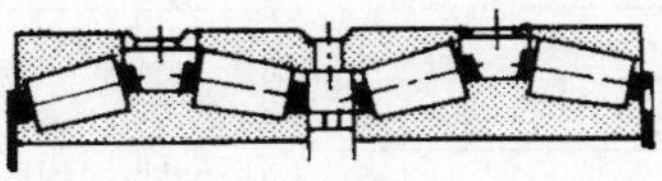 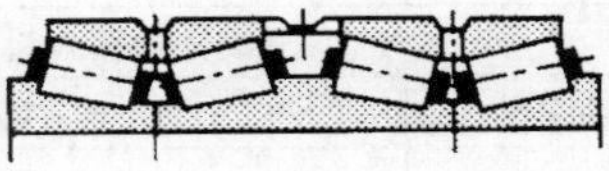		

圆锥滚子轴承——米制

命名	描述	命名	描述
TS	单列，直孔 	TSF	单列，直孔，凸缘圈 
TDO	双列，直孔，两个单圆锥内圈，一个带孔和槽润滑的双圈 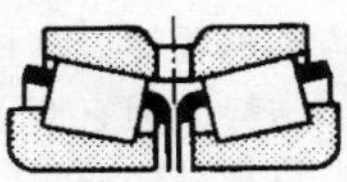	2TS	双列，直孔，两个单圆锥内圈，两个单圈 

圆锥推力轴承

命名	描述
TT	推力轴承 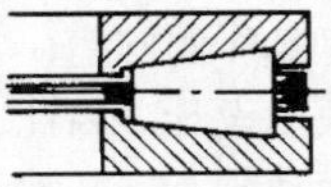

无约束滚针轴承：这种轴承没有完整的滚道或者固定元件，滚针直接处在轴和外轴承腔之间。通常会将轴和外腔轴承表面都做硬化处理，然后加上光滑无破损表面的固定元件来防止轴向运动。这种轴承结构紧密，径向载荷能力好。

外圈和保持架滚针轴承：有两种外圈和固定滚子轴承。拉成形外座轴承，滚针包在硬化处理过的外座中，充当固定元件和硬化外圈。滚针直接在轴上滚动，所以轴承的表面也应做硬化处理。滚子长度和轴直径一定的情况下，载荷能力大约为自由转动滚轮轴承的 2/3。通过压配合安装在外座上。

机械座圈轴承：这种轴承的外圈有一个重机加工元件。这种轴承的各种变形为滚针结束位置提供重端或面，或者用末端垫圈开放滚子保持的末端结构，或者由固定环将保持架固定，保持滚子对中。想要达到自对中效果，可以用球面外座支撑外圈。这种轴承适用于外座分开或者不能将轴承压配合进外座时。

表 10-21 滚动轴承的分类与命名（六）

滚针轴承，拉成形圈			
命名[①]	描述	命名[①]	描述
NIB NB	滚针轴承，满装，拉成形圈，无内圈 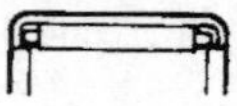	NIYM NYM	滚针轴承，满装，润滑维护滚子，拉成形圈，封闭末端，无内圈 
NIBM NBM	滚针轴承，满装，拉成形圈，封闭末端，无内圈 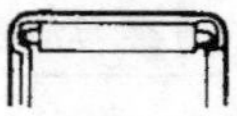	NIH NH	滚针轴承，保持架，拉成形圈，无内圈 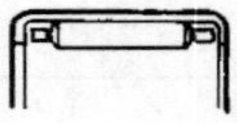
NIY NY	滚针轴承，满装，润滑维护滚子，拉成形圈，无内圈 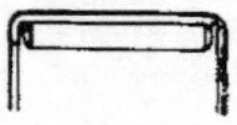	NIHM NHM	滚针轴承，保持架，拉成形圈，封闭末端，无内圈 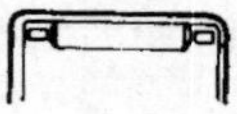
滚针轴承		保持架和滚针轴承组装	
命名[①]	描述	命名[①]	描述
NIA NA	滚针轴承，保持架，外圈机加工润滑孔和槽，无内圈 	NIM NM	保持架和滚针轴承组装 
滚针轴承内圈		机加工圈滚针轴承 NIA 类可以和寸制内圈配合，NIR 类和 NA 类可以和米制内圈配合，NR 类。	
命名[①]	描述		
NIR NR	滚针轴承，内圈，润滑孔和孔中槽 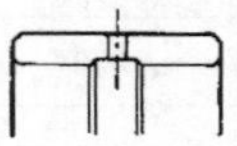		

① 带 I 的命名如 NIB，为寸制，不带 I 的如 NB，是米制。

不可拆卸轴承：这种轴承外圈、滚针和内圈的组合不能拆卸。在有很高静态载荷或者振荡载荷时使用这种轴承，比如某些飞机元件中，以及内圈、外圈都必需的情况。

6. 特殊或者非常规类型

滚动接触轴承经过开发可以用于很多高度专业化的场合。轴承可以使用抗腐蚀材料、非磁性材料、塑料、陶瓷，甚至是木头。通过选择材料来帮助相对常规的设计结构适应较为困难的应用或环境，而且为了解决一些更具体的问题，在滚动接触的设计上出现了更多新颖的设计。因此，设计出了直线运动轴承或者循环运动轴承，摩擦小，定位精确，润滑结构简单，适用于如机械轨道、轴向运动装置、千斤顶螺钉、转向连杆、筒夹和卡盘等。

这种轴承的滚动元件装载类型是“座圈”或者轨道之间没有保持架，装载区域“座圈”的运动和非装载区域与相邻原件的接触都会带来元件前进的“满装”类。“座圈”可能不是圆柱体或者回转体，而是适时中断的平面，使得滚动元件得以自由地活动，可以通过返回槽或返回沟回到“座圈”接触区域的起始点。根据用户的特别需求，可以提供复合的径向和轴向轴承。

7. 塑料轴承

在磨损、腐蚀和难以润滑的条件下，一个最新的发展是使用缩醛树脂滚子和球。尽管与硬钢同类轴承相比，这种轴承的载荷能力和摩擦因数都处在劣势，但它们不受压痕、磨损和腐蚀的影响，并且自重减轻非常明显。

这种轴承还有如下额外价值：①振动或振荡载荷时的抗压痕特性；②自润滑特性。

这种轴承一般不能直接从库存购买，必须根据塑料加工商的有效数据设计制造。

8. 带座轴承和凸缘座轴承

车间非常感兴趣，同时尤其适合“中间轴系”应用的轴承是一系列自带外座、接头和密封件的球和滚子轴承。这种轴承常可称作预安装轴承，并且可用凸缘安装件的范围广泛，可以在与轴的轴向平行或者垂直的平面定位。

内圈可以直接安装在打磨的轴上，也可以通过接头安装在钻杆或工业用轴上。在对不平衡和振动敏感的安装中，推荐使用精确打磨的轴座。

大多数带座轴承设计时结合了自对中轴承的特点，所以不需要和普通轴承安装一样需要精确的组装零件。

9. 传统轴承材料

大多数滚动接触轴承所有载荷元件都是硬钢，应用穿透淬火硬化或表面硬化。为了获得更高的可靠性，材料应受控，必须按照清洁度的要求选择材料，并且合金的使用必须符合严苛的要求，以降低可能限制有效抗疲劳寿命的异常和夹杂物。使用磁力检测来保证各个元件没有缺陷和裂痕。同样地，在粗略研磨和精磨之间会使用光线浸蚀检测出可能由重切削和在处理后零件中配合的脱碳造成的灼伤。

10. 保持架材料

标准轴承通常配有保持架，保持架由未加工的黄铜或低碳硫化钢构成。在高速应用或间歇或边界润滑场合，可以选用特殊材料。铁-硅-青铜，层压酚醛塑料，银-带覆盖层，外加覆盖层，焙干硬膜图层，嵌入碳石墨，以及在极短情况下，分隔器还可以使用烧结材料甚至浸渍材料。

商用轴承通常使用磷化处理过或者没有处理过的冲压钢材；在咬合塑料或者金属类材料中也已经找到一些低成本的种类。

只要润滑充分，速度合理且稳定，保持架的材料和设计的重要性比起其他滚动元件以及它们与座圈的接触是次要的。不考虑这些耐受度，大部分出现的滚动轴承失效都可以跟润滑不充分导致的保持架失效联系起来。没有润滑，没有轴承可以持续运转这句话永远都不是夸大其词。

11. 轴承命名的标准方法

抗磨轴承制造商协会采用了标准识别码来命名每个不同的球、滚子和滚针轴承的具体设计。因此，对于任何一个已知轴承，制造商和用户都有一个统一的命名，可以避免不同公司命名引起的困惑。

在这一套标准识别码中，每个轴承有一个“基本号”，包含三个元素：一个一到四位数字表示 mm 单位的孔的尺寸（米制）；两到三个字母命名表示轴承的种类；再有一个两位数字表示轴承所属的尺寸系列。

除了这个“基本号”之外，还会使用其他数字和字母来命名公差类型，保护架，润滑，配合，套圈更改，添加护板，密封件，安装附件等。因此，一个完整的命名可能是 50BC02JPXE0A10 这样的。基本号是 50BC02，其他的都是补充号。对于一个滑动轴承来说，补充号可以包含高达四个字母表示润滑剂和防腐剂，可以用多达三位数表示特殊要求。

对于推力轴承来说，补充号里面含有两个表示设计变更的字母，一位表示公差的数字，一个表示润滑剂和防腐剂的字母，以及最多可以有三位数字来表示特殊要求。

对于滚针轴承来说，补充号里面最多可以有三个字母代指保护架材料或者完整密封信息或者外圈是否带凸度，还有一个字母表示润滑剂和防腐剂。

尺寸系列：根据每个给定的孔径和一系列针对给定外径的不同宽度，制作出了一系列不同外径的环形球、圆柱滚子和自对中滚子轴承。因此，以上每个轴承都属于由两位数代表的尺寸系列，例如 23，93 等。第一位数字表示轴承所属的宽度系列，第二位数字表明轴承所属的直径系列。球和滚子推力轴承以及滚针轴承的识别码是类似的。

10.2.2 轴承公差

1. 球和滚子轴承

为了为球和滚子轴承在所有设备中的妥善应用提供精度标准，抗磨轴承制造商协会为球轴承制定了五类公差，为圆柱滚子轴承制定了三类公差，为球面滚子轴承制定了一类公差。表 10-22 ~ 表 10-26 给出了这些公差。球轴承的公差由 ABEC-1、ABEC-3、ABEC-5、ABEC-7 和 ABEC-9 代指，ABEC-9 精确度最高。滚子轴承的公差由 RBEC-1、RBEC-3 和 RBEC-5 代指。通常来说，轴承公差要求比 ABEC-1 或 RBEC-1 小，因为需要与轴或外座精密配合，以减少离心率或轴或者支撑件的径向跳动，还可以允许设备高速运行。五个分类都包含孔的公差，外径公差，套圈宽度公差和内外圈径向跳动公差。ABEC-5、ABEC-7 和 ABEC-9 还另外提供面之间平行度的公差、面跳动公差和槽面之间平行度公差。

2. 推力轴承

寸制单向推力球和滚子轴承的公差极限列在表 10-27 中，耐磨轴承制造商协会和美国国家标准对米制单向推力球轴承和滚子轴承的公差极限列在表 10-28 中，寸制圆柱滚子推力轴承的公差极限在表 10-29 中。

米制推力轴承只有一类公差极限。

3. 径向滚针轴承

冲压外圈，没有内圈的滚针轴承，寸制分类为 NIB，NIBM，NIY，NIYM，NIH 和 NIHM 的公差极限列在表 10-30 中，米制分类为 NB，NBM，NY，NYM，NH 以及 NHM 列在表 10-31 中。带保护架，机加工套圈，无内圈的滚针轴承，寸制分类为 NIA 的标准公差极限列在表 10-32 中，而带内圈寸制滚针轴承的标准公差极限在表 10-33 中。

表 10-22 米制球和滚子轴承 ABEC-1 及 RBEC-1 公差极限

ANSI/ABMA 20-1987

基础内圈孔径 d mm		V_{dp} ①最大值 直径系列			Δ_{dmp} ②		K_{ia} ③
大于	包括	7，8，9	0，1	2，3，4	高	低	最大值
2.5	10	10	8	6	0	−8	10
10	18	10	8	6	0	−8	10
18	30	13	10	8	0	−10	13
30	50	15	12	9	0	−12	15
50	80	19	19	11	0	−15	20
80	120	25	25	15	0	−20	25
120	180	31	31	19	0	−25	30
180	250	38	38	23	0	−30	40
250	315	44	44	26	0	−35	50
315	400	50	50	30	0	−40	60

基础外圈外孔径 D mm		V_{Dp} ④最大值				Δ_{Dmp} ⑤		K_{ea} ⑥
		开放式轴承			闭式轴承⑦			
		直径系列						
大于	包括	7，8，9	0，1	2，3，4	2，3，4	高	低	最大值
6	18	10	8	6	10	0	−8	15
18	30	12	9	7	12	0	−9	15
30	50	14	11	8	16	0	−11	20
50	80	16	13	10	20	0	−13	25
80	120	19	19	11	26	0	−15	35
120	150	23	23	14	30	0	−18	40
150	180	31	31	19	38	0	−25	45
180	250	38	38	23	—	0	−30	50
250	315	44	44	26	—	0	−35	60
315	400	50	50	50	—	0	−40	70

宽度公差

d mm		Δ_{Bs} ⑧			d mm		Δ_{Bs} ⑧		
		总体值	标准	修改后⑨			总体值	标准	修改后⑨
大于	包括	高	低		大于	包括	高	低	
2.5	10	0	−120	−250	80	120	0	−200	−380
10	18	0	−120	−250	120	180	0	−250	−500
18	30	0	−120	−250	180	250	0	−300	−500
30	50	0	−120	−250	250	315	0	−350	−500
50	80	0	−150	−380	315	400	0	−400	−630

注：除非特别指出，所有值单位为 μm。尺寸超过表中所列的，查看标准。表中不包含圆锥滚子轴承。

① 单个径向平面上的孔径变化。

② 单个平面平均孔径与基础孔径的偏移（对于一个基础锥形孔，Δ_{dmp} 仅指孔的理论尾端）。

③ 轴承内圈径向跳动。

④ 单个径向平面上的外径变化。适用于安装前和取出内外卡环后。

⑤ 单个平面平均外径相对于基础孔径的偏移。

⑥ 轴承外圈径向跳动。

⑦ 直径系列 7，8，9，0 和 1 没有制定值。

⑧ 单内圈宽度与基础值的偏差 Δ_{Cs}（单外圈宽度与基础值偏差）与同一轴承内圈的 Δ_{Bs} 相同。

⑨ 指成对安装或组合安装单轴承的套圈。

表 10-23 米制球和滚子轴承 ABEC-3 和 RBEC-3 公差极限 ANSI/ABMA 20-1987

基础内圈孔径 d mm		V_{dp}①最大值 直径系列			Δ_{dmp}②		K_{ia}③
大于	包括	7，8，9	0，1	2，3，4	高	低	最大
2.5	10	9	7	5	0	−7	6
10	18	9	7	5	0	−7	7
18	30	10	8	6	0	−8	8
30	50	13	10	8	0	−10	10
50	80	15	15	9	0	−12	10
80	120	19	19	11	0	−15	13
120	180	23	23	14	0	−18	18
180	250	28	28	17	0	−22	20
250	315	31	31	19	0	−25	25
315	400	38	38	23	0	−30	30

基础外圈外径 D mm		V_{Dp}④最大值 开放式轴承 直径系列			闭式轴承⑦	Δ_{Dmp}⑤		K_{ea}⑥
大于	包括	7，8，9	0，1	2，3，4	2，3，4	高	低	最大
6	18	9	7	5	9	0	−7	8
18	30	10	8	6	10	0	−8	9
30	50	11	9	7	13	0	−9	10
50	80	14	11	8	16	0	−11	13
80	120	16	16	10	20	0	−13	18
120	150	19	19	11	25	0	−15	20
150	180	23	23	14	30	0	−18	23
180	250	25	25	15	—	0	−20	25
250	315	31	31	19	—	0	−25	30
315	400	35	35	21	—	0	−28	35

宽度公差

d mm		Δ_{Bs}⑧ 总体值	标准	修改后⑨	d mm		Δ_{Bs}① 总体值	标准	修改后②
大于	包括	高	低		大于	包括	高	低	
2.5	10	0	−120	−250	80	120	0	−200	−380
10	18	0	−120	−250	120	180	0	−250	−500
18	30	0	−120	−250	180	250	0	−300	−500
30	50	0	−120	−250	250	315	0	−350	−500
50	80	0	−150	−380	315	400	0	−400	−630

注：除非特别指出，所有值单位为 μm。尺寸超过表中所列的，查看标准。表中不包含圆锥滚子轴承。

① 单径向平面孔径变化。

② 单个平面平均孔径与基础孔径的偏移（对于一个基础锥形孔，Δ_{dmp} 仅指孔的理论尾端）。

③ 轴承内圈径向跳动。

④ 单个径向平面上的外径变化。适用于安装前和取出内外卡环后。

⑤ 单个平面平均外径相对于基础孔径的偏移。

⑥ 轴承内圈径向跳动。

⑦ 直径系列 7，8，9，0 和 1 没有制定值。

⑧ 单内圈宽度与基础值的偏差 Δ_{Cs}（单外圈宽度与基础值偏差）与同一轴承内圈的 Δ_{Bs} 相同。

⑨ 指成对安装或组合安装单轴承的套圈。

表 10-24 米制球和滚子轴承 ABEC-5 和 RBEC-5 公差极限 ANSI/ABMA 20-1987

内圈

内圈基础孔径 d/mm		V_{dp}①最大直径系列		Δ_{dmp}②		径向跳动 K_{ia}	参考孔表面跳动 S_d	轴向跳动 S_{ia}③	宽度			
									Δ_{Bs}④			V_{Bs}⑤
大于	包括	7,8,9	0,1,2,3,4	高	低	最大	最大	最大	总体值	标准	修改后⑥	最大
2.5	10	5	4	0	−5	4	7	7	0	−40	−250	5
10	18	5	4	0	−5	4	7	7	0	−80	−250	5
18	30	6	5	0	−6	4	8	8	0	−120	−250	5
30	50	8	6	0	−8	5	8	8	0	−120	−250	5
50	80	9	7	0	−9	5	8	8	0	−150	−250	6
80	120	10	8	0	−10	6	9	9	0	−200	−380	7
120	180	13	10	0	−13	8	10	10	0	−250	−380	8
180	250	15	12	0	−15	10	11	13	0	−300	−500	−10

外圈

基础外圈外径 D/mm		V_{Dp}⑦最大直径系列		Δ_{Dmp}⑧		径向跳动 K_{ea}	外圆柱表面跳动 S_D⑧	轴向跳动 S_{ea}⑨	宽度		
									Δ_{Cs}		V_{Cs}
大于	包括	7,8,9	0,1,2,3,4	高	低	最大	最大	最大	高	低	最大
6	18	5	4	0	−5	5	8	8	与相同轴承内圈的 Δ_{Bs} 一致		5
18	30	6	5	0	−6	6	8	8			5
30	50	7	5	0	−7	7	8	8			5
50	80	9	7	0	−9	8	8	10			6
80	120	10	8	0	−10	10	9	11			8
120	150	11	8	0	−11	11	10	13			8
150	180	13	10	0	−13	13	10	14			8
180	250	15	11	0	−15	15	11	15			10

注：除非特别指出，所有值单位为 μm。尺寸超过表中所列的，查看标准。表中不包含仪表轴承和圆锥滚子轴承。

① 单个径向平面孔和外径的变化。

② 单个平面平均孔径和直径与基础值的偏差（对于一个基础锥形孔，Δ_{dmp} 仅指孔的理论尾端）。

③ 组装轴承与内圈的轴向跳动 S_{ia}。仅适用于槽型球轴承。

④ 单孔和外径宽度变化。

⑤ 内外圈宽度与基础值的偏差。

⑥ 适用于成对安装或组合安装单轴承的套圈。

⑦ 没有为闭式轴承设定值。

⑧ 外圆柱表面跳动参考外圈表面 S_D。

⑨ 组装轴承与外圈的轴向跳动。

表 10-25 米制球和滚子轴承 ABEC-7 公差极限 ANSI/ABMA 20-1987

内圈

内圈基础孔径 d/mm		V_{dp}①最大直径系列		Δ_{dmp}②		Δ_{ds}③		径向跳动 K_{ia}	参考孔表面跳动 S_d	轴向跳动 S_{ia}④	宽度			
											Δ_{Bs}⑤			V_{Bs}⑥
大于	包括	7,8,9	0,1,2,3,4	高	低	高	低	最大	最大	最大	总体值	标准	修改后⑦	最大
2.5	10	4	3	0	−4	0	−4	2.5	3	3	0	−40	−250	2.5
10	18	4	3	0	−4	0	−4	2.5	3	3	0	−80	−250	2.5

（续）

内圈														
内圈基础孔径 d/mm		V_{dp}①最大直径系列		Δ_{dmp}②		Δ_{ds}③		径向跳动 K_{ia}	参考孔表面跳动 S_d	轴向跳动 S_{ia}④	宽度			
											Δ_{Bs}⑤			V_{Bs}⑥
大于	包括	7,8,9	0,1,2,3,4	高	低	高	低	最大	最大	最大	总体值	标准	修改后⑦	最大
18	30	5	4	0	−5	0	−5	3	4	4	0	−120	−250	2.5
30	50	6	5	0	−6	0	−6	4	4	4	0	−120	−250	3
50	80	7	5	0	−7	0	−7	4	5	5	0	−150	−250	4
80	120	8	6	0	−8	0	−8	5	5	5	0	−200	−380	4
120	180	10	8	0	−10	0	−10	6	6	7	0	−250	−380	5
180	250	12	9	0	−12	0	−12	8	7	8	0	−300	−500	6

外圈													
外圈基础外径 D/mm		V_{Dp}⑧最大直径系列		Δ_{Dmp}⑨		Δ_{Ds}⑩		径向跳动 K_{ea}	表面跳动 S_D⑪	轴向跳动 S_{ea}⑫	宽度		
											Δ_{Cs}⑬		V_{Cs}⑭
大于	包括	7,8,9	0,1,2,3,4	高	低	高	低	最大	最大	最大	高	低	最大
6	18	4	3	0	−4	0	−4	3	4	5	Δ_{Bs}		2.5
18	30	5	4	0	−5	0	−5	4	4	5			2.5
30	50	6	5	0	−6	0	−6	5	4	5			2.5
50	80	7	5	0	−7	0	−7	5	4	5			3
80	120	8	6	0	−8	0	−8	6	5	6			4
120	150	9	7	0	−9	0	−9	7	5	7			5
150	180	10	8	0	−10	0	−10	8	5	8			5
180	250	11	8	0	−11	0	−11	19	7	10			7

注：除非特别指出，所有值单位为 μm。尺寸超过表中所列的，查看标准。表中不包含仪表轴承。

① 单个径向平面孔和外径的变化。

② 单个平面平均孔径和直径与基础值的偏差（对于一个基础锥形孔，Δ_{dmp}仅指孔的理论尾端）。

③ 单孔和外径与基础值的偏差，这种偏差只适用于直径系列 0，1，2，3 和 4。

④ 组装轴承与内圈的轴向跳动 S_{ia}，仅适用于槽型球轴承。

⑤ 单孔和外圈宽度变化。

⑥ 内外圈宽度的变化。

⑦ 适用于成对安装或组合安装单轴承的套圈。

⑧ 没有为闭式轴承设定值。

⑨ 单个平面平均孔径和直径与基础值的偏差（对于一个基础锥形孔，Δ_{dmp}仅指孔的理论尾端）。

⑩ 单孔和外径与基础值的偏差，这种偏差只适用于直径系列 0，1，2，3 和 4。

⑪ 外圆柱表面跳动参考外圈表面 S_D。

⑫ 组装轴承与外圈的轴向跳动，仅适用于槽型球轴承。

⑬ 单孔和外圈宽度与基础值偏差。

⑭ 内外圈宽度的变化。

表 10-26　米制球和滚子轴承 ABEC-9 公差极限 ANSI/ABMA 20-1987

内圈												
内圈基础孔径 d/mm		V_{dp}①最大	Δ_{dmp}②		Δ_{ds}③		径向跳动 K_{id}	参考孔表面跳动 S_d	组装轴承与内圈轴向跳动 S_{ia}④	宽度		
										Δ_{Bs}⑤		V_{Bs}⑥
大于	包括	最大	高	低	高	低	最大	最大	最大	高	低	最大
2.5	10	2.5	0	−2.5	0	−2.5	1.5	1.5	1.5	0	−40	1.5

（续）

内圈												
内圈基础孔径 d/mm		V_{dp} ①最大	Δ_{dmp} ②		Δ_{ds} ③		径向跳动 K_{id}	参考孔表面跳动 S_d	组装轴承与内圈轴向跳动 S_{ia} ④	宽度		
										Δ_{Bs} ⑤		V_{Bs} ⑥
大于	包括	最大	高	低	高	低	最大	最大	最大	高	低	最大
10	18	2.5	0	−2.5	0	−2.5	1.5	1.5	1.5	0	−80	1.5
18	30	2.5	0	−2.5	0	−2.5	2.5	1.5	2.5	0	−120	1.5
30	50	2.5	0	−2.5	0	−20.5	2.5	1.5	2.5	0	−120	1.5
50	80	4	0	−4	0	−4	2.5	1.5	2.5	0	−150	1.5
50	80	4	0	−4	0	−4	2.5	1.5	2.5	0	−150	1.5
80	120	5	0	−5	0	−5	2.5	2.5	2.5	0	−200	2.5
120	150	7	0	−7	0	−7	2.5	2.5	2.5	0	−250	2.5
150	180	7	0	−7	0	−7	5	4	5	0	−300	4
180	250	8	0	−8	0	−8	5	5	5	0	−350	5

外圈												
基础外径 D/mm		V_{Dp} ⑦	Δ_{Dmp}		Δ_{Ds}		径向跳动 K_{ea}	外圆柱表面与外圈跳动 S_D	组装轴承与外圈轴向跳动 S_{ea}	宽度		
										Δ_{Cs}		V_{Cs}
大于	包括	最大	高	低	高	低	最大	最大	最大	高	低	最大
6	18	2.5	0	−2.5	0	−2.5	1.5	1.5	1.5			1.5
18	30	4	0	−4	0	−4	2.5	1.5	2.5			1.5
30	50	4	0	−4	0	−4	2.5	1.5	2.5			1.5
50	80	4	0	−4	0	−4	4	1.5	4			1.5
80	120	5	0	−5	0	−5	5	2.5	5	Δ_{Bs}		1.5
120	150	5	0	−5	0	−5	5	2.5	5			1.5
150	180	7	0	−7	0	−7	5	2.5	5			2.5
180	250	8	0	−8	0	−8	7	4	7			4
250	315	8	0	−8	0	−8	7	5	7			5

注：除非特别指出，所有值单位为μm。尺寸超过表中所列的，查看标准。表中不包含仪表轴承。

① 单个径向平面孔（V_{dp}）和外径（V_{Dp}）的变化。

② 单个平面平均孔径 Δ_{dmp} 和直径 Δ_{Dmp} 与基础值的偏差（对于一个基础锥形孔，Δ_{dmp} 仅指孔的理论尾端）。

③ 单孔 Δ_{ds} 和外径 Δ_{Ds} 与基础值的偏差。

④ 只适用于槽型球轴承。

⑤ 单孔 Δ_{Bs} 和外圈 Δ_{Cs} 宽度与基本值偏差。

⑥ 内外圈宽度的变化。

⑦ 没有为闭式轴承设定值。

表 10-27　寸制单向推力球轴承公差极限 ANSI/ABMA 24.2-1989（R1999）

孔径① d/in		单个平面平均孔径变化 d/in		外径 D/in		单个平面平均外径变化 D/in	
大于	包括	高	低	大于	包括	高	低
0	6.7500	+0.005	0	0	5.3125	+0	−0.002
6.7500	20.0000	+0.010	0	5.3125	17.3750	+0	−0.003
—	—	—	—	17.3750	39.3701	+0	−0.004

① 孔径公差极限：对于直径在 0 ~ 1.8125in 之间，包含 1.8125in，+0.005，−0.005；直径大于 1.8125in 小于 12.000in，包含 12.000in，+0.010，−0.010；直径大于 12.000in 小于 20.000in，包含 20in 的，+0.0150，−0.0150。

表 10-28 米制单向推力球轴承（TA）和滚子轴承（TS）AFBMA 与美国国家标准公差极限 ANSI/ABMA 24. 1-1989（R1999）

推力轴承外圈孔径 d mm		Δd_{mp}①		S_i，S_e②	$\Delta T_{s\mathrm{Min}}$③			座圈外径 D mm		ΔD_{mp}①	
大于	包括	高	低	最大	最大	TA 类	TS 类	大于	包括	高	低
18	30	0	−10	10	20	−250	—	10	18	0	−11
30	**50**	**0**	**−12**	10	**20**	−250	−300	18	30	0	−13
50	**80**	**0**	**−15**	10	**20**	−300	−400	30	50	0	−16
80	**120**	**0**	**−20**	15	**25**	−300	−400	**50**	**80**	**0**	**−19**
120	**180**	**0**	**−25**	15	**25**	−400	−500	**80**	**120**	**0**	**−22**
180	**250**	**0**	**−30**	20	**30**	−400	−500	**120**	**180**	**0**	**−25**
250	**315**	**0**	**−35**	25	**40**	−400	−700	**180**	**250**	**0**	**−30**
315	**400**	**0**	**−40**	30	**40**	−500	−700	**250**	**315**	**0**	**−35**
400	**500**	**0**	**−45**	30	**50**	−500	−900	**315**	**400**	**0**	**−40**
500	**630**	**0**	**−50**	35	**60**	−600	−1200	**400**	**500**	**0**	**−45**

注：除非特别指出，所有值单位为 μm。公差仅针对标准公差类。尺寸超过表中所列的和公差属于其他公差类型值的，查看标准。表中所有输入都适用于 TA 轴承，粗体字内容也适用于 TS 轴承。

① 单个平面中心轴外圈平均孔径偏差与外径变化。

② 滚道与表面平行度，座圈或垫圈通过外座（S_e）和孔（S_i）安装。

③ 实际轴承高度偏差。

表 10-29 寸制圆柱滚子推力轴承公差极限 ANSI/ABMA 24. 2-1989（R1999）

基础孔径 d		Δd_{mp}①		ΔT_s②		基础外径 D		ΔD_{mp}③	
大于	包括	低	高	高	低	大于	包括	高	低
超轻系列—TP 类									
0	0.9375	+0.0040	+0.0060	+0.0050	−0.0050	0	4.7188	+0	−0.0030
0.9375	1.9375	+0.0050	+0.0070	+0.0050	−0.0050	4.7188	5.2188	+0	−0.0030
1.9375	3.0000	+0.0060	+0.0080	+0.0050	−0.0050	—	—	—	—
3.0000	3.5000	+0.0080	+0.0100	−0.0100	−0.0100	—	—	—	—
基础孔径 d		Δd_{mp}		基础外径 D		外径 D 公差极限		基础孔径 d		ΔT_s	
大于	包括	高	低	大于	包括	高	低	大于	包括	高	低
轻型—TP 类											
0	1.1870	+0	−0.0005	0	2.8750	+0.0005	−0	0	2.0000	+0	−0.006
1.1870	1.3750	+0	−0.0006	2.8750	3.3750	+0.0007	−0	2.0000	3.0000	+0	−0.008
1.3750	1.5620	+0	−0.0007	3.3750	3.3750	+0.0009	−0	3.0000	6.0000	+0	−0.010
1.5620	1.7500	+0	−0.0008	3.7500	4.1250	+0.0011	−0	6.0000	10.0000	+0	−0.015
1.7500	1.9370	+0	−0.0009	4.1250	4.7180	+0.0013	−0	10.0000	18.0000	+0	−0.020
1.9370	2.1250	+0	−0.0010	4.7180	5.2180	+0.0015	−0	18.0000	30.0000	+0	−0.025
2.1250	2.5000	+0	−0.0011	—	—	—	—	—	—	—	—
2.2500	3.0000	+0	−0.0012	—	—	—	—	—	—	—	—
3.0000	3.5000	+0	−0.0013	—	—	—	—	—	—	—	—
重型—TP 类											
2.0000	3.0000	+0	−0.0010	5.0000	10.0000	+0.0015	−0	0	2.000	+0	−0.006
3.0000	3.5000	+0	−0.0012	10.0000	18.0000	+0.0020	−0	2.000	3.000	+0	−0.008

（续）

基础孔径 d		Δd_{mp}		基础外径 D		外径 D 公差极限		基础孔径 d		ΔT_s	
大于	包括	高	低	大于	包括	高	低	大于	包括	高	低
重型—TP 类											
3.5000	9.0000	+0	-0.0015	18.0000	26.0000	+0.0025	-0	3.000	6.000	+0	-0.010
9.0000	12.0000	+0	-0.0018	26.0000	34.0000	+0.0030	-0	6.000	10.000	+0	-0.015
12.0000	18.0000	+0	-0.0020	34.0000	44.0000	+0.0040	-0	10.000	18.000	+0	-0.020
18.0000	22.0000	+0	-0.0025	—	—	—	—	18.000	30.000	+0	-0.025
22.0000	30.0000	+0	-0.003	—	—	—	—	—	—	—	—
TPC 类											
0	2.0156	+0.010	-0	2.5000	4.0000	+0.005	-0.005	0	2.0156	+0	-0.008
2.0156	3.0156	+0.010	-0.020	4.0000	6.0000	+0.006	-0.006	2.0156	3.0156	+0	-0.010
3.0156	6.0156	+0.015	-0.020	6.0000	10.0000	+0.010	-0.010	3.0156	6.0156	+0	-0.015
6.0156	10.1560	+0.015	-0.050	10.0000	18.0000	+0.012	-0.012	6.0156	10.1560	+0	-0.020

注：所有尺寸单位为 in。TR 轴承的数据请查看标准。

① 单个平面平均孔径偏差。

② 单向轴承实际轴承高度偏差。

③ 单个平面平均外径偏差。

表 10-30　寸制 NIB，NIBM，NIY，NIYM，NIH 和 NIHM，冲压外圈，无内圈的滚针轴承 AFBMA 与美国国家标准公差极限 ANSI/ABMA 18.2-1982（R1999）

环规孔径①			滚针轴承基础孔径 F_w		F_w①允许偏差		宽度 B 允许偏差	
基础外径 D/in		与外径 D 偏差/in	in		in		in	
大于	包括		大于	包括	低	高	高	低
0.1875	0.9375	+0.0005	0.1875	0.6875	+0.0015	+0.0024	+0	-0.0100
0.9375	4.0000	-0.0005	0.6875	1.2500	+0.0005	+0.0014	+0	-0.0100
配合和安装实践查看表 10-40			1.2500	1.3750	+0.0005	+0.0015	+0	-0.0100
			1.3750	1.6250	+0.0005	+0.0016	+0	-0.0100
			1.6250	1.8750	+0.0005	+0.0017	+0	-0.0100
			1.8750	2.0000	+0.0006	+0.0018	+0	-0.0100
			2.0000	2.5000	+0.0006	+0.0020	+0	-0.0100
			2.5000	3.5000	+0.0010	+0.0024	+0	-0.0100

① 仅在轴承压入环绕并聚拢其的环规，才能测量滚针轴承孔径。

表 10-31　米制 NB，NBM，NY，NYM，NH 和 NHM，冲压外圈，无内圈的滚针轴承 AFBMA 与美国国家标准公差极限 ANSI/ABMA 18.1-1982（R1999）

环规孔径①			滚针轴承基础孔径 F_w		F_w①允许偏差		宽度 B 允许偏差	
基础外径 D		与外径 D 偏差/μm	mm		μm		μm	
mm								
大于	包括		大于	包括	低	高	高	低
6	10	-16	3	6	+10	+28	+0	-250
10	18	-20	6	10	+13	+31	+0	-250
30	50	-28	18	30	+20	+41	+0	-250
50	80	-33	30	50	+25	+50	+0	-250
—	—	—	50	70	+30	+60	+0	-250

注：配合和安装实践查看表 10-40。

① 仅在轴承压入环绕并聚拢其的环规，才能测量滚针轴承孔径。

表 10-32　寸制 NIA，带保护架，机加工套圈，无内圈的滚针轴承 AFBMA 与美国国家标准公差极限 ANSI/ABMA 18.2-1982（R1999）

基础外径 D		允许单面平均直径与外径偏差 D_{mp}		滚针轴承基础孔径 F_w		F_w 允许偏差		宽度 B 允许偏差	
in		in		in		in		in	
大于	包括	高	低	大于	包括	低	高	高	低
0.7500	2.0000	+0	-0.0005	0.3150	0.7087	+0.0008	+0.0017	+0	-0.0050
2.0000	3.2500	+0	-0.0006	0.7087	1.1811	+0.0009	+0.0018	+0	-0.0050
3.2500	4.7500	+0	-0.0008	1.1811	1.6535	+0.0010	+0.0019	+0	-0.0050
4.7500	7.2500	+0	-0.0010	1.6535	1.9685	+0.0010	+0.0020	+0	-0.0050
—	—	—	—	1.9685	2.7559	+0.0011	+0.0021	+0	-0.0050
7.2500	10.2500	+0	-0.0012	2.7559	3.1496	+0.0011	+0.0023	+0	-0.0050
10.2500	11.1250	+0	-0.0014	3.1496	4.0157	+0.0012	+0.0024	+0	-0.0050
—	—	—	—	4.0157	4.7244	+0.0012	+0.0026	+0	-0.0050
—	—	—	—	4.7244	6.2992	+0.0013	+0.0027	+0	-0.0050
—	—	—	—	6.2992	7.0866	+0.0013	+0.0029	+0	-0.0050
—	—	—	—	7.0866	7.8740	+0.0014	+0.0030	+0	-0.0050
—	—	—	—	7.8740	9.2520	+0.0014	+0.0032	+0	-0.0050

注：配合和安装实践查看表 10-41。

表 10-33　寸制 NIR 滚针轴承内圈 AFBMA 与美国国家标准公差极限 ANSI/ABMA 18.2-1982（R1999）

基础外径 F		允许单面平均直径与外径偏差 F_{mp}		基础孔径 d		允许单面平均直径与孔径偏差 d_{mp}		宽度 B 允许偏差	
in		in		in		in		in	
大于	包括	高	低	大于	包括	高	低	高	低
0.3937	0.7087	-0.0005	-0.0009	0.3125	0.7500	+0	-0.0004	+0.0100	+0.0050
0.7087	1.0236	-0.0007	-0.0012	0.7500	2.0000	+0	-0.0005	+0.0100	+0.0050
1.0236	1.1811	-0.0009	-0.0014	2.0000	3.2500	+0	-0.0006	+0.0100	+0.0050
1.1811	1.3780	-0.0009	-0.0015	3.2500	4.2500	+0	-0.0008	+0.0100	+0.0050
1.3780	1.9685	-0.0010	-0.0016	4.2500	4.7500	+0	-0.0008	+0.0150	+0.0100
1.9685	3.1496	-0.0011	-0.0018	4.7500	7.0000	+0	-0.0010	+0.0150	+0.0100
3.1496	3.9370	-0.0013	-0.0022	7.0000	8.0000	+0	-0.0012	+0.0150	+0.0100
3.9370	4.7244	-0.0015	-0.0024	—	—	—	—	—	—
4.7244	5.5118	-0.0015	-0.0025	—	—	—	—	—	—
5.5118	7.0866	-0.0017	-0.0027	—	—	—	—	—	—
7.0866	8.2677	-0.0019	-0.0031	—	—	—	—	—	—
8.2677	9.2520	-0.0020	-0.0032	—	—	—	—	—	—

注：配合和安装实践查看表 10-42。

4. 米制径向球和滚子轴承的轴与外座配合

为了选择合适的配合，必须考虑载荷类型和范围、轴承类型以及一些其他的设计和性能要求。轴承类型和径向载荷见表10-34。

表10-35和表10-36列出了需要的轴和外座配合。表10-34中载荷定义词“轻”“正常”“重”指的是通常情况下径向载荷在下面的范围内，有部分交集（C是根据AFBMA-ANSI标准计算的基本额定载荷）。

表10-34 轴承类型和径向载荷

轴承类型	径向载荷		
	轻	正常	重
球轴承	$<0.075C$	$0.075C \sim 0.15C$	$>0.15C$
圆柱滚子轴承	$<0.075C$	$0.075C \sim 0.2C$	$>0.15C$
球面滚子轴承	$<0.075C$	$0.070C \sim 0.25C$	$>0.15C$

轴配合：表10-35展示的是选择轴配合的初始方法。需要注意的是，在大多数普通应用中，轴的转动方向和径向载荷的方向是不变的，需要使用过盈配合。同时，载荷越大，需要的干涉越多。在轴运转稳定、径向载荷不变的情况下，轴上内圈可以适当放松。

对于纯粹的轴向载荷，不必采用重过盈配合，只需要采用适度松配合或紧配合。

表10-37的上半部分列出了各种ANSI轴限分类的轴径与基础孔径的偏差。

表10-38中列出了表10-37中轴径和座体内孔径公差极限的米制值。

表10-37和表10-38的下半部分列出了各种ANSI孔径限制分类的座体内孔径与基础轴外径的偏差。

5. 设计和安装考虑

过盈配合会造成轴测径向内部间隙减小，所以推荐用户先与轴承制造商确认需要的合理轴承参数，可以满足所有安装，环境和其他运行条件和要求。尤其当相关零件的热源会在运行过程中进一步降低轴承间隙的时候，与制造商确认就更加必要。

在AFBMA-ANSI标准20中可以查到滑动轴承的径向内部间隙。

6. 允许轴向位移

因为相关零件的热膨胀或者收缩，需要考虑轴承元件在轴向的位移。可以通过轴承内部结构或者允许一个轴承套圈轴向移动来调节这个位移。非常规应用时应向轴承制造商咨询。

7. 滚针轴承配合和安装实践

省略带内外圈的滚针轴承的轴和外座直径公差以及带内圈或者外圈或者内外圈均带有的滚针轴承的滚道直径公差极限，直接在这些面上工作的滚子公差极限在表10-39～表10-42中列出。非常规设计和运行环境可能导致要求与这些值有偏离。在这种情况下应向轴承制造商咨询。

滚针轴承、冲压外圈：不带内圈的这种轴承，类型有NIB，NB，NIBM，NBM，NIY，NY，NIYM，NYM，NIH，NH，NIHM，NHM以及内圈，类型代码为NIR，依赖于它们将要压入的外座决定尺寸和形状。因此，外座不仅要孔的尺寸适宜，还要有足够的强度。表10-39和表10-40列出了严密座体内孔的公差极限，比如那种由铸铁或者钢制作而成，在1984年的AFBMA标准4中径面和环规面一样重甚至更重的外座。如果外座材料选择强度更低，比如是铝甚至是径面薄壁的钢，必须要咨询轴承制造商。座体内孔的形状应该达到如下要求，已测得一个外座在每个径向平面的平均孔径，这些平均直径的值之间的差值不应该超过0.0005in（0.013mm）或者如果座体内孔公差极限的一半更小的话，不应超过座体内孔公差极限的一半。同样地，圆形的径向偏差不应该超过0.00025in（0.006mm）。座体内孔表面处理算数平均值不应该超过125μin（3.2μm）。

表 10-35 米制 ABEC-1 和 RBEC-1 公差类型径向球和滚子轴承轴公差分类选择 ANSI/ABMA 7-1995（R2001）

运行条件			球轴承		圆柱滚子轴承		球面滚子轴承		公差命名①
			mm	in	mm	in	mm	in	
内圈稳定与载荷方向相关	全载荷	内圈易移动	所有直径	所有直径	所有直径	所有直径	所有直径	所有直径	g6
		无需内圈易移动	所有直径	所有直径	所有直径	所有直径	所有直径	所有直径	h6
不定载荷方向或者内圈旋转方向与载荷方向相关	径向载荷：		标准轴径						
	轻		≤18	≤0.71					h5
			>18	>0.71	≤40	≤1.57	≤40	≤1.57	j6②
					(40)~140	(1.57)~5.51	(40)~100	(1.57)~3.94	k6②
					(140)~320	(5.51)~12.6	(100)~320	(3.94)~12.6	m6②
					(320)~500	(126)~19.7	(320)~500	(126)~19.7	n6
					>500	>19.7	>500	>19.7	p6
	正常		≤18	≤0.71					j5
			>18	>0.71	≤40	≤1.57	≤40	≤1.57	k5
					(40)~100	(1.57)~3.94	(40)~65	(1.57)~2.56	m5
					(100)~140	(3.94)~5.51	(65)~100	(2.56)~3.94	m6
					(140)~320	(5.51)~12.6	(100)~140	(3.94)~5.51	n6
					(320)~500	(12.6)~19.7	(140)~280	(5.51)~11.0	p6
					>500	>19.7	(280)~500	(11.0)~19.7	r6
							>500	>19.7	r7
	重		(18)~100	(0.71)~3.94					k5
			>100	>3.94	≤40	≤1.57	≤40	≤1.57	m5
					(40)~65	(1.57)~2.56	(40)~65	(1.57)~2.56	m6②
					(65)~140	(2.56)~5.51	(65)~100	(2.56)~3.94	n6②
					(140)~200	(5.51)~7.87	(100)~140	(3.94)~5.51	p6②
					(200)~500	(7.87)~19.7	(140)~200	(5.51)~7.87	r6②
					>500	>19.7	>200	>7.87	r7②
纯轴向载荷			所有直径	所有直径	咨询轴承制造商				j6

注：在表 10-37 和表 10-38 中查看数值。

① 针对实心钢轴。空心或者不含铁的轴可能需要更紧密的配合。

② 精度要求高时使用 j5，k5 和 m5 分别取代 j6，k6 和 m6。

10

表 10-36 米制 ABEC-1 和 RBEC-1 公差类型径向球和滚子轴承外座公差分类选择

<table>
<tr><th colspan="4">设计和运行条件</th><th rowspan="2">公差分类①</th></tr>
<tr><th>旋转条件</th><th>载荷</th><th>外圈轴向位移限制</th><th>其他条件</th></tr>
<tr><td rowspan="4">外圈稳定与载荷方向相关</td><td rowspan="3">轻、正常和重</td><td rowspan="3">外圈必须易于轴向移动</td><td>通过轴的热输入</td><td>G7</td></tr>
<tr><td>轴向外座分离</td><td>H7②</td></tr>
<tr><td rowspan="4">外座不轴向分离</td><td>H6②</td></tr>
<tr><td>振动和暂时完全空载</td><td rowspan="5">过渡范围③</td><td rowspan="3">J6②</td></tr>
<tr><td rowspan="3">载荷方向不定</td><td>轻和正常</td></tr>
<tr><td>正常和重</td></tr>
<tr><td>重振动</td><td rowspan="3">分离外座不推荐</td><td>K6②</td></tr>
<tr><td rowspan="3">外圈旋转和载荷方向相关</td><td>轻</td><td>M6②</td></tr>
<tr><td>正常和重</td><td rowspan="2">外圈无须易于轴向移动</td><td>N6②</td></tr>
<tr><td>重</td><td>薄壁外座不分离</td><td>P6②</td></tr>
</table>

① 针对铸铁或者钢外座。对于不含铁合金的外座可能需要更紧密的配合。

② 允许更广的公差时，使用公差分类 P7，N7，M7，K7，J7 和 H7 分别代替 P6，N6，M6，K6，J6 和 H6。

③ 外座里的外圈公差带非紧即松。

大多数滚针轴承不使用内圈而是直接在轴的表面运转。把轴作为内滚道的时候，轴的材料需要达到轴承标准，钢硬化最起码达到洛氏硬度 C58。表 10-36 和表 10-40 中列出了滚道的公差极限，表 10-42 列出了使用内圈时轴座的公差极限。但是，不论是作为内滚道或者内圈轴座，轴每个径向表面的平均外径都必须确定。这些平均直径之间的差值不应该超过 0.0003in（0.008mm），如果直径公差的一半更小，不应超过直径公差的一半。直径包括但不超过 1in（25.4mm）的，圆形轴向偏差不应超过 0.0001in（0.0025mm）。直径超过 1in 的，允许的偏差等于 0.0001 乘以轴径。表面处理算数平均值不应

表 10-37　AFBMA 与美国国家标准轴径和座体内孔径公差极限 ANSI/ABMA 7-1995（R2001）

允许轴径与基础孔径偏差/in

in		mm		g6	h6	h5	j5	j6	k5	k6	m5	m6	n6	p6	r6	r7
大于	包括	大于	包括													
基础孔径																
0.2362	0.3937	6	10	-0.0002 -0.0006	0 -0.0004	0 -0.0002	+0.0002 -0.0001	+0.0003 -0.0001	+0.0003 0		+0.0005 +0.0002					
0.3937	0.7087	10	18	-0.0002 -0.0007	0 -0.0004	0 -0.0003	+0.0002 -0.0001	+0.0003 -0.0001	+0.0004 0		+0.0006 +0.0003					
0.7087	1.1811	18	30	-0.0003 -0.0008	0 -0.0005		+0.0002 -0.0002	+0.0004 -0.0002	+0.0004 +0.0001		+0.0007 +0.0003					
1.1811	1.9685	30	50	-0.0004 -0.0010	0 -0.0006		+0.0002 -0.0002	+0.0004 -0.0002	+0.0005 +0.0001	+0.0007 +0.0001	+0.0008 +0.0004	+0.0010 +0.0004				
1.9685	3.1496	50	80	-0.0004 -0.0011	0 -0.0007		+0.0002 -0.0003	+0.0005 -0.0003	+0.0006 +0.0001	+0.0008 +0.0001	+0.0009 +0.0004	+0.0012 +0.0004	+0.0018 +0.0009			
3.1496	4.7244	80	120	-0.0005 -0.0013	0 -0.0009		+0.0002 -0.0004	+0.0005 -0.0004	+0.0007 +0.0001	+0.0010 +0.0001	+0.0011 +0.0005	+0.0014 +0.0005	+0.0019 +0.0010	+0.0023 +0.0015		

允许座体内孔径与基础外轴径偏差/in

基础外径				G7	H7	H6	J7	J6	K6	K7	M6	M7	N6	N7	P6	P7
0.7087	1.1811	18	30	+0.0003 +0.0011	0 +0.0008	0 +0.0005	-0.0004 +0.0005	-0.0002 +0.0003	-0.0004 +0.0001	-0.0006 +0.0002	-0.0007 +0.0002	-0.0008 0	-0.0009 -0.0004	-0.0011 -0.0003	-0.0012 -0.0007	-0.0014 -0.0006
1.1811	1.9685	30	50	+0.0004 +0.0013	0 +0.0010	0 +0.0006	-0.0004 +0.0006	-0.0002 +0.0004	-0.0005 +0.0001	-0.0007 +0.0003	-0.0008 -0.0002	-0.0010 0	-0.0011 -0.0005	-0.0013 -0.0003	-0.0015 -0.0008	-0.0017 -0.0007
1.9685	3.1496	50	80	+0.0004 +0.0016	0 +0.0012	0 +0.0007	-0.0005 +0.0007	-0.0002 +0.0005	-0.0006 +0.0002	-0.0008 +0.0004	-0.0009 -0.0002	-0.0012 0	-0.0013 -0.0006	-0.0015 -0.0004	-0.0018 -0.0010	-0.0020 -0.0008
3.1496	4.7244	80	120	+0.0005 +0.0019	0 +0.0014	0 +0.0009	-0.0005 +0.0009	-0.0002 +0.0006	-0.0007 +0.0002	-0.0010 +0.0004	-0.0011 -0.0002	-0.0014 0	-0.0015 -0.0006	-0.0018 -0.0004	-0.0020 -0.0012	-0.0023 -0.0009
4.7244	7.0866	120	180	+0.0006 +0.0021	0 +0.0016	0 +0.0010	-0.0006 +0.0010	-0.0003 +0.0007	-0.0008 +0.0002	-0.0011 +0.0005	-0.0013 -0.0003	-0.0016 0	-0.0018 -0.0008	-0.0020 -0.0005	-0.0024 -0.0014	-0.0027 -0.0011
7.0866	9.8425	180	250	+0.0006 +0.0024	0 +0.0018	0 +0.0011	-0.0006 +0.0012	-0.0003 +0.0009	-0.0009 +0.0002	-0.0013 +0.0005	-0.0015 -0.0003	-0.0018 0	-0.0020 -0.0009	-0.0024 -0.0006	-0.0028 -0.0016	-0.0031 -0.0013

注：基于 ANSI B4.1-1967（R2009）推荐圆柱体零件限制和配合。命名是 g6，h6 等命名轴和 G7，H7 等的孔径。更大直径和米制的值参考 AFBMA 标准 7。

表 10-38　AFBMA 与美国国家标准轴径和座体内孔径公差极限 ANSI/ABMA 7-1995（R2001）

允许轴径与基础孔径偏差/mm

in		mm														
大于	包括	大于	包括	g6	h6	h5	j5	j6	k5	k6	m5	m6	n6	p6	r6	r7
基础孔径																
0.2362	0.3937	6	10	-0.005 -0.014	0 -0.009	0 -0.006	+0.004 -0.002	+0.007 -0.002	+0.007 -0.001		+0.012 +0.006					
0.3937	0.7087	10	18	-0.006 -0.017	0 -0.011	0 -0.008	+0.005 -0.003	+0.008 -0.003	+0.009 +0.001		+0.015 +0.007					
0.7087	1.1811	18	30	-0.007 -0.020	0 -0.013		+0.005 -0.004	+0.009 -0.004	+0.011 +0.002		+0.017 +0.008					
1.1811	1.9685	30	50	-0.009 -0.025	0 -0.016		+0.006 -0.005	+0.011 -0.005	+0.013 +0.002	+0.018 +0.002	+0.020 +0.009	+0.025 +0.009				
1.9685	3.1496	50	80	-0.010 -0.029	0 -0.019		+0.006 -0.007	+0.012 -0.007	+0.015 +0.002	+0.021 +0.002	+0.024 +0.011	+0.030 +0.011	+0.039 +0.020			
3.1496	4.7244	80	120	-0.012 -0.034	0 -0.022		+0.006 -0.009	+0.013 -0.009	+0.018 +0.003	+0.025 +0.003	+0.028 +0.013	+0.035 +0.013	+0.045 +0.023	+0.059 +0.037		

允许座体内孔径与基础外轴径偏差/mm

基础外径				G7	H7	H6	J7	J6	K6	K7	M6	M7	N6	N7	P6	P7
0.7086	1.1811	18	30	+0.007 +0.028	0 +0.021	0 +0.013	-0.009 +0.012	-0.005 +0.008	-0.011 +0.002	-0.015 +0.006	-0.017 -0.004	-0.021 0	-0.024 -0.011	-0.028 -0.007	-0.030 -0.018	-0.035 -0.014
1.1811	1.9685	30	50	+0.009 +0.034	0 +0.025	0 +0.016	-0.011 +0.014	-0.006 +0.010	-0.013 +0.003	-0.018 +0.007	-0.020 -0.004	-0.025 0	-0.028 -0.012	-0.033 -0.008	-0.037 -0.021	-0.042 -0.017
1.9685	3.1496	50	80	+0.010 +0.040	0 +0.030	0 +0.019	-0.012 +0.018	-0.006 +0.013	-0.015 +0.004	-0.021 +0.009	-0.024 -0.005	-0.030 0	-0.033 -0.014	0.039 -0.009	-0.045 -0.026	-0.051 -0.021
3.1496	4.7244	80	120	+0.012 +0.047	0 +0.035	0 +0.022	-0.013 +0.022	-0.006 +0.016	-0.018 +0.004	-0.025 +0.010	-0.028 -0.006	-0.035 0	-0.038 -0.016	-0.045 -0.010	-0.052 -0.030	-0.059 -0.024
4.7244	7.0866	120	480	+0.014 +0.054	0 +0.040	0 +0.025	-0.014 +0.026	-0.007 +0.018	-0.021 +0.004	-0.028 +0.012	-0.033 -0.008	-0.040 0	-0.045 -0.020	-0.052 -0.012	-0.061 -0.036	-0.068 -0.028
7.0866	9.8425	180	250	+0.015 +0.061	0 +0.046	0 +0.029	-0.016 +0.030	-0.007 +0.022	-0.024 +0.005	-0.033 +0.013	-0.037 -0.008	-0.046 0	-0.051 -0.022	-0.060 -0.014	-0.070 -0.041	-0.079 -0.033

注：基于 ANSI B4.1-1967（R2009）推荐圆柱体零件限制和配合。命名是 g6，h6 等命名轴和 G7，H7 等的孔径。更大直径和米制的值参考 AFBMA 标准 7。

表 10-39 带冲压外圈，不带内圈的寸制滚针轴承 NIB，NIBM，NIY，NIYM，NIH 和 NIHM 轴滚道和座体内孔直径 AFBMA 与美国国家标准公差极限 ANSI/ABMA 18.2-1982（R1999）

滚针基础孔径 F_w		允许轴滚道直径与 F_w 偏差		基础外径 D		允许座体内孔直径与 D 偏差	
in		in		in		in	
大于	包括	高	低	大于	包括	低	高
外圈稳定与载荷相关							
0.1875	1.8750	+0	-0.0005	0.3750	4.0000	-0.0005	+0.0005
1.8750	3.5000	+0	-0.0006	—	—	—	—
外圈旋转与载荷相关							
0.1875	1.8750	-0.0005	-0.0010	0.3750	4.0000	-0.0010	+0
1.8750	3.5000	-0.0005	-0.0011	—	—	—	—

注：在表 10-30 中查看轴承公差。

表 10-40 带冲压外圈，不带内圈的米制滚针轴承 NB，NBM，NY，NYM，NH 和 NHM 轴滚道和座体内孔直径 AFBMA 与美国国家标准公差极限 ANSI/ABMA 18.1-1982（R1999）

滚针基础孔径 F_w				允许轴滚道直径与 F_w 偏差		基础外径 D				允许座体内孔直径与 D 偏差	
外圈稳定与载荷相关											
mm		in		ANSI h6/in		mm		in		ANSI N7/in	
大于	包括	大于	包括	高	低	大于	包括	大于	包括	低	高
3	6	0.1181	0.2362	+0	-0.0003	6	10	0.2362	0.3937	-0.0007	-0.0002
6	10	0.2362	0.3937	+0	-0.0004	10	18	0.3937	0.7087	-0.0009	-0.0002
10	18	0.3937	0.7087	+0	-0.004	18	30	0.7087	1.1811	-0.0011	-0.0003
18	30	0.7087	1.1811	+0	-0.0005	30	50	1.1811	1.9685	-0.0013	-0.0003
30	50	1.1811	1.9685	+0	-0.0006	50	80	1.9685	3.1496	-0.0015	-0.0004
50	80	1.9685	3.1496	+0	-0.0007	—	—	—	—	—	—
外圈旋转与载荷相关											
mm		in		ANSI f6/in		mm		in		ANSI R7/in	
大于	包括	大于	包括	高	低	大于	包括	大于	包括	低	高
3	6	0.1181	0.2362	-0.0004	-0.0007	6	10	0.2362	0.3937	-0.0011	-0.0005
6	10	0.2362	0.3937	-0.0005	-0.0009	10	18	0.3937	0.7087	-0.0013	-0.0006
10	18	0.3937	0.7087	-0.0006	-0.0011	18	30	0.7087	1.1811	-0.0016	-0.0008
18	30	0.7087	1.1811	-0.0008	-0.0013	30	50	1.1811	1.9685	-0.0020	-0.0010
30	50	1.1811	1.9685	-0.0010	-0.0016	50	65	1.9685	2.5591	-0.0024	-0.0012
50	80	1.9685	3.1496	-0.0012	-0.0019	65	80	2.5591	3.1496	-0.0024	-0.0013

注：在表 10-31 中查看轴承公差。

表 10-41 带保护架，机加工套圈，不带内圈的寸制滚针轴承 NIA 轴滚道和座体内孔直径 AFBMA 与美国国家标准公差极限 ANSI/ABMA 18.2-1982（R1999）

滚针基础孔径 F_w		允许轴滚道直径与 F_w 偏差		基础外径 D		允许座体内孔直径与 D 偏差	
外圈稳定与载荷相关							
in		ANSI h6/in		in		ANSI H7/in	
大于	包括	高	低	大于	包括	低	高
0.2362	0.3937	+0	-0.0004	0.3937	0.7087	+0	+0.0007
0.3937	0.7087	+0	-0.0004	0.7087	1.1811	+0	+0.0008
0.7087	1.1811	+0	-0.0005	1.1811	1.9685	+0	+0.0010
1.1811	1.9685	+0	-0.0006	1.9685	3.1496	+0	+0.0012
1.9685	3.1496	+0	-0.0007	3.1496	4.7244	+0	+0.0014
3.1496	4.7244	+0	-0.0009	4.7244	7.0866	+0	+0.0016
4.7244	7.0866	+0	-0.0010	7.0866	9.8425	+0	+0.0018
7.0866	9.8425	+0	-0.0011	9.8425	12.4016	+0	+0.0020
外圈旋转与载荷相关							
in		ANSI f6/in		in		ANSI N7/in	
大于	包括	高	低	大于	包括	低	高
0.2362	0.3937	-0.0005	-0.0009	0.3937	0.7087	-0.0009	-0.0002
0.3937	0.7087	-0.0006	-0.0011	0.7087	1.1811	-0.0011	-0.0003
0.7087	1.1811	-0.0008	-0.0013	1.1811	1.9685	-0.0013	-0.0003
1.1811	1.9685	-0.0010	-0.0016	1.9685	3.1496	-0.0015	-0.0004
1.9685	3.1496	-0.0012	-0.0019	3.1496	4.7244	-0.0018	-0.0004
3.1496	4.7244	-0.0014	-0.0023	4.7244	7.0866	-0.0020	-0.0005
4.7244	7.0866	-0.0016	-0.0027	7.0866	9.8425	-0.0024	-0.0006
7.0866	9.8425	-0.0020	-0.0031	9.8425	11.2205	-0.0026	-0.0006

注：在表 10-32 中查看轴承公差。

表 10-42 滚针轴承内圈寸制 NIR（与 NIA 轴承配合）轴径 AFBMA 与美国国家标准公差极限 ANSI/ABMA 18.2-1982（R1999）

基础孔径 d		轴径			
		轴的旋转与载荷相关，外圈稳定、允许载荷与 d 偏差相关		轴的稳定与载荷相关，外圈旋转、允许载荷与 d 偏差相关	
in		ANSI m5/in		ANSI g6/in	
大于	包括	高	低	高	低
0.2362	0.3937	+0.0005	+0.0002	-0.0002	-0.0006
0.3937	0.7087	+0.0006	+0.0003	-0.0002	-0.0007
0.7087	1.1811	+0.0007	+0.0003	-0.0003	-0.0008
1.1811	1.9685	+0.0008	+0.0004	-0.0004	-0.0010
1.9685	3.1496	+0.0009	+0.0004	-0.0004	-0.0011
3.1496	4.7244	+0.0011	+0.0005	-0.0005	-0.0013
4.7244	7.0866	+0.0013	+0.0006	-0.0006	-0.0015
7.0866	9.8425	+0.0015	+0.0007	-0.0006	-0.0017

注：在表 10-33 中查看轴承公差。

该超过 16μin（0.4μm）。座体内孔和轴径公差极限根据载荷旋转是否与轴或支承座相关决定的。

带保护架，机加工套圈，不带内圈的滚针轴承：下面的介绍包括滚针轴承 NIA 和内圈 NIR。座体内孔形状应该满足，测量每个径向平面座体内孔平均直径时，平均值之间最大的差值不超过 0.0005in（0.013mm），如果座体内孔直径公差的一半更小，不应超过直径公差的一半。并且，圆形轴向偏差不应超过 0.00025in（0.006mm）。座体内孔表面处理数学平均值不应超过 125μin（3.2μm）。表 10-42 列出了座体内孔的公差极限。

当轴作为内滚道使用时，对轴的要求与对拉成形外圈滚针轴承的要求一样。表 10-41 列出了轴滚道的公差极限，表 10-42 列出了使用内圈时轴座的公差极限。

滚针与保持架组件，NIM 和 NM：涉及轮廓尺寸、公差极限和配合与安装实践的信息，应参考 ANSI/ABMA 18.1-1982（R1999）和 ANSI/ABMA 18.2-1982（R1999）。

10.2.3 轴承装配实践

因为其固有设计和材料刚度的原因，滚动接触轴承安装时必须严格控制其对中和径向跳动。中速或者更慢速（DN 值≤400000，D 指轴承孔径，单位为 mm，N 指轴承转速），中型到大型载荷（C/P 值≥7，C 指轴承特定动态载荷，单位为 lb，P 指轴承平均载荷，单位为 lb）的应用可以容许的未对中与那些高载荷，使用硬质轴承材料，如银、铜、铅或者铝的精密滑动轴承相同。然而，在任何情况下，对于凸度良好的滚子轴承，最大轴挠曲都不应该超过 0.001in/in（或者 mm/mm），对于深沟球轴承，最大轴挠曲都不应该超过 0.003in/in（或者 mm/mm）。自对中球轴承和球面或桶形滚子轴承除外，其他轴承均要求轴挠曲对中不超过 0.0002in/in（或者 mm/mm）。在预载荷球轴承中，建议最大值相同。大部分类型的窄间隙锥形轴承或者推力轴承对于周对中的要求都相同。

对于所有轴承要求的可靠性至关重要的一点，就是座圈在轴和外座上的位置。

组装方法必须确保：①放置凹槽之前，表面是平正的；②封面与沟道轴肩垂直，并且均匀拉紧；③最终与外座配合时，由一个平行的平面定位。

这些要求都附在表 10-43 中。有些应用中，并不靠精密控制的设备和螺栓扭矩机械装置的自动工装控制，检查滚道是否平正的方法是用如下安装的千分表扫一遍。商用对寿命和可靠度要求都适中时，外滚道径向跳动控制在 0.0005in/in（或者 mm/mm），内座圈径向跳动控制在 0.0004in/in（或者 mm/mm）。在预载荷和精确地应用中，以上这些公差都必须减半。而在对中问题上，必须清楚地意识到，由全硬化钢制作的滚动接触轴承，仔细安装和开始使用，并不像某些滑动轴承一样容易磨损。同样的，当载荷的 C/P 值≤6 时，滚动接触轴承吸收的挠曲相对较小。在这种强度下，滚动元件滚道的变形通常不超过 0.0002in（5.08 μm）。因此，为了轴承性能的可靠，恰当的安装和对轴挠曲的控制是非常必要的。除了不完全润滑之外，这些就是最容易造成轴承过早失效的主要原因。

1. 精确和安静运行应用的安装

在有些滚动轴承应用中，运行振动或者平滑是关键因素，必须针对可能造成径向或轴向运动的条件采取措施提前预防和消除。这些激振力可能造成轴的偏振，这就可能与轴或者外座元件产生共振，频率范围从远低于轴速到轴速的 100 倍。设备越敏感，对轴承和安装精密的需要就越高。

精密轴承公差通常比标准公差更小，因此需要更好的表面处理技术。然而，还是需要一些特别的检查来保证座圈和滚动元件的光滑度和跳动都符合应用要求。类似地，轴和外座也必须严格控制。

需要控制的一些重要的元件和元素是轴、座圈和外座圆度，表面平正度、直径、滚道两侧和滚动路径。还有些不易注意到的元素，如磨削颤振、小叶片和补偿不圆度，波形起伏，和与平均直径偏差低于 0.0005in（0.013 mm）的平面都可能造成明显的粗糙。为了消除这些因素，确保选到优良的元件，三点电子千分表检查非常必要。对于极端精密和安静的应用，元件会使用“泰勒高精度检测仪”或者类似的能够测量几百万分之一 in 的持续记录设备进行检查。这种检查和精度听起来非常极端，但是我们已经发现轴的变形会通过内座圈的收缩体现在检查仪器上。类似地，紧密配合的外座圈可以反映外座的偏差。在很多设备和导弹制导应用中，这些偏差和变形可能需要控制在低于 0.0002in（0.508μm）。

在大多数的精密应用中，轴承滚动元件的圆度偏差控制在百万分之五 in 之内，直径的控制范围也相同。

对外座的设计及轴承与轴和外座的组装都需要特别注意。外座对轴承摇晃（本身是不平正装配）造成的轴向偏振的反应是小型电子或其他转动设备产生噪声的主要原因。更稳定、更大的外座和对外座圈更仔细的对中可以显著改善应用中的噪声或振动。

表 10-43 商用对中公差

特性	位置	公差
外座表面跳动	1	垂直轴心径向全量表读数差 0.0004in/in
外座圈表面跳动	2	垂直轴心径向全量表读数差 0.0004in/in，补偿外座跳动（而不是相反的）
内座圈表面跳动	3	垂直轴心径向全量表读数差 0.0003in/in
安装封面和底面平行度表面	4、5	平行在 0.001 之内
外座安装面平行度	6	平行在 0.001 之内

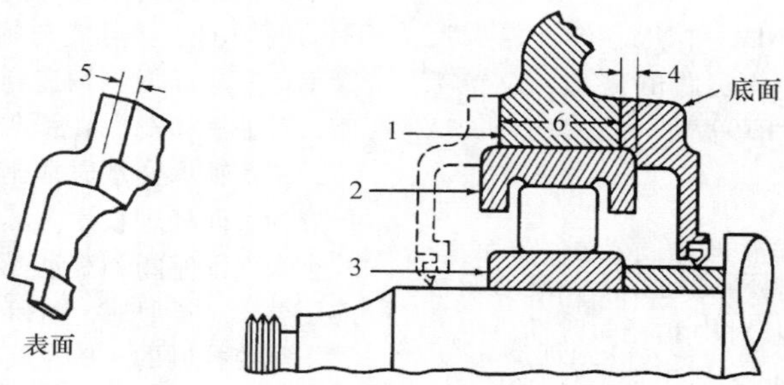

2. 垂直度和对中

除了圆度限制、座圈壁和座圈支撑的变化，还必须严格控制轴承端面和轴肩。通常要求端面和轴肩全量表读数为每英寸直径公差 0.0001in（2.54 μm），配以仔细选择的圆角偏心率限制。圆角偏心率径向公差必须在具体要求限制以内，以防止干涉和随之造成的座圈歪斜。可以参考典型轴承的拐角半径的轴承尺寸表。轴肩也必须有足够的高度来确保为座圈提供足够的支持，因为座圈由硬化的钢制作而成，对振荡载荷和滥用的吸收能力较弱。垂直度和对中对于滚动元件轴承的寿命是非常重要的。

下面这些关于外座和轴的设计的建议来自通用汽车公司新启程分部（New Departure Division）。

一般来说，很少会因为轴不够精密遇到问题。外座和定位轴肩是以轴为中心磨削打造的，只要加以平常的关注，很少有机会出现严重的不圆度或锥度。轴的轴肩应该与轴承表面充分接触，以保证确定和精确的定位。

磨削外座的时候，因为轮毂跳动必须采用底切，这时需要注意不要留下尖锐的边角，因为正是这些地方的疲劳会最终造成轴的破损。最好的办法是底切越小越好，留下一个圆角而不是一个尖锐的角。

使用夹紧螺母时，重要的是要把螺纹切割得越准确越方越好，这样可以保证当螺母夹紧时，轴承内圈平面上所有点所受压力一致。同样很重要的是螺纹不能在外座上刻得太深以至于部分内圈没有螺纹的支持。不合适的设计或者尺寸不够的机械零件会导致过多的缺陷。如果轴本身很弱，很可能因为轴挠曲造成的不对中对轴承运转造成严重影响。当轴相对较长，轴承之间的直径必须足够大，以抵抗屈曲。一般来说，应避免在同一个轴上使用两个轴承，因为如此很难保证对中精确。轴承安装紧密时，就会导致极重的轴承载荷。

设计和准确的加工对于外座的精确构造一样重要。壁面区域应该有足够多的金属，应尽可能避免大面积的薄壁区域，因为可能使外座最终表面处理时导致钻孔工具挠曲。

一旦有可能，设计轴承时最好能够让轴承径向载荷尽可能直接地传递到轴承壁或者支撑轴承的挡边上。除非将其制造得厚且妥善加固，将偏置的外座与主轴承壁连接或者与机械一面连接的隔壁容易弯曲。

当两个轴承要相对安装在不同的外座中时，外座应该通过翅片或连接板加强，以防止因为两个轴承相对时带来的轴向载荷造成缺陷。

当外座较深，并且要求打孔工具有相当量的悬垂时，容易制造出圆度不好和锥形的产品，除非工具非常严密，并且采用完工切削精加工。如果轴承打孔太粗糙，可能造成载荷下金属脊被锤平，最终导致轴承外圈配合过松。

3. 软金属和弹性外座

在采用软金属制作的外座（铝、镁、薄钣金等）或者因为热膨胀导致配合不佳的应用中，外座圈的装配方法必须谨慎。最重要的就是决定套圈过松和转动可能带来的后果。除此之外，还必须考虑载荷的类型，因为载荷类型可能改变套圈松弛的结果。必须谨记，一般来说，平衡的过程也不保证转速零不平衡，而只能保证不平衡在一个相对可以“接受”的最大值以内。这种由外座圈旋转元件施加的力可以造成旋进，通过磨损、敲击和擦伤造成进一步磨耗，加重座圈松弛的问题。因为这个力一般来说在外座圈，外座和密封件（还有锁紧螺母）之间作用在摩擦力之前，没有可以保证外座圈在载荷或者大量工作磨损后不变形的万能之法。尽管有很多“补救问题”的方法，唯一确定的解决办法就是将座圈压入硬度足够并且采用在安装和运行间隙内最重的压入配合。在很多情况下，会使用铸铁刀片或者垫片来保持这种理想的配合，并且延长轴承和外座的有效寿命。

4. 低噪或无振安装

看起来彼此矛盾的是，轴承安装追求所有的轴或者旋转元件偏振必须与支架、外座或者支撑结构相独立。然而通常轴承外座圈由弹性或金属弹簧支撑。根本上，这是一个独立问题，需要谨慎处理，以保证达到轴承首要目标——为旋转元件定位并限位，同时减少或消除动态问题。另外，必须考虑滚动元件滑移的危险，推荐参考常驻工程师或者各个轴承公司销售工程师的意见，因为这种问题通常要求特别的，没有在产品目录里的轴承来解决。

5. 常见安装注意事项

因为涉及轴承应用的最后步骤——安装和封闭——对于轴承表现，耐久性和可靠性如此重要，必须注意在寿命周期的早期就被滥用或“杀死”的轴承比按照设计磨损或者正常“死亡”的轴承还要多。锤凿“机制”处理轴承时总是好像怎么锤都不会太重，什么灰尘都不会造成磨损，怎样都不会造成未对中问题一样。对于滚动轴承应用，必须使用合适的工具、装置和技术，并且对于设计工程师来说，有责任在设计、建议、安装指导和工作手册中将上述细节列出。为了保证滚动轴承的可靠性、长使用寿命和平顺的运转，必须避免裂纹、凹痕、印痕、划痕、腐蚀染色和污垢。所有轴承制造商都为用户准备相应的使用指导。应遵循使用指导以获得最好的轴承性能。在后面的章节中，会讲到检查轴承的方法和最常见轴承缺陷的描述。

6. 轴承与轴承座配合

表 10-33 ~ 表 10-39 列出了抗磨轴承制造商协会（AFBMA）标准轴和箱体轴承座公差。

7. 夹紧和固持方法

有很多办法可以夹紧轴承，防止轴承在轴上轴向运动，最常见的就是将螺母拧入轴的一端，由舌型锁紧垫圈固定（见表 10-44）。轴的夹紧螺母螺纹部分（见表 10-45）应该严格与轴承座和轴肩配合，避免轴承压力。使用的螺纹载荷美国国家标准，分类 3；表 10-46 和表 10-47 给出了这些轴的特别的直径和数据。当要求精密度高于标准时，垫圈和防松螺母表面可能会呈圆形以与螺纹更紧密对中。为了达到高的精密度，轴的螺纹是圆形的并且将采取更精确的夹紧方法。当需要夹紧轴承内圈时，轴的轴肩足够高对于准确定位轴承非常重要。如果轴承孔和轴最大直径的差值导致进入滑动轴承拐角的轴肩较矮，应采用伸出轴肩外，深入轴拐角的轴肩挡圈。当没有定位轴肩时，使用带卡索的轴肩挡圈放入轴上的槽中。常用卡环放入槽中来防止轴承末端移动原理定位轴肩，此处不需要非常紧的夹紧。轴表面的槽可能引起疲劳失效时，不应使用这种卡环。卡环还可以用来定位外座中的外轴承圈。后者用法的卡环尺寸在 AFBMA 和 ANSI 标准中有列出。

10

表 10-44 AFBMA 标准寸制球轴承、圆柱和球面滚子轴承锁紧垫圈（W-00 系列），锥形滚子轴承锁紧垫圈（TW-100 系列）

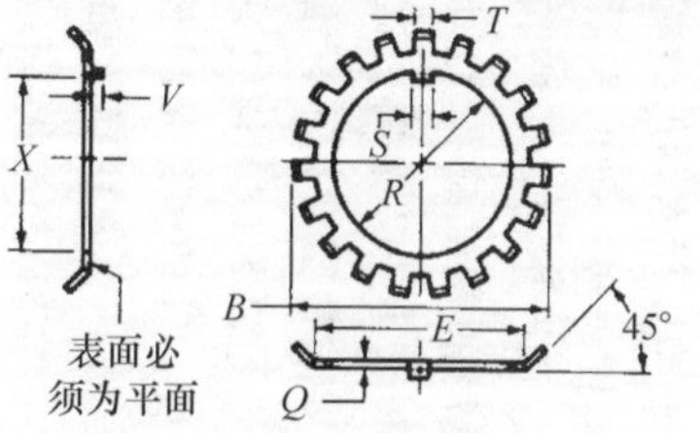

W-00～W-16

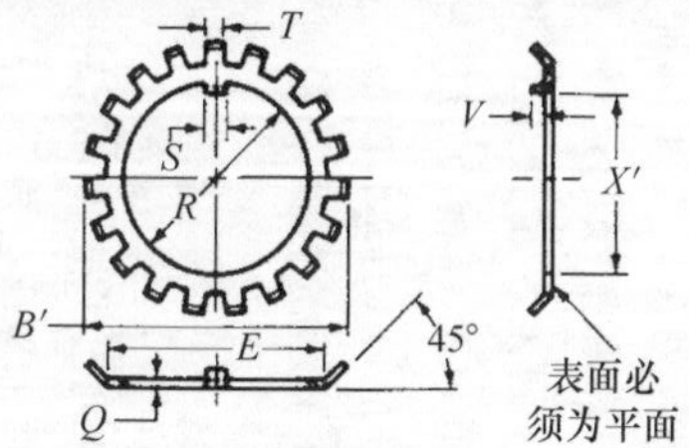

TW-100～TW-116

类型 W 序号	Q	类型 TW 序号	Q	特点		关键								孔 R		直径		直径超过尾部 Max	
				序号	宽度①	投影①	宽度 S		X		X′			最小	最大	E	公差		
					T	V	最小	最大	最小	最大	最小	最大						B	B′
W-00	0.032	TW-100	0.032	9	0.120	0.031	0.110	0.120	0.334	0.359	0.334	0.359		0.406	0.421	0.625	+0.015	0.875	0.891
W-01	0.032	TW-101	0.032	9	0.120	0.031	0.110	0.120	0.412	0.437	0.412	0.437		0.484	0.499	0.719	+0.015	1.016	1.031
W-02	0.032	TW-102	0.048	11	0.120	0.031	0.110	0.120	0.529	0.554	0.513	0.538		0.601	0.616	0.813	+0.015	1.156	1.156
W-03	0.032	TW-103	0.048	11	0.120	0.031	0.110	0.120	0.607	0.632	0.591	0.616		0.679	0.694	0.938	+0.015	1.328	1.344
W-04	0.032	TW-104	0.048	11	0.166	0.031	0.156	0.176	0.729	0.754	0.713	0.738		0.801	0.816	1.125	+0.015	1.531	1.563
W-05	0.040	TW-105	0.052	13	0.166	0.047	0.156	0.176	0.909	0.939	0.897	0.927		0.989	1.009	1.281	+0.015	1.719	1.703
W-06	0.040	TW-106	0.052	13	0.166	0.047	0.156	0.176	1.093	1.128	1.081	1.116		1.193	1.213	1.500	+0.015	1.922	1.953
—	—	TW-065	0.052	15	0.166	—	0.156	0.176	—	—	1.221	1.256		1.333	1.353	1.813	+0.015	—	2.234
W-07	0.040	TW-107	0.052	15	0.166	0.047	0.156	0.176	1.296	1.331	1.284	1.319		1.396	1.416	1.813	+0.015	2.250	2.250
W-08	0.048	TW-108	0.062	15	0.234	0.047	0.250	0.290	1.475	1.510	1.461	1.496		1.583	1.603	2.000	+0.030	2.469	2.484
W-09	0.048	TW-109	0.062	17	0.234	0.062	0.250	0.290	1.684	1.724	1.670	1.710		1.792	1.817	2.281	+0.030	2.734	2.719
W-10	0.048	TW-110	0.062	17	0.234	0.062	0.250	0.290	1.884	1.924	1.870	1.910		1.992	2.017	2.438	+0.030	2.922	2.922
W-11	0.053	TW-111	0.062	17	0.234	0.062	0.250	0.290	2.069	2.109	2.060	2.100		2.182	2.207	2.656	±0.030	3.109	3.094
W-12	0.053	TW-112	0.072	17	0.234	0.062	0.250	0.290	2.267	2.307	2.248	2.288		2.400	2.425	2.844	+0.030	3.344	3.328
W-13	0.053	TW-113	0.072	19	0.234	0.062	0.250	0.290	2.455	2.495	2.436	2.476		2.588	2.613	3.063	+0.030	3.578	3.563
W-14	0.053	TW-114	0.072	19	0.234	0.094	0.250	0.290	2.658	2.698	2.639	2.679		2.791	2.816	3.313	+0.030	3.828	3.813
W-15	0.062	TW-115	0.085	19	0.328	0.094	0.250	0.290	2.831	2.867	2.808	2.853		2.973	3.003	3.563	+0.030	4.109	4.047
W-16	0.062	TW-116	0.085	19	0.328	0.094	0.313	0.353	3.035	3.080	3.012	3.057		3.177	3.207	3.844	+0.030	4.375	4.391

注：1. 所有尺寸单位均为 in，要兑换成 mm，将 in 数值乘以 25.4，然后四舍五入到两位小数。

2. 更大尺寸的数据在 ANSI/AFBMA 标准 8.2-1991 中。

① 公差：宽度方面，W-00 ~ W-03 和 TW-100 ~ TW-103 类，−0.1010in；W-04 ~ W-07 类和 TW-104 ~ TW-107 类，−0.020in；表上其他类型的为 −0.030in。投影 V，W-13 ~ TW-113 类都是 +0.031in，其他表中的类型都是 +0.062in。

表 10-45 AFBMA 标准寸制球轴承、圆柱和球面滚子轴承防松螺母（N-00 系列）和锥形滚子轴承防松螺母（TN-00 系列）

紧配合螺纹柄轴表面测量跳动和平行度

N-00 ~ N-06 = 0.002Max

N-07 ~ AN-15 = 0.004Max

TN-065 ~ TAN-15 = 0.002Max

表面处理建议

TN-065 ~ TN-11，100μin，Max

TN-12 ~ TAN-15，120μin，Max

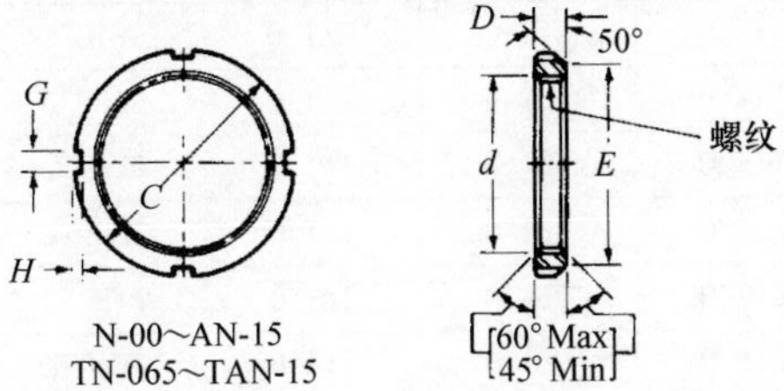

BB & RB 螺母序号	TRB 螺母序号	每英寸螺纹数	螺纹小径		螺纹分度圆直径		螺纹大径 *d*	外径 *C*	表面直径 *E*		槽尺寸 宽度 *G*		槽尺寸 高度 *H*	厚度 *D*	
			最小	最大	最小	最大	最小	最大	最小	最大	最小	最大	最大	最小	最大
N-00	—	32	0.3572	0.3606	0.3707	0.3733	0.391	0.755	0.605	0.625	0.120	0.130	0.073	0.209	0.229
N-01	—	32	0.4352	0.4386	0.4487	0.4513	0.469	0.880	0.699	0.719	0.120	0.130	0.073	0.303	0.323
N-02	—	32	0.5522	0.5556	0.5657	0.5687	0.586	1.005	0.793	0.813	0.120	0.130	0.104	0.303	0.323
N-03	—	32	0.6302	0.6336	0.6437	0.6467	0.664	1.130	0.918	0.938	0.120	0.130	0.104	0.334	0.354
N-04	—	32	0.7472	0.7506	0.7607	0.7641	0.781	1.380	1.105	1.125	0.178	0.198	0.104	0.365	0.385
N-05	—	32	0.9352	0.9386	0.9487	0.9521	0.969	1.568	1.261	1.281	0.178	0.198	0.104	0.396	0.416
N-06	—	18	1.1129	1.1189	1.1369	1.1409	1.173	1.755	1.480	1.500	0.178	0.198	0.104	0.396	0.416
—	TN-065	18	1.2524	1.2584	1.2764	1.2804	1.312	2.068	1.793	1.813	0.178	0.198	0.104	0.428	0.448
N-07	TN-07	18	1.3159	1.3219	1.3399	1.3439	1.376	2.068	1.793	1.813	0.178	0.198	0.104	0.428	0.448
N-08	TN-08	18	1.5029	1.5089	1.5269	1.5314	1.563	2.255	1.980	2.000	0.240	0.260	0.104	0.428	0.448
N-09	TN-09	18	1.7069	1.7129	1.7309	1.7354	1.767	2.536	2.261	2.281	0.240	0.260	0.104	0.428	0.448
N-10	TN-10	18	1.9069	1.9129	1.9309	1.9354	1.967	2.693	2.418	2.438	0.240	0.260	0.104	0.490	0.510
N-11	TN-11	18	2.0969	2.1029	2.1209	2.1260	2.157	2.974	2.636	2.656	0.240	0.260	0.135	0.490	0.510
N-12	TN-12	18	2.2999	2.3059	2.3239	2.3290	2.360	3.161	2.824	2.844	0.240	0.260	0.135	0.521	0.541
N-13	TN-13	18	2.4879	2.4949	2.5119	2.5170	2.548	3.380	3.043	3.063	0.240	0.260	0.135	0.553	0.573
N-14	TN-14	18	2.6909	2.6969	2.7149	2.7200	2.751	3.630	3.283	3.313	0.240	0.260	0.135	0.553	0.573
AN-15	TAN-15	12	2.8428	2.8518	2.8789	2.8843	2.933	3.880	3.533	3.563	0.360	0.385	0.135	0.584	0.604

注：1. 所有尺寸单位均为 in，要兑换成 mm，将 in 数值乘以 25.4，然后四舍五入到两位小数。

2. 螺纹符合美国国家标准，等级 3。

3. 锁紧垫圈典型钢有：AISI，C1015，C1018，C1020，C1025，C1035，C1117，C1118，C1212，C1213 和 C1215。ANSI/ABMA 8.2-1991 给出了最小硬度、抗张强度、屈服强度和延伸率，也包含了更大尺寸锁紧垫圈。

表 10-46 **AFBMA** 标准寸制球轴承，圆柱和球面滚子轴承防松螺母（N-00 系列）

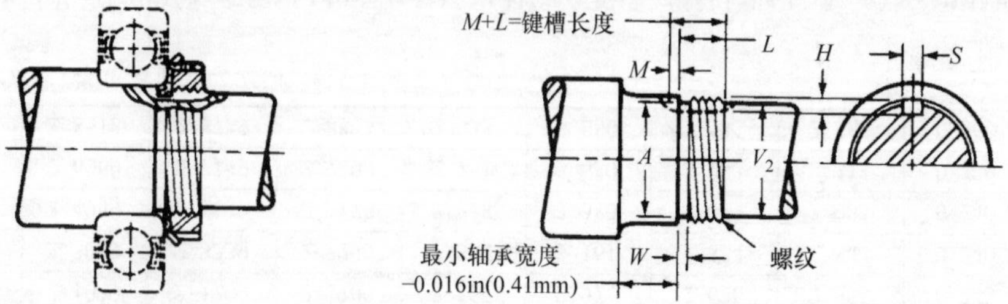

防松螺母序号	轴承孔	V_2	每英寸个数	螺纹①			凸起			键槽		
				大径	分度圆直径	小径	长度 L	直径 A	宽度 W	深度 H	宽度 S	M
		Max		最大	最大	最大	最大	最大	最大	最小	最小	最小
N-00	0. 3937	0. 312	32	0. 391	0. 3707	0. 3527	0. 297	0. 3421	0. 078	0. 062	0. 125	0. 094
N-01	0. 4724	0. 406	32	0. 469	0. 4487	0. 4307	0. 391	0. 4201	0. 078	0. 062	0. 125	0. 094
N-02	0. 5906	0. 500	32	0. 586	0. 5657	0. 5477	0. 391	0. 5371	0. 078	0. 078	0. 125	0. 094
N-03	0. 6693	0. 562	32	0. 664	0. 6437	0. 6257	0. 422	0. 6151	0. 078	0. 078	0. 125	0. 094
N-04	0. 7874	0. 719	32	0. 781	0. 7607	0. 7427	0. 453	0. 7321	0. 078	0. 078	0. 188	0. 094
N-05	0. 9843	0. 875	32	0. 969	0. 9487	0. 9307	0. 484	0. 9201	0. 078	0. 094	0. 188	0. 125
N-06	1. 1811	1. 062	18	1. 173	1. 1369	1. 1048	0. 484	1. 0942	0. 109	0. 094	0. 188	0. 125
N-07	1. 3780	1. 250	18	1. 376	1. 3399	1. 3078	0. 516	1. 2972	0. 109	0. 094	0. 188	0. 125
N-08	1. 5748	1. 469	18	1. 563	1. 5269	1. 4948	0. 547	1. 4842	0. 109	0. 094	0. 312	0. 125
N-09	1. 7717	1. 688	18	1. 767	1. 7309	1. 6988	0. 547	1. 6882	0. 141	0. 094	0. 312	0. 156
N-10	1. 9685	1. 875	18	1. 967	1. 9309	1. 8988	0. 609	1. 8882	0. 141	0. 094	0. 312	0. 156
N-11	2. 1654	2. 062	18	2. 157	2. 1209	2. 0888	0. 609	2. 0782	0. 141	0. 125	0. 312	0. 156
N-12	2. 3622	2. 250	18	2. 360	2. 3239	2. 2918	0. 641	2. 2812	0. 141	0. 125	0. 312	0. 156
N-13	2. 5591	2. 438	18	2. 548	2. 5119	2. 4798	0. 672	2. 4692	0. 141	0. 125	0. 312	0. 156
N-14	2. 7559	2. 625	18	2. 751	2. 7149	2. 6828	0. 672	2. 6722	0. 141	0. 125	0. 312	0. 250
AN-15	2. 9528	2. 781	12	2. 933	2. 8789	2. 8308	0. 703	2. 8095	0. 172	0. 125	0. 312	0. 250
AN-16	3. 1496	3. 000	12	3. 137	3. 0829	3. 0348	0. 703	3. 0135	0. 172	0. 125	0. 375	0. 250

注：所有尺寸单位均为 in，要兑换成 mm，将 in 数值乘以 25. 4，然后四舍五入到两位小数。表 10-47 脚注查看非钢材料。更大尺寸的数据在 ANSI/AFBMA 标准 8. 2-1991 中。

① 螺纹符合美国国家标准，等级 3。

表 10-47 寸制锥形滚子轴承防松螺母 AFBMA 标准

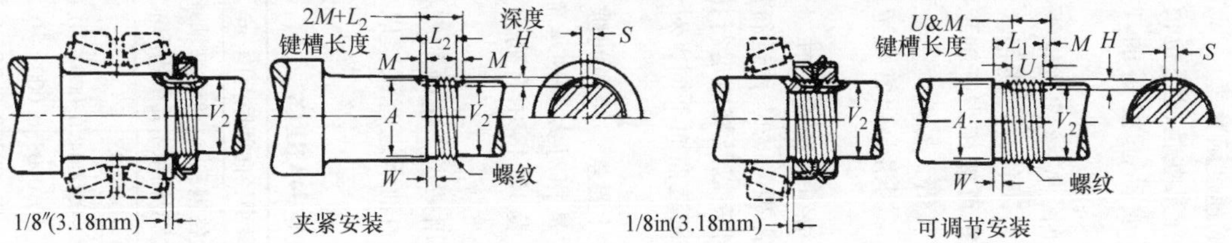

防松螺母序号	轴承孔	V_2	螺纹①						凸起		键槽			
			每英寸个数	大径	分度圆直径	小径	长度 L_1	长度 L_2	直径 A	宽度 W	深度 H	宽度 S	M	U
		最大		最大	最大	最大	最大	最大	最大	最大	最大	最小	最小	最小
N-00	0.3937	0.312	32	0.391	0.3707	0.3527	0.609	0.391	0.3421	0.078	0.094	0.125	0.094	0.469
N-01	0.4724	0.406	32	0.469	0.4487	0.4307	0.797	0.484	0.4201	0.078	0.094	0.125	0.094	0.562
N-02	0.5906	0.500	32	0.586	0.5657	0.5477	0.828	0.516	0.5371	0.078	0.094	0.125	0.094	0.594
N-03	0.6693	0.562	32	0.664	0.6437	0.6257	0.891	0.547	0.6151	0.078	0.078	0.125	0.094	0.625
N-04	0.7874	0.703	32	0.781	0.7607	0.7427	0.922	0.547	0.7321	0.078	0.094	0.188	0.094	0.625
N-05	0.9843	0.875	32	0.969	0.9487	0.9307	1.016	0.609	0.9201	0.078	0.125	0.188	0.125	0.719
N-06	1.1811	1.062	18	1.173	1.1369	1.1048	1.016	0.609	1.0942	0.109	0.125	0.188	0.125	0.719
TN-065	1.3750	1.188	18	1.312	1.2764	1.2443	1.078	0.641	1.2337	0.109	0.125	0.188	0.125	0.750
TN-07	1.3780	1.250	18	1.376	1.3399	1.3078	1.078	0.641	1.2972	0.109	0.125	0.188	0.125	0.750
TN-08	1.5748	1.438	18	1.563	1.5269	1.4948	1.078	0.641	1.4842	0.109	0.125	0.312	0.125	0.750
TN-09	1.7717	1.656	18	1.767	1.7309	1.6988	1.078	0.641	1.6882	0.141	0.125	0.312	0.156	0.781
TN-10	1.9685	1.859	18	1.967	1.9309	1.8988	1.203	0.703	1.882	0.141	0.125	0.312	0.156	0.844
TN-11	2.1654	2.047	18	2.157	2.1209	2.0888	1.203	0.703	2.0782	0.141	0.125	0.312	0.156	0.844
TN-12	2.3622	2.250	18	2.360	2.3239	2.2918	1.297	0.766	2.2812	0.141	0.156	0.312	0.156	0.906
TN-13	2.5591	2.422	18	2.548	2.5119	2.4798	1.359	0.797	2.4692	0.141	0.156	0.312	0.156	0.938
TN-14	2.7559	2.625	18	2.751	2.7149	2.6828	1.359	0.797	2.6722	0.141	0.156	0.312	0.250	1.000
TAN-15	2.9528	2.781	12	2.933	2.8789	2.8308	1.422	0.828	2.8095	0.172	0.188	0.312	0.250	1.031
TAN-16	3.1496	3.000	12	3.137	3.0829	3.0348	1.422	0.828	3.0135	0.172	0.188	0.375	0.250	1.031

注：所有尺寸单位均为 in，要兑换成 mm，将 in 数值乘以 25.4，然后四舍五入到两位小数。数据适用于钢材料。若轴和螺母均不由不锈钢、铝或其他容易卡住的材料制成，建议将轴螺纹的最大直径、大径和分度圆直径都减少分度圆直径公差标准的 20%。表中未列出的更大尺寸的数据在 ANSI/AFBMA 标准 8.2-1991 中。

① 螺纹符合美国国家标准，类型 3。

8. 轴承密封

防护罩、密封件、曲径密封垫片和挡环都会被用来保持轴承中的润滑液，防止污垢、水分或者其他有害物的进入。为已知的某个应用选取合适的密封封闭取决于润滑剂、轴、速度和轴承运行的环境条件。保护罩或者密封件可以独立安装在轴承中。保护罩和密封件的不同之处在于保护罩通常与轴承的一个套圈相连接，但是与另一个套圈，通常是内套圈保持清晰的间隙。将带保护罩轴承放入外座中，如果外座中的润滑脂间隙已经填满，轴承运行中可能会向保护罩排出多余的润滑脂或者当轴承内润滑脂含量较小时，从外座中吸收润滑脂。

使用的密封件成分包括皮料、橡胶、软木、毛毡或者塑料。由于密封件必须依托在滚动元件上，应避免多余压力，并且应允许部分润滑剂流入接触区域来防止密封件卡住和发热，避免在滚动元件上留下划痕。有的密封件做成了弹药形状，可以被直接压入外座末端。

皮料密封件可以应用的轴承速度范围很广。尽管最好保持润滑剂的方法是皮料向轴承内凹，这种安排并不适合高速的情况，因为由灼烧皮料的危险。高速时，会出现磨损灰尘，密封件皮料应该向外，以引导部分润滑剂流入接触区域。应该仅保持很轻的皮料相对轴的压力。

9. 轴承配合

轴承圈在转动轴或者转动外座中的分离和蠕变发生在套圈与轴或者轴承配合松动的时候。当表面干燥并且载荷很高时，这种分离或者蠕变可能造成轴和轴承圈快速的磨损。为了防止这种情况，轴承安装习惯上与转动圈采用压入配合，与稳定圈采用推入配合，松紧度取决于应用的场合。因此，当可能遇到冲击或振动载荷时，配合紧度会一定程度上高于普通要求。如果稳定圈正确配合，允许有非常缓慢的蠕变，避免长时间在滚道一段上的压力。

为了有助于轴承在轴上的组装，可能必须通过加热内圈来使其膨胀。这个过程应该在干净的油或者温度在200~250℉（93~121℃）的控温熔炉中完成。必须非常小心温度不超过250℉，因为过热可能导致套圈的硬度降低。预润滑的轴承不可使用这种安装方法。

10.2.4 设计考虑

1. 滚动元件轴承摩擦损失

滚动元件轴承的静态和动态扭矩通常较小，在很多情况下也不重要。轴承扭矩可以测量轴承对转动的摩擦阻力，由三个要素构成：外加载荷产生的扭矩；润滑滚动轴承粘力产生的扭矩；滚动轴向产生的扭矩，比如凸缘轴向载荷。可以使用摩擦或扭矩数据来计算轴承吸收的功或者产生的热，可以用在效率或系统冷却研究中。

每个扭矩的要素都有经验公式。这些公式受多个因素影响，比如轴承载荷、润滑环境和轴承设计参数。这些设计参数包括轴承滚动元件表面与分隔器表面或者相邻滚动元件之间的接触滑动摩擦；滚动元件在滚道上材料变形带来的滚动摩擦；赫兹接触的滑移或滑动；风阻摩擦的速度函数。

起动扭矩或者起步扭矩在某些情况下也值得关注。起步扭矩可能是运行或动态扭矩的1.5~1.8倍。

系统设计计算扭矩要求时，应该注意轴承系中的其他元件，比如密封件和封闭件，可能很大程度上增加系统扭矩。密封件扭矩可能相当于轴承扭矩的部分或者将轴承扭矩增大几倍。另外，扭矩的值在载荷、转动速度、温度或者润滑超出常规范围时会有很大变化。

对于小型设备轴承摩擦扭矩的影响比其对大型设备的影响关键。这种轴承需要考虑三种运行摩擦扭矩：起动扭矩、正常运行扭矩以及峰值运行扭矩。这些扭矩的水平可能因不同制造商而不同，对于同一制造商也可能有很多扭矩。

仪表轴承就更加依赖设计要素：径向间隙、护圈类型以及座圈一致性，这是相对大型轴承而言。小轴承典型的起动扭矩值在表10-48中有列出，取自新启程部门通用目录。

最后，如果对于某些应用来说，精确的摩擦扭矩控制很重要，需要对选好的轴承进行试验以考察性能。

表10-48 启动扭矩—ABEC7

轴承孔/in	最大启动扭矩/(g·cm)	轴向载荷/g	最小径向间隙范围/in	
			高碳铬钢和所有微型轴承	除微型轴承外，其余均为不锈钢
0.125	0.10	75	0.0003~0.0005	—
	0.14	75	0.0002~0.0004	0.0004~0.0006
	0.18	75	0.0001~0.0003	0.0003~0.0005
	0.22	75	0.0001~0.0003	0.0001~0.0003
0.1875~0.312	0.40	400	0.0005~0.0008	—
	0.45	400	0.0004~0.0006	0.0005~0.0008
	0.50	400	0.0003~0.0005	0.0003~0.0005
	0.63	400	0.0001~0.0003	0.0002~0.0004
0.375	0.50	400	0.0005~0.0008	0.0008~0.0011
	0.63	400	0.0004~0.0006	0.0005~0.0008
	0.75	400	0.0003~0.0005	0.0004~0.0006
	0.95	400	0.0002~0.0004	0.0003~0.0005

2. 球和滚子轴承选择

和径向滑动轴承相比，球和滚子轴承具有以下优点：①起动摩擦小；②轴向空间要求较小；③可以保持相对精确地轴对中；④某些类型可以负担径向和轴向载荷；⑤外加载荷角度不限；⑥替换相对简单；⑦可以承担相对大的短暂过载；⑧润滑简单；⑨轴承设计和应用可以在轴承供应商工程师协助下进行。

为某些特定应用选择球或滚针轴承时，需要做五个选择：

①轴承系列；②轴承类型；③轴承尺寸；④润滑方式；⑤安装方式。

自然这些考虑都会随着预计的运行条件、预期寿命、成本和检修考虑而改变。

回顾轴承可能的历史和在应用的机械中需要起到的作用是很好的：①预期轴承承担装置取出和再应用吗；②使用寿命内必须做到无需保养吗；③检修期间可以允许箱体和轴有磨损吗；④需要对于开始磨损和轴改变位置可调节吗；⑤载荷谱可以有多准确；⑥运用中会相对不受到滥用吗。

尽管可以提出很多注意事项，必须谨记的是如果设计不健全，滚动轴承使用受到限制，客户满意度降低，轴承可靠性也降低。设计阶段所付出的时间是轴承工程师最值得得到嘉奖的时间，并且工程师可以依靠轴承制造商的领域组织作为辅助。

类型：载荷小，单位载荷相同时，球轴承通常比滚动轴承便宜。当载荷较大时，则通常是反过来的。

对于单纯径向载荷，几乎可以使用任意一种滑动轴承，实际的选择是由其他因素决定的。要承担轴向和径向载荷的，可以考虑好几种轴承。如果轴向载荷大，最经济的选择是另加一个推力轴承。如果转速过高或没有空间不能使用单独的推力轴承，可以考虑以下类型：角接触球轴承、无填充槽深沟球轴承、接触角陡峭的锥形滚子轴承以及宽型的自对中轴承。如果在轴向需要控制运动或挠曲最小，那么需要单独的推力轴承或者可以承受相当轴向载荷预载荷轴承。要将瞬时轴向平面的挠曲控制到最小，需要用到刚性轴承，如双列角接触轴承带表面聚合载荷线。在这种情况下，在决定轴承合适尺寸的时候必须考虑随之带来的压力。

对于冲击载荷和短期重型载荷，通常使用滚子轴承。

在行星运动或者曲柄运动中加速度通常很高，需要特别设计的轴承。

当出现轴过度挠曲或者轴与箱体之间不对中时，自对中轴承是解决问题的选择。

应谨记，只要可能，使用标准型号的轴承相对于使用特别设计的轴承可以避免很多困难。

尺寸：需要应用场合轴承的尺寸是由需要负担的载荷以及有些情况下将挠曲控制在某个限定值所需要的必须刚性决定的。

轴承将要受到的压力可以由工程机械定律通过已知的载荷、功、运转压力等进行计算。当载荷不稳定，要变化或者大小未知时，可能就很难确定实际所受的力。这种情况下，要利用在设计轴承时积累的广泛经验来解决这个问题。如果连经验也缺乏，就需要咨询轴承制造商或者轴承专家。

如果球或者滚子轴承要承担径向和轴向的载荷，径向或角接触类型轴承计算径向当量载荷，推力轴承计算径向轴向载荷。

3. 润滑方法

如果转速高，再次润滑困难，轴角度不水平，应用环境不适用普通润滑，不能接受泄漏；如果其他机械因素确立了润滑要求，轴承必须根据这些因素选择控制影响。现代轴承类型包含的润滑方式范围很广。尽管最受欢迎的是“弹药”型密封润滑脂球轴承，很多应用有与之相背的要求。通常，运转环境使得轴承温度过高，不能使用更受欢迎的设计中的密封件。如果应用要求密封唇口不允许泄漏或者积累一点点污垢（比如在烘焙工业机械中），就必须选择其他密封和润滑方法的轴承。

高轴速通常就指定轴承的选择要在下面的基础上进行，冷却需求，抑制传统润滑剂搅动或者充气，以及最重要的，某些轴承类型本身的速度。后者的一个例子来自保护架设计和滚子端推力凸缘接触对商用锥形滚子轴承润滑要求的作用，限制了轴承可承受的速度和轴向载荷。做轴承选择之前，推荐先参考制造商的产品手册和应用设计手册。

4. 安装类型

很多轴承安装都很复杂，因为没有选择最合适的方法。类似的，因为没有细致考虑安装，性能、可靠性和维护操作都受到限制。没有一个通用轴承可以满足所有需求。在设计实施前需要仔细回顾机械要求。很多情况下，如果能够选择仔细考虑过安装方法的合适轴承，就可以避免复杂的机械加工、累赘的轴和箱体、使用过大的轴承。

应该利用好“标准”系列轴承中各种各样可用的座圈。拉槽，锥形套筒，平整排列的外圈，分离座圈，完全可拆滚动元件和保护架组装，防振衬垫，液压取出特质，再润滑孔和槽，以及很多其他基本轴承类型自带的明显优势之外的创新。

5. 径向和轴向间隙

设计轴承安装的时候，最主要的考虑就是留出应用要求的运行间隙。必须考虑座圈配合会吸收掉部分原始轴承的间隙，因此座圈直径允许的干涉应该是实际干涉的80%。针对重型，坚硬的箱体，或者极轻系列座圈缩紧在实心轴上的情况这还会增加，而轻金属箱体（铝、镁或钣金）以及管状轴壁比座圈壁薄的时候，座圈直径变化较小。

在会通过箱体或轴强加热损失的应用中，或者有预计温差时，必须在正确的方向做出限定以保证正确的运行间隙。如果要做到需要的改动会伤害到轴承在低速、起动或者低温条件下性能的话，有些应用中必须要做出妥协。球轴承还留有余地，因为轴承可以在中等预载荷（0.0005in 或 12.7μm，最大）的情况下运行而不影响轴承寿命，也不造成温度升高。然而，滚子轴承对于预加载荷的承受力较低，必须仔细控制避免过热和自毁。

在所有关键应用中轴向和径向间隙都应该用塞尺或者千分表测量，以保证安装间隙保持在工程师设计的公差以内。因为碎屑、划痕、座圈未对中、轴或箱体凹陷、箱体变形、封闭盖不平、转子和箱体轴向尺寸不匹配都可能抢夺部分轴承间隙，建议仔细检查运行间隙。

对于精密应用，使用锥形套筒配件，可调节或带分隔片封闭件的相对球或者锥形滚子轴承提供径向和轴向间隙的稳定控制。这种实践需要经验和技巧，同时需要轴承制造商领域组织的初期协助。

锥形孔轴承通常用在同样要求仔细完善考虑过安装步骤的场合。轴承可以组装在锥形轴或者紧定套上。内座圈在锥形轴上的推进可以通过控制加热（要求膨胀座圈）或液压千斤顶完成。紧定套带防松螺母，用来推进座圈。重型配合通常要求间隙改变到与配件相匹配，通常建议液压移动设备。

对于传统应用，标准配合，标准轴承的间隙适合正常的运行。为了保证设计条件是“正常”的，必须先仔细审阅应用要求、环境、运行速度范围、预计滥用和设计参数。

6. 通用轴承操作注意事项

为了保证轴承的滚动元件可以达到设计寿命，运行没有异响，升温或者轴偏移，推荐下面的注意事项：

1）使用应用可用的、价值匹配的、最好的轴承。记住，使用最好的轴承的成本比起轴承失效或故障后更换受损的转动零件的成本是非常低的。

2）如果在为应用设计轴承时有问题，向制造商代表寻求协助。

3）操作轴承时小心，保持轴承在原始密封中直到准备使用。

4）操作和组装轴承时遵循制造商的指导意见。

5）使用干净的工具，保持手部干净、干燥，保持环境清洁。

6）安装前不要冲洗或擦拭轴承，除非有特殊的指导或要求。

7）如果轴承不能放在原始的密封盒中，将打开包装的轴承放在干净的纸上，或者用类似的东西包裹直到使用。

8）安装轴承时不要使用木锤和易碎的或者有缺口的工具，也不要使用脏污的固定装置和工具。

9）不要旋转不清洁的轴承，也不要鼓风旋转任何轴承。

10）当心不要刮到或割到轴承。

11）不要击打或挤压座圈凸缘。

12）安装时使用可以提供稳定压力的适配器而不是在套筒上用锤子。

13）确保座圈在轴和箱体中都是平稳的，防止歪斜。

14）安装轴承之前检查轴和箱体确保配合良好。

15）移除轴承时，先移除干净的箱体，盖子和轴再露出轴承。所有灰尘都认为是有磨损性的，会对任何滚动元件的再利用造成危害。

16）要再利用的轴承需要像新轴承一样对待。

17）保护拆卸的轴承不受污垢和湿气伤害。

18）如果要擦拭轴承，使用干净无绒的布料。

19）不使用时，将轴承包在干净防油的纸中。

20）使用干净过滤、无水干洗溶剂汽油或者洗涤油来清理轴承。

21）加热轴承安装在轴上时，遵循制造商指导。

22）组装轴承与轴时永远不要击打外座圈或者向内座圈压迫外座圈。压力仅作用在内座圈上。拆卸时使用同样的方法。

23）不要压迫、打击或者使用其他外力在工厂密封好的轴承密封件上。

7. 轴承失效、缺陷及其来源

通常导致轴承移除的时效和缺陷分类如下：

1）过热，原因：润滑不足；过多润滑；润滑脂液化或充气；油生成泡沫；轴承污染造成磨损或腐蚀；箱体翘曲或失圆变形；密封件摩擦或失效；润滑油通道清扫不足或堵塞；轴承间隙或轴承预加载荷不足；座圈转动；保护架磨损；轴承或密封件间隙轴膨胀损失。

2）振动，原因：轴承中灰尘或碎屑；座圈或滚动元件疲劳；座圈转动；滚子不平衡；轴失圆；座圈未对中；箱体共振；保护架磨损；座圈或滚动元件磨平；过大间隙；腐蚀；座圈假表面变形或压痕；放电（效果类似腐蚀）；滚动元件直径混合；座圈滚动路径不平。

3）轴转动，原因：过热导致座圈膨胀；微动磨损；初始配合不正确；轴挠曲过大；初始轴表面处理粗糙；内座圈密封件摩擦。

4）轴束缚，原因：润滑剂分解；磨损或腐蚀性物质污染；箱体变形或失圆挤压轴承；垫片不均，箱体失去间隙；密封件紧摩擦；预载荷轴承；座圈倾斜；接头过紧导致间隙损失；轴或箱体热膨胀；保护架失效。

5）轴承噪声，原因：润滑剂分解，润滑不足，润滑脂硬化；污染；挤压轴承；密封件摩擦；间隙损失和预加载荷；轴承在轴上或箱体内滑动；滚子或球磨平；组装弊端，操作或冲击载荷带来的渗碳硬化；滚动元件尺寸不同；轴失圆或小叶片状；箱体孔波形；轴承座下碎屑和划痕。

6）轴位移，原因：轴承磨损；箱体或封闭组装不正确；轴承过热和移动；轴或箱体轴肩不够；润滑和保护失效，滚动元件成串；防松螺母或接头松动；组装内圈过热应用，轴膨胀移动；箱体连续猛击。

7）润滑剂泄漏，原因：润滑剂注入过多；使用的润滑脂稠度较低使其晃荡；运转温度过高，润滑脂退化；运行寿命长于润滑脂寿命（润滑脂分解、充气、放气）；密封件磨损；轴高度不对（轴承密封件仅为水平安装设计）；密封件失效；通气阀堵塞；润滑油因搅动或箱体内空气流产生泡沫；垫圈（O型圈）失效或错误使用；多孔箱体或封闭；润滑剂流量错误。

10.2.5　额定载荷和疲劳寿命

1. 球和滚子轴承寿命

球和滚子轴承的性能是很多参数相关的函数，包括轴承设计、轴承材料特性、轴承制作方法，还有很多其他轴承应用的配合变量。唯一可以确保为某个特定应用选取的轴承性能令人满意的方法就是在实际应用中考察。因为通常来说这是不现实的，需要另外一种基础原理来估计一个具体轴承对于已知应用的适用性。主要考虑两个因素：轴承疲劳寿命和轴承承担静态载荷的能力。

寿命标准：即使球或滚子轴承正确安装，充分润滑，不受外来物质侵袭，也不在极端条件下运转，轴承最终依然会疲劳。理想情况下，球或者滚子与滚道接触区域内产生的反复应力最终会带来材料的疲劳，最终体现在载荷表面的开裂上。在很多应用中，疲劳寿命就是轴承最长的寿命。

静态载荷标准：静态载荷就是轴承不转动时承担的载荷。中等量级静态载荷下球或滚子还有滚道会出现永久变形，随着载荷增加，变形也逐渐加剧。因此，允许静载荷取决于允许的永久变形程度。制造良好的硬化合金钢球或滚子轴承，最大接触压力为4000MPa（580000lb/in^2）在接触中心作用（滚子轴承就是均匀加载在滚子上）时出现变形，不会对光滑或摩擦有大的影响。根据对运行光滑度，摩擦或者声音大小的要求，可以得到或高或低的静态载荷限制。

2. 球轴承包含的类型

AFBMA 和美国国家标准 ANSI/ABMA 9-1990 规定了一个四步法则来决定球轴承的额定寿命和额定静态载荷，包含以下轴承类型：

1）径向，深槽带角接触球轴承，内圈滚道横截面半径不超过球直径的 52%，外圈滚道横截面半径不超过球直径的 53%。

2）径向，自对中球轴承，内圈滚道横截面半径不超过球直径的 53%。

3）推力球轴承垫圈滚道横截面半径不超过球直径的 54%。

4）双列，径向角接触球轴承和认为是对称的双向推力球轴承。

3. 球轴承的局限性

下面是球轴承所受限制：

1）截断接触面积。这个标准可能不能安全用于受载荷的球轴承，载荷导致球和滚道接触面积被滚道侧边截断。这个限制很大程度上取决于不标准的轴承设计。

2）材料。这个标准仅仅适用于由硬化优质钢材料制作的球轴承。

3）类型。基础额定载荷公式中的 f_c 因子仅适用于上面提到的轴承类型。

4）润滑。根据这个标准计算的额定寿命基于润滑充分的假设计算。决定润滑充分的是轴承应用。

5）套圈支撑和对中。根据这个标准计算的额定寿命，假设轴承内外圈受到牢牢支撑，并且内外圈轴线准确对中。

6）内部间隙。根据这个标准计算的径向球轴承额定寿命，假设安装好的轴承在运行速度、载荷和温度下只有标准内部间隙。

7）高速影响。根据这个标准计算的额定寿命不考虑高速的影响，比如球的离心力和回转力矩。这些影响有减少额定寿命的趋势。对于这些影响的分析计算通常要求使用高速计算机设备，因此没有包含在标准中。

上文所有提到的“标准”都是指 AFBMA 和美国国家标准“球轴承额定载荷和寿命” ANSI/ABMA 9-1990。

8）槽半径。如果槽的半径比轴承类型标准中包含的还要小，轴承抵抗疲劳的能力没有提高，但是，使用半径更大的槽会导致抗疲劳能力降低。

4. 球轴承额定寿命

根据抗磨轴承制造商协会的标准，一组完全一致的轴承的额定寿命 L_{10} 是这组轴承中90%以上可以达到或超过的数以百万计的转数。对于单个轴承，L_{10} 也表示90%可靠性相连的寿命。

径向接触和角接触球轴承：额定寿命 L_{10} 的量级转数是百万级，对于一个径向接触或者角接触球轴承，计算公式如下：

$$L_{10}=\left(\frac{C}{P}\right)^{3} \tag{10-1}$$

式中，C 是基础载荷，N（lb）；P 是径向当量载荷，N(lb)。

径向接触和角接触球轴承的 f_c 值见表10-49。径向当量载荷 P 的 X 和 Y 值见表10-50。

表10-49　径向接触和角接触球轴承的 f_c 值

$\frac{D\cos\alpha}{d_m}$	单列径向接触；单列和双列角接触，槽形①		双列径向接触，槽形		自对中	
	f_c 值					
	米制②	寸制③	米制②	寸制③	米制②	寸制③
0.05	46.7	3550	44.2	3360	17.3	1310
0.06	49.1	3730	46.5	3530	18.6	1420
0.07	51.1	3880	48.4	3680	19.9	1510
0.08	52.8	4020	50.0	3810	21.1	1600
0.09	54.3	4130	51.4	3900	22.3	1690
0.10	55.5	4220	52.6	4000	23.4	1770
0.12	57.5	4370	54.5	4140	25.6	1940
0.14	58.8	4470	55.7	4230	27.7	2100
0.16	59.6	4530	56.5	4290	29.7	2260
0.18	59.9	4550	56.8	4310	31.7	2410
0.20	59.9	4550	56.8	4310	33.5	2550
0.22	59.6	4530	56.5	4290	35.2	2680
0.24	59.0	4480	55.9	4250	36.8	2790
0.26	58.2	4420	55.1	4190	38.2	2910
0.28	57.1	4340	54.1	4110	39.4	3000
0.30	56.0	4250	53.0	4030	40.3	3060
0.32	54.6	4160	51.8	3950	40.9	3110
0.34	53.2	4050	50.4	3840	41.2	3130
0.36	51.7	3930	48.9	3730	41.3	3140
0.38	50.0	3800	47.4	3610	41.0	3110
0.40	48.4	3670	45.8	3480	40.4	3070

① 计算包含双联安装的两个类似，单列，径向接触球轴承基础载荷时，将其看作一个双列径向接触球轴承；计算两个双联安装的两个类似，单列，角接触球轴承基础载荷时，“面对面”“背对背”，将其看作一个双列角接触球轴承；计算两个或多个一前一后安装的类似的单个角接触球轴承的基础载荷，制作良好，安装保证载荷分布均匀，这种组合的计算就是轴承数量的0.7次方乘以单列球轴承的结果。如果视作一组可以互相替换的单列轴承，不适用于角标 C。

② 当 D 单位为mm时，C 单位为N。

③ 当 D 单位为in时，C 单位为lb。

表 10-50　计算径向接触和角接触球轴承的径向当量载荷 P 的 X 和 Y 值

接触角 α	输入条件				单列轴承① $\frac{F_a}{F_r}>e$		双列轴承 $\frac{F_a}{F_r}\leqslant e$		双列轴承 $\frac{F_a}{F_r}>e$	
径向接触带槽轴承										
	F_a/C_o	F_a/iZD^2 米制单位	F_a/iZD^2 寸制单位	e	X	Y	X	Y	X	Y
0°	0.014	0.172	25	0.19		2.30				2.30
	0.028	0.345	50	0.22		1.99				1.99
	0.056	0.689	100	0.26		1.71				1.71
	0.084	1.03	150	0.28		1.56				1.55
	0.11	1.38	200	0.30	0.56	1.45	1	0	0.56	1.45
	0.17	2.07	300	0.34		1.31				1.31
	0.28	3.45	500	0.38		1.15				1.15
	0.42	5.17	750	0.42		1.04				1.04
	0.56	6.89	1000	0.44		1.00				1.00
角接触带槽轴承										
	iF_a/C_o	F_a/ZD^2 米制单位	F_a/ZD^2 寸制单位	e	X	Y	X	Y	X	Y
5°	0.014	0.172	25	0.23	这种轴承使用单列径向接触轴承的 X、Y 和 e 值		1	2.78	0.78	3.74
	0.028	0.345	50	0.26				2.40		3.23
	0.056	0.689	100	0.30				2.07		2.78
	0.085	1.03	150	0.34				1.87		2.52
	0.11	1.38	200	0.36				1.75		2.36
	0.17	2.07	300	0.40				1.58		2.13
	0.28	3.45	500	0.45				1.39		1.87
	0.42	5.17	750	0.50				1.26		1.69
	0.56	6.89	1000	0.52				1.21		1.63
10°	0.014	0.172	25	0.29		1.88		2.18		3.06
	0.029	0.345	50	0.32		1.71		1.98		2.78
	0.057	0.689	100	0.36		1.52		1.76		2.47
	0.086	1.03	150	0.38		1.41		1.63		2.20
	0.11	1.38	200	0.40	0.46	1.34	1	1.55	0.75	2.18
	0.17	2.07	300	0.44		1.23		1.42		2.00
	0.29	3.45	500	0.49		1.10		1.27		1.79
	0.43	5.17	750	0.54		1.01		1.17		1.64
	0.57	6.89	1000	0.54		1.00		1.16		1.63
15°	0.015	0.172	25	0.38		1.47		1.65		2.39
	0.029	0.345	50	0.40		1.40		1.57		2.28
	0.058	0.689	100	0.43		1.30		1.46		2.11
	0.087	1.03	150	0.46		1.23		1.38		2.00
	0.12	1.38	200	0.47	0.44	1.19	1	1.34	0.72	1.93
	0.17	2.07	300	0.50		1.12		1.26		1.82
	0.29	3.45	500	0.55		1.02		1.14		1.66
	0.44	5.17	750	0.56		1.00		1.12		1.63
	0.58	6.89	1000	0.56		1.00		1.12		1.63
20°	—	—	—	0.57	0.43	1.00	1	1.09	0.70	1.63
25°	—	—	—	0.68	0.41	0.87	1	0.92	0.67	1.41
30°	—	—	—	0.80	0.39	0.76	1	0.78	0.63	1.24
35°	—	—	—	0.95	0.37	0.66	1	0.66	0.60	1.07
40°	—	—	—	1.14	0.35	0.57	1	0.55	0.57	0.98
自对中球轴承				$1.5\tan\alpha$	0.40	$0.4\cot\alpha$	1	$0.42\cot\alpha$	0.65	$0.65\cot\alpha$

注：表格之外的载荷或者接触角的 X、Y 和 e 值通过线性插值法计算。X、Y 和 e 值不适用于球和滚道接触区域载荷下大量投射到填充槽中的填充槽轴承。命名定义：F_a 是外加轴向载荷，单位为 N（lb）；C_o 是轴承静态载荷，单位为 N（lb）；i 是轴承中球的列数；Z 是径向接触或角接触轴承中每列所含的球数目，或者单列单向推力轴承中所含的球数目；D 是球直径，单位为 mm（in）；F_r 是外加径向载荷，单位为 N（lb）。

① 单列轴承当 $F_a/F_r\leqslant e$，取 $X=1$，$Y=0$。两个面对面或者背对背安装的类似的单列角接触球轴承视为一个双列角接触轴承。

对于径向接触或者角接触球轴承，球直径不超过 25.4mm（1in）的，C 的计算公式如下：

$$C = f_c (i\cos\alpha)^{0.7} Z^{2/3} D^{1.8} \tag{10-2}$$

球直径超过 25.4mm（1in）的，C 的计算公式如下：

$$C = 3.647 f_c (i\cos\alpha)^{0.7} Z^{2/3} D^{1.4}（米制） \tag{10-3}$$

$$C = f_c (i\cos\alpha)^{0.7} Z^{2/3} D^{1.4}（寸制） \tag{10-4}$$

式中，f_c 是由轴承元件几何特性决定的参数，准确度根据轴承元件制作和材料不同而不同。f_c 的值在表 10-49 中给出；i 是轴承中球的列数；α 是标准接触角，(°)；Z 是每列所含的球数目，或者角接触轴承；D 是球直径，mm（in）。

径向接触和角接触球轴承的径向当量载荷的大小 P，单位为 N（lb），在稳定颈项和轴向载荷时可以通过下面的公式计算：

$$P = XF_r + YF_a \tag{10-5}$$

式中，F_r 是外加径向载荷，N（lb）；F_a 是外加轴向载荷，N（lb）；X 是径向载荷系数，表 10-52 中可查；Y 是轴向载荷系数，表 10-52 中可查。

推力球轴承，额定寿命 L_{10} 的量级转数是百万级，对于一个推力球轴承，计算公式如下：

$$L_{10} = \left(\frac{C_a}{P_a}\right)^3 \tag{10-6}$$

式中，C_a 是基本额定载荷，N（lb）；P_a 是当量轴向载荷，N（lb）。

对于单列双向推力球轴承，球直径不超过 25.4mm（1in）的，C_a 的计算公式如下：

对于 $\alpha = 90°$，$C_a = f_c Z^{2/3} D^{1.8}$ (10-7)

对于 $\alpha \neq 90°$，

$$C_a = f_c (\cos\alpha)^{0.7} Z^{2/3} D^{1.8} \tan\alpha \tag{10-8}$$

球直径超过 25.4mm（1in）的，C_a 的计算公式如下：

对于 $\alpha = 90°$，

$$C_a = 3.647 f_c Z^{2/3} D^{1.4}（米制） \tag{10-9}$$

$$C_a = f_c Z^{2/3} D^{1.4}（寸制） \tag{10-10}$$

对于 $\alpha \neq 90°$，

$$C_a = 3.647 f_c (\cos\alpha)^{0.7} Z^{2/3} D^{1.4} \tan\alpha（米制） \tag{10-11}$$

$$C_a = f_c (\cos\alpha)^{0.7} Z^{2/3} D^{1.4} \tan\alpha（寸制） \tag{10-12}$$

式中，f_c 是由轴承元件几何特性决定的参数，准确度根据轴承元件制作和材料不同而不同，f_c 的值在表 10-51 中给出；Z 是每列所含的球数目，或者角接触轴承；D 是球直径，mm（in）；α 是标准接触角，(°)。

表 10-51 推力球轴承 f_c 值

$\frac{D}{d_m}$	$\alpha = 90°$		$D\cos\alpha$	$\alpha = 45°$		$\alpha = 60°$		$\alpha = 75°$	
	米制①	寸制②		米制①	寸制②	米制①	寸制②	米制①	寸制②
0.01	36.7	2790	0.01	42.1	3200	39.2	2970	37.3	2840
0.02	45.2	3430	0.02	51.7	3930	48.1	3650	45.9	3490
0.03	51.1	3880	0.03	58.2	4430	54.2	4120	51.7	3930
0.04	55.7	4230	0.04	63.3	4810	58.9	4470	56.1	4260
0.05	59.5	4520	0.05	67.3	5110	62.6	4760	59.7	4540
0.06	62.9	4780	0.06	70.7	5360	65.8	4990	62.7	4760
0.07	65.8	5000	0.07	73.5	5580	68.4	5190	65.2	4950
0.08	68.5	5210	0.08	75.9	5770	70.7	5360	67.3	5120
0.09	71.0	5390	0.09	78.0	5920	72.6	5510	69.2	5250
0.10	73.3	5570	0.10	79.7	6050	74.2	5630	70.7	5370
0.12	77.4	5880	0.12	82.3	6260	76.6	5830	—	—
0.14	81.1	6160	0.14	84.1	6390	78.3	5950	—	—
0.16	84.4	6410	0.16	85.1	6470	79.2	6020	—	—
0.18	87.4	6640	0.18	85.5	6500	79.6	6050	—	—
0.20	90.2	6854	0.20	85.4	6490	79.5	6040	—	—
0.22	92.8	7060	0.22	84.9	6450	—	—	—	—
0.24	95.3	7240	0.24	84.0	6380	—	—	—	—
0.26	97.6	7410	0.26	82.8	6290	—	—	—	—
0.28	99.8	7600	0.28	81.3	6180	—	—	—	—
0.30	101.9	7750	0.30	79.6	6040	—	—	—	—

（续）

$\frac{D}{d_m}$	α=90°		$D\cos\alpha$	α=45°		α=60°		α=75°	
	米制①	寸制②		米制①	寸制②	米制①	寸制②	米制①	寸制②
0.32	103.9	7900	—	—	—	—	—	—	—
0.34	105.8	8050	—	—	—	—	—	—	—

① 当 D 单位为 mm 时，C_a 单位为 N。

② 当 D 单位为 in 时，C_a 单位为 lb。

当推力球轴承有两列或多列类似球承担同向载荷时，基本额定载荷 C_a 由下面的公式计算，单位是 N 或者 lb：

$$C_a = (Z_1 + Z_2 + \cdots + Z_n)\left[\left(\frac{Z_1}{C_{a1}}\right)^{10/3} + \left(\frac{Z_2}{C_{a2}}\right)^{10/3} + \cdots + \left(\frac{Z_n}{C_{an}}\right)^{10/3}\right]^{-0.3} \tag{10-13}$$

式中，Z_1，$Z_2 \cdots Z_n$ 是单向多列推力球轴承每列中球的数目；C_{a1}，$C_{a2} \cdots C_{an}$ 是单向多列推力球轴承每列的基本额定载荷，每个都以有 Z_1，$Z_2 \cdots Z_n$ 球的单列轴承计算。

推力球轴承轴向当量载荷的大小 P_a，单位为 N（lb），$\alpha \neq 90°$，稳定轴向和径向复合载荷，计算公式如下：

$$P_a = XF_r + YF_a \tag{10-14}$$

式中，F_r 是外加径向载荷，单位为 N（lb）；F_a 是外加轴向载荷，单位为 N（lb）；X 是径向载荷系数，在表 10-52 中可查；Y 是轴向载荷系数，在表 10-52 中可查。

表 10-52　计算推力球轴承轴向当量载荷 P_a 的 X 和 Y 值

接触角 α	e	单向轴承		双向轴承			
		$\frac{F_a}{F_r} > e$		$\frac{F_a}{F_r} \leqslant e$		$\frac{F_a}{F_r} > e$	
		X	Y	X	Y	X	Y
45°	1.25	0.66	1	1.18	0.59	0.66	1
60°	2.17	0.92	1	1.90	0.54	0.92	1
75°	4.67	1.66	1	3.89	0.52	1.66	1

注：当 $\alpha=90°$时，$F_r=0$，$Y=1$。

5. 滚动轴承包含的类型

标准适用的滚子轴承包括圆柱滚子轴承、锥形自对中颈项和推力滚子轴承以及滚针滚子轴承。假设这些轴承的尺寸在 AFBMA 尺寸标准之内，质量良好，制造方式优良。

滚子轴承根据设计和应用的不同有很大不同。因为接触表面相对形状微小的不同就可能导致载荷能力的大相径庭，标准中无法包含所有的设计变量，只适用于相对基础的滚子轴承设计。

应用限制如下：

1）截断接触面积。这个标准可能不能安全用于受载荷的滚子轴承，载荷导致球和滚道接触面积被滚道或滚子侧边大幅切断。

2）应力集中。如果在滚子和滚道部分区域出现应力集中，圆柱滚子、锥形滚子或者自对中滚子轴承的基本额定载荷比通过表 10-53 和表 10-54 查到的 f_c 计算出来的值要小。这种应力集中出现在标准点接触的中心，线性接触的端点和滚动表面轮廓混合不充分的接合点。滚子在轴承中没有得到正确引导时，比如轴承没有保护架或者轴承没有刚性完整的凸缘时也可能出现应力集中。表 10-53 和表 10-54 给出的 f_c 值是在轴承制造以获得最优化接触的基础上得到的。没有轴承可以得到比表 10-53 和表 10-54 中还要高的 f_c 值。

3）材料。这个标准仅仅适用于由硬化优质钢材料制作的球轴承。

4）润滑。根据这个标准计算的额定寿命基于润滑充分的假设计算。决定润滑充分的是轴承应用。

5）套圈支撑和对中。根据这个标准计算的额定寿命假设轴承内外圈受到牢牢支撑，并且内外圈轴线准确对中。

6）内部间隙。根据这个标准计算的径向球轴承额定寿命假设安装好的轴承在运行速度、载荷和温度下只有标准内部间隙。

7）高速影响。根据这个标准计算的额定寿命不考虑高速的影响，比如滚子的离心力和回转力矩。这些影响有减少额定寿命的趋势。对于这些影响的分析计算通常要求使用高速计算机设备，因此没有包含在标准中。

所有提到的“标准”都是指 AFBMA 和美国国

家标准“球轴承额定载荷和寿命”ANSI/AFBMA 11-1990。

表 10-53 径向滚子轴承 f_c 值

$\frac{D\cos\alpha}{d_m}$	f_c		$\frac{D\cos\alpha}{d_m}$	f_c		$\frac{D\cos\alpha}{d_m}$	f_c	
	米制①	寸制②		米制①	寸制②		米制①	寸制②
0.01	52.1	4680	0.18	88.8	7980	0.35	79.5	7140
0.02	60.8	5460	0.19	88.8	7980	0.36	78.6	7060
0.03	66.5	5970	0.20	88.7	7970	0.37	77.6	6970
0.04	70.7	6350	0.21	88.5	7950	0.38	76.7	6890
0.05	74.1	6660	0.22	88.2	7920	0.39	75.7	6800
0.06	76.9	6910	0.23	87.9	7890	0.40	74.6	6700
0.07	79.2	7120	0.24	87.5	7850	0.41	73.6	6610
0.08	81.2	7290	0.25	87.0	7810	0.42	72.5	6510
0.09	82.8	7440	0.26	86.4	7760	0.43	71.4	6420
0.10	84.2	7570	0.27	85.8	7710	0.44	70.3	6320
0.11	85.4	7670	0.28	85.2	7650	0.45	69.2	6220
0.12	86.4	7760	0.29	84.5	7590	0.46	68.1	6120
0.13	87.1	7830	0.30	83.8	7520	0.47	67.0	6010
0.14	87.7	7880	0.31	83.0	7450	0.48	65.8	5910
0.15	88.2	7920	0.32	82.2	7380	0.49	64.6	5810
0.16	88.5	7950	0.33	81.3	7300	0.50	63.5	5700
0.17	88.7	7970	0.34	80.4	7230	—	—	—

① 如果 $\alpha=0°$，则 $F_a=0$，$X=1$。

② 当 l_{eff} 和 D 单位为 in 时，C 单位为 lb。

表 10-54 推力滚子轴承 f_c 值

$\frac{D\cos\alpha}{d_m}$	$45°<\alpha<60°$		$60°\leqslant\alpha<75°$		$75°\leqslant\alpha<90°$		$\frac{D}{d_m}$	$\alpha=90°$	
	f_c							f_c	
	米制①	寸制②	米制①	寸制②	米制①	寸制②		米制①	寸制②
0.01	109.7	9840	107.1	9610	105.6	9470	0.01	105.4	9500
0.02	127.8	11460	124.7	11180	123.0	11030	0.02	122.9	11000
0.03	139.5	12510	136.2	12220	134.3	12050	0.03	134.5	12100
0.04	148.3	13300	144.7	12980	142.8	12810	0.04	143.4	12800
0.05	155.2	13920	151.5	13590	149.4	13400	0.05	150.7	13200
0.06	160.9	14430	157.0	14080	154.9	13890	0.06	156.9	14100
0.07	165.6	14850	161.6	14490	159.4	14300	0.07	162.4	14500
0.08	169.5	15200	165.5	14840	163.2	14640	0.08	167.2	15100
0.09	172.8	15500	168.7	15130	166.4	14930	0.09	171.7	15400
0.10	175.5	15740	171.4	15370	169.0	15160	0.10	175.7	15900
0.12	179.7	16120	175.4	15730	173.0	15520	0.12	183.0	16300
0.14	182.3	16350	177.9	15960	175.5	15740	0.14	189.4	17000
0.16	183.7	16480	179.3	16080	—	—	0.16	195.1	17500
0.18	184.1	16510	179.7	16120	—	—	0.18	200.3	18000
0.20	183.7	16480	179.3	16080	—	—	0.20	205.0	18500
0.22	182.6	16380	—	—	—	—	0.22	209.4	18800
0.24	180.9	16230	—	—	—	—	0.24	213.5	19100
0.26	178.7	16030	—	—	—	—	0.26	217.3	19600
0.28	—	—	—	—	—	—	0.28	220.9	19900
0.30	—	—	—	—	—	—	0.30	224.3	20100

① 如果 l_{eff} 和 D 的单位为 mm，C_a 的单位为 N。

② 如果 l_{eff} 和 D 的单位为 in，C_a 的单位为 lb。

6. 滚子轴承额定寿命

额定寿命 L_{10} 是一组完全一致的滚子轴承中 90% 以上可以达到或超过的数以百万计的转数。对于单个轴承，L_{10} 也表示 90% 可靠性相连的寿命。

径向滚子轴承，额定寿命 L_{10} 的量级转数是百万级，对于一个径向滚子轴承，计算公式如下：

$$L_{10}=\left(\frac{C}{P}\right)^{10/3} \tag{10-15}$$

式中，C 是基础载荷，单位为 N（lb），查看式（10-16）；P 是径向当量载荷，单位为 N（lb），查看式（10-17）。

径向滚子轴承的 C 的计算公式如下：

$$C = f_c(il_{\text{eff}}\cos\alpha)^{7/9} Z^{3/4} D^{29/27} \quad (10\text{-}16)$$

式中，f_c 是由轴承元件几何特性决定的参数，准确度根据轴承元件制作和材料不同而不同，f_c的值在表 10-53 中给出；i 是轴承中滚子的列数；l_{eff}是有效长度，单位为 mm（in）；α 是标准接触角，(°)；Z 是每列所含的滚子数目；D 是滚子直径，单位为 mm（in）（锥形滚子的平均直径，球面滚子的大径）。

滚子长度大于 2.5D 时，f_c 的值会减小。这种情况下，轴承制造商也会相应调整额定载荷。

在滚子直接在轴的表面或者箱体表面作用的应用中，轴或箱体的表面必须像替代的滚道表面一样以达到轴承的基本额定载荷。

计算含有双联安装的两个或两个以上类似单列轴承的基本额定载荷时，如果轴承制作和安装恰当，载荷分布平均，联合的额定载荷就是轴承数量的 7/9 次方乘以一个单列轴承基本额定载荷的结果，如果因为某些技术原因，可以将其视作一系列单独可以互换的单列轴承，就不能使用上面的计算方法。

径向滚子轴承的径向当量载荷的大小 P，单位为 N（lb），在稳定颈项和轴向载荷时可以通过下面的公式计算：

$$P = XF_r + YF_a \quad (10\text{-}17)$$

式中，F_r 是外加径向载荷，单位为 N（lb）；F_a 是外加轴向载荷，单位为 N（lb）；X 是径向载荷系数，在表 10-55 中可查；Y 是轴向载荷系数，在表 10-55 中可查。

不同设计应用的典型轴承寿命见表 10-56。

表 10-55 计算径向滚子轴承径向当量载荷 P 的 X 和 Y 值

轴承类型	$\frac{F_a}{F_r} \leqslant e$		$\frac{F_a}{F_r} > e$	
	X	Y	X	Y
自对中锥形滚子轴承① $\alpha \neq 0$	单列轴承			
	1	0	0.4	$0.4\cot\alpha$
	双列轴承			
	1	$0.45\cot\alpha$	0.67	$0.67\cot\alpha$

注：$e = 1.5\tan\alpha$。

① 如果 $\alpha = 0°$，则 $F_a = 0$，$X = 1$。

表 10-56 不同设计应用的典型轴承寿命

使用	设计寿命/h	使用	设计寿命/h
农业设备	3000～6000	齿轮机构	
航天设备	500～2000	汽车	600～5000
车辆		多功能	8000～15000
赛车	500～800	机械工具	20000
轻型摩托车	600～1200	轨道车辆	15000～25000
重型摩托车	1000～2000	热轧机	>50000
轻型轿车	1000～2000	机器	
重型轿车	1500～2500	锤式粉碎机	20000～30000
轻型卡车	1500～2500	压煤砖机	20000～30000
重型卡车	2000～2500	砂轮主轴	1000～2000
巴士	2000～5000	机械工具	10000～30000
电子设备		采矿机械	4000～15000
家用设备	1000～2000	造纸机	50000～80000
≤1/2hp 电动机	1000～2000	轧机	
≤3hp 电动机	8000～10000	小型冷轧机	5000～6000
中型电动机	10000～15000	大型多功能轧机	8000～10000
大型电动机	20000～30000	轨道车辆轴	
电梯线缆滑车轮	40000～60000	采矿车	5000
井下通风风扇	40000～50000	电动轨道车	16000～20000
螺旋桨推力轴承	15000～25000	露天采矿车	20000～25000
螺旋桨传动轴轴承	>80000	地面电车	20000～25000
齿轮传动		乘用车	26000
船只齿轮结构	3000～5000	运货车厢	35000
齿轮传动	>50000	机车外轴承	20000～25000
船只齿轮传动	20000～30000	机车内舟车功能	30000～40000
8h 不常全时段运转机械	14000～20000	断电影响不大的短期或间歇工作机械	4000～8000
8h 全时段运转机械	20000～30000	可靠运行至关重要的间断工作机械	8000～14000
连续 24h 运转机械	50000～60000	常用仪表和装置	0～500

通常设计滚子轴承达到最优接触，但是支撑的载荷通常不是设计最优化时的载荷。式（10-15）和式（10-18）中计算出的额定寿命通常选用指数10/3来估算满足一个载荷范围从轻到重的额定寿命。当载荷超过最优接触的范围，例如，载荷大于$C/4 \sim C/2$或者$C_a/4 \sim C_a/2$，用户应该咨询轴承制造商确定特定应用中的额定寿命计算公式。

推力滚子轴承：额定寿命L_{10}的量级转数是百万级，对于一个推力滚子轴承，计算公式如下：

$$L_{10} = \left(\frac{C_a}{P_a}\right)^{10/3} \tag{10-18}$$

式中，C_a是基本额定载荷，单位为N（lb），查看式（10-19）~式(10-21)；P_a是当量轴向载荷，单位为N（lb），查看式（10-22）。

对于单列、单向和双向推力滚子轴承，C_a的计算公式如下，单位为N（lb）：

$$\text{当}\ \alpha = 90°\ \text{时},C_a = f_c l_{\text{eff}}^{7/9} Z^{3/4} D^{29/27} \tag{10-19}$$

$$\text{当}\ \alpha \neq 90°\ \text{时},C_a = f_c(l_{\text{eff}}\cos\alpha)^{7/9} Z^{3/4} D^{29/27}\tan\alpha \tag{10-20}$$

式中，f_c是由轴承元件几何特性决定的参数，准确度根据轴承元件制作和材料不同而不同，f_c的值在表10-54中给出；i是轴承中球的列数；l_{eff}是有效长度，单位为mm（in）；Z是每个单向推力滚子轴承单列所含的滚子数目；D是滚子直径，单位为mm（in）（锥形滚子平均直径，球面滚子大径）；α是标准接触角（°）。

两列或多列滚子的滚子推力轴承，载荷方向相同，C_a的大小由下面的公式计算：

$$C_a = (Z_1 l_{\text{eff1}} + Z_2 l_{\text{eff2}} \cdots Z_n l_{\text{eff}n}) \left\{\left[\frac{Z_1 l_{\text{eff1}}}{C_{a1}}\right]^{9/2} + \left[\frac{Z_2 l_{\text{eff2}}}{C_{a2}}\right]^{9/2} + \cdots \left[\frac{Z_n l_{\text{eff}n}}{C_{an}}\right]^{9/2}\right\}^{-2/9} \tag{10-21}$$

式中，Z_1，$Z_2 \cdots Z_n$是单向多列推力轴承每列的滚子数目；C_{a1}，$C_{a2} \cdots C_{an}$是单向多列推力滚子轴承基本额定载荷，每个都作为单列轴承使用，Z_1，$Z_2 \cdots Z_n$滚子单独计算；l_{eff1}，$l_{\text{eff2}} \cdots l_{\text{eff}n}$是有效长度，单位为mm（in），或是每列滚子。

当滚子直接在用户提供的平面上运动时，平面必须与其代替的垫圈滚道相当，以达到基本额定载荷。

如果轴承设计多个滚子在同一个轴上，将这些滚子视作一个长度等于所有滚子有效解除长度之和的滚子。上面定义的滚子，或者部分接触同一垫圈滚道范围的滚子，属于一列。

当单个滚子有效长度和分度圆直径（滚子运转分度圆）的比例过大时，f_c的值应该相应减小，因为会有过多滚子和滚道的接触。

双联安装包含两个或多个类似单列轴承的整体，如果制造安装良好，载荷平均分布，这种组合的额定载荷可以根据式（10-21）计算。如果因为技术原因可以将其视作一系列独立可以互相替换的单列轴承，以上公式不适用。

推力滚子轴承轴向当量载荷的大小P_a，单位为N（lb），$\alpha \neq 90°$，稳定轴向和径向复合载荷，计算公式如下：

$$P_a = XF_r + YF_a \tag{10-22}$$

式中，F_r是外加径向载荷，单位为N（lb）；F_a是外加轴向载荷，单位为N（lb）；X是径向载荷系数，在表10-57中可查；Y是轴向载荷系数，在表10-57中可查。

表10-57 计算轴向滚子轴承轴向当量载荷P_a的X和Y值

轴承类型	单向轴承		双向轴承			
	$\frac{F_a}{F_r} > e$		$\frac{F_a}{F_r} \leqslant e$		$\frac{F_a}{F_r} > e$	
	X	Y	X	Y	X	Y
自对中锥形推力滚子轴承① $\alpha \neq 0$	$\tan\alpha$	1	$1.5\tan\alpha$	0.67	$\tan\alpha$	1

注：$e = 1.5\tan\alpha$。

① 当$\alpha = 90°$时，$F_r = 0$，$Y = 1$。

7. 寿命校准系数

在某些球或者滚子轴承的应用中，最理想的是指定可靠性的具体寿命，而不是使用90%这种大致的描述。另外一些情况下，轴承可能由特殊的轴承钢构成，例如真空脱气钢和空熔炼钢，还使用了改进后的处理技术。最终，应用条件可能不同于标准润滑、载荷分配或者温度。对于这些情况，需要应用一系列的修正系数在疲劳寿命计算公式上。在AFBMA与美国国家标准的“球轴承额定载荷和疲劳寿命”ANSI/AFBMA Std 9-1990和AFBMA与美国国家标准的“滚子轴承额定载荷和疲劳寿命”ANSI/AFBMA Std 11-1990中有完整的解释。除了参考这些标准之外，最好也能从轴承制造商处获取相关信息。

可靠性寿命调节系数：在某些球或者滚子轴承的应用中，最理想的是能将寿命的可靠性具体化，而不是90%，即基本额定寿命。

为了判定可靠性高与90%的球或滚子轴承的轴承寿命，必须用一个系数a_1来调整额定寿命，得到$L_n = a_1 L_{10}$。要得到可靠性达到95%的轴承寿命，定义为L_5，寿命调整系数a_1为0.62；可靠性96%的，

定义为 L_4，a_1 为 0.53；可靠性 97% 的，定义为 L_3，a_1 为 0.44；可靠性 98% 的，定义为 L_2，a_1 为 0.33；可靠性 99% 的，定义为 L_1，a_1 为 0.21。

材料寿命调整系数：使用了改善过的材料和过程的某些球或滚子轴承，额定寿命可以通过系数 a_2 调节，则有 $L'_{10}=a_2L_{10}$，系数 a_2 由钢分析、冶金过程、成形方法、热处理以及统称的制造方法决定，由空熔炼钢耗材和其他一些需要特别分析的钢制作的球和滚子轴承，在应用中表现出极好的耐受性。这些钢材的质量极佳，这些钢材制作的轴承通常认为是特殊制造的轴承。通常来说，可以从轴承制造商处获得这些轴承的 a_2 值。但是，所有疲劳寿命公式的特定限制和条件依然适用。

应用条件寿命调整系数，影响球或滚子轴承寿命的应用条件有：①润滑；②载荷分布（包括间隙、未对中、箱体和轴的刚度、载荷类型以及热梯度的影响）；③温度。

第 2 项和第 3 项需要特殊的分析和试验技术，因此用户应该向轴承制造商咨询评价和建议。

系数 a_3 可能低于 1 的运行条件包括：①Nd_m 的值特别低（r/min 乘以分度圆直径，单位为 mm），如 $Nd_m<10000$；②球轴承运行温度润滑剂黏度低于 70 SSU，滚子轴承运行温度润滑剂黏度低于 100 SSU；③运行温度过高。

当 a_3 低于 1 时，可能无法假设润滑的缺陷可以通过使用性能更好的钢材来克服。使用这个系数时，$L'_{10}=a_3L_{10}$。

在大多数球和滚子轴承应用中，要求润滑能够将滚动表面之间分开，比如，滚子表面和滚道表面，来降低护圈和滚子之间，护圈和表面之间的摩擦，有时候，润滑剂也充当带走轴承产生热量的冷却剂。

系数结合：包含了前面提到的调整系数的疲劳寿命公式是 $L'_{10}=a_1a_2a_3L_{10}$。如果不分青红皂白直接使用寿命调整系数，可能导致对轴承耐受性的严重高估，因为疲劳寿命仅仅是轴承选择中的一个标准。为应用选择尺寸足够适合的轴承时必须非常仔细。

8. 球轴承静态额定载荷

由硬化合金钢材妥善制作的球轴承，静态径向额定载荷就是均匀分布的静态滑动轴承载荷，产生最大接触压力 4000MPa（580000lb/in^2）。对于单列角接触球轴承，静态径向额定载荷指的是径向元件受到造成单纯轴承套圈相互关联的径向位移的载荷。静态轴向额定载荷指的是均匀分布的中心轴载荷，产生最大接触压力 4000MPa（580000lb/in^2）。

径向球轴承的静态额定载荷 C_o 的大小计算公式如下，单位为 N（lb）：

$$C_o=f_oiZD^2\cos\alpha \tag{10-23}$$

式中，f_o 是表 10-58 中不同类型球轴承的系数；i 是球轴承列数；Z 是每列所含的球数目；D 是球直径，单位为 mm（in）；α 是标准接触角，单位为°。

这个公式适用于径向和角接触球轴承内圈滚道截面槽半径不超过 0.52D 和径向与角接触球轴承外圈滚道截面槽半径不超过 0.53D 以及自适应球轴承内圈。

球轴承的载荷能力不一定会因为槽半径更小而增加，但是会因为半径大于上面所指出的值而减小。

径向或角接触球轴承结合：两个类似的单列径向或角接触球轴承并列安装在同一轴上，以“面对面”或者“背对背”的形式作为一个整体运转（双联安装），额定静态载荷是单个单列轴承的 2 倍。

两个或多个单列径向或角接触球轴承并列安装在一个轴上，作为一个整体运转（双联安装或组合安装），串联作用，制作和安装妥善，保证载荷分布均匀，额定静态载荷是单个单列轴承额定静态载荷轴承数目的倍数。

推力球轴承的额定静态载荷大小由下面的公式计算：

$$C_{oa}=f_oZD^2\cos\alpha \tag{10-24}$$

式中，f_o是表 10-58 中给出的参数；Z 是同向载荷球数目；D 是球直径，单位为 mm（in）；α 是标准接触角，单位为°。

表 10-58　计算球轴承额定静态载荷的 f_o

$\frac{D\cos\alpha}{d_m}$	径向和角接触带槽轴承		径向自对中轴承		推力轴承	
	米制①	寸制②	米制①	寸制②	米制①	寸制②
0.00	12.7	1850	1.3	187	51.9	7730
0.01	13.0	1880	1.3	191	52.6	7620
0.02	13.2	1920	1.3	195	51.7	7500
0.03	13.5	1960	1.4	198	50.9	7380
0.04	13.7	1990	1.4	202	50.2	7280
0.05	14.0	2030	1.4	206	49.6	7190
0.06	14.3	2070	1.5	210	48.9	7090

（续）

$\frac{D\cos\alpha}{d_m}$	径向和角接触带槽轴承		径向自对中轴承		推力轴承	
	米制①	寸制②	米制①	寸制②	米制①	寸制②
0.07	14.5	2100	1.5	214	48.3	7000
0.08	14.7	2140	1.5	218	47.6	6900
0.09	14.5	2110	1.5	222	46.9	6800
0.10	14.3	2080	1.6	226	46.4	6730
0.11	14.1	2050	1.6	231	45.9	6660
0.12	13.9	2020	1.6	235	45.5	6590
0.13	13.6	1980	1.7	239	44.7	6480
0.14	13.4	1950	1.7	243	44.0	6380
0.15	13.2	1920	1.7	247	43.3	6280
0.16	13.0	1890	1.7	252	42.6	6180
0.17	12.7	1850	1.8	256	41.9	6070
0.18	12.5	1820	1.8	261	41.2	5970
0.19	12.3	1790	1.8	265	40.4	5860
0.20	12.1	1760	1.9	269	39.7	5760
0.21	11.9	1730	1.9	274	39.0	5650
0.22	11.6	1690	1.9	278	38.3	5550
0.23	11.4	1660	2.0	283	37.5	5440
0.24	11.2	1630	2.0	288	37.0	5360
0.25	11.0	1600	2.0	293	36.4	5280
0.26	10.8	1570	2.1	297	35.8	5190
0.27	10.6	1540	2.1	302	35.0	5080
0.28	10.4	1510	2.1	307	34.4	4980
0.29	10.3	1490	2.1	311	33.7	4890
0.30	10.1	1460	2.2	316	33.2	4810
0.31	9.9	1440	2.2	321	32.7	4740
0.32	9.7	1410	2.3	326	32.0	4640
0.33	9.5	1380	2.3	331	31.2	4530
0.34	9.3	1350	2.3	336	30.5	4420
0.35	9.1	1320	2.4	341	30.0	4350
0.36	8.9	1290	2.4	346	29.5	4270
0.37	8.7	1260	2.4	351	28.8	4170
0.38	8.5	1240	2.5	356	28.0	4060
0.39	8.3	1210	2.5	361	27.2	3950
0.40	8.1	1180	2.5	367	26.8	3880
0.41	8.0	1160	2.6	372	26.2	3800
0.42	7.8	1130	2.6	377	25.7	3720
0.43	7.6	1100	2.6	383	25.1	3640
0.44	7.4	1080	2.7	388	24.6	3560
0.45	7.2	1050	2.7	393	24.0	3480
0.46	7.1	1030	2.8	399	23.5	3400
0.47	6.9	1000	2.8	404	22.9	3320
0.48	6.7	977	2.8	410	22.4	3240
0.49	6.6	952	2.9	415	21.8	3160
0.50	6.4	927	2.9	421	21.2	3080

注：根据弹性模量 =2.07×10^5MPa（30×10^6lb/in^2），泊松比 =0.3。

① 当 D 的单位为 mm 时，C_{oa} 和 C_o 的单位为 N。

② 当 D 的单位为 in 时，C_{oa} 和 C_o 的单位为 lb。

10

这个公式适用于滚道截面槽半径不超过 0.54D 的推力球轴承。载荷能力不一定会因为槽半径更小而增加，但是会因为半径大于上面所指出的值而减小。

滚子轴承额定静态载荷：由硬化合金钢材妥善制作的滚子轴承，静态径向额定载荷就是均匀分布的静态滑动轴承载荷，产生的最大接触压力为 4000MPa（580000lb/in²），作用在载荷最重的滚动元件的接触中心。额定轴向静态载荷指的是均匀分布的静态中心轴载荷，产生最大的接触压力 4000MPa（580000lb/in²），作用在每个滚动元件的接触中心。

径向滚子轴承：静态额定载荷的大小 C_o 计算公式如下，单位为 N（lb）。

$$C_o = 44\left(1 - \frac{D\cos\alpha}{d_m}\right) iZl_{\text{eff}}D\cos\alpha\text{（米制）} \tag{10-25}$$

$$C_o = 6430\left(1 - \frac{D\cos\alpha}{d_m}\right) iZl_{\text{eff}}D\cos\alpha\text{（寸制）} \tag{10-26}$$

式中，D 是滚子直径，单位为 mm（in），锥形滚子的平均直径，球面滚子的大径；d_m 是滚动元件平均分度圆直径，单位为 mm（in）；i 是轴承中滚子的列数；Z 是每列所含的滚子数目；l_{eff} 是有效长度，单位为 mm（in），总体滚子长度减去接触滚子倒角或接触最短处越程槽；α 是标准接触角，单位为°。

径向滚子轴承结合：两个类似的单列滚子轴承并列安装在同一轴上，以“面对面”或者“背对背”的形式作为一个整体运转（双联安装），额定静态载荷是单个单列轴承的 2 倍。

两个或多个单列滚子轴承并列安装在一个轴上，作为一个整体运转（双联安装或组合安装），串联作用，制作和安装妥善，保证载荷分布均匀，额定静态载荷是单个单列轴承额定静态载荷轴承数目的倍数。

推力球轴承的额定静态载荷 C_{oa} 大小由下面的公式计算，单位为 N（lb）：

$$C_{oa} = 220\left(1 - \frac{D\cos\alpha}{d_m}\right) Zl_{\text{eff}}D\sin\alpha\text{（米制）} \tag{10-27}$$

$$C_{oa} = 32150\left(1 - \frac{D\cos\alpha}{d_m}\right) Zl_{\text{eff}}D\sin\alpha\text{（寸制）} \tag{10-28}$$

推力滚子轴承组合：两个或多个单向推力滚子轴承并列安装在一个轴上，作为一个整体运转（双联安装或组合安装），串联作用，制作和安装妥善，保证载荷分布均匀，额定静态载荷是单个单向轴承额定静态载荷轴承数目的倍数。如果单向轴承的 $F_r > 0.44F_a\cot\alpha$，公式准确性降低，其中 F_r 是外加径向载荷，单位为 N（lb），F_a 是外加轴向载荷，单位为 N（lb）。

9. 球轴承静态当量载荷

对于球轴承而言，径向当量静态载荷就是计算产生最大接触压力的静态径向载荷等量的实际载荷条件下最大接触压力。轴向当量静态载荷就是计算产生最大接触压力静态中心轴载荷等量的实际载荷条件下最大接触压力。

径向和角接触球轴承径向当量静态载荷 P_o 的大小，单位为 N（lb），结合轴向和径向载荷，大于：

$$P_o = X_oF_r + Y_oF_a \tag{10-29}$$

$$P_o = F_r \tag{10-30}$$

式中，X_o 是表 10-59 中的径向载荷系数；Y_o 是表 10-59 中的轴向载荷系数；F_r 是外加径向载荷，单位为 N（lb）；F_a 是外加轴向载荷，单位为 N（lb）。

表 10-59　计算球轴承径向当量静态载荷的 X_o 和 Y_o 值

接触角	单向轴承①		双向轴承	
	X_o	Y_o②	X_o	Y_o②
径向接触带槽轴承①③				
$\alpha=0°$	0.6	0.5	0.6	0.5
角接触带槽轴承				
$\alpha=15°$	0.5	0.47	1	0.94
$\alpha=20°$	0.5	0.42	1	0.84
$\alpha=25°$	0.5	0.38	1	0.76
$\alpha=30°$	0.5	0.33	1	0.66
$\alpha=35°$	0.5	0.29	1	0.58
$\alpha=40°$	0.5	0.26	1	0.52
自对中轴承				
—	0.5	$0.22\cot\alpha$	1	$0.44\cot\alpha$

① P_o 总是 ≥F_r。

② 间歇接触角的 Y_o 值通过线性插值得到。

③ 允许最大 F_a/C_o 值（F_a 是外加轴向载荷，C_o 是径向静态额定载荷）取决于轴承设计（槽的深度和内间隙）。

推力球轴承接触角 $\alpha \neq 90°$，组合径向和轴向轴承的轴向当量静态载荷的大小 P_{oa}，单位为 N（lb），由下面的公式计算。

$$P_{oa} = F_a + 2.3F_r\tan\alpha \tag{10-31}$$

式（10-31）对于双向球轴承所有载荷方向都适用。对于单向球轴承，$F_r/F_a \leq 0.44\cot\alpha$ 时公式可用，F_r/F_a 升高至 0.67 $\cot\alpha$ 时公式结果符合要求但是没那么保守。

$\alpha=90°$ 的推力球轴承只能支持轴向载荷。这种

10

轴承的当量静态载荷 $P_{oa}=F_a$。

10. 滚子轴承静态当量载荷

对于滚子轴承而言，径向当量静态载荷就是计算在均匀载荷的滚动元件接触中心产生最大接触压力的静态径向载荷等量的实际载荷条件下最大接触压力。轴向当量静态载荷就是计算在均匀载荷的滚动元件接触中心产生最大接触压力等量的实际载荷条件下最大接触压力。

径向滚子轴承径向当量静态载荷 P_o 的大小，单位为 N（lb），结合轴向和径向载荷，大于：

$$P_o = X_oF_r + Y_oF_a \tag{10-32}$$

$$P_o = F_r \tag{10-33}$$

式中，X_o是表 10-60 中径向载荷系数；Y_o是表 10-60 中轴向载荷系数；F_r是外加径向载荷，单位为 N（lb）；F_a是外加轴向载荷，单位为 N（lb）。

表 10-60 计算自对中和锥形滚子轴承径向当量静态载荷的 X_o 和 Y_o 值

轴承类型	单列①		双列	
	X_o	Y_o	X_o	Y_o
自对中锥形 $\alpha\neq0$	0.5	0.22cotα	1	0.44cotα

注：1. $\alpha=0°$和仅受到径向载荷的径向滚子轴承径向当量静态载荷 $P_{or}=F_r$。

2. $\alpha=0°$的径向滚子轴承承担轴向载荷的能力因轴承设计和使用不同而大为不同。因此，当 $\alpha=0°$的径向滚子轴承承担轴向载荷时轴承用户应该向轴承制造商咨询关于径向当量静态载荷的建议。

① P_o总是$\geqslant F_r$。

径向滚子轴承组合：两个类似的单列径向滚子轴承并列安装在同一轴上，以“面对面”或者“背对背”的形式作为一个整体运转（双联安装），计算径向当量静态载荷时，使用双列轴承 X_o和 Y_o的值，F_r和 F_a是运转中的总载荷。

两个或多个单列角接触滚子轴承并列安装在一个轴上，作为一个整体运转（双联安装或组合安装），串联作用，计算径向当量静态载荷时，使用单列轴承 X_o 和 Y_o 的值，F_r和 F_a是运转中的总载荷。

接触角 $\alpha\neq90°$的推力滚子轴承的轴向当量静态载荷大小由下面的公式计算，单位为 N（lb）：

$$P_{oa} = F_a + 2.3F_r\tan\alpha \tag{10-34}$$

式中，F_a是外加轴向载荷，单位为 N（lb）；F_r是外加径向载荷，单位为 N（lb）；α 是标准接触角，单位为°。

当单向推力滚子轴承的 $F_r>0.44F_a\cot\alpha$，这个公式的准确性降低。

组合式推力滚子轴承：两个或多个类似的推力滚子轴承并列安装在同一轴上，以“面对面”或者“背对背”的形式作为一个整体运转（双联安装或组合安装），串联作用，计算轴向当量静态载荷时，使用 F_r 和 F_a 是运转中的总载荷。

10.3 润滑

10.3.1 润滑理论

当一个固体表面在另一个固体表面上运动时，必然会克服一个抵抗的、相对的力，这就是固体摩擦。固体摩擦的第一阶段叫作静摩擦，是静态物体初始运动必须克服的摩擦阻力。摩擦阻力的第二阶段叫作动摩擦，是物体在另一固体表面运动时滚动或滑动必须克服的阻力。量级上，动摩擦通常小于静摩擦。尽管摩擦根据外加载荷和表面粗糙度的不同而不同，但不会受到运动速度和表面接触面积的影响。

使用显微镜观察时，可以看到固体表面有很多微凸体（峰顶和峰谷）显得粗糙。当两个固体表面没有润滑介质相互接触时，会出现金属与金属之间的接触，一个固体表面的峰顶会和另一个固体表面的峰顶干涉。产生任何运动时，微凸体碰撞，造成热量迅速增加，金属峰顶会附着和结合在一起。如果动力足够大，峰顶会犁过彼此表面，结合的区域会剪切造成表面退解，或者磨损。在极短情况下，结合表面的阻力会大于动力，造成机械咬粘。

有些机械系统的设计，例如制动装置的设计，就是要利用摩擦。对于其他系统，比如轴承，这种金属与金属之间的接触和这种程度的磨损是不理想的。为了对抗这种程度的固体摩擦、生热、磨损和功损耗，必须采用恰当的润滑液体或者润滑膜，将其作为两个固体表面之间的中间媒介。尽管润滑剂本身不是无摩擦的，气体或液体运动的分子阻力，即流体摩擦，是远远小于固体摩擦的。流体摩擦的大小取决于润滑剂的黏度。

1. 膜厚比 λ

对于所有轴承，润滑剂膜厚的大小都会直接影响轴承寿命。“有用”或者特定膜厚比 λ 是将标准膜厚除以表面粗糙度计算的，如图 10-34 所示。

$$\lambda = \frac{T}{R} \tag{10-35}$$

式中，λ 是特定膜厚；T 是标准膜厚；R 是表面粗糙度。

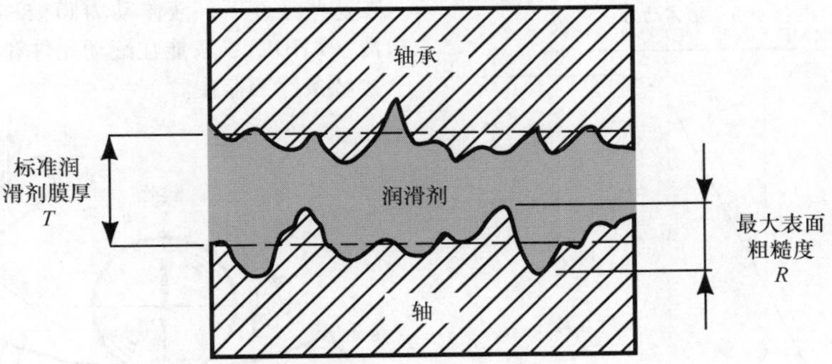

图 10-34　决定工作膜厚比 λ

2. 润滑膜

径向滑动轴承与液体膜运转时，摩擦因数 μ 或摩擦减少的程度取决于作用表面之间存在的润滑膜处在三个润滑膜条件中的哪一个中。

全膜液体动力润滑（HDL）：HDL 是滑动类型轴承的理想润滑条件，在这种条件下，两个表面在载荷压力分布点被工作或特定膜厚 λ 超过 2 的润滑膜完全分开，如图 10-35 所示。微凸体不碰撞的时候会生成液楔。两个表面都会全程处在无“金属接触”状态中。

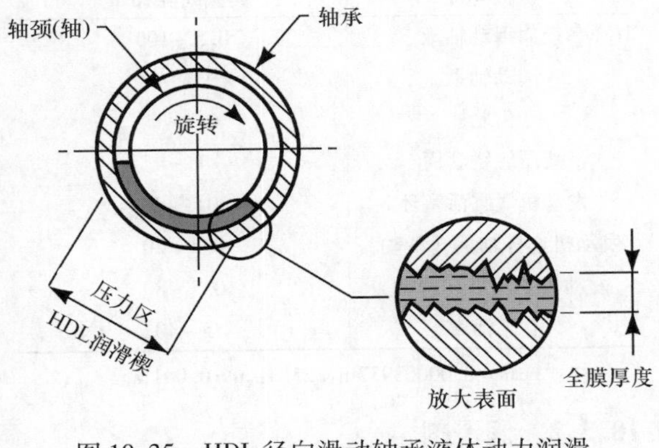

图 10-35　HDL 径向滑动轴承液体动力润滑

随着轴速增加，轴颈的旋转起到泵的作用，迫使润滑剂进入压力分布区域。润滑剂供给黏度足够高，楔形润滑剂通道就可以产生一个足够分开两个表面的载荷压力，并支撑运动的轴颈。全膜厚度根据速度、载荷和黏度不同可能在 5 ~ 200μm 之间。随着速度增加，润滑作用和带动载荷的能力也随之增加。相反的，低速运动不会形成润滑剂楔，液体动力作用将会分解，不那么理想的边界层润滑就会占上风。

边界层润滑（BL）：当轴颈在轴承中静止，所有全膜润滑剂楔都瓦解了，只在原处留下残余的润滑剂膜，不足以防止金属与金属之间的接触发生。在接下来的起动开始时，轴承表面之间会部分碰撞，在很薄的润滑膜上运转（启动条件促发严重磨损）。当润滑剂供给不足时，或者设计时只能做到载荷大而轴速低时，边界层润滑就必须严重依赖于润滑剂的成分来提供特别的抗磨损和极限压力牺牲添加剂，用以延迟早期磨损。这些表面活性添加剂作用形成一个表面薄片，防止金属黏附。选用润滑剂的黏度过低时也会出现边界层润滑。

混合膜润滑（MF）：混合膜润滑阶段通常在冲击载荷时出现，此时最小厚度的液体动力膜在严重的冲击载荷下会暂时性破裂或者“稀薄”变成边界层润滑条件。混合膜条件同样会在轴加速到全速而膜厚在从边界变成全膜条件时出现。如果选择的润滑剂黏度过低，可能导致暂时或者全时段的混合膜润滑。当特定膜厚 λ 在 1 和 2 之间时，达到混合膜条件。

混合膜过渡：特定膜厚 λ 小于 1，进入边界层润滑；特定膜厚 λ 在 1 和 2 之间时，达到混合膜条件；特定膜厚 λ 大于 2，是液体动力润滑；一旦特定膜厚 λ 超过 4，相关轴承寿命增加 4 倍，见表 10-61，如图 10-36 所示。

10

表 10-61　混合膜过渡

$\lambda<1$	$1\leqslant\lambda\leqslant2$	$2<\lambda<4$
边界层膜润滑	混合膜润滑	液体动力润滑

为了在承担高载荷的同时保证长寿命，滑动轴承必须妥善处理载荷、速度和润滑剂黏度之间的关系。如果载荷和速度变化了，润滑剂黏度也必须变化以适应。这种关系体现在图 10-37 所示的斯特里贝克（ZNP）曲线中。选用合适的润滑剂黏度可以使得轴承在理想的液体动力范围内产生 0.002 ~ 0.005 的低摩擦因数。

滚动轴承（点接触）和啮合轮齿（线接触）的滚动区域同样更中意液体动力润滑膜。滚动元件与

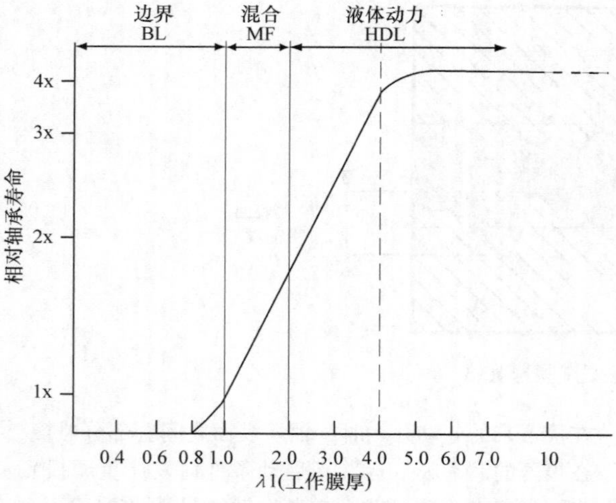

图 10-36 膜厚比 λ 和轴承寿命的关系

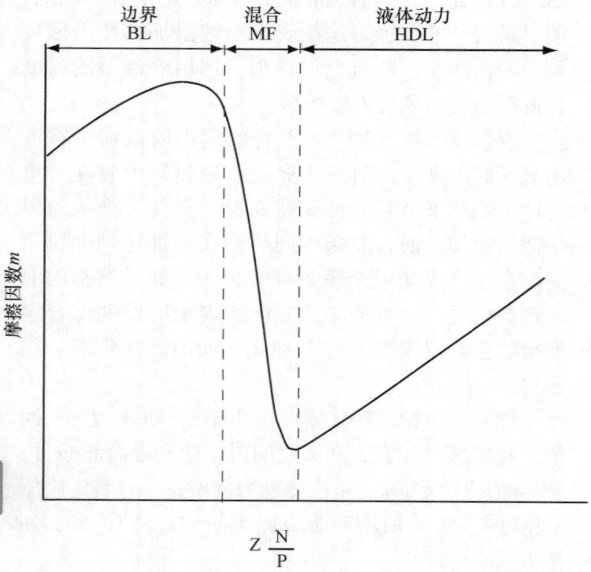

图 10-37 斯特里贝克（ZNP）曲线

滑动元件的不同在于滚动元件比对应的滑动元件需要的润滑少很多，并且载荷集中在比非共性表面小得多的区域内——小直径的球或滚子在直径大得多的滚道上或者滚道中“滚动”。当球或滚子“滚动”通过载荷区域，接触点受到压力迅速增加，造成滚动元件和滚道均产生瞬时微小畸变。这个变形区域就叫作赫兹接触区域（见图 10-38），类同于移动车辆上的正确充气的轮胎的印痕。滚动元件载荷部分走出赫兹接触区域，变形表面就会弹回原本的形状。润滑剂在压力下黏度会急剧上涨，作为固体润滑剂作用，留在赫兹接触区域的润滑剂会受益于此，使得少量润滑剂即可提供极限压力载荷全膜分离条件。在这些条件下，液体动力膜被称作弹性流体动力润滑（EHDL），只能在滚动元件和啮合轮齿点接触/线接触条件下存在。

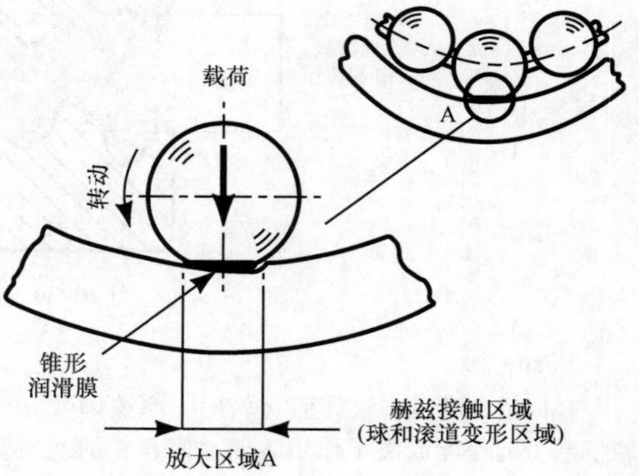

图 10-38 滚动轴承中的表面赫兹接触区域

工业的车轮真正在润滑剂的微缩胶片上前进着，表现为机械动态间隙的典型油膜厚度的实际示例列在下面的表 10-62 中。

表 10-62 表现为机械动态间隙的典型油膜厚度

机械零件	典型间隙/μm
径向滑动轴承	0.5 ~ 100
滚动轴承	0.1 ~ 3
齿轮	0.1 ~ 1
液压缠绕套筒	1 ~ 4
发动机气缸活塞环	0.3 ~ 7
发动机连杆轴承（滑动）	0.5 ~ 20
发动机主轴承（滑动）	0.5 ~ 80
孔泵活塞	5 ~ 40

注：1μm = 0.00003937in，25.4μm = 0.001in。

10.3.2 润滑剂

润滑剂的首要功能就是减小摩擦，减小摩擦就能够降低磨损和功的消耗。第二个功能就是降低温度、冲击振动、腐蚀和污染。

润滑剂可以是液态的（润滑油）、固态的（润滑脂）、气态的（油雾），可以通过动物、植物、碳氢化合物，或者合成基油料配置而成。为每个润滑剂配方中加入数种化学增稠剂、固体和化学添加剂，赋予每个制造出的润滑剂独一无二的特有配方。选择润滑油的类型和品种可以说是保证轴承长久寿命最具影响力的一个因素了。

20 世纪 70 年代，MIT 的 Ernest Rabinowicz 博士就润滑剂对美国国家生产总值（GNP）的影响进行了一个里程碑式的研究。研究结论表示，在当时，美国制造公司每年花费超过 6000 亿美元来修护由摩擦造成机械磨损带来的损坏；更重要的是，研究发现超过 70% 的轴承失效直接由表面退解引起——这是一个完全可以防止的问题。在研究中，Rabinowicz 博士认为造成表面退解主要有以下四个原因。

1）腐蚀磨损：如果无保护且暴露在水中或腐蚀性酸中，所有金属轴承表面都会被腐蚀。水是通过外界资源穿透闭式油箱或者轴承（冲刷、产品污染）进入润滑环境的，或者通过冷凝过程，造成含铁金属生锈。当润滑剂被氧化并且其抑制腐蚀添加剂损失或分解时，就会产生腐蚀性酸。强调和使用含有抑制生锈和抑制腐蚀添加剂的润滑剂，在润滑油中添加剂耗尽时定期更换润滑剂就能够防止腐蚀。

2）黏附造成的机械磨损：当将两个滑动表面完全分开的润滑膜不能将两个表面完全分开时，就会出现黏着磨损。金属与金属的接触出现，造成金属碎片从一个表面传递到另一个表面。这种转移通常被称为表面抓取、擦伤、磨损或者划痕。使用正确黏度的润滑剂和正确的应用通常能够极大程度上减少甚至消除黏着磨损。

3）摩擦造成的机械磨损：磨粒磨损，有时候又称作切削磨损，是硬粒子（磨损粒子或引入的污染粒子）在两个表面之间连接刮削和切削一个表面（二体磨料磨损）或者两个轴承表面（三体磨料磨损）。要控制磨料磨损就要降低黏着磨损，结合润滑剂传递，应用和过滤过程的污染控制。

4）疲劳造成的机械磨损：连接的磨损粒子造成小表面应力集中（表面波纹）最终扩张并从母材剥落（小碎片），就会出现疲劳磨损。受损区域重复的循环应力加剧了疲劳磨损的过程。选择合适黏度的润滑剂并做好污染控制对于减少疲劳磨损至关重要。

在所有四种磨损中，最重要的延迟磨损的解决方案都是选择合适的润滑剂。润滑剂主要分为两个大类——油类和脂类。使用油类还是脂类润滑剂取决于温度区间、旋转速度、环境、预算、机械设计、轴承和密封件设计以及运行条件。

1. 润滑油

对于大多数要求运动表面完全分离的工业应用来说，润滑剂的选择依然是石油基油类，也被广泛称为矿物油。尽管任何液体都可以提供一定程度的润滑，碳氢化合物基的石油油料有着极佳的表面润湿能力、抗水性、热稳定性以及足够高或“刚”的液体黏度，可以在载荷下提供全膜保护——并且价格不高。通过添加化学剂、金属、固体和填料，矿物油料可以配置成无穷无尽种类的定制润滑产品，包括润滑脂。这些改进过的矿物油几乎可以用在任何工业应用上，并且可以进一步拓宽润滑剂的规格和能力。所有润滑油的基本定义属性就是黏度，同时也是选择润滑剂的开始。

黏度：液体黏度就是液体对流动和剪切的阻力；阻力是由液体摩擦造成的，出现在分子剪切润滑剂平面时，如图 10-39 所示。薄或轻的润滑剂，如机械油和锭子油，剪切速度比厚重的润滑油如齿轮油快，同时黏度更小。尽管油的黏度小有利于减少能耗（拖拉更少），却不会够“刚”够黏来承受重载荷齿轮箱的要求。

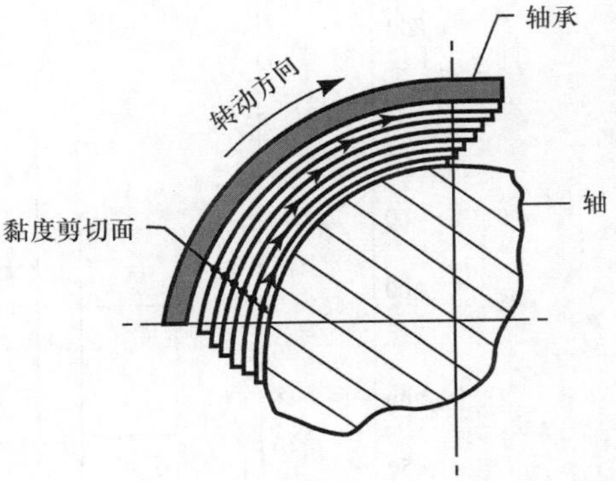

图 10-39　黏度剪切面

运动黏度：油类黏度的测量方式很多，最为广泛接受的工业标准为：塞氏通用黏度——SUS（寸制单位），以及 ISO VG-厘沲-cSt（米制单位）。这两个最常用的标准通过油类的运动黏度将其划分。评价基于液体温度 100℉（40℃）和 212℉（100℃），联系一种液体流过黏度计毛细管装置所用的时间，然后直接测量油类对于重力流动和剪切的阻力。表 10-63中还列出了其他常见的黏度分类和等量对比。

$$\mathrm{cSt} = \frac{g/cc}{\eta(\mathrm{cP})}\text{在 }60℉ \qquad (10\text{-}36)$$

式中，η 是绝对黏度或动态黏滞度，单位为 cP；g/cc是润滑剂密度（比重）；cSt 是运动黏度，单位为厘沲。

100℉（40℃）将 cSt 转化为 SUS，乘以 4.632。

210℉（100℃）将 cSt 转化为 SUS，乘以 4.664。

绝对黏度：绝对黏度或者动态黏滞度单位是 P（米制）或 cP 以及雷恩（寸制），1 雷恩等于 68950P。1P 相当于需要将一个单位面积平面（剪切平面）以单位速度（1cm/s）相对另一个距离单位距离（1cm）的单位平面移动 1cm 的 1 雷恩的力。绝对黏度通过运动黏度的值和测试温度下润滑剂密度的乘积，也是油类内部摩擦带来的流动或剪切阻力。绝对黏度是通过油类分析测量的黏度。

$$\eta(cP) = g/cc(60°F) \times cSt \quad (10\text{-}37)$$

式中，η是绝对黏度或动态黏滞度，单位为cP；g/cc是润滑剂密度（比重）；cSt是运动黏度，单位为厘沲。

表 10-63 黏度对比

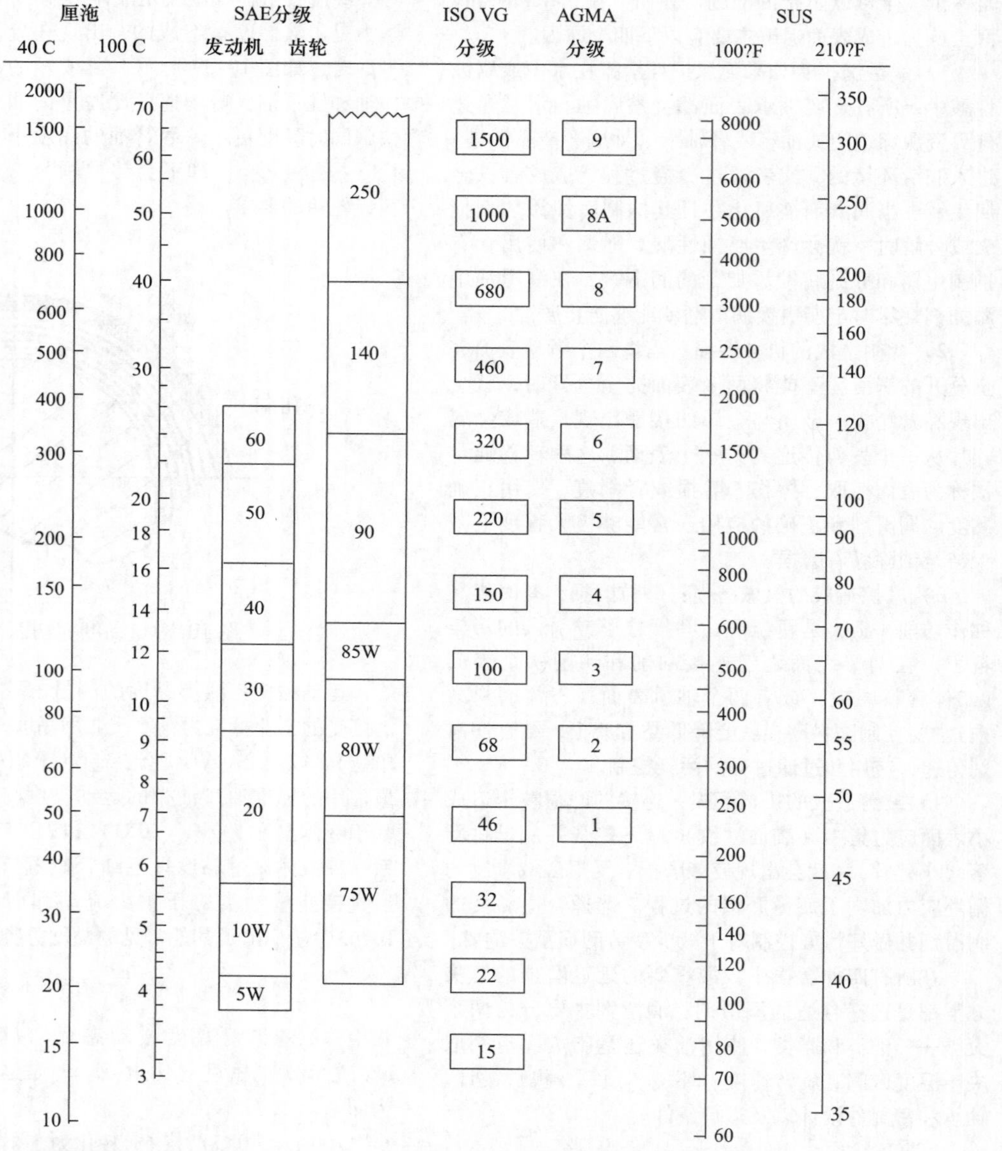

单95VI 基础的黏度分级水平相关。
SAE分类指定100 C。
SAE W 分类同样指定低温度。
ISO和AGMA分级针对40 C。

SAE：美国汽车工程师学会(汽车润滑剂)。
AGMA：美国齿轮制造商协会(齿轮润滑剂)。
ISO：国际标准组织。
SUS：塞氏通用黏度。

黏度指数（Ⅵ）：黏度和温度相关。油类受热时，油类变得稀薄或者黏度减小。相反地，油类温度降低时变得更黏稠或者黏度更高。这种现象意味着润滑油一旦到达工作环境温度，物理特性会有所改变。因此，在选择润滑剂黏度之前，必须知道预期的工作环境温度。对于处理这种情况的工程师而言，需要使用润滑油的黏度指数，或者Ⅵ分级，决定如何测量因为温度改变而引起的润滑剂黏度改变。Ⅵ分级越高，越理想，意味着在很大的温度范围内黏度变化很小。要决定某种润滑油的Ⅵ分级，要在100℉（40℃）和212℉（100℃）时测量其运动黏度，再将结果与两个或更多系列的油类对比。之前

Ⅵ分级在 0～100 之间，但是最近润滑剂技术和添加剂发展使得该指数超过了曾经的上限，包含了极高黏度指数（VHVI）分类。润滑剂通常见表 10-64，有四个基本Ⅵ分级。

表 10-64　黏度指数分级

Ⅵ分级	黏度指数分级
<35	低（LVI）
>35～80	中（MVI）
>80～110	高（HVI）
>110	极高（VHVI）

2. 油类成分

油类通常由一种矿物质（碳氢基）或者合成油基油料组成，并加入各种有机或者无机的化合物，溶解或以固体悬停在配方的润滑油中。根据最终油类配方设计的使用条件不同，添加剂总量可以占到配方油类体积的 1%～30%。

3. 矿物油

矿物油是通过原油库存精炼提取得到的。根据原油在世界上发现地点的不同，油类可能是石蜡基或环烷基的。

石蜡基原油库存可以在美国中部、英格兰北海和中西部找到。石蜡基原油含有 60/30/10 混合的石蜡/环烷/蜡，所以Ⅵ分级可以高达 105。因为有蜡的存在，这种油类有蜡的凝固点，此时油类流动被蜡在低温的结晶化严重限制甚至停止。混合高质量曲轴箱润滑油、液压机液体、透平油、齿轮油和轴承油时倾向于使用这种基油。

环烷基原油库存通常可以在南美和美国沿海区域找到。这种油包含 25/75/微量混合的石蜡/环烷/蜡，最终Ⅵ分级稍逊于石蜡基油，最高到 70。因为仅仅含有微量的蜡，这种油又被称为黏度凝固点油，低温时润滑剂黏度升高限制润滑油流动。环烷基油的凝固点较低，燃点较高，比石蜡基油拥有更好的添加剂溶解力。混合机车油、制冷剂和压缩机油时倾向于使用这种油料。

4. 油类添加剂

如果两个轴承表面很可能接触，应该通过向基油中添加工程添加剂来缓和摩擦。市场上每个制造商生产的润滑剂都有其自身独特的配方。实际上，润滑油就是一种工程液体，是为了完成某个特殊环境的特定工作而量身定做的。所有的添加剂都是可消耗的，因此应该仔细运用油类分析来关注润滑油中添加剂总量的水平，提醒用户什么时候应该更换润滑剂以防止对轴承或接触零件造成损害。表 10-65 中的典型油类添加剂就是用来提高已有基油性能，为油类增加附加特性和抑制基油可能有的不理想特性的。

表 10-65　油类添加剂

性能加强添加剂	新性能添加剂	抑制添加剂
抗氧化剂	EP	
腐蚀抑制剂	抗摩擦	降凝剂
反乳化剂	去垢剂	黏度改进剂
止泡剂	分散剂	

添加剂总配方根据最终使用不同而不同。表 10-66列出了不同油类通常使用的添加剂组合。

表 10-66　不同油类添加剂组合

添加剂	轴承油	齿轮油	透平油	液压机油	压缩机油	曲轴箱润滑油	润滑脂
抗氧化剂	•	•	•	•	•	•	•
腐蚀抑制剂	•	•	•	•	•	•	•
反乳化剂	•	•	•	•	•		
止泡剂	•	•	•	•	•	•	
极限压力 EP		•					•
抗摩擦	•	•		•	•	•	•
去垢剂					•	•	
分散剂					•	•	
降凝剂		• 部分		• 部分	• 部分	• 部分	
黏度改进剂						•	

抗氧化剂：氧气会腐蚀基油，尤其在高温时，形成污泥、焦油、清漆以及腐蚀性酸。抗氧化添加剂可以增强润滑油氧化稳定性 10 倍以上；润滑剂设计使用的工作温度越高，含有的抗氧化剂越多。

腐蚀抑制剂或防锈剂：这些添加剂可以在含铁金属、铜、锡和铅基的轴承金属上形成一个抗水保护层。这些添加剂还可以中和任何可能伤害轴承材料的腐蚀性酸。

反乳化剂：防止油类和水乳化。

止泡剂：当油类快速运动时，这些添加剂，通常是硅基复合物，能够在润滑剂表面减缓气泡的形成；气泡含有氧气，会伤害基油并且造成泵中的气穴现象。

极限压力（EP）添加剂：硫磺，含磷和氯添加剂被用来"软化"轴承表面，在金属与金属之间接触无可避免时，允许轴承表面微小凸体脱离但是又不黏着“撕裂”表面。这些添加剂对于黄铜轴承材料可能是有害的。

抗磨损添加剂：重型载荷下出现金属与金属之间接触时，采用固体，如二硫化钼、石墨和 PTFE 作为额外的滑动辅助剂加以协助，见表 10-67。

表 10-67 常用润滑剂固体添加剂性能

固体添加剂	颜色	载荷能力	热稳定性	平均粒子尺寸	湿度敏感性
二硫化钼	灰黑	>100000psi	<750℉	<1~6μm	不利
石墨	灰黑	<50000psi	<1200℉	2~10μm	必要
聚四氟乙烯 PTFE	白	<6000psi	<500℉	<1μm	无影响

注：1μm = 0.00003937in，1psi = 6.8947kPa，温度℃ = (℉ − 32)/1.8。

去垢剂是钡、钙和镁的有机金属皂，在表面的作用是化学清洁剂，保持表面没有沉淀，并且中和有害助燃酸类。

分散剂与去垢剂共同作用，将灰尘粒子化学悬浮在润滑油中，允许其通过润滑系统过滤被滤除。

黏度改进剂：有的时候，质量稍次的基油需要增稠剂的帮助以达到变化温度区域内指定的黏度水平。黏度改进剂还可以用来防止高温时润滑油过于稀薄，使得制造商可以制造出在更广泛温度范围内使用的多级润滑剂。黏度改进剂使用长链有机分子，比如聚甲基丙烯酸酯和乙丙共聚物来延迟黏性剪切，提高润滑油的黏度特性。

表 10-67 中列出的固体添加剂，可以添加在矿物基础油和合成基础油中。在某些高温和高压条件下，固体可以混合在矿物溶剂油中，直接在轴承表面作为干燥的固体润滑剂使用。挥发性载体在高温下闪蒸，在轴承表面留下干燥的固体膜。

5. 合成基油

最初开发合成基油是用来应对早期喷射发动机会遇到的极限高温条件的，与矿物油最大的不同就是合成基油的原料基油是人造的。合成基油使用的聚合与塑料制造中的类似，设计科学，使用可识别分子结构，使得液体属性可以预测。

合成润滑剂的优势很多，在极高和极低温度运转条件下合成润滑剂的稳定性使得设备可以在极限条件下保持高度可靠性运转。尽管合成原料基油多种多样，工业优选的合成润滑剂类型就是下面五种。

烯烃（PAO）：PAO 见表 10-68，常被称作人工矿物油（合成碳氢化合物），也是汽车曲轴箱油最先开发使用的合成润滑剂之一。烯烃通过合成乙烯气体分子成聚合统一结构使其配方与纯石蜡的分子结构类似。烯烃应用广泛，包括曲轴箱油、齿轮油、压缩机油和透平油。

表 10-68 烯烃（PAO）

优势	劣势
低凝固点（低至 −90℉或 −68℃） 黏度指数高 黏度范围大 矿物油兼容性好 密封兼容性好 腐蚀稳定性极佳	成本(矿物油成本 4~8 倍) 添加剂溶解力差 生物降解性差

聚二醇（PAG）：PAG 见表 10-69，也被称作有机化学 Ucon 液体，具有极佳的润滑能力和独特的特性，可以使分解或氧化的产品挥发（全烧）或者高温下变得可溶，没有污泥、清漆或者有害粒子。PAG 是聚合物的氧化烯化，用在压缩机油、液压机油（水乙醇）以及责任重大的齿轮油中。

表 10-69 聚二醇（PAG）

优势	劣势
低凝固点（低至 −60℉或 −51℃） 黏度指数高 黏度范围大 密封兼容性不错 生物降解性极佳 不产生污泥或清漆	成本（矿物油成本 4~8 倍） 矿物油兼容性差 PAO 和合成酯基油兼容性差

二元酸酯：因为其极限温度下很高的剪切Ⅵ稳定性，二元酸酯见表 10-70，已经成为航空和航天工业的热门之选。二元酸酯通过酒精和满载酸的氧气作用制成，最初使用在喷射发动机油中，现在主要用在高温压缩机油中。

多元醇酯：因为热稳定性高于二元酸酯，现在已经取代二元酸酯成为燃气轮机、喷气式发动机和二冲程润滑油应用的偏向选择。多元醇酯见表 10-71。

表 10-70 二元酸酯

优势	劣势
低凝固点（低至 -80℉或 -62℃）	成本（矿物油成本的4～8倍）
黏度指数高	水解稳定性差
黏度范围大	密封兼容性差
矿物油兼容性好	矿物油兼容性一般
添加剂溶解力好	腐蚀稳定性差

表 10-71 多元醇酯

优势	劣势
低凝固点(低至 -95℉或 -71℃)	
黏度指数高	成本(矿物油成本的10～15倍)
黏度范围大	水解稳定性差
氧化稳定性好	密封兼容性差
矿物油兼容性好	矿物油兼容性一般
抗磨损性能好	腐蚀稳定性差
添加剂溶解力好	

硅：硅润滑剂，见表10-72，是配方半无机化合物，具有无机产品的稳定性，同时保留了有机产品的各个功能。尽管硅润滑剂的润滑能力不好，但在轻载荷仪表轴承和油类以及要求高温度变化和塑料兼容性时很有用。原料油中的添加剂可以加强润滑剂的性能，就像矿物油一样。

表 10-72 硅

优势	劣势
低凝固点（低至 -95℉或 -71℃）	成本高（矿物油成本的30～100倍）
黏度指数高	润滑能力差
黏度范围非常大	密封兼容性差
闪点非常高	矿物油兼容性差
密封兼容性好	生物降解能力差
	添加剂溶解力差

6. 温度对油的影响

温度变化会影响油类的黏度，同时会影响其保持载荷液体动力膜的能力，如图10-40所示。除了润滑品质很差的硅基液体之外，大多数油类在温度超过100℉（38℃）时出现黏度的急剧降低。

温度不仅对油的黏度有影响，同时也影响油类的状态和预期寿命，如图10-41所示。温度每升高17℉（10℃），氧化率增倍而油的有效寿命减半。运转温度是最主要决定润滑油更换频率的因素。

氧化是导致润滑剂失效的最主要原因。图10-42所示为不同润滑油典型的高限和低限。

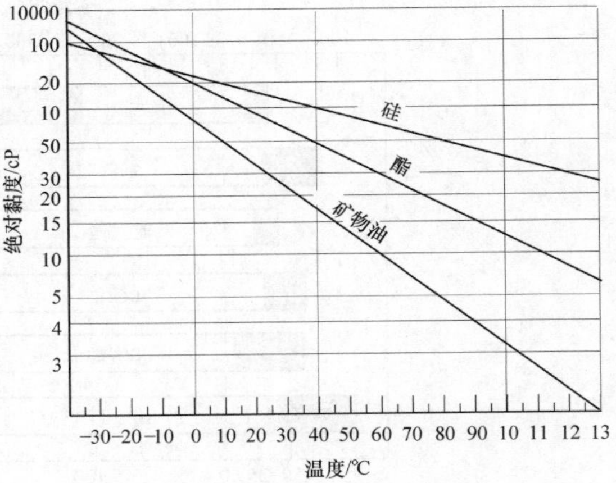

图 10-40 温度对不同油类黏度的影响

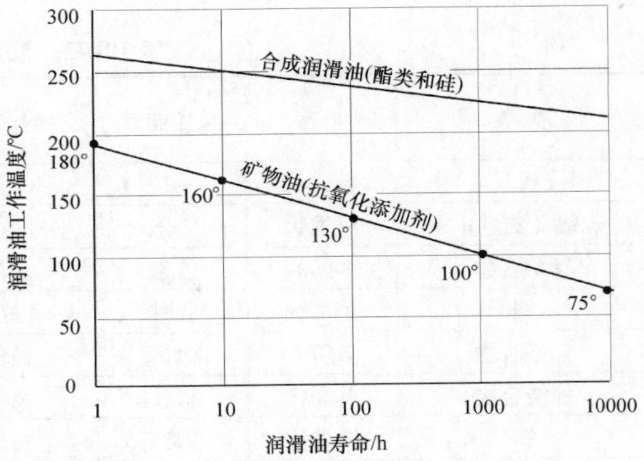

图 10-41 不同运转温度下预期润滑油寿命

7. 润滑脂

当污染无可避免以及条件不允许持续应用润滑油时，广泛使用润滑脂——更具体地说，滚动轴承要求仅有周期润滑以及低速高载荷的边界润滑。由于比润滑油更好保留，润滑脂的润滑损失更少，并且密封质量很高。用在自动传递系统中时，润滑脂可以提供全膜润滑。

润滑脂是润滑油（矿物油或合成油，通常是二元酸酯或硅基），润滑油添加剂，以及脂肪酸混合金属碱性皂形成的增稠剂混合形成的混合物。不同的润滑油，润滑油添加剂和皂可以混合产生出适用于不同运转条件的独特类型的润滑脂。润滑脂根据皂基不同而分为不同种类，见表10-73。

润滑脂的工作方式和海绵很像；当润滑脂的温度升高，润滑油从皂填充槽中溢出，在球、滚道和滑动表面之间起润滑作用。相反的，一旦润滑脂温度降低，润滑油被重新吸回，皂填充槽本质上就是一个润滑油的半流体储存器。选择合适润滑脂的重要的一步就是决定基油的黏度是否适用。例如，使用在重型载荷，高温应用中的润滑脂使用的基油黏

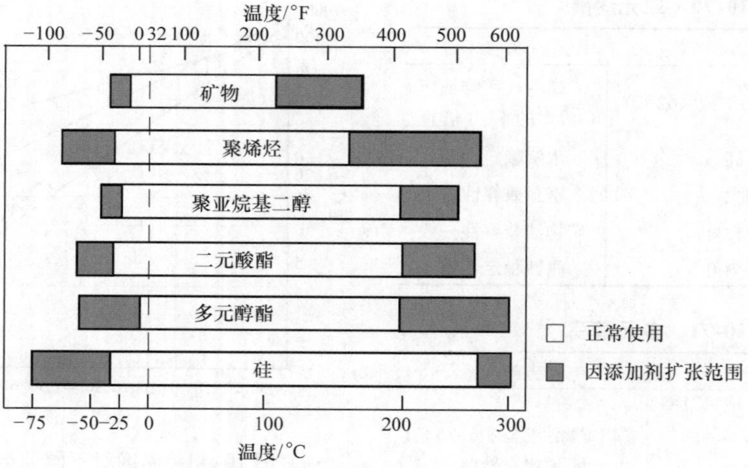

图 10-42 润滑油温度限制指导

表 10-73 润滑脂的类型和性质

类型	形态	泵送能力	耐热性	温度范围	抗水性	与其他润滑脂兼容性
钙（石灰皂）	黄油状	一般	一般	230℉（110℃）	极佳	极佳
钠（钠皂）	纤维状	一般	非常好	250℉（120℃）	差	好
钙络合物	多筋的	一般	好	350℉（175℃）	非常好	一般
锂	黄油状	极佳	好	350℉（175℃）	极佳	极佳
铝络合物	多筋的	好	极佳	350℉（175℃）	极佳	差
锂络合物	黄油状	极佳	极佳	375℉（190℃）	非常好	极佳
钡	纤维状	非常好	极佳	380℉（193℃）	极佳	一般
膨润土（无皂）	黄油状	好	极佳	500℉（260℃）	好	差
尿素	黄油状	好	极佳	>500℉（260℃）	极佳	极佳

注：润滑脂特性可能因为添加剂的不同而不同。

10

度高，而一般用途的润滑脂使用的基油黏度通常为中等。

处在持续高温环境时，润滑脂会大幅软化，可能从轴承中泄露或者掉落，除非选择的润滑脂本身特别适合高温应用。高温迅速氧化润滑剂，造成皂硬化；高温同样要求润滑脂更频繁的应用。低温同样不利，因为润滑脂在温度接近 −20℉（−30℃）时大幅变硬。此时滚动元件不再转动，在滚道中拖拽移动。载荷稍大时这种现象造成轴承表面“拖尾”，引起轴承早期失效。不同类型的润滑脂温度指导列在图 10-43 中。

润滑脂分类：美国润滑脂协会——NLGI 根据测量润滑脂稠度的分级标准将润滑脂分类。试验条件下使用透度计设备，使一个圆锥形砝码从已知高度落入润滑脂样本中，5s 后测量穿透深度。表 10-74 的分级显示，硬度高的润滑脂的 NLGI 命名比更高穿透水平的流体的润滑脂高。润滑脂黏稠度很大程度

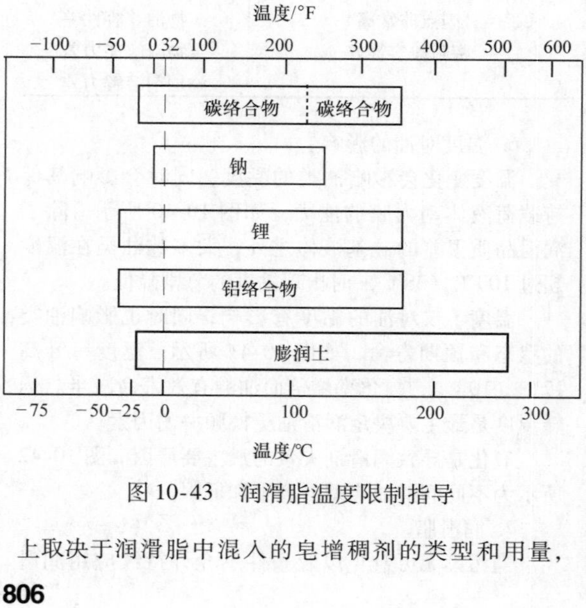

图 10-43 润滑脂温度限制指导

上取决于润滑脂中混入的皂增稠剂的类型和用量，

以及油的黏度——不仅仅是基油黏度。滚动轴承会用 NLGI 命名 1 ~ 3 范围的润滑脂，干油集中润滑系统偏向 NLGI 分级 0 ~ 2 的润滑脂。

表 10-74　NLGI 润滑脂稠度分级

NLGI 评级	描述	穿透范围（0.1mm 在 77℉）
6	极硬	85 ~ 115
5	非常硬	130 ~ 160
4	硬	175 ~ 205
3	中等	220 ~ 250
2	中等软度	265 ~ 295
1	软	310 ~ 340
0	非常软	355 ~ 385
00	半液体	400 ~ 430
000	半液体	445 ~ 475

润滑脂添加剂：和润滑油一样，润滑脂同样含有固体添加剂，如石墨、二氧化钼以及 PTFE，以支持极端压力和严重磨损条件的应用。

10.3.3　润滑剂的应用

1. 选择合适的润滑剂

选择合适的润滑剂取决于很多因素，如运转类型（全膜、边界层）、温度、速度、载荷、运行环境以及机械设计。机械保养要求和保养步骤并不常在润滑系统设备工程设计过程的考虑中。必须在为特定应用选择优化润滑剂的时候仔细评估条件和咨询润滑剂制造商/供应商意见。表 10-75 中显示了已知运行条件下基本的润滑剂选择指导，图 10-44 所示为基于轴承速度 RPM 的润滑剂黏度选择指导。做出初步选择之后，必须再次在运行温度下检查黏度，以保证润滑剂适用于速度、载荷和温度条件。

表 10-75　选择理想润滑剂类型的基本指导

条件	润滑油	润滑脂	固体润滑剂
润滑油设计间隙	•		•
润滑脂设计间隙		•	•
高速低载	•		
低速高载		•	
低速摆动载荷		•	•
高温	•		
全膜应用	•	•①	
边界层应用		•	•
受污染工作环境		•	
不能承受泄漏的产品		•	•
封闭式传动箱	•		
隔振支座		•	

① 自动传递系统。

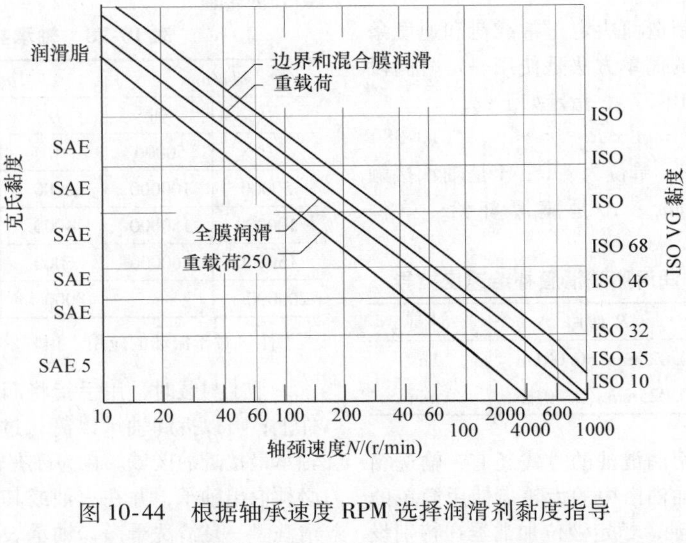

图 10-44　根据轴承速度 RPM 选择润滑剂黏度指导

润滑剂添加剂为润滑剂带来不同的工作特性。了解并记录机器或系统的润滑剂应用要求可以帮助合并润滑剂要求和决定最优化的润滑剂添加剂包。表 10-76 列出了典型的润滑零件，并为一系列重要的润滑剂功能特性指定了最优化的指导分级。这些信息是与润滑剂制造商合作合并润滑剂要求并选择合适的润滑剂添加剂时的出发点。

2. 润滑油的应用

油类润滑可以分为两个大类：终止式（全部损失）润滑油系统和循环润滑油系统。

表 10-76 不同润滑零件润滑剂功能特性优先指导分级

润滑剂属性	滑动轴承	滚动轴承	钢索，链条，开放式齿轮	封闭式齿轮
降低摩擦	1	2	1	2
边界润滑	1	2	2	3
降温能力	2	2	0	3
温度范围	1	2	1	2
腐蚀保护	1	2	2	1
隔绝污染	0	2	1	0

注：0 表示低优先级；3 表示高优先级。

终止式润滑油系统：终止式润滑油系统是一种半自动和自动的润滑油系统，以一个已知速度向轴承送油，并且不对润滑油进行回收。这种润滑油系统常见于润滑中小型机械工具的滑动轴承、凹形楔以及滑槽。存油在“如使用状态”基础上被新油充满。

循环润滑油系统：循环润滑油系统通过半连续或者连续循环将润滑油泵入轴承，在润滑油润滑的同时利用其为轴承降温。根据系统设计的不同，润滑油过滤可以在泵吸入口之前，泵排出口和重力回到储油箱的时候发生。

只要润滑油可以控制，循环系统可以用在从小到大每一个设备中；储油箱储存原始存油，根据条件或者时间，会进行更换。

润滑油输送系统制造商决定正常载荷和速度条件下轴承润滑油要求的简单方法是使用一定时间段内的体积要求（见表 10-77），指定如下：

$$V = A \times R \tag{10-38}$$

式中，V 是润滑油体积，单位为 cm^3；A 是轴承接触表面面积，单位为 cm^2；R 是膜厚补给，单位为 mm。

表 10-77 润滑油和润滑脂润滑膜补给速度指导

润滑剂输送方法	R-膜厚	时间
自动终止润滑油系统	0.025mm（0.001in）	1h
自动循环润滑油系统	0.025mm（0.001in）	1min

其他封闭系统使用润滑油的方式还有：输送箱喷溅系统通过浸在储油油浴中的齿轮齿使用简单的可循环收集/传递润滑油。恒定液位加油器在特别设计的油浴外座中保持恒定润滑油水平。使用气顶油技术，油可以雾化并“射入”轴承中，允许高载荷时速度可以高达 20000r/min。

补充储油箱时，通常使用同一制造商同一规格的新的干净的润滑油。将类似规格不同的润滑油混在一起可能导致添加剂包互相作用，对轴承造成伤害。如果要更换油的规格或者制造商，需与新制造商商议正确的更换步骤。

3. 润滑脂的应用

因为润滑脂可以简单地在外座中保存很长一段时间，并且可以密封污染，大多数滚动轴承都使用润滑脂润滑。对于大多数应用，使 NLGI 分级为 1 或 2 的润滑脂。润滑脂润滑方法取决于需要润滑的轴承设计；轴承可以使用手工打包、人工润滑的终止类型的滑脂枪或者自动润滑。

收到的新的开式滚动轴承时会有表面防锈复合物，并且必须在安装前都保持包装，使用前不能将轴承从包装中取出，并且不能旋转干轴承，因为这会大幅缩短轴承寿命。带保护或者密封的轴承通常由制造商预先包装好送来，所以向供应商下订单时要预先说明偏好的润滑脂。初始润滑脂量是根据已知速度和载荷调整体积决定的。对于运转温度高于 180℉（80℃）的，轴承初始封装的润滑脂总体积的 25%。对于运转温度在 180℉（80℃）以下的，装入润滑脂体积的指导在表 10-78 中，根据轴承运转表面速度计算如下：

$$dn \text{ 或 } Dn = SD \times RPM \tag{10-39}$$

式中，dn 是轴承表面速度系数，米制，单位为 mm；Dn 是轴承表面速度系数，美规，单位为 in；SD 是轴承内径，单位为 mm 或 in；RPM 是速度，全速时每分钟转速。

表 10-78 轴承封装指南

dn/mm		*Dn*/in		总量（%）
从	到	从	到	
0	50000	0	2000	100
50000	100000	2000	4000	75
100000	150000	4000	6000	50
150000	200000	6000	8000	33
200000 +		8000 +		25

注：对于振动的应用，预装量不超过总量的 60%。

手工封装时，用手指将润滑脂涂到所有滚动元件上；可以拆卸轴承以简化过程。润滑脂应该填满轴承最接近的区域。在为已有轴承更新润滑脂之前，必须取出轴承，并在火油或其他合适的脱脂产品中清洗。一旦清洗干净，轴承表面会有薄薄的一层矿物油，这时要注意不能转动轴承。在轴承相应区域填入适量的润滑脂以后，可以手动转动轴承甩出多余润滑脂，然后用干净的无绒布擦除。外座中的空余空间应该填满 30% ~50%。润滑脂填充轴承过满是润滑相关轴承失效的主要原因。过润滑造成润滑剂“搅动”，因此带来轴承内温度“高峰”，大幅降低轴承寿命，因为很大一部分能量用于克服液体摩擦了。设计需要手动滑脂枪或者自动输送系统润滑的轴承在外座体和滚道上会有一个润滑脂开口。润滑脂润滑间隔由温度和速度决定。图 10-45 所示为根据速度更新润滑脂的指导。

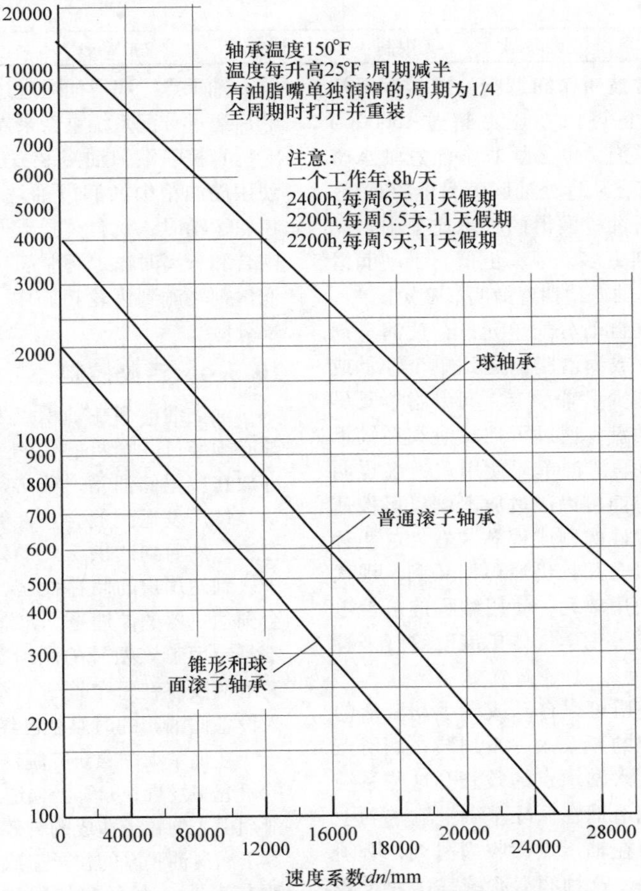

图 10-45　根据运行时间和速度的润滑脂更新周期

在高温极限运行的轴承根据温度、载荷、速度和使用润滑脂类型会需要更频繁的使用。补充润滑脂时，总是使用同一制造商、同一规格的新的干净的润滑脂。将不同的润滑脂混合可能出现兼容性问题，对轴承带来损害。如果要更换新规格的润滑脂或者制造商，需向新制造商咨询正确的更换步骤。

4. 润滑剂的输送方法和系统

将润滑油和润滑脂传递到轴承点位上有各种各样的方法和系统。集中自动化系统用在几乎连续输送少量润滑剂时，为轴承提供最优化的全膜润滑。尽管开始时价格比较高昂，集中自动化系统可以通过延长轴承寿命至人工润滑轴承寿命的 3 倍来在后续中大量节省资金。集中自动润滑系统还可以减少换出轴承的停工期，减少润滑剂使用，减少能量消耗。表 10-79 将不同方法与输送系统和其部分特征做了对比，可以作为选择合适润滑输送时的指导。

表 10-79　润滑方法和系统比较指导

特性	手动装填	手动枪	单点	集中全部损失	集中循环	自控制飞溅/浴	重力供给
润滑油		•	•	•	•	•	•
润滑脂	•	•	•	•			
连续输送			•		•	•	•
循环输送		•		•			
自动控制			•	•	•		•
人工控制	•	•		•	•		•

（续）

特性	手动装填	手动枪	单点	集中全部损失	集中循环	自控制飞溅/浴	重力供给
正排量		•	•	•	•		
在线监测保护				•	•		
润滑部位		无限制	无限制	20Min	200Max		20Max

手动枪输送系统常被叫作润滑脂枪或者润滑油枪。这些手动分配设备可以在压力超过15000psi（103MPa）时输送润滑剂，也必须非常注意轴承密封件不能损害——尤其在从远处油脂嘴润滑的时候。手动用润滑脂或者润滑油枪润滑的轴承比集中自动润滑轴承使用的润滑剂更多，频率更低。手动润滑导致轴承液体摩擦大，轴承预期寿命明显变短。

单点润滑器是独立自动分配单元，存放润滑剂储存器，可以将润滑油或润滑脂输送到单个轴承或者通过歧管系统传递到少量轴承上。润滑脂单元早期版本使用带弹簧从动盘，通过可控放泄阀在轴承背压下分配润滑脂；而润滑油单元使用重力（也叫作重力单元）使得润滑油可以通过放泄阀以可控速度滴入接触运动轴或零件的刷或棉芯装置。这两种单元类型都可以重新填充并且仍然可以买到。现代的版本大多数是实时使用单元，使用编程的可控电池运行正排量泵或者电子化学气体扩展波纹管来移动轴承内润滑剂。

集中全损失系统使用可以自动或者手动激活的泵将油（固体或者雾化的）泵入一系列装在润滑点的计量阀，或者管道接入轴承点的歧管。这些系统都可以同时将计量的润滑剂在循环基础上输送到上百个润滑点。因为不会在轴承点回收润滑剂，必须按时定期补充泵储油箱。这种润滑系统是工业设备中最常用的润滑系统类型。

集中润滑油循环系统可以连续将计量的润滑油泵入轴承点。润滑油通过过滤系统回收到泵储油箱，然后通过分配系统重新泵入。

自控喷溅和油浴装置是“拾起”类型的系统，使用储油箱中的润滑油达到最低淹没齿轮齿水平。齿轮运动时，就会“拾起”润滑油然后在每个齿轮啮合和分离时输送润滑剂。转速 *RPM* 更高时会造成润滑剂飞溅到齿轮箱腔中，因此可以在整个装置内部分散。

10.3.4 污染控制

油类润滑剂在轴承点发挥润滑功能之前，润滑油必须经过一个折磨人的处理过程，润滑油在最终存放在应用储油箱之前必须经过多次输送。润滑剂从精炼厂发运到混合站，然后到达制造商的散装储存箱，然后到达供应商的储存箱，转运到筒中或桶中，到达用户的储存设施，再到维护部门，最后才会到达机器的储油箱。如果输送设备和储存箱/设备不是专用于该型号的润滑剂，没有极其洁净，如果润滑油没有在每个输送点都过滤，当初始润滑油放入设备储油箱的时候就已经被污染了。

在加拿大国家研究院针对基础产业轴承失效进行的研究中发现，82%磨损造成的失效都是由污染的润滑剂引入的粒子造成的失效，其中最严重的是由尺寸等于润滑油膜厚的粒子造成的。也许轴承最大的污染敌人就是一直存在的粉砂和粉砂的磨损特性。图10-46所示为麦佛逊污染影响曲线，描述了污染物微米大小基础上污染对于滚子轴承寿命的影响。

10

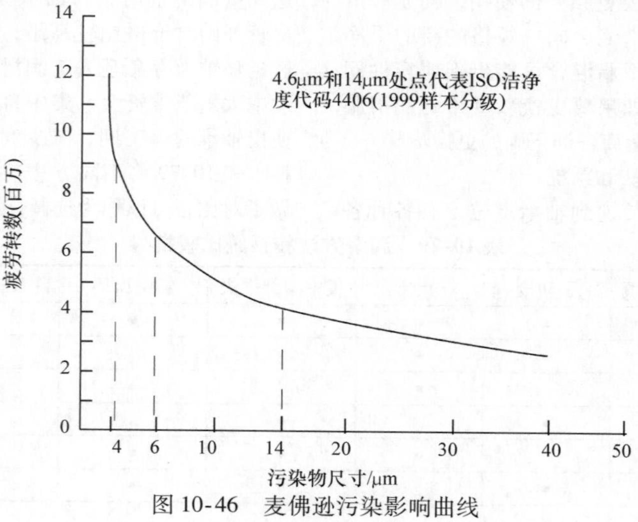

图10-46 麦佛逊污染影响曲线

图 10-46 中的图形清楚地显示了轴承生命延长和污染物尺寸的关系。通过集中控制小于 10μm 的污染物和高质量的过滤方法，预期轴承寿命可以达到 3 倍以上。

1. ISO 洁净度命名

进行固体润滑剂分析和洁净度测试时，使用 ISO 洁净度命名 ISO4406（1999）作为指导。1mL 润滑剂样本中 4μm、6μm 和 14μm 直径粒子的数量经过计数并与粒子浓度范围比较（见表 10-80），然后每个粒子尺寸指定一个洁净度命名。

表 10-80 ISO 洁净度代码 4406（1999）

每 mL 粒子数			每 mL 粒子数		
>	≤	范围数 R	>	≤	范围数 R
80000	160000	24	20	40	12
40000	80000	23	10	20	11
20000	40000	22	5	10	10
10000	20000	21	2.5	5	9
5000	10000	20	1.3	2.6	8
2500	5000	19	0.64	1.28	7
1300	2600	18	0.32	0.64	6
640	1280	17	0.16	0.32	5
320	640	16	0.08	0.16	4
160	320	15	0.04	0.08	3
80	160	14	0.02	0.04	2
40	80	13	0.01	0.02	1

示例：一个 ISO 代码为 21/19/17 代表每毫升可见 10000～20000 个 4μm 尺寸的粒子，2500～5000 个 6μm 大小的粒子以及 640～1280 个 14μm 的粒子，这个样本受的污染比较重。

典型滚动轴承的洁净度目标在 16/14/12 或以上，径向滑动轴承的洁净度在 17/15/12 或以上，工业齿轮箱的洁净度在 17/14/12 或以上，液压机液体洁净度在 15/12 或以上。

英国流体力学研究协会（BHRA）研究了液压机流体洁净度和平均故障间隔时间（MTBF）之间的关系，3 年时间内在不同的工业中研究了超过 100 个液压系统。图 10-47 所示为研究结果，能够成功滤出并排除 5μm 以上污染物的系统在系统故障间隔时间多出成千上万 h。

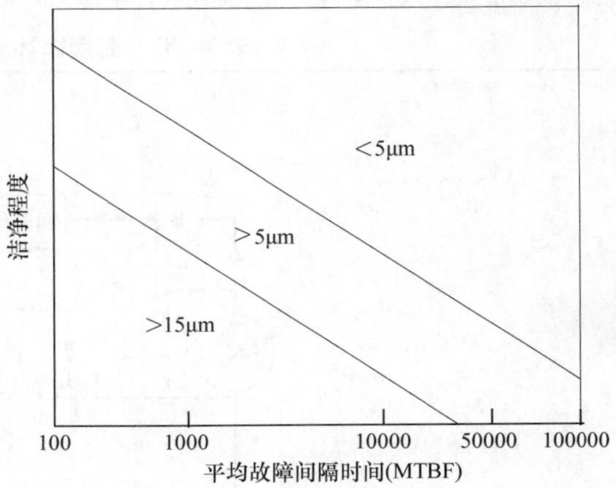

图 10-47 MTBF 与洁净程度

进入封闭润滑/液压系统的固体粒子的来源有很多，包括新润滑油，运行和制造碎片，不合适的密封，通风孔/通气阀，过滤器失效，以及内部磨损产生。在大多数情况下，防止粒子进入主要关注过滤。将过滤后洁净的新润滑油引入系统可以大大延缓磨损过程，并且避免堵塞通气阀和过滤系统。

2. 水污染

水污染是另一种主要的润滑剂污染，会严重降低润滑油寿命（见图 10-48）。润滑剂液体通常在 0.04% 或 400ppm 饱和，而液压机液体（除水乙二醇液体外）在 0.03% 或 300ppm 甚至更低饱和。典型的水的来源在液体储存区域，当润滑剂储存在室外并接触到水，或者储存在温度持续变化造成冷凝和锈蚀，都可能带入设备的润滑系统中。

3. 过滤系统

尽管不可能完全排除污染，注意和使用有效的过滤技术和方法，可以有效缓和污染的影响。

了解液体洁净度是控制污染的基础，在润滑剂置

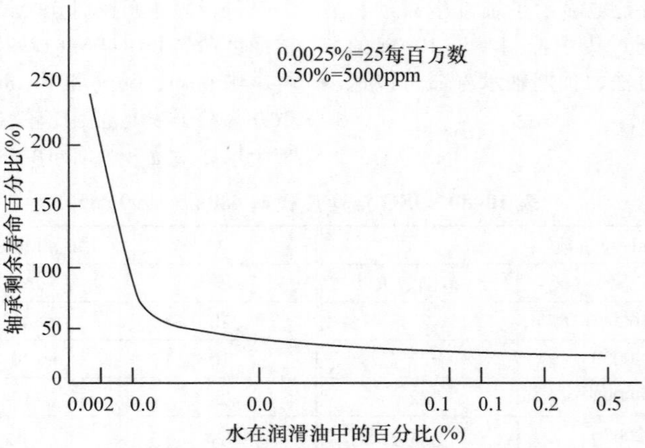

图 10-48 润滑油中水对轴承寿命的影响

于工作储油箱或者润滑/液压系统之前，首要过滤着手于原始原料油的过滤。

一旦润滑剂进入运行系统，润滑剂会立即吸引在系统中已经存在的污染，来自空气中的、外界的、加工材料的和磨损材料的污染都必须在润滑剂系统中运动时被滤出。表 10-81 中是典型的压力流动润滑剂输送，带最小过滤介质包的液压系统。这些过滤器的功能就是减少运行费用并提高元件寿命，因此他们必须针对系统具有最合适的尺寸和最高的质量。

过滤器设计有两个最基本的方法，表面过滤器和深度过滤器。表面过滤器最常见，使用筛分材料来阻截碎片。深度过滤器是使用多层高密度材料“打磨”润滑剂的深度清洁过滤设备。深度过滤器通常和基本过滤系统并列设置，允许小部分润滑剂绕过泵，进行深度清洁。

表 10-81 封闭循环润滑液压系统最小过滤要求

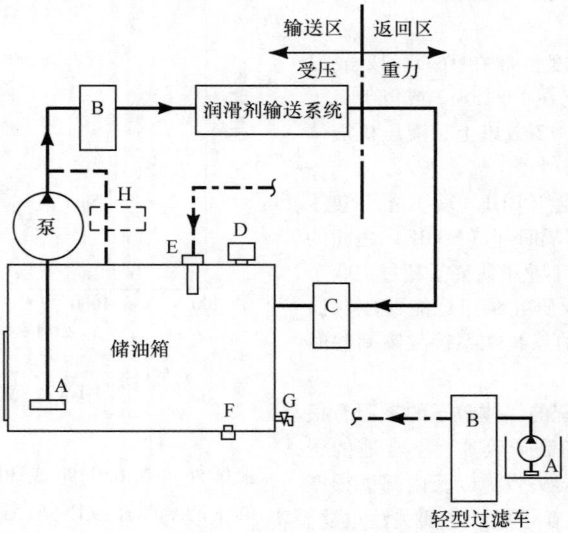

	位置	类型	程度	材料	目的
A	泵吸入	表面	中等	纱布、纸	泵保护
B	泵输送头	表面	好	毛毡、纸、细胞膜质、烧结金属	首要系统保护
C	返回线	表面	中等	毛毡、纸、细胞膜质	磨损产品保护
D	储油箱口	表面	粗/中等	棉线、羊毛、纸、油浴干燥剂	移除空气污染和冷凝

（续）

	位置	类型	程度	材料	目的
E	储油箱填充口	表面	粗	纱布、纸	防止过程固体进入
F	放油塞	表面	好	磁铁	捕捉铁氧体磨损金属和碎片
G	放泄阀	n/a	n/a	n/a	移除水分
H	绕过过滤器输送	深度	非常好	极细碳、细胞膜质、硅藻土、毛毡	润滑剂深度清洁和抛光

表 10-81 列出了封闭循环液压系统的过滤要求。储油箱中的液体由泵吸入通过吸入过滤器（A）接着在压力下泵入输送头线。如果使用了深度过滤器，小部分液体，最多 15% 流量的润滑油可以分流通过深度过滤器（H）进行深度清洁，再送回储油箱中进行回收。润滑剂接着被压入首要压力过滤器，然后才会被允许进入轴承点或液压设备发挥作用，最终流入系统的返回线，在重力下通过抵押返回线过滤器，滤出过程中可能有的所有磨损材料。一旦通过返回过滤器，润滑油重新进入储油箱。储油箱不受空气中污染物和冷凝的影响，靠的是通气口过滤器，不受过程固体入侵靠的是填充颈口的过滤网。因为水比油重，水会沉入箱底，大部分可以通过打开箱底放泄阀排出。金属碎片同样会沉到底部，会被储油箱底部的磁性放油塞捕捉到。随着润滑剂氧化和分解，储油箱底部会产生污泥，必须通过定期移动储油箱清扫舱口进行清洁。

过滤器效率：大部分表面过滤器售卖时要么是一次性使用，要么是可清洁多次使用类型。深度过滤器都是一次性过滤器。所有过滤器的性能都根据介质粒子移除效率进行打分，被称为过滤器的过滤比，或者 Beta 比。不是所有的过滤器都一样，所以过滤器还会被测试尘土固着能力、压差能力，以及过滤器效率，测试使用 ISO 4572 多通道测试程序，液体以控制方式在模拟润滑系统中循环。在测试过滤器元件前后的压差记录为污染，加在润滑剂通过过滤器的上游。激光粒子感应器决定过滤元件上游和下游的污染程度，而 Beta 比由下面的公式决定：

$$B_x = \text{上游粒子} / \text{下游粒子} \tag{10-40}$$

式中，B 是过滤器过滤比；x 是特定粒子尺寸。

示例：如果 100000 个粒子，包含以及超过 10μm，在测试过滤器上游，而下游有 1000 个粒子，那么 Beta 比为

$$B_{10} = \frac{100000}{1000}$$

效率计算等式如下：

$$\text{效率}_x = \left(1 - \frac{1}{\text{Beta}}\right) \times 100 \tag{10-41}$$

$$\text{效率}_{10} = \left(1 - \frac{1}{100}\right) \times 100 = 99\%$$

Beta 比越高，过滤器的捕捉效率越高，见表 10-82。

表 10-82　过滤器效率

特定粒子尺寸 Beta 比	相同特定粒子尺寸的过滤器效率	特定粒子尺寸 Beta 比	相同特定粒子尺寸的过滤器效率	特定粒子尺寸 Beta 比	相同特定粒子尺寸的过滤器效率
1.01	1%	5	80%	100	99%
1.1	9%	10	90%	200	99.5%
1.5	33%	20	95%	1000	99.9%
2	50%	75	98.7%	—	—

10.4 联轴器、离合器、制动器

10.4.1 联轴器和离合器

1. 连接轴

对于需要传输最高达 150 马力的连接轴来说，尺寸合适的简单的凸缘型联轴器是最常用的，见表 10-83。这种设计被称为安全凸缘联轴器，因为螺栓头和螺母都被凸缘遮盖，但是这种联轴器现在通常都被钣金或者其他覆盖物遮挡。

对于小尺寸、低功率的应用来说，固定螺丝钉可以提供轴套和轴之间的连接，但是功率高一点的通常要求一个键和两个螺丝钉，一个螺丝钉要在键上方。建议轴上有一个平面和一些锁定固定螺丝钉定位的方法。AGMA 分类Ⅰ和Ⅱ中配合轴公差为 −0.0005in直径 1/2 ~ 1½in，更大直径至 7in 的为 −0.001in。

Ⅰ类联轴器孔公差在孔径小于 1½in 时为 +0.001in，孔径大至 7in 的为 +0.0015in。Ⅱ类联轴器孔公差在孔径小于 3in 时为 +0.002in，孔径为 3¼ ~ 3¾in 时为 +0.003in，更大孔径至 7in 的为 +0.004in。

表 10-83 安全凸缘联轴器

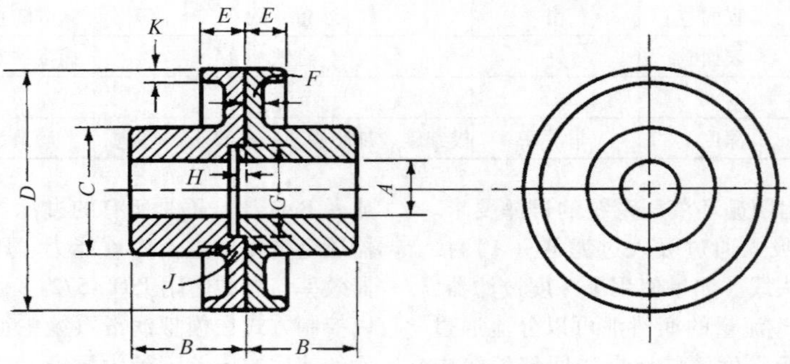

A	B	C	D	E	F	G	H	J	K	螺栓	
										数目	直径
1	$1\frac{3}{4}$	$2\frac{1}{4}$	4	$\frac{11}{16}$	$\frac{5}{16}$	$1\frac{1}{2}$	$\frac{1}{4}$	$\frac{9}{32}$	$\frac{1}{4}$	5	$\frac{3}{8}$
$1\frac{1}{4}$	$2\frac{3}{16}$	$2\frac{3}{4}$	5	$\frac{13}{16}$	$\frac{3}{8}$	$1\frac{7}{8}$	$\frac{1}{4}$	$\frac{9}{32}$	$\frac{1}{4}$	5	$\frac{7}{16}$
$1\frac{1}{2}$	$2\frac{5}{8}$	$3\frac{3}{8}$	6	$\frac{15}{16}$	$\frac{7}{16}$	$2\frac{1}{4}$	$\frac{1}{4}$	$\frac{9}{32}$	$\frac{1}{4}$	5	$\frac{1}{2}$
$1\frac{3}{4}$	$3\frac{1}{16}$	4	7	$1\frac{1}{16}$	$\frac{1}{2}$	$2\frac{5}{8}$	$\frac{1}{4}$	$\frac{9}{32}$	$\frac{1}{4}$	5	$\frac{9}{16}$
2	$3\frac{1}{2}$	$4\frac{1}{2}$	8	$1\frac{3}{16}$	$\frac{9}{16}$	3	$\frac{1}{4}$	$\frac{9}{32}$	$\frac{5}{16}$	5	$\frac{5}{8}$
$2\frac{1}{4}$	$3\frac{15}{16}$	$5\frac{1}{8}$	9	$1\frac{5}{16}$	$\frac{5}{8}$	$3\frac{3}{8}$	$\frac{1}{4}$	$\frac{9}{32}$	$\frac{5}{16}$	5	$\frac{11}{16}$
$2\frac{1}{2}$	$4\frac{3}{8}$	$5\frac{5}{8}$	10	$1\frac{7}{16}$	$\frac{11}{16}$	$3\frac{3}{4}$	$\frac{1}{4}$	$\frac{9}{32}$	$\frac{5}{16}$	5	$\frac{3}{4}$
$2\frac{3}{4}$	$4\frac{13}{16}$	$6\frac{1}{4}$	11	$1\frac{9}{16}$	$\frac{3}{4}$	$4\frac{1}{8}$	$\frac{1}{4}$	$\frac{9}{32}$	$\frac{5}{16}$	5	$\frac{13}{16}$
3	$5\frac{1}{4}$	$6\frac{3}{4}$	12	$1\frac{11}{16}$	$\frac{13}{16}$	$4\frac{1}{2}$	$\frac{1}{4}$	$\frac{9}{32}$	$\frac{3}{8}$	5	$\frac{7}{8}$
$3\frac{1}{4}$	$5\frac{11}{16}$	$7\frac{3}{8}$	13	$1\frac{13}{16}$	$\frac{7}{8}$	$4\frac{7}{8}$	$\frac{1}{4}$	$\frac{9}{32}$	$\frac{3}{8}$	5	$\frac{15}{16}$
$3\frac{1}{2}$	$6\frac{1}{8}$	8	14	$1\frac{15}{16}$	$\frac{15}{16}$	$5\frac{1}{4}$	$\frac{1}{4}$	$\frac{9}{32}$	$\frac{3}{8}$	5	1
$3\frac{3}{4}$	$6\frac{9}{16}$	$8\frac{1}{2}$	15	$2\frac{1}{16}$	1	$5\frac{5}{8}$	$\frac{1}{4}$	$\frac{9}{32}$	$\frac{3}{8}$	5	$1\frac{1}{16}$
4	7	9	16	$2\frac{1}{4}$	$1\frac{1}{8}$	6	$\frac{1}{4}$	$\frac{9}{32}$	$\frac{7}{16}$	5	$1\frac{1}{8}$
$4\frac{1}{2}$	$7\frac{7}{8}$	$10\frac{1}{4}$	18	$2\frac{1}{2}$	$1\frac{1}{4}$	$6\frac{3}{4}$	$\frac{1}{4}$	$\frac{9}{32}$	$\frac{7}{16}$	5	$1\frac{1}{4}$
5	$8\frac{3}{4}$	$11\frac{1}{4}$	20	$2\frac{3}{4}$	$1\frac{3}{8}$	$7\frac{1}{2}$	$\frac{1}{4}$	$\frac{9}{32}$	$\frac{7}{16}$	5	$1\frac{3}{8}$
$5\frac{1}{2}$	$8\frac{3}{4}$	$11\frac{1}{4}$	20	$2\frac{3}{4}$	$1\frac{3}{8}$	$7\frac{1}{2}$	$\frac{1}{4}$	$\frac{9}{32}$	$\frac{7}{16}$	5	$1\frac{3}{8}$
6	$10\frac{1}{2}$	$12\frac{3}{8}$	22	$2\frac{15}{16}$	$1\frac{1}{2}$	$8\frac{1}{4}$	$\frac{5}{16}$	$\frac{11}{32}$	$\frac{1}{2}$	5	$1\frac{7}{16}$
$6\frac{1}{2}$	$11\frac{3}{8}$	$13\frac{1}{2}$	24	$3\frac{1}{8}$	$1\frac{5}{8}$	9	$\frac{5}{16}$	$\frac{11}{32}$	$\frac{1}{2}$	5	$1\frac{1}{2}$
7	$12\frac{1}{4}$	$14\frac{5}{8}$	26	$3\frac{1}{4}$	$1\frac{3}{4}$	$9\frac{3}{4}$	$\frac{5}{16}$	$\frac{11}{32}$	$\frac{9}{16}$	6	$1\frac{1}{2}$
$7\frac{1}{2}$	$13\frac{1}{8}$	$15\frac{3}{4}$	28	$3\frac{7}{16}$	$1\frac{7}{8}$	$10\frac{1}{2}$	$\frac{5}{16}$	$\frac{11}{32}$	$\frac{9}{16}$	6	$1\frac{9}{16}$
8	14	$16\frac{7}{8}$	28	$3\frac{1}{2}$	2	$10\frac{7}{8}$	$\frac{5}{16}$	$\frac{11}{32}$	$\frac{5}{8}$	7	$1\frac{1}{2}$
$8\frac{1}{2}$	$14\frac{7}{8}$	18	30	$3\frac{11}{16}$	$2\frac{1}{8}$	$11\frac{1}{4}$	$\frac{5}{16}$	$\frac{11}{32}$	$\frac{5}{8}$	7	$1\frac{9}{16}$
9	$15\frac{3}{4}$	$19\frac{1}{8}$	31	$3\frac{3}{4}$	$2\frac{1}{4}$	$11\frac{5}{8}$	$\frac{5}{16}$	$\frac{11}{32}$	$\frac{11}{16}$	8	$1\frac{1}{2}$
$9\frac{1}{2}$	$16\frac{5}{8}$	$20\frac{1}{4}$	32	$3\frac{15}{16}$	$2\frac{3}{8}$	12	$\frac{5}{16}$	$\frac{11}{32}$	$\frac{11}{16}$	8	$1\frac{9}{16}$
10	$17\frac{1}{2}$	$21\frac{3}{8}$	34	$4\frac{1}{8}$	$2\frac{1}{2}$	$12\frac{3}{4}$	$\frac{5}{16}$	$\frac{11}{32}$	$\frac{3}{4}$	8	$1\frac{5}{8}$
$10\frac{1}{2}$	$18\frac{3}{8}$	$22\frac{1}{2}$	35	$4\frac{1}{4}$	$2\frac{5}{8}$	$13\frac{1}{8}$	$\frac{5}{16}$	$\frac{11}{32}$	$\frac{3}{4}$	10	$1\frac{5}{8}$
11	$19\frac{1}{4}$	$23\frac{5}{8}$	36	$4\frac{7}{16}$	$2\frac{3}{4}$	$13\frac{1}{2}$	$\frac{5}{16}$	$\frac{11}{32}$	$\frac{7}{8}$	10	$1\frac{11}{16}$
$11\frac{1}{2}$	$20\frac{1}{8}$	$24\frac{3}{4}$	37	$4\frac{5}{8}$	$2\frac{7}{8}$	$13\frac{7}{8}$	$\frac{5}{16}$	$\frac{11}{32}$	$\frac{7}{8}$	10	$1\frac{3}{4}$
12	21	$25\frac{7}{8}$	38	$4\frac{13}{16}$	3	$14\frac{1}{4}$	$\frac{5}{16}$	$\frac{11}{32}$	1	10	$1\frac{13}{16}$

2. 过盈配合

传输超过 150 马力的联轴器部件通常与轴过盈配合，可以减少摩擦腐蚀。这些联轴器可能带键也可能不带键，根据干涉角度不同而决定。键尺寸可以从 1/2in 直径轴上 1/8in 宽 1/16in 高到 7in 直径轴上 $1\frac{3}{4}$in 宽 7/8in 高。传输高扭矩或者运转高速或者两者都有的联轴器使用两个键。键必须与相应的键槽很好的配合，以保证扭矩的传输，防止失效。AGMA标准提供了轴径从 5/16 ~ 7in 推荐的平行方形、矩形和普通锥形键，分为三类，代表商用、精加工和定制。标准同样包含了键槽的偏移、走向、平行、表面处理和半径，以及平键和花键。

3. 双锥夹壳联轴器

从表 10-84 中可以看出，双锥夹壳联轴器可以适用于一系列尺寸从 $1\frac{7}{16}$ ~ 6in 直径的轴，并且可以简单组装到轴上。这些联轴器提供过盈配合，但是它们通常价格更高，并且比通常的凸缘联轴器总体尺寸更大。

表 10-84 双锥夹壳联轴器

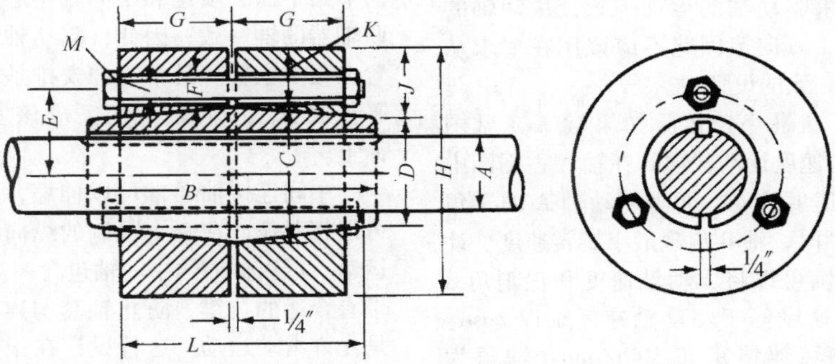

A	B	C	D	E	F	G	H	J	K	L	M	螺栓数量	键数量
$1\frac{7}{16}$	$5\frac{1}{4}$	$2\frac{3}{4}$	$2\frac{1}{8}$	$1\frac{5}{8}$	$\frac{5}{8}$	$2\frac{1}{8}$	$4\frac{3}{4}$	$1\frac{1}{8}$	1	5	$\frac{1}{2}$	3	1
$1\frac{15}{16}$	7	$3\frac{1}{2}$	$2\frac{7}{8}$	$2\frac{1}{8}$	$\frac{5}{8}$	$2\frac{3}{4}$	$6\frac{1}{4}$	$1\frac{1}{8}$	$1\frac{3}{8}$	$6\frac{1}{4}$	$\frac{1}{2}$	3	1
$2\frac{7}{16}$	$8\frac{3}{4}$	$4\frac{5}{16}$	$3\frac{5}{8}$	3	$\frac{3}{4}$	$3\frac{1}{2}$	$7\frac{13}{16}$	$1\frac{7}{8}$	$1\frac{3}{4}$	$7\frac{7}{8}$	$\frac{5}{8}$	3	1
3	$10\frac{1}{2}$	$5\frac{1}{2}$	$4\frac{3}{32}$	$3\frac{1}{2}$	$\frac{3}{4}$	$4\frac{3}{16}$	9	$2\frac{1}{4}$	2	$9\frac{1}{2}$	$\frac{5}{8}$	3	1
$3\frac{1}{2}$	$12\frac{1}{4}$	7	$5\frac{3}{8}$	$4\frac{3}{8}$	$\frac{7}{8}$	$5\frac{1}{16}$	$11\frac{1}{4}$	$2\frac{5}{8}$	$2\frac{1}{8}$	$11\frac{1}{4}$	$\frac{3}{4}$	4	1
4	14	7	$5\frac{1}{2}$	$4\frac{3}{4}$	$\frac{7}{8}$	$5\frac{1}{2}$	12	$3\frac{3}{4}$	$2\frac{1}{2}$	12	$\frac{3}{4}$	4	1
$4\frac{1}{2}$	$15\frac{1}{2}$	8	$6\frac{7}{8}$	$5\frac{1}{4}$	$\frac{7}{8}$	$6\frac{3}{4}$	$13\frac{1}{2}$	$3\frac{3}{4}$	$2\frac{3}{4}$	$14\frac{1}{2}$	$\frac{3}{4}$	4	1
5	17	9	$7\frac{1}{4}$	$5\frac{3}{4}$	$\frac{7}{8}$	7	15	$3\frac{3}{4}$	3	$15\frac{1}{4}$	$\frac{3}{4}$	4	1
$5\frac{1}{2}$	$17\frac{1}{2}$	$9\frac{1}{2}$	$7\frac{3}{4}$	$6\frac{1}{4}$	1	7	$15\frac{1}{2}$	$3\frac{3}{4}$	3	$15\frac{1}{4}$	$\frac{7}{8}$	4	1
6	18	10	$8\frac{1}{4}$	$6\frac{3}{4}$	1	7	16	$3\frac{3}{4}$	3	$15\frac{1}{4}$	$\frac{7}{8}$	4	2

4. 弹性联轴器

旁侧或者偏角未对中的轴可以通过数个弹性联轴器设计连接在一起。这些联轴器也允许一个或者两个轴上一定程度的轴向运动。有的联轴器使用盘或者隔板传输扭矩。另一个简单形式的弹性联轴器包括两个通过环或皮料或其他坚实柔韧材料制作的环形带连接的凸缘。另外，凸缘可以有模压橡胶或其他弹性材料制作的垫片的凸缘，可以适应轴之间不平衡的运动。更成熟的联轴器使用齿形凸缘，包含对应的齿形元件，允许相对运动。这些联轴器需要润滑，除非一个或多个元件由自润滑材料构成。其他使用隔板或者波形板的联轴器可以弯曲来适应轴之间的相对运动。

5. 万向节

这种联轴器，通常称为万向接头联轴器或者万向轴连节，用于连接轴心不在一条线，仅仅在一点交叉的两个轴。万向节或者联轴器的设计多种多样，都是在原始设计的基础上改进的。图 10-49 所示为一种广为人知的类型。

一个规则是，万向节在 $\alpha > 45°$ 时无法很好地工作，并且角度应该限制在 20° ~ 25°之间。只有转速很低并且传输功很少的时候除外。

从动轴角速度变化：因为被万向轴连接的两个轴之间成角度，在单独旋转时一个轴会有一个角速度，正因为此，有时禁止使用万向轴节。因此，从动轴的角速度不会像驱动轴一样所有旋转点都速度一

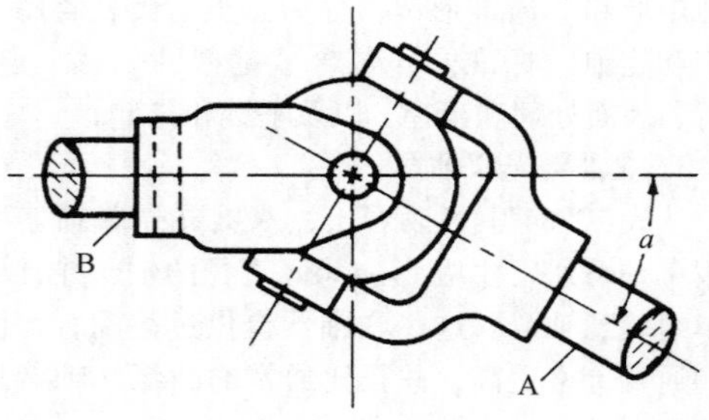

图 10-49　万向节

样。换而言之，如果驱动轴的运动一致，从动轴的运动有不同，并且，万向节因此不应该用在要求从动轴运动必须完全一致的设备中。

决定最大速度和最小速度：如果轴 A（见图 10-49）以一个恒定速度运动，轴 B 在轴 A 占据图中所示位置时以最大速度转动，而当驱动轴 A 的叉角从图示角度旋转 90°时，轴 B 出现最小旋转速度。计算从动轴的最大速度可以将驱动轴速度和正割角 α 相乘。最小从动轴速度等于驱动轴速度乘以 $\cos\alpha$。因此，如果驱动轴转速恒定在 100r/min，轴角为 25°，最大从动轴速度等于 1.1034 × 100r/min = 110.34r/min。最小从动轴速度为 0.9063 × 100r/min = 90.63r/min，因此，极限变化量 =（110.34 − 90.63）r/min = 19.71r/min。

6. 在两个万向轴之间使用中间轴

如前文所述，使用万向轴时，会造成从动轴的速度不一致，不适用于某些机械。但是如果两个轴之间使用一个中间轴和两个万向节，这样的不一致就可以避免，前提是中间轴和万向节都安排和定位准确。驱动轴和从动轴想要得到恒定的速度必有两个必要条件。首先，两个轴与中间轴的角度要一致；其次，两个万向节叉（假设使用万向节叉的设计）在中间轴上必须相对放置，当左端叉平面与中间轴中心线一致，连接在左手边联轴器的轴和右手边万向节叉平面必须也和中间轴中心线以及连接右手边联轴器的轴一致；因此，驱动轴和从动轴可以被放置在很多位置。最常见的安排是将驱动轴和从动轴平行放置。中间轴上的叉应该安排放置在同一平面上。

中间连接轴通常可以伸缩，驱动轴和从动轴就可以相对彼此在一定限制的纵向和横向方向内独立运动。可以伸缩的中间轴包含一个在轴套中的连杆，带有合适的花键，防止轴套与连杆之间的转动，但是允许滑动运动。这种设计在很多机械工具中都可以见到。

7. 铰链接合

两个连杆接合处的运动可以通过铰链接合提供。在表 10-85 中可以看到常用的比例。

表 10-85　铰链接合比例

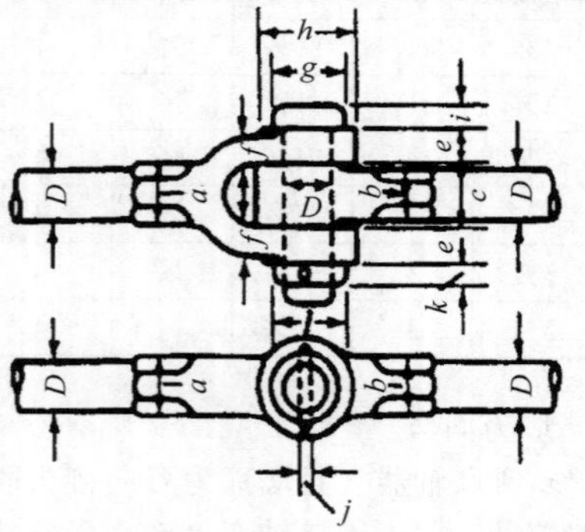

下面没有给出尺寸的：

$a = 1.2D$　$h = 2D$
$b = 1.1D$　$i = 0.5D$
$c = 1.2D$　$j = 0.25D$
$e = 0.75D$　$k = 0.5D$
$f = 0.6D$　$l = 1.5D$
$g = 1.5D$

D	a	b	c	e	f	g	h	i	j	k	l
1/2	5/8	9/16	5/8	3/8	5/16	3/4	1	1/4	1/8	1/4	3/4
3/4	7/8	3/4	7/8	9/16	7/16	1 1/8	1 1/2	3/8	3/16	3/8	1 1/8
1	1 1/4	1 1/8	1 1/4	3/4	5/8	1 1/2	2	1/2	1/4	1/2	1 1/2
1 1/4	1 1/2	1 3/8	1 1/2	15/16	3/4	1 7/8	2 1/2	5/8	5/16	5/8	1 7/8
1 1/2	1 3/4	1 5/8	1 3/4	1 1/8	7/8	2 1/4	3	3/4	3/8	3/4	2 1/4
1 3/4	2 1/8	2	2 1/8	1 5/16	1 1/16	2 5/8	3 1/2	7/8	7/16	7/8	2 5/8
2	2 3/8	2 1/4	2 3/8	1 1/2	1 3/16	3	4	1	1/2	1	3
2 1/4	2 3/4	2 1/2	2 3/4	1 11/16	1 3/8	3 3/8	4 1/2	1 1/8	9/16	1 1/8	3 3/8
2 1/2	3	2 3/4	3	1 7/8	1 1/2	3 3/4	5	1 1/4	5/8	1 1/4	3 3/4

（续）

D	a	b	c	e	f	g	h	i	j	k	l
$2\frac{3}{4}$	$3\frac{1}{4}$	3	$3\frac{1}{4}$	$2\frac{1}{16}$	$1\frac{5}{8}$	$4\frac{1}{8}$	$5\frac{1}{2}$	$1\frac{3}{8}$	$\frac{11}{16}$	$1\frac{3}{8}$	$4\frac{1}{8}$
3	$3\frac{5}{8}$	$3\frac{1}{4}$	$3\frac{5}{8}$	$2\frac{1}{4}$	$1\frac{13}{16}$	$4\frac{1}{2}$	6	$1\frac{1}{2}$	$\frac{3}{4}$	$1\frac{1}{2}$	$4\frac{1}{2}$
$3\frac{1}{4}$	4	$3\frac{5}{8}$	4	$2\frac{7}{16}$	2	$4\frac{7}{8}$	$6\frac{1}{2}$	$1\frac{5}{8}$	$\frac{13}{16}$	$1\frac{5}{8}$	$4\frac{7}{8}$
$3\frac{1}{2}$	$4\frac{1}{4}$	$3\frac{7}{8}$	$4\frac{1}{4}$	$2\frac{5}{8}$	$2\frac{1}{8}$	$5\frac{1}{4}$	7	$1\frac{3}{4}$	$\frac{7}{8}$	$1\frac{3}{4}$	$5\frac{1}{4}$
$3\frac{3}{4}$	$4\frac{1}{2}$	$4\frac{1}{8}$	$4\frac{1}{2}$	$2\frac{13}{16}$	$2\frac{1}{4}$	$5\frac{5}{8}$	$7\frac{1}{2}$	$1\frac{7}{8}$	$\frac{15}{16}$	$1\frac{7}{8}$	$5\frac{5}{8}$
4	$4\frac{3}{4}$	$4\frac{3}{8}$	$4\frac{3}{4}$	3	$2\frac{3}{8}$	6	8	2	1	2	6
$4\frac{1}{4}$	$5\frac{1}{8}$	$4\frac{3}{4}$	$5\frac{1}{8}$	$3\frac{3}{16}$	$2\frac{9}{16}$	$6\frac{3}{8}$	$8\frac{1}{2}$	$2\frac{1}{8}$	$1\frac{1}{16}$	$2\frac{1}{8}$	$6\frac{3}{8}$
$4\frac{1}{2}$	$5\frac{1}{2}$	5	$5\frac{1}{2}$	$3\frac{3}{8}$	$2\frac{3}{4}$	$6\frac{3}{4}$	9	$2\frac{1}{4}$	$1\frac{1}{8}$	$2\frac{1}{4}$	$6\frac{3}{4}$
$4\frac{3}{4}$	$5\frac{3}{4}$	$5\frac{1}{4}$	$5\frac{3}{4}$	$3\frac{9}{16}$	$2\frac{7}{8}$	$7\frac{1}{8}$	$9\frac{1}{2}$	$2\frac{3}{8}$	$1\frac{3}{16}$	$2\frac{3}{8}$	$7\frac{1}{8}$
5	6	$5\frac{1}{2}$	6	$3\frac{3}{4}$	3	$7\frac{1}{2}$	10	$2\frac{1}{2}$	$1\frac{1}{4}$	$2\frac{1}{2}$	$7\frac{1}{2}$

8. 摩擦离合器

通过参与表面摩擦将运动从驱动元件传递到从动元件的离合器设计多种多样，虽然基本上所有这些离合器都可以分为四大类：锥形离合器、幅张离合器、缩带离合器以及单片和多片的摩擦圆盘离合器。这四个基本大类又有很多变形，有的还结合了多个不同类型的特质。不同尺寸的锥形离合器比例列在表 10-86 中。多锥形摩擦离合器是在锥形摩擦离合器基础上的进一步开发。不同于单个锥形表面的锥形离合器、多锥形摩擦离合器有一系列同心的锥形环啮合由对手离合器元件配合环形成的环形槽。内部膨胀类型的带有承板，向外通过与可以自由在轴上滑动的轴环相连的杠杆的动作来抵住围合的滚筒。啮合的承板通常沿着木头或者其他材料排列，增加摩擦因数。盘式离合器是在多面摩擦的基础上设计的，交替使用盘或碟，使得一个与外圆柱壳啮合时，另一个与轴啮合。当这些盘被弹簧压力或者其他方式压在一起时，运动就从驱动元件传递到了连接在离合器上的从动元件上。有的盘式离合器有一些比较重或厚的盘，而其他的有比较多薄的盘。薄盘较多的离合器常用在汽车变速器中。一组盘可能是软钢的，而另一组是磷青铜，或者其他组合。例如，有的盘有时候会有插入的软木塞，或者一组或一系列盘面对的是特别的摩擦材料。比如石棉线织物，在“干盘”离合器中，盘是没有润滑的，和其他比如钢或磷青铜组合的离合器的盘不一样。通常会通过弹簧压力将摩擦离合器的驱动元件和从动元件啮合在一起，尽管也可能使用气压或者液压。

表 10-86　铸铁摩擦离合器

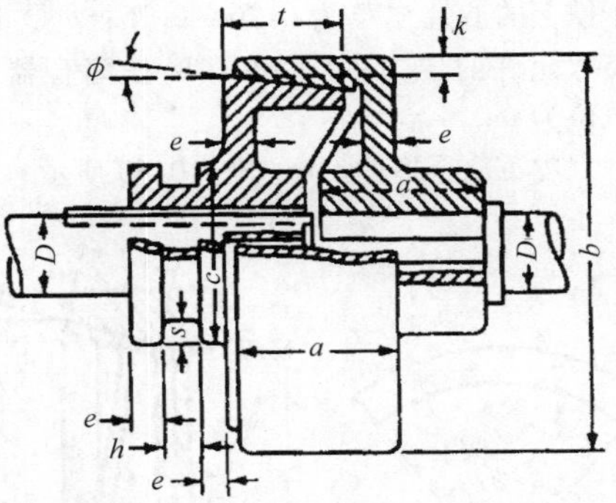

下面没有给出尺寸的：

$a = 2D$

$b = 4 \sim 8D$

$c = 2\frac{1}{4}D$

$t = 1\frac{1}{2}D$

$e = \frac{3}{8}D$

$h = \frac{1}{2}D$

$s = \frac{5}{16}D$（近似）

$k = \frac{1}{4}D$

注意：锥形角度 ϕ 可能在 $4° \sim 10°$ 之间

D	a	b	c	t	e	h	s	k
1	2	4 ~ 8	$2\frac{1}{4}$	$1\frac{1}{2}$	$\frac{3}{8}$	$\frac{1}{2}$	$\frac{5}{16}$	$\frac{1}{4}$
$1\frac{1}{4}$	$2\frac{1}{2}$	5 ~ 10	$2\frac{7}{8}$	$1\frac{7}{8}$	$\frac{1}{2}$	$\frac{5}{8}$	$\frac{3}{8}$	$\frac{5}{16}$
$1\frac{1}{2}$	3	6 ~ 12	$3\frac{3}{8}$	$2\frac{1}{4}$	$\frac{5}{8}$	$\frac{3}{4}$	$\frac{1}{2}$	$\frac{3}{8}$
$1\frac{3}{4}$	$3\frac{1}{2}$	7 ~ 14	4	$2\frac{5}{8}$	$\frac{5}{8}$	$\frac{7}{8}$	$\frac{5}{8}$	$\frac{7}{16}$
2	4	8 ~ 16	$4\frac{1}{2}$	3	$\frac{3}{4}$	1	$\frac{5}{8}$	$\frac{1}{2}$
$2\frac{1}{4}$	$4\frac{1}{2}$	9 ~ 18	5	$3\frac{3}{8}$	$\frac{7}{8}$	$1\frac{1}{8}$	$\frac{5}{8}$	$\frac{9}{16}$

（续）

D	a	b	c	t	e	h	s	k
2½	5	10～20	5⅝	3¾	1	1¼	¾	⅝
2¾	5½	11～22	6¼	4⅛	1	1⅜	⅞	11/16
3	6	12～24	6¾	4½	1⅛	1½	⅞	¾
3¼	6½	13～26	7⅜	4⅞	1¼	1⅝	1	13/16
3½	7	14～28	7⅞	5¼	1⅜	1¾	1	⅞
3¾	7½	15～30	8½	5⅝	1⅜	1⅞	1¼	15/16
4	8	16～32	9	6	1½	2	1¼	1
4¼	8½	17～34	9½	6⅜	1⅝	2⅛	1⅜	1 1/16
4½	9	18～36	10¼	6¾	1¾	2¼	1⅜	1⅛
4¾	9½	19～38	10¾	7⅛	1¾	2⅜	1½	1 3/16
5	10	20～40	11¼	7½	1⅞	2½	1½	1¼
5¼	10½	21～42	11¾	7⅞	2	2⅝	1⅝	1 5/16
5½	11	22～44	12⅜	8¼	2	2¾	1¾	1⅜
5¾	11½	23～46	13	8⅝	2¼	2⅞	1¾	1 7/16
6	12	24～48	13½	9	2¼	3	1⅞	1½

9. 摩擦离合器功率传输容限

为已知一类工况选择离合器的时候，建议考虑可能遇到的任何过载然后考虑过载时离合器的功率传输容限。如果载荷变化或者常有释放或增加，离合器容限应该大于实际传输的功率。如果功率来自燃气发动机或者汽油发动机，离合器的额定马力应该比发动机的高出75%～100%。

10. 盘式离合器传输的功率

盘式离合器传输的大致功率可以由下面的公式得到：

$$H = \frac{\mu rFNS}{63000} \tag{10-42}$$

式中，H是离合器传输的马力；μ是摩擦因数；r是啮合表面的平均半径；F是保持盘接触的轴向力，单位为lb（弹簧压力）；N是摩擦表面数量；S是每分钟轴转速。

11. 离合器计算的摩擦因数

尽管设计师设计离合器使用的摩擦因数不尽相同，取决于很多变量，下面的值可以用在离合器计算中：铸铁上油性皮革大约为0.20或0.25，油性金属表面上皮革为0.15；油性金属上金属和软木为0.32；干金属上金属和软木为0.35；干金属上金属为0.15；带有润滑表面的盘式制动器为0.10。

12. 锥形离合器公式

锥形离合器设计时，开发了不同的公式决定传输的马力。这些公式，第一眼看来互不相符，不同是因为有些公式中假设摩擦离合器表面啮合没有滑动，而有的公式中有滑动容差。下面的共识包含了上面两种条件：

HP是传输的马力；N是每分钟转数；r是摩擦锥形平均半径，单位为in；r_1是摩擦锥形大半径，单位为in；r_2是摩擦锥形小半径，单位为in；R_1是带外半径，单位为in；R_2是带内半径，单位为in；V是距离中心r点的速度，单位为ft/min；F是半径处切向力，单位为lb；P_n是锥形表面之间总法向力，单位为lb；P_s是弹簧弹力，单位为lb；α是离合器表面与轴的轴线夹角，为7°～13°；β是离合器皮革延展时坡口角度，单位为°；f是摩擦因数，对于铁上的油性皮革为0.20～0.25；p是带上每平方英寸允许的压力，7～8lb；W是离合器皮革宽度，单位为in。

皮革离合器的发展如图10-50所示。

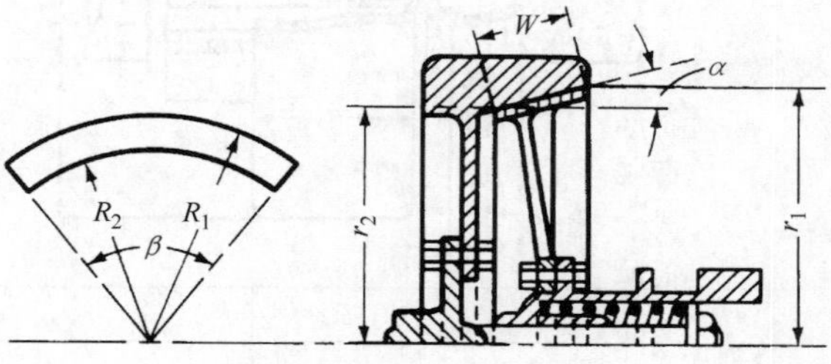

图10-50　皮革离合器的发展

$$R_1 = \frac{r_1}{\sin\alpha} \quad R_2 = \frac{r_2}{\sin\alpha}$$

$$\beta = \sin\alpha \times 360 \quad r = \frac{r_1 + r_2}{2}$$

$$V = \frac{2\pi rN}{12}$$

$$F = \frac{HP \times 33000}{V} \quad W = \frac{P_n}{2\pi rp}$$

$$HP = \frac{P_n frN}{63025}$$

有滑动的啮合：

$$P_n = \frac{P_s}{\sin\alpha} \quad P_s = \frac{HP \times 63025\sin\alpha}{frN}$$

没有滑动的啮合：

$$P_n = \frac{P_s}{\sin\alpha + f\cos\alpha}$$

$$P_s = \frac{HP \times 63025(\sin\alpha + f\cos\alpha)}{frN}$$

13. 锥角

如果锥形离合器表面的锥角太小，可能因为楔效应很难释放离合器，然而，如果角度太大，需要多余的弹簧弹力来防止滑动。皮革表面锥形最小角大约为8°或9°，而最大角大约为13°。角度为12½的似乎是最常用并且常被认为是最实用的。这些角度与离合器轴心相关，并且是坡口角度的一半。

14. 磁性离合器

很多盘式和其他离合器是电磁运行的，磁力作用仅用于移动摩擦盘和离合器盘对应弹簧或其他压力进入或者移出啮合。另一方面，在一个磁粉离合器中，功率传输是通过将驱动和从动元件之间的一定量的磁粉磁化在驱动和从动元件之间形成联结做到的。这些离合器可以控制用于提供刚性联轴节或者均匀滑动，在拉线和生产缆线时很有用。

另一种磁性离合器使用与输出电动机区域作用的输入元件产生涡电流。传输的扭矩与线圈电流成比例，因此实现对扭矩的精确控制第三种磁性离合器依赖于磁性区域之间由输入滚筒中和输出轴紧密配合外圈的线圈产生的磁滞损耗来传输扭矩。这种方法传输的扭矩同样与线圈电流成比例，所以精确控制也是可行的。

也有永磁体类离合器，这种离合器的啮合力是由永磁体在脱离线圈的电力供给切断时施加的。这些类型的离合器的扭矩重量比可以达到弹簧操作离合器的5倍。另外，如果控制允许线圈极性被保留而不是被切断，结合的永磁体和电磁力可以传输更大的扭矩。

15. 离心式离合器和自由轮离合器

当速度足够产生离心力时，离心式离合器的驱动元件会向外扩张啮合环绕的桶圈。自由轮离合器可以有很多不同的设计，使用球、凸轮或止轮垫、棘轮以及流体来将运动从一个元件传输到另一个元件上。这些离合器设计只能传输一个方向的扭矩，可以承受不同驱动角度，渐变或突变均可。

16. 滑动离合器/联轴器

如果可能出现高冲击载荷，应该使用滑动离合器或滑动联轴器，或者两者都用。最常见的设计是使用一个通过弹簧压力在驱动和从动盘之间夹紧的可调节离合器盘。当多余的载荷造成从动元件变缓，离合器盘表面滑动，允许传输扭矩减少。当过载移除后，驱动自动升高。也可以提供开关，在从动轴速度低至预设极限时来切断驱动电动机的电流供给，或者发出警告信号，或者两者皆有。滑动或过载扭矩计算是正常运行扭矩的150%。

17. 扭簧离合器

对于有些应用，钢弹簧尺寸内径正好是驱动和从动轴的紧密配合，可以传输一个方向足够的扭矩。随着传输的扭矩增加，轴上弹簧的握紧程度也增加。脱离通过弹簧的轻度旋转发声，通过突出的柄，使用电力或机械方法，将弹簧上紧到更大的内直径，允许一个轴在弹簧内自由运动。

正常运转扭矩 T_r，单位为 lb · ft =（需要马力 × 5250）÷ RPM。对于重冲击载荷的应用，乘以 200% 或更大的过载系数（查看发动机，系数控制选择）。

离合器起动扭矩 T_c，单位为 lb · ft，需要在一定时间内给一个一定的惯性加速的扭矩计算如下：

$$T_c = \frac{WR^2 \times \Delta N}{308t}$$

式中，WR^2 是离合器所受总体惯性，单位为 lb · ft^2（W 是重量，R 是转动零件旋转半径）；ΔN 是最终 RPM − 初始 RPM；308 是常量；t 是达到需要速度的时间，单位为 s。

例 1：如果已知惯性 80lb · ft^2，从动轴速度要 3s 内从 0 ~ 1500r/min，求离合器的起动扭矩，单位为 lb · ft。

$$T_c = \frac{80 \times 1500}{308 \times 3} \text{lb} \cdot \text{ft} = 130 \text{lb} \cdot \text{ft}$$

热量 E，使用英国热量单位，在一个离合器的一次啮合中产生的热量可以由下面的公式计算：

$$E = \frac{T_c \times WR^2 \times (N_1^2 - N_2^2)}{(T_c - T_1) \times 4.7 \times 10^6}$$

式中，WR^2 是离合器所受总体惯性，单位为 lb · ft^2；N_1 是最终 r/min；N_2 是初始 RPM；T_c 是离合器扭矩，单位为 lb · ft；T_1 是扭矩载荷，单位为 lb · ft。

例 2：计算示例 1 中条件下每次啮合产生的热量。

$$E = \frac{130 \times 80 \times 1500^2}{(130 - 10) \times 4.7 \times 10^6} \text{BTU} = 41.5 \text{BTU}$$

离合器偏向的位置是在高速轴而不是在低速轴

上，因为可以使用小容限，成本低，散热更迅速的元件。然而，因为高速时更多的滑动，可能产生更多的热量，离合器寿命可能更短。对于轻型应用，比如机械工具，轴到达运转速度后才会出现切割，计算的扭矩应该乘以安全系数 1.5 来达到使用离合器的容限。重型应用如频繁起动的重载荷振动抛光桶，需要安全系数是 3 或更高。

18. 主动式离合器

当离合器的驱动和从动零件是由交齿或凸缘啮合连接时，离合器叫作“主动式”来与由摩擦接触传输功率的离合器类型相区分。主动式离合器在不排斥突然起动时和从动零件惯性相对较小时使用。各种不同的主动式离合器区别仅仅在于啮合表面的角度或形状。最不主动的一种啮合式离合器啮合表面关于运动方向向后倾倒。离合器这种倾向是在载荷下分离，这种时候必须通过轴向压力将其固定在位置上。

这种压力是可以调节的，在正常载荷下工作，在过载时允许离合器滑动并分离。啮合平面与转动轴线平行的强制离合器，结合在一起避免振动出啮合状态的倾向，但是在过载时没有保护特性。所谓的“咬边”离合器在载荷变重时啮合更紧密，设计只在没有载荷时分离。

主动式离合器的齿有不同的形式，比较常用的类型在图 10-51 中画出。离合器 A 是直齿类型，B 是环形或锯齿形齿。前者的驱动元件可以在任何一个方向转动：后者只适应一个方向的运动传输，但是更容易啮合。锯齿形离合器 B 的切割角 θ 通常是 60°。离合器 C 和离合器 A 类似，但是 C 的齿边倾向于协助啮合和分离。要求离合器在两个方向都能运行并且没有反冲时使用这种形状的齿。角度 θ 为适应不同要求而变化，不应超过 16°或 18°。直齿离合器 A 同样经过改动以使啮合更简单，就是在齿的顶部和底部包角。离合器 D（通常叫作“螺旋爪”离合器）与 B 不通过，表面 e 是螺旋面的。这种离合器的驱动元件只能传输一个方向的运动。

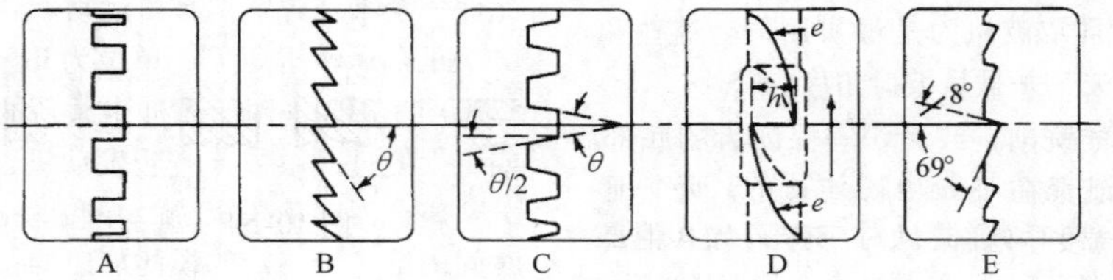

图 10-51 离合器齿类型

这种类型的离合器被称为右手离合器或左手离合器，前者在往右转时驱动，如图 10-51 中箭头所示。离合器 E 用在布朗和夏普自动螺丝机上的支撑轴上。齿的表面为放射状，倾向于与轴线保持 8°角，因此离合器可以轻易分离。这种离合器易于运行，振动和噪声很小。直径为 2in（50.8mm）的有 10 个齿。工作表面高度为 1/8in（3.175 mm）。

19. 切削离合器齿

一个常用的切割直齿离合器方法在图 10-52 的 A、B、C 中画出，展示了行程三个齿所需要的第一切、第二切和第三切。成品在分度头卡盘中，分度头与桌面成正确角度。可能使用平面铣刀（除非齿的角是圆角），铣刀的侧边与中心线完全一致。如果一个离合器的齿数是奇数，切割可以直接跨过毛坯，因此可以用铣刀一次处理两个齿的边沿。如果齿数是偶数，就像 D 一样，必须先把所有齿的一边铣一遍，然后将铣刀设置处理另外一遍。因此，这种类型的离合器通常含有的齿数为奇数。铣刀最大宽度取决于齿的窄的那端的间距。如果为了通过较窄一端必须要求铣刀宽度很窄，齿间隔之间可能会有残留，残留必须通过单独的切割去除。如果齿是如图 10-51 的 C 一样该经过，铣刀应该像图 10-53 一样放置。就是，铣刀上放射距离离合器齿深度的一半 d 的一点 a 在一个放射平面上。如果必须消除所有反冲，a 点有时落在距离离合器齿深度 $d/6$ 处，在齿底部留出间隙空间；这样两个离合器元件就可以紧密结合。这种类型的离合器必须啮合连接。

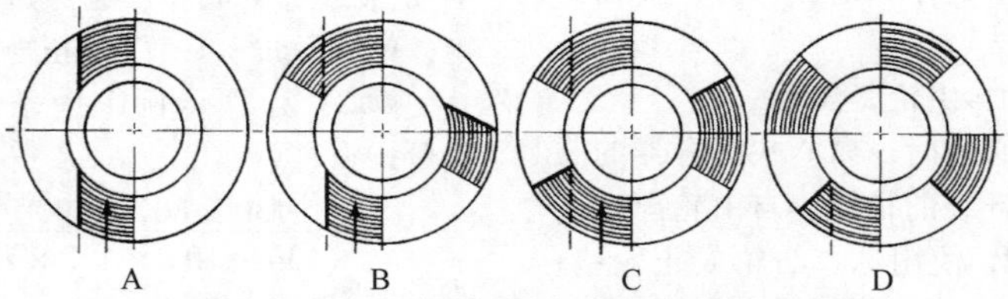

图 10-52 图示切割离合器齿的方法

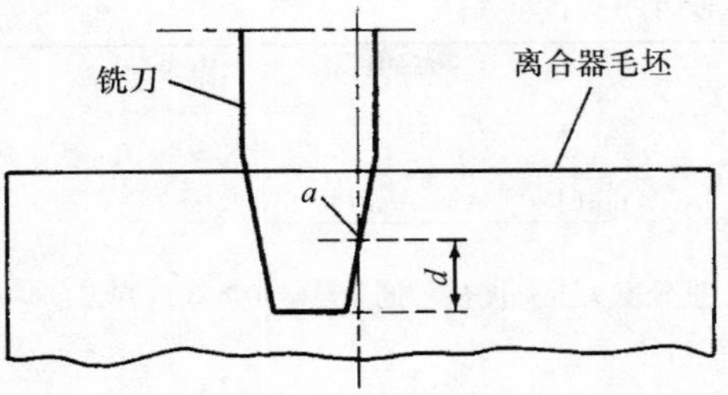

图 10-53　铣刀的放置

铣削锯齿离合器：在铣削如图 10-51B 所示的环形齿离合器时，离合器毛坯的轴线应该如图 10-54 所示，A 中倾斜一个角度 α。如果齿在毛坯中垂直铣削，齿的顶部会像 D 一样向中心倾斜，如果毛坯设置一个角度保证齿的顶部与轴线成直角，底部会向上倾斜，如 E 一般。不论是何种情况，离合器两个元件都会完全啮合：切割成 D 和 E 的齿的啮合分别用 D_1 和 E_1 表示。齿的外点在 D_1 处在相对元件的槽底部，内侧端部没有在一起，接触区域由点线表示。在 E1 处齿的内侧端部首先撞击，然后离合器外部的齿之间留下间隙。为了克服这种不理想的特性，离合器齿应该像 B 一样铣削，或者切割保证齿的底部和顶部倾向相同，汇聚在一个中心点 x 处。两个元件的齿都会在整个宽度中啮合，如 C 所示。如 B 中要求的切割离合器需要的角度 α 可以通过式（10-43）决定，其中 α 是要求角度，N 是齿数，θ 是铣刀角度，$360°/N$ 是齿之间的角度。

$$\cos\alpha = \frac{\tan(360°/N) \times \cot\theta}{2} \qquad (10\text{-}43)$$

不同数目的齿的角度 α 和 60°、70°或者 80°单角铣刀的角度 α 在表 10-87 中列出。表 10-88 是用于切割 V 形齿的双角铣刀角度。

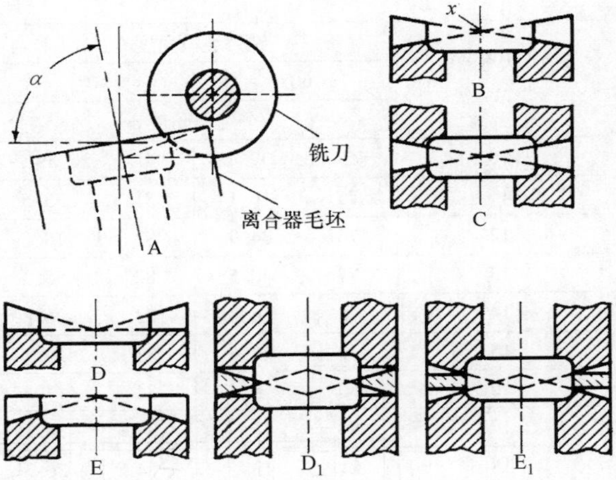

图 10-54　离合器毛坯的轴线

表 10-87　用单角铣刀铣削 V 形齿的分度头角

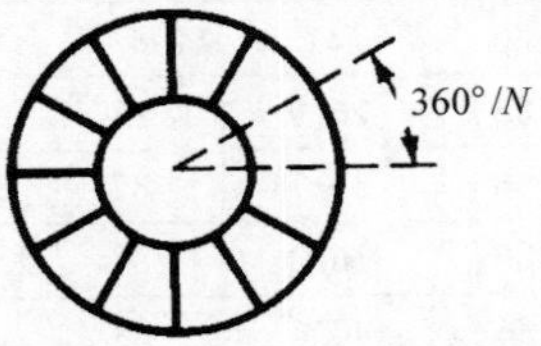

$$\cos\alpha = \frac{\tan\ (360°/N)\ \times \cot\theta}{2}$$

α 是图 10-54 显示的角，是分度头上刻度显示的角度。θ 是单角铣刀的坡口角度，参见图 10-51

齿数 N	单角铣刀角度 θ 60°		70°		80°		齿数 N	单角铣刀角度 θ 60°		70°		80°	
	分度头角度 α							分度头角度 α					
5	27°	19.2′	55°	56.3′	74°	15.4′	18	83°	58.1′	86°	12.1′	88°	9.67′
6	60	—	71	37.6	81	13	19	84	18.8	86	25.1	88	15.9
7	68	46.7	76	48.5	83	39.2	20	84	37.1	86	36.6	88	21.5
8	73	13.3	79	30.9	84	56.5	21	84	53.5	86	46.9	88	26.5
9	75	58.9	81	13	85	45.4	22	85	8.26	86	56.2	88	31
10	77	53.6	82	24.1	86	19.6	23	85	21.6	87	4.63	88	35.1
11	79	18.5	83	17	86	45.1	24	85	33.8	87	12.3	88	38.8
12	80	24.4	83	58.1	87	4.94	25	85	45	87	19.3	88	42.2
13	81	17.1	84	31.1	87	20.9	26	85	55.2	87	25.7	88	45.3
14	82	0.536	84	58.3	87	34	27	86	4.61	87	31.7	88	48.2
15	82	36.9	85	21.2	87	45	28	86	13.3	87	37.2	88	50.8
16	83	7.95	85	40.6	87	54.4	29	86	21.4	87	42.3	88	53.3
17	83	34.7	85	57.4	88	2.56	30	86	28.9	87	47	88	55.6

表 10-88 用双角铣刀铣削 V 形齿的分度头角

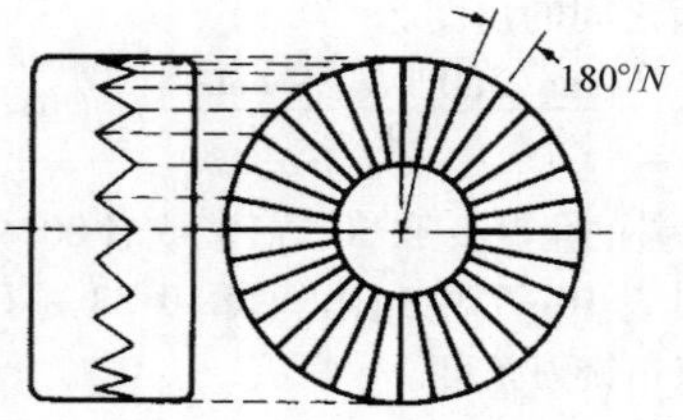

$$\cos\alpha = \frac{\tan(180°/N) \times \cot(\theta/2)}{2}$$

角度（α，图 10-54）是分度头上刻度显示的角度。θ 是双角铣刀的坡口角度，见图 10-51

齿数 N	铣刀坡口角度 θ				齿数 N	铣刀坡口角度 θ			
	60°		90°			60°		90°	
	分度头角度 α					分度头角度 α			
10	73°	39.4′	80°	39′	31	84°	56.9′	87°	5.13′
11	75	16.1	81	33.5	32	85	6.42	87	10.6
12	76	34.9	82	18	33	85	15.4	87	15.8
13	77	40.5	82	55.3	34	85	23.8	87	20.7
14	78	36	83	26.8	35	85	31.8	87	25.2
15	79	23.6	83	54	36	85	39.3	87	29.6
16	80	4.83	84	17.5	37	85	46.4	87	33.7
17	80	41	84	38.2	38	85	53.1	87	37.5
18	81	13	84	56.5	39	85	59.5	87	41.2
19	81	41.5	85	12.8	40	86	5.51	87	44.7
20	82	6.97	85	27.5	41	86	11.3	87	48
21	82	30	85	40.7	42	86	16.7	87	51.2
22	82	50.8	85	52.6	43	86	22	87	54.2
23	83	9.82	86	3.56	44	86	26.9	87	57
24	83	27.2	86	13.5	45	86	31.7	87	59.8
25	83	43.1	86	22.7	46	86	36.2	88	2.4
26	83	57.8	26	31.2	47	86	40.6	88	4.91
27	84	11.4	86	39	48	86	44.8	88	7.32
28	84	24	86	46.2	49	86	48.8	88	9.63
29	84	35.7	86	53	50	86	52.6	88	11.8
30	84	46.7	86	59.3	51	86	56.3	88	14

表 10-88 中列出的角度适用于在支架等铣削 V 形槽，必须有齿型表面来防止两个元件之间相对转动，除了为了调整角度没有夹紧时。

10.4.2 摩擦制动器

1. 带式制动器公式

在任一带式制动器中，见表 10-90 中 a 图所示，其中制动轮顺时针旋转，那部分制动带中的拉力标记 x 等于 $P\frac{1}{e^{\mu\theta-1}}$，拉力标记 y 等于 $P\frac{e^{\mu\theta}}{e^{\mu\theta}-1}$。

式中，P 是制动轮边缘切向力，单位为 lb；e 是自然对数底 = 2.71828；μ 是制动带和制动轮之间的摩擦因数；θ 是制动带和制动轮接触角，弧度单位。

$$一弧度 = \frac{180°}{\pi\ 弧度} = 57.296\ \frac{度}{弧度}$$

$e^{\mu\theta}$ 值见表 10-89。

为了公式表达的简便，顺时针旋转时 x 和 y 的拉力（见表 10-90 中 a 图）分别由 T_1 和 T_2 表示。当旋转方向反转，x 的拉力等于 T_2，y 的拉力等于 T_1，就是顺时针转动时拉力的反转。

这些公式中表达式 $e^{\mu\theta}$ 的值最方便的查找方法是使用手持科学类计算器；就是可以乘 2.71828 与功率 $\mu\theta$。下面的示例列出了计算的步骤。

表 10-89 $e^{\mu\theta}$值

整个圆周接触比例 $\frac{\theta}{2\pi}$	铸铁上钢带 $\mu=0.18$	带下材料			
		木头	铸铁		
		轻度油性 $\mu=0.47$	高度油性 $\mu=0.12$	轻度油性 $\mu=0.28$	潮湿 $\mu=0.38$
0.1	1.12	1.34	1.08	1.19	1.27
0.2	1.25	1.81	1.16	1.42	1.61
0.3	1.40	2.43	1.25	1.69	2.05
0.4	1.57	3.26	1.35	2.02	2.60
0.425	1.62	3.51	1.38	2.11	2.76
0.45	1.66	3.78	1.40	2.21	2.93
0.475	1.71	4.07	1.43	2.31	3.11
0.5	1.76	4.38	1.46	2.41	3.30
0.525	1.81	4.71	1.49	2.52	3.50
0.55	1.86	5.07	1.51	2.63	3.72
0.6	1.97	5.88	1.57	2.81	4.19
0.7	2.21	7.90	1.66	3.43	5.32
0.8	2.47	10.60	1.83	4.09	6.75
0.9	2.77	14.30	1.97	4.87	8.57
1.0	3.10	19.20	2.12	5.81	10.90

表 10-90 简单带式制动器和差动带式制动器公式

F 是制动手把末端力，单位为 lb；P 是制动轮边缘切向力，单位为 lb；e 是自然对数底 = 2.71828；μ 是制动带和制动轮之间的摩擦因数；θ 是制动带和制动轮接触角，弧度单位（1 弧度 = 57.296°）

$$T_1 = P\frac{1}{e^{\mu\theta}-1} \quad T_2 = P\frac{e^{\mu\theta}}{e^{\mu\theta}-1}$$

简单带式制动器

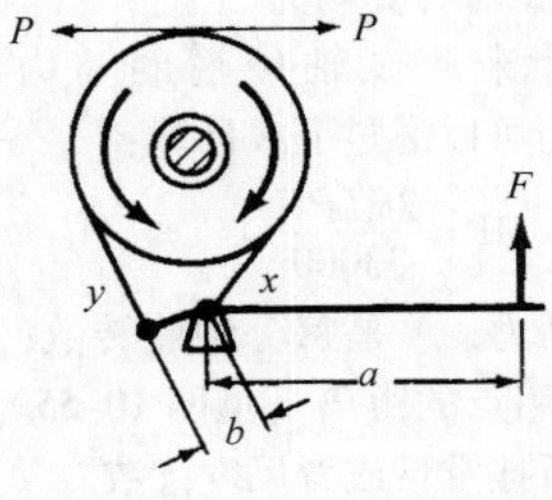

a)

顺时针旋转：

$$F = \frac{bT_2}{a} = \frac{Pb}{2}\left(\frac{e^{\mu\theta}}{e^{\mu\theta}-1}\right)$$

逆时针旋转：

$$F = \frac{bT_1}{a} = \frac{Pb}{a}\left(\frac{1}{e^{\mu\theta}-1}\right)$$

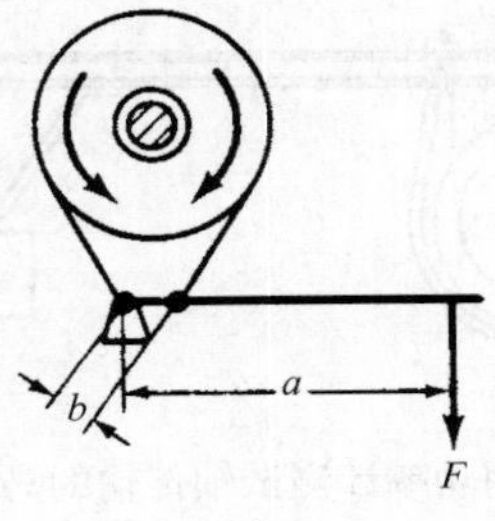

b)

顺时针旋转：

$$F = \frac{bT_1}{a} = \frac{Pb}{a}\left(\frac{1}{e^{\mu\theta}-1}\right)$$

逆时针旋转：

$$F = \frac{bT_2}{a} = \frac{Pb}{a}\left(\frac{e^{\mu\theta}}{e^{\mu\theta}-1}\right)$$

（续）

差动带式制动器	
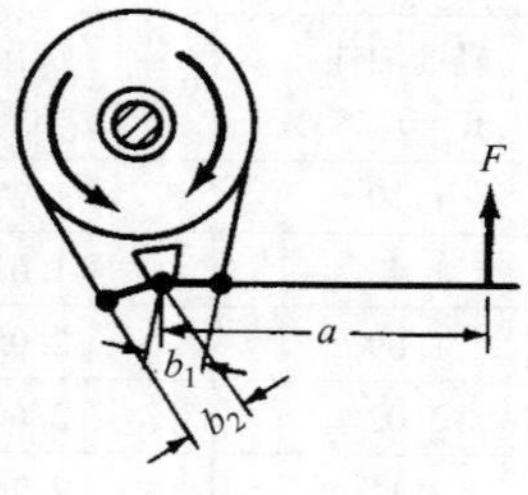 c)	顺时针旋转： $$F=\frac{b_2T_2-b_1T_1}{a}=\frac{P}{a}\left(\frac{b_2e^{\mu\theta}-b_1}{e^{\mu\theta}-1}\right)$$ 逆时针旋转： $$F=\frac{b_2T_1-b_1T_2}{a}=\frac{P}{a}\left(\frac{b_2-b_1e^{\mu\theta}}{e^{\mu\theta}-1}\right)$$ 在这种情况下，如果 $b_2 \leqslant b_1e^{\mu\theta}$，力 F 为 0 或负，带式制动器自动工作
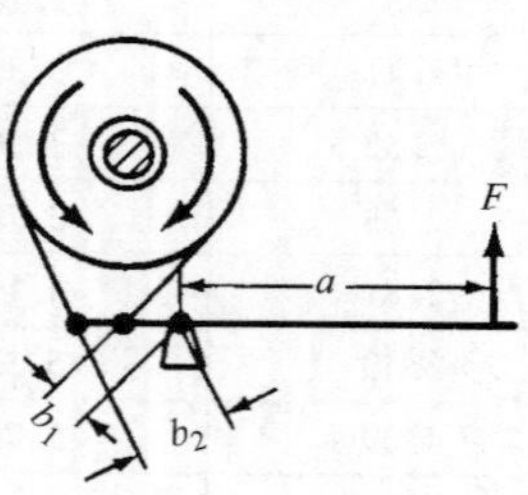 d)	顺时针旋转： $$F=\frac{b_2T_2+b_1T_1}{a}=\frac{P}{a}\left(\frac{b_2e^{\mu\theta}+b_1}{e^{\mu\theta}-1}\right)$$ 逆时针旋转： $$F=\frac{b_1T_2+b_2T_1}{a}=\frac{P}{a}\left(\frac{b_1e^{\mu\theta}+b_2}{e^{\mu\theta}-1}\right)$$ 如果 $b_2=b_1$，以上两个公式简化为 $F=\frac{Pb_1}{a}\left(\frac{e^{\mu\theta}+1}{e^{\mu\theta}-1}\right)$ 在这种情况下，任意一个方向转动都需要同样的力 F

示例：带式制动器见表 10-90 图 a，尺寸 $a=24\text{in}$，$b=4\text{in}$；力 $P=100\text{lb}$；系数 $\mu=0.2$，接触角 $=240°$，或者

$$\theta=\frac{240}{180}\times\pi=4.18$$

顺时针旋转，求需要的力 F。

$$\begin{aligned}F&=\frac{Pb}{a}\left(\frac{e^{\mu\theta}}{e^{\mu\theta}-1}\right)\\&=\frac{100\times4}{24}\left(\frac{2.71828^{0.2\times4.18}}{2.71828^{0.2\times4.18}-1}\right)\\&=\frac{400}{24}\times\frac{2.71828^{0.836}}{2.71828^{0.836}-1}\\&=16.66\times\frac{2.31}{2.31-1}=29.4\end{aligned}$$

如果没有使用手持计算器，计算 $e^{\mu\theta}$ 的值比较冗长，表 10-89 可以缩短计算。

2. 制动器中的摩擦因数

计算摩擦制动器的摩擦因数可以如下假设：铁和铁接触，0.25～0.3；皮革和铁接触，0.3；软木和铁接触，0.35。当制动器开始工作时速度超过 400ft/min 时，应假设摩擦因数的值更低。

对于某些制动器，木刹车块用在铁滚筒上，白杨已经被证明是最好的刹车块材料。最好的制动滚筒材料是熟铁。白杨的摩擦因数高，几乎不被油类影响。白杨刹车块在熟铁滚筒上的平均摩擦因数是 0.6；白杨在铸铁上是 0.35；橡树在熟铁上是 0.5；橡树在铸铁上是 0.3；山毛榉在熟铁上是 0.5；山毛榉在铸铁上是 0.3；榆木在熟铁上是 0.6；榆木在铸铁上是 0.35。榆木的缺陷是如果摩擦表面有油，摩擦因数急速降低。如果表面有油，榆木在熟铁上的摩擦因数不到 0.4。

3. 通过测功器试验计算马力

当使用功率计来测试轴传输的马力时，如图 10-55所示，马力可以通过下式计算：

$$\text{HP}=\frac{2\pi LPN}{33000}$$

式中，HP 是传输马力；N 是每分钟旋转数；L 是从带轮中心到力 P 作用点的距离（见图 10-55），单位为 ft；P 是制动臂所挂重量或者尺度读数。

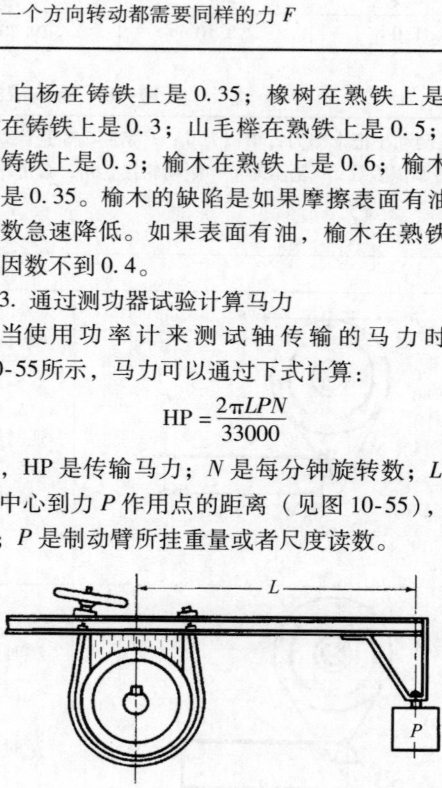

图 10-55 使用功率计测试轴传输的马力

采用制动臂长度等于 5ft 3in，公式简化为

$$HP = \frac{NP}{1000}$$

如果制动臂采用标准长度，等于 2ft 7½in，公式为

$$HP = \frac{NP}{2000}$$

传输型测功计利用测功计的机构将功率从其产生的设备中或者是它将要投入使用的设备中的传输来进行测量。测功计就是指示计，通过同时测量受限流体的压力和体积工作。这种类型的测功计可以用于测量由蒸汽或燃气发动机产生的功或者制冷机械，空气压缩机或者泵吸收的功。电子测功计用来测量电流的功，基于在两个线圈中流动相互作用的电流。包含原则上一个固定和一个可移动的线圈，正常位置下，两个线圈相互垂直。两个线圈是串联的，当一个电流在两个线圈中来回流动，形成的场互相垂直，因此，两个下线圈倾向于平行。附带指针的可移动线圈会偏向，偏向测量直接影响电流。

块式制动器公式见表 10-91。

表 10-91 块式制动器公式

F 是制动手把末端力，单位为 lb P 是制动轮边缘切向力，单位为 lb μ 是制动块和制动轮之间的摩擦因数	
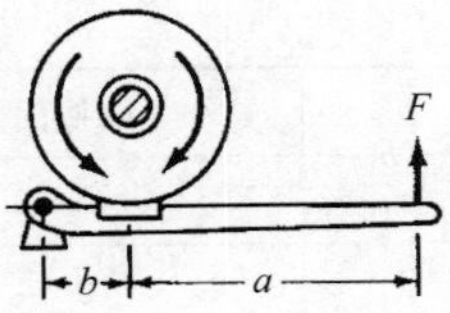 a)	块式制动器 任何一个方向旋转： $F = P\frac{b}{a+b}\times\frac{1}{\mu} = \frac{Pb}{a+b}\left(\frac{1}{\mu}\right)$
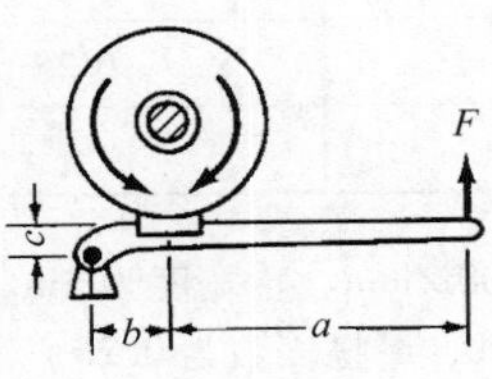 b)	块式制动器 顺时针旋转： $F = \frac{\frac{Pb}{\mu}-Pc}{a+b} = \frac{Pb}{a+b}\left(\frac{1}{\mu}-\frac{c}{b}\right)$ 逆时针旋转： $F = \frac{\frac{Pb}{\mu}+Pc}{a+b} = \frac{Pb}{a+b}\left(\frac{1}{\mu}+\frac{c}{b}\right)$
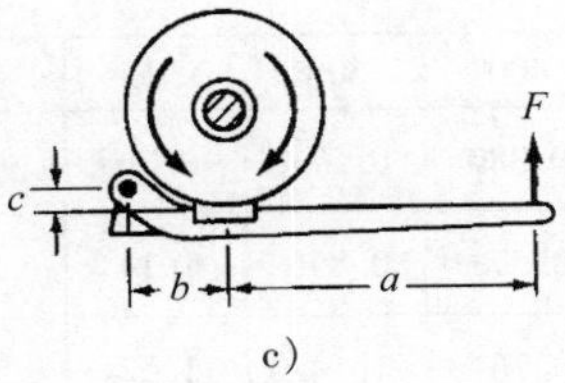 c)	块式制动器 顺时针旋转： $F = \frac{\frac{Pb}{\mu}+Pc}{a+b} = \frac{Pb}{a+b}\left(\frac{1}{\mu}+\frac{c}{b}\right)$ 逆时针旋转： $F = \frac{\frac{Pb}{\mu}-Pc}{a+b} = \frac{Pb}{a+b}\left(\frac{1}{\mu}-\frac{c}{b}\right)$
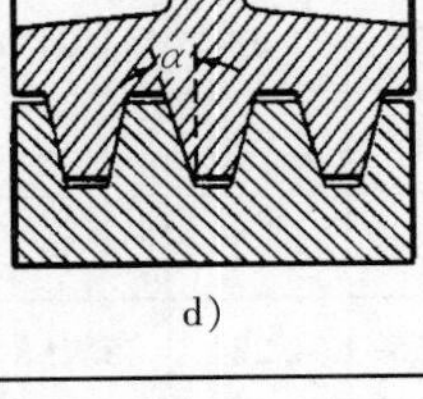 d)	块式制动器的制动轮和摩擦块通常会像图 d）一样开槽。在这种情况下，上面公式中 μ 的替代值就是 $\frac{\mu}{\sin\alpha+\mu\cos\alpha}$，其中 α 是槽表面坡口角的一半

10

10.4.3 动力传输摩擦轮

旋转元件被间歇驱动，驱动速度又不一定是确定的时，常常使用摩擦轮，尤其在传输的动力相对较小的情况下。在一对摩擦盘中从动轮应该总是比主动轮硬质，如果从动轮被载荷压制静止而主动轮在自身压力下转动时，不会很快在从动轮上留下磨损的平点。因此，从动轮常常由铁制造，而主动轮常常由橡胶、纸、皮革、木头、纤维制造或包裹。各种不同材料接触每英寸平面宽度的安全工作压力是：谷草纤维 150，真皮纤维 240，沥青纤维 240，皮革 150，木料 100～150，纸 150。各种不同材料组合的摩擦因数在表 10-92 中给出。摩擦因数较小的应该用在极高速应用中，或者用在载荷下必须开始传输动力的情况。

摩擦轮马力（见表 10-93）：设 D 是摩擦轮直径，单位为 in；N 是每分钟转动数；W 是表面宽度，单位为 in；f 是摩擦因数；P 是力，单位为 lb，每英寸宽度面。则有

$$HP = \frac{3.1416 \times D \times N \times P \times W \times f}{33000 \times 12}$$

假设 $$\frac{3.1416 \times P \times f}{33000 \times 12} = C$$

那么当 $P=100$ 而 $f=0.20$，$C=0.00016$；

当 $P=150$ 而 $f=0.20$，$C=0.00024$；

当 $P=200$ 而 $f=0.20$，$C=0.00032$。

表 10-92 摩擦因数的工况值

材料	摩擦因数	材料	摩擦因数
谷草纤维和铸铁	0.26	沥青纤维和铝	0.18
谷草纤维和铝	0.27	皮革和铸铁	0.14
皮革纤维和铸铁	0.31	皮革和铝	0.22
皮革纤维和铝	0.30	皮革和铅字合金	0.25
沥青纤维和铸铁	0.15	木和金属	0.25
纸和铸铁	0.20		

那么传输的马力就是：

$$HP = D \times N \times W \times C$$

示例：找出一对摩擦轮传输的马力；主动轮直径为 10in，转速为 200r/min。轮宽度为 2in。面上每英寸宽度的力为 150lb，摩擦因数为 0.20。

$$HP = 10 \times 200 \times 2 \times 0.00024 = 0.96hp$$

表 10-93 通过洁净 1in 面纸摩擦轮在 150lb 力下可能传输的马力（洛克伍德制造公司）

摩擦轮直径	每分钟转数										
	25	50	75	100	150	200	300	400	600	800	1000
4	0.023	0.047	0.071	0.095	0.142	0.190	0.285	0.380	0.571	0.76	0.95
6	0.035	0.071	0.107	0.142	0.214	0.285	0.428	0.571	0.856	1.14	1.42
8	0.047	0.095	0.142	0.190	0.285	0.380	0.571	0.761	1.142	1.52	1.90
10	0.059	0.119	0.178	0.238	0.357	0.476	0.714	0.952	1.428	1.90	2.38
14	0.083	0.166	0.249	0.333	0.499	0.666	0.999	1.332	1.999	2.66	3.33
16	0.095	0.190	0.285	0.380	0.571	0.761	1.142	1.523	2.284	3.04	3.80
18	0.107	0.214	0.321	0.428	0.642	0.856	1.285	1.713	2.570	3.42	4.28
24	0.142	0.285	0.428	0.571	0.856	1.142	1.713	2.284	3.427	4.56	5.71
30	0.178	0.357	0.535	0.714	1.071	1.428	2.142	2.856	4.284	5.71	7.14
36	0.214	0.428	0.642	0.856	1.285	1.713	2.570	3.427	5.140	6.85	8.56

（续）

摩擦轮直径	每分钟转数									
	25	50	75	100	150	200	300	400	600	800	1000
42	0.249	0.499	0.749	0.999	1.499	1.999	2.998	3.998	5.997	7.99	9.99
48	0.285	0.571	0.856	1.142	1.713	2.284	3.427	4.569	6.854	9.13	11.42
50	0.297	0.595	0.892	1.190	1.785	2.380	3.570	4.760	7.140	9.52	11.90

10.5 键和键槽

10.5.1 米制普通平键及键槽

ASME B18.25.1M 标准中囊括了针对用于对中轴和轴套还有在轴和轴套之间传输转矩的普通平键以及键槽的要求。这个标准里面包含的键的宽度公差都相对较紧。偏差比基本尺寸要小。宽度公差更松以及偏差比基本尺寸大的键收录在 ASME B18.25.3M 中。这个标准中所有的尺寸单位都是 mm。

1. 与 ISO R773-1969 和 2491-1974 的对比

这个标准基于 ISO 标准 R773-1969，普通平键以及对应键槽，还有 2491-1974，薄型平键以及其对应的键槽（尺寸单位为 mm）。依照这个标准制造的产品可以达到 ISO 标准。因为这个标准中的宽度公差更紧，根据 ISO 标准制造的产品可能达不到这个标准的要求。

这个标准与 ISO 标准的不同在于：①不限制键的拐角必须为倒角，允许键上有倒角或弧形角；②指定了键材料的硬度而不是拉伸性能。

2. 公差

表 10-95 和表 10-96 中展示的很多公差都来自 ANSI B4.2（ISO 286-1 和 ISO 286-2）。因此，除了美国常用的加减公差之外，还有一些基本尺寸的加加或者减减偏差。ANSI B4.2 或 ISO 286 中有关于这种公差的更多解释。

3. 命名

符合这个标准的键应该由下面的信息命名，比较可取的顺序如下：①ASME 文件号；②产品名称；③公称尺寸，宽度 $b\times$ 高度 $h\times$ 长度；④形式；⑤硬度（如果不是非硬式的）。

例：ASME B18.25.1M 普通平键 3×3×15 形式 B。

ASME B18.25.1 M 普通平键 10×6×20 形式 C 硬化。

4. 优选长度和公差

普通平键优选的长度与公差见表 10-94。公差是 JS16。为了最小化平直度缺乏造成的问题，键长度应该比键宽度的 10 倍要小。

表 10-94 普通平键优选的长度与公差

长度	±公差	长度	±公差
6	0.38	90，100，110	1.10
8，10	0.45	125，140，150，180	1.25
12，14，16，18	0.56	200，220，250	1.45
20，22，25，28	0.65	280	1.60
32，36，40，45，50	0.80	320，360，400	1.80
56，63，70，80	0.95		

5. 材料要求

标准钢键硬度至少应该达到 183HV。硬化的键应该是合金钢键通过硬化达到 390～510HV。如要求其他材料和属性，这些标准应该由供应商和顾客达成一致。

6. 尺寸和公差

普通平键的尺寸与公差见表 10-95。键槽的建议尺寸和公差见表 10-96。

表 10-95 和表 10-97 的示意图如图 10-56 所示。

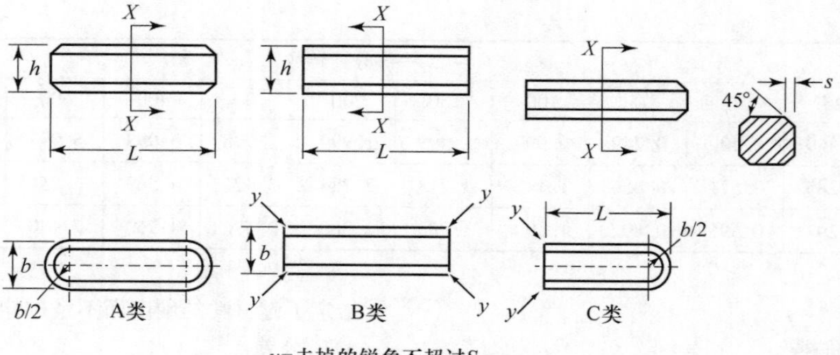

y=去掉的锐角不超过S_{max}

图 10-56 表 10-95 和表 10-97 的示意图

表 10-95 米制普通平键尺寸与公差 ASME B18.25.1M

宽度 b 基本尺寸 /mm	宽度 b 公差 $h8$	厚度 h 基本尺寸	厚度 h 公差 方形，$h8$ 矩形，$h11$	倒角或圆弧角 s 最小	倒角或圆弧角 s 最大	长度范围 从	长度范围 到
方形键							
2	0 -0.014	2	0 -0.014	0.16	0.25	6	20
3		3				6	36
4	0 -0.018	4	0 -0.018			8	45
5		5		0.25	0.40	10	56
6		6				14	70
矩形键							
5	0 -0.018	3	0 -0.060	0.25	0.40	10	56
6		4	0 -0.075			14	70
		5					
8	0 -0.022	7	0 -0.090			18	90
10		6	0 -0.075	0.40	0.60	22	110
		8	0 -0.090				
12	0 -0.027	6	0 -0.075			28	110
		8	0 -0.090				
14		6	0 -0.075		0.60	36	160
		9	0 -0.090				
16		7				45	180
		10					
18		7	0 -0.110			50	200
		11					

（续）

宽度 b 基本尺寸 /mm	宽度 b 公差 h8	厚度 h 基本尺寸	厚度 h 公差 方形，h8 矩形，h11	倒角或圆弧角 s 最小	倒角或圆弧角 s 最大	长度范围 从	长度范围 到
矩形键							
20	0 −0.033	8	0 −0.090	0.60	0.80	56	220
		12	0 −0.110			63	260
22		6	0 −0.075			70	280
		14	0 −0.110			80	320
25		9	0 −0.090			90	360
		14	0 −0.110			100	400
28		10	0 −0.090				
		16	0 −0.110				
32	0 −0.039	11					
		18					
36		12		1.00	1.20		
		20	0 −0.110				
40		22					
45		25					
50		28					
56	0 −0.046	32	0 −0.160				
63		32		1.60	2.00		
70		36					
80		40					
90	0 −0.054	45		2.50	3.00		
100		50					

注：本标准中所有尺寸的单位均为 mm。

表 10-96 和表 10-99 的示意图如图 10-57 所示。

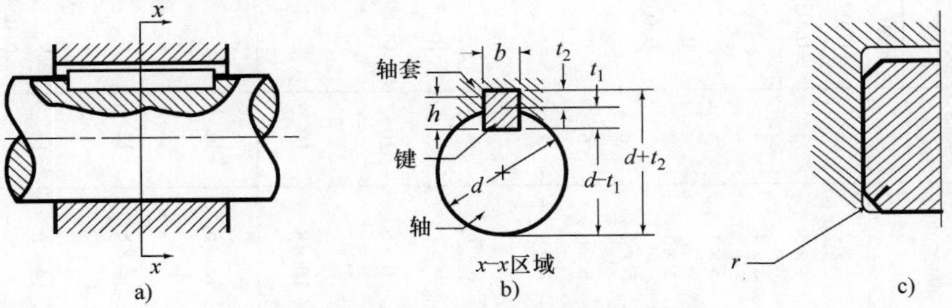

图 10-57　表 10-96 和表 10-99 的示意图

表 10-96 米制普通平键的键槽尺寸与公差 ASME B18.25.1M

键尺寸 $(b\times h)$/(mm×mm)	键槽																
	宽度											深度				半径 r	
	基本尺寸	公差①和对应配合②										轴 t_1		轴套 t_2			
		正常配合				紧密配合		松配合									
		轴		轴套		轴和轴套		轴		轴套							
		N9	配合	JS9	配合	P9	配合	H9	配合	D10	配合	基本尺寸	公差	基本尺寸	公差	Min	Max
2×2	2	-0.004	0.010L	+0.0125	0.0265L	-0.006	0.008L	+0.025	0.039L	+0.060	0.074L	1.2		1			
3×3	3	-0.029	0.029T	-0.0125	0.0125T	-0.031	0.031T	0	0T	+0.020	0.020L	1.8		1.4		0.08	0.16
4×4	4											2.5		1.8			
5×3	5											1.8	+0.1	1.4	+0.1		
5×5	6	0	0.018L	+0.0150	0.033L	-0.012	0.006L	+0.030	0.048L	+0.078	0.096L	3	0	2.8	0		
6×4	6	-0.030	0.030T	-0.0150	0.015T	-0.042	0.042T	0	0T	+0.030	0.030L	2.5		1.8			
6×6	6											3.5		2.8		0.16	0.25
8×5	8											3		2.8			
8×7	8											4	+0.2 0	3.3	+0.1 0		
10×6	10	0 -0.036	0.022L 0.036T	+0.0180 -0.0180	0.040L 0.018T	-0.015 -0.051	0.007L 0.051T	+0.036 0	0.058L 0T	+0.098 +0.040	0.120L 0.040L	3.5	+0.1 0	2.8	+0.1 0		
10×8	10											5	+0.2 0	3.3	+0.2 0		
12×6	12											3.5	+0.1 0	2.8	+0.1 0		
12×8	12											5	+0.2 0	3.3	+0.2	0.25	0.4
14×6	14	0 -0.043	0.027L 0.043T	+0.0215 -0.0215	0.0485L 0.0215T	-0.018 -0.061	0.009L 0.061T	+0.043 0	0.070L 0T	+0.120 +0.050	0.147L 0.050L	3.5	+0.1 0	2.8	+0.1 0		
14×9	14											5.5		3.8			
16×7	16											4		3.3			
16×10	16											6		4.3			
18×7	18											4		3.3			
18×11	18											7		4.4			

20×8	20	0 -0.052	0.033L 0.052T	+0.026 -0.026	0.059L 0.026T	-0.022 -0.074	0.011L 0.074T	+0.052 0	0.085L 0T	+0.149 +0.065	0.182L 0.065L	5	+0.2 0	3.3	+0.2 0	0.4	0.06
20×12	20											7.5		4.9			
22×9	22											5.5		3.8			
22×14	22											9		5.4			
25×9	25											5.5		3.8			
25×14	25											9		5.4			
28×10	28											6		4.3			
28×16	28											10		6.4			
32×11	32	0 -0.062	0.039L 0.062T	+0.031 -0.031	0.070L 0.031T	-0.026 -0.088	0.013L 0.088T	+0.062 0	0.101L 0T	+0.180 +0.080	0.219L 0.080L	7[3]		4.4			
32×18	32											11[3]		7.4			
36×12	36											7.5[3]		4.9		0.7	1.0
36×20	36											12	+0.3 0	8.4	+0.3 0		
40×22	40											13		9.4			
45×25	45											15		10.4			
50×28	50											17		11.4			
56×32	56	0 -0.074	0.046L 0.074T	+0.037 -0.037	0.083L 0.037T	-0.032 -0.106	0.014L 0.106T	+0.074 0	0.120L 0T	+0.220 +0.100	0.266L 0.100L	20		12.4		1.2	1.6
63×32	63											20		12.4			
70×36	70											22		14.4			
80×40	80											25		15.4		2.0	2.5
90×45	90	0 -0.087	0.054 0.87T	+0.0435 -0.0435	0.0975L 0.0435T	-0.037 -0.1254	0.017L 0.1254T	+0.087 0	0.139L 0T	+0.260 +0.120	0.314L 0.120L	28		17.4			
100×50	100											31		19.5			

① 有的公差的表示带有加加标志。

② 对应配合：L 代表键和键槽之间的间隙；T 代表键和键槽之间的干涉。

③ 这个值与 ASME B18. 25. 1M 中给出的不同，ASME B18. 25. 1M 的值不够准确。

10.5.2 米制普通平键与键槽：宽度公差和大于基本尺寸的偏差

ASME B18.25.3M 标准中囊括了针对用于对中轴和轴套，还有在轴和轴套之间传输转矩的普通平键以及键槽的要求。这个标准里面包含的键的宽度公差都相对较松。所有宽度公差均为正。ASME B18.25.1M 中包含了宽度公差为负和公差带较小的键。普通平键的尺寸与公差见表 10-97 中。推荐的键槽尺寸见表 10-99。该标准中的尺寸单位均为 mm。

1. 与 ISO R773-1969 和 2491-1974 的对比

这个标准比 ISO 标准 R773-1969 和 2491-1974 的公差宽松。依照这个标准制造的产品不可以与 ISO 标准制造的产品尺寸互换，以 ISO 标准制造的产品也不可以与依照这个标准制造的产品尺寸互换。ISO 标准不包含硬化的键。

2. 优选长度和公差

普通平键优选的长度与公差见表 10-98。公差是 ANSI B4.2 的 JS16。为了最小化平直度缺乏造成的问题，键长度应该比键宽度的 10 倍要小。

表 10-97 米制普通平键尺寸与公差 ASME B18.25.3M-1998

宽度 *b*		厚度 *h*		倒角或圆弧角 *s*		长度范围	
基本尺寸	公差	基本尺寸	公差	最小	最大	从	到
方形键							
2	+0.040 −0.000	2	+0.040 −0.000	0.16	0.25	6	20
3		3					36
4	+0.045 −0.000	4	+0.045 −0.000			8	45
5		5		0.25	0.40	10	56
6		6				14	70
矩形键							
5	+0.045 −0.000	3	+0.160 −0.000	0.25	0.40	10	56
6		4	+0.175 −0.000			14	70
8	+0.050 −0.000	5				18	90
		7	+0.190 −0.000				
10		6	+0.175 −0.000	0.40	0.60	22	110
		8	+0.190 −0.000				
12	+0.075 −0.000	6	+0.175 −0.000	0.40	0.60	28	140
		8	+0.190 −0.000				
14		6	+0.175 −0.000			36	160
		9	+0.190 −0.000				
16		7				45	180
		10					
18		7				50	200
		11	+0.210 −0.000				

（续）

宽度 b		厚度 h		倒角或圆弧角 s		长度范围	
基本尺寸	公差	基本尺寸	公差	最小	最大	从	到
矩形键							
20	+0.050 −0.033	8	+0.190 −0.000	0.60	0.80	56	
		12	+0.210 −0.000			63	
22		6	+0.175 −0.000			70	280
		14	+0.210 −0.000			80	320
25		9	+0.210 −0.000			90	360
		14	+0.190 −0.000			100	400
28		10	+0.210 −0.000				
		16	+0.280 −0.000				
32	+0.090 −0.000	11					
		18					
36		12		1.00	1.20		
		20					
40		22					
45		25					
50		28	+0.310 −0.000				
56	+0.125 −0.000	32		1.60	2.00		
63		32					
70		36					
80		40		2.50	3.00		
90	+0.135 −0.000	45					
100		50					

注：宽度公差及偏差大于基本尺寸。

表 10-98　普通平键优选的长度与公差

长度	±公差	长度	±公差
6	0.375	90，100，110	1.10
8，10	0.45	125，140，160，180	1.25
12，14，16，18	0.55	200，220，250	1.45
20，22，25，28	0.65	280	1.60
32，36，45，50	0.80	320，360，400	1.80
56，63，70，80	0.95		

表 10-99 米制普通平键的键槽尺寸与公差 ASME B18.25.3M-1998

键尺寸 $b\times h$	键槽宽度													键槽深度				半径 r
	公称	公差和对应配合①												轴 t_1		轴套 t_2		
		正常配合				紧密配合		松配合										
		轴		轴套		轴和轴套		轴		轴套								
		公差	配合	公差	配合	公差	配合	公差	配合	公差	配合			公称	公差	公称	公差	Max
2×2	2	+0.040 +0.010	0.040L 0.030T	+0.050 +0.025	0.050L 0.015T	+0.034 -0.008	0.034L 0.032T	+0.066 +0.040	0.066L 0T	+0.086 +0.060	0.086L 0.020L			1.2		1		
3×3	3													1.8		1.4		0.16
4×4	4													2.5		1.8		
5×3	5													1.8	+0.1 0	1.4	+0.1 0	
5×5	5	+0.045 +0.015	0.045L 0.030T	+0.060 +0.015	0.060L 0.015T	+0.035 -0.005	0.035L 0.040T	+0.075 +0.045	0.075L 0T	+0.105 +0.075	0.105L 0.030L			3		2.8		
6×4	6													2.5		1.8		
6×6	6													3.5		2.8		0.25
8×5	8													3		2.8		
8×7	8													4	+0.2 0	3.3	+0.2 0	
10×6	10	+0.055 +0.015	0.055L 0.035T	+0.075 +0.035	0.075L 0.015T	+0.040 0.000	0.040L 0.050T	+0.090 +0.050	0.090L 0T	+0.130 +0.090	0.130L 0.040L			3.5	+0.1 0	2.8	+0.1 0	
10×8	10													5	+0.2 0	3.3	+0.2 0	
12×6	12													3.5	+0.1 0	2.8	+0.1 0	
12×8	12													5	+0.2 0	3.3	+0.2 0	0.6
14×6	14													3.5	+0.1 0	2.8	+0.1 0	
14×9	14	+0.080 -0.030	0.080L 0.045T	+0.095 +0.055	0.095L 0.020T	+0.055 -0.015	0.055L 0.060T	+0.135 +0.075	0.135L 0T	+0.185 +0.125	0.185L 0.050L			5.5		3.8		

16×7	16									4		3.3		
16×10	16									6		4.3		
18×7	18									4		3.3		
18×11	18									7		4.4		
20×8	20									5		3.3		
20×12	10									7.5		4.9		
22×9	10									5.5		3.8		
22×14	22	+0.085 -0.035	0.085L 0.050T	+0.110 +0.060	0.110L 0.025T	+0.050 -0.010	0.050L 0.075T	+0.135 +0.085	0.150L 0T	+0.200 +0.110	0.200L 0.065L	9	+0.2 0	5.4	+0.2 0	0.6
25×9	25									5.5		3.8		
25×14	25									9		5.4		
28×10	28									6		4.3		
28×16	28									10		6.4		
32×11	32									7[②]		4.4		
32×18	32									11[②]		7.4		
36×12	36									7.5[②]		4.9		
56×32	56	+0.110 -0.050	0.110L 0.075T	+0.170 +0.090	0.170L 0.035T	+0.090 -0.020	0.090L 0.105T	+0.200 +0.125	0.225L 0T	+0.300 +0.225	0.300L 0.100L	20		12.4		1.6
63×32	63													
70×36	70									22		14.4		
80×40	80									25		15.4		
90×45	90	+0.130 -0.050	0.130L 0.085T	+0.180 +0.090	0.180L 0.045T	+0.095 -0.015	0.095L 0.120T	+0.225 +0.135	0.225L 0T	+0.340 +0.255	0.340L 0.120L	28		17.4		2.5
100×50	100									31		19.5		

注：宽度公差及偏差大于基本尺寸。

① 注明“配合”的列中，L 表示键和键槽之间的最大间隙；T 表示键和键槽之间的最大干涉。

② 这个值与 ASME B18.25.3M 中给出的不同，ASME B18.25.3M 的值被认为不够准确。

3. 公差

表 10-97 和表 10-99 中列出的大部分公差都来自 ANSI B4.2（ISO 286-1 和 ISO 286-2）。因此，除了美国常用的加减公差以外，还有一些与基本尺寸偏差的减减的表达方式。

4. 命名

符合这个标准的键应该由下面的信息命名，比较可取的顺序如下：①ASME 文件号；②产品名称；③公称尺寸，宽度 $b\times$ 高度 $h\times$ 长度；④形式；⑤硬度（如果不是非硬式的）。

视情况，也可以使用按 ASME B18.24.1 的零件识别号（PIN）。

5. 材料要求

与 ASME B18.25.1M 的要求一样。

根据轴径的米制键槽尺寸见表 10-100。

表 10-100 根据轴径的米制键槽尺寸

基于 BS 4235：卷 1：1972（1986）

公称轴径 d		键的尺寸	公称键槽宽	公称轴径 d		键的尺寸	公称键槽宽
>	≤	$b\times h$	b	>	≤	$b\times h$	b
方形平行键槽				矩形平行键槽			
6	8	2×2	2	85	95	25×14	25
8	10	3×3	3	95	110	28×16	28
10	12	4×4	4	110	130	32×18	32
12	17	5×5	5	130	150	36×20	36
17	22	6×6	6	150	170	40×22	40
矩形平行键槽				170	200	45×25	45
22	30	8×7	8	200	230	50×28	50
30	38	10×8	10	230	260	56×32	56
38	44	12×8	12	260	290	63×32	63
44	50	14×9	14	290	330	70×36	70
50	58	16×10	16	330	380	80×40	80
58	65	18×11	16	380	440	90×45	90
65	75	20×12	20	440	500	100×50	100
75	85	22×14	22	—	—	—	—

注：这个表不是 ASME B18.25.1M 或 ASME B18.25.3M 的一部分，只是在参考中包含。选择合适尺寸和类型的键必须取决于设计权威。

10.5.3 米制半圆键与键槽

ASME B18.25.2M 标准中囊括了针对用于对中轴和轴套，还有在轴和轴套之间传输扭矩的半圆键以及键槽的要求。这个标准中所有的尺寸单位都是 mm。半圆键的尺寸和公差见表 10-101。键槽的推荐尺寸和公差见表 10-102。

1. 与 ISO 3912-1977 的对比

这个标准基于 ISO 3912-1977，半圆键和键槽。但是，为了提高工艺性，键槽宽度的公差减少了。结果对应的配合还是大致一样。依照这个标准制造的键可以与按照 ISO 标准制造的键功能互换。因为这个标准的宽度公差更紧，依照 ISO 标准制造的产品可能不能达到这个标准的要求。

ASME B18.25.2M 与 ISO3912 标准还有以下不同：①不限制键的拐角必须倒角，允许键上有倒角或弧形角；②指定了键材料的硬度而不是拉伸性能；③制定了键高度公差为 h12 而不是 h11。

2. 公差

表 10-101 和表 10-102 中列出的大部分公差都来自 ANSI B4.2，优选米制限制和配合（ISO 286-1 和 ISO 286-2）。因此，除了美国常用的加减公差以外，还有一些与基本尺寸偏差的加加的表达方式。

3. 命名

符合这个标准的键应该由下面的信息命名，比较可取的顺序如下：①ASME 文件号；②产品名称；③公称尺寸，宽度 $b\times$ 高度 $h\times$ 长度；④形式；⑤硬度（如果不是非硬式的）。

示例：ASME B18.25.2M，半圆键 6×10×25 正常硬化；

ASME B18.25.2M，半圆键 3×5×13 惠特尼。

表 10-101 米制半圆键尺寸 ASME B18. 25. 2M-1996

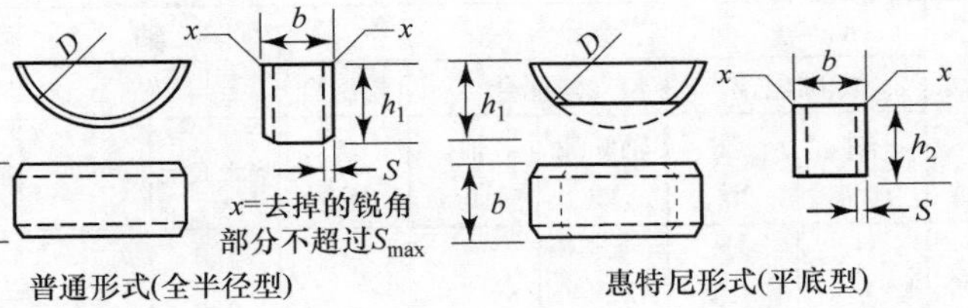

键的尺寸 $b\times h\times D$	宽度 b	宽度 公差	高度 h_1	高度 公差 h_{12}	高度 $h_2$①	高度 公差 h_{12}	直径 D	直径 公差 h_{12}	倒角或圆弧角 S Min	倒角或圆弧角 S Max
1×1.4×4	1		1.4		1.1		4	0 -0.120		
1.5×2.6×7	1.5		2.6	0 -0.10	2.1		7			
2×2.6×7	2		2.6		2.1	0 -0.10	7			
2×3.7×10	2		3.7		3.0		10	0 -0.150	0.16	0.25
2.5×3.7×10	2.5		3.7	0 -0.12	3.0		10			
3×5×13	3		5.0		4.0		13			
3×6.5×16	3		6.5		5.2		16	0 -0.180		
4×6.5×16	4		6.5		5.2		16			
4×7.5×19	4	0 -0.025	7.5		6.0	0 -0.12	19	0 -0.210		
5×6.5×16	5		6.5	0 -0.15	5.2		16	0 -0.180		
5×7.5×19	5		7.5		6.0		19		0.25	0.40
5×9×22	5		9.0		7.2		22			
6×9×22	6		9.0		7.2		22	0 -0.210		
6×10×25	6		10.0		8.0	0 -0.15	25			
8×11×28	8		11.0		8.8		28			
10×13×32	10		13.0	0 -0.18	10.4	0 -0.18	32	0 -0.250	0.40	0.60

① 高度 h_2 基于 0.80 乘以高度 h_1。

表 10-102 米制半圆键键槽尺寸 ASME B18. 25. 2M-1996

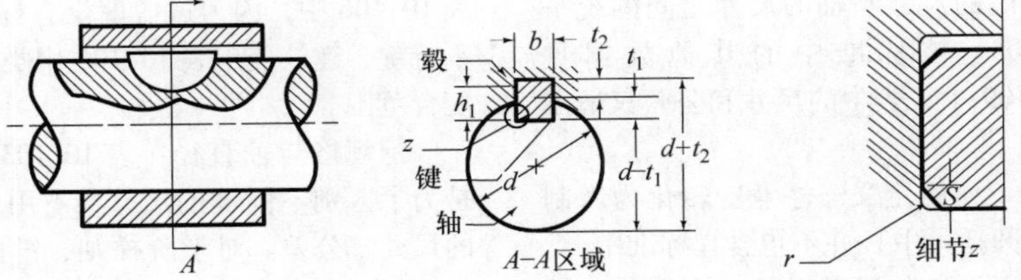

（续）

键尺寸[①] $b\times h_1\times D$	宽度						深度				半径 r	
	基本尺寸	公差[②]					轴 t_1		毂 t_2			
		标准配合		紧配合	松配合							
		轴 N9	毂 S9	轴和毂 P9	轴 H9	毂 D10	基本尺寸	公差	基本尺寸	公差	Max	Min
1×1.4×4	1						1.0		0.6			
1.5×2.6×7	1.5						2.0		0.8			
2×2.6×7	2						1.8	+0.1 0	1.0			
2×3.7×10	2	−0.004 −0.029	+0.0125 −0.0125	−0.006 −0.031	+0.025 0	+0.60 +0.20	2.9		1.0		0.16	0.08
2.5×3.7×10	2.5						2.7		1.2			
3×5×13	3						3.8		1.4			
3×6.5×16	3						5.3		1.4	+0.1 0		
4×6.5×16	4						5.0		1.8			
4×7.5×19	4						6.0	+0.2 0	1.8			
5×6.5×16	5						4.5		2.3			
5×7.5×19	5	−0.030 0	+0.015 −0.015	−0.012 −0.042	+0.030 0	+0.078 +0.030	5.5		2.3		0.25	0.16
5×9×22	5						7.0		2.3			
6×9×22	6						6.5		2.8			
6×10×25	6						7.5	+0.3 0	2.8			
8×11×28	8	0	+0.018	−0.015	+0.036	+0.098	8.0		3.3	+0.2 0	0.4	0.25
10×13×32	10	−0.036	−0.018	−0.051	0	+0.040	10.0		3.3			

① 键的公称直径是键的直径的最小值。

② 有的公差用加加或者减减符号表达。

4. 材料要求

与 ASME B18.25.1M 的要求一样。

5. 半圆键优势

在半圆键系统中，使用钢制半圆盘作为键，键的半圆一侧插入键槽。键的一部分就像普通的键一样，突出进入将要接合在轴上的零件的键槽里。这种类型的键所具有的优势就是其键槽铣削简便，只需将直径与制键的材料直径一样的铣刀插入轴中即可。键的制造成本也很低，因为只需从圆料中切割出来，然后从中间铣开即可。

6. ANSI 标准英寸制系列键和键槽

美国国家标准，B17.1 键与键槽，基于目前的工业实际，于1967 年通过，2008 年重申。该标准设定了平行键和锥形键的尺寸与轴的尺寸之间的统一关系，见表 10-103。该标准中的其他数据见表 10-104 ~ 表 10-109 中，表中的尺寸和公差仅适用于单键。

标准中给出了下面的定义。注意：转化为米制尺寸的寸制尺寸（圆括号中）并不包含在标准中。

键：键是一个可拆卸的机械零件，在组装进键槽中后，为轴和轴套之间传输扭矩提供一个正面的方式。

键槽：键槽是轴向位于轴或轴套中的矩形槽。

该标准认为用于工业上的平行键的键料分为两种：一种是封闭的，正公差键料；另一种是宽的负公差条料。基于对以上两种类型键料的使用，延伸出两种类型的配合。

类型 1：使用条料的键和键槽间隙所得到的间隙或者金属与金属的侧面配合列在表 10-106 中。该配合是一个相对的松配合，并且仅适用于平行键。

类型 2：使用键料和键槽间隙得到的侧面配合，可能有间隙或者干涉，列在表 10-106 中。这是一种相对紧的配合。

类型 3：这种类型是过盈侧面配合，没有包含在表 10-106 中，因为过盈度没有标准化。但是，针对平行键，建议使用表 10-106 中类型 2 的顶部和底部配合范围。

键规格与轴直径：表 10-103 列出了轴的直径，是为了区别不同键的尺寸，不用于制定或者选择轴的尺寸、公差。对于阶梯轴，键的尺寸是由轴在键的键入点处的直径决定的。直径在 6½ in（165.1mm）以下的轴优先选择方形键，直径更大的轴优先选择矩形键。

如果有特别的考虑，要求使用比优选公称深度要浅的轴套上键槽，推荐在轴上总是使用优选的公称标准键槽。

键槽对中公差：键槽在轴和孔的最大偏移（因为键槽中心线到轴中心线或孔中心线的平行位移）公差为 0.010in（0.254mm）。对键槽在轴和孔的最大螺距公差（因为键槽中心线到轴中心线或孔中心线的角位移，垂直轴或孔中心线测量）指定如下：键槽长度≤4in（101.6mm）的，公差为 0.002in（0.0508mm）；4in < 键槽长度≤10in（254mm）的，每英寸长度公差为 0.0005in（0.0127mm 每 mm）；键槽长度 > 10in 的，公差为 0.005in（0.127mm）。图 10-58 所示为轴和轴套的深度控制值。

表 10-103　键尺寸与轴直径 ANSI B17.1-1967（R2008）

轴公称直径		键公称尺寸			正常键槽深度	
			高度 H		$H/2$	
>	≤	宽度 W	方形	矩形	方形	矩形
5/16	7/16	3/32	3/32	—	3/64	—
7/16	9/16	1/8	1/8	3/32	1/16	3/64
9/16	7/8	3/16	3/16	1/8	3/32	1/16
7/8	1 1/4	1/4	1/4	3/16	1/8	3/32
1 1/4	1 3/8	5/16	5/16	1/4	5/32	1/8
1 3/8	1 3/4	3/8	3/8	1/4	3/16	1/8
1 3/4	2 1/4	1/2	1/2	3/8	1/4	3/16
2 1/4	2 3/4	5/8	5/8	7/16	5/16	7/32
2 3/4	3 1/4	3/4	3/4	1/2	3/8	1/4
3 1/4	3 3/4	7/8	7/8	5/8	7/16	5/16
3 3/4	4 1/2	1	1	3/4	1/2	3/8
4 1/2	5 1/2	1 1/4	1 1/4	7/8	5/8	7/16
5 1/2	6 1/2	1 1/2	1 1/2	1	3/4	1/2
方形键优先的轴直径在此线之上，矩形键的在此线之下						
6 1/2	7 1/2	1 3/4	1 3/4	1 1/2①	7/8	3/4
7 1/2	9	2	2	1 1/2	1	3/4
9	11	2 1/2	2 1/2	1 3/4	1 1/4	7/8

注：所有尺寸均为 in。轴的尺寸更大的数据，查看 ANSI 标准半圆键和键槽。

① 有的键标准是 1 1/4in；优先高度是 1 1/2in。

表 10-104　轴和轴套的深度控制值 S 和 T ANSI B17.1-1967（R2008）　（单位：in）

轴公称直径	轴，平行及锥形		轴套，平行		轴套，锥形	
	方形	矩形	方形	矩形	方形	矩形
	S	S	T	T	T	T
1/2	0.430	0.445	0.560	0.544	0.535	0.519
9/16	0.493	0.509	0.623	0.607	0.598	0.582
5/8	0.517	0.548	0.709	0.678	0.684	0.653
11/16	0.581	0.612	0.773	0.742	0.748	0.717
3/4	0.644	0.676	0.837	0.806	0.812	0.781
13/16	0.708	0.739	0.900	0.869	0.875	0.844
7/8	0.771	0.802	0.964	0.932	0.939	0.097
15/16	0.796	0.827	1.051	1.019	1.026	0.994
1	0.859	0.890	1.114	1.083	1.089	1.058

（续）

轴公称直径	轴，平行及锥形		轴套，平行		轴套，锥形	
	方形	矩形	方形	矩形	方形	矩形
	S	S	T	T	T	T
$1\frac{1}{16}$	0.923	0.954	1.178	1.146	1.153	1.121
$1\frac{1}{8}$	0.986	1.017	1.241	1.210	1.216	1.185
$1\frac{3}{16}$	1.049	1.080	1.304	1.273	1.279	1.248
$1\frac{1}{4}$	1.112	1.144	1.367	1.336	1.342	1.311
$1\frac{5}{16}$	1.137	1.169	1.455	1.424	1.430	1.399
$1\frac{3}{8}$	1.201	1.232	1.518	1.487	1.493	1.462
$1\frac{7}{16}$	1.225	1.288	1.605	1.543	1.580	1.518
$1\frac{1}{2}$	1.289	1.351	1.669	1.606	1.644	1.581
$1\frac{9}{16}$	1.352	1.415	1.372	1.670	1.707	1.645
$1\frac{5}{8}$	1.416	1.478	1.796	1.733	1.771	1.708
$1\frac{11}{16}$	1.479	1.541	1.859	1.796	1.834	1.771
$1\frac{3}{4}$	1.542	1.605	1.922	1.860	1.897	1.835
$1\frac{13}{16}$	1.527	1.590	2.032	1.970	2.007	1.945
$1\frac{7}{8}$	1.591	1.654	2.096	2.034	2.071	2.009
$1\frac{15}{16}$	1.655	1.717	2.160	2.097	2.135	2.072
2	1.718	1.781	2.223	2.161	2.198	2.136
$2\frac{1}{16}$	1.782	1.844	2.287	2.224	2.262	2.199
$2\frac{1}{8}$	1.845	1.908	2.350	2.288	2.325	2.263
$2\frac{3}{16}$	1.909	1.971	2.414	2.351	2.389	2.326
$2\frac{1}{4}$	1.972	2.034	2.477	2.414	2.452	2.389
$2\frac{5}{16}$	1.957	2.051	2.587	2.493	2.562	2.468
$2\frac{3}{8}$	2.021	2.114	2.651	2.557	2.626	2.532
$2\frac{7}{16}$	2.084	2.178	2.714	2.621	2.689	2.596
$2\frac{1}{2}$	2.148	2.242	2.778	2.684	2.753	2.659
$2\frac{9}{16}$	2.211	2.305	2.841	2.748	2.816	2.723
$2\frac{5}{8}$	2.275	2.369	2.905	2.811	2.880	2.786
$2\frac{11}{16}$	2.338	2.432	2.968	2.874	2.943	2.849
$2\frac{3}{4}$	2.402	2.495	3.032	2.938	3.007	2.913
$2\frac{13}{16}$	2.387	2.512	3.142	3.017	3.117	2.992
$2\frac{7}{8}$	2.450	2.575	3.205	3.080	3.180	3.055
$2\frac{15}{16}$	2.514	2.639	3.269	3.144	3.244	3.119
3	2.577	2.702	3.332	3.207	3.307	3.182
$3\frac{1}{16}$	2.641	2.766	3.396	3.271	3.371	3.246
$3\frac{1}{8}$	2.704	2.829	3.459	3.334	3.434	3.309
$3\frac{3}{16}$	2.768	2.893	3.523	3.398	3.498	3.373
$3\frac{1}{4}$	2.831	2.956	3.586	3.461	3.561	3.436
$3\frac{5}{16}$	2.816	2.941	3.696	3.571	3.671	3.546
$3\frac{3}{8}$	2.880	3.005	3.760	3.635	3.735	3.610
$3\frac{7}{16}$	2.943	3.068	3.823	3.698	3.798	3.673
$3\frac{1}{2}$	3.007	3.132	3.887	3.762	3.862	3.737

（续）

轴公称直径	轴，平行及锥形		轴套，平行		轴套，锥形	
	方形	矩形	方形	矩形	方形	矩形
	S	*S*	*T*	*T*	*T*	*T*
$3\frac{9}{16}$	3.070	3.195	3.950	3.825	3.925	3.800
$3\frac{5}{8}$	3.134	3.259	4.014	3.889	3.989	3.864
$3\frac{11}{16}$	3.197	3.322	4.077	3.952	4.052	3.927
$3\frac{3}{4}$	3.261	3.386	4.141	4.016	4.116	3.991
$3\frac{13}{16}$	3.246	3.371	4.251	4.126	4.226	4.101
$3\frac{7}{8}$	3.309	3.434	4.314	4.189	4.289	4.164
$3\frac{15}{16}$	3.373	3.498	4.378	4.253	4.353	4.228
4	3.436	3.561	4.441	4.316	4.416	4.291
$4\frac{3}{16}$	3.627	3.752	4.632	4.507	4.607	4.482
$4\frac{1}{4}$	3.690	3.815	4.695	4.570	4.670	4.545
$4\frac{3}{8}$	3.817	3.942	4.822	4.697	4.797	4.672
$4\frac{7}{16}$	3.880	4.005	4.885	4.760	4.860	4.735
$4\frac{1}{2}$	3.944	4.069	4.949	4.824	4.924	4.799
$4\frac{3}{4}$	4.041	4.229	5.296	5.109	5.271	5.084
$4\frac{7}{8}$	4.169	4.356	5.424	5.236	5.399	5.211
$4\frac{15}{16}$	4.232	4.422	5.487	5.300	5.462	5.275
5	4.296	4.483	5.551	5.363	5.526	5.338
$5\frac{3}{16}$	4.486	4.674	5.741	5.554	5.716	5.529
$5\frac{1}{4}$	4.550	4.737	5.805	5.617	5.780	5.592
$5\frac{7}{16}$	4.740	4.927	5.995	5.807	5.970	5.782
$5\frac{1}{2}$	4.803	4.991	6.058	5.871	6.033	5.846
$5\frac{3}{4}$	4.900	5.150	6.405	6.155	6.380	6.130
$5\frac{15}{16}$	5.091	5.341	6.596	6.346	6.571	6.321
6	5.155	5.405	6.660	6.410	6.635	6.385
$6\frac{1}{4}$	5.409	5.659	6.914	6.664	6.889	6.639
$6\frac{1}{2}$	5.662	5.912	7.167	6.917	7.142	6.892
$6\frac{3}{4}$	5.760	5.885①	7.515	7.390①	7.490	7.365①
7	6.014	6.139①	7.769	7.644①	7.744	7.619①
$7\frac{1}{4}$	6.268	6.393①	8.023	7.898①	7.998	7.873①
$7\frac{1}{2}$	6.521	6.646①	8.276	8.151①	8.251	8.126①
$7\frac{3}{4}$	6.619	6.869	8.624	8.374	8.599	8.349
8	6.873	7.123	8.878	8.628	8.853	8.603
9	7.887	8.137	9.982	9.642	9.867	9.617
10	8.591	8.966	11.096	10.721	11.071	10.696
11	9.606	9.981	12.111	11.736	12.086	11.711
12	10.309	10.809	13.314	12.814	13.289	12.789
13	11.325	11.825	14.330	13.830	14.305	13.805
14	12.028	12.528	15.533	15.033	15.508	15.008
15	13.043	13.543	16.548	16.048	16.523	16.023

① $1\frac{3}{4}\times1\frac{1}{2}$in 的键。

表 10-105 ANSI 标准平头键和钩头键 ANSI B17.1-1967（R2008） （单位：in）

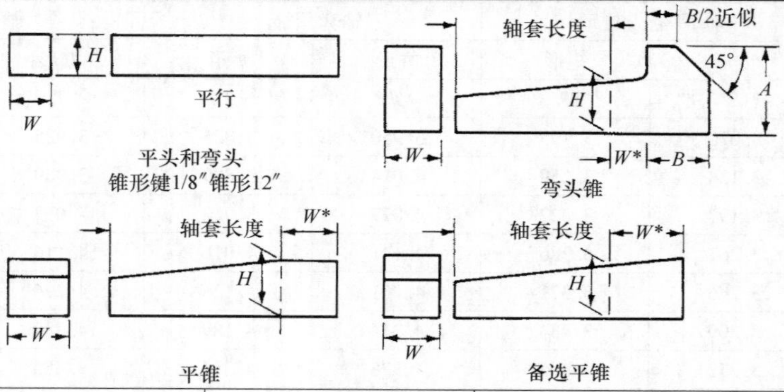

键			键工程尺寸 宽度 W		公差			
			>	≤	宽度 W		高度 H	
平行	方形	键料	—	1 1/4	+0.001	−0.000	+0.001	−0.000
			1 1/4	3	+0.002	−0.000	+0.002	−0.000
			3	3 1/2	+0.003	−0.000	+0.003	−0.000
		条料	—	3/4	+0.000	−0.002	+0.000	−0.002
			3/4	1 1/2	+0.000	−0.003	+0.000	−0.003
			1 1/2	2 1/2	+0.000	−0.004	+0.000	−0.004
			2 1/2	3 1/2	+0.000	−0.006	+0.000	−0.006
	矩形	键料	—	1 1/4	+0.001	−0.000	+0.005	−0.005
			1 1/4	3	+0.002	−0.000	+0.005	−0.005
			3	7	+0.003	−0.000	+0.005	−0.005
		条料	—	3/4	+0.000	−0.003	+0.000	−0.003
			3/4	1 1/2	+0.000	−0.004	+0.000	−0.004
			1 1/2	3	+0.000	−0.005	+0.000	−0.005
			3	4	+0.000	−0.006	+0.000	−0.006
			4	6	+0.000	−0.008	+0.000	−0.008
			6	7	+0.000	−0.013	+0.000	−0.013
锥形	平头或弯头 方形或矩形		—	1 1/4	+0.001	−0.000	+0.005	−0.000
			1 1/4	3	+0.002	−0.000	+0.005	−0.000
			3	7	+0.003	−0.000	+0.005	−0.000

弯头公称尺寸

键工程尺寸 W	方形 H	方形 A	方形 B	矩形 H	矩形 A	矩形 B	键工程尺寸 W	方形 H	方形 A	方形 B	矩形 H	矩形 A	矩形 B
1/8	1/8	1/4	1/4	3/32	3/16	1/8	1	1	1 5/8	1 1/8	3/4	1 1/4	7/8
3/16	3/16	5/16	5/16	1/8	1/4	1/4	1 1/4	1 1/4	2	1 7/16	7/8	1 3/8	1
1/4	1/4	7/16	3/8	3/16	5/16	5/16	1 1/2	1 1/2	2 3/8	1 3/4	1	1 5/8	1 1/8
5/16	5/16	1/2	7/16	1/4	7/16	3/8	1 3/4	1 3/4	2 3/4	2	1 1/2	2 3/8	1 3/4
3/8	3/8	5/8	1/2	1/4	7/16	3/8	2	2	3 1/2	2 1/4	1 1/2	2 3/8	1 3/4
1/2	1/2	7/8	5/8	3/8	5/8	1/2	2 1/2	2 1/2	4	3	1 3/4	2 3/4	2
5/8	5/8	1	3/4	7/16	3/4	9/16	3	3	5	3 1/2	2	3 1/2	2 1/4
3/4	3/4	1 1/4	7/8	1/2	7/8	5/8	3 1/2	3 1/2	6	4	2 1/2	4	3
7/8	7/8	1 3/8	1	5/8	1	3/4	—	—	—	—	—	—	—

注：1. * 对于在尺寸 H 定位的。公差不适用。

2. 尺寸更大的，设定 A 和 B 建议使用以下关系作为指导：$A=1.8H$，$B=1.2H$。

表 10-106 ANSI 标准平行和锥形键配合 ANSI B17.1-1967（R2008） （单位：in）

键的类型	键宽		侧边配合			顶部与底部配合			
			宽度公差		配合范围①	深度公差			配合范围①
	>	≤	键	键槽		键	轴键槽	轴套键槽	
平行键类型 1 配合									
方形	—	½	+0.000 −0.002	+0.002 −0.000	0.004 CL 0.000	+0.000 −0.002	+0.000 −0.015	+0.010 −0.000	0.032 CL 0.005 CL
	½	¾	+0.000 −0.002	+0.003 −0.000	0.005 Cl 0.000	+0.000 −0.002	+0.000 −0.015	+0.010 −0.000	0.032 CL 0.005 CL
	¾	1	+0.000 −0.003	+0.003 −0.000	0.006 CL 0.000	+0.000 −0.003	+0.000 −0.015	+0.010 −0.000	0.033 CL 0.005 CL
	1	1½	+0.000 −0.003	+0.004 −0.000	0.007 CL 0.000	+0.000 −0.003	+0.000 −0.015	+0.010 −0.000	0.033 CL 0.005 CL
	1½	2½	+0.000 −0.004	+0.004 −0.000	0.008 CL 0.000	+0.000 −0.004	+0.000 −0.015	+0.010 −0.000	0.034 CL 0.005 CL
	2½	3½	+0.000 −0.006	+0.004 −0.000	0.010 CL 0.000	+0.000 −0.006	+0.000 −0.015	+0.010 −0.000	0.036 CL 0.005 CL
矩形	—	½	+0.000 −0.003	+0.002 −0.000	0.005 CL 0.000	+0.000 −0.003	+0.000 −0.015	+0.010 −0.000	0.033 CL 0.005 CL
	½	¾	+0.000 −0.003	+0.003 −0.000	0.006 CL 0.000	+0.000 −0.003	+0.000 −0.015	+0.010 −0.000	0.033 CL 0.005 CL
	¾	1	+0.000 −0.004	+0.003 −0.000	0.007 CL 0.000	+0.000 −0.004	+0.000 −0.015	+0.010 −0.000	0.034 CL 0.005 CL
	1	1½	+0.000 −0.004	+0.004 −0.000	0.008 CL 0.000	+0.000 −0.004	+0.000 −0.015	+0.010 −0.000	0.034 CL 0.005 CL
	1½	3	+0.000 −0.005	+0.004 −0.000	0.009 CL 0.000	+0.000 −0.005	+0.000 −0.015	+0.010 −0.000	0.035 CL 0.005 CL
	3	4	+0.000 −0.006	+0.004 −0.000	0.010 CL 0.000	+0.000 −0.006	+0.000 −0.015	+0.010 −0.000	0.036 CL 0.005 CL
	4	6	+0.000 −0.008	+0.004 −0.000	0.012 CL 0.000	+0.000 −0.008	+0.000 −0.015	+0.010 −0.000	0.038 CL 0.005 CL
	6	7	+0.000 −0.013	+0.004 −0.000	0.017 CL 0.000	+0.000 −0.013	+0.000 −0.015	+0.010 −0.000	0.043 CL 0.005 CL
平行和锥形键类型 2 配合									
平行方形	—	1¼	+0.001 −0.000	+0.002 −0.000	0.002 CL 0.001 INT	+0.001 −0.000	+0.000 −0.015	+0.010 −0.000	0.030 CL 0.004 CL
	1¼	3	+0.002 −0.000	+0.002 −0.000	0.002 CL 0.002 INT	+0.002 −0.000	+0.000 −0.015	+0.010 −0.000	0.030 CL 0.003 CL
	3	3½	+0.003 −0.000	+0.002 −0.000	0.002 CL 0.003 INT	+0.003 −0.000	+0.000 −0.015	+0.010 −0.000	0.030 CL 0.002 CL
平行矩形	—	1¼	+0.001 −0.000	+0.002 −0.000	0.002 CL 0.001 INT	+0.005 −0.005	+0.000 −0.015	+0.010 −0.000	0.035 CL 0.000 CL
	1¼	3	+0.002 −0.000	+0.002 −0.000	0.002 CL 0.002 INT	+0.005 −0.005	+0.000 −0.015	+0.010 −0.000	0.035 CL 0.000 CL
	3	7	+0.003 −0.000	+0.002 −0.000	0.002 CL 0.003 INT	+0.005 −0.005	+0.000 −0.015	+0.010 −0.000	0.035 CL 0.000 CL
锥形	—	1¼	+0.001 −0.000	+0.002 −0.000	0.002 CL 0.001 INT	+0.005 −0.000	+0.000 −0.015	+0.010 −0.000	0.005 CL 0.025 INT
	1¼	3	+0.002 −0.000	+0.002 −0.000	0.002 CL 0.002 INT	+0.005 −0.000	+0.000 −0.015	+0.010 −0.000	0.005 CL 0.025 INT
	3	②	+0.003 −0.000	+0.002 −0.000	0.002 CL 0.003 INT	+0.005 −0.000	+0.000 −0.015	+0.010 −0.000	0.005 CL 0.025 INT

① 变化限制。CL＝间隙；INT＝干涉。
② ≤3½in 方形和 7in 矩形键宽。

表 10-107 建议键槽圆角半径和倒角 ANSI B17.1-1967（R2008） （单位：in）

键槽深度 H/2		圆角半径	45°倒角	键槽深度 H/2		圆角半径	45°倒角
>	≤			>	≤		
1/8	1/4	1/32	3/64	7/8	1 1/4	3/16	7/32
1/4	1/2	1/16	5/64	1 1/4	1 3/4	1/4	9/32
1/2	7/8	1/8	5/32	1 3/4	2 1/2	3/8	13/32

表 10-108 电动机和发电机轴外伸部键槽 ANSI B17.1-1967（R2008） （单位：in）

键槽宽度		宽度公差	深度公差
>	≤		
—	1/4	+0.001 −0.001	+0.000 −0.015
1/4	3/4	+0.000 −0.002	+0.000 −0.015
3/4	1 1/4	+0.000 −0.003	+0.000 −0.015

表 10-109 键上的定位螺钉 ANSI B17.1-1967（R2008） （单位：in）

轴公称直径		公称键宽	定位螺钉直径	轴公称直径		公称键宽	定位螺钉直径
>	≤			>	≤		
5/16	7/16	3/32	No. 10	2 1/4	2 3/4	5/8	1/2
7/16	9/16	1/8	No. 10	2 3/4	3 1/4	3/4	5/8
9/16	7/8	3/16	1/4	3 1/4	3 3/4	7/8	3/4
7/8	1 1/4	1/4	5/16	3 3/4	4 1/2	1	3/4
1 1/4	1 3/8	5/16	3/8	4 1/2	5 1/2	1 1/4	7/8
1 3/8	1 3/4	3/8	3/8	5 1/2	6 1/2	1 1/2	1
1 3/4	2 1/4	1/2	1/2	—	—	—	—

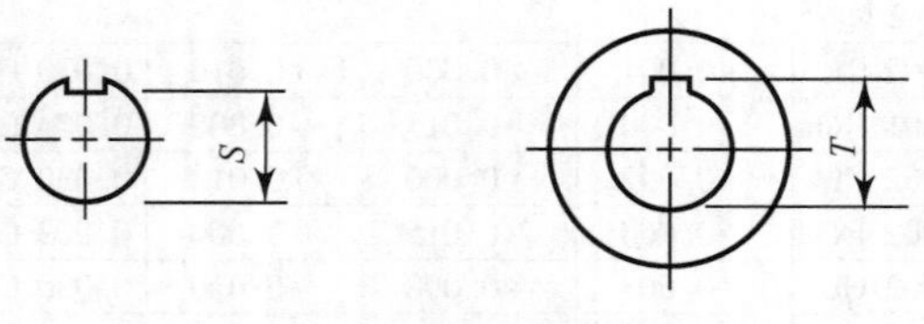

图 10-58 轴和轴套的深度控制值

这些定位螺钉的直径选择可以作为指导，但是最终的抉择应该遵从设计考虑。

7. ANSI 标准半圆键与键槽

美国国家标准 B17.2 于 1967 年通过，于 1990 年重审核。该标准的数据罗列在表 10-110 ~ 表 10-112中。

表 10-110 ANSI 标准半圆键 ANSI B17.2-1967（R2008） （单位：in）

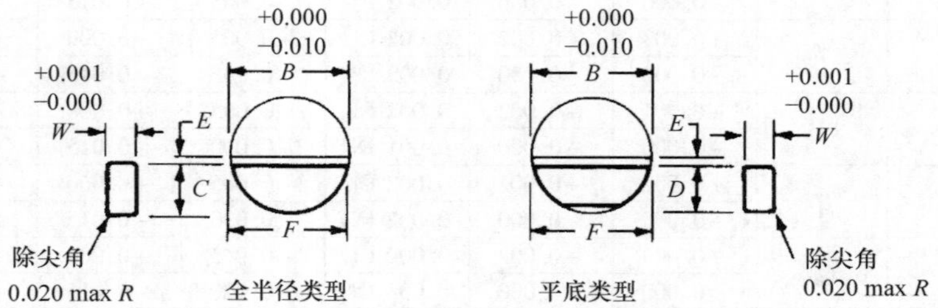

（续）

键号	键公称尺寸 $W\times B$	实际长度 F +0.000 −0.010	键高				在中心以下距离 E
			C		D		
			Max	Min	Max	Min	
202	1/16×1/4	0.248	0.109	0.104	0.109	0.104	1/64
202.5	1/16×5/16	0.311	0.140	0.135	0.140	0.135	1/64
302.5	3/32×5/16	0.311	0.140	0.135	0.140	0.135	1/64
203	1/16×3/8	0.374	0.172	0.167	0.172	0.167	1/64
303	3/32×3/8	0.374	0.172	0.167	0.172	0.167	1/64
403	1/8×3/8	0.374	0.172	0.167	0.172	0.167	1/64
204	1/16×1/2	0.491	0.203	0.198	0.194	0.188	3/64
304	3/32×1/2	0.491	0.203	0.198	0.194	0.188	3/64
404	1/8×1/2	0.491	0.203	0.198	0.194	0.188	3/64
305	3/32×5/8	0.612	0.250	0.245	0.240	0.234	1/16
405	1/8×5/8	0.612	0.250	0.245	0.240	0.234	1/16
505	5/32×5/8	0.612	0.250	0.245	0.240	0.234	1/16
605	3/16×5/8	0.612	0.250	0.245	0.240	0.234	1/16
406	1/8×3/4	0.740	0.313	0.308	0.303	0.297	1/16
506	5/32×3/4	0.740	0.313	0.308	0.303	0.297	1/16
606	3/16×3/4	0.740	0.313	0.308	0.303	0.297	1/16
806	1/4×3/4	0.740	0.313	0.308	0.303	0.297	1/16
507	5/32×7/8	0.866	0.375	0.370	0.365	0.359	1/16
607	3/16×7/8	0.866	0.375	0.370	0.365	0.359	1/16
707	7/32×7/8	0.866	0.375	0.370	0.365	0.359	1/16
807	1/4×7/8	0.866	0.375	0.370	0.365	0.359	1/16
608	3/16×1	0.992	0.438	0.433	0.428	0.422	1/16
708	7/32×1	0.992	0.438	0.433	0.428	0.422	1/16
808	1/4×1	0.992	0.438	0.433	0.428	0.422	1/16
1008	5/16×1	0.992	0.438	0.433	0.428	0.422	1/16
1208	3/8×1	0.992	0.438	0.433	0.428	0.422	1/16
609	3/16×1 1/8	1.114	0.484	0.479	0.475	0.469	5/64
709	7/32×1 1/8	1.114	0.484	0.479	0.475	0.469	5/64
809	1/4×1 1/8	1.114	0.484	0.479	0.475	0.469	5/64
1009	5/16×1 1/8	1.114	0.484	0.479	0.475	0.469	5/64
610	3/16×1 1/4	1.240	0.547	0.542	0.537	0.531	5/64
710	7/32×1 1/4	1.240	0.547	0.542	0.537	0.531	5/64
810	1/4×1 1/4	1.240	0.547	0.542	0.537	0.531	5/64
1010	5/16×1 1/4	1.240	0.547	0.542	0.537	0.531	5/64
1210	3/8×1 1/4	1.240	0.547	0.542	0.537	0.531	5/64
811	1/4×1 3/8	1.362	0.594	0.589	0.584	0.578	3/32
1011	5/16×1 3/8	1.362	0.594	0.589	0.584	0.578	3/32
1211	3/8×1 3/8	1.362	0.594	0.589	0.584	0.578	3/32
812	1/4×1 1/2	1.484	0.641	0.636	0.631	0.625	7/64
1012	5/16×1 1/2	1.484	0.641	0.636	0.631	0.625	7/64
1212	3/8×1 1/2	1.484	0.641	0.636	0.631	0.625	7/64

注：键号表示的是正常的键尺寸。最后两位数给出公称直径 B 是 8 分之几 in，最后两位数的前几位数给出公称宽度 W 是 32 分之几 in。

表 10-111 **ANSI** 标准半圆键 ANSI B17.2-1967（R2008） （单位：in）

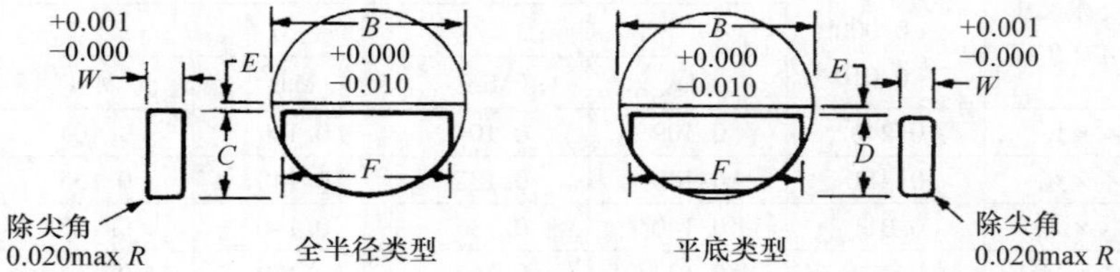

键号	键公称尺寸 $W \times B$	实际长度 F +0.000 −0.010	键高				在中心以下距离 E
			C		D		
			Max	Min	Max	Min	
617-1	$\frac{3}{16} \times 2\frac{1}{8}$	1.380	0.406	0.401	0.396	0.390	$\frac{21}{32}$
817-1	$\frac{1}{4} \times 2\frac{1}{8}$	1.380	0.406	0.401	0.396	0.390	$\frac{21}{32}$
1017-1	$\frac{5}{16} \times 2\frac{1}{8}$	1.380	0.406	0.401	0.396	0.390	$\frac{21}{32}$
1217-1	$\frac{3}{8} \times 2\frac{1}{8}$	1.380	0.406	0.401	0.396	0.390	$\frac{21}{32}$
617	$\frac{3}{16} \times 2\frac{1}{8}$	1.723	0.531	0.526	0.521	0.515	$\frac{17}{32}$
817	$\frac{1}{4} \times 2\frac{1}{8}$	1.723	0.531	0.526	0.521	0.515	$\frac{17}{32}$
1017	$\frac{5}{16} \times 2\frac{1}{8}$	1.723	0.531	0.526	0.521	0.515	$\frac{17}{32}$
1217	$\frac{3}{8} \times 2\frac{1}{8}$	1.723	0.531	0.526	0.521	0.515	$\frac{17}{32}$
822-1	$\frac{1}{4} \times 2\frac{3}{4}$	2.000	0.594	0.589	0.584	0.578	$\frac{25}{32}$
1022-1	$\frac{5}{16} \times 2\frac{3}{4}$	2.000	0.594	0.589	0.584	0.578	$\frac{25}{32}$
1222-1	$\frac{3}{8} \times 2\frac{3}{4}$	2.000	0.594	0.589	0.584	0.578	$\frac{25}{32}$
1422-1	$\frac{7}{16} \times 2\frac{3}{4}$	2.000	0.594	0.589	0.584	0.578	$\frac{25}{32}$
1622-1	$\frac{1}{2} \times 2\frac{3}{4}$	2.000	0.594	0.589	0.584	0.578	$\frac{25}{32}$
822	$\frac{1}{4} \times 2\frac{3}{4}$	2.317	0.750	0.745	0.740	0.734	$\frac{5}{8}$
1022	$\frac{5}{16} \times 2\frac{3}{4}$	2.317	0.750	0.745	0.740	0.734	$\frac{5}{8}$
1222	$\frac{3}{8} \times 2\frac{3}{4}$	2.317	0.750	0.745	0.740	0.734	$\frac{5}{8}$
1422	$\frac{7}{16} \times 2\frac{3}{4}$	2.317	0.750	0.745	0.740	0.734	$\frac{5}{8}$
1622	$\frac{1}{2} \times 2\frac{3}{4}$	2.317	0.750	0.745	0.740	0.734	$\frac{5}{8}$
1288	$\frac{3}{8} \times 3\frac{1}{2}$	2.880	0.938	0.933	0.928	0.922	$\frac{13}{16}$
1428	$\frac{7}{16} \times 3\frac{1}{2}$	2.880	0.938	0.933	0.928	0.922	$\frac{13}{16}$
1628	$\frac{1}{2} \times 3\frac{1}{2}$	2.880	0.938	0.933	0.928	0.922	$\frac{13}{16}$
1828	$\frac{9}{16} \times 3\frac{1}{2}$	2.880	0.938	0.933	0.928	0.922	$\frac{13}{16}$
2028	$\frac{5}{8} \times 3\frac{1}{2}$	2.880	0.938	0.933	0.928	0.922	$\frac{13}{16}$
2228	$\frac{11}{16} \times 3\frac{1}{2}$	2.880	0.938	0.933	0.928	0.922	$\frac{13}{16}$
2428	$\frac{3}{4} \times 3\frac{1}{2}$	2.880	0.938	0.933	0.928	0.922	$\frac{13}{16}$

注：1. 键号表示的是正常的键尺寸。最后两位数给出公称直径 B 是 8 分之几 in，最后两位数的前几位数给出公称宽度 W 是 32 分之几 in。

2. 带有 −1 命名的键号，代表正常键尺寸但是长度 F 较短，距离中心下方的距离 E 较大，比相同号码但是不带 −1 的键的高度要低。

图 10-59 所示为键与轴。

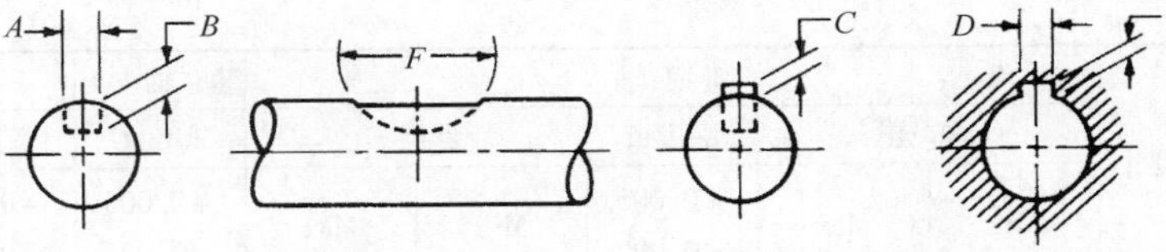

键槽-轴　　键在轴上方　　键槽-轴套

图 10-59 键与轴

表 10-112 半圆键 ANSI 键槽尺寸 ANSI B17.2-1967（R2008）

键号	键公称尺寸	键槽-轴					键在轴上方	键槽-轴套	
		宽度 *A*①		深度 *B*	直径 *F*		高度 *C*	宽度 *D*	深度 *E*
		Min	Max	+0.005 -0.000	Min	Max	+0.005 -0.005	+0.002 -0.000	+0.005 -0.000
202	1/16×1/4	0.0615	0.0630	0.0728	0.250	0.268	0.0312	0.0635	0.0372
202.5	1/16×5/16	0.0615	0.0630	0.1038	0.312	0.330	0.0312	0.0635	0.0372
302.5	3/32×5/16	0.0928	0.0943	0.0882	0.312	0.330	0.0469	0.0948	0.0529
203	1/16×3/8	0.0615	0.0630	0.1358	0.375	0.393	0.0312	0.0635	0.0372
303	3/32×3/8	0.0928	0.0943	0.1202	0.375	0.393	0.0469	0.0948	0.0529
403	1/8×3/8	0.1240	0.1255	0.1045	0.375	0.393	0.0625	0.1260	0.0685
204	1/16×1/2	0.0615	0.0630	0.1668	0.500	0.518	0.0312	0.0635	0.0372
304	3/32×1/2	0.0928	0.0943	0.1511	0.500	0.518	0.0469	0.0948	0.0529
404	1/8×1/2	0.1240	0.1255	0.1355	0.500	0.518	0.0625	0.1260	0.0685
305	3/32×5/8	0.0928	0.0943	0.1981	0.625	0.643	0.0469	0.0948	0.0529
405	1/8×5/8	0.1240	0.1255	0.1825	0.625	0.643	0.0625	0.1260	0.0685
505	5/32×5/8	0.1553	0.1568	0.1669	0.625	0.643	0.0781	0.1573	0.0841
605	3/16×5/8	0.1863	0.1880	0.1513	0.625	0.643	0.0937	0.1885	0.0997
406	1/8×3/4	0.1240	0.1255	0.2455	0.750	0.768	0.0625	0.1260	0.0685
506	5/32×3/4	0.1553	0.1568	0.2299	0.750	0.768	0.0781	0.1573	0.0841
606	3/16×3/4	0.1863	0.1880	0.2143	0.750	0.768	0.0937	0.1885	0.0997
806	1/4×3/4	0.2487	0.2505	0.1830	0.750	0.768	0.1250	0.2510	0.1310
507	5/32×7/8	0.1553	0.1568	0.2919	0.875	0.895	0.0781	0.1573	0.0841
607	3/16×7/8	0.1863	0.1880	0.2763	0.875	0.895	0.0937	0.1885	0.0997
707	7/32×7/8	0.2175	0.2193	0.2607	0.875	0.895	0.1093	0.2198	0.1153
807	1/4×7/8	0.2487	0.2505	0.2450	0.875	0.895	0.1250	0.2510	0.1310
608	3/16×1	0.1863	0.1880	0.3393	1.000	1.020	0.0937	0.1885	0.0997
708	7/32×1	0.2175	0.2193	0.3237	1.000	1.020	0.1093	0.2198	0.1153
808	1/4×1	0.2487	0.2505	0.3080	1.000	1.020	0.1250	0.2501	0.1310
1008	5/16×1	0.3110	0.3130	0.2768	1.000	1.020	0.1562	0.3135	0.1622
1208	3/8×1	0.3735	0.3755	0.2455	1.000	1.020	0.1875	0.3760	0.1935
609	3/16×1 1/8	0.1863	0.1880	0.3853	1.125	1.145	0.0937	0.1885	0.0997
709	7/32×1 1/8	0.2175	0.2193	0.3697	1.125	1.145	0.1093	0.2198	0.1153
809	1/4×1 1/8	0.2487	0.2505	0.3540	1.125	1.145	0.1250	0.2510	0.1310
1009	5/16×1 1/8	0.3111	0.3130	0.3228	1.125	1.145	0.1562	0.3135	0.1622
610	3/16×1 1/4	0.1863	0.1880	0.4483	1.250	1.273	0.0937	0.1885	0.0997

（续）

键号	键公称尺寸	键槽-轴					键在轴上方	键槽-轴套	
		宽度 A①		深度 B	直径 F		高度 C	宽度 D	深度 E
		Min	Max	+0.005 −0.000	Min	Max	+0.005 −0.005	+0.002 −0.000	+0.005 −0.000
710	7/32×1¼	0.2175	0.2193	0.4327	1.250	1.273	0.1093	0.2198	0.1153
810	¼×1¼	0.2487	0.2505	0.4170	1.250	1.273	0.1250	0.2510	0.1310
1010	5/16×1¼	0.3111	0.3130	0.3858	1.250	1.273	0.1562	0.3135	0.1622
1210	⅜×1¼	0.3735	0.3755	0.3545	1.250	1.273	0.1875	0.3760	0.1935
811	¼×1⅜	0.2487	0.2505	0.4640	1.375	1.398	0.1250	0.2510	0.1310
1011	5/16×1⅜	0.3111	0.3130	0.4328	1.375	1.398	0.1562	0.3135	0.1622
1211	⅜×1⅜	0.3735	0.3755	0.4015	1.375	1.398	0.1875	0.3760	0.1935
812	¼×1½	0.2487	0.2505	0.5110	1.500	1.523	0.1250	0.2510	0.1310
1012	5/16×1½	0.3111	0.3130	0.4798	1.500	1.523	0.1562	0.3135	0.1622
1212	⅜×1½	0.3735	0.3755	0.4485	1.500	1.523	0.1875	0.3760	0.1935
617-1	3/16×2⅛	0.1863	0.1880	0.3073	2.125	2.160	0.0937	0.1885	0.0997
817-1	¼×2⅛	0.2487	0.2505	0.2760	2.125	2.160	0.1250	0.2510	0.1310
1017-1	5/16×2⅛	0.3111	0.3130	0.2448	2.125	2.160	0.1562	0.3135	0.1622
1217-1	⅜×2⅛	0.3735	0.3755	0.2135	2.125	2.160	0.1875	0.3760	0.1935
617	3/16×2⅛	0.1863	0.1880	0.4323	2.125	2.160	0.0937	0.1885	0.0997
817	¼×2⅛	0.2487	0.2505	0.4010	2.125	2.160	0.1250	0.2510	0.1310
1017	5/16×2⅛	0.3111	0.3130	0.3698	2.125	2.160	0.1562	0.3135	0.1622
1217	⅜×2⅛	0.3735	0.3755	0.3385	2.125	2.160	0.1875	0.3760	0.1935
822-1	¼×2¾	0.2487	0.2505	0.4640	2.750	2.785	0.1250	0.2510	0.1310
1022-1	5/16×2¾	0.3111	0.3130	0.4328	2.750	2.785	0.1562	0.3135	0.1622
1222-1	⅜×2¾	0.3735	0.3755	0.4015	2.750	2.785	0.1875	0.3760	0.1935
1422-1	7/16×2¾	0.4360	0.4380	0.3703	2.750	2.785	0.2187	0.4385	0.2247
1622-1	½×2¾	0.4985	0.5005	0.3390	2.750	2.785	0.2500	0.5010	0.2560
822	¼×2¾	0.2487	0.2505	0.6200	2.750	2.785	0.1250	0.2510	0.1310
1022	5/16×2¾	0.3111	0.3130	0.5888	2.750	2.785	0.1562	0.3135	0.1622
1222	⅜×2¾	0.3735	0.3755	0.5575	2.750	2.785	0.1875	0.3760	0.1935
1422	7/16×2¾	0.4360	0.4380	0.5263	2.750	2.785	0.2187	0.4385	0.2247
1622	½×2¾	0.4985	0.5005	0.4950	2.750	2.785	0.2500	0.5010	0.2560
1228	⅜×3½	0.3735	0.3755	0.7455	3.500	3.535	0.1875	0.3760	0.1935
1428	7/16×3½	0.4360	0.4380	0.7143	3.500	3.535	0.2187	0.4385	0.2247

（续）

键号	键公称尺寸	键槽-轴					键在轴上方	键槽-轴套	
		宽度 A①		深度 B	直径 F		高度 C	宽度 D	深度 E
		Min	Max	+0.005 −0.000	Min	Max	+0.005 −0.005	+0.002 −0.000	+0.005 −0.000
1628	½×3½	0.4985	0.5005	0.6830	3.500	3.535	0.2500	0.5010	0.2560
1828	9/16×3½	0.5610	0.5630	0.6518	3.500	3.535	0.2812	0.5635	0.2872
2028	5/8×3½	0.6235	0.6255	0.6205	3.500	3.535	0.3125	0.6260	0.3185
2228	11/16×3½	0.6860	0.6880	0.5893	3.500	3.535	0.3437	0.6885	0.3497
2428	¾×3½	0.7485	0.7505	0.5580	3.500	3.535	0.3750	0.7510	0.3810

① 宽度 A 值以最大键槽（轴）宽度设置，因为这样接入键的时候松度最大，同时保证键插入键槽（轴）。最大键槽宽度的尺寸允许组装最大键与最小键槽时的最大容许轴变形。尺寸 A，B，C，D 都采取侧方交汇得到。

该标准给出了下面的定义。

半圆键：半圆键是一个可拆卸的机械零件，装入键槽时，提供在轴和轴套之间传输扭矩的积极方式。

半圆键号：可以简单确定键尺寸的识别码。

半圆键键槽-轴：放置键的圆形容器。

半圆键键槽-轴套：轴套上轴向的矩形槽（也叫作键槽）。

半圆键键槽铣刀：轴上的半圆键键槽通常使用孔类铣刀或者柄式铣刀。

8. 倒角键和圆角键槽

在通常的应用中，不使用倒棱键和圆角键槽。但是，认为键槽中的圆角可以减少拐角处的应力集中。使用圆角键槽时，圆角半径应该越大越好，但又不至于因为减少键和配合件的接触面积而造成过大的轴承压力。键必须经过倒角或磨圆以让出圆角半径。表 10-107 中的数据假设的是普通条件，在遇到临界应力时只能作为指导。

9. 铣削键槽深度

表 10-113 就是编制用来辅助键槽的精密铣削的，表中给出了轴的顶部和穿过键槽上部角或边缘的线之间距离 M。M 的尺寸由下面的公式计算：$M=1/2(S-\sqrt{S^2-E^2})$，其中 S 是轴的直径，E 是键槽的宽度。简化的可以将 M 近似在 0.001in 的公式为$M=E^2\div 4S$。

10. 键槽加工机械

键槽加工机械是设计来专用于切削带轮、齿轮等的轴套上的键槽的机械，常被称作键槽加工机。这种机械通常有一个基底或框架包含赋予切削条往复运动的机械结构，在工作中垂直切削键槽。除了专为此项作业设计的机械以外，内部键槽机械操作可以选用的机械有很多种。常用的有拉床和插床，键槽一定程度上也是由刨床和刨机制作的。

11. 其他键类型

埋头键是最常见的类型，属于矩形键大类，与带轮或齿轮的轴和轴套里的槽或沟啮合。普通埋头键的宽度通常是轴的直径和厚度的 1/4，如果优选平键而不是正方形件，宽度通常是轴的直径的 1/6；这些比例在不同制造商处有一定程度的不同。

平键是矩形键的一种，朝向轴一侧的平面。活动键或钩头键是有一个通过其可以移除的头的暗键。圆锥形键就是一个锥形销插入一个部分在轴上部分在轴套上的孔；这种形式的键用于轻型作业。导向键或花键在必须由轴推动齿轮时与轴或轴套相固定，但是同时可以在长度方向自由滑动。

美国标准方形键与平键的锥度是 1.8in/ft。

鞍形键不进入轴上的沟中。键有平行的边，底部的边有刻纹，可以与轴配合。键的顶部有轻微的锥形，当键轻微到位时，摩擦阻力就可以阻碍轴。这个键配合后应该有边上承受力小，轴和轴套的中间贯穿整个长度承受力大。因为这种类型的键动力都不是强制驱动，所以仅用于需要传输的功很少的场合。因为不需要对轴进行机械加工，这种键入方式并不昂贵。

12. 英标键与键槽

请查看机械手册 29CD 中附件里的键与键槽。

13. 开口销

开口销也是键的一种，用来连接连杆等，受到张紧力或压力或者两者均有，销在两个横截面的交叉面受到剪切力。使用锥形栓将零件拉在一起或抓在一起时，如果是通过承压表面之间的摩擦力将开口销保持定位，那么锥度不应该太大。通常普通销使用每英尺 1/4 ~ 1/2in 的锥度。如果使用定位螺钉或者其他装置来防止开口销从沟中弹出，锥度范围为每英尺 1½ ~ 2in。

表 10-113 确定键槽的深度以及键的顶端到轴底部的距离

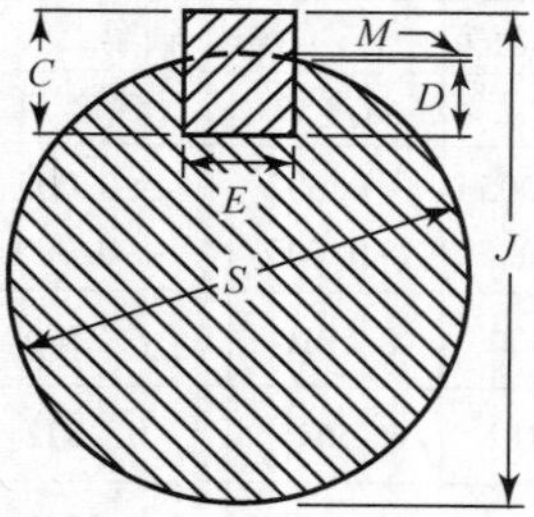

对于铣削键槽，铣刀从轴的外侧到键槽底部的总深度为 $M+D$，其中 D 是键槽深度为了检查组装好的键和轴，使用卡尺测量键的顶部到轴的底部 J

$$J=S-(M+D)+C$$

其中 C 是键的深度。对于半圆键，C 和 D 的尺寸可以在表 10-110 和表 10-111 中找到。假设轴的直径 S 为公称尺寸，键沟中半圆键的 J 的尺寸公差就是 +0.000，-0.010in

轴径 S/in	键槽宽度 E														
	1/16	3/32	1/8	5/32	3/16	7/32	1/4	5/16	3/8	7/16	1/2	9/16	5/8	11/16	3/4
	尺寸 M/in														
0.3125	0.0032	—	—	—	—	—	—	—	—	—	—	—	—	—	—
0.3437	0.0029	0.0065	—	—	—	—	—	—	—	—	—	—	—	—	—
0.3750	0.0026	0.0060	0.0107	—	—	—	—	—	—	—	—	—	—	—	—
0.4060	0.0024	0.0055	0.0099	—	—	—	—	—	—	—	—	—	—	—	—
0.4375	0.0022	0.0051	0.0091	—	—	—	—	—	—	—	—	—	—	—	—
0.4687	0.0021	0.0047	0.0085	0.0134	—	—	—	—	—	—	—	—	—	—	—
0.5000	0.0020	0.0044	0.0079	0.0125	—	—	—	—	—	—	—	—	—	—	—
0.5625	—	0.0039	0.0070	0.0111	0.0161	—	—	—	—	—	—	—	—	—	—
0.6250	—	0.0035	0.0063	0.0099	0.0144	0.0198	—	—	—	—	—	—	—	—	—
0.6875	—	0.0032	0.0057	0.0090	0.0130	0.0179	0.0235	—	—	—	—	—	—	—	—
0.7500	—	0.0029	0.0052	0.0082	0.0119	0.0163	0.0214	0.0341	—	—	—	—	—	—	—
0.8125	—	0.0027	0.0048	0.0076	0.0110	0.0150	0.0197	0.0312	—	—	—	—	—	—	—
0.8750	—	0.0025	0.0045	0.0070	0.0102	0.0139	0.0182	0.0288	—	—	—	—	—	—	—
0.9375	—	—	0.0042	0.0066	0.0095	0.0129	0.0170	0.0263	0.0391	—	—	—	—	—	—
1.0000	—	—	0.0039	0.0061	0.0089	0.0121	0.0159	0.0250	0.0365	—	—	—	—	—	—
1.0625	—	—	0.0037	0.0058	0.0083	0.0114	0.0149	0.0235	0.0342	—	—	—	—	—	—
1.1250	—	—	0.0035	0.0055	0.0079	0.0107	0.0141	0.0221	0.0322	0.0443	—	—	—	—	—
1.1875	—	—	0.0033	0.0052	0.0074	0.0102	0.0133	0.0209	0.0304	0.0418	—	—	—	—	—
1.2500	—	—	0.0031	0.0049	0.0071	0.0097	0.0126	0.0198	0.0288	0.0395	—	—	—	—	—
1.3750	—	—	—	0.0045	0.0064	0.0088	0.0115	0.0180	0.0261	0.0357	0.0471	—	—	—	—
1.5000	—	—	—	0.0041	0.0059	0.0080	0.0105	0.0165	0.0238	0.0326	0.0429	—	—	—	—
1.6250	—	—	—	0.0038	0.0054	0.0074	0.0097	0.0152	0.0219	0.0300	0.0394	0.0502	—	—	—
1.7500	—	—	—	—	0.0050	0.0069	0.0090	0.0141	0.0203	0.0278	0.0365	0.0464	—	—	—
1.8750	—	—	—	—	0.0047	0.0064	0.0084	0.0131	0.0189	0.0259	0.0340	0.0432	0.0536	—	—
2.0000	—	—	—	—	0.0044	0.0060	0.0078	0.0123	0.0177	0.0242	0.0318	0.0404	0.0501	—	—
2.1250	—	—	—	—	—	0.0056	0.0074	0.0116	0.0167	0.0228	0.0298	0.0379	0.0470	0.0572	0.0684
2.2500	—	—	—	—	—	—	0.0070	0.0109	0.0157	0.0215	0.0281	0.0357	0.0443	0.0538	0.0643
2.3750	—	—	—	—	—	—	—	0.0103	0.0149	0.0203	0.0266	0.0338	0.0419	0.0509	0.0608
2.5000	—	—	—	—	—	—	—	—	0.0141	0.0193	0.0253	0.0321	0.0397	0.0482	0.0576
2.6250	—	—	—	—	—	—	—	—	0.0135	0.0184	0.0240	0.0305	0.0377	0.0457	0.0547
2.7500	—	—	—	—	—	—	—	—	—	0.0175	0.0229	0.0291	0.0360	0.0437	0.0521
2.8750	—	—	—	—	—	—	—	—	—	0.0168	0.0219	0.0278	0.0344	0.0417	0.0498
3.0000	—	—	—	—	—	—	—	—	—	—	0.0210	0.0266	0.0329	0.0399	0.0476

10.6 挠性带和滑轮

挠性带驱动用在工业动力输送装置中，尤其在驱动轴和从动轴速度必须不同或轴必须分开很远时。对于更高速初始速度和需要获得较低有用速度的趋势，是使用带传动的额外原因。带相对其他动力传输方法有很多优势：总体经济性，清洁度，无需润滑，维护费用更低，安装简单，抑制冲击载荷以及在分布间隔很远的轴之间用于离合与不同速度动力传输的能力。

10.6.1 带和带轮的计算

带的速度在摩擦传动系统能传输多少载荷中扮演了非常重要的角色。速度更高就需要更高的预载荷（带张紧力增大）来抵消更大的离心力。在强制驱动（齿形带）系统中，高速导致因为无可避免的容许误差产生动态力，可能导致齿或钉上过大的压力和带寿命缩短。

1. 带轮直径和传动比

带制造商决定的最小带轮直径取决于带可以包裹而不向载荷元件施加压力的最小半径。对于强制驱动系统，最小带轮直径同样也由必须与链轮啮合以保证运行载荷的最小齿数决定。

主动轮和从动轮的直径决定了相对输出轴的输入速度比，通过下面的公式计算得到：对于所有带系统，速度比 $V = D_{pi}/D_{po}$，对于强制驱动（齿形）系统，速度比 $V = N_i/N_o$，其中 D_{pi} 是主动轮的节圆直径，D_{po} 是从动轮的节圆直径，N_i 是主动轮上的齿数，N_o 是从动轮上的齿数。对于大多数强制驱动系统，速度比最大为 8∶1，需要用到单级减速驱动，6∶1是比较合理的最大值。

2. 包角和中心距

带与带轮表面接触的径向距离，或者强制驱动带中啮合的齿数，叫作包角。带和链轮组合应该确保小带轮包角大于120°。包角不应小于90°，尤其在强制驱动带上，因为如果啮合的齿数过少，带可能跳过一个齿或者钉，同时性或同步性就会被打破。

对于平带，任何带与链轮组合的最小容许中心间距（CD）应该保证小带轮有最小包角。对于高速系统，有一个经验法则是最小 CD 等于大链轮的节圆直径加上小链轮节圆直径的一半。这个公式保证最小包角近似 120°，对于摩擦驱动通常来说够用了，也可以保证强制驱动带不会跳齿。

3. 带轮中心距和带长度

最大带轮中心距应该是小带轮节圆直径的 15 ~ 20 倍。空间更大要求对带张紧力控制更紧，因为少量的拉伸可以造成很大的张紧力降低。恒定带张紧力可以通过在带松边使用可调节张紧轮得到。摩擦驱动系统使用平带，就比强制驱动系统需要的张紧力更大。

带长度计算如下：摩擦驱动 $L = 2C + \pi(D_2 + D_1)/2 + (D_2 - D_1)^2/4C$，而交叉带摩擦带驱动 $L = 2C + \pi(D_2 + D_1)/2 + (D_2 + D_1)^2/4C$，其中 C 是中心距，D_1 是小带轮节圆直径，D_2 是大带轮节圆直径。对于锯齿带驱动的，根据上面公式计算出的长度还要除以锯齿节距。然后调整带长度以容纳整数个锯齿。

4. 带轮直径和速度

如果 D 是主动轮直径，d 是从动轮直径，S 是主动轮速度，s 是从动轮速度，则

$$D = \frac{d \times s}{S},\ d = \frac{D \times S}{s},\ S = \frac{d \times s}{D},\ s = \frac{D \times S}{d}$$

示例 1：如果主动轮的直径 D 是 24in，速度为 100r/min，而从动轮速度为 600r/min，那么从动轮直径 $d = 24 \times 100/600\text{in} = 4\text{in}$。

示例 2：如果主动轮的直径 D 是 60cm，速度为 100r/min，而从动轮速度为 600r/min，那么从动轮直径 $d = 60 \times 100/600\text{cm} = 10\text{cm}$。

示例 3：如果从动轮直径 d 为 36in，要求速度为 150r/min，而主动轮的速度要求是 600r/min，那么主动轮的直径为 $D = 36 \times 150/600\text{in} = 9\text{in}$。

示例 4：如果从动轮直径 d 为 4in，要求速度为 800r/min，而主动轮直径 D 为 26in，那么主动轮速度 $= 4 \times 800/26\text{r/min} = 123\text{r/min}$。

示例 5：如果从动轮直径 d 为 10cm，要求速度为 800r/min，而主动轮直径为 25cm，那么主动轮速度 $= 10 \times 800/25\text{r/min} = 320\text{r/min}$。

示例 6：如果主动轮直径 D 为 15in，速度为 180r/min，而从动轮的直径 d 为 9in，那么从动轮速度 $= 15 \times 180/9\text{r/min} = 300\text{r/min}$。

5. 复合驱动中的带轮直径

如果主动轮和从动轮 A、B、C 和 D（见图 10-60）的速度都是已知的，计算带轮直径的第一步是创建一个主动轮速度为分子，从动轮速度为分母的分数，然后将这个分数最简化。将分子和分母分成两对因子（一对在分子而另一对在分母），如有必要的话，每一对都乘以一个可能给带轮带来适合直径的试数。

示例 7：如果带轮 A 的速度为 260r/min，要求带轮 D 的速度为 720r/min，求四个带轮的直径。首先简化分数 260/720 = 13/36，代表了要求的速度比。将这个速度比 13/36 分成两个因子。

10

$$\frac{13}{36}=\frac{1\times13}{2\times18}$$

乘以试数 12 和 1 得到：

$$\frac{(1\times12)\times(13\times1)}{(2\times12)\times(18\times1)}=\frac{12\times13}{24\times18}$$

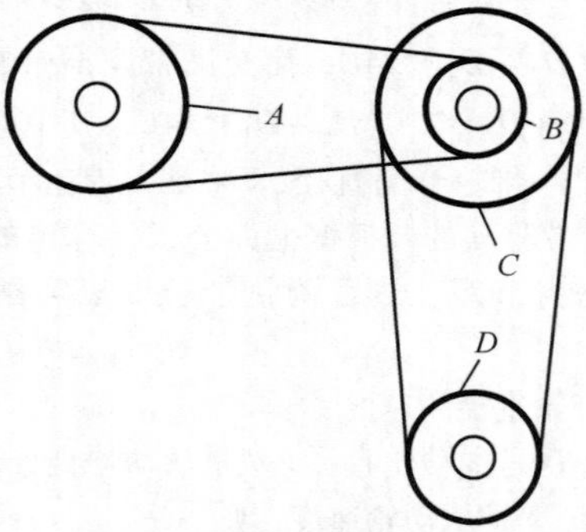

图 10-60　四个带轮的复合驱动

分子中的 12 和 13 代表从动轮 B 和 D 的直径，分母中的 24 和 18 则是主动轮 A 和 C 的直径，如图 10-60 所示。

6. 复合驱动中的从动轮速度

如果已知带轮 A，B，C 和 D 的直径，而且已知带轮 A 的速度，那么从动轮 D 的速度可以计算如下：

$$\frac{\text{主动轮直径}}{\text{从动轮直径}}\times\frac{\text{主动轮直径}}{\text{从动轮直径}}\times\text{第一个主动轮速度}$$

示例 8：如果主动轮 A 和 C 的直径为 18in 和 24in，从动轮 B 和 D 的直径为 12in 和 13in，并且主动轮 A 的速度为 260r/min，那么从动轮的速度为

$$D=\frac{18\times24}{12\times13}\times260\text{r/min}=720\text{r/min}$$

7. 跨越三个带轮的带长度

跨越三个带轮的带长度 L 如图 10-61 所示，仅与带轮一侧接触，长度计算公式如下。

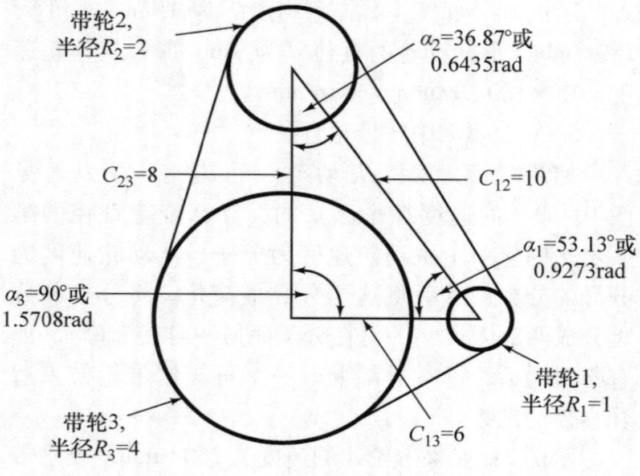

图 10-61　跨越三个带轮的平带

图 10-61 中 R_1、R_2 和 R_3 为三个带轮的半径，C_{12}、C_{13} 和 C_{23} 为中心距；α_1、α_2、α_3 是中心距形成三角形的角度，单位为 rad。那么有

$$L=C_{12}+C_{13}+C_{23}+\frac{1}{2}\left[\frac{(R_2-R_1)^2}{C_{12}}+\frac{(R_3-R_1)^2}{C_{13}}+\frac{(R_3-R_2)^2}{C_{23}}\right]+\pi(R_1+R_2+R_3)-(\alpha_1R_1+\alpha_2R_2+\alpha_3R_3)$$

示例 9：假设 $R_1=1$，$R_2=2$，$R_3=4$，$C_{12}=10$，$C_{13}=6$，$C_{23}=8$，$\alpha_1=53.13°$ 或 0.9273rad，$\alpha_2=36.87°$或 0.6435rad，$\alpha_3=90°$或 1.5708rad。则

$$L=10+6+8+\frac{1}{2}\left[\frac{(2-1)^2}{10}+\frac{(4-1)^2}{6}+\frac{(4-2)^2}{8}\right]+\pi(1+2+4)+(0.9273\times1+0.6435\times2+1.5708\times4)$$
$$=24+1.05+21.9911-8.4975=38.5436$$

8. 带传输的动力

使用带驱动时，产生作用的力作用在带轮边缘或滑轮上使其转动。因为驱动的带必须绷紧防止滑动，从动轮两边都有带拉力。当驱动稳定或没有功传输时，从动轮两边的拉力相同。然而，驱动传输动力时，两边拉力不同。有一个紧边拉力 T_T 和松边拉力 T_S。两边拉力的差（T_T-T_S）称为有效拉力或净拉力。有效拉力作用在带轮边缘，是产生作用的力。

净拉力等于马力 HP × 33000 ÷ 带速度（ft/min）。带速度可以通过改变带轮、链轮或者滑轮的直径设定，轴速保持不变，带速度直接与带轮直径相关。直径增倍则总带拉力减半，同时减轻了在轴和轴承上的载荷。

带在绕带轮转动时受到三种张紧力：作用张力（紧边-松边）、弯曲拉力、离心拉力。

拉力比 R 等于紧边拉力除以松边拉力（单位为 lb）。R 越大，V 带越容易滑动——带太松（同步带不会松，因为依靠齿的抓紧原理。）

除了作用张力（紧边-松边）之外，带中产生的其他两种拉力是在驱动下作用时产生的。弯曲拉力 T_B 在带绕带轮弯曲时产生。带一部分受拉紧力而另一部分受到压力，所以同样会出现压应力。拉力的大小取决于带的结构和带轮的直径。离心拉力 T_C 在带在绕驱动旋转时出现，由 $T_C=MV^2$ 计算，其中 T_C 是离心拉力，单位为 lb，M 是由带重量决定的常数，V 是带的速度，单位为 ft/min。弯曲拉力和离心拉力都不会施加在带轮、轴或轴承上——仅在带上。

结合三种类型的拉力，可以得到峰值张力，对于决定带性能或寿命很重要：$T_{peak}=T_T+T_B+T_C$。

9. 测量有效长度

V 带的有效长度通过将带放在具有两个相同直

径的带标准尺寸槽的滑轮的测量装置上确定。其中一个滑轮的轴固定，在另一个滑轮的轴的箱体上施加一个特定的测量张力，在刻度尺上移动。带在滑轮周围至少转两转才能在滑轮槽中放好，将总张力平等分布在带两束上。

带的有效长度是通过将一个测量滑轮的有效（外）周长加上两倍中心距得到的。同步带的测量方式类似。

下面的内容包含了工业应用能量传输常用的带和橡胶制造商协会（RMA）、机械动力传输协会（MPTA）、加拿大橡胶协会（RAC）标准中规定的带。下面列出的信息不适用于汽车传动装置或农业传动装置，针对这些应用有其他的标准。这部分包含的带有窄形、普通形、双层带以及轻形 V 带，多楔带，变速带，60°V 带和同步（同时）带。

10.6.2 平带传动

平带原来使用皮料制造，因为皮料是最耐用的材料，并且易于切割和组装构成适用于圆柱滑轮或圆顶滑轮的驱动带。这种带很受欢迎，因为其可以长距离传输高扭矩，应用于很多工厂从大型公用能源中驱动小型机械，比如蒸汽发动机。随着电动机变得更小、更高效以及更强劲，并且现代材料和制造工艺制作出了新型的带和铰链，平带渐渐失宠。现在有些驱动仍然使用平带，但是已经采用其他天然或合成材料取代皮料，比如聚氨酯橡胶，可以通过高强度聚酰胺或者钢筋网来加强，提供其他性能，如抗拉伸。这些平带的高弹性系数就保证平带不需要像 V 带一样要求周期性的再次拉紧。

驱动带可以有一个摩擦因数很高的弹性涂层，这样带不需要之前材料那么大的拉力就可以抓紧带轮。要求高抗磨损的带通常使用聚氨酯橡胶，而且可以抵抗大部分化学溶剂的侵蚀。对于高温有很好耐受性的平带也可以找到。聚氨酯橡胶带典型的特性包括抗张强度根据加强类型的不同可以达到 40000psi（276MPa），肖氏硬度在 85 ~ 95 之间。大多数聚氨酯橡胶带在拉力下安装。根据带横截面的不同拉力大小不同，区域小的拉力大。带拉力可以通过在安好的带上每隔 10in 或者 100mm 划线，然后拉伸带直到间隔出现希望得到的百分比。对于 2% 的拉力，拉紧的带上线的间距应该是 10.2in 或 102mm。如果拉力过大，可能出现机械失效，应该设限延伸率为 2% ~2.5%。

平带的载荷能力高，可以长距离传输能量，保持相对旋转方向，运转不需要润滑剂，通常维护和磨损更换费用也不高昂。平带系统运行中需要的维护很少，而且只需要周期性的调整。因为通过摩擦传输运动，平带在过大载荷下会滑动，为系统提供防错动作防止故障。这个优势被摩擦驱动的另一个问题抵消了，摩擦驱动可以滑动或爬动，所以无法提供精确稳定的速度比，或者输入和输出轴的时间。通过可靠的化学黏合手段，平带可以做到任何需要的长度。

高速时离心力的增加对于平带的载荷能力影响较小，比如，小于对 V 带的影响。平带相对 V 带厚度小，重心接近带轮表面。因此，尽管理想速度范围是 3000 ~ 10000ft/min（15.25 ~ 50.8m/s），平带的表面速度可以达到 16000ft/min 甚至 20000ft/min（81.28 ~ 101.6m/s）。平带上的弹性体驱动表面使得平带不需要普通皮料带需要的带油来保持运行位置。这些表面涂层还能包含抗静电材料。平带的带轮磨损和噪声较小，因为冲击和振动幅度减小，相较于 V 带 96% 的效率，平带效率通常为 98%。

驱动带载荷能力可以通过扭矩 $T = F(d/2)$ 和马力 $HP = T \times RPM/396000$ 计算，其中扭矩 T 的单位为 in - lb，F 是传输的力，单位为 lb，d 是带轮直径，单位为 in。带轮宽度通常比带宽 10%，为了更好地追踪，直径在 1.5 ~ 80in（3.8 ~ 203cm）的带轮通常有 0.012 ~ 0.10in（0.305 ~ 2.54mm）的隆起。

写下带规格前，应该检查系统的过度起动和关闭载荷，这些载荷有时候超过运行条件的 10%。为了克服这样的载荷，带会比普通运行时传输更多的力。过大的起动和停止力同样也会剪短带寿命，除非设计阶段就考虑这些因素。

平带轮通常由铸铁、结构钢、纸、纤维或者各种各样的木头做成。可以是实心的也可以分开，不论是何种带轮，轴套都是可分开的，用于夹紧轴。

带轮表面宽度名义上与承载的带宽度一样。带宽度低于 12in（30.5cm）的，带轮表面会比带宽度宽大约 1in，带宽度在 12 ~ 24in（30.5 ~ 61cm）之间的，带轮表面会比带宽度宽 2in（5.1cm），带宽度大于 24in（61cm）的，宽 3in（7.6cm）。

通过使用隆面带轮，带可以以自己为中心。隆起的尺寸通常是带轮宽度 1/8in/ft（10.4mm/m）。因此，隆起 6in（152.4mm）宽的带轮的最大和最小直径只差 1/16in（1.59mm）。隆起带轮边缘区域既不是凸曲线也不是平 V 形。平带边缘的凸缘通常是不理想的，因为带会向其缓慢移动。太多隆起也是不理想的，因为有“破坏带背部”的倾向。这对于接近主动轮的中间轮带曲率从一个带轮到另一个带轮变化迅速，这个倾向尤其明显。此处中间轮无论如何也不应该移动，邻近的带轮的移动应该很小。承载移动式带的带轮不做隆起。

10

开口传动连接中心距短的带轮，其中一个带轮相较于其他非常大，因为在小带轮上包角小所以不理想。在带一边或两边使用中间轮可能增大包角。

10.6.3 V 带

1. ANSI/RMA IP-22 窄 V 带

窄 V 带与多用途普通 V 带用在同样的场合，但是允许使用更轻、更紧凑的驱动。三种基本横截面——3V 和 3VX、5V 和 5VX，8V——可选，如图 10-62 所示。3VX 和 5VX 是模成形，有凹口 V 带，比传动带功率容量更大。窄 V 带根据横截面和有效长度来区分，最大宽度范围为 3/8 ~ 1in（9.525 ~ 25.4mm）。

窄 V 带比起传统带通常有明显的重量和空间节省。所以相同驱动空间，窄 V 带可以传输传统带 3 倍的马力，或者传输相同马力只需要 1/3 ~ 1/2 的空间。这些带设计来并联运行，同时可以用在联结结构中。

带横截面：三种横截面的公称尺寸如图 10-62 所示。

带尺寸命名：窄 V 带的尺寸通过标准带号识别。这个带号 V 之后的第一位代表带横截面。V 后面的 X 代表有凹口的横截面。其他数字表示有效长度，单位为 1/10in。例如，5VX1400 代表有凹口的 V 带，横截面 5V，有效长度 140.0in。窄 V 带的标准有效长度见表 10-114。

滑轮尺寸：滑轮的坡口角度和尺寸以及多带传动的滑轮表面宽度见表 10-115 和表 10-116，表 10-117中还有不同的公差值。表 10-118 列出了标准滑轮外直径。

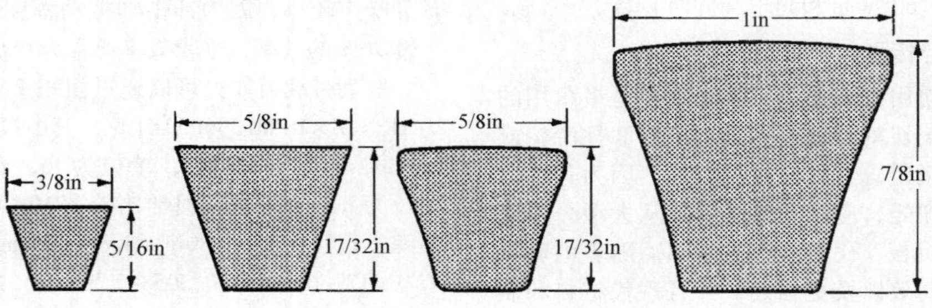

图 10-62 窄 V 带公称尺寸

表 10-114 窄 V 带标准有效长度 ANSI/RMA IP－22（1983） （单位：in）

标准长度命名①	标准有效外长度 横截面 3V	5V	8V	标准长度允许偏差	一组的匹配限制	标准长度命名①	标准有效外长度 横截面 3V	5V	8V	标准长度允许偏差	一组的匹配限制
250	25.0	—	—	±0.3	0.15	670	67.0	67.0	—	±0.4	0.30
265	26.5	—	—	±0.3	0.15	710	71.0	71.0	—	±0.4	0.30
280	28.0	—	—	±0.3	0.15	750	75.0	75.0	—	±0.4	0.30
300	30.0	—	—	±0.3	0.15	800	80.0	80.0	—	±0.4	0.30
315	31.5	—	—	±0.3	0.15	850	85.0	85.0	—	±0.5	0.30
335	33.5	—	—	±0.3	0.15	900	90.0	90.0	—	±0.5	0.30
355	35.5	—	—	±0.3	0.15	950	95.0	95.0	—	±0.5	0.30
375	37.5	—	—	±0.3	0.15	1000	100.0	100.0	100.0	±0.5	0.30
400	40.0	—	—	±0.3	0.15	1060	106.0	106.0	106.0	±0.6	0.30
425	42.5	—	—	±0.3	0.15	1120	112.0	112.0	112.0	±0.6	0.30
450	45.0	—	—	±0.3	0.15	1180	118.0	118.0	118.0	±0.6	0.30
475	47.5	—	—	±0.3	0.15	1250	125.0	125.0	125.0	±0.6	0.30
500	50.0	50.0	—	±0.3	0.15	1320	132.0	132.0	132.0	±0.6	0.30
530	53.0	53.0	—	±0.4	0.15	1400	140.0	140.0	140.0	±0.6	0.30
560	56.0	56.0	—	±0.4	0.15	1500	—	150.0	150.0	±0.8	0.30
600	60.0	60.0	—	±0.4	0.15	1600	—	160.0	160.0	±0.8	0.45
630	63.0	63.0	—	±0.4	0.15	1700	—	170.0	170.0	±0.8	0.45

（续）

标准长度命名[①]	标准有效外长度 横截面 3V	5V	8V	标准长度允许偏差	一组的匹配限制	标准长度命名[①]	标准有效外长度 横截面 3V	5V	8V	标准长度允许偏差	一组的匹配限制
1800	—	180.0	180.0	±0.8	0.45	2800	—	280.0	280.0	±0.8	0.60
1900	—	190.0	190.0	±0.8	0.45	3000	—	300.0	300.0	±0.8	0.60
2000	—	200.0	200.0	±0.8	0.45	3150	—	315.0	315.0	±1.0	0.60
2120	—	212.0	212.0	±0.8	0.45	3350	—	335.0	335.0	±1.0	0.60
2240	—	224.0	224.0	±0.8	0.45	3550	—	355.0	355.0	±1.0	0.60
2360	—	236.0	236.0	±0.8	0.45	3750	—	—	375.0	±1.0	0.60
2500	—	250.0	250.0	±0.8	0.45	4000	—	—	400.0	±1.0	0.75
2650	—	265.0	265.0	±0.8	0.60	4250	—	—	425.0	±1.2	0.75

① 为了明确带尺寸，使用有横截面前缀的标准长度命名，例如 5 V850。

表 10-115　窄 V 带标准滑轮和槽尺寸（一）ANSI/RMA IP-22（1983）

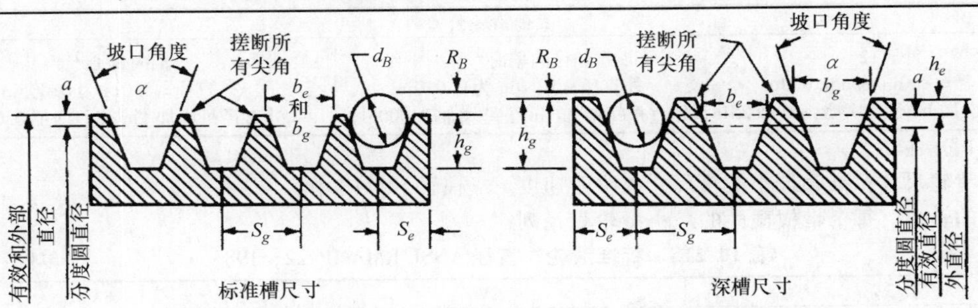

标准和深槽滑轮表面宽度 $=S_g(N_g-I)+2S_e$，其中 N_g = 槽的数目

横截面	标准槽外径	标准槽尺寸 坡口角度 α，±0.25°	b_g ±0.005	b_e (Ref)	h_g (Min)	R_B (Min)	d_B ±0.0005	S_g ±0.015	S_e	设计因素 最小建议 OD	2a
3V	≤3.49 >3.49～6.00 >6.00～12.00 >12.00	36 38 40 42	0.350	0.350	0.340	0.181 0.183 0.186 0.188	0.3438	0.406	0.344 (+0.099， −0.031)	2.65	0.050
5V	≤9.99 >9.99～16.00 >16.00	38 40 42	0.600	0.600	0.590	0.329 0.332 0.336	0.5938	0.688	0.500 (+0.125， −0.047)	7.10	0.100
8V	≤15.99 >15.99～22.40 >22.40	38 40 42	1.000	1.000	0.990	0.575 0.580 0.585	1.0000	1.125	0.750 (+0.250， −0.062)	12.50	0.200

表 10-116　窄 V 带标准滑轮和槽尺寸（二）ANSI/RMA IP-22（1983）

横截面	深槽外径	深槽尺寸[①] 坡口角度 α，±0.25°	b_g ±0.005	b_e (Ref)	h_g (Min)	R_B (Min)	d_B ±0.0005	S_g[②] ±0.015	S_e	设计因素 最小建议 OD	2a	$2h_e$
3V	≤3.71 >3.71～6.22 >6.22～12.22 >12.22	36 38 40 42	0.421 0.425 0.429 0.434	0.350	0.449	0.070 0.073 0.076 0.078	0.3438	0.500	0.375 (+0.094， −0.031)	2.87	0.050	0.218

（续）

横截面	深槽外径	深槽尺寸① 坡口角度 α, ±0.25°	b_g ±0.005	b_e (Ref)	h_g (Min)	R_B (Min)	d_B ±0.0005	S_g② ±0.015	S_e	设计因素 最小建议OD	$2a$	$2h_e$
5V	≤10.31	38	0.710	0.600	0.750	0.168	0.5938	0.812	0.562 (+0.125, −0.047)	7.42	0.100	0.320
	>10.31~16.32	40	0.716			0.172						
	>16.32	42	0.723			0.175						
8V	≤16.51	38	1.180	1.000	1.252	0.312	1.0000	1.312	0.844 (+0.250, −0.062)	13.02	0.200	0.524
	>16.51~22.92	40	1.191			0.316						
	>22.92	42	1.201			0.321						

① 深槽滑轮用于带驱动抵消带直角转弯传动或垂直轴传动的。中心距离出现振荡时也可能必须使用深槽滑轮。联合带不在深槽滑轮上运转。

② 任何一个滑轮的所有槽与 S_g 偏差的总和都不应该超过 ±0.031in。任何一个滑轮的槽之间的分度圆直径变化应该在下面的范围以内：外直径≤19.9in，槽数目≤6 ——0.010in（每多一个槽，加 0.0005in）。直径≤20.0in，槽数目≤10——0.015in（每多一个槽，加 0.0005in）。通过测量槽中直径上对置的两个测量球或杆的距离可以得到这些变化。将这个“球或杆的直径”测量和槽对比可以得到分度圆直径的变化。

表 10-117 滑轮公差 （单位：in）

其他滑轮公差		
外直径	径向偏心①	轴向偏心①
外直径≤8.0in 为 ±0.020in 外直径每增加 1in 公差增加 ±0.0025in	外直径≤10.0in 为 0.010in 外直径每增加 1in 公差增加 0.0005in	外直径≤5.0in 为 0.005in 外直径每增加 1in 公差增加 0.001in

① 总千分表读数。

最小滑轮尺寸：推荐最小滑轮尺寸取决于速度较快的轴的转速。每个带横截面的最小滑轮直径列在表 10-118 中。

表 10-118 标准滑轮外直径 ANSI/RMA IP-22，1983 （单位：in）

3V 公称尺寸	3V Min	3V Max	5V 公称尺寸	5V Min	5V Max	8V 公称尺寸	8V Min	8V Max
2.65	2.638	2.680	7.10	7.087	7.200	12.50	12.402	12.600
2.80	2.795	2.840	7.50	7.480	7.600	13.20	13.189	13.400
3.00	2.953	3.000	8.00	7.874	8.000	14.00	13.976	14.200
3.15	3.150	3.200	8.50	8.346	8.480	15.00	14.764	15.000
3.35	3.346	3.400	9.00	8.819	8.960	16.00	15.748	16.000
3.55	3.543	3.600	9.25	9.291	9.440	17.00	16.732	17.000
3.65	3.642	3.700	9.75	9.567	9.720	18.00	17.717	18.000
4.00	3.937	4.000	10.00	9.843	10.000	19.00	18.701	19.000
4.12	4.055	4.120	10.30	10.157	10.320	20.00	19.685	20.000
4.50	4.409	4.480	10.60	10.433	10.600	21.20	20.866	21.200
4.75	4.646	4.720	10.90	10.709	10.880	22.40	20.047	22.400
5.00	4.921	5.000	11.20	11.024	11.200	23.60	23.622	24.000
5.30	5.197	5.280	11.80	11.811	12.000	24.80	24.803	25.200
5.60	5.512	5.600	12.50	12.402	12.600	30.00	29.528	30.000
6.00	5.906	6.000	13.20	13.189	13.400	31.50	31.496	32.000
6.30	6.299	6.400	14.00	13.976	14.200	35.50	35.433	36.000
6.50	6.496	6.600	15.00	14.764	15.000	40.00	39.370	40.000
6.90	6.890	7.000	16.00	15.748	16.000	44.50	44.094	44.800
8.00	7.874	8.000	18.70	18.701	19.000	50.00	49.213	50.000
10.00	9.843	10.000	20.00	19.685	20.000	52.00	51.969	52.800
10.60	10.433	10.600	21.20	20.866	21.200	63.00	62.992	64.000
12.50	12.402	12.600	23.60	23.622	24.000	71.00	70.866	72.000
14.00	13.976	14.200	25.00	24.803	25.200	79.00	78.740	80.000
16.00	15.748	16.000	28.00	27.953	28.400	99.00	98.425	100.000
19.00	18.701	19.000	31.50	31.496	32.000	—	—	—
20.00	19.685	20.000	37.50	37.402	38.000	—	—	—
25.00	24.803	25.200	40.00	39.370	40.000	—	—	—
31.50	31.496	32.000	44.50	44.094	44.800	—	—	—
33.50	33.465	34.000	50.00	49.213	50.000	—	—	—
—	—	—	63.00	62.992	64.000	—	—	—
—	—	—	71.00	70.866	72.000	—	—	—

横截面选择：图表（见图 10-63）可以作为 V 带横截面选择的指导，可以用于任何快轴速度和马力结合的设计。快轴的设计马力和速度交点落在图表中两个区域之间的线上时，建议调查在两个区域的可能性。特殊环境（如有空间限制）可能导致带横截面选择和图表的指导不同。

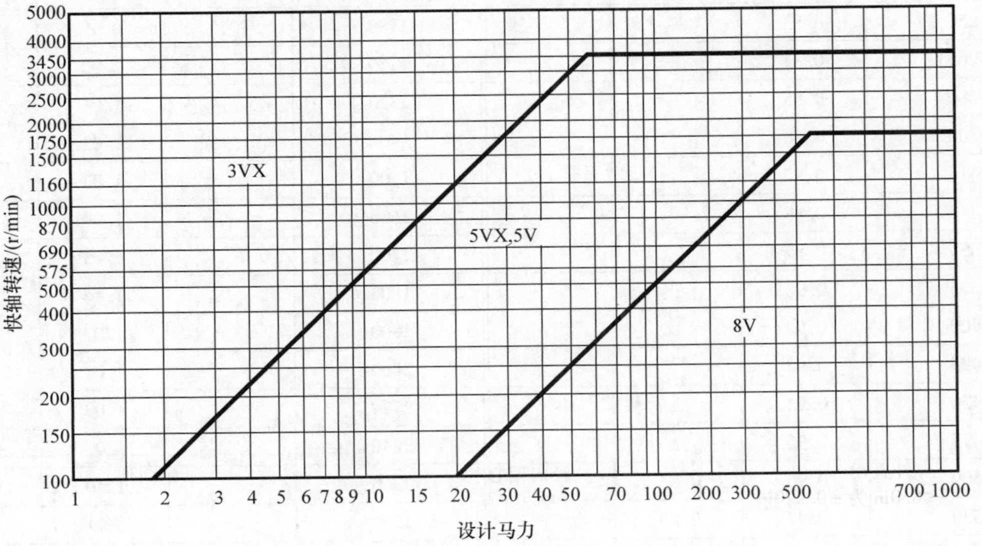

图 10-63　窄 V 带横截面选择

额定马力：窄 V 带的额定马力可以用下面的公式计算。

$$HP = d_p r[K_1 - K_2/d_p - K_3(d_p r)^2 - K_4\log(d_p r)] + K_{SR} r$$

式中，d_p 是小滑轮的分度圆直径（in）；r 是快轴转速除以 1000；K_{SR} 是速度比修正因子（见表 10-119）；K_1、K_2、K_3 和 K_4 是横截面参数，列在表 10-120 中。这个公式给出了基本的额定马力，为了速度比修正过。为了获得接触弧非 180°的每个带的马力，或者比平均长度长或短的带的马力，将公式计算得到的马力乘以长度修正系数（见表 10-122）以及接触弧修正系数（见表 10-121）。

表 10-119　速度比修正系数

速度比[①]范围	K_{SR} 横截面		速度比[①]范围	K_{SR} 横截面	
	3VX	5VX		5V	8V
1.00～1.01	0.0000	0.0000	1.00～1.01	0.0000	0.0000
1.02～1.03	0.0157	0.0801	1.02～1.05	0.0963	0.4690
1.04～1.06	0.0315	0.1600	1.06～1.11	0.2623	1.2780
1.07～1.09	0.0471	0.2398	1.12～1.18	0.4572	2.2276
1.10～1.13	0.0629	0.3201	1.19～1.26	0.6223	3.0321
1.14～1.18	0.0786	0.4001	1.27～1.38	0.7542	3.6747
1.19～1.25	0.0944	0.4804	1.39～1.57	0.8833	4.3038
1.26～1.35	0.1101	0.5603	1.58～1.94	0.9941	4.8438
1.36～1.57	0.1259	0.6405	1.95～3.38	1.0830	5.2767
>1.57	0.1416	0.7202	>3.38	1.1471	5.5892

① D_p/d_p，其中 D_p（d_p）是大（小）滑轮的分度圆直径。

表 10-120　横截面修正系数

横截面	K_1	K_2	K_3	K_4
3VX	1.1691	1.5295	1.5229×10^{-4}	0.15960
5VX	3.3038	7.7810	3.6432×10^{-4}	0.43343
5V	3.3140	10.123	5.8758×10^{-4}	0.46527
8V	8.6628	49.323	1.5804×10^{-3}	1.1669

表 10-121　接触弧修正系数

$\frac{D_e - d_e}{C}$	小滑轮的接触弧 θ (°)	修正系数
0.00	180	1.00
0.10	174	0.99
0.20	169	0.97
0.30	163	0.96
0.40	157	0.94
0.50	151	0.93
0.60	145	0.91
0.70	139	0.89
0.80	133	0.87
0.90	127	0.85
1.00	120	0.82
1.10	113	0.80
1.20	106	0.77
1.30	99	0.73
1.40	91	0.70
1.50	83	0.65

表 10-122 长度修正系数

标准长度命名	横截面			标准长度命名	横截面		
	3V	5V	8V		3V	5V	8V
250	0.83			1180	1.12	0.99	0.89
265	0.84			1250	1.13	1.00	0.90
280	0.85			1320	1.14	1.01	0.91
300	0.86			1400	1.15	1.02	0.92
315	0.87			1500		1.03	0.93
335	0.88			1600		1.04	0.94
355	0.89			1700		1.05	0.94
375	0.90			1800		1.06	0.95
400	0.92			1900		1.07	0.96
425	0.93			2000		1.08	0.97
450	0.94			2120		1.09	0.98
475	0.95			2240		1.09	0.98
500	0.96	0.85		2360		1.10	0.99
530	0.97	0.86		2500		1.11	1.00
560	0.98	0.87		2650		1.12	1.01
600	0.99	0.88		2800		1.13	1.02
630	1.00	0.89		3000		1.14	1.03
670	1.01	0.90		3150		1.15	1.03
710	1.02	0.91		3350		1.16	1.04
750	1.03	0.92		3550		1.17	1.05
800	1.04	0.93		3750			1.06
850	1.06	0.94		4000			1.07
900	1.07	0.95		4250			1.08
950	1.08	0.96		4500			1.09
1000	1.09	0.96	0.87	4750			1.09
1060	1.10	0.97	0.88	5000			1.10
1120	1.11	0.98	0.88	—			—

接触弧：小滑轮的接触弧可以用下面的公式计算。

精密公式：接触弧（°）$=2\cos^{-1}\left(\frac{D_e-d_e}{2C}\right)$

近似公式：接触弧（°）$=180-\frac{(D_e-d_e)60}{C}$

式中，D_e 是大滑轮有效直径（in 或 mm）；d_e 是小滑轮有效直径（in 或 mm）；C 是中心距（in 或 mm）。

应用需要的带数目等于设计马力除以一个带的修正额定马力。

2. 普通 V 带 ANSI/RMA IP-20

普通 V 带最常用在重型应用中，包含下面的标准横截面：A、AX、B、BX、C、CX、D 和 DX（见图 10-64）。最大宽度范围是 1/2 ~ 1¼in，由横截面和公称长度规定。普通带可以两个成组，也可以多个成组。这些多组型驱动带可以连续传输高达几百马力的功率，并且能吸收一定的冲击载荷。

带横截面：四中横截面的公称尺寸见图 10-64。

带尺寸命名：普通 V 带尺寸通过一个标准带号来识别，带号包含数字和字母。字母代表横截面；数字代表表 10-123 中列出的长度。例如，A60 表示横截面 A，标准长度命名 60。横截面命名之后带字母 X 则表示带凹口模切横截面，如 AX60。

滑轮尺寸：滑轮坡口角度和尺寸以及多带驱动的滑轮表面宽度见表 10-124，同时还有不同的公差值。

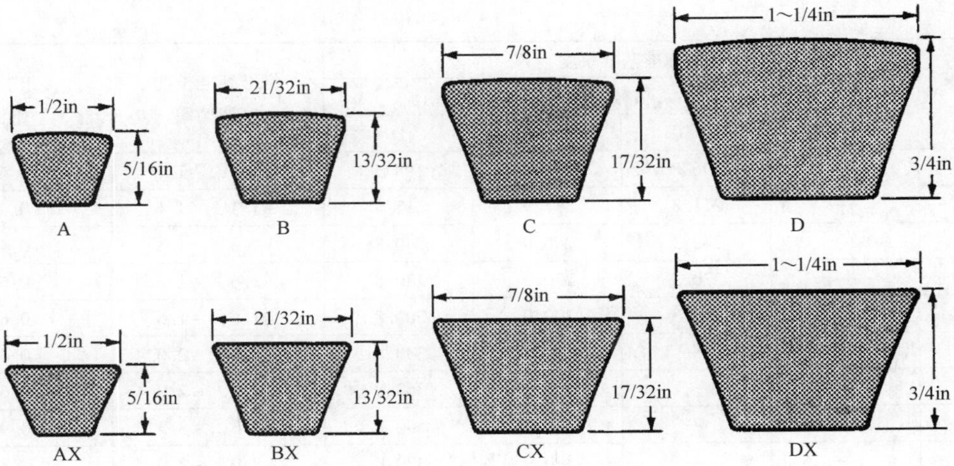

图 10-64　普通 V 带横截面

表 10-123　普通 V 带标准基准长度 ANSI/RMA IP-20，1988　　（单位：in）

标准长度命名①	标准基准长度 横截面				标准基准长度容许偏差	一组的匹配限制
	A，AX	B，BX	C，CX	D		
26	27.3	—	—	—	+0.6，−0.6	0.15
31	32.3	—	—	—	+0.6，−0.6	0.15
35	36.3	36.8	—	—	+0.6，−0.6	0.15
38	39.3	39.8	—	—	+0.7，−0.7	0.15
42	43.3	43.8	—	—	+0.7，−0.7	0.15
46	47.3	47.8	—	—	+0.7，−0.7	0.15
51	52.3	52.8	53.9	—	+0.7，−0.7	0.15
55	56.3	56.8	—	—	+0.7，−0.7	0.15
60	61.3	61.8	62.9	—	+0.7，−0.7	0.15
68	69.3	69.8	70.9	—	+0.7，−0.7	0.30
75	75.3	76.8	77.9	—	+0.7，−0.7	0.30
80	81.3	—	—	—	+0.7，−0.7	0.30
81	—	82.8	83.9	—	+0.7，−0.7	0.30
85	86.3	86.8	87.9	—	+0.7，−0.7	0.30
90	91.3	91.8	92.9	—	+0.8，−0.8	0.30
96	97.3	—	98.9	—	+0.8，−0.8	0.30
97	—	98.8	—	—	+0.8，−0.8	0.30
105	106.3	106.8	107.9	—	+0.8，−0.8	0.30
112	113.3	113.8	114.9	—	+0.8，−0.8	0.30
120	121.3	121.8	122.9	123.3	+0.8，−0.8	0.30
128	129.3	129.8	130.9	131.3	+0.8，−0.8	0.30
144	—	145.8	146.9	147.3	+0.8，−0.8	0.30
158	—	159.8	160.9	161.3	+1.0，−1.0	0.45
173	—	174.8	175.9	176.3	+1.0，−1.0	0.45
180	—	181.8	182.9	183.3	+1.0，−1.0	0.45

（续）

<table>
<tr><th rowspan="3">标准长度命名①</th><th colspan="4">标准基准长度</th><th rowspan="3">标准基准长度
容许偏差</th><th rowspan="3">一组的匹配
限制</th></tr>
<tr><th colspan="4">横截面</th></tr>
<tr><th>A，AX</th><th>B，BX</th><th>C，CX</th><th>D</th></tr>
<tr><td>195</td><td>—</td><td>196.8</td><td>197.9</td><td>198.3</td><td>+1.1，-1.1</td><td>0.45</td></tr>
<tr><td>210</td><td>—</td><td>211.8</td><td>212.9</td><td>213.3</td><td>+1.1，-1.1</td><td>0.45</td></tr>
<tr><td>240</td><td>—</td><td>240.3</td><td>240.9</td><td>240.8</td><td>+1.3，-1.3</td><td>0.45</td></tr>
<tr><td>270</td><td>—</td><td>270.3</td><td>270.9</td><td>270.8</td><td>+1.6，-1.6</td><td>0.60</td></tr>
<tr><td>300</td><td>—</td><td>300.3</td><td>300.0</td><td>300.8</td><td>+1.6，-1.6</td><td>0.60</td></tr>
<tr><td>330</td><td>—</td><td>—</td><td>330.9</td><td>330.8</td><td>+2.0，-2.0</td><td>0.60</td></tr>
<tr><td>360</td><td>—</td><td>—</td><td>380.9</td><td>360.8</td><td>+2.0，-2.0</td><td>0.60</td></tr>
<tr><td>540</td><td>—</td><td>—</td><td>—</td><td>540.8</td><td>+3.3，-3.3</td><td>0.90</td></tr>
<tr><td>390</td><td>—</td><td>—</td><td>390.9</td><td>390.8</td><td>+2.0，-2.0</td><td>0.75</td></tr>
<tr><td>420</td><td>—</td><td>—</td><td>420.9</td><td>420.8</td><td>+3.3，-3.3</td><td>0.75</td></tr>
<tr><td>480</td><td>—</td><td>—</td><td>—</td><td>480.8</td><td>+3.3，-3.3</td><td>0.75</td></tr>
<tr><td>600</td><td>—</td><td>—</td><td>—</td><td>600.8</td><td>+3.3，-3.3</td><td>0.90</td></tr>
<tr><td>660</td><td>—</td><td>—</td><td>—</td><td>660.8</td><td>+3.3，-3.3</td><td>0.90</td></tr>
</table>

① 为了规定带尺寸，使用带前缀表示横截面的标准长度命名，如 B90。

表 10-124 普通 V 带滑轮和槽尺寸 ANSI/RMA IP-20，1988 （单位：in）

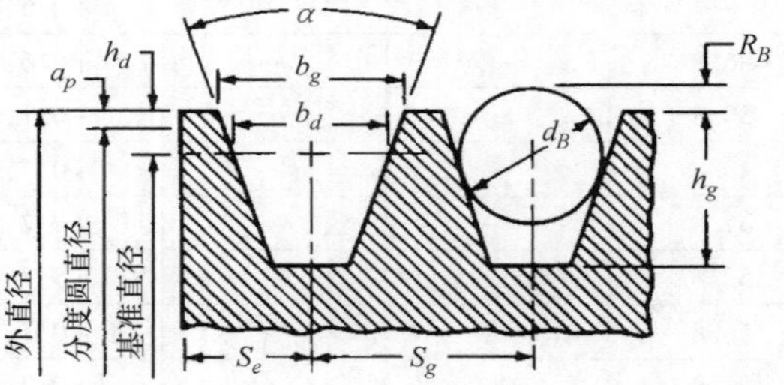

标准和深槽滑轮表面宽度 = $S_g(N_g-1)+2S_e$，其中 N_g 是槽的数目

<table>
<tr><th colspan="14">标准槽尺寸</th><th colspan="2">设计因素</th></tr>
<tr><th colspan="2">横截面</th><th>基准直径
范围①</th><th>α 坡口
角度
±0.33°</th><th>b_d
参考</th><th colspan="2">b_g</th><th>h_g
最小</th><th>$2h_d$</th><th>R_B
最小</th><th>d_B
±0.0005</th><th>S_g②
±0.025</th><th colspan="2">S_e</th><th>最小建议
基准直径</th><th>$2a_p$</th></tr>
<tr><td colspan="2">A，AX</td><td>≤5.4
>5.4</td><td>34
38</td><td>0.418</td><td>0.494
0.504</td><td>±0.005</td><td>0.460</td><td>0.250</td><td>0.148
0.149</td><td>0.4375
(7/16)</td><td>0.625</td><td>0.375</td><td>+0.090
-0.062</td><td>A 3.0
AX 2.2</td><td>0</td></tr>
<tr><td colspan="2">B，BX</td><td>≤7.0
>7.0</td><td>34
38</td><td>0.530</td><td>0.637
0.650</td><td>±0.006</td><td>0.550</td><td>0.350</td><td>0.189
0.190</td><td>0.5625
(9/16)</td><td>0.750</td><td>0.500</td><td>+0.120
-0.065</td><td>B 5.4
BX 4.0</td><td>0</td></tr>
<tr><td rowspan="2">组合</td><td>A，
AX 带</td><td>≤7.4③
>7.4</td><td>34
38</td><td rowspan="2">0.508④</td><td>0.612
0.625</td><td>±0.006</td><td rowspan="2">0.612</td><td>0.634⑤
0.602⑤</td><td>0.230
0.226</td><td rowspan="2">0.5625
(9/16)</td><td rowspan="2">0.750</td><td rowspan="2">0.500</td><td rowspan="2">+0.120
-0.065</td><td>A 3.6③
AX 2.8</td><td>0.37</td></tr>
<tr><td>B，
BX 带</td><td>≤7.4③
>7.4</td><td>34
38</td><td>0.612
0.625</td><td>±0.006</td><td>0.333⑤
0.334⑤</td><td>0.230
0.226</td><td>B 5.7③
BX 4.3</td><td>-0.01</td></tr>
<tr><td colspan="2">C，CX</td><td>≤7.99
>7.99~12.0
>12.0</td><td>34
36
38</td><td>0.757</td><td>0.879
0.887
0.895</td><td>±0.007</td><td>0.750</td><td>0.400</td><td>0.274
0.276
0.277</td><td>0.7812
(25/32)</td><td>1.000</td><td>0.688</td><td>+0.160
-0.070</td><td>C 9.0
CX 6.8</td><td>0</td></tr>
</table>

（续）

横截面	基准直径范围①	α 坡口角度 ±0.33°	b_d 参考	b_g	h_g 最小	$2h_d$	R_B 最小	d_B ±0.0005	S_g② ±0.025	S_e	最小建议基准直径	$2a_p$
	深槽尺寸⑥										设计因素	
D	≤12.99 >12.99~17.0 >17.0	34 36 38	1.076	1.259 1.271 ±0.008 1.283	1.020	0.600	0.410 0.410 0.411	1.1250 (1⅛)	1.438	0.875	+0.220 −0.080	13.0	0
B，BX	≤7.0 >7.0	34 38	0.530	0.747 0.774 ±0.006	0.730	0.710	0.007 0.008	0.5625 (9/16)	0.875	0.562	+0.120 −0.065	B 5.4 BX 4.0	0.36
C，CX	≤7.99 >7.99~12.0 >12.0	34 36 38	0.757	1.066 1.085 ±0.007 1.105	1.055	1.010	−0.035 −0.032 −0.031	0.7812 (25/32)	1.250	0.812	+0.160 −0.070	C 9.0 CX 6.8	0.61
D	≤12.99 >12.99~17.0 >17.0	34 36 38	1.076	1.513 1.514 ±0.008 1.569	1.435	1.430	−0.010 −0.009 −0.008	1.1250 (1⅛)	1.750	1.062	+0.220 −0.080	13.0	0.83

① A/AX，B/BX 组合槽在 A 或 AX 带要求使用深槽时使用。

② 任何一个滑轮的所有槽与 S_g 偏差的总和都不应该超过 ±0.050in。任何一个滑轮的槽之间的基准直径变化应该在下面的范围以内：外直径≤19.9in，槽数目≤6 ——0.010in（每多一个槽加 0.0005in）。直径≤20.0in，槽数目≤10——0.015in（每多一个槽加 0.0005in）。通过测量槽中直径上对置的两个测量球或杆的距离可以得到这些变化。将这个"球或杆的直径"测量和槽对比可以得到基准直径的变化。

③ 表中组合槽的直径是外直径。组合槽的 A 或 B 带都不存在特定的基准直径。

④ 表中组合槽的 b_d 值是"等宽"点，但是并不代表 A 或 B 带的基准宽度（$2h_d=0.340$）。

⑤ 表中组合槽的 $2h_d$ 值通过 A 和 B 槽的 b_d 值计算。

⑥ 深槽滑轮用于带驱动抵消带直角转弯传动或垂直轴传动的。联合带不在深槽滑轮上运转。A 和 AX 联合带不在 A/AX 和 B/BX 组合槽上运转。

其他滑轮公差见表 10-125。

表 10-125　其他滑轮公差

其他滑轮公差		
外直径	径向偏心①	轴向偏心①
外直径≤8.0in 为 ±0.020in， 外直径每增加 1in 公差增加 ±0.005in	外直径≤10.0in 为 0.010in， 外直径每增加 1in 公差增加 0.0005in	外直径≤5.0in 为 0.005in， 外直径每增加 1in 公差增加 0.001in

① 总千分表读数。

最小滑轮尺寸：建议最小滑轮尺寸取决于快轴的转速。每种横截面的最小滑轮直径列在表 10-125中。

横截面选择：使用图表（见图 10-65）作为指导选择普通 V 带横截面，可以用于任何快轴设计马力和速度的组合。快轴的设计马力和速度交点落在图表中两个区域之间的线上时，建议调查在两个区域的可能性。特殊环境（如有空间限制）可能导致带横截面选择和图表的指导不同。

普通 V 带的额定马力可以用下面的公式计算：

$$\text{A：HP} = d_p r\left[1.004 - \frac{1.652}{d_p} - 1.547\times10^{-4}(d_p r)^2 - 0.2126\log(d_p r)\right] + 1.652r\left(1-\frac{1}{K_{SR}}\right)$$

$$\text{AX：HP} = d_p r\left[1.462 - \frac{2.239}{d_p} - 2.198\times10^{-4}(d_p r)^2 - 0.4238\log(d_p r)\right] + 2.239r\left(1-\frac{1}{K_{SR}}\right)$$

$$\text{B：HP} = d_p r\left[1.769 - \frac{4.372}{d_p} - 3.081\times10^{-4}(d_p r)^2 - 0.3658\log(d_p r)\right] + 4.372r\left(1-\frac{1}{K_{SR}}\right)$$

$$\text{BX：HP} = d_p r\left[2.051 - \frac{3.532}{d_p} - 3.097\times10^{-4}(d_p r)^2 - 0.5735\log(d_p r)\right] + 3.532r\left(1-\frac{1}{K_{SR}}\right)$$

$$\text{C：HP} = d_p r\left[3.325 - \frac{12.07}{d_p} - 5.828\times10^{-4}(d_p r)^2 - 0.6886\log(d_p r)\right] + 12.07r\left(1-\frac{1}{K_{SR}}\right)$$

$$CX: HP = d_p r\left[3.272 - \frac{6.655}{d_p} - 5.298\times10^{-4}(d_p r)^2 - 0.8637\log(d_p r)\right] + 6.655r\left(1-\frac{1}{K_{SR}}\right)$$

$$D: HP = d_p r\left[7.160 - \frac{43.21}{d_p} - 1.384\times10^{-3}(d_p r)^2 - 1.454\log(d_p r)\right] + 43.21r\left(1-\frac{1}{K_{SR}}\right)$$

以上公式中，d_p 是小滑轮的分度圆直径（in）；r 是快轴 rpm 除以 1000；K_{SR} 是速度比修正因子，列在表 10-126 中。这些公式给出了基本的额定马力，为了速度比修正过。为了获得接触弧非 180° 的每个带的马力，或者比平均长度长或短的带的马力，将公式计算得到的马力乘以长度修正系数（见表 10-127）以及接触弧修正系数（见表 10-128）。

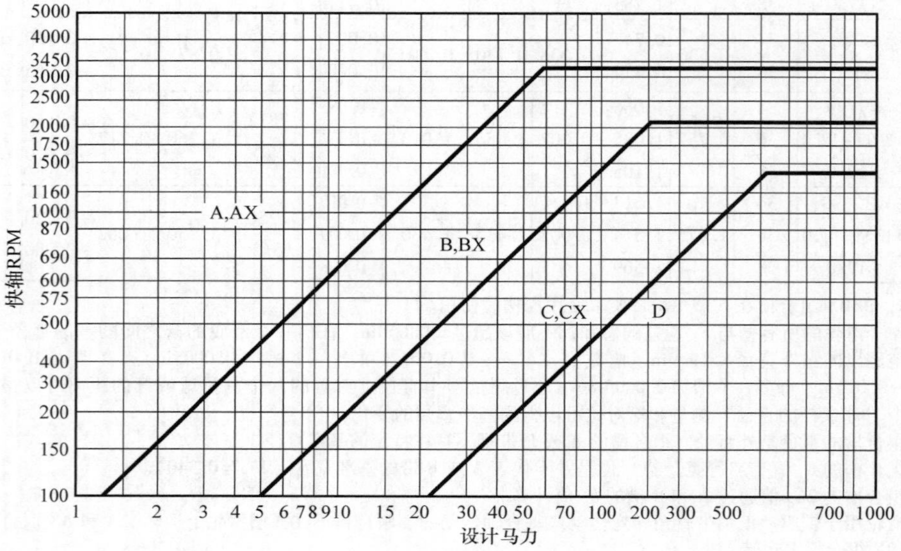

图 10-65 普通 V 带的横截面选择

表 10-126 速度修正系数

速度比范围①	K_{SR}	速度比范围①	K_{SR}
1.00 ~ 1.01	1.0000	1.15 ~ 1.20	1.0586
1.02 ~ 1.04	1.0112	1.21 ~ 1.27	1.0711
1.05 ~ 1.07	1.0226	1.28 ~ 1.39	1.0840
1.08 ~ 1.10	1.0344	1.40 ~ 1.64	1.0972
1.11 ~ 1.14	1.0463	>1.64	1.1106

① D_p/d_p，其中 D_p（d_p）是大（小）滑轮的分度圆直径。

表 10-127 长度修正系数

标准长度命名	横截面 A，AX	B，BX	C，CX	D
26	0.78	—	—	—
31	0.82	—	—	—
35	0.85	0.80	—	—
38	0.87	0.82	—	—
42	0.89	0.84	—	—
46	0.91	0.86	—	—
51	0.93	0.88	0.80	—
55	0.95	0.89	—	—
60	0.97	0.91	0.83	—
68	1.00	0.94	0.85	—
75	1.02	0.96	0.87	—
80	1.04	—	—	—
81	—	0.98	0.89	—
85	1.05	0.99	0.90	—
90	1.07	1.00	0.91	—
96	1.08	—	0.92	—
97	—	1.02	—	—
105	1.10	1.03	0.94	—
112	1.12	1.05	0.95	—
120	1.13	1.06	0.96	0.88
128	1.15	1.08	0.98	0.89
144	—	1.10	1.00	0.91
158	—	1.12	1.02	0.93
173	—	1.14	1.04	0.94

（续）

标准长度命名	横截面			
	A，AX	B，BX	C，CX	D
180	—	1.15	1.05	0.95
195	—	1.17	1.08	0.96
210	—	1.18	1.07	0.98
240	—	1.22	1.10	1.00
270	—	1.24	1.13	1.02
300	—	1.27	1.15	1.04
330	—	—	1.17	1.06
360	—	—	1.18	1.07
390	—	—	1.20	1.09
420	—	—	1.21	1.10
480	—	—	—	1.13
540	—	—	—	1.15
600	—	—	—	1.17
660	—	—	—	1.18

带数目：应用需要的带数目等于设计马力除以一个带的修正额定马力。

接触弧：小滑轮的接触弧可以用下面的公式计算。

精确公式：接触弧（°）$=2\cos^{-1}\left(\frac{D_d-d_d}{2C}\right)$

近似公式：接触弧（°）$=180-\left[\frac{(D_d-d_d)60}{C}\right]$

式中，D_d是大滑轮基准直径（in 或 mm）；d_d是小滑轮基准直径（in 或 mm）；C是中心距（in 或 mm）。

3. 双 V 带 ANSI/RMA IP-21

要求带两边都可以输入和输出功的时候，采用双 V 带或者六角带。带设计用于“蛇形”驱动系统中，包含相对方向转动的滑轮，带横截面有 AA、BB、CC 和 DD 可选，在标准普通滑轮上运转，通过横截面和公称长度来区分。

带横截面：四种带横截面的公称尺寸如图 10-66 所示。

表 10-128 接触弧修正系数

$\frac{D_d-d_d}{C}$	小滑轮的接触弧 θ/(°)	修正系数		$\frac{D_d-d_d}{C}$	小滑轮的接触弧 θ/(°)	修正系数	
		V-V	V-平面①			V-V	V-平面①
0.00	180	1.00	0.75	0.80	133	0.87	0.85
0.10	174	0.99	0.76	0.90	127	0.85	0.85
0.20	169	0.97	0.78	1.00	120	0.82	0.82
0.30	163	0.96	0.79	1.10	113	0.80	0.80
0.40	157	0.94	0.80	1.20	106	0.77	0.77
0.50	151	0.93	0.81	1.30	99	0.73	0.73
0.60	145	0.91	0.83	1.40	91	0.70	0.70
0.70	139	0.89	0.84	1.50	83	0.65	0.65

① V-平驱动使用小滑轮和大直径平带轮。

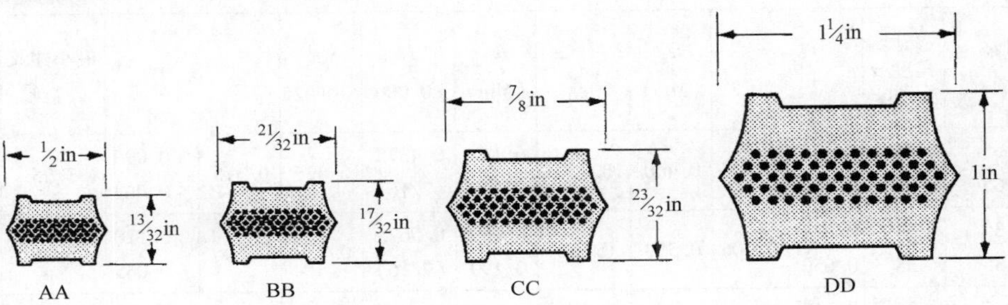

图 10-66 双 V 带横截面

带尺寸命名：双 V 带由一个标准的带号识别，带号包含数字和字母。字母代表横截面；数字代表表 10-129 第一列列出的长度。例如，AA51 表示横截面 AA，标准长度命名为 51。

滑轮尺寸：滑轮坡口角度和多带驱动滑轮表面宽度见表 10-130，还有各种公差值。

表 10-129 双 V 带标准有效长度 ANSI/RMA IP-21，1984 （单位：in）

标准长度命名①	标准有效长度 横截面 AA	BB	CC	DD	标准有效长度允许偏差	一组的匹配限制	标准长度命名①	标准有效长度 横截面 AA	BB	CC	DD	标准有效长度允许偏差	一组的匹配限制
51	53.1	53.9	—	—	±0.7	0.15	120	122.1	122.9	124.2	125.2	±0.8	0.30
55	—	57.9	—	—	±0.7	0.15	128	130.1	130.9	132.2	133.2	±0.8	0.30
60	62.1	62.9	—	—	±0.7	0.15	144	—	146.9	148.2	149.2	±0.8	0.30
68	70.1	70.9	—	—	±0.7	0.30	158	—	160.9	162.2	163.2	±1.0	0.45
75	77.1	77.9	—	—	±0.7	0.30	173	—	175.9	177.2	178.2	±1.0	0.45
80	82.1	—	—	—	±0.7	0.30	180	—	182.9	184.2	185.2	±1.0	0.45
81	—	83.9	85.2	—	±0.7	0.30	195	—	197.9	199.2	200.2	±1.1	0.45
85	87.1	87.9	89.2	—	±0.7	0.30	210	—	212.9	214.2	215.2	±1.1	0.45
90	92.1	92.9	94.2	—	±0.8	0.30	240	—	241.4	242.2	242.7	±1.3	0.45
96	98.1	—	100.2	—	±0.8	0.30	270	—	271.4	272.2	272.7	±1.6	0.60
97	—	99.9	—	—	±0.8	0.30	300	—	301.4	302.2	302.7	±1.6	0.60
105	107.1	107.9	109.2	—	±0.8	0.30	330	—	—	332.2	332.7	±2.0	0.60
112	114.1	114.9	116.2	—	±0.8	0.30	360	—	—	362.2	362.7	±2.0	0.60

① 为了明确带尺寸，使用有横截面前缀的标准长度命名，如 BB90。

表 10-130 双 V 带滑轮和槽尺寸 ANSI/RMA IP-21，1984 （单位：in）

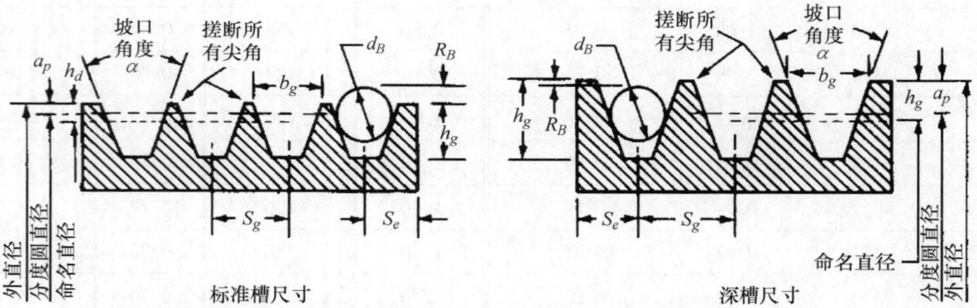

标准和深槽滑轮表面宽度 $= S_g(N_g-1)+2S_e$，其中 N_g 是槽的数目

横截面	外直径范围	坡口角度 α ±0.33°	b_g		h_g (Min)	$2h_d$	R_B (Min)	d_B ±0.0005	S_g① ±0.025	S_e		最小建议外直径	$2a_p$②
	标准槽尺寸											**驱动设计因素**	
AA	≤5.65 >5.65	34 38	0.494 0.504	±0.005	0.460	0.250	0.148 0.149	0.4375 (7/16)	0.625	0.375	+0.090 −0.062	3.25	0.0
BB	≤7.35 >7.35	34 38	0.637 0.650	±0.006	0.550	0.350	0.189 0.190	0.5625 (9/16)	0.750	0.500	+0.120 −0.065	5.75	0.0
AA-BB	≤7.35 >7.35	34 38	0.612 0.625	±0.006	0.612	A = 0.750 B = 0.350	0.230 0.226	0.5625 (9/16)	0.750	0.500	+0.120 −0.065	A = 3.620 B = 5.680	A = 0.370 B = −0.070
CC	≤8.39 >8.39~12.40 >12.40	34 36 38	0.879 0.887 0.895	±0.007	0.750	0.400	0.274 0.276 0.277	0.7812 (25/32)	1.000	0.688	+0.160 −0.070	9.4	0.0

（续）

标准槽尺寸												驱动设计因素	
横截面	外直径范围	坡口角度 α ±0.33°	b_g		h_g (Min)	$2h_d$	R_B (Min)	d_B ±0.0005	S_g① ±0.025	S_e		最小建议外直径	$2a_p$②
DD	≤13.59 >13.59～17.60 >17.60	34 36 38	1.259 1.271 1.283	±0.008	1.020	0.600	0.410 0.410 0.411	1.1250 (1⅛)	1.438	0.875	+0.220 −0.080	13.6	0.0
深槽尺寸③												驱动设计因素	
横截面	外直径范围	坡口角度 α ±0.33°	b_g		h_g (Min)	$2h_d$	R_B (Min)	d_B ±0.0005	S_g① ±0.025	S_e		最小建议外直径	$2a_p$
AA	≤5.96 >5.96	34 38	0.589 0.611	±0.005	0.615	0.560	−0.009 −0.008	0.4375 (7/16)	0.750	0.438	+0.090 −0.062	3.56	0.310
BB	≤7.71 >7.71	34 38	0.747 0.774	±0.006	0.730	0.710	+0.007 +0.008	0.5625 (9/16)	0.875	0.562	+0.120 −0.065	6.11	0.360
CC	≤9.00 >9.00～13.01 >13.01	34 36 38	1.066 1.085 1.105	±0.007	1.055	1.010	−0.035 −0.032 −0.031	0.7812 (25/32)	1.250	0.812	+0.160 −0.070	10.01	0.610
DD	≤14.42 >14.42～18.43 >18.43	34 36 38	1.513 1.541 1.569	±0.008	1.435	1.430	−0.010 −0.009 −0.008	1.1250 (1⅛)	1.750	1.062	+0.220 −0.080	14.43	0.830

① 任何一个滑轮的所有槽与 S_g 偏差的总和都不应该超过 ±0.050in。任何一个滑轮的槽之间的分度圆直径变化应该在下面的范围以内：外直径≤19.9in，槽数目≤6 ——0.010in（每多一个槽，加 0.005in）；直径≥20.0in，槽数目≤10——0.015in（每多一个槽，加 0.0005in）。通过测量槽中直径上对置的两个测量球或杆的距离可以得到这些变化。将这个“球或杆的直径”测量和槽对比可以得到分度圆直径的变化。

② 表中 A/B 组合滑轮的 a_p 值是几何推导的值。这些值可能与制造商产品目录中的值不一样。

③ 深槽滑轮用于抵消带直角转弯传动或垂直轴传动。

其他滑轮公差见表 10-131。

横截面选择：图表（见图 10-67）可以作为 V 带横截面选择的指导，可以用于任何快轴速度和马力结合的设计。快轴的设计马力和速度交点落在图表中两个区域之间的线上时，建议调查在两个区域的可能性。特殊环境（如有空间限制）可能导致带横截面选择和图表的指导不同。

确定有效直径：图 10-68 所示为有效直径和外直径，以及命名直径之间的关系。为双 V 带驱动定滑轮的时候要用到命名直径。有效直径的定义如下：

$$有效直径 = 命名直径 + 2h_d - 2a_p$$

$2h_d$ 和 $2a_p$ 的值列在表 10-130 中。

确定双 V 带长度：特定驱动的有效带长度可以对驱动做刻度布局确定。在新带开始使用和首次受到驱动拉力时，根据其有效直径拉动滑轮。接着，测量切线并计算每个滑轮的有效弧长（AL_e）（见表 10-132）。

$$AL_e = \frac{d_e\theta}{115}$$

那么带的有效长度就是切线和连接弧长的总和。特定的驱动应用的有效带长度数学计算应该咨询制造商。

表 10-131　其他滑轮公差

其他滑轮公差		
外直径	径向偏心①	轴向偏心①
外直径≤4.0in 为 ±0.020in， 外直径每增加 1in 公差增加 ±0.005in	外直径≤10.0in 为 ±0.010in， 外直径每增加 1in 公差增加 0.0005in	外直径≤5.0in 为 0.005in， 外直径每增加 1in 公差增加 0.001in

① 总千分表读数。

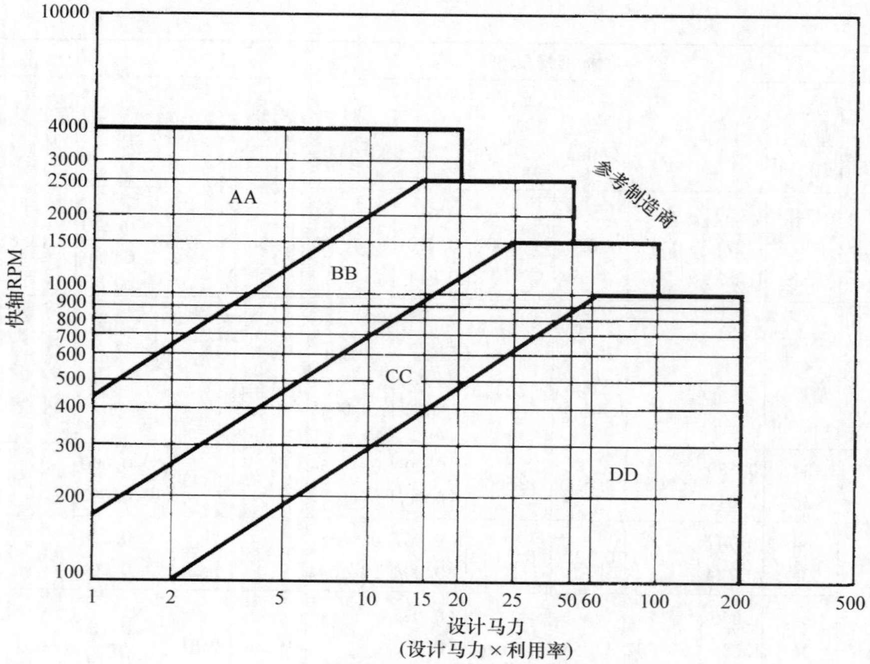

图 10-67 双 V 带横截面选择

表 10-132 双 V 带计算术语

AL_e = 长度，弧，有效，in

$2a_p$ = 直径，差值，分度圆到外部，in

d = 直径，分度圆，in（与有效直径相同）

d_e = 直径，有效，in

$2h_d$ = 直径差值，命名到外部，in

K_f = 系数，长度-挠度修正

L_e = 长度，有效，in

n = 滑轮，驱动上的数量

P_d = 功，设计，马力（传输马力×利用率）

R = 比例，紧边到松边的拉力

$R/(R-1)$ = 系数，拉力比

r = 角速度，快轴，rpm/1000

S = 速度，带，fpm/1000

T_e = 拉力，有效拉力，lbf

T_r = 拉力，容许紧边，lbf

T_S = 拉力，松边，lbf

T_T = 拉力，紧边，lbf

θ = 角，带接触弧，度

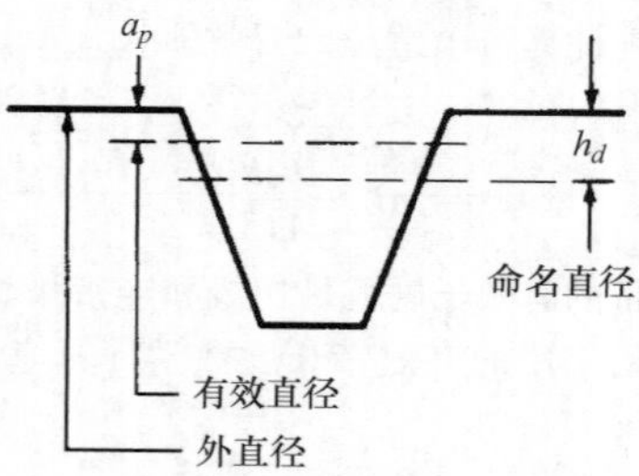

图 10-68 滑轮的有效直径、外直径和命名直径

确定带数目：带的数目可以根据最严格滑轮上的紧边容许额定拉力（T_r）确定。每个带的容许紧边拉力都列在表 10-133 ~ 表 10-136 中，还必须乘以表 10-137 中的长度-弹性修正系数（K_f）。对于已知滑轮，选择合适的容许紧边拉力，需要知道带速度和所求滑轮有效直径。

表 10-133 AA 横截面容许紧边拉力

带速度 /(ft/min)	滑轮有效直径/in							
	3.0	3.5	4.0	4.5	5.0	5.5	6.0	6.5
200	30	46	57	66	73	79	83	88
400	23	38	49	58	65	71	76	80
600	18	33	44	53	60	66	71	75
800	14	30	41	50	57	63	67	72
1000	12	27	38	47	54	60	65	69
1200	9	24	36	45	52	57	62	66
1400	7	22	34	42	49	55	60	64

（续）

带速度/(ft/min)	滑轮有效直径/in						
	3.0	3.5	4.0	4.5	5.0	5.5	6.0	6.5
1600	5	20	32	40	47	53	58	62
1800	3	18	30	38	46	51	56	60
2000	1	16	28	37	44	50	54	58
2200	—	15	26	35	42	48	53	57
2400	—	13	24	33	40	46	51	55
2600	—	11	23	31	39	44	49	53
2800	—	9	21	30	37	43	47	51
3000	—	8	19	28	35	41	46	50
3200	—	6	17	26	33	39	44	48
3400	—	4	16	24	31	37	42	46
3600	—	2	14	23	30	35	40	44
3800	—	1	12	21	28	34	38	43
4000	—	—	10	19	26	32	37	41
4200	—	—	8	17	24	30	35	39
4400	—	—	6	15	22	28	33	37
4600	—	—	4	13	20	26	31	35
4800	—	—	2	11	18	24	29	33
5000	—	—	—	9	16	22	27	31
5200	—	—	—	7	14	20	24	28
5400	—	—	—	4	12	17	22	26
5600	—	—	—	2	9	15	20	24
5800	—	—	—	—	7	13	18	22

注：容许紧边拉力必须在系统中的每个滑轮上验证（参考第 14 步）。采用的值必须经过表 10-137 的 K_f 修正。

表 10-134　BB 横截面容许紧边拉力

带速度/(ft/min)	滑轮有效直径/in							
	5.0	5.5	6.0	6.5	7.0	7.5	8.0	8.5	9.0
200	81	93	103	111	119	125	130	135	140
400	69	81	91	99	107	113	118	123	128
600	61	74	84	92	99	106	111	116	121
800	56	68	78	87	94	101	106	111	115
1000	52	64	74	83	90	96	102	107	111
1200	48	60	71	79	86	93	98	103	107
1400	45	57	67	76	83	89	95	100	104
1600	42	54	64	73	80	86	92	97	101
1800	39	51	61	70	77	84	89	94	98
2000	36	49	59	67	74	81	86	91	96
2200	34	46	56	64	72	78	84	89	93
2400	31	43	53	62	69	75	81	86	90
2600	29	41	51	59	67	73	78	83	88

（续）

带速度/(ft/min)	滑轮有效直径/in							
	5.0	5.5	6.0	6.5	7.0	7.5	8.0	8.5	9.0
2800	26	38	48	57	64	70	76	81	85
3000	23	35	45	54	61	68	73	78	82
3200	21	33	43	51	59	65	70	75	80
3400	18	30	40	49	56	62	68	73	77
3600	15	27	37	46	53	59	65	70	74
3800	12	24	35	43	50	57	62	67	71
4000	9	22	32	40	47	54	59	64	69
4200	7	19	29	37	45	51	56	61	66
4400	4	16	26	34	42	48	53	58	63
4600	1	13	23	31	39	45	50	55	60
4800	—	10	20	28	35	42	47	52	57
5000	—	6	16	25	32	39	44	49	53
5200	—	3	13	22	29	35	41	46	50
5400	—	—	10	18	26	32	38	42	47
5600	—	—	6	15	22	29	34	39	43
5800	—	—	3	11	19	25	31	36	40

注：容许紧边拉力必须在系统中的每个滑轮上验证（参考第 14 步）。采用的值必须经过表 10-137 的 K_f 修正。

表 10-135　CC 横截面容许紧边拉力

带速度/(ft/min)	滑轮有效直径/in							
	7.0	8.0	9.0	10.0	11.0	12.0	13.0	14.0	15.0
200	121	158	186	207	228	244	257	268	278
400	99	135	164	187	206	221	234	246	256
600	85	122	151	173	192	208	221	232	242
800	75	112	141	164	182	198	211	222	232
1000	67	104	133	155	174	190	203	214	224
1200	60	97	126	149	167	183	196	207	217
1400	54	91	120	142	161	177	190	201	211
1600	48	85	114	137	155	171	184	196	205
1800	43	80	108	131	150	166	179	190	200
2000	38	75	103	126	145	160	174	185	195
2200	33	70	98	121	140	155	169	180	190
2400	28	65	93	116	135	150	164	175	185
2600	23	60	88	111	130	145	159	170	180
2800	18	55	83	106	125	140	154	165	175
3000	13	50	78	101	120	135	149	160	170
3200	8	45	73	96	115	130	144	155	165
3400	3	39	68	91	110	125	138	150	160
3600	—	34	63	86	104	120	133	145	154
3800	—	29	58	80	99	115	128	139	149

（续）

带速度 /(ft/min)	滑轮有效直径/in								
	7.0	8.0	9.0	10.0	11.0	12.0	13.0	14.0	15.0
4000	—	24	52	75	94	109	123	134	144
4200	—	18	47	70	88	104	117	128	138
4400	—	12	41	64	83	98	112	123	133
4600	—	7	35	58	77	93	106	117	127
4800	—	1	29	52	71	87	100	111	121
5000	—	—	23	46	65	81	94	105	115
5200	—	—	17	40	59	75	88	99	109
5400	—	—	11	34	53	68	81	93	103
5600	—	—	5	27	46	62	75	86	96
5800	—	—	—	21	40	55	68	80	90

注：容许紧边拉力必须在系统中的每个滑轮上验证（参考第14步）。采用的值必须经过表10-137的K_f修正。

表10-136 DD横截面容许紧边拉力

带速度 /(ft/min)	滑轮有效直径/in								
	12.0	13.0	14.0	15.0	16.0	17.0	18.0	19.0	20.0
200	243	293	336	373	405	434	459	482	503
400	195	245	288	325	358	386	412	434	455
600	167	217	259	297	329	358	383	406	426
800	146	196	239	276	308	337	362	385	405
1000	129	179	222	259	291	320	345	368	389
1200	114	164	207	244	277	305	331	353	374
1400	101	151	194	231	263	292	318	340	361
1600	89	139	182	219	251	280	305	328	349
1800	78	128	170	207	240	269	294	317	337
2000	67	117	159	196	229	258	283	306	326
2200	56	106	149	186	218	247	272	295	316
2400	45	95	138	175	208	236	262	284	305
2600	35	85	128	165	197	226	251	274	294
2800	24	74	117	154	187	215	241	263	284
3000	14	64	106	144	176	205	230	253	273
3200	3	53	96	133	165	194	219	242	263
3400	—	42	85	122	155	183	209	231	252
3600	—	31	74	111	144	172	198	220	241
3800	—	20	63	100	132	161	186	209	230
4000	—	9	51	89	121	150	175	198	218
4200	—	—	40	77	109	138	163	186	207
4400	—	—	28	65	97	126	152	174	195
4600	—	—	16	53	85	114	139	162	183
4800	—	—	3	40	73	102	127	150	170

（续）

带速度 /(ft/min)	滑轮有效直径/in								
	12.0	13.0	14.0	15.0	16.0	17.0	18.0	19.0	20.0
5000	—	—	—	28	60	89	114	137	158
5200	—	—	—	15	47	76	101	124	145
5400	—	—	—	1	34	62	88	111	131
5600	—	—	—	—	20	49	74	97	118
5800	—	—	—	—	6	35	60	83	104

注：容许紧边拉力必须在系统中的每个滑轮上验证（参考第14步）。采用的值必须经过表10-137的K_f修正。

表10-137 长度-弹性修正系数 K_f

$\frac{L_e}{n}$	带横截面			
	AA	BB	CC	DD
10	0.64	0.58	—	—
15	0.74	0.68	—	—
20	0.82	0.74	0.68	—
25	0.87	0.79	0.73	0.70
30	0.92	0.84	0.77	0.74
35	0.96	0.87	0.80	0.77
40	0.99	0.90	0.83	0.80
45	1.02	0.93	0.86	0.82
50	1.05	0.95	0.88	0.84
60	—	0.99	0.92	0.88
70	—	1.03	0.95	0.91
80	—	1.06	0.98	0.94
90	—	1.09	1.00	0.96
100	—	1.11	1.03	0.99
110	—	—	1.05	1.00
120	—	—	1.06	1.02
130	—	—	1.08	1.04
140	—	—	1.10	1.05
150	—	—	1.11	1.07
—	—	—	—	—

双V带驱动设计方法：设计步骤有如下14步。

1）从驱动器开始与带转动方向相反的滑轮数目，包括中间轮。

2）为每个载荷的从动单元选择合适的利用率。

3）每个载荷从动滑轮的马力乘以相应的利用率。就得到每个滑轮的设计马力。

4）计算驱动器设计马力。这个等于所有从动设计马力之和。

5）计算带速度（S），单位是 kft/min：$S = rd/3.820$。

6）计算每个载荷滑轮的有效拉力（T_e）：$T_e = 33P_d/S$。

7）为表 10-138 中每个载荷滑轮决定最小 $R/(R-1)$，使用通过驱动布局的接触弧。

8）大多数驱动中，主动滑轮中会首先出现滑移。假设该情况属实，计算驱动的 T_T 和 T_S：$T_T = T_e[R/(R-1)]$ 而 $T_S = T_T - T_e$。要用到第 7 步得到的 $R/(R-1)$ 和第 6 步得到的主动滑轮 T_e。

9）从第一个从动滑轮开始，决定主动每段的 T_T 和 T_S。主动的 T_T 变成那个滑轮的 T_S，等于 $T_T - T_e$，以此方式沿着主动类推。

10）计算每个滑轮实际的 $R/(R-1)$，利用 $R/(R-1) = T_T/T_e = T_T/(T_T - T_S)$。$T_T$ 和 T_S 的值就是第 9 步得到的值。如果这些值≥第 7 步得到的值，那么滑移会首先出现在主动的假设是正确的，接下来的两步都不是必要的。如果这些值 < 第 7 步得到的值，那么假设不正确，应进行第 11 步。

11）取 $R/(R-1)$（第 10 步）的值 < 第 7 步得到的最小值的滑轮，利用第 7 步得到的最小 $R/(R-1)$ 值计算这个滑轮的新的 T_T 和 T_S：$T_T = T_e[R/(R-1)]$，而 $T_S = T_T - T_e$。

12）从这个滑轮开始重新计算主动每段的拉力，方法和第 9 步一样。

13）长度-弹性系数（K_f）取自表 10-137，使用这个表格之前，计算 L_e/n 的值。选用修正系数的时候必须确保采用对应正确的横截面一列。

14）从主动滑轮开始，决定为了满足每个载荷滑轮条件的需要带的数目（N_b）：$N_b = T_T/T_rK_f$。注意：T_T 是紧边拉力，通过第 9 步或 11 步和 12 步计算。T_r 是表 10-135 ~ 表 10-138 列出的容许紧边拉力。K_f 是表 10-137 中的长度-挠度修正系数。需要最大带数目的滑轮就是主动需要的带数目。带的任何一部分都应视作整条带。

表 10-138　拉力比/接出弧系数

接触弧 θ（°）	设计 $\frac{R}{R-1}$	接触弧 θ（°）	设计 $\frac{R}{R-1}$
300	1.07	170	1.28
290	1.08	160	1.31
280	1.09	150	1.35
270	1.10	140	1.40
260	1.11	130	1.46
250	1.12	120	1.52
240	1.13	110	1.60
230	1.15	100	1.69
220	1.16	90	1.81
210	1.18	80	1.96
200	1.20	70	2.15
190	1.22	60	2.41
180	1.25	50	2.77

额定拉力公式：

AA　$T_r = 118.5 - \frac{318.2}{d} - 0.8380S^2 - 25.76\log S$

BB　$T_r = 186.3 - \frac{665.1}{d} - 1.269S^2 - 39.02\log S$

CC　$T_r = 363.9 - \frac{2060}{d} - 2.400S^2 - 73.77\log S$

DD　$T_r = 783.1 - \frac{7790}{d} - 5.078S^2 - 156.1\log S$

式中，T_r 是双 V 带驱动的容许紧边拉力（lbf）（尚未经过拉力比或长度-弹性修正系数修正）；d 是小滑轮分度圆直径（in）；S 是带速度（$\frac{\text{ft/min}}{1000}$）。

最小滑轮尺寸：建议的最小滑轮尺寸取决于快轴的 rpm。每个带横截面最小槽直径列在表 10-130 中。

4. 轻型 V 带 ANSI/RMA IP-23

轻型 V 带通常用在分数马力电动机或者小型发动机上，设计主要用途是分数马力应用。带专门设计用于小直径滑轮以及载荷和服务要求在单个带能力以内的驱动。

轻型 V 带横截面如图 10-69 所示。

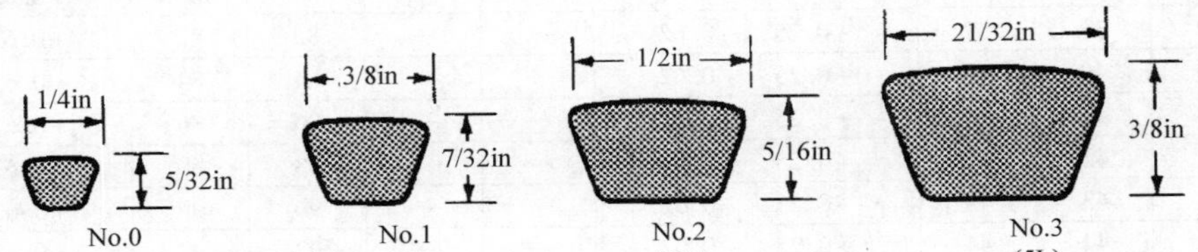

图 10-69　轻型 V 带横截面

四种带横截面和滑轮槽尺寸是 2L、3L、4L 和 5L。2L 通常只用在 OEMs，不包含在 RMA 标准中。

5. 带横截面

四种横截面的公称尺寸列在表 10-123 中。

6. 带尺寸命名

V带尺寸由一个标准的带号识别，带号包含数字和字母。第一个数字和字母代表横截面；数字代表表10-139中列出的长度。例如，3L520表示带横截面3L，长度52.0in。

滑轮尺寸：滑轮坡口角度尺寸和各种滑轮公差列在表10-140中。

其他滑轮公差见表10-141。

表10-139 轻型V带标准尺寸 ANSI/RMA IP-23，1968 （单位：in）

标准有效外长度/in 横截面 2L	3L	4L	5L	标准有效长度允许偏差/in	标准有效外长度/in 横截面 2L	3L	4L	5L	标准有效长度允许偏差/in
8	—	—	—	+0.12，−0.38	—	50	50	50	+0.25，−0.62
9	—	—	—	+0.12，−0.38	—	—	51	51	+0.25，−0.62
10	—	—	—	+0.12，−0.38	—	52	52	52	+0.25，−0.62
11	—	—	—	+0.12，−0.38	—	—	53	53	+0.25，−0.62
12	—	—	—	+0.12，−0.38	—	54	54	54	+0.25，−0.62
13	—	—	—	+0.12，−0.38	—	—	55	55	+0.25，−0.62
14	14	—	—	+0.12，−0.38	—	56	56	56	+0.25，−0.62
15	15	—	—	+0.12，−0.38	—	—	57	57	+0.25，−0.62
16	16	—	—	+0.12，−0.38	—	58	58	58	+0.25，−0.62
17	17	—	—	+0.12，−0.38	—	—	59	59	+0.25，−0.62
18	18	18	—	+0.12，−0.38	—	60	60	60	+0.25，−0.62
19	19	19	—	+0.12，−0.38	—	—	61	61	+0.31，−0.69
20	20	20	—	+0.12，−0.38	—	—	62	62	+0.31，−0.69
—	21	21	—	+0.25，−0.62	—	—	63	63	+0.31，−0.69
—	22	22	—	+0.25，−0.62	—	—	64	64	+0.31，−0.69
—	23	23	—	+0.25，−0.62	—	—	65	65	+0.31，−0.69
—	24	24	—	+0.25，−0.62	—	—	66	66	+0.31，−0.69
—	25	25	25	+0.25，−0.62	—	—	67	67	+0.31，−0.69
—	26	26	26	+0.25，−0.62	—	—	68	68	+0.31，−0.69
—	27	27	27	+0.25，−0.62	—	—	69	69	+0.31，−0.69
—	28	28	28	+0.25，−0.62	—	—	70	70	+0.31，−0.69
—	29	29	29	+0.25，−0.62	—	—	71	71	+0.31，−0.69
—	30	30	30	+0.25，−0.62	—	—	72	72	+0.31，−0.69
—	31	31	31	+0.25，−0.62	—	—	73	73	+0.31，−0.69
—	32	32	32	+0.25，−0.62	—	—	74	74	+0.31，−0.69
—	33	33	33	+0.25，−0.62	—	—	75	75	+0.31，−0.69
—	34	34	34	+0.25，−0.62	—	—	76	76	+0.31，−0.69
—	35	35	35	+0.25，−0.62	—	—	77	77	+0.31，−0.69
—	36	36	36	+0.25，−0.62	—	—	78	78	+0.31，−0.69
—	37	37	37	+0.25，−0.62	—	—	79	79	+0.31，−0.69
—	38	38	38	+0.25，−0.62	—	—	80	80	+0.62，−0.88
—	39	39	39	+0.25，−0.62	—	—	82	82	+0.62，−0.88
—	40	40	40	+0.25，−0.62	—	—	84	84	+0.62，−0.88
—	41	41	41	+0.25，−0.62	—	—	86	86	+0.62，−0.88
—	42	42	42	+0.25，−0.62	—	—	88	88	+0.62，−0.88
—	43	43	43	+0.25，−0.62	—	—	90	90	+0.62，−0.88
—	44	44	44	+0.25，−0.62	—	—	92	92	+0.62，−0.88
—	45	45	45	+0.25，−0.62	—	—	94	94	+0.62，−0.88
—	46	46	46	+0.25，−0.62	—	—	96	96	+0.62，−0.88
—	47	47	47	+0.25，−0.62	—	—	98	98	+0.62，−0.88
—	48	48	48	+0.25，−0.62	—	—	100	100	+0.62，−0.88
—	49	49	49	+0.25，−0.62	—	—	—	—	—

表 10-140　轻型 V 带滑轮和槽尺寸 ANSI/RMA IP-23，1968

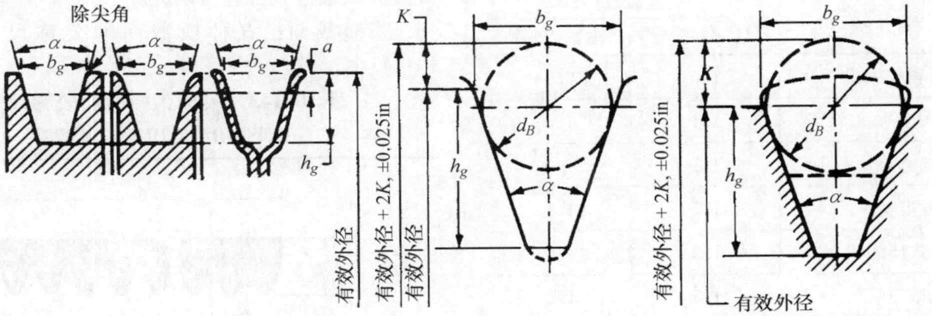

带截面	有效外径		α 坡口角度 ±0°20′（°）	d_B 球直径 ±0.0005	2K	b_g（参考）	h_g（min）	2a①
	建议最小值	范围						
2L	0.8	<1.50 1.50～1.99 2.00～2.50 >2.50	32 34 36 38	0.2188	0.176 0.182 0.188 0.194	0.240	0.250	0.04
3L	1.5	<2.20 2.20～3.19 3.20～4.20 >4.20	32 34 36 38	0.3125	0.177 0.191 0.203 0.215	0.364	0.406	0.06
4L	2.5	<2.65 2.65～3.24 3.25～5.65 >5.65	30 32 34 38	0.4375	0.299 0.316 0.331 0.358	0.490	0.490	0.10
5L	3.5	<3.95 3.95～4.94 4.95～7.35 >7.35	30 32 34 38	0.5625	0.385 0.406 0.426 0.461	0.630	0.580	0.16

① 计算速度比使用的直径和带速度是将滑轮有效外径减去 2a 得到的。

表 10-141　其他滑轮公差

其他滑轮公差					
外直径		外径偏心率①		槽侧摆动和跳动①	
对于外直径		对于外直径		对于外直径	
<6.0in	±0.015in	≤10.0in	0.010in	≤20.0in	外径每英寸 0.0015in
6.0～12.0in	±0.020in	外径每增加 1in，加 0.0005in			
>12.0in	±0.040in			外径每增加 1in，加 0.0005in	

① 总千分表读数。

轻型 V 带的额定马力可以通过下面的公式计算：

$$3L：HP = r\left(\frac{0.2164d^{0.91}}{r^{0.09}} - 0.2324 - 0.0001396r^2d^3\right)$$

$$4L：HP = r\left(\frac{0.4666d^{0.91}}{r^{0.09}} - 0.7231 - 0.0002286r^2d^3\right)$$

$$5L：HP = r\left(\frac{0.7748d^{0.91}}{r^{0.09}} - 1.727 - 0.0003641r^2d^3\right)$$

式中，$d = d_o - 2a$，d_o是小滑轮有效外径（in）；r 是快轴 rpm 除以 1000。修正额定马力将额定马力除以结合修正系数（见表 10-142），考虑了驱动的几何结构和利用率要求。

表 10-142 结合修正系数

驱动单元类型	速度比	
	<1.5	≥1.5
风扇和鼓风机	1.0	0.9
家用洗衣机	1.1	1.0
离心泵	1.1	1.0
发电机	1.2	1.1
转子式压缩机	1.2	1.1
机械工具	1.3	1.2
循环泵	1.4	1.3
往复式压缩机	1.4	1.3
木工机器	1.4	1.3

7. 多楔带 ANSI/RMA IP-26

多楔带是平带和 V 带的共混。带基本上就是平带，带底部凸出 V 形棱边，为带导向并提供比平带更好的稳定性。棱边在开槽的滑轮中运转。

多楔带不像 V 带一样有楔进作用，因此可以在更高的拉力下运转。设计保证了其在高速蛇形应用中和使用小直径滑轮的驱动中性能极佳。多楔带有五种横截面：H、J、K、L 以及 M，根据有效长度，横截面和棱边数目进行划分。

带横截面：五种横截面的公称尺寸列在表 10-143中。

表 10-143 多楔带横截面公称尺寸

ANSI/RMA IP-26，1977 （单位：in）

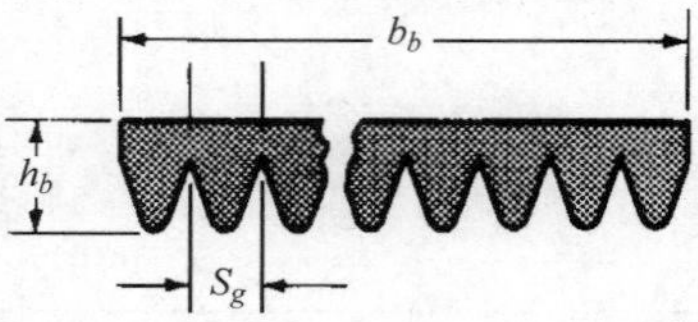

$b_b=N_rS_g$，其中 N_r 是棱边数目，S_g 是滑轮开槽间隔

横截面	h_b	S_g	标准棱边数目
H	0.12	0.063	—
J	0.16	0.092	4，6，10，16，20
K	0.24	0.140	—
L	0.38	0.185	6，8，10，12，14，16，18，20
M	0.66	0.370	6，8，10，12，14，16，18，20

多楔带滑轮和槽尺寸见表 10-144，其他滑轮公差见表 10-145。

表 10-144 多楔带滑轮和槽尺寸 ANSI/RMA IP-26，1977

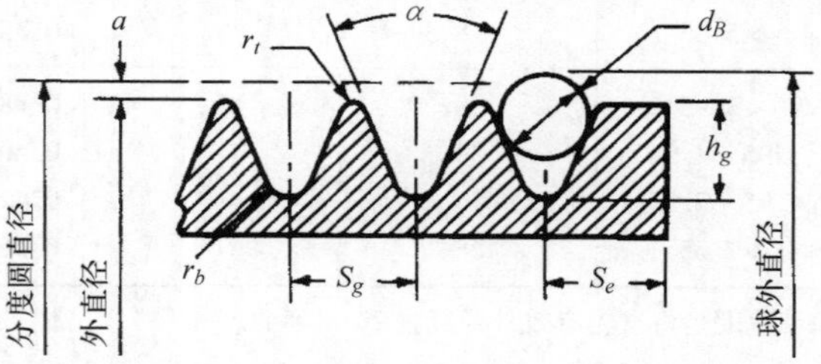

表面宽度 $=S_g(N_g-1)+2S_e$，其中 N_g 是槽的数目

横截面	最小建议外直径	α 坡口角度 ±0.25（°）	S_g①	r_t +0.005，-0.000	2a	r_b	h_g (min)	d_B ±0.0005	S_e
H	0.50	40	0.063 ±0.001	0.005	0.020	0.013 +0.000 -0.005	0.041	0.0469	0.080 +0.020 -0.010
J	0.80	40	0.092 ±0.001	0.008	0.030	0.015 +0.000 -0.005	0.071	0.0625	0.125 +0.030 -0.015
K	1.50	40	0.140 ±0.002	0.010	0.038	0.020 +0.000 -0.005	0.122	0.1093	0.125 +0.050 -0.000

（续）

横截面	最小建议外直径	α 坡口角度 ±0.25（°）	S_g①	r_t +0.005，−0.000	2a	r_b	h_g（min）	d_B ±0.0005	S_e
L	3.00	40	0.185 ±0.002	0.015	0.058	0.015 +0.000 −0.005	0.183	0.1406	0.375 +0.075 −0.030
M	7.00	40	0.370 ±0.003	0.030	0.116	0.030 +0.000 −0.010	0.377	0.2812	0.500 +0.100 −0.040

① 任何一个滑轮所有槽与 S_g 的偏差之和不应该超过 ±0.010in。

表 10-145 其他滑轮公差

其他滑轮公差①				
外直径		径向轴心②		轴向偏心②
外直径		外直径		
≤2.9in	±0.010in	≤2.9in	0.005in	每英寸外直径 0.001in
>2.9～8.0in	±0.020in	>2.9～10.0in	0.010in	
外直径大于 8.0in 的，外径增加 1in 公差增加 ±0.0025in		外直径大于 10in 的，外径增加 1in 公差增加 0.0005in		

① 任何一个滑轮的槽之间的分度圆直径变化应该在下面的范围以内：外直径≤2.9in，槽数目≤6 ——0.002in（每多一个槽，加 0.001in）。2.9in＜直径＜19.9in，槽数目≤10——0.005in（每多一个槽，加 0.0002in）。直径＞19.9in，槽数目≤10——0.010in（每多一个槽，加 0.0005in）。通过测量槽中直径上对置的两个测量球或杆的距离可以得到这些变化。将这个"球或杆的直径"测量和槽对比可以得到分度圆直径的变化。

② 总千分表读数。

带尺寸命名：带尺寸可以通过标准的带号识别，带号包含带有效长度近似到 1/10in，代表横截面的字母和棱边数目。例如，540L6 代表带有效长度 54.0in，横截面 L 形，六条棱边宽。

滑轮尺寸：滑轮的坡口角度和尺寸以及多带驱动的滑轮表面宽度列在表 10-144 中。同时还附有各种公差值。

横截面选择：图表（见图 10-70）可以作为多楔带横截面选择的指导，可以用于任何快轴速度和马力结合的设计。快轴的设计马力和速度交点落在图表中两个区域之间的线上时，建议调查在两个区域的可能性。特殊环境（如有空间限制）可能导致带横截面选择和图表的指导不同。H 和 K 横截面不包含在图表中，因为这两种横截面有特殊用途。要得到具体数据，应联系带制造商。

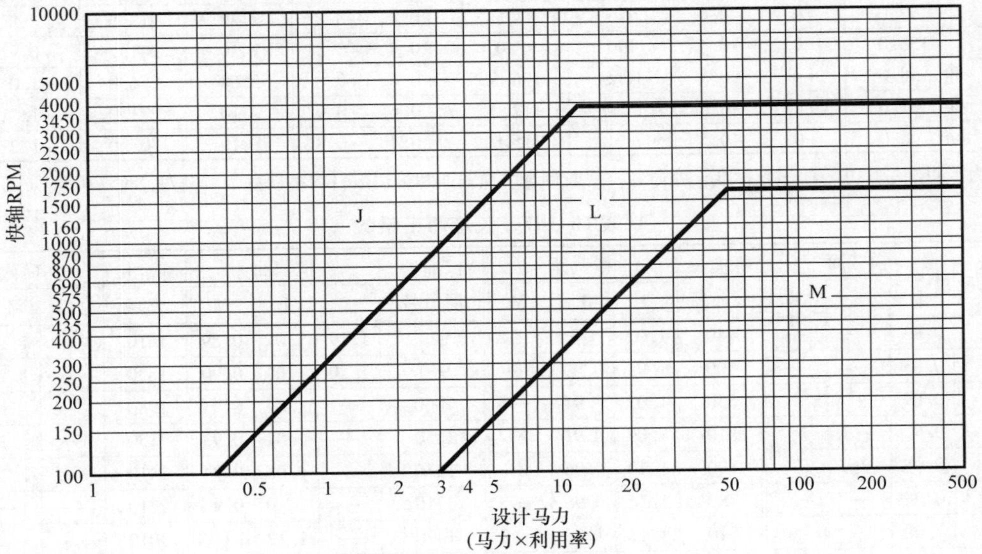

图 10-70 多楔带横截面选择

多楔带标准有效长度见表10-146。

额定马力计算公式如下：

$$J:HP=d_pr\left[\frac{0.1240}{(d_pr)^{0.09}}-\frac{0.08663}{d_p}-0.2318\times10^{-4}(d_pr)^2\right]+0.08663r\left[1-\frac{1}{K_{SR}}\right]$$

$$L:HP=d_pr\left[\frac{0.5761}{(d_pr)^{0.09}}-\frac{0.8987}{d_p}-1.018\times10^{-4}(d_pr)^2\right]+0.8987r\left[1-\frac{1}{K_{SR}}\right]$$

$$M:HP=d_pr\left[\frac{1.975}{(d_pr)^{0.09}}-\frac{6.597}{d_p}-3.922\times10^{-4}(d_pr)^2\right]+6.597r\left[1-\frac{1}{K_{SR}}\right]$$

以上公式中，d_p 是小滑轮分度圆直径（in）；r 是快轴速度除以1000；K_{SR}是表10-149中给出的速度比系数。这些公式给出了每条棱边最大建议马力，为速度比修正过。为了获得接触弧非180°的每个棱边的马力，或者比平均长度长或短的带的马力，将公式计算得到的马力乘以长度修正系数（见表10-147）以及接触弧修正系数（见表10-148）。

表10-146 多楔带标准有效长度 ANSI/RMA IP-26，1977 （单位：in）

J横截面			L横截面			M横截面		
标准长度命名①	标准有效长度 S	标准长度允许偏差	标准长度命名①	标准有效长度 S	标准长度允许偏差	标准长度命名①	标准有效长度 S	标准长度允许偏差
180	18.0	+0.2，-0.2	500	50.0	+0.2，-0.4	900	90.0	+0.4，-0.7
190	19.0	+0.2，-0.2	540	54.0	+0.2，-0.4	940	94.0	+0.4，-0.8
200	20.0	+0.2，-0.2	560	56.0	+0.2，-0.4	990	99.0	+0.4，-0.8
220	22.0	+0.2，-0.2	615	61.5	+0.2，-0.5	1060	106.0	+0.4，-0.8
240	24.0	+0.2，-0.2	635	63.5	+0.2，-0.5	1115	111.5	+0.4，-0.9
260	26.0	+0.2，-0.2	655	65.5	+0.2，-0.5	1150	115.0	+0.4，-0.9
280	28.0	+0.2，-0.2	675	67.5	+0.3，-0.6	1185	118.5	+0.4，-0.9
300	30.0	+0.2，-0.3	695	69.5	+0.3，-0.6	1230	123.0	+0.4，-1.0
320	32.0	+0.2，-0.3	725	72.5	+0.3，-0.6	1310	131.0	+0.5，-1.1
340	34.0	+0.2，-0.3	765	76.5	+0.3，-0.6	1390	139.0	+0.5，-1.1
360	36.0	+0.2，-0.3	780	78.0	+0.3，-0.6	1470	147.0	+0.6，-1.2
380	38.0	+0.2，-0.3	795	79.5	+0.3，-0.6	1610	161.0	+0.6，-1.2
400	40.0	+0.2，-0.4	815	81.5	+0.3，-0.7	1650	165.0	+0.6，-1.3
430	43.0	+0.2，-0.4	840	84.0	+0.3，-0.7	1760	176.0	+0.7，-1.4
460	46.0	+0.2，-0.4	865	86.5	+0.3，-0.7	1830	183.0	+0.7，-1.4
490	49.0	+0.2，-0.4	915	91.5	+0.4，-0.7	1980	198.0	+0.8，-1.6
520	52.0	+0.2，-0.4	975	97.5	+0.4，-0.8	2130	213.0	+0.8，-1.6
550	55.0	+0.2，-0.4	990	99.0	+0.4，-0.8	2410	241.0	+0.9，-1.6
580	58.0	+0.2，-0.5	1065	106.5	+0.4，-0.8	2560	256.0	+1.0，-1.8
610	61.0	+0.2，-0.5	1120	112.0	+0.4，-0.9	2710	271.0	+1.1，-2.2
650	65.0	+0.2，-0.5	1150	115.0	+0.4，-0.9	3010	301.0	+1.2，-2.4

① 为了明确带尺寸，使用有标准长度命名，后面带表示横截面和棱边数目的字母数字。例如，865L10。

表10-147 长度修正系数

标准长度命名	横截面 J	L	M	标准长度命名	横截面 J	L	M	标准长度命名	横截面 J	L	M	标准长度命名	横截面 J	L	M
180	0.83	—	—	440	1.02	—	—	940	1.19	1.02	0.89	1610	—	1.14	1.00
200	0.85	—	—	500	1.05	0.89	—	990	1.20	1.04	0.90	1830	—	1.17	1.03
240	0.89	—	—	550	1.07	0.91	—	1060	—	1.05	0.91	1980	—	1.19	1.05
280	0.92	—	—	610	1.09	0.93	—	1150	—	1.07	0.93	2130	—	1.21	1.06
320	0.95	—	—	690	1.12	0.96	—	1230	—	1.08	0.94	2410	—	1.24	1.09
360	0.98	—	—	780	1.16	0.98	—	1310	—	1.10	0.96	2710	—	—	1.12
400	1.00	—	—	910	1.18	1.02	0.88	1470	—	1.12	0.098	3010	—	—	1.14

（续）

标准长度命名	横截面			标准长度命名	横截面			标准长度命名	横截面			标准长度命名	横截面		
	J	L	M		J	L	M		J	L	M		J	L	M
3310	—	—	1.16	3910	—	—	1.20	4810	—	—	1.25	6000	—	—	1.30
3610	—	—	1.18	4210	—	—	1.22	5410	—	—	1.28	—	—	—	—

表 10-148 接触弧修正系数

$\frac{D_o - d_o}{C}$	小滑轮的接触弧 θ/(°)	修正系数
0.00	180	1.00
0.10	174	0.98
0.20	169	0.97
0.30	163	0.95
0.40	157	0.94
0.50	151	0.92
0.60	145	0.90
0.70	139	0.88
0.80	133	0.85
0.90	127	0.83
1.00	120	0.80
1.10	113	0.77
1.20	106	0.74
1.30	99	0.71
1.40	91	0.67
1.50	83	0.63

棱边数目：应用需要的棱边数目等于设计马力除以每条棱边修正马力。

小滑轮接触弧可以通过下面的公式计算：

精密公式：接触弧（°） $= 2\cos^{-1}\left(\frac{D_o - d_o}{2C}\right)$

近似公式：接触弧（°） $= 180 - \frac{(D_o - d_o)60}{C}$

式中，D_o是大滑轮的有效外径（in）；d_o是小滑轮的有效外径（in）；C是中心距（in）。

8. 变速带 ANSI/RMA IP-25

有时驱动需要的速度变化超过传统工业 V 带能力范围，可使用标准线变速驱动。这些驱动使用的是特制的宽且薄的带。标准线变速驱动整套装置和滑轮，结合发动机和输出变速箱，可以提供的马力为½～100。

变速驱动的速度范围比使用普通 V 带的驱动大很多。小马力装置上速度比可以高达 10:1。

本节介绍包含 12 种不同横截面和槽的设计尺寸 1422V、1922V、2322V、1926V、2926V、3226V、2530V、3230V、4430V、4036V、4436V 以及 4836V，工业供应上还有很多其他尺寸没有列在本节中。

带横截面和长度：12 种横截面的公称尺寸列在表 10-150 中，长度在表 10-151 中。

表 10-149 速度比修正系数

速度比①	K_{SR}
1.00～1.10	1.0000
>1.01～1.04	1.0136
>1.04～1.08	1.0276
>1.08～1.12	1.0419
>1.12～1.18	1.0567
>1.18～1.24	1.0719
>1.24～1.34	1.0875
>1.34～1.51	1.1036
>1.51～1.99	1.1202
>1.99	1.1373

① D_p/d_p，其中 D_p（d_p）是大（小）滑轮的分度圆直径。

表 10-150 变速带公称尺寸

ANSI/RMA IP-25，1982（单位：in）

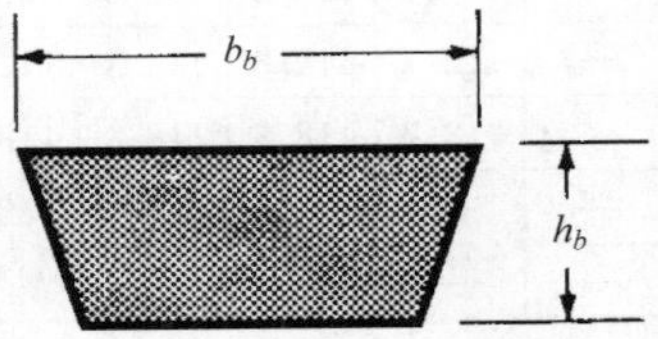

横截面	b_b	h_b	h_b/b_b
1422V	0.88	0.31	0.35
1922V	1.19	0.38	0.32
2322V	1.44	0.44	0.31
1926V	1.19	0.44	0.37
2926V	1.81	0.50	0.28
3226V	2.0	0.53	0.27
2530V	1.56	0.59	0.38
3230V	2.00	0.62	0.31
4430V	2.75	0.69	0.25
4036V	2.50	0.69	0.28
4436V	2.75	0.72	0.26
4836V	3.00	0.75	0.25

表 10-151 变速 V 带标准带长度 ANSI/RMA IP-25，1982 （单位：in）

标准分度圆长度命名	标准有效长度 横截面 1422V	1922V	2322V	1926V	2926V	3226V	2530V	3230V	4430V	4036V	4436V	4836V	标准长度允许偏差
315	32.1	—	—	—	—	—	—	—	—	—	—	—	±0.7
335	34.1	—	—	—	—	—	—	—	—	—	—	—	±0.7
355	36.1	36.2	—	36.3	—	—	—	—	—	—	—	—	±0.7
375	38.1	38.2	—	38.3	—	—	—	—	—	—	—	—	±0.7
400	40.6	40.7	40.8	40.8	—	—	—	—	—	—	—	—	±0.7
425	43.1	43.2	43.3	43.3	—	—	—	—	—	—	—	—	±0.8
450	45.6	45.7	45.8	45.8	—	—	—	—	—	—	—	—	±0.8
475	48.1	48.2	48.3	48.3	—	—	—	—	—	—	—	—	±0.8
500	50.6	50.7	50.8	50.8	—	—	50.9	—	—	—	—	—	±0.8
530	53.6	53.7	53.8	53.9	53.9	—	53.9	—	—	—	—	—	±0.8
560	56.6	56.7	56.8	56.8	56.9	56.9	56.9	57.1	57.3	57.3	57.3	57.4	±0.9
600	60.6	60.7	60.8	60.8	60.9	60.9	60.9	61.1	61.3	61.3	61.3	61.4	±0.9
630	63.6	63.7	63.8	63.8	63.9	63.9	63.9	64.1	64.3	64.3	64.3	64.4	±0.9
670	67.6	67.7	67.8	67.8	67.9	67.9	67.9	68.1	68.3	68.3	68.3	68.4	±0.9
710	71.6	71.7	71.8	71.8	71.9	71.9	71.9	72.1	72.3	72.3	72.3	72.4	±0.9
750	75.6	75.7	75.8	75.8	75.9	75.9	75.9	76.1	76.3	76.3	76.3	76.4	±1.0
800	—	80.7	80.8	80.8	80.9	80.9	80.9	81.1	81.3	81.3	81.3	81.4	±1.0
850	—	85.7	85.8	85.8	85.9	85.9	85.9	86.1	86.3	86.3	86.3	86.4	±1.1
900	—	90.7	90.8	90.8	90.9	90.9	90.9	91.1	91.3	91.3	91.3	91.4	±1.1
950	—	95.7	95.8	95.8	95.9	95.9	95.9	96.1	96.3	96.3	96.3	96.4	±1.1
1000	—	100.7	100.8	100.8	100.9	100.9	100.9	101.1	101.3	101.3	101.3	101.4	±1.2
1060	—	106.7	106.8	106.8	106.9	106.9	106.9	107.1	107.3	107.3	107.3	107.4	±1.2
1120	—	112.7	112.8	112.8	112.9	112.9	112.9	113.1	113.3	113.3	113.3	113.4	±1.2
1180	—	118.7	118.8	118.8	118.9	118.9	118.9	119.1	119.3	119.3	119.3	119.4	±1.3
1250	—	—	—	—	125.9	125.9	125.9	126.1	126.3	126.3	126.3	126.4	±1.3
1320	—	—	—	—	—	132.9	—	133.1	133.3	133.3	133.3	133.4	±1.3

注：制造商不一定能生产表中列出的所有长度。设计要求之前应该先调查哪些长度可用。

变速滑轮和槽尺寸见表 10-152，其他滑轮公差见表 10-153，表面处理见表 10-154。

表 10-152 变速滑轮和槽尺寸

横截面	标准槽尺寸 可变 α 坡口角度 ±0.67 (°)	b_g ① +0.000 −0.030	b_{go} Max	h_{gv} Min	S_g ±0.03	伴随 α 坡口角度 ±0.33 (°)	b_g ±0.010	h_g Min	S_g ±0.03	驱动设计因素 最小建议分度圆直径	$2a$	$2av$ Max	CL Min
1422V	22	0.875	1.63	2.33	1.82	22	0.875	0.500	1.82	2.0	0.20	3.88	0.08
1922V	22	1.188	2.23	3.14	2.42	22	1.188	0.562	2.42	3.0	0.22	5.36	0.08
2322V	22	1.438	2.71	3.78	2.89	22	1.438	0.625	2.89	3.5	0.25	6.52	0.08
1926V	26	1.188	2.17	2.65	2.36	26	1.188	0.625	2.36	3.0	0.25	4.26	0.08
2926V	26	1.812	3.39	4.00	3.58	26	1.812	0.750	3.58	3.5	0.30	6.84	0.08
3226V	26	2.000	3.75	4.41	3.96	26	2.000	0.781	3.96	4.0	0.30	7.60	0.08

（续）

横截面	标准槽尺寸									驱动设计因素			
	可变					伴随							
	α 坡口角度 ±0.67 (°)	b_g① +0.000 −0.030	b_{go} Max	h_{gv} Min	S_g ±0.03	α 坡口角度 ±0.33 (°)	b_g ±0.010	h_g Min	S_g ±0.03	最小建议分度圆直径	$2a$	$2av$ Max	CL Min
2530V	30	1.562	2.81	3.01	2.98	30	1.562	0.844	2.98	4.0	0.30	4.64	0.10
3230V	30	2.000	3.67	3.83	3.85	30	2.000	0.875	3.85	4.5	0.35	6.22	0.10
4430V	30	2.750	5.13	5.23	5.38	30	2.750	0.938	5.38	5.0	0.40	8.88	0.10
4036V	36	2.500	4.55	3.95	4.80	36	2.500	0.938	4.80	4.5	0.40	6.32	0.10
4436V	36	2.750	5.03	4.33	5.30	36	2.750	0.969	5.30	5.0	0.40	7.02	0.10
4836V	36	3.000	5.51	4.72	5.76	36	3.000	1.000	5.76	6.0	0.45	7.74	0.10

① 有效宽度（b_e）是参考尺寸，和封闭式变速滑轮的理想顶宽（b_g）以及并行滑轮的理想顶宽（b_g）相同。

表10-153 其他滑轮公差

其他滑轮公差		
外直径	径向偏心①	轴向偏心①
外径≤4.0in为 ±0.020in 外径增加1in公差增加±0.005in	外径≤10.0in为0.010in 外径增加1in公差增加0.0005in	外径≤5.0in为0.005in 外径增加1in公差增加0.001in

① 总千分表读数。

表10-154 表面处理

表面处理			
机加工表面	最大表面粗糙度高度 R_a（AA）（μin）	机加工表面	最大表面粗糙度高度 R_a（AA）（μin）
V形滑轮槽侧壁	125	总公差≤0.002in的直孔	125
边线和内径，轴套端部和外径	500	总公差>0.002in的锥形孔和直孔	250

带尺寸命名：变速带尺寸可以通过标准的带号识别，带号前两位数字代表带顶宽有16分之几in；第三位和第四位代表带设计和运行的坡口角度。字母V（代表变速）在前四位之后。V之后的数字代表分度圆长度，近似到0.1in。例如，1422V450代表带顶部公称宽度为7/8in（14/16in），运行的滑轮坡口角度为22°，分度圆长度为45.0in。

滑轮槽数据：变速滑轮是由可运动零件构成的，设计允许一个或者两个滑轮凸缘轴向运动造成滑轮槽的变速带径向运动。这种径向运动使得滑轮和带在物理极限之内无极变速。并行滑轮可能是等直径和槽型的实心滑轮，也可能是另一个变速滑轮。变速滑轮设计应该与表10-152和图10-71的尺寸一致。包含的滑轮及高度，顶宽和间隙是轮廓尺寸。坡口角度和并行滑轮的尺寸也应该和表10-152以及图10-72一致。表10-152中还给出了不同的公差值。

变速驱动设计：设计变速带运行在由可运动零件组成的滑轮中。滑轮设计允许一个或者两个滑轮凸缘轴向运动造成滑轮槽的变速带径向运动。这种径向运动使得滑轮和带在物理极限之内无极变速。因此，除了传输功之外，变速带驱动还可以提供速度变化。

决定变速滑轮上分度圆直径变化量的因素有带顶宽、带厚度以及滑轮角度。分度圆直径的变化结合为滑轮选择的运行分度圆直径决定了可能的速度变化。

变速滑轮驱动的输出速度范围由并行滑轮决定，是并行滑轮分度圆直径与变速滑轮最大最小分度圆直径之比的函数。通常通过改变两个滑轮的中心距来得到速度的改变。这种类型的驱动速度变化很少超过3:1。

对于单个变速滑轮驱动，速度变化为

$$速度变化=\frac{\text{PD Max}}{\text{PD Min}}（变速滑轮）$$

对于双变速滑轮驱动，因为两个滑轮都可以变速，所以通常称为联合驱动，速度变化为

$$速度变化=\frac{DR(DN)}{dr(dn)}$$

式中，DR 是最大驱动PD；DN 是最大从动PD；dr 是最小驱动PD；dn 是最小从动PD。

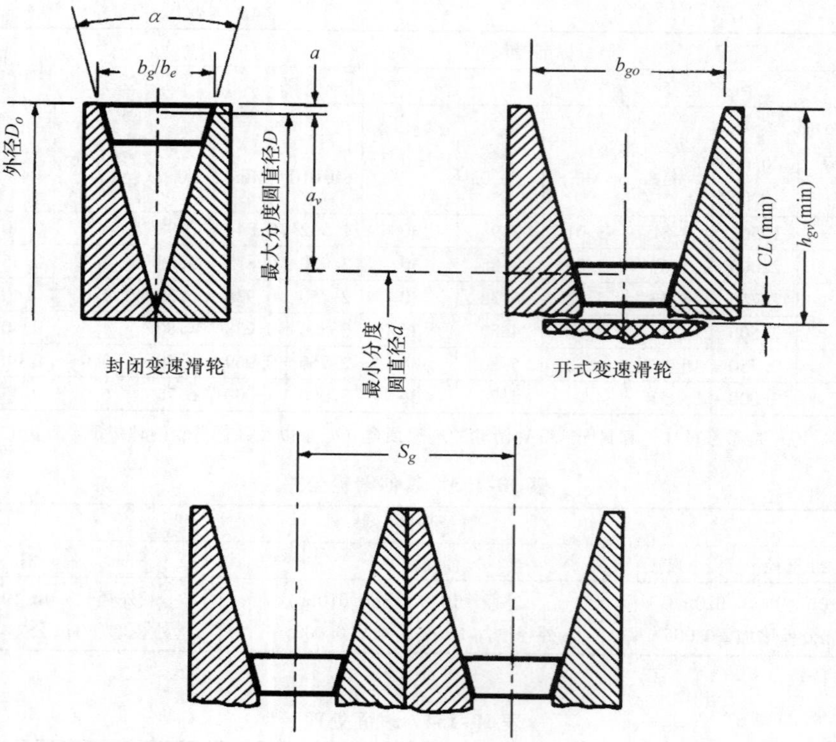

图 10-71 变速滑轮

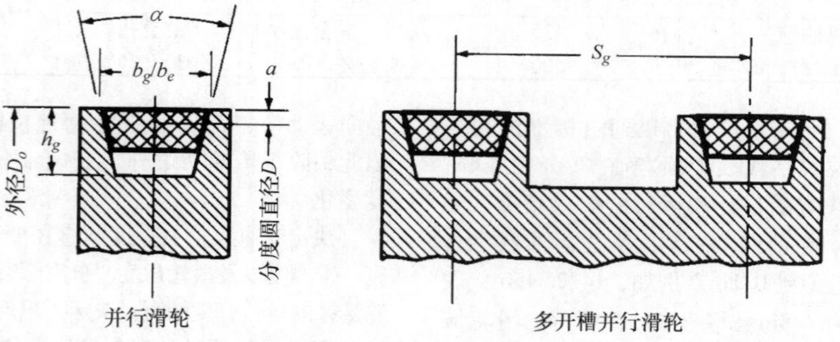

图 10-72 并行滑轮

这种设计中心距通常是一定的，速度变化通常通过机械改变一个滑轮的分度圆直径完成。这种类型的驱动中，另一个滑轮弹簧加压的，可以为分度圆直径提供相反的改变，提供正确的带拉力。这种类型的驱动速度变化通常可以达到 10:1。

速度比调整：所有的速度比变化都必须在驱动运行时进行。如果在装置停止时试图调整速度比会给带和滑轮带来不必要并且可能是破坏性的力。在稳定控制传动中，应该释放带拉力，允许在不造成带力干扰的情况下调整凸缘。

横截面选择：变速带横截面的选择基于设计的马力和速度变化。表 10-152 列出了每种横截面可以达到的最大分度圆直径变化（$2a_v$）。

额定马力：变速带的马力公式

$$1422\text{V HP} = d_p r\left[0.4907(d_p r)^{-0.09} - \frac{0.8378}{d_p} - 0.000337(d_p r)^2\right] + 0.8378r\left(1 - \frac{1}{K_{SR}}\right)$$

$$1922\text{V HP} = d_p r\left[0.8502(d_p r)^{-0.09} - \frac{1.453}{d_p} - 0.000538(d_p r)^2\right] + 1.453r\left(1 - \frac{1}{K_{SR}}\right)$$

$$2322\text{V}\ \text{HP} = d_p r\left[1.189(d_p r)^{-0.09} - \frac{2.356}{d_p} - 0.000777(d_p r)^2\right] + 2.356r\left(1 - \frac{1}{K_{SR}}\right)$$

$$1926\text{V}\ \text{HP} = d_p r\left[1.046(d_p r)^{-0.09} - \frac{1.833}{d_p} - 0.000589(d_p r)^2\right] + 1.833r\left(1 - \frac{1}{K_{SR}}\right)$$

$$2926\text{V}\ \text{HP} = d_p r\left[1.769(d_p r)^{-0.09} - \frac{4.189}{d_p} - 0.001059(d_p r)^2\right] + 14.189r\left(1 - \frac{1}{K_{SR}}\right)$$

$$3226\text{V}\ \text{HP} = d_p r\left[2.073(d_p r)^{-0.09} - \frac{5.236}{d_p} - 0.001217(d_p r)^2\right] + 5.236r\left(1 - \frac{1}{K_{SR}}\right)$$

$$2530\text{V}\ \text{HP} = d_p r\left[2.359(d_p r)^{-0.09} - \frac{6.912}{d_p} - 0.001148(d_p r)^2\right] + 6.912r\left(1 - \frac{1}{K_{SR}}\right)$$

$$3230\text{V}\ \text{HP} = d_p r\left[2.806(d_p r)^{-0.09} - \frac{7.854}{d_p} - 0.001520(d_p r)^2\right] + 7.854r\left(1 - \frac{1}{K_{SR}}\right)$$

$$4430\text{V}\ \text{HP} = d_p r\left[3.454(d_p r)^{-0.09} - \frac{7.854}{d_p} - 0.002196(d_p r)^2\right] + 9.818r\left(1 - \frac{1}{K_{SR}}\right)$$

$$4036\text{V}\ \text{HP} = d_p r\left[3.566(d_p r)^{-0.09} - \frac{9.687}{d_p} - 0.002060(d_p r)^2\right] + 9.687r\left(1 - \frac{1}{K_{SR}}\right)$$

$$4436\text{V}\ \text{HP} = d_p r\left[4.041(d_p r)^{-0.09} - \frac{11.519}{d_p} - 0.002297(d_p r)^2\right] + 11.519r\left(1 - \frac{1}{K_{SR}}\right)$$

$$4836\text{V}\ \text{HP} = d_p r\left[4.564(d_p r)^{-0.09} - \frac{13.614}{d_p} - 0.002634(d_p r)^2\right] + 13.614r\left(1 - \frac{1}{K_{SR}}\right)$$

以上公式中，d_p 是小滑轮的分度圆直径（in）；r 是快轴速度除以 1000；K_{SR} 是速度比修正因子，列在表 10-155 中。这些公式给出了基本的额定马力，为了速度比修正过。为了获得接触弧非 180°的每个带的马力，或者比平均长度长或短的带的马力，将公式计算得到的马力乘以长度修正系数（见表 10-156）以及接触弧修正系数（见表 10-157）。

表 10-155　速度修正系数

速度比①	K_{SR}	速度比①	K_{SR}
1.00～1.01	1.0000	1.19～1.24	1.0719
1.02～1.04	1.0136	1.25～1.34	1.0875
1.05～1.08	1.0276	1.35～1.51	1.1036
1.09～1.12	1.0419	1.52～1.99	1.1202
1.13～1.18	1.0567	≥2.00	1.1373

① D_p/d_p，其中 $D_p(d_p)$ 是大（小）滑轮的分度圆直径。

表 10-156　长度修正系数

标准分度圆长度命名	横截面											
	1422V	1922V	2322V	1926V	2926V	3226V	2530V	3230V	4430V	4036V	4436V	4836V
315	0.93	—	—	—	—	—	—	—	—	—	—	—
335	0.94	—	—	—	—	—	—	—	—	—	—	—
355	0.95	0.90	—	0.90	—	—	—	—	—	—	—	—
375	0.96	0.91	—	0.91	—	—	—	—	—	—	—	—
400	0.97	0.92	0.90	0.92	—	—	—	—	—	—	—	—
425	0.98	0.93	0.91	0.93	—	—	—	—	—	—	—	—
450	0.99	0.94	0.92	0.94	—	—	—	—	—	—	—	—
475	1.00	0.95	0.93	0.95	—	—	—	—	—	—	—	—
500	1.01	0.95	0.94	0.95	—	—	0.90	—	—	—	—	—
530	1.02	0.96	0.95	0.96	0.92	—	0.92	—	—	—	—	—
560	1.03	0.97	0.96	0.97	0.93	0.92	0.93	0.91	0.90	0.91	0.91	0.92
600	1.04	0.98	0.97	0.98	0.94	0.93	0.94	0.93	0.92	0.93	0.92	0.93
630	1.05	0.99	0.98	0.99	0.95	0.94	0.95	0.94	0.93	0.94	0.93	0.94
670	1.06	1.00	0.99	1.00	0.97	0.95	0.96	0.95	0.94	0.95	0.95	0.95
710	1.07	1.01	1.00	1.01	0.98	0.96	0.98	0.96	0.96	0.96	0.96	0.96

（续）

标准分度圆长度命名	横截面											
	1422V	1922V	2322V	1926V	2926V	3226V	2530V	3230V	4430V	4036V	4436V	4836V
750	1.08	1.02	1.01	1.02	0.99	0.98	0.99	0.97	0.97	0.97	0.97	0.98
800	—	1.03	1.02	1.03	1.00	0.99	1.00	0.99	0.99	0.99	0.99	0.99
850	—	1.04	1.03	1.04	1.01	1.00	1.01	1.00	1.00	1.00	1.00	1.00
900	—	1.05	1.04	1.05	1.02	1.01	1.02	1.01	1.01	1.01	1.01	1.01
950	—	1.06	1.05	1.06	1.03	1.02	1.04	1.02	1.03	1.02	1.02	1.02
1000	—	1.07	1.06	1.07	1.04	1.03	1.05	1.03	1.04	1.03	1.04	1.03
1060	—	1.08	1.07	1.07	1.06	1.04	1.06	1.05	1.06	1.05	1.05	1.04
1120	—	1.09	1.08	1.08	1.07	1.06	1.07	1.06	1.07	1.06	1.06	1.06
1180	—	1.09	1.09	1.09	1.08	1.07	1.08	1.07	1.08	1.07	1.07	1.07
1250	—	—	—	—	1.09	1.08	1.10	1.08	1.10	1.08	1.09	1.08
1320	—	—	—	—	—	1.09	—	1.09	1.11	1.09	1.10	1.09

表 10-157　接触弧修正系数

$\frac{D-d}{C}$	小滑轮的接触弧 θ/（°）	修正系数	$\frac{D-d}{C}$	小滑轮的接触弧 θ/（°）	修正系数
0.00	180	1.00	0.80	0.80	0.87
0.10	174	0.99	0.90	0.90	0.85
0.20	169	0.97	1.00	1.00	0.82
0.30	163	0.96	1.10	1.10	0.80
0.40	157	0.94	1.20	1.20	0.77
0.50	151	0.93	1.30	1.30	0.73
0.60	145	0.91	1.40	1.40	0.70
0.70	139	0.89	1.50	1.50	0.65

轮缘速度：滑轮选用的材料和设计必须能够承受变速驱动中可能出现的高轮缘速度。轮缘速度计算方法是：轮缘速度（ft/min）=（π/12）（D_o）（r/min）。

接触弧：小滑轮的接触弧可以用下面的公式计算。

精密公式：接触弧（°）$=2\cos^{-1}\left(\frac{D-d}{2C}\right)$

近似公式：接触弧（°）$=180-\frac{(D-d)\ 60}{C}$

式中，D 是大滑轮或平轮分度圆直径（in 或 mm）；d 是小滑轮分度圆直径（in 或 mm）；C 是中心距（in 或 mm）。

9. 60° V 带

60° V 带适用于紧凑驱动。带的 60°角和带棱边的顶部专门为小直径滑轮上能有长寿命而设计。这种带在高速（超过 10000r/min）条件下运转极其平稳。可选横截面有 3M，5M，7M 和 11M（3mm、5mm、7mm、11mm）（顶宽），常用在联结布局中，能够另外提供稳定性和提高的性能。通过横截面和公称长度区分，例如，命名为 5M315 的带标志横截面 5mm 并且有效长度为 315mm。

10. SAE 标准 V 带

表 10-158 中 V 带和带轮的数据包含 9 种尺寸，其中三种（0.250、0.315 和 0.440）于 1977 年为了和现有的实践相符而添加。这个标准于 1987 年重申。

V 带可以在多种基本梯形的结构中生产，尺寸设定要允许其在标注中尺寸的带轮作用。标准带长度以 1/2in（12.7mm）为增量，≤80in（203.2cm）。标准长度 80 ~ 100in（254cm）的增量为 1in（2.54cm），没有分数。标准带长度公差基于中心距规定如下：带长度≤50in（127cm）的，±0.12in；>50 ~ 60in（127 ~ 152.4cm）的，±0.16in；>60 ~ 80in（152.4 ~ 203.2cm）的，±0.19in；>80 ~ 100in（203.2 ~ 254cm）的，±0.22in。

11. 带存放和拿取

为了达到带最好的性能，需要在实践中正确实行带存放步骤。如果带储存不当，其性能会受到不利影响。四个关键原则：

1）除非有合适的包装，不能将带放在地上储存。

2）不能将带放置在窗边，可能暴露在阳光和水分中。

3）不能将带放置在可能产生臭氧的电子设备附近（如变压器、电动机等）。

4）不能将带储存在有溶剂或化学物的环境中。

表 10-158 SAE V 带和带轮尺寸 (单位：in)

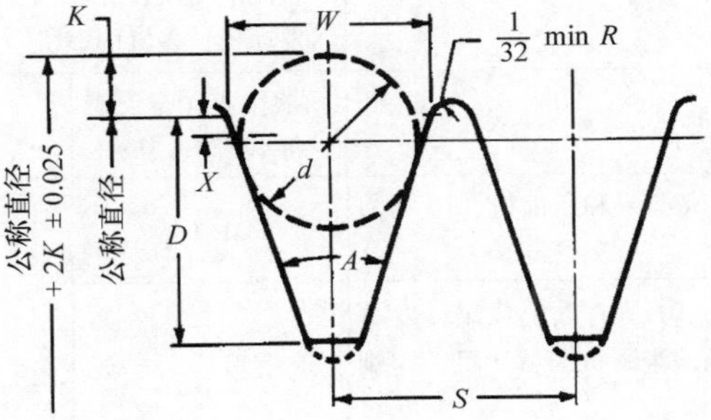

SAE 尺寸	最小建议有效直径①	A 坡口角度/(°) ±0.5	W 有效坡口宽度	D 最小槽深	d 球或杆直径 (±0.0005)	2K 2×球延伸	2X②	S 纹槽间距③ (±0.015)
0.250	2.25	36	0.248	0.276	0.2188	0.164	0.04	0.315
0.315	2.25	36	0.315	0.354	0.2812	0.222	0.05	0.413
0.380	2.40	36	0.380	0.433	0.3125	0.154	0.06	0.541
0.440	2.75	36	0.441	0.512	0.3750	0.231	0.07	0.591
0.500	3.00	36	0.500	0.551	0.4375	0.314	0.08	0.661
11/16	3.00	34	0.597	0.551	0.500	0.258	0.00	0.778
	>4.00	36				0.280		
	>6.00	38				0.302		
3/4	3.00	34	0.660	0.630	0.5625	0.328	0.02	0.841
	>4.00	36				0.352		
	>6.00	38				0.374		
7/8	3.50	34	0.785	0.709	0.6875	0.472	0.04	0.966
	>4.50	36				0.496		
	>6.00	38				0.520		
1	4.00	34	0.910	0.827	0.8125	0.616	0.06	1.091
	>6.00	36				0.642		
	>8.00	38				0.666		

① 带轮有效直径小于建议值的，应谨慎使用，因为动力传输和带寿命可能减少。

② X 尺寸是径向的；2X 减去有效直径得到速度比计算的“分度圆直径”。

③ 这些值针对相同有效宽度的相邻槽。带轮制造或者是带设计参数的选择可以验证这些值的差异，在使用相配带的驱动中所有多槽带轮的 S 尺寸应该相同。

带应该存放在阴凉、干燥的环境中。架上堆叠时，为了避免底部带受到过多重力而造成可能的畸变，堆叠要足够矮。如果在容器中存放，容器的尺寸和容量都应该足够避免畸变。

V 带：常用方法是将带挂在栓或系索栓架上，如果挂的带很长，应该用足够大的栓架，或者月牙形鞍座来避免带自重造成畸变。

连接 V 带，同步驱动带，多楔带：和 V 带类似，这些带可以用在栓上或者鞍座存放，并采取措施预防畸变。但是，这种类型的带长达 120in（3.05m）时通常以嵌套的配置运输，并应该采用相同的方式存放。这种嵌套是把一个带平放，然后将尽可能多的带放进第一根带但又不造成过分的力。如果嵌套很紧，并且每一个跟下面那个都旋转 180°，堆叠不会造成损伤。

V 带利用率见表 10-159。

表 10-159 V 带利用率

驱动装置	交流电动机：正常转矩，鼠笼式，同步和分项 直流电动机：并联 发动机：多缸内燃机		
从动机类型	间歇作业（每天或每季度 3 ~ 5h）	正常作业（每天 8h）	连续作业（每天 16 ~ 24h）
液体搅拌器，鼓风机和抽风机，离心泵和压缩机，10 马力以下风扇，轻型输送机	1.1	1.2	1.3
砂石粮食等带输送机，和面机，10 马力以上风扇，发电机，总轴，洗衣机，机床，冲压机，印刷机，剪切机，印刷机，正位移式旋转泵，旋转和振动筛	1.2	1.3	1.4
制砖机械，斗式提升机，励磁机，活塞压缩机，输送机（刮板、盘式、螺旋），锤式粉碎机，造纸厂打浆机，活塞泵，排量式鼓风机，粉碎机，锯木厂和木工机械，纺织机械	1.4	1.5	1.6
破碎机（回转、颚式、滚式），铣床（球压、棒磨、管磨），起重机，橡胶压延，挤压机，碾磨机	1.5	1.6	1.8
驱动装置	交流电动机：高扭矩，高转差率，排斥感应，单相，串联，滑环 直流电动机：串联，复励 发动机：单缸内燃机 总轴，离合器		
从动机类型	间歇作业（每天或每季度 3 ~ 5h）	正常作业（每天 8h）	连续作业（每天 16 ~ 24h）
液体搅拌器，鼓风机和抽风机，离心泵和压缩机，10 马力以下风扇，轻型输送机	1.1	1.2	1.3
砂石粮食等带输送机，和面机，10 马力以上风扇，发电机，总轴，洗衣机，机床，冲压机，印刷机，剪切机，印刷机，正位移式旋转泵，旋转和振动筛	1.2	1.3	1.4
制砖机械，斗式提升机，励磁机，活塞压缩机，输送机（刮板、盘式、螺旋），锤式粉碎机，造纸厂打浆机，活塞泵，排量式鼓风机，粉碎机，锯木厂和木工机械，纺织机械	1.4	1.5	1.6
破碎机（回转、颚式、滚式），铣床（球压、棒磨、管磨），起重机，橡胶压延，挤压机，碾磨机	1.5	1.6	1.8

表 10-159 所列的机械仅作为代表性示例。与表 10-159 中所列载荷特性最相近的机械也在考虑中。

这种带超过 120in 可能被“卷起”然后打结运输。为了简易储存，这些卷可以堆在一起。应注意避免卷起半径过小，因为可能对带产生损害。

变速带：变速带比大多数其他带对畸变更敏感，所以不应使用栓或架子悬挂储存，应该储存在运输时的套筒中存放在架上。

10.6.4 同步带

同步带 ANSI/RMA IP-24：同步带也被称作正时带或正传动带。这些带表面上齿间均匀，与带轮或链轮的轮齿啮合产生正向的、无滑移的动力传输。不应将这种设计与模压齿形 V 带混淆，齿形 V 带是通过 V 的楔作用传输动力的。同步带用在从动轴速度必须与驱动轴转速同步时，同时消除链传动的噪声和维护问题。

标准正时带：传统的梯形齿或者矩形齿，正时带有 6 种横截面，与带节距有关。节距就是齿与齿的中心之间的距离。六种基本的横截面或者节距：MXL（小型超轻）、XL（超轻）、L（轻）、H（重）、XH（超重）以及 XXH（特重）（见图 10-73）。带通过分度线长、横截面（节距）和宽度区分。

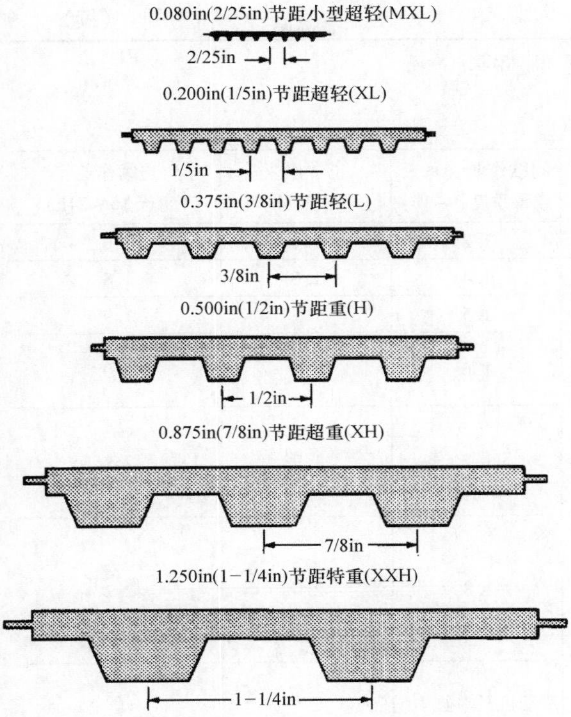

图 10-73　标准同步带断面

内外齿正时带两边的齿完全一致，用在要求带两边都同步的情况。横截面有 XL、L 和 H。

尺寸命名：同步带尺寸可以通过标准的带号识别，带号前几位数字代表带长度，近似到 0.1in (2.54mm)；后面跟着横截面（节距）命名。带横截面命名之后的数字是带公称宽度乘以 100 的结果。例如，L 横截面带，分度线长 30.000in，宽度 0.75in，同步带命名是 300L075。

同步带驱动利用率见表 10-160。

内外齿带的 RMA 术语和单面齿带，只是在带断面前加了一个前缀 D。但是，有的制造商有自己的内外齿带命名系统。

标准断面：带断面由节距指定。表 10-161 列出了标准带断面和其相应的节距。

同步带不会滑移，所以必须装上系统预计的最高载荷。如果设备受到堵塞，最小利用率推荐为 2.0。

分度线长：标准带分度线长、带长度命名以及齿数都列在表 10-163 中。带长度公差适用于所有带断面，并且代表带长度的总制造公差。

公称齿尺寸：单面和内外齿带的齿尺寸是一样的。

表 10-160　同步带驱动利用率

驱动装置	交流电动机：正常转矩，鼠笼式，同步和分项 直流电动机：并联；发动机：多缸内燃机		
从动机类型	间歇作业（每天或每季度 3～5h）	正常作业（每天 8h）	连续作业（每天 16～24h）
显示器，点胶设备，放映设备，医疗设备，乐器，测量设备	1.0	1.2	1.4
电器机械，清扫器，缝纫机，办公设备，木工车床，带锯	1.2	1.4	1.6
输送机：带式，轻型，锅炉，网状，滚筒，圆锥形	1.3	1.5	1.7
液体搅拌器，和面机，钻床，车床，螺杆压出机，连接器，圆锯，刨机，洗衣机，造纸机，印刷机	1.4	1.6	1.8
半液体搅拌器，制砖机械（搅拌机除外），输送带：矿石，煤，沙石，总轴，机床：研磨机，牛头刨床，镗床，铣床，泵：离心泵，齿轮泵，回转泵	1.5	1.7	1.9
输送机：平板，盘式，斗式，垂直，提取器，垫圈，风扇，鼓风机，离心式抽风机，诱导通风抽风机，发电机和励磁机，起重机，升降机，橡胶压延，铣床，挤压机，锯木机，纺织机械公司织机，精纺机，捻线机	1.6	1.8	2.0
离心机，传输机：链板输送带，螺旋输送机，锤式粉碎机，碎浆	1.7	1.9	2.1
砖和黏土搅拌机，风扇，鼓风机，螺旋桨矿用扇风机，增压鼓风机	1.8	2.0	2.2

（续）

驱动装置	交流电动机：高扭矩，高转差率，排斥感应，单相，串联，滑环 直流电动机：串联，复励 发动机：单缸内燃机，总轴，离合器		
从动机类型	间歇作业（每天或每季度3～5h）	正常作业（每天8h）	连续作业（每天16～24h）
显示器，点胶设备，放映设备，医疗设备，乐器，测量设备	1.2	1.4	1.6
电器机械，清扫器，缝纫机，办公设备，木工车床，带锯	1.4	1.6	1.8
输送机：带式，轻型，锅炉，网状，滚筒，圆锥形	1.5	1.7	1.9
液体搅拌器，和面机，钻床，车床，螺杆压出机，连接器，圆锯，刨机，洗衣机，造纸机，印刷机	1.6	1.8	2.0
半液体搅拌器，制砖机械（搅拌机除外），输送带：矿石，煤，沙石，总轴，机床：研磨机，牛头刨床，镗床，铣床，泵：离心泵，齿轮泵，回转泵	1.7	1.9	2.1
输送机：平板，盘式，斗式，垂直，提取器，垫圈，风扇，鼓风机，离心式抽风机，诱导通风抽风机，发电机和励磁机，起重机，升降机，橡胶压延，铣床，挤压机，锯木机，纺织机械公司织机，精纺机，捻线机	1.8	2.0	2.2
离心机，传输机：链板输送带，螺旋输送机，锤式粉碎机，碎浆机	1.9	2.1	2.3
砖和黏土搅拌机，风扇，鼓风机，螺旋桨矿用扇风机，增压鼓风机	2.0	2.2	2.4

表10-161　同步带公称齿和断面尺寸 ANSI/RMA IP-24，1983　（单位：in）

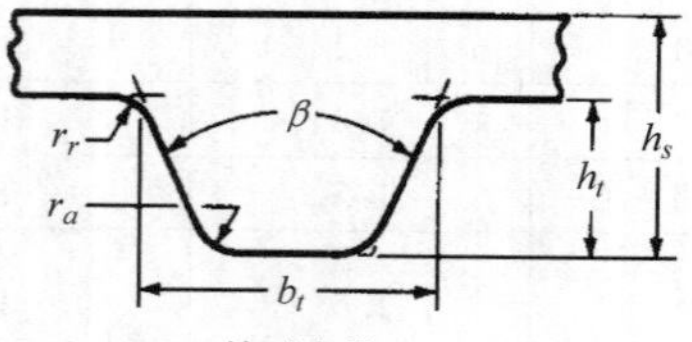

单面齿带

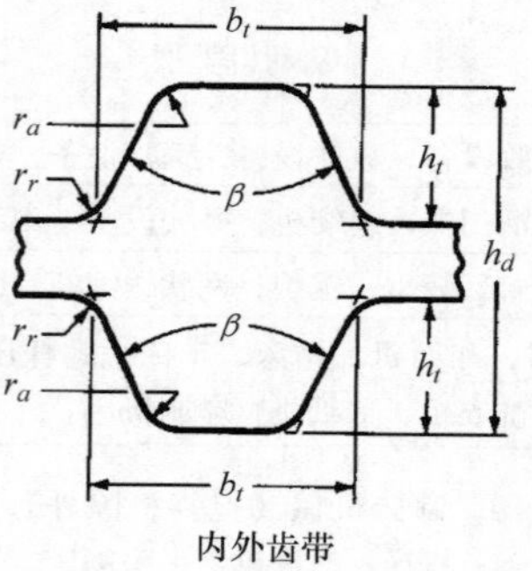

内外齿带

带断面（节距）	齿角	h_t	b_t	r_a	r_r	h_s	h_d	带断面（节距）	齿角	h_t	b_t	r_a	r_r	h_s	h_d
MXL(0.080)	40	0.020	0.045	0.005	0.005	0.045	—	XXH(1.250)	40	0.375	0.750	0.060	0.090	0.62	—
XL(0.200)	50	0.050	0.101	0.015	0.015	0.090	—	DXL(0.200)	50	0.050	0.101	0.015	0.015	—	0.120
L(0.375)	40	0.075	0.183	0.020	0.020	0.14	—	DL(0.375)	40	0.075	0.183	0.020	0.020	—	0.180
H(0.500)	40	0.090	0.241	0.040	0.040	0.16	—	DH(0.500)	40	0.090	0.241	0.040	0.040	—	0.234
XH(0.875)	40	0.250	0.495	0.047	0.062	0.44	—	—	—	—	—	—	—	—	—

同步带标准带轮和凸缘尺寸见表10-162。

表 10-162 同步带标准带轮和凸缘尺寸 ANSI/RMA IP-24，1983

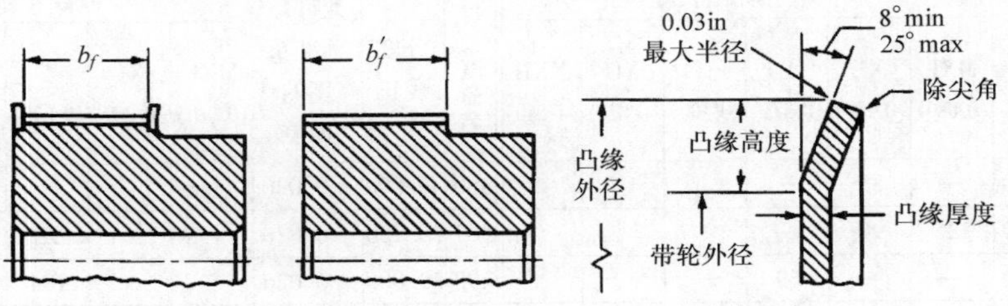

凸缘带轮　　无凸缘带轮　　凸缘尺寸

带断面	标准公称带轮宽度	标准带轮宽度命名	最小带轮宽度		凸缘	
			凸缘 b_f	无凸缘 b'_f	厚度（最小）	高度（最小）
MXL	0.25	025	0.28	0.35	0.023	0.020
XL	0.38	037	0.41	0.48	0.029	0.040
L	0.50	050	0.55	0.67	0.050	0.065
	0.75	075	0.80	0.92		
	1.00	100	1.05	1.17		
H	1.00	100	1.05	1.23	0.050	0.080
	1.50	150	1.55	1.73		
	2.00	200	2.08	2.26		
	3.00	300	3.11	3.29		
XH	2.00	200	2.23	2.46	0.098	0.190
	3.00	300	3.30	3.50		
	4.00	400	4.36	4.59		
XXH	2.00	200	2.23	2.52	0.127	0.245
	3.00	300	3.30	3.59		
	4.00	400	4.36	4.65		
	5.00	500	5.42	5.72		

表 10-163 同步带标准分度线长和公差 ANSI/RMA IP-24，1983 （单位：in）

带长度命名	分度线长	允许与标准长度的偏差	齿数和标准长度						带长度命名	分度线长	允许与标准长度的偏差	齿数和标准长度					
			MXL (0.080)	XL (0.200)	L (0.375)	H (0.500)	XH (0.875)	XXH (1.250)				MXL (0.080)	XL (0.200)	L (0.375)	H (0.500)	XH (0.875)	XXH (1.250)
36	3.600	±0.016	45						90	9.000	±0.016	—	45				
40	4.000	±0.016	50						100	10.000	±0.016	125	50				
44	4.400	±0.016	55						110	11.000	±0.018	—	55				
48	4.800	±0.016	60						112	11.200	±0.018	140	—				
56	5.600	±0.016	70						120	12.000	±0.018	—	60	—			
60	6.000	±0.016	75	30					124	12.375	±0.018	—	—	33			
64	6.400	±0.016	80	—					124	12.400	±0.018	155	—	—			
70	7.000	±0.016	—	35					130	13.000	±0.018	—	65	—			
72	7.200	±0.016	90	—					140	14.000	±0.018	175	70	—			
80	8.000	±0.016	100	40					150	15.000	±0.018	—	75	40			
88	8.800	±0.016	110	—					160	16.000	±0.020	200	80	—			

（续）

带长度命名	分度线长	允许与标准长度的偏差	齿数和标准长度					
			MXL (0.080)	XL (0.200)	L (0.375)	H (0.500)	XH (0.875)	XXH (1.250)
170	17.000	±0.020	—	85	—			
180	18.000	±0.020	225	90	—			
187	18.750	±0.020	—	—	50			
190	19.000	±0.020	—	95	—			
200	20.000	±0.020	250	100	—			
210	21.000	±0.024	—	105	56			
220	22.000	±0.024	—	110	—			
225	22.500	±0.024	—	—	60			
230	23.000	±0.024	—	115	—	—		
240	24.000	±0.024	—	120	64	48		
250	25.000	±0.024	—	125	—	—		
255	25.500	±0.024	—	—	68	—		
260	26.000	±0.024	—	130	—	—		
270	27.000	±0.024	—	—	72	54		
285	28.500	±0.024	—	—	76	—		
300	30.000	±0.024	—	—	80	60		
322	32.250	±0.026	—	—	86	—		
330	33.000	±0.026	—	—	—	66		
345	34.500	±0.026			92	—		
360	36.000	±0.026			—	72		
367	36.750	+0.026			98	—		
390	39.000	±0.026			104	78		
420	42.000	±0.030			112	84		
450	45.000	±0.030			120	90	—	
480	48.000	±0.030			128	96	—	
507	50.750	±0.032			—	—	58	
510	51.000	±0.032			136	102	—	
540	54.000	±0.032			144	108	—	
560	56.000	±0.032			—	—	64	
570	57.000	±0.032			—	114	—	
600	60.000	±0.032			160	120	—	
630	63.000	±0.034			—	126	72	
660	66.000	±0.034			—	132	—	
700	70.000	±0.034				140	80	56
750	75.000	±0.036				150	—	—
770	77.000	±0.036				—	88	—
800	80.000	±0.036				160	—	64
840	84.000	±0.038				—	96	—

宽度：标准带宽、宽度命名和宽度公差列在表10-164中。

长度确定：同步带的分度线长度确定要将带放在一个有两个等直径带轮的测量夹具上，施以作用力，测量两个带轮的中心距。两个带轮中一个位置固定，一个可以随刻度尺移动。

同步带轮直径：表10-165列出了带断面（节距）的标准带轮。图10-74定义了节距、分度圆直径、外径和节顶距。

宽度：每种带断面的标准带轮宽度都列在表10-162中。带轮公称宽度是依据带轮最大能够适应的标准带宽度规定的。不论是否有凸缘，最小带轮宽度同样列在表10-162中，表10-162中还有凸缘尺寸和不同带轮公差。

带轮尺寸命名：同步带轮通过槽数，带断面和100乘以公称宽度来命名。例如，带轮断面L，有30个槽，公称宽度0.75in的命名就是30L075。带轮公差列在表10-166中。

表10-164 同步带标准宽度和公差 ANSI/RMA IP-24，1983

带断面	标准带宽		带分度线长的宽度公差		
	命名	尺寸	≤33in	>33～66in	>66in
MXL (0.080)	012 019 025	0.12 0.19 0.25	+0.02 −0.03	—	—
XL (0.200)	025 037	0.25 0.38	+0.02 −0.03	—	—
L (0.375)	050 075 100	0.50 0.75 1.00	+0.03 −0.03	+0.03 −0.05	—

（续）

带断面	标准带宽		带分度线长的宽度公差		
	命名	尺寸	≤33in	>33～66in	>66in
H（0.500）	075 100 150	0.75 1.00 1.50	+0.03 -0.03	+0.03 -0.05	+0.03 -0.05
	200	2.00	+0.03 -0.05	+0.05 -0.05	+0.05 -0.06
	300	3.00	+0.05 -0.06	+0.06 -0.06	+0.06 -0.08
XH（0.875）	200 300 400	2.00 3.00 4.00	—	+0.19 -0.19	+0.19 -0.19
XXH（1.250）	200 300 400 500	2.00 3.00 4.00 5.00	—	—	+0.19 -0.19

表 10-165 同步带标准带轮直径 ANSI/RMA IP-24，1983 （单位：in）

槽数	带断面											
	MXL（0.080）		XL（0.200）		L（0.375）		H（0.500）		XH（0.875）		XXH（1.250）	
	直径		直径		直径		直径		直径		直径	
	分度圆直径	外径	分度圆直径	外径	分度圆直径	外径	分度圆直径	外径	分度圆直径	外径	分度圆直径	外径
10	0.255	0.235	0.637	0.617	1.194	1.164	—	—	—	—	—	—
12	0.306	0.286	0.764	0.744	1.432	1.402	—	—	—	—	—	—
14	0.357	0.337	0.891	0.871	1.671	1.641	2.228	2.174	—	—	—	—
16	0.407	0.387	1.019	0.999	1.910	1.880	2.546	2.492	—	—	—	—
18	0.458	0.438	1.146	1.126	2.149	2.119	2.865	2.811	5.013	4.903	7.162	7.042
20	0.509	0.489	1.273	1.253	2.387	2.357	3.183	3.129	5.570	5.460	7.958	7.838
22	0.560	0.540	1.401	1.381	2.626	2.596	3.501	3.447	6.127	6.017	8.754	8.634
24	0.611	0.591	1.528	1.508	2.865	2.835	3.820	3.766	6.685	6.575	9.549	9.429
26	0.662	0.642	—	—	3.104	3.074	4.138	4.084	7.242	7.132	10.345	10.225
28	0.713	0.693	1.783	1.763	3.342	3.312	4.456	4.402	7.799	7.689	—	—
30	0.764	0.744	1.910	1.890	3.581	3.551	4.775	4.721	8.356	8.246	11.937	11.817
32	0.815	0.795	2.037	2.017	3.820	3.790	5.093	5.039	8.913	8.803	—	—
34	0.866	0.846	—	—	—	—	—	—	—	—	13.528	13.408
36	0.917	0.897	2.292	2.272	4.297	4.267	5.730	5.676	—	—	—	—
40	1.019	0.999	2.546	2.526	4.775	4.745	6.366	6.312	11.141	11.031	15.915	15.795
42	1.070	1.050	2.674	2.654	—	—	—	—	—	—	—	—
44	1.120	1.100	2.801	2.781	5.252	5.222	7.003	6.949	—	—	—	—
48	1.222	1.202	3.056	3.036	5.730	5.700	7.639	7.585	13.369	13.259	19.099	18.979
60	1.528	1.508	3.820	3.800	7.162	7.132	9.549	9.495	16.711	16.601	23.873	23.753
72	1.833	1.813	4.584	4.564	8.594	8.564	11.459	11.405	20.054	19.944	28.648	28.528
84	—	—	—	—	10.027	9.997	13.369	13.315	23.396	23.286	—	—
90	—	—	—	—	—	—	—	—	—	—	35.810	35.690
96	—	—	—	—	—	—	15.279	15.225	26.738	26.628	—	—
120	—	—	—	—	—	—	19.099	19.045	33.423	33.313	—	—

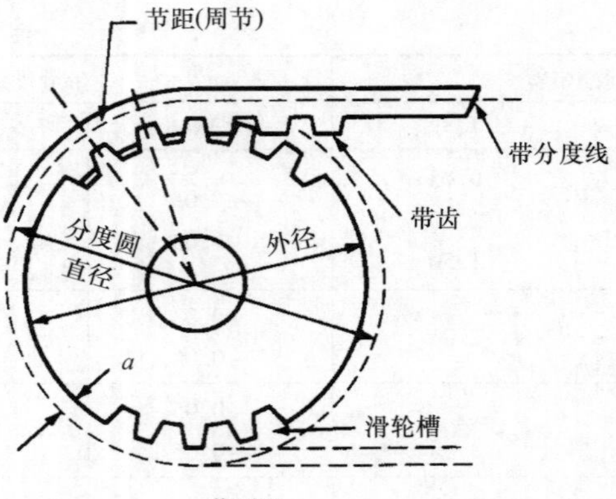

图 10-74 同步带轮尺寸

表 10-166 带轮公差（所有断面） （单位：in）

外径范围	外径公差	节距公差	
		相邻槽	累计超过 90°
≤1.000	+0.002 −0.000	±0.001	±0.003
>1.000 ~ 2.000	+0.003 −0.000	±0.001	±0.004
>2.000 ~ 4.000	+0.004 −0.000	±0.001	±0.005
>4.000 ~ 7.000	+0.005 −0.000	±0.001	±0.005
>7.000 ~ 12.000	+0.006 −0.000	±0.001	±0.006
>12.000 ~ 20.000	+0.007 −0.000	±0.001	±0.007
>20.000	+0.008 −0.000	±0.001	±0.008
径向偏心①		轴向偏心②	
外径为 8.0in 和小于 0.005in 外径增加 1in，公差增加 0.0005in		外径为 1.0in 和小于 0.001in 10.0in 以下，外径增加 1in，公差增加 0.001in 10.0in 以上，外径增加 1in，公差增加 0.0005in	

① 凸缘外径等于带轮外径加上 2 倍凸缘高度。

② 总千分表读数。

横截面选择：图表（见图 10-75）可以作为同步带横截面选择的指导，可以用于任何快轴速度和马力结合的设计。快轴的设计马力和速度交点落在图表中两个区域之间的线上时，建议调查在两个区域的可能性。特殊环境（如有空间限制）可能导致带横截面选择和图表的指导不同。H 和 K 横截面不包含在图表中，因为这两种横截面有特殊用途。要得到具体数据，应联系带制造商。

额定扭矩：设计使用小节距 MXL 断面带的驱动时，通常会使用扭转载荷而不是马力载荷。这些带运行直径小，相对的带速度较低，所以对于所有 rpm 来说扭矩本质上是一定的。MXL 断面的额定扭矩公式为

$$Q_r = d[1.13 - 1.38 \times 10^{-3} d^2] \text{带宽} = 0.12\text{in}$$

$$Q_r = d[1.88 - 2.30 \times 10^{-3} d^2] \text{带宽} = 0.19\text{in}$$

$$Q_r = d[2.63 - 3.21 \times 10^{-3} d^2] \text{带宽} = 0.25\text{in}$$

其中 Q_r 是啮合齿≥6 个，带轮表面速度≤6500ft/min 的特定宽度带最大额定扭矩（lbf－in）。≤6 个啮合齿的驱动必须如表 10-167 一样修正。d 是小带轮分度圆直径（in）。

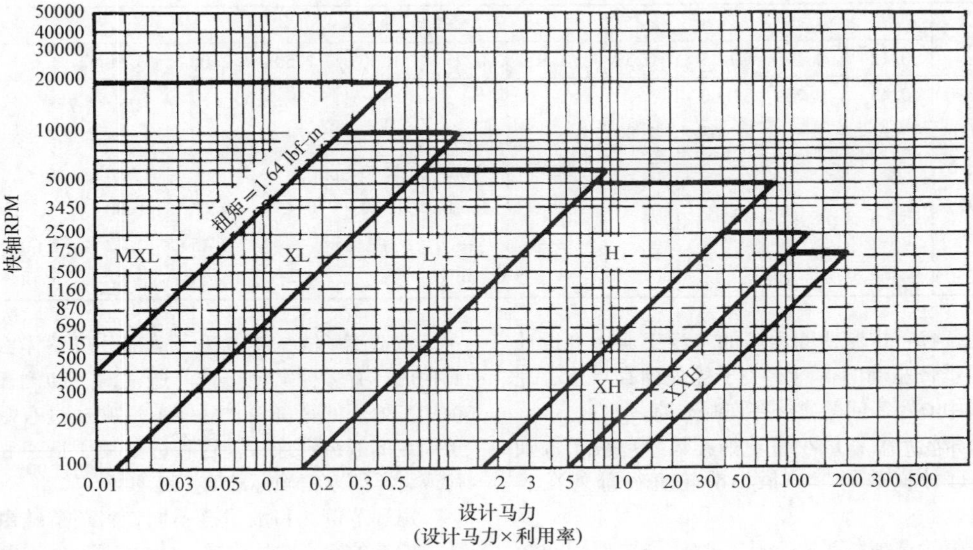

图 10-75 同步带横截面选择

表 10-167 啮合齿系数

啮合齿	系数 K_z	啮合齿	系数 K_z
≥6	1.00	3	0.40
5	0.80	2	0.20
4	0.60		

额定马力公式：下面的公式给出了同步带除 MLX 断面以外的额定马力计算方法，其中括号中的数字是 in 单位的带宽度。

$$XL(0.38)HP = dr[0.0916 - 7.07\times10^{-5}(dr)^2]$$

$$L(1.00)HP = dr[0.436 - 3.01\times10^{-4}(dr)^2]$$

$$H(3.00)HP = dr[3.73 - 1.41\times10^{-3}(dr)^2]$$

$$XH(4.00)HP = dr[7.21 - 4.68\times10^{-3}(dr)^2]$$

$$XXH(5.00)HP = dr[11.4 - 7.81\times10^{-3}(dr)^2]$$

其中 HP 是啮合齿≥6 个，带轮表面速度≤6500ft/min的特定宽度带最大建议额定马力。≤6 个啮合齿的驱动的额定马力必须如表 10-167 一样修正。d 是小带轮分度圆直径（in）。r 是快轴 rpm 除以 1000，单面带和内外齿带的总额定马力是一样的。要了解带每一边可用马力的比例，请咨询制造商。

确定需要的带宽度：带宽度不应该超过小滑轮直径，否则会出现过大的侧向推力。

扭矩测定方法（MXL 断面）：将设计扭矩除以啮合齿系数得到修正的设计扭矩。将修正的设计扭矩与表 10-168 中带轮直径的额定扭矩比较。选取额定扭矩≥修正设计扭矩的最窄带宽度。

马力测定方法（XL、L、H、XH 和 XXH 断面）：将选用断面的最宽的标准带的额定马力乘以啮合齿

表 10-168 MXL 断面额定扭矩（0.080in 节距）

带宽度 /in	小带轮额定扭矩（槽数和分度圆直径/in）									
	10MXL 0.255	12MXL 0.306	14MXL 0.357	16MXL 0.407	18MXL 0.458	20MXL 0.509	22MXL 0.560	24MXL 0.611	28MXL 0.713	30MXL 0.764
0.12	0.29	0.35	0.40	0.46	0.52	0.57	0.63	0.69	0.81	0.86
0.19	0.48	0.58	0.67	0.77	0.86	0.96	1.05	1.15	1.34	1.44
0.25	0.67	0.80	0.94	1.07	1.20	1.34	1.47	1.61	1.87	2.01

系数，可以得到修正的额定马力。将设计马力除以修正的额定马力可以得到需要的带宽度系数。将需要的带宽度系数与表 10-169 的内容相比，选取宽度系数≥需要的带宽度系数的最窄的带宽度。

表 10-169　带宽度系数

带断面	带宽度/in											
	0.12	0.19	0.25	0.38	0.50	0.75	1.00	1.50	2.00	3.00	4.00	5.00
MXL（0.080）	0.43	0.73	1.00	—	—	—	—	—	—	—	—	—
XL（0.200）	—	—	0.62	1.00	—	—	—	—	—	—	—	—
L（0.375）	—	—	—	—	0.45	0.72	1.00	—	—	—	—	—
H（0.500）	—	—	—	—	—	0.21	0.29	0.45	0.63	1.00	—	—
XH（0.875）	—	—	—	—	—	—	—	—	0.45	0.72	1.00	—
XXH（1.250）	—	—	—	—	—	—	—	—	0.35	0.56	0.78	1.00

驱动选择：带制造商出版的工程手册中有设计和选择同步带驱动的信息。关于优先储存尺寸、理想速度和中心距等问题应该咨询制造商。

最小带轮尺寸：最小带轮推荐尺寸取决于快轴的 rpm。每种横截面带的最小滑轮直径都列在表 10-165中。

凸缘带轮选择：要决定什么时候需要使用凸缘带轮，需考虑如下条件：

1）所有双带轮驱动上，最小凸缘要求是一个带轮两个凸缘，或者每个滑轮相对边有一个凸缘。

2）中心距大于小带轮直径 8 倍的驱动中，所有带轮的两边都应有凸缘。

3）垂直传动轴上，一个带轮两边都要有凸缘，其他带轮应该只有底部有凸缘。

4）带轮大于两个的驱动上，最低凸缘要求是每隔一个带轮有两个法兰，或者每个带轮有一个凸缘，在沿系统的交错边上。

利用率：同步带的利用率在表 10-160 中。

10.7　传动链

10.7.1　链条类型

除了标准滚子链和齿形链以外，还有很多结构不同、种类不同的传动链。这些传动链的制造精密度范围很广，有的铸造未加工，有的锻造加工并且有一些加工零件。基本上所有这些链条和滚子链都可以配备附件以适应输送机的应用。下面简短介绍以上一些类型的链条，也可以从制造商处获得这些链条的详细信息。

可拆式链条：这种链条的链节完全一致，容易拆卸。每个链节都有个钩状的尾部，相邻链节的一节可以接入。这些链条有可锻铸铁的或者压制钢的。最大的优势就是任何一个链节都易于拆卸。

铸造滚子链：铸造滚子链部分或整体由铸造金属构成，有多种类型可选。通常滚子和侧板是没有机加工处理的精确铸件。链节通常通过有螺母或销子固定的锻造件连接。这种链条用于低速和中度载荷或者不要求精确标准滚子链的场合。

扁环节链：和滚子链不同，扁环节链由整体铸造或锻造的空心圆柱构成，圆柱有两个偏置的侧板，并且每个链节都一样。链节通过插入侧板底部的孔中的销子穿过型芯孔进入相邻链节来连接。侧板里有凸缘防止销子转动，保证链条在销子和空心圆柱之间的连接。

10.7.2　标准滚子传动链

滚子链是由两种链节组成的：滚子链节和带轴链节交错分布在整个链条长度上，见表 10-170 所示。

滚子链有多种类型，每一种都为特定工作而设计。所有滚子链的结构都要保证滚子能够在链上均匀分布。这种链条突出的优势在于接触链轮齿时滚子可以转动。常用的有两种滚子链：单股和多股。在多股链中，大于等于两个链条通过公用的销子并排相连，保证不同股中的滚子对齐。

标准滚子链根据美国国家标准针对精准动力传输滚子链、附件和链轮的 ANSI/ASME B29.1M-1993 制造。这些滚子链和链轮常用在工业机械、机床、载货卡车、摩托车、拖拉机和类似的应用中。在 ANSI/ASME B29.1M 制表中尺寸信息通常是以 in-lb 为单位。标准中米制（SI）单位列在单独的表格里。

非标准滚子链，在采用 ANSI 标准之前由不同的制造商单独开发，和标准滚子链的形式与结构类似，但是与标准链条尺寸不符。有的尺寸还能从原制造厂找到零件作为现有设备的更换链条。但是不建议在新的设施中采取这种链条，因为这种链条的制造正被尽可能快速地终止。

表 10-170　滚子链零件 ANSI 术语 ANSI/ASME B29.1M-1993（R1999）

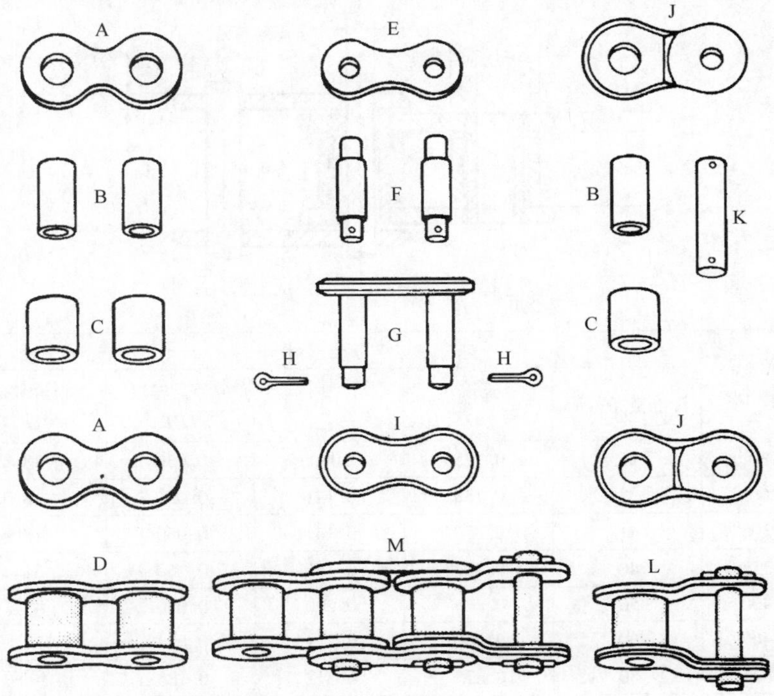

滚子链节 D——内部链节，包含两个内侧盘，两个轴套，两个滚子
带轴链节 G 和 E——外部链节，包含两个由两个销子组装的带轴链节盘
内盘 A——滚子链节中形成受拉杆件的一个盘
带轴链节盘 E——带轴链节中形成受拉杆件的一个盘
销子 F——内链节轴套中连接的销子，端部由带轴链节盘固定
轴套 B——销子在其中转动的圆柱轴承
滚子 C——在轴套上转动的套圈或套筒
组装销子 G——两个销子组装在一个带轴链节盘上
连接链节 G 和 I——一边盘可以拆卸的带轴链节
连接链节盘 I——连接链节的可拆卸带轴链节盘。通过开口销或者单件弹簧箍圈（没有画出）来限制
连接链节总成 M——设计用来连接两个滚子链节的装置
奇数链接头链节 L——链节包含两个偏置盘，一端一个轴套和滚子，另一端奇数链接头链节销子组装而成
偏置盘 J——奇数链接头链节形成受拉杆件的一个盘
奇数链接头链节销子 K——奇数链接头链节中用到的销子

标准双节距滚子链和标准滚子链类似，只是链节盘的节距是标准节距链的 2 倍。这种链条的设计与 ANSI 标准双节距动力传输滚子链和链轮 ANSI/ASME B29.3M-1994 相符。在低速、中等载荷或者长中心距应用中尤其有用。

10.7.3　传动滚子链

1. 标准滚子链术语、尺寸和载荷

滚子链零件的标准术语列在表 10-170 中。标准系列滚子链的尺寸列在表 10-171 中。

链节距：相邻连接件中心的距离，单位为 in，其他尺寸与节距成比例。

链长公差：新链条，在标准测量载荷下，不能长度不够。超长公差是每英尺 0.001/（英寸节距）^{2} + 0.015，长度测量必须在长度至少 12in 时进行。

测量载荷：测量载荷是测量长度时需要承受的载荷，单位为 lb。等于极限抗拉强度的 1/10，对于单股和多股链条来讲都有最小 18lb，最大 1000lb。

最小极限抗拉强度：对于单股链条，≥12,500×（英寸节距）^{2}lb。多股链条最小极限抗拉强度或称抗断强度等于单股链条的抗断强度乘以多股链条的股数。最小极限抗拉强度只对链条的抗拉质量有参考性，对其能承受的最大载荷没有参考性。

表 10-171 ANSI 滚子链尺寸 ASME/ANSI B29.1M-1986

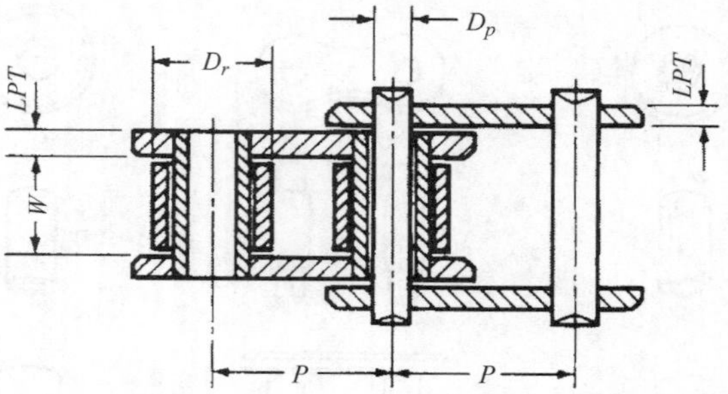

节距 P	最大滚子直径 D_r	标准系列					重型系列
		标准链条号码	宽度 W	销子直径 D_p	链节盘厚度 LPT	测量载荷 Lb	链节盘厚度 LPT
0.250	0.130①	25	0.125	0.0905	0.030	18	—
0.375	0.200①	35	0.188	0.141	0.050	18	—
0.500	0.306	41	0.250	0.141	0.050	18	—
0.500	0.312	40	0.312	0.156	0.060	31	—
0.625	0.400	50	0.375	0.200	0.080	49	—
0.750	0.469	60	0.500	0.234	0.094	70	0.125
1.000	0.625	80	0.625	0.312	0.125	125	0.156
1.250	0.750	100	0.750	0.375	0.156	195	0.187
1.500	0.875	120	1.000	0.437	0.187	281	0.219
1.750	1.000	140	1.000	0.500	0.219	383	0.250
2.000	1.125	160	1.250	0.562	0.250	500	0.281
2.250	1.406	180	1.406	0.687	0.281	633	0.312
2.500	1.562	200	1.500	0.781	0.312	781	0.375
3.000	1.875	240	1.875	0.937	0.375	1000	0.500

注：1. 滚子直径 D_r 近似为 5/8P。
2. 宽度 W 是链节盘之间的距离，近似为链条节距的 5/8。
3. 销子直径 D_p 近似为 5/16P 或滚子直径的 1/2。
4. 标准系列内外链节盘的厚度 LPT 近似为 1/8P。
5. 任何节距的重型系列链节盘厚度近似次大节距标准系列链条。
6. 滚子链节盘最大高度 = 0.95P。
7. 带轴链节盘最大高度 = 0.82P。
8. 销子最大直径 = 销子公称直径 + 0.0005in。
9. 衬套最小孔 = 销子公称直径 + 0.0015in。
10. 滚子链节最大宽度 = 链条公称宽度 + （2.12 × 链节盘公称厚度）。
11. 带轴链节盘最小间距 = 最大滚子链节宽度 + 0.002in。
① 衬套直径，这个尺寸链条没有滚子。

2. 标准滚子链编号

链条号码右手边的数字对于常用比例滚子链是 0，轻型链条是 1，无滚子套筒链是 5，右手边数字左边的数字代表节距是多少个⅛in。链条号码之后跟着的字母 H 代表重型系列；因此 80H 代表节距 1in 的重型链条。带连字符后缀在链条号之后的数字 2 代表双股，3 代表三股，4 代表四股链条，以此类推。

重型系列：这些链条的节距 ≥ ¾in，链节盘比普通标准的更厚。这些值仅接受低速高载荷。

轻型机械链条：这种链条命名 No. 41，节距½in，宽度¼in，滚子直径 0.306in，销子直径 0.141in，最小极限抗拉强度是 1500lb。

多股链条：这种链条本质上是两个或者多个单股链条并排排列，通过延伸到整个宽度的销子确保不同的股对齐。

3. 链轮类型

滚子链轮的四种设计或类型的断面如图 10-76 所示。A 类是平板，B 类是单边轴套，C 类是双边轴套，D 类是可拆卸轴套。还可使用剪切销和滑动离合器链轮来防止对驱动的损害或者其他设备造成过载或失速。

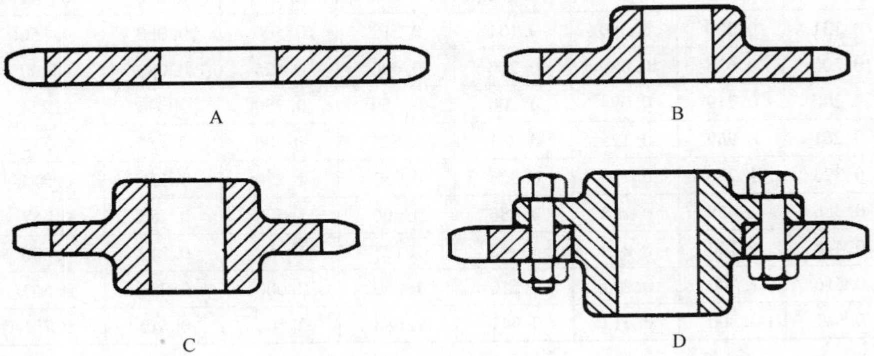

图 10-76 链轮类型

4. 配件

对标准链条零件进行改造以使其适应在传输机、升降机和定时操作中的应用叫作配件。常见被改装零件：①链节盘，加上或直或弯的延长凸缘；②链销，长度延长以大幅伸出带轴链节盘外表面。

直链节和弯链节盘延伸的孔径、厚度、孔定位和偏置尺寸以及延长销子的直径列在表 10-172 中。

表 10-172 直链节和弯链节盘延伸以及延长销子尺寸 ANSI/ASME B29.1M-1993（R1999）

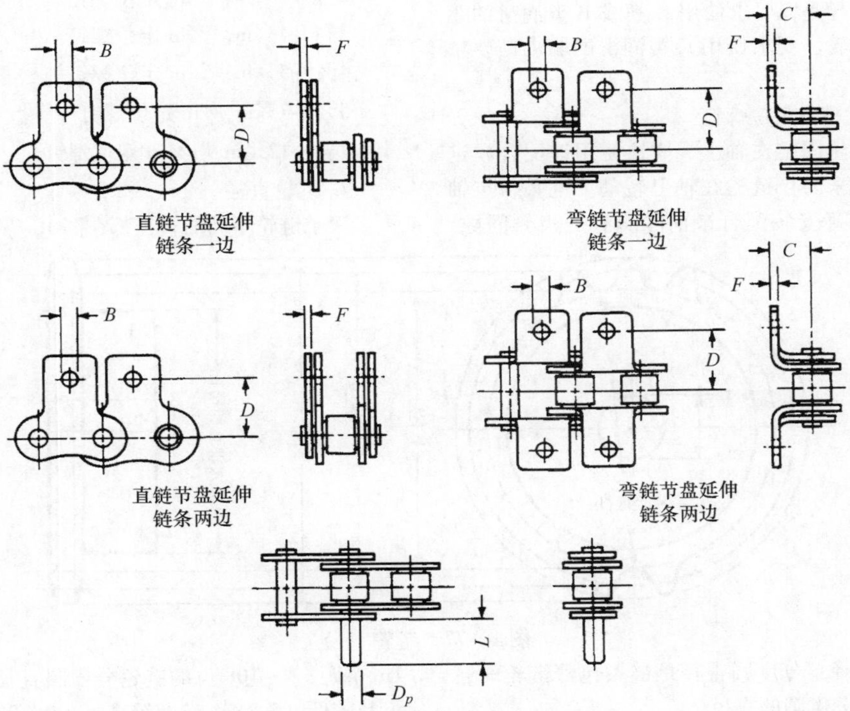

（续）

链条数	直链节盘延伸				弯链节盘延伸			延长销	
	L	B min	D	F	B min	C	D	F	D_p 公称值
35	0.102	0.375	0.050	0.102	0.250	0.375	0.050	0.141	0.375
40	0.131	0.500	0.060	0.131	0.312	0.500	0.060	0.156	0.375
50	0.200	0.625	0.080	0.200	0.406	0.625	0.080	0.200	0.469
60	0.200	0.719	0.094	0.200	0.469	0.750	0.094	0.234	0.562
80	0.261	0.969	0.125	0.261	0.625	1.000	0.125	0.312	0.750
100	0.323	1.250	0.156	0.323	0.781	1.250	0.156	0.375	0.938
120	0.386	1.438	0.188	0.386	0.906	1.500	0.188	0.437	1.125
140	0.448	1.750	0.219	0.448	1.125	1.750	0.219	0.500	1.312
160	0.516	2.000	0.250	0.516	1.250	2.000	0.250	0.562	1.500
200	0.641	2.500	0.312	0.641	1.688	2.500	0.312	0.781	1.875

5. 链轮类别

美国国家标准 ANSI/ASME B29.1M-1993 将两种分类的链轮命名为商业的或者精密的。不论选择哪种链轮，都是考虑驱动应用决定的。通常的中速到低速驱动使用商业链轮就足够了。如果遇到高速、高载荷的应用，或者驱动有固定的中心，关键时间，或者寄存器问题，或与外部干扰间隙很小，那么使用精密链轮或许更合适。

大致的指导是，要求使用 A 类或 B 类润滑的驱动使用商业链轮。要求使用 C 类润滑的驱动需要精密链轮。

6. 键、键槽和定位螺钉

为了将链轮固定在轴上，应该使用键配合和定位螺钉。键用来防止链轮在轴上转动。键必须与轴和链轮键槽准确安装配合来消除所有的齿侧间隙，尤其是波动载荷下。定位螺钉定位在平键上将其固定，防止纵向位移。

要在平行键上用固定螺钉时，美国链条协会推荐以下尺寸。根据链轮孔径和轴径范围：

½ ~ ⅞in，¼in 定位螺钉

$^{15}/_{16}$ ~ 1¾in，⅜in 定位螺钉

1$^{13}/_{16}$ ~ 2¼in，½in 定位螺钉

2$^{5}/_{16}$ ~ 3¼in，⅝in 定位螺钉

3⅜ ~ 4½in，¾in 定位螺钉

4¾ ~ 5½in，⅞in 定位螺钉

5¾ ~ 7⅜in，1in 定位螺钉

7½ ~ 12½in，1¼in 定位螺钉

7. 链轮直径

滚子链轮不同的直径都在图 10-77 中。

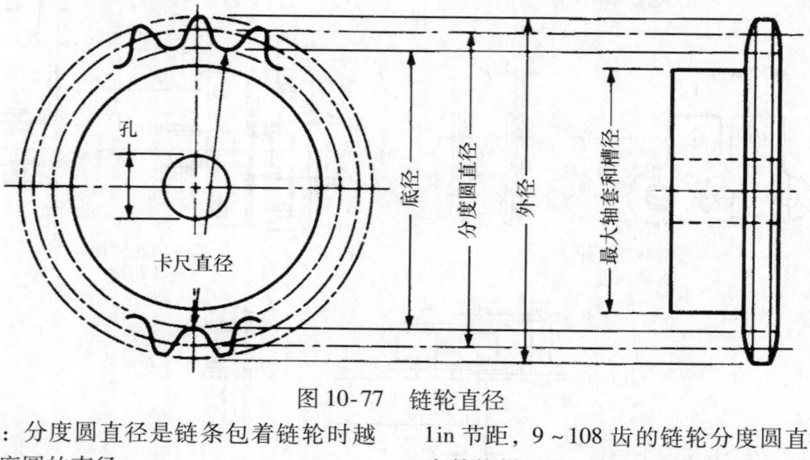

图 10-77　链轮直径

分度圆直径：分度圆直径是链条包着链轮时越过链销中心的分度圆的直径。

因为链条节距是测量相邻销子中心之间的直线距离，链条节距线可以在链轮分度圆形成一系列弦。1in 节距，9 ~ 108 齿的链轮分度圆直径见表 10-173。齿数较低（5 ~ 8）或者较高（109 ~ 200）使用如下公式，其中 P 是节距，N 是齿数：分度圆直径 $= P \div \sin(180° \div N)$。

表 10-173 ANSI 滚子链轮直径 ANSI/ASME B29.1M-1993（R1999）

这些直径和卡尺系数仅适用于节距为 1in 的链条。对于其他节距，乘以下面根据节距给出的值：

卡尺直径（偶数齿）=分度圆直径-滚子直径

卡尺直径（奇数齿）=卡尺系数×节距-滚子直径

请查看表 10-174 中的卡尺直径。

齿数	分度圆直径	外径		卡尺系数	齿数	分度圆直径	外径		卡尺系数
		转	顶部滚刀切				转	顶部滚刀切	
9	2.9238	3.348	3.364	2.8794	44	14.0175	14.582	14.590	
10	3.2361	3.678	3.676		45	14.3355	14.901	14.908	14.3269
11	3.5495	4.006	3.990	3.5133	46	14.6535	15.219	15.226	
12	3.8637	4.332	4.352		47	14.9717	15.538	15.544	14.9634
13	4.1786	4.657	4.666	4.1481	48	15.2898	15.857	15.862	
14	4.4940	4.981	4.982		49	15.6079	16.176	16.180	15.5999
15	4.8097	5.304	5.298	4.7834	50	15.9260	16.495	16.498	
16	5.1258	5.627	5.614		51	16.2441	16.813	16.816	16.2364
17	5.4422	5.949	5.930	5.4190	52	16.5622	17.132	17.134	
18	5.7588	6.271	6.292		53	16.8803	17.451	17.452	16.8729
19	6.0755	6.593	6.609	6.0548	54	17.1984	17.769	17.770	
20	6.3924	6.914	6.926		55	17.5165	18.088	18.089	17.5094
21	6.7095	7.235	7.243	6.6907	56	17.8347	18.407	18.407	
22	7.0267	7.555	7.560		57	18.1528	18.725	18.725	18.1459
23	7.3439	7.876	7.877	7.3268	58	18.4710	19.044	19.043	
24	7.6613	8.196	8.195		59	18.7892	19.363	19.361	18.7825
25	7.9787	8.516	8.512	7.9630	60	19.1073	19.681	19.680	
26	8.2962	8.836	8.829		61	19.4255	20.000	19.998	19.4190
27	8.6138	9.156	9.147	8.5992	62	19.7437	20.318	20.316	
28	8.9314	9.475	9.465		63	20.0618	20.637	20.634	20.0556
29	9.2491	9.795	9.782	9.2355	64	20.3800	20.956	20.952	
30	9.5668	10.114	10.100		65	20.6982	21.274	21.270	20.6921
31	9.8845	10.434	10.418	9.8718	66	21.0164	21.593	21.588	
32	10.2023	10.753	10.736		67	21.3346	21.911	21.907	21.3287
33	10.5201	11.073	11.053	10.5082	68	21.6528	22.230	22.225	
34	10.8379	11.392	11.371		69	21.9710	22.548	22.543	21.9653
35	11.1558	11.711	11.728	11.1446	70	22.2892	22.867	22.861	
36	11.4737	12.030	12.046		71	22.6074	23.185	23.179	22.6018
37	11.7916	12.349	12.364	11.7810	72	22.9256	23.504	23.498	
38	12.1095	12.668	12.682		73	23.2438	23.822	23.816	23.2384
39	12.4275	12.987	13.000	12.4174	74	23.5620	24.141	24.134	
40	12.7455	13.306	13.318		75	23.8802	24.459	24.452	23.8750
41	13.0635	13.625	13.636	13.0539	76	24.1984	24.778	24.770	
42	13.3815	13.944	13.954		77	24.5166	25.096	25.089	24.5116
43	13.6995	14.263	14.272	13.6904	78	24.8349	25.415	25.407	

（续）

齿数	分度圆直径	外径		卡尺系数	齿数	分度圆直径	外径		卡尺系数
		转	顶部滚刀切				转	顶部滚刀切	
79	25.1531	25.733	25.725	25.1481	94	29.9267	30.510	30.499	
80	25.4713	26.052	26.043		95	30.2449	30.828	30.817	30.2408
81	25.7896	26.370	26.362	25.7847	96	30.5632	31.147	31.135	
82	26.1078	26.689	26.680		97	30.8815	31.465	31.454	30.8774
83	26.4260	27.007	26.998	26.4213	98	31.1997	31.784	31.772	
84	26.7443	27.326	27.316		99	31.5180	32.102	32.090	31.5140
85	27.0625	27.644	27.635	27.0579	100	31.8362	32.421	32.408	
86	27.3807	27.962	27.953		101	32.1545	32.739	32.727	32.1506
87	27.6990	28.281	28.271	27.6945	102	32.4727	33.057	33.045	
88	28.0172	28.599	28.589		103	32.7910	33.376	33.363	32.7872
89	28.3354	28.918	28.907	28.3310	104	33.1093	33.694	33.681	
90	28.6537	29.236	29.226		105	33.4275	34.013	34.000	33.4238
91	28.9719	29.555	29.544	28.9676	106	33.7458	34.331	34.318	
92	29.2902	29.873	29.862		107	34.0641	34.649	34.636	34.0604
93	29.6084	30.192	30.180	29.6042	108	34.3823	34.968	34.954	

底径：底径是与齿隙底部曲线（称为底座曲线）相切的圆的直径。该直径等于分度圆直径减去滚子直径。

卡尺直径：卡尺直径等于齿数为偶数的链轮底径。对于齿数为奇数的链轮，该直径定义为齿隙底部与最近相对齿隙的距离。齿数为偶数的链轮的卡尺直径等于分度圆直径 - 滚子直径。齿数为奇数的链轮的卡尺直径等于卡尺系数 - 滚子直径。1in 节距，齿数 9 ~ 108 的链轮的卡尺系数见表 10-173。卡尺直径公差仅为负，对于商业链轮等于 $0.002P-N+0.006$in，对于精密链轮等于 $0.001P-N+0.003$，表 10-174 给出了公差。

表 10-174　精密链轮卡尺直径负公差 ANSI/ASME B29.1M-1993（R1999）

节距	齿数					节距	齿数				
	≤15	16 ~ 24	25 ~ 35	36 ~ 48	49 ~ 63		64 ~ 80	81 ~ 99	100 ~ 120	121 ~ 143	>144
0.250	0.004	0.004	0.004	0.005	0.005	0.250	0.005	0.005	0.006	0.006	0.006
0.375	0.004	0.004	0.004	0.005	0.005	0.375	0.006	0.006	0.006	0.007	0.007
0.500	0.004	0.005	0.0055	0.006	0.0065	0.500	0.007	0.0075	0.008	0.0085	0.009
0.625	0.005	0.0055	0.006	0.007	0.008	0.625	0.009	0.009	0.009	0.010	0.011
0.750	0.005	0.006	0.007	0.008	0.009	0.750	0.010	0.010	0.011	0.012	0.013
1.000	0.006	0.007	0.008	0.009	0.010	1.000	0.011	0.012	0.013	0.014	0.015
1.250	0.007	0.008	0.009	0.010	0.012	1.250	0.013	0.014	0.016	0.017	0.018
1.500	0.007	0.009	0.0105	0.012	0.013	1.500	0.015	0.016	0.018	0.019	0.021
1.750	0.008	0.010	0.012	0.013	0.015	1.750	0.017	0.019	0.020	0.022	0.024
2.000	0.009	0.011	0.013	0.015	0.017	2.000	0.019	0.021	0.023	0.025	0.027
2.250	0.010	0.012	0.014	0.016	0.018	2.250	0.021	0.023	0.025	0.028	0.030
2.500	0.010	0.013	0.015	0.018	0.020	2.500	0.023	0.025	0.028	0.030	0.033
3.000	0.012	0.015	0.018	0.021	0.024	3.000	0.027	0.030	0.033	0.036	0.039

注：商业链轮的负公差是上面所示值的 2 倍。

外径：*OD* 是齿顶部直径。节距 1in，齿数 9 ~ 108 的链轮 *OD* 列在表 10-173 中。其他齿数的 *OD* 可以通过下面的公式决定，其中 *O* 近似 *OD*；*P* 是链条节距；*N* 是链轮齿数；转动链轮 $O = P[0.6 + \cot(180° \div N)]$；顶部滚刀切链轮 *O* = 分度圆直径 - 滚子直径 +2 × 顶部滚刀切全齿高。

美国国家标准滚子链轮凸缘厚度和齿横断面尺寸见表 10-175。

表 10-175　美国国家标准滚子链轮凸缘厚度和齿横断面尺寸 ANSI/ASME B29.1M-1993（R1999）

（单位：in）

凸缘倒角要么是截面“A”或者截面“B”或者之间点状态

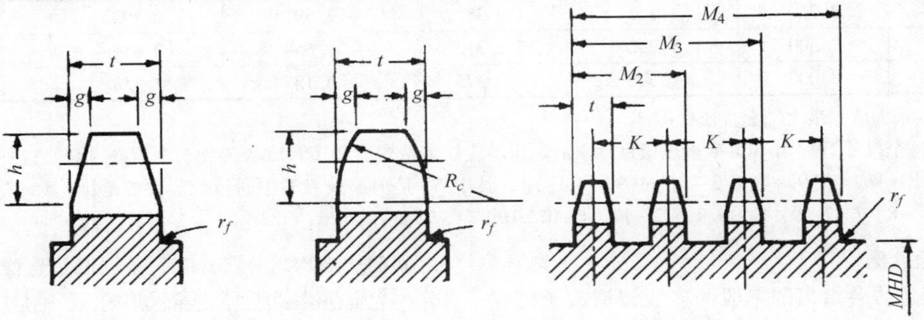

截面“A”　　截面“B”　　截面“C”

链轮凸缘厚度

标准链条号	链条宽度 W	最大链轮凸缘厚度 t			t 上负公差		M 上公差		每个凸缘上最大 t 变化	
		单	双和三	四和更多	商业	精密	商业 正或负	精密 仅为负	商业	精密
25	0.125	0.110	0.106	0.096	0.021	0.007	0.007	0.007	0.021	0.004
35	0.188	0.169	0.163	0.150	0.027	0.008	0.008	0.008	0.027	0.004
41	0.250	0.226	—	—	0.032	0.009	—	—	0.032	0.004
40	0.312	0.284	0.275	0.256	0.035	0.009	0.009	0.009	0.035	0.004
50	0.375	0.343	0.332	0.310	0.036	0.010	0.010	0.010	0.036	0.005
60	0.500	0.459	0.444	0.418	0.036	0.011	0.011	0.011	0.036	0.006
80	0.625	0.575	0.556	0.526	0.040	0.012	0.012	0.012	0.040	0.006
100	0.750	0.692	0.669	0.633	0.046	0.014	0.014	0.014	0.046	0.007
120	1.000	0.924	0.894	0.848	0.057	0.016	0.016	0.016	0.057	0.008
140	1.000	0.924	0.894	0.848	0.057	0.016	0.016	0.016	0.057	0.008
160	1.250	1.156	1.119	1.063	0.062	0.018	0.018	0.018	0.062	0.009
180	1.406	1.302	1.259	1.198	0.068	0.020	0.020	0.020	0.068	0.010
200	1.500	1.389	1.344	1.278	0.072	0.021	0.021	0.021	0.072	0.010
240	1.875	1.738	1.682	1.602	0.087	0.025	0.025	0.025	0.087	0.012

链轮齿横断面尺寸

标准链条号	链条节距 P	倒角深度 h	倒角宽度 g	最小半径 R_c	端面齿距 K	
					标准系列	重型系列
25	0.250	0.125	0.031	0.265	0.252	—
35	0.375	0.188	0.047	0.398	0.399	—
41	0.500	0.250	0.062	0.531	—	—
40	0.500	0.250	0.062	0.531	0.566	—
50	0.625	0.312	0.078	0.664	0.713	—
60	0.750	0.375	0.094	0.796	0.897	1.028
80	1.000	0.500	0.125	1.062	1.153	1.283
100	1.250	0.625	0.156	1.327	1.408	1.539

（续）

链轮齿横断面尺寸						
标准链条号	链条节距 P	倒角深度 h	倒角宽度 g	最小半径 R_c	端面齿距 K	
					标准系列	重型系列
120	1.500	0.750	0.188	1.593	1.789	1.924
140	1.750	0.875	0.219	1.858	1.924	2.055
160	2.000	1.000	0.250	2.124	2.305	2.437
180	2.250	1.125	0.281	2.392	2.592	2.723
200	2.500	1.250	0.312	2.654	2.817	3.083
240	3.000	1.500	0.375	3.187	3.458	3.985

注：1. r_f 最大值 = 最大轴套直径 $0.04P$。

2. 这个尺寸1984年作为未来理想目标添加。这不应该淘汰现有的工具或者链轮。全齿高 WD 通过下面的公式得出：$WD = \frac{1}{2}D_r + P[0.3 - \frac{1}{2}\tan(90° \div N_a)]$，其中 N_a 是顶部滚刀的中间齿数。齿的范围：5，$N_a=5$；6，6；7~8，7.47；9~11，9.9；12~17，14.07；18~34，23.54；≥35，56。

8. 链轮比例

美国链条协会给出的单股和多股铸造滚子链轮的典型比例见表10-176。滚子链条钢链轮的典型比例同样由美国链条协会给出，见表10-177。

如果链轮设计有轮辐，为了确定合适的比例，做如下假设：①作用在链轮的最大扭转载荷是链条的抗拉强度乘以链轮分度圆半径；②扭转载荷在辐之间的边缘均匀分布；③每条辐都是悬臂梁。

轮辐在横截面通常是椭圆形的，长轴是短轴的2倍。

9. 链条和链轮的选择

滚子链的最小可用节距对于安静运行和高速是非常理想的。根据链条节距不同，马力容量不同，见表10-178。然而，通过使用多股链条，可以在高运行载荷下使用短节距链条。

表10-176　单股和多股铸造滚子链轮的典型比例　（单位：in）

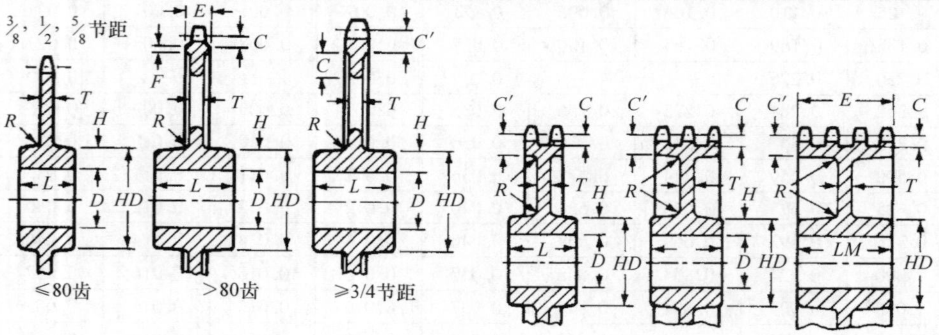

单股　　多股

不同节距 P 的链轮连接板厚度 T

单股								多股							
P	T	P	T	P	T	P	T	P	T	P	T	P	T	P	T
3/8	0.312	3/4	0.437	1½	0.625	2¼	1.000	3/8	0.375	3/4	0.500	1½	0.750	2¼	1.125
½	0.375	1	0.500	1¾	0.750	2½	1.125	½	0.406	1	0.562	1¾	0.875	2½	1.250
5/8	0.406	1¼	0.562	2	0.875	3	1.250	5/8	0.437	1¼	0.625	2	1.000	3	1.500

单链轮和多链轮尺寸公式

$H = 0.375 + \frac{D}{6} + 0.01PD$

L = 半钢铸造为 $4H$

$C = 0.5P$

$C' = 0.9P$

$E = 0.625P + 0.93W$

$F = 0.150 + 0.25P$

$G = 2T$

R = 单股链轮为 $0.4P$

R = 多股链轮为 $0.5T$

P 是链条节距；W 是链条公称宽度

表 10-177 滚子链条钢链轮的典型比例

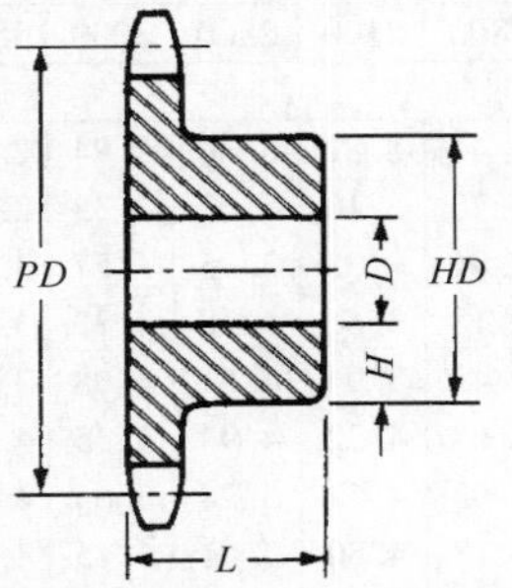

$H=Z+D/6+0.01PD$

≤2in 的 PD，$Z=0.125$in；在 2 ~4in 之间的，$Z=0.187$in；在 4 ~6in 之间的，0.25in；>6in 的，0.375in

轴套长度通常为 $L=3.3H$，最小 $2.6H$

轴套直径 $HD=D+2H$，不超过最大值

轴套直径 MHD 由下面的公式计算：

$$MHD=P\left(\cot\frac{180°}{N}-1\right)-0.030$$

其中 P 是链条节距（in）；N 是链轮齿数

表 10-178 滚子链额定马力-1986

为正确使用该表应注意以下因素：

1）利用率

2）多股系数

3）润滑

多股系数：对于双股链，多股系数是 1.7；三股的多股系数是 2.5；四股的多股系数是 3.3

润滑：每个滚子链尺寸部分的底部都有要求的润滑类型

A 类——人工或滴油润滑

B 类——油浴或盘式润滑

C 类——油流润滑

要确定要求的马力功率表，使用下面的公式：

$$要求马力功率=\frac{要传输的马力\times利用率}{多股系数}$$

	小链轮齿数	每分钟转数——小链轮[①]												
		50	100	300	500	700	900	1200	1500	1800	2100	2500	3000	3500
		额定马力												
¼in 节距标准单股滚子链——No. 25	11	0.03	0.05	0.14	0.23	0.31	0.39	0.50	0.62	0.73	0.83	0.98	1.15	1.32
	12	0.03	0.06	0.16	0.25	0.34	0.43	0.55	0.68	0.80	0.92	1.07	1.26	1.45
	13	0.04	0.06	0.17	0.27	0.37	0.47	0.60	0.74	0.87	1.00	1.17	1.38	1.58
	14	0.04	0.07	0.19	0.30	0.40	0.50	0.65	0.80	0.94	1.08	1.27	1.49	1.71
	15	0.04	0.08	0.20	0.32	0.43	0.54	0.70	0.86	1.01	1.17	1.36	1.61	1.85
	16	0.04	0.08	0.22	0.34	0.47	0.58	0.76	0.92	1.09	1.25	1.46	1.72	1.98
	17	0.05	0.09	0.23	0.37	0.50	0.62	0.81	0.99	1.16	1.33	1.56	1.84	2.11
	18	0.05	0.09	0.25	0.39	0.53	0.66	0.86	1.05	1.24	1.42	1.66	1.96	2.25
	19	0.05	0.10	0.26	0.41	0.56	0.70	0.91	1.11	1.31	1.50	1.76	2.07	2.38
	20	0.06	0.10	0.28	0.44	0.59	0.74	0.96	1.17	1.38	1.59	1.86	2.19	2.52
	21	0.06	0.11	0.29	0.46	0.62	0.78	1.01	1.24	1.46	1.68	1.96	2.31	2.66
	22	0.06	0.11	0.31	0.48	0.66	0.82	1.07	1.30	1.53	1.76	2.06	2.43	2.79
	23	0.06	0.12	0.32	0.51	0.69	0.86	1.12	1.37	1.61	1.85	2.16	2.55	2.93
	24	0.07	0.13	0.34	0.53	0.72	0.90	1.17	1.43	1.69	1.94	2.27	2.67	3.07
	25	0.07	0.13	0.35	0.56	0.75	0.94	1.22	1.50	1.76	2.02	2.37	2.79	3.21
	26	0.07	0.14	0.37	0.58	0.79	0.98	1.28	1.56	1.84	2.11	2.47	2.91	3.34
	28	0.08	0.15	0.40	0.63	0.85	1.07	1.38	1.69	1.99	2.29	2.68	3.15	3.62
	30	0.08	0.16	0.43	0.68	0.92	1.15	1.49	1.82	2.15	2.46	2.88	3.40	3.90
	32	0.09	0.17	0.46	0.73	0.98	1.23	1.60	1.95	2.30	2.64	3.09	3.64	4.18
	35	0.10	0.19	0.51	0.80	1.08	1.36	1.76	2.15	2.53	2.91	3.41	4.01	4.61
	40	0.12	0.22	0.58	0.92	1.25	1.57	2.03	2.48	2.93	3.36	3.93	4.64	5.32
	45	0.13	0.25	0.66	1.05	1.42	1.78	2.31	2.82	3.32	3.82	4.47	5.26	6.05
		A 类				B 类								

（续）

	小链轮齿数	每分钟转数——小链轮①												
		50	100	300	500	700	900	1200	1500	1800	2100	2500	3000	3500
		额定马力												
3/8in 节距 标准单股 滚子链——No. 35	11	0.10	0.18	0.49	0.77	1.05	1.31	1.70	2.08	2.45	2.82	3.30	2.94	2.33
	12	0.11	0.20	0.54	0.85	1.15	1.44	1.87	2.29	2.70	3.10	3.62	3.35	2.66
	13	0.12	0.22	0.59	0.93	1.26	1.57	2.04	2.49	2.94	3.38	3.95	3.77	3.00
	14	0.13	0.24	0.63	1.01	1.36	1.71	2.21	2.70	3.18	3.66	4.28	4.22	3.35
	15	0.14	0.25	0.68	1.08	1.47	1.84	2.38	2.91	3.43	3.94	4.61	4.68	3.71
	16	0.15	0.27	0.73	1.16	1.57	1.97	2.55	3.12	3.68	4.22	4.94	5.15	4.09
	17	0.16	0.29	0.78	1.24	1.68	2.10	2.73	3.33	3.93	4.51	5.28	5.64	4.48
	18	0.17	0.31	0.83	1.32	1.78	2.24	2.90	3.54	4.18	4.80	5.61	6.15	4.88
	19	0.18	0.33	0.88	1.40	1.89	2.37	3.07	3.76	4.43	5.09	5.95	6.67	5.29
	20	0.19	0.35	0.93	1.48	2.00	2.51	3.25	3.97	4.68	5.38	6.29	7.20	5.72
	21	0.20	0.37	0.98	1.56	2.11	2.64	3.42	4.19	4.93	5.67	6.63	7.75	6.15
	22	0.21	0.38	1.03	1.64	2.22	2.78	3.60	4.40	5.19	5.96	6.97	8.21	6.59
	23	0.22	0.40	1.08	1.72	2.33	2.92	3.78	4.62	5.44	6.25	7.31	8.62	7.05
	24	0.23	0.42	1.14	1.80	2.44	3.05	3.96	4.84	5.70	6.55	7.66	9.02	7.51
	25	0.24	0.44	1.19	1.88	2.55	3.19	4.13	5.05	5.95	6.84	8.00	9.43	7.99
	26	0.25	0.46	1.24	1.96	2.66	3.33	4.31	5.27	6.21	7.14	8.35	9.84	8.47
	28	0.27	0.50	1.34	2.12	2.88	3.61	4.67	5.71	6.73	7.73	9.05	10.7	9.47
	30	0.29	0.54	1.45	2.29	3.10	3.89	5.03	6.15	7.25	8.33	9.74	11.5	10.5
	32	0.31	0.58	1.55	2.45	3.32	4.17	5.40	6.60	7.77	8.93	10.4	12.3	11.6
	35	0.34	0.64	1.71	2.70	3.66	4.59	5.95	7.27	8.56	9.84	11.5	13.6	13.2
	40	0.39	0.73	1.97	3.12	4.23	5.30	6.87	8.40	9.89	11.4	13.3	15.7	16.2
	45	0.45	0.83	2.24	3.55	4.80	6.02	7.80	9.53	11.2	12.9	15.1	17.8	19.3
		A类		B类							C类			

	小链轮齿数	每分钟转数——小链轮①												
		50	100	200	300	400	500	700	900	1000	1200	1400	1600	1800
		额定马力												
1/2in 节距 标准单股 滚子链——No. 40	11	0.23	0.43	0.80	1.16	1.50	1.83	2.48	3.11	3.42	4.03	4.63	5.22	4.66
	12	0.25	0.47	0.88	1.27	1.65	2.01	2.73	3.42	3.76	4.43	5.09	5.74	5.31
	13	0.28	0.52	0.96	1.39	1.80	2.20	2.97	3.73	4.10	4.83	5.55	6.26	5.99
	14	0.30	0.56	1.04	1.50	1.95	2.38	3.22	4.04	4.44	5.23	6.01	6.78	6.70
	15	0.32	0.60	1.12	1.62	2.10	2.56	3.47	4.35	4.78	5.64	6.47	7.30	7.43
	16	0.35	0.65	1.20	1.74	2.25	2.75	3.72	4.66	5.13	6.04	6.94	7.83	8.18
	17	0.37	0.69	1.29	1.85	2.40	2.93	3.97	4.98	5.48	6.45	7.41	8.36	8.96
	18	0.39	0.73	1.37	1.97	2.55	3.12	4.22	5.30	5.82	6.86	7.88	8.89	9.76
	19	0.42	0.78	1.45	2.09	2.71	3.31	4.48	5.62	6.17	7.27	8.36	9.42	10.5
	20	0.44	0.82	1.53	2.21	2.86	3.50	4.73	5.94	6.53	7.69	8.83	9.96	11.1
	21	0.46	0.87	1.62	2.33	3.02	3.69	4.99	6.26	6.88	8.11	9.31	10.5	11.7
	22	0.49	0.91	1.70	2.45	3.17	3.88	5.25	6.58	7.23	8.52	9.79	11.0	12.3
	23	0.51	0.96	1.78	2.57	3.33	4.07	5.51	6.90	7.59	8.94	10.3	11.6	12.9
	24	0.54	1.00	1.87	2.69	3.48	4.26	5.76	7.23	7.95	9.36	10.8	12.1	13.5
	25	0.56	1.05	1.95	2.81	3.64	4.45	6.02	7.55	8.30	9.78	11.2	12.7	14.1
	26	0.58	1.09	2.04	2.93	3.80	4.64	6.28	7.88	8.66	10.2	11.7	13.2	14.7
	28	0.63	1.18	2.20	3.18	4.11	5.03	6.81	8.54	9.39	11.1	12.7	14.3	15.9
	30	0.68	1.27	2.38	3.42	4.43	5.42	7.33	9.20	10.1	11.9	13.7	15.4	17.2
	32	0.73	1.36	2.55	3.67	4.75	5.81	7.86	9.86	10.8	12.8	14.7	16.5	18.4
	35	0.81	1.50	2.81	4.04	5.24	6.40	8.66	10.9	11.9	14.1	16.2	18.2	20.3
	40	0.93	1.74	3.24	4.67	6.05	7.39	10.0	12.5	13.8	16.3	18.7	21.1	23.4
	45	1.06	1.97	3.68	5.30	6.87	8.40	11.4	14.2	15.7	18.5	21.2	23.9	26.6
		A类		B类								C类		

（续）

	小链轮齿数	每分钟转数——小链轮①												
		10	25	50	100	200	300	400	500	700	900	1000	1200	1400
		额定马力												
	11	0.03	0.07	0.13	0.24	0.44	0.64	0.82	1.01	1.37	1.71	1.88	1.71	1.36
	12	0.03	0.07	0.14	0.26	0.49	0.70	0.91	1.11	1.50	1.88	2.07	1.95	1.55
	13	0.04	0.08	0.15	0.28	0.53	0.76	0.99	1.21	1.63	2.05	2.25	2.20	1.75
	14	0.04	0.09	0.16	0.31	0.57	0.83	1.07	1.31	1.77	2.22	2.44	2.46	1.95
	15	0.04	0.09	0.18	0.33	0.62	0.89	1.15	1.41	1.91	2.39	2.63	2.73	2.17
	16	0.04	0.10	0.19	0.36	0.66	0.95	1.24	1.51	2.05	2.57	2.82	3.01	2.39
	17	0.05	0.11	0.20	0.38	0.71	1.02	1.32	1.61	2.18	2.74	3.01	3.29	2.61
	18	0.05	0.12	0.22	0.40	0.75	1.08	1.40	1.72	2.32	2.91	3.20	3.59	2.85
½in 节距标准单股滚子链——No. 41	19	0.05	0.12	0.23	0.43	0.80	1.15	149	1.82	2.46	3.09	3.40	3.89	3.09
	20	0.06	0.13	0.24	0.45	0.84	1.21	1.57	1.92	2.60	3.26	3.59	4.20	3.33
	21	0.06	0.14	0.26	0.48	0.89	1.28	1.66	2.03	2.74	3.44	3.78	4.46	3.59
	22	0.06	0.14	0.27	0.50	0.93	1.35	1.74	2.13	2.89	3.62	3.98	4.69	3.85
	23	0.06	0.15	0.28	0.53	0.98	1.41	1.83	2.24	3.03	3.80	4.17	4.92	4.11
	24	0.07	0.16	0.29	0.55	1.03	1.48	1.92	2.34	3.17	3.97	4.37	5.15	4.38
	25	0.07	0.17	0.31	0.57	1.07	1.55	2.00	2.45	3.31	4.15	4.57	5.38	4.66
	26	0.07	0.17	0.32	0.60	1.12	1.61	2.09	2.55	3.46	4.33	4.76	5.61	4.94
	28	0.08	0.19	0.35	0.65	1.21	1.75	2.26	2.77	3.74	4.69	5.16	6.08	5.52
	30	0.08	0.20	0.38	0.70	1.31	1.88	2.44	2.98	4.03	5.06	5.56	6.55	6.13
	32	0.09	0.22	0.40	0.75	1.40	2.02	2.61	3.20	4.33	5.42	5.96	7.03	6.75
	35	0.10	0.24	0.44	0.83	1.54	2.22	2.88	3.52	4.76	5.97	6.57	7.74	7.72
	40	0.12	0.27	0.51	0.96	1.78	2.57	3.33	4.07	5.50	6.90	7.59	8.94	9.43
	45	0.14	0.31	0.58	1.08	2.02	2.92	3.78	4.62	6.25	7.84	8.62	10.2	11.3
		A 类				B 类								C 类

	小链轮齿数	每分钟转数——小链轮①												
		25	50	100	200	300	400	500	700	900	1000	1200	1400	1600
		额定马力												
	11	0.24	0.45	0.84	1.56	2.25	2.92	3.57	4.83	6.06	6.66	7.85	8.13	6.65
	12	0.26	0.49	0.92	1.72	2.47	3.21	3.92	5.31	6.65	7.31	8.62	9.26	7.58
	13	0.29	0.54	1.00	1.87	2.70	3.50	4.27	5.78	7.25	7.97	9.40	10.4	8.55
	14	0.31	0.58	1.09	2.03	2.92	3.79	4.63	6.27	7.86	8.64	10.2	11.7	9.55
	15	0.34	0.63	1.17	2.19	3.15	4.08	4.99	6.75	8.47	9.31	11.0	12.6	10.6
	16	0.36	0.67	1.26	2.34	3.38	4.37	5.35	7.24	9.08	9.98	11.8	13.5	11.7
	17	0.39	0.72	1.34	2.50	3.61	4.67	5.71	7.73	9.69	10.7	12.6	14.4	12.8
	18	0.41	0.76	1.43	2.66	3.83	4.97	6.07	8.22	10.3	11.3	13.4	15.3	13.9
⅝in 节距标准单股滚子链——No. 50	19	0.43	0.81	1.51	2.82	4.07	5.27	6.44	8.72	10.9	12.0	14.2	16.3	15.1
	20	0.46	0.86	1.60	2.98	4.30	5.57	6.80	9.21	11.5	12.7	15.0	17.2	16.3
	21	0.48	0.90	1.69	3.14	4.53	5.87	7.17	9.71	12.2	13.4	15.8	18.1	17.6
	22	0.51	0.95	1.77	3.31	4.76	6.17	7.54	10.2	12.8	14.1	16.6	19.1	18.8
	23	0.53	1.00	1.86	3.47	5.00	6.47	7.91	10.7	13.4	14.8	17.4	20.0	20.1
	24	0.56	1.04	1.95	3.63	5.23	6.78	8.29	11.2	14.1	15.5	18.2	20.9	21.4
	25	0.58	1.09	2.03	3.80	5.47	7.08	8.66	11.7	14.7	16.2	19.0	21.9	22.8
	26	0.61	1.14	2.12	3.96	5.70	7.39	9.03	12.2	15.3	16.9	19.9	22.8	24.2
	28	0.66	1.23	2.30	4.29	6.18	8.01	9.79	13.2	16.6	18.3	21.5	24.7	27.0
	30	0.71	1.33	2.48	4.62	6.66	8.63	10.5	14.3	17.9	19.7	23.2	26.6	30.0
	32	0.76	1.42	2.66	4.96	7.14	9.25	11.3	15.3	19.2	21.1	24.9	28.6	32.2
	35	0.84	1.57	2.93	5.46	7.86	10.2	12.5	16.9	21.1	23.2	27.4	31.5	35.5
	40	0.97	1.81	3.38	6.31	9.08	11.8	14.4	19.5	24.4	26.8	31.6	36.3	41.0
	45	1.10	2.06	3.84	7.16	10.3	13.4	16.3	22.1	27.7	30.5	35.9	41.3	46.5
		A 类			B 类					C 类				

（续）

	小链轮齿数	每分钟转数——小链轮[①]												
		25	50	100	150	200	300	400	500	600	700	800	900	1000
		额定马力												
¾in 节距标准单股滚子链——No. 60	11	0.41	0.77	1.44	2.07	2.69	3.87	5.02	6.13	7.23	8.30	9.36	10.4	11.4
	12	0.45	0.85	1.58	2.28	2.95	4.25	5.51	6.74	7.94	9.12	10.3	11.4	12.6
	13	0.50	0.92	1.73	2.49	3.22	4.64	6.01	7.34	8.65	9.94	11.2	12.5	13.7
	14	0.54	1.00	1.87	2.69	3.49	5.02	6.51	7.96	9.37	10.8	12.1	13.5	14.8
	15	0.58	1.08	2.01	2.90	3.76	5.41	7.01	8.57	10.1	11.6	13.1	14.5	16.0
	16	0.62	1.16	2.16	3.11	4.03	5.80	7.52	9.19	10.8	12.4	14.0	15.6	17.1
	17	0.66	1.24	2.31	3.32	4.30	6.20	8.03	9.81	11.6	13.3	15.0	16.7	18.3
	18	0.70	1.31	2.45	3.53	4.58	6.59	8.54	10.4	12.3	14.1	15.9	17.7	19.5
	19	0.75	1.39	2.60	3.74	4.85	6.99	9.05	11.1	13.0	15.0	16.9	18.8	20.6
	20	0.79	1.47	2.75	3.96	5.13	7.38	9.57	11.7	13.8	15.8	17.9	19.8	21.8
	21	0.83	1.55	2.90	4.17	5.40	7.78	10.1	12.3	14.5	16.7	18.8	20.9	23.0
	22	0.87	1.63	3.05	4.39	5.68	8.19	10.6	13.0	15.3	17.5	19.8	22.0	24.2
	23	0.92	1.71	3.19	4.60	5.96	8.59	11.1	13.6	16.0	18.4	20.8	23.1	25.4
	24	0.96	1.79	3.35	4.82	6.24	8.99	11.6	14.2	16.8	19.3	21.7	24.2	26.6
	25	1.00	1.87	3.50	5.04	6.52	9.40	12.2	14.9	17.5	20.1	22.7	25.3	27.8
	26	1.05	1.95	3.65	5.25	6.81	9.80	12.7	15.5	18.3	21.0	23.7	26.4	29.0
	28	1.13	2.12	3.95	5.69	7.37	10.6	13.8	16.8	19.8	22.8	25.7	28.5	31.4
	30	1.22	2.28	4.26	6.13	7.94	11.4	14.8	18.1	21.4	24.5	27.7	30.8	33.8
	32	1.31	2.45	4.56	6.57	8.52	12.3	15.9	19.4	22.9	26.3	29.7	33.0	36.3
	35	1.44	2.69	5.03	7.24	9.38	13.5	17.5	21.4	25.2	29.0	32.7	36.3	39.9
	40	1.67	3.11	5.81	8.37	10.8	15.6	20.2	24.7	29.1	33.5	37.7	42.0	46.1
	45	1.89	3.53	6.60	9.50	12.3	17.7	23.0	28.1	33.1	38.0	42.9	47.7	52.4
		A类		B类							C类			
1in 节距标准单股滚子链——No. 80	11	0.97	1.80	3.36	4.84	6.28	9.04	11.7	14.3	16.9	19.4	21.9	23.0	19.6
	12	1.06	1.98	3.69	5.32	6.89	9.93	12.9	15.7	18.5	21.3	24.0	26.2	22.3
	13	1.16	2.16	4.03	5.80	7.52	10.8	14.0	17.1	20.2	23.2	26.2	29.1	25.2
	14	1.25	2.34	4.36	6.29	8.14	11.7	15.2	18.6	21.9	25.1	28.4	31.5	28.2
	15	1.35	2.52	4.70	6.77	8.77	12.6	16.4	20.0	23.6	27.1	30.6	34.0	31.2
	16	1.45	2.70	5.04	7.26	9.41	13.5	17.6	21.5	25.3	29.0	32.8	36.4	31.2
	17	1.55	2.88	5.38	7.75	10.0	14.5	18.7	22.9	27.0	31.0	35.0	38.9	37.7
	18	1.64	3.07	5.72	8.25	10.7	15.4	19.9	24.4	28.7	33.0	37.2	41.4	41.1
	19	1.74	3.25	6.07	8.74	11.3	16.3	21.1	25.8	30.4	35.0	39.4	43.8	44.5
	20	1.84	3.44	6.41	9.24	12.0	17.2	22.3	27.3	32.2	37.0	41.7	46.3	48.1
	21	1.94	3.62	6.76	9.74	12.6	18.2	23.5	28.8	33.9	39.0	43.9	48.9	51.7
	22	2.04	3.81	7.11	10.2	13.3	19.1	24.8	30.3	35.7	41.0	46.2	51.4	55.5
	23	2.14	4.00	7.46	10.7	13.9	20.1	26.0	31.8	37.4	43.0	48.5	53.9	59.3
	24	2.24	4.19	7.81	11.3	14.6	21.0	27.2	33.2	39.2	45.0	50.8	56.4	62.0
	25	2.34	4.37	8.16	11.8	15.2	21.9	28.4	34.7	40.9	47.0	53.0	59.0	64.8
	26	2.45	4.56	8.52	12.3	15.9	22.9	29.7	36.2	42.7	49.1	55.3	61.5	67.6
	28	2.65	4.94	9.23	13.3	17.2	24.8	32.1	39.3	46.3	53.2	59.9	66.7	73.3
	30	2.85	5.33	9.94	14.3	18.5	26.7	34.6	42.3	49.9	57.3	64.6	71.8	78.9
	32	3.06	5.71	10.7	15.3	19.9	28.6	37.1	45.4	53.5	61.4	69.2	77.0	84.6
	35	3.37	6.29	11.7	16.9	21.9	31.6	40.9	50.0	58.9	67.6	76.3	84.8	93.3
	40	3.89	7.27	13.6	19.5	25.3	36.4	47.2	57.7	68.0	78.1	88.1	99.0	108
	45	4.42	8.25	15.4	22.2	28.7	41.4	53.6	65.6	77.2	88.7	100	111	122
		A类	B类						C类					

（续）

	小链轮齿数	每分钟转数——小链轮①												
		10	25	50	100	150	200	300	400	500	600	700	800	900
		额定马力												
1¼in 节距标准单股滚子链——No. 100	11	0.81	1.85	3.45	6.44	9.28	12.0	17.3	22.4	27.4	32.3	37.1	32.8	27.5
	12	0.89	2.03	3.79	7.08	10.2	13.2	19.0	24.6	30.1	35.5	40.8	37.3	31.3
	13	0.97	2.22	4.13	7.72	11.1	14.4	20.7	26.9	32.8	38.7	44.5	42.1	45.3
	14	1.05	2.40	4.48	8.36	12.0	15.6	22.5	29.1	35.6	41.9	48.2	47.0	39.4
	15	1.13	2.59	4.83	9.01	13.0	16.8	24.2	31.4	38.3	45.2	51.9	52.2	43.7
	16	1.22	2.77	5.17	9.66	13.9	18.0	26.0	33.6	41.1	48.4	55.6	57.5	48.2
	17	1.30	2.96	5.52	10.3	14.8	19.2	27.7	35.9	43.9	51.7	59.4	63.0	52.8
	18	1.38	3.15	5.88	11.0	15.8	20.5	29.5	38.2	46.7	55.0	63.2	68.6	57.5
	19	1.46	3.34	6.23	11.6	16.7	21.7	31.2	40.5	49.5	58.3	67.0	74.4	62.3
	20	1.55	3.53	6.58	12.3	17.7	22.9	33.0	42.8	52.3	61.6	70.8	79.8	67.3
	21	1.63	3.72	6.94	13.0	18.7	24.2	34.8	45.1	55.1	65.0	74.6	84.2	72.4
	22	1.71	3.91	7.30	13.6	19.6	25.4	36.6	47.4	58.0	68.3	78.5	88.5	77.7
	23	1.80	4.10	7.66	14.3	20.6	26.7	38.4	49.8	60.8	71.7	82.3	92.8	83.0
	24	1.88	4.30	8.02	15.0	21.5	27.9	40.2	52.1	63.7	75.0	86.2	97.2	88.5
	25	1.97	4.49	8.38	15.6	22.5	29.2	42.0	54.4	66.6	78.4	90.1	102	94.1
	26	2.05	4.68	8.74	16.3	23.5	30.4	43.8	56.8	69.4	81.8	94.0	106	99.8
	28	2.22	5.07	9.47	17.7	25.5	33.0	47.5	61.5	75.2	88.6	102	115	112
	30	2.40	5.47	10.2	19.0	27.4	35.5	51.2	66.3	81.0	95.5	110	124	124
	32	2.57	5.86	10.9	20.4	29.4	38.1	54.9	71.1	86.9	102	118	133	136
	35	2.83	6.46	12.0	22.5	32.4	42.0	60.4	78.3	95.7	113	130	146	156
	40	3.27	7.46	13.9	26.0	37.4	48.5	69.8	90.4	111	130	150	169	188
	45	3.71	8.47	15.8	29.5	42.5	55.0	79.3	103	126	148	170	192	213
		A 类		B 类				C 类						
1½in 节距标准单股滚子链——No. 120	11	1.37	3.12	5.83	10.9	15.7	20.3	29.2	37.9	46.3	54.6	46.3	37.9	31.8
	12	1.50	3.43	6.40	11.9	17.2	22.3	32.1	41.6	50.9	59.9	52.8	43.2	36.2
	13	1.64	3.74	6.98	13.0	18.8	24.3	35.0	45.4	55.5	65.3	59.5	48.7	40.8
	14	1.78	4.05	7.56	14.1	20.3	26.3	37.9	49.1	60.1	70.8	66.5	54.4	45.6
	15	1.91	4.37	8.15	15.2	21.9	28.4	40.9	53.0	64.7	76.3	73.8	60.4	50.6
	16	2.05	4.68	8.74	16.3	23.5	30.4	43.8	56.8	69.4	81.8	81.3	66.5	55.7
	17	2.19	5.00	9.33	17.4	25.1	32.5	46.8	60.6	74.1	87.3	89.0	72.8	61.0
	18	2.33	5.32	9.92	18.5	26.7	34.6	49.8	64.5	78.8	92.9	97.0	79.4	66.5
	19	2.47	5.64	10.5	19.6	28.3	36.6	52.8	68.4	83.6	98.5	105	86.1	72.1
	20	2.61	5.96	11.1	20.7	29.9	38.7	55.8	72.2	88.3	104	114	92.9	77.9
	21	2.75	6.28	11.7	21.9	31.5	40.8	58.8	76.2	93.1	110	122	100	83.8
	22	2.90	6.60	12.3	23.0	33.1	42.9	61.8	80.1	97.9	115	131	107	89.9
	23	3.04	6.93	12.9	24.1	34.8	45.0	64.9	84.0	103	121	139	115	96.1
	24	3.18	7.25	13.5	25.3	36.4	47.1	67.9	88.0	108	127	146	122	102
	25	3.32	7.58	14.1	26.4	38.0	49.3	71.0	91.9	112	132	152	130	109
	26	3.47	7.91	14.8	27.5	39.7	51.4	74.0	95.9	117	138	159	138	115
	28	3.76	8.57	16.0	29.8	43.0	55.7	80.2	104	127	150	172	154	129
	30	4.05	9.23	17.2	32.1	46.3	60.0	86.4	112	137	161	185	171	143
	32	4.34	9.90	18.5	34.5	49.6	64.3	92.6	120	147	173	199	188	158
	35	4.78	10.9	20.3	38.0	54.7	70.9	102	132	162	190	219	215	180
	40	5.52	12.6	23.5	43.9	63.2	81.8	118	153	187	220	253	—	—
	45	6.27	14.3	26.7	49.8	71.7	92.9	134	173	212	250	287	—	—
		A 类		B 类				C 类						

① rpm 更高或更低，链条尺寸更大，rpm 超过 3500 的，请查看 B29.1M-1993。

选用的小链轮必须能够与轴配合。表 10-179 给出了齿数 25 以下的商用链轮的最大孔径和轴套直径。

选过小链轮之后，大链轮的齿数可以通过理想轴速比确定。对于速度比准确性的过分强调可能导致装置累赘又昂贵。大多数情况下，通过对一个或者两个轴的速度进行微调就可以得到良好的运转。

表 10-179 滚子链轮建议最大孔和轴套直径 （单位：in）

齿数	滚子链节距									
	3/8		1/2		5/8		3/4		1	
	最大孔	最大轴套直径	最大孔	最大轴套直径	最大孔	最大轴套直径	最大孔	最大轴套直径	最大孔	最大轴套直径
11	19/32	55/64	25/32	1 11/64	31/32	1 15/32	1 1/4	1 49/64	1 5/8	2 3/8
12	5/8	63/64	7/8	1 21/64	1 5/32	1 43/64	1 9/32	2 1/64	1 25/32	2 45/64
13	3/4	1 7/64	1	1 1/2	1 9/32	1 7/8	1 1/2	2 1/4	2	3 1/64
14	27/32	1 15/64	1 5/32	1 21/32	1 5/16	2 5/64	1 3/4	2 1/2	2 9/32	3 11/32
15	7/8	1 23/64	1 1/4	1 13/16	1 17/32	2 9/32	1 25/32	2 3/4	2 13/32	3 43/64
16	31/32	1 15/32	1 9/32	1 63/64	1 11/16	2 31/64	1 31/32	2 63/64	2 23/32	3 63/64
17	1 3/32	1 19/32	1 3/8	2 9/64	1 25/32	2 11/16	2 7/32	3 7/32	2 13/16	4 5/16
18	1 7/32	1 23/32	1 17/32	2 19/64	1 7/8	2 57/64	2 9/32	3 15/32	3 1/8	4 41/64
19	1 1/4	1 27/32	1 11/16	2 29/64	2 1/16	3 5/64	2 7/16	3 45/64	3 5/16	4 41/64
20	1 9/32	1 61/64	1 25/32	2 5/8	2 1/4	3 9/32	2 11/16	3 61/64	3 1/2	5 9/32
21	1 5/16	2 5/64	1 25/32	2 25/32	2 9/32	3 31/64	2 13/16	4 3/16	3 3/4	5 19/32
22	1 7/16	2 13/16	1 15/16	2 15/16	2 7/16	3 11/16	2 15/16	4 7/16	3 7/8	5 59/64
23	1 9/16	2 5/16	2 3/32	3 3/32	2 5/8	3 57/64	3 1/8	4 43/64	4 3/16	6 15/64
24	1 11/16	2 7/16	2 1/4	3 17/64	2 13/16	4 5/64	3 1/4	4 20/32	4 9/16	6 9/16
25	1 3/4	2 9/16	2 9/32	3 27/64	2 27/32	4 9/32	3 3/8	5 5/32	4 11/16	6 7/8
齿数	**滚子链节距**									
	1 1/4		1 1/2		1 3/4		2		2 1/2	
	最大孔	最大轴套直径	最大孔	最大轴套直径	最大孔	最大轴套直径	最大孔	最大轴套直径	最大孔	最大轴套直径
11	1 31/32	2 31/32	2 5/16	3 37/64	2 13/16	4 11/64	3 9/32	4 25/32	3 15/16	5 63/64
12	2 9/32	3 3/8	2 3/4	4 1/16	3 1/4	4 3/4	3 5/8	5 27/64	4 23/32	6 51/64
13	2 17/32	3 25/32	3 1/16	4 35/64	3 9/16	5 5/16	4 1/16	6 5/64	5 3/32	7 39/64
14	2 11/16	4 3/16	3 5/16	5 1/32	3 7/8	5 7/8	4 11/16	6 23/32	5 23/32	8 27/64
15	3 3/32	4 19/32	3 3/4	5 33/64	4 7/16	6 29/64	4 7/8	7 3/8	6 1/4	9 7/32
16	3 9/32	5	4	6	4 11/16	7 1/64	5 1/2	8 1/64	7	10 1/32
17	3 21/32	5 13/32	4 15/32	6 31/64	5 1/16	7 37/64	5 11/16	8 21/32	7 7/16	10 27/32
18	3 25/32	5 51/64	4 21/32	6 31/32	5 5/8	8 9/64	6 1/4	9 5/16	8 1/8	11 41/64
19	4 3/16	6 13/64	4 15/16	7 29/64	5 11/16	8 45/64	6 7/8	9 61/64	9	12 7/16
20	4 19/32	6 39/64	5 7/16	7 15/16	6 1/4	9 17/64	7	10 19/32	9 3/4	13 1/4
21	4 11/16	7	5 11/16	8 27/64	6 13/16	9 53/64	7 3/4	11 15/64	10	14 3/64
22	4 7/8	7 13/32	5 7/8	8 57/64	7 1/4	10 25/64	8 3/8	11 7/8	10 7/8	14 27/32
23	5 5/16	7 13/16	6 3/8	9 3/8	7 7/16	10 15/16	9	12 33/64	11 5/8	15 21/32
24	5 11/16	8 13/64	6 13/16	9 55/64	8	11 1/2	9 5/8	13 5/32	13	16 29/64
25	5 23/32	8 39/64	7 1/4	10 11/32	8 9/16	12 1/16	10 1/4	13 51/64	13 1/2	17 1/4

10. 链轮中心之间的距离

原则上，链轮中心之间的距离一般不大于大链轮直径的 1.5 倍，同时不小于节距的 30 倍或大于节距的 50 倍，但大部分还是取决于速度和其他条件。中心距等于 80 倍节距的应该认为是可接受的最大值。中心距很长会在链条中造成悬链线张力。如果滚子链驱动设计合理，有的传动装置的中心距会较短，假设载荷不太高并且齿数不太少，链轮的齿几乎相互接触。为了避免链轮齿的干涉，中心距当然必须比链轮外径之和的一半要大。链条应该超过小齿轮圆周至少 120°，如果比例小于 3½ ~ 1，所有中心距都可以获得最小接触。其他条件相同，在链轮直径允许的情况下，优先选择稍长的链条，因为自然磨损造成的链条延长程度很大程度上与长度成比例，也因为链条股比较长则弹性较好，可以吸收不规律的运动，降低冲击振荡的影响。

如果可能的话，中心距应该是可以调整的，这样可以照顾到磨损造成的延长带来的松弛，并且调整范围应该至少为一个或一个半节距。微小的松弛是理想的，因为如此链条链节可以在链轮齿上占据最好的位置，并且减少对轴承的磨损。松弛过多或者链轮之间距离过大则可能造成链条上下甩动——这种情况对平稳的运转有害，并且会对链条造成损伤。链轮应该在垂直平面运转，链轮轴心近似水平，除非松边用了惰轮来保持链条位置。链条松边在底部时可以得到最满意的运行结果。

11. 已知链条长度的中心距

如果驱动链轮和从动链轮之间的距离可以调整以适应链条长度，绷紧的链条的中心距可以通过如下公式计算，其中 c 是中心距（in）；L 是链条长，节距；P 是链条节距；N 是大链轮齿数；n 是小链轮齿数。

$$c=\frac{P}{8}\left[2L-N-n+\sqrt{(2L-N-n)^2-0.810\ (N-n)^2}\right]$$

这个公式是近似公式，但是误差比最好的链条的长度变化要小。用节距表示的长度 L 对于滚子链应该是偶数，所以无需使用偏心连接链节。

12. 从动链轮

如果链轮之间的中心距固定或者不可调整，建议使用中间链轮来拉直松弛的链条。中间轮优先选择置于两股链条之间来支撑松边。当链轮用在链条紧边减少振动的时候，应用在较低的一边并确保链条在两个主链轮之间直线运行。如果齿数太少或速度过高，链轮会过度磨损，因为惰轮实际上不承担任何载荷，在齿和滚子之间仍然有撞击。

13. 驱动链长度

块环链的总长度应该以其等于多少个节距的形式给出，然而滚子链的长度应该以其等于多少个 2 倍节距给出，因为滚子链端部必须与一个外部和内部链节相连。对于普通应用，链条长度可以通过下面的公式计算出足够准确的结果，其中 L 是链条长，节距；C 是中心距，节距；N 是大链轮齿数；n 是小链轮齿数。

$$L=2C+\frac{N}{2}+\frac{n}{2}+\left(\frac{N-n}{2\pi}\right)^2\times\frac{1}{C}$$

滚子链 ANSI 链轮齿形见表 10-180，滚子链轮标准铣刀设计见表 10-181。

已知滚子直径（D_r）和链条节距（P）设计的铣刀可以切割任何数量的齿。

表 10-180　滚子链 ANSI 链轮齿形 ANSI/ASME B29.1M-1993

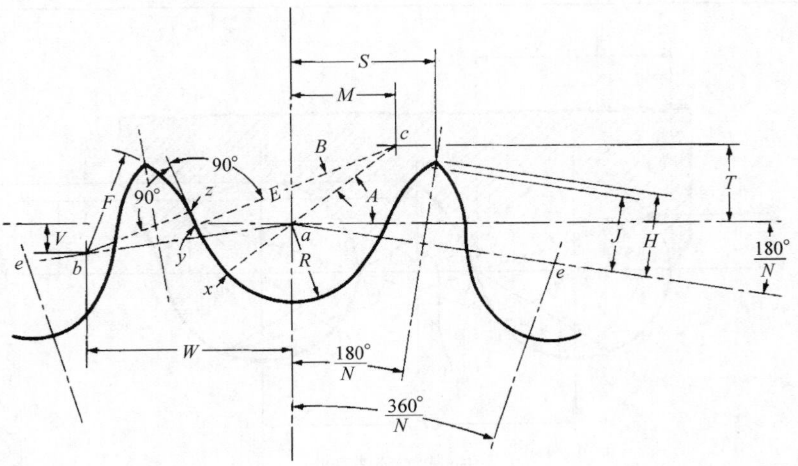

（续）

底座曲线数据/in									
P	D_r	Min R	Min D_s	D_s 总值①	P	D_r	Min R	Min D_s	D_s 总值①
0.250	0.130	0.0670	0.134	0.0055	1.250	0.750	0.3785	0.757	0.0070
0.375	0.200	0.1020	0.204	0.0055	1.500	0.875	0.4410	0.882	0.0075
0.500	0.306	0.1585	0.317	0.0060	1.750	1.000	0.5040	1.008	0.0080
0.500	0.312	0.1585	0.317	0.0060	2.000	1.125	0.5670	1.134	0.0085
0.625	0.400	0.2025	0.405	0.0060	2.250	1.406	0.7080	1.416	0.0090
0.750	0.469	0.2370	0.474	0.0065	2.500	1.562	0.7870	1.573	0.0095
1.000	0.625	0.3155	0.631	0.0070	3.000	1.875	0.9435	1.887	0.0105

① 仅有正公差。

P = 节距（ae）

N = 齿数　D_r = 滚子公称直径

D_s = 底座曲线直径 = $1.005D_r + 0.003$in

$R = \frac{1}{2}D_s$（D_s 只有正公差）

$A = 35° + (60° \div N)$　$B = 18° - (56° \div N)$　$ac = 0.8D_r$

$M = 0.8D_r\cos[35° + (60° \div N)]$

$T = 0.8D_r\sin[35° + (60° \div N)]$

$E = 1.3025D_r + 0.0015$in

弦 $xy = (2.605D_r + 0.003)\sin[9° - (28° \div N)]$（in）

$yz = D_r\{1.4\sin[17° - (64° \div N)] - 0.8\sin[18° - (56° \div N)]\}$

a 和 b 之间的线长 = $1.4D_r$

$W = 1.4D_r\cos(180° \div N)$，$V = 1.4D_r\sin(180° \div N)$

$F = D_r\{0.8\cos[18° - (56° \div N)] + 1.4\cos[17° - (64° \div N)] - 1.3025\} - 0.0015$in

$H = \sqrt{F^2 - (1.4D_r - 0.5P)^2}$

$S = 0.5P\cos(180° \div N) + H\sin(180° \div N)$

链轮近似 OD，其中 $J = 0.3P = P[0.6 + \cot(180° \div N)]$

尖齿链轮的 $OD + P\cot(180° \div N) + \cos(180° \div N)(D_s - D_r) + 2H$

新链条压力角 = $xab = 35° - (120° \div N)$

最小压力角 = $xab - B = 17° - (64° \div N)$

平均压力角 = $26° - (92° \div N)$

表 10-181　滚子链轮标准铣刀设计

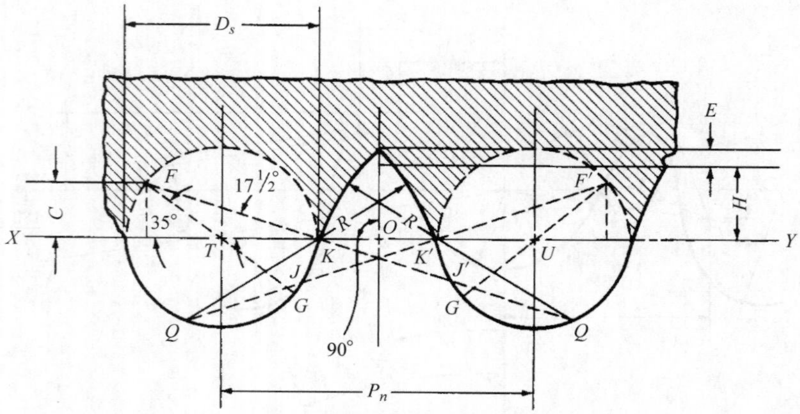

法向截面到铣刀齿

（续）

设计铣刀轮廓线的数据 in								
P	P_n	H	E	OD	W	孔	键槽	切口数目
¼	0.2527	0.0675	0.0075	2⅝	2½	1.250	¼×⅛	13
⅜	0.379	0.101	0.012	3⅛	2½	1.250	¼×⅛	13
½	0.506	0.135	0.015	3⅜	2½	1.250	¼×⅛	12
⅝	0.632	0.170	0.018	3⅝	2½	1.250	1¼×⅛	12
¾	0.759	0.202	0.023	3¾	2⅞	1.250	¼×⅛	11
1	1.011	0.270	0.030	4⅜	3¾	1.250	¼×⅛	11
1¼	1.264	0.337	0.038	4¾	4½	1.250	¼×⅛	10
1½	1.517	0.405	0.045	5⅜	5¼	1.250	¼×⅛	10
1¾	1.770	0.472	0.053	6⅜	6	1.500	⅜×3/16	9
2	2.022	0.540	0.060	6⅞	6¾	1.500	⅜×3/16	9
2¼	2.275	0.607	0.068	8	8½	1.750	⅜×3/16	8
2½	2.528	0.675	0.075	8⅝	9⅜	1.750	⅜×3/16	8
3	3.033	0.810	0.090	9¾	11¼	2.000	½×⅜	8

P = 链条节距

P_n = 铣刀正常节距 = 1.011 P in

D_s = 底座曲线最小直径 = $1.005D_r + 0.003$in

F = GK 弧中心半径；$TO = OU = P_n \div 2$

$H = 0.27P$；$E = 0.03P$ = 圆角圆半径

Q 在穿过 F 和 J 的线上。J 点是 XY 线和直径为 D_s 的圆的交点。R 通过尝试得出，这个半径的弧与弧 KG 在 K 点相切，与圆角半径相切。

OD = 外径 = 1.7（孔径 + D_r + $0.7P$）近似值

D_h = 分度圆直径 = $OD - D_s$；M = 螺旋角；

$$\sin M = P_n \div \pi D_h$$

L = 导程 = $P_n \div \cos M$；

W = 宽度 = 不小于 2×孔径，或 $6D_r$，或 $3.2P$

对于根据这个公式得到的长度，加成整数（对于滚子链，加成偶数）个节距。如果滚子链节距为奇数，必须要使用偏心连接链节。

在另一个计算链条长度的公式中，D 是轴心距；R 是大链轮分度圆半径；r 是小链轮分度圆半径；N 是大链轮齿数；n 是小链轮齿数；P 是链条和链轮节距；l 是要求链条长度（in）：

$$l = \frac{180° + 2\alpha}{360°}NP + \frac{180° - 2\alpha}{360°}nP + 2D\cos\alpha$$

其中 $\sin\alpha = \dfrac{R - r}{D}$

14. 切削标准链轮齿齿形

滚子链标准链轮齿设计的比例和底座曲线见表 10-180。可以使用标准类型或者新生类型的链轮刀具。

滚刀：已知节距和滚子直径时，只要求一个滚刀切割任何数量的齿。所有滚刀都应做将要切割的节距和滚子直径标记。标准滚刀设计的公式和数据见表 10-181。

空腔铣刀：任何滚子直径齿数在 7 以上要求五个这种类型的铣刀。其范围分别是 7～8，9～11，12～17，18～34，大于 35。如果必须小于 7 个齿，应该使用与齿数相符的特殊刀具。

通常的铣刀基于一个中间齿数 N_a，等于 $2N_1N_2 \div (N_1 + N_2)$，其中 N_1 = 要切的最小齿数，N_2 = 要切的最大齿数；顶部曲线半径 F（见表 10-182）设计要在有 N_2 齿的链轮上使齿等高。对于几个铣刀 N_2 的值分别为 7.47，9.9，14.07，23.54 和 56。空腔铣刀的布局公式和结构数据见表 10-182，建议铣刀尺寸见表 10-183。

铣刀针对特殊齿数时，角 $Yab = 180° \div N$。设计包含某个范围齿的铣刀，角 Yab 通过布局确定来保证链条滚子间隙并避免每个范围的大链轮的尖齿。下面的公式针对包含 N_a 等于中间值的标准范围的齿的铣刀。

$$W = 1.4D_r\cos Yab \quad V = 1.4D_r\sin Yab$$

$$yz = D_r\left[1.4\sin\left(17° + \frac{116°}{N_a} - Yab\right) - 0.8\sin\left(18° - \frac{56°}{N_a}\right)\right]$$

$$F = D_r\left[0.8\cos\left(18° - \frac{56°}{N_a}\right) + 1.4\cos\left(17° + \frac{116°}{N_a} - Yab\right) - 1.3025\right] - 0.0015\text{in}$$

对于其他点，在表 10-180 的公式中取 N 的值为 N_a。

表 10-182 滚子链轮标准空腔铣刀

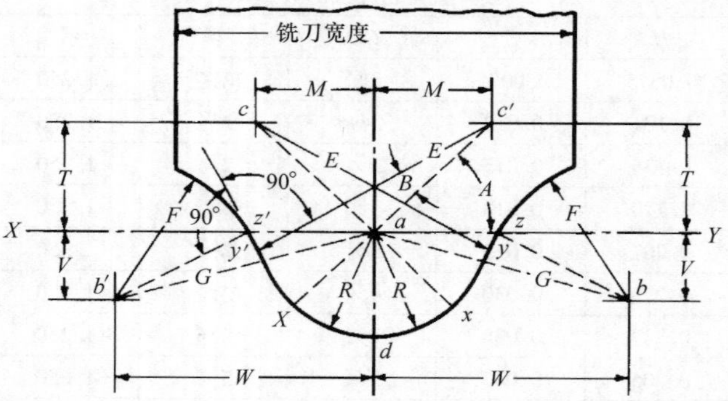

空腔铣刀布局数据

齿数范围	M	T	W	V
7~8	$0.5848D_r$	$0.5459D_r$	$1.2790D_r$	$0.5694D_r$
9~11	$0.6032D_r$	$0.5255D_r$	$1.3302D_r$	$0.4365D_r$
12~17	$0.6194D_r$	$0.5063D_r$	$1.3694D_r$	$0.2911D_r$
18~34	$0.6343D_r$	$0.4875D_r$	$1.3947D_r$	$0.1220D_r$
≥35	$0.6466D_r$	$0.4710D_r$	$1.4000D_r$	0
齿数范围	F	弦 xy	yz	角 Yab
7~8	$0.8686D_r-0.0015$	$0.2384D_r+0.0003$	$0.0618D_r$	24°
9~11	$0.8554D_r-0.0015$	$0.2800D_r+0.0003$	$0.0853D_r$	18°10′
12~17	$0.8364D_r-0.0015$	$0.3181D_r+0.0004$	$0.1269D_r$	12°
18~34	$0.8073D_r-0.0015$	$0.3540D_r+0.0004$	$0.1922D_r$	5°
≥35	$0.7857D_r-0.0015$	$0.3850D_r+0.0004$	$0.2235D_r$	0°

注：E（所有范围都相同）$=1.3025D_r+0.0015$；G（所有范围都相同）$=1.4D_r$。

表 10-183 滚子链轮建议空腔铣刀尺寸

节距	滚子直径	齿数					
		6	7~8	9~11	12~17	18~34	≥35
		刀盘直径（最小）					
0.250	0.130	2.75	2.75	2.75	2.75	2.75	2.75
0.375	0.200	2.75	2.75	2.75	2.75	2.75	2.75
0.500	0.312	3.00	3.00	3.12	3.12	3.12	3.12
0.625	0.400	3.12	3.12	3.25	3.25	3.25	3.25
0.750	0.469	3.25	3.25	3.38	3.38	3.38	3.38
1.000	0.625	3.88	4.00	4.12	4.12	4.25	4.25
1.250	0.750	4.25	4.38	4.50	4.50	4.62	4.62
1.500	0.875	4.38	4.50	4.62	4.62	4.75	4.75
1.750	1.000	5.00	5.12	5.25	5.38	5.50	5.50
2.000	1.125	5.38	5.50	5.62	5.75	5.88	5.88
2.250	1.406	5.88	6.00	6.25	6.38	6.50	6.50
2.500	1.563	6.38	6.62	6.75	6.88	7.00	7.12
3.000	1.875	7.50	7.75	7.88	8.00	8.00	8.25

（续）

节距	滚子直径	齿数					
		6	7~8	9~11	12~17	18~34	≥35
		铣刀宽度（最小）					
0.250	0.130	0.31	0.31	0.31	0.31	0.28	0.28
0.375	0.200	0.47	0.47	0.47	0.44	0.44	0.41
0.500	0.312	0.75	0.75	0.75	0.75	0.72	0.69
0.625	0.400	0.75	0.75	0.75	0.75	0.72	0.69
0.750	0.469	0.91	0.91	0.91	0.88	0.84	0.81
1.000	0.625	1.50	1.50	1.47	1.47	1.41	1.34
1.250	0.750	1.81	1.81	1.78	1.75	1.69	1.62
1.500	0.875	1.81	1.81	1.78	1.75	1.69	1.62
1.750	1.000	2.09	2.09	2.06	2.03	1.97	1.88
2.000	1.125	2.41	2.41	2.38	2.31	2.25	2.16
2.250	1.406	2.69	2.69	2.66	2.59	2.47	2.41
2.500	1.563	3.00	3.00	2.94	2.91	2.75	2.69
3.000	1.875	3.59	3.59	3.53	3.47	3.34	3.22

不同节距的链条通常使用相同滚子直径时，建议切料机要足够宽以能够切割两个链条的链轮。

铣刀制造——所有铣刀都要标记，给出节距、滚子直径和要切割的齿范围。

链轮铣刀的孔径（建议应用）可以近似，通过公式计算：

$$孔 = 0.7\sqrt{铣刀宽度 + 滚子直径 + 0.7\ 节距}$$

对于 1/4~3/4in 节距的，等于 1in；1in，$1\frac{1}{4}$in，$1\frac{3}{4}$~$2\frac{1}{4}$in 节距的，等于 $1\frac{1}{2}$in；$2\frac{1}{2}$in 节距的，等于 $1\frac{3}{4}$in；3in 直径的，等于 2in。

35 齿及以上的空腔铣刀的最小外径（建议应用）可以近似通过下面公式计算：

$$外径 = 1.2(孔 + 滚子直径 + 0.7\ 节距) + 1\text{in}$$

插齿刀：已知节距和滚子直径，只需要一个来切割任何数量的齿。关于要使用的刀具设计，应该咨询制造商相关信息。

15. 链轮制造

铸造链轮的铣齿、边缘、轴套表面和孔都是机械加工的。小链轮通常由条料钢切割，整体表面处理。链轮通常由锻造件或锻造的条料制造。表面处理的程度取决于应用的具体规格。很多链轮是将一个钢轴套和一个钢板焊接在一起制成的。这个步骤造出一个比较理想的一件式链轮并且可以经受热处理。

16. 链轮材料

对于大链轮，通常使用铸铁，尤其是驱动速度比大的时候，因为在一定时间以内大链轮齿与链条的啮合较少。如果应用条件严苛，优选铸钢或钢板。

驱动的小链轮通常由钢构成。这种材料使得链轮本体可以经受热处理，使其具有高耐冲击性，并且齿表面也可以硬化从而抗磨损。

抗腐蚀可以使用不锈钢或青铜，对于特殊应用还可以使用热固性树脂、尼龙或者其他适合的塑料材料。

17. 滚子链传动额定功率

1961 年，美国链轮链条制造商协会（现称作美国链条协会）赞助了一个销子-轴套高速下相互作用的联合研究，结合其他研究领域获得更多关于链条接头磨损的数据。研究显示，链条接头会形成分离的润滑膜，其方式与在滑动轴承中发现的相似。这些发展都记录在 ANSI/ASME B29.1M-1993 中，见表 10-178。表 10-178 显示的分级低于磨损范围。

表 10-178 的额定马力适用于润滑的、单节距、单股滚子链，ANSI 标准和重型系列均可。要得到多股链条的额定马力，要运用多股系数。

表 10-178 的额定马力基于：①利用率 1；②链条长度近似 100 节距；③使用建议的润滑方式；④驱动中两个对齐的链轮安装在水平面平行的轴上。

在这些条件下，满载荷运行预计工作寿命大约为 15000h。

滚子链驱动利用率见表 10-184。

表 10-184　滚子链驱动利用率

被驱动载荷类型	输入功类型		
	液压传动内燃机	电动机或涡轮	机械传动内燃机
平稳	1.0	1.0	1.2
中度冲击	1.2	1.3	1.4
重度冲击	1.4	1.5	1.7

如果可以接受使用寿命低于 15000h，或者要求的工作寿命期间只有很小一部分时间会满载荷运行，可以使用大幅增大的额定速度载荷。如果有任何特殊的应用要求，应该寻求链条制造商的协助。

表10-178的额定马力与小链轮的转速有关，驱动的选择是速度减少还是速度增加也基于此。大于两个链轮，中间轮，综合工作循环，或者其他不常见条件的驱动通常要求特别考虑。安静运作和极度的平稳运行非常重要时，在大直径链轮上的小节距链条可以最大程度降低噪声和振动。

做驱动选择时，要考虑施加于链条上的输入功的类型和驱动的设备。使用利用率来补偿载荷，链条要求的额定马力可以通过下式计算：

$$\text{要求马力功率表} = \frac{\text{要传输的马力} \times \text{利用率}}{\text{多股系数}}$$

运行率：表10-184中的运行率针对普通链条载荷。运行条件不平常或尤其严苛时的运行率不在表中，理想的是使用更大的运行率。

多股系数：多股链条的额定马力等于单股额定马力乘以以下系数，双股，系数1.7；三股，系数2.5；四股，系数3.3。

18. 润滑

在运作的链条接头会形成液体润滑的分离楔形，就像在滑动轴承上一样。因此，必须使用液体润滑来保证接头有润滑油供应，最小化金属与金属的接触。如果供给量足够，润滑剂同样可以有效冷却并且在高速减振。因此，对于润滑的建议很重要。表10-178的分级仅适用于表中规定润滑的驱动。

链条驱动应该隔绝灰尘和水分，供油也不应受到污染。理想的是进行周期性润滑油更换。推荐使用级别好的无污染石油基油。一般来说重油和脂类太硬了无法注入链条接头。推荐以下润滑剂黏度：温度为20～40℉，使用SAE20润滑剂，40～100℉，使用SAE30；100～120℉，使用SAE40；120～140℉，使用SAE50。

滚子链传动通常有三种基本类型的润滑剂，推荐的类型见表10-178，A类、B类或C类受到链条速度和传输功大小的影响。这些是最小润滑要求，可以使用更好类型的润滑剂（比如用C类而不是B类），并且可能有益处。根据驱动润滑不同，链条的寿命可能大幅变化。链条润滑更好，链条寿命更长。因此，使用表10-178的数据时建议润滑是很重要的。润滑类型如下：

A类——人工或滴油润滑。人工润滑下，润滑油至少每8h运作有一次足量刷在或喷在链条上。用量和频次必须足够防止链条过热或链条接头畸变。滴油润滑中，润滑油从滴油润滑器直接滴入连接板边缘之间。用量和频次必须足够防止链条接头润滑剂的污染。必须采取措施防止风力影响滴油方向错误。

B类——油浴或盘式润滑。油浴润滑中，链条较低的一股在传动箱的机油箱中的油中穿过。运行中油的水平最低点应该达到链条分度线。盘式润滑中，链条在油的水平线之上。盘从机油箱中取到油，通常是用槽将油带给链条。盘的直径应该保证边缘速度在600～8000ft/min。

C类——油流润滑。润滑剂通常用循环泵供给，可以为每个链条驱动提供连续的油流。润滑油应该运用在链条环的内部，沿链条宽度均匀分布，流向松的那股。

如果建议润滑方式以外的润滑显得很理想，应该咨询链条制造商。

19. 安装和对中

链轮的齿的形状、厚度、轮廓和直径与ASME/ANSI B29.1M相符。中到高速或在额定马力附近运行的小链轮为了获得最大寿命应该有硬化的齿。通常，大链轮不应该超过120齿。

通常最理想的中心距是30～50链条节距。链轮中心之间的距离应该保证链条在小链轮上缠绕至少120°。驱动安装的中心距是可调整的或者固定的。可调整的中心简化了链条松弛的控制。为了获得完全的链条寿命，箱体应该为链条松弛提供足够的空隙。

轴和链轮齿面的精准对齐可以提供均匀分布在整个链条宽度的复合以及很大程度上优化驱动寿命。轴、轴承和基座都要恰当配合保持最初的对中。周期性的维护中还应该包含对于对中的检查。

20. 滚子链传动设计流程示例

针对特定设计要求的滚子链和链轮选择最好能够有一个系统的、一步一步的流程，如下面的示例所示。

示例：选择一个滚子链，将10马力的功从拔丝机的副轴传输到主轴。副轴直径为$1\frac{15}{16}$in，速度为1000r/min。主轴同样直径为$1\frac{15}{16}$in，速度为378～382r/min。轴心一旦确定就此固定，按初始计算，应该为$22\frac{1}{2}$in左右。主轴上的载荷不均匀，有峰值，属于高冲击载荷分类。输入能量来自电动机。传动头全封闭，所有零件通过中央系统润滑。

第一步，运行率。从表10-184查到，高冲击载荷电动机传动的运行率为1.5。

第二步，设计马力。链条选择基于的马力（设计马力）等于规定马力乘以运行率，10×1.5=15hp。

第三步，单股传动链条节距和小链轮尺寸。表10-178，1000r/min下，节距5/8in链条和24齿链轮以及节距3/4in链条和15齿链轮可选。

第四步，检查链条节距和链轮的选择。从表10-179看出第三步只有24齿的链轮可以承担匹配

$1\frac{15}{16}$in 直径的主轴。表 10-178 中 24 齿链轮 5/8 节距链条在速度 1000r/min 的小链轮链条上评定为 15.5hp。

第五步，大链轮选择。驱动要在 1000r/min 下运行，被驱动的最小速度为 378r/min，速度比为 1000/378 = 2.646，因此大链轮应该有 24 × 2.646 = 63.5（取 63）齿。

24 齿和 63 齿的结合产生主轴速度 381r/min，在 378 ~ 382r/min 的限制范围以内。

第六步，链条长度估计。因为要在 $22\frac{1}{2}$in 的中心上放置 24 齿和 63 齿链轮，链条长度计算公式为

$$L = 2C + \frac{N}{2} + \frac{n}{2} + \left(\frac{N-n}{2\pi}\right)^2 \times \frac{1}{C}$$

式中，L 是链条长度，节距；C 是轴心距，节距；N 是大链轮齿数；n 是小链轮齿数。

$$L = 2 \times 36 + \frac{63+24}{2} + \left(\frac{63-24}{6.28}\right)^2 \times \frac{1}{36} = 116.57 \text{ 节距}$$

第七步：中心距修正。因为链条节距的值要为整数，取链条长度 116 节距，根据此利用公式重新计算中心距，其中 c 是中心距，单位为 in，而 P 是节距。

$$c = \frac{P}{8}\left[2L - N - n + \sqrt{(2L-N-n)^2 - 0.810(N-n)^2}\right]$$

$$c = \frac{5}{64}(2 \times 116 - 63 - 24 + \sqrt{(2 \times 116 - 63 - 24)^2 - 0.810(63-24)^2})$$

$$c = \frac{5}{64}(145 + 140.69) = 22.32\text{in}，即 22\tfrac{3}{8}\text{in}$$

10.8 滚珠丝杠和爱克母丝杠

丝杠总成将旋转运动转化为线性运动，适用于使用电动机的精确控制。爱克母丝杠和机械螺钉很相似，加工有螺纹，当轴旋转时可以沿着螺纹轴向前推和后拉。滚珠丝杠也有螺纹使得球轴承可以支撑连接的螺母。螺母有滚道，球轴承可以当螺母顺着螺纹轴向运动时进行不停地循环。两种方法都为运动控制的应用提供了精准高效的线性定位。每一个都有其优点和弱势，针对不同的应用适用的技术也有不同。

1. 滚珠丝杠

滚珠丝杠通常比相似尺寸的爱克母丝杠需要的电动机扭矩小一些，由于其将能量转化为线性运动的效率更高。滚珠丝杠效率通常超过 90%，而塑料螺母的爱克母丝杠效率为 40%，青铜螺母的爱克母丝杠效率为 25%。尽管两种技术提供有消隙螺母总成，单滚珠丝杠可以在更高移动速度下承担更高的载荷和更小的游隙。滚珠丝杠的寿命通过球轴承载荷数据计算。和爱克母丝杠相比，长时间后滚珠丝杠总成因为磨损在定位准确性上的降低更小。滚珠丝杠比爱克母丝杠价格高昂，而且噪声更大。滚珠丝杠可以在垂直方向上反向传动轴。滚珠丝杠如图 10-78 所示。

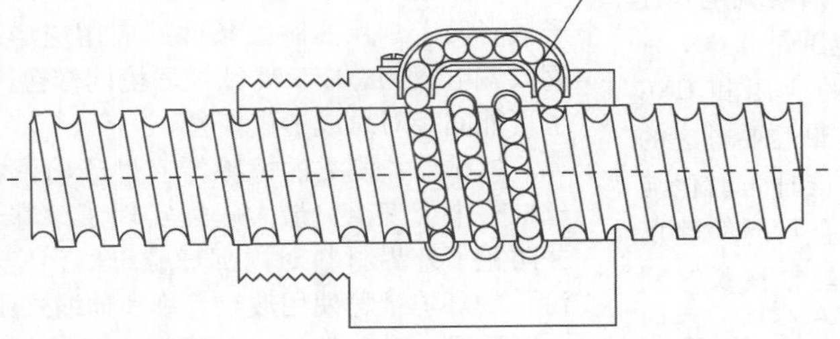

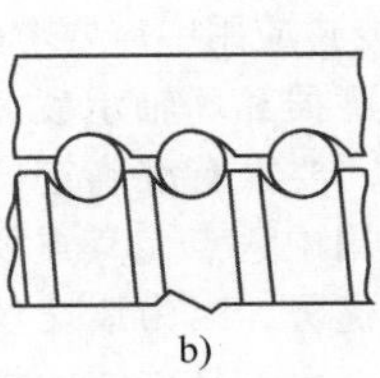

图 10-78 滚珠丝杠

a）滚珠丝杠横截面 b）滚珠丝杠细节

2. 爱克母丝杠

塑料螺母的爱克母丝杠比起滚珠丝杠来通常初始成本较低，噪声较低。青铜螺母爱克母丝杠在丝杠中成本最低，性能特性也最差。因其效率低，青铜螺母爱克母丝杠在有些应用中不会像滚珠丝杠一样反向传动。载荷和移动速度都比滚珠丝杠低，并且比起球轴承，爱克母丝杠的润滑要求更高，预计移动寿命也更困难，因为摩擦的变动更大，还会积累产热。爱克母丝杠如图 10-79 所示。

3. 丝杠设计的综合考虑

选择丝杠时应考虑如下关键因素。

载荷：载荷就是在丝杠上显而易见的重量。对于垂直应用，比如提升或者顶推，载荷等于所需移动载荷的重量。对于水平应用，“实际载荷” 等于载荷的重量乘以承载媒介的摩擦因数。另外一种在实际应用中确定载荷的方法是在载荷上加一个天平，然后拉动。载荷是取要求的移动力而不是更高的起动力（起步阻力）。

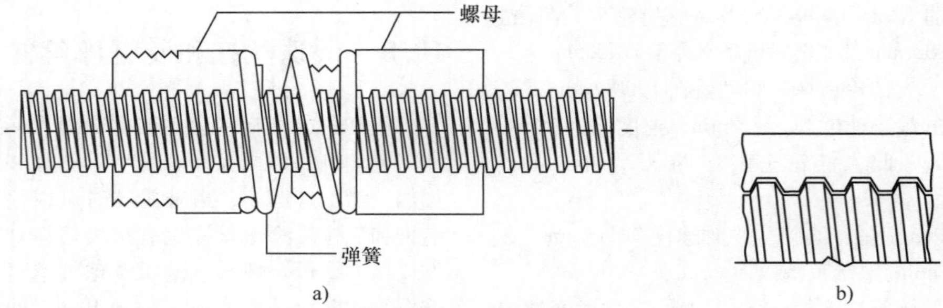

图 10-79 爱克母丝杠

a）有消隙螺母的爱克母丝杠 b）爱克母丝杠细节

拉伸载荷和压缩载荷：对于螺纹尺寸减小的丝杠，只要可能都要设计拉伸载荷。压缩载荷的设计必须考虑到堆叠强度，以防止纵弯曲。

反向传动：滚珠丝杠或者爱克母螺母被外力推着沿着轴线性运动，或在垂直方向被重力推动运动，其对轴的作用力或者反向传动会使得轴旋转。由于滚珠丝杠效率较高，初始起动力（起步阻力）较小，在垂直方向滚珠丝杠组件可能使其轴反向传动。

传动转矩：传动转矩（T_d）是转动丝杠或移动载荷需要的力。

$$T_d = \frac{P \times L}{2\pi e}$$

式中，T_d 是传动转矩（lbs - in）；P 是载荷（lbs）；L 是螺旋导程（in/转）；e 是球轴承丝杠效率（滚珠丝杠近似 0.90，塑料螺母爱克母丝杠近似 0.40，青铜螺母爱克母丝杠近似 0.25）。

精度：很多因素会影响精度，一个因素就是导程偏差，单位是 in 或者 ft。典型的变化范围是 0.001 ~ 0.005in/ft。需要两个方向准确定位的应用和 CNC（计算机数控）应用中需要考虑反冲。最后要考虑的是因为丝杠磨损和球轴承疲劳造成的长时间退化与精度的关系。要求有准确定位而且没有封闭回路反馈控制的应用中这点尤其重要。滚珠丝杠在长时间的精度上有优势，因为滚珠丝杠有效寿命是由金属疲劳决定的，而不是传统丝杠的磨损特性。因为是滚动接触，球轴承丝杠的寿命中很少会出现尺寸上的改变，也就因此不需要频繁的补偿调节。

导程：丝杠转动一转螺母移动的距离。

速度：如果需要快速移动，丝杠设计会有较高的导程，来降低轴的速度以避免转动和振动副作用。

寿命：滚珠丝杠总成建议的运行载荷基于总成润滑条件下，预计寿命移动 10^6in 决定。但是，如果可以接受寿命降低，也可以加大运行载荷。但是运行载荷不应超过制造商设计表格中的最大静态载荷。

游隙：螺母与丝杠之间的游隙，轴端余隙，位置不准确或者空动都可以通过使用预载荷螺母装配避免。通过改变滚珠丝杠的一致性比（滚珠滚道半径/球直径）并使用尖顶式（哥特式）滚珠滚道，以成本增加为代价可以减少游隙。图 10-80 所示为预载荷抗反冲滚珠丝杠和轴的接触点。

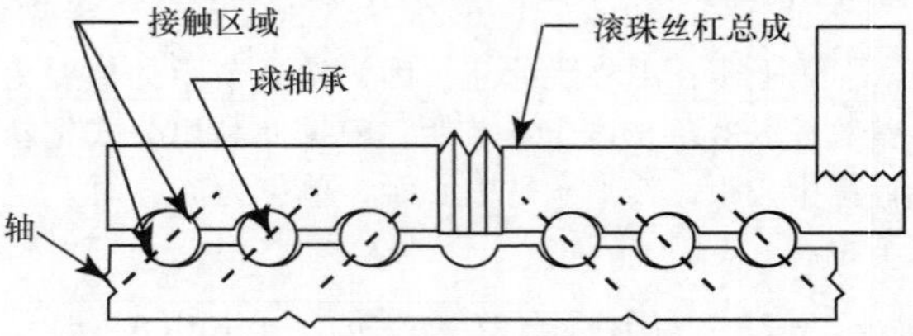

图 10-80 预载荷抗反冲滚珠丝杠和轴的接触点

端点支承：自由或固定的端点支承、丝杠轴端点支承的数量对于总成的速度和载荷能力都有很大影响。

环境：温度极限，污染，多灰尘，腐蚀性复合物以及金属碎片可能对丝杠总成造成严重的问题。对于在这些条件下的应用，应考虑使用擦拭物或靴子或者两者都用。腐蚀条件的应用应考虑采用不锈钢或者电镀的总成。腐蚀性环境同样会影响润滑剂，也可能间接对总成造成伤害。

擦拭器：刷类的擦除器有助于将润滑剂分散到丝杠整个长度上，最大程度实现了滚珠丝杠的性能并防止了外界材料对内部球螺母的污染。极度“脏污”的环境推荐使用波纹管刷和伸缩式刷子。

润滑：滚珠丝杠必须润滑并保持洁净。润滑失败会严重缩短丝杠寿命。润滑可以使用润滑油或润滑脂，但是低温或高速应用不推荐使用润滑脂。

PV 值：使用塑料螺母的爱克母丝杠总成的速度和载荷限制通常是由疲劳生热决定的。应用中影响生热的因素是螺母上压力（lbs/in^2）以及螺纹大径上的表面速度的产物。这个产物就叫作 PV 值。

CNC 考虑：CNC 机械工具要求消除游隙，并将弹性挠曲最小化以获得高的系统刚度、响应和定位重复性。

4. 滚珠丝杠选择

制造商提供多种滚珠丝杠和滚珠丝杠总成。对于设计标准要咨询供应商具体的数据单据。为特定应用选定合适的滚珠丝杠和螺母涉及四个因素，并且四个因素互相关联。这四个因素是：以 lb 为单位的等效载荷，线性移动 in 为单位的需求寿命，以 in/min 为单位的移动速度，以 in 为单位的轴承之间的长度。滚珠丝杠细节如图 10-81 所示。

设计概述：设计滚珠丝杠总成必须考虑很多相互关联的因素，比如载荷、轴承长度、寿命以及速度。一个参数的改变会影响到其他参数，通常就需要采用迭代接近法来平衡这些要求。一个例子就是精细导程与粗糙导程的选择。精细的导程定位灵敏度更好，传动转矩更小，但是也要求更高的转速来达到相同的线性速度。粗糙导程转速较低，但是需要更高的传动转矩，这就可能要求更大的电动机和相应的传动零件。表 10-185 列出了部分设计的相互关系。

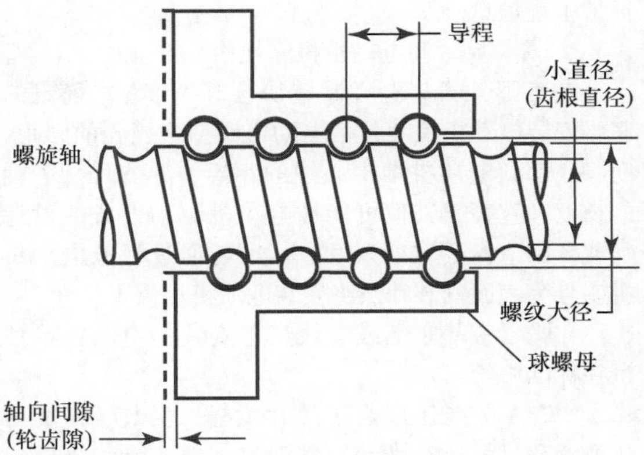

图 10-81　滚珠丝杠细节

表 10-185　滚珠丝杠设计因素相互关系

增加	影响	效果	增加	影响	效果
丝杠长度	临界速度	降低	最终安装刚度	临界速度	升高
	压缩载荷	降低		压缩载荷	升高
丝杠直径	临界速度	升高		系统刚度	升高
	惯性	升高	载荷	寿命	降低
	压缩载荷	升高	预载荷	定位准确性	升高
	刚度	升高		系统刚度	升高
	弹性刚度	升高		阻力矩	升高
	载荷能力	升高	角速度	临界速度	降低
导程	传动转矩	升高	螺母长度	载荷能力	升高
	角速度	降低		刚度	升高
	载荷能力	升高	滚珠直径	寿命	升高
	定位准确性	降低		刚度	升高
	球直径	升高		载荷能力	升高

5. 丝杠、动力传输

方形螺纹比斜边螺纹的效率更高，尽管螺纹形状的角相对较小时，如爱克母螺纹，摩擦损失的增加很小。在很多设备要求的丝杠和其他动力传输的丝杠中，爱克母螺纹取代了方形螺纹，因为爱克母螺纹切割方面实用性优势更大，并且在弥补螺钉和螺母的磨损方面更好。多线螺钉比单头螺纹螺钉更高效，因为螺纹的螺旋角角度会影响效率。

转动丝杠需要的力：对于已知杠杆臂，要确定需要在其端部施加多少力才能转动丝杠（或者围绕其的螺母），需要考虑两个条件。

1）转动中载荷抗拒丝杠运动，螺旋千斤顶加大载荷，$F = L \times \dfrac{l + 2r\pi\mu}{2r\pi - \mu l} \times \dfrac{r}{R}$。

2）转动中载荷辅助丝杠运动，减轻载荷，$F = L \times \dfrac{2r\pi\mu - l}{2r\pi + \mu l} \times \dfrac{r}{R}$。

在以上公式中，F 是杠杆臂端部施加的外力；L 是丝杠移动的载荷；R 是杠杆臂长度；l 是丝杠螺纹导程；r 是丝杠中点半径或分度圆半径；μ 是摩擦因数。如果导程 l 与直径成大比例，那么螺旋角大，F 值为负，显示丝杠因为载荷就可以转动。丝杠与螺母之间的效率在螺旋角达到 10°或 15°（从与丝杠轴垂直平面测量）时增长非常快。螺旋角在 25°～65°时效率几乎不变，效率最大时螺旋角为 40°～50°。如果效率超过 50%，丝杠不会自锁。

10.9　电动机

10.9.1　电动机标准

1. NEMA 标准类别

可从位于美国维吉尼亚州（22209）罗斯林北 17 街 1300 号的协会获得的国家电气制造协会标准有两类：①NEMA 标准，与满足商业标准，同时可以批量生产的产品相关，该标准被分会至少 90% 具有投票权的会员投票通过；②未来设计的建议标准，不常用在商业产品中，但是为未来的开发奠定了坚实的工程基础，被分会至少 2/3 具有投票权的会员投票通过。

经过认可的工程信息包括说明性数据和不属于

NEMA 标准或未来设计建议分类的其他具有信息特征的工程信息。

2. 安装尺寸和电动机机座规格

在美国，国家电气制造协会（NEMA）规定的底脚安装电动机尺寸包括电动机底部螺栓孔的间距、底脚底部到电动机轴中心线的距离、导管尺寸、轴的长度和直径、其他可能被电动机驱动设备的设计师或者制造商要求的尺寸。标准还通过标准电动机机座号为表面安装和凸缘安装电动机提供了尺寸。

在张紧带基座上或者轨道上安装的电动机尺寸也在标准中给出。

NEMA 标准还规定了尺寸图样、安装、终端箱体位置和尺寸、符号和终端连接、现场接线接地规定的工程字体书写技巧。另外，标准给出了建议的清箱或通孔尺寸，轴延长直径和键槽的公差，测量轴跳动和离心率的方法，还有安装表面的端面跳动，表面安装和凸缘安装电动机的公差。

3. 多相整数功率马力电动机设计字母

设计 A、B、C 和 D 电动机是鼠笼式电动机，可以承受全电压起动和发展堵转转矩和极限转矩，产生堵转电流，并且有以下规定的滑移。

设计 A：堵转转矩见表 10-187，极限转矩见表 10-188，堵转电流比表 10-186 要高，额定载荷滑移不超过 5%。10 极或以上电动机的滑移可能更多一点。

对于额定电压不是 230V 的电动机，堵转电流与电压成反比。大于 200hp 的电动机，请查看 NEMA 标准 MG 1-12.34。

表 10-186　额定电压 230V 的 NEMA 标准三相 60Hz 整数马力鼠笼式异步电动机堵转电流

马力	堵转电流/A	设计字母	马力	堵转电流/A	设计字母	马力	堵转电流/A	设计字母
½	20	B，D	7½	127	B，C，D	50	725	B，C，D
¾	25	B，D	10	162	B，C，D	60	870	B，C，D
1	30	B，D	15	232	B，C，D	75	1085	B，C，D
1½	40	B，D	20	290	B，C，D	100	1450	B，C，D
2	50	B，D	25	365	B，C，D	125	1815	B，C，D
3	64	B，C，D	30	435	B，C，D	150	2170	B，C，D
5	92	B，C，D	40	580	B，C，D	200	2900	B，C

注：电动机的堵转电流是转子被锁定、额定电压和频率从导线上测得的稳定状态的电流。

表 10-187　NEMA 标准单速多相 60Hz 和 50Hz 连续功率鼠笼式整数马力电动机堵转转矩

Hp	设计 A 和 B								设计 C		
	同步转速/(r/min)										
	60Hz	3600	1800	1200	900	720	600	514	1800	1200	900
	50Hz	3000	1500	1000	750	—	—	—	1500	1000	750
	满载转矩百分比①										
½		—	—	—	140	140	115	110	—	—	—
¾		—	—	175	135	135	115	110	—	—	—
1		—	275	170	135	135	115	110	—	—	—
1½		175	250	165	130	130	115	110	—	—	—
2		170	235	160	130	125	115	110	—	—	—
3		160	215	155	130	125	115	110	—	250	225
5		150	185	150	130	125	115	110	250	250	225
7½		140	175	150	125	120	115	110	250	225	200
10		135	165	150	125	120	115	110	250	225	200
15		130	160	140	125	120	115	110	225	200	200
20		130	150	135	125	120	115	110	超过 15hp 所有尺寸为 200		
25		130	150	135	125	120	115	110			
30		130	150	135	125	120	115	110			
40		125	140	135	125	120	115	110			
50		120	140	135	125	120	115	110			
60		120	140	135	125	120	115	110			
75		105	140	135	125	120	115	110	对于设计 D 的电动机请查看脚注		
100		105	125	125	125	120	115	110			
125		100	110	125	120	115	115	110			
150		100	110	120	120	115	115	—			
200		100	100	120	120	115	—	—			

注：电动机的堵转转矩是在给定额定频率的额定电压条件下在所有角度保持转子静止的最小转矩。

① 这些值代表这些电动机应用的上限。

设计 D 的 60Hz 和 50Hz，4、6、8 极单速多相鼠笼电动机，额定≤150hp，应用额定频率和电压，堵转转矩是满载转矩的 275%，代表了这些电动机在应用中的上限。

对大于 200hp 的电动机，请查看 NEMA 标准 MG 1-12. 37。

这些值代表这些电动机应用的上限。大于 200hp 的，请查看 NEMA 标准 MG1-12. 38。

设计 B：堵转转矩见表 10-187，极限转矩见表 10-188，堵转电流不超过表 10-186，额定载荷滑移不超过 5%。10 极或以上电动机的滑移可能更多一点。

设计 C：特别高转矩应用堵转转矩最高见表 10-187，极限转矩最高见表 10-188，堵转电流不超过表 10-186，额定载荷滑移不超过 5%。

设计 D：堵转转矩见表 10-187，堵转电流不超过表 10-186，额定载荷滑移不超过 5%。

4. 转矩和电流的定义

下面的定义已经被国家电气制造协会采用为标准。

堵转转矩或静转矩：堵转转矩是电动机静止时所有转子不同角位置产生的最小转矩，处于额定载荷和额定频率下。

极限转矩：极限转矩是电动机产生的最大转矩，

表 10-188　NEMA 标准单速多相 60Hz 和 50Hz 连续功率鼠笼式整数马力电动机极限转矩

马力	同步转速/(r/min)							
	60Hz	3600	1800	1200	900	720	600	514
	50Hz	3000	1500	1000	750	—	—	—
	满载转矩百分比							
设计 A 和 B①								
½		—	—	—	225	200	200	200
¾		—	—	275	220	200	200	200
1		—	300	265	215	200	200	200
1½		250	280	250	210	200	200	200
2		240	270	240	210	200	200	200
3		230	250	230	205	200	200	200
5		215	225	215	205	200	200	200
7½		200	215	205	200	200	200	200
10～125（包含 125）		200	200	200	200	200	200	200
150		200	200	200	200	200	200	—
200		200	200	200	200	200	—	—
设计 C								
3		—	—	225	200	—	—	—
5		—	200	200	200	—	—	—
7½～200（包含 200）		—	190	190	190	—	—	—

① 设计 A 的值超过所示值。

处于额定载荷和额定频率下，并且没有突然降速（见表 10-189）。

满载转矩：电动机的满载转矩是在满载速度产生额定马力的转矩。在半径 1ft 以 lb 为单位马力乘以 5252 除以满载速度。

输出转矩：同步电动机的输出转矩是额定频率额定电压下，正常激励，同步转速时电动机产生的最大持续转矩。

输入转矩：同步电动机的输入转矩是额定频率额定电压下，应用场激励，电动机将相连的惯性载荷拉入同步的最大恒转矩。

最低起动转矩：交流电动机最低起动转矩就是从静止到加速到极限转矩出现期间电动机产生的最小转矩。对于没有确定极限转矩的电动机，最低起动转矩就是达到额定速度的最小转矩。

堵转电流：电动机的堵转电流是额定电压（交流电动机则是额定频率）作用下转子锁定的稳定状态电流。

表 10-189 NEMA 标准多相连续功率——60Hz 和 50Hz 绕线式转子电动机极限转矩

马力	转速/(r/min)			马力	转速/(r/min)		
	1800	1200	900		1800	1200	900
	满载转矩百分比				满载转矩百分比		
1	—	—	250	7½	275	250	225
1½	—	—	250	10	275	250	225
2	275	275	250	15	250	225	225
3	275	275	250	20 ~ 200in	225	225	225
5	275	275	250	—	—	—	—
这些值代表这些电动机应用的上限							

5. 电动机转动标准方向

所有不可逆直流电动机的标准转动方向，所有交流单相电动机标准转动方向，所有同步电动机标准转动方向以及交直流两用电动机的标准转动方向，面对驱动对向电动机端部是逆时针。

此规则不适用于两相或三相感应电动机，因为大多数应用中电力线的相序都是未知的。

6. 不同速度的电动机类型

因速度不同可以将电动机分为以下五类：

定速电动机：这种电动机一般来说运转速度是恒定的或者基本上是恒定的，如同步电动机，滑移小的感应电动机，或者直流并激电动机。

变速电动机：这种电动机速度随着载荷变化，通常在载荷升高时速度降低，如串激电动机或者推斥电动机。

调速电动机：这种电动机的运转速度在一定范围内逐渐变化，但是一旦调整过了几乎不受负载的影响，如带励磁线圈电阻控制的直流并激电动机，设计有一定范围的速度变化。

调速电动机的基本速度是在额定载荷、额定电压、规定的温度上升下获得的最低额定速度。

可调式变速电动机：这种电动机的速度可以逐渐调节，但是一旦根据某个载荷调节好，载荷变化以后速度也会大幅变化，如由励磁控制调节的直流复激电动机或变阻调速的绕线式转子感应电动机。

多速电动机：这种电动机可以在任意一种确定的速度下运转，每种速度都几乎独立于载荷，如带两个电枢绕组的直流电动机，或者可以由不同极分组绕线的感应电动机。对于多速永久分相式电容器和罩极电动机，速度取决于载荷。

7. 最低起动转矩

单速多相鼠笼式整数马力发动机，设计 A 和设计 B，固定载荷状态，额定电压和频率下 NEMA 的标准最低起动转矩如下：表 10-187 给出的堵转转矩≤110%，最低起动转矩是堵转转矩的 90%；堵转转矩为 110% ~ 145%，最低起动转矩是堵转转矩的 100%；堵转转矩≥145%，最低起动转矩是堵转转矩的 70%。

对于设计 C 电动机，在额定电压和额定频率下，最低起动转矩不超过表 10-187 中给出的堵转转矩的 70%。

10.9.2 电动机的类型和特性

1. 直流电动机类型

直流电动机大致分为三组：串励直流电动机、并励直流电动机、复励直流电动机。

在串励电动机中，磁场绕组固定在定子架上，电枢绕组放置在转子周围，串联相接，所有穿过电枢的电流也会穿过磁场。并励电动机中，点数和磁场都与主电源相连，所以电枢和磁场电流分开。在复励电动机中，两种绕组都有，电流同向，就称作积复励，电流反向，就称作差复励。

2. 直流串励电动机特性

直流串励电动机中，载荷增加导致电枢和磁场绕组电流增加。磁场增强，电动机转速降低，相反，载荷降低，磁场减弱，电动机转速增加。载荷过高，电流过大。因此，直流串励电动机通常直接与载荷相连防止“失控”（串励电动机，规定为串联绕组，有时会带有一个轻并联磁场线圈防止高载荷过高速度）。载荷增加、电枢电流增加导致转矩增加，因此串励电动机尤其适用于起动载荷大和会有严重过载的应用。通过可调节电阻与电动机串联，其速度可以调节，但是因为载荷变化，速度不能保持恒定。随着速度的降低，速度随载荷的变化越来越大。串励电动机用在载荷基本一致并且可以简单通过手动控制的应用中。通常限制在牵引和提升应用中。

3. 并励串联电动机

并励串联电动机中，磁场强度不会大幅受载荷变化的影响，因此可以维持相对恒定的速度（从没有载荷到满载速度降低 10% ~12%）。这种电动机可以用在要求大致恒定速度的机械中，以及电动机所受起动转矩小、有轻微过载的机械中。

通过磁场或电枢控制，并励电动机可以成为可调速电动机。将可调电阻放入磁场电路，磁场绕组和转速可控。随着速度增加，转矩成比例降低，因此马力恒定。使用磁场控制可以得到的速度比为 6∶1，但是一般使用的都是 4∶1。速度调节比恒定速度并励电动机要大，范围为 15%～22%。如果将可变电阻放入电枢电路，应用在电枢上的电压可以降低，因此转速可以降低，范围为 2∶1。使用电枢控制，速度降低时速度调节变差，2∶1 范围的大约是 100%。因为磁场中电流不变，转矩也就恒定。

机床应用：可调速并励电动机在大型镗床、车床和刨机机械中非常有用，尤其适应主轴驱动，因为其马力恒定特性允许低速时有重切削，而高速时有浅切削。这种电动机常用在刨机驱动中，因为其可以为切削行程提供低速为反冲程提供高速。但是，对于可以使用直流电源的机械，电动机的使用受限。

4. 可变电压并励电动机驱动

通过使用混合驱动，并励电动机可以得到更多延伸的应用。混合驱动包括转换交流电流到直流电流的方法。这种转换可以通过自给装置实现。该装置包含一个他励直流发电机，由恒定速度交流电动机与普通交流电线结合驱动，或者由带适当控制的电子整流器连接普通交流电线驱动。后者的优势在于直接安装在机床上时不会产生振动，这对于某些磨床是很重要的一个因素。

这种可调速并励电动机驱动中，速度控制通过改变电枢上的电压实现，同时磁场电压供应恒定。除了为并励电动机的电枢提供由转换装置提供的电压调节，电动机磁场中流过的电流同样可控。事实上，从最小速度到基本速度（额定电压在电枢和磁场上满载电动机速度）可以通过单控制改变电枢上的电压，从基本速度到最高速度则改变磁场中流过的电流。如此控制，基本速度以下电动机恒定转矩，基本速度以上电动机恒定马力。

速度范围：基本速度以下速度范围至少为20∶1，基本速度以上为 4∶1 或 5∶1（总范围为 100∶1 或更大），对比传统控制方法，正常速度下速度范围为 2∶1，正常速度以上为 3∶1 或 4∶1。高速下速度调节可以高达 25%。如果在这种并励电动机驱动中使用特殊的电子控制，电动机温度和环境温度在正常范围以内，电源电压变化 ±10%，从满载到没有载荷，电动机速度可以维持在满载速度的 0.5%～1% 变化范围内。

应用：这些有时被称作直流可调电压的传动，已经成功应用在很多机床中，如刨床、铣床、镗床和车床，也应用在其他无级宽调速控制，所有运行条件下速度一致，转矩加速恒定和适应自动操作的工业机械中。

5. 复励电动机

复励电动机中，因为载荷变化带来的速度变化比串励电动机的小，但比并励电动机的要大（从满载到空载变化范围最大可达 25%）。复励电动机的启动转矩比并励电动机的大，可以承受更大的过载，但是可调速范围更窄。标准复励电动机带有积复励绕组，差复励绕组只限制在特殊的应用中使用。差复励绕组仅用在起动载荷非常大时，或者载荷变化突然且猛烈时，如往复泵、印刷机和冲床。

6. 多相交流电动机种类

使用最广泛的多相电动机是感应电动机。鼠笼式感应电动机包括一个与外部交流电源相连的绕线定子以及层压钢核心转子，核心外围有很多铝或铜导体，与轴平行。这些导体连接在一起，通过一个很重的套圈与转子的两端相连，为转子中产生的电流提供了封闭的回路。

异步电动机绕线转子类型：这种类型除了鼠笼之外，转子中还有一系列线圈，通过滑环与外部可变电阻器相连。通过改变绕线转子回路中的电阻器，这些回路中的电流可控，因此电动机的速度可控。因为异步电动机的转子并没有和电源相连，可以说电动机在转换作用下运转，类似于带一个可以自由转动的短路次级绕组的变压器。异步电动机本身特性是速度和转矩变化范围广，在鼠笼式异步电动机运行特性中有讨论。

同步电动机：另一种工业用多相交流电动机就是同步电动机。与感应电动机不同，同步电动机与直流供电相连，创造了一个与定子的交流电场同步转动的电场。达到由电源频率和转子的极数控制的同步速度以后，同步电动机开始在整个载荷范围内保持恒定速度运转。

7. 鼠笼式异步电动机运行特性

通常鼠笼式异步电动机设计简单，结构简单，运行稳固。这种电动机本质上是恒定速度电动机，载荷变化的速度变化很小，并且不受调节。很多工业应用要求整数马力电动机的都会使用这种电动机。根据 NEMA（国家电器制造商协会）标准，鼠笼式异步电动机可以分为四种，分别指定为 A、B、C 和 D。

设计 A 电动机不常用，因为设计 B 电动机与其特性类似，并且还有起动电流较低的优势。

设计 B：这种电动机可以成为适合大多数多相交流电应用的通用之选，如鼓风机、压缩机、钻床、磨床、锤式粉碎机、车床、刨床、磨光机、锯子、螺钉车床、摇床、加煤机等。在 1800r/min，3HP（2.24 kW）及以下的起动转矩是满载转矩的 250% ~ 275%；5 ~ 75HP（3.73 ~ 56 kW）的起动转矩是满载转矩的 185% ~ 150%。其起动电流要求低，通常不超过满载电流的 5 ~ 6 倍，并且可以满电压起动。滑移（同步速度与额定载荷实际速度之间的差值）相对较低。

设计 C：点击起动转矩高（最高可以达到满载转矩的 250%），但是起动电流低，可以满电压起动，额定载荷下滑移相对较低。这种电动机用在要求载荷起动的压缩机、重型传输机、往复泵和其他要求起动转矩高的应用上。

设计 D：额定载荷下滑移高，电动机速度在载荷增加时大幅下降，允许使用飞轮中储存的能量。其提供的起动转矩大，最大可达满载转矩的 275%，运转安静，起动电流相对较低。应用在冲击载荷以及其他峰值载荷高的场合，或者飞轮传动中，如火车、电梯、起重机、冲压机、拉拔式压床、剪切机等。

设计 F：这种电动机不是标准电动机，起动转矩低，大约是满载转矩的 125%，起动电流低，用在要求空载或高载荷时不频繁起动的传动机械上。

8. 多速感应电动机

这种电动机定子中有绕组，排布相连可以改变有效极，进而改变速度。这些电动机与传动鼠笼式感应电动机起动条件相同，设计可以在所有额定速度保持恒定马力，也可以所有额定速度提供额定转矩。

这些电动机典型的速度组合是 600r/min、900r/min、1200r/min 和 1800r/min；450r/min、600r/min、900r/min 和 1200r/min；600r/min、720r/min、900r/min 和 1200r/min。

要求速度渐变时，多个定子绕组外还会提供绕线转子。

9. 绕线转子感应电动机

要求起动电流极低并且起动转矩很高时使用这种设计的电动机，如在鼓风机、传输机、压缩机、风扇和泵中。速度范围不超过同步速度 50% 的可调变速运作时可以使用这种电动机，如钢板料成形滚压、印刷机、吊车、鼓风机、拉拔式压床、车窗和某些种类的铣床。绕线转子感应电动机的速度调节范围在最大速度时为 5% ~ 10%，低速时为 18% ~ 30%。这种电动机还用在吊车、大门、起重机和电梯的反向作用中。

10. 高频率感应电动机

当要求高速时，这种电动机连同变频器使用，如磨床、钻机、槽刨机、便携工具或者木工机械。这些电动机比起串励电动机或者通用类型高速电动机的优势是其运行速度在整个载荷范围相对恒定。要求频率的三相功率需要一组电动发电机组、一个双机组变频器或者单机组感应子频率变换器来提供。可以使用单件变频器来传输 360 ~ 2160r 范围内的任一频率，并且通过通用多相电源自行驱动、自行激励。

11. 同步电动机

同步电动机广泛应用在电子计时设备上，用以驱动必须同步运转的机械，还有压缩机、轧机、空载起动的破碎机、造纸机筛子、碎纸机、真空泵和电动发电机组。同步电动机固有功率因数高，常常用来修正同系统其他类型电动机的低功率因数。

12. 单相交流电动机类型

大多数单向交流电动机都是感应电动机，通过不同的起动条件区分（只有一个鼠笼转子的单相感应电动机没有起动转矩）。电容起动单相电动机中，定子有一个辅助绕组与一个电容器和一个离心开关串联。起动和加速阶段电动机作为两相感应电动机作用。在满载速度大约为 2/3 时，辅助回路被开关切断，电动机开始作为单相感应电动机运转。在电容起动，电容运转电动机中，辅助回路用来为高起动转矩提供高有效容量并在运行阶段与线路保持连接，降低容量。单值电容电动机或者电容分相式电动机，有一个相对较小的按持续载荷计算的电容与一个或者两个定子绕组长期相连，电动机起动和运行都像两相电动机。

在推斥起动单相电动机中，一个筒式绕线转子与带有一对短路电刷组的一个换向器相连，因此转子绕组的磁轴倾向定子绕组的磁轴。转子电路中的电流与电场反应，产生起动和加速转矩。在满载速度大于 2/3 处，电刷被抬起，转向器短路，电动机作为单向鼠笼式电动机运转。推斥电动机在起动和运转时都在转子上使用推斥绕组。推斥感应电动机载转子上有一个外部绕组，作为推斥绕组和内部鼠笼式绕组。随着电动机加速，产生的转子电流一部分从推斥绕组转移到鼠笼式绕组上，电动机作为部分感应电动机运行。

在分相电动机中，定子上有一个辅助绕组，可以串联一个电阻与辅助绕组（电阻起动）起动，也可以串联一个电抗器与主绕组（电抗器起动）起动。

串联单相电动机有一个与定子绕组串联的转子绕组，和串联直流电动机一样。因为这种电动机同样可以在直流电流下运转，这种电动机也叫作交直流两用电动机。

13. 单相交流电动机特性

单相电动机用在重型起动工况大约为 7½马力（5.6kW）的应用中，常见于无法接触到多相电源的家用或者商业应用。有的普通起动转矩设计应用可以使用电容起动电动机，如离心泵、风扇以及鼓风机。也有高起动转矩设计可以使用电容起动机，应用包括往复压缩机、泵、载荷传输机或者带。载荷至少在容量的50%时，电容起动，电容运转，电动机运转极其安静。风扇和离心泵小转矩设计可以使用这种电动机，这种电动机还可以用在类似使用电容起动电动机的高转矩设计中。

在单相电动机中，电容分相电动机要求的维护最少，但是起动转矩非常小。这种电动机的最大转矩很高，使其可能在地面磨砂机或者磨机中应用，这些应用中因为过大的切割压力会造成瞬时的过载。电容分相电动机也用在低速直接连接的风扇中。

推斥起动，感应运转电动机在相同电流下比电容式电动机的起动转矩高，电容式电动机的最低起动转矩和最大转矩相同。电噪声和机械噪声以及有时要求更多的维护是劣势。这些电动机用在满载起动的压缩机、传输机和加煤机中。推斥感应电动机的起动转矩相对较高，起动电流相对较低。其速度-转矩曲线平稳没有中断，承受长时间加速的能力比电容类型的电动机好。这种电动机尤其适合严苛的起动和加速工况，以及很高惯性载荷的应用，如洗衣机脱水机，但是，会有持续的电刷噪声。

推斥电动机不限制同步速度，并且速度随载荷改变。在一定的载荷下，载荷少量的变化会引起速度的大幅改变。为了调节速度可以安排电刷移动，如果外加满载恒定转矩，速度范围可能达到4:1，如果转矩低于这个值，变化范围缩小。这种电动机可以通过在中性点上转换电刷反转。这些电动机适用于要求恒定转矩和可调节速度的机械。

14. 带有内置减速装置的电动机

带有内置速度改变装置的电动机结构紧凑，机械化减速装置的设计也倾向于提升其驱动机械的外观。这种减速装置有几类，减速装置可以根据其是否带有蜗杆传动装置，还是带有平行轴的普通齿轮传动，抑或行星齿轮来分类。

对于蜗杆传动式减速装置的要求是传动在运转中保持安静，以及能够良好地适应低速轴必须与电动机轴垂直，并且必须有很高速度比的应用。

如果速度非常低，可以使用双级减速蜗杆传动装置。这种装置中两组蜗杆传动装置构成齿轮系，低速轴和电枢轴平行。如有要求，可以加入中间蜗轮轴延伸到箱体外，则可以在同一个装置上实现两种副轴轴速。

在平行轴类型的减速装置上，低速轴与副轴平行。低速轴通过副轴的小齿轮转动，这个小齿轮与低速轴上大一点的齿轮啮合。

带有内置变速装置的齿轮传动电动机对于不同的速度比有常啮合的变速齿轮可选。

行星齿轮可以使用很少的零件得到很大的速度降低，因此，行星齿轮很适应经济型和紧凑性很重要的带齿轮的头部电动机装置。低速轴与副轴一致。

10.9.3 决定电动机选择的因素

1. 速度、马力、转矩和惯性要求

要求不止一个速度，或者要求一个范围的速度时，可以根据其他不同的要求选择以下几类电动机：直流，带有励磁控制的标准并励电动机有些设计可以达到2:1；可调速电动机的范围可能达到3:1～6:1；可调电压供应的并励电动机基本速度下范围可达20:1甚至更高，而基本速度上可以达到4:1或5:1，总范围可以达到100:1甚至更高。多相交流电，多速鼠笼式感应电动机有2个、3个或4个固定速度；绕线转子电动机范围为2:1，双速绕线转子电动机的速度范围可达4:1，电刷移动并励电动机的速度变化可达4:1，电刷移动串励电动机速度范围是3:1；变频供电的鼠笼式电动机速度范围非常广。单相交流电，电刷移动推斥电动机范围为2½:1；多抽头绕组的电容电动机范围为2:1，而多速电容式电动机有2个或者3个固定速度。速度调节（空载到满载的速度变化）在串励磁场绕组中最大，在同步电动机中则完全不存在。

马力：如果电动机的载荷不是恒定的而是遵循一个确定的循环，可以在马力-时间曲线中确定极限功率以及均方根平均马力，均方根平均马力从加热角度看表示了合适的电动机功率。如果在0.25～2h的时间内，根据规格维持一个恒定的载荷值，要求的额定马力通常不小于该恒定值。选择感应电动机规格的时候，应谨记这种电动机满载的时候在最大频率下运转。如果需要运转中有几种速度，应该考虑每个速度下的马力要求。

转矩：起动转矩要求小至满载载荷的10%，也可以达到满载载荷转矩的250%，根据被驱动机械的不同而不同。对于给定的机械，起动转矩也会有所变化，因为起动频率、温度、润滑的类型和量等原因，这些变量应该考虑在内。为机械提供的电动机转矩必须高于被驱动机械满速以内所有点的转矩要求。剩余力矩越多，加速越迅速。从静止加速到满速的大致要求时间可以通过下面的公式计算：

$$时间=\frac{N\times WR^2}{T_a\times 308}(\mathrm{s})$$

式中，N 是满载速度（r/min）；T_a 是转矩 = 加速时平均的可用尺磅；WR^2 是转动零件惯性（W 是重量，R 是转动零件回转半径）；308 是复合常数，将 min 转换为 s，将重量转换为质量，将半径转换为周长。

如果加速所需要的时间超过 20s，为了避免过热可能需要特别的电动机或者起动机。

工作力矩 T_r 可以通过下面的公式计算：

$$T_r = \frac{5250 \times HP}{N} (\text{ft} \cdot \text{lb})$$

式中，HP 为被驱动机械提供的马力；N 是工作速度（r/min）；5250 是复合常数，将马力转化为尺磅每分钟并将每转的功转换为力矩。

极限功率决定了从动机要求的最大转矩，点击最大的工作力矩必须超过该值。

惯性：从动机转动零件的惯性或者飞轮效应如果很大，会很大程度上影响加速时间，因此，将会影响电动机的生热。如果使用同步电动机，必须知道电动机转子和机械转动零件的惯性（WR^2），因为牵入转矩（将从动机带动到同步速度需要的转矩）近似随电动机和载荷总惯性的平方根改变。

2. 电动机选择中的空间限制

如果电动机成为其驱动机械整体的一部分，空间非常有限，可能需要使用残缺电动机。一个完整的电动机由一个定子、一个转子以及两个带轴承的端罩构成。一个残缺电动机缺少这些元素中的一个或者多个。常用的类型没有驱动端端罩和轴承，直接与其驱动机械的端部或侧向相连，如车床的主轴箱。还有一种称作无轴电动机，没有轴，没有端罩或者轴承，用在一些装置的内置应用中，如多速钻床、精密磨床、深井泵、压缩机和起重机，转子真正成为从动机的一部分。但是，使用残缺电动机时，其应用的机械设计师必须妥善安排通风、安装、对齐和轴承。

有时候也可以应用外框尺寸较小和 B 类绝缘绕线的电动机，这种电动机因此可以比额定功率相同的外框更大的 A 类绝缘电动机承受更高的温度升高。

3. 温度

一个已知电动机的适用性不仅仅受其载荷启动和载荷运行能力的限制，还受到其达到温度的限制。电动机基于结构中绝缘类型（最常见的是 A 类或 B 类）不同和框架类型（开放式、半封闭式或封闭式）不同确定额定温度。

绝缘材料：A 类材料是棉、丝、纸以及类似的有机材料浸渍或者浸入液体电介质之中；纤维填料、酚醛树脂以及其他类似特性树脂的模压材料和层压材料；醋酸纤维素和其他类似特性的纤维素衍生物薄膜或薄单；应用在导体上的清漆（瓷釉）。

B 类绝缘材料：如云母、玻璃纤维、石棉等材料或有合适粘结物质的复合材料。其他在 B 类温度可以工作的材料也可以算在内。

环境温度和容许温度升高：正常的环境温度是 40℃（104℉）。对于开放 A 类绝缘通用电动机，保证性能的正常温度升高 40℃（104℉）。

带保护，半保护，防滴漏，防溅保护，或者防滴漏防护罩壳的 A 类绝缘电动机额定温度升高 50℃（122℉）。

完全封闭，风扇冷却，防爆炸，防水，隔尘，可浸水，或者防尘防爆封件的 A 类绝缘电动机额定温度升高 55℃（131℉）。

B 类绝缘电动机的开放式电动机最高允许总温度 110℃（230℉），封闭式电动机最高允许总温度 115℃（239℉）。

4. 暴露在有害环境的电动机

如果要在受到非常运行条件的地方运用电动机，应该咨询制造商，尤其是出现下面的条件时：暴露在化学烟雾中；在潮湿环境运转；运行速度超过特定超速；暴露在易燃易爆灰尘中；暴露在沙砾屑或导电性尘末中；暴露在棉绒飞花中；暴露在蒸汽中；在通风差的房间中运行；在深坑中运行，或者在完全封闭的盒子中运行；暴露在易燃或易爆的气体中；暴露在温度低于 10℃（50℉）的环境中；暴露在石油蒸气中；暴露在盐空气中；暴露在来自外界不寻常的冲击或振动中；在与额定电压背离过大的环境中；交流电供电电压不平衡的环境中。

改进的绝缘材料和过程以及对于失效材料和液体的更好的机械保护使得在很多情况下使用通用电动机成为可能，有些情况之前会认为必须使用特别的电动机。带有完善保护的通风开口和特别处理过的绕组的防溅保护电动机用在电动机会受到流水和水喷溅的应用，或者用在要被如水管的东西冲洗的应用中。如果气候条件不严峻，这种电动机也可以在无保护的外部装置中成功应用。

如果外部环境带有不寻常含量的金属，粗糙的或者防爆的粉尘或酸性或者碱性烟雾，可能需要使用封闭式风扇冷却电动机。这种类型的电动机完全封闭，但是空气可以通过部分或者完全环绕内胆的外座吹过。如果环境中的粉尘倾向于累积或者固结，关闭开放式防溅保护空气通道或者完全封闭的风扇冷却电动机，使用完全封闭（无通风）电动机。这种类型的电动机受低额定马力限制，在温和或严峻的气候条件也可以用在室外工作中。

1 ~ 300 马力直流电动机的特性和应用见表 10-190，多相交流电动机的特性和应用见表 10-191。

表 10-190 1～300 马力直流电动机的特性和应用

类型	启动载荷	最大瞬时工作转矩	速度调节	速度控制①	应用
并励，恒定速度	中等起动转矩，随供给电枢的电压变化，受起动电阻器限制为 120%～200% 满载转矩	125%～200%，受整流限制	8%～12%	磁场控制从基本速度到基本速度的 200%	启动要求不严苛的传动，使用恒定速度或者可调速，取决于要求的速度。离心泵、风扇、鼓风机、传输机、电梯、木工机械和金工机械
并励，可调速度			10%～20%，随磁场减弱增加	磁场控制从基本速度到基本速度的 60%（有的更小）	
并励，可调电压控制			最大 25%，从特别转动调节可获得少于 5%	基本速度到基本速度的 2% 以及基本速度到基本速度的 200%	宽无级速度控制传动，匀速，恒定转矩增加，要求适应自动运行，刨床、铣床、钻孔机、车床等
复励，恒定速度	重型起动转矩，受起动电阻器限制为 130%～260% 满载转矩	130%～260%，受整流限制	标准组合 25%，根据串励绕组的量决定	磁场控制从基本速度到基本速度的 125%	要求高起动转矩和基本恒定速度的传动。脉动载荷，剪切机、弯曲辊、泵、传输机、粉碎机等
串励，变速	超重型起动转矩，限制为 300%～350% 满载转矩	300%～350%，受整流限制	很高，空载速度无限	从 0 到最大速度，根据控制和载荷决定	需要极高的启动转矩以及可调节速度的传动。吊车、起重机、大门、桥梁、倾倒卸货车等

① 受加热限制的电枢电压控制的基本速度下最小速度。

表 10-191 多相交流电动机的特性和应用

多相类型	额定功率	速度调节	速度控制	起动转矩	极限转矩	应用
通用鼠笼式，正常 stg 电流，正常 stg 转矩，设计 B	0.5～200	小于 5%	无，除了多速类型，设计有 2 个或者 4 个固定速度	满载的 100%～250%	满载的 200%～300%	起动转矩没有过大时恒定速度工作。风扇、鼓风机、转子压缩机、离心泵、木工机械、机床、总轴
满电压起动，高 stg 转矩，正常 stg 电流，设计 C	3～150	小于 5%	无，除了多速类型，设计有 2 个或者 4 个固定速度	满载的 200%～250%	满载的 190%～225%	要求较大起动转矩，不频繁间隔起动电流大约为满载 500% 时恒定速度工作。往复泵和压缩机、传输机、粉碎机、粉磨机、搅拌器等
满电压起动，高 stg 转矩，高滑移鼠笼式，设计 D	0.5～150	空载到满载降低 7%～12%	无，除了多速类型，设计有 2 个或者 4 个固定速度	根据速度和转子电阻满载的 275%	满载的 275% 达到最大转矩前不会失速，最大转矩出现在静止时	恒定速度工作，高起动转矩，带或不带飞轮的负载，冲孔压力机、模具冲压、剪板机、推土机、吊车、起重机、电梯等

（续）

多相类型	额定功率	速度调节	速度控制	起动转矩	极限转矩	应用
绕线转子，外部电阻起动	0.5到几千	大尺寸随转子环短路降低大约3%，小尺寸降低大约5%	转子电阻可以将速度降低到正常的50%。速度与载荷反向变化	根据转子回路中的外部电阻和分布最高可达300%	转子滑环短路时200%	起动转矩高，起动电流低或者要求限制速度控制时。风扇、离心泵、活塞泵、压缩机、传输机、起重机、吊车、球磨机、闸门启闭机等
同步	25到几千	常值	无，除设计有2个固定速度的特别电动机以外	低速40%～160%，中速80% p-f 设计，特别高转矩设计	统一 p-f 电动机的牵出转矩170%；80% p-f 电动机225% 特别设计最大可以达到300%	恒定速度工作，直接与低速机械相连，需要功率因数校正

除了这些特殊用途的电动机，有两种为危险区域设计的防爆电动机：一种用来在危害粉尘地段运行（国家电气代码Ⅱ类，G组）；另一种用在环境含有易爆蒸气和烟雾的场合，分为Ⅰ类，D组（汽油、石脑油、酒精、丙酮、溶漆剂蒸气、天然气）。

10.9.4 电动机的维护保养

1. 电动机检查计划

检查的频率和彻底性取决于以下因素：①生产计划中电动机的重要性；②电动机运转的天数百分比；③服务的本质；④绕组状态。

下面的程序，是通用电气公司推荐的，包含AC电动机和DC电动机，基于考虑载荷和粉尘的平均条件。

2. 每周检查

1）环境。检查绕组是否暴露在任何滴水、酸性烟雾或碱性烟雾中；另外，检查是否有任何异常含量的粉尘、碎片、棉绒在电动机上或其附近。看看是否有板子、盖子、帆布等放错位置，可能与电动机通风干涉或者阻碍运动零件。

2）滑动轴承电动机的润滑。滑动轴承电动机中，如果使用检具，要检查润滑油水平，将其注到指定的线。如果轴颈直径小于2in，应该在检查润滑油水平之前停止电动机。对于特殊润滑的系统，如羊毛包裹、强制润滑、油沉润滑和盘式润滑，遵循说明书指示。只有电动机静止的时候可以向外座体注入润滑油。如果可能伤害到绝缘，应该检查润滑油是否会沿着轴流向绕组。

3）机械条件。注意到任何可能是由金属与金属接触产生的不寻常的噪声，或者灼烧绝缘漆等产生的气味。

4）球或滚子轴承。感受球或滚子轴承的箱体是否有振动，聆听是否有异常的噪声。检查电动机内部是否有油脂蠕变。

5）换向器和电刷。检查电刷和换向器是否有放火花。如果电动机在循环运转中，应该多观察几个循环。注意换向器的颜色和表面状态。换向器上稳定的铜碳氧化膜（区别于纯铜表面）是好的换向结果必须的条件。这个膜的颜色可能是铜色、稻草色、巧克力色、黑色。膜应该洁净光滑，光泽度高。要检查所有电刷的磨损以及软辫线连接是否松动。可以用一片干燥的帆布或者其他硬的，结实地绕绑在木棒上的不带绒的材料，对着转动的换向器清洁换向器表面。

6）转子和电枢。应该检查滑动轴承电动机的气隙，尤其在电动机最近大修过的情况下。安装新的轴承以后，要确保平均读数在10%以内，并且读数低于0.020in（0.51mm）。检查冲孔的风道并确保风道没有外界物质。

7）绕组。如果必要的话，可以通过抽吸或者轻微的鼓吹清洁绕组。确定电动机静止以后，用干布擦拭绕组，注意是否有水分，并且框架底部是否有水分积累。检查是否有任何的润滑油或润滑脂爬上了转子绕组或电枢绕组。在通风良好的房间使用四氯化碳进行清洁。

8）总体检查。这个时候应该检查带、齿轮、挠性联轴节、链条以及链轮是否有过多的磨损或者位置不对。要检查电动机的起动来确定每次通电都能达到应有的速度。

3. 每月检查或每两月检查

1）绕组。检查并励，串励，换向极绕组的紧密度。试着移走极上的磁场线圈架，因为干燥过程可能造成一些间隙。如果这个情况存在，应该咨询维修车间。检查电动机电缆连接是否紧密。

2）电刷。检查支架上电刷的配合和空隙。检查电刷弹簧压力。拧紧支架中的电刷双头螺柱以承担垫圈干燥产生的松弛，保证双头螺柱不会位移，尤其是在 DC 电动机上。更换已经几乎磨损到电刷铆钉处的电刷，检查电刷表面是否有缺口的轴踵或者后踵，以及是否有热裂纹。应该立即更换损伤的电刷。

3）检查换向器表面是否有高杆以及高云母，或者划伤或粗糙不平。确保冒口清洁并且没有损伤。

4）球或滚子轴承。24h 工作的硬驱动球或滚子轴承电动机上，通过排泄孔清除用过的润滑脂，使用新的润滑脂。检查确保润滑脂或者润滑油没有漏到外座体之外。如果发现任何的泄漏，继续运行之前要修整好。

5）滑动轴承。检查滑动轴承磨损，包括轴向游隙轴承表面。如果有灰尘或淤泥现象，清理油井。重新注油之前用更轻的油冲洗。

6）封闭式齿轮。带有封闭式齿轮的电动机，将放油塞打开，检查润滑油流动是否有金属、沙子或水。如果润滑油状态不好，按照指示排出、冲刷，重新注入润滑油。晃动转子检查松弛或反冲是否有增加。

7）载荷。检查载荷是否有条件改变，调节不好，处理或控制不当。

8）联轴器和其他驱动细节。注意带张紧调节是否已经用完。如果出现这种情况，缩短带长度。检查带是否平稳运转，并且靠近带轮内部（电动机边缘）。检查链条是否有磨损或拉伸。清洁链条箱体内部。检查链条润滑系统。注意到倾斜基座的倾向，保证不会造成油环在箱体上摩擦。

4. 每年检查或每两年检查

1）绕组。用兆欧表或者有每伏大约 100Ω 电阻的电压计检查绝缘电阻。检查绝缘层表面是否有干燥裂痕或者其他需要绝缘材料涂层的迹象。如果检查发现灰尘积累，要彻底清洁表面和通风通道。检查框架中霉或者水积聚来确定绕组是否需要干燥，上清漆，烘烤。

2）气隙和轴承。如果读数应该小于 0.020in（0.51mm），检查气隙确定平均读数在 10% 以内。所有轴承、球轴承、滚子轴承和滑动轴承都应接受彻底检查，并替换有缺陷的轴承。废料填充盒和集油器要更新填料和机油。如果它们被金属或者污物堵塞，应确保新的填充盒可以很好地紧靠旋转轴。

3）转子（鼠笼式）。检查鼠笼式转子是否有断裂或者松动的棒、垫圈和连接。如果有必要，将连接接紧。如果套圈粗糙，有斑点或者偏心，联系返修车间返工。确保所有顶部的杆和楔子都是紧的。如果有松动的，联系返修车间。

4）转子（绕线）。彻底清洁集电环、垫圈和连接处周围的绕线转子。如果有必要，将连接接紧。如果套圈粗糙，有斑点或者偏心，联系返修车间返工。确保所有顶部的杆和楔子都是紧的。如果有松动的，联系返修车间。

5）电枢。如有阻塞，彻底清洁电枢的空气通道。检查是否有润滑油或润滑脂沿着轴流动，返回轴承检查。检查换向器表面状况、高杆、高云母或者偏心。如有必要，对换向器重新机械加工以确保表面光滑干净。

6）载荷。利用仪表读出空载、满载或者整个循环中的载荷，以此检查从动机的机械条件。

10.10　粘合剂和密封剂

按照严格的定义，粘合剂就是任何将要连接在一起的材料（被粘物）通过表面接触连结或粘合在一起的物体。粘接的耐久性取决于粘合剂对于基材的强度（附着力）以及粘合剂内部的强度（内聚力）。除了粘合连接处，粘合剂还可以充当外界物质的密封剂。如果粘合剂起到粘合以及密封两个作用，常常被称为粘接密封剂。使用粘合剂将材料接合在一起比起用机械的方法将两种材料接合在一起有很多显著的好处。

这些好处之一就是粘合剂将载荷分布在一个区域而不是集中在一个点上，如此则应力分布更为均匀。也因此，胶合接头比起其他接合方式，如螺栓接合、铆钉接合或焊接接合更能抵抗弯曲应力和振动应力。另外一个好处是粘合剂除了粘合之外还可以起到密封作用。这样的密封防止了可能随异种金属带来的腐蚀，如铝和镁，或者机械接合接头，通过在基质之间提供介质绝缘。粘合剂比起机械接合能够更容易地将不规则形状的表面接合在一起。其他好处还包括几乎可以忽略的重量增加以及对于零件尺寸和几何结构几乎没有改变。

大多数粘合剂以液体、胶体、膏状和胶带状存在。随着粘合剂种类的增加，选择合适的粘合剂或密封剂变得富有挑战。除了粘合剂的技术要求，时间和成本也是重要的考虑因素。选择合适的粘合剂要基于对于粘合剂或密封剂针对特定基质的适宜性。恰当的表面处理，固化参数，粘合剂的强度和耐久性与应用场合相匹配也是至关重要的。胶合接头的性能取决于许多不同的因素，很多因素比较复杂。在选择合适的粘合剂方面，粘合剂供应商通常可以提供必要的专业建议。

粘合剂可以分为结构型胶粘剂或者非结构型胶粘剂。通常来说，如果粘合剂可以支撑重型载荷，认为是结构型胶粘剂；如果不能，则认为是非结构型胶粘剂。很多不同品牌的粘合剂和密封剂都可能适用于某个粘合应用中。在决定粘合密封剂选择的时候，最好还是咨询制造商相关信息。另外，建议在最终使用条件下进行测试，有助于保证接合或密封的接头可以达到或超出预期的表现要求。

尽管不是包罗万象，以下信息与到市场上部分成功应用粘合剂的特点相关。

10.10.1 粘合剂

活性粘合剂作为液体并在适当的条件下与固体反应（固化）。固化胶是热固性聚合物或热塑性聚合物。这种粘合剂又分为双组分不混合、双组分混合以及单组分不混合类。

10.10.2 双组分非混合型粘合剂

粘合剂类型——厌氧（聚氨酯甲基丙烯酸酯）结构胶：厌氧结构胶是丙烯酸酯混合物，丙烯酸酯暴露在空气中仍然保持液态，但是限制在金属基质之间时会硬化。这种粘合剂适用于大量需要接合接头非常稳固的工业应用。好处包括：不需要混合（没有适用期或者浪费的问题），可以得到能够承受热循环，对溶剂和严酷的环境有极佳抵抗力，并且室温极速固化（不需要昂贵的烤炉）的弹性/持久的连接。使用自动设备可以简便地分配粘合剂。通常一个表面要求有触媒剂来开始粘合剂的固化。这些粘合剂的应用包括金属接合、磁体（铁氧体）、玻璃、热固性塑料、陶瓷以及石头。

丙烯酸粘剂：丙烯酸粘剂由主链含丙烯酸盐末端基的聚氨酯构成。这种粘合剂可以通过加热或者在基质表面使用触媒剂硬化，但是工业使用的丙烯酸粘剂都是通过光固化的。光固化粘合剂应用在接合几何结构允许光照到粘合剂，并且生产率足够高平衡光源的资本支出的场合。好处包括：不需要混合（没有适用期或者浪费的问题），配方通过触媒剂，加热或者光固化（凝固）；粘合剂可以粘合多种基质，包括金属和大多数热塑性材料；可以得到坚实耐久的接合，典型抗温度作用最高达180℃。典型的应用包括汽车钣金零件（钢制加硬器），经受烤漆周期的总成零件，磁性连接在极板上的麦克风，电动电磁铁的连接，钢板等很多其他结构性应用。其应用也包括接合玻璃、钢板、磁体（铁氧体）、热固性塑料和热塑性塑料。

10.10.3 双组分混合型粘合剂

粘合剂种类——环氧粘合剂：双组分环氧粘合剂是良好的粘合剂，在制造中可以带来很多好处。这种粘合剂相互反应的元素在使用之前相互分开，所以这种粘合剂通常不需要冷藏就可以有很好的保存期限。混合以后聚合作用才会开始，行程热固性聚合。环氧粘合剂固化形成热固性聚合物以聚合树脂为基础，另一部分含有催化剂。这种系统最大的好处在于固化深度没有限制。因此，可以大量充注，比如灌装，而不需要被外界影响所限制，比如说需要水分或光照来激活固化过程。

为了得到一致的粘合性能，很重要的一点是混合比例要一致。可以通过自动操作处理环氧树脂，但是机械本身涉及初期和维护费用。另一方法就是手动混合粘合剂组分。但是，这种方法涉及劳动成本，并且可能产生人为错误。环氧树脂最大的劣势在于可能变得非常僵硬，因此剥离强度很低。剥离强度的缺乏在金属与金属相接合时的问题没有弹性基材如塑料等接合的问题那么严重。

环氧粘合剂的应用包含接合、注封金属以及金属涂层、接合玻璃、硬质塑料、陶瓷、木头以及石头。

聚氨酯粘合剂：类似环氧树脂，聚氨酯粘合剂可以作为双组分体系或者单一成分冷冻预混合材料。这种粘合剂还可以作为单组分湿态固化体系。聚氨酯粘合剂的物理性质非常广。其弹性比大多数环氧树脂要好。与高凝聚强度结合，这种弹性可以使得坚硬的聚合物比大多数环氧树脂系统剥离强度更高，弯曲模量更小。这种出众的抗剥离能力使得聚氨酯可以在要求很高弹性的应用中发挥作用。聚氨酯接合能够将很多种基材很好地接合，但是可能需要底漆先对基材表面进行处理。底漆湿态作用，需要几小时完全反应后才能使用。如果接合强度要求必须使用底漆，这种时间要求可能造成生产瓶颈。

聚氨酯粘合剂的应用包括接合金属、玻璃、橡胶、热固性塑料和热塑性塑料以及木头。

10.10.4 单组分不混合粘合剂

粘合剂分类——光固化粘合剂：光固化系统使用一种独特的固化机制。粘合剂含有光引发剂，光引发剂吸收光的能量然后离解形成自由基。这些自由基开始启动粘合剂中聚合物、低聚物以及单体的聚合作用。光引发剂的作用就像是化学太阳能电池，将光能转化为用于固化过程的化学能。这种系统最典型的配方是配合紫外线光源作用。但是，新产品的配方也可以与可见光源作用。

光固化粘合剂能为生产提供的最大好处在于节省了半成品交换的工作时间，而这在大多数粘合剂体系中都有的。使用光固化体系，用户可以有足够的时间放置零件而不用担心粘合剂固化。一旦暴露在合适的光源下，粘合剂可以在1min之内完全固化，将过程工作的成本最小化。使用光固化作为固化机制的粘合剂通常是单组分体系，储存时间长，也使其更受工业使用的青睐。

光固化粘合剂的应用包括接合玻璃、玻璃与金属、固定钢丝、表面涂层、薄膜封装、透明基材接合以及组分封灌。

氰基丙烯酸盐粘合剂（速干胶）：氰基丙烯酸盐粘合剂或速干胶常常被称为超强力胶水 TM。氰基丙烯酸盐粘合剂是单组分粘合剂，表面有水分，固化迅速，限制在两个基质之间时可以形成强力的接合。氰基丙烯酸盐粘合剂对于很多基材都有极好的粘合性，包括塑料，并且几秒钟就能达到定位强度，24h 内可以达到全强度。这些品质使得氰基丙烯酸盐粘合剂适合用在自动生产环境中。氰基丙烯酸盐粘合剂的黏度范围从水状液体到触变性凝胶都有。

因为氰基丙烯酸盐粘合剂已经是一种相对成熟的粘合剂族，现在有很多种特别的配方可以帮助用户解决困难的装配问题。其中一个最好的例子就是聚烯烃底漆，用户可以通过它在难以接合的塑料，比如聚乙烯和聚丙烯上获得很强的接合力。氰基丙烯酸盐粘合剂一个常见的缺点是其形成的聚合物基体很僵硬，因此剥离强度很小。为了解决这个问题，已经开发出了橡胶增韧的配方。尽管橡胶增韧在一定程度上提高了体系的剥离强度，剥离强度仍然是该粘合剂体系的一个弱点。因此，对于要求抗剥离强度高的设计，氰基丙烯酸盐粘合剂不是一个好的备选项。在湿度相对低的制造环境中，氰基丙烯酸盐粘合剂的固化可能明显延缓。

这个问题可以通过下面两种方式解决：其一是使用在表面投入活性物质的催化剂，以开始产品的固化；另一种方式就是使用特别配方的表面不敏感的氰基丙烯酸盐粘合剂。这种配方的氰基丙烯酸盐粘合剂即使在干燥或者轻微酸性的表面都能迅速固化。

氰基丙烯酸盐粘合剂的应用包括接合热固性塑料和热塑性塑料、橡胶、金属、木头以及皮料，还有钢丝溢放口。

热熔胶：在装配应用中常常使用热熔胶。通常来说，热熔胶的定位速度比水基粘合剂或者溶剂基粘合剂要快。热熔胶通常以固体形式出现，暴露在升高的温度中会液化。应用完成后，热熔胶迅速冷却，固化并在两个配合的基质之间接合。热熔胶在多种被粘物上都已经得到了成功的应用，可以大幅减少对于夹持的需要和固化需要的时间。热熔胶的缺点在于分配使用时容易起线，耐热性相对较低。

热熔胶的应用包括接合纤维、木头、纸、塑料以及纸板。

橡胶基溶剂胶水：橡胶基溶剂胶水是将一种或多种橡胶或者弹性体在一种溶剂中结合得到的粘合剂。这种溶液还可以加入很多添加剂进行改进，提高黏性或黏稠度、剥离强度、弹性以及黏度和稠度。橡胶基粘合剂在很多场合得到应用，例如层压塑料的压合式粘合剂，如案台、橱柜、书桌。溶剂基橡胶胶水同样已经是鞋类和皮料工业的中流砥柱。

橡胶基溶剂胶水的应用包括接合层压塑料、木头、纸、地毯料、纤维以及皮料。

湿态固化聚氨酯粘合剂：和热固化体系一样，湿态固化卷纸粘合剂的优势在于固化过程非常简单。这种粘合剂在环境中的水分扩散到粘合剂里时就开始固化，并开始了聚合过程。通常来说，这种粘合剂体系在相对湿度 25% 以上的时候会固化，固化速度会随着相对湿度的增加而增大。

这种粘合剂体系对于聚合物中水分渗透的依赖是其最明显的过程局限。因为这种依赖，固化深度被限制在 0.25 ~ 0.5in（6.35 ~ 12.7mm）。典型固化时间为 12 ~ 72h。这种体系最大的用处是在汽车车身的挡风玻璃接合上。

湿态固化聚氨酯粘合剂的应用包括接合金属、玻璃、橡胶、热塑性塑料和热固性塑料以及木头。

10.10.5 固持胶

固持胶这种说法用来描述用在通过将一个零件插入另一个零件接合的圆周组装中的粘合剂。通常来说，固持胶是丙烯酸酯混合的厌氧胶粘剂，丙烯酸酯暴露在空气中仍然保持液态，限制在圆柱体机械元件之间时会固化。典型的例子是用固持胶固定电动机箱体上的轴承。最早的固持胶始于 1963 年，得到了轴承用户的强烈反响，因为固持胶使得新轴承的买家可以废物利用磨损的箱体，还可以将废金属比最小化。

使用固持胶有许多好处，包括不需要高摩擦力时需要的大剂量，可以生产出更精密的总成，可以增大或替换压配合，重压配合下强度增加，机械成本降低。使用这种固持胶还可以帮助在装配过程中耗散热量，以及消除安装钻套时的变形，接触腐蚀，键和花键的反冲，以及运行中轴承抱死。

结构装配中固持胶最大的好处就是需要的机械公差更小，不需要固定零件。零件可以快速清洁地装配，传输力和力矩大，包括动力。固持胶还密封，绝缘，防止微运动，所以不会出现接触腐蚀或者应力腐蚀。加热到约 450℉（230℃）一段时间以后，粘合剂接头可以很容易地分离。

固持胶应用包括在箱体或轴上安装轴承，避免精密工装和机械的变形，在轴上安装转子，插入钻床夹具轴套，维持气缸内衬，在铸件中保持油过滤管，维持引擎核心插头，恢复磨损机械工具精确度，消除键和定位螺钉。

10.10.6 螺纹锁固胶

螺纹锁粘合剂这个说法用来描述用在螺纹锁件组装和螺纹紧固件的粘合剂，用安定，密度高的物质填充在螺母和螺栓的螺纹空隙之间，防止松动。通常来说，螺纹锁粘合剂是由丙烯酸酯混合成的厌氧胶粘剂，丙烯酸酯暴露在空气中仍然保持液态，限制在螺纹元件之间时会固化。一个典型的例子是将螺栓安装在一个电动机或者泵上。螺纹锁粘合剂强度范围从很低（可移除）到很高（永久）。

很重要的一点是螺纹的全部长度都要覆盖到粘合剂，并且螺纹锁粘合剂材料的固化没有限制。有的油类或者清洁系统会阻碍甚至完全防止粘合剂通过厌氧作用固化。液态螺纹锁粘合剂可以手动使用，也可以使用特别的分配装置。在螺纹上恰当的覆盖（浸润）取决于螺纹的尺寸，粘合剂粘度以及零件的几何结构。对于不通孔螺纹，很关键的一点是粘合剂一直要作用到螺纹孔最底端。用量也必须保证装配之后，粘合剂能够填充满整个螺纹长度。

有的通过厌氧作用固化的螺纹锁粘合剂产品对于螺纹中的摩擦系数有好的影响。其值可以与上油的螺栓相比。因此预应力和安装力矩可以准确定义。这就使得通过厌氧作用固化的螺纹锁粘合剂产品可以利用现有的装配设备融入自动化生产线。使用螺纹锁粘合剂有很多好处，包括可以锁紧和密封所有常见的螺栓和螺母尺寸，不论使用什么工业处理方法，可以代替机械锁紧设备。粘合剂对于大多数工业液体都密封，还可以润滑螺纹，得到合适的夹紧力。这种材料还可以提供要求手工工具拆除的抗振动接头，防止螺纹生锈，并且固化（凝固）不会裂开或收缩。

应用包括锁紧和密封液压活塞的螺母，吸尘器外座的螺钉，推土机的轨条螺栓，液压管路配合，打字机螺钉，机油压力开关装配，化油器的螺钉，摇臂螺母，机械传动键以及施工设备。

10.10.7 密封剂

密封剂成分最重要的角色就是防止泄漏或防止灰尘、液体以及其他物质进入装配结构中。可接受的泄漏率范围从轻微的滴漏到气密到基础材料的分子扩散。工业市场的设备用户希望运行不会产生问题，但是要求零泄漏率有时候也是不现实的。影响可接受泄漏率的因素为毒性，产品或环境污染，易燃性，经济型以及人员考虑。所有液体密封的种类都有最基本的功能：密封过程流体（气体、液体或者蒸气），将其保持在应该在的地方。这种装配方法常用的描述是密封垫。制造的很多产品都可以密封多种基质。

密封剂种类——厌氧就地成形密封圈材料：要求接合金属与金属凸缘表面的机械组装长久以来的设计使用预制和预切割材料来密封总成中有缺陷的表面。已经用过密封这些总成的多种密封圈材料包括纸、软木、石棉、木头、金属、敷料甚至是塑料。流体密封分为静态密封体系和动态密封体系，分类取决于零件是否会互相关联运动。凸缘被分为静态体系，尽管在振动、温度、压力变化、冲击、打击下会相对运动。

厌氧就地成形密封圈这种说法用来描述用在凸缘装配中，通过在基材表面填入有弹性，不流动的材料弥补表面有缺陷的金属与金属零件的密封剂。通常来说，厌氧就地成形密封圈是丙烯酸酯混合的密封剂，丙烯酸酯暴露在空气中仍然保持液态，限制在元件之间时会固化。一个典型的例子是分开的曲轴箱两半的密封。

使用厌氧就地成形密封圈有很多好处，包括所有表面有缺陷的都能密封，允许真正的金属与金属接触，消除压缩永久变形和紧固件松动，并且为装配增加结构强度。这些密封圈还可帮助力矩在螺栓凸缘接头中的传输，消除传统垫圈需要的螺栓紧固，允许使用更小的紧固件和更轻的凸缘，拆卸和清洁都很简便。

可以使用厌氧就地成形密封圈生产防泄漏接头的应用包括管道凸缘、分体式曲轴箱、泵、压缩机、动力输出轴罩。这种垫圈还可以用来修复受损的传统垫圈以及包覆软垫圈。

硅橡胶就地成形密封圈：另一种就地成形密封圈使用的是室温硬化（RTV）硅橡胶。这种材料是单组分密封剂，可以在接触环境水分的时候固化。车辆上使用这种密封圈性能非常好，如弹性，低挥发性，黏着性高，对于大多数汽车流体都耐受。这种材料还能承受最高达到600℉（320℃）的间歇式操作。

RTV硅最适合凸缘屈曲最大的比较厚的截面（间隙）垫圈应用。对于坚硬的金属与金属的密封，如果以非常薄膜的形式，固化的弹性体可能擦伤，最终在连续的凸缘运动下失效。RTV硅橡胶不使用总成，要求相对清洁、无油的表面，才能得到有效的粘合和防泄漏的密封。

因为硅基本上是聚合结构，RTV硅弹性体有一些固有的属性，使其在多种应用中非常有用。这些属性包括在 400 ~ 600℉（204 ~ 320℃）出色的热稳定性，以及在 −85 ~ 165℉（−115 ~ −65℃）很好的低温弹性。材料如所有对液体密封圈的要求一样，快速形成密封，并且可以填充很大的间隙，对于冲压的金属和凸缘最大可达 0.250in（6.35mm）。橡胶在紫外光下也有很好的稳定性，耐候性也很好。

就地成形 RTV 硅在汽车领域的应用在于阀、凸轮轴和摇臂盖、人工传输（齿轮箱）凸缘、油底壳、密封板、后轴箱、正时链条罩以及玻璃窗。这种材料还可以用在炉门和烟道上。

10.10.8 锥形管螺纹密封

螺纹密封用于防止气体和液体从管道接头泄漏。这种类型的所有接头都认为是动态的，因为会受到振动，压力改变或温度改变。

管道螺纹上用了多种密封，包括非固化管道涂料，是最老的一种密封螺纹接头螺旋泄漏路径的方法。通常来说，管道涂料是油类和不同填充料构成的膏状物。管道涂料可以润滑接头，堵住螺纹但是又没有锁定的优势。压力下管道涂料会挤出，并且耐溶剂性很差。非固化管道涂料不适用于直螺纹。

另外一种选择是溶剂干燥管道涂料，是一种更老的密封锥形螺纹接头的方式。这种密封剂的优势在于提供润滑和孔口堵塞，同时比非固化管道涂料更容易挤出。一个劣势是固化过程中涂料会随着溶剂蒸发收缩，配合必须重新紧固来将空隙最小化。这种材料通常会通过摩擦将螺纹接头锁定在一起。第三种密封剂就是密封的弹性体，以薄胶带合并聚四氟乙烯（PTFE）的形式提供。这种胶带初期密封很好，可以抵抗化学侵袭，是仅有的几种可以对氧气密封的密封体系之一。

PTFE 的其他优势是润滑作用，允许高转矩，并且对于很多溶剂都有耐受性。劣势是可能不能为两个螺纹表面提供真实密封，而且错方向润滑，所以可能导致配合松动。在动态接头中，胶带可能容许移动，造成长时间以后的泄漏。润滑效果也可能容许过紧，可能增加应力或者引起断裂。有的液压系统中可能因为撕裂禁止使用胶带，因为这可能造成键孔的堵塞。

厌氧管道密封剂——厌氧管道密封剂是用来描述用在锥形螺纹装配中的厌氧密封剂，用来密封和锁定螺纹接头。密封和锁定都是通过用密封剂填充螺纹之间的空间完成的。通常来说，这些管道密封剂是丙烯酸酯混合的密封剂，丙烯酸酯暴露在空气中仍然保持液态，限制在螺纹元件之间时会固化，形成不溶性硬塑料。厌氧管道密封剂的强度在弹性体和易变金属的强度之间。

夹紧力紧度应该只够防止使用中的分离即可。因为密封剂到位后在固化过程中强度会增加，这些密封剂通常对公差、工具痕迹以及轻微的不对齐非常宽容。这些密封剂配方用在金属基材上。如果这种材料用在塑料上，应该在表面使用底漆或者触媒剂。

这些厌氧密封剂优点有，在组装过程中润滑，不论组装扭矩如何都能密封，密封与管道的猝发率一致。密封剂还可以提供受控的拆卸力矩，不会在接头外部固化，还可以在生产线上简便地分配。密封剂在每次密封配合上的成本也很低。缺点则是材料不适合氧气应用，不适用于强效的氧化剂，不适用于温度超过 200℃（392℉）。这种密封剂也不是特别适合直径超过 M80 或 80mm（约 3in）的应用。

选择密封剂时，管道接头在使用中会遇到的影响应该在设计阶段就知晓并理解。选择的密封剂要具有可靠性和长效性。锥形管道螺纹必须在剧烈振动和化学侵袭下也不泄漏，加热和压力波动下也不能泄漏。

厌氧密封剂的应用有工厂液压驱动系统、纺织工业、化学处理、公用事业和发电设施、石油加工以及船舶、汽车、工业设备。这种材料还用在纸浆和造纸工业中，在气体压缩和分配中，在废物处理设施中。

10.11 O 形环

O 形环是圆形截面的一件式模压弹性密封件，通过其有弹性的弹性成分的变形进行密封。O 形环的尺寸列在 ANSI/SAE AS568A 中，O 形环航空航天尺寸标准。标准的 O 形环尺寸分配了带破折号识别编号，与化合物（O 形环材料）一起，完全规定了 O 形环。尽管 O 形环尺寸标准化了，ANSI/SAE AS568A 并没有包含所有用于制作 O 形环的化合物，因此不同的制造商会使用不同的命名来命名不同的 O 形环化合物。例如，230-8307 代表标准 O 形环，尺寸为 230（2.484in 内径，0.139in 宽度），由化合物 8307，一种通用的腈类化合物制成。

如果在凹槽中恰当地安装，O 形环通常会有轻微的变形，因此原本圆形的截面直径方向在受到压力之前被挤压得不再是圆形。这种挤压保证在静态条件下 O 形环与挤压的内壁和外壁都接触，橡胶的弹性提供了零压力密封。当压力作用时，会将 O 形环压过凹槽，造成 O 形环更大的变形，进入流体通道，将其密封，如图 10-82a 所示。继续施加压力，O 形环变形成为 D 形，如图 10-82b 所示。如果密封表面和凹槽角之间的间隙太大，或者压力超过了 O 形环材料（化合物）的变形限制，O 形环会伸入间

10

隙，密封的有效寿命降低。对于压力很低的静态应用，密封剂的有效性可以通过使用更软的硬度计化合物或者增加O形环的初始挤压来提高，但是在高压力下，增加的挤压可能降低O形环的动态密封能力，增大摩擦，降低O形环寿命。

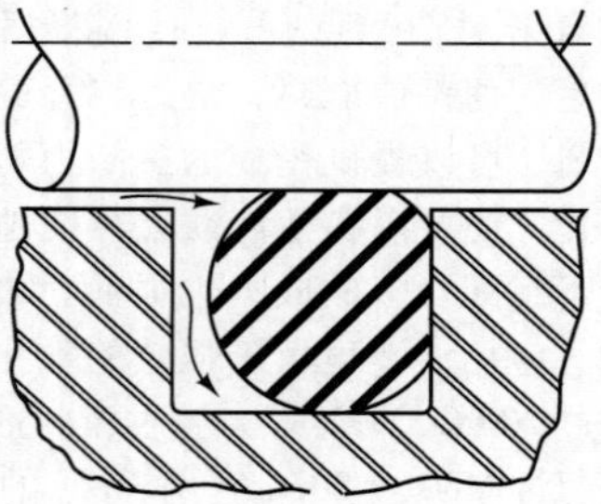

a)

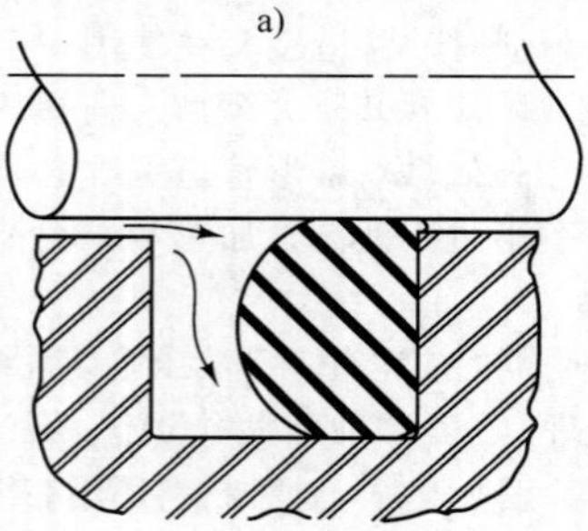

b)

图 10-82 O形环

初始阶段对O形环直径方向的挤压对于O形环的成功应用非常重要。这种挤压就是O形环宽度 W 和密封压盖深度 F 之间的不同（见图10-83），并且对O形环应用的密封能力和寿命都有很大影响。

理想的挤压根据环的截面不同而不同，平均大约是20%，例如，环的截面 W 大约比密封盖深度 F（凹槽深度加上间隙）大20%，凹槽宽度通常是环宽度 W 的1.5倍。安装时，O形环轻微挤压变形进入凹槽的空隙中。环接触到流体或者受热时，还可能出现更多的膨胀或者膨大。凹槽必须足够大来适应环的最大膨胀，否则环可能会挤入间隙中或者使组件破损。动态应用中，挤出的环的材料会迅速磨损，严重限制密封件的寿命。

为了防止O形环挤出或者修正一个O形环应用，可以通过修改系统尺寸减小间隙，减少系统运行压力，在凹槽中和O形环一起安装抗挤出的备用环，如图10-84所示，或者使用硬度更大的O形环化合物。硬度更高的化合物可能导致摩擦更大，更有可能在低压下泄漏。备用环常用皮料、聚四氟乙烯、金属、酚醛树脂、硬橡胶以及其他材料制作，可以在间隙必须很大、压力必须很高的应用中防止挤出和蚕食。

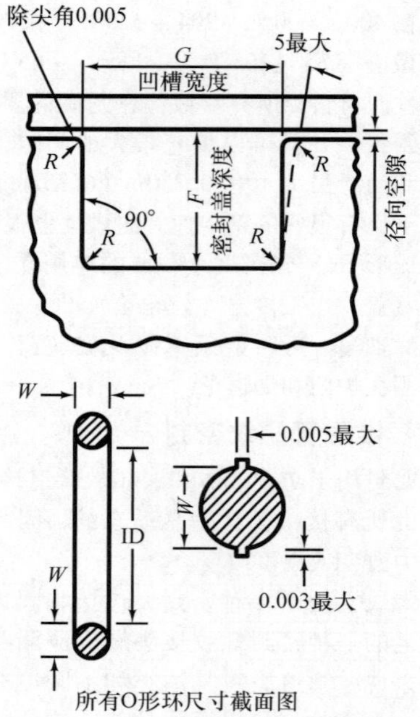

图 10-83 凹槽和O形环细节

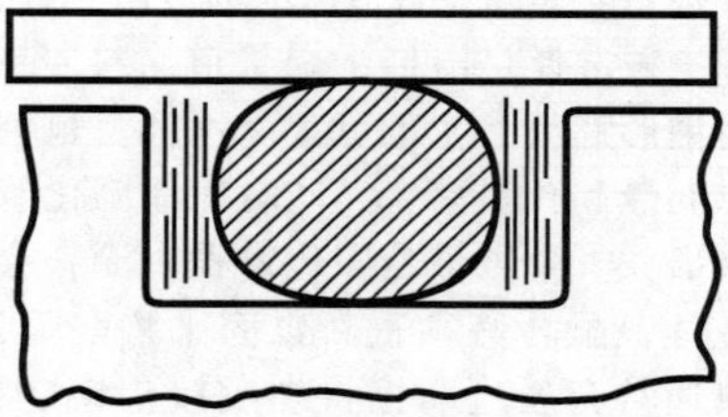

图 10-84 备用垫圈使用的优先选择

最有效和可靠的密封通常要使用制造商文件中的直径向间隙。但是，表10-192提供的信息可以用来估算O形环应用中要求的密封盖深度（凹槽深度加上径向间隙）。使用的间隙（径向间隙等于直径向间隙的一半）同样取决于系统压力、环的化合物和硬度、以及应用的具体细节。

表 10-192 O形环应用密封盖深度

标准O形环横截面直径/in	密封盖深度/in	
	往复式密封圈	静态密封圈
0.070	0.055~0.057	0.050~0.052
0.103	0.088~0.090	0.081~0.083
0.139	0.121~0.123	0.111~0.113
0.210	0.185~0.188	0.170~0.173
0.275	0.237~0.240	0.226~0.229

注：来源于奥本制造公司。可能的话，使用制造商建议的间隙和凹槽深度。

图10-85所示为O形环密封可能要应用的条件，根据液体压力和O形环硬度不同而不同。如果应用条件落在曲线右边，会出现O形环挤出周围的间隙，

很大程度降低环的寿命。如果条件落在曲线左边，不会出现挤出现象，可以在这种条件下使用 O 形环。例如，一个 O 形环应用中，直径向间隙为 0.004in，压力 2500psi，70 硬度计 O 形环会出现挤出而 80 硬度计 O 形环不会出现挤出。要有效密封，高压应用要求间隙更小，O 形环硬度更大。

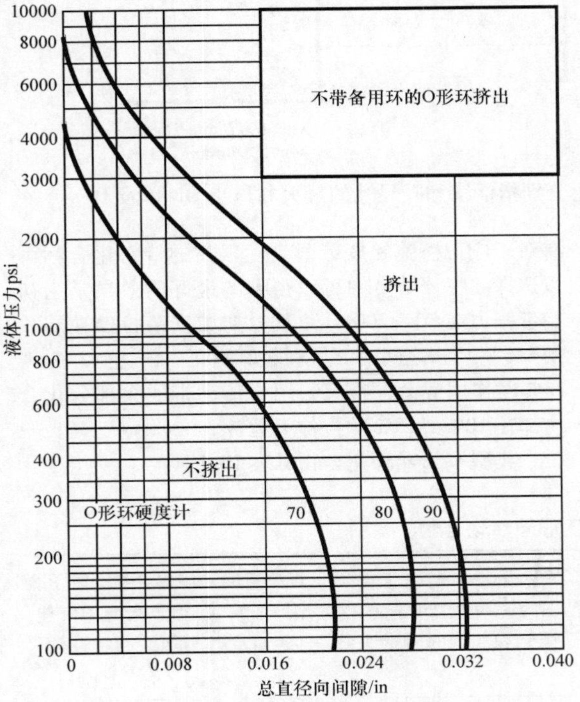

图 10-85　O 形环挤出可能性与硬度和间隙的函数

建议的 O 形环凹槽宽度、间隙尺寸以及凹槽底部的半径在 475（25.940in 内径，0.275in 宽度）以下的可以在表 10-193 和图 10-86 中找到。通常来说，除了截面小于$\frac{1}{16}$in 的环，凹槽宽度大于 1.5W，其中 W 是环截面直径，直边凹槽能够最好地防止环挤出或蚕食；但是，对于低压应用（低于 1500psi）最大角度 5°的斜面可以用来简化凹槽的机械加工。凹槽表面应该没有毛边、缺口或者抓痕。对于静态密封（如 O 形环和任何运动零件都没有接触），对于液体密封应用，凹槽表面最大粗糙度应该是 32 ~ 63μ in rms，气体密封应用凹槽表面最大粗糙度应该是 16 ~ 32μ in rms。在动态密封中，O 形环和一个或多个零件有相对运动，滑动接触应用（如往复式密封）凹槽表面最大粗糙度 8 ~ 16μin rms，转动接触应用（转动和振荡密封）的最大粗糙度是 16 ~ 32μin rms。

在动态密封应用中，与 O 形环接触（如孔、活塞、轴）的表面粗糙度应该为 8 ~ 16μin rms，没有纵向和周向的抓痕。表面处理低于 5 μin rms 的因为擦拭太干净，造成环没有润滑膜在箱体内部磨损，不能有比较长的密封寿命。质量最好的表面是亚光、抛光的或者硬镀铬的。质软和线状的金属如铝、黄铜、青铜、乃尔铜-镍合金或者易切削的不锈钢不应该用来与移动的密封接触。在静态应用中，与 O 形环接触的表面应该有最大表面粗糙度 64 ~ 125μin rms。

表 10-193　O 形环应用的直径间隙和沟槽尺寸　　（单位：in）

ANSI/SAE AS568 号	公差		直径间隙 D		凹槽宽度 G			凹槽底部半径 R
					备用环			
	A	B	往复式和静态密封	回转密封	无	一	二	
001	+0.001 −0.000	+0.000 −0.001	0.002 ~ 0.004	0.012 ~ 0.016	0.063			0.005 ~ 0.015
002					0.073			
003					0.083			
004 ~ 012					0.094	0.149	0.207	
013 ~ 050	+0.002 −0.000	+0.000 −0.002	0.002 ~ 0.005					
102 ~ 129					0.141	0.813	0.245	
130 ~ 178			0.002 ~ 0.006					
201 ~ 284				0.016 ~ 0.020	0.188	0.235	0.304	0.010 ~ 0.025
309 ~ 395			0.003 ~ 0.007		0.281	0.334	0.424	0.020 ~ 0.035
425 ~ 475	+0.003 −0.000	+0.000 −0.003	0.004 ~ 0.010		0.375	0.475	0.579	

注：来源于奥本制造公司。列出的间隙是最大值和最小值；对于膨胀小于 15% 的环化合物标准凹槽宽度可以减少大于 10%。尺寸 A 是任何与环的外周接触的表面的 ID；B 是任何与环的内周接触的表面的 OD。

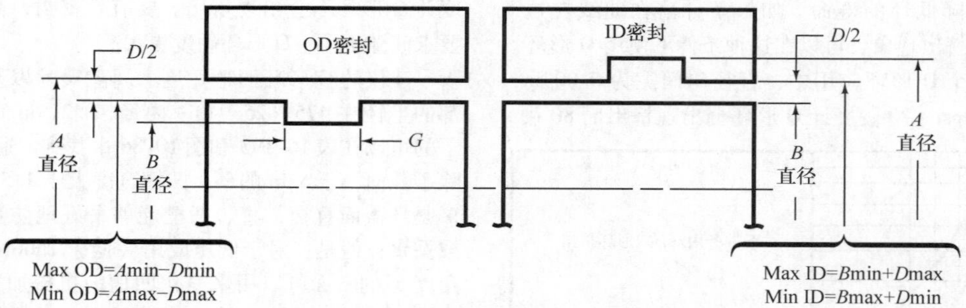

图 10-86　使用表 10-193 的安装数据（最大和最小分别指活塞和孔尺寸的最大和最小 OD 以及 ID）

优选的孔材料是钢和铸铁，活塞应该比孔质软，避免划伤孔。孔的截面应该足够厚，方能承受压力下的膨胀和收缩，保持径向间隙恒定，减少因为挤出和蚕食对 O 形环造成损伤的可能。使用 O 形环和塑料零件的时候可能出现一些兼容性问题，因为有的化合物可能侵袭塑料，造成塑料表面的裂纹。

O 形环常常在低功率传输元件的轻型张力的圆底或 V 形凹槽中被用作传动带。针对这些应用，也有对于应力松弛和疲劳耐受性很高的特殊化合物可以选择。在传动带中可以得到的最好的效果是当初始带张力在 80 ~ 200psi 之间，初始安装拉伸在周长的 8% ~25% 之间时。尽管聚氨酯在拉伸达到20% ~25% 时作用寿命也很好，用于传动带的大部分化合物都在 10% ~15% 的拉伸下运转。

典型 O 形圈环化合物见表 10-194。

表 10-194　典型 O 形圈环化合物

腈类	大多数石油、油脂、汽油、酒精、乙二醇、液化石油气、丙烷和丁烷燃料的通用化合物。对于蔬菜和动物油的耐受性也很好。有效温度范围为 –40 ~ 250℉（–40 ~121℃）。压缩永久变形极佳，撕裂强度和耐磨性很好，但是对于臭氧、阳光和气候的耐受性很差。也有属性类似的高温腈类化合物
氢化丁腈橡胶	与通用腈类化合物类似，高温性能，抗老化，石油产品的兼容性更高
聚氯丁烯（氯丁橡胶）	压缩永久变形差，升温耐受性好的通用化合物。对于阳光、臭氧和气候耐受性好，耐油性也不错。常用于制冷器气体如氟利昂。有效温度范围为 –40 ~250℉（–40 ~121℃）
乙烯、丙烯	通用化合物，对于极性流体如水、蒸气、酮、磷酸酯和制动液的耐受性极好，但对于石油和熔剂的耐受性不佳。对于臭氧和挠曲耐受性极好。推荐用在带传动应用中。连续工作温度最高为 250℉（121℃）
硅	最大温度范围（–150 ~500℉ 或 –101 ~260℃），是所有弹性化合物中低温弹性最好的。不推荐在动态应用中使用，因为强度低，也不建议与大多数石油一起使用。收缩性与有机橡胶类似，可以使用现有模具
聚氨酯	用在 O 形环上最硬的弹性体，抗张强度高，耐磨性极好，撕裂强度极佳。压缩永久变形和耐热性不如腈类。适用于预计有磨损性污染物和冲击载荷的液压应用。作用温度范围为 –65 ~212℉（–54 ~100℃）
氟硅橡胶	连续工作温度范围大（–80 ~450℉ 或 –62 ~232℃），对于石油和燃料耐受性极好。仅推荐用于静态应用，因为强度有限，抗磨性较差
聚丙烯酸酯	耐热性比腈类化合物好，但是低温，压缩永久变形和耐水性次于腈类化合物。因为对油、汽车传动液、氧化和挠曲开裂的耐受性极好，通常用在动力转向和传输应用中。工作温度范围为 –20 ~300℉（–29 ~149℃）

（续）

碳氟化合物（氟橡胶）	通用化合物，适用于要求对芳香族或卤化熔剂耐受的应用，或者高温应用（-20～500℉或-29～260℃，有限使用到 600℉ 或 316℃）。对于混合芳烃燃料、纯芳香族、卤代烃以及其他石油产品耐受性出色。强酸耐受性好，酸温度范围为-20～250℉或-29～121℃，但是与热水、蒸气和制动液使用时不会有效

环的材料——针对 O 形环的不同应用已经开发出了上千种化合物。表 10-194 给出了其中最常用类型和其典型的应用。邵氏 A 硬度计是测量弹性体化合物的硬度的标准仪器。最软的 O 形环邵氏 A 为 50～60，更容易拉伸，静摩擦力较小，在粗糙的表面密封较好，比更硬的环需要的夹紧力更小。挤压一定，环的硬度越大，伴生摩擦更大，因为硬环比软环表现出更大的压缩力。

运用最广的环是中度硬度的 O 形环，邵氏 A 硬度 70，是运行的密封中耐磨性和摩擦性最好的。涉及振荡运动或转动的应用常常使用 80 邵氏 A 硬度的材料。邵氏 A 硬度在 85 以上的环通常泄漏更多，因为擦拭作用有效性更低。这种质地更硬的环对于挤出的耐受性更好，但尺寸小的可能在安装中很容易折断。O 形环的硬度随着温度大幅度变化，但是用在高温连续工作中时，硬度可能在最初软化以后升高。

O 形环化合物热膨胀系数大概是金属化合物的 7～20 倍，所以温度变化的收缩和膨胀可能造成安装在紧配合凹槽中的环在低温时产生泄漏问题和高温时的过大压力。类似的，O 形环浸泡在液体中时，化合物通常会吸收部分液体，最终体积变大。制造商的数据给出了化合物在不同液体中浸泡的体积变化数据。对于受限环（部分暴露在液体中的环），尺寸增加远低于完全浸泡在液体中的环。还有些液体能造成环在“空闲”时段的收缩，例如密封件有机会干燥的时候。如果收缩超过 3%～4%，密封可能泄漏。

液体接触和高温造成的过度膨胀使所有化合物的邵氏 A 硬度比室温降低 20%～30%，设计时应该考虑运行的条件。低温时，这种膨胀可能有好处，因为吸收液体可能会让密封更有弹性。但是，低温和低压的结合使得密封非常难以保持。软质化合物应该用来提供低温耐受的密封。低于 65℉，只有含硅配方的化合物有用，其他化合物太过僵硬，尤其针对空气或其他气体的运用。

压缩永久变形也是一种材料属性，并且是非常重要的一个密封元素。这是对材料形状记忆的测量，即变形后变回原形的能力。压缩永久变形是一个比例，以百分比形式表示，是 O 形环在两个加热的盘中压缩一段时间之后放开，没有恢复的比上 O 形环原始厚度的比例。压缩永久变形过大的 O 形环不能很好地维持密封，因为长时间以后，环不能再在环壁上呈现必要的压缩力（挤压）。因为液体接触造成的环的膨胀倾向于增加挤压力，可以补偿部分因为压缩永久变形造成的损失。通常来说，压缩永久变形根据化合物和横截面直径不同而不同，随着运转温度变大。

10.12 冷轧型钢、线材、钣金件、钢丝绳

10.12.1 冷轧型钢

1. 角钢弯成圆形的长度

为了计算用在储槽或烟囱内部或外部角钢的长度，可以应用表 10-195 中的常量：例如，假设一个竖管，内直径为 20ft，内部顶部角钢尺寸 3in×3in×3/8in。直径 20ft 的圆周形周长为 754in。从表 10-195 中，找出 3in×3in×3/8in 角钢的常量，为 4.319。角的长度级（754-4.319）in=749.681in。如果角在外，则不是减去常量，而是加上常量，因此，则为（754 + 4.319）in=758.319in。

表 10-195 角钢规格

角钢规格	常量	角钢规格	常量	角钢规格	常量
1/4×2×2	2.879	5/16×3×3	4.123	1/2×5×5	6.804
5/16×2×2	3.076	3/8×3×3	4.319	3/8×6×6	7.461
3/8×2×2	3.272	1/2×3×3	4.711	1/2×6×6	7.854
1/4×2½×2½	3.403	3/8×3½×3½	4.843	3/4×6×6	8.639
5/16×2½×2½	3.600	1/2×3½×3½	5.235	1/2×8×8	9.949
3/8×2½×2½	3.796	3/8×4×4	5.366	3/4×8×8	10.734
1/2×2½×2½	4.188	1/2×4×4	5.758	1×8×8	11.520
1/4×3×3	3.926	3/8×5×5	6.414	—	—

2. 轧钢形状标准命名

通过美国钢铁协会（AISI）以及美国钢铁结构协会（AISC）的共同努力，已经改变了大多数热轧结构钢形状的命名。目前的命名，对于钢的制造和装配工业是标准的，应该用在钢的设计、细节设计和订购过程中。配合使用的表 10-196 将现有的命名和之前的描述做了对比。

表 10-196 热轧结构钢形状命名（AISI 和 AISC）

现用命名	形状类型	早期命名
W 24×76	W 形状	24 WF 76
W 14×26	W 形状	14 B 26
S 24×100	S 形状	24 I 100
M 8×18.5	M 形状	8 M 18.5
M 10×9	M 形状	10 JR 9.0
M 8×34.3	M 形状	8×8 M 34.3
C 12×20.7	美国标准槽钢	12 [20.7
MC 12×45	杂类槽钢	12×4 [45.0
MC 12×10.6	杂类槽钢	12 JR [10.6
HP 14×73	HP 形状	14 BP 73
L 6×6×¾	等股角钢	∠6×6×¾
L 6×4×⅝	等股角钢	∠6×4×⅝
WT 12×38	W 形状切出的结构性三通	ST 12 WF 38
WT 7×13	W 形状切出的结构性三通	ST 7 B 13
St 12×50	S 形状切出的结构性三通	ST 12 I 50
MT 4×9.25	M 形状切出的结构性三通	ST 4 M 9.25
MT 5×4.5	M 形状切出的结构性三通	ST 5 JR 4.5
MT 4×17.15	M 形状切出的结构性三通	ST 4 M 17.15
PL½×18	板	PL 18×½
棒 1	方柱	棒 1
棒 1¼ϕ	圆柱	棒 1¼ϕ
棒 2½×½	扁钢	棒 2½×½
管状 4 标准	管状	管状 4 标准
管状 4 加强	管状	管状 4 加强
管状 4 加加强	管状	管状 4 加加强
TS 4×4×0.375	结构管材：方形	管 4×4×0.375
TS 5×3×0.375	结构管材：矩形	管 5×3×0.375
TS 3 OD×0.250	结构管材：圆形	管 3 OD×0.250

注：数据来自《钢结构手册》，1980 年第 8 版，得到美国钢铁结构协会认可。

宽翼钢见表 10-197 ~ 表 10-200，S 型钢见表 10-201，美国标准槽钢见表 10-202，等边角钢见表 10-203，不等边角钢见表 10-204，铝业协会标准结构形状见表 10-205。

表 10-197　宽翼钢（一）

宽翼截面命名按截面字母，以 in 为单位元件公称深度，以 lb/ft 为单位的标称质量的顺序排列，则有

W18 × 64

代表宽翼截面公称深度 18in，标称质量 64lb/ft。每种截面实际的几何结构可以从下面的值得到

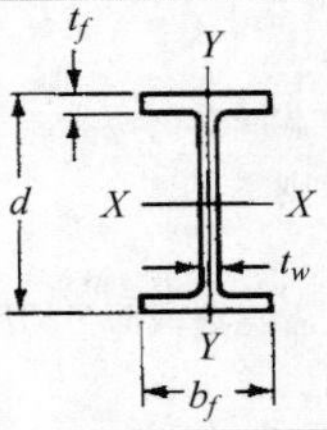

命名	面积 A/in^2	深度 d/in	凸缘		腹板厚度 t_w/in	轴 $X-X$			轴 $Y-Y$		
			宽度 b_f/in	厚度 t_f/in		I/in^4	S/in^3	r/in	I/in^4	S/in^3	r/in
W①27 × 178	52.3	27.81	14.085	1.190	0.725	6990	502	11.6	555	78.8	3.26
W27 × 161	47.4	27.59	14.020	1.080	0.660	6280	455	11.5	497	70.9	3.24
W27 × 146	42.9	27.38	13.965	0.975	0.605	5630	411	11.4	443	63.5	3.21
W27 × 114	33.5	27.29	10.070	0.930	0.570	4090	299	11.0	159	31.5	2.18
W27 × 102	30.0	27.09	10.015	0.830	0.515	3620	267	11.0	139	27.8	2.15
W27 × 94	27.7	26.92	9.990	0.745	0.490	3270	243	10.9	124	24.8	2.12
W27 × 84	24.8	26.71	9.960	0.640	0.460	2850	213	10.7	106	21.2	2.07
W24 × 162	47.7	25.00	12.955	1.220	0.705	5170	414	10.4	443	68.4	3.05
W24 × 146	43.0	24.74	12.900	1.090	0.650	4580	371	10.3	391	60.5	3.01
W24 × 131	38.5	24.48	12.855	0.960	0.605	4020	329	10.2	340	53.0	2.97
W24 × 117	34.4	24.26	12.800	0.850	0.550	3540	291	10.1	297	46.5	2.94
W24 × 104	30.6	24.06	12.750	0.750	0.500	3100	258	10.1	259	40.7	2.91
W24 × 94	27.7	24.31	9.065	0.875	0.515	2700	222	9.87	109	24.0	1.98
W24 × 84	24.7	24.10	9.020	0.770	0.470	2370	196	9.79	94.4	20.9	1.95
W24 × 76	22.4	23.92	8.990	0.680	0.440	2100	176	9.69	82.5	18.4	1.92
W24 × 68	20.1	23.73	8.965	0.585	0.415	1830	154	9.55	70.4	15.7	1.87
W24 × 62	18.2	23.74	7.040	0.590	0.430	1550	131	9.23	34.5	9.80	1.38
W24 × 55	16.2	23.57	7.005	0.505	0.395	1350	114	9.11	29.1	8.30	1.34
W21 × 147	43.2	22.06	12.510	1.150	0.720	3630	329	9.17	376	60.1	2.95
W21 × 132	38.8	21.83	12.440	1.035	0.650	3220	295	9.12	333	53.5	2.93
W21 × 122	35.9	21.68	12.390	0.960	0.600	2960	273	9.09	305	49.2	2.92
W21 × 111	32.7	21.51	12.340	0.875	0.550	2670	249	9.05	274	44.5	2.90
W21 × 101	29.8	21.36	12.290	0.800	0.500	2420	227	9.02	248	40.3	2.89
W21 × 93	27.3	21.62	8.420	0.930	0.580	2070	192	8.70	92.9	22.1	1.84
W21 × 83	24.3	21.43	8.355	0.835	0.515	1830	171	8.67	81.4	19.5	1.83
W21 × 73	21.5	21.24	8.295	0.740	0.455	1600	151	8.64	70.6	17.0	1.81
W21 × 68	20.0	21.13	8.270	0.685	0.430	1480	140	8.60	64.7	15.7	1.80
W21 × 62	18.3	20.99	8.240	0.615	0.400	1330	127	8.54	57.5	13.9	1.77
W21 × 57	16.7	21.06	6.555	0.650	0.405	1170	111	8.36	30.6	9.35	1.35
W21 × 50	14.7	20.83	6.530	0.535	0.380	984	94.5	8.18	24.9	7.64	1.30
W21 × 44	13.0	20.66	6.500	0.450	0.350	843	81.6	8.06	20.7	6.36	1.26
W18 × 119	35.1	18.97	11.265	1.060	0.655	2190	231	7.90	253	44.9	2.69
W18 × 106	31.1	18.73	11.200	0.940	0.590	1910	204	7.84	220	39.4	2.66
W18 × 97	28.5	18.59	11.145	0.870	0.535	1750	188	7.82	201	36.1	2.65
W18 × 86	25.3	18.39	11.090	0.770	0.480	1530	166	7.77	175	31.6	2.63
W18 × 76	22.3	18.21	11.035	0.680	0.425	1330	146	7.73	152	27.6	2.61
W18 × 71	20.8	18.47	7.635	0.810	0.495	1170	127	7.50	60.3	15.8	1.70
W18 × 65	19.1	18.35	7.590	0.750	0.450	1070	117	7.49	54.8	14.4	1.69
W18 × 60	17.6	18.24	7.555	0.695	0.415	984	108	7.47	50.1	13.3	1.69
W18 × 55	16.2	18.11	7.530	0.630	0.390	890	98.3	7.41	44.9	11.9	1.67
W18 × 50	14.7	17.99	7.495	0.570	0.355	800	88.9	7.38	40.1	10.7	1.65
W18 × 46	13.5	18.06	6.060	0.605	0.360	712	78.8	7.25	22.5	7.43	1.29
W18 × 40	11.8	17.90	6.015	0.525	0.315	612	68.4	7.21	19.1	6.35	1.27
W18 × 35	10.3	17.70	6.000	0.425	0.300	510	57.6	7.04	15.3	5.12	1.22

注：1. 数据来自《钢结构手册》，1980 年第 8 版，得到美国钢铁结构协会认可。

2. I 是转动惯量，S 是截面模量，r 是回转半径。

① 参考 AISC 手册，注意，针对 W 钢形状，公称深度超过 27in。

表 10-198 宽翼钢（二）

宽翼截面命名按截面字母，以 in 为单位元件公称深度，以 lb/ft 为单位的标称质量的顺序排列，则有

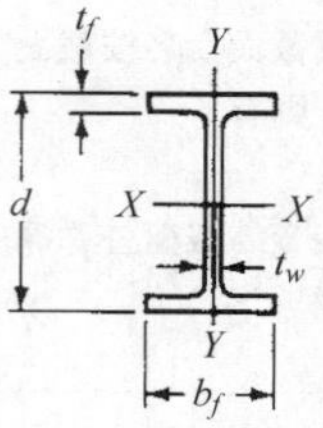

W16×78

代表着宽翼截面公称深度 16in，标称质量 78lb/ft。每种截面实际的几何结构可以从下面的值得到

命名	面积	深度	凸缘		腹板厚度	轴 $X-X$			轴 $Y-Y$		
	A/in^2	d/in	宽度 b_f/in	厚度 t_f/in	t_w/in	I/in^4	S/in^3	r/in	I/in^4	S/in^3	r/in
W16×100	29.4	16.97	10.425	0.985	0.585	1490	175	7.10	186	35.7	2.51
W16×89	26.2	16.75	10.365	0.875	0.525	1300	155	7.05	163	31.4	2.49
W16×77	22.6	16.52	10.295	0.760	0.455	1110	134	7.00	138	26.9	2.47
W16×67	19.7	16.33	10.235	0.665	0.395	954	117	6.96	119	23.2	2.46
W16×57	16.8	16.43	7.120	0.715	0.430	758	92.2	6.72	43.1	12.1	1.60
W16×50	14.7	16.26	7.070	0.630	0.380	659	81.0	6.68	37.2	10.5	1.59
W16×45	13.3	16.13	7.035	0.565	0.345	586	72.7	6.65	32.8	9.34	1.57
W16×40	11.8	16.01	6.995	0.505	0.305	518	64.7	6.63	28.9	8.25	1.57
W16×36	10.6	15.86	6.985	0.430	0.295	448	56.5	6.51	24.5	7.00	1.52
W16×31	9.12	15.88	5.525	0.440	0.275	375	47.2	6.41	12.4	4.49	1.17
W16×26	7.68	15.69	5.500	0.345	0.250	301	38.4	6.26	9.59	3.49	1.12
W14×730	215.0	22.42	17.890	4.910	3.070	14300	1280	8.17	4720	527	4.69
W14×665	196.0	21.64	17.650	4.520	2.830	12400	1150	7.98	4170	472	4.62
W14×605	178.0	20.92	17.415	4.160	2.595	10800	1040	7.80	3680	423	4.55
W14×550	162.0	20.24	17.200	3.820	2.380	9430	931	7.63	3250	378	4.49
W14×500	147.0	19.60	17.010	3.500	2.190	8210	838	7.48	2880	339	4.43
W14×455	134.0	19.02	16.835	3.210	2.015	7190	756	7.33	2560	304	4.38
W14×426	125.0	18.67	16.695	3.035	1.875	6600	707	7.26	2360	283	4.34
W14×398	117.0	18.29	16.590	2.845	1.770	6000	656	7.16	2170	262	4.31
W14×370	109.0	17.92	16.475	2.660	1.655	5440	607	7.07	1990	241	4.27
W14×342	101.0	17.54	16.360	2.470	1.540	4900	559	6.98	1810	221	4.24
W14×311	91.4	17.12	16.230	2.260	1.410	4330	506	6.88	1610	199	4.20
W14×283	83.3	16.74	16.110	2.070	1.290	3840	459	6.79	1440	179	4.17
W14×257	75.6	16.38	15.995	1.890	1.175	3400	415	6.71	1290	161	4.13
W14×233	68.5	16.04	15.890	1.720	1.070	3010	375	6.63	1150	145	4.10
W14×211	62.0	15.72	15.800	1.560	0.980	2660	338	6.55	1030	130	4.07
W14×193	56.8	15.48	15.710	1.440	0.890	2400	310	6.50	931	119	4.05
W14×176	51.8	15.22	15.650	1.310	0.830	2140	281	6.43	838	107	4.02
W14×159	46.7	14.98	15.565	1.190	0.745	1900	254	6.38	748	96.2	4.00
W14×145	42.7	14.78	15.500	1.090	0.680	1710	232	6.33	677	87.3	3.98

注：1. 数据来自《钢结构手册》，1980 年第 8 版，得到美国钢铁结构协会认可。

2. I 是转动惯量，S 是截面模量，r 是回转半径。

表 10-199 宽翼钢（三）

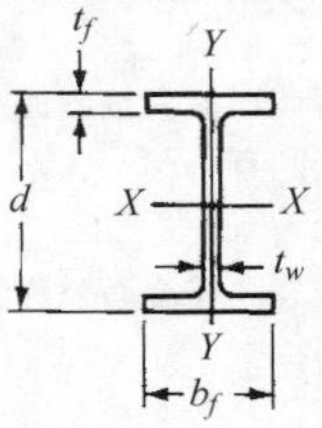

宽翼截面命名按截面字母，以 in 为单位元件公称深度，以 lb/ft 为单位的标称质量的顺序排列，则有

W14 ×38

代表着宽翼截面公称深度 14in，标称质量 38lb/ft。每种截面实际的几何结构可以从下面的值得到

命名	面积	深度	凸缘		腹板厚度	轴 $X-X$			轴 $Y-Y$		
	A/in^2	d/in	宽度 b_f/in	厚度 t_f/in	t_w/in	I/in^4	S/in^3	r/in	I/in^4	S/in^3	r/in
W14 ×132	38.8	14.66	14.725	1.030	0.645	1530	209	6.28	548	74.5	3.76
W14 ×120	35.3	14.48	14.670	0.940	0.590	1380	190	6.24	495	67.5	3.74
W14 ×109	32.0	14.32	14.605	0.860	0.525	1240	173	6.22	447	61.2	3.73
W14 ×99	29.1	14.16	14.565	0.780	0.485	1110	157	6.17	402	55.2	3.71
W14 ×90	26.5	14.02	14.520	0.710	0.440	999	143	6.14	362	49.9	3.70
W14 ×82	24.1	14.31	10.130	0.855	0.510	882	123	6.05	148	29.3	2.48
W14 ×74	21.8	14.17	10.070	0.785	0.450	796	112	6.04	134	26.6	2.48
W14 ×68	20.0	14.04	10.035	0.720	0.415	723	103	6.01	121	24.2	2.46
W14 ×61	17.9	13.89	9.995	0.645	0.375	640	92.2	5.98	107	21.5	2.45
W14 ×53	15.6	13.92	8.060	0.660	0.370	541	77.8	5.89	57.7	14.3	1.92
W14 ×48	14.1	13.79	8.030	0.595	0.340	485	70.3	5.85	51.4	12.8	1.91
W14 ×43	12.6	13.66	7.995	0.530	0.305	428	62.7	5.82	45.2	11.3	1.89
W14 ×38	11.2	14.10	6.770	0.515	0.310	385	54.6	5.87	26.7	7.88	1.55
W14 ×34	10.0	13.98	6.745	0.455	0.285	340	48.6	5.83	23.3	6.91	1.53
W14 ×30	8.85	13.84	6.730	0.385	0.270	291	42.0	5.73	19.6	5.82	1.49
W14 ×26	7.69	13.91	5.025	0.420	0.255	245	35.3	5.65	8.91	3.54	1.08
W14 ×22	6.49	13.74	5.000	0.335	0.230	199	29.0	5.54	7.00	2.80	1.04
W12 ×336	98.8	16.82	13.385	2.955	1.775	4060	483	6.41	1190	177	3.47
W12 ×305	89.6	16.32	13.235	2.705	1.625	3550	435	6.29	1050	159	3.42
W12 ×279	81.9	15.85	13.140	2.470	1.530	3110	393	6.16	937	143	3.38
W12 ×252	74.1	15.41	13.005	2.250	1.395	2720	353	6.06	828	127	3.34
W12 ×230	67.7	15.05	12.895	2.070	1.285	2420	321	5.97	742	115	3.31
W12 ×210	61.8	14.71	12.790	1.900	1.180	2140	292	5.89	664	104	3.28
W12 ×190	55.8	14.38	12.670	1.735	1.060	1890	263	5.82	589	93.0	3.25
W12 ×170	50.0	14.03	12.570	1.560	0.960	1650	235	5.74	517	82.3	3.22
W12 ×152	44.7	13.71	12.480	1.400	0.870	1430	209	5.66	454	72.8	3.19
W12 ×136	39.9	13.41	12.400	1.250	0.790	1240	186	5.58	398	64.2	3.16
W12 ×120	35.3	13.12	12.320	1.105	0.710	1070	163	5.51	345	56.0	3.13
W12 ×106	31.2	12.89	12.220	0.990	0.610	933	145	5.47	301	49.3	3.11
W12 ×96	28.2	12.71	12.160	0.900	0.550	833	131	5.44	270	44.4	3.09
W12 ×87	25.6	12.53	12.125	0.810	0.515	740	118	5.38	241	39.7	3.07
W12 ×79	23.2	12.38	12.080	0.735	0.470	662	107	5.34	216	35.8	3.05
W12 ×72	21.1	12.25	12.040	0.670	0.430	597	97.4	5.31	195	32.4	3.04
W12 ×65	19.1	12.12	12.000	0.605	0.390	533	87.9	5.28	174	29.1	3.02
W12 ×58	17.0	12.19	10.010	0.640	0.360	475	78.0	5.28	107	21.4	2.51
W12 ×53	15.6	12.06	9.995	0.575	0.345	425	70.6	5.23	95.8	19.2	2.48
W12 ×50	14.7	12.19	8.080	0.640	0.370	394	64.7	5.18	56.3	13.9	1.96
W12 ×45	13.2	12.06	8.045	0.575	0.335	350	58.1	5.15	50.0	12.4	1.94
W12 ×40	11.8	11.94	8.005	0.515	0.295	310	51.9	5.13	44.1	11.0	1.93
W12 ×35	10.3	12.50	6.560	0.520	0.300	285	45.6	5.25	24.5	7.47	1.54
W12 ×30	8.79	12.34	6.520	0.440	0.260	238	38.6	5.21	20.3	6.24	1.52
W12 ×26	7.65	12.22	6.490	0.380	0.230	204	33.4	5.17	17.3	5.34	1.51
W12 ×22	6.48	12.31	4.030	0.425	0.260	156	25.4	4.91	4.66	2.31	0.847
W12 ×19	5.57	12.16	4.005	0.350	0.235	130	21.3	4.82	3.76	1.88	0.822
W12 ×16	4.71	11.99	3.990	0.265	0.220	103	17.1	4.67	2.82	1.41	0.773
W12 ×14	4.16	11.91	3.970	0.225	0.200	88.6	14.9	4.62	2.36	1.19	0.753

注：数据来自《钢结构手册》，1980 年第 8 版，得到美国钢铁结构协会认可。

表 10-200 宽翼钢（四）

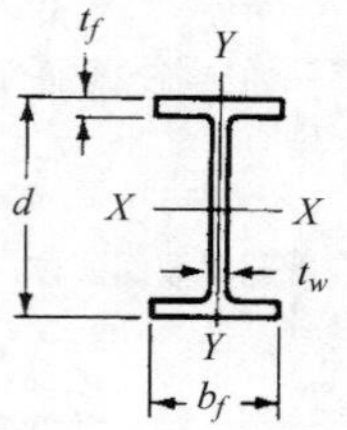

宽翼截面命名按截面字母，以 in 为单位元件公称深度，以 lb/ft 为单位的标称质量的顺序排列，则有

W8 ×67

代表着宽翼截面公称深度 8in，标称质量 67lb/ft。每种截面实际的几何结构可以从下面的值得到

命名	面积 A/in^2	深度 d/in	凸缘		腹板厚度 t_w/in	轴 $X-X$			轴 $Y-Y$		
			宽度 b_f/in	厚度 t_f/in		I/in^4	S/in^3	r/in	I/in^4	S/in^3	r/in
W10 ×112	32.9	11.36	10.415	1.250	0.755	716	126	4.66	236	45.3	2.68
W10 ×100	29.4	11.10	10.340	1.120	0.680	623	112	4.60	207	40.0	2.65
W10 ×88	25.9	10.84	10.265	0.990	0.605	534	98.5	4.54	179	34.8	2.63
W10 ×77	22.6	10.60	10.190	0.870	0.530	455	85.9	4.49	154	30.1	2.60
W10 ×68	20.0	10.40	10.130	0.770	0.470	394	75.7	4.44	134	26.4	2.59
W10 ×60	17.6	10.22	10.080	0.680	0.420	341	66.7	4.39	116	23.0	2.57
W10 ×54	15.8	10.09	10.030	0.615	0.370	303	60.0	4.37	103	20.6	2.56
W10 ×49	14.4	9.98	10.000	0.560	0.340	272	54.6	4.35	93.4	18.7	2.54
W10 ×45	13.3	10.10	8.020	0.620	0.350	248	49.1	4.32	53.4	13.3	2.01
W10 ×39	11.5	9.92	7.985	0.530	0.315	209	42.1	4.27	45.0	11.3	1.98
W10 ×33	9.71	9.73	7.960	0.435	0.290	170	35.0	4.19	36.6	9.20	1.94
W10 ×30	8.84	10.47	5.810	0.510	0.300	170	32.4	4.38	16.7	5.75	1.37
W10 ×26	7.61	10.33	5.770	0.440	0.260	144	27.9	4.35	14.1	4.89	1.36
W10 ×22	6.49	10.17	5.750	0.360	0.240	118	23.2	4.27	11.4	3.97	1.33
W10 ×19	5.62	10.24	4.020	0.395	0.250	96.3	18.8	4.14	4.29	2.14	0.874
W10 ×17	4.99	10.11	4.010	0.330	0.240	81.9	16.2	4.05	3.56	1.78	0.844
W10 ×15	4.41	9.99	4.000	0.270	0.230	68.9	13.8	3.95	2.89	1.45	0.810
W10 ×12	3.54	9.87	3.960	0.210	0.190	53.8	10.9	3.90	2.18	1.10	0.785
W8 ×67	19.7	9.00	8.280	0.935	0.570	272	60.4	3.72	88.6	21.4	2.12
W8 ×58	17.1	8.75	8.220	0.810	0.510	228	52.0	3.65	75.1	18.3	2.10
W8 ×48	14.1	8.50	8.110	0.685	0.400	184	43.3	3.61	60.9	15.0	2.08
W8 ×40	11.7	8.25	8.070	0.560	0.360	146	35.5	3.53	49.1	12.2	2.04
W8 ×35	10.3	8.12	8.020	0.495	0.310	127	31.2	3.51	42.6	10.6	2.03
W8 ×31	9.13	8.00	7.995	0.435	0.285	110	27.5	3.47	37.1	9.27	2.02
W8 ×28	8.25	8.06	6.535	0.465	0.285	98.0	24.3	3.45	21.7	6.63	1.62
W8 ×24	7.08	7.93	6.495	0.400	0.245	82.8	20.9	3.42	18.3	5.63	1.61
W8 ×21	6.16	8.28	5.270	0.400	0.250	75.3	18.2	3.49	9.77	3.71	1.26
W8 ×18	5.26	8.14	5.250	0.330	0.230	61.9	15.2	3.43	7.97	3.04	1.23
W18 ×15	4.44	8.11	4.015	0.315	0.245	48.0	11.8	3.29	3.41	1.70	0.876
W18 ×13	3.84	7.99	4.000	0.255	0.230	39.6	9.91	3.21	2.73	1.37	0.843
W8 ×10	2.96	7.89	3.940	0.205	0.170	30.8	7.81	3.22	2.09	1.06	0.841
W6 ×25	7.34	6.38	6.080	0.455	0.320	53.4	16.7	2.70	17.1	5.61	1.52
W6 ×20	5.87	6.20	6.020	0.365	0.260	41.4	13.4	2.66	13.3	4.41	1.50
W6 ×16	4.74	6.28	4.030	0.405	0.260	32.1	10.2	2.60	4.43	2.20	0.966
W6 ×15	4.43	5.99	5.990	0.260	0.230	29.1	9.72	2.56	9.32	3.11	1.46
W6 ×12	3.55	6.03	4.000	0.280	0.230	22.1	7.31	2.49	2.99	1.50	0.918
W6 ×9	2.68	5.90	3.940	0.215	0.170	16.4	5.56	2.47	2.19	1.11	0.905
W5 ×19	5.54	5.15	5.030	0.430	0.270	26.2	10.2	2.17	9.13	3.63	1.28
W5 ×16	4.68	5.01	5.000	0.360	0.240	21.3	8.51	2.13	7.51	3.00	1.27
W4 ×13	3.83	4.16	4.060	0.345	0.280	11.3	5.46	1.72	3.86	1.90	1.00

注：1. 数据来自《钢结构手册》，1980 年第 8 版，得到美国钢铁结构协会认可。

2. I 是转动惯量，S 是截面模量，r 是回转半径。

表 10-201 S 型钢

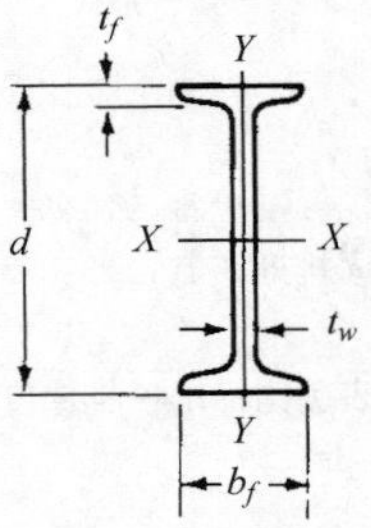

S 是 I 梁的截面命名，S 形状的命名按截面字母，以 in 为单位的实际深度，以 lb/ft 为单位的标称质量的顺序排列，有

S 5 × 14.75

代表着 S 形状（或 I 梁）深度 5in，标称质量 14.75lb/ft

命名	面积	深度	凸缘		腹板厚度	轴 $X-X$			轴 $Y-Y$		
	A/in^2	d/in	宽度 b_f/in	厚度 t_f/in	t_w/in	I/in^4	S/in^3	r/in	I/in^4	S/in^3	r/in
S24 × 121	35.6	24.50	8.050	1.090	0.800	3160	258	9.43	83.3	20.7	1.53
S24 × 106	31.2	24.50	7.870	1.090	0.620	2940	240	9.71	77.1	19.6	1.57
S24 × 100	29.3	24.00	7.245	0.870	0.745	2390	199	9.02	47.7	13.2	1.27
S24 × 90	26.5	24.00	7.125	0.870	0.625	2250	187	9.21	44.9	12.6	1.30
S24 × 80	23.5	24.00	7.000	0.870	0.500	2100	175	9.47	42.2	12.1	1.34
S20 × 96	28.2	20.30	7.200	0.920	0.800	1670	165	7.71	50.2	13.9	1.33
S20 × 86	25.3	20.30	7.060	0.920	0.660	1580	155	7.89	46.8	13.3	1.36
S20 × 75	22.0	20.00	6.385	0.795	0.635	1280	128	7.62	29.8	9.32	1.16
S20 × 66	19.4	20.00	6.255	0.795	0.505	1190	119	7.83	27.7	8.85	1.19
S18 × 70	20.6	18.00	6.251	0.691	0.711	926	103	6.71	24.1	7.72	1.08
S18 × 54.7	16.1	18.00	6.001	0.691	0.461	804	89.4	7.07	20.8	6.94	1.14
S15 × 50	14.7	15.00	5.640	0.622	0.550	486	64.8	5.75	15.7	5.57	1.03
S15 × 42.9	12.6	15.00	5.501	0.622	0.411	447	59.6	5.95	14.4	5.23	1.07
S12 × 50	14.7	12.00	5.477	0.659	0.687	305	50.8	4.55	15.7	5.74	1.03
S12 × 40.8	12.0	12.00	5.252	0.659	0.462	272	45.4	4.77	13.6	5.16	1.06
S12 × 35	10.3	12.00	5.078	0.544	0.428	229	38.2	4.72	9.87	3.89	0.980
S12 × 31.8	9.35	12.00	5.000	0.544	0.350	218	36.4	4.83	9.36	3.74	1.00
S10 × 35	10.3	10.00	4.944	0.491	0.594	147	29.4	3.78	8.36	3.38	0.901
S10 × 25.4	7.46	10.00	4.661	0.491	0.311	124	24.7	4.07	6.79	2.91	0.954
S8 × 23	6.77	8.00	4.171	0.426	0.441	64.9	16.2	3.10	4.31	2.07	0.798
S8 × 18.4	5.41	8.00	4.001	0.426	0.271	57.6	14.4	3.26	3.73	1.86	0.831
S7 × 20	5.88	7.00	3.860	0.392	0.450	42.4	12.1	2.69	3.17	1.64	0.734
S7 × 15.3	4.50	7.00	3.662	0.392	0.252	36.7	10.5	2.86	2.64	1.44	0.766
S6 × 17.25	5.07	6.00	3.565	0.359	0.465	26.3	8.77	2.28	2.31	1.30	0.675
S6 × 12.5	3.67	6.00	3.332	0.359	0.232	22.1	7.37	2.45	1.82	1.09	0.705
S5 × 14.75	4.34	5.00	3.284	0.326	0.494	15.2	6.09	1.87	1.67	1.01	0.620
S5 × 10	2.94	5.00	3.004	0.326	0.214	12.3	4.92	2.05	1.22	0.809	0.643
S4 × 9.5	2.79	4.00	2.796	0.293	0.326	6.79	3.39	1.56	0.903	0.646	0.569
S4 × 7.7	2.26	4.00	2.663	0.293	0.193	6.08	3.04	1.64	0.764	0.574	0.581
S3 × 7.5	2.21	3.00	2.509	0.260	0.349	2.93	1.95	1.15	0.586	0.468	0.516
S3 × 5.7	1.67	3.00	2.330	0.260	0.170	2.52	1.68	1.23	0.455	0.390	0.522

注：数据来自《钢结构手册》，1980 年第 8 版，得到美国钢铁结构协会认可。

表 10-202 美国标准槽钢

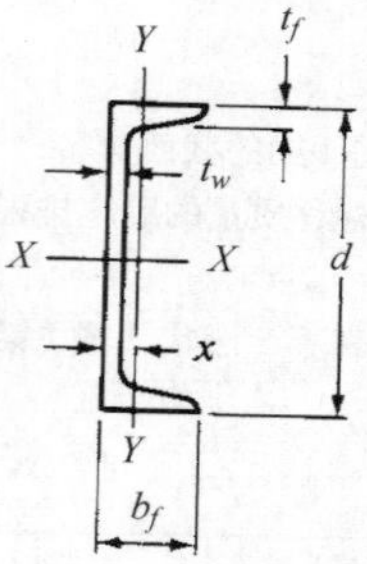

美国标准槽钢的命名，按截面字母，以 in 为单位的实际深度，以 lb/ft 为单位的标称质量的顺序排列，有

C7 × 14. 75

代表美国标准槽钢深度 7in，标称质量 14. 75lb/ft

命名	面积	深度	凸缘		腹板	轴 X - X			轴 Y - Y			
	A/in^2	d/in	宽度 b_f/in	厚度 t_f/in	厚度 t_w/in	I/in^4	S/in^3	r/in	I/in^4	S/in^3	r/in	x/in
C15 ×50	14. 7	15. 00	3. 716	0. 650	0. 716	404	53. 8	5. 24	11. 0	3. 78	0. 867	0. 798
C15 ×40	11. 8	15. 00	3. 520	0. 650	0. 520	349	46. 5	5. 44	9. 23	3. 37	0. 886	0. 777
C15 ×33. 9	9. 96	15. 00	3. 400	0. 650	0. 400	315	42. 0	5. 62	8. 13	3. 11	0. 904	0. 787
C12 ×30	8. 82	12. 00	3. 170	0. 501	0. 510	162	27. 0	4. 29	5. 14	2. 06	0. 763	0. 674
C12 ×25	7. 35	12. 00	3. 047	0. 501	0. 387	144	24. 1	4. 43	4. 47	1. 88	0. 780	0. 674
C12 ×20. 7	6. 09	12. 00	2. 942	0. 501	0. 282	129	21. 5	4. 61	3. 88	1. 73	0. 799	0. 698
C10 ×30	8. 82	10. 00	3. 033	0. 436	0. 673	103	20. 7	3. 42	3. 94	1. 65	0. 669	0. 649
C10 ×25	7. 35	10. 00	2. 886	0. 436	0. 526	91. 2	18. 2	3. 52	3. 36	1. 48	0. 676	0. 617
C10 ×20	5. 88	10. 00	2. 739	0. 436	0. 379	78. 9	15. 8	3. 66	2. 81	1. 32	0. 692	0. 606
C10 ×15. 3	4. 49	10. 00	2. 600	0. 436	0. 240	67. 4	13. 5	3. 87	2. 28	1. 16	0. 713	0. 634
C9 ×20	5. 88	9. 00	2. 648	0. 413	0. 448	60. 9	13. 5	3. 22	2. 42	1. 17	0. 642	0. 583
C9 ×15	4. 41	9. 00	2. 485	0. 413	0. 285	51. 0	11. 3	3. 40	1. 93	1. 01	0. 661	0. 586
C9 ×13. 4	3. 94	9. 00	2. 433	0. 413	0. 233	47. 9	10. 6	3. 48	1. 76	0. 962	0. 669	0. 601
C8 ×18. 75	5. 51	8. 00	2. 527	0. 390	0. 487	44. 0	11. 0	2. 82	1. 98	1. 01	0. 599	0. 565
C8 ×13. 75	4. 04	8. 00	2. 343	0. 390	0. 303	36. 1	9. 03	2. 99	1. 53	0. 854	0. 615	0. 553
C8 ×11. 5	3. 38	8. 00	2. 260	0. 390	0. 220	32. 6	8. 14	3. 11	1. 32	0. 781	0. 625	0. 571
C7 ×14. 75	4. 33	7. 00	2. 299	0. 366	0. 419	27. 2	7. 78	2. 51	1. 38	0. 779	0. 564	0. 532
C7 ×12. 25	3. 60	7. 00	2. 194	0. 366	0. 314	24. 2	6. 93	2. 60	1. 17	0. 703	0. 571	0. 525
C7 ×9. 8	2. 87	7. 00	2. 090	0. 366	0. 210	21. 3	6. 08	2. 72	0. 968	0. 625	0. 581	0. 540
C6 ×13	3. 83	6. 00	2. 157	0. 343	0. 437	17. 4	5. 80	2. 13	1. 05	0. 642	0. 525	0. 514
C6 ×10. 5	3. 09	6. 00	2. 034	0. 343	0. 314	15. 2	5. 06	2. 22	0. 866	0. 564	0. 529	0. 499
C6 ×8. 2	2. 40	6. 00	1. 920	0. 343	0. 200	13. 1	4. 38	2. 34	0. 693	0. 492	0. 537	0. 511
C5 ×9	2. 64	5. 00	1. 885	0. 320	0. 325	8. 90	3. 56	1. 83	0. 632	0. 450	0. 489	0. 478
C5 ×6. 7	1. 97	5. 00	1. 750	0. 320	0. 190	7. 49	3. 00	1. 95	0. 479	0. 378	0. 493	0. 484
C4 ×7. 25	2. 13	4. 00	1. 721	0. 296	0. 321	4. 59	2. 29	1. 47	0. 433	0. 343	0. 450	0. 459
C4 ×5. 4	1. 59	4. 00	1. 584	0. 296	0. 184	3. 85	1. 93	1. 56	0. 319	0. 283	0. 449	0. 457
C3 ×6	1. 76	3. 00	1. 596	0. 273	0. 356	2. 07	1. 38	1. 08	0. 305	0. 268	0. 416	0. 455
C3 ×5	1. 47	3. 00	1. 498	0. 273	0. 258	1. 85	1. 24	1. 12	0. 247	0. 233	0. 410	0. 438
C3 ×4. 1	1. 21	3. 00	1. 410	0. 273	0. 170	1. 66	1. 10	1. 17	0. 197	0. 202	0. 404	0. 436

注：1. 数据来自《钢结构手册》，1980 年第 8 版，得到美国钢铁结构协会认可。

2. I 是转动惯量，S 是截面模量，r 是回转半径，x 是截面重力中心到结构形状外表面的距离。

表10-203 等边角钢

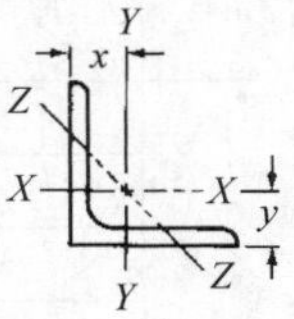

角钢通常用截面符号、每边宽度以及厚度命名，因此有

L 3 × 3 × ¼

表示3 × 3in 角钢，厚度¼in

尺寸/in	厚度/in	标称质量/(lb/ft)	面积/in^2	轴 $X-X$ 和轴 $Y-Y$			轴 $Z-Z$
				I/in^4	r/in	x 或 y/in	r/in
8 × 8	1⅛	56.9	16.7	98.0	2.42	2.41	1.56
	1	51.0	15.0	89.0	2.44	2.37	1.56
	⅞	45.0	13.2	79.6	2.45	2.32	1.57
	¾	38.9	11.4	69.7	2.47	2.28	1.58
	⅝	32.7	9.61	59.4	2.49	2.23	1.58
	9/16	29.6	8.68	54.1	2.50	2.21	1.59
	½	26.4	7.75	48.6	2.50	2.19	1.59
6 × 6	1	37.4	11.00	35.5	1.80	1.86	1.17
	⅞	33.1	9.73	31.9	1.81	1.82	1.17
	¾	28.7	8.44	28.2	1.83	1.78	1.17
	⅝	24.2	7.11	24.2	1.84	1.73	1.18
	9/16	21.9	6.43	22.1	1.85	1.71	1.18
	½	19.6	5.75	19.9	1.86	1.68	1.18
	7/16	17.2	5.06	17.7	1.87	1.66	1.19
	⅜	14.9	4.36	15.4	1.88	1.64	1.19
	5/16	12.4	3.65	13.0	1.89	1.62	1.20
5 × 5	⅞	27.2	7.98	17.8	1.49	1.57	0.973
	¾	23.6	6.94	15.7	1.51	1.52	0.975
	⅝	20.0	5.86	13.6	1.52	1.48	0.978
	½	16.2	4.75	11.3	1.54	1.43	0.983
	7/16	14.3	4.18	10.0	1.55	1.41	0.986
	⅜	12.3	3.61	8.74	1.56	1.39	0.990
	5/16	10.3	3.03	7.42	1.57	1.37	0.994
4 × 4	¾	18.5	5.44	7.67	1.19	1.27	0.778
	⅝	15.7	4.61	6.66	1.20	1.23	0.779
	½	12.8	3.75	5.56	1.22	1.18	0.782
	7/16	11.3	3.31	4.97	1.23	1.16	0.785
	⅜	9.8	2.86	4.36	1.23	1.14	0.788
	5/16	8.2	2.40	3.71	1.24	1.12	0.791
	¼	6.6	1.94	3.04	1.25	1.09	0.795
3½ × 3½	½	11.1	3.25	3.64	1.06	1.06	0.683
	7/16	9.8	2.87	3.26	1.07	1.04	0.684
	⅜	8.5	2.48	2.87	1.07	1.01	0.687
	5/16	7.2	2.09	2.45	1.08	0.990	0.690
	¼	5.8	1.69	2.01	1.09	0.968	0.694

（续）

尺寸/in	厚度/in	标称质量/(lb/ft)	面积/in²	轴 X–X 和轴 Y–Y			轴 Z–Z
				I/in⁴	r/in	x 或 y/in	r/in
3×3	½	9.4	2.75	2.22	0.898	0.932	0.584
	7/16	8.3	2.43	1.99	0.905	0.910	0.585
	⅜	7.2	2.11	1.76	0.913	0.888	0.587
	5/16	6.1	1.78	1.51	0.922	0.865	0.589
	¼	4.9	1.44	1.24	0.930	0.842	0.592
	3/16	3.71	1.09	0.962	0.939	0.820	0.596
2½×2½	½	7.7	2.25	1.23	0.739	0.806	0.487
	⅜	5.9	1.73	0.984	0.753	0.762	0.487
	5/16	5.0	1.46	0.849	0.761	0.740	0.489
	¼	4.1	1.19	0.703	0.769	0.717	0.491
	3/16	3.07	0.902	0.547	0.778	0.694	0.495
2×2	⅜	4.7	1.36	0.479	0.594	0.636	0.389
	5/16	3.92	1.15	0.416	0.601	0.614	0.390
	¼	3.19	0.938	0.348	0.609	0.592	0.391
	3/16	2.44	0.715	0.272	0.617	0.569	0.394
	⅛	1.65	0.484	0.190	0.626	0.546	0.398

注：数据来自《钢结构手册》，1980 年第 8 版，得到美国钢铁结构协会认可。

表 10-204 不等边角钢

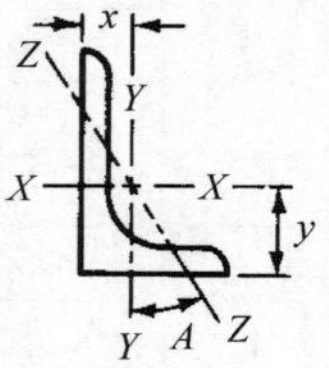

角钢通常用截面符号、每边宽度以及厚度命名，因此有

L7×4×½

表示 7×4in 角钢，厚度½in

尺寸/in	厚度/in	标称质量/(lb/ft)	面积/in²	轴 X–X				轴 Y–Y			轴 Z–Z		
				I/in⁴	S/in³	r/in	y/in	I/in⁴	S/in³	r/in	x/in	r/in	tan A
9×4	⅝	26.3	7.73	64.9	11.5	2.90	3.36	8.32	2.65	1.04	0.858	0.847	0.216
	9/16	23.8	7.00	59.1	10.4	2.91	3.33	7.63	2.41	1.04	0.834	0.850	0.218
	½	21.3	6.25	53.2	9.34	2.92	3.31	6.92	2.17	1.05	0.810	0.854	0.220
8×6	1	44.2	13.0	80.8	15.1	2.49	2.65	38.8	8.92	1.73	1.65	1.28	0.543
	⅞	39.1	11.5	72.3	13.4	2.51	2.61	34.9	7.94	1.74	1.61	1.28	0.547
	¾	33.8	9.94	63.4	11.7	2.53	2.56	30.7	6.92	1.76	1.56	1.29	0.551
	⅝	28.5	8.36	54.1	9.87	2.54	2.52	26.3	5.88	1.77	1.52	1.29	0.554
	9/16	7	7.56	49.3	8.95	2.55	2.50	24.0	5.34	1.78	1.50	1.30	0.556
	½	23.0	6.75	44.3	8.02	2.56	2.47	21.7	4.79	1.79	1.47	1.30	0.558
	7/16	20.2	5.93	39.2	7.07	2.57	2.45	19.3	4.23	1.80	1.45	1.31	0.560
8×4	1	37.4	11.0	69.6	14.1	2.52	3.05	11.6	3.94	1.03	1.05	0.846	0.247
	¾	28.7	8.44	54.9	10.9	2.55	2.95	9.36	3.07	1.05	0.953	0.852	0.258
	9/16	21.9	6.43	42.8	8.35	2.58	2.88	7.43	2.38	1.07	0.882	0.861	0.265
	½	19.6	5.75	38.5	7.49	2.59	2.86	6.74	2.15	1.08	0.859	0.865	0.267

（续）

尺寸/in	厚度/in	标称质量/(lb/ft)	面积/in^2	轴 $X-X$				轴 $Y-Y$			轴 $Z-Z$		
				I/in^4	S/in^3	r/in	y/in	I/in^4	S/in^3	r/in	x/in	r/in	tan A
7×4	3/4	26.2	7.69	37.8	8.42	2.22	2.51	9.05	3.03	1.09	1.01	0.860	0.324
	5/8	22.1	6.48	32.4	7.14	2.24	2.46	7.84	2.58	1.10	0.963	0.865	0.329
	1/2	17.9	5.25	26.7	5.81	2.25	2.42	6.53	2.12	1.11	0.917	0.872	0.335
	3/8	13.6	3.98	20.6	4.44	2.27	2.37	5.10	1.63	1.13	0.870	0.880	0.340
6×4	7/8	27.2	7.98	27.7	7.15	1.86	2.12	9.75	3.39	1.11	1.12	0.857	0.421
	3/4	23.6	6.94	24.5	6.25	1.88	2.08	8.68	2.97	1.12	1.08	0.860	0.428
	5/8	20.0	5.86	21.1	5.31	1.90	2.03	7.52	2.54	1.13	1.03	0.864	0.435
	9/16	18.1	5.31	19.3	4.83	1.90	2.01	6.91	2.31	1.14	1.01	0.866	0.438
	1/2	16.2	4.75	17.4	4.33	1.91	1.99	6.27	2.08	1.15	0.987	0.870	0.440
	7/16	14.3	4.18	15.5	3.83	1.92	1.96	5.60	1.85	1.16	0.964	0.873	0.443
	3/8	12.3	3.61	13.5	3.32	1.93	1.94	4.90	1.60	1.17	0.941	0.877	0.446
	5/16	10.3	3.03	11.4	2.79	1.94	1.92	4.18	1.35	1.17	0.918	0.882	0.448
6×3½	1/2	15.3	4.50	16.6	4.24	1.92	2.08	4.25	1.59	0.972	0.833	0.759	0.344
	3/8	11.7	3.42	12.9	3.24	1.94	2.04	3.34	1.23	0.988	0.787	0.676	0.350
	5/16	9.8	2.87	10.9	2.73	1.95	2.01	2.85	1.04	0.996	0.763	0.772	0.352
5×3½	3/4	19.8	5.81	13.9	4.28	1.55	1.75	5.55	2.22	0.977	0.996	0.748	0.464
	5/8	16.8	4.92	12.0	3.65	1.56	1.70	4.83	1.90	0.991	0.951	0.751	0.472
	1/2	13.6	4.00	9.99	2.99	1.58	1.66	4.05	1.56	1.01	0.906	0.755	0.479
	7/16	12.0	3.53	8.90	2.64	1.59	1.63	3.63	1.39	1.01	0.883	0.758	0.482
	3/8	10.4	3.05	7.78	2.29	1.60	1.61	3.18	1.21	1.02	0.861	0.762	0.486
	5/16	8.7	2.56	6.60	1.94	1.61	1.59	2.72	1.02	1.03	0.838	0.766	0.489
	1/4	7.0	2.06	5.39	1.57	1.62	1.56	2.23	0.830	1.04	0.814	0.770	0.492
5×3	5/8	15.7	4.61	11.4	3.55	1.57	1.80	3.06	1.39	0.815	0.796	0.644	0.349
	1/2	12.8	3.75	9.45	2.91	1.59	1.75	2.58	1.15	0.829	0.750	0.648	0.357
	7/16	11.3	3.31	8.43	2.58	1.60	1.73	2.32	1.02	0.837	0.727	0.651	0.361
	3/8	9.8	2.86	7.37	2.24	1.61	1.70	2.04	0.888	0.845	0.704	0.654	0.364
	5/16	8.2	2.40	6.26	1.89	1.61	1.68	1.75	0.753	0.853	0.681	0.658	0.368
	1/4	6.6	1.94	5.11	1.53	1.62	1.66	1.44	0.614	0.861	0.657	0.663	0.371
4×3½	5/8	14.7	4.30	6.37	2.35	1.22	1.29	4.52	1.84	1.03	1.04	0.719	0.745
	1/2	11.9	3.50	5.32	1.94	1.23	1.25	3.79	1.52	1.04	1.00	0.722	0.750
	7/16	10.6	3.09	4.76	1.72	1.24	1.23	3.40	1.35	1.05	0.978	0.724	0.753
	3/8	9.1	2.67	4.18	1.49	1.25	1.21	2.95	1.17	1.06	0.955	0.727	0.755
	5/16	7.7	2.25	3.56	1.26	1.26	1.18	2.55	0.994	1.07	0.932	0.730	0.757
	1/4	6.2	1.81	2.91	1.03	1.27	1.16	2.09	0.808	1.07	0.909	0.734	0.759
4×3	5/8	13.6	3.98	6.03	2.30	1.23	1.37	2.87	1.35	0.849	0.871	0.637	0.534
	1/2	11.1	3.25	5.05	1.89	1.25	1.33	2.42	1.12	0.864	0.827	0.639	0.543
	7/16	9.8	2.87	4.52	1.68	1.25	1.30	2.18	0.992	0.871	0.804	0.641	0.547
	3/8	8.5	2.48	3.96	1.46	1.26	1.28	1.92	0.866	0.879	0.782	0.644	0.551
	5/16	7.2	2.09	3.38	1.23	1.27	1.26	1.65	0.734	0.887	0.759	0.647	0.554
	1/4	5.8	1.69	2.77	1.00	1.28	1.24	1.36	0.599	0.896	0.736	0.651	0.558

（续）

尺寸/in	厚度/in	标称质量/(lb/ft)	面积/in^2	轴 X-X				轴 Y-Y			轴 Z-Z		
				I/in^4	S/in^3	r/in	y/in	I/in^4	S/in^3	r/in	x/in	r/in	tan A
3½×3	1/2	10.2	3.00	3.45	1.45	1.07	1.13	2.33	1.10	0.881	0.875	0.621	0.714
	7/16	9.1	2.65	3.10	1.29	1.08	1.10	2.09	0.975	0.889	0.853	0.622	0.718
	3/8	7.9	2.30	2.72	1.13	1.09	1.08	1.85	0.851	0.897	0.830	0.625	0.721
	5/16	6.6	1.93	2.33	0.954	1.10	1.06	1.58	0.722	0.905	0.808	0.627	0.724
	1/4	5.4	1.56	1.91	0.776	1.11	1.04	1.30	0.589	0.914	0.785	0.631	0.727
3½×2½	1/2	9.4	2.75	3.24	1.41	1.09	1.20	1.36	0.760	0.704	0.705	0.534	0.486
	7/16	8.3	2.43	2.91	1.26	1.09	1.18	1.23	0.677	0.711	0.682	0.535	0.491
	3/8	7.2	2.11	2.56	1.09	1.10	1.16	1.09	0.592	0.719	0.660	0.537	0.496
	5/16	6.1	1.78	2.19	0.927	1.11	1.14	0.939	0.504	0.727	0.637	0.540	0.501
	1/4	4.9	1.44	1.80	0.755	1.12	1.11	0.777	0.412	0.735	0.614	0.544	0.506
3×2½	1/2	8.5	2.50	2.08	1.04	0.913	1.00	1.30	0.744	0.722	0.750	0.520	0.667
	7/16	7.6	2.21	1.88	0.928	0.920	0.978	1.18	0.664	0.729	0.728	0.521	0.672
	3/8	6.6	1.92	1.66	0.810	0.928	0.956	1.04	0.581	0.736	0.706	0.522	0.676
	5/16	5.6	1.62	1.42	0.688	0.937	0.933	0.898	0.494	0.744	0.683	0.525	0.680
	1/4	4.5	1.31	1.17	0.561	0.945	0.911	0.743	0.404	0.753	0.661	0.528	0.684
	3/16	3.39	0.996	0.907	0.430	0.954	0.888	0.577	0.310	0.761	0.638	0.533	0.688
3×2	1/2	7.7	2.25	1.92	1.00	0.924	1.08	0.672	0.474	0.546	0.583	0.428	0.414
	7/16	6.8	2.00	1.73	0.894	0.932	1.06	0.609	0.424	0.553	0.561	0.429	0.421
	3/8	5.9	1.73	1.53	0.781	0.940	1.04	0.543	0.371	0.559	0.539	0.430	0.428
	5/16	5.0	1.46	1.32	0.664	0.948	1.02	0.740	0.317	0.567	0.516	0.432	0.435
	1/4	4.1	1.19	1.09	0.542	0.957	0.993	0.392	0.260	0.574	0.493	0.435	0.440
	3/16	3.07	0.902	0.842	0.415	0.966	0.970	0.307	0.200	0.583	0.470	0.439	0.446
2½×2	3/8	5.3	1.55	0.912	0.547	0.768	0.831	0.514	0.363	0.577	0.581	0.420	0.614
	5/16	4.5	1.31	0.788	0.466	0.776	0.809	0.446	0.310	0.584	0.559	0.422	0.620
	1/4	3.62	1.06	0.654	0.381	0.784	0.787	0.372	0.254	0.592	0.537	0.424	0.626
	3/16	2.75	0.809	0.509	0.293	0.793	0.764	0.291	0.196	0.600	0.514	0.427	0.631

注：1. 数据来自《钢结构手册》，1980 年第 8 版，得到美国钢铁结构协会认可。

2. I 是转动惯量，S 是截面模量，r 是回转半径，x 是截面重力中心到结构形状外表面的距离。

表 10-205 铝业协会标准结构形状

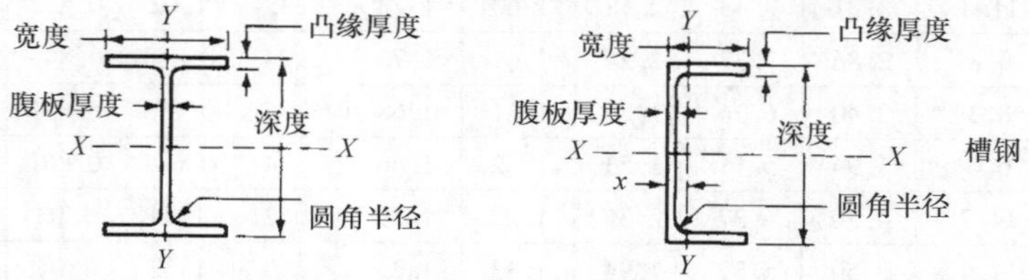

深度	宽度	标称质量	面积	凸缘厚度	腹板厚度	圆角半径	轴 X-X			轴 Y-Y			
							I	S	r	I	S	r	x
in	in	lb/ft	in^2	in	in	in	in^4	in^3	in	in^4	in^3	in	in
I梁													
3.00	2.50	1.637	1.392	0.20	0.13	0.25	2.24	1.49	1.27	0.52	0.42	0.61	—
3.00	2.50	2.030	1.726	0.26	0.15	0.25	2.71	1.81	1.25	0.68	0.54	0.63	—
4.00	3.00	2.311	1.965	0.23	0.15	0.25	5.62	2.81	1.69	1.04	0.69	0.73	—
4.00	3.00	2.793	2.375	0.29	0.17	0.25	6.71	3.36	1.68	1.31	0.87	0.74	—
5.00	3.50	3.700	3.146	0.32	0.19	0.30	13.94	5.58	2.11	2.29	1.31	0.85	—
6.00	4.00	4.030	3.427	0.29	0.19	0.30	21.99	7.33	2.53	3.10	1.55	0.95	—
6.00	4.00	4.692	3.990	0.35	0.21	0.30	25.50	8.50	2.53	3.74	1.87	0.97	—
7.00	4.50	5.800	4.932	0.38	0.23	0.30	42.89	12.25	2.95	5.78	2.57	1.08	—
8.00	5.00	6.181	5.256	0.35	0.23	0.30	59.69	14.92	3.37	7.30	2.92	1.18	—
8.00	5.00	7.023	5.972	0.41	0.25	0.30	67.78	16.94	3.37	8.55	3.42	1.20	—

（续）

深度	宽度	标称质量	面积	凸缘厚度	腹板厚度	圆角半径	轴 $X-X$			轴 $Y-Y$			
							I	S	r	I	S	r	x
in	in	lb/ft	in^2	in	in	in	in^4	in^3	in	in^4	in^3	in	in
I梁													
9.00	5.50	8.361	7.110	0.44	0.27	0.30	102.02	22.67	3.79	12.22	4.44	1.31	—
10.00	6.00	8.646	7.352	0.41	0.25	0.40	132.09	26.42	4.24	14.78	4.93	1.42	—
10.00	6.00	10.286	8.747	0.50	0.29	0.40	155.79	31.16	4.22	18.03	6.01	1.44	—
12.00	7.00	11.672	9.925	0.47	0.29	0.40	255.57	42.60	5.07	26.90	7.69	1.65	—
12.00	7.00	14.292	12.153	0.62	0.31	0.40	317.33	52.89	5.11	35.48	10.14	1.71	—
槽钢													
2.00	1.00	0.577	0.491	0.13	0.13	0.10	0.288	0.288	0.766	0.045	0.064	0.303	0.298
2.00	1.25	1.071	0.911	0.26	0.17	0.15	0.546	0.546	0.774	0.139	0.178	0.391	0.471
3.00	1.50	1.135	0.965	0.20	0.13	0.25	1.41	0.94	1.21	0.22	0.22	0.47	0.49
3.00	1.75	1.597	1.358	0.26	0.17	0.25	1.97	1.31	1.20	0.42	0.37	0.55	0.62
4.00	2.00	1.738	1.478	0.23	0.15	0.25	3.91	1.95	1.63	0.60	0.45	0.64	0.65
4.00	2.25	2.331	1.982	0.29	0.19	0.25	5.21	2.60	1.62	1.02	0.69	0.72	0.78
5.00	2.25	2.212	1.881	0.26	0.15	0.30	7.88	3.15	2.05	0.98	0.64	0.72	0.73
5.00	2.75	3.089	2.627	0.32	0.19	0.30	11.14	4.45	2.06	2.05	1.14	0.88	0.95
6.00	2.50	2.834	2.410	0.29	0.17	0.30	14.35	4.78	2.44	1.53	0.90	0.80	0.79
6.00	3.25	4.030	3.427	0.35	0.21	0.30	21.04	7.01	2.48	3.76	1.76	1.05	1.12
7.00	2.75	3.205	2.725	0.29	0.17	0.30	22.09	6.31	2.85	2.10	1.10	0.88	0.84
7.00	3.50	4.715	4.009	0.38	0.21	0.30	33.79	9.65	2.90	5.13	2.23	1.13	1.20
8.00	3.00	4.147	3.526	0.35	0.19	0.30	37.40	9.35	3.26	3.25	1.57	0.96	0.93
8.00	3.75	5.789	4.923	0.41	0.25	0.35	52.69	13.17	3.27	7.13	2.82	1.20	1.22
9.00	3.25	4.983	4.237	0.35	0.23	0.35	54.41	12.09	3.58	4.40	1.89	1.02	0.93
9.00	4.00	6.970	5.927	0.44	0.29	0.35	78.31	17.40	3.63	9.61	3.49	1.27	1.25
10.00	3.50	6.136	5.218	0.41	0.25	0.35	83.22	16.64	3.99	6.33	2.56	1.10	1.02
10.00	4.25	8.360	7.109	0.50	0.31	0.40	116.15	23.23	4.04	13.02	4.47	1.35	1.34
12.00	4.00	8.274	7.036	0.47	0.29	0.40	159.76	26.63	4.77	11.03	3.86	1.25	1.14
12.00	5.00	11.822	10.053	0.62	0.35	0.45	239.69	39.95	4.88	25.74	7.60	1.60	1.61

注：结构件采用6061-T6铝合金。数据来自铝业协会。

10.12.2 线材和钣金件量规

钣金件厚度与线材直径遵循不同的测量系统。量规尺寸用数字表示。表10-206～表10-208给出了不同规格号的等价小数。使用量规号造成了很多混乱，订购材料时优先选择以in小数给出的准确尺寸。尽管如此，指明的尺寸通常应该与给定类型材料的量规相符，任何规格上的错误，例如，因为使用了“取整”或近似等效值的表格造成的，在下订单的时候对于制造商非常明显。还有表示线材直径和钢板厚度的小数法具有不言自明的优势，但是任意的规格号则没有这个优势。标识规格号的小数系统现在非常常用，量规号渐渐被取代。遗憾的是，使用不同量规会有很大的不同。例如，常用于铜、黄铜和其他有色金属材料的量规，可能有时候也用于钢，反之亦然。下面指明的量规是提到的材料常用的量规，但是在不同的工业中也有一些例外和变化。

1. 线规

几乎所有美国钢制造商使用的线规系统名叫钢线规，或者为了与英国使用的标准线规（SWG）区分，也称作美国钢线规。与沃什伯恩和摩恩，美国钢和线材公司以及罗布林线规一样，其名称由华盛顿标准局官方认可，但不具有法律效力。唯一被国会法承认的线规是伯明翰线规（也被称为斯塔伯线号规）。但是，伯明翰线规在其发源地，美国和英国，都近乎被废弃了。伯明翰线规曾经在美国被美国线规或布朗和夏普线规通用指定。音乐弹簧钢丝，用于机械弹簧的几种类型中质量最好的钢丝，由钢琴或音乐线规指定。

在英国有一种合法化线规叫作标准线规（SWG），之前叫作寸制线规。

2. 测杆规

钢盘条尺寸由1in的小数或者分数部分和美国钢线规的规格号命名。铜和铝杆由十进制小数和小数规定。钻杆可以由十进制小数规定，但是碳和铝合金工具钢种中也可能用斯塔伯线号规规定，高速钢钻杆可能用摩斯麻花钻规（制造商对于麻花钻的标准规）规定。

3. 管壁厚规

曾经使用伯明翰或斯塔伯线号规来规定下面种类管子的壁厚：无缝黄铜、无缝铜、无缝钢以及铝。布朗和夏普线规用在铜焊黄铜和铜焊铜管子上。现在管子厚度通过1in的小数部分规定，但是钢压力管和钢结构用管可以用伯明翰或斯塔伯线号规来规定。在英国，使用标准线规（SWG）来规定某些种类钢管的壁厚。

表 10-206 以大约 1in 小数为单位的线规

线规号	美国线规或布朗和夏普线规	钢线规（美国）①	英国标准线规（寸制线规）	音乐或钢琴线规	伯明翰或斯塔伯铁线规	斯塔伯钢线规	线规号	斯塔伯钢线规
7/0	—	0.4900	0.5000	—	—	—	51	0.066
6/0	0.5800	0.4615	0.4640	0.004	—	—	52	0.063
5/0	0.5165	0.4305	0.4320	0.005	0.5000	—	53	0.058
4/0	0.4600	0.3938	0.4000	0.006	0.4540	—	54	0.055
3/0	0.4096	0.3625	0.3720	0.007	0.4250	—	55	0.050
2/0	0.3648	0.3310	0.3480	0.008	0.3800	—	56	0.045
1/0	0.3249	0.3065	0.3240	0.009	0.3400	—	57	0.042
1	0.2893	0.2830	0.3000	0.010	0.3000	0.227	58	0.041
2	0.2576	0.2625	0.2760	0.011	0.2840	0.219	59	0.040
3	0.2294	0.2437	0.2520	0.012	0.2590	0.212	60	0.039
4	0.2043	0.2253	0.2320	0.013	0.2380	0.207	61	0.038
5	0.1819	0.2070	0.2120	0.014	0.2200	0.204	62	0.037
6	0.1620	0.1920	0.1920	0.016	0.2030	0.201	63	0.036
7	0.1443	0.1770	0.1760	0.018	0.1800	0.199	64	0.035
8	0.1285	0.1620	0.1600	0.020	0.1650	0.197	65	0.033
9	0.1144	0.1483	0.1440	0.022	0.1480	0.194	66	0.032
10	0.1019	0.1350	0.1280	0.024	0.1340	0.191	67	0.031
11	0.0907	0.1205	0.1160	0.026	0.1200	0.188	68	0.030
12	0.0808	0.1055	0.1040	0.029	0.1090	0.185	69	0.029
13	0.0720	0.0915	0.0920	0.031	0.0950	0.182	70	0.027
14	0.0641	0.0800	0.0800	0.033	0.0830	0.180	71	0.026
15	0.0571	0.0720	0.0720	0.035	0.0720	0.178	72	0.024
16	0.0508	0.0625	0.0640	0.037	0.0650	0.175	73	0.023
17	0.0453	0.0540	0.0560	0.039	0.0580	0.172	74	0.022
18	0.0403	0.0475	0.0480	0.041	0.0490	0.168	75	0.020
19	0.0359	0.0410	0.0400	0.043	0.0420	0.164	76	0.018
20	0.0320	0.0348	0.0360	0.045	0.0350	0.161	77	0.016
21	0.0285	0.0318	0.0320	0.047	0.0320	0.157	78	0.015
22	0.0253	0.0286	0.0280	0.049	0.0280	0.155	79	0.014
23	0.0226	0.0258	0.0240	0.051	0.0250	0.153	80	0.013
24	0.0201	0.0230	0.0220	0.055	0.0220	0.151	—	—
25	0.0179	0.0204	0.0200	0.059	0.0200	0.148	—	—
26	0.0159	0.0181	0.0180	0.063	0.0180	0.146	—	—
27	0.0142	0.0173	0.0164	0.067	0.0160	0.143	—	—
28	0.0126	0.0162	0.0149	0.071	0.0140	0.139	—	—
29	0.0113	0.0150	0.0136	0.075	0.0130	0.134	—	—
30	0.0100	0.0140	0.0124	0.080	0.0120	0.127	—	—
31	0.00893	0.0132	0.0116	0.085	0.0100	0.120	—	—
32	0.00795	0.0128	0.0108	0.090	0.0090	0.115	—	—
33	0.00708	0.0118	0.0100	0.095	0.0080	0.112	—	—
34	0.00630	0.0104	0.0092	0.100	0.0070	0.110	—	—
35	0.00561	0.0095	0.0084	0.106	0.0050	0.108	—	—
36	0.00500	0.0090	0.0076	0.112	0.0040	0.106	—	—
37	0.00445	0.0085	0.0068	0.118	—	0.103	—	—
38	0.00396	0.0080	0.0060	0.124	—	0.101	—	—
39	0.00353	0.0075	0.0052	0.130	—	0.099	—	—
40	0.00314	0.0070	0.0048	0.138	—	0.097	—	—
41	0.00280	0.0066	0.0044	0.146	—	0.095	—	—
42	0.00249	0.0062	0.0040	0.154	—	0.092	—	—
43	0.00222	0.0060	0.0036	0.162	—	0.088	—	—
44	0.00198	0.0058	0.0032	0.170	—	0.085	—	—
45	0.00176	0.0055	0.0028	0.180	—	0.081	—	—
46	0.00157	0.0052	0.0024	—	—	0.079	—	—
47	0.00140	0.0050	0.0020	—	—	0.077	—	—
48	0.00124	0.0048	0.0016	—	—	0.075	—	—
49	0.00111	0.0046	0.0012	—	—	0.072	—	—
50	0.00099	0.0044	0.0010	—	—	0.069	—	—

① 也称作沃什伯恩和摩恩，美国钢和线公司以及罗布林线规。通过分离的规格号还可以选择更多尺寸。可以通过规格号后面跟着的1/2识别。例如，4½分离规格号的十进制等效在钢产品手册中，标题为“钢丝和杆，碳素钢”，由华盛顿的美国钢铁协会出版。

表 10-207　实心铜线材的线规、直径和面积

量规	直径/in	面积/in^2	量规	直径/in	面积/in^2
0000	0.460000	0.1661901110	22	0.025350	0.0005047141
000	0.409600	0.1317678350	23	0.022570	0.0004000853
00	0.364800	0.1045199453	24	0.020100	0.0003173084
0	0.324900	0.0829065680	25	0.017900	0.0002516492
1	0.289300	0.0657334432	26	0.015940	0.0001995566
2	0.257600	0.0521172188	27	0.014200	0.0001583676
3	0.229400	0.0413310408	28	0.012640	0.0001254826
4	0.204300	0.0327813057	29	0.011260	0.0000995787
5	0.181900	0.0259869262	30	0.010030	0.0000790117
6	0.162000	0.0206119720	31	0.008928	0.0000626034
7	0.144300	0.0163539316	32	0.007950	0.0000496391
8	0.128500	0.0129686799	33	0.007080	0.0000393691
9	0.114400	0.0102787798	34	0.006305	0.0000312219
10	0.101900	0.0081552613	35	0.005615	0.0000247622
11	0.090740	0.0064667648	36	0.005000	0.0000196349
12	0.080810	0.0051288468	37	0.004453	0.0000155738
13	0.071960	0.0040669780	38	0.003965	0.0000123474
14	0.064080	0.0032250357	39	0.003531	0.0000097923
15	0.057070	0.0025580278	40	0.003145	0.0000077684
16	0.050820	0.0020284244	41	0.002800	0.0000061575
17	0.045260	0.0016088613	42	0.002490	0.0000048695
18	0.040300	0.0012755562	43	0.002220	0.0000038708
19	0.035890	0.0010116643	44	0.001970	0.0000030480
20	0.031960	0.0008022377	45	0.001760	0.0000024328
21	0.028460	0.0006361497	46	0.001570	0.0000019359

注：量规是美国线规（AWG）。对于给定量规，$d=0.005\times92^{\frac{36-量规}{39}}$。

表 10-208　皮下注射针头尺寸

量规①	针头公称外径		公差/in	针头公称外径		公差/in
	mm	in		mm	in	
6	5.156	0.2030		4.394	0.1730	
7	4.572	0.1800		3.810	0.1500	±0.0030
8	4.191	0.1650		3.429	0.1350	
9	3.759	0.1480		2.997	0.1180	
10	3.404	0.1340	±0.0010	2.692	0.1060	
11	3.048	0.1200		2.388	0.0940	
12	2.769	0.1090		2.159	0.0850	±0.0020
13	2.413	0.0950		1.803	0.0710	
14	2.108	0.0830		1.600	0.0630	
15	1.829	0.0720		1.372	0.0540	
16	1.651	0.0650		1.194	0.0470	
17	1.473	0.0580	±0.0005	1.067	0.0420	±0.0015
18	1.270	0.0500		0.838	0.0330	
19	1.067	0.0420		0.686	0.0270	
20	0.902	0.0355		0.584	0.0230	
21	0.813	0.0320		0.495	0.0195	
22	0.711	0.0280		0.394	0.0155	
22s	0.711	0.0280		0.140	0.0055	
23	0.635	0.0250		0.318	0.0125	
24	0.559	0.0220		0.292	0.0115	
25	0.508	0.0200		0.241	0.0095	
25s	0.508	0.0200	+0.0005 −0.0000	0.140	0.0055	+0.0015 −0.0000
26	0.457	0.0180		0.241	0.0095	
26s	0.467	0.0184		0.114	0.0045	
27	0.406	0.0160		0.191	0.0075	
28	0.356	0.0140		0.165	0.0065	
29	0.330	0.0130		0.165	0.0065	
30	0.305	0.0120		0.140	0.0055	
31	0.254	0.0100		0.114	0.0045	
32	0.229	0.0090		0.089	0.0035	
33	0.203	0.0080		0.089	0.0035	

① 量规是伯明翰线规（和斯塔伯铁线规一样）。

4. 穿孔金属的强度和刚度

惯常做法是在设备外座上使用冲孔金属来通过空气或液体流动使其冷却。如果冲孔金属还要充当结构元件，那么必须考虑冲孔对金属板强度的影响，计算冲孔金属板的强度和刚度。

表 10-209 提供了考虑到实心金属值的冲孔金属的屈服强度 S^*、弹性模量 E^* 以及泊松比 v^* 的等效值或有效值。表 10-209 给出的标准圆孔交错排列的 S^*/S 和 E^*/E，可以用于和任何几何尺寸或载荷条件的非冲孔金属对比决定冲孔金属的安全裕度或者变形量。

根据载荷方向不同，冲孔金属强度不同，因此，表 10-209 中的 S^*/S 给出的是宽度方向（最强）和长度方向（最弱）的值。等效弹性常数针对平面应力条件，适用薄冲孔金属板的平面载荷情况，弯曲刚度要高一些。但是，因为大多数载荷条件结合了弯曲和拉伸，对于综合载荷条件使用相同的等效弹性常数会更方便。表 10-209 给出的平面应力等效弹性常数可以保守用于所有载荷条件。

表 10-209　IPA 标准交错排列的圆孔冲孔材料的力学性能

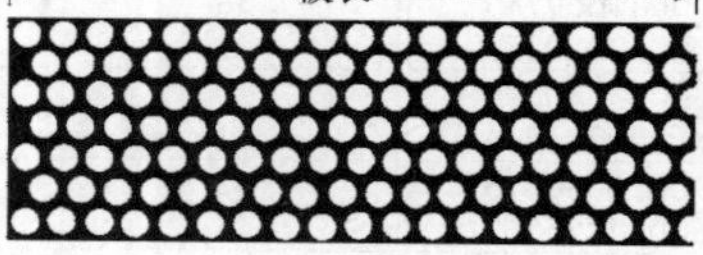

IPA 号	冲孔直径/in	中心距/in	打开面积占比（%）	S^*/S 宽度/in	S^*/S 长度/in	E^*/E	v^*
100	0.020	(625)	20	0.530	0.465	0.565	0.32
106	1/16	1/8	23	0.500	0.435	0.529	0.33
107	5/64	7/64	46	0.286	0.225	0.246	0.38
108	5/64	1/8	36	0.375	0.310	0.362	0.35
109	3/32	5/32	32	0.400	0.334	0.395	0.34
110	3/32	3/16	23	0.500	0.435	0.529	0.33
112	1/10	5/32	36	0.360	0.296	0.342	0.35
113	1/8	3/16	40	0.333	0.270	0.310	0.36
114	1/8	7/32	29	0.428	0.363	0.436	0.33
115	1/8	1/4	23	0.500	0.435	0.529	0.33
116	5/32	7/32	46	0.288	0.225	0.249	0.38
117	5/32	1/4	36	0.375	0.310	0.362	0.35
118	3/16	1/4	51	0.250	0.192	0.205	0.42
119	3/16	5/16	33	0.400	0.334	0.395	0.34
120	1/4	5/16	58	0.200	0.147	0.146	0.47
121	1/4	3/8	40	0.333	0.270	0.310	0.36
122	1/4	7/16	30	0.428	0.363	0.436	0.33
123	1/4	1/2	23	0.500	0.435	0.529	0.33
124	3/8	1/2	51	0.250	0.192	0.205	0.42
125	3/8	9/16	40	0.333	0.270	0.310	0.36
126	3/8	5/8	33	0.400	0.334	0.395	0.34
127	7/16	5/8	45	0.300	0.239	0.265	0.38
128	1/2	11/16	47	0.273	0.214	0.230	0.39
129	9/16	3/4	51	0.250	0.192	0.205	0.42

注：1. 括号中的值规定了每平方英寸的孔，而不是中心距。S^*/S 为冲孔与非冲孔材料的屈服强度比；E^*/E 为冲孔与非冲孔材料的弹性模量比；v^* 为开放面积给定比例的泊松比。

2. IPA 指工业打孔协会。

5. 钣金件量规

表 10-210 给出的金属片厚度是基于标称质量为 41.82lb/ft^2 的厚度，叫作制造商金属片标准规。这个量规与针对铁板规和钢板规的美国标准规不同，由 1893 年由国会创立，基于标称质量为 40lb/ft^2 的标称质量，也就是锻铁板的质量。

表 10-210　1in 近似小数钣金件量规

规格号	钢规①	B. G. ②	镀锌规	锌规	规格号	钢规①	B. G. ②	镀锌规	锌规
15/0	—	1. 000	—	—	20	0. 0359	0. 0392	0. 0396	0. 070
14/0	—	0. 9583	—	—	21	0. 0329	0. 0349	0. 0366	0. 080
13/0	—	0. 9167	—	—	22	0. 0299	0. 03125	0. 0336	0. 090
12/0	—	0. 8750	—	—	23	0. 0269	0. 02782	0. 0306	0. 100
11/0	—	0. 8333	—	—	24	0. 0239	0. 02476	0. 0276	0. 125
10/0	—	0. 7917	—	—	25	0. 0209	0. 02204	0. 0247	—
9/0	—	0. 7500	—	—	26	0. 0179	0. 01961	0. 0217	—
8/0	—	0. 7083	—	—	27	0. 0164	0. 01745	0. 0202	—
7/0	—	0. 6666	—	—	28	0. 0149	0. 01562	0. 0187	—
6/0	—	0. 6250	—	—	29	0. 0135	0. 01390	0. 0172	—
5/0	—	0. 5883	—	—	30	0. 0120	0. 01230	0. 0157	—
4/0	—	0. 5416	—	—	31	0. 0105	0. 01100	0. 0142	—
3/0	—	0. 5000	—	—	32	0. 0097	0. 00980	0. 0134	—
2/0	—	0. 4452	—	—	33	0. 0090	0. 00870	—	—
1/0	—	0. 3964	—	—	34	0. 0082	0. 00770	—	—
1	—	0. 3532	—	—	35	0. 0075	0. 00690	—	—
2	—	0. 3147	—	—	36	0. 0067	0. 00610	—	—
3	0. 2391	0. 2804	—	0. 006	37	0. 0064	0. 00540	—	—
4	0. 2242	0. 2500	—	0. 008	38	0. 0060	0. 00480	—	—
5	0. 2092	0. 2225	—	0. 010	39	—	0. 00430	—	—
6	0. 1943	0. 1981	—	0. 012	40	—	0. 00386	—	—
7	0. 1793	0. 1764	—	0. 014	41	—	0. 00343	—	—
8	0. 1644	0. 1570	0. 1681	0. 016	42	—	0. 00306	—	—
9	0. 1495	0. 1398	0. 1532	0. 018	43	—	0. 00272	—	—
10	0. 1345	0. 1250	0. 1382	0. 020	44	—	0. 00242	—	—
11	0. 1196	0. 1113	0. 1233	0. 024	45	—	0. 00215	—	—
12	0. 1046	0. 0991	0. 1084	0. 028	46	—	0. 00192	—	—
13	0. 0897	0. 0882	0. 0934	0. 032	47	—	0. 00170	—	—
14	0. 0747	0. 0785	0. 0785	0. 036	48	—	0. 00152	—	—
15	0. 0673	0. 0699	0. 0710	0. 040	49	—	0. 00135	—	—
16	0. 0598	0. 0625	0. 0635	0. 045	50	—	0. 00120	—	—
17	0. 0538	0. 0556	0. 0575	0. 050	51	—	0. 00107	—	—
18	0. 0478	0. 0495	0. 0516	0. 055	52	—	0. 00095	—	—
19	0. 0418	0. 0440	0. 0456	0. 060	—	—	—	—	—

① 制造商金属片标准规。

② B. G. 指片和环的伯明翰规。

铁板规和钢板规的美国标准规由国会在 1893 年创立，首先是一个质量计而不是厚度规。等效厚度是通过锻铁的质量推导的。每立方英尺的质量是 480lb，因此 12in^2 大 1in 厚的板质量为 40lb。在将质量转化为等效厚度时，之前出版的量规表格包括刚刚提到的厚度对基础质量每平方英尺 10lb 的等效值。

例如，一个3号的美国规代表锻铁板质量10lb/ft²；因此，如果每英寸厚度每平方英尺质量为40lb，3号规的板厚度=10in÷40=0.25in，就是这个规格号的等效原始厚度。因为是从锻铁导出的等效厚度，所以针对钢材料不准确。

尽管有锌规且在表10-210中列出，但订购锌板时通常会规定小数厚度。

英国的大多数金属板产品是通过英国标准线规（寸制线号规）规定的。然而，黑铁与钢的薄板和环，以及镀锌平板和瓦垅钢板是由伯明翰规（B.G.）规定的，在1914年合法化，表10-211中也有展示。应注意不要把伯明翰规和之前提到的伯明翰线规或斯塔伯线号规混淆。

铝、铜和铜基合金的厚度之前由美国或布朗和夏普标准规定，但是现在通过1in的小数部分规定。美国国家标准ANSI B32.1-1952（R1988）授权裸扁平金属优选厚度（见表10-211）给出基于20系列和40系列的美国国家标准优选数字—ANSI Z17.1的厚度，适用于裸露的、薄的、平的金属和合金。20系列的数字按大小排列，前一个数字比后一个数字大12%，40系列的数字按大小排列，前一个数字比后一个数字大6%。

表10-211　裸露金属和合金的优选厚度——厚度低于0.250 in ANSI B32.1-1952（R1994）

优选厚度/in							
基于20系列	基于40系列	基于20系列	基于40系列	基于20系列	基于40系列	基于20系列	基于40系列
—	0.236	0.100	0.100	—	0.042	0.018	0.018
0.224	0.224	—	0.095	0.040	0.040	—	0.017
—	0.212	0.090	0.090	—	0.038	0.016	0.016
0.200	0.200	—	0.085	0.036	0.036	—	0.015
—	0.190	0.080	0.080	—	0.034	0.014	0.014
0.180	0.180	—	0.075	0.032	0.032	—	0.013
—	0.170	0.071	0.071	—	0.030	0.012	0.012
0.160	0.160	—	0.067	0.028	0.028	0.011	0.011
—	0.150	0.063	0.063	—	0.026	0.010	0.010
0.140	0.140	—	0.060	0.025	0.025	0.009	0.009
—	0.132	0.056	0.056	—	0.024	0.008	0.008
0.125	0.125	—	0.053	0.022	0.022	0.007	0.007
—	0.118	0.050	0.050	—	0.021	0.006	0.006
0.112	0.112	—	0.048	0.020	0.020	0.005	0.005
—	0.106	0.045	0.045	—	0.019	0.004	0.004

美国国家标准ANSI B32.1-1952（R1994）列出了基于优选数字20系列和40系列的优选厚度，并且说明了基于40系列应该提供足够的覆盖范围。然而，要求中间厚度时，标准建议基于80系列优选数字的厚度。

铜和铜基合金的平板产品，厚度低于1/4in的，由ANSI B32.1的20系列美国国家标准优选数字规定。尽管ANSI B32.1中只给出了20系列和40系列的数字，要求中间厚度时应该从基于80系列数字的厚度中选择。

6. 平板金属产品的米制尺寸

美国国家标准ANSI B32.100-2005（R2010）创建了矩形截面平板金属产品的米制厚度、宽度、长度的优选系列。厚度和宽度的值也适用于可能后期会有涂层的基底金属。标准中也有圆金属和六角金属产品的优选米制尺寸系列。

这个标准的尺寸优选是通过雷纳德的优选数字R5系列推导的。R5系列中的优选数字大约比系列中之前的数字大60%，第二选择系列通过R10系列推导，其中每个数字大约比前面的数字大25%，第三选择通常来自R20系列，其中数字大约比之前的数字大12.5%。

表10-212列出了从圆金属产品1～500mm的优选米制直径；表10-213列出了优选厚度；表10-214列出了优选宽度。只要有可能，都应该从优选系列中选择尺寸。第二和第三选择也已经给出。对于低于1mm的优选米制直径，优选方形和六角形金属产品对角线米制规格，优选矩形金属产品对角线米制规格，以及优选金属产品米制长度，应该参考ANSI B32.100-2005标准。

编号钻规格的等效小数见表10-215，字母钻规格的等效小数见表10-216。

表 10-212 美国国家标准圆金属产品优选米制直径 ANSI B32. 100-2005（R2009）

基本尺寸/mm			基本尺寸/mm		
优选	第二选择	第三选择	优选	第二选择	第三选择
1	—	—	25		—
—	—	1. 1	—	—	26，28
—	1. 2	—	—	30	—
—	—	1. 4	—	—	32，35，36，38
1. 6	—	—	40	—	—
—	—	1. 8	—	—	42，45，48
—	2	—	—	50	—
—	—	2. 2，2. 4	—	—	55，56
2. 5	—	—	60	—	—
—	—	2. 6，2. 8	—	—	63，65，70，75
—	3	—	—	80	—
—	—	3. 2，3. 5，3. 8	—	—	85，90，95
4	—	—	100	—	—
—	—	4. 5，4. 8	—	—	105，110
—	5	—	—	120	—
—	—	5. 5	—	—	125，130，140，150
6	—	—	160	—	—
—	—	6. 5，7，7. 5	—	—	170，180，190
—	8	—	—	200	—
—	—	8. 5，9，9. 5	—	—	220，240
10	—	—	250	—	—
—	—	11	—	—	260，280
—	12	—	—	300	—
—	—	13，14，15	—	—	320，340，350，360，380
16	—	—	400	—	—
—	—	17，18，19	—	—	420，440，450，480
—	20	—	—	500	—
—	—	21，22，23，24	—	—	—

表 10-213 所有平面金属产品优选米制厚度 ASME B32. 100-2005（R2010）

（单位：mm）

优选	第二选择	第三选择	优选	第二选择	第三选择	优选	第二选择	第三选择
—	0. 050	—	1. 6	—	—	25	—	—
0. 060	—	—	—	—	1. 7	—	—	28
—	0. 080	—	—	—	1. 8	—	30	—
0. 10	—	—	—	2	—	—	—	32
—	—	0. 11	—	—	2. 2	—	—	35
—	0. 12	—	—	—	2. 3	—	—	38
—	—	0. 14	2. 5	—	—	40	—	—
0. 16	—	—	—	—	2. 6	—	—	45
—	—	0. 18	—	—	2. 8	—	50	—
—	0. 20	—	—	3	—	—	—	55
—	—	0. 22	—	—	3. 2	60	—	—
0. 25	—	—	—	—	3. 5	—	—	70
—	—	0. 28	—	—	3. 8	—	80	—
—	0. 30	—	4	—	—	—	—	90
—	—	0. 35	—	—	4. 5	—	—	—
0. 40	—	—	—	5	—	100	—	—
—	—	0. 45	—	—	5. 5	—	—	110
—	0. 50	—	6	—	—	—	120	—
—	—	0. 55	—	—	7	—	—	130
0. 60	—	—	—	8	—	—	—	140
—	—	0. 65	—	—	9	—	—	150
—	—	0. 70	10	—	—	160	—	—
—	—	0. 75	—	—	11	—	—	180
—	0. 80	—	—	12	—	—	200	—
—	—	0. 90	—	—	14	250	—	—
1. 0	—	—	—	—	15	—	300	—
—	—	1. 1	16	—	—	—	—	—
—	1. 2	—	—	—	18	—	—	—
—	—	1. 4	—	20	—	—	—	—
—	—	1. 5	—	—	22	—	—	—

表 10-214 所有平面金属产品优选米制宽度 ASME B32.100-2005（R2010）

（单位：mm）

优选	第二选择	第三选择	优选	第二选择	第三选择	优选	第二选择	第三选择
—	2	—	60	—	—	400	—	—
2.5	—	—	—	—	70	—	500	—
—	3	—	—	80	—	600	—	—
4	—	—	—	—	90	—	—	700
—	5	—	100	—	—	—	800	—
6	—	—	—	—	110	—	—	900
—	8	—	—	120	—	1000	—	—
10	—	—	—	—	130	—	1200	—
—	12	—	—	140	—	—	—	1500
16	—	—	—	—	150	1600	—	—
—	20	—	160	—	—	—	2000	—
25	30	—	—	—	180	2500	—	—
—	—	35	—	200	—	—	3000	—
40	—	—	—	—	225	—	—	3500
—	—	45	250	—	—	4000	—	—
—	50	—	—	—	280	—	5000	—
—	—	55	—	300	—	—	—	—

表 10-215 编号钻规格的等效小数

钻编号	小数		钻编号	小数		钻编号	小数		钻编号	小数	
	in	mm		in	mm		in	mm		in	mm
1	0.2280	5.791	26	0.1470	3.734	51	0.0670	1.702	76	0.0200	0.508
2	0.2210	5.613	27	0.1440	3.658	52	0.0635	1.613	77	0.0180	0.457
3	0.2130	5.410	28	0.1405	3.569	53	0.0595	1.511	78	0.0160	0.406
4	0.2090	5.309	29	0.1360	3.454	54	0.0550	1.397	79	0.0145	0.368
5	0.2055	5.220	30	0.1285	3.264	55	0.0520	1.321	80	0.0135	0.343
6	0.2040	5.182	31	0.1200	3.048	56	0.0465	1.181	81	0.0130	0.330
7	0.2010	5.105	32	0.1160	2.946	57	0.0430	1.092	82	0.0125	0.318
8	0.1990	5.054	33	0.1130	2.870	58	0.0420	1.067	83	0.0120	0.305
9	0.1960	4.978	34	0.1110	2.819	59	0.0410	1.041	84	0.0115	0.292
10	0.1935	4.915	35	0.1100	2.794	60	0.0400	1.016	85	0.0110	0.280
11	0.1910	4.851	36	0.1065	2.705	61	0.0390	0.991	86	0.0105	0.267
12	0.1890	4.800	37	0.1040	2.642	62	0.0380	0.965	87	0.0100	0.254
13	0.1850	4.700	38	0.1015	2.578	63	0.0370	0.940	88	0.0095	0.241
14	0.1820	4.623	39	0.0995	2.527	64	0.0360	0.914	89	0.0091	0.231
15	0.1800	4.572	40	0.0980	2.489	65	0.0350	0.889	90	0.0087	0.221
16	0.1770	4.496	41	0.0960	2.438	66	0.0330	0.838	91	0.0083	0.211
17	0.1730	4.394	42	0.0935	2.375	67	0.0320	0.813	92	0.0079	0.200
18	0.1695	4.305	43	0.0890	2.261	68	0.0310	0.787	93	0.0075	0.190
19	0.1660	4.216	44	0.0860	2.184	69	0.0292	0.742	94	0.0071	0.180
20	0.1610	4.089	45	0.0820	2.083	70	0.0280	0.711	95	0.0067	0.170
21	0.1590	4.039	46	0.0810	2.057	71	0.0260	0.660	96	0.0063	0.160
22	0.1570	3.988	47	0.0785	1.994	72	0.0250	0.635	97	0.0059	0.150
23	0.1540	3.912	48	0.0760	1.930	73	0.0240	0.610	—	—	—
24	0.1520	3.861	49	0.0730	1.854	74	0.0225	0.572	—	—	—
25	0.1495	3.797	50	0.0700	1.778	75	0.0210	0.533	—	—	—

表 10-216 字母钻规格的等效小数

钻编号	小数		钻编号	小数		钻编号	小数		钻编号	小数		钻编号	小数	
	in	mm		in	mm		in	mm		in	mm		in	mm
A	0.234	5.944	G	0.261	6.629	M	0.295	7.493	S	0.348	8.839	Y	0.404	10.262
B	0.238	6.045	H	0.266	6.756	N	0.302	7.671	T	0.358	9.093	Z	0.413	10.490
C	0.242	6.147	I	0.272	6.909	O	0.316	8.026	U	0.368	9.347	—	—	—
D	0.246	6.248	J	0.277	7.036	P	0.323	8.204	V	0.377	9.576	—	—	—
E	0.250	6.350	K	0.281	7.137	Q	0.332	8.433	W	0.386	9.804	—	—	—
F	0.257	6.528	L	0.290	7.366	R	0.339	8.611	X	0.397	10.084	—	—	—

7. 拉丝历史

拉丝是线材制造中的过程，将一根直径较大的线或杆拉过有孔的板或冲模，以将尺寸减小到理想尺寸。在拉丝之前，线材的制作是锤击或敲打金属成很薄的片或板，然后被切成连续的条，这些条之后又通过锤击做成原型。有证据表明早在公元前2000年甚至可能更早就已经有利用简单的锤击过程来制作线材了。这种工艺的历史并没有指出具体什么时候简单的锤击被拉过冲模的方式取代，但是有记录表示拉丝在商业上的应用在法国始于1270年，在德国始于1350年，在英国始于1466年。美国第一个拉丝厂由纳撒尼尔·奈尔斯建于1775年，在康涅狄格州诺维奇，法院为此批准了1500美元的贷款。

8. 异形线材

这里的异形线材指任何截面不是圆形的线材，线材的截面可能是方形、矩形、六角形、三角形、半圆形、椭圆形等。有的异形线材截面可以通过滚压或者拉丝成形。异形线材是特制品，需要制造商和客户一致决定线圈和组件的尺寸、表面处理、韧度和重量。

10.12.3 钢丝绳的强度和性质

1. 钢丝绳的构造

本质上，钢丝绳是由多股绞线绕着金属或非金属核心螺旋形缠绕而成的。每股绞线都包含多条螺旋绕金属或非金属核心的钢丝。为了满足不同运行条件的运用，已经开发出了多个种类的钢丝绳。这些种类的不同通过核心的类型、绞线股数、每股中钢丝数量、尺寸和排列以及钢丝和绞线盘绕或铺设方式来区分。下面的描述性材料很大程度上基于伯利恒钢铁公司提供的信息。

1）钢丝绳材料。制造钢丝绳使用的材料是以强度增加的顺序排列。铁丝绳广泛应用在低强度应用中，比如不用于起重的电梯绳以及固定拉绳。

磷青铜钢丝绳有时用在电梯调速器缆索中，在一些航海应用中用作救生索、安全导航线、操舵索和索具。

牵引钢丝绳主要用在乘用和货物升降机牵引传动类型的起重钢丝绳，牵引钢丝绳就是为了这种应用特别设计的。

镀锌丝或者通过电沉积加锌涂层的丝做成的绳用在需要额外保护防锈的应用中。可以由钢丝绳尺寸和强度中看出，镀锌钢丝绳的断裂强度比没有镀锌的（光面）钢丝绳低10%。涂锌（锌涂层）钢丝绳有具体要求时可以具备光面钢丝绳的断裂强度。

镀锌碳素钢、镀锡碳素钢以及不锈钢用于细绳或绞线，直径范围为1/64～3/8in，还有更大的。

包麻钢丝绳每一股都包着一层细油麻绳。覆料为工人的手部提供保护，并且为绳索提供磨损保护。

2）绳芯。钢丝绳芯由纤维、棉、石棉、聚乙烯塑料、细钢丝绳（独立的钢丝绳芯）、多钢丝索（钢丝索芯）或冷拉丝盘簧构成。

纤维（马尼拉纸或麻）是载荷没有过大时使用最广泛的一种芯。这种芯支撑每股线保持相对位置，并作为垫子防止靠近芯的钢丝产生刻痕。

棉用在细绳上，例如拉窗绳和航空细绳。

石棉芯可以用在烤炉运转的一些特殊的操作中的绳索上。

聚乙烯塑料芯用在暴露在过多水分、酸类或者碱类的应用中。

钢丝索芯通常被称为WSC，包含一个可能和绳索中一股一样的多钢丝索。WSC比独立钢丝绳芯更光滑、更结实，可以为绳索中的多股绞线提供更好的支撑。

独立钢丝绳芯，常被称作IWRC，是一个带钢丝索芯的6×7的小钢丝绳，用来为钢丝绳提供更好的粉碎和变形抵抗力。对于一些应用，IWRC比钢丝索芯的一个优点是其抗拉速度更接近于绳索本身。

带有钢丝索芯的钢丝绳通常来说不如带有独立钢丝绳芯或者非金属芯的钢丝绳柔韧性好。

金属芯的绳索比非金属芯的绳索强度高7.5%。

3）钢丝绳搓纹。钢丝绳搓纹就是每股绞线螺旋排列的方向，类似地，每股的搓纹就是每根钢丝螺旋缠绕的方向。如果股中的钢丝或者绳索中的股形成类似于右手螺旋螺纹的螺旋，例如，朝右绕，那么搓纹就叫作右旋钢索，反之，如果朝左绕，搓纹叫作左旋钢索。正规捻中，股中的钢丝与绳索中的股的缠绕方向相反。在右向逆捻中，股向右捻而钢丝向左捻。在左向逆捻中，股向左捻而钢丝向右捻。

顺捻中，钢丝和股往一个方向捻，例如，右顺捻中，钢丝和股都朝着右边捻，而左顺捻中钢丝和股都朝向左边。

交替捻绳里的每一股交替左捻和右捻，可以用来抵抗变形和防止夹滑脱，但是因为没有其他优势，用途有限。

正规捻钢丝绳是运用最广泛的钢丝绳，通常使用右向逆捻绳索。正规捻绳索载荷时不容易自旋或者松开，通常在使用长绳索和载荷常常移除时选择。顺捻绳索比正规捻绳索的柔韧性更高，对于摩擦和疲劳更耐受。

预成型钢索中，钢丝和线股预成形为螺旋形，因此捻成绳索时钢索更能够保持在原位。非预成型的钢索中，断裂的钢丝更容易“像柳条一样支出”或者从没有抓住的绳索和股中突出，更容易弹开。预成型还容易消除内应力，延长使用寿命，并且让绳索更容易操作和卷绕。

4）绞线构造。钢丝绳绞线的结构使用了钢丝的多种安排。最简单的布置中，6根钢丝围绕一根中心钢丝成组，则有7根钢丝，所有尺寸相同。其他结构类型还有“填充焊丝”，沃灵顿、西鲁结构等使用了不同尺寸的钢丝。

2. 指定钢丝绳

指定钢丝绳需要的信息：长度、直径、股数、每股钢丝数、绳索结构类型、绳索中所用钢的等级。是否预成型、中心类型、捻的类型。为一个新的应用选择最合适类型的钢丝绳应该先咨询制造商。

3. 钢丝绳的性质

钢丝绳重要的属性有强度、耐磨性、柔韧性、抗破碎性和抗变形。

1）强度。钢丝绳的强度取决于其尺寸、钢丝的材料种类和数目、芯的类型以及钢丝是否有镀锌。

2）耐磨性。如果钢丝绳必须反复在表面擦过，会暴露在非常的磨损之下，必须对钢丝绳采取特殊结构来提供理想的作业。

这种结构可能采用：①相对大的外部钢丝；②钢丝和绞线螺旋缠绕方向相同的顺捻；③扁平绳股。

各种不同类型的目的是提供更大的外表面面积来承受磨损。从材料的角度，优质犁钢不仅具有最高的抗张强度，并且在常规的钢丝绳中耐磨性最好。

3）柔韧性。会重复经历严重弯曲的钢丝绳，如在小滑轮上的钢丝绳，柔韧性必须很好，才能防止断裂和疲劳失效。其他提高钢丝绳柔韧性的方法还有：①增加小钢丝数量；②采取顺捻；③预成形，将绳索的钢丝和绞线在制造时造型，使其能够与组装在绳索上的位置匹配。

4）抗破碎性和抗变形。钢丝绳若要承受横向载荷，可能导致破碎或变形，应该注意选择结构上能够承担这种情况的钢丝绳类型。

为这种情况设计的钢丝绳可能具有：①大的外钢丝将每个钢丝上的载荷扩散到更大的面积；②独立钢丝芯或高碳冷拉盘簧芯。

4. 钢丝绳的标准类别

通常钢丝绳可以用两个数字命名，第一个指示股数，第二个指示每股的钢丝数。例如6×7，表示绳索有6股绞线，每股中有7根钢丝。又如8×19，表示绳索有8股绞线，每股中有19根钢丝。这些数字用于命名标准钢丝绳分类的时候，第二个数字可能就是该类绳索中每股钢丝数量的公称值，实际该类的钢丝数可能比公称值略大或略小，在下面的简述中也有提到（对于有钢丝索芯的绳索，可能会用第二组双数字来表示钢丝索芯的结构，如1×21、1×43等）。

1）6×7类（标准组绕钢丝索）。这种类型的钢丝绳用在耐磨性能非常重要的应用中，例如需要在地上拖拽或在滚子上拖拽的应用中，重载、钢索传动和钻井业都是常见的应用。这些钢丝绳通常采取右向逆捻，有时候采取顺捻。芯可能是纤维、独立钢丝绳或者钢丝索芯。因为这种类型的芯结构刚度相对较高，这些绳索应该使用大的滑轮和滚筒。因为钢丝数目少，可能需要使用更大的安全因子。

从图10-87可以看出，这个类型包括纤维芯6×7结构，1×7钢丝索芯的6×7结构（有时叫作7×7），1×19钢丝索芯的6×7结构，独立钢丝索芯的6×7结构。表10-217给出了这个分类的强度和重量数据。

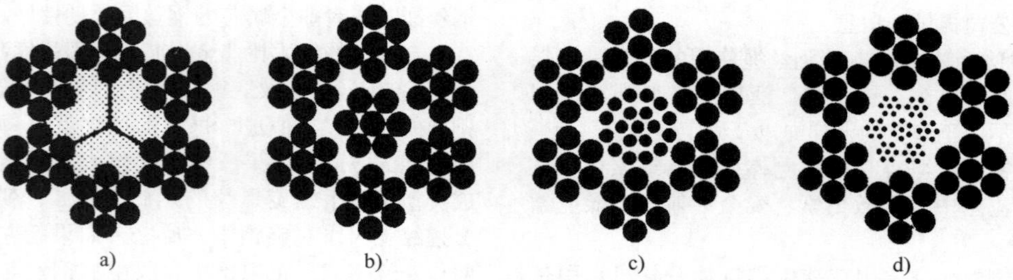

图10-87 6×7类

a）6×7纤维芯 b）6×7具有1×7 WSC芯 c）6×7具有1×19 WSC芯 d）6×7具有IWRC芯

这个类型中两种特别的钢丝绳是航空细钢丝绳，6×6 或 7×7 的高抗张强度的钢丝绳以及拉窗绳，6×7的铁丝绳用于强度不是非常重要的多种应用。

表 10-217 6×7（标准组绕钢丝索）钢丝绳的重量和强度、预处理和非预处理

直径/in	每英尺近似质量/(lb/ft)	断裂强度/2000lbf			直径/in	每英尺近似质量/(lb/ft)	断裂强度/2000lbf		
		优质犁钢	犁钢	软犁钢			优质犁钢	犁钢	软犁钢
1/4	0.094	2.64	2.30	2.00	3/4	0.84	22.7	19.8	17.2
5/16	0.15	4.10	3.56	3.10	7/8	1.15	30.7	26.7	23.2
3/8	0.21	5.86	5.10	4.43	1	1.50	39.7	34.5	30.0
7/16	0.29	7.93	6.90	6.00	1 1/8	1.90	49.8	43.3	37.7
1/2	0.38	10.3	8.96	7.79	1 1/4	2.34	61.0	53.0	46.1
9/16	0.48	13.0	11.3	9.82	1 3/8	2.84	73.1	63.6	55.3
5/8	0.59	15.9	13.9	12.0	1 1/2	3.38	86.2	75.0	65.2

注：1. 钢芯绳索，在上述强度上加上 7.5%。

2. 对于镀锌绳索，在上述强度上减去 10%。

3. 来源于绳索图表，伯利恒钢铁公司美国简化应用推荐协会 198-50。

2）6×19 类（标准起重索）。这种类型的绳索是最受欢迎，使用最广泛的绳索。这种绳索通常采用标准捻或者顺捻，有预成形和非预成形两种。芯可能是纤维、独立钢绳或者钢丝索。可以从表 10-218 以及图 10-88 看出，有四钟常见类型：6×25 填充焊丝结构（没有说明），纤维芯，独立钢芯，或者钢丝索芯（1×25 或 1×43）；6×19 瓦林顿结构，纤维芯；6×21 填充焊丝结构，纤维芯；6×19、6×21 和 6×17 西鲁结构，纤维芯。

3）6×37 类（极软起重索）。对于给定尺寸的

表 10-218 6×19（标准起重索）钢丝绳重量和强度、预成形和非预成形

直径/in	每英尺近似质量/(lb/ft)	断裂强度/2000lbf			直径/in	每英尺近似质量/(lb/ft)	断裂强度/2000lbf		
		优质犁钢	犁钢	软犁钢			优质犁钢	犁钢	软犁钢
1/4	0.10	2.74	2.39	2.07	1 1/4	2.50	64.6	56.2	48.8
5/16	0.16	4.26	3.71	3.22	1 3/8	3.03	77.7	67.5	58.8
3/8	0.23	6.10	5.31	4.62	1 1/2	3.60	92.0	80.0	69.6
7/16	0.31	8.27	7.19	6.25	1 5/8	4.23	107	93.4	81.2
1/2	0.40	10.7	9.35	8.13	1 3/4	4.90	124	108	93.6
9/16	0.51	13.5	11.8	10.2	1 7/8	5.63	141	123	107
5/8	0.63	16.7	14.5	12.6	2	6.40	160	139	121
3/4	0.90	23.8	20.7	18.0	2 1/8	7.23	179	156	—
7/8	1.23	32.2	28.0	24.3	2 1/4	8.10	200	174	—
1	1.60	41.8	36.4	31.6	2 1/2	10.00	244	212	—
1 1/8	2.03	52.6	45.7	39.8	2 3/4	12.10	292	254	—

注：1. 6×25 纤维芯填充焊丝没有说明。

2. 钢芯绳索，在上述强度上加上 7.5%。

3. 对于镀锌绳索，在上述强度上减去 10%。

4. 来源于绳索图表，伯利恒钢铁公司，美国简化应用推荐协会 198-50。

绳索，芯线比上面描述的两种绳索直径小，因此耐磨性较差。这类绳索采用标准捻和顺捻，有纤维芯或者独立钢绳芯，预成形或非预成形。

有四种常用类型见表 10-219 和图 10-89 所示。6×29填充焊丝结构，纤维芯，6×36 填充焊丝，独立钢丝绳芯，是建筑设备所用特别绳索；6×35（两种运行方式）结构，纤维芯和 6×41 瓦林顿西鲁结构，纤维芯，是这种类型绳索结构中的标准起重机吊索；6×41 填充焊丝结构，纤维芯或者独立钢芯，是通常采取顺捻的特质大型挖掘机绳；6×46 填充焊丝结构，纤维芯或者独立钢绳芯，是特质大型挖掘机绳和疏浚绳。

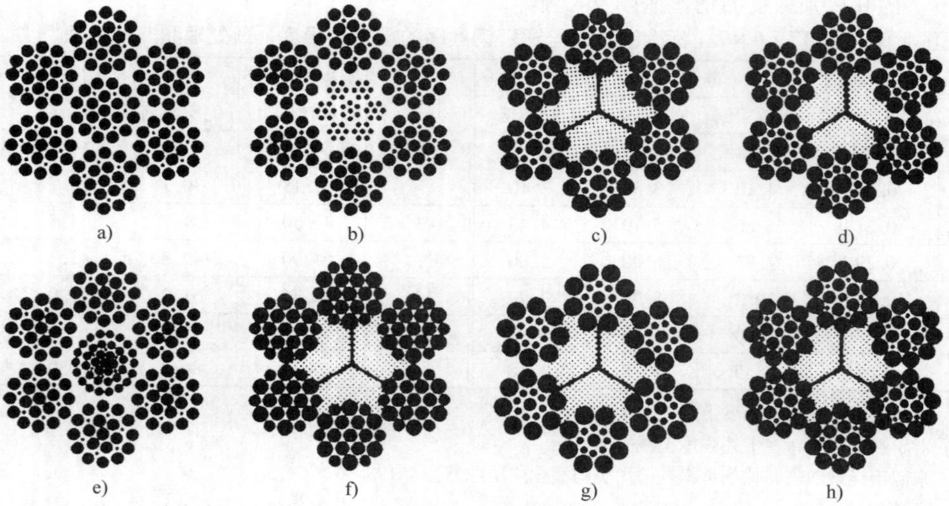

图 10-88 常见类型

a) 6×25 填充焊丝具有 WSC（1×25）芯 b) 6×25 填充焊丝具有 IWRC 芯 c) 6×19 西鲁结构具有纤维芯 d) 6×21 西鲁结构具有纤维芯 e) 6×25 填充焊丝具有 WSC（1×43）芯 f) 6×19 瓦林顿结构具有纤维芯 g) 6×17 西鲁结构具有纤维芯 h) 6×21 填充焊丝具有纤维芯

表 10-219 6×37（极软起重索）钢丝绳的重量和强度，预成形和非预成形

直径/in	每英尺近似质量/(lb/ft)	断裂强度/2000lbf		直径/in	每英尺近似质量/(lb/ft)	断裂强度/2000lbf	
		优质犁钢	犁钢			优质犁钢	犁钢
1/4	0.10	2.59	2.25	1½	3.49	87.9	76.4
5/16	0.16	4.03	3.50	1⅝	4.09	103	89.3
3/8	0.22	5.77	5.02	1¾	4.75	119	103
7/16	0.30	7.82	6.80	1⅞	5.45	136	118
1/2	0.39	10.2	8.85	2	6.20	154	134
9/16	0.49	12.9	11.2	2⅛	7.00	173	1.50
5/8	0.61	15.8	13.7	2¼	7.85	193	168
3/4	0.87	22.6	19.6	2½	9.69	236	205
7/8	1.19	30.6	26.6	2¾	11.72	284	247
1	1.55	39.8	34.6	3	14.0	335	291
1⅛	1.96	50.1	43.5	3¼	16.4	390	339
1¼	2.42	61.5	53.5	3½	19.0	449	390
1⅜	2.93	74.1	64.5	—	—	—	—

注：1. 钢芯绳索，在上述强度上加上 7.5%。

2. 对于镀锌绳索，在上述强度上减去 10%。

3. 来源于绳索图表，伯利恒钢铁公司，美国简化应用推荐协会 198-50。

4）8×19 类（极软起重索）。这种绳索运行平稳，由于柔韧性好，尤其适合有反向弯曲的高速运转。这种类型的绳索通常是纤维芯的。

有四种常用类型见表 10-220 和图 10-90 所示。8×25 填充焊丝结构，是四种类型中柔韧性最好但是耐磨性最差的一种；8×19 瓦林顿结构，柔韧性比 8×25 稍弱；8×21 填充焊丝结构，柔韧性比瓦林顿结构稍弱；8×19 西鲁结构，四种类型中耐磨性最好，但是同时也是柔韧性最弱的一个。

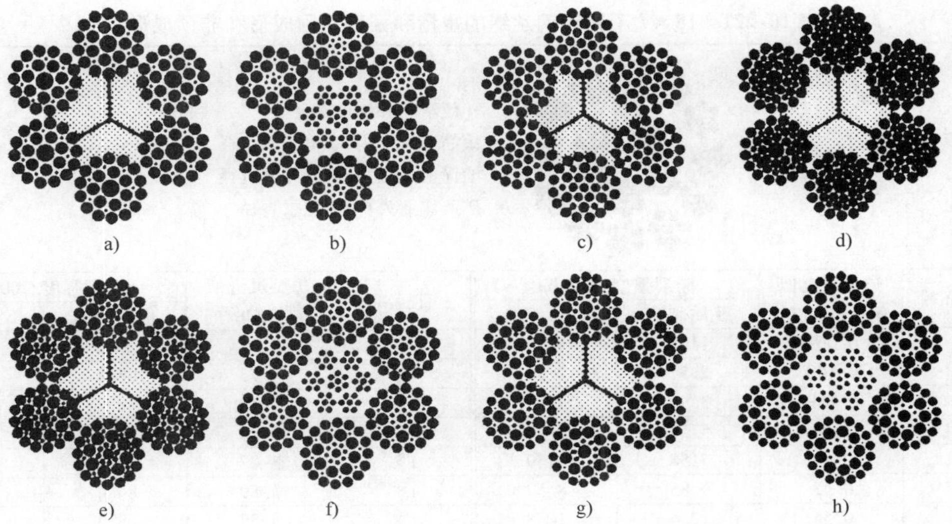

图 10-89　常用类型

a）6×29 填充焊丝具有纤维芯　b）6×36 填充焊丝具有 IWRC 芯　c）6×35 纤维芯
d）6×41 瓦林顿西鲁结构具有纤维芯　e）6×41 填充焊丝具有纤维芯　f）6×41 填充焊丝具有 IWRC 芯
g）6×46 填充焊丝具有纤维芯　h）6×46 填充焊丝具有 IWRC 芯

表 10-220　8×19（极软起重索）钢丝绳的重量和强度，预成形和非预成形

直径/in	每英尺近似质量/（lb/ft）	断裂强度/2000lbf		直径/in	每英尺近似质量/（lb/ft）	断裂强度/2000lbf	
		优质犁钢	犁钢			优质犁钢	犁钢
¼	0.09	2.35	2.04	¾	0.82	20.5	17.8
5/16	0.14	3.65	3.18	⅞	1.11	27.7	24.1
⅜	0.20	5.24	4.55	1	1.45	36.0	31.3
7/16	0.28	7.09	6.17	1⅛	1.84	45.3	39.4
½	0.36	9.23	8.02	1¼	2.27	55.7	48.4
9/16	0.46	11.6	10.1	1⅜	2.74	67.1	58.3
⅝	0.57	14.3	12.4	1½	3.26	79.4	69.1

注：1. 钢芯绳索，在上述强度上加上 7.5%。
2. 对于镀锌绳索，在上述强度上减去 10%。
3. 来源于绳索图表，伯利恒钢铁公司，美国简化应用推荐协会 198-50。

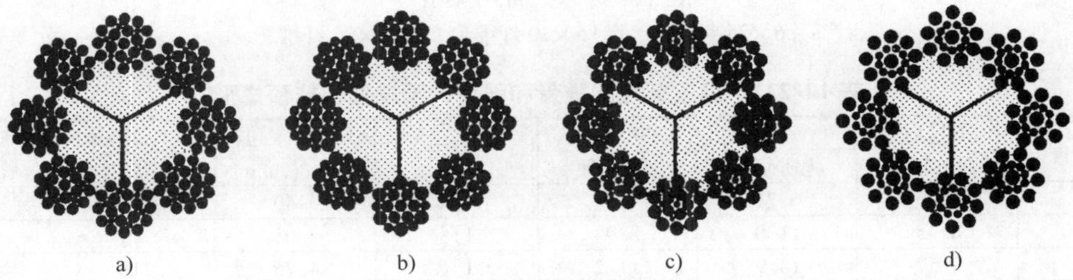

图 10-90　常用类型

a）8×25 填充焊丝具有纤维芯　b）8×19 瓦林顿结构具有纤维芯
c）8×21 填充焊丝具有纤维芯　d）8×19 西鲁结构具有纤维芯

另外在这个类型中，没有在表 10-220 列出来的是牵引钢和铁构成的升降绳索。

5）18×7 不回转钢丝绳。这种绳索为需要尽可能小的回转或旋转的应用而设计，尤其是单线升降空载时。这种钢丝绳内层包含 6 股，每股 7 根钢丝的绞线，左向顺捻，采用纤维芯，外部有 12 股，每股 7 根钢丝的绞线，右向逆捻。捻的方向相反，可以防止绳索拉伸时的回转。但是，为了避免任何回转或转动的倾向，载荷应该保持至少在绳索断裂强度的 1/8，最好能够为 1/10。表 10-221 列出了重量和强度。

表 10-221 18×7 不回转钢丝绳的重量和强度，预成形和非预成形

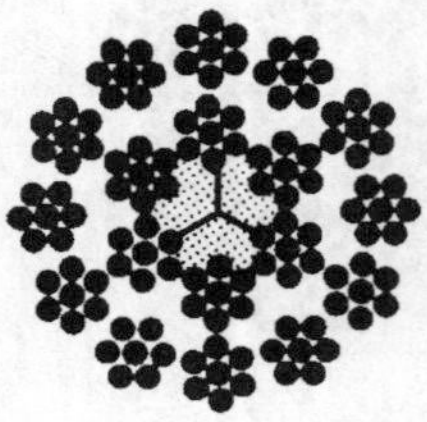

建议滑轮和滚筒直径
滚筒上单层为36倍绳索直径
滚筒上多层为48倍绳索直径
矿产作业为60倍绳索直径

直径/in	每英尺近似质量/(lb/ft)	断裂强度/2000lbf		直径/in	每英尺近似质量/(lb/ft)	断裂强度/2000lbf	
		优质犁钢	犁钢			优质犁钢	犁钢
3/16	0.061	1.42	1.24	7/8	1.32	29.5	25.7
1/4	0.108	2.51	2.18	1	1.73	38.3	33.3
5/16	0.169	3.90	3.39	1 1/8	2.19	48.2	41.9
3/8	0.24	5.59	4.86	1 1/4	2.70	59.2	51.5
7/16	0.33	7.58	6.59	1 3/8	3.27	71.3	62.0
1/2	0.43	9.85	8.57	1 1/2	3.89	84.4	73.4
9/16	0.55	12.4	10.8	1 5/8	4.57	98.4	85.6
5/8	0.68	15.3	13.3	1 3/4	5.30	114	98.8
3/4	0.97	21.8	19.0	—	—	—	—

注：1. 对于镀锌绳索，在上述强度上减去10%。
2. 来源于绳索图表，滑轮和滚筒直径，以及3/16in，1/4in和5/16in的数据，伯利恒钢铁公司，美国简化应用推荐协会198-50。

6）扁股钢丝绳。这种绳索中形成一股绞线的钢丝绕在三角形中心上，因此扁平的外表面面积比常规的原型绳索更大，可以承受更恶劣的磨损工况。每一股呈三角形也使得绳索抗破碎性非常好。扁股钢丝绳通常采用顺捻，有纤维芯或者独立钢索芯。表10-222和图10-91的三种类型柔韧性好，设计用于起重作业。

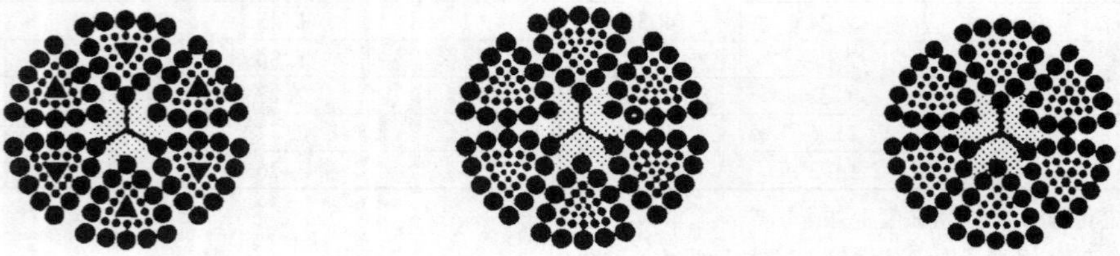

a) b) c)

图10-91 常用类型

a）6×25纤维芯 b）6×30纤维芯 c）6×27纤维芯

表 10-222 扁股钢丝绳重量和强度，预成形和非预成形

直径/in	每英尺近似质量/(lb/ft)	断裂强度/2000lbf		直径/in	每英尺近似质量/(lb/ft)	断裂强度/2000lbf	
		优质犁钢	软犁钢			优质犁钢	软犁钢
3/8①	0.25	6.71	—	1 3/8	3.40	85.5	—
1/2①	0.45	11.8	8.94	1 1/2	4.05	101	—
9/16①	0.57	14.9	11.2	1 5/8	4.75	118	—
5/8	0.70	18.3	13.9	1 3/4	5.51	136	—
3/4	1.01	26.2	19.8	2	7.20	176	—
7/8	1.39	35.4	26.8	2 1/4	9.10	220	—
1	1.80	46.0	34.8	2 1/2	11.2	269	—
1 1/8	2.28	57.9	43.8	2 3/4	13.6	321	—
1 1/4	2.81	71.0	53.7	—	—	—	—

注：1. H类不在美国简化应用推荐中。
2. 来源于绳索图表，伯利恒钢铁公司，所有其他数据，美国简化应用推荐协会198-50。
① 这些尺寸仅是B类尺寸。

7）扁平钢丝绳。这种钢丝绳由数根 4 股绳并排，通过软钢缝纫丝缝在一起。这些 4 股绳间隔采用左捻和右捻来避免运转中翘曲、卷曲或者回转。表 10-223 列出了重量和强度信息。

5. 简化应用推荐

因为钢丝绳种类总量非常大，制造商和用户达成一致，采用美国简化应用推荐来简化最常用和常备货的钢丝绳种类和尺寸的列表。这些类型的钢丝绳就是最常备的钢丝绳。其他特殊或有限用途的钢丝绳类型和尺寸可以在不同制造商的产品目录中查找。

6. 钢丝绳的尺寸和强度

表 10-217 ~ 表 10-223 的数据来自美国简化应用推荐协会 198-50，但是不包含简化应用推荐中专用于船舶航海作业的钢丝绳。

1）钢丝绳直径。钢丝绳直径是能够刚好包覆钢丝绳的圆周直径，因此在用卡尺测量时，必须注意取到最大外直径，穿过相对的两股，而不是对应凹陷或平面的最小尺寸。标准方法是取公称直径为所有正公差的最小值。直径、最小断裂强度和最大节距的限制都列在钢丝绳联邦标准，RR-R—571a 中。

2）钢丝绳强度。表 10-223 中的强度是数学推导而来，基于实际钢丝绳断裂测试，代表单独钢丝的 85% ~90% 的总强度，根据不同绳索结构不同而不同。

表 10-223　标准扁平钢丝绳的质量和强度，非预成形

扁平钢丝绳

这种绳索由数根四股绳并排排列，用软钢缝纫线缝在一起

宽度和厚度	绳索数量	每英尺近似质量/(lb/ft)	断裂强度/2000lbf		宽度和厚度	绳索数量	每英尺近似质量/(lb/ft)	断裂强度/2000lbf	
			优质犁钢	软犁钢				优质犁钢	软犁钢
$\frac{1}{4}\times1\frac{1}{2}$	7	0.69	16.8	14.6	$\frac{1}{2}\times4$	9	3.16	81.8	71.2
$\frac{1}{4}\times2$	9	0.88	21.7	18.8	$\frac{1}{2}\times4\frac{1}{2}$	10	3.82	90.9	79.1
$\frac{1}{4}\times2\frac{1}{2}$	11	1.15	26.5	23.0	$\frac{1}{2}\times5$	12	4.16	109	94.9
$\frac{1}{4}\times3$	13	1.34	31.3	27.2	$\frac{1}{2}\times5\frac{1}{2}$	13	4.50	118	103
$\frac{5}{16}\times1\frac{1}{2}$	5	0.77	18.5	16.0	$\frac{1}{2}\times6$	14	4.85	127	111
$\frac{5}{16}\times2$	7	1.05	25.8	22.4	$\frac{1}{2}\times7$	16	5.85	145	126
$\frac{5}{16}\times2\frac{1}{2}$	9	1.33	33.2	28.8	$\frac{5}{8}\times3\frac{1}{2}$	6	3.40	85.8	74.6
$\frac{5}{16}\times3$	11	1.61	40.5	35.3	$\frac{5}{8}\times4$	7	3.95	100	87.1
$\frac{5}{16}\times3\frac{1}{2}$	13	1.89	47.9	41.7	$\frac{5}{8}\times4\frac{1}{2}$	8	4.50	114	99.5
$\frac{5}{16}\times4$	15	2.17	55.3	48.1	$\frac{5}{8}\times5$	9	5.04	129	112
$\frac{3}{8}\times2$	6	1.25	31.4	27.3	$\frac{5}{8}\times5\frac{1}{2}$	10	5.59	143	124
$\frac{3}{8}\times2\frac{1}{2}$	8	1.64	41.8	36.4	$\frac{5}{8}\times6$	11	6.14	157	137
$\frac{3}{8}\times3$	9	1.84	47.1	40.9	$\frac{5}{8}\times7$	13	7.23	186	162
$\frac{3}{8}\times3\frac{1}{2}$	11	2.23	57.5	50.0	$\frac{5}{8}\times8$	15	8.32	214	186
$\frac{3}{8}\times4$	12	2.44	62.7	54.6	$\frac{3}{4}\times5$	8	6.50	165	143
$\frac{3}{8}\times4\frac{1}{2}$	14	2.83	73.2	63.7	$\frac{3}{4}\times6$	9	7.31	185	161
$\frac{3}{8}\times5$	15	3.03	78.4	68.2	$\frac{3}{4}\times7$	10	8.13	206	179
$\frac{3}{8}\times5\frac{1}{2}$	17	3.42	88.9	77.3	$\frac{3}{4}\times9$	11	9.70	227	197
$\frac{3}{8}\times6$	18	3.63	94.1	81.9	$\frac{7}{8}\times5$	7	7.50	190	165
$\frac{1}{2}\times2\frac{1}{2}$	6	2.13	54.5	47.4	$\frac{7}{8}\times6$	8	8.56	217	188
$\frac{1}{2}\times3$	7	2.47	63.6	55.4	$\frac{7}{8}\times7$	9	9.63	244	212
$\frac{1}{2}\times3\frac{1}{2}$	8	2.82	72.7	63.3	$\frac{7}{8}\times8$	10	10.7	271	236

注：来源于绳索图表，伯利恒钢铁公司，美国简化应用推荐协会 198-50。

7. 安全工作载荷和安全系数

钢丝绳可以使用的最大载荷还应该考虑其他相关因素，如摩擦、在每个滑轮上弯曲产生的载荷、加速和减速等，如果绳索有很长一段用于起重，还要考虑最大延长时绳索的质量。绳索的状态——新或旧、磨损或被腐蚀，以及配件类型也应予以考虑。

静态绳索的安全系数通常为3～4；运行中绳索的安全系数则为5～12。如果有对寿命或属性有危险的元素，安全系数还应更高。

10.13 轴系对中

10.13.1 简介

轴系对中就是将两个或多个轴的旋转中心定位，保证机械运转时轴是共线的。轴系对中的目的是增加旋转机械的使用寿命，并达到高的电动机效率。机械运转时察觉到轴系没有对中是很难的，但是未对中的次生效应则能够观察到，如轴向或径向过多的抖动；箱体、轴承或者润滑剂的高温；联轴节螺栓或地脚螺栓松动、断裂或缺失；轴出现裂痕以及过多润滑剂泄漏等。

现在并没有全球通用的轴系对中标准，但是，对于联结的机械有定义的轴与轴对中限制。这些限制由两个未对中量度决定，倾斜度和偏置距。

1. 角度错位

角度错位就是一个轴与另一个轴的斜度不一样（见图10-92），表示为升高/平移。升高的量以mil计（1 mil＝0.001in），移动量（轴方向的距离）以in计。修正这种类型的偏差问题的过程有时候被称为缝隙矫正。

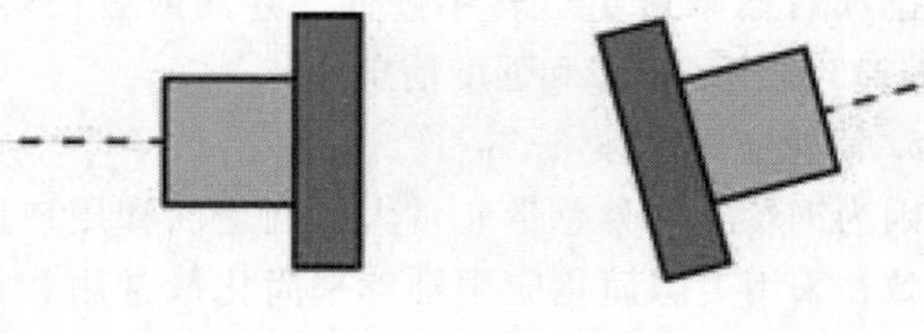

图10-92 角度错位的轴

2. 偏移错位

偏移错位就是轴旋转中心之间在动力传输平面或联轴节中心测量的距离（见图10-93），测量单位为mil。

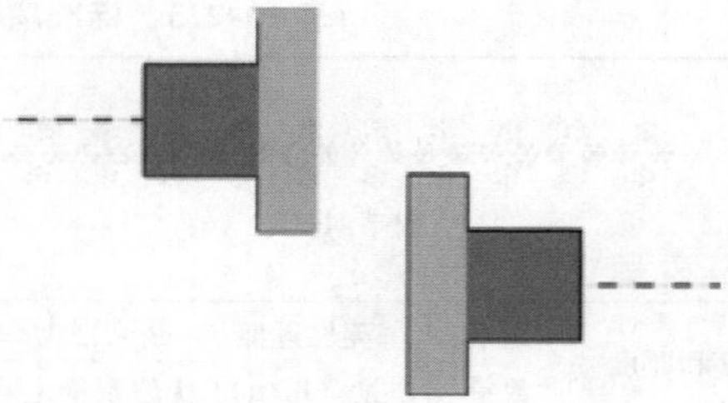

图10-93 偏移错位的轴

有四个定位参数需要测量和校准：垂直倾斜度、垂直偏置、水平倾斜度、水平偏置。表10-224中的值可以用作未对中可接受极限的通用指导。轴高速运转时，轴系准确对中尤为重要，所以轴速增加，允许未对中可接受极限变小。

表10-224 偏调容差指南

转速/(r/min)	偏移错位/mil		角度错位/(mil/in)	
	极佳	可接受	极佳	可接受
600	±2.00	±4.00	0.80	1.25
900	±1.50	±3.00	0.70	1.00
1200	±1.25	±2.00	0.50	0.80
1800	±1.0	±1.50	0.30	0.50
3600	±0.50	±0.75	0.20	0.30
≥4000	±0.50	±0.75	0.10	0.25

如果两个机械的轴需要对中，过程通常要求一个机械永久性固定，另一个可以移动。固定组件通常是从动机械，比如说泵-电动机组合中的泵。另一个机械（通常是电动机）在准备测量的时候先行大致对中（如采用目视对中和直边对中），测量可以确定这个机械与固定的机械最终对中所需要进行的移动的多少和方向。使用可移动的机械的轴去对中固定机械的轴。可移动机械通过在底脚下增加或减少垫片来调整垂直高度，水平方向按照要求进行横向微调，以确保获得满意的对中。

10.13.2 使用千分表进行轴系对中

下面的材料描述了使用千分表来测量对中数据时轴系对中的过程。

1. 仪器和方法

利用使用仪器的数量进行轴的测量和计算需要

的动作，但对于任何轴系对中最重要的要求是读数的重复。千分表和激光是两种测量系统之选。

千分表为轴系对中提供了准确可靠的测量。千分表最有用，因为可以用来直接测量轴承对中、轴系径向跳动以及柔顺支腿。如果安装时非常注意，读数正确，控制或者考虑如千分表倾斜，轴的轴向窜动，以及来自外部的振动等变量，测量准确度可以达到 0.001in（1mil）或 0.025mm。准确安装的千分表得到的数据通过公式转化成垂直方向和水平方向的移动，将可移动组件与固定组件对中，公式在下面会有介绍。

激光测量系统是另一种很流行的轴系对中测量方法，尽管这种系统的成本费用比千分表高很多。精度可以达到 0.0001in（0.0025mm）甚至更高，设置和运行通常比千分表快速简单。很多激光测量系统可以进行部分或者所有用于确认垂直方向和水平方向移动的计算的测量。在易爆炸环境中，使用激光系统可能不安全。

2. 径向跳动检查

对于一个或者两个联轴节的径向跳动检查只在径向跳动问题存在的时候才很重要。泵或者电动机联轴器的径向跳动很少能够剧烈到能单独用肉眼观测。标准的操作是在分离的联轴器（每次一个）上放置一个垫片和面千分表，然后将上述联轴器转几个 360°的转，同时监测千分表。千分表支架应该稳固地连接在靠近被检查的泵或电动机联轴器附近的静态物体上。如果涉及的两个联轴器间隔超过 5in 或 6in，通常会用一个磁力座固定千分表。但是，对于普通的泵和电动机，测量泵的径向跳动时将千分表夹具直接装在电动机上，测量电动机径向跳动的时候将千分表夹具直接装在泵上更方便。

图 10-94 左边展示了典型的用磁力座固定千分表的径向跳动检查装置的电动机或者泵的目视图（右侧）。假设边缘千分表已经调零，被检查的联轴器转了数个完整的圈。重复的转动带来重复的读数，两个极限是负最大值 -0. ×××in 和正最大值 0. ×××in。假设没有涂料或生锈，至少存在三种可能性。

1）联轴器开孔偏心。

2）轴弯曲了。

3）上面两种情况的结合。

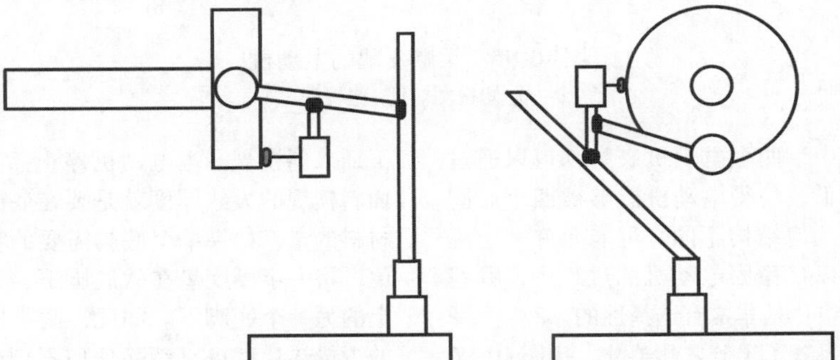

图 10-94 径向跳动的千分表设置（现场应用中，将面千分表尽可能安装在边缘千分表的附近。为了清晰，面千分表在两种视角中都拉至 6 点钟方向）

考虑到上述的第三种情况，联轴器打孔偏心并且通过边缘千分表测试以联轴器径向跳动表现出来是可能的（但是不容易出现这种情况），但是轴上轻微的弯曲会抵消通常因为打孔偏心非常明显的现象。这种奇怪的现象可能导致尽管标准测试证明没有未对中，但是依然会出现振荡。联轴器跳动还可能由过大的联轴器孔造成，同时松弛由固定螺钉收紧。

解读千分表：边缘千分表指示的实际径向跳动量是正负两个极值之差的一半。

示例：一个边缘千分表如图 10-94 装配并调零。然后，轴在完成几转之后千分表显示负最大值 -0.006in，正最大值 +0.012in。总变化量是 0.018in，0.018in 的一半就是 0.009in，因此，三种情况的结果就是偏心 0.009in，或者 0.018in 联轴器跳动的 TIR（总千分表读数）。注意：通常预期比上面描述还小很多的联轴器跳动。

如果在联轴器周围面千分表所有点都显示为零，而边缘千分表在 +0. ×××in 和 -0. ×××in 之间移动，有可能联轴器打孔偏心。如果边缘千分表几乎没有移动，而面千分表在 +0. ×××in 和 -0. ×××in 之间移动，原因可能是后两种情况，或者联轴器打孔没有偏心，但是打孔与联轴节的面不垂直，如图 10-95 所示。

在图 10-95 中，被检查的联轴器旋转，两个千

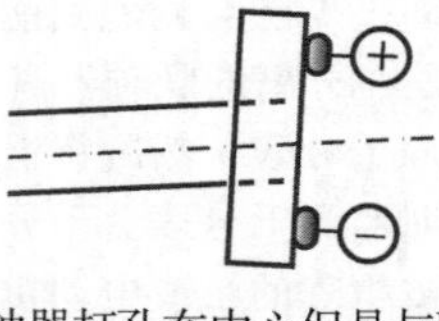

图 10-95 联轴器打孔在中心但是与联轴器表面不垂直（面千分表显示出来，但是边缘千分表没有显示）

分表都会显示或正或负。就算轴的中心线穿过联轴器中心，在与联轴器表面不垂直的角度也会如此。结果就是在面千分表上出现剧烈的联轴器径向跳动，而边缘千分表上的径向跳动则不怎么剧烈。

端面跳动在没有时很容易显现出来。如果机械含有滑动轴承，而跳动测试中轴没有被推力轴承轴向限制，只要有存在，就会检测出剧烈的端面跳动。

注意：对齐过程中不应该过多地考虑两个联轴器或者其中一个联轴器不能接受的跳动。即使存在严重的联轴器跳动，两个轴的延长中心线可以对齐。跳动检查主要是为如果出现过多振荡获得有记录的信息。

3. 柔顺支腿

与电动机对中相关的最常被忽略的预防措施就是紧固柔顺支腿。对于图 10-96 中的电动机，其中一个支架短了 1/2in。在对齐的术语中，短一点的那个支架被称为柔顺支腿。同样明显的是如果在柔顺支腿下面垫上 1/2in 的垫片，四个底脚就能稳固地支撑电动机。另一方面，如果电动机没有加上合适的垫片就固定，其支撑不会结实，不能读出可重复的千分表读数。

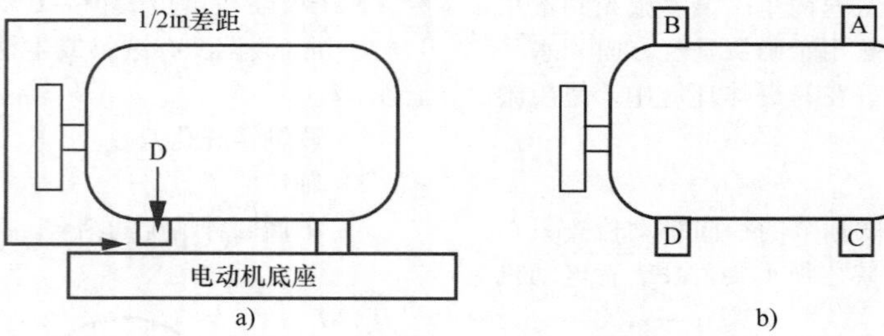

图 10-96 柔顺支腿的电动机

a）侧视图 b）俯视图

在普通电动机中，四个电动机底脚都可以通过调整垫片升高或降低，使得电动机能够被四个底脚平衡地支撑。因为几何结构不同，可能允许一定程度上的自由度，所以在稳固电动机的过程中，哪些底脚会需要额外的垫片是非常有选择性的。

如果一个支架只短了千分之几英寸，比图 10-96 所示的小很多。通过使用被部分机械工人称为摇一摇的方法，可能检查出电动机支撑的轻微不稳定。螺栓打入但只有部分螺纹嵌入时，在一条对角线上的两个电动机底脚之上间隔施加手腕根部的力。如果手腕根部的力间隔施加在底脚 A 和 D 的时候没有明显的摇一摇，换成底脚 B 和 C。如果发现了摇晃，在不稳定的底脚下面添加或者减少垫片。

对于图 10-96 中显示的 0.5in（12.7mm）差距，在点 A 和点 D 上向下施加手腕根部的力可能会产生千分表不能承担的移动。在更精细的柔顺支腿上，需要有经验的感知来察觉电动机底脚的哪怕只有几密耳的摇晃。如果感知太小不能确定，需要用到千分表。

在 0.010in（0.254mm）或者更多移动非常明显的组件上，可以在电动机轻微摇晃时在电动机底脚下插入斜楔规。当电动机停止摇晃，电动机底脚下面斜楔规的大致厚度就是要在底脚下面添加的垫片材料的量。如果单个底脚需要的垫片厚度高于理想值，将一半厚度垫在软底脚下，另一半垫在对角线上的另一个底脚下。如此，两个底脚之一下面添加的少量垫片就可以消除任何不理想的松动。在摇一摇测试中，试用和错误的垫片在几次之后就能消除任何明显的软底脚。对于电动机底脚或者其他可移动组件的底脚进行一步一步的晃动筛查，应该可以得到非常稳固的可移动组件。

对于大型电动机，应该使用和阻力成比例的杠杆，范围能从小撬杆到液压设备。使用摇一摇方法时，建议将千分表安装在可用的电动机底脚或在电动机联轴器上，千分表底部在泵联轴器或相当的静态物体顶部，记录所有运动。

重载的摇一摇方法将所有底脚螺栓拧紧，然后同时将其松开，并观察千分表。

图 10-97 所示为电动机的侧视图和俯视图。这里千分表安装在检查对中时边缘千分表将会安装的地方，任何柔顺支腿运动都会在对中过程中被记录下来。一旦电动机通过了软底脚检查，就能够进行

电动机对中的正常程序了。用适应手边问题的最简单方法将千分表安装好，然后选择合适的公式。确保所有螺栓在第一次（垂直）千分表读数之前拧紧。

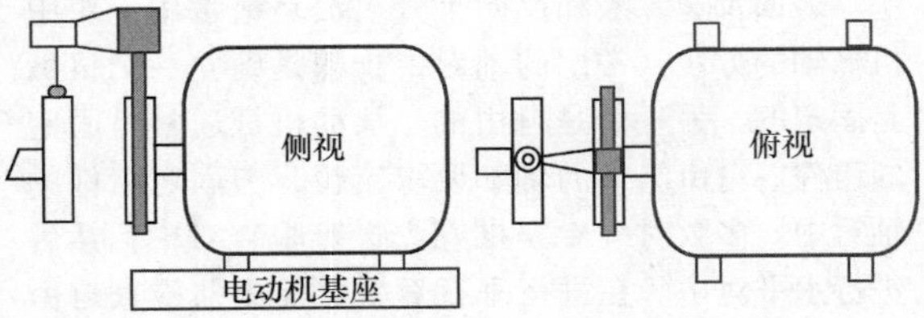

图 10-97　检测软底脚安装的边缘千分表

图 10-98 中所示的任何安装条件的结合都会产生柔顺支腿，即使电动机底脚的机械加工没有任何问题。电动机、基座或者垫片需要做出一些改变避免图中给出的问题。根据问题中角度的大小，可能需要楔形垫片或者电动机或基座的机械加工。

有时在相对不那么重要的设备上，可以简单地将垫片折叠成不同的厚度来应对松弛。这种方法不是标准操作，但是作为一种应急方法，非常有效。

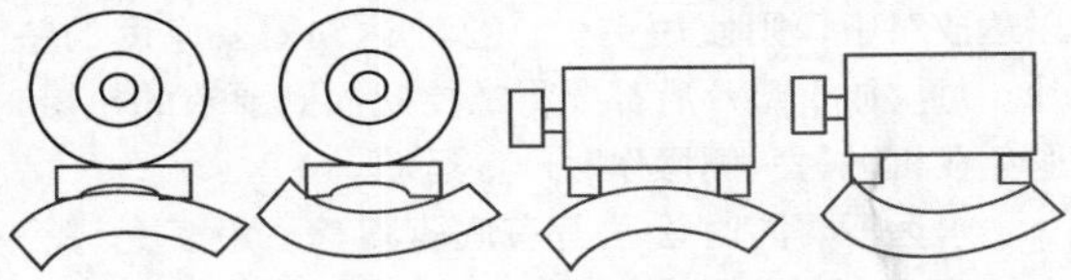

图 10-98　产生电动机柔顺支腿的安装条件

4. 安装千分表，垂直和其他

如果安装千分表是为了读取联轴器上的边缘读数，指示杆应该直直通过轴心，并与轴的轴向垂直。这种穿过中心的垂直不一定需要绝对准确，但是要能够经受住较为仔细的肉眼检查，这就足够实际应用了。

在图 10-99 中，观察边缘千分表在 A、B、C 和 D 位置的设置。在位置 A 和 B 千分表安装正确，然而在位置 C 和 D 则是不正确的。A 位置千分表的安装有轻微的倾斜，但是不会造成很大问题，但是只要倾斜超过几度，就应该加以避免。

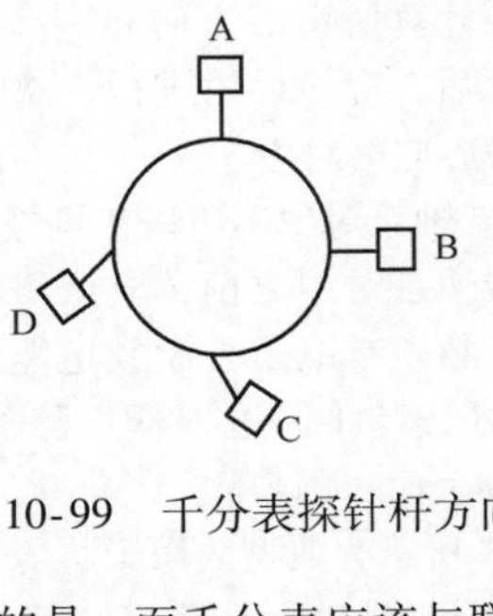

图 10-99　千分表探针杆方向

同样重要的是，面千分表应该与联轴器表面垂直，探针杆中心线与固定组件联节轴的轴向平行。

图 10-100a 所示为边缘千分表和面千分表呈锐角安装会导致错误的读数。注意图 10-100a 错误的安装和图 10-100b 正确的安装之间的区别。

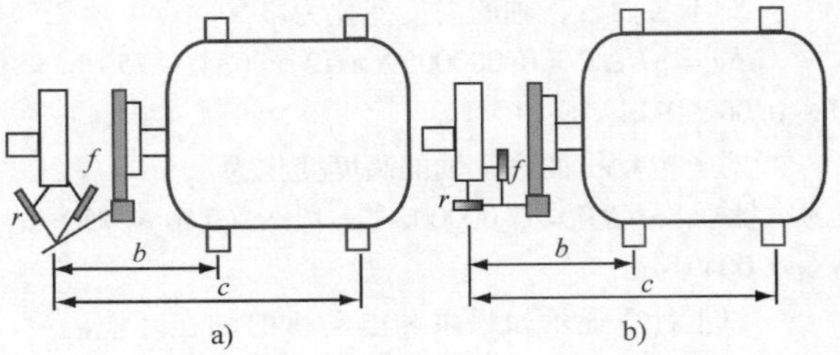

图 10-100　千分表的定位

a）千分表不正确的定位　b）千分表正确的定位

5. 准备工作

1）开始对中之前需要考虑一些重要的因素，包含以下几点：连接机械中温度的升高是否需要考虑？使用中千分表的松弛误差是多少？是否需要考虑联轴器的径向跳动？在可移动机械中的支撑是否恰当，是否存在柔顺支腿？电动机底脚、定位螺栓和垫片是否清洁？是否可以横向移动活动组件来进行对中，或者运动是否被螺栓（“螺栓限制”）或者附近的障碍物限制？驱动组件是关机还是锁定？

2）热效应。金属温度升高，长度增加，温度降低，长度减小。静态的旋转设备温度会缓慢达到周围环境温度，即环境温度或房间温度。运转中，机械装置如电动机和燃油发动机产生热量，并在运转中温度升高；其他机械装置如泵在运转中可能升温或降温。

如果机械最初的对中调整是在机械处于环境温度或者房间温度时进行的，随着机械达到运转温度，多个零件会出现热运动。多个零件的尺寸不会统一升高或者降低。例如，在电动机-泵组合中，电动机轴距离基座的高度可能升高而泵的轴距离基座的高度可能降低。

热膨胀的量可以通过下式进行估算：$\Delta e=\alpha H\Delta T$。式中，$\Delta e$ 是轴的高度变化；H 是轴的中心线和垫片之间的垂直高度或距离；α 是材料膨胀系数，单位为 10^{-6}℉$^{-1}$（对于不锈钢，α 为 7.4×10^{-6}℉$^{-1}$，对于软钢，α 为 6.3×10^{-6}℉$^{-1}$，对于铸铁，α 为 5.9×10^{-6}℉$^{-1}$，对于青铜，α 为 10×10^{-6}℉$^{-1}$，对于铝，α 为 12.6×10^{-6}℉$^{-1}$）；ΔT 是运转温度和环境温度之间的差值（初始测量）温度。

示例：泵要与电动机安装和对中。泵的材质为铸铁，输送温度为 34℉的水，目前温度 75℉。泵的轴的中心线在泵的基线上方 12in。电动机材质为碳素钢，目前温度也是 75℉，运行中预计温度为 140℉。电动机轴的中心线在电动机基座之上 12in。运行温度上，将泵和电动机轴的中心线的热膨胀进行对比。

对于泵而言，轴的高度变化为

$\Delta e = \alpha H\Delta T = 0.0000059 \times 12 \times (34 - 75)\text{in} = -0.002903\text{in}$

对于电动机而言，轴的高度变化为

$\Delta e = \alpha H\Delta T = 0.0000063 \times 12 \times (140 - 75)\text{in} = 0.004914\text{in}$

以上计算显示如果泵和电动机的轴在环境温度下进行了对中，在运转温度下会出现不对中，两个轴之间会有约 0.0078in 的高度差。

3）千分表支架下沉。千分表下沉、千分表支架下沉或者夹具下沉都是常用于形容千分表重量和千分表支架长度在重力和方向的结合对千分表读数的影响。千分表设计用于垂直定位应用，如果千分表倒置在垂直表面，千分表支架下沉会对测量产生极大的影响。假设边缘千分表和支架安装在一个轴上，并且千分表在 12 点钟方向为零；如果轴和设备转动，将千分表转到 6 点钟方向，千分表读数将会是一个非零的负值，这就是千分表设备下沉系数。

千分表支架下沉取决于千分表的安装，并且在正在对中的设备上很难准确测量，因为轴的未对中作用会与千分表支架下沉作用结合，产生不正确的读数。

为了测量千分表设备下沉量，将千分表和安装元件在将要对中的机械上安装，就像在进行对中时一样，并将所有元件紧固。然后，将支架和千分表移出，再用完全一样的方法将其重新安装在一个硬质装置上，如通过三角槽板支撑的管。将千分表在 12 点钟方向（参考）调零，然后不要改动安装，小心地将装置旋转到 6 点钟方向（读数位置）进行读数。在读数位置，千分表显示总的千分表读数（TIR），这就是千分表的总下沉系数。

千分表支架的实际下沉量等于总千分表读数的一半。

一旦确定了千分表支架下沉量，在对中过程的测量中就能够计算该值。其中一个步骤就是千分表在参考位置“调零”时，要在千分表值上加上千分表支架下沉系数，因此在整个下面的计算过程中就已经考虑了千分表支架下沉。例如，一个千分表在 12 点钟方向调零，然后在 6 点钟方向读数为 0.006in，那么在 12 点钟参考方向要将千分表设定在 +0.006in，因此将下沉系数考虑在内。如果检查千分表下沉的参考位置就是 6 点钟方向（千分表在 6 点钟方向读数为零），那么在 12 点钟方向得到的千分表正读数就是下沉系数，千分表在 6 点钟方向（参考位置）调零时的读数必须减去该值。

6. 机械对中步骤

表面及边缘法和反向千分表法是最常用于对中机械轴的方法。常用的轴对中步骤是确立一个机械是固定的，另一个是自由的。从动机械通常是固定的组件。自由组件的轴如要求定位，与固定组件的轴对中。多数对中专家推荐先进行垂直对中，然后进行水平对中。在进行垂直对中之前提前检查自由组件是否有足够的空间进行充分水平移动来保证水平对中是很重要的。

1）垂直运动。垂直方向的调整是通过在机械的底脚下添加或者移除垫片完成的。要使用尽可能少的垫片。如果在底脚下面使用的垫片过高，会有弹簧作用，造成机械出现软底角；通常最大可以使用垫片的数量为 4。安装前应用毫米尺测量垫片。如果可能的话，使用垫片厚度即为要求添加厚度的垫片。插入垫片直到垫片槽到达螺栓最低点，然后在紧固螺栓之前将垫片拉回大于 1/4in。如果 4 片垫片不足以达成对中，则使用更少，总计达到需要厚度的垫片。每次放下垫片后都要将螺栓紧固到要求的扭矩，避免在机械另一侧操作时产生运动。

永远不要同时松动所有底脚螺栓。最多允许一次松动两个底脚螺栓。如果所有底脚螺栓同时松动，将破坏整个对中。只能从机械左边或者右边松动螺栓。然后，将该侧抬高到刚好足够垫片更换的高度。如果机械抬得过高，可能弯曲底脚。一旦机械抬起，将所有垫片移除或者按要求增加或减少垫片以完成必要的垂直移动。这时应该非常注意不要将松的垫片混淆。

2）水平移动。水平移动偏向使用带定位螺栓的基座。如果定位螺栓不可用，可以使用小液压千斤顶等。测量水平移动最为准确的方法是在机械附近方便的位置，如机械底脚放置千分表。只要用于对中计算的尺寸能够准确反映测量位置，千分表可以放置在任何方便的位置。安装千分表后，将面板调零，然后按照计算所得的方向和距离移动组件。完成水平移动以后，应该最后进行一次读数来确认垂直方向和水平方向的对中。

3）安全。轴系对中不应该在机械还在运行的时候进行。进行轴系对中之前，应该切断机械的所有电源并检查。必须有电子控制锁定能源，在轴系对中之前必须关闭蒸汽阀、主气阀以及燃油阀。

7. 边缘和表面对中步骤

图 10-101 所示为典型的用于边缘和表面对中的千分表设置。图 10-101a 示意了一个锚链千分表夹

具，但是也可以是其他任意类型。图 10-101b 的设置代表了等效的设置。每张图中都有 2 个千分表，一个用于进行边缘读数，另一个用于表面读数。涂黑的方形、三角形或者圆形命名连接点。

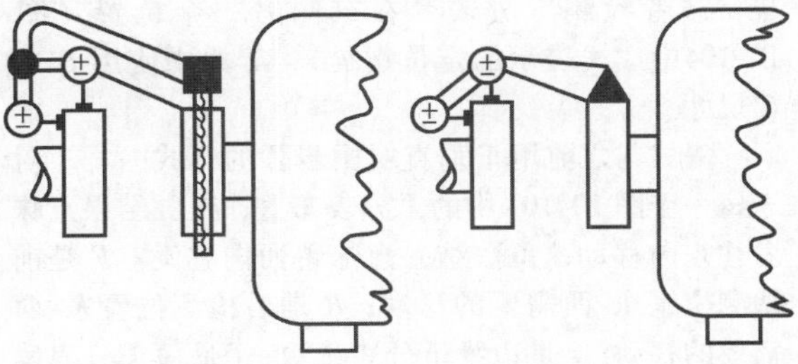

图 10-101　千分表设置

不同千分表的布置如图 10-105～图 10-137 所示。每一种布置都配有特有的等式和辅助理解面板、表面读数以及决定哪里需要添加或者减少垫片，需要哪些水平移动的相应工作的图表。为了使用这个系统，机械师需要用最方便的方式安装边缘和表面千分表，然后查找图表，找到匹配的千分表布置并使用给出的公式。

示例：将电动机和泵通过边缘和表面方法对中，10hp（7.5kW）的电动机需要与一个给定的泵准确对中。电动机和泵都安装在一个基座上，最终会如图 10-102 所示。图 10-102 中没有的是输入管和输出管、电子设备和其他附带零件，包括电动机底脚下方的垫片。

省略了垫片来直观解释为什么通常说来电动机的轴的中心线到基座的距离比泵的轴的中心线到基座的距离短一些。这种设置非常理想，因为电动机的轴比泵的轴略低，可以通过垫片将电动机垫高，直至两轴高度相同。如果电动机的轴比泵的轴还要高，因为牢牢连接的管道会导致改变泵的位置非常困难。

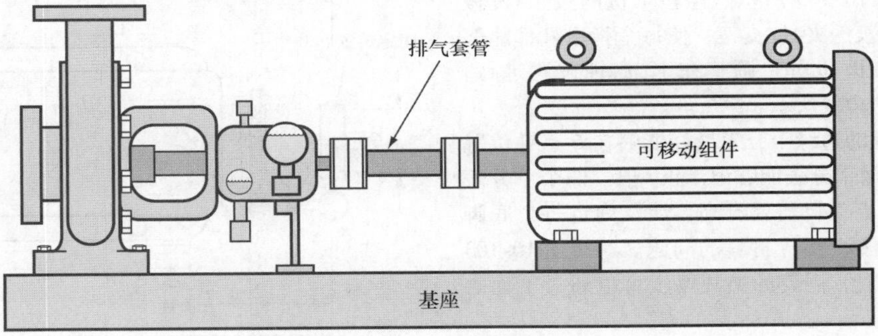

图 10-102　需要对中的泵和电动机

图 10-102 中的电动机已经处在大致完成的位置，距离泵约 8in（203.2mm）。图 10-102 中的排气套管在对中结束后拴接在电动机和泵的联轴器之间。排气套管（未出现在图 10-103 中）长为 8in，而泵和电动机的联轴器之间的距离为 8⅛in（206.4mm）。

图 10-103 展示了在 12 点钟方向（虚线）调零到 6 点钟方向（实线）的获取读数过程中千分表的可行的安装。在初期对中电动机和泵时使用了部分目视校准、刻度尺测量和部分直边对中。

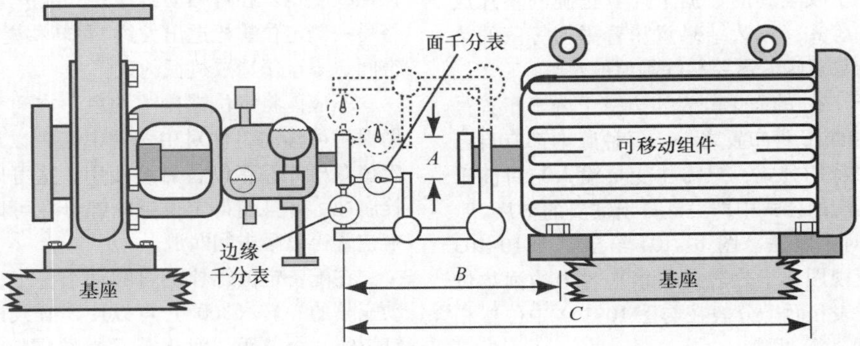

图 10-103　泵和电动机的对中设置

有很多种方法可以安装和调整千分表来测量两个组件之间剩余的未对中量。有一些是正确的，但只有很少的是优选方法。图 10-103 中展示的一对千分表在电动机和泵之间的安装和任何常用的一样好。

尽管图 10-103 中看起来有 4 个千分表，但实际上只有 2 个。虚线画出的 2 个千分表画的是初始 12 点钟调零位置，指示杆大约有一半露在外面（2 个千分表指针都在 12 点钟方向）。然后电动机和泵的轴都转动 180°到 6 点钟位置（这些千分表用实线画出，图 10-103 中指针设在 3 点钟和 9 点钟位置）。实时对中，指针可能指向面板任何位置，但是面板会旋转 360°，所以不论指针指向哪个方向，都可以人工调整将指针对中。

1）垂直对中解法。电动机通过直边对中以后，应该就可以使用千分表了。最常用的指示盘杆的范围刚刚超过 0.200in（大约 7/32in）。这些千分表（通常两个）定位是底部分别对着泵的联轴器的边缘和表面，如图 10-103 所示。经验丰富的技工/机械师会调整千分表的夹具/支架，使每个指示杆都能够自由出入大约 0.100in。调整在 12 点钟位置进行，如图 10-103 的虚线所示。

图 10-103 的边缘千分表最好能够在 6 点钟位置记录负 r 值，面千分表能够记录正 f 值。两个千分表的读数都显示电动机需要升高，涉及确定每个底脚下面需要添加多少垫片材料的问题。对于图 10-103 中的千分表布置，需要的垫片厚度可以通过下面的等式确定。

$$F=\frac{\pm r}{-2}+\frac{\pm f\times B}{A}\text{和 }R=\frac{\pm r}{-2}+\frac{\pm f\times C}{A}$$

式中，F 是前底脚需要的垫片厚度；R 是后底脚需要的垫片厚度；r 是边缘千分表读数；f 是面千分表读数；A 是联轴器上面千分表路径直径；B 是前底脚上边缘千分表路径直径；C 是后底脚上边缘千分表路径直径。

上式使用了收集到的数据来计算正确的垫片放置。使用任一等式，正数结果意味着添加等值的垫片，而负数结果意味着需要移除等值的垫片。

图 10-103 描述的面千分表和边缘千分表布置是下面材料描述的 16 种布置之一。每种版本都有自己的相似但又独特的公式，只需将变量输入与目前千分表版本相匹配的公式中即可计算出需要的垫片。

2）水平对中解法。图 10-104 给出了图 10-103 中电动机的顶视图，千分表处在水平对中的读数位置。边缘千分表和面千分表在与图 10-104 中位置相对 180°的位置进行调零。

图 10-104 中电动机相应的水平移动方向通过东向箭头或者西向箭头指示。可能设置磁性安装的千分表来观察水平移动。尺寸 B 和 C 代表边缘千分表路径到观察千分表或者定位螺栓的距离。

如果定位螺栓（或者检测千分表）如图 10-104 所示在西侧，等式中使用 B 和 C 尺寸。如果定位螺栓（或者检测千分表）在东侧另一个位置（图 10-104中虚线表示的定位螺栓），等式中使用 B' 和 C' 尺寸。

等式与之前用于垂直对中步骤的等式一样。对于每一个图 10-104 中的千分表布置，正数结果意味着往东向移动，负数结果意味着西向移动。F 是前检测位置东-西需要的移动；R 是后检测位置东-西需要的移动；r 是边缘千分表读数；f 是面千分表读数；A 是面千分表路径直径；B 是边缘千分表路径到前检测位置距离；C 是边缘千分表路径到后检测位置距离。

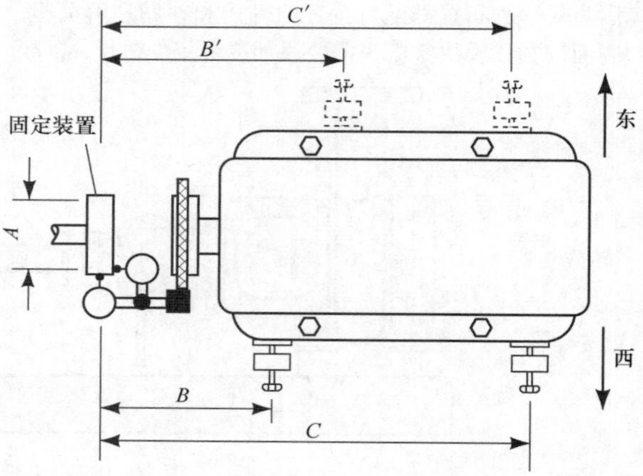

图 10-104　图 10-103 的电动机顶视图

3）使用定位螺栓的边对边调整。避免使用过长的定位螺栓。确保内螺纹和外螺纹都清洁并充分润滑保证其功能。那么，如果调整定位螺栓时遭遇很大阻力，意味着是机械相关的情况，而不是定位螺栓螺纹生锈。在可移动组件一侧推进定位螺栓之前，将另一侧定位螺栓退出大约 1½转移提供足够的移动空间，不至于造成机械约束。

不应该将定位螺栓“约束”在可移动组件上协助保持可移动组件对中。对中结束以后，应该移除定位螺栓并保存以备后续使用。这可以防止定位螺栓腐蚀，并且使得定位螺栓螺母在可以下次使用之前空置得以敲击和润滑。

在配备定位螺栓的可移动组件上，定位螺栓转动完整的一转（360°）可以使得螺纹前进相当于螺钉螺纹一个节距。对于英寸螺纹螺钉，节距等于 1 除以每英寸螺纹数目（1 ÷ TPI）。每螺栓头每边轴向行程等于节距除以螺栓头上的边数量。

示例：一个定位螺栓螺纹为½ - 13，找出方头和六角头螺栓每转每边的轴向行程。螺纹为每英寸13 个螺纹。

$$螺栓每转（满转）的推进 = \frac{1}{TPI} = \frac{1}{13}in = 0.0769in$$

$$方头螺栓每边（1/4 转）的推进 = \frac{1}{TPI \times 4} = \frac{1}{13 \times 4}in = 0.0192in$$

$$六角头螺栓每边（1/6 转）的推进 = \frac{1}{TPI \times 6} = \frac{1}{13 \times 6}in = 0.0128in$$

示例：一个电动机前定位螺栓需要向东移动 0.064in，后定位螺栓需要向东移动 0.091in。方头定位螺栓为 5/8 - 11，前后定位螺栓需要转多少转才能使得组件大致对中？

$$定位螺栓转一整转 = \frac{1}{11}in = 0.0909in$$

$$前定位螺栓转整转 = \frac{0.064}{0.0909} = 0.7040 转 \approx 3/4转或者 3 边$$

$$后定位螺栓转整转 = \frac{0.091}{0.0909} = 1.0011 转 \approx 1 转或 4 边$$

10.13.3　实际的轴系对中边缘千分表和面千分表布置

该阶段技师/机械师的工作通常被称为电动机到泵对中。真正的目的是准确将相对广范围的千分表安装内一个轴的轴向与另一个轴的轴向对中，取决于不同变换的条件。这些电动机与泵对中的情况可以在任何共轴并且轴向接近另一个轴的轴上重现。这里讲的是标准的边缘和表面泵对中。

在边缘和表面部分可以选择的千分表布置有 16 种。使用千分表之前组件通过直边尽可能对齐。第一个千分表读数时，可以得到这种情况的大致描述，还有如图 10-105 所示的仔细测量的尺寸表。基于千分表读数，从图 10-106 中选取可用的块，与目前正或负（±）千分表读书匹配。图 10-106 中的点画线代表可移动组件的轴的中心线。虚线上两个重圆点（联轴器右侧）代表直接在可移动组件垫片位置上方或下方的点，指示组件在该处应该上移或者下移。图表可以辅助澄清使用合适的公式计算得到的垫片结果，确保按照公式使用负号。

注意：下面所有的边缘和表面千分表中，边缘千分表的轴向位置总是决定在不同公式中使用的尺寸的起始点。同样地，图 10-105 ~ 图 10-137 的千分表布置所示为读数位置，在图中所示位置相对 180°处调零后才转到图中所示位置。

1. 第 1 种布置

图 10-105 所示为最广为接受的轴系对中千分表安装方法，在之前的示例中也使用的是这种布置，如图 10-103 和图 10-104 所示。

读出边缘千分表和表面千分表的读数以后，找出图 10-106 中与得到的读数（如正边缘值和负表面值）对应的图表（正号或者负号）。正确的图表可以对千分表读数的意义提供视觉线索，并且指示可移动轴与固定轴对中所需要移动电动机底脚的方向。

最后，使用图 10-105 的等式来计算每个底脚下面需要添加或者移除的垫片的具体厚度。

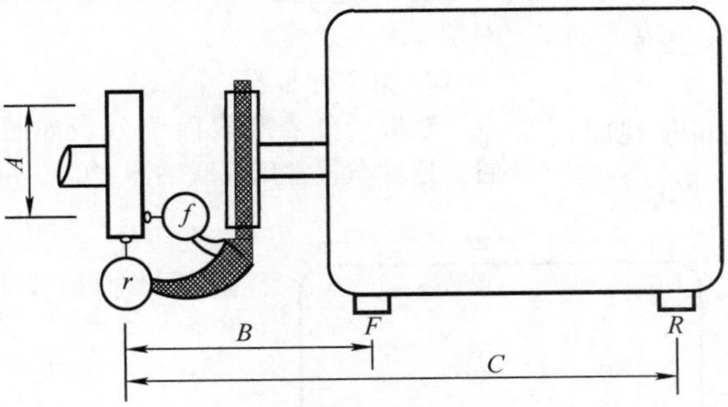

$$F = \frac{\pm r}{-2} + \frac{\pm f \times B}{A}$$

$$R = \frac{\pm r}{-2} + \frac{\pm f \times C}{A}$$

图 10-105　千分表布置 1

图 10-105 中的边缘和表面格式中，r 和 f 代表边缘千分表和表面千分表在读数位置的值。电动机下的 F 和 R 是前底脚和后底脚，公式中对应的 F 和 R 值代表需要的正或负（±）垫片组。图 10-105 的公式用来计算前底脚或后底脚需要添加或减少的垫片。

图 10-106 中千分表处于读数位置，实线代表虚线的理想位置（可移动组件）。千分表上读数正、负和 0 由这 9 种情况之一代表。根据变量的大小不同，通用图给出了公式应该产生的假想图像。

例：垂直对中。计算泵和电动机对中必需的垫片，其中 $A = 4in$，$B = 6.5in$，$C = 18in$。两个千分表表盘读数分别为 $r = -0.014in$，$f = +0.021in$。

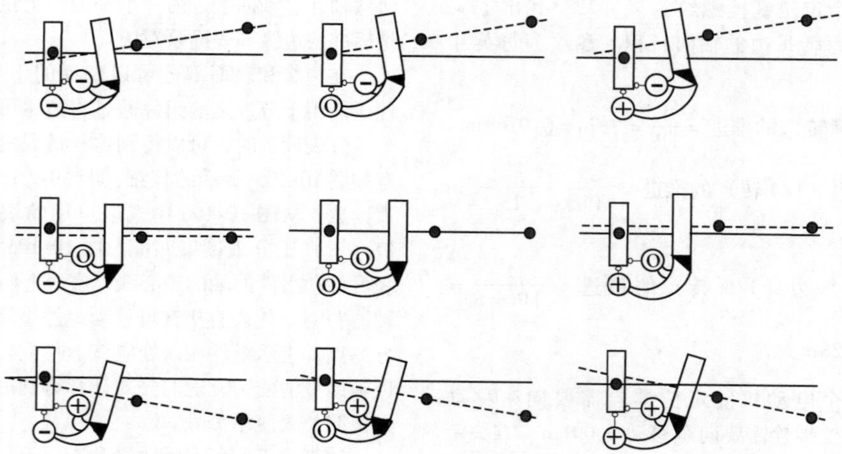

图 10-106 解读布置 1 的千分表读数

解：图 10-106 左下方区域对应边缘读数为负和表面读数为正的情况。前后底脚都需要垫片，后底脚需要的垫片比前底脚多。前后底脚的垫片为

$$F=\frac{\pm r}{-2}+\frac{\pm f\times B}{A}$$
$$=\left(\frac{-0.014}{-2}+\frac{0.021\times6.5}{4}\right)\text{in}$$
$$=(0.007+0.034125)\ \text{in}$$
$$=0.041\text{in}$$
$$R=\frac{\pm r}{-2}+\frac{\pm f\times C}{A}$$
$$=\left(\frac{-0.014}{-2}+\frac{0.021\times18}{4}\right)\text{in}$$
$$=(0.007+0.0945)\ \text{in}$$
$$=0.102\text{in}$$

计算表示两个前底脚下面需要 0.041in 垫片，两个后底脚下面需要 0.102in 垫片。

例：水平对中。如果认为图为电动机顶视图，图 10-105 中千分表在水平对中读数位置。假设数据与上面的示例相同，千分表读数分别为 $r=-0.014$in 而 $f=+0.021$in。计算对中电动机和泵必须水平移动。

解：如上面的示例，可以使用图 10-105 的公式。图 10-105 中的尺寸 B 和 C 分别是边缘千分表在联轴器上的路径到前后电动机前后的距离，不一定是到水平调整进行处的底脚的距离。这些位置可以是前后定位螺栓，也可能是检测放置在前后底脚附近的检测千分表的磁性基座，如图 10-104 中所讨论的。

图 10-106 左下角的图代表从电动机顶部俯视时电动机的移动方向。如果 B 和 C 分别是 6.5in 和 18in，那么根据等式电动机的前后应该往同一个方向移动，分别是 +0.041in 和 +0.102in，以此得到对中。

2. 第 2 种布置

边缘千分表和表面千分表如图 10-107 所示布置。这种布置常用在联轴器之间空间有限的情况。

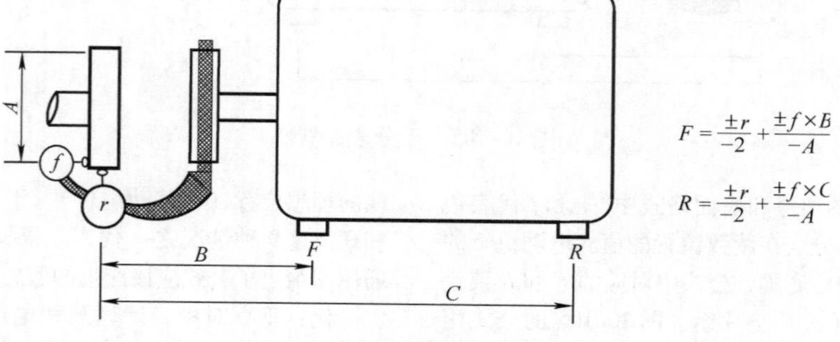

图 10-107 千分表布置 2

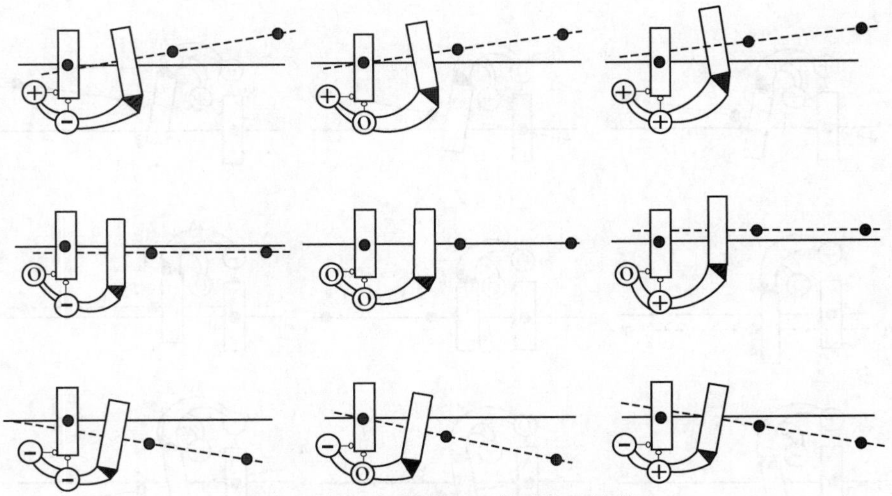

图 10-108 解读布置 2 的千分表读数

图 10-108 中千分表处于读数位置。实线代表虚线的理想位置（可移动组件）。千分表上读数正、负和 0 由这 9 种情况之一代表。通用图给出了公式应该产生的假想图像。

示例：计算电动机和泵对中必需的垫片。尺寸：$A=4.75$in，$B=7.75$in，而 $C=17.25$in。两个千分表读数分别为 $r=+0.004$in，而 $f=-0.022$in。

解：图 10-108 右下角对应边缘千分表读数为正而面千分表读数为负的情况。图表显示需要在前后底脚下都添加垫片。计算结果所示也如此，计算如下：

$$F=\frac{\pm r}{-2}+\frac{\pm f\times B}{-A}$$
$$=\left(\frac{0.004}{-2}+\frac{-0.022\times 7.75}{-4.75}\right)\text{in}$$
$$=(-0.002+0.036)\ \text{in}$$
$$=0.034\text{in}$$
$$R=\frac{\pm r}{-2}+\frac{\pm f\times C}{-A}$$
$$=\left(\frac{0.004}{-2}+\frac{-0.022\times 17.25}{-4.75}\right)\text{in}$$
$$=(-0.002+0.07989)\ \text{in}$$
$$=0.078\text{in}$$

3. 第 3 种布置

图 10-109 所示为边缘千分表和表面千分表的布置。

实线代表虚线的理想位置（可移动组件）。千分表上读数正、负和 0 由这 9 种情况之一代表。根据变量大小不同，通用图给出了公式应该产生的假想图像。

例：计算电动机和泵对中必需的垫片。尺寸：$A=4.25$in，$B=8.875$in，而 $C=28.75$in。两个千分表读数分别为 $r=+0.042$in，而 $f=-0.036$in。

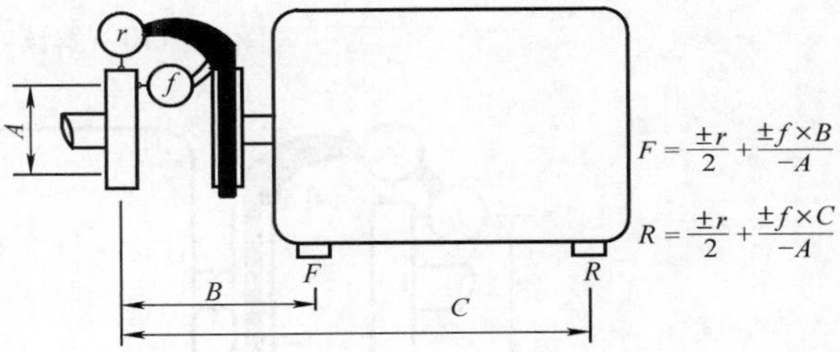

图 10-109 千分表布置 3

解：只有图 10-110 的左下区域对应表面读数为负二边缘读数为正的情况。图表显示前后底脚都需要垫片。前后底脚需要垫片的厚度计算如下：

$$F=\frac{\pm r}{2}+\frac{\pm f\times B}{-A}$$
$$=\left(\frac{0.042}{2}+\frac{-0.036\times 8.875}{-4.25}\right)\text{in}$$
$$=(0.021+0.075)\text{in}$$
$$=0.096\text{in}$$
$$R=\frac{\pm r}{-2}+\frac{\pm f\times C}{-A}$$
$$=\left(\frac{0.042}{2}+\frac{-0.036\times 28.75}{-4.25}\right)\text{in}$$
$$=(0.021+0.244)\text{in}$$
$$=0.265\text{in}$$

4. 第 4 种布置

图 10-111 所示为边缘千分表和表面千分表的布置。

实线代表虚线的理想位置（可移动组件）。千分表上读数正、负和 0 由这 9 种情况之一代表。根据变量大小不同，通用图给出了公式应该产生的假想图像。

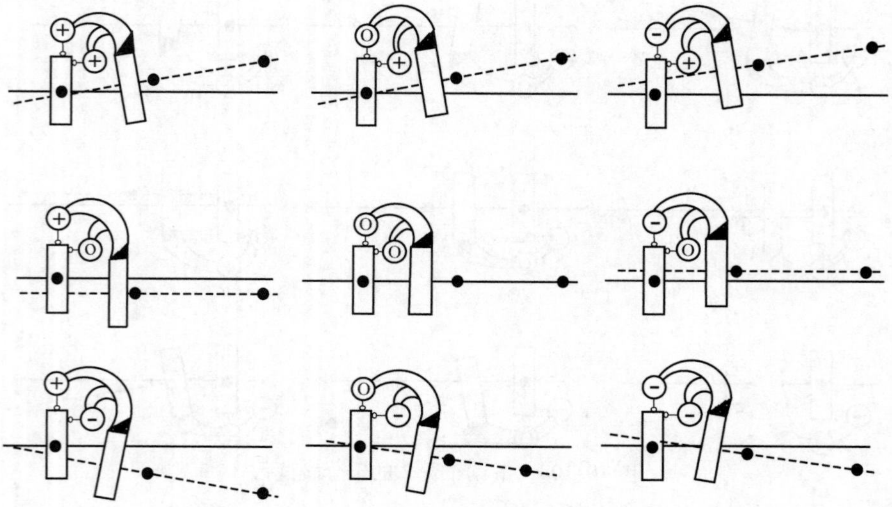

图 10-110　解读布置 3 的千分表读数

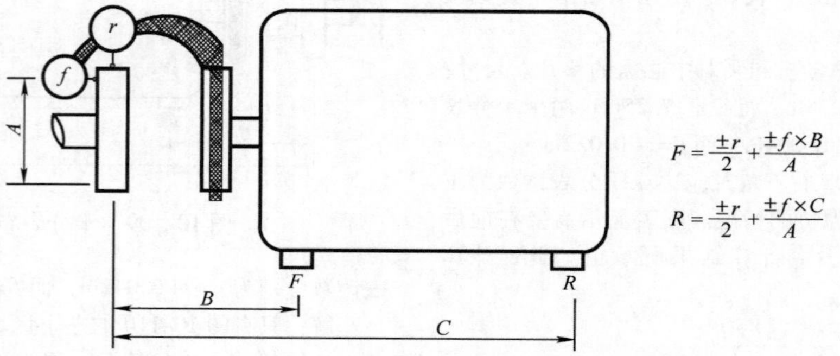

图 10-111　千分表布置 4

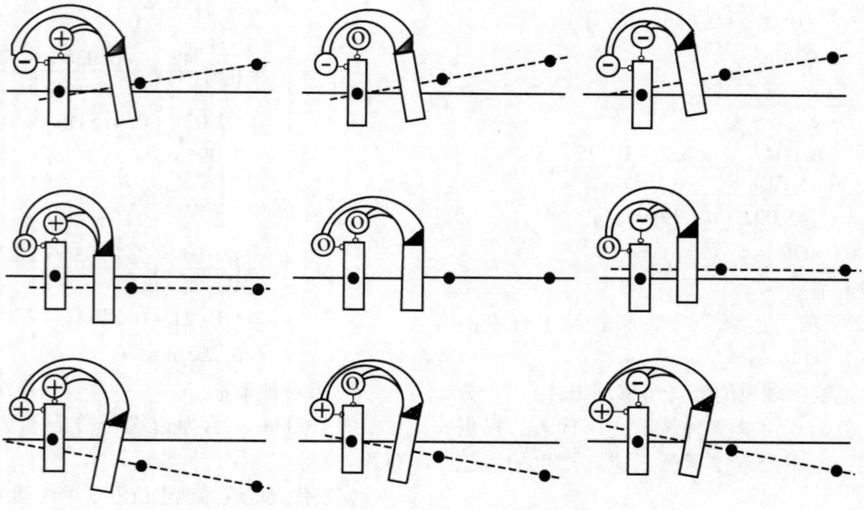

图 10-112　解读布置 4 的千分表读数

例：计算电动机和泵对中必需的垫片。尺寸：$A=3.5\text{in}$，$B=8.25\text{in}$，而 $C=19.25\text{in}$。两个千分表读数分别为 $r=-0.011\text{in}$，而 $f=-0.019\text{in}$。

解：根据图 10-112 左上方对应的负数边缘千分表和面千分表读数，电动机的前后底脚都需要移除一些垫片。下面的计算确认前底脚下方需要移出 0.05in 垫片，而后底脚下方需要移出 0.11in。如果电动机直接安装在基座上没有垫片，调整会比较困难。

$$F=\frac{\pm r}{2}+\frac{\pm f\times B}{A}$$
$$=\left(\frac{-0.011}{2}+\frac{-0.019\times 8.25}{3.5}\right)\text{in}$$
$$=[-0.0055+(-0.04479)]\text{in}$$
$$=-0.050\text{in}$$
$$R=\frac{\pm r}{2}+\frac{\pm f\times C}{A}$$
$$=\left(\frac{-0.011}{2}+\frac{-0.019\times 19.25}{3.5}\right)\text{in}$$
$$=[-0.0055+(-0.1045)]\text{in}$$
$$=-0.110\text{in}$$

5. 第 5 种布置

图 10-113 所示为边缘千分表和表面千分表的布置。注意尺寸 B 和 C 始于边缘千分表的线。

实线代表虚线的理想位置(可移动组件)。千分表上读数正、负和 0 由这 9 种情况之一代表。根据变量大小不同,通用图给出了公式应该产生的假想图像。

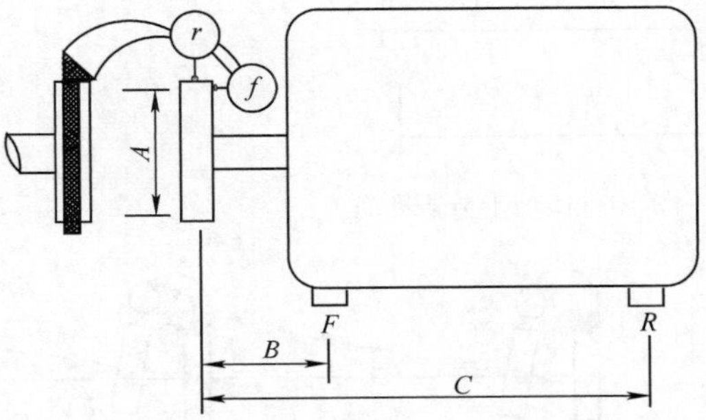

$$F=\frac{\pm r}{-2}+\frac{\pm f\times B}{A}$$
$$R=\frac{\pm r}{-2}+\frac{\pm f\times C}{A}$$

图 10-113　千分表布置 5

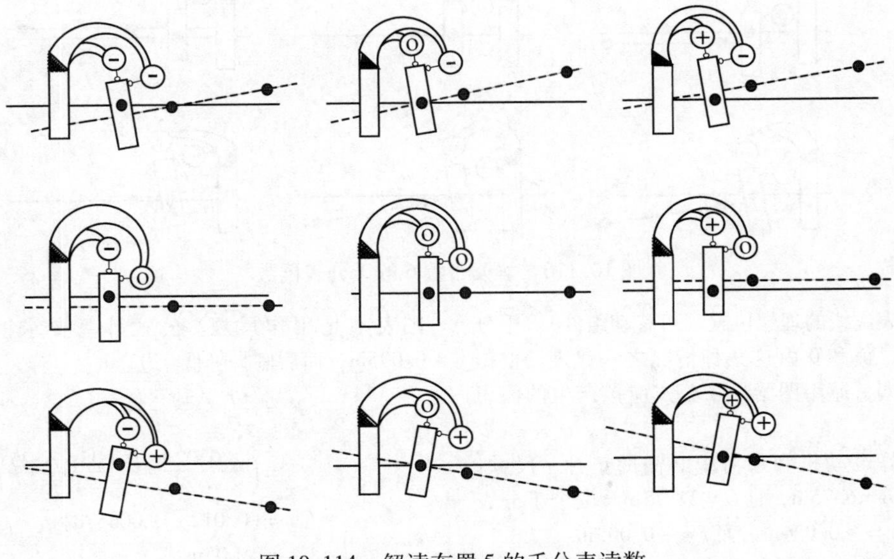

图 10-114　解读布置 5 的千分表读数

例：计算电动机和泵对中必需的垫片。尺寸：$A=4.0\text{in}$，$B=5.50\text{in}$，而 $C=17\text{in}$。两个千分表读数分别为 $r=+0.042\text{in}$，而 $f=-0.036\text{in}$。

解：图 10-114 右上角区域与边缘千分表读数为

正面面千分表读数为负对应，表示电动机两端都需要下降。计算结果的负垫片数确认了具体的距离如下：

$$F=\frac{\pm r}{-2}+\frac{\pm f\times B}{A}$$
$$=\left(\frac{0.042}{-2}+\frac{-0.036\times 5.50}{4.0}\right)\text{in}$$
$$=[-0.021+(-0.0495)]\text{in}$$
$$=-0.0705\text{in}$$

$$R=\frac{\pm r}{-2}+\frac{\pm f\times C}{A}$$
$$=\left(\frac{0.042}{-2}+\frac{-0.036\times 17.0}{4.0}\right)\text{in}$$
$$=[-0.021+(-0.153)]\text{in}$$
$$=-0.174\text{in}$$

6. 第6种布置

图10-115所示为边缘千分表和表面千分表的布置。

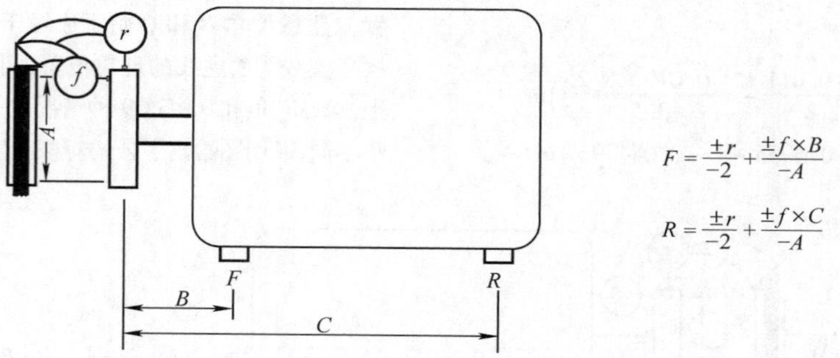

图10-115 千分表布置6

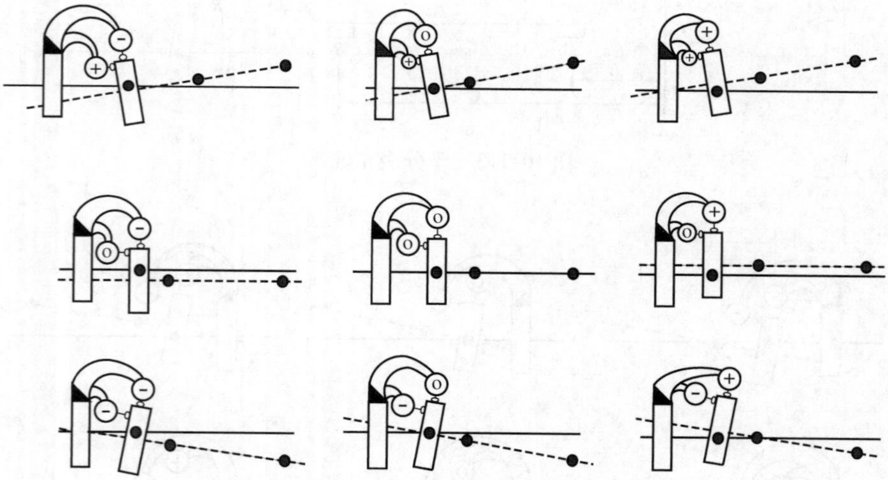

图10-116 解读布置6的千分表读数

实线代表虚线的理想位置（可移动组件）。千分表上读数正、负和0由这9种情况之一代表。根据变量大小不同，通用图给出了公式应该产生的假想图像。

例：计算电动机和泵对中必需的垫片。尺寸：$A=4.75\text{in}$，$B=6.25\text{in}$，而$C=31.75\text{in}$。两个千分表读数分别为$r=-0.024\text{in}$，而$f=+0.005\text{in}$。

解：图10-116左上角描述了边缘千分表读数为负而面千分表读数为正的情况。通用图显示前后底脚都需要移除一些垫片，但是下面的计算显示前底脚需要一些正向移动。如有疑虑，采用计算结果；图表不是用作尺规。公式计算要求前底脚增加0.005in，而后底脚降低0.021in：

$$F=\frac{\pm r}{-2}+\frac{\pm f\times B}{-A}$$
$$=\left(\frac{-0.024}{-2}+\frac{0.005\times 6.25}{-4.75}\right)\text{in}$$
$$=(0.012-0.006578)\text{in}$$
$$=0.005\text{in}$$

$$R=\frac{\pm r}{-2}+\frac{\pm f\times C}{-A}$$
$$=\left(\frac{-0.024}{-2}+\frac{0.005\times 31.75}{-4.75}\right)\text{in}$$

$= [0.012 + (-0.03342)]\text{in}$
$= -0.021\text{in}$

7. 第 7 种布置

图 10-117 所示为边缘千分表和表面千分表的布置。

实线代表虚线的理想位置（可移动组件）。千分表上读数正、负和 0 由这 9 种情况之一代表。根据变量大小不同，通用图给出了公式应该产生的假想图像。

例：计算电动机和泵对中必需的垫片。尺寸：$A=12.375\text{in}$，$B=14.875\text{in}$，而 $C=47.75\text{in}$。两个千分表读数分别为 $r=-0.002\text{in}$，而 $f=+0.001\text{in}$。

解：这个电动机已经几乎对中了。图 10-118 右上角对应边缘千分表读数为负而面千分表读数为正的情况。图上表示前后电动机底脚都应降低，取决于变量不同而不同。公式解答给出了电动机需要在前后底脚降低多少垫片。前后底脚的垫片应如下：

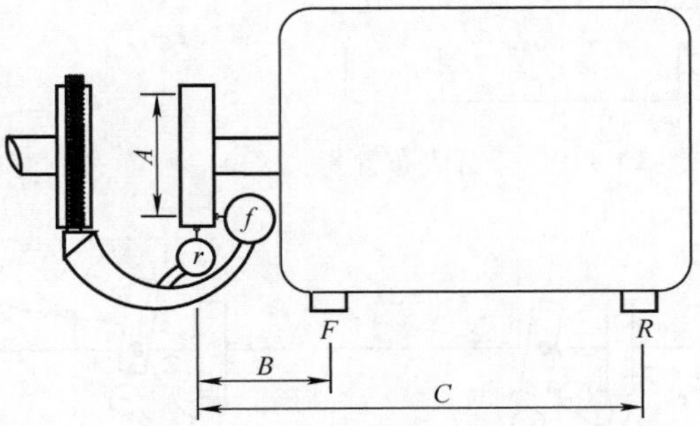

$$F=\frac{\pm r}{2}+\frac{\pm f\times B}{-A}$$

$$R=\frac{\pm r}{2}+\frac{\pm f\times C}{-A}$$

图 10-117 千分表布置 7

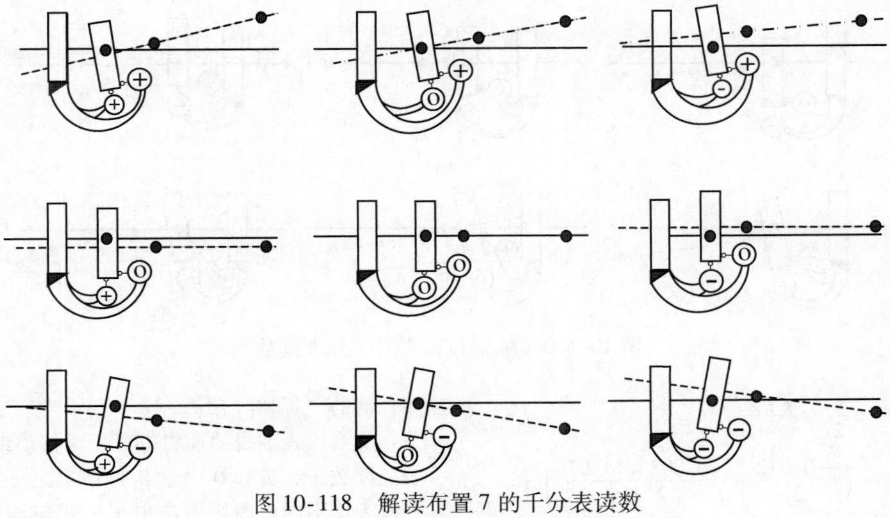

图 10-118 解读布置 7 的千分表读数

$$F=\frac{\pm r}{2}+\frac{\pm f\times B}{-A}$$
$$=\left(\frac{-0.002}{2}+\frac{0.001\times14.875}{-12.375}\right)\text{in}$$
$$=[-0.001+(-0.001)]\text{in}$$
$$=-0.002\text{in}$$

$$R=\frac{\pm r}{2}+\frac{\pm f\times C}{-A}$$
$$=\left(\frac{-0.002}{2}+\frac{0.001\times47.75}{-12.375}\right)\text{in}$$
$$=[-0.001+(-0.003858)]\text{in}$$
$$=-0.005\text{in}$$

8. 第 8 种布置

图 10-119 所示为边缘千分表和表面千分表的布置。

实线代表虚线的理想位置（可移动组件）。千分表上读数正、负和 0 由这 9 种情况之一代表。根据变量大小不同，通用图给出了公式应该产生的假想图像。

例：计算电动机和泵对中必需的垫片。尺寸：$A=12.375\text{in}$，$B=14.875\text{in}$，而 $C=47.75\text{in}$。两个千分表读数分别为 $r=-0.042\text{in}$，而 $f=-0.002\text{in}$。

解：图 10-120 中，右上角符合边缘读数和表面读数均为负数的情况。图表显示应该降低前后底脚。公式可以准确计算动组件的前后底脚需要降低多少。

前后底脚移出垫片计算如下：

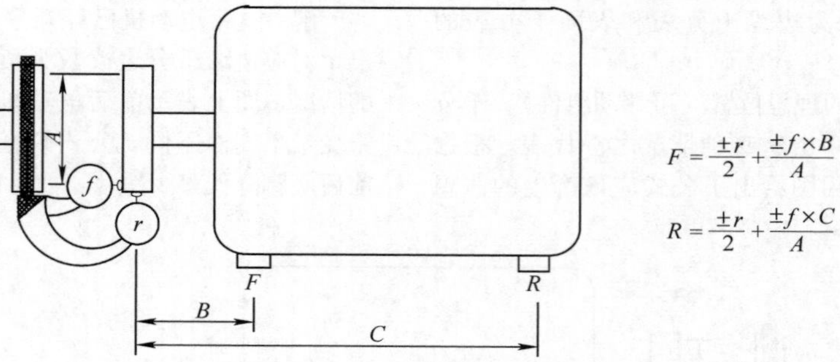

图 10-119　千分表布置 8

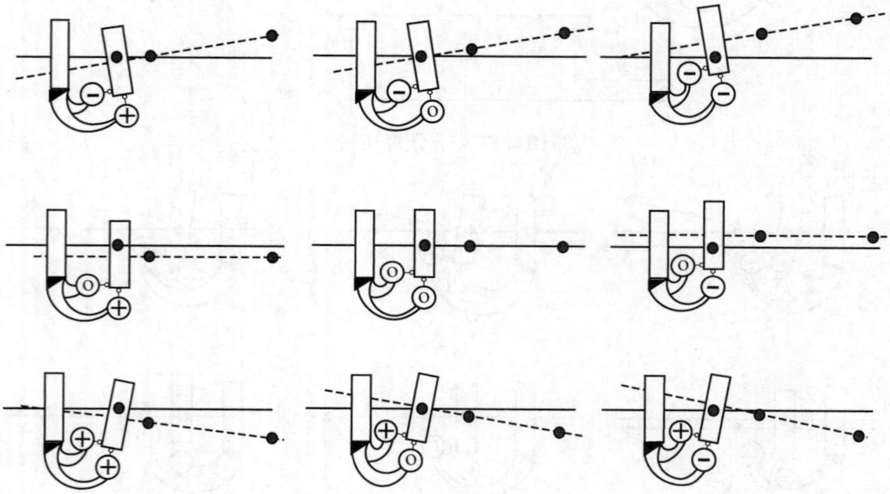

图 10-120　解读布置 8 的千分表读数

$$F=\frac{\pm r}{2}+\frac{\pm f\times B}{A}$$
$$=\left(\frac{-0.042}{2}+\frac{-0.002\times 14.875}{12.375}\right)\text{in}$$
$$=[-0.021+(-0.002)]\text{in}$$
$$=-0.023\text{in}$$
$$R=\frac{\pm r}{2}+\frac{\pm f\times C}{A}$$
$$=\left(\frac{-0.042}{2}+\frac{-0.002\times 47.75}{12.375}\right)\text{in}$$
$$=[-0.021+(-0.0077)]\text{in}$$
$$=-0.029\text{in}$$

9. 第 9 种布置

图 10-121 所示为边缘千分表和表面千分表的布置。此处的从动组件可以是几个设备，包括离心式离合器的“抓取”滚筒。

实线代表虚线的理想位置（可移动组件）。千分表上读数正、负和 0 由这 9 种情况之一代表。根据变量大小不同，通用图给出了公式应该产生的假想图像。

例：计算电动机和泵对中必需的垫片。尺寸：$A=10.375$in，$B=22.0$in，而 $C=48.0$in。两个千分表读数分别为 $r=0.00$in，而 $f=+0.017$in。

解：图 10-122 中，底部中间区域的图代表边缘千分表读数为零而面千分表读数为正的情况。图中显示电动机前后底脚都应该添加垫片往上升，根据变量大小不同而不同。公式计算显示前底脚应该上移 0.036in，而后底脚应该上移 0.079in。

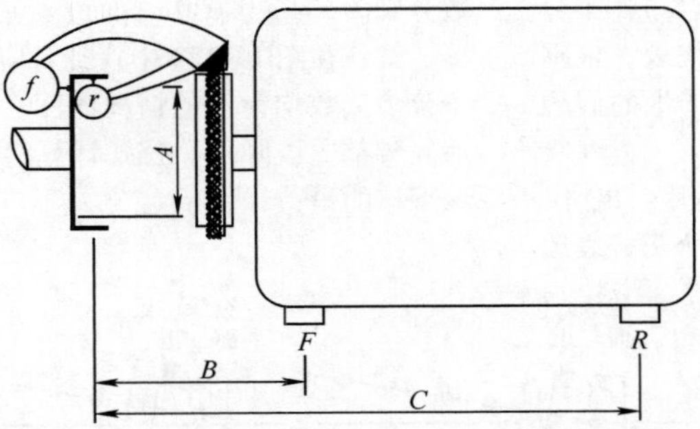

$$F=\frac{\pm r}{-2}+\frac{\pm f\times B}{A}$$

$$R=\frac{\pm r}{-2}+\frac{\pm f\times C}{A}$$

图 10-121　千分表布置 9

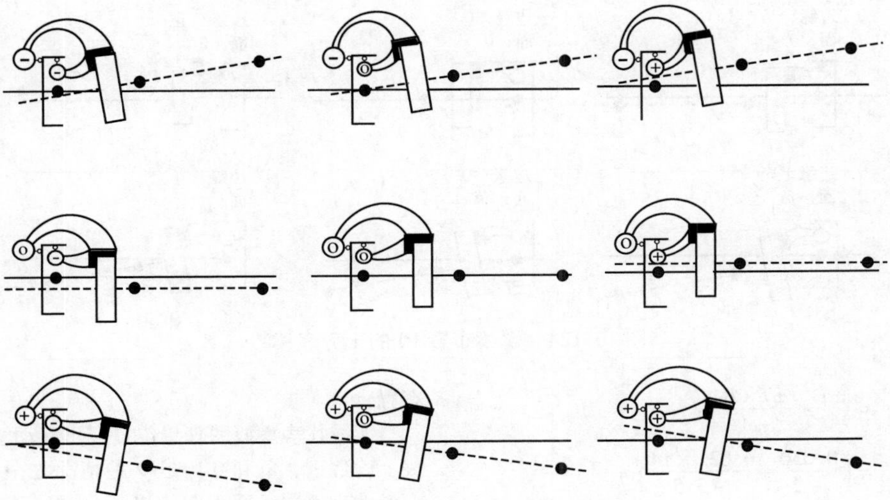

图 10-122　解读布置 9 的千分表读数

$$F=\frac{\pm r}{-2}+\frac{\pm f\times B}{A}$$

$$=\left(\frac{0.00}{-2}+\frac{0.017\times 22}{10.375}\right)\text{in}$$

$$=(-0.00+0.036)\text{in}$$

$$=0.036\text{in}$$

$$R=\frac{\pm r}{-2}+\frac{\pm f\times C}{A}$$

$$=\left(\frac{0.00}{-2}+\frac{0.017\times 48}{10.375}\right)\text{in}$$

$$=(-0.00+0.079)\text{in}$$

$$=0.079\text{in}$$

10. 第 10 种布置

图 10-123 所示为如何在一个千分表读取两个读数。

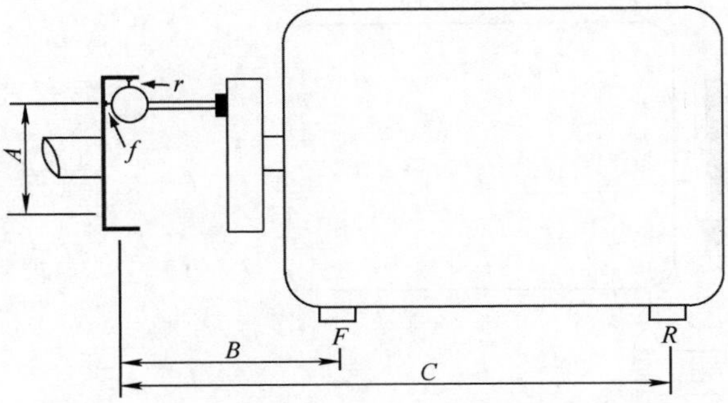

$$F=\frac{\pm r}{-2}+\frac{\pm f\times B}{-A}$$

$$R=\frac{\pm r}{-2}+\frac{\pm f\times C}{-A}$$

图 10-123　千分表布置 10

实线代表虚线的理想位置（可移动组件）。千分表上读数正、负和0由这9种情况之一代表。根据变量大小不同，通用图给出了公式应该产生的假想图像。

例：计算电动机和泵对中必需的垫片。尺寸：$A=5.50\text{in}$，$B=14.0\text{in}$，而 $C=35.0\text{in}$。两个千分表读数分别为 $r=+0.030\text{in}$，而 $f=+0.022\text{in}$。

解：在图10-124中找到对应表面千分表和边缘千分表读数均为正的情况的图。图中显示电动机前后底脚都应该降低。公式计算得到具体前后底脚应该下移的量：

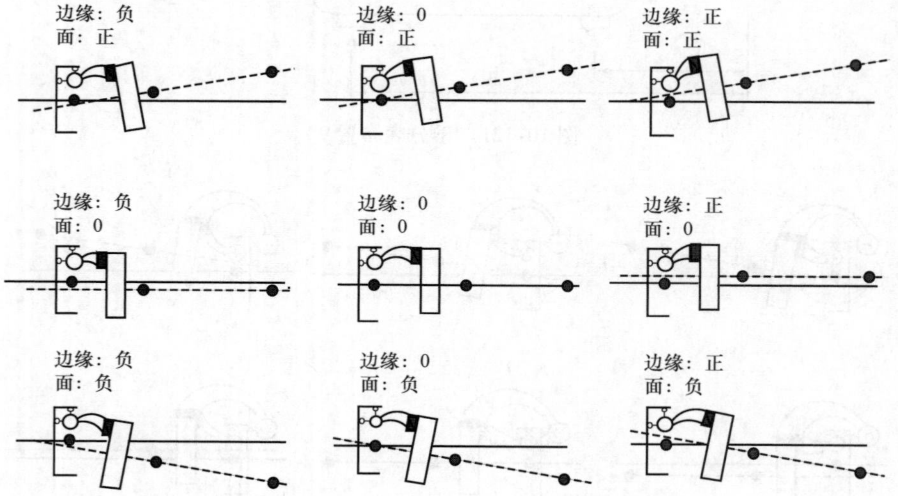

图10-124 解读布置10的千分表读数

$$\begin{aligned}F&=\frac{\pm r}{-2}+\frac{\pm f\times B}{-A}\\&=\left(\frac{0.030}{-2}+\frac{0.022\times 14}{-5.5}\right)\text{in}\\&=[-0.015+(-0.056)]\text{in}\\&=-0.071\text{in}\end{aligned}$$

$$\begin{aligned}R&=\frac{\pm r}{-2}+\frac{\pm f\times C}{-A}\\&=\left(\frac{0.030}{-2}+\frac{0.022\times 35}{-5.5}\right)\text{in}\\&=[-0.015+(-0.140)]\text{in}\\&=-0.155\text{in}\end{aligned}$$

11. 第11种布置

图10-125所示为边缘千分表和面千分表的布置。

实线代表虚线的理想位置（可移动组件）。千分表上读数正、负和0由这9种情况之一代表。根据变量大小不同，通用图给出了公式应该产生的假想图像。

例：计算电动机和泵对中必需的垫片。尺寸：$A=6.50\text{in}$，$B=16.625\text{in}$，而 $C=42.0\text{in}$。两个千分表读数分别为 $r=0.000\text{in}$，而 $f=-0.026\text{in}$。

解：图10-126中末排中间的图对应边缘读数为零和负表面读数为正的情况。因为角偏移电动机位置太低（表面读数），但是边缘千分表读数轴向位置高度合适。图中建议将电动机前后底脚都上移。公式计算了具体前后底脚需要上移的量：

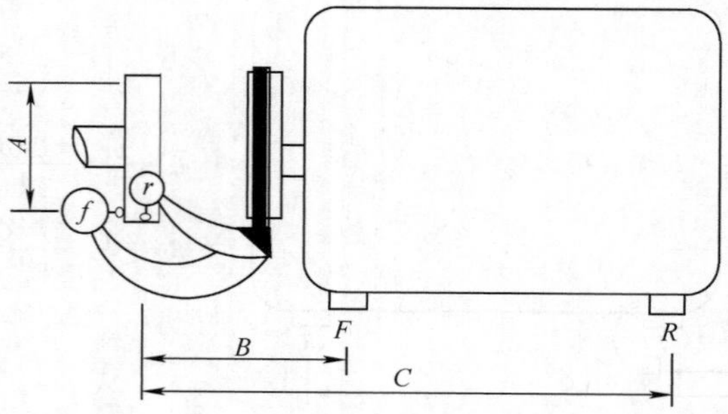

$$F=\frac{\pm r}{2}+\frac{\pm f\times B}{-A}$$

$$R=\frac{\pm r}{2}+\frac{\pm f\times C}{-A}$$

图10-125 千分表布置11

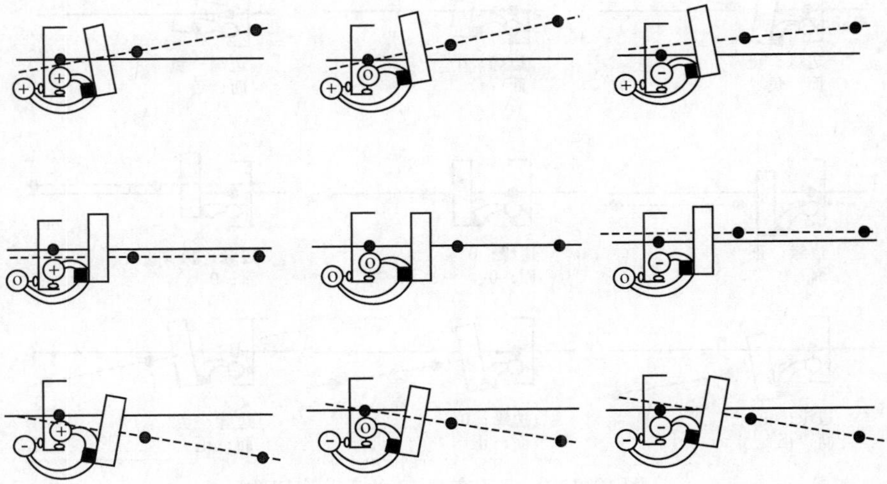

图 10-126 解读布置 11 的千分表读数

$$F=\frac{\pm r}{2}+\frac{\pm f\times B}{-A}$$

$$=\left(\frac{0.00}{2}+\frac{-0.026\times16.625}{-6.50}\right)\text{in}$$

$$=(0.00+0.0665)\text{in}$$

$$=0.0665\text{in}$$

$$R=\frac{\pm r}{2}+\frac{\pm f\times C}{-A}$$

$$=\left(\frac{0.00}{2}+\frac{-0.026\times42}{-6.50}\right)\text{in}$$

$$=(0.00+0.168)\text{in}$$

$$=0.168\text{in}$$

12. 第 12 种布置

图 10-127 的设置可能是一个千分表带两个指示杆或者一个千分表在同一个位置读取边缘读数和表面读数。

实线代表虚线的理想位置（可移动组件）。千分表上读数正、负和 0 由这 9 种情况之一代表。根据变量大小不同，通用图给出了公式应该产生的假想图像。

例：计算电动机和泵对中必需的垫片。尺寸：$A=23.0\text{in}$，$B=41.0\text{in}$，而 $C=96.0\text{in}$。两个千分表读数分别为 $r=0.004\text{in}$，而 $f=-0.003\text{in}$。

解：针对实际应用，对于大多数标准来说，组件已经在公差范围内，但是，图 10-128 中左上角图对应边缘读数为正而表面读数为负的情况。因为角偏移电动机位置太低（表面读数），但是边缘千分表读数轴向位置高度合适。图中建议将电动机前后底脚都下移。前底脚移出 0.003in 垫片，后底脚移出 0.011in 垫片，下次读数时未对中不超过 1mil。

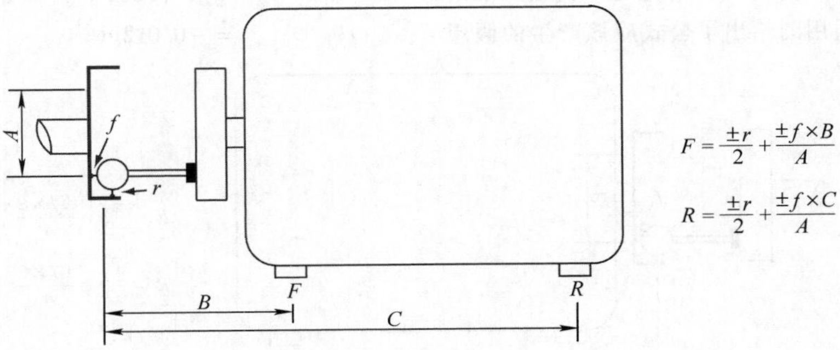

图 10-127 千分表布置 12

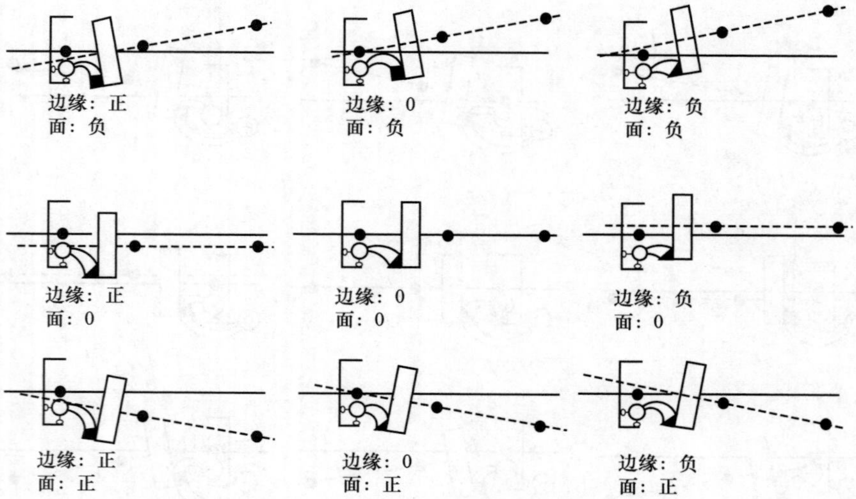

图 10-128　解读布置 12 的千分表读数

$$F=\frac{\pm r}{2}+\frac{\pm f\times B}{A}$$
$$=\left(\frac{0.004}{2}+\frac{-0.003\times 41}{23.0}\right)\text{in}$$
$$=[0.002+(-0.005)]\text{in}$$
$$=-0.003\text{in}$$

$$R=\frac{\pm r}{2}+\frac{\pm f\times C}{A}$$
$$=\left(\frac{0.004}{2}+\frac{-0.003\times 96}{23.0}\right)\text{in}$$
$$=[0.002+(-0.013)]\text{in}$$
$$=-0.011\text{in}$$

13. 第 13 种布置

图 10-129 中，设千分表夹具安装在静态组件上，从可移动组件的离心式离合器滚筒内部表面读取两个读数。

实线代表虚线的理想位置（可移动组件）。千分表上读数正、负和 0 由这 9 种情况之一代表。根据变量大小不同，通用图给出了公式应该产生的假想图像。

例：计算电动机和泵对中必需的垫片。尺寸：$A=23.0\text{in}$，$B=20.0\text{in}$，而 $C=75.0\text{in}$。两个千分表读数分别为 $r=+0.004\text{in}$，而 $f=-0.003\text{in}$。

解：图 10-130 中右上角图对应边缘读数为正而表面读数为负的情况。图中建议将电动机前后底脚都下移。公式计算出前后底脚具体需要下移的量：

$$F=\frac{\pm r}{-2}+\frac{\pm f\times B}{A}$$
$$=\left(\frac{0.004}{-2}+\frac{-0.003\times 20}{23.0}\right)\text{in}$$
$$=[-0.002+(-0.0026)]\text{in}$$
$$=-0.005\text{in}$$

$$R=\frac{\pm r}{-2}+\frac{\pm f\times C}{A}$$
$$=\left(\frac{0.004}{-2}+\frac{-0.003\times 75}{23.0}\right)\text{in}$$
$$=[-0.002+(-0.00978)]\text{in}$$
$$=-0.012\text{in}$$

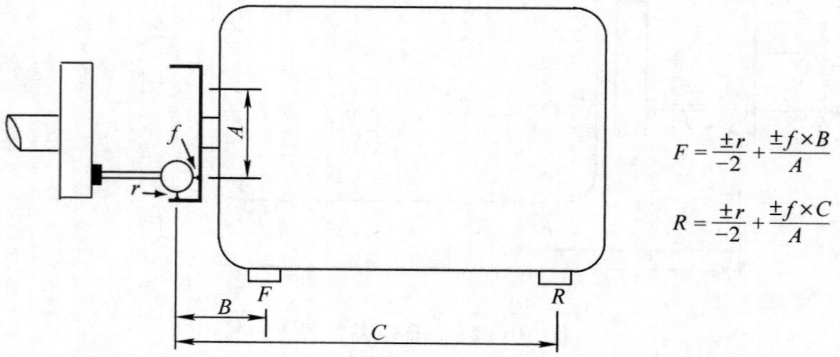

图 10-129　千分表布置 13

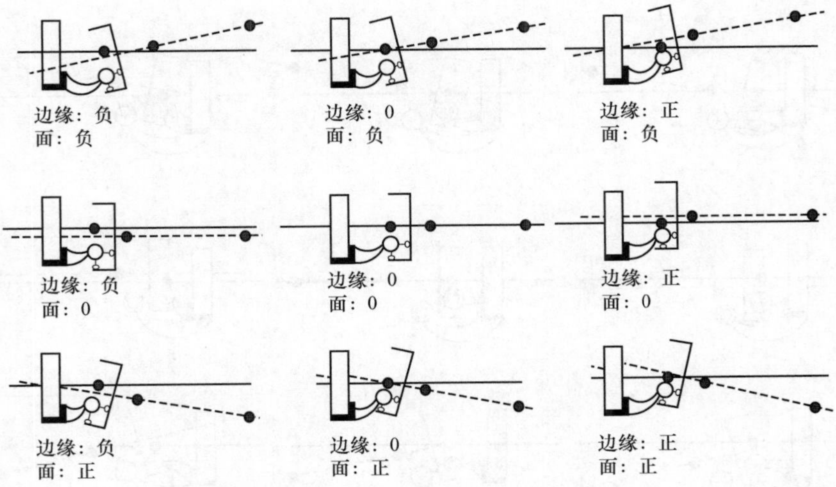

图 10-130　解读布置 13 的千分表读数

14. 第 14 种布置

图 10-131 所示为边缘千分表和表面千分表的布置。

实线代表虚线的理想位置（可移动组件）。千分表上读数正、负和 0 由这 9 种情况之一代表。根据变量大小不同，通用图给出了公式应该产生的假想图像。

示例：计算电动机和泵对中必需的垫片。尺寸：$A=4.625\text{in}$，$B=10.75\text{in}$，而 $C=32.5\text{in}$。两个千分表读数分别为 $r=-0.014\text{in}$，而 $f=+0.036\text{in}$。

解法：图 10-132 中左上角图对应边缘读数为负而表面读数为正的情况。图中建议将电动机前后底脚都下移，根据变量大小不同而不同。公式计算出前后底脚具体需要下移的量：

$$
\begin{aligned}
F &= \frac{\pm r}{-2}+\frac{\pm f\times B}{-A}\\
&= \left(\frac{-0.014}{-2}+\frac{0.036\times 10.75}{-4.625}\right)\text{in}\\
&= [0.007+(-0.0837)]\,\text{in}\\
&= -0.077\text{in}
\end{aligned}
$$

$$
\begin{aligned}
R &= \frac{\pm r}{-2}+\frac{\pm f\times C}{-A}\\
&= \left(\frac{-0.014}{-2}+\frac{0.036\times 32.5}{-4.625}\right)\text{in}\\
&= [0.007+(-0.25297)]\,\text{in}\\
&= -0.246\text{in}
\end{aligned}
$$

15. 第 15 种布置

图 10-133 所示为边缘千分表和表面千分表的布置。

实线代表虚线的理想位置（可移动组件）。千分表上读数正、负和 0 由这 9 种情况之一代表。根据变量大小不同，通用图给出了公式应该产生的假想图像。

例：计算电动机和泵对中必需的垫片。尺寸：$A=6.0\text{in}$，$B=38.0\text{in}$，而 $C=84.0\text{in}$。两个千分表读数分别为 $r=-0.002\text{in}$，而 $f=+0.003\text{in}$。

解：图 10-134 中右上角图对应边缘读数为负而表面读数为正的情况。图中建议将电动机前后底脚都下移。公式计算出前后底脚具体需要下移的量：

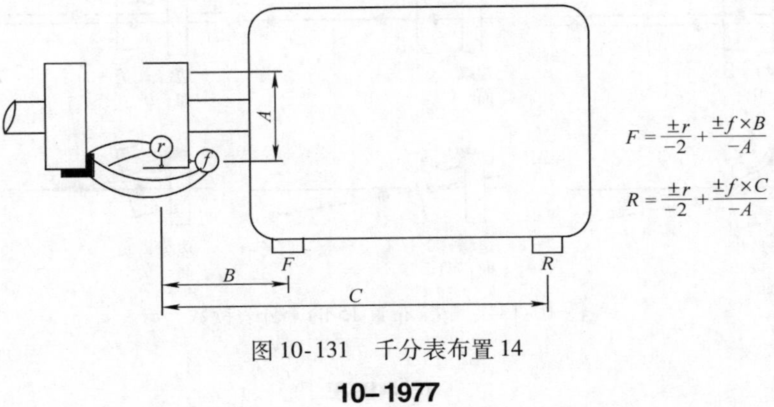

图 10-131　千分表布置 14

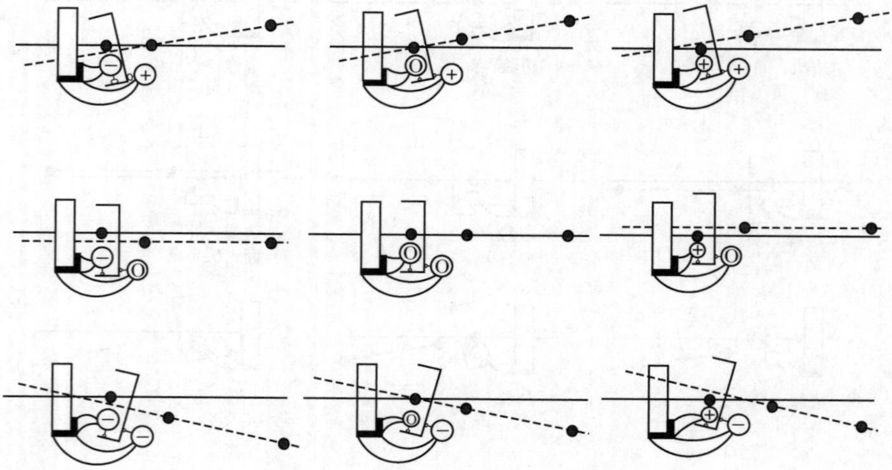

图 10-132　解读布置 14 的千分表读数

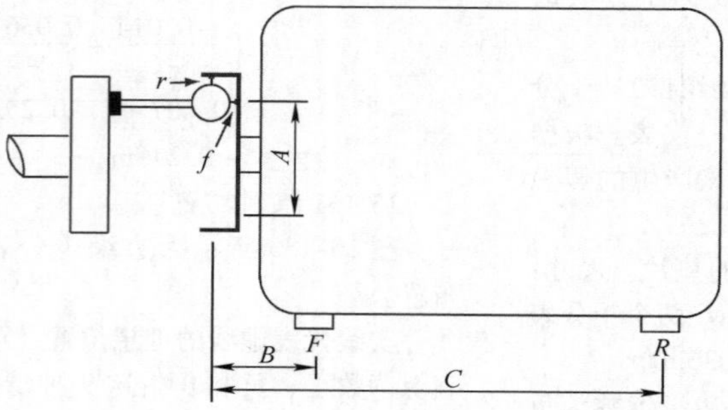

$$F=\frac{\pm r}{2}+\frac{\pm f\times B}{-A}$$

$$R=\frac{\pm r}{2}+\frac{\pm f\times C}{-A}$$

图 10-133　千分表布置 15

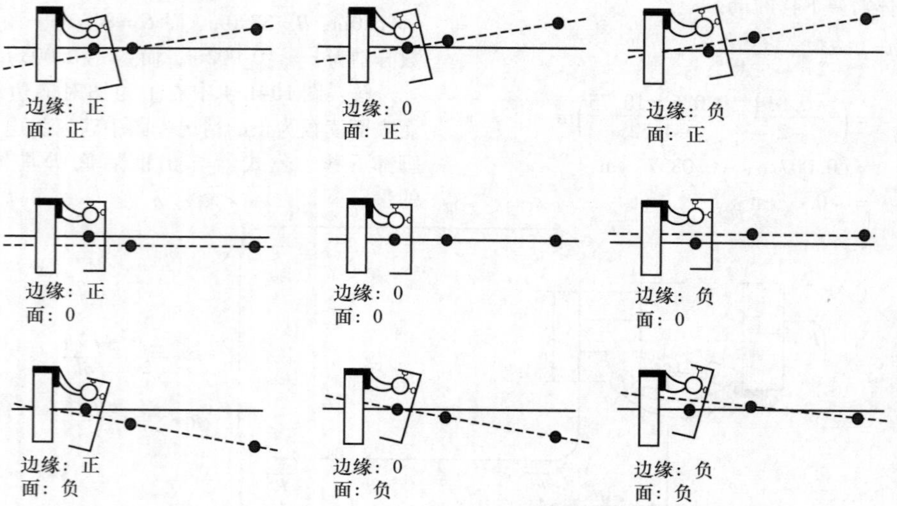

图 10-134　解读布置 15 的千分表读数

$$F=\frac{\pm r}{2}+\frac{\pm f\times B}{-A}$$
$$=\left(\frac{-0.002}{2}+\frac{0.003\times 38.0}{-6.0}\right)\text{in}$$
$$=[-0.001+(-0.019)]\text{in}$$
$$=-0.020\text{in}$$

$$R=\frac{\pm r}{2}+\frac{\pm f\times C}{-A}$$
$$=\left(\frac{-0.002}{2}+\frac{0.003\times 84.0}{-6.0}\right)\text{in}$$
$$=[-0.001+(-0.042)]\text{in}$$
$$=-0.043\text{in}$$

16. 第 16 种布置

图 10-135 所示为边缘千分表和表面千分表的布置。

实线代表虚线的理想位置（可移动组件）。千分表上读数正、负和 0 由这 9 种情况之一代表。根据变量大小不同，通用图给出了公式应该产生的假想图像。

例：计算电动机和泵对中必需的垫片。尺寸：$A=16.0$in，$B=26.0$in，而 $C=54.0$in。两个千分表读数分别为 $r=-0.002$in，而 $f=-0.006$in。

解：边缘和表面读数显示整个可移动机械高了 1mil（从边缘千分表得出，$r/2=0.002\text{in}/2=0.001\text{in}$），从表面千分表看出倾斜度为每 16in 轴向长度有向后上斜 0.006in。图 10-136 中找到图对应边缘读数为负而表面读数也为负的情况。图中建议将电动机前后底脚都下移。公式计算出前后底脚具体需要下移的量：

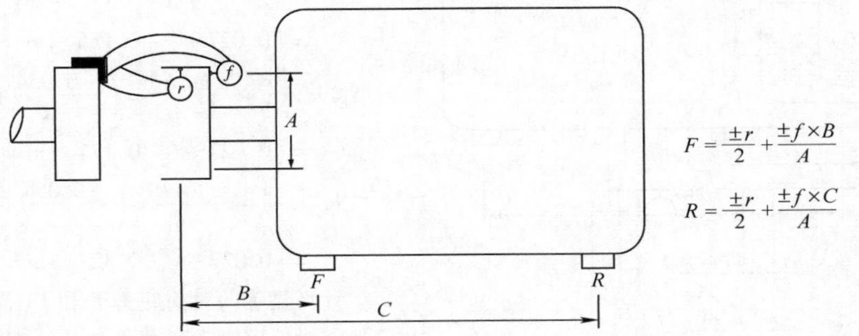

图 10-135　千分表布置 16

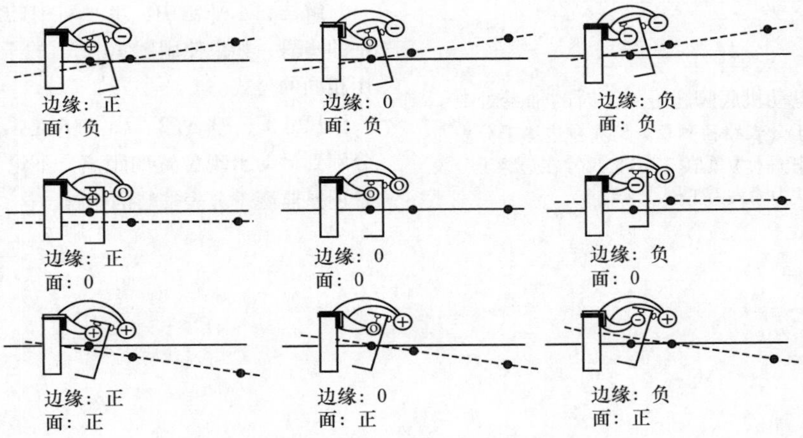

图 10-136　解读布置 16 的千分表读数

$$F=\frac{\pm r}{2}+\frac{\pm f\times B}{A}$$
$$=\left(\frac{-0.002}{2}+\frac{-0.006\times 26}{16}\right)\text{in}$$
$$=[-0.001+(-0.00975)]\text{in}$$
$$=-0.011\text{in}$$

$$R=\frac{\pm r}{2}+\frac{\pm f\times C}{A}$$
$$=\left(\frac{-0.002}{2}+\frac{-0.006\times 54.0}{16}\right)\text{in}$$
$$=[-0.001+(-0.02025)]\text{in}$$
$$=-0.021\text{in}$$

17. 延伸到多底脚电动机的边缘和表面方法

图 10-137 所示由于电动机有 10 个底脚，对中问题复杂化了。使用的千分表布置与图 10-131 所示相同。面对这种问题，采用解决图 10-131 问题的相同公式，只需轻微改动以适应多余的底脚。

当电动机底脚大于 4 个时，电动机和泵对中的垫片计算和前面的示例相同，但是必须小心决定在等式中使用的尺寸。如前面所有的示例，水平尺寸在边缘千分表位置测量。与电动机底脚的距离在边缘千分表右边的，视作正值，而测量到电动机底脚距离在边缘千分表左边的，视作负值。这种布置改动后的等式如图 10-137 所示。等式中，S_F 是底脚 F 处的垫片要求，S_{F1} 是底脚 $F1$ 处的垫片要求，以此类推。

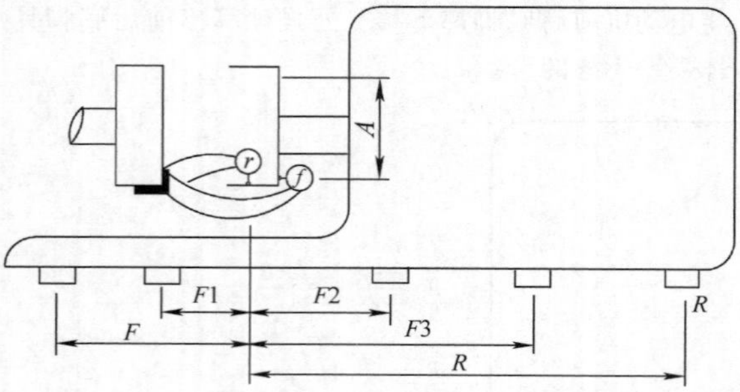

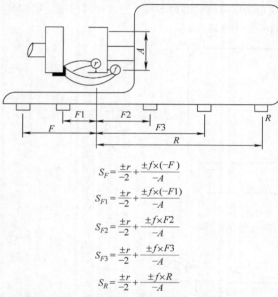

$$S_F=\frac{\pm r}{-2}+\frac{\pm f\times(-F)}{-A}$$

$$S_{F1}=\frac{\pm r}{-2}+\frac{\pm f\times(-F1)}{-A}$$

$$S_{F2}=\frac{\pm r}{-2}+\frac{\pm f\times F2}{-A}$$

$$S_{F3}=\frac{\pm r}{-2}+\frac{\pm f\times F3}{-A}$$

$$S_R=\frac{\pm r}{-2}+\frac{\pm f\times R}{-A}$$

图 10-137　电动机底脚超过 4 个时的轴系对中

注：尺寸从边缘千分表路径测量。尺寸在边缘千分表左边的在公式中输入为负值（-），尺寸在边缘千分表右边的在公式中输入为正值（+）。

例：算电动机和泵对中必需的垫片。尺寸：$A=4.5\text{in}$，$F=22.0\text{in}$，$F_1=10.0\text{in}$，$F_2=8.0\text{in}$，$F_3=24.0\text{in}$，而 $R=46.0\text{in}$。两个千分表读数分别为 $r=-0.054\text{in}$ 和 $f=+0.032\text{in}$。

解：垂直对中。

$$S_F=\frac{\pm r}{-2}+\frac{\pm f\times(-F)}{-A}=\left[\frac{-0.054}{-2}+\frac{0.032\times(-22)}{-4.5}\right]\text{in}$$
$$=(0.027+0.156)\text{in}=0.183\text{in}$$

$$S_{F1}=\frac{\pm r}{-2}+\frac{\pm f\times(-F1)}{-A}=\left[\frac{-0.054}{-2}+\frac{0.032\times(-10)}{-4.5}\right]\text{in}$$
$$=(0.027+0.071)\text{in}=0.098\text{in}$$

$$S_{F2}=\frac{\pm r}{-2}+\frac{\pm f\times F2}{-A}=\left(\frac{-0.054}{-2}+\frac{0.032\times 8}{-4.5}\right)\text{in}$$
$$=[0.027+(-0.156)]\text{in}=-0.030\text{in}$$

$$S_{F3}=\frac{\pm r}{-2}+\frac{\pm f\times F3}{-A}=\left(\frac{-0.054}{-2}+\frac{0.032\times 24}{-4.5}\right)\text{in}$$
$$=[0.027+(-0.171)]\text{in}=-0.144\text{in}$$

$$S_R=\frac{\pm r}{-2}+\frac{\pm f\times R}{-A}=\left(\frac{-0.054}{-2}+\frac{0.032\times 46}{-4.5}\right)\text{in}$$
$$=[0.027+(-0.327)]\text{in}=-0.300\text{in}$$

计算显示两对前底脚 F 和 $F1$ 需要更多垫片，而另外三对后底脚需要减少垫片。图 10-132 左上角的图（边缘读数为负而表面读数为正）确认了数字计算的可靠性。

解法：水平对中。水平对中的解法遵循垂直对中的步骤，如果使用图 10-137 的千分表布置，也使用相同的公式。

尺寸 F、$F1$、$F2$、$F3$ 和 R 是从边缘千分表路径分别到运动出现位置的距离，不论是底脚螺栓的位置还是监测千分表安装的位置。